최신 개정12판

CONQUEST 조경기사·조경산업기사 필기정복

최신 개정12판

CONQUEST 필기정복
조경기사·조경산업기사

초　　　판 1쇄 발행 | 2012년 4월 2일
개정12판 1쇄 발행 | 2025년 1월 20일

지 은 이 | 성운환경조경·김진호 편저
펴 낸 곳 | 도서출판 조경
펴 낸 이 | 박명권
주　　　소 | 서울특별시 서초구 방배로 143 그룹한빌딩 2층
전　　　화 | (02)521-4626
팩　　　스 | (02)521-4627
신 고 일 | 1987년 11월 27일
신고번호 | 제2014-000231호

ISBN 979-11-6028-027-2 (13520)

최신 개정12판

CONQUEST 필기정복

조경기사 · 조경산업기사

쉽게 배우는 조경이론 · 해설

성운환경조경 · 김진호 편저

도서출판
조경

머리말

사람들은 자연과 함께하는 생활을 지향하면서도 다변화된 산업사회에서의 생활로 인해 자연에 대한 갈망은 더욱 심해져 간다. 그에 따르는 대책으로 공원이나 레크리에이션을 위한 오픈스페이스를 제공하여 사회적 책임을 다하려 많은 노력을 하고 있다. 누구에게나 동경의 대상이 되는 푸르름을 인간의 감성에 접근시켜 인간이 행복해질 수 있는 환경을 만들고 개선해 나가는 일이야말로 사회적 구조에 있어서 중요한 일이라 하겠다. 이 책은 여러분이 조경의 길로 들어서려는 길목에서 어렵게 느끼는 조경기사와 조경산업기사 시험의 1차 필기를 위한 대비서로 발간되었다. 1차 필기시험 대비를 위한 공부는 많은 과목과 다양한 세부내용으로 인하여 공부하는 데 많은 시간을 투자하게 된다. 1차 필기시험 공부는 시간과의 싸움이라 해도 과언이 아니며, 공부할 분량이 방대하여 단시간 내에 공부하기란 여간 어렵지 않다. 이 책은 그 시간과의 싸움에서 여러분이 승리할 수 있도록 알기 쉽게 내용을 요약하였고, 이해를 도울 수 있는 구조로 구성되어 있다.

학생들을 가르치면서 보고 느꼈던 어려움을 덜어주고자 한국산업인력공단의 출제기준에 맞추어 집필하였으나 국가기술자격시험뿐만 아니라 공무원과 공사 등의 시험에도 많은 도움을 주리라 믿습니다. 시간적 어려움으로 오타 · 오류 등의 부족함이 있으리라 생각되어지나 앞으로 계속 보완해 나갈 것을 약속드리오니 많은 성원과 관심을 부탁드립니다. 또한 이 자리를 빌어 본서를 집필하는 데 참고한 저서 등의 저자께 심심한 감사를 드리며, 이 책이 출간되기까지 애써주신 (주)환경과조경의 임직원들과 여러 선생님들께 깊은 감사를 드립니다.

성운환경조경 김진호

조경기사 출제기준

필기검정방법 : 객관식　　　　문제수 : 120(각 과목당 20문제)　　　　시험시간 : 3시간　　　　적용기간 : 2025. 1. 1. ~ 2027. 12. 31.

필기과목명	주요항목	세부항목	세세항목
조경사	1. 조경사 일반	1. 기원과 조경양식의 발달	1. 조경의 기원 2. 조경양식의 변천
		2. 인간과 환경의 관계 변천사	1. 사회적 변천과 물리적 형태 2. 도시 및 건축의 변천과 관계
	2. 조경양식 변천사	1. 동서양 조경양식 변천	1. 서양조경의 특징 2. 한국조경의 특징 3. 중국조경의 특징 4. 일본조경의 특징
	3. 서양의 조경	1. 고대 조경	1. 이집트 정원 2. 서부아시아 정원 3. 그리스 정원 4. 고대 로마 정원
		2. 중세 조경	1. 중세서구 정원 2. 이란 정원 3. 스페인 정원 4. 무굴인도 정원
		3. 르네상스 조경	1. 이탈리아 르네상스 정원 2. 프랑스 정원 3. 튜터·스튜어트조의 영국정원
		4. 18세기 조경	1. 영국의 풍경식정원 2. 프랑스의 풍경식정원 3. 독일의 풍경식정원
		5. 19세기 조경	1. 일반적인 경향 2. 영국의 공공공원 3. 미국의 19세기 정원
		6. 현대 조경	1. 1900 ~ 1차 세계대전 2. 1차 세계대전 ~ 1944년 3. 1945년 이후
	4. 동양의 조경	1. 중국 조경	1. 은주시대 2. 진한시대 3. 위, 진, 남북조시대 4. 수, 당시대 5. 송, 금, 원시대 6. 명, 청시대
		2. 일본 조경	1. 평안시대 2. 겸창, 남북시대 3. 실정시대 4. 도산시대 5. 강호시대 6. 명치시대

필기과목명	주요항목	세부항목	세세항목
	5. 한국 조경	1. 선사시대 조경	1. 선사시대 2. 고조선시대
		2. 고대시대 조경	1. 삼국시대 2. 발해시대 3. 통일신라시대
		3. 중세 및 근세조경	1. 고려시대 2. 조선시대
		4. 근대 및 현대조경	1. 일제강점기 2. 현대조경
조경계획	1. 조경일반	1. 조경의 정의 및 조경가의 역할	1. 조경의 개념 및 영역 2. 조경가의 역할
		2. 조경 대상 및 타 분야와의 관계	1. 도시계획과 조경 2. 환경과 조경 3. 건축, 토목, 전기, 설비의 관련사항
	2. 조경계획과정	1. 자연환경조사 분석	1. 지형 및 지질조사 2. 기후조사 3. 토양조사 4. 수문조사 5. 생태조사 6. 경관조사 7. 기타 조사
		2. 인문·사회환경조사분석	1. 토지이용조사 2. 인구 및 산업조사 3. 역사 및 문화유적조사 4. 교통 및 동선 조사 5. 시설물조사 6. 수요자 요구조사
		3. 행태·환경·심리기능의 조사 분석	1. 환경심리학 2. 환경지각, 인지, 태도 3. 미적 지각·반응 4. 행태심리 5. 문화적, 사회적, 감각적 환경과 행태 6. 공간과 인간행태 7. 도시환경과 인간행태 8. 자연환경과 인간행태 9. 환경시설 연구방법 10. 색채, 조형
		4. 분석의 종합 및 평가	1. 기능분석 2. 규모분석 3. 구조분석 4. 형태분석 5. 상위계획의 수용 6. 타당성 검토

필기과목명	주요항목	세부항목	세세항목
		5. 기본구상	1. 계획의 접근방법(물리생태, 시각미학, 사회행태 등) 2. 기본개념의 확정 3. 프로그램 작성 4. 도입시설 선정 5. 수요추정 6. 대안의 작성 7. 대안평가
		6. 기본계획	1. 토지이용계획 2. 교통동선계획 3. 공간 및 시설배치계획 4. 식재계획 5. 기반조성계획 6. 관리계획 작성
	3. 대상지별 조경 계획	1. 주거공간	1. 단독주거공간 2. 집합주거공간 3. 복합지역공간
		2. 레크리에이션	1. 공원녹지계획 2. 도시 및 자연공원 3. 관광지 및 유원지 4. 골프장 및 체육시설 5. 산림휴양시설 6. 기타
		3. 교통시설	1. 보행 및 자전거도로 2. 차량도로 3. 주차장 4. 철도, 공항 및 항만 등
		4. 공장 및 산업단지	1. 공장주변 2. 산업단지주변
		5. 학교 및 캠퍼스	1. 유아 및 유치원 2. 초·중등학교 3. 대학교
		6. 업무빌딩 및 상업시설	1. 업무용빌딩 2. 상업시설 3. 몰(mall)공간
		7. 특수 환경	1. 옥상 및 벽면녹화 2. 인공지반녹화 3. 문화재 4. 비탈면녹화 5. 생태하천 및 인공습지 6. 임해매립지 7. 기타
	4. 시설물의 조경 계획	1. 급·배수시설	1. 급수시설 2. 표면배수 3. 심토층배수 4. 기타시설

필기과목명	주요항목	세부항목	세세항목
		2. 휴게시설	1. 퍼걸러 2. 의자 3. 야외탁자 4. 정자 5. 평상 6. 기타시설
		3. 놀이시설	1. 단위놀이시설 2. 복합놀이시설 3. 주제형 놀이시설 4. 기타시설
		4. 운동 및 체력단련시설	1. 축구장 2. 테니스장 3. 배드민턴장 4. 농구장 5. 게이트볼장 6. 기타 시설
		5. 수경시설	1. 폭포 및 벽천 2. 실개천 3. (연)못 4. 분수
		6. 관리 및 편익시설	1. 관리 사무소 2. 공중화장실 3. 전망대 4. 울타리 5. 기타 시설
		7. 안내시설	1. 정보시설 2. 규제시설 3. 공원안내시설 4. 기타 시설
		8. 경관조명시설	1. 경관조명 2. 가로조명 3. 보행가로조명 4. 공원조명 5. 수중조명 6. 기타조명
		9. 기타 시설	1. 조경구조물 2. 비탈면 등 생태복원 시설 3. 기타 조경관련 시설
	5. 조경계획 관련 법규	1. 도시계획 관련 규정	1. 국토의 계획 및 이용에 관한 법률, 시행령, 시행규칙 2. 도시·군 계획시설의 결정·구조 및 설치기준에 관한 규칙 3. 기타 도시계획관련 규정
		2. 자연공원 관련 규정	1. 자연공원법, 시행령, 시행규칙
		3. 도시공원 관련 규정	1. 도시공원 및 녹지 등에 관한 법률, 시행령, 시행규칙
		4. 영향평가	1. 환경영향, 경관영향평가 등 2. 이용 후 평가(목적, 대상 등)

필기과목명	주요항목	세부항목	세세항목
		5. 기타 조경 관련 규정	1. 건설 관련 규정 2. 환경 관련 규정 3. 관광 및 체육시설 관련 규정
조경설계	1. 제도의 기초	1. 선	1. 선의 종류 2. 선의 용도
		2. 치수선의 사용	1. 치수선의 표기방법 2. 치수선의 용도 3. 치수선의 종류
		3. 설계기호 및 표현기법	1. 설계기호 2. 설계의 표현기법
		4. 기타 제도사항	1. 제도에 사용되는 문자 2. 제도 용어 3. 제도 척도 4. 제도용 및 필기용 도구 5. 제도에 사용되는 투상법 6. 기타 사항
	2. 설계과정	1. 기본설계	1. 주택정원설계 2. 도시조경설계 3. 도로조경설계 4. 공장, 학교조경설계 5. 옥상 및 벽면조경설계 6. 인공지반조경설계 7. 실내조경설계 8. 골프장설계 9. 기타 설계
		2. 실시설계	1. 실시설계과정 2. 상세도 3. 단면도 4. 조감도
		3. 설계설명서	1. 시방서 2. 현장 설계설명서 3. 각종 도면작성에 관한 사항
	3. 경관분석	1. 경관분석의 분류	1. 자연경관분석 2. 도시경관분석
		2. 경관의 표현	1. 경관 이미지 2. 경관 선호도
		3. 경관분석방법 및 유형	1. 분석방법의 선택 2. 분석방법의 일반적 조건 3. 분석방법의 분류
		4. 경관분석의 접근방식	1. 생태학적 2. 형식미학적 3. 정신물리학적 4. 심리학적 5. 기호학적 6. 현상학적 7. 경제학적

필기과목명	주요항목	세부항목	세세항목
	4. 조경미학	5. 경관평가 수행기법	1. 경관의 물리적 속성 2. 시뮬레이션 기법 3. 평가자 선정 4. 미적반응측정
		1. 디자인 요소	1. 점 2. 선 3. 형태 4. 공간 5. 깊이 6. 질감 7. 기타
		2. 색채이론	1. 빛과 색 2. 색채지각 3. 색채의 지각적 특성 4. 색채 지각효과 및 감정효과 5. 색의 혼합 6. 색의 체계 및 조화
		3. 디자인원리 및 형태 구성	1. 조화 2. 통일과 변화 3. 균형 4. 율동 5. 강조 6. 기타
		4. 환경미학	1. 시야의 척도 2. 시지각의 특성 3. 연속경관 4. 부각, 앙각, 응시, 착시 5. 공간의 한정 형태 6. 공간과 거리감 7. 공간의 개방감과 폐쇄감
	5. 조경시설의 설계	1. 운동 및 체력단련시설 설계	1. 재료 및 설계일반 2. 육상경기장 3. 축구장 4. 테니스장 5. 배구장 6. 농구장 7. 야구장 8. 핸드볼장 9. 배드민턴장 10. 게이트볼장 11. 롤러스케이트장 12. 씨름장 13. 옥외수영장 14. 체력단련장시설 15. 족구장 16. 풋살장 17. 기타 시설
		2. 놀이시설 설계	1. 재료 및 설계일반 2. 단위 놀이시설 3. 복합 놀이시설 4. 주제형 놀이시설 5. 기타 시설

필기과목명	주요항목	세부항목	세세항목
		3. 휴게시설 설계	1. 재료 및 설계일반 2. 퍼걸러 3. 그늘막(쉘터) 4. 원두막 5. 의자 6. 야외탁자 7. 평상 8. 정자 9. 기타 시설
		4. 경관조명 시설 설계	1. 재료 및 설계일반 2. 보행등 3. 정원등 4. 수목투사등 5. 잔디등 6. 공원등 7. 수중등 8. 투과등 9. 광섬유조명 10. 기타 조명
		5. 수경시설 설계	1. 재료 및 설계일반 2. 폭포 및 벽천 3. 실개천 4. (연)못 5. 분수 6. 기타 시설(도섭지 등)
		6. 포장설계	1. 재료 및 설계일반 2. 포장재의 종류 3. 보도용 포장 4. 자전거도로의 포장 5. 차도 및 주차장의 포장 6. 기타 포장설계
		7. 안내시설의 설계	1. 재료 및 설계일반 2. 설계요소 3. 주택단지의 안내시설 4. 공원의 안내시설 5. 기타 지역의 안내시설
		8. 부대 시설의 설계	1. 급·관수시설 2. 배수 및 저류시설 3. 관리 및 편익시설 4. 조경구조물 5. 조경석 및 인조석 6. 환경조형시설 7. 비탈면, 인공지반, 생태복원 관련 시설 8. 폐도, 환경친화적 단지, 도시농업 9. 빗물처리시설 10. 기타 시설

필기과목명	주요항목	세부항목	세세항목
조경식재	1. 식재일반	1. 식재의 효과	1. 시각적 조절 2. 물리적 조절 3. 기후조절 4. 소음조절 5. 공기정화 6. 완충조절
		2. 배식원리	1. 정형식재 2. 자연풍경식재 3. 자유식재 4. 독립수식재 5. 군락식재
		3. 식생과 토양	1. 식생의 특징 2. 식생의 구분 3. 토양의 정의 4. 토양의 물리적 성질 5. 토양수분 6. 토양공기 7. 토양의 화학적 성질 8. 토양유기물과 부식 9. 토양의 분류
	2. 식재계획 및 설계	1. 식재환경	1. 식재기반조성 2. 옥외공간 3. 실내공간 4. 특수공간
		2. 기능식재	1. 명암순응식재 2. 가로막기식재 3. 녹음식재 4. 방음식재 5. 방풍식재 6. 방화식재 7. 방설식재 8. 지표식재
		3. 경관조성식재	1. 조경양식에 의한 식재형식 2. 건물과 관련된 식재형식 3. 미적 효과와 관련된 식재형식 4. 기타 식재형식
		4. 특수지역식재	1. 도로식재 2. 비탈면식재 3. 벽면 및 수직구조물 식재 4. 임해매립지식재 5. 인공지반식재(옥상, 지붕) 6. 텃밭조성
		5. 실내식물환경조성 및 설계	1. 실내식물의 역사와 기원 2. 실내공간의 식불 기능과 역할 3. 실내식물의 환경조건 4. 실내식물의 도입 5. 실내공간의 구조물 6. 실내조경에 쓰이는 식물

필기과목명	주요항목	세부항목	세세항목
	3. 조경식물재료	1. 조경식물의 학명 및 특성 분류	1. 조경식물의 분류 2. 학명 및 보통명 3. 식물명명법의 특징 4. 식물의 특징별 분류
		2. 조경식물의 이용상 분류	1. 미화장식용 식물 2. 생울타리 및 은폐용 식물 3. 녹음용 식물 4. 방풍용 식물 5. 방연용 식물 6. 방조용 식물 7. 방사 및 방진용 식물 8. 방화용 식물 9. 방설용 식물
		3. 조경식물의 형태 및 생리·생태적 특성	1. 성상별 특성 2. 관상 가치별 특성 3. 생리적 특성 4. 생태적 특성
		4. 조경식물의 기능적 특성	1. 명암순응식재의 특성 2. 가로막기식재의 특성 3. 녹음식재의 특성 4. 방음식재의 특성 5. 방풍식재의 특성 6. 방화식재의 특성 7. 방설식재의 특성 8. 지표식재의 특성
		5. 조경식물의 내환경성	1. 종자의 채집과 저장 2. 종자의 발아생리 3. 번식일반 4. 삽목 및 접목이론
		6. 실내 조경식물재료의 특성	1. 광선 2. 수분 3. 온도 4. 토양 5. 양분 6. 공기 7. 순화 8. 관리
	4. 조경식물의 생태와 식재	1. 조경식물의 생태	1. 식물생태계의 특성 2. 군집 생태 3. 개체군 생태
		2. 조경식물의 식재	1. 일반식재 2. 군락식재
	5. 식재공사	1. 이식계획	1. 이식시기 2. 이식수종의 특성 3. 이식과 식재방법

필기과목명	주요항목	세부항목	세세항목
		2. 수목식재	1. 수목의 굴취와 운반 2. 식재방법 3. 식재 후의 관리
		3. 지피류 및 초화류식재	1. 적용범위 2. 지피류 및 초화류의 분류 3. 지피류 및 초화류의 식재 4. 잔디의 식재기반조성 및 붙이기 5. 종자뿜어붙이기
		4. 특수환경지의 식재	1. 비탈면 및 훼손지의 환경일반 2. 도입식물의 선정 3. 생육기반의 조성 4. 비탈면의 복원 5. 자연친화형 하천 조성 6. 생태연못, 습지 조성 7. 훼손지 생태복원 8. 생물서식지 조성
		5. 식재 후 조치	1. 줄기와 가지의 건조방지 2. 지주시설 설치 3. 관수와 시비
조경시공 구조학	1. 시공의 개요	1. 조경시공재료	1. 조경시공재료의 적용 2. 시공재료의 분류와 요구 성능 3. 시공재료의 규격화
		2. 시방서	1. 시방서의 개요 2. 시방서의 분류 3. 시방서의 작성
		3. 공사계약 및 시공방식	1. 공사계약 2. 입찰집행 3. 공사시공방식 4. 도급금액 결정방식 5. 공사의 입찰방법
		4. 공정표	1. 공정표의 작성 2. 공정표의 구성요소 3. 공정표의 특징 4. 네트워크 공정표 작성 5. 일정계산
	2. 조경시공일반	1. 공사준비	1. 보호대상의 확인 및 관리 2. 지장물의 제거 3. 부지배수 및 침식방지 4. 재활용
		2. 토양 및 토질	1. 토양의 분류 및 조성 2. 토양의 조사 분석 3. 흙의 성질 4. 포장공간의 설계 5. 전단강도와 사면의 안정 6. 비탈면의 보호 7. 토압과 구조물 8. 토량변화율

필기과목명	주요항목	세부항목	세세항목
		3. 지형 및 시공측량	1. 지형의 묘사 2. 등고선의 정의 및 특징 3. 지형도 일반 4. 측량일반 5. 좌표 및 측점
		4. 정지 및 표토복원	1. 일반사항 2. 정지작업의 고려사항 3. 정지작업의 준비 및 시행 4. 성토와 절토의 체적 5. 표토의 채취, 보관, 복원
		5. 가설공사	1. 가설울타리 2. 가설건물 3. 가설공급시설 4. 가식장 5. 공사용 도로
		6. 현장관리	1. 공정관리 2. 노무관리 3. 자재관리 4. 장비관리 5. 원가관리 6. 안전·환경관리 7. 품질관리
	3. 공종별 공사	1. 조경재료 일반	1. 재료와 제품 2. 재료의 표준과 다양성 3. 표준규격 4. 특허와 신기술
		2. 조경재료의 일반적 성질	1. 조경재료의 분류 2. 재료의 역학적 성질 3. 재료의 물리적 성질 4. 재료의 화학적 성질 5. 재료의 미학적 성질 6. 재료의 친환경적 성질 7. 내구성
		3. 조경재료별 특성	1. 목재 2. 석재 3. 콘크리트재 4. 금속재 5. 벽돌·점토 및 타일 6. 합성수지재 7. 미장 및 도장재 8. 옥외포장재 9. 생태복원재 10. 급배수·저류시설재 11. 기타

필기과목명	주요항목	세부항목	세세항목
		4. 공종별 공사	1. 수경시설공사 2. 구조물기반조성공사 3. 경관구조물공사 4. 식생구조물공사 5. 조경석공사 6. 환경조형물공사 7. 관리 및 편익시설공사 8. 안내시설물공사 9. 유희시설물공사 10. 운동시설공사 11. 경관조명공사 12. 데크시설공사 13. 포장공사 14. 생태복원공사 15. 실내조경공사 16. 관·배수시설공사
	4. 조경적산	1. 수량산출	1. 토공량 2. 기계장비 시공능력 3. 벽돌 및 콘크리트량 4. 철근 및 거푸집량 5. 수목 및 잔디(초화류)량 6. 기타 수량
		2. 표준품셈	1. 할증량 2. 조경 관련 품셈 3. 유지관리 관련 품셈 4. 건설 관련 품셈 5. 건설기계 관련 품셈
		3. 일위대가표 작성	1. 단위공정별 일위대가표 작성
		4. 공사비 산출	1. 재료비 2. 노무비 3. 경비 4. 기타 공사비 5. 총공사비
	5. 기본구조역학	1. 구조설계의 개념과 과정	1. 구조설계의 개념 2. 구조설계의 과정
		2. 힘과 모멘트	1. 힘 2. 힘의 합성과 분해 3. 모멘트
		3. 구조물	1. 하중의 종류 2. 지점과 반력 3. 구조물의 정지조건 4. 구조물의 역학적 분류
		4. 부재의 선택과 크기결정	1. 장·단주의 설계 2. 담장 및 데크의 구조설계 3. 옹벽의 안전성 검토
조경관리론	1. 운영 관리	1. 운영관리개요	1. 운영관리의 체계 2. 운영관리의 원칙 3. 운영관리의 방식

필기과목명	주요항목	세부항목	세세항목
		2. 운영관리 계획	1. 연간운영 관리계획 수립 2. 조직 관리 3. 재산 관리 4. 외주 관리 5. 민원 관리
	2. 조경식물관리	1. 조경식물의 유지관리	1. 정지 및 전정 2. 비배관리 3. 잔디관리 4. 지피 및 초화류관리 5. 수목보호관리 6. 기타 조경관리(관수, 지주목, 멀칭, 월동 청결유지 등)
		2. 병·충해관리	1. 병관리(전염성, 비전염성) 2. 해충 3. 농약 및 방제법
	3. 시설물관리	1. 시설물관리 개요	1. 시설물유지관리의 원칙 2. 관리의 개요
		2. 기반시설물관리	1. 급·배수시설물 2. 포장시설물 3. 옹벽 등 구조물 4. 수경시설물 5. 부속 건축물 6. 기타 기반시설물
		3. 조경시설물 관리	1. 놀이시설물 2. 휴게 및 편의시설물 3. 운동 및 체력단련시설물 4. 조명시설물 5. 안내시설물 6. 기타 시설물
	4. 이용관리계획	1. 이용관리개요	1. 이용관리의 개념 및 특성 2. 이용관리와 이용자관리 3. 주민참여
		2. 이용관리	1. 이용자 현황분석 2. 이용 방법 지도 3. 이용프로그램 기획·개발 4. 이용프로그램 운영 5. 문화 이벤트 행사 관리 6. 안전 관리 7. 홍보·마케팅 8. 자원봉사 운영·관리 9. 이용편의 개선
		3. 공원이용 및 레크리에이션 시설 이용관리	1. 도시공원 녹지관리 2. 자연공원지역의 관리 3. 레크리에이션 관리의 개념 4. 레크리에이션 관리의 목적 5. 부지의 관리 6. 레크리에이션 수용능력

조경산업기사 출제기준

필기검정방법 : 객관식　　　문제수 : 80(각 과목당 20문제)　　　시험시간 : 2시간　　　적용기간 : 2025. 1. 1. ~ 2027. 12. 31.

필기과목명	주요항목	세부항목	세세항목
조경 계획 및 설계	1. 조경사조의 이해	1. 조경일반	1. 조경의 목적 및 필요성 2. 조경과 환경요소 3. 조경의 범위 및 조경의 분류
		2. 서양조경 양식	1. 고대 국가 2. 영국 3. 프랑스 4. 이탈리아 5. 미국 6. 이슬람 국가 및 기타
		3. 동양조경 양식	1. 한국의 조경 2. 중국, 일본의 조경 3. 기타 국가 조경
	2. 환경 조사·분석	1. 자연생태환경 조사·분석	1. 지형 및 지질조사 2. 기후조사 3. 토양조사 4. 수문조사 5. 식생, 야생동물조사
		2. 인문사회환경 조사·분석	1. 토지이용조사 2. 인구 및 산업조사 3. 역사 및 문화유적조사 4. 교통조사 5. 지장물조사
		3. 행태 및 기능분석	1. 환경심리학 2. 환경지각, 인지, 태도 3. 미적 지각·반응 4. 문화적, 사회적 감각적 환경과 행태 5. 척도와 인간행태 6. 도시환경과 인간행태 7. 자연환경과 인간행태 8. 환경시설 연구방법
		4. 조경 관련 법	1. 도시공원 관련 법 2. 자연공원 관련 법 3. 도시계획 관련 법 4. 기타 관련 법
	3. 기본구상	1. 기본개념의 확정	1. 환경조사분석 검토 2. 계획방향 설정 3. 적합 개념도출 4. 지속가능한 계획 도입
		2. 프로그램의 작성	1. 프로그램 착수 2. 프로그램 개발 3. 프로그램 결정 4. 의뢰인과의 검토 5. 프로그램 확정 6. 프로그램개발을 위한 연구

필기과목명	주요항목	세부항목	세세항목
		3. 도입시설의 선정	1. 프로그램 유형 2. 시설유형과 규모 산정 3. 이용행태 관계 4. 공간이용 행태
		4. 수요측정	1. 생태적 수용능력 2. 사회적 수요 3. 적정이용객 수
		5. 대안 선정	1. 다양한 대안 작성 2. 대안 평가의 방법 3. 대안별 공간적 특징 4. 대안 평가하기 5. 최적안 선정
	4. 조경기본계획	1. 토지이용계획 수립	1. 공간별 토지이용계획 2. 대상지 여건을 고려한 공간 구성 3. 기본구상에 따른 토지이용계획수립
		2. 동선 계획	1. 차량과 보행동선 계획 2. 동선의 위계와 종류 3. 범죄예방과 유니버설디자인
		3. 기본계획도 작성	1. 프로그램과 시설 계획 2. 축척에 맞는 기본계획도 작성 3. 기본계획도 표현 방법 4. 지형과 경사를 고려한 작성
		4. 공간별 계획	1. 토지이용계획에 따른 공간 구분 2. 세부공간계획 수립 3. 공간별 조경시설 배치
		5. 부문별 계획	1. 조경기반시설 계획 2. 조경식재 계획 3. 조경시설물 계획 4. 조경포장 계획 5. 조명연출 계획
		6. 개략사업비 산정	1. 개략공사비 산출 2. 공종별 개략공사비 산정
		7. 관리계획 작성	1. 운영관리계획 2. 유지관리계획 3. 이용관리계획
		8. 기본계획보고서 작성	1. 목차 구성 2. 단계별 계획내용 작성
	5. 조경기반설계	1. 조경기초설계	1. 레터링기법 2. 도면기호 표기 3. 조경재료 표현 4. 조경기초면 작성 5. 제도용구 종류와 사용법 6. 디자인 원리(추가) 7. 전산응용도면(CAD) 작성
		2. 부지 정지 설계	1. 등고선 설계 2. 측량 3. 단면작성 4. 절·성토 설계

필기과목명	주요항목	세부항목	세세항목
		3. 도로 설계	1. 도로의 종류별 특성 2. 도로의 구조 3. 도로선형 4. 종 · 횡 단면도
		4. 주차장 설계	1. 주차장의 종류별 특성 2. 주차장 포장재료 3. 주차장 포장 공법 4. 주차장 상세설계
		5. 구조물 설계	1. 구조물 종류별 특성 2. 구조물 상세설계
		6. 빗물처리시설 설계	1. 집수구역과 강수량 2. 빗물처리시설 종류별 특성 3. 저류시설물 상세설계
		7. 배수시설 설계	1. 배수체계 2. 배수시설 종류별 특성 3. 배수시설 상세설계
		8. 관수시설 설계	1. 관수체계 2. 관수시설 종류별 특성 3. 관수시설 상세설계
		9. 포장 설계	1. 포장 디자인 2. 포장 종류별 특성 3. 포장 상세설계
		10. 조경기반설계도면 작성	1. 조경기반 평면도 2. 조경기반 종 · 횡 단면도 3. 공사계획평면도
	6. 조경식재설계	1. 식재개념 구상	1. 식재설계 개념 구상 2. 식재개념 표현
		2. 기능식재 설계	1. 공간별 식재 기능 2. 기능식재 종류별 특성
		3. 식재기반 설계	1. 토양 구조 및 특성 2. 인공지반 구조적 특성 3. 식물 생육 조건 4. 식재기반 조성설계
		4. 수목식재 설계	1. 공간별 특성에 따른 식재 2. 기능별 식재에 따른 식재 3. 단위면적당 식재수량 산출 4. 식재상세도면 작성
		5. 지피 · 초화류 식재설계	1. 지피 · 초화류 종류별 특성 2. 지피 · 초화류 선정 3. 지피 · 초화류 상세설계
		6. 정원식재 설계	1. 정원식재 기반설계 2. 정원식물 선정과 설계 3. 정원식재 도면 작성
		7. 훼손지 녹화 설계	1. 훼손지 유형별 특성 2. 훼손지 복원방법 3. 훼손지 녹화용 재료 4. 훼손지 복원 상세설계

필기과목명	주요항목	세부항목	세세항목
		8. 생태복원 식재 설계	1. 생태복원 유형별 특성 2. 생태복원 방법 3. 생태복원 재료 4. 생태복원 상세설계 5. 생태복원 모니터링
		9. 조경식재설계도면 작성	1. 조경식재 평면도 2. 조경식재 입면도
조경식재 시공	1. 조경식물	1. 조경식물 파악	1. 식물 생육 환경 2. 조경식물의 분류학적 특성 3. 조경식물의 외형적 특성 4. 조경식물의 생리·생태적 특성 5. 조경식물의 기능적 특성 6. 조경식물의 규격 7. 식재의 효과
	2. 기초식재공사	1. 굴취	1. 수목뿌리의 특성 2. 공정 특성 3. 뿌리 절단면 보호
		2. 수목 운반	1. 수목 상하차 작업 2. 수목 운반 작업 3. 수목 운반장비와 인력 운용
		3. 교목 식재	1. 교목 식재 방법 2. 교목 식재 장비와 도구 활용 방법
		4. 관목 식재	1. 관목 식재 방법 2. 관목 식재 장비와 도구 활용 방법
		5. 지피·초화류 식재	1. 지피·초화류 식재 방법 2. 지피·초화류 식재 장비와 도구 활용 방법
	3. 입체조경공사	1. 입체조경기반 조성	1. 녹화기반 조성 유형 2. 녹화기반 방수공법 3. 인공토양 종류별 특성
		2. 벽면녹화	1. 벽면녹화기반 환경특성 2. 벽면녹화 공법 3. 벽면녹화 재료
		3. 인공지반녹화	1. 인공지반녹화 환경특성 2. 인공지반녹화 공법 3. 인공지반녹화 재료
		4. 텃밭 조성	1. 텃밭 재배환경 2. 텃밭 작물의 종류 3. 텃밭 조성방법
		5. 인공지반조경공간 조성	1. 인공지반조경공간 환경특성 2. 인공지반조경공간 시설
	4. 잔디식재공사	1. 잔디 시험시공	1. 잔디 시험시공의 목적 2. 잔디의 종류와 특성 3. 잔디 파종법과 장단점 4. 잔디 파종 후 관리

필기과목명	주요항목	세부항목	세세항목
		2. 잔디 기반 조성	1. 잔디 식재기반 조성 2. 잔디 식재지의 급·배수 시설 3. 잔디 기반조성 장비의 종류
		3. 잔디 식재	1. 잔디의 규격과 품질 2. 잔디 소요량 산출 3. 잔디식재 공법 4. 잔디식재 후 관리
	5. 실내조경공사	1. 실내조경기반 조성	1. 실내환경 조건 2. 실내 조경시설 구조 3. 실내식물의 특성 4. 실내조명과 조도 5. 방수·방근
		2. 실내녹화기반 조성	1. 실내녹화기반 역할과 기능 2. 인공토양 종류별 특성
		3. 실내조경시설·점경물 설치	1. 실내조경 시설과 점경물 종류 2. 실내조경 시설과 점경물 설치
		4. 실내식물 식재	1. 실내식물의 장소와 기능별 품질 2. 실내식물 식재시공 3. 실내식물의 생육과 유지관리
조경시설물 시공	1. 조경시설 공사	1. 조경인공재료의 선정	1. 조경인공재료의 종류 2. 조경인공재료의 종류별 특성 3. 조경인공재료의 종류별 활용 4. 조경인공재료의 규격
		2. 시설물 설치 전 작업	1. 시설물 수량과 위치 파악 2. 현장상황과 설계도서 확인
		3. 안내시설 설치	1. 안내시설 종류 2. 안내시설 설치위치 선정 3. 안내시설 시공방법
		4. 옥외시설 설치	1. 옥외시설 종류 2. 옥외시설 설치위치 선정 3. 옥외시설 시공방법
		5. 놀이시설 설치	1. 놀이시설 종류 2. 놀이시설 설치위치 선정 3. 놀이시설 시공방법
		6. 운동 및 체력단련시설 설치	1. 운동 및 체력단련시설 종류 2. 운동 및 체력단련시설 설치위치 선정 3. 운동 및 체력단련시설 시공방법
		7. 경관조명시설 설치	1. 경관조명시설 종류 2. 경관조명시설 설치위치 선정 3. 경관조명시설 시공방법
		8. 환경조형물 설치	1. 환경조형물 종류 2. 환경조형물 설치위치 선정 3. 환경조형물 시공방법

필기과목명	주요항목	세부항목	세세항목
		9. 데크시설 설치	1. 데크시설 종류 2. 데크시설 설치위치 선정 3. 데크시설 시공방법
		10. 펜스 설치	1. 펜스 종류 2. 펜스 설치위치 선정 3. 펜스 시공방법
	2. 조경포장공사	1. 토공 및 도로 조성	1. 토양의 분류 및 특성 2. 지형의 묘사 3. 등고선의 정의 및 특징 4. 토량변화율 5. 측량일반 6. 정지 및 표토복원 7. 운반 및 기계화시공 8. 도로 및 포장의 종류와 패턴 9. 도로와 포장의 설계 및 시공시 고려사항
		2. 조경 포장기반 조성	1. 배수시설 및 배수체계 이해 2. 조경 포장기반공사 종류 3. 조경 포장기반공사 공정순서 4. 조경 포장기반공사 장비와 도구
		3. 조경 포장경계 공사	1. 조경 포장경계공사 종류 2. 조경 포장경계공사 방법 3. 조경 포장경계공사 공정순서 4. 조경 포장경계공사 장비와 도구
		4. 친환경흙포장 공사	1. 친환경흙포장공사 종류 2. 친환경흙포장공사 방법 3. 친환경흙포장공사 공정순서 4. 친환경흙포장공사 장비와 도구
		5. 탄성포장 공사	1. 탄성포장공사 종류 2. 탄성포장공사 방법 3. 탄성포장공사 공정순서 4. 탄성포장공사 장비와 도구
		6. 조립블록 포장 공사	1. 조립블록포장공사 종류 2. 조립블록포장공사 방법 3. 조립블록포장공사 공정순서 4. 조립블록포장공사 장비와 도구
		7. 조경 투수포장 공사	1. 조경 투수포장공사 종류 2. 조경 투수포장공사 방법 3. 조경 투수포장공사 공정순서 4. 조경 투수포장공사 장비와 도구
		8. 조경 콘크리트포장 공사	1. 조경 콘크리트포장공사 종류 2. 조경 콘크리트포장공사 방법 3. 조경 콘크리트포장공사 공정순서 4. 조경 콘크리트포장공사 장비와 도구
	3. 조경적산	1. 설계도서 검토	1. 식재설계도 검토 2. 시설물설계도 검토 3. 포장설계도 검토 4. 구조물설계도 검토 5. 조경공사시방서 검토

필기과목명	주요항목	세부항목	세세항목
		2. 수량산출서 작성	1. 수량 총괄표 작성 2. 단위 시설물별 수량 산출 3. 자재 집계표 작성
		3. 단가조사서 작성	1. 단가 조사표 작성 2. 견적 조사표 작성
		4. 일위대가표 작성	1. 자재단가 적용 2. 노임단가 적용 3. 중기사용료 산정 4. 표준품셈 적용
		5. 공종별 내역서 작성	1. 공정표 파악 2. 식재 공사비 산출 3. 시설물 공사비 산출 4. 포장 공사비 산출 5. 구조물 공사비 산출
		6. 공사비 원가계산서 작성	1. 직접공사비 산출 2. 간접공사비 산출 3. 공사원가계산 제비율 적용 4. 총공사비 산출 5. 공사비 적산 프로그램 활용
조경관리	1. 이용 및 운영관리	1. 이용관리	1. 이용관리의 체계 2. 이용관리의 원칙 3. 이용관리의 방식 4. 주민참여 운영프로그램 5. 레크레이션 유지관리
		2. 운영관리	1. 연간운영 관리계획 수립 2. 조직 관리 3. 재산 관리 4. 외주 관리 5. 민원 관리
	2. 조경공사 수목관리	1. 병해충 방제	1. 병해충 종류 2. 병해충 방제 방법 3. 농약 사용 및 취급 4. 병충해 방제 장비와 도구
		2. 관배수관리	1. 수목별 적정 관수 2. 식재지 적정 배수 3. 관배수 장비와 도구
		3. 제초관리	1. 잡초 발생시기와 방제 방법 2. 제초제 방제 시 주의 사항 3. 제초 장비와 도구
		4. 전정관리	1. 수목별 정지전정 특성 2. 정지전정 도구 3. 정지전정 시기와 방법 4. 연간 정지전정 관리계획 수립 5. 굵은 가지치기 6. 가지 길이 줄이기 7. 가지 솎기 8. 생울타리 다듬기 9. 가로수 가지치기 10. 상록교목 수관 다듬기 11. 화목류 정지전정 12. 소나무류 순 자르기

필기과목명	주요항목	세부항목	세세항목
		5. 수목보호조치	1. 수목피해 종류 2. 수목 손상과 보호조치
		6. 잔디관리	1. 잔디의 종류 2. 잔디의 보수작업 3. 잔디 유지관리
		7. 초화류 관리	1. 초화류의 종류 2. 초화류의 보수작업 3. 초화류 유지관리
		8. 시설물 보수 관리	1. 시설물 보수작업 종류 2. 시설물 유지관리 점검리스트
		9. 기타 조경관리	1. 공정관리 2. 노무관리 3. 자재관리 4. 원가관리 5. 안전관리
	3. 수목보호관리	1. 기상, 환경 피해 진단	1. 기상에 의한 피해 진단 2. 공해에 의한 피해 진단 3. 오염물질에 의한 피해 진단
		2. 토양 관리	1. 토양상태에 따른 수목 뿌리의 발달 2. 물리적 관리 3. 화학적 관리 4. 생물적 관리
		3. 수목 외과 수술	1. 수목 구조와 생리 2. 수목 외과수술 종류별 특성 3. 수목 외과수술 사후 관리
		4. 수목 뿌리 수술	1. 수목 뿌리와 생리 2. 수목 뿌리수술 종류별 특성 3. 수목 뿌리수술 사후 관리
		5. 지주목 관리	1. 지주목의 역할 2. 지주목의 크기와 종류 3. 지주목 점검 4. 지주목의 보수와 해체
		6. 멀칭 관리	1. 멀칭재료의 종류와 특성 2. 멀칭의 효과 3. 멀칭 점검
		7. 월동 관리	1. 월동 관리재료의 특성 2. 월동 관리대상 식물 선정 3. 월동 관리방법 4. 월동 관리재료의 사후처리
		8. 장비 유지 관리	1. 장비 사용법과 수리법 2. 장비 유지와 보관 방법
		9. 청결 유지 관리	1. 관리대상지역 청결 유지관리 시기 2. 관리대상지역 청결 유지관리 방법 3. 청소도구
	4. 비배관리	1. 연간 비배관리 계획 수립	1. 조경식물 현황 파악 2. 비배관리 물품정보 3. 비배관리 계획 수립

필기과목명	주요항목	세부항목	세세항목
		2. 수목 생육상태 진단	1. 수관 생육상태 진단 2. 뿌리 생육상태 진단 3. 토양 양분상태 진단
		3. 시비의 단계별 과정	1. 비료 종류 2. 비료 성분 및 효능 3. 시비 적정시기와 방법 4. 비료 사용 시 주의사항 5. 시비 장비와 도구
		4. 무기질비료주기	1. 식물과 무기질비료 성분의 상관성 2. 무기질비료 종류별 특성 3. 무기질비료 사용방법 4. 사용효과 모니터링
		5. 유기질비료주기	1. 식물과 유기질비료 성분의 상관성 2. 유기질비료 종류별 특성 3. 유기질비료 사용방법 4. 사용효과 모니터링
		6. 영양제 엽면 시비	1. 미량원소 결핍 증상 2. 엽면시비방법 3. 사용효과 모니터링
		7. 영양제 수간 주사	1. 수목 상태 판단 2. 수간주사 주입방법 3. 사용효과 모니터링
	5. 조경시설 관리	1. 조경시설 연간관리 계획 수립	1. 시설 유지관리 목표 설정 2. 시설 유지관리 방법 3. 연간관리 투입 자재와 장비 4. 연간관리 투입 인력 산정 5. 연간관리 시기와 예산 수립
		2. 급·배수 및 포장시설 관리	1. 급·배수 및 포장시설 점검 시기 2. 급·배수 및 포장시설 유지관리 방법
		3. 놀이시설 관리	1. 놀이시설 점검 시기 2. 놀이시설 유지관리 방법
		4. 관리 및 편익시설 관리	1. 관리 및 편익시설 점검 시기 2. 관리 및 편익시설 유지관리 방법
		5. 운동 및 체력단련시설 관리	1. 운동 및 체력단련시설 점검 시기 2. 운동 및 체력단련시설 유지관리 방법
		6. 경관조명시설 관리	1. 경관조명시설 점검 시기 2. 경관조명시설 유지관리 방법
		7. 안내시설 관리	1. 안내시설 점검 시기 2. 안내시설 유지관리 방법
		8. 수경시설 관리	1. 수경시설 점검 시기 2. 수경시설 유지관리 방법
		9. 목재시설 관리	1. 목재시설 점검 시기 2. 목재시설 유지관리 방법
		10. 옹벽 등 구조물 관리	1. 옹벽 등 구조물 점검 시기 2. 옹벽 등 구조물 유지관리 방법
		11. 생태조경(빗물처리시설, 생태못, 인공습지, 비탈면, 훼손지, 생태숲)관리	1. 생태조경 점검 시기 2. 생태조경 유지관리 방법

차례

CONQUEST 1 조경사

chapter01 서양 조경사

1>>> 고대 조경 48
- 1 고대 서부아시아 48
- 2 고대 이집트 49
- 3 고대 그리스 52
- 4 고대 로마 55

2>>> 중세 조경 59
- 1 중세 서구 59
- 2 중세 이슬람 세계 61

3>>> 르네상스 조경 67
- 1 이탈리아 67
- 2 프랑스 72
- 3 영국 정형식 정원 77
- 4 기타 유럽 국가 80

4>>> 근대와 현대 조경 84
- 1 18C 영국의 자연풍경식 84
- 2 영국 풍경식 정원의 영향 89
- 3 19C 조경 91
- 4 20C 조경 97

chapter02 중국 조경사

1>>> 중국정원의 특징 124
2>>> 시대별 조경특징 127
- 1 은(殷)시대 127
- 2 주(周)시대 127
- 3 진(秦)시대 127
- 4 한(漢)시대 127
- 5 삼국(三國)시대 128
- 6 진(동진東晋)시대 128
- 7 남·북조(南·北朝)시대 129
- 8 수(隋)시대 129
- 9 당(唐)시대 129
- 10 송대(宋代) 131
- 11 금(金)시대 133
- 12 원(元)시대 133
- 13 명(明)시대 134
- 14 청(淸)시대 136

chapter03 일본 조경사

1>>> 일본정원의 특징 143
2>>> 시대별 조경의 특징 144
- 1 상고(上古)시대 144
- 2 아스카(飛鳥)시대 144
- 3 나라(奈良)시대 145
- 4 헤이안(平安)시대 146
- 5 가마꾸라바쿠후(鎌倉幕府)시대 148
- 6 남북조시대 149
- 7 무로마찌(室町)시대 150
- 8 모모야마(桃山)시대 152
- 9 에도(江戸)시대 153
- 10 메이지(明治)시대 158

chapter04 한국 조경사

1»» 총론   164

2»» 원시 및 고대의 조경   171
- ① 고조선시대   171
- ② 삼국시대   171
- ③ 통일신라   174
- ④ 발해   178

3»» 중세(中世)의 정원 – 고려시대   179
- ① 총론   179
- ② 궁궐조경   179
- ③ 객관(客館)의 정원   182
- ④ 민간정원   182
- ⑤ 사원(寺院)의 정원   184
- ⑥ 정원의 주요 구성요소   185
- ⑦ 고려시대의 조경식물   186

4»» 근세(近世)의 정원 – 조선시대   187
- ① 총론   187
- ② 궁궐정원   187
- ③ 객관의 정원   196
- ④ 민간정원   197
- ⑤ 서원조경   208
- ⑥ 누원(樓苑)   211
- ⑦ 사찰(寺刹)정원   212
- ⑧ 조경문헌   214

5»» 20C 현대조경   216

CONQUEST 2 조경계획

chapter01 조경계획일반

1»» 조경의 정의 및 조경가의 역할   228

2»» 조경대상 및 타분야와의 관계   229

chapter02 조경계획

1»» 조경계획의 과정   235

2»» 자연환경조사분석   238
- ① 지형 및 지질조사   238
- ② 기후조사   240
- ③ 토양조사   241
- ④ 수문조사   244
- ⑤ 생태조사   244
- ⑥ 경관조사   249
- ⑦ 리모트 센싱에 의한 환경조사   253

3»» 인문 · 사회환경조사   253

4»» 분석의 종합 및 평가   255

5»» 계획의 접근방법   256
- ① 물리·생태적 접근   256
- ② 시각·미학적 접근   257
- ③ 사회행태적 접근   262

6»» 대안작성 및 기본계획   265

7»» 환경영향평가   269

chapter03 부분별 조경계획

1»» 시설물 조경계획   291
- ① 토지이용에 대한 법적 제한규정   291
- ② 단독주거공간   291
- ③ 집합주거공간   293
- ④ 비주거용 건물의 정원   298

2»» 공원녹지계획   299
- ① 도시공원녹지계획   299
- ② 자연공원계획   319

3»» 레크리에이션 조경계획   327

4»» 교통시설 조경계획   347

chapter04 조경계획 관련법규

1»» 국토기본법   385

2»» 국토의 계획 및 이용에 관한 법률   385

3»» 도시관리계획수립지침   389

4>>> 도시계획시설의 결정·구조 및
   설치기준에 관한 규칙   390
5>>> 도시공원 및 녹지 등에 관한 법률   392
6>>> 자연공원법   397
7>>> 건축법   399
8>>> 조경기준   400
9>>> 자연환경보전법   403
10>>> 환경정책기본법   407
11>>> 환경영향평가법   408

CONQUEST 3 조경설계

chapter01 설계의 기초

1>>> 제도의 기초   410
2>>> 선   410
3>>> 치수선의 사용   412
4>>> 설계기호 및 표현기법   414
5>>> 기타 제도 사항   416

chapter02 조경설계과정

1>>> 조경설계   430
2>>> 기본설계   431
3>>> 실시설계   433

chapter03 경관분석

1>>> 경관분석의 분류   442
2>>> 경관의 표현   444
  1 경관 이미지   444
  2 경관 선호도   445
3>>> 경관분석방법 및 유형   446
4>>> 경관분석의 접근방식   449
  1 생태학적 접근   449

  2 형식미학적 접근   451
  3 정신물리학적 접근   458
  4 심리학적 접근   459
  5 기호학적 접근   460
  6 현상학적 접근   461
  7 경제학적 접근   462
5>>> 경관평가 수행기법   462

chapter04 조경미학

1>>> 디자인 요소   474
  1 점   474
  2 선   474
  3 방향   475
  4 형태   476
  5 질감   476
2>>> 색채이론   477
3>>> 디자인원리 및 형태구성   485
  1 조화   485
  2 통일과 변화   485
  3 균형   486
  4 율동   487
  5 축   488
  6 강조   488
4>>> 환경미학   488
  1 시야의 척도   488
  2 시지각의 특성   488
  3 연속경관   489
  4 부각, 앙각, 응시, 착시   489
  5 공간의 한정 형태   491
  6 공간의 개방감과 폐쇄감   492
  7 공간과 거리감   493

chapter05 조경시설물의 설계

1 >>> 운동시설 설계 505
2 >>> 놀이시설물 설계 507
3 >>> 휴게시설물 설계 512
4 >>> 경관조명시설물 설계 514
5 >>> 수경시설물 설계 521
6 >>> 각종 포장설계 526
7 >>> 안내표지시설의 설계 531
8 >>> 기타 시설물의 설계 532

CONQUEST 4 조경식재

chapter01 식재일반

1 >>> 식재의 의의 556
2 >>> 식재의 효과와 이용 557
3 >>> 배식원리 562
4 >>> 경관조성식재 566

chapter02 식재계획 및 설계

1 >>> 설계일반 577
2 >>> 기능식재 578
 1 차폐식재 578
 2 가로막기식재 580
 3 녹음식재 581
 4 방음식재 582
 5 방풍식재 584
 6 방화식재 585
 7 방설식재 586
 8 지피식재 587
3 >>> 부분별 식재설계 590
 1 주택정원 590
 2 도시조경 590
 3 도로조경 593

4 공장조경 598
5 학교조경 601
6 단지식재 602
7 임해매립지조경 604
8 경사면식재 606
9 화단식재 607
4 >>> 실내조경과 식재설계 609

chapter03 조경식물재료

1 >>> 조경수목의 명명법 625
2 >>> 조경수목의 분류 626
3 >>> 조경식물의 생리·생태적 특성 634
4 >>> 조경식물의 내환경성 644
5 >>> 조경수목의 학명 650

chapter04 조경식물의 생태와 식재

1 >>> 식물군락 673
2 >>> 개체군의 생태 676
3 >>> 군집의 생태 678
4 >>> 식생조사 679
5 >>> 군락식재 설계 683

chapter05 식재공사

1 >>> 수목의 조건 및 규격 690
2 >>> 수목의 이식시기 692
3 >>> 수목의 이식공사 693
4 >>> 잔디 및 지피식재 702
5 >>> 옥상조경 및 벽면조경 713
6 >>> 생태환경 복원공사 721
 1 환경복원녹화 721
 2 비탈면 녹화설계 722
 3 생태계 복원공사 725
 4 자연형 하천 728

5 인공습지 및 생태연못   729

6 생태통로 및 어도   730

7 훼손지 복구   730

8 생물서식공간 조성   731

9 생태계 이전   732

10 자연환경림   732

CONQUEST 5 조경시공구조학

chapter01 시공의 개요

1 >>> 조경시공재료   746

2 >>> 시방서   748

3 >>> 공사계약 및 시공방식   749

4 >>> 공사관리   756

5 >>> 공정표   761

chapter02 조경시공 일반

1 >>> 공사준비   776

2 >>> 토양 및 토질   777

3 >>> 지형 및 시공측량   786

4 >>> 정지 및 표토복원   799

5 >>> 가설공사   801

chapter03 공종별 조경시공

1 >>> 토공 및 지반공사   813

2 >>> 운반 및 기계화시공   819

3 >>> 콘크리트공사   820

4 >>> 목공사   832

5 >>> 석공사   836

6 >>> 조적공사   842

7 >>> 기타공사   844

chapter04 조경시설공사

1 >>> 포장공사   872

2 >>> 급·관수시설공사   875

3 >>> 배수시설공사   879

4 >>> 순환로 공사설계   887

chapter05 조경적산

1 >>> 수량산출 및 품셈   911

1 개요   911

2 토공량   916

3 운반 및 기계   919

4 콘크리트량   923

5 목재량   925

6 석재량   925

7 벽돌량   926

8 수목 및 잔디   926

9 조경구조물   929

2 >>> 공사비 산출   930

chapter06 기본구조역학

1 >>> 구조설계의 개념과 과정   955

2 >>> 힘과 모멘트   955

3 >>> 구조물   959

4 >>> 부재의 선택과 크기결정   961

1 보의 종류   961

2 내·외응력의 종류   963

3 단면의 성질   966

4 보의 설계   967

5 장·단주의 설계   969

6 담장의 구조설계   972

7 옹벽의 안전성검토   973

CONQUEST 6 조경관리론

chapter01 조경관리의 운영
1≫ 조경관리의 의의와 기능　992
2≫ 운영관리　993

chapter02 이용관리계획
1≫ 이용자관리　1000
2≫ 주민참가　1003
3≫ 레크리에이션 관리　1005
4≫ 레크리에이션 수용능력　1010

chapter03 조경식물관리
1≫ 조경수목의 관리　1022
1 정지 및 전정　1022
2 시비　1030
3 관수　1036
4 멀칭　1038
5 월동관리　1038
6 지주목　1038
7 상처치료 및 외과수술　1039
8 조경수목의 생육장해　1041
2≫ 초화류의 유지관리　1043
3≫ 잔디관리 및 잡초관리　1045
4≫ 병·충해 관리　1057
5≫ 농약관리　1077

chapter04 시설물 유지관리
1≫ 시설물 유지관리 개요　1115
2≫ 기반시설의 유지관리　1116
1 포장관리　1116
2 배수관리　1121
3 비탈면 관리　1124
4 옹벽　1126
3≫ 편익 및 유희시설의 유지관리　1129
1 재료별 유지관리　1129
2 편익시설별 유지관리　1133
3 유희시설유지관리　1137
4≫ 건축물의 유지관리　1138

CONQUEST 7 최근 기출문제
조경기사　1151

CONQUEST 8 최근 기출문제
조경산업기사　1401

CONQUEST

1

조경사

일반적으로 역사라고 할 경우 인류 사회의 변천과 흥망의 과정을 말하며, 과거 및 현재에 인간이 행한 지적·예술적·사회적 활동을 일컫는다. 이러한 역사의 발자취로 조경 또한 '조경사(造景史)'란 이름으로 존재한다. 지나온 조경의 흔적들과 그것이 이루어진 지역적·시대적 배경과 환경적 여건을 돌아보며, 발전해 온 양식(樣式)과 사회·문화적 유산에 대한 이해와 접근으로 조경에 대한 새로운 가치를 정립할 수 있다.

조경사적 역사 연대표

연대	서양	중국	일본	한국
BC4500	· 메소포타미아 BC4500~BC300 · 이집트 BC4000~BC500	은시대	상고시대 ~592	고조선시대
BC1000		주시대 BC11C~BC250		
BC500	그리스 BC500~BC300			
BC300				
BC200	로마 BC330~AD476	진시대 BC249~BC207		
BC100		한시대 BC206~AD220		삼국시대 BC57~AD668 · 고구려 BC37~668 · 백제 BC18~660 · 신라 BC57~668
AD200		삼국시대 221~280		
400		진시대 256~419		
500		남북조시대 420~581		
600	· 중세 서구 5C~15C · 중세 이슬람 7C~18C	수시대 581~618	아스카시대 593~709	
700		당시대 618~907	나라시대 710~792	· 통일신라 668~935 · 발해 698~926
800				
900		· 송시대 960~1279 · 금시대 1152~1234 · 원시대 1206~1367	헤이안시대 (전)793~966	
1000				고려시대 918~1392
1100			헤이안시대 (후)1086~1191	
1200				
1300			가마꾸라바쿠후 1191~1333	
1400	르네상스 15C~17C	명시대 1368~1644	무로마찌시대 (남북시대) 1334~1573	조선시대 1392~1910
1500			모모야마시대 1576~1615	
1600		청시대 1616~1911	에도시대 1603~1867	
1700	18C			
1800	19C		메이지시대 1868~1912	
1900	20C			일제강점기 1910~1945

서양 조경사 시대별 요약표

고대	메소포타미아 BC4500~ BC300	특징	높은 대지 선호, 수목 신성시, 아치와 볼트 발달	
		건축	건축물	지구라트, 바벨탑, 수메리안 사원
			지구라트	나무숲과 정상에 사원 : 신들의 거처, 천체 관측소
			주택	주정을 중심으로 각 방의 배치
		조경	수렵원	· 숲(Quitsu) : 천연적 산림 – 안전지대 · 사냥터(Kiru) : 사람의 손이 가해진 수렵원
			니네베 궁전	언덕 위 궁전 : 성벽 설치, 수목 식재, 앗슈르 신전
			니푸르 점토판	세계 최초의 도시계획 자료 : 운하, 신전, 도시공원
			공중정원	세계 최초의 옥상정원 : 네브카드네자르 2세, 아미티스 왕비
			파라다이스 가든	지상낙원 천국 묘사 : 사분원, 페르시아 양탄자 문양
	이집트 BC4000~ BC500	특징	수목 신성시, 관개시설 발달, 물이 정원의 주요소, 사후세계 관심	
		건축	신전전축	예배신전, 장제신전 – 열주있는 안뜰, 다주실, 성소
			신전전축	마스타바, 피라미드, 스핑크스, 오벨리스크
		조경	주택조경	대칭적 배치(균제미), 높은 담, 탑문, 수목 열식, 방형 및 T형 연못(침상지), 키오스크, 화분, 포도나무 시렁
			분묘벽화	· 테베의 아메노피스 3세 때의 신하 묘 벽화 · 텔 엘 아마르나의 아메노피스 4세의 친구 메리레 정원도
			신원	핫셉수트 여왕 장제신전 : 현존 최고(最古)의 정원유적, 센누트 설계, 수목 수입, 3개 노단, 경사로 연결, 식재 구덩이
			사자의 정원	· 정원장 관습, 가옥·묘지주변에 정원 설치 · 테베의 레크미라 분묘 벽화 : 구형 연못, 수목 열식, 관수, 키오스크
	그리스 BC500~ BC300	특징	도시국가, 공공조경 발달	
		건축	양식	도리아식, 이오니아식, 코린트식 : 비례·균제·자연미
		주택조경	주택정원	프리에네 주택 : 주랑식 중정, 메가론
			아도니스원	아도니스 추모 : 푸른색 식물(보리·밀·상추) 아도니스상 주위 배치, 포트가든·옥상가든으로 발전
		공공조경	성림	신에 대한 숭배와 제사 : 수목과 숲의 신성시
			김나지움	청년들의 체육장소가 대중적 정원으로 발달(나지)
			아카데미	최초의 대학 : 플라타너스 열식, 제단, 주랑, 벤치
		도시조경	히포다무스	최초의 도시계획가 : 밀레토스 계획(히포다미안, 밀레시안)
			아고라	도시광장의 효시 : 토론과 선거, 상품거래
	로마 BC330~ AD476	특징	정원을 건축적 공간의 하나로 인식, 토피어리 최초사용	
		건축	별장 유행	콜루멜라의 데 레 러스티카 : 정원 묘사
		주택조경	주택정원	· 아트리움(제1중정) : 공적장소 – 무열주 공간, 바닥 포장 · 페리스틸리움(제2중정) : 사적공간 – 주랑식 공간, 비포장 · 지스터스(후원) : 수목 식재, 과수원, 채소원, 연못, 수로
			판사가	로마주택의 원형 : 아트리움, 페리스틸리움, 지스터스
			베티가	실내·외의 구분 모호(노천식) : 아트리움, 페리스틸리움
			티브루티누스가	수로로 이등분된 정원

	로마 BC330~ AD476		빌라	· 전원형 빌라, 도시형 빌라, 혼합형 빌라 · 라우렌티아나장(혼합형) : 봄·겨울용 별장 · 투스카나장(도시형) : 여름 피서용 별장 – 노단식 · 아드리아누스 황제별장 : 대규모 별장으로 도읍과 흡사 · 네로 이궁 : 티베르강 서편 거대한 궁
		공공조경	포룸	아고라와 같은 개념 : 후세 광장의 전신, 지배계급 장소
			시장	교역을 위한 장소, 자유로운 일반인 출입
		정원식물		장미, 백합, 향제비꽃, 아칸더스, 방향식물, 덩굴식물, 사이프러스, 주목, 토피어리
중세	서구 5C~16C	특징		· 약 1000년간의 암흑시기(합리주의 결여) · 수도원조·성관조경 : 매듭화단, 미원, 토피어리, 분수, 퍼걸러
		건축	양식변화	초기기독교양식, 로마네스크양식, 고딕양식
		조경	수도원정원	이탈리아 발달, 실용원(채소원·약초원), 장식원(클로이스터 가든 : 휴식과 사교, 사분원과 파라디소)
			성관정원	프랑스·잉글랜드에 발달 : 자급자족 기능(과수원, 초본원, 유원), 폐쇄적 내부공간 지향 수법
	이슬람 7C~17C	이란	특징	낙원에 대한 동경, 녹음수 애호, 생물의 묘사 금기, 르네상스 노단식과 수경기법에 영향 미침
			조경	높은 울담, 물, 녹음수, 과수, 화훼류 도입, 사분원
			입지조건	· 산지형 : 노단 형성(캐스케이드, 분수), 정상부 사적공간(키오스크), 하단 공적공간 · 평지형 : 사분원 형태
			이스파한	계획적 정원도시 : 왕의 광장, 40주궁, 차하르바그
			차하르바그	도로공원의 원형, 7Km 도로, 노단과 수로 및 연못
			황제도로	이스파한과 시라즈 관통
		스페인	특징	기독교 문화와 동방취미 가미된 이슬람문화의 혼합
			조경	이집트, 페니키아의 정형적 정원과 로마 및 비잔틴의 복합적 양식, 내향적 공간 추구 : 파티오 발달, 연못, 분수, 샘
			대모스크	2/3의 원주의 숲, 1/3의 오렌지 중정(연못, 분수)
			알카자르 궁전	3개 부분으로 구획 : 연결부에 가든 게이트, 창살 창
			알함브라 궁전	· 무어양식의 극치 : 붉은 벽돌로 축조(홍궁) · 알베르카 중정 : 주정으로 공적장소 – 천인화의 중정, 도금양의 중정 · 사자의 중정 : 가장 화려, 주랑식 중정, 사분원 · 다라하의 중정 : 부인실에 접속한 여성적 장식 · 레하의 중정 : 가장 작은 규모 – 사이프러스 중정
			헤네랄리페 이궁	피서 행궁, 경사지 노단식, 수로의 중정, 사이프러스 중정(후궁의 중정)
			구성요소	높은 울담, 물, 녹음수, 연못과 연꽃, 연못가 원정
		인도	조경	· 산지형 : 캐시미르 지방 – 노단식 피서용 바그 발달 · 평지형 : 아그라·델리지방 – 궁전이나 묘지 발달
			특징	별장정원 발달, 비트루비우스 원리, 자연경관의 외향적 지향, 지형과 실용성으로 인해 전파 곤란, 조경가 및 시민 자본가 등장
			발생시기	15C – 중서부 토스카나 지방, 16C – 로마 근교, 17C – 북부의 제노바

르네 상스 15C~ 17C	이탈리아	구성	노단이 중요한 경관요소, 자연경관과 수림 이용, 건물의 주축 사용, 고전적 비례, 원근법 사용, 노단처리는 물을 주요소로 사용, 흰대리석과 수목의 강한 대비
		시각적 구조물	· 수경요소 : 캐스케이드, 분수, 분천, 연못, 벽천, 물극장, 수로 · 구조물 : 테라스, 정원문, 계단, 난간, 정원극장, 카지노 · 점경물 : 대리석 입상의 단독 및 군상 설치
		정원식물	· 상록수 : 월계수, 가시나무, 종려, 감탕나무, 유럽적송 – 단독 및 총림 · 낙엽활엽수 : 회양목, 월계수, 감탕나무, 주목 – 화훼류는 소수 사용
		전기(15C) 토스카나 지방 — 특징	르네상스 발상지 – 메디치 영향, 고대 로마별장 모방(중세적 색채), 위치 선정과 조닝, 알베르띠의 건축십서
		전기(15C) 토스카나 지방 — 카레지오장	메디치가 최초의 빌라, 미켈로지 설계
		전기(15C) 토스카나 지방 — 피에졸레장	전형적 토스카나 지방의 빌라, 미켈로지 설계(알베르띠 부지설계원칙 적용)
		전기(15C) 토스카나 지방 — 그 외	살비아티장, 카프아쥬올로장, 풋지어아카이아노장, 팔미에리장
		중기(16C) 로마근교 — 특징	르네상스 최전성기 – 이탈리아 3대 별장(에스테장, 란테장, 파르네제장), 이탈리아식 별장정원·노단건축 정원 등장, 합리적 질서보다는 시각적 효과 관심
		중기(16C) 로마근교 — 벨베데레원	브라망테 설계, 16C 초 대표적 정원, 작은 빌라 연결, 노단식 건축의 시작 – 기하학적 대칭, 축의 개념
		중기(16C) 로마근교 — 마다마장	라파엘로 설계 후 상갈로 완성, 광대한 정원 배치
		중기(16C) 로마근교 — 파르네제장	비뇰라 설계, 2개 테라스, 캐스케이드
		중기(16C) 로마근교 — 에스테장	리고리오 설계, 전형적 이탈리아 르네상스 정원, 명확한 축, 4개 테라스, 수경 올리비에리 설계
		중기(16C) 로마근교 — 란테장	비뇰라 설계, 정원 3대 원칙(총림, 테라스, 화단)의 조화, 정원축과 수경축 완전일치, 4개 테라스, 쌍둥이 카지노
		중기(16C) 로마근교 — 포포로 광장	중심에 오벨리스크(16C), 네 귀퉁이에 좌사자상(19C)
		후기(17C) — 특징	· 매너리즘과 바로크 양식의 대두 · 건축은 바로크 양식(미켈란젤로 시작)으로 발전하였으나 조경은 늦게 적용 · 균제미 이탈, 지나친 곡선장식, 토피어리 난용, 미원 복잡, 과도한 식물과 색채 사용
		후기(17C) — 감베라이아장	매너리즘 양식의 대표적 빌라 – 엄격하리만큼 단순
		후기(17C) — 알도브란디니 장	바로크 양식, 지아코모 데라 포르타 설계, 2개 노단
		후기(17C) — 이졸라벨라장	대표적 바로크 양식 정원, 호수의 섬 전체를 정원화, 10개 테라스
		후기(17C) — 가르조니장	바로크 양식의 최고봉, 건물과 정원 분리, 2개의 노단
		후기(17C) — 란셀로티장	바로크 양식 빌라
	프랑스	특징	· 도시주택과 성관 발달, 절대주의 왕정확립, 예술에 대한 후원 · 르네상스 시대 3대 정원가 : 몰레, 세르, 브와소
		양식	· 16C 초~17C 초 이탈리아 양식 확대 발전 · 17C 말 평면기하학식(프랑스풍 바로크 양식)
		평면 기하학식	앙드레 르 노트르의 프랑스 조경양식 확립, 화단, 수면 등 평면적 요소와 산림의 수직적 요소 사용, 수면에 반사시킨 유니티, 장엄한 스케일, 비스타 형성

르네상스 15C~ 17C	프랑스	구성요소	소로와 축선, 자수화단의 밝은 색 화초, 생울타리와 총림, 격자울타리, 조소·조각, 아웃도어 룸
		보르 비콩트	· 최초의 평면기하학식 정원 : 기하학, 원근법, 광학의 법칙 적용 · 루이 르 보(건축), 샤를 르 브렁(실내장식), 르 노트르(조경) 설계 · 조경이 주요소, 거대한 총림의 비스타, 대규모 수로, 자수화단, 해자, 산책로, 벽천, 동굴
		베르사유궁	· 루이 르 보(건축), 샤를 르 브렁(실내장식), 르 노트르(조경) 설계 · 중심축선과 명확한 균형 형성, 방사상의 축선으로 태양왕 상징 · 주축선 : 거울의 방 → 물화단 → 라토나 분수 → 왕자의 가로 → 아폴로 분천 → 대수로 · 강한 축, 총림의 비스타, 십자형 대수로, 브란그란, 롱프윙, 미원, 연못, 야외극장, 감귤원, 스위스 호수, 대트리아농, 프티 트리아농
	영국	특징	잔디밭과 볼링그린 성행, 튜더조에 르네상스 절정
		양식	영국정형식 정원 : 부유층 중심으로 발달, 테라스·석재난간·소로장식
		구성요소	곧은 길, 축산, 볼링 그린, 매듭화단, 약초원, 토피어리, 문주
		튜더조 (16C)	특징: 소규모 정원 발달(성 캐서린 수도원), 성관이 변화하며 유럽정원으로 확대, 가산(축산)의 시초
			리치몬드 왕궁: 자수화단, 퍼걸러, 운동시설
			햄프턴 코트 성궁: 수차례의 개조로 여러 나라의 영향을 가장 많이 받음
			몬타큐트 정원: 상하단 분리된 단순한 평면, 주축선, 포장 원로
		스튜어트 왕조(17C)	특징: 장원건축과 조경 쇠퇴, 이탈리아(테라스,난간,화분,조각), 네덜란드(토피어리, 튤립화단), 프랑스(방사형 소로, 연못, 통경선, 전정 산울타리), 중국의 영향
			레벤스 홀: 기음 보용 설계, 토피어리 집합정원, 볼링그린, 포장 산책로
			멜버른홀: 최초의 상업 조경가(런던, 와이즈) 설계, 영국적 성격에 프랑스풍 가미
			채스워스: 런던과 와이즈 설계(바로크 형태 적용), 자수화단, 건물 축선, 캐스케이드
	독일	특징	16C 말 르네상스 출현, 정원서 번역 및 저술, 식물학 연구, 식물원 건립
		학교원	건축가 푸리텐바흐 – 이탈리아·프랑스 정원을 독일에 맞게 수정
		정원	하이델베르그 성관 주위정원(오렌지 과수원, 화단)
	네덜란드	특징	16C 르네상스 정원 도입(이탈리아 취향), 테라스·미원·가산, 수로(배수와 경계), 토피어리, 조각품, 화분, 원정, 썸머하우스, 헤트 루궁·하우스 노버그궁·샤블롱 정원
	오스트리아	벨베데레원	바로크풍 정원, 2개의 테라스(하단 거주지, 상단 대규모 위락지)
		쉔브른 성	프랑스풍 바로크정원(대규모 정원), 로코코양식 실내장식
		미라벨 정원	평면기하학식 바로크정원, 무늬화단, 총림, 연못, 대리석 조각물
		발생배경	경제력 증대와 중국의 영향, 계몽사상, 낭만주의 발달, 17C 정형식 정원의 한계, 전원생활 선호, 자연주의 운동
		사상가	라이프니치, 볼테르, 루소
		문학작품	에디슨, 포프, 센스톤의 정원예술 문학작품 발표
		조경가	스위쳐, 반브러프, 브리지맨, 켄트, 브라운, 렙턴, 챔버
		스토우 가든	18C 영국 풍경식정원 변화과정을 잘 보여주는 작품 : 브리지맨·반프러프 설계, 켄트·브라운 수정, 브라운 개조
		로스햄	브리지맨 설계, 켄트 개조

근대	18C 자연풍경 식정원		스투어헤드	브리지맨·켄트 설계, 신화와 연관된 연속적 변화 경관, 로랭의 그림에 기초를 두어 설계
			블렌하임 궁원	와이즈·바브러프 조성, 브라운 개조(브라운의 연못)
		프랑스	발생배경	계몽주의와 낭만주의 영향으로 영국풍정원 유행, 풍경식정원의 동경, 낭만주의적 정원·감상주의적 정원으로 지칭
			프티트리아농	영국 풍경식정원을 받아들인 프랑스 풍경식 대표 정원, 마리 앙트와네트의 전원생활, 실제 촌락
			에르메농빌	대임원, 소임원, 벽지의 3부분 구성, 루소의 묘
			말메종	베르토 설계, 조세핀의 원예취미로 수목·화훼 식재
		독일	발생배경	영국 풍경식정원이 프랑스보다 늦게 유입, 독자적 정원양식 형성
			시베베르원	독일 최초의 풍경식정원
			데시테드 정원	임원에 지리 및 생육상태 등 과학적 배려
			무스카우성 임원	독일 풍경식정원의 대표작
			조경가	히르시펠트(정원 예술론), 칸트, 괴테(바이마르공원)
		미국	발생배경	18C 초 낭만주의적 풍경식정원 도입과 19C 초까지 영국 르네상스영향 강하게 반영
			조경	마운트 버논, 몬티첼로와 버지니아 대학
	19C	영국의 절충주의	배경	감상주의 쇠퇴로 절충식 탄생, 조경가의 현실의식과 식물에 관심, 생육 환경에 따른 식물의 사용
			정원개조	배리(로마 별장수법), 팩스턴(정형식과 비정형식의 절충 : 수정궁)
		미국의 절충주의	형성과정	19C 중엽 유럽의 낭만주의나 절충주의, 중세복고주의 경향이 풍미, 19C 말 미국의 절충주의 발생(Country Place Era)
			조경	트리니티교회당(헌트), 빌라드하우스(화이트·미드·맥킴), 빌트모어장(헌트·옴스테드)
		영국의 공공조경	형성배경	산업발달과 도시민의 공원 욕구
			리젠트 파크	건축가 존 나쉬 계획, 법령제정, 위락지와 주택지 구분, 버큰헤드 조성에 영향
			세인트 제임스 공원	존 나쉬 계획, 물결무늬 선의 자연형 연못 개조
			버큰헤드 파크	조셉 팩스턴 설계, 역사상 최초의 시민공원(자본), 위락지와 주택지 구분, 절충주의적 표현(이오니아·고딕·이탈리아·노르만·중국)
		미국의 공공조경	특징	이민자의 증가에 따른 필요성 대두, 공적 복지후생, 최초의 공원법 제정, 환경보존법 제정
			센트럴 파크	옴스테드·보우 설계(그린스워드 안), 민주적 도시공원의 효시, 낭만주의·회화적 공원, 세계 도시공원에 영향
			국립공원	옐로스톤공원, 요세미티공원
			공원계통	수도권공원계통, 보스턴공원계통, 보스턴메트로폴리탄녹지체계
			박람회	시카고박람회 : 세계콜럼비아박람회, 건축(다니엘 번함·룻스), 도시(맥킴), 조경(옴스테드) 설계, 건축·토목과 공동작업, 로마 아메리칸아카데미 설립
			협회 창설	미국조경가협회(ASLA) 창설 : 미국 조경계의 자부심

	19C	프랑스		볼로뉴숲(풍경식), 몽수리
		독일		보겔게상파크(독일 최초), 프리드리히스하인공원, 테어가르텐, 도시림, 분구원
		근세구성식	배경	19C 말 새롭게 태어난 건축식 정원, 영국에서 발생하여 유럽에 전파, 소정원으로 복귀, 정원의장·식물에 대한 관심 증가
			조경가	로빈스, 지킬, 니콜스, 무테시우스(옥외실)
현대 20C	유럽	조경		기능과 합리성 추구의 국제주의양식 대두
		신도시	하워드	'내일의 전원도시' 제안, 낮은 인구밀도, 공원 개발, 기능적 그린벨트, 전원과 도심, 자족기능 도시
			기데스	'진화하는 도시', 도시의 지구적 확장 주시
			애버크롬비·포사워	'런던지역계획', 행정구역을 생물학적으로 분석, 근린주구의 구성개념 제안
			지테	오픈스페이스 계획과 가로경관의 세련화, 도시분석
		디자인 운동	배경	19C 말 공장생산품의 조잡성 비판, 러스킨(베니스의 돌), 모리스(미술공예운동)
			새로운 양식	큐비즘, 아르누보, 데스틸, 바우하우스, 러시아 구성주의, 예술실존주의
		초기 모더니즘	형성과정	힐의 영국 건축과 정원의 모더니즘 시작, 우드하우스 콥스(힐·지킬)
			전시회	국제 근대장식 및 산업미술전시회(파리), 국제정원설계전시회(영국)
			영국정원	성 안네의 정원(터너드), 해밀 햄프스테드 신도시계획(젤리코 : 세계조경가협회 초대회장)
		자연과의 조화	조경	구엘공원(가우디), 아루스대학교 캠퍼스(소렌슨), 보스공원(레크레이션 근대공원 효시), 우드랜드 묘지(아스프룬드)
	미국	도시미화 운동		로빈슨이 이론적 배경 마련, 도시미술·도시설계·도식시개혁·도시개량의 미화요소, 부작용 발생
		전원도시	하워드 영향	하워드의 전원도시의 현실화, 레드번, 치코피, 그린힐즈, 노리스 그린벨트, 그린데일
			레드번계획	스타인·라이트 설계, 오픈스페이스, 보·차도 분리, 막힌 골목(cul – de – sac), 주거지와 주요시설의 보도연결
		도시개발	광역조경계획	테네시강유역개발공사(TVA) 설립, 미시시피강·테네시강 유역에 21개 댐 건설, 지역개발·수자원개발 효시, 조경가 대거 참여
		초기 모더니즘	특성	건물과 정원을 하나로 구성, 조경을 통하여 예술적 의도의 표현 – 자유로운 공간구성, 실용적 공간, 공간질서의 추구
			조경가	플래트(신고전주의 정원 : 절충주의운동 촉발), 파란드(캠퍼스조경, 록펠러 정원, 동양의 조각물), 스틸(소정원 설계 : 옥외거실, 초아트장원 : 정형과 비정형)
		하버드 혁명	배경	조경교육의 개혁 주장(로즈, 에크보, 카일리), 모더니즘 촉발 계기, 터너드의 모더니즘 이념적 지도
			조경가	로즈(로즈정원), 에크보(프레스노 몰, LA 정원), 카일리(밀러의 정원), 처치(도넬장 정원)
			신양식	캘리포니아양식 : 기하학(서양)과 음양조화(동양) 혼합
	중남미	브라질	벌 막스	향토식물의 조경수 활용, 열대경관의 새로운 인식
		멕시코	바라간	멕시코 자연에 대비한 채색벽면, 페드레갈 정원 분수
	호주	도시계획		'캔버라 신수도 국제설계공모' : 그리핀 당선, 하워드의 전원도시 구상에 도시미화운동 아이디어 추가

중국 조경사 시대별 요약표

은		산림지대에서 수렵, 수렵원 별도로 없음	
주 BC11C~BC250	원·포·유	원(과수원), 포(채소원), 유(동물원) – 춘추좌씨전	
	영대·영소	연못을 파고 그 흙으로 영대 축조 – 조망(낮)과 은성명월(밤) 즐김	
진 BC249~BC207	난지궁	난지 : 대규모 연못과 섬(봉래산) – 신선사상 최초	
	아방궁	대규모 궁궐	
한 BC206~AD220	상림원	꽃나무, 동물 사육, 사냥터로 사용	
	태액지	금원으로 건장궁 내의 곡지(영주·봉래·방장 세 섬) – 신선사상	
	대·관	제왕을 위해 축조	
	원광한 정원	개인정원으로 격류 설치, 수리에 걸쳐 암석 축조 – 서경잡기	
삼국시대 221~280	화림원	위·촉·오 모두 금원으로 화림원 설치(연못)	
진 256~419	왕희지	난정에 곡수거 조성(유상곡수연) – 난정기	
	도연명	안빈낙도 철학 – 귀거래사, 귀원전거, 도화원기, 오류선생전	
남북조 420~581	남조	오나라의 화림원 계승	
	북조	위나라의 화림원 계승 : 낙양가람기, 서산에 선인관 축조	
수 581~618	현인궁	기금이수, 초목류로 궁원 장식, 연못 – 대업잡기	
당 618~907	특징	중국정원의 기본적 양식 확립 : 인위적 정원 중시	
	장안3원	서내원, 동내원, 대흥원	
	온천궁	이궁으로 양귀비와 관련 : 백낙천 장한가, 두보의 시에 묘사	
	취미궁	산 전체를 궁원화	
	구성궁	산구를 의지해 궁전 축조, 대지를 파 정수 식재 – 구성궁예천명	
	대명궁	함원전, 선정전, 자신전 등 누각 : 태액지를 중심으로 조성	
	흥경궁	태종의 사저에 조영 : 용지, 용당, 침향정	
	낙양정원	운하를 이용하여 강남의 명석으로 정원장식 : 당대의 양식 완성	
	민간정원	왕유 – 망천별업, 백거이 – 중국조경의 개조, 이덕유 – 평천산거계자손기	
송 960~1279	북송	경림원	석류원, 앵도원 축조 – 술집 운영
		화자강	취징전, 홍교, 봉주, 인지전
		만세산 (간산)	휘종이 세자를 위해 석가산 축조(석가산수법 성행), 자연 묘사 축경식 정원, 화석강 폐해
		민간정원	이격비 – 낙양명원기, 구양수 – 화방재기, 구양수 – 취옹정기, 사마광 – 독락원기, 주돈이 – 애련설
		창랑정	연못과 가산, 동굴, 108종의 창문양식 – 소순흠 조성
	남송	덕수궁	연못을 서호처럼 축조, 석가산, 취원루
		민간정원	일반인의 정원에도 태호석 사용
		장모	궁정 조경사로 자신의 정원을 공개
		주밀	오흥원림기 – 유자청 정원, 일반정원과 화목, 과수 사용 기록

금 1152~1234	금원		태액지를 만들어 경화도 축조 - 원·명·청의 궁원 역할
원 1206~1367	금원		석가산과 동굴 축조, 만수산에 라마탑, 전각, 정자 축조 - 현 북해공원
	민간정원	북경	염희헌 만유당
		소주	사자림정원(주덕윤, 예운림 설계) - 석가산, 선자정(사자정, 부채꼴 정자)
명 1368~1644	특징	남경	산수가 수려하여 쉽게 경관 향상 가능
		북경	왕성이었으므로 귀현의 정원 다수 : 작원, 이원, 청화원
		소주	저명한 화가나 문인의 명원 다수 : 졸정원, 유원, 예포
	궁원	어화원	금원으로 석가산, 동굴 조성
		경산	풍수설에 따라 5개 봉우리 조성 - 만세산
	명원	작원	미만종 설계, 태호석과 수목, 못을 만들어 자연경관 조성 - 작원수계도
		졸정원	· 왕헌신 개조, 대표적 사가정원, 반 이상이 수경, 3개섬을 잇는 곡교, 정자, 소비홍, 원향당(욕양선어 수법 : 홍루몽 대관원)
		유원	허와 실, 명과 암의 공간처리, 유기적 건축배치 - 화가포지, 태호봉석
	경원서적	계성	원야 3권 : 작정서(그림 표현 유일, 일명 탈천공) 에도시대에 영향, 원림조성의 70%가 설계자 책임, 차경수법
		문진향	장물지 12권 : 실로, 화목, 수석, 식어 등, 배식에 관한 유일한 책, 수경시설 조성법
		왕세정	유금릉제원기 : 남경의 36개 명원 소개
		육소형	경 : 산거생활 수필집
청 1616~1911	특징		중국 조경사상 가장 융성한 시기, 수량·규모면애서 명나라 능가, 강남의 사가정원 모방, 집금식 수법 사용
	금원	어화원	목단·태평화 화단
		건륭화원	고화헌·수초당·췌상루·부망각·권근재 5개 구역 구성
		경산	풍수설에 따른 인조산 - 황성의 병풍 역할
		서원	외원 - 금·원·명이래 금원 자리 - 북해·중해·남해 3부분 구성
	이궁	이화원	궁정구·호경구·전산구·후호구 4구역 구성, 청조 말 목조건축 및 중국정원 대표작 - 불향각 중심의 수원(곤명호)
		원명원	동양 최초 서양식(프랑스식) 정원, 어제원명원도시에 40경 선정, 대서수법도, 선교사 서간으로 추측
		피서산장	여름별장, 원의 4/5가 산과 구릉, 강남지방 아취 모방, 궁전구·호수구·평원구·산구 4구역 구분, 강희제 36경·건륭제 36경(피서산장도영)
	명원	양주	팔가화원, 양주화방록 18권(명원 소개, 17권은 공단영조록으로 건축수법기술) - 조경기술과 건축기술의 극치
		소주	소주부지(명나라 271, 청나라 130개소 원림), 태호가 가까이 있어 암석 이용 및 석가산 수법 충족, 호장한 것보다 유정한 느낌의 정원 조성

일본 조경사 시대별 요약표

상고시대 ~592	신지		상세사상에서 파생된 지천정원
	암좌		조상신을 숭배하는 거석문화 – 석조의 원형
아스카시대 593~709 (임천식)	사상		불교사상(수미산), 봉래사상(봉래산, 학도, 구도)
	조경가	노자공	백제 유민, 수미산과 오교 축조 – 일본조경의 시초
		소아마자	연못과 섬 축조 – 도대신
	유적	법륭사	조약돌 깔아 놓은 세류나 조석가진 연못
나라시대 710~792 (임천식)	사상		불교사상과 신선사상
	굴도궁 원지		바닷가 모습과 폭포 설치, 연못 안에 섬과 해안 모습 : 상세상상의 형태적 잔존 – 만엽집
	평성궁		S자형 곡수 자리, 자연풍경 상징적 묘사 – 마포산수도
헤이안시대 전기 793~966 (회유임천식)	신선사상 정원	신천원	지천주유식 금원, 유희공간 : 수렵, 뱃놀이, 경마
		차아원	자연풍경식정원, 중국의 동정호 모방 인공연못 – 2개의 섬
	해안풍경 정원	하원원	연못에 여러 개의 섬과 소나무, 소금 굽는 연기
		그 외	량전, 서궁, 육조원 등
	평전재풍	홍매전	번개형 냇물
헤이안시대 후기 1086~1191 (회유임천식–침전조)	침전조 양식	동삼조전	침전 전면의 뜰에 연못과 섬을 다리(홍교·평교)로 연결
	정토원 양식	모월사	작정기에 부합되는 대천지, 연못 내 섬과 연못가에 자갈로 해안풍경 – 정토신앙과 주유지정 융합
		평등원	극락정토로 비유되는 원지 : 연못에 섬과 다리, 배와 조전
		그 외	정유리사, 무량광원, 승광명원, 최승광원
	신선도 정원	조우이궁	신선도 정원의 시초, 연못에 창해도와 봉래산 – 부상약기
		서팔조 저택	신선도 상징하는 봉곤
		족리존 저택	신선도 본 뜬 임천
가마꾸라바쿠후 1191~1333 (회유식–침전조)	사상	선종	일반사회의 전파로 사찰정원이 일반주택에 변화초래
		정토신앙	후기 사원의 정원에 영향을 주어 특수한 형식 발전
		석립승	정원에 사상적 배경이 중시되어 등장
	정토정원	칭명사	결계도 : 남문 → 홍교 → 중도 → 평교 → 금당
	침전조 정원	전지형	영무뢰전, 최승사천왕원, 구산전, 북산전
			적극적 지형 이용 : 영복사 원지, 칭명사
	양식변화		지천주유식(초·중기) → 지천회유식 가미 → 회유식
무로마찌시대 1334~1573 (고산수식)	조경가	몽창소석	가마꾸라·무로마찌시대의 대표적 조경가 : 선종정원 창시자
	선종정원	서방사	고산수지천회유식 정원 : 벽암록의 내용 반영 황금지 내 백앵, 취죽의 두 섬과 요월교, 야박석
		천룡사	연못에 거친 바닷가 경관의 입석, 삼급암 폭포, 석교
		천룡사	잔산잉수적 수법 적용
		그 외	서천사, 고창전, 동산전, 복견전
	정토정원	영보사	몽창국사 작품
		금각사	녹원사, 북산전의 후신, 건물과 정원으로 정토세계 구상, 연못의 구산팔해석

무로마찌시대 **1334~1573** **(고산수식)**		은각사	자조사, 북산전 모방한 동산전 개칭, 은사탄과 향월대, 상·하부 부지계획, 지정과 산복고산수풍 정원
	고산수정원	대덕사 대선원	·축산고산수식 – 구상적 고산수수법 ·폭포를 중심으로 심산유곡 풍경 : 수목, 조석, 흰모래 사용
		대덕사 용원원	평정고산수식 : 수목, 이끼, 돌 사용
		용안사 석정	·평정고산수식 – 추상적 고산수수법 ·수학적 비례에 맞는 안정감 : 바위, 흰모래, 이끼 사용
모모야마시대 **1576~1603** **(다정양식)**	신선도 정원		·일본 특유의 간소미 없이 명목으로 사람 위압 수법 발생(과장수법) ·취락제, 복견성, 이조성, 삼보원 정원, 원성사 광정원, 서본원사
	다정		·호화로운 경향에 반하여 다실의 노지 조경수법 ·작은 공간을 자연그대로 분위기 조성 – 수통, 석등, 뜀돌, 마른가지 ·천리휴의 불심암, 대암, 소굴정일의 고봉암
에도시대 **1603~1867** **(원주파임천식)**	조경가	소굴원주	에도시대의 대표적 조경가로 인공적인 직선과 곡선 도입
	초기	계리궁	지천회유식 정원 – 자연과 인공의 조화, 산책과 뱃놀이 봄(상화정, 죽림정), 여름(소의헌), 가을(월파루), 겨울(송금정) 세부의장
		수학원 이궁	원주파임천식 정원 – 사의적인 자연풍경식정원
		선동어소	절석직선호안의 방지와 자연풍 2개 연못
		대덕사	방장동정(사원평정), 남정(독좌정), 서원의 정
		그 외	동해사 남선사 금지원, 서원, 낙수원
	중기 (대명정원)	소석천 후락원	임천회유식 정원 – 중국정원양식 구성, 원월교, 소여산, 서호제, 학도, 구도, 봉래산
		강산 후락원	일본의 3대 정원(후락원, 겸육원, 해락원) 중 가장 오래된 정원 – 차경수법
		겸육원	임천회유식 – 낙양명원기 참조, 표주박형 연못, 수로, 분천, 돌다리
		해락원	매화·싸리·철쭉으로 유명, 3층 정자 낙수루 전망
		육의원	대회유식 정원 : 대표적 대명정원, 바다경치 묘사
		율림공원	대회유식 정원 – 6개 연못, 13개 석가산, 남정은 일본 지천회유식, 북정은 서양풍 정원 개조
		그 외	취상어원, 빈어전, 성취원, 낙낙원, 남호
	후기	묘심사	동해일연의 정원 – 봉래·방장·영주의 축산에 각각 소나무 식재, 삼존석, 예배석
		남선사 금지원	학구의 정원 : 소굴원주 조영, 학과 거북모양의 두 섬으로 신선사상 표현
		다정	고산수식 정원과 회유식 정원의 구성에 영향을 주고, 석등과 수수분 등이 주요소로 등장
메이지시대 **1868~1912** **(서양풍 양식)**	서양풍 정원	신숙어원	앙리 마르티네 설계 – 프랑스식, 영국식, 일본식 혼용
		적판이궁	곡선의 아름다움 강조
		히비야 공원	일본 최초의 서양식 도시공원 : 서양식 화단, 암석원
	일본풍 정원	무린암	산현유붕 설계 : 동산을 배경으로 명랑한 경관 창출
		춘산장	일본 정원기법에 자연풍경 묘사 가미
		의수원	외부 풍경을 정원경관의 일부로 차경 : 약초산과 동대사의 남대문 차경

한국 조경사 시대별 요약표

고조선 시대	노을왕		유를 조성하여 짐승사육
	의양왕		청류각 축조 후 군신과 연회
	천노왕		흘골산에 구선대 축조 – 산악신앙
	수도왕		패강 속에 신산(神山) 쌓고 누대 장식
	제세왕		궁원에 복숭아와 배나무 정원수 식재
삼국시대 BC57~ AD668	고구려		· 동명성왕 : 일곱모로 다듬어진 주춧돌 사용 건축수법 · 동명왕릉 진주지 : 봉래·영주·방장·호량 4개의 섬 – 신선사상 · 유리왕 : 궁원 맡아보는 관직 있었음 – 동사강목 · 장수왕 : 평양천도 후 대성산성 축조 　　　　　대성산성 아래 안학궁 축조 – 연못, 경석, 정자, 포석도로 · 청암리 사지 : 팔각전을 중심으로 한 오성좌 배치 – 천문점성사상
	백제		· 온조왕 : 천제단을 쌓아 천지에 제사 – 원시적 조경 · 침류왕 : 한산에 불사 창건 – 사찰조경의 효시 · 진사왕 : 궁실 중수 – 최초의 정원 기록(삼국사기·동사강목·대동사강) · 동성왕 : 임류각 축조 – 문헌상 최초의 정원 – 동사강목 · 무왕 : 궁남지 축조 – 방상연못 – 동사강목 · 의자왕 : 망해정 축조, 태자궁 중수 · 석연지 : 부여의 왕궁지 발견 – 정원용 점경물 – 세심석으로 발전
	신라		· 실성왕 : 신체림 조성 – 원시적 산악신앙　　　　· 눌지왕·소지왕 : 조상의 분묘에 조경 · 진평왕 : 모란 도입, 선덕왕 때 궁원에 모란 출현　　· 도시계획 : 황룡사를 중심으로 격자형 계획 – 정전법
통일신라 668~ 935	통일신라		· 임해전과 안압지(월지) : 바다를 표현한 정원 – 당나라 금원 모방(연못과 무산12봉 본뜬 석가산, 경석, 3개의 섬) – 신선사상 · 포석정 : 곡수거 유적 – 왕희지의 유상곡수연 유래　　· 계림 : 신라 왕궁의 상원 · 만불산 가산 : 당의 대종에게 선사 – 임시적 장식물　　· 상림원 : 홍수를 막기 위한 호안림 – 최치원 조성 · 사절유택 : 봄(동야택), 여름(곡양택), 가을(구지택), 겨울(가이택)의 별장 – 별서정원의 효시 · 최치원의 은서생활 : 경주 남산, 강주 빙산, 합천 청량사, 지리산 쌍계사, 합포 별서, 가야산 홍류동 유적 – 은서생활 풍습 비롯
	발해		상경용천부 궁궐 : 북쪽에서 남으로 낮아지는 곳에 궁원 조성 – 인공적 연못, 섬, 팔각정자, 5경(상경·중경·동경·남경·북경), 정전법 격자도로망
	관서	내원서	모든 원 및 포를 맡은 관청, 후에 사선서 관할로 금원의 축조·관리 시행 – 역사상 최초
고려시대 918~ 1392	궁궐정원	만월대	정궁 : 발어참성에 둘러싸인 풍수지리상 명당
			동지(금원) : · 경종 : 동지에 배를 띄워 시험 실시　· 청종 : 학, 거위, 산양 등 사육, 귀령각 축조 · 예종 : 동지에서 무사 선발　　　· 공민왕 : 왜선을 잡아 동지에 띄워 구경 · 목종 : 연못을 파고 주나라 영대를 본뜬 대 축조
			사루 : 현종이 누각 앞에 모란 식재, 상화연을 베풀고 시를 짓던 향연 장소
			상춘정 : 화훼류로 유명한 연회장소, 봄(목단, 작약), 가을(국화로 중양연)
			화원 : 화훼 위주로 꾸며진 화원, 진기한 새와 화초 중국에서 수입
			보문각·청연각 : 유정한 느낌의 석가산과 천수
		수창궁	· 서문 밖에 연지를 파고 버드나무 식재　　· 수창궁 북원에 격구장과 연회 기록 · 만수정 : 괴석으로 가산을 만들어 비단을 덮음　· 선구보와 양성정 : 주위를 괴석과 명화로 장식
		이궁	장원정 : 송악명당기에 의한 조영 – 풍수도참설
			중미정 : 강호의 야취가 주경관 – 언덕 위 모정
			만춘정 : 기와 굽던 곳에 축조, 유수가 주경관 – 판적천 인공호
			연복정 : 단애절벽과 울창한 수림이 주경관 – 제방 막아 호수 조성

45

	객관정원	순천관	제도와 사치함이 왕궁과 흡사, 자연지형과 수목 이용
고려시대 918~ 1392	민간정원	주택 정원	이규보 이소원	상·하원에 연못, 지지헌 축조
			사륜정기	필요에 따라 정자 이동
			맹사성 고택	충남 아산, 지형에 따른 3단 축조 – 과수원·채소원, 본채, 후정
		별서 정원	농산정	경남 합천, 최치원이 가야산에 축조(홍류동 계곡)
			이공승의 뜰	정원 가운데 집을 짓고 연못과 화계 동산 조성
			기흥수 곡수지	인공적 곡수지에 능수버들과 창포, 연 식재
			북평 해암정	강원 동해, 현존 최고(最古)의 정원건축물 바닷가에 건축한 별서형식의 정자
			경렴정	광주 북구, 방지와 2개의 섬 – 물가에 수양버들, 섬에는 소나무
	사원정원	문수원 남지	이자현이 청평사에 조성, 사다리꼴 영지, 연못 안 돌출석, 호안 3~5단의 작은 산석
	구성요소	모정, 지당, 석가산, 화오, 격구장	

	관서	상림원	원포에 관한 일을 보던 관청
		장원서	원유의 과세와 수납, 분원으로 경원과 외원
조선시대 1392~ 1910	궁궐정원	경복궁	경회루원	방지방도로 3개의 섬 축조 – 가장 큰 섬에 경회루
			교태전 후원	화계식 정원 : 수목, 괴석, 세심석, 굴뚝(십장생·서수)
			향원정지원	방지원도, 취향교, 열상진원(샘)
			자경전	대비의 침전, 장수기원 글자 및 무늬 꽃담 설치
			녹산	경복궁 북쪽의 동산으로 원림과 정자 설치
		창덕궁	대조전	후원의 경사지 화계
			부용정역	십자형 부용정, 방지원도, 어수문과 주합루, 춘당대 위 영화당, 사정기비각(마니, 파려, 유리, 옥정)
			애련정역	정사각형 애련정, 방지, 불로문, 기오헌, 연경당(사대부 저택), 정심수(느티나무), 괴석, 연경당 후원 화계 및 농수정
			관람정역	반월지 물가에 존덕정(이중처마), 반도지 물가에 관람정(부채꼴 평면), 일영대, 독서당, 승재당, 폄우사
			옥류천역	창덕궁 후원의 북쪽 개울, 작은 방지 안의 청의정, 태극정, 농산정, 취한정, 소요정(소요암 유상곡수)
			청심정역	심신수련과 소요, 빙옥지와 거북모양의 석물
			낙선재 후원	· 5단의 화계, 화장담, 괴석, 석연지, 굴뚝 배치, 여러 형태의 괴석분(소영주 글씨, 새, 구름, 동물문양) · 한정당 앞뜰에 4개의 괴석, 담장의 만월문(조선 왕궁 유일의 원형문)
		창경궁	통명전원	서쪽못(석지) – 석교·돌난간 · 두 개의 괴석·화대(방형연못)
		덕수궁	석조전 정원	최초의 양식 건물(영국인 하딩 설계), 최초의 중정식 정원, 분수, 관목·초화류만 식재
		종묘	망묘루 앞 자연석 호안 연못(방지원도) – 원도에 향나무 식재	
		이궁	풍양궁, 연희궁, 낙천정 – 왕의 거처나 휴양지	
	객관정원	태평관(도성조망), 모화관(연지), 남별궁	
	민간정원	총론	사상적 배경	· 풍수설:배산임수, 뒤뜰 화계·앞뜰 연못 조성 · 유기사상, 사당, 장유유서, 남녀 등의 공간분할 · 신분에 따라 규모, 치장, 재료 규제
			마당	바깥마당, 안마당, 사랑마당(적극적 수식), 뒷마당(화계), 별당마당
		주택정원	윤고산 고택	전남 해남, 풍수지리설에 따라 방형연못과 조산, 괴석과 비폭 입수
			권벌 청암정	경북 봉화, 계란형 연못, 석교, 암반 위 정자

조선시대 1392~ 1910	민간정원		윤증 고택	충남 논산, 창호의 처리 다양, 사랑채 앞 축대에 축경형 정원, 방지원도
			선교장 활래정	강원 강릉, 'ㄱ'자형 정자, 방지방도
			유이주 운조루	전남 구례, 오미동가도, 화계, 방지원도
			김동수 가옥	전북 정읍, 담장 밖으로부터 물 도입(수구), 화계, 석상, 돌확, 바깥의 부정형 연못(섬 없음)
			박황 가옥	경북 달성, 별당 하엽정, 방지원도, 후원의 채원
			김기응 가옥	충북 괴산, 화장담, 연못 없음
		별서정원	구분	· 별장 : 서울·경기의 세도가 정원형 주거 · 별서 : 지방의 은일·은둔형 주거 · 별업 : 효도를 위한 선영관리 – 제2의 주거
			양산보 소쇄원	· 전남 담양, 자연과 인공을 조화한 정원, 제월당, 광풍각, 애양단, 대봉대, 매대, 오곡문, 도오, 석가산, 두 개의 연못, 물레방아 · 소쇄원48제영, 소쇄원사실, 소쇄원도 등 기록
			권문해 초한정	경북 예천, 자연의 지세에 최소한의 인공 가미
			오이정 명옥헌	전남 담양, 상·하의 연못
			정영방 서석지	경북 영양, 凹형의 연못, 사우단, 주일재·경정 , 호안 막돌석축, 수면바닥의 돌출 석, 읍청거, 토예거
			윤선도 부용동	· 전남 완도, 낙서재·동천석실·세연정 구역 · 소은병, 무민당, 귀암, 동와, 서와, 낭음계, 곡수대, 목욕반, 정성암, 석문, 석재, 석란, 석정, 석천, 석교, 석담, 계담, 방지방도
			송시열 남간정사	대전 동구, 시각과 청각, 영상 적절히 이용, 자연형 연못과 원도, 샘물 대청 밑 통 과·폭포형입수
			주재성 국담원	경남 함안, 하환정·풍욕루 , 2단 석축 방지방도(석가산)
			윤서유 농산별업	전남 강진, 조석루, 한옥관, 금고지, 척연정
			김흥근 석파정	서울 부암동, 한수운련암 대원군 개칭, 화계, 계류, 연못, 정자
			정약용 다산초당	전남 강진, 방지원도(석가산), 비폭 입수, 다산사경(정석·다조·약천·연지)
			김조순 옥호정원	서울 삼청동, 민가정원의 전통조경기법(옥호정도), 취병, 정심수(느티나무), 6개 계단식 정원, 옥호동천(별원), 수조(연지), 화분, 등가대, 석상, 괴석군, 석분 위 괴석, 자연송림
			민주헌 임대정	전남 화순, 상원(방지원도), 하원(자연형 연못 2개), 주돈이 영향
		서원조경	소수서원	경북 영풍, 최초의 사액서원, 한 동의 건물에 동·서재 배치
			옥산서원	경북 경주, 전학후묘형식의 축선배치, 자계, 용추, 세심대, 이언적 고택(독락당, 살창)
			도산서원	경북 안동, 정우당(애련설), 몽천, 절우사(매·송·국·죽)
			병산서원	경북 안동, 만대루 자연경관 도입, 타원형 연못(원도)
	누원	구분		· 왕궁 누각 : 경회루 · 지방 관아 : 남원 광한루, 삼척 죽서루, 밀양 영남루, 정읍 피향정, 강릉 경포대, 제천 한벽루, 안동 영호루, 진주 촉석루, 수원 방화수류정
		광한루		정인지 명명, 오작교, 3개의 연못(영주·봉래·방장) – 신선사상
	사찰정원	공간구성		자연환경과의 고려, 계층적 질서, 공간 상호간의 연계성, 인간척도 – 전이공간, 누문, 중심공간 구분
		삼보사찰		통도사(구룡지), 해인사(당간지주, 화계), 송광사(계담)
근대	파고다 공원			영국 브라운 설계, 최초의 공원 – 원각사지 13층 석탑, 앙부일구
	일제강점기 1910~1945			장충단공원, 사직공원, 효창공원, 남산공원

1>>> 고대 조경

1 고대 서부아시아(BC4500~BC300)

(1) 총론

1) 환경

① 티그리스강과 유프라테스강 지역으로 기후차가 극심하고 강수량이 매우 적음

② 개방적 지형으로 외부와의 교섭이 빈번하여 정치·화적 색채 복잡

③ 불규칙적인 강의 범람으로 황폐화되어 토지이용도 낮음

④ 피난처로 사용할 수 있는 인공적 언덕이나 높은 대지 선호

⑤ 녹음을 동경하여 수목을 신성시 하였고, 높이 솟은 수목이 숭배의 대상이나 약탈의 대상이 됨

⑥ 수메르인의 도시국가 생성 및 발달(우르, 니푸르, 호르샤바드, 바빌론)

⑦ 아치(Arch)와 볼트(Vault)의 발달로 옥상정원 가능(신바빌로니아)

2) 건축적 특징

① 외부에 대해 폐쇄적이고 방어적

② 신정정치에 의한 지구라트, 바벨탑, 수메르인의 사원(sumerian temple)

③ 지구라트(Ziggurat) : 신성스런 나무숲과 정상에 사원 축조

  ㉠ 평원에 솟아 있는 인공산

  ㉡ 신들의 거처 제공, 천체 관측소

  ㉢ 우르(Ur)의 지구라트는 피라미드보다 먼저 축조

④ 건축재료는 석재가 거의 산출되지 않아 햇볕에 말린 벽돌과 목재 사용

⑤ 주택 : 중정을 갖는 평면형식의 2층 구조

  ㉠ 주정을 중심으로 각 방을 배치

  ㉡ 먼지가 많고 바람이 강해 개구부는 모두 중정에 면하여 설치

(2) 조경

1) 수렵원(Hunting Park)

① 숲(Quitsu) : 사람손이 가해지지 않은 천연적 산림으로 수목을 신성시하며 안전지대로서의 역할

② 사냥터(Kiru) : 사람의 손이 가해진 수렵원 – 인공적 수림

③ 길가메시 이야기(Gilgamesh Epos BC2000) : 사냥터의 경관에 대한 묘사로 최고(最古)의 문헌

▌메소포타미아 지역의 국가 변천

아카드 시대 → 구 바빌로니아 → 앗시리아 → 신바빌로니아 → 페르시아(메소포타미아 문명, 페르시아 문명)

▌종교

지극히 현세적인 다신교로서 사후세계를 인정하지 않았다.

▌도시국가(都市國家)

군집생활에 의해 도시국가를 형성하였으며, 각 도시는 외침이나 자연을 극복할 수 있는 폐쇄적 도시구조를 형성하였다.

▌함무라비법전(구바빌로니아)

최초의 성문법으로 시대상과 생활상 등을 알 수 있으며, 도시계획, 건축에 관한 법규도 있어 계획적으로 도시를 건설(바빌론)하였다.

| 지구라트 유적 및 복원도 |

▌수렵원(Hunting Park)

어원은 '짐승을 기르기 위한 울타리를 두른 숲'으로 귀족이나 왕의 사냥을 위해 만든 곳으로 오늘날 공원의 시초가 된다.

④ 수목을 신성시하여 전시에는 약탈의 대상이 됨

⑤ 사냥터의 기록이 글이나 조각으로 남아 있음

   ㉠ 사냥터 내 작은 언덕에 신전과 예배당 설치

   ㉡ 호수와 언덕을 조성하고, 소나무나 사이프러스를 규칙적으로 열식(관개의 편의성)

   ㉢ 니네베(Nineveh 앗시리아)의 언덕 위 궁전

     a. 성벽으로 사냥터를 둘러 쌈

     b. 향목, 포도, 종려, 사이프러스 등 식재

     c. 티그리스 강물에 의한 급수시설

     d. 앗슈르(Assur)신전 – 수목 열식, 신원 조성

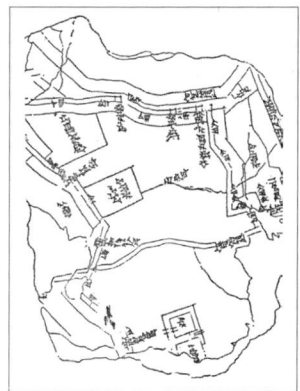

| 니푸르 고성지도 |

2) 니푸르(Nippur)의 점토판 : 세계 최초의 도시계획자료로 알려져 있으며, 운하(canal), 신전(temple), 도시공원(city park) 등 기록

3) 공중정원(Hanging Garden) – 현수원(懸垂園), 가공원(架庭園)

   ① 최초의 옥상정원(屋上庭園)으로 세계 7대 불가사의 중의 하나

   ② 바빌론의 네브카드네자르(nebuchadnezzar) 2세 왕이 산악지형이 많은 메디아 출신의 아미티스(Amiytis) 왕비를 위해 축조

   ③ 신바빌론 성벽의 내외 이중구조 중 내성

   ④ 피라미드형 노단층의 평평한 부분에 식재

   ⑤ 각 노단벽은 아케이드, 내부는 방, 동굴, 욕실 등 실용공간

   ⑥ 벽체의 벽돌은 아스팔트를 발라 굳힘

   ⑦ 텔 아므란 이븐 알리(Tel – Amran – ibn – Ali 추장의 언덕)에 위치

   ⑧ 유프라테스 강에서 관수

4) 파라다이스 가든(Paradise Garden)

   ① 페르시아의 지상낙원으로 천국 묘사

   ② 담으로 둘러싸인 방형공간에 교차수로에 의한 사분원(四分園) 형성

   ③ 조로아스터교의 청결성 영향으로 맑은 물이 있음

   ④ 카나드(Canad)에 의한 급수

   ⑤ 여러 종류의 과수재배로 수목이 풍성하고, 신선한 녹음이 있음

   ⑥ 페르시아의 양탄자 문양에도 나타남

❷ 고대 이집트(BC4000~BC500)

(1) 총론

1) 환경

   ① 나일강 유역의 폐쇄적 지형으로 무덥고 건조한 사막기후

   ② 나일강의 정기적 범람은 정치, 사회, 문화, 종교, 예술 등에 큰 영향을 미침

   ③ 물의 이용에 따른 태양력, 기하학, 건축술, 천문학 발달

▌공중정원(Hanging Garden)
실제 공중에 떠 있는 정원이 아니라 여러 겹으로 이루어진 전체 노단이 숲으로 덮여 바빌론의 평야 중앙부에서 보면, 마치 하늘에 걸쳐 있듯이 보여져 행잉가든이라 부른 것이다.

| 공중정원 복원도 |

▌파라다이스(Paradise)
페르시아어 Pairidaeza[Pairi(둘러싸다)+diz(형을 만들다)]에서 유래한 말로 그리스의 작가 크세노폰이 귀족공원으로 처음 소개하였고, 천국을 나타내는 의미로 쓰인다.

▌Garden, Paradise, Park
즐거움과 기쁨을 준다는 공통점을 가지고 있다.

▌이집트
서양에서 최초의 조경술(造景術)을 가진 나라로 기록되나 서부아시아 지역을 더 오래된 문명으로 추측하고 있다.

④ 시원한 녹음을 동경하여 수목을 중시(신성시)

⑤ 수목원, 포도원, 채소원을 위한 관개시설이 발달하여, 물이 이집트 정원의
   주요소가 됨

⑥ 종교는 다신교로 영혼불멸의 사후세계에 관심을 가짐(태양신 Ra, 저승의
   신 Osiris, 토템적 자연숭배)

2) 건축적 특징

① 신전건축

㉠ 예배신전, 장제신전

㉡ 열주가 있는 안뜰, 다주실(多柱室), 성소로 이루어진 평면적 배치

㉢ 분묘(Mastaba)구조에서 발생한 공간구조의 형식을 가짐

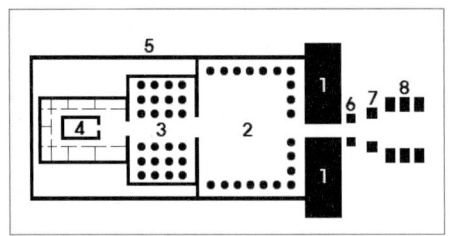

| 1 탑문
| 2 안뜰
| 3 다주실
| 4 성소
| 5 울담
| 6 거상
| 7 오벨리스크
| 8 스핑크스

| 이집트 신전의 기본 평면도 |

② 분묘건축

㉠ 마스타바, 피라미드(Pyramid), 스핑크스
   (sphinx), 오벨리스크

㉡ 영혼불멸을 믿는 종교적 배경에 의한 건축

㉢ 분묘에서 나오는 동선과 나일강이 직교를
   이룸

| 마스타바 |

(2) 조경

1) 주택조경

현존하는 유적은 없으나 무덤의 벽화로 추정

① 특징

㉠ 높은 울담의 사각(방형方形, 구형矩形)공간을 갖는 정형적(整形的)인 형
   태로 입구에는 탑문(塔門 pylon) 설치

㉡ 정원의 요소 및 재료를 대칭적으로 배치-균제미

㉢ 정원의 주요부에 연못을 조성하고 키오스크(kiosk 정자) 설치

㉣ 울담의 내부에는 수분공급이 쉽게 수목 열식(시커모어, 대추야자, 이집트
   종려, 아까시나무, 무화과, 포도나무, 석류나무 등)

㉤ 관목, 화훼류 등을 화단이나 화분에 식재하여 원로(園路)에 배치

② 연못

㉠ 홍수 때 나일강의 수위보다 높게 설치

| 탑문·거상·오벨리스크 |

▌종교
이집트 조경에 가장 큰 영향을
미친 요소로 이집트 정원이 특
유한 형태로 발달하게 된 원인
이다.

▌이집트 건축
피라미드, 스핑크스, 오벨리스
크 등 종교적인 것이 대표적으
로, 이는 대부분이 사후를 믿
는 종교에서 유래된 것이며 그
크기는 세력을 의미한다.

▌오벨리스크(Obelisk)
고대 이집트 왕조 때 태양신앙
의 상징으로 세워진 기념비로
신앙과 관계가 있고, 현대 조
경에서도 상징적으로 많이 이
용되고 있다.

▌건축재료
석회암과 사암을 주로 사용하
였다.

▌정원의 설계
균제의 원리를 적용하여 주축
선에 따른 완전한 대칭적인 기
하학식 정원으로 설계하였다.

▌시커모어(Sycamore)
열매와 목재가 실용적 가치를
지니고 있고, 이 나무의 녹음은
산 자는 물론 죽은 자에게도 안
식을 준다고 믿어 이집트 사람
들이 신성시한 나무이다.

ⓛ 일반적으로 사각형, T자형의 정형적 형태

ⓒ 규모가 큰 연못은 침상지(沈床池)의 형태로 계단 설치

ⓔ 연못에는 수생식물(로터스-연·수련) 식재, 어류나 물새 사육

ⓜ 물가에 휴식이 가능한 키오스크(kiosk) 설치

③ 테베(Thebes)의 아메노피스 3세 때의 한 신하의 분묘 벽화

ⓣ 높은 울타리, 탑문, 침상지

ⓛ 4줄의 아치형 포도나무 시렁

| 주택정원의 복원도 |

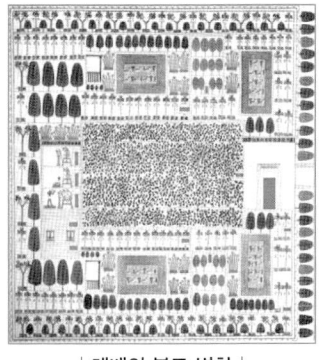

담장에 둘러싸인 방형공간으로 입구에는 파일론이 있고 나무들이 열식되어있다. 나무에 둘러싸여 연못이 있고 키오스크가 물가에 세워진다. 가운데는 넉 줄의 아치형 포도나무 시렁으로 메워져 있다. 정원의 요소가 대칭적으로 정연하게 배치되어 있다.

| 테베의 분묘 벽화 |

❙ 주택조경 특징
① 높은 울담, 탑문
② 수분공급이 쉽게 수목 열식
③ 방형 및 T형 침상지
④ 연못가의 키오스크
⑤ 원로가에 화분 배열
⑥ 포도나무 시렁

④ 텔 엘 아마르나(Tel - el - Amarna)의 아메노피스 4세의 친구인 메리레의 정원도

ⓣ 대형 침상지

ⓛ 원로가에 화분 배열

2) 신원(神苑 Shrine Garden)

① 델 엘 바하리(Deir - el - bahari)의 핫셉수트(Hatschepsut) 여왕의 장제신전

ⓣ 현존하는 세계 최고(最古)의 정원유적

ⓛ 태양신인 아몬(Ammon)신전으로 건축가 센누트의 설계

ⓒ 아몬의 계시에 의해 향목(香木)을 수입하여 식재

ⓔ 3개의 노단으로 구성, 노단의 경계벽을 열주랑으로 장식, 노단과 노단을 경사로(ramp)로 연결

❙ 조경의 목적
① 녹음(綠陰)
② 관수(灌水)
③ 화분(花盆)

❙ 신원(神苑)
종교적 열망에 따른 신전건축과 그 주변에 신원을 만들어 아름답게 장식하였다.

| 핫셉수트 여왕 장제신전 |

| 펀트(Punt) 보랑 부조 |

ⓜ 입구인 탑문과 각 노단에 구덩이를 파고 수목 열식

ⓗ 노단의 구배를 이용하여 구덩이의 수목에 순차적 관수

ⓢ 펀트(Punt) 보랑 부조 : 핫셉수트 여왕의 공적과 외국에서 수목을 옮겨오는 내용을 새김

② 라메스 3세 때의 한 신전 : 수목과 포도나무로 이루어진 대신원(大神苑) 설치

3) 사자(死者)의 정원 – 묘지정원, 영원(靈園)

① 특징

ㄱ 정원장(葬)의 관습으로 가옥이나 묘지 주변에 정원 설치

ㄴ 소망을 충족시키기 위해 분묘 벽에 정원을 상징적으로 묘사

ㄷ 수목 몇 그루, 작은 화단 및 연못 등 극히 좁은 면적의 정원

② 테베(Thebes)의 레크미라(Rekhmira) 무덤벽화

ㄱ 구형(사각형) 연못

ㄴ 연못 사방에 수목 열식 및 관수

ㄷ 키오스크

③ 시누헤 이야기(Tales of Sinuhe BC2000) : 고대 이집트 중왕국 때의 이야기로 사자의 정원에 관한 기록으로 봄

❸ 고대 그리스(BC500∼BC300)

(1) 총론

1) 환경

① 지중해의 반도(半島)지형으로 연중 온화하고 쾌적한 기후

② 험한 산맥이 많고 협소한 평야 등의 지리적 영향으로 독립된 도시가 발달하여, 국가로 발전된 도시국가(都市國家) 형성

③ 에게문명의 발상지 – 크레타문명, 미케네문명

④ 기후적 영향으로 공공조경(公共造景) 발달

⑤ 신과 인간이 비슷하다(신인동격론 神人同格論)고 생각하지만 지배자라는 의식을 가짐

⑥ 신들의 거처를 숲으로 생각하여 숲(신원, 성림) 조성

⑦ 페르시아 수렵원이나 이집트 농업기술의 영향

2) 건축적 특징

① 건축적 양식은 평면의 기능이나 구조기술보다는 보여지는 형태미 추구

② 장식적 양식의 변화

ㄱ 도리아식 : 가장 오래된 양식으로 기둥이 굵고 수직성 강조 – 파르테논 신전, 아테네 신전

ㄴ 이오니아식 : 여성적인 경쾌함과 우아함이 특징 – 아테나 신전

▌ 사자(死者)의 정원

종교적 영향으로 현세와 내세를 연결적으로 생각하여 죽은 자도 저승에서 계속 산다는 믿음에 의해 조성되었다.

| 레크미라 무덤벽화 |

중앙에 직사각형의 연못과 그 사방에 3겹으로 수목이 열식되어 있으며 한쪽으로 키오스크가 있다. 죽은 자가 배안에 누워있고, 배는 여러 명의 노예에게 끌려지고, 주변의 수목에 노예들이 물을 주고 있는 모습이 보여진다.

▌ 에게문명

① 크레타 문명 : 개방적 궁전

② 미케네 문명 : 성채식 궁전으로 폐쇄적

▌ 폴리스(도시국가)

아크로폴리스라 불리는 언덕에 자신들의 수호신을 모시고 아고라(Agora)라고 불리는 광장에서 국사를 의논하는 민주주의적 공동체를 말한다.

▌ 공공조경(公共造景)

쾌적한 기후의 영향으로 옥외생활을 즐기고, 자유로운 여가생활과 명상을 통한 철학이 발달함에 따라 공공조경이 발달하였다.

ⓒ 코린트식 : 헬레니즘 미술에서 나타난 화려한 장식적 특징 – 올림피아 제우스 신전

③ 구성의 비례나 균제미, 채색, 명암 등 중시

④ 자연경관과의 조화로운 자연미 추구

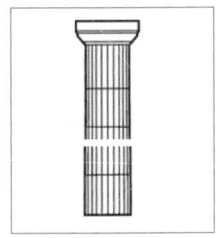
| 도리아식 기둥 |

| 이오니아식 기둥 |

| 코린트식 기둥 |

(2) 조경

1) 주택정원 : 중정 중심의 배치로 최소의 기능적 구조를 갖는 단순한 형태이며, 정원다운 정원은 없었음

　① 프리에네(Priene) 주택 : BC350년경의 개인주택

　　㉠ 입구가 한 개인 직각형태의 주랑식(柱廊式) 중정으로 볼 수 있는 작은 뜰을 중심으로 방 배치

　　㉡ 뜰에 이어지는 메가론이라 부르는 구형(矩形)의 홀 배치

　　㉢ 중정은 돌 포장, 방향성 식물, 대리석 분수로 장식된 부인들의 취미공간

　　㉣ BC500년 이후 국력이 신장되며 실용원(實用園)이 장식원(裝飾園)으로 변화

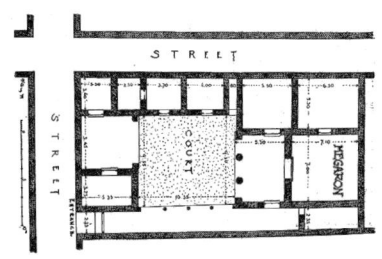
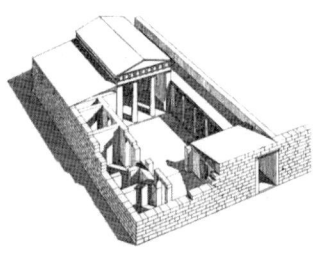
| 프리에네 주택 평면도 및 투상도 |

　② 아도니스원(Adonis Garden)

　　㉠ 아도니스를 추모하는 제사에서 유래

　　㉡ 푸른색 식물인 보리·밀·상추 등을 화분에 심어 아도니스상(像)주위에 놓고 아도니스 추모

　　㉢ 부인들에 의해 가꾸어졌으며, 창가를 장식하는 포트가든이나 옥상가든으로 발전

▌메가론(Megaron)
궁전에 있는 왕의 거실격으로 앞면에 기둥을 나란히 세운 현관이 있고 삼면이 벽으로 둘려 있으며, 실내의 중앙에 난로가 있는 건축 양식으로, 중정(中庭)의 원형(原形)으로 아트리움(atrium)의 전신(前身)으로 볼 수 있다.

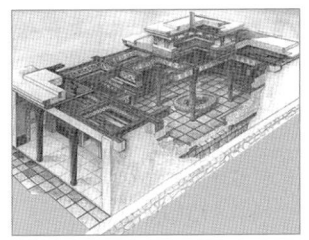
| 메가론 |

▌아도니스
아프로디테의 연인으로 젊은 나이에 죽은 그리스 신화 속 인물로 그에 대한 제사에서 그리스인의 사상적 배경을 알 수 있다.

| 아도니스원을 묘사한 그림 |

2) 공공조경(公共造景)

민주사상의 발달로 개인의 정원보다 공공조경이 더욱 발달

① 성림(聖林 Sacred Grove)
  ㉠ 공공조경의 대표적인 경우로 수목과 숲을 신성시 – 호로메스의 '오디세이' 기록
  ㉡ 신에 대한 숭배와 제사를 지내는 장소
  ㉢ 시민들이 자유로이 이용하였으며, 극장과 경기장으로 확대
  ㉣ 제우스신전에 4년마다 제사를 지내던 것이 올림픽의 기원
  ㉤ 종려나무, 떡갈나무, 플라타너스 등 주로 녹음수 식재
  ㉥ 델포이신전, 아폴로신전, 제우스신전, 올림피아신전

② 김나지움(Gymnasium)
  ㉠ 청년들의 체육훈련장소이나 대중적인 정원으로 발달
  ㉡ 나지(裸地)로서 식물이 전혀 없었음

③ 아카데미(Academy)
  ㉠ 아테네 근교의 올리브나무숲 아카데모스에서 유래
  ㉡ 플라타너스 열식, 제단, 주랑, 벤치 설치
  ㉢ 철인(哲人)의 원로(관목의 오솔길), 대리석 구획의 타원형 경주로 배치
  ㉣ 플라톤(Platon)이 세운 최초의 대학

3) 도시계획·도시조경

① 히포다무스(Hippodamus) : 최초의 도시계획가
  ㉠ 밀레토스(Miletos)에 장방형 격자모양의 도시를 계획하여 히포다미안(Hippodamian), 밀레시안(Milesian)으로 지칭
  ㉡ 건축 및 하수처리를 기본요소로 인식

② 아고라(Agora)
  ㉠ 광장의 개념이 최초로 등장하였으며 서양 도시광장의 효시
  ㉡ 시민들의 토론과 선거를 위한 장소이며, 상품을 거래하는 시장기능
  ㉢ 도시민의 경제생활과 예술활동이 이루어진 중심지
  ㉣ 스토아라는 회랑에 의해 경계 형성
  ㉤ 플라타너스를 식재한 녹음공간이 있으며 조각과 분수 설치
  ㉥ 건물과 수목으로 이루어진 부정형의 부분적 위요공간
  ㉦ 아크로폴리스의 언덕 위에 있었으나 이용도가 높아지며 낮은 지역에 위치
  ㉧ 각 도시국가에 설치

성림(聖林 Sacred Grove)
신전주위에 장벽으로 사용하던 것이 신들의 거처(居處)개념의 성림으로 발전되어 성역화한 특정공간으로 대량의 수목을 식재한다.

아카데미(Academy)
김나지움이 발전된 형태로 처음에는 나지(裸地)였으나, 공개(公開)정원의 개념으로 발전함. 아카데모스라는 영웅을 위한 경기장이 있던 연유로 아카데미라 한다.

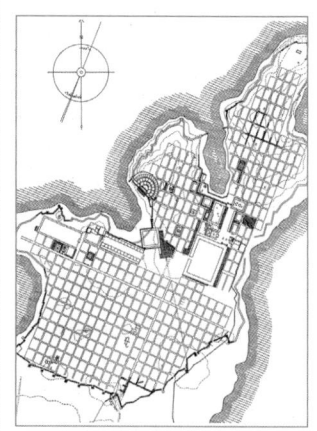
| 밀레토스 도시계획 |

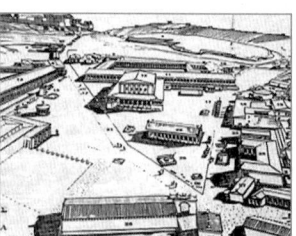
| 아고라 복원도 |

| 아고라 유적 |

광장의 변천
Agora(그리스) → Forum(로마) → Piazza(이탈리아) → Place(프랑스) → Square(영국)

4 고대 로마(BC330)

(1) 총론

1) 환경

① 지중해에 돌출한 반도(半島)로 온난한 기후이며, 중·북부에 비해 남부는 더운 기후

② 티베르 강가의 구릉지에 최초의 도시국가 건설

③ 추상적·명상적이지 않고 실제적 기질이 있어 법학·의학·과학·토목기술 등 발달

④ 구조물을 자연경관보다 우세하게 처리

⑤ 농업과 원예가 발달하였으며 토피어리(Topiary)의 최초 사용

⑥ 호르투스(Hortus)라 불리는 정원은 약초밭, 과수원, 채소밭으로 구분

⑦ 정원을 건축적 공간의 하나로 인식하여 건축선의 축에 배치

2) 건축적 특징

① 부유계층의 호사생활(豪奢生活)이 별장의 건설을 유행시켜 별장정원 발달

② 토목기술의 발달로 고가수로, 도로, 배수시설이 설치되며 도시의 발달로 전개

③ 콘크리트의 발명으로 건축구조가 발달되어 극장, 경기장, 목욕장 등 대규모 시설이 만들어지며 건축술 발달

④ BC400년경 콜루멜라(Columella)의 'De Re Rustica'에 별장모습 소개

㉠ 맑은 시냇물, 작은 섬, 물가의 원로

㉡ 자연풍경적 정원을 연상

㉢ 서재, 동물 사육장, 주랑, 원형 공간, 양어장, 산책로, 격자세공 등

(2) 조경

1) 주택정원

① 폼페이(Pompeii) 정원 : 에투루리아인(人)에 의해 공공건축가(街), 상점가, 주택가의 3구(區)가 장방형으로 설계

㉠ 판사가(pansa家)

a. 로마주택의 대표적 유적으로 로마주택의 원형

b. 아트리움(Artrium), 페리스틸리움(Peristylium), 지스터스(Xystus)가 축을 이루며 배치

㉡ 베티가(Vetti家)

a. 아트리움, 페리스틸리움으로 구성

b. 실내공간이 거의 노천식(露天式)으로 되어, 실내와 실외공간의 구분 모호

c. 채색된 주두와 백색으로 된 원주 18개의 주랑 – 페리스틸리움

▌로마의 문화

그리스문화를 이어받고 에트루리아의 문화요소와 이집트, 서아시아의 문화가 복합된 보편적 문화를 이룬다.

▌토피어리(Topiary)

로마시대 한 정원사가 자신이 만든 정원의 나무에 '가다듬는다'는 뜻의 라틴어 이니셜 토피아(topia)를 새겨 넣은 데서 유래하였고, 자연 그대로의 식물을 인공적으로 다듬어 여러 가지 형태로 만드는 것을 말한다.

| 토피어리 |

▌폼페이시(市)

서기79년 베수비오(Vesuvio)산의 화산폭발에 의해 묻힌 도시로 1748년 발굴된 도시

---

d. 12개 분수조상, 8개의 대리석 수반, 탁자와 상주(像柱)

e. 헤데라(Hedera), 관목, 화훼류를 식재한 파상형(波狀形) 화단

ⓒ 티부르티누스가(Tiburtinus家)

a. 정원을 확장하며 쿠아르티오(Quartio) 소유가 되면서 여관으로 이용

b. 로마의 주택정원을 잘 보여주는 사례

c. 샘에서 시작되는 긴 수로에 의한 이등분된 정원

d. 수로의 중간에 탁자와 수반을 설치하고, 좌우에 원로와 화단 배치

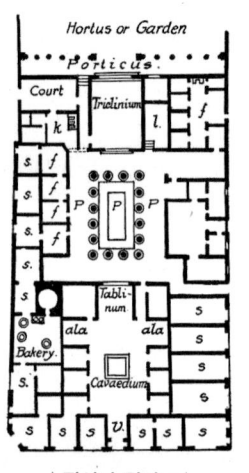

| 판사가 평면도 |

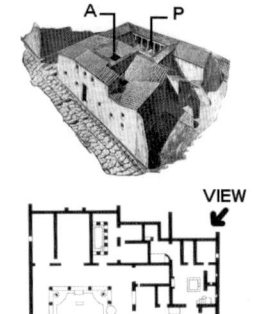

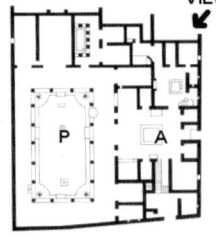

| 베티가 평면도 및 투시도 |

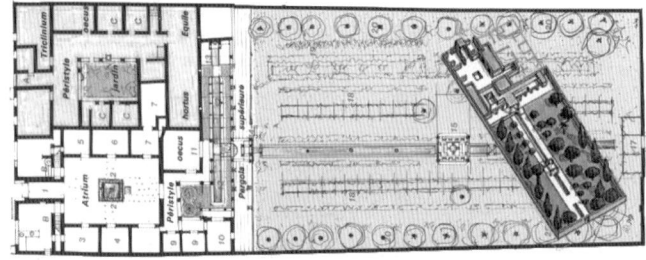

| 티부르티누스가 평면도 및 투시도 |

② 로마 주택의 전형(典型)

㉠ 아트리움(Atrium) : 제1중정(전정前庭)

a. 손님접대나 상담을 하는 공적인 장소

b. 사각형의 방들이 아트리움을 둘러싼 무열주(無列柱) 중정

c. 지붕의 중앙부에 채광을 위한 사각창(콤플루비움 Compluvium)이 있고 그 아래에는 빗물받이(임플루비움 Impluvium) 설치

d. 바닥은 돌로 포장되어 있어 식물의 식재가 불가능하여 분(盆)에 심어 장식

㉡ 페리스틸리움(Peristylium) : 제2중정(주정主庭)

▌로마의 주택정원
정원공간은 2개의 중정(아트리움-무주공간, 페리스틸리움-주랑공간)과 1개의 후정(지스터스)으로 3개의 공간이 축에 의해 구성되어 있고, 뜰은 건축물에 의해 둘러싸여 있다.

a. 사적(私的)인 공간으로 가족을 위한 공간이나 놀이를 위한 공간으로 사용

b. 주위가 작은 방들과 접속되는 주랑(柱廊)에 둘러싸인 공간

c. 주랑식 중정으로 아트리움보다 넓음

d. 중정의 바닥은 비포장으로 식재 가능

e. 화훼, 조각, 분천, 제단의 정형적인 장식과 오점식재

f. 주랑의 벽은 투시도법으로 분수, 퍼걸러, 트렐리스에 조류가 있는 트롬플로이(庭園圖)로 장식

g. 주랑의 바닥은 돌로 포장하여 탁자, 의자, 삼각대 등을 실제보다 작게 만들어 설치

ⓒ 지스터스(Xystus) : 후원(後園)

a. 규모가 큰 주택에 있으며, 아트리움, 페리스틸리움과 동일 축선 상에 배치

b. 오점식재나 화훼, 관목을 군식하고, 과수원, 채소원으로 구성

c. 담장으로 둘러싸인 공간으로 이집트 스타일의 연못, 수로, 정자, 식사용 장의자 설치

d. 수로가 주축을 이루며 수로 좌우에 원로와 화단을 대칭적으로 배치

| 베티가의 아트리움 |

| 베티가의 페리스틸리움 |

| 티부르티누스가의 지스터스 |

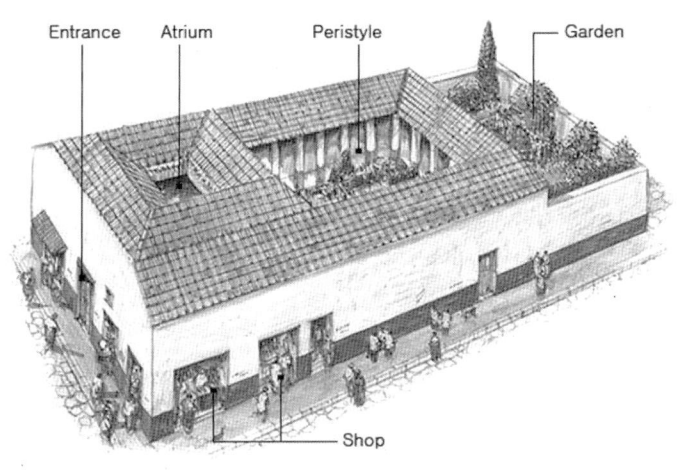

| 로마주택의 전형을 보여주는 투시도 |

▌로마주택의 주축
도로 - 출입구 - 아트리움 - 페리스틸리움 - 지스터스

2) 빌라(Villa 별장)

전망이 양호한 구릉에 남동향으로 배치하고, 경사는 램프(Ramp)로 처리, 물이 중요한 조경 요소를 이루어 수로나 분천 설치

① 전원형 빌라(Villa rustica) : 농촌 부유층의 주택 겸 정원

ㄱ 농가구조(構造構造)로서 마구간, 창고, 노예숙소 등 설치

ㄴ 실용적인 규모의 과수원, 올리브원, 포도원 등 부속

▌로마의 빌라
빌라는 주택건물과 정원을 일체적 개념으로 건축되어진 황제나 귀족의 저택으로 구릉, 산간, 해안에 입지하였다.

ⓒ 시장정원, 부엌정원 등에서 발전
② 도시형 빌라(Villa urbana) : 전원형 빌라가 발전된 형태
  ㉠ 건물을 가운데(중심) 두고 정원이 건축물을 둘러쌈
  ㉡ 일반적으로 경사지에 건축하였으므로 노단(露壇) 활용
  ㉢ 노단의 전개와 물의 장식적 사용
③ 혼합형 빌라 : 전원형과 도시형의 특징이 혼합된 빌라
④ 대표적 빌라
  ㉠ 라우렌티아나장(Villa Lauretiana)
    a. 소 필리니 소유의 혼합형 빌라 – 봄, 겨울용 별장
    b. 호르투스, 지스터스가 있음
  ㉡ 투스카나장(Villa Toscana)
    a. 소 필리니 소유의 도시형 빌라 – 여름 피서용 별장
    b. 구릉에 위치한 노단식 구조 – 주건물군, 구릉 건물군, 경기장
      (Hippodrome)으로 나눔
    c. 토피어리가 사용되었으며, 지스터스가 있음
  ㉢ 아드리아나장(Villa Adriana)
    a. 티볼리의 아드리아누스(Hadrianus) 황제의 별장
    b. 대단위 규모(약 54000평)로 하나의 도읍과 흡사
    c. 궁전, 도서관, 욕장, 극장, 게스트하우스, 조각공원 등을 지형을 따라 자연스럽게 배치
    d. 그리스 조각과 예술품을 방대하게 전시
    e. 카노푸스(Canopus)는 이집트적인 취향이 반영된 공간
  ㉣ 네로(Nero) 이궁(離宮) : 티베르 강 서편에 거대한 궁을 축조
3) 공공조경(公共造景)
① 포룸(Forum) : 그리스의 아고라와 같은 개념의 대화 장소
  ㉠ 후세(後世) 광장(Square, plaza)의 전신으로 도시계획에 의해 설치
  ㉡ 교역의 기능은 떨어지고 공공의 집회장소, 미술품 진열장 등의 역할을 하였고 점차 시민의 사교장, 오락장으로 발전
  ㉢ 지배계급의 장소로서 노동자와 노예의 출입을 금함
  ㉣ 포룸의 바닥은 포장을 하였고, 주변보다 약간 낮은 높이를 주어 강조
② 시장 : 교역을 위한 장소로 일반인 출입을 자유롭게 허용
4) 정원식물
① 장미, 백합, 향제비꽃 등이 가장 흔히 쓰이며, 수선화, 아네모네, 글라디올러스, 붓꽃(Iris), 양귀비꽃, 비름, 암모비움, 마편초, 아칸더스(잎이 아름다워 사용) 등 사용
② 방향식물로는 바실, 마요라나, 백리향 사용

| 라우렌티아나장 모형 |

▌아드리아나장
그리스와 로마 문화의 이상을 은유적으로 담아내어 로마제국의 조경과 건축의 총결이자 그리스 문화와 로마 문화의 최고의 결합을 보여준다.

| 아드리아나장 전경 |

▌로마의 포룸
포룸은 공공건물과 주랑으로 둘러싸인 다목적 열린공간으로 그리스의 아고라와 아크로폴리스를 질서정연한 공간으로 바꾼 것이며, 후에 새로운 포룸들이 생겨났다.
① 종교적, 세속적 행사공간 : 포룸 로마룸, 카이사르 포룸, 아우구스투스 포룸
② 법정 : 포라 키빌리아
③ 시장 : 포라 베날리아
④ 가축시장 : 포룸 보아리움
⑤ 야채시장 : 포룸 홀리토리움

③ 담쟁이덩굴로 벽면의 장식이나 수목과 주랑사이 장식

④ 교목과 관목 식재 – 사이프러스, 주목, 벼락 맞은 나무 신성시

⑤ Opus topiarum(형상수 形狀樹) : 토피어리 – 화단 속이나 중요한 자리에 장식

　ㄱ 설계자 이름, 인간이나 동물 형상, 사냥이나 선대의 항해 광경

　ㄴ 회양목, 사이프러스, 주목, 노간주나무, 로즈메리 사용

┃ 포룸의 규모

건축가 비트루비우스가 본 포룸은 대규모 군중을 수용할 수 있을 만큼 크되 소규모 군중이 왜소해 보이지 않을 정도의 크기로, 가로와 세로의 비율이 3 : 2 정도가 좋은 규모라고 정의했다고 한다.

2 >>> 중세 조경

1 중세 서구(5C~16C)

(1) 총론

1) 환경

① 서로마 멸망 후부터 르네상스 발생까지의 약 1000년간의 시기

② 3대 문명권으로 구분

　ㄱ 동로마 – 비잔틴 문명

　ㄴ 서방 문명

　ㄷ 이슬람 문명

③ 사회문화, 건축과 예술의 기독교화로 과학적 합리주의가 결여되어 암흑시대라 일컬음

④ 안정된 성직자의 사원생활로 조경문화가 내부지향적으로 발달하여 폐쇄적

2) 건축적 특징

① 교회 내부를 장식하기 위한 회화와 조각이 발달

② 건축양식의 변화

　ㄱ 초기 기독교 양식 – 바실리카식(5C~8C) : 열주로 둘러싸인 장방형 회랑(回廊)을 갖는 양식

　ㄴ 로마네스크 양식(9C~12C) : 장십자형 평면, 엄숙하고 장중함 – 둥근 아치, 육중한 기둥

　ㄷ 고딕 양식(13C~15C) : 하늘을 지향하는 상승감을 첨탑으로 표현 – 교회건축의 극치

(2) 조경

1) 특징

① 기독교의 사상적 지배에 의한 수도원조경

② 봉건 장원제도에 의한 성관조경

③ 초본원 : 채소원, 약초원

| 바실리카 양식 |

| 로마네스크 양식 |

| 고딕 양식 |

④ 과수원 : 식재 및 과일 자급, 장식적 정원으로 변화

⑤ 유원 : 동물 사육, 중세 후기에 나타남

⑥ 매듭화단(Knot)과 미원(Maze)의 발달

⑦ 토피어리(Topiary) 사용 – 원뿔형, 원형, 탑형(사람, 금수 모양 없음) 등으로 주목, 회양목 이용

⑧ 식물이 정원재료의 주요소 – 칼(Karl)대제의 법전집에 궁정정원의 식물재료 기재

⑨ 정원요소 : 분수(fountain), 퍼걸러(pergola), 수벽(water fence), 잔디의자(turf seat)

⑩ 이슬람 정원의 파티오는 기독교 문화의 영향을 받은 것으로 봄

2) 수도원 정원(Monastery Garden) – 중세 전기

① 이탈리아 중심으로 발달

② 정원의 실용적 사용 – 채소원, 약초원

③ 정원의 장식적 사용 – 회랑식 중정(Cloister garden)

㉠ 예배당의 남쪽에 위치한 사각의 공간으로 승려들의 휴식과 사교를 위한 장소

㉡ 페리스틸리움(주랑식 개방형 중정)과 흡사한 형식

㉢ 기둥이 흉벽(parapet) 위에 얹혀져 설치되어 출입구 필요–폐쇄식 중정

㉣ 두 개의 직교하는 원로로 나누어진 사분원–일반적으로 잔디식재

| 클로이스터 가든 |

㉤ 중심에 파라디소(paradiso) 설치 – 수목 식재, 수반, 분천, 우물

3) 성관 정원(Castle Garden) – 중세 후기

① 프랑스, 잉글랜드에서 주로 발달

② 농업과 원예를 즐겨한 노르만족에 의해 시작 – 자급자족 기능 – 과수원, 초본원, 유원

③ 장미 이야기(Roman de la Rose)의 삽화에 보여짐(분천, 격자 울타리, 미원, 형상수, 낮은 화단) – 중세 정원의 기록으로 봄

④ 폐쇄적 정원 – 내부공간 지향적 정원수법 – 방어형 성곽이 정원의 중심

⑤ 큰 정방형 또는 장방형의 중정(internal court)을 가진 성관(chateau) 형성

| 성관 조경 |

■ 매듭화단(Knot)

중세에 시작된 무늬화단으로 키 작은 상록수로 매듭무늬를 그려 놓는 수법이며 영국에서 크게 발달하였으며, 화훼의 수적 한계를 극복한 선의 장식이다.

① Open Knot:매듭의 안쪽 공간을 갖가지 채색된 흙으로 채워 넣는다.

② Close Knot:매듭의 안쪽 공간을 한 가지 색채의 화훼로 채워 장식한다.

| Open Knot |

| Close Knot |

■ 클로이스터 가든

그리스나 로마의 페리스틸리움과 같은 외모를 갖춘 네모난 공간으로 성당 기타의 공공용 건물에 의해 둘러싸여 있었으나 햇빛을 받아들이기 위해 일반적으로 예배당건물의 남쪽에 위치하고 승려들의 휴식과 사교를 위한 자리로 쓰였다.

| 장미 이야기 삽화 |

❷ 중세 이슬람 세계(7C∼17C)

(1) 이란-페르시아 사라센양식

1) 총론
  ① 산으로 둘러싸인 고원지대로 바람이 강하고 엄한과 혹서를 갖는 대조적 기후
  ② 조로아스터교의 영향과 산악숭배의 영향으로 물을 귀하게 여김
  ③ 낙원(Paradise)에 대한 동경으로 지상의 낙원이 공원으로 나타남
  ④ 녹음수를 애호하고, 외적에 대비해 토벽에 녹음수 밀식
  ⑤ 지역적으로 페르시아의 전통과 이슬람의 양식 혼합
  ⑥ 코란의 영향으로 생물(인간이나 동물)의 형태적 묘사 금함
  ⑦ 이탈리아 르네상스의 노단식건축의 형성과 수경기법 등에 영향을 미침

2) 조경
  ① 사막의 먼지나 바람, 외적, 프라이버시 확보를 위해 진흙이나 벽돌로 높은 울담 설치
  ② 더운 지방으로 물이 필수요소
  ③ 녹음수와 과수, 화훼류를 필수적으로 도입하고 화단은 극히 단조롭고 소박
  ④ 사각형태의 소정원은 두 개의 직교하는 원로 또는 수로로 나누어진 사분원(四分園)으로 구성
  ⑤ 중앙의 교차점은 청 타일로 장식하거나 회색자갈을 깐 얕은 연못, 덩굴식물을 올린 원정 설치
  ⑥ 대정원은 천국을 상징하며, 소규모 정원이 여러 개로 연결되어짐
  ⑦ 입지조건에 따른 분류
   ㉠ 산지형 : 여러 개의 노단을 만들어 각 노단을 계단으로 연결
    a. 캐스케이드(Cascade), 분수 설치
    b. 정상부에 가족중심의 사적 공간인 키오스크(Kiosk) 설치
    c. 아랫단은 손님의 접대 등을 위한 공적 공간
   ㉡ 평지형 : 일반적인 사분원 형태의 소정원
  ⑧ 동쪽으로 진출하여 인도 무굴제국에 영향을 미침

3) 이스파한(Isfahan)
  ① 중부 사막지대에 위치한 계획적 정원도시
  ② 왕의 광장(Maidan) : 380m×140m의 거대한 옥외공간
  ③ 40주궁(Cheher Sutun) : 규칙적인 화단과 감귤류 가로수

4) 차하르 바그(Chahar bagh)
  ① 7Km 이상 길게 뻗은 넓은 도로
  ② 도로의 중앙부에 노단과 수로 및 연못 설치

▌사라센(Saracen)
사라센이란 중세의 유럽인이 이슬람교도를 부르던 호칭이다.

▌이슬람 조경
낙원(시원한 녹음과 물이 넘치는 장소)을 지상에 실현하려는 개념으로 코란에 있는 종교적 의미를 내포하고 있다.

▌천국, 낙원(파라다이스 Paradise)
낙원에는 시원한 그늘, 차가운 샘, 신선한 과일, 아름다운 여인이 있음을 코란에 묘사하였고, 실제의 정원에는 맑은 물, 신선한 녹음, 수로에 의한 사분원이 담으로 둘러싸여 있다.

▌이슬람 정원의 중요사항
① 기후적 조건으로 중정 발달
② 파라다이스 개념을 정원에 표현
③ 카나드(Qanad)에 의한 물 공급
④ 정원은 주 건물의 동향이나 북향에 설치
⑤ 사원은 메카방향으로 배치
⑥ 아라베스크 무늬 장식

▌이스파한(Isfahan)
압바스 1세의 왕궁 이전을 위한 도시계획으로 소공원을 연속시켜 도시자체를 하나의 거대한 정원으로 전개시켜 사막의 오아시스(지상낙원)인 정원도시를 만들었다.

③ 도로교차부에 연못(분천)이나 화단 설치

④ 도로의 양쪽에 가로수(사이프러스, 플라타너스) 식재 – 도로공원의 원형

5) 황제도로

이스파한과 시라즈의 관통도로

| 왕의 광장 |

| 차하르 바그 |

(2) 스페인–스페인 사라센양식(무어양식)

1) 총론

① 기온이 높고 건조하나 비교적 온난한 기후

② 해류의 영향으로 농산물이 풍부하며 해안을 따라 녹지가 발달하고 경치가 아름다움

③ 7C 경 아랍계 이슬람교도의 이베리아 반도 진출로 약 800년 간 지배를 받음

④ 강제적으로 개종을 시키지 않음으로 여러 종교적 문화가 융화됨

⑤ 기독교 문화와 동방취미가 가미된 이슬람문화가 혼합됨

⑥ 안달루시아 지방은 최초의 점령지로 로마시대의 고가수로, 빌라정원 등이 있음

⑦ 고도의 관개기술로 정원 속에 묻힌 도시 창출

2) 조경

① 이집트, 페니키아의 정형적 정원과 로마의 중정 및 비잔틴 정원 등 주변 각지의 문화양식을 이입 발전시킨 복합적 양식

② 내향적 공간을 추구하여 중정(internal court)개념의 파티오(Patio) 발달

③ 연못, 분수, 샘 등 수경요소 및 바닥 패턴화로 기하학적 정원 조성

3) 대 모스크(大 Mosque) 8C – 사원

①코르도바(서방의 메카로 불리며 귀족들의 장원, 별장 등이 세워짐)에 위치

② 2/3를 차지하는 원주(圓柱)의 숲과 같은 내부에서 외부로 나가는 수학적 비례와 연속적인 경관의 흐름이 환상적임

③ 전체 면적의 1/3을 차지하는 오렌지 중정에 오렌지나무, 연못, 분수 등 배치

4) 알카자르(Alcazar) 궁전 12C – 요새(要塞)형 궁전

① 세빌리아(평지에 위치하며 벌집형 가로망으로 유명)에 위치

▌스페인 사라센양식

무어인은 점령지에 페르시아나 시리아 지방의 문화를 이식하는 데 힘을 기울였으며, 외국산 식물도 수입하여 사라센식을 원형으로 한 동방취미를 살린 스페인 사라센양식을 창조하였다.

▌무어인(Moors)

7C부터 이베리아 반도를 정복한 아랍계(系) 이슬람교도의 명칭이다.

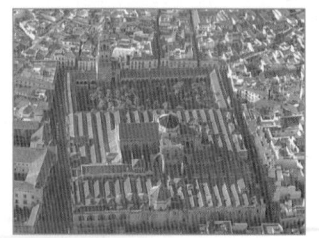
| 대 모스크 전경 |

② 정원과 파티오에 무어인의 영향이 강하게 나타남

③ 3개의 부분으로 구획되고 각 구획은 가든 게이트, 창살이 달린 창으로 연결

④ 연못은 침상지로 중앙에 분수가 있고 원로는 타일과 석재 포장

5) 알함브라(Alhambra) 궁전 13C

① 그라나다(이슬람의 마지막 보루)에 위치

② 무어양식의 극치로 붉은 벽돌로 지어 홍궁(紅宮)으로 불림 — 100여년 간 계속적으로 증축

③ 수학적 비례, 인간적 규모, 다양한 색채, 소량의 물을 시적으로 사용

④ 파티오가 연결되어 외부공간 구성

⑤ 알베르카(Alberca) 중정

　㉠ 알함브라 궁전의 주정(main garden)으로 공적인 장소

　㉡ 대형 장방형 연못이 있음 — 종교적 의식에 쓰였고 투영미 뛰어남 — '연못의 중정'

　㉢ 연못 양쪽에 도금양(천인화) 열식 — '도금양의 중정', '천인화의 중정'

　㉣ 연못 양쪽끝에 대리석 분수, 대리석 포장

⑥ 사자(獅子)의 중정

　㉠ 가장 화려한 중정으로 특히 내부의 벽면장식 화려

　㉡ 주랑식 중정이며, 직교하는 수로로 사분원 형성, 대리석 포장

　㉢ 중심에 12마리의 사자상이 받치고 있는 분수 설치 — 생물상 특이

⑦ 다라하(Daraja)의 중정

　㉠ 부인실(harem)에 부속된 정원으로 여성적인 분위기의 장식

　㉡ 회양목 화단과 비포장 원로의 정형적 배치

　㉢ 중심에 분수가 있고 사이프러스가 식재되어 있으며, 주변의 벽을 따라 오렌지나무 식재

⑧ 레하(Reja)의 중정

　㉠ 가장 작은 규모로 바닥은 색자갈로 무늬 포장

　㉡ 네 귀퉁이에 4그루의 사이프러스 식재 — '사이프러스 중정'

　㉢ 중심에 분수가 있는 환상적이고 엄숙한 분위기

▌알함브라 궁전

13C 후반에 창립하기 시작하여 역대의 증축과 개수를 거쳐 완성되었으며 현재 이 궁전의 대부분은 14C 때의 것으로 후에 에스파냐가 그리스도교도의 손으로 빼앗은 뒤에도 정중하게 보존되었고, 18C에 한때 황폐되기도 하였으나 19C 이후에 복원, 완전하게 보전하여 이슬람 생활문화의 높이와 탐미적인 매력을 오늘날에 전하고 있다. 알베르카 중정과 사자의 중정은 이슬람적 색채가 농후하고 다라하의 중정과 레하의 중정은 기독교적인 색채가 나타나 있다.

4. 레하의 중정

3. 다라하의 중정

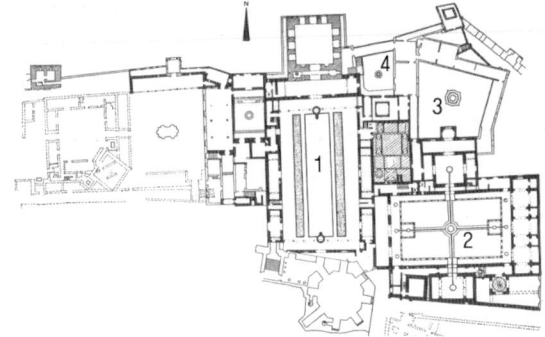

1. 알베르카 중정

2. 사자의 중정

| 알함브라 궁전 평면도 |

6) 헤네랄리페(Generalife) 이궁(離宮)
① '높이 솟은 정원'의 의미
② 왕들의 피서를 위한 행궁 – 알함브라 궁전 가까이 위치
③ 경사지에 노단식으로 된 배치 – 노단식 건축에 영향을 미침
④ 각 노단은 계단으로 연결, 물 계단 – 노단 바닥은 모자이크형 포장
⑤ 건축보다는 정원이 주가 된 큰 정원을 이룸 – 건물 전체가 정원 – 축선 없음
⑥ 수로의 중정(The court of canal) : '연꽃의 분천'
 ㉠ 궁전의 입구이자 주정으로 가장 아름다움 공간
 ㉡ 가늘고 긴 방형 공간으로 3면은 건물, 1면은 아케이드
 ㉢ 폭 1.2m의 커낼이 중앙 관통하고 양쪽에 아치형의 분수 설치
 ㉣ 커낼의 양쪽끝에는 연꽃 모양의 수반 설치
 ㉤ 회양목의 무늬화단, 장미원
⑦ 사이프러스 중정 : '후궁의 중정'
 ㉠ 옹벽을 따라 사이프러스 식재
 ㉡ U자형 커낼로 이루어진 두 개의 작은 섬 – water garden

| 수로의 중정 |

| 사이프러스 중정 |

(3) 인도-인도 사라센양식(무굴양식)

1) 총론
   ① 열대성 기후로 녹음 동경하여 녹음수를 중시하였고, 상대적으로 초화류는 발달하지 않음
   ② 높은 울담은 프라이버시를 위하여 설치하였고 장엄미와 형식미를 보임
   ③ 물은 가장 중요한 요소로 장식, 목욕, 관개 등 종교적 용도와 실용적 용도를 겸함
   ④ 녹음수 중시, 연못에 연꽃, 화훼 장식
   ⑤ 연못가의 원정은 장식과 실용을 겸하여 쾌적한 정원생활 및 안식처(묘소)나 기념관으로 사용
   ⑥ 11C 이후 사라센 문화가 이식되어 무굴시대(16C)이후 번성
2) 조경
   ① 캐시미르 지방 : 산지 계곡, 물이 풍부하고 경관이 수려하여 노단식 피서용 바그 발달
   ② 아그라, 델리 : 평지로서 궁전이나 묘지가 발달하고, 지형적 영향으로 높은 담 사용
   ③ 정형식 정원에 속함
3) 바브르 시대(1483~1530) - 람바그(Ram bagh)
   ① 아그라 줌나강가에 위치한 바브르(Babur) 대제의 이궁정원으로 물이 주된 구성요소
   ② 무굴제국 초기의 정원 중 하나로 무굴 최고(最古)이며 최대 규모
4) 후마윤 시대(1508~1556) - 후마윤 능묘
   ① 페르시아와 인도의 혼합양식
   ② 묘를 중심으로 운하와 천수(泉水)로 구성되어 페르시아에 기원을 두고 있지만 무굴정원의 원형이 됨
5) 아쿠바르 시대(1542~1605)
   ① 파티플 시크리(Fathpur-Ssikri):이슬람양식과 힌두양식 혼합
   ② 아쿠바르 묘 : 아그라의 북쪽 시칸드라에 세워진 궁전 겸 예배소
   ③ 나심바그(Nasim Bagh) : 캐시미르 지방 최초의 산장으로 다르(Dal)호서안에 위치
6) 자한기르 시대(1569~1627)
   ① 샬리마르바그(Shalimar Bagh)
     ㉠ '사랑의 거처'란 의미로 스리나가르 호수 다르(Dal)호의 북동쪽에 위치
     ㉡ 완만한 경사지에 5단의 테라스 조성
     ㉢ 중앙의 운하는 2단 '황제의 정원'에서 시작하여 최상단의 '귀부인의 정원'에서 끝나고, 상단(4, 5단)에는 대규모 분수 설치

▌무굴제국
16세기 전반에서 19세기 중엽까지 인도 지역을 통치한 이슬람 왕조로 아그라와 델리 및 캐시미르를 중심으로 번성하였다.

▌인도정원구성 주요소
① 연못
② 정자
③ 녹음수
④ 높은 담

▌바그(Bagh)
건물과 정원을 하나의 단위로 계획한 것으로 빌라와 같은 개념이며 로마의 빌라보다 규모가 웅장하다.

▌정원의 유형
① 산지형(캐시미르) : 나심바그, 니샤트바그, 샬리마르바그, 아차발바그,
② 평지형(아그라, 델리) : 람바그, 샬리마르바그(델리), 타지마할

② 니샤트바그(Nichat bagh)
  ㉠ 캐시미르 지방의 다르호 동쪽 호안에 세워진 왕의 하계 별장
  ㉡ 12개의 노단으로 구성되고 중앙에는 분수가 줄지어져 캐스케이드 형성
③ 아차발바그(Achabal Bagh)
  ㉠ 히말라야를 조망할 수 있으며 물의 약동을 상시적으로 즐길 수 있는 곳
  ㉡ 다수의 분수와 연못이 있으며 넘친 물이 낮은 테라스를 향하여 폭포 형성

7) 샤자한 시대(1592~1660)
  ① 차스마샤히(Chasma Shahi)
    ㉠ 캐시미르 지방의 다르호를 내려다 보는 산 중턱의 산장
    ㉡ '왕의 샘'이라는 샘에서 나오는 물이 수로를 따라서 정원 전체에 정교하게 배치
  ② 샬리마르바그(Shalimar bagh)
    ㉠ 라호르에 위치한 샤자한 왕의 여름별장
    ㉡ 크지 않은 낙차의 3개의 테라스로 구분
    ㉢ 제1노단은 152개의 분수가 장치된 대분천지
    ㉣ 중간노단은 캐널과 원로에 의해 4개의 방형으로 구분되고 각 구획은 십자의 원로에 의한 사분원(四分園) 형태
    ㉤ 청어가시 모양의 원로 포장
  ③ 타지마할(Taj Mahal)
    ㉠ 평지인 아그라의 줌나강가에 위치한 인도 영묘건축의 최고봉
    ㉡ 샤자한 왕이 뭄타즈 마할 왕비를 위해 조영
    ㉢ 대칭적 구조의 균형잡힌 단순한 의장 – 균제미의 절정
    ㉣ 높은 울담, 흰 대리석 능묘, 장방형 대분천지가 특징
    ㉤ 십자형 수로에 의한 사분원 형식 – 중심의 대분천지는 반영미(反影美) 절정

▌타지마할
인도의 이슬람 건축의 대표적인 작품으로 무굴제국은 물론 이탈리아, 이란, 프랑스를 비롯한 외국의 건축가와 전문기술자들을 불러오고, 기능공 2만 명이 동원되어 22년간 대공사를 한 결과물이다.

8) 아우란지브 시대(1618~1707)
  ① 파리마할 : 차스마샤히를 능가
  ② 라비 아 아우라니 : 타지마할의 축소판

| 니샤트바그 |

| 아차발바그 |

▌샤자한(Sha Jahan) 왕(1628~1658재위)
무굴제국의 가장 뛰어난 재능을 가진 왕으로 예술과 미의 숭배자로 타지마할묘, 델리 궁전, 이슬람교 본산 등 장려한 건축물들을 남겼다.

| 샬리마르바그(라호르) |

| 타지마할 |

3 >>> 르네상스 조경(15C~17C)

1 이탈리아

(1) 총론

① 발생 시기에 따라 지방적으로 특징이 다르게 나타남

② 인간의 품위와 고상한 취미를 위한 인간존중 및 생활안정기

③ 르네상스의 큰 영향은 성곽중심의 정원에서 별장정원으로의 전환 − 르네상스의 정원은 별장정원에서 비롯됨

④ 전원한거생활을 흠모하는 인문주의적 사고와 현실세계의 즐거움 추구

⑤ 기하학적 형태와 크기의 비례를 근간으로 하는 비트루비우스 원리를 기초해 빌라와 정원, 주변경관의 단일 건축적 구도에 의해 계획

⑥ 비규칙적인 지형구조 상태에 인간과 자연과의 관계를 표현하여, 소우주를 만들어내는 것이 이상적이라 여김

⑦ 자연을 객관적으로 보며 주택은 정원과 자연경관을 향해 외향적 지향

⑧ 빌라와 정원의 입지는 조금 완만한 경사지에 위치하여 자연을 조망하고 즐기는 역할

⑨ 지형과 실용성의 영향으로 이탈리아의 르네상스 양식이 널리 전파되거나 응용되기 곤란

⑩ 조경가의 이름이 등장하고 의뢰인인 시민자본가 등장

(2) 조경

1) 공간의 구성 및 배치

① 지형과 기후적 여건으로 구릉과 경사지에 빌라가 발달하고, 노단이 중요한 경관요소로 등장

② 빌라를 중심으로 전정과 후정, 정원경계 외에는 자연경관, 또는 과수원, 수림대 등으로 구성

③ 빌라 건물의 중앙을 통과하는 건물의 주축이 정원의 비례나 대칭적 공간분할의 기본적인 형태로 작용

④ 건물공간은 빌라가 위치하는 장소로 전체공간의 중심

⑤ 정원공간은 화단과 가로수길, 수공간, 점경물 등의 정원요소가 위치하는 장소로 빌라의 부속기능 담당

⑥ 평화로움을 주는 고전적 비례를 엄격하게 준수하고 원근법을 도입하였으며, 직관적이기 보다는 수학적 계산에 의해 구성

⑦ 중심축선상에서의 노단처리는 물을 주요소로 이용하여 처리하는 것이 일반적

⑧ 흰 대리석과 암록색의 상록수가 강한 대조를 이루는 대비효과 이용

■ 르네상스의 발생

기독교와 봉건제도에 반발하여 강력한 시민사회가 형성되고 고대의 그리스·로마 문화를 이상으로 하여 이들을 부흥시킴으로써 새 문화를 창출해 내려는 운동으로, 그 범위는 사상·문학·미술·건축 등 다방면에 걸친 것이었다. 중세의 시기를 야만시대, 인간성이 말살된 시대로 파악하고 이를 극복하려는 인본주의가 발달하고, 자연을 존중하는 사조가 발달하였다.

■ 르네상스의 발생 시기

① 15C : 중서부 토스카나 지방

② 16C : 로마 근교

③ 17C : 북부의 제노바

■ 양식의 변천

고전주의 → 매너리즘 → 바로크 → 로코코

■ 노단식(露壇式) 정원

이탈리아 정원의 가장 큰 특징은 노단(테라스)이 중요한 경관요소로 등장하는 것이다. 특히 중심축선 상에서의 노단처리는 매우 중요한 과제였는데 물을 이용한 다양한 처리방식으로 해결하였으며, 또한 노단은 실용적인 것보다는 장식적인 요소가 더 강조된 형식으로 평가된다.

2) 평면적 특징

① 정형성(Formale)

㉠ 단일중심축형 : 건물의 중앙을 통과하는 주축으로 공간분할 – 풋지어아카이아노장, 벨베데레원, 파르네제장, 란테장, 알도브란디니장

㉡ 직교축형 : 빌라를 중심으로 한 종축과 횡축에 의한 비례를 갖는 공간분할 형태–피에졸레장, 마다마장, 에스테장

② 비정형성(Informale)

㉠ 중세에 조영된 건물을 빌라로 리모델링한 경우가 많음

㉡ 일트레비오장, 카레지장, 임페리알레장

3) 입면적 특징

① 상단형 : 카지노가 노단의 최상단에 위치, 원경 조망–에스테장

② 중간형 : 카지노가 정원의 중간에 위치–알도브란디니장

③ 하단형 : 노단의 최하단에 카지노 배치–란테장, 카스텔로장

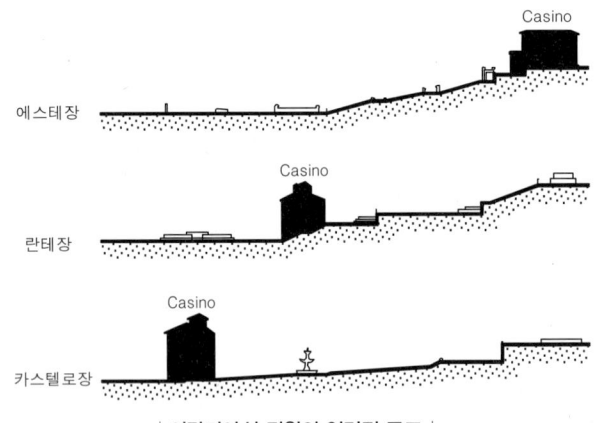

| 이탈리아식 정원의 입면적 구조 |

4) 건조물 및 점경물

① 카지노(Casino) : 거주·휴식·오락기능의 장소, 미술품 등 전람

② 템피에토(Tempietto)·카펠라(Cappella) : 예배를 보던 장소

③ 닌페오(Ninfeo) : 닌파(Ninfa)라는 신에게 제사를 지내는 장소

④ 그로타(Grotta, 동굴) : 신성한 종교적 장소 역할

⑤ 코르틸레(Cortile, 중정) : 건물에 부속된 중정 – 야외공연장 이용

⑥ 스칼리나타(Scalinata, 계단) : 직선, 반원형, 타원형, 부채꼴형 등

⑦ 테라자(Terrazza, 노단) : 계단상의 평탄지를 옹벽으로 받친 부분

⑧ 발라우스타(Balausta, 난간) : 경관의 액자 역할 – 조각상, 화병

⑨ 니키아(Nicchia, 벽감), 포르탈레(Portale, 정원문), 바조(Vaso, 화분), 메리디아나(Meridiana, 해시계), 세디레(Sedile, 의자), 벨베데레(Belvedere, 전망대)

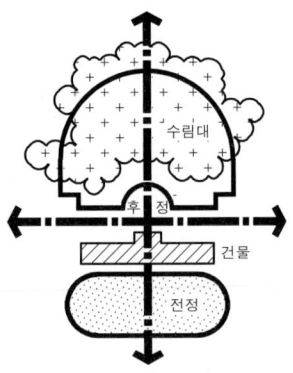

| 16세기 이탈리아 빌라정원의 공간배치 개념도 |

▌공간배치형식

15, 16C 공간배치형식에서 정형성이 나타나며, 16C 초반 벨베데레원과 마다마장의 조영과정에서 하나의 건물을 기점으로 직선 또는 주축 내지 직교축을 형성, 대칭적인 공간구성을 하는 로마시의 도시계획 수법이 정원조영에도 적용되기 시작하였다.

▌빌라(카지노)의 배치유형

정원의 주구조물인 빌라(카지노)의 축과 정원의 축의 관계로 직렬형, 병렬형, 직교형으로 나누기도 한다.

▌노단의 처리

노단은 경사지를 절토하거나 성토하여 얻어지는 평탄지로서 옹벽에 의해 지지되고, 노단은 2단, 3단, 4단 등 여러 단으로 이루어진 형태로 나타나며 다양한 형태의 계단이나 연속적인 계단, 또는 경사로로 연결된다. 최상단에 주건물(카지노)을 배치하는 것이 일반적이다.

▌빌라별 노단의 수

① 무노단 : 카파졸로장

② 2단 : 카레지장, 기우리아장, 파르네제장

③ 3단 : 일 트레비오, 풋지어아카이아노장, 벨베데레원, 마다마장

④ 4단 : 피에졸레장, 카스텔로장, 임페리알레장, 에스테장, 란테장

⑤ 10단 : 이졸라벨라장

5) 수경요소

① 동적 수경요소 : 조코 다쿠아(Gioco d'acqua, 조각 분천), 폰타나 (Fontana, 연못), 라 폰타나 델라 무라(La Fontana della Mura, 분수에 설치한 벽천), 카스카타(Cascata, 벽천), 데아트로 다쿠아 (Teatro d'acqua, 물극장), 분천, 물풍금

② 정적 수경요소 : 페스키에라(Peschiera, 양어장), 칸날레(Canale, 수로)

6) 정원식물

① 식물의 개성적인 아름다움을 효과적으로 이용하고자 하는 경향 발생 – 사이프러스나 스톤파인(stone pine)이 빈번하게 쓰임

② 녹음수로는 상록활엽의 월계수, 가시나무, 종려, 감탕나무, 유럽적송 식재 – 단독 혹은 총림(Bosquet)으로 식재

③ 배경식재를 위한 총림의 대표적 수종은 유럽적송(Pinus sylvestris)

④ 낙엽활엽수로는 플라타너스, 포플러 사용

⑤ 토피어리용으로는 회양목, 월계수, 감탕나무, 주목 등을 사용

⑥ 화훼류에는 관심이 적고 수목류에 비해 적게 사용한 것으로 추측

(3) 전기(15C)-토스카나(Toscana) 지방

1) 특징

① 르네상스의 발상지 – 피렌체(Firenze)의 부호 메디치(Medici)의 영향이 크게 작용

② 완만한 구릉과 계곡, 충분한 물, 좋은 자연경관

③ 고대 로마별장을 모방한 중세적인 색채를 지님

④ 위치 선정, 조닝(Zoning) 등 새로운 르네상스적 특징 발생

⑤ 알베르띠(Alberti)의 De Architectura – 이상적 정원의 꾸밈새 기술

2) 조경

① 카레지장(Villa Medici de Careggi)

㉠ 중세성관과 유사한 방어형 설계–미켈로지 설계

㉡ 언덕에 건물과 테라스를 이상적으로 균형되게 배치

㉢ 전체의 가시경관이 '결합된 일부'가 되고 있는 작품

② 피에졸레장(Villa de Medici Fiesole 메디치장)

㉠ 알베르띠의 부지설계원칙 적용 – 미켈로지 설계

㉡ 경사지에 노단식으로 구성, 건축물과 정원의 축 불일치

③ 일 트레비오(Il Trebbio), 카파졸로장(Villa Cafaggiolo), 풋지어아카이아노장(Villa Poggio a caiano), 살비아티장(Villa Salviati), 팔미에리장(Villa Palmieri),

┃ 메디치 가문

15C, 16C 신흥 부유계급이 이탈리아의 토스카나 지역 피렌체를 중심으로 많이 나타났고, 그 중에 메디치 가문은 대대로 학예를 애호하고 보호하였기 때문에 15C 들어 피렌체는 학자, 문인, 미술가들이 모여드는 곳이 되었으며, 메디치가의 보호를 받은 학자나 예술가 가운데는 르네상스 운동의 주도적 역할을 한 인문주의자가 많았다.

┃ 카레지장 ┃

┃ 피에졸레장 ┃

(4) 중기(16C)-로마 근교

1) 특징
① 르네상스 예술문화의 최전성기로 이탈리아식 별장정원 등장 – 찬란한 조경문화 개화
② 노단건축 수법으로 노단건축 정원의 등장 – 이탈리아 조경의 전기 마련
③ 16C 후반에는 토스카나 지방으로 확대되고 북쪽의 제노바에도 영향을 미쳐, 세 지역에서 동시에 발달
④ 합리적 질서보다는 시각적 효과에 관심
⑤ 정원 작품은 주로 건축가 작품으로 축선에 따른 배치가 다수
ㄱ 라파엘로 : 마다마장
ㄴ 페루치 : 페르네시아장
ㄷ 리피 : 메디치장
ㄹ 비뇰라 : 기우리아장, 파르네제장, 란테장
ㅁ 리고리오 : 에스테장

2) 조경
① 벨베데레원(Cortile del Belvedere, Belvedere Garden)
ㄱ 브라만테 설계 – 16C 초 대표적 정원
ㄴ 교황의 여름 거주지로 벨베데레 구릉의 작은 빌라를 연결
ㄷ 이탈리아 노단건축식 정원의 시작으로 기하학적 대칭과 축의 개념을 처음 사용
ㄹ 이탈리아의 수목원적 정원을 건축적 구성으로 전환시킨 계기
ㅁ 테라스와 노단, 계단, 벽화가 그려진 정자, 청동이나 대리석 분천, 고대 조각상 등을 정원에 도입
② 마다마장(Villa Madama)
ㄱ 최초 라파엘로가 설계하였으나 사후 조수인 상갈로에 의해 완성
ㄴ 기하학적 곡선을 따라 광대한 정원을 건물 주위에 배치
ㄷ 3단의 노단, 건물과 옥외공간을 하나의 유닛으로 설계 – 내부와 외부공간을 시각적으로 완전히 결합
ㄹ 가로수, 토피아리, 담, 난간, 미로, 벽천 등이 정원요소로 도입
③ 임페리알레장(Villa Imperiale), 카스텔로장(Villa Castello)
④ 파르네제장(Villa Farnese)
ㄱ 비뇰라 설계
ㄴ 2개의 테라스
ㄷ 계단에 캐스케이드(cascade) 형성
ㄹ 주변에 울타리 없이 주변 경관과 일치 유도

▌빌라 조영순서
일 트레비오장 → 카파졸로장 → 카레지장 → 피에졸레장 → 풋지어아카이아노장 → 벨베데레원 → 마다마장 → 임페리알레장 → 카스텔로장 → 기우리아장 → 에스테장 → 파르네제장 → 에모장 → 란테장 → 로톤다장 → 알도브란디니장

| 벨베데레원 |

| 마다마장 |

▌르네상스 시대의 이탈리아 3대 별장
① 에스테장
② 파르네제장
③ 란테장

| 파르네제장 후면 테라스 |

⑤ 에스테장(Villa d'Este) − 티볼리

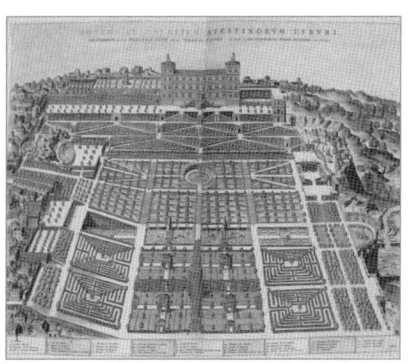
| 에스테장 조감도 |

| 파르네제장 캐스케이드 |

㉠ 리고리오가 설계한 전형적인 이탈리아 르네상스 정원

㉡ 수경은 올리비에리의 설계로 풍부한 물의 다양하고 기묘한 수경처리가 매우 뛰어남

㉢ 하부에서 상부까지 명확한 중심축 사용

㉣ 4개의 테라스

　a. 제1노단 : 분수와 공지, 화단

　b. 제2노단 : 감탕나무 총림, 용의 분수

　c. 제3노단 : 티볼리 분수, 100개의 분수, 로메타 분수, 물풍금

　d. 제4노단 : 흰 대리석 카지노

⑥ 란테장(Villa Lante)

㉠ 비뇰라의 설계로 이탈리아 정원의 3대원칙인 총림, 테라스, 화단의 조화로운 배치

㉡ 정원축과 수경축이 완전한 일치를 이루는 배치로 수경축이 정원의 중심요소

㉢ 4개의 테라스가 돌계단으로 연결됨

　a. 제1노단 : 둥근 섬이 있는 거대한 정방형 연못, 십자형 다리, '몬탈토 분수'

　b. 제2노단 : 빛의 분수, 플라타너스 군식

　c. 제3노단 : 추기경의 테이블, 거인의 분수, 인공폭포

　d. 제4노단 : 캐스케이드, 돌고래 분수

| 란테장 전경 |

㉣ 제1노단과 제2노단 사이에 두 채의 카지노 설치

⑦ 포포로 광장(Piazza del Popolo)

㉠ 광장의 중심에 16C 말에 세운 오벨리스크가 위치

㉡ 네 귀퉁이에는 19C 초에 세운 좌사자상(座獅子像)이 있는 장타원형 광장

| 포포로 광장 |

(5) 후기(17C)−매너리즘과 바로크 양식의 대두

1) 특징

① 건축적으로 바로크 양식은 발전하였으나 정원은 일반적인 르네상스 양식사용

② 건축적 양식의 변화에 비해 정원의 변화는 나타게 나타남

③ 균제미의 이탈, 지나치게 복잡한 곡선의 장식과 화려한 세부 기교에 치중 − 미켈란젤로에 의해 시작

▌매너리즘

16C 고전주의와 바로크 양식으로 이행되는 과정에서 나타난 양식으로 과장되고 비현실적이며 독창성을 잃어 새로움을 갖지 못한 타성적인 디자인 양식이다.

④ 정원동굴, 물을 즐겨 사용하며 기교적으로 취급 - 물 극장, 물 풍금, 경악분천, 비밀분천 등

⑤ 토피어리의 난용, 미원은 더욱 복잡해지고 과도한 식물사용과 다양한 색채를 대량으로 사용

⑥ 화단, 커낼, 분천 등 모두 직선보다는 곡선을 많이 사용

2) 조경

① 감베라이아장(Villa Gamberaia)

㉠ 매너리즘 양식의 대표적 빌라

㉡ 주건물이 정원의 중앙에 놓이며 전체적으로는 엄격하리만큼 단순하게 처리

㉢ 동굴정원, 물의 정원, 레몬원, 사이프러스원, 총림, 난간이 달린 전망대 등이 잔디를 깐 산책로를 중심으로 배치

② 알도브란디니장(Villa Aldobrandini)

㉠ 지아코모 델라 포르타가 설계한 바로크 양식

㉡ 2개의 노단과 노단 중간에 건물 위치

㉢ 배모양의 분수가 있고, 중심시설인 물극장 유명

㉣ 정원 뒷산의 저수지를 이용하여 자연형 폭포, 연못, 캐스케이드로 정원장식

③ 이졸라 벨라장(Villa Isola Bella)

㉠ 마지오레호수의 섬 전체를 정원화한 바로크 양식의 대표적인 정원

㉡ 섬 전체가 바빌론의 공중정원과 같이 물위에 떠 있는 것처럼 보임

㉢ 10개의 테라스로 되어 있고, 각 노단은 화려하게 장식

㉣ 최상단에는 바로크 특징이 강한 물극장 배치

④ 가르조니장(Villa Garzoni)

㉠ 건물과 정원이 분리되어 있는 2개의 노단으로 구성된 빌라

㉡ 정원은 기술적, 미적인 면에서 단연 뛰어나 바로크 양식의 최고봉이라 일컬음

㉢ 상부 테라스는 그늘진 총림, 하부 테라스는 밝고 화려한 파르테르(Parterre)와 원형 연못으로 구성

⑤ 란셀로티장(Villa Lancellotti) : 바로크 양식의 빌라

2 프랑스

(1) 총론

① 지형이 넓고 평탄하며 다습지가 많아 풍경이 단조로움

② 도시주택과 수렵용 건물의 복합체인 성관(Chateau)의 발달

③ 온난하고 습윤한 기후의 영향으로 낙엽수림이 발달한 산림 풍부

▌ **바로크 양식**
17C 초에서 18C 전반에 걸쳐 나타난 양식으로 16세기 르네상스의 조화와 균제미로부터 벗어나 세부 기교에 치중하며 화려한 양감(量感)·광채·동감(動感)에 호소하였다. 거대한 양식, 곡선의 활용, 자유롭고 유연한 디테일, 대각선적인 구도, 원근법, 단축법, 눈속임 효과의 활용 등이 활발하게 나타난다.

▌ **파르테르(Parterre 화단)**
정원의 공간을 구성하는 데 필요한 기본 '단위'가 되는 사각형의 정원 건축물. 파르테르는 단순한 잔디밭일 수 있고, 화단일 수 있고, 연못일 수도 있고, 자수화단일 수도 있다.

| 이졸라 벨라장 |

| 가르조니장 |

▌ **각국의 이탈리아 정원의 영향**
이탈리아를 중심으로 르네상스가 전개되었으나 영국과 프랑스에 비해 이탈리아의 성원 양식은 널리 전파·응용될 수 없었는데 그것은 구릉지에 적합하여 실용성(實用性)이 낮았기 때문인 것으로 본다.

④ 루이14세의 절대주의(absolutism)왕정 확립과 예술에 대한 후원의 영
   향을 크게 받음

⑤ 중상주의 정책으로 경제적으로 안정된 새로운 귀족계급의 등장과 문화
   와 예술의 발전

(2) 르네상스 조경

① 이탈리아 양식으로 개조 또는 새로 만든 성관정원

  ㉠ 16C 초 : 블로와성, 샹보르, 퐁텐블르

  ㉡ 16C 말 : 아네성, 샤를르발, 튈레리궁, 생제르맹앙레이

  ㉢ 17C 초 : 뤽상브르그, 베르사이유궁, 리셜리외궁

② 르네상스 시대(바로크)의 3대 정원가

  ㉠ 몰레(Andre Mollet) : 프랑스에 자수화단을 최초로 설계

  ㉡ 세르(Olivier de Serres) : 정원을 용도별로 나눔 - 화단, 채소원, 과수
     원, 초본원

  ㉢ 브와소(Jacques Boyceau) : 르 노트르에게 큰 영향을 미침

③ 17C 말 앙드레 르 노트르의 평면기하학식의 새로운 양식이 나타나기까
   지 이탈리아 양식이 확대 발전

(3) 17C 평면기하학식 정원(프랑스풍 바로크양식)

① 정원내에 화려한 색채를 많이 사용한 화단(parterre) 발달

② 화단과 넓은 수면 등의 평면적 요소와 풍부한 산림을 이용한 수직적 요
   소의 사용

③ 앙드레 르 노트르(Andre Le Notre)가 프랑스 조경양식(평면기하학식,
   프랑스풍 바로크양식) 확립

프랑스의 르네상스
1494년 샤를 8세의 나폴리 원정에서 시작되었다.

프랑스 정원의 구성요소
① 소로와 축선
② 자수화단의 밝은 색 화초
③ 생울타리와 총림

총림의 채택 목적
① 비스타 구성
② 중앙무대의 배경을 창출
③ 숨겨진 즐거움을 맛보기 위한 작은 정원의 가림막

평면기하학식 정원
평면기하학식에 직접적인 영향을 준 것은 이탈리아의 노단식 정원으로 자연과의 조화를 이루는 정원으로 발전시켰다.

프랑스와 이탈리아의 조경의 비교

구분	프랑스	이탈리아
양식	평면기하학식 정원 평면적으로 펼쳐져있는 느낌	노단식 정원 입체적으로 쌓여있는 느낌
지형	평탄하고 다습지가 많으며, 풍경이 단조로움	구릉이나 산간의 경사지에 정원 입지
시설	도시주택과 성관이 발달	피서를 겸한 빌라의 발달
주경관	소로(allee)에 의해 구성된 비스타로 웅대하게 경관을 전개하는 장엄한 양식	부감(俯瞰 높은 곳에서 내려다 봄) 경관을 감상
수경관	호수, 수로 등을 장식적인 정적수경으로 연출	지형의 영향으로 캐스케이드, 분수, 물풍금 등의 다이내믹한 수경 연출
입체감 발현	풍부한 산림을 이용하여 공간의 볼륨 표현	경사지와 옹벽에 의해 지지된 테라스, 계단, 경사로 설치
화단	화려한 색채를 가진 화단을 이탈리아 정원보다 중요시	화단이 정원의 주요소로 쓰임

(4) 앙드레 르 노트르의 정원구성 양식

1) 총론

① 정원은 단순한 주택의 연장이 아니라 광대한 면적의 대지 구성요소 중 하나로 인식함

② 대지의 기복과 조화시키되 축에 기초를 둔 2차원적 기하학 구성

③ 단정하게 깎은 산울타리(hedge)로서 총림과 기타 공간을 명확하게 구분

④ 바로크적 특징의 하나인 유니티(unity)는 하늘이나 기타 정원 구성요소들을 넓은 수면에 반영시켜 형성

⑤ 주축을 따라 롱프윙(ronds points 사냥의 중심지)을 중심으로 여덟 방향으로 뻗는 수렵용 도로인 소로 이용 – 소로(allee)는 끝없이 외부로 확산

⑥ 공간의 구성에 있어 조각·분수 등 예술작품을 리듬 혹은 강조요소로 사용

⑦ 장엄한 스케일(Grand style)을 도입하여 인간의 위엄과 권위 고양

⑧ 총림과 소로로 비스타(vista)를 형성하여 장엄한 양식의 경관 전개

| 앙드레 르 노트르(Andre Le Notre)
루이 14세의 궁정 조경사였으며, 조경에 있어 이탈리아의 노단식(露壇式) 정원을 바탕으로 프랑스의 지형과 풍토에 알맞은 형태의 평면기하학식(平面幾何學式) 정원수법을 고안하였다. 천부적 재능으로 그가 창안한 정원양식은 단지 르네상스시대의 프랑스뿐만 아니라, 18C~19C 초까지 전 유럽을 풍미하였다. 대표작으로는 보르비콩트정원과 베르사유궁원(宮苑), 퐁텐블루, 샹티이, 생클루, 튈러리 등이 있다.

| 총림과 소로로 비스타 형성 |

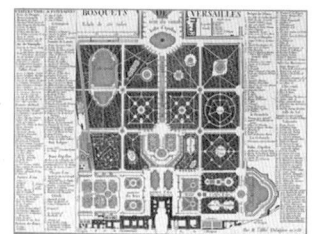

| 베르사유 궁원의 총림 평면도 |

| 산울타리로 공간 구분 |

2) 구성요소

① 소로(小路 allee) : 총림과 총림을 가로지르는 산책로로 총림과 분수 등을 지나면서 계속적으로 다른 경치감상

② 총림(叢林 bosquet) : 공간의 벽체나 비스타를 구성하기위해 채택 – 구획총림, 성형총림, 5점총림(V자형 식재), 브란그란

③ 화단(花壇 parterre) : 파르테르는 베르사유 궁원에서 사용되기 시작하였으며, 화려한 정원 요소로 사용

㉠ 자수화단(parterre de broderie) – 가장 아름다운 화단으로 자수와 같이 회양목, 로즈마리 등으로 만든 당초무늬의 화단

㉡ 대칭화단(parterre de compartiment) – 대칭적 네 부분에 의해 만들어 지며, 나선무늬, 초생지, 매듭무늬, 화훼 등의 집단적 화단

㉢ 영국화단(parterre de langlaise) – 가장 수수한 외모로 단순히 잔디밭이나 어떤 형태를 그려 넣은 잔디밭으로 원로에 의해 둘러싸이고

| 유니티(unity) |

원로 바깥쪽으로 꽃을 심은 화단

ㄹ 구획화단(parterre de pieces coupees) – 회양목으로만 사용하여 무늬를 만든 화단으로 초지나 화훼류가 곁들여지지 않음

ㅁ 감귤화단(parterre de orangerie) – 영국화단과 유사하나 그 속에 감귤(오렌지)나무와 관목을 식재한 화단

ㅂ 물화단(parterre d'Eau) – 잔디와 녹음수, 화단 등에 분천지 여러 개가 짝지어져 이루어진 화단

④ 격자(格子)울타리(trellis) : 전(前) 시대에도 쓰인 것이나 르 노트르 시대에는 정원의 한 국부로 형성시켰고, 원정, 살롱, 정원문, 보랑 등에 사용

⑤ 조소·조각 : 이탈리아와 달리 골동품적 가치나 예술적 가치는 높지 않았으나 정원에 어울리는 작품들을 잘 만들어 사용

⑥ 스페인의 파티오나 이탈리아의 테라스 가든을 발전시켜 매크로 아웃도어룸(macro outdoor room) 조성

| 자수화단 |

| 대칭화단 |

| 영국화단 |

| 구획화단 |

| 감귤화단 |

| 물화단 |

3) 앙드레 르 노트르의 영향

이탈리아, 영국, 스웨덴, 덴마크, 오스트리아 등 유럽 전역에 18~19C 초까지 강력한 영향을 미쳤고, 옥외공간 조직기법은 도시계획에까지 사용됨

각국에 미친 영향

구분	국가	작품
정원	이탈리아	카세르타 성
	영국	햄프턴 코트
	스웨덴	드로트닝홀름
	덴마크	프레덴보르크
	오스트리아	쉔브른성, 벨베데레원, 미라벨원
	독일	포츠담, 님펜부르크궁, 헤렌하우젠, 실라이스하임, 바이체하임
	네덜란드	헤트 루, 하우스 노버그, 샤블롱
	스페인	라 그란자
	포르투갈	쿠엘즈성
	중국	청조의 원명원(圓明園), 동양 최초의 프랑스식 정원
도시계획	러시아	성 페테스부르크, 네메
	미국	워싱턴 계획

(5) 보 르 비콩트(Vaux-le-Vicomte)

① 최초의 평면기하학식 정원으로 기하학, 원근법, 광학의 법칙 적용
② 건축은 루이 르 보, 실내장식은 샤를 르 브렁, 조경은 앙드레 르 노트르 설계-프랑스 정원의 대표적 고전양식
③ 조경이 주요소이고 건축은 조경에 종속된 2차적 요소로 사용
④ 주축선상에 물의 산책로, 벽천, 동굴(grotto) 연결
⑤ 거대한 총림에 의해 강조된 비스타를 직선으로 조성
⑥ 넓은 중앙의 원로를 따라 다양한 원로가 조성되고 화단은 턱이 낮은 단으로 처리
⑦ 대규모 수로(canal)와 자수화단(parterre)의 수를 놓은 듯한 정교한 장식
⑧ 해자(moat), 잔디로 장식한 화단, 붉은 자갈길, 낮은 소나무 울타리, 우아한 작은 연못 설치

| 보 르 비콩트 전경 |

▌보 르 비콩트

루이 14세 당시 재무부장관이었던 니콜라스 푸케의 의뢰로 건축은 루이 르 보, 실내장식은 샤를 르 브렁, 조경은 앙드레 르 노트르가 설계하여 조영된다. 프랑스 최초의 평면기하학식 정원이며, 르 노트르의 최초의 성공작으로 불리며 그 인생에 운명적 전환점을 맞는다. 남북으로 1,200m, 동서로 600m에 이르는 장엄한 규모로 루이 14세에게 충격과 질투심을 주어 베르사유궁이 탄생하게 된 계기가 되었다.

(6) 베르사유(Versailles)궁

① 앙리 4세 때부터 왕의 수렵지로 쓰이던 소택지에 궁정과 궁원 조성
② 건축 루이 르 보, 실내장식 샤를 르 브렁, 조경 앙드레 르 노트르가 설계
③ 궁원의 모든 구성이 중심축선과 명확한 균형 형성
④ 축선이 방사상으로 전개되어 루이 14세의 절대왕권을 상징하는 태양왕의 이미지 반영
⑤ 강한 축과 총림에 의한 비스타 형성
⑥ 정원의 주축선상에 십자형의 대수로(canal) 배치
⑦ 브란그란 총림과 롱프윙(사냥의 중심지), 미원(maze), 연못, 야외극장 등 배치
⑧ 남쪽 부분에 감귤원과 스위스 호수 배치
⑨ 대 트리아농(그랑 트리아농 Grand Trianon)
⑩ 프티 트리아농(Petit Trianon)

| 베르사유궁 주요시설 |

| 베르사유궁원 |
1662년 무렵 루이 14세의 명령으로 300ha에 이르는 세계 최대의 대정원을 조성하고 궁전도 증개축을 통하여 대궁전을 이룬다. 정원 쪽에 있던 주랑을 '거울의 방'이라는 호화로운 회랑으로 만들고, 궁전 중앙에 있던 방을 '루이 14세의 방'으로 꾸몄다. 프랑스식 정원의 걸작인 정원에는 루이 14세의 방에서 서쪽으로 뻗은 기본 축을 중심으로 꽃밭과 울타리, 분수 등이 있어 주위의 자연경관과 조화를 이루고 있다. 기본 축을 따라 라토나의 분수, 아폴론의 분수, 십자 모양의 대운하(수로) 등을 배치하였다.

| 라토나 분수 |

| 그로토(동굴) |

| 베르사유궁원의 주축선
거울의 방 → 물화단 → 라토나분수 → 왕자의 가로 → 아폴로분천 → 대수로

| 그랑 트리아농(Grand Trianon 대 트리아농)
베르사유 북단에 루이 14세가 몽테스팡 부인을 위해 분홍빛 대리석으로 만든 별궁(別宮)으로 절정의 바로크양식(로코코풍)으로 건축가 망사르가 설계하였으며, 진기한 화초로 장식하고 도자기를 진열하였다.

| 프티 트리아농(Petit Trianon)
그랑 트리아농 옆에 자리한 별궁으로 18세기 중반 신고전주의 양식으로 건축가 앙주 자크 가브리엘이 설계. 루이 15세가 퐁파두르 부인에게 선물하기 위해 지은 건물이며, 마리 앙투아네트와 관련이 있는 곳으로 '소 트리아농'이라고도 불리어졌다.

❸ 영국 정형식 정원(16C~17C 영국의 르네상스 정원)
(1) 총론
① 완만한 자연구릉과 흐린 날이 많은 기후
② 잔디밭과 볼링 그린 성행, 강렬한 색채의 꽃과 원예에 관심 고조
③ 튜더조(Tudor朝 16C) 말 영국의 르네상스가 절정에 이름
④ 스튜어트조(Stuart朝 17C) 때 청교도 혁명과 명예혁명이 일어났고, 잉글랜드 공화국의 성립

(2) 조경

정형식(整形式) 정원으로 부유층 중심으로 발달

■ 영국 르네상스정원의 주요소
① 곧은 길
② 축산(가산)
③ 볼링그린
④ 매듭화단
⑤ 약초원
⑥ 토피어리
⑦ 문주

① 테라스 설치 : 장원의 적당한 장소에 이탈리아 양식을 연상시키는 정방형(正方形) 테라스 설치

   ㉠ 테라스를 석재난간으로 둘러 쌈

   ㉡ 병, 화분, 조각상 등으로 테라스와 주변의 소로(小路) 장식

② 주택으로부터 곧거나 평행하게 설정된 주축(主軸)

   ㉠ 가장 전형적인 영국 르네상스 정원조형의 경향 발생

   ㉡ 네 사람 정도가 여유롭게 걸을 수 있는 곧게 뻗은 길인 이 주축을 포스라이트(forthright)로 지칭

   ㉢ 자갈 또는 잔디로 포장되다가 후일 프랑스의 영향으로 타일이나 판석으로 장식

③ 기하학적 정형성을 가진 축산(築山 mound)

   ㉠ 중세 때 방어와 감시의 기능이 휴식과 조망, 연회장의 기능 또는 시각적 대상으로 변화

   ㉡ 정상의 접근을 위해 나선형 길을 확보하여 기념성과 의미성 부여

   ㉢ 주변이나 정상에 기념비, 원정(園亭 summer house) 혹은 연회당 설치

④ 볼링그린(bowling green)

   ㉠ 영국적 특징이 독창적인 환경으로 나타난 실외경기장

   ㉡ 대규모 주택의 외곽이나 성내 수림 내부에 위치

   ㉢ 외주부를 작게 깎은 회양목이나 초화류로 둘러 싼 장방형이나 타원형 공간

   ㉣ 초기에 단순하였던 것이 장식적이고 화려하며, 지나치게 복잡해 짐 - 이러한 남용의 비판과 반작용으로 영국식 정원 몰락

⑤ 약초원(藥草園 herb garden) : 중세 이래 지속되어온 정형적 형태의 약초원이 영국의 정형식 정원에서도 보편화

⑥ 석재난간, 해시계, 철제장식물, 분수, 문주, 미로원 등 정원구조물 설치

⑦ 낮게 깎은 회양목, 로즈마리, 데이지, 라벤더 등으로 화단의 가장자리를 장식한 매듭화단(노트 knot) 조성

| 축산 |

| 포스라이트 |

| 볼링그린 |

| 문주(門柱) |

(3) 튜더 왕조(1485~1603)

① 영국의 절대주의 시대의 왕조

② 장원(manor)을 중심으로 한 비교적 소규모 정원에서 발달

③ 정원의 양식은 소탈한 것으로 시작 - 성 캐서린 수도원

④ 중세의 성관이 생활공간으로 변환되면서 방어용 장벽과 해자가 없어지며 유럽식 정원으로 확대

⑤ 헨리 8세는 원예에 관심을 가져 가시적 매혹요소로 강렬한 색채의 꽃으로 치장

　㉠ 리치몬드 왕궁(Richmond Palace) 정원 : 자수화단, 퍼걸러, 운동시설

　㉡ 햄프턴 코트 성궁(Hampton Court Palace) : 수차례의 개조를 통해 여러 나라의 영향을 가장 많이 받은 정원

⑥ 엘리자베스 1세 집권시 프랑스, 이탈리아, 폴란드 등으로부터 유럽의 양식이 이입되어 영국식 정원이 세련되어짐

　㉠ 몬타큐트(Montacute) 정원

　　a. 상·하단으로 분리된 단순한 평면

　　b. 의도적으로 설정된 추축선과 건물 중앙으로부터의 통경선

　　c. 벽으로 둘러싸인 전정

　　d. 돌로 포장된 원로

　　e. 분수가 있는 잔디밭

⑦ 영국정원의 독창적이고 특징적인 가산(假山 축산)의 시초

(4) 스튜어트 왕조(1603~1688)

① 튜더 왕조에 이어 근세에 걸쳐 영국 통치

② 장원건축과 조경이 확연하게 쇠퇴한 시기

③ 이탈리아, 프랑스, 네덜란드로부터의 르네상스 기운과 중국 등의 영향이 적극적으로 유입됨

④ 영국정원에 이탈리아양식을 도입하여 테라스를 설치하고 석재난간 및 화분, 조상 등 장식

⑤ 네덜란드풍의 영향은 정원의 조밀한 공간구성, 회양목과 주목의 토피어리(topiary), 대규모 튤립화단의 조성으로 나타남

　㉠ 레벤스 홀(Levens Hall)

　　a. 기욤 보용-(Guilaume Beaumont)의 설계

　　b. 토피어리 집합정원

　　c. 볼링그린, 채소원, 포장된 산책로

⑥ 프랑스풍은 주축선, 방사형 소로(allee), 연못, 통경선(vista), 전정한 산울타리 군식 등으로 나타남

⑦ 17세기 초에 이르러 프랑스의 베르사유 궁원의 양식을 비롯한 유럽의 조

햄프턴 코트
(Hampton Court Palace)
추기경 토마스 울시가 튜더조의 헨리 8세에게 기증한 영국의 정형식 정원(Country House)으로 매듭화단(Knot)의 장식적 탁월함을 볼 수 있으며, 스튜어트조의 찰스 2세 때 몰레에 의해 장엄양식풍의 정형식 정원으로 개조되고, 윌리엄 3세 때는 런던과 와이즈에 의해 방사형의 소로와 중심축선의 강조를 통한 바로크적인 새로운 지면분할 방식을 취하는 등 수차례의 개조를 통해 여러 나라의 영향을 가장 많이 받은 정원이다.

| 햄프턴 코트 성궁 |

| 몬타큐트 정원 비스타 |

레벤스 홀(Levens Hall)
1,700년경 프랑스인 기욤 보용(Guilaume Beaumont)의 설계로 볼링그린(bowling green), 채소원(kitchen garden), 포장된 산책로 등 영국적 공간을 확보하면서 '토피어리 가든'이라 불릴만큼 네덜란드풍이 가미되었으며, 프랑스풍도 혼재하는 특성을 가지고 있다.

경언어를 부분적으로 채용한 형태로 발전 – 햄 하우스(Ham House), 채츠워스(Chatsworth)

⑧ 영국정원에 이탈리아양식을 도입한 조경가 : 존스(Inigo Jones), 렌(Christopher Wren), 살몬(Salomon de Caus)

⑨ 영국정원에 프랑스양식을 도입한 조경가 : 로즈(John Rose), 몰레(Andre Mollet)

⑩ 영국정원에 네덜란드양식을 도입한 조경가 : 기욤 보용(Guilaume Beaumont)

⑪ 17C 말 영국의 정원은 바로크풍의 정원으로 성숙되는 단계임

　㉠ 멜버른홀(Melbourne Hall)

　　a. 최초의 상업식 조경가인 런던(George London)과 와이즈(Henry Wise)의 설계

　　b. 화려하고 풍성한 식재로 전체의 구성보다는 세부적 디테일 묘사

　　c. 영국적인 성격에 프랑스적 디자인 가미

　㉡ 채츠워스(Chatsworth)

　　a. 런던과 와이즈의 바로크 형태의 확장적 적용

　　b. 자수화단, 건축물로의 축선, 경사면을 수놓는 풍부한 모티프의 활용

　　c. 계단의 반복과 함께 이루어지는 활기찬 캐스케이드

| 레벤스 홀 토피어리 |

| 채츠워스 캐스케이드 |

4 기타 유럽 국가

(1) 독일

① 독일의 르네상스는 1590년대를 중심으로 나타남

② 정원서가 번역 및 저술되고, 새로운 식물의 재배와 식물학에 대한 활발한 연구 개진

③ 16C부터 등장한 식물원(植物園)의 건립

④ 1597년 페 셰엘이 독일 최초로 독일 정원서 저술

　㉠ 정원은 반드시 신중하게 계획

　㉡ 방형 형태가 적합함

　㉢ 원로는 포장 되어야 함

▌앙드레 몰레(Andre Mollet)
브와소(Jacques Boyceau), 세르(Olivier de Serres)와 함께 프랑스 르네상스 시대의 3대 정원가로 불리우며, 바로크풍의 파르테르와 소로, 총림과 테라스 등을 활용하여 영국에 설계한 윔블던 궁원(Wimbledon Complex)은 르네상스와 바로크를 잇는 기념비적인 작품으로 평가된다.

⑤ 건축가 푸리텐바흐

　㉠ 이탈리아, 프랑스 정원을 독일인 취향에 맞게 수정

　㉡ 사상 최초로 어린이를 위한 학교원(學校園) 조성

　㉢ 정원의 원로에 판석을 깔아 가늘고 긴 화상(花床) 설치 – 런던의 도시
　　정원이나 프랑스의 포장정원(paved garden) 등에 영향을 미침

⑥ 카우스가 설계한 하이델베르그(Heidelberg) 성관 주위의 정원은 독일
　르네상스 정원으로 규모가 크고 화려함 – 대규모 오렌지 과수원과 화단
　이 특징적

⑦ 카르스루헤(Karlsruhe) 성관, 슈베츠친겐(Schwetzingen) 이궁, 헤렌하우
　젠(Herrenhausen) 궁전, 님펜부르크(Nymphenburg) 궁전

┃학교원(學校園)
어린아동들이 식물생장을 관찰하고 실제로 재배하며 식물의 가치를 깨닫도록 고려하여, 정원의 사회적, 교육적 가치를 인식하도록 사상 최초로 만들었다.

| 헤렌하우젠 궁전 |

| 님펜부르크 궁전 |

(2) 네덜란드

① 예로부터 유럽에서 가장 화초류를 애호하는 국민성 반영

② 전통적 정원은 약초원과 같이 실용적 가사용으로 단순

③ 건축가 드 브리스에 의해 16C에 최초로 르네상스 정원이 도입되어 장
　식적이며 다소 이탈리아적인 취향을 가짐

④ 테라스 대신 조망이 좋은 곳이나 미원(迷園)의 중심에 가산 축조

⑤ 지면의 영향으로 수로를 구성해 배수와 부지 경계의 목적으로 사용

⑥ 한정된 공간에 다양한 변화를 추구하여 토피어리, 조각품, 화분, 원정,
　썸머하우스(summer house) 등 설치

⑦ 네덜란드의 토피어리는 이탈리아, 프랑스를 거쳐 영국으로 건너가 한
　때 영국정원에서 유행

⑧ 정원은 수목이 열식된 원로나 커널에 의해 장식되고 창살울타리나 정자
　설치

⑨ 정자는 정원구조물 가운데서 가장 특징적인 존재로 의장도 갖가지이며
　토피어리나 푸른 터널로 둘러 설치

⑩ 화단은 호화로운 자수화단보다는 단순한 사각형의 화상(花床)

⑪ 정원의 협소함과 재배법의 우수함으로 생산된 풍부한 양의 화훼류로 변
　화성을 줌으로써 작품의 묘미 부각

┃네덜란드 정원
이탈리아의 영향을 받았으나 지형적 영향 및 석재료의 부족 등으로 테라스의 전개가 불가능하여 분수와 캐스케이드가 사용되지 않았다.

┃수로(水路)
네덜란드의 농업과 정원형태에 가장 큰 영향을 끼친 것은 배수용 수로로 모든 정원의 형태는 이 수로와 평행하게 구성하였다.

| 헤트 루 궁원 |

⑫ 헤트 루(Het Loo)궁, 하우스 노버그(Haus Neuberg)궁, 샤블롱(Shablon) 정원

(3) 오스트리아

1) 벨베데레원(Belvedere Garden)

① 1700~1723년에 상하 두 단의 테라스로 세워진 바로크풍의 궁원

② 하단은 왕의 거주지로 단순한 파르테르로 구성

③ 상단은 6000여 명을 수용하는 위락지로 중앙에 분수를 가진 대규모 프랑스식 파르테르(Parterre)로 구성

④ 상하단의 테라스는 거대하고 화려한 캐스케이드로 연결

⑤ 총림과 넓은 잔디밭, 높게 깎아 만든 산울타리 등 프랑스 기법과 유사

2) 쉔브른(Schonbrunn) 성의 정원

① 오스트리아에서 가장 대표적인 프랑스풍 바로크 정원

② 궁원이라기보다는 한계가 없는 공원과 같은 약 130ha의 장엄한 규모를 가짐

③ 로코코 양식의 실내장식을 한 방의 수가 1441개

3) 미라벨 정원(Mirabell Garden)

① 무늬화단, 총림 등의 기법을 사용한 평면기하학식 정원

② 바로크 양식 전형을 보여주는 분수와 연못, 대리석 조각물, 꽃 등으로 장식

③ 울타리로 둘러쳐진 극장

(4) 러시아

1) 페테로드보레츠(Peterodborez) – 페테르부르크(Petersburg) 궁전

① 페테르부르크 서쪽 소택지에 표토르 대제가 조영한 궁전

② 궁전 및 정원의 설계까지 르블롱(Jean Baptis Le Blond)이 하고 후에 영국의 조경가 미더(Meader)가 변경

③ 풍부한 수원으로 분수, 연못, 수도, 커널(canal) 등의 수경은 베르사유 능가

④ 정원의 수목을 모두 식재에 의해서 육성

⑤ 총림은 종횡으로 원로에 의해 구획하고 원로의 교차점에 분천 설치

⑥ 로마의 경악분천과 같은 마법의 물 장치

⑦ 6단으로 흘러 떨어지는 대리석조 물계단과 양쪽의 분수가 압권

2) 페테르부르크의 3대 별장정원

페테르부르크 궁전, 예카테리나(Ekaterina) 궁전, 파블로브스키 정원

(5) 폴란드

1) 얀 소비에 스키 왕의 빌라노(Wilanow)의 여름궁전

① 스웨덴 건축가 툴먼 반 크랜너렌(Tulman Van Craneren)의 설계

② 계단으로 연결된 상단과 하단의 테라스 축조

┃오스트리아 정원
물리적으로나 감정적으로는 프랑스보다 이탈리아에 가까웠으나 건축이나 조경은 프랑스풍의 바로크 양식이 활성되었다.

┃벨베데레원┃

┃페테르부르크 궁전┃

③ 계단 난간의 석상에 두려움, 성취감, 무료함, 헤어짐의 네 단계로 표현되는 궁중연애를 냉소적으로 상징

④ '회반죽 패널'이라는 독특한 형태의 장식

2) 바벨성

① 쿠라쿠프 구시가지 남쪽 비스와 호반에 위치

② 역대 폴란드 왕이 거쳐하던 곳

(6) 헝가리, 체코

1) 에스터하자(Esterhaza) 궁전 – 헝가리

① 오페라 하우스와 음악가의 생활을 위한 음악건물, 승리의 아치와 신전정원, 인형극장

② 오스트리아 마리아 테레지아(Maria Theresia) 여제의 방문기념 중국정자

2) 부클로바이스(Buchlovice) 주택정원 – 체코

아그네스 엘레나 콜로나(Agnese Elena Colona)에 의해 건축되고 후에는 정·비정형적 요소를 접목한 공원으로 확장

(7) 스웨덴, 덴마크

1) 울리크스달(Ulriksdal) 성 – 스웨덴

1650년 가브리엘 드 라 가르디에 의해 착수되어 앙드레 몰레에 의해 프랑스식으로 완성

2) 드로트닝홀름(Drottningholm) 궁원 – 스웨덴

① 프랑스식 평탄원의 진수로 스웨덴 유일의 명원

② 타원형 지천, 회양목 자수화단, 헤라클레스 분천지, 보스케 등 설치

| 드로트닝홀름 궁전 |

3) 칼스베리 정원 – 스웨덴

4) 프레데릭스보그(Frederiksborg) 궁전 – 덴마크

① 호수 중간에 다리로 연결된 3개의 섬

② 중앙 원탑, 기념상, 무늬화단, 조각 등의 배치가 프랑스식 형태를 갖춤

③ 헤르스홀름, 메르비의 화단, 엑홀름의 정원, 엑콜슨트 정원 등이 프랑스의 르 노트르가 창안한 기법 활용

| 프레데릭스보그 궁전 |

(8) 스페인, 포르투갈

1) 라 그랑하(La Granja) 궁전 – 스페인

① 정원은 프랑스인 카를리에(Carlier)와 부틀레(Boutelet)에 의해 설계

② 수렵성을 둘러싼 주 건축물과 2개의 축으로 이루어짐

③ 정원이 아름답고 자연적인 수압의 분수가 특징적

2) 켈레즈 궁전(Queluz de Cima) – 포르투갈

① 18C 후반 페드로 3세가 바로크식으로 만든 궁전

② 마테우스 빈센트(Mateus Vincent)와 프랑스인 장 밥티스트 로빌론

| 라 그랑하 궁전 |

(Jean Baptiste Robillon)의 설계

③ 궁전 앞에 전개되는 평탄원은 프랑스식

④ 원내에 도입된 다리의 타일 포장은 포르투갈 특유의 양식

| 켈레즈 궁전 |

(9) 터키

1) 토카피(topkapi) 궁전

① 이슬람 건축 감각으로 지은 궁전으로 1,2,3,4 정원으로 나뉨

② 1정원 : 모든 사람에게 개방

③ 2정원 : 황실에 용무가 있는 사람에게 개방

④ 3정원 : 황실의 가족에게 용무가 있는 사람이나 VIP 또는 궁전에서 일하는 사람들에게만 공개

⑤ 4정원 : 황실의 가족만 사용

2) 돌마바체(DolmaBahce) 궁전

① '가득한 정원'이란 뜻의 왕들의 여름 별장

② 베르사유를 모방해 만든 궁전으로 공공빌딩, 왕좌가 있는 홀, 여자 궁전인 하렘 등 3부분으로 구성

3) 성 소피아(St. Sophia) 사원, 블루모스크(Blue Mosque), 루멜리히사르(Rumelihisar) 성

| 토카피 궁전 |

| 돌마바체 궁전 |

4>>> 근대와 현대 조경

❶ 18C 영국의 자연풍경식

(1) 총론

① 산업혁명과 민주주의, 도시의 인구집중으로 인한 도시화 현상 초래

② 산업혁명에 의한 경제력의 증대와 영국인들의 자신감으로 변화 요구

③ 동서의 교류에 의한 동양의 영향과 계몽사상의 발달(근대 휴머니즘과 합리주의)

④ 조경의 사상적 배경을 이룬 사상가 등장

㉠ 라이프니치(Leibniz)와 볼테르(Voltaire)

▌조경사적(造景史的) 표현의 흐름을 지배한 영향
① 고전주의
② 중국의 영향
③ 자연주의 운동

유교와 도교 등 중국의 종교와 사상을 번역하고 연구하여, 동양의 정신 세계와 문화를 접할 수 있는 계기 마련

ⓛ 루소(Rousseau)

인간의 진정한 행복은 자연으로 돌아갈 때에만 되찾을 수 있음을 규명

(2) 영국의 자연풍경식 발생

① 17C 정형식 정원의 평면기하학식 표현이 한계에 봉착

② 전원생활과 화훼류 재배를 좋아하는 영국인들의 목적에 맞는 새로운 정원의 출현 요구

③ 고전주의(17C 정원)에 대항하여 자연주의 운동을 태동케 하고, 독자적 정원(18C 낭만주의적 양식)을 낳게 하여 유럽대륙에 전파

④ 영국의 낭만주의적 풍경식 정원의 탄생에 영향을 준 요인

㉠ 지형, 기후, 식생 등이 이탈리아나 프랑스의 정원형태에 부합되지 않음을 인식

㉡ 계몽주의 사상, 새로운 회화 장르의 풍경화 대두

㉢ 문학의 낭만주의 발생

⑤ 에디슨(J. addison), 포프(A. pope), 셴스톤(Shenstone) 등이 정원예술과 관련한 문학작품 발표

⑥ 초기에는 회화적 성격보다 시적인 성격을 가져 '시적 정원(poetic garden)'이라 지칭

⑦ 경제력과 자부심에 기인한 영국식 정원에 대한 욕구

⑧ 직선적 정원과 형상수에 대한 반동

⑨ 중국 정원양식의 영향

⑩ 문화적 표현(정서)을 시각적으로 표현

(3) 영국 풍경식 조경가

1) 스위처(Stephen Switzer 1682~1745)

① 최초의 풍경식 조경가로 런던과 와이즈의 제자며, 에디슨과 포프의 영향을 받음

② 정원의 울타리를 없애고, 정원의 범위를 주위의 전원으로 확장

2) 반브러프(Jhon Vanbrugh) 경

① 하워드(Howard) 성 : 경관적 특징에 따라 목가적 경관(arcadian landscape)을 구성하여 고전주의에서 낭만주의로의 이행을 보여주는 18C 영국정원의 대표적인 작품

② 스토우 가든 설계

3) 브리지맨(Charles Bridgeman 1680~1738)

① 대지의 외부로까지 디자인의 범위 확대

② 경작지를 정원 속에 포함시키고 전체적으로 자연스런 숲의 외관을 갖

▌18C 조경사(造景史)에 새로운 장을 여는 데 기여한 사상가(思想家)

① 라이프니치(Leibniz)
② 볼테르(Voltaire)
③ 루소(Rousseau)

▌픽처레스크(picturesque)

풍경식 정원의 미적 개념을 표현했던 이론으로 정원의 조영을 회화예술과 연관지어 생각하는 것이다. 정원은 풍경화의 모습을 담은 형태로 조성되고, 풍경화의 소재로 등장하는 정원이 우수한 정원으로 여겨졌다. 따라서 18C 후반 정원예술의 특징은 화가가 캔버스에 구사하는 것과 같은 원칙으로 대지 위에 그림을 그리는 것으로 간주되기도 하였다.

▌영국 풍경식 정원의 특징

① 구불구불한 호수
② 휘어지는 큰 길과 산책길
③ 군락을 이룬 나무
④ 부드러운 잔디밭
⑤ 비대칭적, 비형식적

추계 하는 수법 사용 – 리치먼드 궁원

③ 조경에 하하(ha–ha) 개념을 최초로 도입 – 스토우 가든

④ 스투어헤드, 치스윅하우스, 로스햄 설계

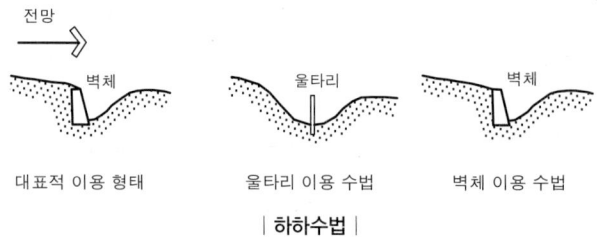

| 하하수법 |

4) 켄트(William Kent 1684~1748)

① 18C 후반 풍경식 정원의 전성기에 선도적 역할을 한 인물로 '근대 조경의 아버지'로 지칭

② '자연은 직선을 싫어한다'는 말로써 정형적 정원 비판

③ 브리지맨의 후계자로 초기에는 스승의 방식을 답습하나 후기에는 비정형식 수법으로 이행

④ 영국의 전원풍경을 정원에 회화적으로 적용하여 '풍경식 정원의 비조(鼻祖)'로 지칭

⑤ 켄싱턴 가든, 치스윅하우스, 스투어헤드 설계, 로스햄, 스토우 가든 수정

5) 브라운(Lancelot Brown 1715~1783)

① 켄트의 제자

② 구릉이나 연못 등 대규모 토목공사를 통한 지형의 삼차원적 변화를 즐겨 활용하는 공간구획의 대범성을 가짐

③ 부드러운 기복의 잔디밭과 거울같이 잔잔한 수면, 우거진 나무숲이나 덤불, 빛과 그늘의 대조를 즐겨 사용

④ 자연미의 단순한 재현 추구

⑤ 테라스와 자수화단은 엄격히 회피

⑥ 물을 취급하는 수법 특출 – 발레이

⑦ 스토우 가든, 발레이, 블렌하임 수정

┌ ▌브라운(Lancelot Brown)

영국의 많은 정원을 수정하고 수정대상을 볼 때 '이곳은 상당한 잠재력이 있다'고 말해 능력가란 의미의 'Capability Brown'이라 불려졌다. 지나친 단조로움과 역사성 및 경관미 무시, 설계도 작성 불가, 교양 부족 등으로 그의 업적에 대한 찬반양론이 존재한다.

▌영국 풍경식 조경가 계보

① 브리지맨(Charles Bridgeman)

② 켄트(William Kent)

③ 브라운(Lancelot Brown)

④ 렙턴(Humphrey repton)

▌영국 풍경식 조경의 3대 거장

① 켄트(William Kent)

② 브라운(Lancelot Brown)

③ 렙턴(Humphrey repton)

▌하하(ha–ha) 기법

프랑스의 군사용 호(濠)의 개념으로 물리적 경계를 보이지 않게 하여 숲이나 경작지 등을 자연경관으로 끌어들여 동양 정원에서의 차경기법(借景技法)과 유사한 효과를 갖도록 한 것임. 경계를 모르고 가다가 발견하고는 놀라서 내는 감탄사에서 유래하여 명칭이 생겨났다고 한다.

| Ha-Ha Wall |

▌브라운파(Brownist)와 회화파(Picturesque School)의 대립

회화파는 브라운과 그 일파의 전원풍경과 다름없는 공허한 영국정원을 비판하고, 브라운파는 중국식은 같은 자연을 취급해도 조경가에 의해 다르게 나타날 수 있음을 주장하는 회화파에 반기를 들어 자연모방에 대해 근본적으로 태도를 달리하는 일대논쟁을 불러 일으킨다.

6) 챔버(William Chamber 1726~1796)

① '동양 정원론'을 통해 영국에 중국 정원을 소개한 조경가

② 큐 가든(Kew Garden)에 중국식 건물과 탑의 최초 도입

③ 풍경식 정원에 중국적 취향을 받아들여 영국정원의 공허한 단조로움 타파

④ 중국정원의 다양한 의미의 측면에서 자연풍경을 재현하는 브라운 비판

7) 렙턴(Humphry Repton 1752~1818)

① 18C 후반에서 19C 초에 걸쳐 영국의 풍경식 정원 완성

② 자연미를 추구하는 동시에 실용적이고 인공적인 특징을 조화롭게 설계

③ 풍경식 정원의 이론가이자 설계자로 'Landscape Gardener'라는 용어 최초 도입

④ 설계 의뢰 후 설계도와 함께 개조 전과 후의 모습을 볼 수 있는 '레드북(Red Book)' 준비

⑤ 지도와 평면도만 가지고 이해하기 어려운 결점을 슬라이드(slide)방법으로 해결

⑥ 자연을 1:1의 비율로 묘사한 조경수법은 '사실주의자연풍경식' 또는 '영국 풍경식'이라 지칭

⑦ 건물주변에서 실용성을 강조하는 것은 19C 태어난 절충식 수법의 선구(先驅)로 볼 수 있음

⑧ '조경의 스케치와 힌트' 저술

수정 전　　　수정 후

| 렙턴의 슬라이드 법 |

(4) 영국의 풍경식 정원

1) 스토우 가든(Stowe Garden)

① 18C 영국 풍경식 정원의 변화과정을 잘 보여주는 대표적 사례

② 브리지맨과 반브러프의 설계

㉠ '모든 자연은 정원'임을 나타내는 기저개념 암시

㉡ 축은 프랑스식으로 8각형 호수에 연결

㉢ 자수화단, 수영장, 분수, 운하 등 조성

㉣ 하하(ha – ha)기법 도입, 부축의 빗겨진 각도가 프랑스식과 다름

▌큐 가든(Kew Garden)
1758년 챔버경이 축조를 맡아 중국식 건물을 많이 지었으며, 그 가운데 중국식 탑(塔 pagoda)이 유명하다. 이 탑은 당시의 중국에 대한 관심도를 가리키는 기념물로서 오늘날까지 보존되고 있다. 후에 여러 가지 식물이 도입되며 규모가 확장되어 지금은 세계에서 가장 완벽한 식물원이자 공원으로 평가되며, 향기 위주의 시각장애자용 식물원으로 불리기도 한다.

| 큐 가든 중국식 탑 |

▌렙턴(Humphry Repton)
브라운이 금기시하던 난간을 두른 테라스와 자수화단을 도입하고 군식보다는 수목특성을 고려한 자연형 배식을 우선하였다. 인간생활이 요구하는 점에 부합되지 않는 설계를 배척하여 "경우에 따라서는 미보다 기능이 더 중요시 되어야 한다."고 하였으며, 실용적이고도 인공적인 특징을 예술적 목적과 잘 조화시키려 노력하여 "주거지 근처는 회화적 효과보다 편리한 쪽이 바람직하다."고도 하였다.

③ 켄트와 브라운이 공동 수정

    ⊙ 원로, 자수화단, 8각형 호수, 산울타리 등에서 보이는 기하학적 선을 없애 디자인의 견고성 완화

    ⓒ 다듬지 않은 나무를 풍경처럼 배치

    ⓒ 직선을 사용하지 않음

    ⓔ '울타리 너머의 모든 자연 역시 정원'임을 강조

④ 브라운의 개조 : 세부적인 디테일을 합하여 숲과 같은 부드러움 강조

| 스토우 가든 하하 월 |

2) 로스햄(Rousham)

① 브리지맨의 설계를 소유주의 불만족으로 켄트가 개조

② 켄트의 작품 중 가장 매력적이고 특징적인 정원으로 주목

③ 화가가 그림을 그리듯이 교목, 관목, 덤불, 바위, 물, 벽돌, 모르타르로서 대지에 전원을 그림

④ 아케이드, 시냇물, 동굴, 캐스케이드, 조상 등이 비스타와 산책로로 연결

| 로스햄 캐스케이드 |

3) 스투어헤드(Stourhead)

① 18C 중엽 영국 풍경식 정원 중 원형이 잘 보존되어 있음

② 소유주인 헨리 호어가 손수 설계하여 가꾸다 브리지맨과 켄트가 정원 설계

③ 자연을 배회하는 영웅의 인생항로를 노래한 버질(Virgil)의 서사시 에이니드(Aeneid)에 의거해 구성

④ 시와 신화와 연관시켜 일련의 연속적 변화를 보이는 정원풍경 경험

⑤ 저택 어디에서도 정원이 한 눈에 보이지 않도록 한 반면, 저택과 정원 어디에서도 보이도록 오벨리스크 설치

⑥ 정원의 구성은 풍경화 법칙에 따라 구성하되 로랭의 그림에 기초를 두어 설계

▌클로드 로랭(Claude Lorraine 1600~1682)

영국의 풍경화가로 관습적인 화법에서 탈피해 시적인 풍경화 기법을 꾸준히 진전시켜 명성을 쌓아 영국에서 가장 많은 찬사를 받았고 영국의 풍경 화가들에게 영향을 끼쳤다.

| 스투어헤드 |

| 로랭의 풍경화 |

4) 블렌하임 궁원(Blenheim Palace)

① 헨리와이즈와 반브러프에 의해 고전적 정원으로 조성

② 브라운에 의해 낭만적인 목가적 환경의 정원으로 재창조

    ⊙ 다각형 정원을 자연형 잔디밭으로 개조

ⓒ 소로를 없애고 2개의 연못을 합하여 다리로 연결 – '브라운의 연못' 으로 지칭

| 블렌하임 궁원 |

| 브라운의 연못 |

2 영국 풍경식 정원의 영향

(1) 프랑스의 풍경식 정원

1) 조경

① 프랑스 풍경식 정원은 자연에 대한 강한 동경심이 바탕을 이룸

② 자연적인 특징이 매우 깊이 표현되며 영국 풍경식보다 더욱 다양성 증가

③ 초기 영국의 목가적 풍경보다는 후기 전원적 풍경의 적극 묘사

④ 챔버의 중국적 취향도 동시에 수용하고 깊게 반영하여 여러 예술분야에 동양의 예술품을 이용하는 경향 유행

⑤ 농가, 창고, 물레방아, 풍차, 착유장 등이 배치되어 정원을 작은 촌락처럼 보이게 조성

⑥ 정원의 구조물들을 자연적인 아름다움과 경관효과를 높이기 위한 장식적 요소로 이용

⑦ 프랑스 풍경식 정원을 '낭만주의적 정원' 또는 '감상주의적 정원'이라 지칭

⑧ 영국과 달리 정원 전체를 수정하거나 개조하지 않고 명원은 보존해가며 옛 정원과 인접해 조성

2) 프랑스 정원

① 프티 트리아농(Petit Trianon)

ㄱ 영국 풍경식 정원을 받아들인 프랑스 풍경식 정원을 대표

ㄴ 루이 16세의 왕비 마리 앙트와네트가 소박한 전원생활을 즐김

ㄷ 전원취향을 상징하는 많은 첨경물 설치

ㄹ 실제 농민이 경작하는 촌락이 정원의 중심

② 에르메농빌르(Ermenonville)

ㄱ 앙리 4세가 세운 궁에 프랑수아 지라르댕(Fransois Girardin)이 소유한 후 풍경식 정원 조성

ㄴ 지라르댕의 영국정원에 대한 지식으로 대임원, 소임원 및 벽지(僻地:경작되지 않은 토지, 모래땅, 암석, 호수 등)의 3부분으로 구성

▌프랑스의 풍경식 정원
18C 말부터 19C 초에 풍미하던 계몽주의와 낭만주의운동의 영향으로 영국풍 정원이 유행하였고, 루소 등 자연주의 사상가 등이 자연적 정원을 지향하였다.

| 프티 트리아농 정원 내의 촌락 |

▌에르메농빌르(Ermenonville)
1778년 사망한 루소의 묘소가 연못의 중앙인 포플러의 섬에 있고, 계몽주의 사상가인 몽테뉴, 뉴턴, 데카르트, 볼테르, 몽테스키외 등의 기념비도 있는 곳이다.

ⓒ 첨경물이 많이 놓여 있는 것이 특징적이며 감상적 정원의 걸작품으로 인정

③ 말메종(Malmason)

㉠ 베르토(Berthaut)가 설계

㉡ 나폴레옹 1세의 황후 조세핀의 원예취미에 의해 수목, 화훼류 식재

㉢ 큰 온실이 세워져 외국에서 들여온 식물도 재배

④ 모르퐁테느(Morfontaine), 바가텔르(Bagatelle), 몽소 공원(Monceau Park)

| 에르메농빌르 |

(2) 독일의 풍경식 정원

1) 조경

① 영국 풍경식정원이 시기적으로 프랑스보다 약간 늦게 유입

② 독일의 풍경식정원은 국민성의 영향을 입어 과학적 기반위에 구성

③ 19C에 들어 '식물 생태학'과 '식물 지리학'에 기초를 둔 자연풍경의 재생을 과제로 삼음

④ 시인이나 철학자들이 선도적 역할을 하여 당시의 문예사조와 밀접한 관련을 가지고 정원이 발달

2) 독일 정원

① 시베베르(Schwobber)원 1750년 : 독일 최초의 풍경식 정원

② 데시테드(Destedt) 정원 1752년 : 임원에 지리 및 생육상태 등 과학적인 배려를 하여 조성

③ 무스카우(Muskau) 성의 대임원(大林苑) : 1822년 만들어진 퓌클러 무스카우(Prince Puckler Muskau) 공(公)의 정원으로 독일 풍경식 정원을 대표하는 작품

■독일의 풍경식 정원
유럽 낭만주의의 중심지가 독일인 시기에 영국 풍경식 정원은 프랑스보다 약간 늦게 들어왔으며, 전통적 양식이 없던 나라에서 자연적으로 독일화되어 프랑스보다 더 특이한 양식을 형성시켜 독자적 정원양식을 갖는 계기가 되었다. 그리하여 독일의 풍경식 조경수법은 18C 후반 이후 영국의 풍경식에 대항하는 또 하나의 선도자적 역할을 하게 된다.

| 무스카우성 대임원 |

> **■무스카우성(Muskau城)의 대임원(大林苑)**
> 파리의 볼로뉴 숲과 함께 유럽 대륙에 건너 온 영국 낭만주의 양식 중 가장 대표적인 풍경식 정원으로 후일 옴스테드의 센트럴 파크에 낭만주의적 풍경식을 전하는 과정에서 교량역할을 한 작품으로 평가된다. 회화적 원리를 적용하였으나, 환상적이고 단순한 형태의 정원이 아니라 전원생활의 여러 활동을 담을 수 있는 모든 지역과 시설을 갖춘 정원으로 조성하였다.

3) 조경가

① 히르시펠트(Christian Hirschfelt 1743~1792)

㉠ 산림미학자로 '정원예술론'을 저술하여 독자적으로 풍경식 정원의 원리 정립

㉡ 풍경식 정원의 풍경효과를 전원적, 장엄, 명상적, 명랑, 음울, 웅장 등으로 성격 분류

㉢ 히르시펠트의 이론은 당시의 여러 예술분야에 큰 영향을 미침

② 칸트(Imanuel Kant 1724~1804) : 정원예술을 '자연의 산물을 미적으로 배합하는 예술'로 정의

③ 괴테(Johann Wolfgang von Goethe 1749~1832)

㉠ 낭만주의 시대 문호로 히르시펠트의 영향을 받아 풍경식 정원에 관심

㉡ 바이마르 공원(Weimar Park) 설계

　a. 풍경식 정원기법을 적용

　b. 작은 암자, 고딕 건물, 로마네스크 건물, 폐허, 기념비 등을 장식적으로 설치

　c. 시냇물, 수림 사이의 산책로와 멀리 있는 교회의 탑으로 연결된 비스타 경관 형성

㉢ 만년에는 감상주의를 혐오해 풍경식에 대해 관심 상실

④ 실러(Schiller 1759~1805) : 풍경식 정원의 비판자로, 정원 속에 많은 경관이 존재하기에 혼돈상태를 이루고 있음을 비판

❸ 19C 조경

(1) 일반적인 경향

① 과학이 발달하여 감상주의적(感傷主義的)인 것이 쇠퇴하고 현실에 눈을 돌려 절충식(折衷式)이라는 새로운 경향 탄생

② 조경가들의 현실의식과 식물에 관심

③ 정원은 조경가와 식물학자들의 손에 맡겨지고 생육환경에 따른 식물의 사용

④ 감상적 첨경물 배척과 토양과 식물의 자연적인 성질에 관심

⑤ 모든 식물에 정원 내에서 가장 알맞은 자리를 준다는 목표 지향

⑥ 고립목이 경관의 중심을 차지하는 경향 출현

(2) 정원의 개조

1) 배리(Charles Barry 1795~1860)

① 건축가로서 로마 근교의 별장수법(別莊手法)을 즐겨 사용

② 정원을 풍경원과 분리시켜 건물의 한쪽 면에 붙여서 축조

③ 화단은 회양목으로 구획하고 교목에 의해 그늘지지 않도록 배치

④ 지형에 따라 노단식과 침상식 화단으로 꾸밈

⑤ 반정형적(半整形的) 영국풍경식 정원 – 트렌덤(Trentham) 성

2) 팩스턴(Joseph Paxton 1801~1865)

① 이탈리아식 국부와 프랑스식 국부를 사용하여 개조 – 채스워스(Chatsworth)

② 정형식 국부와 비정형식 국부가 함께 갖추어진 절충식 정원 – 수정궁(Crystal palace)

∥ 칸트의 조경 정의

칸트는 그의 명저인 [판단력 비판]의 '예술의 분류'에서 조형예술의 회화예술은 회화와 조경술로 나누어지고 조경술은 '자연의 산물을 미적으로 배합하는 예술'로 정의하고 "조경술은 인간의 지각에 호소하는 힘을 가진 다양한 물질, 즉 초본류, 화훼류, 교목, 연못, 언덕, 골짜기 등을 배치하여 대지를 장식하는 기술인데, 자연이 이루어 놓은 것과는 달리 일정한 관념에 어울리도록 배치하는 것을 특색으로 하고 있다"라고 고찰하였다.

∥ 수정궁(Crystal Palace)

1851년 런던 만국박람회가 열린 건물이다. 팩스턴 경(Sir Joseph Paxton)이 설계했다. 벽과 지붕이 유리로 만들어졌으며, 주철의 기둥이 건물을 지탱했다. 벽돌 등의 기존소재를 쓰지 않은 디자인은 영국이 산업혁명으로 기술발전을 이루었음을 과시하는 효과가 있었다.

∥ 수정궁 ∣

(3) 영국의 공공조경

1) 공공정원의 형성과정
① 고대의 아고라(Agora)와 포룸(Forum)이 오늘날 도시공원(city park)의 원형
② 중세시대는 폐쇄적인 사회구조로서 공공조경이라 볼 수 없음
③ 르네상스 시대의 이탈리아는 개인정원의 발달과 문예적 부흥의 사회적 분위기로 정원의 공개가 이루어짐
④ 17C, 18C에는 이탈리아의 개인정원 공개의 영향으로 귀족이나 왕실 소유의 수렵원(park) 공개
⑤ 19C에 들어 산업발달과 도시민의 공원에 대한 욕구로 공공정원의 필요성 대두

2) 리젠트 파크(Regent Park) : 건축가 존 나쉬(J. Nash) 계획
① 1811년 공포된 법령에 의해 공원으로 축조
② 주요 가로를 개조하여 띠 모양(帶狀)의 숲 조성
③ 공적 위락용과 사적 주택지로 구분
④ 연못, 원로, 목장 등으로 경관의 변화 도모
⑤ 건물이나 휴게소 등 구조물을 식재로 차폐
⑥ 버큰헤드 파크 조성에 영향

3) 세인트 제임스 공원(St. James Park)
존 나쉬(J. Nash)가 긴 커낼을 물결 무늬(波狀)의 물가 선을 가진 자연형 연못으로 개조

4) 버컨헤드 파크(Birkenhead Park)
① 조셉 팩스턴(Joseph Paxton) 설계
② 1843년 역사상 최초로 시민의 힘과 재정으로 조성된 시민공원
③ 리젠트 파크와 같이 공적 위락지와 사적 주택지로 구분
④ 중앙에 건물을 두지 않아 중심점이 없는 임의적 전망 창출
⑤ 풍경식 정원의 전통에 이오니아식, 고딕식, 이탈리아풍이나 노르만 스타일, 중국식 등이 가미된 절충주의적 경향 표현
⑥ 이 공원의 영향으로 빅토리아 파크, 바터시아 파크 등의 대공원 이외에 소공원도 많이 축조

| 리젠트 파크 |

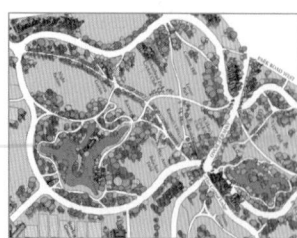
| 버컨헤드 파크 평면도 |

공공조경의 대두
① 19C 초부터 귀족적 정원보다는 공공적인 정원이 관심을 끌기 시작하였다.
② 18C 유럽 왕실 소유의 공원(수렵원)이 공개되었으나 대중에게는 일반화 되지 못하였다.
③ 산업의 발달과 공업도시의 확장으로 공원의 필요성과 공원의 부족현상이 초래되었다.
④ 문제의 인식으로 법률이 제정되고 공원의 설립도 추진되어 새로운 의미의 공공정원이 생겨나고 개념이 명확하게 정립되기 시작하였다.
⑤ 인식의 변화와 사회적 요구에 의해 조성된 최초의 공원이 버큰헤드 공원이다.

버컨헤드 파크 (Birkenhead Park)
진정한 의미의 일반 대중을 위한 공공정원이자 도시민의 시민공원이라 할 수 있다. 공원 조성에 들어가는 자금을 주택지를 분양하여 마련함으로써 재정적으로나 사회적으로 성공한 사례로 평가되고, 그의 성공에 따라 영국 내 도시에서 도시공원 설립의 자극적인 계기 및 미국 대륙에 크게 영향을 미쳤다. 미국의 조경가 옴스테드(Fredrick Law Olmsted)의 공원개념 형성에 큰 영향을 주어 후일 뉴욕의 센트럴 파크 설계에 나타난다.

(4) 미국의 조경

1) 총론
   ① 식민지 초기 영국 정착민에 의해 조경에 관심 가짐
   ② 남북전쟁 후 도시거주자들이 지방에 별장을 지어 건축과 조경이 발달하고 영국의 수법 계승
   ③ 18C 초 낭만주의적인 풍경식 정원 도입
   ④ 18C 말~19C 초까지 영국 르네상스의 영향이 강하게 반영

2) 조경
   ① 마운트 버논(Mount Vernon)
      ㉠ 초대 대통령 조지 워싱턴(George Washington)의 사유지, 직접 설계
      ㉡ 볼링그린, 채소원, 자갈길, 정형식 화단
      ㉢ 영국식과 프랑스식을 절충한 형태
   ② 몬티첼로(Monticello)와 버지니아 대학
      ㉠ 18C 미국 르네상스 건축의 대표작
      ㉡ 토마스 제퍼슨(Thomas Jefferson) 설계

3) 조경가
   ① 앙드레 파라망티에(Ander Parmentier)
      ㉠ 벨기에와 프랑스계 이민자로서 미국 최초의 풍경식 정원 설계
      ㉡ 미국 최초의 조경가 다우닝을 등장시킨 산파역
   ② 다우닝(Anderw Jacson Downing 1815~1852)
      ㉠ 미국 최초의 조경가, 미국 최초의 전원예술 서적 발간
      ㉡ 루돈(J. C. Loudon) 스타일의 영국식 낭만주의적 경향
      ㉢ 미국문화와 기후에 따라 부지에 적합한 설계 주장
      ㉣ 향토수종 대신 이국적 장식용 교목이나 관목의 식재 필요성 부각
      ㉤ 영국의 건축가 보우(Calvert Vaux)를 미국으로 영입
      ㉥ 브리안트(William Cullen Bryant)와 함께 문필활동으로 공원의 필요성 제고 및 센트럴 파크의 탄생에 큰 영향력 발휘

(5) 미국의 공공조경

1) 센트럴 파크(Central Park)
   ① 1851년 뉴욕시는 이민자의 증가에 따른 공원의 필요성 대두로 시조례(市條例)로서 최초의 공원법 제정
   ② 다우닝의 노력으로 공원의 부지를 더 많이 확보하는 수정안이 1853년 통과 – 남북의 길이 4Km, 폭 800m의 344ha 규모
   ③ 공원설계 공모에 옴스테드(Fredrick Law Olmsted)와 보우(Calvert Vaux)의 "그린스워드(Greensward)안(案)"이 당선되어 1858년 탄생
   ④ 옴스테드와 보우의 명성이 높아졌으며 현대 조경사에 지대한 영향

▌다우닝
(Anderw Jacson Downing)
미국문화와 기후에 따라 부지에 적합한 설계를 주장한 사람으로 그는 부지의 고유성격에 따른 경관 배치, 지형, 토지형태와 특성, 지피식생을 고려한 디자인을 전개시켜 나갔으며, 산업화·공업화의 산물로 아름다운 전원의 꿈을 잃어 가는 도시인들에게 전원에의 욕망을 충족시키고자 노력하였다. 이러한 사상은 옴스테드의 어린 시절 경험과 더불어 옴스테드에게 영향을 끼쳐 도시에서 전원풍경의 중요성을 강조하게 되었다.

▌센트럴 파크의 의의
민주적 감각이 깃든 참된 도시공원의 효시가 되었고 재정적으로도 성공하였으며, 공적 후생의 시초로 볼 수 있다. 낭만주의적 또는 회화적 공원으로서 오늘날까지 가장 우수한 공간개발의 하나로 간주되며, 미국의 국립공원운동에 영향을 주고 세계 도시공원의 성립에 큰 영향을 끼쳤다.

ㄱ 1865년 브루클린 '프로스펙트 파크(Prospect Park) 계획안'

ㄴ 1869년 '리버사이드 단지계획(Riverside estate)'

   a. 시카고 근교에 통근자를 위한 생활조건을 갖춘 단지계획

   b. 도시공원의 설계개념을 주거지역까지 적용하여 전원생활과 도시 문화를 결합하려는 시도

   c. 미국 도시계획사상 격자형 가로망을 벗어나고자 한 최초의 시도

   d. 18C 영국의 낭만적 이상주의(Romantic Idealism)가 미국에 옮겨져 이룩된 낭만적 교외(Romantic Suburb)로 평가

ㄷ 1871년 시카고 사우스 파크(South Park) 계획

ㄹ 1884년 프랭클린 파크(Franklin Park) 계획

ㅁ 1895년 뉴욕 리버사이드 공원 계획

2) 미국 환경보존법

1864년 최초로 현대적 생태학 개념을 주창한 마시(George Perkins Marsh) 의 영향이 크게 작용

3) 국립공원

   ① 1872년 옐로스톤 공원(YellowStone Park)이 최초의 국립공원으로 지정

   ② 1890년 요세미티 국립공원(Yosemite National Park) 지정

4) 공원 계통(Park System)

   ① 1890년 찰스 엘리어트(Charles Eliot 1859~1897)가 수도권 공원계통 (Metropolitan Park System) 수립

   ② 1895년 옴스테드 부자와 엘리어트가 보스턴의 홍수조절과 도시문제 를 해결하기 위한 '보스턴공원 계통(Boston Park System)' 수립 과 '보스턴 메트로폴리탄 녹지체계' 수립

   ③ 엘리어트는 '광역 공원녹지체계의 아버지'란 찬사를 받음

5) 시카고 박람회(세계 콜럼비아 박람회 World's Columbian Exposition)

   ① 1893년 미대륙 발견 400주년을 기념하기 위해 시카고에서 박람회 개최

   ② 건축은 다니엘 번함(Daniel Burnham)과 룻스(Roots), 도시설계는 맥 킴(C. F. McKim), 조경은 옴스테드 사무실 참여

   ③ 도시에 대한 관심과 도시계획이 발달하는 기틀을 만든 계기

   ④ 도시미화운동(City Beautiful Movement)의 계기

   ⑤ 조경계획을 수립함에 있어 건축·토목 등과 공동작업의 계기 형성

   ⑥ 조경 전문직에 대한 인식 제고

   ⑦ 로마에 아메리칸 아카데미(American Academy) 설립

6) 미국 조경가협회(ASLA)

   ① 1899년 미국 조경가협회(American Society of Landscape Architect) 조직

▌센트럴 파크의 설계요소

입체적 동선체계, 차음과 차폐 를 위한 외주부 식재, 아름다 운 자연경관의 조망과 비스타 조성, 드라이브 코스, 전형적 인 몰과 대로, 산책로, 넓은 잔 디밭, 동적놀이를 위한 경기 장, 보트와 스케이팅을 위한 넓은 호수, 교육을 위한 화단 과 수목원 설계 등

| 센트럴 파크 전경 |

▌옴스테드와 보우의 3대 공원

① 센트럴 파크

② 프로스펙트 파크

③ 프랭클린 파크

▌시카고 박람회(세계 콜럼비아 박람회)

1893년 미대륙 발견 400주년 을 기념하기 위해 시카고에서 열렸던 것으로, 방대한 정원에 여러 개의 독립된 건물을 설치 하는 배치방법을 사용했으며 전시장의 정면은 모두 백색으 로 마감하여 '백색도시'를 만 들어, 야간에 조명을 비추어 환 상적인 분위기를 만들었으며, 조명에 쓰인 전기는 미국에서 처음으로 선보인 것이다. 또한 미국의 인구 절반에 해당하는 관람객이 다녀갔으며, 미국에 서 열린 국제박람회로서는 처 음 이윤을 남긴 행사였다.

② 세계적으로 현대조경을 주도하고 있던 미국 조경계의 자부심으로
발전

▌옴스테드(Frederick Law Olmsted, 1822.4.26~1903.8.28)
① 생애 : 매사추세츠주 브루클린 출생으로 예일대학교에서 농업과 공학을 공부하였다.
1850년 유럽을 여행하며 공원시설을 연구하였고 이 유럽여행이 옴스테드의 설계에
지대한 영향을 미쳤다. 1857년 뉴욕시(市) 센트럴파크 조성 때 감독이 되었으며,
1858년 보우와 함께 한 센트럴 파크 공모안(Greensward)이 당선되었으며, 1861년 이
것을 완성하였다. 그 후 미국 공중위생위원과 뉴욕시 공원위원 등을 역임하였고, 만
년에는 보스턴에 살면서 조경계획에 종사하였다.
② 사상 : 도시경관에 낭만적인 전원경관을 도입하여 도시민들에게 전원풍경이야말로 정
신적 행복감을 가져다 줄 수 있을 것으로 생각했으며, 조경이나 도시계획에서 그는
자연, 기술, 문명에 대한 낭만적, 회화적 태도를 시각적으로 구현하였다. 공원의 새
로운 양식이 나오기 전까지 거의 1세기 동안 공원 설계의 모범이 되었다.
③ 업적 : 근대적 환경설계의 토대를 마련하고, 조경을 예술의 경지에 올려놓았다는 평
과 함께 '현대 조경의 아버지', '현대 조경의 창시자'로 불리우며 '조경가(Landscape
Architect)'라는 호칭을 처음 사용하였다.
④ 작품 : 버클리 대학, 스탠포드 대학, 오클랜드 묘지, 금문교 공원계획, 워싱턴 수도,
알바니 수도, 하트포트 수도 개조작업, 벨 아일 파크, 마운트 로열 파크, 나이아가라
폭포와 뉴욕 아디론닥 산악지역 보존 운동에 참여하는 등 미국 각지에 80여개가 넘
는 왕성한 작품 활동을 하였다.

---

(6) 기타 유럽의 조경

1) 프랑스
① 보아 드 볼로뉴(Bois de Boulogne) - 볼로뉴 숲 : 1852년 파리시 4개
년 계획으로 왕실 소유의 숲을 매입하여 1860년대 초 아름다운 풍경
식 공원 건설
② 몽수리(Montsouris)를 조성하고, 보아 드 뱅센느(Bois de Vincennes)
를 복구하는 등 파리 시내 도처에 공원 조성

2) 독일
① 1841년 소도시 마그데부르크(Magdeburg)에 최초의 도시공원 보겔게
상 파크(Vogelgesang-Park) 설치
② 베를린시의회 프리드리히 대왕 즉위 백년을 기념하여 프리드리히스
하인 공원(Volkspark Friedrichshain)의 창설 의결
③ 왕실 소유의 테이어가르텐(Tiergarten)을 시민에게 이양
④ 시민공원(Volkspark)
㉠ 18C 말 히르츠펠트(C. L. Hirschfeld)에 의한 이론적으로 고찰
㉡ 시켈(F. L. Sckell)과 르네(P. J. Lenne), 마이어(G. Meyer) 제시
㉢ 19C 말에 현대정원의 새로운 미적개념을 가지고 개방적인 공간 디자
인과 경관설계로 도시민의 요구 수용

   ② 20C 초 레서(Ludwig Lesser)에 의한 새로운 폴크스파르크 제창

   ⑩ 인구 50만 이상의 도시에 10ha 이상으로 도시민의 오락과 신체활동, 교육을 위하여 지역적 측면에서 건설 – 실러파르크(Schillerpark)

   ⑪ 잔디밭과 야외시설, 연못·분수, 휴식 장소, 기념비와 파빌리온 배치

  ⑤ 도시림(Stadtwald)

   ㉠ 연방법으로 제정한 도시 거주자의 휴식을 위한 도시 공동체의 숲

   ㉡ 일반적으로 운동장, 레스토랑, 승마, 하이킹 산책로 등의 레크리에이션 시설 등 배치

  ⑥ 분구원(Kleingarten)

   ㉠ 19C 중엽 의사(醫師)인 시레베르(Schreber)가 주민의 보건을 위해 제창

   ㉡ 한 단위가 200m² 정도인 소정원지구(小庭園地區)를 구입하거나 대여하여 사용(일종의 주말농원)

   ㉢ 나치정부가 국민의 체위 향상과 제1차세계대전 중 식량난을 완화시키는 데 기여해 1930년대에 크게 성행

   ㉣ 현재도 독일의 여러 도시에 존속되고 있으나 화훼재배장이나 주택난 해소를 위해 사용

(7) 새로운 공원관

  ① 초기 도시공원은 도시의 미화(美化)에 중점을 두어 영국적인 방법으로 공원을 조성하였으나 시대가 지남에 따라 진부한 것으로 전락

  ② 민주적 감정은 공원의 취급에 새롭고 활동적인 것을 요구

  ③ 도시 인구의 증가는 보다 새로운 개방적 공원의 필요성 제기

  ④ 정적인 분위기에서 동적인 레크리에이션을 위한 공원을 원하는 요구 변화

  ⑤ 레크리에이션을 위한 요구로 공원의 꾸밈새가 정형적으로 변화

(8) 근세구성식(近世構成式 Structural Style Garden) 정원

  ① 19C 말엽 새롭게 나타난 건축식(建築式) 정원

  ② 공원이나 귀족의 정원이 아닌 민주적인 도시 소주택 정원에서 시작되어 소정원으로의 복귀 변화

  ③ 건축가 블롬필드(Reginald Blomfield)는 '영국의 정형식 정원'에서 풍경식 정원의 불합리성과 정원은 건축적이어야 함을 주장

  ④ 건축적인 감각이 담겨진 정원의장(庭園意匠)에 대한 관심과 함께 식물에 대한 흥미도 한층 더 증가

  ⑤ 로빈슨(William Robinson), 지킬(Gertrude Jekyll)

   ㉠ 소정원 운동을 주도한 인물들로 영국의 자생식물, 귀화식물을 이용하여 최초의 야생정원 조성

   ㉡ 지킬은 소주택 정원에 어울리는 월가든(Wall Garden), 워터가든(Water

▌루드비히 레서(1869∼1957)
폴크스파르크(Volkspark)를 종래의 폴크스가르텐(Volksgarten)과는 전혀 다른 '사회적 공원'으로 파악하고, 1913년 '독일 폴크스파르크 동맹'을 결성하여 독일 전역의 보급을 호소한 조경 설계가로서 「오늘과 내일의 폴크스파르크」에 새로운 유형의 공원의 특징을 기술하였다.

| 분구원 |

| 분구원 지구 |

| 지킬의 소정원 |

Garden) 고안

⑥ 니콜스(Rose Standish Nichols)는 '영국의 즐거운 정원'에서 오래된 조
각물과 분천, 프랑스의 투시선, 네덜란드의 토피어리, 세계각지의 화훼
등이 알맞게 배치됨을 설명

⑦ 영국에서 시작되어 유럽 여러 나라로 전파됨

⑧ 20C 들어 독일의 무테시우스(Muthesius)는 "현대의 정원은 서로 의지
하는 특수한 정형적 구조를 가진 부분에 의해 구성되어야 하며 옥외의
화단, 잔디밭, 채소원 따위도 가옥을 구성하는 하나의 방으로 견줄 수
있는 공간이기에 그 경계선이 뚜렷해야 한다."라고 주장

⑨ 무테시우스 주장 이후 옥외실(屋外室 outdoor room 또는 outdoor living
room)이라는 말이 근대정원에 대한 공상적인 명칭으로 등장

⑩ 1887년 함부르크에서 최초의 조경전시회가 개최되었고, 1907년 만하임
(Mannheim)의 조경전시회에서 격자수법 등장

| 니콜스의 소정원 |

(9) 19C 미국의 절충주의

① 19C 중엽 미국은 낭만주의나 절충주의의 경향으로 렙턴, 루돈, 다우닝
양식의 부드럽고 자연스러운 양식 풍미

② 1850년 후반 낭만주의는 유럽식 모방의 고전주의나 중세 복고주의 경
향이 나타나고 1870~1875년에 미국의 절충주의 발생

③ 1920년대까지 지속된 절충주의 양식의 경향을 'Country Place Era of
Landscape Architecture'라 지칭

④ 근 40년간 지속된 'Country Place Era'는 설계의 질을 높이는 계기가
된 반면 공공대중에게 위화감을 주는 오류 발생

⑤ 건축가 및 작품

㉠ 헌트(Richard Morris Hunt 1827~1895) : 트리니티(Trinity) 교회당 –
로마네스크 양식

㉡ 화이트, 미드, 맥킴 : 빌라드 하우스(Villard House) – 이탈리아 궁전
양식

| 빌라드 하우스 |

㉢ 헌트와 옴스테드 : 빌트모어(Biltmore)장 – 프랑스풍의 건축물

| 빌트모어장 |

❹ 20C 조경

(1) 총론

① 19C 말부터 폭발적인 인구증가로 도시문제가 심각하게 대두

② 공해문제와 자연환경의 피폐화문제도 나타나기 시작

③ 기계화된 노동력에 의해 토지개발이 광범위해지고 대규모화되어 획일화

④ 20세기 중반에서야 비로소 도시문제와 국토환경문제에 대처하기 시작
하여 법률제정과 관련단체 및 기관의 설립

⑤ 기능과 합리성을 추구하는 국제주의 양식(International Style) 대두

⑥ 이미 1895년 미국의 건축가 설리번(Louis Sullivan)은 "형태는 기능을 따른다."라고 주창하면서 장식을 배제하고 합리성을 추구한 기능주의 건축 제시 - 20C 모더니즘의 중심사상

⑦ 과학과 예술 사이의 틈을 이어주고 종합하는 역할로서 조경이 시대적 수요에 맞게 조정가의 역할을 담당하기 시작

(2) 유럽의 조경

1) 신도시 건설과 이상향 추구

① 하워드(Ebenezer Howard)

㉠ 1898년 영국의 하워드는 '내일의 전원도시(Garden Cities of Tomorrow)'를 구상하여 20세기의 유토피아 실현의지 제안

㉡ 하워드의 이상에 따라 영국 허트포드셔(Hertfordshire)의 두 도시 레치워스(Letchworth 1903년, Parker and Unwin)와 웰윈(Welwyn 1920년) 건설

㉢ 1946년 영국신도시법이 통과되면서 할로, 스티븐지, 크롤리 등 신도시 조성

㉣ 하워드의 구상은 미국과 세계적으로 전파되어 뉴타운 건설 붐 조성

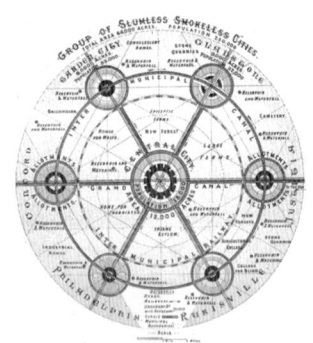
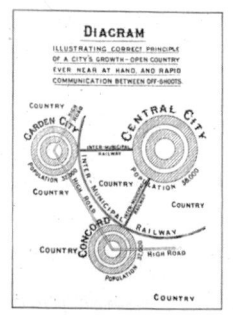

| 내일의 전원도시 개념도 및 관계도 |

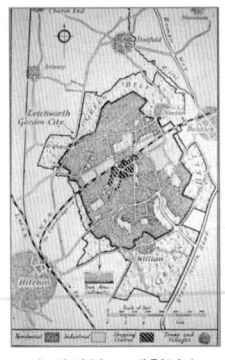

| 레치워스 계획안 |

| 웰윈 홍보 포스터 |

▌내일의 전원도시

1898년 영국의 하워드에 의해 발간된 것으로, 도시와 농촌의 두 장점을 동시에 취하는 중간 형태의 '도시-농촌'의 타운을 추구하였으며, 전원도시는 인구 3만명 정도의 도시가 적합하며 새로운 생활과 새로운 희망, 새로운 문명을 도모할 수 있다는 믿음을 가지고 있었다. 또한 구역의 분할(wards)로써 근린주구 개념의 시초를 보여주었으며, 새로운 도시공간 창조에 조경가의 역할을 증대시키는 역할도 하였다.

▌전원도시론의 요소

① 낮은 인구밀도

② 공원과 정원의 개발

③ 아름답고 기능적인 그린벨트

④ 전원(country style)과 타운(town)

⑤ 위성적인 지역사회로 둘러싸인 중심수도권(central metropolis)

⑥ 주거, 산업, 농업 기능이 균형을 이룬 도시로 자족기능을 갖춘 계획도시

② 기데스(Sir Patrick Geddes)

㉠ 도시를 하나의 천체로 보고 그 지구적 확장을 주시

㉡ 1918년 인도의 인도레(Indore)에서 얻은 리포트는 '도시개발을 위한 도시계획'으로 발전됨

③ 애버크롬비(Sir Patrick Abercrombie)와 포사워(J. H. Forshaw)

㉠ 1943년 '런던지역계획(The County of London Plan)' 발표

㉡ 기존의 대규모 인구를 유지하기 위하여 행정구역을 생물학적으로 분석

㉢ 초등학교 1개를 중심으로 인구 6000~10000명의 주구를 구성하여 근린주구(neighborhood)의 구성개념 제안

④ 지테(Camillo Sitte)

㉠ 19C 도시가 시민에게 보다 좋은 서비스를 제공하기 위해서는 구체적인 오픈스페이스 계획과 디테일 설계의 향상을 통한 가로경관의 세련화에 달렸다고 봄

㉡ 설계 차원에서 고전적 도시가 지닌 원리 추출에 노력

㉢ 방과 광장의 공통점은 바로 위요공간의 질에 달려 있다고 주장

㉣ 지테의 도시분석은 유럽의 디자인과 건축은 물론 신대륙까지 확대

2) 근대 디자인 운동의 정착

① 19C 말 수공업시대의 품질에 미치지 못하는 공장생산품의 조잡성 비판

② 1853년 러스킨(John Ruskin)은 '베니스의 돌(The Stones of Venice)'에서 신고전주의적 고딕정신의 부흥 추구

③ 러스킨의 사상에 영향을 받은 모리스(William Morris)는 '미술공예운동(Art and Crafts Movement)' 전개

④ 모리스의 사상은 후에 지킬(Gertrude Jekyll)의 정원설계에 영향

⑤ 20C 초 서구예술과 디자인계는 새로운 양식과 형태를 모색하는 시기로 여러 가지 노력과 운동으로 발전

⑥ 새로운 양식의 출현

㉠ 큐비즘(Cubism) : 1907~1914년 피카소와 브라크에 의한 새로운 조류로서 구미 조경계의 현대적 재인식 형성에 가장 큰 영향을 미침

㉡ 아르누보(Art Nouveau) 운동 : 1880~1910년에 걸쳐 브뤼셀을 중심으로 성행

㉢ 데스틸(De still) : 1917년 네덜란드에서 시작된 예술운동

㉣ 바우하우스(Bauhaus) : 1919년 독일에 세워진 근대적 종합디자인 학교

㉤ 러시아 구성주의(Constructivism) : 1913년 러시아의 말레비치에 의해 주창된 절대주의 회화(Supermatism)에서 발전

㉥ 예술 실존주의 : 1920년 가보(Naum Gabo), 페브스너(Antonie Pevsner)

▌진화하는 도시
(Cities in Evolution)
스코틀랜드 기데스에 의해 1915년 발간된 것으로 생태학을 과학이 아니라 문명생활의 예술로 보고, 자신의 견해는 아리스토텔레스의 대의적 견해의 발전으로 간주하였다.

▌예술원리에 따른 도시계획
(City Planning According to Artistic Principles)
1889년 오스트리아의 건축가이자 도시계획가인 지테가 발간한 것으로, 유럽의 도시형태와 계획에 관한 가장 고전적인 업적으로 본다.

에 의해 선언된 경향

3) 초기 모더니즘 조경의 형성

① 영국의 건축가 힐(Oliver Hill)은 영국에서 건축과 정원에 있어서 모더니즘 운동의 패턴 정착

② 1925년 힐과 지킬이 함께 설계한 우드하우스 콥스(Woodhouse Copse)에서 풀(pool)이 있는 중정(中庭)은 영국적 모더니즘 조경의 전이단계(轉移段階) 제시

③ 20C 들어 런던과 파리에서 최초로 정원을 위한 전시회 개최

㉠ 1925년 파리에서 '국제 근대장식 및 산업미술전시회' 개최

  a. '인생에서의 예술'이라는 모토로 디자인 역사의 분수령

  b. 장식미술계에 프랑스의 유행창조 주도권을 잡으려는 시도

  c. 18C 이후 특권적 기풍에서 평등으로 바뀌는 문화적 전이의 최종국면 형성

  d. 공원설계의 책임자는 포레스티어(Jean - Claude Nicolas Forestier)가 담당

  e. 구에브르키앙(Gabriel Guevrekian)의 '물과 빛의 정원(Garden of Water and Light)'을 출품작 중 가장 전위적인 작품으로 평가

| 물과 빛의 정원 |

㉡ 1928년 영국에서 '국제 정원설계 전시회' 개최

  a. 20C 초에 걸쳐 추구되었던 새로운 정원에 대한 실험적 발표장

  b. 소규모 정원을 실제 조성하여 전시하였고, 새로운 시대의 새로운 조경에 대한 논의 진행

  c. 새로운 주택에 알맞은 새로운 정원에 대한 탐구 활발

  d. 홀름(Charles Holme)의 출품작 '제10번 정원(Garden Number 10)'은 그의 10개의 정원설계 연작 중의 하나로서 당시로는 매우 실험적인 안으로 평가

  e. 1934년 코넬(Amyas Connell)의 '하이 앤드 오버(High and Over)'라는 주택정원 설계를 새로운 시도로 평가

| 하이 앤드 오버 |

4) 영국 정원의 변화

① 터너드(Christopher Tunnard)

㉠ 캐나다 출신의 조경가이자 도시 및 지역계획가로 영국에서 수학

㉡ 1930년대 최초로 모더니즘 정원양식 추구

㉢ 근대적인 주택에는 근대적인 정원이 필요하다고 역설

㉣ 모더니즘 조경은 모더니즘 건축의 정신과 기술의 발전으로부터 분리될 수 없다고 주장

㉤ 정원설계의 기능적, 강조적, 예술적 접근 강조

㉥ '성 안네의 언덕(St. Ann's Hill)'의 정원설계에서 전통적인 영국 경

| 성 안네의 언덕 |

관에 새로운 주거형태 도입
  Ⓐ 영국에서의 전위적인 작품을 추구하는 한편으로 자연풍경식 정원의 전통적 수법이 계속되어지다 미국으로 이민
② 젤리코(Geoffrey Alan Jellicoe)
  ㉠ 19C 지킬에 이어서 영국 전통정원 계승
  ㉡ 파트너였던 페이지(Russell Page)와 더불어 조경의 근대적 운동 개척
  ㉢ 영국의 경관정원기법에서 더 발전하여 새로운 주제를 수용하는 동시에 전통의 현대적 해석 – 조경설계의 고전적 접근
  ㉣ 1947년 해밀 햄프스테드(Hemel Hempstead) 신도시계획에서 토지개간을 통하여 주로 도시공원과 수경정원을 중심으로 레크리에이션과 여가활동을 자연경관과 결합
  ㉤ 1948년 세계조경가협회(IFLA : International Federation of Landscape Architects)를 창립하고 초대회장 역임

| 햄프스테드 신도시계획 |

5) 자연과의 조화
  ① 1900년 스페인 바르셀로나의 구엘 공원(Guell Park)
    ㉠ 건축가 가우디(Antoni Gaudi)의 작품으로 자연법칙에 종속한 결과를 시각적·구조적 표현
    ㉡ 전원도시의 중심과 같은 의도로 조성되어 졌으며, 주랑이 있는 그리스식 노천극장을 중심으로 성당, 테라스, 계단 등 배치
  ② 1932년 덴마크의 아루스 대학교 캠퍼스
    ㉠ 조경가 소렌슨(C. Th. Sorensen)이 생태적 고려를 반영하여 설계
    ㉡ 캠퍼스 중앙에 호수와 계류가 있는 지형부지를 보존하면서 도로변에 격자축에 의한 건물을 배치하여 구성
  ③ 1934년 네덜란드 암스테르담의 보스 공원(Bos Park)
    ㉠ 활동적이고 적극적인 레크레이션 공원으로 근대공원의 효시
    ㉡ 식물학자, 생물학자, 공학자, 건축가, 사회학자, 도시계획가 등 여러 전문가들이 공동작업하여 보다 자연친화적인 공원의 유형 제시
  ④ 1940년 스웨덴 스톡홀름의 우드랜드 묘지(Woodland Cemetery)
    ㉠ 건축가 아스프룬드(Gunnar Asplund)의 주변경관과 고전적 기하학적 가치를 조화시킨 작품
    ㉡ 기하학적 배치구조를 이루고 있으나 자연경관으로 탄생된 인조언덕에 종속시켜 구성

| 구엘 공원 |

| 우드랜드 묘지 |

(3) 미국의 조경

1) 도시미화운동(City Beautiful Movement)
  ① 도시설계 시 도시외관을 아름답게 창조함으로써 공중의 이익을 확보하기 위한 도시운동

② 시카고 박람회의 영향으로 저널리스트 로빈슨과 도시계획의 선구자 번함 주도

③ 조경가 로빈슨(Charles Mulford Robinson)이 도시미화운동의 이론적 배경 마련

④ 도시가 지닌 구조적이고 형식적이며 역사적 미학의 가치를 강조한 일종의 도시계획적 접근

⑤ 시빅센터의 건설, 도심부 재개발, 캠퍼스 계획 등 각종 도시개발을 활발히 전개하는 효과 전개

⑥ 도시미화 운동의 요소
  ㉠ 건물을 포함한 공공미술품을 도입하려는 도시미술(civic art)
  ㉡ 전체 도시사회를 위한 단위로 설계하려는 도시설계(civic design)
  ㉢ 사회 및 정치적 개혁을 도모하는 도시개혁(civic reform)
  ㉣ 도시미관을 깨끗하게 정리·정돈하는 도시개량(civic improvement)

⑦ 도시미화 운동의 부작용
  ㉠ 미에 대한 인식의 오류로 도시개선과 장식적 수단으로 잘못 사용
  ㉡ 조경직과 도시계획직의 분리로 조경의 영역 축소
  ㉢ 중산층의 표준에 맞춰 시각적 취향을 통일시키고 일반화하려는 시도
  ㉣ 영향력 있는 부유층의 주관에 의해 좌우

2) 전원도시(田園都市 Garden City Movement)

① 하워드의 전원도시 구상은 미국의 대공황시기에 계획도시건설로 현실화

② 1927년 뉴저지 레드번(Radburn), 조지아 치코피(Chicopee)

③ 1933년 오하이오 그린힐즈(Greenhills), 테네시 노리스(Norris)

④ 1935년 메릴랜드 그린벨트(Greenbelt), 위스콘신 그린데일(Greendale)

3) 레드번(Radburn) 계획

① 건축가 스타인(Clarence Stein)과 라이트(Henry Wright)의 설계로 1927~1929년 조성

② 주택·도로·공원녹지·가구·지구중심지 등의 구성관계에서 오픈스페이스(Open Space)가 전체 단지의 골격 형성

③ 슈퍼블록(Superblock)을 도입하고, 도로를 그 기능과 등급에 따라 체계화

④ 차도와 보도를 분리하고 집합적인 정원 구성

⑤ 막힌 골목(cul – de – sac)을 중심으로 8~10호 주택들이 모여 클러스터를 이루어 거주자의 프라이버시와 안전 확보

⑥ 주거지에서 학교, 위락지, 쇼핑시설 등을 공원과 같은 보도로 연결

┃ 레드번(Radburn) 계획
영국 하워드의 사상과 이념을 전승한 언윈에서부터 옴스테드와 번함으로 이어진 전원도시의 건설에 대한 영향을 받았고, 그린벨트계획은 레드번의 개념과 영국의 전원도시원리를 결합하고 발전시켜 완전히 새로운 단지를 구성하는 것이다.

┃ 레드번 계획안 ┃

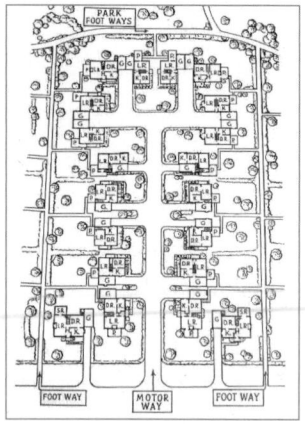
┃ 쿨데삭 클러스터 ┃

4) 광역조경계획

① 1933년 뉴딜정책으로 국토계획국의 설치와 도시개발, 주택개발을 국가적으로 시행

② 테네시강(江) 유역 개발공사(TVA, Tennessee Valley Authority)설립

㉠ 미시시피강과 테네시강 유역에 21개 댐건설

㉡ 홍수조절, 수력발전, 공업도시 개발, 용수시설 부설 등으로 농업진흥을 꾀하는 종합지역개발 시행

㉢ 거주자를 대상으로 하는 후생설비를 완비하고, 공공위락시설을 갖춘 노리스댐과 더글라스댐 설치

㉣ 미국 최초의 광역 지방계획

㉤ 지역개발의 효시며, 수자원 개발의 효시

㉥ 설계과정에서 조경가들의 대거 참여

5) 공원로(公園路 parkway)

① 1923년 조경가 클라크(Gilmore D.Clarke)가 최초의 '공원로(parkway)'인 브롱스 공원(Bronx Park)과 캔시코댐(Kensico Dam)까지의 연장 15마일 도로를 계획하고 준공

② 공원로는 고전적 도시의 광로와 달리 공원 내를 관통하는 도로의 개념

6) 초기 모더니즘

① 초기 모더니즘의 특성

㉠ 조경이 건축의 부속적인 위치에서 탈피하여 지형과 건물과 정원을 하나의 전체로 구성

㉡ 조경을 통하여 예술적 의도를 표현하고자 함

② 플래트(Charles Adams Platt 1861~1933)

㉠ 1894년 르네상스 정원을 도해한 최초의 책인 '이탈리아 정원(Italian Gardens)'을 출간하고 신고전주의 정원을 출현시킴

㉡ 미국 내 신고전주의 양식의 일환으로 '절충주의 운동'을 촉발시킴

㉢ 1897년 단순하고 직접적이며 강력한 설계와 구조를 이룬 브루클린의 폴크너 농장(Faulkner Farm) 설계

③ 파란드(Beatrix Cadwalader Farrand 1872~1959)

㉠ 미국의 여류 조경가로 1895년부터 예일, 시카고 등 여러 대학 캠퍼스 조경에 참여

㉡ 1926년부터 거의 20여 년간 계속하여 조성한 '록펠러 정원(Rockefeller Garden)'은 지킬과 로빈슨의 영향을 크게 받음

㉢ 영국의 정형식 정원에 매료당하여 자유로운 스케일, 선의 미묘한 부드러움, 방해받지 않는 비대칭 등 추구

㉣ 중국과 일본, 한국 등에서 수집한 조각물과 조형물 배치

▌모더니즘(modernism)
19C 말 시카고 박람회를 계기로 신고전주의가 미국의 건축계에 유행하면서 조경분야에서도 단순히 영국만이 아닌 이탈리아와 프랑스의 정형식 조경양식에 대한 관심이 증대하였고, 미국의 의식있는 조경가들이 유럽에 대한 견문을 넓혀 고대와 현대의 유럽을 배우고, 적지 않은 건축과 조경의 전문가들이 미국으로 이민하여 유럽식 전문지식이 유입되어 가능해졌다.

ⓜ 동양풍의 담장과 문을 조성하는 등 동서양의 두 양식을 함께 사용

④ 스틸(Flectcher Steel 1885~1971)

 ㉠ 1920년대 미국의 대표적 모더니스트

 ㉡ 1924년 '소정원 설계(Design in Little Garden)'에서 정원이 옥외거실(outdoor living room)임을 주장

 ㉢ 약 30년간 개선작업을 한 일명 '나움키그(Naumkeag)'라 불리는 '초아트장원(Mabel Choate Estate)'은 정형식과 비정형식을 함께 구성

⑤ 모더니즘 조경의 특성

 ㉠ 변화감, 리듬감, 유동성, 유기적 조합 등으로 구현된 자유로운 공간구성

 ㉡ 외부의 방, 활동의 장소, 민주적인 설계 등으로 얻어진 실용적인 공간

 ㉢ 기하학적 구성원리의 적용, 연계성·비례·계층 등을 통한 공간질서의 추구

7) 하버드 혁명(The Harvard Revolution) – 주택정원의 발전

 ① 재학생인 로즈, 에크보, 카일리 등 세 사람이 주동이 되어 조경교육의 개혁 주장

 ② 조경교육의 전위적 운동이 시작되고 미국 조경설계의 모더니즘을 촉발한 계기가 됨

 ③ 1939~1942년 이민온 터너드가 교수로서 모더니즘 운동에 대한 이념적 지도를 함

 ④ 로즈(James Rose 1913~1991)

  ㉠ 터너드로부터 크게 영향을 받고, 입체파의 회화와 조각에 심취

  ㉡ 몬드리안 큐비즘에서 많은 영감을 얻고 동양의 선사상과 불교에 주목하였으며, 일본풍에 빠져들기도 함

  ㉢ '로즈 정원(Rose Garden)'은 조각화된 정원과 같이 조형적이면서도 절제미와 자유로움을 골고루 갖춤

 ⑤ 에크보(Garrett Eckbo 1910~2000)

  ㉠ 비대칭의 기하학적 설계를 창안하고 20C 캘리포니아 정원의 원형 탐구

  ㉡ 평면설계에서 축의 공간에 변화를 주고 방향을 재설정하기 위해 대각선 도입

  ㉢ 캘리포니아 프레스노시에 최초의 보행자전용도로인 '프레스노 몰(Fresno Mall)' 설계

  ㉢ 'LA 정원(The Garden in LA)'에는 과감한 대각선을 도입하고 활발하면서도 기능적인 공간 구성

▌하버드 혁명의 의의

① 하버드 혁명과 더불어 도넬장의 정원에 의하여 미국 조경은 물론 서양 조경사에 있어서 최초로 모더니즘 조경을 성취하게 된다.

② 이 시기 이후부터 본격적인 조경의 합리성을 추구하는 기능주의가 전개되기 시작한다.

▌캘리포니아 양식

① 토마스 처치와 에크보, 카일리, 헬프린 등이 연계하여 미국 서부지역의 조경을 발전시키며 이룬 양식이다.

② 서구의 기하학과 대조적인 동양의 음양조화에 바탕을 두어 혼합된 표현양식의 정원이다.

③ 건축의 기능주의와 회화의 입체파 및 표현주의 같은 예술운동의 영향을 받았다.

⑥ 카일리(Daniel Urban Kiley 1912~2004)

  ㉠ 명쾌한 건축구축적인 고전적 기하학을 현대적으로 응용하고자 노력

  ㉡ 격자구조를 바탕으로 모든 조경요소와 조각미술품을 원칙과 변화를 동반한 질서가 있는 배열로 구성

  ㉢ '밀러의 정원(Miller Garden)'에서 정형적 비정형의 구성을 취함

  ㉣ 현대화된 고전주의로서 인간의 욕구를 위한 규범과 균제를 추구하는 형식미를 갖추려 노력

⑦ 토마스 처치(Thomas Dolliver Church 1902~1978)

  ㉠ 큐비즘에서 비롯된 설계적 접근과 프랑스의 바로크풍에 기하학적 패턴을 결합한 절충주의적 경향

  ㉡ 초자연적으로 숨어있는 균형에 있어서 자유로운 흐름을 가진 추상적 곡선, 형태, 공간 등 이용

  ㉢ 향토수종 적극 활용

  ㉣ 1929년 소규모 주택정원설계사무소를 열고 노동과 예산을 절감할 수 있는 절약형 정원 고안

  ㉤ 시각적 흥미를 위한 포장패턴과 레드우드데크 개발

  ㉥ 적극적으로 정원을 활용할 수 있는 옥외실(Outdoor Room)은 처치의 발명품으로 불릴 정도 특징적임

  ㉦ 건축의 기능주의와 동양(일본) 정원의 영향

  ㉧ 1948년 소노마의 도넬장 정원(The Dewey Donnell Garden)

    a. 전체적으로 자유로운 곡선의 틀 속에서 여러 요소들이 하나의 전체로 잘 짜여진 단순명쾌한 구성

    b. 자유로움과 유기적 조합이 특징적

    c. 정원 전체를 하나의 외부 방과 같이 설계하고, 통일감, 단순함, 리듬감 등 추구

  ㉨ 토마스 처치의 주택정원 조성원칙

    a. 고객의 특성, 즉 인간의 욕구와 개인적인 요구 반영

    b. 부지의 조건에 따른 관리와 시공, 재료와 식재의 기술 고려

    c. 요구조건을 만족시킬 수 없을 때는 순수예술의 영역에서의 공간 표현

  ㉩ 1955년 [대중을 위한 정원(Gardena Are For People)] 발간

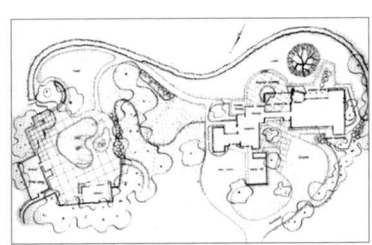

| 도넬장 계획안 |

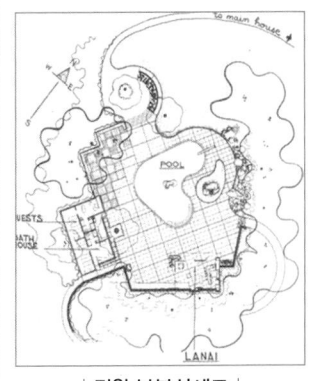

| 정원 부분상세도 |

(4) 중남미와 호주의 조경

1) 브라질의 벌 막스(Reberto Burle Marx 1909~1994)

① 남미의 향토식물을 적극 발굴하여 조경수로 활용

② 풍부한 색채구성, 지피류와 포장, 물의 구성을 통한 패턴의 창작 등 자유로운 구성

③ 브라질의 조경을 크게 발전시켜 열대경관에 대한 세계적 주목을 새롭게 인식시킴

④ 1935년 코파카바나 해변의 5Km의 프로메나드를 조형적으로 설계

⑤ 1947년 코에아스의 '오디트 몬테로 정원(Garden for Odete Monteiro)'은 지피류와 지표석 중심의 지형설계를 통해 환경적 유추를 추구하였고, 모더니즘 조경의 한 특성을 보여줌

| 오디트 몬테로 정원 |

2) 멕시코의 바라간(Luis Barragan 1902~1988)

① 멕시코의 풍토와 자연에 대비되는 명확한 채색벽면의 적극 활용

② 말구유 등 전통적 요소를 응용하여 매우 단순하면서도 의미를 부여한 설계

③ 1949년 '페드레갈 정원(Pedregal Garden)'의 공공분수는 멕시코 조경의 현대적인 감각 제시

④ 열대의 태양빛 아래 부분적으로 빛나는 백색바탕에 밝은 파스텔조의 색상을 조화롭게 도입

⑤ 1958~1962년 라스 알보레다스(Las Arboledas)의 가로교차점(street intersection)의 긴 스타코벽은 빛을 통해 강렬한 이미지 형성

| 페드레갈 정원 분수 |

3) 호주의 조경

① 20C에 이르러 국가적 정체성을 확립하려고 도시계획과 건축분야에서 국제설계경기를 통해 세계적 명성과 이목을 얻고자 함

② 1912년 미국의 건축가이자 조경가인 그리핀(Walter Burley Griffin 1876~1937)의 '캔버라(Canberra) 신수도 국제설계공모' 당선작은 '20C의 바로크' 또는 '도시미화적 표현'으로 평가

③ 캔버라 신수도는 하워드의 전원도시의 구상을 바탕으로 도시미화운동의 아이디어를 추가한 도시개념 추구

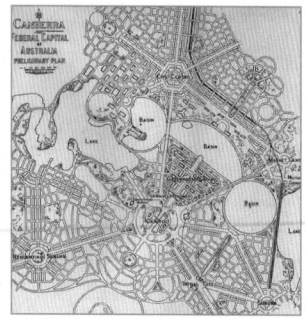
| 캔버라 신도시 계획안 |

| 캔버라시 전경 |

핵 심 문 제

1 Egypt 문명과 Mesopotamia 문명은 같은 연대이면서 대립적 조경문화를 생성하였다. 다음 중 Mesopotamia 조경은? 기-04-1
㉮ 귀족원 ㉯ 수렵원
㉰ 정형식 정원 ㉱ 실용원

2 다음 중 지구랏트(ziggurats)의 설명으로 가장 거리가 먼 것은? 기-05-2
㉮ 옛 Sumerian Temple로서 피라밋보다 이전에 나타난 것이다.
㉯ 직선적이고 대칭적 접근로가 그 특징으로 들 수 있다.
㉰ 신성스런 나무 숲과 맨 꼭대기에는 사원이 있었다.
㉱ 평원에 이집트의 피라밋에 비교될만한 인조산과 같은 높이로 단(壇)을 쌓아 올렸다.

📖 ㉯ 지구라트는 지그재그의 곡절 통로로 되어 있으며, 피라미드가 직선상의 통로로 이루어저 있다.

3 니푸르(Nippur)시는 B.C4500년경에 메소포타미아지역에 건설된 도시로서 점토판에 새겨진 이 도시의 평면도는 세계 최초의 도시계획자료라고 알려져 있다. 이 점토판에서 볼 수 있는 니푸르시의 도시시설이 아닌 것은? 기-11-1
㉮ 운하(Canal) ㉯ 도시공원(City Park)
㉰ 신전(Temple) ㉱ 지구라트(Ziggurat)

4 고대 서부아시아 수렵원(Hunting Park)에 대한 내용과 관계가 없는 것은? 기-10-1
㉮ 인공으로 호수와 언덕을 만들고, 물가에 신전을 세웠다.
㉯ 언덕에 소나무, 사이프러스로 관개를 위해 규칙적으로 식재하였다.
㉰ 오늘날 공원(Park)의 시초가 된다.
㉱ 니네베(Nineveh)의 인공 언덕위에 세워진 궁전 사냥터가 유명하다.

📖 ㉮ 수렵원 내 작은 언덕에 신전과 예배당을 설치하였다.

5 고대 이집트 조경양식에 가장 큰 영향을 미친 사항은? 기-02-1, 기-05-4
㉮ 무더운 기온과 사막의 바람
㉯ 나일강의 불규칙한 범람
㉰ 태양신과 신전
㉱ 피라미드(Pyramid)와 마스터바(Mastaba)

6 고대 이집트 정원에 관한 다음 설명 중 옳지 않은 것은? 기-04-4, 기-07-4
㉮ 수분 공급 때문에 정원은 정형적인 형태를 취하고 수목은 열식(列植)하였다.
㉯ 높은 울담으로 둘러싸고 사각형의 침상지(沈床池)를 정원 주요부에 배치하였다.
㉰ 대추야자, 시커모어, 무화과 등을 정원식물로 사용하였다.
㉱ 「길가메시 이야기」에 이집트 정원에 대한 자세한 기록이 나온다.

📖 ㉱ 「길가메시 이야기」는 고대 서부아시아의 수렵원에 관한 기록으로 사냥터의 경관에 대해 묘사한 최고(最古)의 문헌이다.

7 고대 이집트의 조경과 관련된 내용 중 옳지 않은 것은? 기-06-1
㉮ 녹음을 신성시 하였다.
㉯ 수렵원이 발달하였다.
㉰ 원예가 발달하였다.
㉱ 관개 기술이 발달하였다.

📖 ㉯ 수렵원은 고대 서부아시아 메소포타미아에서 발달하였다.

8 이집트 주택정원의 특징이 아닌 것은?
기-09-2, 기-11-1
㉮ 장방형의 화단·연못·울타리 등이 배치되어 있다.
㉯ 입구에는 탑문(pylon)이 설치되어 있다.
㉰ 원로에는 관개수로와 정자(arbor)가 있다.
㉱ 수목의 식재로 담을 허물고 장식적 상징적 정원을 조성하였다.

📖 ㉱ 고대이집트는 높은 울담을 쌓았다.

정답 **1** ㉯ **2** ㉯ **3** ㉱ **4** ㉮ **5** ㉮ **6** ㉱ **7** ㉯ **8** ㉱

9 고대 이집트 주택정원의 조성내용으로 틀린 것은? 　　　　　　　　　　　　　　　기-06-4

㉮ 정원은 사각형의 공간에 높은 울담을 설치하였다.

㉯ 입구에는 탑문(塔門, Pylon)을 세웠다.

㉰ 정원 요소요소에는 거형 혹은 T자형의 침상지가 배치되고 물가에는 키오스크를 설치하였다.

㉱ 정원 곳곳에 녹음수를 군식하였다.

해 ㉱ 고대 이집트 주택정원에는 포도나무 등의 유실수를 군식하였다.

10 고대 이집트 정원 연못가에 세워졌던 원정(園亭)의 명칭은? 　　　　　　　　　　　　　기-10-2

㉮ Kiosk

㉯ Shrine garden

㉰ Quitsu

㉱ Kiru

11 테베에 있는 아메노피스 3세의 분묘의 벽화에서 보여준 이집트 정원의 구성요소가 아닌 것은? 　　　　　　　　　　　　　　　기-03-2

㉮ 높은 울타리와 탑문

㉯ 포도나무 시렁

㉰ 침상지(sunken pond)

㉱ 동굴원(grotto garden)

해 ㉱ 동굴정원(grotto garden)은 17C후반 이탈리아의 감베라이아장(Villa Gamberaia)의 구성요소이다.

12 다음 설명은 기원전 약 2,500년경에 이집트의 테-베 지방에 만들어졌던 것으로 생각되는 고분벽화(Tomb painting)속의 어떤 권귀(權貴)의 주택정원에 관한 것이다. 잘못 설명된 것은? 　　기-05-4

㉮ 네 개의 둥근 못(池)속에는 물고기와 오리가 길러지고 있다.

㉯ 좌우 대칭적인 기하학식 정원이다.

㉰ 네모의 부지는 담으로 둘러싸여 있다.

㉱ 주요 조경식물은 포도나무, 대추야자, 무화과(Sycamore) 나무등이다.

해 ㉮ 테베의 고분벽화는 사각형(방형方形, 구형矩形)의 못이 있고 물고기와 오리가 길러졌으며, 키오스크(Kiosk)가 물가에 세워져 있다.

13 이집트인은 종교관에 따라 거대한 예배신전이나 장제신전을 건설하고 그 주위에 신원(神苑)을 설치하였다. 그 중 현존하는 최고(最古)의 대표적인 조경 유적인 신원은? 　　　　　　　　기-09-2

㉮ Thutmois 3세의 신전

㉯ Amenophis 3세의 장제 신전

㉰ Menes왕의 장제 신전

㉱ Hatshepsut여왕의 장제 신전

해 ㉱ 델 엘 바하리(Deir-el-bahari)의 핫셉수트(Hatschepsut) 여왕의 장제신전이 현존하는 세계 최고(最古)의 정원유적이다.

14 4세기경 그리스의 대표적 주택과 그 정원인 Priene의 정원에 대한 설명이다. 잘못 설명된 것은? 　　　　　　　　　　　　　　　기-02-1

㉮ Megaron타입의 내향식 주택구조였다.

㉯ 주랑식 중정의 형태를 나타내고 있다.

㉰ 중정바닥은 포장하지 않고 방향성 식물을 식재하였다.

㉱ 조각상과 대리석 분수를 설치하였다.

해 ㉰ 중정은 돌 포장, 방향성 식물, 대리석 분수로 장식된 부인들의 취미공간이었다.

15 고대 그리스 건축양식 중 중심건물이 되는 파르테논신전의 기둥은 기초석이 없이 조망되어지는 수직성을 강조하는 형태로 조영되었다고 하는데, 어떤 기둥 양식인가? 　　　　　　　기-05-4

㉮ 도리아식

㉯ 이오니아식

㉰ 코린트식

㉱ 파르테논식

16 아도니스(Adonis)원에 대한 설명이 잘못된 것은? 　　　　기-03-1, 기-04-1, 산기-12-1 계획 및 설계

㉮ 아도니스에 대한 경배는 바빌로니아, 앗시리아, 페니키아인들에 의해 전하여 오던 것이 그리스로 이어졌다.

㉯ 아도니스는 죽음과 사후의 영생을 상징한다.

㉰ 신이 인간을 짝사랑하고 그의 죽음에 대한 애절한 전설을 가지고 있다.

㉱ 후에 옥상정원, 건물 테라스원, Pot Garden 등에 영향을 미쳤다.

웹 아도니스(Adonis)원은 아테네의 부인들이 아도니스의 영혼을 위로하기 위해 만든 것으로 푸른색 식물인 보리·밀·상추 등을 화분에 심어 아도니스상 주위에 놓아 가꾸었으며, 오늘날 창가를 장식하는 포트가든이나 옥상가든으로 발전하였다.

17 다음 그림이 묘사하는 것과 같이 부인들에 의해 경영된 정원은?   기-07-4

㉮ 아도니스 원
㉯ 아카데미 원
㉰ 올림피아 원
㉱ 파티오 원

18 그리스 문화를 선도한 에게해문화는 크레타궁전의 개방식과 미케네의 성체식인 중정으로 발달되었다. 공공조경은 어떠한 형태로 발달되었는가?
                                                     기-11-4

㉮ 운동공원   ㉯ 신원
㉰ 주랑중정   ㉱ 성림

19 장방형 격자모양의 도시를 계획하게 한 고대 그리스 사람은 누구인가?   기-03-2

㉮ 하무라비   ㉯ 디메트리우스
㉰ 히포다무스   ㉱ 피타고라스

20 공공건물로 둘러 싸여 있으며, 때때로 수목도 심어졌던 그리스 도시민의 경제생활과 예술활동이 이루어졌던 공공용지는?   기-06-2, 기-06-4

㉮ 아크로폴리스(Acropolis)
㉯ 아고라(Agora)
㉰ 알리(Allee)
㉱ 블루바드(Boulevard)

21 다음 고대 로마의 주택정원에 대한 설명 중 틀린 것은?   기-06-4

㉮ 주택은 열주와 개방된 정원 혹은 아트리움에 의해 연결된 거실을 가지고 있었으며 거리에 면하여 세워졌다.
㉯ 주택의 배치는 축을 이루고 기하학적으로 되어 있으며, 수로에 의해 정원을 4개의 주요 정방형

공간으로 나누고 있다.
㉰ 정원은 태양, 바람, 먼지, 거리의 소음으로부터 은신처였으며, 그늘은 둘러싸여 있는 주랑에 의해 제공되어졌다.
㉱ 수목은 주로 화분이나 화단에 심어졌고, 돌로 된 물웅덩이와 대리석 탁상 그리고 작은 동상들이 마당을 아름답게 꾸미는 정원의 구성요소였다.

웹 ㉯ 파라다이스 가든(Paradise Garden)이 담으로 둘러싸인 방형공간에 교차수로에 의한 사분원으로 형성되어 있다.

22 고대 로마시대의 폼페이 지방의 주택에서 3개의 정원 공간이 나타나고 있다. 이에 해당되지 않는 공간은?   기-04-4

㉮ 임플루비움(Impluvium)
㉯ 아트리움(Atrium)
㉰ 지스터스(Xystus)
㉱ 페리스틸리움(Peristylium)

웹 ㉮ 임플루비움(Impluvium)은 아트리움 지붕의 중앙부 사각창(콤플루비움 Compluvium) 아래에 설치한 빗물받이 이다.

23 고대 로마시대의 폼페이의 주택정원의 특징에 관한 다음 설명 중 잘못된 것은?   기-02-1, 기-12-1

㉮ 뜰은 건축물에 의하여 둘러싸여 있다.
㉯ 페리스틸리움의 식재는 주로 오점식재법에 의해 행해졌다.
㉰ 지스터스는 과수원이나 채소밭으로 구성되어 있으나 정원시설이 갖추어지는 일이 있다.
㉱ 아트리움에서는 식물을 심을 수 있도록 흙이 깔려있다.

웹 ㉱ 바닥은 돌로 포장되어 있어 식물의 식재가 불가능하여 분(盆)에 심어 장식하였다.

24 다음 Peristylium에 관한 설명 중 틀린 것은?
                                          기-07-2, 기-09-4

㉮ 장방형의 야트막한 impluvium이 설치
㉯ 포장되지 않은 주정의 역할
㉰ 넓게 보이도록 하기 위하여 화훼류, 조각품, 분천 따위로 정형적 구성
㉱ 주랑식 중정

해 ㉮ 임플루비움(Impluvium)이 설치된 곳은 아트리움이다.

25 고대 로마에서 규모가 큰 집에 5점식재나 화초와 관목의 군식 또는 과수원과 소채원 등이 꾸며진 후원은? 　　　　　　　　　　　기-09-2
㉮ 아트리움(artrium)
㉯ 페리스틸리움(peristylium)
㉰ 클로이스터 가든(cloister garden)
㉱ 지스터스(xystus)

26 다음 중 베티가(家)(House of vetti)의 설명으로 맞지 않는 것은? 　　　　　　　　　　기-04-2
㉮ 중세 로마에 있었던 별장이었다.
㉯ 아트리움(Atrium)과 페리스틸움(Peristylium)을 갖추고 있다.
㉰ 실내공간과 실외공간이 거의 구분되어 있지 않다.
㉱ 실내공간이 거의 노천식 공간이었다.
해 ㉮ 베티가(家)(House of vetti)는 고대 로마의 주택정원이다.

27 로마시대 주택의 축선상에 놓인 공간의 배열이 맞는 것은? 　　　　　　　　　　　기-10-4
㉮ 도로 → 출입구 → Atrium → Peristyle → Xystus
㉯ 도로 → 출입구 → Atrium → Xystus → Peristyle
㉰ 도로 → 출입구 → Peristyle → Atrium → Xystus
㉱ 도로 → Xystus → Peristyle → 출입구 → Atrium
해 로마 주택은 제1중정(전정)인 아트리움(Atrium)과 제2중정(주정)인 페리스틸리움(Peristylium), 후원인 지스터스(Xystus)의 구조를 지닌다.

28 고대 로마시대의 별장이 아닌 것은? 　　　기-07-4
㉮ 빌라 라우렌티아나(Villa Laurentiana)
㉯ 빌라 토스카나(Villa Toscana)
㉰ 빌라 하드리아누스(Villa Hadrianus)
㉱ 빌라 감베라이아(Villa Gamberaia)
해 ㉱ 이탈리아 17C 르네상스 후기 매너리즘 양식의 대표적 빌라이다.

29 다음 중 고대 로마의 공공광장(公共廣場)인 포룸(Forum)에 대한 설명으로 옳지 않은 것은?

　　　　　　　　　　　　　　기-08-2, 기-11-4
㉮ 지배계급을 위한 상징적 공간이다.
㉯ 사람들이 많이 모이기에 교역의 장소로 발달하였다.
㉰ 그리스의 아고라와 같은 대화의 광장이다.
㉱ 기념비적이고 초인간적 스케일을 적용하였다.
해 고대 로마의 포룸(Forum) 교역의 기능은 떨어지고 공공의 집회장소. 미술품 진열장 등의 역할을 하며 점차 시민의 사교장. 오락장으로 발전하였다.

30 고대 여러 나라의 특징적인 정원을 적은 것으로 가장 거리가 먼 것은? 　　　　　　　　기-05-2
㉮ 이집트 – 신원(Shrine garden)
㉯ 바빌로니아 – 공중공원(Hanging garden)
㉰ 그리스 – 아카데모스(Academos)
㉱ 로마 – 크라우스트럼(Claustrum)
해 ㉱ 크라우스트럼(Claustrum)은 중세 수도원의 전형적인 정원이다.

31 다음 중 고대 정원과 관계 없는 것은? 　　기-07-1
㉮ 알함브라(Alhambra) 궁전
㉯ 아드리아누스 빌라(Hadrianus Villa)
㉰ 공중 정원(Hanging Garden)
㉱ 델 엘 바하리(Deir el Bahari)신전
해 ㉮ 알함브라(Alhambra) 중세 스페인에 세워진 궁전이다.

32 다음 중 중세 장원제도(feudal system)속에서 발달된 조경양식의 특징은? 　　　기-04-1, 기-08-1
㉮ 내부공간 지향적 장원 수법
㉯ 로마시대의 공지 형태 답습
㉰ 성벽을 의식한 장대한 외부 경관의 조성
㉱ 풍경식의 도입
해 ㉮ 중세 장원제도(feudal system)속의 조경양식은 안정된 성직자의 사원생활로 내부지향적으로 발달하여 폐쇄적 특징을 지닌다.

33 중세정원의 주된 경관요소가 아닌 것은? 　기-05-4
㉮ Fountain　　　　　　㉯ Parterre
㉰ Turf seat　　　　　　㉱ Water Fence

정답　**25** ㉱　**26** ㉮　**27** ㉮　**28** ㉱　**29** ㉯　**30** ㉱　**31** ㉮　**32** ㉮　**33** ㉯

해 중세 정원의 경관요소로는 분수(fountain), 퍼걸러(pergola), 수벽(water fence), 잔디의자(turf seat) 등이 있으며, 파르테르(parterre)는 르네상스 시대의 경관요소이다.

34 회양목 등으로 매듭무늬를 만들어 매듭 안쪽의 공지에 여러 가지 색깔의 흙을 채워 넣는 방법과 화훼를 채워 넣는 방법이 나타난 시기는 어느 것인가?

기-08-1, 기-08-4

㉮ 고대 이집트   ㉯ 메소포타미아
㉰ 중세   ㉱ 르네상스

해 매듭화단(Knot)에 대한 설명이다. 매듭화단은 중세에 시작된 무늬화단으로 키 작은 상록수로 매듭무늬를 그려놓는 수법이며 영국에서 크게 발달하였다.

35 암흑시대라 불리우는 중세(中世)의 초기(初期)에 정원이 발달한 곳은?

기-04-2

㉮ 궁전   ㉯ 왕이나 귀족의 별장
㉰ 수도원(修道院)   ㉱ 민가(民家)

해 중세초기에는 기독교의 사상적 지배에 의한 수도원 조경이 발달하였다.

36 다음 중 중세 수도원의 회랑식 중정(Cloister Garden)에 대한 설명으로 옳지 않은 것은? 기-05-1

㉮ 중정은 4부분으로 구획되어 있다.
㉯ 중정의 중앙에는 분수가 설치되어 있다.
㉰ 로마 주택의 페리스틸리움의 구조와 동일하여 열주 사이로 통행이 자유롭다.
㉱ 수도원의 다른 건물들에 의하여 둘러싸여 있으며, 남향으로 배치되어 있다.

해 중세 수도원의 회랑식 중정(Cloister Garden)은 페리스틸리움(주랑식 개방형 중정)과 흡사하나 기둥이 흉벽(parapet)위에 얹혀져 설치되어 있어 열주 사이로 통행이 제한적인 점에서 폐쇄적 성격을 지닌다.

37 Cloister Garden에 대한 설명이 아닌 것은?

기-03-4, 기-05-1, 기-12-1

㉮ 회랑식 중정
㉯ 예배당 건물의 남쪽에 위치한 네모난 공지
㉰ 두 개의 직교하는 원로에 의해 4분

㉱ 원로의 중심에는 로타르라는 연못 설치

해 2개의 직교하는 원로의 교차점에 파라디소(paradiso)라고 하여 수목을 식재하거나 수반, 분천, 우물 등을 설치하였다.

38 이슬람(islam) 문화의 정원양식에 대한 설명으로 틀린 것은? 기-08-4

㉮ 페르시아 정원의 골격은 물, 녹음수 등의 형태의 조각물로 이루어졌다.
㉯ 이란의 정원은 보통 주건물의 북향이나 동향에 위치하고 사막으로 부터 먼지, 모래, 바람을 피하고 외적을 방지하며 프라이버시를 확보하였다.
㉰ 마이단(Maidan-Isfahan)은 페르시아(Persia)의 오픈 스페이스를 일컫는다.
㉱ 인도의 정원문화는 녹음을 사랑하여 녹음수가 중요시 되었고 온갖 화초로 만들었다.

해 이슬람 사회에서는 코란의 영향으로 생명체(인간이나 동물 등)의 행태적 묘사가 우상 숭배라 하여 금기 되었으므로 회화나 조각은 발달하지 못하였다.

39 이슬람 정원에 대한 설명으로 틀린 것은?

기-04-1, 기-06-2, 기-09-1

㉮ 코란에는 정원에 대한 묘사가 나타난다.
㉯ 아라베스크 문양이 발달하였다.
㉰ 기후적 특성으로 정원은 사방이 개방되었다.
㉱ 카나드(Canad)에 의해 인공적 관개가 이루어졌다.

해 이슬람 정원은 사막의 먼지나 바람, 외적, 프라이버시 확보를 위해 진흙이나 벽돌로 만든 높은 울담이 설치되었다.

40 16세기 페르시아 압바스(Abbas)왕이 이스파한(Isfahan)에 만든 공원 광장은? 기-04-4, 기-11-2

㉮ 차하르 바그(Chahar-bagh)
㉯ 마이단(Maidan)
㉰ 40주궁(Cheher Sutun)
㉱ 아샤발 바그(Achabal-bagh)

해 압바스왕(Abbas)에 의해 계획된 이스파한에는 마이단(Maidan)이라는 장방형(380m×140m) 형태로 만들어진 거대한 왕의 광장이 있다.

41 무어풍(Moorish)의 조경양식이 탄생하는데 가장 큰 영향을 미친 종교적 배경은? 기-10-2

㉮ 기독교   ㉯ 이슬람교
㉰ 불교   ㉱ 힌두교

42 다음은 스페인의 무어양식의 정원에 관한 설명으로 잘못된 것은? 기-04-2

㉮ 중세기 말에 스페인사람들에 의하여 만들어진 회교 정원양식이다.
㉯ 특징적인 뜰 공간은 파티오(patio)이다.
㉰ 당시의 기독교의 수도원 정원에 비하여 보다 호화롭고 개방적이다.
㉱ 인도의 무갈양식에도 커다란 영향을 주었다.

해 스페인의 무어양식은 이집트, 페니키아의 정형적 정원과 로마의 중정 및 비잔틴 정원 등 주변 각지의 문화양식을 이입 발전시킨 복합적 양식이다.

43 다음 중 무어족의 옥외 공간 처리 솜씨를 엿볼 수 있는 대표적인 것은? 기-07-4

㉮ 멜버른홀(Melbourne Hall)
㉯ 에스테장(Villa d' Este)
㉰ 알함브라궁원(Alhambra Palace)
㉱ 벨베데레원(Belvedere garden)

44 무어 양식의 극치라고 일컬어지는 알함브라(Alhambra) 궁은 여러 개의 중정이 있다 이 중 4개의 수로에 의해 4분 되는 파라다이스 정원 개념을 잘 나타내고 있는 중정은? 기-06-2

㉮ Alberca Patio(연못의 중정)
㉯ Daraxa Patio(다라야 중정)
㉰ Reja Patio(창격자 중정)
㉱ Lions Patio(사자의 중정)

45 알함브라 궁전의 파티오에 대한 설명 중 옳지 않은 것은? 기-10-4

㉮ 사자의 중정은 중앙에 분수를 두고 +자형으로 수로가 흐르게 한 것으로서 사적(私的)공간기능이 강하다.
㉯ 외국사신을 맞는 공적(公的)장소에 긴 연못 양편에

서 분수가 솟아오르게 한 도금양의 중정이 있다.
㉰ 싸이프레스 중정 혹은 도금양의 중정이란 명칭은 그 중정에 식재된 주된 식물의 명칭에서 유래하였다.
㉱ 파티오에 사용된 물은 거울과 같은 반영미(反映)를 꾀하거나 혹은 청각적인 효과를 도모하되 소량의 물로서 최대의 효과를 노렸다.

해 ㉯ 사신을 맞는 공적공간인 알베르카 중정에는 가운데 장방형의 연못이 있고 양 옆으로 도금양(천일화)을 열식하였으며, 연못 남북단에 흰 대리석으로 만든 원형 분수반을 배치하였다.

46 "연꽃의 분천"으로 유명한 파티오식 정원은? 기-07-2

㉮ 알함브라 궁원   ㉯ 제네랄리페 궁원
㉰ 알카자르 공원   ㉱ 나샤트바 정원

47 인도 무굴제국의 정원에 관한 설명 중 옳은 것은? 기-03-1, 기-10-4

㉮ 이슬람교가 동진하여 전파한 이슬람 정원이어서 힌두족의 전통은 나타나지 않는다.
㉯ 기후, 식생 등 조건이 정원발달을 저해함으로써, 자연히 페르시아 이슬람정원들보다 소규모의 정원이다.
㉰ 지역적으로 볼 때 아그라와 델리에는 아크바르 대제의 능묘가, 캐시미르에는 샬리마르 바(Shalimar Bagh) 타지마할이 있다.
㉱ 무굴정원의 유형은 별장을 중심으로 발달한 바(Bagh)와 정원과 묘지를 결합한 형태의 것으로 나누어지고 산간지방에는 노단식이, 평지에는 평탄원이 발달했다.

48 인도의 정원에 관한 설명 중 옳지 않은 것은? 기-06-1, 기-09-4

㉮ 인도의 정원은 호외실(戶外室)로서의 역할을 할 수 있게 꾸며졌다.
㉯ 회교도들이 남부 스페인에 축조해 놓은 것과 흡사한 생김새를 갖고 있다.
㉰ 중국이나 일본, 한국과 같이 자연풍경식 정원이다.

㉑ 물과 녹음이 주요 정원 구성요소이며, 화훼보다 꽃나무가 주로 쓰였다.

해 ㉑ 인도의 정원은 정형식 정원이다.

49 다음 무굴왕조의 이슬람 정원 중 샤-자한 시대의 것이 아닌 것은? 기-02-1, 기-11-1

㉮ 챠스마-샤히　　　㉯ 샤리마르-바그
㉰ 타지마할　　　　㉱ 니샤트-바그

해 샤-자한 시대
① 차스마샤히(Chasma Shahi)
② 샬리마르바그(Shalimar bagh)
③ 타지마할(Taj Mahal)

50 무굴인도에서 발견되는 바그(bagh)의 설명으로 가장 적합한 것은? 기-03-4, 기-09-2

㉮ 4개의 파티오(patio)로 구성된 궁전이다.
㉯ 건물과 정원을 하나의 유니트화 하는 환경계획은 동시대에 이탈리아의 빌라(villa)와 같은 개념이다.
㉰ 담장으로 둘러 쌓인 공간으로 이집트 스타일의 연못, 수로, 정자 등의 시설이 있다.
㉱ 네모난 공간으로 공공용 건물이 둘러싸여 있는 중정이다.

51 인도의 샬리마르 바(Shalimar Bagh)와 관계 있는 것은? 기-09-2

㉮ 제 1 노단은 손님접대 공간이다.
㉯ 제 2 노단에는 큰탑이 2개 있다.
㉰ 십자형수로가 조성되었다.
㉱ 바부르나마가 조성하였다.

52 무굴왕조의 아크바르(Akbar)대제는 인도의 영토를 크게 확장하고 조경 및 토목사업에 치중하였다. 다음 중 아크바르 대제의 업적이 아닌 것은? 기-04-2

㉮ 캐시미르 지방에 대단히 아름다운 정원인 니샤트 바그(Nishat Bagh) 축조.
㉯ 다알호수 주변에 대정원인 니심바그(Nisim Bagh) 축조.

㉰ 국내에 가로수 식재와 우거진 도로 개설.
㉱ 캐시미르 지방에 Hari Pabat(녹색의 보루)를 건설.

해 ㉮ 니샤트 바그(Nishat Bagh)는 자한기르 시대에 축조된 왕의 하계 별장이다.

53 이탈리아 르네상스 정원의 특징으로 가장 부적합한 것은? 기-10-1

㉮ 입면적 특징으로 카지노의 위치가 상단, 중단, 하단식의 3유형이 있다.
㉯ 평면적 특징으로 카지노의 배치가 직교형, 직렬형, 병렬형이 있다.
㉰ 정원식물은 사이프러스나 스톤파인(stone pine)이 빈번하게 쓰였다.
㉱ 노단과 난간의 형태는 단순했고 직선형이 많았다.

해 ㉱ 노단과 난간의 형태는 실용적인 것보다는 장식적인 요소를 더 강조하여 직선형, 반월형, 타원형 등 매우 다양하게 나타난다.

54 르네상스시대 이탈리아 정원에 관한 설명 중 틀린 것은? 기-08-4

㉮ 지형, 기후적인 조건 등으로 구릉 위에 빌라를 세웠다.
㉯ 필리니(Pliny the Younger)의 빌라에 관한 연구, 고대 로마의 빌라의 영향을 받고 메디치가의 후원으로 융성했다.
㉰ 물이 풍부하여 주로 넓은 수면을 구성하여 반영, 반사의 효과를 도모했다.
㉱ 강한 축선, 흰대리석과 암록색 식물에 의한 콘트라스트 조망 등을 중시했다.

해 ㉰ 프랑스풍 정원에 대한 설명이다.

55 이탈리아 르네상스의 정원에 있어서 건물과 정원의 배치 방식에 해당되지 않는 것은? 기-05-1, 기-11-2

㉮ 직렬형　　　　㉯ 병렬형
㉰ 직렬·병렬·혼합형　㉱ 격자형

해 이탈리아 르네상스 정원의 정형적인 배치방식으로는 직렬형, 병렬형, 직렬·병렬·혼합형(직교형)이 있다.

56 이태리 르네상스 정원에서는 노단이 중요한 경관요소로 등장하게 된다. 특히 중심축선 상에서의 노단처리는 매우 중요한 과제가 되었는데, 이 경우 주로 어떤 요소를 통해 처리하는 것이 일반적인가?

기-05-1

㉮ 물　　　　　　　　㉯ 건물
㉰ 식물재료　　　　　㉱ 동굴

해 이탈리아 정원의 가장 큰 특징은 노단(테라스)이 중요한 경관요소로 등장한 것인데 특히 중심축선 상에서의 노단처리는 매우 중요한 과제였으며 물을 이용한 다양한 처리방식으로 해결하였다.

57 이태리 노단식 정원에서 건물의 위치가 제일 낮은 곳, 중간, 제일 높은 곳의 순으로 된 것은?

기-04-2

㉮ 카스텔로 – 란테 – 에스테
㉯ 란테 – 에스테 – 카스텔로
㉰ 에스테 – 카스텔로 – 란테
㉱ 카스텔로 – 에스테 – 란테

해 이탈리아 노단식 정원의 입면형태 : 정원의 주구조물인 카지노(Casino)의 위치에 따라 3가지 유형으로 나눠짐
　① 상단형 : 카지노가 노단의 최상단에 위치하여 원경을 조망할 수 있게 한 일반적인 유형 – 에스테장
　② 중간형 : 카지노가 정원의 중간에 위치하는 유형 – 알도브란디니장
　③ 하단형 : 노단의 최하단에 카지노를 배치하는 유형 – 란테장(1단과 2단의 중간), 카스텔로장

58 르네상스시대 이태리 총림(bosquet)조림의 기능과 대표적인 수종이 맞는 것은?

기-03-4

㉮ 기후 완화 – 월계수(Quercus ilex)
㉯ 배경식재 – 유럽적송(Pinus sylxestrice)
㉰ 신수(神樹) – 가중나무(Ailanthus altissima)
㉱ 방조림(防潮林) – 느릅나무(Ulmus sp.)

59 이탈리아 정원의 특징인 노단건축시이 시작된 곳이며 이탈리아 정원을 수목적인 것에서 건축적 구성으로 전환시키는 계기가 된 정원은?

기-08-2

㉮ 벨베데레원　　　　㉯ 이졸라벨라

㉰ 메디치장　　　　　㉱ 감베라이아장

해 벨베데레원은 이탈리아 노단건축식 정원의 시작으로 기하학적 대칭, 축의 개념을 처음 사용 이탈리아의 수목원적 정원을 건축적 구성으로 전환시킨 계기가 되었다.

60 Villa Madama의 설명 중 적당치 않은 것은?

기-04-1, 기-11-4

㉮ Raffaello가 설계하였으나 그의 사후 조수인 상갈로(Sangallo) 등에 의해 완성되었다
㉯ 최초의 노단 건축식 수법으로 이태리 조경의 전환기가 되었다
㉰ 기하학적인 곡선을 따라서 광대한 식재원을 건물 주위에 배치하였다
㉱ 주건물과 옥외 외부공간을 하나의 유니트로 설계하여 시각적으로 완전히 결합시켰다

해 ㉯ 벨베데레원(Belvedere Garden)에 대한 설명이다.

61 다음 중 물풍금(Water Organ)이 있었던 것으로 유명한 로마 근교의 빌라는?

기-04-4

㉮ 빌라 마다마(Villa Madama)
㉯ 빌라 에스테(Villa d'Este)
㉰ 빌라 랑테(Villa Lante)
㉱ 빌라 메디치(Villa Medici)

62 티볼리의 빌라 에스테(Villa d'Este of Tivoli)의 설명으로 가장 거리가 먼 것은?

기-05-2

㉮ 물을 가장 다양하고 기묘하게 이용한 작품이다.
㉯ 전형적인 이탈리아 르네상스 정원이다.
㉰ 4개의 테라스 가든으로 만들었고 각 테라스는 돌계단으로 연결하였다.
㉱ 리고리오(Pirro Ligorio)에 의해 설계된 정원이다.

해 ㉰ 4개의 테라스가 돌계단으로 연결된 것은 란테장(Villa Lante)이다.

63 다음은 르네상스 시대에 만들어진 이탈리아의 에스테장(Villa d'Este)과 린테장(V. Lante)의 정원에서 찾을 수 있는 공통적인 특징을 설명한 것이다. 잘못된 것은?

기-09-4

㉮ 16세기말에 피렌체(Firenze)에 만들어진 노단식

별장 정원이다.

㉯ 제1노단에는 분수와 화단정원(Parterre)이 만들어 졌다.

㉰ 평면적인 특징은 정형적(整形的)인 대칭형기법이다.

㉱ 수경시설로는 캐스케이드(cascade)와 장식분수가 이채롭다.

🈷 르네상스의 발생 시기

① 15C : 중서부 토스카나 지방–카레지오장(Villa Medici de Careggio), 피에졸레장(Villa de Medici Fiesole), 카스텔로장(Villa Castello) 등

② 16C : 로마 근교–마다마장(Villa Madama), 에스테장(Villa d'Este), 란테장(V. Lante) 등

64 16세기 이탈리아의 르네상스식 별장 정원 가운데 제 1 노단에 정방형의 못이 있고 분수가 있는 중앙의 둥근 섬을 중심으로 하여 십자형의 4개의 다리가 놓여 있는 곳은? 기-03-1; 기-05-2, 기-06-1, 기-11-1

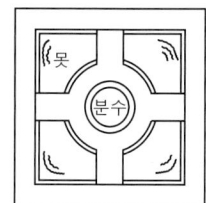

㉮ 피렌체의 보볼리원(Giardino Boboli)

㉯ 란테장(Villa Lante) 정원

㉰ 에스테장(Villa d'Este) 정원

㉱ 파르테네장(Villa Farnese) 정원

65 중심에는 16세기말에 세운 오벨리스크(obelisk)가 위치하고 있고, 네 귀 쪽에 19세기 초에 만든 좌사자상(座獅子象)의 분수가 배치되어 있는 장타원(長惰園)형의 광장은? 기-06-2

㉮ 카피도 오리오 광장(Piazza del Campidoglio)

㉯ 포포로 광장(Piazza del Popolo)

㉰ 싼 피에트로 광장(Piazza di San Pietro)

㉱ 라테라이노 광장(Piazza Laterano)

66 16C 후반부터 17C 말까지의 이탈리아 르네상

스 정원에서 나타나는 특징적 국면이라고 보기 어려운 것은? 기-08-4

㉮ 정원과 주변 자연의 조화

㉯ 기능성 보다는 심미성 위주의 정원구조물

㉰ 개성적인 형태의 추구

㉱ 정원부지 선택의 자유

🈷 17C 바로크식의 정원은 심미성 위주의 장식을 위해 도금한 쇠붙이나 다채로운 색채를 가진 대리석 따위를 사용, 대칭, 비례, 질서, 조화 등의 균제미 이탈을 통해 개성적인 형태로 구성되었다.

67 이탈리아의 미켈란젤로에 의해 조성된 Piazza Campidoglio광장이 바로크 양식의 시작이라고 하는데 바로크 양식의 특징과 거리가 먼 것은? 기-10-1, 기-10-2

㉮ 명쾌한 균제미

㉯ 번잡하고 화려한 세부기교의 과잉

㉰ 강렬한 명암의 대비

㉱ 정열과 역동감에 찬 표현

68 이탈리아 – 르네상스식 정원 가운데에서 바로크식 정원의 특징을 지닌 대표적인 정원이다. 옳지 않은 것은? 기-04-1

㉮ 토스카나장 ㉯ 이졸라벨라장

㉰ 알도 브란디니장 ㉱ 란셀롯티장

🈷 ㉮ 바로크 양식은 르네상스 후기에 대두 된 양식인데 토스카나장은 로마시대의 정원이다.

69 다음 중 이탈리아 르네상스의 정원으로서 10개의 노단(TenTerraces)으로 이루어진 바로크식 정원은? 기-02-1, 기-06-2

㉮ Villa Lante ㉯ Villa Isola Bella

㉰ Villa Farnese ㉱ Villa Petraia

70 다음 이탈리아의 르네상스식 정원 가운데 바로크식 특징을 가진 대표적인 정원에 속하지 않는 것은? 기-03-1, 기-03-4, 기-07-1

㉮ 살비아티장(Villa Salviati)

㉯ 가르조니장(Villa Garzoni)

㉰ 이솔라 벨라장(Villa Isola Bella)

㉴ 알도브란디니장(Villa Aldobrandini)

해 ㉠ 살비아티장은 르네상스 전기

71 다음 르 노트르 정원에 관한 설명 중 틀린 것은?

기-07-1

㉮ 축에 기초를 둔 2차원적 기하학을 구성한다.

㉯ 스페인의 파티오나 이탈리아의 테라스 가든을 발전시켜 macro, outdoor room을 조성했다.

㉰ 말메종, 쁘띠트리아농, 몽소공원 등이 이에 해당된다.

㉴ 소로(allee)에 의해 구성된 Vista로 웅대하게 경관을 진행시켰다.

해 앙드레 르 노트르의 대표작으로는 보르비콩트정원과 베르사유궁원(宮苑), 퐁텐블루, 샹티이, 생클루 등이 있다.

72 오스트리아의 셴브런(Shonbrunn), 독일의 헤렌하우젠(Herrenhausen)궁원들과 스페인의 라 그란쟈(La Granja)등은 다음 어느 양식의 영향을 많이 받았는가?

기-04-4

㉮ 바로크식 양식 ㉯ 고전주의 양식

㉰ 노단 건축식 양식 ㉴ 자연 풍경식

해 앙드레 르 노트르가 창안한 프랑스풍 바로크양식의 영향을 받은 정원들에 해당된다.

73 르네상스시대의 프랑스 특유의 조경양식은?

기-07-4

㉮ 운하식 ㉯ 고산수식

㉰ 노단건축식 ㉴ 평면기하학식

해 운하식-네덜란드, 고산수식-일본, 노단건축식-이탈리아

74 프랑스의 풍경식 정원 가운데에서 저명한 것으로 해당 없는 것은?

기-04-4, 기-07-2, 기-08-4

㉮ 프티 트리아농 ㉯ 시뵈베르원

㉰ 말메종 ㉴ 에름농빌

해 ㉯ 시뵈베르(Schwobber)원은 독일 최초의 풍경식 정원이다.

75 앙드레 르 노트르가 창안한 프랑스 고유의 정원 양식이라고 할 수 있는 평면기하학식 정원이 아

닌 것은?

기-04-2, 기-06-1, 기-10-4

㉮ 프랑스 쁘띠트라이농(Petit Trianon)의 정원

㉯ 독일의 뇜펜버어그(Nymphenburg)의 정원

㉰ 오스트리아의 쉔브룬(Schonbrunn) 성의 정원

㉴ 오스트리아의 벨베데레(Belvedere)정원

해 쁘띠트라이농(Petit Trianon)은 18C 프랑스 풍경식의 대표 정원이다.

76 프랑스 르 노트르식 정원의 총림(bousqet)유형 중 잔디밭 가운데에 수목이 V자형으로 식재된 것은?

기-08-1

㉮ 브란그란 ㉯ 구획총림

㉰ 성형총림 ㉴ 5점형 총림

77 프랑스 평면기하학식 정원에서 총림을 채택한 목적이 아닌 것은?

기-07-2

㉮ 중앙무대 배경 ㉯ 빛의 음양대비

㉰ 비스타 구성 ㉴ 숨겨진 즐거움

78 다음 중 앙드레 르 노트르의 정원 구성원칙에 대한 설명으로 가장 거리가 먼 것은?

기-05-2

㉮ 원근법을 정원설계에 적용한다.

㉯ 대지의 기복에 조화시키되 축에 기초를 둔 2차원적 기하학을 구성한다.

㉰ 조각, 분수 등 예술작품을 공간구성에 있어 리듬 혹은 강조 요소로 사용한다.

㉴ 비스타를 형성한다.

해 ㉮ 앙드레 르 노트르는 보 르 비콩트(Vaux-le-Vicomte) 정원 등에서 원근법을 사용하기도 하였으나 베르사유궁의 정원에서는 역(逆)원근법도 사용하였으므로 구성원칙에 대한 사항으로 보기 어렵다.

79 보르 비 콩트(Vaux-le-Viconte)에 사용된 중요한 조경기법이 아닌 것은?

기-05-1

㉮ 주축선에 의한 비스타(vista)조성

㉯ 다양한 원로(遠路)

㉰ 장식화단

㉴ 가산(假山:mound)

해 가산(축산 mound)은 영국의 르네상스 조경에서 주로 사용한 기법이다.

80 보르 비 콩트(Vaux-Le-Viconte)정원에 대한 설명 중 옳지 않은 것은? 기-09-4

㉮ 건축이 조경에 종속적인 관계를 갖고 있으며, 중심선에 대칭적인 구성이다.

㉯ 루이 14세의 명령으로 르노트르가 설계하였다.

㉰ 대규모의 단순한 수로와 화려한 자수(刺繡) 화단으로 구성되었다.

㉱ 성관(城館)에 부속된 정원으로서 총림으로 둘러싸였다.

해 보르 비 콩트(Vaux-Le-Viconte)

니콜라스 푸케의 의뢰로 앙드레 르 노트르가 설계한 것으로 프랑스 최초의 평면기하학식 정원이며, 이후 루이 14세의 베르사유궁 탄생의 계기가 되었다.

81 프랑스의 베르사이유 궁원에 대한 설명으로 잘못된 것은? 기-08-2

㉮ 원래는 수렵지였으나 루이 14세 때에 정원으로 꾸민 것이다.

㉯ 정원설계는 궁정조경가 니콜라스 푸케(Nicholas Fouquet)가 맡았다.

㉰ 맨 처음에 완성한 정원부분은 감귤원(Orangerie)이 있다.

㉱ 십자형의 대 커넬(Canal)이 중심축을 이루고 있다.

해 ㉯ 베르사유궁의 정원은 앙드레 르 노트르가 설계하였다.

82 프랑스 베르사유궁원에서 사용된 "파르테르(Parterre)"란 명칭으로 가장 적당한 것은? 기-05-2, 기-11-1

㉮ 분수 명칭   ㉯ 화단 명칭
㉰ 연못 명칭   ㉱ 산책로

83 정원의 중심축선상에 Palace-Water Parterre-Parterre de Latona-Tapisvert-아폴로 분천 등이 설치되어 있는 곳은? 기-06-1

㉮ 베르사이유(Versailles)궁원
㉯ 보르비꽁트(Vaux-le-Vicomte)
㉰ 몬테큐트원(Montacute Garden)
㉱ 벨베데레원(Belvedere Garden)

해 베르사유궁 주요시설

궁전(Palace) → 물화단(Water Parterre) → 라토나분수(Parterre de Latona) → 왕자의 가로(Tapis Vert) → 아폴로분천(Bassin d'Apollon) → 대수로(Grand Canal)

84 프랑스의 건축가 가브리엘이 조성하여 루이 16세 왕비 마리 앙트와네트가 전원생활을 즐겼던 곳은? 기-11-4

㉮ 베르사유궁   ㉯ 에르메농빌르
㉰ 말메이존   ㉱ 프티트리아농

85 르네상스시대 프랑스와 이탈리아 조경의 차이점이 아닌 것은? 기-04-1, 기-12-1

㉮ 프랑스는 성관이 발달한데 반해 이탈리아는 빌라의 대 발달을 보게 되었다.

㉯ 프랑스는 중세의 방어요소인 호를 호수와 같은 장식적 수경으로 전환시킨 반면에 이탈리아는 캐스케이드, 분수, 물풍금 등의 다이나믹한 수경을 나타내고 있었다.

㉰ 프랑스 정원은 이탈리아 정원보다 파르테르를 중요시하였다.

㉱ 프랑스 정원은 경사지에 옹벽에 의해서 지지된 테라스나 평탄한 지역들이 만들어졌으며, 다양한 형태의 계단 혹은 연속적인 계단 그리고 경사로로 연결되었다.

구분	프랑스	이탈리아
양식	평면기하학식 정원 평면적으로 펼쳐져있는 느낌	노단식 정원 입체적으로 쌓여있는 느낌
지형	평탄하고 다습지가 많으며, 풍경이 단조로움	구릉이나 산간의 경사지에 정원이 입지
시설	도시주택과 성관이 발달	피서를 겸한 빌라의 발달
주경관	소로(allee)에 의해 구성된 비스타로 웅대하게 경관을 전개하는 장엄한 양식	부감(俯瞰 높은 곳에서 내려다 봄) 경관을 감상
수경관	호수, 수로 등을 장식적인 정적수경으로 연출	지형의 영향으로 캐스케이드, 분수, 물풍금 등의 다이나믹한 수경 연출
입체감 발현	풍부한 산림을 이용하여 공간의 볼륨을 표현	경사지와 옹벽에 의해 지지된 테라스, 계단, 경사로 설치
화단	화려한 색채를 가진 화단을 이탈리아 정원보다 중요시함	화단이 정원의 주요소로 쓰임

86 영국 르네상스 정원을 구성하는 구조물과 장식품이 아닌 것은? 　기-03-4
㉮ 토피아리(topiary)　　㉯ 총림(bosquet)
㉰ 문주(門柱)　　㉱ 매듭화단

해 영국 르네상스정원의 주요소
　① 곧은 길 ② 축산(가산) ③ 볼링 그린 ④ 매듭화단 ⑤ 약초원
　⑥ 토피어리 ⑦ 문주

87 다음 중 영국 Tudor왕조 때의 Country House는? 　기-03-1
㉮ Stowe House　　㉯ Stourhead
㉰ Hampton Court　　㉱ Levens Hall

해 햄프턴 코오트(Hampton Court Palace)
　추기경 토마스 울시가 튜더조의 헨리 8세에게 기증한 영국의 정형식 정원(Country House)으로 매듭화단(Knot)의 장식적 탁월함을 볼 수 있는 정원이다.

88 프랑스식 통경 정원(vista garden) 개념이 영국에 옮겨진 좋은 사례는? 　기-10-2
㉮ Trentham Hall　　㉯ Stourhead
㉰ Isola Bella　　㉱ Hampton Court

89 튜더 왕조의 영국정원에 관한 설명으로 틀린 것은? 　기-07-1
㉮ 소규모 정원에서 발달하였다.
㉯ 방어용 해자가 없어지고 정원이 확대되었다.
㉰ 이탈리아, 네덜란드, 중국의 영향을 받았다.
㉱ 강렬한 색채의 꽃과 원예에 관심을 가지고 화단 재배를 하였다.

해 ㉱ 영국 스튜어트 왕조(1603~1688)의 정원에 대한 설명이다.

90 튜터와 스튜어트왕조에 조성된 영국의 정형식 정원이 아닌 것은? 　기-09-2
㉮ 햄프턴 코트(Hampton court)
㉯ 멜버른 홀(Melbourne Hall)
㉰ 레벤스 홀(Levens Hall)
㉱ 에름농빌(Ermenonville)

해 에름농빌(Ermenonville)은 프랑스의 자연풍경 양식이다.

91 영국의 정원양식에 관한 사실이 올바르게 연결된 것은? 　기-04-1
㉮ 미로원(迷路園 : labyrinth) - 정자목(Topiary)
㉯ 멜버른 홀(Melbourne Hall) - 침상원(Sunken Garden)
㉰ 르노트르(Le Notre) - 햄프턴코트(Hampton Court)
㉱ 란셀로트 브라운(Lancelot Brown) - 은폐호(fosse)

92 16세기 네덜란드에 최초로 이탈리아 정원을 도입한 사람은? 　기-09-2
㉮ 루벤스　　㉯ 드 브리스
㉰ 에라스무스　　㉱ 알베르티

93 국민의 기질이 그 나라에 독특한 정원을 만든다고 한다면, 국가와 그 나라의 외부 공간 특징이 잘못 연결된 것은? 　기-10-1
㉮ 고대 그리스 - 사회·정치·학문 생활의 중심
㉯ 르네상스 시대 이탈리아 - 옥외 미술관적 성격
㉰ 17세기 프랑스 - 일종의 무대, 즉 옥외 싸롱 역할을 한 옥외무대
㉱ 18세기 영국 - 앉아서 현란한 꽃의 감상과 대화

해 화려한 색채를 가진 화단을 중시한 것은 프랑스 평면기하식(바로크풍) 양식이다.

94 18세기 영국에 전원풍경식으로 조경양식의 일대 전환이 이루어진 주요 이유로서 가장 타당치 않은 것은? 　기-02-1
㉮ 문학적 표현의 시각적 표현
㉯ 중국 정원양식의 영향
㉰ 형상수에 대한 반동
㉱ 이태리 총림(bosco)의 영향

95 최초의 영국 풍경식 정원을 제안한 조경가는? 　기-07-2
㉮ 스테판 스위처(Stephen Switzer)
㉯ 윌리엄 켄트(William Kent)
㉰ 란셀로트 브라운(Lancelot Brown)
㉱ 험프리 랩턴(Humphry Repton)

96 브리지맨(Bridgeman)에 대한 설명 중 맞지 않는 것은? 　　　　　기-05-4, 기-11-1
㉮ 부지를 작게 구획짓는 수법을 구사하였다.
㉯ 최초로 하하(Ha-Hah)수법을 사용하였다.
㉰ 버킹검의 스토우(stowe)원을 설계하였다.
㉱ 궁원(宮苑)의 관리를 맡고 있던 사람이다.
해 ㉮ 브리지맨은 대지의 외부로까지 디자인의 범위를 확대하여 경작지를 정원 속에 포함시키고 전체적으로 자연스런 숲의 외관을 갖추게 하는 수법을 사용하였으며, 전임 궁정정원사들의 부지를 작게 구획 짓는 수법을 배척하였다.

97 18세기에 조성된 영국의 스토우 가든(Stowe Garden)은 몇 차례의 개조를 통해서 전형적인 영국 자연풍경식 정원으로 완성된다. 프랑스 정원 양식의 특징인 기하학적으로 직선을 변화시킴으로써 자연풍경식 정원으로 분위기를 개조한 사람은? 　기-05-2
㉮ 브릿지맨(C. Bridgeman)　㉯ 와이즈(H. Wise)
㉰ 켄트(W. Kent)　　　　　㉱ 브라운(L. Brown)

98 다음 (　) 속에 들어갈 조경가들을 순서대로 나열한 것은? 　　　　　　　　　　　기-06-1

> "영국 풍경식 정원에 중국식 탑을 최초로 도입한 조경가는 (A)이고, 계획 전·후를 그림과 설명으로 수록한 [레드북]의 저자는 (B)이다"?

㉮ A : 윌리암 켄트, B : 케파빌리티 브라운
㉯ A : 윌리암 챔버, B : 험프리 랩턴
㉰ A : 브릿지맨, B : 윌리암 챔버
㉱ A : 캐파빌리티 브라운, B : 험프리 랩턴

99 "Humphry Repton"과 관련이 없는 것은? 　기-11-4
㉮ 풍경식정원　　　　　㉯ Red Book
㉰ 스투어헤드(stourhead)　㉱ Landscape Gardener
해 ㉰ 스투어헤드(stourhead)는 브리지맨과 켄트가 설계하였다.

100 영국 풍경식 조경가들의 활동 연대 순서가 바르게 배열된 것은? 　　　　　기-03-1, 기-09-1

㉮ 찰스 브릿지맨→윌리암 켄트→란셀로트 브라운→험프리 랩턴
㉯ 찰스 브릿지맨→란셀로트 브라운→윌리암 켄트→험프리 랩턴
㉰ 윌리엄 켄트→란셀로트 브라운→찰스 브릿지맨→험프리 랩턴
㉱ 윌리암 켄트→찰스 브릿지맨→란셀로트 브라운→험프리 랩턴

101 영국 풍경식 정원의 3대 거장(巨匠)에 속하지 않는 것은? 　　　　　　　　　　　기-04-2
㉮ William Kent
㉯ Jean Jacque Rousseau
㉰ Lancelot Brown
㉱ Humphrey Repton
해 영국 풍경식 조경의 3대 거장 : ① 켄트(William Kent) ② 브라운(Lancelot Brown) ③ 렙턴(Humphrey repton)

102 영국의 스토우원(Stowe Garden)을 풍경식 정원으로 완성시킨 3인의 조경가는? 　기-04-4, 기-06-4
㉮ 브릿지맨, 켄트, 브라운
㉯ 켄트, 브라운, 렙턴
㉰ 포오프, 브릿지맨, 브라운
㉱ 호오, 브릿지맨, 켄트

103 18세기부터 19세기에 걸쳐 사실주의 풍경식 정원양식이 주도적으로 펼쳐진 국가는? 　기-11-2
㉮ 영국　　　　　　　㉯ 독일
㉰ 프랑스　　　　　　㉱ 미국

104 18세기 영국 자연풍경식 정원인 블렌하임 궁(Blenheim Palace)의 정원을 최초로 조성한 사람은? 　　　　　　　　　　　기-07-1
㉮ 와이즈(H. Wise)
㉯ 브릿지맨(C. Bridgeman)
㉰ 켄트(W. Kent)
㉱ 랩턴(H. Repton)

105 풍경식 정원의 변화과정을 보여주는 사례로

베르사이유궁원과 같이 절대적 군주의 위엄을 나타내는 환경을 겨냥하였지만 자유주의적인 위그(whig)당의 사상을 표현한 사례는?　기-08-1

㉮ 쁘띠 트리아농(Petit Trianon)

㉯ 스투어헤드(Stourhead)

㉰ 스토우 가든(Stowe Garden)

㉱ 블렌하임(Blenheim)

106 다음 중 프랑스의 풍경식 정원에 해당하는 것은?　기-04-4, 기-07-2, 기-08-4

㉮ 폰텐블로우(Fontainebleau)

㉯ 에름논빌(Ermenonville)

㉰ 생클루(Saint-Cloud)

㉱ 카세르타궁원(Caserta)

107 영국 풍경식 정원의 영향을 받은 독일의 대표적인 정원은?　기-06-1

㉮ 칼스루에(Karsruhe) 성곽정원

㉯ 헤렌하우젠(Herrenhausen) 궁전

㉰ 님펜부르크(Nymphenbrug) 정원

㉱ 무스카우(Muskau) 정원

해 ㉱ 무스카우(Muskau) 성의 대임원(大林苑)은 1822년 만들어진 퓌클러 무스카우(Prince Puckler Muskau) 공(公)의 정원으로 독일 풍경식 정원을 대표하는 작품이다.

108 독일의 풍경식 조경이 19세기에 들어 전 유럽의 풍경식 조경가들의 좌우명이 된 원칙은?　기-06-4

㉮ 합리성과 경제성을 우선으로 한다.

㉯ 식물생태학과 식물지리학을 기초로 자연경관의 복원을 과제로 한다.

㉰ 자연법칙에 입각한 토지의 이용계획을 한다.

㉱ 자연주의에 입각한 토지의 복구와 자연경관의 복구에서 접근한다.

해 ㉯ 독일의 풍경식정원은 국민성의 영향을 입어 과학적 기반 위에 구성되었는데 19C에 들어 '식물 생태학'과 '식물 지리학'에 기초를 둔 지연풍경의 재생을 과제로 삼았다.

109 다음 유럽 조경사의 각 시대를 주도권의 관점에서 특징적으로 구분한 것 중 부적합한 것은?

기-04-4, 기-11-1

㉮ 15세기 – 이탈리아 노단건축식 정원

㉯ 16세기 – 이탈리아 바로크식 정원

㉰ 17세기 – 프랑스 평면기하학식 정원

㉱ 18세기 – 독일 구성식 정원

해 18세기 – 영국 자연풍경식, 19세기 – 독일 구성식 정원

110 자연을 미적으로 묘사하는 것은 회화이고 자연의 산물을 미적으로 배합하는 것은 정원술이라고 주장한 사람은?　기-10-4

㉮ Christian Hirshfeld

㉯ Imanuel Kant

㉰ Johan Wolfgang Von Goethe

㉱ Humphry Repton

111 영국에서 일반 대중을 위한 최초의 공원을 설계한 사람은?　기-10-1

㉮ 팩스톤(Paxton)　　㉯ 다우닝(Downing)

㉰ 옴스테드(Olmsted)　㉱ 엘리옷(Eliot)

해 조셉 팩스턴(Joseph Paxton)이 1843년 설계한 버컨헤드파크(Birkenhead Park)은 역사상 최초로 시민의 힘과 재정으로 조성된 시민공원이다.

112 Birkenhead Park에 관련된 내용이 아닌 것은?　기-03-2, 기-10-2

㉮ James Pennethorne가 설계

㉯ 공원 경계부에 별장터를 만들어 공원건설의 재정지원

㉰ F.L.Omlsted의 공원개념에 큰 영향

㉱ 도시공원설립의 계기

113 버큰히드 파크(Birkenhead Park)에 대한 설명 중 틀린 것은?　기-03-1, 기-08-4, 기-10-1

㉮ 최초의 시민의 힘으로 이루어진 공원

㉯ 그린스워드(Greensward)안으로 이루어진 공원

㉰ 사적 주택단지와 공적 위락용으로 이분화된 공원

㉱ 조셉 팩스턴이 설계한 공원

해 ㉯ 미국 센트럴파크(Central Park)에 대한 설명이다.

114 프레드릭 로 옴스테드와 캘버트 보우가 제안한 미국 뉴욕의 센트럴파크 설계 당선안은?

기-09-4, 기-08-4

㉮ Greensward
㉯ Garden Cities of Tomorrow
㉰ Cities in Evolution
㉱ Green Fingers

115 옴스테드와 보우의 '그린스워드'안의 특징으로 틀린 것은?

기-06-4

㉮ 격자형 도시 패턴을 부각하기 위해 도입한 정형화된 녹지
㉯ 교육적 효과를 위한 화단과 수목원
㉰ 동적 놀이를 위한 경기장
㉱ 산책, 대담, 만남, 등을 위한 정형적인 몰(mall)과 대로

解 ㉮ 격자형 도시의 패턴을 극복하고자 아름다운 자연경관의 조망과 비스타를 조성하였다.

116 그린스워드(Greensward)案에 대한 설명이 아닌 것은?

기-07-1, 기-11-4

㉮ 자연경관의 View와 Vista 조성
㉯ 보트와 스케이팅을 위한 넓은 호수
㉰ 교육적 효과의 화단과 수목원
㉱ 평면적 동선과 산책로

解 ㉱ 입체적 동선체계로 설계되었다.

117 미국이 선도한 공원계통(park system)의 설계개념을 주거지역 개발계획에 적용하여 성공한 것은?

기-08-4

㉮ 메트로폴리탄 지역 계획
㉯ 래드번 단지 계획
㉰ 리버사이드 단지 계획
㉱ 리치워드 주거 계획

解 ㉰ 1869년 미국의 리버사이드 단지계획(Riverside estate)은 시카고 근교에 통근자를 위한 생활조건을 갖춘 단지계획으로 도시공원의 설계개념을 주거지역까지 적용하여 전원생활과 도시문화를 결합하려는 시도였다.

118 근대 미국의 환경보존주의 창시자이며, 인간을 자연과의 협력자의 위치로 보고, 후에 미국 국립공원 환경보존법 설치에 영향을 미친 사람은?

기-05-2

㉮ Geoge Perkins Marsh
㉯ John Ruskin
㉰ Henry David Thoreau
㉱ Norman Shaw

解 미국 환경보존법은 1864년 최초로 현대적 생태학 개념을 주창한 조지 퍼킨스 마시(George Perkins Marsh)의 영향이 크게 작용

119 미국에서 도시미화운동(city beautiful movement)의 계기가 된 것은?

기-03-4, 기-11-4, 기-12-1

㉮ 미국의 프로스펙트 공원(prospect park)
㉯ 미국 시카고의 세계 콜롬비아 박람회(world's columbian exposition)
㉰ 미국 시카고의 리버사이드 단지계획(riverside estate plan)
㉱ 미국 와이오밍(wyoming)지역의 옐로우스톤(yellowstone)국립공원

120 미국의 조경발달에 획기적인 영향을 미친 시카코 박람회의 영향으로 틀린 것은? 기-03-2, 기-06-2

㉮ 도시미화운동
㉯ 도시계획의 발달
㉰ 조경계획을 수립함에 있어 타 전문분야와 공동작업의 계기마련
㉱ 신도시계획

解 시카코 박람회의 영향
① 도시에 대한 관심과 도시계획이 발달하는 기틀을 만든 계기
② 도시미화운동(City Beautiful Movement)의 계기
③ 조경계획을 수립함에 있어 건축·토목 등과 공동작업의 계기 형성
④ 조경 전문직에 대한 인식 제고
⑤ 로마에 아메리칸아카데미(American Academy) 설립

121 다음 설명 중 찰스 엘리엇(Charles Eliot)에

대한 내용으로 가장 옳은 것은? 기-05-1
㉮ 옴스테드와 함께 센트럴 파크를 설계했다.
㉯ 수도 워싱턴 계획을 수립한 도시계획가이다.
㉰ 최초로 미국 주립공원을 계획했다.
㉱ 최초 광역공원계통을 수립했다.

122 수도권 공원 계통을 최초로 수립한 사람과 작품이 올바르게 연결된 것은? 기-07-2
㉮ 옴스테드–센트럴 파크(Central Park)
㉯ 차알스 엘리오트–보스턴 파크(Boston Park)
㉰ 차알스 엘리오트–비큰히드 파크(Birkenhead Park)
㉱ 옴스테드–프로스펙스 파크(Prospect Park)

123 미국의 조경가 옴스테드(Frederick Law Olmsted)에 관한 설명 중 가장 거리가 먼 것은?
기-05-2, 기-09-1
㉮ 근대적 도시공원의 터전을 닦은 인물이다.
㉯ 영국의 자연식 조경을 매우 애호하였다.
㉰ 'Landscape architect'라는 칭호를 처음으로 사용하였다.
㉱ 그의 작품 속에는 직선적인 원로(園路)를 크게 강조하였다.
해 옴스테드는 도시경관에 낭만적인 전원경관을 도입하여 도시민들에게 전원풍경이야말로 정신적 행복감을 가져다 줄 수 있을 것으로 생각했으며, 조경이나 도시계획에서 그는 자연, 기술, 문명에 대한 낭만적, 회화적 태도를 시각적으로 구현하였다. 그의 작품 속에는 곡선상의 원로(園路)를 많이 도입하였다.

124 역사적으로 유명한 조경가와 그 작품으로 연결이 잘못된 것은? 기-04-2
㉮ 미켈로조 미켈로지 – 메디치장
㉯ 앙드레 르 노트르 – 보우 르 비콩트
㉰ 옴스테드 – 리버사이드 단지
㉱ 다우닝 – 스토우 가든
해 ㉱ 브리지맨 – 스토우 가든

125 분구원(Kleingarten)에 대한 설명 중 틀린 것

은? 기-05-2, 기-07-2
㉮ 주택난을 해소하기 위해 고안된 시설이다.
㉯ 시레베르(Schreber)박사가 제창했다.
㉰ 1차 대전 중 시민의 식량난을 완화시키는데 공헌했다.
㉱ 오늘날 분구원은 레크리에이션을 위한 화훼 재배장으로 성격이 바뀌었다.
해 ㉮ 도시민의 보건을 위해 채소, 화훼 재배장으로 제공하였다.

126 20C Muthesius(독)가 건물과 정원의 관계를 주장하였는데 맞는 것은? 기-03-2
㉮ 정원과 건물의 이질성을 강조하였다.
㉯ 건물과 정원은 서로 조화를 이루어야 한다.
㉰ 건물과 정원은 각각 독립적 기능을 지녀야 한다.
㉱ 정원은 건축 구조적 기능을 공간에 충분히 나타내어야 한다.

127 도시 조절기능으로서 그린벨트(녹지대)개념이 생겨난 것은? 기-07-1, 기-11-2
㉮ 옴스테드의 센트럴파크 계획
㉯ 랑팡의 워싱턴 계획
㉰ 하워드의 전원도시론
㉱ 보스턴 공원계통

128 정원 설계의 기능적, 강조적, 예술적 접근을 강조한 영국 조경가는? 기-06-1
㉮ 거트루드 제킬 ㉯ 루이스 바라간
㉰ 크리스토퍼 터너 ㉱ 제임스 코너

129 다음 설명 중 옳지 못한 것은? 기-04-1
㉮ 미국에서 전원도시(田園都市)운동은 20C 초에 시작되었다.
㉯ 래드번(Radburn)은 쿨-데-삭(cul-de-sac)의 원리를 정원에 적용했다.
㉰ 뉴욕(New York)의 센트럴파크(Centeral Park)는 죠셉 팩스톤(Joseph Paxton)과 옴스테드(Olmsted)의 공동 작품이다.
㉱ 레취워츠(Letchworth)와 웰윈(Welwyn)은 영국의 전원도시이다.

정답 122 ㉯ 123 ㉱ 124 ㉱ 125 ㉮ 126 ㉯ 127 ㉰ 128 ㉮ 129 ㉰

해 ⓓ 옴스테드(Olmsted)와 보우(Vaux)의 공동작품이다.

130 라이트와 스타인은 호와드의 사상과 이념을 전승한 어윈에서부터 옴스테드·번함으로 이어진 전원도시의 건설에 대한 영향을 받아 건설된 미국적인 전원도시는? 기-06-4
㉮ 레치워스(Letchworth)
㉯ 레드번(Radburn)
㉰ 웰윈(Welwyn)
㉱ 매리렌드(Maryland)

131 1930년대 미국의 토마스 처치는 주택정원의 형태를 정하는데 세가지 원칙을 이론화하였는데, 그 원칙에 해당되지 않는 사항은 무엇인가? 기-03-1
㉮ 고객의 특성, 즉 인간의 욕구와 개인적인 요구
㉯ 부지의 조건에 따른 관리와 시공, 재료와 식재의 기술
㉰ 요구 조건을 만족시킬 수 없을 때는 순수예술의 영역에서 공간을 표현
㉱ 부지 주변의 적합한 생태적인 조건에 순응되게 표현

132 미국의 토마스 처치와 관련 없는 것은? 기-07-4
㉮ 저서 '대중을 위한 정원' 발간
㉯ 전시대의 모방성과 절충주의 배격
㉰ 정원과 공원의 유기적 조화 강조
㉱ 건축의 기능주의와 동양정원의 영향

133 남미의 향토식물, 풍부한 색채, 패턴의 창작과 자유로운 구성을 특징으로 하는 브라질의 대표적 조경가는? 기-09-1
㉮ 루이스 바라간(Luis Barragan)
㉯ 벌 막스(R. Burle Marx)
㉰ 오스카 니마이어(Oscar Niemeyer)
㉱ 월터 그리핀(Walter Griffin)

134 페르시아인의 이상적인 정원으로서 파라다이스에 대한 원칙적 개념 중 틀린 것은? 기-12-1
㉮ 맑은 시내(水路)
㉯ 신선한 녹음과 풍성한 과수
㉰ 담으로 둘러싸인 곳
㉱ 중정에 인체 조각상 설치

해 파라다이스 가든(Paradise Garden)은 맑은 물, 신선한 녹음, 수로에 의한 사분원이 담으로 둘러싸여 있다.

135 영국에 프랑스식 정원 양식을 도입하는데 공헌한 사람들 중 관계없는 인물은? 기-12-1
㉮ 르노트르(Andre Le Notre)
㉯ 로즈(John Rose)
㉰ 페로(Claude Perrault)
㉱ 포프(Alexander Pope)

해 ㉱ 포프(Alexander Pope)는 영국 시인(1688~1744)으로서 자연풍경식 정원예술과 관련한 문학작품을 발표하였다.

CHAPTER 02 중국 조경사

1>>> 중국정원의 특징

1 원시적 공원의 성격
① 자연의 경관을 즐기기 위해 수려한 경관을 가진 곳에 누각(樓閣)이나 정자를 지어 놓은 것
② 사원(寺院)이나 도관(道觀)이 세속적 정원으로 발전하여 오늘날의 국립공원과 비교 가능
③ 양주의 평산당, 태산, 여산, 황산, 아미산 등

2 자연미와 인공미를 겸비한 정원
① 자연경관이 아름다운 곳을 골라 그 일부에 손을 가하여 조성
② 인위적으로 암석을 배치하고 수목을 심어 심산유곡(深山幽谷)과 같은 느낌 조성
③ 맑은 물을 끌어들여 못(池)을 만들어 정원으로 이용
④ 북경의 만수산, 양주와 서호의 이궁(離宮)과 별장 등

3 건물의 뒤나 좌우의 공지(空地)에 축조되는 정원
① 성내(城內)의 제한된 구역이나 저택에 부수되는 정원으로 고밀도 구성
② 평탄지에 인위적으로 산수의 정서(情緒) 조성
③ 태호석을 주요 재료로 삼아 석가산(石假山) 축조
④ 거석(巨石)을 세워 주경관(主景觀)으로 설정
⑤ 하천이 많은 소주에 명원(明園) 다수
⑥ 개인의 정원으로 주택 내에 있어 비공개

4 주택건물 사이에 만들어지는 중정(中庭)
① 주로 전(磚)돌로 포장되어 포지(鋪地)라 지칭
② 포지는 한(漢)나라 때부터 전통적으로 이어져온 수법
③ 강남지방의 포지에는 여러 가지 무늬가 그려져 조경의 한 구성요소로 발전
④ 면적이 좁아 몇 그루의 수목, 화분, 어항 등 배치

5 무상(無常)한 변화와 대비
① 자연적인 경관을 주 구성요소로 삼고 있으나 경관의 조화보다는 대비

중국정원
중국정원은 사실주의 보다는 상징주의적 축조가 주를 이루는 사의주의(寫意主義)적 표현인 자연풍경축경식정원이다.('사의주의적풍경식'으로도 표현)

석가산(石假山)
인공적으로 만들어진 축산(築山)을 말하며, 조망이 필요한 곳이나 풍수지리설에 의한 지기(地氣)가 필요한 곳에 설치하기도 한다.
한·중·일 모두 규모에 따른 차이는 있으나 정원의 요소로 사용되었다.

| 사자림 석가산 |

(contrast)에 중점

㉠ 인공미의 극치인 건물과 자연적인 경관과 대비

㉡ 기하학적인 무늬의 포지에 기암(奇巖)과 동굴 배치

㉢ 석가산 위의 황와(黃瓦)와 홍주(紅柱)로 장식된 건물

② 하나의 정원 속에 여러 비율로 꾸며놓은 부분들을 함께 가지고 있어 조화보다는 대비 중시

③ 대비를 강조한 나머지 기괴한 느낌도 생겨날 위험성 내포

6 그 외의 특징

① 중국정원의 전성기는 명나라 시대로 완벽함을 이룸

② 중국정원의 부지는 전정(前庭), 중정(中庭), 후정(後庭)의 3가지로 나눔

③ 중국정원은 축경적(縮景的)이고 낭만적이며 공상적 세계를 구상화(具象化)

④ 중국정원의 디자인은 직선과 자연곡선의 조화를 이룸-홍교나 곡절교

⑤ 북쪽과 남쪽은 기후의 차이에 의해 정원수법이 다름

㉠ 북부지방 : 춥고 건조한 기후에 신선사상이 배경을 이루며 화훼본위의 정원 조성

㉡ 남부지방 : 온화하고 다습한 기후에 노장사상이 배경을 이루며 암석본위의 정원 조성

7 중국정원의 세부적 특징

① 화창(花窓) : 목재로 만들고 무늬 없는 유리를 끼워 실내에서 바깥을 바라볼 수 있게 만든 장식용 창

② 누창(漏窓) : 화창의 일종으로 유리가 없어 바람이 통하고, 정원에 면한 회랑이나 담장 등에 사용

③ 공창(空窓) : 회랑이나 벽에 설치하며 장식을 하지 않으며, 조망 대상물이나 차경물의 프레임 형성

④ 동문(洞門) : 정원 담장에 설치하여 통로의 역할을 하며, 여러 형태로 만들어 사용

⑤ 회랑(回廊) : 정원에서 건물을 연결하는 통로로 대부분 곡선형으로 설치

⑥ 포지(鋪地) : 전(磚)돌 및 난석(卵石) 등을 이용하여 여러 문양으로 바닥을 포장한 곳

⑦ 곡교(曲橋) : 연못 등에서 누각이나 섬에 연결할 때 쓰이는 다리로 대체로 절곡(折曲)된 형태

| 화창 |

| 누창 |

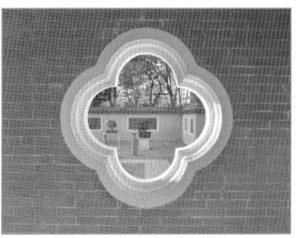

| 공창 |

| 동문 |

| 회랑 |

| 포지 |

| 곡교 |

▌욕현이선은(欲顯而先隱) 수법

중국의 전통원림은 천박하게 노출함을 피하고 의경(意境)의 심오함을 추구하고, 암시작용을 추구하기 위해 벽체나 태호석 등으로 정원경관을 효과적으로 나타내기 위해, 우선 가리는 수법을 사용하여 함축적이고 심장(深長)한 효과를 나타내려 하는 수법이다.

▌욕현이은(欲顯而隱) 욕로이장(欲露而藏) 수법

중국의 전통원림에서 '나타내려 하여 숨기고, 노출하려 하여 감춘다'라는 수법으로 영벽(影壁)이나 석가산(태호석) 등의 물리적 요소를 이용한다.

▌욕양선억(欲揚先抑) 수법–억경

'펼치기를 원하면 먼저 억누른다'는 수법으로 중국 강남지역 사가원림(私家園林)에서 좁은 공간을 더욱 크게 보이려 할 때 자주 사용하는 수법이다. 졸정원의 원향당에 적용되었고, 홍루몽에 '대관원'이라는 가상(假想)의 정원으로 소개되어 중국의 정원 조성에 영향을 미쳤다.

▌태호석(太湖石)

① 태호의 호저(湖底) 또는 도서(島嶼)의 암산으로부터 채취한 것을 말한다.
② 석회암으로서 수침과 풍침을 받아 대단히 복잡한 모양을 하고 있으며, 구멍이 뚫린 것이 많다. – 추(皺 주름), 투(透 투과), 누(漏 구멍), 수(瘦 여림) 를 구비한 것을 최고로 여긴다.

▌태호석 수법

① 정원 속에 산악이나 호해(湖海)의 아름다운 국부경관을 조성하기 위한 태호석을 쓰는 수법은 당나라 중기부터 성행하여 북송말에는 나라가 망하는 지경에까지 다다른다.
② 이 수법은 그 무렵에 발달한 산수화의 수법과 함께 중국인의 산수애호사상이 절정에 이르렀음을 보여준다.

▌영벽(影壁)

영벽은 대문의 바깥 또는 안에 설치되는 장벽을 말하는데 대문과 마주 보며 병풍과 같은 작용을 하고, 대문을 출입하는 사람을 바라보고 있기 때문에 영벽 또는 조벽(照壁)이라고 한다.

| 영벽 |

| 유원의 태호석 |

2>>> 시대별 조경특징

1 은(殷)시대

① 귀족들이 산림지대에서 수렵
② 수렵원이 별도로 만들어지지 않음

2 주(周)시대(BC11C∼250)

(1) 영대(靈臺)·영소(靈沼) – 「시경(詩經)」의 대아편(大雅篇)

① 문왕이 도읍지 부근에 축조한 것으로 낮에는 조망(眺望)을 하고 밤에는 은성명월(銀星明月)을 즐김
② 연못(영소)을 파고 그 흙을 쌓아 높은 영대 축조
③ 연못에는 물고기나 물새가 유영하고 수림에는 사슴떼가 노님

(2) 포(圃)·유(囿) – 「춘추좌씨전(春秋左氏傳)」

① 혜황이 신하의 포를 징발하여 유로 삼은 기록
② 제후와 채희(蔡姬)가 유에서 뱃놀이를 한 기록
③ 녹유(鹿囿)를 축조한 기록
④ 유는 왕후의 놀이터로서 숲과 못을 갖추고 동물을 사육하는 광대한 임원(林苑)으로 후세의 이궁에 해당

3 진(秦)시대(BC249∼207)

(1) 난지궁(蘭池宮)과 난지(蘭池)

① 진시황 31년 동서 200리, 남북 20리의 대규모 연못을 만들고 섬을 쌓아 봉래산으로 삼고, 돌을 다듬어 200길의 고래상 설치 – 신선사상의 영향
② 신선사상 정원양식은 난지에 있는 섬을 봉래산이라 부른 것으로부터 유래

(2) 아방궁(阿房宮) : 진시황이 축조한 대규모 궁궐

4 한(漢)시대(BC206∼AD220)

(1) 궁원

1) 상림원(上林苑)
① 70여개 이궁이 있고 원내에는 꽃나무 3000여종과 백수(百獸)를 사육하고 사냥터로도 사용
② 원내에 곤명호를 비롯하여 6개의 대호수 설치
2) 태액지(太液池)
① 건장궁 내의 곡지(曲池) 중 하나
② 금원(禁苑)으로 신선사상을 반영한 정원양식

▌후한(後漢)시대의 「설문해자(說文解字)」 기록
① 원(園) : 과(果)를 심는 곳 – 과수원
② 포(圃) : 채소를 심는 곳 – 채소원
③ 유(囿) : 금수(禽獸)를 키우는 곳 – 동물원

▌신선사상(神仙思想)
옛날 중국에 널리 퍼졌던 민간 사상으로 신의 존재를 믿고 장생불사(長生不死) 선향(仙鄕)으로의 승천(昇天)을 바라며 영주(瀛州)·봉래(蓬萊)·방장(方丈)의 신선(神仙)의 산(山)을 상상하였다. 노장사상(老莊思想)과 맺어져 도교(道敎)의 성립으로 발전되었으며, 우리나라에는 고구려 영양왕(624년) 때 당나라에서 전래되어 민간 신앙으로 널리 퍼지게 되었다.

▌곤명호(昆明湖)
① 양쪽 물가에 견우직녀의 석상을 앉혀 은하수로 비유
② 길이 7m의 돌고래를 호수 속에 앉혀놓음
③ 예장대 등 건물을 세워 경관을 감상함

③ 연못 속에 영주, 봉래, 방장의 세 섬 축조

④ 지반(池畔)에는 청동이나 대리석으로 만든 조수(鳥獸)와 용어(龍魚)의 조각 배치

3) 대(臺)

① 제왕을 위해 축조된 건물

② 한시대 건축의 특색으로 토단을 작은 산 모양으로 쌓아 그 위에 건물을 지었는데 이 보다 더 높이 지어진 건물을 말함

③ 경관을 감상하기도 하며 신선을 모시는 신선대 축조

④ 곤명호의 예장대, 건장궁의 신명대, 감천원의 통천대, 태액지의 점대 등

4) 관(觀)

① 대와 같이 제왕을 위해 축조된 건물

② 궁전 속에 지어진 건물로 높은 곳으로부터 경관을 바라보기 위한 기능을 가짐

③ 궁내에는 임고관을 비롯하여 9개의 관이 지어짐

5) 각(閣) : 누각의 형식을 띤 건축물

6) 사(榭) : 물가에 도입되어 수경관을 감상하며 구조가 경쾌하고 입면이 개방적인 조영물

(2) 개인정원

자연경관을 본떠 정원을 꾸미고자 하는 사상이 일반화되어 귀족과 권신들도 임원 조성

1) 원광한(袁廣漢)의 정원

① 원내에 물을 끌어들여 격류(激流) 설치

② 암석을 쌓아 수 리에 걸쳐 조성

③ 진조기수(珍鳥奇獸) 사육과 기수이초(奇樹異草) 식재

2) 양(梁)왕인 효왕의 양화궁(陽華宮)

① 토원(兎園) 조성과 원내에 백령산(百靈山) 축조

② 「서경잡기(西京雜記)」에 기록

5 삼국(三國)시대(221~280)

위·오 모두 화림원(華林園)이라는 금원을 만들고 못을 중심으로 하는 정원 축조

6 진(동진 東晉)시대(256~419)

1) 왕희지의 「난정기(蘭亭記)」

① 난정에서 벗을 모아 연회를 베풀고 그 광경을 묘사

② 곡수연(曲水宴)을 위해 곡수거(曲水渠) 조성 – 유상곡수연(流觴曲水宴)

∎ 중도식(中島式) 정원양식

① 중국정원에서 신선사상을 위한 자리로 쓰였던 정원양식

② 3개의 섬(영주, 봉래, 방장)으로 표현

∎ 유상곡수연(流觴曲水宴)

유상곡수연이란 수로(水路)를 굴곡지게 하여 흐르는 물위에 술잔을 띄우고, 술잔이 자기 앞에 올 때 시를 한 수 읊는 놀이로, 그런 목적으로 만든 도랑을 곡수거(曲水渠)라 한다. 이 놀이의 유래는 천오백년전 중국에까지 거슬러 올라가지민 중국에도 남아 있는 유적이 거의 없어, 우리나라의 포석정(鮑石亭) 곡수거가 매우 중요한 연구자료가 되고 있다.

③ 후세의 정원조영에 영향을 미쳐 원정에 곡수를 흘리는 수법은 근세까지 이름

2) 도연명의 안빈낙도(安貧樂道) 철학

「귀원전거」, 「도화원기」, 「귀거래사」, 「오류선생전」

7 남·북조(南·北朝)시대(420~581)

① 도교와 불교의 성행으로 건축 및 정원에 영향을 줌

② 남조 : 오나라의 화림원(건장궁내) 계승

③ 북조 : 위나라의 화림원(낙양성) 복원유지

㉠ 북위의 양현지가 지은 「낙양가람기(洛陽伽藍記)」에 장대한 규모 묘사

㉡ 서산에 선인관 축조

8 수(隋)시대(581~618)

① 2대 양제(605년) 때 조간에 현인궁(顯仁宮) 조영

㉠ 해내(海內)의 기금이수(奇禽異樹), 초목류를 모아 궁원 장식

㉡ 많은 궁전 및 수림과 연못 조성

② 「대업잡기(大業雜記)」에 궁전과 이궁에 대한 기록

9 당(唐)시대(618~907)

(1) 특징

① 중국정원의 기본적인 양식 확립

② 자연 그 자체보다 인위적인 정원을 중시하기 시작

③ 안정적 권력을 바탕으로 점차적으로 궁전 확장

④ 불교의 영향으로 온건하고 고상하며, 유정(幽靜)한 분위기 조성

(2) 궁원

장안의 3원 : 서내원(西內苑), 동내원(東內苑), 대흥원(大興苑)

1) 온천궁(溫泉宮)-화청궁(華淸宮)

① 태종이 여산에 지은 이궁으로 제왕의 청유(淸遊)를 위한 이궁

② 장생전을 비롯 많은 전각과 누각 축조

③ 현종이 화청궁으로 이름을 고쳐 양귀비와 환락을 즐기던 곳

④ 백낙천의 「장한가(長恨歌)」, 두보(杜甫)의 시(詩)에 묘사

2) 취미궁(翠微宮)

① 태화궁의 유적지에 축조

② 산 전체를 궁원으로 삼음

3) 구성궁(九成宮)

① 수 시대의 인수궁 터에 축조

남·북조시대의 정원

남·북조시대에는 불교와 도교가 성행되어 사원이나 도관이 도시나 향촌을 비롯하여 산중에까지 조영되었으며, 도시에 자리한 것은 건축적인 면에 있어 호화로운 아름다움을 과시하는 한편, 수목이나 화훼로 건물 주위를 정원으로 꾸몄다.

② 구양순의 「구성궁예천명(九成宮醴泉銘)」에 기록

　　㉠ 산구(山丘)를 의지해 궁전을 짓고 대지(大池)를 파서 정수(亭樹) 식재

　　㉡ 고각(高閣)이 서로 이어져서 장랑(長廊)이 사방으로 뻗음

4) 대명궁(大明宮)

　① 남북 2.6km, 동서 1.5km의 부지에 축조

　② 함원전(含元殿), 선정전(宣政殿), 자신전(紫宸殿)을 비롯 궁전과 누각 축조

　③ 태액지를 중심으로 하여 화려한 정원 조성

5) 흥경궁(興慶宮)

　① 태종의 사저를 확장하여 조영

　② 용지(龍池)라는 큰 연못호반에 용당(龍堂)과 침향정(沈香亭) 축조

6) 화악상휘루(花萼相輝樓)와 근정무본루(勤政務本樓)

　① 나라를 다스리는 여가를 이용하여 작시(作詩)로 쉬었던 곳

　② 당시의 시문(詩文)을 통해 알려짐

(3) 낙양(洛陽)의 정원

　① 이수(伊水)의 흐름을 끌어 들여 원지(園池) 조성

　② 운하를 이용하여 강남의 명석을 실어와 정원 장식

　③ 중국정원의 기본적인 양식이 이 시대에 완성된 것으로 추측

(4) 민간정원

1) 왕유(王維)

　① 「망천별업(輞川別業)」이라는 산수화풍의 정원 소유

　② 종남산 기슭의 자연지형을 약간 정리하여 장식을 가한 정원

　③ 정원의 경치에 시의(詩意)의 명구(名句)를 풍부하게 배치

　④ 문인원(文人園)의 창설과 후세 조경활동에 큰 영향

2) 백거이(白居易) - 백낙천(白樂天)

　① 중국조경의 개조(開祖)라 불림

　② 「백목단(白牡丹)」, 「동파종화(東坡種花)」의 시는 당시대의 정원을 잘 묘사하여 중국 조경사 연구의 귀중한 자료

　③ 말년에 천축석(天竺石), 수지(水池), 수목, 화훼를 배치한 정원을 꾸미며, 학(鶴)을 키우며 여생을 즐김

　④ 정원석으로 쓰일 진기한 모양의 돌을 스스로 골라 자기 손으로 배치하여 정원 장식

3) 이덕유(李德裕)의 평천산장(平泉山莊)

　① 평천에 정원을 꾸미고 기석(奇石), 가수(佳樹)를 모아 놓음

　② 산장 정원 안에 괴석을 쌓아 무산12봉(巫山十二峰) 상징

　③ 「평천산거계자손기(平泉山居戒子孫記)」에 "평천을 팔아 넘기는 자는

당나라 시인의 취미
당나라는 시문에 재능을 가진 자들(이태백, 두보, 왕유, 백거이 등)이 관원으로 등용되어 임지로 부임하게 됨에 따라 시문에는 산수의 아름다움을 읊은 것이 많고, 그것이 조경사 연구에 중요한 자료가 되고 있다.

원자(院子)
건물사이에 자리 잡은 공간으로 화훼류를 가꾸기도 하였으며, 강남에서는 천정(天井)이라 하여 전돌을 깔아놓고, 일부는 꽃나무를 가꾸는 수법이 당(唐)시대 이전에도 있었던 것으로 백낙천의 「백목단시(白牧丹詩)」에도 나타난다.

| 원자 |

내 자손이 아니며, 평천의 일수일석(一樹一石)을 남에게 주는 자 또한 좋은 자손이 아니다."라고 기록

❿ 송대(宋代)의 조경(960~1279)

(1) 북송(변경)

1) 경림원(瓊林苑)
   ① 금명지와 마주보고 위치한 정원
   ② 대문과 이어지는 원로가에 노송·고백(老松·古栢) 무성
   ③ 원로 양쪽에 석류원(石榴園)이나 앵도원(櫻桃園)이 있고 그 속에 정사(亭榭)를 지어 술집 운영
   ④ 양춘이월(陽春二月)에 일반에게 공개되고 삼월상사(三月上巳)에 황제가 임행(臨幸)한 후 폐쇄

2) 화자강(華觜岡)
   ① 경림원 동남쪽에 만들어진 수십장 높이의 구릉
   ② 정상에 취징전과 양쪽에 운규(雲歸), 층헌(層巘)이라는 정사 배치
   ③ 굴곡진 계단과 계곡에 홍교(紅橋)를 놓고 봉주(鳳舟)를 띄움
   ④ 산장인 인지전(仁智殿) 좌우에 거암 배치

3) 만세산(萬歲山) - 간산(艮山)
   ① 휘종이 세자를 얻기 위해 경도에 쌓아 올린 가산(假山)
   ② 사기(邪氣)를 막기 위해 항주의 봉황산을 닮게 만들었으며 후에 간산으로 개칭
   ③ 간산의 주위는 십여 리가 되고 정상에 개정(介亭) 축조
   ④ 산 밑에 큰 연못이 있고 흘러드는 계곡에 관사와 정자를 수 리에 걸쳐 배치
   ⑤ 자연풍경을 묘사한 축경식 정원
   ⑥ 태호석으로 전대미문의 대석가산에 훈위(勳位)를 나타내는 금대 수여
   ⑦ 강소지방의 태호석을 운반하기 위한 운반선인 화석강(花石綱)을 만들어 운반
      ㉠ 장기간의 운반 작업으로 백성의 원성
      ㉡ 조정의 재정경제에도 큰 악영향
      ㉢ 북송의 멸망원인 가운데 큰 비중 차지

4) 민간정원
   ① 이격비의 「낙양명원기(洛陽名園記)」: 노송, 목단, 국화, 매화로 유명한 정원 등 20여 명원 소개
   ② 구양수의 「화방재기(畵舫齋記)」: 태수 재직 시 사저를 지어 기암과 수림을 배치하여 물가의 풍경을 보는 느낌을 갖도록 정원 조성

▎송대의 조경
송대 조경의 특징은 태호석으로 석가산을 축조하는 정원이 조성되었으며, 석가산에 벼슬을 내리기도 하고, 일반인도 태호석을 사용하기도 하였다. 또한 태호석 운반을 위한 화석강은 많은 문제를 야기시켜 국운이 기우는 원인이 되기도 하였다.

▎북송의 사원(四園)
① 경림원(瓊林苑)
② 금명지(金明池)
③ 의춘원(宜春苑)
④ 옥진원(玉津園)

③ 구양수의 「취옹정기(醉翁亭記)」: 낭야산에 정자를 짓고 산수의 즐거움을 느끼며 지내는 글

④ 사마광의 「독락원기(獨樂園記)」: 벼슬을 버리고 낙양으로 돌아가 독락원을 짓고 자신만의 즐거움을 나타낸 글

⑤ 주돈이의 「애련설(愛蓮說)」: 연꽃을 좋아하는 이유와 국화는 은자(隱者)로, 목단은 부귀자(富貴者)로, 연꽃은 군자(君子)로 비유하여 예찬한 글

⑥ 소순흠의 창랑정(滄浪亭) – 소주 위치

ⓐ 오대(五代)시대 오월국(吳越國) 광릉왕(廣陵王)의 개인정원을 소순흠(蘇舜欽)이 구입해 물가에 창랑정이라는 정자를 짓고 별장으로 사용

ⓑ 분위기와 구조가 조화롭고 간결한 양식에 고풍스런 분위기를 보여 독특한 정취

ⓒ 108종에 달하는 창문 양식이 있고 그 디자인이 극히 다양해 장식창문 양식의 전형

ⓓ 가산과 동굴이 배치되어 있고 수경 또한 아름다움

| 창랑정 |

(2) 남송(임안)

1) 덕수궁 어원

① 남송의 고종은 덕수궁 속에 큰 연못을 파고 물을 끌어들여 서호(西湖)처럼 만들어 놓음

② 석가산을 쌓아 정상부를 비래봉과 흡사하게 만듦

③ 취원루를 중심으로 많은 누정(樓亭) 조영

④ 강남땅은 인공을 가하지 않아도 자연 그대로 아름다우므로 태호석과 같은 기암을 알맞게 배치하는 데 조경의 주안점을 둠

⑤ 기암과 같이 송림(松林), 죽총(竹叢), 매림(梅林), 도림(桃林), 연지(蓮池), 목단대(牧丹臺) 등 각종 초목을 곁들이는 수법 사용

2) 민간정원

① 일반인의 정원에도 태호석에 소나무나 파초를 곁들인 정원 유행

② 당시의 증답품(贈答品)으로 분(盆)에 심은 화훼나 노송고백의 분재 따위가 인기품목이었음

③ 임안, 오흥, 소주에는 태호가 접해있어 태호석에 의한 석가산을 주로 하는 정원 등 명원 다수

④ 장모(蔣某)

ⓐ 궁정 조경사로 400평도 채 안 되는 자기정원을 가꾸어 일반에게 공개

ⓑ 서화골동품 등을 진열해 유객(遊客)에게 즐거움 선사

⑤ 주밀의 「오흥원림기(吳興園林記)」

ⓐ 유자청의 정원: 회화에 능한 사람으로 석가산을 쌓는 데 일반적인

▌중국 소주의 4대명원
① 창랑정(滄浪亭)
② 사자림(獅子林)
③ 졸정원(拙政園)
④ 유원(留園)

▌남송의 수도 임안(항주)
서호(西湖)를 비롯한 산수의 자연미가 풍부할 뿐만 아니라, 기후가 온난하기 때문에 갖가지 초목이 번성하는 이상적인 고장이었으며, 서호십경(西湖十景)으로 유명하다.

인습에 따르지 않고 스스로 계획
- ⓛ 가산이나 태호석의 일반적인 쓰임을 나타내고, 남송시대에 발흥된 것이 나타남(정씨원, 한씨원, 전씨원)
- ⓒ 목단(조씨 난택원), 국화(조씨 국파원), 연화(연화장) 등 화목도 성행
- ② 과수도 상당히 성행(남침상서원, 장참정가림원)
- ⑥ 오대(五代)시대 전씨광릉왕의 구원(舊園)인 남원(南園), 범성대의 석호구은(石湖舊隱), 주문장의 낙포(樂圃) 등 기록

🕚 금(金)시대(1152~1234)
- ① 화북지방에서 북경을 수도로 하여 궁전 조영
- ② 금원(禁苑) 창시
- ⓤ 태액지를 만들어 경화도(瓊華島) 축조
- ⓒ 원·명·청 3대 왕조의 궁원 역할

🕛 원(元)시대(1206~1367)

(1) 특징
- ① 북경을 계속 수도로 삼고 금시대의 금원을 새로이 하여 조영
- ② 태호석과 근교의 서산이나 방산에서 나는 돌을 보태어 금원 도처에 석가산이나 동굴 축조
- ③ 경화도의 중앙에 자리잡은 산을 만수산(萬壽山)이라 하고 정상에 백색의 라마탑 및 전각, 정자 축조
- ④ 경화도 옆의 섬에도 전각을 짓고 목교와 석교 가설
- ⑤ 명·청대를 거쳐 현재는 북해공원(北海公園)으로 공개

| 경화도 |

(2) 민간정원
1) 북경(北京)
   - ① 염희헌의 만유당(萬柳堂) : 금시대의 조어대(釣魚臺)를 별서(別墅)로 삼아 연못가에 당(堂)을 짓고 수백 그루의 버드나무 식재
   - ② 포과당, 남야정, 완방정, 옥연정 등
2) 소주(蘇州)
   - ① 송나라 때부터 이어져 온 석가산수법의 정원을 도처에 축조
   - ② 사자림(獅子林)
   - ⓤ 한 스님을 추모하기 위한 선종 사찰정원으로 건립
   - ⓒ 유칙이 처음 건립 후 주덕윤, 예운림, 장문취 부자 관여
   - ⓒ 사찰정원에서 사가정원으로 변모되어 두 문화적 특색 보유
   - ② 태호석으로 축조한 석가산이 정원의 반 이상 차지
   - ⓤ 부채꼴 모양의 선자정(사자정) 존재

| 선자정 |

⓭ 명(明)시대(1368~1644)

(1) 지역적 특징

건국 초 남경을 수도로 삼고 후에는 북경을 수도로 삼아 자금성 축조

1) 남경(南京)
   ① 산수의 미가 겸비된 경승지로 수려한 풍토미를 갖춘 곳
   ② 산수의 아름다움을 살린다면 호화로운 건축은 필요 없고, 수림·수죽
      ·화훼만 곁들이면 쉽게 경관 향상 가능
2) 북경(北京)
   ① 원래 왕성이었던 고장이므로 금원 이외에도 귀현(貴顯)의 저택에는 정
      원이 설치되어 일상의 아유(雅遊)에 제공
   ② 해정(海淀) 일대는 물이 풍부하고 도성에도 가까워 좋은 별서지로 꼽힘
   ③ 작원(勻園), 이원(李園), 청화원(淸華園) 등
3) 소주(蘇州)
   ① 저명한 화가나 문인이 모여 살아 명원 다수
   ② 서삼의원(徐參議園), 소씨원(小氏園), 서경경원(徐冏卿園), 졸정원(拙
      政園), 유원(留園), 정원(政園), 예포(藝圃) 등

(2) 궁원

1) 어화원(御花苑)
   ① 자금성 내 신무문과 곤녕궁 사이에 위치한 금원으로 석가산과 동굴 조성
   ② 정원과 건축물이 모두 좌우 대칭으로 배치
2) 경산(景山)
   ① 자금성 밖의 정북쪽에 위치하며 풍수설에 따라 5개의 봉우리 조성
   ② 원나라 때는 '청산', 명나라 때는 '만세산'이라 지칭

| 경산 |

(3) 명원

1) 작원(勻園)
   ① 미만종이 설계하여 북경에 조영
   ② 태호석과 수목을 곁들여 치장
   ③ 물을 이용하여 못을 만들어 백련(白蓮)을 심고, 물가에 버드나무를 심
      어 자연경관 조성
   ④ 현재는 없으나 「작원수계도(勻園修禊圖)」와 관련된 시에서 면모 파악

| 해당춘오 |

2) 졸정원(拙政園)
   ① 왕헌신이 원나라 때 다홍사라는 절을 사들여 개인정원으로 개조
   ② 소주에 조영된 중국의 대표적인 사가정원(私家庭園)
   ③ 반(半) 이상이 수경이고 3개의 섬과 이를 연결하는 곡교(曲橋) 설치
   ④ 해당춘오(海堂春塢;해당화가 심겨져 있는 봄의 언덕)로 유명
   ⑤ 소주 유일의 낭교(廊橋)인 소비홍이 송풍정 연결

| 소비홍 |

⑥ 욕양선억(억경)의 수법으로 홍루몽의 대관원과 흡사-원향당

⑦ 여수동좌헌, 난설당, 출향관, 방안정, 의홍, 하풍사면정, 설향운울정, 오죽유거, 유음로곡, 견산루, 도영루, 분경원, 십팔만다라화관, 주육원앙관, 수기정 등 연못에 정자와 교각이 물위에 돌출

3) 유원(留園)

① 1593년 서태시가 처음 지었을 당시의 명칭은 동원(東園)

② 1794년 유서(劉恕)가 정원 확충 후 한벽장(寒碧莊)으로 개칭

③ 1876년 성강이 유원으로 다시 개칭

④ 소주의 전형적인 명원으로 허(虛)와 실(實), 명(明)과 암(暗) 등 변화있는 공간처리와 유기적 건축배치 수법이 특징적

⑤ 원로에 황색의 난석(卵石)을 삽입한 화가포지(花街鋪地) 특이

⑥ 송나라 때 화석강의 유물인 태호봉석(太湖峰石) 배치-관운봉

(4) 경원관련서적

1) 계성의 「원야(園冶)」 3권(일명 탈천공 奪天工)

① 원야의 원은 원림(園林)을 가리키고, 야는 설계조성의 의미

② 조경적 경험을 토대로 중국정원의 배경을 이룬 작정서(作庭書)

③ 중국정원의 전문적인 면을 다룬 유일한 책자

④ 정원구조를 서술하고 건물이나 포지에 대한 장식수법을 많은 그림으로 제시(다른 책에는 없음)

⑤ 에도시대(江戸時代)의 일본정원에도 많은 영향

⑥ 원림조성의 70% 정도가 설계자의 역할임을 설명

⑦ 중국정원은 대사누각(臺榭樓閣)이 주첨경물(主添景物)이므로 원내의 가옥구조는 자연과 합치된 것이어야 함을 기술

⑧ 원림조성 시 사람, 지역과 환경, 공인(工人) 등의 조건이 다르므로 일정한 방법으로 성립되기 어려움 설명

⑨ 차경수법의 중요함과 주거로 삼을 자리와 자연경관이 좋은 곳과의 관계 설명

▮ 「원야(園冶)」 3권 10항목

· 흥조론(興造論) : 설계자가 시공자보다 중요하다는 것을 강조하고 원내의 배치나 차경에 대해 총괄적으로 설명

· 원설(園說) : 모든 산수나 죽수(竹樹)의 가경(佳景)을 이용해야함을 논하고 조경기술을 주로 기술

① 상지(相地) : 토지의 외모　　　　② 입기(立基) : 건물의 기초

③ 옥우(屋宇) : 건물의 건축방법　　④ 장절(裝折) : 장식적 기술

⑤ 문창(門窓) : 문과 창의 그림을 곁들인 설명

⑥ 장원(墻垣) : 담장　　　　　　　⑦ 포지(鋪地) : 포장

⑧ 철산(山) : 돌을 취하거나 쌓는 방법(가산수법)

⑨ 선석(選石) : 돌을 선별하는 법　⑩ 차경(借景) : 경관을 빌어 쓰는 법

▮ 원향당(遠香堂)
주돈이의 애련설에 유래된 명칭

▮ 여수동좌헌(與誰同坐軒)

① 건물 모양 뿐만 아니라 탁자, 의자, 창까지 모두 선형(扇形 부채꼴)이므로 선정(扇亭)이라 부른다.

② 사자림의 선자정, 창덕궁 후원의 관람정도 부채꼴 모양임

| 여수동좌헌 |

| 화가포지 |

▮ 「원야」의 차경수법

① 일차(逸借) : 원경(遠景)을 이용한다.

② 인차(隣借) : 인접부분 경관을 빌어 쓴다.

③ 앙차(仰借) : 높은 산악의 경치를 빌어 쓴다.

④ 부차(俯借) : 낮은 곳의 풍경을 부감(俯瞰)한다.

⑤ 응시이차(應時而借) : 계절에 따른 경관을 경물(景物)로 빌어 쓴다.

2) 문진향의 「장물지(長物志)」 12권

  ① 1권~3권에 실로(室盧), 화목(花木), 수석(水石), 식어(殖魚)등 정원에
   관한 기사가 12부로 실려 있음

  ② 화목의 배식에 관하여 유일하게 기록된 책

  ③ 수경시설의 조성법 등을 자세히 기록

3) 왕세정의 「유금릉제원기(遊金陵諸園記)」

 남경의 36개 명원 소개

4) 육소형의 「경(景)」

 산거생활을 수필로 적음

⑭ 청(淸)시대(1616~1911)

(1) 특징

  ① 중국의 조경사(造景史)상 가장 융성하게 발달한 시기

  ② 명의 궁전을 계승하고 개수, 증축하여 황가의 정원은 수량이나 규모면
   에서 명나라 추월

  ③ 북방의 황가정원들은 강남의 사가정원의 처리수법 모방

  ④ 청나라 때의 명원은 집금식(集錦式)으로 각지의 명승지에 위치

(2) 금원(禁苑)

 1) 어화원(御花苑)

  ① 자금성의 신무문과 곤녕궁 사이에 위치

  ② 목단이나 태평화를 심은 화단이 만들어져 있고 오래된 백수(栢樹) 무성

 2) 건륭화원(乾隆花園) – 영수화원

  ① 자금성 내의 영수궁 뒤쪽에 건륭제가 은거 후를 위해 꾸민 정원

  ② 고화헌(古華軒), 수초당(遂初堂), 췌상루(萃賞樓), 부망각(符望閣), 권
   근재(倦勤齋)의 다섯 부분으로 구획

  ③ 4개의 안뜰에 괴석과 건축물로 이루어진 입체적 공간으로 5개의 단
   으로 이루어진 계단식 정원

  ④ 건축과 석가산의 묘미는 최고로 발휘되었으나 경쾌한 자연미 상실

 3) 경산(景山)

  ① 풍수설에 따라 쌓아올린 인조산

  ② 황성의 북쪽에 위치하여 황성의 병풍구실

  ③ 정상에 만춘정(萬春亭) 등 각 봉우리에 정자를 지어 조망의 편의 제공

 4) 서원(西苑)

  ① 황궁의 외원(外苑)으로 금·원·명 이래 금원으로 쓰였던 자리

  ② 2,300m에 이르는 가늘고 긴 태액지가 북해, 중해, 남해의 세 부분으로
   구성

▌황가원림(皇家園林)

각 나라의 수도(首都) 및 그 주변에 이궁(離宮)이나 산장(山莊)으로 건립되었다. 사가원림보다는 정형적으로 공간이 구획되었으며, 상징적이고 실용적인 목적으로 조성되었다.
많은 황가원림들은 집금식(集錦式)의 방식으로 조성하였다.

▌집금식(集錦式) 수법

집금식 구도방법은 전 정원의 경관을 구분하여 경치구역이 개별적인 풍경이 되도록 나누는 수법으로 보는 것과 보이는 것을 구분하여 계획한다.

| 건륭화원 |

(3) 이궁(離宮)

1) 이화원(頤和園) – 청의원(淸園), 만수산 이궁

① 청조 말 목조건축 및 고전적 중국정원의 대표작 – 현재까지 북경에 존재

② 사원(寺院)으로 세워졌으므로 대가람(大伽藍)인 불향각(佛香閣)을 중심으로 한 수원(水苑)

③ 원 내의 구조가 지극히 정교하고 아름다우며, 경치환경이 뛰어나 마치 자연적인 것과 흡사

④ 신선사상을 배경으로 강남의 명승 재현

⑤ 원의 중심인 만수산(萬壽山)과 원의 3/4인 곤명호(昆明湖)로 구성

⑥ 궁정구(宮庭區), 호경구(湖景區), 전산구(前山區), 후호구(後湖區)의 네 구역으로 구분

2) 원명원(圓明園)

① 북경에 강희제 때 축조하여 건륭제 때 확장되어진 동양 최초의 서양식 정원

② 건륭시대 「어제원명원도시(御製圓明園圖詩)」 4권에 사십경(四十景) 선정

③ 풍경마다 독특한 주제를 갖춘 40경은 서호(西湖) 18경 포함

④ 앞뜰에 대분천(大墳泉)을 중심으로 한 프랑스식 정원 조성으로 서양식 정원의 시초

⑤ 현존하지 않으며 20장의 동판화로 구성된 「태서수법도(太西水法圖)」와 선교사의 서간(書簡) 속에 기술로 추측

⑥ 프랑스 선교사 장 드니 아띠레(Jean Denis Attiret 왕치성)의 편지를 복원 시 자료로 활용

3) 피서산장(避暑山莊)

① 만리장성 밖 만주 승덕(承德 열하)에 지어진 황제의 여름별장

② 원의 4/5는 기복이 풍부한 산과 구릉수림총지

③ 소나무 자생지로 원내의 수림도 소나무 위주로 배식

④ 강남지방의 아취를 모방해 연우루, 문원사자림, 지경운제 등 원경 설치

⑤ 몇 개의 사당과 원 밖의 금색으로 된 8개의 대묘건축물을 차경의 대상물로 삼음

⑥ 원 내에 탑묘, 연못, 다리, 수림 등이 펼쳐져 장관을 이룸

⑦ 강희제가 명승 36경을 골라 그림으로 그리게 하고, 건륭제는 새로이 36경을 추가하여 「피서산장도영(避暑山莊圖詠)」 작성

⑧ 궁전구, 호수구, 평원구, 산구의 네 구역으로 구분

건륭시대의 삼산오원(三山五園)

① 만수산 청의원(이화원)
② 옥천산 정명원
③ 향산 정의원
④ 원명원, 창춘원

| 이화원 |

| 원명원 유지 |

원명원의 특색있는 구조물

① 만방안화(萬方安和) : 卍자형의 건물
② 수목명슬(水木明瑟) : 수류를 이용 옥내에 선풍기 작동시설 설치
③ 해기취(諧奇趣), 해안당(海晏堂) : 이탈리아와 프랑스의 야소회(耶蘇會)선교사에 의해 지어진 서양 건축물
④ 분수(噴水) : 프랑스 선교사 베누아 설계

| 피서산장 |

┃청대의 이궁(離宮 행궁)

이궁은 황제의 피서지를 겸하고 업무도 보는 곳으로, 강희시대와 건륭시대에 많이 지어졌으며, 열하를 제외하고는 전부 북경의 교외에 조영하였다. 현재는 북경의 이화원과 열하의 피서산장만 존재한다.

황제들은 1년 중 2/3를 원림에서 지내고 제사나 중요한 의식에만 황거로 돌아갔으며, 평상시의 업무는 대신을 불러 행궁에서 보았다고 한다.

(4) 양주(揚州)와 소주(蘇州)의 명원

1) 양주의 명원

① 강희·건륭시대에 제염업과 조운(漕運)의 중심지로 호상과 화가 및 문인들 집결

② 양자강 북안에 위치하여 수경이 좋고, 강남의 수려한 경관과 화방(畵舫)놀이 전통으로 많은 명원 조성

③ 강희시대 팔가화원(八家花園)이라 불리는 명원이 있었고 건륭시대에는 한층 증가

④ 이두의 「양주화방록(揚州畵舫錄)」 18권

  ㉠ 양주의 명원을 상세히 저술. 특히 촉강에 있는 평산당(平山堂)이 유명

  ㉡ 17권은 「공단영조록(工段營造錄)」으로 건축수법을 상세히 저술

  ㉢ 조경기술과 건축기술의 극치를 이루고 궁궐건축에도 영향

2) 소주의 명원

① 강남문화의 중심으로 성내에 하천이 종횡으로 관통되고 교외에도 많은 호소(湖沼)가 산재하여 경관이 좋음

② 기후가 온순하여 수수화과(水樹花果)가 풍부하여 사계(四季)의 풍취가 연이어 형성

③ 「소주부지(蘇州府志)」에 의하면 명나라 때는 271, 청나라 때는 130개소나 되는 원림 존재

④ 태호가 가까이 위치하여 암석을 이용한 정원 만들기가 수월

⑤ 성내의 제한된 구획 속에 축조되므로 건축적 배려와 조경적 기교가 필요하였고, 석가산 수법이 요구 충족

⑥ 호장한 것보다 아취가 있고 유정한 느낌의 정원을 주로 조성

⑦ 건축물 담장이나 회랑, 창, 난간 등도 경관과 어울리게 설치

핵 심 문 제

1 조경사 중 중국정원의 특징을 기술한 것으로 틀린 것은?　　　　　　　　　　　　기-05-1

㉮ 북부지방은 신선사상이, 남부지방은 노장사상이 정원의 주 배경을 이루고 있었다.

㉯ 조경재료에 있어서는 북부지방은 화훼 본위이고, 남쪽지방은 암석 본위인 정원이 일반적이었다.

㉰ 양식면에서는 자연을 지배하고자 하는 경향이 있는 기하학식 정원이 많았다.

㉱ 미적인 원리면에서는 대비의 강조가 현저하였다.

해 중국정원은 신선설(神仙設)에 입각한 자연풍경 축경식 조경양식으로 낭만적이고 공상적이며 감상적 철학을 담고 있다. 아울러 사색을 하면서 즐길 수 있다는 점이 특징적이다.

2 다음 중국 정원에 관한 설명 중 옳지 않은 것은?　　　　　　　　　　　　기-04-1

㉮ 중국정원의 특징은 항상 변화와 대비에 둔다.

㉯ 중국정원의 부지(敷地)는 전정(前庭), 중정(中庭), 후정(後庭)의 3가지로 나눈다.

㉰ 중국정원의 전성기(全盛期)는 청(淸)나라 시대이다.

㉱ 중국정원은 축경적(縮景的)이고, 낭만적이며, 공상적(空想的)세계를 구상화(具象化)한 것이다.

해 ㉰ 중국정원의 전성기는 명나라 시대이다.

3 중국 정원의 특징을 적은 것으로 잘못된 것은?　　　　　　　　　　　　기-04-4

㉮ 디자인면에 있어서는 직선을 배제하고 자연곡선을 쓰며 조화를 기본으로 한다.

㉯ 조경재료로서 괴석을 많이 도입하여 인공산을 만들고 또 동굴을 만든다.

㉰ 건축물로 둘러싸인 안뜰은 소건축물, 괴석, 못 등으로 고밀도 공간을 형성한다.

㉱ 다리는 무지개다리(홍교)나 곡절(曲折)하는 직선적인 다리를 만든다.

해 ㉮ 중국정원의 디자인은 직선과 자연곡선의 조화를 이루었다.

4 중국 정원에서 볼 수 있는 회랑이나 수경(水景)에 면해있는 벽면에 설치하는 시설로써 유리가 설치되지 않고, 일반적으로 흰색으로 칠해져 있는 창(窓)으로 설치된 벽(壁)의 내·외부에서 정원이 보여졌을 때 아름답다. 이 시설을 무엇이라 하는가?　　기-03-1

㉮ 花窓(화창)　　　　　㉯ 漏窓(루창)

㉰ 空窓(공창)　　　　　㉱ 透窓(투창)

5 전통적인 중국 원림은 천박하게 노출함을 피하고 의경(意境)의 심오함을 추구하고 암시 작용을 수행하기 위해 벽체나 태호석 등으로 정원경관을 효과적으로 나타내기 위해 우선 가리는 수법을 사용하여 함축적이고 심장(深長)한 효과를 나타내려고 하는데 이 수법을 무엇이라 하는가?　　　기-03-4

㉮ 욕현이은(欲顯而隱)

㉯ 욕로이장(欲露而藏)

㉰ 욕로이선장(欲露而先藏)

㉱ 욕현이선은(欲顯而先隱)

6 중국의 전통적인 원림에서는 "나타내려 하여 숨기고, (欲顯而藏)노출하려 하여 감춘다(欲露而藏)."는 수법을 사용하고 있다. 원문(園門)을 통과했을 때 볼 수 있는 이 수법의 물리적인 요소는?
　　　　　　　　　　기-07-1, 기-11-1

㉮ 포지(鋪地)　　　　　㉯ 영벽(影壁)

㉰ 석순(石筍)　　　　　㉱ 회랑(回廊)

해 욕현이은(欲顯而隱) 욕로이장(欲露而藏) 수법

중국의 전통원림에서 '나타내려 하여 숨기고, 노출하려 하여 감춘다'라는 수법으로 영벽(影壁)이나 석가산(태호석) 등의 물리적 요소를 이용한다.

영벽은 대문의 바깥 또는 안에 설치되는 장벽을 말하는데 대문과 마주 보며 병풍과 같은 작용을 하고, 대문을 출입하는 사람을 바라보고 있기 때문에 영벽 또는 조벽(照壁)이라고 한다.

7 중국 조경의 특징 중 태호석을 고를 때 고려하는 요소로 관계가 없는 것은?　　　　기-07-2

㉮ 추(皺)　　　　　㉯ 경(景)

㉰ 누(漏)　　　　　㉱ 투(透)

해 태호석(太湖石)

석회암으로써 수침과 풍침을 받아 대단히 복잡한 모양을 하고 있으며, 구멍이 뚫린 것이 많다. - 추(皺 주름), 투(透 투과), 누(漏 구멍), 수(瘦 여림)를 구비한 것을 최고로 여긴다.

8 중국 정원의 기원에 관한 설명 중 틀린 것은?

기-07-2

㉮ 문왕의 도읍지 부근에 영대와 영소가 조성되었다.
㉯ 은시대 귀족들은 삼림지대에서 수렵을 행하였다.
㉰ 포(圃)는 채소를 심는 곳을 일컫는다.
㉱ 원(園)은 금수를 키우는 곳을 일컫는다.

해 원(園) : 과(果)를 심는 곳 - 과수원
유(囿) : 금수(禽獸)를 키우는 곳 - 동물원

9 신선사상에 관한 설명이 잘못된 것은?

기-05-4

㉮ 춘추전국시대에 제사의식이 성행함과 아울러 삼신산설(三神産說)이 출현하였다.
㉯ 삼신산이란 봉래산, 태조산, 방장산을 말한다.
㉰ 진시황의 난지궁과 한(漢) 무제의 태액지는 신선사상이 반영된 작품이다.
㉱ 후에 신선사상은 석가산, 괴석, 별서임천(別墅林泉)의 풍치에 까지 영향을 미쳤다.

해 ㉯ 삼신산이란 영주(瀛州)·봉래(蓬萊)·방장(方丈)의 신선(神仙)의 산(山)을 일컫는다.

10 중국 진시왕 31년에 새로이 왕궁을 축조하고, 그 안에 큰 연못을 조성한 후 그 속에 봉래산을 만들었다. 이 연못의 명칭은?

기-05-2

㉮ 곤명호(昆明湖) ㉯ 태액지(太液池)
㉰ 난지(蘭池) ㉱ 서호(西湖)

11 중국의 고건축에서 주로 물가에 도입되어 수경관을 감상하며 구조가 경쾌하고 입면이 개방적인 조영물의 명칭은?

기-10-4

㉮ 각(閣) ㉯ 누(樓)
㉰ 정(亭) ㉱ 사(榭)

12 중국 왕희지(王羲之)의 난정고사(蘭亭故事)에 연유해 조성된 조경적인 요소는?

기-02-1, 기-06-4

㉮ 곡수거(曲水渠) ㉯ 누정(樓亭)

㉰ 별서정원(別墅庭園) ㉱ 방지원도(方池圓島)

해 수로(水路)를 굴곡지게 하여 흐르는 물 위에 술잔을 띄우고, 술잔이 자기 앞에 올 때 시를 한 수 읊는 곡수연(曲水宴)을 위해 만든 도랑을 곡수거(曲水渠)라 한다.

13 동양의 조경공간 속에 만들어졌던 유상곡수연(流觴曲水宴) 시설(施設)과 관련이 없는 것은?

기-08-1

㉮ 포석정지(鮑石亭地)
㉯ 왕희지(王羲之)의 난정기 서문(蘭亭期 序文)
㉰ 술잔을 띄워 흐르게 한 유배거(流盃渠)의 구조
㉱ 소쇄원(瀟灑園)의 조담(措潭)

14 중국의 낙양가람기에 전해지는 정원으로 대해와 같은 연못을 파서 뱃놀이를 즐기고, 연못 중앙의 봉래산에는 선인관을 지었다는 곳은?

기-06-1

㉮ 졸정원 ㉯ 이화원
㉰ 화림원 ㉱ 원명원

해 화림원은 북위의 양현지가 지은 「낙양가람기(洛陽伽藍記)」에 전해지는 정원으로 대해와 같은 연못을 파서 뱃놀이를 즐기고, 연못 중앙의 봉래산에는 선인관을 지었다.

15 중국정원에서 원자(院子)에 관한 설명으로 가장 적당한 것은?

기-10-1, 기-05-4

㉮ 건물과 건물사이에 자리잡은 공간으로 화훼류를 가꾸었다.
㉯ 정원을 다스리는 기구로써 송나라 시대부터 있었다.
㉰ 중국 명대의 정원에 관한 전문서적이다.
㉱ 송나라시대의 사대부의 정원이다.

16 중국 낙양(洛陽)의 교외 평천(平泉)에 화려한 정원을 꾸며 놓고 "평천산거계자손기(平泉山居戒子孫記)에 먼 후세에라도 평천을 팔아 넘기는 자는 내자손이 아니다"라는 기록을 남긴 사람은?

기-04-1, 기-09-2

㉮ 당(唐)의 대종(代宗) ㉯ 백낙천(白樂天)
㉰ 사마광(司馬光) ㉱ 이덕유(李德裕)

17 중국 명나라 시대에 조성된 대표적인 정원으로 소주의 4대 명원에 속하는 정원은?

기-06-2

정답 **8** ㉱ **9** ㉯ **10** ㉰ **11** ㉱ **12** ㉮ **13** ㉱ **14** ㉰ **15** ㉮ **16** ㉱ **17** ㉮

㉮ 졸정원　　　　　㉯ 원명원
㉰ 이화원　　　　　㉱ 작원

해 소주의 4대명원

① 창랑정(滄浪亭) ② 사자림(獅子林) ③ 졸정원(拙政園) ④ 유원(留園)

18 다음 [보기]에서 설명하는 정원으로 맞는 것은?

기-11-2

[보기]
– 중국 소주지방의 4대 명원 가운데 하나이다.
– 전체 면적의 5분의 3을 점하는 지당을 중심으로 구성되어 건물이 아름답다.
– 시정화의(詩情畵意)에 가득 차 있다.

㉮ 졸정원　　　　　㉯ 유원
㉰ 사자림　　　　　㉱ 창랑정

19 중국의 사가정원 가운데 "해당화가 심겨져 있는 봄 언덕(해당춘오 : 海棠春塢)"이라는 정원이 그림과 같이 꾸며진 곳은?

기-10-4

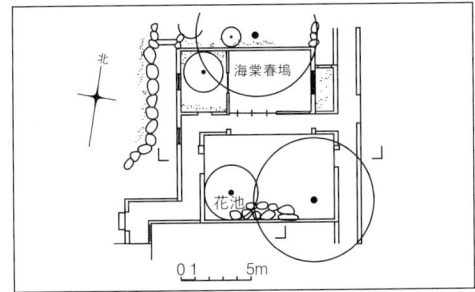

㉮ 유원　　　　　　㉯ 사자림
㉰ 창랑정　　　　　㉱ 졸정원

20 다음 중 중국 소주의 졸정원에 있지 않은 정원 건물은?

기-07-1, 기-11-4

㉮ 원향당(園香堂)
㉯ 하풍사면정(荷風四面亭)
㉰ 방안정(放眼亭)
㉱ 오봉선관(五峯仙館)

해 졸정원은 동부·중부·북부의 3부분으로 나눠짐

동부 – 부용사·난설당(蘭雪堂)·방안정(放眼亭) 등

중부 – 원향당(遠香堂)·수기정(銹綺亭)·하풍사면정(荷風四面亭)·견산루(見山樓)·소비홍(小飛虹) 등

서부 – 삼십육원앙관(三十六鴛鴦館)·십팔만다라관(十八曼陀羅館)·유청각(留聽閣) 등

21 역대 중국정원은 지방에 따라 많은 명원(名園)을 볼 수 있다. 그중 소주(蘇州)에는 (①)등이 있고, 북경(北京)에는 (②)등이 있다. 윗글의 (①)과 (②)에 해당하는 것은?

기-04-2

㉮ ① 유원(留園) ② 졸정원(拙政園)
㉯ ① 자금성(紫禁城) ② 원명원 이궁(園明園離宮)
㉰ ① 졸정원(拙政園) ② 원명원 이궁(園明園離宮)
㉱ ① 만수산 이궁(萬壽山離宮) ② 사자림(師子林)

해 북경(北京)에는 작원(勺園), 이원(李園), 청화원(淸華園) 등이 있었고, 소주(蘇州)에는 저명한 화가나 문인이 모여 살아 다수의 명원이 있었는데 서삼의원(徐參議園), 소씨원(小氏園), 서경경원(徐檞卿園), 졸정원(拙政園), 유원(留園), 정원(政園), 예포(藝圃) 등이 있었다.

22 중국 명대(明代) 말에 저술된 원야(園冶)에 대한 설명 중 가장 거리가 먼 사항은?

기-03-2

㉮ 원야의 저자는 문진향(文震享)이다.
㉯ 원야의 원(園)은 원림(園林)을 가리키고, 야(冶)는 설계조성의 의미를 갖고 있다.
㉰ 원림의 조성에는 설계자의 역할이 전체 원림조성에 70% 정도 중요하다고 흥조론(興造論)에 설명되어 있다.
㉱ 원림의 조성에는 사람, 지역과 환경, 공인 등의 조건이 다르기 때문에 일정한 법이 성립되기 어렵다고 적혀있다.

해 ㉮ 「원야(園冶)」의 저자는 계성이다.

23 중국 명나라때 계성의 원야(園冶) 원설(園說)에서 설명된 계절에 따른 경관을 경물(景物)로 차용하는 수법은 다음 중 어느 것인가?

기-04-2

㉮ 인차(隣借)　　　　㉯ 부차(俯借)
㉰ 앙차(仰借)　　　　㉱ 응시이차(應時而借)

24 중국 청조(淸朝)의 원림 중 3산5원에 해당하지 않는 것은? 기-11-1

㉮ 만수산 소원(小園)

㉯ 향산 정의원(靜宜園)

㉰ 옥천산 정명원(靜明園)

㉱ 원명원(圓明園)

해 중국 청조(淸朝)의 삼산오원(三山五園)

만수산 청의원(이화원), 옥천산 정명원, 향산 정의원, 원명원, 장춘원

25 중국 정원에 대한 설명 중 틀리는 것은? 기-03-4

㉮ 송대(宋代)에는 태호석에 의해 석가산을 축조하는 정원이 조성되었다.

㉯ 후한시대에 포(圃)는 금수를 키우는 곳을 말한다.

㉰ 졸정원, 유원, 사자림 등은 소주(蘇州)의 정원이다.

㉱ 열하피서(熱河避暑)산장은 청대(淸代)의 이궁(離宮)에 속한다.

해 ㉯ 후한시대의 포(圃)는 채소를 심는 곳(채소원)이었다.

26 중국의 북경에 있는 원명원(圓明園)에 관한 설명 중 옳은 것은? 기-04-4, 기-09-2

㉮ 강희(康熙)황제가 꾸며 공주에게 넘겨준 것이다.

㉯ 원명원의 동쪽에는 만춘원이 있고 남동쪽에는 장춘원이 있다.

㉰ 뜰(園)안에는 대분천(大噴泉)을 중심으로 하는 프랑스식 정원이 꾸며져 있다.

㉱ 1860년에 일본군에 의하여 파괴 되었다.

해 원명원(圓明園)은 북경에 강희제 때 축조하여 건륭제 때 확장되었으며, 앞뜰에 대분천(大墳泉) 중심의 프랑스식 정원을 조성한 것으로 동양 최초의 서양식 정원이다.

27 중국 소주(蘇州)지방의 명원과 관련하여 작정자와 특징이 올바르게 연결된 것은? 기-07-4

㉮ 창랑정 – 왕헌신 – 방형연못과 구룡지 등이 어우러진 수경관

㉯ 졸정원 – 소순흠 – 좁다란 원로와 축산으로 어우러진 산악경관

㉰ 사자림 – 중봉화상 – 심원(深遠)감과 대비, 밝은 수경관

㉱ 유원 – 서태시 – 허와 실, 명과 암의 유기적 산수경관

해 ㉮ 창랑정 – 소순흠

㉯ 졸정원 – 왕헌신

㉰ 사자림 – 주덕윤

28 중국 한나라의 상림원(上林苑)과 관계가 없는 것은? 기-12-1

㉮ 곤명호

㉯ 견우와 직녀의 상징 조각상

㉰ 만수산

㉱ 돌고래 조각상

해 ㉰ 만수산은 원(元)시대(1206~1367)의 경화도 중앙에 위치한 산으로 정상에 백색의 라마탑 및 전각, 정자를 축조하였다.

29 다음 중 중국의 시대별 고서와 작자의 연결이 옳은 것은? 기-12-1

㉮ 낙양명원기 – 당 – 이격비

㉯ 유금릉제원기 – 명 – 왕세정

㉰ 장물지 – 송 – 문진형

㉱ 오흥원림기 – 청 – 양현지

해 ㉮ 낙양명원기 – 북송 – 이격비

㉰ 장물지 – 명 – 문진형

㉱ 오흥원림기 – 남송 – 주밀

03 일본 조경사

1>>> 일본정원의 특징

① 일본의 정원이란 정(庭)은 궁궐에서 의식을 행하는 네모난 마당을 의미하며, 원(園)은 중국의 유(囿), 포(圃)와 같은 의미의 공간으로 여김

② 일본의 정원은 자연발생적이면서 주택 주변의 공간으로, 집과 관계가 있는 인간의 생활에 실용적 가치 보유

③ 일본의 정원은 다른 공간과 구별하기 위한 물리적 구성요소인 담 등에 의하여 둘러싸인 공간으로 정의

④ 일본의 정원은 자연경관을 작은 공간에 줄여, 다양하고 상징적인 수법을 가진 조경 형태

⑤ 물리적 공간에 도랑(溝 구), 연못(池 지), 식재(植栽), 둔덕, 돌담 등의 인위적 행위 발생

⑥ 인간의 조경적 의도가 나타난 것을 조경사의 시점으로 간주

■ 총론

① 조경수법은 중국의 영향을 받았으며 사의주의(寫意主義) 형식에 기초

② 불교사상의 전파와 신선설(神仙說)에 입각한 조경수법

③ 기교와 관상적 가치에 치중하여 세부적 수법이 발달하고 실용적 기능면 무시

④ 불교적인 정토신앙사상(淨土信仰思想)이 일본정원을 상징적인 것으로 변화시켜 가는 동기로 작용

⑤ 일본정원은 '자연재현 → 추상화 → 축경화'의 과정으로 변화

■ 일본 조경양식의 변천

(1) 임천식(林泉式) 정원

신선설에 기초를 둔 연못과 섬을 만든 정원

(2) 회유임천식(回遊林泉式) 정원

침전(寢殿) 건물을 중심으로 한 연못과 섬을 거닐며 정원을 즐기는 형식

(3) 축산고산수식(築山枯山水式) 정원 – 14C

① 선(禪)사상과 묵화(墨畵)의 영향을 받아 건물로부터 독립한 회화적 정원

② 실제 경관을 사실적으로 묘사하고, 생장이 느린 상록활엽수 사용

③ 물을 쓰지 않으면서 계류(溪流)의 운치 조성

┃ 일본정원

일본정원은 시대의 변천에 따라 다양하게 변화하는 과정을 거쳤기에 한가지의 특징적 설명이 어려우나 전체적으로는 중국의 영향을 받았기에 사의주의적자연풍경식으로 정의할 수도 있다. 물론 자연경관을 작은 공간에 줄여 다양하고 상징적인 수경을 조경의 형태로 감상하는 수법을 도입한 조경양식인 일본 특유의 축경식 정원도 배제할 수는 없다.

┃ 정원양식의 발달과정

임천식(회유임천식)→축산고산수수법→평정고산수수법→다정식→지천임천식(회유식·원주파임천형)→축경식

④ 나무를 다듬어 산봉우리의 생김새를 표현

⑤ 바위를 세워 폭포 상징

⑥ 왕모래를 깔아 냇물이 흐르는 느낌 표현

⑦ 대덕사 대선원

(4) 평정고산수식(平庭枯山水式) 정원 – 15C 후반

① 바다의 경치를 나타내는 수법의 정원

② 식물은 일체 쓰지 않고 왕모래와 몇 개의 바위만을 정원재료로 사용

③ 극도의 상징화와 추상화 표현

④ 일본정원의 골격인 축석기교(築石技巧)가 최고도로 발달

⑤ 연못의 생김새가 복잡하고 다양해짐

⑥ 화려한 화목류(花木類)를 피하고 차분한 느낌의 상록활엽수류를 쓰는 경향 발생

⑦ 용안사(龍安寺) 방장정원(方丈庭園)

(5) 다정양식(茶庭樣式) 정원 – 16C

① 다실(茶室) 건물을 중심으로 소박한 멋을 풍기는 정원

② 노지식(露地式)이며 윤곽선 처리에 곡선을 많이 사용

③ 좁은 공간을 효율적으로 처리하여 모든 시설 설치

(6) 지천임천식(池泉林泉式) 정원 = 회유식(回遊式 원주파임천형) 정원

① 임천식과 다정양식이 서로 결합된 형식의 정원

② 실용적인 면과 미적인 면을 겸하여 복잡하고 화려

(7) 축경식(縮景式) 정원

자연경관을 축소시켜 좁은 공간 내에서 표현한 정원

2>>> 시대별 조경의 특징

1 상고(上古)시대(?~592)

① 조경적 개념이 존재하지 않고, 제정일치(祭政一致)의 사회에 필요한 양식이 생김

② 신지(神池) : 건국신화의 상세사상에서 파생된 지천정원(池泉庭園)의 원형

③ 암좌(岩座) : 조상신을 숭배하는 거석(巨石)문화의 한 형태

　㉠ 석조(石組)의 원형으로써 현재까지도 정원에 계승

　㉡ 종교적 성지(聖地)의 상징적 공간에서 관상을 위한 공간으로 변화

| 암좌 |

2 아스카(飛鳥 비조)시대(593~709)

① 오늘날의 개념에 부합되는 정원이 꾸며지기 시작한 시기

| 아스카시대의 수미산 |

② 사상적 배경은 불교사상과 봉래사상
  ㉠ 불교는 수미산(須彌山)의 축조형태로 정원 반영
  ㉡ 봉래사상은 학도(鶴島), 구도(龜島), 봉래산(蓬萊山) 조성으로 반영
③ 중국으로부터 온 연못의 뱃놀이나 곡수연 등 시행
④ 추고천황 20년(612) 백제의 유민 노자공이 황궁의 남정(南庭)에 수미산과 오교 축조 – 일본조경의 시초
⑤ 소아마자(蘇我馬子)는 626년에 뜰 가운데 연못을 파고 그 속에 섬을 쌓아 '도대신(島大臣)'이라 불림
⑥ 법륭사(法隆寺)에서 주랑(柱廊)과 함께 조약돌을 깔아 놓은 세류(細流)나 조석(組石)을 가진 작은 연못 발견

▌상세사상(常世思想)
일본 민족의 역사 속에 있는 원점(原點)의 나라로 신령이나 조상신이 거주하는 나라이며, 바다 건너 먼 곳의 영원한 나라인 상세국(常世國)에 대한 기원과 신을 숭상하는 사상. 일본의 지원(池園)에 가장 큰 영향을 미친 동기가 되었다고 한다.

▌봉래사상(蓬萊思想)
중국에서 전래된 삼신선사상(三神仙思想)에서 비롯된 것으로써 일본 고유의 상세사상과 융화하여 봉래사상으로 발전하게 됨. 일본의 조경문화에 큰 영향을 미쳤다.

❸ 나라(奈良 내량)시대(710~792)
불교사상과 신선사상이 사상적 배경

(1) 귤도궁(橘島宮) 원지(園池)
① 「만엽집(萬葉集)」에 기록
② 물가는 바위와 돌이 산재한 바닷가 모습으로 꾸며지고 폭포 설치
③ 정원석에 대한 관심과 썩은 나무로 암석의 생김새를 만들어 가산이라 지칭
④ 연못 안에 섬을 만들고 물새를 키워 내해(內海)의 해안 모습 묘사 – 상세사상의 형태적 잔존

(2) 평성궁(平城宮)
① S자형의 곡수(曲水)를 위한 자리 존재
② 연못 속의 입석(立石)과 호안(湖岸) 석조 등이 대륙의 풍(風) 발현
③ 이 후 일본 정원에서 전통이 되고 있는 자연풍경을 상징적으로 묘사
④ 「마포산수도(麻布山水圖)」에 정원의 규모와 꾸밈새 기록

| 평성궁 S자 곡수 |

▌수미산(須彌山)
① 구산팔해(九山八海−불교에서 말하는 세상으로 수미산을 중심으로 한 아홉 산과 여덟 바다를 이르는 말)로 되어있는 세계의 중심에 서 있는 상상의 섬이다.
② 불교사상을 배경으로 하여 나타난 것으로 석가산보다는 돌에 조각을 가한 석조물의 일종으로 본다.

| 봉래사상의 귀두석 |

▌노자공(路子工 미찌노코다쿠미 ; 일명 지기마려 芝耆磨呂)
우리나라 조원(造園)의 효시를 이루며 특히 궁궐 및 연못의 조영수법이 뛰어 났다고 한다. 백제에서 일본으로 건너가 '나는 산악(山岳)의 형태를 만들 수 있는 능력이 있다'고 주장하여 황궁의 남쪽 뜰에 수미산(須彌山)과 오교(吳橋 홍교 : 사다리 모양의 계단)를 만들었다는 기록이 「일본서기(日本書記)」에 있어 일본정원의 시초로 보며, 또한 일본의 정원양식에 큰 영향을 미쳐 수미산과 지당(池堂)에 중교를 놓는 전통이 생겼다고 본다.

4 헤이안(平安 평안)시대(793~1191)

(1) 헤이안시대 전기(793~966)

1) 총론
  ① 아스카시대와 나라시대를 이어 신선사상이 조경에 영향
  ② 수도인 헤이안(지금의 교토)은 입지조건이 정원축조에 알맞아 정원문화 발전
  ③ 조원재료 및 주변풍경이 정원을 크게 발달시켜 명원이 다수 존재

2) 신선사상을 배경으로 한 정원
  ① 신천원(神泉苑 794)
    ㉠ 금원의 역할을 하며 천황과 군신의 유희공간으로 수렵, 뱃놀이, 경마 등 시행
    ㉡ 후기에 나타나는 침전형 정원의 초기 형태
    ㉢ 연못은 지천주유식(池泉舟遊式) 정원의 특성을 잘 표현
    ㉣ 세류와 폭포, 중도와 다리를 만들고 자연적 경관과 인공적인 입석을 적절히 배치
  ② 차아원(嵯峨院 876)
    ㉠ 화풍(和風)의 별장으로 자연풍물에 순응한 자연풍경식 정원
    ㉡ 중국의 동정호(洞庭湖)를 모방한 둘레 1Km 정도의 대택지(大澤池)라는 인공적 연못 조성
    ㉢ 연못 안에 2개의 섬을 두고 큰 입석과 경석(景石) 설치
  ③ 조우전(鳥羽殿 1086) 후원

3) 해안풍경을 본 딴 정원
  ① 하원원(河原院)
    ㉠ 동육조원(東六條院)의 뜰에 오주(奧州)의 염부(鹽釜) 송도(松島)의 경관을 본떠 조성
    ㉡ 연못 속에 여러 개의 작은 섬을 배치하여 소나무 식재
    ㉢ 연못가에 소금 굽는 연기가 솟아오르게 설치
  ② 량전(梁殿), 서궁(西宮), 육조원(六條院) 등

4) 평전재(坪前栽 츠보센자이)풍(風)의 정원
  ① 작은 샘 또는 계류에 작은 돌과 초목을 곁들인 정원
  ② 번개형으로 흐르는 냇물을 중심으로 한 작은 정원 – 관원도실(管園道實)의 홍매전(紅梅殿)
  ③ 정원의 건물은 주로 중국적 색채가 농후한 누각과 무랑(廊 회랑) 등 축조

(2) 헤이안시대 후기(1086~1191)

1) 총론

| 신천원 |

| 차아원 대택지의 입석 |

① 귀족의 저택에서는 관례적으로 가장 주가 되는 건물을 침전형(寢殿形)으로 축조

② 불교적인 정토신앙사상(淨土信仰思想)이 건축과 회화·조각 및 정원양식에 지대한 영향

③ 정원과 건축으로 극락정토의 모습을 구상화시키고자 하는 창작사상(創作思想)의 일반화 – 정토정원양식

④ 신선사상(神仙思想)이 일본에서 성행하기 시작한 시기

2) 침전조(寢殿造)양식의 특징

① 침전조 앞에 연못과 섬을 주요소로 구성

② 침전 전면의 뜰은 남정(南庭)이라 하여 흰 모래를 깔고 연중행사 또는 의식의 공간으로 이용

③ 주경은 연못이며, 면적이 커지면 대해의 형태로 바다의 경관연출

④ 못 가장자리나 바닥에 자갈을 깔고 폭포를 만들며, 좁은 도랑을 통해 물 공급

⑤ 연못가와 섬을 다리로 연결하여 거니는 회유임천식 정원

⑥ 동삼조전(東三條殿)

㉠ 건물의 배치와 정원과의 관계가 가장 정형적(整形的)

㉡ 동서 약 100m, 남북 약 200m의 부지 중심에 자리잡은 침전 건물 앞에 정원 전개

㉢ 북동쪽에서 계류가 흘러들고 서쪽으로 울창한 산이 있고 회랑 끝부분에 조전(釣殿) 배치

㉣ 크고 작은 세 개의 섬이 자리잡은 연못이 있고, 연못가와 섬은 난간을 가진 홍교나 평교로 연결

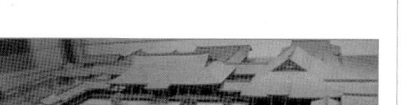

| 동삼조전 모형 |

㉤ 물가와 섬에 꽃나무도 심고, 화원(花園)도 꾸밈

⑦ 일승원(一乘院)

3) 정토정원 양식의 특징

① 정원과 건물로 극락세계를 재현하고자 하는 것으로 사원의 정원이나 사원 경내를 구성하는 기본형이 됨

② 수미산 석조, 구산팔해 등으로 표현

③ 모월사(毛越寺 850)

㉠ 「작정기(作庭記)」의 내용과 부합되는 대천지(大泉池)

㉡ 연못 내의 섬과 연못가에 둥근 자갈을 깔아 해안풍경을 표현

▌조전(釣殿)

① 연못에 접하여 세워진 침전조 정원의 중심건축물로 여름에는 시원한 바람을 맞이하고, 가을에는 보름달을 감상하며, 겨울에는 흰 눈을 바라다보며 즐기는 정자의 역할을 한다.

② 낚시나 뱃놀이를 위한 승하선 장소로도 이용된다.

| 모월사 대천지 |

ⓒ 정토신앙과 주유지정(舟遊池庭)이 융합된 형태

④ 평등원(平等院)

㉠ 극락정토로 비유되는 원지를 설치하고 섬과 다리로 연결

㉡ 연못에 배를 띄우고 강변에 조전 설치

⑤ 정유리사(淨琉璃寺), 무량광원(無量光院), 승광명원(勝光明院), 최승광원(最勝光院) 등

| 평등원 봉황당 |

▌작정기(作庭記)

① 11C 말 귤준강(橘俊綱)이 작성하였다고 하나 확실하지 않은 것으로 본다.

② 헤이안 후기에 나온 일본 최초의 정원축조에 관한 비전서(秘傳書)

③ 정원을 꾸미는 데 자연을 존중하고 자연에 순응하는 깊은 관찰을 강조하였다.

④ 침전조 계통의 정원 형태와 의장에 관한 내용으로 정원 전체의 땅가름, 연못, 섬, 입석(立石), 작천(作泉) 등 정원에 관한 사항을 이론적인 것에서부터 시공면에 이르기까지 상세하게 기록되어져 있다.

---

4) 신선도(神仙島)를 본뜬 정원

① 조우이궁(鳥羽離宮)이 시초

㉠ 연못에 신선도인 창해도(滄海島)와 봉래산을 축조

㉡「부상약기(扶桑略記)」에 기록

② 서팔조(西八條) 저택 : 신선도를 상징하는 봉곤(蓬) 축조

③ 족리존(足利尊)의 저택 : 신선도를 본뜬 임천을 꾸밈

⑤ 가마꾸라바쿠후(鎌倉幕府 겸창막부)시대(1191~1333)

① 고급 저택도 헤이안 후기와 같은 꾸밈새인 침전조형식의 정원 답습

② 지형의 이용 면에서는 한층 더 적극적

③ 선종(禪宗)이 일반사회로 전파되면서 일본인의 정신생활에 기반을 이루는 결과 도래

④ 가마꾸라 후기 사원(寺院)의 정원은 정토신앙의 영향을 크게 입어 특수한 형식으로 발전

㉠ 칭명사(稱名寺)의「결계도(結界圖)」에 기록

㉡ 남대문(南大門) → 홍교(虹橋) → 중도(中島) → 평교(平橋) → 금당(金堂)으로 이어지는 직선에 의해 양단(兩斷)되는 터가르기로 구성

⑤ 사찰정원의 꾸밈새는 점차적으로 일반주택 정원의 꾸밈새에 변화 초래

⑥ 정원의 조영에 사상적 배경이 중시되어 정원을 조영하는 석립승(石立僧) 등장

▌가마꾸라시대의 정토사상

① 선종사원(禪宗寺院)의 정원 속에도 정토사상은 계속적으로 남아 특수한 형식이 된다.

② 정토사상이 일본의 조경양식에 지대한 영향을 미쳐 일본 정원을 상징적으로 변화시키는 동기가 되었다.

▌가마꾸라 초기 선종사원

가마꾸라 초기 선종사원에서는 정토교적 취미가 살아 있었던 듯하며, 정원의 규모가 다소 축소되며 공공성이 희박해짐-원각사(圓覺寺), 건장사(建長寺)

| 원각사 연못 |

| 칭명사 |

| 건장사 연못 |

⑦ 석조가 급속히 발전하였으며 각도와 선이 강한 것 선호

⑧ 초·중기에는 지천주유식(池泉舟遊式)의 형태에서 지천회유식(池泉回遊式)이 가미된 형태로 변화하다 후기에는 주로 회유식(回遊式) 정원으로 변화

⑨ 침전조정원으로 전지형(前池型)정원 조성

  ㉠ 영무뢰전(永無瀨殿), 최승사천왕원(最勝四天王院), 구산전(龜山殿), 북산전(北山殿)

  ㉡ 지형을 적극적으로 이용한 정원은 영복사(永福寺) 원지와 학강(鶴岡) 및 삼도 사두(三島 社頭)의 경관, 칭명사(稱名寺)

6 남북조시대

(1) 몽창국사(夢窓國師) – 몽창소석(夢窓疎石)

① 가마꾸라·무로마찌 시대의 대표적 조경가로 일본 정원사상 불후의 업적을 남김

② 선종정원의 창시자로 선원의 이상실현 추구

③ 선종정원 : 서방사(西芳寺), 서천사(瑞泉寺), 천룡사(天龍寺), 임천사(臨川寺)

④ 정토정원 : 영보사(永保寺)

(2) 선종정원

1) 서방사

① 몽창국사 최고의 걸작으로 고산수지천회유식(枯山水池泉回遊式) 정원

② 「벽암록」의 내용에 암시를 얻어 중층(重層)의 유리전(瑠璃殿), 상남정(湘南亭), 서래당(西來堂), 지동암(指東庵) 등 설치

③ 황금지(黃金池) 속에 백앵(白櫻), 취죽(翠竹)의 두 섬을 쌓아 요월교(邀月橋)로 연결

④ 아름다운 경관을 통해 선원의 이상실현 추구

⑤ 연못 속에 같은 크기와 모양의 암석을 질서 있게 배치 – 정토사상을 배경으로 보물을 실어 나르는 선박 상징 – 야박석(夜泊石)

⑥ 무로마찌시대의 고창전(高倉殿), 동산전(東山殿), 복견전(伏見殿)은 서방사를 본떠 조영

2) 천룡사

① 구산전 유지에 조영하여 조원지의 대부분을 그대로 이용

② 구산 산록의 물을 떨어뜨려 삼급암(三級巖)으로 하고 폭포 밑에 석교 가설

③ 물가에서 약간 떨어진 연못 속에는 거친 바닷가의 경관을 나타내는 입석 배치

┃ 남북조시대의 정원

선원(禪苑)과 정토교적 정원의 구분이 명확하지 않은 시기이며, 영보사(永保寺) 원지, 서방사(西芳寺) 원지, 천룡사(天龍寺) 구산전(龜山殿) 원지 등은 정토교적 바탕의 유지(遺址)에 조성한 것이다.

┃ 벽암록(碧巖錄)

중국 송나라 때의 불서(佛書)로 정확하게는 「불과환오선사벽암록(佛果圜悟禪師碧嚴錄)」 또는 「불과벽암파관격절(佛果碧嚴破關擊節)」이라 하며, 「벽암집」이라고도 한다. 1125년에 완성되어 중국과 한국, 일본에서 여러 차례 간행되었으며, 선종에서는 가장 중요한 전적(典籍)으로 여긴다.

3) 임천사

대나무밭 속의 연못이 잔산잉수(殘山剩水)적 수법을 적용한 정원

| 서방사 |

| 서천사 |

| 천룡사 |

| 영보사 |

■ 잔산잉수(殘山剩水) 수법

① 남송화(南宋畵)의 수법으로 풍경의 국부요소를 추출하여 통일된 하나의 구도로 재구성하는 것으로, 경관을 상징적, 주관적으로 묘사함으로써 정원의장의 자유도를 높이고 그 예술성의 향상을 추구하고자 한 것이다.

② 연못 안, 연못가, 폭포, 축산 등 의도적인 석조를 중심으로 하는 국부의 의장에서 볼 수 있다.

③ 굴곡진 연못가를 조성하여 시각차가 큰 감상 위주의 연못 조성과 입석보다는 기교적인 석조를 선택하여 구성

④ 다듬은 모양의 식재를 정원에 도입

---

❼ 무로마찌(室町 실정)시대(1334～1573)

(1) 총론

① 과거 지형 위주의 경향에서 벗어나 조석(組石)을 중요하게 여김

② 무로마찌 후기에는 전란이나 경제적 제약으로 정원면적 축소

③ 일목일석(一木一石)의 표현에도 소홀히 대하지 않는 고도의 세련성 요구 – 사의적(寫意的)·상징적 의장(意匠)

④ 선사상이 정원 축조에 강한 영향을 미쳐, 추상적 구성과 표현의 특수한 정원 태동 – 고산수 정원의 탄생

(2) 정토정원

정토신앙사상은 정원축조에 큰 영향을 미쳐 에도시대에 까지 이름

1) 금각사(金閣寺) – 녹원사(鹿苑寺)

① 족리의만(足利義滿)이 1397년 교토에 조영한 북산전(北山殿)의 후신

② 건축물과 정원으로 정토세계를 구상한 것

③ 3층 사리전(舍利殿 금각)을 중심으로 넓은 정원 전개

④ 사리전 앞 연못에 연을 심고 구산팔해석(九山八海石)이라 불리는 부석(浮石) 배치 – 만다라(曼多羅)에 그려져 있는 칠보지(七寶池) 상징

⑤ 정원 동쪽에 동구당(東求堂)을 세워 아미타여래상(阿彌陀如來像)을 모셔 정토세계에 제도(濟度)되기를 기원

| 금각사 |

| 금각사 연못 석조 |

2) 은각사(銀閣寺) – 자조사(慈照寺)

① 족리의정(足利義政)이 북산전(北山殿)전을 모방하여 조영한 동산전(東山殿) 개칭

② 서방사와 공통되는 점이 많고 부지계획과 건축도 모방

③ 부지계획은 상하부로 나누어 지정(池庭)과 산복고산수(山腹枯山水)풍으로 구성

④ 은사탄(銀沙灘 인공모래펄)과 향월대(向月臺)는 달의 명소로 유명

| 은각사 |

(3) 고산수(枯山水) 정원

1) 총론

① 물을 대신하여 돌이나 모래를 가지고 바다나 계류를 나타냄 – 흰 모래 구입의 용이성

② 다듬어 놓은 수목으로 먼 산 상징

③ 선의 유심론적 사상으로 사실주의보다는 상징화 내지 추상화의 경향 – 소정(小庭), 석정(石庭), 고산수(枯山水)정원

④ 정원의장의 누각화(樓閣化)와 규모의 축소로 감상의 시선도 수평적인 것에서 입체적인 것으로 변화

2) 대덕사(大德寺) 대선원서원(大仙院書院 14C)

① 고산수 정원의 초기작품으로 축산고산수(築山枯山水) 수법 – 구상적 고산수수법

② 폭포를 중심으로 심산유곡의 풍경을 20평 남짓한 좁은 공간에 조석과 흰 모래로 표현

③ 폭포를 중심으로 3개의 신선도가 있고, 각각 소나무 식재

④ 폭포를 표현한 입석에는 관음석(觀音石)·부동석(不動石) 등 명칭 부여

⑤ 상하 2단으로 갈라져 있는 정원의 하단에는 보물선이라 불리는 배와 같은 생김새를 가진 정원석이 흰 모래 가운데 놓여 출범(出帆)의 모습 표현

⑥ 원근법의 원리를 최대한 살려 대풍경 묘사

3) 대덕사 용원원(龍源院 14C)

① 이끼와 돌을 사용하여 간소하게 구성

② 이끼로 덮은 사각형의 판 위에 경사진 자연석을 중앙에 두고 좌우에 작은 돌들 배치

4) 용안사(龍安寺) 석정(石庭 15C 말)

① 평정고산수(平庭枯山水) 수법 – 추상적 고산수수법

② 방장(方丈) 앞 좁은 평탄지에는 흙 담장으로 외부와 구획

③ 흰 왕모래를 깔고 그 안에 15개의 정원석을 동쪽(왼쪽)에서 서쪽(오른쪽)으로 강한 터치로 배치 – 바다의 경치 표현

④ 15개의 정원석은 각각 5·2·3·2·3개의 다섯 무리로 동쪽에서 서쪽으

| 은각사 은사탄과 향월대 |

▌고산수(枯山水) 정원

① 무로마찌 시대에 선종(禪宗)의 영향을 입어 정숙하게 도(道)를 닦는 목적으로 고산수수법이 태어났으나 그 사상의 근저를 이루는 것은 정토사상과 신선사상이다.

② 묵화적인 산수를 사실적으로 취급(축산고산수)한 것으로부터 시작하여 점차 추상적인 의장(평정고산수)으로 기울어져 간다.

③ 돌과 나무 사이의 아름다운 균형을 무너뜨리지 않기 위해, 생장 속도가 느린 상록 활엽수의 다듬은 나무를 쓰는 경향이 생겨나고, 마침내 식물을 완전히 거부하였다.

④ Dry Landscape라 하여 서양에서는 대표적인 동양 정원으로 소개되었다.

로 놓아 뚜렷이 부각 – 수학적 비례에 맞는 안정감

⑤ 정원석 주변에 약간의 이끼를 곁들였을 뿐 정원 안에는 한 그루의 나무나 한 포기의 풀도 심지 않음

| 용안사 석정 |

| 대덕사 대선원 정원 |

| 대덕사 용원원 정원 |

8 모모야마(桃山 도산)시대(1576~1603)

(1) 총론

① 전란 후 군사·정치적 안정으로 태평성대를 맞아 호화로운 정원 출현

  ㉠ 일본인 특유의 간소미가 없이 호화로운 조석과 명목(名木)으로 사람을 위압하는 수법 발생

  ㉡ 자연에 순응하는 태도로부터 벗어나 과장하고자 하는 경향

  ㉢ 취락제(聚樂第), 복견성(伏見城), 이조성(二條城), 삼보원(三寶院) 정원, 원성사(圓城寺) 광정원(光淨院), 서본원사(西本願寺)

| 취락제 복원도 |

| 복견성 |

| 이조성 |

| 삼보원 |

② 후지하라시대(헤이안 중기)로의 복고정신이 호화로운 정원의 밑바닥에 역연히 흐름

③ 호화로운 경향에 반하여 다실(茶室)의 노지(露地)에 대한 조경수법인 다정(茶庭) 개발

(2) 다정양식

① 다도를 즐기는 다실을 중심으로 하여 소박한 멋을 풍기는 양식

② 싸리나무나 대나무 가지로 울타리를 두르고 작은 공간을 자연그대로 꾸민 정원

③ 제한된 공간 속에 깊은 산골의 정서 묘사

 ㉠ 뜀돌이나 포석(鋪石)수법으로 곳곳에 풍우에 씻긴 암석이나 암반 노두(露頭)가 나타나 있는 산길 묘사

 ㉡ 수통(水桶)이나 돌로 만든 물그릇으로 샘 상징

 ㉢ 마른 소나무잎을 깔아 지피(地被) 표현

 ㉣ 석탑이나 석등으로 고찰(古刹)의 분위기 조성

④ 상징주의보다는 자연 속의 한 부분으로 대자연 전체의 분위기를 느끼는 개념

⑤ 천리휴(千利休)의 대암(待庵), 불심암(不審庵) 정원, 소굴정일(小堀政一)의 고봉암(孤蓬庵) 정원

| 대덕사 고봉암 다정 |

9 에도(江戸 강호)시대(1603~1867)

초기의 정원계는 교토 중심이었으나 소굴원주(小堀遠州) 등의 거장들이 강호로 초빙되어 에도에도 활기를 띰

(1) 에도시대 초기 정원

1) 계리궁(桂離宮 가쓰라이궁)

 ① 자연과 인공의 조화, 건축과 정원의 융합이라고 할 수 있는 지천회유식 정원(池泉回遊式 庭園)

 ② 산책과 뱃놀이를 통해서 연못가를 따라 축산(築山), 야산(野山), 수류(水流), 모래언덕, 석조, 섬 등 변화무쌍한 경치를 감상

 ③ 봄 – 상화정(賞花亭), 죽림정(竹林亭), 여름 – 소의헌(笑意軒), 가을 – 월파루(月波樓), 겨울 – 송금정(松琴亭)의 계획과 세부의장 출중

2) 수학원 이궁(修學院 離宮)

 ① 원주파임천식(遠州派林泉式) 정원으로 산 밑으로부터 하·중·상에 다실을 배치하여 자연을 살린 웅대한 정원

▍다정(茶庭) 양식

① 불교 선종(禪宗)의 영향으로 정숙하게 도(道)를 닦는 목적으로 조성

② 다실(茶室)에 이르는 길을 중심으로 한 좁은 공간에 꾸며지는 일종의 자연식 정원

③ 자연의 한 단편을 취해 교묘히 대자연의 운치를 연상시키는 데에 특징이 있다.

④ 소박한 야취(野趣)와 적막한 분위기가 감도는 작은 정원으로 꾸며진다.

⑤ 정원시설물인 석등, 세수분(洗手盆) 등은 오늘날 일본정원의 점경물로도 사용되어진다.

▍사비 와비

① 사비는 간소함 속에서 발견되는 맑고 한적한 정취이고, 와비는 예스럽고 차분한 아취의 고담(枯淡)하고 수수한 다도(茶道)의 미적(美的) 이념으로 다정의 바탕을 이룬다.

② 인간생활의 부족함을 초월하여 정원에서 미를 찾으려고 하였으며, 상징주의적이기 보다는 자연 속의 한 부분으로 대자연 전체의 분위기를 느끼려는 개념이다.

| 다정의 뜀돌과 포석 |

② 사의적인 자연풍경식 정원의 극치로, 정원과 자연경관의 융합이 풍치(風致) 조경의 이상상 제시

3) 선동어소(仙洞御所)

① 절석직선호안(切石直線護岸)의 방지(方池)에 자연풍 2개의 섬이 있었음

② 등나무가 있는 절석의 다리와 남서쪽 기슭의 바닷자갈을 깐 수변이 유명

4) 대덕사(大德寺)

① 방장동정(方丈東庭) : 7·5·3의 석조는 부지와 정원석의 균형이 뛰어나 에도시대 초기 대표적인 사원평정(寺院平庭)−진주암(珍珠庵)

② 남정(南庭) : 식재로는 산, 돌과 모래로 폭포와 물을 표현한 공간구성 − 독좌정(獨坐庭)

③ 서원(書院)의 정 : 소굴원주가 출생한 근강팔경(近江八景)을 고산수로 묘사한 평정(平庭)

| 계리궁 송금정 |

| 수학원이궁 상부 |

| 선동어소 자갈호안 |

| 대덕사 방장동정 |

| 금지원 「학구의 정원」 |

5) 남선사 금지원(南禪寺 金地院)

① 소굴원주에 의해 조영

② 학과 거북의 생김새를 본뜬 두 개의 섬으로 삼신선도를 표현하여 '학구(鶴龜)의 정원'이라 지칭

▌ 모모야마(桃山)시대와 에도(江戶)시대의 정원

모모야마시대의 정원은 전 시대의 복고적 정신과 무인들의 호화로운 정원 및 다정 등의 혼합에 의한 고도적인 의장이 각기 판을 쳤으나, 다정의 발달이 고산수정원이나 축산임천식 회유정원의 구조에 큰 변화를 주고, 이들이 지닌 특색을 교묘히 종합하여 완성해 놓은 것이 에도시대 전기로 일본 정원사상(庭園史上) 제3 황금기를 맞이한다.

▌ 원주파임천식 정원

임천식과 다정양식을 혼합한 지천회유식으로, 소굴원주가 실용적인 면과 겸하여 복잡·화려하게 창안한 임천식 정원으로 자연주의적 정원이다.

▌ 소굴원주(小堀遠州·1579∼1647)

① 강호시대 초기의 대명(大名), 다인(茶人)이자 뛰어난 작정가(作庭家)

② 인공적인 직선과 곡선을 정원에 도입하여 건축과 조경의 일체화를 촉진하고, 침전과 연못 사이에 흰 모래를 깐 왕조풍과 서재 앞에 자연석의 석조를 배치하는 수법은 그만의 독특한 수법이며, 조경공사의 조직화와 기술자 양성 등에도 공헌하였다.

③ 학도(鶴島)는 동적인 느낌의 조석으로 구성하여 소나무 식재

④ 구도(龜島)는 정적으로 거북이 헤엄치는 모습으로 조석하고 누운향나무 식재

6) 동해사(東海寺), 서원(西園 옛 적성이궁(赤城離宮)), 낙수원(樂壽園 옛 지리궁(芝離宮))

(2) 에도시대 중기 정원

중기 이후 정원 문화의 중심이 교토에서 에도지방으로 이동하며, 지방의 영주(大名 대명)들도 정원을 꾸밈 – 대명정원(大名庭園)

1) 소석천후락원(小石川後樂園)

① 중국정원 양식의 구성으로 큰 석가산을 배치한 임천회유식 정원 – 정원의 이름도 중국의 격언을 이용해 지음

② 중국정원의 요소로 원월교(圓月橋), 소여산(小廬山), 서호제(西湖堤) 설치

③ 학도, 구도, 봉래산 등이 배치되고 거석 배치

2) 강산 후락원(岡山 後樂園)

① 일본의 3대 정원 중 가장 오래된 정원

② 차경수법을 이용한 정원

3) 겸육원(兼六園)

① 연지(蓮池)라 불린 정원으로 향연이 자주 열린 임천회유식 정원

② 「낙양명원기」의 굉대(宏大), 유수(幽邃), 인력(人力), 창고(蒼古), 수천(水泉), 조망(眺望)의 여섯 요소를 따 명명

③ 높은 곳의 하지(霞池)와 표주박형 연못을 중심으로 수로, 분천, 돌다리 등 에도시대 말기의 정취

④ 곡수(曲水)의 세류(細流)를 주로 한 정원을 남쪽에 증원

4) 해락원(偕樂園)

① 「맹자(孟子)」의 '옛사람은 백성과 함께한다.'는 구절에서 따온 것

② 천파호(天波湖)를 볼 수 있는 명승으로 매화, 싸리, 철쭉으로도 유명

③ 3층 정자인 호문정(好文亭)의 낙수루(樂壽樓) 전망이 뛰어남

5) 육의원(六義園)

① 대표적인 대명정원으로 87,809m²의 규모로 단가(短歌)와 연관된 경승지 88개소 재현

② 화가대의(和歌大義)의 「풍(風)·부(賦)·비(比)·흥(興)·아(雅)·영(領)」이라는 단가에서 유래된 이름

③ 바다 경치를 본뜬 큰 연못에 섬을 배치한 회유식 정원

6) 율림공원(栗林公園)

① 약 750,000m²의 광대한 원내에 자운산(紫雲山)을 차경하고, 6개의 연못과 13개의 석가산을 배치한 대회유식 정원

일본의 3대 공원
① 강산 후락원(岡山 後樂園)
② 금택 겸육원(金澤 兼六園)
③ 수호 해락원(水戸 偕樂園)

| 소석천후락원 |

| 겸육원 |

| 육의원 |

| 율림공원 |

② 남정(南庭)은 일본의 지천회유식 정원, 북정(北庭)은 서양풍의 정원으로 개조

③ 소나무와 연못, 정원석의 배치를 교묘하게 배치하여, 사계절에 따라 풍치 있는 표정의 변화

7) 취상어원(吹上御苑), 빈어전(浜御殿·후에 빈리궁浜離宮), 성취원(成趣園), 낙낙원(樂樂園), 남호(南湖)

(3) 에도시대 후기 정원

1) 총론

① 에도시대 후기에는 자연풍경미를 한 눈에 볼 수 있도록 묘사한 자연축경식 정원 형성 – 원근, 색채, 명암의 조화 활용

② 에도시대에도 봉래, 방장, 영주의 삼신선도(三神仙島)를 정원 연못에 만드는 수법 답습

③ 대명의 저택에 꾸며진 정원에는 거의 빠짐없이 신선도를 가진 원지 축조

④ 에도시대에 만들어진 규격에 맞는 삼신선도가 배치된 정원을 「삼도일연(三島一連)의 정원」이라 지칭

2) 묘심사(妙心寺) 동해암(東海庵) 정원의 설계도에 '동해일연의 정원'이라는 표제가 붙어 있음(1,814년)

① 봉래, 방장, 영주의 축산에 각각 소나무 식재

② 봉래도 좌측에 삼존석(三尊石)의 조석 설치

③ 서원(書院) 앞 가까이에 예배석(禮拜石) 배치

3) 소석천후락원, 강산 후락원에는 음양석 배치

| 동해암 봉래·방장·영주 |

| 동해암 수수발과 삼존석 |

(4) 다정

① 다정의 발달이 정원 구성에 중요한 영향을 미치게 됨

② 관상 본위의 고산수식 정원과 축산임천형 회유식 정원의 구성이나 국부의 구조에도 영향

③ 중세에 축조된 정원에는 없었던 석등이나 수수분(手水盆) 등이 정원에 놓이기 시작하여 마침내는 정원구성의 중요한 일부가 되어 없어서는 안 될 존재가 됨

신선도의 표현

① 처음에는 반드시 세 개의 섬을 축조했으나, 시대가 내려옴에 따라 두 개 내지는 하나의 섬으로 표현하는 수법이 생겨나, 학과 거북의 생김새를 본뜬 두 개의 섬으로 표현하거나, 한 개의 거북섬으로 신선도를 대표시킨 것도 있다.

② 후에 학을 양(陽)으로, 거북을 음(陰)으로 보아 음양의 화합으로 삼기도 한 이 사상이 발전하여 음양석을 두는 수법으로 나타나기도 한다.

신선도의 소나무

신선도에 소나무를 심는 것은 하나의 규약처럼 되어 있는데, 소나무의 영겁성(永劫性)과 신선도의 영겁성이 서로 결합되어 신선도를 상징하는 수법으로 나타난다.

삼존석의 조석 수법

① 무로마찌시대 이후 성행된 것으로 정원석을 가지고 부처를 상징하고자 한 것

② 삼존불(三尊佛)을 나타낸 것으로 석가여래와 좌우에 문수보살·보현보살이 앉은 모습을 돌로 표현한 것

③ 3개의 입석으로 중앙을 높게, 좌우의 돌을 낮게 곁들여 짝을 지어 배치

④ 변화된 수법으로 16개의 입석으로 16체의 아라한(阿羅漢)이 늘어선 모양을 구성해 놓은 '16나한의 정원'도 존재

④ 석등은 정원의 풍치를 돋우는 목적으로 조석의 일부로 변화

(5) 정원서(庭園書)의 보급

1) 「제국다정명적도회(諸國茶庭名跡圖會)」

① 노지정(露地庭)과 서원정(書院庭)의 예를 설명

② 유명 작정자로 천리휴(千利休), 고전직부(古田織部), 소굴원주 명시

2) 「축산정조전(築山庭造傳)」 상·중·하 3권

① 북촌원금재(北村援琴齋) 지음

② 상권은 천수(泉水)의 양어(養魚) 등 실용기술과 지형, 수수발(手水鉢) 등을 그림으로 설명

③ 중·하권 명정(名庭)의 예와 정원의 작정형식을 43도(圖)로 기록

④ 식재의 문제에도 자세한 설명으로 되어 있어 에도시대 중기에 크게 유행

3) 이도헌추리(離島軒秋里)

① 「석조원생팔중원전(石組園生八重垣傳)」

㉠ 정원의 각종 시설물인 울타리를 비롯하여 다리, 문, 문짝, 돌담, 징검돌 등을 그림으로 설명

㉡ 돌의 형태에 따라 분류하고 배석(配石)하는 방법을 제시 – 오행석조법

▌오행석조법(五行石造法)

① 영상석(靈象石) : 단정 근엄하고 부동 안정을 상징하는 주석(主石)으로서 기세는 수직선상

② 체동석(胴石) : 영웅호걸의 상이며 강의·준열한 기상을 나타내고, 기세의 방향은 수직선상

③ 심체석(心石) : 태초석, 양의석이라고도 하며, 자모의 상이며 평화·안태의 분위기를 자아냄. 부동·안정을 상징하며 기세방향은 수평선상

④ 지형석(枝形石) : 체석, 대역석이라고도 하며, 빈틈없는 통달한 사람을 상징하고 약동과 부양의 기를 나타냄. 기세의 방향은 사선상

⑤ 기각석(寄脚石) : 지퇴석, 신석이라고도 하며 참된 용기를 갖는 율의자를 뜻하며 견실, 강건, 점진, 불퇴진의 기세를 상징함. 기세의 방향은 사선상

체동석　　영상석　　심체석　　지형석　　기각석

② 「축산정조전후편(築山庭造傳後篇)」 : 축산(築山), 평정(平庭), 노지정(露地庭)의 세 형식으로 분류하여 각각 진(眞), 행(行), 초(草)의 3가지 수법 제창

③ 「도명행도회전(都名行圖會傳)」, 「제국명소도회(諸國名所圖會)」, 「도림천명승도회(都林泉明勝圖會)」 출판

▌쯔쿠바이(蹲踞 준거)

① 다실(茶室) 뜰 앞의 낮은 곳에 갖추어 놓은, 손 씻는 물을 담아 놓은 그릇

② 초대받은 손이 다실에 들기 전에 손을 씻기 위하여 쭈그리고 앉기 때문에 불린 이름

③ 수수발(手水鉢), 수수분(手水盆), 세수분(洗手盆) 등으로 쓰임

| 용안사 수수발 |

| 남종사 수수발 |

⑩ 메이지(明治 명치)시대(1868~1912)

① 메이지시대로 접어들면서 양풍건축(洋風建築)과 함께 양식(洋式) 정원 수법 도입

② 메이지 초기에는 프랑스식 정형원(整形園)과 영국식 풍경원(風景園)의 영향을 크게 받음

③ 외국인에 의해 설계되어 곡선의 아름다움 강조

   ㉠ 신숙어원(新宿御苑) : 앙리 마르티네 설계 – 프랑스식의 식수대, 영국식의 넓은 잔디밭, 일본식의 지천회유식 정원

   ㉡ 적판이궁(赤坂離宮)

④ 서양식 화단과 암석원 등도 도시공원 속에 도입 – 히비야(日比谷 일비곡) 공원(일본 최초의 서양식 도시공원)

⑤ 메이지 중엽에는 일본의 외국식 정원 수법의 기술자 태동

   ㉠ 잔디밭을 위주로 하고 원로(苑路)나 식재군(植栽群)은 모두 부드러운 곡선으로 표현 – 실용 본위로 꾸민 경화식(硬化式) 풍경원

   ㉡ 한편으로는 종래 일본 정원의 기법을 기초로 하여 이것에 사실적인 자연풍경의 묘사 수법을 가미한 작품도 나타남

    a. 무린암(無隣庵) : 산현유붕(山縣有朋) 설계 – 동산(東山)을 배경으로 물을 끌어들여 3단의 폭포와 전면의 잔디밭에 흐르도록 하여 명랑한 경관 창출

    b. 춘산장(椿山莊)

⑥ 외부의 풍경을 정원경관의 일부로 받아들인 차경원(借景園)도 발생
   의수원(依水園) : 약초산(若草山)과 동대사(東大寺)의 남대문(南大門)을 경관의 일부로 차경

| 신숙어원 |

| 적판이궁 |

| 무린암 |

| 의수원 |

일본의 근대공원
메이지 말기를 거쳐 다이쇼(大正 대정)시대 초기로 접어들며 인습적인 대정원이나 귀족적인 구미(歐美)취미 모방의 시대가 가고, 잔디밭과 어린이놀이터 따위가 갖추어진 실용 위주의 현대 정원이 태어나기 시작하였다.

핵심문제

1 자연경관을 작은 공간에 줄여 다양하고 상징적인 수경을 조경의 형태로 감상하는 수법을 도입한 조경양식은? 기-06-4
㉮ 중국의 조경 ㉯ 한국의 조경
㉰ 일본의 조경 ㉱ 이탈리아의 조경
해 일본 특유의 축경식 정원에 대한 설명이다.

2 일본 정원양식의 발달과정을 옳게 나열한 것은?
기-07-1, 기-11-4
㉮ 임천식(회유임천식) → 축산고산수수법 → 평정고산수수법 → 다정식 → 회유식
㉯ 회유식 → 임천식 → 평정고산수수법 → 축산고산수수법 → 다정식
㉰ 축산고산수수법 → 평정고산수수법 → 다정식 → 회유식 → 임천식
㉱ 평정고산수수법 → 다정식 → 축산고산수수법 → 임천식 → 회유식

3 일본에 정원양식을 전해준 노자공은 뜰에 수미산을 조성하였다고 하는데, 이 수미산의 사상적 배경으로 적합한 것은? 기-07-2
㉮ 불교의 구산팔해의 중심에 서 있다는 세계관을 배경으로 만들어 졌다.
㉯ 신선사상에 의해 가장 중요한 산을 지칭하여 만들었다.
㉰ 백제 중심에 놓여있던 명산을 모방하여 조성하였다.
㉱ 중국에서 가장 중심이 되는 산을 모방한 사대사상의 표현이다.

4 일본 아스카(飛鳥)시대의 정원문화에 관련된 사항이 아닌 것은? 기-08-2
㉮ 하원원(河原院)에 해안풍경을 딴 정원 조성
㉯ 법륭사(法隆寺)에 조약돌을 깐 실개천과 석축 연못
㉰ 황궁의 남정에 수미산과 오교(吳橋) 조성
㉱ 불교사상의 세계관을 배경으로 꾸민 정원

해 ㉮ 헤이안(平安)시대에 대한 설명이다.

5 일본 헤이안(平安)시대는 정토(淨土)신앙사상이 정원과 건축에 영향을 미쳤다. 이러한 사상을 나타낸 대표적인 것은? 기-05-1, 기-08-1
㉮ 천용사(天龍寺), 서방사(西芳寺)
㉯ 금각사(金閣寺), 은각사(銀閣寺)
㉰ 용안사(龍安寺), 대덕원(大德院)
㉱ 모월사(毛越寺), 무량광원(無量光院)
해 일본 헤이안(平安)시대는 불교적인 정토신앙사상(淨土信仰思想)이 건축과 회화·조각 및 정원양식에 지대한 영향을 미쳤는데 대표적으로 모월사(毛越寺 850), 평등원(平等院), 정유리사(淨琉璃寺), 무량광원(無量光院), 승광명원(勝光明院), 최승광원(最勝光院) 등이 있다.

6 헤이안시대 침전조(寢殿造)정원에 대한 설명 중 틀린 것은? 기-11-2
㉮ 왕족을 중심으로 한 사교장소였다.
㉯ 연못에는 홍교나 평교를 설치하였다.
㉰ 침전조의 원형은 평등원이다.
㉱ 조전(釣殿)은 뱃놀이를 위한 승-하선(乘·下船)장소로 이용되기도 하였다.
해 ㉰ 침전조의 원형은 동삼조전이다.

7 일본의 침전조(寢殿造) 정원에 대한 설명으로 틀린 것은? 기-10-2
㉮ 부지의 앞쪽에 침전이 위치하고 후원에는 조전(釣殿)이 있다.
㉯ 침전 전면의 뜰은 남정(南庭)이라 하여 흰 모래를 깔고 연중행사 또는 의식의 공간으로 이용하였다.
㉰ 대표적인 정원으로 동삼조전(東三條殿)이 있다.
㉱ 주경은 연못이며, 면적이 커지면 대해의 형태로 바다의 경관이 연출되었다.
해 침전조(寢殿造)에서는 침전을 대략 부지의 중앙에, 정원과 그 남쪽의 연못에 면하여 남향으로 두었으며, 연못에 접하여 세워진 침전조 정원의 중심건물이 조전(釣殿)이다.

8 다음 일본의 작정기에 대한 설명으로 옳지 않은 것은?　　　　　　　　　　　기-04-4, 기-10-2

㉮ 정원 전체의 땅가름, 연못, 섬, 입석, 작천 등 정원에 관한 내용이다.

㉯ 이론적인 것에서부터 시공면까지 상세하게 기록되어 있다.

㉰ 일본에서 정원 축조에 관한 가장 오랜 비전서이다.

㉱ 회유식 정원의 형태와 의장에 관한 것이다.

🈂 작정기(作庭記)

　　침전조 계통의 정원 형태와 의장에 관한 내용으로 정원 전체의 땅가름, 연못, 섬, 입석(立石), 작천(作泉) 등 정원에 관한 사항을 이론적인 것에서부터 시공면에 이르기까지 상세하게 기록되어져 있다.

9 일본의 전형적인 지당(池塘) 중심의 정토정원(淨土庭園)을 꾸미는데 있어서 공식처럼 되어 있는 구성요소가 옳게 연결되어 있는 것은?　　기-05-1

㉮ 남문 – 홍교(虹橋) – 중도(中島) – 평교(平橋) – 금당(金堂)

㉯ 남문 – 평교(平橋) – 중도(中島) – 홍교(虹橋) – 금당(金堂)

㉰ 남문 – 반교(盤橋) – 중도(中島) – 홍교(虹橋) – 금당(金堂)

㉱ 남문 – 평교(平橋) – 홍교(虹橋) – 중도(中島) – 금당(金堂)

10 일본 서방사(西芳寺) 정원에 맞지 않는 것은?　　　　　　　　　기-11-1, 기-10-4, 기-07-4

㉮ 고산수(枯山水)

㉯ 구산팔해석(九山八海石)

㉰ 정토사상(淨土思想)

㉱ 황금지(黃金池)

🈂 서방사(西芳寺) 정원

　　① 몽창국사 최고의 걸작으로 고산수지천회유식(枯山水池泉回遊式) 정원

　　② 황금지(黃金池) 속에 백앵(白櫻), 취죽(翠竹)의 두 섬을 쌓아 요월교(邀月橋)로 연결

　　③ 연못 속에 같은 크기와 모양의 암석을 질서 있게 배치 –

정토사상을 배경으로 보물을 실어 나르는 선박 상징 – 야박석(夜泊石)

11 일본의 유명한 정원 중 영보사, 천룡사, 서방사를 조성한 사람은?　　　　　　　기-08-2, 기-08-4

㉮ 굴준망　　　　　　　㉯ 풍신수길

㉰ 몽창국사　　　　　　㉱ 추고천황

🈂 몽창국사(夢窓國師)는 가마꾸라·무로마찌 시대의 대표적 조경가로 서방사(西芳寺), 서천사(瑞泉寺), 천룡사(天龍寺), 임천사(臨川寺) 영보사(永保寺)등 일본 정원사상 불후의 업적을 남겼다.

12 일본에서는 고산수수법(枯山水手法)을 세계에 자랑할만한 정원 수법으로 여기고 있다. 몽창국사(夢窓國師)가 '벽암록'에 기록된 선의 이상경을 실현하고자 꾸며졌다고 전해지고 있는 고산수식 정원은 어느 사찰에 남아 있는가?　　　　　기-09-2

㉮ 교토(京都)의 서방사(西芳寺)

㉯ 교토의 천룡사(天龍寺)

㉰ 평천(平泉)의 모월사(毛越寺)

㉱ 교토의 대선원(大仙院)

13 무로마찌(室町)시대 정원은 대선원의 고산수식 정원과 평정고산수식인 용안사의 석정으로 집대성되었다. 이런 조경 수법의 근본적인 사상은?　　기-06-4

㉮ 유교사상　　　　　　㉯ 도교사상

㉰ 신선사상　　　　　　㉱ 자연주의사상

14 일본의 고산수(枯山水)정원의 성립에 가장 크게 영향을 끼친 사상은?　　　　　기-06-1, 기-11-2

㉮ 선사상(禪思想)　　　㉯ 신도사상(神道思想)

㉰ 신선사상(神仙思想)　㉱ 정토사상(淨土思想)

15 일본 고산수(枯山水) 정원양식의 발생 배경에 대한 설명으로 틀린 것은?　　　　　가-03-4, 가-06-2

㉮ 정치와 경제적 영향

㉯ 기본 재료인 흰 모래(白砂) 구입의 용이성

㉰ 직설적인 표현의 만연

㉱ 불교 선종(禪宗)의 영향

🈂 ㉰ 고산수(枯山水) 정원양식은 선사상의 강한 영향으로 사실

주의보다는 상징화 내지 추상적 표현의 특징을 가진다.

16 일본 교토에 있는 무로마치(室町)시대의 전통 공원 가운데에서 은사탄(銀砂灘, 인공모래펄), 향월대(向月臺)등의 이름을 가진 경물이 있는 곳은?

기-07-1

㉮ 금각사　　　　　　　㉯ 은각사
㉰ 대선원　　　　　　　㉱ 용안사

17 무로마찌(室町)시대 무인(武人)들에 의한 동산문화(東山文化)가 만들어졌는데 다음 설명 중 틀린 것은?

기-08-2

㉮ 선(禪)불교의 직관적 추상성이 전통적인 암시성, 시사성 등과 합류되었다.
㉯ 자연의 아름다움을 작은 것으로 세심하게 다듬어 표현하는 경향이 생기게 되었다.
㉰ 새 것이나 완전한 것보다는 낡은 것, 어딘가 결여된 것을 좋아하는 취향도 생겨났다.
㉱ 대표적인 정원으로는 금각사(金閣寺)이다.

🔲 ㉱ 무로마찌시대의 동산문화(東山文化)로는 은각사(銀閣寺), 북산문화(北山文化)로는 금각사(金閣寺)가 대표적인 정원이다.

18 다음 중 일본 무로마찌(室町)시대의 축산고산수 수법으로 축조된 대표적 정원은?

기-03-2, 기-08-1

㉮ 대선원 서원　　　　㉯ 삼보원
㉰ 용안사 석정　　　　㉱ 천룡사

19 일본 실정(무로마치)시대 선종사원인 대덕사 대선원(大仙院) 석정(石庭)의 특징을 가장 잘 설명한 것은?

기-11-1

㉮ 추상적 고산수식 정원
㉯ 원근법의 원리를 살린 대풍경의 묘사
㉰ 평지에 15개 돌을 배치하고 흰모래로 마감한 의장기법
㉱ 수학적 비례에 의한 조화와 안정감

20 다음 그림은 일본의 유명한 평정고산수 정원이다. 이와 같은 석조방식으로 정원을 꾸민 곳은?

기-07-4

㉮ 용안사　　　　　　　㉯ 대덕사
㉰ 은각사　　　　　　　㉱ 금각사

21 모모야마(桃山)시대 싸리나무나 대나무 가지로 울타리를 두르고 소공간을 자연 그대로의 규모로 꾸민 정원양식은?

기-03-1, 기-04-2

㉮ 정토정원　　　　　　㉯ 임천정원
㉰ 다정　　　　　　　　㉱ 침전식정원

22 돌(石)을 이용한 점경물(點景物)이 부가되어 일본정원의 면모를 크게 바꾼 모모야마(桃山)시대의 조경 기법은?

기-04-4

㉮ 축산 임천식(築山林泉式)정원
㉯ 고산수(枯山水)정원
㉰ 다정(茶庭)정원
㉱ 침전조(寢殿造)정원

23 일본 모모야마(桃山)시대의 다정원(茶庭園)은 '와비'와 '사비'의 개념으로 완성되었다는데 이 정원을 설명한 사항 중 가장 거리가 먼 것은?

기-04-2, 기-08-2

㉮ 인간생활의 부족함을 초월하여 정원에서 미를 찾으려고 하였다.
㉯ 이끼가 끼어 있는 정원석에서 고담과 한적함을 느끼는 개념이다.
㉰ 상징주의적보다는 자연속에 한 부분으로 대자연 전체의 분위기를 느끼려는 개념이다.
㉱ 서원조 정원과 유사한 화려한 개념이다.

🔲 사비는 간소함 속에서 발견되는 맑고 한적한 정취이며, 와비는 예스럽고 차분한 아취의 고담(枯淡)하고 수수한 다도(茶道)의 미적(美的) 이념으로 소박한 멋을 풍기는 다정의 바탕을 이루었다.

24 일본의 도산(모모야마)시대 다정(茶庭)에서 발달한 일본의 주요 전통공원 요소와 관련 있는 것은?

기-03-2, 기-11-1

㉮ 인공모래펄과 석등
㉯ 석등과 수수분(水手盆)
㉰ 수수분(水手盆)과 학돌
㉱ 학돌과 석등

해 모모야마시대 다정(茶庭)양식에서는 중세 정원에는 없었던 석등이나 수수분(手水盆) 등이 정원에 놓이기 시작하여 마침내는 정원구성의 중요한 일부가 되어 없어서는 안 될 존재가 되었다.

25 일본 정원양식 변천과정으로 볼 때 근·현대 문화에 가장 많은 영향을 끼친 시대는 언제인가?

기-04-1

㉮ 헤이안(平安)시대   ㉯ 무로마치(室町)시대
㉰ 카마구라(鎌倉)시대   ㉱ 에도(江戸)시대

26 일본의 축경식(縮景式)정원에 관한 특징을 기술한 것 중 옳지 않은 것은?

기-04-2

㉮ 에도(江戸)시대 후기에 형성된 조경양식이다.
㉯ 자연풍경미를 한눈에 볼 수 있도록 묘사해서 만든다.
㉰ 원근(遠近), 색채, 명암, 조화를 잘 활용해야 한다.
㉱ 항상 조화(harmony)보다는 대비(contrast)에 중점을 둔다.

해 ㉱ 중국정원의 특징에 대한 설명이다.

27 회유식정원을 기본으로 하여 경도풍(京都風)의 경원에 자연풍(自然風)의 기법을 가미하여 꾸며 졌으며, 중국적인 조경요소인 소여산(小廬山)·원월교(圓月橋)·서호제(西湖堤)가 배치되어 있는 일본 정원은?

기-09-2, 기-10-1

㉮ 대선원(大仙院) 서원
㉯ 소석천 후락원(小石川 後樂園)
㉰ 수학원 이궁(修學院離宮)의 상다옥원(上茶屋園)
㉱ 육의원(六義園)

28 일본 에도시대 소굴원주 등에 의해 조원되어 장수를 기원하는 '학구(鶴龜)의 정원'으로 유명한 곳은?

기-07-2

㉮ 대선원   ㉯ 은각사
㉰ 고봉암   ㉱ 금지원

해 ㉱ 남선사 금지원(南禪寺 金地院) : 학과 거북의 생김새를 본뜬 두 개의 섬으로 삼신선도를 표현하였다.

29 일본 조원의 오행석조법(五行石組法)으로 단정 근엄(謹嚴)하고 부동(不動) 안정을 상징하는 주석(主石)으로서 기세(氣勢)의 방향은 수직선상인 것은?

기-09-2, 기-12-1

㉮ 심체석(心體石)   ㉯ 체동석(體胴石)
㉰ 영상석(靈象石)   ㉱ 기각석(寄脚石)

30 일본의 이도헌추리(離島軒秋里)가 제시한 석조법(石組法)의 기본 형태인 5행석(五行石)중 다음 그림의 명칭은?

기-05-1

㉮ 심체석(心體石)
㉯ 영상석(靈象石)
㉰ 지형석(枝形石)
㉱ 체동석(體胴石)

해 ㉰ 지형석(枝形石) : 체석, 대역석이라고도 하며, 빈틈없는 통달한 사람을 상징하고 약동과 부양의 기를 나타냄. 기세의 방향은 사선상

31 일본의 도시계획상 최초의 근대 도시공원으로 고시된 곳은?

기-06-2

㉮ 히비야 공원(日比谷公園)
㉯ 신주꾸 어원(新宿御苑)
㉰ 율림 공원(栗林公園)
㉱ 육의원(六義園)

32 다음 중 일본정원의 역사에 관한 설명 중 가장 바른 것은?

기-05-2

㉮ 무로마치(室町)시대의 정원양식의 특징은 소정(小庭), 석정(石庭), 고산수(枯山水) 등의 석조가 발달한 것으로 육림원이 그 대표적인 것이다.
㉯ 모모야마(桃山)시대에는 거대한 정원석, 호화로

운 석조(石組), 명목(名木) 등을 사용한 화려한 색조의 정원으로 삼보원(三寶院) 정원이 그 대표가 된다.

㉰ 에도(江戶)시대 정원양식의 특징은 연못내에 삼신선도가 있는 대정원으로 후낙원(後樂園)은 소굴원주(小堀遠州)가 설계하고 그는 또 작정기(作庭記)를 저술하였다.

㉱ 신라의 유민인 노자공이 6세기 초에 궁궐에 작정한 것이 일본정원의 시초로 본다.

33 다음 일본조경과 관련된 내용 연결이 옳지 않은 것은? 기-06-1, 산기-12-1 계획 및 설계

㉮ 겸창시대 – 회유임천형 – 대선원
㉯ 도산시대 – 다정양식 – 삼보원
㉰ 실정시대 – 고산수식 – 용안사
㉱ 강호시대 – 회유식 – 육의원

해 ㉮ 겸창시대–회유임천형–천룡사(天龍寺)–서방사(西芳寺) 영보사(永保寺) 등

34 다음 일본정원과 관련된 내용 중 연결이 틀린 것은? 기-08-1

㉮ 용안사(龍安寺) – 평정고산수(平庭故山水)
㉯ 다정(茶庭) – 모모야마시대(桃山時代)
㉰ 서방서(西芳寺) – 몽창국사(夢窓國師)
㉱ 계리궁(桂離宮) – 무로마찌시대(室町時代)

해 ㉱ 계리궁(桂離宮) – 에도(江戶)시대

35 일본정원 중 서로 연결이 잘못된 것은? 기-09-4

㉮ 계리궁(가쓰라 이궁) – 침전조정원양식
㉯ 모월사(모오에쓰지) – 정토정원양식
㉰ 불심암 – 다정원양식
㉱ 서천사 – 선종정원양식

해 ㉮ 계리궁(가쓰라 이궁) – 지천회유식(池泉回遊式)정원

36 다음(보기)의 일본 정원양식 발달 순서가 옳은 것은? 기-06-2

①다정(茶庭)　　　　　②임천정원(林泉庭園)
③고산수정원(枯山水)정원

㉮ ① – ② – ③　　　㉯ ② – ③ – ①
㉰ ③ – ① – ②　　　㉱ ② – ① – ③

37 일본에 귀화한 백제사람 노자공(路子工)이 아스카(飛鳥)시대에 궁궐 남쪽 뜰에 수미산을 세우고 못에 오교(吳橋)를 놓았다는 기록이 있는 문헌은? 기-12-1

㉮ 일본의 고사기(古事記)
㉯ 일본의 일본서기(日本書記)
㉰ 한국의 삼국사기(三國事記)
㉱ 한국의 삼국유사(三國遺記)

1>>> 총론

1 한국정원의 사상적 배경

(1) 신선사상(神仙思想)
① 불로장생을 기원하는 사상으로 연못의 섬, 석가산으로 표현

② 십장생의 문양을 담장이나 굴뚝에 장식

(2) 음양오행사상(陰陽五行思想)
① 건물의 배치 및 사찰 가람배치

② 연못의 형태 및 중도 형태에 반영 – 방지원도(方池圓島)

(3) 풍수지리사상(風水地理思想)
① 묘지·택지 선정과 도읍의 선정에 중요한 요소로 작용

② 후원의 배치나 조성에 관여

③ 연못이나 조산 등 비보(裨補)의 형태에 반영

④ 수목의 식재위치 및 방위 설정

(4) 유교사상(儒敎思想)
① 궁궐 및 민가의 공간배치 또는 공간 분할에 영향

② 공간적 분리에 따른 정원 및 시설 배치에 반영

(5) 불교사상(佛敎思想)
① 불교의 전래와 숭불정책으로 사탑 및 사원건축 성행

② 불교와 왕족의 종교적 기대로 호화스럽고 사치스러운 양식 발달

(6) 은일사상(隱逸思想)
① 노장사상의 영향과 시대적 환경에 따른 영향

② 별서정원 등으로 발현

┃ 한국정원의 특징
한국의 정원은 한 가지의 특정 요소만을 강조한 것이 아니기에 오감을 통해 감상해야하는 복합성을 가지고 있으며, 그 속에 내재한 사상 또한 여러 가지로 나타난다. '신선사상', '음양오행사상', '풍수지리설', '유교사상', '은일사상' 등이 정원 내에 나타나며, 그 사상들의 원천이 한 줄기가 아니듯이 한 가지로 나타나는 것이 아니라 복합적인 양상으로 나타난다.

┃ 신선사상
중국 전국시대(戰國時代) 말기에 생긴 불로장수(不老長壽)에 관한 사상으로 봉래(蓬萊)·방장(方丈)·영주(瀛州)라고 하는 삼신산(三神山)의 존재와 그곳에 사는 신선을 믿는 사상

┃ 음양오행사상
우주나 인간의 모든 현상을 음과 양 두 원리로 설명하는 음양설, 이 영향을 받아 만물의 생성소멸(生成消滅)을 목(木)·화(火)·토(土)·금(金)·수(水)의 변전(變轉)으로 설명하는 오행설을 함께 묶어 이르는 말

┃ 풍수지리사상
삼국시대에 도입된 풍수사상은 산세(山勢)·지세(地勢)·수세(水勢) 등을 판단하여 도성(都

城·사찰(寺刹)·주거(住居)·분묘(墳墓) 등을 축조(築造)하는 데 있어 재화(災禍)를 물리치고, 인간의 길흉화복(吉凶禍福)에 연결시키는 설로써 중국의 전국시대(戰國時代) 말기에 시작되었으며, 신라 말기부터 활발하여져 고려시대에 전성을 이루어 조정과 민간에 널리 보급되었다. 또한 음양오행사상이나 도참사상(圖讖思想)과 결부되어 풍수도참설(風水圖讖說)이라고 하여 복합적인 사상을 나타내었다.

▌은일사상(隱逸思想)
현세적 정치사회의 밖으로 나가 초월적인 사고를 행하고자 하는 것이나 실은 개인생활의 평안이라는 현실적인 관심이 중심을 이룬다.

❷ 한국정원의 구성요소와 양식
(1) 지형과 입지
① 한국정원은 자연주의에 의한 자연풍경식 정원으로 지형의 아름다움을 잘 이용
② 숲이 우거진 산록에 맑은 시내가 흐르고 기암괴석이 둘러선 변화 있는 지형에 조성
③ 자연의 순리를 존중하여 인간을 자연에 동화시키고자 하는 조화로운 조성원리 – 인공이 자연 속에 동화되는 조영
④ 직선적인 공간처리
⑤ 조경의 터잡기는 자연을 생명체로 보아 지세를 허물지 않고 조영하며, 허한 곳이 있으면 인공으로 비보(裨補)

(2) 화목과 배식(配植)
1) 총론
① 품격이나 기개, 절개를 상징하는 나무를 즐겨 식재
② 실학사상의 영향으로 실용성에 비중을 두어 재식
③ 풍수설에 의한 배식 –「산림경제」
ㄱ 위치의 중요성을 강조하여 심는 장소에 따라 금하거나 권장
ㄴ 생태적 특성을 고려하면서 지형조건에 따라 풍수적 비보(裨補)의 의도로 방위 고려
④ 조선시대 주택 뒷마당의 화계(花階)에 즐겨 심겨졌던 수종 : 앵두나무, 살구나무, 능금나무, 철쭉, 진달래, 반송
⑤ 조선시대 가장 많이 사랑받은 식물 : 매, 송, 국, 죽, 연
⑥ 느티나무, 회화나무, 버드나무, 배롱나무, 모란, 복숭아, 살구, 자두, 석류, 포도 등도 많이 식재
2) 식재유형
① 낙엽활엽수 위주로 식재하여 계절감 표현
② 줄기가 곧은 것보다는 운치있는 곡간성(曲幹性) 수목과 자연스러운 타원형 수관 선호

▌석가산(石假山)
축산(築山)은 돌과 흙을 쌓아 만든 것을 가리키고, 가산(假山)은「고려사」의 기록으로 볼 때 장식을 위한 산의 모형물을 지칭하는 것이다. 그러나 후세에 와서 축산을 뜻하는 석가산이라는 말이 생기면서 석가산과 가산은 서로 혼동되어 쓰이는 경향이 나타난다.
중국에서 시작된 석가산의 축조는 자연의 기괴한 암석을 첩석하여 산의 형태로 정원을 꾸미는 양식으로 송나라 휘종 때 절정을 이룬다. 우리나라에는 고려 예종 때 도입된 것으로 보이며 그 시대의 조경요소 중 하나로 사용된다. 그 이전의 석가산에 대한 기록은 가산이나 축산이 혼동되어 사용된 경우로 보인다.

③ 화목을 매우 선호 – 붉은 색 꽃보다 백색이나 황색 꽃을 높게 인정

④ 분재, 취병, 절화 등 그릇이나 장치 사용

⑤ 화오나 화계를 도입하여 화목과 초화 식재

⑥ 화분을 사용하여 면적이 좁거나 추위에 약한 식물 도입

3) 상징적 의미와 사상을 반영한 식재

① 사절우(四節友) : 매(梅), 송(松), 국(菊), 죽(竹)

② 사군자(四君子) : 매(梅), 난(蘭), 국(菊), 죽(竹)

③ 세한삼우(歲寒三友) : 송(松), 죽(竹), 매(梅)

④ 매화, 난초, 연 : 군자의 꽃으로 불림

⑤ 대나무, 오동나무 : 태평성대 희구사상의 표현

⑥ 국화, 버드나무, 복숭아 : 안빈낙도의 생활철학

⑦ 죽림(竹林) : 노장사상의 죽림칠현에서 비롯된 은둔사상 내포

⑧ 목근화(무궁화) : 중국에서 우리나라를 상징한 꽃 –「지봉유설」

4) 화목의 종류

① 괴(槐 느티나무, 회화나무) : 동양의 원림에서 격이 높은 수목으로 궁중에 많이 식재

② 유(柳 버드나무) : 왕버들 종류로 연못가나 중도에 식재

③ 이(梨 배나무) : 우리민족이 대단히 좋아하는 수목으로 왕궁이나 사찰에 식재

④ 백(栢 잣나무) : 소나무보다 싱싱하고 거목으로 높이 자라서 높은 기상 상징

⑤ 모란(牡丹) : 신라 진평왕 때에 신라에 들어와 부귀를 상징하는 꽃으로 많이 식재

⑥ 매(梅) : 기개를 상징하는 꽃으로 선비들이 선호

⑦ 도리(桃李 복숭아나무, 오얏나무) : 복숭아꽃은 아름다운 여인의 자태를 상징하는 꽃으로 고구려, 백제, 신라의 궁궐에 많이 식재

⑧ 송(松 소나무) : 동양의 조원에 있어서 최고의 수목으로 푸른 절개를 상징

⑨ 죽(竹 대나무) : 신라에 있어서는 호국적 상징의 나무이고, 조선의 선비들은 절개를 상징하는 나무로, 사군자 중의 하나

⑩ 연(蓮 연꽃=荷花 하화) : 불교와 깊은 관련이 있고 유학자들은 성리학자인 주돈이(周敦頤)의 애련설(愛蓮說)에 의해 군자의 꽃으로 숭상

⑪ 척촉(躑躅 철쭉) : 신라의「헌화가」에 나오는 깊은 산속에 피는 야생화로 미인을 상징하는 꽃

⑫ 행(杏 살구나무, 은행나무) : 은행나무는 유학자를 상징하여 조선시대 서원이나 향교에 심어졌고, 살구나무는 과실과 약재로 유용하여 많이 식재

⑬ 상(桑 뽕나무) : 비단을 짜기 위해 궁에서도 식재 – 경복궁, 창덕궁 후원

▌화오(花塢)

마당 가장자리의 평지나 담장 아래에 장대석이나 사괴석, 자연석을 쌓고 흙을 채워 식물을 도입하는 형식으로 화단의 일종이다.

▌취병(翠屛)

한국의 전통적인 생울타리로 대나무를 시렁으로 엮어 낮게 둘러싸고 그 안에 키 작은 나무나 덩굴식물을 심어 가지를 틀어 올려서 문이나 병풍처럼 꾸민 것으로 시선을 가리거나 공간의 깊이를 더하기 위하여 또는 관상하며 즐기기 위하여 도입한다. 대나무, 향나무, 주목, 측백, 사철나무, 등나무 등을 이용한다.

⑭ 단목(檀木 박달나무) : 단군의 신단수와 관련이 있는 신목(神木)

⑮ 국화(菊花) : 절개를 지키며 속세를 떠나 지조 있게 살아가는 은자(隱者)에 비유

⑯ 난(蘭) : 지조 높은 선비의 절개 있는 여인으로 비유하며, 고결하여 그림에도 많이 출현

⑰ 석류(石榴) : 자손의 번영을 상징하는 화목으로 부엌 근처나 담장 안에 식재

⑱ 자미(紫薇 배롱나무) : 화려하고 영화로운 부귀와 다산의 상징

⑲ 근화(槿花 무궁화) : 우리나라 국화로 한 여름 오래 피는 중성적인 꽃으로 끈기와 항심(恒心) 지님

⑳ 작약(芍藥) : 화려한 꽃으로 작은 모란으로 부르기도 하며 귀한 벗으로 상징되는 약초

㉑ 벽오동(碧梧桐) : 봉황새가 쉬고 가는 나무라 하여 민화에 많이 등장

㉒ 치자(梔自) : 향기가 맑고 멀리 퍼지며 꽃이 희고 싱싱함

㉓ 산다(山茶 동백나무) : 상록수로 선비와 같은 기상이 있어 선우(仙友)라고도 지칭

㉔ 조(棗 대추나무) : 민가의 사립문 앞이나 마당가에 많이 심음

㉕ 모과나무 : 민가에서 열매의 향기가 좋고 과일이나 약재로도 많이 식재

㉖ 포도 : 다산을 상징하며 민가의 마당가에 과원 형성

㉗ 풍(楓 단풍나무) : 고려시대 이후 많이 심었고 창덕궁 후원(비원)에 다수 식재

㉘ 앵두나무 : 부엌이나 담장 밑에 많이 심는 과일

㉙ 주목 : 창덕궁 후원에 수백 년 된 주목들이 심어져 있음

㉚ 밤나무 : 제사를 올리는 과일로 후원이나 약간 떨어진 지역에 식재

㉛ 회(檜 향나무) : 제사에 향불을 피우는 나무로 제사와 관련된 지역에 많이 식재

5) 배식

① 꽃

㉠ 마당 앞 담 밑이나 뒤뜰 등 집 가까이 식재

㉡ 화분의 분재나 단을 심어 식재

㉢ 다년생 꽃은 괴석의 주위나 가산의 산자락과 큰 나무 앞에 심어 공간을 조화롭게 구성

② 나무

㉠ 숲을 이루게 하거나 군식 – 배경 조성

㉡ 보도나 담장 등의 선을 따라 식재 – 인공적 부조화 제거

㉢ 다른 물건에 덧붙여 식재 – 구조물 차폐나 돋보이게 하는 역할

ㄹ 단독식재 – 강조, 특징, 기념적 식재

③ 넝쿨 : 시렁이나 담장 등의 자연미 창출

④ 초(草) : 지면의 피복, 분재, 연못 채소 등

(3) 조원 건축물

① 문(門) : 영역을 표시하는 구조물로 내외의 상징적 구조물

② 대(臺) : 바라보고 관찰하거나 감시나 감상을 하는 시설

  ㄱ 천문 관찰 : 첨성대, 관천대, 자온대, 조룡대, 천정대, 희녀대

  ㄴ 적의 감시 : 동장대, 서장대, 수어장대

  ㄷ 통신 시설 : 봉수대

  ㄹ 경치 감상 : 경포대

③ 루(樓) : 중첩하여 지은 높은 집으로 감시나 감상을 하는 시설

  ㄱ 삼국시대 : 고구려 안학궁 성문, 백제 망해루, 신라 망은루, 명학루, 월상루

  ㄴ 조선시대 : 경복궁 경회루, 창덕궁 주합루, 남원 광한루, 밀양 영남루, 진주 촉석루, 삼척 죽서루, 평양 부벽루, 안변 가학루, 청풍 한벽루, 안동 영호루 등

  ㄷ 사찰 : 봉정사 만세루, 부석사 안양루, 해인사 구광루, 전등사 대조루, 화엄사 보제루, 장곡사 운학루

  ㄹ 서원 : 옥산서원 무변루, 필암서원 확연루, 병산서원 만대루

④ 각(閣) : 누각의 형식을 띤 건축물 – 백제의 임류각

⑤ 정(亭) : 경치 좋은 곳에 휴식하기 위하여 건립한 집

  ㄱ 연못가나 산마루, 언덕 위에 배치하거나 집 뒤뜰의 한적한 공간에 배치

  ㄴ 이규보는 '사방이 툭 트이고 텅 비고 높다랗게 만든 것'으로 정의 – 「사륜정기(四輪亭記)」

  ㄷ 중국의 계성은 '여행하는 사람이 잠시 정지하여 쉬는 곳'으로 정의 – 「원야(園冶)」

⑥ 사(榭), 당(堂), 재(齋), 헌(軒), 관(館), 전(殿), 사(詞) 등

(4) 물의 이용과 지당

1) 물의 이용방법

① 계간(溪澗) : 물의 흐름을 이용한 것

② 계담(溪潭) : 흐르는 물을 막아 만든 못

③ 지당(池塘) : 물의 고이는 성질을 이용한 것

④ 여울 : 물의 넘치는 성질을 이용한 것

⑤ 폭포 : 물의 떨어지는 성질을 이용한 것

2) 입수방법 : 물을 끌어들일 경우 수로나 나무 홈대 사용

① 현폭(懸瀑) : 물이 요란하게 소리내며 떨어져 들어가게 만든 것 – 신라

┃ 정자의 평면형태

① 정사각형 : 애련정, 태극정, 승재정, 농수정, 괘궁정, 청의정(지붕은 팔각형)

② 장방형 : 몽답정, 취규정, 희우정, 취한정, 함인정, 농월정, 거연정, 관란정, 피향정

③ 육각형 : 존덕정, 상량정, 향원정, 백화정, 환벽정, 가학정

④ 팔각형 : 봉서정, 삼련정

⑤ 정자형(丁字形) : 심수정, 열화정, 활래정, 청암정, 세검정

⑥ 십자형 : 부용정

⑦ 아자형(亞字形) : 방화수류정

⑧ 부채꼴 : 관람정

안압지, 비원 애련지

② 자일(自溢) : 물을 조용히 자연스럽게 흘러 들어가게 한 기법 – 미륵사 연못, 경복궁 향원지

③ 잠류(潛流) : 물이 지하로 잠겨 스며들게 하여 연못 바닥에서 솟아나게 한 기법 – 불국사 구품연지, 경회루 방지

3) 수출의 방법 : 무너미 시설이나 출수구의 구멍을 상·중·하로 만들어 수면 조절 – 경주 안압지

4) 연못의 축조

① 신라 때부터 민가에서는 다듬은 돌의 사용을 금하여 조선시대까지 이어짐 – 「삼국사기」, 「경국대전」

② 궁궐의 연못은 다듬은 장대석을 사용하여 강한 인공의 질감 표현

③ 민가나 사찰은 자연석을 사용하여 자연의 아름다운 조화 표현

④ 천원지방(天圓地方)사상의 영향으로 방지와 못 안에 섬을 만든 중도식(中島式) 못을 많이 조성 – 방지원도, 방지방도

5) 못 주변의 식재

① 못 안에는 연꽃을 많이 식재

② 못가에는 참나무, 왕골, 쑥, 갈대 식재

③ 가산에는 소나무, 오죽, 신나무, 두견화, 철쭉, 석죽(패랭이꽃), 버드나무 식재

④ 중도에는 소나무, 배롱나무, 버드나무, 대나무, 철쭉 등 식재

(5) 괴석의 설치

① 평양 고구려 정릉사지 석가산 유적과 신라 안압지가 대표적

② 괴석의 석가산은 신선(神仙)의 세계관을 조성한 상징주의적 축경식 조경기법

③ 고려시대 왕궁의 원유 속에 괴석을 설치한 석가산이 많이 조성되었고, 조선 초까지 전래

④ 석가산 수법은 고려 중기 이후 궁궐은 물론 주택정원에 널리 성행되어 별서정원에도 애용 – 강희맹 「가산찬(假山贊)」, 서거정 「가산기(假山記)」, 정약용 「다산화사이십수(茶山花史二十首)」, 김조순 「풍고집(楓皐集)」

⑤ 조선 중기 이후 석가산 수법이 줄어들고 괴석을 단일한 형태로 배치하는 수법 발달 – 강희안 「양화소록(養花小錄)」, 정약용 「다산사경첩(茶山四景帖)」

⑥ 화계의 석분이나 화오, 화계에 배치하고 연못이나 담장 아래 배치

⑦ 「개자원화전(芥子園畵傳)」 : 돌을 그리는 화법이 기록된 책으로 조원 속에 괴석을 설치하는 구성에도 이용

(6) 조산

① 토성이나 토축, 제방 같은 것과 봉토분을 조성하는 기법 발전

▌방지원도(方池圓島)
방지는 조선시대 가장 흔히 조성된 연못의 형태로 유교 경전인 주역과 음양오행설의 가르침에 따라 네모난 생김새의 연못 윤곽은 땅, 즉 음(陰)을 상징하고, 못 속의 둥근 섬은 하늘의 둥근 것을 가리키는 것으로 양(陽)을 상징하는 천원지방(天圓地方) 사상을 나타낸 것이다. 이것은 음양이 결합하여 만물이 생겨난다는 것으로 유교문화가 정원에 영향을 미친 한 단면으로 볼 수 있다. – 궁남지, 향원정, 부용정, 망묘루, 윤증고택, 운조루, 하엽정, 광한루, 다산초당, 임대정 등

▌방지방도(方池方島)
못 속의 섬을 네모지게 만들어 배치 – 강릉 활래정, 부용동 세연정, 경남 국담원, 경복궁 경회루

② 삼국시대부터 왕궁 내에 연못을 파고 조산하여 조원

③ 연못가나 못 속의 섬들을 조산 – 경주 안압지, 부여 궁남지

④ 풍수사상에 의하여 산세의 줄기가 허하다고 판단되면 산줄기를 보비하기 위하여 조성 –「태조실록」

(7) 기구

① 석지(石池) : 돌로 만든 물을 담은 용기

② 석조(石槽) : 물을 받는 기능을 하거나 흙이나 모래를 가라 앉히는 기능

③ 유배거(流盃渠) : 유상곡수연(流觴曲水宴)의 청유(淸遊) 놀이를 하는 시설

④ 석탑(石榻 돌의자), 평상, 배, 문, 조각물, 물레방아 등

(8) 담장

① 한국의 조원에 있어 대단히 중요한 역할

② 원내와 원외의 경계 표시로 사람에게 위압감을 주지 않게 조성

③ 담장이 하나의 조형적 요소로 작용

④ 계단식으로 경사면에 설치되거나 수로의 위에 설치되기도 하며, 경관의 감상을 위한 특수한 형태로 발전 – 소쇄원, 독락당

(9) 다리와 보도

① 강이나 연못 위를 거닐며 수경을 즐기며 감상하는 기능

② 조원공간 속에서 경관을 조성하는 조영물

③ 풍수사상에 의하여 명당수 위에 다리 설치

❸ 시대별 특징

(1) 원시시대(삼국시대)-힘의 예술

① 결구(結構)가 웅건하고 장엄하며, 표현이 요약적

② 세부적인 면 대신 위의(威儀)에 중점을 두어 힘을 과시하는 조경수법 전개

(2) 고대(통일신라)-꿈의 예술

① 세련된 외래문화인 불교와 새로운 의식이 가미되어 예술이라는 꽃이 피기 시작한 시대

② 조경예술도 과거의 산만한 구상을 버리고 화려하고 기교적인 수법으로 주위 경관과 조화

(3) 중세시대(고려시대)-슬픔의 예술

① 봉건사회에서 싹튼 도시문화와 귀족문화의 타락이 고려의 시대성 대변

② 민중의 절망적인 감정과는 반대로 귀족사회는 향락적 낭만에 젖어 그 기법이 일반적인 면을 상실

③ 집권자들은 민가나 저택을 수탈하여 이궁과 별궁을 짓고 화훼와 진금기수를 수입하여 화려하게 조영

(4) 근세시대(조선시대)-멋의 예술

∥ 담장의 종류

① 바자울 : 싸리나무나 갈대, 대나무, 수수깡이, 소나무 가지 등으로 울타리를 엮어 만든 것

② 돌각담 : 자연석을 사용하여 흙을 메기거나 화장줄눈을 치지 않은 담

③ 사괴석담 : 돌을 한 뼘 정도의 크기로 반듯하게 다듬어서 장석의 기초위에 쌓고 화장눈을 바른 것으로 왕궁의 담으로 쓰이며, 일반 민가나 사찰에서는 사용하지 않음

④ 토석담 : 황토나 진흙에 자연석을 혼합하여 쌓은 담으로 일반 민가에서 많이 사용

⑤ 영롱석(玲瓏石)담 : 면이 고른 자연석을 틈을 맞추어 쌓아 돌의 간격이 밀착되도록 하고 돌과 돌 사이에는 화장줄눈을 바른 담으로 왕궁의 담이나 사찰의 담에서 많이 보임

⑥ 면회(面灰)담 : 담 표면에 회를 발라 하얗게 만들거나 회벽에다 기와나 전벽돌을 박아서 무늬를 낸 담으로 여러 가지 무늬담이나 전축(塼築)담, 화문장(華紋墻) 등이 있음

① 유교를 국시로 삼아 소박하고 건실한 정신이 이조시대의 대표적인 이념
으로 등장

② 사화당쟁으로 말미암아 노장사상에 기인하는 처사도를 근간으로 한 은
일사상(隱逸思想) 태동

ㄱ. 대의에 벗어날 때 야(野)로 돌아가 묻혀 버리는 소극적 저항

ㄴ. 유교적 충군애국이 이루어지지 않음으로 생기는 근심을 풍월을 벗 삼
아 덜어내려 함

ㄷ. 산간벽지에 많은 별서의 경영

③ 유교정신의 태극에 관한 이론은 이조시대 정원양식 가운데서 지당수법
(池塘手法)에 큰 영향

④ 풍수설의 성행은 택지의 선정에 영향을 주어 독특한 후원양식(後園樣式) 발생

2>>> 원시 및 고대의 조경

1 고조선시대

① 노을왕(魯乙王)이 즉위하면서 유(囿)를 만들어 짐승을 키움 – 정원에 관
한 최초의 기록(3900년 전) – 「대동사강」 제1권 '단씨조선기'

② 의양왕 원년(BC590) 청류각(淸流閣)을 후원에 세워 군신과 연회 – 누각
이 있는 후원 존재 – 「대동사강」

③ 천노왕 8년 흘골산에 높이 500장(丈)의 구선대(求仙臺)를 문석(紋石)으
로 축조 – 산악신앙 – 「삼국유사」

④ 수도왕 11년 패강(浿江 현 대동강) 속에 신산(神山)을 쌓고 그 위에 누
대(樓臺)를 만들어 장식 – 신선사상 – 「삼국유사」

⑤ 제세왕 10년(BC180) 궁원의 도리(桃李)가 만발 – 복숭아와 배나무 등을
정원수로 식재 – 「대동사강」

2 삼국시대

(1) 고구려(BC37~668)

1) 시대적 특징

① 중국의 문화를 비판적 태도로 받아들여 한국 고대 문화를 이룩하는
선도적 역할

② 자주성을 가진 문화로, 진취적이며 정열적이고, 규모가 크고 정연하
며, 정형화된 유형

③ 중국이나 서역의 문화를 받아들여 정리하고 백제와 신라에 전달

④ 소수림왕 2년(372) 태학을 설치하고 불교도 공인됨에 따라 백제와 신

대동사강(大東史綱)
1929년 김광(金光)이 쓴 책으
로 단군조선에서 순종황제까
지의 역사가 기록되어 있으나
근거가 되는 사료는 명시되지
않았으며, 정사와 야사를 두루
역은 책이다.

고조선의 유(囿)
유는 '나라동산(苑有垣 원유
원)'이라는 뜻으로 원유(園囿
·苑囿) 또는 유원(囿苑) 등의
낱말로 나타나며, 모두 새와
짐승을 놓아기르는 동산이라
는 의미를 가지고 있다.

라에 영향

⑤ 일찍이 음양오행사상(陰陽五行思想)이 들어오고, 고구려 말기에 도교
가 들어와 불로장생과 신선사상이 크게 유행

2) 경원

① 동명성왕시대에 일곱 모로 다듬어진 주춧돌 위에 기둥을 세우는 고급
건축수법이 있음을 짐작

② 유리왕시대에 궁원을 맡아 보는 관직이 있었음 – 「동사강목」

③ 소수림왕 2년(372) 불교가 전해지며 초문사(肖門寺), 이불란사(伊佛蘭寺)
창건

④ 장수왕 15년(427)에 평양 천도 후 대성산성(大成山城) 축조

⑤ 안학궁지(安鶴宮址 장수왕 15년, 427)

㉠ 장안성(長安城 현 평양시 일대) 내 대성산성 아래 대동강가의 평지
에 한 변이 622m인 380,000m² 규모의 궁성 축조

㉡ 궁전의 중심부는 엄격한 대칭으로 배치, 주변의 건물들은 중심부 건
물과 어울리게 기하학적으로 배치 – 남궁, 중궁, 북궁으로 구분

㉢ 남쪽 궁전과 서문 사이의 정원이 가장 크고, 동산과 자연곡선형 연
못, 경석(괴석), 정자 등 배치

㉣ 왕궁 동남쪽의 수구문 안쪽 공간의 정원터에 한 변이 70m인 정방형
연못 배치

㉤ 북문과 북쪽 내전 사이에 조산(造山)을 하고 정자 설치

㉥ 북쪽의 성벽을 따라 물이 들어와 남쪽으로 흘러서 나가는 수구문(水
口門)과 성곽의 동서에 해자(垓字) 설치

㉦ 남문으로부터 포석(鋪石)도로와 여러 건물을 연결하는 구름다리, 회
랑을 설치하고, 연못의 주변에 축산

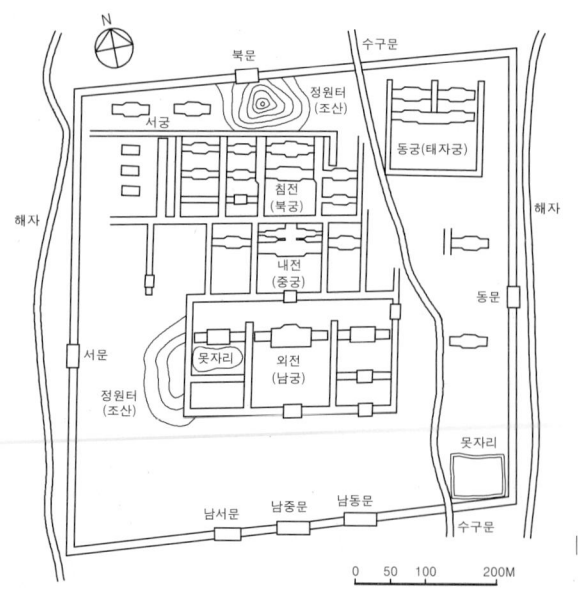

| 안학궁 배치도 |

0 50 100   200M

⑥ 동명왕릉 진주지(眞珠池)

  ⊙ 평안남도 중회군에 있는 동명왕릉 서쪽 400m 지점에 위치한 방형연못

  ⓛ 연못 안에는 봉래·영주·방장·호량이라는 4개의 둥근 섬 배치 – 신선사상 영향

  ⓒ 바닥에는 자갈이 깔려 있고, 탄화된 연꽃씨가 발견되어 연(蓮)이 무성하였던 것으로 추정

⑦ 청암리 사지(淸岩里 寺址)

  ⊙ 궁실배치의 기본형인 오성좌위(五星座位)의 공간구성에 따른 배치

  ⓛ 팔각전(八角殿)을 중심으로 한 배치법이 이 시대의 전형을 이룸

  ⓒ 한대(漢代)의 천문점성사상(天文占星思想)에서 유래

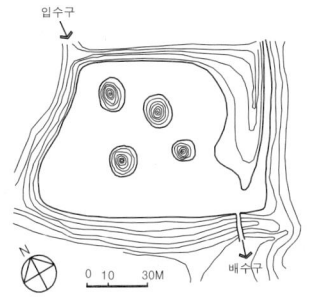

| 진주지 평면도 |

(2) 백제(BC18~660)

1) 시대적 특징

① 중국문화의 수입과 전달에 큰 역할을 하여 신라와 일본의 문화 형성에 기여

② 궁궐 조영수법과 토목·건축기술, 원지를 축조하는 조경기술이 발달하여 신라와 일본에 전파 – 법륭사(法隆寺), 노자공의 수미산과 오교

③ 고구려와 유사한 문화적 특색이 있었으나 점차 온화하고 유려한 문화 이룩

④ 백제의 예술은 귀족적 성격이 강하여 우아하고, 미의식이 세련되었으나, 지방의 토착문화를 육성시키지 못함

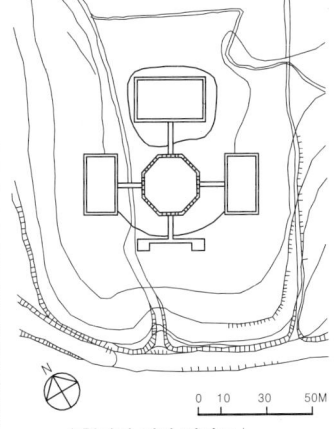

| 청암리 절터 평면도 |

2) 경원

① 온조왕 20년 천제단(祭天壇)을 쌓아 천지(天地)에 제사 – 원시적 조경

② 침류왕 원년(384) 불교가 전해져 한산(漢山)에 불사 창건 – 사찰조경의 효시

③ 진사왕 7년(391) 궁실을 중수(重修)하며 못을 파고, 석가산을 쌓아올리고, 진기한 물새와 기화요초(琪花瑤草)를 가꾸어 즐김

  ⊙ 우리나라 사적에 처음으로 정원에 관한 구체적인 기록 – 「삼국사기」, 「동사강목」, 「대동사강」

④ 임류각(臨流閣) – 「동사강목」, 「삼국사기」

  ⊙ 우리나라 정원 중 문헌상 최초의 정원

  ⓛ 동성왕 22년(500) 웅진궁(熊津宮) 동쪽에 높이가 5장(丈)이나 되는 높이의 누각 축조

  ⓒ 계곡의 물을 이용하여 연못을 만들고 진기한 새를 기름

⑤ 궁남지(宮南池) – 「동사강목」, 「삼국사기」

  ⊙ 무왕 35년(635) 사비궁(泗沘宮) 중수(重修) 후 왕흥사(王興寺)와 남쪽에 방상 연못 축조

  ⓛ 연못은 20여 리 밖에서 물을 끌어들여 채우고, 못 가운데에 방장선

▍임류각(臨流閣)

임류각의 높이가 5장(약 15m)이나 되는 높은 누각이기 때문에 누상에서 내려다보면 금강의 곡류가 눈앞에 전개되고, 못물에서 재롱대는 진기한 새들의 자태도 즐길 수 있는, 즉 원경(遠景)과 근경(近景)을 감상할 수 있는 기능을 가진다.

▍궁남지(宮南池)

궁남(宮南)에 연못을 파고 물을 20여 리나 되는 곳에서 끌어들였다고 하는 것은 집권자의 권력을 과시한 것으로 보이며, 연못 속에 섬을 쌓는다는 것은 방장선산(方丈仙山)을 상징시킨 것으로 한(漢)나라 때 금원(禁苑)인 태액지(太液池) 속에 삼신산(三神山)—영주·봉래·방장—을 만들어 불로장생을 희원했던 신선사상에 입각한 작정(作庭) 수법을 본뜬 것이다.

산을 상징시킨 섬을 9,500여 평 크기로 축조

ⓒ 물가에 능수버들이 식재되고, 섬에는 누각과 남쪽 호안으로부터 다리 가설

⑥ 의자왕 15년(655) 왕궁 남쪽에 망해정(望海亭)을 짓고 태자궁을 호화롭게 중수

⑦ 석연지(石蓮池)

ㄱ 부여의 왕궁지(王宮址)에 남아 있던 것으로 지름 약 1.8m, 높이 1m 정도의 거대한 정원용 점경물(點景物)

ㄴ 화강암질의 암석을 가지고 어항과 같은 생김새로 만들어 물을 담아 연꽃을 심어 즐기던 것

ㄷ 조선시대로 들어와 세심석(洗心石)의 형태로 발전

| 궁남지 전경 |

(3) 신라(BC57~668)

1) 시대적 특징

① 고구려와 백제를 통하여 간접적으로 문물을 받아들여 문화발전이 가장 늦음

② 소박한 옛 전통이 오랫동안 남아 있었으나 고구려, 신라, 중국 등의 요소를 종합하여 독특한 신라문화 형성

2) 경원

① 실성왕 12년(413) 신체림(神體林)의 조성 - 원시적 산악신앙

② 눌지왕 19년(435), 소지왕 9년(487) 조상의 분묘에 대한 조경사업 실시 - 「삼국사기」

③ 소지왕 9년(487) 명활성(明活城) 속에 천천정(天泉亭)을 지어 달을 구경 - 중국 북조의 영향

④ 법흥왕 15년(528) 불교를 국교로 정하고, 불사 조영에 적극적이고 선봉적인 역할 - 흥륜사(興輪寺), 영흥사(永興寺)

⑤ 진평왕 49년(627) 당나라로부터 모란(牡丹)씨가 도입되고, 선덕왕 때부터 궁원에서 모란이 나타남 - 「대동사강」

| 석연지 |

▌신라의 동향문화(東向文化)

신라의 동향문화는, 박혁거세의 '밝다'의 의미가 태양과 연상되어 작용하고, 탈해왕이 동해의 용성국(龍城國)에서 도래했다는 '동쪽', 그리고 우리나라의 여러 고분에서 흔히 볼 수 있는 동침풍습(東枕風習) 등에서 그 전래적 유래를 찾아볼 수 있으며, 기타 설화, 지명 등에서 태양 또는 일출에 상관된 인식의 구체적 형상들이 전해지고 있다.

❸ 통일신라(668~935)

(1) 총론

① 통일 후 고구려와 백제의 문화를 융합하고, 성당(盛唐)문화를 가미하여

한층 세련된 문화의 극성기를 이룸

② 귀족문화가 발달하여 사치스럽고, 호화로우며 퇴폐적

③ 퇴폐적 향락성에 반발하여 은둔적 경향이 생기고, 도교, 노장사상과 더불어 성행

④ 예술은 이상과 현실이 조화를 이루고, 통일과 균형의 미를 통해 불국토(佛國土)의 이상을 실현하려는 의도를 보임

⑤ 말기에는 중국에서 유행하던 풍수지리설(風水地理說)이 전해졌고, 후에 도참사상(圖讖思想)과 결부

⑥ 왕경(王京)을 확장하고 시가지 가로망 형성에는 정전법 사용 – 약 120m 정도의 간격을 둔 격자형 구획

(2) 경원

1) 임해전(臨海殿)과 안압지(雁鴨池) – 월지

① 문무왕 14년(674) 궁 안에 못을 파고 석가산을 만들어 화초를 심고 진기한 새와 짐승 사육 –「삼국사기」

② 당나라 장안성의 금원을 모방하여 연못과 무산십이봉(巫山十二峰)을 본뜬 석가산 축조, 정면(서쪽)에 임해전을 세워 군신과의 연회 및 외국 사신의 영접에 사용하였으며, 연못은 '안압지'라 지칭 –「동사강목」

③ 월성에 있던 동궁(東宮 679)의 궁원으로 당시에는 월지(月池)라 지칭

④ 연못은 동서 약 200m, 남북 약 180m의 방형구역(方形區域) 안에 'ㄱ'자형에 가까운 모양을 이룸

⑤ 연못은 호안석을 쌓아서 만들었으며, 주위의 길이는 약 1,260m, 면적은 약 15,650m²

㉠ 호안의 5개소 건물지(建物址) 기단은 물속에 잠겨있는 괴석(塊石)을 면만 골라 그대로 사용하고 노출되는 부분은 장대석 사용

㉡ 건물지 기단 이외에는 크기 30cm×20cm되는 사괴석에 가까운 화강암을 사용하여 상하 2단으로 쌓아올렸고, 건물지 서안의 하단과 같은 높이로 축조(연못 내 세 섬도 동일)

㉢ 모든 호안석축 하단부에 직경 50cm 정도의 냇돌을 80~120cm 간격으로 석축에 기대어 배치 – 석축보강

㉣ 건물지 기단을 제외한 모든 호안석축 상면 곳곳에는 괴석에 가까운 생김새의 바닷가 돌 배치 – 바닷가 경관 조성

⑥ 남안과 서안이 동안과 북안보다 약 2.5m 가량 높게 조성 – 신라의 '동향문화' 내포

⑦ 남안(南岸)과 서안(西岸)은 직선적인 호안석축(湖岸石築)에 의해 처리하고 건축물 배치

㉠ 임해전은 서쪽의 남북축선상에 좌우 대칭적으로 배치

■ 통일신라의 도성계획(都城計劃)
신라는 개국 이래 경주를 떠난 적이 없어 왕경(王京)이 시대가 발전하며 확장되어 간다. 금성(金城)에서 시작되어 월성(月城)이 축조되며 주로 황룡사를 중심으로 확장되어 간 것으로 보이며, 도성은 정전법(井田法)에 의한 가로망 계획으로 시작되나 후에는 정전식(井田式) 가로망이 쇠퇴한다.

■ 임해전(臨海殿)과 안압지(雁鴨池) – 월지
임해전은 '바다에 있는 전각'이란 뜻 그대로 안압지를 바다로 표현하여 구상한 전각이다. 건축물은 정형적인 구조를 가진 대칭적 수법에 의해 배치되어 있으나, 연못은 바다의 경관을 본떠 심한 굴곡을 가진 연못으로 만들었다. 서쪽인 전각에서 동쪽을 바라보는 관상식 정원으로 볼 수도 있고, 뱃놀이를 한 것으로 보아 주유식 정원으로 볼 수도 있는 산수풍경식 궁원의 기본형식으로 볼 수 있다.

ⓛ 임해전의 부속건물은 연못의 남쪽에 배치

⑧ 북안(北岸)과 동안(東岸)은 복잡·다양한 곡선으로 굴곡진 호안으로 석축이 가해져 있는 궁원 배치

　㉠ 북쪽은 굴곡이 있는 해안형 호안

　㉡ 동쪽은 반도형으로 중국의 무산을 표현한 12개 봉우리의 석가산 배치

　㉢ 심하게 굴곡진 물가의 선은 시각적으로 원근감을 주기위한 수법

　㉣ 경석(景石)은 돌의 모가 첨예한 부분을 정면으로 사용

⑨ 연못 안에 3개의 섬 배치 – 삼신선도

　㉠ 동남쪽 모퉁이에 동서 50m, 남북 32m로 300평 정도의 타원형 섬

　㉡ 북서쪽 구석진 곳 가까이에 동서 34m, 남북 30m인 200평 정도의 구도(龜島)형태의 섬

　㉢ 중앙부에 동서 10.3m, 남북 7.5m의 20평 정도의 정호석(庭湖石)의 생김새로 꾸며진 제일 작은 섬

⑩ 임해정(臨海亭)이 있는 연못의 북동 구석에 축조된 호안석축부분의 돌계단은 선착장으로 보이며, 뱃놀이를 한 흔적도 발견

⑪ 교묘하게 설계된 도수로(導水路 입수구)와 배수로(출수구) 설치

　㉠ 남동쪽 구석에 입수구가 있어 남천(南川)에서 물을 끌어들이고, 유사지(留砂池 2단의 석조)를 지나 수로에 연결

　㉡ 수로를 지나 작은 연못을 거쳐 작은 폭포를 이루며 안압지에 입수되며 물이 떨어지는 곳에 흙의 패임을 방지하는 반석 설치

　㉢ 출수구는 북안 서편에 연못의 수위를 일정하게 유지할 수 있는 구조로 설치 – 상·중·하로 구멍을 만들어 수위조절

　㉣ 연못의 수심은 2m 안팎이며, 못 바닥은 강회로 다져 놓고 바닷가에서 나는 조약돌을 전면적으로 포설

　㉤ 연꽃은 2m 내외의 정자형(井字形) 나무틀에 심어 물속에 넣었던 것으로 추측

안압지의 치석(置石)기법

① 특치(特置) : 특별한 하나의 돌을 세워서 놓는 것

② 산치(散置) : 한 면이나 두 면이 아름다운 돌을 하나씩 흩어 놓는 것

③ 군치(群置) : 돌 여러 개를 모아서 세우거나 눕혀서 무리로 암산 같은 것을 상징한 것

④ 첩치(疊置) : 여러 개의 돌을 겹쳐 쌓아서 포개놓은 것으로 조산지역에서 볼 수 있음

| 안압지의 경석 |

| 입수구 2단 석조 |

| 안압지 전경 |

| 안압지 배치도 |

안압지의 입수(入水)수법

안압지의 입수 수법을 보면 매우 정교하게 꾸며져 그 당시의 조경수법에 놀라움을 금치 못한다고 한다. 또한 입수구의 배치는 일본의 조경수법에 영향을 미친 듯 하며, 후지하라시대(헤이안시대 859~1068)에 발달한 침전식 정원의 연못에 물을 끌어들이는 견수(遣水 야리미즈)수법은 안압지의 수법을 본떠 그들의 기호에 맞도록 변형시킨 것으로 본다.

2) 포석정(鮑石亭)
  ① 왕이 술을 들면서 즐길 수 있도록 마련된 위락적 성격의 별궁 –「삼국유사」,「삼국사기」,「동국여지승람」
  ② 현재 건물은 없어지고 마른 전복(포어 鮑漁)모양의 돌로 축조된 곡수거(曲水渠 물도랑)만 존재
  ③ 축조 시기는 알 수 없으며, 왕희지의 「난정기」에 나와 있는 유상곡수연에서 유래된 것으로 추측
  ④ 물도랑의 길이는 22m 가량이고, 전체의 지름은 가장 넓은 부분(남북 방향)이 6.53m 정도, 좁은 부분(동서방향)이 4.76m 정도
  ⑤ 도랑단면의 크기는 너비 35cm, 깊이 26cm, 높이차 5.9cm
  ⑥ 최근에는 왕과 귀족들의 중대한 회의 장소 또는 제사장소이기도 했다는 학설 제기
3) 계림(鷄林)
  ① 신라 왕궁의 상원(上苑)기능을 한 것으로 추측
  ② 시조의 탄생과 관련된 신림(神林)으로 제사를 지낸 기록
  ③ 왕버들과 느티나무숲 가운데 개울이 관통
4) 만불산 가산(萬佛山 假山) –「삼국유사」
  ① 경덕왕(742~765)이 당의 대종(代宗)에게 선사한 가산으로 신라의 석가산 축조 수법이 뛰어났음을 보여주는 단초로 봄
  ② 석가산과 달리 임시적 장식물로 보는 견해도 있음
5) 상림원(上林園) – 함양읍 대덕리

| 포석정 |

유상곡수연(流觴曲水宴)

왕희지가 문인들을 난정(蘭亭)에 불러, 굴곡진 물의 흐름에 잔을 띄워, 그 잔이 자기 앞을 지나쳐 버리기 전에 시 한 수를 지어 잔을 들어 마셨다는 풍류놀이를 말한다.

① 신라 진성여왕(887~897) 때 당시 함양태수를 지내던 최치원이 홍수 피해를 막기 위한 호안림으로 조성한 인공림

② 상림과 하림(下林)으로 나누어져 있고 전체를 대관림(大館林)이라 지칭

6) 사절유택(四節遊宅)

① 헌강왕(875~886) 때 사절유택이라는 풍습 존재

② 철에 따라 자리를 바꾸어 가면서 놀이를 즐겼던 귀족의 별장을 놀이 장소로 삼은 것

　㉠ 봄 : 동야택(東野宅)

　㉡ 여름 : 곡양택(谷良宅)

　㉢ 가을 : 구지택(仇知宅)

　㉣ 겨울 : 가이택(加伊宅)

③ 별서정원의 효시로 봄

7) 최치원의 은서생활(隱棲生活)

① 당(唐)에서 등과(登科)하고 헌강왕 11년(885) 귀국하였으나 난세(亂世)로 어지러워 벼슬에 뜻을 버리고 은서생활

② 산림이나 강가를 소요하면서 별서(別墅)를 짓고, 송죽(松竹)과 더불어 공부에 힘쓰며, 풍월을 즐김

③ 경주의 남산(南山), 영주(현재의 의성)의 빙산(氷山), 합천의 청량사(淸凉寺), 지리산 쌍계사(雙溪寺), 합포(현재의 창원)의 별서 등

④ 최후에는 가야산 해인사(海印寺)로 옮겨 생활 – 해인사 밑 계류(溪流)의 홍류동(紅流洞) 유적

⑤ 별서를 지어 은서생활을 하는 풍습이 이때부터 비롯되었다고 추측

4 발해(698~926)

① 고구려 유민에 의해 세워져 고구려적 문화 잔존

② 상경, 중경, 동경, 남경, 북경의 5경(京) 설치

③ 도성의 계획은 정전법에 의한 격자형 도로망 형성

④ 상경용천부(上京龍泉府) 궁궐 – 중국 흑룡강성 영안현

㉠ 내성의 남북 중심축의 끝인 북쪽에 위치하여 위상 강조

㉡ 도시에서 가장 중심이 깊고 안전한 곳에 대칭으로 건물 배치

㉢ 궁원은 궁성의 동쪽구역에 위치

　a. 궁원은 북쪽으로부터 남쪽으로 점차 낮아지는 지형에 위치

　b. 북쪽에 담으로 막은 여러 개의 안뜰 위치

　c. 남쪽에는 인공적으로 파서 만든 연못과 2개의 섬과 그 위에 8각 정자터 발굴

⑤ 「발해국지」의 기록을 보면 발해의 정원도 화려했음을 추론

▌신라에 전해진 차(茶)

흥덕왕 2년(828) 대렴(大廉)이 당나라에 갔다 오면서 차의 종자를 가지고 와서 지리산에 심음으로써 시작되고, 이후 차의 재배가 전국적으로 성행하였다.

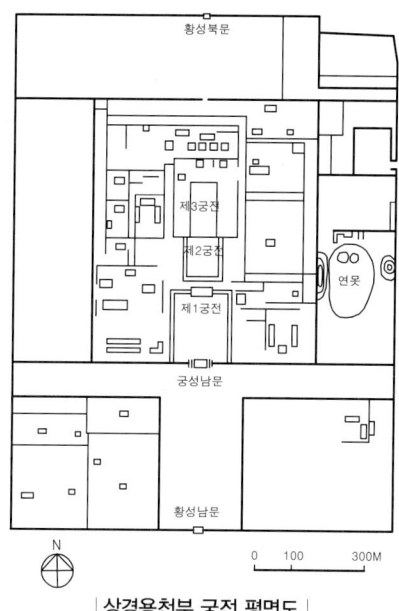

|상경용천부 궁전 평면도|

3>>> 중세(中世)의 정원 − 고려시대(918~1392)

1 총론

① 왕도를 개경(開京 개성)에 두고 평양을 서경(西京), 경주를 동경(東京), 서울을 남경(南京)으로 하여 삼경(三京) 설치

② 태조가 개성(開城)에 도읍을 정한 것은 풍수지리설(風水地理說)의 영향이 크게 작용

③ 풍수도참설이 성행하여 국사(國事)나 민간의 일상생활에도 영향

④ 숭불정책(崇佛政策)과 훈요십조(訓要十條)에 의해 사탑 및 사원의 건축 성행

⑤ 불교와 왕족·귀족의 향락적 호화생활을 중심으로 문화 발전 − 강한 대비효과와 사치스러운 양식 발달

⑥ 외국으로부터 조경식물이 도입되어 화원 장식

⑦ 궁궐의 정원을 맡아보는 관청을 설치 − 내원서

⑧ 관상위주의 정원으로 휴식과 조망을 위한 정자 발달

⑨ 화원, 석가산, 격구장 등의 새로운 형식 발현

2 궁궐조경

(1) 만월대(滿月臺)

① 발어참성(勃禦塹城)에 둘러싸인 고려시대의 정궁(正宮)으로 풍수지리상 명당지세에 축조

② 산록지형에 따라 높은 곳에 위치하며 몇 개의 단으로 건축

▌내원서(內園署)

고려 문종(1046~1083) 때 모든 원(園·苑) 및 포(圃)를 맡은 관청으로 출발하여 충렬왕 34년(1308) 사선서(司膳署)의 관할이 된다. 금원의 축조나 개수·관리 등을 체계적으로 시행하게 한 것은 우리나라 역사상 처음이며, 이 제도는 조선 말기에 이르기까지 계속된다.

③ 고목이 우거져 산사와 같은 풍치를 가진 자연수림 속에 궁궐 배치 - 「고려도경」, 「주례고공기」

④ 궁전의 배치는 전조후침(前朝後寢)의 형식으로 이루어지나 가변성을 지님

⑤ 동지(東池) - 금원의 하나로 봄

　㉠ 고려 초부터 말까지 궁궐의 동쪽에 위치한 원지

　　a. 경종 2년(977) 동지에 배를 띄워 시험을 봄

　　b. 정종 4년(1038) 학, 거위, 산양 등의 사육비용이 많이 듦

　　c. 정종 11년(1045) 동지에 귀령각(龜齡閣) 축조

　　d. 예종 10년(1115) 동지에서 무사(武士) 선발

　　e. 공민왕 원년(1351) 왜선(倭船)을 잡아 동지에 띄워 구경

　㉡ 진금기수(珍禽奇獸)를 사육하고, 물가에 누각이 있어 경관 감상

　㉢ 무사를 검열하거나 혹은 활 쏘는 기술 등을 구경하는 자리로 사용

⑥ 목종 10년(1002) 못을 파고 주(周)나라의 영대를 본뜬 높은 대를 쌓아 올리고, 놀며 감상하는 장소로 사용

⑦ 사루(紗樓)

　㉠ 지어진 시기를 알 수 없으나 현종(1009~1031)이 누각 앞에 모란을 심은 기록으로 보아 그 전에 누각이 있었음을 추측

　㉡ 상화연(賞花宴)을 베풀고 시를 짓던 향연의 장소

⑧ 정종시대(1035) 왕성 내외의 풍치조성에 노력

⑨ 문종 21년(1067) 한양을 남경으로 정하고 신궁 조영

⑩ 문종 24년(1070) 연경궁(延慶宮) 후원 상춘정(賞春亭)에서 곡연(曲宴)

　㉠ 상춘정은 화훼류로 이름이 높았던 곳으로써 고려 말에 이르기까지 연회장소로 사용

　㉡ 봄에는 목단, 작약의 꽃을 감상하고, 가을에는 중양연(重陽宴)을 열어 국화의 향기를 즐김

⑪ 예종 8년(1113) 화원(花園)의 설치

　㉠ 중국의 화원과 다른 화훼 위주로 꾸며진 화원

　㉡ 진기한 화초와 새들을 중국에서 수입하여 장식

　㉢ 호화롭고 이국적(異國的)인 분위기의 정원으로 당시 화훼에 대한 애호심 확인

　㉣ 화원이 왕에게 아부하는 자들의 수단으로 전락해 폐지

⑫ 예종 11년(1116) 청연각(青讌閣)과 보문각(寶文閣) 창건 - 「청연각연기(青讌閣宴記)」

　㉠ 전각 주위에 유정한 느낌이 감도는 석가산과 천수(泉水)를 위주로 한 정원 조성

　㉡ 학자의 강의나 연회장소로 사용

▌기로세련계도(耆老世聯契圖)
조선시대 후기의 화가 김홍도(金弘道)가 1804년(순조 4) 송도(松都)의 만월대(萬月臺) 아래에서 있었던 기로세련계회의 장면을 실사한 것으로 만월대의 기록으로 볼 수 있다.

▌고려의 예종(睿宗)과 의종(毅宗)
예종과 의종은 고려 역대 임금 가운데 정원에 대해 가장 많은 관심을 가졌던 임금으로 조경사적 가치를 지닌 업적을 남겼다.

▌중국의 화원(花園)
중국의 화원은 원래 궁궐 내 건물이나 담으로 둘러싸인 공간을 이용해서 꾸민 위요된 정원을 가리키는 말로써 정원을 뜻하는 말

▌화초의 수입
강희안의 양화소록에는 고려의 충숙왕이 원나라에서 돌아올 때 진기한 화초를 많이 가져왔다고 기록되어 있다.

⑬ 공민왕 22년(1373) 팔각전(八角殿) 주위에 화원 축조 - 「목은시」

(2) 수창궁(壽昌宮)

① 만월대 다음가는 별궁이었으나 현종 2년(1095)부터 임시 본궐로 사용

② 동서남북 네 곳에 문이 설치되어 있고, 서문 밖으로 연지(蓮池)를 파고 그 주위에 버드나무 식재

③ 의종 4년(1150) 수창궁 북원(北園)에 말을 타고 격구(擊毬)를 할 정도의 넓은 광장 존재

④ 의종 6년(1152) 수창궁 북원의 연회 기록

㉠ 만수정(萬壽亭)에서 연회를 하고 괴석으로 가산을 만들어 비단을 덮음

㉡ 연회가 끝나면서 가산이 무너짐 - 일시적 장식물로 추측

⑤ 의종 10년(1156) 선구보(善救寶)와 양성정(養性亭) 주위를 괴석과 명화(名花)로 장식

(3) 이궁(離宮)

1) 장원정(長源亭)

① 문종 10년(1056) 도선의 「송악명당기(松嶽明堂記)」에 의거해 소이궁(小離宮) 조영 - 풍수도참설

② 자연풍경이 수려한 곳에 주위 경관과 조화되도록 자연을 그대로 이용하여 조성

③ 정자 주변에 국화, 버드나무, 모란, 살구 등 식재 - 「동국여지승람」

④ 대나무 군식 - 「보한집(補閑集)」

2) 수덕궁(壽德宮)

① 의종 11년(1157) 동생인 익양후의 사택을 빼앗아 이궁 개조

② 민가 50여 채를 헐고 태평정(太平亭)을 지어 명화이과(名花異果)를 식재

③ 연못에 괴석으로 선산(仙山)을 만들고 물을 끌어들여 폭포 설치

④ 정자 남쪽의 연못가에 관란정(觀瀾亭)과 양이정(養貽亭), 양화정(養和亭)을 짓고, 청자와(靑瓷瓦)와 종려나무 껍질로 지붕 이음

⑤ 못과 폭포, 석가산, 점경물의 나열과 대를 쌓은 정원의 꾸밈새는 송나라의 정원을 본뜬 것으로 추측

3) 중미정(衆美亭)

① 의종 21년(1167) 청령재 남쪽 기슭에 축조한 것으로 강호의 야취(野趣)를 주경관으로 삼음

② 정자 남쪽에 물을 모아 언덕위에 모정(茅亭) 축조

4) 만춘정(萬春亭)

① 궁에서 사용하는 기와 굽던 곳을 별궁으로 삼아 배를 타고 놀이를 즐기던 곳 - 의종 21년(1167) 중수

② 유수(流水)가 주경관 요소

▌고려시대의 정자
정자는 벽이 없는 건축물로 휴식, 경관감상 등 자연경관이 좋은 곳이나 정원에 도입한 고려시대 조경문화의 중추적 요소이다.

▌중미정·만춘정·연복정
의종 21년(1167) 교외의 자연경관이 수려한 곳을 골라 정자(亭子)를 지어 놀이터 삼아 축조한 정원으로는 중미정, 만춘정 및 연복정이 대표적이며, 이 세 곳은 자연의 물을 이용하여 연회를 즐기기 위한 시설을 갖추어 놓은 이궁이다.

③ 판적천(板績川) 물을 막아 인공호를 만들고 배를 띄움

④ 연흥전(延興殿)이 있고, 전각 좌우에 소나무, 대나무, 화초를 심고, 주변에 모정과 누각 7개 배치

5) 연복정(延福亭)

① 의종 21년(1167) 왕성 동편 용연사(龍淵寺) 동쪽의 단애절벽과 울창한 수림을 주경관 삼아 축조

② 고려정원 전성기의 마지막 작품으로 고려가 망할 때까지 놀이 장소로 쓰임

③ 기화이목(奇花異木)을 심고 물이 얕아 배를 띄울 수 없어 제방을 막아 호수 조성

3 객관(客館)의 정원

(1) 순천관(順天館)

① 본래 대명궁(大明宮)이라는 별궁이었으나 문종 32년(1077)에 순천관이라 고치고, 인종 때에 다시 대명궁으로 환원

② 제도와 사치함은 왕궁에 조금도 뒤지지 않음 – 「고려도경(高麗圖經)」

③ 자연지형과 수목을 그대로 이용하여 조성한 자연풍경의 정원

④ 고려조에 있어서도 가장 대표적인 정원의 꾸밈으로 산과 물을 잘 이용한 수려한 정원

㉠ 낙빈정(樂賓亭), 향림정(香林亭), 청풍각(淸風閣) 설치

㉡ 정원에 화훼를 많이 심어 자연스러움을 주고, 계류를 끌어들여 상지·하지(上池·下池) 두 개의 연못 설치

4 민간정원

(1) 총론

① 고려 중기 이후 훌륭한 저택이 지어지며 구조도 조선조 초기와 유사

② 충렬왕 때에는 궁궐이나 민가의 집을 높게 짓지 못하게 하여 양(陽)인 산과 음(陰)인 평옥(平屋)을 조화시키려 함

③ 왕족과 귀족의 저택은 방대한 규모와 호화스러운 정원 조성

④ 고려 말에는 아름다운 도처에 명원이 많아 계절에 따라 즐김 – 「춘교한식(春郊寒食)」

⑤ 벼슬하는 집들은 모란을 다투어 재배하였음을 볼 때 꽃에 대한 애호심이 나타남 – 「서하집(西河集)」

⑥ 귀족의 정원을 꾸미는 데 움푹 파이고 혹 같은 괴석으로 석가산을 쌓고 기화이목을 가꾸고 진금기수를 기르는 행위가 지나쳤음 – 「동국이상국집(東國李相國集)」 '손비서냉천정기'

⑦ 사람들이 가산의 괴석을 귀히 여기고, 분지(盆池)나 곡소(曲沼)를 너무

■ 혜음원지(惠蔭院址)
예종 17년(1122) 건립된 국립숙박시설로 개경과 남경 사이를 왕래하는 사람들을 보호하고 편의를 제공하기 위해 만들었으며, 국왕의 행차를 위한 시설로 별원(別院 행궁)도 축조되었다. 경내는 원지, 행궁지, 사지로 구성되어 있으며, 9개의 단으로 된 경사지에 27개의 건물, 연못, 배수로 등의 유구와 금동여래상, 기와류, 자기류, 토기류 등이 출토되었다.

■ 고려의 민가
고려의 초기의 민가는 초라하기 짝이 없는 것으로 기록 되어 있고(고려도경), 중기 이후부터 훌륭한 저택이 나타나기 시작한다. 풍수지리설의 영향으로 개인의 건축행위에도 영향을 미쳤고, 주택의 공간은 유교의 영향으로 남녀의 구별의식이 생겨 안채와 사랑채로 구분되기 시작하며, 그에 따라 공간이 세분되어져 간다.
주택의 공간은 후원, 후정, 전정, 중정, 내정, 문정 등의 구분을 볼 수 있으며, 후정이라는 명칭이 많은 것으로 보아 후원을 중시 여겼던 것으로 보인다.

선호 - 「근재집(謹齋集)」 '순흥봉서루중흥기'

⑧ 정원의 넓이는 사방 40보 정도이고 정원에 진목명과(珍木名果)가 잘 배식되어 있고, 별도로 화오(花塢)를 만들어 수십 종의 화초 식재 - 「동국이상국집」

(2) 민간정원 예

1) 이규보의 이소원(理小園)

① 상·하원에 소지(小池)가 있고, 지지헌 축조 - 「이소원기(理小園記)」

② 살구나무, 대나무, 모란, 장미, 해바라기, 봉선화, 오이 식재

③ 「사륜정기(四輪亭記)」(1201)

㉠ 사륜정에 관한 기록으로 정자의 기능과 규모를 볼 수 있음

㉡ 필요에 따라 정자를 옮길 수 있게 구상한 내용

2) 최충헌 부자(父子)의 정원

① 최충헌은 백 여 채의 집을 헐고 수 리에 걸쳐 궁궐을 모방해 호화롭게 조영

② 풍수지리설의 명당에 십자각(十字閣)이란 별당을 짓고 주변 단장

③ 연못을 꾸미고, 기이한 꽃나무들 식재

④ 화분을 정원 공간에 배치하여 정원의 수식요소로 활용

⑤ 집과 별도로 풍수지리설에 의거 남산리 별서를 모정으로 축조

3) 최이는 최충헌보다 한층 더 방대하고 호화롭게 조영

① 많은 민가를 철거하여 정원을 꾸미고 그 안에 격구장 설치

② 강화 천도 후 소나무와 잣나무를 수십 리나 되는 정원에 식재

4) 맹사성 고택

① 충숙왕 18년(1334) 최영이 짓고, 맹사성의 부친 맹희도가 인수하여 대대로 살아왔으며, 현재는 본채의 일부 존재

② 지형을 완만하게 하기 위해 3단의 기석 축조

③ 하단은 과수원, 채소원으로 쓰였고, 중간단은 본채 등의 건물이 있고, 상단은 자연구릉을 살려 후정으로 삼음

④ 고려 말의 정원양식을 볼 수 있으며, 조선시대 정원양식의 근간 발현

귀족의 정원

경도(京都)를 중심으로 한 귀족계급의 정원은 석가산, 기화이목, 곡소, 분지, 화분 등 인위적인 시설에 치중하였고, 이에 싫증이 나면 교외의 경승지에 수림, 계곡, 계류, 암석 등 자연요소를 활용하여 자연과의 조화를 시도하는 성격의 정원이 만들어지게 된다.

| 맹사성 고택 |

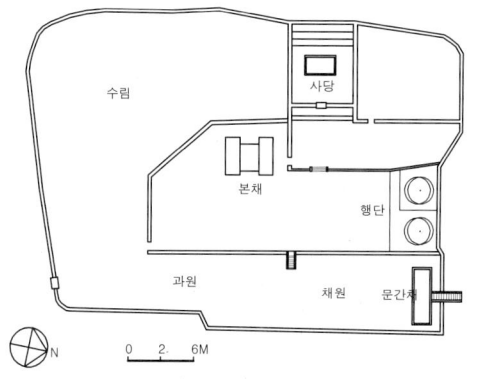

| 맹사성 고택 배치도 |

(3) 별서정원(別墅庭園)

1) 농산정(籠山亭) – 경남 합천(홍류동 계곡)
    ① 최치원이 신라가 망하자 가야산에 들어가 정자를 짓고 수도한 곳
    ② 고려초기의 별서정원으로 여생을 자연과 더불어 살다 간 선비들의 은신처로 활용
2) 이공승의 뜰 – 「고려사」
    ① 정원 가운데에 모정을 짓고 못을 파고 동산을 만들어 화훼 식재
    ② 원림에서 두건을 쓰고 여장을 짚고 거니는 것을 낙으로 여김
3) 기홍수의 곡수지(曲水池, 연의지) – 「동국이상국집」
    ① 사택인 퇴식재 원유에 속한 것으로 자연경관을 관망하기 좋은 곳에 자연과 조화를 이루도록 축조 – 「퇴식재팔영」에 정원 묘사
    ② 천혜의 위치에 인공으로 만든 곡수지가 능수버들과 창포를 심고 못 안에는 연(蓮) 식재 – 곡수연 시행
    ③ 퇴식재, 영천동, 척서정, 독락원, 연묵당, 연의지, 녹균헌, 대호석
4) 북평 해암정(海岩亭) – 강원 동해
    ① 현존하는 정자 중 가장 오래된 정원건축물 중의 하나
    ② 심동로가 공민왕 10년(1361) 동해 바닷가에 건축한 별서형식의 정자
5) 경렴정(景濂亭) 별서정원 – 광주 북구 – 「경렴정집」
    ① 고려 말 탁광무(1330~1410)가 전라도 광주에 별서를 축조하여 정원을 꾸며 은거했던 곳
    ② 정자를 짓고 방지를 조성하고 연못 안에 2개의 크고 작은 섬 축조
    ③ 못에는 연꽃, 물가에는 수양버들, 섬에는 소나무를 식재하고 정자 주위에 매화와 그 밖의 화초류 장식
    ④ 뜰에는 채원이 조성되어져 있으며, 담장 아래에는 뽕나무가 무성하고, 그밖에 대나무, 소나무 등 갖가지 정원식물 식재

⑤ 사원(寺院)의 정원

(1) 안화사(安和寺)

① 태조 때 창건한 사찰로 예종 12년(1117) 중수
② 단청과 구조의 아름다움이 뛰어났다고 함
③ 진입로 주변에 전개되는 자연미에 인공미를 곁들여 조경적 효과 제고
④ 제운각(齊雲閣) 정원에 화훼와 대나무를 심고 괴석 배치

(2) 문수원(文殊院) 정원

① 선종 6년(1096) 이자현이 청평산(오봉산)에 입산하여 정원 조성
② 암·당·정·헌(庵·堂·亭·軒) 등 여러 채의 건물을 지어 선도량(禪道場)으로 삼음

■ 고려시대의 별서와 선원

고려시대에는 선종의 유행과 더불어 외침 및 무신의 정변 등 어수선한 세태가 계속되면서 지식인들은 세속을 떠나 은거장소를 찾아 산천을 떠다니며 경관이 수려한 자연에 묻혀 은둔생활을 시작하였다. 특히 고려중기 이후 몽고족의 국토 유린과 내정의 난맥상으로 말미암은 불안동요는 고려적인 은둔사상의 전개를 가져왔다. 자연경관이 좋은 곳에 별서를 지어 풍월을 읊거나 선도량(禪道場)에서 정도를 연마하였다.

| 해암정 |

■ 문수원(청평사 淸平寺)

고려 광종 24년(973) 백암선원으로 개창되었고, 이자현이 문수원으로 개칭하였으며, 조선 명종 때 보우대사가 청평사로 중건하여 오늘에 이른다.

| 문수원 남지 |

③ 수림과 계류가 조화를 이룬 자연경관에 계곡을 따라 정자나 암자 배치

④ 남지(南池)

  ㉠ 청평사 남쪽 입구에 위치한 북쪽이 넓고(12m), 남쪽이 좁은(8m) 형태의 사다리꼴 연못(길이 17m)

  ㉡ 청평사 뒤편의 부용봉(芙蓉峰)이 연못에 투영되어 영지(影池)라 불림

  ㉢ 연못 안에 몇 개의 자연석이 놓이고 그 중 하나는 돌출석으로 연못 안의 자연석을 이용 – 삼신산 상징

  ㉣ 상지와 하지로 나누어지고, 호안은 3~5단의 크고 작은 산석으로 축조

(3) 중화당(中和堂) 선정(禪亭)

① 고려 후기 충렬왕 때 채홍철이 그의 집 남쪽에 지은 초당(草堂)이며 선도량(禪道場)으로 사용

② 매단원(梅檀園)과 연못을 조성하고 초화류와 소나무 식재

6 정원의 주요 구성요소

(1) 모정(茅亭)

① 고려시대의 정원건축에는 모정, 초당, 누대, 정사, 누각, 헌 등 여러 가지가 보이는데 그 중 모정이 가장 많이 언급됨

② 모정은 지붕을 포아풀과 다년생초본인 띠로 이은 간소한 정원건물

③ '지붕은 뾰족하고 몸체는 둥글어서 깃털로 덮은 듯이 보이는 것이 허공 높이 휘날린다.' – 「동국이상국집」 '진강후모정기'

④ 자연재료인 초류를 사용하여 자연과의 조화를 중시한 시설물

(2) 원지(園池)

① 수경을 즐기는 시각적 목적 외에 못 속에 섬을 만들어 어떤 의미를 부각시키는 상징적 형태로 발전

② 연못에는 대부분 연(蓮)을 심어 연지(蓮池) 또는 하지(荷池)로 지칭

③ 궁원에는 규모가 큰 연못이 조성되었으나 민간정원에서는 작은 못을 만들어 수경의 미를 감상하는 장소로 활용

④ 곡소(曲沼), 곡지(曲池), 방지(方池) 등 여러 종류의 못 등장

⑤ 연못에는 신선사상을 상징하는 삼신산 설치

  ㉠ 진시황 난지궁의 난지와 한무제 건장궁의 신선정원 모방

  ㉡ 문수원 남지는 사다리꼴 방지에 여러 개의 자연석으로 표현

  ㉢ 경렴정의 별서정원은 방지에 중·소 2개의 섬 배치

(3) 석가산(石假山)

① 지형의 변화를 얻기 위한 수단으로 고안된 기법

② 괴석을 이용한 중국식 석가산은 예종 11년(1116) 경 도입 – 「청연각연기」

③ 「동국이상국집」 '손비서냉천정기', 「근재집」 '순흥봉서루중흥기' 등에

┃ 지당(池塘)
지당이란 연못을 뜻하는 말로 낮은 곳에 고인 것이 지, 둑을 쌓아 물을 고이게 한 것이 당이다.

┃ 석가산(石假山)
고려시대의 석가산은 이전의 시대의 축산(築山)기법과는 달리 중국에서 9세기 경에 시작된 태호석을 이용한 석가산수법(백낙천의 정원, 송 휘종의 항주 만세산)으로 괴석을 이용하여 자연의 기암절벽을 모방하는 것이며, 또한 신선사상의 영향으로 선산을 표현할 때도 사용되었다.

기록

④ 궁궐에서 석가산 수법을 즐겨 사용하다 고려 말에는 민간에도 널리 보급

⑤ 송도 부근의 신계현, 안산군의 괴석은 좋지 않고, 경도 남쪽 경천사 부근의 괴석(침향석)이 좋음 – 「양화소록(養花小錄)」

(4) 화오(花塢)

① 고려시대는 화단이라는 용어 대신에 화오라는 정원용어 사용

② 자연적인 구릉의 지형을 다시 정형화하기 위한 단상의 축조가 유도된 것

③ 화단을 구성하는 식물재료에 따라 매오(梅塢), 도오(桃塢), 죽오(竹塢), 상오(桑塢), 송오(松塢) 등으로 지칭

④ 화오를 만들어 흔히 볼 수 없는 여러 가지 꽃을 심음 – 「동국이상국집」

(5) 격구장(擊毬場)

① 중국 요나라로부터 고려 초에 도입된 말을 타고 공을 다투는 놀이를 위한 장소

② 격구장은 격구뿐만 아니라 무술, 말 타고 활쏘기, 제사 등의 행사장으로 사용

③ 운동경기를 위한 시설이면서도 다양한 목적의 공간이나 광장의 용도로도 활용

▌격구(擊毬)
현대의 폴로경기와 흡사한 경기의 일종으로 고려 초 요(遼)로부터 도입된 것으로 보며, 예종 때에는 이미 성행하고 있었던 듯 하고, 의종은 스스로가 이 놀이를 즐긴 결과 4년(1150) 수창궁 북원에 격구장을 만들게 된다. 궁궐 뿐만 아니라 권신의 사저에도 설치되었으며 최이의 것이 대표적이다.

７ 고려시대의 조경식물

① 중국으로부터 많은 외래종이 도입되었고, 송 또는 원의 영향을 크게 받음

② 청초한 것보다 화려한 것을 즐겨 식재

③ 낙엽활엽수와 꽃과 열매를 감상하는 식물 애용

④ 주요 조경수 : 소나무, 버드나무, 매화, 향나무, 은행나무, 자두나무, 배나무, 복숭아나무

⑤ 기록으로 본 수목

　㉠ 상록수 : 소나무, 측백나무, 대나무

　㉡ 낙엽수 : 느티나무, 뽕나무, 버드나무

　㉢ 과목류 : 복숭아나무, 오얏나무, 배나무, 포도

　㉣ 화목류 : 매화, 무궁화, 모란, 철쭉, 아그배나무, 동백나무, 목련, 봉선화

　㉤ 화훼류 : 작약, 국화, 연꽃, 원추리, 석류화, 두견화, 패랭이꽃, 맨드라미

　㉥ 분재식물 : 동백, 협죽도, 석창포, 대나무

　㉦ 채원식물 : 오이, 가지, 무, 파, 아욱, 박

▌고려시대의 조경식물 기록
고려시대에는 조경식물을 전문적으로 다룬 서적이 없어 「고려사」와 「동국이상국집」, 「목은집」, 「운곡시사」 등 정원에 관한 내용이 들어 있는 문집을 참고하고, 또한 조선 초기의 조경·원예서적인 「양화소록」에 고려시대의 조경식물이 소개되어있어 그것을 참고로 한다. 고려조의 정원기록 속에 화훼가 빠지는 일이 거의 없음을 미루어 볼 때, 화훼류가 가장 큰 비중을 차지하였다고 본다.

4>>> 근세(近世)의 정원 – 조선시대(1392~1910)

1 총론

① 태조 3년(1394) 도읍을 한양으로 천도 – 풍수지리설 영향

② 중국 조경양식의 모방에서 벗어나 한국적인 색채가 농후한 것으로 발달

③ 풍수도참설이 크게 성행하여 한국적 특수 정원양식인 후정(後庭) 발생

    ㉠ 택지 선정 시 지형적 제약을 극복하여 뒤뜰을 아름답게 꾸미는 경향 발생

    ㉡ 우리나라에서만 볼 수 있는 정원으로 궁궐 및 부유층의 저택에도 널리 축조

    ㉢ 지형적 경사를 화계로 처리하여 수목을 심고, 화목 사이에 괴석과 세심석, 굴뚝 등을 놓아 점경물로 사용

④ 건축적인 수법과 자연 그대로의 암석이나 계류, 지형, 수림 등이 조화된 정원형식 발생 – 창덕궁 후원

    ㉠ 중국의 정원을 완전히 소화·흡수하여 민족적 감정에 어울리도록 개조

    ㉡ 다른 나라 정원에서는 볼 수 없는 운치와 정서는 독특한 것으로 문화재적 가치 보유

⑤ 연못의 형태가 네모난 방지의 대거 출현 – 음양오행설

⑥ 서구식 건물과 정원이 꾸며지며 공공을 위한 공공정원 태동 – 석조전, 파고다 공원

2 궁궐정원

(1) 경복궁(景福宮)

① 태조 3년(1394) 창건되었으나 임진왜란 때 소실되어 280년 후 고종 7년(1870) 재건

② 풍수도참설과 주례고공기의 구성과 배치

    ㉠ 풍수지리설, 도참설, 음양오행설 등의 사상적 영향

    ㉡ '좌조우사면조후시'의 배치와 '삼조삼문'의 궁궐 조성

③ 근정전을 중심으로 하는 건물군은 좌우대칭의 배치이나 경회루나 향원정 등 그 외의 건물은 비대칭적 구성

④ 궁궐 주위에 높은 담을 두르고 남쪽 정문을 광화문, 동쪽은 건춘문, 서쪽은 영추문, 북쪽은 신무문 설치

▌한양의 지세

한양은 북쪽의 진산인 북악산과 서쪽에 인왕산, 남쪽에 목멱산(남산), 동쪽에 낙산(동대문 근처)으로 둘러 싸여 있는 터로서, 풍수상으로 길지 명당에 경복궁을 창건했다.

▌조선의 도성계획

조선의 한양은 500년 도읍지로 세월에 따라 발전·확대되었고, 도성의 기틀을 다진 것은 태종의 노력으로 이루어진 것으로 본다. 중심부의 일부 가로망은 격자형을 이루고 있으나 대부분은 곡선로와 우회로 및 막다른 골목으로 이루어져 중국의 도성과는 판이하게 다른 특징을 지닌다. 주요 도로의 기점에는 경복궁을 비롯하여 창덕궁, 숭례문, 흥인문 등 웅장한 건물들이 노단경(路端景 terminal vista)을 형성한다. 또한 풍수지리상에 의한 비보의 목적으로 숭례문과 흥인문 밖에 연못을 보수하기도 하였다.

▌주례고공기(周禮考工記)

중국의 가장 오래 된 공예기술서(工藝技術書)로 궁궐 건축의 형식과 구성 원리는 '삼조삼문(三朝三門)'으로 되어 있고, 왕도의 배치는 '좌조우사면조후시(左祖右社面朝後市)'의 원리로 정함

① 삼조 : 외조(外朝) → 치조(治朝) → 연조(燕朝)

② 삼문 : 고문(皐門), 응문(應門), 노문(路門)

③ 좌조우사 : 좌측에 조상의 묘, 우측에 사직단을 놓음

④ 면조후시 : 정면에 관청을 놓고 뒤쪽에 시장을 놓음

■ 상림원(上林園)·장원서(掌苑署)·사포서(司圃署)
① 상림원 : 태조 3년(1349) 동산색(東山色)을 상림원으로 개칭·설치하여 원포(園圃)에
　관한 일을 보아 오다 세조 12년(1466) 장원서로 개칭되었다.
② 장원서 : 조선시대 원유(園囿)·화초·과물 등의 관리를 관장하기 위해 설치되었으며,
　고종 19년(1882)에 완전히 폐지되었다.
③ 사포서 : 조선시대 왕실 소유의 원포(園圃)와 채소재배 등을 관리를 관장하기 위해
　설치되었으며, 장원서와 같이 폐지되었다.

1) 경회루원지(慶會樓苑池) – 태종 12년(1412)
　① 외국 사신의 영접, 조정대신의 연회, 과거시험을 보거나 무신의 궁술을
　　구경하는 장소로 사용, 작은 누각을 크게 중건
　② 조선왕궁의 원지 가운데 가장 큰 규모 – 남북 113m, 동서 128m
　③ 못 속에 3개의 대·중·소의 네모난 방도 설치 – 방지방도
　④ 가장 큰 섬에 경회루 축조, 작은 섬 2개에는 소나무 식재
　⑤ 경회루는 동편 3개의 석교로 진입, 경회루를 중심으로 좌우대칭 배치
　⑥ 연못가에는 느티나무, 회화나무 식재

■ 동산바치
정원사(庭園師)를 일컫는 말로
'동산을 다스리는 사람'이란
의미를 가진다.

■ 경회루
태조 때 이미 작은 누각이 있
었으나 태종 때 정면 7칸, 측면
5칸의 2층 구조에 팔작지붕을
가진 건물로 크게 중건하였다.
48개의 기둥이 있으며 24개 외
부 기둥은 사각형으로 땅(음)
을, 24개의 내부기둥은 원형으
로 만들어 하늘(양)을 나타내
천원지방사상을 나타내었고,
36간(間)으로 주역의 36궁을
상징한다. 경회루원지 수원은
북서쪽의 샘과 북동쪽에 있고
출수구는 방지 서남쪽에 있으
며, 경회루 주변에 불가사리
등 동물조각이 배치된 것은 화
마(火魔)를 막기 위한 것이다.

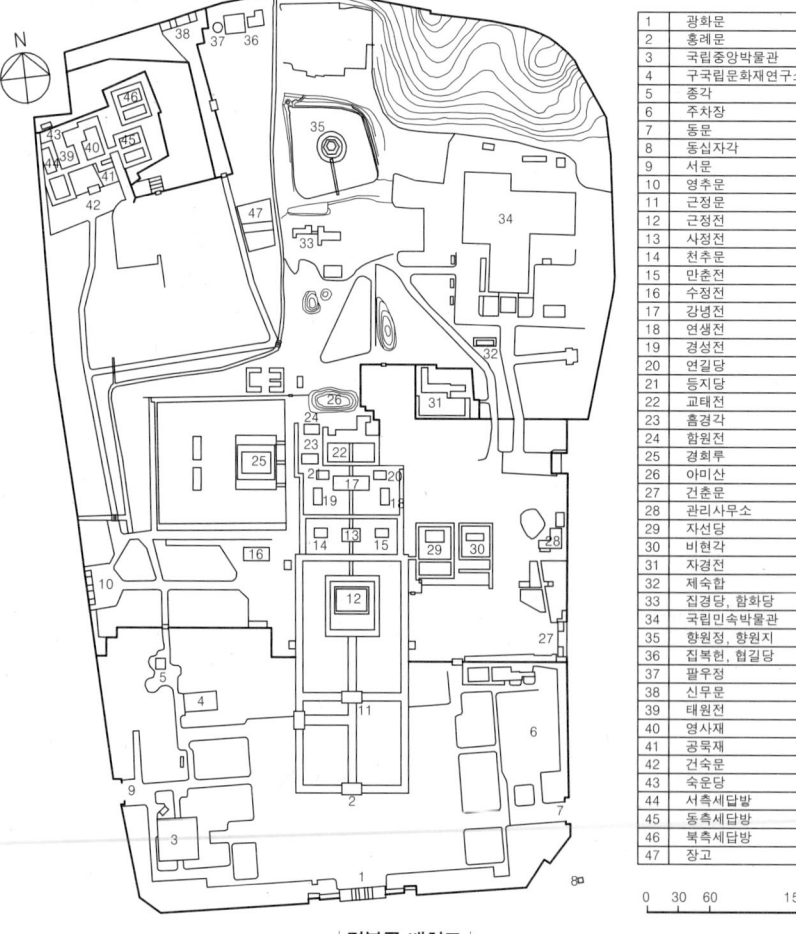

1	광화문
2	홍례문
3	국립중앙박물관
4	구국립문화재연구소
5	종각
6	주차장
7	동문
8	동십자각
9	서문
10	영추문
11	근정문
12	근정전
13	사정전
14	천추문
15	만춘전
16	수정전
17	강녕전
18	연생전
19	경성전
20	연길당
21	등지당
22	교태전
23	흠경각
24	함원전
25	경회루
26	아미산
27	건춘문
28	관리사무소
29	자선당
30	비현각
31	자경전
32	제숙합
33	집경당, 함화당
34	국립민속박물관
35	향원정, 향원지
36	집복헌, 협길당
37	팔우정
38	신무문
39	태원전
40	영사재
41	공묵재
42	건숙문
43	숙운당
44	서측세답방
45	동측세답방
46	북측세답방
47	장고

0 30 60   150M

| 경복궁 배치도 |

|근정전|

|경회루|

조선시대의 후원과 화계
한국 정원에서만 볼 수 있는 특수한 정원 형식의 하나로 풍수도참설의 성행에 따라 택지를 고려하였기 때문에 지형상의 제약이나 의도적인 언덕을 을 후원으로 하여 경사지 처리를 화계로 해결하였던 것이다. 장대석, 괴석, 자연석 등으로 만든 돈대(墩臺)를 화계로 하여 식재하거나 장독대, 굴뚝(연가) 등을 배치하였고, 특히 연가는 정원의 장식요소로 쓰였다.

아미산 굴뚝의 문양
육각형 굴뚝은 그 재료를 구운 벽돌로 만들었는데 그 각 부위에는 여러 종의 길상(吉祥) 문양이 있다. 당초·학·박쥐·봉황·용·호랑이·구름·소나무·매화·대나무·국화·불로초·바위·새·사슴·나비·해치·불가사리 등 인간들의 부귀영화와 장생불사의 염원이 담겨있고, 장수·축복·강녕·권세·재물·명예·절개·방호 등을 상징한다. 이것들은 풍수와 주역, 음양오행 등 여러 가지 사상이 복합되어 나타난 것으로 본다.

2) 교태전(交泰殿) 후원 – 아미산(峨嵋山)
① 교태전은 1917년에 불타 없어진 창덕궁 대조전을 짓는다는 구실 아래, 1920년 일본인들에 의해 헐려 대조전의 부재로 사용되어 짐
② 교태전은 왕의 침전(寢殿)인 강녕전(康寧殿)에 대비해 왕비의 침전으로 지었으므로, 궁궐 안에 있었던 150여 채의 건물 가운데 가장 화려하게 치장되었던 것으로 추측
③ 경복궁의 내전으로 임금과 왕비만이 즐길 수 있는 화계(花階)로 만든 정원
④ 인위적으로 흙을 쌓아서 만든 화계 둘레에 화문장(花紋牆 꽃담) 설치
⑤ 꽃나무 사이에 중국으로부터 도입된 괴석과 작은 세심석(석지) 도입
⑥ 굴뚝을 화계 위로 뽑아 점경물의 하나로 취급
　㉠ 붉은 전석(磚石)을 사용하여 육각형으로 쌓고 그 위에 검은 기와 이음
　㉡ 벽면에 십장생(十長生)이나 상상 속의 서수(瑞獸)가 조각되어 있는 조형전을 구워 박음 – 불로장생의 노장사상
　㉢ 화마를 제압하는 성격의 해치와 불가사리를 벽사(辟邪)장식으로 사용 – 주역과 음양오행사상
⑦ 쉬나무, 돌배나무, 말채나무 등 낙엽성 화목 식재

|아미산 화계의 굴뚝과 괴석, 세심석, 꽃담|

3) 향원정(香遠亭)과 향원지 – 1867년(고종 4)부터 1873년 사이
① 경복궁 후원의 중심을 이루는 연못으로 태조 4년에 이미 존재
② 가로 세로 각각 110m 정도의 크기로 담장을 둘러놓은 공간에 위치
③ 동서 약 78m, 남북 약 85m인 마름모꼴에 가까운 방지에 직경 20m 정도의 둥근 섬 축조 – 방지원도

|향원정과 향원지|

|향원지 열상진원|

④ 섬 위에 육각형 2층 누각인 향원정 설치

⑤ 원래는 북쪽에 다리가 설치되었으나, 지금은 남쪽에 취향교(翠香橋)가 설치되어 누각으로 진입

⑥ 못의 북서쪽 구석진 곳에 샘(열상진원 洌上眞源)이 있어 못으로 유입

⑦ 주위에 느티나무, 회화나무, 배나무, 소나무, 버드나무, 산사나무, 참나무, 단풍나무의 원림 조성

4) 자경전(慈慶殿)

① 대비의 일상생활과 잠을 자는 침전(寢殿)

② 장수를 기원하는 뜻을 가진 글자(수복무늬)와 귀갑무늬·모란·매화·국화·대나무·나비 형태를 흙으로 구워 새겨 넣은 꽃담 설치

③ 담벽에 붙여서 해·산·바다·바위·구름·불로초·거북·학·사슴·송·죽·국·연·포도 등 동식물 무늬인 십장생을 조화롭게 새겨 넣은 집 모양의 굴뚝 조성

5) 녹산(鹿山)

① 경복궁 북쪽 후원에 위치한 나지막한 언덕으로 사슴이 노닐던 정원

② 원림과 정자를 갖춘 아름다운 동산

(2) 창덕궁 어원

① 태종 5년(1405) 이궁으로 창건되었으나 임진왜란 때 소실되어 광해군 초(1609) 재건 후 점차 증축됨

② 산록이라는 한정된 구역 속의 궁궐이므로 매우 자유로운 배치특성을 지님

③ 자연미와 인공미가 혼연일치가 되도록 축조

1) 대조전(大造殿) 후원

① 대조전과 희정당(熙政堂)은 1917년 화재를 입어 1920년 경복궁의 교태전과 강녕전을 옮긴 것임

② 대조전 뒤와 동쪽은 경사지를 계단형으로 다듬어 장대석을 앉혀서 화계 축조

③ 동쪽의 가정당(嘉靖堂) 터에 공주와 옹주의 놀이터로 쓰인 후원과 반도지(半島池)를 본뜬 못과 자연석으로 축조된 계류 조성

┌───
│ ▌비원(秘苑) – 금원, 북원, 후원
비원은 창덕궁 후원을 가리키는 명칭인데 시대에 따라 후원, 금원, 북원 등 여러 가지로 불리어 왔으며 비원이라는 명칭은 「세종실록(世宗實錄)」의 1912년의 기록에 처음 나타난다. 즉 한일합방 후의 기록으로 일본인들이 붙인 이름으로 보며 이조시대에 보편적으로 쓰인 이름은 후원(後苑)이다.
① 태종 5년(1405) 축조하였고 세조 8년(1462) 확장
② 산록과 언덕 및 소(沼)와 계류 사이의 수목이 울창한 곳에 방지와 대사누각 배치
③ 자연과 인공이 서로 조화를 이룬 한국적 정원 경관이 전개됨

▌향원정의 명칭
주돈이의 '애련설(愛蓮說)' 중 향원익청(香遠益淸)이란 구절에서 유래된 것으로, 전남 화순의 임대정이나, 경북 안동의 도산서당 내 정우당도 주돈이와 연관이 있는 명칭이다.

| 자경전 꽃담 |

| 자경전 십장생 굴뚝 |

▌십장생(十長生)
오래도록 살고 죽지 않는다는 열 가지 – 해, 산, 물, 돌, 구름, 소나무, 불로초, 거북, 학, 사슴

| 대조전 후원 화계 |

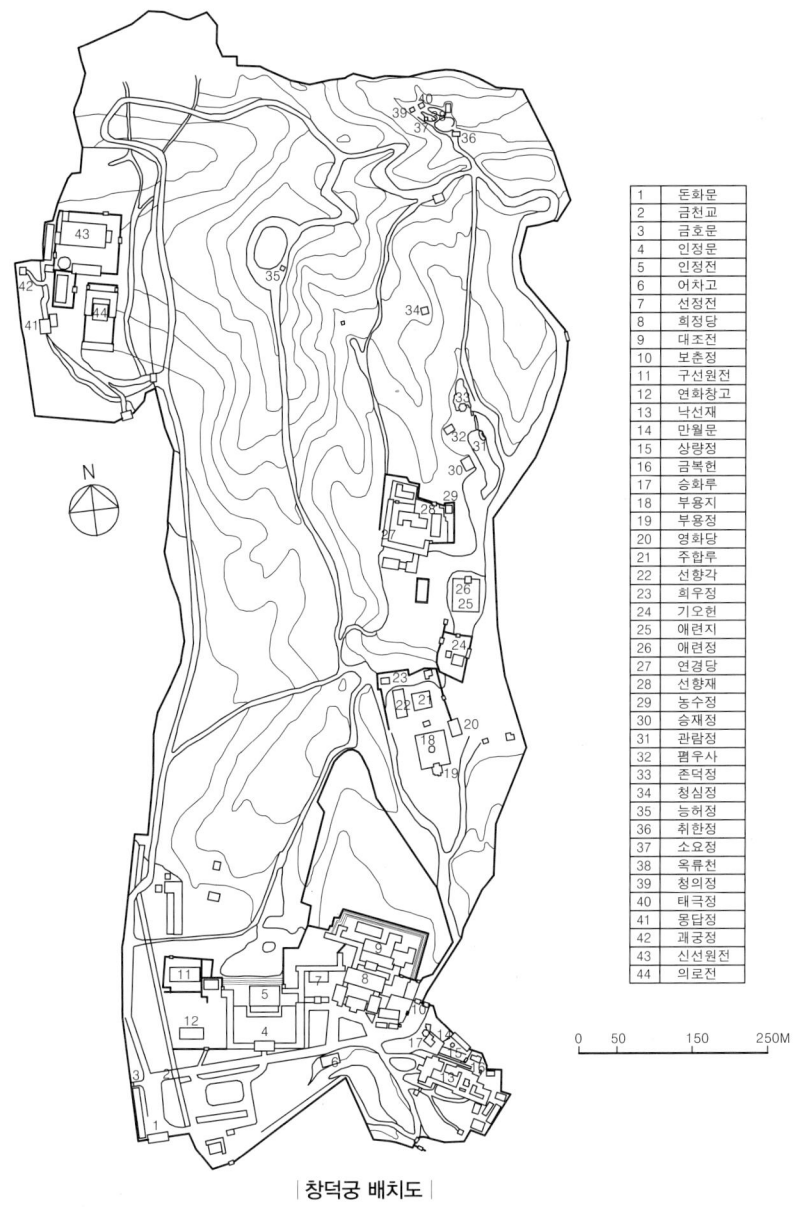

1	돈화문
2	금천교
3	금호문
4	인정문
5	인정전
6	어차고
7	선정전
8	희정당
9	대조전
10	보춘정
11	구선원전
12	연화창고
13	낙선재
14	만월문
15	상량정
16	금복헌
17	승화루
18	부용지
19	부용정
20	영화당
21	주합루
22	선향각
23	희우정
24	기오헌
25	애련지
26	애련정
27	연경당
28	선향재
29	농수정
30	승재정
31	관람정
32	폄우사
33	존덕정
34	청심정
35	능허정
36	취한정
37	소요정
38	옥류천
39	청의정
40	태극정
41	몽답정
42	괘궁정
43	신선원전
44	의로전

| 창덕궁 배치도 |

2) 부용정(芙蓉亭)역

　① 숙종 33년(1707)에 택수재(澤水齋)를 지었다가 정조 16년(1792)에 부
　　 용지를 고치면서 부용정이라 지칭

　② 장대석을 쌓아 만든 부용지를 중심으로 하여 남쪽 물가에 십자형 부
　　 용정 설치

　③ 부용지는 방지로 중앙에 봉래선산을 상징하는 둥근 섬 배치 – 방지원도

　④ 방지 맞은편으로 어수문(魚水門)이 있고, 5단의 화계와 그 위에 2층
　　 누각인 주합루(宙合樓) 배치

　　㉠ 석축기단 위에 심어진 몇 가지 침엽수류와 잘 어울려 마치 용궁과도

같은 몽환경(夢幻景) 조성

　㉡ 주합루의 꾸밈새는 경회루와 흡사하고 후원에서 가장 큰 규모
　⑤ 방지 동쪽의 언덕인 춘당대(春塘臺) 위에 영화당(映花堂) 배치
　⑥ 서쪽 물가에 사정기비각(四井記碑閣) 배치

|부용정|

|어수문과 주합루|

■ 창덕궁 내의 천정(泉井 어정
: 왕의 우물)
① 마니(摩尼)
② 파려(玻瓈)
③ 유리(琉璃)
④ 옥정(玉井)

3) 애련정(愛蓮亭)역
　① 장대석을 쌓아 만든 애련지의 축조 연대는 알 수 없으며 숙종 18년 (1692) 북쪽 물가에 애련정 축조
　② 애련지 남쪽에 한 개의 돌로 만들어진 불로문(不老門)을 지나 기오헌 (寄傲軒)이 위치
　③ 애련지 옆에 또 하나의 작은 방지가 있음 – 풍수도참설의 주작(朱雀) 에 해당
　④ 작은 방지 너머로 사대부의 저택을 본떠 지은 99칸 건물인 연경당(演慶堂) 축조
　⑤ 연경당의 수인문(修仁門)가에 정심수(庭心樹)인 느티나무가 있고, 사랑채 담장가에 괴석 배치
　⑥ 연경당 사랑채 동쪽의 경사지에 사괴석을 쓴 간단한 화계를 만들고 키 작은 꽃나무 식재 – 연경당 후원
　⑦ 연경당 후원의 화계 최상단에 돌로 만든 난간을 두르고 사방 1칸인 농수정(濃繡亭) 축조

|애련정|

|불로문|

|연경당 괴석|

|연경당 농수정|

|존덕정|

4) 관람정(觀纜亭)역
　① 반월지(半月池) 물가에 육각의 이중처마를 가진 존덕정(尊德亭) 설치
　② 사괴석으로 축조된 곡지인 반도지(半島池) 물가에 부채꼴 평면의 관

|관람정|

　　람정 설치

　　③ 반월지의 물이 넘쳐 반도지로 입수

　　④ 주변에 일영대(日影臺), 독서당(讀書堂), 승재정(勝在亭), 폄우사(砭愚榭) 위치

　5) 옥류천(玉流川)역

　　① 창덕궁 후원 북쪽 깊은 골짜기에 흐르는 개울을 옥류천이라 지칭

　　② 작은 방지 안에 띠로 이은 둥근 지붕의 청의정(淸漪亭) 축조 – 모정

　　③ 청의정 옆 동쪽에 태극정(太極亭), 농산정(籠山亭), 취한정(翠寒亭) 배치

　　④ 계류는 큰 암반인 소요암(逍遙巖) 위에 파놓은 유상곡수를 따라 소요정(逍遙亭)에 이르러 폭포로 변화

　6) 청심정(淸心亭)역

　　① 임금과 왕족의 심신수련과 소요하는 공간

　　② 남쪽 뜰에 빙옥지를 만들고 거북모양의 석물 배치

▌관람정과 같은 부채꼴 모양의 중국 정자
① 졸정원의 여수동좌헌
② 사자림의 선자정(사자정)

| 청의정 |

| 소요암 |

| 청심정과 빙옥지 |

창덕궁 후원의 지당

지당명	형태	지안의 정자	조성연대
부용지	방형	부용정	세조 때 조성된 열무정전지를 정조조에 개축
애련지	방형	애련정	숙종 18년(1692)
연경당 앞 연지	방형		연경당 조성(1828) 이전
존덕지(반월지)	반원형	존덕정	인조 22년(1644)
관람지(반도지)	곡지	관람정	방지와 원지가 있던 것을 없애고 일제 초 곡지로 조성
몽답지	방형	몽답정	숙종 초 추정
빙옥지	방형	청심정	숙종 14년(1688)

창덕궁 후원의 주요 건물

건물명	위치	기능	건립연대
영화당	부용지 동편	완상, 독서, 문작	숙종 18년
부용정	부용지 남안	완상	정조조 개건
사정기비각	부용지 서안	비각	숙종 16년(1690)
어수문	부용지 북편	문	영조 52년(1776)
주합루	어수문 내 언덕	어진 봉안, 서고	영조 52년(1776)
애련정	애련지 북안	완상	숙종 18년(1692)
연경당	애련지 서쪽 계곡	민가, 사랑채	순조 27년(1828) 고종 2년(1865) 중창
농수정	연경당 내	독서	고종 2년(1885)
존덕정	반월지 남안	완상	인조 22년(1644)
폄우사	존덕정 서편	독서(익종독서당)	익종(1809) 이전

청심정	존덕정 북 수림	수림완상	숙종 14년(1688)
능허정	존덕정 서북 수림	수림완상	숙종 17년(1691)
관람정	반도지 동안	완상	한말
승재정	반도지 서편	완상	한말
취한정	옥류천	완상	숙종의 어제시 있음
소요정	옥류천	완상	인조 14년(1636)
태극정	옥류천	완상	인조 14년(1636)
청의정	옥류천	완상	인조 14년(1636)
농산정	옥류천	침실	연산군이 놀던 곳
취규정	옥류천 남쪽 언덕	완상	인조 18년(1640)
가정당	대조전 후면	침실, 완상	1930년 이후

7) 낙선재(樂善齋) 후원

① 후원의 담은 모두 전담과 화장담으로 원담 중 가장 미려
   ㉠ 길상문, 포도문 등 화장담은 경복궁이나 덕수궁의 화장담보다 오래됨
   ㉡ 문은 조선왕궁의 담문 속에서 유일한 원형문(만월문 滿月門)임
② 후원 언덕 위에 정교한 장식미를 가진 육각형 누각인 상량정(上凉亭)
   배치 – 육우정(六隅亭) 또는 평원루(平遠樓)로 기록

> **낙선재(樂善齋)**
> 지금은 창덕궁에 편입되어 관리되고 있으나 조선시대에는 창경궁에 속해 있었다. 창경궁 원유 중 가장 아름답고 다채로운 변화와 기교가 넘치는 조원이었으며, 낙선재 지역의 건물은 일제에 의해 일부 변형되었으나 후원만은 조선의 풍치를 그대로 유지하고 있다.

|만월문|

|상량정|

|한정당의 괴석|

|낙선재 후원 화계|

③ 낙선재와 석복헌(錫福軒) 뒤 5m에 이르는 언덕에 5단의 화계 설치
   ㉠ 화목과 괴석, 수조, 석상(石床), 화장담, 전축굴뚝의 조화로운 구성
   ㉡ 화계 각 단의 높이는 위로 올라갈수록 점차적으로 낮아짐
   ㉢ 화계는 아름다운 화장담에 의해 둘러싸여 완전히 구분
   ㉣ 굴뚝이 제일 아래 화계 위에 별다른 장식 없이 설치

ⓓ 화계 아래 중앙부에 괴석과 석연지 설치

ⓑ 괴석분에는 삼신산을 상징하는 소영주(小瀛洲)라 새긴 석분대와 사각형, 육각형, 팔각형 등으로 다양하고, 새, 구름, 동물문양 등 조각

④ 석복헌 뒤 언덕에 한정당(閒靜堂)이 있고, 그 앞뜰에는 네 개의 괴석 배치

⑤ 승화루(承華樓)와 부속 정자인 삼삼와(三三窩)는 행각(行閣) 건물로 연결되고, 후원에는 배나무, 느티나무, 주목, 감나무가 원림 형성

(3) 창경궁(昌慶宮) 어원

① 성종 14년(1483) 창건되었으나 임진왜란 때 소실되고 광해군 8년(1616) 재건

② 창덕궁 동쪽에 서로 잇대어 지어 놓은 동향궁궐(東向宮闕)로 별도의 후원 없음

③ 현재 통명전(通明殿), 양화당(養和堂), 환경전(歡慶殿), 경춘전(景春殿), 영춘헌(迎春軒) 후원 화계, 함인정(涵仁亭)만 남아있음

④ 통명전, 양화당, 집복헌, 경춘전 후원에는 경사면을 장대석으로 쌓아 만든 화계가 있으며 느티나무가 울창하게 서 있음

⑤ 어구(御溝) 주위에는 버드나무, 느티나무, 회화나무, 소나무 등의 원림 형성 – 옥천교(玉川橋)주위에는 매화 식재

⑥ 통명전 석란지(石欄池)

ㄱ 창경궁의 내전으로 서쪽에 석연지와 같은 작은 연못이 있음

ㄴ 열천(洌泉)으로부터 물을 받아 수로를 통해 못으로 연결

ㄷ 연못은 남북 7m, 동서 2m 가량의 장방형으로, 돌로 된 난간을 설치하고 한 가운데 석교 설치

| 통명전 연지와 괴석, 화대 |

ㄹ 못 속 급수로쪽에 두 개의 괴석을 사각대좌 위에 설치

ㅁ 석교를 건너서는 화강암으로 만든 팔각형의 화대를 중앙에 설치 – 주역의 팔괘 상징, 정토사상

(4) 덕수궁(德壽宮)

① 성종의 형인 월산대군의 사저였던 곳으로 정릉동행궁 또는 경운궁으로 불렸다가 순종 원년(1907) 덕수궁으로 개칭

② 순종 4년(1910) 우리나라 최초의 양식 석조전과 함께 정형식 정원 축조

┃ 창경궁(昌慶宮)

창경궁은 성종14년(1483) 할머니(세조의 비)와 생모, 양모를 위해 창건한 궁으로 궁 주위에 한 길 반의 담을 쌓고, 장원서로 하여금 외부에서 내부가 보이지 않게 어구(御溝) 주위에 버드나무를 심게 하였다. 1909년 일제에 의해 춘당지(春塘池)가 조성되고 동물원, 식물원을 만들고 벚나무를 심어 궁궐의 면모를 위축시켜 1910년 창경원(昌慶苑)으로 만든 것을 1987년 창경궁으로 다시 복원하였다.

| 창경궁의 화계 |

| 어구와 옥천교 |

– 영국인 하딩의 설계

③ 한국 최초의 중정식 정원으로 마당 중앙에 분수가 있고, 사방 주위는 관목이나 초화류만 식재

| 덕수궁 석조전 및 화단 |

(5) 종묘(宗廟)

① 「주례고공기」 '좌조우사면조후시(左祖右社面朝後市)'에 따라 경복궁 좌측에 조성

② 태조 7년(1398) 종묘 남쪽의 산세가 허하다 하여 조산

③ 태종 9년(1409) 또 한 번의 조산을 행하여 음택의 지세를 지향

④ 강한 유교 정신이 표현된 절제된 공간으로, 향대정, 공신당, 칠사당 등의 부속건물 배치

⑤ 정전과 영령전을 중심으로 에워싼 산줄기에는 괴목, 참나무, 소나무, 서어나무, 단풍나무 등의 원림(苑林) 조성

⑥ 신궁(神宮)이므로 화계를 두거나 정자를 건립하지 않아 괴석이나 화려한 화목을 배치하지 않음

⑦ 망묘루(望廟樓) 앞에 자연석 호안의 방지원도를 조성하고 원도에 향나무 식재

| 망묘루 앞 방지 |

(6) 이궁(離宮)

① 태종이 설계 계획하고 세종조에 이루어진 3대 이궁

　㉠ 풍양궁(豊壤宮) : 도성의 동쪽인 양주군 진접에 위치

　㉡ 연희궁(衍禧宮) : 도성의 서쪽인 연희동 연세대 근처

　㉢ 낙천정(樂天亭) : 도성의 남쪽인 성동구 구의동에 위치

② 도성에서 다소 떨어진 곳에 왕의 안전을 위한 자리로 쓰임

③ 후에 왕이 거처하거나 휴양지 역할

3 객관의 정원

① 이조시대의 객관은 고려시대와 달리 도성내의 좁은 곳에 지어 정원으로서의 가치 없음

② 태평관(太平館) : 태조 4년(1396) 축조하였으며 도성 안의 경관 조망

③ 모화관(慕華館) : 태종 7년(1407) 서대문 북서쪽에 축조하였으며, 남쪽에

연못을 만들어 연꽃과 어류를 기름

④ 남별궁(南別宮) : 태평관이 임진왜란으로 소실되어 대신 사용하던 곳

4 민간정원

(1) 주택정원

1) 총론

① 이조 초기 민간의 정원양식은 고려시대의 것을 그대로 답습

② 배산임수의 원리에 따라 뒤뜰에는 화계가 조성되고 앞마당에는 지당(池塘) 조성

③ 유가사상의 영향으로 인한 주택의 공간분할

ㄱ 사당은 정침보다 상위 방위인 동쪽에 정침보다 높은 곳에 배치

ㄴ 장유유서(長幼有序)도 생활공간 속에서 크기와 위치 설정에 배려하고 남녀의 공간을 엄격히 구분

④ 신분에 따라 대지의 규모를 제한하고, 주택 치장과 주택 재료도 규제

⑤ 조경은 실용적인 것과 위락적인 공간으로 구분

ㄱ 실용적 공간 : 채소밭, 제수용 과일(감나무, 대추나무), 약포(藥圃)

ㄴ 위락적 공간 : 매, 송, 국, 죽, 연, 난, 모란, 자미, 동백, 소나무 등이 심어짐

⑥ 정원은 극히 간결한 꾸밈새로 뜰 안에 연못을 파고 감상하기 위한 자리로서 물가에 간소한 정자를 축조

ㄱ 근세에 이르기까지 계승 - 창덕궁 후원의 연경당 바깥 뜰, 강릉의 선교장(船橋莊) 정원(순조 16년 1816)

ㄴ 연못은 풍수를 고려하는 한편 습지를 처리하고 배수를 위해 고안

⑦ 연못의 설치는 수석(水石)과 정사(亭榭)의 구조를 고려하고, 식재할 수 있는 여지로부터 정원수법 태동

2) 민가 정원의 일반적 형태

① 안채 뒤에는 자그마한 동산이나 경사면을 화계로 꾸며놓고 외부와 격리시킴 - 「해동잡록」에 후원양식 기록

② 여유 있는 집에서는 괴석이나 세심석(洗心石) 같은 점경물 설치

③ 안뜰과 앞뜰은 비워두고 조경적 수법이 가해지지 않음

④ 정심수 또한 뜰 한가운데 심지 않고 중문과 대문 사이에 한쪽가로 몰아 식재

⑤ 택지 안에 나무를 심을 때는 홍동백서의 이론 적용

3) 마당의 조경

① 바깥마당

ㄱ 연못이나 채소밭, 약포, 과원 또는 도랑이나 다리가 설치됨

조선시대 민가(民家)

조선시대 민가의 터 잡기에 있어서는 자연과의 조화와 인간과의 조화를 근본으로 삼았다. 배산의 지형을 이용하여 남향 배치를 택하고, 자연재해로부터의 예방과 토지이용의 효율성을 높이며, 일조와 통풍의 과학적 합리성을 기하였다. 풍수지리설에 의해 대지의 간택, 배치 및 수목의 식재, 담장의 설치, 못의 위치, 인수(引水), 득수(得水) 등에 영향을 미쳤으며, 천원지방사상에 의하여 연못 조영에 있어서는 방지원도를 조성했다.

도연명의 영향

도연명의 안빈낙도(安貧樂道) 철학에 영향을 받아 조선시대 선비들은 동쪽 울타리 아래에 국화를 심고, 후원에 무릉도원(武陵桃源)을 조성했으며 문전에 버드나무를 심었다고 한다.

     ⓛ 연못은 집수지, 방화수(防火水), 양어, 연뿌리 생산 등 실용적 기능과 심신수양의 완상적 기능, 음양오행의 사상적 기능 수행

     ⓒ 가운데는 비워놓고 농가에서는 타작마당으로, 대가에서는 격구장으로도 사용

     ⓔ 마당가에 감나무, 대추나무, 모과나무, 버드나무, 동백나무, 벽오동, 귤나무, 유자나무, 소나무, 느티나무, 회화나무 등 식재

  ② 안마당 : 여자들의 생활공간으로 조경하지 않고 마당을 비워두는 곳

  ③ 사랑마당

     ㉠ 남자의 전용생활공간으로 손님을 맞고 집의 대표성을 갖는 마당으로 적극적 수식을 하였던 공간

     ⓛ 주택외부와 가까운 곳에 위치하여 바깥마당, 행랑마당과는 대문, 중문을 통하여 연결되며, 구심력을 내포하는 장소성이 강한 공간

     ⓒ 외부 자연경물의 시각적 접촉에 비중을 두고 있으며 인위적인 경관 조성기법이 가장 많이 사용

     ⓔ 조경적으로 잘 꾸며져야 하는 공간으로 매화, 봉숭아, 오죽, 국화, 철쭉, 난 등을 담장에 붙은 화오에 식재

     ⓜ 담에 붙여 괴석을 배치하거나 수조(석연지·돌확)를 배치하여 수련의 식재 및 수구(水溝) 도입

     ⓗ 중앙에 큰 나무를 심지 않음

  ④ 행랑마당 : 별도의 조경 없이 정문을 상징하는 큰 나무 몇 그루만 식재

  ⑤ 뒷마당

     ㉠ 안채의 후원이나 사랑채의 후원에 조성되어 우물이나 장고방 등 조성

     ⓛ 배산임수 지형의 구릉과 연결될 경우 화계나 담장 설치

     ⓒ 감나무, 대추나무, 모과, 유자, 앵두, 살구, 배나무, 매화 등을 식재하거나 대나무 숲으로 조성

  ⑥ 별당마당

     ㉠ 안채와 약간 떨어진 곳 혹은 담장 밖의 독립된 공간에 외별당과 내별당이 따로 조성됨

     ⓛ 외별당 공간에는 연지, 정자, 개울, 다리, 화목들이 조성되어 별원(別園)같이 구성

     ⓒ 내별당은 괴석, 수조 등과 약간의 화목 식재

4) 주요 주택정원

  ① 맹사성의 행단(杏亶) – 충남 아산

     ㉠ 우리나라 민가 중에서 가장 오래된 집의 하나로 조선 초기의 민가 조원을 볼 수 있음

     ⓛ 마당에 단을 만들어 은행나무 2그루를 심음 – 행단에서 유래

▌행단(杏亶)

공자(孔子)가 은행(銀杏)나무단 위에서 강학(講學)하였다는 옛일에서 나온 말로, 학문(學文)을 닦는 곳을 말한다.

▌행단의 은행나무▐

▌삼상평의 구괴정▐

© 후원에 9그루의 느티나무를 심어 구괴정(九槐亭)이라하고 그 터를 삼상평(三相坪)이라 함

② 윤고산 고택(古宅) - 전남 해남

㉠ 안채는 성종 3년(1472) 건립되었고 사랑채는 효종에게 하사한 집을 이곳으로 옮겨 지음 - 녹우당(祿雨堂)

㉡ 풍수지리설에 따라 바깥 전원공간에 방형 연못과 5개의 조산 설치

㉢ 사랑마당 구석에 작은 방지가 조성되고 못 속에는 괴석을 설치하고 비폭(飛瀑)으로 입수

| 녹우당 |

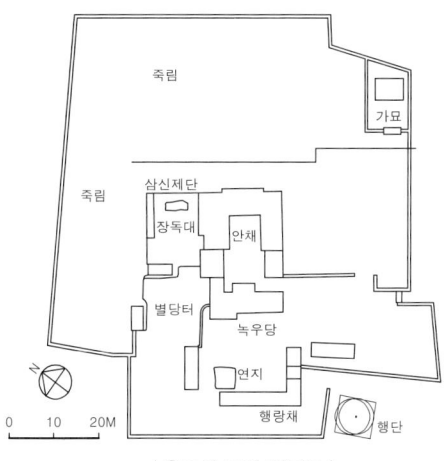

| 윤고산 고택 배치도 |

③ 권벌의 청암정(靑巖亭) - 경북 봉화

㉠ 1526년 조성된 본채와 떨어져 있는 별당정원으로 담으로 구획되어 있음

㉡ 계란형 연못에 석교로 건너는 거북바위의 암반 위에 정자 축조

㉢ 단풍나무, 철쭉, 버드나무, 참나무, 소나무, 은행나무 등 고목이 숲을 이룸

| 청암정 |

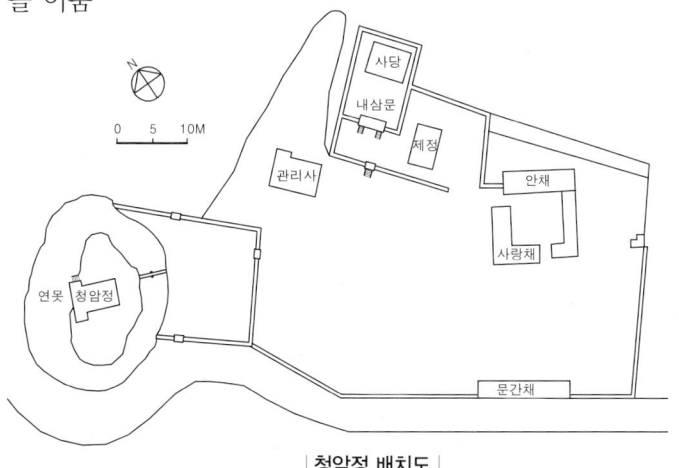

| 청암정 배치도 |

④ 윤증 고택 – 충남 논산

㉠ 1676년 축조된 것으로 보며, 평면상의 배치가 기능적이고 창호의 처리가 다양

㉡ 사랑채 앞의 축대 위에 여러 개의 괴석을 세우고 그 아래 반원형 못을 꾸며 만물경과 같은 느낌을 줌 – 축경형 정원

㉢ 사랑채 서쪽 앞에 방지원도를 두고 배롱나무 식재

| 윤증 고택 |

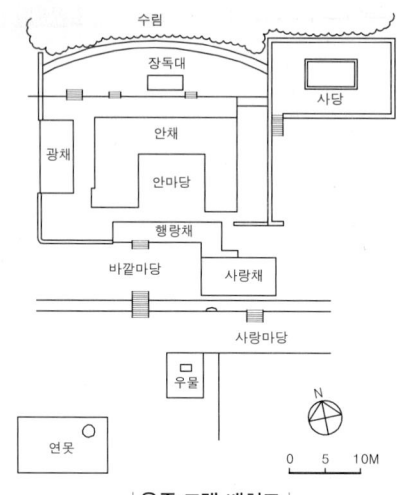

| 윤증 고택 배치도 |

⑤ 선교장(船橋莊) – 강원 강릉

㉠ 1700년대 중엽 안채가 지어지고 1815년 사랑채인 열화당(悅話堂) 축조

㉡ 열화당 후원에 화계 조성 – 배나무, 감나무, 죽림, 송림 등 배치

㉢ 마당 앞에 채소밭이 조성되어 민가조원의 중요한 구성요소로 작용

㉣ 활래정 : 1816년 축조된 선교장 남쪽에 위치한 별당

 a. 대규모 정방형(한 변이 40m) 연못의 연못가에 정자 설치

 b. 연못 가운데 방도 조성하여 소나무를 심고 연못에는 연꽃, 연못가에는 배롱나무, 무궁화 식재

| 활래정 |

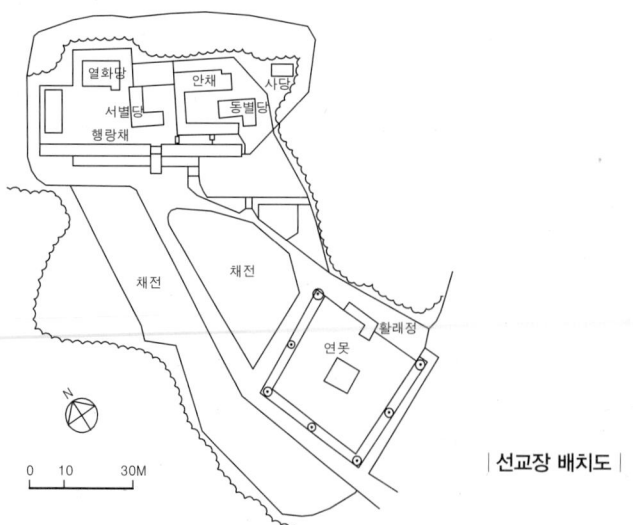

| 선교장 배치도 |

⑥ 유이주의 운조루(雲鳥樓) – 전남 구례

| 운조루 |

  ㉠ 1776년 축조된 99칸의 品자형 주택으로 공간구성을 조감도식으로
    그린 오미동가도(五美洞家圖)에 기록

  ㉡ 공간구성을 신분적 성별의 상·하 위계에 따라 기능적으로 구분

  ㉢ 사랑채, 안채 주위에 화계를 꾸며 화목 식재

  ㉣ 바깥 마당에 방지를 만들어 원도에는 소나무를 식재하고, 주변에 소
    나무, 수양버들, 배롱나무, 대나무 식재

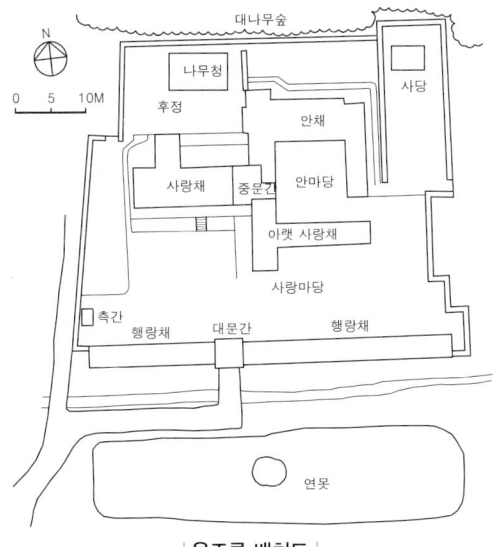

| 운조루 배치도 |

| 오미동가도 |

⑦ 김동수 가옥 – 전북 정읍

| 김동수 가옥 배치도 |

| 김동수 가옥 연못 |

  ㉠ 1784년경 조영되었으며 부정형
    의 연못은 전면의 화견산의 화
    기를 잡는 의도로 조성

  ㉡ 담장 밖으로부터 물을 끌어들이는
    수구를 설치해 화목과 물의 조화
    추구

  ㉢ 사랑채 후정의 화계에 오죽, 영
    산홍, 동백, 산수유가 심어져 있
    고, 석상 및 돌확(석연지로 구
    실) 배치

⑧ 박황 가옥 – 경북 달성

  ㉠ 1874년 별당으로 지어진 하엽정(荷葉亭) 앞에 큰 규모의 방지 설치

ⓛ 방지 안에 원도를 조성하여 배롱나무를 식재하고, 연못 주위에 매화, 배나무, 참나무, 감나무 등을 식재

ⓒ 별당의 후원을 채원(菜園)으로 활용하고 담장가에 살구나무, 복숭아나무 등을 심어 실용적으로 사용

⑨ 김기응 가옥 – 충북 괴산

ⓐ 1900년 전후에 축조된 것으로 연못이 설치되지 않음

ⓛ 외벽은 민가에서 흔치 않은 화장담 축조

| 박황 가옥 배치도 |

| 박황 가옥 |

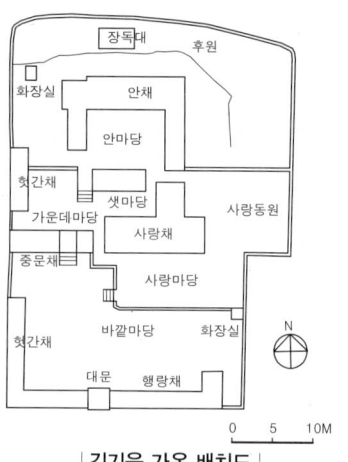
| 김기응 가옥 배치도 |

| 김기응 가옥 화장담 |

(2) 별서정원(別墅庭園)

1) 총론

① 사화와 당쟁의 심화로 도피적 은둔과 초현세적 은일사상이 농후해진 것이 배경

② 우리나라의 자연환경이 아름다워 경치 좋은 전원이나 산 속에 별서를 지어 즐기는 경향 발생

③ 인간의 정주생활이 이루어지는 본제(本第)와 완전히 격리되지 않은 도보권에 위치

④ 영구적 거주공간이나 생활공간이 아닌 한시적이고 일시적인 별장의 형태와 속성

⑤ 누(樓)와 정(亭)으로 대표되는 건물과 담장과 문이 없는 개방적 구조

2) 별서의 구분 : 은일과 은둔을 하면서 자연에 귀의하고자하는 개념은 근본적으로 모두 같음

① 별장 : 서울·경기의 세도가가 조성해 놓은 정원으로 대개 살림채, 안채, 창고 등의 기본적인 살림의 규모를 갖춤

② 별서 : 지방의 자연과 벗하며 살기위한 은일·은둔형 주거 – 별장형으로 볼 수 있음

③ 별업 : 효도하기 위한 것으로 선영(先塋)의 관리를 목적으로 지어놓은

▌별서정원의 기원
「삼국사기」에 "신라의 최치원은 벼슬을 버리고 경주와 영주 등지의 산림 속에 대사(臺榭)를 짓고 풍월을 읊었으며 마산에 별서정원을 조영하였다."고 기록되어진 것으로 보아 별서정원의 기원으로 추정한다.

제2의 주거

3) 주요 별서정원

① 양산보의 소쇄원(瀟灑園) – 전남 담양

㉠ 중종조(1534~1542) 낙향하여 원림을 꾸몄으나 임진왜란 때 소실되어 그의 손자가 재건(1614)

㉡ 사돈인 김인후가 「소쇄원48제영(瀟灑園48題詠)」(1548) 지음

㉢ 소쇄원을 글로 담은 「소쇄원사실(瀟灑園事實)」(1731)이 남아있음

㉣ 소쇄원의 배치를 목판에 새긴 「소쇄원도(瀟灑園圖)」(1775)가 남아있음

| 소쇄원 전경도 |

㉤ 자연계류를 중심으로 한 사면공간의 일부를 화계식으로 다듬어 정형식 요소를 가미한 별서정원 – 자연과 인공의 조화

㉥ 제월당(霽月堂) : 정사(精舍)의 성격을 갖는 건물로 주인이 독서를 하는 곳

㉦ 광풍각(光風閣) : 소쇄원이 한 눈에 들어오며 계류를 가까이 즐길 수 있는 정자

| 애양단 |

㉧ 애양단(愛陽壇) : 원 안에 가장 볕이 잘 드는 마당

㉨ 나무 홈을 통해 물을 공급한 상하 두 개의 소형 방지가 물레방아를 가운데 두고 배치

㉩ 대봉대(待鳳臺) : 계류에 인접하여 자연석을 쌓고 초정(草亭) 설치 – 도선사상적 표현으로 도원경을 표현

| 대봉대 |

㉪ 매대(梅臺) : 오곡문과 제월당 사이에 4개의 단이 있고 아래 2개의 단은 길고, 위 2개의 단은 매화를 심은 화계

㉫ 오곡문(五曲門)과 위쪽의 단상와이장(段狀瓦茸墻 계단형 담장), 오암(鰲岩), 원규투류(垣竅透流 담장 밑구멍을 통한 유수), 석가산, 도오(桃塢), 투죽위교 등 배치

| 매대 |

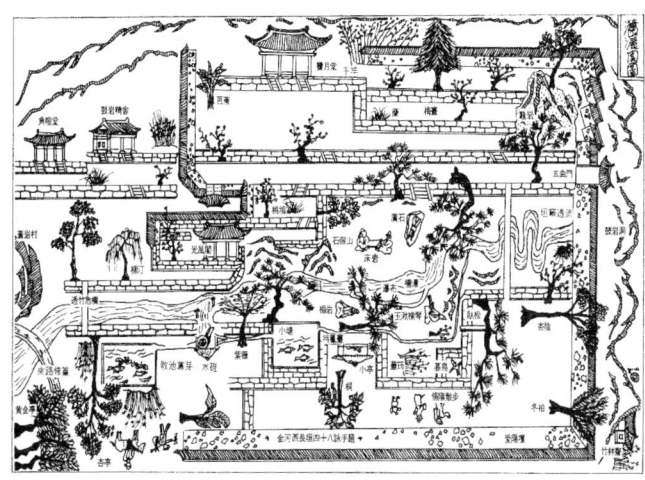

| 소쇄원 목판본 |

| 오곡문과 원규투류 |

② 권문해의 초간정(草澗亭) – 경북 예천

  ㉠ 권문해의 호가 초간이어서 초간이라 하였으며, 1582년 창건 후 소실
되어 1870년 중건

  ㉡ 개울가의 암반 위에 걸쳐 건립된 다락 건물로 정면 3칸 측면 2칸의
팔작집

  ㉢ 자연의 지세를 적절히 이용하며 최소한의 인공을 가하여 조성한 조원

| 초간정 |

③ 오이정의 명옥헌(鳴玉軒) – 전남 담양

  ㉠ 오희도(吳希道)가 자연을 벗 삼아 살던 곳으로 그의 아들 오이정(吳
以井:1574~1615)이 팔작지붕으로 축조

  ㉡ 명옥헌을 중심으로 남쪽 높은 곳에 장방형의 상지, 서북쪽 낮은 곳
에 사다리꼴의 하지를 계류의 물을 이용하여 축조

    a. 상지 : 연못가를 자연석으로 쌓고 연못 안에는 돌출된 바위가 있어
수중암도(水中岩島)의 경관을 이루고, 주위에 배롱나무 식재

    b. 하지 : 연못가를 자연석으로 쌓고 원도 배치, 주위에 배롱나무, 소
나무 식재

| 명옥헌 하지 |

④ 정영방의 서석지원(瑞石池園 석문임천정원) – 경북 영양

  ㉠ 석문(石門) 정영방이 1613년 凹형의 연못 양 옆에 정자를 세우고 오
른 쪽을 주일재(主一齋), 왼쪽을 경정(敬亭)이라 지칭

  ㉡ 연못의 호안은 막돌로 쌓은 석축이며, 수면에는 바닥의 돌들이 돌출

  ㉢ 북변에 못 쪽으로 돌출된 방형의
석단 조성 – 사우단(四友壇)

  ㉣ 산에서 끌어들이는 입수구를 읍청
거(揖淸渠)라 하고 출수구를 토예
거(吐穢渠)라 치칭

  ㉤ 연못이 마당의 대부분을 차지하여
수경이 주된 요소

  ㉥ 「석문문집」 등에 서석의 형상과
위치 기술

| 서석지 |

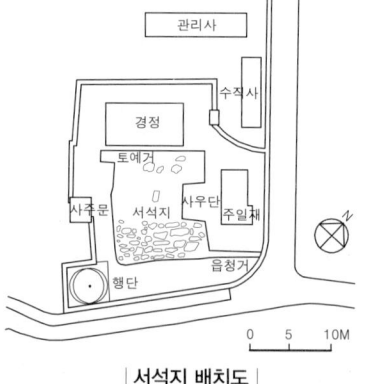

| 서석지 배치도 |

⑤ 윤선도의 부용동 정원(芙蓉洞 庭園) – 전남 완도

  ㉠ 인조 14년(1636) 낙향하여 보길도(甫吉島) 격자봉(格紫峰)의 북쪽 기
슭에 축조

  ㉡ 살림집이 있는 낙서재(樂書齋) 주변

    a. 소은병(小隱屛) 아래에 낙서재를 짓고 무민당(無憫堂) 축조하고 기
암괴석과 화초로 장식 – 뜰 앞에 자연적인 귀암(龜岩)

    b. 낙서재와 무민당 사이에 동와(東窩)와 서와(西窩) 축조

| 동천석실 |

| 세연정과 계담 |

c. 낭음계(朗吟溪)라는 작은 시내가 흐르고, 방형의 연못 설치

d. 낭음계에는 곡수(曲水)와 목욕반(沐浴盤)이 있고 곡수 뒤쪽에는 정성암(靜成庵) 축조

ⓒ 휴식과 독서를 위한 동천석실(洞天石室) 주변

  a. 명산경승으로 신선이 살고 있는 곳을 '동천복지(洞天福地)'라고 한 데서 유래

  b. 부용동 유적 중 가장 빼어난 경관으로 자연에다 약간의 인공을 가하여 조성

  c. 석문(石門), 석제(石梯), 석란(石欄), 석정(石井), 석천(石泉), 석교(石橋), 석담(石潭) 등 모양과 기능에 따라 이름 부여

ⓔ 동리 입구의 세연정(洗然亭) 주변

a. 정원에서 가장 공들여 꾸민 곳으로 경관을 즐기는 곳

b. 연못이 두 개로 배치되어 큰 자연형 계담(溪潭)과 작은 인공의 방지(회수담 回水潭)로 나누어짐

c. 계담은 판석제방(板石堤防)으로 물을 막아 큰 바위들이 점점이 노출되도록 하고 뱃놀이도 가능 – 석제는 다리도 겸함

d. 물가에 세연정(洗然亭)을 세우고 마주보는 곳에 동대(東臺)와 서대(西臺) 축조 – 남쪽 봉우리 옥소대(玉簫臺)

e. 방지의 물은 계담에서 5개의 물구멍으로 들어오고 3개의 물구멍으로 나감 – 오입삼출(五入三出)

f. 방지에는 방도를 두고 한 그루의 소나무 식재

| 계담의 판석제방 |

| 남간정사 |

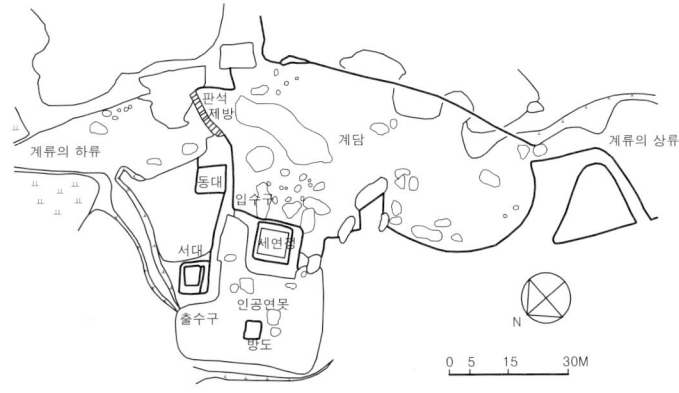

| 부용동 세연지 평면도 |

⑥ 송시열의 남간정사(南澗精舍) – 대전 동구

  ㉠ 1683년 창건하여 송시열이 성리학을 강론하였던 곳

  ㉡ 정사 앞에 자연형 연못을 조성하고 둥근섬을 만들어 왕버들 1주 식재

  ㉢ 연못의 수원은 정사 뒤의 샘물과 동쪽의 개울물을 끌어 들임

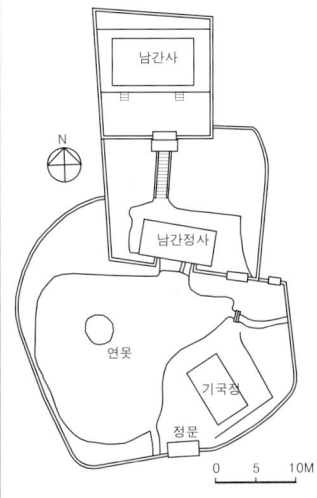

| 남간정사 배치도 |

　　a. 샘물은 정사의 대청 밑을 통하여 입수

　　b. 개울물은 바위벽으로 끌어들여 연못의 북동쪽 모서리에 폭포형으로 입수

　ⓔ 자연경관과 함께 시각과 청각, 영상을 적절히 이용한 조원 유적

⑦ 주재성의 국담원(菊潭園, 무기연당 舞沂蓮塘) – 경남 함안

　㉠ 1728년 주재성의 공덕을 기리기 위해 서당 앞에 방지방도의 연당 조성

　㉡ 연못의 호안은 자연석을 사용하여 2단으로 쌓음 – 국담

　㉢ 정사각의 방도는 산석을 쌓아 석가산을 만들어 봉래산 상징 – 양심대(養心臺)

　㉣ 연못가에 하환정(何煥亭)과 풍욕루(風浴樓)를 세움

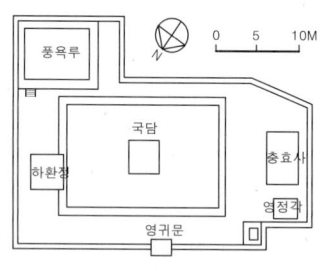

| 무기연당 배치도 |

⑧ 윤서유의 농산별업(農山別業) – 전남 강진

　㉠ 1700년대 말 해남 윤씨 제각(祭閣) 아래에 지어진 별업

　㉡ 조석루(朝夕樓)에서의 원경과 정원을 동시에 즐김

　㉢ 한옥관(寒玉館), 금고지(琴高池)와 척연정(滌硯亭) 등을 가진 정원 – 「조석루기(朝夕樓記)」

| 무기연당 |

⑨ 김흥근의 석파정(石坡亭) – 서울 종로구 부암동

　㉠ 경종(1720~1724) 때 조정만이 한수운렴암(閑水雲廉庵)을 축조한 것을 철종 때 김흥근(1796~1870)이 별서로 쓰고, 후에 대원군(1820~1898)이 소유한 후 석파정으로 지칭

　㉡ ‘ㅁ’자형의 안채와 ‘ㄱ’자 형의 사랑채가 배치되고, 안채 뒤편 한단 높은 곳에 ‘一’자형 별채 배치

　㉢ 안채 후원의 화계에 느티나무 한 그루가 있는 극히 단조로운 공간

　㉣ 사랑마당 남쪽에 계류와 연못, 정자 배치

⑩ 정약용의 다산초당(茶山艸堂) – 전남 강진

　㉠ 1800년대 초 유배생활 하던 곳에 정원을 꾸밈

　㉡ 초당을 중심으로 방지와 몇 단의 화계 및 정석(丁石)이 놓인 극히 간소한 정원

　㉢ 방지 안 원도에 몇 개의 괴석을 쌓아 석가산(石假山) 축조

　㉣ 대나무를 사용하여 물을 연못으로 끌어들여 떨어뜨림 – 비폭(飛瀑)

　㉤ 정석(丁石)·다조(茶竈)·약천(藥泉)·연지(蓮池)를 ‘다산사경(茶山四景)’이라 지칭

| 다산초당 연못 |

⑪ 김조순의 옥호정원(玉壺亭園) – 서울 삼청동

　㉠ 1815년경 축조된 조선 사대부의 민가정원으로 전통조경기법의 대표적인 예 – 직선적 공간처리와 직선적 화계

　㉡ 사랑마당 입구에 취병(翠屛 울타리)을 설치하고 정심수로 느티나무(槐木 괴목) 식재

| 다산초당 연못의 비폭 |

▌다산사경

초당을 중심으로 앞마당에는 차를 끓이던 ‘다조(茶竈)’, 뒤쪽의 벼랑에는 ‘정석(丁石)’이라는 석각과 초당 뒤켠의 샘물인 ‘약천(藥泉)’, 초당 옆의 연못 등을 이른다.

ⓒ 'ㅁ'자형 안채의 후원에 6개의 단으로 구성된 계단식 정원이 내원(內苑) 기능

ⓔ 별원(別苑)인 옥호동천(玉壺洞天) 조성

ⓜ 수조(연지), 화분, 등가대(登架臺), 화계, 정자, 석상, 지당, 괴석군, 석분 위 괴석, 자연송림 등 조경요소 배치

ⓗ 옥호정도의 그림으로만 존재

| 옥호정도 |

⑫ 민주현의 임대정(臨對亭) – 전남 화순

ⓐ 1862년 남언기가 고반원(考槃園)이라 꾸민 원림의 수륜대(垂綸臺)에 정자를 세움

ⓑ 임대정이란 주돈이의 시구(詩句)에서 유래

ⓒ 정자와 방지가 있는 상원과 자연형 두 연못이 있는 하원의 두 공간으로 이루어짐

ⓓ 상원 방지의 원도에는 오죽(烏竹)이 심어져 있고 세심(洗心)이라 음각된 괴석 배치

ⓔ 하원의 연못은 상지(반달형)에 원도 2개, 하지(자연형 방형)에는 원도 1개 배치

ⓕ 물의 인입을 나무홈통으로 상원에서 비폭으로 들여와 수경처리

ⓖ 자연지형을 이용한 연못의 조성과 수경처리가 특징적

| 임대정 상원 방지 |

| 임대정 하원 상지 |

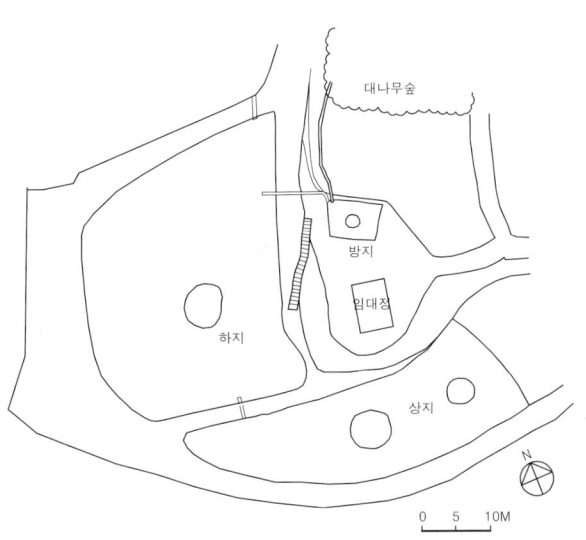

| 임대정 배치도 |

5 서원조경

(1) 총론

① 주향자(主享者)의 연고지를 중심으로 한 산수가 수려한 곳에 입지

② 숭유정책에 따라 사지(寺址)에 건립되거나 서당·정사(精舍) 등의 사학이 서원으로 발달

1) 공간구성

① 진입공간 : 정문인 외삼문과 누각을 통한 과정적 공간

② 강학공간 : 중앙의 강당과 강당의 좌우에 배치된 동재(東齋)와 서재(西齋)로 구성 – 강학을 위한 시설 외에 수식이 제한된 공간

③ 제향공간 : 사당이 있는 공간으로 강학공간 후면의 구릉지에 배치되어 위계성이 가장 강하게 나타남 – 수식이 거의 없음

④ 부속공간 : 창고나 관리운영을 위한 공간

| 병산서원 강학공간 |

| 옥산서원 외삼문 |

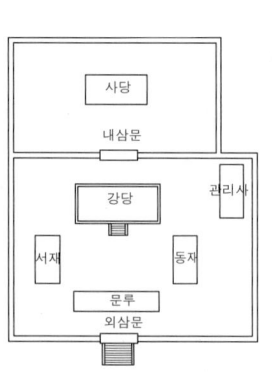

| 서원의 기본형식 |

| 심곡서원 제향공간 |

| 병산서원 만대루 |

2) 서원조경

① 강학공간 후면에 화계를 조성해 학자수(學者樹 느티나무, 은행나무, 향나무, 회화나무 등)에 해당하는 수목이나 화초 식재

② 연못은 수심양성(修心養性)을 도모하기 위해 조성하고 대부분 방지로 조성

③ 점경물은 감상보다는 기능성에 의해 도입 – 정료대(庭燎臺), 관세대(盥洗臺), 생단(牲壇), 석등, 연지 등

㉠ 정료대 : 궁궐이나 서원, 향교, 사찰 등 넓은 뜰이 있는 건물에서 밤에 불을 밝히기 위해 설치한 시설물

㉡ 관세대 : 사당을 참배할 때 손을 씻을 수 있도록 대야를 올려놓았던 석조물

㉢ 생단 : 제관들이 직접 제사에 쓰일 생(牲 : 소, 양, 염소 같은 고기)이 적합한가의 여부를 품평하기 위해 만들어진 것

(2) 주요 서원

- 1) 소수서원 (紹修書院) – 경북 영풍
    - ① 중종 37년(1542) 주세붕이 안향의 배향을 위해 사묘를 세우고 이듬해 회헌영정을 봉안하고 백운동 서원 창건
    - ② 명종 5년(1550) 이황이 소수서원이란 액서를 받아 최초의 사액서원이 됨
    - ③ 통일신라시대의 고찰이었던 숙수사지(宿水寺址)에 축조
    - ④ 사당과 강당이 병렬로 배치되고, 강당 뒤 한 동의 건물에 대청을 중심으로 좌·우에 동재와 서재 배치
    - ⑤ 중심축 없이 자유롭게 배치된 초기의 서원 모습

| 소수서원 전경 |

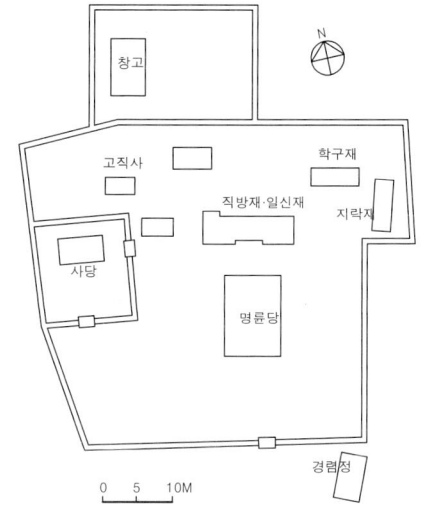

| 소수서원 배치도 |

- 2) 옥산서원(玉山書院) – 경북 경주
    - ① 선조 5년(1572) 이제민이 이언적을 봉향하려 이언적 고택 앞쪽 가까운 곳에 창건
    - ② 외삼문으로부터 문루(門樓), 강당, 사당을 동서중심축선에 일렬로 배치한 전학후묘(前學後廟)의 형식
    - ③ 서원 앞에는 자계(紫溪)의 자연폭포인 용추(龍湫)와 외나무다리, 세심대가 있음
    - ④ 서원 옆을 흐르는 자계의 물을 서원 안으로 끌어들여 수경관 요소로 삼음
    - ⑤ 이언적 고택(1516년)
        - ㉠ 별장이자 서재인 독락당(獨樂堂)에서 자계를 감상할 수 있도록 담장에 살창 설치
        - ㉡ 계류의 암반에 'ㄱ'자형 계정(溪亭)을 설치하여 영귀대(詠歸臺), 관어대(觀魚臺), 징심대(澄心臺), 탁영대(濯纓臺) 감상

| 옥산서원 전경 |

| 독락당 계정 |

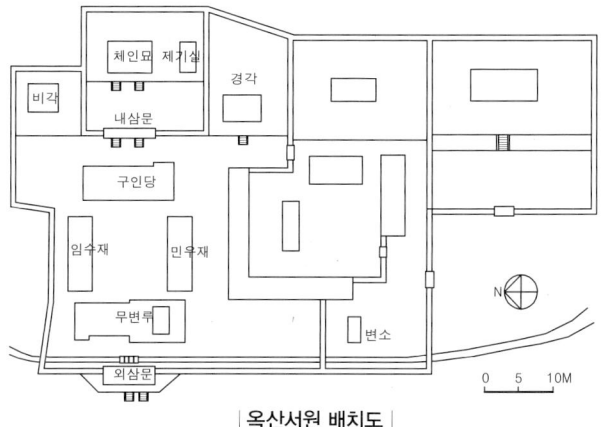

| 옥산서원 배치도 |

| 독락당 살창 |

ⓒ 자연경관을 차경하여 내·외공간이 융합되게 한 서원조원의 모습

3) 도산서원(道山書院) – 경북 안동

① 퇴계 이황이 세운 도산서당에 선조 7년(1574) 이황의 학덕을 본받기 위해 서원을 건립

② 연을 식재한 정우당(淨友塘)과 몽천(夢泉)을 만들어 주돈이의 '애련설'을 따름

③ 절우사(節友社)를 축조하여 매·송·국·죽(梅·松·菊·竹) 식재

④ 전면 골짜기의 양변에 천광운영대(天光雲影臺)와 천연대(天淵臺)가 있음

⑤ 물 깊은 곳을 탁영담(濯纓潭)이라 하고 그 속에 반타석(盤陀石)이 있음

⑥ 서원주변의 경관은 유자(儒者)들의 이상향으로 동경되어 그림으로도 많이 그려짐

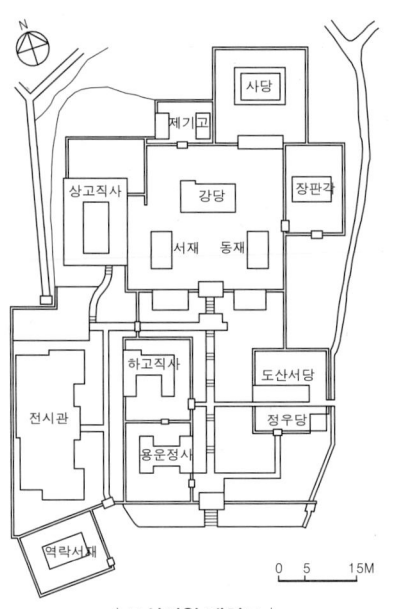

| 도산서원 배치도 |

| 도산서원 전경 |

4) 병산서원(屛山書院) – 경북 안동

① 광해군 6년(1614) 사림들이 유성룡을 추모하기 위해 사묘를 짓고 철종 14년(1863) 사액을 받아 서원으로 승격

② 전학후묘의 정연한 배치를 이루고 있으나 사당은 중심축이 다름

③ 경내와 경외의 구분이 뚜렷하나 만대루의 개방적 구조로 자연경관을 안으로 끌어들임

④ 복례문과 만대루 사이에 광영지(타원형 연못과 원도) 조성

| 병산서원 전경 |

| 병산서원 배치도 |

6 누원(樓苑)

누정의 특성구분

항목	누	정
조영자	고을의 수령	다양한 계층
조영시기	17C 이전까지 많음	17C 이후 많아짐
이용형태	정치, 행사, 연회 등의 기능과 문루나 망루처럼 감시기능을 하는 공적 이용 공간	유상(노닐며 구경), 정서생활 등 사적 이용공간
건물의 구조	밑으로 사람이 다니거나 마루가 높이 솟아있는 2층의 구조로 모두 난간이 있고, 3칸 이상의 규모를 가진 것이 많음	높은 곳에 세운 개방된 느낌을 주는 집으로 규모가 2칸 이하로 작은 것이 많음
건축적 특성	장방형의 형태에 방이 없는 경우가 많고 마루가 높으며 단청을 함	다양한 형태의 평면에 방이 있는 경우도 많고 규모가 작으며 단청은 없음

(1) 축조위치별 분류

① 왕궁 내 누각 : 경복궁의 경회루(慶會樓)와 창덕궁 후원의 주합루(宙合樓)

② 지방관아의 누각 : 남원 광한루(廣寒樓), 삼척 죽서루(竹西樓), 밀양 영남루(嶺南樓), 정읍 피향정(披香亭), 강릉 경포대(鏡浦臺), 제천 한벽루(寒碧樓), 안동 영호루(暎湖樓), 진주 촉석루(矗石樓), 수원 방화수류정(訪花隨柳亭) 등

③ 경회루, 주합루, 광한루 등은 철저하게 인공적으로 만든 조원 공간 속에 건립된 것으로 실질적 누원

(2) 광한루(廣寒樓)원

① 세종 6년(1422) 황희가 광통루(廣通樓)라는 소루(小樓)를 세움

② 세종 16년(1434) 민여공이 개축

③ 세종 26년(1444) 정인지가 광한루라 명명

④ 선조 15년(1582) 장의국과 정철이 광한루 개축

　㉠ 하천을 넓혀 은하수를 상징하는 평호(平湖 동서 98m, 남북 58m)를 만들고 연꽃 식재(연지)

　㉡ 은하의 까치다리를 상징하여 오작교 축조

　㉢ 연못에 3개의 섬 조성

　　a. 영주섬 : 연못의 동쪽에 조성하고 연정(蓮亭 영주각) 축조

　　b. 봉래섬 : 연못의 중앙에 조성하고 푸른 대나무(綠竹 녹죽) 식재

　　c. 방장섬 : 연못의 서쪽에 조성하고 배롱나무 식재

　㉣ 못가에는 월궁(月宮)을 상징하는 광한루 배치

⑤ 인조 4년(1626) 신감이 정유재란으로 황폐화된 광한루원 중수

⑥ 정조 18년(1794) 영주각(瀛洲閣) 복원

▌누정(樓亭)의 경관기법

① 허(虛) : 비어 있어 다른 것을 담을 수 있어야 하는 개념이다.

② 원경(遠景) : 시원하게 탁트인 경관을 본다는 의미이다.

③ 취경(聚景)·다경(多景) : 취경은 경관을 한 곳에 모으는 개념으로 자연스레 다경이 이루어진다.

④ 읍경(悒景) : 경관의 특징이나 구성요소들을 누정 안으로 끌어들이는 기법이다.

⑤ 환경(環景) : 푸르름, 물, 산 등을 두르도록 입지시키는 것으로 취경, 다경, 읍경의 기법이 가능하게 된다.

⑥ 팔경(八景) : 정자 주변의 경관 여덟 가지를 선정하여 시나 노래의 주제로 삼기도 하고, 경관을 알려주기도 하는 역할을 한다.

⑦ 1964년 방장정(方丈亭) 건립

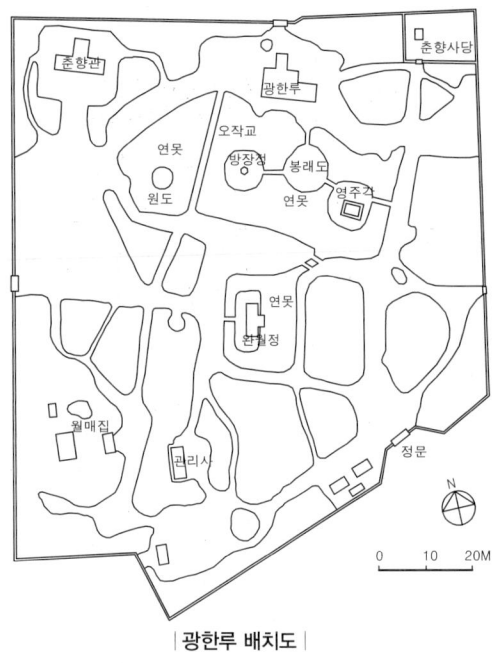

|광한루 배치도|

|광한루와 오작교|

|광한루 완월정|

7 사찰(寺刹)정원

(1) 총론

산악숭배사상이나 풍수지리, 도선국사의 비보사상(裨補思想) 등의 영향으로 명산의 명당에 입지

1) 공간구성의 기본원칙

  ① 자연환경과의 조화 고려 : 경사지의 처리, 물의 도입, 주변경관의 차용(借用), 공간의 규모 및 축선(軸線)의 사용 등

  ② 계층적 질서의 추구 : 높낮이, 폐쇄도, 규모, 치장도, 구성요소의 밀도 등

  ③ 공간 상호간의 연계성 제고 : 소단위 공간의 결합으로 전체의 공간을 구성함으로 축선 및 전이공간 등으로 연계를 이루는 효과를 높임

  ④ 인간척도의 유지 : 공간의 규모를 조절하여 앙각(仰角)과 시폭각(視幅角)이 적합하도록 구성

2) 공간축의 설정

  ① 다수의 건물군으로 형성되어 방향성과 중심성을 강조하기 위해 중심축이 비교적 뚜렷

  ② 평지형 사찰에서는 일직선 중심축이 많이 나타남

  ③ 산지형으로 변하며 지형을 고려한 공간을 구성하고자 하는 의도로 절선축이나 단선축으로 변화

    ㉠ 진입축과 건물축의 분리를 통하여 시각변화의 다양화

▌삼보(三寶)

삼보는 불교에서 귀하게 여기는 보물로 가장 근본이 되는 믿음의 대상이다.

① 승보(僧寶) : 부처의 교법을 배우고 수행하는 제자 집단

② 법보(法寶) : 부처가 스스로 깨달은 진리를 설명한 교법

③ 불보(佛寶) : 중생들을 가르치고 인도하는 석가모니

▌한국의 삼보사찰

① 승보사찰 : 송광사(松廣寺)

② 법보사찰 : 해인사(海印寺)

③ 불보사찰 : 통도사(通度寺)

ⓛ 진입과정에서 얻는 경험의 질을 극대화한 우수한 조경수법

④ 사찰의 규모가 커지며 직교축이나 병렬축의 유형도 발생

3) 공간의 구분 및 연결

① 전이공간 : 일주문부터 누문에 이르는 선적(線的) 전이공간

② 누문 : 전이공간과 중심공간 사이의 누형의 문 – 점승형(漸昇型) 전이방식

사찰명	누명	전이방식
부석사	안양루	누하진입
화엄사	보제루	측면진입
해인사	구광루	누하진입
범어사	보제루	누하진입
쌍계사	팔영루	측면진입
용문사	해운루	누하진입
은혜사	보화루	누하진입
송광사	종고루	누하진입
대흥사	침계루	누하진입

③ 중심공간 : 불전, 누문, 승방, 강당 등에 의해 둘러싸인 위요적 공간

조선시대 사찰의 누를 통한 중심공간으로의 전이방식

4) 사찰의 가람(伽藍)배치

① 탑 중심형 : 불교전래 초기의 사찰형식으로 중국사찰의 공간구성형식을 토대로 한 평지형 사찰 – 직선축에 의한 공간구성

② 탑금당 병립형 : 통일신라 이후 나타나는 전형적 신라사찰 유형으로 평지형 사찰 – 직선축에 의한 공간구성

③ 금당 중심형 : 통일신라 후기에 시작하여 고려와 조선시대를 거쳐 우리나라 고유의 형식으로 정착된 유형으로 산지사찰의 유형 – 절선축이나 단선축에 의한 공간구성

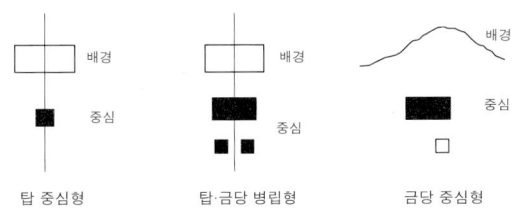

| 전통사찰의 공간구성 |

5) 사찰의 경관요소

① 지형경관요소 : 석단(石壇), 계단, 화계

② 수경관요소 : 계류와 다리, 연지, 영지, 석수조, 우물

③ 건축적 요소 : 문, 담, 굴뚝

④ 석조 점경물 : 석부도, 석등, 당간지주

(2) 대표적 사찰

1) 통도사

① 불보사찰 : 금강계단(金剛戒壇)에 부처의 진신사리 보관

| 통도사 전경 |

| 통도사 구룡지 |

| 해인사 전경 |

| 해인사 일주문과 당간지주 |

② 동서 주축에 직교한 3개의 남북부축이 형성된 독특한 배치

③ 돌다리가 설치된 구룡지(九龍池)

2) 해인사

① 법보사찰 : 해인사(海印寺) – 장경판전(藏經板殿);고려대장경 보관

② 자연환경과의 조화를 고려하여 지형에 순응한 건물 배치 – 절선축 배치

③ 일주문 부근에 영지와 당간지주가 있고, 공간과 공간사이에 화계 조성

3) 송광사

① 승보사찰 : 송광사(松廣寺) – 국사전(國師殿);16명 국사의 영정을 모심

② 직교축에 의한 배치로 중심지향적 공간구성 형식

③ 영지의 역할을 하는 계담(溪淡)이 성·속을 분리하는 기능을 지님

| 송광사 전경 |

| 송광사 계담 |

8 조경문헌

(1) 강희안의 「양화소록」

① 1476년(성종 7) 간행된 「진산세고(晉山世稿)」 제4권에 수록된 조경식물에 관한 최초의 문헌

② 화목의 재배법과 이용법, 화목의 품격, 상징성 설명 – 화목구품(花木九品)

③ 괴석의 배치법, 꽃을 분(盆)에 심는 법, 꽃을 취하는 법, 화분 놓는 법, 꽃, 꽃이 꺼리는 것 등 수록

④ 양화의 목적은 흥미를 충족시키기 위함이 아니라 화목에서 뜻을 찾고 수심양성에 의미 부여

(2) 이수광의 「지봉유설(芝峰類說)」

① 1614년(광해군 6) 이수광이 편찬한 한국 최초의 백과사전적인 저술서로, 최초로 천주교와 서양문물을 소개하여 실학발전의 선구적 역할

② 매화, 장미, 영산홍, 동백, 창포, 오죽, 소나무, 은행나무, 자귀나무 등 화목 19가지의 특성 설명

(3) 신속의 「농가집성(農家集成)」

① 1655년 편찬된 것으로 「농사직설(農事直說)」, 「금양잡록(衿陽雜錄)」, 「사시찬요초(四時纂要抄)」, 「구황촬요(救荒撮要)」가 합편으로 들어가 있는 종합 농업서적

② 강희맹 「사시찬요초」의 훼목(卉木)편에 과목, 수목, 화목의 종수(種樹)와 삽수(揷樹), 접목(接木), 육성 등과 채소류, 약용식물의 재배법 기술

(4) 박세당의 「색경(穡經)」,1676

곡식, 과수 등의 재배법과 기상과 풍수 등 농가에서 필요한 사항을 정리한 농서(農書)

(5) 홍만선의 「산림경제(山林經濟)」,1718년경

① 복거(卜居), 치농(治農), 치포(治圃), 종수(種樹), 양화(養花) 등의 내용

| 강희안의 화목구품

1품 : 송, 죽, 국, 연

2품 : 모란

3품 : 사계, 월계, 왜철쭉, 영산홍, 진송, 석류, 벽오동

4품 : 작약, 서향화, 노송, 단풍, 수양, 동백

5품 : 치자, 해당화, 장미, 홍도, 벽도, 삼색도, 백두견화(진달래), 파초, 전추라, 금잔화

6품 : 백일홍, 홍철쭉, 홍두견화, 두충

7품 : 이화, 향화, 보장화, 정향, 목련

8품 : 촉규화(접시꽃), 산단화, 옥매, 출장화

9품 : 옥잠화, 불등화, 초국화, 석죽화, 봉선화, 계관화(맨드라미), 무궁화

이 들어있는 자연과학 및 기술서로 백과사전적 기능

② 복거편에 풍수설에 의한 화목의 배식방법 수록

  ㉠ '집 주위 사방에 소나무와 대나무를 심어 울창하게 되면 집터의 생기가 왕성해 진다.'

  ㉡ '집 서쪽 언덕에 대나무 숲이 푸르면 재물이 불어난다.'

  ㉢ '문 앞에 대추나무가 두 그루가 있고 당(堂) 앞에 석류나무가 있으면 길(吉)하다.'

  ㉣ 한곤(閑困) – '마당 가운데 나무를 심으면 재앙이 생긴다.'

  ㉤ '문 앞에 회화나무 세 그루를 심으면 서기(瑞氣)가 모여 3대가 길하다.'

  ㉥ '석류를 뜰 앞에 심으면 많은 자손을 얻게 된다.'

  ㉦ '대문 밖 동쪽에 버드나무를 심으면 가축이 번성한다.'

③ 양화편에는 노송과 만년송, 대나무, 매화, 국화 등 화목 29가지의 특성과 재배법 수록

  ㉠ '가옥 가까이는 심근성 수종이나 큰 나무를 식재하지 않고 작은 꽃을 가꾼다.'

  ㉡ '서북쪽에는 큰 나무를 심고 동남쪽에는 큰 나무를 심지 않는다.'

  ㉢ '마당 한 가운데를 피하고 마당가의 담장쪽에 심는다.'

(6) 이중환의 「택리지(擇里志)」1751

① 영조 27년 현지답사를 기초로 하여 저술한 우리나라 지리서

② 사민총론, 팔도총론, 복거총론(卜居總論) 등으로 구성

③ 지리·생리(生利)·인심·산수 등을 논한 복거총론에 집터 기술

  ㉠ '먼저 수구(水口)를 보고 들의 형세(形勢)를 본다.'

  ㉡ '집터를 잡으려면 반드시 수구가 꼭 닫힌 듯하고, 그 안에 들이 펼쳐진 곳을 눈여겨보아서 구할 것이다.'라고 서술

(7) 유박의 「화암수록(花菴隨錄)」1770년경

45가지의 화목을 9등급으로 나누어 품평한 화훼전문서 – 화목구등품제(花木九等品第)

(8) 서명응의 「고사신서(攷事新書)」1771

외교와 일상생활에 필요한 여러 가지 사항들을 모아 기재한 어숙권의 「고사촬요(攷事撮要)」의 개정 증보판

(9) 서유구의 「임원경제지(林園經濟志)」1810년경 – 임원십육지

① 「산림경제」를 토대로 한국과 중국의 저서 900여종을 참고·인용하여 엮어낸 농업 위주의 백과전서

② 화목 65가지의 특성과 재배법 기술

(10) 신경준의 「순원화훼잡설(淳園花卉雜說)」1910

18C말 순원(淳園)의 귀래정 주변 화목 44여종에 대한 기록

▌산림경제의 방위에 따른 식재
① 동(청룡) : 복숭아나무, 버드나무
② 서(백호) : 치자나무, 느릅나무
③ 남(주작) : 매화나무, 대추나무
④ 북(현무) : 살구나무, 벗나무

▌유박의 화목구등품제
1등 : 매화, 국화, 연꽃, 대나무, 소나무
2등 : 모란, 작약, 왜홍(왜철쭉), 해류, 파초
3등 : 치자, 동백, 사계화, 종려, 만년송
4등 : 화리, 소척, 서향화, 포도, 귤
5등 : 석류, 도화, 해당화, 장미, 수양버들
6등 : 두견(진달래), 살구, 백일홍, 감, 오동
7등 : 배, 정향, 목련, 앵두, 단풍
8등 : 목근(무궁화), 석죽(패랭이꽃), 옥잠화, 봉선화, 두충
9등 : 해바라기, 전추라, 금잔화, 석창포, 회양목

5>>> 20C 현대조경

(1) 총론

① 실생활의 실용적 생활과 감상을 겸한 조경으로 발전

② 과학적 근거에 의하여 분석하고 계획하는 조경

③ 향토민속 보존과 국토와 자연보호를 중요시하는 조경

④ 조경의 법률적 관리 : 1967년 공원법을 제정하고, 1980년 공원법을 개정하여 자연공원법과 도시공원법 구분

(2) 국립공원

자연환경을 보호할 뿐만 아니라, 국민의 레크리에이션 지역으로서, 또 국제적으로는 나라의 대표적 관광지로서의 역할

| 국립공원 |

① 산악형 공원 : 1967년 지리산 국립공원 최초 지정, 계룡산, 설악산, 속리산, 한라산, 내장산, 가야산, 덕유산, 오대산, 주왕산, 북한산, 치악산, 월악산, 소백산, 월출산, 무등산, 태백산

② 해안형 공원 : 한려해상, 태안해안, 다도해해상, 변산반도

③ 도시형 공원 : 경주

(3) 대표적 조경

① 탑골공원(파고다공원 1897)

㉠ 영국인 브라운(Brown)의 설계로 세워진 우리나라 최초의 근대공원

㉡ 원각사지 13층 석탑, 앙부일구(仰釜日晷) 등 문화재 보존

② 덕수궁 석조전(1910)

㉠ 영국인 하딩(G. D. Harding)의 설계로 신고전주의 유럽 궁전건축양식의 건물

㉡ 앞뜰에 분수와 연못을 중심으로 한 프랑스 정형식 정원 조성-우리나라 최초의 유럽식 정원

③ 장충단공원(1919)

④ 사직공원(1921)

⑤ 효창공원(1929)

⑥ 남산공원(1930년대)

핵심문제

1 우리나라 정원 양식의 사상적 배경은?   기-04-1

㉮ 유교사상 + 도교사상

㉯ 불교사상 + 풍수지리설

㉰ 신선사상 + 음양사상

㉱ 유교사상 + 삼재사상

2 한국정원(韓國庭園)의 특색이라고 볼 수 없는 것은?   기-11-4

㉮ 후원을 잘 꾸미도록 하였다.

㉯ 자연의 아름다움을 자연 나름대로 즐기도록 하였다.

㉰ 대풍경을 모방한 축경수법을 많이 사용하였다.

㉱ 수목의 심는 위치를 많이 고려하였다.

해 ㉰ 일본정원의 특색이다.

한국정원은 자연주의에 의한 자연풍경식 조경이 발달하였다.

3 다음 중 고대문헌의 표현과 현재의 수목명이 가장 바르게 연결된 것은?   기-06-4

㉮ 산다화 – 모란   ㉯ 목단 – 살구

㉰ 행목 – 목련   ㉱ 목근화 – 무궁화

해 ㉮ 산다화 : 동백, ㉯ 목단 : 모란, ㉰ 행목 : 은행나무

4 고구려 장수왕 15년(427년)에 평양으로 천도 후 궁을 축조하고 훌륭한 궁원(宮苑)을 조성하였다. 이 궁의 명칭은?   기-11-1

㉮ 대성궁(大成宮)   ㉯ 안학궁(安鶴宮)

㉰ 동명궁(東明宮)   ㉱ 대동궁(大東宮)

5 고구려 안학궁원의 정원 구성 요소로만 짝지어진 것은?   기-04-4

㉮ 경석, 인공축산, 섬, 못

㉯ 못, 인공축산, 경석, 삼신선도

㉰ 삼신선도, 경석, 계류, 못

㉱ 경석, 석가산, 계류, 못

6 고구려의 청암리사지의 공간구성은?   기-03-1

㉮ 오성좌배치   ㉯ 풍수지리적 배치

㉰ 산지가람형   ㉱ 자연조화형

7 다음 중 백제의 정원 관련 서적과 관계없는 것은?   기-10-1

㉮ 동사강목(東史綱目)

㉯ 동국여지승람(東國與地勝覽)

㉰ 대동사강(大東史綱)

㉱ 삼국사기(三國史記)

해 우리나라 사적 처음으로 정원에 관한 구체적인 기록 – 「삼국사기」, 「동사강목」, 「대동사강」

8 궁남지에 대한 설명으로 틀린 것은?   기-07-1, 기-04-2

㉮ 연못 속에 무산십이봉을 본뜬 산을 만들어 꽃을 심고 새를 길렀으며, 호수에서 배를 띄워 놀기도 하였다.

㉯ 무왕 35년 사비궁 남쪽에 판 연못으로 20여리 밖에서 물을 끌어들였다고 삼국사기와 동사강목에 기록되어 있다.

㉰ 못 가운데는 방장 선산을 상징하는 섬을 만들고 물가에 능수버들을 심었다.

㉱ 궁남지의 섬은 중국 한나라 태액지 속에 삼신산을 만들어 불로장생을 기원하던 신선사상에서 영향을 받았다.

해 ㉮ 통일신라시대 안압지(雁鴨池)에 대한 설명이다.

① 문무왕 14년(674) 궁 안에 못을 파고 석가산을 만들어 화초를 심고 진기한 새와 짐승 사육－「삼국사기」

② 당나라 장안성의 금원을 모방하여 연못과 무산십이봉(巫山十二峰)을 본뜬 석가산 축조, 정면(서쪽)에 임해전을 세워 군신과의 연회 및 외국 사신의 영접에 사용하였으며, 연못은 '안압지'라 지칭 －「동사강목」

9 사절유택(四節遊宅)의 설명으로 부적합한 것은?   기-09-2, 기-06-1

㉮ 계절의 풍경과 정서를 즐겼다.

㉯ 일반 백성들이 즐겨 찾는 놀이 장소이다.

㉰ 4계절에 어울리는 집과 정원을 가꾸었다.

㉣ 신라시대에 즐기던 풍습이다.

해 ㉡ 사절유택(四節遊宅)은 신라시대 귀족들이 계절에 따라 놀이장소로 즐기던 별장이다.

10 신라말 진성여왕(887~897)때에 최치원(崔致遠)이 조성한 조경 유적은 다음 중 어느 것인가?

기-08-4

㉠ 경주 남산의 독서당(讀書堂)
㉡ 함양읍 대덕리의 상림원(上林園)
㉢ 해인사(海印寺)의 홍류동계곡(紅流溪谷)
㉣ 경주 남산의 상서장(上書莊)

해 상림원(上林園)

신라 진성여왕(887~897) 때 당시 함양태수를 지내던 최치원이 홍수 피해를 막기 위해 호안림으로 조성한 인공림

11 통일신라 시대의 대표적인 면모를 가진 독특한 조경은?

기-05-2

㉠ 반월성지(半月成址)
㉡ 안압지(雁鴨池)와 포석정(鮑石亭)
㉢ 안학궁의 성지(城址)
㉣ 아미산 후원(後園)

12 안압지에 대한 설명이다. 맞지 않은 것은?

기-04-1

㉠ 삼국사기와 동사강목에서 기록을 볼 수 있다.
㉡ 당나라 장안성의 금원을 모방하였으며, 삼신산을 축조하였다
㉢ 북쪽호안과 석가산 앞에 해당되는 동쪽호안은 직선형 형태이다.
㉣ 바닥은 강회로 처리하였다.

해 ㉢ 안압지의 북안(北岸)과 동안(東岸)은 복잡·다양한 곡선으로 굴곡진 호안이며, 남안(南岸)과 서안(西岸)이 직선적인 호안석축(湖岸石築)에 의해 처리되었다.

13 다음 안압지에 대한 설명 중 틀린 것은?

기-07-2, 기-06-1

㉠ 안압지는 월성에 있던 동궁의 궁원으로 당시에는 월지라고 하였다.
㉡ 안압지의 호안은 남쪽과 서쪽지안이 북쪽과 동

쪽지안보다 낮다.
㉢ 연못의 호안은 직선과 곡선으로 조성되어 있다.
㉣ 연못에는 연꽃을 바닥에 직접 기르지 않고 정자형 나무들에 심어 물속에 넣었던 것으로 추정된다.

해 ㉣ 안압지는 남안과 서안이 동안과 북안보다 약 2.5m 가량 높게 조성하여 임해전에서 원지를 내려다 볼 수 있게 만들었다.(신라의 '동향문화' 내포)

14 다음 내용 중 발굴 조사를 통해 밝혀진 경주 안압지의 조경수법은?

기-05-1

㉠ 좌우 대칭의 기하학적인 구성으로 되어 있다.
㉡ 바닷돌을 사용하여 넓은 바다를 연상할 수 있도록 조석하였고, 수위(水位)를 조절하였다.
㉢ 회유식(回遊式)정원의 수법을 도입하여 산책로의 기능을 강화하였다.
㉣ 축산고산수(築山枯山水)수법으로 꾸몄다.

15 고려시대 궁원의 주요한 구성요소가 아닌 것은?

기-05-4

㉠ 석연지   ㉡ 화원
㉢ 석가산   ㉣ 격구장

해 고려시대 궁원의 주요한 구성요소로는 전각(殿閣), 원지(園池), 화원(花園), 격구장(擊毬場), 석가산(石假山) 등이 있다.

㉠ 석연지(石蓮池)는 부여의 왕궁지(王宮址)에 남아 있던 것으로 화강암질의 암석을 가지고 어항과 같은 생김새로 만들어 물을 담아 연꽃을 심어 즐기던 거대한 정원용 점경물(點景物)이다.

16 고려시대 궁궐의 정원을 지칭한 용어는?

기-08-1

㉠ 비원   ㉡ 북원
㉢ 정원   ㉣ 금원

17 우리나라의 궁원이나 원포 즉, 현대 의미의 조경을 관장했던 관서가 있었는데 다음 중 고려에 설치되었던 관서는?

기-06-1

㉠ 산택사   ㉡ 내원서
㉢ 상림원   ㉣ 장원서

해 내원서(內園署)

고려 문종(1046~1083) 때 모든 원(園·苑) 및 포(圃)를 맡은

관청으로 출발하여 충렬왕 34년(1308) 사선서(司膳署)의 관할이 된다. 금원의 축조나 개수·관리 등을 체계적으로 시행하게 하기 위한 관서를 둔 것은 우리나라 역사상 최초이다.

18 고려 문종(文宗)은 1070년 곡수연(曲水宴)을 하였으며, 그 곡수연의 장소는 봄에 모란과 작약, 가을에 국화가 만발하는 화려한 정원이었다. 이 장소의 이름은?　　　　　　　　　　　　　　기-05-2

㉮ 연경궁(延慶宮) 후원의 상춘정
㉯ 수창궁(壽昌宮) 북원(北園)의 만수정
㉰ 수령궁(壽寧宮) 후원의 양화정
㉱ 운현궁(雲峴宮) 후원의 태평정

㉘ 연경궁(延慶宮) 후원의 상춘정(賞春亭)은 화훼류로 이름이 높았던 곳으로써 고려 말에 이르기까지 연회장소로 사용하였으며 봄에는 모란, 작약의 꽃을 감상하고, 가을에는 중양연(重陽宴)을 열어 국화의 향기를 즐길 수 있었던 정원이다.

19 고려 의종(毅宗)은 교외의 경관이 수려한 곳을 골라 정자(亭子)를 지어 놀이터로 삼았는데 다음 중 이에 해당되지 않은 것은?　　　　　　기-07-4

㉮ 녹음정(綠吟亭)　　　㉯ 만춘정(萬春亭)
㉰ 연복정(延福亭)　　　㉱ 중미정(衆美亭)

㉘ 중미정·만춘정·연복정

의종 21년(1167) 교외의 자연경관이 수려한 곳을 골라 정자(亭子)를 지어 놀이터 삼아 축조한 정원으로 자연의 물을 이용하여 연회를 즐기기 위한 시설을 갖추어 놓은 이궁이다.

20 우리나라 정원의 석가산 기법에 대한 설명 중 틀린 것은?　　　　　　　　　　　　　　　기-08-1

㉮ 지형의 변화를 얻기 위한 기법이다.
㉯ 고려시대부터 사용되어진 우리나라 특유의 정원 기법이다.
㉰ 주로 흙이나 돌로 쌓아 만들었다.
㉱ 첩석성산(疊石成山)도 석가산의 일종이다.

㉘ ㉯고려시대의 석가산(石假山) 기법은 이전의 시대의 축산(築山)기법과는 달리 중국에서 9세기 경에 시작된 태호석을 이용한 수법이다.

21 고려시대 풍수설의 영향을 직접 받지 않은 정

원공간은?　　　　　　　　　　　　　　　기-03-2

㉮ 만월대 궁원　　　　㉯ 장원정
㉰ 만춘정　　　　　　　㉱ 최충헌의 남산리 별서

㉘ ㉰ 만춘정은 궁에서 사용하는 기와 굽던 곳을 별궁으로 삼아 풍수설과 직접적 관련이 없는 곳으로 알려져 있다.

22 고려시대의 이궁 중 특히 풍수지리설의 영향으로 인해 자연풍경이 수려한 곳에 주위와 조화되도록 꾸며진 것은?　　　　　　기-08-1, 기-03-4

㉮ 중미정　　　　　　　㉯ 장원정
㉰ 만춘정　　　　　　　㉱ 연복정

㉘ ㉯ 장원정은 문종 10년(1056) 도선의 「송악명당기(松嶽明堂記)」에 의거해 풍수도참설의 영향으로 자연풍경이 수려한 곳에 주위 경관과 조화되도록 자연을 그대로 이용하여 조성되었다.

23 괴석을 모아서 선산을 만들고 멀리서 물을 끌어 비천을 만들었다고 하는 고려시대의 정원은?　　　　　　　　　　　　　　　　　　　　기-08-2

㉮ 귀령각　　　　　　　㉯ 수창궁
㉰ 청연각　　　　　　　㉱ 태평정

24 고려시대에 이동식 정자를 구상한 사륜정기(四輪亭記)와 이소원기(理小園記)는 누가 쓴 글인가?　　　　　　　　　　　　　　기-05-4, 기-12-1

㉮ 기홍수　　　　　　　㉯ 윤언문
㉰ 이규보　　　　　　　㉱ 최자

25 고려시대 문수원의 정원 안 연못의 특징이 아닌 것은?　　　　　(조경계획 및 설계)산·기-08-4

㉮ 둥근형
㉯ 가장자리는 자연석 축조
㉰ 영지(影池)
㉱ 상, 하지(上, 下池)

㉘ ㉮ 청평사 남쪽 입구에 위치한 문수원 남지(영지)는 북쪽이 넓고 남쪽이 좁은 사다리꼴 형태의 연못이다.

26 고려초기에 조성한 강원도 춘성군 청평사 문수원 입구의 남지에 대한 설명으로 알맞은 것은?　　　　　　　　　　　　　　　　　　　　기-03-1

㉮ 네모꼴로 섬이 하나 있다

㉯ 네모꼴로 섬은 없고 삼산석이 있다

㉰ 사다리꼴로 섬이 하나 있다

㉱ 사다리꼴로 섬은 없고 삼산석이 있다

27 다음 한국전통 조경의 설명으로 틀린 것은?

기-06-2

㉮ 고대의 한국 정원은 궁중이나 귀족의 저택 위주로 꾸며 졌다.

㉯ 한국적 색채를 띠게 된 정원양식은 신라시대 이후부터이다.

㉰ 창덕궁은 자연미와 인공미가 혼연일치가 되도록 축조되었다.

㉱ 통일 신라시대의 대표적인 조경의 예는 안압지를 들 수 있다.

해 ㉯ 한국전통 조경에서 한국적 색채를 띠게 된 것은 조선시대부터이다.

28 다음은 정원이 완성된 시대, 위치, 정원, 그 특징을 나타낸 것이다. 이 중 서로 맞지 않는 것은?

기-10-1

㉮ 통일신라 – 경상북도 경주 – 포석정 – 곡수거

㉯ 고려 – 전라북도 남원 – 광한루 – 연못과 누정(樓亭)

㉰ 조선 – 서울 – 아미산 – 굴뚝과 돈대

㉱ 현대 – 서울 – 덕수궁 석조전 전정 – 분수

해 ㉯ 전라북도 남원 – 광한루 – 연못과 누정(樓亭)은 조선시대에 해당된다.

29 조선시대에 만들어진 지당 중심의 정원들 중 신선사상을 배경으로 하는 전통정원 양식과 거리가 가장 먼 것은?

기-02-1, 기-03-1, 기-07-4

㉮ 경복궁의 경회루 정원

㉯ 창경궁의 통명전 정원

㉰ 강릉 선교장의 활래정 정원

㉱ 남원의 광한루 정원

30 조선시대에 조영된 [보기]의 지당정원(池塘庭園)의 조영(造營)시기가 오래된 순서로 옳게 연결된 것은?

기-02-1, 기-09-1

[보기]

① 강릉의 활래정   ② 남원의 광한루

③ 보길도의 세연정   ④ 창덕궁의 부용정

㉮ ① → ② → ③ → ④   ㉯ ④ → ① → ② → ③

㉰ ② → ③ → ④ → ①   ㉱ ③ → ④ → ① → ②

해 광한루(세종6년) → 세연정(인조15년) → 부용정(정조16년) → 활래정(1816)

31 조선시대에 가장 흔히 조성된 연못의 형태는?

기-04-4, 기-10-1

㉮ 둥근형   ㉯ 네모난형

㉰ 자연형   ㉱ 복합형

해 방지는 조선시대 가장 흔히 조성된 연못의 형태로 유교 경전인 주역과 음양오행설의 가르침에 따라 네모난 생김새의 연못 윤곽은 땅, 즉 음(陰)을 상징한다.

32 다음의 정원 가운데 방지원도형의 지당이 있는 곳은?

기-07-1, 기-10-2, 기-11-2

㉮ 청평사 문수원 영지   ㉯ 창덕궁 부용지

㉰ 경복궁 경회루 원지   ㉱ 창덕궁 애련지

해 방지원도의 지당이 있는 곳은 궁남지, 향원정, 부용정, 망묘루, 윤증고택, 운조루, 하엽정, 광한루, 다산초당, 임대정 등이다.

33 다음 중 방지(方池), 방도(方島)형의 연못형태를 갖추고 있지 않은 것은?

기-04-1, 기-05-2, 기-07-2

㉮ 선교장 활래정 연못

㉯ 부용동 세연지

㉰ 경회루 연못

㉱ 청평사 문수원 정원 영지

해 방지방도(方池方島)의 연못 형태를 지닌 곳으로는 강릉 활래정, 부용동 세연지, 경남 국담원, 경복궁 경회루가 있다.

34 네모의 못 안에 네모의 섬이 있는 지원(池園)의 유형으로만 짝지어진 것은?

(조경계획 및 설계)산·기-08-2

㉮ 강릉의 활래정 지원(池園)과 함안의 하환정 국담원(무기연당)

㉯ 경복궁의 경회루와 남원의 광한루

㉰ 창덕궁의 부용정과 강진의 다산초당

㉞ 창덕궁의 애련정과 영양의 서석지

35 다음 중 조선시대 궁원(宮苑)의 조경을 관리하는 기구는? 기-07-1
㉮ 북원궁(北園宮) ㉯ 장원서(掌苑署)
㉰ 식대부(植貸府) ㉱ 내원서(內園署)

36 조선시대 궁궐의 침전(寢殿), 후정(后庭)에서 볼 수 있는 대표적인 인공 시설물은? 기-06-2
㉮ 조그만 크기의 방지
㉯ 우물
㉰ 경사지를 이용한 계단식 화단
㉱ 석교

37 경회루와 여기에 딸린 방지는 조선 왕궁의 원지(苑池) 가운데 가장 장엄한 규모다. 이러한 경회루를 조영한 사상적 배경과 가장 관계가 먼 것은? 기-08-2
㉮ 천지인 사상 ㉯ 음양오행설
㉰ 주역 ㉱ 만다라사상

38 경복궁에 현존하고 있는 건물이 아닌 것은? 기-03-2, 기-07-1
㉮ 만춘전(萬春殿) ㉯ 사정전(思政殿)
㉰ 함화당(咸和堂) ㉱ 명정전(明政殿)
🖿 경복궁에 현존하고 있는 건물은 근정전(勤政殿), 사정전(思政殿), 만춘전(萬春殿), 강녕전(康寧殿), 교태전(交泰殿), 자경전(慈慶殿), 경회루(慶會樓), 향원정(香遠亭), 함화당(咸和堂) 등이다. 명정전(明政殿)은 창경궁의 정전이다.

39 향원정과 집옥제가 있는 어원(御苑)과 가장 관계가 깊은 곳은? (조경계획 및 설계)산·기-08-1
㉮ 창덕궁 ㉯ 경복궁
㉰ 덕수궁 ㉱ 창경궁

40 아미산원에 관한 설명이다. 맞지 않는 것은? (조경계획 및 설계)산·기-02-1
㉮ 계단식으로 다듬어 놓은 화계를 이용한 정원공간이다.

㉯ 화목사이로 괴석과 세심석이 놓여있다.
㉰ 창덕궁 후원으로 사적인 성격의 공간이다.
㉱ 온돌의 굴뚝을 화계 위로 뽑아 점경물로 삼았다.
🖿 ㉰ 아미산(峨嵋山)은 경복궁(景福宮) 교태전(交泰殿)의 후원(後苑)이다.

41 경복궁 교태전 후원의 화계(花階)에 대한 설명으로 알맞은 것은? 기-05-4
㉮ 석지와 굴뚝 그리고 산죽군락이 있다.
㉯ 석지와 굴뚝 그리고 낙엽성 화목이 있다.
㉰ 석등과 석지 그리고 낙엽성 화목이 있다.
㉱ 석등과 굴뚝 그리고 상록성 관목이 있다.
🖿 교태전 후원의 화계(花階)의 점경물로는 괴석. 석지. 굴뚝 등이 있으며 노단에 쉬나무, 돌배나무, 말채나무 등의 낙엽성 화목 식재하였다.

42 경복궁 자경전의 서쪽 화담의 벽화문양에 표현되지 않은 식물은? 기-06-2
㉮ 매화 ㉯ 소나무
㉰ 국화 ㉱ 대나무
🖿 경복궁 자경전의 서쪽 화담에는 장수를 기원하는 뜻을 가진 글자(수복무늬)와 귀갑무늬·모란·매화·국화·대나무·나비 형태를 흙으로 구워 새겨 넣었다.

43 창덕궁의 정원에 관련된 다음의 설명 중 잘못된 것은? 기-03-1
㉮ 낙선제 후원의 마당에는 소영주라 음각된 괴석대가 있다.
㉯ 부용정의 북쪽 언덕위에 세워진 주합루의 출입문은 어수문이다.
㉰ 연경당 선향제의 후원에는 4방 1간의 정자인 농수정이 있다.
㉱ 옥류천 지역에는 방지안의 네모의 섬에 세워진 청심정이라는 모정이 있다.
🖿 옥류천 지역의 작은 방지 안에는 따로 이은 둥근 지붕의 청의정이라는 모정이 있다.

44 창덕궁 후원 옥류천 계류가에 존재하지 않는 정자는? 기-11-1

㉮ 취한정　　　　㉯ 태극정
㉰ 소요정　　　　㉱ 농수정

해 창덕궁 후원 옥류천 계류가에는 태극정(太極亭), 농산정(籠山亭), 취한정(翠寒亭), 소요정(逍遙亭)을 적절히 배치하였다.

45 조선시대 궁궐 조경에 곡수거 형태가 남아 있는 곳은?　　　　기-02-1, 기-07-2
㉮ 창덕궁 후원 옥류천 공간
㉯ 경복궁 후원 향원정 공간
㉰ 창경궁 통명전 공간
㉱ 경복궁 교태전 후원 공간

46 창덕궁 내 천정(泉井)이 아닌 것은?　　기-10-4
㉮ 마니(摩尼)　　　　㉯ 파리(玻璃)
㉰ 몽천(夢泉)　　　　㉱ 옥정(玉井)

해 창덕궁 내의 천정(泉井 어정 : 왕의 우물)
① 마니(摩尼), ② 파려(玻瓈), ③ 유리(琉璃), ④ 옥정(玉井)
㉱ 몽천(夢泉)은 도산서당 입구의 우물을 말한다.

47 창덕궁 후원과 관련 없는 것은?
　　　　(조경계획 및 설계)산·기-10-4, 기-11-1
㉮ 부용정　　　　㉯ 향원정
㉰ 옥류천　　　　㉱ 취한정

해 ㉯ 향원정은 경복궁 후원에 있다.

48 덕수궁 석조전 앞의 분수와 연못을 중심으로 한 정원의 양식은?　　　　기-03-4
㉮ 독일의 풍경식　　　㉯ 프랑스의 정형식
㉰ 영국의 절충식　　　㉱ 이태리의 노단건축식

49 세계적인 문화유산 '종묘'에 대한 설명 가운데 옳지 않은 것은?　　　　기-06-1
㉮ 강한 유교 정신이 표현된 절제된 공간이다.
㉯ 향대정, 공신당, 칠사당 등의 부속건물이 있다.
㉰ 정전 뒤쪽 화계에는 화목류나 과목류의 나무를 심었다.
㉱ 제향공간이므로 연못의 섬에는 소나무 대신 향나무를 심었다.

해 ㉰ 종묘는 신궁이므로 화계를 두거나 화려한 화목을 식재하

지 않았으며, 엄숙한 분위기로 공간을 구성하였다.

50 조선시대 민가정원(民家庭園)에 대한 설명 중 틀린 것은?　　　　기-04-2, 기-06-1
㉮ 안채 뒤에는 자그마한 동산이나 화계(花階)로 꾸며 놓고 외부와 격리시켰다.
㉯ 정심수를 뜰 한가운데 심었다.
㉰ 택지안에 나무를 심을 때는 홍동백서의 이론을 적용시켰다.
㉱ 여유있는 집에서는 괴석이나 세심석 같은 점경물도 설치했다.

해 ㉯ 정심수는 주로 사랑마당에 심는데, 뜰 한가운데 심지 않고 중문과 대문 사이에 한쪽가로 몰아 식재하였다.

51 일반적으로 조선시대 상류주택의 정원 중 바깥 주인의 거처 및 접객공간이며, 주택외부와 가까운 곳에 위치하여 바깥마당, 행랑마당과는 대문, 중문을 통하여 연결되며, 구심력을 내포하는 장소성이 강한 공간은?　　　　기-06-4, 기-05-2
㉮ 행랑마당　　　　㉯ 별당마당
㉰ 사랑마당　　　　㉱ 사당마당

52 우리나라 조선시대의 민간정원의 특색에 관한 기술 중에서 옳지 않은 것은?　(조경계획 및 설계)산·기-07-2
㉮ 후원양식이었다는 기록은 해동잡록(海東雜錄)에 적혀있다.
㉯ 십장생(十長生)이나 수복무늬를 넣은 화담을 쌓아 올렸다.
㉰ 장원서에서 정원사 구실을 하는 원유가 임명되었다.
㉱ 정심수(庭心樹)를 중문 앞에 심었다.

해 ㉰ 장원서는 조선시대 궁원의 조경을 관장하던 관서이다.

53 조선시대 안채 뒤의 경사면을 계단식으로 다듬어 장대석(長台石)으로 굳혀 놓은 곳에 운치있는 생김새의 자연석을 앉혀 즐기는 풍습이 있었다. 그 당시 이 자연석을 무엇이라고 불렀는가?　　기-04-4
㉮ 괴석(怪石)　　　　㉯ 수석(水石)
㉰ 세심석(洗心石)　　㉱ 치석(置石)

54 다음의 주택정원 가운데 연못 수(水)경관이 없는 곳은? 기-06-4
㉮ 구례 운조루　　　　㉯ 괴산 김기응 가옥
㉰ 강릉 선교장　　　　㉱ 달성 박황 가옥

55 조선시대에 사회의 부귀와 영화를 등지고 농경하면서 자연과 벗하며 살기 위하여 벽지에 터를 잡아 세워 놓은 소박한 주거를 무엇이라 하는가? 기-08-2
㉮ 은서지　　　　㉯ 별장
㉰ 별서　　　　㉱ 별업

56 조선시대 별서정원의 입지적 특징에 대한 설명으로 부적합한 것은? 기-09-1
㉮ 작정자의 거주공간내에 위치
㉯ 산수가 수려한 경승지에 위치
㉰ 본제와 완전히 격리되지 않은 도보권에 위치
㉱ 작정자의 생활공간 주변에 위치
🅷 별서정원은 영구적 거주공간이나 생활공간이 아닌 한시적이고 일시적인 별장의 형태와 속성을 지닌 곳으로 인간의 정주생활이 이루어지는 본제(本第)와 완전히 격리되지 않은 도보권에 위치한다.

57 조선시대 1500년대 초에 만들어진 별서 정원으로서 담 아래에 만들어진 별서 정원으로서 담 아래에 만들어진 구멍을 통해 흘러들어온 물이 홈대를 거쳐 못을 채우고 여기에서 넘친 물이 흘러내려 개천으로 떨어지도록 꾸며진 곳은? 기-07-4
㉮ 윤선도의 부용동 정원
㉯ 양산보의 소쇄원
㉰ 노수진의 십청정
㉱ 이퇴계의 도산원림

58 다음 중 소쇄원(瀟灑園) 유적과 관련이 없는 것은? 기-03-4
㉮ 오곡문(五曲門)　　㉯ 매대(梅臺), 난대(蘭臺)
㉰ 광풍각(光風閣)　　㉱ 사우단(四友壇)
🅷 ㉱ 정영방의 양양서석지원(瑞石池園 석문임천정원) 북단의 서재 앞에는 못 안으로 돌출한 석단인 사우단(四友壇)을 축성하

여 송·죽·매·국을 심었다.

59 조선시대 중기 정영방(1577~1650)이 경상북도 영양에 별당원으로 조영한 서석지와 관련 있는 것은? 기-09-2
㉮ 곡수당과 곡수대　　㉯ 경정과 사우단
㉰ 제월당과 매대　　　㉱ 정우당과 몽천

60 조선 숙종 때 문신인 우암 송시열이 지은 별서로 곡지원도형의 연못이 있는 곳은? 기-11-1, 기-11-2
㉮ 동춘당　　　　㉯ 암서제
㉰ 풍암정사　　　㉱ 남간정사

61 다음 중 중국, 한국, 일본의 정원을 조성한 시기가 모두 16세기에 해당하는 것은? 기-06-2
㉮ 원명원·주합루·육의원
㉯ 유원·옥호정·선동어소
㉰ 졸정원·소쇄원·대덕사 대선원
㉱ 장춘원·경성서석지·수학원이궁
🅷 ㉰ 졸정원(1512 왕헌신)·소쇄원(1534 양산보)·대덕사 대선원(1513)

62 다음 중 옥호정 정원의 설명으로 적합하지 않은 것은? 기-04-4, 기-07-4
㉮ 우리나라 사가(私家)정원의 대표적인 예이다.
㉯ 김조순이 꾸며 즐기었던 별장이다.
㉰ 현재 삼청동에 위치해 있다.
㉱ 이 정원은 후원이 없는 것이 그 특색이다.
🅷 ㉱ 옥호정원(玉壺亭園)에는 'ㅁ'자형 안채의 후원에 6개의 단으로 구성된 계단식 정원이 있다.

63 서원의 강학공간인 강당 후면의 석축이나 화계에 주로 식재된 학자수가 아닌 것은? 기-09-2
㉮ 느티나무　　　　㉯ 향나무
㉰ 회화나무　　　　㉱ 버드나무
🅷 서원의 강학공간인 강당 후면의 석축이나 화계에 주로 식재된 학자수(學者樹)로는 느티나무, 은행나무, 향나무, 회화나무 등이 있다.

64 도산서원에 퇴계선생이 지당을 파고 연꽃을 심었던 유적은? 산기-08-4 계획 및 설계

㉮ 정우당 ㉯ 절우사
㉰ 몽천 ㉱ 세연지

65 누정의 경관처리 기법 중 가장 기본이 되는 것은? 기-08-2, 기-08-4

㉮ 차(借) ㉯ 허(虛)
㉰ 원경(遠景) ㉱ 취경(聚景)

해 ㉯ 허(虛) : 비어 있어 다른 것을 담을 수 있어야 하는 개념이다.

66 다음은 누각과 정자의 차이점에 대한 설명이다. 잘못된 것은? 기-04-1

㉮ 누각은 공적으로 이용하던 공간이고 정자는 사적으로 이용하던 공간이다.
㉯ 누각은 대부분 방이 있으며 폐쇄적인 반면에 정자는 방이 없으며 개방적이다.
㉰ 누각은 일반적으로 장방형으로 나타나는데 비해 정자는 다양한 형태로 나타난다.
㉱ 누각은 주로 지방의 수령들에 의해 조영되는 반면에 정자는 다양한 계층에 의해 조영되었다.

해 ㉯ 누각은 방이 없고 개방적이나 정자는 대부분 방이 있는 폐쇄적 공간이다.

67 조선시대 사찰의 공간구성 기본원칙이 아닌 것은? 기-02-1, 기-06-4

㉮ 계층적 질서의 추구
㉯ 채와 마당의 분리
㉰ 공간 상호간의 연계성 제고
㉱ 인간척도의 유지

해 사찰 공간구성의 기본원칙
① 자연환경과의 조화 고려
② 계층적 질서의 추구
③ 공간 상호간의 연계성 제고
④ 인간척도의 유지

68 다음 중 누하진입형이 아닌 것은? 기-11-1

㉮ 화엄사 진제루(晋濟樓) - 출제오류
㉯ 용문사 해운루(海雲樓)

㉰ 송광사 종고루(鐘鼓樓)
㉱ 부석사 안양루(安養樓)

해 ㉮ 화엄사 보제루(普濟樓)는 측면진입방식이다.

69 우리나라 사찰의 일반적인 공간구성기법 설명으로 틀린 것은? 기-09-2

㉮ 인간이 지각하는데 적합하도록 인간적인 척도를 사용하였다.
㉯ 성스러움과 속된 것을 융화시키기 위한 시설물로 다리가 설치되어 있다.
㉰ 경관의 연속적 변화로 계층적 질서(sequence)를 추구하였다.
㉱ 경사지를 처리한 것을 보면 자연환경과의 조화를 고려하였음을 알 수 있다.

70 양화소록(養花小錄)에 대한 설명 중 틀린 것은? 기-09-1, 기-10-4

㉮ 조선 세조 때 출간되었다.
㉯ 대표적인 조경관련 저술서로 정원식물의 특성과 번식법등이 설명되어 있다.
㉰ 인제(仁齊)가 양화(養花)하는 목적은 단순한 흥미를 충족시키려는 것이 아니라 화목에서 뜻을 찾고 수심양성하려는데 있다.
㉱ 농가생활에 필요한 경작법이 기록된 하나의 백과사전이다.

해 ㉱ 화목의 재배법과 이용법, 화목의 품격, 상징성을 설명한 문헌이다.

71 조선시대 강희안이 조경식물에 대한 양화소록(養花小錄)을 저술하였는데 "양화養花"가 의미하는 것은? 기-08-1

㉮ 그 당시 원예에 대한 관심을 기록
㉯ 그 당시 화목에서 뜻을 찾고 수심양성(修心養性)하려는 목적으로 기록
㉰ 그 당시 풍수와 관련된 배식기법을 수록
㉱ 그 당시 화목의 종류를 후세에 전할 목적으로 기록

72 조선시대 양화소록의 화목구등품(花木九等品) 중 1품에 해당되는 식물로만 구성된 것은? 기-11-4

㉮ 복숭아나무, 잣나무, 향나무, 장미
㉯ 매화나무, 대나무, 국화, 연
㉰ 소나무, 향나무, 무궁화, 파초
㉱ 동백, 작약, 석류, 치자

해 1등품은 높고 뛰어난 운치가 있는 것으로 매화, 국화, 연꽃, 대나무, 소나무이다.

73 다음 조선시대에 축조된 정원을 오래된 연대부터 올바르게 배열한 것은? 기-02-1, 기-07-1
㉮ 윤선도의 부용동 원림 → 양산보의 소쇄원 → 다산초당원림 → 선교장 활래정지원
㉯ 윤선도의 부용동 원림 → 양산보의 소쇄원 → 선교장 활래정 지원 → 다산초당원림
㉰ 양산보의 소쇄원 → 다산초당원림 → 윤선도의 부용동 원림 → 선교장 활래정 지원
㉱ 양산보의 소쇄원 → 윤선도의 부용동 원림 → 다산초당원림 → 선교장 활래정 지원

해 양산보의 소쇄원(1534~1542) → 윤선도의 부용동 원림(1636) → 다산초당원림(1800) → 선교장 활래정 지원(1816)

74 우리나라의 현대 정원을 설명한 내용 중 맞지 않은 것은? 기-04-1
㉮ 실생활의 실용적인 생활면과 감상면을 겸한 조경
㉯ 과학적인 근거에 의하여 분석하고 계획하는 조경
㉰ 전원식(前園式)에서 후원식(後園式)으로 옮겨진 조경
㉱ 향토 민속 보존과 국토 자연 보호를 중요시 하는 조경

해 ㉰ 우리나라 현대 정원은 조선의 후원식(後園式) 조경에서 실생활의 실용적 생활과 감상을 겸한 조경으로 발전하였다.

75 다음은 1900년 이후 일제강점기에 조성된 공원이다. 옳지 않은 것은? 기-03-2
㉮ 탑골공원 ㉯ 장충단공원
㉰ 사직공원 ㉱ 효창공원

해 ㉮ 탑골공원(파고다공원)은 1897년 영국인 브라운(Brown)의 설계로 세워진 우리나라 최초의 공원이다.

76 다음 중 고려시대(A)와 조선시대(B) 정원을 관

장하던 곳의 명칭으로 옳은 것은? 기-06-4
㉮ A : 내원서, B : 장원서
㉯ A : 식대부, B : 장원서
㉰ A : 내원서, B : 식대부
㉱ A : 장원서, B : 상림원

77 우리나라 조경관련 문헌이 바르게 짝지어 진 것은? (조경계획 및 설계) 산기-12-1
㉮ 이중환(李重煥)-임원경제지(林園經濟志)
㉯ 이수광(李光)-촬요신서(撮要新書)
㉰ 강희안(姜希顔)-색경(穡經)
㉱ 홍만선(洪萬選)-산림경제(山林經濟)

해 ·서유구의 「임원경제지(林園經濟志)
·이수광의 「지봉유설(芝峰類說)」
·강희안 「양화소록(養花小錄)」

MEMO

CONQUEST

2
조경계획

조경이란 외부공간을 취급하는 계획 및 설계의 전문분야로서, 경관을 생태적·기능적·심미적으로 조성하기 위하여 식물을 이용한 식생공간을 만들거나 조경시설을 설치하는 것을 말하며, 토지를 미적·경제적으로 조성하는 데 필요한 기술과 예술이 종합된 실천과학이다.

1>>> 조경의 정의 및 조경가의 역할

❶ 조경의 개념

(1) 조경의 정의

① 외부공간을 취급하는 계획 및 설계 전문분야

② 토지를 미적·경제적으로 조성하는 데 필요한 기술과 예술이 종합된 실천과학

③ 인공환경의 미적 특성을 다루는 전문분야

④ 환경을 이해하고 보호하는 데 관련된 전문분야

(2) 조원과 조경의 비교

조원(gardening)	조경(landscape architecture)
·정원을 만든다. ·정원 : 수목이 많이 자라고 있는 어떤 지역으로 사적인 용도로 많이 쓰임 ·주로 식물적인 소재와 구성에 중점을 두고 계획	·경관을 꾸민다. ·보다 개방적이고, 보다 자유스러우며, 보다 공적인 이용이 가능한 외부의 장소 ·식물뿐만 아니라 인간의 이용적 측면을 고려하여, 대지와 이용에 대한 분석·검토·종합 및 최선의 방법모색 등 일련의 체계적 방법 필요

❷ 조경가의 역할 : 라우리(M. Laurie)의 3단계

(1) 조경계획 및 평가(Landscape planning and assessment)

① 생태학과 자연과학을 기초로 토지의 체계적 평가와 그의 용도상의 적합도와 능력 판단

② 개발이나 토지이용의 배분계획, 고속도로 위치결정, 공장의 입지, 수자원 및 토양의 보존, 쾌적성 확보, 레크리에이션 개발 등

(2) 단지계획(Site planning)

① 대지의 분석과 종합, 이용자 분석에 의한 자연요소와 시설물 등을 기능적 관계나 대지의 특성에 맞추어 배치

② 건축가나 도시계획가와 합동으로 작업

(3) 조경설계(Detailed landscape design)

식재·포장·계단·분수 등의 한정된 문제를 해결하기 위해 구성요소, 재료, 수목 등을 선정하여 시공을 위한 세부적인 설계로 발전시키는 조경 고유의 작업영역

❸ 조경가의 세분

① 조경계획가 : 종합적 계획, 대규모 프로젝트에 관여하는 조경가로 종합적 사고력이 필요

❚ 조경의 정의(조경기준)

조경이란 경관을 생태적·기능적·심미적으로 조성하기 위하여 식물을 이용한 식생공간을 만들거나 조경시설을 설치하는 것을 말한다.

❚ 미국조경가협회(ASLA)의 정의

① 유용하고 쾌적한 환경조성의 목적

② 자연보존과 관리를 도모

③ 문화적·과학적 지식을 활용하여 자연요소와 인공요소를 구성

④ 토지를 계획·설계·관리하는 기술(art)

❚ 경관의 정의

지표를 구성하고 있는 여러 요소가 분포되어 있는 일정지역의 경치로 시각적·지각적 개념뿐만 아니라 그 지역의 종합적 생태학적 특성을 포함하는 총제적인 실체를 말한다.

❚ 에크보(G .Eckbo)의 경관론

경관이란 우리가 어디에 있든지 우리를 둘러싸고 있는 모든 대상이며, 한 눈으로 볼 수 있는 땅덩어리이다.

② 조경설계가 : 기술적 지식과 예술적 감각을 토대로 구체적 형태나 패턴의 구상·설계

③ 조경기술자 : 시공자, 공학적 측면의 지식을 토대로 재료의 마감, 구조물계산, 배수관망, 경사도 등 작성

④ 조경원예가 : 조경식물에 주로 관심을 갖는 자로서, 수목의 생산·공급, 관리 등을 하는 수목생산업자, 관상수업자, 공원 관리자 등

2>>> 조경대상 및 타분야와의 관계

1 조경의 대상

① 정원 : 주택정원, 상업건물의 전정정원(forecourt)과 중정(courtyard), 옥상정원(rooftop garden), 실내정원

② 도시공원녹지

  ㉠ 공원 : 어린이 공원, 근린공원, 운동공원, 묘지공원 등

  ㉡ 공원에 준하는 것 : 공원도로, 가로공원

  ㉢ 도시주변녹지 : 시설녹지, 경관녹지, 완충녹지 등

  ㉣ 도시 속의 오픈스페이스 : 광장, 보행자전용도로 등

③ 자연공원 : 국립공원, 도립공원, 군립공원, 사찰경내, 문화유적지, 천연기념물 보호구역 등 자연공원에 준하는 것

④ 관광 및 레크리에이션 시설

  ㉠ 육상시설 : 야영장, 경마장, 골프장, 스키장, 자연농원 및 관광농원, 각종 유원지, 종합레저단지 등

  ㉡ 수변 및 수상시설 : 해수욕장, 조정장, 낚시터, 수상스키장, 마리나 시설 등

⑤ 시설조경 : 주택단지, 공업단지, 캠퍼스, 가로 및 고속도로 조경 등

⑥ 단지계획 : 대지에 대한 분석·종합·경계·명확한 지역구분

⑦ 환경계획 : 대규모 산림지역, 강유역 등의 보존 및 개발방향 등

2 조경과 타분야와의 관계

① 건축 : 건물이 아닌 외부공간을 주 대상으로 계획과 설계를 하는 면에서 구분

② 토목·도시계획 : 미적인 측면을 강조하면서 계획과 설계에 중점을 둔다는 면에서 구분

③ 도시설계 : 도시공간이라는 대상은 유사하나 도시설계는 최종의 모습이 존재하기 위한 틀을 제공하고, 조경은 최종적인 환경의 모습에 관심을 가짐

▌조경과 관련된 학문 영역
① 자연적 요소
② 사회적 요소
③ 공학적 요소
④ 설계방법론
⑤ 표현기법
⑥ 가치체계

▌조경가의 유래
1858년 미국의 옴스테드(Frederick Law Olmsted)가 조경의 학문적 영역을 정립하면서 조경가(landscape architect)라는 말을 처음 사용하며 조경이라는 용어가 보편화 되고, 조경이라는 직업을 "자연과 인간에게 봉사하는 분야"라고 하였다.

④ 환경설계 : 인간의 행태와 물리적 환경사이의 상호관계로 많은 분야가 속하나, 특히 조경은 외부공간의 자연 속에서의 인간을 다루므로 환경설계의 중요한 분야로 인식

❸ 도시계획과 조경

(1) 하워드(Ebenezer Howard)의 전원도시(Garden City)

① 1898년 「Garden Cities for Tomorrow」에서 제창
② 근린주구 이론과 신도시 개발의 기틀 마련
③ 도시의 편리성과 기능성을 농촌의 쾌적성과 자연성에 결합
④ 30,000여 명의 인구, 주거밀도, 면적 등 제한
⑤ 상업·공업·행정·교육 등 독립된 도시로 충분한 도심녹지 확보
⑥ 도시의 물리적 확장을 제한하기 위해 농지로 오픈스페이스 확보
⑦ 도·농결합의 공동사회와 자급자족기능 확보를 위한 산업 유치
⑧ 도시성장과 개발이익의 일부를 환수하며 계획의 철저한 이행을 위해 토지를 영구히 공유
⑨ 영국의 레치워스(Letchworth 1903년)와 웰윈(Welwyn 1920년)의 건설에 도입

(2) 테일러(Robert Taylor)의 위성도시(satellite city 1915년)

① 하워드의 전원도시의 주장 계승
② 대도시의 인구분산을 위하여 공장을 그 주변으로 이전
③ 1924년 국제도시회의에서 위성도시의 이상형을 전원도시라 규정
④ 인구 30,000명 규모의 계획적으로 조성된 자족적 독립도시

(3) 페리(C.A. Perry)의 근린주구(Neigborhood unit)이론(1926년)

① 어린이들이 도로를 건너지 않고 걸어서 통학할 수 있는 규모에서 생활의 편리성·쾌적성 및 주민들간의 사회적 교류 등 도모
② 근린주구 조성을 위한 6가지 원칙
  ㉠ 규모 : 하나의 초등학교를 유지할 수 있는 생활권 단위 설정(인구와 면적, 인구밀도, 공공시설 규모)
  ㉡ 경계 : 주구 내 통과교통을 배제, 우회가 가능한 간선도로 계획
  ㉢ 오픈스페이스 : 주민을 위한 소공원과 레크리에이션 체계 확립
  ㉣ 공공시설용지 : 학교 등 공공시설용지는 주구 중심부에 통합배치
  ㉤ 근린상가 : 주구 내의 인구를 서비스 할 수 있도록 1개소 이상 설치 – 인접 근린주구와 접해 있는 주구 외곽의 교통결절점에 배치
  ㉥ 주구 내 가로체계 : 순환교통 촉진과 통과교통 배제의 가로망 체계

(4) 레드번(Radburn)계획 : 1929년 라이트(H. Wright)와 스타인(C. Stein)

① 페리의 근린주구이론을 실현한 계획

▌도시조경의 목표
① 친환경적 도시건설
② 친인간적 도시건설
③ 아름다운 도시건설

▌고대그리스 도시계획
최초의 도시계획가인 히포다무스(Hippodamus)의 계획으로 BC3세기 중엽 밀레토스(miletos)에 장방형의 격자형 가로망 채택

② 미국 뉴저지의 420ha 토지에 인구 25,000명 수용 규모계획

③ 슈퍼블럭(super block)을 설정하여 차도와 보도의 분리

④ 쿨데삭(cul-de-sac)을 중심으로 주택이 클러스터를 이루며, 간선도로와 녹지 등에 의해 다른 지역과 구별

⑤ 주거지와 학교·위락지·쇼핑시설 등을 공원과 같은 보도로 연결

⑥ 중앙부에 지구면적의 30% 이상의 녹지를 확보하여, 보행자가 녹지만을 통과하여 목적지에 도달이 가능한 녹지체계 확립

⑦ 보도와 차도의 분리로 안전성 확보 및 연속된 녹지 확보

⑧ 슈퍼블록(super block) : 도시개발계획 디자인수법의 하나로 2~4가구를 하나의 블록으로 구성

⑨ 쿨데삭(cul-de-sac) : 막다른 골목을 이용하여 단지내부 구획

　㉠ 마당과 같은 공간을 중심으로 둘러싸인 배치

　㉡ 주민들간의 사회적·형태적 친밀도 제고

　㉢ 차량으로부터 분리된 안전한 녹지 확보

　㉣ 통과교통의 배제와 속도를 감소시켜 교통사고와 범죄 등의 위협으로부터 보호 – 거주성 및 프라이버시 제고

　㉤ 가로의 끝에는 차량이 회전할 수 있는 공간시설 필요

(5) 마타(Soria Y. Mata)의 선형도시론(Linear city 1892년)

① 스페인 마드리드(Madrid) 교외의 선상도시안(案)에서 최초 도입

② 위생적인 조건을 가지고 있는 전원생활과 거대도시의 통합

③ 교통시간을 단축하여 도시의 교통문제 해결

④ 다이나믹한 개발과 기능적 성장 도모, 공정한 토지분배 제안

(6) 르 꼬르뷔제(Le Corbusier)의 빛나는 도시이론(1925년)

① 프랑스 파리(Paris)의 "브와쟁 계획"에 적용

② 인구 300만명 수용의 거대도시계획

③ 도시의 중심부에 초고층 빌딩을 세우고 그 사이의 오픈스페이스를 숲으로 조성

④ 도로의 교통문제를 해결하기 위해 건물의 필로티를 이용하고 숲에는 보행자를 위한 시설 설치

(7) 언윈(Raymond Unwin 1863~1940)의 경관도시론

① 고층건물의 배격과 시역확장 억제

② 건축선의 후퇴로 도시경관의 변화 도모

③ 1903년 레치워스 도시계획 설계

(8) 페더(Gottfried Feder)의 신도시론(New City 1939년)

① 인구 20,000명 규모의 자족형 전원도시 제안

② 일본 니시야마(西山)의 새로운 도시건설에 영향

핵심문제

1 조경의 개념을 가장 포괄적으로 적절히 설명한 것은? 산기-04-4

㉮ 온 가족이 단란하고 즐겁게 생활할 수 있도록 환경을 아름답게 꾸미고 또 관리하는 일이다.

㉯ 도시의 발달, 공장지대의 조성 등으로 파괴된 자연을 정돈, 개조, 보수하는 일이다.

㉰ 자연환경을 보다 아름답게 정비, 보전, 수식하여 인간들에게 제공하는 일이다.

㉱ 생활환경의 개선을 위하여 토지를 보다 아름답게 또 경제적으로 개발 조성하는데 필요한 기술과 예술이 종합된 실천과학이다.

2 조경학의 정의 중 가장 현대적 개념에 가까운 것은? 기-09-4

㉮ 조경은 인간의 이용과 즐거움을 위하여 토지를 다루는 기술이다.

㉯ 조경은 미적 혹은 긍정적 효과를 얻기 위하여 경관, 가로, 건물 등을 조성 또는 개량하는 기술이다.

㉰ 자원보존과 관리를 고려하면서 문화적, 과학적 지식을 활용하여 유용하고 쾌적한 환경을 조성하기 위해, 국토를 계획 설계, 관리하는 기술이다.

㉱ 토지를 미적, 경제적으로 조성하는데 필요한 기술과 예술이 종합된 실천과학이다.

3 M. Laurie가 주장한 조경가의 단계별 3가지 역할이 아닌 것은? 기-07-4

㉮ 조경계획 및 평가 – 대규모 토지의 체계적 평가와 그 용도상의 적합도를 분석하는 행위

㉯ 도로경관계획 – 국토의 균형 있는 발전을 위해 보존 및 개발지를 선택하는 등 형성될 도로주변의 도로선형 결정에 참여하는 행위

㉰ 단지계획 – 여러 자연요소와 시설물들을 기능적 관계나 대지 특성에 맞춰 배치하는 행위

㉱ 조경설계 – 구성요소, 재료들을 선정하여 시공을 위한 세부적 설계로 발전시키는 행위

🎯 조경가의 역할 : 라우리(M. Laurie)의 3단계

① 조경계획 및 평가

·생태학과 자연과학을 기초로 토지의 체계적 평가와 그의 용도상의 적합도와 능력 판단

·개발이나 토지이용의 배분계획, 고속도로 위치결정, 공장의 입지, 수자원 및 토양의 보존, 쾌적성 확보, 레크리에이션 개발 등

② 단지계획

·대지의 분석과 종합, 이용자 분석에 의한 자연요소와 시설물 등을 기능적 관계나 대지의 특성에 맞춰 배치

·건축가나 도시계획가와 합동으로 작업

③ 조경설계

식재·포장·계단·분수 등의 한정된 문제를 해결하기 위해 구성요소, 재료, 수목 등을 선정하여 시공을 위한 세부적인 설계로 발전시키는 조경 고유의 작업영역

4 조경가의 일반적 역할(또는 업무)과 가장 거리가 먼 것은? 기-09-4

㉮ 조경계획 및 평가(landscape planning and assessment)

㉯ 조림계획(afforestation planning)

㉰ 조경설계(detailed landscape design)

㉱ 단지계획(site planning)

5 조경가의 작품과 순수예술가의 작품 사이의 관계성 설명으로 맞는 것은? 기-10-2

㉮ 공간구성의 기본원리가 상이하다.

㉯ 조경가는 합리적 접근만을 하며, 예술가는 창조적 접근만을 도모한다.

㉰ 조경가는 이용자의 가치를, 예술가는 자신의 가치를 주로 반영시킨다.

㉱ 조경가는 시간적(時間攝)인자를 고려하나 예술가는 그렇지 않다.

6 조경가의 역할 설명으로 틀린 것은? 기-11-2

㉮ 인간이 필요로 하는 여러 시설과 시설물을 만들어 제공하는 시설 제공자의 역할

㉯ 각각의 경관요소를 조화롭게 구성하고 대규모 경관 형성에 기여하는 경관 형성자의 역할

232

정답 1㉱ 2㉰ 3㉯ 4㉯ 5㉰ 6㉱

㉰ 경관의 아름다움을 자연미와 인간미의 조화로 파악하고 종합적인 경관미를 추구하는 창작자의 역할

㉱ 대중의 미적 선호보다는 자신의 미적 상상력만을 중요시하는 예술가의 역할

7 M. Laurie(1975)는 조경과 관련된 학문영역을 6가지로 분류하였다. 다음 중 이에 해당하지 않는 것은?   산기-08-2

㉮ 설계방법론   ㉯ 표현기법
㉰ 공학적 지식   ㉱ 행정적 처리

해 조경과 관련된 학문 영역

　① 자연적 요소　　　　② 사회적 요소

　③ 공학적 요소　　　　④ 설계방법론

　⑤ 표현기법　　　　　⑥ 가치체계

8 조경가를 세분된 분야로 구분할 때 주로 대규모 프로젝트에 관여하며 종합적 사고력(합리성)을 필요로 하는 제너럴리스트(generalist)의 입장을 취하는 분야는?   산기-10-1

㉮ 조경계획가   ㉯ 조경설계가
㉰ 조경기술자   ㉱ 조경원예가

9 조경의 대상 중 포괄적 의미의 도시공원녹지 (Urban openspace)에 직접적으로 포함되지 않는 경우는?   기-08-1

㉮ 도시(보행)광장

㉯ 공원도로, 보행자 전용도로

㉰ 시설녹지, 경관녹지

㉱ 자연공원

해 도시공원녹지

　·공원 : 어린이 공원, 근린공원, 운동공원, 묘지공원 등

　·공원에 준하는 것 : 공원도로, 가로공원

　·도시주변녹지 : 시설녹지, 경관녹지, 완충녹지 등

　·도시 속의 오픈스페이스 : 광장, 보행자 전용도로 등

10 조경이 갖는 특징을 건축, 토목, 도시계획, 도시설계와 비교하여 설명하였다. 잘못된 것은?

기-04-1, 기-11-2

㉮ 건축은 내부공간을, 조경은 외부공간을 주된 대상으로 한다.

㉯ 토목이나 도시계획에 비교하면 조경은 미적인 측면을 강조한다.

㉰ 도시설계에 비교하면 조경은 최종 모습이 존재하기 위한 틀을 제공한다.

㉱ 다른 분야와는 달리, 자연의 보전과 활용에 관심을 갖는다.

해 ㉰ 도시공간이라는 대상은 유사하나 도시설계는 최종의 모습이 존재하기 위한 틀을 제공하고 조경은 최종적인 환경의 모습에 관심을 갖는다.

11 하워드(E. Howard)가 제안한 전원도시의 특징이 아닌 것은?   기-08-2

㉮ 도시의 물리적 확장을 제한하기 위하여 농지로 오픈 스페이스(open space)를 확보한다.

㉯ 지역성장 거점을 확보한다.

㉰ 인구의 대부분을 유치할 수 있는 산업을 확보한다.

㉱ 도시성장과 번영에 의한 개발이익의 일부는 환수하며 계획의 철저한 보존을 위해 토지를 영구히 공유화 한다.

12 E. Howard에 의해 창안된 전원도시의 구성 조건이 아닌 것은?   기-09-1

㉮ 도시의 계획인구는 3~5만 정도로 제한

㉯ 주변 도시와 연계한 전기, 철도 등의 기반시설을 유입하여 공유자원으로 활용

㉰ 도시의 주위에 넓은 농업지대를 포함하여 도시의 물리적 확장을 방지하고 중심지역은 충분한 공지를 보유

㉱ 도시성장과 번영에 의한 개발이익의 일부는 환수하며 계획의 철저한 보존을 위해 토지를 영구히 공유화

13 근린주구(Neighborhood Unit)의 개념을 최초로 이론적으로 정립한 사람은?   기-10-1

㉮ Susan Keller   ㉯ C.A. Perry
㉰ Milton Keynes   ㉱ Harlow

14 C.A. Perry의 근린주구(Neighbourhood Unit)
이론의 설명 중 적절치 않은 것은? 기-07-4

㉮ 기본 규모는 1개 초등학교를 유지시킬 수 있는
거주 지역이다.

㉯ 근린주구 중심과 각 가정과의 최대거리는 1.2km
정노이다.

㉰ 근린주구 내부의 도로는 통과 교통이 배제된다.

㉱ 간선도로·녹지 등에 의해 다른 지역과 구별하였다.

15 레드번의 녹지계획에 관한 설명 중 옳지 않은
것은? 산기-05-4

㉮ 주거구(住居區)는 단지 총면적의 15%이상을 녹
지로 조성한다.

㉯ 주거구는 슈퍼블록으로 하고 통과 교통을 허용
하지 않는다.

㉰ 도로는 다목적 이용을 배제하고 목적별로 특정
한 도로를 설치한다.

㉱ 보행자도로와 자동차도로는 완전히 분리시킨다.

해 ㉮ 주거구(住居區)는 단지 총면적의 30% 이상을 녹지로 조성
한다.

16 다음 중 레드번(Radburn)계획의 특징이 아닌
것은? 산기-07-2

㉮ 단지 내를 관통하는 통과교통을 허용하였다.

㉯ 주택지에는 막다른 길(Cul-de-sac)을 설치하였
다.

㉰ 대가구(大街區, Super-block)개념을 최초로 도입
하였다.

㉱ 단지 중심부에는 근린시설과 공원을 배치하였다.

해 ㉮ 단지 내를 관통하는 통과교통을 배제하고 속도를 감소시
켜 교통사고와 범죄 등의 위협으로부터 보호하였다.

17 주거단지에서 쿨데삭(Cul-de-sac)도로의 설치
목적으로 가장 적합한 것은? 산기-07-2, 기-08-1

㉮ 차량으로부터 분리된 안전한 녹지를 확보할 수
있다.

㉯ 차량동선을 짧게 할 수 있다.

㉰ 보행동선을 짧게 할 수 있다.

㉱ 상가 이용이 편리하다.

18 주택의 배치 시 쿨데삭(Cul-de-sac)도로에 의
해 나타나는 특징이 아닌 것은? 기-07-4, 산기-08-2

㉮ 주택이 마당과 같은 공간을 둘러싸는 형태로 배
치된다.

㉯ 통과교통이 출입하지 않으므로 안정하고 조용한
분위기를 만들 수 있다.

㉰ 주민들 간의 사회적인 친밀성을 높일 수 있다.

㉱ 도로를 따라 주택이 양쪽으로 나란히 배치되는
형태를 일컫는다.

19 건축설계를 함에 있어서 인체의 황금비례에 근
거한 모듈의 원칙을 이용함이 바람직하다고 주장한
사람은? 산기-08-1

㉮ 르 꼬르뷔지에(Le Corbusier)

㉯ 페흐너(Fechner)

㉰ 케빈 린치(K. Lynch)

㉱ 가렛 에크보(G. Eckbo)

20 Clarence A. Perry의 근린주구(近隣主區) 개념
과 거리가 먼 것은? 기-12-1

㉮ 초등학교 1개의 학구(學區)를 기준단위로 규모는
반경 400m 정도이며, 초등학교가 근린주구의 중
앙에 위치한다.

㉯ 그 단위는 통과교통이 내부를 관통하지 않고 용
이하게 우회할 수 있는 충분한 넓이의 간선도로
에 의해 구획되어야 한다.

㉰ 근린쇼핑시설은 도로 결절점이나 인접 근린주구
내의 유사지구 부근에 위치한다.

㉱ 보행로와 차도 혼용도로를 설치한다.

해 Clarence A. Perry의 근린주구(近隣主區) : 단지는 특수한 가
로체계를 가져야 하고 각각의 외곽간선도로는 예상되는 교통
량과 균형을 이루며 내부가로망은 전체가 단지 내의 교통을
원활하게 하여 통과교통에 사용되지 않도록 계획

02 조경계획

1>>> 조경계획의 과정

계획과 설계의 비교

계획(planning·programming)	설계(design)
·포괄적이고 지역적으로 광범위한 범위 ·필수적으로 조경설계과정과 연결 ·문제의 발견–분석적 접근 ·논리적이고 객관적으로 문제에 접근 ·합리적 사고 ·논리성과 능력은 교육에 의해 숙달 가능 ·체계적인 일반론 존재 ·지침서나 분석결과의 서술형 표현 ·수요, 가치의 평가를 양적으로 표현	·주어진 대지를 대상으로 한 구체적 이용계획 ·평가결정과 설계도서 작성 ·문제의 해결–종합적 접근 ·주관적·직관적이며 창의성과 예술성 강조 ·창조적 구상 ·개인의 능력과 체험, 미적 감각에 의존 ·일반성 없고 여러 가지 방법 사용 ·도면·그림, 스케치로 표현 ·양적으로 주어진 것을 질적으로 표현

■ 조경계획의 접근방법

(1) 토지이용계획으로서의 조경계획

1) 러브조이(D. Lovejoy)

① 토지이용계획 : 토지의 가장 적절하고 효율적인 이용을 위한 계획 – 최적이용계획

② 조경계획 : 최적이용을 달성하는 방법론

┌─────────────────────────
┆ ▌조경계획의 기초
┆ •대지(site) : 자연인자로서의 자원 – 토지이용계획으로서의 조경계획
┆ •기능(use) : 사회인자로서의 이용 – 레크리에이션 계획으로서의 조경계획
└─────────────────────────

2) 해켓(B. Hackett)

① 조경계획 : 경관의 생리적 요소에 대한 기술적 지식과 경관의 형상에 대한 미적인 이해를 바탕으로 토지의 이용을 결합시켜 새로운 차원의 경관으로 발전시키는 것

② 조경계획방법

㉠ 대지 및 경관을 분석하여 계획팀에 제시

㉡ 계획의 결과로 나타날 경관의 유형 예측 및 자문

㉢ 기본 및 실시설계, 식재계획의 지침을 마련하여 경관의 부적합한 변화 방지

㉣ 시각적·생물학적으로 큰 변화를 주는 경관적인 의미의 예측 및 자문

㉤ 미개발지의 장래 발전에 대한 대략적 계획 및 대안 제시

▌계획의 정의

어떤 목표를 설정해서 이에 도달할 수 있는 행동과정을 마련하는 것

▌조경계획의 목표

① 자연자원의 이해와 적절한 활용

② 여가공간의 제공

③ 국토의 효율적 보전 및 이용

④ 환경문제의 해결

⑤ 자연생태계의 질서와 인간의 사회적 가치체계의 조화

▌계획의 일반과정

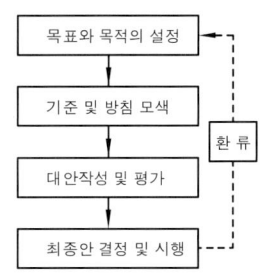

| 계획의 일반과정 |

▌환류(Feedback)

계획과정상 문제가 생기거나 시행과정에서 당초의 목표와 어긋날 때 앞의 단계로 돌아가 다시 수정·보완하여 목표를 달성하는 것을 말한다.

    ⓑ 지역의 레크리에이션에 대한 계획 등 특정의 계획안 작성

(2) 레크리에이션 계획으로서의 조경계획

  1) 골드(S. Gold)

    ① 레크리에이션 계획 : 여가 시간에 행하는 레크리에이션 활동에 적합한 공간 및 시설에 관련시키는 계획

    ② 레크리에이션 계획의 5가지 접근방법

자원 접근법	·물리적 자원이 레크리에이션 유형의 양을 결정하는 방법 ·공급이 수요를 제한 ·자원의 한계 수용력과 환경의 영향을 지표로 우선 고려 ·강변, 호수변, 풍치림, 자연공원 등 경관성이 뛰어난 지역의 조경계획에 유용
활동 접근법	·과거의 레크리에이션 활동의 참가사례가 앞으로의 레크리에이션 기회를 결정하도록 계획하는 방법 ·공급이 수요창출을 결정 ·일반 대중이 선호하는 유형, 참여율 등 사회적 인자가 중요 ·이용자 측면이 강조되며 대도시 내외의 레크리에이션 계획에 적합 ·과거의 경향에 의존하므로 새로운 요구나 경향의 여가형태가 계획에 반영되기 곤란 - 과거의 참여패턴이 장래의 기회를 결정
경제 접근법	·지역사회의 경제적 기반이나 예산규모가 레크리에이션의 총량·유형·입지를 결정하는 방법 ·토지·시설·프로그램을 위한 투자와 책임은 비용편익분석에 의해 조절 ·공급과 수요가 가격에 의해 결정 ·경제적 인자가 사회적 인자나 자연적 인자보다 우선 ·공공사업의 민자 유치 등 기업이 투자 효과를 고려하여 계획하는 데 적용 ·대도시 또는 지역레벨의 대상자에 적용하는 기법
행태 접근법	·이용자의 구체적인 행동패턴에 맞추어 계획하는 방법 ·이용자의 선호도와 만족도가 계획과정에 반영 ·잠재적인 수요까지 파악 ·정확한 가치판단, 신빙성 있는 조사방법 개발, 수준 높은 시민의 참여도 필요 ·다른 방법보다 더 복잡하고 논쟁의 여지도 있으나 미시적 접근이라는 면을 중요하게 인식
종합 접근법	·위 4가지 방법의 긍정적인 측면만 취하여 계획

❷ 일반적인 조경계획의 과정

(1) 조경계획과정-마시(Marsh) 안

  ① 의사결정계획 : 목표설정단계, 대안평가 및 결정단계, 최종안 확정 및 발전단계 등에서 결정적 역할수행

  ② 기술계획 : 의사결정과정을 돕기 위한 자연환경 및 인문환경 조사, 기술적 검토 및 분석과 그에 관련된 과정

❚ 조경계획의 3단계
의사결정계획 및 기술 계획과정이 합쳐져 만들어짐
  ① 조사분석
  ② 종합
  ③ 발전

❚ 레크리에이션의 정의
레크리에이션은 '회복하다', '새롭게하다'라는 의미의 라틴어 '레크레아사오'에서 유래되었으며, 피로를 풀고 새로운 힘을 얻기 위하여 함께 모여 놀거나 운동 따위를 즐기는 일을 말한다.

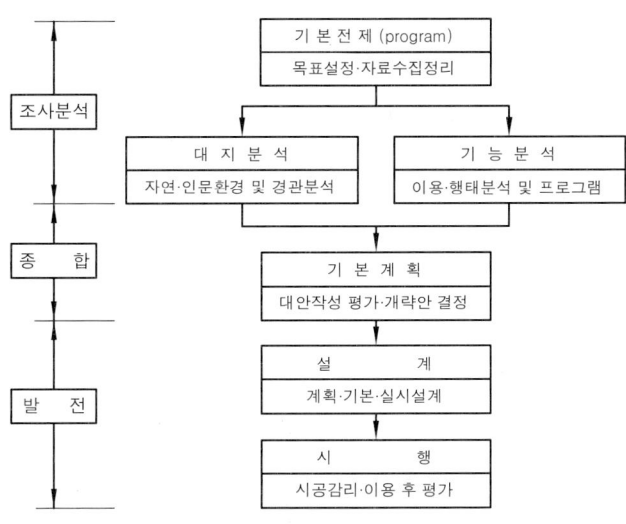

| 조경계획의 과정 |

계획순서
① 기본전제
② 자료수집
③ 자료분석
④ 종합
⑤ 기본구상
⑥ 대안작성 및 평가
⑦ 기본계획
⑧ 기본설계
⑨ 실시설계
⑩ 시공 및 감리
⑪ 관리 및 이용 후 평가

(2) 조사분석

1) 사전조건 결정 : 문제의 파악 및 분석 시작

① 규모·성격·계획내용·대지의 크기 및 위치, 설계기간, 비용 등

② 물리적 범위 : 대지경계선, 주변현황 등

③ 내용적 범위 : 계획의 한도와 정밀도 등

④ 시간적 범위 : 목표연도나 단계별 구분 등

2) 목표의 설정

① 기본 자료를 토대로 계획의 목적과 방침, 설계방법 등 설정

② 장기적 목적, 생활 또는 여가행위, 주민의 요구, 자원의 효율적 사용 등 면밀한 검토 및 반영

3) 대지분석

① 자연적 인자 : 토양·지질·수문·기후 및 일기·식생·야생동물 등

② 인문·사회적 인자 : 토지이용·교통통신·인공구조물 등의 현황·변천과정·역사 등

③ 미학적 인자 : 각종 물리적 요소들의 자연적 형태, 시각적 특징, 경관의 가치, 경관의 이미지 등

4) 기능분석

① 양적 수요파악 : 과거 사례의 분석·탐방객의 추정·시설단위의 설정에 의하여 이용자의 종류와 양에 따른 소요시설의 규모를 산정하는 스페이스 프로그램 실시

② 질적 수요파악 : 미시적 수준에서 면밀한 사회·심리조사를 실시하여 분석한 파악과 공원·광장 등의 공적 용도지구 계획 시 이용자의 요구와 태도 및 선호도 파악

조경계획 및 설계 3대 분석과정
① 물리·생태적 분석
② 시각·미학적 분석
③ 사회·행태적 분석

기능분석
현재의 이용실태 파악 및 앞으로의 사용목적에 따른 활동들의 수용정도를 추정하는 작업으로 활동·시설·면적을 수량적으로 산출한다.

(3) 종합 및 평가

① 각종 제한인자와 가능성을 가지고 프로그램에서 나온 기능을 대지에 배치하는 단계 - 기본구상

② 개념도로 대안들을 만들고, 적합한 평가기준으로 평가하여 적합한 대안 결정

(4) 설계발전 및 시행

① 기본계획 또는 계획설계

   ㉠ 프로젝트의 개략적 골격, 토지이용과 동선체계, 각종 시설 및 녹지의 위치를 정하는 단계

   ㉡ 앞으로의 시행을 위한 사업규모 추정

   ㉢ 기본자료의 분석 및 정리, 배치기본계획·사업투자계획·설계지침 등 제시

② 기본설계

   ㉠ 소규모 프로젝트에서는 계획설계와 구분하지 않음

   ㉡ 대상물과 공간의 형태·시각적 특징, 기능성과 효율성, 재료 등의 구체화

   ㉢ 배치설계도·도로설계도·정지계획도·배수시설도·식재계획도·시설물배치도·시설물설계도·설계개요서·공사비개산서·시방서 작성

③ 실시설계

   ㉠ 공사시행을 위한 구체적이고 상세한 도면 작성

   ㉡ 표현효과 보다는 시공자가 쉽게 알아보고 능률적·경제적 시공이 가능한 도면작성

   ㉢ 모든 종류의 설계도·상세도·수량산출·일위대가표·공사비·시방서·공정표 등 작성

2>>> 자연환경조사분석

▌1 지형 및 지질조사

(1) 지형조사

① 지형의 거시적 파악 : 계획대상지와 주변지역의 물리적·생태적 현상의 조사·분석

   ㉠ 자연지역 보전계획, 지역휴양 개발계획, 관광정비계획 등에 있어서 계획의 단위 및 윤곽 결정, 지역 내 자연조건의 개략조사에 필요

   ㉡ 계획대상지와 주변지역과의 마찰 등 현재와 장래의 문제발생에 대한 예측자료

▌린치(K. Lynch)의 3가지 유형의 개념도

① 토지이용계획(land use plan)

② 동선계획(circulation plan)

③ 시각적 형태(visual form)

▌설계발전 및 시행

결정된 개념도와 개략적인 안을 중심으로 기본계획과 기본설계의 단계를 거쳐 최종적 시행으로 전개해 나간다.

▌기본설계

대규모 프로젝트 또는 토목·건축·도시계획 등과 협동이 필요한 경우에는 별도의 설계단계로서 기본계획보다 좀 더 구체적 사항을 결정하고, 기본설계는 사업을 확정한 후, 관계자들을 이해시키고 최종적인 시행에 필요한 준비작업을 하는 단계로, 정확성과 시각적 전달성도 높여야 한다.

▌조사분석 과정

(1) 기본도 준비와 답사

① 지형도(1/50,000, 1/25,000, 1/5,000 등)와 항공사진, 지적도, 임야도, 도시계획도, 지질도 등 각종 도면수집

② 현지답사를 통하여 구역의 범위확인, 대략적 지형의 윤곽, 시설물, 식물분포, 동선현황 등을 조사 후 개략적 사항 메모

▌지형의 파악

지형도를 정밀하게 판독하고 항공사진을 이용하면 답사가 곤란한 곳이라도 지형, 토지이용, 식생밀도, 상층목의 현황도 파악할 수 있다.

② 지형의 미시적 파악 : 지형의 미세한 변화를 조사·분석하여 계획에 반영하는 것

　㉠ 시스템계획, 토지이용구분, 교통동선계획, 시설적지선정 등에 필요

　㉡ 파악자료 : 지형도와 항공사진의 병행분석 시 효과적

　　a. 축척 1 : 50,000, 1 : 25,000, 1 : 5,000의 지형도

　　b. 도시계획구역 내에 작성된 축척 1 : 10,000의 지형도

　㉢ 분석내용

　　a. 계획구역의 도면 표시

　　b. 산정과 계곡 및 능선의 흐름 조사

　　c. 등고선의 간격을 검토하여 급경사, 완경사, 평탄지 파악

　　d. 개천이나 하천 등 유수패턴 조사

　　e. 동선의 체계와 소로, 등산로 등 확인

　　f. 산능선의 흐름에 따른 경사방향 파악

③ 고도분석 : 계획구역 내 지형의 높고 낮음을 한눈에 알아볼 수 있게 하기 위한 것

　㉠ 지형도에 나타난 등고선을 따라 고도별로 선이나 색을 넣어 표시

　㉡ 등고선간격 : 축척 1 : 25,000 지형도 분석 시 보통 20m 간격을 기준으로 분석

　　a. 정밀한 계획을 해야 할 곳은 1m 간격

　　b. 낮고 평탄한 지대는 5~10m로 하고 높아짐에 따라 10~25m 또는 40~50m 간격으로 분석

④ 경사도분석 : 경사도에 따라 이용형태가 구분되므로 중요

　㉠ 등고선 간격에 의한 법 : 지형도의 등고선으로 경사도(G)계산

$$G = \frac{D}{L} \times 100(\%)$$
　　여기서, D : 등고선 간격(수직거리),
　　　　　　　L : 두 등고선에 직각인 거리(수평거리)

　㉡ 방안법 : 지형도에 메쉬(mesh)를 긋고 그리드(grid) 안에 들어 있는 등고선의 수를 세어 경사각을 구하는 법

$$\tan\alpha = \frac{\text{등고선 간격}}{\text{메쉬 간격}} \times N$$
　　여기서, α : 경사각　N : 등고선 수

▌방안법

현실의 경사보다 상당히 완경사로 나타나는 결점이 있다.

---

(2) 측량

① 등고선 측량 : 지형의 변화를 나타냄

　㉠ 제작되어 있는 지형도를 이용할 수 있는 경우에는 측량 불필요

　㉡ 상세한 지형변화를 알고 건축, 토목 등 각종 구조물을 계획하기 위해서는 등고선 간격이 1m 또는 50cm의 지형도 필요

② 평면측량 : 토지의 이용 상태를 나타냄

　㉠ 계획구역과 각종 시설물, 토지이용상황 등을 알기 위해 1/100, 1/300, 1/600, 1/1,200 등의 축척으로 측량해 평면도 작성

　㉡ 지상의 시설물과 식물의 분포, 경관상 중요 목표물 등 조경계획상 특기할 사항 측량

(3) 조사분석의 대상

① 자연환경 : 지형, 지질, 토양, 기후, 생물, 수문, 경관 등

② 인문·사회환경 : 인구, 교통, 토지이용, 시설물, 역사문화, 이용행태 등

▌등고선의 고도별 표시

① 선 : 고도가 높아질수록 좁은 간격의 선을 사용

② 색 : 고도가 높아질수록 짙은 색을 사용

▌등고선 간격에 의한 법

2개의 등고선 사이의 수직거리는 항상 일정하고 수평거리는 등고선의 평면 간격에 따라 달라지며, 일정한 경사도는 일정한 수평거리를 갖게 된다.

ⓒ 경사도분석

경사도	내용
1%이하	완만, 배수불량
2~5%	평탄, 넓고 평탄한 지형(운동장 등)
5~10%	약간 경사(작은 대지의 활용)
10~15%	일반적인 경사지
15~25%	경사지 중 아주 좁은 대지로 쓸 수 있는 상한선
25%	대개 사용이 힘들며, 침식에 의한 흙의 파괴
50~60%	경관의 수직적 요소

(2) 지질조사

① 보링조사

　ㄱ 토층보링 : 기계보링 또는 오오거보링(auger boring)에 의해 흙의 굳기정도를 조사하고, 시료를 채취하여 시험을 통해 흙의 성질도 파악

　ㄴ 암반보링 : 기계보링으로 구멍을 뚫고 굴진속도와 코어의 채취율 및 채취한 코어의 관찰을 통해 암질 판단

② 사운딩(sounding) : 깊이 방향으로 연속적인 지반의 저항 측정

　ㄱ 정적사운딩 : 점토지반에 적용. 콘(cone)을 일정한 속도로 관입시키는 데 요하는 하중을 측정

　ㄴ 동적사운딩 : 사질토지반에 많이 적용. 드릴로드(drill rod)의 선단에 콜·슈(shoe) 또는 표본을 취해서 일정한 동적에너지를 주고, 땅에 박는 관입시험

② 기후조사

① 기후요소 및 인자

　ㄱ 기후요소 : 기온, 강우량, 바람, 습도, 일조시간 등

　ㄴ 기후인자 : 위도, 해발고도, 수륙분포, 해류, 바다와의 거리, 지형 등

② 강수량 : 주된 강수요소는 비

　ㄱ 강우량, 강우강도, 빈도 및 분포상태에 따라 같은 강우량이라도 지역환경 및 식생에 미치는 영향에 차이 발생

　ㄴ 강우량의 증발산, 지표에 삼투, 바다로 흘러가는 비율은 지표의 지피물, 인공구조물에 따라 크게 상이

　ㄷ 봄·여름 대륙선풍에 의한 집중강우, 7~8월 열대성 저기압에 의한 태풍

③ 일사·일조 : 모든 기후요소는 일사에 의해 변화

　ㄱ 일사량 : 태양으로부터 나오는 태양복사에너지(일사)의 양

　　a. 지형, 장소, 계절 또는 낮의 길이에 따라 상이

　ㄴ 일조량 : 태양이 지구면을 비치는 햇볕의 양으로 태양이 비치는 시간 측정

▌지질도
기존의 지질도를 통하여 암석의 종류, 지질경계선, 단층선, 주향 및 경사각 등을 알 수 있고, 지질단면도를 포함하므로 암석 상호간의 접촉상태 및 암석층의 두께를 알 수 있다.

▌기후조사
계획대상지의 지역기후와 대상지 내의 미기후를 조사한다.

▌평균기온
관측소에서 3시, 9시, 15시, 21시의 4차례에 걸쳐 관측하여 30년간의 기록을 평균하여 작성한다.

▌일사량과 각도
북쪽사면일 경우 경사가 완만할수록 많은 열을 받으며, 남쪽사면은 태양과 직각에 가까울수록 많은 열을 받는다.

▌일사(sunlight)
모든 기후요소는 일사에 의해 존재하므로 기온, 습도, 기류, 강우현상 등에도 관련이 있는 기후이다.

④ 미기후(microclimate) : 국부적인 장소에 나타나는 기후가 주변기후와
현저히 달리 나타나는 것–미기후현상

㉠ 미기후요소 : 대기요소와 동일하고 이외에 서리, 안개, 시정, 세진, 자
외선, SO_2, CO_2양 등 추가

㉡ 미기후인자 : 지형(산, 계곡, 경사면의 방향), 수륙분포(해안, 하안, 호
반)에 따른 안개의 발생, 지상피복(산림, 전답, 초지, 시가지) 및 특수
열원(온천, 열을 발생하는 공장) 등

㉢ 알베도(albedo) : 표면에 닿은 복사열이 흡수되지 않고 반사되는 비율

a. 지표면의 알베도가 낮을수록, 전도율이 높을수록 미기후는 온화하
고 안정

b. 지면의 피복상태가 알베도 측정에 가장 큰 영향

지상피복조건에 따른 알베도의 값

마른모래	0.25~0.45	산림	0.10~0.20
젖은모래	0.10~0.20	갓 내린 눈	0.80~0.95
검은 흙	0.05~0.15	오래된 눈	0.40~0.70
초지	0.15~0.25	바다	0.06~0.08

㉣ 경사면 : 방향과 경사에 따라 심한 온도차이 발생

㉤ 미기후조절 : 미기후는 환경에 따라 나타나므로 조절 가능

a. 지표면의 경사면을 남향으로 조절

b. 수목이나 구조물로 그늘형성이나 바람차단, 소음방지

c. 수로나 폰드(pond) 등을 만들어 습도조절

d. 건물의 향을 남향으로 배치하여 겨울철 일조시간 증대

❸ 토양조사

(1) 토양의 단면(soil depth·profile)

① A₀층(유기물층) : 낙엽과 그 분해물질 등 대부분이 유기물로 되어 있는
토양고유의 층

㉠ L층(litter layer) : 낙엽이 대부분 분해되지 않고 원형 그대로 쌓여 있는 층

㉡ F층(formentation layer) : 낙엽이 분해되었지만 다소 원형을 유지하
고 있어 유체의 식별이 가능한 층

㉢ H층(humus layer) : 분해가 진행되어 낙엽의 기원을 알 수 없는 흑갈
색의 유기물층

② A층(표층·용탈층) : 광물토양의 최상층으로 외계와 접촉되어 직접적 영
향을 받는 층

㉠ 강우량에 의해 용해성 염기류가 용탈되나 낙엽을 통해 새로이 유입

▌미기후 조사
미기후 자료는 직접 현지에서 측정하거나 조사하며, 그 지방에 장기간 거주한 주민의 의견을 듣기도 한다.

▌미기후 분석요인
① 향
② 바람 노출도
③ 강상기류
④ 계곡사면의 난대

▌공기유통
공기유통의 정도는 계곡 내의 미기후, 특히 안개 및 서리에 영향을 미치며, 지형이 낮고 배수가 불량한 지역에 안개의 발생률이 높다.

▌토양 3상
① 흙입자(고체) : 50%
② 물(액체) : 25%
③ 공기(기체) : 25%

▌토양의 단면
토양을 수직 방향으로 자른 단면으로 토양의 생성, 판정과 분류 등의 자료로 활용한다.

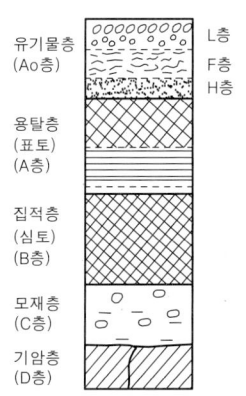

| 토양단면의 모형도 |

ⓛ 낙엽의 분해생산물이 삼투수와 함께 유입되어 흙갈색으로 착색

ⓒ 양분이 풍부하고 미생물과 뿌리의 활동이 왕성

③ B층(집적층) : 외계의 영향을 간접적으로 받으며, 표층으로부터 용탈된 물질이 쌓이는 층

ㄱ A층에 비하여 부식함량이 적어서 황갈색 내지 적갈색을 보임

ⓛ 모재의 풍화가 충분히 진행된 갈색토양

④ C층(모재층) : 외계로부터 토양생성작용을 받지 못하고 단지 광물질만이 풍화된 층

⑤ D층(R층) : 기암층 또는 암반층

(2) 토양의 구조(soil structure)

① 구조분류

ㄱ 단립상(구조) : 토양입자가 단독으로 배열된 구조

ⓛ 입단상(구조) : 단립이 미생물 검(gum), 점토 등에 의해 몇 개씩 뭉쳐져서 입단을 이룬 구조 – 입체적 배열로 필요 공극형성

② 형상분류

ㄱ 판상 : 토양입자가 얇은 층으로 배열되어 수직배수 불량 – 습윤지 토양, 논토양 하층부 등

ⓛ 주상 : 토양입자가 수직방향으로 배열되어 수직배수 양호 – 각주상, 원주상으로 염류토의 심토, 건조지 심토 등

ⓒ 괴상 : 외관이 다면체로 각괴 원괴의 형상 – 산림토양 등

ⓔ 입상 : 입단이 다면체나 구형으로 공극형성이 좋아 식물생육에 좋은 구조 – 유기물이 많은 경작지 토양, 표토 등

(3) 토양의 성질

① 광물질입자의 입경구분 : 토양을 구성하고 있는 입자의 직경에 따라 입경을 구분

② 토성 : 토양무기질 입자의 입경에 의한 분류로 모래, 미사, 점토의 함유비율로 토성을 결정

③ 토양수분(토양용액)

ㄱ 결합수(화합수, pF7 이상) : 화학적으로 결합되어 있는 물로서 가열해도 제거되지 않고 식물이 직접적으로 이용할 수 없는 물

ⓛ 흡습수(pF4.5~7) : 토양입자 표면에 피막처럼 물리적으로 흡착되어 있는 물로서 가열하면 제거할 수 있으나 식물이 직접적으로 이용할 수 없는 물

ⓒ 모관수(유효수분, pF2.54~4.5) : 흡습수의 둘레를 싸고 있고 물로서 표면장력에 의해 공극 내에 존재하며, 식물에 유용한 물

ⓔ 중력수(pF2.54 이하) : 중력에 의하여 토양입자로부터 유리되어 자유

▌토양
① 식물이 자라는 데 가장 중요한 인자
② 유기물 함량이 높은 층
③ 강한 풍화를 받은 암석의 표면
④ 독특한 수평의 층위 형성

▌토양의 수습상태
손으로 꽉 쥐었을 때의 상태로 구별
① 과습 : 물방울이 흐름
② 습윤 : 물방울이 맺힘
③ 약습 : 물기가 비침
④ 적윤 : 물에 대한 감촉이 뚜렷
⑤ 약건 : 습기가 약간 묻을 정도
⑥ 건조 : 수분의 감촉이 거의 없음
⑦ 과건 : 먼지가 남

▌토양의 구조
토양입자의 배열상태(결합상태)로 구조에 따라 통기성과 투수성이 달라진다.

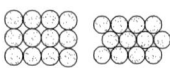
단립(홑알)구조

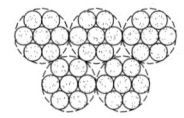
입단(떼알)구조

▌토양의 구조▐

▌세립상
미세한 입자가 단독으로 배열된 구조

▌토양의 성질에 대한 내용은 [조경시공구조학 – 토양 및 토질] 참조

▌pF(potential force)
토양수분의 흡착력을 나타내는 것으로 1기압의 힘이 pF3으로 나타난다.

롭게 이동하거나 지하로 침투되는 물로서 지하수원이 되는 물

(4) 토양조사방법

① 입지환경조사 : 표고, 방위, 지형, 경사, 퇴적양식, 토양침식, 암석노출도, 풍노출도, 지표형태, 모암 등을 정밀조사

② 토양단면조사 : 토양의 수직적 구성 및 형태 분석

　㉠ 시료채취 : 경사와 관계없이 1×1×1m의 크기로 채굴하여 A와 B층을 각각 1kg씩 채취

　㉡ 조사인자 : 층위, 층경, 토색, 건습도, 토심, 석력함량, 견밀도, 풍화정도, 반상의 유무, 균사와 균근, 토양배수상태, 토양공극, 식물뿌리 분포상태 등

(5) 토양도(soil map)

① 개략토양도 : 항공사진을 중심으로 현지조사에 의해 작성된 축척 1:50,000의 지도(개략토양조사의 결과)

② 정밀토양도 : 항공사진을 중심으로 현지조사에 의해 작성된 축척 1:25,000의 지도(정밀토양조사의 결과)

　㉠ 토양의 결과

토양군 (soil association)	다른 토양통이거나 전혀 다른 토양이 같은 장소에서 섞여 함께 나타나는 토양
토양통 (soil series)	·동일한 모재로부터 형성된 토양 ·지명에 따라 명명(울산통, 예산통 등) ·토양통 내에서는 표토의 토성에 따라 구분
토양구 (soil type)	·같은 토양통 내에서 같은 토성을 갖는 토양 ·토양통과 토성을 합하여 명명(과천 사양토, 칠곡 양토 등)
토양상 (soil individual)	·같은 토양통 및 토성 내에서 같은 침식도 및 경사를 나타내는 토양 ·토양통, 토성, 침식도, 경사도를 합하여 명명 ·정밀토양도의 작도 단위

　㉡ 토양의 표시 : 토성, 경사도, 침식정도를 함께 나타내어 사용

토양부호표기법(토양상)

구분	내용
토양통	토양통 및 토성(토양구) 표시
경사도	A : 0~2%(보통 생략) B : 2~7% C : 7~15% D : 15~30% E : 30~60% F : 60~100%
침식정도	1 : 침식이 없거나 적음(보통 생략) 2 : 침식이 있음 3 : 침식이 심함 4 : 침식이 매우 심함

토양부호 예시

SoC2의 경우 So는 송정 양토, C는 7~15%의 경사, 2는 침식이 있는 토양을 표시한다.

▌토양조사

이미 작성·보급된 간이산림토양도나 정밀토양도, 간이토양도 등을 기초로 하여 입지환경조사, 토양단면조사 및 식생조사를 실시하며, 토양의 성질분석을 위한 시료채취도 한다.

▌토양도

항공사진, 현지토양조사, 토양분석 과정을 거쳐 토양특성을 기후대별, 입지별로 제작하여 사용하는 지도를 말한다. 1964~1967년에 개략토양조사를 완료하여 개략토양도(1:50,000)를 발간하였으며 곧바로 정밀토양조사와 비옥도조사사업을 실시하여 정밀토양도(1:25,000)를 발간하였다. – 농촌진흥청 제작

▌단위별 최소면적

① 개략토양토 : 6.25ha
② 정밀토양토 : 1.56ha

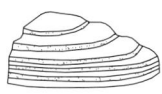

판상

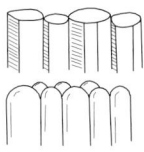

주상

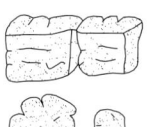

괴상

입상

| 토양의 형상 |

③ 간이산림토양도(산림청 제작) : 항공사진을 기본으로 현지조사에 의해 작성된 축척 1:25,000의 지도 – 산림토양의 잠재생산능력급수를 파악하고 적지적수 조림에 의한 산림자원 조성 도모

❹ 수문조사

① 유역 : 한 지역의 물을 집중시키고 한 하계를 형성시키는 지역
② 집수구역 : 계획부지에 집중되는 유수의 범위로, 지형도에 의해 능선을 따라 구획하여 결정 – 계획부지 면적과 같거나 넓게 구획
③ 유수량산출 : 일시에 많은 양의 비가 올 때 문제가 발생하므로 폭우 유수량을 계산하여 유출계획 설정

$$Q = C \cdot I \cdot A$$

여기서, Q = 우수유수량(m^3/sec) C : 유출량계수
I = 강우강도(mm/hr) A : 배수지면적

④ 하천의 유형
   ㉠ 수지형 : 화강암, 사암, 혈암 등으로 구성된 동질적인 지질을 가졌을 경우 발달(우리나라 대부분의 하천형태)
   ㉡ 방사형 : 화산 등의 작용에 의해 형성된 원추형 산에서 발달
   ㉢ 평행형, 격자형, 직각형 등

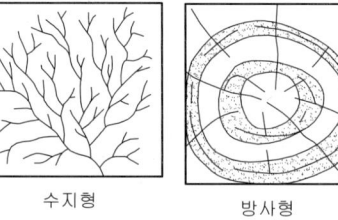

수지형   방사형

| 하천의 유형 |

⑤ 지하수
   ㉠ 포화층 : 불투수층 상부의 저류물질 사이에 있는 공간이 물로 채워진 층
   ㉡ 지하수면 : 포화층의 상부한계
   ㉢ 통기층 : 지하수면 상부의 층으로 암석편에 적셔진 상태로 있거나, 스머드는 중이거나, 공극의 공기속에 포함되어 있는 정도
      a. 통습층 : 맨 위쪽에 있는 층
      b. 중간층 : 비교적 건조한 층
      c. 모세작용층 : 포화층 바로 위의 층

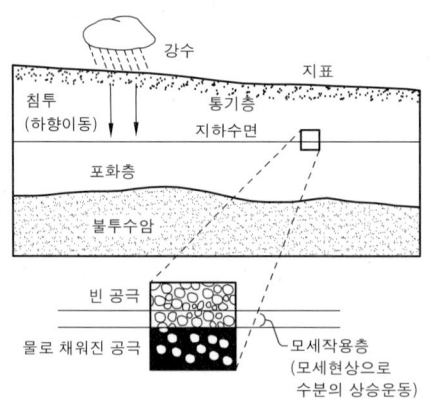

강수
지표
침투 (하향이동)   통기층
지하수면
포화층
불투수암
빈 공극
물로 채워진 공극   모세작용층 (모세현상으로 수분의 상승운동)

| 통기층, 지하수면, 포화층의 상대적인 위치 |

❺ 생태조사 [조경식재 – 조경식물의 생태와 식재] 참조

(1) 조사방법

① 전수조사 : 도시구역 내 빈약한 식물상을 이루는 곳, 조사대상구역이 좁

산림입지토양도

현재 간이산림토양도는 사용되지 않으며 2009년부터 제작이 시작된 산림입지토양도(1:5,000)가 사용된다. 산림의 입지·토양환경에 관한 주제도로 산림조성 및 산지관리, 조림지도와 도시기본계획 수립 시 기초자료로 활용될 뿐만 아니라, 산지이용도, 산사태위험지도, 생태지도, 산불확산예측 등에도 임상도와 함께 산림공간정보를 대표하는 주제도로 활용되고 있다.

수문환(hydrocycle)

지상이나 해상의 물이 증발하여 대기 중으로 올라가 응결되어 다시 비, 눈 등의 형태로 지상으로 내려오는 물의 순환을 말한다.

우수유수량(runoff)

강수량 중 증발 및 흡수되거나 고이는 물 등 도중에 없어지는 물 이외에 배수시스템에 도달하는 물의 양을 말한다.

대수층(aquiter 지하수층)

지하수를 함유한 지층으로 공극에 물이 차 있어 관정으로 물을 퍼 올릴 수 있는 지하수 층

식생조사

① 계획대상지에 생육하고 있는 식물 상을 파악하고 새로 도입해야 할 식물의 종류를 결정하는 데 중요한 역할을 한다.
② 현재 자라고 있는 식물은 현재의 환경조사의 총회를 섬세하게 반영하고 있다.
③ 조경대상지의 식생조사는 군락구조의 해석을 주목적으로 한다.

은 경우에 적용

② 표본조사 : 구역면적이 넓고 식물상이 자연 상태에서 군락을 이루는 곳에 적용

③ 표본구의 설정 : 조사대상은 단위성이 있는 균질의 식물집단

    ㉠ 균질한 식생 : 바로 표본추출

    ㉡ 비균질 식생 : 몇 개의 균질한 지역(층)으로 나누어 표본추출 후 얻어진 결과를 종합하여 전체의 결론도출 – 층화표본추출법

    ㉢ 층화된 식생 : 각각의 지역(층)을 대상으로 표본추출 – 무작위추출법, 체계적 추출법

(2) 표본조사방법

① 쿼드라트법(quadrate method 방형구법) : 정방형(장방형, 원형도 사용)의 조사지역을 설정하여 식생 조사

    ㉠ 방형구의 크기 : 군락의 최소넓이를 가지고 적당한 넓이 결정

    ㉡ 군락의 최소넓이(minimal area : MA) : 어떤 군락이 그 특징적인 조성구조를 발전시킬 수 있는 최소의 넓이 지칭

    ㉢ 방형구의 수

② 접선법(line intercept method) : 군락 내에 일정한 길이의 선을 몇 개 긋고, 그 선에 접하는 식생을 조사

    ㉠ 선에 의해서 횡단되는 식물의 기록과 그 횡단된 길이 측정

    ㉡ 빈도는 1개의 선을 1개의 방형구, 피도는 선의 길이를 100으로 하여 백분율 산출

③ 포인트법(point contact method) : 쿼트라트의 넓이를 대단히 작게 한 것으로, 초원, 습원 등 높이가 낮은 군락에서만 사용가능

④ 간격법(distance method) : 두 식물 개체간의 거리, 또는 임의의 점과 개체사이의 거리를 측정함으로써 구성 종 또는 군락 전체의 양적(주로 밀도) 관계를 측정하는 방법으로 교목이나 아교목에 적용

각 조사법이 적용되는 군락

구분		고목군락	저목군락	초본군락	이끼, 바위옷군락
쿼드라트법		○	○	○	○
접선법		△	△	○	○
포인트법		×	×	○	○
간격법	최단거리법	○	△	×	×
	인접개체법	○	△	×	×
	제외각법	○	△	×	×
	4분각법	○	△	×	×

○ : 가장 적당함, △ : 적용되나 가장 적당한 것은 아님, × : 적용되지 않음

▌방형구법
① 육상식물의 표본추출에 가장 많이 이용한다.
② 정확성을 높이기 위해서는 무작위(random)로 추출한다.

▌쿼드라트의 최소넓이
① 경지잡초군락 : $0.1 \sim 1 m^2$
② 방목초원군락 : $5 \sim 10 m^2$
③ 산림군락 : $200 \sim 500 m^2$

▌띠대상법(belt transect method)
두 줄 사이의 폭을 일정하게 하여 그 안에 나타나는 식생을 조사한다.

▌포인트법
① 전접포인트법
② 저접포인트법

▌간격법
① 최단거리법 ② 인접개체법
③ 제외각법 ④ 분각법

▌임황조사방법
계획부지가 산림지인 경우 식생조사 방법 외에 상림개황조사부를 기준으로 상림의 현황을 조사하는 법

(3) 군락측도

① 빈도(frequency)

　㉠ 빈도 : 전체 쿼드라트(방형구) 수에 대한 어떤 종이 출현한 쿼드라트 수의 백분율을 나타낸 것

$$빈도(F) = \frac{어떤\ 종의\ 출현\ 쿼드라트수}{조사한\ 총\ 쿼드라트수} \times 100(\%)$$

　㉡ 상대빈도(relative frequency) : 식물의 총 빈도에 대한 한 가지 종의 빈도의 비율

$$상대빈도(RF) = \frac{어떤\ 종의\ 빈도}{전종의\ 빈도의\ 총화} \times 100(\%)$$

② 밀도(density) : 단위 면적 또는 단위부피(공간)내의 개체수로서 각 방형구 내에 뿌리내린 식물의 수

　㉠ 밀도(D) $= \dfrac{어떤\ 종의\ 총개체수}{조사한\ 총\ 넓이} = \dfrac{어떤\ 종의\ 총개체수}{조사한\ 총\ 쿼드라트수}$

　㉡ 평균넓이 : 밀도의 역수로 그 종의 1개체가 출현하는 평균적 넓이

$$평균넓이(M) = \frac{조사한\ 총\ 넓이}{어떤\ 종의\ 총\ 개체수} = \left(\frac{1}{D}\right)$$

　㉢ 종류밀도 : 단위 넓이당의 종수로 군락조성의 정도를 나타내는 측도의 하나

③ 수도(abundance) : 일정면적 위에 나타나는 개체수

　㉠ 추정적 개체수를 의미하며 5계급으로 표시

　㉡ 어떤 종이 출현한 쿼드라트만큼에 있어서의 평균개체수로, 군락의 양적해석에 쓰임

$$수도(A) = \frac{어떤\ 종의\ 총\ 개체수}{어떤\ 종이\ 출현한\ 쿼드라트수}$$

　㉢ 수도(A), 빈도(F), 밀도(D)의 상관관계

$$A = 100 \times \frac{D}{F}$$

④ 피도(coverage) : 식물의 지상부의 지표면에 대한 피복의 비율

　㉠ 피도(C) $= \dfrac{어떤\ 종의\ 투영면적}{조사한\ 총\ 넓이} \times 100(\%)$

　㉡ 상대피도(relative coverage) : 식물의 총 피도에 대한 어떤 종의 피도를 나타낸 것으로 총 상대피도의 값은 100이다.

$$상대피도(RC) = \frac{어떤\ 종의\ 피도}{전종의\ 피도의\ 총화} \times 100(\%)$$

　㉢ 수목군락의 피도는 임목의 흉고단면으로 산정 가능

▌군락측도
군락의 여러 특질을 재는 척도

▌빈도
군락 내 종의 분포의 일양성(一樣性) 및 이것에 기인되는 종간의 양적관계를 알기 위한 측정(야외조사 시 식물명만 기록)으로, 어떤 개체가 한 곳에 모여 있는지 또는 고르게 흩어져 있는지를 파악할 수 있다.

▌추정적 개체수 5계급
1 : 대단히 적다
2 : 적다
3 : 약간 많다
4 : 많다
5 : 대단히 많다

▌피도측정
피도는 계급별로 측정하는데 동일계층 내에서 동일종의 중첩은 한 층으로 측정하고 이종의 중첩은 따로따로 측정하며, 어떤 계층의 전 구성종의 피도백분율의 합계 값은 100%를 넘을 수도 있다.

▌임목의 바닥넓이
임목의 흉고직경(DBH)을 재어서 줄기를 원으로 본 단면적을 말하며, 상대 값만 구할 때는 $(DBH)^2$ 만을 산출한다.

⑤ 우점도(dominance) : 종의 군락 내에서 우열의 비율을 총합적으로 나타내는 측도로 '우점도 = 피도'로 적용 가능

　㉠ 우점도 7계급

우점도(피도)계급을 판정하는 기준(Braun-Blanquet)

피도계급	판정기준
5	표본구 면적의 75~100%(3/4~1)를 차지하는 종
4	표본구 면적의 50~75%(1/2~3/4)를 차지하는 종
3	표본구 면적의 25~50%(1/4~1/2)를 차지하는 종
2	표본구 면적의 5~25%(1/20~1/4)를 차지하는 종
1	표본구 면적의 5% 이하로 개체수가 많으나 피도가 낮은 종
+	피도가 낮고 산재되어 나타나는 종(피도 1% 정도)
γ	우연히 또는 고립하여 나타나는 종(피도는 극히 낮음)

　㉡ DFD지수법 : 밀도(D), 빈도(F) 및 우점도(D)의 3측도로 산정

DFD = 상대밀도 + 빈도 + 상대피도(=우점도)

　㉢ 상대우점값(importance value 중요도) : 총합적 우점도의 하나로서 종 간의 상대적인 양적 관계를 강조하는 측도

상대우점값(IV) = 상대밀도 + 상대빈도 + 상대피도

　㉣ 적산우점(summed dominance ratio) : 총합적 우점도의 하나

$$적산우점(SDR) = \frac{밀도비+빈도비+피도비}{3}(\%)$$

(4) 생태·자연도

① 산·하천·내륙습지·호소·농지·도시 등에 대하여 자연환경을 생태적 가치, 자연성, 경관적 가치 등에 따라 등급화하여 작성된 지도(자연환경보전법)

② 1 : 25,000 이상의 지도에 실선으로 표시

생태·자연도 등급권역별 기준

등급권역	기준
1등급 권역	·멸종위기 야생생물의 주된 서식지·도래지 및 주요 생태축 또는 주요 생태통로가 되는 지역 ·생태계가 특히 우수하거나 자연경관이 특히 수려한 지역 ·생물의 지리적 분포한계에 위치하는 생태계 지역 또는 주요 식생의 유형을 대표하는 지역 ·생물다양성이 특히 풍부하거나 보전가치가 큰 생물자원이 분포·존재하는 지역 ·자연원시림이나 이에 가까운 산림 또는 고산초원 ·자연상태나 이에 가까운 하천·호소 또는 강하구
2등급 권역	·1등급 권역에 준하는 지역으로 장차 보전의 가치가 있는 지역 ·1등급 권역의 외부지역으로 1등급 권역의 보호를 위하여 필요한 지역 ·완충보전지역과 완충관리지역으로 구분
3등급 권역	1등급 권역, 2등급 권역 및 별도관리지역으로 분류된 이외의 지역으로서 개발 또는 이용의 대상이 되는 지역(개발관리지역, 개발허용지역)
별도관리지역	다른 법률에 의하여 보전되는 지역 중 역사적·문화적·경관적 가치가 있는 지역이거나 도시의 녹지보전 등을 위하여 관리되고 있는 지역(자연공원·천연기념물·산림·야생동물·수산자원·습지·백두대간보호지역 및 구역 생태경관보전지역)

▌식피율
① 종류별 피도가 아닌 전체로서의 식목피복 비율
② 산림대에서는 임관식피율이나 임상식피율로 측정하기도 한다.

▌우점도 계급
Braun-Blanquet가 피도와 수도(추정적 개체수)의 조합에 의해 구분한 것으로 식물 사회학적인 식생도 표현에 주로 쓰이며, 이 우점도가 전 추정량이며 이것에 의한 양적 평가법을 전추정법이라 한다.

▌우점도 산출
우점도 = 1 − 균재도지수

▌균재도지수
군집 내 생물종간의 개체수의 균등성을 나타내는 지수

▌생태·자연도 활용대상
① 국가환경종합계획·경보전 중기종합계획 및 시·도환경보전계획
② 전략환경영향평가협의 대상계획 및 소규모 환경영향평가 대상사업
③ 환경영향평가법에 따른 영향평가 대상사업
④ 특별히 생태계의 훼손이 우려되는 개발계획

▌생태·자연도 활용 시 고려사항
① 1등급 권역 : 자연환경의 보전 및 복원
② 2등급 권역 : 자연환경의 보전 및 개발·이용에 따른 훼손의 최소화
③ 3등급 권역 : 체계적인 개발 및 이용

③ 식생보전등급(Degree of Vegetation Conservation : DVC)

　㉠ 분포의 희귀성, 식생복원의 잠재성, 구성식물종 온전성, 식생구조 온전성, 중요종 서식, 식재림 흉고직경 등을 평가하여 구분

　㉡ 식생에 대한 가치를 자연성뿐 아니라 절대적 가치와 상대적 가치를 동시에 판단

식생보전등급별 해설표

생태 자연도	식생 보전등급	기준
1 등급	I	식생천이의 종국적인 단계에 이른 극상림 또는 유사한 자연림 ·아고산대 침엽수림(분비나무군락, 구상나무군락, 주목군락 등) ·산지·계곡림 (고로쇠나무군락, 층층나무군락 등), 하반림 (오리나무군락, 비술나무군락 등), 너도밤나무군락 등의 낙엽활엽수림 ·삼림식생 이외의 특수한 입지에 형성된 자연성이 우수한 식생이나 특이 식생 중 인위적 간섭의 영향을 거의 받지 않아 자연성이 우수한 식생 ·해안사구, 단애지, 자연호소, 하천습지, 습원, 염습지, 고산황원, 석회암지대, 아고산 초원, 자연암벽 등에 형성된 식생
	II	자연식생이 교란된 후 2차천이에 의해 다시 자연식생에 가까울 정도로 거의 회복된 상태의 삼림식생 ·군락의 계층구조가 안정되어 있고, 종조성의 대부분이 해당지역의 잠재자연식생을 반영하고 있음 ·난온대 상록활엽수림(동백나무군락, 신갈나무-당단풍군락, 졸참나무군락, 서어나무군락 등의 낙엽활엽수림) ·특이식생 중 인위적 간섭의 영향을 약하게 받고 있는 식생
2 등급	III	자연식생이 교란된 후 2차천이의 진행에 의하여 회복단계에 들어섰거나 인간에 의한 교란이 지속되고 있는 삼림식생 ·군락의 계층구조가 불안정하고, 종조성의 대부분이 해당지역의 잠재자연식생을 충분히 반영하지 못함 ·조림기원 식생이지만 방치되어 자연림과 구별이 어려울 정도로 회복된 경우 ·산지에 형성된 2차관목림이나 2차초원 ·특이식생 중 인위적 간섭의 영향을 심하게 받고 있는 식생
	IV	인위적으로 조림된 식재림 ※식재림의 정의는 인위적으로 조림된 수종 또는 자연적(2차림)으로 형성되었다 하더라도 아까시나무 등의 조림기원 도입종이나 개량종에 의해 식피율이 70% 이상인 식물군락으로 함. 단, 녹화목적으로 적지적수가 식재된 경우에는 식재림으로 보지 않음
3 등급	V	·2차적으로 형성된 키가 큰 초원식생(묵밭이나 훼손지 등의 억새군락이나 기타 잡초군락 등) ·2차적으로 형성된 키가 낮은 초원식생(골프장, 공원묘지, 목장 등) ·과수원이나 유실수 재배지역 및 묘포장 ·논, 밭 등의 경작지, 주거지 또는 시가지 ·강·호수·저수지 등에 식생이 없는 수면과 그 하안 및 호안

④ 녹지자연도(Degree of Green Naturality : DGN)

　㉠ 미래의 자연자원 이용과 보호를 위한 기본방향 설정 및 환경계획수립의 기초 자료로서의 역할

　㉡ 일정 지역에 대한 전체적인 자연의 질 평가 가능

　㉢ 일부 등급은 그 자체로도 식생유형을 알 수 있는 식생도 기능 제공

┃ 녹지자연도
현재 자연성이 어느 정도 남아 있는가와 동시에 자연파괴가 어느 정도 진행되고 있는가를 나타내는 녹지공간의 자연성 지표로서, 현존 식생과 토지이용(인간의 간섭) 현황에 따라 녹지공간의 상태를 0~10등급까지 11등급으로 분류

ㄹ 자연성만의 판단으로 생태적 가치의 판단 결여

자연녹지관리 기본방향

구분	녹지자연도	대표지역	관리방침	국토대비
보전지역	8~10등급	장령산, 원시림 고산초원	보전위주관리	13.3%
완충지역	4~7등급	잔디, 갈대조림 등의 초원 조림지, 유령림	개발과 보전의 조화	53%
개발지역	1~3등급	시가지 농경지	개발이용	33.7%

녹지자연도 사정기준

권역	지역	등급	명칭	내용
육지권	개발지역	1	시가지 조성지	녹지식생이 거의 존재하지 않는 지구 (해안, 염전, 암석나출지 및 해안사구)
		2	경작지	논 또는 밭 등의 경작지구
		3	과수원	경작지나 과수원, 묘포장과 같이 비교적 녹지식생 분량이 우세한 지구
	완충지역 (반자연지역)	4	이차초원(A)	잔디군락이나 인공초지(목장) 등과 같이 비교적 식생의 키가 낮은 2차적으로 형성된 초원지구
		5	이차초원(B)	갈대, 조릿대군락 등과 같이 비교적 식생의 키가 높은 이차적으로 형성된 초원지구
		6	조림지	각종 활엽수 또는 침엽수의 식재림지구(조림지구), 은수원사시나무·낙엽송·잣나무 등
		7	이차림(A)	일반적으로 이차림이라 불리우는 대상 식생지구, 자연군락이 인간의 영향에 의해 성립되었거나 유지되고 있는 군락, 즉 천이과정의 서어나무·상수리나무·졸참나무군락 등 유령림(약 20년생까지)
	보존지역 (자연지역)	8	이차림(B)	원시림 또는 자연식생에 가까운 이차림 지구, 신갈나무, 물참나무, 가시나무 맹아림(벌채 후 줄기 아랫부분에 싹이 터 시간이 경과함에 따라 형성된 숲) 등 - 소위 장령림(약 20~50년생)
		9	자연림	다층의 식생사회를 형성하는 천이의 마지막에 이르는 극상림지구, 가문비나무·잣나무·분비나무 등의 고령림(약 50년생 이상)
		10	고산자연초원	자연색생으로서 고산성 단층의 식생사회를 형성하는 지구, 지리산 세석평전 등 고산지대의 초원지구
수권	수역	0	수역	저수지, 하천유역지구(하중사구 포함)

6 경관조사

(1) 경관파악의 체계

1) 경관의 요소

구분	내용
점적요소	• 정자목, 외딴집, 조각
선적요소	• 도로, 하천, 가로수
면적요소	• 초지, 전답, 호수, 운동장

┃ 임상도

수목의 나이(영급), 수목밀도, 식생의 종류 등 임상정보를 표시한 지도

임상도에서 영급의 구분

영급구분	수목의 나이
1영급	1~10년생
2영급	11~20년생
3영급	21~30년생
4영급	21~30년생
5영급	41~50년생
6영급	51~60년생

① 1 : 25,000 축척으로 제작
② 항공사진을 기준으로 현지 임상 대조로 작성
③ 산림사업의 계획수립, 임업 경영, 국토이용계획, 환경영향평가 등에 활용

┃ 경관

자연이나 지역의 풍경으로 사람의 손을 더하지 않은 자연경관과 자연경관에 인간의 영향이 가해져 이루어진 문화경관으로 구분한다.

수평적요소 수직적요소	• 저수지·호수 등의 수면 • 전신주, 절벽, 독립수
닫힌공간 열린공간	• 계곡이나 수림으로 둘러싸인 곳으로 위요된 공간 • 들판, 초지 등 위요감이 없는 공간
랜드마크 (landmark)	• 식별성이 높은 지형이나 지물 등(산봉우리, 절벽, 탑)
전망(view) 비스타(vista)	• 일정 시점에서 볼 때 파노라믹(panoramic)하게 펼쳐지는 경관 • 좌우로의 시선이 제한되고 일정지점으로 시선이 모아지도록 구성된 경관
질감(texture)	지표상태에 따라 영향을 받으며 계절에 따라 변화
색채(color)	계절에 따라 변화가 많고, 분위기 조성에 중요(주변과의 조화와 대비 고려)
주요경사	급격한 경사도 변화는 시각구조상 중요하고, 훼손 시 경관의 질 악화

2) 경관의 단위

① 동질적인 성격을 가진 비교적 큰 규모의 경관을 구분하는 것

② 지형 및 지표의 상태에 의해 좌우(계곡, 경사지, 평탄지, 구릉, 고원, 숲, 호수, 농경지 등)

(2) 경관분석의 기법

1) 기호화 방법

① 케빈린치(K. Lynch) : 도시의 이미지성(imageability)이 도시의 질을 좌우한다는 전제하에 5개의 물리적 요소를 기호화하여 분석도면 (image map) 작성

㉠ 도로(paths 통로) : 이동의 경로(가로, 수송로, 운하, 철도 등)

㉡ 경계(edges 모서리) : 지역지구를 다른 부분과 구분 짓는 선적 영역 (해안, 철도, 모서리, 개발지 모서리, 벽, 강, 숲, 고가도로, 건물 등)

㉢ 결절점(nodes 접합점, 집중점) : 도시의 핵, 통로의 교차점, 광장, 로터리, 도심부 등

㉣ 지역(districts) : 인식 가능한 독자적 특징을 지닌 영역

㉤ 랜드마크(landmark 경계표) : 시각적으로 쉽게 구별되는 경관속의 요소

② 웨스케트(Worskett) : 경관을 조망하는 시점에서 그 특성과 형태를 기호화하여 분석

2) 심미적 요소의 계량화 방법 : 경관의 질적 요소를 계량화하는 방법으로 경관평가의 객관화 시도

① 레오폴드(Leopold)는 스코틀랜드 계곡경관을 평가하기 위해 특이성 (uniqueness) 값을 계산하여 경관가치를 상대적 척도(relative scale) 로 계량화

② 물리적 인자, 생태적 인자, 인간이용과 흥미적 인자 등으로 구분하여 46개 항목으로 나누어 특이성비(uniqueness ratio)를 산출

▎시각분석

시각기능에 의한 경관에 대한 심리적 반응이나 경험적 대응 및 평가방법이 더해져 이루어진다.

▎경관경험 특성

경관은 시간과 더불어 위치나 시계가 변화하므로 연속(sequence) 경관을 구성하게 된다.

▎Imageability

K. Lynch가 1960년 『The Image of the City』에서 발표한 개념으로 어떤 관찰자에게 강한 이미지를 불러일으키는 데 높은 개연성을 가진 대상에게 부여하는 대상의 특징으로 형상, 색, 배열 등을 말한다.

3) 메쉬(mesh) 분석방법 : 동경대 시오다 등이 시도

① 경관의 타입을 체계화하고, 체계화된 각 요인을 일정한 간격의 메쉬로 구획한 도상에서 분석·종합하여 경관의 질 평가

② 각 요인별로 몇 단계의 등급으로 나누고, 이 등급을 그리드(grid)에 표시해 놓고 등급별 그리드수를 집계하여 경관의 특색 도출

4) 시각회랑(visual corridor)에 의한 방법 : 립튼(Litton)의 삼림경관분석법

① 산림경관의 기본유형(fundamental types)

전경관 (panoramic landscape)	·시야를 가리지 않고 멀리 터져 보이는 경관 ·초원 수평선 등
지형경관 (feature landscape)	·지형이 특징을 나타내고 있어 관찰자가 강한 인상을 받게 되는 경관 ·경관의 지표(landmark)가 되어 경관적 지배위치를 가진 것 ·높이 솟은 산봉우리 등
위요경관 (enclosed landscape)	·평탄한 중심공간이 있고 그 주위에 숲이나 산으로 둘러 싸여있는 경관 ·숲속의 호수 등
초점경관 (focal landscape)	·관찰자의 시선이 한 곳으로 집중되는 경관 ·계곡 끝의 폭포 등

② 삼림경관의 보조적 유형(supportive types)

관개경관 (canopied landscape)	·상층이 나무숲으로 덮여 있고 나무줄기가 기둥처럼 들어서 있거나 하층이 관목이나 어린 나무들로 이루어진 경관
세부경관 (detail landscape)	·관찰자가 가까이 접근하여 나무의 모양, 잎, 열매 등을 상세히 보며 감상할 수 있는 경관
일시경관 (ephemeral landscape)	·대기권의 상황변화에 따라 경관의 모습이 달라지는 경우 ·설경이나 수면에 투영된 영상 등

③ 경관의 우세요소 및 변화요인

우세요소	·경관을 구성하는 지배적 요소 ·형태(form), 선(line), 색채(color), 질감(texture) 등
우세원칙	·경관의 우세요소를 더 미학적으로 부각시키고 주변의 다른 대상과 비교될 수 있는 것 ·대조(contrast), 연속성(sequence), 축(axis), 집중(convergence), 쌍대성(codominance), 조형(enframement) 등
변화요인	·일시경관, 세부경관처럼 경관을 변화시키는 요인 ·운동, 빛, 기후조건, 계절, 거리, 관찰위치, 규모, 시간 등

④ 경관조사방법

㉠ 시각회랑의 설정 : 축척 1 : 25,000 또는 1 : 50,000 지형도를 가지고 대상지를 답사하여 시각회랑 구획 – 등산로, 일상로, 차도, 철도 등의 경관탐사중심노선에서 조망할 수 있는 구획설정

㉡ 경관관찰점의 설정(landscape control point : LCP) : 기준 탐사로를 중심으로 전경, 중경, 배경을 살필 수 있는 고정적인 전망점(stationary

| 메쉬 분석법 체계화 요인 |
| ① 지표상태 |
| ② 취락 |
| ③ 지형 |
| ④ 시계방향 |
| ⑤ 시계량 |
| ⑥ 주 흥미 경관의 영향 |

viewpoint) 설정

ⓒ 가시경관구역의 설정 : 관찰되는 구역을 LCP로부터 거리에 따라서 전경, 중경, 배경으로 구획

경관의 가시구역별 특징

특정적구분 \ 가시구역	전경		중경		배경	
	근경	원경	근경	원경	근경	원경
거리(마일)	$0 \sim \frac{1}{4}$	$\frac{1}{4} \sim \frac{1}{2}$	$\frac{1}{4} \sim \frac{1}{2}$	$3 \sim 5$	$3 \sim 5$	∞
시각능력	세부경관요소		세부 및 전반적 요소		전반적 윤곽	
관찰목표	암석위치		거친 연적선		전연적선	
시각적 특징	개개의 식생 및 종류와 색채, 냄새, 동작을 구분		질감에 의한 식생구분		명암에 의한 형태구분	

ⓔ 시각적 분석 : 경관탐사노선에 설정된 LCP를 통하여 경관의 구도적 분석과 경관의 우세요소, 우세원칙, 변화요인을 조사하여 종합적으로 분석

ⓜ 경관분석의 종합평가 : 종합적 평가에 의해 분석함으로써 삼림의 보존, 관리, 개발 등 계획안 수립 시 자료로 이용

5) 사진에 의한 분석방법

① 항공사진을 이용하거나 일정지점에서 대상물을 사진으로 촬영하여 분석

② 쉐이퍼(Shafer) 및 미츠(James Mietz) : 8×10인치 크기의 흑백사진으로 자연경관에 대한 시각적 선호의 계량적 모델 연구

ⓐ 사진에 나타난 경관을 10개의 지역으로 구획

ⓑ 구획된 구역의 경계선 길이, 넓이를 계산하고 명암도 등을 고려한 40개의 독립변수 선정

ⓒ 각 변수로 회귀분석한 결과의 모델로 적합성 표시

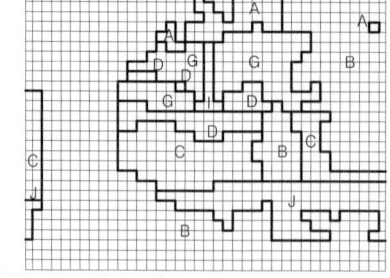

A:하늘과 구름　　B:근경식생지역　　C:중경식생지역　　D:원경식생지역
E:근경식생외징역　F:중경식생외지역　G:원경식생외지역　H:수경관지역
I:폭포지역　　J:호수지역

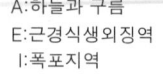

| 사진에 의한 경관분석 |

☷ 리모트 센싱(remote sensing)에 의한 환경조사

(1) 원리 및 특징

① 대상물이나 현상에 직접 접하지 않고 식별·분류·판독·분석·진단

② 환경조건에 따라 물체가 다른 전자파를 반사·방사하는 특성 이용

③ 특정지역의 환경특성을 광역환경과 비교하면서 파악

④ 도시녹지의 질과 양의 파악

⑤ 시간적 추이에 따른 환경의 변화 파악

⑥ 원지반의 기복상태 등 파악

(2) 장·단점

장점	단점
·단시간 내에 광범위한 지역의 정보를 수집하여 해석·진단가능 ·기록된 정보 자체를 언제나 재현 가능 ·대상물에 직접적 접촉 없이 정보수집	·표면, 표층의 정보만 가능 ·심층부 정보는 간접적으로만 수집 ·계측에 경비 과다 소요

(3) 사진촬영

① 촬영 직선코스는 동서 방향이 원칙

② 종중복(촬영 진행방향의 중복, 전방중복)은 60%, 횡중복(촬영 경로 간의 중복, 측방중복)은 30%가 표준

③ 산악지역이나 고층빌딩 밀집지역은 10~20% 증가

④ 도로, 하천 등 선형물체는 그 방향에 따라 촬영

⑤ 구름 없는 쾌청일 오전 10시~오후 2시가 최적

(4) 사진판독

① 색조, 모양, 질감, 음영 등의 판독요소에 의한 판독

② 농도별 구분

  ㉠ 흑색 : 물(호수, 하천), 수림(침엽, 활엽 구분 어려움) 등

  ㉡ 회색 : 밭, 논

  ㉢ 회색 또는 백색 : 내, 하상, 붕괴지 등

  ㉣ 백색 : 도로

3>>> 인문 · 사회환경조사

☱ 조사대상

인구	계획 부지를 포함한 주변인구 조사 및 이용자수 분석을 위한 광범위 인구현황 조사 (남녀, 연령, 학력, 직업, 종교, 취미 등)
토지이용	·토지의 이용형태별 조사(전, 답, 대지, 임야 등)

▌리모트 센싱

항공기, 기구, 인공위성 등을 이용하여 탐사하는 것으로 원격탐사, 원격탐지, 원격측정 등을 말한다.

▌항공사진측량

① 축척

$$\frac{1}{m} = \frac{초점거리(f)}{촬영고도(H)}$$

② 촬영기선길이

  $B = ma(1-p)$

③ 촬영경로간격

  $C = ma(1-q)$

  a : 화면길이

  p : 종중복도

  q : 횡중복도

▌원격탐사의 장점

① 광역성

② 동시성

③ 주기성

④ 접근성

⑤ 기능성

⑥ 전자파이용성

	·법정지목과 실제이용상태 조사 및 지가조사 ·소유별(국유, 공유, 사유), 행정관할 구역 조사 ·법률적 제한(국토이용관리법, 도시계획법, 삼림법, 농지법 등) 조사
교통	계획부지 내의 계통체계 조사 및 접근 교통수단 및 동선조사
시설물	·각종 건축물 현황조사(종류, 형태, 구조, 수량 등) ·각종 구조물 현황조사(전력선, 가스관, 상하수도, 교량, 옹벽, 펜스 등)
역사적 유물	·무형 : 각 지방 전통의 행사, 공예기술, 예능 ·유형 : 사적지, 미술, 문화재, 고정원(古庭園), 각종산업시설 등
인간행태 유형	·실제 이용자를 대상으로 하거나 유사한 계층의 사람을 조사 ·단순관찰, 면담·질문 등의 접촉관찰, 설문지 조사 등

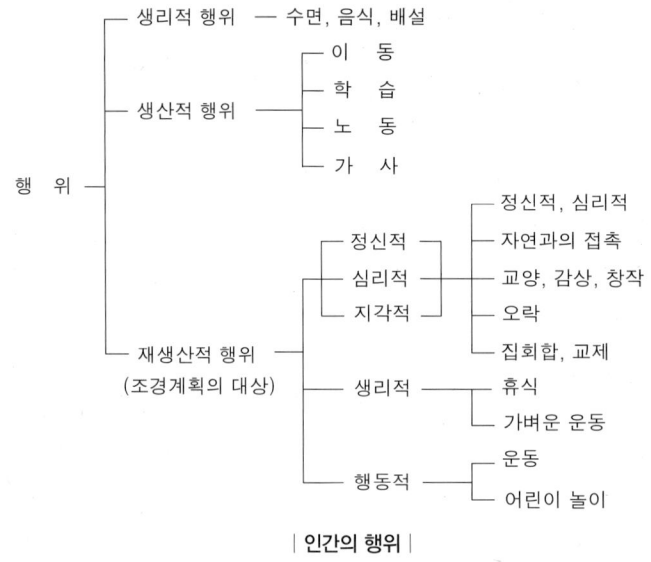

| 인간의 행위 |

❷ 공간의 수요량 산정

(1) 수요량 산출 모델

시계열 모델	·예측년도(기준년도에서 경과년도)가 단기간인 경우에 적용 ·환경변화가 적고 현재까지의 추세가 장래에도 계속된다고 생각되는 경우에 효과적
중력 모델	관광지와의 거리 및 인구를 고려하여 대단지에 단기적으로 예측하는 데 사용
요인분석 모델	·연간수요량에 영향을 미친다고 생각되는 사항(관광지 규모, 관광자원의 매력, 관광시설의 양 등)을 요인으로 취하여 분석 ·데이터 수집이 곤란하고 요인 자체의 예측이 필요하다는 난점이 있으나 방법적으로는 우수
외삽법	과거의 이용선례가 없을 때 비슷한 곳을 대신 조사하여 추정하는 방법

▌공간의 수요량
수용량(수용인원의 산정)은 개발방향과 규모를 결정짓게 되며, 계획의 규모는 수용량의 한계를 결정짓게도 된다.

(2) 수요량

$M = Y \cdot S \cdot C \cdot R$ 여기서, M : 동시수용력   Y : 연간이용자수

R : 회전율   C : 최대일률

S : 서비스율(경영효율상 60~80% 적용)

① 원수 : 연간이용자수

② 시설규모 : 동시수용력

③ 일이용자수 : 이용 장소의 조건에 따라 특정한 계절에 집중

  ㉠ 최대일이용자수 = 연간이용자수×최대일률

  ㉡ 최대일률 = 최대일이용자수/연간이용자수(최대일 집중률, 피크(peak)율로도 지칭)

④ 서비스율(시설이용률) : 수용력을 최대일이용자수로 하면 최대일 이외에는 시설과잉이 되므로 경영효율상 60~80% 정도(서비스율)의 수용력으로 설정 – 연중 며칠은 혼잡

⑤ 회전율(시간집중률, 동시체재율) : 체류시간이 짧으면 회전이 빠르고(회전율이 적음), 체류시간이 길면 회전이 늦다(회전율 큼)

  ㉠ 회전율=1일 중 가장 많은 시간의 이용자수/그날의 총 이용자수

  ㉡ 최대시이용자수=최대일이용자수×회전율

⑥ 수용력 : 본질적 변화 없이 외부의 영향을 흡수할 수 있는 능력

  ㉠ 생태적 수용력 : 생태계의 균형을 깨뜨리지 않는 범위 내에서의 수용력

  ㉡ 사회적 수용력 : 인간이 활동하는 데 필요한 육체적, 정신적 수용력

  ㉢ 물리적 수용력 : 지형, 지질, 토양, 식생, 물 등에 따른 토지 등의 수용력

  ㉣ 심리적 수용력 : 이용자의 만족도에 따라 결정되는 수용력

▌최대일률

계절형	최대일률
1계절	1/30
2계절	1/40
3계절	1/60
4계절	1/100

우리나라 공원 및 유원지는 보통 3계절형 적용

▌체재시간과 회전율

체재시간	회전율
3	1/1.8
4	1/1.6
5	1/1.5
6	1/1.4

4>>> 분석의 종합 및 평가

(1) 기능분석

교통, 설비, 시설이용, 기능조정, 경관기능, 토지이용기능, 재해방지 기능 등을 종합적으로 분석

(2) 규모분석

① 공간량 분석 : 적정이용밀도, 수용량, 이동량, 이용량, 단위면적당 이용량, 단위이용량당 소요면적, 시설소요면적 등

② 시간적 분석 : 도달시간거리, 체재시간, 회전율, 이용시간 등

③ 예산규모 분석 : 단위면적당 경비, 예산배분, 장기적·단기적 예산규모 등

④ 토목적 분석 : 유수량, 토사이용량 등

(3) 구조분석

① 공간 및 경관구조 : 설비시설물구조, 지형, 식생, 기상, 토양, 물 등

② 이용구조 : 정적이용, 동적이용, 고밀도이용, 저밀도이용, 집단적 이용, 개인적 이용, 연령층별 이용 등

③ 지역사회구조, 토지이용구조 등

(4) 형태분석

구조물이나 시설물의 형태, 토지조성 형태, 지표면 형태, 수면의 형태, 수목이나 식재의 형태 등

(5) 상위계획의 수용

계획 부지를 포함한 상위계획 파악·수용·반영

5>>> 계획의 접근방법

■ 물리·생태적 접근

(1) 생태적 형성과정

① 생태적 질서 및 환경의 역사적 형성과정 파악

② 기상, 지질, 수문, 수질, 토양, 식생, 야생동물, 토지이용 등의 파악

(2) 에너지의 순환

① 환경에 내재하는 모든 물질은 끊임없이 변화하며 모든 변화는 에너지의 전이 수반

② 에너지 순환과정에서 소모에너지(entropy)는 피할 수 없으나 효율적인 계획 및 설계를 통해 낮은 엔트로피 추구

(3) 생태계의 제한인자 : 개체의 크기나 개체군의 수의 증가를 제한하는 인자

① 물리적 인자 : 홍수, 가뭄, 온도, 빛, 양분의 결핍 등

② 생물학적 인자 : 경쟁관계, 포식자 – 먹이관계, 기생관계 등

(4) 생태적 결정론 : 맥하그(McHarg) 제안

① 자연과 인간, 자연과학과 인간환경의 관계를 생태적 결정론으로 연결

② 도면결합법(overlay method) 제시 : 생태적 인자들에 관한 여러 도면을 겹쳐놓고 일정지역의 생태적 특성을 종합적으로 평가하는 방법

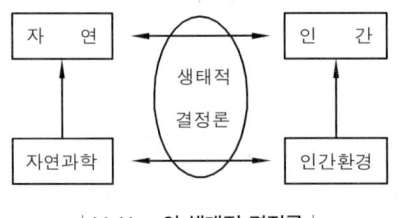

| McHarg의 생태적 결정론 |

> ▌도면결합법
> 도면 중첩법에 의한 최적토지용도 결정

(5) 생태적 종합분석

① 상호관련성분석 : 자연형성과정을 지배하는 제반요소의 상호관계 검토

② 4대권작용분석 : 계획구역 내에서 이루어지는 침식, 홍수, 식생천이 등의 현상과 4대권(암석권, 수권, 생물권, 대기권) 각 권역과의 관계성 검토

③ 인간활동의 영향분석 : 인간의 활동이 자연형성과정에 미치는 영향 분석

▌엔트로피(entropy)
에너지의 형태가 사용할 수 있는 형태에서 사용할 수 없는 형태로 바뀐 에너지량을 말하며, 곧 엔트로피의 증가는 사용가능한 에너지의 감소를 나타낸다.

▌생태계의 제한인자
물리적 인자는 주로 기후에 관계되는 인자로서 극한적 환경에서는 물리적 인자가 주로 제한 인자로 작용하며, 생물학적 인자는 보통의 쾌적한 환경에서 제한인자로 주로 작용한다.

▌생태적 결정론
자연계는 생태계의 원리에 의해 구성되어 있어 생태적 질서가 인간환경의 물리적 형태를 지배한다는 이론으로, 경제성에만 치우치기 쉬운 환경계획을 자연과학적 근거에서 인간의 환경문제를 파악하여 새로운 환경의 창조에 기여하고자 하였다.

▌생태적 종합분석
계획구역 내의 자연을 지배하고 있는 주요 자연력을 파악하고, 계획안 시행 후의 영향을 추정하여 자연질서와 조화되는 계획안 작성의 기초를 마련한다.

④ 변화추세의 예측 : 계획구역내의 주요지형 및 식생을 구분하여 형성원인 및 과정을 검토하여 변화추세 예측

❷ 시각·미학적 접근

(1) 시각적 분석과정

① 물리적환경의 시각적 특성에 대한 분석 : 시각요소(전망, 급경사, 랜드마크 등) 및 경관단위(숲, 호수, 농경지 등)에 관한 시각적요소의 파악 및 객관적 기술

② 물리적 환경에 대한 이용자들의 반응분석 : 이용자의 이미지, 선호도, 연속적 경험 등 이용자들의 주관적 느낌을 객관적으로 정리

③ 물리적 특성과 이용자 반응을 종합하여 문제점 발견과 검토

④ 이용자에게 쾌적한 시각적 환경이 될 수 있는 해결방안 모색

⑤ 시각적 반응모델 : 물리적 환경과 이에 대한 시각적·미적 반응의 관계성을 보다 체계적으로 구명하는 것

　㉠ 시각적 반응모델은 서술적(이론적)모델일 수도 있으며, 보다 엄격한 계량적 모델일 수도 있음

　㉡ 서술적 모델 : 물리적 환경과 시각적 반응 사이의 관계를 보다 포괄적으로 설명할 수 있으나 추상적 설명으로 끝날 가능성이 있어 실제 응용에 한계가 있을 수 있음

　㉢ 계량적 모델 : 수학적 관계성을 보여줌으로써 실제 응용이 용이하나 포괄적이지 못하고 부분적인 관계성만 제시하는 단점이 있음

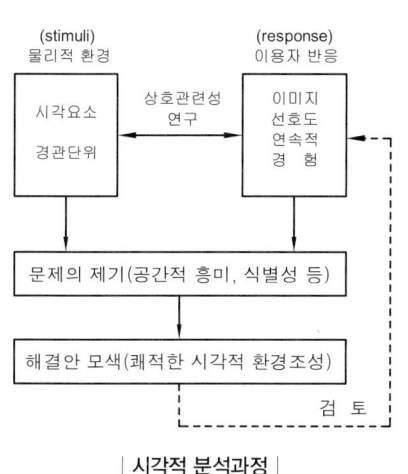

| 시각적 분석과정 |

(2) 미적 반응

1) 환경미학 : 전통적 미학에 바탕을 두면서, 보다 응용적이며 문제중심적인 접근을 추구하는 미학의 한 분야

① 인간환경 전반에 관한 미적 경험 및 반응을 연구

② 환경의 시각적 혹은 미적 질을 높이는 데 있어서 과학적·합리적으로 접근하기 위한 이론적·방법론적 토대 제공

③ 환경심리학의 발생 배경과 유사하여 환경미학과 환경심리학은 환경 지각 및 인지가 기초적 배경

2) 환경심리학 : 전통적 심리학으로부터 발생하여 인간과 환경의 종합적

▌시각·미학적 접근
자연에 내재되어 있는 미적 질서를 파악하고 이러한 미적 질서를 인간환경 창조에 구현시키고자 하는 것으로, 설계자의 주관보다 이용자의 시각적 선호를 고려하여, 설계자의 경험 및 직관에서 이용자 중심의 과학적 접근으로 발전시킨다.

▌시각·미학적 접근의 주요점
설계자의 직관·경험에만 의존하지 않고 이용자들의 시각적 가치를 최대한으로 과학적·합리적 방법을 통하여 설계에 반영시키는 것이다.

▌전통심리학과 환경심리학
전통심리학에서는 지각 및 인지의 과정(process)에 보다 관심이 있는 반면, 환경심리학에서는 지각 및 인지의 내용(content)에 보다 관심을 둔다.

관계 및 현실문제의 해결에 중점

3) 환경지각 및 인지

① 환경지각(perception) : 감각기관의 생리적 자극을 통하여 외부의 환경적 자극을 받아들이는 과정이나 행위 – Halahan

㉠ 지각요소

a. 내부적 요소 : 욕구와 동기, 과거의 경험, 자아개념, 성격 등

b. 외부적 요소 : 빛·소리·냄새 등의 강도, 크기, 대조, 반복, 조화, 복잡성, 다양성 등

c. 자연경관 : 부드러운 질감이 많고, 색채에 있어서는 자연스러운 조화

d. 도시경관 : 딱딱한 질감, 대비적 색채, 다양하고 복잡한 환경요소

㉡ 지각의 범위

a. 지각적 공간 : 인체의 오관이 도달할 수 있는 인체 주변 범위의 공간 규모

b. 인지적 공간 : 인체의 오관이 도달할 수 있는 범위를 넘어서는 공간이나 인지할 수 있는 공간규모

c. 지리적 공간 : 인지적 공간보다 더욱 광범위하여 구체적 공간의 인지는 어렵고 개념적으로 이해하는 공간

② 환경인지(cognition) : 과거 및 현재의 외부적 환경과 현재 및 미래의 인간행태를 연결지어 주는 앎(awareness)이나 지식(knowing)을 얻는 다양한 수단 또는 지식이 증가되거나 수정되어지는 과정

㉠ 인지도 : 인지된 물리적 환경이 머리 속에 어떠한 형태로 존재하는가를 알아보기 위한 방법론

㉡ 인지는 대규모 환경과 밀접하며, 자연환경 및 인공환경을 포함한 물리적, 사회·문화적, 정치·경제적 측면의 인간환경에 모두 관계

㉢ 인지의 특성

a. 인공물과 자연물이 환경에 함께 존재하면 일반적으로 인공물이 더 두드러지게 나타남(자연물도 주변환경에 따라 두드러질 수 있음)

b. 강한 대비효과를 나타내는 요소가 두드러짐

c. 단순한 것이 복잡한 것보다 인지가 잘 됨

③ 환경에 대한 태도 : 어떤 대상이나 생각을 긍정적으로나 부정적으로 평가하려는 경향성

㉠ 유쾌하거나 불쾌한 느낌, 호·불호 등의 감정이나 정서 포함

㉡ 만족도나 선호도와 관련이 있으며, 특정 사물이나 사건에 대한 학습의 결과로 시간에 따라 변화

④ 행위의도 : 목표달성을 위한 특정 행동을 실행하려는 결의로서 행동

┃지각과 인지
지각은 환경적 사물을 '받아들이는(receive)' 과정을 강조하고, 인지는 '아는(know)'과정을 강조하는 것이 보통이다.
지각과 인지는 별개의 과정이 아닌, 상호융합되어 거의 동시에 일어나는 연속된 하나의 과정으로 이해된다.

┃지각의 과정
수용→감정→처리→반응

┃ K. Lynch는 인지도를 통하여 도시환경의 물리적 요소 5가지를 추출하였다.

┃인지과정
모든 형태의 앎에 관계되므로 감지, 지각, 이미지, 기억, 회상, 추론, 문제해결, 및 판단과 평가의 단계를 모두 포함한다.

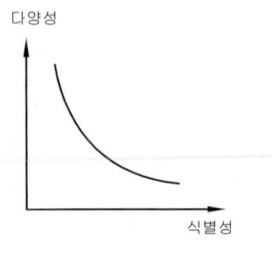

┃ **식별성과 다양성의 관계** ┃

(반응)하기 전 특별한 행위의 가부(可否)결정 단계

4) 버라인(Berlyne)의 4단계 미적 반응과정

① 자극탐구 : 호기심이나 지루함 등의 다양한 동기에 의해 나타나며, '생물적 본능과 관계없는 행위'에 의해 이루어짐

② 자극선택 : 일정 환경적 자극이 전개될 때 특정한 자극을 선택하는 것으로 '선택적 주의 집중'에 의해 나타남

③ 자극해석 : 선택된 자극을 지각하여 인식하는 것으로, 자극요소보다는 자극요소의 상호관계성인 자극의 패턴 지각

④ 반응 : 육체적이나 심리적 형태로 나타나는 반응으로, 미적 반응도 일상생활의 반응과 유사한 형태로 나타남

ㄱ 감정적 반응 : 슬픔, 즐거움, 두려움 등

ㄴ 행동적 반응 : 눈, 머리, 손의 움직임과 같은 근육운동

ㄷ 구술적 반응 : 느낌이나 감정을 말로써 표현하는 것

ㄹ 정신생리적 반응 : 손에 땀이 나든가 맥박이 빨라지는 등의 생리작용의 변화

(3) 시각적 효과분석

1) 연속적 경험(sequence experience) : 틸(Thiel), 할프린(L. Halprin), 애버나티와 노우(Abernathy and Noe)의 주장

① 시간(혹은 속도)적 흐름과 공간적 연결의 조화에 초점

② 개개의 공간의 표현보다는 부분적 공간의 연결로 형성되는 전체적 공간에 대한 종합적 경험을 더욱 중시

③ Thiel : 환경디자인 도구로 연속적 경험의 표시법 제안

ㄱ 공간의 형태, 면, 인간의 움직임 등을 기호(symbol)로 구성

ㄴ 시각적 환경지각은 시간의 흐름에 관계되는 동적인 과정으로 인식

ㄷ 공간·면·사물·사건(events) 등은 동시에 지각될 수 없으며 시간의 흐름에 따라 경험됨을 주장

ㄹ 외부공간에서 시간적·공간적 연속된 경험을 도면화하여 전체적인 연속된 공간을 설계·계획하는 수단

ㅁ 외부공간을 모호한 공간(vogues), 한정된 공간(space), 닫혀진 공간(volume)으로 분류

ㅂ 공간형태의 변화를 기록하는 장소 중심적 기록방법

ㅅ 폐쇄성이 높은 도심지 공간에 적용 용이

④ Halprin : 모테이션 심볼(Motation symbol)이라는 인간행동의 움직임의 표시법 고안

ㄱ 인간의 움직임을 기록하고 동시에 설계 가능한 도구

ㄴ 건물, 수목, 지형 등의 환경적 요소 부호화

▌ 태도와 의도

목표선택에 관한 경우는 태도와 관련이 있고, 목표달성에 관한 경우는 의도와 관련이 있다.

▌ 미적 반응과정

실제에 있어서는 각 반응의 단계가 거의 동시에 일어나고, 각 단계의 시간적 경계를 구분할 수 없으며, 일련의 과정이 반복적·복합적으로 일어난다.

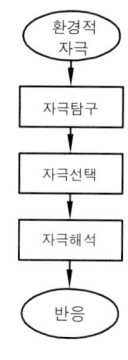

| 미적반응 과정 |

▌ 시각적 분석방법

① 연속적 경험
② 이미지
③ 시각적 복잡성
④ 시각적 영향
⑤ 경관가치 평가
⑥ 시각적 선호

▌ Lynch와 Thiel의 비교

Lynch의 기호화 방법은 거시적 측면에서 도시전체의 구성에 관계된다고 보면, Thiel의 방법은 미시적 측면에서 도시 내의 세부적 공간의 구성에 관한 것으로 본다.

▌ 모테이션(Motation)

움직임(movement)과 부호(notation)를 합한 합성어이다.

ⓒ 진행에 따라서 변화하는 요소를 평면적·수직적 두 측면에서 기록하고 시간적 요소 첨가

ⓔ 시계에 보이는 사물의 상대적 위치를 주로 기록하는 진행 중심적 기록방법

ⓜ 폐쇄성이 낮은 교외, 캠퍼스에 적용 용이

⑤ Abernathy와 Noe : 도시 내에서 연속적 경험을 살린 설계기법 연구

ⓖ 시간과 공간을 함께 고려하는 도시설계방법의 중요성 주장

ⓛ 보행자 및 차량통행자 양자의 진행속도 차이에 따른 환경지각상의 차이점을 고려하여 모두 만족시킬 것을 주장

2) 이미지(image) : 린치(K. Lynch), 스타이니츠(C. Steinitz)에 의해 주장됨

① 도시환경에서 물리적 구성의 차원을 넘어 시각적 형태가 지니는 이미지 및 의미의 중요성 강조

② 보다 식별성이 높고 행위적 의미를 함축하는 도시환경의 구성이 목표

③ Lynch : 인간환경 전체적인 패턴의 이해 및 식별성을 높이는 개념 전개

ⓖ 도시의 이미지 형성에 기여하는 물리적 요소 5가지 제시

ⓛ 일정 물리적 환경은 관찰자의 입장에 따라 상이한 요소로 해석됨

④ Steinitz : Lynch의 이미지 개념을 더욱 발전시킴

ⓖ 컴퓨터 그래픽 및 상관계수 분석을 통해 도시환경에서의 형태(form)와 행위(activity)의 일치를 연구

ⓛ 일치성의 3가지 유형 : 타입(type)일치, 밀도(intensity)일치, 영향(significance)일치

ⓒ 도시환경은 행위적 의미를 전달해 줄 수 있어야 바람직한 도시환경이 될 수 있다고 주장

⑤ Lynch와 Steinitz의 연구가치

ⓖ 시각적 환경의 인식 및 의미를 도시설계에 응용하는 데 기여

ⓛ 실제설계를 위한 기초자료의 제공에 기여

ⓒ 인간과 환경의 관계를 설명하고 이해하는 데 기여

3) 시각적 복잡성(complexity)

① 시각적 환경의 질을 표현하는 특성 : 조화성(congruence), 기대성(expectedness), 새로움(novelty), 친근성(familiarity), 놀람(surprisingness), 단순성(simplicity), 복잡성 등

② 시각적 복잡성은 일반적으로 시계 내의 구성요소의 다수로 정의

③ 일정 환경에서의 시각적 선호도는 중간정도의 복잡성에 대한 시각적 선호가 가장 높음

④ 각 환경은 기능적 특성에 따라서 그에 맞는 적정한 복잡성 요구

❚ Lynch의 도시구성요소
① 통로(paths)
② 모서리(edges)
③ 지역(district)
④ 결절점(node)
⑤ 랜드마크(landmark)

❚ Lynch와 Steinitz의 비교
① Lynch : 물리적 형태의 시각적 이미지에 주안점을 두었다.
② Steinitz : 물리적 형태와 그 형태가 지닌 행위적 의미의 상호관련성에 주안점을 두었다.

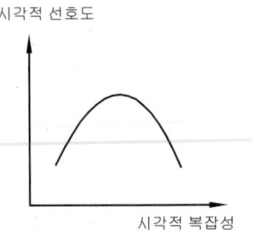

❙ 복잡성과 선호도 관계 ❙

4) 시각적 영향(visual impact)

① 주거지 개발, 도로, 송전선 설치 등의 개발에 따른 시각적 영향을 분석하고 부정적 요소를 최소화시킴

② 경관이 인공적 요소를 수용할 수 있는 능력에 따라 개발유도

③ 제이콥스(Jacobs)와 웨이(Way) : 토지이용에 대한 시각적 영향

㉠ 경관이 토지이용 활동을 흡수할 수 있는 정도와 토지이용이 시각적 환경에 미치는 영향에 관한 연구

㉡ 시각적 영향의 크기는 토지이용행위(건물, 농경지 등)의 상대적 크기 및 질감과 이용자의 선호에 따라 다름

㉢ 시각적 흡수성 : 물리적 환경이 지닌 시각적 특성으로 시각적 투과성 (식생의 밀집정도, 지형의 위요정도)과 시각적 복잡성(상호 구별되는 시각적 요소의 수)의 함수로 표시

④ 리튼(Litton) : 자연경관에서의 경관훼손의 가능성 연구

㉠ 전체 경관의 분석보다는 경관훼손이 되기 쉬운 곳(도로개설, 벌목 등)의 민감성(sensitivity)을 판별하여 계획·설계·관리 시 고려

㉡ 고속도로의 설치로 인한 경관적 영향분석, 고속도로 주변 경관관리

㉢ 송전선의 위치산정을 위한 경관분석

5) 경관가치 평가

① 레오폴드(Leopold) : 하천을 낀 계곡의 가치평가

㉠ 12개 대상지역의 상대적 척도(relative scale)로 경관가치 계량화

㉡ 46가지 관련인자 전부를 고려하여 특이성(uniqueness) 값을 계산하거나 몇 가지 중요한 인자만을 골라 계곡특성 및 하천특성 계산

② 아이버슨(Iverson) : 경관의 물리적 특성 외에 주요 조망점에서 보여지는 지각강도 및 관찰횟수를 고려하여 평가

6) 시각적 선호(visual preference)

① 시각적 선호는 미적 반응의 일종으로 4가지 변수가 관계

㉠ 물리적 변수 : 식생, 물, 지형 등

㉡ 추상적 변수(매개변수) : 복잡성, 조화성, 새로움 등

㉢ 상징적 변수 : 일정 환경에 함축된 상징적 의미

㉣ 개인적 변수 : 개인의 연령, 성별, 학력, 성격, 심리적 상태 등으로 가장 어렵고 중요한 변수

② 불가능한 시각적 질의 측정을 시각적 선호로 대치하여 계량화 가능

㉠ 경관미의 도면화 가능

㉡ 합리적인 대안선정 가능

㉢ 시각적 선호 예측모델 작성 가능 – 피터슨(Peterson) 모델(주거지 주변경관), 쉐이퍼(Shafer) 모델(자연경관) 등

▌시각적 영향

시각적 투과성이 높고 시각적 복잡성이 낮으면 시각적 흡수력이 낮게 되고, 개발에 따른 시각적 영향이 큰 곳이 된다.

▌시각적 흡수성

식생의 밀집정도, 지형의 위요정도, 시각적 요소의 수에 따라 영향을 받는다.

▌경관가치 평가

특정개발을 전제하지 않고 물리적 환경이 지닌 경관적 가치를 객관적으로 평가한다.

▌시각적 선호

시각적 질을 높이는 기초로서 시각적 환경에 대한 개인이나 집단의 호·불호(like−dislike)로 나타나며, 환경지각 중 87%가 시각에 의존하므로 시각적 전달이 중요하다.

▌시각적 선호 측정

① 행태측정 : 외부로 나타난 인간의 행위중심의 측정
② 정신생리측정 : 심리적·생리적 현상 측정
③ 구두측정 : 직접적인 표현으로 측정

③ 사회행태적 접근

(1) 인간행태

1) 환경심리학

① '환경 – 행태'의 관계성을 종합된 하나의 단위로 연구

② '환경 – 행태' 상호간에 영향을 주고받는 상호작용 연구

③ 현실적인 문제해결을 위한 이론 및 응용 연구

④ 건축, 조경, 도시계획, 사회학 등 여러 분야와 관련이 깊은 종합과학

⑤ 사회심리학과 많은 공통 관심분야를 지님

⑥ 다소 엄격하지 않고 정밀하지 않은 방법이라도 문제해결에 도움이 되는 모든 연구방법 사용

> ▌환경심리학
> 환경과 인간행태의 관계성을 연구하는 것으로, 조경계획·설계를 수행하는 데 있어서 사회적, 기능적, 행태적 접근을 위한 과학적 기초가 된다.

2) 개인적 공간(personal space) – 방어기능 및 정보교환 기능

① 개인의 주변에 형성된 보이지 않는 경계를 가진 점유공간

② 방어기능이 내포된 가장 배타적인 공간

③ 정신적 혹은 물리적인 외부의 위협에 대한 완충작용 기능 공간

④ 개인과 개인 사이에 유지되는 간격을 개인적 거리(personal distance)라 하며, 그 간격으로 이루어진 공간

⑤ 개인적 거리가 좁을수록 사적인 많은 양의 정보 교환 가능

⑥ 일정하거나 고정되어 있지 않는 유동적 범위 설정

⑦ 타인이 침범하면 불쾌감을 느끼는 경계로 동물에게서도 나타남

> ▌개인적 공간
> 인간에 있어서 개체가 생리적·본능적으로 방어하거나 민감하게 반응하는 적정한 행태와 행동의 범위로서, 고정되어 있지 않고 개인이 이동함에 따라 같이 이동되며, 개인의 상황, 성향, 인종별 차이 등 모든 사람이 다 같지 않고 차이가 존재한다.

홀(Hall)의 대인거리 분류

구분	거리	내용
친밀한 거리	0~1.5ft(0~0.45m)	이성간 혹은 씨름 등의 스포츠를 할 때 유지되는 거리
개인적 거리	1.5~4ft(0.5~1.2m)	친한 친구나 잘 아는 사람들의 일상적 대화 시의 거리
사회적 거리	4~12ft(1.2~3.6m)	주로 업무상의 대화에서 유지되는 거리
공적 거리	12ft 이상(3.6m 이상)	배우, 연사 등 개인과 청중 사이에 유지되는 거리

3) 영역성(territoriality)

① 외부와의 사회적 작용을 함에 있어서 구심적 역할

> ▌영역성
> 개인 또는 일정 그룹의 사람들이 사용하는 물리적 또는 심리적 소유를 나타내는 일정지역으로 기본적 생존보다는 귀속감을 느끼게 함으로써 심리적 안정감을 부여한다.

알트만(Altman)의 사회적 단위 측면의 영역성 분류

구분	내용
1차적 영역 (사적 영역)	·일상생활의 중심이 되는 반영구적으로 점유되는 공간 ·인간의 영역성 중 배타성이 가장 높은 영역(가정, 사무실 등) ·높은 프라이버시 요구
2차적 영역 (반공적·복합영역)	·사회적 특정그룹 소속원들이 점유하는 공간(교실, 기숙사 등) ·어느 정도 개인화 되며, 배타성이 낮고 덜 영구적
공적 영역	·거의 모든 사람의 접근이 허용되는 공간(광장, 해변 등) ·프라이버시 요구도와 배타성이 가장 낮음

② 뉴먼(Oscar Newman) : 영역의 개념을 옥외설계에 응용
  ㉠ 주택단지계획에서 환경심리학적 연구를 응용하여 범죄발생을 줄이고자 범죄예방공간(defensible space) 주장
  ㉡ 아파트 지역에 1차적 영역만 존재하고 2차적 영역 및 공적 영역이 구분되지 않아 범죄발생률이 높다고 보고 중정, 벽, 식재 등으로 영역구분을 통해 범죄발생률 저감

4) 혼잡(crowding) : 밀도에 관계되는 개념
  ① 물리적 밀도 : 일정 면적에 얼마나 많은 사람이 거주 혹은 모여 있는가의 정도
  ② 사회적 밀도 : 사람수에 관계없이 얼마나 많은 사회적 접촉이 일어나는가의 정도
  ③ 지각된 밀도 : 물리적 밀도에 관계없이 개인이 느끼는 혼잡의 정도

혼잡의 상대적 느낌

혼잡의 느낌 – 작다	혼잡의 느낌 – 크다
천장이 높은 곳	낮은 곳
장방형 방	정방형 방
외부로 시야가 열려 있는 방	닫혀진 방
적절한 칸막이가 있는 곳	없는 곳
밝은 곳	어두운 곳
벽에 시각적 장식이 있는 경우	없는 경우

(2) 행태적 분석

1) 행태적 분석단계
  ① 필요성(문제점)파악 : 의·식·주 등에 관련된, 생활을 영위하는 데 기본적인 사항으로 행태적 계획의 시작점
  ② 행태기준 설정 : 목표의 설정단계로 이용자의 행태를 적절하게 수용하기 위한 기준

벨(Bell)의 행태기준 설정

구분	내용	예
기능적 측면	환경 내에서 이루어지는 행위가 잘 이루어지도록 하는 공간구성 및 사물의 배치기준	벤치, 퍼걸러, 조명, 전화박스 등
생리적 측면	물리적 환경의 쾌적성·안정성에 관련되는 온도, 소음 등의 기준	온도, 습도, 환기, 미기후, 산사태, 홍수, 구조물의 강도 등
지각적 측면	환경적 자극이 그 환경 내의 행위에 적절한 범위로 유지되도록 하는 복잡성, 다양성 등의 기준	일정 환경에 맞는 복잡성과 다양성의 정도
사회적 측면	개인적 공간, 영역성, 혼잡 등의 사회적 형태가 원만히 이루어지기 위한 기준	자연스러운 대화와 만남 유도 및 수목 등을 이용한 프라이버시 유지

▌영역성 응용
아파트 단지의 담장이나 문주는 경계를 나타내는 상징적 요소로서 영역성을 옥외공간에 응용한 것이다.

▌혼잡의 정도
밀도가 높은 환경일수록 타인에 대한 호감도는 낮아지고, 구성원들 간의 아는 정도와 환경(공간)에 대한 익숙한 정도에 따라 혼잡정도에 차이가 있으며, 서로를 잘 모르는 그룹이 익숙하지 못한 환경 내에 있을 때 혼잡을 느끼는 정도가 가장 크다.

▌행태적 분석단계
① 필요성 파악
② 행태기준 설정
③ 대안연구
④ 설계안 발전

③ 대안연구 : 설정된 행태기준에 의거하여 여러 가지 대안의 검토 및 상호 비교·연구·평가 후 적합한 안을 선정하는 단계

④ 설계안 발전 : 선정된 대안을 보다 구체적으로 상세부분까지 발전시켜 시공이 가능한 안을 완성시키는 단계

2) 행태적 분석모델

PEQI 모델	·'지각된 환경의 질 지표(perceived environmental quality index)'를 환경지표에 적용시킨 것 ·환경의 질에 관한 측정기준을 설정하여 보다 체계적이고 객관적 환경설계 기반을 조성하기 위한 것 ·환경영향평가 보고서 작성에 사용 ·여러 개의 다른 환경을 동시에 비교 ·환경의 질이 시간에 따라 변화하는 것도 분석 ·주로 제한 응답설문을 이용하며 생리적·사회적·시각적 환경 항목 포함
순환 모델	·이용 상태에 대한 평가를 위해 사용 ·이용 후 평가로써 차후의 프로젝트에서 개선된 설계안 작성에 이용
3차원 모델	·설계 과정을 하나의 차원으로 놓고, 장소 및 환경적 현상, 행태적 과정을 다른 2개의 차원으로 하여 상호비교 ·설계자와 행태과학자의 차이점 설명

3) 설계자와 행태과학자(사회학, 심리학, 인류학 등)의 비교 - Altman

설계자	행태과학자
·장소지향적, 일정단위장소(주택, 근린주구, 도시 등)에 초점 ·단위 내에서 일어나는 사회적 행태 및 경제적·정치적·기술적 문제 종합 ·목표를 정하고 이를 효율적으로 성취하는 데 노력 ·문제 중심적	·행태지향적, 일정한 사회적행태에 초점 ·일정한 행태가 어떻게 일어나는가를 연구, 과학적 설명 ·다양한 장소적 상황에 적용될 수 있는 보다 일반화된 개념 및 이론 정립에 노력 ·인간과 환경의 관계성 규명에 노력 ·현장 중심적

4) 인간행태분석

① 물리적 흔적관찰 : 프로젝트의 문제점 및 성격 파악용이

㉠ 관찰자의 출현이 연구대상의 행태에 영향을 미치지 않음

㉡ 반복관찰이 가능하고 저비용으로 중요정보의 신속획득

㉢ 사진, 스케치 등 이용

② 직접적 현장관찰 : 행태에 영향을 미치는 분위기까지 조사가능

㉠ 주거단지의 주민이용행태, 어린이놀이행태, 광장의 공간이용행태 조사에 적합

㉡ 이용자 행태의 연속적인 조사가 가능하고, 예기치 못한 행태의 도출 가능

㉢ 관찰자의 출현이 피 관찰자의 행태에 영향을 미칠 가능성 내포

㉣ 사진, 비디오 이용(시간차 촬영 time-lapse camera 유용)

③ 설문지 : 문제의 성격이 명확하고 관련된 개념 및 내용이 명확한 경우 이용

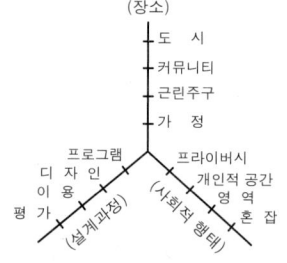

| 설계자와 행태과학자의 접근방법 |

인간행태분석

① 물리적 흔적관찰
② 직접적 행태관찰
③ 설문지
④ 인터뷰
⑤ 문헌조사

물리적 흔적관찰

인간의 주변환경이나 행위의 결과로 남은 흔적을 체계적으로 조사하여, 환경구성과 설계자의 의도 및 이용자의 만족도를 추론한다.

직접적 현장관찰

물리적 환경이 그 안에서 일어나는 행위에 적합한지의 관찰이 가능하고, 사람들이 자신의 환경을 어떻게 이용하는지 체계적으로 조사할 수 있으며, 이용자의 행위와 이용자 상호간의 공간적·사회적 관계성을 조사한다.

ㄱ 설문작성을 위한 인터뷰나 현장관찰 등의 예비조사 필요

ㄴ 작성된 설문을 소수의 응답자를 대상으로 테스트 필요

ㄷ 자유응답설문 : 응답자가 형식에 구애 없이 자유롭게 응답

ㄹ 제한응답설문 : 응답자의 응답범위를 정하여 체계적으로 응답하게 하는 방법

ㅁ 리커드 척도(Likert scale) : 제한응답 설문의 한 종류로 동일한 사항에 대하여 몇 가지 질문을 한 후 동의하거나 하지 않는 정도의 결과 종합

④ 인터뷰 : 직접적 질문을 통한 이용자의 반응 조사

⑤ 문헌조사 : 과거나 현재의 신문 및 보고서, 통계자료, 도면 등의 검토를 통한 조사

┃리커드 척도
① 태도를 측정하는 데 많이 쓰임
② 응답의 결과는 5단계의 척도로 구성
③ 리커드 척도는 등간척(interval scale) 유형임

5) 사회적 행태의 이론적 모델

프라이버시 모델	·공간적 행태를 프라이버시의 조절작용으로 이해 ·개인적인 공간 및 영역성은 적정한 프라이버시 정도를 성취하기 위한 행태로 해석
스트레스 모델	·공간적 행태를 스트레스 상황을 극복하기 위한 작용으로 이해 ·개인적 공간 및 영역의 침입과 혼잡은 스트레스를 초래하므로 개인적 공간 및 영역확보는 스트레스를 막는 수단이 됨
정보과잉 모델	·다른 사람과 가깝게 있으면 보통의 경우보다 더 많은 정보를 소화하도록 강요당하므로 혼돈 및 스트레스 초래
이원적 모델	·인간의 공간적 행태는 개인적 필요와 사회적 제약의 상호작용의 결과로 초래된다는 주장
기능적 모델	·인간의 환경적응기능, 에너지 이용 및 생산기능, 사회적 협동기능 등의 공간적 행태의 이론적 배경을 이룸

6>>> 대안작성 및 기본계획

1 프로그램(기본전제) 작성

(1) 기본계획 방향

① 프로그램은 기술되어 있거나 숫자로 표현된 계획의 방향 및 내용 정의

② 예비적 조사·분석 을 통하여 이루어지며 계획안을 위한 개략적 골격 제시

③ 본격적인 자료 분석·종합을 통하여 더욱 구체화되며 기본계획안 작성 시 수정 및 보완 불가피

(2) 프로그램 작성

① 의뢰인(client)이 작성 : 자신의 필요성에 대한 개략적 생각은 있으나 구체적으로 체계화하는 능력 부족

② 조경가(설계자)가 직접 작성

③ 의뢰인과 조경가의 절충 : 의뢰인이 제시하고 조경가가 여러 사항들에

┃기본계획안 내용
① 프로그램 작성
② 토지이용계획
③ 교통·동선계획
④ 공간 및 시설배치계획
⑤ 식재계획
⑥ 하부구조계획
⑦ 집행계획

기준하여 자료의 수집 및 경험에 의거하여 작성

(3) 프로그램의 개발·연구

① 자료나 경험이 불충분한 경우 수행

② 의뢰인에 대한 직접적 질문을 통한 자료취득

③ 개략안이나 스케치 등을 작성하여 의뢰인의 반응 검토

④ 의뢰인에 대한 정보부족 시 직접 연구 수행

   ㉠ 연구유형분류 : 사례연구(case study), 조사(survey), 실험(experiment)

   ㉡ 미래사실의 예측모델 작성 : 실제의 복잡한 현상을 단순화시켜 실제 현상을 쉽게 이해할 수 있도록 작성

   ㉢ 모델 작성은 시간적·재정적 자원이 많이 소요되므로 대규모 프로젝트나 반복적 사용이 가능한 경우에만 이용

(4) 프로그램의 확정

의뢰인의 검토과정과 절충이 끝나면 의뢰인 동의로 결정

❷ 기본구상

① 제반자료의 분석·종합을 기초로 하고 프로그램에서 제시된 계획방향에 의거 구체적 계획안의 개념 정립

② 프로그램에서 제시된 문제들의 해결을 위한 구체적인 개념적 접근

③ 대지의 여건에 적합한 계획방향(문제점 및 해결방지) 제시

④ 제기된 주요문제점을 명확히 부각시키고 해결방안 제시

⑤ 문제점 및 해결방안은 서술적 표현보다는 다이아그램(diagram)으로의 표현이 이해를 돕는 데 유리하며, 지도 위에 직접 보여주는 것이 바람직

❸ 대안작성

① 기본개념을 가지고 바람직하다고 생각되는 몇 개의 안을 작성하는 것

② 대안작성을 위한 기초 작업으로 토지이용, 동선 등 부문별 분석 및 계획 선행 후 보통 한 장의 도면 위에 모든 관련사항 표현

③ 여러 개의 안을 만들어 상호비교를 통하여 바람직한 안 선택

④ 대안작성 시 사소한 문제를 가지고 상이한 안을 만들기 보다는 기본적인 측면에서 다른 안 작성

⑤ 최종적으로 선정된 대안이 기본계획안으로 발전

❹ 기본계획안(마스터플랜)

(1) 토지이용계획

① 토지이용분류

   ㉠ 예상되는 토지이용의 종류 구분

▌프로그램 구성요소

① 설계의 목적과 목표

② 설계의 유형에 따른 제약점 및 한계성

③ 설계에 포함되어야 할 목록

④ 설계상의 특별한 요구사항

⑤ 장래성장 및 기능변화에 대한 유연성

⑥ 예산

▌기본구상 및 대안작성

기본구상 단계에 들어서면 계획안에 대한 물리적·공간적 윤곽이 서서히 들어나기 시작하며 대안작성 과정에서 전체적 공간의 이용에 관한 확실한 윤곽이 드러난다.

▌대안작성 시 고려사항

① 토지의 기능성

② 공간의 합리성

③ 시공의 경제성

▌마스터플랜(master plan)

① 마스터 플랜은 넓은 의미로 기본계획과 동의어로 쓰여지기도 하나 일반적으로 계획안을 종합적으로 보여주는 도면(평면도)을 뜻하며, 이 평면도에는 입체감을 느낄 수 있도록 적절한 색채를 입혀 표현되는 것이 보통이다.

② 토지이용계획, 교통·동선계획, 시설물 배치계획, 식재계획, 하부구조계획, 집행계획 등 부문별로 별도의 도면에 표현한다.

ⓛ 각 토지이용별 이용행태, 기능, 소요면적, 환경적 영향 등 분석

ⓒ 예상되는 장래의 이용행태를 따르게 되며, 동시에 이용행태의 일정한 기준을 설정하여 이용행태를 유도하거나 규제하는 양면성 보유

② 적지분석

ⓐ 토지이용분류에 의한 계획구역 내의 장소적 적합성 분석

ⓛ 토지의 잠재력, 사회적 수요에 기초하여 각 용도별로 시행

ⓒ 각 용도별로 행해지므로 동일지역이 몇 개의 용도에 적합한 경우도 발생

ⓔ 단위공간에 비교적 다양한 정보를 중첩시켜 평가한 후 적지선정

③ 종합배분 : 중복 또는 분산되어 적지가 나타날 수 있으나 각 용도 상호간의 관계 및 전체적 이용패턴, 공간적 수요 등을 고려하여 최종안 작성

(2) 교통·동선계획

① 통행량 발생 : 토지이용은 보행 및 차량의 통행 유발

ⓐ 토지이용의 종류 및 계절에 따라 발생되는 교통량에 차이 발생

ⓛ 주거지 등은 연중 통행량이 거의 일정

ⓒ 유원지, 해수욕장, 경기장 등은 주이용기에 발생되는 통행량을 계획에 반영

② 통행량 배분 : 주변 토지이용에서 통행량 유인에 관련된 분석을 통해 어떠한 비율로 배분되는가를 검토

③ 통행로 선정 : 통행량 배분에 따라 그 통행량을 담게 되는 통행로 선정

ⓐ 차량동선 : 가능한 짧은 거리로서, 직선거리가 바람직

ⓛ 보행동선 : 다소 우회해도 좋은 전망 등의 쾌적한 분위기면 선정 가능 – 심리적 영향

ⓒ 차량동선과 보행동선이 만나는 곳은 항상 보행동선을 우선적 고려

④ 교통·동선체계 : 계획구역 내의 전체적인 체계 고려

ⓐ 자동차, 자전거, 보행 등 서로 다른 교통수단 상호간의 연결이나 분리를 적적하게 조절

ⓛ 같은 통행수단이더라도 그 기능 및 속도에 따른 체계 확립

ⓒ 시설물이나 행위의 종류가 많고 복잡한 박람회장, 종합어린이 놀이터 등은 단순한 짜임의 동선체계 확보

ⓔ 도로체계 패턴

  a. 격자형 : 도심지와 같이 고밀도 토지이용이 이루어지는 곳에 효율적

  b. 위계형(수지형) : 주거단지, 공원, 캠퍼스, 유원지 등과 같이 모임과 분산의 체계적 활동이 이루어지는 곳에 바람직

(3) 시설물 배치계획

① 여러 기능이 공존할 경우 유사한 기능의 구조물을 한 곳에 집단별로 배치

▌토지이용계획
토지 본래의 잠재력을 기본적으로 고려하여, 기본목표·기본구상에 부합되도록 구분하고 용도를 지정하는 것으로, 이용행위의 기능적 특성을 고려한 행위 상호간의 관련성에 따라서 토지이용을 구분한다.

▌토지이용계획 순서
토지이용 분류 → 적지분석 → 종합배분

㉠ 벤치, 휴지통 등과 같이 일정 간격으로 배치하는 시설 제외

㉡ 시설의 무질서한 분산 억제 및 환경적 영향 최소화

② 시설물 배치계획안은 특별히 복잡하거나 중요한 경우를 제외하고는 마스터플랜과 함께 표현 – 적절한 입체감 및 색채사용 가능

③ 시설물이 랜드마크적 성격을 갖고 있지 않다면, 주변경관과 조화되는 형태·색채 등 사용

④ 구조물의 평면이 장방형일 때는 긴 변이 등고선에 평행이 되도록 배치

⑤ 다른 시설물과 인접할 경우 구조물들로 형성되는 옥외공간의 구성에 유의

(4) 식재계획

① 수종선택 : 계획구역의 기후적 여건에서 생장가능성 검토

㉠ 계획구역 내의 생태적 여건에서 자생하고 있는 수종의 분포 검토

㉡ 식재의 기능(풍치림, 방풍림 등)에 따른 수종선택

② 배식 : 수목의 생태적 분포패턴을 연구·응용하고 공간의 기능 및 분위기에 따라 배식

㉠ 정형식 : 주로 건물 주변이나 기념성이 높은 장소에 기하학적 형태 배식

㉡ 비정형식 : 자연과 가까이 접하는 대부분의 장소에 유기적 형태 배식

③ 녹지체계 : 생태적, 기능적, 경관적 측면에서 고려

㉠ 계획구역 전체의 녹지가 관련성을 갖고 하나의 체계를 이루도록 하고, 교통·동선체계와 적절하게 연결

㉡ 계획구역 내의 녹지는 한 곳에 편재되어 이용에 불편을 주지 않도록 배식

(5) 하부구조계획

공급처리시설(전기, 전화, 상수도, 가스, 쓰레기, 진개처리 등)에 관계되는 계획으로, 가능한 지하로 매설하여 경관성 향상시키며, 공동구 설치 시 안전성과 보수성 고려

(6) 집행계획

① 투자계획 : 자금의 출처와 단계 공사의 우선순위 및 공사계획에 따른 투자액에 대한 계획

② 법규검토 : 제반법규에 관련되는 사항 검토 후 이에 준한 계획 및 설계

③ 유지관리계획 : 유지관리의 효율성, 편의성, 경제성 등 고려

┃ 집행계획

프로젝트의 안을 실행하기 위한 계획으로서, 투자계획과 관련법규와의 상충성 문제 및 행정적 사항을 검토하고, 유지관리에 대한 사항도 고려한다.

┃ 시설물 배치계획

주거용, 사업용, 오락용, 교육용 등의 모든 건축물과 구조물, 옥외시설물(조각, 벤치, 휴지통, 가로등 등)의 배치계획으로, 시설물의 위치, 향, 면적, 구조, 재료, 비용 등에 관한 개요만을 나타내며 세부설계 시에 보다 구체적으로 전개해나간다.

┃ 식재계획

계획구역 내의 식생에 대한 보호, 관리, 이용 및 배식에 관한 모든 것을 포함하고, 희귀한 수종 및 성림지(成林地)는 가능한 보존시키며, 현재의 식생을 영속시키기 위한 관리계획을 세우고, 오락, 경관, 교육 등의 측면을 고려한 바람직한 식생이용계획을 세운다.

7>>> 환경영향평가

1 목적 및 원칙

(1) 평가목적
① 환경에 영향을 미치는 계획 또는 사업을 수립·시행할 때에 해당 계획과 사업이 환경에 미치는 영향을 미리 예측·평가하고 환경보전방안 등 마련
② 친환경적이고 지속가능한 발전과 건강하고 쾌적한 국민생활 도모

(2) 평가원칙
① 보전과 개발이 조화와 균형을 이루는 지속가능한 발전이 되도록 할 것
② 환경보전방안 및 그 대안은 과학적으로 조사·예측된 결과를 근거로 하여 경제적·기술적 실행할 수 있는 범위에서 마련
③ 계획 또는 사업에 대하여 충분한 정보 제공 등을 함으로써 환경영향평가 등의 과정에 주민 등이 원활하게 참여할 수 있도록 노력
④ 환경영향평가 등의 결과는 지역주민 및 의사결정권자가 이해할 수 있도록 간결하고 평이하게 작성
⑤ 계획 또는 사업이 특정 지역 또는 시기에 집중될 경우에는 이에 대한 누적적 영향 고려

2 전략환경영향평가

(1) 정의
① 환경에 영향을 미치는 상위계획을 수립할 때에 환경보전계획과의 부합 여부 확인 및 대안의 설정·분석
② 환경적 측면에서 해당 계획의 적정성 및 입지의 타당성 등을 검토
③ 국토의 지속가능한 발전을 도모

(2) 대상계획의 구분 및 평가
① 정책계획 : 국토의 전 지역이나 일부 지역을 대상으로 개발 및 보전 등에 관한 기본방향이나 지침 등을 일반적으로 제시하는 계획
② 개발기본계획 : 국토의 일부 지역을 대상으로 하는 계획으로서 구체적인 개발구역의 지정에 관한 계획과 개별 법령에서 실시계획 등을 수립하기 전에 수립하도록 하는 계획으로서 실시계획 등의 기준이 되는 계획

평가분야 및 항목

분야	항목
정책계획	환경보전계획과의 부합성, 계획의 연계성·일관성, 계획의 적정성·지속성
개발기본계획	계획의 적정성, 입지의 타당성

환경영향평가제도
1969년 미국 연방환경정책법에서 최초로 법제화된 이래 여러 나라에서도 널리 채택되었다. 우리나라에서는 1977년 제정된 환경보전법과 1990년에 제정된 환경정책기본법에서 이에 관한 규정을 두고, 1993년 환경영향평가법을 별도로 제정하여 시행하고 있다.

전략환경영향평가의 대상
도시개발, 사업입지 및 단지조성, 에너지개발, 항만건설, 도로건설, 수자원개발, 철도건설, 공항건설, 하천이용 및 개발, 개간 및 공유수면매립, 관광단지개발, 산지개발, 체육시설설치, 폐기물처리시설설치, 국방·군사시설설치, 토석·모래·자갈·광물 등의 채취 등에 관한 계획

❸ 환경영향평가

(1) 정의

① 환경에 영향을 미치는 실시계획·실행계획 등의 허가·인가·승인·면허 또는 결정 등을 할 때에 해당 사업이 환경에 미치는 영향을 미리 조사·예측·평가

② 해로운 환경영향을 피하거나 제거 또는 감소시킬 수 있는 방안을 마련하는 것

(2) 협의내용 이행

① 사업자는 협의된 내용을 이행하고 환경부장관, 승인권자에게 통보

② 사후환경영향조사 : 사업자는 사업을 착공한 후 주변 환경에 미치는 영향을 조사하고, 그 결과를 환경부장관, 승인권자에게 통보

평가분야 및 항목 : 6개 분야 21항목

분야	항목
대기환경	기상, 대기질, 악취, 온실가스
수환경	수질(지표·지하), 수리·수문, 해양환경
토지환경	토지이용, 토양, 지형·지질
자연생태환경	동·식물상, 자연환경자산
생활환경	친환경적 자원순환, 소음·진동, 위락·경관, 위생·공중보건, 전파장해, 일조장해
사회경제	인구, 주거(이주 포함), 산업

❹ 이용 후 평가(환경설계 평가)

(1) 환경설계평가의 목표 – Friedmann

① 기존환경의 개선 및 새로운 환경의 창조를 위한 의사결정에 평가자료 반영

② 인간과 인공환경의 관계성을 연구함으로써 인간행태에 대한 이해증진

③ 환경설계에 관련된 정책 및 프로그램의 효율성 분석을 위한 필요자료 마련

④ 장래 설계교육에 필요한 중요한 자료 마련

⑤ 넓은 의미의 환경영향평가를 위한 이용자 만족도 및 환경 적합성의 예측을 위한 능력개발 시도

(2) 라비노비츠(Rabinowt)의 건물평가

① 기술적 평가 : 건물의 구조 및 설비 등 공학적 측면 분석(외벽, 지붕, 에너지 보존, 방화, 구조, 내부재료, 조명, 음향, 냉난방, 공기순환 등)

② 기능적 평가 : 공간의 합리적 배치 분석(공간의 위치, 상호 관련성, 인간공학적 인자, 수납공간의 적합성, 용도, 필요면적, 유연성, 동선 등)

❚ **환경영향평가의 대상**
전략환경영향평가의 대상의 건설사업

❚ **소규모 환경영향평가**
보전이 필요한 지역과 난개발이 우려되어 환경보전을 고려한 계획적 개발이 필요한 지역으로서 대통령령으로 정하는 지역(보전용도지역)에서 시행되는 개발사업이 대상이며, 환경영향평가 대상사업의 종류 및 범위에 해당하지 아니하는 개발사업

❚ **자연경관영향의 협의**
다음의 개발사업 등의 인·허가 등을 하고자 하는 때에는 당해 개발사업 등이 자연경관에 미치는 영향 및 보전방안 등을 협의를 하여야 한다.
① 자연공원법 규정에 의한 자연공원
② 습지보전법 규정에 의하여 지정된 습지보호지역
③ 생태·경관보전지역

❚ **이용 후 평가 – 사후평가**
어떤 프로젝트가 시공되고 얼마동안의 이용기간을 거친 후 그 설계 혹은 계획에 대한 평가를 함으로써 설계 의도가 그대로 반영되고 있는지, 이용자의 행태에 적합한 공간 구성이 이루어졌는지 등을 알아보고자 하는 것으로써, 그 결과를 토대로 개선안 마련 및 유사 프로젝트의 기초자료로 이용(feedback)하게 된다.

③ 행태적 평가 : 이용자들의 환경에 대한 반응에 초점(장소별 이용행태 및 빈도, 영역성, 프라이버시, 상호간의 만남, 이미지 등)

(3) 프리드만(Friedman)의 옥외공간 평가

① 물리·사회적 환경 : 조직의 목표 및 필요성, 기능, 이용재료, 구조적 요소, 공간 및 설계안, 소음, 빛, 온도 등의 환경적 질, 상징적 가치요소 – 사무실 크기의 차이, 공장의 굴뚝, 광장의 기념탑 등

② 이용자 : 이용자들의 기호, 필요성, 태도, 행위패턴, 사회적 행태, 시간적·공간적 행태변화, 개인적 특성 – 나이, 성별, 수입, 교육정도 등

③ 주변환경 : 주변환경의 질(소음, 대기, 기후, 토양), 토지이용(근린주구의 유형, 밀도, 용도 등), 지원시설(접근성, 문화, 교통, 안전도 등)

④ 설계과정 : 설계 참여자들의 역할 및 의사결정, 이용자 행태 및 환경에 대한 가치관, 선호 및 지식, 예산 및 법령, 시공 후 공간변경 등

▎프리드만의 옥외평가
일정한 정주환경은 나름대로의 사회적, 문화적, 역사적 바탕위에 형성된다고 보고, 물리·사회적 환경, 이용자, 주변환경, 설계과정의 4가지를 분석하여 평가하였다.

핵 심 문 제

1 조경계획에 대한 설명 중 틀린 것은?　기-09-1

㉮ 조경계획은 전 과정을 통하여 문제의 발견에 관련하고, 설계는 문제의 해결에 관련한다.

㉯ 계획이란 어떤 목표를 설정해서 이에 도달할 수 있는 행동과정을 마련하는 것이다.

㉰ 조경계획에 있어서는 창조적 구상이, 조경설계에 있어서는 합리적 사고가 더욱 요구된다.

㉱ 계획은 계획가의 독자적인 작업이 아니라 사용자, 사용주와의 대화를 통하여 이룩되는 양방향 과정(two-way process)이다.

해 ㉰ 조경계획에 있어서는 합리적 사고가, 조경설계에 있어서는 창조적 구상이 요구된다.

2 다음 조경계획 과정의 설명 중 틀린 것은?
산기-06-4

㉮ 계획과정에서 feed back은 보다 훌륭한 계획을 위해 반복한다.

㉯ 계획과정은 토지이용의 예정이나 경관구성의 시간적, 공간적 골격을 구성하는 단계이다.

㉰ 부지의 조사는 부지내부와 외부주변 관계도 조사한다.

㉱ 조경계획은 조경가의 의견만을 전적으로 반영시켜야 한다.

3 계획 및 설계에서 피드백(feed back)과정을 가장 옳게 설명한 것은?　기-08-2

㉮ 계획에서는 피드백 과정이 필요하나 설계에서는 필요하지 않다.

㉯ 피드백은 계획수행 과정상 전단계로 되돌아가 작성된 안을 다시 한 번 검토해 보는 것을 말한다.

㉰ 피드백 과정 시에는 조경가만이 참여하며 의뢰인은 참여하지 않는다.

㉱ 피드백은 자료의 분석 후 이들을 종합하는 과정에서 주로 사용되는 기법이다.

4 계획과정상의 feed back을 가장 적절하게 설명한 것은?
산기-08-2

㉮ 공원 내 교통소통의 원활을 위하여 일주 순환도로를 배치하였다.

㉯ 공원기본계획 작성도중 자료 미비점이 나타나 재차 현장답사를 실시하였다.

㉰ 자원절약책의 일환으로 폐수를 정수하여 다시 사용하는 시설을 설치했다.

㉱ 공원의 정문주변은 물론 후문 주변에도 주차장을 설치하였다.

5 토지이용계획은 토지의 가장 적절하고 효율적인 이용이라고 정의하고, 조경계획은 바로 이 최적이용을 달성하는 방법론이라고 말한 사람은?
산기-10-2, 산기-05-4

㉮ B. Hackett　　㉯ S. Gold
㉰ D. Lovejoy　　㉱ M. Laurie

6 골드(S. Gold)가 주장한 레크리에이션 계획의 접근방법이 아닌 것은?　기-07-1, 산기-08-1, 기-06-2

㉮ 자원접근방법　　㉯ 활동접근방법
㉰ 경제접근방법　　㉱ 생태접근방법

해 레크리에이션 계획의 5가지 접근방법 : 자원접근법, 활동접근법, 경제접근법, 행태접근법, 종합접근법

7 다음 중 S. Gold(1980)에 의한 레크리에이션 계획의 접근방법 분류에 해당하지 않는 것은?　기-09-2

㉮ 활동접근법(activity approach)

㉯ 미적접근법(beauty approach)

㉰ 경제접근법(economic approach)

㉱ 행태접근방법(behavioral approach)

8 한계 수용력(carrying capacity)혹은 수용능력이 지표가 되는 레크리에이션의 유형은?
기-11-4, 기-06-2, 기-12-1

㉮ 자원접근형　　㉯ 활동접근형
㉰ 행태접근형　　㉱ 경제접근형

해 자원접근형

·물리적 자원이 레크리에이션 유형의 양을 결정하는 방법

정답 **1** ㉰ **2** ㉱ **3** ㉯ **4** ㉯ **5** ㉰ **6** ㉱ **7** ㉯ **8** ㉮

·공급이 수요를 제한

·자원의 한계 수용력과 환경의 영향을 지표로 우선 고려

·강변, 호수변, 풍치림, 자연공원 등 경관성이 뛰어난 지역의 조경계획에 유용

9 조경계획의 접근방법 중 어떤 레크리에이션 활동에의 과거 참가사례가 앞으로의 레크리에이션 기회를 결정하도록 계획하는 S. Gold의 접근방법은?

산기-07-1

㉮ 자원접근방법   ㉯ 활동접근방법
㉰ 경제접근방법   ㉱ 행태접근방법

10 레크리에이션 계획에는 여러 접근방법이 있다. 이중 일반 대중이 여가 시간에 언제 어디서 무엇을 하는가를 상세히 파악하여 그들의 구체적인 행동 패턴에 맞추어 계획하려는 방법은?   기-06-1

㉮ 자원접근법   ㉯ 활동접근법
㉰ 경제접근법   ㉱ 행태접근법

11 Gold(1980)가 제시한 레크리에이션 계획의 접근 방법 중 행태형(behavioral approach) 접근방법을 가장 잘 설명한 것은?   기-06-4

㉮ 물리적 자원이 레크리에이션의 유형과 양을 결정하는 방법이다.
㉯ 공급이 수요를 만들어 낸다는데 기초한 방법이다.
㉰ 일반대중이 여가시간에 언제 어디서 무엇을 하는가를 파악하여 그들의 구체적인 행동 패턴에 맞추어 계획하는 방법이다.
㉱ 어느 지역 사회의 경제적 기반이나 예산 규모가 레크리에이션의 총량, 유형, 입지를 결정하는 방법이다.

12 레크리에이션계획의 접근방법에 대한 설명 중 맞는 것은?   기-08-1

㉮ 자원형 접근방법은 한계수용력과 환경영향을 지표로 한다.
㉯ 행태형은 과거의 참여패턴이 장래의 기회를 결정한다는 것을 전제로 한다.
㉰ 활동형은 대도시 또는 지역레벨의 대상지에 적

용하는 기법이다.
㉱ 경제형은 이용자 선호도와 만족도가 지표이다.

해 ㉯ 활동형, ㉰ 경제형, ㉱ 행태형

13 조경계획 및 설계의 일반적인 과정(Process)을 나열한 것 중 순서로 가장 적합한 것은?

산기-02-2, 산기-07-4, 산기-08-2, 산기-10-4

㉮ 기본전제 → 자료수집 → 자료분석 → 종합 → 기본구상 → 대안 → 기본계획 → 세부설계
㉯ 기본전제 → 자료수집 → 종합 → 자료분석 → 대안 → 기본구상 → 기본계획 → 세부설계
㉰ 자료수집 → 기본전제 → 자료분석 → 종합 → 대안 → 기본구상 → 기본계획 → 세부설계
㉱ 기본전제 → 자료수집 → 자료분석 → 종합 → 대안 → 기본구상 → 기본계획 → 세부설계

14 조경계획과 설계의 작업순서를 배열한 것 중 옳은 것은?   산기-10-1

㉮ 계획목표수립 → 예비조사 → 분석 → 기본구상의 책정 → 기본계획 → 설계도 작성 → 시공
㉯ 계획목표수립 → 예비조사 → 기본구상의 책정 → 분석 → 기본계획 → 설계도 작성 → 시공
㉰ 계획목표수립 → 분석 → 기본구상의 책정 → 예비조사 → 기본계획 → 설계도 작성 → 시공
㉱ 계획목표수립 → 분석 → 기본구상의 책정 → 기본계획 → 예비조사 → 설계도 작성 → 시공

15 일반적으로 보기의 조경계획 및 설계의 과정을 나열한 것 중에서 순서대로 세 번째 과정에 해당하는 것은?   기-05-2

보기 - 자료수집, 기본전제, 관리, 자료분석, 대안, 기본계획, 종합, 기본설계, 시공, 기본구상

㉮ 자료 분석   ㉯ 종합
㉰ 자료 수집   ㉱ 기본 전제

16 조경계획의 과정은 조사분석 → 종합 → 발전 과정으로 구분한다. 다음 중 발전 및 시행단계에 해당

하지 않는 것은?   산기-09-2
㉮ 계획설계   ㉯ 실시설계
㉰ 대안작성평가   ㉱ 이용 후 평가

해 ㉯ 대안작성평가는 종합 및 평가 과정에 해당된다.

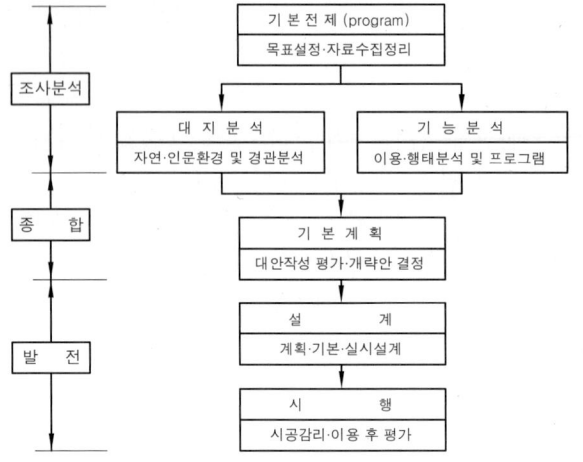

조경계획의 과정

17 다음 중 조경계획 및 설계의 3대 분석과정에 해당하지 않는 것은?   기-05-1
㉮ 물리·생태적 분석   ㉯ 환경영향평가 분석
㉰ 사회·형태적 분석   ㉱ 시각·미학적 분석

해 조경계획 및 설계 3대 분석과정
① 물리·생태적 분석   ② 시각·미학적 분석
③ 사회·형태적 분석

18 조사와 분석을 구분할 때 조사에 해당되는 것은?   기-05-1, 산기-08-1
㉮ 상황의 규명과 기록
㉯ 상황의 가치와 중요성에 대한 평가와 판정
㉰ 설계에 어떻게 영향을 미치게 될 것인가에 대한 판단
㉱ 부지 내의 특정 지점의 설계 시 제한점이 될 것인가를 판단

19 다음 설명은 어떤 조경계획의 단계를 위한 것인가?   산기-09-2

> ·수시로 건물이 들어설 자리에 가본다.
> ·오랫동안 그곳에 머물기도 한다.

> ·땅거미가 찾아드는 조용한 저녁에도 가 본다.
> ·눈 내리는 날, 비오는 날도 가본다.
> ·햇빛이 내리 쪼이는 한 낮에도 가 본다.

㉮ 현황분석 단계에서 현장 감각을 얻기 위하여
㉯ 기본구상 단계에서 프로그램을 개발하기 위하여
㉰ 관리계획을 수립하기 위하여
㉱ 시공단계에서 시공 도면을 작성하기 위하여

20 제반자료의 분석종합을 기초로 하고 프로그램에서 제시된 계획방향에 의거하여 계획안의 개념을 정립하는 단계는?   기-09-1
㉮ 기본구상   ㉯ 대안작성
㉰ 기본설계   ㉱ 실시설계

21 조경계획 과정 중 종합 및 기본구상 단계에 대한 설명이라 볼 수 없는 것은?   산기-08-1
㉮ 계획 및 설계의 기본 골격을 구성하는 단계이다.
㉯ 토지이용 및 동선을 중심으로 이루어진다.
㉰ 추상적인 계획 설계 목표가 구체적이고 물리적인 공간형태로 나타나는 중간 과정이다.
㉱ 조경가의 경험이나 직관적인 영향이 배제되는 단계이다.

해 ㉱ 조경가의 경험이나 직관적인 영향이 중요한 단계이다.

22 기본계획 과정의 하나인 기본구상에 대한 설명 중 틀린 것은?   기-07-2
㉮ 토지이용 및 동선을 중심으로 하여 계획 및 설계의 기본 골격을 짜는 단계이다.
㉯ 제반 자료의 분석과 종합을 기초로 한다.
㉰ 프로그램에서 제시된 문제들의 해결을 위한 구체적인 개념적 접근이다.
㉱ 기본계획안(master plan)이 만들어진 후에 실시한다.

해 ㉱ 기본계획안(master plan) 전에 실시한다.

23 조경계획의 한 과정인 기본구상의 설명 중 잘못된 것은?   기-04-2
㉮ 자료의 종합분석을 기초로 하고 프로그램에서

제시된 계획방향에 의거하여 구체적인 계획안의 개념을 정립하는 과정이다.

㉯ 추상적이며 계량적인 자료가 공간적 형태로 전이되는 중간 과정이다.

㉰ 자료 분석 과정에서 제기된 프로젝트의 주요 문제점을 명확히 부각시키고 이에 대한 해결방안을 제시하는 과정이다.

㉱ 서술적 또는 다이어그램으로 표현하는 것은 의뢰인의 이해를 돕는데 바람직하지 않다.

24 K. Lynch가 설명한 조경계획의 개념도 유형이 아닌 것은?　　　　산기-06-4

㉮ 토지이용계획　　　　㉯ 동선계획

㉰ 시각적 형태　　　　㉱ 시설물 계획

해 린치(K. Lynch)의 3가지 유형의 개념도

① 토지이용계획(land use plan)

② 동선계획(circulation plan)

③ 시각적 형태(visual form)

25 조경계획 과정에 있어 대안 작성을 위한 개념도(concept plan)와 관련이 없는 항목은?　　산기-02-1

㉮ 동선계획에 관한 대안

㉯ 토지이용계획에 관한 대안

㉰ 집행계획에 관한 대안

㉱ 시각적 형태에 관한 대안

26 다음 중 기본계획도서(基本計劃圖書)에 해당하지 않는 것은?　　　　산기-07-4

㉮ 개략공사비 산출서　　㉯ 마스터플랜

㉰ 현황분석도　　　　　㉱ 시방서

해 ㉱ 시방서는 기본설계도서에 해당된다.

27 기본계획에 포함되지 않는 것은?

　　　　　　　　기-04-2, 기-04-4, 기-05-4

㉮ 토지 이용계획　　　㉯ 단면 상세도

㉰ 집행 및 관리계획　　㉱ 교통 동선계획

28 프로젝트의 개략적인 골격, 토지이용과 동선체계, 각종 시설 및 녹지의 위치 등을 정하는 조경계

획의 과정은?　　　　기-10-4

㉮ 기본계획　　　　　㉯ 기본설계

㉰ 실시설계　　　　　㉱ 기본전제

29 지형은 거시적(macro)인 것과 미시적(micro)인 면으로 파악되는데, 미시적인 지형조사가 필요한 계획은?　　　　산기-05-2, 산기-02-1

㉮ 자연의 보전, 보호계획　㉯ 토지이용계획

㉰ 휴양지 개발계획　　　㉱ 관광정비계획

해 미시적인 지형조사가 필요한 계획은 시스템계획, 토지이용구분, 교통동선계획, 시설적지선정 등이 있다.

30 조경계획을 위한 경사도 분석과 관계가 먼 항목은?　　　　산기-05-4

㉮ 경사도에 따라 이용행태가 달라질 수 있다.

㉯ 경사도는 등고선간의 수직거리를 수평거리로 나눈 백분율이다.

㉰ 등고선간의 수직거리는 항상 변화한다.

㉱ 등고선의 간격이 넓을 경우 경사가 완만하다.

해 등고선 간격에 의한 법 : 2개의 등고선 사이의 수직거리는 항상 일정하고 수평거리는 등고선의 평면 간격에 따라 달라지며, 일정 경사도는 일정한 수평거리를 갖게 된다.

31 1/25,000 축척의 지형도에서 계곡선(index contour)과 계곡선의 등고선 간격은?　　기-04-2

㉮ 25m　　　　　　　㉯ 50m

㉰ 75m　　　　　　　㉱ 100m

해 등고선의 간격　　　　　　　　　　(단위:m)

축척 등고선	1/5,000, 1/10,000	1/25,000	1/50,000
계곡선	25	50	100
주곡선	5	10	20
간곡선	2.5	5	10
조곡선	1.25	2.5	5

32 축척 1/10000, 1/25000 지형도의 주곡선 간격은 각각 몇 m인가?　　　　산기-07-2

㉮ 1m, 2m　　　　　㉯ 5m, 10m

㉰ 10m, 20m　　　　㉱ 50m, 100m

33 그림과 같이 수평거리가 50m씩인 ABCD의 정방형 대지상에서 A점의 표고(53.8m), D점의 표고(52.4m) 일 때 AD상의 경사도는?　산기-03-4

㉮ 약 3%

㉯ 약 2%

㉰ 약 2.8%

㉱ 약 0.5%

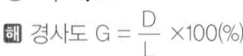

해 경사도 $G = \dfrac{D}{L} \times 100(\%)$

D : 수직거리 = 53.8 − 52.4 = 1.4(m)

L : 수평거리 = $\sqrt{50^2 + 50^2}$ = 70.71(m)

∴ $G = \dfrac{1.4}{70.71} \times 100 = 1.98(\%)$

34 다음 그림에서 두 지점 A와 B사이는 몇[%] 경사지역인가?　기-04-4

㉮ $1/\sqrt{3} \times 100$

㉯ $\sqrt{3} \times 100$

㉰ $\sqrt{2} \times 100$

㉱ $1/\sqrt{2} \times 100$

해 직각삼각형의 비율로 알 수 있다.

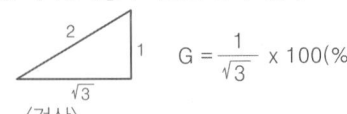

$G = \dfrac{1}{\sqrt{3}} \times 100(\%)$

〈검산〉

· 경사도 $G = \dfrac{D}{L} \times 100(\%)$

D : 수직거리 = 10(m)

L : 수평거리 = $\sqrt{20^2 - 10^2}$ = 17.32(m)

∴ $\dfrac{10}{17.32} \times 100 = 57.74 = \dfrac{1}{\sqrt{3}} \times 100$

35 미기후(Microclimate)에 대한 설명 중 틀린 것은?　기-06-4

㉮ 미기후 요소는 대기요소와 동일하며 서리, 안개, 자외선 등의 양은 제외한다.

㉯ 건축물은 미기후에 영향을 미친다.

㉰ 지형, 수륙의 분포, 식생의 유무와 종류는 미기후의 변화 요소이다.

㉱ 현지에서 장기간 거주한 주민과 대화를 통해서도 파악할 수 있다.

해 미기후요소 : 대기요소와 동일하고 이외에 서리, 안개, 시정, 세진, 자외선, SO₂, CO₂양 등을 추가한다.

36 미기후가 가장 안정된 상태는?　기-08-2

㉮ 지표면의 알베도가 낮고, 전도율이 낮은 경우

㉯ 지표면의 알베도가 낮고, 전도율이 높은 경우

㉰ 지표면의 알베도가 높고, 전도율이 높은 경우

㉱ 지표면의 알베도가 높고, 전도율이 낮은 경우

해 지표면의 알베도가 낮을수록, 전도율이 높을수록 미기후는 온화하고 안정된다.

37 미기후 현상 중 안개나 서리는 주로 어느 지역에서 발생하는가?　산기-10-1

㉮ 경사가 급하고 수목이 밀생한 지역

㉯ 지하수위가 높고 사질양토인 지역

㉰ 홍수범람이 일어나는 지역

㉱ 지형이 낮고 배수가 불량한 지역

38 미기후 분석에 관한 설명 중 올바르게 분석된 것은?　산기-03-4

㉮ 태양 복사열을 받는 정도는 북사면일 경우 경사가 완만할수록 많은 열을 받는다.

㉯ 안개 및 서리의 발생은 지형이 높고 배수가 양호한 지역일수록 자주 발생한다.

㉰ 공기의 유통정도는 계곡의 폭이 넓고, 깊이가 얕을 수록 잘 되지 않는다.

㉱ 남사면일 경우 경사가 완만할수록 태양복사열을 많이 받는다.

39 표면에 닿는 복사열이 흡수되지 않고 반사되는 %를 알베도(albedo)라 한다. 다음 중 지상피복조건에 따른 알베도의 값이 잘못된 것은?　산기-10-2

㉮ 마른모래(0.45~0.65)　㉯ 산림(0.10~0.20)

㉰ 바다(0.06~0.08)　㉱ 초지(0.15~0.25)

해 ㉮ 마른모래 : 0.25~0.45

40 조경계획 대상지역 분석 시 이용할 수 있는 열(熱)의 복사 상태를 설명하는 단위(單位)를 알베도(Albedo)라 한다. 모든 열(熱)을 반사(反射)시키는 경우의 알베도(Albedo) 값은?　기-06-2

㉮ 0.0　㉯ 0.5

㉰ 1.0　㉱ 100

해 알베도(Albedo)는 표면에 닿은 복사열이 흡수되지 않고 반사되는 비율을 말하며, 모든 열(熱)을 반사(反射)시키는 경우의 값은 1.00이다.

41 자연환경 조사 중 토양 단면조사의 설명으로 틀린 것은?　　　　　　　　　　　　　　　기-04-4

㉠ 토양단면조사는 식물의 생장에 가장 중요한 환경인자인 토양의 수직적 구성 및 형태를 분석한다.

㉡ A층은 광물토양의 최상층으로 외부환경과 접촉되어 그 영향을 직접 받는 층이다.

㉢ B층은 대부분의 토양수를 보유하는 층으로 식물의 뿌리 발달에 가장 큰 영향을 미치는 층이다.

㉣ C층은 외부 환경으로부터 토양 생성 작용을 받지 못하고 단지 광물질이 풍화된 층이다.

해 ㉣ A층에 대한 설명이다.

B층은 외계의 영향을 간접적으로 받으며, 표층으로부터 용탈된 물질이 쌓이는 층으로 A층에 비하여 부식함량이 적어서 황갈색 내지 적갈색을 보인다.

42 다음 토양의 단면구조 설명 중 집적층(集積層)에 대한 설명으로 옳은 것은?　　　　　　　　기-08-2

㉠ 점토, 철, 유기물 등이 혼합되어 괴상구조(塊狀構造)를 띠고 있는 토양층이다.

㉡ 무기물층으로 토양발달이 거의 안된 모암층이다.

㉢ 낙엽이나 나뭇가지 등으로 구성되어 있는 층이다.

㉣ 식물체의 원형을 육안으로 볼 수 있는 층이다.

43 다음 중 광범위한 지역에 대한 개괄적인 조경계획수립에 활용하기 위해 전국에 걸쳐 작성된 개략 토양도(槪略土壤圖)의 축척으로 가장 적당한 것은?　　　　　　　　　　　　　　　　　산기-06-1

㉠ 1：10,000　　　　　㉡ 1：25,000

㉢ 1：50,000　　　　　㉣ 1：100,000

44 다음 중 개략 토양도에 관한 설명으로 틀린 것은?　　　　　　　　　　　산기-06-4, 산기-03-1

㉠ 개략 토양도는 1：25,000 축척으로 제작된다.

㉡ 개략 토양도는 광범위한 지역에 대한 개발계획에 활용된다.

㉢ 간이 산림토양도는 1：25,000 축척으로 제작된다.

㉣ 간이 산림토양도는 토양의 잠재 생산능력급수를 1급부터 5급까지 나누어 표시한다.

해 개략토양도 : 항공사진을 중심으로 현지조사에 의해 작성된 축척 1：50,000의 지도

45 항공사진이 기초가 되어 현장조사를 통해 토양분석을 목적으로 만들어진 정밀 토양도(精密土壤圖)의 축척은?　　　　　　　　　　　　　　　　산기-07-1

㉠ 1：5,000　　　　　㉡ 1：10,000

㉢ 1：25,000　　　　　㉣ 1：50,000

46 동일한 모재(母材)로부터 형성된 토양이며 지명에 따라 명명한 토양 분류는?　　　기-08-1, 기-03-1

㉠ 토양군(Soil association)

㉡ 토양형(Soil type)

㉢ 토양통(Soil series)

㉣ 토양상(Soil individual)

해 토양통(soil series)

·동일한 모재로부터 형성된 토양

·지명에 따라 명명(울산통, 예산통 등)

·토양통 내에서는 표토의 토성에 따라 구분

47 정밀토양도에서의 분류 중 같은 토양통 내에서 같은 토성을 갖는 토양을 말하며, 명명은 토양통 및 토성을 합하여 예를 들어 "예천 사양토"와 같이 불리는 것은?　　　　　　　　　　　　　　　기-09-4

㉠ 토양계　　　　　　　㉡ 토양구

㉢ 토양상　　　　　　　㉣ 토양군

48 정밀토양도에서 토양의 명칭을 'GK B3'라고 명명하였을 경우 'B'는 무엇을 의미하는가?　기-07-2

㉠ 침식 정도　　　　　㉡ 경사도

㉢ 토성　　　　　　　　㉣ 비옥도

해 정밀토양도에서의 토양의 표시는 토성, 경사도(A~F), 침식정도(1~4)를 함께 사용한다.

49 토양상(soil individual)을 나타내는 방법을 예시하면 SoC2로 표현할 수 있는데 여기서 So, C, 2

가 의미하는 바를 바르게 짝지은 것은?

기-10-1, 기-08-2

㉮ So : 경사도, C : 토양통, 2 : 토양군
㉯ So : 토양통, C : 경사도, 2 : 침식정도
㉰ So : 토양군, C : 침식정도, 2 : 경사도
㉱ So : 토양통, C : 침식정도, 2 : 경사도

50 전국 임지(林地)에 적지적수(適地適樹) 조림을 위하여 제작된 간이 산림토양도(山林土壤圖)의 축척으로 가장 적합한 것은?

산기-10-1

㉮ 1 : 10000　　　　㉯ 1 : 25000
㉰ 1 : 50000　　　　㉱ 1 : 100000

해 간이 산림토양도(산림청 제작) : 항공사진을 기본으로 현지조사에 의해 작성된 축척 1 : 25,000의 지도로 산림토양의 잠재생산능력급수를 파악하고 적지적수 조림에 의한 산림자원 조성 도모한다.

51 우리나라 대부분의 하천형태로 가장 적합한 것은?

기-07-1

㉮ 수지형　　　　㉯ 방사형
㉰ 창살형　　　　㉱ 교란형

해 수지형 : 화강암, 사암, 혈암 등으로 구성된 동질적인 지질을 가졌을 경우 발달(우리나라 대부분의 하천형태)

52 식생의 정밀조사방법인 쿼드라트(quadrate) 조사방법에 대한 설명으로 가장 적합한 것은? 기-08-4

㉮ 근접촬영한 항공사진 위에 100정도의 표준구를 설정하여 평균 임목도를 조사한다.
㉯ 산림지역 내에 200~500의 최소 정방형 크기로 표본구를 설정하여 수목의 종류, 크기, 위치 등을 조사한다.
㉰ 산림지역 내에 100m의 기준선을 설정한 후 좌우 30m범위 내 수목의 종류, 크기, 위치 등을 조사한다.
㉱ 산림지역 내 최하단부에서 최상단부까지 기준선을 설정한 후 좌우 5m범위 내 수목의 종류, 크기, 위치 등을 조사한다.

해 쿼드라트의 최소넓이
· 경지잡초군락 : 0.1~1m²

· 방목초원군락 : 5~10m²
· 산림군락 : 200~500m²

53 초본군락지에 대한 식생조사 방법으로 부적합한 것은?

기-09-2

㉮ 쿼드라트법(Quadrate Method)
㉯ 접선법(Line Interception Method)
㉰ 점에 의한 법(Point Contact Method)
㉱ 간격법(Distance Method)

해 간격법(distance method)은 두 식물 개체간의 거리, 또는 임의의 점과 개체사이의 거리를 측정함으로써 구성 종 또는 군락 전체의 양적(주로 밀도) 관계를 측정하는 방법으로 교목이나 아교목에 적용한다.

54 식생조사방법 중 두 식물 개체간 거리 또는 임의의 점과 개체 사이의 거리를 측정함으로써 군락 전체의 양적 관계를 측정하는 방법은? 산기-04-1

㉮ 간격법(distance method)
㉯ 쿼드라트법(quadrate method)
㉰ 접선법(line interception method)
㉱ 점에 의한 법(point contact method)

55 다음 식생조사에 사용되는 군락측도(群落側度)의 설명이 틀린 것은?

기-07-1

㉮ 피도(被度)는 식물의 지상부의 지표면에 대한 피복의 비율이다.
㉯ 전 구성종(構成種)의 피도 백분율의 합계는 100%를 넘을 수 있다.
㉰ 수도(數度)는 종의 군락 내에서의 우열의 비율을 종합적으로 나타내는 측도이다.
㉱ 밀도(密度)는 단위 면적당의 개체수를 말한다.

해 ㉰ 수도(abundance)는 일정면적 위에 나타나는 개체수를 말한다.

56 식생조사방법 중 빈도는 군락내의 종의 분포의 일양성 및 이것에 기인되는 종간의 양적관계를 알기 위하여 측정하는 것이다. 다음 중 빈도를 구하는 식은?

산기-05-4

㉮ $\dfrac{\text{어떤종의 총 개체수}}{\text{어떤종이 출현한 쿼트라트수}}$

ⓝ $\dfrac{\text{어떤종의 총 개체수}}{\text{조사한 총 쿼트라트수}}$

ⓓ $\dfrac{\text{조사한 총 넓이}}{\text{어떤종의 총 개체수}}$

ⓡ $\dfrac{\text{어떤종의 출현한 쿼트라트수}}{\text{조사한 총 쿼트라트수}} \times 100(\%)$

57 다음[보기]에서 설명하는 내용으로 적합한 것은?

기-11-2

> [보기]
> – 기존의 녹지자연도를 보완하여 식생보전등급의 정확한 기준과 평가지침을 제시하고자 환경부에서 제작한 도면
> – 산·하천·내륙습지·농지·도시 등에 대하여 자연환경을 생태적 가치,자연성,경관적 가치 등에 따라 등급화하여 작성한 지도

ⓐ 생태자연도　　　　ⓝ 녹지구분도
ⓓ 식생분포도　　　　ⓡ 경관가치도

58 녹지자연도(DGN: degree of green naturality) 작성의 목적으로 보기 어려운 것은? 기-06-4, 기-03-1
ⓐ 녹지공간의 자연성 지표 설정
ⓝ 개발 혹은 보존여부의 검토를 위한 기초자료의 제공
ⓓ 산림경관의 시각적 유형분류
ⓡ 인간영향(human impact)정도의 파악

59 녹지자연도란 식물군락의 자연성 정도를 등급화한 지도를 말하는데 다음 중 녹지자연도의 등급이 가장 높은 곳은? 산기-07-1
ⓐ 2차 초원　　　　ⓝ 고산자연 초원
ⓓ 조림지　　　　　ⓡ 2차림

60 점(點)적인 경관 요소라고 볼 수 없는 것은?
산기-03-1
ⓐ 외딴집　　　　　ⓝ 전답(田畓)
ⓓ 정자목(亭子木)　　ⓡ 잔디밭의 조각
해 ·점적요소 : 정자목, 외딴집, 조각

·선적요소 : 도로, 하천, 가로수
·면적요소 : 초지, 전답, 호수, 운동장

61 다음 중 경관분석의 기법에 해당하지 않는 것은?
기-11-1
ⓐ 기호화 방법
ⓝ 군락측도 방법
ⓓ 메시(mesh)에 의한 방법
ⓡ 게슈탈트(gestalt)에 의한 방법
해 경관분석의 기법 : 기호화 방법, 심미적 요소의 계량화 방법, 메쉬(mesh)에 의한 분석방법, 시각회랑에 의한 방법(립튼의 삼림경관분석법), 게슈탈트(gestalt)에 의한 방법 등

62 Kevin Lynch의 도시이미지 구성요소가 아닌 것은? 기-11-2, 기-06-4
ⓐ 결절점(node)　　　ⓝ 랜드마크(Landmark)
ⓓ 통로(path)　　　　ⓡ 건물(building)
해 Kevin Lynch의 도시이미지 구성요소
·도로(paths 통로) : 이동의 경로(가로, 수송로, 운하, 철도 등)
·경계(edges 모서리) : 지역지구를 다른 부분과 구분 짓는 선적 영역(해안, 철도, 모서리, 개발지 모서리, 벽, 강, 숲, 고가도로, 건물 등)
·결절점(nodes 접합점, 집중점) : 도시의 핵, 통로의 교차점, 광장, 로터리, 도심부 등
·지역(districts) : 인식 가능한 독자적 특징을 지닌 영역
·랜드마크(landmark 경계표) : 시각적으로 쉽게 구별되는 경관속의 요소

63 K.Lynch의 도시이미지(image)분석 항목 중 기점과 종점, 연속성, 방향성 등으로 그 성격을 대신할 수 있는 것은? 산기-07-1
ⓐ 도로(path)　　　　ⓝ 지구(district)
ⓓ 결절점(node)　　　ⓡ 랜드마크(landmark)

64 케빈 린치는 도시의 이미지를 다섯가지 요소로 해석하고 있다. 다음 린치가 주장하는 요소 중 패스(path)의 특성과 관련이 가장 적은 항목은?
산기-03-4, 산기-06-4
ⓐ 연속성(連續性)　　ⓝ 방향성(方向性)

정답　**57** ⓐ **58** ⓓ **59** ⓝ **60** ⓝ **61** ⓝ **62** ⓡ **63** ⓐ **64** ⓓ

ⓒ 지표성(指標性)　　　　ⓓ 기종점(起終点)

65 Litton은 산림경관분석방법으로 4가지의 우세요소를 제시하였다. 경관의 우세요소가 아닌 것은?

산기-05-4

ⓐ 질감(Texture)　　　　ⓑ 규모(Scale)
ⓒ 형태(Form)　　　　　ⓓ 색채(Color)

🔲 경관을 구성하는 지배적 요소 : 형태(form), 선(line), 색채(color), 질감(texture) 등

66 다음 중 경관의 우세원칙과 가장 거리가 먼 것은?

산기-05-2

ⓐ 대조(Contrast)　　　ⓑ 연속(Sequence)
ⓒ 질감(Texture)　　　　ⓓ 축(axis)

🔲 경관의 우세원칙 : 대조(contrast), 연속성(sequence), 축(axis), 집중(convergence), 쌍대성(codominance), 조형(entrainement) 등

67 일정지역의 항공사진을 촬영할 때는 일정 높이에서 평행하게 왕복하며 촬영하게 되는데 전방으로 몇 % 겹치도록 하며, 측방으로 몇% 겹치도록 촬영하는 것이 좋은가?

기-04-4, 기-04-1

ⓐ 전방 30%, 측방 60%
ⓑ 전방 50%, 측방 50%
ⓒ 전방 60%, 측방 20~30%
ⓓ 전방 30%, 측방 20~30%

🔲 종중복(촬영 진행방향의 중복, 전방중복)은 60%, 횡종복(촬영 경로간의 중복, 측방중복)은 30%가 표준

68 항공사진에 있어서 비행고도(H)가 3,150m 이고, 카메라 초점거리(f)가 210mm 일 때 이 항공사진의 평균 축척은?

기-05-2

ⓐ $\dfrac{1}{10,000}$　　　　ⓑ $\dfrac{1}{15,000}$

ⓒ $\dfrac{1}{20,000}$　　　　ⓓ $\dfrac{1}{25,000}$

🔲 항공사진축척 $= \dfrac{1}{m} = \dfrac{\text{점거리(f)}}{\text{촬영고도(H)}} = \dfrac{0.21}{3150} = \dfrac{1}{15000}$

69 인공위성이나 비행기 등에서 대상물 또는 대상에 대한 현상을 관측 탐사하여 환경평가하는 방법을 무엇이라 하는가?

기-11-4

ⓐ 컴퓨터 해석 기법　　ⓑ 리모트 센싱 기법
ⓒ 도면결합법　　　　　ⓓ 매트릭스 평가법

70 리모트 센싱(Remote sensing)에 의한 환경분석방식 중 항공사진 판독으로 파악하기 힘든 내용은?

기-06-4

ⓐ 도시녹지의 질과 양의 파악
ⓑ 시간적 추이에 따른 환경의 변화 파악
ⓒ 원지반(原地盤)의 기복(起伏)상태
ⓓ 수종 명칭 및 식생 군락 형태

🔲 리모트 센싱(Remote sensing)
　·대상물이나 현상에 직접 접하지 않고 식별·분류·판독·분석·진단
　·환경조건에 따라 물체가 다른 전자파를 반사·방사하는 특성 이용
　·특정지역의 환경특성을 광역환경과 비교하면서 파악
　·도시녹지의 질과 양의 파악
　·시간적 추이에 따른 환경의 변화 파악
　·원지반의 기복상태 등 파악

71 리모트 센싱에 의한 환경해석의 특징이 아닌 것은?

기-08-4, 산기-02-2

ⓐ 광역적인 환경을 파악할 수 있다.
ⓑ 시각적 선호도에 의한 경관예측을 할 수 있다.
ⓒ 특정지역의 환경특성을 광역 환경과 비교하면서 파악할 수 있다.
ⓓ 시간적 추이에 따른 환경의 변화를 파악할 수 있다.

72 자연공원을 계획하기 위하여 조사 분석 시 인문사회 환경의 조사 항목은?

산기-07-2, 산기-02-4

ⓐ 식생조사
ⓑ 수문조사
ⓒ 리모트센싱에 의한 환경조사
ⓓ 토지이용조사

🔲 인문·사회환경의 조사항목 : 인구, 토지이용, 교통, 시설물, 역사적유물, 인간행태유형

정답　**65** ⓑ　**66** ⓒ　**67** ⓓ　**68** ⓑ　**69** ⓑ　**70** ⓓ　**71** ⓑ　**72** ⓓ

73 조경계획의 과정에서 기초자료의 분석은 주로 자연환경, 인문사회환경, 시각미학환경 분석으로 대별할 수 있다. 다음 중 인문사회환경의 분석요소가 아닌 것은? 기-11-4, 기-03-2, 기-10-1, 산기-03-2
㉮ 인구
㉯ 교통
㉰ 식생
㉱ 토지이용

74 공간의 수요량 추정에 사용되는 다음의 용어 설명 중 잘못된 것은? 기-03-2
㉮ 4계절형에서의 최대일률은 2계절형보다 높다.
㉯ 회전율이란 1일 중 가장 이용자가 많은 시간의 이용자수와 그날의 총 이용자수에 대한 비율이다.
㉰ 이용자의 체류시간이 증가하면 회전율은 증가한다.
㉱ 최대일 이용자수의 60~80% 정도를 서비스율로 설정하는 것은 경영의 효율을 위함이다.

해 계절형과 최대일률

계절형	최대일률
1계절	1/30
2계절	1/40
3계절	1/60
4계절	1/100

75 관광지, 유원지 등의 수용력을 산정할 때 활용하는 공식 중의 하나인 계절형과 최대일률이 올바르게 연결되지 않은 것은? 산기-05-2, 산기-03-4
㉮ I계절형= 1/30
㉯ II계절형= 1/40
㉰ III계절형= 1/50
㉱ IV계절형= 1/100

76 관광지, 유원지 또는 국립공원의 집단시설지구 등의 계획을 할 때 활용하는 수용력 산정에 관한 공식이다. 다음 중 가장 옳게 된 산식은? 산기 – 09- 4
㉮ 최대일율 = $\dfrac{연간\ 이용자수}{최대일\ 이용자수}$
㉯ 최대일율 = $\dfrac{최대일\ 이용자수}{연간\ 이용자수}$
㉰ 최대일율 = $\dfrac{최대시\ 이용자수}{최대일\ 이용자수}$
㉱ 최대일율 = $\dfrac{회전율}{연간\ 이용자수}$

77 피크일(최대일)이용자 수가 5,000명인 도시공원으로서 평균 체재시간이 5시간 정도인 경우 피크타임의 동시 체재 이용자수는 몇 명인가? 기-05-2관리
㉮ 약 2,777명
㉯ 약 3,125명
㉰ 약 3,334명
㉱ 약 3,571명

해 · 최대시이용자수=최대일이용자수×회전율

· 체재시간과 회전율

체재시간	3	4	5	6
회전율	1/1.8	1/1.6	1/1.5	1/1.4

∴ 5000×1/1.5=3333.33 → 3334명

78 다음 중 시설공간의 규모산정에 필요한 회전율을 가장 잘 설명한 것은? 산기-09-2
㉮ 한 이용자가 각 시설을 이용하는 비율을 의미한다.
㉯ 최대시(最大時)이용자수 / 최대일(最大日)이용자수를 의미한다.
㉰ 여러 개의 시설 중 한 시설만을 여러 명이 돌아가며 이용하는 회수를 의미한다.
㉱ $\dfrac{단독시설\ 이용자수}{전체시설\ 이용자수}$ 를 의미한다.

79 동시 수용력을 구함에 있어 시설과잉을 방지하며, 경영의 효율화를 기하기 위하여 사용되는 개념은? 기-09-4
㉮ 최대일률
㉯ 서비스율
㉰ 회전율
㉱ 동시체재율

80 연간 이용자 수가 895,000명이며, 최대일 이용자가 36,500명이라고 할 때 최대일률을 감안한 계절형은 다음 중 어디에 해당하는가? (단, 1계절형 : 1/30, 2계절형 : 1/40, 3계절형 : 1/50, 4계절형 : 1/100로 가정한다.) 기-08-1
㉮ 1계절형
㉯ 2계절형
㉰ 3계절형
㉱ 4계절형

해 · 최대일률 = 최대일 이용자수 / 연간 이용자수
∴ 36,500 / 895,000 = 0.04
→ 1/30 = 0.03에 가장 가까우므로 선택

81 3계절형이며 방문객수가 100,000명인 관광지

에서의 조사결과 연평균 체류시간이 2시간으로 밝혀졌다. 이 관광지의 동시수용력은? (단, 최대일률은 1/60, 회전율은 1/2.5, 서비스율은 0.6으로 한다)

기-06-4

㉮ 882명 ㉯ 588명
㉰ 600명 ㉱ 400명

해 ·동시수용능력 $M = Y \cdot S \cdot C \cdot R$
    Y : 연간이용자수 = 100,000
    S : 서비스율 = 0.6
    C : 최대일률 = 1/60
    R : 회전율 = 1/2.5
    ∴ $M = 100,000 \times 0.6 \times 1/60 \times 1/2.5 = 400$(명)

82 연간 50만명이 유입되는 3계절형 관광지의 한 시설로 최대일률이 1/60이 적용된다. 이 시설의 최대일 이용객의 평균 체류시간은 3시간(회전률 1 : 1.9)이고 시설이용률은 30%이며 단위 규모는 2m²이다. 이 시설의 규모는?(단, 소수 두 번째 자리 미만은 버린다.)

기-08-4

㉮ 2250.0 ㉯ 2631.5
㉰ 3947.5 ㉱ 5263.0

해 ·시설의 규모 = 연간이용자수×최대일률×회전률×시설이용률×단위규모
    ∴ $500,000 \times 0.3 \times 1/60 \times 1/1.9 \times 2 = 2631.56$(m²)

83 어느 공원의 이용객수가 년 100,000명, 최대일률이 0.03일 때 피크닉 공간의 소요 면적(m²)은?

기-10-2, 기-09-4, 산기-06-4

(단, 피크닉 공간 이용율 : 0.6, 회전율 : 1/2, 1인당 소요면적 : 15m²)

㉮ 27,000 ㉯ 21,500
㉰ 13,500 ㉱ 11,200

해 82번 문제해설 참조
→ 공간의 소요면적=100,000×0.6×0.03×1/2×15=13,500(m²)

84 자연지역에서 그 보호와 이용을 합리적으로 하는데 적정수용력의 개념이 사용된다. 이용자가 만족스럽게 공원경험(park experience)을 만끽하는 데는 일정지역에 어느 정도의 인원을 수용하는 것이

적정할 것인가를 기준으로 설정하는 적정 수용력은?

기-07-1, 기-12-1

㉮ 물리적 수용력 ㉯ 심리적 수용력
㉰ 생태학적 수용력 ㉱ 자연적 수용력

해 ·생태적 수용력 : 생태계의 균형을 깨뜨리지 않는 범위 내에서의 수용력
  ·사회적 수용력 : 인간이 활동하는 데 필요한 육체적, 정신적 수용력
  ·물리적 수용력 : 지형, 지질, 토양, 식생, 물 등에 따른 토지 등의 수용력
  ·심리적 수용력 : 이용자의 만족도에 따라 결정되는 수용력

85 엔트로피(entropy)를 가장 적절하게 설명하고 있는 항목은?

기-03-2

㉮ 에너지의 생성 요인
㉯ 에너지 전이 과정에서 손실되는 에너지
㉰ 일정 에너지와 태양 에너지의 파장의 비례
㉱ 에너지의 이용 효율

86 맥하그(Ian Mcharg)가 주장한 '생태적 결정론(ecological determinism)'을 가장 올바르게 설명한 것은?

기-08-4

㉮ 자연계는 생태계의 원리에 의해 구성되어 있으며 따라서 생태적 질서가 인간환경의 물리적 형태를 지배한다는 이론이다.
㉯ 생태계의 원리는 조경설계의 대안결정을 지배해야 한다는 이론이다.
㉰ 인간환경은 생태계의 원리로 구성되어 있으며, 따라서 인간사회는 생태적 진화를 이루어 왔다는 이론이다.
㉱ 인간행태는 생태적 질서의 지배를 받는다는 이론이다.

해 맥하그(Ian Mcharg)의 '생태적 결정론(ecological determinism)' 자연계는 생태계의 원리에 의해 구성되어 있어 생태적 질서가 인간환경의 물리적 형태를 지배한다는 이론으로, 경제성에만 치우치기 쉬운 환경계획을 자연과학적 근거에서 인간의 환경문제를 파악하여 새로운 환경의 창조에 기여하고자 하였다.

87 맥하그(Ian Mcharg)가 사용한 도면결합방법

(overlay method)을 가장 잘 설명한 것은? 기-06-1
㉮ 각 지역별 생태적 특성을 나타내는 도면을 조합하여 전체지역의 종합도를 만드는 방법이다.
㉯ 주거단지의 건물배치에 이용되는 방법이다.
㉰ 생태적 원리를 쉽게 파악할 수 있도록 설명해 주는 방법이다.
㉱ 생태적 인자들에 관한 여러 도면을 겹쳐놓고 일정지역의 생태적 특성을 종합적으로 평가하는 방법이다.

88 다음의 환경지각 – 반응과정에 대한 설명 중 맞는 것은? 기-05-4
㉮ 환경인지 : 시각적 복잡성, 개인이 느끼는 의미, 상징적으로 설계에 적용
㉯ 행위의도 : 행동(반응)하기 전 단계로 특별한 행위를 할 것인가? 하지 않을 것인가?의 단계
㉰ 환경지각 : 현존하는 혹은 과거에 경험했던 정보를 저장, 추출하는 과정
㉱ 환경태도 : 이미지, 정체성, 식별성과 관계된다.
해 ·환경지각(perception) : 감각기관의 생리적 자극을 통하여 외부의 환경적 자극을 받아들이는 과정이나 행위
·환경인지(cognition) : 과거 및 현재의 외부적 환경과 현재 및 미래의 인간행태를 연결지어 주는 앎(awareness)이나 지식(knowing)을 얻는 다양한 수단
·환경에 대한 태도 : 어떤 대상이나 생각을 긍정적으로나 부정적으로 평가하려는 경향성

89 미적 반응(aesthetic response) 과정이 올바른 것은? 기-10-4, 기-02-1
㉮ 자극선택 → 자극탐구 → 반응 → 자극해석
㉯ 자극선택 → 자극탐구 → 자극해석 → 반응
㉰ 자극탐구 → 자극선택 → 반응 → 자극해석
㉱ 자극탐구 → 자극선택 → 자극해석 → 반응
해 버라인(Berlyne)의 4단계 미적 반응과정 : 자극탐구 → 자극선택 → 자극해석 → 반응

90 경관분석에 있어서 시각적 효과 분석 방법에 대한 설명 중 옳은 것은? 기-11-1
㉮ 린치(Lynch)는 도시 이미지 형성에 기여하는 물

리적 요소로 통로, 모서리, 지역, 결절점 및 랜드마크의 5가지를 제시하였다.
㉯ 틸(Thiel)은 인간 행동의 움직임을 표시하는 모테이션 심볼을 고안하였다.
㉰ 할프린(Halprin)은 개개인의 공간 표현보다 부분적 공간의 연결로 형성되는 전체적 공간에 대한 종합적 경험을 더욱 중시하고 있다.
㉱ 아버나티(Abernathy)는 외부공간을 모호한 공간, 한정된 공간, 닫혀진 공간으로 구분하였다.

91 환경설계에서 연속적 경험의 중요성에 대한 연구와 관련이 없는 사람은? 기-11-2
㉮ 할프린(Halprin)   ㉯ 틸(Thiel)
㉰ 맥하그(Mcharg)   ㉱ 아버나티(Abernathy)
해 틸(Thiel), 할프린(L. Halprin), 애버나티와 노우(Abernathy and Noe)가 연속적 경험(sequence experience)의 중요성에 대해 연구하였다.

92 다음 중 외부공간을 모호한 공간, 한정된 공간, 닫혀진 공간으로 구분한 사람은? 기-04-1
㉮ 틸(Thiel)   ㉯ 할프린(Halprin)
㉰ 린치(Lynch)   ㉱ 아이버슨(Iverson)

93 연속적 공간의 기록방법으로는 할프린(Halprin)과 틸(Thiel)의 기법이 잘 알려져 있는데 틸의 방법이 장소 중심적 방법이라면 할프린의 방법은 진행중심적이다. 할프린의 기법을 나타내는 용어는? 산기-08-4, 기-12-1
㉮ 이미지성(imageability)
㉯ 연속적 경험(sequence experience)
㉰ 모테이션 심벌(motation symbol)
㉱ 형태-활동 일치성(form-activity congruence)
해 Halprin : 모테이션 심볼(Motation symbol)이라는 인간행동의 움직임의 표시법 고안
·인간의 움직임을 기록하고 동시에 설계 가능한 도구
·건물, 수목, 지형 등의 환경적 요소 부호와
·진행에 따라서 변화하는 요소를 평면적·수직적 두 측면에서 기록하고 시간적 요소 첨가
·시계에 보이는 사물의 상대적 위치를 주로 기록하는 진행

중심적 기록방법

·폐쇄성이 낮은 교외, 캠퍼스에 적용 용이

94 인간 행동의 움직임을 부호화한 표시법(motation symbols)을 창안하여 설계에 응용한 사람은?

기-10-4, 기-05-2

㉮ Lawrence Halprin ㉯ Philip Thiel
㉰ Ian McHarg ㉱ Christopher J. Jones

95 도시환경에 있어 형태(form)와 행위(activity)의 일치에 대한 연구를 하여 도시의 물리적 형태가 지닌 행위적 의미의 상호 관련성을 분석한 사람은?

기-09-2, 기-04-2, 기-05-4

㉮ 케빈 린치(Kevin Lynch)
㉯ 칼 스타이니츠(Carl Steinitz)
㉰ 로오렌스 할프린(Lawrence Halprin)
㉱ 아버나티와 노우(Abernathy and Noe)

🎯 Lynch와 Steinitz의 비교

·Lynch : 물리적 형태의 시각적 이미지에 주안점을 두었다.

·Steinitz : 물리적 형태와 그 형태가 지닌 행위적 의미의 상호 관련성에 주안점을 두었다.

96 스타이니츠(Steinitz)는 도시환경에서의 형태와 행위 사이의 일치성을 세 가지 유형으로 분류하였다. 다음 중 거리가 먼 것은?

기-05-1, 기-07-4

㉮ 영향의 일치성 ㉯ 밀도의 일치성
㉰ 타입의 일치성 ㉱ 강도의 일치성

🎯 일치성의 3가지 유형 : 타입(type)일치, 밀도(intensity)일치, 영향(significance)일치

97 시각적 선호에 대한 설명으로 옳지 않은 것은?

산기-04-2

㉮ 시각적 선호는 환경에 대한 미적 반응이다.
㉯ 시각적 선호는 쾌락감의 일종으로 시각적 환경에 대한 호(好), 불호(不好)를 말하는 것이다.
㉰ 시각적 선호를 결정짓는 물리적 변수로는 지형지물, 식생, 물, 색채, 질감 형태 등이다.
㉱ 시각적 선호의 측정은 절대적 선호도를 측정하여야 한다.

🎯 ㉱ 시각적 질의 절대적 측정은 불가능하나 시각적 선호로 대치하여 계량화가 가능하다.

98 경관의 시각적 선호를 결정짓는 변수가 아닌 것은?

기-06-4, 기-07-4, 기-08-2, 기-11-2

㉮ 생태적 변수 ㉯ 물리적 변수
㉰ 개인적 변수 ㉱ 추상적 변수

🎯 시각적 선호(visual preference)의 변수

·물리적 변수 ·추상적 변수
·상징적 변수 ·개인적 변수

99 시각적 선호(visual preference)에 관련된 변수에 해당되지 않는 것은?

기-09-1

㉮ 물리적 변수 : 식생, 물, 지형
㉯ 추상적 변수 : 복잡성, 조화성, 새로움
㉰ 지역적 변수 : 위치, 거리, 규모
㉱ 개인적 변수 : 개인의 나이, 학력, 성격

🎯 ㉰ 상징 변수 : 일정환경에 함축된 상징적 의미

100 시각적 선호를 결정짓는 물리적 변수에 해당하지 않는 것은?

기-03-2

㉮ 형태 ㉯ 색채
㉰ 질감 ㉱ 복잡성

🎯 시각적 선호를 결정짓는 물리적 변수로는 형태, 규모, 색채, 질감, 식생, 물, 지형 등이 있다.

101 환경심리학의 특징에 관한 설명 중 적합하지 않은 것은?

기-05-4

㉮ 환경과 인간행태의 관계성을 종합된 하나의 단위로서 연구한다.
㉯ 현실적인 인간행태에 대한 문제 해결을 위한 이론 및 그 응용을 연구한다.
㉰ 도심지 환경영향 평가 시 계량화된 주요지표로 이용된다.
㉱ 환경과 인간행태 상호간에 영향을 주고받는 상호작용을 연구한다.

🎯 ㉰ 행태적 분석에 대한 설명이다.

102 조경계획에서 환경심리학적 접근방법에 속하

지 않는 것은?　기-03-2

㉮ 공원 이용자의 수를 추정하여 이를 설계에 반영하는 연구

㉯ 공원에 있어서 이용자의 프라이버시에 관한 연구

㉰ 도시경관의 환경 이미지를 찾는 연구

㉱ 주민의 사회문화적 특성을 계획에 반영하는 연구

103 인간이 가지고 있는 개인적 공간(Personal space)의 설명 중 잘못된 것은?　기-07-2

㉮ 개인주변에 형성되어 개인이 점유하는 공간을 뜻한다.

㉯ 인간에게 일정지역에의 귀속감을 주어 심리적 안정감을 준다.

㉰ 정신적인 혹은 물리적인 외부의 위협에 대한 완충작용을 하는 방어의 기능이 있다.

㉱ 거리가 좁을수록 사적인 그리고 많은 양의 정보교환이 이루어질 수 있다.

104 인간행태에 관한 개념 중 개인적 공간(personal space)을 잘못 설명한 것은?　기-07-1, 기-09-4

㉮ 개인의 주변에 형성되어 개인이 점유하는 공간을 말한다.

㉯ 개인적 공간은 고정되어 있는 공간이다.

㉰ 개인적 공간의 크기는 내향적인 사람과 외향적인 사람 간에 차이가 있다.

㉱ 개인적 공간의 크기는 인종별로 차이가 있다.

해 개인적 공간 : 인간에 있어서 개체가 생리적·본능적으로 방어하거나 민감하게 반응하는 적정한 형태와 행동의 범위로서, 고정되어 있지 않고 개인이 이동함에 따라 같이 이동되며, 개인의 상황, 성향, 인종별 차이 등 모든 사람이 다 같지 않고 차이가 존재한다.

105 개인적 공간(Personal Space)에 관한 설명으로 틀린 것은?　기-09-1

㉮ 개인적 공간은 방어 및 정보교환의 관점에서 설명되어 질 수 있다.

㉯ 개인 사이의 상황에 따라서 일정한 거리를 유지함을 말한다.

㉰ 개인주변에 형성되는 보이지 않는 경계를 지닌

비누방울에 비유될 수 있다.

㉱ 개인적인 거리는 1.2~3.6m 정도를 말한다.

해 ㉱ 개인적인 거리는 1.5~4ft(0.5~1.2m) 정도를 말한다.

106 개인적 공간(personal space)에 대한 설명으로 틀린 것은?　기-08-4

㉮ 동물에서도 나타난다.

㉯ 주거지의 범죄율을 낮추기 위해 Newman은 이 개념을 적용하였다.

㉰ Hall은 인간을 상대로 하여 4종류의 대인간격으로 구분하였다.

㉱ 개인의 주변에 형성되어 보이지 않는 경계를 지닌 공간이라 할 수 있다.

해 ㉯ 주거지의 범죄율을 낮추기 위해 Newman은 영역성의 개념을 옥외설계에 응용하였다.

107 홀(Hall)은 대인관계의 거리를 4종류로 구분하였다. 다음 중 종류와 거리와의 관계가 틀린 것은?　기-11-2

㉮ 친밀한 거리:0~1.5피트(약 0~45cm)

㉯ 개인적 거리:1.5~4피트(약 45cm~1.2m)

㉰ 사회적 거리:4~12피트(약 1.2m~3.6m)

㉱ 공유 거리:12~14피트(약 3.6m~4.2m)

해 홀(Hall)의 대인거리 분류

구분	거리	내용
친밀한 거리	0~1.5ft(0~0.45m)	이성간 혹은 씨름 등의 스포츠를 할 때 유지되는 거리
개인적 거리	1.5~4ft(0.5~1.2m)	친한 친구나 잘 아는 사람들의 일상적 대화 시의 거리
사회적 거리	4~12ft(1.2~3.6m)	주로 업무상의 대화에서 유지되는 거리
공적 거리	12ft 이상(3.6m 이상)	배우, 연사 등 개인과 청중 사이에 유지되는 거리

108 「홀(Hall)」은 4종류의 대인거리를 구분하였는데, 이 구분 중 주로 업무상의 대화에서 유지되는 거리인 사회적 거리(social distance)의 범위(ft)로 가장 적합한 것은?　기-09-4

㉮ 1.5~4　　㉯ 4~12

㉰ 12~18　　㉱ 18~24

109 홀(Hall)은 인간과의 거리에 대하여 4개의 단계를 설정하였다. 친한 친구 혹은 잘 아는 사람들 간의 일상적 대화에서 유지할 수 있는 최적의 거리는? 산기-06-1

㉮ 45.47cm 이내 ㉯ 45.47~121.92cm
㉰ 121.92~365.76cm ㉱ 457.2cm 이상

110 경계를 표시하는 상징적 요소인 담장이나 문주의 설치로 주민들에게 높은 소유의식을 부여하는 방법은 환경심리학의 어떤 연구 결과가 응용된 예인가? 기-07-2, 기-04-4, 산기-12-1

㉮ 개인적 공간(Personal space)
㉯ 영역성(territoriality)
㉰ 혼잡(crowding)
㉱ 반달리즘(vandalism)

해 영역성 : 개인 또는 일정 그룹의 사람들이 사용하는 물리적 또는 심리적 소유를 나타내는 일정지역으로 기본적 생존보다는 귀속감을 느끼게 함으로써 심리적 안정감을 부여한다.

111 영역성(territoriality)과 가장 관계 깊은 학자는? 기-10-2

㉮ 리튼(Litton) ㉯ 린치(Lynch)
㉰ 알트만(Altman) ㉱ 라포포트(Rapoport)

112 알트만(Altman)은 인간의 영역을 주로 사회적 단위의 측면에서 1차적, 2차적, 공적 영역의 3가지로 구분하고 있다. 다음 중 2차적 영역에 속하는 공간은? 기-09-1

㉮ 사무실 ㉯ 공원
㉰ 교회 ㉱ 해수욕장

해 알트만(Altman)의 사회적 단위 측면의 영역성 분류

구분	내용
1차적 영역 (사적 영역)	·일상생활의 중심이 되는 반영구적으로 점유되는 공간 ·인간의 영역성 중 배타성이 가장 높은 영역(가정, 사무실 등) ·높은 프라이버시 요구
2차적 영역 (빈공적·복합영역)	·사회적 특정그룹 소속원들이 점유하는 공간(교실, 기숙사 등) ·어느 정도 개인화 되며, 배타성이 낮고 열 영구적
공적 영역	·거의 모든 사람의 접근이 허용되는 공간(광장, 해변 등) ·프라이버시 요구도와 배타성이 가장 낮음

113 알트만(Altman)은 교실이나 기숙사 식당, 교회 등과 같이 특정 사회집단이 특정 기간 동안 공동으로 점유할 수 있는 공간을 무엇이라고 했는가? 산기-06-2

㉮ 1차 영역 ㉯ 2차 영역
㉰ 공적 영역 ㉱ 사회 영역

114 뉴먼(Newman)은 주거단지계획에서 환경심리학적 연구를 응용하여 범죄 발생율을 줄이고자 하였다. 뉴먼이 적용한 가장 중요한 개념은? 기-06-2, 기-04-2

㉮ 영역성(territoriality)
㉯ 개인적 공간(personal space)
㉰ 혼잡성(crowding)
㉱ 프라이버시(privacy)

해 뉴먼(Oscar Newman) : 영역의 개념을 옥외설계에 응용
·주택단지계획에서 환경심리학적 연구를 응용하여 범죄발생을 줄이고자 범죄예방공간(defensible) 주장
·아파트 지역에 1차적 영역만 존재하고 2차적 영역 및 공적 영역이 구분되지 않아 범죄발생률이 높다고 보고 중정, 벽, 식재 등으로 영역구분을 통해 범죄발생률 저감

115 밀도와 혼잡에 관한 설명으로 옳지 않은 것은? 산기-08-2, 기-04-4

㉮ 혼잡은 밀도와 관련이 있다.
㉯ 밀도가 높다고 반드시 혼잡하다고 느껴지는 것은 아니다.
㉰ 혼잡은 밀도보다 접촉 빈도와 관계가 깊다.
㉱ 밀도가 높은 환경에서 타인에 대한 호감이 높아진다.

해 ㉱ 밀도가 높은 환경일수록 타인에 대한 호감도는 낮아진다.

116 비교적 높은 공간적 밀도하에서 혼잡(crowding)을 느끼는 정도는 구성원들 간의 아는 정도와 환경(공간)에 대한 익숙한 정도에 따라 달라진다. 다음 중 혼잡을 느끼는 정도가 가장 높은 것은? 기-06-2

㉮ 서로 잘 아는 그룹이 익숙한 환경 내에 있을 때
㉯ 서로 잘 아는 그룹이 익숙하지 못한 환경 내에 있을 때

정답 109 ㉯ 110 ㉯ 111 ㉰ 112 ㉰ 113 ㉯ 114 ㉮ 115 ㉱ 116 ㉱

㉰ 서로 잘 모르는 그룹이 익숙한 환경 내에 있을 때

㉱ 서로 잘 모르는 그룹이 익숙하지 못한 환경 내에 있을 때

해 서로를 잘 모르는 그룹이 익숙하지 못한 환경 내에 있을 때 혼잡을 느끼는 정도가 가장 크다.

117 조경계획의 행태적 분석 기준 중 맞는 항목은?
산기-03-2

㉮ 기능적 측면 : 영역성 ㉯ 생리적 측면 : 안전성
㉰ 지각적 측면 : 쾌적성 ㉱ 사회적 측면 : 복잡성

해 ㉮ 기능적 측면 : 환경 내에서 이루어지는 행위가 잘 이루어지도록 하는 공간구성 및 사물의 배치기준

㉰ 지각적 측면 : 환경적 자극이 그 환경 내의 행위에 적절한 범위로 유지되도록 하는 복잡성, 다양성 등의 기준

㉱ 사회적 측면 : 개인적 공간, 영역성, 혼잡 등의 사회적 형태가 원만히 이루어지기 위한 기준

118 행태적 분석 모델에 해당하지 않는 것은?
기-09-2

㉮ PEQI 모델 ㉯ 3원적 모델
㉰ 순환 모델 ㉱ 기능적 모델

해 행태적 분석 모델로는 PEQI 모델, 순환 모델, 3차원 모델 등이 있다.

119 조경계획의 사회 행태적 분석에서 인간행태 관찰의 특성이라 볼 수 없는 것은? 산기-05-2

㉮ 행태가 일어나는 상황을 보다 절실하게 파악할 수 있다

㉯ 인터뷰를 하는 경우에는 정확한 자료를 얻지 못하는 경우가 있으나 직접 관찰 시는 가능하다.

㉰ 이 방법은 정적(靜的)인 행태를 관찰하는 것이다.

㉱ 관찰자는 행위자들이 관찰자 자신을 어느 정도 인식하도록 할 것인가를 결정해야 한다.

120 설문조사의 특징 설명 중 가장 부적합한 것은? 산기-08-1, 산기-11-4, 기-06-1

㉮ 표준화된 설문지를 여러 응답자에게 동일하게 적용함으로써 여러 다른 사람의 응답을 비교할 수 있다.

㉯ 설문작성을 위해서는 연구 가설의 설정이 중요하며 연구가설이 잘 설정된 경우는 예비조사는 필요 없다.

㉰ 통계적 처리를 통하여 계량적 결론을 유도하기에 유리하다.

㉱ 앞부분의 질문이 나중의 질문에 답하는데 영향을 미칠 수 있다.

해 설문조사는 설문작성을 위한 인터뷰나 현장관찰 등의 예비조사가 필요하다.

121 인간의 공간적 행태는 개인적 필요와 사회적 제약의 상호작용의 결과로 초래된다고 주장하는 사회적 행태의 이론적 모델은? 기-04-2

㉮ 프라이버시 모델 ㉯ 스트레스 모델
㉰ 정보과잉 모델 ㉱ 2원적 모델

해 프라이버시 모델
·공간적 행태를 프라이버시의 조절작용으로 이해
·개인적인 공간 및 영역성은 적정한 프라이버시 정도를 성취하기 위한 행태로 해석
스트레스 모델
·공간적 행태를 스트레스 상황을 극복하기 위한 작용으로 이해
·개인적 공간 및 영역의 침입과 혼잡은 스트레스를 초래하므로 개인적 공간 및 영역확보는 스트레스를 막는 수단이 됨
정보과잉 모델
·다른 사람과 가깝게 있으면 보통의 경우보다 더 많은 정보를 소화하도록 강요당하므로 혼돈 및 스트레스 초래

122 사회적 행태의 이론적 모델에 해당하지 않는 것은? 기-06-1

㉮ PEQI 모델 ㉯ 프라이버시 모델
㉰ 스트레스 모델 ㉱ 2원적 모델

해 사회적 행태의 이론적 모델로는 프라이버시 모델, 스트레스 모델, 정보과잉 모델, 2원적 모델, 기능적 모델이 있다.
㉮ PEQI 모델은 행태적 분석 모델이다.

123 프로그램이란 설계 시 필요한 요소와 요인들에 대한 목록과 표를 말하는데, 이 프로그램의 구성은 세 가지로 이루어진다. 다음 중 구성 요소로 가장 보기 어려운 것은? 산기-04-4

㉮ 설계 목적과 목표
㉯ 설계에 포함되어야 할 요소들의 목록
㉰ 설계상의 특별한 요구사항
㉱ 설계비용

해 프로그램 구성요소

· 설계의 목적과 목표
· 설계의 유형에 따른 제약점 및 한계성
· 설계에 포함되어야 할 목록
· 설계상의 특별한 요구사항
· 장래성장 및 기능변화에 대한 유연성
· 예산

124 프로그램(program)의 설명으로 부적합한 것은? 기-08-1

㉮ 프로그램은 계획 및 설계를 위한 전제조건의 일부가 된다.
㉯ 프로그램은 의뢰인이 제공할 수도 있으며, 필요에 따라서는 조경가가 작성할 수도 있다.
㉰ 프로그램은 조경가와 의뢰인의 대화 혹은 전문적 연구를 통하여 작성된다.
㉱ 프로그램은 프로젝트에서 기본목표의 상위 개념이 되며 프로그램에 의하여 기본 목표가 설정된다.

125 조경계획에 있어 토지이용계획 수립의 내용과 과정이 옳은 것은? 기-07-2, 기-08-4

㉮ 적지분석 – 토지이용분류 – 종합배분
㉯ 진입공간선정 – 적지선정 – 종합배분
㉰ 적지분석 – 종합배분 – 진입공간선정
㉱ 토지이용분류 – 적지분석 – 종합배분

126 토지이용계획에 관한 설명 중 옳지 않은 것은? 기-10-4

㉮ 계획구역내의 토지를 계획·설계의 기본목표 및 기본구상에 부합되도록 구분하고 용도를 지정하는 것이다.
㉯ 토지가 지니고 있는 본래의 잠재력이 기본적 고려사항이 된다.
㉰ 이용행위의 기능적 특성을 고려한 행위 상호간의 관련성에 따라서 토지이용이 구분된다.

㉱ 적지분석은 토지의 잠재력과 사회적 수요에 기초하여 각 용도별로 행해지므로 동일지역이 몇 개의 용도에 적합한 경우는 없다.

해 ㉱ 적지분석은 토지의 잠재력, 사회적 수요에 기초하여 각 용도별로 행해지므로 동일지역이 몇 개의 용도에 적합한 경우도 발생한다.

127 토지이용계획의 기초가 되는 적지분석을 할 경우의 고려사항과 거리가 먼 것은? 기-10-4

㉮ 토양의 적정성
㉯ 설계의 질적 수준
㉰ 주변교통관계 및 접근성
㉱ 경관적 특성

128 토지이용 상에 있어 접근 용이성을 크게 하기 위해서는 다음 중 어느 것이 잘 계획되어야 하는가? 산기-03-2

㉮ 동선계획(動線計劃)　㉯ 배수계획(排水計劃)
㉰ 정지계획(整地計劃)　㉱ 가로(街路)시설물 계획

129 기본계획안에 포함되는 토지이용계획에 대한 설명으로 적합한 것은? 산기-03-2, 산기-05-2, 산기-07-1

㉮ 토지가 지닌 본래의 잠재력이 기본적 고려사항이다.
㉯ 토지이용의 종류는 항상 일정하다.
㉰ 한 지역은 한 가지의 용도에만 적합하다.
㉱ 이용행위의 기능적 특성은 토지이용과는 무관하다.

130 국립공원, 관광지 등의 계획을 위한 교통·동선 계획시 가장 보편적으로 이용되는 순서는? 기-11-4

㉮ 통행량 분석 → 통행로 선정 → 통행량 배분
㉯ 통행량 분석 → 통행량 배분 → 통행로 선정
㉰ 통행로 선정 → 통행량 분석 → 통행량 배분
㉱ 통행로 선정 → 통행량 배분 → 통행량 분석

정답　**124** ㉱　**125** ㉱　**126** ㉱　**127** ㉯　**128** ㉮　**129** ㉮　**130** ㉯

131 다음 중 영역성(territoreality)의 설명으로 옳지 않은 것은?
기-12-1

㉮ 영역은 주로 집을 중심으로 고정된 지역 혹은 공간을 말한다.

㉯ 영역성은 사람뿐만 아니라 일반 동물에서도 흔히 볼 수 있는 행태이다.

㉰ 공적 영역은 배타성이 가장 높으며 일정시의 이용자는 잠재적인 여러 이용자 가운데의 한사람일 뿐이다.

㉱ 영역적 행태는 필요한 경우 타인의 침입을 방어하는 욕구를 나타낸다.

해 공적영역 : 거의 모든 사람의 접근이 허용되는 공간(광장, 해변 등)으로 프라이버시 요구도와 배타성이 가장 낮음

132 기본계획안 작성 시 교통, 동선계획의 설명으로 올바르지 않은 것은?
기-06-1

㉮ 유원지 등은 주 이용기에 많은 사람들이 몰리므로 주 이용기에 발생되는 최대의 통행량을 계획에 반영한다.

㉯ 시설물 혹은 행위의 종류가 많고 복잡할수록 동선체계를 복잡하게 한다.

㉰ 통행로 선정 시 가능한 짧은 거리로써 보통은 직선적 연결이 바람직하지만 지형적 여건으로 우회될 경우도 있다.

㉱ 보행동선과 차량동선이 만나는 부분에서는 보행자의 안전을 위해 보행동선이 우선적으로 고려되어야 한다.

해 ㉯ 시설물이나 행위의 종류가 많고 복잡한 박람회장, 종합어린이 놀이터 등은 단순한 짜임의 동선체계를 확보한다.

133 시설물 배치계획에 관한 서술 중 옳지 않은 것은?
기-06-2

㉮ 구조물의 평면이 장방형일 때는 긴 변이 등고선에 수직이 되도록 배치한다.

㉯ 다른 시설물들과 인접할 경우, 구조물들로 형성되는 옥외공간의 구성에 유의해야 한다.

㉰ 여러 기능이 공존하는 경우, 유사기능의 구조물들은 모아서 집단별로 배치한다.

㉱ 시설물들이 랜드마크적 성격을 갖고 있지 않다

면, 주변 경관과 조화되는 형태, 색채 등을 사용하는 것이 좋다.

해 ㉮ 구조물의 평면이 장방형일 때는 긴 변이 등고선에 평행이 되도록 배치한다.

134 사전환경성검토의 환경영향 검토 항목에 해당하지 않는 것은?
기-10-1

㉮ 개발사업수익에 미치는 영향

㉯ 계획의 환경목표와의 부합성

㉰ 계획의 건전성 및 지속가능성

㉱ 생활환경에 미치는 영향

135 우리나라에서 환경영향평가 대상사업을 수립·시행 할 때 미리 그 사업이 환경에 미칠 영향을 평가·검토하여 친환경적이고 지속 가능한 개발이 되도록 함으로써 쾌적하고 안전한 국민생활을 도모할 목적으로 만든 법은?
기-09-4

㉮ 자연공원법　　　㉯ 환경정책기본법

㉰ 환경영향평가법　㉱ 환경보전법

136 환경영향평가에 대한 설명으로 옳은 것은?
산기-10-4

㉮ 주로 개발에 따른 사회적 영향에 초점을 맞춘다.

㉯ 환경설계평가 중 사후평가라 할 수 있다.

㉰ 환경영향평가는 영국에서 최초로 시작되었다.

㉱ 환경영향평가법상 환경영향 평가의 세부항목으로는 6개 분야 21개 항목으로 구성되어 있다.

137 환경영향평가에 관한 설명 중 잘못된 것은?
기-02-1

㉮ 환경영향평가는 주로 개발에 따른 생태적 영향에 초점을 맞추고 있다.

㉯ 추상적 가치 즉, 공공의 건강, 쾌적함, 미적인 질 등에 관한 정량적 분석이 어렵다.

㉰ 환경파괴에 대한 지표를 확실하게 설정할 수 있어 개발행위의 명확한 경계를 규정할 수 있다.

㉱ 환경영향평가는 개발이 시행되기 전에 행해진다.

138 환경영향평가법에서 정하는 환경영향평가항

목은 대기환경, 수환경, 토지환경, 자연생태환경, 생활환경, 사회·경제 분야로 구분된다. 이 중 "생활환경 분야"의 평가 세부사항에 해당하는 것은?

기-09-2

㉮ 인구
㉯ 위락·경관
㉰ 주거
㉱ 토양

해 생활환경 분야의 평가 세부사항으로는 친환경적 자원순환, 소음·진동, 위락·경관, 위생·공중보건, 전파장해, 일조장해 등이 있다.

139 우리나라에서 환경영향평가를 실시하여야 하는 환경영향평가대상사업으로 규정되어 있지 않은 것은?

기-09-2

㉮ 도시의 개발사업
㉯ 도로의 건설사업
㉰ 관광단지의 개발사업
㉱ 산지의 사방사업

해 환경영향평가 대상사업 : 도시개발, 사업입지 및 단지조성, 에너지개발, 항만건설, 도로건설, 수자원개발, 철도건설, 공항건설, 하천이용 및 개발, 개간 및 공유수면매립, 관광단지개발, 산지개발, 체육시설설치, 폐기물처리시설설치, 국방·군사시설, 토석·모래·자갈·광물 등의 채취 등

140 어떤 프로젝트가 시공되고 얼마동안의 이용기간을 거친 후 그 설계 혹은 계획에 대한 평가를 함으로써 설계의도가 그대로 반영되고 있는지, 이용자의 행태에 적합한 공간구성이 이루어졌는지 등을 알아보고자 하는 평가는?

기-03-4, 기-10-1

㉮ 환경영향평가(environmental impact assessment)
㉯ 이용 후 평가(post occupancy evaluation)
㉰ 시각자원평가(visual resource assessment)
㉱ 설계대안평가(design alternatives evaluation)

141 프리드만(Friedmann)이 제시한 옥외공간 이용 후 평가 시 수행하여야 할 분석 사항과 비교적 관련이 없는 것은?

기-05-1, 기-11-4

㉮ 사전환경영향평가서
㉯ 이용자 분석
㉰ 설계관련 행위 분석
㉱ 주변 환경 분석

해 프리드만의 옥외평가 : 일정한 정주환경은 나름대로의 사회적, 문화적, 역사적 바탕위에 형성된다고 보고, 물리·사회적 환경, 이용자, 주변환경, 설계과정의 4가지를 분석하여 평가하였다.

142 Friedmann이 제시한 이용 후 평가(Post Occupancy Evaluation)의 목적에 부합되지 않는 것은?

기-08-4

㉮ 기존환경의 개선 및 새로운 환경의 창조를 위한 의사결정에 평가 자료를 반영
㉯ 인간과 자연환경의 관계성을 연구함으로써 자연환경에 대한 이해증진
㉰ 장래 설계교육에 필요한 중요한 자료 마련
㉱ 넓은 의미의 환경영향평가를 위한 이용자 만족도 및 환경 적합성의 예측을 위한 능력개발 시도

해 환경설계평가의 목표 – Friedmann

· 기존환경의 개선 및 새로운 환경의 창조를 위한 의사결정에 평가자료 반영
· 인간과 인공환경의 관계성을 연구함으로써 인간행태에 대한 이해증진
· 환경설계에 관련된 정책 및 프로그램의 효율성 분석을 위한 필요자료 마련
· 장래 설계교육에 필요한 중요한 자료 마련
· 넓은 의미의 환경영향평가를 위한 이용자 만족도 및 환경 적합성의 예측을 위한 능력개발 시도

1>>> 시설물 조경계획

❶ 토지이용에 대한 법적 제한규정(국토의 계획 및 이용에 관한 법률 참조)

지역·지구·구역의 구분

용도지역	도시지역	주거지역	논 또는 밭 등의 경작지구
		상업지역	중심상업지역·일반상업지역·근린상업지역·유통상업지역
		공업지역	전용공업지역·일반공업지역·준공업지역
		녹지지역	보전녹지지역·생산녹지지역·자연녹지지역
	관리지역	보전관리지역 ·생산관리지역 ·계획관리지역	
	농림지역		
	자연환경보전지역		
용도지구	경관지구(자연·시가지·특화), 고도지구, 방화지구, 방재지구(시가지·자연), 보호지구(역사문화환경·중요시설물·생태계), 취락지구(자연·집단), 개발진흥지구(산업유통·관광휴양·복합·특정), 특정용도제한지구, 복합용도지구		
용도구역	개발제한구역, 도시자연공원구역, 시가화조정구역, 수산자원보호구역, 입지규제최소구역		

용도지역의 건폐율 및 용적률 최대한도(다음의 범위에서 조례로 정함)

지역구분		건폐율	용적률
도시지역	주거지역 상업지역 공업지역 녹지지역	70%이하 90%이하 70%이하 20%이하	500%이하 1,500%이하 400%이하 100%이하
관리지역	보전관리지역 생산관리지역 계획관리지역	20%이하 20%이하 40%이하	80%이하 80%이하 100%이하
농림지역		20%이하	80%이하
자연환경보전지역		20%이하	80%이하

❷ 단독주거(주택)공간

(1) 주택정원의 역할 및 조사 분석

1) 주택정원의 역할

① 자연을 공급해 줌으로써 주택 내의 휴식과 정적인 여가활동 보장

② 주거환경을 보호해 줌으로써 가족의 프라이버시 확보

③ 외부생활공간의 기능을 수행함으로써 원활한 주거생활에 일조

④ 수목과 재료들의 미적구성으로 심미적 쾌감 부여

▌시설조경계획의 필요성
① 종합체계성의 유지
② 토지이용의 합리적 배분
③ 자연경관성의 최대존중

▌도시관리계획도면의 표시(채색)기준 – 1/5,000 작성 기준
·도시지역−빨간색
·관리지역−무색
·농림지역−연두색
·자연환경보전지역−연한파란색
·주거지역−노란색
·상업지역−분홍색
·공업지역−보라색
·녹지지역−연두색
·보전관리지역−연두색
·생산관리지역−연두색
·계획관리지역−무색

▌건폐율과 용적률
① 건폐율 $= \dfrac{건축면적}{부지면적} \times 100$
② 용적률 $= \dfrac{연면적}{부지면적} \times 100$

▌주택정원의 역할
① 자연의 공급
② 프라이버시 확보
③ 외부생활공간 기능
④ 심미적 쾌감 기능

2) 정원계획을 위한 조사 분석

① 대지 및 주변 환경

㉠ 대지의 각종 현황 : 지형, 기후, 식생 등 자연요소와 시각적·경관적 요소

㉡ 주변건물의 용도·크기·모양, 편의시설, 소음 등

㉢ 정원이 적당한 크기로 들어가려면 대지면적 200m² 이상 필요

② 사용자에 관한 사항

㉠ 생활수준 : 직업, 교양 정도, 소득 수준 등

㉡ 가족의 성격과 태도 및 단란의 양상

㉢ 작업장(채소원, 온실, 건조장 등), 어린이 놀이터 등

㉣ 시설 내용(차량보유 및 주차대수), 정원시설, 조각물, 정자 등

(2) 주택정원의 기능분할(zoning) – 에크보(G. Eckbo)

1) 전정(Public access)

① 대문과 현관 사이에 끼어 있는 공간으로 공적 분위기에서 사적 분위로 들어오는 전이공간

② 주택의 첫인상을 주는 진입공간으로 적당한 규모로 계획

③ 입구로서의 단순성이 강조되고 바람직하며 밝은 인상을 주는 화목류 군식

④ 차고 설치와 차의 진입을 위한 회전 반경에 유의

⑤ 내부공간은 현관홀과 포오치, 외부공간은 대문, 진입 공간, 주차장 등

2) 주정(General living)

① 주택 내 가장 중요한 공간군으로써 가족의 휴식과 단란의 공간으로 가족의 구성, 개개인의 성격과 요구에 깊이 관여

② 가장 특색 있게 꾸밀 수 있는 공간

③ 내부의 주공간과 외부의 주공간이 직접 동선상 전망으로 연결될 수 있도록 유의

④ 내부공간은 거실, 식당, 서재, 가족실 등, 외부공간은 테라스, 파티오(patio), 연못, 잔디밭 등

⑤ 번잡하게 꾸미기 보다는 주제를 찾아서 강조하고 다른 요소는 종속되도록 계획

⑥ 이용의 측면을 고려 중심부가 비어 있는 것이 바람직하며, 퍼걸러·녹음수·정자 등을 설치하고 녹음수 식재

⑦ 낙엽수를 심어 계절감을 느낄 수 있게 하며, 전정과의 경계부에는 관목류로 약간의 차폐가 가능하게 배식

⑧ 놀이공간이나 운동시설을 놓을 수도 있으나 시각상 문제가 있으므로 작업정과 관련시켜 배치

대지의 조경
면적이 200m² 이상인 대지에 건축을 하는 건축주는 용도지역 및 건축물의 규모에 따라 해당 지방자치단체의 조례로 정하는 기준에 따라 대지에 조경이나 그 밖에 필요한 조치를 하여야 한다.

중정(patio)
① 일종의 옥외실(outdoor room)로서 햇빛을 받는 하나의 독립된 방으로 휴식·요리·식사 등의 장소로 쓰인다.
② 반내부 반외부의 공간으로 천정이 뚫려 있는 위요된 공간으로 채광 및 통풍에 특히 유의한다.

3) 후정(Private living)
 ① 우리나라 후원과 유사한 공간으로 실내공간의 침실과 같은 휴양공간과 연결되어 조용한 분위기의 공간
 ② 침실에서의 전망이나 동선은 살리되 외부에서는 가능한 한 시각적·기능적 차단을 하여 프라이버시 최대한 보장
 ③ 복잡한 식재패턴을 지양하고 부분적 차폐식재 도입
4) 작업정(Work space)
 ① 내부의 주방·세탁실·다용도실·저장고 등과 연결되어 있는 장독대·빨래터·건조장·집기수리 및 보관 장소 등의 외부 공간
 ② 전정·후정과는 시각적으로 어느 정도 차단하면서 동선은 연결

(3) 주택정원의 계획 및 설계

1) 계획지침
 ① 정원은 이용과 동시에 감상하는 공간으로 실용성과 심미성 동시 고려
 ② 내·외부 공간의 상호관련성 및 대지와 건물의 모양과 조화 고려
 ③ 중점지역(accent area)을 설정하여 정원의 주제와 주가 되는 위치를 찾아 통일성 부여
 ④ 대지조건, 취향, 양식, 유지관리 등을 참작하여 식물재료 선택
2) 에크보(G. Eckbo)의 정원 분류
 ① 기하학적·구조적정원 : 기하학적 골격이 주가 되고 식물재료는 부수적인 요소
 ② 기하학적·자연적 정원 : 구조적 골격이 지배적이지만 식물재료나 다른 자연적요소가 주요하거나 동등한 역할을 하는 것
 ③ 자연적·구조적 정원 : 식물재료·바위·물 혹은 지형이 지배적이지만 분명한 기하학적 구성감이 있는 것
 ④ 자연적 정원 : 자연적 요소와 재료가 지배적이고 다른 인위적인 형태나 골격이 명백히 드러나지 않는 것

❸ 집합주거(아파트)공간

(1) 단지계획

1) 공간구성
 ① 구성요소 : 건축, 도로, 주차장, 녹지, 공공시설, 옥외시설물, 기타 구조물 등 물리적 요소
 ② 구성체계 : 근린생활권의 단계적 구성
 ③ 배치 : 건축과 도로에 의한 공간배치 결정 및 녹지의 확보와 형태가 단지의 특성을 표출
 ④ 형태 : 평면적 변화보다는 입면적인 변화가 강하게 나타남

▌측정
주택정원에서는 측정을 두기가 여의치 않고, 두었다 하더라도 폭이 좁아 정원으로 사용하기에는 어렵기에 이웃과의 차폐식재나 경계식재를 주로 하며, 보행로를 내고 초화류 등으로 식재한다.

구성체계

구분	세대수	중심시설	공간권역(m)	시설
인보구	20~50	어린이놀이터	반경 30~40	동일한 아파트건물
근린분구	100~200	휴게소, 잡화점, 어린이놀이터	100~150	2~5개 아파트동, 휴게소, 잡화점
소근린주구	300~500	생활편익시설(근린센터)	250~400	생활편익시설
대근린주루	1,000~1,600	초등학교	600~800	근린센터, 학교, 교회, 공원 등

2) 토지이용

① 활동 : 주거기능을 중심으로 생활과 생존에 필요한 활동 위주

② 배치 : 일조, 풍향, 출입동선에 따른 다양한 형태 및 배치

③ 접근성 : 단지 내의 각 지점마다 접근도를 향상시키도록 공간구성

④ 유형 : 건축과 도로 및 녹지 등에 의해 형태 창출

⑤ 밀도 : 단위면적당 인구, 고용지수, 매상고 등의 활동밀도와 용적, 건폐, 호수밀도 등의 물리적 밀도

⑥ 연계성 : 인간, 상품, 폐기물의 유동이나 정보교환 또는 공원의 풍경과 같은 쾌적성의 결합과 그의 밀접성

⑦ 공간배열 : 공간구성요소간의 비율, 용적, 밀도, 형태, 성격, 유형, 결합 등의 차이에서 발생

3) 조경관련 규정

① 도로(주택단지 안의 도로 포함. 단, 보도로만 사용되는 도로 제외) 및 주차장의 경계선으로부터 공동주택의 외벽(발코니 포함)까지의 거리를 2m 이상 이격 후 그 부분에 식재 등 조경에 필요한 조치 시행

② 근린생활시설 등이 1,000m²를 넘는 경우에는 주차·물품의 하역 등에 필요한 공터 주변에는 소음·악취의 차단과 조경을 위한 식재 그 밖에 필요한 조치 시행

4) 도로

① 가구(단지구획) 형성 : 규모나 형태는 인동간격, 건물배치, 도로간격에 따라 결정(소형 200×100m 이상, 300×200m 정도 적정)

② 진입도로

세대수	도로의 폭
300세대 미만	6m 이상(10m 이상)
300~500세대 미만	8m 이상(12m 이상)
500~1,000세대 미만	12m 이상(16m 이상)
1,000~2,000세대 미만	15m 이상(20m 이상)
2,000세대 이상	20m 이상(25m 이상)

· ( )는 폭 4m 이상의 진입도로 중 2개의 진입도로 폭의 합계

③ 주택단지 안의 도로

　　㉠ 폭 1.5m 이상의 보도를 포함한 폭 7.0m 이상의 도로(보행자전용도로, 자전거전용도로 제외) 설치(단, 100세대 미만이고 35m 미만의 막다른 도로인 경우 4m 이상)

　　㉡ 유선형 도로로 설치하거나 노면의 요철포장, 과속방지턱 등을 통하여 설계속도 20km/hr 이하로 설치

　　㉢ 500세대 이상인 경우 어린이 통학버스의 정차가 가능한 어린이 안전보호구역을 1개소 이상 설치

　　㉣ 차도는 아스팔트·콘크리트·석재 기타 이와 유사한 재료로 포장

　　㉤ 보도는 보도블록·석재 등으로 포장하고, 차도면보다 10cm 이상 높게 하거나 도로에 화단, 짧은 기둥 등의 시설로 차도와 구분

　　㉥ 보행자 및 차량의 통행과 빗물 등의 배수에 지장이 없는 구조

　　㉦ 보도와 횡단보도, 건축물 출입구 앞의 보도와 차도의 경계부분은 지체장애인의 통행에 편리한 구조로 설치

아파트 단지내 가로망의 기본유형별 특성

구분	형태	특성
격자형		·평지에서 가구형성, 건물배치가 용이함 ·토지이용상 효율적이며, 평지에서는 정지작업이 용이함 ·경관이 단조로우며, 지형의 변화가 심한 곳에서는 급구배 발생 ·북사면에서 일조상 불리하며, 접근로에 혼동이 오기 쉬우며, 교차점의 빈발
우회형		·통과교통이 상대적으로 적어서 주거환경의 안전성이 확보됨 ·사람과 차의 동선의 교차가 증대됨 ·진입에 대체성이 있으나, 동선이 길어질 수 있음 ·불필요한 접근로가 발생되기 때문에 시공비가 증대됨
대로형 (자루형)		·통과교통이 없어서 주거환경의 안정성이 확보됨 ·각 건물에 접근하는 데 불편함을 초래할 수 있음 ·건물군에 의해 단순하게 처리되지만, 도로의 연계체계가 미확보됨 ·공동공간이나 시설을 배치시킬 수 있으며 독특한 공간을 구성시킴
우회 전진형		·격자형에서 발생되는 교차점을 감소시킬 수 있음 ·통과교통이 상대적으로 배제되지만 동선이 길어질 수 있음 ·접근성에 있어 불편함을 초래하고 보행자와 교차가 빈번해짐 ·운전시에 급한 커브가 많이 발생되며, 방향성을 상실하기 쉬움

5) 주거밀도

① 영향인자 : 주거밀도에 영향을 주는 요소 - 건축형태(저층, 고층), 지형(경사도), 관련법(건폐율, 용적률, 층수제한 등)

② 총 주거밀도(gross density) : 건축 부지를 구획하는 도로 면적(차로, 해당지구 주변 가로의 1/2, 주변가로 교차점의 1/4면적)을 포함한 부지를 대상으로 하는 밀도

③ 순(순수주거)밀도(net density) : 주거목적의 획지(녹지나 교통용지 제

▎주택단지 안 교통안전시설의 설치기준

① 진입도로, 주택단지 안의 교차로, 근린생활시설 및 어린이놀이터 주변의 도로 등 보행자의 안전 확보가 필요한 차도에는 횡단보도를 설치할 것

② 지하주차장의 출입구, 경사형·유선형 차도 등 차량의 속도를 제한할 필요가 있는 곳에는 높이 7.5~10cm, 너비 1m 이상인 과속방지턱을 설치하고, 반사성 도료로 도색한 노면표지를 설치할 것

③ 도로통행의 안전을 위하여 필요하다고 인정되는 곳에는 도로반사경, 교통안전표지판, 방호울타리, 속도측정표시판, 조명시설, 그 밖에 필요한 교통안전시설을 설치할 것

④ 보도와 횡단보도의 경계부분 등 차량의 불법 주청차를 방지할 필요가 있는 곳에는 설치 또는 해체가 쉬운 짧은 기둥 등을 보도에 설치할 것. 이 경우 지체장애인의 통행에 지장이 없도록 하여야 한다.

▎가로망 계획

안전성, 효율성, 쾌적성, 속도, 경제성을 고려하여 계획한다.

외)만을 기준으로 산출한 밀도(순수 주택건설용지에 대한 인구수)

④ 근린밀도(neighborhood density) : 건축부지에 각종 서비스 시설용지와 도로용지를 포함한 부지를 대상으로 하는 밀도

⑤ 건축밀도(building density) : 건폐율 및 용적률

(2) 건물배치

1) 결정요소

① 건축물과의 주관련 요소 : 건폐율, 용적률, 건축바닥 면적과 형태, 건물의 높이, 인동간격, 향, 출입구위치 등

② 건축물과의 부수적인 요소 : 가용지의 형태와 경사도, 전망과 쾌적성의 입지특성, 단지주변의 특성 등

③ 기타요소 : 진입로와 출입구, 주차장, 놀이터, 녹지, 가로망 체계, 공공시설 등

2) 고려사항

① 법규의 적용 : 용적률, 건폐율 등의 효율성 확보, 용도의 혼용 가부, 건축높이의 제한 및 인동간격에 따른 건축공간 확보 등

② 조형미 창출 : 건축형태의 다양화, 공간구성의 변화부여, 건축 특성과 조화된 공간배분, 공간규모에 따른 균형추구 등

③ 효율적 시설배치 : 보·차도 분리, 교육·상업·위락시설의 편익성 확보, 접근로의 축소와 출입거리의 단축, 설비계통의 효율성 확보, 도로체계의 확립, 주차장의 최대 확보 등

④ 단지특성 : 식생, 지형, 수계, 향 등의 보전과 개발의 균형, 녹지체계의 개발 등

⑤ 경제·사회성 : 분양가구수, 건설비, 유지관리비, 주민의 선호도 등

3) 일조확보를 위한 높이 제한

① 전용주거지역이나 일반주거지역에서 건축하는 경우 건축물의 각 부분을 정북 방향으로 인접대지경계선으로부터 이격

㉠ 높이 4m 이하 부분 : 1m 이상

㉡ 높이 8m 이하 부분 : 2m 이상

㉢ 높이 8m 초과 부분 : 건축물 각 부분 높이의 1/2 이상

② 공동주택은 위 사항과 각 부분의 높이는 채광창 등이 있는 벽면에서 직각방향으로 인접대지경계선까지의 수평거리 2배 이하 적용

4) 인동거리

① 채광을 위한 창문이 있는 벽면으로부터 직각방향으로 건축물 각 부분 높이의 0.5배 이상의 범위에서 조례로 정함

② 채광창이 없는 벽면과 측벽이 마주보는 경우 8m 이상, 측벽과 측벽이 마주보는 경우 4m 이상

▌총밀도 = 순밀도×주거용지 비율

▌호수밀도 = 주택호수÷부지 면적

▌**공동주택의 배치**
도로(주택단지 안의 도로를 포함하되, 필로티에 설치되어 보도로만 사용되는 도로는 제외) 및 주차장(지하, 필로티 등에 설치하는 주차장 및 진출입로 제외)의 경계선으로부터 공동주택의 외벽(발코니나 비슷한 것 포함)까지의 거리는 2m 이상 띄어야 하며, 그 띄운 부분에는 식재등 조경에 필요한 조치를 하여야 한다.

▌**소음방지대책의 수립**
사업주체는 공동주택을 건설하는 지점의 소음도(실외소음도)가 65dB 미만이 되도록 하되, 65dB 이상인 경우에는 방음벽·수림대 등의 방음시설을 설치하여 해당 공동주택의 건설지점의 소음도가 65dB 미만이 되도록 법에 따른 소음방지대책을 수립하여야 한다. 다만, 공동주택이 별도의 법에 따라 건축되는 경우에는 세대 안에 설치된 모든 창호를 닫은 상태에서 거실에서 측정한 소음도(실내소음도)가 45dB 이하일 것이며, 법에 따라 정하는 기준에 적합한 환기설비를 갖추어야 한다.

▌**인동거리**
동일 대지 안에서 건물간의 간격으로 동간격(동간거리)이라고도 하며, 건물배치 시 주요 고려사항 중 일조 및 채광, 통풍, 프라이버시 등을 감안하여 매우 중요하게 취급한다.

③ 동일 대지의 모든 세대가 동지를 기준으로 9시에서 15시 사이에 2시간 이상을 계속하여 일조를 확보할 수 있는 거리 이상

(3) 오픈스페이스체계

① 광의의 녹지공간의 기능을 수용하는 공공적이며 공개적인 공간을 바탕으로 구성

② 구성요소 : 녹지, 위락시설, 동선, 설비 등

③ 형성방법, 공간구성, 형태구상 등을 계획 시 고려

(4) 보행로

① 차량과 보행자에 의한 건물간의 순환과 아파트건물로의 접근은 쾌적하고 편리해야 함

② 아파트 건물의 주출입구에서 가로나 주차장까지의 거리는 100ft(30m) 이내 – 최대 250ft(76m) 이내

③ 보행로는 포장되어 있어야 하며 폭, 배열, 경사 등은 안전, 편리, 미관 등에 유리해야 함

　㉠ 폭 : 1인 최소 폭 1.2m, 왕복 1.8m – 주택단지안의 도로는 폭 1.5m 이상의 보도를 포함한 폭 7.0m 이상의 도로 설치

　㉡ 경사 : 5% 이하가 좋으며 최대 7.5% 이하

④ 계단과 계단으로 된 램프는 신체장애자를 위해 가급적 회피

⑤ 공개된 보도 또는 교차로의 보도는 어느 지점에서라도 시준되어야 함

(5) 주민공동시설

① 100세대 이상의 경우 주민공동시설 설치

　㉠ 150세대 이상 : 경로당, 어린이놀이터

　㉡ 300세대 이상 : 경로당, 어린이놀이터, 어린이집

　㉢ 500세대 이상 : 경로당, 어린이놀이터, 어린이집, 주민운동시설, 작은도서관

② 필요면적 산정 – 각 시설별 전용면적을 합한 면적

　㉠ 100세대~1,000세대 미만 : 세대당 2.5m²를 더한 면적

　㉡ 1,000세대 이상 : 500m²에 세대당 2m²를 더한 면적

③ 어린이놀이터 설치기준

　㉠ 놀이기구 및 그 밖에 필요한 기구를 일조 및 채광이 양호한 곳에 설치하거나 주택단지의 녹지 안에 어우러지도록 설치할 것

　㉡ 실내 설치 시 놀이기구 등에 사용되는 재료는 '환경기술 및 환경산업 지원법'에 의한 인증재나 그에 준하는 친환경 자재를 사용할 것

　㉢ 실외 설치 시 인접대지경계선(도로·광장·시설녹지, 그 밖에 건축이 허용되지 아니하는 공지에 접한 경우 그 반대편의 경계선을 말한다)과 주택단지 안의 도로 및 주차장으로부터 3m 이상의 거리를 두고 설치할 것

▌녹지공간의 기능

위락적 기능	·여가휴양기능 ·오락기능
교화적 기능	·생산준비기능 ·관상적 기능 ·문화교양기능
보호적 기능	·안전유지기능 ·방지예방기능 ·보존기능
생태적 기능	·생태평형기능 ·자연순환기능
생산적 기능	·개발유도기능 ·원료생산기능
활동적 기능	·체육활동기능 ·교통처리기능
중심적 기능	·집합기능 ·역사적 상징기능 ·근린생활 중심기능

▌보행로의 분류

① 측면보도(sidewalks)

② 집산보도(collector walks)

③ 접근보도(approach walks)

④ 출입보도(entrance walks)

4 비주거용 건물의 정원

(1) 전정광장(forecourt)

① 건물의 입구로서의 성격을 갖는 공간으로 사람들의 동선 유도

② 도로(공적인 외부공간)에서 건물(사적인 내부공간)로의 과정적 공간의 역할 – 전이공간

③ 입구에 주의력을 집중시키고 현관으로 들어가는 적절한 동선과 분위기를 주어 그 자체로서 특징과 주제 확립

④ 전정광장의 특색을 살리기 위한 초점적 경관(focal landscape) 보유 – 조각물, 분수 등

⑤ 바닥포장과 식재로 녹지효과와 이용효과를 동시에 만족시키도록 하며, 나무 대신에 장식적 조명등 배치로 야경효과 기대

⑥ 주차·보행인의 출입, 야외휴식 및 감상 등 상반된 기능군을 동시에 만족시키도록 고려

⑦ 차의 진입 및 주차문제의 해결과 건물성격의 부각이 특히 중요

⑧ 건물 주정의 상징적 경관과 시각적으로 격리되도록 배려

> **❚ 환경조각물**
> ① 위치할 장소를 의식하고 그 속에서 주제와 소재를 구하는 특징 보유
> ② 주변 환경과 잘 어울리고 건물·오픈스페이스·조각의 전체적 통일성 확보
> ③ 공사비의 일정비율을 공공조각에 할애하도록 법으로 제정

(2) 옥상정원(roof garden)

① 시각효과 : 옥상은 대체로 삭막한 재료와 설비 등으로 인해 경관적으로 크게 해를 끼치나 녹지와 수목의 처리로 경관 개선

② 이용효과 : 한정된 지상면적을 연장하여 여러 가지 도시기능 수행

③ 옥상정원 계획 시 고려사항

   ㄱ 지반의 구조 및 강도 : 하중의 위치와 구조골격의 관계, 토양의 무게, 수목의 무게 및 식재 후 풍하중 등 고려

   ㄴ 구조체의 방수성능 및 배수계통 : 수목의 관수 및 뿌리의 성장, 토양의 화학적 반응, 급수를 위한 동력장치 고려

   ㄷ 옥상의 특수한 기후조건 : 미기후 변화가 심하며, 수목의 선정, 부자재 선정 시 바람·동결심도·공기온도·복사열 등 고려

   ㄹ 이용목적의 경우 프라이버시 확보 : 측면에 담장이나 차단식재, 위로부터의 보호를 위해 녹음수·정자·퍼걸러 등 설치

> **❚ 옥상정원**
> 건물의 옥상만이 아닌 지상을 떠나 인공대지에 설치되는 정원을 통칭하여 사용하기도 하며, 전체 건물의 건축계획·구조계획·기계설비계획과 일치해서 상호 연관성 있게 고려하여 계획한다.

(3) 실내정원

① 대규모 쇼핑센터·사무소·미술관 등에 아트리움(atrium)이라는 오픈스페이스 설정 후 정원요소 도입

② 소규모의 경우 관상용 식물로 실내원예적 측면이 고려되었으나 대규모 공간의 경우 원예적·시각적·기능적 측면을 모두 고려

③ 실내정원 설치 시 주의 사항

   ㄱ 실내정원의 위치선정·조경요소의 선정·배치구성은 건물의 전체적인 동선의 흐름과 이용패턴, 내부공간의 성격 등을 검토 후 결정

> **❚ 아트리움**
> 아트리움은 하나의 공적인 공간으로 출입이나 아케이드 성격만이 아닌, 사람들의 이용과 동선을 끌어들이는 건물 내의 심장과 같은 초점 역할을 하며, 기후조절이 가능하고 또한 식물재료의 도입으로 일종의 실내 속 외부공간과 같은 역할을 수행한다.

ⓛ 식물에 필요한 광선유도 고려

ⓒ 식물의 생장에 필요한 관수 및 습도 고려

ⓔ 식물재료의 선택(환경적 영향 고려)

2>>> 공원녹지계획

❶ 도시공원녹지계획

(1) 공원과 녹지

1) 공원

① 도시계획시설

ⓗ 한국의 공원(public park)은 「도시공원 및 녹지 등에 관한 법률」의 규성에 따라 설치되는 도시계획 시설

ⓛ 도시계획이라는 절차를 밟아서 설치·개량·변경 되는 시설

ⓒ 도시공원 : 도시계획 구역 안에서 자연경관의 보호와 시민의 건강휴양 및 정서생활의 향상에 기여하기 위하여 도시계획 수립 절차에 의해 결정된 것

② 환경특성

ⓗ 일정한 경계 : 울타리나 지형, 물, 수목 등으로써 도시환경과 물리적으로 구획

ⓛ 비건폐 상태의 땅 : 다른 도시환경과 달리 건물, 구조물 등이 많지 않고 거의 대부분이 비건폐지(공개지) 유지

ⓒ 녹지와 공원시설 : 원래 있었거나 의도적으로 가꾼 녹지와 공원의 쓰임에 맞는 시설로 구성

ⓔ 제한되나 지정되지 않은 쓰임 : 여가 활동 이외의 활동이 제한되나, 반드시 어떤 활동이나 행위를 해야 하는 것은 아님

2) 녹지

① 좁은 뜻 : 도시계획의 규정에 따라 설치되는 도시계획시설

② 넓은 뜻 : 공원뿐 아니라 하천, 산림, 농경지까지 포함한 오픈스페이스 또는 녹지공간(green space)으로 해석

③ 공원녹지 : 쾌적한 도시환경을 조성하고 시민의 휴식과 정서함양에 기여하는 공간 또는 시설

④ 녹지의 역할

ⓗ 생태적 역할 : 자연자원과 경관을 건전하게 유지(자정작용)

ⓛ 경제적 역할 : 양지토양, 산림, 수원보존, 관광자원 등의 활용 및 개발유지의 장래성 확보

> ▌공원녹지
> ① 도시공원·녹지·유원지·공공공지 및 저수지
> ② 나무·잔디·꽃·지피식물 등의 식생이 자라는 공간
> ③ 광장·보행자도로·하천 등 녹지가 조성된 공간 또는 시설
> ④ 옥상녹화·벽면녹화 등 특수한 공간에 식생을 조성하는 등의 녹화가 이루어진 시설 또는 공간

ⓒ 위락적 역할 : 다양한 위락공간의 활용

ⓔ 쾌적성 향상 : 시민의 휴식과 정서함양에 의한 지역의 생동력 부여

(2) 오픈스페이스(open space)

1) 오픈스페이스 개념

① 형질(생김새)로 본 오픈스페이스

ㄱ 개방지 : 지붕이 없이 하늘을 향하여 열려 있는 땅

ㄴ 비건폐지 : 건물이나 시설물이 지어지지 않은 땅으로 '노는 땅(공한지·유휴지)'이 아님

ㄷ 위요공지 : 숲속이나 초지처럼 수직적 요소로 둘러싸여 있는 공지

ㄹ 자연환경 : 넓은 의미로 자연환경과 같은 뜻으로 사용

② 기능으로 본 오픈스페이스 : 도시 안의 다른 땅처럼 나름대로 적극적이고 뚜렷한 기능을 가진 땅으로 이해

③ 행태로 본 오픈스페이스

ㄱ 시민들이 자유롭게 선택하고, 마음먹은 대로 스스로 하고 싶은 행동을 할 수 있는 장소

ㄴ 일상생활의 굴레에서 벗어나 스스로를 재창조(re-creation)할 수 있는 곳

ㄷ 여가를 제대로 즐길 수 있는 곳

2) 오픈스페이스 유형

유형		분류
도시공원	생활권 공원	소공원, 어린이공원, 근린공원
	주제 공원	역사공원, 문화공원, 수변공원, 묘지공원, 체육공원, 도시농업공원
녹지		완충녹지, 경관녹지, 연결녹지
도시계획시설		유원지, 공공공지, 광장, 운동장, 공동묘지, 기타
용도의 분류	지역	녹지지역, 보전관리지역, 자연환경보전지역,
	지구	자연경관지구, 수변경관지구, 생태계보존지구
	구역	개발제한구역, 도시자연공원구역

① 도시공원

ㄱ 소공원 : 소규모 토지를 이용하여 도시민의 휴식 및 정서생활의 함양을 도모하기 위해 설치하는 공원

ㄴ 어린이공원 : 어린이의 보건 및 정서생활의 향상에 기여함을 목적으로 설치하는 공원

ㄷ 근린공원 : 근린거주자 또는 근린생활권으로 구성된 지역 생활권 거주자의 보건·휴양 및 정서생활의 향상에 기여함을 목적으로 설치하는 공원

▌기능을 기준으로 한 오픈 스페이스 분류

① 실용 오픈스페이스:생산토지(농지 등), 산림, 공급처리시설(하수처리장, 쓰레기매립장), 하천, 호수, 보전녹지 등

② 녹지:원생지, 보호구역, 자연공원, 도시공원, 레크리에이션 시설, 도시개발에 의한 녹지 등

③ 교통용지:통행로, 주차장, 터미널, 교차시설, 경관녹지

▌근린공원

① 도보접근 내에 있는 여러 계층의 주민들에게 필요한 시설과 환경을 갖추어 주는 공원

② 주민의 규모·구성 및 행태를 비교적 정확하게 파악하여 조성될 수 있는 공원

③ 일상생활권 내에 거주하는 시민을 위한 공원

ⓔ 역사공원 : 도시의 역사적 장소나 시설물, 유적·유물 등을 활용하여 도시민의 휴식·교육을 목적으로 설치하는 공원

ⓜ 문화공원 : 도시의 각종 문화적 특징을 활용하여 도시민의 휴식·교육을 목적으로 설치하는 공원

ⓗ 수변공원 : 도시의 하천변·호수변 등 수변공간을 활용하여 도시민의 여가·휴식을 목적으로 설치하는 공원

ⓢ 묘지공원 : 묘지이용자에게 휴식 등을 제공하기 위하여 일정한 구역 안에 묘지와 공원시설을 혼합하여 설치하는 공원

ⓞ 체육공원 : 주로 운동경기나 야외활동 등 체육활동을 통하여 건전한 신체와 정신을 배양함을 목적으로 설치하는 공원

ⓩ 도시농업공원 : 도시민의 정서순화 및 공동체의식 함양을 위하여 도시농업을 주된 목적으로 설치하는 공원

도시공원의 설치 및 규모의 기준

공원구분			설치기준	유치거리	규 모
생활권공원	소공원		제한 없음	제한 없음	제한 없음
	어린이공원		제한 없음	250m 이하	1,500m² 이상
	근린공원	근린생활권 근린공원	제한 없음	500m 이하	10,000m² 이상
		도보권 근린공원	제한 없음	1,000m 이하	30,000m² 이상
		도시지역권 근린공원	해당 도시공원의 기능을 충분히 발휘할 수 있는 장소에 설치	제한 없음	100,000m² 이상
		광역권 근린공원	해당 도시공원의 기능을 충분히 발휘할 수 있는 장소에 설치	제한 없음	1,000,000m² 이상
주제공원	역사공원		제한 없음	제한 없음	제한 없음
	문화공원		제한 없음	제한 없음	제한 없음
	수변공원		하천·호수 등의 수변과 접하고 있어 친수공간을 조성할 수 있는 곳에 설치	제한 없음	제한 없음
	묘지공원		정숙한 장소로 장래 시가화가 예상되지 아니하는 자연녹지지역에 설치	제한 없음	100,000m² 이상
	체육공원		해당 도시공원의 기능을 충분히 발휘할 수 있는 장소에 설치	제한 없음	10,000m² 이상
	도시농업공원		제한 없음	제한 없음	10,000m² 이상
	조례가 정하는 공원		제한 없음	제한 없음	제한 없음
국가도시공원			도시공원 중 국가가 지정하는 공원	제한 없음	3,000,000m² 이상

▌근린공원 구분

① 근린생활권 근린공원
주로 인근에 거주하는 자의 이용에 제공할 것을 목적으로 하는 근린공원

② 도보권 근린공원
주로 도보권 안에 거주하는 자의 이용에 제공할 것을 목적으로 하는 근린공원

③ 도시지역권 근린공원
도시지역 안에 거주하는 전체 주민의 종합적인 이용에 제공할 것을 목적으로 하는 근린공원

④ 광역권 근린공원
하나의 도시지역을 초과하는 광역적인 이용에 제공할 것을 목적으로 하는 근린공원

▌국가도시공원
공원관리청은 도시공원을 국가도시공원으로 지정하여 줄 것을 국토교통부장관에게 신청할 수 있다. 국토교통부장관은 국가적 기념사업의 추진, 자연경관 및 역사·문화 유산 등의 보전 등을 위하여 국가적 차원에서 필요한 경우 관계 부처 협의와 국무회의 심의를 거쳐 도시공원을 국가도시공원으로 지정할 수 있다.

② 녹지의 세분 및 설치·관리

　㉠ 완충녹지 : 대기오염·소음·진동·악취 등의 공해와 사고나 자연재해 등의 재해를 방지하기 위하여 설치하는 녹지

　　a. 공장·사업장 등에서 발생하는 공해를 차단·완화하고 재해 시 피난지대 기능

　　·전용주거지역, 교육 및 연구시설 등 조용한 환경과 인접하여 설치하는 녹지는 교목(4m 이상) 등으로 원인시설을 은폐하는 형태로 설치 – 녹화면적률 50% 이상

　　·재난발생시의 피난 등을 위하여 설치하는 녹지는 관목 또는 잔디 그 밖의 지피식물 식재 – 녹화면적률 70% 이상

　　·원인시설의 보안대책, 사람·말 등의 접근억제, 상충되는 토지이용 조절을 위하여 설치하는 녹지는 나무, 잔디나 지피식물 식재 – 녹화면적률 80% 이상

　　·완충녹지의 폭은 원인시설에 접한 부분부터 최소 10m 이상

　　b. 주로 철도·고속도로 등의 공해차단·완화, 사고발생시 피난지대 기능

　　·교통기관의 안전하고 원활한 운행에 기여하도록 차광·명암순응·시선유도·지표제공 등을 위하여 수목 식재 – 녹화면적률 80% 이상

　　·연속된 대상의 형태로 원인시설 등의 양측에 균등하게 설치

　　·완충녹지의 폭은 원인시설에 접한 부분부터 최소 10m 이상

　㉡ 경관녹지 : 도시의 자연적 환경을 보전하거나 이를 개선하고 이미 자연이 훼손된 지역을 복원·개선함으로써 도시경관을 향상시키기 위하여 설치하는 녹지

　　a. 도시 내의 자연환경의 보전을 목적으로 하는 경우 필요한 면적 이내로 설치

　　b. 주민의 쾌적성과 안전성 확보를 목적으로 하는 경우 필요한 조경시설의 설치에 필요한 면적 이내로 설치

　　c. 녹지의 기능이 도시공원과 상충되지 않도록 할 것

　㉢ 연결녹지 : 도시 안의 공원·하천·산지 등을 유기적으로 연결하고 도시민에게 산책공간의 역할을 하는 등 여가·휴식을 제공하는 선형의 녹지

　　a. 녹지공간과 일상생활의 동선이 연결되도록 하기 위하여 설치

　　b. 연결녹지의 기능을 고려하여 설치

　　·비교적 규모가 큰 숲으로 이어지거나 하천을 따라 조성되는 상징적인 녹지축 또는 생태통로가 되도록 할 것

　　·도시 내 주요 공원 및 녹지는 주거지역·상업지역·학교 그 밖의 공

▎녹지
"녹지"란 「국토의 계획 및 이용에 관한 법률」에 따른 기반시설인 공간시설 중의 녹지로서 도시지역에서 자연환경을 보전하거나 개선하고, 공해나 재해를 방지함으로써 도시경관의 향상을 도모하기 위하여 도시·군관리계획으로 결정된 것을 말한다.

▎원인시설
해당녹지의 설치원인이 되는 시설

▎녹화면적률
녹지면적에 대한 식물 등의 가지 및 잎의 수평투영면적의 비율

공시설과 연결하는 망이 형성되도록 할 것

· 산책 및 휴식을 위한 소규모 가로공원이 되도록 할 것

  c. 연결녹지는 최소 폭 10m 이상(불가피한 경우 10m 미만 가능)

  d. 녹지율 70% 이상

  ⓛ 녹지의 경계는 가급적 식별이 명확한 지형·지물을 이용하거나 토지이용에 있어 확실히 구별되는 위치로 설정

  ⓜ 녹지로 인하여 기존도로가 차단되지 않도록 기존의 도로와 연결되는 이면도로에 설치

③ 각종 도시계획시설

  ㉠ 유원지 : 규모 10,000m² 이상, 접근이 쉽도록 교통시설 연결

    a. 시·군내 공지의 적절한 활용, 여가공간의 확보, 도시환경의 미화, 자연환경의 보전 등의 효과를 높일 수 있도록 설치

    b. 숲·계곡·호수·하천·바다 등 아름답고 변화가 많은 곳에 설치

    c. 소음권에 주거지·학교 등이 포함되지 아니하도록 인근의 토지이용현황 고려 – 준주거·일반상업·자연녹지·계획관리지역에 설치

    d. 대규모 유원지의 경우에는 각 지역에서 쉽게 오고 갈 수 있도록 고속국도나 주간선도로에 연결

    e. 전력과 용수의 공급이 쉽고 자연재해의 우려가 없는 지역에 설치

    f. 각 계층의 이용자의 요구에 응할 수 있도록 다양한 시설 설치

    g. 연령과 성별의 구분없이 이용할 수 있는 시설 포함

    h. 휴양 목적의 유원지 외에는 토지이용의 효율화를 위해 일정지역에 시설을 집중시키고, 연관성이 큰 시설을 하나의 부지에 설치

    i. 보행자 위주의 도로 설치 및 차로 설치 시 보행자의 안전·편의 확보

  ㉡ 공공공지 : 공공목적을 위하여 필요한 최소한의 규모로 설치

    a. 지역의 경관을 높이고 개방된 구조와 쾌적성·안전성 확보

    b. 긴 의자, 등나무·담쟁이시렁, 조형물, 생활체육시설 등 설치

    c. 개발사업으로 증가하는 빗물유출량을 줄일 수 있도록 식생도랑, 저류·침투조, 식생대, 빗물정원 등의 빗물관리시설 설치

    d. 바닥은 녹지로 조성하여 이용자에게 편안함을 주고 미관 제고 – 불가피한 경우 투수성 포장·블록·석재 등 사용

  ㉢ 광장 : 차량과 보행자의 원활한 소통 및 혼잡방지, 집회·행사, 휴식·오락, 경관·환경보전 등을 위하여 필요한 경우 설치

    a. 교통광장 : 교차점 광장, 역전광장, 주요시설광장(항만·공항 등)

    b. 일반광장

    · 중심대광장 : 다수인의 집회·행사·사교 등을 위하여 필요한 경우 쉽게 이용할 수 있도록 교통중심지에 설치

▌녹지율

도시계획시설 면적에 대한 녹지 면적의 비율

▌유원지

주로 주민의 복지향상에 기여하기 위하여 설치하는 오락과 휴양을 위한 시설을 말한다.

▌유원지 시설

유희시설, 운동시설, 휴양시설, 특수시설, 위락시설, 편의시설, 관리시설의 설치가 가능하고 파출소 등과 다른 법에 의한 시설을 둘 수 있다.

▌공공공지

시·군내의 주요시설물 또는 환경의 보호, 경관의 유지, 재해대책, 보행자의 통행과 주민의 일시적 휴식공간의 확보를 위하여 설치하는 시설을 말한다.

▌ 광장의 설치 및 기준은 [Chapter 4 – 도시계획시설의 결정·구조 및 설치기준에 관한 규칙] 참조

· 근린광장 : 주민의 사교·오락·휴식 등을 위하여 설치하며 시장·학교 등 다수인이 집산하는 시설과 연계되도록 토지이용현황을 고려하고 지역 전반에 걸쳐 계통적 균형을 이루도록 설치

c. 경관광장 : 주민의 휴식·오락 및 경관·환경보전을 위하여 하천, 호수, 사적지, 보전가치가 있는 산림이나 역사적·문화적·향토적 의의가 있는 장소에 설치

d. 지하광장 : 철도의 지하정거장, 지하도 또는 지하상가와 연결하여 교통처리를 원활히 하고 이용자에게 휴식을 제공하기 위하여 필요한 곳에 설치

e. 건축물부설광장 : 건축물의 이용효과를 높이기 위하여 내부 또는 그 주위에 설치

ㄹ 운동장 : 국민의 건강증진과 여가선용에 기여하기 위하여 설치하는 종합운동장으로 관람석 1천석 이하 소규모 실내운동장 제외

ㅁ 공동묘지 : 공설묘지와 사설묘지가 있고 묘지공원과는 구별

ㅂ 기타시설 : 하천, 저수지, 유수지, 방풍설비, 사방설비, 방화설비, 방조설비 등이 녹지와 유사한 기능을 지님

④ 지역·지구·구역의 녹지와 유사한 기능을 지닌 지역

ㄱ 녹지지역 : 도시지역 안에서 자연환경·농지 및 산림의 보호, 보건위생, 보안과 도시의 무질서한 확산을 방지하기 위하여 녹지의 보전이 필요한 지역

ㄴ 보전관리지역 : 관리지역 안에서 자연환경 보호, 산림보호, 수질오염방지, 녹지공간 확보 및 생태계 보전 등이 필요한 지역

ㄷ 자연환경보전지역 : 자연환경·수자원·해안·생태계·상수원 및 문화재의 보전과 수산자원의 보호·육성 등을 위하여 필요한 지역

ㄹ 자연경관지구 : 산지·구릉지 등 자연경관의 보호 또는 도시의 자연풍치를 유지하기 위하여 필요한 지구

ㅁ 수변경관지구 : 주요 수계의 수변 자연경관을 보호·유지하기 위하여 필요한 지구

ㅂ 생태보존지구 : 야생동·식물서식처 등 생태적으로 보존가치가 큰 지역의 보호와 보존을 위하여 필요한 지구

ㅅ 개발제한 구역 : 도시의 무질서한 확산방지, 도시주변의 자연환경보전, 보안상 개발을 제한할 필요가 있는 구역

ㅇ 도시자연공원구역 : 도시의 자연환경 및 경관을 보호하고 도시민에게 여가·휴식공간을 제공하기 위하여 도시지역 안에서 식생이 양호한 산지의 개발을 제한할 필요가 있는 구역

종합운동장
국제경기종목으로 채택된 경기를 위한 시설 중 육상경기장과 1종목이상의 운동경기장을 함께 갖춘 시설 또는 3종목이상의 운동경기장을 함께 갖춘 시설에 한한다.
도시계획시설의 결정·구조 및 설치기준에 관한 규칙

운동장 설치
① 주요시설물이나 인구밀집지역에 설치하지 아니하도록 토지이용현황을 고려하여 설치
② 이용자의 접근과 분산, 교통수단연계, 지역간 교통수단 연결이 편리한 장소에 설치

공동묘지 설치
① 토지의 취득과 관리·운영이 쉽고 장래에 확장이 가능한 지역에 설치
② 지형상 배수가 잘 되고, 묘역과 주변지역에 녹화 또는 조경을 하고 편익시설 설치

3) 오픈스페이스 효용성

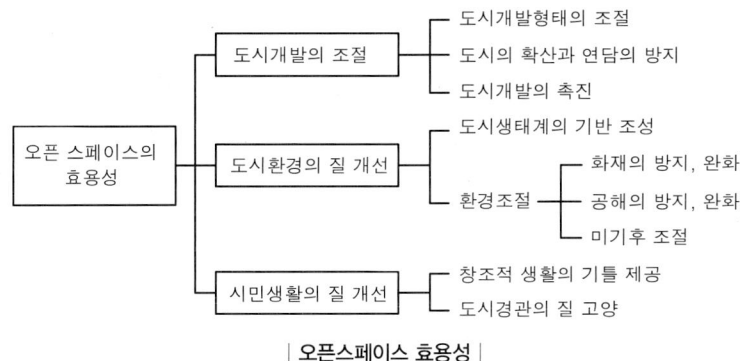

| 오픈스페이스 효용성 |

① 도시개발의 조절

㉠ 도시개발형태의 조절 : 도시의 총체적 환경조성의 틀의 역할 수행

㉡ 도시의 확산과 연담방지 : 토지·에너지의 낭비, 공해피해, 장소감 상실 등의 현상방지

㉢ 도시개발의 촉진 : 주변에 비해 우수한 환경의 질로 인해 주변지역의 개발 유도 및 촉진

② 도시환경의 질 개선

㉠ 도시생태계의 기반조성 : 도시환경의 질을 개선하기 위한 중요 요소로 도시생태계의 기반유지

㉡ 환경조절의 존재효과

③ 시민생활의 질 개선

㉠ 창조적 생활의 기틀 제공 : 생활과 환경의 주인으로서 자아구현 노력 및 성취감·만족감 제고

㉡ 도시경관의 질 고양 : 도시환경의 통일성과 다양성을 부여해 주고, 생명감과 계절감, 장소감을 주는 역할

(3) 공원녹지 정책계획

1) 개요 및 계획내용

① 공원녹지행정의 지침제공 및 다른 행정과의 관계조정

② 전체적 도시구조 속에서 공원체계가 가져야 하는 성격, 기능, 구조, 규모, 질적 수준, 개발 프로그램, 집행방법 등 제시

③ 행정을 담당하는 자치단체의 의사결정과정에 필요한 정책 자료의 제공

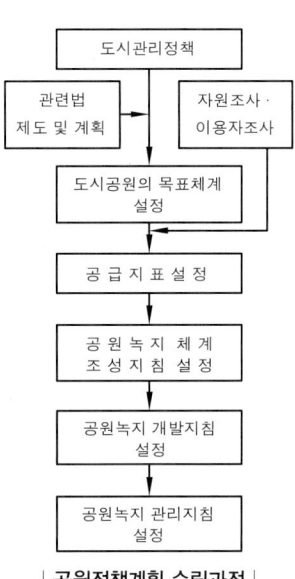

| 공원정책계획 수립과정 |

▌도시개발형태의 조절

① 도시생태계 유지 및 도시환경의 질을 지탱하기 위한 곳 지정

② 문화재·시각표시물 등 중요 환경요소의 보존을 위한 자연적·인공적 요소를 망라한 오픈스페이스체계 형성

③ 오픈스페이스의 전개방식에 의해 도시개발의 형태·위치·시기 등 조절가능

▌연담(conurbation)

여러 개의 시가화구역이 확산에 의해 맞붙어 버리는 현상

▌환경조절의 존재효과

① 재해방지 및 완화 : 방화, 수방, 사방 등

② 공해방지 및 완화 : 방음, 대기오염 등

③ 미기후 조절 : 기온, 습도, 도시풍, 안개 등

▌공원녹지계획의 성격

법제상 도시계획시설계획이고, 기능상 시민의 여가 공간 제공과 도시환경 보전·개선 등의 자원계획 내지 시설계획이나, 오늘날에는 도시문화 계발과 도시환경의 질을 종합적으로 관리하는 환경계획으로 인식한다.

④ 계획내용

⑦ 목적 : 목표체계의 정립, 공급지표 설정, 공원녹지체계의 형성

ⓒ 수단 : 공원녹지의 개발, 공원녹지의 관리

ⓒ 과정 : 목적과 수단을 잇는 일련의 과정

2) 공원녹지정책 목표체계

① 정책목표

⑦ 건전한 옥외 여가활동의 장소제공

ⓒ 공동체 의식을 기르고 민주적 시민의식 함양

ⓒ 자연과 접촉할 수 있는 기회제공

ⓔ 공해와 재난을 방지하고 시민의 피난처 마련

ⓜ 자연의 보호육성으로 건강하고 아름다운 도시생활환경 마련

② 기본전략

이용자 중심의 공원개발	·보는 공원에서 사용하는 공원으로 인식전환 ·시설조성, 물량계획에서 서비스제공 위주로 전환 ·대공원 위주에서 근린공원 개발우선 ·시민의 참여확대
효율적·지속적 행정체제 구축	·공원행정기구의 통합과 확대 ·기획역량 강화 ·도시기본시설로서 공원의 인식제고 ·전문인력의 양성과 확보 ·개발재원의 확충과 지속적 투자
균형개발	·자원결핍지역에 대한 공원우선개발 ·어린이, 저소득층의 수요우선 ·장애자 등 특수 수요집단의 수요충족
자원의 효율적 이용	·다목적 공원의 개발 ·기초공원의 활용도 제고 ·기존시설의 개선과 확충 ·미시설 공원에 대한 우선투자 ·민간자본의 적극적 참여유도

③ 자원조사

⑦ 유사자원 : 공원녹지로 지정되어 있지 않으나 사실상 공원녹지의 기능 또는 그에 준하는 기능을 수행하고 있는 토지(각종 체육시설, 학교 운동장, 도로변 휴식공간, 교육연구용 녹지, 농경지, 큰 건물 주변의 전정이나 조경공간, 개발제한구역, 사설 어린이놀이터 등)

ⓒ 잠재자원 : 현재 공원녹지로 이용되지 않고 방치되어 있거나 앞으로 공원녹지로 전환시킬 수 있는 가능성이 큰 토지(하천고수부지, 공공시설 이전부지, 기부채납되는 공공용지, 개발제한구역 등)

ⓒ 대상구역 : 행정구역보다는 도시계획구역을 기준으로 조사

ⓔ 면적 : 공원녹지에 관한 자원조사의 가장 원초적 자료로 총면적과 순면적으로 구분

ⓜ 그 외 개소, 시설, 위치와 분포, 형질, 관리 등에 대하여 조사

▌기본계획과 정책계획

① 기본계획 : 미래의 특정한 시점을 목표로 하여 그 시점에서 이루어진 도시환경의 모습과 구성, 질을 미리 결정하고, 그 미래상을 구현하기 위해 매진한다.

② 정책계획 : 경제·사회·문화적 특성을 고려하여 도시관리의 목적과 목표설정, 과제선정, 구현수단, 평가 등에 역점을 둔다.

▌자원조사

공원녹지로 쓸 수 있는 자원의 양, 형질, 위치, 분포, 관리 등의 조사작업은 공급지표의 설정보다 선행되어야 하는 단계의 작업이다.

▌총면적과 순면적

총면적 : 공원녹지를 구성하고 있는 토지의 상태와 관계없이 공원으로 지정된 법정면적
순면적 : 실제 공원으로 쓸 수 있는 유효면적

3) 공원녹지의 수요분석
① 정책계획의 구체적 국면인 공급지표를 설정하기 위한 필수적 작업
② 질적 수요 : 체험의 기회, 활동의 종류, 서비스 수준 등에 관한 이용자의 희망 및 욕구
  ㉠ 이용자의 행태와 의식을 파악함으로써 판단
  ㉡ 실제로 이용하는 사람들의 분석 : 특정 공원녹지를 조성하거나 개선하고자 할 때의 준거
  ㉢ 실제로는 이용하지 않으나 잠재이용의 기회를 누리거나 존재가치를 누릴 권리가 있는 시민들의 분석 : 도시 전체의 광역적 공원녹지체계의 조성에 준거
③ 양적 수요 : 공원녹지의 공간적 크기(면적)

수요산정방식	내용
기능배분방식	·도시 전체면적을 도시가 담게 될 기능별 적정비율을 설정하여 분배하는 방식 ·공원·녹지와 같은 기능이 상업, 공업 등과 같은 생산적 기능에 비해 우선순위가 낮게 책정되어 공원녹지에 할당되는 면적비의 감소 우려 ·신도시개발 또는 대규모 단지조성에 유용하게 사용
생태학적 방식	·도시민의 일상생활에 필요한 산소(O_2)의 공급원으로서 요구되는 수림지의 면적을 산출하여 공원·녹지의 수요 결정 ·이 방식으로 공원녹지의 공급지표를 설정하는 것은 비현실적이나 녹지공간의 중요성을 강조하는 데 시사하는 바가 큼
인구기준 원단위 적용방식	·1인당 또는 1,000인당 요구되는 공원·녹지의 면적을 기준으로 제시하는 방식 ·공원·녹지의 총량적 규모를 도시민의 인구에 따라 설정하거나, 공급자 측면에서 계획연도별 공급지표 설정, 도시 상호간의 수준을 비교하는 데 편리하고 유용한 방식 ·인구에 대한 적정기준 설정이 어렵고, 용도에 대한 고려가 결여되어 인구밀도가 높은 대도시에 적용 곤란
공원이용률에 의한 방식	·공원유형별 이용률을 감안하여 산출한 공원유형별 수요를 가산하여 전체 공원의 면적수요를 산정하는 방식 $$P = \sum \frac{Ni \times Ai \times Si}{Ci}$$여기서, P : 전체 공원수요 Ai : 공원 유형별 이용률 Ni : 공원유형별 이용자수 Si : 공원이용자 1인당 활동면적 Ci : 유효면적률 ·전체 공원의 수요를 수식에 의해 산정하므로 합리적이기는 하나, 실제의 경우 이용률과 1인당 활동면적, 이용실태에 대한 면밀한 조사결과를 산출해야 하므로 적용 곤란
생활권별 배분방식	·생활권 위계별로 이에 상응하는 공원녹지를 배분하는 방식 ·이 방식으로 산출된 수요를 기초로 공급지표를 설정할 경우, 전체 공원면적이 공원유형별로 적절히 배분되어 형평한 서비스 제공 ·생활권 단위의 공간적 범위가 명확하게 구분되지 않을 경우 적용 곤란

┃수요산정법 분류
① 총량적 수요산정
  ·기능배분 방식
  ·생태학적 방식
② 공원유형별 수요산정
  ·인구기준 원단위 적용방식
  ·공원이용률에 의한 방식
  ·생활권별 배분방식

4) 공원녹지의 공급
① 수요와 공급의 우선순위 결정
  ㉠ 유형별 우선순위 : 공원은 어린이 공원, 근린공원, 자연공원, 묘지공원 순으로, 녹지는 완충녹지, 경관녹지 순으로 결정

ⓛ 위치별 우선순위 : 이용자 규모와 대비하여 부족도가 높은 권역순으로 결정

ⓒ 공원사업별 우선순위 : 용지의 확보, 미시설공원의 시설화, 특정 시설공원의 강화 등과 같은 순위로 결정

② 공급량의 배분 : 각 공원녹지별 공급량과 도시 전체의 총 공급량(개수, 면적, 시설의 종류와 개수 등)결정

③ 공급의 질적 수준 결정 : 공급될 시설과 서비스의 질적 수준을 결정하는 작업

④ 단계별 공급 : 공급지표를 설정하고, 목표연도, 기간별로 공급의 우선순위를 결정하며 유형별, 위치별, 사업별 우선순위 반영

5) 공원녹지의 개발

① 용지의 확보방안

㉠ 용지의 총량 증대 : 신규용지 확보 강화, 기존 재고의 전용, 해제의 규제

ⓛ 도시개발사업의 방안개선 : 공공용지에 공원녹지의 조성기준 명시

ⓒ 이용 가능한 용지의 확보 : 공원녹지의 균형적 분포체계 조성, 접근성 제고

ⓔ 공원녹지 대체자원의 개발 : 도로, 광장, 공공공지, 유원지, 운동장 등 비슷한 도시계획시설들을 공원녹지체계에 편입하여 이용 활성화

ⓜ 한계자원의 활용 : 다른 용도로 부적합한 토지, 이전적지(학교, 공장, 시장 등) 및 토지의 입체적(지상, 지하)활용, 공공시설 내의 공지를 구역이나 시간을 나누어 활용

② 재원의 확보

㉠ 재정의 총량적 규모 증대 : 예산 및 서비스 확충과 유료화

ⓛ 사업주체 다원화 : 시 이외에 국영기업체, 민간 등에 공원설치 권장

ⓒ 운영관리 효율화 : 독립채산방식 도입, 용역처리, 공원녹지 재산관리제도 개선

ⓔ 시민의 자발적 참여유도 : 용지, 시설의 기부나 기증 권장, 회원제 운영

ⓜ 수익성 프로그램, 상품 개발·판매

ⓗ 공원녹지를 활용한 생산사업(수목, 화훼의 재배·판매) 개발

개발계획 규모별 도시공원 또는 녹지의 확보기준

기준 개발계획	도시공원 또는 녹지의 확보기준
「도시개발법」에 의한 개발계획	·1만m² 이상 30만m² 미만의 개발계획 : 상주인구 1인당 3m² 이상 또는 개발 부지면적의 5% 이상 중 큰 면적 ·30만m² 이상 100만m² 미만의 개발계획 : 상주인구 1인당 6m² 이상 또는 개발 부지면적의 9% 이상 중 큰 면적 ·100만m² 이상 : 상주인구 1인당 9m² 이상 또는 개발 부지면적의 12% 이상 중 큰 면적

「주택법」에 의한 주택건설사업계획	·1천세대 이상의 주택건설사업계획 : 1세대당 3m² 이상 또는 개발 부지 면적의 5% 이상 중 큰 면적
「주택법」에 의한 대지조성사업계획	·10만m² 이상의 대지조성사업계획 : 1세대당 3m² 이상 또는 개발 부지 면적의 5% 이상 중 큰 면적
「도시 및 주거환경 정비법」에 의한 정비계획	·5만m² 이상의 정비계획 : 1세대당 2m² 이상 또는 개발 부지면적의 5% 이상 중 큰 면적
「산업입지 및 개발에 관한 법률」에 의한 개발계획	·전체계획구역에 대하여는 「기업활동 규제완화에 관한 특별조치법」 제21조의 규정에 의한 공공녹지 확보기준을 적용한다.
「택지개발촉진법」에 의한 택지개발계획	·10만m² 이상 30만m² 미만의 개발계획 : 상주인구 1인당 6m² 이상 또는 개발 부지면적의 12% 이상 중 큰 면적 ·30만m² 이상 100만m² 미만의 개발계획 : 상주인구 1인당 7m² 이상 또는 개발 부지면적의 15% 이상 중 큰 면적 ·100만m² 이상 330만m² 미만의 개발계획 : 상주인구 1인당 9m² 이상 또는 개발 부지면적의 18% 이상 중 큰 면적 ·330만m² 이상의 개발계획 : 상주인구 1인당 12m² 이상 또는 개발 부지면적의 20% 이상 중 큰 면적
「유통산업발전법」에 의한 사업계획	·주거용도로 계획된 지역 : 상주인구 1인당 3m² 이상 ·전체계획구역에 대하여는 「산업입지 및 개발에 관한 법률」 제5조의 규정에 의하여 작성된 산업입지개발지침에서 정한 공공녹지 확보기준을 적용한다.
「지역균형개발 및 지방중소기업 육성에 관한 법률」에 의한 개발계획	·주거용도로 계획된 지역 : 상주인구 1인당 3m² 이상 ·전체계획구역에 대하여는 「산업입지 및 개발에 관한 법률」 제5조의 규정에 의하여 작성된 산업입지개발지침에서 정한 공공녹지 확보기준을 적용한다.
그 밖의 개발계획	·주거용도로 계획된 지역 : 상주인구 1명당 3m² 이상

6) 공원녹지의 관리

① 운영관리

　㉠ 이용 : 공원이용자의 입·퇴원 관리, 이용 프로그램의 개발운영과 이용자 지도·상담, 불법·위법행위 규제, 사고의 예방과 처리, 홍보 등에 관한 업무

　㉡ 점용 : 다른 도시계획시설을 포함한 공공시설이 공원용지를 점용할 경우의 허가 및 관리에 관한 업무

② 유지관리

　㉠ 공원녹지를 구성하는 식생과 공원시설에 대한 순회점검, 수리, 보호, 개량과 개조, 재해복구와 예방 등

　㉡ 현장성이 강하고 연중무휴로 진행되며, 일반적으로 행해지는 관리업무의 대부분 포함

③ 관리계획의 수립 및 운영

　㉠ 표준화 : 도시 전체의 공원과 녹지의 유형별, 기능별로 관리계획의 표준화

　㉡ 전문화 : 전문적 지식과 기술을 필요로 하므로 위탁관리나 전문 인력의 자원협조 유도

관리주체의 조직
① 직접관리 : 지방자치단체의 직접적 관리
② 위탁관리 : 제3자의 의한 관리
③ 자원(봉사)관리 : 지역주민 또는 사회봉사단체의 관리

ⓒ 지속화 : 공원녹지를 구성하는 식생의 본래적 특성과 이용자 행태를 고려하여 지속적 관리

(4) 공원녹지 체계계획

1) 공원체계 개념의 속성
   ① 여러 개의 공원을 구성요소로 하여 체계구성
   ② 각각의 공원은 각기 자기완결적인 구성과 기능을 가지고 있는 점적·면적 요소이므로 지리적으로 붙어 있어도 상관관계가 반드시 있다고 할 수 없음
   ③ 각각 별개인 공원을 다른 구성요소로써 연계하여 상관관계 형성
   ④ 도입되는 다른 구성요소들로는 도로, 대상의 녹지대, 능선, 하천 등과 같은 선형의 오픈스페이스
   ⑤ 공원을 보완하는 점적·면적 요소들로는 호수, 운동장, 광장 등

2) 녹지체계
   ① 녹지의 군집 : 도시계획시설인 녹지를 여러 개 모아서 조성한 녹지군이나, 녹지사이의 연결이 반드시 보장되지 않기에 녹지체계라 할 수 없음
   ② 녹지대 : 도시의 무질서한 확산방지, 근교농지 보전, 쾌적한 생활환경 조성, 자연경관 보전 등과 같은 목적을 가진 환상의 광역녹지대를 일종의 녹지체계라 볼 수 있음

3) 오픈스페이스체계 : 도시계획시설로서의 공원과 녹지뿐 아니라, 도시 안팎에 존재하는 모든 자연요소(산, 언덕, 강, 호수, 숲, 초지, 습지 등)와 개방성이 있는 인공요소(도로, 운동장, 광장 등)를 기능적으로나 물리적으로 하나의 의도적 조직체로 체계화한 것

4) 역사
   ① 보스턴시의 공원체계 - F.L. Olmsted와 C.T. Eliot 구상
   ㉠ 공원녹지체계의 원형으로 사상 최초의 공원체계
   ㉡ 하천정비, 택지개발, 환경오염방지 등과 같은 정책목표를 함께 다룸
   ㉢ 공원개념을 점적 단위시설의 차원이 아닌 도시 전체의 차원으로 확충할 수 있는 외연적 발전 가능성 제시
   ㉣ 수식도로(boulevard)와 공원도로(parkway)를 공원의 접근로, 공원과 공원의 연결로 및 미시가화구역의 형태를 미리 제시하는 골격으로 도입
   ② 캔자스시의 공원체계 - 케슬러(G.E. Kessler)
   ㉠ 보스턴시의 경우에 비해 보다 도시성 강조
   ㉡ 공원도로뿐 아니라 광장을 위시한 주요 지점(기념물, 건물 등)을 포함하여 도시의 자연환경과 인공적인 환경요소의 결합

> **┃ 체계계획**
> 공원녹지를 일종의 체계라는 개념으로서 파악하여 전체적 도시구조 속에서 광역적인 배치와 조직에 관한 사항들을 다루는 계획이며, 정책계획과 더불어 거시적이고 포괄적인 수준의 지침을 제시하는 계획으로서, 특히 도시의 물적 계획과 밀접한 관계를 가지고 있다.

ⓒ 도시의 성장패턴을 미리 고려하여 공원녹지체계 구성

③ 미네아폴리스시의 공원녹지체계 – H.W.S. Cleveland : 도시 주변에 산재한 호수들을 주요한 구성요소로 활용

5) 체계화 기본목적

① 접근성과 개방성 증대 : 연계나 중첩에 의한 접근성 향상으로 개방성이 증대되며, 오픈스페이스는 종류나 규모보다는 위치가 가장 중요

② 포괄성과 연속성 증대 : 점적 상태의 요소들을 연결함으로써 보존이 쉽고, 개발지구들의 규모, 형태, 구조 용도 등을 바람직한 방향으로 유도

③ 상징성과 식별성 증대 : 경관 특성을 부여할 수 있어 장소감각을 강화시키고 환경의 식별성을 뚜렷하게 하며 광역적인 상징성과 식별성 제고

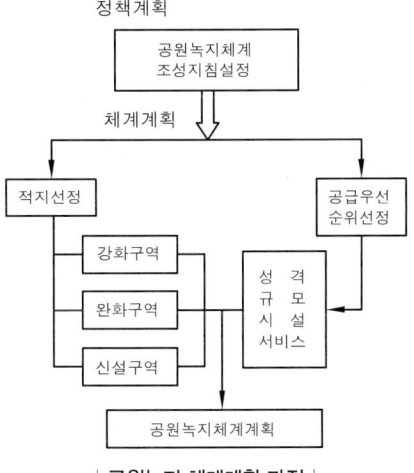

| 공원녹지 체계계획 과정 |

▌체계화의 목적
① 접근성과 개방성의 증대
② 포괄성과 연속성의 증대
③ 상징성과 식별성의 증대

6) 체계화계획의 개념

구분	개념
핵화	·위치로 보아서는 산발적으로 흩어져 있고, 형태와 기능에 있어 통일성이 결여된 여러 구성요소 중에서 가장 크거나, 활동이 활발하거나 또는 시각적으로 가장 지배적인 요소를 오픈스페이스의 핵 또는 초점으로 설정 ·도시 내에 있는 산이나 구릉, 호소 또는 문화재, 광장, 대공원 등과 같은 면적 요소가 소재로서의 잠재력 보유 ·일반적으로 도시활동도 핵을 중심으로 집중되는 동시에(구심력), 이 핵이 가진 매력이 주변으로 확산되어(원심력) 도심과 함께 계획·조성되면 훨씬 더 큰 효과를 얻을 수 있음 ·시민들이 도시경관 내에서 위치, 방향, 거리 등과 같은 지각을 올바르게 유지할 수 있도록 해주는 역할 수행
위요	·핵은 주변이 있으므로 해서 더욱 더 확실한 존재가치를 지님 ·주변은 핵의 영향권 범위를 뚜렷하게 해주며, 핵을 감싸줌으로써 그 성격을 부각시킴 ·띠(대)의 형태를 가지고 있는 것들(하천, 경관도로, 녹지대 등)이 위요요소로서의 잠재력 보유
결절화	·방향성이 서로 다른 오픈스페이스 요소들을 서로 만나게 하여 결절점을 형성하도록 하고, 이곳에서 각 요소가 가진 특성과 용도를 복합적으로 활용 ·결절화에 쓰일 요소는 하천, 녹지대, 경관도로 등 대상의 요소가 효과적 ·결절점에는 공원, 유원지, 광장 등이 활성화될 수 있음 ·도시 내의 어느 곳에서나(중심, 변두리), 어떤 규모에서나(도시전체, 주택단지 등) 적용 가능

▌체계화계획의 개념
개별적 특성을 가진 오픈스페이스의 구성요소를 모아서 하나의 체계를 구성하는 개념이다.

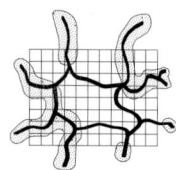 | 중첩 |	· 정연한 인공환경의 질서 위에 자유롭고 가변성이 큰 오픈스페이스체계를 　중첩함으로써 지나친 인공성과 정형성을 완화하는 동시에 접근성이 좋은 　오픈스페이스체계 형성 · 중첩소재는 작은 하천 및 하천복개도로, 구릉군, 보행전용도로 등
 | 관통 |	· 중첩개념과 연관성이 크고, 보다 더 강력한 대상의 오픈스페이스 요소가 　인공환경 속을 뚫고 지나감으로써 중첩의 효과를 더 강하게 얻고자 하는 　개념 · 인공성과 단조로움에 강한 대조가 되는 효과가 있으며, 특히 많은 시민들 　의 이용기회가 늘어나는 장점 보유
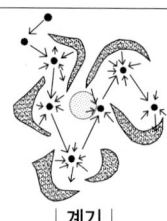 | 계기 |	· 각 오픈스페이스마다 독립되고 완결되는 활동과 체험을 선형으로 연결하 　여, 이용자가 시간의 흐름에 따라 각각의 체험을 엮어서 보다 더 풍성하고 　총체적인 체험을 얻을 수 있게 하는 개념 · 오픈스페이스체계를 형성하는 개념 중에서 가장 중요한 개념

7) 녹지계통 형식

구분	내용
 | 방사식 |	· 도심에서 외곽으로 방사형 녹지 조성 　예) 독일의 하노버(Hannover), 비스바덴(Wiesbaden), 미국 인디애나폴리스 　(Indianapolis)
 | 환상식 |	· 도심을 중심으로 환상상태의 녹지를 5~10km 간격으로 조성 · 도시의 확대방지에 효과적 　예) 오스트리아 빈(Wien)
 | 방사환상식 |	· 방사식과 환상식을 결합하여 양자의 장점 이용 · 이상적 녹지대 형식으로 선호 · 인공과 자연의 조화 우수, 시민이 녹지에 쉽게 도달 · 도시발전에 질서와 탄력성 부여 　예) 독일 쾰른(Cologne)
 | 위성식 |	· 도시 내부에 환상의 녹지대를 조성하고 녹지대 내에 소시가지를 배치 · 대도시에 적용하며 인구분산효과 보유 　예) 독일 프랑크푸르트(Frankfurt)
 | 분산식 |	· 도시 내에 다양하게 분산되어 조성 · 소도시에 적용 　예) 미국 미네아폴리스(Minneapolis)

┃ 녹지계통 형식
도시의 녹지배치 형식으로 도시의 형태에 따른 영향이 크게 나타난다.

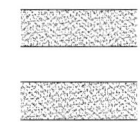

| 평행식 |

· 대상형의 도시에 띠모양의 녹지를 일정 간격으로 평행하게 조성
예) 스페인 마드리드(Madrid), 러시아 스탈린그라드(Stalingrad)

(5) 공원계획(사업계획 내지 조성계획)

1) 공원계획

① 계획과제 정립 : 조성목적, 조성방침, 조성규모와 기간, 대상지, 도입
활동과 시설 등

② 지표계획 : 도입 활동과 시설의 유형, 규모, 서비스 수준 등 계획 초기
단계 수립

㉠ 공원녹지의 성격, 기능, 역할 등 목표체계 정립

㉡ 이용자의 규모, 구성, 형태 추정과 이를 위한 시설의 종류, 규모, 질
등에 관한 프로그램 작성

㉢ 대상지의 환경분석을 통합, 총략적인 수용능력(carrying capacity)과
시설배치를 위한 적지(land suitability) 검색

㉣ 관련된 상위계획(도시계획, 도시공원체계계획 등)과 법규로부터 당
해 공원의 준용사항 추출 및 반영

③ 물적계획 : 지표계획에서 도출된 활동과 시설을 대상지에 배치하고 조
직하는 단계

㉠ 기반계획 : 부지조성 등

㉡ 구조계획(체계계획) : 토지이용
및 시설물 배치, 교통, 조경 등
전체의 시스템 계획

㉢ 구역별계획 : 진입광장, 녹지,
물, 시설지구 등의 구획

㉣ 사업별계획 : 토목, 건축, 식재 등

④ 사업집행계획 : 계획단계 다음에
진행될 설계, 시공단계의 작업에
관련된 주요지침 제시

㉠ 실제 공사를 실시하여 공원녹지
를 완성하기 위한 단계의 지침
제시

㉡ 사업주체, 용지취득, 자금조달,
공정 등 고려

⑤ 관리계획 : 조성된 공원녹지의 개

사업계획(조성계획)
체계가 아닌 특정한 공원이나
녹지를 개별적으로 조성하는
수준의 개발사업방안을 제시
하는 계획이다.

```
          계획과제의 정립
                │
                ▼
                │ ◄── 상위계획
                │
  이용자분석 ───┼─── 대상지분석
                │        수용능력
                │        적지분석
                ▼
          지표계획      활동, 시설
                │
                ▼
          물적 계획
     ┌────┬────┬────┬────┐
   기반  구조  구역별 사업별
   계획  계획  계획   계획
                │
                ▼
          사업집행계획
                │
                ▼
          관리계획지침
```

| **공원계획의 일반과정** |

공원계획 내용분류
① 지표계획
② 물적계획
③ 사업집행계획
④ 관리계획

방 후 질적 수준을 유지하기 위한 각종 지침 제시

　㉠ 운영관리 : 관리인력 조직, 예산확보 및 운영, 재산관리, 이용자 지도를 위한 각종 프로그램 작성

　㉡ 유지관리 : 관리공사업 관장, 각종 시설점검, 수선, 보호, 개량, 청소, 재해복구 등 기술적·현장적 사항

⑥ 이용자 분석 : 공원에 대한 만족도, 이용행태 등의 분석을 통한 이용자의 요구도 파악

　㉠ 공원을 새로이 조성할 경우 이용자 자체를 파악하기 곤란

　㉡ 기존 공원의 이용자 분석을 통해 개선계획에 적용이나 유사한 공원의 계획에 원용

　㉢ 설문조사 : 설문지를 통한 직접조사(이용자 구성, 이용권, 이용행태, 이용자 평가 등)

　㉣ 관찰조사 : 환경 및 행태관찰, 흔적관찰 병행

　㉤ 면접조사 : 관리실태조사 – 구성, 업무종류, 감독기관, 임대시설, 요금, 애로·요망 사항

2) 공원계획 기준

① 입지선정

　㉠ 접근성 : 오픈스페이스 개방성 보장을 위한 전제

　a. 입지선정에 있어 가장 중요한 기준

　b. 접근성의 정도에 따라 개방성 좌우

　c. 노약자가 보행에 의해 주로 이용하는 아동공원이나 근린공원은 접근성이 매우 중요

　d. 지구공원이나 종합공원은 대중교통, 도로망, 주차장 확보

　e. 아동공원 : 보행거리 내에 입지 – 유아(150~250m), 유년·소년(400~500m)

　f. 근린공원 : 보행거리 기준 500~1,000m – 소요시간 30분 정도

　㉡ 안전성 : 아동들을 위한 공원에서 각별히 지켜야 할 기준

　a. 접근과정의 안전성 : 주변 교통체계 내의 이용자들의 보행, 자전거 통행 등의 안전성 유지

　b. 공원 이용과정의 안정성 : 공원 내의 시설이나 환경적 재해, 안전사고, 범죄 등에 대한 안전성 유지

　㉢ 쾌적성 : 자연적 환경조건이 양호하여 부담 없이 이용할 수 있는 조건 고려 – 주거단지, 자연녹지, 학교, 종교시설의 내부 및 인접지 등

　㉣ 편익성 : 일상편익시설의 이용권 또는 이용경로와 긴밀한 관계를 맺도록 배치 – 학교, 슈퍼마켓, 공회당, 동사무소, 버스정류장, 직장의 배치양상 등

관찰조사 범위
① 물리적 환경조건 : 지형조건, 위험시설 유무, 규모와 형태 등
② 사회경제적 환경조건 : 주변지역 주거형태, 인접주요시설, 주변지역 지가 등
③ 이용자 관찰 : 시간대별 이용자수, 이용빈도, 시설, 놀이형태, 변형된 놀이형태

공원계획 기준
① 입지
② 면적
③ 시설

입지선정 주요 기준
① 접근성
② 안전성
③ 쾌적성
④ 편익성
⑤ 시설적지성

ⓜ 시설적지성 : 공원에 도입될 활동과 시설을 받아들일 수 있는 조건 확보

② 면적 : 공원들의 상황과 조건이 달라 일률적인 산출 곤란

㉠ 법제상 면적(도시공원 확보기준)

　a. 거주민 1인당 6m² 이상 : 하나의 도시지역 안에서의 확보기준

　b. 거주민 1인당 3m² 이상 : 개발제한구역 및 녹지지역을 제외한 도시지역 안에서의 확보기준

㉡ 법제상 면적을 기준으로 대상지의 환경조건에 따른 수용력, 이용자의 규모·구성·행태, 도입활동과 시설의 규모 결정

㉢ 실제 이용이 가능한 유효면적 산정, 공원의 토지이용에 따른 용도별 면적 산정에 역점

③ 공원의 기능과 시설

㉠ 공원의 기능 : 자연 – 인간 – 사회의 연계성에서 출발

　a. 자연의 공급 : 기본 소재인 자연환경

　b. 레크리에이션 장소 : 이용자인 인간의 욕구행위

　c. 지역중심성 : 배경이 되는 사회환경의 요구

㉡ 공원시설 : 도시공원의 효용을 다하기 위하여 설치하는 시설

　a. 도로 또는 광장

　b. 화단·분수·조각 등 조경시설

　c. 휴게소, 긴 의자 등 휴양시설

　d. 그네·미끄럼틀 등 유희시설

　e. 테니스장·수영장·궁도장 등 운동시설

　f. 식물원·동물원·수족관·박물관·야외음악당 등 교양시설

　g. 주차장·매점·화장실 등 이용자를 위한 편익시설

　h. 관리사무소·출입문·울타리·담장 등 공원관리시설

　i. 실습장, 체험장, 학습장, 농자재 보관창고 등 도시농업을 위한 시설

　j. 그 밖의 도시공원의 효용을 다하기 위한 시설

공원시설	종류
조경시설	관상용식수대·잔디밭·산울타리·그늘시렁·못 및 폭포 그 밖에 이와 유사한 시설로서 공원경관을 아름답게 꾸미기 위한 시설
휴양시설	·야유회장 및 야영장(바베큐시설 및 급수시설 포함) 그 밖에 이와 유사한 시설로서 자연공간과 어울려 도시민에게 휴식공간을 제공하기 위한 시설 ·경로당, 노인복지회관, 수목원(「수목원·정원의 조성 및 진흥에 관한 법률」)
유희시설	시소·정글짐·사다리·순환회전차·궤도·모험놀이장, 유원시설(「관광진흥법」에 따른 유기시설 또는 유기기구), 발물놀이터·뱃놀이터 및 낚시터 그 밖에 이와 유사한 시설로서 도시민의 여가선용을 위한 놀이시설
운동시설	·「체육시설의 설치·이용에 관한 법률 시행령」에서 정하는 운동종목을 위한 운동시설. 다만, 무도학원·무도장 및 자동차경주장은 제외하고, 사격장은 실내사격장, 골프장은 6홀 이하의 규모에 한함 ·자연체험장

교양시설	도서관, 독서실, 온실, 야외극장, 문화예술회관, 미술관, 과학관, 장애인복지관(국가·지방자치단체 설치), 청소년수련시설(생활권 수련시설), 학생기숙사(「대학설립·운영규정」), 어린이집(「영유아보육법」의 국공립어린이집 및 「산업입지 및 개발에 관한 법률」의 국가산업단지·일반산업단지·도시첨단산업단지 내 도시공원에 설치하는 직장어린이집), 천체 또는 기상관측시설, 기념비, 고분·성터·고옥 그 밖의 유적 등을 복원한 것으로서 역사적·학술적 가치가 높은 시설, 공연장(「공연법」), 전시장, 어린이교통안전교육장, 재난·재해 안전체험장, 생태학습원(유아숲체험원·산림교육센터 포함), 민속놀이마당, 정원 그 밖에 이와 유사한 시설로서 도시민의 교양함양을 위한 시설
편익시설	·우체통·공중전화실·휴게음식점(음식판매자동차 포함)·일반음식점·약국·수화물예치소·전망대·시계탑·음수장·제과점(음식판매자동차 제과점 포함) 및 사진관 그 밖에 이와 유사한 시설로서 공원이용객에게 편리함을 제공하는 시설 ·유스호스텔, 선수 전용 숙소, 운동시설 관련 사무실, 대형마트 및 쇼핑센터
공원관리시설	창고·차고·게시판·표지·조명시설·CCTV·쓰레기처리장·쓰레기통·수도·우물, 태양에너지설비(건축물 및 주차장), 그외 이와 유사한 시설로서 공원관리에 필요한 시설
도시농업시설	도시텃밭, 도시농업용 온실·온상·퇴비장, 관수 및 급수 시설, 세면장, 농기구 세척장, 그 밖에 이와 유사한 시설로서 도시농업을 위한 시설

▌공원시설 중 그 밖의 시설
장사 등에 관한 법률에 따른 장사시설, 조례로 정한 역사관련시설, 동물놀이터, 국가보훈 기본법에 따른 보훈회관, 항공안전법에 따른 무인동력비행장치 조정연습장

ⓒ 공원시설 설치·관리기준

구분	설치기준
필수시설	·도로·광장 및 공원관리시설 ·단, 소공원 및 어린이공원의 경우에는 설치하지 아니할 수 있으며, 어린이공원의 경우에는 근린생활권 단위별로 1개의 공원관리시설을 설치하여 이를 통합하여 관리 가능
소공원	·조경시설, 휴양시설 중 긴 의자, 유희시설, 운동시설 중 철봉·평행봉 등 체력단련시설, 편익시설 중 음수장·공중전화실에 한할 것
어린이공원	조경시설, 휴양시설(경로당 및 노인복지회관은 제외), 유희시설, 운동시설, 편익시설 중 화장실·음수장·공중전화실로 하며, 어린이의 이용을 고려할 것. 단, 설치가 완료된 경로당은 증축·재축·개축 및 대수선 가능
근린생활권·도보권 근린공원	주로 일상의 옥외 휴양·오락·학습 또는 체험 활동 등에 적합한 조경시설·휴양시설(수목원의 필요시설 중 일부 제외 가능)·유희시설·운동시설·교양시설·편익시설·도시농업시설 및 동물놀이터·보훈회관
도시지역권·광역권 근린공원	주로 주말의 옥외 휴양·오락·학습 또는 체험 활동 등에 적합한 조경시설·휴양시설(수목원의 필요시설 중 일부 제외 가능)·유희시설·운동시설·교양시설·편익시설·도시농업시설 및 동물놀이터·보훈회관 등 전체 주민의 종합적인 이용에 제공할 수 있는 공원시설
역사공원	역사자원의 보호·관람·안내를 위한 시설로서 조경시설·휴양시설(경로당·노인복지관 제외)·운동시설·교양시설·편익시설 및 역사 관련 시설(조례로 정한 것)
문화공원	문화자원의 보호·관람·이용·안내를 위한 시설로서 조경시설·휴양시설(경로당·노인복지관 제외)·운동시설·교양시설 및 편익시설
수변공원	·수변공간과 조화를 이룰 수 있는 시설로서 조경시설·휴양시설(경로당·노인복지관 제외)·운동시설·편익시설(일반음식점 제외) 및 도시농업시설 ·수변공간의 오염을 초래하지 아니하는 범위 안에서 설치할 것
묘지공원	·주로 묘지 이용자를 위하여 필요한 조경시설·휴양시설·편익시설과 그 밖의 시설 중 장사시설 ·정숙한 분위기를 저해하지 아니하는 범위 안에서 설치할 것
체육공원	·조경시설·휴양시설(경로당 및 노인복지회관 제외)·유희시설·운동시설·교양시설(고분·성터·고옥 그 밖의 유적 등을 복원한 것으로서 역사적·학술

▌근린공원과 체육공원은 원칙적으로 연령과 성별의 구분 없이 이용할 수 있도록 해야 한다.

| | | 적 가치가 높은 시설, 공연장, 과학관, 미술관, 박물관 및 문화회관) 및 편익시설
·원칙적으로 연령과 성별의 구분 없이 이용할 수 있도록 할 것
·위의 경우 운동시설에는 체력단련시설을 포함한 3종목 이상의 시설을 필수적으로 설치 |

도시농업공원	도시농업공간과 조화를 이룰 수 있는 시설로서 조경시설·휴양시설(경로당·노인복지관 제외)·운동시설·교양시설·편익시설 및 도시농업시설
공통사항	·공원시설이 설치되어 있지 아니한 도시공원의 부지에 대하여는 해당공원시설과 조화를 이룰 수 있도록 나무·잔디 그 밖의 지피식물 등으로 녹화 ·공원시설 중 신체장애인·노약자 또는 어린이의 이용을 겸하는 시설에 대하여는 그 이용에 지장이 없는 구조로 하거나 장치를 하여야 하며 해당시설로의 접근이 용이하도록 할 것

> **조례로 정하는 공원의 시설**은 조경시설·휴양시설·교양시설·편익시설 및 동물놀이터, 보훈회관, 무인동력비행장치 조정연습장으로 할 것

② 도시공원 안 공원시설 부지면적

공원구분		공원면적	건폐율 (2009년 12월 삭제)	공원시설 부지면적
생활권 공원	소공원	전부 해당	5%	20% 이하
	어린이공원	전부 해당	5%	60% 이하
	근린공원	30,000m² 미만	20%	40% 이하
		30,000m² 이상 100,000m² 미만	15%	40% 이하
		100,000m² 이상	10%	40% 이하
주제 공원	역사공원	전부 해당	20%	제한 없음
	문화공원	전부 해당	20%	제한 없음
	수변공원	전부 해당	20%	40% 이하
	묘지공원	전부 해당	2%	20% 이상
	체육공원	30,000m² 미만	20%	50% 이하
		30,000m² 이상 100,000m² 미만	15%	50% 이하
		100,000m² 이상	10%	50% 이하
	도시농업공원	전부 해당	–	40% 이하

> **조례로 정하는 공원의** '공원면적'은 전부 해당되고 '공원시설 부지면적'은 제한이 없다.

> **체육공원의 운동시설 면적**
> 체육공원에 설치되는 운동시설은 공원시설 부지면적의 60% 이상이어야 한다.

> **도시농업공원의** '부지면적'을 산정할 때 '도시텃밭 면적'은 제외한다.

3) 아동공원계획

① 유아공원 : 유치거리 150~250m(도보 3~4분), 이용자(유아·보호자) 1인당 3~4m²

㉠ 주거단지 내부, 큰 공원의 내부 등

㉡ 유치원, 탁아소, 보육원 등과 근접한 안정성과 쾌적성이 높은 곳

㉢ 유모차, 세발자전거 등 이용에 적합한 평탄 지형

㉣ 유아의 놀이와 휴식, 보호자의 휴식과 교류

㉤ 주변 환경과의 경계는 자기 통제력이 없는 유아 특성상 형태, 구조, 재료 선정에 유의하여 안전과 안정을 위해 설치

㉥ 내부공간은 정적놀이와 동적놀이로 구분하되 유기적인 구성 계획

ⓢ 환경보전과 수경(경관)을 위한 울타리, 꽃밭, 녹음식재 필요

| 유아공원 기능 및 재료 |

② 유년·소년공원 : 유치거리 800m(이동수단 고려하여 이용권 설정), 이용자 1인당 9~14m²

㉠ 안전성과 쾌적성, 편익성을 고려하여 학교 교정 인접지, 교정자체 겸용, 규모가 큰 공원의 일부 적용

㉡ 기복, 경사, 다양한 지표상태 등 활발하고 다양한 놀이를 위한 지형 유리

㉢ 유아공원과 일정한 경계를 두고 연접시켜도 무방

㉣ 놀이행태를 감안한 안전성 확보(공놀이, 자전거, 롤러스케이트 등의 놀이와 주변 차량교통과 분리)

㉤ 유년과 소년의 연령층, 성별, 동적놀이공간과 정적놀이공간 구분

㉥ 놀이기구는 연속된 놀이체험을 유도하고, 너무 밀집되지 않도록 배치

㉦ 환경보전과 수경(경관)을 위한 울타리, 녹음식재 등 필요

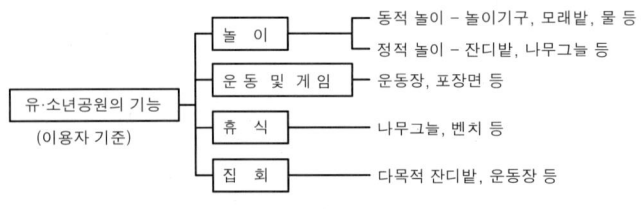

| 유·소년공원의 기능 및 시설 |

4) 근린공원계획

① 1개의 정주단위를 이용권으로 하여 이용에 안전·편리·쾌적한 곳에 입지하는 것이 원칙

② 800m를 도보권 기준으로 삼고 있으나 400~600m가 적정

③ 다양한 시설의 설치에 적합한 다양한 지형이 유리

④ 최소 1ha, 인구(주민) 1인당 1~2m², 이용자 1인당 25m² 적당

⑤ 각종 놀이기구와 스포츠시설, 녹지, 도로 및 주차장, 광장 등 주요시설의 규모와 이용자 구성 등을 감안하여 선정·도입

⑥ 근린공원은 다른 공원에 비해 내부의 구획이 필요

⑦ 녹지를 중심으로 한 정적공간, 운동장이나 놀이시설을 중심으로 한 동적공간, 두 공간 사이의 완충공간(음악당, 도서관, 박물관 등) 배치

▋근린공원
근린주구(neighborhood unit) 의 주민이 이용하기에 편리한 위치, 규모, 시설을 갖춘 도시 공원

⑧ 옥외시설 많으므로 시설 간의 관계와 옥외공간과의 관계 고려

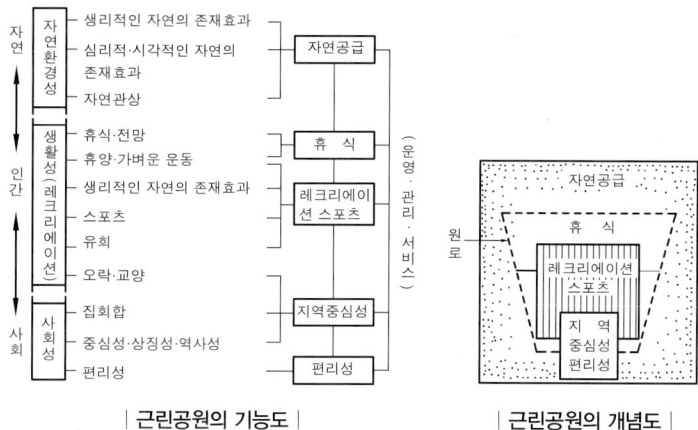

| 근린공원의 기능도 | | 근린공원의 개념도 |

(6) 공원녹지계획의 과정 및 방법

1) 공원녹지계획의 과정

① 도시기본계획과 공원녹지계획 : 체계계획 내지 정책계획 수준의 공원 녹지계획은 도시기본계획을 수립할 때 다른 부문의 계획과 아울러 성안

② 도시(재정비)계획과 공원녹지계획 : 공원·녹지를 위시한 각종 도시계 획시설의 설치·정비·개량하는 도시계획에 의해 위치, 면적, 규모 등 결정

③ 도시계획사업과 공원녹지계획 : 도시계획이 결정된 후 시행하기 위한 사업(도시계획사업)에 의해 도시공원 조성(행정청 및 비행정청 사업 가능)

2) 공원녹지계획의 새로운 접근방법

① 오픈스페이스의 효용성을 발휘할 수 있는 계획

② 여가문화를 창달할 수 있는 매체로서의 공원녹지 계획

③ 기존의 접근방법 개선방향

㉠ 시설위주의 계획에서 서비스 제공 위주로 계획

㉡ 대형위주의 계획에서 오픈스페이스체계 위주로 계획

㉢ 공급자 위주의 계획에서 이용자 중심의 위주로 계획

㉣ 획일적인 계획에서 국지적 특성을 살리는 방향의 계획

2 자연공원계획

(1) 자연공원의 역사

1) 자연공원의 개념

① 레크리에이션에 이용될 소질을 지닌 자연풍경지를 실체적 내용으로

하는 공원

② 법제상 자연공원 – 자연공원법 참조

 ㉠ 국립공원 : 우리나라의 자연생태계나 자연 및 경관을 대표할 만한 지역으로서 환경부장관이 지정·관리

 ㉡ 도립공원 : 시·도의 자연생태계나 경관을 대표할 만한 지역으로서 시·도지사가 지정·관리

 ㉢ 군립공원 : 군의 자연생태계나 경관을 대표할 만한 지역으로서 군수가 지정·관리

 ㉣ 지질공원 : 지구과학적으로 중요하고 경관이 우수한 지역으로서 이를 보전하고 교육·관광 사업 등에 활용하기 위하여 환경부장관이 인증한 공원으로 자연공원에 해당

③ 목적

 ㉠ 자연상태를 보존하여 인류의 유산으로 남김과 학술적 연구

 ㉡ 자원의 자율적인 조성과 자연순환 법칙의 균형 유지

2) 자연공원의 발생

① 1872년 세계 최초 미국의 옐로스톤(yellowstone) 국립공원 지정

② 1962년 시애틀(Seattle) 제1차 세계국립공원회의 개최

③ 1967년 공원법 제정으로 우리나라 최초의 지리산국립공원 지정

④ 1980년 공원법 개정으로 자연공원법과 도시공원법으로 분리

⑤ 2016년 태백산 국립공원 지정으로 22개 국립공원 지정

국립공원 지정 현황

공원명	지정 연원일	공원명	지정 연원일
1. 지리산	1967. 12. 29	12. 주왕산	1976. 3. 30
2. 경주	1968. 12. 31	13. 태안해변	1978. 10. 20
3. 계룡산	1968. 12. 31	14. 다도해상	1981. 12. 23
4. 한려해상	1968. 12. 31	15. 북한산	1983. 4. 2
5. 설악산	1970. 3. 24	16. 치악산	1984. 12. 31
6. 속리산	1970. 3. 24	17. 월악산	1984. 12. 31
7. 한라산	1970. 3. 24	18. 소백산	1987. 12. 14
8. 내장산	1971. 11. 17	19. 월출산	1988. 6. 11
9. 가야산	1972. 10. 13	20. 변산반도	1988. 6. 11
10. 덕유산	1975. 2. 1	21. 무등산	2013. 3. 4
11. 오대산	1975. 2. 1	22. 태백산	2016. 8. 22

(2) 자연공원의 선정과 배치계획

1) 자연공원의 공원성

① 경관 : 자연공간의 산정상 가장 중요

 ㉠ 자연경관

  a. 지형적 요소 : 산악, 호수, 바다, 계곡, 평원 등

▌법제상 자연공원
① 국립공원
② 도립공원
③ 군립공원
④ 지질공원

▌공원성
어느 지역이 자연공원으로 정확한지 어떤지를 가르켜 그 지역의 '자연공원으로서의 공원성'이라 칭한다.

b. 피복적 요소 : 삼림, 초원 등

c. 자연현상적 요소 : 분천, 수증기, 연기 등

d. 자연생태계 : 야생동·식물 등의 생물경관

ⓛ 문화경관 : 문화재, 유물, 건축, 도로, 교량 등

② 토지 : 국유지, 안보림 등이 유리하며 사찰, 사유지 등의 경우 협력의 유무, 수용·사용에 대한 비용 지출

③ 산업 : 수력, 전기, 광업, 농업, 임업, 축산 등 산업시설에 의한 자연경관의 파괴가 적은 곳 선택

④ 이용 : 교통의 편리, 이용객의 수용능력, 이용방법의 다양성, 특수성 고려

자연공원의 지정기준

구분	기준
자연생태계	자연생태계의 보전상태가 양호하거나 멸종위기야생동식물·천연기념물·보호 야생동식물 등이 서식할 것
자연경관	자연경관의 보전상태가 양호하여 훼손 또는 오염이 적으며 경관이 수려할 것
문화경관	문화재 또는 역사적 유물이 있으며, 자연경관과 조화되어 보전의 가치가 있을 것
지형보존	각종 산업개발로 경관이 파괴될 우려가 없을 것
위치 및 이용편의	국토의 보전·이용·관리측면에서 균형적인 자연공원의 배치가 될 수 있을 것

2) 자연공원의 배치

① 국립공원은 그 나라를 대표하는 자연경관지를 지정하는 것으로 경관과 이용의 요건에 의해 지정되므로 배치 상 특수한 조건 없음

② 도립공원 및 군립공원은 도시주민의 야외 레크리에이션 수요에 응하는 것으로 지역적 편재가 없어야 함

(3) 자연공원계획(자연공원법)

1) 공원기본계획

① 자연공원을 보전·이용·관리하기 위하여 장기적인 발전 방향을 제시하는 종합계획으로 공원계획과 공원별 보전·관리계획의 지침이 되는 계획

② 환경부장관은 10년마다 국립공원위원회의 심의를 거쳐 공원기본계획 수립

③ 공원기본계획의 내용

㉠ 자연공원의 관리목표 설정

㉡ 자연공원의 자원보전·이용 등 관리

㉢ 그 밖의 환경부장관이 자연공원의 관리를 위해 지정한 사항

④ 환경부장관이 공원기본계획을 수립할 경우 시·도지사의 의견 수렴

2) 공원계획

① 자연공원을 보전·관리하고 알맞게 이용하도록 하기 위한 용도지구의 결정, 공원시설의 설치, 건축물의 철거·이전, 그 밖의 행위 제한 및 토지 이용 등에 관한 계획

② 국립공원계획은 환경부장관, 도립공원계획은 시·도지사, 군립공원계획은 군수가 결정

③ 용도지구계획 : 자연공원을 효과적으로 보전하고 이용할 수 있도록 용도지구를 공원계획으로 결정

㉠ 공원자연보존지구 : 다음에 해당하는 곳으로서 특별히 보호할 필요가 있는 지역

  a. 생물다양성이 특히 풍부한 곳

  b. 자연생태가 원시성을 지니고 있는 곳

  c. 특별히 보호할 가치가 높은 야생 동식물이 살고 있는 곳

  d. 경관이 특히 아름다운 곳

㉡ 공원자연환경지구 : 공원자연보존지구의 완충공간으로 보전할 필요가 있는 지역

㉢ 공원마을지구 : 마을이 형성된 지역으로서 주민생활을 유지하는 데에 필요한 지역

㉣ 공원문화유산지구 : 문화재보호법에 따른 지정문화재를 보유한 사찰과 전통사찰의 보존 및 지원에 관한 법률에 따른 전통사찰의 경내지 중 문화재의 보전에 필요하거나 불사(佛事)에 필요한 시설을 설치하고자 하는 지역

㉤ 용도지구에서 허용되는 행위의 기준

  a. 공원자연보존지구 : 학술연구, 자연보호 또는 문화재의 보존·관리를 위한 최소한의 행위와 대통령령으로 정하는 최소한의 공원시설의 설치 및 공원사업, 그 외 시설물의 복원 및 개축·재축, 사방공사, 공원구역 주민의 임산물 채취행위

  b. 공원자연환경지구 : 공원자연보존지구에서 허용되는 행위와 대통령령으로 정하는 기준에 따른 공원시설의 설치 및 공원사업 등과 자연공원을 보호하고 자연공원에 들어가는 자의 안전을 지키기 위한 사방·호안·방화·방책 및 보호시설 등의 설치

  c. 공원마을지구 : 공원자연환경지구에서 허용되는 행위와 대통령령으로 정하는 규모 이하의 주거용 건축물의 설치 및 생활환경 기반시설의 설치 등과 환경오염을 일으키지 아니하는 가내공업

  d. 공원문화유산지구 : 공원자연환경지구에서 허용되는 행위와 불교의 의식(儀式), 승려의 수행 및 생활과 신도의 교화를 위하여 설치하는

시설 및 그 부대시설의 신축 ·증축 ·개축 ·재축 및 이축 행위, 그 밖의
행위로서 사찰의 보전 ·관리를 위하여 대통령령으로 정하는 행위

④ 공원시설계획 : 자연공원에 설치하는 시설을 배치하는 계획

공원시설 분류

구분	내용
공공시설	공원관리사무소 · 창고(공원관리 용도 한정) · 탐방안내소 · 매표소 · 우체국 · 경찰관파출소 · 마을회관 · 경로당 · 도서관 · 공설수목장림 · 환경기초시설 등
보호 및 안전시설	사방 · 호안 · 방화 · 방책 · 방재 · 조경시설 등 공원자원을 보호하고, 탐방자의 안전을 도모하는 보호 및 안전시설
체육시설	골프장 · 골프연습장 및 스키장을 제외한 체육시설
휴양 및 편익시설	유선장, 수상레저기구 계류시설, 광장, 야영장, 청소년수련시설, 유어장, 전망대, 야생동물 관찰대, 해중 관찰대, 휴게소, 대피소, 공중화장실 등
문화시설	식물원 · 동물원 · 수족관 · 박물관 · 전시장 · 공연장 · 자연학습장
교통 · 운수 시설	도로(탐방로 포함) · 주차장 · 교량 · 궤도 · 무궤도열차 · 소규모공항(섬지역인 자연공원에 설치하는 활주로 1,200m 이하의 공항) · 수상 경비행장 등
상업시설	기념품판매점 · 약국 · 식품접객업소(유흥주점 제외) · 미용업소 · 목욕장 등
숙박시설	호텔 · 여관 등
증식 · 복원시설	공원의 야생생물 보호 및 멸종위기종 등의 증식 · 복원을 위한 시설

┃ **공원시설**
자연공원을 보전 · 관리 또는 이용하기 위하여 공원계획과 공원별 보전 · 관리계획에 따라 자연공원에 설치하는 시설(공원계획에 따라 자연공원 밖에 설치하는 진입도로 및 주차시설포함)을 말하며, 각 공원시설의 부대시설도 포함된다.

3) 공원별 보전 · 관리계획

① 동식물 보호, 훼손지 복원, 탐방객 안전관리 및 환경오염 예방 등 공원계획 외의 자연공원을 보전 · 관리하기 위한 계획

② 공원관리청은 결정된 공원계획에 연계하여 매 10년마다 공원별 보전 · 관리계획을 수립(필요 시 5년마다 변경가능)

(4) 자연공원의 계획내용

1) 보전계획(보호계획)

① 기본방향 : 지역 · 지구에 대해 하나하나 결정하는 것이 아니고, 특히 보호해야 할 대상경관, 랜드마크의 도출 등을 행하는 것

㉠ 개개의 풍경구성요소의 학술적 가치로 그들이 구성하는 풍경 또는 지역환경을 유지하는 것

㉡ 특정 주요조망 지점에서부터 근경 · 중경 · 원경을 지니는 것

㉢ 자연집단 시설지구 등 이용상 중요한 지역의 풍치유지회복을 도모하는 것

㉣ 차도 · 보도 등 주요한 동선에 인접한 곳의 풍치유지를 꾀하는 것

㉤ 위와 같이 보호할 지역, 다른 토지이용의 규제 또는 조정할 지역, 다른 토지이용과 조정 또는 공존을 꾀할 지역으로 구분

② 자연공원 내의 중요성에 따라 보존과 이용의 단계를 구분하여 용도지구 구획

○ 공원 또는 경관구역마다 표준적 지종구분을 정한 후 세분화한 지구 구분

○ 주로 자연경관의 현황, 토지소유, 권리제한 관계의 실태에 의해 결정되는 경우가 많음

○ 구획경계선은 자연지형에 의한 선이 우선되지만 능선, 하천선, 행정경계, 토지소유경계, 도로, 수로 등으로 결정

③ 용도지구별 행위의 기준을 마련하여 행위제한

④ 용도지구 배치시 고려사항

○ 공원지역의 외주부 지역의 토지이용 규제(완충지대 설치)

○ 공원자연보존지구는 자연보존에 보다 중점을 두어야 하므로, 제한이 완화된 지구에 인접시키지 말 것

○ 지구의 구분은 자연보존요구도가 높은 것부터 설정

○ 공원시설물 배치는 법률에서 정한 최소한의 용량으로 배치

⑤ 보호시설

○ 경관 또는 경관요소의 보호와 복원·육성을 위한 시설

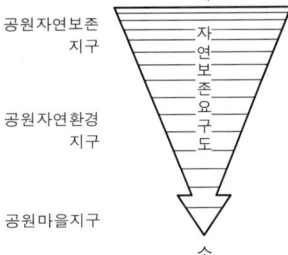

| 지구별 자연보존요구도 |

○ 공원자원을 보호하고 탐방자의 안전을 도모하는 보호 및 안전시설

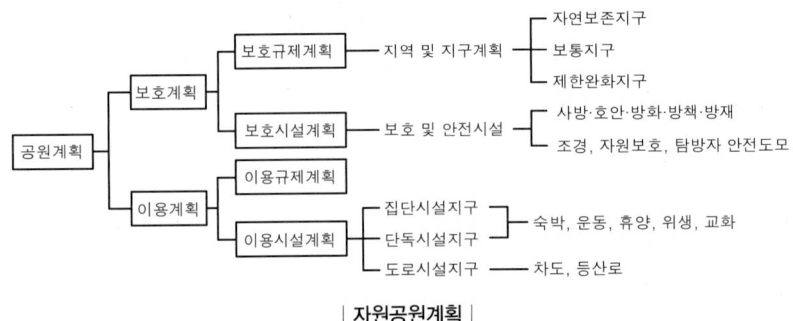

| 자원공원계획 |

공원자연보존지구에서 허용되는 최소한의 공원시설 및 공원사업

구분		규모
공공시설	관리사무소	부지면적 2,000m² 이하
	매표소	부지면적 100m² 이하
	탐방안내소	부지면적 4,000m² 이하
안전시설		별도의 제한규모 없음
조경시설		부지면적 4,000m² 이하
휴양 및 편익시설	야영장	부지면적 6,000m² 이하
	휴게소	부지면적 1,000m² 이하
	전망대	부지면적 200m² 이하

	야생동물관찰대	부지면적 200m² 이하
	대피소	부지면적 2,000m² 이하
	공중화장실	부지면적 500m² 이하
교통·운송 시설	도로	2차로 이하, 폭 12m 이하(일방통행방식의 지하차도 및 터널은 편도 2차로 이하, 폭 12m 이하로 하며 구난·대피공간을 추가할 수 있음)
	탐방로	폭 3m 이하, 차량 통과구간은 폭 5m 이하
	교량	폭 12m 이하
	궤도(삭도 제외)	2km 이하, 50명용 이하
	삭도	5km 이하, 50명용 이하
	선착장	부지면적 300m² 이하
	헬기장	부지면적 400m² 이하
공원사업		공원구역에서 기존시설의 이전·철거·개수

2) 이용계획

① 공원 이용자들을 위한 공원지역 내외의 동선(주로 자동차 동선)고려

㉠ 공원 외 주요 이용기지에서 공원 내 주요 이용기지로의 연결 및 공원 내의 이용지역 상호연락

㉡ 공원 내에서 이용규제를 할 경우 공원 이외의 이용구분(숙박시설, 도로규모, 주차장의 위치 등)의 성격

② 지역적 개성에 부합하는 이용형식의 선택 및 규모 고려

③ 이용규제계획 : 자연공원이 본래의 목적에 합당한 방식대로 이용되게끔 이용방법의 기준을 정하는 것

④ 적정수용력 분석 : 자연의 상태에 따라서 이용을 제한하고 개발의 한도 조정

㉠ 물리적 수용력 : 토지, 수면이 지니는 수용력으로서 지형·지질·식생물·안전성 등에 따라 결정

㉡ 심리적 수용력 : 이용자가 만족스럽게 공원경험을 만끽하는 데 일정지역에 어느 정도의 인원을 수용하는 것이 적절한지에 대한 실험적 수치로서 여러 타입의 자연공원에서 테스트한 후 결정

㉢ 생태학적 수용력 : 생태적 균형을 손상시키지 않으면서 어느 정도의 인원을 수용할 수 있는 지에 따라 결정

⑤ 이용시설

㉠ 이용형태에 따른 시설을 적응시켜 지구의 크기, 이용밀도 및 이용형식에 알맞은 계획수립

㉡ 지구의 성격에 맞추어 적당장소에 적당규모로 배치

㉢ 교통·운수시설, 문화시설, 휴양 및 편의시설 등

⑥ 시설규모산정

㉠ 공공시설 수용력 규모산정의 일반공식

공공시설의 규모(Sw)=연간이용자수(B)×최대일률(Rd)×회전율(Rt)×
시설이용률(Ru)×단위규모(Su)

공공시설의 표준단위 규모 및 이용률

공공시설명	단위	표준단위규모(Sa)	비고
주차장(승용차)	1대	30~50m²	이용률 80~100%, 이용자 1인당 평균 2.2m² 단위평균 45m²(단 1대당평균 20인)
주차장(버스)	1대	70~100m²	
원지	1인	15m²	80~100%
휴게소	1인	15m²	이용률은 원지이용률의 13%
변소	1인, 1개	3.3m²	이용률은 원지이용률의 0.0125, 숙소의 경우 수용력의 0.05~0.1
급수시설	1인	75~100ℓ	단위는 숙박객 1인당, 비숙박객은 그의 1/3
운동광장	1인	60m²	
야영장	1인	30~50m²	50% 야영비 12~33%
해수욕장	1인	15~30m²	모래사장면적
스키장(초중급)	1인	100~150m²	이용률 7~18~35%
스키장(상급자)	1인	150~200m²	
비지터센터	1인	1.5~2m²	이용률 30~50%, 평균체재시간 30분, 회전율 1/7~1/10
원지원로	폭원	2.0m	원지면적의 15%
지구원로(차도)	폭원	5~6.0m	지구면적의 1.5%
지구원로(보도)	폭원	2.0m	지구면적의 0.5%

㉡ 유료시설의 수용력 규모산정의 일반공식

$$경제수용력(Ce) = \frac{연간이용지수(B) \times 시설의\ 이용률(Ru) \times 회전율(Rt)}{365 \times 경제적이용률(Re)}$$

유료시설의 규모(Sw)=경제적 수용력(Ce)×단위규모(Su)

유료시설의 표준단위 규모 및 이용률

유료시설	단위	표준단위규모(Sa)	시설의 이용률(Ru)	경제적 이용률
호텔	1인	66m²	67~82~84~88%	40~50%
여관	1인	13.2~16.5m²		
간이숙소	1인	2.8~3.3~5.0m²		
캠핑	1인	15m²	12~16~18~33%	10.5~13.5%
산장	1인	3.3m²	10~30%	41.8~48.0%
레스트하우스	1인	1.5m²		

식당	1인	1.0m²		
박물관, 수족관	1인	3.0m²	25%	55~65%

3) 관리계획
① 자연공원의 지정목적의 효과가 최대한 발휘되게끔 유지하고 운영해 가는 행위
② 공용규제 : 법체계에 의한 지역관리 및 행위제한 및 금지
③ 경관관리 : 댐, 발전소, 송전선 등 다른 산업과의 조정
④ 이용규제 : 법률적 구제만이 아닌 보호와 이용의 조화를 기초로 한 합리적 이용체계의 디자인과 정책
⑤ 이용지도 : 생태학적 해설을 통한 환경문제, 자연보호문제에 대한 의식 및 공원의 특징을 이해하도록 지도

3>>> 레크리에이션 조경계획

1 계획의 기초

(1) 인간행태의 관점에서 본 정의 – 드라이버(Driver)와 토셔(Tocher)
① 레크리에이션의 관여로부터 결과하는 하나의 경험으로 개인에 있어 전체적인 경험(total experience)
② 레크리에이션의 관여는 그것을 하는 사람의 개입 요구 – 제약조건 : 에너지, 시간, 인적자원, 돈의 투입 등
③ 레크리에이션의 관여는 스스로의 보상 – 그 자체가 목적
④ 레크리에이션의 관여는 개인적이며, 자유로운 선택 요구
⑤ 레크리에이션의 관여는 의무가 없는 시간에 발생 – 일하기 위한 시간이 아님

(2) 레크리에이션의 포괄적 정의 : 골드(S. M. Gold)
① 여가(leisure) : 직장 또는 필요한 활동을 추구하는 데 구애받지 않는 개인시간의 어떤 부분
② 레크리에이션 : 그 자체가 목적으로 추구되는 여가시간의 활동 또는 레크리에이션 경험의 결과로서 어떤 사람에게 일어나는 것
③ 옥외 레크리에이션 : 옥외의 공공 또는 개인공간을 이용하는 여가시간활동
④ 공원(park) : 미적, 교육적, 오락적, 문화적 이용을 위하여 준비된 공공 또는 개인의 토지로 된 어떤 지역

(3) 여가의 증대 이유 – 머피(J. E. Murphy)
① 자유시간의 증가 : 작업시간 감소에 의한 개인적 자유의 양 증가

▮ 레크리에이션(recreation)의 성격
① 비노동적인 활동
② 정신의 재보급
③ 일상으로부터의 변화
④ 즐거움
⑤ 건설적 활동

▮ 레크리에이션의 사전적 정의
① 레크리에이션 : 노동 후 정신과 육체를 새롭게 하는 것, 기분전환, 놀이 등
② 여가(leisure) : 활동의 중지에 의해 얻어지는 자유나 남는 시간
③ 공원(park) : 미관이나 공공의 레크리에이션을 위한 장소
④ 관광(tourism) : 레크리에이션을 위한 여행

② 교육수준의 향상 : 교육수준이 높을수록 여가를 추구하는 양과 강도 증가

③ 풍요(소득)의 증대 : 개인적 소득의 증가에 따른 여가소비 증가

④ 즐거움에 대한 태도의 변화 : 쾌락추구의 성격이 짙어지는 사회체계

⑤ 인구의 이동성 : 교통수단, 여행업 발달로 인한 관광의 풍부한 기회

② 레크리에이션 계획의 개념 및 원칙

(1) 운영계획으로서의 개념

① 계획과 운영은 불가분의 관계로 계획은 운영을 반영

  ㉠ 적절한 목표를 정하고 운영방침과 목적에 일관성 유지

  ㉡ 예측되는 행동패턴에 근거를 두는 계획

② 사용의 질적 수준 고려 : 방문자들의 태도나 형태에 의존하는 것으로 예방적 계획 및 적절한 행태 유도

③ 경험의 완충지역 설치 원칙

  ㉠ 하나의 경험에서 다른 곳으로 옮겨가는 곳에 완충지역(전이지역)설치

  ㉡ 레크리에이션 경험의 질 및 자연미 효과 등을 위해 설치하며, 많은 면적을 전이공간이나 조용한 공간으로 남겨둠

  ㉢ 활동이나 시설을 집중시킬 경우는 동질성이나 주제가 있어 체계적으로 계획된 경우에만 가능

(2) 사회계획(사회·심리적 측면)으로서의 개념

1) 드라이버(Driver)의 동기 – 편익모델

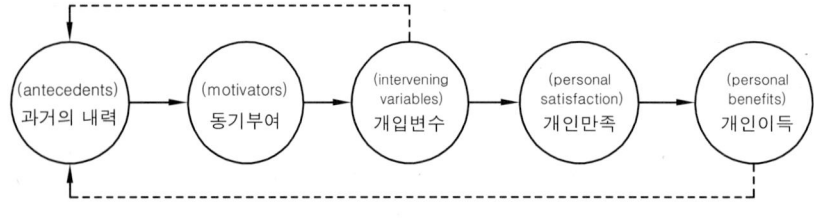

| Driver의 동기–편익모델 |

① 동기형성은 전에 있었던 상황이나 내력에서부터 발생

② 어떤 경험이 보상적일 때 장래에 이것을 향한 동기 부여 발생

③ 동기부여에 따른 여가형태의 패턴이 나타나고 이 행태는 개인에게 어떤 만족과 이득을 주게 됨

④ 개입변수는 만족으로 가는 것을 저지하기도 하고 용이하게 하기도 하는 계기를 줌(상황적 요인)

⑤ 동기가 충족될 때 만족이 얻어지며, 개인적 이득의 결과를 가져오고 또한 개인적 경험으로 축적됨

▌레크리에이션 설계·계획 – Gold

① 레크리에이션 계획 : 사람들을 여가시간 및 공간에 연결시키는 하나의 과정으로, 사람들의 현재와 미래의 여가수요를 수용하기 위한 자원 배분에 정보를 활용하는 것

② 레크리에이션 설계 : 사람들을 레크리에이션 자원의 형태와 기능에 연결시키는 과정으로, 레크리에이션 공간의 현재 또는 미래의 이용자를 연결시키는 설계를 창출하기 위하여 정보를 활용하는 것

▌레크리에이션의 기능

① 개인적 기능
  ·휴식기능
  ·기분전환 기능
  ·자기계발 기능

② 사회·문화적 기능
  ·사회화
  ·학습
  ·문화의 보존과 창달 기능

▌경험의 완충지역 위치

① 지역이 변화하는 곳에 전이지역 설치

② 행위가 서로 상충되는 지역의 분리를 위한 완충녹지나 공간 필요

▌동기–편익모델

① 방문객의 행태가 '개인적인 만족과 이득을 위한 질서 있는 움직임'이라는 것을 개념적으로 설명

② 개인의 레크리에이션 행위에 대한 과정적 설명이 됨과 동시에 왜 레크리에이션 행위가 발생하는가를 개념적으로 설명한다.

2) 메슬로(Maslow)의 욕구의 위계

① 기초욕구 : 생리적·생존적 목표(의·식·주·성·돈 등)

② 안전욕구 : 기초적 욕구가 충족될 때 안전의 욕구와 관련된 긴장의 경험(안보·질서·보호의 규범·위험의 감소 등)

③ 소속감 : 안전의 욕구가 만족되면 대인관계가 형성되면서 욕구가 시작 됨(가족 및 친척관계, 친구관계, 멤버쉽 등)

④ 자아 – 지위 : 타인관계에서 안전성을 확보한 다음 그룹 내에서 특별한 지위를 차지하려는 욕구(야심, 과시, 우월성 등)

⑤ 자아실현 : 하위의 단계에서 만족을 얻은 후 내적 성장에 관심을 갖고 자신과의 도전에 더 창조적이고, 더 많은 성취의 욕구와 성공의 기준 설정

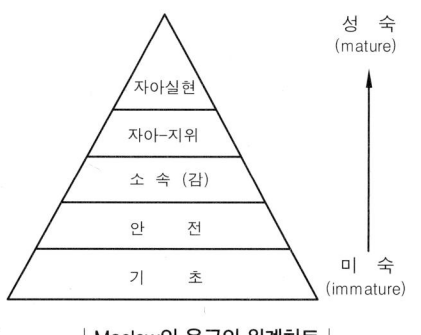

| Maslow의 욕구의 위계차트 |

욕구의 위계
Driver 모델의 철학을 바탕으로 욕구가 인간행동에 영향을 준다는 가설에서 시작된 이론

인간의 행동과 목적
① 욕구발생 시 동기가 행동에 영향을 준다.
② 행동은 욕구가 나타났을 때 긴장의 결과이다.
③ 행동의 목적은 긴장을 감소시켜 만족을 준다.
④ 불만족 욕구는 다시 긴장의 원천이 된다.

3) 레크리에이션의 한계수용능력

① 와거(Wagar)의 정의 : 어떤 지역에서 레크리에이션의 질을 유지하면서 지탱할 수 있는 레크리에이션 이용의 레벨을 말하며, 만약 질이 유지되려면 가치가 그들이 형성되는 것보다 빨리 고갈되어서는 안 된다는 것이 중요

② 한계수용능력 종류

㉠ 생태적·물리적 한계수용능력 : 식생, 동물군, 토양, 물, 공기 등의 자원에 장기적 영향을 주지 않고 레크리에이션으로 이용되는 레벨

㉡ 사회·심리적 한계수용능력 : 주어진 레크리에이션 경험의 종류와 질을 유지하면서 개인의 이득을 최대로 하는 레벨의 의미

④ 주벤빌(A. Jubenville)의 레크리에이션 경험모형

㉠ 사회·심리적 요구와 환경지각을 파악하여 수요의 정확한 파악

㉡ 사회적 한계수용능력을 제한하거나 감소시켜 실제방문객 결정

㉢ 사회적 한계수용능력을 증가시키면 환경의 저하 및 경험의 변경 초래

레크리에이션의 한계수용능력
어떤 절대적인 한계가 지역마다 있는 것은 아니며 이용자 경험의 질을 저하시키지 않는 범위 내에서 이용의 정도를 말한다.

생태적 수용능력
생태계의 균형을 깨뜨리지 않는 범위 내에서 이용할 수 있는 양적 능력을 말한다.

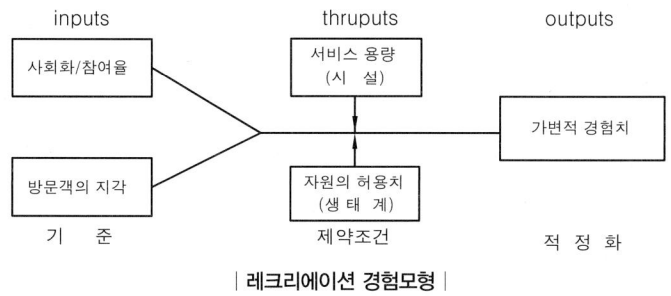

| 레크리에이션 경험모형 |

(3) 자원계획으로서의 개념

1) 자연의 미학
 ① 시각적 조화 : 개발은 주변 경관과의 조화로 시각적 파괴를 최소화하고, 재료는 통일성이 있어야 경험의 일관성 제공 가능
 ② 독특한 경관 : 독특한 향토적 조경경관은 장기적으로 가장 중요한 레크리에이션의 자원이 되므로 자연미 보호
 ③ 시각공해 : 가려지지 않는 시설물, 건축물, 인위적 대지 등
 ④ 개발수단 : 과잉개발, 모듈화된 유니트의 반복, 여유로운 공간이 없는 무질서한 개발 등

2) 회복불능의 원칙
 ① 자연자원에 가능한 여러 레크리에이션 기회가 어떤 순서로 평가되는가를 지칭
 ② 활동형 개발은 정도가 클수록 자원형의 방향으로 되돌아 올 수 없다는 원칙

3) 자원의 잠재력 : 어떤 자원을 본래의 잠재력에 맞게 이용하기 위해 타 목적 내방객이 오지 않도록 지역마다 기능에 따른 적절한 기회제공

(4) 서비스로서의 계획개념

① 레크리에이션이 주민이나 지역사회를 개선하기 위한 것이라는 개념적 접근
② 인간개발, 사회복지, 지역사회의 통합 강조(인간의 경험이라는 관점에서의 정의)
③ 특수집단의 요구를 사회적 서비스라는 관점에서 제공하고 여타의 서비스와 통합
④ 환경 및 소비자 그룹 간에 공통의 장 마련
⑤ '사람들을 위해서'가 아닌 '사람들과 함께'의 계획개념 수렴
⑥ 대중참여를 중요한 계획수단으로 강조
 ㉠ 계획의 정당성과 객관적 근거 마련
 ㉡ 교육적 효과의 세미나
 ㉢ 의사반영효과를 기대하는 공청회

(5) 관광계획의 개념

1) 관광의 정의 및 발생
 ① 베르만(Artur Borman) : 견문·휴양·유람·직업상의 목적 등 여러 이유에 의하여 일시적으로 주거지를 떠나는 여행 – 일시여행설(일시적 체재와 이동성 강조)
 ② 메디신(J. Medecin) : 기분전환을 위한 휴식과 인간활동의 새로운 국면이나 미지의 자연풍경을 전하는 것, 그의 경험과 교양을 쌓게 되는 여

▌자연의 미학
인공환경을 포함한 경관이 어떤 경험을 제공하기에 적절한가의 판단이 자연미학을 이해하는 데 중요하게 작용한다.

행을 하는 것, 곧 정주지를 떠나
서 체재함으로써 성립되는 여가
활동의 하나 – 도피욕구, 인간성
회복의 기능 및 문화적 활동을
강조한 현대적 개념

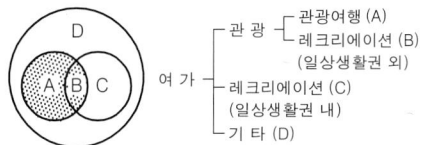

| 관광·레크리에이션·여가의 관계 |

관 광 ┬ 관광여행 (A)
       ├ 레크리에이션 (B)
여 가   (일상생활권 외)
       ├ 레크리에이션 (C)
         (일상생활권 내)
       └ 기 타 (D)

▌관광욕구
① 지적 욕구
② 심리적 욕구
③ 사회적 욕구
④ 활동적 욕구
⑤ 휴양적 욕구
⑥ 경제적 욕구

③ 관광의 발생요인
　㉠ 내적 요인 : 욕구, 가치관
　㉡ 외적 요인 : 시간, 소득, 생활환경, 사회적 에너지
2) 관광의 권역과 유형

관광시장 권역

권역	내용
유치권	·관광지 혹은 시설에 내방할 가능성을 지닌 사람들이 거주하는 범위(1차 시장) ·시설의 가치, 지명도, 대도시로부터의 거리에 영향을 받음
행동권	·대상지의 매력과 행동욕구에서 규정된 행동범위 ·유치권의 반대 개념
보완권	·서로 이용자를 보내고 받는 보완관계가 성립되는 대상이 존재할 수 있는 범위 (2차 시장)
경합권	·서로 경합이 될 수 있는 대상이 존재하는 범위(3차 시장) ·유치권의 약 2배 범위

관광코스의 유형

유형	내용
·피스톤형 거주지 ⟷ (직행/직행) 목적지	·여행자가 거주지를 출발하여 관광목적지에 도착한 다음 관광 활동을 마친 후 동일한 교통로를 따라 돌아오는 형태 ·당일 여행에 많이 일어남
·스푼형(키형) 거주지 ← (직행/직행) 여행탐방	·여행자가 거주지를 출발하여 관광목적지에 도착한 다음 관광 활동을 하고 또한 주변의 관광지를 두 곳 이상의 관광활동을 한 후 피스톤형과 같이 동일한 교통로를 따라 돌아오는 형태 ·관광소비가 많이 발생 ·당일여행, 주말여행
·안전핀형(옷핀형) 거주지 ── 여행탐방	·여행자가 거주지를 출발하여 관광목적지에 직행한 후 목적지 및 인접지역의 관광활동을 하고 다른 교통로를 이용해 곧바로 돌아오는 형태 ·관광소비가 많이 발생하고 서비스의 수요와 내용 다양 ·주말여행, 짧은 숙박여행
·탬버린형(순환형) 여행탐방 직행 탐방여행 직행　　직행 여행탐방 직행 직행 탐방여행 거주지	·여행자가 거주지를 출발하여 특정 관광목적지까지 직행하여 관광하고, 또 다른 목적지를 이동하여 관광하는 형태를 반복 하여 거주지로 돌아오는 형태 ·가장 많은 관광소비와 서비스의 수요 발생 ·여행자가 시간과 경제적 여유가 많아야 하며, 관광지가 산재 한 곳에 적당한 유형

❸ 계획의 과정

(1) 주벤빌(A. Jubenville)의 옥외 레크리에이션 계획의 단계

① 목표설정

　㉠ 행태 및 수용의 연구 : 여가형태나 활동의 참여율 및 잠재수요 파악

　㉡ 대상지의 잠재력 : 자원의 잠재력이 평가되어 가능한 범위의 기회(활동) 설정

　㉢ 대중의 의견 : 계획과정에 대중의 의견은 매우 중요

　㉣ 근거법 : 법적인 사항의 검토로 제한 및 금지, 반대에 대한 효과적 대처

② 계획의 조정 : 정부 내 조정, 정부 간 조정, 민간부문의 참여 및 협조

③ 수요의 추정 : 사람들의 활동 및 행태적 요구 추정

④ 계획안 집행 : 대안결정 및 개발순위 결정 등 단계별 계획과 개발 스케줄, 시설배치, 공사시방서 등 집행단계에서의 감독

⑤ 계획안 재평가 : 계획안의 유지관리로 수요 및 행태의 변화 등을 예상하여 전략을 새롭게 적용

(2) 계획의 모델

1) 앤더슨(Anderson)의 이용자 – 자원모델

① 레크리에이션 활동(기존 또는 장래)을 가진 그룹으로 이용자를 나누고 다시 사회·경제적 특성에 따라 세분(무엇을 요구하고 누가 요구하나를 결정)

② 환경의 안전성과 경관의 질 조사, 토양·식생·수문 등 환경요소와 토지이용이 경관에 미칠 영향 평가

2) 체계화 모델 : 자원 – 이용자 – 계획의 변수와 이들의 상호관계로 파악

① 이용자→자원 : 자원의 황폐, 행태의 저하, 시설의 손상

② 자원→이용자 : 자연으로부터 얻는 만족감(지각)

③ 자원→계획 : 자원의 능력을 평가하여 계획지침 및 운영계획에 반영

④ 계획→자원 : 자원계획과 관리계획을 발전시켜 부지와 이용자 보호

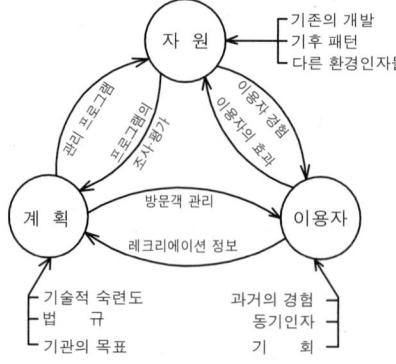

| 옥외 레크리에이션 체계 계획모델 |

⑤ 이용자→계획 : 이용자 정보, 접근 방법, 법제화 등

⑥ 계획→이용자 : 피드백 과정으로 관리·운영계획에 조력

(3) 목표달성·대안평가·계획의 실시

1) 목적 : 방향제시, 이상적인 것이며 추상적인 말로 표현(바람직한 상황에

▌이용자–자원모델

방문객의 요구와 자원의 잠재력을 바탕으로 계획하는 방법
– 레크리에이션 이용자와 자원 조사

① 기회가 누구에 의해 선호되는가

② 기회를 제공하는 자원 가능성

③ '누가' 요구하는 '무슨활동'을 어떤 지역의 '자원형'의 제약에서 기회를 최대화시키는 것

▌상호관계 고려점

① 환경자체

② 사람들의 태도, 가치관, 선호도, 습관, 행태 등

대한 언급)

2) 목표 : 결과 또는 도달해야 할 점, 얻을 수 있고 측정 가능한 의도 설명

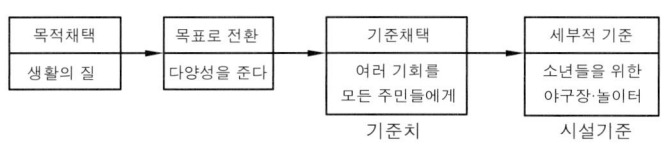

| 목적이 기준으로 되는 과정 |

목표설정 과정
① 관심범위 결정
② 선택범위 결정
③ 목적간의 연관성 조사
④ 일단의 목적 평가
⑤ 정책으로서의 목적채택

3) 계획과정의 역할

　① 목표와 가치 : 가치를 찾아 냄

　② 연결수단으로서의 정책 : 정책을 일관성있게 연결

　③ 목표와 정책의 평가 : 평가제도의 장점 이용

4) 대안평가 : 가중평점제, 사다리타기 방법, 면적평점제 등

(4) 계획의 기법

1) 레크리에이션 계획의 접근방법 – S. Gold

Gold의 접근방법
양적·행태적 수요와 공급 사이의 부족을 공간, 시설, 서비스의 제공으로 균형을 맞추려는 노력

접근방법	개념	지표	대상지
자원형	·자원이 레크리에이션 기회의 종류와 양 결정	·한계수용량 ·환경영향	·비도시지역 ·국·도립공원 ·자연공원 등
활동형	·과거의 참여 패턴이 장래의 기회 결정 ·공급이 수요 창출	·인구비 기준·면적비 기준 ·선호도·참여율·방문객수	·소도시 (주로 공공공원)
경제형	·지역의 경제기반·재원이 레크리에이션 기회의 양·형태·위치 결정	·시장의 수요 ·기회의 가격 ·B/C 분석	·대도시 또는 지역레벨
행태형	·개인 및 그룹의 자유시간 사용이 공적·사적 기회로 전환 ·경험으로서의 레크리에이션	·이용자 선호도·만족도 ·잠재수요 및 유효수요	·도시공공·민간 개발
혼합형	·이용자 그룹과 자원 타입 혼합	·이용자, 자원	·주로 지역레벨

2) 수요와 공급 분석

구분	내용
혁신적 접근방법	·종래의 전통적인 방법을 개선하여 이용자의 목적·선호도·실행계획에 근거 ·사람 또는 사회의 가치를 공간 또는 금전적으로 전환(Gold)
레크리에이션 경험구성의 개념	과거의 경험 및 비슷한 활동을 공간 및 설계기준으로 바꾸어 적용 (Staley)
인구비례법	인구당 면적·시설·지도원 등의 계획기준 설정(Buechner)
인구비율법	도시 등의 계획면적당 공공 레크리에이션 면적 배분
한계수용능력법	사회적·생태적 한계수용능력을 대상공간상에 적용
효과성 측정	기존시설에 대한 이용·접근성·선호도·만족도를 측정하여, 미래 시설을 계획하는 데 수요지수로 적용
서비스 수준의 접근법	일단의 대상시설에 대한 효과적 질적 수준 측정

필요–자원지수	자원의 필요성 순위에 따른 지수로 등급 설정과 소득, 빈곤수준, 인구밀도, 청소년 인구 및 범죄발생 정도 등 종합적인 수요계산(Staley)
체계모델 접근법	기존의 수요에 대한 설명과 앞으로의 추세를 전망하여, 여러 시설들에 미치는 시간–거리의 영향과 연관지어 파악(Anderson)
이용자–자원 계획방법	이용자의 요구와 계획 대상지를 자원형에 따라 구분하여 이를 토대로 계획

4 수요와 공급

(1) 레크리에이션의 척도

1) 양적 척도

구분	내용
방문객(수)/시간	총 1시간 동안에 레크리에이션을 위해 오는 사람 수
방문객(수)/시설/시간	어떤 레크리에이션 시설에 대한 시간 당 방문객 수
방문객(수) 또는 입장객(수)	레크리에이션 목적으로 어느 지역에 입장한 사람의 수
일 방문객	하루 동안 어느 지역 또는 개발지에 방문한 사람의 수
최대 일방문객	·기반시설 또는 건축물 등의 용량을 위해 가정하는 일방문객 ·1년 중 최대 일방문객을 고려하되 이 보다는 약간 적게 고려
접근용량	·자원이 가능한 범위 내에서만 고려되는 경우의 용량 예) 보트 정박시설의 정박 대수
회전율(동시체재율)	·1일 중 가장 많은 시간의 이용자수와 그날의 총 이용자수에 대한 비율 ·하루 동안 어떤 시설이나 자원이 사용되는 시간의 비율
최대일용량	연간이용자수×최대일률
최대연용량	일용량×이용일수
최대일(집중)률	최대일 방문객수의 연간방문객수에 대한 비율

2) 양적 척도와 질적 척도

양적 척도	질적 척도
·기준대로 시설을 공급했을 때 이용자의 선호도와 만족도가 같다고 가정 ·긍정적 경험만 가정 ·행태적 관점에서 비판 받을 수 있음	·양적 척도에 대한 부정적인 면을 보완 ·느끼는 질의 차이, 계층에 따른 질의 차이 반영 ·형용사적, 부사적 구분 및 청결도 판단 등

(2) 레크리에이션의 표준치 또는 원단위

1) 표준치의 필요성

① 계획이나 의사결정 과정의 지침 또는 기준

② 목표의 달성정도 평가

③ 여가시설의 효과도 판단

④ 도시종합계획이나 커뮤니티 레크리에이션 계획

⑤ 시설 및 단지계획의 종류, 내용, 면적 등 결정

⑥ 합리화 : 개발의 정당화

⑦ 척도 : 성과도나 효과도 분석의 양적·질적 지표

2) 표준치의 문제점

① 역사적 전례 : 미숙한 활용 및 외국의 표준적용→토착화된 표준치 요구

② 전문가, 정치가의 편의 : 절대적 적용의 편의에 의한 적용

③ 방법론의 애매성 : 최소치, 최대치, 기대치, 적정치, 밀도(총밀도, 순밀도 등), 시간개념의 부족 등 분명치 않은 표준치의 불명확성

(3) 레크리에이션 수요

1) 수요의 종류

구분	내용
잠재수요 (latent demand)	·사람들에게 본래 내재하는 수요로 시설을 이용할 때만 반영 ·적당한 시설, 접근수단, 정보제공 시 참여 기대 ·잠재수요 상태에서는 공급이 수요를 창출한다는 주장 성립
유도수요 (induced demand)	·매스미디어나 교육과정에 의해 자극 ·사람들로 하여금 레크리에이션의 패턴을 변경하도록 고무시켜 잠재수요를 개발하는 수요 ·개인기업에서 많이 활용되며 공공부분도 활용 필요
표출수요 (expressed demand)	·기존의 레크리에이션 기회에 참여 또는 소비하고 있는 이용수요로 사람들의 선호도 파악

2) 수요를 결정짓는 변수(요인)

요인	잠재적 이용자 (potential recreation user)	대상지역 (recreation area)	접근성 (user to area)
변수	인구수 지리적 위치·밀도 인구의 특성(구성) 여가시간 여가습관 경험의 수준	매력도 관리수준 경쟁적 후보지 수용능력 미기후 자연적 특성	여행시간·거리 여행수단 준비비용 입장료 정보 질적 수준, 이미지

3) 수요패턴을 결정짓는 변수

구분	내용
계절적 분포	기후, 휴가기간, 관광시즌, 학교일정(방학기간), 휴일이나 연휴, 습관이나 풍속 등
여가 기간	일생주기(남·여 차이 많음), 생활양식, 결혼여부, 인종적 배경, 직업 등
지리적 분포	이용자와 자원간의 거리로 실제적 거리보다는 시간적 거리가 의미 있는 변수로 작용 ·0~1시간 : 반일이용 ·1~2시간 : 전일이용 ·2~4시간 : 주말이용 또는 1박2일 ·4시간 이상 : 휴가 및 관광여행(2박 3일 이상)

4) 수요추정방법

① 표준치 적용

㉠ 공원계획 : 인구비, 면적비의 원단위를 많이 사용

ⓒ 관광계획 : 시설규모를 산정하는 원단위를 많이 사용

ⓔ 집중률(최대일률) : 최대일방문객의 연간 방문객에 대한 비율(계절형 고려)

ⓡ 가동률 : 연평균 시설의 실제 이용률

ⓜ 회전률(동시체재율) : 1일 중 가장 방문객이 많은 시점의 방문객수와 그날의 전체방문객에 대한 비율

시설규모 산정을 위한 원단위

	공간 원단위		회전율	집중률
	육역	수역		
해수욕	10~20m²/인		1	3.0~5.0%
푸울	5m²/인	2.5m²/인	4	
요트	100m²/척	3ha/척 100m²/척	2	2.0~3.5
모터보트	100m²/척	8ha/척 100m²/척	4~8	2.0~3.5
수상스키		2ha/척	4	–
로보트	–	200m²/척	10	–
보트코스	–	80m×2,500m	–	–
낚시	–	/척	1	
피크닉	50~100m²/인		2.5~3	3.0~4.5
야외게임	25m²/인		4~8	–
스포츠	50m²/인		2~4	–
골프	40~80ha		4	–
유원지	10m²/인		2.5~3	
호텔·여관	30~50m²/인		1	가동률 50
요·휴양소	15~30m²/인		1	30
민박	30인/호 8m²/인		1	15
맨숀	30인/호 10m²/인		1	35
통나무집	5~10		1	15
캠프	100		1	10~15
자동차 캠프	650m²/대		1	10~15
주차장	버스 80~100m²/대 승용차 25~30m²/대		– –	– –

② 비교추정법 : 기존의 공원과 비교하는 방법

ⓐ 기존공원 및 계획공원에 대해 유인권 또는 인구조사

ⓑ 양자의 인구비에 따라 입장객수 추정 후 계획공원 적용

ⓒ 영향권을 고려하여 재조정

③ 버얼리 공식 : 비도시 레크리에이션 지역의 일방문객 추정에 활용

$$V = \frac{2.5 \times A \times p \times u}{M^x}$$

여기서,

V : 일요일 오후 방문객   A : 지역의 매력도

p : 1/2시간 반경 내의 인구

u : 도시화 계수   M : 거리(mile)

x : 커뮤니티의 경제력에 관한 계수

④ 일방문객 추정법 : 지역공원(대공원)을 자동차로 온다고 가정하는 방법

일방문객수(일수용량) = 자동차수×회전율(주차장)×인/대

⑤ 연방문객 추정법 : 계절형을 이용하는 방법과 동일(기후요인을 감안한 경험치 사용)

연방문객수(연수용량) = 일방문객 수×일수

⑥ 만족점 추정법

㉠ 옥의 레크리에이션의 참여율이 소득의 증대에 따라 증가하지만 어떤 피크(만족점)에서 다시 떨어지는 점을 발견

㉡ 모든 활동에 적용되지는 않지만 유행을 타는 활동에 적용

⑦ 시계열·요인분석·중력모델 등

⑤ 레크리에이션 시설

(1) 리조트(resort)

1) 개념 및 목적

① 보양체제를 위한 자리를 마련하고, 도움을 받고 싶을 때 의지할 사람과 의지할 것이 있는 곳

② 일상의 생활권에서 일정거리 이상 떨어진 자연환경 속에서 자기의 재량에 의해 풍부한 시간을 만끽하는 행동 혹은 그것이 가능한 장소

③ 정신적, 육체적 스트레스의 회복과 건강회복 증진을 위한 에너지 재충전의 목적으로 구성된 지역

④ 휴양 및 사교의 목적이 강하고 장기 체재형으로 대도시가 주요 시장이 되는 곳에 주로 형성

⑤ 관광객을 위하여 음식·운동·오락·휴양·문화·예술 또는 레저 등에 적합한 시설을 갖추어 이를 관광객에게 이용하게 하는 업(관광진흥법상 관광객이용시설업 정의)

2) 계획수립 및 요건

① 체재성·자연성·휴양성·보양성·다기능성·공익성 등의 보유

② 다양한 서비스 제공과 다양한 경험 및 즐거움 제공

③ 1~2가지 유희시설을 확보하고, 이용자의 흥미유도

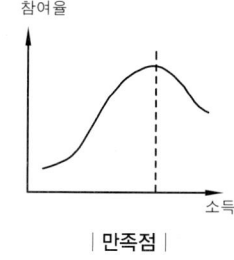

참여율

소득

| 만족점 |

▍자원용량(공급량)의 산정

① 적지선정 : 필요한 활동에 관한 자원조건을 검토하는 것으로, 대상지의 크기, 계획 내용 및 주민의 의도 등에 따라 조건이 달라지며, 지형·토지이용·기상조건·경관 등의 변수를 감안하여 적지성 정도를 판단한다.

② 수용능력 : 자원용량을 말하며 생태적 또는 사회적 용량을 산정

▍리조트의 발생

고대 그리스와 로마의 '스파(spa)'나 '욕장(bath)'에서 시작되었고, 스파는 리조트의 선구자적 역할을 하였으며, 현재도 거의 같은 형태로 유럽지역에 존재하며, 현재 리조트의 형성에 영향을 미쳤다.

▍레저와 리조트

① 레저 : 단기간에 같은 종류의 스포츠나 놀이를 즐기는 활동으로 제3자의 기획에 의존해서 즐기는 단기수동형 여가행위로 체재성 결여

② 리조트 : 여러 복합된 스포츠나 놀이를 주체적으로 계획하고 행동하는 장기 능동형 여가행위로 체재성이 강하게 작용

▍관광객이용시설업

① 전문휴양업

② 제1종 종합휴양업

③ 제2종 종합휴양업

④ 숙박, 레크리에이션, 각종 서비스 시설 등은 통행권 내에 배치

⑤ 옥외공간을 여유있게 확보하며, 접근성이 양호하도록 배치

⑥ 사교(교제)의 장이 되도록 하며, 개인의 프라이버시 확보 및 자유성 제공

이용객 목적에 따른 리조트의 분류 - E. Inskeep

구분		내용
주제형 리조트		특정 대상을 학습하고 경험할 수 있도록 특정 주제를 중심으로 개발한 곳 문화유산, 자연환경 특색, 놀이 등 전문적인 관심분야에 초점을 맞춤
주거형 리조트		숙박시설 위주의 요양, 보양, 주거 등 장기체재시설을 중심으로 개발된 곳 온천이나, 노인 휴양단지 등
휴양형 리조트	통합 리조트	관광객 위주로의 개발을 의미하는 것으로 관광에 필요한 숙박시설, 위락시설, 상업시설, 편의시설 등이 갖추어진 곳
	타운 리조트	·지역사회활동과 관광활동을 혼합시켜 놓은 곳 ·경제적으로 관광상품의 판매에 중점으로 두고 온천장, 유원지, 산악경관 등의 어느 특정한 관광대상을 위주로 이루어지는 곳
	휴양 리조트	규모는 비교적 작으며 작은 섬이나 산 등 멀리 떨어진 곳에 위치하고 있으며, 휴양 중심의 특별한 욕구를 충족시킬 수 있게 조성된 곳
도시형 리조트		·관광시설과 서비스시설 등은 도시구조의 하나로 집적된 부분이고, 관광시설은 관광여행객과 업무여행객 모두에게 제공되는 곳 ·관광시설은 관광목적 이외의 타 용도로 사용되며, 관광대상물은 지역주민을 위해서도 개발됨

3) 시설 및 구성

① 숙박시설과 음식점시설을 두고, 주차시설·급수시설·공중화장실 등 편의시설과 휴게시설 설치

② 토지이용은 숙박시설·서비스시설 1/3, 원지 1/3, 완충녹지·도로 1/3 정도로 구성

③ 숙박, 레크리에이션, 각종 서비스 시설 등을 통행권 내에 배치

④ 이용의 자유도가 높은 잔디원지를 크게 잡는 것이 유리

⑤ 일반적인 동시숙박수용능력은 1ha당 30~50명 정도가 적합

⑥ 숙박시설, 상업시설 등 생활서비스시설은 편리한 지역에 배치

4) 시설물 배치계획

① 구조물의 평면이 장방형인 경우 등고선과 같은 방향으로 배치

② 시설물의 형태, 재료, 색채 등은 가능한 주변경관에 순응하도록 계획

③ 유사기능의 시설물은 한 곳에 모아서 배치하여 이용자의 편의를 도모

④ 시설물의 평면은 행위의 종류, 기능, 이용패턴 등에 따라 결정되며, 시설물의 안전을 위한 구조도 동시에 고려

(2) 마리나(marina)

1) 개념 및 목적

① '해안 산책림'이라는 의미의 라틴어로 해양 스포츠, 레크리에이션용

마리나의 정의
마리나선박의 출입 및 보관, 사람의 승선과 하선 등을 위한 시설과 이를 이용하는 자에게 편의를 제공하기 위한 서비스시설이 갖추어진 곳(마리나항만의 조성 및 관리 등에 관한 법률)

Chapter 3 부분별 조경계획

요트나 보트 등을 계류·보관하는 시설 및 보급·수리시설을 갖춘 바다의 레저기지

② 마리나를 핵으로 부대시설(클럽하우스, 주차장, 호텔, 위락시설, 녹지공간 등)의 설치와 바다를 통한 다양한 레크리에이션 활동을 도입

2) 입지조건

① 지반이 견고한 만형의 지역으로 공기가 맑고 경관이 수려한 곳 - 육상시설을 위해 평탄한 지형 적당

② 풍향, 조류 등 해상의 기상변화가 심하지 않고 잔잔한 수면을 가진 곳 - 주풍향에 대해 45°의 각도가 이상적

③ 계류장의 파고는 0.3~0.5m(평균 0.3m) 이내가 적당

④ 간조 시 해상계류장의 수심은 최소 3.0m 이상 유지하며, 놀이용 보트의 수심은 2.0~4.5m 정도가 적당

⑤ 활동시즌인 4~10월의 평균기온은 15℃ 이상이 적당

⑥ 쾌적한 보트타기의 기온은 20~30℃, 파고는 1m 이내, 바람은 5m/sec

⑦ 전복 시 구조면에서는 수온 25℃가 적당

⑧ 대도시로부터 교통거리 1~2시간 이내이며, 간선도로까지의 거리가 짧고 접근성이 좋은 곳

⑨ 병원, 공공체육관 등의 공공시설이 가까이 있으며, 각종 공해로부터 영향을 받지 않는 곳

⑩ 일반 항로로부터 격리되어 붐비지 않고, 어업권 문제가 발생되지 않는 곳

⑪ 쾌적한 활동을 위해서 요트는 2.5~3.0ha/척, 모터보트는 8ha/척의 면적 필요

마리나선박

유람, 스포츠 또는 여가용으로 제공 및 이용하는 선박으로 모터보트, 고무보트, 요트, 윈드서핑용 선박, 수상오토바이, 호버크래프트, 카누, 카약 등과 이와 비슷한 구조, 형태 및 운전방식을 가진 것으로서 유람, 스포츠 또는 여가용으로 사용되는 선박을 말한다.

마리나의 기능 및 시설

시설구분		시설내용
기본시설	외곽시설	방파제, 방사제, 파제제, 방조제, 도류제, 갑문, 호안 등
	수역시설	항로, 정박지, 선류장, 선회장 등
	임항교통시설	도로, 교량, 철도, 궤도, 운하 등
	계류시설	안벽, 물양장, 계선말뚝, 계선부표, 잔교, 부잔교, 돌핀, 선착장 등
기능시설	보관시설	주정장, 보트창고 등
	상·하가시설	경사로, 램프, 크레인, 리프트 등(선가시설)
	선박보급시설	급유시설, 급수시설, 급전시설 등
	선박작업용시설	전기시설, 수리시설, 세정시설 등
	업무용시설	공공서비스, 시설관리 등 마리나항만 관련 업무시설
	관리운영시설	클럽하우스, 회의장 등
	안전시설	항로표지, 방화시설, 관제통신시설 등

3 ≫ 레크리에이션 조경계획 **339**

	보안시설	출입문, 울타리, 초소 등
	환경정화시설	쓰레기처리장, 오수·폐수처리시설, 폐유처리시설 등
	연구시설	마리나항만 관련 산업기술개발, 벤처산업지원 등
서비스편의시설	복지시설	진료시설, 복지회관, 체육시설 등
	휴게시설	숙박시설, 목욕시설, 위락시설 등
	편익시설	매점, 음식점, 쇼핑센터, 주차장 등
	문화교육시설	수족관(수중 포함), 해양박물관, 공연장(수중 포함), 캠프장, 학습장 등
	공원시설	해양전망대, 산책로, 해안녹지, 광장, 조경시설 등

(3) 스키장

1) 입지조건

① 부지형태는 산기슭의 넓은 공간이 확보되어 지원시설의 입지가 가능한 코니데(원추)형이 좋음

② 상록수 지역이 벌채와 코스 조성에 용이하며 방풍림으로서의 효과가 높음

③ 암반 및 노출 바위가 없는 토양이 형성되면 좋고, 배수처리가 용이하고, 식수확보가 용이한 곳이 적당

④ 표고는 설질과 적설 기간을 고려하여 500m 이상이 바람직하고, 800m 이상이면 더욱 좋음

⑤ 표고차는 일반적으로 소규모 스키장에서는 100~150m, 종합적인 스키리조트는 300m 이상이 적당(최저 70m 이상, 800m까지 가능)

⑥ 눈은 '적설량 → 적설기간 → 설질'의 순으로 중요

⑦ 바람이 세거나 돌풍이 많은 지역은 부적합하고, 약풍지나 무풍지가 바람직함

⑧ 산정부로 부는 바람은 활강속도를 감소시키고, 활강사면과 직각을 이루는 바람은 추위를 동반하여 부적당

⑨ 겨울 강설량이 많은 곳이 좋으나 적설기에 비오는 날이 적어야 하고, 안개가 끼지 않는 곳이 유리

⑩ 스키장의 시장으로 기대할 수 있는 도시가 근접지에 있고, 인력확보를 위한 배후도시가 있으면 유리

⑪ 수도, 전기, 가스, 전화 등의 지원이 가능하고, 병원, 공안시설 등도 확보

▌스키장의 분류
① 당일형 : 대도시 주변에 위치하며 단시간에 스키만을 즐기기 위한 목적을 가지고 있으며, 대부분 야간설비를 갖추고 있기 때문에 젊은 직장인이나 학생들 사이에 인기가 높다.
② 숙박형 : 여행감각으로 스키장을 선택하기 때문에 지역전체의 매력, 시설의 질에 중점을 두게 된다.
③ 당일형은 수요지로부터 1시간 이내, 숙박형은 거리에 크게 영향을 받지 않으나 교통시간은 1~4시간 정도가 적정하다.

▌스키의 특징
① 스키의 원거리성과 자연환경성
② 대형레저활동
③ 계절성

▌스키장의 규모
작은 것은 수 ha에서 큰 것은 수백 ha에 달하는 등 일정치 않으나 관련시설을 포함하면 소규모적인 것이라도 10ha 이상이 바람직하다.

▌게렌데(gelande)
스키를 탈 수 있는 경사진 장소. 반(Bahn), 사면(斜面), 슬로프(slope) 따위로도 부르며, 독일어로 원래 뜻은 '토지나 지형' 또는 '산과 들'을 의미한다. 스키 분야에서는 스키를 탈 수 있는 장소로서 스키장의 사면, 연습장을 뜻하지만 스키장 자체를 나타내기도 한다.

2) 슬로프(경사면) 계획

① 경사는 완경사와 급경사가 적당히 혼합된 곳으로 정상부(상단부)는 급경사가, 하단부는 완경사가 적당

② 경사면 방향은 설질 유지를 위해서 북사면이 가장 좋고, 코스(슬로프)의 방향은 북동향이 좋음

③ 경사면은 코스 및 스키어의 숙련도에 따라 사면을 구분하고 경사도가 클수록 코스의 폭을 넓게 적용

④ 리프트 1기의 표고차는 보통 70~300m를 기준으로 하며, 바람이 15m/sec 이상이면 리프트 운행정지

⑤ 리프트 설치장소는 최고구배 30°를 넘으면 안 되고, 폭은 5~7m, 속도는 2.5m/sec 이하로 하고, 정전을 대비한 비상발전시설 설치

▌슬로프의 방향
① 설질 유지를 위해서는 북사면이 가장 좋다.
② 코스의 방향은 북동향이 좋다.
③ 표고와 위도가 높은 추운 지역에서는 일조를 위해 남사면도 가능하다.
④ 서향 및 북서향은 바람에 의한 추위와 설질 유지에 불리하다.

스키장의 제반조건

시설구분		내용
기상	적설량	보통은 1m 이상이어야 안정성이 있고, 곡면의 형태로 되어 있는 것이 활강에 변화를 주는 의미에서 바람직하고, 사면의 상태가 좋은 경우(초지)라면 50cm 정도로도 가능
	적설기간	관리, 리프트 등의 경영면에서 90~100일 이상 필요
	눈의 질	분설이 바람직하며, 상대적으로 입지에 맞는다면 습설도 가능
	바람	15m/sec 이상이면 리프트 운행정지
	일조	쾌적한 스키 활동에 좋은 조건이며, 일조시간이 길면 활동시간도 길어짐
지형	경사도	활강코스는 6~30°, 종점근처는 0~5°가 적당 초급:6~10°, 중급:11~19°, 상급:20~30°, 대기소:0~5°
	경사폭	·초중급 : 길이 200~400m, 폭 상부 20~30m, 하부 60~80m ·상급 : 길이 300~400m, 폭 상부 30~40m, 하부 50~60m ·하급(초심자) : 길이 20~50m 정도로 길고 넓은 것이 바람직
	경사방향	눈의 질 유지를 위해서는 북사면이 바람직하며, 일조를 위해서는 남사면이 바람직
경관	지모(식생)	지모 조건이 초지라면 적설량이 적더라도 스키가 가능하며, 수목이 있으면 방풍에 좋고, 리프트의 차폐효과가 있음
	조망	·조망의 양부는 스키장 이용률의 관건으로 스키장 전체의 세일즈 포인트로도 작용 ·리프트를 타고 있을 때의 조망도 중요하며, 상하부 대기소로부터의 조망은 스키장 전체의 경관감상이 가능하도록 위치함이 바람직함

▌적설량
① 1m 이상이 이상적이다. – 50cm도 가능
② 적설시기는 12~4월 초순, 최저 90일 이상 스키장 영업이 가능한 적설상태를 확보하여야 한다.
③ 동계기간(12월~3월)의 기온은 월평균 −5℃(−10~0℃), 일평균 −5~5℃가 최적이고, 대체로 온난한 곳이 유리하다.
④ 강설량은 10~20cm가 15일 내외이고, 50cm 이상이 1~2일 정도가 적당하다.
⑤ 강설일수는 12~3월에 평균 15~20일 이상이 좋다.

스키장 시설기준(체육시설의 설치·이용에 관한 법률)

필수시설	시설기준
편의시설	·수용인원에 적합한 주차장 및 화장실을 갖추어야 한다. ·수용인원에 적합한 탈의실과 급수시설을 갖추어야 한다.
안전시설	·시설 내의 조도(照度)는 「산업표준화법」에 따른 조도기준에 맞아야 한다. ·부상자 및 환자의 구호를 위한 응급실 및 구급약품을 갖추어야 한다. ·적정한 환기시설을 갖추어야 한다.

관리시설	·매표소·사무실·휴게실 등 시설의 유지·관리에 필요한 시설을 설치하여야 한다. ·절토지 및 성토지의 경사면에는 조경을 하여야 한다.
운동시설	·슬로프는 길이 300m 이상, 폭 30m 이상이어야 한다(지형적 여건으로 부득이한 경우는 제외한다). ·평균 경사도가 7° 이하인 초보자용 슬로프를 1면 이상 설치하여야 한다. ·슬로프 이용에 필요한 리프트를 설치하여야 한다.
안전시설	·슬로프 내 이용자가 안전사고를 당할 위험이 있는 곳에는 안전시설(안전망·안전매트 등)을 설치하여야 한다. ·구급차와 긴급구조에 사용할 수 있는 설상차를 각 1대 이상 갖추어야 한다. ·정전 시 이용자의 안전관리에 필요한 전력공급장치를 갖추어야 한다.

(4) 골프장

1) 입지조건

① 용지의 형상은 정방형보다는 남북으로 긴 구형(장방형)이 좋으며, 작은 능선 여러 개로 구성되고, 고저차가 적으며, 경사가 완만한 지역

② 산림, 연못, 하천 등의 자연지형을 많이 이용할 수 있는 곳

③ 북사면은 바람과 추위, 잔디의 관리에도 곤란하므로 가급적 피하며, 남사면이나 남동사면이 적당

④ 표고 600m 이하로 고저차 10~20m 정도의 장소 - 3~7% 경사

⑤ 주변환경(경관, 공기 등)이 양호하며, 해안, 호숫가 등이 인접하고, 임목, 수목 등이 자연적으로 존치될 수 있을 것

⑥ 잔디를 심는 데 좋은 토양(사질양토)이어야 하며, 배수가 잘되고 지하수위가 깊은 곳

⑦ 용수확보(여름 1일 1홀당 약 2000t 소모)에 용이한 지하수 및 개울과 연못, 수림이 있으며, 코스조성, 법면 유지에 좋은 토질일 것

⑧ 배후도시가 충분하고, 교통이 편리하며 소요시간은 1~1.5시간 정도의 접근성이 좋은 곳

⑨ 위락시설, 관광명소, 스키장, 호텔이나 콘도 등과 인접한 곳

⑩ 도시와의 접근성, 토질, 토양, 수자원, 진입도로, 지가수준 등도 용지 선정에 중요한 요인

18홀 기준 적정 용지면적

구분	소요면적
평탄지	60만~70만m²
구릉지	80만~90만m²
산지	90만~120만m²
30% 이상~50% 정도의 경사지	150만m² 이상

2) 골프장의 구성

① 표준적 골프코스는 18홀, 전장은 6,300야드, 너비는 100~180m, 용

▎눈썰매장

① 썰매장, 눈놀이광장, 전망휴게소, 리프트시설 등 설치

② 코스기울기는 5~25% - 아동용(10~15%), 청소년용(10~20%)

③ 슬로프 규모에 적절한 썰매와 제설기 또는 눈살포기 등을 갖추어야 하며, 슬로프의 가장자리에는 안전망과 안전매트를 설치하여야 한다. 썰매장의 부지면적은 슬로프면적의 3배를 초과할 수 없다.

▎골프장의 입지

법면이 적고 토공량이 적은 지형이 좋으나 우리나라에서는 이러한 지형을 찾기가 어려워 대부분 경사도가 많은 임야를 선택하게 되어 법면과 토공량이 많은 것이 특징이다.

▎코스설계의 유의점

① 지형적 해석

② 휴먼스케일(human scale)

③ 코스의 난이도

④ 공사비 절감

▎골프코스

골프코스는 들판·구릉·산림 등 66만~100만m²의 넓은 지역을 이용하며, 해변에 만들어지는 시사이드(sea side) 코스와 내륙에 만들어지는 인랜드(in land) 코스가 있다.

▎단위환산

·1야드(yd)=3피트(feet) = 0.9144m

·1feet=12인치(in)=0.3048m

·1in=2.54cm

▎공식 골프코스

전체길이가 6,500야드(5,940m) 이상이어야 한다.

지면적은 약 70만m² 정도

- ㉠ 쇼트홀(short hole) : 기준타수가 3타(par 3)인 홀로서 거리는 남자 229m 이하, 여자 192m 이하로 18홀 중 4개의 쇼트홀 배치
- ㉡ 미들홀(middle hole) : 기준타수가 4타(par 4)인 홀로서 거리는 남자 230~430m, 여자 193~366m로 18홀 중 10개의 미들홀 배치
- ㉢ 롱홀(long hole) : 기준타수가 5타(par 5)인 홀로서 거리는 남자 431m 이상, 여자 367~526m로 18홀 중 4개의 롱홀 배치

② 숲이나 계곡, 연못, 작은 산 등의 장애물을 인공적으로 만들기도 하고, 자연의 강이나 바다를 이용하기도 함

③ 클럽하우스는 골프장을 방문하는 사람들이 맨 처음 방문하여 휴식을 취하고, 마지막으로 거치는 장소로 이용자의 편의에 불편함이 없게 배치

④ 클럽하우스 주변에 50m 폭의 6개의 평탄한 용지가 클럽하우스를 향하고 있어야 좋음

⑤ 그늘집(rest house)은 골프코스 사이의 휴게소로 간단한 휴식과 편의 제공

3) 홀의 구성요소

① 티잉그라운드(teeing ground) : 줄여서 티(tee)라고도 하며, 각 홀의 출발지역으로 평탄한 지면 조성 - 1~1.5% 경사

② 페어웨이(fair way) : 약 50~60m 정도의 폭을 잡초 없이 잔디를 깎아 볼을 치기 쉬운 상태로 유지 - 2~10% 경사, 25% 이상 회피

③ 퍼팅그린(putting green) : 홀의 종점으로 홀(구멍)에 볼을 굴려 넣기 위한 매트상으로 정비된 600~900m² 정도의 잔디밭이며, 구멍에는 핀(깃대의 별칭)을 세움 - 2~5% 경사

④ 러프(rough) : 페어웨이 외의 정지되지 않은 지대로 잡초·저목·수림 등으로 되어 있어 샷을 어렵게 함

⑤ 벙커(bunker) : 페어웨이와 그린 주변에 설치하는 장애물로 움푹 파인 모래밭. 페어웨이의 벙커는 티잉그라운드에서 210~230m 지점에 설치

⑥ 해저드(hazard) : 조경이나 난이도 조절을 위해 코스 내에 설치한 장애물로 벙커 및 연못·도랑·하천 등의 수역(water hazard)

골프장 시설기준(체육시설의 설치·이용에 관한 법률)

필수시설	시설기준
편의시설	·수용인원에 적합한 주차장 및 화장실을 갖추어야 한다. ·수용인원에 적합한 탈의실과 급수시설을 갖추어야 한다.
안전시설	·시설 내의 조도는 「산업표준화법」에 따른 조도기준에 맞아야 한다. ·부상자 및 환자의 구호를 위한 구급약품을 갖추어야 한다. ·적정한 환기시설을 갖추어야 한다.

퍼팅그린
잔디를 짧게(4~6mm) 깎아 볼이 구르기 쉽게 관리를 하며, 홀(컵)의 크기는 직경이 4.25인치(108mm), 깊이가 4.0인치(100mm) 이상으로 하고, 홀에는 이동이 가능한 깃대를 꽂아 위치를 표시한다.

스루더그린
(Through the Green)
티잉그라운드와 그린, 해저드(모래밭·웅덩이 따위의 장애지역)를 제외한 코스 안의 전 구역으로 보통 페어웨이와 러프지역을 말한다.

에이프런(apron)
그린주위에 잔디를 일정한 폭으로 그린보다 길게 깎아 놓아 다른 지형과 구분하여 놓은 부분을 의미하며 퍼팅그린의 일부는 아니다.

관리시설	·매표소·사무실·휴게실 등 시설의 유지·관리에 필요한 시설을 설치하여야 한다. ·골프코스 주변, 러프지역, 절토지 및 성토지의 경사면 등에는 조경을 하여야 한다.
운동시설	·회원제 골프장업은 3홀 이상, 정규 대중골프장업은 18홀이상, 일반 대중골프장업은 9홀 이상 18홀 미만, 간이골프장업은 3홀 이상 9홀 미만의 골프코스를 갖추어야 한다. ·각 골프코스 사이에 이용자가 안전사고를 당할 위험이 있는 곳은 20m 이상의 간격을 두어야 한다. 다만, 지형상 일부분이 20m 이상의 간격을 두기가 극히 곤란한 경우에는 안전망을 설치할 수 있다. ·각 골프코스에는 티그라운드·페어웨이·그린·러프·장애물·홀컵 등 경기에 필요한 시설을 갖추어야 한다.

도시공원 내 골프연습장의 설치기준(도시공원 및 녹지 등에 관한 법률)

구분	내용
위치 및 경관	·도시공원을 이용하는 주민들이 쉽게 접근할 수 있고 공원의 다른 시설과 조화를 이룰 수 있는 지역일 것 ·임상이 양호한 지역이나 절토 또는 성토의 높이가 3m 이상 필요한 지역이 아닐 것 ·철로 만든 높은 기둥과 그물망으로 인하여 주변지역 및 도시공원의 미관과 경관을 해치지 아니하도록 할 것
주변지역의 피해방지	·주변의 주택과 거리를 충분히 유지하여 소음 또는 조명시설로 인한 주변지역의 피해가 발생되지 아니하도록 할 것 ·골프연습장의 이용차량으로 인하여 주변지역의 교통소통에 지장을 주지 아니하도록 주차장을 확보할 것
설치할 수 있는 골프연습장의 수	·근린공원 및 체육공원에 설치하는 골프연습장은 공원면적이 10만m² 이상인 경우 1개소로 하되, 10만m²를 초과하는 100만m²마다 1개소를 추가로 설치할 수 있다. ·하나의 공원이 2 이상의 시·군 또는 구의 행정구역에 걸쳐 있는 경우에는 각 시·군 또는 구에 속한 공원의 면적을 기준으로 하여 해당 시·군 또는 구의 행정구역 안에 이를 설치할 수 있다. ·실내골프연습장은 골프연습장의 수에 산입하지 아니한다.

▌골프장 설치가능 공원
① 골프장 : 30만m² 이상의 근린공원
② 골프연습장 : 10만m² 이상의 근린공원과 체육공원

골프연습장 시설기준(체육시설의 설치·이용에 관한 법률)

필수시설	시설기준
편의시설	·수용인원에 적합한 주차장 및 화장실을 갖추어야 한다. ·수용인원에 적합한 탈의실과 급수시설을 갖추어야 한다.
안전시설	·시설 내의 조도는 「산업표준화법」에 따른 조도기준에 맞아야 한다. ·부상자 및 환자의 구호를 위한 구급약품을 갖추어야 한다. ·적정한 환기시설을 갖추어야 한다. ·연습 중 타구에 의하여 안전사고가 발생하지 않도록 그물·보호망 등을 설치하여야 한다. 다만, 실외 골프연습장으로서 위치 및 지형상 안전사고의 위험이 없는 경우에는 그러하지 아니하다.
관리시설	·매표소·사무실·휴게실 등 시설의 유지·관리에 필요한 시설을 설치하여야 한다.
운동시설	·실내 또는 실외 연습에 필요한 타석을 갖추거나, 실외 연습에 필요한 2홀 이하의 골프 코스(각 홀의 부지면적은 1만3천m² 이하이어야 한다) 또는 18홀 이하의 피칭연습용 코스(각 피칭연습용 코스의 폭과 길이는 100m 이하이어야 한다)를 갖추어야 한다. 다만, 타구의 원리를 응용한 연습 또는 교습이 아닌 별도의 오락·게임 등을 할 수 있는 타석을 설치하여서는 아니 된다. ·타석 간의 간격이 2.5m 이상이어야 하며, 타석의 주변에는 이용자가 연습을 위하여 휘두르는 골프채에 벽면·천장과 그 밖에 다른 설비 등이 부딪치지 아니하도록 충분한 공간이 있어야 한다.
실외	골프연습장의 부지면적은 타석면적과 보호망을 설치한 토지면적을 합한 면적의 2

골프연습장의 부지면적	배의 면적을 초과할 수 없다. 다만, 골프코스를 설치하는 경우에는 골프코스 1홀마다 1만3천㎡를 추가할 수 있고, 피칭 및 퍼팅 연습용 코스를 설치하는 경우에는 이에 해당하는 면적을 추가할 수 있다.

4) 조경계획

① 진입도로 : 인지도를 높이기 위해 입구부분과 도로 가로수를 화려하고 정돈된 수종으로 경관형성

② 절토법면부 : 비탈조경방식에 의한 수목식재 및 잔디를 심어 토사유출과 침식 방지

③ 클럽하우스 : 주변에 넓은 면적의 퍼팅그린을 조성하여 시야를 넓게 잡고, 교목류는 10~15m 이상 격리시켜 배식하여 개방적 공간형성

④ 주차장 : 클럽하우스에서 직접 보이지 않도록 배려하며, 녹음수를 이용하여 그늘을 만들어 주고, 배기가스에 강한 수종 식재

⑤ 페어웨이 : 연못, 벙커 등으로 시야를 넓게 잡고, 홀 사이에는 차단·은폐식재로 홀의 시각적 구획을 확보

⑥ 퍼팅그린 : 그늘이 지거나 통풍에 지장이 없도록 식재

⑦ 티잉그라운드 : 홀의 출발점으로, 티샷하는 데 안정된 분위기를 주도록 생울타리 조성

⑧ 러프지역 : 골프장 미화를 위한 보완배식을 통하여 풍성한 경관을 유지토록 식재

⑨ 레스트하우스 : 여름에는 녹음이 짙고 겨울에는 채광이 잘되게 하며, 피로감을 덜어주거나 회복하는 데 도움이 되도록 식재

⑩ 골프장 내 연결보도 : 개방된 관상공간으로 꾸미고, 유실수나 화목류를 중심으로 열식하여 피로감을 덜어주고 명랑한 기분을 주도록 유도

⑪ 골프장 외곽 경계부 : 시각차단 및 방풍림 역할을 할 수 있는, 심근성이고 지엽이 강하며 차폐율이 높은 수종 식재

⑫ 기타 기존 수림은 원형대로 보존하며 코스 공사 중 이식이 가능한 수목은 코스주변 및 러프지역에 이식

⑬ 골프장에 쓰이는 잔디는 주로 페어웨이에는 한국 야생 잔디, 그린은 벤트그라스를 많이 사용

(5) 해수욕장

1) 계획수립 요건

① 해수욕장 이용객과 거주자의 생활이 양립될 수 있는 계획이 필요

② 해수욕장과 배후지의 이용이 일체화되어 다양한 레크리에이션 이용이 가능하도록 계획

2) 자연적 조건

① 남동면 또는 남면에 구릉지나 산이 있는 것이 바람직함

② 해안선 500m 이상, 폭 200~400m, 경사 2~10%를 가진 모래사장이 좋음

③ 암석, 해초 등의 부유물이나, 유해생물이 없을 것

④ 수림지가 있고, 24℃ 이상의 기온이 되는 맑은 날의 수가 많은 곳

⑤ 수온 23℃ 이상이 적당하며, 성하일이 2주간 이상 지속되는 기후가 적당

⑥ 물의 오염이 적고 유막이 뜨지 않으며, 물의 투시도는 30cm 이상이 바람직함

⑦ 해수욕장의 육지부 시설규모를 산정하기 위한 공간 원단위는 10~20m²/인

3) 사회적 조건

① 생산시설이나 도시시설과 경합하지 말 것

② 대량수송기관, 주차장 등의 교통시설을 충분히 갖출 것

(6) 야외수영장

① 태양광선을 충분히 받는 곳으로 수영장의 장축이 남북방향으로 자리잡을 수 있는 곳

② 25m 수영장은 7코스, 50m 수영장은 9코스제 사용 – 1코스의 폭은 2.0m 이상

③ 부대시설을 포함한 수영장의 면적은 수영객 1인당 최소 2m²

④ 수온은 20℃ 정도가 적당하며 탈의실, 샤워장 등 부대시설 필요

수영장 시설기준(체육시설의 설치·이용에 관한 법률)

필수시설	시설기준
편의시설	·수용인원에 적합한 주차장 및 화장실을 갖추어야 한다. ·수용인원에 적합한 탈의실과 급수시설을 갖추어야 한다.
안전시설	·시설 내의 조도는 「산업표준화법」에 따른 조도기준에 맞아야 한다. ·부상자 및 환자의 구호를 위한 구급약품을 갖추어야 한다. ·적정한 환기시설을 갖추어야 한다. ·이용자의 안전을 위하여 수영조 전체를 조망할 수 있는 감시탑을 설치하여야 한다. 다만, 호텔 등 일정 범위의 이용자에게만 제공되는 수영장은 감시탑을 설치하지 아니할 수 있다.
관리시설	·매표소·사무실·휴게실 등 시설의 유지·관리에 필요한 시설을 설치하여야 한다.
운동시설	·수영조의 바닥면적은 200m²(시·군은 100m²) 이상이어야 한다. 다만, 호텔 등 일정 범위의 이용자에게만 제공되는 수영장은 100m² 이상으로 할 수 있다. ·물의 깊이는 0.9m 이상 2.7m 이하로 하고, 수영조의 벽면에 일정한 거리 및 수심 표시를 하여야 한다. 다만, 어린이용·경기용 등의 수영조에 대하여는 이 기준에 따르지 아니할 수 있다. ·수영조와 수영조 주변 통로 등의 바닥면은 미끄러지지 아니하는 자재를 사용하여야 한다. ·도약대를 설치한 경우에는 도약대 돌출부의 하단 부분으로부터 3m 이내의 수영조 수심은 2.5m 이상으로 하여야 한다. ·도약대는 사용 시 미끄러지지 아니하도록 하여야 한다. ·도약대로부터 천장까지의 간격이 스프링보드 도약대와 높이 7.5m 이상의 플랫

수영장의 공인규격

① 길이 : 50m(허용오차 0.03m)

② 폭 : 최소 21m(25m)

③ 수심 : 2m(1.8m 이상)

④ 수온 : 26±1℃

⑤ 레인폭 : 2.5m(1레인과 8레인은 밖으로 50cm의 폭을 둠)

⑥ 출발대 : 높이 수면 위 0.5~0.75m, 넓이 최소 0.5×0.5m, 경사도 10° 이하(통상 3° 유지), 출발대 상면은 미끄럼방지

> 도약대인 경우에는 5m 이상, 높이 7.5m 이하의 플랫폼 도약대인 경우에는 3.4m 이상이어야 한다.
> · 물의 정화설비는 순환여과방식으로 하여야 한다.
> · 물이 들어오는 관과 나가는 관의 배관설비는 물이 계속하여 순환되도록 하여야 한다.
> · 수영조 주변 통로의 폭은 1.2m 이상(핸드레일을 설치하는 경우에는 1.2m 미만으로 할 수 있다)으로 하고, 수영조로부터 외부로 경사지도록 하거나 그 밖의 방법을 마련하여 오수 등이 수영조로 새어 들 수 없도록 하여야 한다.

(7) 청소년수련시설

1) 입지 : 청소년의 건전한 정서함양에 적합한 장소

   ① 청소년수련관, 청소년문화의집, 청소년특화시설 : 일상생활권, 도심지 근교 및 그 밖의 지역 중 수련활동 실시에 적합한 곳으로서 청소년이 이용하기에 편리한 지역

   ② 청소년수련원, 청소년야영장 : 자연경관이 수려한 지역, 국립·도립·군립공원, 그 밖의 지역 중 자연과 더불어 행하는 수련활동 실시에 적합한 곳으로서 청소년이 이용하기에 편리한 지역

   ③ 유스호스텔 : 명승고적지, 역사유적지 부근 및 그 밖의 지역 중 청소년이 여행활동 시 이용하기에 편리한 지역

2) 시설 설치기준 : 주변 환경을 자연친화적으로 보존·활용

   ① 실내집회장(강당·회의실 등) : 수용인원 150명 이하 150m², 초과 1명당 0.8m² − 800m² 초과 시 800m²

   ② 야외집회장 : 수용인원 150명 이하까지 200m², 초과 1명당 0.7m², 2,000m² 초과 시 2,000m²

   ③ 강의실 : 1실당 50m² 이상

   ④ 생활관(유스호스텔 등) : 숙박정원 1인당 2.4m² 이상

   ⑤ 야영지 : 야영정원 1인당 20m² 이상

   ⑥ 식당 : 급식인원 1인당 1m² 이상

4>>> 교통시설 조경계획

1 도로의 일반사항

(1) 도로의 구분

사용 및 형태별 구분

구분	시설기준
일반도로	폭 4m 이상의 도로로서 통상의 교통소통을 위하여 설치되는 도로
자동차전용도로	시·군내 주요지역간이나 시·군 상호간에 발생하는 대량교통량을 처리하기 위한 도로로서 자동차만 통행할 수 있도록 하기 위하여 설치하는 도로

▌단위시설

단위시설은 규모에 따라 10~20개를 연쇄적으로 이용되도록 20~30m 정도의 간격으로 배치하며 1개소당 100~200m²로 한다.

▌야영지 조건

① 삼림이나 초지의 지표면
② 경사 5% 이하의 완경사 지역
③ 급수원이 있고 배수가 양호한 곳
④ 습도 85% 이하, 온난한 기후
⑤ 수면이 있고 조망이 좋은 곳
⑥ 강풍, 비·눈의 피해가 없는 곳

▌청소년수련시설의 구조 및 설치기준

① 건축물 배치는 평균 경사도가 25° 미만, 표고 250m 이하
② 기존 지형을 고려하여 건축물 배치, 양호한 조망 확보
③ 건축물 길이는 경사도 15° 이상에서 100m 이내, 그 외 150m 이내
④ 경사도 15° 이상인 산지에 건축물 등을 2 이상 설치 시 길이가 긴 것의 5분의 1 이상 이격

▌도로의 설계에 대한 내용은 [시공구조학 − 순환로 설계] 참조

▌도로의 조경에 대한 내용은 [조경식재 − 도로조경] 참조

보행자전용도로	폭 1.5m 이상의 도로로서 보행자의 안전하고 편리한 통행을 위하여 설치하는 도로
보행자우선도로	폭 10m 미만의 도로로서 보행자와 차량이 혼합하여 이용하되 보행자의 안전과 편의를 우선적으로 고려하여 설치하는 도로
자전거전용도로	하나의 차로를 기준으로 폭 1.5m(상황에 따라 1.2m) 이상의 도로로서 자전거의 통행을 위하여 설치하는 도로
고가도로	시·군내 주요지역을 연결하거나 시·군 상호간을 연결하는 도로로서 지상교통의 원활한 소통을 위하여 공중에 설치하는 도로
지하도로	시·군내 주요지역을 연결하거나 시·군 상호간을 연결하는 도로로서 지상교통의 원활한 소통을 위하여 지하에 설치하는 도로(도로·광장 등의 지하에 설치된 지하공공보도시설을 포함) 다만, 입체교차를 목적으로 지하에 도로를 설치하는 경우를 제외

규모별 구분(도로폭 기준)

구분	광로	대로	중로	소로
도로폭	40m 이상	25~40m 미만	12~25m 미만	4~12m 미만

기능별 구분

구분	정의
주간선도로	시·군내 주요지역을 연결하거나 시·군 상호간을 연결하여 대량통과교통을 처리하는 도로로서 시·군의 골격을 형성하는 도로
보조간선도로	주간선도로를 집산도로 또는 주요 교통발생원과 연결하여 시·군 교통의 집산기능을 하는 도로로서 근린주거구역의 외곽을 형성하는 도로
집산도로	근린주거구역의 교통을 보조간선도로에 연결하여 근린주거구역 내 교통의 집산기능을 하는 도로로서 근린주거구역의 내부를 구획하는 도로
국지도로	가구(도로로 둘러싸인 일단의 지역을 말한다. 이하 같다)를 구획하는 도로
특수도로	보행자전용도로·자전거전용도로 등 자동차 외의 교통에 전용되는 도로

(2) 용도지역별 도로율

① 주거지역 : 15% 이상 30% 미만. 이 경우 주간선도로의 도로율은 8% 이상 15% 미만

② 상업지역 : 25% 이상 35% 미만. 이 경우 주간선도로의 도로율은 10% 이상 15% 미만

③ 공업지역 : 8% 이상 20% 미만. 이 경우 주간선도로의 도로율은 4% 이상 10% 미만

(3) 도로의 횡단구성

① 길어깨 : 도로를 보호하고 비상시에 이용하기 위하여 차도·보도·자전거도 등에 접속하여 설치하는 도로의 부분

② 주정차대 : 자동차의 주차 또는 정차에 이용하기 위하여 도로에 접속하여 설치하는 부분 – 폭 2.5m 이상(소형자동차 대상은 2m 이상)

▌**도로의 배치간격**

① 주간선도로와 주간선도로의 배치간격 : 1,000m 내외

② 주간선도로와 보조간선도로의 배치간격 : 500m 내외

③ 보조간선도로와 집산도로의 배치간격 : 250m 내외

④ 국지도로간의 배치간격 : 가구의 짧은 변 사이의 배치간격은 90m~150m 내외, 가구의 긴 변 사이의 배치간격은 25m~60m 내외

▌**도로의 모퉁이 길이**

도로모퉁이부분의 보도와 차도의 경계선은 원호 또는 복합곡선이 되도록 하고, 곡선반경은 도로의 기능별 분류에 따라 구분한다.(단, 곡선반경이 큰 도로의 기준을 적용한다)

① 주간선도로 : 15m 이상

② 보조간선도로 : 12m 이상

③ 집산도로 : 10m 이상

④ 국지도로 : 6m 이상

▌**식수대**

도로교통환경의 정비나 연도의 쾌적한 생활환경 보호를 위해 도로 용지 내에 식수대를 설치할 수 있으며, 수목의 종류·배치 및 기타 횡단 구성요소와 균형 등을 고려하여 1~2m(표준 1.5m)로 하며, 장래에 추가 차선을 목적으로 할 경우나 경관지 식수대의 경우는 그 폭을 3m까지 할 수 있다.

③ 환경시설대 : 도로 주변지역의 환경보전을 위하여 길어깨의 바깥쪽에 설치하는 노상시설·녹지대 등의 시설이 설치된 지역－폭 10~20m

2 도로조경계획

(1) 목적 및 정의

① 도로의 교통처리를 원활히 하되 자연의 훼손을 최소한으로 줄이며, 경관의 시각적 질의 개발

② 운전자에게 만족스러운 시각적 경험을 제공하여 안전하고 쾌적한 운행을 조장하여 교통사고 방지

③ 도로의 시각적 코리더(visual corridor)를 확보하여 보다 광범위한 지역경관을 창출하는 요소

④ 도로의 형태와 경관의 변화에 따라 노선의 특성을 살려주면서 주변의 토지이용과의 조화 도모

⑤ 시각적 영향을 분석·평가하여 경관과 조화될 수 있게 개별경관을 조성하기 위한 도로경관요소의 개발

사용 및 형태별 구분

분류구분	구분
도로기능	고속도로조경, 일반도로조경
경관분석	도로경관조경, 도로주변경관, 연도지대조경
도로의 조원적 특성	도로자체조경(가로수, 가원), 연도지대조경(건물과 도로간의 전정)
도로의 선형	곡선부조경, 직선부조경
도로조성 특성	도로부조경, 절개지조경, 성토지조경, 터널부근조경, 교량부근조경
도로입지 특성 특수기능 도로	가로조경, 산지부도로조경, 평지부도로조경, 교차로조경 유보로, 자전거도로, 자동차전용도로, 보도, 산책로, 도로공원(park way), 가로공원(street park)

(2) 고속도로조경

1) 특성

① 도로기능충족 : 고속주행차량의 원활한 교통소통을 위한 도로의 기능을 충족시키는 것을 주안점으로 함

② 경관성 : 연속적이며 대규모 경관이 시각적으로 적용되며 수직적인 변화가 강하게 나타남

③ 종합적인 처리 : 배수, 사면, 안정, 노반안정, 식생 등 도로공학, 조명공학, 수리학, 임학, 토질역학 등이 연관된 종합적 처리

④ 부대시설과의 조화성 : 휴게소, 교차로, 정류장 등의 부대시설과 표지판, 분리대, 방음벽, 보호철책 등 도로상의 시설이 경관조성에 큰 영향을 끼침

▌고속도로 조경의 목적
① 고속주행차량 안전성 도모
② 운전자에게 피로감을 극소화시키면서, 여행자들의 쾌적성 확보
③ 자연환경의 존중과 주민생활환경의 질 향상

▌계획과정
가능노선의 제시→조경 세부기초조사→조경 기본계획수립→조경 실시설계작성→시공→유지관리

2) 노선선정

① 가용지 파악

㉠ 고속도로의 횡단면 : 보통 도로의 중심선에 의해 위치가 결정되며, 차로의 수와 설계속도 및 통행차량의 성격 등에 의해 폭을 결정하며, 중앙분리대를 중심으로 차도의 노면, 표지판, 보호책 등의 시설물 설치대, 서비스 에어리어 등을 포함하며 법면 배수로 등으로 구성

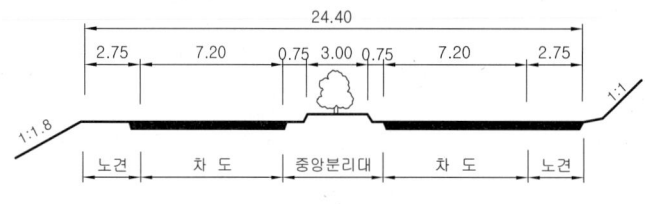

| 일반적인 고속도로의 폭 (단위: m) |

㉡ 종단상의 구배 : 종단상으로 보면 오르막구배와 내리막구배로 구분되어 교통량에 의해 최대구배의 한계치가 주어짐

종단상의 구배

구분		최대구배
오르막구배	교통량이 보통인 경우 교통량이 많은 경우	4~6% 3~4%
내리막구배		8%

㉢ 토지이용의 검토 : 기존의 토지이용을 고려하여 새로운 도로가용지 상정

도로가용지 상정시의 고려지역

피해야 할 지역	기존마을, 수해상습지, 저습지, 명승지, 급경사지, 문화유적지, 양호한 수림지, 사적지
고려해야 할 지역	기존도로, 경지정리지, 철도용지, 수로, 하천, 암반노출지, 양촌지역
양호한 지역	고려지역 중 완경사지(10% 이내), 나지, 황폐지

② 가능노선 선정 시 고려사항

㉠ 수송량을 되도록 많이 할 수 있는 노선

㉡ 운수비, 지가가 싼 노선

㉢ 가장 완만한 구배를 얻을 수 있는 노선

㉣ 되도록 직선인 노선(곡선 시 곡선반경이 큰 노선)

㉤ 철도, 도로 등 다른 교통과 교차점이 적은 노선

㉥ 교량이나 하천과 직각으로 가설될 수 있는 노선

3) 경관변화

① 분석방법

㉠ 분석지점 : 직선부, 최소 100m마다, 곡선부 40m마다 분석지점 설치
  – 경승지는 20m마다 설치

㉡ 분석요령 : 도로진행방향의 전후를 사진촬영 및 스케치 등으로 고려

㉢ 계획고상에서 조사하는 것이 바람직하나 계획노선상이나 계획도로 부근의 조망지점에서 조사

② 분석기법

㉠ 요소별 면적점유비율 분석방법 : 관찰구역을 전경, 중경, 원경으로 구분하되 식생적 요소, 무기물적 요소, 인공적 요소 등으로 세분하고 투명방안지를 활용하여 백분율로 표시

㉡ 생태적 분석방법 : 산림경관의 분석방법으로 방형통계분석법(quadrate 분석법), 선상통계분석법(transect)을 이용하여 종류, 위치, 크기, 직경, 수관 등 확인

㉢ 시각적 분석방법 : 관찰대상의 위치, 규모, 색, 형태, 질감, 농담, 유형, 성상 등이 척도와 배분에 따라 변화하며, 이 시각적 요소들은 양적이기보다는 질적인 것에 영향을 받음

4) 조경계획

① 기본계획의 원칙

㉠ 고속주행차량의 안전한 통행 유도, 쾌적한 차량운행 보장

㉡ 직선부, 곡선부, 평지부, 산지부, 오르막·내리막 구배 등의 여건을 고려하여 구분계획

㉢ 지형, 토지이용, 토질, 식생, 주변경관 등을 고려하여 구분계획

㉣ 지점간 설계구간의 특징적 경관을 조성하되 일정한 규모로 연속적이면서 구간 내에서 급변하는 경관이 없도록 완화

㉤ 도로주변지 중 환경보전지, 경관존중지, 생활환경 보호지 등을 파악하여 그에 맞는 기법 적용

㉥ 시설물 설치와 지원시설의 확보는 노선의 전구간을 검토하여 종합적으로 처리하고, 구간 내에서의 기능을 충족시킴

㉦ 도로의 선형, 지점의 국부적 기능, 주변환경 등을 고려하여 국소적으로 지정 부여된 식재기능 반영

㉧ 도로의 조성에 따른 절개지, 성토지, 법면, 노면 등에 주위와 조화된 세부경관 창출

② 조경대상지 구분 : 대상지를 조경설계구간 내에서 국소적으로 확정하여 성격 부여

㉠ 직선부 : 소극적인 조경으로 뛰어나지 않아야 함

㉡ 곡선부 : 보호책과 야간운행을 안전하게 유도하는 적극적 조경

ⓒ 산지부 : 지형변화가 극심하므로 주변경관에 조화되도록 하는 완화
적 기법 사용

ⓓ 시설지 조경 : 입지와 기능에 따라 개별적이고 독창성을 표출하되,
도로의 안전성과 운행의 쾌적성을 보장하는 동질감을 출입공간과
접속공간에 반드시 부여

5) 시설지 조경

① 휴게소

ⓐ 지가, 급전, 급배수, 노동력 등의 여건 충족

ⓑ 적정한 기후, 경관, 주행 시 용이한 발견, 인접지의 토지이용이 유리한 곳

ⓒ 본선의 선형과의 조화성, 여러 시설의 배치상 적지성, 교통체계상
효율성 확보

ⓓ 장래확장에 대비한 충분한 여지 확보

ⓔ 양측분리형, 편측집약형, 중앙집약형이 기본형을 이룸

ⓕ 주차장 : 차량의 안전한 출입유도 및 상업시설과 근접시켜 최대로 존중

② 교차로 : 차량의 고속도로 유입·유출·합류·분리, 진행방향 전환, 차
량운행 제한, 긴급시의 보수·지원

ⓐ 3지 교차(T형, Y형, 나팔형 등), 4지 교차(다이아몬드형, 클로버잎
형 등으로 교차로의 소재를 쉽게 파악할 수 있는 곳

ⓑ 교차로의 불활성 공간(dead space)은 조경처리 이외에는 다른 시설
의 설치 금지

ⓒ 식재 시 운전자의 시선확보 및 유도·완충·차폐·지표 등의 기능식재

ⓓ 강설이 많은 곳에서는 램프와 식수대 사이에 간격을 두고 수목사이
를 정상보다 넓게 확보

ⓔ 램프에 대한 유도식재는 노선의 곡선반경에 따라 간격을 달리함

▮ 휴게소 주차방법
① 소형차와 대형차량, 화물차
량 등을 구분한다.
② 소형차 : 전진주차, 후진주차
③ 대형차량 : 후진주차

▮ 교차시설의 특징
① 평면교차 : 도로 중심선 형태
에 따라 T형, Y형, 4지교차,
로터리 교차 등 일반적 방법
② 입체교차 : 차량속도를 그대
로 유지하여 교통능률이 높
고 안전하나 조성·관리의
비용이 많이 든다.
③ 인터체인지: 회전램프의 형
태에 따라 다이아몬드형, 클
로버형(고속도로에 많이 적
용), 직결형 등으로 구분되
며, 교통류의 방향, 통제·
운영방법, 지형조건 등을 고
려하여 적용한다.

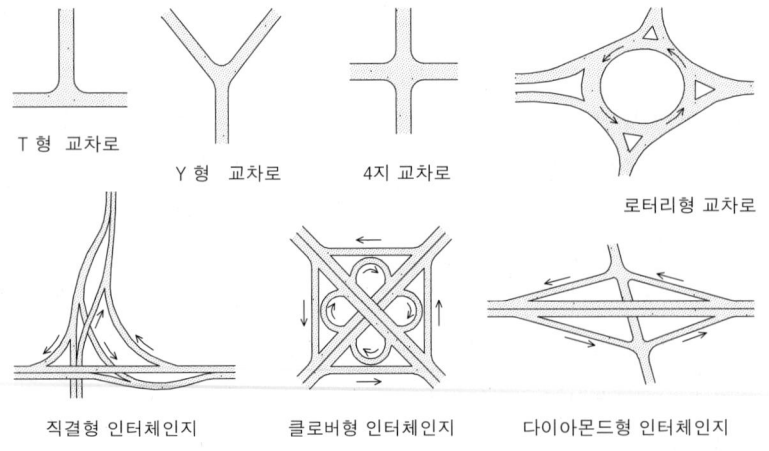

T 형 교차로   Y 형 교차로   4지 교차로

로터리형 교차로

직결형 인터체인지   클로버형 인터체인지   다이아몬드형 인터체인지

| 교차로 및 인터체인지 형태 |

③ 정류장 : 버스여객 및 노선화물자동차용 구분

㉠ 계획대상지의 경사도는 10% 이내가 적합

㉡ 경계식재, 방음식재, 유도식재 등이 작은 공간에서 이루어지며, 일부 여지에 경관·녹음식재 계획

④ 시설녹지조경

㉠ 도로경계선으로부터 50m 이내가 원칙으로, 구간별로 구분하고 연속적인 것이 좋음

㉡ 안전통행을 최우선으로 해서 녹지기능 확보

시설녹지조경
인위적 방해와 자연재해로부터 도로나 도로부속물의 보호 및 통행의 안정성과 쾌적성 확보, 시각상 불쾌감이나 소음공해 차단을 목적으로 한 대상 또는 면상의 녹지로 경관적 처리를 한다.

시설녹지의 설치이유
① 상충되는 토지이용 및 기능 간의 분리
② 각종 오염이나 공해방지
③ 각종 재해나 시설의 파손방지

시설녹지의 목적별 종류와 기능 및 방법

구분	기능	식재	방법
안전주행	유도기능	시선유도식재	곡선반경 700m 이하의 노견에 소교목 1~5m 간격 열식
		선형예고식재	은폐된 노선의 선형예고를 위하여 교목으로 열식 (평면, 종단 곡선부에 활용)
	재해방지기능	방재식재	방풍, 방설, 방진, 방화를 위하여 절토부 법면하부와 성토부 법면상부에 상록관목 열식
		법면보호식재	절토사면 및 성토사면에 지피식물 식재
	사고방지기능	명암순응식재	터널 내외의 명암변화 완화를 위하여 출입구 중앙분리대나 노견에 상록교목 식재
		차광식재	교통량이 많은 옆의 도로에 눈부심을 방지하기 위하여 교목과 관목의 조화식재
		침입방지식재	사람과 동물의 침입방지를 위하여 펜스와 병용해서 식재
		완충식재	평탄지나 저성토지역에 폭 10m 관목을 밀식하여 일탈한 차량의 충격 완화
경관조성	휴식조성기능	녹음식재	시야가 트여 있는 곳에 하절기 그늘을 위하여 기존식생과 같은 수종의 식재
		휴게식재	서비스에어리어가 있는 곳에 휴게를 위하여 교목을 식재
	경관조성기능	차폐식재	경관상 열악한 환경과 근접도로의 신호등 차폐를 위하여 상록교목 식재
		경관조화식재	도로구조물의 주변조화를 위하여 기존식생과 같은 수종의 식재
	경관연출기능	강조식재	지형이 단조로운 곳에 경관변화를 위하여 성토면에 교목군식, 절토면에 관목성화목 식재
		조망식재	주행 시 시점을 집중시키거나 적절하게 수간을 두는 식재방식
		지표식재	무변화의 주변경관이 연속되는 경우 운전자의 노변 확인을 위한 특징적인 식재

⑤ 교량부근 조경 : 교량 입구부근에 관목을 이용하여 지표식재 도입과 곡선부 교량의 배경에 교목을 식재하여 시선유도

6) 부속구조물

① 표지판 : 표지판을 곡선부에 설치하는 것은 위험하므로 가급적 직선부에 설치

② 조명시설 : 교차로, 휴게소, 톨게이트 등의 진입부 근처에 설치하고 등주의 배치는 일정하게 하되 곡선부에서는 곡선의 외곽에 설치

┃표지판 형태
① 사각형 : 안내표지
② 삼각형 : 주의 표지
③ 원형 : 지시표지와 규제표지
④ 직사각형 : 보조표지

노면조도기준

장소명		표준조도(lx)	조도범위(lx)
고속도로 터널		100	150~70
터널 지하도		50	70~30
		20	30~15
교통량이 많고 번화한 도로 상점가 교차점	교량 및 교량 광장 번화한 역전 광장	10	15~7
		5	7~3
		2	3~1.5
교통량이 적은 도로, 주택가의 도로, 공원, 기타의 공장		1	1.5~0.7
		0.5	0.7~0.3

*출입구의 주간조명은 이 값보다 더 높게 할 필요가 있다.

(3) 일반도로조경

1) 도로구조물

① 전신주, 노변장치물(표지판, 조명등, 반사경, 연석) 등의 간격을 균일하게 배치하며 형태와 크기 통일

② 정차장은 이용자수를 고려하여 규모를 정하고 도로로부터 5m 정도 떨어진 마을 어귀 중 여지 활용

③ 차양시설이나 지붕높이는 2.5~3.0m가 적당하고 적설에 안정한 구조로 설치

2) 노원 : 운전자에게 적절한 휴식공간 제공, 통행자에게 시각적인 지표로 작용되면서 경관적으로 처리된 공간

① 도로로부터 50m 이내의 여지로서 도로에 30m 이상 접해야 시각적 연속성 확보 가능

② 토지이용상 농지나 하천 및 노견과 관련된 여유부지 활용

③ 화단, 식재공간 및 녹지, 경관처리지에 설치 – 수목보호대, 노단, 자연석, 배수로, 연석, 조명등, 투사등, 방충시설 등 설치

④ 식재는 노선과 병행된 상태에서 일정한 간격과 형태로 조성하고, 지표적 성격을 부여한 수목을 노원의 시작부분과 끝부분에 식재

(4) 도로조경 기본계획

1) 도로부 조경(도로자체조경) : 평지부, 산지부, 시가지 등으로 구분하되 곡선부와 직선부의 특성에 따라 경관창출

도로부 조경의 대상과 원칙

대상		원칙
평지부	직선부	·조경대상은 가로수, 노견의 법면지역의 식재 등으로 한정 ·소극적인 조경이 유리하며 가로수, 가로표지판, 보호책 등에 의한 방향성 제시 ·시야를 틔워주고 시거 확보
	곡선부	·조경대상은 가로수, 노견, 법면, 노반에 이르기까지 적극적 조경 ·보호책, 안내판, 표지판 등은 곡선도입부 전후로 구분하여 설치하고, 야간 운행에 유리하도록 설치 ·편구배에 의해 시각적으로 일정한 방향성이 주어져야 하는 수평적으로 안정된 조경 조성
산지부	직선부	·조경대상은 보호책, 법면의 안정과 관련된 식재 등으로 한정 ·구배가 이루어지는 부분에서는 노견 밖의 시야를 가리지 않도록 하고 보호책 설치 ·직선의 시작과 끝 부근에 교목을 식재 할 수 있으나, 도로의 곡선부 선형이 관찰될 수 있게 식재
	곡선부	·조경대상은 보호책, 법면 등에 적극적 조경 ·초점이 이루어지는 곳을 수평적으로 균질하게 잇는 조경 필요 ·시야확보와 전방의 시거를 확보할 수 있는 시설과 선형 필요
시가지	직선부	·조경대상은 가로수, 가로장치물, 경계석, 포장 등에 한정 ·보·차도 분리여부, 중심시가지, 도시변두리지역, 토지이용 등을 고려하여 구분된 경관 창출 ·가로구간에 따라 일정한 가로경관의 틀을 구축하고 모든 가로 장치물의 균질성 확보
	곡선부	·조경대상은 가로수, 가로장치물, 경계석, 포장 등에 한정 ·보·차도 분리여부, 토지이용 등을 구분하여 독특한 경관 조성 ·보호책이나 관목에 의해 가로의 방향성 제시

2) 연도지대조경 : 시설조경에 행하여지는 조경

일반도로 시설조경의 대상과 원칙

대상		원칙
교차로 조경	입체 교차로	·조경대상은 도로에 의해 만들어진 여지와 도로의 법면이나 절개지가 주 대상 ·시야 밑으로 오는 여지 중 진입부분과 방향유도로 등에는 관목으로 식재하고, 대부분의 여지는 잔디밭을 조성하되, 부분적으로는 시야에 지장을 주지 않는 범위에서 식재나 조명시설 설치
	평면 교차로	·조경대상은 신호등, 가로등, 공중전화, 가로수, 경계석, 기타 가로장치물 등 ·가각전제를 고려하여 모서리에서 6~8m까지는 시야를 가리는 시설 설치금지 ·횡단보도가 있는 곳에는 차량완속 턱이나 포장에 표시지역을 두되, 집수지 근처에는 설치금지
휴게소 조경		·마을 어귀나 가로구간 내, 휴게공간에 설치 ·비와 눈을 피할 수 있는 시설 확보하고, 도로에서 쉽게 관찰될 수 있도록 하며, 도로에서 5~10m 후방에 설치 ·교외지에서는 수용인원 10~20인용, 시가지에서는 5~10인 정도로 수용 ·주변의 특성에 맞춰 휴게소의 건축재료를 선정하며 단순한 재료와 형태가 유리

▎도로조경 계획원칙

① 일반도로조경은 도로의 기능을 조장하는 방향으로 계획
② 도로의 입지별 특성에 따라 도로의 사회성과 특징 표현
③ 도로자체조경에 적합한 연도지대 조경과 도로주변경관 형성
④ 도로의 형태와 위치에 따라 주변의 토지이용과의 조화 및 경관창출

정류장 조경	·규모가 큰 정류장은 도시계획시설기준 참고 ·고속도로조경의 정류장조경 참조 ·경계식재, 방음식재, 유도식재 등이 필요하며, 정류장이 대규모일수록 경관식재나 녹음식재를 적극적으로 확보
정차장 조경	·주변의 토지이용과 조화되도록 정차장 조성 ·차량운행 안내판을 규모있고 최신의 것으로 전환 ·눈과 비바람을 막을 수 있는 시설을 설치하며, 부분적으로 여지가 있다면 휴게공간과 벤치 설치 ·키오스크(kiosk), 셸터(shelter), 공중전화, 가로등 등을 혼합하거나, 독립적으로 설계된 시설물 설치

3) 도로주변 경관

도로주변 경관 대상과 원칙

대상			원칙
자연적경관	평지부	직선부	·주위의 경관과 연담되는 녹지를 유도하며 연속성을 최대로 확보 ·주위보다 높은 도로의 경우 시야를 가리지 않도록 하며, 남북방향에서는 가급적 동편의 시계를, 동서방향에서는 북편의 시계를 차단하지 않도록 함 ·시선의 높이 아래에 각종 보호책 설치
		곡선부	·주위의 경관과 독특하게 뛰어난 녹지를 유도하되 균질함을 갖도록 함 ·시계보다 아래에 시설물을 설치하고 시선의 높이에는 수평적인 경관 유도
	산지부	직선부	·주위의 경관과 조화를 이루되, 균질하게 뛰어난 관목중심의 식재 유도 ·지형의 변화가 심한 곳에는 인공적인 시설에 의한 수평적인 경관처리가 유리
		곡선부	·주위의 경관과 특색있게 변화되는 수법의 경관처리가 필요하며, 수평적인 경관변화를 일으키지 않도록 함 ·균질하고 균등한 인공시설물을 설치하도록 함(보호책, 방향표지대 등).
인공적경관	도시부	건물전정	·건물의 수용활동과 고려된 공지 확보 ·건축물과 조화된 공간을 조성하되 규모가 큰 건축물의 경우 수직적인 변화를 크게 하거나 수평적인 공간단위를 크게 구분하여 조경공간 조성
		광장	·도시의 도로체계와 주변토지 이용을 고려하되 건축물에 의해 공간이 폐쇄적인 경우 녹지를 수직적으로 처리하고, 공간이 공개적인 경우에는 수평적으로 확산된 녹지 확보 ·포장은 보행동선을 유도하도록 구분하며 발생 활동별로 구분
		주변녹지	·도시녹지체계 내에서 공간을 확보하도록 하고 이용자 중심의 편익시설 확보 ·녹지기능별로(고속도로조경 참조) 구분하여 식재
	시설물부근	주변광장	·시설물 중심의 경관처리가 이루어지도록 시설물의 재료, 형태, 구성 등을 고려한 계획 ·녹지와 이용편익시설은 이용자에게 편익하도록 하되 공개된 공간으로 처리
		주변녹지	·녹지기능별로 구분하여 식재 ·수직적인 변화를 강하게 표현

┃ 도로주변 경관

① 차량 주행방향에 따라 도로의 위치와 구조를 고려 구간별로 특색 있게 처리

② 자연적인 경관을 평지부와 산지부로 구분하여 보전성이 강한 공간을 적극적으로 존중

③ 인공적인 경관은 도시부와 시설물부근지로 구분하여 동질감이 창출되도록 처리

┃ 자전거도로의 구분

① 자전거 전용도로: 자전거만 통행할 수 있도록 분리대 등으로 차도 및 보도와 구분하여 설치

② 자전거·보행자 겸용도로: 자전거 외에 보행자도 통행할 수 있도록 분리대 등으로 차도와 구분하거나 별도로 설치

③ 자전거 전용차로: 차도의 일정 부분을 자전거만 통행하도록 차선 및 안전표지나 노면표시로 다른 차가 통행하는 차로와 구분한 차로

④ 자전거 우선도로: 자동차의 통행량이 대통령령으로 정하는 기준보다 적은 도로의 일부 구간 및 차로를 정하여 자전거와 다른 차가 상호 안전하게 통행할 수 있도록 도로에 노면표시로 설치한 자전거도로

(5) 자전거도로

① 하나의 차로를 기준으로 폭 1.5m(상황에 따라 1.2m) 이상

② 바람직한 종단경사도는 2.5~3%를 표준으로 하고 최대 5% 초과 금지

③ 포장면에 물이 고이지 않도록 1.5%~2.0%의 횡단경사 설치 – 투수성 자재 사용 시 예외

④ 시설한계는 폭 1.5m 이상, 높이 2.5m 이상

⑤ 자동차 등의 최고속도가 시속 60km를 초과하는 도로에는 설치 금지

⑥ 자전거도로의 설계속도–부득이한 경우 10km 저감

    ㉠ 자전거전용도로 : 30km/hr

    ㉡ 자전거보행자겸용도로 : 20km/hr

    ㉢ 자전거전용차로 : 20km/hr

⑦ 시작과 끝지점, 교차로, 접속구간 등은 짙은 붉은색으로 포장

⑧ 차선은 중앙분리선은 노란색, 양 측면은 흰색으로 표시

⑨ 곡선부에 설계속도나 눈이 쌓이는 정도 등을 고려하여 편경사 설치

⑩ 급커브, 낭떠러지 등에는 자전거의 안전을 위한 안전시설 설치

⑪ 자동차 · 손수레 등의 진입이 우려되는 곳에는 진입방지시설 설치

하향경사의 경우 정지시거 (m)

경사도 \ 설계속도	시속 10km 이상 20km 미만	시속 20km 이상 30km 미만	시속 30km 이상
2% 미만	9	20	37
2% 이상 3% 미만	9	21	38
3% 이상 5% 미만	9	22	40
5% 이상 8% 미만	9	23	41
8% 이상 10% 미만	9	25	44

상향경사의 경우 정지시거 (m)

경사도 \ 설계속도	시속 10km 이상 20km 미만	시속 20km 이상 30km 미만	시속 30km 이상
2% 미만	8	20	35
2% 이상 3% 미만	8	20	34
3% 이상 5% 미만	8	20	33
5% 이상 8% 미만	8	20	31
8% 이상 10% 미만	8	20	31

곡선반경

설계속도	곡선반경
시속 30km 이상	27m
시속 20km 이상 30km 미만	12m
시속 10km 이상 20km 미만	5m

종단경사에 따른 제한길이

종단경사	제한길이
7% 이상	120m 이하
6%~7% 미만	170m 이하
5%~6% 미만	220m 이하
4%~5% 미만	350m 이하
3%~4% 미만	470m 이하

▌시설한계
자전거도로 위에서 차량이나 보행자의 교통안전을 위하여 일정한 폭과 일정한 높이의 범위 내에는 장애가 될 만한 시설물을 설치하지 못하게 하는 자전거도로 위 공간 확보의 한계를 말한다.

▌정지시거(停止視距)
자전거 운전자가 도로 위에 있는 장애물을 인지하고 안전하게 정지하기 위하여 필요한 거리로서 자전거도로 중심선 위의 1.4m 높이에서 그 자전거도로의 중심선 위에 있는 높이 0.15m 물체의 맨 윗부분을 볼 수 있는 거리를 그 자전거도로의 중심선에 따라 측정한 길이를 말한다.

▌자전거전용차로를 설치하는 경우

도로의 자동차 등의 최고속도	분리공간 폭
시속 50km 초과 60km 이하	0.5m
시속 50km 이하	0.2m

▌자전거전용도로를 일반도로와 분리하여 설치하는 경우

일반도로의 자동차 등의 최고속도	분리대 폭
시속 60km 초과	1.0m
시속 60km 이하	0.5m

▌제한길이
종단경사가 있는 자전거도로의 경우 종단경사도에 따라 연속적으로 이어지는 도로의 최대 길이를 말한다.

(6) 보도

① 보도와 인접한 차도의 경계에는 연석이나 높낮이를 달리한 턱, 식수대, 방호울타리 또는 자동차 진입억제용 말뚝 등 설치
② 보도의 폭은 보행자의 통행량과 주변 토지이용현황을 고려하여 결정
③ 보행자와 교통약자의 통행을 위하여 충분한 유효폭 확보
④ 가로수 등 노상시설을 설치할 경우 유효폭을 침해하지 않도록 설치
⑤ 시설물 설치에 필요한 폭과 보도와 시설물 사이에 완충공간 확보
⑥ 나무나 화초의 식재 시 식재면을 보도의 바닥 높이보다 낮게 설치
⑦ 보행자의 통행 경로를 따라 연속성과 일관성이 있도록 설치
⑧ 바닥은 보행에 적합한 평탄성, 지지력, 미끄럼저항성, 내구성, 투수성 및 배수성을 갖춘 구조로 하고 식생도랑, 저류·침투조 등의 빗물관리시설 설치
⑨ 노상시설물은 보행자의 안전, 지속가능성, 내구성, 유지·보수, 지역별 특성 및 심미성 등을 고려한 지방자치단체별 디자인계획에 따라 형태, 색상 및 재질을 선택하여 일관성이 있도록 설치

(7) 보행자전용도로

① 차도와 접하거나 해변·절벽 등 위험성이 있는 곳은 안전보호시설 설치
② 적정한 위치에 화장실·공중전화·우편함·긴의자·차양시설녹지 등 설치
③ 소규모광장·공연장·휴식공간 등과 연계시켜 일체화된 보행공간 조성
④ 필요 시 보행자전용도로와 자전거도로를 함께 설치
⑤ 점자표시나 경사로를 설치하여 교통약자의 이용 고려
⑥ 나무나 화초의 식재 시 식재면을 보도의 바닥 높이보다 낮게 설치
⑦ 투수성재료 사용 및 식생도랑, 저류·침투조 등의 빗물관리시설 설치
⑧ 차량의 진입 및 주정차를 억제하기 위한 차단시설 설치

(8) 보행자우선도로

① 보행자의 안전성을 위하여 보행안전시설 및 차량속도저감시설 등 설치
② 차량 및 보행자의 원활한 통행을 위하여 노상주차금지
③ 바닥은 블록이나 석재 등 보행자가 편안함을 느낄 수 있는 재질 사용
④ 빗물로 차량과 보행자의 통행이 불편하지 아니하도록 배수시설 설치
⑤ 차량통행에 방해가 되지 않도록 보행자를 위한 편의시설 설치
⑥ 투수성 재료, 식생도랑, 저류·침투조 등의 빗물관리시설을 설치

(9) 몰(mall)의 계획

① 보행자구역 : 차량의 출입금지로 보행자만 통행 가능
② 트랜싯몰 : 대중교통수단의 통행 가능, 자가용 및 트럭 통행 금지
③ 세미몰 : 차량통행을 금지하지 않으나 통과교통의 속도와 접근 제한
④ 옥내몰 : 가로에 지붕을 덮어 교외의 쇼핑몰과 흡사한 환경 제공

▮ 보도의 결정기준

① 도로 폭, 보행자의 통행량, 주변 토지이용계획 및 지형 여건 등을 고려하여 차도와 분리된 보도를 설치하는 것을 고려
② 보도가 설치되지 아니한 기존 도로에 대해서는 우선순위를 고려하여 보도 신설
  ㉠ 보행자 교통사고 발생량
  ㉡ 교통약자의 통행량
  ㉢ 학교, 공공청사 및 대중교통시설 등 주요 보행유발시설과 생활권의 연결
  ㉣ 보행 흐름의 연속성
  ㉤ 보행자의 통행량

▮ 보행자전용도로의 결정기준

① 차량통행으로 인하여 보행자의 통행에 지장이 많을 것으로 예상되는 지역에 설치
② 일반도로와 그 기능이 서로 보완관계가 유지되도록 할 것
③ 보행의 쾌적성을 높이기 위하여 녹지체계와의 연관성 고려
④ 보행자통행량의 주된 발생원과 대중교통시설이 체계적으로 연결되도록 할 것
⑤ 규모는 보행자통행량, 환경여건, 보행목적 등을 충분히 고려
⑥ 보행네트워크 형성을 위하여 공원·녹지·학교·공공청사 및 문화시설 등과 원활하게 연결되도록 할 것

▮ 몰(mall)
도시의 상업지구에 설치한 것으로 자동차 통행과 보행자 교통의 마찰을 피하게 하여, 보행자의 안전하고 쾌적한 보행을 확보함으로써 주변상가의 활성화를 도모하기 위한 수법이다.

❸ 도로연관시설

(1) 옥외계단

① 연결도로의 폭과 같거나 그 이상의 폭으로 설치(최소폭 50cm 이상)

② 기울기는 수평면에서 35°를 기준으로 최대 30~35° 이하

③ 표준 단높이 15cm, 단너비 30~35cm(부득이한 경우 단높이 12~18cm, 단너비 26cm 이상으로 조정 가능)

④ 높이가 2m를 넘을 경우 2m 이내마다 계단의 유효폭 이상의 폭으로 너비 120cm 이상인 참 설치

⑤ 높이 1m를 초과하는 경우 계단 양측에 벽이나 난간 설치

⑥ 폭이 3m를 초과하면 3m 이내마다 난간 설치

⑦ 옥외에 설치하는 계단의 단수는 최소 2단 이상

⑧ 계단바닥은 미끄러움을 방지할 수 있는 구조로 설계

$$2R + T = 60\text{~}65\text{cm}$$

R (단높이) : 12~18cm ⟶ 15cm
T (단너비) : 26cm 이상 ⟶ 26~35cm

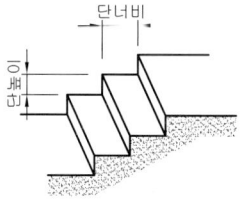

| 적정한 계단의 형태 |

(2) 경사로

① 경사로의 유효폭은 1.2m 이상(부득이한 경우 0.9m까지 완화 가능)

② 경사로의 기울기는 1/12 이하(부득이한 경우 1/8까지 완화 가능)

③ 바닥면으로부터 높이 0.75m 이내마다 수평면으로 된 참 설치

④ 경사로의 시작과 끝, 굴절부분 및 참에는 1.5m×1.5m 이상 공간 확보 (단, 경사로가 직선인 경우 폭은 유효폭과 동일하게 가능)

⑤ 경사로 길이 1.8m 이상 또는 높이 0.15m 이상인 경우 손잡이 설치

⑥ 바닥표면은 잘 미끄러지지 아니하는 재질로 평탄하게 마감

⑦ 양측면에는 5cm 이상의 추락방지턱 또는 측벽 설치 가능

❹ 주차계획

(1) 주차단위구획

평행주차 형식

구분	너비	길이
경형	1.7m 이상	4.5m 이상
일반형	2.0m 이상	6.0m 이상
보·차도 구분이 없는 주거지역의 도로	2.0m 이상	5.0m 이상

▌옥외계단의 설치
경사가 18%를 초과하는 경우는 보행에 어려움이 발생되지 않도록 계단을 설치한다.

▌장애인용 계단
① 직선 또는 꺾임형태 설치
② 높이 1.8m 이내마다 참 설치
③ 유효폭 1.2m 이상
④ 디딤판 너비 0.28m 이상
⑤ 챌면 높이 0.18m 이하
⑥ 챌면은 반드시 설치
⑦ 챌면의 기울기는 디딤판의 수평면으로부터 60° 이상
⑧ 계단코 3cm 이상 돌출 금지

▌장애인 통행 접근로
휠체어사용자 접근로의 유효폭은 1.2m 이상으로 다른 휠체어 또는 유모차 등과 교행할 수 있도록 50m마다 1.5m×1.5m 이상의 교행구역 설치가 가능하고, 경사진 접근로가 연속될 경우에는 30m마다 1.5m×1.5m 이상의 수평면으로 된 참을 설치한다. 기울기는 1/18 이하(부득이한 경우 1/12까지)로 하며, 단차가 있을 경우 2cm 이하로 하고, 차도와의 경계부분에는 연석(높이는 6cm 이상, 15cm 이하)·울타리 등 공작물을 설치하며, 바닥표면은 잘 미끄러지지 아니하는 재질로 평탄하게 마감하고 가로수는 지면에서 2.1m까지 가지치기를 한다.

▌주차단위구획선
주차단위구획은 흰색 실선(경형은 파란색 실선)으로 표시하여야 한다.

▌이륜자동차 주차구획
너비 1.0m 이상, 길이 2.3m 이상

평행주차형식 이외

구분	너비	길이
경형	2.0m 이상	3.6m 이상
일반형	2.5m 이상	5.0m 이상
확장형	2.6m 이상	5.2m 이상
장애인전용	3.3m 이상	5.0m 이상

주차형식 및 출입구 개수에 따른 차로의 너비

주차형식	차로의 너비(m)	
	출입구 2개 이상	출입구 1개
평행주차	3.3	5.0
직각주차	6.0	6.0
60도 대향주차	4.5	5.5
45도 대향주차	3.5	5.0
교차주차	3.5	5.0

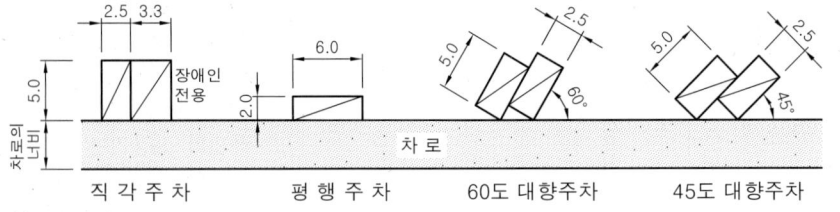

| 주차형식 및 크기 (단위:m) |

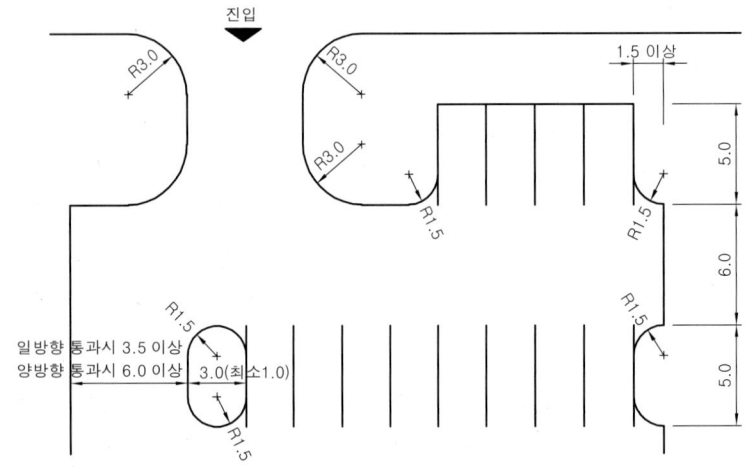

| 회전부 반경 및 차로의 너비 계획(단위:m) |

(2) 노상주차장의 구조·설비기준

① 주간선도로에 설치 금지(단, 분리대나 그 밖에 도로의 부분으로서 도로교통에 크게 지장을 주지 않으면 가능)

② 너비 6m 미만의 도로에 설치 금지(단, 보행자의 통행이나 연도의 이용에 지장이 없는 경우 조례로 가능)

③ 종단경사도(자동차 진행방향의 기울기) 4% 초과 시 설치 금지(단, 6% 이하로 보도와 차도가 구별된 너비가 13m 이상인 도로 가능)

④ 고속도로, 자동차전용도로 또는 고가도로에 설치 금지

⑤ 교차로나 그 가장자리, 도로모퉁이로부터 5m 이내인 곳 설치 금지

⑥ 버스정류장, 안전지대, 건널목, 횡단보도나 그 가장자리로부터 10m 이내인 곳 설치 금지

주차효율

주차의 형식 중 전체의 면적이 같을 경우 직각주차 형식이 가장 많이 배치할 수 있다.

경형자동차 및 환경친화적 자동차 전용주차구획의 설치 비율

택지개발사업, 산업단지개발사업, 도시재개발사업, 도시철도건설사업, 그 밖에 단지 조성 등을 목적으로 하는 단지조성사업등으로 설치되는 노외주차장에는 경형자동차를 위한 전용주차구획과 환경친화적 자동차를 위한 전용주차구획을 합한 주차구획이 노외주차장 총주차대수의 10% 이상이 되도록 설치하여야 한다.

노상주차장(路上駐車場)

도로의 노면 또는 교통광장(교차점광장만 해당)의 일정한 구역에 설치된 주차장으로서 일반의 이용에 제공되는 것

노상주차장 장애인주차

주차대수 규모가 20대 이상 50대 미만인 경우에는 한 면 이상, 50대 이상인 경우에는 주차대수의 2~4%까지의 범위에서 장애인의 주차수요를 고려하여 해당 지방자치단체의 조례로 정하는 비율 이상을 설치하여야 한다.

(3) 노외주차장의 설치에 대한 계획기준

① 녹지지역이 아닌 곳에 설치(하천구역 및 공유수면 가능)

② 가능한 공원·광장·큰길가·도시철도역 및 인접상가지역에 접하여 배치

③ 출구 및 입구는 노상주차장 금지부분(횡단보도 제외), 횡단보도(육교, 지하도)에서 5m 이내, 너비 4m 미만 도로(200대 이상 10m 미만), 종단 기울기 10% 초과하는 도로, 유아원·유치원·초등학교·특수학교·장애인 복지시설·아동전용시설 등의 출입구로부터 20m 이내에 설치 금지

④ 도로가 둘 이상인 경우 교통영향이 적은 곳에 출구와 입구 설치

⑤ 주차대수 400대를 초과하는 규모의 노외주차장은 출구와 입구를 각각 따로 설치(단, 출입구의 너비의 합이 5.5m 이상으로서 출구와 입구가 차선 등으로 분리되는 경우에는 함께 설치 가능)

(4) 노외주차장의 구조·설비기준

① 출구와 입구에서 회전이 쉽게 필요 시 곡선형으로 설치

② 출구로부터 2m(이륜자동차전용 출구 1.3m) 후퇴한 차로의 중심선상 1.4m 높이에서 도로의 중심선에 직각으로 향한 좌·우 각각 60°의 범위 에서 해당 도로를 통행하는 자를 확인할 수 있어야 함

③ 주차구획선의 긴 변과 짧은 변 중 한 변 이상이 차로에 접하여야 함

④ 출입구 너비는 3.5m 이상 – 주차대수 규모가 50대 이상인 경우 출구와 입구를 분리하거나 너비 5.5m 이상의 출입구 설치

⑤ 지하식 또는 건물식 노외주차장

　㉠ 높이는 주차바닥면으로부터 2.3m 이상(주차부분 2.1m 이상)

　㉡ 곡선부분은 6m 이상의 내변반경 확보(주차대수 50대 이하는 5m)

　㉢ 경사로 너비는 직선형 3.3m 이상(2차로 6m 이상), 곡선형 3.6m 이상 (2차로 6.5m 이상) – 주차대수 50대 이상은 6m 이상 2차로 확보 또 는 진출입 분리

　㉣ 양쪽 벽면으로부터 30cm 이상의 지점에 높이 10cm~15cm 미만의 연 석설치(차로 너비에 포함)

　㉤ 경사로의 경사도는 직선부분 17% 이하, 곡선부분 14% 이하로 하고, 노면은 거친 면으로 마감

　㉥ 일산화탄소 농도는 빈번한 시각 앞뒤 8시간 평균치 50ppm 이하

　㉦ 바닥면 최소조도 10lx 이상(최대 100lx 이내), 출입구 최소 300lx 이상, 사람이 출입하는 통로 최소 50lx 이상

　㉧ 2층 이상에는 추락방지 안전시설 설치–2톤 차량의 20km/hr 추돌 방호

　㉨ 주차대수 30대 초과 자주식 주차장은 폐쇄회로 TV 및 녹화장치 설치

⑥ 주차단위구획은 평평한 장소에 설치

⑦ 확장형 주차단위구획은 총수(평행식 제외)의 30% 이상 설치

┃ 노외주차장(路外駐車場)
도로의 노면 및 교통광장 외의 장 소에 설치된 주차장으로서 일반 의 이용에 제공되는 것

┃ 노외주차장 장애인주차
특별시장·광역시장, 시장·군수 또는 구청장이 설치하는 노외주 차장의 주차대수 규모가 50대 이 상인 경우에는 주차대수의 2~4% 까지의 범위에서 장애인의 주차 수요를 고려하여 지방자치단체의 조례로 정하는 비율 이상의 장애 인 전용주차구획을 설치하여야 한다.

┃ 자동차용 승강기
자동차용 승강기로 운반되는 경 우 주차대수 30대마다 1대의 승 강기를 설치하여야 한다.

┃ 부설주차장
건축물·골프장 등 주차수요를 유발하는 시설에 부대하여 설치 된 주차장으로서 해당 건축물 ·시설의 이용자 또는 일반의 이 용에 제공되는 것으로, 구조·설 비 기준은 노외주차장과 같다.

1 국토의 계획 및 이용에 관한 법률상의 용도지구에 관한 설명으로 적합하지 않는 것은? 　기-10-4

㉮ 용도지구는 도시계획구역 전체를 대상으로 하여 지정된다.

㉯ 토지의 이용 및 건축물의 용도·건폐율·용적률·높이 등에 대한 용도지역의 제한을 강화 또는 완화하여 적용함으로써 용도지역의 기능을 증진시키고 미관·경관·안전 등을 도모하기 위하여 도시관리계획으로 결정하는 지역을 말한다.

㉰ 하나의 대지가 둘 이상의 용도지구에 거치는 경우 그 대지 중 용도지구에 있는 부분의 규모가 대통령령으로 정하는 규모 이하인 토지 부분에 대하여는 그 대지 중 가장 넓은 면적이 속하는 용도지구에 관한 규정을 적용한다.

㉱ 용도지구에서의 건축물이나 그 밖의 시설의 용도·종류 및 규모 등의 제한을 위반하여 건축물을 건축한 경우 2년 이하의 징역 또는 2천만원 이하의 벌금에 처한다.

2 국토의 계획 및 이용에 관한 법률에서 정한 용도지역 안에서 도시지역의 건축물의 용적률에 대한 범위 가운데 알맞지 않은 것은? 　기-04-4

㉮ 주거지역에 있어서는 300퍼센트 이하

㉯ 상업지역에 있어서는 1,500퍼센트 이하

㉰ 공업지역에 있어서는 400퍼센트 이하

㉱ 녹지지역에 있어서는 100퍼센트 이하

해 ㉮ 주거지역에 있어서는 500퍼센트 이하

3 국토의 계획 및 이용에 관한 법률에 의한 용도지역 안에서 건폐율의 최대 상한선으로 틀린 것은? 　기-07-2

㉮ 농림지역의 경우 20% 이내

㉯ 도시에서 녹지지역의 경우 30% 이내

㉰ 자연환경보전지역의 경우 20% 이내

㉱ 관리지역에서 계획관리지역의 경우 40% 이내

해 ㉯ 도시에서 녹지지역의 경우 20% 이내

4 1,000평의 대지에 용적률 300%, 건폐율 25%의 건물을 세웠다. 이 건물의 전체 연면적의 50%까지를 상업용도로 전용가능하다고 할 때. 상업용도로 사용할 수 있는 최대 총 바닥 면적은? 　기-06-1

㉮ 1000평　　　　　　㉯ 1500평

㉰ 2000평　　　　　　㉱ 3000평

해 ·용적률 $= \dfrac{\text{연면적(바닥면적의 합)}}{\text{대지면적}} \times 100(\%)$

∴ 연면적 = 대지면적×용적률 = 1000×3 = 3000(평)

·연면적의 50%까지 전용이 가능하므로

→ 3000×0.5 = 1500(평)

5 주택정원의 역할과 관계가 가장 먼 항목은? 　산기-04-4

㉮ 자연의 공급

㉯ 외부로부터의 조망 확보

㉰ 외부생활공간의 기능

㉱ 심미적 쾌감 제공

해 주택정원의 역할 : 자연의 공급. 프라이버시 확보, 외부생활공간 기능. 심미적 쾌감 기능

6 우리나라 주택정원 계획에 관한 설명으로 틀린 것은? 　기-06-4

㉮ 주택정원은 중점지역을 선정하여 정원의 주체와 주요 위치를 찾아 통일성을 기한다.

㉯ 전정광장은 공적인 공간으로부터 사적인 내부 공간 사이의 전이적 공간의 역할을 한다.

㉰ 주택정원의 기능분할은 전정, 주정, 후정, 작업정 등으로 구성되어 있다.

㉱ 주택정원의 전정은 프라이버시를 위해 복잡하고 비밀스럽게 꾸며주는 것이 좋다.

해 ㉱ 후정에 대한 설명이다.

주택정원의 전정은 입구로서의 단순성이 강조되는 것이 바람직하다.

7 주택정원의 기능 분할(zoning)은 크게 전정(前庭), 주정(主庭), 후정(後庭) 및 작업(作業)공간으로 나누어 질 수 있다. 다음 중 후정을 설명하고 있는

것은?   기-05-4

⑦ 가족의 휴식과 단란이 이루어지는 곳이며, 가장 특색 있게 꾸밀 수 있는 장소이다.

⑭ 장독대, 빨래터, 건조장, 채소밭, 가구집기, 수리 및 보관 장소 등이 포함될 수 있다.

⑭ 바깥의 공적(公的)인 분위기에서 주택이라는 사적(私的)인 분위기로 들어오는 전이공간이다.

⑭ 실내 공간의 침실과 같은 휴양공간과 연결되어 조용하고 정숙한 분위기를 갖는 공간이다.

해 ⑦ 주정, ⑭ 작업정, ⑭ 전정

8 일반적으로 주택정원의 기능분할(zoning)에 있어서 거실 및 테라스에 면한 공간은 다음 중 어느 것으로 설정하는 것이 바람직한가?   산기-08-1

⑦ 전정   ⑭ 주정
⑭ 후정   ⑭ 작업정

9 정원에 대한 공간계획개념의 설명으로 틀린 것은?   기-06-2

⑦ 중정(中庭)의 식재는 채광 및 통풍에 대하여 특히 유의한다.

⑭ 주정(主庭)은 상록교목 위주의 차폐식재를 하여 아늑한 분위기를 조성한다.

⑭ 전정(前庭)은 내방객에게 밝은 인상을 줄 수 있는 화목류를 군식으로 처리한다.

⑭ 후정(後庭)은 복잡한 식재 패턴을 지양하고 부분적인 차폐가 가능토록 한다.

해 주정(主庭)은 낙엽수를 심어 계절감을 느낄 수 있게 하며, 전정과의 경계부에는 관목류로 약간의 차폐가 가능하게 배식하는 것이 좋다.

10 주택정원을 계획할 때 가장 먼저 고려하여야 할 사항은 무엇인가?   산기-03-4

⑦ 건물과 정원과의 관계
⑭ 정원 내에 도입할 수종 결정
⑭ 외부 통행인의 시선 차폐
⑭ 주차 문제의 해결

해 주택정원을 계획할 때에는 내·외부 공간의 상호관련성 및 대지와 건물의 모양과 조화 등을 가장 먼저 고려해야 한다.

11 G. Eckbo는 새로운 정원 형태를 4가지로 분류하였는데 다음 중 이에 해당하지 않는 것은?   산기-04-4, 산기-06-1, 산기-07-1

⑦ 기하학적·구조적 정원(geometric-structural garden)

⑭ 기하학적·자연적 정원(geometric-natural garden)

⑭ 자연적·구조적 정원(natural-structural garden)

⑭ 정형식 정원(formal garden)

해 에크보(G. Eckbo)의 정원 분류
· 기하학적·구조적정원
· 기하학적·자연적 정원
· 자연적·구조적 정원
· 자연적 정원

12 어느 주택단지의 대지면적이 10,000m² 건물의 1층 바닥면적의 합계가 2,500m²이고, 건물의 총 연면적이 15,000m²일 때 이 주택단지의 용적율은?   기-06-2

⑦ 20%   ⑭ 60%
⑭ 120%   ⑭ 150%

해 · 용적률 = $\frac{연면적}{대지면적} \times 100 = \frac{15000}{10000} \times 100 = 150(\%)$

13 어느 주택단지의 규모가 200,000m²이고, 주거용 건물의 바닥 면적이 40,000m², 평균 층수가 8층일 때 이 주택단지의 용적률은?   기-07-4, 기-09-4, 기-02-1

⑦ 120%   ⑭ 140%
⑭ 160%   ⑭ 250%

해 · 연면적 = 1개 층의 바닥면적×층수 = 40000×8 = 320000(m²)
· 용적률 = $\frac{연면적}{대지면적} \times 100 = \frac{320000}{200000} \times 100 = 160(\%)$

14 대지 면적이 400m², 건폐율이 50%인 곳에 건폐율 전체를 1층 바닥면적으로 지어진 4층 건물이 위치하고 있다. 연상면적(m²)은 얼마인가?   산기-09-4, 산기-03-2

⑦ 400   ⑭ 800
⑭ 1600   ⑭ 3200

해 · 건폐율 = $\frac{건축면적}{대지면적} \times 100(\%)$
· 1개 층의 바닥면적 = 대지면적×건폐율 = 400×0.5 = 200(m²)
· 연면적 = 1개 층의 바닥면적×층수 = 200×4 = 800(m²)

15 공동주택을 건설하는 주택단지의 대지 안에 확보하여야 하는 녹지면적의 비율은? 기-05-4, 기-10-2

㉮ 2/10 이상　　　㉯ 3/10 이상
㉰ 4/10 이상　　　㉱ 5/10 이상

🖪 공동주택을 건설하는 주택단지에는 그 단지면적의 30%를 녹지로 확보하여 공해방지 또는 조경을 위한 식재 기타 필요한 조치를 하여야 한다.

16 주택건설기준 등에 관한 규정 중 공동주택을 건설하는 주택단지에는 폭 몇 미터 이상의 도로를 설치하여야 하는가? 기-08-1

㉮ 4미터　　　㉯ 6미터
㉰ 8미터　　　㉱ 12미터

17 아파트 단지 내 가로망의 기본 유형별 특징 설명으로 옳은 것은? 기-11-1

㉮ 격자형(格子型) : 통과교통이 상대적으로 적어서 주거환경의 안전성이 확보된다.
㉯ 우회형(迂廻型) : 토지이용 상 효율적이며, 평지에서는 정지작업이 용이하다.
㉰ 대로형(袋路型) : 각 건물에 접근하는데 불편함을 초래할 수 있다.
㉱ 우회전진형(迂廻前進型) : 통과교통이 없어서 주거환경의 안정성이 확보된다.

🖪 ㉮ 우회형, ㉯ 격자형, ㉱ 대호형

18 다음 (　)안에 적합한 용어를 순서대로 나열한 것은? 기-09-4

"주거단지에서는 보행자 보호를 우선으로 고려하는 녹지를 단지 중앙에 확보하는 (　A　)의 녹지체계가 바람직할 것이며, 도시 전체로 볼 때에는 중심부에 고밀도의 토지이용을 수용해야 하므로 (　B　)이 적합하다고 볼 수 있다."

㉮ A : 대상형, B : 환상형　㉯ A : 방사형, B : 쐐기형
㉰ A : 집중형, B : 분산형　㉱ A : 격자형, B : 원호형

19 아파트 주거 단지 내 가로망 기본유형별 특성

중 격자형 가로망의 특징이 아닌 것은? 기-09-2

㉮ 통과교통이 적어져 주거환경의 안전성이 확보된다.
㉯ 토지이용상 효율적이며, 평지에서 정지작업이 용이하다.
㉰ 경관이 단조로우며, 지형의 변화가 심한 곳에서는 급한 경사가 발생한다.
㉱ 일조(日照)상 불리하며, 접근로에 혼돈이 유발된다.

🖪 ㉮ 우회형 가로망의 특징에 해당된다.

20 주택단지의 밀도 중 주거목적의 주택용지만을 기준으로 한 것을 무엇이라 하는가? 기-08-1, 기-05-2

㉮ 총밀도　　　㉯ 순밀도
㉰ 용지밀도　　　㉱ 근린밀도

21 주거단지 계획에서 저층 고밀 주거의 특성에 관한 설명 중 가장 옳은 것은? 기-04-2

㉮ 건폐율이 낮기 때문에 옥외 공간을 많이 확보할 수 있다.
㉯ 접지형 주거 위주의 개발로 자연과 접하는 기회가 고층 고밀보다 많다.
㉰ 고층보다 개발비가 훨씬 많이 든다.
㉱ 일정면적에 고층 보다 훨씬 많은 세대수를 수용할 수 있다.

22 주택단지의 밀도 산정과 관련된 내용 중 틀린 것은? 기-10-2

㉮ 순밀도(net density)는 주택지내 순대지의 단위면적에 대한 밀도를 말한다.
㉯ 용적률은 일정 구역에 있어서 건축연면적 합계의 부지면적 합계에 대한 비율을 말한다.
㉰ 거주밀도는 단위면적당 그곳에 거주하는 인구수의 평균을 의미한다.
㉱ 용적률은 평면적인 토지이용상태로 본 주택단지의 구성지표이다.

23 주택단지 배치 계획 시 주거군(住居群)의 조망이 양호하도록 배치하는 방법 중 적합치 못한 방법은? 기-05-1

㉮ 단지의 지형조건을 고려하여 최적 위치 및 적정

정답　**15** ㉯　**16** ㉯　**17** ㉰　**18** ㉯　**19** ㉮　**20** ㉯　**21** ㉯　**22** ㉱　**23** ㉱

높이를 결정하여 배치한다.

㉯ 각 방향의 경관을 조망할 수 있는 위치에 주택을 배치한다.

㉰ 밑에서 올려다보는 것보다 위에서 내려다 볼 수 있도록 배치한다.

㉱ 높은 지역에는 저층건물, 낮은 지역에는 고층건물을 배치한다.

해 ㉱ 높은 지역에는 고층건물, 낮은 지역에는 저층건물을 배치한다.

24 우리나라 아파트 단지계획 시 주변의 소음도가 일정기준 초과 시 방음벽 혹은 방음식재를 해야 한다. 이 소음도의 법령상 최소치는 얼마인가?

기-04-1, 기-11-4

㉮ 55데시벨   ㉯ 60데시벨

㉰ 65데시벨   ㉱ 70데시벨

해 소음으로부터의 보호 : 공동주택을 건설하는 지점의 소음도(실외소음도)가 65dB 이상인 경우에는 방음벽·수림대 등의 방음시설을 설치하여 해당 공동주택의 건설지점의 소음도가 65dB 미만이 되도록 하여야 한다.

25 우리나라 주택건설촉진법에 의한 아파트 단지 내 도로의 폭 기준에 맞지 않는 것은?   기-03-2

㉮ 1,000 세대 이상 : 15m 이상

㉯ 500 – 1,000세대 미만 : 12m 이상

㉰ 300 – 500세대 미만 : 10m 이상

㉱ 100 – 300세대 미만 : 6m 이상

해 진입도로

세대수	도로의 폭
300세대 미만	6m 이상
300~500세대 미만	8m 이상
500~1,000세대 미만	12m 이상
1,000~2,000세대 미만	15m 이상
2,000세대 이상	20m 이상

26 공동주택의 배치에 있어서 인동간격에 대한 설명 중 적당하지 않은 것은?   산기-03-4

㉮ 인동간격의 기준은 대체로 동지 때의 정오를 기준으로 4시간의 일조를 받을 수 있도록 하는 것이다.

㉯ 도심부의 고층아파트에서는 소음문제도 인동간격으로 해결할 수가 있다.

㉰ 여름철에 고온 다습한 기후에서는 통풍 및 채광효과도 인동간격 결정에서 고려하여야 한다.

㉱ 인동간격은 프라이버시의 확보와 어린이놀이터 및 식재를 위한 공간 구성에 중요한 역할을 한다.

해 공동주택의 배치에 있어 인동간격은 일조권 확보를 위한 가장 중요한 사항으로서, 동일 대지의 모든 세대가 동지를 기준으로 9시에서 15시 사이에 2시간 이상을 계속하여 일조를 확보할 수 있는 거리 이상으로 한다.

· 인동간격 : 동일 대지 안에서의 건물간 간격으로 인동거리라고도 하며, 건물배치 시의 주요 고려사항으로 일조 및 채광, 통풍, 프라이버시 등을 감안하여 매우 중요하게 취급한다.

27 주택단지 계획 시 인동거리 확보에 가장 큰 영향을 주는 것은?   산기-04-1

㉮ 일조권   ㉯ 프라이버시

㉰ 조경면적   ㉱ 경관

28 아파트 단지 내 조경설계의 주요 고려사항 중 일조, 통풍, 차광, 조망권 확보 등에 가장 밀접한 관계를 지닌 것은?   기-10-2, 기-03-2

㉮ 건축바닥 면적과 형태

㉯ 아파트 지구 내 동선의 폭

㉰ 아파트 총 거주자 수

㉱ 아파트의 인동간격

해 ·대지 안의 인동간격

① 채광을 위한 창문이 있는 벽면으로부터 직각방향으로 건축물 각 부분 높이의 0.5배 이상의 범위에서 조례로 정한다.

② 채광창이 없는 벽면과 측벽이 마주보는 경우 8m 이상, 측벽과 측벽이 마주보는 경우 4m 이상으로 한다.

③ 동일 대지의 모든 세대가 동지를 기준으로 9시에서 15시 사이에 2시간 이상을 계속하여 일조를 확보할 수 있는 거리 이상으로 한다.

·일조확보를 위한 높이 제한

① 전용주거지역이나 일반주거지역에서 건축하는 경우 건축물의 각 부분을 정북 방향으로 인접대지경계선으로부터 이격한다.

·높이 4m 이하 부분 : 1m 이상

·높이 8m 이하 부분 : 2m 이상

·높이 8m 초과 부분 : 건축물 각 부분 높이의 1/2 이상

② 공동주택의 경우 위 사항에 적합하여야 하고 또한 각 부분의 높이는 채광창 등이 있는 벽면에서 직각방향으로 인접 대지경계선까지의 수평거리 2배 이하로 한다.

29 다음 각각의 ( )안에 적합한 것은?　기-09-2

> 단지계획에서 일조의 문제에서 가장 큰 영향력을 갖는 것이 건물과 건물사이의 인동간격이며, (㉠) 때 (㉡)시간 이상 일조를 얻을 수 있도록 인동간격을 확보하여야 한다.

㉮ ㉠동지, ㉡2　　　㉯ ㉠하지, ㉡4
㉰ ㉠하지, ㉡2　　　㉱ ㉠동지, ㉡4

■해 건축법에서는 "동일 대지의 모든 세대가 동지를 기준으로 9시에서 15시 사이에 2시간 이상을 계속하여 일조를 확보할 수 있는 거리 이상으로 할 수 있다."로 최소의 기준을 제시하였고, 동지 때 4시간 이상의 일조란 일반적인 계획상의 적절한 정도(대법원 판례도 있음)를 말한 것이다. 따라서 연속 2시간과 4시간의 차이로 볼 수 있으며, 문제의 출제 의도상 연속이란 개념이 아니어서 ㉱를 적용한 것으로 보인다.

30 「주택건설기준 등에 관한 규정」상 근린생활시설과 관련된 설명 중 ( )안에 적합한 것은?　기-16-1

> 하나의 건축물에 설치하는 근린생활시설 및 소매시장·상점을 합한 면적(전용으로 사용되는 면적을 말하며, 같은 용도의 시설이 2개소 이상 있는 경우에는 각 시설의 바닥면적을 합한 면적으로 한다)이 ( )제곱미터를 넘는 경우에는 주차 또는 물품의 하역 등에 필요한 공터를 설치하여야 하고, 그 주변에는 소음·악취의 차단과 조경을 위한 식재 그 밖에 필요한 조치를 취하여야 한다.

㉮ 1천　　　㉯ 3천
㉰ 5천　　　㉱ 1만

31 다음 중 주택건설기준 등에 관한 규정에 의한 주

민공동시설이 아닌 것은?　산기-14-4
㉮ 주민운동시설　　　㉯ 주민휴게시설
㉰ 청소년 수련시설　　㉱ 한방병원

■해 주민공동시설 : 해당 주택의 거주자가 공동으로 사용하거나, 거주자의 생활을 지원하는 시설(영리 목적 제외)로 경로당, 어린이놀이터, 어린이집, 주민운동시설, 도서실, 주민교육시설, 청소년 수련시설, 주민휴게시설, 독서실, 입주자집회소, 공용취사장, 공용세탁실, 단지 내 사회복지시설 등

32 전정광장(前庭廣場 : forecourt)의 설계 시 옳지 못한 것은?　기-04-1, 기-07-1
㉮ 공적(公的) 외부공간인 도로와 사적(私的) 내부공간인 건물 사이에 있는 전이적 공간이 되게 한다.
㉯ 보행인 출입을 위주로 한 단순한 공간이 되도록 한다.
㉰ 반드시 녹지로 덮히거나 수목을 심을 필요는 없다.
㉱ 분수 등으로 초점적 경관(focal landscape)을 만들어 특색을 살리기도 한다.

■해 ㉯ 주차·보행인의 출입, 야외휴식 및 감상 등 상반된 기능군을 동시에 만족시키도록 고려한다.

33 다음 중 옥상정원 계획 시 반드시 고려해야 할 사항이라고 볼 수 없는 것은?　기-03-4, 기-06-1
㉮ 지반의 구조 및 강도
㉯ 지하수위
㉰ 구조체의 방수 및 배수계통
㉱ 미기후의 변화

■해 옥상정원 계획 시 고려사항
·지반의 구조 및 강도 : 하중의 위치와 구조골격의 관계, 토양의 무게, 수목의 무게 및 식재 후 풍하중 등 고려
·구조체의 방수성능 및 배수계통 : 수목의 관수 및 뿌리의 성장, 토양의 화학적 반응, 급수를 위한 동력장치 배려
·옥상의 특수한 기후조건 : 미기후 변화가 심하며, 수목의 선정, 부자재 선정 시 바람·동결심도·공기온도·복사열 등 고려
·이용목적의 경우 프라이버시 확보 : 측면에 담장이나 차단식재, 위로부터의 보호를 위해 녹음수·정자·퍼걸러 등 설치

34 바람직한 도시경관을 형성하기 위하여 건축물의 높이기준이 제시된다. 이 때 최고높이 규제가 필

요한 경우에 해당하지 않는 경우는? 기-13-1

㉮ 주변경관이나 가로경관과 조화를 이루지 못하고 어지러운 스카이라인이 형성될 것이 예상되는 경우

㉯ 도로에 접한 벽면의 높이와 폭이 이루는 비율을 적절하게 형성하고 건축물의 높이에 균일성을 주고자 하는 경우

㉰ 이면도로 또는 주거지의 경계에 대규모 건축물이 들어섬으로써 이면도로에 과부하를 주거나 주거환경에 침해를 주는 것이 예상되는 경우

㉱ 간선도로변 또는 주요 결절점에 가설건물, 소규모 및 저층건축물이 난립하여 적정 토지이용 밀도를 유지하지 못하거나 경관 저해가 현저하게 발생될 경우

해 높이제한은 제한높이 이하의 건물이나 구조물에는 해당되지 않는다.

35 도시공원 및 녹지 등에 관한 법률 상의 「공원녹지」에 해당하지 않는 것은? 기-13-4

㉮ 유원지 ㉯ 저수지

㉰ 도시자연공원구역 ㉱ 공공공지

해 "공원녹지"란 쾌적한 도시환경을 조성하고 시민의 휴식과 정서 함양에 이바지하는 다음 각 목의 공간 또는 시설을 말하며, 도시공원, 녹지, 유원지, 공공공지(公共空地) 및 저수지와 나무, 잔디, 꽃, 지피식물 등의 식생이 자라는 공간이며, 도시자연공원구역은 제외한다.

36 다음 도시공원 및 녹지 등에 관한 법률 시행규칙의 도시공원의 면적기준 설명의 "B"에 적합한 숫치는? 산기-16-1

> 하나의 도시지역 안에 있어서의 도시공원의 확보기준은 해당도시지역 안에 거주하는 주민 1인당 (A)제곱미터 이상으로 하고, 개발제한구역 및 녹지지역을 제외한 도시지역 안에 있어서의 도시공원의 확보기준은 해당도시지역 안에 거주하는 주민 1인당 (B)제곱미터 이상으로 한다.

㉮ 2 ㉯ 3

㉰ 6 ㉱ 10

37 다음 중 도시 오픈스페이스의 역할로 가장 부적합한 것은? 기-12-4

㉮ 도시개발의 조절

㉯ 도시환경의 질 개선

㉰ 다양한 형태의 문화생활의 억제

㉱ 경작지 제공을 통한 도시농업 가능

해 오픈스페이스는 여가휴양기능 및 오락기능을 갖는다.

38 현행 법제상의 오픈스페이스(open space) 분류체계 중 도시공원에 해당하는 것은? 산기-03-2

㉮ 유원지 ㉯ 묘지공원

㉰ 공공공지 ㉱ 운동장

	생활권 공원	소공원, 어린이공원, 근린공원
도시공원	주제 공원	역사공원, 문화공원, 수변공원, 묘지공원, 체육공원

39 도시공원 및 녹지 등에 관한 법률에서 도시공원을 그 기능 및 주제에 따라 구분할 때 생활권 공원에 속하는 것은? 기-06-1

㉮ 소공원 ㉯ 묘지공원

㉰ 체육공원 ㉱ 문화공원

40 대기오염, 소음, 진동, 악취 그 밖에 이에 준하는 공해와 각종 사고나 자연재해 그 밖에 이에 준하는 재해 등의 방지를 위하여 설치하는 도시공원 및 녹지 등에 관한 법률상의 오픈스페이스는? 기-09-2

㉮ 근린공원 ㉯ 연결녹지

㉰ 완충녹지 ㉱ 경관녹지

41 오픈 스페이스의 종류 중 공공 오픈스페이스에 해당하는 것은 어느 것인가? 산기-04-4

㉮ 농지나 산림 ㉯ 공원

㉰ 유원지 ㉱ 주택정원

42 도시 오픈스페이스의 효용성에 해당하지 않는 것은? 기-05-4, 기-04-4

㉮ 도시개발의 조절 ㉯ 도시환경의 질

㉰ 시민생활의 질 ㉱ 개발유보지 조절

해 오픈스페이스의 효용성

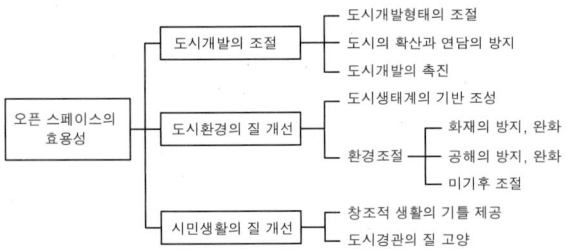

43 다음 도시공원의 설치와 규모에 관한 기준을 설명한 것으로 잘못된 것은?　기-05-1

㉮ 어린이공원의 유치거리는 250m, 면적은 1,500m² 이상이 기준이다.

㉯ 근린공원에는 근린생활권, 도보권, 도시지역권, 광역권 근린공원이 있다.

㉰ 도로, 광장 및 관리시설은 당해 도시공원을 설치함에 있어서 필수적인 공원시설로 한다.

㉱ 완충 녹지는 도시경관을 고려하여 반드시 10~20m의 폭으로 표준이다.

해 ㉱ 완충녹지의 폭은 원인시설에 접한 부분부터 최소 10m 이상으로 한다.

44 근린공원 계획 시에는 근린공원의 개념과 성격에 대한 명확한 이해가 선행되어야 한다. 다음 사항 중 근린공원의 개념 정의에 가장 적합하지 않은 설명은?　기-05-1

㉮ 불특정 다수의 시민을 위한 공원

㉯ 도보접근 내에 있는 여러 계층의 주민들에게 필요한 시설과 환경을 갖춰주는 공원.

㉰ 주민의 규모, 구성 및 행태를 비교적 정확하게 파악하여 조성될 수 있는 공원.

㉱ 일상 생활권 내에 거주하는 시민을 위한 공원.

해 ㉮ 근린공원은 근린거주자 또는 근린생활권으로 구성된 지역 생활권 거주자의 보건·휴양 및 정서생활의 향상에 기여함을 목적으로 설치하는 공원이다.

45 도시공원 및 녹지 등에 관한 법률의 광역권 근린공원이 그 기능을 충분히 발휘할 수 있는 장소의 설치규모 기준은?　기-08-1

㉮ 1만 제곱미터　　　㉯ 10만 제곱미터

㉰ 50만 제곱미터　　　㉱ 100만 제곱미터

46 도시계획지역 내 지정된 어린이공원의 면적과 유치거리 기준으로 옳은 것은?　기-08-1

㉮ 면적 : 1500m² 이상, 유치거리 : 250m 이하

㉯ 면적 : 1500m² 이상, 유치거리 : 300m 이하

㉰ 면적 : 1500m² 이상, 유치거리 : 350m 이하

㉱ 면적 : 1500m² 이상, 유치거리 : 400m 이하

47 다음 중 도시공원 및 녹지 등에 관한 법률상 도시공원의 설치규모의 기준으로 틀린 것은?　기-07-1

㉮ 어린이공원 : 1천5백제곱미터 이상

㉯ 근린생활권 근린공원 : 1만제곱미터 이상

㉰ 체육공원 : 1만제곱미터 이상

㉱ 묘지공원 : 8만제곱미터 이상

해 ㉱ 묘지공원 : 100,000m² 이상

48 도시공원 및 녹지 등에 관한 법률상 독립적 구성일 경우 근린공원으로 조성할 수 있는 최소 규모 기준은? (단, 근린생활권근린공원으로 구분되는 것을 의미한다.)　기-09-2

㉮ 1500제곱미터　　　㉯ 5000제곱미터

㉰ 10000제곱미터　　　㉱ 100000제곱미터

49 다음 중 우리나라 공원녹지 정책의 기본전략이 될 수 없는 것은?　기-11-4

㉮ 이용자 중심의 공원개발

㉯ 대공원 위주의 양적확보

㉰ 효율적·지속적 행정체제의 구축

㉱ 균형개발 및 자원의 효율적 이용

해 ㉯ 대공원 위주에서 근린공원 개발우선

50 하천 고수부지, 공공시설의 이전 적지, 기부 체납되는 공공용지, 개발제한구역 등은 어떤 유형의 공원 녹지 자원인가?　기-04-2

㉮ 유사자원　　　㉯ 유보자원

㉰ 잠재자원　　　㉱ 상충자원

해 유사자원 : 공원녹지로 지정되어 있지 않으나 사실상 공원녹지의 기능 또는 그에 준하는 기능을 수행하고 있는 토지(각종

체육시설, 학교 운동장, 도로변 휴식공간, 교육연구용 녹지, 농경지, 큰 건물 주변의 전정이나 조경공간, 개발제한구역, 사설 어린이놀이터 등)

51 다음 중 도시 공원녹지의 수요를 산정하는 방식이 아닌 것은? 기-06-2

㉮ 기능 배분 방식　　　㉯ 공간 배분 방식
㉰ 생활권별 배분 방식　㉱ 이용률에 의한 방식

해 수요산정방식 : 기능배분방식, 생태학적 방식, 인구기준 원단위 적용방식, 공원이용률에 의한 방식, 생활권별 배분방식

52 공원녹지의 수요분석 중 양적수요에 있어 도시민이 일상생활에서 필요한 산소의 공급원으로서 요구되는 수림지 면적을 산출하여 공원녹지의 수요를 결정하는 방식은? 산기-03-4, 산기-05-4

㉮ 기능배분 방식
㉯ 생태학적 방식
㉰ 인구기준 원단위 적용방식
㉱ 생활권별 배분방식

53 다음 중 공원이용률에 의한 전체 공원의 면적수요를 산출시 관계요소로 거리가 먼 것은?
  기-07-4, 기-05-4

㉮ 공원이용자 전체의 활동면적
㉯ 공원유형별 이용자수
㉰ 공원유형별 이용률
㉱ 유효면적률

해 공원이용률에 의한 방식 : 공원유형별 이용률을 감안하여 산출한 공원유형별 수요를 가산하여 전체 공원의 면적수요를 산정하는 방식

$$P = \sum \frac{Ni \times Ai \times Si}{Ci}$$

여기서, P : 전체 공원수요　　　Ai : 공원 유형별 이용률
　　　Ni : 공원유형별 이용자수　Ci : 유효면적률
　　　Si : 공원이용자 1인당 활동면적

54 어느 도시의 인구가 100000인일 때 전 시민이 이용하는 근린공원의 소요면적을 산출하고자 한다. 근린공원의 이용률 1/50, 공원 이용자 1인당 활동면적 50m², 유효면적을 50%일 때 소요면적은? 기-11-2

㉮ 5ha　　　　㉯ 10ha
㉰ 15ha　　　　㉱ 20ha

해 ·공원의 소요면적 = $\dfrac{\text{사용인구} \times \text{이용률} \times \text{1인당 규모}}{\text{유효면적률}}$, 1ha = 10000(m²)

∴ $\dfrac{100000 \times 1/50 \times 50}{0.5}$ = 200000(m²) → 200000/10000 = 20(ha)

55 인구 1000000명의 도시에 필요한 근린공원의 규모를 산정하고자 한다. 근린공원의 이용률 1/40, 공원 이용자 1인당 활동면적 60m², 유효면적율 40%일 때 근린공원의 총면적은 얼마가 바람직한가? 기-11-4

㉮ 750000m²　　　㉯ 150000m²
㉰ 3000000m²　　㉱ 3750000m²

해 54번 문제해설 참조
→ 공원의 총면적 = $\dfrac{1000000 \times 1/40 \times 60}{0.4}$ = 3750000(m²)

56 근린공원계획 및 설계 시 고려해야 할 사항으로 가장 잘못 설명된 것은? 산기-04-4

㉮ 근린공원은 놀이, 운동, 휴식, 모임, 교화, 환경보전의 기능을 담을 수 있어야 한다.
㉯ 운동공간에 인접하여 도서관이나 전시실, 야외극장 등 교양시설을 설치하지 않도록 한다.
㉰ 규모가 큰 근린공원일수록 각종 지역 활동을 수용할 수 있는 다목적공간을 배치하는 것이 좋다.
㉱ 공원 내 동선은 주동선, 보조동선, 관리 동선으로 분리하도록 하고, 출입구는 관리적 측면에서 되도록 제한적으로 적게 한다.

57 개발계획 규모별 도시공원 또는 녹지의 확보기준으로 틀린 것은? 기-10-1

㉮ 「도시개발법」에 의한 개발계획(1만제곱미터 이상 30만제곱미터 미만의 개발계획) : 상주인구 1인당 3제곱미터 이상 또는 개발 부지면적의 5퍼센트 이상 중 큰 면적
㉯ 「주택법」에 의한 주택건설사업계획(1천세대 이상의 주택건설사업계획) : 1세대 당 3제곱미터 이상 또는 개발부지면적의 5퍼센트 이상 중 큰 면적
㉰ 「도시 및 주거환경정비법」에 의한 정비계획(5만제곱미터 이상의 정비계획) : 1세대 당 2제곱미터 이상 또는 개발 부지면적의 5퍼센트 이상 중 큰 면적

④ 「택지개발촉진법」에 의한 택지개발계획(30만제곱미터 이상 100만 제곱미터 미만의 개발계획) : 상주인구 1인당 5제곱미터 이상 또는 개발 부지면적의 12퍼센트 이상 중 큰 면적

해 ④ 「택지개발촉진법」에 의한 택지개발계획(30만제곱미터 이상 100만 제곱미터 미만의 개발계획) : 상주인구 1인당 7제곱미터 이상 또는 개발 부지면적의 15퍼센트 이상 중 큰 면적

58 공원녹지 체계화의 기본 목적이 아닌 것은?

기-09-1, 기-08-2

㉮ 포괄성과 연속성의 증대
㉯ 획일성과 단조성의 증대
㉰ 상징성과 식별성의 증대
㉱ 접근성과 개방성의 증대

59 다음 내용 중 오픈스페이스의 체계를 구성함에 있어서 유용한 계획개념에 해당하지 않는 것은?

기-04-4

㉮ 결절화   ㉯ 위요
㉰ 중첩   ㉱ 다핵화

해 오픈스페이스 체계화계획의 개념 : 핵화, 위요, 결절화, 중첩, 관통, 계기

60 도시의 팽창 및 확산을 억제하는데 가장 효과적인 녹지계통은 어느 것인가?

산기-02-1, 산기-05-4

㉮ 환상형(環狀型)   ㉯ 방사형(放射型)
㉰ 위성식(衛星式)   ㉱ 점재형(點在型)

해 녹지계통 형식 : 방사식, 환상식, 방사환상식, 위성식, 분산식, 평행식

61 공원계획 시 입지선정의 주요 기준으로 가장 보기 어려운 것은?

기-05-2, 기-08-4

㉮ 접근성   ㉯ 안전성
㉰ 쾌적성   ㉱ 호환성

해 공원계획 시 입지선정의 주요 기준 : 접근성, 안전성, 쾌적성, 편익성, 시설적지성

62 도시공원 및 녹지 등에 관한 법률상 도시공원의 효용을 위한 시설이 아닌 것은?

기-07-2

㉮ 교양시설   ㉯ 가로시설
㉰ 공원관리시설   ㉱ 편익시설

해 도시공원의 효용을 다하기 위한 시설 : 조경시설, 휴양시설, 유희시설, 운동시설, 교양시설, 편익시설, 공원관리시설

63 도시공원 및 녹지 등에 관한 법률에서 생활권 공원의 분류에 해당되지 않는 것은?

산기-06-4

㉮ 묘지공원   ㉯ 소공원
㉰ 어린이공원   ㉱ 근린공원

64 도보권 근린공원에 대한 설명 중 맞는 것은?

기-04-2

㉮ 이용자는 근린주구의 불특정 다수인이다.
㉯ 설치할 수 있는 공원시설은 휴양시설, 유희시설, 운동시설, 교양시설, 편익시설, 조경시설 등이다.
㉰ 전체적으로 식재지 면적은 부지면적의 50%에 이른다.
㉱ 유치거리는 500m 이내가 적당하다.

65 다음 설명 중 가장 옳지 못한 것은?   산기-04-1

㉮ 도보권근린공원은 도시지역권근린공원 보다 휴양 오락적인 측면이 강하여 이용면에서 정적(靜的)이다.
㉯ 도시지역권근린공원은 정적(靜的)휴식 기능 및 체육공원의 기능도 겸한다.
㉰ 체육공원은 동적 휴식 활동을 위하여 운동시설의 면적이 전체면적의 60% 이상 차지한다.
㉱ 광역권근린공원이라 함은 전 도시민이 다 같이 이용하는 대공원으로 휴식, 관상, 운동 등의 목적을 가진다.

해 ㉰ 체육공원은 동적 휴식 활동을 위하여 운동시설의 면적이 전체면적의 50% 이상 차지한다.

66 도시공원 및 녹지 등에 관한 법률에서 정하는 공원별 도시공원 안의 건축물의 건폐율 기준으로 옳은 것은?

기-07-2

㉮ 소공원 : 100분의 10
㉯ 근린공원(3만제곱미터 미만) : 100분의 25
㉰ 문화공원 : 100분의 30

정답 58 ㉯ 59 ㉱ 60 ㉮ 61 ㉱ 62 ㉯ 63 ㉮ 64 ㉯ 65 ㉰ 66 ㉱

㉑ 묘지공원 : 100분의 2

🖩 현재 건폐율은 삭제된 규정이다.

67 다음 중 도시공원 안의 건축물의 건폐율 규정으로 틀린 것은? 산기-06-1

㉮ 묘지공원에서 면적의 제한 없이 100분의 10이하

㉯ 도시자연공원에서 30만제곱미터 미만의 경우 100분의 10이하

㉰ 근린공원에서 3만제곱미터 미만의 경우 100분의 20이하

㉱ 어린이공원에서 면적의 제한 없이 100분의 5이하

🖩 현재 건폐율은 삭제된 규정이다.

68 도시공원법상 도시공원 안에 설치할 수 있는 공원시설의 부지면적은 당해 도시공원의 면적에 대한 비율로 규정하고 있다. 틀린 것은? 기-03-2

㉮ 어린이공원 : 60퍼센트 이하

㉯ 근린공원 : 30퍼센트 이하

㉰ 묘지공원 : 20퍼센트 이상

㉱ 체육공원 : 50퍼센트 이하

🖩 ㉯ 근린공원: 40퍼센트 이하

69 도시공원 및 녹지 등에 관한 법률상 체육공원(규모 : 3만제곱미터 미만)에서 공원시설 부지면적 기준은? 산기-08-2

㉮ 100분의 20이하   ㉯ 100분의 30이하

㉰ 100분의 40이하   ㉱ 100분의 50이하

70 다음 도시공원 중 관련 법상 설치할 수 있는 공원시설 부지면적의 비율이 공원 면적에 대하여 가장 높은 곳은? 기-10-1

㉮ 어린이공원

㉯ 소공원

㉰ 근린공원(3만제곱미터 미만)

㉱ 체육공원(3만제곱미터 미만)

🖩 ㉮ 어린이공원 : 60% 이하

　㉯ 소공원 : 20% 이하

　㉰ 근린공원(3만제곱미터 미만) : 40% 이하

　㉱ 체육공원(3만제곱미터 미만) : 50% 이하

71 다음 중 자연공원에 속하지 않는 것은?

기-04-4, 산기-07-1, 기-07-4

㉮ 국립공원   ㉯ 도립공원

㉰ 묘지공원   ㉱ 군립공원

72 자연공원법에서 자연공원의 지정기준 설명으로 틀린 것은? 기-06-2, 기-07-4, 기-09-1

㉮ 자연생태계 – 자연생태계와 보전상태가 양호하나 멸종위기 야생동물이 서식할 것

㉯ 자연경관 – 자연경관의 보전상태가 양호하여 훼손 또는 오염이 적으며 경관이 수려할 것

㉰ 지형보존 – 각종 산업개발로 경관이 파괴될 우려가 있는 것

㉱ 문화경관 – 문화재 또는 역사적 유물이 있으며, 자연 경관과 조화되어 보전의 가치가 있을 것

🖩 ㉰ 지형보존 – 각종 산업개발로 경관이 파괴될 우려가 없을 것

73 우리나라 자연공원 지정기준에 맞지 않는 것은?

기-06-1

㉮ 자연생태계   ㉯ 자연경관

㉰ 해안보존   ㉱ 위치 및 이용편의

🖩 자연공원의 지정기준

·자연생태계   ·자연경관   ·문화경관

·지형보존   ·위치 및 이용편의

74 자연공원법에 의한 공원계획의 내용에 포함되지 않는 것은? 기-05-1

㉮ 공원용도지구계획   ㉯ 공원시설계획

㉰ 공원배치계획   ㉱ 공원관리계획

75 다음 중 자연공원법상 용도지구의 분류가 아닌 것은? 기-07-2, 산기-09-2, 기-04-1, 기-06-1, 기-08-1

㉮ 공원자연보존지구   ㉯ 공원밀집마을지구

㉰ 공원밀집보전지구   ㉱ 공원자연환경지구

🖩 용도지구계획

·공원자연보전지구   ·공원자연환경지구

·공원자연마을지구   ·공원밀집마을지구

·공원집단시설지구

76 자연공원의 용도지구 가운데 가장 엄격하게 보호되어야 할 곳은? 　산기-07-4, 산기-02-2

㉮ 공원자연환경지구　㉯ 공원밀집마을지구
㉰ 공원자연보존지구　㉱ 공원집단시설지구

☐ 공원자연보전지구 : 다음에 해당하는 곳으로서 특별히 보호할 필요가 있는 지역
· 생물다양성이 특히 풍부한 곳
· 자연생태가 원시성을 지니고 있는 곳
· 특별히 보호할 가치가 높은 야생 동식물이 살고 있는 곳
· 경관이 특히 이름다운 곳

77 자연공원의 용도지구 중 집단시설지구의 입지조건이 아닌 것은? 　기-04-2

㉮ 공원 이용 상에 있어서 교통의 요지
㉯ 토지소유 관계, 이권 제한 관계 등이 계획적인 시설 정비에 알맞는 곳
㉰ 각종 재해에 안전한 곳
㉱ 자연보존 상태가 양호한 곳

78 자연공원의 각 지구별 자연보존 요구도의 크기순이 옳은 것은? 　기-02-1

㉮ 자연환경지구 〉 자연보존지구 〉 취락지구(자연, 밀집) 〉 집단시설지구
㉯ 자연보존지구 〉 자연환경지구 〉 취락지구(자연, 밀집) 〉 집단시설지구
㉰ 자연환경지구 〉 자연보존지구 〉 집단시설지구 〉 취락지구(자연, 밀집)
㉱ 자연보존지구 〉 취락지구(자연, 밀집) 〉 집단시설지구 〉 자연환경지구

79 자연공원법령상 공원집단시설지구를 세분하고자 할 때의 기준에 해당되지 않는 것은? 　기-08-2, 기-10-2

㉮ 상업시설지　㉯ 행락시설지
㉰ 유보지　㉱ 숙박시설지

☐ 공원집단시설지구 : 공공시설지, 상입시설지, 숙박시설지, 녹지, 유보지 등

80 우리나라 자연공원법에서 정하고 있는 자연공

원의 공원 시설로서 적합하지 않은 것은? 　기-03-4, 기-08-1

㉮ 도로, 주차장, 궤도 등 교통·운수시설
㉯ 휴게소, 광장, 야영장 등 휴양 및 편익시설
㉰ 약국, 식품접객소, 유기장 등 상업시설
㉱ 동·식물원, 자연학습장, 공연장 등 교양시설

☐ 자연공원법상 공원시설 분류

구분	내용
공공시설	공원관리사무소·탐방안내소·매표소·우체국·경찰관파출소·마을회관·경로당·도서관·환경기초시설 등
보호 및 안전시설	사방·호안·방화·방책·방재·조경시설 등 공원자원을 보호하고, 탐방자의 안전을 도모하는 보호 및 안전시설
체육시설	골프장·골프연습장 및 스키장을 제외한 체육시설
휴양 및 편익시설	유선장·수상레저기구 계류장·광장·야영장·청소년 수련시설·어린이 놀이터·유어장·전망대·야생동물관찰대·해중관찰대·휴게소·대피소·공중화장실 등
문화시설	식물원·동물원·수족관·박물관·전시장·공연장·자연학습장
교통·운수 시설	도로(탐방로 포함)·주차장·교량·궤도·삭도·무궤도열차·경비행장(수상경비행장 포함)·선착장·헬기장 등
상업시설	기념품판매점·약국·식품접객업소(유흥주점 제외)·미용업소·목욕장·유기장 등
숙박시설	호텔·여관 등
부대시설	공원시설의 부대시설

81 우리나라 자연공원법시행령에서 정하고 있는 자연공원의 공원시설 및 분류로 적합하지 않은 것은? 　기-08-2

㉮ 도로, 주차장, 궤도 등의 교통·운수시설
㉯ 휴게소, 광장, 야영장 등의 휴양 및 편익시설
㉰ 약국, 식품접객업소(유흥주점을 제외한다), 유기장 등의 상업시설
㉱ 수족관, 박물관, 야외음악당 등의 교양시설

☐ ㉱ 수족관, 박물관, 야외음악당 등의 교양시설은 도시공원 및 녹지 등에 관한 법률상의 공원시설이다.

82 자연공원법상 공원계획을 결정하거나 변경함에 있어 자연환경에 미치는 영향을 평가할 사항에 해당되지 않는 것은? 　기-03-2

㉮ 환경현황분석, 자연생태계 변화분석
㉯ 대기 및 수질 변화분석, 폐기물 배출분석
㉰ 환경에의 악영향 감소방안
㉱ 토지이용현황분석

정답 　76 ㉰　77 ㉱　78 ㉯　79 ㉯　80 ㉱　81 ㉱　82 ㉱

83 자연공원법상의 공원기본계획 및 공원계획에 관한 내용 중 틀린 것은?　　　　　기-08-1, 기-05-2

㉮ 자연기본계획의 내용 및 절차, 기타 필요한 사항은 대통령령으로 정한다.

㉯ 환경부장관은 10년마다 국립공원위원회의 심의를 거쳐 공원기본계획을 수립하여야 한다.

㉰ 공원관리청은 15년마다 지역주민, 전문가, 기타 이해관계자의 의견을 수렴하여 공원계획의 타당성 여부를 검토하고 그 결과를 공원계획의 변경에 반영하여야 한다.

㉱ 도립공원에 관한 공원계획은 시·도지사가 결정한다.

해 ㉰ 공원관리청은 10년마다 지역주민, 전문가, 기타 이해관계자의 의견을 수렴하여 공원계획의 타당성 여부를 검토하고 그 결과를 공원계획의 변경에 반영하여야 한다.

84 자연공원법상 국립공원위원회에 한해서만 심의할 수 있는 사항은?　　　　　기-09-4

㉮ 자연공원의 지정·폐지 및 구역변경에 관한 사항

㉯ 공원 기본계획의 수립에 관한 사항

㉰ 공원계획의 결정·변경에 관한 사항

㉱ 자연공원의 환경에 중대한 영향을 미치는 사업에 관한 사항

해 공원기본계획의 수립 환경부장관은 10년마다 국립공원위원회의 심의를 거쳐 공원기본계획을 수립하여야 한다.

85 자연보존지구에서 허용되는 최소한의 공원시설 및 공원사업 규모 기준으로 틀린 것은?　　　기-10-4 (단, 자연공원법 시행령의 기준을 적용한다.)

㉮ 공공시설로서 관리사무소 : 부지면적 2천 제곱미터 이하

㉯ 조경시설 : 부지면적 4천 제곱미터 이하

㉰ 공공시설로서 탐방안내소 : 부지면적 4천 제곱미터 이하

㉱ 휴양 및 편익시설로서 전망대 : 부지면적 4천 제곱미터 이하

해 ㉱ 휴양 및 편익시설로서 전망대 : 부지면적 200㎡ 이하

86 자연공원법에 관한 사항 중 옳은 것은?　　기-11-4

㉮ 법률로 지정되는 공원은 도시공원, 군립공원, 도립공원, 국립공원 등이다.

㉯ 국립공원은 국토해양부장관이 지정한다.

㉰ 국립공원위원회의 회의는 구성원 2/3출석으로 개의하고 전체위원 과반수의 찬성으로 의결한다.

㉱ 도립공원은 시·도지사가 지정한다.

해 ㉮ 법률로 지정되는 공원은 군립공원. 도립공원. 국립공원 등이다.

　㉯ 국립공원 : 우리나라의 자연생태계나 자연 및 경관을 대표할 만한 지역으로서 자연공원법에 의해 지정된 공원으로 환경부장관이 지정·관리한다.

　㉰ 국립공원위원회의 회의는 재적위원 과반수의 출석으로 개의하고, 출석위원 과반수의 찬성으로 의결한다.

　㉱ 도립공원 : 시·도의 자연생태계나 경관을 대표할 만한 지역으로서 자연공원법에 의해 지정된 공원으로 시·도지사가 지정·관리한다.

87 최대시의 이용자수 2,000명, 주차장 이용율 90%, 차 1대당 수용인원 20명, 1대당 주차면적 40㎡ 라면 주차장의 면적은?　　　산기-07-1, 산기-12-1

㉮ 1,600㎡　　　　　　　㉯ 2,400㎡

㉰ 3,600㎡　　　　　　　㉱ 4,000㎡

해 · 주차장면적 $= \dfrac{최대시이용자수 \times 시설이용률}{1대당 \ 수용인원} \times 1대당 \ 주차면적$

$= \dfrac{2000 \times 0.9}{20} \times 40 = 3600(㎡)$

88 일반적으로 해수욕장의 육지부 시설 규모를 산정하기 위해 적용해야 할 공간 원단위(原單位)는? (단, 집중률은 3.0~5.0%이다.)　　　　산기-08-4

㉮ 2~5㎡/인　　　　　　㉯ 5~10㎡/인

㉰ 10~20㎡/인　　　　　㉱ 20~30㎡/인

89 계획 대상지의 수용력 산정에 있어서 최대시이용자수(最大時利用者數)가 산출된 후에 시설별로 분산·배분하여 각 시설 규모를 산출하려 한다. 다음 중 이 과정에서 적용해야 할 사항으로 구성된 항목은?　　　　　기-06-1

㉮ 시설이용율, 공간원단위

㉯ 최대일율, 시설이용율

㉰ 최대일율, 회전율

㉑ 시설이용율, 개장시간

90 머슬로우(Maslow)가 말한 인간욕구의 위계 중 가장 높은 단계의 욕구는?   기-06-4, 기-03-4

㉮ 소속(감), 사랑   ㉯ 안전

㉰ 자아실현(자기구현)   ㉱ 존경

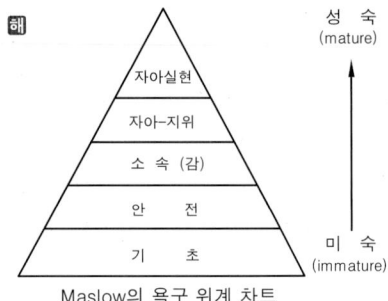

Maslow의 욕구 위계 차트

91 "어떤 지역에서 레크리에이션의 질을 유지하면서 지탱할 수 있는 레크리에이션 이용의 레벨"이라는 Wagar의 정의는 다음의 무엇에 관한 설명인가?

                                        기-05-1

㉮ 자연완충능력

㉯ 레크리에이션 한계수용능력

㉰ 레크리에이션 자원잠재능력

㉱ 생태적 적정효과

92 사람들이 관광의 행위를 일으키는 데는 여러 가지 요인이 작용한다. 관광을 발생시키는 외적요인에 해당하지 않는 것은?   기-10-2

㉮ 욕구   ㉯ 여가시간

㉰ 소득   ㉱ 생활환경

해 ·내적 요인 : 욕구, 가치관

   ·외적 요인 : 시간, 소득, 생활환경, 사회적 에너지

93 관광지에 내방 할 가능성을 지닌 사람들이 거주하는 범위로서 1차 시장이라고도 하는 관광권은?

                                  기-09-4, 기-02-1

㉮ 유치권   ㉯ 행동권

㉰ 보완권   ㉱ 경합권

94 다음 관광행위의 유형 중 집을 출발하여 목적지에 직행한 후 유행(遊行)과 탐행(探行)을 즐기고 곧바로 집으로 돌아오는 유형은?   기-06-2, 기-09-1

㉮ 피스톤형   ㉯ 옷핀형

㉰ 스푼형   ㉱ 탬버린형

해 안전핀형(옷핀형)

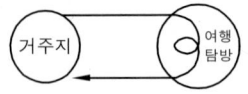

·여행자가 거주지를 출발하여 관광목적지에 직행한 후 목적지 및 인접지역의 관광활동을 하고 다른 교통로를 이용해 곧바로 돌아오는 형태

·관광소비가 많이 발생하고 서비스의 수요와 내용 다양

·주말여행, 짧은 숙박여행

95 레크레이션 계획 모델 중 이용자 - 자원 모델에 관한 설명으로 적당하지 않은 내용은?   기-04-2

㉮ 레크레이션 수요와 공급을 추정한다.

㉯ 모든 토지와 수자원을 분석하여 자원형으로 구분한다.

㉰ 유사한 레크레이션 경험에 기초하여 이용자 집단을 구분한다.

㉱ 이용자와 자원은 각각 상이한 개념으로 직접 연관 지우지 않고 고려하려는 의도이다.

96 레크리에이션 적정수와 산정을 위한 중력 모델의 내용으로 옳은 것은?   기-07-2

㉮ 현재와 장래의 수요 예측

㉯ 인구와 거리에 따른 단기적 수요 예측

㉰ 여러 변수에 의한 장기적 수요 예측

㉱ 외부발생 변수를 고려한 수요 예측

97 다음 중 레크리에이션 수요(demand)의 종류가 아닌 것은?   기-07-1, 기-04-4

㉮ 잠재수요(latent demand)

㉯ 유도수요(induced demand)

㉰ 계획수요(planned demand)

㉱ 표출수요(expressed demand)

98 사람들에게 내재해 있는 수요로 적당한 시설, 접근수단, 정보가 제공되면 참여가 기대되는 수요는?

                                        기-05-4

정답 **90** ㉰ **91** ㉯ **92** ㉮ **93** ㉮ **94** ㉯ **95** ㉱ **96** ㉯ **97** ㉰ **98** ㉮

㉮ 잠재수요　　　　㉯ 유도수요

㉰ 표출수요　　　　㉱ 유효수요

99 레크리에이션 수요 가운데에서 사람들로 하여금 패턴을 변경하도록 고무시키는 수요로서 수요 추정시에 반드시 고려해야 되는 것은?　기-08-4

㉮ 잠재수요　　　　㉯ 유도수요

㉰ 유사수요　　　　㉱ 표출수요

100 레크리에이션 계획 중 표출수요에 대한 설명으로 맞는 것은?　기-10-4

㉮ 본래 내재하는 수요이지만 기존의 시설을 이용할 때만 반영되어 나타나는 수요를 말한다.

㉯ 기존의 레크리에이션 기회에 참여 또는 소비하고 있는 이용을 말한다.

㉰ 사람들로 하여금 레크리에이션 패턴을 변경하도록 고무시켜 개발하는 수요를 말한다.

㉱ 특히 선호하는 레크리에이션에 대한 수요를 말한다.

해 표출수요 : 기존의 레크리에이션 기회에 참여 또는 소비하고 있는 이용수요로 사람들의 선호도가 파악된다.

101 레크리에이션 대상지의 수요를 크게 좌우하는 3 요인은 이용자들의 변수, 대상지 자체의 변수, 접근성의 변수이다. 다음 중 접근성의 변수에 해당되지 않는 것은?　기-07-4

㉮ 여행시간, 거리　　㉯ 준비 비용

㉰ 정보　　　　㉱ 여가습관

해 접근성의 변수 : 여행시간 ·거리, 여행수단, 준비비용, 입장료, 정보, 질적 수준, 이미지

102 일반적으로 이용자와 레크리에이션 자원간의 거리는 레크리에이션 패턴을 변화시킨다. 관광여행(2박3일 이상)의 형태는 여행시간이 얼마인 경우에 가장 적합한가?　기-06-4

㉮ 1~2시간　　　　㉯ 2~3시간

㉰ 3~4시간　　　　㉱ 4시간 이상

해 ·0~1시간 : 반일이용

·1~2시간 : 전일이용

·2~4시간 : 주말이용 또는 1박2일

·4시간 이상 : 휴가 및 관광여행(2박3일 이상)

103 계획 시 반영되는 표준치(standard)의 설명 중 옳지 못한 것은?　기-03-2, 기-04-4, 기-11-4

㉮ 계획이나 의사결정과정에서 지침 또는 기준이 된다.

㉯ 목표의 달성정도를 평가하는데 도움이 된다.

㉰ 여가시설의 효과도(Effectiveness)를 판단하는데 도움이 된다.

㉱ 방법론적으로 우수하며, 확실성이 있다.

해 ㉱ 계획 시 반영되는 표준치(standard)는 방법론적으로 명확하지 않다.

104 조경계획의 대상은 그 성격에 따라 몇 개의 그룹으로 나눌 수 있다. 레크리에이션계의 조경공간이 아닌 것은?　산기-11-4, 산기-05-1

㉮ 도시공원　　　　㉯ 자연공원

㉰ 경승지　　　　㉱ 보행자 공간

105 리조트 조경계획에 기본적 요건이 아닌 것은?　기-03-4, 산기-04-1

㉮ 교류나 교환의 기회 및 장소가 있어야 함.

㉯ 체제에 필요 흥미대상이 있어야 함.

㉰ 일정수준이상의 쾌적한 생활 서비스 및 편리성이 확보되어야 함.

㉱ 약 1~2시간 이내의 유치권을 지닌 도시가 주변에 있어야 함.

해 ㉱ 리조트는 일상의 생활권에서 일정거리 이상 떨어진 자연환경 속에 위치하는 것이 바람직하다.

106 다음은 리조트 구성에 대한 설명이다. 틀린 것은?　기-04-1

㉮ 숙박, 레크레이션, 각종 서비스 기능이 통행권 내에 자리 잡는다.

㉯ 일반적으로 리조트의 동시 숙박 수용능력은 ha 당 30~50명 정도가 적합하다.

㉰ 토지 이용형태는 숙박과 서비스 시설을 가장 많이 하며 원지, 완충녹지와 도로의 순으로 한다.

㉛ 이용의 자유도가 높은 잔디 원지를 크게 잡는 것이 바람직하다.

해 ㉑ 토지이용은 숙박시설 ·서비스시설 1/3, 원지 1/3, 완충녹지 ·도로 1/3 정도로 구성한다.

107 리조트(resort)지역의 계획수립 방법에 있어 적합치 않은 것은? 기-04-2

㉮ 다양하고 복잡한 유희시설을 확보하여 이용자의 흥미를 유발시킨다.

㉯ 옥외공간을 여유 있게 확보하며, 접근성이 양호하도록 단지를 배치한다.

㉰ 숙박, 상업시설 등 생활서비스 시설을 편리한 지역에 설치한다.

㉱ 체재 시 흥미를 유발시킬 수 있는 자연경관이 입지한 곳에 설치한다.

해 ㉮ 리조트는 휴양과 보양을 위한 곳이므로 1~2가지 유희시설을 확보하고 이용자의 흥미를 유도한다.

108 마리나(marina)에 대한 설명으로 옳은 것은? 기-11-2

㉮ 위락용 보트의 보관시설과 기타 서비스 시설을 갖춘 일종의 정박시설이다.

㉯ 2차 대전 후 유럽에서 시작된 군사시설이다.

㉰ 항구의 물품을 하역하기 위한 항만시설이다.

㉱ 미국의 해안에 발달한 본격적인 해수욕시설이다.

109 마리나(marina)의 입지조건으로 적당하지 않은 것은? 산기-07-1

㉮ 공기가 맑고 경관이 수려한 곳

㉯ 해상의 기상변화가 다양한 곳

㉰ 대도시로부터 교통거리 1~2시간 이내인 곳

㉱ 일반 항로로부터 격리되어 붐비지 않는 곳

해 ㉯ 풍향, 조류 등 해상의 기상변화가 심하지 않고 잔잔한 수면을 가진 곳이 좋다.

110 마리나(marina) 시설에 대한 설명 중 틀린 것은? 기-05-2

㉮ 선박시설을 갖춘다.

㉯ 육상이동시설은 불필요하다.

㉰ 수리시설을 갖춘다.

㉱ 방파제 및 부표를 설치한다.

111 스키장의 설질(雪質)의 유지를 위하여 다음 중 가장 좋은 경사방향은? 기-04-1

㉮ 북사면   ㉯ 북동사면

㉰ 북서사면   ㉱ 동사면

112 우리나라의 스키장 입지에 가장 좋지 못한 조건은? 기-11-1

㉮ 정상부 급경사, 하부 완경사

㉯ 500~1700m의 표고

㉰ 남서사면

㉱ 관련시설을 포함하여 최소 10ha 이상

113 스키장의 계획 시 유의사항으로 적합치 않은 것은? 기-05-1

㉮ 활강코스의 경사도는 15% 정도로 똑같이 균일해야 한다.

㉯ 코스의 경사 방향은 북동향이 제일 좋다.

㉰ 스키장의 규모는 일정치 않으나 10ha이상 이어야 좋다.

㉱ 기후는 겨울의 강수량이 많으면서 적설기에 비오는 날이 적은 곳이어야 한다.

해 활강코스는 6~30°, 종점근처는 0~5°가 적당

초급 : 6~10°, 중급 : 11~19°, 상급 : 20~30°, 대기소 : 0~5°

114 골프장 설계와 관련된 설명 중 부적합한 것은? 산기-10-1

㉮ 남~북 방향으로 긴 부지가 적합하다.

㉯ 평지지형이 적합하다.

㉰ 산림, 연못, 하천 등의 자연지형을 되도록 이용할 수 있는 곳이 적합하다.

㉱ 정방형보다는 구형에 가까운 용지가 적합하다.

해 ㉯ 작은 능선 여러 개로 구성되고, 고저차가 적으며, 경사가 완만한 지역이 적합하다.

115 다음 정규 골프 코스의 계획 설계에 관한 설명으로 틀린 것은? 기-11-2

㉮ 일반적으로 18홀을 기준으로 해서 최소 10ha정도의 면적은 있어야 한다.

㉯ 각 골프코스의 길이를 합한 총길이는 18홀인 골프장은 6000미터를 기준으로 하며, 지형에 따라 총길이의 25%범위 내에서 증감할 수 있다.

㉰ 산악지에서는 롱홀을 먼저 배치해야 전체 배치가 쉽고, 평탄지에서는 숏 홀을 먼저 배치해야 숏 홀의 특성을 살린 배치가 가능하다.

㉱ 페어웨이의 폭은 티에서부터의 위치에 따라서 또 자연과의 조화 및 홀의 성격에 따라서 다소 달라지며, 최소 20m 정도에서 30~60m 정도가 일반적이다.

해 표준적 골프코스는 18홀, 전장은 6,300야드, 너비는 100 ~ 180m, 용지면적은 약 70만m² (70ha)정도

116 표준적 골프 코스로서 가장 적당하게 구성된 것은? 기-05-2

㉮ 18개의 홀, 전장 6,300야드, 용지면적 60~80만

㉯ 18개의 홀, 전장 7,500야드, 용지면적 40~60만

㉰ 18개의 홀, 전장 8,500야드, 용지면적 60~80만

㉱ 27개의 홀, 전장 7,500야드, 용지면적 40~60만

해 표준적 골프코스는 18홀, 전장은 6,300야드, 너비는 100~ 180m, 용지면적은 약 70만m² 정도이다.

117 표준 골프코스는 18홀, 72파(par)로 구성한다. 다음 중 표준 골프 코스의 구성으로 알맞게 된 것은? 산기-05-1

㉮ 쇼트홀 4개, 미들홀 8개, 롱홀 6개

㉯ 쇼트홀 4개, 미들홀 6개, 롱홀 8개

㉰ 쇼트홀 6개, 미들홀 6개, 롱홀 6개

㉱ 쇼트홀 4개, 미들홀 10개, 롱홀 4개

118 골프장 설계와 관련한 설명으로 틀린 것은? 산기-08-1

㉮ 헤저드란 벙커 및 워터 헤저드를 말한다.

㉯ 퍼팅 그린의 홀(hole)은 직경 108mm, 깊이 100mm 이상으로 하여야 한다.

㉰ 립(lip)이란 그린이 떨어져 나간 곳에 잔디를 메워심기하는 장비이다.

㉱ 깃대란 홀의 위치를 나타내기 위하여 홀의 중심에 세워진 움직일 수 있는 표식을 말한다.

해 ㉰ 립(lip)이란 홀 가장자리를 말한다.

119 다음 중 도시공원 주변의 골프연습장의 설치 기준에 관한 설명 중 가장 거리가 먼 것은? 기-05-2

㉮ 도시공원을 이용하는 주민들이 쉽게 접근할 수 있고 공원의 다른 시설과 조화를 이룰 수 있는 지역일 것

㉯ 임상이 양호한 지역이나 절토 또는 성토의 높이가 3미터 이상 필요한 지역이 아닌 것

㉰ 근린공원 및 체육공원에 설치하는 골프연습장은 공원면적이 20만 제곱미터이상인 경우 2개소로 한다.

㉱ 하나의 공원이 2 이상의 시·군 또는 구의 행정구역에 걸쳐 있는 경우에는 각 시·군 또는 구에 속한 공원의 면적을 기준으로 해서 설치한다.

해 ㉰ 근린공원 및 체육공원에 설치하는 골프연습장은 공원면적이 10만m² 이상인 경우 1개소로 하되, 10만m²를 초과하는 100만m²마다 1개소를 추가로 설치할 수 있다.

120 다음 중 근린공원 및 체육공원에 설치하는 골프연습장은 얼마의 공원면적당 1개소씩 설치할 수 있는가? 산기-06-4

㉮ 5만 제곱미터 ㉯ 10만 제곱미터

㉰ 15만 제곱미터 ㉱ 20만 제곱미터

121 골프(Golf)장 홀(hole)의 구성이 아닌 것은? 산기-02-1, 산기-08-2

㉮ 티(Tee) ㉯ 파(par)

㉰ 페어웨이(fair way) ㉱ 러프(rough)

해 골프(Golf)장 홀(hole)의 구성요소로는 티잉그라운드(teeing ground), 페어웨이(fair way), 퍼팅그린(putting green), 러프(rough), 벙커(bunker), 해저드(hazard) 등이 있다.

㉯ 항의 파(par)는 골프에서, 각 홀에 정해진 기준 타수를 말한다.

122 다음 중 미들홀 또는 롱홀의 티이 그라운드에서 약 210~230m 지점에 자리 잡아 골프경기의 장

애물로 설치되는 것은?   산기-07-4, 산기-03-2
㉮ 페어웨이 벙커   ㉯ 그린사이드 벙커
㉰ 어프로우치   ㉱ 그린

123 골프장 설계 중 그린(green)지역의 설명으로 틀린 것은?   산기-09-2
㉮ 그린(green)은 홀(hole)의 시작부분에 위치하는 지역이다.
㉯ 그린에서 득점목표 구멍으로 컵(cup)이 있으며, 깃대가 꽂히게 된다.
㉰ 홀의 크기는 직경이 4.25인치, 깊이가 4.0인치 이상으로 하여야 한다.
㉱ 그린에 식재되는 잔디는 벤트그라스가 적합하다.
🈔 ㉮ 그린(green)은 홀(hole)의 종점부분에 위치하는 지역이다.

124 다음 일반적으로 야외 수영장에 관한 설명 중 가장 거리가 먼 것은?   산기-05-2
㉮ 태양광선을 충분히 받는 곳으로 수영장의 장축이 남북방향으로 자리 잡을 수 있는 곳이 좋다.
㉯ 1코스의 폭은 3.0m 이상으로 한다.
㉰ 25m와 50m가 있는데, 25m 수영장은 7코스, 50m 수영장은 9코스제가 사용된다.
㉱ 부대시설을 포함한 수영장의 면적은 수영객 1인당 2m2를 기준으로 한다.
🈔 ㉯ 1코스의 폭은 2.0m 이상으로 한다.

125 도시계획시설의 결정·구조 및 설치기준에 관한 규칙에서 도시지역 외의 지역에 설치하는 청소년 수련시설의 구조 및 설치기준이 틀린 것은?   산기-10-2
㉮ 산지에 건축물을 배치하는 경우 경사도가 30도 미만이어야 한다.
㉯ 산지에 건축물을 배치하는 경우 표고가 산자락하단을 기준으로 250미터 이하인 지역이어야 한다.
㉰ 경사도가 15도 이상인 산지에 건축물 등을 2이상 설치하는 경우에는 경관·조망권 등의 확보를 위하여 길이가 긴 것을 기준으로 그 길이의 5분의 1이상을 이격하도록 한다.
㉱ 건축물의 길이는 경사도가 15도 이상인 산지에서는 100미터 이내로 한다.

126 청소년 수련시설의 시설별 면적기준으로 가장 거리가 먼 것은?   산기-05-2
㉮ 단위시설 : 1개소 당 100~200m²
㉯ 야외집회장 : 150인까지 200m², 초과 1인당 0.7m²
㉰ 강의실 : 1실 당 50m² 이상
㉱ 야영지 : 1인당 15m² 이상
🈔 ㉱ 야영지 : 1인당 20m² 이상

127 도시계획시설 중 도로를 기능별로 구분하여 설명한 것 중 옳지 않은 것은?   산기-06-1
㉮ 주간선도로 : 시·군내 주요지역을 연결하거나 시·군 상호간을 연결하여 대량통과 교통을 처리하는 도로로서 시·군의 골격을 형성하는 도로
㉯ 보조간선도로 : 주간선도로를 집산도로 또는 주요 교통 발생원과 연결하여 시·군 교통의 집산기능을 하는 도로로서 근린주거구역의 외곽을 형성하는 도로
㉰ 국지도로 : 보행자전용도로·자전거전용도로 등 자동차 외의 교통에 전용되는 도로
㉱ 집산도로 : 근린주거구역의 교통을 보조간선도로에 연결하여 근린주거구역 내 교통의 집산기능을 하는 도로로서 근린주거구역의 내부를 구획하는 도로
🈔 ㉰ 특수도로에 대한 설명이다.
국지도로 : 가구(도로로 둘러싸인 일단의 지역을 말한다. 이하 같다)를 구획하는 도로

128 도로를 기능별로 구분할 때 가구를 확정하고 택지와의 접근을 목적으로 하는 도로는?   기-03-2
㉮ 집산도로   ㉯ 국지도로
㉰ 주간선도로   ㉱ 보행자전용도로

129 도시계획시설의 결정·구조 및 설치기준에 관한 규칙상 도로의 일반적인 결정기준에 따른 도로 배치간격으로 맞는 것은? (단, 시·군의 규모, 지형조건, 토지이용계획, 인구밀도 등 감안 사항은 적용하지 않는다.)   산기-11-1
㉮ 주간선도로와 주간선도로의 배치간격 : 2500미터 내외

㉯ 주간선도로와 보조간선도로의 배치간격 : 1000미터 내외

㉰ 보조간선도로와 집산도로의 배치간격 : 250미터 내외

㉱ 국지도로간의 배치간격 : 가구의 짧은 변 사이의 배치간격은 50미터 내지 100미터 내외, 가구의 긴 변 사이의 배치간격은 25미터 내지 50미터 내외

130 도시계획시설의 결정·구조 및 설치기준에 따라 도로의 기능별 분류에 따른 곡선반경 기준으로 틀린 것은?(단, 기능별 분류가 서로 다른 경우 곡선반경이 큰 도로를 기준으로 적용한다.) 기-08-2

㉮ 주간선도로 : 15m 이상

㉯ 보조간선도로 : 12m 이상

㉰ 집산도로 : 10m 이상

㉱ 국지도로 : 8m 이상

해 ㉱ 국지도로 : 6m 이상

131 고속도로 조경계획의 목적이 아닌 것은? 기-05-1

㉮ 고속 주행 차량의 안전성 도모

㉯ 부대시설과의 조화

㉰ 대규모 경관의 연속성 확보

㉱ 주변 마을주민의 편익성 제공

132 가령 경부고속도로와 중앙고속도로가 서로 교차하는 지점에 인터체인지를 설치하려 한다면 다음의 어떤 형식이 가장 바람직한가?

기-03-2, 기-08-2, 산기-11-1

㉮ 클로버형　　　　㉯ 트럼펫형

㉰ 다이아몬드형　　㉱ 직결Y형

해 인터체인지 : 회전램프의 형태에 따라 다이아몬드형, 클로버형(고속도로에 많이 적용), 직결형 등으로 구분되며, 교통류의 방향, 통제·운영방법, 지형조건 등을 고려하여 적용한다.

133 시설녹지의 설치 이유로 적합하지 않은 것은?

기-06-2

㉮ 부족한 녹지 공간의 확보

㉯ 상충되는 토지이용 및 기능 간의 분리

㉰ 각종 오염이나 공해의 방지

㉱ 각종 재해나 시설의 파손 방지

해 시설녹지조경 : 인위적 방해와 자연재해로부터 도로나 도로부속물의 보호 및 통행의 안정성과 쾌적성확보, 시각상 불쾌감이나 소음공해 차단을 목적으로 한 대상 또는 면상의 녹지로 경관적 처리를 한다.

134 도시공원 및 녹지 등에 관한 법률상 도시의 자연적 환경을 보전하거나 이를 개선하고 이미 자연이 훼손된 지역을 복원·개선함으로써 도시경관을 향상시키기 위하여 설치하는 녹지로 가장 적합한 것은? 기-09-4

㉮ 시설녹지　　㉯ 경관녹지

㉰ 완충녹지　　㉱ 보호녹지

135 교통 표지판(交通標識板)중 경계 혹은 주의 표지판의 형태는? 산기-04-2

㉮ 삼각형　　㉯ 사각형

㉰ 원형　　　㉱ 오각형

해 표지판 형태

·사각형 : 안내표지　　·삼각형 : 주의 표지

·원형 : 지시표지와 규제표지　·직사각형 : 보조표지

136 다음 중 도로조경 계획의 설명 중 가장 거리가 먼 것은? 기-05-2

㉮ 주변 토지이용과 노선의 구조적 특성 및 시각적 효과를 고려한 식재 및 시설물 배치를 한다.

㉯ 교통 소통의 원활함을 위해 최대 회전반경과 최대 시거를 고려하여 계획한다.

㉰ 절·성토의 균형 및 완만한 구배를 얻는 노선을 계획하도록 한다.

㉱ 가능한 큰 곡선반경을 주어, 운전자가 되도록 직선에 가까운 노선으로 느끼도록 한다.

해 ㉯ 교통 소통 시 회전의 안전을 위해 최대 회전반경과 최대 시거를 고려하여 계획한다.

137 도로 조경설계에서 고려되는 설계방법 중 가장 우선적으로 중요하게 검토되어야 할 항목은?

기-07-2

㉮ 가시권　　　　㉯ 노선

㉰ 도로식재   ㉭ 속도

138 사이클링 코스를 설계하려고 할 때 경사로의 최대 구배를 몇% 이하로 설정하여야 합리적인가?

기-02-1설계

㉮ 3%   ㉯ 5%

㉰ 8%   ㉭ 14%

해 자전거 도로의 바람직한 종단경사도는 2.5~3%를 표준으로 하고 최대 5%를 초과하지 않는 것이 바람직하다.

139 자전거이용시설의 구조·시설기준에 관한 내용이 틀린 것은? 산기-07-2

㉮ 자전거도로의 폭은 1.1미터 이상으로 한다.

㉯ 자전거도로의 양측에 0.8미터 이상의 갓길을 설치해야 한다.

㉰ 자전거 전용도로의 설계속도는 30킬로미터/시이다.

㉭ 설계속도 20킬로미터/시 이상에서는 15미터 이상의 정지시거를 확보해야 한다.

해 현 법규로는 ㉰만 맞는 내용이다.

140 공원 내 자전거 전용도로의 설계 시 자전거가 양방향으로 달릴 수 있는 최소한의 폭은? 기-04-1

㉮ 1.25m   ㉯ 1.65m

㉰ 1.95m   ㉭ 2.40m

해 자전거 전용도로의 설계 시 하나의 차로를 기준으로 폭 1.5m (상황에 따라 1.2m) 이상으로 한다.

141 다음 중 자전거이용시설의 구조 및 시설기준에 관한 사항 중 틀린 것은? 기-06-4

㉮ 자전거도로의 곡선반경은 30km/hr 이상인 경우 18m이상으로 하여야 한다.

㉯ 자전거도로의 설계속도가 20km/hr 이상인 경우 정지시거는 15m 이상 확보되어야 한다.

㉰ 자전거도로의 폭은 1.1m 이상으로 한다. 다만 100m 미만의 터널, 교량 등의 경우에는 0.9m 이상으로 할 수 있다.

㉭ 자전거도로의 종단구배가 7% 이상일 때 제한 길이는 90m 이하로 설치한다.

해 자전거 이용시설의 구조·시설 기준에 관한 규칙은 2010. 10. 14. 전문개정됨

㉮ 자전거도로의 곡선반경은 30km/hr 이상인 경우 27m이상으로 하여야 한다.

㉯ 자전거도로의 설계속도가 20km/hr 이상인 경우 정지시거는 경사도에 따라 20~25m 이상 확보되어야 한다.

㉰ "폭 1.1미터(길이가 100미터 미만인 터널 및 교량의 경우에는 0.9미터)"조항은 "하나의 차로를 기준으로 폭 1.5미터(지역 상황 등에 따라 부득이하다고 인정되는 경우에는 1.2미터)"로 개정되었다.

㉭ 자전거도로의 종단구배가 7% 이상일 때 제한 길이는 120m 이하로 설치한다.

142 자전거도로의 종단경사가 4퍼센트 이상 5퍼센트 미만일 때 제한 길이 기준은 얼마 이하인가? (다만, 지형상황 등으로 인하여 부득이 하다고 인정되는 경우는 고려하지 않는다.) 기-11-4

㉮ 120미터   ㉯ 170미터

㉰ 220미터   ㉭ 350미터

해 종단경사에 따른 제한길이

종단경사	제한길이
7% 이상	120m 이하
6%~7% 미만	170m 이하
5%~6% 미만	220m 이하
4%~5% 미만	350m 이하
3%~4% 미만	470m 이하

143 다음 그림과 같은 옥외 계단에서 a(蹴上)와 b(踏面)의 치수가 가장 적합한 규모는? 산기-04-2

㉮ a = 15cm, b = 30cm

㉯ a = 18cm, b = 32cm

㉰ a = 20cm, b = 30cm

㉭ a = 25cm, b = 32cm

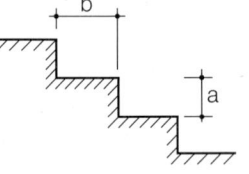

해 계단의 단높이는 18cm 이하, 단너비는 26cm 이상으로 한다.

144 계단설계 시 축상(R)과 답면(T)의 관계는 2R + T = 60cm이다. 50% 경사지에 위의 식을 사용하여 계단을 설치할 때 축상과 답면의 길이는 각각 얼마인가? 기-04-1설계

(단, 계단참은 없는 것으로 한다.)

㉮ 축상 : 30cm, 답면 : 15cm

㉯ 축상 : 15cm, 답면 : 30cm

㉰ 축상 : 10cm, 답면 : 40cm

㉱ 축상 : 40cm, 답면 : 10cm

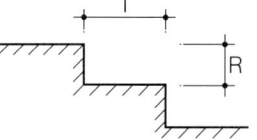

145 조경설계기준에서는 계단이 높이 2m를 넘는 계단에는 몇 m 이내마다 당해 계단의 유효폭 이상의 폭으로 계단참을 두는가? 산기-03-2

㉮ 1m ㉯ 2m

㉰ 3m ㉱ 4m

🖫 높이 2m가 넘는 계단에는 2m 이내마다 계단 유효폭 이상의 폭으로 너비 120cm 이상인 참을 설치한다.

146 계단 설계에 관한 설명 중 틀린 것은? 기-06-4설계

㉮ 축상의 높이를 h, 답면의 너비를 s라고 할 때, 2h + s = 40~55cm의 공식을 보통 활용한다.

㉯ 단의 높이는 18cm 이하, 단 너비는 26cm 이상으로 설계한다.

㉰ 높이 1m를 초과하는 계단으로서 계단 양측에 벽, 기타 이와 유사한 것이 없는 경우에는 난간을 둔다.

㉱ 높이 2m를 넘는 계단에는 2m 이내 마다 당해 계단의 유효폭 이상의 폭으로 너비 120cm 이상인 참을 둔다.

🖫 ㉮ 축상의 높이를 h, 답면의 너비를 s라고 할 때, 2h + s = 60~65cm 의 공식을 보통 활용한다.

147 그림은 정원설계도에 나타난 계단부분의 평면도이다. 계단의 단면의 폭이 30cm, 단 높이가 15cm라 하면, B지점의 상대표고가 0.00일 때 A지점의 표고는? 산기-04-4

㉮ 1.35m

㉯ 1.50m

㉰ −1.35m

㉱ −1.50m

🖫 A지점의 표고 = 0.15×(9 + 1) = 1.5(m)

148 다음 중 계단의 조경설계기준으로 틀린 것

은?

기-07-1설계

㉮ 높이 1m를 초과하는 계단으로서 계단 양측에 벽, 기타 이와 유사한 것이 없는 경우에는 난간을 두고, 계단의 폭이 3m를 초과하면 매 3m이내마다 난간을 설치한다.

㉯ 계단 폭은 연결도로의 폭과 같거나 그 이상의 폭으로, 단 높이는 18cm 이하, 단 너비는 26cm 이상으로 한다.

㉰ 높이 2m를 넘는 계단에서는 2m 이내마다 당해 계단의 유효폭 이상의 폭으로 너비 120cm 이상인 참을 둔다.

㉱ 옥외에 설치하는 계단 수는 최소 3단 이상으로 하며 재료는 콘크리트, 벽돌, 화강석이 일반적이며 자연석이나 목재도 사용한다.

🖫 ㉱ 옥외에 설치하는 계단 수는 최소 2단 이상으로 하며 재료는 콘크리트, 벽돌, 화강석이 일반적이며 자연석이나 목재도 사용한다.

149 경사로(ramp) 및 계단의 배치와 구조에 대한 설명 중 잘못된 것은? 산기-10-2

㉮ 휠체어 사용자가 통행할 수 있는 경사로의 유효폭은 120cm 이상으로 한다.

㉯ 높이 3m가 넘는 계단에는 3m 이내 마다 당해 계단의 유효폭 이하의 폭으로 너비 120cm 이하인 참을 둔다.

㉰ 장애인 등의 통행이 가능한 경사로의 종단기울기는 1/18 이하로 한다. 다만, 지형 조건이 합당하지 않을 경우에는 종단기울기를 1/12까지 완화할 수 있다.

㉱ 평지가 아닌 곳에 설치하므로 경사로와 옥외계단의 바닥은 미끄럽지 않은 재료를 사용해야 한다.

🖫 ㉯ 높이 2m가 넘는 계단에는 2m 이내마다 당해 계단의 유효폭 이상의 폭으로 너비 120cm 이상인 참을 둔다.

150 지체가 부자유한 사람을 위해 10m를 초과하지 않는 거리에서 지형상 곤란한 경우에 램프(ramp)를 설치하고자 할 때 허용 최대구배한계 기준은? (단, 신축이 아닌 기존시설에 설치되는 경사로는 제외)

산기-08-4

㉮ 8%
㉯ 10%
㉰ 15%
㉱ 20%

[해] 장애인 경사로 기울기는 1/18(5.3%) 이하로 하고, 최대 1/12(8.3%)까지 완화할 수 있다.

151 장애인 및 노약자들이 이용할 수 있는 경사로의 설계기준 중 부적합한 것은? 　기-08-1설계

㉮ 장애인 등의 통행이 가능한 경사로의 기울기는 1/18을 넘지 않아야 한다.
㉯ 연속 경사로의 길이 20m마다 1.0m×1.0m 이상의 수평면으로 된 참을 설치할 수 있다.
㉰ 휠체어 사용자가 통행할 수 있도록 경사로의 유효폭은 120cm 이상으로 한다.
㉱ 바닥표면은 미끄럽지 않은 재료를 채용하고 평탄한 마감으로 한다.

[해] ㉯ 연속 경사로의 길이 30m마다 1.5m×1.5m 이상의 수평면으로 된 참을 설치할 수 있다.

152 Barrier Free Design 기준에 대한 설명 중 잘못된 것은? 　기-02-1설계

㉮ 휠체어 2대가 비껴갈 수 있는 노폭은 180cm 이상 되어야 한다.
㉯ 휠체어 1대와 사람이 비껴갈 수 있는 노폭은 135cm 이상이어야 한다.
㉰ 목발 이용자가 이용할 수 있는 노폭은 120cm이다.
㉱ 휠체어 1대가 통행할 수 있는 노폭은 70cm이다.

[해] ㉱ 휠체어 1대가 통행할 수 있는 노폭은 120cm이다.

153 휠체어 사용자가 통행할 수 있는 경사로의 유효 최소 폭은 몇 cm 이상으로 설치하는가? 　기-08-4설계

㉮ 50
㉯ 70
㉰ 100
㉱ 120

154 현행 주차장법에 명시된 승용차 1대의 주차 소요 공간기준으로 가장 적합한 것은? (단, 평행주차형식의 주차단위구획이나 지체장애인의 전용주차장이 아닌 경우)

㉮ 2.0m×6.0m
㉯ 3.0m×7.0m
㉰ 3.5m×7.0m
㉱ 2.5m×5.0m

155 다음 중 도로 및 주차장 설치 장소 선정 시 고려 요소가 아닌 것은? 　산기-04-2

㉮ 다양한 천연적 관심거리가 있는 지역
㉯ 지나친 절토나 성토를 요하지 않는 평탄한 곳
㉰ 토양의 안정도가 높은 곳
㉱ 노선 선정 시 가급적 식생의 제거를 피할 수 있는 곳

156 주차장 설계 시 고려해야 할 사항과 가장 관련이 없는 것은? 　산기-03-2

㉮ 지역의 특성
㉯ 차량의 노후
㉰ 도로교통의 상황
㉱ 시설지의 수용인원

157 교통량이 많은 곳에 적합하고 주차 및 출입폭이 최소이며 1대당 연장이 가장 긴 주차방식은?
　산기-08-1, 산기-04-2

㉮ 평행주차방식
㉯ 직각주차방식
㉰ 60° 주차방식
㉱ 45° 주차방식

158 출입구가 2개 이상일 때 차로의 너비가 가장 큰 주차형식은? 　기-04-2, 기-08-1

㉮ 평행주차
㉯ 직각주차
㉰ 교차주차
㉱ 60° 대향주차

[해] 주차형식 및 출입구 개수에 따른 차로의 너비

종단경사	차로의 너비(m)	
	출입구 2개 이상	출입구 1개
평행주차	3.3	5.0
직각주차	6.0	6.0
60도 대향주차	4.5	5.5
45도 대향주차	3.5	5.0
교차주차	3.5	5.0

159 출입구가 1개인 주차장의 경우 주차형식이 교차주차일 때 차로폭은 몇 m 이상 되어야 하는가? (단, 주차장법 시행규칙의 노외주차장의 구조·설비 기준을 적용한다.) 　기-11-1설계

㉮ 5.0m
㉯ 5.5m
㉰ 6.0m
㉱ 6.4m

160 노외주차장의 주차형식에 따른 다음 차로의

너비 중 출입구가 2개일 때 내용으로 틀린 것은?

기-06-1설계

㉮ 평행주차 – 3.3m 이상
㉯ 45° 대향주차 – 3.0m 이상
㉰ 교차주차 – 3.5m 이상
㉱ 직각주차 – 6.0m 이상

해 ㉯ 45° 대향주차 – 3.5m 이상

161 노외주차장의 주차방식 중 출입구가 1개일 때 차로의 너비가 가장 큰 것은? 기-06-2
㉮ 평행주차　　　　　㉯ 60° 주차
㉰ 45° 주차　　　　　㉱ 직각주차

162 주차장법 시행규칙에서 정한 노상주차장의 구조 및 설비기준이 아닌 것은? (단, 예외 조항에 대한 것은 제외한다.) 산기-10-1
㉮ 너비 8미터 미만의 도로에 설치하여서는 아니 된다.
㉯ 종단경사도가 4퍼센트를 초과하는 도로에 설치하여서는 아니된다.
㉰ 주차대수규모가 20대 이상인 경우에는 장애인전용주차구획을 1면 이상 설치하여야 한다.
㉱ 고속도로자동차전용도로 또는 고가도로에 설치하여서는 아니 된다.

해 ㉮ 너비 6미터 미만의 도로에 설치하여서는 아니 된다.

163 현행 주차장법상의 노상주차장(路上駐車場)의 설비기준으로 틀린 것은?
㉮ 종단 구배가 4%를 초과하는 도로에 설치하여서는 안된다.
㉯ 특별한 경우를 제외하고는 너비 6m 이상이 되는 도로에 설치한다.
㉰ 도시 내 주간선도로에는 설치할 수 있다.
㉱ 주차대수 규모가 20~50대 미만인 경우에는 장애인 전용 주차구획을 1면 이상 설치하여야 한다.

해 ㉰ 도시 내 주간선 도로에는 설치하여서는 안된다.

164 주차장법시행규칙상 노상주차장의 구조·설비기준에 관한 설명으로 틀린 것은? 기-08-2

㉮ 주간선도로에 설치하여서는 안된다.
㉯ 너비 6미터 미만의 도로에 설치하여서는 안된다.
㉰ 종단경사도(자동차 진행방향의 기울기)가 6%를 초과하는 도로에 설치하여서는 안된다.
㉱ 고속도로·자동차전용도로 또는 고가도로에 설치하여서는 안된다.

해 ㉰ 종단경사도(자동차 진행방향 기울기)가 4% 초과하는 도로에는 설치하니 못하나, 종단경사도가 6% 이하인 도로로서 보·차도가 구별되어 있고 너비 13m 이상인 경우를 조례로 정한 경우에는 가능하다.

165 다음 [보기]의 주차장법 시행규칙상 노외주차장의 설치에 대한 계획기준 설명 중( )안에 알맞은 것은? 기-11-1

[보기]
특별시장·광역시장·시장·군수 또는 구청장이 설치하는 노외주차장에는 주차대수 ( )대마다 1면의 장애인 전용주차구획을 설치하여야 한다.

㉮ 15　　　　　㉯ 25
㉰ 40　　　　　㉱ 50

166 일반적으로 40대의 승용차가 주차할 수 있는 주차장의 단위주차 구획면적의 합계로 옳은 것은? (단, 지체장애인 전용주차장, 평행주차형식, 경형자동차 전용주차구획은 제외, 현행 주차장법 규정을 적용한다.)
㉮ 420m² 정도　　　　㉯ 460m² 정도
㉰ 500m² 정도　　　　㉱ 600m² 정도

해 ·구획면적 = 일반주차 1대분의 면적×주차대수
　　　　　　 = 2.5×5.0×40 = 500(m²)

167 다음 중 지체장애인 전용주차장의 주차 대수 1대의 최소면적 기준으로 옳은 것은? 기-06-2설계
㉮ 12.65m² 이상　　　㉯ 15m² 이상
㉰ 16.5m² 이상　　　　㉱ 17.5m² 이상

해 3.3×5.0=16.5(m²)

168 주차장법 시행규칙에 따른 주차장의 설계 시 이용할 주차단위구획의 기준으로 틀린 것은? (단, 현행 주차장법을 적용한다.)

㉮ 평행주차형식의 일반형 : 2.0m 이상×6.0m 이상
㉯ 평행주차형식의 보도와 차도의 구분이 없는 주거지역의 도로 : 2.0m 이상×5.0m 이상
㉰ 평행주차형식 외의 경우 확장형 : 2.6m 이상×5.2m 이상
㉱ 평행주차형식 외의 경우 장애인전용 2.8m 이상×6.0m 이상

해 ㉱ 평행주차형식 외의 경우 장애인전용 3.3m 이상×5.0m 이상

169 노외주차장의 구조 및 설비기준에 관한 다음 설명 중 (   )안에 적합한 것은?　기-09-1설계

> −노외주차장의 출구부근의 구조는 당해출구로부터 2미터를 후퇴한 노외주차장의 차로의 중심선상 1.4미터의 높이에서 도로의 중심선에 직각으로 향한 좌·우측 각 (   )도의 범위 안에서 당해도로를 통행하는 자를 확인할 수 있도록 하여야 한다.

㉮ 30　　　　　　　　㉯ 45
㉰ 60　　　　　　　　㉱ 90

170 국토의 계획 및 이용에 관한 법률에 따라 개발행위의 허가를 받아야 하는 경우에 해당하지 않는 것은?　기-12-1

㉮ 도시계획사업에 의한 토지의 형질 변경
㉯ 건축물의 건축 또는 공작물의 설치
㉰ 토지분할(건축법에 따른 건축물이 있는 대지는 제외)
㉱ 자연환경보전지역에 물건을 2개월 쌓아놓는 행위

해 개발행위의 허가를 받아야 하는 경우
·건축물의 건축 또는 공작물의 설치
·토지의 형질 변경(경작을 위한 토지의 형질 변경은 제외)
·토석의 채취
·토지 분할, 물건을 쌓아놓는 행위
다만, 도시계획사업에 의한 행위는 허가를 받지 않는다.

171 주택건설기준 등에 관한 규정에 제시되어 있지 않은 기준은?　기-12-1

㉮ 주택의 구조·설비　　㉯ 주택의 재개발
㉰ 부대시설　　　　　　㉱ 복리시설

해 주택재개발 관련법은 도시 및 주거환경정비법이다.

172 다음 중 "생태·경관보전지역"에 대한 설명으로 옳은 것은?　기-12-1

㉮ 생물다양성을 높이고 야생 동·식물의 서식지간의 이동가능성 등 생태계의 연속성을 높이거나 특정한 생물종의 서식조건을 개선하기 위하여 조성하는 생물 서식공간
㉯ 생물다양성이 풍부하여 생태적으로 중요하거나 자연경관이 수려하여 특별히 보전할 가치가 큰 지역으로서 환경부장관이 지정·고시하는 지역
㉰ 야생 동·식물의 서식지가 단절되거나 훼손 또는 파괴되는 것을 방지하고 생태계의 연속성 유지를 위하여 설치하는 인공 구조물·식생 등의 생태적 공간
㉱ 사람의 접근이 사실상 불가능하여 생태계의 훼손이 방지되고 있는 지역 중 군사상의 목적으로 이용되는 외에는 특별한 용도로 사용되지 아니하는 무인도

해 생태·경관보전지역 : 생물다양성이 풍부하여 생태적으로 중요 하거나 자연경관이 수려하여 특별히 보전할 가치가 큰 지역으로서 제12조 및 제13조제3항의 규정에 의하여 환경부장관이 지정·고시하는 지역을 말한다.

173 자동차 교통과 보행자 교통의 마찰을 피하고 안전하게 보행할 수 있도록 만든 것은?

㉮ 몰(mall)　　　　　　㉯ 패스(path)
㉰ 결절점(node)　　　　㉱ 랜드마크(landmark)

해 몰(mall) : 도시 상업지구에 설치하여 보행자의 안전하고 쾌적한 보행을 확보하여 주변상가의 활성화 도모

CHAPTER 04 조경계획 관련법규

1>>> 국토기본법

국토종합계획의 수립 국토종합계획은 국토해양부장관이 수립하며, 20년을 단위로 하고 사회적·경제적 여건변화를 고려하여 5년마다 국토종합계획을 전반적으로 재검토하고 필요한 경우 이를 정비하여야 한다.

다른 법령과의 관계 국토종합계획은 다른 법령에 의하여 수립되는 국토에 관한 계획에 우선하며 그 기본이 된다.

국토종합계획의 내용

1. 국토의 현황 및 여건 변화 전망에 관한 사항
2. 국토발전의 기본 이념 및 바람직한 국토 미래상의 정립에 관한 사항
3. 국토의 공간구조의 정비 및 지역별 기능 분담 방향에 관한 사항
4. 국토의 균형발전을 위한 시책 및 지역산업 육성에 관한 사항
5. 국가경쟁력 향상 및 국민생활의 기반이 되는 국토 기간 시설의 확충에 관한 사항
6. 토지, 수자원, 산림자원, 해양자원 등 국토자원의 효율적 이용 및 관리에 관한 사항
7. 주택, 상하수도 등 생활 여건의 조성 및 삶의 질 개선에 관한 사항
8. 수해, 풍해(風害), 그 밖의 재해의 방제(防除)에 관한 사항
9. 지하 공간의 합리적 이용 및 관리에 관한 사항
10. 지속가능한 국토 발전을 위한 국토 환경의 보전 및 개선에 관한 사항
11. 그 밖에 제1호부터 제10호까지에 부수(附隨)되는 사항

2>>> 국토의 계획 및 이용에 관한 법률

정의

1. "광역도시계획"이란 지정된 광역계획권의 장기발전방향을 제시하는 계획을 말한다.
2. "도시·군계획"이란 특별시·광역시·시 또는 군의 관할 구역에 대하여 수립하는 공간구조와 발전방향에 대한 계획으로서 도시기본계획과 도시관리계획으로 구분한다.
3. "도시·군기본계획"이란 특별시·광역시·시 또는 군의 관할 구역에 대하여 기본적인 공간구조와 장기발전방향을 제시하는 종합계획으로서 도시관리계획 수립의 지침이 되는 계획을 말한다.
4. "도시·군관리계획"이란 특별시·광역시·시 또는 군의 개발·정비 및 보전을 위하여 수립하는 토지 이용, 교통, 환경, 경관, 안전, 산업, 정보통신, 보건, 후생, 안보, 문화 등에 관한 다음 각 목의 계획을 말한다.
   가. 용도지역·용도지구의 지정 또는 변경에 관한 계획
   나. 개발제한구역, 도시자연공원구역, 시가화조정구역, 수산자원보호구역의 지정 또는 변경에 관한 계획

다. 기반시설의 설치·정비 또는 개량에 관한 계획

라. 도시개발사업이나 정비사업에 관한 계획

마. 지구단위계획구역의 지정 또는 변경에 관한 계획과 지구단위계획

5. "지구단위계획"이란 도시계획 수립 대상지역의 일부에 대하여 토지 이용을 합리화하고 그 기능을 증진시키며 미관을 개선하고 양호한 환경을 확보하며, 그 지역을 체계적·계획적으로 관리하기 위하여 수립하는 도시·군관리계획을 말한다.

6. "기반시설"이란 다음 각 목의 시설로서 대통령령으로 정하는 시설을 말한다.

가. 도로·철도·항만·공항·주차장 등 교통시설(자동차정류장·궤도·운하, 자동차 및 건설기계검사시설, 자동차 및 건설기계운전학원)

나. 광장·공원·녹지 등 공간시설(유원지·공공공지)

다. 유통업무설비, 수도·전기·가스공급설비, 방송·통신시설, 공동구 등 유통·공급시설(시장, 유류저장 및 송유설비)

라. 학교·운동장·공공청사·문화시설·체육시설 등 공공·문화체육시설(도서관·연구시설·사회복지시설·공공직업훈련시설·청소년수련시설)

마. 하천·유수지·방화설비 등 방재시설(방풍설비·방수설비·사방설비·방조설비)

바. 화장시설·공동묘지·봉안시설 등 보건위생시설(자연장지·장례식장·도축장·종합의료시설)

사. 하수도·폐기물처리시설 등 환경기초시설(수질오염방지시설·폐차장)

7. "도시·군계획시설"이란 기반시설 중 도시·군관리계획으로 결정된 시설을 말한다.

8. "광역시설"이란 기반시설 중 광역적인 정비체계가 필요한 대통령령으로 정하는 시설을 말한다.

9. "공동구"란 전기·가스·수도 등의 공급설비, 통신시설, 하수도시설 등 지하매설물을 공동 수용함으로써 미관의 개선, 도로구조의 보전 및 교통의 원활한 소통을 위하여 지하에 설치하는 시설물을 말한다.

10. "도시·군계획시설사업"이란 도시·군계획시설을 설치·정비 또는 개량하는 사업을 말한다.

11. "도시·군계획사업"이란 도시·군관리계획을 시행하기 위한 다음 각 목의 사업을 말한다.

12. "도시·군계획사업시행자"란 이 법 또는 다른 법률에 따라 도시·군계획사업을 하는 자를 말한다.

13. "공공시설"이란 도로·공원·철도·수도, 그 밖에 대통령령으로 정하는 공공용 시설을 말한다.

14. "국가계획"이란 중앙행정기관이 법률에 따라 수립하거나 국가의 정책적인 목적을 이루기 위하여 수립하는 계획 중 규정된 사항이나 도시·군관리계획으로 결정하여야 할 사항이 포함된 계획을 말한다.

15. "용도지역"이란 토지의 이용 및 건축물의 용도, 건폐율, 용적률, 높이 등을 제한함으로써 토지를 경제적·효율적으로 이용하고 공공복리의 증진을 도모하기 위하여 서로 중복되지 아니하게 도시·군관리계획으로 결정하는 지역을 말한다.

16. "용도지구"란 토지의 이용 및 건축물의 용도·건폐율·용적률·높이 등에 대한 용도지역의 제한을 강화하거나 완화하여 적용함으로써 용도지역의 기능을 증진시키고 미관·경관·안전 등을 도모하기 위하여 도시·군관리계획으로 결정하는 지역을 말한다.

17. "용도구역"이란 토지의 이용 및 건축물의 용도·건폐율·용적률·높이 등에 대한 용도지역 및 용도지구의 제한을 강화하거나 완화하여 따로 정함으로써 시가지의 무질서한 확산방지, 계획적이고 단계적인 토지이용의 도모, 토지이용의 종합적 조정·관리 등을 위하여 도시·군관리계획으로 결정하는 지역을 말한다.

18. "개발밀도관리구역"이란 개발로 인하여 기반시설이 부족할 것으로 예상되나 기반시설을 설치하기 곤란한 지역을 대상으로 건폐율이나 용적률을 강화하여 적용하기 위하여 제66조에 따라 지정하는 구역을 말한다.

국토 이용 및 관리의 기본원칙

1. 국민생활과 경제활동에 필요한 토지 및 각종 시설물의 효율적 이용과 원활한 공급
2. 자연환경 및 경관의 보전과 훼손된 자연환경 및 경관의 개선 및 복원
3. 교통·수자원·에너지 등 국민생활에 필요한 각종 기초 서비스 제공
4. 주거 등 생활환경 개선을 통한 국민의 삶의 질 향상
5. 지역의 정체성과 문화유산의 보전
6. 지역 간 협력 및 균형발전을 통한 공동번영의 추구
7. 지역경제의 발전과 지역 및 지역 내 적절한 기능 배분을 통한 사회적 비용의 최소화
8. 기후변화에 대한 대응 및 풍수해 저감을 통한 국민의 생명과 재산의 보호

국토의 용도 구분 및 용도지역의 지정 국토는 토지의 이용실태 및 특성, 장래의 토지 이용 방향, 지역 간 균형발전 등을 고려하여 다음과 같은 용도지역으로 구분한다.

1. 도시지역 : 인구와 산업이 밀집되어 있거나 밀집이 예상되어 그 지역에 대하여 체계적인 개발·정비·관리·보전 등이 필요한 지역

 가. 주거지역 : 거주의 안녕과 건전한 생활환경의 보호를 위하여 필요한 지역
  ·전용주거지역 : 양호한 주거환경을 보호하기 위하여 필요한 지역
  ·일반주거지역 : 편리한 주거환경을 조성하기 위하여 필요한 지역
  ·준주거지역 : 주거기능을 위주로 이를 지원하는 상업 및 업무기능을 보완하기 위하여 필요한 지역

 나. 상업지역 : 상업이나 그 밖의 업무의 편익을 증진하기 위하여 필요한 지역
  ·중심상업지역 : 도심·부도심의 상업기능 및 업무기능의 확충을 위하여 필요한 지역
  ·일반상업지역 : 일반적인 상업기능 및 업무기능을 담당하게 하기 위하여 필요한 지역
  ·근린상업지역 : 근린지역에서의 일용품 및 서비스의 공급을 위하여 필요한 지역
  ·유통상업지역 : 도시내 및 지역간 유통기능의 증진을 위하여 필요한 지역

 다. 공업지역 : 공업의 편익을 증진하기 위하여 필요한 지역
  ·전용공업지역 : 주로 중화학공업, 공해성 공업 등을 수용하기 위하여 필요한 지역
  ·일반공업지역 : 환경을 저해하지 아니하는 공업의 배치를 위하여 필요한 지역
  ·준공업지역 : 경공업 그 밖의 공업을 수용하되, 주거기능·상업기능 및 업무기능의 보완이 필요한 지역

 라. 녹지지역 : 자연환경·농지 및 산림의 보호, 보건위생, 보안과 도시의 무질서한 확산을 방지하기 위하여 녹지의 보전이 필요한 지역
  ·보전녹지지역 : 도시의 자연환경·경관·산림 및 녹지공간을 보전할 필요가 있는 지역
  ·생산녹지지역 : 주로 농업적 생산을 위하여 개발을 유보할 필요가 있는 지역
  ·자연녹지지역 : 도시의 녹지공간의 확보, 도시확산의 방지, 장래 도시용지의 공급 등을 위하여 보전할 필요가 있는 지역으로서 불가피한 경우에 한하여 제한적인 개발이 허용되는 지역

2. 관리지역 : 도시지역의 인구와 산업을 수용하기 위하여 도시지역에 준하여 체계적으로 관리하거나 농림업의 진흥, 자연환경 또는 산림의 보전을 위하여 농림지역 또는 자연환경보전지역에 준하여 관리할

필요가 있는 지역

　가. 보전관리지역 : 자연환경 보호, 산림 보호, 수질오염 방지, 녹지공간 확보 및 생태계 보전 등을 위하여 보전이 필요하나, 주변 용도지역과의 관계 등을 고려할 때 자연환경보전지역으로 지정하여 관리하기가 곤란한 지역

　나. 생산관리지역 : 농업·임업·어업 생산 등을 위하여 관리가 필요하나, 주변 용도지역과의 관계 등을 고려할 때 농림지역으로 지정하여 관리하기가 곤란한 지역

　다. 계획관리지역 : 도시지역으로의 편입이 예상되는 지역이나 자연환경을 고려하여 제한적인 이용·개발을 하려는 지역으로서 계획적·체계적인 관리가 필요한 지역

3. 농림지역 : 도시지역에 속하지 아니하는 「농지법」에 따른 농업진흥지역 또는 「산지관리법」에 따른 보전산지 등으로서 농림업을 진흥시키고 산림을 보전하기 위하여 필요한 지역

4. 자연환경보전지역 : 자연환경·수자원·해안·생태계·상수원 및 문화재의 보전과 수산자원의 보호·육성 등을 위하여 필요한 지역

용도지구의 지정 국토해양부장관, 시·도지사 또는 대도시 시장은 다음 각 호의 어느 하나에 해당하는 용도지구의 지정 또는 변경을 도시·군관리계획으로 결정한다.

1. 경관지구: 경관을 보호·형성하기 위하여 필요한 지구

　가. 자연경관지구 : 산지·구릉지 등 자연경관의 보호 또는 도시의 자연풍치를 유지하기 위하여 필요한 지구

　나. 수변경관지구 : 지역내 주요 수계의 수변 자연경관을 보호·유지하기 위하여 필요한 지구

　다. 시가지경관지구 : 주거지역의 양호한 환경조성과 시가지의 도시경관을 보호하기 위하여 필요한 지구

2. 미관지구: 미관을 유지하기 위하여 필요한 지구

　가. 중심지미관지구 : 토지의 이용도가 높은 지역의 미관을 유지·관리하기 위하여 필요한 지구

　나. 역사문화미관지구 : 문화재와 문화적으로 보존가치가 큰 건축물 등의 미관을 유지·관리하기 위하여 필요한 지구

　다. 일반미관지구 : 중심지미관지구 및 역사문화미관지구외의 지역으로서 미관을 유지·관리하기 위하여 필요한 지구

3. 고도지구 : 쾌적한 환경 조성 및 토지의 효율적 이용을 위하여 건축물 높이의 최저한도 또는 최고한도를 규제할 필요가 있는 지구

4. 방화지구 : 화재의 위험을 예방하기 위하여 필요한 지구

5. 방재지구 : 풍수해, 산사태, 지반의 붕괴, 그 밖의 재해를 예방하기 위하여 필요한 지구

6. 보존지구 : 문화재, 중요 시설물 및 문화적·생태적으로 보존가치가 큰 지역의 보호와 보존을 위하여 필요한 지구

　가. 역사문화자원보존지구 : 문화재·전통사찰 등 역사·문화적으로 보존가치가 큰 시설 및 지역의 보호와 보존을 위하여 필요한 지구

　나. 중요시설물보존지구 : 국방상 또는 안보상 중요한 시설물의 보호와 보존을 위하여 필요한 지구

　다. 생태계보존지구 : 야생동·식물서식처 등 생태적으로 보존가치가 큰 지역의 보호와 보존을 위하여 필요한 지구

7. 시설보호지구 : 학교시설·공용시설·항만 또는 공항의 보호, 업무기능의 효율화, 항공기의 안전운항 등

을 위하여 필요한 지구

8. 취락지구 : 녹지지역·관리지역·농림지역·자연환경보전지역·개발제한구역 또는 도시자연공원구역의 취락을 정비하기 위한 지구

9. 개발진흥지구 : 주거기능·상업기능·공업기능·유통물류기능·관광기능·휴양기능 등을 집중적으로 개발·정비할 필요가 있는 지구

10. 특정용도제한지구 : 주거기능 보호나 청소년 보호 등의 목적으로 청소년 유해시설 등 특정시설의 입지를 제한할 필요가 있는 지구

개발제한구역의 지정 국토해양부장관은 도시의 무질서한 확산을 방지하고 도시주변의 자연환경을 보전하여 도시민의 건전한 생활환경을 확보하기 위하여 도시의 개발을 제한할 필요가 있거나 국방부장관의 요청이 있어 보안상 도시의 개발을 제한할 필요가 있다고 인정되면 개발제한구역의 지정 또는 변경을 도시·군관리계획으로 결정할 수 있다.

도시자연공원구역의 지정 시·도지사 또는 대도시 시장은 도시의 자연환경 및 경관을 보호하고 도시민에게 건전한 여가·휴식공간을 제공하기 위하여 도시지역 안에서 식생(植生)이 양호한 산지(山地)의 개발을 제한할 필요가 있다고 인정하면 도시자연공원구역의 지정 또는 변경을 도시·군관리계획으로 결정할 수 있다.

시가화조정구역의 지정 국토해양부장관은 직접 또는 관계 행정기관의 장의 요청을 받아 도시지역과 그 주변지역의 무질서한 시가화를 방지하고 계획적·단계적인 개발을 도모하기 위하여 대통령령으로 정하는 기간 동안 시가화를 유보할 필요가 있다고 인정되면 시가화조정구역의 지정 또는 변경을 도시·군관리계획으로 결정할 수 있다.

개발행위의 허가 다음에 해당하는 행위로서 대통령령으로 정하는 행위(개발행위)를 하려는 자는 개발행위허가를 받아야 한다. 다만, 도시·군계획사업에 의한 행위는 그러하지 아니하다.

1. 건축물의 건축 또는 공작물의 설치

2. 토지의 형질 변경(경작을 위한 토지의 형질 변경은 제외한다)

3. 토석의 채취(형질변경을 목적으로 하는 것은 제외한다)

4. 토지 분할(「건축법」 제57조에 따른 건축물이 있는 대지는 제외한다)

5. 녹지지역·관리지역 또는 자연환경보전지역에 물건을 1개월 이상 쌓아놓는 행위

3 >>> 도시·군관리계획수립지침

기준년도 및 목표년도

1. 도시·군관리계획의 목표년도는 기준년도로부터 장래의 10년을 기준으로 하고, 연도의 끝자리는 0년 또는 5년으로 한다.(예 2010년, 2015년)

2. 법에 따라 도시·군기본계획을 5년마다 재검토하거나 급격한 여건변화로 인하여 도시·군기본계획을 다시 수립하는 경우 목표년도는 도시·군기본계획의 재검토 시점으로부터 10년으로 한다.

도시·군관리계획도면의 표시(채색)기준 – 본문참조

4>>> 도시 · 군계획시설의 결정 · 구조 및 설치기준에 관한 규칙

보행자전용도로의 구조 및 설치기준

1. 차도와 접하거나 해변 · 절벽 등 위험성이 있는 지역에 위치하는 경우에는 안전보호시설을 설치할 것
2. 보행자전용도로의 위치, 폭, 통행량, 주변지역의 용도 등을 고려하여 주변의 경관과 조화를 이루도록 다양하게 설치할 것
3. 적정한 위치에 화장실 · 공중전화 · 우편함 · 긴의자 · 차양시설 · 녹지 등 보행자의 다양한 욕구를 충족시킬 수 있는 시설을 설치하고, 그 미관이 주변지역과 조화를 이루도록 할 것
4. 소규모광장 · 공연장 · 휴식공간 · 학교 · 공공청사 · 문화시설 등이 보행자전용도로와 연접된 경우에는 이들 공간과 보행자전용도로를 연계시켜 일체화된 보행공간이 조성되도록 할 것
5. 보행의 안전성과 편리성을 확보하고 보행이 중단되지 아니하도록 하기 위하여 보행자전용도로와 주간선도로가 교차하는 곳에는 입체교차시설을 설치하고, 보행자우선구조로 할 것
6. 필요시에는 보행자전용도로와 자전거도로를 함께 설치하여 보행과 자전거통행을 병행할 수 있도록 할 것
7. 점자표시를 하거나 경사로를 설치하는 등 장애인 · 노인 · 임산부 · 어린이 등의 이용에 불편이 없도록 할 것
8. 포장을 하는 경우에는 빗물이 땅에 잘 스며들 수 있도록 투수성재료를 사용할 것
9. 역사문화유적의 주변과 통로, 교차로부근, 조형물이 있는 광장 등에 설치하는 경우에는 포장형태 · 재료 또는 색상을 달리하거나 로고 · 문양 등을 설치하는 등 당해 지역의 특성을 잘 나타내도록 할 것
10. 경사로는 「장애인 · 노인 · 임산부 등의 편의증진보장에 관한 법률 시행규칙」의 기준에 의할 것. 다만, 계단의 경우에는 그러하지 아니하다.
11. 차량의 진입 및 주정차를 억제하기 위하여 차단시설을 설치할 것

자전거전용도로의 구조 및 설치기준

1. 포장을 하는 경우에는 빗물이 땅에 잘 스며들 수 있도록 투수성 재료를 사용할 것
2. 일반도로에 자전거전용차로를 확보하는 경우에는 다음 각 목의 기준에 의할 것
   가. 자전거이용자의 안전을 위하여 차도와의 분리대 등 안전시설을 설치할 것
   나. 자전거전용차로의 표지를 설치하고, 차도와의 경계를 명확히 할 것
3. 자전거전용도로를 설치하는 경우에는 다음 각 목의 기준에 의할 것
   가. 자전거전용도로와 대중교통수단과의 연계지점에는 자전거보관소를 설치할 것
   나. 자전거전용도로가 일반도로와 교차할 경우 자전거 이용에 불편이 없도록 자전거전용도로 우선구조로 설치할 것

광장의 결정기준

1. 교통광장
   가. 교차점광장
      (1) 혼잡한 주요도로의 교차지점에서 각종 차량과 보행자를 원활히 소통시키기 위하여 필요한 곳에 설치할 것
      (2) 자동차전용도로의 교차지점인 경우에는 입체교차방식으로 할 것

   (3) 주간선도로의 교차지점인 경우에는 접속도로의 기능에 따라 입체교차방식으로 하거나 교통섬·변속차로 등에 의한 평면교차방식으로 할 것. 다만, 도심부나 지형여건상 광장의 설치가 부적합한 경우에는 그러하지 아니하다.

 나. 역전광장

   (1) 역전에서의 교통혼잡을 방지하고 이용자의 편의를 도모하기 위하여 철도역 앞에 설치할 것

   (2) 철도교통과 도로교통의 효율적인 변환을 가능하게 하기 위하여 도로와의 연결이 쉽도록 할 것

   (3) 대중교통수단 및 주차시설과 원활히 연계되도록 할 것

 다. 주요시설광장

   (1) 항만·공항 등 일반교통의 혼잡요인이 있는 주요시설에 대한 원활한 교통처리를 위하여 당해 시설과 접하는 부분에 설치할 것

   (2) 주요시설의 설치계획에 교통광장의 기능을 갖는 시설계획이 포함된 때에는 그 계획에 의할 것

2. 일반광장

 가. 중심대광장

   (1) 다수인의 집회·행사·사교 등을 위하여 필요한 경우에 설치할 것

   (2) 전체 주민이 쉽게 이용할 수 있도록 교통중심지에 설치할 것

   (3) 일시에 다수인이 집산하는 경우의 교통량을 고려할 것

 나. 근린광장

   (1) 주민의 사교·오락·휴식 등을 위하여 필요한 경우에 생활권별로 설치할 것

   (2) 시장·학교 등 다수인이 집산하는 시설과 연계되도록 인근의 토지이용현황을 고려할 것

   (3) 시·군 전반에 걸쳐 계통적으로 균형을 이루도록 할 것

3. 경관광장

 가. 주민의 휴식·오락 및 경관·환경의 보전을 위하여 필요한 경우에 하천, 호수, 사적지, 보존가치가 있는 산림이나 역사적·문화적·향토적 의의가 있는 장소에 설치할 것

 나. 경관물에 대한 경관유지에 지장이 없도록 인근의 토지이용현황을 고려할 것

 다. 주민이 쉽게 접근할 수 있도록 하기 위하여 도로와 연결시킬 것

4. 지하광장

 가. 철도의 지하정거장, 지하도 또는 지하상가와 연결하여 교통처리를 원활히 하고 이용자에게 휴식을 제공하기 위하여 필요한 곳에 설치할 것

 나. 광장의 출입구는 쉽게 출입할 수 있도록 도로와 연결시킬 것

5. 건축물부설광장

 가. 건축물의 이용효과를 높이기 위하여 건축물의 내부 또는 그 주위에 설치할 것

 나. 건축물과 광장 상호간의 기능이 저해되지 아니하도록 할 것

 다. 일반인이 접근하기 용이한 접근로를 확보할 것

광장의 구조 및 설치기준

1. 교차점광장은 자동차의 설계속도에 의한 곡선반경 이상이 되도록 하여 교통처리가 원활히 이루어지도록 할 것

2. 교차점광장에는 횡단보행자의 통행에 지장이 없는 시설을 설치하고, 「도로법」의 규정에 의한 도로부속물을 설치할 수 있도록 할 것

3. 역전광장 및 주요시설광장에는 이용자를 위한 보도·차도·택시정류장·버스정류장·휴식시설 등을 설치할 것

4. 중심대광장에는 주민의 집회·행사 또는 휴식을 위한 시설과 보행자의 통행에 지장이 없는 시설을 설치할 것

5. 근린광장에는 주민의 사교·오락·휴식 등을 위한 시설을 설치하여야 하며, 광장의 이용에 지장을 주지 아니하도록 광장내 또는 광장 인근에 당해 지역을 통과하는 교통량을 처리하기 위한 도로를 배치하지 아니할 것

6. 경관광장에는 주민의 휴식·오락 또는 경관을 위한 시설과 경관물의 보호를 위하여 필요한 시설 및 표지를 설치할 것

7. 지하광장에는 이용자의 휴식을 위한 시설과 광장의 규모에 적정한 출입구를 설치할 것

8. 지하광장은 통풍 및 환기가 원활하도록 할 것

9. 건축물부설광장에는 이용자의 휴식과 관람을 위한 시설을 설치할 수 있으나, 건축물의 이용에 지장이 없도록 할 것

10. 주민의 휴식·오락·경관 등을 목적으로 하는 광장에 포장을 하는 경우에는 주변의 자연환경과 미관을 고려하고, 빗물이 잘 스며들 수 있도록 투수성 포장재를 사용할 것

5>>> 도시공원 및 녹지 등에 관한 법률

정의

1. "공원녹지"란 쾌적한 도시환경을 조성하고 시민의 휴식과 정서 함양에 이바지하는 다음 각 목의 공간 또는 시설을 말한다.
   가. 도시공원, 녹지, 유원지, 공공공지(公共空地) 및 저수지
   나. 나무, 잔디, 꽃, 지피식물(地被植物) 등의 식생(이하 "식생"이라 한다)이 자라는 공간
   다. 그 밖에 국토해양부령으로 정하는 공간 또는 시설

2. "도시녹화"란 식생, 물, 토양 등 자연친화적인 환경이 부족한 도시지역의 공간에 식생을 조성하는 것을 말한다.

3. "도시공원"이란 도시지역에서 도시자연경관을 보호하고 시민의 건강·휴양 및 정서생활을 향상시키는 데에 이바지하기 위하여 설치 또는 지정된 것을 말한다.

4. "공원시설"이란 도시공원의 효용을 다하기 위하여 설치하는 다음 각 목의 시설을 말한다. – 본문참조

5. "녹지"란 「국토의 계획 및 이용에 관한 법률」에 따른 녹지로서 도시지역에서 자연환경을 보전하거나 개선하고, 공해나 재해를 방지함으로써 도시경관의 향상을 도모하기 위하여 도시관리계획으로 결정된 것을 말한다.

공원녹지기본계획 특별시장·광역시장·특별자치시장·특별자치도지사 또는 대통령령으로 정하는 시의 시

장은 10년을 단위로 공원녹지의 확충·관리·이용 방향을 종합적으로 제시하는 기본계획을 수립하고, 5년마다 타당성을 전반적으로 재검토하여 이를 정비하여야 한다.

공원녹지기본계획의 내용

1. 지역적 특성 및 계획의 방향·목표에 관한 사항
2. 인구, 산업, 경제, 공간구조, 토지이용 등의 변화에 따른 공원녹지의 여건 변화에 관한 사항
3. 공원녹지의 종합적 배치에 관한 사항
4. 공원녹지의 축(軸)과 망(網)에 관한 사항
5. 공원녹지의 수요 및 공급에 관한 사항
6. 공원녹지의 보전·관리·이용에 관한 사항
7. 도시녹화에 관한 사항
8. 그 밖에 공원녹지의 확충·관리·이용에 필요한 사항으로서 대통령령으로 정하는 사항

도시녹화계획 공원녹지기본계획 수립권자는 공원녹지기본계획에 따라 그가 관할하는 도시지역의 일부에 대하여 도시녹화에 관한 계획을 수립하여야 한다.

녹지활용계약 특별시장·광역시장·특별자치시장·특별자치도지사·시장 또는 군수는 도시민이 이용할 수 있는 공원녹지를 확충하기 위하여 필요한 경우에는 도시지역의 식생 또는 임상(林床)이 양호한 토지의 소유자와 그 토지를 일반 도시민에게 제공하는 것을 조건으로 해당 토지의 식생 또는 임상의 유지·보존 및 이용에 필요한 지원을 하는 것을 내용으로 하는 계약을 체결할 수 있다.

녹지활용계약의 체결기준

1. 녹지활용계약의 대상이 되는 토지는 다음 각 목의 모두에 해당하는 것일 것
   가. 300제곱미터 이상의 면적인 단일토지일 것. 다만, 특별시·광역시·시 또는 군의 조례로 지역 여건에 맞게 300제곱미터 미만의 면적인 토지 또는 단일토지가 아닌 토지도 녹지활용계약의 대상으로 정할 수 있다.
   나. 녹지가 부족한 도시지역 안에 임상이 양호한 토지 및 녹지의 보존 필요성은 높으나 훼손의 우려가 큰 토지 등 녹지활용계약의 체결 효과가 높은 토지를 중심으로 선정된 토지일 것
   다. 사용 또는 수익을 목적으로 하는 권리가 설정되어 있지 아니한 토지일 것
2. 녹지활용계약기간은 5년 이상으로 하되, 최초의 계약 당시 토지의 상태에 따라 계약기간을 조정할 수 있도록 할 것

녹화계약 특별시장·광역시장·특별자치시장·특별자치도지사·시장 또는 군수는 도시녹화를 위하여 필요한 경우에는 도시지역의 일정 지역의 토지 소유자 또는 거주자와 다음 각 호의 어느 하나에 해당하는 조치를 하는 것을 조건으로 묘목의 제공 등 그 조치에 필요한 지원을 하는 것을 내용으로 하는 계약을 체결할 수 있다.

1. 수림대(樹林帶) 등의 보호
2. 해당 지역의 면적 대비 식생 비율의 증가
3. 해당 지역을 대표하는 식생의 증대

녹화계약의 체결기준

1. 녹화계약은 도시지역 안의 일정지역의 토지소유자 또는 거주자의 자발적 의사나 합의를 기초로 특별

시장·광역시장·시장 또는 군수가 도시녹화에 필요한 지원을 하는 협정 형식을 취할 것

2. 토지소유자 또는 거주자 중 일부가 협정을 위반하는 경우에는 토지소유자 또는 거주자가 자치적으로 해결할 수 있도록 하고, 협정 위반에 대한 토지소유자 또는 거주자의 자치적 해결이 불가능하거나 협정 위반의 상태가 6월을 초과하여 지속되는 경우에는 녹화계약을 해지할 수 있도록 할 것

3. 녹화계약구역은 구획 단위로 하는 것을 원칙으로 하고, 녹화계약기간은 5년 이상으로 할 것

도시공원의 면적기준 – 본문참조

도시공원 또는 녹지의 확보 기준 – 본문참조

자연적 녹지의 보전을 위한 조치 특별시장·광역시장·특별자치도지사·시장 또는 군수는 녹지에 준하는 기능을 하는 임야 또는 농지(자연적 녹지)의 보전 및 회복을 위하여 그 자연적 녹지에 건축물 또는 공작물이 설치되어 있는 경우에는 그 건축물 또는 공작물을 매수하여 철거하거나 그 밖에 필요한 조치를 할 수 있다.

도시공원의 세분 및 규모 – 본문참조

도시공원은 공원이용자가 안전하고 원활하게 도시공원에 모였다가 흩어질 수 있도록 원칙적으로 3면 이상이 도로에 접하도록 설치되어야 한다. 다만, 도시공원의 입지상 불가피한 경우로서 이용자가 안전하고 원활하게 도시공원에 모였다가 흩어지는데 지장이 없는 때에는 그러하지 아니하다.

공원조성계획의 결정 공원조성계획 및 변경은 도시관리계획으로 결정하여야 한다.

도시공원의 설치 및 관리 도시공원은 특별시장·광역시장·시장 또는 군수가 공원조성계획에 의하여 설치·관리한다.

공원시설의 설치·관리기준 – 본문참조

공원시설의 안전기준

1. 설치안전기준

   가. 주변의 토지이용 및 이용자의 특성 등을 고려하여 도시공원부지의 안과 밖에서 도시공원부지를 사용하는 자의 안전성을 확보할 수 있도록 공원시설을 배치할 것

   나. 유희시설은 한국산업규격(KS) 인증 등 국내외 공인기관의 인증을 획득한 시설이어야 하고, 이용 동선·유희시설의 운동방향 등을 고려하여 행동공간·추락공간 및 여유공간 등이 확보될 수 있도록 배치할 것

2. 관리안전기준

   가. 공원시설 그 자체의 성능 확보뿐만 아니라 안전하고 즐거운 시설이 될 수 있도록 계획·유지관리 및 이용 등 모든 단계에서 안전에 대한 적절한 대책이 마련되도록 할 것

   나. 유희시설은 시설 특성에 따라 초기점검·일상점검·정기점검 및 정밀점검의 형태로 안전점검을 실시하여 그 결과에 따라 유희시설의 사용제한·보수 등의 응급조치뿐만 아니라 수리·개량·철거·갱신 등의 항구적인 조치가 이루어지도록 할 것

   다. 유희시설의 이용 사고를 막기 위하여 유희시설의 이용 실태를 근거로 마련된 안전확보 대책, 법 제19조제1항 및 제2항의 규정에 의하여 도시공원을 관리하는 특별시장·광역시장·시장 또는 군수(이하 "공원관리청"이라 한다) 등과 공원이용자간의 역할 분담 등의 내용이 포함된 안전교육 또는 이용안내 등을 실시할 것

도시공원에만 설치할 수 있는 공원시설

1. 유희시설 중 순환회전차 그 밖의 이와 유사한 유희시설(전력에 의하여 작동하는 것에 한한다)로서 해당시설의 이용에 있어 사용료를 징수하는 시설 : 10만제곱미터 이상의 도시공원

2. 편익시설 중 휴게음식점 및 일반음식점 : 10만제곱미터 이상의 도시공원. 다만, 10만제곱미터 미만인 도시공원(소공원 및 어린이공원을 제외한다)의 경우 공원관리청이 도시공원 이용자의 편의를 위하여 필요하다고 인정하는 경우에는 공원시설 안에 휴게음식점을 설치할 수 있다.

3. 편익시설 중 유스호스텔 : 100만제곱미터 이상의 도시공원(묘지공원을 제외한다)

4. 다음 각 목의 편익시설 : 국제경기대회 개최를 목적으로 경기장이 설치된 100만 제곱미터 이상의 체육공원

   가. 선수 전용숙소 및 운동시설 관련 사무실

   나. 「유통산업발전법 시행령」에 따른 대형마트 또는 쇼핑센터로서 매장면적 및 부대시설의 연면적이 각각 1만6천500제곱미터 이하인 시설

5. 운동시설 중 승마장 : 100만세곱미터 이상의 근린공원 및 100만제곱미터 이상의 체육공원

6. 운동시설 중 골프장 : 30만제곱미터 이상의 근린공원

7. 운동시설 중 골프연습장 : 10만제곱미터 이상의 근린공원 및 10만제곱미터 이상의 체육공원. 다만, 다른 운동시설과 함께 건축물의 내부에 설치하는 골프연습장은 그 면적이 부대시설의 면적을 포함하여 330제곱미터 이하이고 해당건축물 연면적의 2분의 1을 넘지 아니하는 경우에는 해당공원면적이 10만제곱미터 미만인 경우에도 이를 설치할 수 있다. - 설치기준은 본문참조

8. 일반경기용으로 전용되는 운동시설 : 30만제곱미터 이상의 체육공원

9. 교양시설 중 보육시설 : 1만제곱미터 이상의 근린공원

도시공원의 점용허가 도시공원 안에서 다음 각 호의 어느 하나에 해당하는 행위를 하고자 하는 자는 대통령령이 정하는 바에 의하여 당해 도시공원을 관리하는 특별시장·광역시장·시장 또는 군수의 점용허가를 받아야 한다. 다만, 산림의 간벌 등 대통령령이 정하는 경미한 행위의 경우에는 그러하지 아니하다.

1. 공원시설 외의 시설·건축물 또는 공작물을 설치하는 행위

2. 토지의 형질변경

3. 죽목(竹木)을 베거나 심는 행위

4. 흙과 돌의 채취

5. 물건을 쌓아놓는 행위

도시공원의 점용허가를 받지 아니하고 할 수 있는 경미한 행위 대통령령이 정하는 경미한 행위

1. 산림의 경영을 목적으로 솎아베는 행위

2. 나무를 베는 행위 없이 나무를 심는 행위

3. 농사를 짓기 위하여 자기 소유의 논·밭을 갈거나 파는 행위

4. 자기 소유 토지의 이용 용도가 과수원인 경우로서 과수목을 베거나 보충하여 심는 행위

도시자연공원구역의 지정 및 변경의 기준 시·도지사 또는 대도시 시장은 대상도시의 인구·산업·교통 및 토지이용 등 사회경제적 여건과 지형·경관 등 자연환경적 여건 등을 종합적으로 감안하여 대통령령으로 정한다.

도시자연공원구역에서의 행위제한 도시자연공원구역에서는 건축물의 건축 및 용도변경, 공작물의 설치, 토지의 형질변경, 토석의 채취, 토지의 분할, 죽목의 벌채, 물건의 적치 또는 「국토의 계획 및 이용에 관한 법률」에 의한 도시계획사업의 시행을 할 수 없다. 다만, 다음 각 호의 어느 하나에 해당하는 행위는 특별시장·광역시장·시장 또는 군수의 허가를 받아 이를 할 수 있다. 단서의 규정에 불구하고 산림의 간벌 등 대통령령이 정하는 경미한 행위는 허가 없이 이를 할 수 있다.

1. 다음 각 목의 어느 하나에 해당하는 건축물 또는 공작물로서 대통령령이 정하는 건축물의 건축 또는 공작물의 설치와 이에 따르는 토지의 형질변경

   가. 도로·철도 등 공공용 시설

   나. 임시건축물 또는 임시공작물

   다. 휴양림·수목원 등 도시민의 여가활용시설

   라. 등산로·철봉 등 체력단련시설

   마. 전기·가스 관련시설 등 공익시설

   바. 주택·근린생활시설

   사. 「노인복지법」 제31조에 따른 노인복지시설 중 도시자연공원구역에 입지할 필요성이 큰 시설로서 자연환경을 훼손하지 아니하는 시설

2. 기존 건축물 또는 공작물의 개축·재축·증축 또는 대수선

3. 건축물의 건축을 수반하지 아니하는 토지의 형질변경

4. 대통령령이 정하는 토석의 채취, 죽목의 벌채 및 물건의 적치

도시자연공원구역 안의 행위허가의 세부기준

행위구분	세부기준
일반적 기준	가. 행위허가 목적물은 도시자연공원구역의 풍치 및 미관과 공원으로서의 기능을 저해하지 아니하도록 배치되어야 한다. 나. 지상에 설치하는 행위허가 목적물의 구조는 넘어지거나 무너지는 것 등을 예방할 수 있도록 하여야 하며 도시자연공원구역의 보전과 이용에 지장이 없도록 하여야 한다. 다. 지하에 설치하는 행위허가 목적물의 구조는 견고하고 오래 견딜 수 있도록 하여야 하며, 도시자연공원구역 및 다른 행위허가 목적물의 보전과 이용에 지장이 없도록 하여야 한다. 라. 당해 지역 및 그 주변지역에 있는 역사적·문화적·향토적 가치가 있는 지역을 훼손하지 아니하여야 한다. 마. 토지의 형질변경 및 나무를 베는 행위를 하는 경우에는 표고, 경사도, 임상, 인근 도로의 높이 및 물의 배수 등을 현지 여건에 맞게 참작하여야 한다. 바. 임야 또는 경지정리된 농지는 건축물의 건축 또는 공작물의 설치를 위한 부지에서 가능한 제외하여야 한다. 사. 건축물을 건축하기 위한 대지면적이 60제곱미터 미만인 경우에는 건축물의 건축을 허가하지 아니하여야 한다. 다만, 기존의 건축물을 개축하거나 재축하는 경우에는 이를 적용하지 아니한다.
도시자연공원구역 안에 골프장을 설치할 수 있는 토지의 입지기준	가. 경사도 15도를 넘는 부분의 면적이 골프장의 사업계획면적의 100분의 50 이내이어야 한다. 나. 절토 또는 성토하는 부분의 높이가 15미터를 초과하지 아니하여야 한다. 다. 다음의 면적을 모두 합한 면적이 골프장의 사업계획면적의 100분의 60을 초과하여야 한다. 이 경우 다음의 면적을 합하는 때에 서로 중복되는 부분은 1회에 한하여 계산한다. (1) 원형으로 보존되는 임야의 면적 (2) 행위허가의 신청 당시 이미 토취장 그 밖에 이와 유사한 용도로 사용됨으로 인하여 훼손된 지역의 면적 (3) 잡종지 또는 나대지 그 밖에 이와 유사한 토지의 면적 (4) 골프코스가 조성되는 면적 외의 사업계획면적 중 수목을 심고 가꾸어 녹지로 조성되는 면적 (5) 골프코스 연못으로 조성되는 면적 라. 간이골프장 안에 설치하는 골프연습장의 면적은 간이골프장의 면적의 100분의 10 이내이어야 한다.

도시자연공원구역에서 행위허가 없이 할 수 있는 경미한 행위

1. 산림의 경영을 목적으로 간벌을 하는 행위
2. 나무를 베는 행위 없이 나무를 심는 행위
3. 농사를 짓기 위하여 자기 소유의 논·밭을 갈거나 파는 행위
4. 자기 소유 토지의 이용 용도가 과수원인 경우로서 과수목을 베거나 보충하여 심는 행위

녹지의 세분 및 설치기준 – 본문참조

녹지의 점용허가 녹지 안에서 다음 각 호의 어느 하나에 해당하는 행위를 하고자 하는 자는 대통령령이 정하는 바에 의하여 당해 녹지를 관리하는 특별시장·광역시장·시장 또는 군수의 점용허가를 받아야 한다. 다만, 산림의 간벌 등 대통령령이 정하는 경미한 행위의 경우에는 그러하지 아니하다.

1. 녹지의 조성에 필요한 시설 외의 시설·건축물 또는 공작물을 설치하는 행위
2. 토지의 형질변경
3. 죽목을 베거나 심는 행위
4. 흙과 돌의 채취
5. 물건을 쌓아놓는 행위

도시공원 또는 녹지 등에서의 금지행위

1. 공원시설을 훼손하는 행위
2. 나무를 훼손하거나 이물질을 주입하여 나무를 말라죽게 하는 행위
3. 심한 소음 또는 악취를 나게 하는 등 다른 사람에게 혐오감을 일으키게 하는 행위
4. 동반한 애완동물의 배설물(소변의 경우에는 의자 위의 것에 한한다)을 수거하지 아니하고 방치하는 행위
5. 도시농업을 위한 시설을 농산물의 가공·유통·판매 등 도시농업 외의 목적으로 이용하는 행위
6. 그 밖에 도시공원 또는 녹지의 관리에 현저한 장애가 되는 행위로서 대통령령으로 정하는 행위
7. 누구든지 특별시·광역시·특별자치시·특별자치도·시 또는 군의 조례로 정하는 도시공원에서는 행상 또는 노점에 의한 상행위, 동반한 애완견을 통제할 수 있는 줄을 착용시키지 아니하고 도시공원에 입장하는 행위 금지
8. 특별시장·광역시장·특별자치시장·특별자치도지사·시장 또는 군수는 금지행위가 적용되는 도시공원 입구에 안내표지를 설치하여야 한다.

6>>> 자연공원법

정의

1. "자연공원"이란 국립공원·도립공원·군립공원(郡立公園) 및 지질공원을 말한다.
2. "국립공원"이란 우리나라의 자연생태계나 자연 및 문화경관(이하 "경관"이라 한다)을 대표할 만한 지역으로서 제4조 및 제4조의2에 따라 지정된 공원을 말한다.
3. "도립공원"이란 특별시·광역시·도 및 특별자치도(이하 "시·도"라 한다)의 자연생태계나 경관을 대표할 만한 지역으로서 제4조 및 제4조의3에 따라 지정된 공원을 말한다.

4. "군립공원"이란 시·군 및 자치구(이하 "군"이라 한다)의 자연생태계나 경관을 대표할 만한 지역에 지정
4의1. "지질공원"이란 지구과학적으로 중요하고 경관이 우수한 지역으로서 이를 보전하고 교육·관광 사업 등에 활용하기 위하여 환경부장관이 인증한 공원
5. "공원구역"이란 자연공원으로 지정된 구역을 말한다.
6. "공원기본계획"이란 자연공원을 보전·이용·관리하기 위하여 장기적인 발전방향을 제시하는 종합계획으로서 공원계획과 공원별 보전·관리계획의 지침이 되는 계획을 말한다.
7. "공원계획"이란 자연공원을 보전·관리하고 알맞게 이용하도록 하기 위한 용도지구의 결정, 공원시설의 설치, 건축물의 철거·이전, 그 밖의 행위 제한 및 토지 이용 등에 관한 계획을 말한다.
8. "공원별 보전·관리계획"이란 동식물 보호, 훼손지 복원, 탐방객 안전관리 및 환경오염 예방 등 공원계획 외의 자연공원을 보전·관리하기 위한 계획을 말한다.
9. "공원사업"이란 공원계획과 공원별 보전·관리계획에 따라 시행하는 사업을 말한다.
10. "공원시설"이란 자연공원을 보전·관리 또는 이용하기 위하여 공원계획과 공원별 보전·관리계획에 따라 자연공원에 설치하는 시설(공원계획에 따라 자연공원 밖에 설치하는 진입도로 또는 주차시설을 포함한다)로서 대통령령으로 정하는 시설을 말한다. – 본문참조

자연공원의 지정기준 자연공원의 지정기준은 자연생태계, 경관 등을 고려하여 대통령령으로 정한다.
공원기본계획의 수립 환경부장관은 10년마다 국립공원위원회의 심의를 거쳐 공원기본계획을 수립하여야 한다.
공원계획의 변경 공원관리청은 10년마다 지역주민, 전문가, 그 밖의 이해관계자의 의견을 수렴하여 공원계획의 타당성 유무(공원구역의 타당성 유무를 포함한다)를 검토하고 그 결과를 공원계획의 변경에 반영하여야 한다.
공원별 보전·관리계획의 수립 공원관리청은 규정에 따라 결정된 공원계획에 연계하여 10년마다 공원별 보전·관리계획을 수립하여야 한다. 다만, 자연환경보전 여건 변화 등으로 인하여 계획을 변경할 필요가 있다고 인정되는 경우에는 그 계획을 5년마다 변경할 수 있다.
용도지구 – 본문참조
행위허가 공원구역에서 공원사업 외에 다음 각 호의 어느 하나에 해당하는 행위를 하려는 자는 대통령령으로 정하는 바에 따라 공원관리청의 허가를 받아야 한다. 다만, 대통령령으로 정하는 경미한 행위는 대통령령으로 정하는 바에 따라 공원관리청에 신고하고 하거나 허가 또는 신고 없이 할 수 있다.
1. 건축물이나 그 밖의 공작물을 신축·증축·개축·재축 또는 이축하는 행위
2. 광물을 채굴하거나 흙·돌·모래·자갈을 채취하는 행위
3. 개간이나 그 밖의 토지의 형질 변경(지하 굴착 및 해저의 형질 변경을 포함한다)을 하는 행위
4. 수면을 매립하거나 간척하는 행위
5. 하천 또는 호소의 물높이나 수량(水量)을 늘거나 줄게 하는 행위
6. 야생동물(해중동물을 포함한다.)을 잡는 행위
7. 나무를 베거나 야생식물(해중식물을 포함한다.)을 채취하는 행위
8. 가축을 놓아먹이는 행위
9. 물건을 쌓아 두거나 묶어 두는 행위

10. 경관을 해치거나 자연공원의 보전·관리에 지장을 줄 우려가 있는 건축물의 용도 변경과 그 밖의 행위로서 대통령령으로 정하는 행위

생태축 우선의 원칙 도로·철도·궤도·전기통신설비 및 에너지 공급설비 등 대통령령으로 정하는 시설 또는 구조물은 자연공원 안의 생태축 및 생태통로를 단절하여 통과하지 못한다. 다만, 해당 행정기관의 장이 지역 여건상 설치가 불가피하다고 인정하는 최소한의 시설 또는 구조물에 관하여 그 불가피한 사유 및 증명자료를 공원관리청에 제출한 경우에는 그 생태축 및 생태통로를 단절하여 통과할 수 있다.

금지행위

1. 자연공원의 형상을 해치거나 공원시설을 훼손하는 행위
2. 나무를 말라죽게 하는 행위
3. 야생동물을 잡기 위하여 화약류·덫·올무 또는 함정을 설치하거나 유독물·농약을 뿌리는 행위
4. 야생동물의 포획허가를 받지 아니하고 총 또는 석궁을 휴대하거나 그물을 설치하는 행위
5. 지정된 장소 밖에서의 상행위
6. 지정된 장소 밖에서의 야영행위
7. 지정된 장소 밖에서의 주차행위
8. 지정된 장소 밖에서의 취사행위
9. 오물이나 폐기물을 함부로 버리거나 심한 악취가 나게 하는 등 다른 사람에게 혐오감을 일으키게 하는 행위
10. 그 밖에 일반인의 자연공원 이용이나 자연공원의 보전에 현저하게 지장을 주는 행위로서 대통령령으로 정하는 행위(외래동물을 놓아주는 행위)

7>>> 건축법

대지의 조경 면적이 200제곱미터 이상인 대지에 건축을 하는 건축주는 용도지역 및 건축물의 규모에 따라 해당 지방자치단체의 조례로 정하는 기준에 따라 대지에 조경이나 그 밖에 필요한 조치를 하여야 한다. 다만, 조경이 필요하지 아니한 건축물로서 대통령령으로 정하는 건축물에 대하여는 조경 등의 조치를 하지 아니할 수 있으며, 옥상 조경 등 대통령령으로 따로 기준을 정하는 경우에는 그 기준에 따른다.

대지의 조경 예외

① 단서에 따라 다음 각 호의 어느 하나에 해당하는 건축물에 대하여는 조경 등의 조치를 하지 아니할 수 있다.

1. 녹지지역에 건축하는 건축물
2. 면적 5천 제곱미터 미만인 대지에 건축하는 공장
3. 연면적의 합계가 1천500제곱미터 미만인 공장
4. 「산업집적활성화 및 공장설립에 관한 법률」에 따른 산업단지의 공장
5. 대지에 염분이 함유되어 있는 경우 또는 건축물 용도의 특성상 조경 등의 조치를 하기가 곤란하거나 조경 등의 조치를 하는 것이 불합리한 경우로서 건축조례로 정하는 건축물

6. 축사

7. 가설건축물

8. 연면적의 합계가 1천500제곱미터 미만인 물류시설로서 국토해양부령으로 정하는 것

9. 「국토의 계획 및 이용에 관한 법률」에 따라 지정된 자연환경보전지역·농림지역 또는 관리지역의 건축물

10. 다음 각 목의 어느 하나에 해당하는 건축물 중 건축조례로 정하는 건축물

   가. 「관광진흥법」에 따른 관광단지에 설치하는 관광시설

   나. 「관광진흥법 시행령」에 따른 전문휴양업의 시설 또는 종합휴양업의 시설

   다. 「국토의 계획 및 이용에 관한 법률 시행령」에 따른 관광·휴양형 지구단위계획구역에 설치하는 관광
      시설

   라. 「체육시설의 설치·이용에 관한 법률 시행령」에 따른 골프장

② 단서에 따른 조경 등의 조치에 관한 기준은 다음 각 호와 같다. 다만, 건축조례로 다음 각 호의 기준보
   다 더 완화된 기준을 정한 경우에는 그 기준에 따른다.

1. 공장 및 물류시설

   가. 연면적의 합계가 2천 제곱미터 이상인 경우 : 대지면적의 10퍼센트 이상

   나. 연면적의 합계가 1천500 제곱미터 이상 2천 제곱미터 미만인 경우 : 대지면적의 5퍼센트 이상

2. 「항공법」에 따른 공항시설 : 대지면적(활주로·유도로·계류장·착륙대 등 항공기의 이륙 및 착륙시설로
   쓰는 면적은 제외한다)의 10퍼센트 이상

3. 「철도건설법」에 따른 철도 중 역시설 : 대지면적(선로·승강장 등 철도운행에 이용되는 시설의 면적은
   제외한다)의 10퍼센트 이상

4. 그 밖에 면적 200제곱미터 이상 300제곱미터 미만인 대지에 건축하는 건축물 : 대지면적의 10퍼센트
   이상

③ 건축물의 옥상에 국토해양부장관이 고시하는 기준에 따라 조경이나 그 밖에 필요한 조치를 하는 경우
   에는 옥상부분 조경면적의 3분의 2에 해당하는 면적을 대지의 조경면적으로 산정할 수 있다. 이 경우
   조경면적으로 산정하는 면적은 조경면적의 100분의 50을 초과할 수 없다.

공개 공지 등의 확보

공개공지 등의 면적은 대지면적의 100분의 10 이하의 범위에서 건축조례로 정한다. 이 경우 조경면적을
공개공지 등의 면적으로 할 수 있다.

8>>> 조경기준

정의

1. "조경면적"이라 함은 이 고시에서 정하고 있는 조경의 조치를 한 부분의 면적을 말한다.

2. "조경시설"이라 함은 조경과 관련된 퍼걸러·벤치·환경조형물·정원석·휴게·여가·수경·관리 및 기타
   이와 유사한 것으로 설치되는 시설, 생태연못 및 하천, 동물 이동통로 및 먹이공급시설 등 생물의 서식
   처 조성과 관련된 생태적 시설을 말한다.

3. "조경시설공간"이라 함은 조경시설을 설치한 이 고시에서 정하고 있는 일정 면적 이상의 공간을 말한다.

4. "자연지반"이라 함은 하부에 인공구조물이 없는 자연상태의 지층 그대로인 지반으로서 공기, 물, 생물 등의 자연순환이 가능한 지반을 말한다.

5. "인공지반조경"이라 함은 건축물의 옥상(지붕을 포함한다)이나 포장된 주차장, 지하구조물 등과 같이 인위적으로 구축된 건축물이나 구조물 등 식물생육이 부적합한 불투수층의 구조물 위에 자연지반과 유사하게 토양층을 형성하여 그 위에 설치하는 조경을 말한다.

6. "옥상조경"이라 함은 인공지반조경 중 지표면에서 높이가 2미터 이상인 곳에 설치한 조경을 말한다. 다만, 발코니에 설치하는 화훼시설은 제외한다.

7. "수경(水景)"이라 함은 분수·연못·수로 등 물을 주 재료로 하는 경관시설을 말한다.

대지안의 식재기준

조경면적의 산정 조경면적은 식재된 부분의 면적과 조경시설공간의 면적을 합한 면적으로 산정하며 다음 각 호의 기준에 적합하게 배치하여야 한다.

1. 식재면적은 당해 지방자치단체의 조례에서 정하는 조경면적(이하 "조경의무면적"이라 한다)의 100분의 50 이상(이하 "식재의무면적"이라 한다)이어야 한다.

2. 하나의 식재면적은 한 변의 길이가 1미터 이상으로서 1제곱미터 이상이어야 한다.

3. 하나의 조경시설공간의 면적은 10제곱미터 이상이어야 한다.

조경면적의 배치

① 대지면적중 조경의무면적의 10퍼센트 이상에 해당하는 면적은 자연지반이어야 하며, 그 표면을 토양이나 식재된 토양 또는 투수성 포장구조로 하여야 한다.

② 대지의 인근에 보행자전용도로·광장·공원 등의 시설이 있는 경우에는 조경면적을 이러한 시설과 연계되도록 배치하여야 한다.

③ 너비 20미터 이상의 도로에 접하고 2,000제곱미터 이상인 대지 안에 설치하는 조경은 조경의무면적의 20퍼센트 이상을 가로변에 연접하게 설치하여야 한다.

식재수량 및 규격

① 조경면적에는 다음 각 호의 기준에 적합하게 식재하여야 한다.

1. 조경면적 1제곱미터마다 교목 및 관목의 수량은 다음 각 목의 기준에 적합하게 식재하여야 한다. 다만 조경의무면적을 초과하여 설치한 부분에는 그러하지 아니하다.

　가. 상업지역 : 교목 0.1주 이상, 관목 1.0주 이상

　나. 공업지역 : 교목 0.3주 이상, 관목 1.0주 이상

　다. 주거지역 : 교목 0.2주 이상, 관목 1.0주 이상

　라. 녹지지역 : 교목 0.2주 이상, 관목 1.0주 이상

2. 식재하여야 할 교목은 흉고직경 5센티미터 이상이거나 근원직경 6센티미터 이상 또는 수관폭 0.8미터 이상으로서 수고 1.5미터 이상이어야 한다.

② 수목의 수량은 다음 각 호의 기준에 의하여 가중하여 산정한다.

1. 낙엽교목으로서 수고 4미터 이상이고, 흉고직경 12센티미터 또는 근원직경 15센티미터 이상, 상록교목으로서 수고 4미터 이상이고, 수관폭 2미터 이상인 수목 1주는 교목 2주를 식재한 것으로 산정한다.

2. 낙엽교목으로서 수고 5미터 이상이고, 흉고직경 18센티미터 또는 근원직경 20센티미터 이상, 상록교목으로서 수고 5미터 이상이고, 수관폭 3미터 이상인 수목 1주는 교목 4주를 식재한 것으로 산정한다.

3. 낙엽교목으로서 흉고직경 25센티미터 이상 또는 근원직경 30센티미터 이상, 상록교목으로서 수관폭 5미터 이상인 수목 1주는 교목 8주를 식재한 것으로 산정한다.

식재수종

① 상록수 및 지역 특성에 맞는 수종 등의 식재비율은 다음 각 호 기준에 적합하게 하여야 한다.

1. 상록수 식재비율 : 교목 및 관목 중 규정 수량의 20퍼센트 이상

2. 지역에 따른 특성수종 식재비율 : 규정 식재수량 중 교목의 10퍼센트 이상

② 식재 수종은 지역의 향토종을 우선으로 사용하고, 자연조건에 적합한 것을 선택하여야 하며, 특히 대기오염물질이 발생되는 지역에서는 대기오염에 강한 수종을 식재하여야 한다.

③ 허가권자가 제1항의 규정에 의한 식재비율에 따라 식재하기 곤란하다고 인정하는 경우에는 제1항의 규정에 의한 식재비율을 적용하지 아니할 수 있다.

④ 건축물 구조체 등으로 인해 항상 그늘이 발생하거나 향후 수목의 성장에 따라 일조량이 부족할 것으로 예상되는 지역에는 양수 및 잔디식재를 금하고, 음지에 강한 교목과 그늘에 강한 지피류(맥문동, 수호초 등)를 선정하여 식재한다.

⑤ 메타세쿼이아나 느티나무와 같이 뿌리의 생육이 왕성한 수목의 식재로 인해 건물 외벽이나 지하 시설물에 대한 피해가 예상되는 경우는 다음의 조치를 시행한다.

1. 외벽과 지하 시설물 주위에 방근 조치를 실시하여 식물 뿌리의 침투를 방지한다.

2. 방근 조치가 어려운 경우 뿌리가 강한 수종의 식재를 피하고, 식재한 식물과 건물 외벽 또는 지하 시설물과의 간격을 최소 5m 이상으로 하여 뿌리로 인한 피해를 예방한다.

식재수종의 품질

① 식재하려는 수목의 품질기준은 다음 각 호와 같다.

1. 상록교목은 줄기가 곧고 잔 가지의 끝이 손상되지 않은 것으로서 가지가 고루 발달한 것이어야 한다.

2. 상록관목은 가지와 잎이 치밀하여 수목 상부에 큰 공극이 없으며, 형태가 잘 정돈된 것이어야 한다.

3. 낙엽교목은 줄기가 곧고, 근원부에 비해 줄기가 급격히 가늘어지거나 보통 이상으로 길고 연하게 자라지 않는 등 가지가 고루 발달한 것이어야 한다.

4. 낙엽관목은 가지와 잎이 충실하게 발달하고 합본되지 않은 것이어야 한다.

② 식재하려는 초화류 및 지피식물의 품질기준은 다음 각 호와 같다.

1. 초화류는 가급적 주변 경관과 쉽게 조화를 이룰 수 있는 향토 초본류를 채택하여야 하며, 이 때 생육지 속기간을 고려하여야 한다.

2. 지피식물은 뿌리 발달이 좋고 지표면을 빠르게 피복하는 것으로서, 파종식재의 경우 파종적기의 폭이 넓고 종자발아력이 우수한 것이어야 한다.

조경시설의 설치

혐오시설 등의 차폐 쓰레기보관함 등 환경을 저해하는 혐오시설에 대해서는 차폐식재를 하여야 한다. 다만, 차폐시설을 한 경우에는 차폐식재를 하지 않을 수 있으나 미관 향상을 위하여 추가적으로 차폐식재를 하는 것을 권장한다.

휴게공간의 바닥포장 휴게공간에는 그늘식재 또는 차양시설을 설치하여 직사광선을 충분히 차단하여야 하며, 복사열이 적은 재료를 사용하고 투수성 포장구조로 한다.

보행로포장 보행자용 통행로의 바닥은 물이 지하로 침투될 수 있는 투수성 포장구조이어야 한다. 다만, 허가권자가 인정하는 경우에는 그러하지 아니하다.

옥상조경 및 인공지반 조경

옥상조경 면적의 산정

1. 지표면에서 2미터 이상의 건축물이나 구조물의 옥상에 식재 및 조경시설을 설치한 부분의 면적. 다만, 초화류와 지피식물로만 식재된 면적은 그 식재면적의 2분의 1에 해당하는 면적

2. 지표면에서 2미터 이상의 건축물이나 구조물의 벽면을 식물로 피복한 경우, 피복면적의 2분의 1에 해당하는 면적. 다만, 피복면적을 산정하기 곤란한 경우에는 근원경 4센티미터 이상의 수목에 대해서만 식재수목 1주당 0.1제곱미터로 산정하되, 벽면녹화면적은 식재의무면적의 100분의 10을 초과하여 산정하지 않는다.

3. 건축물이나 구조물의 옥상에 교목이 식재된 경우에는 식재된 교목 수량의 1.5배를 식재한 것으로 산정한다.

식재토심 옥상조경 및 인공지반 조경의 식재 토심은 배수층의 두께를 제외한 다음 각 호의 기준에 의한 두께로 하여야 한다.

1. 초화류 및 지피식물 : 15센티미터 이상(인공토양 사용시 10센티미터 이상)

2. 소관목 : 30센티미터 이상(인공토양 사용시 20센티미터 이상)

3. 대관목 : 45센티미터 이상(인공토양 사용시 30센티미터 이상)

4. 교목 : 70센티미터 이상(인공토양 사용시 60센티미터 이상)

유지관리 옥상조경지역에는 이용자의 안전을 위하여 다음 각 호의 기준에 적합한 구조물을 설치하여 관리하여야 한다.

1. 높이 1.2미터 이상의 난간 등의 안전구조물을 설치하여야 한다.

2. 수목은 바람에 넘어지지 않도록 지지대를 설치하여야 한다.

3. 안전시설은 정기적으로 점검하고, 유지관리하여야 한다.

4. 식재된 수목의 생육을 위하여 필요한 가지치기·비료주기 및 물주기 등의 유지관리를 하여야 한다.

9»» 자연환경보전법

목적 이 법은 자연환경을 인위적 훼손으로부터 보호하고, 생태계와 자연경관을 보전하는 등 자연환경을 체계적으로 보전·관리함으로써 자연환경의 지속가능한 이용을 도모하고, 국민이 쾌적한 자연환경에서 여유있고 건강한 생활을 할 수 있도록 함을 목적으로 한다.

정의

1. "자연환경"이라 함은 지하·지표(해양을 제외한다) 및 지상의 모든 생물과 이들을 둘러싸고 있는 비생물적인 것을 포함한 자연의 상태(생태계 및 자연경관을 포함한다)를 말한다.

2. "자연환경보전"이라 함은 자연환경을 체계적으로 보존·보호 또는 복원하고 생물다양성을 높이기 위하여 자연을 조성하고 관리하는 것을 말한다.

3. "자연환경의 지속가능한 이용"이라 함은 현재와 장래의 세대가 동등한 기회를 가지고 자연환경을 이용하거나 혜택을 누릴 수 있도록 하는 것을 말한다.

4. "자연생태"라 함은 자연의 상태에서 이루어진 지리적 또는 지질적 환경과 그 조건 아래에서 생물이 생활하고 있는 일체의 현상을 말한다.

5. "생태계"라 함은 일정한 지역의 생물공동체와 이를 유지하고 있는 무기적 환경이 결합된 물질계 또는 기능계를 말한다.

6. "소생태계"라 함은 생물다양성을 높이고 야생동·식물의 서식지간의 이동가능성 등 생태계의 연속성을 높이거나 특정한 생물종의 서식조건을 개선하기 위하여 조성하는 생물서식공간을 말한다.

7. "생물다양성"이라 함은 육상생태계 및 수생생태계(해양생태계를 제외한다)와 이들의 복합생태계를 포함하는 모든 원천에서 발생한 생물체의 다양성을 말하며, 종내·종간) 및 생태계의 다양성을 포함한다.

8. "생태축"이라 함은 생물다양성을 증진시키고 생태계 기능의 연속성을 위하여 생태적으로 중요한 지역 또는 생태적 기능의 유지가 필요한 지역을 연결하는 생태적 서식공간을 말한다.

9. "생태통로"라 함은 도로·댐·수중보·하구언 등으로 인하여 야생동·식물의 서식지가 단절되거나 훼손 또는 파괴되는 것을 방지하고 야생동·식물의 이동 등 생태계의 연속성 유지를 위하여 설치하는 인공구조물·식생 등의 생태적 공간을 말한다.

10. "자연경관"이라 함은 자연환경적 측면에서 시각적·심미적인 가치를 가지는 지역·지형 및 이에 부속된 자연요소 또는 사물이 복합적으로 어우러진 자연의 경치를 말한다.

11. "대체자연"이라 함은 기존의 자연환경과 유사한 기능을 수행하거나 보완적 기능을 수행하도록 하기 위하여 조성하는 것을 말한다.

12. "생태·경관보전지역"이라 함은 생물다양성이 풍부하여 생태적으로 중요하거나 자연경관이 수려하여 특별히 보전할 가치가 큰 지역으로서 제12조 및 제13조제3항의 규정에 의하여 환경부장관이 지정·고시하는 지역을 말한다.

13. "자연유보지역"이라 함은 사람의 접근이 사실상 불가능하여 생태계의 훼손이 방지되고 있는 지역중 군사상의 목적으로 이용되는 외에는 특별한 용도로 사용되지 아니하는 무인도로서 대통령령이 정하는 지역과 관할권이 대한민국에 속하는 날부터 2년간의 비무장지대를 말한다.

14. "생태·자연도"라 함은 산·하천·내륙습지·호소·농지·도시 등에 대하여 자연환경을 생태적 가치, 자연성, 경관적 가치 등에 따라 등급화하여 제34조의 규정에 의하여 작성된 지도를 말한다.

15. "자연자산"이라 함은 인간의 생활이나 경제활동에 이용될 수 있는 유형·무형의 가치를 가진 자연상태의 생물과 비생물적인 것의 총체를 말한다.

16. "생물자원"이라 함은 사람을 위하여 가치가 있거나 실제적 또는 잠재적 용도가 있는 유전자원, 생물체, 생물체의 부분, 개체군 또는 생물의 구성요소를 말한다.

17. "생태마을"이라 함은 생태적 기능과 수려한 자연경관을 보유하고 이를 지속가능하게 보전·이용할 수 있는 역량을 가진 마을로서 환경부장관 또는 지방자치단체의 장이 제42조의 규정에 의하여 지정한 마을을 말한다.

자연환경보전의 기본원칙

1. 자연환경은 모든 국민의 자산으로서 공익에 적합하게 보전되고 현재와 장래의 세대를 위하여 지속가능하게 이용되어야 한다.
2. 자연환경보전은 국토의 이용과 조화·균형을 이루어야 한다.
3. 자연생태와 자연경관은 인간활동과 자연의 기능 및 생태적 순환이 촉진되도록 보전·관리되어야 한다.
4. 모든 국민이 자연환경보전에 참여하고 자연환경을 건전하게 이용할 수 있는 기회가 증진되어야 한다.
5. 자연환경을 이용하거나 개발하는 때에는 생태적 균형이 파괴되거나 그 가치가 저하되지 아니하도록 하여야 한다. 다만, 자연생태와 자연경관이 파괴·훼손되거나 침해되는 때에는 최대한 복원·복구되도록 노력하여야 한다.
6. 자연환경보전에 따르는 부담은 공평하게 분담되어야 하며, 자연환경으로부터 얻어지는 혜택은 지역주민과 이해관계인이 우선하여 누릴 수 있도록 하여야 한다.
7. 자연환경보전과 자연환경의 지속가능한 이용을 위한 국제협력은 증진되어야 한다.

자연환경보전기본방침

1. 자연환경의 체계적 보전·관리, 자연환경의 지속가능한 이용
2. 중요하게 보전하여야 할 생태계의 선정, 멸종위기에 처하여 있거나 생태적으로 중요한 생물종 및 생물자원의 보호
3. 자연환경 훼손지의 복원·복구
4. 생태·경관보전지역의 관리 및 해당 지역주민의 삶의 질 향상
5. 산·하천·내륙습지·농지·섬 등에 있어서 생태적 건전성의 향상 및 생태통로·소생태계·대체자연의 조성 등을 통한 생물다양성의 보전
6. 자연환경에 관한 국민교육과 민간활동의 활성화
7. 자연환경보전에 관한 국제협력
8. 그 밖에 자연환경보전에 관하여 대통령령이 정하는 사항

자연환경보전기본계획의 수립 환경부장관은 전국의 자연환경보전을 위한 기본계획을 10년마다 수립하여야 한다.

자연환경보전기본계획의 내용

1. 자연환경의 현황 및 전망에 관한 사항
2. 자연환경보전에 관한 기본방향 및 보전목표설정에 관한 사항
3. 자연환경보전을 위한 주요 추진과제에 관한 사항
4. 지방자치단체별로 추진할 주요 자연보전시책에 관한 사항
5. 자연경관의 보전·관리에 관한 사항
6. 생태축의 구축·추진에 관한 사항
7. 생태통로 설치, 훼손지 복원 등 생태계 복원을 위한 주요사업에 관한 사항
8. 제11조의 규정에 의한 자연환경종합지리정보시스템의 구축·운영에 관한 사항
9. 사업시행에 소요되는 경비의 산정 및 재원조달 방안에 관한 사항
10. 그 밖에 자연환경보전에 관하여 대통령령이 정하는 사항

생태·경관보전지역

① 환경부장관은 다음 각 호의 어느 하나에 해당하는 지역으로서 자연생태·자연경관을 특별히 보전할 필요가 있는 지역을 생태·경관보전지역으로 지정할 수 있다.

1. 자연상태가 원시성을 유지하고 있거나 생물다양성이 풍부하여 보전 및 학술적연구가치가 큰 지역

2. 지형 또는 지질이 특이하여 학술적 연구 또는 자연경관의 유지를 위하여 보전이 요한 지역

3. 다양한 생태계를 대표할 수 있는 지역 또는 생태계의 표본지역

4. 그 밖에 하천·산간계곡 등 자연경관이 수려하여 특별히 보전할 필요가 있는 지역으로서 대통령령이 정하는 지역

② 환경부장관은 생태·경관보전지역의 지속가능한 보전·관리를 위하여 생태적 특성, 자연경관 및 지형여건 등을 고려하여 생태·경관보전지역을 다음과 같이 구분하여 지정·관리할 수 있다.

1. 생태·경관핵심보전구역(이하 "핵심구역"이라 한다) : 생태계의 구조와 기능의 훼손방지를 위하여 특별한 보호가 필요하거나 자연경관이 수려하여 특별히 보호하고자 하는 지역

2. 생태·경관완충보전구역(이하 "완충구역"이라 한다) : 핵심구역의 연접지역으로서 핵심구역의 보호를 위하여 필요한 지역

3. 생태·경관전이보전구역(이하 "전이구역"이라 한다) : 핵심구역 또는 완충구역에 둘러싸인 취락지역으로서 지속가능한 보전과 이용을 위하여 필요한 지역

자연휴식지의 지정·관리 지방자치단체의 장은 다른 법률에 의하여 공원·관광단지·자연휴양림 등으로 지정되지 아니한 지역 중에서 생태적·경관적 가치 등이 높고 자연탐방·생태교육 등을 위하여 활용하기에 적합한 장소를 대통령령이 정하는 바에 따라 자연휴식지로 지정할 수 있다. 이 경우 사유지에 대하여는 미리 토지소유자 등의 의견을 들어야 한다.

생태관광의 육성 환경부장관은 생태적으로 건전하고 자연친화적인 관광을 육성하기 위하여 문화체육관광부장관과 협의하여 지방자치단체·관광사업자 및 자연환경의 보전을 위한 민간단체에 대하여 지원할 수 있다.

생태마을의 지정 환경부장관 또는 지방자치단체의 장이 지정할 수 있다.

1. 생태·경관보전지역안의 마을

2. 생태·경관보전지역밖의 지역으로서 생태적 기능과 수려한 자연경관을 보유하고 있는 마을. 다만, 산림기본법 제28조의 규정에 의하여 지정된 산촌진흥지역의 마을을 제외한다.

우선보호대상 생태계의 복원 환경부장관은 다음 각 호의 어느 하나에 해당하는 경우 생태계의 보호·복원 대책을 마련하여 추진할 수 있다.

1. 멸종위기야생동·식물의 주된 서식지 또는 도래지로서 파괴·훼손 또는 단절 등으로 인하여 종의 존속이 위협을 받고 있는 경우

2. 자연성이 특히 높거나 취약한 생태계로서 그 일부가 파괴·훼손되거나 교란되어 있는 경우

3. 생물다양성이 특히 높거나 특이한 자연환경으로서 훼손되어 있는 경우

생태통로의 설치 국가 또는 지방자치단체는 개발사업등을 시행하거나 인·허가등을 함에 있어서 야생동·식물의 이동 및 생태적 연속성이 단절되지 아니하도록 생태통로 설치 등의 필요한 조치를 하거나 하게 하여야 한다.

10>>> 환경정책기본법

목적 이 법은 환경보전에 관한 국민의 권리·의무와 국가의 책무를 명확히 하고 환경정책의 기본이 되는 사항을 정하여 환경오염과 환경훼손을 예방하고 환경을 적정하고 지속가능하게 관리·보전함으로써 모든 국민이 건강하고 쾌적한 삶을 누릴 수 있도록 함을 목적으로 한다.

기본이념 환경의 질적인 향상과 그 보전을 통한 쾌적한 환경의 조성 및 이를 통한 인간과 환경간의 조화와 균형의 유지는 국민의 건강과 문화적인 생활의 향유 및 국토의 보전과 항구적인 국가발전에 필수불가결한 요소임에 비추어 국가·지방자치단체·사업자 및 국민은 환경을 보다 양호한 상태로 유지·조성하도록 노력하고, 환경을 이용하는 모든 행위를 할 때에는 환경보전을 우선적으로 고려하며, 지구의 환경상 위해를 예방하기 위한 공동의 노력을 강구함으로써 현재의 국민으로 하여금 그 혜택을 널리 향유할 수 있게 함과 동시에 미래의 세대에게 계승될 수 있도록 함을 이 법의 기본이념으로 한다.

정의

1. "환경"이라 함은 자연환경과 생활환경을 말한다.
2. "자연환경"이라 함은 지하·지표(해양을 포함한다) 및 지상의 모든 생물과 이들을 둘러싸고 있는 비생물적인 것을 포함한 자연의 상태(생태계 및 자연경관을 포함한다)를 말한다.
3. "생활환경"이라 함은 대기, 물, 폐기물, 소음·진동, 악취, 일조등 사람의 일상생활과 관계되는 환경을 말한다.
4. "환경오염"이라 함은 사업활동 기타 사람의 활동에 따라 발생되는 대기오염, 수질오염, 토양오염, 해양오염, 방사능오염, 소음·진동, 악취, 일조방해 등으로서 사람의 건강이나 환경에 피해를 주는 상태를 말한다.
5. "환경훼손"이라 함은 야생동·식물의 남획 및 그 서식지의 파괴, 생태계질서의 교란, 자연경관의 훼손, 표토의 유실 등으로 인하여 자연환경의 본래적 기능에 중대한 손상을 주는 상태를 말한다.
6. "환경보전"이라 함은 환경오염 및 환경훼손으로부터 환경을 보호하고 오염되거나 훼손된 환경을 개선함과 동시에 쾌적한 환경의 상태를 유지·조성하기 위한 행위를 말한다.
7. "환경용량"이라 함은 일정한 지역안에서 환경의 질을 유지하고 환경오염 또는 환경훼손에 대하여 환경이 스스로 수용·정화 및 복원할 수 있는 한계를 말한다.
8. "환경기준"이란 국민의 건강을 보호하고 쾌적한 환경을 조성하기 위하여 국가가 달성하고 유지하는 것이 바람직한 환경상의 조건 또는 질적인 수준을 말한다.

환경기준의 설정 국가는 환경기준을 설정하여야 하며, 환경 여건의 변화에 따라 그 적정성이 유지되도록 하여야 한다.

환경기준의 유지 국가 및 지방자치단체는 환경기준이 적절히 유지되도록 고려하여야 한다.

1. 환경악화의 예방 및 그 요인의 제거
2. 환경오염지역의 원상회복
3. 새로운 과학기술의 사용으로 인한 환경위해의 예방
4. 환경오염방지를 위한 재원의 적정배분

국가환경종합계획의 수립 환경부장관은 국가차원의 환경보전을 위한 종합계획(이하 "국가환경종합계획"이라 한다)을 10년마다 수립하여야 한다.

자연환경의 보전 국가와 국민은 자연환경의 보전이 인간의 생존 및 생활의 기본임에 비추어 자연의 질서와 균형이 유지·보전되도록 노력하여야 한다..

환경영향평가 환경기준의 적정성을 유지하고 자연환경을 보전하기 위하여 환경에 영향을 미치는 계획 및 개발사업이 환경적으로 지속가능하게 수립·시행될 수 있도록 전략환경영향평가, 환경영향평가, 소규모 환경영향평가를 실시하여야 한다. 대상, 절차 및 방법 등에 관한 사항은 따로 법률로 정한다.

11>>> 환경영향평가법

목적 – 본문참조

정의

1. "전략환경영향평가"란 환경에 영향을 미치는 상위계획을 수립할 때에 환경보전계획과의 부합 여부 확인 및 대안의 설정·분석 등을 통하여 환경적 측면에서 해당 계획의 적정성 및 입지의 타당성 등을 검토하여 국토의 지속가능한 발전을 도모하는 것을 말한다.

2. "환경영향평가"란 환경에 영향을 미치는 실시계획·시행계획 등의 허가·인가·승인·면허 또는 결정 등(이하 "승인 등"이라 한다)을 할 때에 해당 사업이 환경에 미치는 영향을 미리 조사·예측·평가하여 해로운 환경영향을 피하거나 제거 또는 감소시킬 수 있는 방안을 마련하는 것을 말한다.

3. "소규모 환경영향평가"란 환경보전이 필요한 지역이나 난개발(亂開發)이 우려되어 계획적 개발이 필요한 지역에서 개발사업을 시행할 때에 입지의 타당성과 환경에 미치는 영향을 미리 조사·예측·평가하여 환경보전방안을 마련하는 것을 말한다.

4. "협의기준"이란 사업의 시행으로 영향을 받게 되는 지역에서 다음 각 목의 어느 하나에 해당하는 기준으로는 「환경정책기본법」 제12조에 따른 환경기준을 유지하기 어렵거나 환경의 악화를 방지할 수 없다고 인정하여 사업자 또는 승인기관의 장이 해당 사업에 적용하기로 환경부장관과 협의한 기준을 말한다.

5. "환경영향평가사"란 환경 현황 조사, 환경영향 예측·분석, 환경보전방안의 설정 및 대안 평가 등을 통하여 환경영향평가서 등의 작성 등에 관한 업무를 수행하는 사람으로서 법률에 따른 자격을 취득한 사람을 말한다.

CONQUEST

3

조경설계

조경은 인간의 이용과 즐거움을 위하여 토지를 다루는 기술로서 자연과 인간
에게 봉사하는 분야다. 조경설계란 과학적 합리성과 예술적 창의성을 동시에
추구하는 과정으로 토지와 공간을 보다 기능적으로 편리하고 유용하게 만들
며, 생태적으로 보다 건강하고 건전한 환경을 만드는 작업이다.

CHAPTER 01

설계의 기초

1>>> 제도의 기초

■1 제도의 목적 및 기본요건

(1) 목적

① 도면 작성자의 의도를 도면 사용자에게 확실하고 쉽게 전달

② 도면에 표시하는 정보의 확실한 보존·검색·이용

(2) 도면이 구비하여야 할 기본요건

① 대상물의 도형과 함께 필요로 하는 크기·모양·자세·위치의 정보 포함

② 필요에 따라서 면의 표면, 재료, 가공방법 등의 정보 포함

③ 대상물의 정보를 명확하고 이해하기 쉬운 방법으로 표현

④ 애매한 해석이 생기지 않도록 표현상 명확한 뜻 보유

⑤ 기술 각 분야 교류의 입장에서 가능한 한 넓은 분야에 걸쳐 정합성·보편성 보유

⑥ 무역 및 기술의 국제교류의 입장에서 국제성 보유

⑦ 마이크로필름 촬영 등을 포함한 복사 및 보존·검색·이용이 확실히 되도록 내용과 양식 구비

2>>> 선

■1 선의 종류

(1) 선의 용어

① 실선 : 연속된 선

② 파선 : 일정한 간격으로 짧은 선의 요소가 규칙적으로 되풀이되는 선

③ 점선 : 점을 근소한 간격으로 나열한 선

④ 일점쇄선 : 장·단 2종류 길이의 선의 요소가 번갈아 가며 되풀이되는 선

⑤ 이점쇄선 : 장·단 2종류 길이의 선의 요소가 장·단·단·장·단·단의 순으로 되풀이되는 선

⑥ 지그재그선 : 직선과 번개형을 짜맞춘선

⑦ 가는선 : 도형·그림·도면을 구성하는 선 중에서 상대적으로 가는 선

⑧ 굵은선(기본선) : 도형·그림·도면을 구성하는 선 중에서 상대적으로 굵은 선

▌선의 정의

① 길이가 굵기의 절반보다 길고, 시작점과 끝점까지 끊김이 있거나 없는 직선이나 곡선으로 연결된 기하학적인 표시

② 길이가 선 굵기의 절반 이하인 선을 점(dot)이라 한다.

③ 평행선의 최소 간격은 국제표준에 없을 경우 0.7mm 이상이어야 한다.

⑨ 아주 굵은선(굵은선) : 도형·그림·도면을 구성하는 선 중에서 상대적으로 특히 굵게 그린 선

⑩ 외형선 : 대상물이 보이는 부분의 형태를 나타낸 선

⑪ 숨은선 : 대상물이 보이지 않는 부분의 형태를 나타낸 선

⑫ 중심선 : 중심을 나타내는 선 - 대칭중심선(대칭의 중심)

⑬ 파단선 : 대상물의 일부분을 가상으로 제외했을 경우에 경계를 나타내는 선

⑭ 절단선 : 단면도를 그릴 경우 그 절단 위치를 대응하는 그림에 나타내는 선

⑮ 가상선 : 인접부분 또는 공구·지구 등의 위치를 참고로 나타내는 선

⑯ 등고선 : 표면상의 등고점을 연결한 선

(2) 선의 굵기

① 건설 제도에는 가는 선, 기본 선 및 굵은 선의 세 가지 선 굵기 사용 - 선 굵기의 비율 1 : 2 : 4

② 그림 기호의 표현이나 레터링에 사용하는 특별한 선 굵기는 가는 선과 기본 선 사이의 선 굵기 사용

선의 굵기(단위:mm)

선의 굵기 종류	가는 선	기본 선	굵은 선	그림 기호의 선 굵기
0.25	0.13	0.25	0.5	0.18
0.35	0.18	0.35	0.7	0.25
0.5	0.25	0.5	1	0.35
0.7	0.35	0.7	1.4	0.5
1	0.5	1	2	0.7

② 선의 용도

선의 표시 및 용도

명칭 및 표시	용도	일반원칙
가는 실선	·해칭선 ·개구부, 구멍 및 오목한 부분을 나타내는 선 ·짧은 중심선 ·치수 보조선 ·치수선 및 치수선과 치수 보조선이 만나는 끝단 사선 ·지시선 ·조경 도면상의 기존 등고선(대안으로 가는 파선 사용) ·상세도 부분을 나타내는 틀의 선	·가상의 상관관계를 나타내는 선(상관선) ·회전 단면을 한 부분의 윤곽으로 나타내는 선
지그재그 가는 실선	부분 생략도, 절단면 및 단면의 한계를 나타내는 선(대안으로 가는 일점쇄선 사용)	프리핸드의 가는 실선도 사용
기본 실선	·해칭을 사용할 경우 절단면과 단면에서 보이는 물체의 윤곽을 나타내는 선 ·보이는 면, 절단면, 단면에서 다른 재료 사이의	

선의 사용

① 도면 1매에는 4종류 이하의 선 굵기를 적용하는 것이 바람직하다.

② 모든 종류의 선에서 굵기는 도면의 크기에 따라 0.13mm, 0.18mm, 0.25mm, 0.35mm, 0.5mm, 0.7mm, 1mm, 1.4mm, 2mm 중 하나로 결정 - 공통비 $1 : \sqrt{2}$(≒ $1 : 1.4$)에 근거한다.

③ 선 굵기는 도면의 종류와 크기, 척도, 마이크로카피 및 다른 복제 방법의 요구사항에 따라 선택한다.

선의 상대적 굵기

① 가는 선 : 상대적 굵기 1

② 기본 선 : 상대적 굵기 2

③ 굵은 선 : 상대적 굵기 4

가는 실선 추가용도

·보이는 면, 절단면, 단면에서 다른 종류의 재료 사이의 경계를 나타내는 선(대안으로 기본 실선 사용)

·보이는 물체의 윤곽을 나타내는 선(대안으로 기본 실선 사용)

·계획 초기 단계에서 모듈 격자를 나타내는 선(필요시 윤곽선과 다른 색으로 표시)

·문, 창문, 계단 및 가구 등의 간략한 표현의 선(대안으로 기본 실선 사용)

·계단, 경사로, 경사 부분에서의 화살표를 나타내는 선

	·경계를 나타내는 선(대안으로 가는 실선 사용) ·보이는 물체의 윤곽을 나타내는 선(대안으로 가는 실선 사용) ·조경 도면상의 계획 등고선	
굵은 실선	·해칭을 사용하지 않을 경우 절단면과 단면에 사용되는 보이는 물체의 윤곽선 ·보강 철근을 나타내는 선 ·특별히 중요한 선	보이는 물체의 윤곽 또는 면들이 만나는 윤곽을 나타내는 선
가는 파선	·조경 도면상의 기존 등고선(대안으로 가는 실선 사용) ·화단/잔디의 분할을 나타내는 경계선 ·가려진 윤곽선(대안으로 기본 파선 사용)	보이지 않는 물체의 윤곽 또는 면들이 만나는 윤곽을 나타내는 선
기본 파선	가려진 윤곽선(대안으로 가는 파선 사용)	
굵은 파선	·배근도에서 상부근(앞쪽)과 하부근(뒤쪽)이 동시에 표현되는 경우 하부근과 뒤쪽 철근을 나타내는 선	보이지 않는 물체의 윤곽 또는 면들이 만나는 윤곽을 나타내는 선
가는 일점쇄선	·절단면을 나타내는 선(절단면 끝단의 선 또는 절단면의 방향 변화가 있는 선은 기본 일점 쇄선 사용) ·중심선(그림의 중심을 나타내는 선) ·기준선	움직이는 부분의 궤적 중심을 나타내는 선
기본 일점쇄선	·절단면을 나타내는 선(절단면 끝단의 선 또는 절단면의 방향 변화가 있는 선) ·절단면 앞에 위치한 보이는 물체의 윤곽선	
굵은 일점쇄선	·보조선 및 임의의 기준선 ·특별한 요구가 적용되는 면이나 선의 지시선 ·단계, 지구 등의 경계선	특별한 요구사항을 적용할 범위와 면적을 나타내는 선
가는 이점쇄선	·이동 가능한 부품의 이동 위치 및 최대 이동 위치를 나타내는 선(가상선) ·무게 중심선 ·인접부 윤곽선	·그림의 중심을 이어서 나타내는 선(중심선) ·가공전의 물체 윤곽을 나타내는 선 ·절단면의 앞에 위치하는 부품의 윤곽을 나타내는 선
기본 이점쇄선	절단면 앞에 위치한 물체의 가려진 부분을 나타내는 윤곽선	
굵은 이점쇄선	프리스트레스트 철근과 케이블을 나타내는 선	
가는 점선	프로젝트에 포함되지 않는 부분의 윤곽선	

▌기본 실선 추가용도
·문, 창문, 계단 및 가구 등을 간략하게 표현하는 선(대안으로 가는 실선 사용)
·기본 계획 단계에서 모듈 격자를 나타내는 선(필요시 윤곽선과 다른 색으로 표시)
·보이는 면, 절단면 및 단면을 표시하는 화살표 선

▌가는 일점쇄선 추가용도
·대칭선(선의 끝 부분에 가늘고 짧은 평행선 2개를 그어 표시)
·상세도를 그리기 위하여 확대한 틀의 선
·부분적이고 간섭된 면, 절단면, 단면의 제한을 나타내는 선

▌선의 요약(건축)
① 굵은 실선 : 단면의 윤곽 표시
② 기본 실선 : 보이는 면의 윤곽 표시 또는 좁거나 작은 면의 단면 윤곽 표시
③ 가는 실선 : 치수선, 치수보조선, 인출선, 격자선의 표시
④ 파선 : 보이지 않는 부분이나 절단면보다 양면 또는 윗면에 있는 표시(숨은선)
⑤ 일점쇄선 : 중심선, 절단선, 기준선, 경계선, 참고선 등의 표시
⑥ 이점쇄선 : 상상선 또는 일점쇄선과 구별할 필요가 있을 때

3>>> 치수선의 사용

1 치수선의 표기방법

① 치수는 특별히 명시하지 않는 한 마무리 치수로 표시
② 치수기입은 치수선 중앙 윗부분에 기입 – 치수선 중앙에 기입 가능
③ 치수기입은 치수선에 평행하게 도면의 왼쪽에서 오른쪽으로, 아래로부

터 위로 읽을 수 있도록 기입

④ 협소한 간격이 연속될 때에는 인출선을 사용하여 치수 기입

⑤ 치수선의 양끝은 화살 또는 점으로 표시(단말 기호) – 한 도면에 2종 혼용금지

⑥ 치수의 단위는 밀리미터(mm)를 원칙으로 하고, 이때 단위 기호는 쓰지 않으며, 단위가 밀리미터가 아닌 때에는 단위 기호를 쓰거나 그 밖에 방법으로 단위 명시

⑦ 치수는 중복을 피하고 계산하지 않고도 알 수 있도록 기입

❷ 치수선의 용도

① 길이나 각도의 치수를 표기하는 데 사용

② 물품·건물 등의 치수를 기입하는 데 사용

❸ 치수선의 종류

(1) 치수선의 구분

① 치수선 : 치수를 기입하기 위하여, 길이, 각도를 측정하는 방향에 평행으로 그은 선

② 치수보조선 : 치수선을 기입하기 위해 도형에서 그어낸 선

③ 지시선(인출선) : 기술·기호 등을 나타내기 위하여 그어낸 선

(2) 치수선 기입방법

① 가는 실선 사용

② 치수보조선은 치수를 기입하는 형상에 대해 수직 – 필요시 경사지게 그릴 수 있으나 서로 평행하게 표시

③ 치수보조선은 그림에 방해가 되지 않도록 조금 띄어 그림 – 1~2mm 정도

④ 치수보조선은 치수선보다 약간 길게 끌어내어 그림 – 2~3mm 정도

⑤ 두 개의 면이 교차하는 위치를 표시할 때, 치수보조선은 교차점을 약간 지나게 연장하여 그림

⑥ 불가피한 경우가 아니면 다른 선(치수선, 치수보조선 포함)과

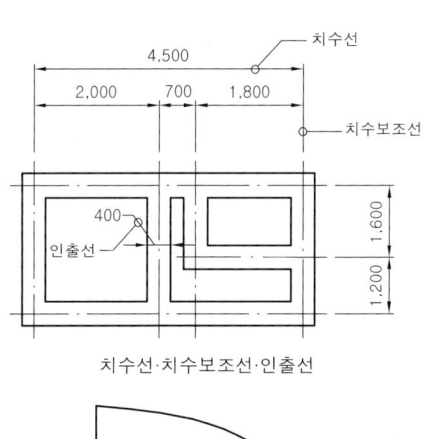

| 치수선·치수보조선·인출선 |

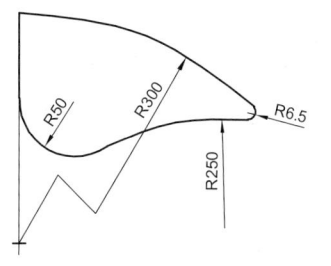

반지름 기입법

| 치수선과 기입법 |

인출선(지시선)의 용도

① 도면의 내용물의 대상자체에 기입하기 곤란할 때 사용하는 선이다.

② 가는 실선으로 표시한다.

③ 한 도면에서 긋는 방향과 기울기를 가능한 통일한다.

④ 배식도에서 수목을 인출하여 수량, 수종명, 규격을 나타낼 때 많이 쓰인다.

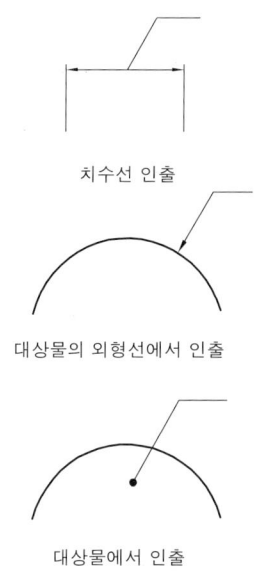

치수선 인출

대상물의 외형선에서 인출

대상물에서 인출

| 지시선(인출선)의 사용 |

교차 금지

⑦ 부품의 중심선이나 외형선은 치수선으로 사용해서는 안되며, 치수보조선으로는 사용 가능

⑧ 단말 기호는 화살표(15~90°), 사선(45°), 점, 원 등 사용 가능

⑨ 한 도면 내에서 인출선을 긋는 방향과 기울기는 가능하면 통일

▌단말기호
① 기호의 크기는 도면을 읽기 위해 적당한 크기로 비례하여 그린다.
② 화살표는 끝이 열린 것, 닫힌 것 및 빈틈없이 칠한 것 중 어느 것을 사용해도 상관없다.

4>>> 설계기호 및 표현기법

◢ 설계기호

1) 도면표시기호

① 도면을 간단히 함과 동시에 지시내용의 해석을 통일하기 위하여 그림 기호·문자기호 등 사용

② 기호를 사용하여 특정의 사항을 도면에 표시

③ 한국산업표준에서 규정한 기호를 그 규정에 따라 사용하는 경우에는 일반적으로 특별한 주기 불필요

④ 그 외의 기호를 사용하는 경우에는 그 기호의 뜻을 도면의 적당한 개소에 주기 필요

▌도면의 변경
도면을 변경할 때에는 변경한 부분에 적당한 기호를 써 넣고, 변경전의 모양 및 숫자를 보존하고 변경의 목적, 이유 등을 명백히 한 후 변경부분을 별도로 표시한다.

약어

표기	내용	표기	내용
EL.(ELEV.)	표고(Elevation)	B.C	커브시점(Beginning of Curve)
G.L	지반고(Ground Level)	E.C	커브종점(End of Curve)
F.L	계획고(Finish Level)	DN	내려감(Down)
W.L	수면 높이(Water Level)	UP	올라감(Up)
F.H	마감 높이(Finish Height)	A	면적(Area)
B.M	표고 기준점(Bench Mark)	Wt	무게(Weight)
W	너비, 폭(Width)	V	용적(Volume)
H	높이(Height)	@	간격(at)
L	길이(Length)	CONC.	콘크리트
D·ϕ	지름(Diameter)	STL.	철재(Steel), 강판(STL, PL)
THK	재료 두께(Thickness)	P.C	Precast Concrete
R	반지름(Radius)	S 1:200	축척 1/200
EA	개수(Each)	EXP. JT	신축줄눈(Expansion Joint)
TYP.	표준형(Typical)	MH	맨홀
ϕ10	원형철근 10mm	D10	이형철근 10mm

그림 평면 및 재료표시 기호

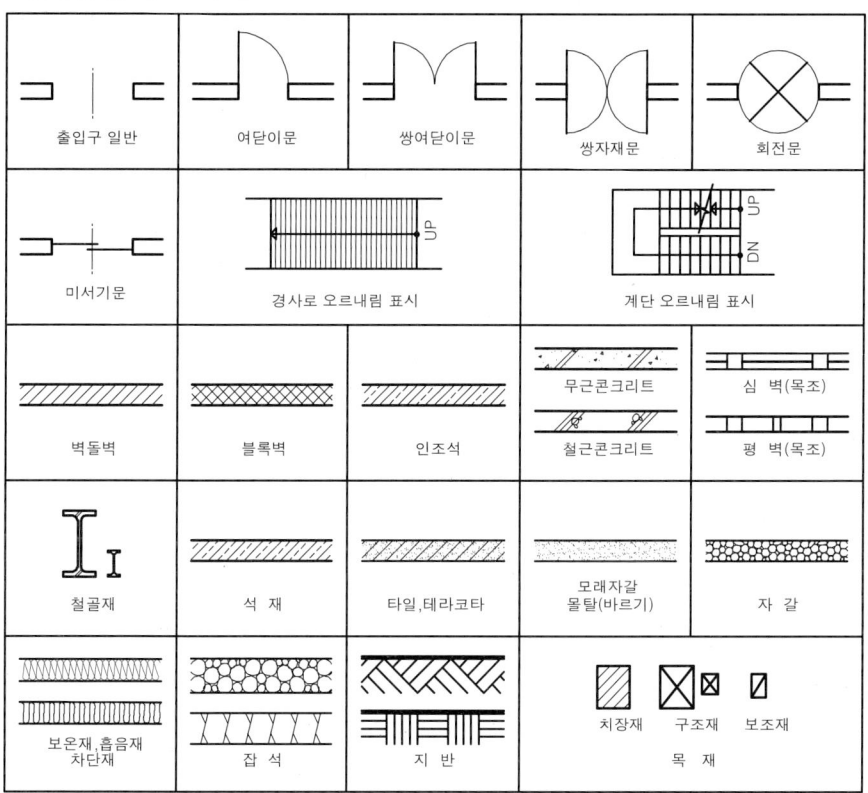

출입구 일반	여닫이문	쌍여닫이문	쌍자재문	회전문
미서기문	경사로 오르내림 표시		계단 오르내림 표시	
벽돌벽	블록벽	인조석	무근콘크리트 / 철근콘크리트	심 벽(목조) / 평 벽(목조)
철골재	석 재	타일,테라코타	모래자갈 몰탈(바르기)	자 갈
보온재,흡음재 차단재	잡 석	지 반	치장재 구조재 보조재 (목 재)	

조경요소 일람표

퍼걸러 4,500x4,500	사각정자 4,500x4,500	육각정자 D=4,500	평의자 1,800x400	등의자 1,800x650	야외탁자 1,800x1,800
평상 2,100x1,500	수목보호대 2,000x2,000	음수대 500x500	휴지통 Ø600	집수정 900x900	빗물받이 400x400
조명등 H=4,500	볼라드 Ø450	안내판 H=2,100	미끄럼대 이방식	그네 3연식	회전무대 D=2,400
철봉 L=4,500 (3단)	정글짐 2,400x2,400	사다리 3,000x1,000	조합놀이대	시소 3연식	배드민턴장 6Mx13M

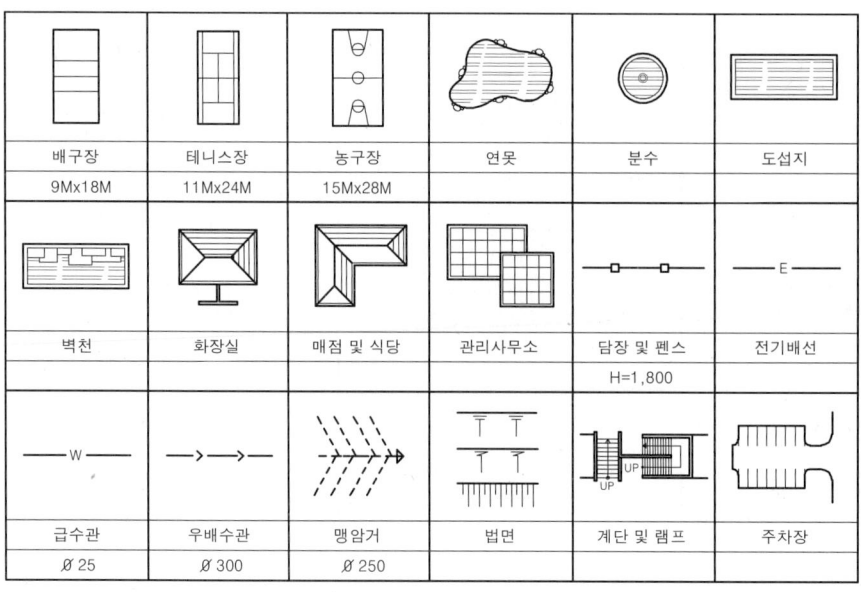

배구장 9Mx18M	테니스장 11Mx24M	농구장 15Mx28M	연못	분수	도섭지
벽천	화장실	매점 및 식당	관리사무소	담장 및 펜스 H=1,800	전기배선
급수관 Ø 25	우배수관 Ø 300	맹암거 Ø 250	법면	계단 및 램프	주차장

침엽교목

활엽교목

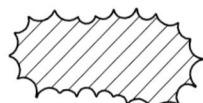
침엽관목 군식

활엽관목 군식

| 수목의 표현 |

② 설계의 표현기법

(1) 일반사항

① 설계과정에서 단어를 대신하여 심벌(symbol) 사용 – 교목, 관목, 석재, 벽돌, 물 등

② 심벌이 모여 설계자의 아이디어를 도해한 그래픽으로 발전

③ 그래픽들이 제도기법 등 정해진 규정에 따라 정리되어 설계도면으로 완성 – 설계자

④ 개성적이고 독창적 표현, 아름다운 도면으로 신뢰성 확보

(2) 디자인과 그래픽(design & graphic)

① 설계초기 개념부터 마무리 단계에 이르기까지 전 과정의 아이디어를 시각적으로 표현

② 설계에 포함된 복잡한 여러 문제·주제 등 그래픽을 통한 설명

③ 다이어그램(diagram), 디자인 드로잉(design drawing), 평면도와 입면도, 개략적인 스케치 등 이용

④ 평면도에서는 수평·수직적 요소를, 입면도나 단면도·투시도에서는 수직적 요소를 심벌로 표현

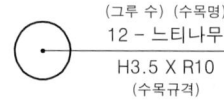
(그루 수) (수목명)
12 – 느티나무
H3.5 X R10
(수목규격)

| 수목인출선 표시법 |

▌설계도 작성 시 주의사항
① 도면 전체가 구도적인 미를 느끼도록 한다.
② 표현 방법, 선, 문자가 통일되도록 한다.
③ 정확해야 하며, 오류기재, 내용누락이 없어야 한다.

5>>> 기타 제도 사항

❶ 제도에 사용되는 문자 – 레터링(lettering)

(1) 문자의 표시

① 한글 : 한글의 서체는 활자체에 준하는 것이 좋음

② 영자 : 주로 로마자 대문자 사용 – 필요시 소문자 사용

③ 숫자 : 아라비아 숫자 사용

(2) 레터링 속성

① 읽기 쉬울 것 : 정확히 읽을 수 있도록 정확히 쓰며, 연필로 쓰는 문자는 도형을 표시한 선의 농도에 맞추어 기입

② 균일할 것 : 같은 크기의 문자는 그 선의 굵기 적용

③ 도면의 마이크로필름 촬영에 적합할 것

(3) 레터링 원칙

① 글자는 명백히 기입

② 문장은 왼쪽에서부터 가로쓰기가 원칙 – 곤란할 경우 세로쓰기 가능(여러 줄일 때에는 가로쓰기)

③ 글자체는 수직 또는 15° 경사의 고딕체로 쓰는 것이 원칙

④ 글자의 크기는 각 도면의 상황에 맞추어 알아보기 쉬운 크기

⑤ 4자리 이상의 수는 3자리마다 휴지부를 찍거나 간격을 둠

(4) 문장의 기록방법

① 문장은 간결한 요지로서 가능하면 항목별로 기입

② 문체는 구어체로 기입

③ 기록방법은 좌측에서부터 하고, 필요할 경우 나누어 적을 수도 있음

④ 전문용어는 원칙적으로, 용어에 관련한 한국산업표준에 규정된 용어 및 한국과학기술처 등의 학술용어 사용

> ▌**문자의 크기**
> 문자의 크기는 문자의 높이를 기준으로 정한다.
>
> ▌**문자의 선 굵기**
> ① 한자 : 문자 크기의 1/12.5
> ② 한글·숫자·영자 : 문자 크기의 1/9

② 제도 용어

(1) 제도 일반에 관한 용어

① 제도 : 도면을 작성하는 것

② 도면 : 그림을 필요한 사항과 함께 소정의 양식에 따라 나타낸 것 – 그림 병용

③ 그림 : 도형에 치수 등의 정보를 써 넣은 것 – 투시 투상도 등 각종 투상도

④ 프리핸드 제도 : 제도기를 사용하지 않고 손으로 그려서 제도하는 것

⑤ 계획도 : 설계의 의도, 계획을 나타낸 도면

⑥ 기본 설계도 : 제작도 또는 실시 설계도를 작성하기 전에 필요한 기본적인 설계를 나타낸 계획도

⑦ 실시 설계도 : 건조물을 실제로 건설하기 위한 설계를 나타낸 계획도

⑧ 시공도 : 현장 시공을 대상으로 해서 그린 제작도

⑨ 상세도 : 건조물, 구성재의 일부에 대해서 그 형태·구조 또는 조립·결합의 상세함을 나타낸 제작도 – 일반적으로 큰 척도 사용

⑩ 단면상세도 : 건물의 수직 단면도에 의해서 나타낸 제작도

⑪ 구조도 : 구조물의 구조를 나타낸 도면

⑫ 기초도 : 기초를 나타낸 도면

⑬ 구획도 : 도시계획, 기타의 환경에 관련시켜 부지를 한정하고, 건축물의 윤곽 위치를 나타낸 평면도

⑭ 부지도 : 주위에 관련시켜서 건축물의 위치, 진입로, 부지의 전체 배치를 나타낸 평면도

(2) 도형에 관한 용어

① 외형도 : 대상물을 그대로인 상태에서 전체의 형태를 나타낸 투상도

② 정면도 : 대상물의 정면으로 한 방향에서의 투상도

③ 측면도 : 대상물의 측면으로 한 방향에서의 투상도

④ 평면도 : 대상물의 윗면으로 한 방향에서의 투상도

⑤ 저면도 : 대상물의 아랫면으로 한 방향에서의 투상도

⑥ 단면도 : 대상물을 가상으로 절단하고, 그 앞쪽을 제외하고서 그린 투상도

⑦ 종단면도 : 길이 방향의 단면도

⑧ 횡단면도 : 길이 방향으로 수직인 단면을 나타내는 단면도

⑨ 해칭 : 절단 부위 등을 명시할 목적으로 그 면 위에 그은 평행선의 무리

❸ 제도 척도(scale)

(1) 척도

① "대상물의 실제 치수"에 대한 "도면에 표시한 대상물"의 비로써 도면의 치수를 실제의 치수로 나눈 값

② 도면에 사용하는 척도는 대상물의 크기, 대상물의 복잡성 등을 고려하여 명료성을 갖도록 다음에서 선정

   ㉠ 실척(현척) : 실물 크기와 동일한 크기의 척도 (1/1)

   ㉡ 축척 : 실물 크기보다 작게 나타낸 척도 (1/2, 1/3, 1/4, 1/5, 1/10, 1/20, 1/25, 1/30, 1/40, 1/50, 1/100, 1/200, 1/250, 1/300, 1/500, 1/600, 1/1000, 1/1200, 1/2000, 1/2500, 1/3000, 1/5000, 1/6000)

   ㉢ 배척 : 실물의 크기보다 크게 나타낸 척도 (2/1, 5/1)

(2) 척도의 기입

① 도면에는 반드시 척도 기입 – 1:50, 1:100 등

② 한 도면에 서로 다른 척도를 사용하였을 때에는 각 그림마다 또는 표제란의 일부에 척도 기입

③ 단면도 등에서 대상물의 특징이나 변화를 명확하게 표시하고 싶은 경우 가로와 세로의 척도를 달리할 수 있으며, 표제란이나 그림의 근처에 척도 표시

▌경사

① 경사 지붕, 바닥, 경사로 등의 경사는 모두 경사각으로 이루어지는 밑변에 대한 높이의 비로 표시하고, "경사"의 다음에 분자를 1로 한 분수로 표시한다.(경사 1/8, 경사 1/20, 경사 1/150)

② 지붕은 10을 분모로 하여 표시할 수 있다.(경사 1/10, 경사 2.5/10, 경사 4/10)

③ 경사는 각도로 표시하여도 좋다.(경사 30°, 경사 45°)

▌스머징

절단 부위 등을 명시할 목적으로 그 면 위에 색칠하는 것

▌축척의 표현

① 실척 : 「1 : 1」

② 축척 : 「1 : X」

③ 배척 : 「X : 1」

세로 1:100   V=1:100

가로 1:500   H=1:500

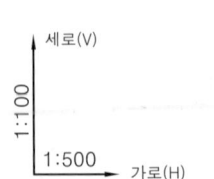

▌가로·세로의 축척이 다를 경우 표시법 ▌

④ 그림의 형태가 치수에 비례하지 않을 때에는 "NS(No Scale)"로 표시

⑤ 사진 및 복사에 의해 축소 확대되는 도면에는 그 척도에 따라 자의 눈금 일부 기입 – 스케일 바

| 그림 제도판 |

4 제도용 및 필기용 도구

(1) 제도용구

① 제도판 : 제도할 때 용지를 펴는 평평한 판으로 600×900mm 크기의 것을 많이 사용

㉠ 평행선을 그리기 위한 자(평행자, I자)가 붙어있는 것이 편리

㉡ 평행자가 없는 것은 T자 사용

② T자 : 제도판의 세로 변에 대어 평행선을 긋거나 삼각자의 안내 등에 사용하는 자 – 보통 길이 900mm의 것 사용

③ 삼각자 : 수직선 및 사선을 그릴 때 사용하는 직선용 자 – 보통 길이 450mm의 것 사용

㉠ 세 각이 90°, 45°, 45°인 것과 90°, 60°, 30°인 것 2매가 1세트

㉡ 삼각자를 사용하여 15°, 30°, 45°, 60°, 75°, 90° 등 15° 간격의 사선 제도 가능

④ 스케일(scale 축척자) : 길이를 계측하기 위한 눈금을 가진 자로 1/100, 1/200, 1/300, 1/400, 1/500, 1/600의 축척이 표시된 300mm의 삼각스케일 사용

⑤ 연필 : 연필은 H와 B로서 경도를 나타내며, 보통의 제도에는 HB를 많이 사용

㉠ H의 수가 많을수록 굳으며 흐리게 그려짐 – H, 2H, 3H, 4H 등

㉡ B의 수가 많을수록 무르고 진하게 그려짐 – B, 2B, 3B, 4B 등

㉢ 습기가 많은 날에는 연필심의 진하기가 상대적으로 흐리게 그려짐

㉣ 제도용 샤프펜슬을 이용하여 굵기를 조절하여 사용

㉤ 굵은선을 그릴 경우 굵은 심의 홀더(2mm)나 미술연필 사용

⑥ 기타도구

㉠ 지우개판 : 세밀하게 특정 부분만 지울 때 사용

㉡ 템플릿(형판) : 아크릴로 만든 얇은 판에 원이나 다른 도형 등을 일정한 형태로 뚫어놓아 기호나 시설물 등을 그릴 때 유용

㉢ 운형자 : 구름모양의 형태를 가진 용구로 여러 곡률의 곡선을 그릴 수 있게 한 것

㉣ 자유곡선자 : 납이 들어있는 금속고무재로 되어 손으로 구부려 임의의 형태를 만들어 곡선을 그릴 수 있으나 정확한 곡선을 그리기는 곤란

㉤ 그 외 지우개, 브러시, 컴퍼스, 테이프 등

| T자 |

| 삼각자 |

| 삼각스케일 |

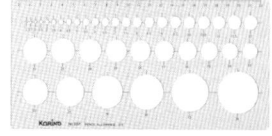

| 지우개판 |

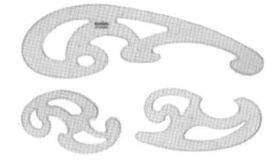

| 템플릿 |

| 운형자 |

| 자유곡선자 |

(2) 제도용구의 사용법

1) 제도준비 – 제도판 및 제도책상 위의 제도용구 배치

① 오른손으로 쓰는 것은 오른쪽에, 왼손으로 쓰는 것은 왼쪽에 배치

② 오른손잡이 설계자의 경우 눈금자(스케일), 삼각자 등은 왼쪽에 배치하고, 컴퍼스, 디바이더 등은 오른쪽에 배치

2) 연필의 사용법

① 선의 굵기가 일정하게 되도록 긋기

② 일정한 굵기를 위해 일정한 힘을 가하여 연필을 돌려가면서 긋기

③ 선의 용도와 굵기에 따라 구별하여 긋기

3) 삼각자 사용법 : 삼각자 1개 또는 2개를 사용하여 여러 각도의 선을 작도

연필의 기울기

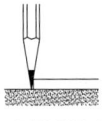

보통의 선긋기

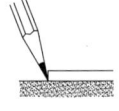

정밀한 선긋기

| 연필의 사용법 |

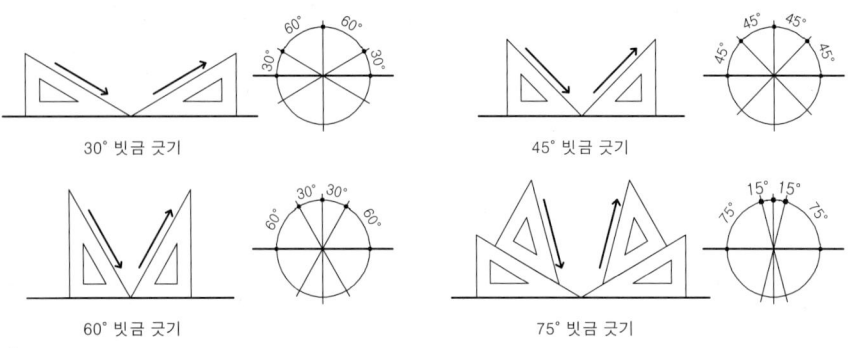

30° 빗금 긋기   45° 빗금 긋기

60° 빗금 긋기   75° 빗금 긋기

| 삼각자를 활용한 빗금 긋기 및 방향 |

4) 평행자와 삼각자를 이용하여 선긋기

선긋기는 좌에서 우로, 아래에서 위로 긋는 것이 원칙적

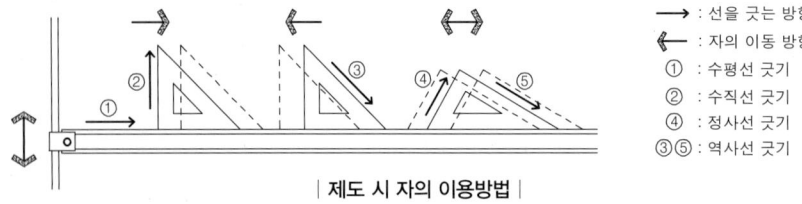

→ : 선을 긋는 방향
← : 자의 이동 방향
① : 수평선 긋기
② : 수직선 긋기
④ : 정사선 긋기
③⑤ : 역사선 긋기

| 제도 시 자의 이용방법 |

5 제도용지

(1) 제도용지

① 계획용지 : 간단한 스케치나 계획용으로 사용하는 용지로 얇은 두루마리 트레이싱지나 모눈을 인쇄한 백상지(section paper) 사용

② 원도용지 : 와트만지, 켄트지, 트레이싱지 등 사용

③ 용지의 크기 : 제도용지는 주로 A계열 용지(A0~A6) 사용

④ 용지의 폭과 길이(세로와 가로)의 비는 $1 : \sqrt{2}$인 루트비 사용

㉠ 용지의 크기는 호칭의 숫자가 클수록 작음

㉡ A0를 기준으로 1/2 호칭숫자 제곱에 비례 $-1/2$, $1/2^2$, $1/2^3$, $1/2^4\cdots$

▌원도(原圖)

보통 연필이나 잉크로 그려지고 복사의 원지가 되는 등록된 도면을 말한다.

▌사도(寫圖 복사도)

그림 또는 도면 위에 트레이싱지 등을 겹치고 복사해서 그리는 것을 말한다.

▌와트만지

도화용지의 하나이며, 순백색의 두꺼운 종이로 주성분은 마섬유이며, 수채화를 그리는 데 쓰인다.

▌트레이싱지

원도에 겹쳐서 베낄 때 사용하는 투명성이 높은 얇은 종이로 원도작성에도 쓰인다.

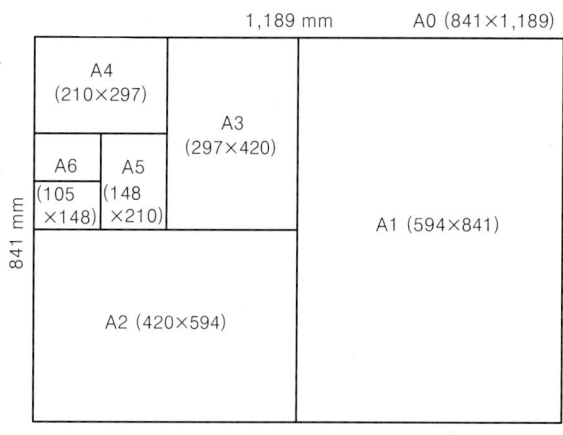

| A계열 용지의 크기 |

▌B계열 용지

B계열의 용지는 제도보다는 주로 서식이나 양식지에 주로 쓰인다.(단위 mm)

· B0 : 1,030×1,456
· B1 : 728×1,030
· B2 : 515×728
· B3 : 364×515
· B4 : 257×364
· B5 : 182×257
· B6 : 128×182

▌용지면적

· A0 ≒ 1m²
· B0 ≒ 1.5m²

(2) 도면

1) 도면의 크기

① 제도용지의 크기는 A계열의 A0~A6 적용 – 필요시 직사각형으로 연장 가능

② 대상물의 크기 도형의 복잡성 등을 고려하여, 그림의 명료성을 가질 수 있는 범위에서 가능한 최소의 크기 선정

③ 큰 도면을 접은 도면의 크기는 A4

④ 도면의 테두리(윤곽선)를 만들 경우 일정 여백 설정 – 테두리를 만들지 않아도 여백 동일

⑤ 윤곽선의 굵기는 0.5mm 이상의 실선 사용

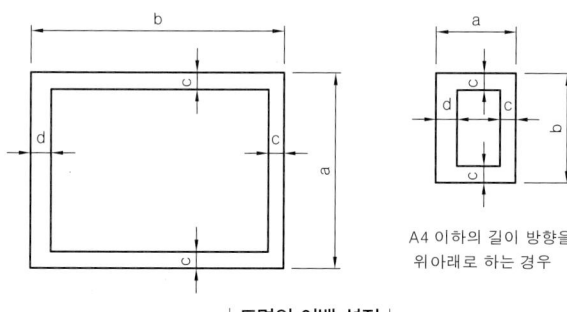

A4 이하의 길이 방향을 위아래로 하는 경우

| 도면의 여백 설정 |

도면의 여백 설정

제도지의 치수		A0	A1	A2	A3	A4	A5	A6
a×b		841×1189	594×841	420×594	297×420	210×297	148×210	105×148
c(최소)		10	10	10	5	5	5	5
d(최소)	묶지 않을 때	10	10	10	5	5	5	5
	묶을 때	25	25	25	25	25	25	25

2) 도면의 방향

① 도면은 그 길이 방향을 좌우 방향으로 놓은 위치가 정위치 - A6 이하 예외

② 평면도, 배치도 등은 북을 위로하여 배치

③ 입면도, 단면도 등은 위아래 방향을 도면지의 위아래와 일치시킬 것

3) 표제란

① 도면의 아래 끝에 표제란 설정 - 오른쪽이나 아래쪽 전체 사용 가능

② 기관 정보(발주·설계·감리기관 등), 개정 관리정보(도면의 갱신 이력), 프로젝트 정보(개괄적 항목), 도면 정보(설계 및 관련 책임자, 도면명, 축척, 작성일자, 방위 등), 도면 번호 등 기입

③ 표제란을 보는 방향은 도면의 방향과 일치시킴

6 제도에 사용되는 투상법

① 평행투상 : 투상선이 서로 평행인 투상-직각 투상, 경사투상

② 직각투상 : 투상선이 투상면을 직각으로 지나는 평행 투상

③ 정투상 : 대상물의 좌표면이 투상면에 평행인 직각 투상 - 평면도, 저면도, 입면도(정면도·우측면도·좌측면도·배면도)

　㉠ 제3각법 : 대상물을 제3상한에 두고, 투상면에 정투상해서 그리는 도형의 표시방법

　㉡ 제1각법 : 대상물을 제1상한에 두고, 투상면에 정투상해서 그리는 도형의 표시방법

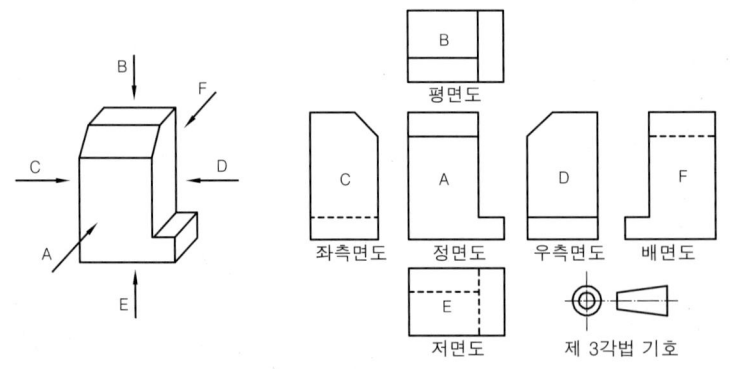

| 제3각법에 의한 투상면 |

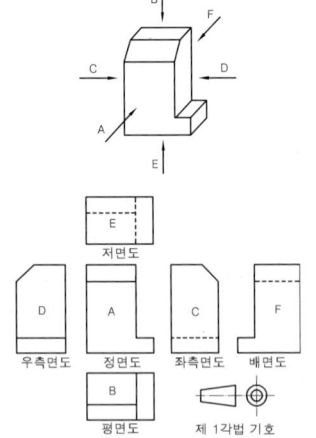

| 제1각법에 의한 투상면

④ 투시 투상 : 투상면에서 어떤 거리에 있는 시점과 대상물의 각 점을 연결한 투상선이 투상면을 지나는 투상 - 투시 투상도(투시도)

　㉠ 1점 투시 투상 : 대상물의 좌표축이 투상면에 평행이고, 다른 1축이 직각인 투시투상 - 1소점 투시도

　㉡ 조감도 : 시점의 위치를 높게 잡은 1점 투시 투상도

   ⓒ 2점 투시 투상 : 대상물의 1좌표축, 보통은 Z축(수직축)이 투상면에 평
      행이고, 다른 2축이 경사되어 있는 투시투상 – 2소점 투시도

   ⓔ 3점 투시 투상 : 대상물의 3좌표축이 모두 투상면에 대하여 경사되어
      있는 투시 투상 – 3소점 투시도

⑤ 특수투상(indexed projection)

   ㉠ 표고투상 : 대상물을 좌표면에 평행으로 절단하고, 그 절단선군의 정투
      상에 의해서 대상물의 형태를 그리는 도형의 표시 방법 – 표고 투상도

   ㉡ 경상투상 : 대상물의 좌표면에 평행으로 둔 거울에 비치는 대상물의
      상을 그리는 도형의 표시 방법 – 경상투상도(천정평면도 사용)

   ㉢ 축측투상 : 대상물의 좌표면이 투상면에 대하여 경사를 이룬 직각 투
      상 – 축측 투상도

    a. 등각투상 : 3좌표축의 투상이 서로 120°가 되는 축측투상 – 등각투
       상도

    b. 부등각 투상 : 3좌표축 투상의 교각이 모두 같지 않은 축측 투상 – 부
       등각 투상도

   ㉣ 경사투상 : 투상선이 투상면을 사선으로 지나는 평행 투상 – 경사투상도

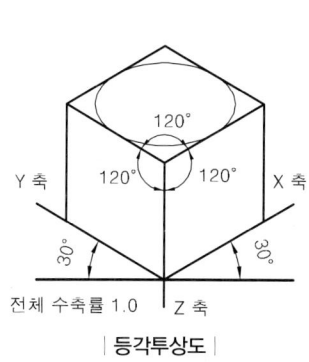

| 등각투상도 |

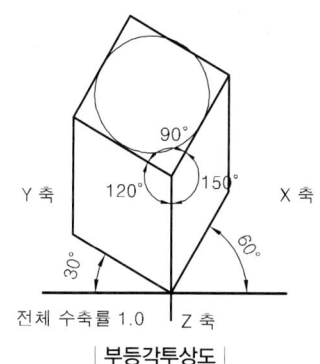

| 부등각투상도 |

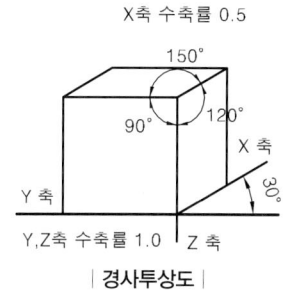

| 경사투상도 |

핵심문제

1 다음 중 선의 용도를 설명한 것으로 틀린 것은?

산기-1-1

㉮ 굵은 실선은 단면의 윤곽표시를 한다.

㉯ 가는 실선은 치수선, 인출선 등에 사용된다.

㉰ 파선은 중심선, 절단선, 기준선, 경계선, 참고선 등에 사용된다.

㉱ 2점 쇄선은 이동하는 부분의 이동 후의 위치를 가상하여 나타내는 선이다.

해 ㉰ 중심선, 절단선, 기준선, 경계선, 참고선 등에 사용되는 선은 일점쇄선이다.

2 한 도면 내에서 굵은선의 굵기 기준을 0.8mm로 하였다면 레터링 보조선이나 치수선의 적절한 굵기에 해당되는 것은?

기-04-1

㉮ 0.2mm

㉯ 0.3mm

㉰ 0.4mm

㉱ 0.5mm

해 가는 선, 기본 선 및 굵은 선의 세 가지 선 굵기 사용 – 선 굵기의 비율 1:2:4

3 파선의 사용 용도가 옳게 설명된 것은?

기-06-2

㉮ 도형의 중심을 표시하는데 사용

㉯ 대상물에 보이지 않는 부분의 모양을 표시하는데 사용

㉰ 중심이 이동한 중심궤적을 표시하는데 사용

㉱ 단면의 무게 중심을 연결하는데 사용

4 다음 중 일점쇄선으로 표시해야 하는 것은?

산기-10-1, 기-10-1

㉮ 지시선

㉯ 중심선

㉰ 치수선

㉱ 파단선

해 일점쇄선 : 중심선, 절단선, 기준선, 경계선, 참고선 등의 표시

5 다음 선의 종류 중 표현이 다른 것은?

기-04-4

㉮ 치수선

㉯ 숨은선

㉰ 해칭선

㉱ 인출선

해 ㉯ 숨은선은 파선으로 표시한다.

6 다음 중 도면 제작 시 가는 실선을 사용해야 하는 경우가 아닌 것은?

기-10-2

㉮ 기준선

㉯ 치수보조선

㉰ 인출선

㉱ 해칭선

해 ㉮ 기준선은 가는 일점쇄선으로 한다.

7 제도에 있어서 도형의 표기 방법 중 선의 형식과 두께에 관한 설명으로 옳지 않은 것은?

기-06-1

㉮ 굵은 실선은 보이는 물체의 윤곽을 나타내는 선이다.

㉯ 굵은 파선은 보이지 않는 물체의 면들이 만나는 윤곽을 나타내는 선이다.

㉰ 가는 2점 쇄선은 특별한 요구 사항을 적용할 범위와 면적을 나타내는 선이다.

㉱ 가는 1점 쇄선은 대칭을 나타내거나 그림의 중심을 나타내는 선이다.

해 ㉰ 굵은 일점쇄선에 대한 설명이다.

가는 2점 쇄선은 이동 가능한 부품의 이동 위치 및 최대 이동 위치를 나타내는 선(가상선)이다.

8 치수기입에 대한 설명 중 틀린 것은?

기-05-1, 기-06-1, 기-08-2

㉮ 치수의 단위는 mm를 원칙으로 하고 단위 기호도 기입한다.

㉯ 치수 기입은 치수선 중앙 상부에 기입하는 것이 원칙이다.

㉰ 치수는 아라비아 숫자로 나타낸다.

㉱ 협소한 간격이 연속될 때에는 인출선을 써서 치수를 기입한다.

해 치수의 단위는 밀리미터(mm)를 원칙으로 하고, 이때 단위 기호는 쓰지 않으며, 단위가 밀리미터가 아닌 때에는 단위 기호를 쓰거나 그 밖에 방법으로 단위를 명시한다.

9 치수선 긋기에 대한 설명 중 가상 옳은 것은?

기-04-2

㉮ 치수선은 그림에 방해가 되지 않게 1-2mm 정도 띄어 긋는다.

㉯ 치수선의 굵기는 0.2mm 이하의 가는 실선으로 그려야 한다.

㉰ 치수 보조선의 끝은 치수선을 넘어도 안되고 미달되어도 안된다.

㉱ 치수선 양끝에 화살의 벌림각도는 45° 화살로 나타낸다.

해 ㉮ 치수보조선은 그림에 방해가 되지 않도록 1~2mm 정도로 조금 띄어 긋는다.

㉰ 치수보조선은 치수선보다 2~3mm 정도로 약간 길게 끌어내어 그린다.

㉱ 치수선 양끝에 화살의 벌림각도는 15~90° 화살로 나타낸다.

10 일반적으로 치수 기입에 대한 설명으로 옳은 것은? 기-06-4

㉮ 치수의 단위는 cm를 원칙으로 한다.

㉯ 치수보조선은 치수선과 직교하는 것이 원칙이다.

㉰ 일반적인 방법으로 수치 치수를 기입하기에는 치수선이 너무 짧을 경우, 수치를 세로로 기입할 수 있다.

㉱ 치수선은 주로 조감도, 시설물상세도, 투시도 등 다양한 도면에 사용된다.

11 다음 중 치수, 가공법, 기타 사항을 기입하기 위하여 도형에서 빼내는 선은? 기-07-2

㉮ 치수선 ㉯ 절단선

㉰ 가상선 ㉱ 지시선

12 도면에 원호의 반지름을 나타내는 경우 치수선의 표현이 부적합한 것은? 기-09-4

㉮  ㉯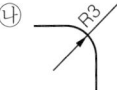

㉰ 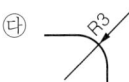 ㉱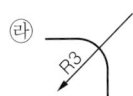

13 인출선의 용도 및 표시방법을 설명한 것 중 틀린 것은? 기-08-4

㉮ 가는 파선으로 표시한다.

㉯ 도면 내용물의 대상 자체에 설명을 기입하기 곤란한 경우 사용하는 선이다.

㉰ 인출되는 쪽에 화살표를 붙여 인출한 쪽의 끝에 가로선을 긋고, 가로선 위에 쓴다.

㉱ 한 도면 내에서는 인출선을 긋는 방향과 기울기를 가능하면 통일한다.

해 ㉮ 인출선은 가는 실선으로 표시한다.

14 조경식재설계 도면에서 인출선을 뽑아서 표기하는 내용이 아닌 것은? 기-11-2

㉮ 수목 주수 ㉯ 수종명

㉰ 수종 규격 ㉱ 수종 성상

15 한국산업규격(KS)의 건축제도 통칙에서 도면의 표시기호 중 일반기호 'D'가 의미하는 것은? 기-08-4

㉮ 길이 ㉯ 두께

㉰ 지름 ㉱ 용적

16 강관의 내경이 30mm, 외경이 33mm, 길이 L인 것의 규격 표시가 옳은 것은?(강구조물에서) 기-04-4

㉮ ø30－L ㉯ ø33－L

㉰ ø33×3－L ㉱ ø30－33－L

해 강관규격표시 : 외경×두께 － 길이

두께는 33 － 30 = 3mm이므로, ø33×3 － L로 한다.

17 시설물 설계 시 직경 1cm의 이형철근을 사용했다면 도면에 표시하는 방법이 옳은 것은? 기-03-2, 기-07-1

㉮ ø10 이형철근 ㉯ D1 이형철근

㉰ 이형철근 ø1 ㉱ 이형철근 D10

해 이형철근은 D, 원형철근은 ø로 표시하며, 단위는 mm를 쓴다.

18 다음 약어의 설명 중 틀린 것은? 기-04-1

㉮ D10 @200은 지름 10mm 인 철근을 200mm 간격으로 배근한 것을 말한다.

㉯ THK = 10mm는 재료의 두께가 10mm인 것을 말한다.

㉰ F.L는 Finish Level의 약자로 계획고를 말한다.

㉱ 강판은 STS.PL.로 나타낸다.

해 ㉱ 강판은 STL.PL로 나타낸다.

19 조경 설계상 건축제도 통칙(KS)에서 약정된 인조석의 표시법은? _{산기-08-4, 기-11-4}

㉮ 　㉯
㉰ 　㉱

해 ㉮ 석재, ㉰ 지반, ㉱ 잡석

20 다음 구조재 마감 표시 방법 중 보통 벽돌의 도면 표시방법은 어느 것인가? _{기-04-2, 기-09-2}

㉮ 　㉯
㉰ 　㉱

21 다음 기호에서 석재의 표현이 옳은 것은? _{산기-02-2, 기-03-2, 산기-05-2}

㉮ 　㉯
㉰ 　㉱

22 다음 재료별 도면표시방법 중 표현이 잘못된 것은? _{기-10-2}

㉮ 잡석 :
㉯ 콘크리트 :
㉰ 석재 :
㉱ 벽돌 :

해 ㉯ 철근 콘크리트

23 다음 조경설계 표기기호에 대한 표현이 적합하지 않은 것은? _{산기-06-2}

① ② ③ ④

㉮ ①느티나무　㉯ ②향나무
㉰ ③단풍나무 모아심기　㉱ ④철쭉 모아심기

해 ④ 침엽수 모아심기에 적합한 표현이다.

24 다음 설계도 작성시 주의할 점이 아닌 것은? _{기-05-2}

㉮ 도면 전체가 구도적인 미를 느끼도록 배치한다.
㉯ 표현방법, 선, 문자가 통일되도록 한다.
㉰ 반드시 잉킹(inking)을 하여야 한다.
㉱ 정확해야 하며, 오류기재, 내용누락이 없어야 한다.

25 도면에 레터링(lettering)을 할 때 주의할 사항 중 틀린 것은? _{기-05-2}

㉮ 원칙으로 레터링은 왼편부터 가로쓰기를 한다.
㉯ 글자 선의 굵기와 기울기는 다양해도 괜찮다.
㉰ 숫자는 가능한 한 아라비아 숫자를 사용한다.
㉱ 도면에 과다하게 많은 글씨를 쓰지 않는다.

해 문자의 선 굵기
· 한자 : 문자 크기의 1/12.5
· 한글·숫자·영자 : 문자 크기의 1/9
글자체는 수직 또는 15° 경사의 고딕체로 쓰는 것이 원칙

26 다음의 표현기법에 관한 내용 중 맞는 것은? _{기-03-4}

㉮ 레터링의 글씨 크기는 도면의 상황에 따라 적당한 크기를 선택하는 것이 좋다.
㉯ 레터링은 영문표기를 정확하게 하기 위한 약속이며, 약속된 방식을 지켜 규범화된 글씨체가 있다.
㉰ 구조재의 마감표시는 사용되는 재료별로 구분하여 도면효과를 낼 수 있는 다양한 표현을 하는 것이 좋다.
㉱ 축척 표시에서 바 스케일은 거의 사용하지 않으나, 기본설계 도면에서 도면 구성상 보기 좋게 사용하는 것이 일반적이다.

27 조경설계와 관련된 제도(KS)규약 문자쓰기 요령 중 틀린 것은? _{기-05-4}

㉮ 문장의 기록방법은 좌측부터 하고, 필요에 따라 나누어 적을 수도 있다.
㉯ 문자의 크기는 문자의 너비로 표현한다.
㉰ 숫자는 주로 아라비아 숫자를 원칙으로 한다.
㉱ 한글자의 서체는 활자체에 준한다.

해 문자의 크기는 문자의 높이를 기준으로 정한다.

28 지형, 지물(地物)을 어느 한 방향에서 수평 투영한 도면은 무슨 도면인가? _{산기-02-4}

㉮ 평면도　㉯ 단면도
㉰ 입면도　㉱ 투시도

29 축척(scale)에 관한 설명으로 가장 잘못된 것은?

㉮ 축척이 반복되도 도면마다 기입한다.

㉯ 같은 도면 중에 2개 이상의 다른 축척은 사용할 수 없다.

㉰ 도면 안에 사용한 척도는 도면의 표제란에 기입한다.

㉱ 그림의 모양이 치수에 비례하지 않아 착각될 우려가 있을 때는 N·S 등으로 명시한다.

산기-04-4

해 축척은 한 도면 안에서 2개 이상의 다른 축척을 사용할 수 있으며 그림의 가로와 세로의 축척도 달리할 수 있다.

30 다음 중 제도에서 사용되는 척도에 관한 설명 중 옳지 않은 것은? 산기-06-1

㉮ 척도란 대상물의 실제 치수에 대한 도면에 표시한 대상물의 비를 말한다.

㉯ 배척이란 1:1보다 큰 척도로 비가 크면 척도가 크다고 한다.

㉰ 한 장의 도면에서 서로 다른 척도를 사용할 필요가 있는 경우에는 반드시 모든 척도를 표제란에 기입한다.

㉱ 도면에 사용한 척도는 도면의 표제란에 기입한다.

해 ㉰ 한 도면에 서로 다른 척도를 사용하였을 때에는 각 그림마다 표시하고, 표제란에는 일부만 표시하여도 된다.

31 도면 1/100 축척에서의 4cm²는 실제로 얼마의 면적인가? 산기-06-1

㉮ 400m²

㉯ 40m²

㉰ 4m²

㉱ 0.4m²

해 · 축척 : $(\frac{1}{m})^2 = \frac{도상면적}{실제면적}$

∴ 실제면적 = 도상면적$×(m)^2 = 0.0004×100^2 = 4(m^2)$

32 도면작성에 사용되는 축척에 대한 설명으로 틀린 것은? 기-09-4

㉮ 동일 도면안에서 다른 축척으로 그린 그림이 섞여 있을 때는 각 그림마다 축척을 기입한다.

㉯ 그림의 형태가 치수와 정확히 비례하지 않을 때는 N.S이라고 표시한다.

㉰ 축척 1/10로 나타낸 면적은 1/20로 나타낸 면적의 2배이다.

㉱ 배치도 등에서 축척이 적어 실감나지 않을 때 Bar Scale을 사용한다.

해 ㉰ 축척 1/10로 나타낸 면적은 1/20로 나타낸 면적의 $\frac{1}{4}$배이다.

$A_2 = (m_2/m_1)^2 × A_1 = (10/20)^2 × A_1 = \frac{1}{4}A_1$

33 축척 1/100의 도면을 축척 1/300의 도면으로 만들고자 한다. 축척 1/100에서 크기 A를 갖는 도형은 축척 1/300에서 그 크기가 얼마나 되는가? 기-10-2

㉮ 3A

㉯ $\frac{1}{3}$A

㉰ $\frac{1}{6}$A

㉱ $\frac{1}{9}$A

해 크기를 비교하는 것은 면적비교와의 반대이다.

비교할 축척을 $(\frac{1}{m_1})^2$, $(\frac{1}{m_2})^2$이라 하고, 구하는 면적을 A'라고 하면 A' = $(m_1/m_2)^2 × A = (100/300)^2 × A = \frac{1}{9}A$

34 축척 1 : 3,000인 도면에 도시된 길이 10cm× 10cm인 정사각형의 실제 면적은?

산기-06-2, 산기-07-4

㉮ 3ha

㉯ 30ha

㉰ 9ha

㉱ 90ha

해 축척을 $(\frac{1}{m})^2$이라 하면, 실제면적 = 도면상의 면적 × $(m)^2$

∴ $0.1×0.1×3000^2 = 90000(m^2) → 9ha$ ※ 1ha = 10000m²

35 대상물의 실제 길이보다 그린 도면에서의 대응하는 길이가 100배 큰 축척을 바르게 나타낸 것은? (단, KS 제도통칙의 기준을 따른다.) 기-09-2

㉮ 1 : 100

㉯ 100 : 1

㉰ 1 : $\frac{1}{100}$

㉱ 1×10³ : 1

해 축척의 표기는 「도상크기:실제크기」로 나타내므로, 도면에서 100으로 나타난 크기가 실제 1이므로 100 : 1로 표시하게 된다.

36 다음 중 삼각 스케일로써 활용하기 어려운 축척은? 기-03-4

㉮ 1/30

㉯ 1/200

㉰ 1/7

㉱ 1/50,000

해 삼각 스케일 : 1/100, 1/200, 1/300, 1/400, 1/500, 1/600의 축척이 표시되어 있다.

37 2개의 삼각자(1조)를 이용하여 그릴 수 없는 것은? 기-05-4

㉮ 15° ㉯ 30°
㉰ 65° ㉱ 75°

해 세 각이 90°, 45°, 45°인 것과 90°, 60°, 30°인 것 2매가 1세트이며, 15°, 30°, 45°, 60°, 75°, 90° 등 15° 간격의 사선 제도가 가능하다.

38 일반적으로 조경설계에서 사용되는 축척에 대한 설명으로 틀린 것은? 기-11-1
㉮ 축척이란 실물 크기가 도면상에 나타날 때의 비율이다.
㉯ 축척은 대지의 규모나 도면의 종류에 따라 달라진다.
㉰ 일반적으로 어린이공원 계획평면도는 세밀한 표현이 가능한 1/500~1000 축척을 사용한다.
㉱ 일반적으로 상세도에서는 1/10~1/50 축척을 사용한다.

해 세밀한 표기는 대축척으로 도면을 그리는 상세도를 말하므로 상세도는 1/500~1/1000의 축척을 사용하여 그릴 수 없다.

39 제도에서 척도(scale)에 대한 설명으로 틀린 것은? 기-08-4
㉮ 척도란 대상물의 실제치수에 대한 도면에 표시한 대상물의 비를 말한다.
㉯ 배척의 경우 척도는 X : 1의 비로 표현한다.
㉰ 도면에 사용한 척도는 도면의 표제란에 기입한다.
㉱ 주택정원의 설계는 일반적으로 한눈에 들 수 있는 1/500의 축척을 사용한다.

해 ㉱ 주택정원의 설계는 일반적으로 1/100의 축척을 사용한다.

40 제도용 필기구에 대한 설명으로 틀린 것은? 기-07-2
㉮ H의 숫자가 커질수록 단단하고 흐리다.
㉯ 조경설계도면 작성에는 일반적으로 B가 많이 사용된다.
㉰ 홀더는 굵은 선을 그릴 때 사용한다.
㉱ 비가 오면 연필심이 상대적으로 흐리게 느껴진다.

해 ㉯ 조경설계도면 작성에는 일반적으로 HB가 많이 사용된다.

41 다음 선긋기에 관한 내용 중 맞는 것은? 기-04-2

㉮ 선긋기는 연필을 사용하되 inking으로 마무리해 두어야 한다.
㉯ 선긋기는 원칙적으로 좌에서 우로, 아래에서 위로 긋는 것이 좋다.
㉰ 교차하는 선은 교차하는 부분이 중복되지 않도록 세심한 주의를 요한다.
㉱ 제도용 연필은 사용용지와 무관하게 항상 HB이상의 단단한 심의 연필을 사용한다.

42 오른손을 쓰는 설계자가 제도판 및 제도책상 위에 일반적으로 놓는 제도용구의 설명으로 틀린 것은? 기-08-1
㉮ 눈금자, 삼각자 등은 오른쪽에 가깝게 놓는다.
㉯ 오른손으로 쓰는 것은 오른쪽에 가깝게 놓는다.
㉰ 왼손을 쓰는 것은 왼쪽에 가깝게 놓는다.
㉱ 컴퍼스, 디바이더 등은 오른쪽에 가깝게 놓는다.

해 ㉮ 눈금자(스케일), 삼각자 등은 왼쪽에 배치한다.

43 A0 제도 용지의 가로(장변)와 세로(단변)의 비는? 기-11-4
㉮ 정수비 ㉯ 루트비
㉰ 피보나치비 ㉱ 등차비

해 용지의 폭과 길이(세로와 가로)의 비는 1:√2인 루트비 사용

44 A1, A2 등으로 표현되는 제도용지에 대한 설명 중 틀린 것은? 기-07-4
㉮ 번호가 커질수록 용지의 크기도 크다.
㉯ 세로와 가로의 비는 1 : √2이다.
㉰ A0의 넓이는 약 1정도이다.
㉱ 큰 도면을 접을 때에는 A4의 크기로 접는다.

해 ㉮ 용지의 크기는 호칭의 숫자가 클수록 작아진다.

45 일반적으로 많이 사용되는 제도용지의 규격(mm)을 표시한 것들 중 잘못된 것은? 기-08-2
㉮ A1 : 594×841 ㉯ A4 : 210×297
㉰ B2 : 515×728 ㉱ B5 : 257×364

해 ㉱ B5 : 182×257

46 A5제도용지의 크기는 A2제도용지의 몇 배 인

가?　　　　　　　　　　　　　　　　　기-06-1

㉮ 1/2배　　　　　　　㉯ 1/4배
㉰ 1/8배　　　　　　　㉴ 1/16배

해 1/2의 호칭숫자 차이의 제곱에 비례 : $1/2^3 = 1/8$

47 정투상도에 나타나는 그림의 명칭이 아닌 것은?　　　　　　　　　　　　　　　　기-05-2

㉮ 단면도　　　　　　　㉯ 입면도
㉰ 평면도　　　　　　　㉴ 정면도

해 정투상 : 대상물의 좌표면이 투상면에 평행인 직각 투상－평면도, 저면도, 입면도(정면도·우측면도·좌측면도·배면도)

48 물체의 앞 또는 뒤에 화면을 놓고 시점에서 물체를 본 시선이 화면과 만나는 각 점을 연결하여 눈에 비치는 모양과 같게 물체를 그리는 것은?
　　　　　　　　　　　　　　　　산기-11-2

㉮ 투시도법　　　　　　㉯ 정투상도법
㉰ 등각 투상도법　　　　㉴ 부등각 투상도법

49 다음 중 특수 투상도가 아닌 것은?　기-08-2

㉮ 등각투상법　　　　　㉯ 부등각투상법
㉰ 사투상법　　　　　　㉴ 제3각법

해 특수투상 : 표고투상, 경상투상, 축측투상, 등각투상, 부등각 투상, 사투상

50 투상도의 종류 중 X, Y, Z의 기본 축이 120°씩 화면으로 나누어 표시되는 것은?
　　　　　　　　　　　　　기-10-2, 기-10-4

㉮ 이등각 투상도　　　　㉯ 부등각 투상도
㉰ 유각 투시도　　　　　㉴ 등각 투상도

51 입체물을 경사 또는 회전시켜서 3면을 볼 수 있는 위치에 놓고 수직투상을 한 투상의 종류는?
　　　　　　　　　　　　　　　　기-11-1

㉮ 축측투상(axonometric projection)
㉯ 투시투상(perspective projection)
㉰ 복면투상(double-plane projection)
㉴ 표고투상(indexed projection)

52 (보기)의 입체도에서 화살표 방향의 투상도로

가장 적합한 것은?　　　　　　　　　기-10-2

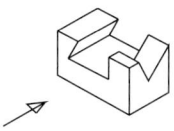

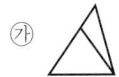 ㉮　　　　　㉯

 ㉰　　　　　㉴

53 제 3각법으로 정투상 된 [보기]와 같은 정면도와 평면도에 맞는 우측면도로 가장 적합한 것은?
　　　　　　　　　　　　　　　　산기-09-2

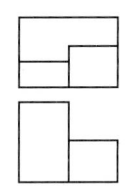

㉮ 　　　　　㉯

㉰ 　　　　　㉴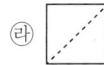

해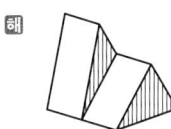

54 그림과 같은 제3각 정투상도(정면도, 평면도, 좌측면도)에서 미완성된 좌측면도로 가장 적합한 것은?
　　　　　　　　　　　　　　　　산기-10-2

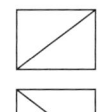

㉮ 　　　　　㉯

㉰ 　　　　　㉴

해 ㉯ 우측면도

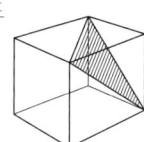

CHAPTER 02 조경설계과정

1>>> 조경설계

1 조경설계의 정의

(1) 조경설계

① 과학적 합리성과 예술적 창의성을 동시에 추구 – 건축설계와 유사

② 토지와 공간을 보다 기능적으로 편리하고 유용하게 만드는 작업

③ 창출되는 새로운 형태와 경관의 보다 아름답고 높은 예술적 가치 제고

④ 생태적으로 보다 건강하고 건전한 환경을 만드는 것

(2) 조경설계의 범위

① 환경설계의 한 분야로 옥외공간이 대상

② 주택정원으로부터 도시의 공원과 녹지, 리조트 단지, 지역규모에 이르는 광범위한 영역

2 조경설계 방법

(1) 시대별 설계방법론(G. Broadbent)

① 제1세대 방법론(1960년대) : 체계적 설계과정 중시 – 분석적 파악과 선입관 배제

② 제2세대 방법론(1970년대) : 이용자 참여설계 중시 – 이용자의 요구 및 평가

③ 제3세대 방법론(1980년대) : 설계안의 예측과 반박 – 문제점 예측과 수정

④ 제4세대 방법론(1990년대) : 순환적 과정으로 발달 – 이용 후 평가

(2) 설계방법

1) 직관적 방법 – 암흑상자 디자인

① 설계자의 직관적 아이디어에 의해 문제를 해결하는 방법

② 틀과 같은 제한조건이 없으므로 기성화되지 않은 잠재력과 융통성 발휘

③ 논리적 설명이나 객관적 평가 곤란

④ 설계자의 경륜에 따라 결과물의 질 좌우

2) 합리적 방법 – 유리상자 디자인

① 분석 → 구상 → 평가과정을 거쳐 최종 결과물이 나오기까지의 과정을 보여줄 수 있음

② 설계과정의 여러 단계별 결과가 다음 단계로 이어져 최종결과를 얻음

▌조경설계의 요소
① 기능(function)
② 미(beauty)
③ 환경(environment)

▌조경의 정의
① 옴스테드 : 자연과 인간에게 봉사하는 분야
② 미국조경가협회(ASLA) : 인간의 이용과 즐거움을 위하여 토지를 다루는 기술

▌설계방법론 발달단계
설계과정에 관심 → 설계과제에 관심 → 설계행위에 관심 → 설계는 예측과 반박으로 이루어진다고 봄 → 이용후 평가를 통한 순환설계과정

③ 미리 준비된 설계과정의 틀이 필요하나 경직된 설계의 틀로 인해 창의성이나 융통성의 결여 가능성

④ 비교적 큰 규모의 프로젝트를 합리적으로 진행하는 데 효과적

⑤ 논리적이며 과학적인 방법으로 설득력과 객관성 확보

┃ 설계에서의 환류(Feed-back)
설계과정에서 기본구상이 이루어진 다음 구체적인 세부설계에 도달하는데 이때 현실의 제약조건 때문에 기본구상과 계획이 또 다시 재검토되고 수정되면서 원래의 구상이 점차적으로 구체화되는 과정을 말한다.

---

(3) 환경분야의 과학적 설계

① 설계자의 직관 및 경험에만 의존하지 않고 합리적 접근이 가능한 분야로 과학적 방법 이용

② 과학적 설계연구 자료에 근거하여 설계

③ 이용자의 행태, 선호 및 가치 최대한 고려

④ 설계자의 창의력에 과학의 객관성과 합리성을 접목하여 설계하는 방법

(4) 컴퓨터설계

① 시간과 노력의 절감

② 각종 연구자료 제공 및 자료의 저장 및 출력 용이

③ 계획 지표의 예측, 계획안의 비교, 수정, 경제성 비교 등에 편리

④ 여행과 관찰에서 얻은 깨달음을 계획에 반영 가능

┃ 컴퓨터 CADD(Computer Aided Design and Drafting)의 기능
① 공간자료의 입력
② 계획의 준비 및 평가
③ 계획의 프리젠테이션(pre-sentation)

┃ 환경설계평가(Environmental design evaluation)의 목표
① 인간과 환경의 관계성을 연구함으로써 인간행태에 관한 이해 증진
② 새로운 환경의 창조와 기존의 환경개선
③ 장래의 설계 교육에 필요한 중요한 자료 마련
④ 이용자의 만족도 및 환경의 적합성 예측을 위한 능력개발 시도

┃ 조경설계에 많이 사용되는 소프트웨어
① Auto-CAD
② LANDCADD
③ SYMAP

2>>> 기본설계

1 조경계획의 과정

① 조사·분석단계 : 기본전제, 대지분석 및 기능분석 – 적지분석

② 종합단계 : 대안작성 및 기본계획의 수립

③ 발전단계 : 부문별 계획과 설계 및 시행

┃ 조경계획과 설계의 작업순서
계획목표수립 → 예비조사 → 분석 → 종합 → 기본구상 → 기본계획 → 기본설계 → 실시설계 → 시공 → 시공 후 평가 및 관리

┃ 계획과 설계
① 계획 : 문제의 도출과정 – 객관적·논리적 합리성으로 문제 제시
② 설계 : 문제의 해결과정 – 주관적·직관적 창의성과 예술성 강조

❷ 조경설계의 과정

① 조경계획의 발전단계 : 기본계획안(master plan)이 결정되면, 기본계획에서 제시된 사항들을 중심으로 구체적으로 발전시키는 단계

② 기본설계 : 기본계획을 바탕으로 구역별로 상세하게 발전시키는 것으로, 기본계획의 골격에 벗어나지 않고 보다 구체적으로 부지에 결합시킬 수 있도록 작성

③ 실시설계 : 기본설계의 내용을 더욱 구체적으로 발전시켜, 실제 공사에 필요한 각 부분의 정확한 시공방법 및 치수를 포함하는 공사용 실시도면과 내역서 및 시방서를 작성하는 것

❸ 개념도

① 설계 초기단계의 아이디어를 빠르게 표현하는 도면

② 개념도를 통해 자신의 아이디어를 구체화시키며 발전시켜 나감

③ 토지이용, 차량과 보행자 동선, 공적공간과 사적공간 등 다양한 주제별로 작성하기도 함

④ 기능다이어그램 : 설계상의 주요 기능과 공간들 간의 가장 적절한 최선의 관계가 무엇인가를 알아보기 위한 목적으로 그려지는 도면

⑤ 버블 다이어그램(bubble diagram) : 설계과정 초기의 기본구상단계 시 통상적으로 이용

  ㉠ 설계대상 부지의 규모나 형상이 크게 고려되지 않음

  ㉡ 설계가의 생각을 고도로 요약하고 상징적으로 표현할 수 있는 수단

⑥ 기능분석도 : 버블 다이어그램에서 한단계 발전된 형태 – 함축적 내용

  ㉠ 장소와 공간상에 배분되어야 할 용도와 목적들의 상호관계를 도형으로 압축 표시

  ㉡ 백지상에 각 공간의 상호 관련성, 제약조건이 의도적으로 표시된 도면

⑦ 설계개념도 : 설계과정 중 공간의 기본구상 수립단계에서 작성되는 도면

  ㉠ 설계목표의 실현가능성과 예측되는 이용만족도 표시

  ㉡ 기능이나 공간들의 개방성과 폐쇄성, 공간별 출입부의 위치 등 표시

  ㉢ 부지의 특성이 반영되고 축척의 개념이 적용된 도면

❹ 기본설계

① 소규모 프로젝트에서는 기본계획과 구분하지 않음

② 기본계획에서 제시된 사항들을 중심으로 부분별(공간의 형태·시각적 특징, 기능성과 효율성, 재료 등)로 구체화

③ 구체적 전개과정에서 기본계획의 문제점이 들어나면 기본방향을 크게 해치지 않는 범위에서 해결

▌기본계획(계획설계)

① 프로젝트의 개략적 골격, 토지이용과 동선체계, 각종 시설 및 녹지의 위치, 하부구조 계획(전기·가스·상하수 등)을 정하는 단계이다.

② 앞으로의 시행을 위한 사업의 규모를 추정한다.

③ 기본자료의 분석 및 정리, 배치기본계획·사업투자계획·설계지침 등을 제시한다.

▌린치(K. Lynch)의 3가지 유형의 개념도

① 토지이용계획(land use plan)

② 동선계획(Circulation plan)

③ 시각적 형태(Visual form)

▌기본설계

대규모 프로젝트 또는 토목·건축·도시계획 등과 협동이 필요한 경우에는 별도의 설계단계로서 기본계획보다 좀 더 구체적 사항을 결정하고, 기본설계는 사업을 확정한 후, 관계자들을 이해시키고 최종적인 시행에 필요한 준비작업을 하는 단계로, 정확성과 시각적 전달성도 높여야 한다.

④ 공간의 배치 및 규모가 구체적으로 확정되는 단계이므로 정확한 축척을 사용하여 도면 작성

⑤ 배치설계도·도로설계도·정지계획도·배수설계도·식재계획도·시설물배치도·시설물설계도·설계개요서·공사비개산서·시방서 등 작성

3>>> 실시설계

■ 실시설계과정

(1) 실시설계내용

① 배치계획 : 공간의 구성에 대한 상세설계 및 배치

② 정지계획 : 부지계획에 따른 상세계획 및 실제 공사를 위한 정지설계

③ 식재계획 : 공간구성에 의한 식재계획 및 설계

④ 구조물 상세 : 각 시설물 등의 상세설계

(2) 실시설계 도서

① 위치, 형태, 크기, 재료, 시공방법 등 설계의도를 표현한 도면

② 공사시행을 위한 구체적이고 상세한 도면 작성 – 쉽고 명확하게 표현

③ 표현효과보다는 시공자가 쉽게 알아보고 능률적·경제적으로 시공이 가능한 도면작성

④ 모든 종류의 설계도·상세도·수량산출·일위대가표·공사비·시방서·공정표 등 작성

■ 도면의 종류

(1) 평면도

① 공중에서 수직적으로 내려다본 도면 – 건축은 1.2~1.8m 부분의 절단면 표현

② 시공에 직접 필요한 도면으로, 건물형태, 위치, 면적 표시 및 수목의 배식계획 표현

③ 현지측량도면을 기초로 하여 작성

(2) 입면도

① 조경부지 내에 배치되어 있는 상태를 옆에서 수평으로 보아, 수직적 공간구성을 나타내는 설계도

② 공간과 시설물, 수목들과의 관계, 수목 매스(mass)의 크기 등 설명

③ 정면도, 우측면도, 좌측면도, 배면도 등

(3) 단면도

① 평면도만으로 표현할 수 있는 한계가 있으므로 수직적 차원의 보완으로

설계의 과정
① 개념도 작성
② 형태구성 검토
③ 예비설계
④ 기본계획 초안
⑤ 기본계획
⑥ 도해적 설계
⑦ 설계의 발전

시공도 작성
① 전체 내용에서 부분내용으로 그려 나간다.
② 기본배치도에서 부분 상세도 작도를 진행한다.
③ 단면 상세와 입면도를 가급적 같은 도면에 표시한다.
④ 내용상 동일 도면 내에서는 상세한 정도도 맞추어 그리는 것이 좋다.

필요

② 평면도상의 특정부분을 절단한 모양의 도면

③ 주로 옹벽, 테라스 등과 같이 지형변화가 있는 곳이나 수변과 접하는 부분에 유용

④ 종단면도와 횡단면도가 일반적이며 그 외의 부분도 복잡성에 따라 추가 작도

(4) 상세도

① 축척을 크게 적용하여 중요한 부분을 그린 도면으로 그림이 확대되어 보여짐

② 평면도나 단면도 등에 나타난 표현으로는 설명이 어려운 경우 작도

③ 상세도는 중요한 부위를 자세히 설명해주기 위한 것으로 정확하게 표현

④ 일반적으로 상세도는 축척 1/10~1/50 사용

(5) 조감도(bird's eye view)

시점을 높여 공중에서 본 모습을 그린 투시도 – 새가 하늘에서 본 모양

(6) 투시도(perspective drawing)

조경설계안의 특징을 효과적으로 강조하며 실제 완성된 모습을 가상하여 그린 도면으로, 눈에 보이는 형상 그대로 그리는 그림 – 중심투영도

1) 투시도 용어

① 투상면(화면 picture plane ; P.P) : 투상에 의해서 대상물의 형태를 찍어내는 평면

② 시점(정점·입점 station point ; S.P) : 대상물을 투상할 때 눈의 위치

③ 시선(line of sight) : 시점과 공간에 있는 점을 연결하는 선 및 그 연장선

④ 투상선(projector) : 시점과 대상물의 각 점을 연결하고, 대상물의 형태를 투상면에 찍어내기 위해 사용하는 선

⑤ 소점(소실점 vanishing point ; V.P) : 물체의 각 점이 수평선상에 모이는 점 – 화면에 평행하지 않은 선들은 한 점에 고정

⑥ 기면(지표면 ground plane ; G.P) : G.L상의 수평면으로 사람이 서 있는 면

⑦ 기선(ground level ; G.L) : 기면의 지반선

⑧ 수평선(horizontal line ; H.L) : 화면상에 수평선으로 나타나는 눈높이선(eye level ; E.L)

⑨ 족선(foot line ; F.L) : 물체의 평면도상의 각 점과 SP를 연결한 선 – 시선의 G.P상의 선

⑩ 족점 : 족선과 화면이 위치한 G.L과 만나는 점

2) 투시도의 성질

① 효과적인 투시도 작성에 일반적으로 쓰이는 화각은 30~60°

상세도 작성 시 알아야 할 사항

① 각 부분의 관계높이

② 재료의 치수

③ 마무리 방법

조경디테일 분류 – 니얼 커크우드(Nial Kirkwood)

① 조경디테일은 표준 디테일과 비표준 디테일로 분류된다.

② 표준디테일은 성능이 뛰어나기 때문에 반복적으로 사용되어온 디테일로 규정적 디테일과 권장디테일로 구분된다.

③ 규정적 표준디테일은 법규, 조례, 설계기준에 의해 강제적으로 준수되어야 하는 디테일이다.

② 투시도의 대상물과 시점이 가까울수록 경사지고 날카롭게 보임

③ 투시도 상태에서 수평선을 높이면 조감도 형태로 변환

④ 시점이 대상물에 너무 접근하면 왜곡되고 너무 멀어지면 입체감 저하

⑤ 시점에 가까울수록 크게 나타남

⑥ 화면에 평행하지 않는 선들은 소점으로 모임

⑦ 소점은 항상 관측자 눈높이의 수평선상에 생성

⑧ 화면보다 앞에 있는 물체는 실제보다 확대되어 나타남

⑨ 같은 크기의 수평면이라도 보이는 면의 폭은 시점의 높이에 가까워질수록 좁게 보임

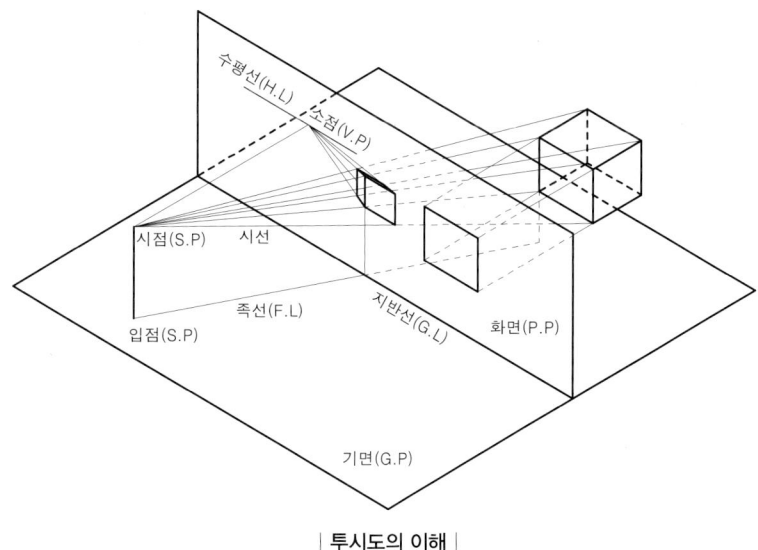

| 투시도의 이해 |

3) 투시도의 종류

① 1소점 투시도 − 모든 투시도의 기본

  ㉠ 밑면이 기면과 평행하고 측면의 한 면이 화면에 평행으로 위치한 투시도 − 평행투시도

  ㉡ 시선 방향과 평행한 물체의 선들은 소점으로 좁아져 보임 − 평행선 원근법

  ㉢ 화면에 평행한 선(시선과 수직인 선)들은 기울어짐 없이 평행하게 보임

  ㉣ 집중감이 있으며 정적인 표현

② 2소점 투시도

  ㉠ 밑면이 기면과 평행하고 측면이 화면과 경사진 각을 이루며 위치한 투시도 − 유각투시도·성각투시도

  ㉡ 화면과 평행하지 않은 선들은 화면의 양쪽에 만들어지는 소점으로 모여져 보임 − 사선원근법

ⓒ 부드러움과 자연스러움의 표현

③ 3소점 투시도

㉠ 기면과 화면에 평행한 면이 없어 화면에 가로·세로·수직의 선들이
경사를 이루며 나타나는 투시도 – 경사투시도

㉡ 대상물의 가로·세로·수직의 세 좌표축에 모두 소점 생성 – 공간원근법

㉢ 고층 건물의 효과나 특징적 구분을 위한 표현

④ 조감도(bird's eye view) : 시점의 위치를 높게 잡아 대상물들이 모두
시점보다 아래로 그려지는 투시도로 주로 2소점 투시도로 표현

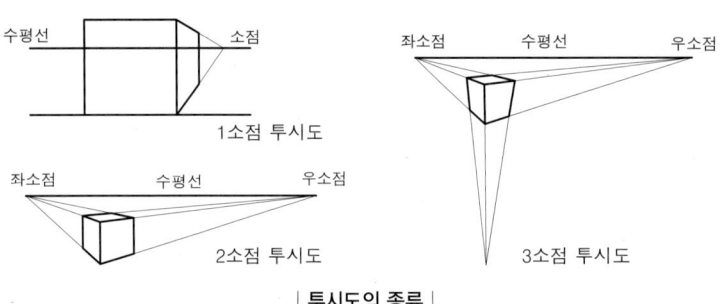

| 투시도의 종류 |

핵심문제

1 설계방법론의 발달단계로 옳은 것은?

기-04-1

㉮ 설계과정에 관심 → 설계는 예측과 반박으로 이루어진다고 봄 → 설계과제에 관심 → 설계행위에 관심

㉯ 설계과정에 관심 → 설계행위에 관심 → 설계과정에 관심 → 설계는 예측과 반박으로 이루어진다고 봄

㉰ 설계행위에 관심 → 설계과정에 관심 → 설계는 예측과 반박으로 이루어진다고 봄 → 설계과제에 관심

㉱ 설계과정에 관심 → 설계과제에 관심 → 설계행위에 관심 → 설계는 예측과 반박으로 이루어진다고 봄

해 설계방법론 발달단계

설계과정에 관심 → 설계과제에 관심 → 설계행위에 관심 → 설계는 예측과 반박으로 이루어진다고 봄 → 이용 후 평가를 통한 순환설계과정

2 다음 시대별 설계방법론으로 잘못 짝지워진 것은?

기-08-2계획

㉮ 제1세대 방법론(1960년대) : 체계적 설계과정 중시

㉯ 제2세대 방법론(1970년대) : 이용자 참여설계 중시

㉰ 제3세대 방법론(1980년대) : 설계안의 예측과 반박

㉱ 제4세대 방법론(1990년대) : 전문가적 판단 중시

해 ㉱ 제4세대 방법론(1990년대) : 순환적 과정으로 발달 – 이용 후 평가

3 설계방법론 중 직관적 방법에 대한 설명으로 적합한 것은?

기-10-4계획

㉮ 논리적 절차에 의한 방법이다.

㉯ 유리상자 또는 컴퓨터 방법에 비유된다.

㉰ 전략과 목표를 융합한 방법이다.

㉱ 설계가의 개인적 방법이다.

해 직관적 방법 – 암흑상자 디자인

· 설계자의 직관적 아이디어에 의해 문제를 해결하는 방법

· 틀과 같은 제한조건이 없으므로 기성화되지 않은 잠재력과

융통성 발휘

· 논리적 설명이나 객관적 평가 곤란

· 설계자의 경륜에 따라 결과물의 질 좌우

4 컴퓨터 설계의 장점이 아닌 것은?

산기-04-1

㉮ 시간과 노력을 절감해 준다.

㉯ 각종 연구 자료를 제공하고 그 자료를 손쉽게 정리 저장 출력 할 수 있다.

㉰ 계획 지표의 예측, 계획안의 비교, 수정, 경제성 비교 등에 편리하다.

㉱ 여행과 관찰에서 얻은 깨달음을 계획에 반영하지 못한다.

5 조경설계에 많이 사용되는 소프트웨어가 아닌 것은?

기-03 – 2

㉮ Auto-CAD ㉯ LANDCADD

㉰ SYMAP ㉱ D-Base

해 D – Base는 설계용 프로그램이 아니다.

6 컴퓨터 CADD(Computer Aided Design and Drafting)시스템에 포함되지 않는 기능은?

기-04-1

㉮ 공간자료의 입력

㉯ 계획의 준비 및 평가

㉰ 계획의 프리젠테이션(Presentation)

㉱ 수량산출자료의 입력

해 수량산출에 대한 것은 별도의 프로그램을 이용한다.

7 조경계획과 설계의 작업순서를 배열한 것 중 옳은 것은?

산기-10-1

㉮ 계획목표수립 → 예비조사 → 분석 → 기본구상의 책정 → 기본계획 → 설계도 작성 → 시공

㉯ 계획목표수립 → 예비조사 → 기본구상의 책정 → 분석 → 기본계획 → 설계도 작성 → 시공

㉰ 계획목표수립 → 분석 → 기본구상의 책정 → 예비조사 → 기본계획 → 설계도 작성 → 시공

㉱ 계획목표수립 → 분석 → 기본구상의 책정 → 기본계획 → 예비조사 → 설계도 작성 → 시공

8 다음의 설계과정을 설명한 것 중 맞는 것은?

기-04-4, 기-10-1

㉮ 대지의 조사분석 – 설계개념의 설정 – 기본설계 – 실시설계

㉯ 설계개념의 설정 – 대지의 조사분석 – 기본설계 – 실시설계

㉰ 대지의 조사분석 – 기본설계 – 설계개념의 설정 – 실시설계

㉱ 대지의 조사분석 – 기본설계 – 실시설계 – 설계개념의 설정

9 설계상의 주요 기능과 공간들 간의 가장 적절한 최선의 관계가 무엇인가를 알아보기 위한 목적으로 그려지는 도면은 무엇인가? 산기-03-4

㉮ 기능다이어그램　　㉯ 조사분석도
㉰ 개념도　　㉱ 기본계획도

10 설계과정 중 공간의 기본구상 수립단계에서 작성되는 개념도의 표현에서 고려하지 않아도 되는 내용은? 기-06-1

㉮ 설계목표의 실현가능성과 예측되는 이용만족도
㉯ 기능이나 공간들의 개방성과 폐쇄성
㉰ 기능이나 공간별 출입부의 위치
㉱ 공간적 기능과 미적 목표 달성에 맞는 구체적 수종명

해 ㉱ 기본설계도의 내용에 포함된다.

11 조경계획 과정에 있어 대안 작성을 위한 개념도(concept plan)와 관련이 없는 항목은? 산기-02-1

㉮ 동선계획에 관한 대안
㉯ 토지이용계획에 관한 대안
㉰ 집행계획에 관한 대안
㉱ 시각적 형태에 관한 대안

12 조경계획 및 설계과정에서 장소와 공간상에 배분되어야 할 용도와 목적들의 상호관계가 도형으로 압축되어 표시되며, 백지상에서 각 공간의 상호 관련성, 제약조건이 의도적으로 표시된 도면은?

산기-06-2

㉮ 기본구상도　　㉯ 종합계획도
㉰ 기능분석도　　㉱ 설계개념도

13 버블다이어그램(Bubble diagram)에 대한 다음 설명 중 가장 적합하지 않은 것은? 기-03-2

㉮ 3차원적 입체구상을 빠르게 검토할 때 주로 이용된다.
㉯ 설계과정 초기의 기본구상 단계시 통상 이용된다.
㉰ 설계대상 부지의 규모나 형상이 크게 고려되지 않는다.
㉱ 설계가의 생각을 고도로 요약하고 상징적으로 표현할 수 있는 수단이 된다.

해 3차원적 입체구상을 검토할 때는 프리핸드 스케치나 컴퓨터를 이용한 방법을 사용한다.

14 설계도에 관한 다음 설명 중 틀린 것은? 가-05-1

㉮ 설계도는 설계의 과정에 따라 기본설계도와 실시설계도로 구분된다.
㉯ 기본설계는 기본계획이라 하기도 하며, 실시설계는 기본설계라 부르기도 한다.
㉰ 설계도는 배치도, 평면도, 입면도, 단면도 등으로 구성된다.
㉱ 설계도를 그려서 표현하는 작업을 제도라 한다.

15 다음의 조경설계에 관한 설명 중 가장 알맞은 것은? 기-06-2

㉮ 조경설계란 건설산업기본법 및 동 시행령에서 밝히고 있는 조경관련 분야의 설계를 말하며 실시설계는 여기에 포함하지 않는 것이 일반적이다.
㉯ 기본설계에는 사전 조사 사항, 계획 및 방침, 개략 시공 방법, 공정계획 및 공사비 등의 기본적인 내용이 포함된다.
㉰ 실시설계는 실제 시공에 적용된 준공 내용을 설계도서에 표기하여 사후관리를 위한 자료로 삼기 위해 작성하는 것이다.
㉱ 조경설계에서 역사문화경관의 보전에 관한 것은 별도의 기준이 없으며, 고려하지 않는 것이 옳다.

해 설계란 계획설계부터 실시설계까지의 모든 설계를 말하며, 실시설계는 시공에 직접 필요한 내용을 담은 도면과 시방서

등을 작성하는 것이다. 또한, 역사경관문화에 대한 것은 여러 관련법으로 정해져 있어 그에 합당한 설계를 하여야 한다.

16 설계과정 중 시설의 배치계획 및 공사별 개략설계를 작성하여 사업실시에 관한 각종 판단에 도움을 주기 위한 작업으로서 선행된 작업 내용을 구체적으로 부지에 결합시켜가는 단계와 관계되는 것은? 산기-04-1, 산기-11-2

㉮ 계획설계(schematic design)
㉯ 실시설계(detailed design)
㉰ 기본설계(preliminary design)
㉱ 기본계획(master plan)

17 기본설계도서를 작성할 때 갖추어야 할 내용으로 가장 관련이 적은 것은? 기-07-1

㉮ 배치설계도 ㉯ 정지계획도
㉰ 설계개요서 ㉱ 물량산출서

해 기본설계도서 작성 내용 : 배치설계도·도로설계도·정지계획도·배수설계도·식재계획도·시설물배치도·시설물설계도·설계개요서·공사비개산서·시방서 등

18 기본설계의 내용이 가장 잘 설명된 것은? 기-02-1

㉮ 쉽게 판단할 수 있고 다소 매력적으로 표현하여야 한다.
㉯ 기본계획의 골격에 벗어나지 않고 보다 구체적으로 부지에 결합시킬 수 있도록 작성한다.
㉰ 시공에 필요한 각종 도면과 시방서를 작성한다.
㉱ 디자인과 공법을 자세히 표현한다.

해 ㉮ 기본계획(Master plan) 단계
㉰㉱ 실시설계 단계

19 모든 종류의 설계도, 상세도, 그리고 수량 산출서, 일위대가표, 공사비, 시방서, 공정표 등의 서류가 작성되는 계획 설계의 단계는? 산기-02-4, 산기-07-1

㉮ 실시설계 ㉯ 기본계획
㉰ 종합 및 평가 ㉱ 조사분석

20 실시설계에 대한 다음 설명 중 가장 적합한 것은? 기-04-4

㉮ 설계 프로젝트의 개략적인 골격을 정한다.
㉯ 계획 또는 설계의 전반적인 과정을 결정한다.
㉰ 시공을 위주로 하는 상세도면을 주로 작성한다.
㉱ 분석 자료의 취합 및 정리를 하는 단계이다.

21 실시설계 도면작성 과정에 있어서 요구되어지는 표현의 특성을 바르게 설명한 것은? 기-03-4

㉮ 색채를 활용하여 표현적인 기법을 사용한다.
㉯ 투시도, 사진, 모형 등을 이용한다.
㉰ 창조적이고 직관적인 표현력이 요구된다.
㉱ 명료하고 기계적인 표현력이 요구된다.

해 실시설계 = 시공을 위한 도서작성

22 실시설계 단계에서 행하여야 할 내용 중 틀린 것은? 산기-06-4

㉮ 세부 디자인을 결정하여야 한다.
㉯ 크기, 구조, 표면의 끝맺음 공법 등을 정확히 결정해야 한다.
㉰ 시방서를 작성하여야 한다.
㉱ 시공비의 개략적인 산출을 하여야 한다.

해 ㉱ 기본설계 단계

23 조경부지 내에 배치되어 있는 상태를 옆에서 수평으로 보아 수직적인 공간 구성을 나타내는 설계도는? 산기-09-1

㉮ 평면도 ㉯ 입면도
㉰ 투시도 ㉱ 조감도

해 입면도
· 어느 한 방향으로부터 수평 투영한 도면으로 지상부의 생김새나 고저관계를 알아보는 데 편리
· 공간과 시설물, 수목들과의 관계, 수목 매스(mass)의 크기 등 설명
· 정면도, 우측면도, 좌측면도, 배면도 등

24 다음 중 입면도(elevation)에 해당되지 않는 것은? 기-07-4

㉮ 단면도 ㉯ 정면도

⑤ 측면도　　　　　　⑥ 배면도

25 상세도 작성시 주의할 점에 관한 설명 중 옳은 것은?　　　　　　　　기-06-1
㉮ 상세도는 설계의 한 과정으로서 일종의 창작이므로 독창성과 창작성이 요구되며 표준 상세도에 구애되어서는 안된다.
㉯ 상세도는 중요한 부위를 자세히 설명해주기 위한 것으로 정확하게 표현되는 것이 중요하다.
㉰ 상세도는 상세한 설명이 절대적이며 다양한 컬러와 구성이 중요하다.
㉱ 상세도에서 축척과 방위의 표시는 매우 중요한 사항이다.

26 단면 상세도를 그리는데 알아야 할 사항과 관계가 먼 것은?　　　　　　기-06-4
㉮ 각 부분의 관계높이　　㉯ 재료의 성질
㉰ 재료의 치수　　　　　㉱ 마무리 방법

27 다음 그림은 연못 바닥 단면상세도이다. 순서대로 정확히 기입된 것은?　　　기-07-1, 기-03-4

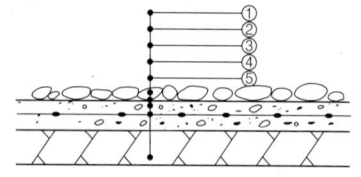

㉮ ①철근 → ②조약돌 깔기 → ③잡석 다짐 → ④콘크리트 → ⑤방수몰탈
㉯ ①잡석 다짐 → ②철근 → ③콘크리트 → ④방수몰탈 → ⑤조약돌 깔기
㉰ ①조약돌 깔기 → ②방수몰탈 → ③콘크리트 → ④철근 → ⑤잡석 다짐
㉱ ①방수몰탈 → ②콘크리트 → ③조약돌 깔기 → ④철근 → ⑤잡석 다짐

28 투시도에 관한 다음 설명 중 맞는 것은?
　　　　　　　　　　　　　기-03-4, 기-07-4
㉮ 투시도를 그릴 때 시점의 높이는 항상 지면의 높이로 설정된다.

㉯ 시점이 대상물에 너무 근접하면 비뚤어지고 너무 멀어지면 입체감이 떨어진다.
㉰ 투시도란 도법에 맞는 표현이 핵심이므로 세세한 부분까지 정확한 작도법을 준수하여 그려야 한다.
㉱ 투시도의 종류에는 1점 투시도, 2점 투시도, 3점 투시도가 있으며 각각 인테리어, 건축, 기계 등 전문 분야별로 특수하게 사용되는 것을 일컫는다.
해 투시도는 3차원적 입체구상을 검토할 때 쓰이며, 정확한 표현보다는 전체적인 형태 파악과 시각적 판단을 위한 것으로 필요에 따라 1소점·2소점·3소점 투시도를 선택하여 표현한다.

29 투시도 작성에 대한 설명으로 옳지 않은 것은?
　　　　　　　　　　　　　　　　기-06-4
㉮ 효과적인 투시도 작성에 일반적으로 쓰이는 각도는 30°~60°이다.
㉯ 투시도의 대상물과 시점이 가까울수록 경사지고 날카롭게 보인다.
㉰ 수평선을 높이면 조감도 형태로 나타난다.
㉱ 화면과 수평선과의 거리는 건물의 크기와 관계가 깊다.
해 화면과 시점(S.P)과의 거리가 건물의 크기와 관계가 깊다.

30 다음 투시도의 성격에 대한 설명 중 틀린 것은?
　　　　　　　　　　　　　　　　기-08-1
㉮ 같은 크기의 수평면이라도 보이는 면의 폭은 시점의 높이에 가까워질수록 넓게 보인다.
㉯ 화면에 평행하지 않는 선들은 소점으로 모이게 된다.
㉰ 소점은 항상 관측자의 눈높이의 수평선상에 놓이게 된다.
㉱ 화면보다 앞에 있는 물체는 실체보다 확대되어 나타난다.
해 ㉮ 같은 크기의 수평면이라도 보이는 면의 폭은 시점의 높이에 가까워질수록 좁게 보인다.

31 조경설계 제도 시 투시도(perspective) 작성에 쓰이는 용어 중에서 눈의 높이를 나타내는 것은?
　　　　　　　　　　　산기-08-4, 산기-04-1

⑦ H.L   ④ G.L

⑤ V.P   ④ S.P

해 수평선(horizontal line;H.L) : 화면상에 수평선으로 나타나는 눈높이 선(eye level;E.L)

32 투시도 작성에서 소점이 위치하는 곳은?   가-04-1

⑦ 기선   ④ 화면선

⑤ 수평선   ④ 시선

해 소점(소실점 vanishing point;VP) : 물체의 각 점이 수평선상에 모이는 점–화면에 평행하지 않은 선들은 한 점에 고정

33 투시도 작성시 소점(消点, Vanish point)을 설명한 것은?   기-05-4

⑦ 화면과 지면이 만나는 선

④ 물체와 시점 간의 연결선

⑤ 물체의 각 점이 수평선상에 모이는 점

④ 정육면체의 측면 깊이를 구하기 위한 점

34 투시도에서 G.P(기면)가 의미하는 것은?   기-11-1

⑦ 사람이 서 있는 면

④ 물체와 시점사이에 기면과 수직한 직립 평면

⑤ 눈의 높이에 수평한 면

④ 수평면과 화면의 교차선

35 높은 곳에서 지상을 내려다 본 것처럼 지표를 공중에서 비스듬히 내려다보았을 때의 모양을 그린 것은?   산기-06-1

⑦ 렌더링(Rendering)   ④ 부감투시도

⑤ 견취도   ④ 조감도

해 견취도(見取圖) : 등고선, 도로, 하천 등 지형에 관련된 것을 나타낸 지도

36 시점(eye point)이 가장 높은 투시도는?   기-07-1

⑦ 평행 투시도   ④ 조감 투시도

⑤ 유각 투시도   ④ 사각 투시도

37 다음 그림에서 시점(눈높이)은?   기-04-2

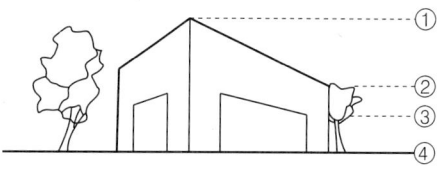

⑦ ①   ④ ②

⑤ ③   ④ ④

해 눈높이 선(E.L = H.L)은 수평선으로 나타난다.

38 다음은 투시도에 관한 설명이다. 맞는 것은?   기-02-1

⑦ 1점 투시도는 실내 투시도에 사용되는 것이며 외부 공간을 다루는 조경설계에서는 사용되지 않는다.

④ 2점 투시도는 건축투시도에 사용되지만 조경설계에 가장 잘 적용되는 대표적인 방법이다.

⑤ 3점 투시도는 기계설계에 사용되는 것이며 조경 설계에서는 세부상세를 보여주기에 적합한 방법이다.

④ 조감도는 시점의 높이에 따라 공중에서 내려다 보이는 모습으로 나타나는 것으로 투시도의 한 종류이다.

39 일반적으로 구분하는 투시도의 종류로 볼 수 없는 것은?   기-08-1

⑦ 유각투시도   ④ 경사투시도

⑤ 입체투시도   ④ 평행투시도

해 투시도의 종류

· 평행투시 – 1점 투시도

· 유각투시 – 2점 투시도

· 경사투시 – 3점 투시도

40 소점을 가장 많이 사용한 투시도는?   기-08-4

⑦    ④

⑤    ④

해 ④ 3소점 투시도

CHAPTER 03

경관분석

1>>> 경관분석의 분류

1 경관의 개념
(1) 경관의 정의
1) 사전적 의미
① 지구의 표면, 즉 지질학적 작용에 의하여 형성된 일정 지역의 지형
② 한 번의 조망으로 볼 수 있는 토지 또는 영역의 일정 부분과 해당 부분에 위치한 모든 사물
③ 자연경관(自然景觀) : 사람의 손을 더하지 아니한 자연 그대로의 지리적 경관
④ 도시경관(都市景觀 urban scape) : 도시 내에 존재하는 자연적 요소와 인공적 구조물 등 인위적 행위가 서로 얽힘으로써 이루어지는 도시미(都市美)
2) 개념적 의미
① 눈에 보이는 자연 및 인공 풍경 모두를 포함하며 토지, 동식물 생태계, 인간의 사회적·문화적 활동 내포
② 1차적인 '보이는 풍경'과 2차적인 보이는 풍경에 내재된 자연과 인간의 활동의 의미 내포
(2) 경관의 형식과 내용
1) 경관의 형식 : 경관의 물리적 형태 또는 위치
① 자연경관 : 지형에 따른 산림경관, 평야경관, 해양경관 등
② 문화경관 : 주거형식에 따른 도시경관(가로경관·택지경관·교외경관), 농촌경관(취락경관·경작지 경관) 등
2) 경관의 내용 : 경관이 지닌 속성으로 구분 – 생태적·미적·철학적·경제적 측면으로 구분

2 경관분석의 분류
(1) 경관의 분석과 평가
① 경관분석 : 경관의 특성을 파악하여 다양한 경관의 특성을 분류하고 체계화시키는 것 – 경관평가의 기초
② 경관평가 : 체계화된 특성에 일정 기준에 따라 가치를 부여하는 것
(2) 경관분석의 분류

▌경관분석의 부가사항은 [조경계획 – 경관조사] 참조

▌경관(景觀 Landscape)
일반적으로는 '경치'를 뜻하거나 '특색있는 풍경의 형태를 가진 일정한 지역'을 말하는 것이다. 경관이라 할 때 자연경관을 연상하는 경우가 많으나 경관은 자연경관 및 인조경관 또는 도시경관을 모두 포괄한다. 또한 경관은 '보인다'는 의미가 반드시 시각만을 의미하지 않고 '지각된다'가 포함되어, 인체의 오관을 통해 '지각되는 풍경'이라고 이해하는 것이 적절하다고 본다.

▌경관별 지각 요소
① 자연경관은 부드러운 질감을 많이 갖는다.
② 자연경관은 색채에 있어서 자연스런 조화가 많다.
③ 도시경관은 딱딱한 질감을 가지며 색채는 대비를 이루는 경우가 많다.

▌경관분석과 평가
평가를 전제로 하지 않은 단순한 이해와 해석을 목표로 하는 경관분석(상징미학적·철학적 접근)과 경관평가의 기초로서의 분석과 경관 자체로서의 분석·평가·이해·해석 등 포괄적 의미의 분석방법이 있으며, 일반적으로 경관의 분석은 평가 및 해석 등 포괄적인 의미의 개념을 지닌다.

1) 자연경관분석

   ① 생태학적 분석 : 경관이 지닌 자연성 또는 야생성의 정도를 경관의 질로 판단

     ㉠ 자연성을 중요시 여기는 대규모 자연경관에 적용

     ㉡ 생태학적 접근이 기초로 하고 있는 자연과학에 사회과학이 보강된 종합적 접근방법

   ② 맥하그(McHarg)의 생태적 방법 : 자연형성과정의 이해를 위해 지형·지질·토양·수문·식생·야생동물·기후 등의 조사

   ③ 레오폴드(Leopold)의 심미적 요소의 계량화 방법 : 경관평가의 객관화 − 하천을 낀 계곡의 상대적 경관가치 평가

   ④ 아이버슨(Iverson) : 경관의 물리적 특성 외에 주요 조망점에서 보여지는 지각강도 및 관찰횟수를 고려하여 평가

   ⑤ 리튼(Litton)의 시각회랑(visual corridor)에 의한 방법 : 삼림경관 분석 시 사용한 방법 − 경관을 7가지 유형으로 구분하고, 경관유형을 지배하는 4가지 우세요소와 경관미를 변화시키는 8가지 경관의 변화요인 제시

   ⑥ 셰이퍼(Shafer) 모델 : 자연경관에서의 시각적 선호에 관한 계량적 예측

   ⑦ 바이오프(Buhyoff)와 웰만(Wellman)의 모델 : 자연경관에 대한 선호도와 경관요소의 면적 사이 관계 증명

▐ 경관의 유형 [조경계획·설계의 경관분석 참조]
전경관, 지형경관, 위요경관, 초점경관, 관개경관, 세부경관, 일시경관

▐ 경관의 우세요소
형태, 선, 색채, 질감

▐ 경관의 우세원칙
대비, 연속성, 축, 집중, 쌍대성, 조형

▐ 경관의 변화요인
운동, 빛, 기후, 계절, 거리, 관찰위치, 규모, 시간

2) 도시경관분석

   ① 카렌(Gorden Cullen)의 도시경관 파악 : 요소간의 시각적·의미적 관계성이 경관의 본질을 규정하며 연속된 경관(Sequence) 형성

     ㉠ 시간 : '눈앞에 있는 경관'과 '출현하고 있는 경관'(existing & emerging view)

     ㉡ 공간(장소) : '이곳과 저곳'(here & there)

     ㉢ 내용 : '이것과 저것'(this & that)

   ② 린치(K. Lynch)의 도시경관의 기호화 방법 : 시각적 형태가 지니는 이

▐ 자연의 분류 − 존 딕슨 헌트 (John Dixon Hunt)
① 원생자연(wild nature)
② 문화자연(cultural nature)
③ 정원(garden)

▐ 자연경관의 요소
자연경관을 구성할 때 필요로 하는 사항은 비대칭 계획이며, 저수지 등이 가장 강하게 느껴지는 수평적 요소이다.

▐ 자연경관의 미기후 분석 요인
향, 바람 노출도, 강상기류, 계곡사면의 난대 등

미지 및 의미의 중요성 강조

③ 벤튜리(R. Venturi)의 상징적인 도시경관의 분석 : 도상학(iconography)에 바탕을 둔 이론

   ㉠ 도시경관의 대중과 교호(communication)

   ㉡ 화려한 네온사인 등은 소유주의 개성과 그 지역의 도시 정신 반영

   ㉢ 간판, 광고물 등의 비고정적 요소 중시

④ 로렌스 할프린(Lawrence Halprin) : 도시경관 분석 시 환경적 요소의 부호화

⑤ 피터슨(Peterson) 모델 : 주거지역 주변의 경관에 대한 시각적 선호 예측 모델

⑥ 중정 모델 : 중정의 구성요소와 시각적 선호관계 규명

⑦ 경관도 작성 모델 : 도시외곽지역의 경관미를 도면화 하기 위한 것

▌연속적 경험 주장
① 틸(Thiel)
② 할프린(Halprin)
③ 애버나티와 노우(Abernathy 와 Noe)
④ 카렌(G. Cullen)

2>>> 경관의 표현

▌ 경관 이미지

(1) 인지도 및 이미지

① 인지도(cognitive mapping) : 인지된 물리적 환경이 머릿속에 어떠한 형태로 존재하는가를 인지도를 통하여 미루어 짐작하는 것

② 이미지(image) : 인간환경의 전체적인 패턴의 이해 및 식별성을 높이는데 관계되는 개념

③ 인공물과 자연물 : 인공물이든 자연물이든 주변환경(배경)에 비해 인지도나 시각적 측면에서 강한 대비효과를 지니는 요소가 인지도에 두드러지게 나타남

④ 도로망 체계 : 통행로의 체계는 환경의 식별성과 매우 관련이 깊으며, 그에 따른 단순성과 다양성의 관계 연구 – 식별성이 높아지면 다양성은 낮아지며, 다양성을 높이면 식별성은 낮아짐

(2) 이미지 분석

① 틸(Thiel) : 환경디자인의 도구로서 연속적 경험의 표시법 제안 – 공간의 형태, 면, 인간의 움직임 등을 기호(symbol)로 구성

② 할프린(Halprin) : 모테이션 심볼(Motation symbol)이라는 인간행동의 움직임의 표시법 고안 – 연속적 경관

③ 린치(K. Lynch)의 도시의 이미지 : 인간환경 전체적인 패턴의 이해 및 식별성을 높이는 개념 전개

   ㉠ 도시의 이미지 형성에 기여하는 물리적 요소 5가지를 제시하고, 기호

▌ 경관의 이미지와 선호도는 [조경계획 – 시각·미학적 접근] 참조

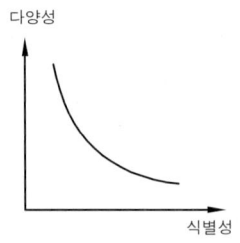

| 식별성과 다양성의 관계 |

▌모테이션(motation)
움직임(movement)과 부호(notation)를 합한 합성어이다.

화하여 분석도면(image map) 작성

ⓒ 일정 물리적 환경은 관찰자의 입장에 따라 상이한 요소로 해석됨

린치의 도시의 이미지 5가지 구성요소

구성요소	내용
통로(paths 도로)	도시이미지의 지배적 요소 : 방향성·연속성·기점과 종점 관찰자가 지나가는 길 : 가로·산책로·고속도로·철도·운하 등
경계(edges 모서리)	두 영역의 구분을 위한 장벽 내지는 연결 요소 통로로 볼 수 없는 선상의 요소 : 지역 간 경계로 해안·철도·벽의 경계 등
결절점(nodes 접합점, 집중점)	관찰자의 진입이 가능한 집합과 집중의 성격을 갖는 초점적 요소 집합성 결절(교차점)과 집중성 결절(길모퉁이·광장 등)
지역(districts)	독자적으로 인식되는 특성의 도시 내의 일정 지역·구역 테마가 명확하고 지구간의 인구성 존재
랜드마크(landmark 경계표)	물리적 요소로 결절점에 위치할 경우 보다 강한 이미지 형성 공간성이 없는 실체로 외부에서 바라보는 점 : 건물, 기념물, 상점, 산 등

Lynch의 이미지성

린치는 이미지성을 "관찰자에게 강한 이미지를 줄 수 있는 물리적 사물이 지닌 성질이며, 식별성(legibility)으로 불러도 좋을 것이며, 또 다른 측면에서 가시성(visibility)이라고도 부를 수 있을 것이다."라고 설명하였다.
– 토지이용계획, 동선설계, 시각적 형태 등에 적용

Lynch의 환경적 이미지

① 독자성(identity)
② 공간적 구조(structure)
③ 의미(meaning)

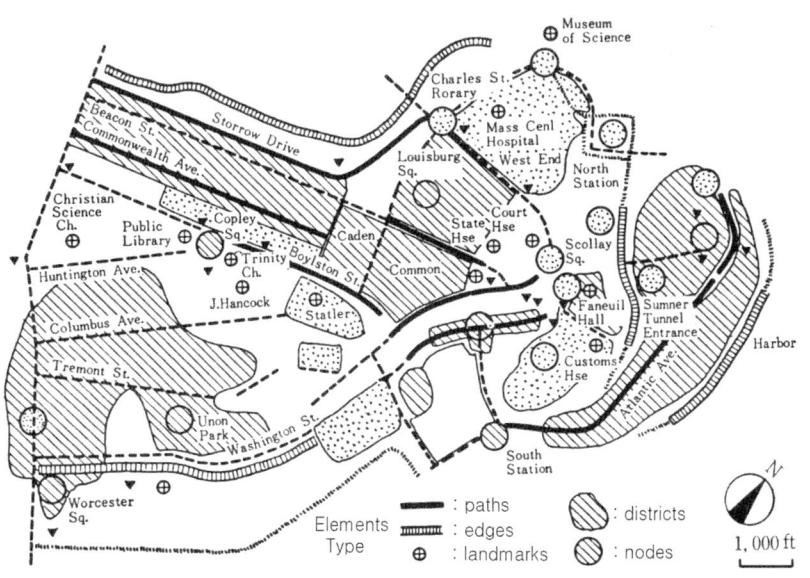

| 린치(K. Lynch)의 도시이미지 기호화 |

④ 스타이니츠(C. Steinitz) : 린치의 개념을 발전시켜 도시환경에서의 형태(form)와 행위(activity)의 일치성 연구

  ㉠ 일치성을 타입(type), 밀도(intensity), 영향(significance)으로 분류

  ㉡ 물리적 형태와 그 형태가 지닌 행위의 상호관련성 강조로 도시환경 개선 노력

2 경관 선호도

(1) 경관 선호 이론

① 진화이론 : 생물학적 진화의 차원에서 설명 – 애플턴(Appleton), 카플란

(Kaplan)

② 문화학습 이론 : 인간이 성장하고 생활해온 환경의 영향으로 설명 – 켈리(Kelly)

③ 진화론적 입장(개인간의 유사성)과 문화학습론적(개인간의 차이성) 입장은 상호 보완적 형태로 통합 가능

(2) 경관의 시각적 선호를 결정짓는 변수

① 물리적 변수 : 식생, 물, 지형 등

② 추상적 변수(매개변수) : 복잡성, 조화성, 새로움 등

③ 상징적 변수 : 일정 환경에 함축된 상징적 의미

④ 개인적 변수 : 개인의 연령, 성별, 학력, 성격, 심리적 상태 등으로 가장 어렵고 중요한 변수

(3) 시각적 복잡성과 선호도

① 시각적 복잡성과 선호도는 '거꾸로 된 U자'의 관계로 나타남

② 중간정도의 복잡성에 대한 시각적 선호도가 가장 높으며, 복잡성이 높거나 낮으면 시각적 선호 저하

③ 장소별 적정 복잡성

　㉠ 도시와 농촌의 주거지역 복잡성 : 도시경관이 농촌보다 높은 수준의 복잡성을 지닐 때 아름다움이 극대점에 도달

　㉡ 상업과 주거지역의 복잡성 : 상업지역이 주거지역보다 높은 수준의 복잡성을 지닐 때 아름다움이 극대점에 도달

> **▍시각적 복잡성**
> 시각적 환경의 질을 표현하는 특성으로는 조화성(congruence), 기대성(expectedness), 새로움(novelty), 친근성(familiarity), 놀램(surprisingness), 단순성(simplicity), 복잡성 등이 있으며, 시각적 복잡성은 일반적으로 시계 내 구성요소의 다소(多少)로 정의된다.

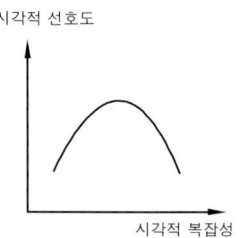

| 시각적 복잡성과 선호도의 관계 |

3>>> 경관분석방법 및 유형

■ 분석방법의 선택

(1) 분석자

① 전문가의 판단 : 시간과 비용의 절약, 풍부한 경험 및 직관에 의한 수준 높은 분석이 가능하나 편견이나 독단의 위험성 내포

② 이용자의 참여 : 시간과 비용이 증대되나 실제 이용자의 선호 및 가치의 반영으로 납득할 수 있는 분석결과 도출

③ 최근 대중의 참여가 늘어나는 추세로, 전문가와 일반인이 공동으로 참여하는 심층 인터뷰 방식 제안

(2) 분석의 측면

① 분석의 초점으로 생태적·미적·문화적·철학적·경제적 측면 등 고려

② 초점이 되는 경관의 측면에 따라 분석의 방법과 과정 상이

(3) 시뮬레이션 기법

> **▍경관분석방법 결정 시 고려사항**
> 누가 분석할 것인가, 경관의 어떤 측면을 분석하고자 하는가, 어떤 모의조작(simulation) 기법을 이용할 것인가, 분석결과가 계량적 또는 서술적이어야 하는가를 고려하여 경관의 특성에 적합한 분석방법을 추출해야 한다.

① 경관분석 시 현장 분석이 어려운 경우 시간과 경비 절약

② 사진, 슬라이드, 모형, 컴퓨터그래픽, 스케치, 비디오 등 사용

(4) 분석결과

① 정성적 결과 : 경관의 이해가 목표인 경우 적용

② 정량적(계량적) 결과 : 대안의 선택 등에 관련된 의사결정의 과정에 효율적

❷ 분석방법의 일반적 조건

(1) 신뢰성

① 동일한 상황에서 동일한 방법으로 반복하여 분석했을 경우, 두 결과가 유사할수록 신뢰성이 높은 것임

② 신뢰성은 분석자와 대상 경관 자체의 신뢰성에 기반하여 성립

(2) 타당성

① 분석하고자 하는 경관의 질이나 아름다움, 선호도 등에 대한 분석방법의 적합성 여부

② 개념의 타당성으로 개념의 정의가 명확하여야 하며, 명확한 판단 필요

(3) 예민성

대상 경관의 평가하고자 하는 속성의 차이를 얼마나 예민하게 구별하는가의 여부

(4) 실효성(실용성)

① 효율성 : 가능한 적은 시간과 비용을 들여서 보다 정확하고 신뢰성 높은 결과를 얻는 것

② 일반성 : 일정 분석방법이 여러 경우에 (약간의 수정을 통하여) 이용될 수 있는 가능성

(5) 비교 가능성

① 경제적·사회적 가치와의 비교 등 다른 가치체계와의 비교로 의사결정 과정에 반영

② 분석결과가 너무 복잡하거나, 이해하기 힘들거나 또는 너무 단순하거나 하면 응용성 저하

❸ 분석방법의 분류

(1) 아서 등의 분류(Arther et al. 1977)

1) 목록작성법

① 경관의 구성요소 또는 특성에 관한 목록을 작성하고, 각 요소의 분석을 결합하여 전체적인 경관분석

② 경관의 물리적 특성에 주로 관심을 두고, 전문가적 판단에 의지

2) 대중선호 모델

▎경관분석방법의 선택

분석 대상이 되는 경관의 특성(도시 또는 자연), 시간 및 비용의 제약, 분석 결과의 용도 등 여러 가지 여건을 고려하여 결정되는 것이 보통이다. 어떤 분석방법이든 최소한의 일반적 환경분석방법이 지녀야 하는 신뢰성과 타당성을 갖추어야 한다.

▎경관분석방법의 일반적 요건

① 신뢰성
② 타당성
③ 예민성
④ 실효성
⑤ 비교가능성

① 설문지 또는 면담조사를 통해 일반 대중의 선호 또는 가치를 알아내어 이를 기반으로 경관분석

② 의사결정과정에서 시민의 참여가 요구될 때 필요

3) 경제적 분석법

① 아름다움이나 쾌적함 등의 경관의 속성을 금전적 가치로 환산 비교

② 다른 물적 자원과 동등한 차원에서 분석이 가능하나 추상적 가치를 금전적 가치로의 환산 난해

(2) 쥬비 등의 분류(Zube et al. 1982)

1) 전문가적 판단에 의지하는 방법

① 전문가 자신의 경험 및 직관에 의거하여 판단

② 아서 등이 분류한 '목록작성법'과 유사

2) 정신물리학적 방법

① 경관의 물리적 속성과 이에 대한 일반인(경관의 이용자)들의 반응과의 사이에 관계성 정립

② 아서 등의 '대중선호 모델'과 유사

3) 인지적 방법

① 경관의 물리적 구성요소 자체보다는 전체적 경관이 지니는 추상적 내용의 파악

② 경관에 대해 인간이 느끼는 신비함, 식별성, 안도감, 위험성 등에 관심을 갖는 방법

4) 개인적 경험에 의지하는 방법

① 주로 현상학적 접근을 따르며 인간과 경관 사이의 상호 의존성 중시

② 경관을 통해 인간의 존재를 느끼며, 한편으로 경관은 인간에 의해 형성되기도 하는 상호작용 중시

(3) 대니얼과 바이닝의 분류(Daniel and Vining 1983)

1) 생태학적 접근

① 경관의 질을 분석할 때 '자연성(naturalness)'를 최우선으로 고려하는 방법

② 인간의 부정적 영향, 생태학적 다양성, 생태적 건강 등에 기반

③ 전문가적 판단을 따른다는 점에서 아서 등의 '목록 작성법'과 쥬비 등의 '전문가적 판단에 의지하는 법'과 유사

2) 형식미학적 접근

① 경관의 미적 질은 경관이 지닌 물리적 속성에 따른다고 보는 입장

② 경관이 구성되는 형태, 선, 색채, 질감과 이들 요소의 상관관계에 의하여 미적 질 평가

③ 주로 전문가의 판단을 따르게 되므로 쥬비 등의 '전문가적 판단에 의

지하는 방법'으로 분류

3) 정신물리학적 접근

① 경관의 물리적 속성(지형, 식생, 물 등)과 인간의 반응(선호도, 만족도, 경관미) 사이의 계량적 관계성 수립

② 쥬비 등의 분류에서도 동일한 접근방법으로 분류

4) 심리학적 접근

① 경관의 속성이 아닌 경관으로부터 인간이 갖는 느낌이나 감정을 분석하는 것

② 경관에 대한 긍정적 느낌과 부정적 느낌에 관심을 가짐

③ 쥬비 등의 '인지적 방법'에서 식별성만 제외하면 동일

5) 현상학적 접근

① 심리학적 접근보다 더욱 개인의 느낌이나 경험을 중요시 여김

② 개인이 경관을 대할 때 개인의 경험·동기·의도 고려 – 인터뷰나 설문조사 등

③ 쥬비 등의 '개인적 경험에 의지하는 방법'과 거의 일치

4>>> 경관분석의 접근방식(종합적 분류)

1 생태학적 접근

(1) 일반사항

① 1960년대부터 본격적으로 대두되었으며, 생태적 건강성에 초점

② 경관이 지닌 자연성 또는 야생성의 정도를 경관의 질로 판단

③ 인공의 시각적 경관요소가 자연에 잘 적응하는 경우 상대적 질은 높으나 인공적 요소가 전혀 없는 공간보다는 낮은 것으로 판단

④ 자연성을 중요시 여기는 특성으로 도시경관보다는 자연경관, 소규모보다는 대규모 지역 적용

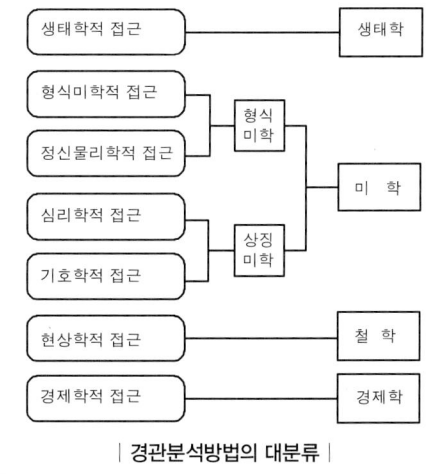

| 경관분석방법의 대분류 |

(2) 생태학적 접근의 유형

1) 인간생태학적 접근 : 인간의 건강함 및 적합성 향상 추구

① 경관에서 인간의 역할을 더욱 중요시

② 자연과학에 사회과학이 보강된 종합적 접근방법

▌인간생태학
동물이나 식물의 생태학과 같이 인간을 대상으로 하는 생태학으로, 인간과 인간환경 사이의 물리적·생물학적 문화적 관계성을 연구하는 분야

2) 경관생태학적 접근 : 경관의 구조·기능·변화의 특성에 관심
  ① 경관요소 : 시각적으로 동질적으로 느껴지는 전체 경관의 일부분으로 세분 가능
  ② 생태학적 접근에 지리학적 입장을 종합한 것으로 지리학적 입장에서 생태학을 응용한 방법

3) 도시생태학적 접근 - 도시경관으로 한정
  ① 인위적 요소가 많아 경관생태학적 관점과는 다른 특성 내포
  ② 도시경관의 질을 파악하는 데는 다양성의 정도가 중요한 지표로 작용

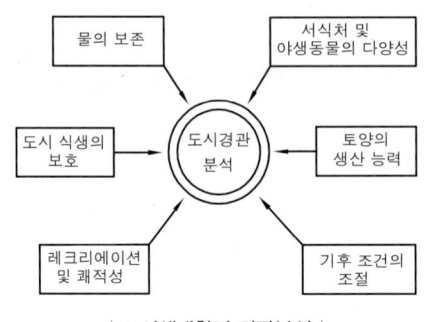

| 도시생태학적 경관분석 |

(3) 생태학적분석법

1) 맥하그(McHarg)의 분석방법-경관의 이해를 위한 생태적 결정론 주장
  ① 자연형성과정의 이해를 위해 형성과정과 관련된 제반 생태적 목록(지형·지질·토양·수문·식생·야생동물·기후 등)의 조사 필요
  ② 생태적으로 건강한, 생태적 특성에 부합하는 인간환경 조성
  ③ 건강한 인간환경 조성을 위한 환경계획 및 설계의 방향 제시
  ④ 토지가 지닌 생태적 특성을 고려한 토지의 용도 설정 - 도면 결합법 사용

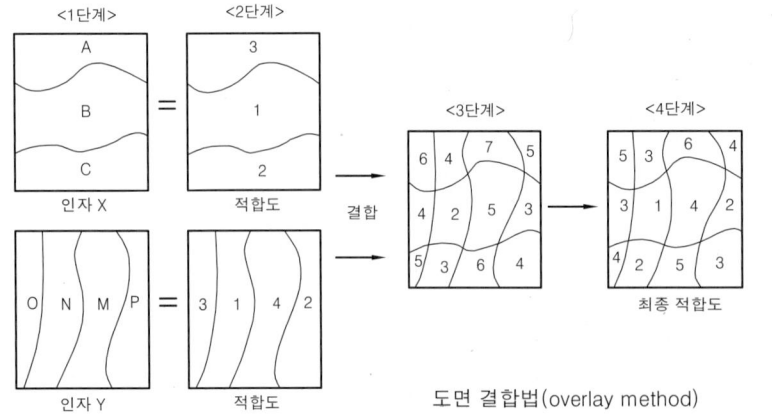

도면 결합법(overlay method)

| 도면 결합법(overlay method) |

2) 레오폴드(Leopold)의 분석방법
  ① 하천을 낀 계곡의 경관가치를 평가하면서 12개의 대상지역을 선정하고 이들의 상대적 경관 가치를 계량화 - 상대적 척도 사용
  ② 46가지 관련 인자를 전부 고려한 '특이성(uniqueness)'과 몇 가지 중

경관생태학
시각적으로 지각되는 경관의 생태적 특성에 관심을 갖는 생태학의 한 분야

도시생태학
도시의 생태계를 연구한다는 의미로 사용되며, 도시생태계는 인위적 요소가 많으므로 기후·수문·식생·야생동물 등 자연생태계와는 다른 특성을 지닌다.

맥하그의 생태적 결정론
생태적(ecological) 계획을 주창하면서 내놓은 생태적 계획의 이론적 배경. 자연의 변화·생성은 생태적 형성과정을 통해 이루어지고, 이들 형성과정은 궁극적으로 우리가 지각하는 물리적 형태로 표현된다. 따라서 생태적 인자 또는 생태적 형성과정이 시각적 경관 또는 자연경관을 결정한다는 이론으로, 생태적 인자들이 환경의 형태를 결정짓는다는 관점에서 생태적 경관분석의 이론적 기초가 된다.

요하다고 생각하는 인자만을 고려한 '계곡 특성' 및 '하천 특성' 계산

③ 여러 개의 경관이 있을 경우 상대적 특성을 비교할 때 사용

3) 녹지자연도 사정 방법 및 생태·자연도, 토지적성평가

▌녹지자연도와 생태·자연도는 [조경계획 – 생태조사] 참조

▌토지적성평가

국토의 계획 및 이용에 관한 법률에서 관리지역의 개발 적성, 농업 적성, 보전 적성으로 분류할 때, 또는 용도지구의 지정이나 변경, 도시개발사업을 시행할 경우 토지적성평가를 거치도록 하고 있다. 평가방법은 맥하그의 도면 결합법에 기초하고 있다.

▌레오폴드 분석방법
순전히 생태적 접근에만 의지했다고 보기는 어려우나, 채택된 분석 인자들이 대부분 환경의 자연성과 관련된 물리적·생태적 인자이므로 생태적 접근에 가장 가깝다고 볼 수 있다

❷ 형식미학적 접근

(1) 형식미의 원리

1) 비례

① 황금비(The gold ratio)

㉠ BC300년경 그리스인에 의해 만들어진 유클리드(euclid)의 기하학에서 유래

㉡ 황금비로 만들어진 직사각형을 가장 아름답고 균형잡힌 4각형이라고 하며, 고대 그리스 이래 건축과 회화에서 많이 사용 – 파르테논 신전

㉢ 황금비는 1 : 1.618의 비를 말하며, 생물의 구조나 조직 등에서도 많이 발견

㉣ 황금비로서의 분할을 황금분할(The golden section)이라 하며 1830년 처음 사용

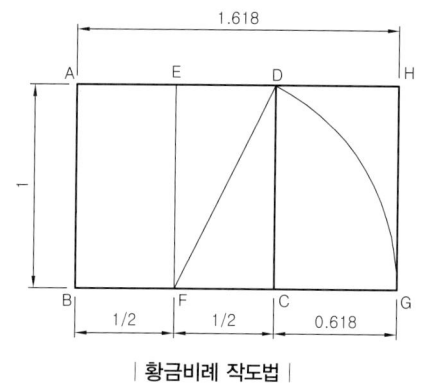

| 황금비례 작도법 |

▌형식미학적 접근
경관을 미적 대상으로 보고 경관이 지닌 물리적 구성의 미적 특성을 규명하는 것으로, 인체의 오감을 통한 1차적 지각과 느낌과 의미의 2차적 지각으로 구분할 때, 형식미학적 접근은 1차적 지각과 관련이 있으며, 2차적 지각은 상징미학적 접근, 즉 심리학적 접근 및 기호학적 접근과 관련이 있다. 또한 형식미학은 미를 추구하는 데서 선호되는 지각을 다루는 것으로 선호되는 형태의 크기·비례·색채·질감·공간 구성 등을 다루게 되며, 통일성과 다양성 등도 형식미와 직접적인 관련이 있다.

▌황금비

고대에는 비례의 정확성에서 미의 근원을 찾는 사례가 많았으며, 시대나 장소, 민족, 개인에 따라 기호적인 관념이 다르게 나타나며, 인간의 시각은 그에 맞는 크기의 비율에 관한 기준치가 되는 관념의 가치관을 확립하고 있다.

② 모듈러(modular)

㉠ 인체치수에 황금분할을 적용하여 만든 건축공간의 척도로서 르 꼬르뷔제(Le Corbusier 1887~1965)가 창안

㉡ 키가 183cm인 사람을 기본으로 하였으며 183cm를 황금분할하여 113cm, 70cm, 43cm의 기본치수 추출

• A = 113cm--기본단위

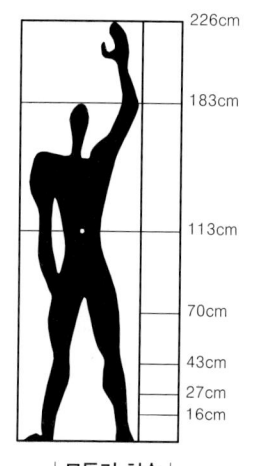

| 모듈러 치수 |

- B = 226cm--A의 2배
- C = 183cm--A의 황금비(113×1.618)
- D = 86-----B의 황금비(226 - 226×0.618)

ⓒ 미적 비례척도로 인간적 기능을 고려한 공간구성 및 가구 등에 적용

ⓔ 건축설계 시 황금비례를 이용하는 것이 바람직하다고 주장

ⓜ 척도 표준화를 통하여 건축자재의 규격화와 생산성 향상 추구

③ 기타 비례이론

ⓐ 루트(직사각형)비 : 1과 $\sqrt{2}$를 2변으로 하는 $\sqrt{3}$ 직사각형 작도의 발전 - 1 : 1.414

ⓑ 정수비 : 1 : 2 : 3 : …, 또는 1 : 2, 2 : 3과 같은 정수의 비

ⓒ 상가수열비(피보나치 수열) : 1 : 2 : 3 : 5 : 8 : 13 : 21…과 같이 각각의 항이 그 전 2항의 합과 같은 수열

  a. 인접하는 2개의 항 중에서 뒤의 항을 앞의 항으로 나누면 숫자가 클수록 황금비에 접근

  b. 많은 생물계에서도 비례 존재

ⓔ 등차수열비 : 1 : 4 : 7 : 10 …과 같이 인접된 2항의 차가 일정한 비례

ⓜ 등내수열비 : 1 : 2 : 4 : 8 : 16 …과 같이 인접된 2항의 사이가 일정한 비례

④ 척도(尺度 scale)

ⓐ 절대적 척도 : 자(尺)나 도량형기에 사용되는 불변의 가치(척도)

ⓑ 상대적 척도 : 도구를 사용한 것이 아닌 각 요소간의 상대적인 크기나 길이의 차이를 나타내는 것

ⓒ 인간척도(human scale) : 조경이나 건축계획, 환경에서 크기나 규모의 틀을 잡을 때 인간을 척도의 기준으로 정한 것

2) 형태심리학(gestalt psychology) : 형태심리학은 사람이 형태를 어떻게 지각하는지를 연구함으로써 형식미를 이해하고 분석하는 데 기여

① 도형과 배경

ⓐ 일정한 시계 안에서는 특정한 형태 또는 사물이 돋보이며, 그 밖의 것들은 주의를 끌지 못할 때, 돋보이는 형태를 도형(figure)라 하고 그 밖의 것들을 배경(ground)이라 지칭

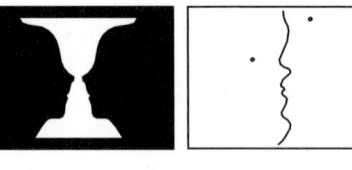

| 도형과 배경 |

ⓑ 도형과 배경의 구분은 1915년 루빈(E. Rubin)에 의해 시작

ⓒ 도형 - 루빈의 잔 참조(위 그림 '도형과 배경' 좌측)

  a. 물건(thing)과 같은 성질로 형태를 지님

  b. 관찰자에게 가깝게 느껴지며 배경보다 앞에 있는 것처럼 느껴짐

∥ 비례미

인간은 심리적으로 일정한 비율로 감소 또는 증가된 상태로 보려는 습성이 있다. 소리나 색채, 형태에 있어서 양적(量的)으로나 길이, 폭, 면적, 크기 등에 적용시키려 하는 습성을 이용한 구성방법이다.

∥ 척도

척도는 크기의 참조기준이 되는 틀을 말한다. 설계나 계획 시의 도면상에는 절대적 척도로 나타내야 하며, 일반적으로 요소가 상세할수록 척도는 커진다. 디자인의 미적인 요소는 상대적 척도가 보다 가치를 발하는 경우가 많으며, 초기 디자인 단계에서는 더욱 그러하다. 척도는 주어진 단위에 대해 바람직한 길이를 정함으로써 만들어진다.

∥ 게슈탈트(gestalt)

형태 또는 모습을 지닌 독자적 특성을 띤 실체(entity)를 의미하며, 조직의 산물이라고도 하는데, 조직을 통해 게슈탈트에 이른다는 뜻이다.

  c. 배경에 비해 인상적이고, 지배적이며, 잘 기억됨

  d. 배경에 비해 더욱 의미있는 형태로 연상

 ② 배경

  a. 물질(substance)과 같은 성질로 형태가 없는 것처럼 보임

  b. 도형의 뒤에서 연속적으로 펼쳐져 있는 것으로 느껴짐

② 도형조직의 원리(형태의 통합) – 베르타이머(Wertheimer)

 ㉠ 근접성 : 시각요소의 거리에 따라 시각요소들의 그룹 결정

 ㉡ 유사성 : 시각요소 사이의 거리가 동일한 경우 유사한 물리적 특성을
   지닌 요소들끼리 그룹으로 느껴짐

 ㉢ 연속성 : 직선 또는 단순한 곡선을 따라서 같은 방향으로 연결된 것
   처럼 보이는 요소들은 동일한 그룹으로 느껴짐

 ㉣ 완결성(폐쇄성) : 시각요소를 지각할 때 더욱 위요된, 또는 더욱 완전
   한 도형을 선호하는 방향으로 그룹을 결정

 ㉤ 대칭성 : 시각요소들은 비대칭적인 것보다는 자연스럽고 균형이 있
   으며 대칭적 구성을 이루는 방향으로 그룹 결정

 ㉥ 방향성 : 동일한 방향으로 움직이는 요소들은 동일한 그룹으로 보임

 ㉦ 최소의 원리(단순성의 원리) : 시각적 그룹을 형성할 수 있는 여러 가
   능성 가운데 가장 간단하고 안정된 도형이 지각되는 경향으로, 하나
   의 도형을 구성하는 정보가 적을수록 도형으로 지각될 가능성이 높
   음 – 프레그난츠의 법칙

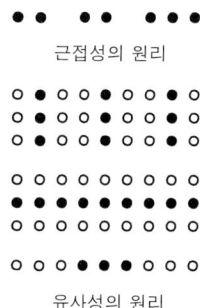

근접성의 원리

유사성의 원리

연속성의 원리

완결성의 원리

대칭성의 원리

완결성의 원리

| 도형조직의 원리 |

3) 미적 구성원리

 ① 통일성

  ㉠ 전체를 구성하는 부분적 요소들이 동일성 또는 유사성을 가지고 있
    고, 각 요소들이 유기적으로 잘 짜여있어 전체가 시각적으로 통일된
    하나로 보이는 것

  ㉡ 통일성을 달성하기 위하여 조화, 균형, 반복, 강조 등의 수법 사용

 ② 다양성

  ㉠ 전체의 구성요소들이 동일하지 않으며 구성방법에서도 획일적이지
    않아 변화있는 구성을 이루는 것

▌미적 구성원리
미적 구성원리에 있어서 통일성과 다양성이 핵심을 이룬다. 즉 전체적으로 볼 때에는 산만하지 않고 통일성이 있어야 하며, 동시에 각 부분들 사이의 관계에서는 단조롭고 지루하지 않도록 다양성이 있어야 한다.

ⓛ 다양성을 달성하기 위하여 구성
요소에 변화, 리듬, 대비효과
이용

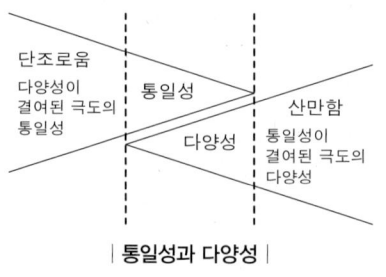

| 통일성과 다양성 |

(2) 경관의 형식적 요소와 유형 – 리튼(Litton)

1) 경관의 형식적 요소

① 경관의 구성요소

㉠ 점 : 경관에서 점적인 요소는 배경과의 대비적 관계로 두드러져 보이
며 흥미성 제고

㉡ 선 : 주로 물체의 윤곽을 이루거나 서로 다른 경관요소가 만나는 지
점에서 형성

㉢ 형태 : 기하학적 형태(직선적·규칙적 구성)와 유기적 형태(곡선적·불
규칙적 구성)

㉣ 크기와 위치 : 같은 형태라도 크기가 커질수록, 높은 곳에 위치할수
록 지각강도가 높음

㉤ 질감 : 경관에서 질감은 주로 지표상태에 의해 결정되며, 관찰거리에
따라 상이하게 지각

㉥ 색채 : 경관 구성요소 가운데 사람의 감정을 불러일으키는 가장 직접
적 요소

㉦ 농담 : 투명한 정도를 말하며, 경관에서 농담의 정도 및 변화는 분위
기 형성에 기여

㉧ 가변요소 : 별개의 요소라기보다는 앞의 기본적 요소가 상황에 따라
변화할 때의 특성을 설명해 주는 인자

② 경관의 우세요소 : 경관을 구성하는 데 있어 지배적인 요소가 되는 요
소 4가지 – 형태(form), 선(line), 색채(color), 질감(texture)

③ 경관의 우세원칙 : 경관의 우세요소를 좀더 미학적으로 부각시키고 주
변의 다른 대상과 비교가 될 수 있는 요소 6가지
대조(contrast), 연속성(sequence), 축(axis), 집중(convergence), 쌍
대성(codominance), 조형(enframement)

④ 경관의 변화요인 : 경관을 변화시키는 8가지 인자
운동(motion), 빛(light), 기후조건(atmospheric condition), 계절
(season), 거리(distance), 관찰위치(observation position), 규모
(scale), 시간(time)

2) 경관의 형식적 유형

▌통일성과 다양성
통일성과 다양성은 밀접한 관련
이 있어서, 통일성이 높아지면
다양성이 낮아지는 경향이 있으
며, 다양성이 높아지면 통일성이
낮아지는 경향이 있다. 또한 다
양성이 결여된 극도의 통일성은
단조로움을 주게되며, 통일성이
결여된 극도의 다양성은 산만한
느낌을 주게 된다.(p.485 '디자인
원리 및 형태구성' 참조)

**▌경관의 부가 사항은 [조경계
획 – 경관분석] 참조**

▌경관의 구성요소
각 구성요소들은 독립적인 별개
의 것이 아니고 상호 밀접한 관
련을 지니고 있기 때문에 동일한
경관의 여러 시각적 측면이라고
보아야 할 것이다. 선과 형태, 형
태의 크기와 위치, 질감과 색채,
농담 등은 경관에서 별개로 떼어
내 생각할 수 없는 요소이며, 모
든 요소들이 종합적으로 융합·
조직되어 하나의 경관이 구성된
다.

① 전경관(panoramic landscape) : 시야를 가리지 않고 멀리 터져 보이는 경관

  ㉠ 주로 높은 곳에서 내려다보는 경관으로 조감도적 성격

  ㉡ 전경, 중경, 원경의 수평적 구도가 쉽게 식별되지 않음

  ㉢ 광활한 대지의 웅장함과 아름다움, 자연에 대한 존경심

  ㉣ 하늘과 땅의 대비적 구성 – 초원의 지평선, 바다의 수평선 등

② 지형경관(feature landscape) : 지형지물이 특히 관찰자에게 강한 인상을 주는 경관

  ㉠ 주변환경의 지표(landmark)가 되어 경관의 지배적 위치를 가진 것

  ㉡ 자연경관과 마찬가지로 자연의 큰 힘에 대한 존경과 감탄

  ㉢ 높이 솟은 산봉우리 등

③ 위요경관(enclosed landscape) : 평탄한 중심공간이 있고 그 주위에 숲이나 산(수직적 요소)으로 둘러 싸여있는 경관

  ㉠ 중심공간이 넓거나 주위의 울타리가 낮거나 멀리 있으면 점차 파노라믹 경관의 특성을 지니게 됨

  ㉡ 안정감과 포근함 등과 같은 주로 정적인 느낌을 받게 되나, 중심공간의 경사도가 증가할수록 동적인 느낌 증가

  ㉢ 숲속의 호수 등

④ 초점경관(focal landscape) : 관찰자의 시선이 한 곳으로 집중되는 경관

  ㉠ 시선이 좌우로 제한된 비스타(vista) 경관과 상통

  ㉡ 중앙의 초점을 중심으로 강한 시각적 통일성과 안정된 구도와 시선을 유도하는 힘 보유

  ㉢ 계곡 끝의 폭포 등

⑤ 관개경관(canopied landscape) : 상층이 나무숲으로 덮여 있고 나무줄기가 기둥처럼 들어서 있거나 하층을 관목이나 어린 나무들로 이루어진 경관

  ㉠ 햇빛과 그늘의 강한 대비와 신비로움, 위요공간과 같은 안정감과 친근감

  ㉡ 숲속의 오솔길, 선형적 도로의 관개경관

⑥ 세부경관(detail landscape) : 사방으로 시야가 제한되어 공간이 협소하여 공간의 구성요소들의 세부적인 사항까지 지각될 수 있는 경관

  ㉠ 관찰자가 가까이 접근하여 나무의 모양, 잎, 열매, 질감, 향기 등을 상세히 지각

  ㉡ 내부 지향적인 구성으로 외부세계에 대한 동경심·신비감을 느끼는 낭만적 공간

⑦ 일시경관(ephemeral landscape) : 기본적인 경관의 유형에 부수적으로

┃ 경관의 유형 분류

① 기본적 유형(fundamental types) : 전경관, 지형경관, 위요경관, 초점경관

② 보조적 유형(supportive types) : 관개경관, 세부경관, 일시경관

또는 중복되어 나타나는 경관 – 주의력이 없으면 지나쳐 버리기 쉬움

㉠ 계절감과 시간성, 기후조건, 자연의 다양한 모습에서 경험

㉡ 대기권의 상황변화, 수면에 투영된 영상, 설경, 동물의 출현 등

3) 형식미학적 분석방법

① 시각적 훼손 가능성(Litton) : 도로의 개설이나 벌목 등으로 인한 자연 경관의 훼손 가능성

㉠ 지형경관 : 시선을 끄는 독특한 지형(산·폭포 등)은 배경에 비해 윤곽이 뚜렷하므로 훼손 가능성이 높으며, 복잡성이 높은 패턴으로 표면이 구성된 경우는 낮아질 수 있음

㉡ 위요경관 : 둘러싸는 요소나 벽면과 바닥면이 만나는 부분의 훼손가능성 높음

㉢ 초점경관 : 초점부분의 훼손 가능성이 가장 높고, 초점으로 유도되는 선들(물가의 선, 도로의 선)의 훼손 가능성 높음

② 시각적 흡수 능력(Jacobs & Way) : 시각적 질서나 아름다움을 훼손하지 않으면서 개발을 수용할 수 있는 정도

㉠ 시각적 흡수성 : 시각적 투과성과 시각적 복잡성의 함수관계로 나타남

㉡ 시각적 투과성 : 식생의 밀집 정도 및 지형적 위요 정도에 따라 결정

㉢ 시각적 복잡성 : 상호 구별될 수 있는 시각적 요소 수에 따라 결정

㉣ 시각적 투과성이 높고 시각적 복잡성이 낮은 곳은 시각적 흡수력이 낮음

㉤ 시각적 흡수력이 낮은 곳은 개발에 따른 시각적 영향이 큰 곳

③ 경관회랑·경관구역·경관 통제점

㉠ 경관회랑 : 넓은 지역의 경관을 분석하고자 할 때 시간과 노력을 절약하기 위하여 주요 통행로를 따라 가시권을 설정하는 것

㉡ 경관구역 : 이질적인 질감을 지닌 패턴이 함께 있더라도 하나의 장소로 느껴지는 곳으로서, 경관 회랑이 설정된 후 경관구역으로 구분

㉢ 경관 통제점 : 주요 도로 및 산책로, 이용밀도가 높은 장소, 특별한 가치가 있는 경관을 조망하는 장소, 가장 좋은 조망기회를 제공하는 장소 등으로 설정

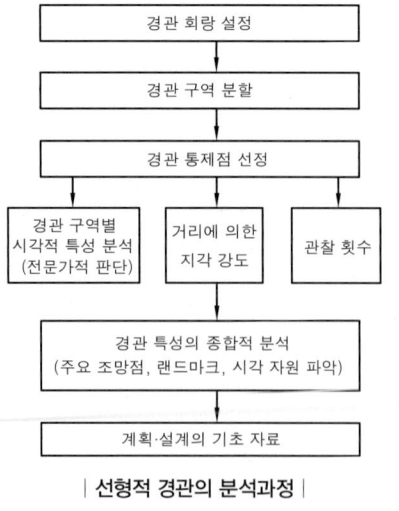

| 선형적 경관의 분석과정 |

훼손 가능성의 일반원칙

스카이라인·능선 등과 같은 모서리 또는 경계부분, 저지대보다는 고지대, 어두운 곳보다는 밝은 곳, 완경사보다는 급경사지, 어두운 색보다는 밝은 색의 토양, 혼효림보다는 단순림이 시각적 훼손가능성이 높다고 제시했다.

시각적 훼손 가능성과 시각적 흡수 능력의 개념

시각적 훼손 가능성은 개발에 의해 얼마나 영향을 받는가에 초점을 맞추고, 시각적 흡수 능력은 개발을 얼마나 수용할 수 있는가에 초점을 맞추고 있다.

경관단위

지형 및 지표상태의 동질적 질감을 지닌 경관의 구분으로 경관구역을 형성하는 요소라 할 수 있다.

통제점을 이용한 분석

선형적인 대규모 공간을 짧은 시일 안에 분석하는 예비적 조사의 성격을 갖는 경우에 적용하는 것이 바람직하며, 전문가의 판단에 주로 의지하게 되므로 경험이 많은 분석자가 가급적 객관적 판단을 하도록 해야한다.

④ 고속도로 및 송전선의 영향

㉠ 고속도로의 설치로 인한 경관적 영향분석과 주변의 경관관리 분석

㉡ 송전선으로 인한 경관영향 평가 및 시각적 영향이 적은 곳을 찾는 것이 목표

㉢ 사진과 스케치, 컴퓨터 등으로의 시뮬레이션 평가

⑤ 스카이라인(skyline) 분석

㉠ 스카이라인의 유형

  a. 리듬있는 형태 : 유사한 크기와 형태의 건물이 반복되어 형성

  b. 자연에 적응된 형태 : 인공적 요소가 자연과 결합되어 형성

  c. 하늘과 균형을 이룬 형태 : 지붕이 첨탑형으로 된 고층건물이 많이 있을 때 보여지는 것으로 하늘과 건물군이 짜맞춘 것같은 형태

  d. 액센트가 있는 형태 : 단조로운 구조에 강한 액센트가 되는 구조물이 등장하여 형성 – 식별성 양호

  e. 추상적 형태 : 일조 또는 기상에 의해 추상성이 나타나는 형태

  f. 중첩된 형태 : 안개·대기오염 또는 일조 등으로 중첩되어져 보여 후면으로 갈수록 흐려지는 형태

  g. 프레임(frame)화된 형태 : 경관이 사진틀과 같은 프레임을 통해 경관의 흥미성이 높아지는 형태–입체감과 원근감

㉡ 스카이라인의 경험

  a. 극적 전개 : 진행 도중에 진행방향을 바꾸면서 인상적인 스카이라인이 전개되도록 하는 방법

  b. 연속적 전개 : 관찰자가 진행함에 따라 여러 모습의 스카이라인을 보여주는 방법

  c. 병치 : 대비적 요소를 스카이라인상에 배치하여 특정한 느낌 도출 – 현대식 건물과 고건물, 고층건물과 판자촌

  d. 은유적 해석 : 단순한 형식미 이상의 의미와 느낌을 가진 기호학적·현상학적 접근의 범주에 속하는 것

⑥ 연속적 경험 : 사람들의 움직임에 따라 연속적으로 변화되는 것으로 부분적 경관을 체계적으로 연결하여 풍부한 연속적 경험을 줄 수 있도록 구성

㉠ 공간형태 표시법(Thiel) : 환경디자인 도구로 연속적 경험의 표시법 제안 – 모호한 공간·한정된 공간·닫혀진 공간

㉡ 움직임의 표시법(L. Halprin) : 모테이션 심벌(motation symbols)이라 불리는 인간 행동의 움직임의 표시법 제안

㉢ 속도변화의 고려(Abernathy and Noe) : 시간(또는 속도)적 흐름과 공간적 연결의 조화에 초점을 맞춘 설계기법을 연구하고 그것을 고

스카이라인
일정 경관을 바라볼 때 지상에 있는 지형지물과 하늘의 경계선을 말하는 것으로, 상호 이질적 질감을 지닌 경관요소 사이의 경계선이 되기 때문에 지각강도가 매우 높다. 따라서 스카이라인이 경관의 질에 기여하는 바는 매우 크다.

도시스카이라인 고려요소
① 구릉지의 높이
② 조망점과의 관계
③ 고층건물 클러스터

연속적 경험의 내용은 [조경계획 – 시각·미학적 접근] 참조

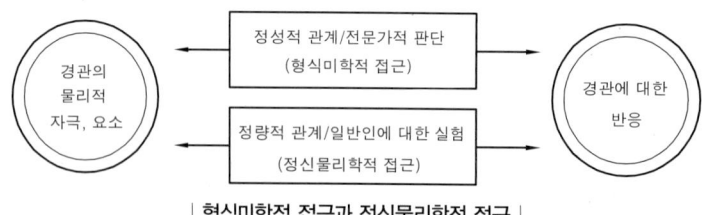

려하는 도시설계 방법의 중요성 주장

모호한 공간
(vagues)

한정된 공간
(spaces)   O형

X형

O형 : 질서 있는 공간
X형 : 자유스러운 공간

닫혀진 공간
(volumes)   O형

X형

| 틸(Thiel)의 공간의 세 가지 유형 |

❸ 정신물리학적 접근

(1) 정신물리학적 경관분석

경관의 물리적 구성 또는 물리적 요소가 인간에게 어떠한 반응을 불러일으
키는가에 관심을 갖는다는 점이 형식미학적 접근과의 공통점

1) 형식미학적 접근 : 물리적 인자와 반응 사이의 관계를 주로 정성적인 방
법으로 설명하며, 주로 전문가적 판단에 기초

2) 정신물리학적 접근 : 정량적인 방법으로 설명하며, 일반인을 피험자로
하는 실험을 통하여 물리적 자극(경관)과 반응 사이의 계량적 관계를 밝
히고자 함

```
경관의
물리적
자극, 요소
```
→ 정성적 관계/전문가적 판단
(형식미학적 접근) →
```
경관에 대한
반응
```
← 정량적 관계/일반인에 대한 실험
(정신물리학적 접근) ←

| 형식미학적 접근과 정신물리학적 접근 |

① 정신물리학적 경관분석 모델

㉠ 선형 – 비선형 모델 : 경관의 물리적 속성과 경관에 대한 반응의 관계
는 선형(1차식), 비선형(2차식)으로 표시하며, 여러 개의 변수를 동시에
고려할 수 있는 장점 보유

㉡ 자연경관 – 도시경관 모델 : 자연경관이나 도시경관을 대상으로 한 모
델 – 삼림, 해변, 송전선 주변, 주거지역, 교외, 아파트의 중정 등

㉢ 직접 – 간접 모델 : 물리적 속성(길이·면적·비례 등)을 직접적으로 측정
하거나, 피험자로 하여금 느끼는 정도(푸르름·광활함·자연상태와의 가
까움 등)를 평가하여 분석

② 분석모델의 방법

▌정신물리학
심리적 사건과 물리적 사건과
의 관계로 감지와 자극 사이의
계량적 관계를 연구하는 분야

▌정신물리학적 접근
경관의 형식미를 추구할 때 계
량적인 수단을 사용한다고 말
할 수 있다. 형식미학적 접근
과 달리 전문가의 독단을 배제
하고 실제 이용자인 일반인들
의 견해를 반영시킬 수 있는
효율적인 방법으로 사용된다.

▌분석모델의 효용성
자연환경의 경관의 질 도면화,
시각자원의 관리, 개발에 따른
시각적 영향 예측, 도시환경에
서의 위요된 경관의 설계, 실
내공간의 설계, 도시경관의 설
계에 적용할 수 있다.

▌분석모델의 한계성
예측의 타당성, 모델의 적용범
위, 예측의 민감도, 집단의 선
호도, 표본수, 모델작성의 비용

㉠ 쉐이퍼(Shafer) 모델 : 자연환경, 선형, 직접 모델

  a. 자연경관에서의 시각적 선호에 관한 계량적 예측 모델 – 사진 이용

  b. 독립변수로 경관사진을 10개의 경관지역으로 나누어 경계선의 길이, 넓이, 명암도 등을 포함하여 40개 선정

㉡ 피터슨(Peterson) 모델 : 도시환경, 선형, 간접 모델

  a. 주거지역 주변의 경관에 대한 시각적 선호 예측 모델

  b. 근린주구에서 촬영된 23장의 원색 슬라이드를 이용하여 9개의 평가항목 선정–계절과 공간의 변화 포함

㉢ 칼스(Carls) 모델 : 레크리에이션 환경, 선형, 직접 모델

㉣ 중정 모델 : 도시환경, 선형, 비선형, 직접 모델 – 중정의 구성요소와 시각적 선호관계 규명

㉤ 바이오프(Buhyoff)와 웰만(Wellman)의 모델 : 자연환경, 비선형, 직접 모델 – 자연경관에 내한 신호도와 경관요소의 면적 사이에 관계 증명

㉥ 경관도 작성 모델 : 자연·도시환경, 선형, 직접 모델

  a. 도시외곽지역의 경관미를 도면화하기 위한 것

  b. 전체 지역을 1×1km의 격자로 구분하고, 경관 유형별로 모델을 작성하여 전체 지역에 대한 경관미 계산 및 도면화

4 심리학적 접근

(1) 심리학적 경관분석

① 경관적 자극에 대한 인간의 행동(특히, 정신적 반응)에 주안점을 두고 있는 방법

② 경관을 통해 인간이 느끼는 다양한 느낌, 감정, 이미지가 분석의 대상

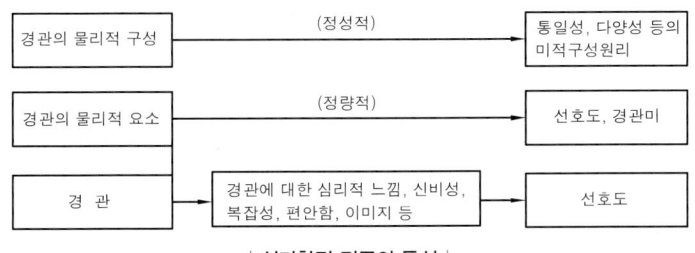

| 심리학적 접근의 특성 |

(2) 심리학적 접근의 유형

① 개인적 차이 : 동질적 그룹 안에서는 복잡성, 신비함, 선호도 등의 평가에 일치하나, 상이한 그룹에서는 일치 또는 불일치 발생

② 경관에 대한 느낌 : 경관이 주는 느낌(복잡성·신비함·친근감)의 대부분은 선호도와 관련

③ 경관의 이미지 : 경관의 명료성 또는 식별성과 직접적으로 관련

쉐이퍼 모델의 경관지역 구분
경관지역을 기본적으로 근경, 중경, 원경으로 나누고, 각 지역에서 식생, 비식생으로 다시 세분하여 구분 – 하늘, 근경 식생지역, 중경 식생지역, 원경 식생지역, 근경 비식생지역, 중경 비식생지역, 원경 비식생지역, 하천, 폭포, 호수 지역

피터슨 모델 평가항목
푸르름, 오픈스페이스, 건설 후 경과 연수, 값비쌈, 안전성, 프라이버시, 아름다움, 자연으로의 근접성, 사진의 질

심리학
인간 심리활동의 연구를 통하여 개인 또는 그룹으로서의 인간행동의 이해를 목표로 하는 과학으로 행동과학이라고도 한다.

심리적 경관분석
① 경관의 느낌·감정·이미지 등을 경관의 질에 대한 기준으로 삼는다. – 경관의 복잡성, 신비함, 친근함, 이미지, 명료성
② 긍정적인 느낌을 불러일으키는 경관은 질이 높다고 평가하며, 부정적 느낌을 불러일으키는 경관은 질이 낮다고 평가한다.

(3) 심리학적 분석방법

| 인간적 척도의 유형 |

▌심리학적 분석방법의 '시각적 복잡성'과 '경관의 이미지'는 앞 단원 [경관의 표현] 참조

5 기호학적 접근

(1) 기호학의 분야

1) 기호 연구의 삼요소

① 기호의 역할을 담당하는 것 또는 기호의 수단

② 기호가 지칭하는 사항

③ 기호를 해독하는 사람에게 미치는 영향 또는 전달된 의미

2) 린치(K. Lynch)의 환경적 이미지의 세 가지 요소

① 다른 사물과 구별되는 정체성(identity) – 기호학의 지칭사항

② 구별된 사물이 관찰자와의 관계에서 형성되는 공간적 구조(structure) – 기호학의 수단

③ 관찰자가 사물로부터 실용적·감성적 의미 지각(meaning) – 기호학의 전달된 의미

▌Lynch의 이미지 예

문을 대상으로 놓고 볼 때 우선 '벽'이 아닌 '문'이라는 정체성을 지각하면, 다음으로 문의 구성 및 위치를 지각하며, 마지막으로 '나갈 수 있다'라는 실용적인 의미 또는 새로운 세계의 시작이라는 감성적 의미를 지각하게 된다.

3) 기호의 유형

① 도상(icon) : 기호와 기호가 지칭하는 사항이 기하학적으로 유사하거나 같은 경우 – 예수나 부처의 그림

② 지표(index) : 기호가 지칭하는 사항의 흔적 또는 지칭하는 사항의 물리적 표본을 나타내는 경우 – 연기와 불, 발자국과 사람의 존재

③ 상징(symbol) : 기호가 지칭하고자 하는 것과 유사성이나 물리적 관련성이 없는 경우 – 국기(국가), 비둘기(평화), 적색(혁명)

(2) 기호학적 경관분석

1) 기호체계적 접근 – 의미의 구성체계

경관을 기호체계로 보고 경관이라는 기호체계를 언어학적(통사론·의미론·실용론적) 측면에서 연구하는 것–경관의 구성요소가 전달하는 의미와 구성체계 연구

▌인간적 척도

척도(scale)란 상대적인 크기를 말하는 것으로, 인간적 척도란 인간의 크기에 비해 너무 크거나 너무 작지 않은 규모를 말하며, 편안함 또는 친밀함을 느끼는 크기라고 정의내릴 수 있다.

▌기호학

기호 또는 기호체계(sign system)를 연구하는 학문이며, 기호체계는 언어, 약호(code), 신호(signal) 등을 포함한다.

▌기호학적 접근

환경은 의미를 전달하는 기호의 장이라고 볼 수 있으며, 인간은 환경 속의 기호를 풀어 의미를 파악하면서 행동하고 능동적으로 기호를 만들기도 한다. 이와 같이 환경에 내재된 의미를 분석하고 풍부한 의미를 지닌 환경조성을 위해 기호학적 접근이 매우 유용하다.

▌기호의 유형

도상·지표·상징의 유형으로 대상을 나타내나 동일한 대상을 다른 유형으로 나타낼 수도 있다.

2) 상징적 접근 – 의미의 내용

   경관을 하나의 상징 또는 상징의 복합체로 보고 경관을 상징하는 바를 연구 – 정원의 구성과 내포된 사상

3) 상황 중심적 접근 – 의미의 전달

   물리적 경관뿐만 아니라 사람의 '무언의 행태'까지 포함한 포괄적 접근

6 현상학적 접근

(1) 현상학적 접근과 과학적 접근

① 과학적 접근 : 가설의 설정과 그 가설의 검증의 순서로 이루어짐

② 현상학적 접근 : 가설이나 전제조건 없이 순수하게 해당 상황을 고찰하여 본질적 이해 도모

전통 과학적 방법과 현상학적 방법의 비교 – (Seamon 1982)

전통 과학적 방법	현상학적 방법
·실험적 ·폐쇄적 – 가설, 정의 등을 중요시 ·환원주의적 – 실제 상황을 단순화시킴 ·정량적 접근 ·인과관계에 관심 ·정확성 강조 ·예측 지향적 ·신뢰성과 타당성 요구 ·피험자의 특성 및 개성이 연구에 영향을 미치지 않도록 함 ·설명을 목표로 함	·체험적 ·개방적 – 가설, 정의 배제 ·총체적 – 실제 상황을 대상으로 함 ·정성적 접근 ·인과관계에 회의를 가짐 ·정확성에 회의를 가짐 ·예측 가능성에 회의를 가짐 ·체험적 차원에서의 타당성 요구 ·피험자의 특성 및 개성이 연구에 중요한 역할을 함 ·이해를 목표로 함

(2) 장소성

1) 경관과 장소의 비교

① 경관 : '바라본다'라는 의미가 함축된 전경의 의미

   ㉠ 물리적 구성의 성격이 강하고 넓은 공간적 범위

   ㉡ 장소의 밖으로 전개되는 전경(장소의 배경적 역할)

② 장소 : '안에 있다'라는 의미와 '중심' 또는 '점'의 의미

   ㉠ 상대적으로 좁은 공간적 범위, 행동적 또는 기능적 의미 함축

   ㉡ 경관보다 더욱 경험적 의미 내포

   ㉢ 행동의 중심

③ 장소의 영역확대에 따라 경관은 장소로 전환 또는 경관이 장소로 전환

④ 경관과 장소는 보는 사람의 위치에 따라 상호 전이의 가능성 내포

2) 내부성과 외부성 : 장소성을 가장 잘 설명해 주는 개념 – 렐프(Relph)의 내부성 4가지 유형

① 간접적 내부성 : 화가나 시인을 통한 간접적 장소의 경험

② 행동적 내부성 : 실제로 한 장소에 위치하며, 물리적 구성 체험

| 부여된 의미와 전달된 의미

기호학적 분석은 경관에 부여하고자 했던 의미(조성된 의도)와 조성된 경관으로부터 전달받은 의미를 밝히고자 하는 두 가지 측면이 있다.

| 현상학

본질과 대응적인 현상에 대한 것으로 물질적 현상을 말하는 것이 아닌 경험적 현상을 말하는 것으로 어떤 대상을 그 대상과의 관계 속에서 인간이 겪게 되는 체험의 기술(편견 없는 순수의식 상태)을 통해 인식하고자 한다.

| 현상학적 접근

경관을 눈에 보이는 것만이 아니라 오감을 통한 물리적 자극은 물론이고 경관의 역사, 의미, 느낌 등도 대상으로 삼으며, 이들이 융합되어 나타나는 경관의 특성(본질)을 찾아내는 것으로서 총체적인 경험을 대상으로 한다.

| 장소(성)의 본질(Relph)

장소(성)의 본질은 외부와는 구별되는 내부의 경험에 있다. 이것은 장소가 공간과는 다른 점을 말해주며, 동시에 물리적 사물, 행위, 의미 등이 어우러진 독특한 체계를 뜻한다. 장소의 내부에 있다는 말은 그 장소에 소속되어 있으며, 그 장소와 일체감을 느끼는 것을 말한다. 한 장소의 내부에 깊이 있을수록 장소와의 일체감은 더욱 강해진다.

③ 감정적 내부성 : 행동적 내부성보다 장소에 대한 본질적 감정이입의 측면 중요시

④ 존재적 내부성 : 의도적이거나 의식적이지 않은 경험을 통하면서도 풍부한 의미를 느낄 수 있는 경우

3) 장소의 애착과 혐오(Tuan) : 개인의 경험으로 인한 장소의 사랑과 혐오 – 존재적 내부성과 관련

4) 장소의 영혼(Norbeg – schulz) : 인간의 거주 장소로의 방향성과 일체감

(3) 현상학적 접근방법

1) 지리학적 접근(문화경관의 해석) : 여러 경관을 상대적으로 평가하여 우열을 가리기보다는 각각의 경관이 지닌 독특한 가치와 의미를 밝혀내고 이해하는 데 관심을 가짐

2) 장소의 무용(시·공간적 접근) – 신체무용(body ballet)과 시·공간적 습관들의 결합

① 사람, 시간 및 장소가 융합된 개념으로 일상생활에서는 느끼고는 있으나 표현하지 못했던 것을 대변해 줄 수 있는 개념

② 물리적 환경에 더하여 그 안에 내재하는 인간의 행동까지도 분석대상으로 함으로써 개인의 경험을 시·공간적으로 분석하고자 하는 독특한 경관분석 개념

3) 실존적 접근 – 노베르그슐츠(Norberg – Schulz)

① 자연현상을 5가지 요소로 설명 – 사물, 우주적 질서, 특성, 빛, 시간

② 기본적 요소들이 융합된 4가지 경관유형으로 구분 – 낭만적 경관, 우주적 경관, 고전적 경관, 복합적 경관

7 경제학적 접근

경관이 주는 이익을 택지의 가격 상승, 정신적·신체적 건강의 향상, 관광수입의 증대 등과 관련된 화폐가치로 환산될 수 있다면 경관의 보호 또는 경관의 질 향상을 위한 투자가 정당화되고 정책자료의 기초자료로 활용 가능

5>>> 경관평가 수행기법

1 경관의 물리적 속성

(1) 경관의 규모

① 평가 대상의 규모에 따라 점적 경관이나 면적(面的) 경관으로 평가방법 결정

② 점적 경관 : 한 장의 사진이나 한 번의 현장 평가로 가능

③ 면적 경관 : 효과적 방법 마련, 전체 경관을 여러 방향에서 관찰, 너무

▌현상학적 접근방법
현상학적 접근방법은 환경에 관련된 모든 사항을 고려하여 경관의 질에 대한 높은 예민성을 추구함으로써 체험적·정성적 입장을 유지하므로 주관적으로 흐를 가능성이 있다. 이 때문에 과학적 입장에서 말하는 신뢰성은 낮을 수밖에 없으나 개방적 입장에서 모든 요소를 고려함으로써 경관의 질을 분석할 때 보다 근본적인 이해를 할 수 있으므로 타당성은 높아질 수 있다.

▌실존적 접근
노베르그슐츠는 우선적으로 경관의 구성요소를 파악하고 물리적 현상을 기술하고 다른 경관과 비교하여 독특한 특성을 파악한 다음, 이들 특성이 인간 존재 또는 거주에 어떤 의미로 연결되는가를 이해하고자 했다.

▌풍수지리설
① 중국과 한국에서 발달한 고유의 사상체계로서 경관을 해석·평가하고 이를 바탕으로 인조환경을 조성하는 데 큰 영향을 끼쳤다.
② 일종의 토지 또는 경관을 이해하는 이론체계이며, 동시에 토지 또는 경관을 이용하는 기술이다.

큰 경우는 표본추출로 지역경관 평가

(2) 경관의 특성

경관의 특성을 관찰하여 경관의 미적 지각에 영향을 미치는 주요 변수 상정

(3) 계절에 따른 변화

① 계절의 변화에 따른 물리적 환경의 변화는 다루기 난해

② 우리나라와 같이 4계절이 분명하여 계절적 차이가 많이 나는 경우의 평가범위 결정

❷ 시뮬레이션 기법

(1) 사진 및 슬라이드를 이용한 평가

① 물리적 경관의 시뮬레이션에 유효하며, 유용한 방법

② 비용 및 시간 절약 – 현장평가와 큰 차이 없음

③ 실제보다 좁은 범위와 스케일 및 입체감 파악에 곤란

(2) 사진 및 슬라이드 표본 선정

① 촬영 장소를 미리 선정하는 법 : 일정한 형태로 촬영

② 무작위 추출법 : 무작위로 방향, 거리, 지점에서 촬영 – 현실적으로 타당

(3) 시뮬레이션의 순서

① 상호 이질적인 경관의 평가에서는 순서에 의한 영향 고려

② 상호 유사한 경관 또는 비교적 동질적인 경관의 평가에서는 순서의 영향이 거의 없음

(4) 관찰

심적 상태를 가라앉히고, 모든 평가자가 유사한 심적 상태에서 평가를 내릴 수 있도록 하며, 적정한 평가 시간 결정

(5) 계획된 경관의 시뮬레이션

기존 경관이 아닌 실재하지 않는 계획된 경관의 평가를 위한 투시도, 사진수정, 모형제작, 컴퓨터 그래픽 등의 과정

> ▌시뮬레이션 기법
> 경관의 평가를 위해 해당 경관을 현장에서 직접 평가할 수도 있으나 사진, 슬라이드, 비디오 또는 스케치나 컴퓨터를 이용한 3D 모형을 이용하여 간접적으로 평가하는 경우가 많으며, 이를 시뮬레이션 또는 모의조작이라고 한다.

❸ 평가자 선정

(1) 전문가

① 1명 또는 수 명이 평가를 하므로 평가작업이 단순해지고, 기간이 단축되며, 일반인이 생각하지 못하는 점까지 고려

② 실제 이용자가 아니며 전문가의 선호가 이용자의 선호와 다를 수 있음

③ 객관성을 높이기 위해 몇 사람의 전문가가 동시에 평가하여 평균을 내는 방법 이용

(2) 이용자

① 해당 경관을 직접 이용하는 사람들의 선호를 나타내게 됨

② 일반 대중이 평가에 직접 참여하여 공공성이 높은 경관평가에 설득력이 높음

③ 이용자 집단을 대상으로 하므로 효과적 표본추출을 위한 비용 및 시간이 많이 소요

④ 일반인(이용자) 평가를 많이 도입하는 추세

(3) 집단의 선호

① 경관의 평가는 기본적으로 경관에 대한 시각적 선호를 나타내게 되며, 시각적 선호는 개인의 성, 연령, 학력, 직업, 문화적 배경 등에 따라 달라질 수 있음

② 시각적 선호에 대한 개인차는 있으나 일정 집단 안의 선호도 패턴은 유사성이 높아 경관평가 시 일관성있는 패턴 가능

③ 일반적인 자극(빛, 소리 등)의 정도와 이에 대한 선호도는 '거꾸로 된 U자'의 관계 적용

④ 외향적인 사람은 내성적인 사람에 비해 '거꾸로 된 U자'가 자극의 정도에 따라 큰 쪽으로 이동

∥ 친근감
가보지 않은 사람과 직접 경관의 경험이 있는 사람 모두 친근감이 선호도에 미치는 영향은 크지 않은 것으로 추정한다.

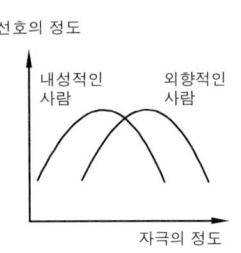

| 자극의 정도와 선호도 관계 |

4 미적반응 측정

(1) 척도의 유형

① 명목척(nominal scale) : 사물 또는 사물의 특성에 고유번호를 부여하는 것 - 운동선수 등번호

② 순서척(ordinal scale) : 일정 특성의 크고 작음을 비교하여 크기의 순서에 따라 숫자를 부여하는 것

　㉠ 석차에서 1등이 2등보다 성적이 높다는 것을 알 수 있으나 몇 점이 높은지는 순서척에서 알 수 없음

　㉡ 순서척을 사용하면 단순한 상대적 비교만 가능할 뿐 차이의 크기는 알 수 없음

③ 등간척(interval scale) : 순서척과의 특성에 상대적 차이의 크기도 비교할 수 있는 것

　㉠ 5℃, 10℃, 20℃의 세 온도가 있을 경우 5도와 10도 차이는 5도이고, 10도와 20도의 차이는 10도임을 알 수 있음

　㉡ 등간척을 사용하면 크기의 단순비교 및 차이의 정도를 알 수 있음

　㉢ 비례의 개념은 도입할 수 없음 - 10도가 5도보다 두 배 뜨거운 것은 아님

　㉣ 등간척 상호간 차이의 비례 계산만 가능

　㉤ 경관 평가에서 사용되는 리커트 척도와 어의구별척도는 등간척에 해당

　㉥ 주로 물리적인 크기보다는 추상적·심리적 개념 또는 특성의 크기 측정에 이용

④ 비례척(ratio scale) : 등간척에서 불가능한 비례계산 가능

∥ 미적반응 측정
경관을 평가한다는 것은 경관을 보고 반응하는 것을 측정하는 것이며, 주로 미적 측면에 대한 반응을 측정하는 것이다. 측정하고자 하는 것이 물리적인 것이 아니라 사람의 심리상태 또는 추상적 개념의 크기 정도를 재는 것으로서, 경관평가는 주로 심리학적 측정이론 및 방법에 의해 이루어진다.

ㄱ 5cm와 10cm의 연필이 있을 경우 10cm 연필이 5cm 연필보다 두 배의
길이임

ㄴ 비례척은 보통 길이, 무게, 부피, 속도 등과 같이 물리적 사물의 특성
측정에 이용

(2) 측정방법

① 형용사 목록법 : 경관을 서술하는 데 사용하는 형용사 목록을 만들고 평
가자에게 경관의 성격에 맞는 형용사를 고르도록 하는 방법 – 동적인,
아름다운, 황폐한 등

② 카드 분류법 : 경관을 기술하는 문장을 카드 한 장에 하나씩 써서 보여주
고, 평가자들이 경관특성에 따라 문장의 내용과 가까운 정도에 따라 분
류하는 방법 – '개방감을 지니고 있다' '냄새와 악취가 난다' 등

③ 어의구별척 : 환경·인간·장소·상황 등에 관한 의미의 질 및 강도를 조사
하는 데 쓰이는 방법으로, 양극으로 표현되는 형용사 목록을 제시하여
7단계로 나누고 평가자로 하여금 어느 쪽에 가까운지를 느끼는 정도에
따라 표시하도록 함 – '단순함 복잡함', '강한 약한'

④ 순위조사 : 여러 경관의 상대적 비교에 이용 – 여러 장의 사진을 보여주
고 선호도에 따라 순서대로 번호를 매기도록 함

⑤ 리커트 척도(Likert scale) : 일정한 상황, 사람, 사물 환경에 대한 응답자
의 태도를 조사하는 데 이용

ㄱ 일정 상황에 관한 기술을 하고 이에 대해 동의하고 안하는 정도를 응
답하도록 함

ㄴ 리커트 척도는 보통 5개 구간으로 나누어 평가

ㄷ 경관평가에서는 5개 구간에 제한받지 않고 10개 구간 이내에서 자유
로이 선택하는 경우가 많음

⑥ SBE 방법 : 경관평가 시 개인적 표준의 차이로 인한 평가치의 차이를 보
정하기 위하여 표준값(Z – score)을 이용하는 방법 – 등간척

⑦ 쌍체비교법 : 정신물리학적 측정의 한 방법으로 측정하고자 하는 여러 개의
자극을 두 개씩 한 쌍으로 놓고 비교해 이 결과를 '비교판단의 법칙'에 의
거하여 자극에 대한 심리적 반응의 상대적 크기를 계산하는 방법 – 등간척

(3) 가중치

① 경관평가의 여러 인자 중 각 인자별 중요성의 정도(경관의 질에 기여하는
정도) 고려

② 전문가적 판단에 의한 방법 : 전문가가 중요한 인자를 설정하고 이들 인
자간의 상대적 중요도를 전문가적 판단에 기초하여 결정하는 것

③ 통계적 수단에 의한 방법 : 좌표나 통계적 방법을 이용하여 보다 객관적
으로 가중치를 설정하는 방법

핵 심 문 제

1 다음 경관의 여러 형식 중 자연경관에 속하지 않는 것은? 기-07-1
㉮ 경작지 경관 ㉯ 산림 경관
㉰ 평야 경관   ㉱ 해양 경관

2 지각 요소에 대한 설명이다. 잘못 설명된 것은? 산기-03-4
㉮ 자연경관은 부드러운 질감을 많이 갖는다.
㉯ 자연경관은 색채에 있어서 자연스런 조화가 많다.
㉰ 도시경관은 딱딱한 질감을 가지며 색채는 대비를 이루는 경우가 많다.
㉱ 도시경관의 지각요소는 시각뿐이다.

🔴 ㉱ 경관은 '보인다'는 의미가 반드시 시각만을 의미하지 않고 '지각된다'가 포함되어, 인체의 오관을 통해 '지각되는 풍경'이라고 이해하는 것이 적절하다고 본다.

3 Gorden Cullen이 도시경관 분석 시 이용했던 분석개념에 해당되지 않은 것은 어느 것인가? 기-02-1, 기-10-2
㉮ 장소   ㉯ 연속적 경관
㉰ 동일성 ㉱ 내용

🔴 카렌(G. Cullen)의 도시경관 파악 : 요소간의 시각적·의미적 관계성이 경관의 본질을 규정하며 연속된 경관(Sequence) 형성
·시간 : '눈앞에 있는 경관'과 '출현하고 있는 경관'(existing & emerging view)
·공간(장소) : '이곳과 저곳'(here & there)
·내용 : '이것과 저것'(this & that)

4 도시경관 구성원리 중 여기 저기(Here and There)라는 개념이 있다. 아래의 공간구성 원칙 중 가장 가까운 것은? 기-08-1
㉮ 연속성(Sequence) ㉯ 반복(Repetition)
㉰ 조화(Harmony)   ㉱ 통일(Unity)

5 벤튜리(R.Venturi, 1983)의 상징적 도시경관 분석의 설명으로 틀린 것은? 기-06-2
㉮ 도상학(Iconography)에 바탕을 두고 있다.

㉯ 도시경관이 대중과 교호(Communication)해야 한다고 보고 있다.
㉰ 화려한 네온사인 등은 소유주의 개성과 그 지역의 도시 정신을 반영하고 있다.
㉱ 간판, 광고물 등의 비고정적 요소보다는 건물의 규모, 형태 등의 고정적 요소를 중시한다.

🔴 ㉱ 건물의 규모, 형태 등의 고정적 요소보다는 간판, 광고물 등의 비고정적 요소 중시한다.

6 경관(景觀)의 이미지에 대한 설명 중 틀린 것은? 기-07-1
㉮ 인지도(認知圖)란 인지된 물리적 환경이 머리 속에 어떠한 형태로 존재하는가를 알아보기 위한 방법론이다.
㉯ Lynch는 인지도를 통하여 도시환경의 인지에서의 주된 5개 요소를 추출하였다.
㉰ 인공물과 자연물이 환경에 함께 존재하면 인지도에는 자연물이 인공물보다 두드러지게 나타난다.
㉱ Steinitz는 행태와 행위 사이의 일치성을 타입(type), 밀도(intensity), 영향(significance)으로 분류하였다.

🔴 ㉰ 인공물과 자연물이 환경에 함께 존재하면 인지도에는 인공물이 자연물보다 두드러지게 나타난다.

7 린치(K. Lynch)의 도시 이미지 연구와 가장 관련이 깊은 의미를 지닌 용어는? 기-10-4
㉮ 식별성(legibility)   ㉯ 투과성(transparency)
㉰ 복잡형(complexity) ㉱ 흡수성(absorption)

🔴 린치(K. Lynch) : 인간환경 전체적인 패턴의 이해 및 식별성을 높이는 개념을 전개하였다.

8 린치(K. Lynch)가 주장하는 도시경관의 5대 구성요소가 아닌 것은? 기-05-1, 기-09-1, 기-09-2
㉮ 매스(mass)   ㉯ 통로(paths)
㉰ 모서리(edge) ㉱ 랜드마크(landmark)

🔴 린치의 도시의 이미지 5가지 구성요소
·통로(paths 도로)

정답 **1** ㉮ **2** ㉱ **3** ㉰ **4** ㉮ **5** ㉱ **6** ㉰ **7** ㉮ **8** ㉮

·경계(edges 모서리)

·결절점(nodes 접합점, 집중점)

·지역(districts)

·랜드마크(landmark 경계표)

9 케빈 린치(Kevin Lynch)가 말하는 도시 이미지의 5가지 요소에 속하지 않는 것은?　　　기-05-2

㉮ 통로(path)　　　　㉯ 표적물(landmark)

㉰ 영역(domain)　　　㉱ 결절점(node)

10 린치(Lynch)가 주장한 도시이미지 형성요소에 해당하지 않는 것은?　　　기-07-4

㉮ paths　　　　　㉯ edges

㉰ view point　　　㉱ landmarks

11 린치(K. Lynch)가 연구한 도시의 이미지(image)의 개념과 가장 거리가 먼 것은?　　　기-09-4

㉮ 식별성(legibility)　　㉯ 선호도(preference)

㉰ 가시성(visibility)　　㉱ 길 찾기(way-finding)

해 린치(K. Lynch)는 이미지성을 "관찰자에게 강한 이미지를 줄 수 있는 물리적 사물이 지닌 성질이며, 식별성(legibility)으로 불러도 좋을 것이며, 또 다른 측면에서 가시성(visibility)이라고도 부를 수 있을 것이다."라고 설명하였다.

12 K.Lynch가 주장하는 경관의 이미지 요소 중에서 관찰자의 이동에 따라 연속적으로 경관이 변해가는 과정을 설명해 줄 수 있는 것은?

기-03-4, 기-05-4, 산기-07-1

㉮ Landmark(지표물)　　㉯ Path(통로)

㉰ Edge(모서리)　　　　㉱ District(지역)

13 다음 케빈 린치가 주장한 경관구성 요소 중 패스(path)의 설명으로 틀린 것은?　　　산기-06-4

㉮ 도로와 철도　　　　㉯ 방향성과 연속성

㉰ 기점과 종점　　　　㉱ 운하 및 장벽

해 통로(paths 도로)

·도시이미지의 지배적 요소 : 방향성·연속성·기점과 종점

·관찰자가 지나가는 길 : 가로·산책로·고속도로·철도·운하 등

14 케빈 린치는 도시의 이미지를 다섯가지 요소로 해석하고 있다. 다음 린치가 주장하는 요소 중 패스(path)의 특성과 관련이 가장 적은 항목은?　산기-03-4

㉮ 연속성(連續性)　　㉯ 방향성(方向性)

㉰ 지표성(指標性)　　㉱ 기종점(起終点)

15 서울특별시의 도시이미지(image)를 분석한다고 할 때 광화문 네거리는 린치의 도시이미지 형성에 이바지하는 물리적 요소 중 어느 것에 해당하는가?　　　기-08-4

㉮ 모서리(edge)　　　㉯ 통로(path)

㉰ 결절점(node)　　　㉱ 표지물(landmark)

해 결절점(node)

·관찰자의 진입이 가능한 집합과 집중의 성격을 갖는 초점적 요소

·집합성 결절(교차점)과 집중성 결절(길모퉁이·광장 등)

16 시골마을의 정자목은 K. Lynch의 이미지 분석으로 보았을 때 다음 중 어느 것에 가장 가까운가?

기-08-2

㉮ 결절점(node)　　　㉯ 단(edge)

㉰ 표지물(landmark)　　㉱ 구역(district)

해 표지물(landmark)

·물리적 요소로 결절점에 위치할 경우 보다 강한 이미지 형성

·공간성이 없는 실체로 외부에서 바라보는 점 : 건물, 기념물, 상점, 산 등

17 Kevin Lynch가 주장한 환경적 이미지에 해당되지 않는 것은?　　　기-06-2

㉮ 공간적 구조(structure)　㉯ 복잡성(complexity)

㉰ 독자성(identity)　　　　㉱ 의미(meaning)

해 린치(K. Lynch)의 환경적 이미지

·독자성(identity)

·공간적 구조(structure)

·의미(meaning)

18 경관에 대해서 여러 사람들이 어떤 종류를 얼마나 좋아하고 싫어하는가를 분석하여 표준적인 경관유형을 도출하려는 시도를 하는 작업은?　기-05-4

㉮ 경관 구성요소 분석　㉯ Mental Map Analysis
㉰ 경관의 선호도 분석　㉱ Terrain Analysis

19 경관의 복잡성(Complexity)과 선호도(Preference)의 일반적인 관계는?　기-06-2, 기-11-2
㉮ 정비례 관계를 이룬다.
㉯ 반비례 관계를 이룬다.
㉰ 거꾸로 된 'U'자 형태 (역 U자형)의 관계를 이룬다.
㉱ 불규칙적인 관계를 이룬다.

20 시각적 복잡성과 시각적 선호도의 관계를 가장 올바르게 설명한 것은?　기-07-2
㉮ 시각적 복잡성이 증가함에 따라 시각적 선호도도 증가한다.
㉯ 시각적 복잡성이 증가함에 따라 시각적 선호도가 감소한다.
㉰ 시각적 복잡성이 적절할 때 가장 높은 시각적 선호도를 나타낸다.
㉱ 시각적 복잡성과 시각적 선호도는 아무 관계가 없다.
해 중간정도의 복잡성에 대한 시각적 선호도가 가장 높으며, 복잡성이 높거나 낮으면 시각적 선호도가 감소한다.

21 집단의 선호패턴을 고려해 볼 때 시각적 복잡성에 따른 시각적 선호도를 나타내는 그래프는?　기-08-2, 기-11-4

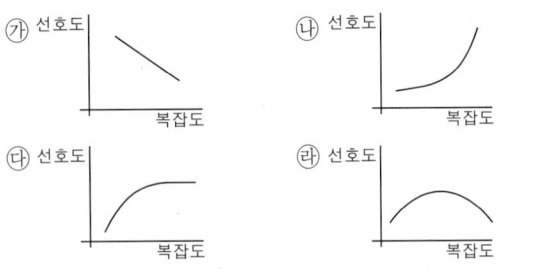

22 조경계획 및 설계를 위한 시각적 질의 향상을 목적으로 한 접근방법으로 보기 어려운 것은?　기-07-2
㉮ 이미지 어빌리티(Image ability)
㉯ 시각적 복잡성(Visual complexity)
㉰ 시각적 선호성(Visual preference)
㉱ 영역성(Territoriality)

해 시각적 질의 향상을 목적으로 한 접근방법으로는 이미지 어빌리티(Image ability), 시각적 복잡성(Visual complexity), 시각적 선호성(Visual preference) 등이 있다.

23 다음 중 경관분석방법의 일반적 요건에 해당되지 않는 것은?　기-07-4, 기-11-2
㉮ 예민성　㉯ 실효성
㉰ 선호성　㉱ 비교가능성
해 경관분석방법의 일반적 요건 : 신뢰성, 타당성, 예민성, 실효성, 비교가능성

24 경관가치평가방법에서 생태학적 분석방법에 해당하지 않는 것은?　기-11-4
㉮ 맥하그(McHarg)의 분석방법
㉯ 레오폴드(Leopold)의 분석방법
㉰ 린치(Lynch)의 이미지 분석방법
㉱ 녹지자연도 사정방법

25 도면결합법(overlay method)을 주로 사용하여 경관의 생태적 목록을 종합하여 분석에 활용한 사람은?　기-08-2, 산기-09-1
㉮ Lynch　㉯ McHarg
㉰ Litton　㉱ Leopold
해 맥하그(McHarg)는 경제성에만 치우치기 쉬운 환경계획을 자연과학적 근거에서 인간의 환경적응의 문제를 파악하여 새로운 환경의 창조에 기여하도록 한 생태적 결정론(ecological determinism)을 주장하였으며, 도면 결합법을 사용하여 토지가 지닌 생태적 특성을 고려한 토지의 용도를 설정하였다.

26 다음 중 특이성 비(Uniqueness ratio)를 통하여 계곡(하천)의 경관가치를 평가한 사람은?　기-06-2
㉮ Iverson　㉯ Halprin
㉰ Leopold　㉱ McHarg
해 레오폴드(Leopold)는 하천을 낀 계곡의 경관가치를 평가하면서 12개의 대상지역을 선정하고 이들의 특이성 비(Uniqueness ratio)를 통하여 상대적 경관 가치를 계량화하였다.

27 다음 레오폴드(Leopold)의 경관분석 방법에 대한 설명 중 틀린 것은?　기-07-2

㉮ 정신물리학적 접근에 의한 분석방법이다.

㉯ 하천을 낀 계곡을 대상으로 경관가치를 계량화한 방법이다.

㉰ 특이성 계산과 계곡 및 하천 특성을 계산한 방법이다.

㉱ 여러 개 경관 대상지와 상대적 비교를 위한 방법이다.

해 ㉮ 레오폴드(Leopold)의 경관분석 방법은 생태학적 접근에 의한 분석방법이다.

28 Leopold가 계곡경관의 평가에 사용한 경관 가치의 상대적 척도의 계량화 방법은?　기-07-1, 기-11-2

㉮ 특이성비　　　　　㉯ 연속성비

㉰ 유사성비　　　　　㉱ 상대성비

29 녹지자연도란 식물군락의 자연성 정도를 등급화한 지도를 말하는데 다음 중 녹지자연도의 등급이 가장 높은 곳은?　산기-07-1

㉮ 2차초원　　　　　㉯ 고산자연초원

㉰ 조림지　　　　　㉱ 2차림

30 미적 형식원리에 관한 설명으로서 틀린 것은?　기-02-1, 기-05-2

㉮ 시대, 민족, 장소, 개인에 따라 미의 법칙에는 변용성이 있다.

㉯ 고대에는 비례의 정확성에서 미의 근원을 찾는 사례가 많았다.

㉰ 비례, 대칭, 율동 등에는 미의 법칙성이 존재한다.

㉱ 미의 법칙성은 조형예술에만 국한한 것이다.

31 아래 그림은 경관 구성 원리 중 그 하나를 표시하려는 의도가 나타나 있다. 무엇을 의미하고 있는가?　기-04-2

㉮ 방향성(方向性)

㉯ 기능성(機能性)

㉰ 대비(對比)

㉱ 반복(反復)

32 모듈러(modular)와 가장 관련이 없는 것은?　기-06-1

㉮ 미적 비례의 황금척　㉯ 생산성을 높이는 척도

㉰ 인간적 기능의 척도　㉱ Fibonacci가 주장

해 모듈러(modular)는 인체치수에 황금분할을 적용하여 만든 건축공간의 척도로서 르 꼬르뷔제(Le Corbusier 1887~1965)가 창안하였다.

33 인체의 치수를 기본으로 하여 전체를 황금비 관계로 잡아가는 독자적인 조화 척도로 가장 적합한 것은?　기-09-2

㉮ 피보나치 급수(fibonacci series)

㉯ 스케일(scale)

㉰ 모듈러(modulor)

㉱ 비례(proportion)

34 황금 분할(golden section)에 가장 비슷한 비례는?　산기-02-4

㉮ 1 : 1.1　　　　　㉯ 1 : 1.6

㉰ 1 : 2.5　　　　　㉱ 1 : 3.0

해 황금비는 1:1.618의 비를 말하며, 황금비로서의 분할을 황금분할(the golden section)이라 한다.

35 다음 그림은 무엇을 작도한 것인가?　기-05-1

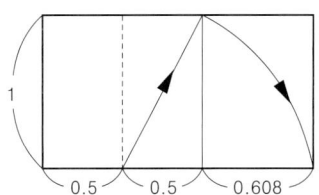

㉮ 황금비의 직사각형

㉯ 정수비의 직사각형

㉰ 등차 수열비의 직사각형

㉱ 루우트비의 직사각형

36 피보나치(fibonacci) 급수에 대한 사항으로서 틀린 것은?　기-08-1

㉮ 기원전에 이집트의 수학자가 발견했다.

㉯ 1,2,3,5,8,13,21,34……으로 전개된다.

㉰ 인접하는 2개의 항 중에서 뒤의 항을 앞의 항으

로 나누면 숫자가 클수록 황금비에 가까워진다.
㉱ 많은 생물계에 이와 같은 비례가 존재한다.

해 ㉮ 피보나치(fibonacci) 급수는 이탈리아의 수학자인 피보나치(E. Fibonacci)가 고안해 낸 수열이다.

37 형태 심리학에서 말하는 단순성의 원리(principle of simplicity)에 적합한 사례는? 기-04-1
㉮ 직선보다 곡선이 더 쉽게 지각된다.
㉯ 정사각형보다 불규칙 삼각형이 더 쉽게 지각된다.
㉰ 직각보다 직각이외의 각이 더 쉽게 지각된다.
㉱ 기억하기 쉬운 형태가 더 쉽게 지각된다.

38 루빈(E. Rubin)이 형태심리학에서 주장하는 도형(圖形, figure)과 배경(背景, ground)의 설명 중 가장 부적당한 것은? 기-06-1, 기-12-1
㉮ 도형은 배경보다 더욱 가깝게 느껴진다.
㉯ 도형은 물질 같은 성질을 지니며 배경은 물건 같은 성질을 지닌다.
㉰ 도형은 배경에 비하여 더욱 지배적이며 잘 기억된다.
㉱ 도형은 배경에 비하여 더욱 의미있는 형태로 연상된다.

해 ㉯ 도형은 물건 같은 성질을 지니며 배경은 물질 같은 성질을 지닌다.

39 형태심리학자인 베르타이머(Wertheimer)의 도형조직 원리에 해당되지 않는 것은? 기-07-4
㉮ 근접성 ㉯ 분리성
㉰ 유사성 ㉱ 대칭성

해 베르타이머(Wertheimer)의 도형조직 원리 : 근접성, 유사성, 연속성, 완결성, 대칭성, 방향성, 최소의 원리

40 다음 게쉬탈트 이론 중 그림(figure)으로서의 통합 요인에 해당되지 않는 것은 어느 것인가?
기-03-2, 기-09-1
㉮ 근접의 요인 ㉯ 유사 요인
㉰ 쏘위의 요인 ㉱ 폐쇄의 요인

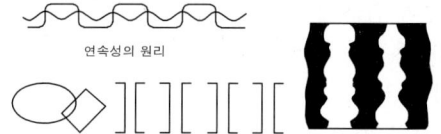

연속성의 원리
완결성의 원리
대칭성의 원리
도형조직의 원리

41 다음 그림은 도형조직의 원리 가운데에서 어느 것에 가장 적당한가? 기-05-4
㉮ 근접성
㉯ 유사성
㉰ 방향성
㉱ 완결성

42 형태심리학에서 도형조직의 원리 중 연속성(continuation)의 원리를 나타내고 있는 그림은?
기-06-1

㉮ (점 패턴 그림)　　㉯ (연속 곡선 그림)

㉰ (타원 그림)　　㉱ (괄호 그림)

43 다음의 그림은 2가지의 정의를 보일 수 있다. 하나는 흰 술잔으로, 다른 하나는 얼굴이 마주보고 있는 형상으로 즉, 일정한 시계 내에서 특정한 형태 혹은 사물이 돋보이며, 그 밖의 것들은 주의를 끌지 못하는 원리를 무엇이라 하는가? 기-08-2
㉮ 균형과 대치
㉯ 도형과 배경
㉰ 반복과 조화
㉱ 리듬과 변화

44 다음 중 Litton이 말한 경관의 우세요소에 속하지 않는 것은? 기-09-4
㉮ 형태(form) ㉯ 색채(color)
㉰ 축(axis) ㉱ 질감(texture)

해 경관의 우세요소 : 경관을 구성하는 데 있어 지배적인 요소가 되는 형태(form), 선(line), 색채(color), 질감(texture)을 말한다.

45 경관 요소가 시각에 대한 상대적 강도에 따라 경관의 표현이 달라지는 것을 우세요소(dominance elements)라 하는데 다음 중 맞는 것은?

기-04-2, 기-06-2

㉮ 대비, 연속, 축, 수렴
㉯ 형태, 색채, 선, 질감
㉰ 리듬, 반복, 대비, 연속
㉱ 색채, 질감, 형태, 리듬

46 다음 중 경관구성의 기본요소로서 우세요소 (Dominace-elements)가 아닌 것은?

기-04-4, 기-08-1

㉮ 형태(Form)
㉯ 색채(Color)
㉰ 선(Line)
㉱ 면(Plane)

47 경관의 우세원칙과 거리가 먼 항은?

기-03-2, 산기-05-2, 기-06-4

㉮ 대비(contrast)
㉯ 축(axis)
㉰ 시간(time)
㉱ 집중(convergence)

해 경관의 우세원칙 : 경관의 우세요소를 좀 더 미학적으로 부각 시키고 주변의 다른 대상과 비교가 될 수 있는 것으로 대조 (contrast), 연속성(sequence), 축(axis), 집중(convergence), 쌍대성(codominance), 조형(enframement) 등의 요소가 있다.

48 경관의 우세요소(優勢要素)들은 다음 8가지 인 자(因子)에 의하여 변화되며 이를 변화요인 (variable factors)이라 한다. 다음 중 경관의 변화 요인으로만 구성된 것은?

기-10-4

㉮ 운동, 광선, 거리, 위치, 규모, 시간, 질감, 색감
㉯ 명암, 규모, 위치, 공간, 색채, 질감, 거리, 축(軸)
㉰ 운동, 광선, 기후조건, 계절, 거리, 관찰위치, 규 모, 시간
㉱ 광선, 속도, 거리, 사람의 위치, 시간, 규모, 형태, 색감

49 Litton이 분석한 산림경관의 유형 중 기본적 유 형(fundamental types)에 포함되지 않는 것은?

기-06-1, 기-11-1, 기-11-4

㉮ 전경관(Panoramic Landscape)

㉯ 일시경관(Ephemeral Landscape)
㉰ 위요경관(Enclosed Landscape)
㉱ 지형경관(Feature Landscape)

해 경관의 기본적 유형(fundamental types)

· 전경관(panoramic landscape) : 시야를 가리지 않고 멀리 터져 보이는 경관

· 지형경관(feature landscape) : 지형지물이 특히 관찰자에 게 강한 인상을 주는 경관

· 위요경관(enclosed landscape) : 평탄한 중심공간이 있고 그 주위에 숲이나 산(수직적 요소)으로 둘러 싸여있는 경관

· 초점경관(focal landscape) : 관찰자의 시선이 한 곳으로 집 중되는 경관

경관의 보조적 유형(supportive types)

· 관개경관(canopied landscape) : 상층이 나무숲으로 덮여 있고 나무줄기가 기둥처럼 들어서 있거나 하층을 관목이나 어린 나무들로 이루어진 경관

· 세부경관(detail landscape) : 사방으로 시야가 제한되어 공 간이 협소하여 공간의 구성요소들의 세부적인 사항까지 지 각될 수 있는 경관

· 일시경관(ephemeral landscape) : 기본적인 경관의 유형에 부수적으로 또는 중복되어 나타나는 경관-주의력이 없으면 지나쳐 버리기 쉬움

50 강물이나 계곡 또는 길게 뻗은 도로와 같이 거리 가 멀어짐에 따라 시선을 집중 시키며 관찰자의 위치 에 따라 집중적인 효과를 나타내는 경관은 다음 중 어느 것인가?

산기-02-1, 산기-05-2

㉮ 파노라믹한 경관(Panoramic landscape)
㉯ 세부적 경관(detail landscape)
㉰ 초점적 경관(focal landscape)
㉱ 위요된 경관(enclosed landscape)

51 교목의 수관 아래에 형성되는 경관을 말하며, 수 림의 가지와 잎들이 천장을 이루고 수간이 기둥처럼 보이는 경관유형은?

산기-06-2, 기-11-2

㉮ 관개경관(冠蓋景觀)
㉯ 초점경관(焦點景觀)
㉰ 세부경관(細部景觀)
㉱ 위요경관(圍繞景觀)

52 리튼(Litton)은 경관 유형별 시각적 훼손 가능

성과 더불어 훼손 가능성과 관련된 일반적인 원칙을 제시한 바 있다. 리튼이 제시한 일반적 원칙에 위배되는 내용은? 기-04-2, 기-07-4, 기-12-1

㉮ 완경사보다는 급경사 지역이 훼손 가능성이 높다.

㉯ 스카이라인, 능선등과 같은 모서리 혹은 경계 부분이 시각적 훼손 가능성이 높다.

㉰ 단순림보다 혼효림이 시각적 훼손 가능성이 높다.

㉱ 어두운 곳보다 밝은 곳이 시각적 훼손 가능성이 높다.

해 ㉰ 리튼(Litton)은 혼효림보다는 단순림이 시각적 훼손가능성이 높다고 제시했다.

53 다음중 리튼(Litton)이 제시한 경관 유형별 시각적 훼손가능성이 바르지 않은 것은? 기-05-4

㉮ 밝은 색보다는 어두운 색의 토양이 시각적 훼손 가능성이 높다.

㉯ 저지대보다는 고지대가 시각적 훼손 가능성이 높다.

㉰ 완경사보다는 급경사 지역이 시각적 훼손 가능성이 높다.

㉱ 혼효림보다는 단순림이 시각적 훼손 가능성이 높다.

해 ㉮ 어두운 색보다는 밝은 색의 토양이 시각적 훼손 가능성이 높다.

54 다음 중 경관 단위(Landscape Unit)를 가장 적절하게 설명하고 있는 것은? 기-05-1

㉮ 경관 단위는 지형 및 지표 상태에 따라서 구분된다.

㉯ 경관 단위는 토지 이용 구분과 동일하다.

㉰ 경관 단위는 전망이 좋고 나쁨에 따라서 구분된다.

㉱ 경관 단위는 경관의 구성요소 중 주로 랜드마크를 중심으로 구분된다.

55 제이콥스와 웨이(Jacobs&Way)는 경관의 시각적 흡수력(Visual absorption)은 경관의 투과(Transparency)와 복잡도(Complexty)에 의해 좌우된다고 하였다. 시각적 흡수력이 가장 높은 것은? 기-08-2

㉮ 투과성이 높고, 복잡도가 낮은 경우

㉯ 투과성이 높고, 복잡도가 높은 경우

㉰ 투과성이 낮고, 복잡도가 낮은 경우

㉱ 투과성이 낮고, 복잡도가 높은 경우

56 경관분석 시 관찰 통제점의 선정기준에 적합하지 않은 것은? 기-11-4

㉮ 주요 도로 및 산책로

㉯ 이용밀도가 높은 장소

㉰ 특별한 가치가 있는 경관을 조망하는 장소

㉱ 주변지형 중 가장 표고가 높은 곳

해 경관 통제점 : 주요 도로 및 산책로, 이용밀도가 높은 장소, 특별한 가치가 있는 경관을 조망하는 장소, 가장 좋은 조망기회를 제공하는 장소 등으로 설정

57 다음 중 스카이라인의 물리적 형태가 아닌 것은? 기-06-4

㉮ 중첩된 형태　　　　㉯ 프레임된 형태

㉰ 구상적 형태　　　　㉱ 엑센트가 있는 형태

해 스카이라인의 물리적 형태 : 리듬있는 형태, 자연에 적응된 형태, 하늘과 균형을 이룬 형태, 액센트가 있는 형태, 추상적 형태, 중첩된 형태, 프레임(frame)화된 형태

58 도시 스카이라인 고려 요소가 아닌 것은?

기-04-2

㉮ 하천의 형태 고려

㉯ 구릉지 높이의 고려

㉰ 조망점과의 관계 고려

㉱ 고층 건물 클러스터 고려

59 대표적인 아방가르드 작가로 과감한 실험 정신의 대표작가이며, 움직임의 기록과 표현을 위한 코리오그라피(Choreography), 모테이션 심벌(Motation Symbol)등의 독자적인 표기법을 개발한 이는 누구인가? 기-10-2

㉮ 단 카일리(Kiley, D)

㉯ 로렌스 핼프린(Halprin, L)

㉰ 로베르토 벌막스(Burle Marx, R)

㉱ 루이스 바라간(Barragan, L)

60 경관분석에서 정신물리학적 접근의 특성을 올바르게 설명하고 있는 것은? 기-05-2

㉮ 경관의 물리적요소를 의사소통수단으로 보는 접근방법이다.

㉯ 경관의 형태적 구성과 연상적 의미의 관련성에 관한 연구이다.

㉰ 경관의 상징성에 관한 연구이다.

㉱ 경관의 물리적 요소와 이에 대한 인간의 반응 사이의 직접적인 함수관계를 연구한다.

61 시몬(Seamon)은 전통과학적 방법과 현상학적 방법을 구분하여 비교하였는데, 다음 중 현상학적 방법에 해당하는 것은? 기-09-1

㉮ 예측지향적이다.

㉯ 환원주의적이다.

㉰ 이해를 목표로 한다.

㉱ 가설, 정의 등을 중요시 한다.

해 ㉮, ㉯, ㉱ 항은 전통 과학적 방법에 대한 설명이다.

62 렐프(Relph)는 장소성을 설명하는 개념으로 내부성과 외부성을 거론한 바 있다. 다음 중 내부성과 관련하여 렐프가 제시한 유형이 아닌 것은? 기-06-4

㉮ 존재적 내부성　　　㉯ 감정적 내부성

㉰ 행동적 내부성　　　㉱ 직접적 내부성

해 렐프(Relph)의 4가지 내부성 유형

· 간접적 내부성 : 간접적 장소의 경험

· 행동적 내부성 : 실제로 한 장소에 위치하며, 물리적 구성 체험

· 감정적 내부성 : 행동적 내부성보다 장소에 대한 감정이입 (본질적)의 측면 중요시

· 존재적 내부성 : 의도적이거나 의식적이지 않은 경험을 통하면서도 풍부한 의미를 느낄 수 있는 경우

63 다음 중 경관 측정방법이 아닌 것은? 기-09-4

㉮ 시뮬레이션기법(simulation method)

㉯ 리커트척도(likert scale)

㉰ 쌍체비교법(paired comparison)

㉱ 형용사목록법(adjective check list)

해 경관 측정방법 : 형용사 목록법, 카드 분류법, 어의구별척, 순위조사, 리커트 척도(Likert scale), SBE 방법, 쌍체비교법

64 경관을 사진, 슬라이드 등의 방법을 통하여 평가자에게 보여주고 양극으로 표현되는 형용사 목록을 제시하여 경관을 측정하는 방법은? 기-08-4

㉮ 어의구별척(semantic differential scale)

㉯ 순위조사(rank-ordering)

㉰ 리커트 척도(likert scale)

㉱ 쌍체비교법(paired camparison)

65 다음 중 리커트 척도(Likert scale)에 대한 설명이 잘못된 것은? 기-06-2

㉮ 자유 응답 질문의 한 종류이다.

㉯ 태도를 측정하는데 많이 쓰인다.

㉰ 동일한 사항에 대하여 몇 가지 질문을 한 후 이 결과를 종합한다.

㉱ 응답결과는 5단계의 척도로 구성되어 진다.

해 ㉮ 리커트 척도(Likert scale)는 제한응답 설문의 한 종류로 동일한 사항에 대하여 몇 가지 질문을 한 후 동의하거나 하지 않는 정도의 결과를 종합하는 것이다.

66 이용자의 태도조사에 이용되는 리커트 척도(Likert scale)는 다음의 어느 척도 유형에 속하는가? 기-08-2

㉮ 명목척(nominal scale)

㉯ 순서척(ordinal scale)

㉰ 등간척(interval scale)

㉱ 비례척(ratio scale)

67 자연경관을 대상으로 할 때 경관의 시각적 특성을 이해하기 위한 형식적 분류 항목에 해당되지 않는 것은? 기-12-1

㉮ 초점경관　　　　　㉯ 관개경관

㉰ 세부경관　　　　　㉱ 개방경관

해 경관의 형식적 유형

· 기본적 유형 : 전경관, 지형경관, 위요경관, 초점경관

· 보조적 유형 : 관개경관, 세부경관, 일시경관

CHAPTER 04 조경미학

1>>> 디자인 요소

1 점(點 point)

① 점은 크기가 없고 위치만을 갖는 것으로 정의
② 크기가 정해진 것은 아니므로 크기나 공간에 따라 면으로도 인식
③ 한 점이 공간에 놓여 있을 때는 어떠한 운동도 일어나지 않으므로 주의력 집중
④ 크기가 같은 두 개의 점은 주의력을 분산시키며 심리적 긴장감(緊張感 인장력) 발생
⑤ 크기가 다른 두 개의 점은 큰 점에서 작은 점으로 주의력 이동 – 시력의 이행(移行)
⑥ 점의 크기와 배치에 따라 동세(動勢)와 리듬, 원근감 표현
⑦ 점의 연속은 단조로우나 질서가 있고 통일감과 안정감을 주는 반복미 발현

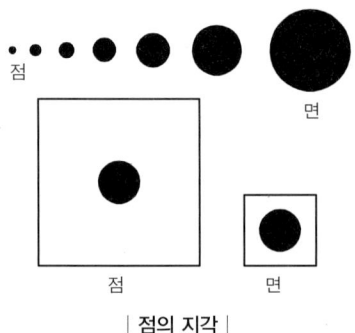

| 점의 지각 |

| 점 |
점은 최고의 간결함을 가지고 있으며, 디자인에서 최소의 기본형태로서 조형의 가장 기본적인 요소이다. 점의 배치와 관련성, 크기, 밀도에 따라 선이나 형으로 시각적 자극을 부가하여 하나의 방향과 온도와 힘을 느끼게 한다.

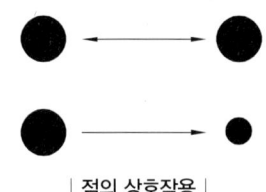

| 점의 상호작용 |

2 선(線 line)

① 점들의 움직임을 연결한 공간상의 궤적(軌跡)
② 길이의 개념은 있으나 넓이·깊이의 개념은 없고, 폭이 넓어지면 면이 되고, 굵기를 늘이면 입체 또는 공간으로 확장
③ 형태의 표현에 있어 구조물을 형성하는 데 중요한 요소
④ 방향을 가지고 있으며 점보다 훨씬 강력한 시각적·심리적 효과 보유

| 선 |
선은 점의 움직임에서 생겨나며 정적인 것에서 역동적인 것으로 비약하게 된다. 선은 자연 속에서는 시각적으로 많은 역할을 하지 못하나 그림을 그릴 때나 창조하는 조형속에서는 매우 중요한 시각적 요소로 되어있다.

직선과 곡선의 감정 비교

구분	내용
직선	·단일 방향을 가진 가장 간결한 선으로서 이성적이고 완고하며 힘찬 느낌 ·남성적, 강직함, 비약과 의지, 직접적 합리성과 물질주의의 미 표현
곡선	·우아하고 매력적이며 유연, 고상, 자유로움을 주나, 다소 불명확 ·여성적, 간접적 정서성으로 유순함, 순응과 여유, 정신적인 미 표현

| 선의 방향 |
점에 하나의 힘이 작용하는 경우는 직선이 되고, 두 가지 이상의 힘이 작용하는 경우는 곡선이 된다. 최초로 선에 가해지는 힘의 차이, 이동, 구성에 따라 힘이 어떤 방향으로 가해지느냐에 따라 선의 형이 정해진다. – 스파능 참고

선의 감정

직선		곡선	
굵은 직선	남성적, 힘참, 둔함, 우직스러움, 신중	기하곡선	확실, 명확, 이해 용이

가는 직선	예리함, 날카로움, 세심	자유곡선	가장 여성적, 개성의 특징, 매력적, 어수선, 복잡, 번거로움
굵은 절선	격렬함, 폭발, 젊음, 힘의 강도	포물선	여성적, 우아, 매력적, 유연, 율동적, 화려, 부드러움
가는 절선	불안, 초조, 신경질적	나선	용솟음, 어지러움, 번거로움, 신축성, 복잡, 불명확

❸ 방향(方向 direction)

① 모든 선에는 방향이 있고 그 방향에 따라 감정 변화
② 수직방향 : 중력에 대하여 중심을 가지고, 강력한 지지력, 고상함, 장중함, 평형의 느낌
③ 수평방향 : 중력의 지지로 안정되고 조용하며, 수동적이고 평화, 고요함, 친밀감 전달
④ 사(斜)방향 : 불안정하고 순간적이며, 위험성과 함께 가변적인 느낌으로 감동과 주의력을 집중시키고, 운동이나 동세의 긴장감 부여

방향에 의한 감정

구분	심리적 작용
수직방향	엄격, 위엄, 경건, 권위, 장중, 강직, 공상, 피로, 거만, 꺼림
수평방향	평화, 조용, 평온, 고요, 친밀, 정숙, 안전, 태평, 무한, 영구적
사방향	주의력 환기, 활동적, 동적, 생기, 불안, 난폭, 위협적, 불확실, 과민, 위험, 불안

▌조경에서의 점·선·면
① 점 : 대부분 시선을 집중시키는 효과로서, 단일 요소로는 경석(景石), 석등, 석탑, 시계탑, 조각물, 독립수 등이 있으며, 규모가 클 경우에는 작은 연못이나 분수, 화단도 점으로 인식될 수 있다. 여러 개의 점을 사용하면 산만해져 질의 저하를 가져온다. – 경관의 결절점(node)과 랜드마크(landmark)
② 선 : 선의 형태에 따라 방향표시, 운동감, 속도, 영역 등을 암시하게 되며, 오솔길, 시냇물, 고속도로 분리대 식재, 수변의 경계 등으로, 크게 직선, 곡선, 호와 접선의 3가지 형태로 구분할 수 있다. – 경관의 단(edge)과 동선(path)
③ 면 : 점으로 인식될 수 있는 크기 이상의 규모를 이루는 수공간(연못·호수·강 등)과 수목의 군식, 넓은 잔디밭 등과 수직적 담장, 수벽(樹壁), 옹벽, 수벽(水壁) 등도 있으며, 수직면은 수평면에 비해 시각적으로 크기를 그대로 전달하는 강한 자극을 준다. – 경관의 지역(district)

▌스파눙(Spannung)
① 원래는 긴장, 전압(電壓) 인장력, 신장력, 진행방향으로 나아가려는 힘 등의 의미로 형태에 내장된 힘을 뜻한다
② 조형상에 있어서는 점과 점 사이의 긴장감이나 이동성, 색채에서는 수축과 팽창 등으로 나타난다.
③ 스파눙은 점·선·면·색채 등 2개 이상의 구성요소들이 동일한 영역에 배치되어 그들 상호간에 발생하는 긴장력을 의미하며, 서로가 긴장성을 가지며 관련성을 갖게 한다.
④ 점과 선 사이에도 작용을 하며, 곡선에는 3개 이상의 스파눙이 작용한다.

▌수직과 수평
수직과 수평이 조합되면 강한 안정감이 생겨 정지적이고 영원한 질서와 완전을 상징하게 된다. 수직선만 있을 때나 수평선이 대단히 약한 경우에는 상당히 불안정한 안정감을 준다.

▌사선
움직이고 있는 형, 넘어지는 형을 나타내어 순간적이고 가변적인 감을 줌으로써 운동감과 젊음의 활기를 느끼게 한다. 반면 사선 자체의 기울어진 형상에서 불안정한 감을 주기도 하고, 불확실한·신경질적인, 위험과 파괴 등의 부정적 이미지도 함께 가지고 있다.

▌면(面 plane)
점이 연속되면 선이 되고 선이 누적되면 면이 되며, 선이 이동할 때의 방향에 따라 다양한 면이 생겨난다. 직선이 평행이동할 때 면이 생기고 회전할 때 원이 생긴다. 개념적으로 평면은 길이, 폭의 개념은 있으나 깊이(두께)의 개념은 없다. 면은 원근감과 질감을 표현할 수 있고 색과 결합하여 공간감이나 입체감을 줄 수 있다.

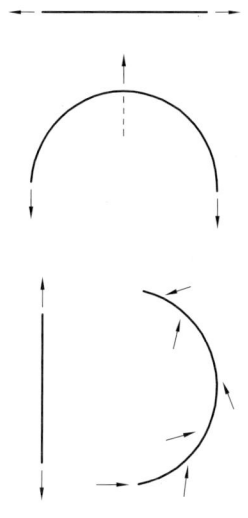

▌직선과 곡선의 긴장(스파눙)

④ 형태(形態 shape)

① 기하학적 형태 : 수리적 법칙에 따라 생겨난 것이기에 뚜렷한 질서를 가지고, 규칙적이며 과학적이고 단순 명쾌한 조형적 감정 발생 – 안정, 신뢰, 확실, 강력, 명료, 간결, 인공적

② 비기하학적 형태 : 인공적이지 않은 자연계에 존재하는 법칙에 지배를 받으며, 합리적이고 기능적인 장점과 시각적으로도 유동적 쾌감 발생 – 매력적, 여성적, 우아함, 유연, 불명료와 무질서 내재

③ 입체(form) : 평면이 다른 방향으로 확장될 때 하나의 형태(입체)가 되며, 개념적으로 입체는 길이, 폭, 깊이의 3차원 보유

형(shape)에 의한 감정

구분		심리적 작용
직선형	기하직선형	안정, 확실, 강력, 명료, 질서, 간략, 신빙성, 즉흥적
	자유직선형	강렬, 직접적, 남성적, 대담, 활발, 명료
곡선형	기하곡선형	직선보다 부드러우나 인공적인 질서정연감, 명료, 자유로움, 명확, 약간 즉흥적, 이해가 원만
	자유곡선형	아름답고 변화성 많음, 오묘하고 깊이가 있음, 낭만적, 공상적, 우아, 여성적, 사색적, 불투명, 무질서, 조잡, 추함

> **프랙탈(fractal)**
> ① 프랑스 수학자 만델브로트(Benoit B. mandelbrot) 창시
> ② 세부구조가 전체구조와 유사한 형태로 닮아가는 반복, 점진의 기하학적 구조
> ③ 눈의 결정, 고사리 잎, 브로콜리 등의 구조
> ④ 조경에서 자연석 쌓기에 적용이 가능한 형태구조

⑤ 질감(質感 texture)

① 어떤 물체의 촉각적 경험을 가지고서 물체의 재질에서 오는 표면의 특징을 시각적으로 인식하는 것

② 촉각경험과 시각경험을 결합하여 시각을 통하여 심리적 반응 발생

③ 거친 질감 : 고운 질감에 비해 눈에 잘 띄고 윤곽이 굵으며 진취적이고 강한 분위기 조성
  ㉠ 시선을 끌기 위한 곳이나 초점적 분위기 연출
  ㉡ 관찰자에게 접근하는 느낌을 주어 실제 거리보다 가깝게 보이며 부정형 구성에 용이

④ 고운 질감 : 거친 질감보다 늦게 지각되며, 관찰자와의 거리가 멀어짐에 따라 시야에서 가장 먼저 소실
  ㉠ 실제보다 멀어지는 경향이 있으므로 경계를 확대할 때 이용
  ㉡ 같은 질감이라도 감상거리에 따라 다르게 보이므로 주 감상 지점에서의 거리관계에 유의

⑤ 대상물의 표면이 가지는 조건에 따라서도 상이 – 건습 정도, 반사율, 광택 등

> **질감**
> 질감은 시각적 쾌감을 주고, 정서적인 성격을 제공하며, 공간감을 창출함으로써 표현에서 감성을 자극하여 현실감을 제고하는 데 기여하는 조형요소로 조경설계 시에는 물리적 요소로 작용한다. 고운 질감은 평온하고 아득한 느낌을 주나 자칫하면 힘이 없고 평범한 경관을 만들기 쉽고, 거친 질감은 강하고 힘차며 튀어나오는 듯한 감정을 느끼게 한다.

2>>> 색채이론

1 빛과 색

(1) 빛의 성질

① 빛의 흡수 : 빛은 궁극적으로 소멸

② 빛의 굴절 : 빛이 다른 매질로 들어가면 파동의 진행이 바뀌어 나타나는 현상

③ 빛의 반사 : 빛이 어떤 물체에 도달하였을 때 흡수와 반사가 일어나며, 반사에 의해 우리가 눈으로 색을 확인

④ 빛의 산란, 빛의 간섭, 빛의 회절, 빛의 분산 등

(2) 스펙트럼(spectrum)

① 백색광이 프리즘을 통과할 때 분산에 의해 나누어진 색의 띠를 지칭

② 광선이 프리즘으로 분산될 때 파장의 순서로 배열

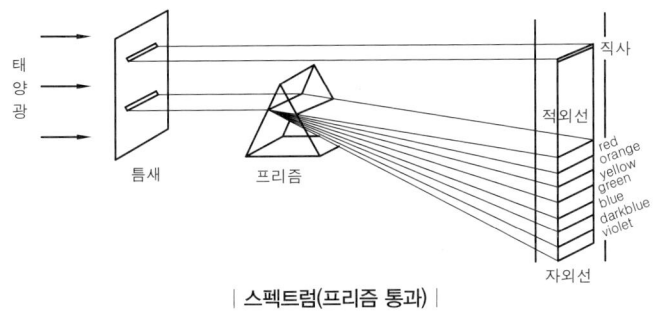

| 스펙트럼(프리즘 통과) |

(3) 가시광선

① 스펙트럼 중 인간이 눈으로 식별할 수 있는 380~780nm의 파장을 지닌 광선

② 가시광선은 스펙트럼상에서 다양한 파장의 전자기파 중에서 극히 좁은 영역 차지

> **┃ 물체의 색**
> 빛의 반사를 통하여 색을 구별
> 하양 : 거의 모든 빛을 반사하는 경우
> 검정 : 모든 빛을 흡수하는 경우
> 회색 : 모든 빛을 고른 파장으로 반사하는 경우
> 기타 색상 : 보이는 색만을 반사하고 나머지 빛은 흡수하는 경우

(4) 색채현상

① 색 : 시지각 대상으로서의 물리적 대상인 빛과 그 빛의 지각 현상 - 색의 물리적 현상

┃ 자외선과 적외선
가시광선보다 장파장의 광선을 적외선이라 하고, 단파장의 광선을 자외선이라 한다.

┃ 가시광선 파장에 따른 색
380~400nm : 보라색
400~450nm : 남색
450~500nm : 파란색
500~570nm : 녹색
570~590nm : 노란색
590~620nm : 주황색
620~780nm : 빨간색

---

② 색채 : 물리적 현상으로서의 색이 감각기관인 눈을 통해서 지각되는 것
  - 색의 심리적 현상

③ 물체색

  ㉠ 물체가 빛을 반사하거나 투과하여 모든 물체는 고유의 색을 가진 것
    처럼 보이게 되는 것

  ㉡ 빛의 성질에 의하여 나타나는 현상으로 그 현상에 따라 인간이 인식
    하는 물리적 지각현상

  ㉢ 물체 표면에서부터 반사되어 나오는 빛의 파장으로 결정

  ㉣ 거리감과 입체감을 느낄 수 있는 일반적 사물의 색 – 평면색, 표면색,
    공간색, 경영색, 투명색

② 색채지각

(1) 색채자극과 반응

1) 눈의 구조

  ① 추상체 : 눈의 망막에 있는 형태와 색에 관계하는 원추 모양의 시세포
    - 강한 빛에 의해 자극

  ② 간상체 : 색을 판단하지는 못하나 빛에 민감하여 쉽게 순응 – 흑백의
    구별만 가능

2) 순응(順應 adaptation)

  ① 명순응 : 빛의 양이 적은 곳(어두운 곳)에서 빛의 양이 많은 곳(밝은
    곳)으로 이동 시 눈의 민감도가 증가하는 것 – 간상체가 활동하다 추
    상체로 바뀌는 현상(순응속도가 짧음)

  ② 암순응 : 명순응과 반대로 밝은 곳에서 어두운 곳으로 상태가 바뀌었
    을 때 민감도가 증가하는 것 – 추상체가 활동하다가 간상체로 바뀌는
    현상(순응속도가 상대적으로 김)

3) 박명시(薄明視 twilight vision) : 명소시(名所視)와 암소시(暗所視)의 중
  간 정도의 밝음에 있어서 추상체와 간상체가 모두 작동하는 시각의 상태

  ① 어두운 곳에 있으면 점차 물건이 보이기 시작하는 암순응의 상태에서
    사물을 보는 일

  ② 어둠침침하거나 약한 빛이 있는 곳에서 물건을 보는 일

4) 연색성(演色性 color rendering)과 조건등색(條件等色 Metamerism)

  ① 연색성 : 조명, 광원, 주변색 등이 물체의 색감에 영향을 미치는 현상
    으로서, 동일한 물체의 색이라도 광선(조명)에 따라 색이 달라 보이는
    현상(빛의 분광특성이 물체의 색 보임에 미치는 효과)

  ② 조건등색 : 색의 연색성과는 반대로 다른 두 가지 색이 특정한 광원 아
    래에서 같은 색으로 보이는 현상

▎공간색
투명한 물체에서 볼 수 있는
색으로 물체에 색이 없으나 물
체를 인지하게 되는 것을 말한
다. – 투명한 유리컵 안의 물

▎현상색
빛에 의해 공간에서 나타나는
현상을 현상성이라 하고, 그러
한 빛에 따라 보이게 되는 색
을 말한다. – 흡수, 굴절, 반사,
산란, 간섭, 회절, 분산

▎색 지각의 3요소
① 빛
② 물체
③ 관찰자

▎눈의 지각 과정
각막 → 동공 → 수정체 → 유리액
체 → 황반 → 망막

▎색순응
색광에 대하여 눈의 감수성이
순응하는 과정 또는 그런 상태
로, 조명광이나 물체색을 오랫
동안 계속 쳐다보고 있으면,
그 색에 순응되어 색의 지각이
약해진다. 그래서 조명에 의해
물체색이 바뀌어도 자신이 알
고 있는 고유의 색으로 보이게
되는데 이러한 현상을 색순응
이라고 한다.

5) 잔상(殘像, after - image) : 빛의 자극이 제거된 후에도 시각기관에 어떤
   흥분상태가 계속되어 시각작용이 잠시 남는 현상

   ① 양성잔상(陽性殘像 정의 잔상) : 자극광(刺戟光)과 같은 감각이 남는 것
      으로서, 비교적 강한 자극을 단시간 받았을 때 발생 - 영화나 텔레비전
      의 영상

   ② 음성잔상(陰性殘像 부의 잔상) : 양성잔상과 반대로 반대색이나 밝기
      를 갖게 되는 현상으로서, 조금 긴 시간의 자극에서 생기며, 대상물의
      반대색이나 보색이 망막에 남게 되는 현상

❸ 색채의 지각적 특징

(1) 색의 대비

1) 생리적 자극에 의한 색의 대비

   ① 동시대비(同時對比 simultaneous contrast)

      ㉠ 두 가지 이상의 색을 이웃하여 놓고 동시에 볼 때 일어나는 색의 대
         비 현상으로 일반적으로 우리가 아는 모든 대비현상

      ㉡ 어떤 색이 다른 색의 영향을 받아 본래의 색과는 다르게 보이며, 그
         색의 차이가 강조되는 현상

   ② 계시대비(繼時對比 successive contrast)

      ㉠ 눈의 잔상과 같은 효과로 일정한 색의 자극이 사라진 후에도 지속적
         으로 자극을 느끼게 되어 다르게 보이는 현상

      ㉡ 시간적인 차를 두고 두 개의 색을 차례로 보면, 앞 색의 영향에 의해
         뒤의 색이 단독으로 볼 때와는 다르게 보이는 현상

2) 색의 대비현상 : 어떤 색이 다른 색의 영향을 받아 본래의 색과는 다르게
   보여지며 그 차이가 강조되는 현상

   ① 색상대비 : 색상이 다른 두 색을 인접시켜 배색하였을 경우 두 색이 서
      로의 영향으로 인해 색상의 차이가 크게 나 보이는 현상

   ② 명도대비 : 명도가 다른 두 색을 인접시켜 배색하였을 경우 두 색이 서
      로의 영향으로 인해 명도의 차이가 크게 나 보이는 현상

   ③ 채도대비 : 채도가 다른 두 색을 인접시켜 배색하였을 경우 두 색이
      서로의 영향으로 인해 채도의 차이가 크게 나 보이는 현상

   ④ 면적대비 : 면적의 크기에 따라서 명도와 채도가 달라 보이게 되는 현상

   ⑤ 연변대비 : 색과 색이 접하는 경계부분에서 강한 색채 대비가 일어나
      는 현상

   ⑥ 보색대비 : 보색관계의 두 색이 서로 영향을 받아 본래의 색보다 채도
      가 높아 보여 선명해지며, 서로 상대방의 색을 강하게 드러내 보이게
      하는 현상

⑦ 한난대비 : 한색과 난색의 인접 시 한색은 더욱 차게, 난색은 더욱 따뜻하게 느끼는 현상

(2) 색의 동화현상

① 대비현상과는 반대로 문양이나 선의 색이 배경색에 혼합되어 보이는 현상
② 인접한 두 색상이 서로에게 반응하여 색상·명도·채도에 의한 동화 발생

4 색채의 지각효과 및 감정효과

(1) 색채 지각효과

1) 생리적 지각효과

① 푸르키니에 현상(Purkinje's phenomenon)

㉠ 명소시에서 암소시로 이동시 생기는 지각현상으로 물체면에서 밝기의 변화에 따라 눈의 순응상태가 변하고 스펙트럼에 대한 시감도(視感度)가 변화하는 것

㉡ 밝은 곳에서는 난색계열의 장파장의 시감도가 좋고 어두운 곳에서는 한색계열의 단파장의 시감도가 좋음

② 색의 항상성(恒常性) : 빛의 강도나 눈의 순응상태가 바뀌어도 우리 눈이 같은 색으로 지각하는 현상

③ 색음현상(色陰現想) : 가운데 부분의 색이 주위색의 보색잔상 영향을 받아 보색이 혼합되어 보이는 현상

2) 심리적 지각효과

① 보색심리 : 두 색이 서로 영향을 받아 본래의 색보다 채도가 높아 선명해지고, 서로 상대방의 색을 강하게 드러나게 하며, 심리적으로는 음성적 잔상에 의해 감지

② 베졸드 브뤼케 현상 : 병치혼합의 원리로 선이나 점의 색이 배경색과 혼합되어 보이는 동화현상

③ 애브니 효과 : 같은 파장의 빛에 의한 색이라도 그 색의 채도에 따라 달라 보이는 현상

3) 면적효과 : 같은 색상을 다른 면적에 배치시켰을 경우 그 색이 있는 면적에 따라서 그 색이 더 밝거나 어두워 보이는 현상

4) 색의 진출과 후퇴 : 전진되어 보이는 색상과 뒤로 들어가 보이는 색의 효과로 색상과 명도, 채도 모두 관계

5) 색의 수축과 팽창 : 부피가 커 보이거나 작아 보이게 되는 현상으로 진출과 후퇴의 성질과 같게 작용

6) 색의 주목성(유목성)과 명시도

① 주목성(注目性 attractiveness of color) : 사람들의 시선을 끄는 힘이 강한 정도

푸르키니에 현상
체코의 의사인 푸르키니에가 해질녘에 우연히 서재에 걸어 둔 그림에서 적색과 황색계열의 색상은 흐려지고 청색계열의 색상이 선명해지는 것을 보고 발견한 현상이다.

보색
서로 다른 2가지 색을 섞었을 경우 회색과 같이 무채색이 나오는 색을 보색이라 하며 일반적으로 색상환의 반대편에 위치하는 색상으로, 빨강 – 청록, 주황 – 파랑, 노랑 – 남색, 연두 – 보라, 녹색 – 자주의 순으로 보색관계를 갖는다. 빛의 혼합에서 보색관계의 혼합색은 백색광이 된다.

진출과 후퇴
① 난색이 한색보다 진출색이다.
② 명도가 높은 것이 진출색이다.
③ 채도가 높은 것이 진출색이다.

수축과 팽창
① 난색이 한색보다 팽창색이다.
② 명도가 높은 것이 팽창색이다.
③ 채도가 높은 것이 팽창색이다.
④ 가장 팽창되어 보이는 색은 노란색이다.

- ㉠ 색의 형태와 면적, 연상 작용, 색의 삼속성 등에 따라 달라짐
- ㉡ 특히 빨강, 주황, 노랑 등 고채도, 난색계의 색이 높음
- ㉢ 단일 색상에 의한 효과로 색상의 영향이 가장 큼
- ㉣ 색의 진출과 후퇴, 수축과 팽창의 현상과 밀접한 관계를 지님
- ② 명시도(明視度 visibility) : 물체색이 얼마나 잘 보이는가를 나타내는 정도
  - ㉠ 같은 빛, 같은 크기, 같은 그림, 같은 거리로부터의 보이는 정도
  - ㉡ 주목성과 같은 성질을 가지고 있으며 단일 색보다는 배색의 효과에서 보다 명확하게 발현
  - ㉢ 색의 3속성의 차이에 따라 다르게 나타나지만 배경과의 명도 차이에 가장 민감하게 나타남

▌시인성
대상의 존재나 형상이 보이기 쉬운 정도

▌유목성
다수의 대상이 존재할 때 어느 색이 보다 쉽게 지각되는지 또는 쉽게 눈에 띄는지의 정도

▌식별성
색의 차이에 의해 대상이 갖는 정보의 차이를 구별하여 전달하는 성질

(2) 감정효과

1) 색의 온도감
   ① 색상을 보았을 때 따뜻함과 차가움의 느낌으로 삼속성 중 색상의 영향을 가장 크게 받음
   ② 빨강 → 주황 → 노랑 → 연두 → 녹색 → 파랑 → 하양의 순으로 차가워지며, 또한 단파장으로 갈수록 차갑게 느껴짐
2) 색의 흥분과 침정(沈靜)
   ① 색상을 보았을 때 느껴지는 심리적 감정으로 색상의 영향이 가장 큼
   ② 난색의 경우 흥분감을 유발하고, 한색의 경우 침착하게 만들어 안정 도모
   ③ 명도와 채도가 높을수록 흥분감을 유발하고, 낮을수록 침정되는 느낌 전달
3) 색의 중량감
   ① 색상을 보면서 무거워 보인다거나 가벼워 보이게 되는 현상으로 명도의 영향이 가장 큼
   ② 명도가 높은 것이 가벼워 보이고 한색이 난색보다 무겁게 느껴짐
4) 색의 경연감
   ① 색상의 영향으로 딱딱해 보이거나 부드러워 보이는 현상으로 채도의

▌주목성과 명시도
일반적으로 명시도가 높은 색은 주목성도 높고 무채색보다는 유채색이, 한색보다는 난색이, 저채도 보다는 고채도의 색이 주목성이 높지만 주목성이 강한 색도 배경색에 의해 달라 보일 수 있다. 멀리서 확실히 잘 보이는 경우를 명시도가 높다고 하고, 잘 보이지 않는 경우를 명시도가 낮다고 표현한다. 인간의 심리적 영향에 따라 빨간색이 주목성이 가장 높은 것으로 알려져 있으며, 채도의 차이가 클수록 명시도는 높아진다. 위험표지판, 안내표지판, 광고, 간판 등에 유용하게 쓰인다.

▌명시도가 높은 순서

순서	배경색	도형색
1	노랑	검정
2	검정	노랑
3	하양	녹색
4	하양	빨강
5	하양	검정
6	파랑	하양
7	노랑	파랑
8	하양	파랑
9	검정	하양

영향이 가장 큼

② 채도가 높은 원색계열의 색상은 단단한 느낌을 주고, 낮은 색상은 부드럽게 느낌

③ 색상에서는 난색계열이 한색계열보다, 무광택의 색상보다는 광택이 있는 색이 단단하게 느껴짐

5 색의 혼합

(1) 혼합원리

① 원색(1차색) : 여러 가지 색을 만들기 위해서 필요한 색으로 다른 색채의 혼합으로 만들 수 없는 색

② 2차색 : 1차색의 혼합으로 만들어진 색

(2) 가법혼합(색광의 혼합)

① 혼합하는 성분이 증가할수록 밝아지는 혼합으로 '플러스 현상'으로도 지칭

② 기본색상을 모두 합치면 백색광이 되며, 2차색은 색료의 1차색과 동일

(3) 감법혼합(색료의 혼합)

① 혼합하는 성분이 증가할수록 기본색보다 어두워지는 혼합으로 '마이너스 현상'으로도 지칭

② 기본색상을 모두 합치면 검정색이 되며, 2차색은 색광의 1차색과 동일

6 색의 체계 및 조화

(1) 색의 체계

① 색채 표준화 : 정확하게 측정된 색을 기호화하여 색의 전달·보관·관리를 하기 위한 수단

② 색채 표색계 분류 : 물체의 색을 표현하는 현색계와 빛의 색을 표현하는 혼색계로 구분

(2) 먼셀(Munsell)의 표색계

1) 색의 삼속성

① 색상(Hue : H) : 색을 유채색과 무채색으로 나누어 표시

㉠ 유채색 : 하양과 검정만으로 만들어진 색상인 무채색을 제외한 모든 색상

a. 빨강·적(R), 노랑·황(Y), 초록·녹(G), 파랑·청(B), 보라(P) 5가지를 기본색으로 중간색인 주황(YR), 연두(GY), 청록(BG), 남색·남(PB), 자주·자(RP)를 만들어, 10색상환을 기본으로 20색상환, 40색상환 등 구성

b. 유채색의 명도는 2 이상부터 시작하였고, 명도 9까지 1단위로 표기

색광의 삼원색

빨강, 녹색, 파랑

색료의 삼원색

마젠타(적자색), 노랑, 시안(청록색)

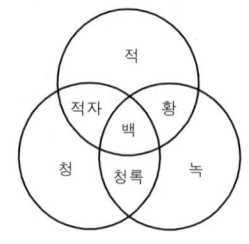

가법혼합

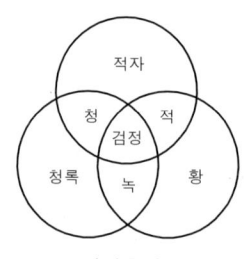

감법혼합

| 색의 혼합 |

혼합의 이용

가법혼합은 TV나 모니터, 조명 등에서 이용되고 있으며, 감법혼합은 컬러인쇄나 흔히 쓰는 컬러프린터에 사용되어지고 있다.

먼셀의 표색계

미국의 교사이자 화가인 먼셀이 창안한 표색계로 색채를 색상·명도·채도의 기반으로 구성하였으며, 그가 죽은 뒤 1940년 미국 광학협회(OSA)에서 수정하였고, 오늘날 우리가 사용하는 것이 되었으며, 한국공업규격(KS)에도 채택되어 있다. 먼셀의 표색계 이외에 오스트발트 표색계, NCS 표색계, CIE 표색계 등도 사용되고 있다.

색의 삼속성

·색상(색상 H)

·명도(명도 V)

·채도(채도 C)

ⓛ 무채색 : 하양과 검정, 또 그 사이의 하양과 검정의 결합으로 만들어
  진 회색계열은 색이 없다는 뜻으로 무채색이라 지칭

  a. 무채색은 명도단계인 1~9까지의 수치에 Neutral의 N을 붙여 N1,
    N2, N3…N9까지 표기

  b. 무채색의 중심 N5

ⓒ 명도(Value : V) : 색의 밝고 어두움을 표시한 것으로 하양이 가장 밝
  고 검정이 가장 어두움

  a. 밝은 색을 명도가 높다고 하며, 어두운 색을 명도가 낮다고 표현

  b. 색입체의 세로축인 명도는 그레이 스케일(gray scale)이라고 지칭

  c. 0~10까지의 11단계를 가지고 있으나 완벽한 검정과 하양은 없다
    는 가정하에 N1, N2, N3…N9까지 표기-번호가 높을수록 하양에
    가까워짐

ⓔ 채도(Chroma:C) : 색의 순수성을 가르키는 것으로 흰색과 검정색이
  섞이지 않은 순도 표시

  a. 순도가 높은 색을 채도가 높다고 하며, 탁해짐에 따라 채도가 낮다
    고 표현

  b. 세로 명도단계인 무채색을 기준으로 0부터 가로방향으로 채도를
    높여감 - 숫자가 높을수록 채도가 높음

  c. 채도는 각 색상에 따라 가장 높은 수치가 다르게 나타남

2) 먼셀의 색입체

  ① 색의 삼속성인 색상·명도·채도를 체계적으로 정리

  ② 세로축(명도단계 Value keys)과 가로축(채도단계 Chroma keys), 불균
    형한 구의 형태(색상 Hue)로 구성

3) 먼셀의 색상환

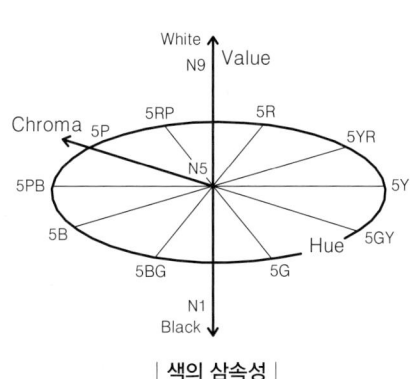

| 색의 삼속성 |

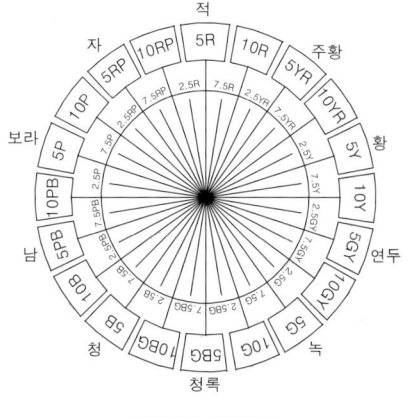

| 먼셀의 색상환 |

4) 색채 표기법

  ① 색상(Hue)·명도(Value)·채도(Chroma)의 순서로 'H V/C'로 표기

  ② '5R 4/14'라고 하면 5R(빨강)에 명도가 4이며 채도가 14인 색을 표기한 것

▌먼셀의 색상환

각 색상 중 가장 순수한 색상 앞에 5라는 숫자를 붙여 색상의 변화를 10단계로 표현하였다. 예를 들어 가장 기본이 되는 빨강을 5R이라 표기하고 그 색이 5YR에 가까워질수록 6R~10R까지, 5RP에 가까워질수록 4R~1R로 표시하였다.

▌먼셀(Munsell)의 기본색

① 빨강(R) : Red

② 노랑(Y) : Yellow

③ 초록(G) : Green

④ 파랑(B) : Blue

⑤ 보라(P) : Purple

(3) 오스트발트(Ostwald)의 표색계

1) 오스트발트 색입체

① 먼셀의 색입체와 다르게 복원추체 모양으로 나타나며, 단면은 무채색을 기준으로 정삼각형 형태로 배열

② 등색상 삼각형이 등순계열의 무채색을 기준으로 보색관계를 이루며 색입체 구성

2) 등색상 삼각형

① 등색상 삼각형의 수직 기준선은 무채색 계열이며, 수평방향의 끝점은 순색

② 등색상 삼각형은 등백계열, 등흑계열, 등순계열, 등가색환계열로 구성

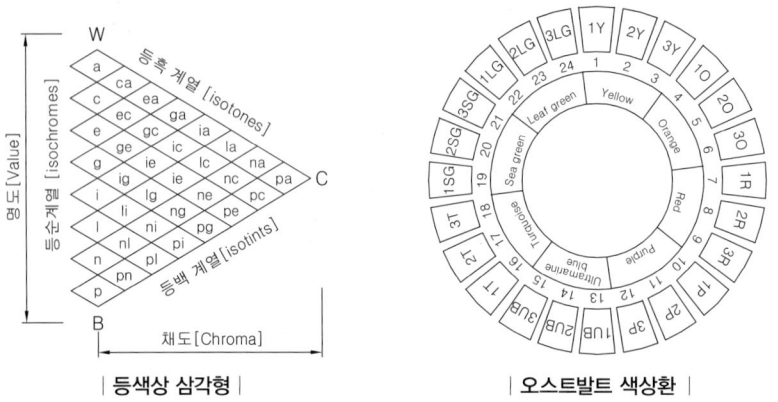

| 등색상 삼각형 | | 오스트발트 색상환 |

3) 명도단계 : 완벽한 하양(W)과 검정(B) 사이에 a, c, e, g, i, l, n, p의 기호를 붙인 8단계를 삽입하여 전체 10단계로 설정 – a가 하양, p가 검정을 의미

4) 색채표기법 : '색상번호–백색량–흑색량'의 순서로 표기 ('8nc'라고 하면 색상 8, 백색량 n, 흑색량 c 표시)

(4) 색채조화(color harmony)

1) 색채조화의 원리(D.B. Judd 1900~1972)

① 질서의 원리 : 두 가지 이상의 색 사이에 일어나는 규칙적인 질서의 조화로움

② 동류의 원리 : 친근감의 원리로 자연속의 색상이 친근하며 그러한 배색이 조화로움

③ 유사의 원리 : 색채에 어떠한 공통적인 요소가 있어 배색이 조화로움

④ 명료의 원리 : 색과 색 사이의 적절한 대비로의 조화로움

⑤ 대비의 원리 : 두 가지 이상의 색이 서로 반대되는 속성하에서의 조화로움

2) 먼셀의 색채조화론

① 무채색 조화 : 명도가 N5가 될 때의 배색은 조화로움

② 동일색상 조화 : 동일한 색상 안에서의 배색은 조화로움

■ 오스트발트의 표색계

① 오스트발트는 헤링(Karl Hering)의 반대색설을 기본으로, 보색대비에 의한 사원색을 기본색으로 하고, 중간색상을 만들어 8가지 색상을 기본으로 하였다.

② 모든 색을 이상적인 가장 순수한 색상(C)과 순수한 백색(W), 순수한 흑색(B)의 혼합량에 따라 나타내며, 혼합의 정도는 양이 아니라 순색, 백색, 검정을 기준으로 하는 삼각형을 만들어 그것을 분할하고, 각기 구분하여 붙인 기호로 혼합비율을 대용한다.

■ 오스트발트의 사원색

① 기본색 : 황(Yellow), 남(Ultra – marine Blue), 적(Red), 청록(Sea green)

② 중간색 : 주황(Orange), 청(Turquoise), 자(Purple), 황록(Leaf green)

■ 조화의 의미

① 배색이란 한 가지 색상 자체보다는 다른 색들과의 조화로서 나타나는 것을 말한다.

② 조화란 두 가지 이상 색의 배색으로 감정의 전달과 질서, 다양성 등이 나타나는 것을 말한다.

③ 색채의 조화에 가장 큰 영향을 주는 요소는 색상이다.

③ 보색 조화 : 중간 채도 '/5'의 보색을 같은 넓이로 배색하면 조화로움

3) 오스트발트(Ostwald)의 색채조화론

① 무채색 조화 : 등순색계열의 무채색 조화로 회색조화(gray harmony)

② 등색상 조화 : 동일 색상 안에서 등간격 색상은 모두 조화로움

③ 등가색환 조화 : 24개의 기본색상환에서 색상차이가 2~4 또는 6~8 정도나는 조화 또는 완전한 보색간(12차이)의 조화

(5) 오방색(五方色) – 오방정색(五方正色)·오채(五彩)

① 오행의 각 기운과 직결된 황(黃), 청(靑), 백(白), 적(赤), 흑(黑)의 다섯 가지 기본색 – 음양오행설에서 풀어낸 순수한 색

② 오방(중앙과 동·서·남·북)이 주된 골격을 이루며 양(陽)의 색임 – 하늘과 남성 상징

오방색의 분류

색	오행	방위	상징	계절	감정	의미
황(黃)	토(土)	중앙			욕심	오방색의 중심으로 가장 고귀한 색, 임금에게만 허용되는 색
청(靑)	목(木)	동	청룡	봄	기쁨	왕성한 양기, 생명, 부활을 상징하며, 귀신을 물리치고 복을 기원하는 색
백(白)	금(金)	서	백호	가을	분노	백의 민족으로 흰옷을 즐겨 착용, 결백과 진실, 삶, 순결을 의미
적(赤)	화(火)	남	주작	여름	즐거움	만물의 무성함을 나타내며, 태양, 불, 피 등과 같이 창조, 정열과 애정, 적극성 등과 강한 벽사(辟邪)의 의미
흑(黑)	수(水)	북	현무	겨울	슬픔	겨울의 쓸쓸함과 슬픔, 인간의 지혜를 의미

┃오간색(五間色)

① 오방색의 사이색인 녹색, 벽색, 홍색, 유황색, 자색으로 음(陰)의 색이라 한다. – 땅과 여성 상징

② 황색과 청색사이는 녹색, 청색과 백색사이는 벽색, 백색과 적색사이는 홍색, 적색과 흑색사이는 자색, 흑색과 황색사이는 유황색

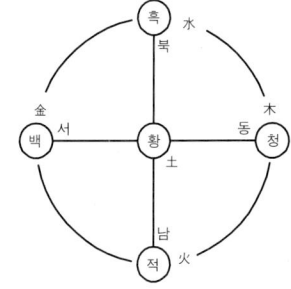

┃ 음양오행설에 따른 방위와 색채 ┃

3 >>> 디자인원리 및 형태구성

1 조화

① 조화의 성립 : 부분과 부분 및 부분과 전체 사이에 안정된 연관이 이루어 지면서 상호간의 공감을 일으켜 성립

② 유사 : 동질의 부분결합에 의해 이루어질 수 있는 것이고, 시각적인 힘의 균일에 의한 형태감정의 효과

③ 대비 : 이질부분의 결합에 의해 나타나는 것이고, 시각적인 힘의 강약에 의한 형태적 감정의 효과

2 통일과 변화

① 통일과 변화는 부분과 부분 및 전체의 관계에 있어서 시각적인 힘의 정리를 의미

┃조화미

서로 다른 물체가 상호관계에 있어서 서로 분리하거나 배척하지 않고, 통일된 전체로서의 각 요소가 종합적으로 어색하지 않고 부드럽게 잘 어울리는 감각적 효과를 발휘할 때 일어나는 미적 현상이다.

② 통일 : 같은 요소들(선, 질감, 색채 등)들을 변화감 없이 배치하여 전체로서 지각

③ 변화 : 무질서가 아닌 통일속의 변화를 의미하며 다양성(Diversity)을 줄 수 있는 원리

④ 통일성은 동질성을 창출하기 위한 여러 부분들의 조화있는 결합을 의미

▌형태의 통합
근접·유사·연속·완결·대칭·방향 등의 요인으로 시각적인 통일감을 줄 수 있다.

---

❸ 균형

(1) 균제(symmetry)와 균형(balance)

① 균형이라는 형식 내에서 구분할 수 있는 상이성과 동일성 내포

② 균제 : 가정한 하나의 축선을 기준으로 동일한 물체가 전후좌우에 위치했을 때의 단순한 균형상태 – 대칭적 균형·형식적 균형

③ 균형 : 형태감이나 색채감 등의 크기나 무게가 시각적으로 안정감을 주는 상태, 부분과 부분 및 전체 사이의 시각적인 힘의 균형상태 – 비대칭적 균형·비형식적 균형

▌미적 형식원리
미적 형식원리 중에서 비례·조화·균형이 가장 중요한 요소이며, 각 요소에는 미의 법칙성이 존재하며 조형예술만이 모든 영역에서 추구하는 가치이다.

---

(2) 대칭

① 대칭은 균형의 가장 간단한 형태로 질서방법 용이

② 동일감을 얻기 쉽지만 때로는 딱딱하고 냉정한 형태감정 이입

③ 정형식 디자인으로 정연한 안정감과 엄숙함, 장엄함 표현 및 계획의 명료성 증대

④ 좌우대칭 : 공동으로 갖는 하나의 축을 중심으로 같은 요소를 균형있게 배치

⑤ 방사대칭 : 중심점을 기준으로 교차하는 둘 또는 그 이상의 축을 중심으로 배열

(3) 비대칭

① 대칭으로서의 통일성 있는 변화를 주면 비대칭의 효과 발현

② 실질적으로는 균형이 아니나 시각적인 힘의 결합에 의한 균형

③ 비정형식 디자인으로 보다 인간적이고 동적인 안정감 부여

④ 변화와 대비가 있는 시각적 흥미를 유발시키면서 자연스러움을 동시에 부여

▌통일성
전체가 부분보다 두드러져 보여야 하며, 다양한 요소들 사이에 확립된 질서 혹은 규칙으로 사람은 질서와 통일성에 대한 지각(知覺)에서 즐거움과 만족감을 느낀다. 지나치게 통일을 강조하면 지루하고 단조로워 아름다운 자극을 흐리게 하고, 변화만을 추구하면 질서가 없어지므로 감정에 혼란과 불쾌감을 유발시킬 수 있다.

▌균형
인간은 자연에서 균형잡힌 사물을 많이 보아왔기 때문에 인간에게 미치는 영향이 대단히 크다. 균형은 애매성과 비통일성을 배제함으로써 단순성을 증진시켜 즐거움과 만족감을 주고, 또한 쾌적한 형태감정을 주어 안정감이 극대화된다.

▌대칭
대칭은 형태가 통합되어 보이는 하나의 요인으로 단순성을 가지고 엄숙함과 장엄함을 강조하거나, 안정감과 계획의 명료성이 부각되기도 한다. 이와 같은 디자인은 왕궁이나 사찰 등의 공간계획에서도 쉽게 볼 수 있다. – 불국사 대웅전, 독립문, 파르테논 신전, 독립기념관, 보 르 비콩트 등의 평면 기하학식 정원

▌비대칭
① 좌우 대칭에 비하여 복잡성과 동적인 느낌을 주며, 물체의 색채, 무게, 질감 등으로 균형을 잡으므로 공간의 여백이 생길 경우가 있다. – 지렛대의 원리 응용

② 자연경관의 구성 시 잘 고려해야할 사항이며, 주로 서양 정원에 비해 동양정원에서 많이 사용한 대칭수법이다.

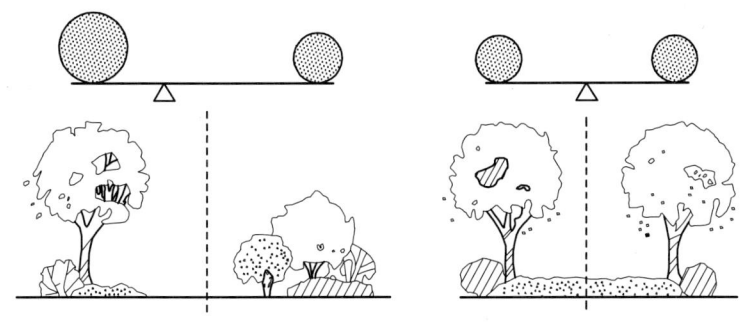

| 비대칭균형과 대칭균형 |

(4) 비례(比例 proportion)

① 형태나 색채의 변화에 있어서 양적으로나 혹은 길이와 폭의 대소, 부분과 부분 및 부분과 전체와의 수량적 관계가 규칙적 비율을 가지는 것

② 일정한 비율에 바람직한 비례를 형성하면 균형이 잡힘으로 아름다움 인지

③ 비례는 기능과 밀접한 관계를 갖고 있으며, 자연 형태나 사람의 형태 속에서 쉽게 찾아볼 수 있으며, 이에 대한 이론의 대표적인 것으로는 황금비율이 있음

(5) 주도와 종속

① 부분과 부분의 관계는 병렬 또는 대립의 입장을 취하지만 주종의 효과는 대립에서 나타남

② 주도 : 공간의 모든 부분을 지배하는 시각적으로 지배하는 힘

③ 종속 : 주도적인 부분을 내세우는 상관적인 힘이 되어 전체에 조화 발현

④ 주종의 효과는 구조적으로는 대비, 비대칭, 억양 등에 의해 나타나지만 그 느낌은 대단히 동적이며 개성적이고 명쾌한 느낌을 줌

4 율동(운율 rhythm)

① 선, 모양, 형태 또는 색상 등이 규칙적이거나 조화있는 반복을 이루는 것

② 부분과 부분 사이에 시각적인 강한 힘과 약한 힘을 규칙적으로 연속시킬 때 발생

③ 리듬에는 점층, 반복, 대립, 변이, 방사가 있으며, 서로 효과적으로 사용하면 시각적으로 강한 느낌 보유

ⓐ 점층(gradation) : 색깔이나 형태의 크기, 방향이 점차적인 변화로 생기는 리듬 – 점증, 점이

ⓑ 반복(repetition) : 문양, 색채, 형태 등이 계속적인 되풀이로 생기는 리듬

ⓒ 대립(opposition) : 수평과 수직의 만남 등과 같이 대립적 구도로 생기는 리듬

ⓓ 변이(transition) : 곡선의 형태에서 느낄 수 있는 리듬 – 아치(arch)나

▌수목배식의 비대칭 균형

형태와 색상, 질감의 차이에서 형태상으로 균형잡힌 느낌을 줌으로써 실현된다. 한쪽에 밝은 색상의 나무를 심었으면 한쪽에는 다소 작고 어두운 색상의 수목을 심거나, 거친 질감을 나타내는 수목과의 균형은 보다 많은 양의 섬세한 질감의 수목을 식재한다. 또한 작고 복잡한 형은 더 크고 안정된 형에 의해 균형이 이루어진다.

▌비례미

인간은 심리적으로 일정한 비율로 감소 또는 증가된 상태로 보려는 습성이 있다. 소리나 색채, 형태에 있어서 양적(量的)으로나 길이, 폭, 면적, 크기 등에 적용시키려 하는 습성을 이용한 구성방법이다.

▌율동미

디자인 요소의 변화되는 경관을 말하는 것으로 질서를 통한 변화된 형태나 소리, 색채로 연속적인 변화를 주어 흥미로움을 줄 수 있게 하는 구성방법이다. 즉 복잡함에 질서를 주어 통일감을 주는 운동감이라 할 수도 있다. 대부분의 조형예술에서는 시간적 요소를 가지지 않고 동시적으로 디자인 요소가 한꺼번에 연출되어 감상자에게 다소 이해하기 어려운 점도 있다.

둥근 의자

ⓜ 방사(radiation) : 방사형으로 중심축에서 밖으로 퍼져 나가는 모양의 리듬

▌방사미

가정한 하나의 점을 중심으로 전후좌우에 대칭선을 그어 그 중심점으로부터 일정한 거리에 어떤 재료를 배치하여 사방(四方) 어디서 보아도 동일한 아름다움을 감상할 수 있는 구성방법이다.

5 축(軸 axis)

① 디자인에 있어 형태와 공간을 구성하는 가장 기본적 수단으로 작용
② 공간 속의 두점이 연결되어 이루어진 하나의 선으로 시각적 관념에 의한 규칙적 질서와 통일성, 균형과 안정감을 찾기 위한 도구
③ 형태와 공간의 규칙적이거나 불규칙적인 배열로써 축의 형성 가능
④ 주축과 주축에 병행되거나 교차하는 부축의 설정으로 강조의 효과

6 강조(accent)

① 동질의 형태나 색채들 사이에 이질적인 요소나 강렬한 색채, 형태 도입
② 시각적으로 중요한 부분을 나타낼 때 돋보이게 하는 수법
③ 전체적으로 보아 통일감 조성
④ 통일과 질서 속에서 이루어지며, 다른 부분은 강조된 부분과 종속관계 형성

4>>> 환경미학

1 시야(視野)의 척도

① 인간의 시각(視覺)은 조경계획에서 기초적인 척도의 하나로써 작용
② 시야는 두 눈으로 볼 수 있는 좌우·상하의 각도로 일률적 적용은 곤란 – 좌우 60°, 상하 75° 정도
③ 인간의 시야는 색채에 따라서도 변화 – 백색 물체에 대해 가장 커지고 청, 황, 적, 녹 순으로 좁아짐
④ 인간이 움직일 경우에도 속도의 증가에 따라 시야 좁아짐

2 시지각의 특성

① 인간의 시각은 한 점을 보는 것이 아니라 여러 부분으로 이동하며 관찰
② 인간의 눈은 어떤 장면이나 그림을 전체적으로 보거나 세부적으로 보거

▌점증미

디자인 요소의 점차적인 변화로서 감정의 급격한 변화를 막아주어 혼란을 감소시키며, 불안과 초조로부터 벗어날 수 있게 하는 구성방법이다.

▌축

축은 좌우대칭 및 방사대칭에 필요한 요소의 대칭선이 될 수도 있지만, 축이 곧 대칭선을 말하는 것은 아니며, 직선만이 아닌 곡선도 존재한다. 또한 근본조건이 선이기 때문에 길이와 방향감을 가지고 있으며, 통로를 따라 움직이고, 주변을 감상하도록 유도한다. 축이 시각적인 힘을 가지기 위해서는 축의 양 끝부분이 종결될 수 있는 목적물이나 공간을 가지고 있음으로 해서 경험자의 관심과 긴장을 이끌어 낼 수 있다.

▌강조(emphasis)의 조건
① 대비(contrast)
② 분리(isolation)
③ 배치(placement)

나 둘 중의 하나로 밖에 볼 수 없음 – '숲과 나무'를 동시에 보지 못함
③ 인간은 대상을 관찰할 때 불규칙한 부분과 도형의 각(角), 명암의 경계선에 집중
④ 조경계획에 있어 인간이 무리하지 않고 머리를 움직이는 범위로 시야의 척도 결정

❸ 연속경관

(1) 경관의 정의
① 경관 : 인간이 시점으로부터 본 자연의 지형, 지물, 유수, 식생, 인공의 건축물 등이 형성하는 경관대상 조망의 총체
② 경관의 성립에는 인간의 시점과 시축(視軸)이 전제되어야 하며 그것에서 경관의 이미지 발생
③ 연속경관(sequence) : 시점이 공간을 이동할 때 그 시점에 차례로 나타나는 경관
④ 경관장(景觀場) 이미지 : 시점이 이동하고 많은 투시형태에 의해 그 지역의 이미지를 얻는 것의 현상
⑤ 경관은 '눈앞에 있는 경관'과 '출현하고 있는 경관'의 요소로 분할

(2) 연속경관의 패턴
① 계시적(繼時的)으로 변하는 경관의 리듬이나 패턴을 도입부(exposition), 상승부, 정점(climax), 하강부, 파국의 피라미드형 도입
② 왕궁, 신전, 묘원 또는 근대적인 심볼 등 단일 목표지점에 이르는 어프로치에 쉽게 적용
③ 일반도로 등의 단일방향이 아닌 반대방향으로의 경우가 있는 경우에는 적용 불가
④ 새로운 연속경관의 패턴과 시대적 요구 발생

(3) 공간의 연속성
① 공간은 평면적이 아닌 관찰자의 움직임에 따라 연속적, 발전적으로 경험
② 외부공간은 움직임 속에서 경험되는 것으로 연속된 체험의 지각경험이 중요
③ 시간의 연속 속에서 시각대상물 상호간의 균형과 조화로써 질서 경험

❹ 부각, 앙각, 응시, 착시

(1) 부각(俯角)
① 부각 : 높은 곳에서 낮은 곳에 있는 물체를 내려다 볼 때의 시선과 수평면이 이루는 각
② 부감경(俯瞰景) : 조망하기 좋은 곳이나 산위에서 아래를 내려다 볼 때

■ 조경계획 시 시야의 척도
인간이 무리하지 않고 머리를 움직이는 범위로 시야의 척도 결정하나 추구하는 척도의 범위보다 작은 각도, 즉 무리하지 않고 극히 자연스럽게 움직이는 범위로서, 좌우 45°로 계 90°, 상하 15°, 30°로 계 45°를 경관계획에 고려하는 시야로 생각할 수 있으나 가설에 지나지 않으므로 세밀한 연구가 필요하다.

■ 연속공간의 구성기법
① 정지된 시점보다는 연속된 경관의 누적 중요
② 지면의 상승에 따른 공간의 점층적 전개 기법
③ 공간의 막힘과 열림의 반복 기법
④ 조그만 물체 틈 사이로 보여지도록 하는 암시 기법
⑤ 연속성 기법은 공간의 분위기나 형태뿐만 아니라 부분적인 구조물이나 장식까지 연속된 유사함이나 통일성이 있어야 한다.

■ 보이경이(步移景異)
'걸어감에 따라 경관이 달라보인다.'라는 경관변화를 나타낸 말로서, 조형원리의 '연속'에 해당한다.

눈 아래 펼쳐진 풍경

③ 인간의 자연스러운 부각은 10° 전후로서 하한은 30°가 적당

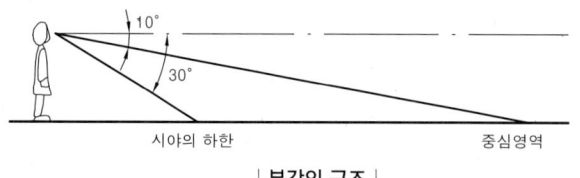

| 부각의 구조 |

(2) 앙각(仰角)

① 앙각 : 부각과 반대의 개념으로 낮은 곳에서 높은 곳에 있는 것을 볼 때의 각

② 앙관경(仰觀景) : 물체를 올려다보는 것으로 부감경에 비해 한정적이고 폐쇄적

③ 대상물을 쉽게 감지할 수 있는 최대각은 27° 정도

(3) 응시(凝視)

① 안구의 초점이 대상이나 장면에 고정되는 것

② 표지판의 크기나 글자의 크기를 결정하는 데 적용

③ 5m 떨어진 거리에서의 글자의 크기는 13cm, 9cm, 6cm의 3종류가 적당

(4) 착시(錯視 optical illusion)

눈이 사물을 보는 데 있어 보는 위치에 따라서나 배치된 상태, 속도, 색채, 선의 굵기·방향, 원근, 크기, 길이, 지선, 곡선 등이 실제보다 부정확하게 보는 시각의 상태

1) 기하학적 착시

① 각도 또는 방향의 착시 : 선의 교차와 겹침에 의한 착시현상

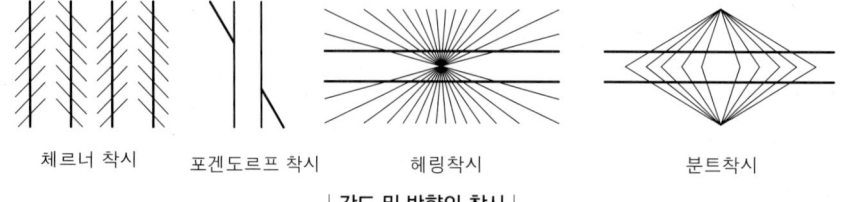

체르너 착시　　포겐도르프 착시　　헤링착시　　분트착시

| 각도 및 방향의 착시 |

② 길이에 의한 착시

㉠ 뮐러 – 라이어의 도형 : 외향(外向)의 사선 안에 있는 선분은 길게 보이고, 내향의 사선 안에 있는 선분은 짧게 보임

㉡ 분할의 착시 : 분할된 선이나 면은 분할되지 않은 것보다 크게 보여짐

㉢ 수직과 수평의 착시 : 수직의 길이가 수평의 길이보다 길게 보임

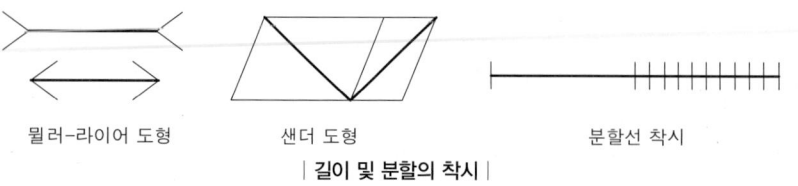

뮐러-라이어 도형　　샌더 도형　　분할선 착시

| 길이 및 분할의 착시 |

③ 동화 및 대비의 착시

㉠ 동화와 대비에 따라 크기, 각도, 형, 거리 등이 변화하는 착시로 그 주변에 큰 것이 있으면 주변에 작은 것이 있을 경우보다 작게 보임

㉡ 상방거리(上方距離)의 과대시 : 같은 크기의 도형이 상하로 겹칠 때 위의 것이 크게 보임-8, 3, S, Z 등 글자의 윗부분을 작게 디자인

| 티치너 도형 | 덤부스 도형 | 제스트로 도형 |

| 동화 및 대비의 착시 |

2) 원근의 착시(반전성실체착시 反轉性實體錯視) : 보는 동안에 원근관계가 반전되는 현상

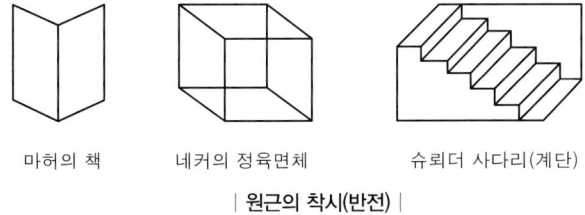

| 마허의 책 | 네커의 정육면체 | 슈뢰더 사다리(계단) |

| 원근의 착시(반전) |

5 공간의 한정 형태

(1) 공간

① 내부공간 : 건축물에 둘러싸인 공간

② 외부공간 : 건축물의 바깥을 말하나 무한정한 것이 아닌, 자연을 틀 (frame)에 의해 한정시킨 공간

㉠ 적극적 공간 : 주위의 프레임에서 안을 향해 모이는 의도적 공간

㉡ 소극적 공간 : 중앙의 핵으로부터 퍼져나가는 자연발생적 공간

③ 두 건물 사이의 공간이 지니는 관계성(광장에도 적용)은 건물간의 거리 (D)와 건축물의 높이(H) 비(D/H비)에 따라 다르게 나타남

㉠ D/H=1을 경계로 D/H비가 1보다 커짐에 따라 상호 떨어진 느낌이 들고, 1보다 작아짐에 따라 근접한 느낌이 들며, 1일 때 높이와 거리 사이에 어느 정도 균정(均整)이 생김

㉡ 실제 건축의 배치계획에서도 D/H=1, 2, 3이 가장 널리 응용되고 있으며, D/H〉4가 되면 상호간의 영향력은 사라짐

㉢ D/H〈1일 때는 두 건물 사이가 매우 근접하여 강한 상호간섭이 생기나 폐쇄된 답답한 감을 주어 쾌적한 공간은 되지 못함

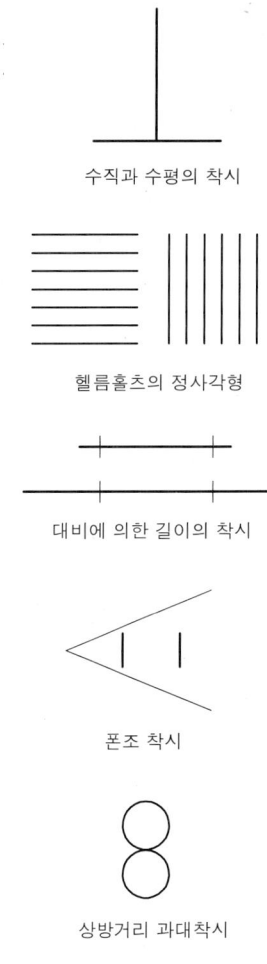

수직과 수평의 착시

헬름홀츠의 정사각형

대비에 의한 길이의 착시

폰조 착시

상방거리 과대착시

■ 공간형성의 3요소
바닥면(ground plane), 수직면 (vertical plane), 관개면 (overhead plane)으로 형성된다. - 바닥(floor), 벽(wall), 천장(canopy)

(2) 공간을 한정하는 형태

1) 수평적 요소의 공간한정

① 기준면 : 수평면이 형태로 보이기 위해서는 그것이 평면과 표면 사이의 색상이나 질감의 변화를 인식할 수 있어야 함 – 모서리가 강하게 한정될수록 형태는 더욱 명료하게 지각됨

② 상승된 기준면 : 주변의 지평면과 쉽게 구별되고 위계상으로 매우 중요한 지점이 됨 – 초점적 경관이나 시선을 끌만한 요소 배치 시 효과적

③ 내려앉은 기준면 : 주변경관과 분절시킬 수 있으며 수직면에 의해 한정

2) 수직적 요소의 공간한정

① 수직형태는 수평면보다 능동적으로 공간을 한정하고, 내부의 사람들에게 폐쇄감 부여

② 내외부의 시각적·공간적 연속성을 조절하고, 내부로 들어오는 공기·빛·소음 등 조절

③ 기둥을 중심으로 여러 개의 축이 생길 수 있음

④ 독립된 기둥은 조각적이고 기념비적 성격이 강함

6 공간의 개방감과 폐쇄감

(1) 지각작용의 연구

① 쉬프(William Schiff) : 시각, 청각, 촉각, 후각·미각, 평형감각

② 호흐와 바르그(Hoch – Barg) : 거리감각, 피부감각

③ 홀(Edward T. Hall) : 원거리 감각(눈, 코, 귀)과 근거리 감각(피부, 근육)

(2) 개방감과 폐쇄도의 정도

① 폐쇄도의 정도에 따라 공간감이 변화하며, 폐쇄도를 결정하는 요소는 시각이 83% 차지

② 건물에 대한 앙각·부각, 공간의 형(shape)·면적, 폭(D)과 높이(H)의 비례에 의한 폐쇄도 영향

③ 로버트 솜머(Robert Sommer)의 개인적 공간(personal space) : 프라이버시가 있는 닫힌 공간

④ 린치(Lynch)는 도시 외부공간에 있어 24m(80ft)가 인간적 척도이며, 위요된 중정공간에서는 주변건물의 높이와 폭의 비가 1 : 2~3이 적당함을 주장

⑤ 스프라이레겐(P.D. Spreiregen)은 도시공간(중정)에서 건물높이와 관찰거리의 비는 1 : 2(27°)가 적당함을 주장

⑥ 아시하라는 외부공간의 요소로써 건물의 스케일에 대해 높이와 거리가 D/H = 1~2가 적당함을 주장

공간의 기본유형

① 개방공간 : 공간을 한정짓는 요소가 낮은 경우

② 반개방공간 : 공간의 한 면 이상에 공간을 한정하는 요소를 높임으로 조성

③ 관개공간 : 벽면은 개방되고 상부는 덮어진 공간

④ 위요관개공간 : 관개공간과 유사하나 측면까지 시각적으로 차단

⑤ 수직공간 : 벽면이 위요되고 하늘로만 개방된 공간

시몬스의 평면적 요소 특징

① 대지내의 토지이용 상황에 직접 관련

② 모든 생명체의 근원

③ 평면 위에 동선(動線) 존재

④ 수직적 요소보다 통제 불리

공간의 위계(순위적 질서)–공간의 영역 설정

위계성-고	위계성-저
높음	낮음
좁음	넓음
내부적	외부적
폐쇄적	개방적
정적	동적
사적	공적
소수의 집합	다수의 집합

· 공간의 위계를 위한 도구
바닥면의 고저차, 면적, 벽, 길, 수로, 수목 등

D/H비에 따른 공간의 폐쇄 및 인식범위(Paul D. Spreiregen)

D/H비	양각	인식범위
D/H=1	45°	·건물이 이미지가 되어 각각의 요소를 상세하게 인지 ·정상적인 시야의 상한보다 주대상물이 더 높아 심한 폐쇄감을 느낌
D/H=2	27°	·주위가 배경으로 인지되고 건물의 전체조망이 가능한 위치 ·정상적인 시야의 상한선과 일치하므로 적당한 폐쇄감을 느낌
D/H=3	18°	·건물과 배경이 함께 인지되어 건축적이며 회화적으로 인식 ·폐쇄감에 다소 벗어나며 폐쇄감보다는 주대상물에 더 시선이 끌림
D/H=4	14°	·건물이 환경의 일부로 인지되어 순회화적으로 인식 ·공간의 폐쇄감이 완전히 소멸되고 특징적 공간으로서 장소의 식별 불가능

⑦ 수직면의 높이에 의한 폐쇄도

ⓐ 30cm : 시각적 연속성을 가지면서 상징적 영역분리

ⓑ 60cm : 시각적 연속성을 가지면서 모서리를 규정

ⓒ 90cm : 시각적 연속성을 가지면서 공간의 영역을 구분하며 폐쇄감은 못 느낌

ⓓ 120cm : 가슴높이의 정도에서 시각적 연속성을 주면서 약하게 감싸는 기분 부여

ⓔ 150cm : 시각적 연속성이 단절되고 공간이 분할되기 시작하며 폐쇄감을 느낌

ⓕ 180cm : 두 영역이 완전히 차단되고 분리되어 폐쇄도가 강하게 나타남

▌수직 1.5m(5ft)의 벽
1.5m는 일반적인 사람의 눈높이로서 시선이 차단되는 경계점이 될 수 있는 높이이며, 외부공간에서 입면적 요소가 시계, 소음, 일조의 차단벽이 될 수 있는 최소의 높이이다.

7 공간과 거리감

① 메르텐스(H. Martens)와 브루맨펠트(Hans Blumenfeld)는 도시경관에 대해 휴먼스케일, 표준적 휴먼스케일, 공공적 휴먼스케일의 분류법 사용

② 홀(Edward T. Hall)은 밀접거리(0~1.5ft), 개체거리(1.5~4ft), 사회거리(4~12ft), 공공거리(12ft 이상)로 구분

③ 서구의 도시 풍경화에서 도출한 거리 : 근경 200m 이내, 중경 600m 이내, 원경 1000m 이상

▌아시하라의 거리

수평거리	인식 정도
20~30m	휴먼스케일로 개개의 건물을 인식
30~100m	건물이라는 인상을 받음
100~600m	건물의 스카이라인 구별
600~1200m	건물군으로 인식
1200m 이상	도시경관으로 인식

▌스프라이레겐의 거리

수평거리	인식 정도
1m까지	접촉가능
1~3m	대화가능
3~12m	얼굴표정 식별
12~24m	얼굴을 알아볼 수 있는 친밀감 높은 거리
24~135m	동작을 구분
135~1200m	사람으로 인식

▌지테(Camillo Sitte)의 도시광장
지테는 외부공간을 계량적으로 분석한 바 중세 도시광장의 평균 규모는 58×142m이었으며, 이를 인간척도(Human scale)라 하였다.

▌알렉산더(C, Alexander)의 지역구분
자신이 거주하고 있는 도시의 어느 지역을 구별하는 것은 직경 100~200m 정도이고 또한 사람의 구분과 큰 소리의 의사소통 거리는 21m 정도로 정의하였다.

핵 심 문 제

1 점(点, spot)에 대한 설명 중 옳지 않은 것은?
                                                          산기-11-2
㉮ 한 개의 점이 공간에 그 위치를 차지하면 우리의
    시각은 자연히 그 점에 집중한다.
㉯ 두 개의 점이 있을 때 한쪽점이 작을 경우에 주
    의력은 작은 쪽에서 큰 쪽으로 옮겨진다.
㉰ 광장의 분수, 조각, 독립수 등은 조경공간에서
    정적인 역할을 한다.
㉱ 점이 같은 간격으로 연속적인 위치를 가지면 흔
    히 선으로 느껴진다.
해 ㉯ 크기가 다른 두 개의 점이 있을 때 큰 점에서 작은 점으
    로 주의력이 이동한다.

2 크고 작은 2개의 점 사이에서 일어나는 시각의
변화에 대한 설명 중 옳은 것은?   산기-02-2
㉮ 크기에 관계없이 두 점은 서로 끌어당기므로 서
    로 가까워 보인다.
㉯ 작은 점에서 큰 점 쪽으로 시선이 옮겨진다.
㉰ 두개의 점 사이에서 시선이 멈춘다.
㉱ 큰 점에서 작은 점 쪽으로 시선이 옮겨진다.

3 정원 구성재료 중 점(点)적인 요소가 아닌 것은?
                                                          기-05-1
㉮ 벤치   ㉯ 병목(竝木)
㉰ 분수   ㉱ 해시계
해 조경에서의 점(点)적인 요소 : 대부분 시선을 집중시키는 효과
    로서, 단일 요소로는 경석(景石), 석등, 석탑, 시계탑, 조각물,
    독립수 등이 있으며, 규모가 클 경우에는 작은 연못이나 분
    수, 화단도 점으로 인식될 수 있다.

4 다음 직선(直線)에 대한 심리적인 영향을 설명한
것 중 틀린 것은?   기-05-1
㉮ 강직하고 남성적이다.   ㉯ 단순하고 안정적이다.
㉰ 초조하고 불안정하다.   ㉱ 명확하고 직접적이다.
해 직선
    ·단일 방향을 가진 가장 간결한 선으로서 이성적이고 완고하
      며 힘찬 느낌

·남성적, 강직함, 비약과 의지, 직접적 합리성과 물질주의의
  미 표현

5 조경설계에서 곡선(曲線)을 알맞게 활용했을 때
나타나는 심리적인 효과는?   기-04-4
㉮ 예민하고 정확한 느낌을 준다.
㉯ 강직하고 명확한 느낌을 준다.
㉰ 부드럽고 혼돈된 느낌을 준다.
㉱ 우아하고 유연한 느낌을 준다.
해 곡선
    ·우아하고 매력적이며 유연, 고상, 자유로움을 주나, 다소 불
      명확
    ·여성적, 간접적 정서성으로 유순함, 순응과 여유, 정신적인
      미 표현

6 다음 중 굵은 직선을 통하여 느낄 수 있는 감성
(感樫)이 아닌 것은?   기-04-2
㉮ 낭만적이다.   ㉯ 힘차다.
㉰ 둔하다.   ㉱ 신중하다.
해 굵은 직선은 남성적, 힘참, 둔함, 우직스러움, 신중한 느낌을
    준다.

7 다음 중 안정, 확실, 강력, 질서, 간략, 신뢰성 등
의 감각을 느끼게 하는 시각적 형태는?   산기-05-1
㉮ 기하직선적 형태   ㉯ 자유직선적 형태
㉰ 자유곡선적 형태   ㉱ 규칙적 반복의 리듬형

8 선의 심리적 느낌에 관한 설명으로 옳지 않은 것
은?   산기-10-1
㉮ 가는 지그재그 선은 신경질적이고 불안정하다.
㉯ 와선은 복잡하지만 장려하고 역동적인 느낌을
    준다.
㉰ 굵은 직선은 확실하고 남성적인 느낌을 준다.
㉱ C-커브 곡선은 정적이며 비매력적이다.

9 수평선의 특성이 아닌 것은?   산기-03-2
㉮ 평온함   ㉯ 친밀감

ⓒ 장중함　　　　　　ⓡ 조용함

해 수평선 : 평화, 조용, 평온, 고요, 친밀, 정숙, 안전, 태평, 무한, 영구적

10 점, 선, 면 또는 색채 등이 두 개 이상 배치되면 그들은 서로 긴장성(緊張性)을 가지고 관련을 갖게 된다. 이러한 현상을 무엇이라 하는가?　기-10-2
ⓐ 균형　　　　　　ⓑ 스파늉
ⓒ 균제　　　　　　ⓡ 지각

11 다음 항목 가운데 기하학적인 형태주제에 해당하지 않는 것은?　기-02-1
ⓐ 타원형　　　　　　ⓑ 자유 나선형
ⓒ 동심원과 반지름형　　ⓡ 호와 접선형

해 기하학적 형태 : 수리적 법칙에 따라 생겨난 것이기에 뚜렷한 질서를 가지고, 규칙적이며 과학적이고 단순 명쾌한 조형적 감정 발생-안정, 신뢰, 확실, 강력, 명료, 간결, 인공적

12 프랙탈(fractal)구조에 대한 설명 중 틀린 것은?　기-07-1
ⓐ 비트루비우스가 발견하였다.
ⓑ 눈의 결정, 고사리 잎, 브로콜리에서 찾아볼 수 있다.
ⓒ 세부구조가 전체구조와 유사한 형태로 닮아가는 반복, 점진의 기하학적 구조이다.
ⓡ 조경에서 자연석 쌓기에 적용이 가능한 형태구조이다.

해 프랙탈(fractal)은 프랑스 수학자 만델브로트(Benoit B. mandelbrot) 박사가 1975년 '쪼개다'라는 뜻을 가진 그리스어 '프랙투스(fractus)'에서 따와 처음 만들었으며, 부분과 전체가 똑같은 모양을 하고 있다는 "자기 유사성" 개념을 기하학적으로 푼 것으로, 작은 구조가 전체 구조와 비슷한 형태로 끝없이 되풀이 되는 구조를 말한다.

13 "딱딱하다", "매끄럽다", "까칠까칠하다"고 느껴지는 재료의 시각적인 촉감을 무엇이라고 하는가?　산기-05-1
ⓐ 양감(Volume)　　　ⓑ 질감(texture)
ⓒ 톤(tone)　　　　　ⓡ 율동감(rhythm)

14 질감(質感)에 관한 설명으로 틀린 것은?　기-09-1
ⓐ 질감이란 표면구조(表面構造)의 통칭이다.
ⓑ 질감의 차이(差異)로써 다양한 재료감을 얻을 수 있다.
ⓒ 질감은 시각적, 촉각적으로 인식된다.
ⓡ 질감은 색채와는 직접적으로 관련되어 인식되어지지는 않는다.

15 색채와 빛의 성질 중에서 옳지 않은 것은?　기-03-2
ⓐ 빨강색 빛은 프리즘에 의하여 가장 작게 굴절한다.
ⓑ 어떤 표면에 여러 종류의 색소를 칠할수록 어두어진다.
ⓒ 어떤 표면에 여러 종류의 빛을 비출수록 표면은 밝아진다.
ⓡ 흰색표면은 그 위에 비치는 빛을 거의 모두 흡수하기 때문에 명도가 높다.

해 ⓡ 흰색표면은 그 위에 비치는 빛을 거의 모두 반사하기 때문에 명도가 높다.

16 하루의 대기변화를 느낄 수 있는 구름, 저녁노을, 파란하늘 등은 무엇과 관계가 있는 현상인가?　기-09-2
ⓐ 빛의 반사　　　　ⓑ 빛의 산란
ⓒ 빛의 굴절　　　　ⓡ 빛의 회절

17 다음 중 두 색을 대비시켰을 시 두 색이 각각 색상환에서 서로 멀어지려는 현상은?　기-14-2
ⓐ 보색대비　　　　ⓑ 명도대비
ⓒ 채도대비　　　　ⓡ 색상대비

해 ⓡ 서로의 영향으로 색상 차이가 크게 나 보이는 현상

18 무수히 많은 색 차이를 볼 수 잇는 것은 어떤 시세포의 작용에 의한 것인가?　기-10-4
ⓐ 간상체　　　　　ⓑ 추상체
ⓒ 수평세포　　　　ⓡ 양극세포

19 눈의 망막에 있는 시세포의 하나인 추상체에 대한 설명으로 틀린 것은?　기-11-2

㉮ 원추세포(Cone)라고 불리며 망막의 중심부에 많다.

㉯ 색을 인식, 식별하는 기능을 한다.

㉰ 매우 약한 빛을 감지한다.

㉱ 추상체가 활동하고 있는 상태를 명순응시라고 하는데, 주로 낮에 밝은 곳에서 작용한다.

해 ㉰ 추상체는 강한 빛을 감지한다.

20 날이 어두워지면 명소시와 암소시 중간 정도의 밝기에서 추상체와 간상체 양쪽 모두가 작용하게 되는 시각상태를 무엇이라고 하는가? 기-08-1

㉮ 색순응　　　　　㉯ 암순응

㉰ 박명시　　　　　㉱ 항상성

21 형광등 아래서 물건을 고를 때 외부로 나가면 어떤 색으로 보일까 망설이게 된다. 이처럼 조명광에 의하여 물체의 색을 결정하는 광원의 성질은?

기-10-4, 기-11-4

㉮ 색온도　　　　　㉯ 발광성

㉰ 연색성　　　　　㉱ 색순응

22 병원 수술실의 바닥이나 벽면을 청록색 계통으로 칠하거나 수술복의 색상을 청록색으로 하는 것은 어떤 현상을 고려한 것인가? 기-06-2

㉮ 색순응　　　　　㉯ 정의 잔상

㉰ 부의 잔상　　　　㉱ 명암순응

해 음성잔상(부의 잔상) : 양성잔상과 반대로 반대색이나 밝기를 갖게 되는 현상으로서, 조금 긴 시간의 자극에서 생기며, 대상물의 반대색이나 보색이 망막에 남게 되는 현상

23 "서로 접근시켜서 놓여진 두개의 색을 동시에 볼 때에 생기는 색 대비"에 적용되는 것은? 기-04-4

㉮ 색 대비　　　　　㉯ 동시대비

㉰ 계시대비　　　　㉱ 유도색

24 색채의 대비 중에서 동시대비에 속하지 않는 것은? 기-07-1

㉮ 면적대비　　　　㉯ 명도대비

㉰ 색상대비　　　　㉱ 보색대비

해 동시대비는 색채의 3속성들의 차이에 따른 지각변화에 따라

서 명도대비, 색상대비, 채도대비, 보색대비로 구분된다.

25 채도가 매우 높은 빨강 색지를 한참 동안 바라보다가 다음순간에 초록 색지를 보면 그 초록은 보다 선명한 초록으로 보인다. 이처럼 앞서 관찰하던 색의 잔상색이 그 다음에 본 색자극에 겹쳐서 가볍혼색된 상태가 되어 나타나는 대비현상을 무엇이라하는가? 산기-09-1

㉮ 동시대비　　　　㉯ 계시대비

㉰ 명도대비　　　　㉱ 공간대비

26 동시대비 중 무채색과 유채색 사이에 일어나지 않는 대비는? 산기-10-2

㉮ 색상대비　　　　㉯ 명도대비

㉰ 채도대비　　　　㉱ 보색대비

27 색상이 다른 두 색을 인접시켜 배치하면 두 색이 색상환에서 서로 더 멀어지려는 현상은? 산기-09-2

㉮ 색상대비　　　　㉯ 보색대비

㉰ 채도대비　　　　㉱ 명도대비

28 아래의 그림에서 A의 부분을 가장 돋보이게 하려면 다음 색 중 어느 것이 적당한가? 기-06-1

㉮ 굴색

㉯ 파랑색

㉰ 백색

㉱ 남색

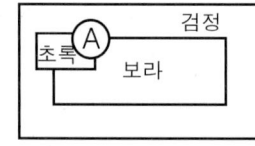

해 반대색상인 난색계열의 색이 가장 돋보인다.

29 동일한 녹색을 가지고 흰 종이 위에 가는 녹색선과 넓은 녹색면을 만들었다면, 녹색선이 녹색면보다 더 어둡게 느껴지는데 이러한 현상을 무엇이라 하는가? 산기-10-1

㉮ 명도대비　　　　㉯ 색상대비

㉰ 면적대비　　　　㉱ 연변대비

해 면적대비 : 면적의 크기에 따라서 명도와 채도가 달라 보이게 되는 현상

30 해가 지고 주위가 어둑어둑해질 무렵 낮에 화

사하게 보이던 빨간꽃은 거무스름해져 어둡게 보이고, 그 대신 연한 파랑이나 초록의 물체들이 밝게 보이는 현상은?　기-08-2, 기-10-2, 산기-11-2
㉮ 베졸트-뷔뤼케 현상　㉯ 색음현상
㉰ 푸르키니에현상　㉱ 대비현상

해 푸르키니에 현상(Purkinje's phenomenon)
· 명소시에서 암소시로 이동 시 생기는 지각현상으로 물체면에서 밝기의 변화에 따라 눈의 순응상태가 변하고 스펙트럼에 대한 시감도(視感幀)가 변화하는 것이다.
· 밝은 곳에서는 난색계열인 장파장의 시감도가 좋고 어두운 곳에서는 한색계열인 단파장의 시감도가 좋다.

31 색채의 진출, 후퇴와 팽창, 수축에 관한 설명 중 가장 거리가 먼 것은?　기-06-2
㉮ 진출색은 황색, 적색 등의 난색계열이다.
㉯ 팽창색은 명도가 어두운 색이다.
㉰ 수축색은 한색계열이다.
㉱ 후퇴색은 파랑, 청록 등의 한색계열이다.

해 팽창색은 명도가 높은 색이다.

32 색의 후퇴에 대한 설명 중 틀린 것은?　산기-09-2
㉮ 차가운 색이 따뜻한 색보다 더 후퇴하는 느낌을 준다.
㉯ 어두운 색이 밝은 색보다 더 후퇴하는 느낌을 준다.
㉰ 명도·채도가 높은 색이 명도·채도가 낮은 색보다 더 후퇴하는 느낌을 준다.
㉱ 무채색이 유채색보다 더 후퇴하는 느낌을 준다.

해 ㉰ 명도·채도가 높은 색이 명도·채도가 낮은 색보다 더 진출하는 느낌을 준다.

33 다음 조경공간의 색채 설명 중 틀린 것은?　산기-06-4
㉮ 녹음 속에 둘러싸인 빨간 지붕이 더 한층 선명히 보인다.
㉯ 노랑과 검정을 이용하면 강하고 명쾌한 느낌을 준다.
㉰ 고채도의 색은 후퇴, 수축해 보인다.
㉱ 공장 주위는 저채도의 녹색계의 조경재료를 이용하면 피로감을 줄이게 된다.

해 고채도의 색은 진출, 팽창해 보인다.

34 다음 검정 바탕에 놓인 동그란 원 안의 색 중에서 팽창성이 가장 강하게 느껴지는 색은?　산기-07-4
㉮ 1
㉯ 2
㉰ 3
㉱ 4

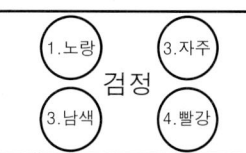

35 특히 주의를 기울이지 않더라도 사람의 시선을 끌어 눈에 띄는 속성을 말하며 다수의 대상이 존재할 때 어느 색이 보다 쉽게 지각되는지 또는 쉽게 눈에 띄는지의 정도를 의미하는 것은?　기-08-4
㉮ 식별성　㉯ 정서성
㉰ 유목성　㉱ 시인성

36 다음 빈칸에 들어갈 용어를 순서대로 연결한 것은?　기-10-2

| (A) : 대상의 존재나 형상이 보이기 쉬운 정도 |
| (B) : 다수의 대상이 존재할 때 어느 색이 보다 쉽게 지각되는지 또는 쉽게 눈에 띄는지의 정도 |
| (C) : 색의 차이에 의해 대상이 갖는 정보의 차이를 구별하여 전달하는 성질 |

㉮ A : 식별성, B : 유목성, C : 시인성
㉯ A : 유목성, B : 가독성, C : 식별성
㉰ A : 정서성, B : 상징성, C : 시인성
㉱ A : 시인성, B : 유목성, C : 식별성

37 색의 온도감에 관한 설명으로 틀린 것은?　산기-10-2, 산기-10-4
㉮ 일반적으로 명도보다 색상에 의한 효과가 크다.
㉯ 무채색의 경우 명도가 높으면 따뜻하게 느껴진다.
㉰ 장파장보다 단파장 쪽의 색이 차게 느껴진다.
㉱ 유채색의 경우 중성색은 온도감이 느껴지지 않는다.

해 ㉯ 무채색에서는 저명도 색이 따뜻하고 고명도 색은 시원하게 느껴진다.

38 색필터 또는 그 밖의 흡수매체에 의해 색을 혼합하면 할수록 순색의 강도가 약해져 원래의 색상보다 명도가 낮아지는 혼합은? 기-05-4

㉮ 가법혼색 ㉯ 감법혼색
㉱ 회전혼색 ㉰ 병치혼색

39 다음 ( )안에 공통적으로 들어갈 용어는? 산기-09-4

> 색은 물리적으로 빛에 의해 일어나는 감각이며 일반적으로 빨강, 노랑, 파랑, 보라 등 빛의 파장에 따라 다양하게 색을 지칭하고 있다. ( )(이)란 이들 파장의 차이가 여러 가지인 색채를 말한다. 바꾸어 말하면 색채를 구별하기 위해 필요한 색채의 명칭이 ( )이다.

㉮ 색지각 ㉯ 색감각
㉱ 색상 ㉰ 채도

40 색의 3속성에 관한 설명 중 옳은 것은? 기-11-1

㉮ 색상은 색의 밝고 어두운 정도를 나타낸다.
㉯ 명도는 색을 느끼는 강약이며, 맑기이고, 선명도이다.
㉱ 색상은 물체의 표면에서 반사되는 주파장의 종류에 의해 결정된다.
㉰ 같은 회색 종이라도 흰 종이 보다 검은 종이 위에 놓았을 때가 더욱 밝아 보이는 것은 채도와 관련된 현상이다.

41 다음 중 먼셀 색체계의 기본 10색상이 아닌 것은? 기-11-1

㉮ 흰색(W) ㉯ 보라(P)
㉱ 초록(G) ㉰ 주황(YR)

🖩 먼셀(Munsell)은 빨강·적(R), 노랑·황(Y), 초록·녹(G), 파랑·청(B), 보라(P) 5가지를 기본색으로 중간색인 주황(YR), 연두(GY), 청록(BG), 남색·남(PB), 자주·자(RP)를 만들어 10색상환을 기본으로 20색상환, 40색상환 등을 구성하였다.

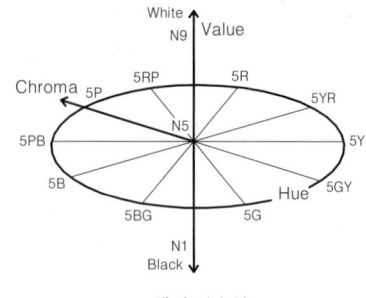

색의 삼속성

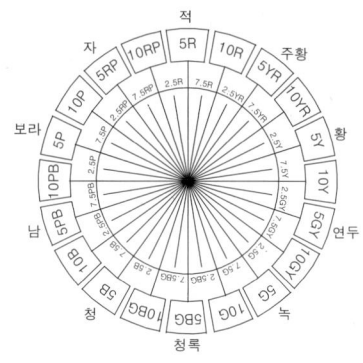

먼셀의 색상환

42 다음 중 먼셀색체계의 색상환을 구성하는 5가지 주요 색상은 어느 것인가? 기-09-4

㉮ 빨강, 노랑, 초록, 파랑, 보라
㉯ 주황, 보라, 노랑, 자주, 연두
㉱ 흰색, 빨강, 검정, 파랑, 노랑
㉰ 보라, 초록, 파랑, 연두, 흰색

43 먼셀(Munsell)의 색상환에서 주요 5색상에 해당되지 않는 것은? 기-10-4, 기-11-2

㉮ blue ㉯ purple
㉱ orange ㉰ green

44 먼셀표색계(Munsell color system)에서 "5R 7/10"에 대한 설명 중 옳은 것은? 기-07-4

㉮ 명도는 5번째 적색으로 적색의 대표색을 가리키며 채도 7, 색상 10의 색을 지칭
㉯ 색상은 5번째 적색으로 적색의 대표색을 가리키며 명도 7, 채도 10의 색을 지칭
㉱ 채도는 5번째 적색으로 적색의 대표색을 가리키며 명도 7, 색상 10의 색을 지칭
㉰ 색상은 5번째 적색으로 적색의 대표색을 가리키

며 채도 7, 명도 10의 색을 지칭

해 색상(Hue)·명도(Value)·채도(Chroma)의 순서로 'H V/C'로 표기한다.

45 먼셀 표색계의 3속성 표기로 맞는 것은? (단, H : 색상, V : 명도, C : 채도) 산기-05-4

㉮ $\dfrac{HV}{C}$

㉯ $\dfrac{CH}{V}$

㉰ $\dfrac{CV}{H}$

㉱ $\dfrac{V}{CH}$

46 먼셀 표색계로 표시한 G 8/1 과 G 5/1의 차이는? 산기-07-1, 기-08-2

㉮ 색상과 채도는 같지만 명도가 다르다.
㉯ 색상과 명도는 같지만 채도가 다르다.
㉰ 명도와 채도는 같지만 색상은 다르다.
㉱ 전자는 광선, 후자는 물감의 색채를 말한다.

47 명도가 5, 채도가 6인 빨간색의 먼셀색표기가 옳은 것은? 기-08-4, 산기-11-1

㉮ R5 5/6
㉯ 5R 6/5
㉰ R5 6/5
㉱ 5R 5/6

48 먼셀의 표기법에서 10RP 7/8은 무슨 색인가? 기-09-2

㉮ 분홍
㉯ 빨강
㉰ 보라
㉱ 자주

49 먼셀 표색계에서 5Y4/6은 일정한 느낌을 줄 수 있는 하나의 색을 나타낸다. 이 표시 중 4의 숫자는 무엇을 가리키는가? 기-02-1

㉮ 색상
㉯ 명도
㉰ 채도
㉱ 색명

50 다음 중 색채학에서 명도에 관한 설명으로 틀린 것은? 산기-08-4

㉮ 먼셀 밸류(munsell value)라고도 불린다.
㉯ 물체의 색을 표시하는 먼셀 표색계에서는 흰색을 명도1, 검정색을 10으로 한다.
㉰ 선글라스나 컬러 슬라이드와 같은 색의 명도는

'농도'라고 한다.

㉱ 일반적으로 흰색과 검정 사이에 회색군을 밝은 순서대로 배치하여 '그레이스케일'이라고 부른다.

해 물체의 색을 표시하는 먼셀 표색계에서는 검정색을 명도 1, 흰색을 9로 한다.

51 먼셀(Munsell)의 무채색 명도 단계에 해당하는 것은? 산기-02-1, 산기-05-2

㉮ 10(흑)-20(백), 흑에서 백까지의 단계는 총 11단계
㉯ 0(흑)-10(백), 흑에서 백까지의 단계는 총 11단계
㉰ 1(흑)-14(백), 흑에서 백까지의 단계는 총 14단계
㉱ a(백) cegilnp(흑), 회색 6단계

해 명도는 0~10까지의 단계를 가지고 있으나 완벽한 검정과 흰색은 없다는 가정하에 N1, N2, N3…N9까지 표기하였으며, 번호가 높을수록 흰색에 가까워진다.

52 먼셀 색표계의 내용에 관한 설명 중 잘못된 것은? 기-06-1

㉮ R, Y, G, B, P의 5색과 그 보색인 5색을 추가하여 10색상을 기본으로 만든 것이다.
㉯ 채도 단위는 2단위를 기본으로 하였으나 저채도 부분에서는 실용적으로 1과 3을 추가 하였다.
㉰ 무채색의 명도는 숫자 앞에 'N'을 붙인다
㉱ 유채색의 명도는 0.5 단위로 배열되어 0.5부터 9.5까지 19단계로 하였다.

해 ㉱ 유채색의 명도는 2 이상부터 시작하였고, 명도 9까지 1단위로 표기하였다.

53 먼셀 표색계에서 5Y4/6에서 4의 의미는? 기-06-2

㉮ 색상(色相)
㉯ 명도(明度)
㉰ 채도(彩度)
㉱ 색명(色名)

54 다음 중 색입체에 관한 설명으로 틀린 것은? 기-10-2, 기-10-4

㉮ 색입체의 중심축은 무채색 축이다.
㉯ 오스트발트 표색계의 색입체는 타원과 같은 형태이다.
㉰ 색의 3속성을 3차원 공간에다 계통적으로 배열

한 것이다.

㉆ 먼셀표색계의 색입체는 나무의 형태를 닮아 color tree라고 한다.

해 ㉇ 오스트발트 표색계의 색입체는 복원추체와 같은 형태이다.

55 음양 오행사상에 따른 다섯가지 색채(오방정색)에 가장 적합하지 않는 것은? 산기-04-4

㉄ 청색 ㉅ 적색
㉆ 녹색 ㉇ 황색

해 오방정색(五方正色) : 황(黃), 청(靑), 백(白), 적(赤), 흑(黑)

56 한국의 전통색 중 동쪽, 봄을 의미하는 오정색은? 기-10-2

㉄ 청색 ㉅ 적색
㉆ 백색 ㉇ 황색

해 오방색의 분류

황(黃)	중앙
청(靑)	동
백(白)	서
적(赤)	남
흑(黑)	북

57 디자인의 가장 보편적인 원리로서 하나의 조화있는 패턴 또는 다양한 요소들 사이에 확립된 질서혹은 규칙을 무엇이라고 하는가? 기-03-2, 기-08-2

㉄ 다양성(Variety) ㉅ 통일성(Unity)
㉆ 강조(Emphasis) ㉇ 비례(Proportion)

58 다음 디자인의 원리에 관한 설명 중 ( )안에 각각 적합한 요소는? 기-11-1

지나치게 (㉠)을(를) 강조하면 지루하고 단조로워 아름다운 자극을 흐리게 하고, (㉡) 만을 추구하면 질서가 없어지므로 감정에 혼란과 불쾌감을 유발시킬수 있다.

㉄ ㉠통일 ㉡변화 ㉅ ㉠대비 ㉡조화
㉆ ㉠균형 ㉡대칭 ㉇ ㉠집중 ㉡리듬

59 미적 원리 중의 하나인 다양성(Diversity)을 달

성하기 위하여 필요한 수법은? 기-04-4

㉄ 변화(Change) ㉅ 균형(Balance)
㉆ 반복(Repetition) ㉇ 조화(Harmony)

60 다음의 균형에 대한 설명 중 잘못된 것은? 기-05-1

㉄ 대칭적 균형은 '형식적' 균형이며 균형이 정적인 느낌을 자아낸다.
㉅ 비대칭적 균형은 '비형식적' 균형이며 그 변화와 대비는 시각적 흥미를 더해 준다.
㉆ 작고 복잡한 형은 더 크고 안정된 형에 의해 균형이 이루어진다.
㉇ 크고 질감을 갖고 있는 형은 작고 질감이 있는 것과 균형을 이룬다.

해 ㉇ 크고 부드러운 질감을 갖고 있는 형은 작고 거친 질감이 있는 것과 균형을 이룬다.

61 다음에서 대칭 균형 원리의 예로 적합하지 못한 것은? 기-05-1

㉄ 불국사 대웅전 ㉅ 독립문
㉆ 낙선재 ㉇ 파르테논신전

해 대칭은 형태가 통합되어 보이는 하나의 요인으로 단순성을 가지고 엄숙함과 장엄함을 강조하거나, 안정감과 계획의 명료성이 부각되기도 한다. 이와같은 디자인은 왕궁이나 사찰 등의 공간계획에서도 쉽게 볼 수 있다.-불국사 대웅전, 독립문, 파르테논 신전, 독립기념관, 보 르 비콩트 등의 평면기하학식 정원

62 다음 중 좌우대칭의 장점이 아닌 것은? 기-02-1, 기-07-4

㉄ 개방, 노출 ㉅ 균형, 통일
㉆ 권위, 안정 ㉇ 계획의 명료성

63 평면기하학식 정원에서 축에 의해서 강조되는 조형원리는? 산기-04-1

㉄ 점층 ㉅ 운율
㉆ 비례 ㉇ 대칭

64 다음 도면의 도시(圖示)에 해당되는 것은?

산기-02-4, 산기-06-4

㉮ 대칭 균형
㉯ 비대칭 균형
㉰ 비대칭 불균형
㉱ 대칭 불균형

65 자연경관을 구성할 때 가장 필요로 하는 사항은?　　　　　　　　　　　　　　　산기-02-2

㉮ 적당한 축의 계획　　　㉯ 비대칭 계획
㉰ 색상의 대비계획　　　㉱ 질감의 조화계획

66 비대칭의 효과를 설명한 것 중 틀린 것은?
　　　　　　　　　　　　　　　　　　산기-03-4

㉮ 좌우 대칭에 비하여 복잡한 느낌을 준다.
㉯ 물체의 색채, 무게, 질감 등으로 균형을 잡으므로 공간의 여백이 생길 경우가 있다.
㉰ 좌우 대칭에 비해 정돈성이 있으며, 동적인 느낌을 준다.
㉱ 주로 서양 정원에 비해 동양정원에서 많이 사용한 대칭 수법이다.

해 ㉰ 좌우 대칭에 비해 정돈성이 없으며, 동적인 느낌을 준다.

67 조경구성에 있어 비대칭적인 구성(혹은 내재적 균형)의 설명으로 틀린 것은?　　　　기-07-2

㉮ 똑같지는 않더라도 비중이 같은 시각적 요소가 대칭의 중심축 좌우에 있을 때 성립된다.
㉯ 지렛대의 원리가 성립된다.
㉰ 보다 인간적이고 동적인 균형을 얻을 수가 있다.
㉱ 관찰자가 균형의 중심을 지나가지 않도록 유도해야 효과가 크다.

해 ㉱ 비대칭적인 구성(혹은 내재적 균형)에서는 관찰자가 균형의 중심을 지나가도록 유도해야 효과가 크다.

68 단위형(單位形)에 어떤 규칙적 운동의 변화를 주어서 부분과 전체의 관계를 좀더 풍부하게 하는 수적변화(數的變化)를 무엇이라 하는가?　　기-04-1

㉮ 리듬(律動, Rhythm)
㉯ 변화(變化, Variety)
㉰ 비례(比例, Proportion)

㉱ 대조(對照, contrast)

69 리듬(rhythm) 구성의 한 방법이 될 수 없는 것은?　　　　　　　　　　　　　　　　기-10-4

㉮ 반복(repetition)　　　㉯ 점이(gradation)
㉰ 대칭(symmetry)　　　㉱ 파형(flowing)

해 리듬은 선, 모양, 형태 또는 색상 등이 규칙적이거나 조화있는 반복을 이루는 것으로 점층(점이), 반복, 대립, 변이, 방사의 방법이 있다.

70 조화로운 단계에 의하여 일정한 질서를 가진 자연적인 순서의 계열로서 기본적인 일련의 유사를 무엇이라 하는가?　　　　　　　　　　기-07-4

㉮ 대비(contrast)　　　㉯ 균제(symmetry)
㉰ 점증(gradation)　　　㉱ 균형(balance)

71 일반적으로 조형미의 표현에서 리듬(rhythm)이 갖는 효과라고 볼 수 없는 것은?　　　산기-09-4

㉮ 약동감을 준다.
㉯ 기분이나 속도감을 표현한다.
㉰ 초점을 강조하거나 공간을 충실하게 한다.
㉱ 반복에 의한 리듬으로 강한 대비를 얻을 수 있다.

해 ㉱ 리듬(rhythm)은 반복에 의한 율동으로 복잡함에 질서를 주어 통일감을 주는 것이다.

72 다음 중 점이(漸移, Gradation)현상과 관계없는 것은?　　　　　　　　　　　　　　기-04-4

㉮ 일출(日出)에서 일몰(日沒)까지
㉯ 흑(黑)에서 백(白)에 이르는 회색계열
㉰ 북극성에서 북두칠성에 이르는 별자리
㉱ 춘, 하, 추, 동의 4계절

73 점이(Gradation)현상과 관련성이 가장 적은 것은?　　　　　　　　　　　　기-05-2, 기-07-1

㉮ 인식의 흐르는 연속감을 느낄 수 있다.
㉯ 형태의 교대적인 변화이다.
㉰ 형태, 크기의 연속적 변화이다.
㉱ 색상, 명도의 연속적 변화이다.

해 점이(gradation)현상은 형태의 점차적인 변화로 생기는 리듬이다.

74 경관구성에 있어서 축(軸)이란?   산기-03-2
㉮ 비례감을 주는 계획선이다.
㉯ 율동감을 주는 계획선이다.
㉰ 설계시에 꼭 필요한 인위적인 계획선이다.
㉱ 질서와 통일성을 주는 인위적인 계획선이다.

75 다음 축(軸)의 설명 중 틀린 것은?   산기-10-2
㉮ 축선(軸線)은 통일을 가하는 요소이다.
㉯ 하나의 축은 형태와 공간의 대칭적인 배열로서도 이루어질 수 있다.
㉰ 축이 시각적 힘을 가지기 위해서는 축의 양 끝부분이 수평을 유지해야 한다.
㉱ 축 선상 또는 축의 좌우에 시각대상물을 연속적으로 배치하여 좌우대칭 또는 비대칭으로 만든다.

해 ㉰ 축이 시각적 힘을 가지기 위해서는 축의 양 끝부분이 종결될 수 있는 목적물이나 공간을 가지고 있으므로 해서 경험자의 관심과 긴장을 이끌어 낼 수 있다.

76 다음 공간의 축(軸)에 관한 설명 중 옳지 않은 것은?   기-05-4
㉮ 축은 여러 부분적 공간에 통일성을 부여한다.
㉯ 축은 직선 혹은 곡선일수 있다.
㉰ 축은 좌우대칭 혹은 비대칭일 수 있다.
㉱ 축은 반드시 클라이막스를 필요로 한다.

해 ㉱ 축은 공간속의 두점이 연결되어 이루어진 하나의 선으로 시각적 관념에 의한 규칙적 질서와 통일성, 균형과 안정감을 찾기 위한 도구이므로 클라이막스를 필요로 하지 않는다.

77 축(軸)이 강조되는 경관에 대한 설명 중 옳지 않은 것은?   기-11-1
㉮ 축은 어떠한 공간의 심리적 안정감을 줄 수도 있다.
㉯ 축이 존재하는 경관은 장엄, 엄정하나 간혹 단조롭다.

㉰ 축은 부축(minor axis)이 되는 요소가 있으므로 더욱 강조된다.
㉱ 축은 좌우대칭의 경우에만 강조될 수 있다.

해 ㉱ 축은 좌우대칭 및 방사대칭에 필요한 요소의 대칭선이 될 수도 있지만, 축이 곧 대칭선을 말하는 것은 아니며, 직선만이 아닌 곡선도 존재한다.

78 착시(錯視, optical illusion)의 설명으로 틀린 것은?   산기-09-1
㉮ 시각에 관해서 생기는 착각을 말한다.
㉯ 주의의 밝기나 빛깔에 따라 중앙부분의 밝기나 빛깔이 반대방향으로 치우쳐서 느껴지는 밝기와 빛깔의 대비도 일종의 착시이다.
㉰ 영화처럼 조금씩 다른 정지한 영상을 잇따라 제시하면 연속적인 운동으로 보이는 가현운동은 착시로 볼 수 없다.
㉱ 완전한 정사각형보다 높이가 약간 높은 B사각형과 반대로 약간 짧은 A사각형을 동시에 놓고 보았을 때 B는 너무 높은 느낌이 들고, A는 완전한 정사각형으로 느껴진다.

79 다음 그림과 같은 착시현상과 가장 관계가 깊은 것은?   기-11-2

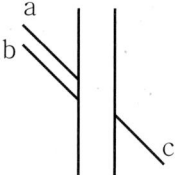

"실제로는 a와 c가 일직선 상에 있으나 b와 c가 일직선으로 보인다."

㉮ Hering의 착시(분할착오)
㉯ Kohler의 착시(윤곽착오)
㉰ Poggendorf의 착시(위치착오)
㉱ Muler-Lyer의 착시(동화착오)

80 다음에서 a와 b는 같은 길이이나 a가 길게 보인다. 이러한 현상을 무엇이라고 하는가?   기-03-4

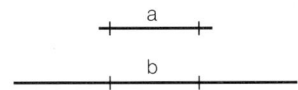

㉮ 분할의 착시(錯視)

㉯ 대비(對比)의 착시

㉰ 각도 또는 방향의 착시

㉱ 뮤라 라이야의 도형

81 영문 알파벳 대문자 B, S 혹은 아라비아 숫자 3, 8 등을 레터링(Lettering)할 때 가장 유의하여야 하는 눈의 착각 현상은? 산기-02-4

㉮ 바탕색과 글자색의 색상의 차이에 따른 착시 현상

㉯ 동일한 수직, 수평선 중에서 수직선이 길게 보이는 착시현상

㉰ 동일한 크기의 도형을 상하로 두면 위쪽이 아래쪽 보다 크게 보이는 착시현상

㉱ 예각은 크게, 둔각은 적게 보이는 착시현상

82 다음 착시의 그림들 중 반전실체착시(反轉實體錯視)에 해당되는 것은? 기-09-4

㉮

㉯

㉰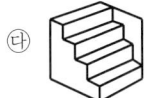

㉱

해 원근의 착시(반전성 실체착시 反轉性實體錯視) : 보는 동안에 원근관계가 반전되는 현상을 말한다.

83 두 줄의 생울타리 사이에서 간격(D)과 높이(H)가 어떠할 때 개방적이고 폐쇄감이 없어지는가? 산기-04-1

㉮ D = H

㉯ D 〈 H

㉰ D 〉 H

㉱ D ≤ H

해 D/H=1을 경계로 D/H비가 1보다 커짐에 따라 상호 떨어진 느낌이 들고, 1보다 작아짐에 따라 근접한 느낌이 들며, 1일 때 높이와 거리 사이에 어느 정도 균정(均整)이 생긴다.

84 다음 중 D(거리), H(높이)의 비율 중 두 물체 사이의 간섭이 가장 강하게 작용하는 것은? 기-05-2

㉮ D/H = 1

㉯ D/H = 2

㉰ D/H = 3

㉱ D/H = 4

85 건물의 높이를 H, 건물과 관찰자 사이의 거리를 D로 볼 때 D/H=3일 경우 다음 설명으로 가장 적합한 것은? 산기-09-1

㉮ 정상적인 시야의 상한선과 일치하므로 적당한 폐쇄감을 느낀다.

㉯ 폐쇄감이 다소 벗어나며 공간의 폐쇄감보다는 주대상물에 더 시선이 끌린다.

㉰ 공간의 폐쇄감이 완전히 소멸된다.

㉱ 특징적인 공간으로 장소의 식별이 불가능하다.

해 폐쇄도

D/H = 1	폐쇄
D/H = 2	적당한 폐쇄감
D/H = 3	미약한(모호한) 정도의 폐쇄감
D/H = 4	폐쇄성 없음

86 공간의 폐쇄도는 평면(D)과 입면(H)의 거리비로써 설명된다. 건물 전체를 볼 수 있는 비례는? 기-04-4

㉮ D/H = 1

㉯ D/H = 2

㉰ D/H = 3

㉱ D/H = 4

87 인간과 인간 사이의 거리를 크게 친밀한 거리, 개인적 거리, 사회적 거리, 공적거리 등 4가지로 나누어 각각 원근의 상을 가지고 있다고 인간 거리대를 설명한 사람은? 기-03-4

㉮ Robert Sommer

㉯ Edward T.Hall

㉰ Kurt Lewin

㉱ Luna B. Leopold

88 E.T.Hall은 4종류의 대인간격을 구분하였다. 이 중 친한 친구들 간의 일상적 대화에서 유지되는 거리를 무엇이라 하는가? 기-09-2

㉮ 친밀한거리(intimate distance)

㉯ 개인적거리(personal distance)

㉰ 사회적거리(social distance)

㉴ 공적거리(public distance)

89 다음 그림에 대한 설명 중 가장 적합한 것은?

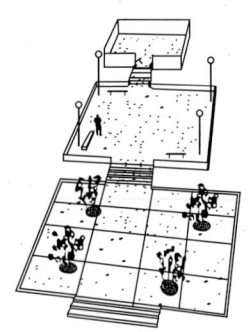

기-06-1

㉮ 공간의 환영(Illusion of space)
㉯ 공간의 위계(Hierarchy of space)
㉰ 공간의 폐쇄(Enclosing of space)
㉱ 공간의 규모(Scale of space)

해 공간의 위계(순위적 질서)-공간의 영역 설정

위계성-고	위계성-저
높음	낮음
좁음	넓음
내부적	외부적
폐쇄적	개방적
정적	동적
사적	공적
소수의 집합	다수의 집합

·공간의 위계를 위한 도구
바닥면의 고저차, 면적, 벽, 길, 수로, 수목 등

90 Munsell 표색계에 대한 설명 중 틀린 것은?

산기-12-1

㉮ 색상·명도/채도로 색채를 표시한다.
㉯ 색상환의 대각선상의 색상은 보색이다.
㉰ 색입체는 완전 구형이다.
㉱ 색입체의 중심은 명도축이다.

해 먼셀의 색입체 : 세로축(명도단계 Value keys)과 가로축(채도단계 Chroma keys), 불균형한 구의 형태(색상 Hue)로 구성

91 색채와 모양에 대한 공감각이 삼각형의 형태를 상징하는 색으로 명시도가 높아 날카로운 이미지를 갖고 있어서 항상 유동적이고 운동량이 많은 느낌을 주는 색은?

기-12-1

㉮ 빨간색   ㉯ 녹색
㉰ 노란색   ㉱ 보라색

해 색채와 모양
·색채와 모양의 조화로운 관계성 추구
·요하네스 이텐, 파버비렌, 페버&베흐너 등

색채	도형
빨강	사각형
노랑	삼각형
초록	육각형
파랑	원
보라	타원

92 한국의 전통색채 및 색채의식에 대한 설명 중 틀린 것은?

기-12-1

㉮ 음양오행사상을 기본으로 한다.
㉯ 오정색과 오간색의 구조로 되어 있다.
㉰ 색채의 기능적 실용성 보다는 상징성에 큰 의미를 두었다.
㉱ 계급서열과 관계없이 서민들에게도 모든 색채 사용이 허용되었다.

해 ㉱ 색채는 상징성을 가지며 신분이나 계급에 따라 색채사용의 차등을 두었다.

조경시설물의 설계

1>>> 운동시설 설계

1 설계일반

(1) 운동공간의 평면구성
① 이용자가 다수인 시설은 입구 동선과 주차장과의 관계 고려
② 주요 출입구에는 단시간에 관람자를 출입시킬 수 있는 광장 설치
③ 운동공간과 도로·주차장 기타 인접 시설물과의 사이에는 녹지 등 완충 공간 확보
④ 공간의 규모·이용자의 나이 등을 고려한 운동시설과 휴게시설·관리시설 배치
⑤ 운동공간 외곽에 각 경기의 특성을 감안한 최소한의 여유공간 확보

(2) 운동시설의 배치
① 이용자들의 나이·성별·이용시간대와 선호도 등을 고려하여 종류 결정
② 주택 등이 인접한 공간에는 농구장 등 밤의 이용이 예상되는 시설의 배치 회피
③ 설계대상공간에 되도록 서로 다른 운동시설 배치

(3) 기타 시설의 배치
① 휴게시설
  ㉠ 운동공간 내의 휴게공간에 원두막·의자 등 휴게시설 배치
  ㉡ 별도의 휴게공간 확보가 어려울 경우 운동에 지장이 없는 공간에 의자 등 배치
  ㉢ 휴게시설 주변에는 휴지통 배치
② 배수시설
  ㉠ 운동공간의 바닥은 물이 고이지 않도록 포장재에 적합한 심토층 배수 및 표면배수 시설 확보 – 표면배수가 원칙
  ㉡ 주변 지형의 배수 유역·포장부위의 크기 등을 고려하되 중앙부를 높게 하는 등 표면배수를 위한 기울기 부여
  ㉢ 표면배수형 포장면의 둘레에는 도랑 등을 설계하고, 포장구간마다 1개소 이상의 집수정 배치
  ㉣ 표면 배수시설은 집수면적을 고려하여 포장면의 기울기·집수정의 크기·관의 크기 등을 달리하여 배치

운동공간의 배치계획
① 적정한 방위, 양호한 일조 등 쾌적한 경기조건
② 지형, 식생 등 자연환경
③ 타 시설과의 기능적 연관성
④ 주위 경관과의 조화
⑤ 시설의 유지관리

운동공간의 배치 방향
운동시설의 대부분은 장축을 남 – 북으로 하여 배치하나 게이트볼장 등은 방향에 상관없이 배치한다.

체력단련시설의 배치
조깅코스나 산책로의 주변에는 산책과 함께 체력단련시설을 배치하며, 규모나 이용량을 고려 일련의 체력단련시설을 코스형 또는 집합형으로 배치한다.

운동공간의 포장
① 휴게공간이나 보행공간에는 조립블록 등 내구성 있는 포장재 선정
② 보행동선이 모이는 공간과 흐르는 공간은 문양 등을 달리하여 공간감 형성

운동공간의 배식
① 운동공간의 녹지공간에는 녹음성·관상성·기능성을 가진 수목으로 녹지의 기능에 적합하도록 식재
② 운동시설·휴게·보행공간의 넓은 포장부위에는 녹음을 조성하도록 정자목 형태의 대형목 배식
③ 주거동에 인접한 발코니 앞 녹지에는 사생활보호를 위한 방음·차폐 등의 기능성 배식

❷ 운동시설

(1) 육상경기장

① 트랙과 필드의 장축은 북–남 혹은 북북서–남남동 방향으로 배치

② 관람자의 메인스탠드는 트랙의 서쪽 배치

③ 필드 내에 각 종목별 시설이 상충되지 않도록 배치(축구 이용 고려)

④ 트랙 코스의 표준 폭 : 1.25m

⑤ 트랙의 허용기울기 : 횡단기울기 1/100, 종단기울기 1/1,000

⑥ 풍속, 풍향, 기온 등을 고려 바람막이 시설이나 방풍림을 조성 고려

⑦ 필드에 체수현상(물고임)이 발생하지 않도록 중심에서 주변을 향하여 균등한 기울기를 주고, 필드와 트랙 사이에 배수로 설계

⑧ 심토층 배수관은 트랙을 횡단하지 않도록 트랙의 양측면을 따라 배치

(2) 축구장

① 경기장의 장축을 남 – 북으로 배치

② 경기장 라인은 12cm 이하의 선 사용 – V자형의 홈을 파서 그리는 것 금지

③ 네 귀퉁이에는 높이 1.5m 이상의 깃대 설치

④ 표면은 잔디로 하고 배수시설 기준은 육상경기장에 준함

(3) 테니스장

① 코트의 장축을 정남 – 북을 기준으로 동서 5~15° 편차 내의 범위로 배치 – 가능한 장축방향과 주풍(主風) 방향이 일치하도록 배치

② 코트면은 평활하고 정확한 바운드를 만들 수 있도록 처리

③ 표면배수를 위한 기울기는 0.2~1.0%의 범위로 하고, 빗물을 측구에 모아 배수 – 코트의 네 귀퉁이는 같은 높이로 조성

④ 심토층 배수관은 라인의 안쪽에 설치하지 않는 것이 바람직함

(4) 배구장

① 코트의 장축을 남 – 북으로 배치

② 바람의 영향을 많이 받으므로 주풍 방향에 수목 등으로 방풍

③ 모든 경계선의 폭 표시는 5cm로 코트치수 안쪽에 표시

④ 옥외의 경우 포장은 흙으로 하며 배수 기울기는 0.5%까지 부여

(5) 농구장

① 코트의 방위는 남 – 북 축을 기준으로 하고, 가까이에 건축물이 있는 경우에는 사이드라인을 건축물과 평행하게 배치 – 직각 배치 가능

② 코트의 주위에 울타리를 치고 수목을 식재하여 방풍의 역할 부여

③ 2면 이상 설치 시 최저 4m 정도의 간격 확보

④ 포장은 미끄러지지 않는 재료로 포장 – 아스팔트계나 합성수지계 등의 포장

(6) 야구장

① 방위는 내·외야수가 오후의 태양을 등지고 경기할 수 있도록 홈플레이

▌육상경기장 포장재

자연토에 마그네사이트를 혼합하여 염화마그네슘액으로 잘 이겨 성형한 다음 800°C정도 구워 분취한 신더 혼합토를 트랙의 포장재료로 이용하기도 하며, 탄성포장재인 폴리우레탄 + 생고무, 폴리에스테르수지 + 유색아스팔트 등을 사용하기도 한다.

▌운동장의 심토층 배수

맹암거용 잡석은 직경 40~90mm의 것을 사용하고, 원활한 배수를 위해 2% 이상의 관기울기를 두며, 간선과 지선은 45~60° 각도로 접속한다.

▌축구장의 크기

길이 120~90m, 폭 90~45m 이고, 국제경기에 필요한 크기는 110~100m, 폭 75~64m로 하며, 길이는 폭보다 길어야 한다.

▌테니스장의 규격

① 세로 23.77m, 가로는 복식 10.97m, 단식 8.23m

② 테니스장의 클레이코트에서 잡석층은 ∅40mm 이하의 골재를 포설하고 전압과 물다짐 실시

③ 중간층은 적토·마사토·석분을 혼합한 후 석회를 첨가하고 포설하며 살수와 소금 뿌리기를 하며 전압한다.

④ 표층은 2단계로 하층에는 4mm 이하, 상층에는 2mm 이하의 적토, 백토 및 석회를 사용하여 포설하고 살수를 하면서 전압한다.

⑤ 표층 조성 후 소금과 세사 뿌리기를 하고 롤러를 충분히 다진다.

▌배구장의 규격

길이 18m, 너비 9m의 직사각형이며, 코트면 상부 7m(공인 12.5m)까지는 어떠한 장애물도 있어서는 안된다.

트를 동쪽과 북서쪽 사이에 배치

② 야구장의 표층은 스파이크가 잘 작용하는 동시에 흙이 붙지 않는 재료 채택

③ 배수는 주루선이 수평면이므로 표면배수는 내야와 외야로 나누어 검토

④ 내야는 피처마운드를 중심으로 기울기를 잡고, 외야는 주루선으로부터 외주부를 향하여 0.3~0.7%의 기울기 부여

(7) 체력단련장

① 단지의 외곽녹지 주변 및 공원산책로 주변에 설치

② 각각의 시설이 체계적으로 배치되어 연계적 운동이 가능하도록 배치

③ 포장은 흙포장으로 평활하게 하고 1%의 기울기 부여

▌그 외의 시설

핸드볼장(40×20m)·배드민턴장(13.4×6.1m)·게이트볼장(20×25m, 15×20m) 등은 옥외코트의 경우 흙포장을 하며 0.5%까지 기울기를 주고, 롤러스케이트장(125m, 200m, 250m)은 콘크리트 포장에 기계미장(power trowel) 마감을 하고, 주로(走路)는 안쪽으로 2%의 기울기를 준다.

▌농구장의 규격
경계선의 안쪽을 기준으로 길이 28m, 너비 15m, 천장 높이 7m 이상

▌야구장의 규격
본루에서 2루까지의 거리는 38.975m이며, 이를 기준으로 좌-우의 교차점까지 1루와 3루를 만들되, 그 거리는 27.431m이다. 본루에서 1,2,3루까지 각각의 거리는 27.431m이다. 최소규격의 소요면적은 11,030m² 이다.

2>>> 놀이시설물 설계

1 설계일반
(1) 놀이공간의 구성

① 어린이의 이용에 편리하고, 햇볕이 잘 드는 곳에 배치 – 금속제 놀이시설물들은 어느 정도 그늘진 곳에 배치하여 여름철 이용도 고려

② 이용자의 연령별 놀이특성을 고려하여 어린이놀이터와 유아놀이터로 구분

③ 설계대상의 성격·규모·이용권·보행동선 등을 고려하여 균형있게 배치

④ 놀이터와 도로·주차장 등 기타 인접시설물과의 사이에 폭 2m 이상의 녹지공간 배치

⑤ 공동주택단지의 어린이 놀이터는 건축물 외벽으로부터 5m 이상 이격

⑥ 놀이공간은 입지에 따라 규모·형상을 달리하여 장소별 특성 부여

▌놀이시설물 설계 시 검토사항
면적·시설 등의 법적조건, 지형·식생, 종류·규모, 이용자 구성, 이용 계층, 장애인, 안정성·기능성·쾌적성·조형성·창의성, 유지관리 등

(2) 놀이터의 평면구성

① 놀이터는 놀이공간·휴게공간·보행공간·녹지공간으로 나누어 보행동선 체계에 어울리도록 계획

② 놀이터 어귀는 보행로에 연결시켜 보행동선에 적합하게 계획하되, 도로변에 면하지 않도록 배치

③ 입구는 2개소 이상 배치하되, 1개소 이상에는 8.3% 이하의 경사로 설치

④ 놀이시설 자체의 설치공간과 놀이시설의 이용공간 그리고 각 이용공간 사이에 완충공간 배려

⑤ 유아의 놀이를 보호자가 관찰하기 위한 휴게시설·관리시설 배치

(3) 놀이시설의 배치

① 인접 놀이터와의 기능을 달리하여 장소별 다양성 부여

② 놀이시설은 어린이의 안전성을 우선적 고려, 높이가 급격하게 변하지 않도록 설계

③ 놀이공간 안에서 어린이의 놀이와 보행동선의 충돌방지 – 주보행동선에 는 시설물 배치 회피

④ 하나의 놀이공간에 동일시설의 중복배치를 피하고 다양하게 배치

⑤ 정적인 놀이시설과 동적인 놀이시설은 분리시켜 배치

⑥ 모험놀이시설이나 복합놀이시설은 놀이기능이 연계되거나 순환될 수 있도록 배치

⑦ 미끄럼대 등 높이 2m가 넘는 시설물은 인접한 주택과 정면 배치를 피하고, 활주판·그네 등 시설물의 주 이용 방향과 놀이터의 출입로가 주택의 정면과 서로 마주치지 않도록 배치

⑧ 그네·미끄럼대 등 동적인 놀이시설은 시설물 주위로 3.0m 이상, 흔들 말·시소 등의 정적인 놀이시설은 시설물 주위로 2.0m 이상의 이용공간 을 확보하고, 시설물의 이용공간은 서로 겹치지 않도록 배치

⑨ 그네·회전무대 등 충돌의 위험이 많은 시설은 놀이동선과 통과동선이 상충되지 않도록 고려

⑩ 시설물과 시설물 사이는 어린이가 뛰어넘지 못할 정도의 충분한 간격 확보

⑪ 통행이 잦은 놀이동선이나 통과동선에는 로프·전선 등의 줄이 비스듬 히 설치되지 않도록 주의

⑫ 철봉·사다리·오름봉 등의 추락지점과 그네·회전무대 등의 뛰어내리는 착지점에는 다른 시설물 설치 금지

⑬ 하나의 놀이터에 설치하는 시설물 사이에는 색깔·재료·마감방법 등에 서 시설물이 서로 조화를 갖도록 계획

⑭ 놀이시설은 각 기능이 서로 연계되어 순환 이용하도록 계획하고, 나이 에 따라 다른 놀이를 수용할 수 있도록 배치

(4) 배수시설

① 포장재에 적합한 심토층 배수 및 표면배수 시설 설계(표면배수가 원칙)

② 맹암거 등 선형의 심토층 배수시설

  ㉠ 최소 깊이 60cm 이상, 평균 5m 간격으로 배치

  ㉡ 놀이시설 등 구조물의 기초와 겹치지 않도록 배치

▋유아놀이터 배치와 설계

① 보육시설 내부에 배치 공동 주택단지 주동 인근에 배치

② 유아시설에서 짧은 보행동선 과 출입구 설계

③ 놀이터 주변에 완충녹지 배치

④ 가까이에 보호자용 휴게공간 배치

⑤ 유아전용 놀이시설 배치

▋기타 시설의 배치

① 놀이터 휴게공간에는 보호자 가 쉬면서 어린이를 돌볼 수 있도록 원두막·의자 등의 휴 게시설을 놀이기능과 조화를 이루도록 배치 – 휴지통 배치

② 놀이공간의 바닥, 특히 추락 위험이 있는 그네·사다리 등 의 놀이시설 주변바닥은 충 격을 완화할 수 있는 모래 ·마사토·고무재료·나무껍질 ·인조잔디 등 완충재료를 사 용하여 충격을 흡수할 수 있 는 깊이로 설계 – 모래일 경 우 기울기 없이 최소 30.5cm

③ 놀이터 경계부에는 울타리를, 부지단차에 따른 위험의 염려 가 있는 곳에는 안전난간 설치

▋놀이공간의 배식

① 놀이터의 녹지공간에는 녹 음성·관상성·기능성을 가진 수목으로 녹지의 기능에 적 합하도록 식재

② 놀이·휴게·보행공간의 넓은 포장부위에는 녹음을 조성 하도록 정자목 형태의 대형 목 배식

③ 주거동에 인접한 발코니 앞 녹지에는 사생활보호를 위한 방음·차폐 등의 기능성 배식

④ 꽃이나 열매의 독성·가시 등 으로 어린이에게 위해의 염 려가 있는 수목의 배식 회피

    © 집수면적을 고려하여 관의 크기, 관의 기울기 등을 달리 설치

    ② 종점에는 집수정을 설치하고, 집수정은 녹지나 포장구간에 배치

❷ 단위놀이시설

(1) 모래밭

    ① 크기는 30m²를 기준으로 설계조건에 따라 달리하여 휴게시설 가까이 배치

    ② 모래밭에는 흔들놀이시설 등 작은 규모의 놀이시설이나 놀이벽·놀이조각 배치 – 큰 규모의 놀이시설 피함

    ③ 모래막이의 마감면은 모래면보다 5cm 이상 높게 하고 폭은 12~20cm를 표준으로 모래밭 쪽의 모서리는 둥글게 마감

    ④ 모래밭의 깊이는 30cm 이상으로 하며, 배수를 위해 맹암거·잡석깔기 등 설계

(2) 미끄럼대

    ① 미끄럼판은 햇빛을 마주하지 않도록 되도록 북향 또는 동향으로 배치

    ② 미끄럼판의 끝에서 계단까지는 최단거리로 움직일 수 있도록 하고, 동선은 빈 공간으로 설계

    ③ 주동에 인접한 경우 미끄럼대 위에서의 조망 등으로 인근 세대의 사생활이 침해되지 않도록 설치

    ④ 미끄럼판은 높이 1.2(유아용)~2.2m(어린이용)

    ⑤ 미끄럼판의 기울기는 30~35°로 재질을 고려하여 설계

    ⑥ 1인용 미끄럼판의 폭은 40~50cm

    ⑦ 미끄럼판 출입구의 폭은 미끄럼판의 폭과 동일

    ⑧ 미끄럼판의 높이가 90cm 이상인 경우 미끄럼판의 끝에 감속용 착지판 설치

    ⑨ 착지판의 길이는 50cm 이상으로 하고 배수를 위해 바깥쪽으로 2~4°의 기울기 부여

    ⑩ 미끄럼판 출구에서 직립자세로 전환하기 쉽도록 착지판에서 놀이터 바닥의 답면까지의 높이 10cm 이하

    ⑪ 착지판과 미끄럼판의 연결부는 곡면 처리

    ⑫ 미끄럼판의 높이가 1.2m 이상인 경우 미끄럼판 양옆으로 높이 15cm 이상의 날개벽 설치

    ⑬ 미끄럼판의 높이가 1.2m 이상인 경우 미끄럼판과 상계판 사이에 균형 유지를 위한 안전손잡이를 높이 15cm 기준으로 설치

(3) 그네

    ① 그네는 햇빛을 마주하지 않도록 북향 또는 동향으로 배치

┃ 놀이시설 안전기준

① 놀이시설은 안전성을 중시한다.

② 개구부는 끼임이 없게 처리한다.

③ 뾰족한 부분, 절단부, 돌출부는 둥글게 마감한다.

④ 면과 구석의 모서리를 둥글게 마감한다.

⑤ 밀폐공간이 없도록 한다.

⑥ 위험한 오름수단이 없도록 한다.

⑦ 미끄럼과 녹의 발생을 방지한다.

⑧ 매설물의 기초깊이를 확보한다.

⑨ 우회통로를 배치한다.

⑩ 연결부의 단차가 없도록 한다.

┃ 놀이시설 치수

어린이 놀이시설은 각각의 놀이기능에 맞는 규모와 치수를 갖추어야 하며, 어린이의 신체치수와 동작치수를 가장 먼저 고려해야 한다.

② 놀이터의 중앙이나 출입구 주변을 피하여 모서리나 외곽에 배치하고 적정거리 이격

③ 집단적인 놀이가 활발한 자리 또는 통행량이 많은 곳에는 배치 회피

④ 그네의 안장과 안장사이에 통과동선이 발생하지 않도록 설계

⑤ 안장과 모래밭과의 높이는 35~45cm가 되도록 하며, 이용자의 나이를 고려하여 결정

⑥ 유아용일 경우 안장과 모래밭과의 높이는 25cm 이내가 되도록 하고, 신체를 붙들어 맬 수 있는 안전형 안장으로 하며, 그네줄의 길이도 150cm 이내로 설계

⑦ 맹암거 등의 배수시설을 안장의 아래 부위에 배치

(4) 시소

① 2연식의 표준규격은 길이 3.6m, 폭 1.8m

② 앉음판이 지면에 닿는 부분에 충격완화용 타이어 등의 재료 사용

③ 앉음판에 안전을 위한 손잡이 채용

④ 유아용은 신체를 붙들어 맬 수 있는 안전형 안장으로 설계

(5) 회전시설

① 동적놀이시설로서 놀이터 중앙부나 통행이 많은 출입구 주변을 피하여 배치

② 답면의 끝에서 3m 이상의 이용공간 확보

③ 회전판의 답면은 원형으로 설계

④ 회전시설은 회전판의 원주면 밖으로 돌출되는 부분이 없도록 설계

⑤ 회전축의 베어링에는 별도의 주입구를 폐쇄식으로 설계하며, 상부에 기름주입뚜껑을 둘 경우 개폐식으로 설계

⑥ 회전판의 가장자리에 이용자가 강한 원심력에도 견딜 수 있도록 수직의 안전벽 등 설계

(6) 정글짐

둥근꼴의 정글짐은 곡률반경이 일정하도록 설계하며, 간살의 굵기나 배치 간격 등은 어린이의 신체치수에 적합하도록 하고, 간살은 눈에 잘 띄는 색상으로 마무리

(7) 놀이벽

① 놀이벽의 두께는 20~40cm, 평균높이는 0.6~1.2m로 하여 높이에 변화를 주되, 기어오르고 내리기에 쉬운 기울기로 설계

② 놀이벽 주위에는 다른 시설을 배치하지 말고, 주변 바닥은 모래 등 완충재료로 설계

③ 놀이벽을 연결하여 미로시설 설치가능

(8) 도섭지(渡涉地)

▌그네의 유형
① 그네는 규모에 따라 1인용·2인용·3인용, 안장에 따라 발판식·의자식, 나이에 따라 유아용·어린이용으로 구분한다.
② 2인용을 기준으로 높이 2.3 ~ 2.5m, 길이 3.0 ~ 3.5m, 폭 4.5 ~ 5.0m를 표준규격으로 한다.

▌그네보호책
① 그네와 통과동선 사이에 그네 보호책 등 보호시설을 설계한다.
② 그네의 회전반경을 고려하여 그네길이보다 최소 1m 이상 멀리 배치한다.
③ 보호책의 높이는 60cm를 기준으로 설치한다.

▌기어오르기
기어오르기 시설의 높이는 2.5 ~4.0m를 기준으로 하고, 줄은 내구성·안전성 등에 적합하게 설계한다.

▌놀이벽
놀이벽은 기어오르고·올라타고·위를 걷고·걸터앉고·매달리고·미끄럼 타고·구멍을 빠져나오고·뛰어 내리고 등 어린이의 다양한 놀이행태에 적합한 높이·두께·구멍크기를 유지해야 한다.

① 물을 이용하는 못·실개울 등과 연계하여 설치하며, 관리가 철저히 이루어질 수 있는 부위에 설치-수생생물 서식공간과 연계

② 물의 깊이는 30cm 이내로 하고 바닥은 둥근 자갈 등을 이용하여 안전하고 청소가 용이한 재료·마감방법으로 설계

③ 도섭지, 연못 등은 중앙이나 사방에서 잘 보이는 부분에 배치

(9) 계단

① 기울기는 수평면에서 35°를 기준으로 하고, 폭은 최소 50cm 이상

② 디딤판의 깊이는 15cm 이상으로 하고, 디딤판의 높이는 15~20cm 사이로 균일하게 설치

③ 길이 1.2m 이상의 계단 양옆에는 연속된 난간 설치

④ 계단의 디딤판과 디딤판 사이는 막힘구조로 설계

⑤ 디딤판은 미끄럽지 않도록 처리

(10) 사다리 등 기어오르는 기구

① 기울기 65~70°, 비는 40~60cm를 기준으로 설계

② 사다리 등은 오르내리기에도 쉬운 구조로 설계

③ 원형일 때는 곡률이 일정하도록 설계

④ 사다리에서 다른 시설로의 출입부·연결부에는 안전손잡이 등 설치

⑤ 사다리와 연결되는 다른 시설의 디딤판은 사다리보다 높게 하여 오르거나 내려서기 쉽게 설치

⑥ 간살은 알기 쉽도록 눈에 잘 띄는 색상으로 설계

▌난간 및 안전책

지상 1.2m 이상의 공중에 설치된 연결통로·망루·계단답판·계단참 등 주위와 급격한 동작전환이 이루어지는 전이부위, 또는 균형유지가 요구되는 곳에 배치한다. 높이는 80cm 이상으로 기어오르기에 어려운 구조 또는 형태로 하며, 되도록 유아용과 소년용을 함께 설계한다.

▌복합놀이시설

복합적이고 연속된 놀이가 가능한 시설로 개별 단위시설의 고유형태를 유지하되, 설계기준을 충족시켜야 하며, 각 단위시설과의 연결부위에는 높이차가 없도록 하고, 조형적 아름다움을 갖추어 상상력·호기심·협동심을 가꾸어 줄 수 있도록 한다.

▌주제형 놀이시설

① 모험놀이시설 : 모험심과 극기심 및 협동심을 길러줄 수 있는 시설물로 외다리, 흔들사다리오르기, 공중외줄타기, 외줄건너기, 공중외줄그네, 타이어징검다리, 타이어산오르기, 타이어터널, 통나무오르기, 타잔놀이대, 창작놀이대 등

② 전통놀이시설 : 우리나라 전래의 놀이를 수용할 수 있는 말차기, 고누, 장대타기, 널뛰기, 줄타기, 돌아잡기, 팔자놀이, 계곡건너기 등

③ 감성놀이시설 : 협동심, 지구력 등 감성개발에 도움을 줄 수 있는 놀이시설로서 놀이데크, 조형미끄럼대, 조형낚시판, 실꿰기, 도형맞추기, 낚시놀이, 탑쌓기, 경사오름대, 쌀눈오름대 등 - 흙쌓기가 필요하거나 선큰(sunken)된 지형을 가진 일정 면적 이상의 놀이공간부지 필요

④ 조형놀이시설 : 미끄럼타기, 사다리오르기 등의 놀이기능을 가지되, 시설물의 조형성이 뛰어나 환경조형물로서 기능할 수 있도록 설계

⑤ 학습놀이시설 : 유아의 신체여건에 맞고 흥미와 친근감을 주면서 기초문자 및 도형, 세계의 지리, 사물의 이치와 생활활동 등 놀이과정을 통해 자연스럽게 학습할 수 있는 놀이시설로 해시계, 지도찾기, 글씨맞추기 등

3>>> 휴게시설물 설계

1 설계일반

(1) 휴게공간의 구성

① 휴게공간은 시설공간·보행공간·녹지공간으로 나누어 보행동선체계에 어울리도록 계획

② 휴게공간의 어귀는 보행로에 연결시켜 보행동선에 적합하게 계획하되, 도로변에 면하지 않도록 배치

③ 입구는 2개소 이상 배치하되, 1개소 이상에는 12.5% 이하의 경사로 설치

④ 건축물이나 휴게시설 설치공간과 보행공간 사이에 완충공간 설치 – 휴게시설물 주위에 1m 정도 이용공간 확보

(2) 배수시설

① 물이 고이지 않도록 포장재에 적합한 심토층 배수 및 표면 배수시설을 설계하되 표면배수가 원칙

② 주변 지형의 배수 유역·포장부위의 크기 등을 고려하여 중앙부를 낮게, 또는 중앙부를 높게 하는 등 표면배수를 위한 기울기 부여

③ 포장면이 낮은 곳에 빗물받이·도랑 등을 배치하고, 휴게공간마다 1개소 이상의 집수정을 녹지 또는 포장구간에 배치

④ 표면 배수시설은 집수면적을 고려하여 포장면의 기울기·집수정의 크기·관의 크기 등을 달리하여 설계

2 휴게시설

(1) 그늘시렁(퍼걸러)

① 평면형태는 직사각형 및 정사각형을 기본으로 하며, 공간성격에 따라 원형·아치형·부정형으로 설계

② 균형감과 안정감이 들도록 하며, 높이에 비해 길이가 길도록 설계

③ 높이는 팔 뻗은 높이나 신장 등 인간척도와 사용재료·주변경관·태양의 고도 및 방위각, 다른 시설과의 관계를 고려하여 설계 – 높이 220 ~ 260cm를 기준으로 300cm까지 가능

④ 태양의 고도 및 방위각을 고려하여 부재의 규격을 정하며, 해가림 덮개의 투영밀폐도는 70%를 기준으로 하고, 그늘 만들기용 대나무발이나 수목 식재

⑤ 의자 설치 시 하지의 12~14시를 기준으로 사람의 앉은 목높이 이상(88 ~ 105cm) 광선이 비추지 않도록 배치

▌그늘막·원두막

이용자들이 비와 햇빛을 피할 수 있는 시설로 그늘시렁의 성격과 동일하며, 처마높이 2.5 ~ 3m를 기준으로 하고, 난간이 없는 원두막의 마루는 34 ~ 46cm의 높이를 원칙으로 한다.

▌시설의 배치

① 인접 휴게공간과의 기능을 고려하여 시설의 종류나 수량을 결정하며 단위 휴게공간마다 장소별 다양성 부여

② 휴게공간 내부의 주보행동선에는 시설물 배치를 피하고, 시설물 사이의 색깔·재료·마감방법 등에서 시설물이 서로 조화될 수 있도록 계획한다.

▌휴게공간의 배식

① 휴게공간의 녹지공간에는 녹음성·관상성·기능성을 가진 수목으로 녹지의 기능에 적합하도록 식재

② 휴게·보행공간의 넓은 포장부위에는 녹음을 조성하도록 정자목 형태의 대형목 배식

③ 주거동에 인접한 발코니 앞 녹지에는 사생활보호를 위한 방음·차폐 등의 기능성 배식

▌그늘시렁

휴게공간과 건물·보행로·운동장·놀이터 등에 배치하며, 보행동선과의 마찰을 피하고, 시각적으로 넓게 조망할 수 있는 곳이나 통경선(vista)이 끝나는 곳에 초점요소로 배치하며, 휴지통·공중전화부스·음수대 등의 관리시설을 배치한다.

▌목재의 단면

그늘시렁·그늘막·정자 등에 사용하는 목재 보의 단면은 폭과 높이의 비를 1/1.5~1/2로 하고, 기둥은 좌굴현상을 고려하여 좌굴계수(재료의 허용압축응력×단면적÷압축력)는 2를 적용하며, 세장비(좌굴장/최소단면2차반경)는 150이하를 적용한다.

(2) 의자

1) 배치

① 뒤쪽에서 다른 사람에 의해 보이는 장소는 피하고, 필요 시 프라이버시를 위해 차폐

② 등의자는 긴 휴식이 필요한 곳에, 평의자는 짧은 휴식이 필요한 곳에 설치

③ 공공공간에는 고정식, 정원 등 관리가 쉬운 곳에는 이동식 배치

④ 폭 2.5m 이하의 산책로변에는 1.5~2m 정도의 포켓공간 조성 후 설치하거나 경계석으로부터 최소 60cm 이상 떨어뜨려 배치

⑤ 휴지통과의 이격거리는 90cm, 음수전과는 1.5m 이상 공간 확보

⑥ 장애인용 의자 배치 시 측면에 120×120cm, 전면에 180×180cm의 휠체어 공간 확보

2) 규격

① 체류시간을 고려하여 설계하며, 긴 휴식에 이용되는 의자는 앉음판의 높이가 낮고 등받이를 길게 설계

② 등받이 각도는 수평면을 기준으로 95~110°를 기준으로 하고, 휴식시간이 길어질수록 등받이 각도를 크게 설계

③ 앉음판의 높이는 34~46cm를 기준으로 하되, 어린이를 위한 의자는 낮게 설계

④ 앉음판의 폭은 38~45cm를 기준으로 하고, 물이 고이지 않도록 설계

⑤ 팔걸이의 높이는 앉음판으로부터 18~25cm를 기준으로 하고, 폭은 3cm 이상, 부착각도는 수평면을 기준으로 등받이쪽으로 10~20° 낮게 설계

⑥ 의자의 길이는 1인당 45cm를 기준으로 하되, 팔걸이 폭은 제외

⑦ 지면으로부터 등받이 끝까지 전체높이는 75~85cm를 기준으로 설계

⑧ 등의자의 곡률반경은 앉음판의 오금부위는 15~16cm, 엉덩이부위는 7~8cm, 등받이 상단은 15~16cm를 기준으로 설계

(3) 앉음벽

① 휴게공간이나 보행공간의 가운데에 배치할 경우 주보행동선과 평행하게 배치

② 짧은 휴식에 이용되므로 사람의 유동량, 보행거리, 계절에 따른 이용빈도를 고려하여 배치

③ 흙막이구조물을 겸할 경우 녹지와 포장부위의 경계부에 배치하며, 높이는 34~46cm로, 녹지보다 5cm 높게 마감하도록 하고 녹지의 심토층 배수 고려

(4) 야외탁자

① 야외탁자의 너비는 64~80cm, 앉음판의 높이는 34~41cm를 기준으로

의자의 배치

일렬형·병렬형·ㄱ형·ㄷ형·원형·사각형·U자형 및 자연형 배치를 적용하며, 산책로에는 일렬로, 피크닉장에는 둥근 형태로, 공원이나 넓은 곳에는 원형이나 사각형 등으로 공간의 특성에 따라 배치한다. 발이 닿는 부분은 포장재료를 사용하는 것이 좋다. – 잔디 부적당

소시오페탈(sociopetal) 형태의 배치

마주보거나 둘러싼 형태의 배치로, 이용자 서로간의 대화가 자연스럽게 이루어질 수 있는 배치이며, 인간의 사회적 접촉에 대한 심리적 욕구를 수용하는 형태의 배치이다.

평상

사각형이나 원형으로 설계하며, 마루의 높이는 34~41cm를 기준으로 한다.

하고, 폭은 26~30cm를 기준으로 설계

② 앉음판과 탁자 아래면 사이의 간격은 25~32cm, 앉음판과 탁자의 평면 간격은 15~20cm를 기준으로 설계

4>>> 경관조명시설물 설계

1 빛의 측정

(1) 측정단위

① 방사속[W 와트] : 방사에너지의 시간에 대한 비율

② 광속[lum 루멘] : 가시광선의 방사속을, 눈의 감도를 기준으로 측정한 것으로 단위시간당 통과하는 광량

③ 광도[cd 칸델라, 촉광] : 광원의 세기를 표시하는 단위

　㉠ 어떤 발광체가 발하는 방향의 단위입체각에 포함되는 광속수 − 광속의 입체각 밀도

　㉡ 단위 입체각에 대해서 1lum의 광속이 방사되었을 때의 광도가 기본 단위

　　· 입체각 $W = \dfrac{S}{R^2}$

　　· 한점 주위의 입체각 $W_0 = \dfrac{4\pi R^2}{R^2} = 4\pi$

　　· 광도 $I = \dfrac{F}{W}$(cd)　　여기서, S : 반경

　　　　　　　　　　　　　　　　　R : 구면의 원추체

　　　　　　　　　　　　　　　　　I : 광속의 입체각밀도

④ 조도[lux, lx 룩스] : 단위면에 수직으로 투하된 광속의 밀도

　　$E(조도) = \dfrac{F(광속)}{S(면적)}$

　㉠ 1lux는 1m²에 1lum의 광속이 투사되고 있을 때의 조도

　㉡ 어떤 면 위의 한 점의 조도는 광원의 광도 및 cosθ에 비례하고 거리의 제곱에 반비례(입사각여현법칙)

　㉢ 법선조도(En), 수평조도(Eh), 수직조도(Ev)

　　$En = \dfrac{I}{R^2}$,　$Eh = \dfrac{I}{R^2}\cos\theta$,　$Ev = \dfrac{I}{R^2}\sin\theta$

⑤ 휘도[sb 스틸브, nt 니트] : 광도의 밀도로 광원 또는 조명면의 밝기

　㉠ 광원면에서 어느 방향의 광도를 그 방향의 투영면적으로 나눈 것

　　1sb=1cd/cm²,　　1nt=1cd/m²

　㉡ 눈부심을 느끼는 한계휘도는 0.5sb

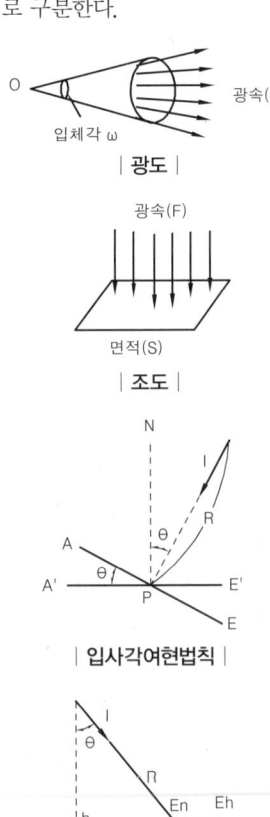

| 광도 |

| 조도 |

| 입사각여현법칙 |

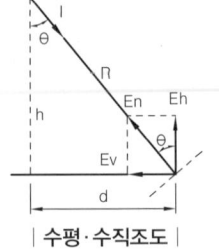

| 수평·수직조도 |

조도의 사례

장소	조도(lx)	장소	조도(lx)
직사일광의 지면 위 (여름)	100,000	맑은 날의 북쪽 창가	2,000
약간 흐린 날	30,000~50,000	밝은 방(맑은 날)	200~500
몹시 흐린 날	10,000~20,000	독서에 적당한 밝음	200~500
푸른 하늘	10,000	1cd 점광원으로부터 1m	1.0
보름달	0.2	1cd 점광원으로부터 1km	10^{-6}

(2) 배광곡선

① 전방향 확산형 : 발광부를 직접 볼 수 있고 그 자체로 경관을 연출하며, 동적 분위기의 상점가로, 역전광장에 적용

② 하·횡방향 확산형 : 위쪽은 상당히 제한하고 아래쪽을 주방향으로 삼은 것으로, 횡방향 발광부를 볼 수 있으므로 등 자체에 공간연출 효과가 있고 지상 조명효과도 있어 공원, 광장, 보도 등에 적당 – 반짝거림 효과

③ 하방향 주체형 : 발광부 전체는 볼 수 없고 빛의 대부분이 하방향으로 비치므로 도로면이 밝고 주변 건축물에 빛을 억제시켜 상업빌딩과 주택가로, 오피스텔의 주변에 적당

④ 하향배광형 : 횡방향에서는 발광부를 볼 수 없으며, 빛은 전부 아래쪽으로 향하므로 보행로나 보행자의 안전이 요구되는 곳에 사용하며 벽부형으로 벽에 일정한 조명패턴의 연출 가능

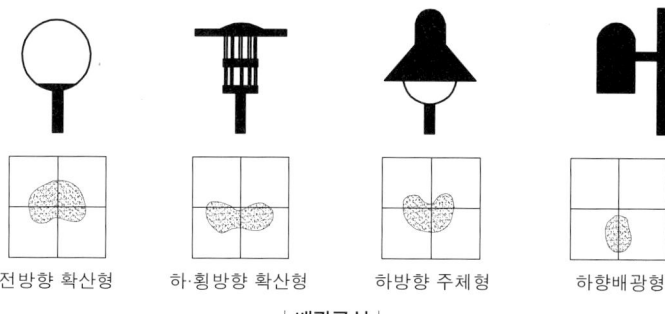

| 전방향 확산형   하·횡방향 확산형   하방향 주체형   하향배광형 |

| 배광곡선 |

(3) 광원과 기구의 효율

① 광원의 효율 : P(W)의 전력을 소비하는 광원이 F_0(lum)의 광속 발생

$$n = \frac{F_0}{P}$$

여기서, n : 광원의 효율(lum/W)

P : 광원의 소비전력(W)

F_0 : 광원으로부터 발생하는 광속(lum)

② 기구의 효율 : 광속은 조명기구에서 일부 흡수되고 F'(lum)의 광속을 외부로 발산

$$K = \frac{F'}{F_0}$$

여기서, K : 조명기구의 효율

F' : 조명기구 외부로 방사하는 광속(lum)

▎휘도

눈으로 물체를 식별하는 것은 면의 휘도의 차이에 의한 것이며, 휘도가 균등하면 모두 평판으로 보이게 된다. 휘도는 눈으로부터 광원까지의 거리와는 관계가 없다.

▎배광곡선

광선의 방향에 따라 광도의 크기가 다르게 나타나는 것을 평면에 곡선으로 분포도를 나타낸 것으로 일반적으로 수직배광곡선을 의미한다.

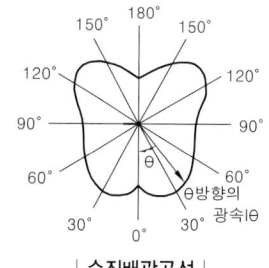

| 수직배광곡선 |

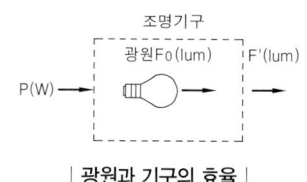

| 광원과 기구의 효율 |

5) 조명률 : 조명시설에 의해 면적 S(m²)의 피조면은 E(lum)의 조도를 받고 피조면 ES(lum)가 되어 광원으로부터 방사된 광속 F_0와 피조면의 광속 과의 비율

$$U = \frac{ES}{F_0}$$

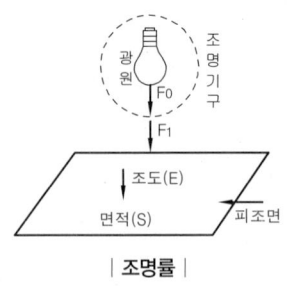

| 조명률 |

❷ 옥외조명설계

(1) 설계 시 고려사항

① 조도 : 외부공간의 주요시설은 2lux 이상, 통행자가 많은 원로나 광장은 0.5lux 이상 최저조도 유지

② 균일도

㉠ 눈의 피로를 줄이기 위하여 명암차이가 적게 나도록 설계

㉡ 단순히 공간의 밝기가 목적인 경우 최저·최고조도와 평균조도의 차이를 30% 이내로 설정

㉢ 조명연출을 위한 물체나 구역간의 조도비율

 a. 경계부 인식 대조 - 2 : 1

 b. 주·부 초점요소 대조 - 3 : 1~5 : 1

 c. 주초점요소와 주변공간 대조 - 10 : 1~100 : 1

③ 현휘(눈부심의 현상) : 현휘를 방지하려면 직접조명의 경우 반사율 차단각을 적당하게 하고, 시선에서 20° 이내에 광선이 놓이지 않게 하며, 간접조명이나 반간접조명 적용

④ 경제성 : 광도결정, 조명방식, 광원 조명기구, 안정기 등의 선정과 초기 설비비와 조명시설의 전력비, 유지관리비 고려

⑤ 빛의 색, 빛의 방향과 반사, 시설과의 조화 고려

(2) 옥외조명기법

① 상향조명(up lighting) : 태양광과 반대로 비춰져 강조하거나 극적인 분위기 연출 - 식생·건물·수경시설·조각 등 조명 대상물 강조 및 실루엣효과 증진

② 하향조명(down lighting) : 일반적 형태, 지면의 질감상태 표현

③ 산포조명(moon lighting) : 빛이 부드럽게 펼쳐지게 하여 달빛과 같은 인상 - 전이공간·테라스·작은 정원 등 사적인 개인적 공간의 분위기 연출

④ 투시조명(vista lighting 비스타조명) : 시각적인, 목표점을 제공하고 시선을 점차적으로 반대편으로 유도하기 위해 전방에 조명원 설치 - 초점이 흐려지지 않게 하며, 주로 상향조명방식 이용

⑤ 보도조명(path lighting) : 보행자를 위해 나지막한 높이로 보도의 옆에 부드러운 하향조명을 하며, 광원은 규칙적으로 배치 - 지나친 명암대비나 눈부심은 제어

⑥ 각광조명(accent lighting 강조조명) : 특정한 물체를 집중 조명하여 주

빛의 색과 연색성
태양광을 기준으로 인공광원이 비추어졌을 때 색이 달리 보이는 정도를 말하는 것으로 인공광원의 가시광선 파장에 따라(빛의 색에 따라) 조사면의 색이 달리 나타난다. 통상 태양광은 100으로 보고 100보다 작은 수로 연색성을 표현한다.

변과 대조 효과

⑦ 그림자조명(shadow texture lighting) : 실루엣 조명과 대조적 방식 – 물체의 측면이나 하향 투사로 그림자 연출

⑧ 실루엣조명(silhouette lighting) : 형태를 강조하기 위하여 물체의 뒤에 있는 배경 조명 – 물체와 배경이 가깝고 너무 많은 빛이 투사되면 실루엣 이미지 소실

⑨ 벽조명(wall lighting) : 광고판이나 건축물의 표면질감 연출

⑩ 거울조명(mirror lighting) : 수면을 거울로 이용하여 조명된 물체를 반사시키는 것

⑪ 질감조명(texture lighting) : 수목의 수피나 잔디면, 벽체면 등 표면의 질감을 연출하기 위해 부드럽게 빛 투사

⑫ 간접조명(indirect lighting) : 빛이 직접 투사되지 않고 간접적으로 산포되어 그림자나 현휘가 생기지 않고 균일한 조도 가능

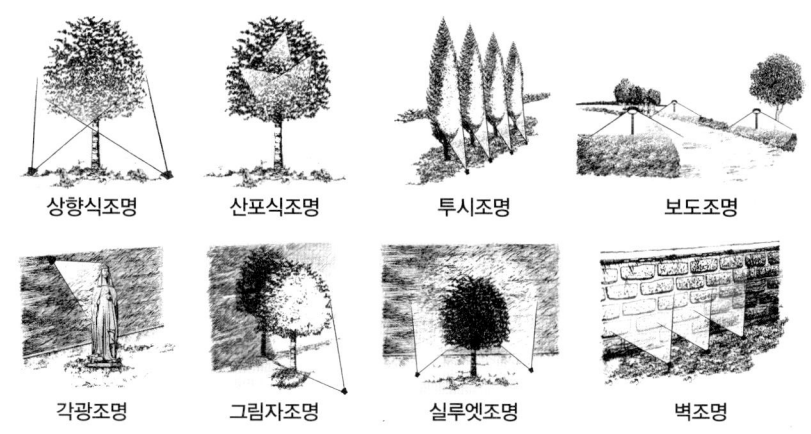

상향식조명   산포식조명   투시조명   보도조명

각광조명   그림자조명   실루엣조명   벽조명

| 조명기법의 종류 |

(3) 조명광원(전등)의 종류

광원의 특성비교

구분	내용
백열전구	· 휘도가 높고 열방사가 많으며, 광색은 적색부분이 많아 따뜻한 느낌을 줌 · 부드러운 분위기 연출이 가능하나, 수명이 짧고 효율이 낮음 · 점등시간이 짧고 연색성 좋으며, 배광제어 용이 · 좁은 장소의 전반조명, 높은 천장의 조명, 각종 투광조명, 액센트조명에 적합
할로겐등	· 백열전구에 비해 발광효율이 높아 휘도가 매우 높고 열방사가 많음 · 광색은 백색에 근접하여 연색성 매우 좋으며, 배광제어 용이 · 액센트조명, 쇼룸조명, 투광조명, 운동장, 광장, 주차장
형광등	· 저휘도이고 광색조절이 용이하여 백색에서 주광색까지 가능, 설치 및 유지비 저렴 · 자연스럽고 청명한 느낌 많고 점등시간이 길며, 배광제어 어려움 · 수명이 길고 열효율은 높으나 투시성이 낮으며, 기온이나 외기환경에 약함 · 빛이 둔하고 흐려서 물체나 건물을 강조하는 데 이용할 수 없음 · 옥내외 전반조명, 간접조명, 명시위주 조명

기타 조명방식

① 계단이나 기복이 있는 곳에는 안전한 보행을 위하여 직접 조명방식을 적용한다.

② 의도하지 않은 방향으로 새어나가는 광을 저감시키기 위해 하향 조명방식을 적용한다.

③ 투광조명등일 경우 새어나가는 광을 저감시키기 위해 위쪽으로 향하는 각도를 작게 할 수 있는 조명기구를 선정한다.

연색성

할로겐등〉백열등〉형광등〉수은등〉나트륨등

수명

수은등〉형광등〉나트륨등〉할로겐등〉백열등

열효율

나트륨등〉형광등〉수은등〉할로겐등〉백열등

메탈할라이드등

고압수은등의 연색성을 개선하기 위해 수은과 더불어 금속할로겐을 주입한 등으로, 고휘도이며 연색성이 뛰어나고 배광제어가 용이하여 공원, 가로광장, 사적지 등 옥외조명에 적합하다.

수은등	·광색은 청백색의 특징이 있으나 형광수은램프, 전구 병용으로 보완가능 ·고휘도이고 배광제어 용이 ·완전점등까지 10분 정도 소요 ·수증기압을 고압으로 가압하여 고효율의 광원을 얻음 ·진동과 충격에 강하므로 도로조명에 많이 사용 ·연색성이 낮으나 수명이 가장 김 ·높은 천장의 조명, 투광조명, 도로조명
나트륨등	·저압은 등황색, 고압은 황백색 ·곤충들이 모여들지 않는 특징이 있음 ·연색성은 매우 나쁘나 열효율이 높고 투시성이 뛰어남 ·설치비는 비싸지만 유지관리비 저렴 ·고압나트륨등은 수은등에 비해 2배 이상의 효율 지님 ·저압나트륨등은 열효율이 대단히 높고 안개 속에서 투시성 높음 ·도로조명, 터널조명, 산악도로조명, 교량조명

▌크세논등

휘도가 높고 발광부의 면적도 작아 투광용으로 적합하고, 초기발광시간이 필요치 않아 순간 재점등이 가능하며, 색광이 주광색에 가까우나 값이 비싼 것이 결점이다.

▌네온등

직경 8~15mm의 유리관에 네온가스(황적색), 아르곤·머큐리 혼합가스(밝은 푸른색) 적용한다.

▌튜브조명·광섬유조명

시설물 윤곽을 보여주기 위한 조명이나 글씨·방향표지(광섬유조명)에 적용한다.

(4) 등기구와 등주의 종류

1) 등기구

등기구	특징
아크릴	투명한 재료로 사용이 가능하며, 고온에 대한 저항력이 강하고, 고광도에서는 유리와 흡사
폴리카보네이트	온도에 대한 저항력이 매우 크고, 빛의 투광이 우수하며, 보조장치 없이도 높은 촉광의 램프에 사용 가능
폴리에틸렌	구형 조명기구의 대표적 재료로서, 설치비와 유지비가 저렴하고, 낮은 촉광의 램프에 적합

2) 등주(燈柱)

등주 재료	제작	장점	단점
철재	합금, 강철 혼합으로 제조	·내구성 강 ·페넌트 부착 용이	·부식에 대한 방부처리 필요 ·중량이 무거움
알루미늄	알루미늄 합금으로 제조	·내부식성 강 ·유지관리 용이 ·가벼워 설치 용이 ·비용 저렴	·내구성 약 ·페넌트 부착 곤란
콘크리트	철근콘크리트 압축콘크리트	·유지관리 용이 ·내부식성 강 ·내구성 강	·중량이 무거움 ·설치에 중장비 필요 ·타 부속물 부착 곤란
목재	미송, 육송	·전원적 성격 강 ·초기의 유지관리 용이	부패를 막기위해 크레오소트, CCA 등 방부제 필요

3 용도별 조명

(1) 보행등

① 등주의 높이와 연출할 공간의 분위기를 고려하고, 보행의 연속성이 끊어지지 않도록 배치

② 배치간격은 설치높이의 5배 이하, 보행로 경계에서 50cm 정도에 배치

③ 등주의 배치·기구의 배광을 고려하여 수은형광구 사용 – 3lx 이상의 밝기 적용

④ 보행공간만 비추고자 할 경우 포장면 속이나 등주의 높이 50~100cm 적용

⑤ 보행등 1회로는 보행등 10개 이하로 구성하고, 공용접지는 5기 이하

(2) 정원등

① 정원의 어귀·구석 등 조명취약부위, 주요 점경물 주변 등에 배치

② 광원은 이용자의 눈에 띄지 않는 곳에 배치 – 눈에 띌 경우 장식물 겸하여 사용

③ 야경의 중심이 되는 대상물의 조명은 주위보다 몇 배 높은 조도기준으로 중심감 부여

④ 화단이나 키 작은 식물을 비추고자 할 경우 아래 방향으로 배광

⑤ 광원은 고압 수은형광등을 적용하고 등주의 높이는 2m 이하로 설계·선정

(3) 수목등

① 투광기 이용

② 투광기는 나무 가지에 직접 배치하거나 나무 주변의 포장·녹지에 배치

③ 식물의 생장에 악영향을 주지 않도록 적합한 광원 선택

④ 광원색상과 비쳐지는 색상을 고려하여 식물의 색상변화에 주의

⑤ 푸른 잎을 돋보이게 할 경우에는 메탈할라이드등 적용

(4) 잔디등

① 하향조명방식을 적용하여 잔디밭의 경계를 따라 배치 – 높이 1.0m 이하

② 주두형 기구와 투명형 고압수은등이나 메탈할라이드등 적용

(5) 공원등

① 공원의 진입부·보행공간·놀이공간·광장 등 휴게공간·운동공간, 공원관리사무소, 공중화장실 등의 건축물 주변에 배치

② 운동장·놀이터의 시설면적(형태가 정방형 또는 원형인 경우)에 따라 350m² 미만은 1등용 1기를, 350~700m² 이하는 2등용 1기 배치–시설부지 형태가 선형이거나 700m²가 넘는 경우 적정 위치에 추가 배치

③ 주두형 등주일 경우 높이는 2.7~4.5m를 표준으로 하되, 상징적 경관의 창출 등 특수한 목적 달성에 적합한 높이로 조절

④ 광원은 원칙적으로 메탈할라이드등 또는 LED등 적용

⑤ 어귀나 화단에는 연색성이 좋은 메탈할라이드등·백열등·형광등 적용

⑥ 중요 장소는 5~30lx, 기타 장소는 1~10lx로 하되, 놀이공간·운동공간·광장·휴게공간 등에는 6lx 이상의 밝기 적용

⑦ 전원은 주분전반 1개소 배치, 주분전반에서 12W 220V로 공급하되, 전원공급업체와 협의

▮ 조명 용도

① 보행등 : 이용하는 보행인의 안전을 위해 설치

② 정원등 : 주택단지·공공건물·사적지·명승지·호텔 등의 정원 분위기 연출

③ 수목등 : 주택단지·공원 등에 밤의 매력적인 분위기를 연출

④ 잔디등 : 주택단지·공원 등 잔디밭의 매력적인 분위기 연출

⑤ 공원등 : 도시공원이나 자연공원 이용자에게 야간의 매력적인 분위기 제공과 이용의 안전을 위해 설치

⑥ 수중등 : 폭포·연못·개울·분수 등 수경시설의 환상적인 분위기 연출

⑦ 투광등 : 수목·건물·장식벽·환경조형물 등 주요 점경물의 환상적인 밤분위기 연출

▮ 등기구 형식

① 주두형 : 등주의 꼭대기에 등을 직접 설치하는 형식

② 현수형 : 등주에 등기구를 매달아 설치한 형식

③ 하이웨이형 : 'ㄱ'자 형태의 등주로 등기구를 내민 형식

④ 부착형 : 별도의 등주 없이 등기구를 구조물이나 시설물에 부착·매립하는 형식

(6) 수중등

① 규정된 용기속에 조명등을 넣어야 하며, 정해진 최대수심을 넘지 않도록 하고, 규정에 맞는 용량의 전구 사용

② 전구는 수면위로 노출되지 않도록 하며, 저전압으로 설계하고 이동전선 0.75m² 이상의 방수전선 채용

③ 감전 등에 대비하여 광섬유조명방식 적용

④ 접선에 접속점을 만들지 않음

(7) 투광등

① 광원은 낮에 이용자의 눈에 띄지 않도록 녹지에 배치

② 조사거리에 적합한 배광각 설정

③ 투광기는 밀폐형으로 방수성을 확보하고, 차폐판이나 루버 등 부착

④ 이용자의 눈에 띄지 않도록 조경석이나 수목 등으로 차폐

⑤ 광원은 메탈할라이드등을 적용하되 피조체의 크기·조사거리 등 고려

⑥ 회로는 1회로(상시등)로 구성하되 10기가 넘을 경우에는 추가 1회로를 구성하고, 점등·소등의 시간대 조절이 가능하도록 시간조절장치 고려

(8) 벽부등·부착등·문주등

① 등기구가 구조물·시설물 속에 묻히거나 부착된 형태로서 별도의 등주가 없는 경관조명시설

② 안전을 고려하여 보행의 연속성이 끊어지지 않도록 배치

③ 보행공간의 바닥에서 높이 2m 이하에 위치하는 등기구는 구조물에서 돌출되지 않도록 설계

4 공간별 조명

(1) 정원

① 따뜻하고 낮은 색온도의 조명등 사용

② 계단, 보도 등의 이용이 원활하도록 배치하여 분위기 연출이나 안전성 확보

③ 담장이나 수목울타리 등에 조명하여 경계확장 효과

④ 정원 내 초점이 되는 수목, 조각, 수경시설 등에 강조조명

⑤ 정원의 조명은 밝기를 균일하거나 평탄한 느낌을 주지 않도록 하고, 명암이나 음영에 따라 정원 내부의 깊이를 느끼도록 연출

(2) 공원

① 이용자가 불안감 없이 휴식할 수 있는 원로, 광장을 중심으로 조명

② 광원은 원칙적으로 메탈할라이드등 또는 LED등으로 적용하며, 중요한 장소는 5~30lx, 기타 장소는 1~10lx로 설계

③ 잔디밭이나 수목의 녹색이 선명하게 보이려면 투명형 고압수은등, 공원

▌조명설계 시 고려사항
① 유지관리(청소·보수)
② 조명특성
③ 교체용 부재의 구입가능성·교환성
④ 햇빛·비·바람에의 노출 조건
⑤ 장애인
⑥ 안전성
⑦ 인간척도

입구나 화단조명은 연색성이 우수한 메탈할라이드등이나 백열등 사용

(3) 도로

① 광원과 피사면의 휘도차이로 눈부심이 일어나므로 교통사고의 발생이 일어나지 않게 도로면의 적당한 높이에 광원 가설

② 도로조명의 광원으로는 수은등, 형광등, 나트륨등, 크세논등 사용

③ 조명등 배치 : 가로등의 높이 5~10m, 간격 30~40m 전후가 적당

㉠ 직선부 : 보통의 가로폭에서는 교호설치, 넓은 도로는 대칭설치

㉡ 곡선부 : 멀리서도 도로의 곡선모양을 알 수 있게 양측배치는 대칭으로, 편측배치는 곡선의 바깥쪽에 배치 - 곡률반경이 작을수록 간격을 짧게 배치

㉢ 교차로 : 사고위험이 높으므로 높은 조도가 필요하며, 특히 횡단보도 주변은 밝게, 조명등 높이는 높게, 간격은 20~40m가 적당

㉣ 가로등의 설치간격

$$S = \frac{N \times F \times \mu \times M \times C}{E \times W}$$

여기서, S : 등주간격(m)   F : 광속(lum)   μ : 조명률   M : 보수율
N : 배열상수(1,2)   E : 평균조도(lx)   W : 도로폭(m)   C : 이용률

(4) 상업가로 및 보행자 전용도로

① 상업가로조명은 안전성과 쾌적성을 위해 경관조명이 적당

② 보행자전용도로 조명은 상업가로 경관조명의 질을 더욱 높임 - 조명등, 조명기구의 통합된 이미지 구축

③ 조명등의 높이는 4m 이하 적당

(5) 문화재와 사적지

① 문화재의 역사와 주변지 특성을 고려하여 연색성이 뛰어나고 효율 높은 투광기 사용

② 조명등의 색채는 황색계열을 사용하여 온화하고 아늑한 분위기 연출

③ 백색이나 황색계열의 메탈할라이드등, 나트륨등 사용

5>>> 수경시설물 설계

1 설계일반

(1) 수경시설 설계 시 고려사항

① 각 장치가 유기적으로 결합하되 물의 연출에 중점을 두고 주변경관과 조화되도록 설계

수경시설
물을 이용하여 설계대상공간을 연출하기 위한 시설로서 물의 흐르는 형태에 따라 폭포·벽천·낙수천(흘러내림)·실개울(흐름), 못(고임), 분수(솟구침) 등으로 나눈다.

② 설치되는 수경시설에 적합한 시스템의 장비 선정

③ 유지관리 및 점검보수가 용이하도록 설계

④ 적설, 동결, 바람 등 지역의 기후적 특성 고려

⑤ 초기 원수 및 보충수 확보가 용이하여 항상 수경연출이 가능하도록 하고, 우수저류조의 용수 사용 시 지속적 공급방안을 관련 공종과 협조

⑥ 내구성과 안전성, 미관을 동시에 추구

⑦ 에너지의 효율성 고려

⑧ 관계법규에 적합한 설계

⑨ 강우 및 바람의 영향을 대비하여 강우량센서 및 풍속·풍향센서 설치

⑩ 경관형, 생태형 수경공간으로 계획 시에는 가급적 녹지를 함께 계획하여 식재와 어우러지도록 설계

⑪ 사용 용수를 주변 관수용수로 재활용하여 버려지는 물 최소화

▎수설계 시 고려요소
① 주변공간 : 공간의 성격(만남·놀이·운동·관조 등), 물적·비물적 특성(공간의 형태·스케일·방향·질감·색상·명암 등) 검토
② 자연환경 : 태양의 고도·방위각, 바람의 방향·강도, 지하수 유무, 수질·수량, 식생, 지형 등 검토
③ 이용자의 행태 : 관상, 접촉, 참여, 놀이 등
④ 시설환경 : 배수시설, 지하수 공급·수량·수질, 전기 인입위치·용량, 기계실 설치 유무
⑤ 기타 요소 : 소음, 관찰지점의 원근, 관찰 여건(보행·차량·높낮이 등)

(2) 물의 수자(水姿 양태)별 특성

구분	종류	공간성격	이미지	물의 운동	음향
평정수	호수·연못·풀·샘	정적	평화로움	고임(정지)	작다
유수	강·하천·수로	동적	생동감·율동	흐름 + 고임	중간
분수	조형분수·분수	동적	소생·화려함	분출 + 떨어짐 + 고임	유동적
낙수	폭포·벽천·캐스케이드	동적	강한 힘	떨어짐 + 흐름 + 고임	크다

1) 평정수 : 용기에 담겨진 물로 호안의 마감형태에 따라 분류
① 풀(pool 정형식 연못) : 정형적인 형태적 이미지, 반영성, 투명성 등을 매개로 이미지 전달
② 자연형 연못 : 자유형이나 곡선형으로 자연풍경과 조화
2) 유수 : 흐르는 물로 수로바닥에 경사 존재
① 공간의 움직임과 방향 및 에너지 등을 표현하는 활동성 요소
② 유수의 형태와 속도는 유량과 경사, 수로의 형태, 물의 접촉면 조도계수에 의해 달라짐
③ 수포를 발생시키기 위한 유속은 일반적으로 1.7~1.8m/sec, 경사는

▎시스템설계
물의 연출을 효과적으로 표현할 수 있도록 수경시설 및 관련 설계요소(정수·조명·전기 등) 전체가 하나의 시스템으로 취급되어야 한다.

▎수설계의 목표
경관성·쾌적성·친수성

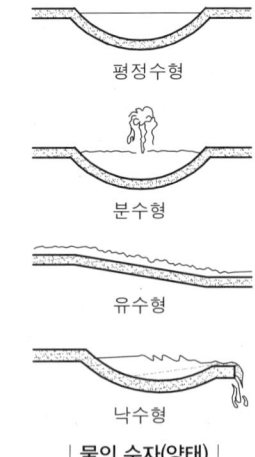

평정수형

분수형

유수형

낙수형

▎물의 수자(양태) ▎

16~17%

3) 낙수 : 수로 높이가 갑자기 떨어지는 지점에서 발생

① 유수보다 더욱 역동적으로 시선유인 효과가 큼

② 유량, 유속, 낙수고, 월류보의 상태에 따라 좌우

③ 자유낙수형, 방해낙수형, 사면낙수형으로 분류

4) 분수 : 물을 분사하여 형성

① 낙수의 특성과 대조적이며 수직성과 빛에 의한 특징적 경관을 연출

② 유량과 수압에 의해 규모결정

③ 단주형, 기포형, 살수형, 수막형 등 4가지로 구분

(3) 구조체 설계

1) 수조의 크기

① 일반적인 수조의 너비는 분수높이의 2배 – 물의 최고점과 수조의 경
계부위는 45°의 각도를 이룸

② 바람의 영향을 크게 받는 지역은 분수 높이의 4배

③ 월류보로 넘치는 물(폭포)을 담는 수조는 월류보(폭포)의 높이와 같도
록 하되, 폭포의 연출방법에 따라 폭포 높이의 1/2배, 2/3배로 가능

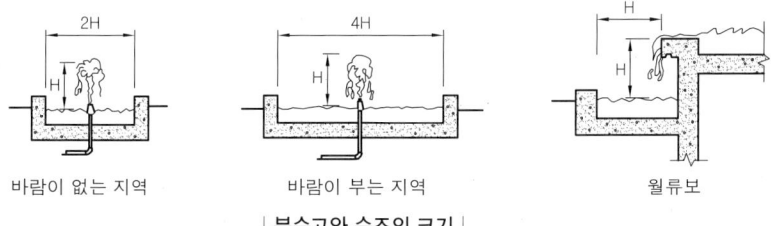

바람이 없는 지역　　　　바람이 부는 지역　　　　월류보

| 분수고와 수조의 크기 |

2) 수조의 깊이

① 고정수위 : 수조에 물이 담겨
진 수조의 깊이

② 작동수위 : 노즐과 월류보의
영향으로 변화된 수위

③ 수경시설 작동 시, 상부수조
의 경우 작동수위가 고정수위
보다 높고, 하부수조는 작동
수위가 고정수위보다 낮음

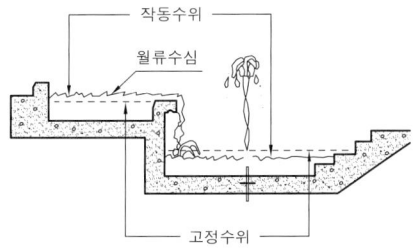

| 수조의 고정수위와 작동수위 |

▌수조의 깊이
대체적으로 35~60cm를 적정
깊이로 보며, 깊이가 35cm 보
다 얕으면 수면 아래에 수중등
을 설치하기가 어렵다. 수중등
은 수면과 5cm 이상 떨어져
설치하며, 어류의 생육시 더
깊어져야 한다. 또한 안전성을
위하여 수조바닥에 8% 미만의
경사를 둔다.

3) 수조의 구조

① 흡입관 : 풀에서 펌프로 물을 되돌리기 위한 시설

② 여과기 : 이물질을 여과하여 펌프로 연결

③ 월류구(overflow) : 수면과 같은 높이에 설치하여 과도한 물의 넘침 방지

④ 펌프 : 물의 이동 및 수경연출을 위해 수압을 가하는 동력원

⑤ 노즐
　㉠ 단일구경노즐 : 투명하고 물기둥을 얻기 위한 가장 단순형 노즐
　㉡ 에어레이팅노즐 : 수많은 공기방울과 혼합된 물기둥을 만들며 높은
　　작용압력이 필요
　㉢ 형태를 이루는 노즐 : 여러 가지 형태를 가진 분수를 만드는 노즐
⑥ 급수관 : 수조에 물을 공급하는 관으로 상수도나 지하수 연결
⑦ 배수관 : 풀의 물을 배수시켜 하수도에 연결
⑧ 에어레이터 : 공기중의 산소를 물속에 끌어들여 규조류 발생을 막아
　물을 정화
⑨ 각종밸브류 : 차단밸브, 체크밸브, 트로틀밸브 등

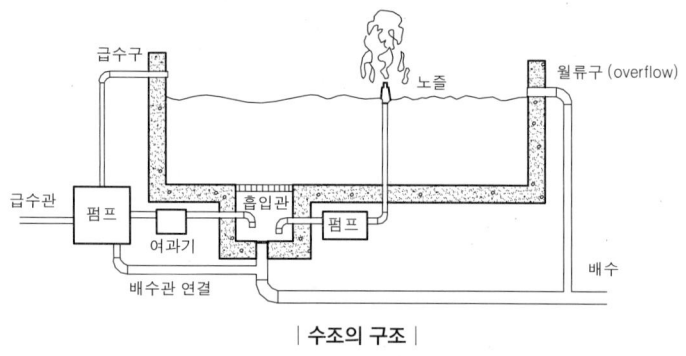

| 수조의 구조 |

오버플로우(overflow)
연못의 수면 높이를 조절하는 장치로 가급적 눈에 뜨이지 않도록 설치하며, 연못의 수면 최대높이는 오버플로우의 높이와 같다.

(4) 물의 이용형태 및 순환횟수
① 물의 이용형태는 일과적 이용법, 순환적 이용법, 부분순환 이용법으로 나누어 적용
② 수경용수의 순환횟수
　㉠ 물놀이를 전제로 한 수변공간(친수시설 – 분수·시냇물·폭포·벽천·도섭지) : 1일 2회
　㉡ 물놀이를 하지 않는 공간(경관용수 – 분수·폭포·벽천) : 1일 1회
　㉢ 감상을 전제로 한 수변공간(자연관찰용 – 공원지·관찰지) : 2일 1회

(5) 기타사항
① 수중등의 광원으로는 백열전구·할로겐등·수은등·메탈할라이드등·LED 등을 사용하며, 수면과 조명기구 윗면과의 거리는 5~10cm
② 수중펌프의 대지전압은 300V 이하를 표준으로 누전차단기를 설치하고, 접지저항 10Ω 이하의 접지극은 지하 75cm 이상의 깊이에 매설
③ 못·폭포·실개울 등의 청소주기는 정화시설이 있는 경우 연 4회, 정화시설이 없는 경우 월 1회 실시
④ 친수형 수공간일 경우 현장 상황에 따라 월 1회 이상 청소 및 물교환 실시

수경시설의 정수장치
① 이물질제거장치(waste filter), 탁도제거장치(sand filter), 정수장치, 소독·조류제거장치, 미생물배양장치 등으로 구성된다.
② 화학적 조류제거법으로 염소제거법, 자외선소독·조류제거법, 오존소독·조류제거법, 동이온소독·조류제거법 등
③ 미생물 배양법으로는 생물여과법, 산화접촉법, 유용세균생물막법, 세라믹담체를 이용한 미생물번식법 등

2 수경시설

(1) 폭포 및 벽천

① 못을 여러 개 배치할 경우 위의 못을 작게, 아래의 못을 크게 설계

② 물의 순환이용을 위하여 저류조 반영

> ▌폭포 및 벽천
> 지형의 높이차를 이용한 자연자원의 이용에 효과적인 곳에 설치하며, 또한 설계대상공간의 어귀나 중심광장·주요 조형요소·결절점의 시각적 초점 등으로 경관효과가 큰 곳에 설치한다.

(2) 실개울

① 평균 물깊이는 3~4cm 정도로 하고 급한 기울기의 수로는 물거품이 나도록 바닥을 거칠게 처리

② 약한 기울기의 수로는 수로폭의 변화·선형 변화·경계부 처리로 다양한 경관 연출

(3) 못 – 연못

① 수리·수량·수질의 3가지 요소 충분히 고려

② 수면의 깊이는 연출계획과 이용의 안전성 확보

③ 못 안의 물을 뺐을 경우 못 안의 시설에 대한 미관과 측벽의 토압 고려

④ 물의 공급과 배수를 위한 유입구와 배수구 설계 – 쓰레기 거름망 적용

⑤ 콘크리트 등의 인공적인 못의 경우에는 바닥에 배수시설 및 수위조절을 위한 오버플로우(overflow) 반영

⑥ 물고기를 키울 경우 겨울철 동면에 쓰일 물고기집을 고려하거나 동결심도 이상으로 설계

⑦ 겨울철 설비의 동파를 막기 위한 퇴수밸브 등 반영

> ▌가정용 정원의 연못
> ① 연못의 수면은 지표에서 6~10cm 정도 낮게 조성한다.
> ② 연못의 수심은 약 60cm 정도가 적당하다.
> ③ 붕어를 기를 연못은 바닥보다 1m 정도 낮게 웅덩이를 파거나 항아리를 묻어준다.
> ④ 연못의 면적은 정원 전체 면적의 1/9 정도가 적당하다.

(4) 분수

① 급·배수, 전기, 펌프 등 설비시설의 경제성·효율성·시공성 고려

② 바람의 흩어짐을 고려하여 주변에 분출높이의 3배 이상의 공간 확보

③ 물리적 특성에 따른 유형

　㉠ 바닥포장형 : 열린공간, 활동수용형 공간 조성

　㉡ 프로그램형 : 다양한 프로그램, 효율적 유지관리

　㉢ 조형물형 : 다양한 디자인, 시각적 랜드마크(landmark)

▌수경요소(waterscape)의 기능
① 공기 냉각기능
② 소음 완충기능
③ 레크리에이션의 수단기능

▌실개울
지형의 높이차는 적으나 기울어짐이 있는 곳에 배치하며, 못이나 분수 등과의 연계배치를 고려한다.

▌연못
설계대상공간의 배수시설을 겸하도록 지형이 낮은 곳에 배치하며, 자연수나 인공급수 등 여건에 맞게 반영한다. 또한 연못이 주변보다 높은 곳에 위치할 경우 불안감과 긴장감을 갖게 하므로 배치에 주의한다. 주변의 경사가 완만할 때 연못은 커 보이며, 연못의 형태는 자유형이나 곡선형이 보기에 좋고, 연못의 가장자리는 지각과 조망에 영향을 주는 공간적인 테두리 역할을 한다.

▌분수
설계대상공간의 지형이 낮은 곳에 위치한 못 안에 배치하며, 물이 없을 때의 경관을 고려한다.—수중펌프형 분수는 비교적 좁은 공간에 적합

ⓔ 수조형 : 시각적 안정감, 다양한 수반형태

6>>> 각종 포장설계

1 재료 및 설계일반

(1) 용어의 정의

① 보도용 포장 : 보도, 자전거도, 자전거보행자도, 공원내 도로 및 광장 등 주로 보행자에게 제공되는 도로 및 광장의 포장

② 차도용 포장 : 관리용 차량이나 한정된 일반 차량의 통행에 사용되는 도로로 최대 적재량 4ton 이하의 차량이 이용하는 도로의 포장

③ 간이포장 : 주로 차량의 통행을 위한 아스팔트콘크리트포장과 시멘트콘크리트포장을 제외한 기타의 포장

④ 강성포장(rigid pavement) : 시멘트콘크리트포장

⑤ 충격흡수보조제 : 합성고무 SBR(스티렌·부타디엔계 합성고무)을 고형 폴리우레탄 바인더로 접착하여 탄성과 침투성을 갖도록 한 것

⑥ 직시공용 고무바닥재 : EPDM(에틸렌·프로필렌·디엔계 합성고무) 입자를 폴리우레탄 바인더로 접착시켜 과산화수소나 유황으로 경화한 것

⑦ 고무블록 : 충격흡수보조재에 내구성 표면재를 접착시키거나 균일재료를 이중으로 조밀하게 하고, 표면을 내구적으로 처리하여 충격을 흡수할 수 있도록 성형·제작한 것 – 일반 고무블록, 고무칩이나 우레탄칩을 입힌 블록

(2) 포장재료

① 콘크리트 조립 블록

ⓐ 보도용(두께 6cm)과 차도용(두께 8cm)으로 나누어 적용

ⓑ 차도용 블록의 휨강도는 5.88MPa 이상, 보도용 블록의 휨강도는 4.9MPa 이상, 평균흡수율 7% 이내

② 시각장애인용 유도블록 : 선형블록(유도표시용)과 점형블록(위치표시 및 감지·경고용)으로 나누어 적용

③ 포설용 모래 : 투수계수 10^{-4}cm/sec 이상으로 No.200 체 통과량 6% 이하

④ 투수성 아스팔트 혼합물 : 투수성 아스팔트 혼합물은 투수계수 10^{-2}cm/sec 이상, 공극률 9~12% 기준

⑤ 컬러 세라믹, 유색골재 혼합물

ⓐ 표층골재는 입경 1.0~3.5mm의 구형으로 된 것으로서 내구성, 내마모성, 내충격성 및 흡음성이 있는 세라믹이나 유색골재 사용

▌포장의 상세사항은 [조경시공구조학 – 포장공사] 참조

▌포장의 기능적 용도
① 집약적 이용의 수용
② 보행속도 및 리듬 제시
③ 방향 제시

▌인조잔디
폴리아미드, 폴리프로필렌, 기타 섬유로 만든 직물에 일정 길이의 솔기를 단 기성제품을 말한다.

▌포장재의 선정
포장재를 선정할 때에는 내구성·내후성·보행성·안전성·시공성·유지관리성·경제성·환경친화성 그리고 관련 법규 등을 고려한다.

▌단위의 환산
1kgf=9.8N, 1N=0.102kgf
Pa=N/m², MPa=10^6N/m²
MPa=10^2N/cm²

    ⓛ 접합제(binder)는 에폭시수지·폴리우레탄수지 등의 합성수지에 적당한 첨가제와 적색·녹색 등의 안료를 더한 것으로, 열경화성·열가소성이 있고 부착성능이 우수한 것 사용

    ⓒ 프라이머와 표층의 결합제 및 탑코트제는 같은 종류의 수지 적용

    ⓔ 불투수성일 경우 표층 다음에 탑코트제 적용

⑥ 점토바닥벽돌

    ㉠ 포장용 점토바닥벽돌은 흡수율 10% 이하, 압축강도 20.58MPa 이상, 휨강도 5.88MPa 이상의 제품 사용

    ⓛ 점토타일의 경우에는 콘크리트 등의 보조기층 설계

⑦ 석재타일 : 자기질, 도기질, 석기질 바닥타일로서, 표면에 미끄럼방지 처리가 되어있는 것 사용

⑧ 포장용 석재 : 포장용 석재는 압축강도 49MPa 이상, 흡수율 5% 이내의 것 사용

⑨ 포장용콘크리트

    ㉠ 재령 28일 압축강도 17.64MPa 이상, 굵은 골재 최대치수는 40mm 이하

    ⓛ 줄눈용 판재는 두께 10mm의 육송판재 또는 삼나무판재 사용

    ⓒ 포장 줄눈용 실링재(sealant)는 피착재의 종류에 따라 적합한 것 사용 - 특별히 정하지 않은 경우 탄성형 실링재 사용

    ⓔ 채움재(joint filler)는 신축이음용 채움재 사용

    ⓜ 용접철망은 평평한 철망 사용

⑩ 포장용 고무바닥재

    ㉠ 충격흡수보조재 : 합성고무 SBR은 두께 0.5~2mm에 길이 3~20mm를 표준으로 하고, 바인더는 고무중량의 12~16%로 하여 입자 전체를 코팅

    ⓛ 직시공용 고무바닥재 : 고무입자는 각각이 1mm 미만, 서로 교차했을 때 3mm 미만으로 하고, 바인더는 고무중량의 16~20%

⑪ 마사토 : 화강암이 풍화된 것으로 No.4 체(4.75mm)를 통과하는 입도를 가진 골재가 고루 함유되어 다짐 및 배수가 쉬운 재료 사용

⑫ 놀이터·포설용 모래 : 입경 1~3mm 정도의 입도를 가진 것으로 먼지·점토·불순물 또는 이물질이 없는 것 사용

⑬ 경계블록

    ㉠ 콘크리트 경계블록 : 보차도경계블록과 도로경계블록으로 구분하고 적합한 휨강도와 5% 이내의 흡수율을 가진 제품 사용

    ⓛ 화강석 경계블록 : 압축강도 49MPa 이상, 흡수율 5% 미만, 겉보기비중 2.5~2.7g/cm^3

▎경계석 위치적 기능
① 유동성 포장재의 경계부
② 차도와 식재지 사이 경계부
③ 차도와 보도 사이 경계부

포장재료의 특성

구분	내용
콘크리트	·내구성이 좋아 수명이 길고, 비교적 설치가 용이하고 유지관리비 저렴 ·빛에 대한 반사율이 높아 열흡수율 낮음 – 눈부심 유발 ·색채·질감 등 마감 가능 – 항구적 색채 도입 불가능 ·강하고 비탄력적인 재료로 파괴의 우려 존재 ·계절에 관계없이 연중 다목적 이용 가능
아스팔트	·내구성이 강하고 유지관리비 저렴 – 경계부 처리 수반 ·탄력적이며 방수성 있는 표면(투수성도 가능) – 더운 기후에서 물러짐 ·계절에 관계없이 연중 다목적 이용 가능
벽돌	·눈부심과 미끄러짐이 없고 다양한 색채조합 가능 ·시공비가 고가이나 보수 용이 ·동결에 의한 파손이나 풍화 발생
타일	·온화한 기후에서만 사용이 가능하며, 세련된 실내·외 공간연출 가능–고가의 시공비
흙벽돌	·빠르고 간편한 시공과 풍부한 색채와 질감 ·기초에 적당한 아스팔트성 안정제를 포함할 경우 지속적인 사용 가능 ·따뜻하고 건조한 지역에서만 사용 가능 – 동결에 의한 파손 발생 ·많은 열을 축적하고, 먼지가 많으며, 부서지기 쉬워 평탄한 기층 요구
판석	·적절한 시공일 경우 내구성이 강하고 자연성이 강함–시공비 고가 ·젖거나 닳아서 미끄러울 수 있으나 부드러운 느낌 제공 ·차고 거칠고 딱딱한 느낌도 있음
화강석	·강하며 밀도가 높음 – 작업이 어려움, 화학적 풍화 가능 ·내구성이 있으며 청소 용이 – 비교적 고가
석회암	·작업용이, 색채와 질감 풍부, 화학적 풍화에 약함
사암	·내구성도 어느 정도 있으며 작업 용이, 화학적 풍화에 약함
점판암	·내구성 있고 풍화작용이 느리며 색채의 선택 폭이 큼 ·비교적 고가, 젖을 경우 미끄러움
모래·자갈	·경제적이며 색채의 선택 폭이 큼, 잡초발생 가능 ·이용량이 많을 경우 보충, 경계부 처리 필요
잔디	·풍부한 색채감, 양호한 배수, 안락한 표면, 비마모성, 먼지 없음 ·레크리에이션 활동에 적합, 비교적 저렴 – 유지관리비 고가
잔디블록	·인공적 블록과 잔디의 혼합 사용 – 차량의 통행가능 ·잔디와 비슷하나 고도의 유지관리 필요
인조잔디	·평탄한 놀이공간, 운동공간 사용 – 상처 입는 경우 많음(스포츠 시) ·비온 후 즉시 사용 가능, 초기시공비가 잔디에 비해 높음 – 유지관리 수월

(3) 설계일반

1) 설계일반사항

① 아스팔트콘크리트포장에는 교통조건·CBR·환경조건·노상지지계수 및 서비스지수 등을, 강성포장에는 교통조건·CBR 및 응력조건 등 고려

② 포장평면의 문양설계는 색채·질감·형태·척도 및 주변시설과의 조화 등 여러 조형요소들을 고려하여 설계

▌ 설계 전 조사검토사항
① 이용목적·이용상황·이용형태 등의 사회·행태적 조건
② 지형·지질·배수상황·지하수 높이·지반조건·기상·동결심도 등 자연환경조건
③ 유지관리의 정도나 경제성 등의 조건
④ 당해 지역 포장에 적합한 기능 및 효과
⑤ 관련법규

▌CBR(California bearing ratio)

캘리포니아 지지율(支持率)이라고 하며, 직경 50㎜의 관입 피스톤을 공시체(供試體) 표면에 눌러 넣을 때의 일정 관입량에 대한 하중과 표준 하중과의 비를 백분율로 표시한 것. '노상토(路床土) 지지력비'라고도 한다. 도로의 구조 설계 시 노반 또는 기초의 두께 결정, 가소성포장의 단면설계 목적으로 자연지반의 성질을 파악하는 시험법이다.

2) 포장구조
  ① 일반적인 포장은 표층·중간층·기층·보조기층·차단층·동상방지층 및 노상으로 구성
  ② 강성포장은 콘크리트 슬래브·보조기층·동상방지층 및 노상으로 구성
  ③ 포장의 용도와 원지반 조건 등의 조건에 따라 방진처리와 표면처리를 위한 표층만의 포장이나, 표층과 기층만으로 구성되는 간이포장 등 여러 가지 형태의 포장구조 선택
  ④ 포장두께 및 각 층의 구성은 교통하중·노상조건·사용재료 및 환경조건을 고려하여 경제적으로 설계

3) 시멘트콘크리트포장의 줄눈
  ① 팽창줄눈은 선형의 보도구간에서는 9m 이내를, 광장 등 넓은 구간에서는 36m² 이내를 기준으로 하며, 포장경계부에 직각 또는 평행으로 설계
  ② 수축줄눈은 선형의 보도구간에서는 3m 이내를, 광장 등 넓은 구간에서는 9m² 이내를 기준으로 하며, 포장경계부에 직각 또는 평행으로 설계

4) 경계처리
  ① 서로 다른 포장재료의 연결부 및 녹지·운동장과 포장의 연결부 등의 경계는 콘크리트나 화강석 보도경계블록, 녹지경계블록 또는 기타의 경계마감재 등으로 처리
  ② 보차도경계블록은 차량의 바퀴가 올라설 수 없는 높이로 설치

5) 배수처리
  ① 포장지역의 표면은 배수구나 배수로 방향으로 최소 0.5% 이상의 기울기로 설계
  ② 산책로 등 선형구간에는 적정거리마다 빗물받이나 횡단배수구를 설계
  ③ 광장 등 넓은 면적의 구간에는 외곽으로 뚜껑이 있는 측구를 설계
  ④ 비탈면 아래의 포장경계부에는 측구나 수로 설치
  ⑤ 배수구역별로 빗물받이 등 적정한 배수시설을 하고 계획된 집수시설이나 기존 관로에 연결

▌포장 설계 시 유의할 사항
포장재료의 재질은 외부공간의 공간감 형성에 많은 영향을 미치므로 설계가는 포장유형을 보행자의 활동 유형과 함께 다양하게 고려하려는 노력이 필요하다. 포장패턴의 다양화란 재질, 컬러, 도안 등의 요소들을 총체적으로 고려하는 것을 의미한다.

▌콘크리트 줄눈
콘크리트가 수축·팽창될 때 슬래브(slab)의 파손을 막기 위해 설치한다.

▌식재수목 주변의 포장
식재수목 주변은 투수성 포장으로 하고, 원지반의 토질분석 결과를 고려하여 별도의 배수시설과 수목보호덮개를 설치한다.

② 용도별 포장설계

(1) 보도용 포장

1) 포장면의 조건
  ① 미끄럼을 방지하면서도 걷기에 적합할 정도의 거친 면 유지
  ② 고른 면을 유지하여 걸려 넘어지지 않도록 할 것
  ③ 견고하면서도 탄력성이 있을 것
  ④ 태양광선을 반사하지 않아야 하며 색채의 선정 시에도 고려
  ⑤ 비가 온 뒤에 건조속도가 빠를 것
  ⑥ 건조 후 균열이 생기지 않을 것
  ⑦ 겨울에 동파되지 않을 것

2) 포장유형의 선정 : 각종 포장유형별 용도 및 시공법과 특성을 고려하여 해당 공간에 가장 적합한 포장유형 선정

┃ 사적지의 포장
사적지 경내의 동선을 포장할 때에는 마사토 포장, 화강석 판석 포장, 전돌포장 등이 바람직하다.

3) 포장면의 기울기
  ① 보도용 포장면의 종단기울기는 1/12 이하가 되도록 하되, 휠체어 이용자를 고려하는 경우에는 1/18 이하로 한다.
  ② 보도용 포장단면의 종단기울기가 5% 이상인 구간의 포장은 미끄럼방지를 위하여 거친면으로 마무리된 포장재료를 사용하거나 거친면으로 마감처리
  ③ 보도용 포장면의 횡단경사는 배수처리가 가능한 방향으로 2%를 표준으로 하되, 포장재료에 따라 최대 5%까지 가능
  ④ 광장의 기울기는 3% 이내로 하는 것이 일반적이며, 운동장의 기울기는 외곽방향으로 0.5~1%를 표준으로 함
  ⑤ 투수성포장인 경우 횡단경사를 주지 않을 수 있음

┃ 포장면의 기울기
포장구배 1~3%는 거의 평탄지로 인식되며 활동하기 쉽고 배수상태는 양호한 정도의 기울기이다.

(2) 자전거도로의 포장

① 자전거도로 포장 시에는 바퀴가 끼일 우려가 있는 줄눈 또는 배수시설을 자전거의 진행방향에 평행하게 설계하지 말 것
② 자전거도로의 포장면 종단경사는 2.5~3%를 기준으로 하되, 최대 5%까지 가능하며, 횡단경사는 1.5~2%를 기준으로 함
③ 투수성포장인 경우 횡단경사를 주지 않을 수 있음

(3) 차도용 포장면의 기울기

① 아스팔트콘크리트포장 및 시멘트콘크리트포장의 횡단경사는 1.5~2.0%
② 간이포장도로는 2~4%, 비포장도로는 3~6%

7>>> 안내표지시설의 설계

1 설계일반

(1) 설계목표 및 요소

① 안내표지시설은 기능적 효율화, 도시 CI체계 속에서의 이미지 통합화, 효율적 배치운영 등 하나의 완결된 시스템으로 설계

② 용도와 효용에 따라 각각의 기능을 최대로 발휘할 수 있도록 설계

③ CIP개념을 도입하여 통일성을 주고, 해당 명칭에 고유형태(logotype)가 있는 경우 그대로 사용

④ 교통수단을 대상으로 하는 경우에는 국제관례로 사용되는 문자나 기호가 도안화된 것 사용

⑤ CIP 적용, 가독성을 위한 기준, 가시지역과 거리기준, 서체, 방향표시, 그림문자(픽토그램), 색채 등의 요소로 디자인

(2) 표지시설의 종류

1) 안내표지시설

공원·주택단지·보행공간 등 옥외공간에서 보행자나 방문객에게 주요 시설물이나 주요 목표지점까지의 정보전달을 목적으로 하는 시설물로서, 정보를 제공하는 사인(sign)과 정보를 이어주는 환경시설물 등 포함

2) 유도표지시설

개별단위의 시설물이나 목표물의 방향 또는 위치에 관한 정보를 제공하여 목적하는 시설 또는 방향으로 유도하는 안내표지시설

3) 해설표지시설

단위시설물에 관한 정보해설을 방문객에게 이해시키고자 사용하는 표지시설물로서 개별단위시설의 자세한 정보를 담는 안내표지시설

4) 종합안내표지시설

공공주택단지, 공원 등 비교적 일정한 구획을 지니고 있는 단지 안에서 지역권의 광역적 정보를 종합적으로 안내하기 위한 안내표지시설

5) 도로표지시설

도로와 관련된 각종 정보를 전달하고 이해를 돕고자 설치하는 시설로 일반적으로 교통안내 등 일반도로표지와 더불어 각종 시설물의 안내표지시설과도 병행 사용

2 시설의 배치

(1) 형태 및 규모

① 도로의 표지판 등 기존 사인과 혼란을 피하여 가독성 제고

▌설계검토 사항

시스템으로서의 구성, 기능적 효율성, 인간척도의 고려, 지역적 이미지 표출, 경제적 효용성, 안전성, 주변환경과의 조화, 인간지향성 및 환경친화성의 검토, 가독성, 유지관리, 편의성 등을 검토한다.

▌교통 표지판(交通標識板) 형태

교통안전표지는 본표지(本標識)와 보조표지로 분류되고, 본표지는 다시 주의표지·규제표지 및 지시표지로 분류되어 있다.

① 주의표지 : 도로의 위험상태나 필요한 주의를 예고하는 것 – 삼각형만 사용

② 규제표지 : 보행자나 제차(諸車)에 대하여 일정한 행동을 규제하는 것 – 원형, 역삼각형, 팔각형

③ 지시표지 : 행동이나 지점(地點)을 지시하는 것 – 원형, 사각형, 오각형

④ 보조표지 : 본표지의 내용(거리·시간·방향·차량의 종류 등)을 더욱 상세하게 표시하는 것 – 사각형

② 시각적으로 명료한 전달을 위해 시인성에 중점을 두고 주변환경과 차별화

③ 기본형태 : 선꼴(standing), 매달림꼴(hanging), 붙임꼴(sticking), 움직임꼴(movable)

④ 모듈화에 의한 표준화·규격화로 제작의 용이성과 경제적 효용성 제고

⑤ 사인 시스템간의 형태적 조화와 통일성이 강한 디자인의 연계화 방안 수립

⑥ 시설 상호간의 위계성과 정보전달의 용이성 등을 고려하여 시설 유형별로 기본적인 규모 설정·시행

⑦ 인간척도를 고려하여 위압감을 주지 않고 친밀감을 줄 수 있는 크기로 설정

(2) 배치
① 이용자의 집합과 분산이 이루어지는 곳에 설치

② 청소, 보수 등 유지관리 하기에 용이한 위치에 설치

③ 유도안내표지판 : 교통의 결절부나 진입부에 배치

④ 종합안내표지판 : 이용자가 많이 모이는 장소 등 인지도와 식별성이 높은 지역에 배치

⑤ 도로표지시설 : 교통 결절부나 시각적으로 변화가 있는 점, 특정한 주의나 요구를 필요로 하는 곳에 배치

8>>> 기타 시설물의 설계

1 급·관수시설
(1) 급수시설
① 급수방식은 수도직결방식과 고가탱크방식으로 구분

② 탱크의 저수량은 1일 사용수량의 1~2시간분 이상의 양으로 결정

③ 도시수도를 급수원으로 할 경우 펌프를 수도직결관에 접속해서는 안되며, 반드시 수돗물을 저장탱크에 저장하여 사용

④ 양수펌프의 수량은 순간 최대 예상급수량(m^3/min) 이상의 것으로 고려

⑤ 압력탱크의 유효저수량은 최대사용량의 20분간 용량

⑥ 급수계통은 루프형(수압 일정), 수지형(소면적)으로 구분

(2) 관수시설
① 스프링클러의 최대 설치간격은 바람의 방향과 속도를 고려하여 결정

② 살수강도는 1일 수분소요량을 기준으로 결정

③ 경사지 허용강도 비율은 경사도와 토양에 따라 적용하며, 살수강도가 낮아지는 대신 살수빈도를 증가시킴

④ 수격현상이 일어나지 않도록 유속이 1.5m/sec를 초과하지 않도록 설계

재료의 품질기준
목재는 사용환경에 맞는 방부처리, 스테인레스강이 아닌 철재류는 녹막이 등 표면마감처리를 설계에 반영하며, 인체에의 유해성·지역특성·경제성·유지관리성 등을 종합적으로 검토하여 결정한다.

표지시설의 배치
기능 및 내용이 중복되지 않도록 하며, 한 곳에 여러 개의 표지를 배치할 경우 혼동을 주지 않도록 하고, 시각적 방해물이 되는 장소는 피하며, 보행동선이나 차량의 움직임을 고려한 배치계획으로 가독성과 시인성을 확보한다.

급·관수시설의 부가 사항은 [조경시공구조학 – 급·관수시설공사] 참조

스프링클러 헤드의 선정 시 고려사항
① 산디지역의 규모와 형태
② 장애물의 수량과 형태
③ 물의 양과 압력
④ 토양의 유형과 최대 적용률
⑤ 식물의 특이한 형태

(3) 관수기

1) 스프링클러 헤드

① 분무식(spray head)

㉠ 고정식과 입상식(pop - up) 형태의 스프레이 헤드로 구분

㉡ 1~2kg/cm²의 저압상태에서 작동, 25~50mm/hr 수준의 물 공급

㉢ 직경 6~12m 정도의 좁은 면적을 커버하므로 좁은 면적의 잔디밭이나 모양이 불규칙한 지역의 관수에 적용

② 분사식(sprinkler head)

㉠ 고정식헤드와 Q.C밸브를 이용한 헤드, 입상형 전동식 헤드로 구분

㉡ 2~6kg/cm²고압의 상태에서 작동, 2.5~12.5mm/hr 수준의 물 공급

㉢ 직경 24~60m 정도의 넓은 면적을 커버하므로 규모가 넓고 광대한 잔디밭의 관수에 적용

2) 스프링클러 헤드 선택 시 주의사항

① 동일한 관로 내에는 동일 종류의 헤드 사용 - 혼합사용 금지

② 단일 관로상에는 각 헤드당 커버율이 동일한 것 사용

③ 첫 번째 헤드와 마지막 헤드에서의 수압오차를 10% 이내로 설계

④ 스프링클러 압력의 변동률이 20%를 초과하지 않도록 유지

3) 스프링클러 헤드 배치간격(잔디지역)

① 정방형 설치

㉠ 통상적인 바람에서의 설치간격은 지름의 50%

㉡ 스프링클러 사이의 간격을 S, 측면 라인사이의 간격을 L이라 하면 S = L

㉢ 스프링클러 직경 커버율(권장간격)

a. 바람이 없을 때 직경의 55%

b. 4m/sec의 바람에서는 직경의 50%

c. 8m/sec의 바람에서는 직경의 45%

② 삼각형 설치

㉠ 통상적인 바람에서의 설치간격은 지름의 55%

㉡ 스프링클러 사이의 간격 S와 L의 관계는 L = 0.87S

㉢ 스프링클러 직경 커버율(권장간격)

a. 바람이 없을 때 직경의 60%

b. 4m/sec의 바람에서는 직경의 55%

c. 8m/sec의 바람에서는 직경의 50%

③ 스프링클러 헤드의 간격은 관수지역이 반드시 겹치도록 설계

4) 점적기(emitter)

① 저압의 상태에서 통산 0.5kg/m²의 관수 가능

② 가장 효율적인 관수방법으로 좁은 녹지지역 및 화초류에 사용

▌살수기의 배치

살수기의 최대배치간격은 살수직경의 60~65%로 하고, 살수기의 배치요건인 균등계수는 85~95%를 효과적인 것으로 본다.

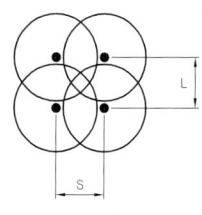

정방형 설치

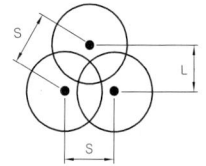

삼각형 설치

| 스프링클러의 헤드 배치간격 |

▌점적기

식물의 뿌리부분에 물방울을 조금씩 떨어뜨려 주는 기기

❷ 빗물침투 및 배수시설

(1) 빗물침투 및 배수 구역

① 배수구역은 계획된 지역뿐만 아니라 인접한 상류측의 유입구역 및 지형
변화에 따른 우수유출량의 증대와 하류측에의 영향도 고려

② 주위의 새로운 개발에 수반되는 변화 검토

③ 토양의 특성·지표의 마감상태·지하수위 등에 따라 빗물침투구역·지표배
수구역·심토층배수구역으로 나누되, 전체적인 하나의 배수체계로 설계

(2) 배수시설 설계

① 배수시설의 기울기는 지표기울기 적용-경제적

② 유속의 표준

   ㉠ 분류식 하수도의 오수관거 : 0.6~3.0m/sec

   ㉡ 우수관거 및 합류식 관거 : 0.8~3.0m/sec

   ㉢ 이상적인 유속 : 1.0~1.8m/sec

③ 관거 이외의 배수시설의 기울기는 0.5% 이상(단, 배수구가 충분한 평활
면의 U형 측구일 때는 0.2% 정도까지 완만하게 가능)

④ 잔디도랑과 자갈도랑 등 선형 침투시설의 기울기는 빗물침투를 촉진할
수 있도록 0.2% 정도로 완만하게 설치

(3) 빗물침투

① 공원의 녹지·잔디밭·텃밭 등은 빗물침투를 촉진하기 위하여 식재면을
굴곡있게 설계하되 100m²마다 1개소씩 오목하게 설계

② 녹지의 식재면은 1/20~1/30 정도의 기울기로 설계

③ 주변보다 낮은 오목한 곳에 침투정 설계

④ 잔디도랑·자갈도랑 등 선형의 침투시설에는 20m마다 침투정 설치

⑤ 낮은 곳의 침투정에는 홍수 시를 대비하여 인접한 우수관·개거박스·암
거박스 등까지 배수관 설치

⑥ 넓은 지역의 빗물침투를 촉진시키고 지하수위를 낮추기 위해서 낮은 곳
에 못 또는 습지 등 설계

⑦ 빗물의 재활용을 촉진을 위한 빗물저류조 등 빗물저류시설 설계

⑧ 여러 가지 빗물침투시설을 조합하며, 배수시설과 연결 설치

⑨ 자연배수체계는 지표배수체계와 심토층배수체계와 연계

(4) 지표면 배수

① 표면유수가 계획된 집수시설에 흘러 들어가도록 일정한 기울기 유지

② 식재부위를 장기간 빈 공간으로 방치하는 경우에는 토양침식을 방지하
기 위해서 표면을 지피식물 등으로 피복

③ 표면배수의 물흐름 방향은 개거나 암거의 배수계통을 고려하여 설계

④ 개거배수는 지표수의 배수가 주목적이나 지표저류수, 암거로의 배수,

▌배수시설의 부가 사항은 [조경시공구조학 – 배수시설공사] 참조

▌빗물침투
빗물침투란 빗물 등 지표수를 땅속으로 침투시켜 지표면의 유출량을 감소시키고 지하수를 함양하는 것을 말한다. 설계 시 잔디도랑, 침투정, 못, 습지 등 빗물침투 시설의 설치를 먼저 고려하고, 토양의 특성, 지하수위 등을 파악하여 투수성이 양호하거나 지하수위가 낮은 곳에 먼저 적용하며, 녹지·잔디밭·텃밭, 투수계수가 10^{-4}cm/sec 이상인 투수가 양호한 지역 등에 고려한다.

▌빗물침투 및 배수시설 설계
녹지의 빗물침투시설과 배수시설은 식재수목에 토양수분이 적정량 공급되도록 부지조성공사를 포함한 조성계획에서 검토해야 한다. 빗물침투시설과 배수시설은 지표수나 지하수에 의하여 조경 구조물이나 시설물의 기초지반 지내력이 약해지거나 침식되는 것을 예방하고, 지하수 함양을 통해 물순환체계를 복원하며, 지하수 배제를 통하여 식물의 생육에 적정한 토양 중의 수분을 공급하는 기능을 고려하여 설계한다.

▌레인가든
레인가든이란 식물이나 토양의 화학적, 생물학적, 물리학적 특성을 활용하여 주위 환경의 수질과 수량 모두를 조절하는 자연지반을 기본으로 하며, 오염된 유출수를 흡수하고 이 물을 토양으로 투수시키기 위해 식재를 활용하는 '생물학적 저류지(bio-retention)'를 말한다.

일부의 지하수 및 용수 등도 모아서 배수

⑤ 식재지에 개거를 설치하는 경우 식재계획 및 맹암거 배수계통 고려

⑥ 개거의 기울기는 토사의 침전을 줄이기 위해서 1/300 이상 부여

⑦ 측구·개거 등 지표면 배수시설은 투수가 가능한 구조로 설계

(5) 심토층 배수

① 지표면의 침투수·정체수의 집수와 지하수위를 낮추어 녹지의 비탈면과 옹벽 등 구조물의 파괴 방지 및 토양수분 조절

② 지층의 성층상태, 투수성 지하수의 상태 파악을 위하여 지질도와 항공사진 검토

③ 계절에 따른 지하수위의 변동 고려

④ 한랭지에서는 동상에 대한 검토로서 기온·토질·지중수에 대하여 조사

⑤ 사질토, 지하수위가 낮고 배수가 좋은 경우에는 심토층 배수 불필요

⑥ 배수관은 토양수가 쉽게 들어오되 토사는 들어오지 못하도록 설계

⑦ 사구법 : 식재지가 불투성인 경우에는 폭 1~2m, 깊이 0.5~1m의 도랑을 파고 모래를 충진한 다음 식재지반 조성

  ㉠ 사구의 바닥면을 기울게 할 경우 암거를 설계하지 않아도 됨

  ㉡ 수목의 나무구덩이를 사구로 연결하고 개거 또는 암거 설계

⑧ 사주법 : 식재지가 불투수층으로 두께가 0.5~1m이고 하층에 투수층이 존재하는 경우에는 하층의 투수층까지 나무 구덩이를 관통시키고 모래를 객토하는 공법으로 설계

❸ 관리시설

(1) 설계일반

① 인간척도 및 주변 환경과 조화되는 외관과 재료로 설계

② 하나의 공간·지역에 설치하는 시설은 규격·형태·재료의 체계화 도모

③ 안전성·기능성·쾌적성·조형성·내구성·유지관리 등을 충분히 배려

④ 조형성이 매우 중요한 음수대·단추 등은 주변의 시설물이나 수목 등과의 연관성을 고려하여 배치

⑤ 습지·급경사지·바람에 노출된 곳·지반불량지역 등에는 배치 회피

⑥ 안전하고 쾌적한 이용을 위하여 유지관리 측면까지 설계단계에서 검토

⑦ 노약자·장애인 등의 이용에 대한 관련 법규에 적합하도록 설계

⑧ 여름철 이용을 위한 녹음수 배식

⑨ 하수종말처리장이 없는 지역에는 오수정화조 설치

(2) 관리사무소

① 이용자에 대한 서비스기능과 조경공간의 관리기능 보유

② 긴급시의 연락과 공원시설의 정보제공기능이 쉽도록 배치

▌빗물체인

빗물체인이란 빗물을 순환시켜 다양한 용도로 활용하는 연계 시스템을 의미한다.

▌배수방식

배수관 등의 관거식이나 배수로, 측구 등과 같은 개거식, 침투식, 암거식 등이 있으며, 개거식은 조경시설의 배치계획에 영향을 주기 쉽기 때문에 충분히 고려해야 한다.

▌배수계통

직각식·차집식·선형식·방사식·집중식 등의 방식 중 배수구역의 지형·배수방식·방류조건·인접시설 그리고 기존의 배수시설 등을 고려하여 결정한다.

▌관리시설

설계대상공간의 기능을 원활히 유지하기 위한 관리를 목적으로 설치하는 시설로서, 관리사무소·공중화장실·전망대·상점·쓰레기통·단주(볼라드)·울타리·자전거보관대·안전난간·공중전화부스·음수대·플랜터(식수대)·시계탑 등을 말한다.

③ 관리실·화장실·숙직실·보일러실·창고 등 포함-화장실은 공용 이용

④ 각 실은 창호로 외기와 접하도록 하고, 지붕녹화나 태양광발전 도입

⑤ 설계대상공간마다 1개소를 원칙으로 하되, 통합관리가 가능할 때에는 인접하는 2~3개소의 공간에 1개소 설치

(3) 공중화장실

① 다른 건축물과 식별되도록 하고, 자연경관에 어울리는 형태로 설계

② 이용자가 알기 쉽고 편리한 곳에 배치하고 수목 등으로 적절히 차폐

③ 휠체어 이용자를 위한 유효폭 120cm 이상의 경사로 설치

④ 오물 제거용 차량을 활용할 수 있는 곳에 배치

⑤ 한 동의 크기는 30~40m²의 규모에 여자용 변기 3개, 남자용 대변기 1개, 휠체어용 변기 1개, 소변기 3개 정도 설치

(4) 쓰레기통

① 보행동선의 결절점, 관리사무소·상점 등의 이용량이 많은 지점에 배치

② 각 단위공간의 의자 등 휴게시설에 근접시키되, 보행에 방해가 되지 않도록 하고 수거하기 쉽게 배치

③ 단위공간마다 1개소 이상 배치

(5) 단주(볼라드)

① 옥외공간과 도로나 주차장이 만나는 경계부위의 포장면에 배치

② 배치간격은 1.5m 안팎, 높이 80~100cm, 지름 10~20cm로 설계

③ 보행인의 안전이용을 방해해서는 안되며, 보행을 고려하여 원형 단면이 바람직하고, 필요 시 의자·조명의 기능 부여

④ 서비스 차량의 진입이 필요한 곳에는 이동식으로 설계

(6) 울타리

① 경계표시·출입통제·침입방지·공간이나 동선분리 등의 울타리 기능을 충족시킬 수 있는 곳에 배치

② 울타리의 높이(비탈면에 배치할 경우도 평지 기준 적용)

　㉠ 단순한 경계표시 기능 : 0.5m 이하

　㉡ 소극적 출입통제 기능 : 0.8~1.2m

　㉢ 적극적 침입방지 기능 : 1.5~2.1m

③ 울타리와 수목·초화류가 서로 보완하며 조화되도록 배식

(7) 자전거보관시설

① 각 시설물의 입구 주변 포장부위에 배치

② 주택단지의 경우 주거동·복지관·상가건물마다 1개소 이상 설계

③ 지붕 등의 시설을 갖추고 잠금장치 등 도난방지시설 설치

④ 도난예방 및 사후조치를 위해 CCTV 설치 및 조명시설 설치

⑤ 주거동의 전면 발코니쪽은 피하고 가까울 경우 상록교목 등으로 차폐

▎쓰레기통 설치장소 결정요소
① 쓰레기 회수율
② 이용자 행태파악
③ 쓰레기 회수의 경제성

▎볼라드의 안전
밝은 색의 반사도료 등을 사용하여 쉽게 식별할 수 있도록 하고, 보행자 등의 충격을 흡수할 수 있는 재료를 사용하되, 속도가 낮은 자동차의 충격에 견딜 수 있는 구조로 하여야 한다. 또한, 볼라드의 0.3m 전면에는 시각장애인이 충돌 우려가 있는 구조물이 있음을 미리 알 수 있도록 점형블록을 설치하여야 한다.

(8) 안전난간

① 추락의 위험이 있는 놀이터·휴게소·산책로 등에 설치

② 철근콘크리트 또는 강도 및 내구성 있는 재료 선택

③ 높이는 바닥의 마감면으로부터 110cm 이상, 폭 10cm 이상

④ 간살의 간격은 안목치수 10cm이하-위험이 적은 장소는 15cm 이하

(9) 음수대

① 녹지에 접한 포장부위에 배치

② 이용자의 신체적 특성을 고려하여 적정한 높이로 설계하되, 최소한 모든 이용자가 이용 가능하도록 설계

③ 겨울철 동파를 막기 위한 보온용 설비와 퇴수용 설비 반영

④ 배수구는 청소가 쉬운 구조와 형태로 설계

(10) 관찰시설

① 생태·미관의 교육, 체험 목적으로 설치되나, 서식처 보호, 훼손확산 방지를 위한 이용객 동선유도 등 꼭 필요한 장소에 설치

② 하천공간의 동식물관찰시설을 설계할 때에는 자연환경을 활용하면서 산책로, 조류 관찰시설, 안내판, 휴게시설 등 배치 검토

③ 누구나 쉽고 안전하게 이용할 수 있도록 배려-안전난간 설치

④ 조경구조물

(1) 기초

① 조적식 내력벽의 기초는 연속기초로 하되, 기초판은 철근콘크리트구조 또는 무근콘크리트구조로 하며, 기초벽 두께는 최하층의 벽두께에 그 2/10를 가산한 두께 이상

② 보강블록구조인 내력벽의 기초는 연속기초로 하되, 기초판은 철근콘크리트구조로 함

(2) 벽돌조 옹벽

토압을 받는 부분의 높이가 2.5m를 초과해서는 안되며, 1.2m 이내일 경우 옹벽두께를 15~19cm 이상으로 하고, 1.2m 초과 2.5m 부분은 직상층 벽두께에 10cm를 가산한 두께 이상으로 함

(3) 조적식 담장

① 두께는 19cm 이상으로 하며, 높이가 2m 이하일 경우 9cm 이상

② 길이 2m 이내마다 벽면으로부터 그 부분 담장 두께 이상 튀어나온 버팀벽을 설치하거나, 길이 4m 이내마다 담장 두께의 1.5배 이상 튀어나온 버팀벽 설치

(4) 보강블록 담장

① 두께는 15cm 이상으로 하며, 높이가 2m 이하일 경우 9cm 이상

▌관찰시설 형태 및 규모

물과 접촉하거나 수생식물을 가까이 관찰할 수 있도록 지형 등을 고려한 폭을 유지하되 노약자나 장애인의 진입이 필요한 지역을 제외하고는 경사 데크는 지양한다. 안전을 위한 난간의 높이는 120cm 이상으로 하며, 장애자용 데크는 최소 100cm의 폭을 확보되도록 계획한다.

▌조경시설물

도시공원 및 녹지 등에 관한 법률의 공원시설 중 상부구조의 비중이 큰 시설물을 말한다.

▌조경구조물

토지에 정착하여 설치된 시설물로 앉음벽, 장식벽, 울타리, 담장, 야외무대, 스탠드 등의 시설물을 말한다.

▌얕은 기초

상부구조로부터의 하중을 직접 지반에 전달시키는 형식의 기초로서 기초의 최소폭과 근입깊이와의 비가 대체로 1.0 이하인 경우를 말한다.

▌건축선에 따른 건축제한

① 건축물과 담장은 건축선의 수직면(垂直面)을 넘어서는 아니 되며, 지표 아래 부분은 그러하지 아니하다.

② 도로면으로부터 높이 4.5m 이하에 있는 출입구, 창문, 그 밖에 이와 유사한 구조물은 열고 닫을 때 건축선의 수직면을 넘지 아니하는 구조로 하여야 한다.

② 담장의 내부에는 가로 또는 세로 각각 80cm 이내의 간격으로, 담장의 끝 및 모서리부분에는 세로로 ∮9mm 이상의 철근 배치

(5) 야외공연장

① 다른 용도의 활동공간이 무대의 배경으로 작용하지 않도록 배치

② 객석의 전후영역은 생리적 한계인 15m 이내로 하는 것을 원칙으로 함

③ 평면적으로 무대가 보이는 각도(객석의 좌우영역)는 104~108° 이내로 설정

④ 객석에서의 부각은 15° 이하가 바람직하며 최대 30°까지 허용

⑤ 객석의 원호배열이 가능한 원호의 반경은 6m 이상

(6) 보도교

① 높이가 2m 이상인 경우 노면으로부터 높이 110cm 이상의 난간 설치

② 아치교의 종단경사는 1/12(약 8%)을 넘지 않도록 하며, 미끄럼 방지를 위해 거친면 처리

③ 목교의 경우 데크(합성목재)의 줄눈 간격 3mm 이하, 논슬립 표면처리

5 조경석

(1) 조경석의 종류

① 입석(수석) : 세워서 쓰는 돌을 말하며, 전후좌우의 사방에서 관상할 수 있도록 배석

② 횡석 : 가로로 눕혀서 쓰는 돌을 말하며, 입석 등에 의한 불안감을 주는 돌을 받쳐서 안정감을 주는 데 사용

③ 평석 : 윗부분이 편평한 돌을 말하며, 안정감이 필요한 부분에 배치하고, 주로 앞부분에 배석 – 화분 놓기 가능

④ 환석 : 둥근 돌을 말하며 무리로 배석할 때 많이 이용 – 복합적 경관 형성

⑤ 각석 : 각이 진 돌을 말하며 삼각, 사각 등으로 다양하게 이용 – 사실적 경관미 표현

⑥ 사석 : 비스듬히 세워서 이용되는 돌 – 해안절벽과 같은 풍경 묘사

⑦ 와석 : 소가 누워 있는 것과 같은 돌 – 횡석보다 더욱 안정감 부여

⑧ 괴석 : 흔히 볼 수 없는 괴상한 모양의 돌을 말하며 단독 또는 조합하여 관상용으로 주로 이용 – 개체미 특출

(2) 조경석 놓기

① 중심석, 보조석 등으로 구분하여 크기, 외형 및 설치위치 등이 주변 환경과 조화를 이루도록 설치

② 무리지어 설치 시 주석과 부석의 2석조가 기본이며, 특별한 경우 이외에는 3석조, 5석조, 7석조 등과 같은 기수로 조합하는 것이 원칙

③ 4석조 이상은 1석조, 2석조, 3석조의 조합을 기준으로 조합

④ 무리지어 배치할 경우 큰돌을 중심으로 곁들여지는 작은돌이 잘 조화되

▌야외무대 스탠드
스탠드의 평균기울기는 전방시야 확보를 위하여 1:4 이상을 유지하도록 한다.

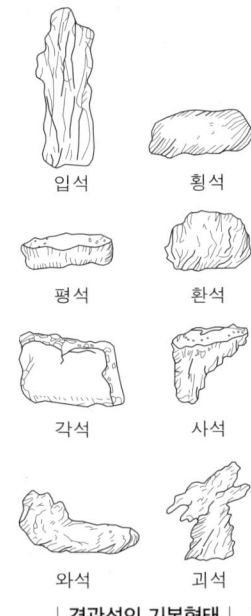

입석 횡석

평석 환석

각석 사석

와석 괴석

▌ 경관석의 기본형태 ▌

▌흙 채우기
돌을 설치하는 작업이 끝나면 돌 틈과 주위에 마른 흙을 채워 수평으로 메우고 채우는 흙의 두께 0.3m마다 충분히 다진다.

도록 배치

⑤ 3석을 조합하는 경우에는 삼재미(三才美 천지인)의 원리를 적용하여 배치

⑥ 5석 이상을 배치하는 경우에는 삼재미의 원리외에 음양 또는 오행의 원리를 적용

⑦ 돌을 묻는 깊이는 경관석 높이의 1/3 이상을 지표선 아래에 매립

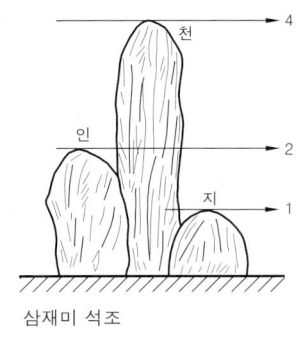
삼재미 석조

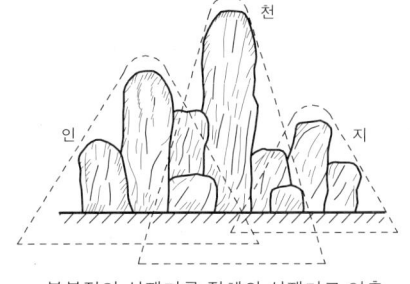
부분적인 삼재미를 전체의 삼재미로 연출

| 삼재미 석조법 |

(3) 징검돌(디딤돌)놓기

① 보행에 적합하도록 지면과 수평배치

② 징검돌 상단은 수면보다 15cm 높게 배치, 한 면의 길이 30~60cm

③ 요소(시점, 종점, 분기점)에 모양 좋은 대형석 배치. 디딤시작과 마침돌은 절반이상 물가에 걸치기

④ 배치간격은 일반적으로 40~70cm, 돌과 돌 사이의 간격 8~10cm(정원에서는 20~30% 줄여서 배치)

⑤ 양발이 각각의 디딤돌을 교대로 디딜 수 있게 배치, 부득이 한 발이 한 면에 2회 이상 닿을 경우 3, 5, 7… 등 홀수 회가 닿게 배치

⑥ 디딤돌 크기가 30cm 내외인 경우 지표면보다 디딤돌 상면이 3cm, 50~60cm인 경우 6cm 높게 배치

⑦ 디딤돌(징검돌)의 장축이 진행방향에 직각이 되도록 배치

⑧ 디딤돌은 2연석, 3연석, 2·3연석, 3·4연석 놓기가 기본

⑨ 디딤돌(징검돌)은 터파기 후 지면을 다지고 괴임돌이나 콘크리트타설

⑩ 자연지형이나 생태적 지속성이 파괴될 수 있는 위치 회피

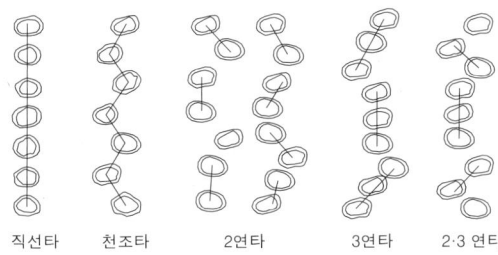
직선타   천조타   2연타   3연타   2·3 연타

| 디딤돌의 배석법 |

| 삼재미

동양의 우주원리로 하늘과 땅과 인간의 3형태로 나누고 이것이 만물을 제재(制裁)한다고 하였다. 이것을 적용시켜 천·지·인의 자연스러운 비례로 석조에 적용하거나 수목의 조형, 수목의 배치 등 여러 형태의 배치에 적용하고 있다.

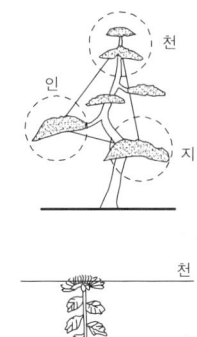

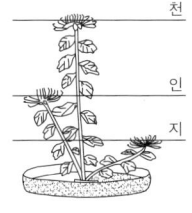

| 삼재미의 응용 |

(4) 자연석쌓기

① 못의 호안, 축대 또는 벽천 등 수직적 구조물이 필요한 곳에 수직 또는 수직방향의 사면이 형성되도록 설치

② 설치목적, 지형, 지질, 토질, 시공성, 경제성, 안전성 등 고려

③ 설치목적에 위배되지 않으면 상단부는 다소의 기복을 주어 자연스러움을 보완·강조

④ 쌓기 높이는 1~3m가 바람직하며 그 이상은 안정성 검토

⑤ 경사진 절·성토면의 쌓을 때에는 석재면을 경사지게 하거나 약간씩 들여서 쌓기

⑥ 맨 밑의 기초석은 비교적 큰 것을 사용하며, 지면으로부터 20~30cm 깊이로 묻고 뒷부분에는 고임돌 및 뒤채움 실시

⑦ 필요에 따라 중간에 뒷길이 60~90cm 정도의 돌로 맞물려 쌓아 붕괴 방지

⑧ 호안이나 기타 구조적 문제가 발생할 염려가 있는 곳은 잡석 및 콘크리트 기초로 보강

(5) 계단돌 쌓기(자연석 층계)

① 보행에 적합하도록 비탈면에 일정한 간격과 형식으로 지면과 수평이 되도록 시공

② 기울기가 심해 안식각 이상으로 구조적 문제가 발생할 염려가 있는 경우 콘크리트 및 모르타르 보강

③ 한 단의 높이 15~18cm, 단의 폭 25~30cm

④ 계단의 최고 기울기 30~35°

⑤ 계단의 폭은 1인용 90~110cm, 2인용 130cm

⑥ 계단의 높이가 2m를 넘는 경우 또는 방향이 급변하는 경우에는 120cm 이상의 계단참 설치

(6) 노단 쌓기

① 정면의 모습과 크기가 비슷하도록 설치

② 토압 등 구조적 문제가 예상되는 경우 콘크리트 기단으로 보완

③ 구조적인 문제가 없을 경우 동식물 서식을 위한 다공성 환경 고려

(7) 인조암

① 자연암의 질감을 느낄 수 있는 인공재료를 환경조형물 공사에 적용

② 인조암·인공폭포 동굴 설치 시 동굴 내부에는 안전을 위해 조명등, 내구성·안전성 있는 안전시설, 주변에 차도가 있는 경우 방지책 실치

③ 인조암·인공폭포의 주변 경관과 조화를 이루도록 식재

④ 식재포트 설치 시 식재될 뿌리분의 직경에 따라 측면 높이, 밑면 크기를 결정하고, 배수를 위한 드레인을 50mm 이내로 반드시 설치

▍자연석
일반적으로 2목도(1목도= 50kg) 이상 크기의 돌을 말한다.

▍호박돌
하천에 있는 둥근 형태의 돌로서 지름 20cm 내외의 크기를 가지는 자연석을 말한다.

▍호박돌쌓기
찰쌓기를 원칙으로 하며 바른 층 쌓기로 하되 통줄눈이 생기지 않도록 한다.

▍돌틈식재
자연석쌓기의 단조로움과 돌틈의 공간을 메우기 위해 관목류, 지피류, 화훼류 및 이끼류를 식재하며, 돌틈에 식재된 식물이 생육할 수 있도록 양질의 토양을 조성하고 수분이 충분히 공급되도록 한다.

핵 심 문 제

1 조경시설 중 운동경기장 시설의 방향에 관한 다음의 설명 중 잘못된 것은?　　　　기-04-2

㉮ 계획 프로그램은 항상 대지여건에 우선하여 기본 계획에 적용된다.

㉯ 축구장, 배구장 등 운동경기장은 코트의 장축을 남 – 북으로 설치한다.

㉰ 게이트볼장은 경기장의 방향을 특별히 고려하지 않아도 된다.

㉱ 운동시설은 건축법에 따라 경기장의 방향을 설정하여야 한다.

해 ㉱ 운동시설은 [체육시설의 설치·이용에 관한 법률]에 따라 설치기준에 적합하여야 하며, 건축법과는 상관이 없다.

2 시설의 배치와 향(向)과의 관계를 설명한 것 중 부적합한 것은?　　　　산기-09-1

㉮ 테니스장은 코트 장축의 방위는 정남–북을 기준으로 동서 5~15도 편차 내의 범위에 배치한다.

㉯ 야구장은 홈플레이트를 동쪽과 북서쪽 사이에 배치한다.

㉰ 실외수영장의 다이빙 풀에서는 다이빙 방향을 동서축으로 잡는 것이 좋다.

㉱ 축구장은 단축을 동서쪽으로 배치한다.

3 경기장 배치에 관한 설명 중 틀린 것은?　　　　기-04-1, 기-11-1

㉮ 축구장 – 장축은 가능한 동서방향으로 주풍향과 직교시킨다.

㉯ 테니스장 – 장축의 방위는 정남북으로부터 동서 5~15° 편차내의 범위로 가능하면 코트의 장축 방향과 주풍향의 방향이 일치하도록 한다.

㉰ 배구장 – 장축을 남북방향으로 배치하며 바람의 영향을 받기 때문에 주풍방향에 수목 등의 방풍시설을 마련한다.

㉱ 야구장 – 방위는 내외야수가 태양을 등지고 경기할 수 있도록 하고, 홈플레이트는 동쪽에서 북서쪽 사이에 자리 잡게 한다.

해 ㉮ 축구장의 장축은 가능한 남북방향으로 길게 배치한다.

4 다음 운동시설에 관한 설명 중 잘못된 것은?　　　　기-06-2

㉮ 운동장은 원활한 배수를 위해서 5% 이상의 관기울기를 둔다.

㉯ 골프연습장은 타석 간의 안전거리를 위해 2.5m 이상의 안전거리를 유지해야 한다.

㉰ 테니스장의 클레이코트에는 잡석층이 Φ40mm이하의 골재를 포설하고 전압과 물다짐을 한다.

㉱ 썰매장의 슬로프 가장자리는 폭 1m이상, 높이 50cm 이상 두께의 눈을 쌓아야 한다.

해 운동장은 원활한 배수를 위해서 2% 이상의 관 기울기를 둔다.

5 태양광선의 영향을 크게 받는 테니스장 장축(長軸)의 방위는 다음 중 어떤 것이 적합한가?　산기-04-2

㉮ 정동서(正東西)방향

㉯ 정동서에서 남북 어느 한쪽으로 30° 기울어진 방향

㉰ 정남북에서 동서 어느 한쪽으로 30° 기울어진 방향

㉱ 정남북을 기준으로 서쪽으로 5° 기울어진 방향

해 테니스장은 코트의 장축을 정남–북을 기준으로 동서 5~15° 편차내의 범위로 배치하여 가능한 장축방향과 주풍(主風) 방향이 일치하도록 한다.

6 체육공원에서 정구장의 배치는 장변(長邊)을 어떤 방향으로 해야 하는가?　　　　산기-02-4

㉮ 남북　　　　　　　㉯ 동서

㉰ 동북　　　　　　　㉱ 북서

7 배구 6인제 코트의 적정한 대지 면적은?　기-04-4

㉮ 450~600m²　　　　㉯ 350~400m²

㉰ 600~700m²　　　　㉱ 180~250m²

8 농구장의 설치에 관한 설명으로 부적합한 것은?　　　　기-08-2

㉮ 미끄럼방지를 위해 아스팔트계나 합성수지계 등의 포장이 좋다.

㉯ 2면 이상 설치시 최저 2m 정도의 간격을 확보하여야 한다.

㉰ 규격 경기장은 경계선의 안쪽을 기준으로 길이 28m, 너비 15m로 한다.

㉣ 농구코트의 방위는 남–북 축을 기준으로 한다.

해 ㉣ 2면 이상 설치 시 최저 4m 정도의 간격을 확보하여야 한다.

9 옥외 농구장에 대한 설명 중 옳은 것은?　기-03-4

㉮ 미끄러짐 방지를 위해 강한 콘크리트와 같은 강한 포장재를 쓴다.

㉯ 2면 이상 설치시 최저 10m 이상의 간격을 확보하여야 한다.

㉰ 라인의 바깥쪽에는 최소 3m의 공간을 남겨두어야 한다.

㉣ 국제규격은 25m×18m이다.

10 다음 중 배드민턴장 설계 기준으로 부적합한 것은?　기-08-4

㉮ 경기장의 규격은 세로 13.4m, 가로 6.1m이다.

㉯ 라인은 4cm 폭의 백색 또는 황색 선으로 그린다.

㉰ 네트 포스트는 코트 표면으로부터 2.1m의 높이로 사이드라인 안에 설치한다.

㉣ 코트는 평활하고 균일한 면이어야 하나 옥외코트의 경우에는 배수를 위해 0.5%까지의 기울기를 둔다.

해 ㉰ 네트 포스트는 코트 표면으로부터 1.55m의 높이로 사이드라인 위에 설치한다.

11 야영장의 입지조건을 설명한 것 중 잘못된 것은?　기-03-2

㉮ 평탄지보다 완경사면이 좋다.

㉯ 하부식생이 있는 수림지가 좋다.

㉰ 숲에서는 나무의 높이가 높은 곳이 좋다.

㉣ 재해 발생이 우려되는 곳은 피해야 한다.

해 하부식생이 있는 수림지는 덤불숲을 이루고 있으므로 적합하지 않다.

12 다음 중 야영장을 설계하고자 할 때 부지 선정에 관한 요건으로서 가장 관련이 적은 것은?　기-04-4

㉮ 강풍으로부터 보호받을 수 있는 곳

㉯ 비·눈 등의 피해가 없는 곳

㉰ 교통이 편리한 곳

㉣ 완경사 지역이며 배수가 양호한 곳

13 공원, 유원지, 주택단지 등의 놀이공간 및 놀이터의 구성에 관한 설명 중 틀린 것은?　기-07-4

㉮ 어린이의 이용에 편리하고, 햇볕이 잘 드는 곳 등에 배치한다.

㉯ 이용자의 놀이특성을 고려하여 어린이 놀이터와 유아놀이터는 주변에 연계 설치하여 함께 이용토록 한다.

㉰ 놀이터와 도로·주차장 기타 인접 시설물과의 사이에는 폭 2m 이상의 녹지공간을 배치한다.

㉣ 놀이시설 자체의 설치공간과 놀이시설의 이용공간 그리고 각 이용공간 사이의 완충공간을 배려한다.

해 ㉯ 이용자의 놀이특성을 고려하여 어린이 놀이터와 유아놀이터는 구분하여 설치한다.

14 놀이시설에 관한 설명 중 적합하지 않은 것은?　산기-08-2

㉮ 일반적으로 놀이시설은 어린이의 안전성도 중요하지만 고·저 차이를 급격히 줌으로써 어린이들의 호기심을 불러일으키게 할 수 있다.

㉯ 놀이터와 도로·주차장 기타 인접 시설물과의 사이에는 폭 2m 이상의 녹지공간을 배치한다.

㉰ 하나의 놀이공간에서는 동일시설의 중복배치를 피하고 놀이시설을 다양하게 배치한다.

㉣ 통행이 잦은 놀이동선이나 통과동선에는 로프·전선 등의 줄이 비스듬히 설치되지 않도록 한다.

해 ㉮ 놀이시설은 어린이의 안전성을 우선적 고려해야 하므로 높이가 급격하게 변하지 않도록 설계한다.

15 어린이 놀이 시설물의 설계 시 가장 먼저 고려해야 할 사항은?　산기-03-4, 산기-09-4

㉮ 어린이의 신체치수와 동작치수를 고려한다.

㉯ 미적감각을 나타내어 흥미있게 한다.

㉰ 모험심을 주도록 해야 한다.

㉣ 기능적이어야 한다.

16 어린이공원의 설계 시 고려해야 할 사항 중 적당하지 않은 것은?　　　　　　　　산기-05-1

㉮ 어린이의 주 이용시간은 늦은 아침과 오후이므로 이 때 햇빛이 잘 드는 곳에 설치한다.

㉯ 그늘은 앉아서 노는 부분과 부모의 휴식처 부근에 배치한다.

㉰ 미끄럼틀, 놀이조각 등 집중적인 놀이시설물은 입구에서 먼 쪽에 설치하여 혼잡해지지 않도록 한다.

㉱ 도섭지(渡涉地), 연못 등은 중앙이나 사방에서 잘 보이는 부분에 배치한다.

17 어린이공원의 놀이시설 배치 시 고려해야 할 사항으로 옳은 것은?　　　　　　산기-06-2

㉮ 그네와 같은 요동계 놀이시설은 대지의 중심부에 배치하되 벽, 펜스 등으로부터 분리한다.

㉯ 미끄럼틀은 남향으로 배치한다.

㉰ 금속제 놀이시설물들은 어느 정도 그늘진 곳에 배치하여 여름철 이용도 고려한다.

㉱ 모래밭, 놀이벽, 놀이집 등은 그네, 미끄럼틀과 인접시켜 배치한다.

18 다음 중 유아놀이터에 대한 시설에 대한 시설배치의 설명을 바르게 한 것은?　　　　기-02-1

㉮ 모래밭 안에는 다른 시설물은 두지 않는다.

㉯ 도섭지에는 경제적 이유와 편리상 음수대를 근처에 둘 수 없다.

㉰ 회전그네, 미끄럼틀, 놀이집, 모래밭 등은 서로 가깝게 설치한다.

㉱ 출입구에서 먼 곳에 설치한다.

19 어린이 미끄럼틀의 미끄럼대에 있어서 일반적인 미끄럼판의 각도와 폭이 가장 적합하게 짝지어진 것은?　　　　　　　　　　기-08-2

㉮ 각도 : 20~30°, 폭 : 20~30cm
㉯ 각도 : 30~40°, 폭 : 40~50cm
㉰ 각도 : 20~30°, 폭 : 40~50cm
㉱ 각도 : 30~40°, 폭 : 20~30cm

20 미끄럼틀의 설계에 있어서 면(面)의 경사도로 가장 많이 이용되는 각도는 다음 중 어느 것인가?　　　　　　　　　　산기-02-2, 기-07-2

㉮ 24~28°　　　　　　　㉯ 30~35°
㉰ 40~44°　　　　　　　㉱ 46~50°

21 미끄럼대와 관련된 설계기준으로 틀린 것은?　　　　　　　　　　산기-10-4, 기-12-1

㉮ 미끄럼대의 배치 방향은 되도록 북향으로 배치한다.

㉯ 미끄럼판의 높이는 1.2~2.2m 로 한다.

㉰ 미끄럼판의 기울기는 30~35°로 재질을 고려하여 설계한다.

㉱ 미끄럼판 출구에서 직립자세로 전환하기 쉽도록 착지판에서 놀이터 바닥의 답면까지 높이는 30cm이하로 설계한다.

🅷 ㉱ 미끄럼판 출구에서 직립자세로 전환하기 쉽도록 착지판에서 놀이터 바닥의 답면까지 높이는 10cm 이하로 설계한다.

22 조경설계기준에 의한 그네의 설계 기준으로 가장 옳은 것은?　　　　　　기-03-2, 기-07-2

㉮ 2인용을 기준으로 높이 3.0~3.5m를 표준 규격으로 한다.

㉯ 2인용을 기준으로 폭 4.5~5.0m를 표준규격으로 한다.

㉰ 그네는 남향이나 서향으로 한다.

㉱ 집단적으로 놀이가 활발한 자리 또는 통행량이 많은 곳에 설치한다.

23 공원·유원지·주택단지 등 설계대상 공간의 놀이시설 중 2연식 시소의 표준 규격은?　　　기-06-4

㉮ 길이 2.2m×폭 1.2m　　㉯ 길이 2.8m×폭 1.4m
㉰ 길이 3.2m×폭 1.6m　　㉱ 길이 3.6m×폭 1.8m

24 다음 중 놀이벽의 설치 시 고려해야 할 사항으로 틀린 것은?　　　　　　　　　산기-06-4

㉮ 어린이의 다양한 놀이행태에 적합한 높이·두께·구멍 크기를 유지해야 한다.

㉯ 두께는 20~40cm, 평균높이는 0.6~1.2m로 하

여 높이에 변화를 주되, 기어오르고 내리기 쉬운 기울기로 설계한다.

㉡ 놀이벽을 연결하여 미로시설을 설치할 수 없다.

㉢ 놀이벽 주변에는 다른 시설을 배치하지 말고 주변 바닥은 모래 등 완충 재료로 설계한다.

해 ㉡ 놀이벽을 연결하여 미로시설을 설치할 수 있다.

25 다음 중 조경에서 놀이시설에 관한 사항 중 가장 거리가 먼 것은? 기-05-2

㉮ 놀이터 어귀는 보행로에 연결시키고 입구는 2개소 이상 배치하되, 1개소 이상에는 8.3%이하의 경사로로 설계한다.

㉯ 그네 미끄럼대 등 동적인 놀이시설은 시설물의 주위로 3.0m 이상의 이용공간을 확보하여야 한다.

㉰ 흔들말 시설 등의 정적인 놀이시설은 시설물 주위로 2.0m 이상의 이용공간을 확보하여야 한다.

㉱ 기어오르기 시설의 높이는 1.5~2.0m를 기준으로 하고, 줄은 내구성·안전성 등에 적합하게 설계한다.

해 ㉱ 기어오르기 시설의 높이는 2.5~4.0m를 기준으로 한다.

26 다음 중 조경에 사용되는 단위놀이시설의 설계 기준으로 부적합한 것은? 기-10-2

㉮ 모래막이의 마감면은 모래면 보다 5cm 이상 높게 하고, 폭은 12~20cm를 표준으로 하며, 모래밭 쪽의 모서리는 둥글게 마감한다.

㉯ 사다리 등 기어오르는 기구는 기울기를 30~45를 기준으로 하고, 너비는 30~45cm를 기준으로 한다.

㉰ 미끄럼판의 높이가 1.2m 이상인 경우에는 미끄럼판과 상계판 사이에 균형유지를 위한 안전손잡이를 설치하되 높이 15cm를 기준으로 한다.

㉱ 그네의 안장과 모래밭과의 높이는 35~45cm가 되도록 하며, 이용자의 나이를 고려하여 결정한다.

해 ㉯ 사다리 등 기어오르는 기구는 기울기를 65~70°를 기준으로 하고, 너비는 40~60cm를 기준으로 한다.

27 다음 중 주제형 놀이시설과 관련된 내용 중 가장 거리가 먼 것은? 산기-05-2

㉮ 모험놀이시설 – 새로운 유형의 시설은 안전성 보다는 대상자의 호기심을 자극할 수 있는 시설을 우선적으로 설계에 반영한다.

㉯ 전통놀이시설 – 우리나라 전래의 놀이를 수용할 수 있는 말차기, 고누 장대타기 등의 놀이시설을 예로 들 수 있다.

㉰ 조형놀이시설 – 미끄럼타기·사다리오르기 등의 놀이기능을 가지되, 시설물의 조형성이 뛰어나 환경조형물로서 기능할 수 있도록 설계한다.

㉱ 감성놀이시설 – 흙쌓기가 필요하거나 선큰(sunken)된 지형을 가진 일정 면적 이상의 놀이공간 부지가 필요하다.

해 ㉮ 안전성을 우선적으로 설계에 반영한다.

28 자동차 타이어, 철도, 침목, 폐차 콘크리이트 파이프 등을 이용한 놀이 시설을 주로 한 아동 공원은? 산기-04-2

㉮ 교통 공원　　　　　　㉯ 어린이 나라
㉰ 모험 공원　　　　　　㉱ 성벽 놀이터

29 휴게시설의 기능에 속하지 않는 사항은? 산기-05-4

㉮ 프라이버시　　　　　㉯ 분위기
㉰ 체감온도　　　　　　㉱ 협동

30 휴게시설물의 규격이 가장 적합한 것은? 기-05-2

㉮ 파고라 높이는 220~260cm 정도를 기준으로 한다.

㉯ 평상의 마루 높이는 45~50cm 정도를 기준으로 한다.

㉰ 의자의 앉음판의 높이는 50~55cm 정도를 기준으로 한다.

㉱ 의자와 휴지통과의 이격 거리는 60cm 정도로 한다.

해 퍼걸러의 높이는 팔 뻗은 높이나 신장 등 인간척도와 사용재료·주변경관·태양의 고도 및 방위각, 다른 시설과의 관계를 고려하여 설계하며 높이 220~260cm를 기준으로 300cm까지 가능하다.

31 퍼걸러(pergola)의 높이는 보통 몇 m 정도가 가장 적당한가? 기-05-1

㉮ 1.2~1.8m ㉯ 2.2~2.6m
㉰ 3.5~4m ㉱ 4.5~5m

32 다음은 벤치(bench)의 설계기준에 대한 설명이다. 가장 알맞은 것은? 산기-02-2, 기-06-2, 산기-09-4
㉮ 앉음판의 높이 : 35~46cm, 앉음판의 폭 : 38~45cm
㉯ 앉음판의 높이 : 25~35cm, 앉음판의 폭 : 40~50cm
㉰ 앉음판의 높이 : 40~50cm, 앉음판의 폭 : 25~35cm
㉱ 앉음판의 높이 : 25~30cm, 앉음판의 폭 : 35~40cm
🔳 벤치 앉음판의 높이는 34~46cm로 앉음판의 폭은 38~45cm를 기준으로 설계한다.

33 조경설계기준에서 정한 의자(벤치)에 관한 설명으로 틀린 것은? 기-07-1, 기-11-4, 기-03-4
㉮ 앉음판의 높이는 약 34~46cm를 기준으로 하되 어린이를 위한 의자는 낮게 할 수 있다.
㉯ 등받이 각도는 수평면을 기준으로 약 95~110°를 기준으로 하고 휴식시간이 길수록 등받이 각도를 크게한다.
㉰ 등받이의 넓이는 사람의 등 뒤로부터 무릎까지의 길이보다 넓어야 한다.
㉱ 의자의 길이는 1인당 45cm를 기준으로 하되, 팔걸이 부분의 쪽은 제외한다.

34 조경에 사용되는 의자(벤치) 설계시 유의사항 중 틀린 것은? 기-07-4
㉮ 의자는 크기에 따라 1인용, 2인용, 3인용으로 구분한다.
㉯ 체류시간을 고려하여 설계하며, 긴 휴식에 이용되는 의자는 앉음판의 높이가 낮고 등받이를 길게 설계한다.
㉰ 등받이 각도는 수평면을 기준으로 95~110°를 기준으로 하고, 휴식시간이 길어질수록 등받이 각도를 크게 한다.
㉱ 발 닿는 부분은 잔디 등으로 식재하는 것이 좋다.

35 다음 중 옥외 3인용 평벤치의 좌판(坐板)의 길이로서 가장 적합한 것은? 기-08-2
㉮ 90cm ㉯ 120cm

㉰ 150cm ㉱ 180cm

36 벤치의 인체공학적 특성에 관한 설명 중 틀린 것은? 기-04-2
㉮ 가장 선호도가 높은 벤치의 등받이 각은 수평에서 105° 내외이다.
㉯ 벤치의 등받이 높이는 겨드랑이 높이보다 높아야 한다.
㉰ 성인용(3인용 평벤치) 벤치의 바닥높이는 지면에서 25~30cm가 적당하다.
㉱ 성인용(3인용 평벤치) 벤치의 바닥(좌판)폭은 40~60cm 정도가 적당하다.
🔳 ㉰ 성인용(3인용 평벤치) 벤치의 바닥높이는 지면에서 34~46cm가 적당하다.

37 등의자의 등받이 각도로 가장 적당한 것은? 기-04-4
㉮ 85°~95° ㉯ 100°~110°
㉰ 115°~120° ㉱ 125°~130°
🔳 등의자의 등받이 각도는 수평면을 기준으로 95~110°를 기준으로 하고, 휴식시간이 길어질수록 등받이 각도를 크게 설계한다.

38 벤치의 배치계획 시 sociopetal 형태로 했다면 인간의 심리적 요소 중 어느 욕구에 해당 하는가? 기-07-2, 기-10-2
㉮ 사회적 접촉에 대한 욕구
㉯ 안정에 대한 욕구
㉰ 프라이버시에 대한 욕구
㉱ 장식에 대한 욕구
🔳 소시오페탈(sociopetal) 형태의 배치란 마주보거나 둘러싼 형태의 배치로 이용자 서로 간의 대화가 자연스럽게 이루어질 수 있는 구조를 말한다.

39 다음 중 조경공간의 휴게시설물의 설명으로 틀린 것은? 기-09-4
㉮ 그늘시렁(퍼걸러)는 조형성이 뛰어난 것을 시각적으로 넓게 조망할 수 있는 곳이나 통경선이 끝나는 곳에 초점요소로서 배치할 수 있다.

㉯ 그늘막(쉘터)는 처마 높이를 2.5~3m를 기준으로 설계 한다.

㉰ 의자는 휴지통과의 이격거리 0.9m 정도 공간을 확보 한다.

㉱ 앉음벽은 긴 휴식에 적합한 재질과 마감방법으로 설계하며, 앉음벽의 높이는 24~35cm를 원칙으로 한다.

해 ㉱ 앉음벽은 긴 휴식에 적합한 재질과 마감방법으로 설계하며, 앉음벽의 높이는 34~46cm를 원칙으로 한다.

40 조경공간의 휴게 목적으로 사용되는 그늘시렁, 그늘막, 정자 등 시설에 사용되는 기둥이나 보의 단면형태를 설명한 것 중 틀린 것은? 기-10-4

㉮ 목재 보의 단면은 폭과 높이의 비를 1/1.5~1/2 한다.

㉯ 기둥의 좌굴계수(재료의 허용압축응력×단면적/압축력)는 2를 적용한다.

㉰ 기둥의 세장비(좌굴장/최소단면 2차 반경)는 150 이하를 적용한다.

㉱ 단면계수 산식은 가로길이×높이의 제곱/2를 적용한다.

해 · 단면계수 $Z = \dfrac{bh^2}{6}$

→ 단면계수는 가로길이 × 높이의 제곱/6을 적용한다.

41 어떤물체나 표면에 도달하는 광(光)의 밀도(密度)를 무엇이라 하는가? 산기-11-2, 기-08-1시공

㉮ 휘도(brightness)

㉯ 조도(illuminance)

㉰ 측광(candle-power)

㉱ 광도(luminous intensity)

42 다음 중 용어의 설명이 가장 바르게 된 것은? 기-05-1시공

㉮ 광속 : 광원의 세기를 표시하는 단위

㉯ 광도 : 방사에너지 시간에 대한 비율

㉰ 조도 : 단위면에 수직으로 투하된 광속밀도

㉱ 휘도 : 빛의 세기를 표시하는 단위

43 다음 조명용어(照明用語)에 대한 단위로서 바

르지 못한 것은? 산기-05-4

㉮ 광속(光速):lm(루멘) ㉯ 광도(光度):cd(촉광)

㉰ 조도(照度):lux(룩스) ㉱ 휘도(輝度):W(와트)

해 ㉱ 휘도(輝度) : sb(스틸브), nt(니트)

44 200cd 광도를 가진 광원이 높이 10m에서 비추고 있다. 광원에서 45도로 비치는 지점에서의 수평면의 직사조도는 몇 Lux인가? 기-09-4, 기-03-1시공

㉮ $\dfrac{1}{2}$

㉯ $2\sqrt{2}$

㉰ $\sqrt{2}$

㉱ $\dfrac{1}{\sqrt{2}}$

해 · 수평조도 $Eh = \dfrac{I}{R^2}\cos\theta$

I : 광도 = 200cd

R : 광원과 피조면과의 거리

θ : 광원의 투사각 = 45°

∴ $Eh = \dfrac{200}{(\sqrt{10^2+10^2})^2} \times \cos 45°$

$= \dfrac{200}{10^2+10^2} \times \cos 45°$

$= 1 \times \cos 45° = 0.7071(lux)$

→ 직각삼각형의 비율로 $\cos 45° = \dfrac{1}{\sqrt{2}}(lux)$

45 위쪽 방향을 매우 제한하고 아래쪽을 주방향으로 한 것으로 자체에 공간을 연출하는 효과와 동시에 지상의 조명효과를 얻을 수 있어 반짝거림과 동시에 노면의 밝기를 얻고자 하는 공원, 광장, 보도 등에 적당한 배광곡선 형태는 어느 것인가? 기-03-1

㉮ 전방향 확산형 ㉯ 하방향 주체형

㉰ 하방향 배광형 ㉱ 하·횡방향 확산형

46 다음 옥외조명에 관한 사항으로 옳은 것은? 기-06-2시공, 기-10-4시공

㉮ 광도(光度)는 단위 면에 수직으로 떨어지는 광속 밀도로서 단위는 lux를 쓴다.

㉯ 도로 조명은 휘도 차에서 오는 눈부심을 줄이기 위해 광원을 멀리한다.

㉰ 교차로에서는 조명등의 높이가 매우 높으며, 간격은 10m 정도가 좋고, 수평선 아래의 방향으로

방사하도록 한다.

㉑ 수은등은 고압나트륨등에 비해 2배 이상의 효율을 가지고 있다.

47 조경공간의 점경물을 강조하거나 극적인 분위기를 연출할 수 있는 가장 적합한 조명방식은?

기-06-4

㉮ 상향조명(up lighting)
㉯ 하향조명(down lighting)
㉰ 산포조명(moon lighting)
㉱ 실루엣조명(silhouette lighting)

해 상향조명(up lighting) : 태양광과 반대로 비춰져 강조하거나 극적인 분위기 연출 – 식생·건물·수경시설·조각 등 조명 대상물 강조 및 실루엣효과 증진

48 대상물을 강조하고 극적인 연출을 위하여 환경조각물들에 적용되어 두드러진 시각적 효과를 연출할 수 있는 옥외조명기법은?

기-08-4

㉮ 산포식 조명 ㉯ 각광조명
㉰ 그림자조명 ㉱ 질감조명

49 물체의 측면이나 하향으로 빛을 비춤으로써 이루어지며, 수직적인 배경의 표면에 독특한 그림자를 연출하고, 수목의 경우 바람에 의해 잎이나 가지가 흔들리게 되어 새로운 영상을 만드는 조명방식은?

기-07-2

㉮ down lighting
㉯ moon lighting
㉰ silhouette lighting
㉱ shadow texture lighting

50 옥외 조명등의 광원별 유형 중 형광등의 특성으로 옳은 것은?

산기-07-1관리

㉮ 수명이 비교적 길다.
㉯ 빛이 둔하고 흐려서 물체나 건물을 강조하는데 이용할 수 없다.
㉰ 빛의 조절이나 통제가 쉬우며, 색채연출도 쉽다.
㉱ 열효율이 높고 투시성이 뛰어나다.

해 형광등

·저휘도이고 광색조절이 용이하여 백색에서 주광색까지 가능
·찬 느낌 많고 점등시간이 길며, 배광제어가 어려움
·수명이 길고 열효율은 높으나 투시성이 낮음
·빛이 둔하고 흐려서 물체나 건물을 강조하는 데 이용할 수 없음
·옥내외 전반조명, 간접조명, 명시위주 조명

51 다음 중 진동과 충격에 강하므로 도로조명에 많이 사용되고, 연색성이 낮으나 수명이 가장 긴 조명등은?

기-06-1관리, 산기-11-2, 산기-02-2, 산기-03-1, 산기-04-2

㉮ 형광등 ㉯ 백열등
㉰ 금속 할로겐등 ㉱ 수은등

52 다음 중 옥외 조명 중 열효율이 높고 투시성이 뛰어나며 설치비는 비싸지만 유지관리비가 싼 것은?

산기-05-4, 기-07-2, 기-03-1

㉮ 금속할로겐등 ㉯ 수은등
㉰ 백열등 ㉱ 나트륨등

53 다음 옥외 조명의 광원 중 색채 연출이 가장 불리한 것은?

기-03-2관리

㉮ 백열등 ㉯ 코팅수은등
㉰ 나트륨등 ㉱ 금속할로겐등

해 나트륨등은 연색성이 나쁘다.

54 연색성은 좋지 못하나 열효율이 대단히 높고 물상 분해능력이 우수하며, 안개속에서 투시성이 좋아 산악도로, 터널 등에 적합한 것은?

기-06-4

㉮ 형광등 ㉯ 고압수은등
㉰ 저압나트륨등 ㉱ 백열등

55 경관조명에서 광원의 종류와 특성 설명이 틀린 것은?

기-06-4관리

㉮ 백열등 : 부드러운 분위기 연출이 가능하며, 수명이 짧고 효율이 낮다.
㉯ 수은등 : 저휘도이고 배광제어가 용이하며, 도로조명 및 투광조명에 부적합하다.
㉰ 할로겐등 : 광장의 투광조명에 적합하다.

④ 메탈할라이드등 : 고휘도이며 연색성이 뛰어나고 옥외조명에 적합하다.

해 ④ 수은등 : 고휘도이고 배광제어가 용이하며, 진동과 충격에 강하므로 도로조명에 많이 사용한다.

56 다음은 광원(光源)에 대한 설명이다. 적합치 않은 것은? 기-03-4시공, 산기-08-4

② 백열등 : 광색이 따뜻한 느낌을 주기 때문에 휴식공간의 조명에 적당하다.

④ 나트륨등 : 적색을 띤 독특한 광색으로 열효율이 낮고 투시성이 수은등에 비하여 낮다.

④ 형광등 : 관 내벽의 형광물질로 자외선을 발생시켜 빛을 얻으며 광색이 차다.

④ 수은등 : 수은증기압을 고압으로 가압하여 고효율의 광원을 얻는다. 큰 광속(光束)으로 가로 조명에 적합하다.

57 옥외 조명 재료 중 등주재료의 특징에 대한 설명으로 부적합한 것은? 기-10-1관리

② 철재는 내구성이 강하고, 페넌트 부착이 어렵다.

④ 알루미늄은 부식에 강하나 내구성이 약하다.

④ 콘크리트는 유지관리가 용이하나 무겁다.

④ 목재는 초기의 유지관리가 용이하다.

해 ② 철재는 합금(강철 혼합)으로 제조하여 내구성이 강하고 페넌트 부착 용이하나, 부식에 대한 방부처리가 필요하다.

58 보행등의 배치 및 시설기준으로 부적합한 것은? 기-10-2

② 보행인의 이용에 불편함이 없는 밝기를 확보하며, 보행로의 경우 3lx 이상의 밝기를 적용한다.

④ 소로, 산책로, 계단, 구석진 길, 출입구, 장식벽 등에 설치한다.

④ 배치간격은 설치높이의 8배 이하 거리로 하되, 등주의 높이와 연출할 공간의 분위기를 고려한다.

④ 보행등 1회로는 보행등 10개 이하로 구성하고, 보행등의 공용접지는 5기 이하로 한다.

해 ④ 배치간격은 설치높이의 5배 이하 거리로 하되, 등주의 높이와 연출할 공간의 분위기를 고려한다.

59 조명시설에 관한 설명으로 가장 바르게 설명된 것은? 기-05-1

② 보행로의 조명은 3룩스(lx) 이상의 밝기를 적용한다.

④ 보행등의 배치간격은 설치 높이의 5배 이상의 거리를 확보하는 것이 좋다.

④ 경관 조명시설이란 자연 경관의 아름다움을 강조하기 위해 산책로를 따라 시설하는 특수 조명시설을 말한다.

④ 경관조명시설은 경관에 대한 특수한 조명을 말하는 것으로 야간 이용시의 안전과 방범을 고려할 필요가 없다.

해 경관조명시설이란 옥외공간에 설치되는 조명시설로 환경성·안전성·쾌적성, 분위기 연출 등의 목적과 옥외공간의 경관요소로써 연출되는 조명시설을 말한다.

60 다음 옥외 조명체계에 관한 설명 중 틀린 것은? 기-07-4

② 도로의 보행자에 대한 조명기구의 간격은 원칙적으로 설치높이의 7배 이하의 거리로 한다.

④ 잔디 등의 높이는 1.0m 이하로 설계한다.

④ 야경의 중심이 되는 대상물의 정원등 조명은 주위보다 몇배 높은 조도기준을 적용하여 중심감을 부여한다.

④ 투광등의 투광기는 밀폐형으로 하여 방수성을 확보한다.

61 옥외 공원등 설치시 시설기준으로 옳지 않은 것은? 기-10-1

② 설치공간의 분위기에 어울리는 형태로 하되, 보행인의 안전이용을 방해해서는 안된다.

④ 주두형 등주인 경우 그 높이는 2.7~4.5m를 표준으로 한다.

④ 공원의 어귀나 화단에는 연색성이 좋은 메탈할라이드등·백열등·형광등을 적용한다.

④ 공원의 경우 한국산업표준의 조도기준에 따라 중요 장소는 5~30룩스 이상의 밝기를 적용한다.

해 모두 다 옳은 내용이다.

62 실외 테니스, 배드민턴의 공식 경기에 필요한 조도(Lux)값은? 기-09-1관리

㉮ 5000lux
㉯ 2000lux
㉰ 1000lux
㉱ 500lux

63 가로 조명등의 유지관리상 특징 설명으로 옳은 것은? 산기-07-2관리

㉮ 알루미늄 조명등은 부식에 강하고, 유지관리가 용이하며, 내구성도 크나 비용이 많이 든다.
㉯ 콘크리트로 제조된 조명등은 유지관리가 용이하고 내구성도 강하지만 부식에는 약하다.
㉰ 강철 조명등은 합금강철 조명등으로 제조되어 내구성이 강하고, 페넌트 부착에 강하지만 부식이 용이하여 채색이 요구된다.
㉱ 나무로 만든 조명등은 미관적으로 좋고 초기에 유지관리하기도 좋아서 별다른 단점을 생각하지 않아도 좋다.

64 경관조명시설에 관한 다음 설명 중 틀린 것은? 기-04-1

㉮ 경관조명시설이란 전원이나 도시적 환경의 옥외 공간에 설치되는 조명시설을 말한다.
㉯ 경관조명시설은 설치장소, 기능, 형태에 따라 보행등, 정원등, 공원등 등의 여러 시설분류가 있다.
㉰ 공원등은 조도기준에 따라 중요 장소에는 5~30lx, 기타 장소는 1~10lx를 충족시키도록 설계하며 놀이공간, 운동공간, 광장 등 휴게공간에는 6lx 이상의 밝기를 적용한다.
㉱ 수중등은 폭포, 연못, 분수 등 수경시설의 환상적인 분위기 연출을 목적으로 물속에 설치하며 전선에 접속점이 생기면 이중 테이프로 잘 감싸도록 하여야한다.

🄷 ㉱ 수중등은 전선에 접속점을 만들지 않아야 한다.

65 외부공간의 사용 장소에 따라 최소 조도가 가장 낮은 곳은? 산기-06-2관리

㉮ 도로의 분류상 "간선도로"
㉯ 운동시설의 분류상 "야구장(외야)"
㉰ 토지이용의 분류상 "공원"

㉱ 통행로의 분류상 "보도"

🄷 공원 조명의 경우 중요장소는 5~30lx, 기타 장소는 1~10lx로 하되, 놀이공간·운동공간·광장·휴게공간 등에는 6lx 이상의 밝기를 적용 한다.

66 폭 15m인 차도에 가로등을 설치하는데 있어, 엇대향 배치로 하여, 도로면 평면조도를 20룩스로 확보하고자 할 경우 가로등의 설치간격으로 가장 적합한 거리는? 기-06-4
(단, 가로등 1개의 총 광속은 30,000루멘이며, 엇대향 배치계수는 1, 이용률은 50%, 조명률은 1, 보수율은 0.5를 적용한다.)

㉮ 12.5m
㉯ 25m
㉰ 40m
㉱ 60m

🄷 ·가로등의 설치간격 $= \dfrac{N \times F \times \mu \times M \times C}{E \times W}$

S : 등주간격(m)　F : 광속(lum)　μ : 조명률　M : 보수율
N : 배열상수(1)　E : 평균조도(lx)　W : 도로폭(m)　C : 이용률

∴ $S = \dfrac{1 \times 30000 \times 1 \times 0.5 \times 0.5}{20 \times 15} = 25(m)$

67 사적지 조명에 대한 설명으로 적합하지 않는 것은? 기-05-4

㉮ 조명등 설계시 고유의 전통문양을 도입하면 좋다.
㉯ 온화하고 아늑한 분위기를 연출한다.
㉰ 조명등의 높이는 4m 이상으로 한다.
㉱ 조명등의 색채는 황색계열의 조명등을 사용한다.

🄷 ㉰ 조명등의 높이는 4m 이하로 한다.

68 다음 중 수자(水姿)패턴의 유형에 포함되지 않는 것은? 기-05-4, 기-05-1

㉮ 유수형
㉯ 낙수형
㉰ 명경수형
㉱ 평정수형

🄷 물의 수자(水姿)패턴의 유형으로는 평정수형, 유수형, 분수형, 낙수형 등이 있다.

69 분수의 수조 너비에 관한 내용 중 적당하지 않은 것은? 기-05-4

㉮ 수조의 깊이는 다양한 기준들이 있지만 일반적으로 안전을 고려해 20~35cm를 적정 깊이로 제시한다.

㉯ 바람의 영향이 큰 지역은 분사되는 높이의 4배

㉲ 분사되는 물의 최고점과 수조의 경계부위는 45°의 각도를 이루게 된다.

㉳ 수조의 크기는 분사되는 높이의 2배

해 ㉮ 수조의 깊이는 다양한 기준들이 있지만 일반적으로 안전을 고려해 35~60cm를 적정 깊이로 제시한다.

70 바람이 부는 곳에 3m높이의 분수를 설치할 수 있는 경우 수조의 가장 적합한 크기는? 기-02-1

㉮ 지름 2.5m ㉯ 지름 5.5m

㉲ 지름 8.5m ㉳ 지름 11.5m

해 바람의 영향을 크게 받는 지역은 수조의 크기를 분수 높이의 4배 이상으로 설계한다.

71 다음의 수경시설의 설계에 관한 설명 중 틀린 것은? 기-03-4

㉮ 실개울을 설계할 경우 평균 물깊이는 3~4cm 정도로 하는 것이 좋다.

㉯ 수경시설의 설계에는 정수, 조명, 전기 등의 부대되는 설비의 설계를 포함한다.

㉲ 분수의 설계시 바람에 흩어짐을 고려하려면 분출 높이의 3배 이상의 공간을 확보하는 것이 좋다.

㉳ 수경용으로 사용하는 물의 순환 횟수는 수경시설의 용도와는 무관하나 한 달에 한두번 정도를 기준으로 고려하여 설계하는 것이 좋다.

해 수경용수의 순환횟수

·물놀이를 전제로한 수변공간(친수시설−분수·시냇물·폭포·벽천·도섭지) : 1일 2회

·물놀이를 하지 않는 공간(경관용수−분수·폭포·벽천) : 1일 1회

·감상을 전로로 한 수변공간(자연관찰용 − 공원지·관찰지) : 2일 1회

72 조경설계에서 수경요소(waterscape)의 기능이 아닌것은? 기-03-2, 기-08-2

㉮ 공기 냉각기능

㉯ 동선의 연결기능

㉲ 소음 완충기능

㉳ 레크레이션의 수단으로서의 기능

73 연못의 계획과 관계되는 내용이다. 잘못된 내용은? 산기-03-2, 산기-05-4

㉮ 주변의 경사가 급할 때 연못은 커 보인다.

㉯ 연못의 가장자리는 지각과 조망에 영향을 주는 공간적인 테두리 역할을 한다.

㉲ 주변보다 높은 곳에 위치할 때 불안한 긴장감을 갖게 한다.

㉳ 연못의 형태는 자유형이나 곡선형이 보기에 좋다.

해 ㉮ 주변의 경사가 완만할 때 연못은 커 보인다.

74 가정용 정원에 연못을 만들 때 설계기준으로 가장 부적합한 것은? 산기-10-1

㉮ 연못의 수면은 지표에서 6~10cm 정도 낮게 한다.

㉯ 연못의 수심은 약 60cm 정도가 적당하다.

㉲ 연못의 면적은 정원 전체 면적의 1/3 이상으로 확보되어야 좋다.

㉳ 붕어를 기를 연못은 바닥보다 1m 정도 낮게 웅덩이를 파거나 항아리를 묻어준다.

해 ㉲ 연못의 면적은 정원 전체 면적의 1/10 정도가 적당하다.

75 분수 설계와 관련된 설명으로 옳은 것은? 기-09-2

㉮ 분수대의 공간크기는 최소한 분출높이의 10배로 한다.

㉯ 수중펌프형 분수는 비교적 좁은 공간에 적합한 시설이다.

㉲ 바닥포장형 분수는 랜드마크성이 강한 곳에 설치한다.

㉳ 낙엽이나 쓰레기를 차폐하기에 적합한 장치물로 분수가 사용된다.

76 분수의 물리적 특성에 따른 유형별 특성에 대한 설명 중 틀린 것은? 기-04-1

㉮ 바닥포장형 − 열린공간, 활동수용형 공간 조성

㉯ 기계실형 − 다양한 프로그램, 효율적 유지관리

㉲ 조형물형 − 다양한 디자인, 시각적 landmark

㉳ 수조형 − 시각적 안정감, 다양한 수반형태

해 ㉯ 프로그램형에 대한 설명이다.

77 다음은 조경의 각종 포장설계에 대한 내용이다. 틀린 것은? 기-02-1, 기-06-4

㉮ 간이포장이란 임시로 개설되는 차도용 아스팔트 콘크리트 포장을 말한다.

㉯ 조경포장에는 보도용, 차도용포장, 간이포장, 인조잔디 등이 있다.

㉰ 보도용 포장이란 보도, 자전거도, 공원 내 도로 등 주로 보행자에게 제공되는 도로 및 광장의 포장을 말한다.

㉱ 차도용 포장이란 관리용 차량이나 한정된 일반차량의 통행에 사용되는 도로이며 최대 적재량 4톤 이하의 차량이 이용하는 도로의 포장을 말한다.

해 ㉮ 간이포장에는 아스팔트콘크리트포장과 콘크리트포장이 제외된다.

78 다음 중 포장의 기능적 용도가 아닌 것은? 산기-06-2

㉮ 집약적 이용의 수용　㉯ 보행속도 및 리듬 제시
㉰ 방향지시　㉱ 미기후 조절

79 단위 포장재 가운데 흙벽돌의 특성이 아닌 것은? 기-05-4

㉮ 기초에 적당한 아스팔트성 안정제를 포함할 경우 지속적인 사용이 가능하다.

㉯ 많은 열을 축적한다.

㉰ 추운 지역에서 사용 가능하다.

㉱ 부서지기 쉽다.

해 ㉰ 동결에 의한 파손이 발생할 우려가 있으므로 따뜻하고 건조한 지역에서만 사용이 가능하다.

80 거의 평탄지로 인식되며 활동하기 쉽고 배수상태는 양호한 포장구배는? 기-05-4

㉮ 1% 이하　㉯ 1~4%
㉰ 5~10%　㉱ 11~15%

81 학교 운동장 포장면의 정지작업을 위한 설계에 대한 설명 중 가장 적합한 것은? 기-05-1

㉮ 운동장의 표면은 원활한 배수를 위하여 중심부 양측으로 10% 정도의 경사를 주는 것이 좋다.

㉯ 운동장의 배수는 편구배가 바람직하며, 5% 내외가 좋다.

㉰ 운동장 표면은 원활한 배수를 위하여 기울기는 외곽 방향으로 0.5~1%를 표준으로 한다.

㉱ 운동장의 배수는 편구배가 바람직하며 1% 내외가 좋다.

82 조경설계기준에 의한 조경포장 설명 중 옳은 것은? 기-06-4

㉮ 보도용 포장이란 보도, 자전거도, 자전거보행자도, 공원 내 도로 및 광장 등 주로 보행자에게 제공되는 도로 및 광장의 포장을 말한다.

㉯ 차도용 포장이란 차량의 최대 적재량에는 제한 없이 관리용 차량이나 모든 일반차량의 통행에 사용되는 도로의 포장을 말한다.

㉰ 간이포장이란 주로 차량의 통행을 위한 아스팔트콘크리트 포장과 콘크리트 포장을 말한다.

㉱ 조경시설에서 강성포장(rigid pavement)은 적용되지 않는다.

83 다음 중 사적지 경내의 동선을 포장할 때 바람직하지 않은 것은? 기-07-1

㉮ 마사토 포장
㉯ 인터 록킹 블록(inter locking block)포장
㉰ 화강석 판석 포장
㉱ 전돌포장

84 포장설계와 관련한 다음 설명 중 틀린 것은? 기-08-1

㉮ 콘크리트 경계블록은 KS규정에 의해 경계블록 종류별로 적합한 휨강도와 5% 이내의 흡수율을 가진 제품이어야 한다.

㉯ 보도용 포장은 미끄럼을 방지하면서도 걷기에 적합할 정도의 거친면을 유지해야 한다.

㉰ 보도용 포장면의 횡단경사는 배수처리가 가능한 방향으로 6%를 표준으로 한다.

㉱ 투수성 포장인 경우에는 횡단경사를 주지 않을 수 있다.

해 ㉰ 보도용 포장면의 횡단경사는 배수처리가 가능한 방향으

로 2%를 표준으로 하되, 포장재료에 따라 최대 5%까지 가능하다.

85 공원 내 보행자 도로를 설계하려 한다. 설계 기준에 부적합 요소는 어느 것인가? 기-03-2
㉮ 원활한 배수처리를 위하여 10% 정도의 경사를 준다.
㉯ 표면처리는 부드러운 재료를 사용하는 것이 좋다.
㉰ 배수 구조물은 연석에 접한 곳에 설치한다.
㉱ 연석은 단차를 두어 경계를 분명히 하는 것이 좋다.

86 경계석 설치시 그 기능이 가장 낮은 것은? 기-08-2
㉮ 유동성 포장재의 경계부
㉯ 차도와 식재지 사이
㉰ 자연석 원로의 경계부
㉱ 차도와 보도 사이

87 콘크리트 포장도로는 신축줄눈을 만들어 준다. 신축줄눈 설치에 대한 설명이 잘못된 것은? 기-03-2
㉮ 콘크리트가 팽창·수축될 때 슬래브(slab)의 파손을 막기 위해 설치한다.
㉯ 신축줄눈의 설치 간격은 6~10m마다 설치한다.
㉰ 신축줄눈의 나비는 1~5mm 정도로 한다.
㉱ 신축줄눈재는 나무판재, 역청합성수지 등을 사용한다.
해 ㉰ 신축줄눈의 나비는 6~10mm 정도로 한다.

88 안내표지시설 설치시 고려해야 할 기본적인 전제조건으로 옳지 않은 것은? 기-11-4
㉮ 설계대사공간의 주변 환경과 조화를 갖도록 한다.
㉯ 식별성 보다는 우선적으로 아름다움을 고려한다.
㉰ 부지내의 다른 표지판, 게시판들과 통일되어야 한다.
㉱ 다양한 유형의 안내시설물이 한 장소에 설치될 필요가 있을 경우에는 하나의 종합표지판과 이를 보조할 표지판으로 구분하여 배치한다.
해 ㉯ 안내표지시설 설치 시에는 시각적으로 명료한 전달을 위해 시인성에 중점을 둔다.

89 안내 표지시설에 관한 설명 중 틀린 것은? 기-04-2, 기-07-1
㉮ 관광지, 청소년시설, 휴양림 등의 설계공간에는 관련법규에서 정한 내용에 따라 설계한다.
㉯ 공원, 공동주택 등의 설계대상공간에 안내 등 정보전달을 목적으로 설치하는 시설물을 말한다.
㉰ CIP개념을 도입할 경우 교통수단을 대상으로 하는 경우라 하더라도 국제관례에 구애됨 없이 창작이 되도록 하여야 한다.
㉱ 용도와 효용에 따라 유도 표지시설, 해설 표지시설, 종합안내 표지시설 등으로 구분하여 각각의 기능을 최대로 발휘할 수 있도록 설계한다.
해 ㉰ CIP개념을 도입하여 통일성을 주고 해당 명칭에 고유형태(logotype)가 있는 경우 그대로 사용하며, 교통수단을 대상으로 하는 경우에는 국제관례로 사용되는 문자나 기호가 도안화된 것을 사용한다.

90 표지판 설치시 고려할 사항이다. 이 중 적당치 못한 것은? 기-04-1
㉮ 이용자의 집합과 분산이 이루어지는 곳에 설치한다.
㉯ 표지판의 설치로 인하여 시선에 방해가 되어서는 안된다.
㉰ 한 장소에 서로 다른 정보를 나타내는 표지판들은 따로 따로 설치한다.
㉱ 청소, 보수 등 유지관리 하기에 용이한 위치를 설치한다.
해 한 장소에 서로 다른 정보를 나타내는 표지판들은 형태적 조화와 통일성이 강한 디자인으로 위계성과 정보전달의 용이성 등을 고려하며 설치한다.

91 안내표지판의 설계 시 가장 신경써서 특별히 고려해야 할 사항은? 기-09-2
㉮ 글자체의 독특함 확보 ㉯ 다양한 색조의 도입
㉰ 글자 크기의 최대화 ㉱ CIP개념의 도입

92 조경설계기준에 따른 안내표지 시설 설계 시 우선 검토 사항이 아닌 것은? 기-11-1
㉮ 시스템으로서의 구성 ㉯ 가독성

㉰ 안정성　　　　　　㉱ 예술성

❏ 안내표지시설 설계 시 검토 사항 : 시스템으로서의 구성, 기능적 효율성, 인간척도의 고려, 지역적 이미지 표출, 경제적 효용성, 안전성, 주변환경과의 조화, 인간지향성 및 환경친화성의 검토, 가독성, 유지관리의 고려

93 자연공원 내 표지시설 설계 시 유의사항으로 거리가 먼 것은?　　　　　　기-03-4, 기-07-4

㉮ 표시된 내용이 이해하기 쉬울 것

㉯ 문자나 그림을 조각해서 넣을 것

㉰ 적정한 간격으로 설치할 것

㉱ 재료는 주로 철재를 사용할 것

94 다음 그림은 도로가에 있는 안전표지이다. 바탕색으로 가장 적당한 것은?　　　　　　기-08-1

㉮ 노랑색

㉯ 초록색

㉰ 파랑색

㉱ 보라색

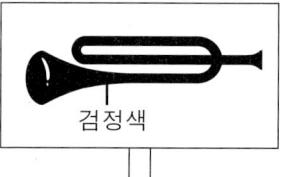

검정색

95 교통표지나 광고물 등에 사용될 색을 선정할 때 우선적으로 고려해야 할 점은?　　　　　　기-10-4

㉮ 색의 원근감　　　　　㉯ 색의 명시성

㉰ 색의 수축성　　　　　㉱ 색의 온도감

96 조경설계기준상의 배수시설에 관한 설명으로 옳은 것은?　　　　　　산기-11-1

㉮ 표면배수시 녹지의 식재면은 일반적으로 1/20~1/30 정도의 배수 기울기로 설계한다.

㉯ 개거배수는 지표수의 배수가 주목적임으로 지표저류수, 암거로의 배수, 일부의 지하수 및 용도등은 배수하지 않는다.

㉰ 암거배수시 관은 관내부로 외부 토양수와 토사는 들어오지 못하도록 설계한다.

㉱ 사주법은 식재지가 불투수층으로 그 두께가 2~3m이고 하층에 불투수층이 존재하는 경우에는 하층의 불투수층까지 나무구덩이를 관통시키고 참흙을 넣어 객토하는 공법으로 설계한다.

97 배수시설의 설계시 고려해야 할 내용으로 옳지 않은 것은?　　　　　　기-03-4

㉮ 녹지의 표면배수 기울기는 고려하지 않아도 된다.

㉯ 배수에는 지표배수와 심토층 배수의 두 방법이 있다.

㉰ 배수시설의 기울기는 0.5% 이상으로 하는 것이 바람직하다.

㉱ 개거배수는 지표수의 배수가 주목적이고 암거배수는 심토층배수를 위한 것이다.

❏ ㉮ 녹지의 식재면은 일반적으로 1/20~1/30 정도의 배수 기울기로 설계한다.

98 설계시 녹지 식재면의 표면배수 기울기로 가장 적합한 것은?　　　　　　기-08-1

㉮ 1/10~1/20 정도　　　㉯ 1/20~1/30 정도

㉰ 1/30~1/40 정도　　　㉱ 1/40~1/50 정도

99 다음의 조경 시설물 설계기준에 대한 설명 중 틀린 것은?　　　　　　기-10-4

㉮ 안전난간의 높이는 바닥의 마감면으로부터 110cm이상으로 한다.

㉯ 단주(볼라드)의 배치간격은 3m를 기준으로 하여 차량의 진입을 막을 수 있도록 설계한다.

㉰ 설계대상공간에 대한 적극적 침입방지기능을 요하는 울타리의 높이는 1.5~2.1m로 설계한다.

㉱ 쓰레기통은 각 단위공간의 의자 등 휴게시설에 근접시키되 보행에 방해가 되지 않아야 하며 단위공간마다 1개소 이상 배치한다.

❏ ㉯ 단주(볼라드)의 배치간격은 2m를 기준으로 하여 차량의 진입을 막을 수 있도록 설계한다.

100 주변에 옹벽이나 급경사지 등이 있어 위험이 있어 놀이터, 휴게소, 산책로 등에 설치하는 안전난간에 대한 설계기준으로 틀린 것은?　　　　　　기-08-4

㉮ 간살의 간격은 안쪽치수 10cm 이하로 한다.

㉯ 높이는 바닥의 마감면으로부터 110cm 이상으로 한다.

㉰ 계단 중간에 설치하는 난간 등 위험이 적은 장소의 난간 간살은 안쪽치수 30cm 이하로 한다.

㉛ 철근콘크리트 또는 강도 및 내구성이 있는 재료로 설계한다.

해 ㉐ 계단 중간에 설치하는 난간 등 위험이 적은 장소의 난간 간살은 안쪽치수 15cm 이하로 한다.

101 다음 조경시설물과 조경구조물에 관한 설명들 중 가장 올바르게 설명한 것은? 기-05-2
㉮ 조경구조물은 공원법의 공원시설 중 하부구조를 일컫는 말이다.
㉯ 조경시설물은 공원법의 공원시설 중 상부구조의 비중이 큰 시설물을 말한다.
㉰ 구조내력이란 구조부재를 구성하는 각 재료의 하중 및 외력에 대한 안전성을 확보하기 위하여 부재단면의 각 부에 생기는 응력도가 초과하지 아니하도록 정한 한계응력도를 말한다.
㉱ 고정하중이란 구조물의 각 실별·바닥별 용도에 따라 그 속에 수용·적재되는 사람·물품 등의 중량으로 인한 수직하중을 말한다.

해 ㉰ 허용응력도, ㉱ 적재하중

102 야외공연장 설계시 고려해야 할 사항으로 틀린 것은? 기-09-4
㉮ 객석에서의 부각은 30° 이하가 바람직하며 최대 45°까지 허용한다.
㉯ 객석의 전후영역은 표정이나 세밀한 몸짓을 이상적으로 감상할 수 있는 생리적 한계인 15m 이내로 한다.
㉰ 평면적으로 무대가 보이는 각도(객석의 좌우영역)는 104~108° 이내로 설정한다.
㉱ 이용자의 집·분산이 용이한 곳에 배치하며, 공연설비 및 기구 운반을 위해 비상차량 서비스동선에 연결한다.

해 ㉮ 객석에서의 부각은 15° 이하가 바람직하며 최대 30°까지 허용한다.

103 조경설계기준상의 야외공연장 실계와 관련된 설명으로 옳지 않은 것은? 기-11-1
㉮ 공연시 음압레벨의 영향에 민감한 시설로부터 이격시킨다.

㉯ 객석의 전후영역은 표정이나 세밀한 몸짓을 이상적으로 감상할 수 잇는 생리적한계인 50m 이내로 하는 것을 원칙으로 한다.
㉰ 객석에서의 부각은 15도 이하가 바람직하며 최대 30도까지 허용된다.
㉱ 좌판 좌우간격은 평의자의 경우 40~50cm 이상으로 하며, 등의자의 경우 45~50cm 이상으로 한다.

해 ㉯ 객석의 전후영역은 표정이나 세밀한 몸짓을 이상적으로 감상할 수 있는 생리적 한계인 15m 이내로 하는 것을 원칙으로 한다.

104 다음 중 공원등을 설계할 때 설계기준으로 틀린 것은? (단, 조경설계기준을 적용한다.) 기-12-1
㉮ 광원은 원칙적으로 수명이 긴 수은등을 적용한다.
㉯ 운동장 놀이터의 정방형 시설면적에 따라 350m² 미만은 1등용 1기를 배치한다.
㉰ 공원의 진입부·보행공간·놀이공간·광장 등 휴게공간·운동공간에 배치한다.
㉱ 주두형 등주인 경우 그 높이는 2.7~4.5m를 표준으로 하되, 상징적인 경관의 창출 등 특수한 목적을 위한 경우에는 그 목적 달성에 적합한 높이로 한다.

해 ㉮ 공원등 설계 시 광원은 원칙적으로 메탈할라이드등을 적용한다.

105 포장 패턴(paving pattern)설계의 수단으로서 고려할 사항 중 가장 거리가 먼 것은? 기-12-1
㉮ 포장재료의 질감 ㉯ 포장재료의 견고성
㉰ 포장재료의 색채 ㉱ 포장재료의 단위크기

해 색채·질감·형태·척도 및 주변시설과의 조화 등 여러 조형요소들을 고려하여 설계한다.

CONQUEST

4

조경식재

조경은 경관을 조성하기 위하여 식물을 이용한 식생공간을 만들거나 조경시설을 설치하는 것이며, 식재란 그에 합당한 식물재료의 기능과 미를 발휘하여 통일된 아름다운 경관을 조성하고, 식물을 미적·기능적·생태적으로 이용하여 보다 나은 생활환경을 창출하기 위한 식물이용계획시스템을 말한다.

CHAPTER 01 식재일반

1>>> 식재의 의의

1 식재의 정의

① 식물재료의 기능과 미를 발휘하여 통일된 아름다운 경관 조성
② 식물을 미적·기능적·생태적으로 이용하여 보다 나은 생활환경 창출을 위한 식물이용계획 시스템

2 식재성과를 효과적으로 구현시키기 위한 사항

① 이용자의 요구조건과 입지조건 정확히 파악
② 이용자의 요구에 합당한 우량소재 선정
③ 식생의 수량, 성장 등의 변화에서 생겨나는 미에 대한 인식
④ 식재지의 토성(土性)을 식물에 맞게 사전 준비
⑤ 정규적 사후관리 철저

3 이용방법에 따른 식물의 기능(G. Robinette)

구분	내용
건축적 이용	사생활 보호, 차단 및 은폐, 공간분할, 점진적 이해
공학적 이용	토양침식의 조절, 음향조절, 대기정화작용, 섬광조절, 반사조절, 통행조절
기상학적 이용	태양복사열 조절, 바람조절, 강수조절, 온도조절
미적 이용	조각물로서의 이용, 반사, 영상(silhouette), 섬세한 선형미, 장식적인 수벽(樹壁), 조류 및 소동물 유인, 배경, 구조물의 유화(柔化)

4 푸르름의 효과

(1) 물리적 효과

① 기후완화·대기정화·소음방지·방풍·방화 등 물리적인 환경요소 완화와 재해방지 기능에 대한 효과
② 식물과 인간의 환경적 요구가 비슷하므로 푸르름을 하나의 장치로서 도시환경 보전도모

(2) 심리적 효과

① 오감을 통해 푸르름과 접촉할 때 심리에 미치는 효과
② 푸르름을 '물'이라는 무기물질의 유기적 심벌로 인식
③ 정신적·육체적 활력을 제공하여 인간성 회복

2>>> 식재의 효과와 이용

1 시각적 조절

(1) 섬광조절
① 섬광(태양광, 인조광;자동차 전조등, 가로등, 네온사인 등)이나 반사광에 의한 시각적 피로 완화
② 적절한 높이와 지엽(枝葉)밀도를 지닌 수목을 광원과 수광지점 사이에 식재 – 입사각과 반사각에 대한 고려
③ 수광지역에 가까이 식재할수록 차광효과 증대
④ 건물에 근접한 식재가 저층부의 태양광 및 반사광 차단에 유리

(2) 공간 만들기
① 식물로 벽·천정·바닥면을 만들어 시각적 공간감 부여
② 폐쇄도를 고려하여 필요한 공간감의 수준 상정
③ 식물의 성장에 따른 예측 필요

(3) 사생활 조절
① 주변으로부터의 시각적 격리로 프라이버시 확보
② 식재의 형태·크기·양식·위치 등에 의한 사생활의 수준 결정
③ 식재의 높이와 투시되는 정도가 사생활의 수준을 결정하는 가장 큰 요소

(4) 차폐
필요 없는 대상을 시각적으로 격리·제한·은폐시키는 것
1) 차폐의 수준
　① 적극적 차폐 : 차폐를 통하여 환경의 질을 높이려는 것
　② 소극적 차폐 : 시야로부터 추한 환경을 차단하는 것
2) 식재의 형태·높이·폭·범위 등 수종결정을 위한 평가사항
　① 차폐의 대상
　② 차폐가 필요한 방향
　③ 차폐대상의 계절적 경관특성
　④ 관찰자의 움직임
　⑤ 관찰자의 위치 또는 접근각도
　⑥ 관찰자 시선유도의 가능성

(5) 시선유도
① 관찰자에게 보이고자 하는 것과 제한하려 하는 등의 수법
② 관찰자에게 경관이 점진적으로 나타나 보이도록 하는 수법
③ 경관의 틀을 짜거나 시야를 제한하는 등의 방법으로 시선유도
④ 관찰지점이 고정된 경우나 이동하는 관찰자에게도 가능
⑤ 경관도로에서는 기존수목의 추가·제거로 조망확보나 전망창출

② 물리적 울타리

① 사람과 동물의 이동을 효과적으로 조절

② 식재수목의 높이에 의해 조절효과가 좌우

③ 산울타리는 부지경계선과 용도지역 구분에 이용

④ 보행로를 따라 설치, 효과적 유도와 가로지르기 훼손 예방

식재높이에 따른 효과

식재높이	효과
90cm 이하	·심리적 조절효과가 매우 좋음 ·성인의 신체적 조절효과는 거의 없음 ·어린이와 청소년들에게는 놀이(뛰어넘기, 통과하기 등)의 대상이 되므로 수종의 선정에 주의
90~180cm	매우 효과적인 통행조절
180cm 이상	지엽의 밀도가 높으면 통행뿐만 아니라 시선조절도 가능

③ 기후조절(미기후조절)

(1) 태양복사 및 온도조절

① 태양복사의 반사와 흡수된 열의 신속한 방사 기능수행

② 식물은 아스팔트 등의 다른 표면재료에 비해 태양복사를 잘 반사

③ 식물의 증산(蒸散)에 의한 냉각작용으로 인하여 식재지역(공원, 녹지 등)과 비식재지역(특히 고밀도 개발지역)의 온도차 발생

④ 녹음수나 퍼걸러로 태양의 직접적인 복사 차단

⑤ 낙엽수의 경우 여름에는 그늘 제공, 겨울에는 햇볕 투과

(2) 바람의 조절

바람을 막거나 방향 조절에 이용, 식재의 높이·식재밀도·식재폭 등에 따라 감소율 결정

① 식재의 높이가 감소율에 있어 가장 중요한 요소

　　㉠ 방풍효과가 미치는 거리는 바람막이 높이에 비례

　　㉡ 바람막이 높이의 5배 수평거리에서 방풍효과 최대 – 방풍림 하부는 10~20배

　　㉢ 바람막이 높이의 30배 수평거리에서 방풍효과 상실

　　㉣ 넓은 지역에서는 간격을 두고 반복 조성하면 효과적

② 높이 다음으로 밀도와 형태가 중요한 요소

　　㉠ 고밀도 식재보다는 중간밀도의 식재가 더 효과적이고, 바람의 감쇠효과가 더 먼 곳까지 미침

　　㉡ 바람막이의 폭(두께)은 방풍효과와 무관하나 너무 좁으면 최소한의 밀도 확보 곤란

③ 바람의 방향과 경사지게 수벽(樹壁)을 설치하여 바람 유도

▌쾌적성에 영향을 미치는 기후 인자
① 태양복사열
② 기온
③ 바람
④ 습도

④ 수종 선택 시 방풍효과와 시각적 효과도 고려

⑤ 겨울철 방풍이 중요한 곳은 반드시 상록수종 선정

(3) 강수 및 습도조절

① 수목의 수관에 의한 조절 및 잎의 증산에 의한 습도조절

② 강우가 수관 통과 시 잎에 의해 짧은 시간 동안 강수조절

③ 겨울에는 방풍효과로 눈발이 흩날리는 것 방지

④ 그늘로 눈이 녹는 것을 억제시켜 스키슬로프의 적설기간 연장

⑥ 고온건조 시 잎에 의한 증산량이 증대되어 공중습도 조절 및 대기 중의 열을 흡수하여 기온강하

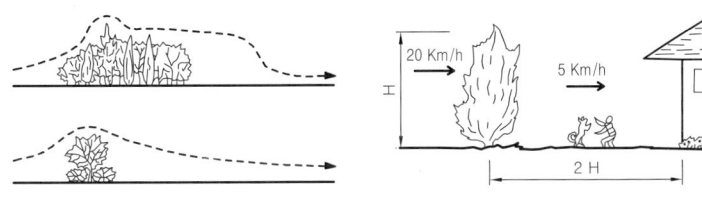

바람조절 식재의 폭에 따른 바람의 흐름　　　건물에 근접한 바람막이 벽의 효과

| 바람조절 식재의 유형과 효과 |

4 소음조절

(1) 조절효과

① 소음조절 능력은 식재높이·위치·폭, 식재밀도, 소음의 강도·주파수·방향 등에 의해 결정

② 옥외에서의 소음은 풍향·풍속·기온·습도와 같은 기상여건에 좌우

③ 식생은 고주파소음의 조절에 효과가 크고 저주파소음에는 효과 저하

　㉠ 폭 10~15m의 식재대는 고주파소음을 10~20dB 감소

　㉡ 폭 15~30m의 소나무·전나무수림의 경우 저주파소음(차량소음)은 10dB 정도 감소시키나 극저주파소음에는 감소효과 없음

　㉢ 소음의 감쇠효과는 흡음효과보다는 반사효과가 크고, 지엽이 치밀하고 잎이 큰 수목일수록 감쇠효과 증가

(2) 소음조절 방법

① 소음조절의 효과는 지하고가 낮고 지엽이 밀생하는 상록수 적당

② 소리의 전파경로상에 직각으로 열식하는 것이 방음효과에 적당

③ 한 가지 수목만의 식재는 고음과 저음에 효과적이나 중음의 조절능력을 위해서는 혼식 유리

④ 잔디나 지피식물도 소음에 효과적

⑤ 식재대는 크고 치밀하며 가능한 넓은 것이 유리하나, 최소 7~8m의 폭 필요

▌소리의 소멸
소리는 파장이 공기에 흡수되거나 어떤 물체에 흡수 또는 회절됨으로써 소멸된다.

▌소음조절식재 필요지역
① 고속도로변
② 공업단지 주위
③ 주거지역 내
④ 공원

▌방음식재 감쇠량
도로변의 폭 20m 방음식재는 식재의 감쇠량 3~4dB, 20m에 의한 거리감쇠량 4~5dB로, 전체 감쇠량은 약 7~9dB 정도로 본다.

⑥ 마운딩과 함께 조합하면 더욱 효과적
⑦ 음원의 시각적 차단은 실질적 효과보다 심리적 효과 발생

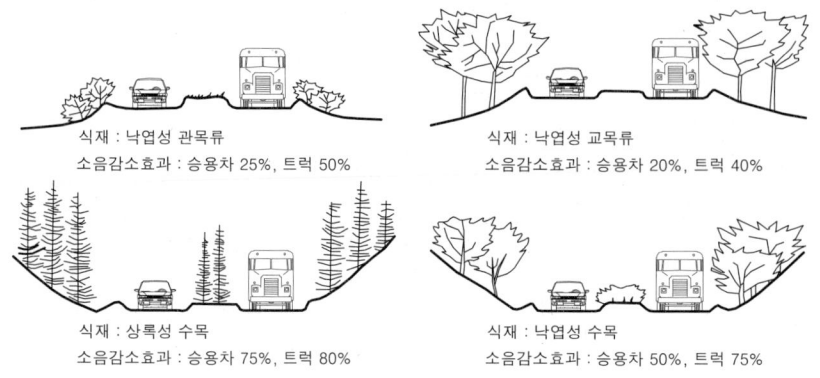

식재 : 낙엽성 관목류
소음감소효과 : 승용차 25%, 트럭 50%

식재 : 낙엽성 교목류
소음감소효과 : 승용차 20%, 트럭 40%

식재 : 상록성 수목
소음감소효과 : 승용차 75%, 트럭 80%

식재 : 낙엽성 수목
소음감소효과 : 승용차 50%, 트럭 75%

| 지형과 식재기법에 따른 소음조절효과 |

5 공기정화

① 식물은 오염물질(연기·먼지·가스 등)을 흡수·흡착하여 제거
② 가스상의 오염물질은 기공을 통하여 흡수됨으로써 제거
③ 아황산가스(SO_2), 불화수소(HF) 등에 해를 입지 않으며 제거할 수 있으나 일정 이상의 농도에는 피해 발생
④ 식물은 오염원에 가까운 농도가 진한 곳에 식재
⑤ 적당한 통풍성과 작은 잎의 복잡한 엽면구조를 가진 수목 유리
⑥ 식물은 대기 중 산소의 주요 공급원으로 평가

6 완충조절

(1) 완충식재

① 용도적으로 상충하는 지역간의 충돌 완화(공장주위, 주거지역과 상업지역, 고속도로변 등)
② 도시계획에 의한 녹지의 설치나 생태보전 기능
③ 공원 등 오픈스페이스의 역할과 환경적·문화적 역할

(2) 침식조절

① 토양침식의 경우 자연적 현상보다는 개발행위에 의하여 나타나므로 사전억제조치 필요
③ 식생으로 나지(裸地)를 녹화하는 것이 토양 침식방지 최선책
④ 식물은 빗물의 충격완화, 근계(根系)에 의한 토양입자를 고정, 표면유수 감소효과
⑤ 침식억제에는 잔디가 많이 쓰이나 단조로움을 피하기 위하여 다른 식물도 사용

⑥ 관목이나 교목의 경우 상당한 시간이 소요되므로, 초기에는 지피류나 멀칭(mulching)에 의한 일차적 침식억제조치 필요

(3) 방재

천연의 재난이나 개발에 따른 비탈면 보호공·녹화공·사방림 등의 녹지, 도시·공장 등의 화재와 가스폭발 등에 대한 재해방지

7 식물별 효과 및 이용

(1) 교목

① 녹음수로서의 가장 뚜렷한 기능 발휘

② 경관의 프레임(기본 골격) 형성

③ 경관물들의 배경

④ 구조물의 중량감 경감 및 유화·차폐

⑤ 경관의 규모감(scale), 오픈스페이스의 공간감과 시각적 균형

⑥ 조각·건축적 형태 부여 – 시각적 초점(꽃·열매·색채·수형 등)

⑦ 교목 식재 시 고려사항

  ㉠ 식재지의 공간적 규모 검토

  ㉡ 개화기가 짧으므로 꽃의 효과에 지나친 의존 경계

  ㉢ 상록성 교목의 이용에 주의 – 겨울철 햇빛, 시각적 조화 등

  ㉣ 내한성, 꽃과 열매(악취·낙과 등), 근계의 세력, 성장속도, 관리성(내병해성·내충해성 등) 고려

(2) 관목

① 낮게 자라는 수목의 시각적 특성(선·형태·질감·색채 등) 고려

② 식재지의 공간적 스케일감을 인간적 척도 수준까지 접근 가능

③ 개화기가 짧으므로 잎과 가지의 특성도 꽃의 수준에서 고려

④ 수종이 무척 다양하며 교목과의 조합도 용이

⑤ 하부식재로 많이 사용하나 독립적으로도 여러 식재방식 가능

(3) 지피식물

① 관목과 함께 지표면에 흥미 있는 질감 창출

② 식재되는 지면의 모양이나 패턴에 따라 디자인형태 결정

③ 식재지역(화단)의 시각적 독립요소로 설계 가능

④ 주변의 분리된 구성요소들을 서로 엮는 매개인자 기능

⑤ 지표면을 덮어 외관을 향상시키고 토양침식억제 효과

⑥ 답압에 약해 통행이 많은 지역에는 식재 불가능

(4) 초화

① 대부분의 초화류는 겨울을 나지 못하므로 영속적 공간구성요소로 사용 불가능

② 경관 내의 액세서리와 같은 용도로 사용

③ 경관의 골격과 배경이 이미 조성된 곳에 사용 시 효과 극대화

④ 경관요소로서 초화류는 경관구도와의 조화와 동시에 다른 경관요소에 비해 두드러지지 않게 식재

⑤ 생육기 전반에 걸쳐 관상효과를 얻기는 불가능하므로 한 계절에 효과를 극대화시키는 요소로 사용

⑥ 계절효과를 높이기 위해 식재한 식물이 동시에 개화하도록 식재

⑦ 연속적 개화가 필요한 곳은 일년초화 이용

3>>> 배식원리

1 정형식재

(1) 개념과 원리

① 정원을 구성하는 선이 가장 중요한 요소

② 엄격하고 치밀하여 식재 시 많은 구속 동반

③ 식물재료의 자연성보다는 인간의 미의식에 입각한 인공적 조형을 먼저 고려

④ 정형식 경관은 고정적이며 약간의 변형에도 균형 훼손

(2) 축선의 설정과 대칭식재

① 각종 디자인 요소가 축선에 대해 질서있게 배열되어 방향성 부여

② 시각적으로 강한 축선의 설치와 축선들에 의한 땅가름

③ 경관구성상 강력한 수법인 반면에 자유로움 상실

④ 질서가 명확하고 각 수목 사이에 강한 균형력 작용

⑤ 권력의 상징으로서 어울리는 냉철한 표현력

⑥ 주축 이외에 종속적인 평행한 측축, 직교축, 방사축 설정

⑦ 식재는 보통 축(또는 점)에 마주보는 대칭적 배치

⑧ 대칭형은 그 패턴이 보이지 않을 경우 존재의 의의 상실

⑨ 대칭형이 지나치게 광활한 경우 적극적인 주장성 약화

  ㉠ 수림(bosquet)을 절개하여 통경선(vista) 형성

  ㉡ 수만 주의 거목을 식재하여 통경선 형성

(3) 직선식재

① 직선식재는 방향성이 명확하고 강한 표현력 발생

② 관찰자의 시선을 쉽게 유도하고 집중시키는 효과

③ 직선을 강조하기 위하여 배열 반복

  ㉠ 일정한 간격을 두어 여러 줄로 식재

  ㉡ 두 가지 또는 여러 수종을 교호로 반복

▮ 축선

건물의 입구나 부지로의 입구 또는 대표적 창문 등의 주요지점으로부터 종단부에 이르는 시각상의 직선을 말한다.

      ⓒ 악센트를 부여하여 리듬감 형성

        a. 교목과 관목의 배열

        b. 둥근 수관의 활엽수와 원추형 침엽수의 반복배열

        c. 스카이라인(sky-line)에 규칙적 변화성 부여

    ④ 변화가 지나치게 많아지면 혼란이 생겨 규칙성 상실

(4) 무늬식재

    ① 무늬화단과 같이 키 작은 수목으로 장식무늬의 도형구성

    ② 미원(미로정원)이 무늬식재의 초기형태

    ③ 르네상스를 거쳐 프랑스의 평면기하학식 정원에 이르러 대규모 자수화단으로 발전

    ④ 토피어리(topiary)를 무늬화단의 악센트용으로 사용

    ⑤ 현대조경에서는 과도한 장식을 배제하고 단순명쾌한 디자인 선호

(5) 정형식재의 기본패턴

    ① 단식 : 가장 중요한 자리나 포인트(현관 앞, 직교축 등)에 형태가 우수하고 무게감있는 정형수 단독식재 – 표본식재

    ② 대식 : 축의 좌우에 형태·크기 등이 같은 동일수종의 나무를 한 쌍(두 그루)으로 식재 – 정연한 질서감 표현

    ③ 열식 : 형태·크기 등이 같은 동일수종의 나무를 일정한 간격으로 줄을 이루도록 식재

      ㉠ 간격 좁아지면 식재 뒷면과의 차단효과 상승

      ㉡ 수관이 서로 닿도록 식재 시 폐쇄도 최대

      ㉢ 시각적 특성이 다른 나무의 교대반복식재 시 강한 리듬감 형성

    ④ 교호식재 : 같은 간격으로 서로 어긋나게 식재하는 수법으로 열식을 변형하여 식재폭을 늘이기 위한 경우에 사용

    ⑤ 집단식재 : 다수의 수목을 규칙적으로 배치하여 일정지역을 덮어버리는 식재로서 군식이라고도 하며, 하나의 덩어리(군)로서의 질량감 표출

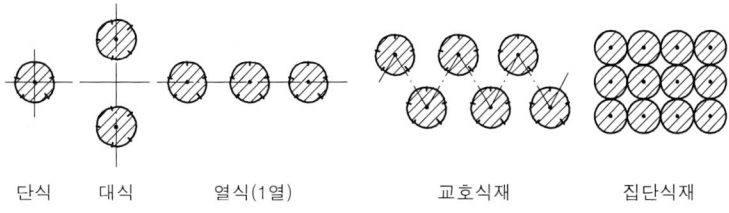

| 단식 | 대식 | 열식(1열) | 교호식재 | 집단식재 |

| 정형식 식재의 기본양식 |

❷ 자연풍경식재

(1) 개념과 원리

    ① 자연풍경과 유사한 경관을 재현하거나 상징화하여 식재

▌미원(maze)

미로를 정원 안에 조성해 놓은 하나의 놀이시설로서, 다듬어진 산울타리로 구성되며 속에 들어가면 외부로부터 차단되어 '사랑의 뜰'의 구실도 한다.

② 인위적인 시각적 질서 배제

③ 자연스러운 지형에 의한 땅가름이 기본

④ 비대칭적 균형감과 심리적 질서감에 초점

⑤ 정형식에 비하여 수종의 선택과 식재가 자유로움

⑥ 평면구성보다 입면구성에 중점을 두고 식물재료의 자연미 강조

(2) 비대칭적 균형식재

① 자연경관 속의 수목의 형태, 집합상태, 상호연계로부터의 균형을 인용하여 무수히 창출 가능

② 경관의 변화는 매우 다양하고 그 시각적 인상은 항상 신선

③ 비대칭적 아름다움은 대칭형에 없는 유연성 보유

④ 자연과 인공 같은 이질적 요소를 조화시키는 수단으로도 효과적

(3) 사실적 식재

① 실제로 존재하는 자연경관을 충실히 묘사하여 재현하는 방법

② 18세기 영국의 사실주의적 풍경식 조경수법

   ㉠ 목가적인 영국전원의 풍경을 그대로 재현시키고자 한 것

   ㉡ 작가의 주의와 주장, 취미에 따라 실제적인 식물재료나 구성 및 밀도 등은 자연과 다르나 외형적 형태나 분위기만은 마치 어딘가에 존재하는 듯한 자연적 경관 구성

③ 식재수법 예

   ㉠ 19세기 말 영국 윌리엄 로빈슨(William Robinson)이 제창한 야생원 (wild garden)

   ㉡ 20세기 브라질의 벌 막스(Burle Marx)가 시도한 원시적 천연식생 가미 수법

   ㉢ 고산식물을 심어놓은 암석원(rock garden)

(4) 자연풍경식재의 기본 패턴 – 주목(主木)의 비중이 매우 큼

1) 부등변삼각형식재 : 각기 크기가 다른 세 그루의 수목을 서로 간격을 달리하는 동시에 한 직선에 서지 않도록 하는 수법 – 정원수의 기본패턴

   ① 부등변삼각형의 각 꼭지점에 각각의 수목을 배치하여 전체적으로 비대칭균형을 이루게 한 것

   ② 동양화의 기본수법에 근거를 둔 것으로 세 그루가 균형을 이뤄 자연스러움 표출

   ③ 시점과 나무의 시각적 특성, 배식간격 등을 고려하여 균형감이 느껴지도록 식재

2) 임의식재(random planting) : 나무의 형상·크기·식재 간격 등이 같지 않고, 한 직선을 이루지 않도록 식재하면서 다량의 수목을 배치하는 수법

   ① 부등변삼각형을 기본단위로 하여 삼각망을 순차적으로 확대

▎비대칭적 균형

① 한 점 또는 하나의 축을 중심으로 식재단위의 시각적 형태나 크기가 다르면서도 전체적인 중량감이 대립적 안정상태를 이루는 균형상태

② 암시적이고 가상적인 것이나 자연식재에 중요한 요소

② 서로 다른 수목이 전후좌우로 배치되어 수관이 불규칙한 자연스러운 스카이라인 형성

3) 모아심기 : 몇 그루의 나무를 모아 심어 단위수목경관을 만드는 식재방법

　① 주변과는 무관하게 그 자체로 마무리

　② 부등변삼각형의 세 그루·다섯 그루·일곱 그루 심기 등과 같이 홀수 식재 – 기식

4) 무리심기(군식) : 모아심기보다 좀 더 다수의 수목을 단위경관 내에 식재하는 방법

　① 하나의 식재단위로 마무리되기보다는 넓은 지역의 부분경관으로 사용

　② 적당한 간격으로 산재시켜 소림(疏林)의 경관 조성

5) 산재식재 : 한 그루씩 드물게 흩어지도록 심어 하나의 무늬와 같은 패턴을 이루게 하는 수법

6) 배경식재 : 하나의 경관에 있어서 배경적 역할을 구성하기 위한 수법

　① 식재방법은 임의식재 수법 준용

　② 주경관을 돋보이게 하기 위하여 시각적으로 두드러지지 않게 암록색·암회색 등의 수관이나 수피를 가진 수목 적합

7) 주목(主木) : 경관의 중심적 존재가 되어 전체경관을 지배하는 수목이나 수목군을 이르며 경관목이라 지칭

　① 그루 수에 관계없이 독립수로 할 수도 있고 식재군 내에 삽입 가능

　② 수목의 시각적 특성(형태·크기·색채 등)이 뚜렷해야 효과적

　③ 주목의 특징은 그 경관의 성격을 제시하는 것과 동일

■ 기식(寄植)
식재 단위가 세 그루 이상의 자연형 식재로서 홀수를 택하여 식재하는 관습을 가지고 있는 모아심기를 말한다.

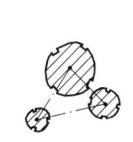
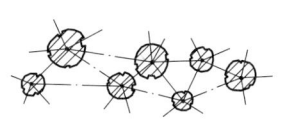

부등변 삼각형식재　　　임의식재　　　식재입면의 스카이라인

| 자연풍경식 식재의 기본양식 |

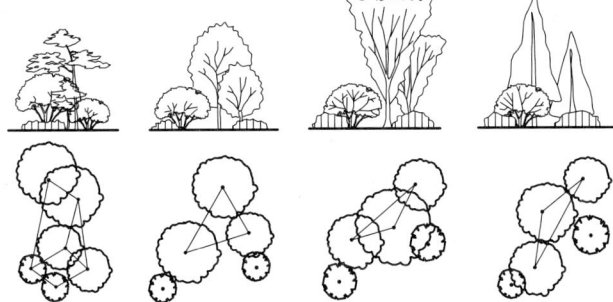

| 자연풍경식 배식요령 |

❸ 자유식재

(1) 개념과 원리

① 제2차 세계대전 이후 풍토적 제약이나 전통적 형식에 구애되지 않는 모던아트(modern art)의 경향에 대응하는 형식

② 기하학적 디자인이나 축선을 의식적으로 부정

③ 기능성에 큰 비중을 두고 그것을 솔직하고 소박하게 표현

④ 단순하고 명쾌한 현대적 기능미 추구 – 의미 없는 장식 배제

(2) 자유식재 수법

① 명쾌한 설계를 위해 주요 시점에 근접한 지역에는 애매한 높이의 소교목이나 대관목의 식재를 지양하고 대신 키 큰 대교목이나 키 작은 소관목으로 경관 구성 – 상하 시야 개방

② 전통적 양식에서는 건물이나 부지의 윤곽에 의해 설정된 원로를 따라 식재하는 경향이 강해 자유로운 식재가 어려웠으나 현대 조경에서는 이를 의식적으로 배제

(3) 자유식재의 패턴

① 자유로운 형식이기에 기본적 패턴 없음

② 필요에 따라 정형식과 자연풍경식을 자유로이 이용

③ 설계자 아이디어에 의해 새로운 식재형식 창조

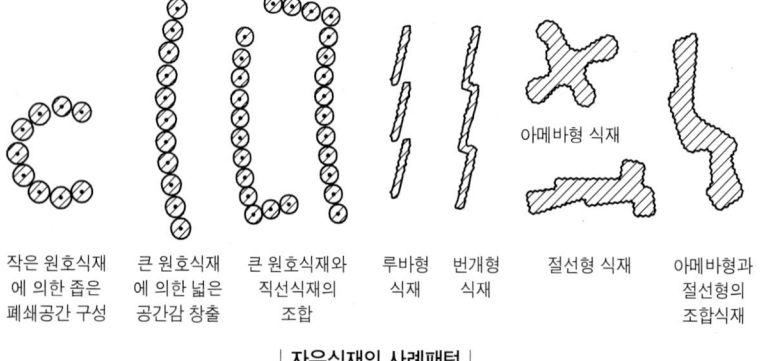

| 작은 원호식재에 의한 좁은 폐쇄공간 구성 | 큰 원호식재에 의한 넓은 공간감 창출 | 큰 원호식재와 직선식재의 조합 | 루바형 식재 | 번개형 식재 | 절선형 식재 | 아메바형과 절선형의 조합식재 |

| 자유식재의 사례패턴 |

4>>> 경관조성 식재

❶ 미적효과와 관련한 식재형식

(1) 표본식재 – 가장 단순한 식재형식

① 독립수로서 개체수목의 미적 가치가 높은 수목 사용

② 형태·질감·색채 등의 디자인 요소 중 1~2가지가 뛰어난 수목 식재

③ 식재지역을 강조하는 기능도 가지므로 축선의 종점, 현관, 잔디밭, 중

▎자유식 조경양식

인공적이면서도 선이나 형태가 자유롭고, 재료나 국부의 배치도 비대칭적인 수법이 나타나며 정형식의 기하학적 특성에 배치하면서도 불규칙적인 자연풍경식과도 다른 독립된 조경양식이다.

정 등에 식재

(2) 강조식재

① 표본식재와 거의 유사한 식재효과를 목적으로 하나 1주 이상의 수목으로 효과를 얻는 방법

② 관목의 식재군(특히 경재식재)안에서 높이의 변화를 통한 방법

③ 질감·형태·색채 등에 변화를 주는 방법

(3) 군집식재

① 개체의 개성이 약한 수목을 3~5주 모아심어 식재단위 구성

② 선발된 몇 그루의 수목이 각각의 효과가 강조되거나 변형되면서 그 구성 표현

③ 수목군의 실루엣이 일차적인 시각효과 발현으로 시각적 효과 큼

④ 무리의 높이·형태·배열 등의 상관관계에 의하여 시각적 가치 결정

⑤ 공간분할, 틀짜기, 부분차폐 등의 효과

⑥ 수직적 무리식재는 초점요소 효과

⑦ 낮고 수평적인 무리식재는 동선유도 효과

⑧ 무리의 구성

㉠ 상호분리 식재 : 수목간의 유사성이나 차이점이 쉽게 인지되므로 시각적 특성의 조화에 유의

㉡ 집단식재 : 매스의 시각적 특성이 주변과 조화·융화 되면서 독자성이나 대비성을 갖도록 설계

⑨ 무리식재의 순서

㉠ 전체경관을 고려하여 식재군을 배치할 장소 선정

㉡ 구성단위에 부여할 비중과 우세도의 수준 평가

㉢ 공간의 분위기와 그에 합당한 수종과 배식방식 결정

(4) 산울타리식재

① 한 종류의 수목을 선형으로 반복하여 식재하는 형식

㉠ 전정형 : 개체의 특성 발현이 어렵고 유지관리에 많은 노력 소모

㉡ 자연형 : 전정형과 반대의 속성을 지니나 기능적 효과는 동일

② 동일한 재료의 반복적 사용으로 구조적으로 강한 요소

③ 키가 큰 산울타리(eye level 이상)는 배경효과를 가지므로 전면의 시각적 요소와 경쟁하거나 압도하지 않는 수목사용

④ 키가 작은 산울타리는 상하의 공간을 수평으로 강하게 분할하고 주변의 식생단위를 결속시키는 효과 발현

⑤ 정형 산울타리는 60~90cm, 자연형은 90~110cm 간격 식재

⑥ 수종선정 시 지엽의 밀도, 전정성, 밀식성 등과 겨울의 적설에 견딜 수 있는 가지 등 고려

⑦ 차폐식재 : 통행 및 시선차단, 소음감소 등의 효과 기대

　ⓐ 키가 크고 수관폭이 좁으며 지면에 가까운 수관밑의 지엽이 무성한 수종 선정

　ⓑ 키가 낮은 소재 사용 시 키가 큰 수목 앞에 낮은 산울타리를 2중으로 설치

⑧ 울타리가 높을수록 주변공간의 크기는 작아 보임

(5) 경재식재

① 한 공간의 외곽 경계부위나 원로를 따라 식재하여 여러 가지 효과를 얻고자 하는 식재형식

② 관목류를 주조로 하여 식재대 구성

③ 식재대의 수목은 중첩하도록 하여 시선의 전면으로부터 뒤로 갈수록 요면(凹面)을 형성하여 높아지도록 식재

④ 전체적 동일감이 부여되어 매우 강한 구조적 프레임 형성

❷ 건물과 관련된 식재형식

(1) 설계원칙

① 건축물의 인공적인 건축성 완화

② 건물의 틀짜기

③ 개방잔디공간 확보

④ 현관으로의 전망 강조

(2) 초점식재

① 시선을 경쟁요소들 중에서 의도한 곳으로 집중시키기 위한 식재

② 특별한 목적이 없는 한 강한 시각적 관심을 유도하는 여타의 수목이나 식재기법 우선 배제

③ 현관을 종점으로 하는 깔때기형의 수관선을 형성(건물의 양쪽모서리부터 현관까지 처마높이의 2/3~1/3의 변화가 적당)

④ 현관 바로 앞에는 약간 큰 관목으로 변화감 부여

⑤ 초점효과는 수관선만이 아니라 수목의 질감·색채·형태 이용가능

⑥ 현관부위에서 시각적 정점을 이루도록 화단을 디자인하거나 조각물, 자연석, 기타 점경물 등 이용 가능

(3) 모서리식재

① 건물모서리의 앞이나 옆에 식재하여 강한 수직선 완화 및 외부에서 보여지는 조망의 틀 형성

② 관목으로도 구성하나 틀을 형성할 수 있는 정도의 교목 적당

③ 단층이나 2층의 건물은 수목의 높이가 건물의 높이 정도가 되어야 비례감 적당

▌기초식재
건축물과 관련된 식재방법을 말한다.
① 초점식재
② 모서리식재
③ 배경식재
④ 가리기식재

④ 건물에 비해 지나치게 큰 수목은 건물을 압도함으로 부적당

⑤ 건물의 모서리를 수관으로 가림으로써 건물을 보다 커 보이게 하는 효과 가능

⑥ 틀짜기를 위한 모서리식재는 외부에서 바라보는 시선의 각도와 관찰거리에 따라 결정

　　㉠ 관찰자와 수목간의 거리가 가까우면 작은 수목으로도 가능

　　㉡ 관찰자와 수목간의 거리가 멀어지면 큰 수목을 사용하여야 기대효과에 부응

(4) 배경식재

① 자연경관이 우세한 지역에서 건물과 주변경관을 융화시키기 위해 기본적으로 요구되는 식재기법

② 배경으로 사용되는 수목은 건물보다 높아야 하나 높은 빌딩에서는 적용 불가능

③ 사용되는 수목은 대교목으로 그늘 제공, 방풍 및 차폐 등의 기능을 동시에 충족

④ 시각적 배경으로서의 기능에 합당한 위치에 식재 곤란

(5) 가리기 식재

① 건물과 자연경관과의 부조화를 적절히 가려 건물의 전체적인 외관을 향상시키려는 목적의 식재기법

② 다른 식재기법과 달리 부차적으로 고려

③ 수관의 매스가 큰 교목을 사용하는 경우가 많으므로 위치 선정 시 전체의 균형에 대한 주의요망

❸ 미적효과 식재형식

(1) 통일성

① 동질성 창출을 위한 여러 요소들의 조화로운 결합으로 형성

② 단순, 변화, 균형, 강조, 연속, 비례의 조합으로 달성

③ 통일성을 이루기 위해서는 형태, 질감, 색채 등 수목의 특성 응용

(2) 단순

① 기능적 욕구와 우아함을 창조하는 요소들의 결합

② 단순함을 나타내기 위한 가장 중요한 요소는 반복적 배치

(3) 변화

① 반복을 제어하여 다양성으로 흥미 유발

② 획일성을 피하고 다양성과 강한 대비 창출

(4) 균형

① 대칭 균형 : 양쪽을 동일한 크기나 형태, 시각적 질량감으로 균형을 이룸

▌감각적 균형
균형은 물리적인 것만이 아닌 색채나 질감으로도 균형을 창출한다. 거친 질감은 무겁게 느껴지고 고운 질감은 가볍게 느껴지므로 수량적 배치를 통하여 균형을 이루고, 색채는 경관에 시각적 무게를 더해주므로 균형에 영향을 미친다.

- 정형적

② 비대칭 균형 : 크기나 형태, 시각적 질량감이 다르나 균형을 이룸

(5) 강조

① 시각적 액센트를 위한 것으로 관심을 유도하는 시각적 분기점 역할

② 주변요소와 주종관계를 형성함으로써 관찰자의 시선을 집중시키는 식재기법

(6) 조화

상호관계에서 이루어지는 것으로 요소들 상호간의 관계 설정

(7) 대비

서로 다른 특성을 이용하여 그 특성을 부각시키는 효과

(8) 연속

① 한 요소에서 다른 요소에 이르기까지의 연결에 의해 나타남

② 연속은 차례대로 전이되는 것이 바람직하며, 갑작스러운 변화가 오면 강조의 효과가 크므로 연속성 중단

(9) 스케일

① 대상물의 절대적인 크기 또는 상대적인 크기를 나타내는 기준

② 절대적인 크기는 실제 치수와 관련된 크기이며, 상대적인 크기는 설계 대상물간의 비례로 표현

핵 심 문 제

1 다음의 식재 기능에 관한 설명 중 옳지 않은 것은? 기-03-4

㉮ 미기후를 개선한다.

㉯ 건물의 직선을 완화시킨다.

㉰ 소음을 감소시켜 준다.

㉱ 공간을 시각적으로 개방시킨다.

해 ㉱ 식재는 공간을 시각적으로 차단 및 은폐시킨다.

2 조경 식재의 주된 효과로써 적합하지 않은 것은? 기-08-4

㉮ 온도조절　　㉯ 사생활 보호

㉰ 양질의 목재 생산　　㉱ 통행의 조절

3 경관내의 식생이 갖는 기능을 열거한 것 중 옳지 않은 것은? 산기-05-2

㉮ 지표수 유거의 조정(run off control)

㉯ 토양침식(soil erosion)

㉰ 사면안정(slope stability)

㉱ 미기후 조절(microclimate control)

해 ㉯ 토양침식을 억제해준다.

4 로비네트(G.Robinette)는 식물재료의 기능적 이용을 4가지로 구분하고 있는데 다음 중 로비네트의 구분에 속하지 않는 것은? 기-03-4

㉮ 심미적 이용(aesthetic uses)

㉯ 건축적 이용(architectural uses)

㉰ 환경적 이용(environmental uses)

㉱ 기상학적 이용(climatological uses)

해 로비네트(G.Robinette)의 이용방법에 따른 식물의 기능 : 건축적 이용, 공학적 이용, 기상학적 이용, 미적 이용

5 다음 식재 효과 중 공학적 이용 효과가 아닌 것은? 기-07-1, 기-12-1

㉮ 토양침식조절　　㉯ 차단 및 은폐

㉰ 음향조절　　㉱ 반사조절

해 ① 건축적 이용 : 사생활 보호, 차단 및 은폐, 공간분할, 점진적 이해

② 공학적 이용 : 토양침식의 조절, 음향조절, 대기정화작용, 섬광조절, 반사조절, 통행조절

③ 기상학적 이용 : 태양복사열 조절, 바람조절, 강수조절, 온도조절

④ 미적 이용 : 조각물로서의 이용, 반사, 영상(silhouette), 섬세한 선형미, 장식적인 수벽(樹壁), 조류 및 소동물 유인, 배경, 구조물의 유화(柔化)

6 식생의 기상학적 이용(기능)으로 가장 거리가 먼 것은? 산기-04-4, 산기-07-4, 산기-11-2

㉮ 대기 정화작용　　㉯ 태양 복사열 조절작용

㉰ 바람의 조절작용　　㉱ 온도 조절작용

7 수목식재의 효과에 있어서 건축적 이용이 아닌 것은? 산기-05-4, 산기-05-1, 기-09-4

㉮ 프라이버시 확보　　㉯ 차단 및 은폐

㉰ 점진적 이해　　㉱ 교통조절

8 식재성과의 효과적 구현을 위한 고려사항으로 가장 거리가 먼 것은? 기-06-4

㉮ 이용자의 요구조건과 입지조건에 합당한 우량소재 선정

㉯ 식재지 토성의 적절한 준비

㉰ 공기에 맞추어 신속한 식재 실시

㉱ 정기적인 사후관리 철저

해 식재성과를 효과적으로 구현시키기 위한 사항

① 이용자의 요구조건과 입지조건 정확히 파악

② 이용자의 요구에 합당한 우량소재 선정

③ 식생의 수량, 성장 등의 변화에서 생겨나는 미에 대한 인식

④ 식재지의 토성(土性)을 식물에 맞게 사전 준비

⑤ 정규적 사후관리 철저

9 10dB의 소음을 감쇠시키려면 수고가 높은 수림지가 얼마이상의 너비를 가지고 조성되어야 하는가? 산기-07-2

㉮ 15m 이상　　㉯ 20m 이상

㉰ 25m 이상　　㉱ 30m 이상

10 A지점의 소음수준은 50dB(A)이다. B지점은 A지점보다 음원으로부터 4배 멀리 떨어져 있다. 다음 식에 의해 B지점의 소음 수준을 구하면 얼마인가?

기-04-4

(단, $D = L_1 - L_2 = 10\log_{10}\dfrac{d_2}{d_1}$, D = 소음의 차이, L_1, L_2 : 각 지점의 소음도 d_1, d_2 : 음원으로부터의 거리)

㉠ 40dB(A)   ㉡ 44dB(A)
㉢ 50dB(A)   ㉣ 38dB(A)

해 제시된 공식에서 $D = 50 - L_2 = 10\log_{10}\left(\dfrac{4}{1}\right)$

$\therefore L_2 = 50 - 10\log4 = 44(dB)$

11 교목, 관목, 지피식물, 초화류 중에서 교목의 식재효과에 대한 설명과 관계가 적은 것은?   산기-02-4

㉠ 토양 침식 억제   ㉡ 경관의 틀 구성
㉢ 스케일감 부여   ㉣ 시각적 초점 형성

해 ㉠ 지피식물에 대한 설명이다.

12 다음 중 식재의 기능별 구분에는 공간조절, 경관조절, 환경조절 등으로 구분하는데 다음 중 환경조절 식재기능에 해당하는 것은?   산기-02-1, 산기-08-2

㉠ 경계식재   ㉡ 차폐식재
㉢ 방풍식재   ㉣ 유도식재

해 식재의 기능별 구분

공간조절기능 : 경계식재, 유도식재

경관조절기능 : 지표식재, 요점식재, 경관식재, 차폐식재

환경조절기능 : 녹음식재, 가로식재, 방풍·방설·방화식재, 지피식재 등

13 시야를 방해하지 않으면서 공간을 분할하거나 한정하는데 이용할 수 있는 식물 재료로 짝지어진 것은?   기-05-2, 산기-06-1

㉠ 왜금송, 백합나무   ㉡ 쪽동백, 가중나무
㉢ 느티나무, 눈주목   ㉣ 꼬리조팝나무, 산수국

해 시야를 방해하지 않으면서 공간을 분할하기 위해서는 사람의 눈높이 이하의 관목이 적당하다.

14 식재형의 구성에 의한 배식을 가장 바르게 설명한 것은?   산기-05-1

㉠ 식재형의 기본형은 반드시 3의 배수여야 한다.

㉡ 두 그루의 수목을 근접하게 식재하여 대립되게 한다.
㉢ 2본식 식재형에서 대식은 주로 동양식정원에서 사용한다.
㉣ 삼각식수는 모든 식재 법에 있어서 간격을 결정하는 기초가 된다.

15 다음 중 수목의 식재 중 다섯 그루 식재 시 바라보는 방향에서 점진적으로 시점(視點)을 유인하면서도 전체적으로 균형을 이룬 형상을 유지하려 할 때 가장 적합한 방법은?   기-06-4

㉠ 한 그루 심기 – 네 그루 심기와 짝 지움
㉡ 두 그루 심기 – 세 그루 심기와 짝 지움
㉢ 세 그루 심기 – 두 그루 심기와 짝 지움
㉣ 네 그루 심기 – 한 그루 심기와 짝 지움

16 다음 그림 중 가장 자연스러운 군식 방법은?   산기-07-1

㉠ 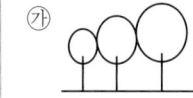   ㉡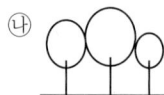

㉢    ㉣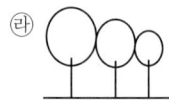

17 다음 식재양식 중 정형식 식재방법인 것은?

기-11-4, 산기-08-2

㉠ 임의식재(random planting)
㉡ 모아심기
㉢ 부등변삼각형 식재
㉣ 교호식재

해 정형식재의 기본패턴으로는 단식(표본식재), 대식, 열식, 교호식재, 집단식재 등이 있다.

18 정형식 배식에 어울리는 수목이 갖는 조건을 설명한 것 중 옳지 않은 것은?   산기-04-1, 산기-11-1

㉠ 균형이 잡히고 개성이 강한 수목
㉡ 가급적 생장속도가 빠른 수목
㉢ 사철 푸른 잎을 가진 수목

정답   **10** ㉡   **11** ㉠   **12** ㉢   **13** ㉣   **14** ㉣   **15** ㉡   **16** ㉡   **17** ㉣   **18** ㉡

㉑ 다듬기 작업에 잘 견디는 수목

해 ㉮ 정형식 배식의 경관은 고정적이며 약간의 변형에도 균형이 훼손되므로 식물재료의 자연성보다는 인간의 미의식에 입각한 인공적 조형을 먼저 고려해야한다.

19 식재거리 사방 2m 간격으로 정삼각형 식재를 한다면 1ha당 수목은 약 몇 그루 식재되는가? (단, 정3각형 1본당 면적의 공식은 $0.866\ell^2$, ℓ는 묘목간 거리이다)　　　　　　　　　　기-03-4, 기-06-2

㉮ 약 3,000본　　　　　㉯ 약 2,886본
㉰ 약 2,533본　　　　　㉱ 약 2,255본

해 • 식재수 $= \dfrac{총식재면적}{1본당면적}$

• 1ha $= 100 \times 100 = 10000(m^2)$

• 1본당 면적은 $0.866\ell^2 = 0.866 \times 2^2 = 3.464(m^2)$

∴ 식재수 $= \dfrac{10,000}{3.464} = 2,886$(본)

20 장엄(壯嚴)한 느낌, 정연(整然)한 느낌을 나타내게 하는 식재법은?　　　　　　　산기-02-4

㉮ 자연풍경식재　　　　㉯ 1본식재(一本植栽)
㉰ 균형식재(均衡植栽)　㉱ 부등변삼각식재

21 자연풍경식재 양식에 속하지 않는 것은?
　　　　　　기-03-2, 기-04-4, 기-08-1, 기-08-4

㉮ 배경식재　　　　　　㉯ 부등변삼각형식재
㉰ 임의식재　　　　　　㉱ 표본식재

해 자연풍경식재 양식으로는 부등변삼각형식재, 임의식재, 모아심기, 무리심기(군식), 산재식재, 배경식재, 주목(主木)이 있다.

22 부등변삼각형 식재를 기본형으로 삼아 그 삼각망을 순차적으로 확대해 가는 방법으로 수목을 식재하는 패턴은?　　　　　　산기-07-1

㉮ 교호 식재　　　　　　㉯ 루버형 식재
㉰ 랜덤 식재　　　　　　㉱ 번개형 식재

23 배식 기본 형태 중 자연식에 해당되는 것은?
　　　　　　　　　　　기-06-1

㉮ 표본식재　　　　　　㉯ 집단식재
㉰ 교호식재　　　　　　㉱ 부등변삼각식재

24 그림과 같은 식재방법은 면식재(面植栽)방법 중 어디에 해당하는가?　　　　　산기-04-1

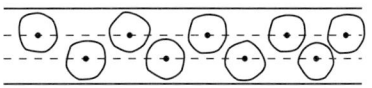

㉮ 교호식재(交互植栽)
㉯ 산재식재(散在植栽)
㉰ 이열식재(二列植栽)
㉱ 산점상식재(散點狀植栽)

25 다음 중 자연풍경식 식재의 설명이 아닌 것은?
　　　　　　　　　산기-04-1

㉮ 소재의 배치나 수종의 선택은 정형식에 비해 자유롭다.
㉯ 같은 형상을 가진 수목을 같은 간격으로 직선적으로 식재하는 일은 의식적으로 피한다.
㉰ 인간의 미의식에 입각한 조형을 중시한다.
㉱ 식물이 지닌 자연성의 존중과 회화적 구성에 중점을 둔다.

해 ㉰ 정형식 식재에 대한 설명이다.

26 다음은 자연풍경식 식재단위를 나타낸 배식도면이다. 각 번호에 해당되는 명칭이 틀리다고 생각되는 것은?　　　　기-04-2

㉮ 1 : 주목(진목)
㉯ 2 : 부목
㉰ 3 : 경관목
㉱ 4 : 하층목

해 경관목은 경관의 중심적 존재가 되어 전체경관을 지배하는 수목이나 수목군을 이르며, 그루수에 관계없이 독립수로 할 수도 있고 식재군 내에 삽입하기도 한다.

27 문화재 보호구역을 식재보수 계획하고자 할 때 전통배식방법으로 가장 적당한 것은?　산기-04-4

㉮ 자연풍경식재　　　　㉯ 정형식재
㉰ 대칭식재　　　　　　㉱ 교호식재

28 자연풍경식재의 기본패턴 중 랜덤(random planting)식재의 표현이 잘못된 것은?

산기-02-2, 산기-07-4

㉮ 규격이 같지 않은 수목을 일정간격과 직선이 되지 않도록 심는 방법

㉯ 아름다운 정원을 꾸미기 위하여 규격과 형상이 일정한 것을 삼각형으로 식재하는 방법

㉰ 삼각망을 순차적으로 확대해 가는 수법으로 광대한 면적에 수목을 배치하는 방법

㉱ 자연적인 수림을 만들기 위하여 크고 작은 나무가 같지 않은 간격으로 전후좌우 배치되는 방법

29 형태가 우수하고 중량감이 있는 정형의 수목을 가장 중요한 자리에 단독으로 식재하는 기법을 무엇이라 하는가? 산기-04-1

㉮ 표본식재 ㉯ 특별식재

㉰ 교호식재 ㉱ 집단식재

30 야생원(wild garden)이나 록가든(rock garden)은 어떠한 식재수법에 속하는가? 산기-05-2

㉮ 사실적(寫實的)식재 ㉯ 자유(自由)식재

㉰ 랜덤(random)식재 ㉱ 군식(群植)

해 ㉮ 사실적 식재는 실제로 존재하는 자연경관을 충실히 묘사하여 재현하는 방법으로 19세기 말 영국 윌리엄 로빈슨(William Robinson)이 제창한 야생원(wild garden), 20세기 브라질의 벌 막스(Burle Marx)가 시도한 원시적 천연식생 가미수법, 고산식물을 심어놓은 암석원(rock garden)등이 이에 해당한다.

31 기능성을 가장 중시하여 건물과 구조물에 구애받지 않고 식재하는 수법은? 기-05-1

㉮ 실용식재 ㉯ 사실식재

㉰ 기교식재 ㉱ 자유식재

32 자유식재수법에 해당하는 것은? 가-03-1, 기-12-1

㉮ 교호식재 ㉯ 사실적식재

㉰ 루바형식재 ㉱ 램던형식재

33 다음은 자유형 식재에 대한 설명이다. 이 중 적합하지 않은 것은? 산기-03-4, 산기-11-4

㉮ 인공적이기는 하나 그 선이나 형태가 자유롭고

비대칭적인 수법이 쓰인다.

㉯ 기능성이 중요시되고 있다.

㉰ 직선적인 형태를 갖추는 경우가 많아지고 단순명쾌한 형태를 나타낸다.

㉱ 부등변 삼각형 식재수법을 많이 쓴다.

34 공원에 큰 오픈 스페이스(open space)를 조성하고자 할 때 적합한 식재 방법은? 산기-02-4

㉮ 열식하여 공간을 메운다.

㉯ 무작위(random)식재를 한다.

㉰ 교호식재를 한다.

㉱ 군식을 하여 넓은 공간을 확보한다.

35 오픈 스페이스의 환경 조절기능과 가장 관계가 먼 것은? 산기-05-2

㉮ 재해의 방지 또는 완화

㉯ 공해의 방지 또는 완화

㉰ 도시개발의 조절

㉱ 미기후 조절

36 기식(寄植)에 대한 설명으로 옳은 것은? 산기-06-2

㉮ 3본 이상을 정형으로 식재한다.

㉯ 식재 단위가 3본 이상의 자연형 식재이다.

㉰ 기식의 경우 짝수를 택하는 것이 관습이다.

㉱ 식재 단위가 2본 이상을 단위로 하여 식재한다.

해 기식(寄植)은 몇 그루의 나무를 모아 심어 단위수목경관을 만드는 식재방법으로 부등변삼각형의 세 그루·다섯 그루·일곱 그루 심기 등과 같이 홀수로 식재한다.

37 조각물을 더욱 돋보이게 하기 위한 배경식재에 가장 적합한 설명은? 기-04-2, 기-06-1, 기-10-4, 기-11-2

㉮ 큰 잎이 넓은 간격으로 소생하는 수종

㉯ 작은 잎이 넓은 간격으로 소생하는 수종

㉰ 작은 잎이 조밀하게 밀생하는 수종

㉱ 잎의 크기나 간격과는 관계가 없다.

38 다음의 식재 중에서 강조식재가 되지 않는 것은

어떤 것인가? 산기-03-2, 산기-06-2

㉮ 같은 크기의 관목이 식재된 가운데 좀 큰 키의 침엽수가 식재되어 있다.

㉯ 단풍이 연속적으로 심겨진 가운데 홍단풍이 식재되어있다.

㉰ 고운 질감의 식물로 식재되어 있는 가운데 거친 질감의 식물이 있다.

㉱ 같은 수관형태의 수목들이 식재되어 있다.

해 강조식재는 질감·형태·색채 등에 변화를 주는 방법이다.

39 다음 식재 설계에 관한 설명 중 틀린 것은 어느 것인가? 기-04-4

㉮ 정형수는 정형식 경관에 사용되며 특히 서양식 정원과 잘 어울린다.

㉯ 토피어리와 같이 기하학적인 수형을 가진 수목은 군식해야 잘 어울린다.

㉰ 생울타리는 도로나 인접 가옥의 주변부에 위치시켜 주변경관의 기능적인 면을 도와주는 역할을 담당하도록 하는 것이 바람직하다.

㉱ 도심지 공원에서는 식재된 수목의 변화에 의하여 도시민들은 사계절을 느끼므로 화목류를 많이 사용하는 것이 좋다.

해 ㉯ 인공적 장식적으로 다듬어진 토피어리는 기하학적인 수형으로 이루어져 있으므로 단독으로 식재하는 것이 효율적이다.

40 미적 효과와 관련한 식재형식 중 경관식재와 밀접한 관계가 없는 것은? 기-05-4

㉮ 표본식재 ㉯ 산울타리식재

㉰ 경재식재 ㉱ 방풍식재

해 미적 효과와 관련한 식재형식으로는 표본식재, 강조식재, 군집식재, 산울타리식재, 경재식재 등이 있다.

41 뛰어난 시각적 특성을 지닌 수목을 독립수로 식재하여 개체수목의 미적 가치가 높게 평가되도록 하는 식재 양식은? 산기-09-2

㉮ 강조식재 ㉯ 기초식재

㉰ 군집식재 ㉱ 표본식재

42 식재 계획 시 상당한 공간을 메우기 위하여 질

량감을 부여하여야 하는 곳에 적용하는 식재의 기본 패턴은? 기-04-4

㉮ 열식 ㉯ 대식

㉰ 교호식재 ㉱ 집단식재

해 ㉱ 집단식재는 매스의 시각적 특성이 주변과 조화·융화 되면서 독자성이나 대비성을 갖도록 설계하는 것이다.

43 집단식재기법을 적용하여 배식함으로써 수관의 층화(stratification)를 형성하고자 한다. 상층 수관을 적절하게 형성할 수 있는 수종으로 짝지은 것은? 기-04-2, 기-11-2

㉮ 전나무, 주목 ㉯ 소나무, 정향나무

㉰ 둥근측백, 가중나무 ㉱ 백합나무, 협죽도

해 상층부는 키가 큰 교목류로 구성한다.

44 한 공간의 외곽 경계부위나 원로(園路)를 따라 식재하여 여러 가지 효과를 얻고자 하는 식재형식으로 관목류를 주로 사용하여 식재대를 구성하는 방법은? 산기-08-2

㉮ 위요식재(enclosure planting)

㉯ 경재식재(border planting)

㉰ 산울타리식재(hedge planting)

㉱ 강조식재(accent planting)

45 건축물 전정(前庭)의 기초식재 시 구체적인 식재기법에 해당되지 않는 것은? 산기-02-1

㉮ 초점식재 ㉯ 모서리식재

㉰ 배경식재 ㉱ 표본식재

해 건축물과 관련된 식재기법으로는 초점식재, 모서리식재, 배경식재, 가리기식재 등이 있다.

46 모서리 식재기법에서 고려하지 않아도 되는 사항은? 기-04-1

㉮ 키 큰 교목식재 ㉯ 강조식재

㉰ 표본식재 ㉱ 비스타 형성 식재

해 ㉱ 비스타 형성 식재는 초점식재 기법에서의 고려사항이다.

47 건물과 관련된 식재기법에서 교목을 위주로 하여 전체적인 건물과의 균형을 고려해야 하므로 수

종선정과 식재 위치선정에 세심한 주의가 필요한 것은? 기-03-1

㉮ 초점식재　　　　㉯ 모서리식재

㉰ 배경식재　　　　㉱ 가리기식재

48 다음 중 그 지역의 위치를 알려줌과 동시에 상징성, 식별성이 높아 경관 향상에 도움을 주는 식재는? 산기-12-1

㉮ 보호식재　　　　㉯ 지표식재

㉰ 차폐식재　　　　㉱ 경관식재

49 수관의 질감(texture)이 거친 느낌을 주어 서양식 건물에 가장 잘 어울리는 수종은? 산기-12-1

㉮ Rhododendron schlippenbachii Maxim

㉯ Fatsia japonica Decne. & Planch.

㉰ Albizia julibrissin Durazz.

㉱ Spiraea prunifolia for. simpliciflora Nakai

해 팔손이(Fatsia japonica Decne. & Planch.)는 상록활엽관목으로 잎의 지름이 20~40cm 정도로 크고 손바닥 모양으로 깊게 갈라져있기 때문에 잎의 질감이 거칠어 규모가 큰 건물이나 양식건물에 잘 어울린다.

　㉮ 철쭉 ㉯ 팔손이 ㉰ 자귀나무 ㉱ 조팝나무

50 달리고 있는 차량의 소음은 거리가 3배 멀어질 때 얼마만큼 감소하게 되는지 식(D) = $L_1 - L_2$ = $10\log_{10}\dfrac{d_2}{d_1}$(dB)을 이용하여 계산하면 약 얼마인가? (단, 거리 d_1지점의 음압레벨을 L_1, 거리 d_2지점의 음압레벨을 L_2라 한다.) 산기-12-1

㉮ 3dB　　　　㉯ 5dB

㉰ 7dB　　　　㉱ 9dB

해 $D = L_1 - L_2 = 10\log_{10}(\dfrac{3}{1})$

　$L_2 = L_1 - 10\log 3$ ∴ $10\log 3 = 4.77$(dB)

CHAPTER 02 식재계획 및 설계

1>>> 설계일반

1 설계일반사항

(1) 검토사항
① 기본검토사항 : 식재지반조사
② 상세검토사항 : 식재토심, 토질, 토양개량 여부, 식재지반의 마감 높이, 수목의 중량, 통풍성, 급·배수, 수종선정의 적절성, 식재공법, 지주목, 비탈면 식재, 기존 수목, 인공지반 등

(2) 식재기능 요구시기
① 완성형 : 완성에 가까운 형태로 식재
② 반완성형 : 5년 정도 경과 후 완성형에 가깝게 되는 식재
③ 장래완성형 : 10~20년 정도 경과 후 완성형태가 되는 식재

(3) 녹지조성수준
① 이용밀집지역이나 특정시설주변, 기타 특정목적 녹지는 '일반형 녹지'를, 외주부의 녹지는 '생태형 녹지'를 지향하고 주변의 생태계와 연결
② 시설지를 제외한 모든 부분을 최대한 녹지화하며, 공공목적의 조경공간은 법령에 없는 경우 최소 15% 이상 녹지율 확보
③ 완성형의 식재기준은 100m²당 교목 13주(3.5~5m 간격), 소교목 16주(화목 포함), 관목 66주(2~3주/m) 및 묘목(필요량)으로 하고, 설계자가 대상의 조건에 따라 적절히 조정

(4) 토지이용 상충지역 완충녹지
① 일반적 완충녹지의 폭원은 최소 20m
② 재해 발생시 피난지로 설치하는 녹지는 관목·잔디·지피식물을 식재하고 녹화 면적률 70% 이상으로 조성
③ 보안, 접근억제 등 상충되는 토지이용의 조절을 목적으로 하는 경우는 교목·관목·잔디·지피식물로 녹화 면적률 80% 이상으로 조성
④ 방풍식재는 수고가 높을수록 바람의 투과율이 크므로 그 폭을 10~20m로 넓게 설계
⑤ 임해매립지의 방풍·방조녹지대의 폭원은 200~300m 확보
⑥ 방재녹지는 6~10m로 하고 방화지구의 성격·규모에 따라 크기 조정
⑦ 하천연변의 폭은 홍수·범람 등으로 하천 및 하천의 부속물이 유실되지 않는 범위 내에서 필요한 최소한의 구역 설정

식재설계 및 공사 진행과정
기본계획→기본설계→실시설계→설계도면 작성→견적 및 발주→시공

요구시기 결정
주거지, 학교, 병원 등은 완성형, 상업지역과 공업지역은 반완성형이나 장래완성형으로 설계하고, 주거지역은 상황에 따라 형식을 결정한다.

완충녹지
외관상 보기 흉한 장소, 구조물 등을 은폐하거나 순화시키며, 필요한 경우 프라이버시가 확보되도록 한다. 각종 도입시설의 종류·위치·기능·규모 등은 주변 환경을 고려하여 결정한다.

경관녹지
자연환경보전에 필요한 면적 이내로 설치하며, 화단·분수·조각 등의 시설은 도시공원과 기능상 상충되지 않도록 설치하고, 주변의 토지이용과 확실히 구별되는 위치에 설치하거나 녹지의 경계로 가급적 식별이 명확한 지물을 이용한다. 녹지의 특성에 맞는 수목과 시설을 도입한다.

② 식재밀도

(1) 교목

① 성목이 되었을 때 수목간의 간섭을 줄이기 위하여 적정 수관폭 확보

② 목표연도는 식재 후 10년으로 설정-수고 3m, 수관폭 2m 수목 기준

③ 열식·군식 등 교목의 모아심기 표준 식재간격은 6m로 하며, 공간조건 과 수종에 따라 4.5~7.5m범위에서 조정

(2) 관목

구분	식재간격(m)	식재밀도	비고
작고 성장이 느린 관목	0.45~0.60	3~5본/m²	단식 또는 군식
크고 성장이 보통인 관목	1.0~1.2	1본/m²	
성장이 빠른 관목	1.5~1.8	2~3m²당 1본	
산울타리용 관목	0.25~0.75	1.5~4본/m²	밀식
지피·초화류	0.20~0.30 0.14~0.20	11~25본/m² 25~49본/m²	

2>>> 기능식재

① 차폐식재

(1) 차폐이론

1) 차폐식재의 위치와 크기

$$\tan\alpha = \frac{h-e}{d} = \frac{H-e}{D}$$

$$h = \tan\alpha \cdot d + e = \frac{d}{D}(H-e) + e$$

여기서,
e : 눈의 높이(서있는 경우 150~160cm, 앉아있는 경우 100~120cm)
α : 눈과 차폐대상물의 최상부를 연결한 수직각
β : 눈과 차폐대상물의 최하부를 연결한 수직각
H : 차폐대상물의 높이
h : 차폐식재의 높이
D : 시점과 차폐대상물과의 수평거리
d : 시점과 차폐식재와의 수평거리

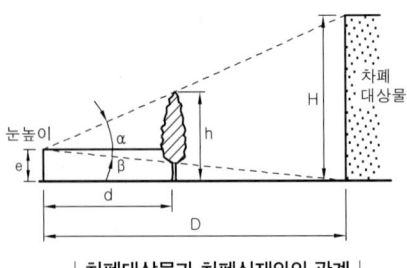

| 차폐대상물과 차폐식재와의 관계 |

① D, H, e가 일정한 경우 d가 커지면 h도 증가

② 시점 가까이에서는 작은 수목으로 차폐가 가능하나 시점으로부터 떨어질수록 키가 큰 수목 식재

▌관목군식의 밀도

① 수관폭을 기준으로 단위면적(m²)당 빈공간이 생기지 않을 정도로 식재수량을 결정하되, 식재공간의 성격, 식재수종의 생태적 특성 및 식재목적에 따라 설계자가 조정할 수 있다.

② 피복식재를 할 경우 표준겹침률 20% 적용, 건물주변 등 중요한 지역은 겹침률 40%까지 상향 적용할 수 있으나 과도한 겹침은 피한다.

③ 생울타리용 관목의 식재간격은 0.25~0.75m, 2~3줄을 표준으로 적절히 조정한다.

④ 표준품셈에서는 수관폭을 기준으로 20cm 32주/m², 30cm 14주/m², 40cm 8주/m², 50cm 5주/m², 60cm 4주/m², 80cm 2주/m², 100cm 1주/m²를 표준으로 한다.

▌차폐식재

외관상 보기 흉한 곳이나 구조물 따위를 은폐하거나 외부로부터 내부를 엿볼 수 없도록 시선이나 시계를 차단하는 식재를 말한다.

▌차폐와 은폐

차폐는 시선을 가리는 것이고 은폐는 대상물을 다른 물체로 위장시키는 것이다.

▌차폐식재 시 평가요소

① 차폐가 필요한 방향

② 관찰자의 위치 및 접근각도

③ 차폐대상의 계절적 경관특성

2) 주행할 때의 측방차폐

$$S = \frac{2r}{Sin\alpha} = \frac{d}{Sin\alpha}$$

여기서,
S : 열식수의 간격
d : 열식수의 수관직경
r : 열식수의 수관반경
α : 진행방향에 대한 시각

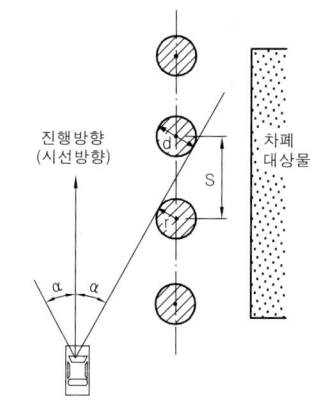

| 주행할 때의 열식수와 차폐대상물과의 관계 |

① 시야각을 좌우로 30°라 하면 $S = \frac{d}{Sin30}$에서 S = 2d가 되어 열식수의 간격을 수관직경의 2배 이하로 하면 측방의 차폐에 효과적
② 30°이내의 전방은 열식수가 중복되어 측방시계는 완전히 폐쇄

3) 주행할 때의 열식수에 의한 차폐효과
   ① 운전자가 아닌 동승자가 측방을 바라보면 차폐효과가 없음
   ② 주행속도에 따라 열식수 사이로 보여지는 정도가 상이
   ③ 열식수를 뚜렷이 보이게 하기 위한 조건
   ㉠ 열식수의 반복이 CFF 이하일 것
   ㉡ 열식수에 대한 노출시간이 그 생김새를 인지할 수 있는 시간 이상일 것
   ㉢ 서로 인접하는 열식수를 별개의 것으로 보이게 하기 위한 자극(열식수) 사이의 휴지시간이 일정한 크기 이상일 것
   ㉣ 수관폭의 2배 이하 간격

(2) 카무플라즈(camouflage) – 위장수법, 미채(迷彩)수법, 분산수법
① 대상물을 눈에 띄지 않도록 하는 수법
② 주위의 사물과 형태·색채·질감 등에 있어 현저한 차이가 나지 않도록 균질화하는 법 – 인공조성지 수림, 법면의 녹화 등
③ 대상물을 도색이나 딴 물체로 일부를 가리거나 그림자를 지게 하여 외관상 작게 분할되어 하나의 종합된 형태로 인지하기가 어렵게 하는 법
④ 명도가 다른 물체의 대비

$$C = \frac{(B_1 - B_2)}{B_1}$$

여기서,
C : 명도대비
B_1 : 물체 A의 명도
B_2 : 물체 B의 명도

㉠ C가 클수록 대비가 뚜렷해지고 작아짐에 따라 식별 곤란

▌ 시야
사람의 시야 가운데 가장 잘 보이는 범위는 중심으로부터 좌우로 15°정도이고 30°의 범위까지는 꽤 보이기는 하나 그 밖은 흐릿하게 보인다.

▌ 임계융합빈도(CFF)
대상물이 짧은 노출시간으로 계속적으로 반복될 때에 어른거리는 현상이 없어지고 그대신 융합해 보이며, 이 융합이 생겨나는 최소사이클수를 감각심리학에서 CFF(critical flicker frequence)라고 한다. 이 수치는 측정조건이나 시각조건에 따라 달라지나 대략 50cycle/sec 정도이다.

ⓛ 직사 태양 광선 밑에서의 대비는 C=0.02 정도가 한계

(3) 차폐식재의 구조

① 원하는 차폐정도에 따라 식재밀도 조절

② 교목을 두 줄로 교호식재하고 그 앞에 관목을 한 줄 열식하면 적은 재료로도 식재효과 가능

③ 간략화할 때는 아랫가지가 낮은 수목을 줄로 밀식

④ 식재장소가 좁을 경우 시점 가까이에 높은 산울타리 조성

⑤ 조화롭지 못한 두 건물의 경우 차폐수림을 조성하여 두 건물이 함께 시야에 들어오는 것을 방지하는 수법에 사용

(4) 차폐식재용 수종

① 상록수로서 수관이 크고 지엽이 밀생한 것이 적합

② 상록수가 적합하나 상록수가 없거나 단시일 내에 차폐효과를 얻으려면 낙엽수 사용가능

차폐용 수종

구분	수종
교목	소나무, 주목, 화백, 편백, 측백나무, 향나무, 전나무, 비자나무, 아왜나무, 삼나무, 느티나무, 단풍나무, 미루나무, 은행나무, 참느릅나무, 녹나무
관목	사철나무, 광나무, 금목서, 돈나무, 동백나무, 식나무, 협죽도, 팔손이, 쥐똥나무
만경류	담쟁이덩굴, 인동덩굴, 멀꿀, 남오미자, 칡

② 가로막기식재

(1) 기능과 효과

① 부지 주위나 부지 내의 국부적 가로막기를 위해 조성되는 식재

② 경계의 표시, 눈가림, 진입방지, 통풍조절, 방진, 일사의 조절 등

③ 진입방지기능은 조성 직후에는 철책이나 펜스 병용

④ 통풍기능은 구조적 담장보다 양호하며 강풍에도 잘 견딤

⑤ 방풍을 목적으로 한 식재는 방진기능 수반

⑥ 여름철 석양과 같은 낮은 햇빛 차단으로 일사조절효과

(2) 산울타리

① 살아 있는 수목을 열식해서 조성하는 울타리

② 담장보다는 경관에 푸르름과 운치를 주고 경관의 배경적 역할

③ 부지경계선이나 부지 내의 땅가름에 따라 경계부에 설치

④ 부지경계선에 조성할 경우 산울타리 완성 시 두께의 1/2만큼 안쪽으로 식재

⑤ 90cm 정도의 어린나무로 30cm 간격, 한 줄이나 두 줄 교호식재

⑥ 처음부터 기능을 필요로 할 때에는 수관폭 60cm 정도로 굵은 가지가

차폐식재의 밀도표준
① 좁은 식재폭 : 교목 8주/100m², 소교목 12주/100m²
② 넓은 식재폭 : 교목 5주/100m², 소교목 6주/100m²

산울타리 표준 높이
① 120cm
② 150cm
③ 180cm
④ 210cm
· 두께(폭)는 30~60cm

발생한 나무를 60cm 간격으로 식재

⑦ 방풍을 겸한 산울타리 조성(높이 3~5m 적당)

  ㉠ 흉고직경 5~7cm 정도 수목을 180cm 간격으로 식재

  ㉡ 통대나무나 말뚝으로 격자를 짜서 고정

  ㉢ 가지 밑이 빌 때에는 안쪽에 낮은 산울타리 한 줄 더 조성

(3) 산울타리용 수종

① 맹아력이 강하고 지엽이 세밀하여 아래가지가 오래도록 말라 죽지 않는 것 – 상록수종이 적합

② 건조와 공해에 대한 저항력이 있으며 보호와 관리가 용이한 것

③ 꽃나무류로 산울타리 조성 시 다듬지 말고 자연그대로 두고 필요하면 꽃이 진 후에 정리

④ 일반적으로 한 해에 두 번, 6월 및 10월에 정리

산울타리용 수종

구분	수종
교목	독일가문비, 측백나무, 화백, 편백, 전나무, 향나무, 스트로브잣나무, 노간주나무, 가시나무류, 구실잣밤나무, 감탕나무, 아왜나무, 월계수, 삼나무, 탱자나무, 주목, 식나무, 비자나무, 이팝나무, 때죽나무
관목	사철나무, 꽝꽝나무, 개나리, 피라칸타, 회양목, 보리수나무, 조팝나무
만경류	능소화, 등나무, 멀꿀, 덩굴장미, 으름덩굴, 남오미자, 칡

(4) 가장자리 긋기

① 원로나 화단 또는 잔디밭 가장자리에 나무를 심어 경계선 형성

② 높이 30~90cm, 폭 30~60cm 정도의 수목 선정

③ 원로폭이 좁을수록 낮게 하며, 폭을 넓히면 기능성 증가

④ 조릿대, 꽝꽝나무, 철쭉, 옥향, 쥐똥나무, 회양목 등

❸ 녹음식재

(1) 기능 및 효과

① 수관의 잎에 의해 빛이 차단되어 그늘 형성 – 일사차단

② 한 장의 잎을 투과하는 햇빛량은 전광선량의 10~30% 정도

③ 수목은 토양보다 비열이 크며, 잎의 증산작용에 의하여 급속한 온도상승 방지

④ 수림안쪽은 바깥에 비해 하루의 기온변화가 완만

⑤ 녹음식재 시 잔디와 같이 그늘에서 생육이 곤란한 것에 유의

(2) 수목의 그림자

① 녹음수 식재 시 계절과 시간에 따른 그림자 길이 산출

② 태양의 고도와 방위각을 이용하여 산정

$$m=\ell \cdot \cot h \qquad \alpha=A\pm\pi$$

여기서,
ℓ : 막대기 길이
h : 태양의 고도
A : 태양의 방위각
m : 막대기의 그림자 길이
α : 그림자의 방향

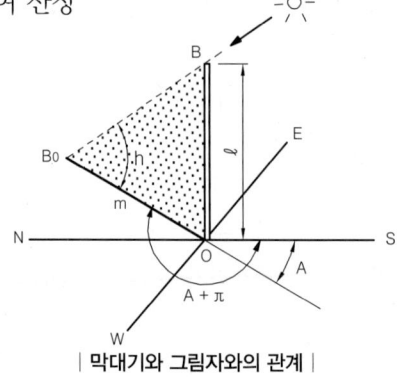

| 막대기와 그림자와의 관계 |

(3) 녹음수 식재의 구조

① 한여름의 낮, 저녁의 석양에 대해 원하는 곳에 그늘지게 배치
② 주택의 경우 동지에 하루 4시간 이상의 일조 고려
③ 녹음수가 겨울철 일조에 방해하지 않도록 고려
④ 퍼걸러 등 녹음시설 시렁 밑의 공간 높이는 2.1m가 적당

(4) 녹음식재용 수종

① 수관이 커야하고 머리에 닿지 않을 정도의 지하고 확보
② 여름철에 그늘 제공, 겨울에는 햇빛차단 없는 낙엽교목 선정
③ 충분한 그늘을 위한 가급적 큰 잎을 가진 수목
④ 잎이 밀생한 교목으로 병충해와 답압의 피해가 적은 수목
⑤ 나무 가까이 접근해도 악취가 없고 가시가 없는 수종

4 방음식재

(1) 방음대책

1) 거리를 충분히 떼어 놓는 방법
  ① 가장 확실하고 효과적인 소음대책으로 거리가 2배로 늘어날 때마다 선음원은 3dB씩, 점음원은 6dB씩 감쇠
  ② 자동차 소음은 자동차 자체는 점음원이나 여러 차량이 주행하고 있는 경우에는 선음원으로 간주
2) 차음효과를 가진 구조물 설치
  ① 높이가 높을수록 차음효과가 크고 단파장음(고주파)일수록 잘 감쇠
  ② 장파장(저주파)의 음파는 회절하기 쉬워 감쇠 정도가 낮음
  ③ 차음체의 위치는 음원 또는 수음점에 가까울수록 효과가 좋으며, 중간지점에 설치 시 효과 최소
  ④ 수음점이 높은 경우에는 차음체를 음원에 가깝게 설치
3) 노면을 연도부지 보다 낮추거나 노면에 둑 설치
  ① 차음벽을 쌓은 효과와 비슷

▌녹음용 수목
느티나무, 버즘나무, 가죽나무, 은행나무, 물푸레나무, 중국단풍, 백합나무(튤립나무), 참느릅나무, 층층나무, 칠엽수, 피나무, 회화나무, 벽오동, 녹나무, 이팝나무, 일본목련, 팽나무, 오동나무

▌소음과 단위
① 소음 : 인간에게 바람직하지 않은 음향 또는 필요치 않은 음향
② 소음의 표시단위 : 음압레벨, 소음레벨 호온(horn), 데시벨(dB)

② 담에 비해 넓은 땅을 필요로 하나 음원과 수음점의 거리를 크게 하고 둑 위에 식수가 가능해 더 큰 효과 가능

4) 길가에 식수대 조성하는 방법

① 수목은 잎과 가지 사이에 공극이 많아 큰 효과는 없음

② 음원이나 차음구조물을 차폐하여 얻어지는 심리적 효과가 큼

③ 산울타리는 낮은 주파수 보다 높은 주파수에 효과가 크며, 지엽이 치밀한 상록활엽수가 비교적 양호

④ 콘크리트나 시멘트블록담 앞에 식재 시 반사음 감쇠

⑤ 감쇠효과가 큰 담과 식수대를 병설하는 것이 효과적

⑥ 방음식재 구조

㉠ 가급적 소음원 가까이 식재하는 것이 효과적

㉡ 식수대의 가장자리에서 도로중심선까지의 거리는 15~24m 정도 이격-15m 이내 회피

㉢ 식수대의 너비는 20~30m 이상, 수고는 식수대 중앙에서 13.5m 이상

㉣ 식수대와 가옥과의 거리는 최소 30m 이상 이격

㉤ 식수대의 길이는 음원과 수음점 거리의 2배로 설정

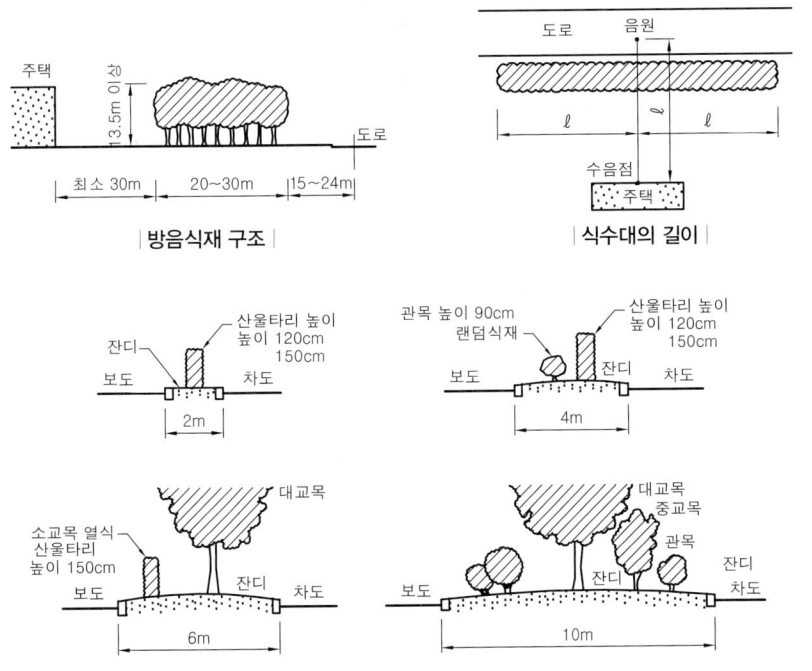

| 방음식재 구조 | | 식수대의 길이 |

| 폭 2~10m인 식재대의 방음식재 |

(2) 방음식재용 수종

① 지하고가 낮고 잎이 수직방향으로 치밀한 상록교목 적당

② 지하고가 높은 때에는 교목과 관목을 짝지어 식재

③ 추위가 심한 곳에서는 낙엽수와 추위에 강한 상록수 혼합식재

시가지의 식수대

① 도로 중심선으로부터 3~15m 이격

② 식수대 너비 3~15m

③ 조성용지 여건상 조정 가능

방음식재용 수종

회화나무, 피나무, 팽나무, 호랑가시나무, 식나무, 사철나무, 금사철 등

④ 혼합식재 시 수림대 앞뒤에 상록수, 중앙부에 낙엽수 식재

⑤ 차량소음 대책 시 배기가스에 강한 수종 사용

5 방풍식재

(1) 기능

① 바람을 막거나 약화시키는 기능

② 토양입자나 먼지 또는 염분, 눈, 안개 등에 의한 피해방지

③ 방풍효과는 수목의 높이, 감속량은 수림의 밀도에 좌우

④ 방풍효과의 범위는 바람의 위쪽 대해서는 수고의 6~10배, 바람의 아래쪽은 25~30배의 거리

⑤ 가장 효과가 큰 곳은 바람 아래쪽의 수고의 3~5배 지점으로 풍속의 65% 정도 감소

⑥ 수림의 경우 50~70%, 산울타리의 경우 45~55%의 밀폐도를 가져야 방풍효과의 범위가 넓어짐

⑦ 수림의 지하고가 높을 경우 줄기 사이를 통과하면서 가속현상이 발생하여 방풍효과 없음

⑧ 과밀한 수림의 경우 그 바로 앞뒤에서는 현저한 효과가 있으나 영향범위가 좁아지고 소용돌이 발생으로 나쁜 결과 초래

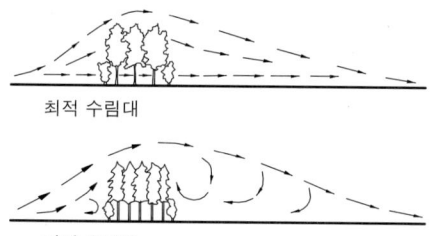

최적 수림대

과밀 수림대

| 수림대의 구성상태에 따른 바람의 흐름 모양 |

(2) 방풍림 구조

① 1.5~2.0m의 간격을 가진 정삼각형식재 5~7열로 배열하여 10~20m의 너비 조성(수고가 클수록 더 넓게 조성)

② 수림대의 배치는 주풍향과 직각이 되도록 조성

③ 수림대의 길이는 최소 수고의 12배 이상

(3) 방풍식재용 수종

① 심근성이고 줄기나 가지가 바람에 잘 꺾이지 않는 동시에 지엽이 치밀한 상록수 적당

② 낙엽수는 겨울철의 방풍효과가 여름철에 비해 20% 감소

③ 바람에 쓰러지기 쉬운 나무는 지주를 받쳐주거나 가지를 적절히 솎아 풍압면적 축소

④ 방풍용 산울타리로서는 가시나무, 무궁화, 사철나무, 삼나무, 아왜나무, 편백, 화백 등을 1~3열 식재하여 높이 2~3m 정도로 조성

⑤ 해안 방풍림은 주로 내조력이 강한 흑송(곰솔) 사용

▌방풍식재용 수종
독일가문비, 리기다소나무, 방크스소나무, 소나무, 삼나무, 잣나무, 편백, 화백, 곰솔, 가시나무, 구실잣밤나무, 녹나무, 감탕나무, 돈나무, 사철나무, 참나무류, 은행나무, 참느릅나무, 팽나무, 버즘나무, 싸리, 조록싸리, 후박나무, 동백나무

▌방사·방진용 수종
눈향나무, 사철나무, 쥐똥나무, 동백나무, 보리장나무, 찔레꽃, 해당화, 오리나무, 굴거리나무, 싸리, 족제비싸리

⑥ 방화식재

(1) 기능

① 화재 시 발생하는 복사열 차단으로 연소방지

② 기류의 움직임을 방해하여 화염이 흐르거나 불꽃이 나는 것을 방지

(2) 방화식재의 구조

1) 도시계획과 관련된 큰 규모의 방화녹지대

① 수림대와 공지를 교호로 2~수 열의 배치구성

② 공지의 너비는 6m 이상으로 잔디보다는 포장이나 수면이 적당

③ 수고 10m 이상 되는 교목을 서로 어긋나게 4m²당 1그루의 밀도로 하고 너비는 6~10m

④ 교목의 앞쪽에 관목 열식

2) 개개의 건축물에 대한 방화 식재

① 건물의 간격이 3m 이하일 때는 식수에 의한 방화효과 없음

② 간격이 5m 정도 되는 경우 추녀 밑과 창문 등을 중점적으로 방호할 수 있도록 높고 낮은 산울타리 조성

③ 간격이 7m 정도가 될 때에는 교목을 2열식재로 하되 가지 끝을 2m 정도 떨어지게 식재

> **▌방화녹지 수목규격**
> 방화녹지의 수림대는 수고 10m 이상 자라는 교목류로 균식한다.

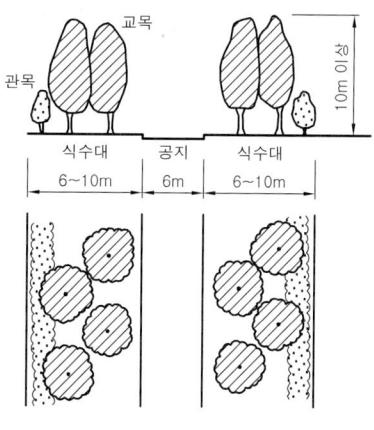

| 방화녹지대의 구조 |

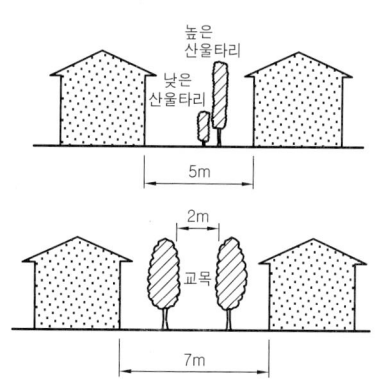

| 단층목조주택에 대한 방화식재 |

(3) 방화식재용 수종

① 잎이 두껍고 함수량이 많은 것

② 잎이 넓으며 밀생하고 있는 것

③ 상록수 일 것

④ 수관의 중심이 추녀보다 낮은 위치에 있을 것

⑤ 지엽이나 줄기가 타도 다시 맹아하여 수세가 회복되는 나무 – 내화수(굴참나무, 황벽나무)

> **▌방화식재용 수종**
> 가시나무, 돌참나무, 아왜나무, 후피향나무, 사스레피나무, 사철나무, 금송, 멀구슬나무, 벽오동, 상수리나무, 은행나무, 단풍나무, 층층나무, 동백나무

⑥ 잎이 가늘고 말라 죽은 잎이 오래 붙어 있어 연소성이 높으며 잎에 수지를 함유한 나무 회피 – 녹나무, 삼나무, 소나무, 구실잣밤나무, 메밀잣밤나무, 목서류, 비자나무, 태산목

(4) 잔디의 방화처리
① 자주 깎아 말라 죽은 잎의 양을 적게하는 방법
② 난연성약품(인산암모늄액)의 산포

7 방설식재

(1) 기능
① 식재밀도가 높을수록 방지기능 증가
② 식재밀도가 같을 경우 수림대의 폭이 넓은 것이 유리
③ 식재밀도와 폭이 같은 경우 높이가 높은 것이 유리
④ 밀도·폭·높이가 같고 지하고만이 다를 경우 낮은 것이 유리

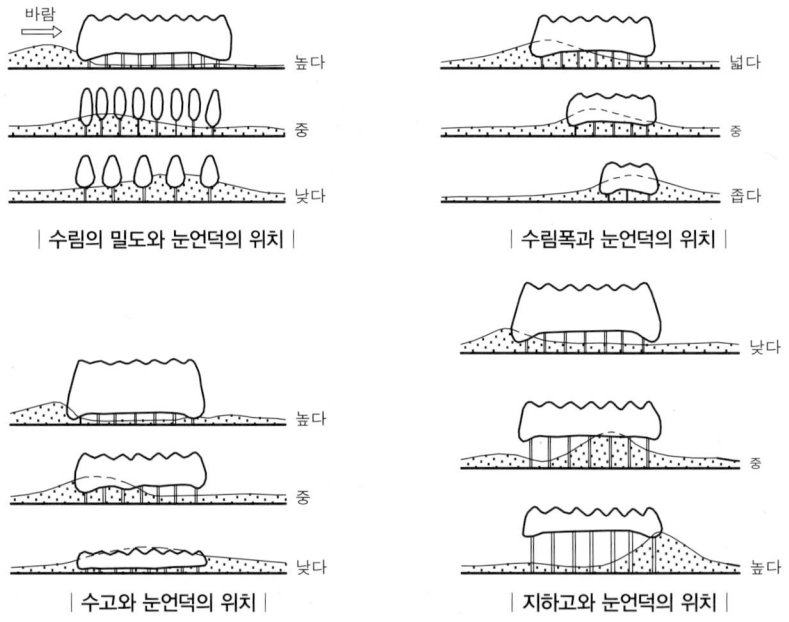

| 수림의 밀도와 눈언덕의 위치 |

| 수림폭과 눈언덕의 위치 |

| 수고와 눈언덕의 위치 |

| 지하고와 눈언덕의 위치 |

(2) 방설림의 구조
① 눈보라를 방지하려면 30m 정도의 너비 필요
② 수림이 노령에 이를 경우 갱신문제를 고려하면 2배(60m) 정도 필요
③ 눈보라가 심하지 않은 곳은 20m로 축소 가능
④ 용지확보가 어려운 곳은 목적하는 도로에서 15~20m 떨어진 곳에 2열의 수림대 설치
⑤ 인접지로부터의 화재를 막기 위하여 경계부에서 최소 4m 폭의 방화선 설치 – 인접지가 농경지인 경우 불필요

⑥ 두 개의 수림대로 하나의 방설림 조성 시 6m 이격

⑦ 묘목을 심어 수림대 조성 시 1.4m 또는 2.0m 간격으로 삼각배식

⑧ 2열로 조성할 경우 가급적 큰 묘목으로 1.2m 간격으로 교호식재

(3) 방설식재용 수종

① 지엽이 밀생하는 직간성 수종

② 심근성으로 바람에 강하고 생장이 왕성한 것

③ 조림하기 쉬우며 눈으로 가지가 잘 꺾이지 않는 것

④ 아래가지가 잘 말라 죽지 않고 척박한 땅에서도 견딜 수 있는 것

⑤ 주목(主木)에 대한 보호 또는 예비로 식재되는 부목(副木)은 주목과 한 줄 건너 식재

⑥ 임연부(林緣部)에는 저항력이 강하고 맹아성이 큰 무궁화나 오리나무, 포플러 등으로 임투(林套) 형성

> **임투(林套)**
> 임의(林依)와 같은 뜻으로 임연에 설치하는 대상(帶狀)의 부분으로 안쪽에 있는 수목은 임투의 보호를 받는다.

지역	주목	부목
한냉지	가문비나무, 종비나무, 독일가문비	일본잎갈나무, 참나무류, 산오리나무, 물푸레나무
온난지	삼나무, 편백, 소나무, 흑송	일본잎갈나무, 오리나무, 아까시나무

(4) 방설책

① 방설림이 충분히 기능을 발휘하기까지 필요한 기능 보완

② 방설책 높이는 일반적으로 4m 내외

8 지피식재

(1) 기능 및 효과

① 모래·먼지방지 : 잔디와 같은 식물로 덮어 주면 날리는 흙입자의 양이 1/3~1/6로 감소

② 강우로 인한 진땅 방지

③ 침식방지 : 빗방울에 의한 침식과 물의 흐름에 의한 흙의 무너짐 방지

④ 동상방지 : 온도변화에 따른 동결·융해로 지표가 연해지는 것을 방지

⑤ 미기상의 완화 : 나지에 비해 온도의 교차가 적어 환경상 유리하며, 옥상 등에 조성 시 실온 상승 억제

⑥ 운동·휴식효과 : 나지에 비해 촉감이 부드럽고 지표완화로 유희·휴식장소로 적당

⑦ 미적 효과 : 푸르름과 주변과의 배색효과

> **지피식재**
> 식물을 써서 지표를 평면적으로 덮어 주는 식재수법으로, 대표적인 것이 잔디밭이다.

(2) 지피로서 갖추어야 할 조건

① 식물체의 키가 낮을 것 – 가급적 30cm 이하

② 다년생 식물로서 가급적이면 상록일 것

③ 비교적 속히 생장하며 번식력이 왕성할 것

④ 지표를 치밀하게 피복하여 나지를 남기지 않을 것

⑤ 깎기작업, 잡초뽑기, 병해충방제 등 관리가 쉬울 것

⑥ 답압에 견디는 것일 것

⑦ 잎과 꽃이 아름답고 악취·가시·즙 등이 적은 것일 것

(3) 지피용 식물

1) 한국잔디(Zoysia grass)

① (들)잔디(Zoysia japonica) : 전국 산야의 양지바른 자리에 많이 식생하며, 공원, 운동경기장, 공항, 골프장 러프 등에 사용

② 금잔디(Zoysia matrella) : 내한성은 들잔디보다 약하나 비단잔디 보다는 강하며, 들잔디에 비해 잎이 연하고 섬세하여 정원의 잔디밭, 공원, 골프장 티·그린·페어웨이 등에 사용

③ 비단잔디(Zoysia tenuifolia) : 서울 등 중부지방에서는 월동하기가 어려워 주로 남부지방에서 사용하며, 대단히 아름다우나 생장이 더디고 허약하여 관리의 어려움이 있어 화단의 경계 긋기 등 소규모로 사용

④ 갯잔디(Zoysia sinica) : 서해안에 자생하고 있으며, 고운 잔디이나 줄기가 위로 곧게 서는 성질이 있어 잔디용으로는 부적합

⑤ 왕잔디(Zoysia macrostachya) : 바닷가 모래땅에서 자라고, 잔디와 비슷하지만 꽃이삭이 특히 커서 왕잔디라고 하며, 한국(중부 이남)·일본에 분포

2) 서양잔디

① 버뮤다그래스(Bermuda grass) : 난지형 잔디로 더위에 강하나 내음성과 내한성이 약하며, 골프장 그린·티·페어웨이, 경기장으로 사용

② 켄터키 블루그래스(Kentucky bluegrass) : 한지형 잔디 중 가장 많이 사용되는 것으로 그린을 제외한 골프장, 경기장, 일반 잔디밭에 많이 사용

③ 크리핑벤트그래스(Creeping bentgrass) : 한지형 잔디로 골프장 그린에 많이 사용하며, 여름에 말라 죽기 쉽고 잦은 병 발생

④ 톨페스큐(Tall fescues) : 한지형 잔디이나 내한성이 비교적 떨어져지고, 고온·건조·병충해에도 강하여 비행장 공장, 고속도로 등 시설용으로 사용

⑤ 파인페스큐(Fine fescues) : 한지형 잔디로 배수가 잘되는 음지나 척박지에도 강하여 빌딩주변이나 나무 밑에 사용

⑥ 페레니얼 라이그래스(Perennial ryegrass) : 한지형 잔디로 모든 토양에 잘 적응하며 생장이 빠르나 고온에 약함

3) 잔디의 적지(適地)

① 들잔디나 금잔디는 전광선량의 70% 이상을 필요로 하며, 오전을 중

> **양잔디의 파종**
> 파종법에 의한 잔디밭 조성 시 한 종류를 단파(單播)하거나 2~3종을 혼파(混播)하며, 난지형은 봄에 파종(춘파)하고 한지형은 가을에 파종(추파)한다.

심으로 춘분과 추분경에 하루 5시간 이상 햇빛이 닿는 곳에서 양호한 생육

② 배수가 좋은 사질양토(pH6.5~7.0의 중성토양)로 함수비 0.7 정도될 때 가장 잘 자라며 지하수위는 최소 −60cm, 가급적 −1m 이하가 적합

③ 잔디밭에 사람들의 출입이 7회를 넘으면 피해가 생기고, 10회 이상이면 출입 제한

④ 잔디의 생육을 위해서는 적어도 30cm의 표토층 필요

⑤ 잔디밭 조성 시 상토와 배수성을 최우선적 고려

4) 기타 지피식물

① 맥문동과 소맥문동 : 경기도 이남의 숲 속에 나는 상록다년초로 초여름에 보랏빛 꽃, 가을에 푸른 열매를 볼 수 있으며, 나무그늘에 심는 것이 적당

② 아이비(헤데라) : 유럽원산의 상록만경식물로 부착근이 있어 벽에도 올릴 수 있으며 그늘진 곳에 잘 자라며 꺾꽂이로 뿌리가 쉽게 활착

③ 수호초 : 일본 각지의 숲속에 나는 상록다년초로 회양목과에 있으며, 중부지방에서도 월동이 가능하며 배수가 잘 되는 반음지에서 생육 양호

④ 길상초 : 일본 각지의 숲속에 나는 상록성다년초로 원추리를 축소시킨 것과 같은 모양의 잎을 가지고 있으며 가을에 홍자색 열매 결실

⑤ 선태류 : 일본식 정원의 지피로 잘 쓰이며 약간의 햇빛이 닿는 반음지로서 공중습도가 높은 곳이 적당 – 저습지 생육 불가능

⑥ 원추리 : 토질을 가리지 않고 왕성한 번식력을 보이며, 새순이 돋을 때, 여름의 노란색 꽃 등이 보기 좋으며 양지보다는 반음지에서 잘 생육

⑦ 조릿대(사사) : 어떤 곳에서도 왕성한 번식력을 가지며 반그늘·양지에서 잘 자라는 식물

⑧ 석창포 : 그늘진 다습한 곳에서 잘 자라며 건조한 곳에도 잘 견디는 식물

⑨ 후록스 : 배수가 잘되는 곳이면 토양에 상관없이 잘 자라며 양지 선호

⑩ 용담 : 전국의 산과 들에서 자라는 다년생 초본으로 풀숲이나 양지에서 생육

⑪ 은방울꽃 : 전국의 산에 분포하는 다년생 초본으로 토양이 비옥하고 배수가 잘되는 반그늘에서 생육

⑫ 앵초·큰앵초 : 냇가 근처와 같은 습지에서 자라는 다년초로 반그늘에서 생육 양호

⑬ 복수초 : 중부 이북의 숲속에서 자생하는 다년초로서 내한성·내공해성이 있고, 습한 반그늘에서 생육

⑭ 바람꽃 : 고산에서 자라는 다년초로 반그늘이 지고 주변습도가 높으며 유기질함량이 많은 토양에서 생육

▌pH(hydrogen exponent)
pH는 물의 산성이나 알칼리성의 정도를 나타내는 수치로서 수소 이온 농도의 지수이다. 중성의 pH는 7이다. 따라서 pH7 미만은 산성, pH7을 넘는 것은 알칼리성이다.

⑮ 애기나리 : 중부 이남의 산지에서 자라는 다년생 초본으로 반그늘·양
   지에서 잘 자라며 배수가 잘되는 토양 선호
⑯ 대사초 : 전국의 숲속 그늘진 곳에서 자라는 다년생 초본
⑰ 아주가 : 중부 이남의 산지에서 자라는 다년생 초본으로 반그늘이나
   양지쪽의 나무 아래에서 생육

3>>> 부분별 식재설계

1 주택정원
① 정원 구성요소인 식물, 물 등으로 자연 제공 – 정신적·심리적 안정
② 외부의 환경보다 더 나은 질 제공 – 기후조절, 프라이버시 제공
③ 생산활동 및 외부활동 가능
④ 수목이 정원에서 가장 큰 비중을 차지
⑤ 건물과 식재의 시각적 균형, 초점적 역할, 배경 및 차폐기능

▌녹지의 효용성
① 안전성
② 위락성
③ 능률성
④ 쾌적성

2 도시조경
(1) 광장
건물의 벽면으로 둘러싸인 정원 또는 사방이 가로(街路)로 되어있거나 사
방에서 접근이 가능한 비교적 좁은 대지
① 대기오염, 병충해, 건조에 강한 수종 선정
② 수목의 수형이 단정하고 아름다우며, 초화류는 원색적이며 개화기가
   긴 것
③ 시장광장·집회광장 등 군중이 집합하는 광장은 중앙을 비워두고 외주부
   에 녹음식재
④ 기념광장·장식광장 등은 건축미와 기념물의 수식에 방해되지 않는 종
   속적 식재로서 점경적 식재, 지면의 피복, 배경 등의 역할 부여
⑤ 공원적 성격을 지니지 않은 대도시광장은 여러 종류의 수목이나 과다한
   밀식 지양
⑥ 광장의 수목식재는 산울타리·총림·비스타 구성, 테두리 식재 등 정형적
   식재 적당
⑦ 광장의 위상이나 기능을 방해하지 않는 크기 및 위치 고려
⑧ 초화류는 바닥의 처리에 이용 – 화분·플랜디·화단
(2) 도시공원
도시계획법에 의해 설치되는 도시계획시설
1) 아동공원 : 아동의 건강, 교화, 정서적 측면, 도시미적 측면, 일반생육 조

건 등을 고려

① 건강하고 잘자라며, 빨리 자라는 수목 및 초화류

② 대기오염, 도시환경에 잘 견디는 식물

③ 병충해에 강하고, 특히 벌레가 많이 생기지 않는 식물

④ 유지관리가 용이하며, 어린이들의 장난, 과도한 답압에 견딜 수 있는 식물

⑤ 값이 싸면서 수형·꽃·과실이 아름다운 것

⑥ 교육적 가치에 유의하며 교과서에 나오는 식물을 고려

⑦ 군집의 미를 알 수 있게 최소한 교목 5~7본, 관목 20본 내외, 초화류는 집단 식재

⑧ 가시나 즙액, 유독성이나 가루가 심한 식물 지양 – 눈향, 찔레, 장미, 아까시나무

⑨ 도시어린이가 발아, 개화, 결실, 낙엽을 관찰할 수 있게 조성

⑩ 제초, 관수, 수목관리 등에 참여할 수 있는 기회 제공

⑪ 다이나믹한 느낌을 주고, 명암이 강한 식물, 계절의 변화, 색채가 밝은 식물 식재

2) 근린공원 : 근린주구 내에 거주하는 주민들을 대상으로 하는 공공의 오픈스페이스 – 주로 청소년의 스포츠적 이용

① 유지관리의 비용을 최소화하며, 지역의 토성과 토양습도에 적합하고 병충해와 공해에 강한 수종 선택

② 공간의 기능과 시설물의 속성에 따라 정형식과 자연풍경식, 자유형식의 식재기법 적용

③ 대규모 잔디밭과 지피식물의 구성지역은 될 수 있는 대로 시각적인 개방으로 오픈스페이스의 공간감 형성

3) 지구공원 : 인구 10만 이상의 도시에 3~5개 근린주민들의 일상적 휴게활동을 수용하기 위한 주구기간공원

① 공원과 주변지역 차폐

② 바람을 막고 공해를 감소시키며, 미기후도 조절

③ 지구공원은 지구수준의 녹지거점으로 주변의 자연식생과 점진적 변이 도모

④ 시야의 개방과 은폐 등을 이용하여 좁은 지역 내에서도 다양한 경관 조성

⑤ 속성수이며 저렴한 수종을 밀식시키고, 주수종이 성장함에 따라 속성수 간벌

⑥ 예쁜 꽃이나 열매가 달리는 수종은 적절한 보호조치

⑦ 야외수영장 주변에는 낙엽이 떨어지거나 솔방울이나 가시가 있는 수

‖ 공원별 수종의 수

구분	적정수종
아동공원	20~30종
근린공원	50~100종
운동공원	30~40종
종합공원	50~100종

종 및 충해가 예상되는 식물 지양

⑧ 도로나 주차장 주변에는 내공해성 수종 식재

⑨ 활엽수는 남쪽에 심어 감상 및 수광(受光)이 유리하게 하고 상록침엽수는 북쪽에 심어 북풍에 유리하게 구성

⑩ 색깔이나 질감을 감상하는 수종은 정면광선에서 볼 수 있도록 북쪽에 반대 성격의 수목군 식재

⑪ 계절감을 느낄 수 있는 수종 포함

⑫ 정적휴게 및 자유놀이를 할 수 있는 초지를 조성하고, 답압피해지역에는 디딤돌을 놓거나 야생초류 조성

4) 종합공원 : 전체 도시민이 이용하는 중심적인 대공원으로 도시기반공원

① 다른 도시공원과 녹지체계 형성

② 생태적 접근으로 자연경관과의 조화

③ 유지관리 및 경제수종, 다양한 수종 등 고려

④ 정적 후생을 위한 지역에는 은은한 분위기 연출을 위해 낙엽활엽수를 우월하게 식재하고, 다양한 수종과 꽃, 향기 좋은 열매를 맺고 개화기가 길며 시각적 효과가 좋은 수종 선택

⑤ 동적후생을 위한 지역에는 계절에 맞게 상록수와 활엽수를 5:5의 비율로 식재하여 활동 후 휴식에 적합하게 조성

⑥ 자연적인 경관의 조성이 필요하므로 혼합림으로 자연지형을 살리고, 하목(下木)으로 야생종의 관목류 식재

5) 운동공원 : 다양하고 조직적인 동적휴게활동에 필요한 시설을 구비한 공원

① 주변의 자연임상을 고려하여 식재군 조성

② 조속히 녹화시켜 외부와 차단시키고 충분한 녹음형성

③ 외주부 식재는 최소 3열 이상 식재하여 방풍, 차폐, 녹음효과 등 확보

④ 운동공원 전체를 상징하는 주수종 외에도 각 경기장별로 수종을 선택하여 독자성 및 방향성 증대

6) 완충녹지 : 도시 내의 각종 이질적 토지이용을 순화·분리시키고, 환경적 피해를 차단·경감시켜 쾌적성을 확보하기 위하여 설치하는 녹지

7) 사적공원 : 사적(史跡) 등의 문화재를 포함한 토지·공간에 공원으로서의 기능을 부여하여 정비한 것

① 보존구역 : 한국적 수종 배치

㉠ 향토수종을 이용한 자연미 넘치는 식재로 주변과의 조화로움 추구

㉡ 상록교목의 수가 적고 낙엽활엽수가 주를 이룸

㉢ 수간이 직간인 것보다는 곡간 선호

㉣ 탑형의 수관이 없음 – 온화한 특성

ⓜ 과목의 비중이 큼 – 실학의 이용후생

ⓑ 화목이 주종을 형성 – 자색, 황색, 백색

ⓢ 음양설과 풍수지리설의 영향

ⓞ 생태적 특성과 주거환경의 기능적인 면에 치중한 과학적 배식

② 휴식구역 : 이용자들에게 녹음을 제공하여 도시 내의 오픈스페이스로 서의 기능을 담당하도록 향토수종으로 무성하게 식재

③ 완충지대 : 두 기능을 연결하는 지역으로 휴게지역에서는 기분이 서서히 조용하고 정숙한 분위기를 갖도록 조성

❸ 도로조경

(1) 기능식재

1) 시선유도식재 : 주행 중의 운전자가 도로의 선형변화를 운전자가 미리 판단할 수 있도록 시선을 유도해 주는 식재

① 수열이 연속적으로 보이도록 조성

② 주변식생과 뚜렷하게 식별되는 수종으로 수관선이 확실하게 방향을 지시하도록 조성

③ 도로의 곡률반경이 700m 이하가 되는 작은 곡선부에는 반드시 조성

④ 상록교목 또는 관목으로 향나무, 측백, 광나무, 협죽도, 사철나무 등 사용

⑤ 식재 시 유의사항

㉠ 곡선부의 바깥쪽 전면에 교목을 식재하면 압박감이 생기므로 관목을 앞친 후 교목 식재

㉡ 곡선부 안쪽에 식재 시 시선방해가 일어나므로 식재 불필요

㉢ 도로의 선형이 골짜기를 이루는 부분의 가장 낮은 부분에는 식재 불필요

㉣ 도로의 선형이 산형을 이루는 곳의 정상부에는 낮은 나무를 심고 약간 내려간 곳에는 높은 나무 식재

2) 지표식재 : 운전자에게 장소적 위치 및 그 밖의 상황을 알려주기 위하여 랜드마크를 형성시키는 식재

① 간접적으로 도로경관의 향상을 위한 역할 수행

② 인상에 남을만한 특이한 식재를 위해 대경목(大徑木) 식재

③ 인터체인지 앞뒤의 일정구간에 꽃나무를 심어 구별

④ 램프 속에 심는 주목의 수종을 달리하여 지방색 등의 장소적 차별성 부각

3) 차광식재 : 마주 오는 차량이나 인접한 다른 도로로부터의 광선을 차단하기 위한 식재

교통공해 발생지역 완충녹지

① 철도 연변의 녹지대 폭은 철도 경계선으로부터 30m 이내

② 고속도로 연변의 녹지대 폭은 도로 경계선으로부터 50m 이내

③ 국도의 경우 20m 이내로 하나 지형지세에 따라 그 이상 가능

④ 교통시설에서 발생하는 제반 공해를 방지하기 위해 설치하는 녹지는 녹화 면적률 80% 이상으로 조성

고속도로식재의 기능과 종류

기능	식재의 종류
주행	시선유도식재 지표식재
사고방지	차광식재 명암순응식재 진입방지식재 완충식재
방재	비탈면식재 방풍식재 방설식재 비사방지식재
휴식	녹음식재 지피식재
경관	차폐식재 수경식재 조화식재
환경보전	방음식재 임연보호식재

① 일반적으로 양차선 또는 양도로의 사이에 상록수를 주로 식재
② 차광을 위한 나무의 크기와 간격

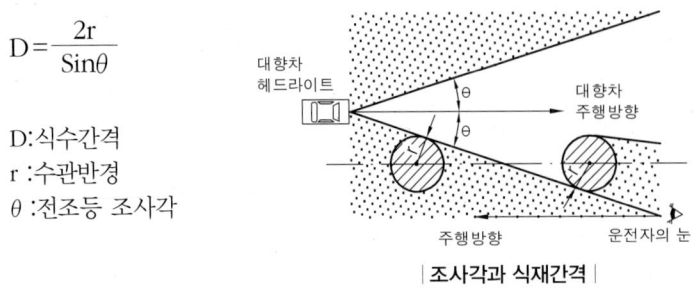

$$D = \frac{2r}{Sin\theta}$$

D : 식수간격
r : 수관반경
θ : 전조등 조사각

대향차
헤드라이트

대향차
주행방향

주행방향   운전자의 눈

| 조사각과 식재간격 |

■ 차광식재의 식수간격과 수관
직경

수관간격(D)	수관직경(2r)
200cm	40cm
300cm	60cm
400cm	80cm
500cm	100cm
600cm	120cm

※ θ를 12°로 한다면 sin12°=0.207≒0.2로서 식수간격(D)은 수관지름 (2r)의 5배가 된다.
③ 수고는 운전자의 높이에 따라 승용차 150cm, 대형차 200cm 이상 적당
④ 수목의 차광성은 지엽이 밀생한 것이 유리

4) 명암순응식재 : 눈의 명암에 대한 순응시간을 고려하여 터널 등의 주변에 명암을 서서히 바꿀 수 있도록 하는 식재
① 밝은 곳에서 어두운 터널 속으로 들어갈 때의 암순응에 대한 시간이 명순응에 비해 상당히 소요
② 터널 입구로부터 200~300m 구간의 노견과 중앙분리대에 상록교목 식재
③ 명순응은 단시간에 이루어지므로 대책 불필요

5) 진입방지식재 : 고속도로의 외부에서 내부로 들어오려는 사람이나 동물을 막기 위한 것으로 펜스 또는 식재로 처리

6) 완충식재 : 가드레일 등을 대신하여 차선 밖으로 이탈한 차의 충격을 완화시키기 위한 식재

7) 임연보호식재 : 삼림지대의 절개에 의해 헐벗은 임연(林緣)이 생겨날 때 그 부분을 보호하고 경관개선을 위해 관목류와 소교목을 섞어 식재하는 것
① 풍도목 방지와 경관 향상을 위해 수목 제거
② 임투를 인위적으로 조성하기 위한 식재를 '망토식재'라고도 지칭

(2) 중앙분리대식재
대향차량과의 충돌을 방지하기 위한 식재
1) 중앙분리대 구조
① 너비는 12m가 이상적
② 우리나라의 경우 속도 120km/h에 너비 3m가 표준(경계석+식재)
③ 너비 2m 이하의 좁은 곳에서는 방현망(防眩網)설치

■ 고속도로식재의 성격
단목적 식재는 거의 눈에 띄지 않아 식재의도를 살릴 수 없으므로 집단식재의 형식을 가진다.

■ 고속도로시설 식재율
① 인터체인지 : 5~10%
② 휴게소 : 7~10%
③ 주차지역과 기타지역 : 7~15%
④ 노변식재 : 한쪽노변에 200그루/km

2) 식재형식 및 장단점

	식재수법	장점	단점
정형식	같은 크기·생김새의 수목을 일정간격으로 식재	·정연한 아름다움	·동일형의 수목 구입이 곤란 ·부분훼손—눈에 띄기 쉬움 ·보행자 횡단제어효과 적음
열식법 (산울타리식)	열식하여 산울타리 조성	·차광효과 큼 ·다듬기작업 용이 ·보행자 횡단제어 효과 큼	·식재 본수 증가 ·순찰 시 대향차선 감시 곤란
랜덤식	여러 가지 크기·형태의 수목을 동일하지 않은 간격으로 식재	·식재열에 의한 변화 ·동일크기 형태가 아니어도 양호 ·약간 이상해도 눈에 띄지 않음	·차광효과 감소 ·설계시공 번잡 ·기계화관리 곤란
루버식	짧은 산울타리를 루버와 같은 생김새로 배열하는 방식	·열식보다는 수목수량 감소	·분리대가 넓어야 함 ·시공 곤란
무늬식	기하학적 도안에 따라 관목을 심어 정연하게 다듬는 수법	·장식기능 강함 ·시가지도로에 조성	·관리비지출 증가
군식법	무작위로 크고 작은 집단으로 식재	·유지관리 용이	·식재간격이 넓으면 차광효과 감소 ·좁은 분리대에 부적합
평식법	분리대 전체 내에 관목 보식	·보행자횡단금지 효과 ·기계화관리 용이	·수목 수량이 증가

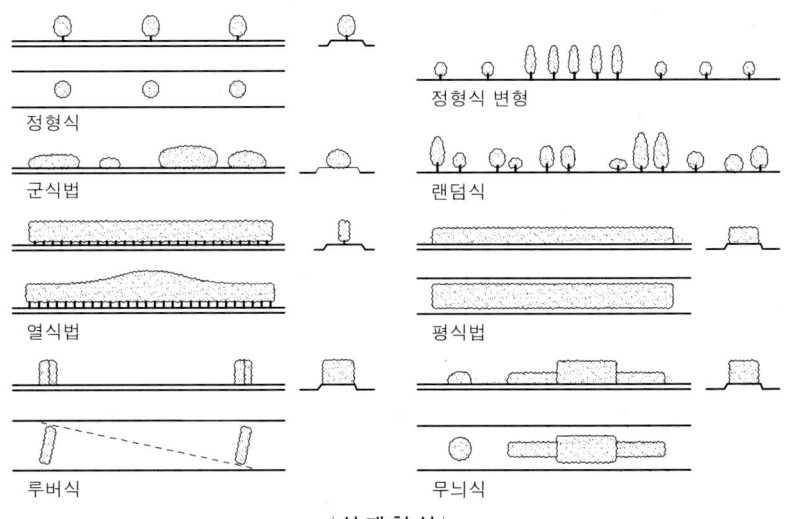

| 식 재 형 식 |

3) 식재수종 및 배치

① 자동차 배기가스에 잘 견디는 수종

② 지엽이 밀생하고 빨리 자라지 않는 수종

③ 맹아력이 강하고 하지가 밑까지 발달한 수종

④ 인터체인지 전후 수 km의 길이로 수종이 다른 두어 종류를 교호배치

▌수종별 차광률

① 90% 이상 : 가이즈카향나무, 졸가시나무, 향나무, 돈나무 등

② 70~90% : 다정큼나무, 광나무, 애기동백나무 등

▌중앙분리대 식재수종

① 교목 : 가이즈카향나무, 졸가시나무, 향나무

② 관목 : 꽝꽝나무, 다정큼나무, 돈나무, 옥향, 섬쥐똥나무

③ 화목 : 협죽도, 철쭉류, 꽃댕강나무

⑤ 가로의 경우 여러 종류를 추려 각 종류마다 군식

⑥ 단목적 혼식은 수종마다 생장도가 다르므로 절대 회피

(3) 인터체인지의 식재

① 랜드마크적인 존재로서 원거리에서도 쉽게 인터체인지의 존재를 확인할 수 있도록 식재

② 고속주행과 저속주행과의 속도변화에 대응하여 안전하게 합류 또는 분리 과정에 유도적 역할

③ 유출부에서는 시계를 좁히는 등의 수법으로 감속의 필요성을 간접적으로 시사

④ 인터체인지의 특징과 지방색 표현이 있는 주목(主木) 선정

⑤ 교목은 요점에만 식재하여 시야를 가리지 않도록 배치

⑥ 식재될 수목은 가급적 적은 것이 효과적이며 명쾌한 경관조성에 용이

⑦ 노선의 커브 크기에 따라 급할 경우에는 간격을 좁게, 완만한 경우에는 간격을 넓게 식재

⑧ 분류단에 생기는 아일랜드(island)나 노즈(nose)에는 시선유도, 완충, 지표를 목적으로 하고 관목 군식

⑨ 부지의 경계나 보도, 배수구 부근에는 차폐 또는 구획을 위한 식재나 산울타리 조성 고려

⑩ 겨울철 강설이 많은 곳은 제설작업에 지장을 주지 않도록 램프로부터 간격을 띄우거나 수목사이의 거리를 정상보다 크게 이격

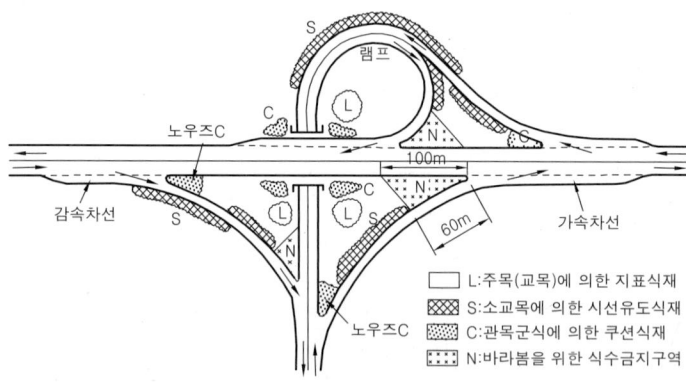

| 인터체인지의 식재구분 |

(4) 휴게소 및 주차지역식재

① 기존수림이 있는 경우 최대한 살려가면서 지피·녹음·수경식재

② 기존수림이 없는 경우 주위의 경관과 어울리도록 경관식재 실시

③ 하차한 사람들이 본선에 들어가지 않도록 바깥으로의 분리대 등에 진입 방지식재

④ 본선과 시각적 분리를 실시하여 분위기 전환

┃ 인터체인지 식재
인터체인지의 램프구간은 감속을 인지할 수 있도록 유도식재와 경관식재를 하고, 곡률의 크기에 따라 간격을 조정하며, 램프 내외측 녹지에는 인터체인지 전체의 이미지를 부각할 수 있도록 경관식재 및 강조식재를 한다.

⑤ 주변경관이 좋지 않을 경우 외부경관에 대해 폐쇄적 처리

⑥ 개방된 전원공간이나 삼림공간과 같은 자연적인 효과를 발휘할 수 있도록 자연식재를 원칙 적용

(5) 가로수식재

보행자에게 그늘을 제공하고 가로의 정연한 경관미 조성

1) 일반조건

① 수형, 잎의 모양, 색채 등이 아름다울 것

② 낙엽수의 경우 신초의 색깔, 녹음, 단풍, 채광 등에 유리할 것

③ 생장속도가 빠르고 공해에 강하며 방음·방진·방화효과의 겸비

④ 이식하기 쉽고 전정에 강하며 병충해에도 강할 것

⑤ 보행인의 답압 및 염화칼슘 등에 강할 것

⑥ 역사성·향토성을 풍기며 도시민에게 친밀감을 줄 것

2) 형태조건

① 수목 하나하나가 일정한 형태 및 정상적인 생장상태를 유지할 것

② 수관부와 지하고의 비율이 6 : 4의 균형을 유지할 것

③ 줄기가 곧고 가지가 고루 발달되어 어느 방향으로든지 균형있는 나무별 특유의 수형을 갖출 것

④ 수피·가지 등에 손상이 없고 병충해의 피해가 없을 것

⑤ 뿌리분의 크기는 근원직경의 4~6배 이상 – 활착보장

⑥ 수목은 수고 3.0m 이상, 흉고직경 8cm 이상이나 근원직경 10cm 이상의 수목을 원칙적으로 하며, 지하고는 차량 및 사람의 통행에 지장이 없도록 확보, 수고의 50% 이상 수관이 유지되도록 관리 – 보통 수고 4m 이상, 흉고직경 15cm 이상, 지하고 2~2.5m 이상 사용

3) 입지조건

① 식재위치 좌우 1m 정도의 차단되지 않은 입지 상태를 가질 것

② 2m 이상의 토심이 주어지는 동시에 자연토양층과 연결될 것

③ 표토층의 입단화와 토양의 투수성·통기성 개선

4) 식재기준

① 식재를 위한 분리대는 최소폭 1m 이상, 4m 이상일 때는 교목 식재

② 차도로부터 0.65m 이상, 건물로부터 5~7m 이격 식재

③ 수간거리는 성목 시 수관이 서로 접촉하지 않을 정도의 6~10m가 적당, 열간거리는 수간거리에 준하며 보통 6m 이상 적용

④ 3열 또는 그 이상의 식재 시 교호식재로서 열간거리 5m 정도로 식재

⑤ 특수효과를 위한 경우를 제외하고는 한 가로변에 동일 수종 식재

⑥ 자연경관 및 도로보호, 통행의 안전 등을 위하여 커브길, 교통신호, 각종 안내판 주변 등 식재 제한

▌가로수의 식재간격
생장이 빠른 교목은 8~10m 간격으로, 생장이 느린 교목은 6m 간격으로 배식한다.

⑦ 춘계식재(3~5월 상순)를 원칙으로 하며 추계식재(10~11월 하순) 가능

⑧ 가로수 식재의 마감면은 보도 연석면보다 3cm 이하로 끝마무리

⑨ 뿌리둘레에 최소 1.5m², 가능한 3~4m², 4~5m²의 비포장 구간 설정

⑩ 답압이 예상되는 곳에 수목보호덮개를 설치하고, 급수를 위하여 1주당 2개 이상의 수목급수대 설치 및 배수에 대한 고려

(6) 녹도

보행과 자전거 통행을 위주로 한 자연의 환경요소가 담겨진 도로

① 안전성과 함께 수목으로 조성된 경관에 의한 쾌적성 확보

② 전정 등에 의한 인공적 수형을 가진 것보다 자연 그대로의 수형과 크기를 가진 수목 식재

③ 자연 그대로의 수목은 자연의 환경요소로써 친근감과 쾌적한 인간척도(human scale)의 공간 조성

④ 녹도 전체의 너비는 10m 내외 소요

⑤ 보도와 자전거용 도로는 식수대로 분리
  – 낮은 지하고의 대관목 부적당

⑥ 도로의 높이는 2.5m 이상으로 교목 등의 가지가 돌출하지 않도록 관리

⑦ 방범의 문제상 멀리 바라볼 수 있도록 하고, 야간에는 조명이 고루 닿도록 배식

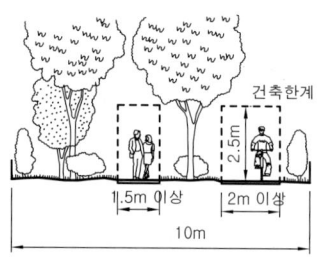

| 녹도의 최소 필요넓이 |

4 공장조경

(1) 공장식재의 목적

① 지역사회와의 융합 : 지역환경에 공헌하고 지역주민들의 활용 배려

② 직장환경의 개선 : 종업원의 정서함양, 작업능률·보건향상에 기여

③ 기업의 이미지 향상 및 홍보 : 자연에 대한 사회적 기업의 위상 제고

④ 재해로부터의 시설보호 : 화재나 폭발 등의 사고 시 주변으로의 확산방지 및 방풍·방진·방조효과

(2) 공장식재의 기능

① 주변환경 및 인공시설물과의 조화 – 경관조성

② 종업원의 정서함양, 작업능률 향상

③ 대기정화, 방진, 기상완화 등의 대기상의 기능

④ 방화·방폭·방풍·방조·방음, 피난장소 등의 완충적 기능

⑤ 휴게·레크리에이션·스포츠시설의 역할

(3) 부분별 식재

1) 공장주변부

① 공장식재의 기능에 충실한 식재

공장지역 식재율
① 단위공장 : 공장부지의 15%
② 공업단지 : 단지총면적의 3%

공업배치법상의 녹지면적 및 환경시설 면적(공장면적 대비 산정)

공장면적	녹지면적	환경시설면적
3,000~10,000m²	15%이상	10%이상
10,000m² 이상	20%이상	5%이상

② 주택지와 접하는 부분은 최소 30m 이상의 수림대 확보

③ 공해방지, 완충의 기능을 요구할 경우 폭 50~100m의 수림대 필요

④ 조속한 녹화가 필요하므로 속성수로 1차식재에서 안정시킨 후 2차식재로 장래의 중심목이 되는 수목식재

⑤ 토양조건이 불량한 곳은 식재장소를 몇 군데로 집중하여 성토방식으로 면적(面的)인 식재가 적당

2) 진입로, 사무실 주변

① 공장의 상징적인 공간으로 대외 홍보적 역할을 할 수 있는 기능 요구

② 수형이 바른 수목·화목 등으로 밝은 분위기 연출

③ 넓은 잔디밭 조성, 녹음수 식재로 친근감 부여

④ 공장의 심벌이 될 수 있는 수종을 선정하여 경관수로도 식재

3) 구내도로

① 종업원이 수시로 섭하는 곳으로 집중적이며 다양한 식재수법 요구

② 녹음수의 선정이 중요하며 터널경관 창출 가능

③ 단조로움을 없애고 활기찬 분위기를 위해 요소요소에 화단설치

4) 운동장 : 종업원의 레크리에이션이나 체육활동을 하는 곳으로 녹음수를 식재하여 차단, 완충의 효과와 경관향상 효과를 고려한 식재

5) 확장예정지 : 지피식재로 피복하거나 묘목이나 묘포장 조성이 효과적

6) 공장건물주변 : 폭 5m 이상의 녹지를 녹음·차폐·수경식재로 하여 쾌적한 환경조성

(4) 공장식재수종

① 환경적응성이 강한 것

② 생장속도가 빠르고 잘 자라는 것

③ 관상·실용가치가 높은 것

④ 이식 및 관리가 용이한 것

⑤ 대량으로 공급이 가능하고 구입비가 저렴한 것

산업단지 및 공업지역 완충녹지

① 주거전용지역, 교육 및 연구시설 주변은 수고 4m 이상 성장하는 수목의 녹화면적이 50% 이상 되도록 조성

② 녹지폭은 최소 50~200m 정도를 표준으로 여러 여건을 고려하여 조정

ㄱ) 주택지와 접한 공장지역 : 30m 이상

ㄴ) 공업지역과 주택지역 사이의 완충녹지 : 100m 정도

ㄷ) 산업단지와 배후도시간의 거리가 적정하지 못할 경우에는 녹지폭 1Km 이상 유지

③ 환경정화수를 주 수종으로 도입, 대기오염에 강한 상록수를 중심에 주목으로 두고, 주변에 속성 녹화수목과 관목 배식 – 군식 또는 군락식재

④ 상록수와 낙엽수를 적절히 혼합하여 조성

⑤ 식재밀도는 10m²당 교목 2주, 관목 6주 이상, 군식 또는 군락식재 시에는 가능한 포트묘나 유목(수고 1.5m 이하)을 사용하고 1.0~1.5m 간격으로 식재

공장유형별 수종선택

공장유형	재해	적정수종	
		남부지방	중부지방
석유화학지대	아황산가스	태산목, 후피향나무, 녹나무, 굴거리나무, 아왜나무, 가시나무	화백, 눈향나무, 은행나무, 백합나무, 버즘나무, 무궁화
제철공업지대 (금속·기계)	불화수계 염화수계	치자나무, 사스레피나무, 감탕나무, 호랑가시나무, 팔손이	아까시나무, 참나무, 포플러, 향나무, 주목
임해공업지대	조해 염해	동백나무, 광나무, 후박나무, 돈나무, 꽝꽝나무, 식나무	향나무, 눈향나무, 곰솔, 사철나무, 회양목
시멘트공업지대	분진 소음	삼나무, 비자나무, 편백, 화백, 가시나무	잣나무, 향나무, 측백나무, 가문비나무, 버즘나무

(5) 식재지반조성

1) 성토법 : 매립지의 식재지반조성에 많이 쓰이는 방법으로 타지역에서 반입한 흙을 성토하는 것

① 양질의 흙을 성토하여 다양한 식재 가능 – 식재조건 완화

② 배수처리 불량 시 식물 고사

③ 매립면과 성토층의 분리로 건조기에 모관수 단절 시 식물 고사

④ 침수부분의 표층에 배수구를 파서 모래나 쇄석을 넣고 암거배수

▌배수구 크기

폭, 깊이 : 60~100cm

간격 : 5~10m 내외

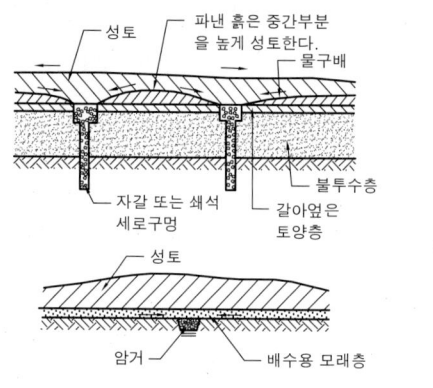
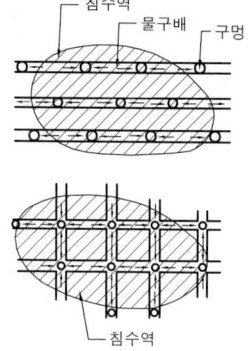

| 성토법 |

2) 객토법 : 지반을 파내고 외부에서 반입한 토양으로 교체하는 공법

① 전면객토법(全面客土法) : 식재지 전역에 객토

② 대상객토법(帶狀客土法) : 식재지 전역을 대상(帶狀)으로 구획하여 객토

③ 단목객토법(單木客土法) : 수목 1그루 식재할 곳마다 객토

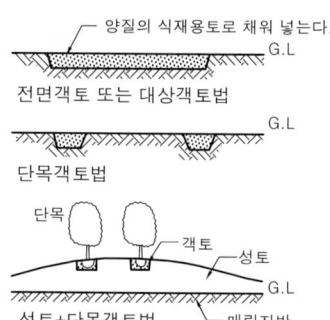

| 객토법 |

▌표준적 객토량

① 묘목, 관목 : 0.05m³

② 3m 이상 교목 : 주당 0.2 ~ 0.3m³

3) 사주법(砂柱法) 및 사구법(砂溝法) : 배수 및 염분제거에 적용

① 사주법 : 오니층(汚泥層)에 샌드파일공법으로 오니층 아래의 원지표층까지 모래나 산흙의 말뚝을 설치하는 것으로 사주의 크기 및 숫자가 많아야 효과적

② 사구법 : 중심부에서 주변부로 배수구를 파놓은 후 배수구에 모래흙을 혼합하여 넣고 그곳에 수목을 식재하는 방법으로 사구의 규

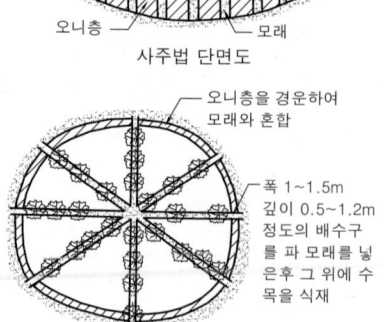

| 사주법과 사구법 |

▌샌드파일의 일반적 크기

직경 : 40cm 정도

깊이 : 6~7m

　　모에 따라 효과 가감

⑤ 학교조경

(1) 학교조경의 역할

① 지적발달 등의 교육적 효과를 높일 수 있는 방향으로 조성

② 지역사회의 중심지로서 기능을 할 수 있는 환경조성

③ 심리적 안정감과 즐거움을 줄 수 있는 환경조성

④ 학교의 상징성과 이미지 제고

⑤ 녹음 및 경관조성, 방풍·방음·방진·방화 등의 기능

(2) 부분별 식재

1) 전정구 : 교사의 전면에 놓이며 학교의 첫인상을 주는 곳

　① 건물이 위주가 된 구역으로 건물과의 관계 고려

　② 건물의 규모·형태·색채·질감과 현관의 위치 등을 검토하여 상호보완적 관계형성

　③ 미적·기능적·상징적 식재 필요

　④ 교목류를 건물에 너무 가까이 식재하지 말고, 건물 앞 약 10m 전방에는 소교목과 관목 식재

　⑤ 정문이 있는 곳은 상록대교목류를 군식하여 중량감 부여

　⑥ 주차장이나 자전거 보관대는 차폐·녹음식재

2) 중정구 : 건물에 위요된 공간으로 휴식시간에 많이 이용

　① 대교목류의 식재보다는 화목류나 정형적 자수화단 설치

　② 향기나는 식물이나 열매 맺는 수종 식재로 야조류 유인

　③ 조각·분수·연못 등의 설치로 소음 중화

　④ 벤치·파골라 등을 설치하여 휴식공간 제공

　⑤ 인접된 건물의 화재 시 연소를 지연시킬 수 있는 방화식재 고려

3) 측정구 : 좁은 공간이거나 건물에 인접한 공간으로 녹음수나 휴게시설 설치

4) 후정구 : 건물의 북쪽인 경우가 많으므로 방풍을 위한 상록수 밀식

5) 운동장 : 운동공간·놀이공간·휴식공간의 기능에 맞게 식재

　① 운동장과 교사 사이에 상록수를 이용해 소음이나 충격으로부터 보호

　② 지피식물을 이용한 운동공간의 먼지 방지

　③ 저학년이나 여학생이 이용하는 놀이공간 주변에는 가시나 독성이 없는 교목을 식재하여 녹음 제공

　④ 휴식공간에는 녹음수를 적당히 식재하고 답압에 대한 보호조치

　⑤ 운동장 주변의 스탠드(stand)는 햇빛을 등지고 관람할 수 있게 배치

6) 야외실습지 : 교과과정의 식물을 직접 보거나 접촉할 수 있는 기회 제공

7) 외곽녹지 : 교정의 외곽에 녹지를 조성하여 완충녹지 기능 부여

  ① 학교주변에 필수적으로 설치하여 환경의 질 제고

  ② 녹지대 폭은 최소 10m 이상

  ③ 상록수와 낙엽수 비율은 8 : 2 정도, 10m²당 교목 1주와 관목 3주 정도로 다층식재

  ④ 식재 초기에는 속성수 선택

  ⑤ 수목만으로 기능을 다 할 수 없을 경우 조산(mounding) 후 밀식하면 더욱 효과적

(3) 학교식재 수종

  ① 교과서에서 취급된 식물을 우선적으로 선정

  ② 학생들의 기호를 고려하여 선정

  ③ 향토식물 선정

  ④ 관상가치가 있는 식물 선정

  ⑤ 학교를 상징하고 수심양성의 지표가 될 교목, 교화

  ⑥ 관리가 쉬운 수종

  ⑦ 야생동물의 먹이가 풍부한 식물

  ⑧ 주변환경에 내성이 강한 식물

  ⑨ 생장속도가 빠른 수목을 우선적으로 선정

  ⑩ 식물소재의 구득여부 확인 후 선정

6 단지식재

(1) 기존수림의 보존

  ① 기존수림을 살리기 위해서는 부지의 계획지반고를 원지반고와 일치시키는 것이 가장 이상적

  ② 절토의 영향

    ㉠ 근계가 자리 잡은 범위까지 절토하면 지하수위를 낮추는 결과 초래

    ㉡ 뿌리의 끝부분에 있는 흡수근(모근)의 일부가 잘리면 수분공급에 지장

    ㉢ 지지근이 잘리면 바람에 의해 쓰러짐 초래

  ③ 성토의 영향

    ㉠ 근경부(根莖部)가 깊숙이 묻히면 공기소통 악화

    ㉡ 산소부족으로 유기물의 분해가 이루어지지 않으므로 수목의 생육 및 근경부의 병해 발생

    ㉢ 점토질 흙을 성토하면 배수의 지장으로 뿌리 썩음 발생

  ④ 절성토의 작업을 모근이 분포하는 범위 밖으로 제한

  ⑤ 근경부 가까이에 매설물을 묻을 경우 수목의 굵은 뿌리를 자르면 쓰러지는 원인이 되므로 직경 2.5cm 이상 되는 뿌리는 제한적으로 절단

❙ 학교조경수목의 선정기준
① 생태적 특성
② 경관적 특성
③ 교육적 특성

❙ 식이식물(食餌植物)
야생동물이나 곤충의 먹이자원이 되는 수목으로 은신처나 피난처 역할을 하기도 한다.–팽나무, 아그배나무, 두릅나무, 멀구슬나무, 팥배나무, 쥐똥나무, 노박덩굴, 찔레꽃, 초피나무, 산초나무, 벚나무, 감나무, 누리장나무, 매자기, 갈풀, 억새, 큰고랭이, 여뀌, 마가목 등

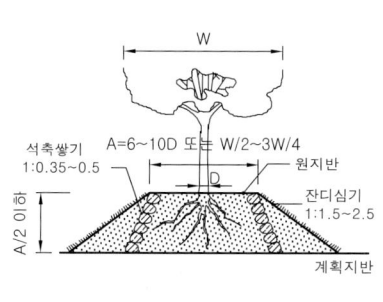

| 절토 시 근계보호조치 |

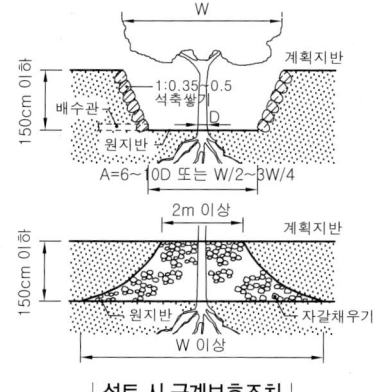

| 성토 시 근계보호조치 |

(2) 표토보존

① 쓸모있는 표토란 유기질을 5% 이상 함유한 흙으로 보통 지표로부터 30cm 내외의 깊이에 형성
② 식재상 삼림토양보다 밭흙이 더 쓸모가 있고 논흙은 이용불가
③ 일정한 장소에 집적해 놓은 표토는 시트(sheet)나 천막으로 덮어 양분의 유실방지
④ 잔디의 이음매흙으로 사용 할 때에는 회전보일러로 구워서 사용

(3) 단지의 식재

① 단지를 전체적인 면으로 볼 때 하나의 통일된 경관으로 구성
② 주목과 부목 등의 시간적·공간적 수종배분
③ 군식의 경우 계층마다 수종의 배분을 바꾸어 수직방향 경관요소의 변화 부여
④ 주거동 사이에는 하층거주자의 프라이버시를 위한 시선차단식재 배려
⑤ 시선차단식재 시 채광이나 통풍을 고려해 수관폭의 2배 정도 간격을 두어 식재
⑥ 주거동 사이의 휴식공간에는 녹음식재와 지피식재 실시
⑦ 식재지의 통행을 막기 위한 통행차단식재(단락방지식재) 실시
⑧ 주요지점의 랜드마크 식재(지표식재), 주차장의 차폐 및 녹음식재, 국부적 수경식재 등 실시

(4) 완충식재

① 재해방지나 공해요인차단을 위한 외주부의 완충지대 조성
② 효과적 완충지대의 충분한 넓이는 100~500m
③ 공간적 거리효과와 식재의 차단효과
④ 식재대 내의 공지(운동장 등) 설치 시 효과감소
⑤ 교목과 소교목에 의한 복층림의 형태로 하며 관목으로 임연식재 실시
⑥ 상록수가 적당하나 생장이 빠른 낙엽수를 중앙부에 식재

▍표토(表土)
지표면을 이루는 토양으로 풍화(風化)가 진행되고 부식(腐植)이 많이 이루어져 흑색 또는 암색을 띤다. 유기물이 풍부하여 토양미생물이 많고 식물의 양분, 수분의 공급원이 된다.

7 임해매립지조경

(1) 임해매립지의 환경조건

① 모래 또는 사질의 산흙으로 매립된 경우 양분이 함유되어 있지 않을 뿐 식물의 생육상 별문제 없음

② 해감이나 건설폐기물, 생활쓰레기 등의 매립은 정체수가 생기며, 통기성 불량으로 인한 가스나 열의 발생과 침하현상 등 발생

③ 준설토사로 인한 염분함량이 높거나 바람으로 인한 표층의 미립토량의 이동현상 등 발생

(2) 매립지의 염분제거방법

① 준설토로 매립한 토양은 시일이 지남에 따라 빗물에 의해 점차적으로 용탈되어 염분의 농도 저감

② 염분의 용탈속도는 투수성이 큰 모래에서는 빠르고 투수성이 작은 해감에서는 더딤

③ 투수성이 불량한 토지는 2m 간격으로 깊이 50cm 이상, 너비 1m 이상의 도랑을 파고 그 속에 모래를 채워 사구 형성

④ 도랑 이외의 곳에는 토량개량제나 모래를 혼합하여 투수성을 높인 후 스프링클러로 물을 뿌려 탈염 촉진

⑤ 산흙으로 해감층 위에 필요한 깊이로 객토하여 바로 식재가 가능

(3) 매립지의 비사방지

① 매립지 전면에 걸쳐 산흙을 10cm 정도의 깊이로 피복하거나, 방풍울타리로써 발이나 염화비닐로 엮은 네트 설치

② 여유공간이 있을 때에는 축제(築堤) 설치

③ 범위가 클 경우 부분적인 대책으로는 효과가 없으므로 전면적으로 실시

(4) 쓰레기로 매립된 곳의 대책

① 공기의 유통상태가 불량하여 쓰레기가 분해하는 과정에서 발생한 가스로 인해 산소부족

② 가스의 영향을 막기 위해 땅에 파이프를 박아 통기

③ 쓰레기를 통과하는 썩은 물은 한 곳에 모아 배출

(5) 해안식재용 수종

① 직접 바닷물이 튀는 곳의 비사방지를 위해 내조성이 강한 지피식물 사용 : 버뮤다그래스, 잔디, 갯방풍, 땅채송화, 갯잔디

② 바닷바람을 받는 전방수림에는 특히 내조성이 강한 수종 식재

  ㉠ 특A급 : 눈향나무, 다정큼나무, 섬쥐똥나무, 유카, 졸가시나무, 곰솔, 팔손이

  ㉡ A급 : 보리장나무, 사철나무, 위성류, 협죽도

③ 바닷바람이 직접 닿지 않는 후방수림(B급)에는 내조성을 가진 수종중에

■ 임해매립지의 완충녹지
임해매립지의 방풍·방조녹지대의 폭원은 200~300m 정도를 확보해야 한다.

■ 식물 생육에 영향을 미치는 염분의 한계농도
① 채소류 : 0.04%
② 수목 : 0.05%
③ 잔디 : 0.1%

■ 임해매립지의 식생
① 맨 먼저 침입해 오는 선구식물은 내조성이 강한 취명아주, 명아주 등이고 뒤이어 망초, 실망초, 달맞이꽃 등이 나타난다.
② 물이 괴는 곳에는 갈대, 매자기, 부들, 골풀의 군락, 건조한 곳은 마디풀, 흰명아주 등의 군락이 나타나며, 목본식물로는 비수리, 돌콩 등도 나타난다.

경관과 어울리게 식재 : 돈나무, 동백나무, 녹나무, 비자나무, 주목, 향나무, 참식나무, 후박나무, 광나무, 꽝꽝나무, 느티나무, 참느릅나무, 층층나무, 말발도리, 명자나무

④ B급에 이어지는 곳에는 일반 조경수 식재

임해매립지의 수종

적용장소	수종
바닷물이 튀어 오르는 곳의 지피(S급)	버뮤다그래스, 잔디, 갯잔디
바닷바람을 막는 전방 수림(특A급)	눈향나무, 다정큼나무, 돈나무, 섬쥐똥나무, 유카, 졸가시나무, 곰솔
위에 이어지는 전방 수림(A급)	보리장나무, 사철나무, 위성류, 협죽도
전방 수림에 이어지는 후방 수림(B급)	비교적 내조성이 큰 수종
내부 수림(C급)	일반 조경용 수종

(6) 해안수림 조성요령

① 지피식재 뒤쪽에 조성될 수림은 강한 바닷바람의 영향을 덜기 위해 임관선을 인위적으로 조절

② 수관선의 형상을 풍압에 대한 저항을 감소시키기 위하여 내륙부로 기울어지는 포물선형 임관선으로 구성

  ㉠ 식재 시 포물선의 형태 : $y = \sqrt{x}$

  ㉡ 성장하면서 수년 후의 형태 : $y = \frac{3}{2}\sqrt{x}$ 내지 $y = 2\sqrt{x}$

③ 바람의 피해를 예방하기 위해 식재 후 1년 동안은 식재지 앞쪽에 높이 1.8m 정도의 펜스 설치

⑤ 단목적 식재를 피하고 군식을 하되 수관이 서로 닿을 정도로 밀식

⑥ 가지 밑에 공간이 생기지 않도록 하목 식재

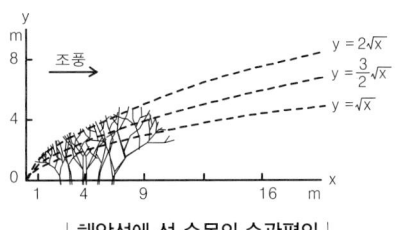

| 해안선에 선 수목의 수관편의 |

⑦ 해안선에 평행하게 모래언덕과 같이 성토하면 소요수고 절약 가능

⑧ 매립지는 일반적으로 토양양분, 특히 질소분이 결핍되는 경우가 많으므로 비료목 30~40% 혼식 – 싸리, 족제비싸리, 아까시나무, 보리수나무, 보리장나무, 자귀나무, 소귀나무, 백선

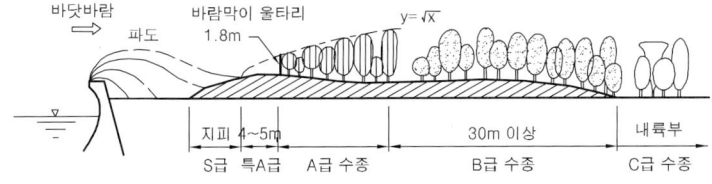

| 임해매립지에 대한 녹지조성요령 |

8 경사면(법면)식재

(1) 식생의 효과와 한계

1) 식생의 피복효과

① 빗물이 흘러내리지 않고 그대로 증발해 버리는 만큼 강우량이 줄어드는 효과

② 빗방울에 대해 쿠션적 작용을 하여 침식방지

③ 줄기와 잎에 의해 흘러내리는 물의 속도 감소

④ 뿌리가 토양입자를 얽어매 주고, 토양의 간격이 늘어나 투수성을 향상시켜 표면유수량을 줄여 우수에 의한 세굴작용 방지

⑤ 지표온도의 완화와 동상방지

2) 식생의 한계

① 유하수가 다량으로 집중하는 곳에서는 마찰저항에 의해 풀이 박리되어 세굴현상 발생

② 초본식물의 뿌리는 얕기 때문에 깊은 층을 경계로 해서 일어나는 사태를 방지할 능력 부재

(2) 식생공법 : 잔디 등으로 법면을 보호하는 작업

① 식생공 : 자연식생 대신 인위적이고 강제적으로 1차 식생을 도입하는 작업

② 토양경도가 23mm 이하일 때에는 뿌리의 침입이 수월하여 식생공의 시공용이

③ 토양경도가 23mm를 넘어서면 뿌리 붙기가 어렵고, 27mm를 넘으면 뿌리의 토양침입 불가능

④ 토양경도 27mm 이하의 성토 및 절토 법면에는 장지공, 식생매트, 종자 뿜어붙이공이 적합

⑤ 토양경도 27mm를 넘는 절토 법면에는 식생대공, 식생혈공 실시

(3) 법면 피복용 초류의 조건

① 건조에 잘 견디고 척박지에서도 잘 자라는 것

② 싹틈이 빠르고 생장이 왕성하여 단시일에 피복이 가능한 것

③ 뿌리가 흙입자를 잘 얽어 표층토사의 이동을 막아 줄 수 있는 것

④ 1년초보다는 다년생 초본이 적합

⑤ 그 지역의 환경인자에 어울리는 강한 성질을 가진 종류

⑥ 종자의 입수가 수월하고 가격이 저렴할 것

(4) 주요 법면 피복용 초류

① 잔디 : 척박지에 잘 견디고 건조에 강하며 포복경으로 지표를 덮어 거의 완전한 상태로 법면 보호

② 고려잔디 : 미관을 중시하는 곳에 잔디 대신 쓰이나 내한성으로 인하여

| 법면(法面)
절토 또는 성토에 의해 이루어진 인위적인 사면(斜面)을 법면이라 한다.

제한적

③ 위핑러브그래스 : 더위에 잘 견디고 생장이 왕성하여 단시일 내에 법면을 피복하나 내한성이 제한 요소로 작용

④ 켄터키 31 페스큐 : 톨 페스큐의 개량종으로서 불량한 환경에 잘 견딜 뿐만 아니라 추위와 더위에도 강한 상록종으로 경사면을 잘 피복함으로 식생공의 대표적 초본

⑤ 화이트 클로버 : 콩과식물로 근류균의 작용이 공중질소를 고정하기 때문에 양분 공급을 위하여 포아풀과 식물의 씨와 함께 혼파 - 단파의 경우 병충해가 심하게 발생

(5) 파종 및 시비(施肥)

① 봄에는 하루 평균기온이 10~20℃, 가을에는 25~15℃ 정도 될 무렵이 파종 적기

② 절토면의 경우 하층토가 노출되어 거름기가 없으므로 식생공의 시행에 앞서 기비(基肥)로서 복합비료를 m²당 100g 정도 살포

③ 기비의 상당량이 사면을 따라 빗물에 의해 유실되므로 해마다 한번씩 4~5월 생장기에 추비(追肥)실시

④ 시비를 관리하는 연한은 3~5년으로 완전히 피복된 후에는 시비 불필요

⑤ 1차식생 이후 2차식생으로는 참억새, 칡, 싸리나무, 소나무류 등 침입

식재비탈면의 기울기

기울기		식재가능식물
1 : 1.5	66.6%	잔디, 초화류
1 : 1.8	55%	잔디, 지피, 관목
1 : 3	33.3%	잔디, 지피, 관목, 아교목
1 : 4	25%	잔디, 지피, 관목, 아교목, 교목

▎법면의 식수
법면에 식수하고자 할 경우에는 구배를 1 : 2~1 : 3 이상으로 완만하게 다듬어 놓아야 하며 교목은 바람에 쓰러져도 통행에 지장이 없도록 경사의 위족으로 후퇴시켜 식재한다.

❾ 화단식재

(1) 계절에 의한 화단

① 봄화단 : 3월 하순부터 6월 상순까지 봄철에 피는 꽃으로 구성

㉠ 추파 한해살이 화초와 추식 알뿌리화초로 장식

㉡ 한해살이 화초: 팬지, 데이지, 프리뮬러, 금잔화, 알리섬, 양귀비 등

㉢ 여러해살이 화초: 꽃잔디, 은방울꽃, 며느리밥풀꽃, 금계국, 붓꽃

㉣ 알뿌리(구근)화초: 튤립, 크로커스, 수선화, 무스카리, 히야신스

② 여름화단 : 6월에서 9월 중순까지 여름에 만개하는 꽃으로 구성

㉠ 여름부터 가을까지 계속 꽃이 피는것도 있음 (샐비어, 메리골드, 페튜니아 등)

▎화단
꽃을 심기 위해 일정하게 다듬어 만들어진 식재상(植栽床)을 말하며 집단적 아름다움을 목적으로 하여 의도하는 도형으로 화포를 심는 화상(花床)을 의미한다.

ⓛ 한해살이 화초 : 페튜니아, 천일홍, 색비름, 맨드라미, 채송화, 봉선화, 접시꽃, 메리골드, 누홍초, 아게라텀 등

ⓒ 여러해살이 화초 : 아스틸베, 리아트리스, 붓꽃, 옥잠화, 작약 등

ⓔ 알뿌리화초 : 글라디올러스, 칸나, 달리아, 튜베로스, 진자, 백합 등

③ 가을화단 : 10월 초부터 첫서리가 올 때 (11월 말~12월 초)까지의 화단

ⓖ 꽃의 빛깔이 선명하게 나타나므로 화단의 색채가 더욱 미려

ⓛ 한해살이 화초 : 메리골드, 맨드라미, 페튜니아, 토레니아, 코스모스, 샐비어, 아게라텀, 과꽃, 코레우스 등

ⓒ 여러해살이 화초 : 국화, 루드베키아, 숙근플록스 등

ⓔ 알뿌리화초 : 달리아

④ 겨울화단 : 12월부터 2월 말까지의 화단

ⓖ 중부지방에서는 꽃이나 잎이 아름다운 관상가치가 있는 화초는 극히 제한적

ⓛ 꽃양배추가 식재되기도 하나 남부지방에 효과적

(2) 양식에 의한 화단

① 경재화단 : 건물, 담장, 울타리 등을 배경으로 그 앞쪽에 장방형으로 길게 만들어진 화단

ⓖ 한 쪽에서만 바라볼 수 있는 화단

ⓛ 원로 앞쪽에서 키가 작은 화초에서 차차 키가 큰 화초로 식재

ⓒ 양호한 햇빛과 통풍, 배수 필요

② 기식화단 : 작은 면적의 잔디밭 가운데나 광장 가운데 또는 원로 주위에 있는 공간에 만들어지는 화단

ⓖ 사방에서 감상이 가능하도록 중심에서 외주부로 갈수록 차례로 키가 작은 초화 식재

ⓛ 화초를 집단으로 식재하여 집단미를 내기 위한 설계 필요

③ 카펫화단 : 화단 중 가장 황홀하도록 문양을 만들어 마치 카펫을 깔아 놓은 듯하게 키 작은 화초로 꾸며진 평면적 화단

④ 리본화단 : 공원, 학교, 병원, 광장, 유원지 등의 넓은 부지의 원로, 보행로, 도로 등과 산울타리, 건물, 연못 등을 따라서 나비가 좁고 길게 구성한 화단

⑤ 암석화단 : 바위로 식물을 심을 수 있는 바탕을 만들고 화초를 식재한 화단

⑥ 침상화단 : 보도에서 1m 정도로 낮은 평면에 기하학적 모양으로 설계한 것으로 관상가치가 높은 화단

⑦ 용기화단 : 용기에 화초를 심어 가꾸는 화단

⑧ 수재화단 : 물을 이용하여 수생식물이나 수중식물을 식재하는 것으로 연, 수련, 물옥잠 등 이용

▌화단의 형식적 분류
① 평면화단:카펫화단, 리본화단, 포석화단
② 입체화단:경재화단, 기식화단, 노단화단, 석벽화단
③ 특수화단:암석화단, 침상화단, 용기화단, 수재화단, 단식화단

▌포석화단
잔디밭의 통로나 연못·분수 주위에 돌을 깔고 그 주위에 키 작은 화초를 심어 만든 화단

▌노단화단
경사진 땅을 계단 모양의 형태로 꾸민 화계와 같은 화단

▌석벽화단
자연석으로 수직적 벽을 쌓은 사이사이에 화초를 심은 화단

▌단식화단
한 가지 화초로만 구성된 화단

4>>> 실내조경과 식재설계

1 역사와 기원

(1) 그리스

① 여자들에 의해 아도니스(Adonis)축제 때 화분(pot)에 양상추·밀·보리 등을 심어 왕실 뜰이나 지붕 위, 아도니스 동상 앞에 장식

② BC 4세기 말엽부터 3세기 말까지 왕성하게 발전하고 1년 내내 장식용 으로 이용

(2) 로마와 중세

① 로마인들의 석조용기를 이용한 식물재배방식은 그리스인들로부터 전래

② 지붕 위, 테라스, 안뜰, 푸울(pool) 주변의 장식용으로 이용

③ 창가원예(window garden)도 빌달하여 윈도박스(window box)에 밀감 류 등 열대식물로 장식

④ 개방된 방들은 정원으로 쓰였고 때로는 가온(伽溫)

⑤ 파이니(piny)시대에는 운모를 이용한 온실도 나왔으며 유리온실은 290년 부터 발달

⑥ 476년 로마제국 멸망으로 식물장식도 침체하여 장식적으로는 종교행사 에 이용

⑦ 중세후기에는 화단이나 벤치 등으로 장식된 성(castle)의 정원에 화분식 물들 사용

(3) 르네상스

① 15·16세기부터 기호식물에 흥미를 가졌고, 신대륙 발견 및 무역의 팽창 으로 새로운 식물유입

② 영국, 프랑스, 이탈리아에서 정원용기(garden pot)가 주요정원요소로 등장

③ 독일의 질화분(clay pottery)을 이용한 창가장식은 오늘날 실내정원의 실체와 역사적 관계형성

④ 북부유럽에서는 월동을 위한 큰 건물을 지어 한 단계 발전

(4) 빅토리안시대

① 영국적인 기호가 절정을 이룬 시기

② 1820년 영국 큐 가든(kew garden)에 8000종의 외국식물 수집

③ 19세기초 원예와 식물에 대한 간행물 및 관엽식물의 실내재배

④ 창문정원과 온실을 가지게 되고, 원예지식도 풍부 – 공중걸이 화분대 수 요 증가

⑤ 영국의 산업혁명과 미국의 남북전쟁 후의 경제적 안정으로 실내원예 발전

> **실내조경의 기원**
> 용기식물을 실내에서 재배하며 장식하고 감상하는 형태는 약 3,500년 전 중국에서 비롯되었다.

⑥ 19세기에 소개된 다수의 식물이 현재도 보편적으로 사용

⑦ 전등의 발명과 중앙난방 출현으로 더 많은 식물을 실내에서 키울 수 있는 계기 도래

(5) 현재

① 1930년대 이전까지만 해도 절화식물(折花植物)이 많이 사용되었고, 1930년 이후 접시원예(dish garden)의 소개로 관엽식물에 대한 관심 증대

② 1960년 후반에 공공건물, 상업건물에 실내조경 등장

③ 실내환경의 제한된 여건(광선, 온도 등)을 극복하여 실내장식의 중요한 역할 담당

② 실내공간에서의 식물의 기능과 역할

(1) 상징적 기능

자연적인 환경의 대용품으로 식물이 적극 도입된 실내는 자연경관 속에 있다는 느낌과 생각 부여

(2) 감각적 기능

인간의 감정에 영향을 미쳐 생각과 느낌으로 수목 및 주변의 특징에 대한 충동적 행동 유발

(3) 건축적 기능

① 구획의 명료화 : 식물 그 자체로써 공간 분할 및 경계 형성

② 동선의 유도 : 공간의 특성, 관찰자의 지각, 주변환경의 이용 등에 대한 체계적 질서를 확립하여 움직임 유도

③ 차폐효과 : 시선의 유도 및 차단으로 보다 나은 조화로움으로 환경적 만족감 부여

④ 사생활보호 : 식물을 이용하여 특정한 곳을 주변으로부터 격리(방향·높이·범위 등 고려)

⑤ 인간척도로서의 역할 : 인간척도 요소를 부여하여 공간감을 명확하게 부여

(4) 공학적 기능

① 음향조절 : 수목의 잎이나 가지에 의한 조절효과

② 공기의 정화작용 : 산소와 탄산가스의 순환과 증산작용에 의해 공기정화 및 습도조절

③ 섬광과 반사광 조절 : 섬광과 반사광의 강약조절

(5) 미적기능

1) 시각적 요소

① 적극적 요소 : 식물이 눈에 잘 띄고 전체적으로든 부분적으로든 중요

하고 흥미로운 대상이 되는 것

② 소극적 요소 : 경관을 꾸미거나 배경, 방향유도 등의 요소로 사용되는 것

2) 2차원적 요소 : 식물의 형태와 선이 벽이나 바닥에 나타나거나 여러 형태의 그림자 등으로 보여지는 것

3) 3차원적 요소

① 식물의 조각적 요소

② 식물 각 부분의 질감에 의한 대비 및 보완

③ 건축물의 차가움, 딱딱함 완화

④ 설계자가 사용하는 건축적·공학적 요소 중 가장 동적인 요소로 끊임없이 성장변화

⑤ 빛의 이동에 따른 여러 형태의 그림자

4) 장식적 요소 : 식물 자체로서의 장식효과

❸ 실내식물의 환경조건

(1) 광선

1) 광도(빛의 세기)의 조절

① 광도는 광합성작용에 직접적인 영향으로 동화물질의 양과 비례

② 빛의 세기는 광보상점 이상, 광포화점 이하가 적합

③ 필요로 하는 광도를 위한 조명계획 – 자연조명, 인공조명

2) 광질의 영향

① 빨간색(650~760nm) : 식물이 길고 날씬하며 성글고, 잎색이 엷어짐

② 파란색(430~470nm) : 식물의 키가 작고 뚱뚱하고 무성하며, 잎색이 짙어짐

③ 녹황색(500~600nm) : 식물이 생장하는 데 불필요하나 사람들이 쾌적하게 느낌

④ 식물생장을 위한 조명은 식물 가까이 부분적으로 설치

3) 빛의 공급시간 조절 : 광도와 조사시간 조절

① 실내에서는 12~18시간 빛 공급

② 일정한 양의 광원을 정기적 공급

③ 광도와 빛의 공급 사이에는 일정한 단계가 유지되어야 서로 보완가능

④ 주말이나 휴일 등에도 관리가 가능한 조절장치 사용

4) 광원의 종류

① 자연광선 : 경제적·심리적·위생적으로 유리

㉠ 측면 수직창형 : 유입되는 빛의 각도와 세기가 다르며, 식물의 굴광성이 심하게 나타나므로 빛의 세기 조절

▎**광(光)**
광선은 식물에 가장 중요한 환경요인으로 빛의 파장에 따라 식물의 형태가 변화된다.

▎**광보상점**
식물에 의한 이산화탄소의 흡수량과 방출량이 같아져서 식물체가 실질적으로 흡수하는 이산화탄소의 양이 '0'이 되는 빛의 세기

▎**광포화점**
빛의 강도가 높아짐에 따라 광합성 속도가 증가하나 광도가 증가해도 식물의 광합성 속도가 더 이상 증가하지 않을 때의 빛의 세기

▎**굴광성(屈光性)**
빛의 자극에 따라 일어나는 식물의 굴성운동으로 광굴성이라고도 한다.

ⓛ 천장형 : 적은 면적의 창으로 많은 빛의 유입이 가능하며, 창의 형태
는 넓고 창주위 벽두께가 얇은 것이 효과적

ⓒ 전면유리 온실형 : 충분한 빛으로 식물의 생육에 좋으나 과도한 빛의
투과량을 조절하여 사용

② 인공조명 : 자연광의 부족이나 불편함을 보완

ⓐ 식물 생육용 형광램프로 사람들의 왕래가 적은 시간에 사용

ⓛ 천정이 낮은 경우 형광등, 백열등, 식물생육용 형광램프 사용

ⓒ 천장의 높이가 높을 경우 수은등, 고압나트륨등, 백열등 사용

(2) 온도

① 광합성작용, 호흡작용, 증산작용, 단백질합성 등의 생리작용에 관여

② 식물의 최적온도 : 열대산 25~30℃, 아열대산 20~25℃, 온대산 15~20℃

③ 실내정원의 낮의 온도는 21~24℃로 유지하고 밤에는 15~18℃로 유지

④ 10℃ 이하가 되면 탈색, 반점, 잎의 말림이 일어나고 너무 높으면 식물
조직이 마르고 단백질 응고·파괴, 암모니아 방출

⑤ 광원이나 광선, 냉방기 등에 너무 노출되지 않게 하며 공기는 항상 유
동되도록 관리

(3) 수분

식물체의 약 85%가 수분으로 물의 공급량은 빛의 공급량과 직접적인 관계
가 있어 종류에 따라 수분요구도가 달라짐

(4) 습도

식물의 최적습도는 70~90%인데, 인간의 최적습도는 50~60%이나 상대습
도 30% 이상이면 대부분의 식물들은 적응 가능

(5) 적응

① 식물이 실내환경에서 잘 생존하기 위해 미리 훈련되어지는 과정

② 빛에 대한 적응 : 엽록소보호조직의 표피층의 두께가 두꺼워지지 않도록
자연광에서의 광도와 생육에 필요한 최소한의 광도와의 중간정도 장소
에서 4~12개월 정도 생육

③ 뿌리조직의 적응 : 뿌리조직은 새로운 환경에 대해 뿌리의 규모와 나무
의 가지 사이에 새로운 조절과정을 거침

(6) 토양

① 무게가 가볍고 배수력이 양호하며 뿌리의 호흡이 좋은 인공토양을 주로
사용

② 질석(vermiculite), 펄라이트(perlite), 피트모스(peatmoss), 수태(水苔), 양
토(loam), 피트(peat), 오스만다(osmanda) 등 혼합사용

(7) 배수

① 뿌리털 주변에 물이 과도하면 새로운 산소가 공급되지 못하므로 뿌리의

호흡장애 발생

② 호흡작용으로 뿌리에서 나온 일산화탄소가 뿌리 주변에 축적되어 뿌리에 악영향

③ 펄라이트, 작은 자갈, 숯, 잘게 자른 스티로폼 등으로 배수층 형성 – 작은 용기 2.5cm, 큰 화분 5~6cm, 실내정원의 플랜터는 깊이의 1/3 정도

4 실내공간의 식물도입

(1) 식물의 색채이용

① 식물의 색은 주로 잎의 색으로 구분되나 가지, 줄기의 고려

② 꽃과 열매는 계절감을 주나 단기적 포인트 효과에 사용

(2) 식물의 형태이용

독립수로 장식할 때 사용

(3) 식물의 질감이용

시각·촉각으로 질감적 특징 수용

① 고운질감 : Ficus benjamina, Coffea arabica 등의 작은 잎을 가진 식물

② 중간질감 : Cordyline terminalis, Dracaena fragrans 등의 중간 크기의 잎을 가진 식물

③ 거친질감 : Ficuslyrata, Monstera delieosa 등의 큰 잎을 가진 식물

(4) 식물의 수고 이용

① 한쪽에서 감상하기 위해 뒤에서부터 키 큰 것 식재

② 공간을 넓게 보이기 위해 앞에 큰 것을 심고 줄기사이로 작은 것이 보여지게 식재

③ 키 큰 나무의 하부에 허전함을 보충하기 위해 작은 나무를 심어 수풀효과 유도

④ 소음방지, 차폐효과에 같은 크기·종류의 식물을 연속적으로 식재

⑤ 식물이 실내전체의 경관을 좌우할 때는 180cm 이상, 책상이나 의자 옆에는 90cm 정도가 적당

5 실내공간 특성에 따른 식물 도입기법

① 섬(island)기법 : 산만한 분위기에 필요한 초점을 형성하기 위해 시선이 제일 먼저 가는 부위에 하나의 섬을 형성하는 정원구성수법

② 겹치기(overlap)기법 : 건축적 구조에 식물·돌·물 등을 조합하여 입체적 식재를 하면 장소의 변화에 따라 경관도 변화

③ 캐스케이드(cascade)기법 : 벽이나 천정이 높아 아늑함이 없고 위화감을 느낄 때 벽면에 기복과 파동을 주어 부드럽게 유화

6 실내공간의 구조물

① 물을 이용한 구조물

 ㉠ 수반(water basin) : 물을 담아 식물에 습기를 제공하고 초점적 역할
  (금속재, 석재)

 ㉡ 벽천(wall fountain) : 건물의 벽에 설치하여 폭포나 낙수형으로 물이
  떨어지며 소리의 효과, 습기제공(석재 많이 사용)

 ㉢ 토수구(water spout) : 내부에 급수파이프 설치

② 트렐리스(trellis) : 격자형으로 나무를 엮어 덩굴식물이나 지피식물을 올
 려 소음방지나 가리기 위한 목적으로 사용

③ 조명 : 식물을 위한 보조조명, 경관연출 조명

④ 가구에 있어 벤치와 테이블 등이 실내식물과 어울려 경관연출

⑤ 단주(bollard) : 경계를 표시하기 위한 구조물로 높이 1m 내외로 철재
 ·석재 사용

7 실내조경에 쓰이는 식물

① 낮은 광도에서도 잘 자라며 고온·다습·건조에도 강한 식물 도입

② 관엽식물 위주로 꽃피는 식물은 주로 단기적 장식

③ 잎의 색이 다양한 반엽(斑葉 핑크·크림·흰색)식물 선호

④ 강한 인상을 주는 짙은 녹색보다는 옅은 녹색 선호

⑤ 절도있는 모양을 갖춘 식물보다는 늘어지는 식물 선호

⑥ 아트플라워(art flowers)도 사용 - 실제 식물과도 혼용

핵 심 문 제

1 조경 식물의 이용 상 분류로써 맞지 않는 것은?

기-10-2

㉮ 심근성 수종   ㉯ 녹음용 수종
㉰ 방풍용 수종   ㉭ 방화용 수종

해 이용상 분류로는 차폐용 수종, 녹음용 수종, 방음용 수종, 방풍용 수종 등이 있으며 심근성 수종은 토심에 의한 분류이다.

2 조경수 식재효과로 차폐식재 방법을 이용할 수 있다. 차폐식재에 대한 설명 중 잘못 기술된 것은?

산기-02-1

㉮ 매력적이지 못한 경관이나 대상을 시각적으로 가리는 것을 말한다.
㉯ 차폐 대상물로서는 폐차장, 변전소, 공동묘지 등이다.
㉰ 키가 높은 것보다 낮은 산울타리로 시공하면 효과가 높다.
㉭ 시각적으로 격리, 제한, 은폐 역할도 겸할 수 있다.

해 ㉰ 차폐용 수종으로는 상록수로서 수관이 크고 지엽이 밀생한 것이 적합하다.

3 시야를 방해하지 않으면서 공간을 분할하거나 한정짓는데 이용할 수 있는 식물 재료는?

산기-06-1, 기-05-2

㉮ 대교목   ㉯ 소교목
㉰ 관목   ㉭ 지피류

4 평면식재에서 사람들에게 무의식중에 들어오는 시계(視界)각도의 범위는?

산기-05-2

㉮ 10°~30°   ㉯ 30°~60°
㉰ 60°~90°   ㉭ 120°~160°

해 시계(視界)각도의 범위는 30°가 가장 잘 보이고 60° 범위까지는 꽤 보이기는 하나 그 밖은 흐릿하게 보인다.

5 가로수로 도로측방을 차폐하고자 한다. 수고가 5m, 수관직경이 3m 되는 침엽수를 심어 운전자가 도로측방에 위치한 물체를 볼 수 없도록 하려면 식재 간격은 얼마로 하는 것이 좋은가?

기-04-2

㉮ 6m   ㉯ 8m
㉰ 10m   ㉭ 15m

해 주행할 때의 측방차폐는 식재간격을 수관직경의 2배 이하로 하면 효과적이다.

6 다음 그림에 있어서 B지점의 건물을 차폐하려 한다. 나무의 높이는 얼마로 하면 좋은가?

기-02-1

㉮ 4.94m
㉯ 5.48m
㉰ 6.34m
㉭ 7.64m

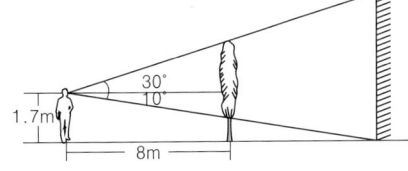

해 차폐식재의 위치와 크기

$$\tan\alpha = \frac{h-e}{d} = \frac{H-e}{D}, \quad h = \tan\alpha \times d + e = \frac{d}{D}(H-e)+e$$

$$h = \tan 30° \times 8 + 1.7 = 6.32(m)$$

7 공원에 인접해 있는 주택지를 차폐하려고 한다. 벤치에 앉아서 관망을 할 때, 벤치에서 주택까지의 거리는 50m, 주택의 높이는 3m일 때, 식재하려고 하는 위치까지의 거리는 20m 지점을 정하였다. 이때 수목의 높이는 얼마가 좋은가?(단, 벤치에 앉아 있는 경우 눈의 높이는 110cm 이다.)

산기-05-1

㉮ 1.85m   ㉯ 1.86m
㉰ 1.90m   ㉭ 1.95m

해 문제 6 해설참조

e : 눈의 높이 = 1.1m, H : 차폐대상물의 높이 = 3m
h : 차폐식재의 높이
D : 시점과 건물과의 수평거리 = 50m
d : 시점과 수목과의 수평거리 = 20m

$$\therefore h = \frac{20}{50}(3-1.1)+1.1 = 1.86(m)$$

8 대상물을 눈에 띄지 않도록 하는 방법인 카무플라즈는 의장수법, 또는 미채수법이라고도 하는데, 이 방법을 이용하는 수법 중 가급적 피해야 하는 것은?

산기-03-1, 산기-05-2

㉮ 인공조성지에 식재하는 수법
㉯ 경사의 법면에 잔디를 입혀 녹화하는 수법

㉰ 노출암석이나 몰탈공법으로 처리된 면을 녹색으로 도색 처리하는 수법

㉱ 담쟁이 등의 벽면 녹화 수법

해 ㉰ 카무플라즈는 주위의 사물과 형태, 색채 및 질감에 있어서 현저한 차가 생겨나지 않도록 함으로써 일체화를 도모하는 식재기법으로 법면이나 벽면녹화 등이 있다. 따라서 인공적인 재료는 눈에 잘 띄며 동절기에는 주위와 이질적인 경관을 연출할 우려가 있다.

9 가로막이 식재의 기능으로 가장 거리가 먼 것은?
산기-06-4

㉮ 경계의 표시　　　　㉯ 눈가림
㉰ 진입방지　　　　㉱ 침식방지

해 ㉱ 침식방지는 지피식재의 기능이다.

10 맹아력이 강해 생울타리용으로 가장 적합한 것은?
산기-06-2

㉮ 개나리, 쥐똥나무
㉯ 전나무, 풀명자나무
㉰ 메타세콰이어, 아카시아 나무
㉱ 가문비나무, 동백나무

해 산울타리용 수종으로는 사철나무, 꽝꽝나무, 개나리, 피라칸타, 회양목, 조팝나무 등이 있다.

11 다음 녹음수가 갖추어야 할 조건 중 부적합한 것은?
산기-07-2

㉮ 수관(crown)이 커야 한다.
㉯ 지하고(枝下高)가 낮아야 한다.
㉰ 여름에는 짙은 그늘을 주고 겨울에는 낙엽지어 햇빛을 가리지 않아야 한다.
㉱ 나무 주위를 밟아 다져도 생육에 별 지장이 없는 수종이라야 한다.

해 녹음수가 갖추어야 할 조건
　① 수관이 커야하고 머리에 닿지 않을 정도의 지하고 확보
　② 여름철에 그늘 제공, 겨울에는 햇빛차단 없는 낙엽교목 선정
　③ 충분한 그늘을 위한 가급적 큰 잎을 가진 수목
　④ 잎이 밀생한 교목으로 병충해와 답압의 피해가 적은 수목
　⑤ 나무 가까이 접근해도 악취가 없고 가시가 없는 수종

12 다음 중 녹음수로서 그 기능이 매우 우수한 수종으로만 짝 지워진 것은?
산기-10-1

㉮ 해송, 소나무　　　㉯ 비자나무, 미루나무
㉰ 느티나무, 팽나무　㉱ 백당나무, 불두화

해 녹음용 수종 : 느티나무, 버즘나무, 가중나무, 은행나무, 물푸레나무, 중국단풍, 튤립나무(백합목), 참느릅나무, 층층나무, 침엽수, 피나무, 회화나무, 벽오동, 녹나무, 이팝나무, 일본목련 등

13 단풍나무 중 복엽이면서 가장 노란색 단풍이 들고, 낙엽이 진 후의 녹색의 가지가 아름다워 경관수 및 녹음수로 이용 되는 수종은?
기-06-4

㉮ Acer mandshuricum MAX.
㉯ Acer negundo L.
㉰ Acer palmatum THUNB.
㉱ Acer mono MAX.

해 ㉮ 복장나무, ㉯ 네군도단풍, ㉰ 단풍나무, ㉱ 고로쇠나무

14 녹음식재를 위하여 정원에 수고가 3m 되는 스트로브잣나무를 심고자 할 때 그림자의 길이는 얼마인가? (태양고도는 30°이고, cos30° = 0.87, tan30° = 0.58, cot30° = 1.73, cosec30° = 2.00이다.)
기-05-2, 산기-05-4

㉮ 1.74m　　　　㉯ 2.61m
㉰ 5.20m　　　　㉱ 6.00m

해 수목의 그림자
　$m = \ell \times \cot h$
　　ℓ : 막대기 길이
　　h : 태양의 고도
　　m : 막대기의 그림자 길이
　∴ $m = 3 \times \cot 30° = 3 \times 1.73 = 5.19(m)$

15 일반적으로 수목의 잎 한 장을 투과하는 햇빛량은 엽질에 따라 다르지만 일반적으로 전광선량(全光線量)의 몇 %정도인가?
기-05-2

㉮ 약 10% 미만　　　㉯ 약 10~30% 미만
㉰ 약 30~60% 미만　㉱ 약 60~90% 미만

해 한 장의 잎을 투과하는 햇빛량은 전광선량의 10~30% 정도이다.

16 맑은 날 오후 2시의 태양고도가 45°00'인 지대에서 25% 경사를 나타내는 남사면에 수고 10m의 느티나무가 식재 되었을 때 이 나무의 그림자 길이는 얼마인가? 기-04-1

㉮ 6m
㉯ 7m
㉰ 8m
㉱ 9m

해 ① 태양의 고도가 45°인 경우 수평면의 그림자 길이는 수목의 높이와 같다. – 수목:그림자 = 1:1

② 25%의 경사면은 수직과 수평의 비가 1:4이다.

③ 그림자 길이를 1:4의 비율로 구분하면 수직: 수평 = 2:8이다.

④ 따라서 빗변의 길이(그림자의 길이)

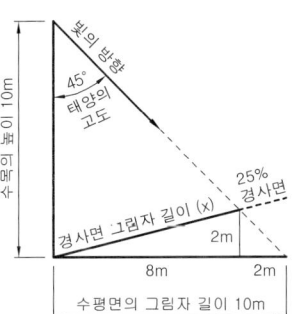

$x = \sqrt{8^2 + 2^2} = 8.25(m)$

17 다음 방음(防音)식재에 대한 설명 중 틀린 것은? 기-05-1, 산기-08-2

㉮ 방음용 식재수목은 도로쪽보다 주택지 가까이 심는 것이 효과적이다.
㉯ 방음식재용 수종은 상록교목이 효과적이다.
㉰ 방음용 식재를 할 때 성토를 하고 그 위에 수목을 식재하는 것도 큰 효과가 있다.
㉱ 방음을 위해서는 도로를 주변 지역보다 낮추는 것이 효과적이다.

해 ㉮ 방음식재는 가급적 소음원 가까이 식재하는 것이 효과적이다.

18 방음식재(方音植栽) 기법(技法)으로 틀린 것은? 산기-02-4, 산기-04-4, 산기-08-4

㉮ 소음원(騷音源)에 가까이 식재할 것
㉯ 지엽(枝葉)이 치밀하고 무성한 교목(喬木)수종을 식재할 것
㉰ 상록수보다 잎이 넓은 낙엽수를 식재할 것
㉱ 수림(樹林)의 폭이 넓게 식재할 것

해 방음용 식재수종은 지하고가 낮고 잎이 수직방향으로 치밀한 상록교목 적당하다.

19 도로에 방음식재를 하는 경우 그림과 같이 음원과 수음점의 거리를 ℓ로 한다면 수음점을 커버하기 위한 수림대의 최소 길이는 얼마로 잡는 것이 바람직한가? 기-06-4

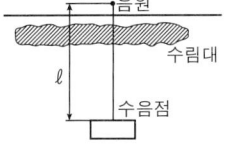

㉮ 1ℓ
㉯ 2ℓ
㉰ 3ℓ
㉱ 4ℓ

해 식수대의 길이는 음원과 수음점 거리의 2배 이상으로 해야 효과적이다.

20 방풍림의 구조를 설명한 것으로 가장 잘못 설명된 것은 어느 것인가? 산기-04-2, 산기-07-4

㉮ 방풍림은 1.5~2.0m의 간격을 가진 정삼각형 식재로 한다.
㉯ 수림대의 길이는 수고와는 관계없이 필요한 만큼으로 한다.
㉰ 5~7 열의 열식으로 한다.
㉱ 폭은 10~20m로 한다.

해 ㉯ 수림대의 길이는 최소 수고의 12배 이상으로 한다.

21 일반적인 방풍림을 주풍(主風)에 대하여 수직으로 식재하였을 때, 풍하측(風下側)에 미치는 범위는 수고의 몇 배의 거리까지 이르는가? 기-09-2

㉮ 25~30배
㉯ 11~15배
㉰ 6~10배
㉱ 1~5배

22 일반적으로 수림대가 방풍기능을 발휘하기 위해서는 그 밀폐도가 문제가 된다. 수림대는 정면에서 보았을 때 가지, 잎, 줄기가 전체 입면의 어느 정도의 면적을 가려줄 때 방풍기능이 최적인가? 기-08-4

㉮ 약 95%
㉯ 약 80%
㉰ 약 60%
㉱ 약 40%

해 방풍식재는 수림의 경우 50~70%, 산울타리의 경우 45~55%의 밀폐도를 가져야 방풍효과의 범위가 넓어진다.

23 다음 중 방풍용 수목의 설명으로 맞는 것은? 기-11-2

㉮ 수목의 지하고율이 작을수록 바람에 대한 저항

정답 **16** ㉰ **17** ㉮ **18** ㉰ **19** ㉯ **20** ㉯ **21** ㉮ **22** ㉰ **23** ㉱

은 증대된다.

㉯ 천근성으로서 지엽이 치밀하지 않아야 한다.

㉰ 수목은 잎이 두껍고 함수량이 많은 넓은 잎을 가진 상록수가 적합하다.

㉱ 후박나무, 사철나무, 동백나무, 삼나무 등은 모두 방풍용 수목으로 적당하다.

24 방풍용 수종으로 적합한 것은 다음 중 어느 것인가?   산기-03-4

㉮ 리기다소나무, 잣나무

㉯ 버드나무, 미류나무

㉰ 플라타너스, 양버들

㉱ 버드나무, 녹나무

해 방풍식재용 수종 : 심근성이고 줄기나 가지가 바람에 잘 꺾이지 않는 동시에 지엽이 치밀한 상록수가 적당하며 독일가문비나무, 리기다소나무, 방크스소나무, 소나무, 삼나무, 잣나무, 편백, 화백, 흑송, 가시나무 등이 있다.

25 다음은 방화수에 대한 설명이다. 이 중 적당하지 않은 것은?   산기-02-2, 산기-05-1

㉮ 잎이 두텁고 함수량이 많은 수종이 좋다.

㉯ 잎이 넓고 밀생하고 있을수록 좋다.

㉰ 수관의 중심이 추녀보다 낮은 곳에 위치하여 있는 것이 좋다.

㉱ 낙엽활엽수가 적당하다.

해 ㉱ 방화수로는 상록수가 적당하다.

26 다음 중 방화용 식재 수종으로만 짝지어진 것은?   산기-10-4, 기-03-2

㉮ 녹나무, 삼나무

㉯ 구실잣밤나무, 은목서

㉰ 아왜나무, 후피향나무

㉱ 소나무, 비자나무

해 방화식재용 수종 : 가시나무, 돌참나무, 아왜나무, 후피향나무, 사스레피나무, 사철나무, 왜금송, 멀구슬나무, 벽오동, 상수리나무, 은행나무, 단풍나무, 층층나무, 동백나무 등

27 다음 중 내화성(耐火性)이 강한 수종은?   가-07-2

㉮ Pinus densiflora

㉯ Cryptomeria japonica

㉰ Torreya nucifera

㉱ Ginkgo biloba

해 ㉮ 소나무, ㉯ 삼나무, ㉰ 비자나무, ㉱ 은행나무

28 방설용(防雪用) 수종의 필수 요구조건과 관계가 먼 것은?   기-06-2

㉮ 내한성이 있는 것

㉯ 눈이 아래로 떨어질 수 있는 가지를 가진 것

㉰ 눈의 무게를 견딜 수 있는 가지를 가진 천근성 수종일 것

㉱ 생장이 왕성하여 풍압에 견디는 힘이 큰 것

해 ㉰ 눈의 무게를 견딜 수 있는 가지를 가진 심근성 수종일 것

29 조릿대, 인동덩굴, 잔디, 맥문동 등의 식물로 지표를 치밀하게 피복하여 나지를 남기지 않도록 하고 양지성 식물과 음지성 식물의 조건을 가름하여 식재하는 식재기능은?   산기-11-4

㉮ 지표식재   ㉯ 유도식재

㉰ 녹음식재   ㉱ 지피식재

30 지피식재의 기능과 효과로 가장 부적합한 것은?   기-10-2

㉮ 침식방지   ㉯ 동상방지

㉰ 미적효과   ㉱ 해충방지

해 지피식재의 기능과 효과

① 모래·먼지방지   ② 강우로 인한 진땅 방지

③ 침식방지   ④ 동상방지

⑤ 미기상의 완화   ⑥ 운동·휴식효과

⑦ 미적 효과

31 다음 중 지피식재 효과가 아닌 것은?   산기-02-1

㉮ 유하수(流下水)로 인한 세굴(洗掘)현상 방지

㉯ 온도 교차의 완화와 서릿발 형성·억제

㉰ 진입에 의한 위험과 답압방지

㉱ 바람이 일기 쉬운 곳의 모래, 먼지방지(砂塵防止)

32 지피식재의 기능과 효과로 가장 관계가 적은 것은?   산기-02-2

정답   **24** ㉮   **25** ㉱   **26** ㉰   **27** ㉮   **28** ㉰   **29** ㉱   **30** ㉱   **31** ㉰   **32** ㉰

㉮ 강우로 인한 진땅 방지 　㉯ 미적 효과
㉰ 원로의 유도 　　　　　㉱ 미기후의 완화

33 다음 식물 중 지피식물로 가장 적합하지 않은 수종은? 　　　　　　　　　　　　산기-05-1

㉮ 줄사철 　　　　　㉯ 눈향나무
㉰ 으름덩굴 　　　　㉱ 족제비싸리

해 ㉱ 족제비싸리는 콩과의 낙엽관목이다.

34 다음은 지피식물(Ground cover)이 갖추어야 할 조건에 대한 설명이다. 이 중 적당하지 않은 것은? 　　　　　　　　　　　산기-02-1

㉮ 다년생 식물이면서 상록성이면 더욱 좋다.
㉯ 생장속도가 빠르고 번식력이 왕성할수록 좋다.
㉰ 포기로 자라는 식물이 지하경이나 포복경으로 자라는 식물보다 나지(裸地)를 남기지 않으므로 좋다.
㉱ 낮은 키를 가진 식물이 좋다.

해 ㉰ 지하경이나 포복경으로 자라는 식물이 포기로 자라는 식물보다 나지(裸地)를 남기지 않으므로 좋다.

35 나무 그늘에 심기 알맞은 지피식물(地被植物)은? 　　　　　　　　　　　　산기-02-4

㉮ 헤데라 　　　　㉯ 맥문동
㉰ 다이콘드라 　　㉱ 부귀초

해 맥문동과 소맥문동 : 경기도 이남의 숲 속에 나는 상록다년초로 초여름에 보랏빛 꽃, 가을에 푸른 열매를 볼 수 있으며, 나무그늘에 심는 것이 적당하다.

36 다음 지피식물(地被植物) 가운데 석죽과로 7~8월에 분홍색 꽃이 피며, 척박토의 양지에 생육한다. 생육가능 지역 및 특성은 노출지이고, 이용형태는 평면인 것은? 　　　　　　　　　　　기-11-1

㉮ 술패랭이 　　　　㉯ 맥문동
㉰ 꽃잔디 　　　　　㉱ 송악

37 다음 중 파종기가 같고 1년생 춘파 초화만으로 짝지은 것은? 　　　　　　　　　　　기-03-4

㉮ 색비름, 페튜니아, 콜레우스, 샐비어

㉯ 플록스, 채송화, 시네라리아, 팬지
㉰ 접시꽃, 물망초, 데이지, 금어초
㉱ 시계초, 카아네이션, 제라늄, 칼랑코에

38 일반적인 도시조경에 있어 광장의 식재기준에 대한 설명으로 틀린 것은? 　　　　　　　기-06-4

㉮ 시장광장, 집회광장의 경우 식재는 광장 외주부에 녹음수를 두는 정도로 하되, 특히 피난광장의 경우는 방화수림대를 겸할 수 있게 한다.
㉯ 일반적으로 광장의 수목식재는 산울타리(hedge)로서 벽체를 구성하거나, 총림으로서 매스효과와 비스타(vista)를 구성하는 정형적인 것이 바람직하다.
㉰ 식재수종은 수형이 단정하고, 대기오염 및 병충해, 건조에 강하고, 꽃 피는 기간이 오래가는 것이 좋다.
㉱ 기념광장이나 장식광장은 다양한 교목식재를 통한 녹음공간의 제공이 중요하다.

해 ㉱ 기념광장이나 장식광장은 건축미와 기념물의 수식에 방해되지 않는 종속적 식재가 적당하므로 교목은 식재하지 않는 것이 좋다.

39 고속도로 조경은 주행과 관련된 식재, 사고방지를 위한 식재, 경관을 위한 식재 및 기타 식재 등으로 구분하는데 다음 중 사고방지를 위한 식재가 아닌 것은? 　기-03-1, 기-06-4, 기-08-2, 기-11-1

㉮ 지표식재 　　　　㉯ 차광식재
㉰ 완충식재 　　　　㉱ 명암순응식재

해 사고방지를 위한 식재 : 차광식재, 명암순응식재, 진입방지식재, 완충식재 등
㉮ 지표식재는 주행기능과 관련된 식재이다.

40 고속도로 식재의 기능과 분류 중 틀린 것은? 　　　　　　　　　　　기-03-1, 기-07-1

㉮ 사고방지 : 차광식재, 명암순응식재
㉯ 경관처리 : 차폐식재, 법면보호식재
㉰ 휴식 : 녹음식재, 지피식재
㉱ 환경보전 : 방음식재, 임연(林緣)보호 식재

해 경관기능의 식재 : 차폐식재, 수경식재, 조화식재 등

㉯ 법면보호식재는 방재기능의 식재이다.

41 주행 중 운전자가 도로의 선형 변화를 미리 판단할 수 있도록 수목을 식재하는 수법으로 도로의 곡률반경 700m 이하가 되는 작은 곡선부에서 식재하는 방식은?　　　　　　　산기-03-1, 산기-09-1
㉮ 명암순응식재　　　　㉯ 쿠션식재
㉰ 시선유도식재　　　　㉱ 지표식재

42 시선유도식재에 관한 설명 중 옳지 않은 것은?
　　　　　　　　　　　　산기-05-4, 산기-09-4
㉮ 곡선부의 안쪽에는 시거에 방해를 주므로 식수하지 않는다.
㉯ 산형(crest)구간에서는 정상부에 교목을 심고 약간 내려간 곳에 낮은 나무를 심는다.
㉰ 골짜기(sag)구간에서는 가장 낮은 부분을 피해서 식재하는 것이 좋다.
㉱ 곡선부의 전면에는 관목을 배식한다.
해 ㉯ 도로의 선형이 산형을 이루는 곳의 정상부에는 낮은 나무를 심고 약간 내려간 곳에는 높은 나무를 식재한다.

43 운전을 하는 운전자에게 현재의 위치, 시설자의 위치 및 풍향, 풍속 등을 알려주기 위해 사용되는 식재 방법은?　　　　　　　　　　산기-07-1
㉮ 시선유도식재　　　　㉯ 지표식재
㉰ 차폐식재　　　　　　㉱ 경관식재

44 고속도로 중앙분리대에 식재할 수종 중 차광효과가 가장 높은 수종은?　　　　　　산기-04-1
㉮ 금목서　　　　　　　㉯ 동백나무
㉰ 사철나무　　　　　　㉱ 향나무
해 차광률 90% 이상 : 가이즈카향나무, 졸가시나무, 향나무, 돈나무 등

45 고속도로 중앙분리대에 식재할 수종 중 차광효과가 가장 높은 수종은?　　　　　　　기-07-1
㉮ Osmanthus fragrans
㉯ Camellia japonica
㉰ Euonymus japonica

㉱ Juniperus chinensis
해 ㉮ 목서, ㉯ 동백, ㉰ 사철나무, ㉱ 향나무

46 고속도로변에 식재된 조경수목의 활력이 점차 저하된다고 할 때 그 이유로 예상 할 수 있는 것을 열거한 것 중 옳지 않은 것은?　　산기-03-2, 산기-05-4
㉮ 배수불량　　　　　　㉯ 배기가스에 의한 영향
㉰ 양분의 결핍　　　　　㉱ 과다한 광합성 작용

47 고속도로의 터널입구로부터 300m구간의 갓길을 따라 상록교목을 열식하였다. 다음 중 어느 식재방법을 적용한 것으로 보는 것이 가장 적당한가?
　　　　　　　　　　　　　　　　　산기-04-1
㉮ 차광식재　　　　　　㉯ 명암순응식재
㉰ 진입방지식재　　　　㉱ 시선유도식재

48 터널의 입구나 출구에 명암순응식재를 할 때 터널입구를 기점으로 하여 얼마만큼의 구간에 교목으로 열식(列植)하여야 하는가?　　산기-07-4
㉮ 50~100m　　　　　　㉯ 200~300m
㉰ 400~500m　　　　　　㉱ 600~700m

49 여러 가지 크기, 형태의 수목을 동일하지 않은 간격으로 식재하며, 설계 및 시공이 번잡하여 관리의 기계화가 곤란한 중앙분리대 식재 형식은?
　　　　　　　　　　　　산기-06-2, 산기-08-1
㉮ 루버식　　　　　　　㉯ 랜덤식
㉰ 무늬식　　　　　　　㉱ 군식법

50 중앙분리대 식재방법 만으로 구성된 것은?
　　　　　　　　　　　　　　　　　기-04-2
㉮ 대칭식, 루버식, 평식식, 지표식
㉯ 무늬식, 루버식, 정형식, 평식식
㉰ 지표식, 무늬식, 군식식, 열식식
㉱ 차폐식, 군식식, 정형식, 무늬식
해 중앙분리대 식재방법 : 정형식, 군식식, 랜덤식, 열식식, 평식식, 루버식, 무늬식

51 중앙분리대 식재수법 중 정형식(整形式)의 단점

에 대한 설명으로 적당하지 않는 것은? 산기-03-2

㉮ 동일형의 수목 구입이 어렵다.

㉯ 부분적인 훼손이 눈에 띄기 쉽다.

㉰ 관리의 기계화가 어렵다.

㉱ 보행자 횡단제어 효과가 적다.

해 ㉱ 랜덤식의 단점에 대한 설명이다.

52 그림과 같은 인터체인지의 검은 부분을 식재로 처리 시 그 용도로 적합한 것은? 기-06-1

㉮ 지표식재

㉯ 시선유도식재

㉰ 쿠션식재

㉱ 식수금지 지역

해 인터체인지의 램프구간은 감속을 인지할 수 있도록 유도식재로 처리한다.

53 가로수의 배치와 식재에 관한 설명 중 옳지 않는 것은? 산기-02-2, 산기-09-1

㉮ 가로수는 일반적으로 18m 이상의 폭을 가진 가로에 식재 한다.

㉯ 식수대의 폭은 적어도 1m 이상이 되도록 한다.

㉰ 보호시설에 의해서 둘러싸인 면적은 적어도 1.5m² 이상 이어야 한다.

㉱ 하계의 전정은 6~8월에 실시하며 강하게 해서 수형을 조절한다.

해 ㉱ 가로수는 이른 봄 싹트기 전에 강전정으로 수형을 조절한다.

54 가로수는 정형식(整形式)으로 식재되는 것이 보통인데 보도의 경우 일반적인 식재 기준 간격은?
기-07-2

㉮ 1~3m   ㉯ 4~5m

㉰ 8~10m   ㉱ 13~15m

55 가로수의 식재기준에 대한 설명으로 틀린 것은? 산기-04-2

㉮ 건물로부터 일정간격 떨어져 심는 것이 바람직하다.

㉯ 수종에 따라 다르나 보통 6~10m 간격으로 심는다.

㉰ 특수효과를 위한 가로수를 제외하고는 일반적으

로 한 가로변에 여러 수종을 식재하는 것이 좋다.

㉱ 차량통행의 안전을 위하여 커브길, 교통신호 등 각종 안내판의 시계를 가리는 장소에서는 식재를 제한 할 수 있다.

해 ㉰ 특수효과를 위한 경우를 제외하고는 한 가로변에 동일 수종을 식재하는 것이 좋다.

56 공장을 중심으로 한 주변의 녹지대 조성에 대한 설명 중 적당하지 않은 것은? 기-03-1

㉮ 녹지대의 조성 목적은 매연, 유독가스, 분진 등을 인근 주거지역에 파급 낙하하는 것을 막고 여과기능을 기대하는데 있다.

㉯ 배식계획에 있어서는 공장 측으로부터 키가 큰 나무, 중간나무, 키가 작은 나무순으로 배식한다.

㉰ 배식수종은 상록 활엽수를 양측에, 침엽수를 중앙부에 배식하고 나뭇잎이 서로 접촉할 정도로 심는다.

㉱ 공장주변의 주거지역에는 광역적인 녹지대를 조성하고 교목성 상록수를 심는 것이 바람직하다.

57 공장주변의 녹지를 조성할 때 전국에 걸쳐 식재가 가능한 수종은? 기-04-2

㉮ 비자나무   ㉯ 가이즈까 향나무

㉰ 후박나무   ㉱ 젖꼭지나무

58 다음 중 공장식재에 있어서 제약점을 고려하지 않아도 되는 것은? 산기-05-4

㉮ 공장부지의 건폐율이 높아 식재할 수 있는 여유 공간이 없는 공장이 많다.

㉯ 공장부지가 저습지, 토질이 불량한 매입지등 수목의 생육조건이 불리한 곳에 위치하는 경우가 많다.

㉰ 녹지의 이용 빈도 및 이용시간이 자유로워 이용률이 상승되기 쉽다.

㉱ 식재의 적지라 하더라도 배기, 매연, 약품해로 인해 식물이 피해를 입어 생장치 않는 경우가 있다.

59 학교조경 식물 재료 선정 기준에 적합하지 않은 것은? 산기-06-2, 기-09-1, 기-11-2

㉓ 교과서에 취급된 식물을 우선적으로 선정한다.

㉔ 향토식물을 선정하도록 한다.

㉕ 생장속도가 느린 수목이 우선적으로 선정되어야 한다.

㉖ 야생동물의 먹이가 풍부한 식물이 선정되어야 한다.

해 ㉕ 생장속도가 빠른 수목을 우선적으로 선정해야 한다.

60 임해매립지 녹화를 위한 수종선정 및 배식방법에 대한 설명으로 옳은 것은?　산기-04-2, 산기-07-1

㉓ 가능한 한 내륙 지역의 자생수종을 선정한다.

㉔ 식재밀도를 높게 하여 되도록 바람의 피해를 줄인다.

㉕ 선정 수종이 이식이 쉬우면 염해에 약한 수종을 선정해도 좋다.

㉖ 해안선에 바로 붙여 수목을 식재한다.

61 다음 임해매립지의 식재에 대한 설명 중 옳지 않은 것은?　산기-10-4

㉓ 식물생육에 미치는 염분의 한계농도는 수목이 0.05%, 잔디가 0.1%이다.

㉔ 해저의 펄 흙으로 매립된 곳은 도랑을 깊이 파고 모래를 채워 투수성을 향상시킨다.

㉕ 쓰레기로 매립된 곳은 가스가 발생하여 나무뿌리가 죽으므로 파이프를 박아 가스를 빼낸다.

㉖ 바닷바람이 강한 곳은 바다 가까이 키가 큰 방풍림을 조성하고 내륙 쪽에 잔디 등을 심어 휴식시설로 이용한다.

해 임해매립지는 풍압에 대한 저항을 감소시키기 위하여 바닷바람이 강한 곳은 내조성이 강한 지피식물을 식재하고 내륙부로 가까이 갈수록 키가 큰 방풍림을 조성하여 포물선형의 임관선으로 구성해야 한다.

62 임해매립지의 녹지조성 요령에 대한 설명으로 부적합한 것은?　산기-09-2

㉓ 바닷물이 튀어 오르는 곳에는 갯잔디, 버뮤다그라스를 식재한다.

㉔ 토양 내 질소분이 결핍되는 경우가 많으니 비료목을 혼식한다.

㉕ 전방수림에 이어지는 후방수림은 주위경관과 어울리는 내조성 수종으로 조성한다.

㉖ 바닷바람을 받는 전방수림은 오리나무, 잎갈나무 등으로 조성한다.

해 ㉖ 눈향나무, 다정큼나무, 섬음나무, 섬쥐똥나무, 유카, 졸가시나무, 흑송 등으로 조성한다.

63 식물 생육에 미치는 염분의 한계 농도는?

산기-02-2, 산기-04-4, 기-07-4, 기-09-1

㉓ 수목은 0.05%, 잔디는 0.1%

㉔ 수목은 0.8%, 잔디는 0.1%

㉕ 수목은 1.0%, 잔디는 0.5%

㉖ 수목은 1.5%, 잔디는 0.05%

해 식물 생육에 영향을 미치는 염분의 한계농도

① 수목 : 0.05%, ② 채소류 : 0.04%, ③ 잔디 : 0.1%

64 임해공업단지에 알맞는 수목군은?

산기-02-2, 산기-10-4

㉓ 동백나무, 비자나무, 향나무, 일본호랑가시나무

㉔ 편백, 삼나무, 녹나무, 히말라야시다

㉕ 버즘나무, 눈향, 종가시나무, 피나무

㉖ 낙엽송, 잎갈나무, 전나무, 단풍나무

해 임해매립지의 수종

㉠ 특A급 : 눈향, 다정큼나무, 섬쥐똥나무, 유카, 졸가시나무, 흑송, 팔손이

㉡ A급 : 볼레나무, 사철나무, 위성류, 유엽도

③ 바닷바람이 직접 닿지 않는 후방수림(B급)에는 내조성을 가진 수종중에 경관과 어울리게 식재 : 돈나무, 동백나무, 녹나무, 비자나무, 주목, 향나무, 참식나무, 후박나무, 광나무, 꽝꽝나무, 느티나무, 참느릅나무, 층층나무, 말발도리, 명자나무

65 바람이 심한 해안 가까이 조경공간을 구성하려고 할 때 적당한 수종은?　기-03-1

㉓ 순비기나무, 해송

㉔ 소나무, 자작나무

㉕ 현사시나무, 일본잎갈나무

㉖ 오리나무, 회양목

66 임해공업단지의 방조림(防潮林) 조성에 적당한 수목은? 　　　　　　　산기-08-1, 산기-09-1

㉮ 곰솔　　　　　　　　㉯ 삼나무

㉰ 잎갈나무　　　　　　㉱ 히말라야시다

67 단풍나무과 중 잎은 대생하고 우상복엽으로 노랗게 단풍이 들며 생장이 빨라 조기녹화에 적합하고, 내염성이 커 해안지방 조경에 식재가 가능한 수종은? 　　　　　　　　　　　　기-10-4

㉮ Acer negundo

㉯ Acer palmatum

㉰ Acer pseudosieboldianum

㉱ Acer tataricum

해 ㉮ 네군도단풍, ㉯ 단풍나무, ㉰ 당단풍, ㉱ 신나무

68 길이 6~7m, 직경 40cm 정도의 철 파이프를 오니층 아래에 자리 잡은 지표층까지 넣어 흙을 파내고 모래를 넣어 채운 후 파이프를 빼내는 임해매립지 식재 지반조성 공법은? 　　산기-09-1

㉮ 사구법(沙溝法)　　　㉯ 사주법(沙柱法)

㉰ 객토법(客土法)　　　㉱ 성토법(盛土法)

69 임해매립지의 오니층이 가라앉은 가장 낮은 중심부에서 주변부로 통하도록 배수로를 판 다음 이곳에 모래흙을 넣고 수목을 식재하는 방법은? 　　　　　　　　　　　　산기-09-2

㉮ 객토법(客土法)　　　㉯ 사주법(沙柱法)

㉰ 사구법(沙溝法)　　　㉱ 성토법(盛土法)

70 비탈면 식재에 관한 내용으로 옳은 것은? 　　　　　　　　　　　　산기-02-1

㉮ 비탈면의 경사가 1 : 2 보다 급한 경우에 수목식재가 좋다.

㉯ 안전성을 위해 절토면은 하단부에, 성토면은 상단부에 식재하는 것이 바람직하다.

㉰ 조화로운 경관을 위해 수목은 일직선으로 식재하는 것이 좋다.

㉱ 비탈면 식재의 목적은 아름다운 자연경관의 조성과 법면 보호이다.

71 식재비탈면의 기울기가 최소 어느 정도일 때 교목을 식재해도 좋은가? 　　　　　기-03-4

㉮ 1 : 1 정도　　　　　㉯ 1 : 1.5 정도

㉰ 1 : 2 정도　　　　　㉱ 1 : 4 정도

72 여러해살이 화초 중 알뿌리 화초가 아닌 것은? 　　　　　　　　　　　산기-02-4

㉮ 꽃창포　　　　　　　㉯ 상사화

㉰ 꽃무릇(석산)　　　　㉱ 수선화

73 구근(球根)으로만 짝지워진 것은? 　　　　　　　　　　　산기-08-4, 기-06-2

㉮ 아네모네, 거베라, 히야신스

㉯ 데이지, 팬지, 작약

㉰ 튤립, 크로커스, 샤스타데이지

㉱ 크로커스, 백합, 튤립

해 알뿌리(구근)화초 : 튤립, 크로커스, 수선화, 달리아, 히야신스, 튜베로스, 진자, 백합 등

74 작은 화단 가운데는 키가 큰 종류의 화초를 심고 가장자리에는 키가 차차 작은 화초를 심어서 사방에서 바라볼 수 있게 식재한 화단은? 　　기-07-4

㉮ 경재화단　　　　　　㉯ 기식화단

㉰ 카펫화단　　　　　　㉱ 용기화단

75 다음 (　　)안에 적합한 용어는? 　　　기-10-1

화단의 종류로서 (　A　)는(은) 건물, 담장, 울타리를 배경으로 한 그 앞쪽에다 장방형으로 길게 만들어진 화단을 말하며 (　B　)는(은) 작은 면적의 잔디밭 가운데나 원로 주위의 공간에 만들어지는 화단으로서 가운데 키가 큰 화초를 심고, 가장자리로 갈수록 키가 작은 화초를 심어 입체적으로 바라볼 수 있는 화단을 말한다.

㉮ A : 경재화단, B : 카펫화단

㉯ A : 리본화단, B : 용기화단

㉰ A : 침상화단, B : 기식화단

㉱ A : 경재화단, B : 기식하단

76 다음 꽃 중에서 여름철 가로의 플라워 박스 (flower box)에 알맞는 그룹은? 산기-02-2

㉮ 금어초, 데이지, 물망초

㉯ 마아가리이트, 작약, 제라늄

㉰ 백합, 수선화, 튜울립

㉱ 메리골드, 페튜니아, 버어베나

해 여름화단

· 한해살이 화초 : 페튜니아, 천일홍, 색비름, 맨드라미, 채송화, 봉선화, 접시꽃, 메리골드, 누홍초, 아게라텀 등

· 여러해살이 화초 : 아스틸베, 리아트리스, 붓꽃, 옥잠화, 작약 등

· 알뿌리화초 : 글라디올러스, 칸나, 달리아, 튜베로스, 진자, 백합 등

77 가을화단용 초화류는? 기-03-4

㉮ 아게라텀   ㉯ 봉선화

㉰ 숙근플록스   ㉱ 알리섬

해 가을 화단

· 한해살이 화초 : 메리골드, 맨드라미, 페튜니아, 토레니아, 코스모스, 샐비어, 아게라텀, 과꽃, 코레우스 등

· 여러해살이 화초 : 국화, 루드베키아, 숙근플록스 등

· 알뿌리화초 : 달리아

78 실내의 건축적 구조가 벽이 높고 천정이 높아 아늑함을 느끼지 못하고 위화감을 유발하게 되므로 벽면에 기복과 파동을 주어 안정된 분위기를 연출하는 기법은? 산기-10-1

㉮ 섬(Island)기법   ㉯ 캐스케이드기법

㉰ 화단기법   ㉱ 겹치기기법

79 다음 식물 중 상록활엽만경목(常綠闊葉蔓莖木)에 해당되는 것은? 기-12-1

㉮ 송악   ㉯ 계요등

㉰ 능소화   ㉱ 노박덩굴

해 ㉯, ㉰, ㉱는 낙엽활엽만경목에 해당된다.

80 다음 식물 중 기수 1회 우상복엽이 아닌 것은?

기-12-1

㉮ 굴피나무   ㉯ 소태나무

㉰ 물푸레나무   ㉱ 멀구슬나무

해 ㉱ 멀구슬나무의 잎은 기수 2∼3회 우상복엽으로 가장자리는 톱니 또는 깊은 결각 모양이며 가지 끝에 모여서 달린다.

03 조경식물재료

1>>> 조경수목의 명명법

1 보통명

① 각국의 언어로 지어진 식물의 이름

② 산지(産地), 특징, 용도, 사람이름, 외래어 등에서 유래

③ 식물학적 의미에서 일종(一種)을 지시하는 속명으로도 사용

④ 장·단점

장점	단점
·친밀한 이름으로 기억하기 용이 ·정확한 것을 요할 때 형용사 첨가 ·전문적이 아닌 사람에게 충분하며, 학명보다 편리	·불확실하여 학술적 사용에 불충분 ·한 언어에 속한 나라나 지방에 국한 ·지방에 따라 달라져 혼동가능 ·외국인에게는 지방명이 학명보다 난해

2 학명

① 식물의 학술적 이름으로 라틴어화하여 국제적으로 사용

② 속명과 종명이 연결된 이명식(二名式)이며, 그 뒤에 명명자 이름을 붙여 사용(속명+종명+명명자)

③ 속명 : 식물의 일반적 종류를 의미

   ㉠ 항상 대문자로 시작하며, 이탤릭체로 표기

   ㉡ *Quercus*(참나무속), *Acer*(단풍나무속), *Pinus*(소나무속) 등

④ 종명 : 한속의 각 개체를 구별할 수 있는 수식적 용어

   ㉠ 서술적 형용사, 인명, 또 다른 속명, 지명, 국명 등 사용

   ㉡ 인명 또는 다른 속명에서 온 것을 제외하고는 소문자 사용

⑤ 명명자 : 학명의 정확도를 높이며, 학술적 사용 시 완전한 표기로 생각하고, 일반적 사용 시 명명자 생략

⑥ 종·품종 : 종명 다음에 var.나 for.를 쓰고, 변종명이나 품종명 기입 후 명명자 기록

⑦ 장·단점

장점	단점
·전세계적으로 동일하게 통용 ·모두 이명식 제정 ·명명법이 국제식물명명법에 의해 통제 ·높은 정확성	·라틴어로 되어 발음 및 문자조합이 우리에게 생소 ·종의 정확한 묘사가 요구되어 일반인 사용 곤란

▎식물의 분류

근대적인 분류법은 린네(Carl von Linne)로부터 시작되었으며, 린네는 종의 학명에 이명법을 채용하여 분류를 체계화했다. 다음과 같은 예로 분류된다.

① 계(Regnum)−식물

② 문(Divisio)−나자식물

③ 강(Classis)−구과

④ 목(Ordo)−구과

⑤ 과(Familia)−측백나무

⑥ 속(Genus)−향나무

⑦ 종(Species)−노간주나무

2>>> 조경수목의 분류

1 형태상 분류

① 교목 : 다년생 목질인 곧은 줄기가 있고 줄기와 가지의 구별이 명확하며, 중심줄기의 신장생장이 현저한 수목
  ㉠ 입지환경에 따라 수형과 수고에 차이 발생
  ㉡ 고산지대에서 왜소하게 관목형 생장 가능
② 관목 : 교목보다 수고가 낮고 일반적으로 곧은 뿌리가 없으며, 목질이 발달한 여러 개의 줄기를 가진 수목
  ㉠ 줄기는 뿌리목 가까이에서 갈라지며 주립상이나 총상을 이루거나 포복상을 이루어 낮은 수형 형성
  ㉡ 기온의 차이에 따라 열대지방의 관목이 한지에서 초본상으로 성상이 변화
③ 만경류 : 다른 것에 감기거나 부착하면서 자라는 덩굴성 식물
④ 침엽수 : 바늘모양의 잎을 가진 나자식물(겉씨식물)의 목본류 – 비늘모양 잎의 은행나무, 소철 포함
⑤ 활엽수 : 넓은 잎을 가진 피자식물(속씨식물)의 목본류 – 위성류 포함
⑥ 상록수 : 항상 푸른잎을 가지고 있으며 1~2년 사이에 낙엽계절에도 모든 잎이 일제히 낙엽되지 않는 수목
⑦ 낙엽수 : 낙엽계절에 일제히 모든 잎이 낙엽되거나 잎의 구실을 할 수 없는 고엽이 일부 붙어있는 수목

라운키에르(Raunkiaer)의 수고에 따른 분류
① 교목형 : 30m 이상
② 아교목형 : 8~30m
③ 소목형 : 2~8m
④ 관목형 : 2m 이하

수목의 구분

구분	성상	수종
상록침엽수	상록침엽교목	주목, 비자나무, 전나무, 구상나무, 소나무, 반송, 백송, 곰솔(흑송), 리기다소나무, 잣나무, 섬잣나무, 독일가문비, 삼나무, 향나무, 측백나무, 화백, 편백, 개잎갈나무(히말라야시다), 노간주나무, 솔송나무, 가이즈카향나무 등
	상록침엽관목	개비자나무, 눈주목, 눈향나무, 옥향 등
상록활엽수	상록활엽교목	태산목, 후박나무, 비파나무, 녹나무, 가시나무, 참식나무, 월계수, 굴거리나무, 온주밀감, 먼나무, 감탕나무, 동백나무, 후피향나무, 광나무, 아왜나무, 조록나무, 담팔수 등
	상록활엽관목	남천, 돈나무, 피라칸타, 다정큼나무, 꽝꽝나무, 차나무, 사스레피나무, 팔손이, 백량금, 자금우, 사철나무, 회양목, 협죽도, 식나무, 치자나무, 서향, 협죽도 등
낙엽침엽수	낙엽침엽교목	은행나무, 낙우송, 메타세쿼이아, 일본잎갈나무(낙엽송), 잎갈나무
낙엽활엽수	낙엽활엽교목	느티나무, 버즘나무, 층층나무, 물푸레나무, 황철나무, 호두나무, 가래나무, 자작나무, 박달나무, 서어나무, 밤나무, 상수리나무, 팽나무, 뽕나무, 계수나무, 목련, 일본목련, 함박꽃나무, 백합나무, 양버

대나무류 성상
대나무류는 활엽수에서 분리하여 다루기도 하며 주간이 없고 단간을 이루며 정부(頂部)에 엽관을 형성하므로 방두수(duft tree)라고도 부른다.

가시나무(상록수)
일제히 낙엽되고 바로 새로운 잎을 발생

		즘나무(플라타너스), 모과나무, 채진목, 사과나무, 칠엽수, 중국단풍, 가죽나무, 참느릅나무, 피나무, 회화나무, 붉나무, 단풍나무, 복자기, 벽오동, 노각나무, 위성류, 산딸나무, 감나무, 이팝나무, 오동나무, 대추나무, 모감주나무 등
	낙엽활엽관목	모란, 생강나무, 수국, 산수국, 장미, 조팝나무, 명자나무, 찔레꽃, 해당화, 황매화, 홍가시나무, 앵도나무, 국수나무, 박태기나무, 싸리, 골담초, 낙상홍, 영산홍, 화살나무, 보리수나무, 철쭉, 진달래, 개나리, 미선나무, 수수꽃다리, 정향나무, 쥐똥나무, 작살나무, 누리장나무, 구기자나무, 꽃댕강나무, 불두화, 병꽃나무, 백당나무, 히어리, 풍년화, 무궁화, 팥꽃나무 등
만경류 (덩굴성 식물)	상록덩굴식물	멀꿀, 모람, 줄사철나무, 송악, 마삭줄, 인동덩굴 등
	낙엽덩굴식물	오미자, 덩굴장미, 칡, 등, 으름덩굴, 노박덩굴, 다래, 능소화, 담쟁이덩굴, 머루, 청미래덩굴 등

② 수목의 일반적 특징

(1) 침엽교목
① 정아의 생장이 특히 우수하므로 꼿꼿한 하나의 주간(중심줄기)이 이루어져 정형적 수형 형성
② 수관은 원추형 또는 우산형에 가까운 형태
③ 정형적 수형의 수목 : 낙우송, 독일가문비, 메타세쿼이아, 일본잎갈나무, 잎갈나무, 개잎갈나무(히말라야시다), 전나무 등

(2) 활엽교목
① 어린시절에는 정아의 생장이 탁월하나 어느 연령에 도달하면 측아의 생장이 활발해져 줄기가 갈라져 수형 형성
② 부정형의 수관을 이루어 원정형, 난형에 가까운 형태
③ 비교적 정형적 수형의 수목 : 튤립나무, 벽오동, 태산목, 원주형은 포플라, 배상형은 느티나무 정도

(3) 관목
정아보다 측아의 생장이 왕성하므로 근경부로부터 줄기와 가지가 갈라져 옆으로 확장한 수관 형성

(4) 형태의 변형
① 가지가 늘어지는 수종은 측지의 신장생장만큼 비대생장이 뒤따르지 못해 나타나는 현상
② 고립목은 상방 및 사방에서 광선이 닿아 생장이 고루 이루어져 수관형성
③ 수림속의 수목은 위로만 광선을 받아 아랫가지가 적고 가는 줄기로 구성
④ 임연부의 수목은 한쪽 옆으로만 광선을 받아 수형의 균형 상실
⑤ 해변가의 수목은 바다로부터의 바람과 염분의 영향으로 내륙쪽으로 기울어지면서 생장
⑥ 각종 환경조건 가운데 광선이 수형형성에 가장 큰 영향력 발휘

▌정아(頂芽)
줄기의 끝에 위치하고 있는 눈

▌측아(側芽)
줄기의 측면에 붙어 있는 눈

▌수형적 분류
① 원추형 : 낙우송, 독일가문비, 메타세쿼이아, 일본잎갈나무, 잎갈나무, 개잎갈나무(히말라야시다), 잣나무, 전나무, 삼나무
② 우산형 : 편백, 화백, 네군도단풍, 단풍나무, 왕벚나무, 가죽나무
③ 원정형 : 백합나무, 밤나무, 양버즘나무, 가시나무, 후박나무, 녹나무
④ 난형 : 버즘나무, 가시나무, 동백나무, 대추나무, 복자기
⑤ 원주형 : 측백나무, 양버들, 비자나무, 비파나무
⑥ 평정형 : 느티나무, 계수나무, 목련, 배롱나무
⑦ 반구형 : 반송, 팔손이
⑧ 포복형 : 눈향나무, 눈주목
⑨ 능수형 : 수양버들, 능수버들

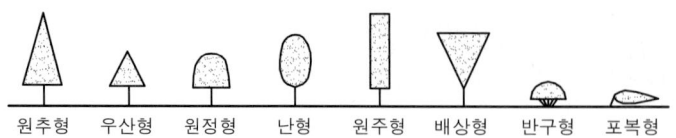

| 수관의 형태 |

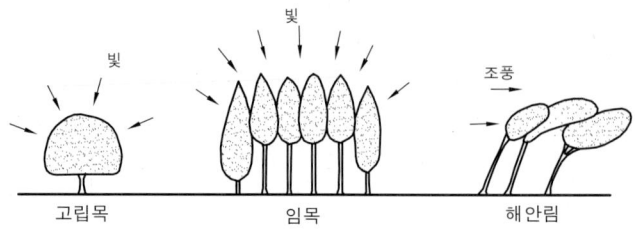

| 빛과 조풍의 영향 |

❸ 관상면 분류

(1) 꽃을 관상하는 수목

개화기별 분류

월별	낙엽수		상록수		만경류
	교목	관목	교목	관목	
1월					
2월	매실나무(백,홍) 오리나무(암홍)	풍년화(담황)	동백나무(홍)		
3월	갯버들(백) 매실나무(백,홍) 복사나무(담홍) 산수유(황) 올벚나무(담홍)	개나리(황) 생강나무(황) 죽단화(황)	동백나무(홍)	서향(백자)	
4월	꽃산딸나무(담홍, 백) 목련(백) 배나무(백) 백목련(백) 복사나무(담홍) 산벚나무(담홍) 살구나무(담홍) 처진개벚나무(백) 아그배나무(담홍) 왕벚나무(백) 이팝나무(백) 자두나무(백)	개나리(황) 갯버들(백) 괴불나무(백황) 명자나무(백, 담홍, 홍) 미선나무(담홍) 박태기나무(자홍) 병아리꽃나무(백) 산수유나무(황) 산철쭉(담자홍) 삼지닥나무(황) 수수꽃다리(백,자) 앵도나무(백) 옥매(담홍) 자목련(농자) 조팝나무(백) 죽단화(황) 진달래(담홍) 철쭉(담홍)	동백나무(홍) 붓순나무(담황) 소귀나무(암홍) 월계수(담황)	영산홍(백,홍,자) 만병초(백,담홍) 서향(백자)	등(백,자,담홍) 으름덩굴(담자)

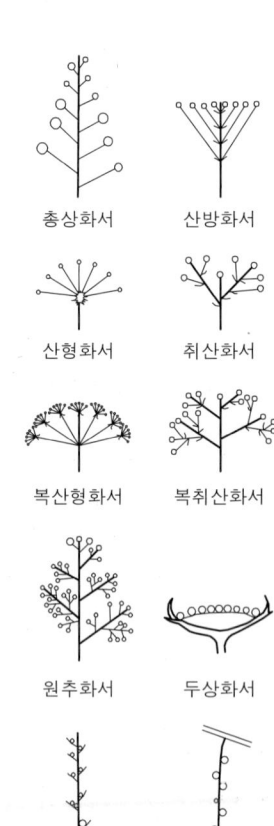

총상화서   산방화서

산형화서   취산화서

복산형화서   복취산화서

원추화서   두상화서

수상화서   유이화서

| 화서(꽃차례)의 종류 |

월					
5월	귀룽나무(백) 때죽나무(백) 백합나무(녹황) 산딸나무(백) 오동나무(자) 일본목련(유백) 쪽동백나무(백) 채진목(백)	가막살나무(백) 고광나무(백) 땅비싸리(담자홍) 모란(백,담홍,홍) 병꽃나무(자홍) 자금우(황) 장미(각색) 쥐똥나무(백)	홍가시나무(백)	다정큼나무(백) 돈나무(백) 백정화(백) 오오무라사끼철쭉(자홍)	마삭줄(백) 인동덩굴(백황) 줄장미(각색) 찔레꽃(백)
6월	모감주나무(황홍) 참죽나무(백) 층층나무(백)	쉬땅나무(백) 산수국(백,청) 석류나무(주홍) 수국(청자) 참빗살나무(담록) 참조팝나무(백)	아왜나무(백) 태산목(유백)	망종화 치자나무(유백)	
7월	노각나무(백) 배롱나무(백,홍) 자귀나무(담홍)	무궁화(백,자홍) 부용(백,홍)		협죽도(담홍)	능소화(주황)
8월	배롱나무(백,홍) 자귀나무(담홍)	무궁화(백,자홍) 부용(백,홍) 싸리(자홍)			능소화(주황)
9월	배롱나무(백,홍)	부용(백,홍) 싸리(자홍)			
10월			금목서(황) 목서(백)	차나무(백) 팔손이(백)	
11월			애기동백나무(백,홍)	팔손이(백)	
12월			애기동백나무(백,홍)		

초화류
① 적색 : 할미꽃, 동자꽃, 금낭화
② 백색 : 바람꽃, 물매화, 남산제비꽃
③ 황색 : 복수초, 피나물, 원추리
④ 자색 : 용담, 투구꽃, 용머리

신록(새잎)의 색채
① 백색 : 칠엽수, 은백양
② 담홍색 : 녹나무, 배롱나무
③ 적갈색 : 산벚나무
④ 황색계 : 가죽나무, 참죽나무, 단풍나무류, 동백나무, 종가시나무
⑤ 담록색 : 느티나무, 능수버들, 서어나무, 위성류, 잎갈나무
⑥ 황록색 : 감탕나무, 목서, 붓순나무
⑦ 황색 : 황금편백

개화기 및 색깔별 분류

월별	백색계	황색계	홍색계	자색계 및 기타
2월	매실나무	풍년화	매실나무, 동백나무	
3월	매실나무, 갯버들, 동백나무	생강나무, 개나리, 산수유, 죽단화	매실나무, 복사나무, 올벚나무, 동백나무	서향(백자)
4월	꽃산딸나무, 배나무, 목련, 백목련, 갯버들, 괴불나무, 명자나무, 만병초, 등나무, 처진개벚나무, 왕벚나무, 이팝나무, 자두나무, 병아리꽃나무, 수수꽃다리, 앵도나무, 조팝나무, 남천	개나리, 붓순나무, 월계수, 호랑가시나무, 황매화, 죽단화, 황철쭉	꽃산딸나무, 명자나무, 미선나무, 박태기나무, 동백나무, 영산홍, 만병초, 등나무, 복사나무, 산벚나무, 살구나무, 옥매, 진달래, 철쭉, 소귀나무	서향(백자), 영산홍, 등, 으름덩굴, 수수꽃다리, 자목련
5월	귀룽나무, 때죽나무, 산딸나무, 일본목련, 쪽동백나무, 채진목, 가막살나무, 고광나무, 쥐똥나무, 영산홍, 다정큼나무, 돈나무, 백정화, 마삭줄, 찔레꽃, 인동덩굴, 모란	인동덩굴, 백합나무, 자금우, 히어리	모란, 모과나무, 명자나무, 영산홍	오동나무, 땅비싸리, 병꽃나무, 영산홍

6월	참죽나무, 층층나무, 쉬땅나무, 산수국, 참조팝나무, 아왜나무, 태산목, 사쯔끼철쭉, 치자나무	모감주나무, 망종화	석류나무	수국, 참빗살나무(담록)
7월	노각나무, 배롱나무, 무궁화, 부용, 치자나무		배롱나무, 자귀나무, 부용, 능소화, 협죽도	무궁화
8월	배롱나무, 무궁화, 부용		배롱나무, 자귀나무, 부용, 능소화	무궁화, 싸리
9월	배롱나무, 부용		배롱나무	싸리
10월	목서, 팔손이, 차나무	금목서		
11월	애기동백나무, 팔손이		애기동백나무	

(2) 열매를 관상하는 수목

색깔별 분류

계절별	적색계	황색계	흑색계	자색계 및 기타
여름	옥매, 오미자, 해당화, 자두나무, 아왜나무(홍→흑)	살구나무, 복사나무, 매실나무	벚나무, 왕벚나무, 팔손이	흰말채나무(백)
봄				
가을	마가목, 팥배나무, 주목, 동백나무, 산수유, 대추나무, 보리수나무, 후피향나무, 석류나무, 감나무, 가막살나무, 남천, 화살나무, 찔레꽃, 식나무, 사철나무, 낙상홍, 피라칸타, 매자나무, 분꽃나무(홍→흑), 자금우, 백량금	탱자나무, 치자나무, 모과나무, 명자나무, 은행나무, 회화나무, 멀구슬나무, 상수리나무	쥐똥나무, 후박나무, 생강나무, 분꽃나무, 산초나무, 음나무, 아왜나무, 황칠나무, 인동덩굴	작살나무, 좀작살나무, 노린재나무

| 열매의 유형 |

(3) 단풍을 관상하는 수목

① 단풍이란 환경요소 가운데 온도인자가 변함으로써 잎 속에서 생리반응이 일어나 푸른 잎이 적색 내지는 황·갈색으로 변하는 현상

② 붉은색 단풍 : 엽록소의 생산을 중지하고 잎 속에 당류가 축적되어 안토시아닌(anthocyanin)을 형성하여 붉은색으로 변화

③ 황색 단풍 : 잎 속에서 단백질의 분해가 시작되면 엽록소가 분해를 일으켜 카로티노이드(carotinoid)와 크산토필(xanthophyll)색소를 형성하여 황색으로 변화

④ 주홍색 단풍 : 안토시아닌과 카로티노이드가 혼합되어 출현
⑤ 황갈색 단풍 : 탄닌(tannin)색소가 나타나 변색

색깔별 구분

구분	수종
적색계	감나무, 검양옻나무, 단풍나무류, 단풍철쭉, 담쟁이덩굴, 마가목, 붉나무, 옻나무, 화살나무, 복자기, 매자나무, 참빗살나무, 산딸나무, 산벚나무, 낙상홍, 미루나무
황색계	계수나무, 갈참나무, 고로쇠나무, 낙우송, 느티나무, 메타세쿼이아, 백합나무, 은행나무, 일본잎갈나무, 잎갈나무, 졸참나무, 참느릅나무, 칠엽수, 생강나무, 네군도단풍, 배롱나무, 벽오동, 층층나무, 양버즘나무, 다릅나무, 석류나무, 때죽나무, 버드나무류

(4) 줄기를 관상하는 수목

색깔별 분류

구분	수종
백색계	백송, 분비나무, 자작나무, 양버즘나무, 서어나무, 동백나무
갈색계	배롱나무, 철쭉류
흑갈색계	곰솔, 독일가문비, 개잎갈나무
청록색계	식나무, 벽오동, 황매화
적갈색계	소나무, 주목, 모과나무, 삼나무, 노각나무, 섬잣나무, 흰말채나무, 편백
얼룩무늬	모과나무, 배롱나무, 노각나무, 양버즘나무

▌동백나무의 수피
동백나무의 수피는 회백색으로 분류하여 백색계에 포함되어 출제되기도 하였고, 회갈색으로 명시하여 출제되기도 하였다.

4 향기 및 질감

(1) 향기

① 향기를 오래도록 느끼게 하기 위해서는 공기의 유동을 적게하여 확산을 방지
② 향기를 발산하는 식물을 군식하여 사람을 공간 속으로 유도하거나 바람막이용 산울타리 식재
③ 향기를 풍기는 식물로 구성된 터널형태의 퍼걸러에 사람 유도
④ 한 그루의 수목을 심고자 할 때는 창가나 통로의 주변에 식재하나 1~2그루 정도로는 효과 미미

발산부위별 분류

구분	수종
꽃	매실나무, 서향, 수수꽃다리, 장미, 온주밀감, 마삭줄, 일본목련, 치자나무, 태산목, 함박꽃나무, 인동덩굴, 금목서, 목서, 장미
열매	녹나무, 모과나무
잎	녹나무, 서양측백나무, 감태나무, 붓순나무, 생강나무, 월계수, 초피나무

(2) 질감(texture)

잎이나 꽃의 생김새, 크기, 착생밀도, 착생상태 등의 요소에 의해 질감형성

특징별 분류

구분	수종
거친 질감	규모가 큰 건물이나 양식건물에 이용, 칠엽수, 벽오동, 팔손이, 버즘나무
고운 질감	좁은 뜰에 적합 영산홍, 산철쭉, 삼나무, 편백, 화백, 회양목
밝고 탐스러운 느낌	드라세나, 소나무, 야자나무류, 유카
무겁고 음울한 느낌	구실잣밤나무, 모밀잣밤나무
잎 끝이 뾰족한 수목	노간주나무, 리기다소나무, 소나무, 유카, 전나무, 종비나무, 곰솔
잎의 톱니(거치)가 예리한 수목	호랑가시나무, 구골나무
가지에 가시가 있는 수목	매자나무, 명자나무, 보리수나무, 산사나무, 석류나무, 아까시나무, 찔레꽃, 초피나무, 탱자나무, 피라칸타

(3) 엽군(葉群)

잎의 수광기능이 효과적으로 이루어질 수 있도록 붙어있는 형태

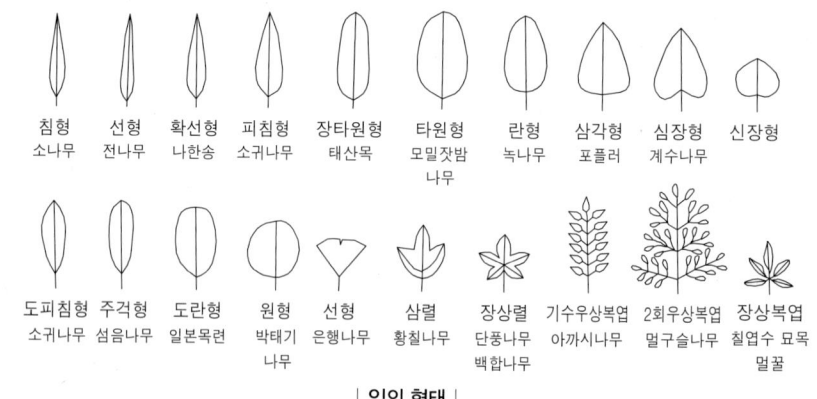

| 잎의 형태 |

5 수세(樹勢)

(1) 생장도(生長度)

① 양수는 음수에 비해 어릴 때의 생장이 왕성하며 음수는 느린 생장을 지속(전나무는 일정기 이후 생장속도 증가)

② 생장속도가 빠른 나무는 속히 필요한 크기로 자라는 이점이 있으나 전정하지 않으면 수형이 난잡해지는 단점도 보유

③ 생장속도가 느린 나무는 원하는 크기까지 자라는 데 긴 세월이 걸리나 대신 일정한 수형을 가진 뒤에는 별로 전정을 하지 않아도 난잡해지지 않는 장점 보유

④ 생장이 빠른 나무는 일반적으로 재질이 약해 바람에 의한 꺾임이 발생

∥ 질감의 배치

질감을 고려하여 식재할 경우 가까운 곳에서부터 먼 곳으로 고운 질감→중간 질감→거친 질감의 순으로 식재하는 것이 바람직하다.

∥ 잎을 관상하는 수목

주목, 식나무, 벽오동, 단풍나무류, 향나무, 은행나무, 호랑가시나무, 느티나무, 대나무류, 삼나무, 대왕송, 소나무류, 낙우송, 편백, 화백, 측백나무, 사철나무, 위성류 등

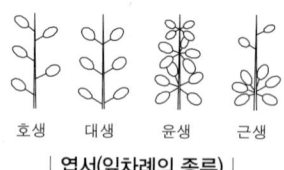

| 엽서(잎차례의 종류) |

생장속도별 분류

구분	수종
생장속도가 느린 수종	비자나무, 주목, 향나무, 눈향나무, 굴거리나무, 담팔수, 먼나무, 후피향나무, 꽝꽝나무, 동백나무, 애기동백나무, 금목서, 목서, 호랑가시나무, 황칠나무, 남천, 다정큼나무, 회양목, 서향, 갈참나무, 떡갈나무, 참느릅나무, 호두나무, 감나무, 모과나무, 산딸나무, 꽃산딸나무, 마가목, 매실나무, 낙상홍, 함박꽃나무, 모란, 소철, 왜종려, 유카, 용설란
생장속도가 빠른 수종	낙우송, 대왕송, 독일가문비, 메타세쿼이아, 서양측백나무, 삼나무, 소나무, 일본잎갈나무, 테다소나무, 편백, 화백, 곰솔, 개잎갈나무, 가이즈카향나무, 가시나무, 구실잣밤나무, 태산목, 후박나무, 아왜나무, 광나무, 돈나무, 사철나무, 협죽도, 식나무, 팔손이, 가죽나무, 귀룽나무, 네군도단풍, 노각나무, 멀구슬나무, 물푸레나무, 백합나무, 벽오동, 오동나무, 아까시나무, 은행나무, 일본목련, 자작나무, 중국단풍, 칠엽수, 팽나무, 양버즘나무, 피나무, 회화나무, 왕버들, 능수버들, 양버들, 단풍나무, 산수유나무, 벚나무, 왕벚나무, 위성류, 채진목, 층층나무, 황철나무, 무궁화, 보리수나무, 붉나무, 생강나무, 자귀나무, 쥐똥나무, 개나리, 갯버들, 고광나무, 말발도리, 명자나무, 박태기나무, 병아리꽃나무, 부용, 해당화, 화살나무, 조팝나무, 매자나무, 수국, 산수국

(2) 맹아성(萌芽性)

① 가지나 줄기가 상해를 입으면 삼아가 움직여 맹아
② 맹아성이 강한 나무는 전정에 잘 견디므로 토피아리용이나 산울타리용으로 적합
③ 맹아력이 강한 수종:낙우송, 리기다소나무, 메타세쿼이아, 비자나무, 삼나무, 일본잎갈나무, 개잎갈나무, 가시나무, 굴거리나무, 녹나무, 후피향나무, 광나무, 꽝꽝나무, 금목서, 목서, 호랑가시나무, 회양목, 가죽나무, 느티나무, 졸참나무, 칠엽수, 버즘나무, 피나무, 회화나무, 양버들, 왕버들, 능수버들, 위성류, 매실나무, 무궁화, 수수꽃다리, 개나리, 낙상홍, 병꽃나무, 쥐똥나무, 해당화, 화살나무, 옥매, 황매화, 홍매, 참조팝나무, 피라칸타

(3) 이식에 대한 적응성

① 이식할 때는 많거나 적거나 간에 뿌리가 상하여 지상부와 지하부의 생리적 균형 파괴
② 뿌리의 재생력이 강한 나무일수록 쉽게 이식 가능
③ 이식하기 어려운 나무는 1년 전에 미리 뿌리돌림을 하여 근계발달을 촉진시킨 후 실시
④ 뿌리의 재생은 줄기나 수관하부의 지엽에 저장된 물질을 소비하여 진행되므로 눈이 움직이기 전이 최적기
⑤ 일반적으로 낙엽기간 중에 있는 낙엽수는 활착이 용이하며, 상록수는 상대적으로 다소 곤란

이식에 대한 적응성별 구분

구분	수종
이식이 어려운 수종	독일가문비, 일본잎갈나무, 주목, 전나무, 가시나무, 굴거리나무, 참식나무, 태산목, 후박나무, 호랑가시나무, 다정큼나무, 서향(큰나무), 피라칸타(큰나무), 굴참나무, 느티나무(큰나무), 목련, 백합나무(큰나무), 자작나무, 칠엽수, 호두나무, 마가목, 백목련, 자목련

잠아(潛芽)
숨은눈으로 식물의 줄기나 껍질속에 숨어 있어 보이지 않으나 가지나 줄기를 자르면 비로소 성장하기 시작하는 눈

이식의 일반적 시기
① 낙엽수 : 2월 하순~4월 상순, 11~12월도 가능
② 상록활엽수 : 4월 상·중순
③ 침엽수류 : 2월 하순~4월 상순, 9월 상순~10월 하순

이식이 쉬운 수종	낙우송, 메타세쿼이아, 비자나무, 편백, 화백, 측백나무, 가이즈카향나무, 구실잣밤나무, 아왜나무, 광나무, 꽝꽝나무, 사철나무, 철쭉류, 식나무, 팔손이, 자금우, 가죽나무, 벽오동, 양버들, 왕버들, 은행나무, 중국단풍, 팽나무, 버즘나무, 능수버들, 쪽동백나무, 황철나무, 매실나무, 무궁화, 배롱나무, 석류나무, 수수꽃다리, 쥐똥나무, 개나리, 갯버들, 낙상홍, 말발도리, 명자나무, 박태기나무, 불두화, 싸리, 산철쭉, 죽단화, 진달래, 화살나무, 수국, 산수국

3>>> 조경식물의 생리·생태적 특성

1 임목식생과 기온의 특성

① 천연분포 : 식물의 천연분포는 기후와 관련성이 크며, 주로 온도가 지배적 요인

② 식재분포 : 인위적 식재로 이루어지는 분포상태로 인위적 보호관리가 행하여지므로 천연분포지역보다 넓은 지역에 분포

③ 온도는 건습도(수분)와 함께 수종의 분포 및 식생형을 결정하는 요인으로 식생군집은 온도와 건습도가 최적인 곳에서 완전한 생육

④ 수목의 내한성은 복합적 특성으로 식재설계에 고려되어야 할 필수적 요건

▌식물환경의 지배요소
① 기후환경
② 토양환경
③ 생물적환경

▌식물생육의 직접적 요소
① 온도
② 빛
③ 물

내한성에 따른 적합 수종

구분	수종
한냉지	계수나무, 독일가문비, 네군도단풍, 마가목, 목련, 서양측백나무, 산벚나무, 은행나무, 일본잎갈나무, 잎갈나무, 자작나무, 잣나무, 전나무, 주목, 버즘나무, 피나무, 매자나무, 박태기나무, 산철쭉, 수수꽃다리, 쥐똥나무, 진달래, 철쭉, 해당화, 화살나무
온난지	가시나무, 굴거리나무, 녹나무, 담팔수, 동백나무, 붉가시나무, 자귀나무, 참느릅나무, 후박나무, 다정큼나무, 돈나무, 용설란, 협죽도, 유카, 왜종려

▌페퍼(Pfeffer)의 생육온도
① 최고온도 : 36~46℃
② 최적온도 : 24~34℃
③ 최저온도 : 0~16℃

2 수목과 광조건의 특성

(1) 생육작용

① 수목의 생육에 영향을 미치는 빛의 요인 : 빛의 강도, 빛의 성질, 일장(日長 일조시간)

② 탄소동화작용(광합성) : 식물이 살기 위해 행하는 작용으로 탄산가스, 물, 광에너지 필요

⊙ 필요 광에너지 : 녹적색광(490~760nm)

⊙ $CO_2 + 2H_2O \xrightarrow{\text{광에너지}} (CH_2O) + O_2$

③ 호흡작용 : 얻어진 에너지를 다시 소비하는 생리적인 작용 – CO_2방출

④ 호흡작용 이상의 광합성량은 식물 체내에 저장물질(탄수화물)로 축적

⊙ 위도, 해발, 방위, 경사, 계절, 구름량에 따라 상이

⊙ 나지와 임내의 광도와 빛의 성질도 크게 상이

▌광보상점
광합성속도와 호흡속도가 같아지는 점으로 광합성을 위한 CO_2의 흡수와 호흡으로 방출되는 CO_2의 양이 같아질 때의 빛의 세기

▌광포화점
빛의 강도가 높아짐에 따라 광합성의 속도가 증가하나 광도가 증가해도 광합성량이 더 이상 증가되지 않는 포화상태의 광도를 말하며, 수목의 생육에 영향을 미치는 광도는 광보상점과 광포화점 사이에 있다.

(2) 광합성을 위한 광포화점

① 음성식물(음지식물) : 광포화점이 낮은 식물로 그늘에서 잘 생육
  ㉠ 생장 가능한 광량 : 전수광량(하늘에서 내리쬐는 광량)의 50% 내외
  ㉡ 고사한계의 최소수광량 : 5%
② 양성식물(양지식물) : 광포화점이 높은 식물로 양지에서 생육 왕성
  ㉠ 생장 가능한 광량 : 전수광량의 70% 내외
  ㉡ 고사한계의 최소수광량 : 6.5%
③ 중용수 : 음성과 양성의 중간 성질을 가진 수목

(3) 수목의 내음성 판단법

① 직접판단법 : 광도를 달리하는 각종 임관(林冠)아래 수목을 심고 그 후의 생장상태를 몇 년간 관찰하는 법
② 간접판단법 : 수관밀도의 차이, 자연전지의 정도와 고사의 속도, 임분의 자연간벌에 따른 임목의 감소 속도와 정도, 형성층 내 수관면적의 비 조사, 수고의 생장속도 차이, 인공피음법에 의한 비교내음도 조사 등
③ 수목의 최저수광률(relative light minimum : RLM)을 조사하여 내음성 판단 – RLM이 적을수록 내음성 강

능성음지식물(能性陰地植物)
그늘에서 잘 자라는 음지식물을 '한성음지식물(限性陰地植物)'이라 하고, 어릴 때 빛이 약한 곳에서도 잘 살거나 커서도 그늘 밑에서 잘 자라는 양지식물을 '능성음지식물'이라 한다.

와이즈너(Wiesner)의 RLM 조사
① 낙엽송 : 1/5~1/6
② 소나무 : 1/9~1/11
③ 포플러 : 1/15
④ 젓나무 : 1/30
⑤ 너도밤나무 : 1/60~1/80
⑥ 회양목 : 1/100

음양성에 따른 수목의 분류

구분	수종
음수	주목, 굴거리나무, 너도밤나무, 호랑가시나무, 황칠나무, 식나무, 팔손이, 회양목, 백량금, 자금우, 눈주목, 금송, 독일가문비, 비자나무, 녹나무, 담팔수, 참식나무, 후박나무, 감탕나무, 먼나무, 아왜나무, 월계수, 광나무, 동백나무, 비쭈기나무, 사스레피나무, 사철나무, 애기동백나무, 다정큼나무, 차나무, 서향, 탱자나무, 남오미자, 멀꿀, 모람, 송악, 줄사철나무, 구상나무, 애기나리, 맥문동, 개비자나무, 너도밤나무
중용수	느릅나무, 오리나무, 잣나무, 피나무, 섬잣나무, 화백, 편백, 금목서, 목서, 돈나무, 후피향나무, 아까시나무, 팽나무, 회화나무, 치자나무, 계수나무, 노각나무, 목련, 칠엽수, 다릅나무, 때죽나무, 산딸나무, 단풍나무, 수국, 마가목, 산사나무, 겹철쭉, 함박꽃나무, 고광나무, 화살나무, 매자나무, 국수나무, 진달래, 철쭉, 골담초, 채진목, 담쟁이덩굴, 마삭줄
양수	대왕송, 메타세쿼이아, 삼나무, 소나무, 일본잎갈나무, 측백나무, 잎갈나무, 곰솔, 향나무, 반송, 눈향, 가죽나무, 벚나무, 태산목, 이팝나무, 섬쥐똥나무, 유엽도, 홍가시나무, 느티나무, 참나무류, 미루나무, 백합나무, 산벚나무, 자작나무, 중국단풍, 참느릅나무, 참중나무, 버즘나무, 은행나무, 호두나무, 흑버들, 감나무, 살구나무, 능수버들, 오동나무, 노간주나무, 석류나무, 배롱나무, 왕벚나무, 위성류, 층층나무, 산수유, 매화나무, 무궁화, 복숭아나무, 수수꽃다리, 아그배나무, 자귀나무, 자두나무, 쥐똥나무, 조팝나무, 개나리, 갯버들, 낙상홍, 명자나무, 박태기나무, 병꽃나무, 앵두나무, 찔레꽃, 해당화, 모란, 산철쭉, 피라칸타, 이대, 소철, 유카, 능소화, 등, 칡, 개다래, 보리수나무

3 수목과 토양의 특성

(1) 식물의 생육조건

① 식물의 뿌리가 자유로이 신장할 수 있는 공간이 토층 안에 확보되어 있을 것
② 식물뿌리에 대해서 적정량의 공기(산소)를 항시 공급할 수 있는 토양구조일 것

③ 식물뿌리에 대해서 적정량의 양분과 수분을 항상 공급할 수 있는 토양 특성을 가지고 있을 것

④ 식물뿌리가 생육하는 범위 또는 그 영향권에 유해한 성분이 많이 포함 되지 않을 것

⑤ 자연토양에서는 식생의 작용에 의해서 풍화가 촉진되어 토층은 깊고 층 위분화가 진행되며, 표층은 팽연하고 뿌리 발달에 적합한 조건일 것

⑥ 인공지반의 경우도 생육에 필요한 수분과 양분 및 호흡작용에 필요한 공기를 확보함과 동시에 근계의 보존이 가능한 깊이를 확보할 것

▌ 팽연(膨軟)
부드럽게 부풀어 푹신한 상태

(2) 토양의 물리적 성질

1) 토양의 구성

① 토양 3상

㉠ 고체상 : 50%(광물질 45%, 유기물 5%)

㉡ 액체상 : 25%(물)

㉢ 기체상 : 25%(공기)

② 토양은 입자의 거침에 따라 사토·사양토·양토·식양토·식토로 나뉘며 후자로 갈수록 점토의 양이 증가

③ 수목의 생육에는 보수력과 통기성이 좋고 양분의 흡수력과 점착력을 가진 토양이 유리

④ 수목의 생육에 알맞은 토양은 사양토·양토로 깊은 토층이 적합

⑤ 모래를 많이 함유한 흙은 총공극량이 적어 보수력이 낮고 건조하기 쉬워 한해(旱害)에 노출되기 쉬움

⑥ 진흙을 많이 함유한 흙은 총공극량이 많기는 하나 하나하나의 공극이 극히 작아 투수성이나 통기성이 불량하여 근계의 발달 저해

⑦ 흙의 입자는 단독으로 흩어진 상태보다는 서로 뭉쳐져 덩어리진 입단 구조(粒團構造 단립구조)가 유리

⑧ 식물의 생육에 알맞은 입단의 굵기는 1~5mm이고 0.001mm 이하의 공극에는 근모(根毛)의 침입 불가능

▌ 토양의 4대성분
① 광물질(무기물)
② 유기물
③ 물
④ 공기

▌ 토성에 따른 점토의 비율

구분	점토의 비율
사토	12.5% 이하
사양토	12.5~25%
양토	25~37.5%
식양토	37.5~50%
식토	50% 이상

2) 토양의 단립구조 형성법

① 퇴비 등의 유기질 비료를 주고, 토양속의 유기질의 양을 많게 할 것

② 도랑 등을 만들어 배수를 좋게 할 것

③ 사토의 경우 식토 같은 점토질 흙을, 식토에는 사질이 많은 사토 객토

3) 토양의 개량

① 식토 : 깊이 갈아엎어 잘 풍회시키는 한편 모래를 적절히 혼합하고 퇴 비나 석회를 넣어 입단화 유도

② 사력토 : 보수성이 낮고 양분의 흡착력이 약하므로 점토나 퇴비를 넣 어주며 가끔씩 관수

③ 강산성토 : pH4.0 이하의 강산성토에는 탄산석회나 소석회를 넣어 산도 교정

④ 염해지 : 해안매립지 등에서 볼 수 있으며 벙어리암거를 매몰하여 배수를 도움으로 염분 제거

⑤ 광해지 : 광산이나 공장지의 광물질유해성분을 함유한 땅으로 점토를 객토하거나 면적이 좁을 때에는 표층토를 최소유효심도까지 교환

토성에 따른 수종 구분

구분	수종
사토	소나무, 곰솔, 비자나무, 굴거리나무, 리기다소나무, 왕버들, 아까시나무, 귀룽나무, 능수버들, 돈나무
사양토	삼나무, 소나무, 곰솔, 향나무, 눈향나무, 돈나무, 사스레피나무, 사철나무, 섬쥐똥나무, 협죽도, 홍가시나무, 다정큼나무, 식나무, 물푸레나무, 산벚나무, 오동나무, 오리나무, 회화나무, 모감주나무, 왕벚나무, 배롱나무, 붉나무
양토	서양측백나무, 주목, 개잎갈나무, 녹나무, 남쓸수, 태신목, 김탕니무, 먼나무, 후피향나무, 꽝꽝나무, 동백나무, 팔손이, 회양목, 목련, 은행나무, 이팝나무, 칠엽수, 감나무, 단풍나무, 마가목, 매실나무, 무화과나무, 싸리, 모란, 능소화, 등, 노박덩굴
식양토	독일가문비, 비자나무, 전나무, 편백, 측백나무, 구실잣밤나무, 아왜나무, 호랑가시나무, 남천, 죽절초, 참나무류, 느티나무, 백합나무, 벽오동, 참느릅나무, 팽나무, 서어나무, 살구나무, 석류나무, 명자나무
사토에 잘 견디는 수종	곰솔, 향나무, 감탕나무, 사철나무, 협죽도, 다정큼나무, 자금우, 아까시나무, 위성류, 보리수나무, 자귀나무, 등, 인동덩굴, 솜대
급경사 (20~35°)에 견디는 수종	삼나무, 소나무, 일본잎갈나무, 전나무, 화백, 편백, 아까시나무, 싸리, 조록싸리, 칡, 신이대, 맹종죽, 왕대

4) 토양의 견밀도 : 토양의 역학적 성질로 토양 속의 뿌리의 신장에 영향

토양견밀도에 따른 수종구분

구분	수종
견밀도가 높은 토양에서도 잘 자라는 수종	소나무, 참나무류, 서어나무, 리기다소나무, 전나무, 일본잎갈나무, 느티나무
견밀도가 낮은 토양에서 잘 자라는 수종	밤나무, 느릅나무, 아까시나무, 버드나무, 오리나무, 삼나무, 편백, 화백

(3) 토양의 수분

① 식물의 모근(毛根)에 흡수되는 염류의 용제 역할

② 잎에서 이루어지는 광합성에 필요한 수분의 원천

③ 지표로부터 증발에 의한 지온의 조절

④ 토양수분의 흡착력의 크기는 pF로 표시

⑤ 토양수분은 흙 입자와 물이 결합하는 힘에 따라 구분

㉠ 결합수(pF7 이상) : 흙 입자와 화학적으로 결합되어 있는 수분으로 식물이 직접 이용할 수 없으며 가열하여도 제거 불가능

▌토양경도

식물의 착근 및 생육가능성 판단척도로서 외력에 대한 토양의 저항력을 말하며, 토양이 경화되면 뿌리의 신장이 저해되거나 물의 이동이 되지 않아 식물의 생육이 불량하게 된다. 토양경도는 보통 24mm 이하일 때 식물 뿌리의 신장이 활발하다. 가는 뿌리의 경우 18~20mm일 때는 발달이 용이하나, 24~25mm에서는 저해를 받으며 26mm 이상에서는 신장하지 못한다. 일반적으로 식물의 근계생장에 가장 적당한 토양경도는 18~23mm로 본다.

▌물의 영향

① 광합성의 원재료

② 호흡, 생장, 영양, 생식 등 모든 생리작용에 필요

ⓒ 흡습수(pF4.5~7) : 흙 입자 표면에 분자간 인력에 의해 흡착되는 수분으로 식물이 직접 이용할 수 없으나 가열에 의해 제거 가능

ⓒ 모관수(pF2.54~4.5) : 흙 공극의 표면장력에 의해 유지되는 수분으로 pF2.7~4.2의 유효수가 식물에 직접적으로 이용되는 물

ⓔ 중력수(pF2.54 이하) : 중력에 의해 토양사이를 이동하거나 아래로 이동하여 지하수의 원천이 되는 물

⑥ 식물은 토양수분이 pF4.2에 도달되면 고사하며, 이점을 '영구위조점'이라 지칭 – '초기위조점' pF3.9에 도달되기 전에 관수

⑦ 토양의 과습상태는 공기가 접하는 간극이 적어지므로 산소공급이 부족하여 호흡장애에 의한 조직의 괴사, 뿌리썩음으로 진행

⑧ 지하수위의 깊이는 잔디의 경우 −60cm 이하라야 하며, 가급적이면 −100cm 정도가 되어야 하고 수목의 경우는 더 깊은 것이 좋음

⑨ 지하수위가 높은 습지에서는 배수설비를 갖춘 후 식재

(4) 토양의 공기

① 작물의 근군(根群)의 발달과 생육을 위해 필요

② 토양 미생물의 활동과 번식에 영향

③ 공기의 부족으로 인한 토양의 비료성분 변화

④ 뿌리의 호흡을 위해 필요하며 뿌리의 활력에 영향을 미쳐 수분 및 양분의 흡수에도 관여

⑤ 토양의 공극은 물과 공기로 되어 있어 강우나 온도에 따라 공기량이 달라지며, 토성·토양구조·지하수위 등에도 달라짐

⑥ 뿌리의 호흡량은 극히 많아 토양공기 전체의 10% 이상의 산소가 필요하며 2% 이하가 되면 질식

내수력에 따른 수종 구분

구분	수종
내수력이 강한 수종	낙우송, 주목, 후박나무, 후피향나무, 동백나무, 온주밀감, 사철나무, 애기동백나무, 치자나무, 멀구슬나무, 상수리나무, 오리나무, 참죽나무, 팽나무, 회화나무, 감나무, 대추나무, 배롱나무, 석류나무, 자귀나무, 탱자나무, 등, 마삭줄, 포도, 솜대, 해장죽, 파초
내수력이 약한 수종	향나무, 굴거리나무, 녹나무, 꽝꽝나무, 호랑가시나무, 식나무, 팔손이, 서향, 오동나무, 수국

토양수분에 따른 수종 구분

구분	수종
호습성수종	낙우송, 삼나무, 테다소나무, 태산목, 아왜나무, 동백나무, 애기동백나무, 식나무, 백량금, 물푸레나무, 오리나무, 왕버들, 자작나무, 주엽나무, 호두나무, 능수버들, 대추나무, 산오리나무, 위성류, 층층나무, 풍년화, 갯버들, 병꽃나무, 죽단화, 산수국, 수국, 독일가문비
내습성수종	메타세쿼이아, 감탕나무, 먼나무, 후피향나무, 광나무, 꽝꽝나무, 돈나무, 사철나무, 황칠나무, 치자나무, 팔손이, 귀룽나무, 떡갈나무, 멀구

식물은 토양수분이 점차 감소되면 시들기 시작하다가 습도가 높은 대기 중에 놓이면 다시 회복된다. 이와 같이 토양수분이 감소됨에 따라서 식물이 시들기 시작하는 수분량을 초기위조점(일시위조점)이라고 하며, 초기위조점을 넘어 계속 수분이 감소되면 포화습도의 공기 중에 놓인다 하더라도 시든 식물은 회복되지 않는다. 이때의 수분량을 영구위조점이라 한다.

	슬나무, 목련, 산벚나무, 상수리나무, 양버들, 일본목련, 참느릅나무, 참죽나무, 칠엽수, 팽나무, 양버즘나무, 단풍나무, 사시나무, 산딸나무, 왕벚나무, 황철나무, 무궁화, 자귀나무, 탱자나무, 느티나무, 오동나무, 이팝나무, 낙상홍, 말발도리, 명자나무, 박태기나무, 찔레꽃, 등, 솜대, 해장죽, 보리수나무
내습성과 내건성이 강한 수종	꽝꽝나무, 돈나무, 사철나무, 양버즘나무, 보리수나무, 자귀나무, 갯버들, 명자나무, 박태기나무
내건성 수종	리기다소나무, 소나무, 전나무, 곰솔, 노간주나무, 녹나무, 향나무, 눈향나무, 꽝꽝나무, 돈나무, 사스레피나무, 사철나무, 호랑가시나무, 피라칸타, 가죽나무, 굴참나무, 아까시나무, 왕버들, 자작나무, 능수버들, 오리나무류, 매실나무, 배롱나무, 보리수나무, 붉나무, 자귀나무, 갯버들, 명자나무, 박태기나무, 싸리, 해당화, 매자나무, 팽나무, 굴피나무, 때죽나무, 피나무, 일본잎갈나무, 팥배나무, 진달래, 철쭉, 양버즘나무

(5) 토양의 화학적 성질

1) 토양양분

① 탄소, 수소, 산소 : 탄산가스와 물에시 취득

② 질소, 인산, 칼슘, 마그네슘, 칼륨 등 : 토양에서 취득

③ 보통의 토양은 질소나 인산이 부족하게 나타나나 식물은 질소의 요구량이 크게 나타남

④ 절개지나 매립지는 토양양분이 결핍되므로 밭흙과 같은 비옥한 토양을 객토하거나 질소, 인산, 칼륨의 원소를 비료로 공급

⑤ 양분요구도와 광선요구도는 보통 상반된 관계를 지님

⑥ 사질토는 점토질의 토양보다 질소가 결핍되기 쉽고, 산성토양이나 유기물이 적은 토양도 질소가 결핍되기 쉬우므로 퇴비 등의 부식질을 많이 주는 것이 적당

⑦ 지력이 낮은 척박지에서는 비료목 식재

식물의 생육에 필요한 각종 원소

원소명	원소기호	각 원소가 관여하는 생활기능
탄소	C	광합성
수소	H	광합성
산소	O	광합성
질소	N	단백질의 중요성분으로 원형질의 주요 구성성분
인산	P	세포핵, 분열조직, 효소를 구성
칼슘	Ca	분열조직의 생장, 잎의 세포막이나 근단생장점보강
마그네슘	Mg	엽록소의 구성요소
칼륨(가리)	K	물질대사를 위한 촉매
유황	S	단백질의 구성과 호흡효소의 구성분
철	Fe	엽록소의 생성, 호흡효소의 구성분
망간	Mn	호흡효소부활제, 단백질합성효소의 구성

식물생육요소

① 다량요소 : 탄소, 수소, 산소, 질소, 인산, 칼슘, 마그네슘, 칼륨, 유황

② 미량요소 : 철, 망간, 동, 아연, 붕소, 몰리브덴, 염소

비료목

근류균(根瘤菌)을 가진 수종으로서 근류균에 의한 공중질소의 고정작용을 이용하여 질소를 다량으로 함유한 낙엽이나 낙지(落枝)를 토양에 반환시켜 토양의 물리적 조건과 미생물적 조건을 개선하는 한편, 토양질소의 증가와 부식의 생성을 꾀하고자 하는 나무 – 질소고정 미생물 Azotobacter, Rhizobium, Clostridium

근류균을 가진 수목

다릅나무, 아까시나무, 자귀나무, 싸리, 족제비싸리, 골담초, 칡, 보리수나무, 보리장나무, 오리나무, 사방오리나무, 물오리나무, 소귀나무, 금송, 백선, 소철

동	Cu	호흡효소의 성분
아연	Zn	호흡효소부활제
붕소	B	분열조직
몰리브덴	Mo	콩과식물의 근립균에 의한 질소고정 촉진
염소	Cl	광합성의 보조효소

토양양분에 따른 수종 구분

구분	수종
척박지에 잘 견디는 수종	소나무, 곰솔, 노간주나무, 향나무, 소귀나무, 졸가시나무, 느릅나무, 버드나무, 상수리나무, 아까시나무, 모과나무, 왕버들, 자작나무, 졸참나무, 중국단풍, 참느릅나무, 다릅나무, 능수버들, 물오리나무, 보리수나무, 자귀나무, 갯버들, 싸리, 조록싸리, 족제비싸리, 등, 인동덩굴
비옥지를 즐기는 수종	삼나무, 주목, 측백, 가시나무, 담팔수, 태산목, 감탕나무, 후피향나무, 꽝꽝나무, 동백나무, 황칠나무, 철쭉류, 회양목, 느티나무, 물푸레나무, 벽오동, 오동나무, 이팝나무, 칠엽수, 회화나무, 왕벚나무, 모란, 단풍나무, 매실나무, 배롱나무, 석류나무, 낙상홍, 해당화, 장미

2) 토양반응

① 자연상태의 토양은 산성이기에 식물은 약산성에 적응성을 가진 것이 다수

② 물속에 함유된 수소이온이 토양입자와 결합되고, 수소이온이 점차적으로 알루미늄이온과 치환되어 토양은 산성으로 변화

③ 연간 강우량이 많은 지역에서는 산성토양이 지배적

④ 우리나라 농경지의 경우 pH5.0~6.5, 삼림토양의 경우 pH4.5~6.5의 범위로, 토양의 산성이 미치는 영향은 과소

⑤ 콩과식물은 pH6.0 이상에서 좋은 생장·생육

⑥ 도시환경의 건조토양은 석회분을 함유한 콘크리트의 존재로 알칼리화 경향

토양반응에 따른 수종 구분

구분	수종
강산성에 잘 견디는 수종	가문비나무, 리기다소나무, 밤나무, 사방오리나무, 싸리, 상수리나무, 소나무, 아까시나무, 잣나무, 전나무, 종비나무, 편백, 흑송, 신갈나무
약산성~중성	가시나무, 갈참나무, 녹나무, 느티나무, 떡갈나무, 삼나무, 일본잎갈나무, 졸참나무, 동백나무, 벽오동, 가래나무, 피나무, 사과나무, 구상나무
염기성(석회암지대)에 견디는 수종	개나리, 고광나무, 낙우송, 남천, 너도밤나무, 단풍나무, 느릅나무, 물푸레나무, 생강나무, 서어나무, 조팝나무, 죽단화, 참느릅나무, 호두나무, 회양목

(6) 토양유기물과 부식

1) 유기물 : 식물을 비롯하여 동물·미생물 등의 유체

① 유기질 자체는 식물에 대해 직접적인 영양원의 구실불능

② 양분의 공급원, 토양의 물리적 성질 개선, 비료성분의 흡수유지, 토양 반응에 대한 완충 등의 작용

2) 부식(腐植 humus) : 토양 속에서 분해나 변질이 진행된 유기질로 양이 온치환능력이 매우 높으며 토양의 부식질함량은 5~20%가 적당

3) 표층토

① 표층토는 A층이라고도 하며 표층토의 깊은 토층이 수목에 적당
② 표층토는 부식질을 함유하고 있어 흑색을 띠게 되나 하층토는 함유량이 적으므로 고유의 색채가 나타남
③ 표층토는 부식질이 우수의 침투와 함께 하층의 광물질토양 속으로 침입하여 비옥해지며 하층토에 비해 연하고 공극 많음
④ 부지조성 시 기존의 표층토를 긁어모았다가 식재할 때 사용

부식(humus)의 기능

① 토양의 입단화로 물리적 성질 개선
② 부식이 양분을 흡수·보유하는 능력이 커 암모니아칼륨 석회 등의 유실 방지
③ 토양미생물의 에너지 공급원으로 유기물의 분해촉진
④ 토양 내의 공극형성으로 공기와 물의 함량 및 보비력 증대
⑤ 토양 내 용수량 증가로 한발 경감

식물의 생육토심(조경설계기준)

식물의 종류	생존 최소 토심(cm)			생육 최소 토심(cm)		배수층의 두께 (cm)
	인공토	자연토	혼합토 (인공토 50% 기준)	토양등급 중급 이상	토양등급 상급 이상	
잔디, 초화류	10	15	13	30	25	10
소관목	20	30	25	45	40	15
대관목	30	45	38	60	50	20
천근성 교목	40	60	50	90	70	30
심근성 교목	60	90	75	150	100	30

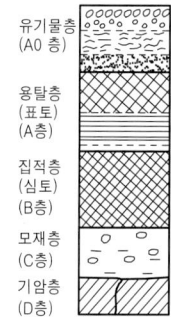

유기물층(A0 층)
용탈층(표토)(A층)
집적층(심토)(B층)
모재층(C층)
기암층(D층)

| 토양의 단면구조 |

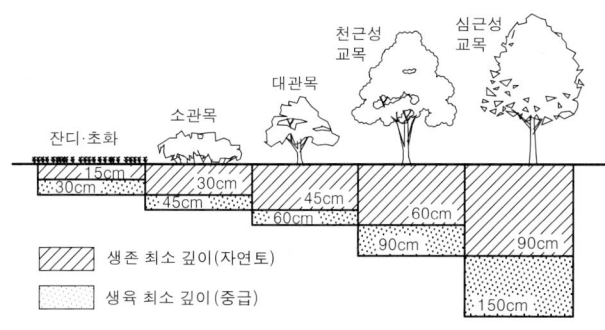

| 수목식재상 최소토양층의 깊이 |

토심에 따른 수종 구분

구분	수종
심근성	소나무, 비자나무, 전나무, 주목, 곰솔, 가시나무, 구실잣밤나무, 굴거리나무, 녹나무, 참식나무, 태산목, 후박나무, 동백나무, 굴참나무, 느티나무, 떡갈나무, 목련, 백합나무, 벽오동, 상수리나무, 은행나무, 졸참나무, 칠엽수, 팽나무, 호두나무, 회화나무, 단풍나무, 모과나무, 마가목, 백목련, 말발도리, 싸리, 조록싸리, 잣나무, 종가시나무
천근성	가문비나무, 독일가문비, 일본잎갈나무, 잎갈나무, 편백, 미루나무, 아까시나무, 양버들, 자작나무, 사시나무, 황철나무, 매실나무, 서어나무, 오리나무, 사철나무, 느릅나무, 때죽나무, 당단풍나무, 종비나무

4 공해에 대한 내구성

(1) 아황산가스(SO_2)의 피해

① 원인 : 석탄, 중유, 광석 속에 함유된 유황이 연소하는 과정에서 발생

② 피해 : 직접 식물 체내로 침입하여 큰 피해를 줄 뿐만 아니라 토양 속으로
도 흡수되어 토양의 산성을 높임으로써 뿌리에 피해를 주고 지력 감퇴

③ 기공의 움직임이 활발할 때 피해 규모 확대 – 일사가 강한 여름철, 공중
습도가 높고 토양수분이 윤택할 때

아황산가스에 따른 수종 구분

구분	수종
아황산가스에 강한 수종	비자나무, 편백, 화백, 가이즈카향나무, 향나무, 가시나무, 구실잣밤나무, 굴거리나무, 녹나무, 모밀잣밤나무, 태산목, 후박나무, 감탕나무, 아왜나무, 후피향나무, 광나무, 꽝꽝나무, 돈나무, 동백나무, 비쭈기나무, 사스레피나무, 사철나무, 섬쥐똥나무, 협죽도, 황칠나무, 다정큼나무, 식나무, 팔손이, 가죽나무, 참나무류, 멀구슬나무, 물푸레나무, 벽오동, 왕버들, 능수버들, 오동나무, 일본목련, 참느릅나무, 칠엽수, 버즘나무, 회화나무, 사시나무, 산오리나무, 층층나무, 무궁화, 자귀나무, 쥐똥나무, 왕쥐똥나무, 매자나무, 수국, 산수국
아황산가스에 약한 수종	가문비나무, 독일가문비, 삼나무, 소나무, 일본잎갈나무, 잎갈나무, 전나무, 잣나무, 개잎갈나무, 반송, 느티나무, 백합나무, 자작나무, 감나무, 벚나무류, 다릅나무, 단풍나무, 매실나무

(2) 자동차배기가스의 피해

① 배기가스의 주요성분은 일산화탄소(CO), 질소화합물(NOX), 탄화수소
등으로 성분의 직접적 영향은 적으나 광산화 반응을 일으켜 오존(O_3)이
나 옥시단트(Oxydant) 등의 2차물질을 만들어 식물에 피해를 주며, 이
를 '광화학스모그현상'이라 지칭

② 자동차배기가스의 피해상황은 아황산가스의 경우와 비슷함

배기가스에 따른 수종 구분

구분	수종
배기가스에 잘 견디는 수종	비자나무, 편백, 가이즈카향나무, 눈향나무, 구실잣밤나무, 굴거리나무, 녹나무, 참식나무, 태산목, 후피향나무, 감탕나무, 먼나무, 아왜나무, 졸가시나무, 광나무, 꽝꽝나무, 돈나무, 동백나무, 사스레피나무, 사철나무, 섬쥐똥나무, 협죽도, 호랑가시나무, 다정큼나무, 식나무, 팔손이, 피라칸타, 가죽나무, 물푸레나무, 미루나무, 벽오동, 양버들, 왕버들, 능수버들, 위성류, 층층나무, 마가목, 무궁화, 산사나무, 석류나무, 개나리, 말발도리, 매자나무, 병꽃나무, 왕쥐똥나무, 등, 송악, 줄사철나무, 맹종죽, 솜대, 오죽, 이대, 조릿대, 왕대, 해장죽
배기가스에 약한 수종	삼나무, 소나무, 전나무, 개잎갈나무, 측백나무, 반송, 향나무, 가시나무, 금목서, 목서, 목련, 백합나무, 산벚나무, 팽나무, 감나무, 단풍나무, 왕벚나무, 매실나무, 수수꽃다리, 자귀나무, 명자나무, 박태기나무, 애기동백나무, 죽단화, 화살나무, 산수국, 수국

5 내염성

(1) 염분의 피해

① 생리적 건조 : 바닷물의 염분 농도가 식물세포액의 농도보다 높아 세포액이 탈수되어 원형질 분리를 일으켜 고사

② 염분의 결정이 기공을 막아 호흡을 저해하거나 부착된 염분이 녹아들어 탈수현상 발생

③ 해수에 수목이 침수되었을 경우 침엽수나 상록활엽수는 피해 징후가 서서히 나타나나 견디는 힘이 약하며, 낙엽활엽수는 즉시 나타나나 내조성은 비교적 강함

내조성에 따른 수종 구분

구분	수종
내조성이 강한 수종	리기나소나무, 비자나무, 주목, 편백, 곰솔, 노간주나무, 측백나무, 가이즈카향나무, 개비자나무, 향나무, 눈향나무, 구실잣밤나무, 굴거리나무, 녹나무, 참식나무, 태산목, 후박나무, 감탕나무, 먼나무, 아왜나무, 후피향나무, 광나무, 꽝꽝나무, 금목서, 목서, 돈나무, 동백나무, 사철나무, 섬쥐똥나무, 협죽도, 호랑가시나무, 황칠나무, 다정큼나무, 식나무, 팔손이, 회양목, 서향, 자금우, 참나무류, 느티나무, 멀구슬나무, 벽오동, 아까시나무, 오동나무, 참느릅나무, 참죽나무, 칠엽수, 팽나무, 호두나무, 감나무, 능수버들, 대추나무, 때죽나무, 위성류, 층층나무, 매실나무, 무궁화, 배롱나무, 보리수나무, 붉나무, 석류나무, 자귀나무, 탱자나무, 말발도리, 명자나무, 박태기나무, 앵도나무, 왕쥐똥나무, 죽도화, 찔레꽃, 조록싸리, 해당화, 매자나무, 산수국, 수국, 남오미자, 노박덩굴, 담쟁이덩굴, 등, 마삭줄, 멀꿀, 모람, 송악, 인동덩굴, 줄사철나무, 맹종죽, 이대, 해장죽, 소철, 왜종려, 유카
내조성이 약한 수종	독일가문비, 삼나무, 소나무, 일본잎갈나무, 잎갈나무, 개잎갈나무, 가시나무, 목련, 양버들, 오리나무, 일본목련, 중국단풍, 피나무, 단풍나무, 개나리

방조용 수목의 예

	Belt I (최전선)		Belt II (중앙 부)		Belt III (최후부위)	
	상록	낙엽	상록	낙엽	상록	낙엽
교목					소나무, 녹나무, 개잎갈나무, 참식나무, 후박나무	은행나무, 느티나무, 멀구슬나무, 양버즘나무, 음나무, 가죽나무
아교목	향나무, 가이즈카향나무, 감나무	위성류	개비자나무, 주목, 굴거리나무, 사스레피나무, 회양목	팽나무, 아까시나무, 회화나무	아왜나무, 광나무	노박덩굴, 층층나무
관목	돈나무, 사철나무, 다정큼나무, 소철, 인동덩굴	왕쥐똥나무, 구기자, 해당화, 보리수나무	눈주목, 서향, 협죽도, 식나무, 팔손이	예덕나무, 산딸나무, 쥐똥나무	꽝꽝나무, 백량금	산초나무, 붉나무, 으름덩굴, 참빗살나무

4>>> 조경식물의 내환경성

1 종자의 채집(채종)

① 채종모수의 조건 : 종자를 채취할 채종모수는 줄기가 통직하고 건전하며, 우량한 형질을 지닌 장령기의 나무

② 채취시기 : 종자의 성숙여부는 종자의 발아율과 저장력에 영향을 미치므로 적기채취 중요

수목별 채종시기

적기	수종
5~6월	버드나무, 느릅나무, 비술나무, 난티나무, 사시나무류 등
6~7월	뽕나무, 벚나무, 회양목, 후박나무, 소귀나무, 닥나무 등
8월	스트로브잣나무, 일본잎갈나무, 계수나무, 자귀나무, 칠엽수 등
9월	은행나무, 주목, 전나무, 분비나무, 호두나무, 거제수나무, 박달나무, 서어나무, 생강나무, 다릅나무, 산초나무, 참죽나무 등
9~10월	소나무, 곰솔, 잎갈나무, 편백, 회화나무, 비자나무, 주목, 상수리나무, 팽나무, 야광나무, 복자기, 회화나무, 황벽나무 등
11~12월	백합나무, 대왕참나무, 이나무, 생달나무, 사스레피나무 등

③ 채취방법 : 종자채취 시 나무에 상처를 주지 않도록 주의

채종방법

구분	내용
벌도법	종자 성숙기에 벌채 예정목 또는 이용가치가 적은 나무를 벌채하여 채종하는 방법
절지법	결실지를 기부 또는 중간 부위부터 자르는 것으로 심산에서 흔히 사용되나 미래의 결실지가 제거되므로 보속생산(保續生産) 불가능
주워 모으기	밤나무, 참나무류, 느티나무, 은행나무 등의 수종에서 지면에 떨어진 종자를 주워 모으는 방법
따 모으기	대립종자 또는 구과를 하나씩 따 모으는 방법

④ 종자탈종(脫種) : 채취한 열매나 종자는 함수율이 높아 부패할 우려가 있으므로 신속히 종자채집

탈종방법

구분	내용
양광건조법	볕이 드는 곳에 방수포 같은 것을 펴고 그 위에 구과를 얇게 펴서 건조하는 방법
반음건조법	오리나무류, 포플러류, 화백 등 햇볕에 약한 종자를 통풍이 잘 되는 옥내에 얇게 펴서 건조하는 방법
인공건조법	구과건조기를 이용하여 건조시키는 방법
건조봉타법	막대기로 가볍게 두드려서 씨를 빼는 방법으로 아까시나무, 박태기나무, 오리나무 등에 이용

채종(採種)
식물의 번식을 위하여 채종모수(採種母樹)로부터 종자를 채집하는 것

모수(母樹)
종자 또는 삽수(揷穗)를 채취하는 나무로, 종자를 채취하는 나무를 채종목(採種木 채종모수)이라 하고, 삽수를 채취하는 나무를 채수목(採穗木)이라고 한다.

구과(球果 cone)
소나무, 삼나무 등 과축 둘레에 목질의 비늘조각이 성숙함에 따라 벌어지는 구과식물의 과실을 말한다.

부숙 마찰법	일단 부숙시킨 후에 과실과 모래를 섞어서 마찰하여 과피를 분리하며, 향나무, 주목, 노간주나무, 은행나무, 벚나무, 가래나무, 호두나무 등에 적용
도정법	종피를 정미기에 넣어 깎아내 납질을 제거하는 방법으로 발아촉진을 겸하며 옻나무에 이용
구도법	열매를 절구에 넣어 고의로 약하게 찧는 방법으로 옻나무와 아까시나무에 적용

⑤ 종자정선(精選) : 종자를 선별하는 작업

종자정선법

구분		내용
풍선법		선풍기 등을 이용하여 종자 중에 섞여 있는 종자날개, 잡물, 쭉정이 등을 선별하는 방법으로 소나무류, 가문비나무류, 낙엽송류 등에 적용
사선법		체를 이용하여 종자를 정선하는 방법으로 팽나무, 계수나무, 싸리나무류 등 대부분 수종의 1차 선별방법으로 이용
액체선법	수선법	깨끗한 물에 침수시켜 가라앉은 것을 취하는 방법으로 소나무류, 잣나무, 낙우송, 쉬땅나무, 향나무, 주목, 참나무류 등에 적용
	식염수선법	옻나무처럼 비중이 큰 종자의 선별에 이용되는 방법으로 가라앉는 종자를 선별
	그 외 알코올, 비눗물 등의 비중액 사용	
입선법		손으로 알맹이를 선별하는 방법으로 밤나무, 호두나무, 상수리나무, 칠엽수, 가래나무, 목련 등의 대립종자에 적용

2 종자저장

(1) 저장목적 및 내용

① 수확으로부터 파종까지 종자를 활력있게 보존하는 것

② 휴면종자라도 소량의 호흡작용이 진행되어 결국에는 발아력을 상실하므로 가급적 호흡작용 억제

③ 저장고의 수분함량과 저장온도 조절로 적정한 환경 유지

④ 종자퇴화는 주로 각종 균이나 벌레의 침입에 의해 발생

(2) 저장방법

1) 건조저장법

① 상온저장법 : 종자를 용기 안에 넣어 창고 등 실내에 보관하는 방법으로 보통 가을부터 이듬해 봄까지 저장하며, 1년 정도 저장해야 할 경우는 건조제와 함께 용기에 넣어 밀봉저장하는 것이 적당

② 저온저장법 : 보통 2~5℃의 저온저장고에 저장하는 방법으로 밀봉용기에 실리카겔 등의 건조제와 함께 넣어 저장하며, 종자의 활력억제제로서 황화칼륨을 함께 이용하면 큰 효과 발현

2) 보습저장법

① 노천매장법 : 종자의 저장과 후숙을 도와 발아를 촉진시키는 것으로

겨울동안 눈이나 빗물이 그대로 스며들 수 있게 조치 – 봄에 파종하면 이듬해 봄에 발아하는 2년 종자에 효과적

② 보호저장법(건사저장법) : 밤, 도토리 등 함수량이 많은 전분질 종자를 부패하지 않도록 용기 안에 마른 모래와 종자를 2 : 1의 비율로 혼합해서 넣어 창고 안에 저장

③ 층적(層積)저장법 : 과수류나 정원 수목에 많이 쓰이며, 종자매장 시 종자와 축축한 모래를 층층으로 넣어서 마르지 않게 저장하는 방법

④ 냉습적법 : 발아촉진을 위한 후숙에 중점을 둔 것으로 용기 안에 보습 재료인 이끼, 토탄(peat) 또는 모래와 종자를 섞어서 넣고 3~5℃의 냉장고 또는 냉실에 저장하는 방법

❸ 종자의 발아생리

(1) 내적조건 – 휴면 타파

① 일정기간이 지나야 발아되는 종자휴면의 경우로 휴면타파를 위하여 저온처리하거나 지베렐린 등의 호르몬 처리 실시

② 휴면타파법

㉠ 침수법 : 물에 1~5일 침수하는 것으로 가장 많이 사용

㉡ 층적처리 : 젖은 수태, 피트, 모래, 톱밥 등과 종자를 섞거나 층층이 넣어 보관

㉢ 노천매장 : 온대지방에서 자라는 목본류의 종자는 노천매장법으로 휴면타파 가능 – 라일락, 찔레, 백목련, 해당화 등

㉣ 경실처리(硬實處理) : 종피가 단단한 경우 상처를 주거나 또는 산(酸)이나 온탕에 침지하여 수분을 쉽게 흡수 할 수 있도록 조치

(2) 외적조건 – 물·온도·공기 공급

① 수분 : 수분을 흡수한 종피는 산소가 내부세포에 공급되어 호흡작용이 활발해지고 효소의 활성이 증대되어 저장물질의 전화(轉化) 및 전류(轉流)와 기타 생리작용이 활발해져 종자 생장

② 온도 : 최저온도 0~10℃, 최고온도 35~50℃, 최적온도 20~30℃이며, 작물의 종류에 따라 차이가 크나 최적온도에서 생장이 가장 빠르고 균일 – 변온은 종자의 발아촉진

③ 산소 : 휴면중의 종자는 호흡작용이 극히 미약하나 산소가 충분히 공급되어 호기호흡이 잘 이루어져야만 정상적 발아

④ 광 : 광은 발아에 필요한 경우와 없어야 할 경우, 무관계한 경우로 구분

(3) 종자의 발아과정

① 흡수 : 물의 흡수로 발아 개시하며 종자는 물의 침윤과 삼투에 의하여 흡수 – 발아 전에는 모관현상이나 침윤(제1단계 흡수), 발아가 시작되면

∥ 휴면종자(休眠種子)
발아에 필요한 모든 조건이 갖추어졌음에도 종자 자신에 의한 문제로 발아하지 못하는 상태의 종자

∥ 휴면타파(休眠打破)
휴면을 타파하기 위하여 물리·화학적 처리를 행하는 것

∥ 제2차적 휴면
휴면이 끝난 종자라도 발아에 불리한 환경조건(고온·과습·저온·암소·통기불량 등)에 장기간 보존되면 그 후에는 적당한 환경조건이 부여되더라도 발아하지 못하고 휴면상태를 유지하는 현상

∥ 발아적온
식물의 발아에 적당한 온도로 자생지와 밀접한 관계를 가지고 있으며, 일반적으로 온대식물 12~21℃ 정도, 아열대식물은 16~27℃ 정도, 열대식물은 25~35℃ 정도로 본다.

∥ 광과 발아
호광성 종자는 광이 종자에 도달되도록 복토를 얕게 천파(淺播)하고, 혐광성 종자는 광이 충분히 차단되도록 복토를 깊게 심파(深播)할 필요가 있으며, 광무관계종자는 수습(水濕)을 조절하기 알맞게 복토

삼투(제2단계 흡수)

② 저장 양분의 분해 : 발아 초기의 아생(芽生)은 종자내의 양분을 공급받아 생장

③ 가용성 양분의 이동 : 저장양분이 분해되어 가용화된 양분은 배(胚)의 생장점으로 이동

④ 동화작용 : 배나 생장점에 이동해 온 물질에서 원형질이나 세포막 물질이 합성되고 유근이나 유아, 자엽 등의 생장 활발

⑤ 호흡작용 : 발아중의 종자는 호흡작용에 의해 에너지를 생성하고 생장에 필요한 에너지로 사용

⑥ 생장 : 종자가 일정한 수분·온도·산도 및 광이 부여되면 생장기능이 발현하여 생장점(배의 유근 또는 유아)이 종피 밖으로 출현

4 종자번식

(1) 종자의 파종

1) 파종기

① 노지에 파종할 때는 기상조건 등을 고려하여 기온 및 지온, 토양수분 등이 알맞고, 생육이 순조롭게 이루어질 수 있는 시기를 선택

② 초화류의 경우 봄뿌림 종자는 3~5월, 가을뿌림 종자는 8~10월이 적당

2) 파종방법과 파종 전의 종자처리

파종방법

구분	내용
살파	포장전면에 종자를 흩어 뿌리는 방법으로 파종 노력이 적게 드나 제초 등의 관리작업이 불리
조파	뿌림골을 만들고 종자를 줄지어 뿌리는 방법으로 통풍과 일조가 양호하며 관리작업에도 편리
점파	일정한 간격을 두고 종자를 몇 개씩 띄엄띄엄 파종하는 방법으로 노력은 다소 많이 드나 건실하고 균일하게 생육

파종 전의 종자처리

구분	내용
선종(종자 고르기)	육안, 체적, 중량, 비중에 의한 선별
침종(종자 담그기)	발아억제물질의 제거, 종자의 수분흡수, 발아의 균일과 촉진
최아(싹틔우기)	발아 및 생육의 촉진

3) 복토(覆土)

종자를 뿌린 다음에 그 위에 흙을 덮는 것을 말하며, 종자를 보호하고 발아에 필요한 수분을 유지시키기 위해 실시 – 보통종자의 경우 종자두께의 2~3배 정도

┃ 종자의 발아과정

흡수 → 저장양분의 분해 → 양분의 전류 → 동화 → 호흡 → 생장

┃ 토양함수량

영구위조점(pF4.2) 이하의 토양함수량은 생장중의 식물에는 거의 흡수되지 않으나 종자 발아에는 유효하며, 토양유효수의 범위에서 발아속도가 빨라진다.

┃ 우량종자의 선택

우량종자는 유전석인 득성이 좋은 종자로, 발아율 및 발아세가 좋고, 종자에 잡물이 섞이지 않은 깨끗하고 충실한 종자로서 종자번식에서 우량종자의 선택이 가장 중요하며, 육안감별보다는 발아시험을 통하여 선택하는 것이 안전하다. 배추출시험, 효소활성측정법, 테트라졸리움(tetrazolium)법, 전기전도율검사법 등이 있다.

┃ 미세종자의 파종

미세종자란 일반적으로 $10m\ell$ 당 종자 수가 10,000개 이상인 종자를 말하며, 관리의 편의상 상자나 화분에 뿌리는 것이 바람직하고, 종자는 같은 굵기의 모래를 3배 정도 혼합해서 종이 위에 얹어 가볍게 털며 뿌리고, 뿌린 후에는 흙을 덮지 말고 가볍게 진압판으로 살짝 눌러준 후 저면관수 또는 분무관수한다.

┃ 복토의 방법

호광성 종자, 점질토양, 적온에서는 얇게 복토하고, 혐광성 종자, 사질토양, 저온이나 고온에서는 두껍게 복토한다.

(2) 삽목(揷木 꺾꽂이)

1) 삽목의 의의

① 식물체로부터 뿌리, 잎, 줄기 등 식물체의 일부분을 분리한 다음 발근시켜 하나의 독립된 개체를 만드는 것

② 쌍자엽식물은 발근이 잘되나 단자엽식물은 발근 곤란

③ 삽목의 종류

구분	내용
잎꽂이(엽삽)	줄기를 제외한 잎과 잎자루를 잘라 배양토에 꽂아 뿌리를 내리고 새로운 잎과 줄기를 만드는 방법 – 선인장
줄기꽂이(경삽)	가장 많이 이용하는 방법으로 줄기가 많은 식물에서 눈이나 잎이 2~3개 포함된 약 6~7cm 길이의 줄기를 잘라 토양에 꽂는 방법 – 갯버들
뿌리꽂이(근삽)	뿌리에서 눈이 잘 나오는 식물에 이용하는 방법 – 무궁화, 개나리

2) 삽목의 장단점

① 모수의 특성을 그대로 유지

② 결실이 불량한 수목의 번식에 적합

③ 묘목의 양성기간 단축

④ 개화결실이 빠르고 병충해에 대한 저항력이 큼

⑤ 천근성이며 수명이 짧고 삽목이 가능한 종류가 적음

3) 삽목의 환경

① 온도는 낮 기온 15~25℃, 밤 기온 15~20℃를 유지하는 것이 좋으며, 시기적으로 낮 길이가 길어지면서 따뜻해지는 늦봄 이후부터 9월까지의 기간이 적당

② 잘려진 식물체의 건조를 막기 위해 빛을 차단하여 반그늘 상태를 유지

③ 뿌리가 내릴 때까지는 잎에서 수분이 빠져나가 시드는 것을 막기 위해 공중습도를 80~90% 정도로 높게 유지

④ 뿌리가 내린 뒤에는 양분의 생성을 위하여 충분한 빛의 공급

⑤ 식물이 휴면 중이거나 환경이 좋지 않으면 뿌리의 분화 및 발달을 위해 발근촉진제 처리

(3) 접목(接木 접붙이기)

① 접붙이기는 화초류보다는 꽃나무나 과수 등에 많이 사용

③ 환경적응성이 뛰어난 대목에 꽃이나 열매가 달리는 나무로부터 얻은 접수를 양쪽의 형성층에 맞붙도록 하여 묘목을 만드는 방법

④ 작업 후에는 수분 손실과 병균의 침투를 막기 위하여 살균제를 도포한 비닐 등을 씌워 보호

⑤ 접수한 부분에서 싹이 나기 시작하면 대목에서 나온 싹은 제거

▌삽수(揷穗)
잘라서 번식에 이용할 일부분을 지칭

▌삽목 시 발근과의 관계인자
습도, 온도, 광선

▌삽목의 토양재료
삽목의 토양재료로는 버미큘라이트, 펄라이트, 마사토가 적당하며, 부엽토는 적당하지 않다.

▌접수(接穗)
접붙이기할 때 접본에 붙이는 나뭇가지나 눈(수목 穗木)

▌대목(臺木)=접본(接本)
접목 시 접수를 붙이는 쪽의 나무(바탕이 되는 나무)삽수(揷穗)

접목의 종류

구분	내용
깎기접(절접)	대목의 한 옆을 쪼갠 단면에 접수의 단면이 맞붙도록 접합 – 장미·모란·목련·라일락·벚꽃·탱자·단풍
쪼개접(할접)	대목의 중간 부분을 길게 잘라 그 사이에 접수를 쐐기모양으로 깎아 끼움 – 오엽송·달리아·숙근안개초·금송
맞춤접(합접)	줄기 굵기가 비슷한 접수를 비스듬하게 엇깎아 서로 맞춘 다음 접합 – 장미
안장접(안접)	대목을 쐐기모양으로 깎고 접수는 안장모양으로 잘라 낸 다음 얹어서 접합 – 선인장
맞접(호접)	대목과 접수는 뿌리가 있는 그대로 가지의 일부를 2cm 정도 곱게 깎아내고 서로 잘 맞추어 접합 – 단풍나무·고무나무·동백나무
눈접(아접)	잎자루가 붙은 채로 눈을 방패형으로 깎아 접수로 하고 대목에 T자형으로 껍질을 갈라 접수를 넣어 접합 – 장미·벚나무
뿌리접	뿌리를 깎기접의 접수와 같이 깎아 접할 나무의 줄기 밑부분을 잘라 그 틈에 끼워 접합 – 장미과 식물·참동나무·모란

접목의 장점
① 클론(clone)의 보존
② 개화결실의 촉진
③ 동일품종의 일시적 다량생산

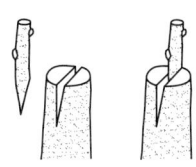
| 쪼개접(할접) |

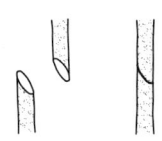
| 맞춤접(합접) |

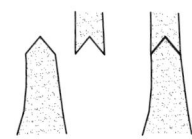
| 안장접(안접) |

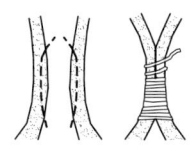
| 맞접(호접) |

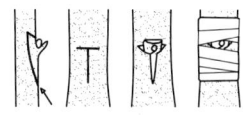
| 눈접(아접) |
| 접목 방법 |

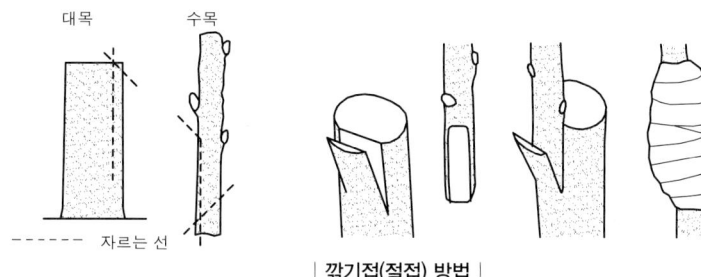
| 깎기접(절접) 방법 |

(4) 취목(取木 휘묻이)

① 살아있는 나무에서 가지 일부분의 껍질을 벗겨 땅속에 묻어 뿌리를 내리는 방법
② 삽목이 어려운 경우에 이용하며 모수로부터 가지를 절단하지 않고 흙속이나 혹은 공중에서 새로운 뿌리를 발생시킨 후 뿌리가 난 가지를 분리시켜 개체를 얻는 번식법

취목의 종류

구분	내용
단순취목(선취법)	가지가 잘 휘는 나무에서 지상 가까이에 있는 가지를 휘어 중간을 땅에 묻고 그 끝이 지상에 나오도록 하여 뿌리를 내는 방법 – 덩굴장미, 개나리, 철쭉류, 조팝나무
물결취목(파상법)	덩굴성식물이나 가지가 부드럽고 긴 줄기를 여러 차례 굴곡시켜 지하부에서 발근 후 분리하는 방법 – 덩굴장미, 개나리, 능소화, 필로덴드론, 헤데라
공중취목(고취법)	나무의 일부가지에서 뿌리를 내어 새로운 개체를 만드는 방법 – 고무나무, 크로톤, 드라세나 등

5 조경수목의 학명

과명	한글명	학명
소철과	소철	*Cycas revoluta*
은행나무과	은행나무	*Ginkgo biloba*
주목과	주목	*Taxus cuspidata*
	애기주목	*Taxus cuspidata var. nana*
	비자나무	*Torreya nucifera*
	개비자나무	*Cephalotaxus koreana*
소나무과	잣나무	*Pinus koraiensis*
	섬잣나무	*Pinus parviflora*
	스트로브잣나무	*Pinus strobus*
	백송	*Pinus bungeana*
	소나무	*Pinus densiflora*
	반송	*Pinus densiflora f. multicaulis*
	곰솔	*Pinus thunbergii*
	방크스소나무	*Pinus banksiana*
	리기다소나무	*Pinus rigida*
	일본잎갈나무(낙엽송)	*Larix kaempferi*
	가문비나무	*Picea jezoensis*
	독일가문비	*Picea abies*
	솔송나무	*Tsuga sieboldii*
	전나무	*Abies holophylla*
	분비나무	*Abies nephrolepis*
	구상나무	*Abies koreana*
	히말라야시다(개잎갈)	*Cedrus deodara*
낙우송과	삼나무	*Cryptomeria japonica*
	메타세쿼이아	*Metasequoia glyptostroboides*
	낙우송	*Taxodium distichum*
	금송	*Sciadopitys verticillata*
측백나무과	측백나무	*Thuja orientalis*
	서양측백나무	*Thuja occidentalis*
	편백	*Chamaecyparis obtusa*
	화백	*Chamaecyparis pisifera*
	향나무	*Juniperus chinensis*
	가이즈카향나무	*Juniperus chinensis* 'Kaizuka'
	옥향	*Juniperus chinensis var. globosa*
	눈향나무	*Juniperus chinensis var. sargentii*

과명	한글명	학명
측백나무과	연필향나무	*Juniperus virginiana*
	노간주나무	*Juniperus rigida*
버드나무과	은백양	*Populus alba*
	은사시나무	*Populus tomentiglandulosa*
	미루나무	*Populus deltoides*
	이태리포플러	*Populus euramericana*
	양버들	*Populus nigra var. italica*
	왕버들	*Salix chaenomeloides*
	용버들	*Salix matsudana f. tortuosa*
	능수버들	*Salix pseudolasiogyne*
	수양버들	*Salix babylonica*
가래나무과	가래나무	*Juglans mandshurica*
	호두나무	*Juglans regia*
	중국굴피나무	*Pterocarya stenoptera*
자작나무과	오리나무	*Alnus japonica*
	물(산)오리나무	*Alnus sibirica*
	사방오리나무	*Alnus firma*
	자작나무	*Betula platyphylla var. japonica*
	박달나무	*Betula schmidtii*
	개암나무	*Corylus heterophylla*
	서어나무	*Carpinus laxiflora*
	소사나무	*Carpinus coreana*
참나무과	너도밤나무	*Fagus engleriana*
	밤나무	*Castanea crenata*
	상수리나무	*Quercus acutissima*
	굴참나무	*Quercus variabilis*
	갈참나무	*Quercus aliena*
	졸참나무	*Quercus serrata*
	신갈나무	*Quercus mongolica*
	떡갈나무	*Quercus dentata*
	가시나무	*Quercus myrsinaefolia*
느릅나무과	느릅나무	*Ulmus davidiana var. japonica*
	느티나무	*Zelkova serrata*
	시무나무	*Hemiptelea davidii*
	팽나무	*Celtis sinensis*
	푸조나무	*Aphananthe aspera*

과명	한글명	학명
뽕나무과	꾸지뽕나무	*Cudrania tricuspidata*
	무화과나무	*Ficus carica*
	천선과나무	*Ficus erecta*
	뽕나무	*Morus alba*
계수나무과	계수나무	*Cercidiphyllum japonicum*
미나리제비과	모란	*Paeonia suffruticosa*
으름덩굴과	으름덩굴	*Akebia quinata*
매자나무과	매발톱나무	*Berberis amurensis*
	매자나무	*Berberis koreana*
	당매자나무	*Berberis poiretii*
	당남천죽	*Mahonia fortunei*
	남천	*Nandina domestica*
목련과	목련	*Magnolia kobus*
	백목련	*Magnolia denudata*
	자목련	*Magnolia liliflora*
	함박꽃나무(산목련)	*Magnolia sieboldii*
	태산목	*Magnolia grandiflora*
	일본목련	*Magnolia obovata*
	별목련	*Magnolia stellata*
	백합나무	*Liriodendron tulipifera*
오미자나무과	오미자	*Schizandra chinensis*
녹나무과	녹나무	*Cinnamomum camphora*
	생강나무	*Lindera obtusiloba*
	까마귀쪽나무	*Litsea japonica*
	참식나무	*Neolitsea sericea*
	센달나무	*Machilus japonica*
	후박나무	*Machilus thunbergii*
범의귀과	나무수국	*Hydrangea paniculata*
	고광나무	*Philadelphus schrenckii*
돈나무과	돈나무	*Pittosporum tobira*
버즘나무과	양버즘나무	*Platanus occidentalis*
	버즘나무	*Platanus orientalis*
	단풍버즘나무	*Platanus* × *hispanica*
장미과	채진목	*Amelanchier asiatica*
	풀명자	*Chaenomeles japonica*
	명자나무	*Chaenomeles speciosa*

과명	한글명	학명
장미과	모과나무	*Chaenomeles sinensis*
	산사나무	*Crataegus pinnatifida*
	비파나무	*Eriobotrya japonica*
	황매화	*Kerria japonica*
	야광나무	*Malus baccata*
	아그배나무	*Malus sieboldii*
	꽃사과나무	*Malus floribunda*
	사과나무	*Malus pumila*
	살구나무	*Prunus armeniaca* var. *ansu*
	옥매	*Prunus glandulosa*
	산벚나무	*Prunus sargentii*
	왕벚나무	*Prunus yedoensis*
	올벚나무	*Prunus pendula* f. *ascendens*
	처진개벚나무	*Prunus verecunda* var. *pendula*
	귀룽나무	*Prunus padus*
	자두나무	*Prunus salicina*
	매화(매실)나무	*Prunus mume*
	복숭아(복사)나무	*Prunus persica*
	앵도나무	*Prunus tomentosa*
	좁은잎피라칸타	*Pyracantha angustifolia*
	배나무	*Pyrus serotina* var. *culta*
	다정큼나무	*Raphiolepis indica*
	덩굴장미	*Rosa multiflora* var. *platyphylla*
	찔레꽃	*Rosa multiflora*
	해당화	*Rosa rugosa*
	팥배나무	*Sorbus alnifolia*
	마가목	*Sorbus commixta*
	국수나무	*Stephanandra incisa*
	조팝나무	*Spiraea prunifolia*
	쉬땅나무	*Sorbaria sorbifolia* var. *stellipila*
	꼬리조팝나무	*Spiraea salicifolia*
콩과	자귀나무	*Albizia julibrissin*
	족제비싸리	*Amorpha fruticosa*
	골담초	*Caragana sinica*
	박태기나무	*Cercis chinensis*
	개느삼	*Echinosophora koreensis*

과명	한글명	학명
콩과	주엽나무	*Gleditsia japonica*
	싸리	*Lespedeza bicolor*
	조록싸리	*Leapedeza maximowiczii*
	다릅나무	*Maackia amurensis*
	칡	*Pueraria lobata*
	꽃아까시나무	*Robinia hispida*
	아까시나무	*Robinia pseudoacacia*
	회화나무	*Sophora japonica*
	등	*Wisteria floribunda*
운향과	유자나무	*Citrus junos*
	온주밀감	*Citrus unshiu*
	쉬나무	*Evodia daniellii*
	황벽나무	*Phellodendron amurense*
	탱자나무	*Poncirus trifoliata*
멀구슬나무과	참죽나무	*Cedrela sinensis*
	멀구슬나무	*Melia azedarach var. japonica*
소태나무과	가죽나무	*Ailanthus altissima*
	소태나무	*Picrasma quassioides*
회양목과	좀회양목	*Buxus microphylla*
	회양목	*Buxus koreana*
옻나무과	안개나무	*Cotinus coggygria*
	붉나무	*Rhus javanica*
감탕나무과	호랑가시나무	*Ilex cornuta*
	감탕나무	*Ilex integra*
	먼나무	*Ilex rotunda*
	낙상홍	*Ilex serrata*
	꽝꽝나무	*Ilex crenata*
노박덩굴과	노박덩굴	*Celastrus orbiculatus*
	화살나무	*Euonymus alatus*
	줄사철나무	*Euonymus fortunei var. radicans*
	사철나무	*Euonymus japonica*
	참빗살나무	*Euonymus hamiltonianus*
단풍나무과	중국단풍	*Acer buergerianum*
	신나무	*Acer tataricum subsp. ginnala*
	고로쇠나무	*Acer pictum subsp. mono*
	복장나무	*Acer mandshuricum*

과명	한글명	학명
단풍나무과	네군도단풍	*Acer negundo*
	단풍나무	*Acer palmatum*
	홍(노무라)단풍	*Acer palmatum var. sanguineum*
	당단풍	*Acer pseudosieboldianum*
	은단풍	*Acer saccharinum*
	복자기	*Acer triflorum*
칠엽수과	칠엽수	*Aesculus turbinata*
소귀나무과	소귀나무	*Myrica rubra*
포도과	담쟁이덩굴	*Parthenocissus tricuspidata*
	머루	*Vitis coignetiae*
	포도	*Vitis vinifera*
피나무과	피나무	*Tilia amurensis*
	염주나무	*Tilia megaphylla*
벽오동과	벽오동	*Firmiana simplex*
다래나무과	다래	*Actinidia arguta*
차나무과	차나무	*Camellia sinensis*
	동백나무	*Camellia japonica*
	비쭈기나무	*Cleyera japonica*
	사스레피나무	*Eurya japonica*
	우묵사스레피	*Eurya emarginata*
	노각나무	*Stewartia pseudocamellia*
	후피향나무	*Ternstroemia gymnanthera*
위성류과	위성류	*Tamarix chinensis*
보리수나무과	보리수나무	*Elaeagnus umbellata*
부처꽃과	배롱나무	*Lagerstroemia indica*
석류나무과	석류나무	*Punica granatum*
두릅나무과	섬오갈피나무	*Eleutherococcus gracilistylus*
	황칠나무	*Dendropanax morbiferus*
	팔손이	*Fatsia japonica*
	송악	*Hedera rhombea*
	음나무	*Kalopanax septemlobus*
층층나무과	식나무	*Aucuba japonica*
	층층나무	*Cornus controversa*
	꽃산딸나무	*Cornus florida*
	말채나무	*Cornus walteri*
	흰말채나무	*Cornus alba*

과명	한글명	학명
층층나무과	산수유	Cornus officinalis
	곰의말채나무	Cornus macrophylla
진달래과	만병초	Rhododendron brachycarpum
	영산홍	Rhododendron indicum
	황철쭉	Rhododendron japonicum
	진달래	Rhododendron mucronulatum
	철쭉	Rhododendron schlippenbachii
	산철쭉	Rhododendron yedoense var. poukhanense
자금우과	백량금	Ardisia crenata
	자금우	Ardisia japonica
감나무과	감나무	Diospyros kaki
때죽나무과	때죽나무	Styrax japonicus
	쪽동백나무	Styrax obassia
노린재나무과	노린재나무	Symplocos chinensis
물푸레나무과	미선나무	Abeliophyllum distichum
	이팝나무	Chionanthus retusus
	개나리	Forsythia koreana
	물푸레나무	Fraxinus rhynchophylla
	광나무	Ligustrum japonicum
	쥐똥나무	Ligustrum obtusifolium
	목서	Osmanthus fragrans
	수수꽃다리	Syringa oblata
	라일락	Syringa vulgaris
	정향나무	Syringa patula var. kamibayshii
협죽도과	협죽도(유도화)	Nerium indicum
	마삭줄	Trachelospermum asiaticum var. intermedium
마편초과	좀작살나무	Callicarpa dichotoma
	순비기나무	Vitex rotundifolia
	누리장나무	Clerodendron trichotomum
꿀풀과	백리향	Thymus quinquecostatus
현삼과	참오동나무	Paulownia tomentosa
	오동나무	Paulownia coreana
능소화과	꽃개오동	Catalpa bignonioides
	능소화	Campsis grandifolia
꼭두서니과	치자나무	Gardenia jasminoides
	구슬꽃나무	Adina rubella

과명	한글명	학명
꼭두서니과	백정화	*Serissa japonica*
인동과	인동덩굴	*Lonicera japonica*
	아왜나무	*Viburnum odoratissimum*
	분꽃나무	*Viburnum carlesii*
	백당나무	*Viburnum opulus* var. *calvescens*
	붉은병꽃나무	*Weigela florida*
무환자나무과	모감주나무	*Koelreuteria paniculata*
갈매나무과	대추나무	*Zizyphus jujuba* var. *inermis*
조록나무과	히어리	*Corylopsis gotoana*
	조록나무	*Distylium racemosum*
	풍년화	*Hamamelis japonica*
굴거리나무과	굴거리나무	*Daphniphyllum macropodum*
	좀굴거리나무	*Daphniphyllum teijsmanni*
아욱과	무궁화	*Hibiscus syriacus*
담팔수과	담팔수	*Elaeocarpus sylvestris* var. *ellipticus*
팥꽃나무과	팥꽃나무	*Daphne genkwa*
	서향	*Daphne odora*
벼과	오죽	*Phyllostachys nigra*
	이대	*Pseudosasa japonica*
	조릿대	*Sasa borealis*

핵 심 문 제

1 조경 식물의 명명법 설명으로 옳은 것은?

산기-06-4, 산·기-10-1

㉮ 속명은 항상 소문자로 시작한다.
㉯ 학명은 우리나라에서만 사용된다.
㉰ 속명과 종명은 이탤릭체로 표기한다.
㉱ 보통명과 구분되지 않는다.

2 다음 중 가문비나무의 속명으로 가장 적당한 것은?

산·기-05-1

㉮ *Pinus*　　　　　㉯ *Cedrus*
㉰ *Larix*　　　　　㉱ *Picea*

해 ㉮ 소나무속, ㉯ 개잎갈나무속, ㉰ 잎갈나무속

3 다음 주목의 학명으로 가장 적당한 것은?

산기-05-2, 산기-10-4

㉮ *Ligustrum obtusifolium* Sieb. et Zucc.
㉯ *Taxus cuspidata* Sieb. et Zucc.
㉰ *Tamarix juniperina* Bunge.
㉱ *Juniperus chinensis* Linne.

해 ㉮ 쥐똥나무, ㉰ 위성류, ㉱ 향나무

4 다음 장미류의 학명 중 찔레나무 학명은? 산기-06-4

㉮ *Rosa rugosa*　　　㉯ *Rosa hybrida*
㉰ *Rosa xanthina*　　㉱ *Rosa multiflora*

해 ㉮ 해당화, ㉯ 장미, ㉰ 노란해당화

5 반송(盤松)의 학명은?　　산기-02-1, 산기-08-1

㉮ *Pinus densiflora* for. *multicaulis*
㉯ *Pinus densiflora* for. *pendula*
㉰ *Pinus densiflora* for. *erecta*
㉱ *Pinus densiflora* for. *aggregata*

해 ㉯ 처진소나무, ㉰ 금강송, ㉱ 남복송

6 Cornus는 다음 어느 나무의 속명인가?

기-04-2, 기-09-1

㉮ 산수유나무　　　㉯ 박태기나무
㉰ 팽나무　　　　　㉱ 서어나무

해 ㉮ 산수유는(*Cornus officinalis*) 층층나무속에 속한다.

7 다음 중 가죽나무의 학명은?　　　　기-04-4
㉮ *Carpinus laxiflora*
㉯ *Ailanthus altissima*
㉰ *Syringa dilatata*
㉱ *Platanus orientalis*

해 ㉮ 서어나무, ㉰ 수수꽃다리, ㉱ 버즘나무

8 다음 중 벽오동의 학명으로 가장 적당한 것은?

기-05-2

㉮ *Prunus leveilli* Koehne
㉯ *Sorbus commixta* Hedlund
㉰ *Firmiana simplex* W.F.Wight
㉱ *Weigela subsessilis* L.H.Bailey

해 ㉮ 수양벚나무, ㉯ 마가목, ㉱ 병꽃나무

9 다음 중 침엽수인데 잎이 낙엽 되는 수종으로만 나열된 것은?　　　　기-08-1
㉮ *Metasequoia glyptostroboides, Cedrus deodara*
㉯ *Ginko biloba, Cephalotaxus koreana*
㉰ *Taxodium distichum, Larix koreana*
㉱ *Chamaecyparis pisifera, Picea abies*

해 ㉮ 메타세쿼이아, 히말라야시다
　　㉯ 은행나무, 개비자나무
　　㉱ 낙우송, 잎갈나무
　　㉱ 화백, 독일가문비

10 목련과에 속하지 않는 수종은?　　산기-07-1
㉮ 일본목련　　　㉯ 함박꽃나무
㉰ 백합나무　　　㉱ 동백나무

11 다음 중 학명이 틀린 것은?　　산기-03-1
㉮ 배롱나무(*Lagerstroemia indica*)
㉯ 소나무 (*Pinus densiflora*)
㉰ 느티나무(*Zelkova serrata*)
㉱ 능수버들(*Salix babylonica*)

정답　**1** ㉰　**2** ㉱　**3** ㉯　**4** ㉱　**5** ㉮　**6** ㉮　**7** ㉯　**8** ㉰　**9** ㉰　**10** ㉱　**11** ㉱

해 ⓐ 능수버들(*Salix pseudolasiogyne*)

　　수양버들(*Salix babylonica*)

12 다음 중 수목의 학명이 옳지 않은 것은?

　　　　　　　　　　　　　　　　산기-09-1

㉮ 일본잎갈나무(낙엽송) : *Larix kaempferi*

㉯ 자작나무 : *Betula platyphylla*

㉰ 신나무 : *Acer ginnala*

㉱ 전나무 : *Abies nephrolepis*

해 ㉱ 분비나무

13 다음 중 낙우송과에 속하는 수목은?　기-06-1

㉮ *Sciadopitys verticillata* S.

㉯ *Torreya nucifera* S.

㉰ *Abies koreana* Wilson

㉱ *Cedrus deodara* Loudon

해 ㉮ 금송(낙우송과), ㉯ 비자나무(주목과)

　　㉰ 구상나무(소나무과), ㉱ 히말라야시다(소나무과)

14 다음 중 물푸레나무과(Oleaceae)에 속하지 않은 것은?　　　　　　　　　기-07-2

㉮ *Abeliophyllum distichum*

㉯ *Chionanthus retusus*

㉰ *Ligustrum japonicum*

㉱ *Styrax japonica*

해 물푸레나무과로는 미선나무, 이팝나무, 개나리, 물푸레나무, 광나무, 쥐똥나무, 목서, 수수꽃다리, 라일락, 정향나무 등이 있다.

　　㉮ 미선나무, ㉯ 이팝나무, ㉰ 광나무, ㉱ 때죽나무

15 층층나무과 수종이 아닌 것은?　기-06-2, 기-03-4

㉮ 산수유　　　　　　㉯ 흰말채나무

㉰ 이팝나무　　　　　㉱ 식나무

해 층층나무과에는 식나무, 꽃산딸나무, 말채나무, 흰말채나무, 산수유, 곰의말채나무 등이 있으며 이팝나무는 물푸레나무과에 속한다.

16 단풍나무류(Acer)에 속하지 않는 것은?

　　　　　　　　　　　　　　　　산기-09-2

㉮ 붉나무　　　　　　㉯ 고로쇠나무

㉰ 복자기나무　　　　㉱ 신나무

해 단풍나무류(Acer)에 속하는 수종은 중국단풍, 신나무, 고로쇠나무, 복장나무, 네군도단풍, 복자기 등이 있다.

17 다음 중 배롱나무의 학명으로 옳은 것은?

　　　　　　　　　　　산기-07-1, 산기-02-4

㉮ *Punica granatum*　㉯ *Lagerstromia indica*

㉰ *Taxus cuspidata*　㉱ *Abies koreana*

해 ㉮ 석류나무, ㉰ 주목, ㉱ 구상나무

18 다음 중 측백나무과(*Cupressaceae*)에 해당하지 않는 수종은?　　산기-06-1, 기-11-1

㉮ 향나무　　　　　　㉯ 편백

㉰ 가이즈까향나무　　㉱ 독일가문비

해 측백나무과에 속하는 수종으로는 편백, 화백, 향나무, 가이즈카향나무, 옥향, 눈향나무 등이 있다.

19 다음 중 수목과 학명의 연결이 틀린 것은?

　　　　　　　　　　　산기-07-4, 기-12-1

㉮ 옥매 : *Prunus glandulosa*

㉯ 무궁화 : *Hibiscus syriacus*

㉰ 개나리 : *Forsythia Koreana*

㉱ 진달래 : *Rhododendron yedoense*

해 ㉱ 진달래(*Rhododendron mucronulatum*)

　　산철쭉(*Rhododendron yedoense*)

20 상록 활엽 교목류로 짝지어진 것은?　산기-04-4

㉮ 녹나무, 가시나무, 개비자나무

㉯ 녹나무, 가시나무, 소귀나무

㉰ 화백, 태산목, 후박나무

㉱ 감탕나무, 개비자나무, 녹나무

해 상록활엽교목류로는 태산목, 후박나무, 비파나무, 녹나무, 가시나무, 참식나무, 월계수, 굴거리나무, 온주밀감, 먼나무, 감탕나무, 동백나무, 후피향나무, 광나무, 아왜나무, 소귀나무, 조록나무, 담팔수 등이 있으며 개비자나무, 화백은 상록침엽교목류에 해당하고 감탕나무는 낙엽활엽교목에 속한다.

21 다음 중 낙엽침엽수는?　산기-03-4, 산기-07-2

㉮ 히말라야시다　　　㉯ 은행나무

㉰ 편백　　　　　　　㉰ 리기다소나무

📕 낙엽침엽수로는 은행나무, 낙우송, 메타세쿼이아, 일본잎갈나무(낙엽송), 잎갈나무 등이 있다.

22 계절의 변화를 가장 현저하게 보여주는 수종은?　　　　　　　　　　　　　　　　기-02-1

㉮ *Larix leptolepis*　　㉯ *Pinus densiflora*
㉰ *Camellia japonica*　㉱ *Taxus cuspidata*

📕 ㉮ 낙엽송, ㉯ 소나무, ㉰ 동백나무, ㉱ 주목

23 다음 중 전정에 잘 견디고 단식 또는 군식용으로 쓰이며 10월경부터 붉은 열매를 맺는 감탕나무과 식물은?　　　　　　　　　　　　산기-03-1

㉮ 아왜나무　　　　　㉯ 돈나무
㉰ 사철나무　　　　　㉱ 호랑가시나무

24 파고라에 올릴 수 있는 덩굴성 식물이 아닌 것은?　　　　　　　　　　　　　　　산기-04-2

㉮ 능소화　　　　　　㉯ 으아리
㉰ 골담초　　　　　　㉱ 으름

📕 ㉰ 골담초는 낙엽활엽관목이다.

25 수목을 만경류, 교목, 관목 등으로 분류하기도 한다. 그 분류방법에 대하여 가장 잘못 설명된 것은?　　　　　　　　　　　　　　　산기-05-1

㉮ 사람의 키를 표준삼아 나눈 것이다.
㉯ 수목의 생장 가능한 표준적인 높이에 따른 것이다.
㉰ 수종 고유의 수형에 따른 구분이다.
㉱ 수목의 높이에 따른 구분이다.

26 생울타리를 조성하려고 한다. 다음 수종들 중 가지에 예리한 가시가 있는 수종은?　산기-04-4

㉮ 유카　　　　　　　㉯ 명자나무
㉰ 호랑가시나무　　　㉱ 광나무

27 수목의 자연수형을 좌우하는 주요 인자라고 볼 수 없는 것은?　　　　　　　　산기-03-1

㉮ 수간의 모양　　　　㉯ 수관의 모양
㉰ 수엽의 모양　　　　㉱ 수지의 모양

28 다음 수종 중 낙엽활엽교목으로서 이식(移植)이 용이한 것은?　　　　　　　　산기-05-1

㉮ 은행나무　　　　　㉯ 은단풍나무
㉰ 모감주나무　　　　㉱ 백합나무

29 수목에서 수관형이 원정(둥근)의 누상형인 것은?　　　　　　　　　　　　　　산기-04-4

㉮ 메타세콰이어　　　㉯ 석류나무
㉰ 플라타너스　　　　㉱ 섬잣나무

📕 수형이 원정형인 수종으로는 튤립나무, 밤나무, 플라타너스, 가시나무, 후박나무, 녹나무 등이 있다.

30 원추형의 수형을 갖는 수종은?
　　　　　　　　　　　산기-04-1, 산기-10-2

㉮ 네군도단풍, 반송　㉯ 낙우송, 삼나무
㉰ 가시나무, 감탕나무　㉱ 화살나무, 회화나무

📕 수형이 원추형인 것으로는 낙우송, 독일가문비, 메타세쿼이아, 일본잎갈나무, 잎갈나무, 개잎갈나무(히말라야시다), 잣나무, 전나무, 삼나무 등이 있다.

31 다음 중 낙우송 및 낙엽송 등의 수형으로 가장 적합한 것은?　　　　　　　　　산기-08-1

㉮ 원추형　　　　　　㉯ 원정형
㉰ 원주형　　　　　　㉱ 배상형

32 다음 수관의 고유수형 중 우산형(雨傘形)의 형태가 아닌 것은?　　　　　　　　　기-06-1

㉮ *Acer negundo* L.
㉯ *Prunus persica* Batsch
㉰ *Prunus yedoensis* Matsumura.
㉱ *Euonymus japonica* T.

📕 우산형의 수형을 가진 수종으로는 편백, 화백, 네군도단풍, 단풍나무, 왕벚나무, 가중나무, 복사나무 등이 있다.
㉮ 네군도단풍, ㉯ 복사나무, ㉰ 왕벚나무, ㉱ 사철나무

33 다음 수목 중 잎보다 꽃이 먼저 피는(先花後葉) 것이 아닌 것은?　산기-02-4, 산기-03-4, 산기-05-4

㉮ 미선나무, 산수유　㉯ 일본목련, 함박꽃나무
㉰ 개나리, 진달래　　㉱ 박태기나무, 생강나무

정답　**22** ㉮ **23** ㉱ **24** ㉰ **25** ㉮ **26** ㉯ **27** ㉰ **28** ㉰ **29** ㉯ **30** ㉯ **31** ㉮ **32** ㉱ **33** ㉯

해 꽃이 먼저 피는 선화후엽(先花後葉) 수종으로는 미선나무, 산수유, 개나리, 진달래, 박태기나무, 생강나무, 왕벚나무, 매실나무, 백목련 등이 있다.

34 다음 중 개화기(開花期)가 빠른 것부터 옳게 나열한 것은? 기-06-2, 기-02-1, 기-03-1

㉮ 개나리 – 매화나무 – 병꽃나무 – 배롱나무
㉯ 풍년화 – 개나리 – 백합나무 – 배롱나무
㉰ 매화나무 – 고광나무 – 개나리 – 산수유
㉱ 산수유 – 노각나무 – 명자나무 – 자귀나무

해 ㉮ 개나리(3월) – 매화나무(2월) – 병꽃나무(5월) – 배롱나무(7월)
㉯ 풍년화(2월) – 개나리(3월) – 백합나무(5월) – 배롱나무(7월)
㉰ 매화나무(2월) – 고광나무(5월) – 개나리(3월) – 산수유(3월)
㉱ 산수유(3월) – 노각나무(7월) – 명자나무(4월) – 자귀나무(7월)

35 여름에 꽃이 피는 수종은 어떤 것인가? 산기-04-1, 기-03-1

㉮ 미선나무 ㉯ 배롱나무
㉰ 등나무 ㉱ 산수유

해 ㉮ 미선나무(4월), ㉰ 등나무(4월), ㉱ 산수유(3월)

36 같은 시기에 피는 꽃의 조합이 아닌 것은? 산기-05-4

㉮ 튤립 – 팬지 – 은방울꽃
㉯ 페튜니어 – 한련 – 백합
㉰ 수선 – 샐비어 – 국화
㉱ 꽃창포 – 금잔화 – 함박꽃

37 백색의 꽃을 볼 수 있는 수종으로 짝지어진 것은? 기-05-1

㉮ 미선나무, 쥐똥나무 ㉯ 매자나무, 박태기나무
㉰ 자귀나무, 죽도화 ㉱ 명자나무, 모감주나무

해 백색의 꽃을 볼 수 있는 수종으로는 미선나무, 쥐똥나무, 명자나무, 태산목, 산딸나무, 차나무, 은목서, 팔손이나무 등이 있다.

38 다음 중 가을에 흰 꽃이 피는 상록수로 짝지은 것은? 기-04-2

㉮ 월계수, 동백나무, 아왜나무

㉯ 차나무, 은목서, 팔손이나무
㉰ 귀룽나무, 층층나무, 노각나무
㉱ 황매화, 생강나무, 산수유

39 다음의 지피식물 중에서 백색계의 꽃을 볼 수 있는 식물로 짝지은 것은? 산기-04-1

㉮ 할미꽃, 동자꽃, 금낭화
㉯ 복수초, 피나물, 원추리
㉰ 바람꽃, 물매화, 남산제비꽃
㉱ 용담, 투구꽃, 용머리

해 ㉮ 적색계, ㉯ 황색계, ㉱ 자색계

40 다음 조경수 중 여름에 적색 계통의 꽃이 피는 수종으로 짝지어진 것은? 기-05-2

㉮ 배롱나무, 자귀나무, 능소화, 협죽도
㉯ 명자나무, 박태기나무, 차나무, 남천
㉰ 꽃아그배나무, 서향, 라일락, 싸리나무
㉱ 매화나무, 꽃산딸나무, 마가목, 등나무

해 여름에 적색 계통의 꽃이 피는 수종으로는 배롱나무, 자귀나무, 부용, 능소화, 유엽도, 클레마티스 등이 있다.

41 황색 꽃이 피는 수종은? 기-07-1

㉮ *Nerrium indicum* Mill.
㉯ *Hydrangea macrophylla* for. *otaksa*
㉰ *Comus controversa*
㉱ *Comus officinalis*

해 ㉮ 협죽도, ㉯ 수국, ㉰ 층층나무, ㉱ 산수유

42 꽃과 열매의 관상가치가 모두 높은 수목이 아닌 것은? 산기-03-4

㉮ 소귀나무, 능금나무 ㉯ 개회나무, 참조팝나무
㉰ 모감주나무, 산사나무 ㉱ 마가목, 산수유

43 다음 중 신록의 색채가 담록색인 것은? 산기-04-2

㉮ 칠엽수, 은백양나무 ㉯ 산벚나무, 홍단풍
㉰ 가중나무, 참중나무 ㉱ 서어나무, 위성류

해 신록의 색채가 담록색인 수종으로는 느티나무, 능수버들, 서어나무, 위성류, 잎갈나무 등이 있다.

44 붉은색의 열매를 갖는 수종으로 짝지은 것은?

산기-02-1, 산기-09-2

㉮ 산수유, 사철나무, 주목

㉯ 쥐똥나무, 좀작살나무, 뽕나무

㉰ 모과나무, 명자나무, 배나무

㉱ 은행나무, 탱자나무, 붉은나무

해 붉은색의 열매를 갖는 수종으로는 마가목, 팥배나무, 주목, 동백나무, 산수유, 대추나무, 보리수나무, 후피향나무, 석류, 감나무, 가막살나무, 남천, 화살나무, 찔레, 식나무, 사철나무, 낙상홍, 피라칸타, 매자나무, 멀구슬나무, 자금우, 백량금 등이 있다.

45 붉은 열매가 오랫동안 달려있는 수종이 아닌 것은?

산기-05-4

㉮ 가막살나무

㉯ 명자나무

㉰ 남천

㉱ 식나무

해 ㉯ 명자나무는 가을에 황색계의 열매를 맺는다.

46 열매가 코발트색으로 아름다워 chinese beauty berry라고 불리우며, 열매가 새의 먹이로도 좋은 낙엽관목의 수종은?

기-04-2

㉮ *Callicarpa dichotoma* R.

㉯ *Diospyros kaki* T.

㉰ *Kalopanax pictus* Nak.

㉱ *Lagerstroemia indica* L.

해 코발트색 열매를 맺는 수종으로는 작살나무, 좀작살나무, 노린재나무 등이 있다.

㉮ 좀작살나무, ㉯ 감나무, ㉰ 음나무, ㉱ 배롱나무

47 열매가 검은색인 나무 수종으로 가장 적당한 것은?

산기-05-2

㉮ 모과나무

㉯ 좀작살나무

㉰ 쥐똥나무

㉱ 산수유

해 열매가 검은색인 나무 수종으로는 벚나무, 왕벚나무, 팔손이, 쥐똥나무, 후박나무, 생강나무, 분꽃나무, 산초나무, 음나무, 아왜나무, 황칠나무 등이 있다

48 수목의 감각적 특성으로 볼 때 열매의 색깔이 같은 것은?

산기-02-4, 산기-08-2

㉮ 적색 – 주목, 산수유

㉯ 황색 – 쥐똥나무, 산사나무

㉰ 흑색 – 산딸나무, 호랑가시나무

㉱ 황색 – 은행, 팥배나무

해 ㉯ 쥐똥나무 (흑색), 산사나무(적색)

㉰ 산딸나무(적색), 호랑가시나무(적색)

㉱ 은행나무(황색), 팥배나무(적색)

49 가을에 잎이 황색으로 되는 수종으로 짝지어진 것은?

산기-05-1, 산기-04-1, 기-03-4

㉮ 생강나무, 백합나무

㉯ 은행나무, 산딸나무

㉰ 복자기, 화살나무

㉱ 마가목, 담쟁이덩굴

해 가을에 잎이 황색으로 되는 수종으로는 계수나무, 갈참나무, 고로쇠나무, 낙우송, 느티나무, 메타세쿼이아, 백합나무, 은행나무, 일본잎갈나무, 참느릅나무, 칠엽수, 생강나무, 네군도단풍, 배롱나무, 벽오동, 등이 있으며 산딸나무, 복자기, 화살나무, 마가목, 담쟁이덩굴은 잎이 적색계로 되는 수종이다.

50 다음 수종 중 일반적으로 붉은 색으로 단풍드는 나무로만 구성된 것은?

기-07-2, 기-11-4, 기-03-2, 기-10-2

㉮ 칠엽수, 느티나무, 계수나무, 낙우송

㉯ 배롱나무, 양버즘나무, 떡갈나무, 백합나무

㉰ 붉나무, 화살나무, 마가목, 감나무

㉱ 고로쇠나무, 벽오동, 피나무, 층층나무

해 붉은 색으로 단풍이 드는 수종으로는 감나무, 검양옻나무, 단풍나무류, 단풍철쭉, 담쟁이덩굴, 마가목, 붉나무, 옻나무, 화살나무, 복자기, 매자나무, 참빗나무, 산딸나무, 산벚나무, 낙상홍, 미루나무 등이 있다.

51 다음 중 붉은색 계열의 단풍이 들지 않는 수종은?

기-07-1, 산기-03-2

㉮ *Acer triflorum* Kom.

㉯ *Euonymus sieboldiana* Bl.

㉰ *Acer mono* Max.

㉱ *Berberis koreana* Palib

해 ㉮ 복자기, ㉯ 참빗살나무, ㉰ 고로쇠나무, ㉱ 매자나무

52 잎의 색채변화와 관련 있는 주 색소로서 틀린 것은?

기-07-1

㉮ 황색 – Carotinoid

㉯ 붉은색 – Chrysanthemine

㉰ 녹색 – Anthocyan

㉱ 갈색 – Tannin

해 ·붉은색 단풍 : 엽록소의 생산을 중지하고 잎 속에 당류가 축적되어 안토시아닌(anthocyanin)계의 크리산테민(chrysanthemine)을 형성하여 붉은색으로 변화

·황색 단풍 : 잎 속에서 단백질의 분해가 시작되면 엽록소가 분해를 일으켜 카로티노이드(carotinoid)와 크산토필(xanthophyll)색소를 형성하여 황색으로 변화

·주홍색 단풍 : 안토시아닌과 카로티노이드가 혼합되어 출현

·황갈색 단풍 : 탄닌(tannin)색소가 나타나 변색

·녹색 단풍 : 클로로필(chlorophyll)색소를 형성하여 녹색으로 변화

53 다음 중 조경수의 잎의 노란색 단풍에 작용하는 색소는? 산기-05-4, 산기-12-1

㉮ Anthocyan ㉯ Carotinoid

㉰ Tannin ㉱ Catechol

해 카로티노이드(carotinoid)와 크산토필(xanthophyll)색소를 형성하여 황색으로 변화

54 다음 ( )에 들어갈 적당한 것은? 기-06-1

> "가을철에 잎이 갈색으로 변하는 상수리나무, 느티나무 등의 경우에는 안토시안계 대신에 다량의 ( )계 물질이 생성되기 때문이다."

㉮ 카로티노이드(carotinoid)

㉯ 탄닌(tannin)

㉰ 크리산대인(chrysanthemine)

㉱ 크산토필(xanthopyll)

55 다음 설명 중 옳지 않은 것은? 산기-06-1

㉮ 금목서와 은목서는 해에 따라 꽃이 잘 피는 때와 거의 피지 않는 때가 있는데 이러한 현상을 격년개화 또는 해거리라 한다.

㉯ 봄에 개화하는 모든 나무는 개화 전년의 9~10월에 꽃눈이 분화된다.

㉰ 꽃이 노랑색으로 피는 것은 카로티노이드 계통의 색소 때문이다.

㉱ 꽃이 붉은 색으로 피는 것은 안토시안 색소 때문이다.

해 같은 봄에 개화하더라도 꽃눈분화시기는 각각 다르다.

56 다음 식물 중 줄기가 녹색이 아닌 수종은? 기-10-4, 기-11-1

㉮ *Aucuba japonica* ㉯ *Pinus bungeana*

㉰ *Firmiana simplex* ㉱ *Kerria japonica*

해 청록색계의 줄기를 갖는 수종으로는 식나무, 벽오동, 황매화 등이 있다.

㉮ 식나무, ㉯ 백송, ㉰ 벽오동, ㉱ 황매화

57 수피(樹皮)색이 백색(白色)으로 아름다운 나무는? 산기-03-2, 산기-08-1, 산기-09-2

㉮ *Berberis koreana*

㉯ *Betula platyphylla* var. *japonica*

㉰ *Zelkova serrata*

㉱ *Diospyros kaki*

해 백색계의 수피를 가진 수종으로는 백송, 분비나무, 자작나무, 버즘나무, 서어나무, 동백나무 등이 있다.

㉮ 매자나무, ㉯ 자작나무, ㉰ 느티나무, ㉱ 감나무

58 다음 나무들 중 줄기가 적갈색계의 색채를 나타내는 것은? 기-02-1, 산기-10-1

㉮ 가문비나무, 히말라야시이다

㉯ 편백나무, 배롱나무

㉰ 소나무, 주목

㉱ 벽오동, 죽도화

해 적갈색계의 줄기를 가진 수목으로는 소나무, 주목, 모과나무, 삼나무, 노각나무, 섬잣나무, 흰말채나무, 편백 등이 있다.

59 다음 수목 중 꽃에서 향기를 풍기지 않는 것으로 짝지은 것은? 산기-04-1

㉮ 일본목련, 아카시아나무

㉯ 생강나무, 모과나무

㉰ 함박꽃나무, 귤나무

㉱ 수수꽃다리, 매화나무

해 향기가 있는 수종으로는 매화나무, 서향, 수수꽃다리, 장미, 온주밀감, 마삭줄, 일본목련, 치자나무, 태산목, 함박꽃나무, 인동덩굴, 금목서, 은목서, 장미, 녹나무, 모과나무, 미국측백, 백동백나무, 붓순나무, 생강나무, 월계수, 초피나무 등이 있다.

60 다음 중 가장 향기가 진한 방향성 조경수는?

산기-09-1

㉮ 금목서   ㉯ 능소화
㉰ 박태기나무   ㉱ 석류나무

61 수관의 텍스쳐(texture)를 좌우하는 중요한 인자라고 볼 수 없는 것은?

산기-05-4

㉮ 꽃의 색깔   ㉯ 꽃의 크기
㉰ 잎의 크기   ㉱ 꽃의 착생밀도

해 잎이나 꽃이 크고 착생밀도가 낮으면 거친 질감을 준다.

62 다음 중 질감(texture)이 가장 거친 수종은?

산기-06-2

㉮ 칠엽수, 플라타너스   ㉯ 편백, 화백
㉰ 산철쭉, 삼나무   ㉱ 회양목, 아벨리아

해 수관의 질감이 거친 느낌을 주는 수목으로는 플라타너스, 칠엽수, 백합나무, 소철, 벽오동, 태산목, 팔손이 등이 있다.

63 질감과 관계되는 이론 중에서 옳지 않은 것은?

기-04-1

㉮ 어린식물들은 잎이 크고, 무성하게 성장하기 때문에 성목보다 거친 질감을 갖는다.
㉯ 질감은 식물을 바라보는 거리에 따라 결정된다.
㉰ 두껍고 촘촘하게 붙은 잎은 고운 질감을 나타낸다.
㉱ 부드러운 질감을 가진 식물에 의해서 생긴 그림자는 더욱 짙게 보인다.

해 ㉱ 부드러운 질감을 가진 식물에 의해서 생긴 그림자는 흐리게 보인다.

64 다음 중 잎의 형태가 옳지 않게 표시된 것은?

기-04-2

㉮ 포플러 - △   ㉯ 일본목련 - ◊
㉰ 백합나무 - ○   ㉱ 나한송 - ◊

해 ㉰ 백합나무의 잎은 장상형(손바닥 모양)이다.

65 한곳에서 잎이 3개씩 모여 나고 겨울눈에 송진이 많이 덮히고 줄기에서 움가지가 흔히 돋아나는 것은?

기-03-2

㉮ 스트로브소나무   ㉯ 리기다소나무
㉰ 잣나무   ㉱ 방크스소나무

해 2엽 속생 : 소나무, 방크스소나무, 반송, 해송 등
3엽 속생 : 백송, 리기다소나무, 테다소나무 등
5엽 속생 : 잣나무, 섬잣나무, 스트로브잣나무 등

66 소나무과 소나무속의 수종 중에서 2개의 잎이 속생(束生)하지 않는 수종은?

산기-05-1

㉮ 백송   ㉯ 소나무
㉰ 반송   ㉱ 해송

67 소나무과 소나무속의 식물 중 한속(束, Bundle)에 5개의 잎이 속생(束生)하는 것이 아닌 것은?

산기-06-4

㉮ 잣나무   ㉯ 섬잣나무
㉰ 스트로브잣나무   ㉱ 리기다소나무

68 한 곳에서 잎이 3개씩 모여 나고, 잎의 길이는 7~14cm 정도이며 딱딱하고 비틀리는 것으로 사방조림용으로 많이 이용되는 수종으로 가장 적합한 것은?

기-06-1, 기-07-4, 기-10-4

㉮ *Pinus strobus* L.
㉯ *Pinus rigida* Mill.
㉰ *Pinus koraiensis* S. et z.
㉱ *Pinus banksiana* Lam.

해 ㉮ 스트로브잣나무, ㉯ 리기다소나무, ㉰ 잣나무, ㉱ 방크스소나무

69 수관과 엽군에 관한 사항이다. 내용과 거리가 먼 것은?

산기-04-1

㉮ 수목의 가지와 잎이 뭉쳐 이루어진 부분을 수관이라 한다.
㉯ 잎이 뭉친 상태를 엽군이라 한다.
㉰ 같은 나무일 경우 어릴 때와 노목이 된 뒤에도 수관의 생김새는 같다.
㉱ 수관이나 엽군에 의한 질감은 경관 구성과 관상에 많은 영향을 준다.

정답 **60** ㉮ **61** ㉮ **62** ㉮ **63** ㉱ **64** ㉰ **65** ㉯ **66** ㉮ **67** ㉱ **68** ㉯ **69** ㉰

혜 ㉰ 생장정도에 따라 노목이 된 뒤에 수관의 생김새가 달라질 수 있다.

70 다음 중 낙엽침엽교목으로 낙엽성의 단엽으로 호생하며 단지(短枝)에서는 총생의 모습을 보이고 있는 수종으로 옳은 것은? 산기-06-1
㉮ *Taxus cuspidata* S.
㉯ *Ginkgo biloba* L.
㉰ *Picea excelsa* L.
㉱ *Abies holophylla* Max

혜 ㉮ 주목. ㉯ 은행나무. ㉰ 독일가문비. ㉱ 전나무

71 다음의 설명 중 사실과 다른 것은? 기-04-1
㉮ 후박나무는 상록성 수종이다.
㉯ 병꽃나무는 경계식재용으로 많이 쓰인다.
㉰ 백송의 잎은 2엽 속생이다.
㉱ 밤나무 잎은 거치 끝의 침상에 엽록소가 있고, 상수리나무 잎은 거치 끝의 침상에 엽록소가 없어 구별이 된다.

혜 ㉰ 백송의 잎은 3엽 속생이다.

72 다음 수종 중 생장속도가 가장 느린 수종은? 산기-05-4

㉮ 사철나무 　　　　㉯ 비자나무
㉰ 백합나무 　　　　㉱ 능수버들

혜 생장속도가 느린 수종으로는 비자나무. 주목. 향나무. 눈향. 굴거리나무. 담팔수. 먼나무. 후피향나무. 꽝꽝나무. 동백나무. 산다화. 금목서. 은목서. 호랑가시나무. 황칠나무. 다정큼나무. 회양목 등이 있다.

73 다음 중 이식하기 쉬우며 생장속도가 가장 빠른 수목은? 산기-07-4

㉮ 백목련 　　　　㉯ 호두나무
㉰ 자작나무 　　　　㉱ 메타세콰이아

혜 이식하기 쉬우며 생장속도가 가장 빠른 수목으로는 낙우송. 메타세쿼이아. 편백. 화백. 가이즈카향나무. 구실잣밤나무. 은행나무. 일본목련. 중국단풍 등이 있다.

74 다음 수종 중 속성조경수가 아닌 것은? 기-03-4

㉮ *Cinnamomum camphora* (S.et Z.) Kosterm
㉯ *Camellia japonica* L.
㉰ *Torreya nucifera* SIEB. et ZUCC.
㉱ *Pterocarya stenoptera* DC.

혜 ㉮ 녹나무. ㉯ 동백나무. ㉰ 비자나무. ㉱ 중국굴피나무

75 다음 수종 중 잎이 복엽이며 생장이 빨라 공원의 속성조경식재 용으로 적당한 것은? 산기-02-2
㉮ *Acer negundo* L.
㉯ *Acer triflorum* KOM.
㉰ *Acer palmatum* THUNB.
㉱ *Acer mono* MAX.

혜 생장속도가 빠른 수종으로는 낙우송. 독일가문비. 메타세쿼이아. 소나무. 일본잎갈나무. 편백. 화백. 흑송. 히말라야시다. 가이즈카향나무. 가시나무. 구실잣밤나무. 태산목. 후박나무. 광나무. 사철나무. 유엽도. 팔손이. 네군도단풍. 벽오동. 은행나무. 일본목련. 자작나무. 중국단풍. 칠엽수. 팽나무. 버즘나무. 회화나무. 왕버들. 능수버들. 양버들. 단풍나무. 산수유나무. 벚나무 등이 있다.
㉮ 네군도단풍. ㉯ 복자기. ㉰ 단풍나무. ㉱ 고로쇠나무

76 다음 중 큰 나무라도 비교적 이식이 쉬운 편에 속하는 수종은? 기-06-4
㉮ *Larix leptolepis* 　　㉯ *Betula platyphylla*
㉰ *Juglans sinensis* 　　㉱ *Ginkgo biloba*

혜 이식이 쉬운 수종으로는 낙우송. 메타세쿼이아. 비자나무. 편백. 화백. 측백. 가이즈카향나무. 구실잣밤나무. 아왜나무. 광나무. 꽝꽝나무. 사철나무. 철쭉류. 식나무. 팔손이. 자금우. 가중나무. 벽오동. 양버들. 왕버들. 은행나무. 중국단풍. 팽나무. 버즘나무. 능수버들. 쪽동백. 홍단풍. 황칠나무. 꽃아그배나무. 매화나무 등이 있다.
㉮ 낙엽송. ㉯ 자작나무. ㉰ 호도나무. ㉱ 은행나무

77 다음 수종 중 낙엽활엽교목으로서 이식(移植)이 용이한 것은? 산기-05-1
㉮ 은행나무 　　　　㉯ 은단풍나무
㉰ 모감주나무 　　　　㉱ 백합나무

78 다음 수목들 중 한냉지에 식재하기 알맞은 수

종으로만 짝지어진 것은?　　　　산기-06-1, 기-10-2

㉮ 가시나무, 굴거리나무
㉯ 동백나무, 소귀나무
㉰ 산벚나무, 자작나무
㉱ 후박나무, 유엽도

해 한냉지에 적합한 수종으로는 계수나무, 독일가문비, 네군도단풍, 마가목, 목련, 미국측백, 산벚나무, 은행나무, 일본잎갈나무, 잎갈나무, 자작나무, 잣나무, 전나무, 주목, 버즘나무, 피나무, 매자나무, 박태기나무, 산철쭉, 수수꽃다리, 쥐똥나무, 진달래, 철쭉, 해당화, 화살나무 등이 있다.

79 한국의 식물군계 중에서 북부지방에 분포하는 식물군으로 되어 있는 것은?　　　기-04-1

㉮ 자작나무, 박달나무, 떡갈나무
㉯ 서어나무, 해송, 미선나무
㉰ 갈참나무, 졸참나무, 측백나무
㉱ 철쭉나무, 산초나무, 참나무

80 일반적으로 수목의 생육지를 온난지와 한냉지로 구분할 수 있는데 그 중 온난지의 생육에 적합한 수종들로만 구성된 것은?　　　산기-07-2

㉮ 녹나무, 은행나무, 일본잎갈나무
㉯ 눈주목, 후박나무, 박태기나무
㉰ 당단풍나무, 자작나무, 유카
㉱ 가시나무, 동백나무, 돈나무

해 온난지에 적합한 수종으로는 가시나무, 굴거리나무, 녹나무, 담팔수, 동백나무, 붉가시나무, 자귀나무, 참느릅나무, 후박나무, 다정큼나무, 돈나무, 용설란, 유엽도, 유카, 종려 등이 있다.

81 일본 중남부 이남 산지에 자생하며 어릴 때 생장이 매우 느리고 수형이 정제하여 조각품과 같은 느낌을 주는 특성을 갖고 있어 세계 3대 공원수로 꼽히는 수종은?　　　산기-06-1

㉮ *Larix leptolepis* Gordon
㉯ *Cryptomeria japonica* D.DON
㉰ *Chamaecyparis obtusa* Endl
㉱ *Sciadopitys verticillata* S et Z

해 ㉮ 일본잎갈나무, ㉯ 삼나무, ㉰ 편백, ㉱ 금송

82 암흑 상태에서 식물은 호흡작용만을 함으로써 CO_2를 방출한다. 암흑상태에서 서서히 광도가 증가하면 광합성을 시작하면서 CO_2를 흡수하기 시작하는데, 어떤 광도에 도달하면 호흡작용으로 방출되는 CO_2의 양과 광합성으로 흡수하는 CO_2의 양이 일치하게 된다. 이점을 무엇이라 하는가?　　산기-09-2

㉮ 고사한계점　　　　㉯ 광보상점
㉰ 동화효율점　　　　㉱ 영구위조점

83 다음 각각의 (　)에 적합한 용어는?　　산기-10-1

> 식물은 암흑 상태에서는 광합성 대신 호흡작용만을 하기 때문에 (㉠)를 방출한다. 또한, 식물이 살아가기 위해서는 광도가 최소한 (㉡)이상으로 유지되어야만 한다.

㉮ ㉠ : O_2, ㉡ : 광포화점
㉯ ㉠ : O_2, ㉡ : 광보상점
㉰ ㉠ : CO_2, ㉡ : 광보상점
㉱ ㉠ : CO_2, ㉡ : 광포화점

84 수목의 광보상점(光補償點)을 가장 잘 설명한 것은?　　　산기-11-1

㉮ 호흡에 의한 CO_2방출이 최대이다.
㉯ 광합성에 의한 CO_2흡수가 최대이다.
㉰ 수목은 20000~80000 Lux에서 이루어진다.
㉱ 호흡에 의한 CO_2방출량과 광합성에 의한 CO_2흡수량이 동일하다.

85 다음 수목의 식재환경 중 음수(陰樹)가 생장할 수 있는 광량(光量)은 전수광량(全受光量)의 몇% 내외인가?　　　산기-07-4

㉮ 5%　　　　　　㉯ 15%
㉰ 25%　　　　　　㉱ 50%

86 음수에서 고사 한계의 최소 수광량은 전수광량(하늘에서 내리 쬐는 광량)의 몇 %인가?　　산기-09-4

㉮ 3%　　　　　　㉯ 5%
㉰ 6.5%　　　　　㉱ 15%

87 식물의 내음성을 결정하기 위한 간접적인 판단 방법이 아닌 것은? 기-07-2, 기-04-1

㉮ 수관밀도의 차이

㉯ 자연전지의 정도와 고사의 속도

㉰ 광도를 달리한 입지에서 생장상태의 비교

㉱ 수고 생장속도의 차이

해 ㉰ 광도를 달리한 입지에서 생장상태의 비교는 직접판단법 이다.

88 다음 중 오랜 경험을 통해 그 일반적인 경향을 통하여 내음성을 판단하는 방법과 거리가 먼 것은? 산기-06-4, 기-07-2, 기-04-1

㉮ 최저 수광율(rellative light minimum)의 조사

㉯ 자연 전지(全紙)의 정도와 고사의 속도

㉰ 수고 생장속도의 차이

㉱ 토양 견밀도에 따른 조사

해 수목의 내음성은 수관밀도의 차이, 자연전지의 정도와 고사의 속도, 임분의 자연간벌에 따른 임목의 감소속도와 정도, 형성층 대 수관면적의 비 조사, 수고의 생장속도 차이, 최저 수광률 조사 등의 방법으로 판단할 수 있다.

89 수목의 생태적 특성상 음수(陰樹)인 것은? 산기-03-4

㉮ 목련 ㉯ 구상나무

㉰ 은행나무 ㉱ 느티나무

해 음수 : 주목, 굴거리나무, 호랑가시나무, 황칠나무, 식나무, 팔손이나무, 회양목, 백량금, 자금우, 금송, 독일가문비, 비자나무, 녹나무, 후박나무, 감탕나무, 먼나무, 아왜나무, 월계수, 광나무, 동백나무, 사스레피나무, 사철나무, 다정큼나무, 구상나무, 맥문동 등 목련은 중용수이며 은행나무, 느티나무는 양수에 속한다.

90 다음 조경용 수목 중 음수(陰樹)가 아닌 것은? 산기-04-2, 산기-04-4, 기-11-4

㉮ 금송, 섬잣나무 ㉯ 살구나무, 무궁화

㉰ 잣나무, 독일가문비 ㉱ 칠엽수, 당단풍

해 ㉯ 살구나무, 무궁화는 양수에 속한다.

91 다음 중 음수로만 짝지어진 것은? 산기-06-2

㉮ 자금우, 굴거리나무 ㉯ 주목, 소나무

㉰ 측백나무, 식나무 ㉱ 향나무, 사철나무

해 소나무, 측백나무, 향나무는 양수에 속한다.

92 다음 중 내음성이 강한 순서대로 수종을 나열한 것은? 산기-05-4

㉮ 주목 〉 가문비나무 〉 잣나무

㉯ 꽝꽝나무 〉 동백나무 〉 개비자나무

㉰ 삼나무 〉 잣나무 〉 주목

㉱ 잣나무 〉 왜금송 〉 비자나무

93 다음 중 한성(限性)또는 능성 음지식물(能性陰地植物)이 아닌 것으로 짝지워진 것은? 기-08-1

㉮ 단풍나무, 참나무, 너도밤나무

㉯ 가문비나무, 전나무, 보리수나무

㉰ 주목, 측백나무, 비자나무

㉱ 자작나무, 낙엽송, 버드나무

해 ㉱ 자작나무, 낙엽송, 버드나무는 강양수에 속한다.

94 강음수(强陰樹)에 속하지 않는 수종은? 가-06-4

㉮ *Betula platyphylla*

㉯ *Daphniphyllum macropodum*

㉰ *Taxus cuspidata*

㉱ *Aucuba japonica*

해 ㉮ 자작나무 : 강양수, ㉯ 굴거리나무, ㉰ 주목, ㉱ 식나무

95 다음 지피류 가운데서 내음성이 강한 것은? 기-04-1

㉮ 눈향, 원추리 ㉯ 잔디, 프록스

㉰ 맥문동, 애기나리 ㉱ 은방울꽃, 양채송화

해 지피류 가운데 내음성이 강한 것으로는 맥문동, 애기나리, 자금우 등이 있다.

96 다음 중 양수(陽樹)만으로 구성된 것은? 기-07-1, 산기-08-1

㉮ *Taxus cuspidata, Pinus densiflora*

㉯ *Camellia japonica, Aucuba japonica*

㉰ *Juniperus rigida, Lagerstroemia indica*

㉱ *Cephalotaxus Koreana, Ilex integra*

圖 ⑦ 주목, 소나무, ⑭ 동백나무, 식나무

⑭ 노간주나무, 배롱나무, ⑭ 개비자나무, 감탕나무

97 광보상점(light compensation point)이 가장 낮은 식물들로만 짝지어진 것은? 기-08-4

⑦ 회양목, 주목
⑭ 소나무, 미국측백
⑭ 메타세콰이어, 반송
⑭ 오동나무, 자작나무

98 따뜻한 지방에 식재를 하면 그늘에서 견디는 힘이 약해져 곁가지가 마르기 때문에 좋은 정원수가 되기가 힘든 수종은? 기-06-1

⑦ *Taxus cuspidata* S. et Z.
⑭ *Torreya nucifera* S. et Z.
⑭ *Cephalotaxus koreana* Nak.
⑭ *Cedrus deodara* Loudon.

圖 ⑦ 주목, ⑭ 비자나무, ⑭ 개비자나무, ⑭ 히말라야시다

99 토양은 무기물, 유기물, 토양공기, 토양수분 등 4요소로 구성되었다. 다음 중 조경 식물 생육에 가장 이상적인 용적 비율은? 기-10-1, 산기-09-2, 산기-11-1

⑦ 무기물 45% : 유기물 5% : 토양공기 25% : 토양수분 25%
⑭ 무기물 40% : 유기물 20% : 토양공기 20% : 토양수분 20%
⑭ 무기물 30% : 유기물 30% : 토양공기 20% : 토양수분 20%
⑭ 무기물 25% : 유기물 25% : 토양공기 25% : 토양수분 25%

圖 조경 식물 생육에 가장 이상적인 토양의 구성

토양입자 : 50%(광물질 45%, 유기물 5%)

수분 : 25%, 공기 : 25%

100 식물이 자라는 토양은 고상(固相), 액상(液相), 기상(氣相)의 3상으로 구성되어 있는데 이들 각각의 이상적인 구성비는 몇%가 가장 적합한가? 기-09-2, 기-03-4, 기-06-4, 기-07-4

⑦ 45%, 30%, 25%
⑭ 50%, 25%, 25%
⑭ 40%, 30%, 30%
⑭ 30%, 40%, 30%

101 일반적으로 식물의 생육에 유효한 수분인 모관수(毛管水)의 pF범위는? 기-08-1

⑦ pF 1.2~2.0
⑭ pF 2.0~2.5
⑭ pF 2.7~4.5
⑭ pF 4.7~7.5

102 교목의 생육 환경조성을 위해 일반적으로 지하수위는 지표로부터 어느 정도의 깊이로 유지하는 것이 좋은가? 산기-03-4

⑦ 0.5~1m
⑭ 1.5~2.0m
⑭ 3~4m
⑭ 5m 이상

103 건조한 땅에 견디는 수종들로 바르게 짝지어진 것은? 기-06-4, 산기-06-1

⑦ 낙우송, 계수나무, 오리나무, 층층나무
⑭ 소나무, 향나무, 가중나무, 싸리나무
⑭ 병꽃나무, 비자나무, 서어나무, 능수버들
⑭ 신갈나무, 느티나무, 팽나무, 히말라야시다

圖 내건성 수종으로는 독일가문비, 리기다소나무, 소나무, 전나무, 흑송, 노간주나무, 녹나무, 향나무, 눈향, 꽝꽝나무, 돈나무, 사스레피나무, 사철나무, 호랑가시나무, 피라칸타, 가중나무, 아까시나무, 왕버들, 자작나무, 능수버들, 오리나무류, 매화나무, 배롱나무, 보리수나무, 붉나무, 자귀나무, 명자나무, 박태기나무, 싸리나무 등이 있다.

104 건조에 견디는 힘이 강한 조경수만으로 구성된 것은? 산기-05-4

⑦ 소나무, 아카시아나무, 녹나무, 자작나무
⑭ 곰솔, 대추나무, 동백나무, 아왜나무
⑭ 위성류, 가이즈까향나무, 풍년화, 태산목
⑭ 층층나무, 황철쭉, 해당화, 협죽도

105 다음 중 습지를 좋아하는 식물로 짝지워진 것은? 기-04-2

⑦ 팥배나무 - 느릅나무
⑭ 왕버들 - 낙우송
⑭ 참나무 - 소나무
⑭ 팽나무 - 향나무

圖 호습성 수종으로는 낙우송, 삼나무, 테다소나무, 태산목, 아왜나무, 동백나무, 산다화, 식나무, 백량금, 물푸레나무, 오리나무, 왕버들, 자작나무, 주엽나무, 호두나무, 능수버들, 대추나무, 산오리나무, 위성류, 층층나무, 풍년화, 갯버들, 병꽃나무

정답 **97** ⑦ **98** ⑦ **99** ⑦ **100** ⑭ **101** ⑭ **102** ⑭ **103** ⑭ **104** ⑦ **105** ⑭

죽도화, 산수국, 수국, 독일가문비 등이 있다.

106 다음 중 호습성(好濕性)인 조경수가 아닌 것은?

기-07-1

㉮ *Fraxinus rhynchophylla*

㉯ *Cryptomeria japonica*

㉰ *Robinia pseudoacacia*

㉱ *Salix glandulosa*

해 ㉮ 물푸레나무, ㉯ 삼나무, ㉰ 아까시나무, ㉱ 왕버들

107 식재설계에 있어서 중요한 토양조건의 설명으로 틀린 것은?

기-06-4, 기-03-1

㉮ 좋은 토양구조와 토성을 지닌 혼합물

㉯ 느슨하지 않고 쉽게 부스러지지 않는 토양

㉰ 유기질과 양분함량이 높고, 물을 저류하거나 배수가 용이한 토양

㉱ 산소함량이 지속적으로 높음과 동시에 식물생육에 적합한 pH를 지닌 토양

108 식물이 생육하는데 필요한 원소는 다량원소와 미량원소로 구분하는데 이 중 미량원소들로만 구성되어 있지 않은 것은?

기-09-1, 기-10-4

㉮ B, Cu ㉯ Fe, Mn

㉰ Mo, Mg ㉱ Zn, B

해 미량원소로는 철(Fe), 망간(Mn), 동(Cu), 아연(Zn), 붕소(B), 몰리브덴(Mo), 염소(Cl) 등이 있다.

109 비료목으로 쓰이지 않는 나무는?

산기-02-2, 산기-04-2, 기-09-1, 기-10-2, 산기-05-1

㉮ 다릅나무 ㉯ 자귀나무

㉰ 벽오동 ㉱ 싸리나무

해 비료목으로 쓰이는 수종으로는 다릅나무, 아까시나무, 자귀나무, 사방오리나무, 산오리나무, 오리나무, 소귀나무, 목마황, 왜금송, 금작아, 싸리나무, 족제비싸리, 보리수나무, 칡 등이 있다.

110 척박지의 지력을 증진시키는 수목을 비료목이라 하는데 다음 비료목 중 콩과에 속하지 않는 비료목끼리 짝지어진 것은?

기-08-4

㉮ 자귀나무, 다릅나무

㉯ 오리나무, 보리장나무

㉰ 주엽나무, 산오리나무

㉱ 등나무, 소귀나무

해 콩과에 속하는 비료목으로는 자귀나무, 다릅나무, 주엽나무, 등나무, 싸리나무, 아까시나무, 박태기나무, 골담초, 칡 등이 있다.

111 절개지의 지력이 낮은 토양에서 지력을 증진시키기 위해 식재하는 비료목이 아닌 것은?

산기-07-1, 기-08-4

㉮ *Albizzia julibrissin*

㉯ *Lespedeza bicolor*

㉰ *Elaeagnus umbellata*

㉱ *Populus alba*

해 ㉮ 자귀나무, ㉯ 싸리나무, ㉰ 보리수나무, ㉱ 은백양

112 척박하고 건조한 토양에 견디는 수종으로 바르게 짝지워진 것은?

기-05-1

㉮ 칠엽수, 일본목련, 단풍나무

㉯ 자작나무, 산오리나무, 자귀나무

㉰ 느티나무, 이팝나무, 왕벚나무

㉱ 백합나무, 팽나무, 목련

해 척박지에 잘 견디는 수종 : 소나무, 흑송, 노간주나무, 향나무, 소귀나무, 졸가시나무, 떡느릅나무, 버드나무, 상수리나무, 아까시나무, 모과나무, 왕버들, 자작나무, 졸참나무, 중국단풍, 참느릅나무, 다릅나무, 능수버들, 산오리나무, 보리수나무, 자귀나무, 갯버들, 싸리나무, 조록싸리, 족제비싸리, 등나무, 인동덩굴

113 다음 중 척박한 토양에 잘 견디는 수종으로 짝지은 것은?

기-03-1, 산기-09-2

㉮ 소나무, 해송 ㉯ 삼나무, 낙우송

㉰ 느티나무, 느릅나무 ㉱ 오동나무, 가시나무

114 산불 발생으로 인한 척박지에 산림복원을 위한 식재를 하고자 한다. 척박한 토양에 잘 적응하지 못하는 수종으로 구성된 것은?

산기-04-2, 산기-07-4

㉮ 소나무, 오리나무

㉯ 상수리나무, 노간주나무

㉰ 졸참나무, 자작나무
㉳ 이팝나무, 물푸레나무

해 ㉳ 이팝나무, 물푸레나무는 비옥지를 즐기는 수종이다.

115 수목 생육지의 토성은 산성, 중성, 알칼리성으로 구분할 수 있는데, 다음 중 산성토양에서 비교적 잘 자라는 수종들로만 짝지어진 것은?

산기-09-4, 기-10-1, 기-12-1

㉮ 상수리나무, 일본잎갈나무
㉯ 느티나무, 물푸레나무
㉰ 단풍나무, 서어나무
㉳ 회양목, 개나리

해 강산성에 잘 견디는 수종으로는 가문비나무, 리기다소나무, 밤나무, 사방오리나무, 싸리나무류, 상수리나무, 소나무, 아까시나무, 잣나무, 젓나무, 종비나무, 편백, 흑송 등이 있다.

116 다음 수종 중 산성토양에서 잘 견디는 수종은?

산기-06-1

㉮ *Juglans mandshurica* Max
㉯ *Acer Palmatum* Thunb
㉰ *Carpinus laxiflora* Bl
㉳ *Castanea crenata* S. et Z.

해 ㉮ 가래나무, ㉯ 단풍나무, ㉰ 서어나무, ㉳ 밤나무

117 알칼리성 토양에 잘 견디는 수종은?

산기-05-4, 산기-11-4

㉮ 상수리나무　　㉯ 종비나무
㉰ 조팝나무　　㉳ 사방오리나무

해 알칼리성 토양에 잘 견디는 수종으로는 개나리, 고광나무, 낙우송, 남천, 너도밤나무, 단풍나무, 떡느릅나무, 물푸레나무, 생강나무, 서어나무, 조팝나무, 죽도화, 참느릅나무, 호두나무, 회양목 등이 있다.

118 조경 설계 시 고려되는 식물생육에 필요한 생존 최소토심과 생육 최소토심이 틀린 것은?(단, 각 보기에서 앞쪽에 있는 숫자가 생존 최소토심, 뒤쪽의 숫자가 생육 최소토심이다.)

기-07-1

㉮ 잔디 및 초본 : 10cm, 20cm
㉯ 대관목 : 45cm, 60cm

㉰ 천근성 교목 : 60cm, 90cm
㉳ 심근성 교목 : 90cm, 150cm

해 ㉮ 잔디 및 초본 : 15cm, 30cm

119 다음 중 심근성(深根性) 수종은?

산기-06-2, 산기-11-4, 산기-07-1, 산기-09-1

㉮ *Populus maximowiczii*
㉯ *Populus deltoides*
㉰ *Picea abies*
㉳ *Quercus myrsinaefolia*

해 심근성 수종으로는 소나무, 비자나무, 전나무, 주목, 흑송, 가시나무, 구실잣밤나무, 굴거리나무, 녹나무, 참식나무, 태산목, 후박나무, 금목서, 은목서, 동백나무, 굴참나무, 느티나무, 떡갈나무, 목련, 백합나무, 벽오동, 상수리나무, 은행나무, 졸참나무, 칠엽수, 팽나무, 호두나무, 회화나무, 단풍나무, 모과나무, 마가목, 백목련, 말발도리, 싸리나무, 조록싸리 등이 있다.
㉮ 황철나무, ㉯ 미루나무, ㉰ 독일가문비, ㉳ 가시나무

120 아황산가스(SO₂)에 약한 수종으로만 구성된 것은?

기-05-2, 기-02-1, 기-09-2, 기-07-2, 기-09-4

㉮ 느티나무, 왕벚나무, 잎갈나무, 독일가문비나무
㉯ 삼나무, 편백, 매실나무, 고로쇠나무
㉰ 가중나무, 대왕송, 사철나무, 소나무
㉳ 단풍나무, 낙엽송, 감나무, 향나무

해 아황산가스(SO_2)에 약한 수종으로는 가문비나무, 독일가문비, 삼나무, 소나무, 일본잎갈나무, 잎갈나무, 전나무, 잣나무, 히말라야시다, 반송, 느티나무, 백합나무, 자작나무, 감나무, 벚나무류, 다릅나무, 단풍나무, 매화나무 등이 있다.

121 다음 중 아황산가스에 약한 수종들로 짝지어진 것은?

기-06-4

㉮ *Pinus densiflora, Zelkova serrata*
㉯ *Juniperus chinensis, Ligustrum japonicum*
㉰ *Cycas revoluta, Yucca recurvitolia*
㉳ *Hibiscus syriacus, Albizzia julibrissin*

해 ㉮ 소나무, 느티나무, ㉯ 향나무, 광나무
㉰ 소철, 유카, ㉳ 무궁화, 자귀나무

122 다음 중 아황산가스에 대한 저항성이 가장 강

한 수종은? 기-05-4, 산기-09-4
㉮ *Chamaecyparis pisifera* ENDL.
㉯ *Abies holophylla* MAX.
㉰ *Picea abies* KARST
㉱ *Pinus densiflora* S. et Z.

해 아황산가스(SO_2)에 강한 수종으로는 비자나무, 편백, 화백, 가이즈카향나무, 향나무, 가시나무, 구실잣밤나무, 굴거리나무, 녹나무, 태산목, 후박나무, 감탕나무, 아왜나무, 후피향나무, 광나무, 꽝꽝나무, 돈나무, 동백나무, 사스레피나무, 사철나무, 유엽도, 다정큼나무, 팔손이나무, 가중나무, 참나무류, 멀구슬나무, 물푸레나무, 벽오동, 왕버들, 능수버들, 오동나무, 일본목련, 칠엽수, 버즘나무, 회화나무, 층층나무, 무궁화, 자귀나무, 쥐똥나무 등이 있다.
㉮ 화백, ㉯ 전나무, ㉰ 녹일가문비, ㉱ 소나무

123 아황산가스의 배출이 심한 공단지역의 조경수로 적합한 것은? 기-04-4
㉮ *Juniperus chinensis* v. *kaizuka*
㉯ *Abies holophylla*
㉰ *Zelkova serrata*
㉱ *Acer mono*

해 ㉮ 가이즈카향나무, ㉯ 전나무, ㉰ 느티나무, ㉱ 고로쇠나무

124 다음 수종 중 배기가스에 강한 수목군으로 이루어진 것은? 기-03-1
㉮ 고광나무, 고로쇠나무
㉯ 호랑가시나무, 삼나무
㉰ 태산목, 돈나무
㉱ 매실나무, 자목련

해 배기가스에 강한 수종으로는 비자나무, 편백, 가이즈카향나무, 눈향, 구실잣밤나무, 굴거리나무, 녹나무, 참식나무, 태산목, 후피향나무, 감탕나무, 먼나무, 아왜나무, 졸가시나무, 광나무, 꽝꽝나무, 돈나무, 동백나무, 사스레피나무, 사철나무, 섬쥐똥나무, 유엽도, 호랑가시나무, 다정큼나무, 식나무, 팔손이나무, 피라칸타, 가중나무, 물푸레나무, 미루나무, 벽오동, 양버들, 왕버들, 능수버들, 위성류, 층층나무, 마가목, 무궁화, 산사나무, 석류나무, 개나리, 매자나무, 병꽃나무 등이 있다.

125 다음 중 배기가스에 강한 수목은? 기-05-2

㉮ 녹나무 ㉯ 단풍나무
㉰ 삼나무 ㉱ 목련

126 자동차 배기가스(gas)에 가장 강한 수종은? 기-07-1
㉮ *Abies holophylla* Max
㉯ *Pinus densiflora* S
㉰ *Ginkgo biloba* L
㉱ *Albizzia julibrissin* Duraz

해 ㉮ 전나무, ㉯ 소나무, ㉰ 은행나무, ㉱ 자귀나무

127 다음 중 자동차 배기가스에 특히 약한 수종으로만 짝지어진 것은? 산기-06-4, 산기-09-1, 기-05-1
㉮ 소나무, 은행나무 ㉯ 히말라야시다, 은목서
㉰ 왜금송, 태산목 ㉱ 녹나무, 피나무

해 배기가스에 약한 수종으로는 삼나무, 소나무, 전나무, 히말라야시다, 측백, 반송, 향나무, 가시나무, 금목서, 은목서, 목련, 백합나무, 산벚나무, 팽나무, 감나무, 단풍나무, 왕벚나무, 매화나무, 무궁화, 수수꽃다리, 자귀나무, 명자나무, 박태기나무, 산다화, 죽도화, 화살나무, 산수국, 수국 등이 있다.

128 공해에 약한 수종은 어느 것인가? 산기-04-4
㉮ *Pinus densiflora* Siebold et Zuccarini
㉯ *Punica granatum* Linnaeus
㉰ *Gardenia jasminoises* for. *grandiflora* Makino
㉱ *Fatsia japonica* Decaisne et Planchon

해 ㉮ 소나무, ㉯ 석류나무, ㉰ 치자나무, ㉱ 팔손이

129 도시 공해에 대한 저항성이 강한 수종으로만 짝지어진 것은? 산기-06-1
㉮ 향나무, 은행나무, 광나무
㉯ 소나무, 향나무, 전나무
㉰ 은행나무, 단풍나무, 목련
㉱ 삼나무, 개나리, 자작나무

130 배기가스에 강하며 생장속도가 빠르고, 척박지에 생육 가능한 조경용 수목은? 산기-05-1
㉮ 능수버들 ㉯ 금목서
㉰ 가는 잎 조팝나무 ㉱ 반송

해 금목서, 조팝나무는 배기가스에 약하며, 반송은 생장속도가 느리다.

131 다음 중 염분에 강한 나무는?　　　산기-03-4

㉮ 해송, 리기다소나무

㉯ 목련, 단풍나무

㉰ 히말라야시다, 가시나무

㉱ 삼나무, 소나무

해 내조성이 강한 수종으로는 리기다소나무, 비자나무, 주목, 편백, 흑송, 노간주나무, 측백, 가이즈카향나무, 개비자나무, 향나무, 눈향, 구실잣밤나무, 굴거리나무, 녹나무, 참식나무, 태산목, 후박나무, 감탕나무, 먼나무, 아왜나무, 후피향나무, 광나무, 꽝꽝나무, 금목서, 은목서, 돈나무, 동백나무, 사철나무, 섬쥐똥나무, 유엽도, 호랑가시나무, 황칠나무, 다정큼나무, 식나무, 팔손이나무 등이 있다.

132 다음 중에서 내연성, 내조성, 내염성이 가장 강한 수종은?　　　산기-04-2

㉮ 사철나무　　　　　㉯ 목련

㉰ 낙엽송　　　　　　㉱ 자작나무

133 바닷가에 식재할 경우 조해에 강한 수종을 선정해서 식재해야 한다. 다음 중 조해에 강한 수종이 아닌 것은?　　　산기-06-1, 산기-08-2

㉮ *Cryptomeria japonica* D. Don

㉯ *Ligustrum japonicum* Thumb

㉰ *Celtis sinensis* Pers

㉱ *Albizzia julibrissin* Duraz

해 내조성이 약한 수종으로는 독일가문비, 삼나무, 소나무, 일본잎갈나무, 잎갈나무, 히말라야시다, 가시나무, 목련, 양버들, 오리나무, 일본목련, 중국단풍, 피나무, 단풍나무, 개나리, 죽도화 등이 있다.

㉮ 삼나무, ㉯ 광나무, ㉰ 팽나무, ㉱ 자귀나무

134 온대성 화목류의 개화에 대한 설명 중 틀린 것은?　　　기-06-2

㉮ 화아(꽃눈)는 보통 개화 전년에 형성된다.

㉯ 개화는 온도에 의해 주로 지배되고 일장(日長)과는 별로 관계가 없다.

㉰ 저온에 화아가 노출되면 화아의 정상적 생육에 저해 요인이 된다.

㉱ 생육과 개화는 auxin이나 gibberellin 물질의 증가 및 활성화와 밀접하다.

해 ㉯ 열대성 화목류에 대한 설명이다.

135 화아분화가 가장 잘 될 수 있는 조건은?　　　기-05-2

㉮ 식물체내의 N 성분이 많을 때

㉯ 식물체내의 K 성분이 많을 때

㉰ 식물체내의 P 성분이 많을 때

㉱ 식물체내의 C/N 성분이 많을 때

1 >>> 식물군락

1 식물군락을 성립시키는 환경요인

(1) 외적요인

① 기후요인 : 대상지역의 크고 작음에 따라 대기후, 중기후, 소기후, 미기후로 나누어지며, 식물군락은 각종 크기의 기후에 대응하여 여러 넓이의 식생 형성 – 기온·광선·수분·바람

② 토양요인 : 식물에 대해 양분·수분·공기 및 정주환경 제공 – 토질, 토양수분, 토양동물, 토양미생물

③ 생물적 요인 : 야생동물에 의한 영향은 과히 크지 않으나 인간의 행위에 의한 영향은 급증 – 인간의 벌목, 풀베기, 불넣기, 경작, 방목, 답압 등의 행위와 야수·조류·곤충의 영향

(2) 내적요인

① 경합 : 자기보존에 필수 불가결한 공간과 광선·양분·수분을 확보하기 위한 개체간 또는 이종간의 경합

  ㉠ 경합에 의해 개체 또는 종의 변천 발생

  ㉡ 경합에서 이기면 우점종이 되며, 우점종이 죽으면 그 밑에서 피압당하던 종이 다음의 점유종으로 변천

② 공존 : 개체 사이의 경합은 있으나 생존상의 요구조건이 어느 정도 일치하는 식물들이 하나의 기반을 공동으로 이용하는 형태의 집합생활을 영위하는 것

  ㉠ 삼림 속의 교목과 관목 및 초본식물이 생활형에 따라 하나의 공간 속에서 층을 달리하여 경합하면서 공존

  ㉡ 기생식물과 같이 일방적으로 종속하거나 또는 상호간에 이익을 얻는 생활공동체

2 생태천이(生態遷移) – 천이

(1) 개념

① 천이는 종구성의 변화와 시간에 따른 군집발전의 규칙적 과정으로 기후에 지배적 영향을 받음

② 변천현상은 외적 환경요인의 변화와 선행식물에 의한 환경형성작용, 식물 상호간의 경쟁 등에 의해 발생

③ 천이는 이론적으로는 방향성이 있으며 결과 예측이 가능

▌군집(群集)

어느 일정장소에 많은 종이 모여 상호관계를 가지면서 조직화된 집단으로 일반적으로 동물군집과 식물군집으로 구분하며, 식물의 군집을 식물군락이라 부른다.

▌식생(植生)

지표면의 일정범위 내에서 생육하는 식물의 집단을 식생이라 하며, 군집과 달리 종간의 상호관계를 의식하지 않는다.

▌식물군락(植物群落)

식생의 한 구성단위인 식물공동체로, 동일장소에서 종의 단위성과 개별성을 지니고 같이 생활하는 특정의 종군으로 이루어진 어떤 통합된 구체적인 집단을 말한다. 또한 군락을 형성하고 있는 종간(種間) 및 환경과 생태적으로 서로 평형을 이룬 식물적 사회집단을 말한다.

▌천이(succession)

어떤 장소에 존재하는 생물공동체가 시간의 경과에 따라 종조성이나 구조의 변화로 다른 생물공동체로 변화하는 시간적 변이과정을 말하며, 최종적으로 도달하게 되는 안정되고도 영속성있는 상태를 '극성상(극상 climax)'이라 한다. 식생의 천이는 '식생천이'라고 한다.

④ 천이계열 : 선구식생 → 중간식생 → 극성상에 이르는 과정

(2) 식생천이 과정

나지→지의류→선태류→초지(1·2년생)→관목림→양수림→혼합림→음수림

① 천이별 식생

　㉠ 나지식물 : 망초, 개망초

　㉡ 1년생 초본 : 쑥, 쑥부쟁이

　㉢ 다년생 초본 : 억새

　㉣ 양수관목 : 싸리, 붉나무, 개옻나무, 찔레꽃

　㉤ 양수교목 : 소나무, 자귀나무, 참나무류

　㉥ 음수교목 : 서어나무, 까치박달나무, 너도밤나무

② 1차천이 : 충적지나 화산분출퇴적지와 같이 전혀 식물이 생존한 적이 없던 나지에 하층식물이 이주·정착하면서 시작되는 천이

　㉠ 건성천이 : 육상의 암석지나 사구(砂丘) 등의 건조한 장소에서 시작되는 천이

　㉡ 수성천이 : 호수, 늪, 습원과 같은 습지에서 시작되는 천이

③ 2차천이 : 재해나 인위적 작용(외부교란:산불, 병충해, 홍수, 벌목 등)에 의해 기존 식생군락이 제거되거나 외부교란이 일어난 곳에서 생겨나는 천이

④ 비탈면의 천이 : 정상천이와 편향천이로 전개

천이단계와 목본식물종의 생활사 및 생리적 특성

구분	천이 초기종	천이 후기종
성장속도	빠름	늦음
초산령	낮음	높음
종자크기	작음	큼
종자산포양식	풍산포·동물산포	동물산포·중력산포
종자의 휴면성	있음	없음
잎의 수명	짧음	김
내음성	없음	있음

🔳 식물군락의 구조

(1) 식물의 생활형

식물의 생육에 적합하지 않은 시기에 형성되는 휴면아(休眠芽)의 위치에 따라 구분 – 라운키에르(Raunkiaer)

▌군락의 구조
식물의 종(種) 및 생활형에 기인한 공간적 배치상태

▌천이속도
1차천이를 이루어 극성상에 이르기까지 대략 1000년 정도의 시일이 필요하고, 2차천이는 흙 속에 기존식물의 씨나 뿌리가 남아있거나 토양조건이 좋아 진행속도가 빨라 200년 정도로서 극성상에 도달할 수 있다.

▌비탈면의 천이
① 정상천이 : 자연생태계에서 나타나는 일반적인 천이
② 편향천이 : 정상천이의 방향이 변화되어 후속 종의 단계를 건너 뛰는 등의 천이

▌극성상 단계
① 군집 내의 생산량과 호흡량이 거의 비슷하다.
② 먹이연쇄는 그물눈 모양이다.
③ 영양염류의 순환이 폐쇄적이다.
④ 생산량이 낮다.

라운키에르의 생활형

생활형	휴면아의 위치	대상식물
지상식물 대형지상식물 소형지상식물 왜형지상식물	지상 25cm 이상으로 목본식물 지상 8m 이상 지상 2~8m 지상 0.25~2m	교목 및 관목, 덩굴식물
지표식물	지상 0~25cm	덩굴성 관목, 국화
반지중식물	지표 바로 밑	민들레, 질경이
지중식물	지중	튤립, 백합
1년생식물	씨	채송화, 봉선화
수생식물	수면 또는 물로 포화된 토양표면 밑	물옥잠, 수련, 마름

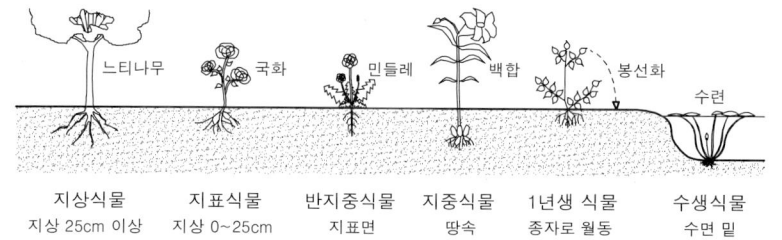

| 라운키에르의 식물 생활형(휴면아의 위치) |

(2) 식물의 계층

삼림과 같이 식생이 많은 층을 이루고 있는 경우와 같이 여러 식물들이 형성한 층위구조

난대상록활엽수림의 계층

성상	대상식물
교목층	가시나무류, 구실잣밤나무, 후박나무
소교목층	감탕나무, 동백나무, 참식나무
관목층	사스레피나무, 식나무
초본층	맥문동, 봉의꼬리, 족제비고사리, 보춘화
만경층	남오미자, 마삭줄, 송악

(3) 식물군락의 분류

① 현존식생이나 극성상에 대해 그 외모나 구성종에 따라 구분하는 방법
② 환경조건에 따라 분류하는 법
③ 브라운 블랑케(Braun Blanquet)의 구분법
　㉠ 식물군락의 구성종에 대해 통계적으로 비교하여 구분
　㉡ 군집을 기본 단위로 하여 군락의 종조성(種組成)을 조사
　㉢ 군락을 특징지을 종군(표징종)을 찾아 군락고유의 종군(種群)에 따라 분류

> **표징종(標徵種)**
> 식물군집을 규정하는 특징적인 종을 말한다. 어떤 식물군락에 강하게 결부되어 존재하는 종류로서, 일반적으로 입지조건에 대한 적응범위가 좁기 때문에 환경지표로서의 성격을 갖는 것이 많다.

(4) 식생의 분류

① 자연식생 : 인간에 의한 영향을 입지 않고 자연 그대로의 상태로 생육하고 있는 식생

② 원식생 : 인간에 의한 영향을 받기 이전의 자연식생

③ 대상(代償)식생 : 인간에 의한 영향을 받음으로써 대치된 식생
   ㉠ 인간의 생활영역 속에 현존하는 거의 모든 식생
   ㉡ 인간에 의한 영향을 제거해도 원식생으로 돌아가기는 불가능

④ 잠재자연식생 : 인간에 의한 영향이 제거되었다고 가정할 때 성립이 예상되는 자연식생

2>>> 개체군(個體群)의 생태

1 개념

(1) 개체

공간적으로 단일하며 생활하기 위해 필요·충분한 구조와 기능을 가지고 있는 것

(2) 개체군

일정한 지역에 모여 살면서 자유로운 교배가 일어나는 생물의 집단으로 단수적으로 사용될 때에는 개체와 같은 의미를 가지고 있으며, 복수의 개념으로는 동일한 조상이나 서식지에 의해 연계된 서로 다른 생물종들의 무리를 지칭

(3) 메타개체군

개체군의 최상위 집단으로 지역개체군, 국지개체군을 포함하며, 여러 조각으로 나누어진 서식처 조각에서 생존하거나, 이주와 관련된 일시적이나 유동적 개체군이 서로 연결되어 개체군을 형성하게 되는 것

2 개체군의 생태

(1) 개체군의 크기

① 동일종의 개체로 동일한 자원을 필요로 하므로 집단 서식

② 단위면적당 개체수를 개체군의 밀도로 하며 밀도의 고저가 생육에 미치는 영향을 '밀도효과'라 지칭

③ 밀도의 증가요인은 출생과 이입(移入)이며, 감소요인은 사망과 이출(移出)

④ 동일종의 개체는 고밀도가 되면 자원을 둘러싼 경쟁으로 고사하는 경우가 생기며 이를 '경쟁밀도효과'라 지칭

⑤ 존속가능최소개체수(MVP : minimum viable population) : 국지적인 개

▌앨리의 효과(Allee effect)
개체군은 과밀(過密)도 해롭지만 과소(過小)도 해롭게 작용하므로 개체군의 크기가 일정 이상 유지되어야 종 사이에 협동이 이루어지고 최적생장과 생존을 유지할 수 있다는 원리를 말한다.

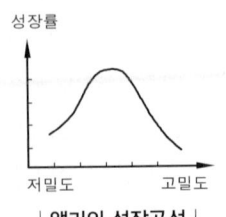

▌앨리의 성장곡선 ▌

체군이 존속하기 위해서 최소한으로 확보해야만 하는 개체군 크기의 개체수

(2) 개체군의 연령분포(연령 피라미드) – 연령별 개체수 표시

① 발전형 : 생식전 연령층의 비율이 특히 높아 개체군의 크기가 증가할 것으로 예상

② 안정형 : 연령층의 분포가 서서히 줄어들어 개체군의 크기변화가 없을 것으로 예상

③ 쇠퇴형 : 생식전 연령층의 비율이 낮아 개체군의 크기가 감소할 것으로 예상

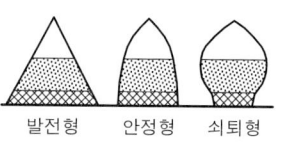

| 개체군의 연령분포 형태 |

(3) 개체군의 생존곡선

생리적 수명에 대한 생태적 수명의 상대적인 비에 따라 살아남은 개체수를 그래프로 나타낸 것

① 볼록형(I) : 어릴 때 생존율이 높고 일정 연령에 이르면 사망률이 높은 생물 – 1년생 식물·포유류·사람

② 사선형(II) : 연령별 사망률이 일정한 생물 – 곤충

③ 오목형(III) : 어린시기에 사망률이 높고 그 후에 낮아지는 생물 – 다년생 목본식물·알을 낳는 어류·굴

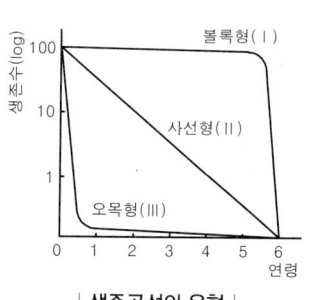

| 생존곡선의 유형 |

(4) 개체군의 생장

① J자형 곡선 : 타종의 간섭(경쟁·포식·기생 등)이 배제된 최적의 환경에서 나타나는 형태

② S자형 곡선 : 서서히 증가하다 급속증가 → 생장둔화 → 생장률 '0'이 되기까지 최종단계에 이르는 형태

  ㉠ 생장률 '0'이 되는 상태가 환경과 개체군 사이에 평형 성립

  ㉡ 평형에 이른 그 상태가 환경의 포용능력(환경수용력 K) 표시

  ㉢ S자의 형태는 개체군의 밀도가 증가하면 생기는 환경저항(공간부족·먹이부족·노폐물증가·질병증가 등)으로 개체군의 성장이 방해받는 상황표시

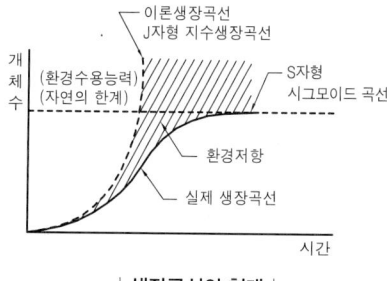

| 생장곡선의 형태 |

(5) 개체군의 분산(공간분포)

① 균일형 : 전지역을 통하여 환경조건이 균일하고 개체간에 치열한 경쟁이 일어나는 개체군으로 극히 드물게 발생

▌수명(壽命)

① 생리적 수명 : 최적조건에서 개체군이 노쇠하여 죽었을 때의 평균수명

② 생태적 수명 : 자연조건에서 질병·피식·먹이부족 등으로 생리적 수명을 다하지 못하고 죽는 개체군의 평균수명

▌생활사전략(Life history strategy)

각각의 종은 환경에 대한 적응도를 최대로 하기 위해 전략을 가지고 있으며 이를 생활사전략이라 한다.

① r-선택종

내적 증가율(r)을 크게 하려고 하는 종으로, 새로운 서식지나 불안정한 서식지에 적합하고, 소형으로 다산하며 조기에 성숙하는 성질을 갖는다. – 국화과나 벼과의 초본류(보통 1년생), 곤충, 생장곡선 J형

② K-선택종

환경수용능력(K)에 가까이 하려고 하는 종으로, 안정된 서식지에서 밀도가 평형상태로 된 경우에 적합하고 대형으로 소산하며 천천히 성숙하는 성질을 갖는다. – 목본류(보통 다년생), 포유류, 생장곡선 S형

② 임의형 : 환경조건이 균일하지 않고 생존경쟁도 치열하지 않은 곳에 발생

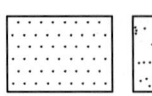

균일형
(uniform)

임의형
(random)

괴상형
(clumped)

| 개체군 분산형 |

③ 괴상형 : 일반적으로 실제 자연환경에서 가장 잘 나타나는 형태로 고르지 못한 환경조건(토양수분·양분·미기후 등)에 의해 발생

3>>> 군집(群集)의 생태

1 개념

① 특정한 지역 또는 특정한 물리적 서식지에서 생활하고 있는 개체군의 집합체
② 개체군들이 모인 하나의 유기적 단위로 개체나 개체군과는 다른 구조적 특성 보유
③ 물질대사의 재편성을 통하여 통합된 단위로서의 기능적 특성 보유
④ 일정 장소에서 같이 생활하고 있는 이종 개체군이 종간상호관계에 의해서 조직화되어 필연적으로 생긴 개체군의 집단

2 군집의 유형

① 고차군집 : 비교적 높은 독립성을 갖고 있는 규모가 크고 조직이 안정된 군집
② 저차군집 : 주위의 집단에 다소나마 의존하고 있는 군집
③ 개방군집 : 삼림처럼 다른 군집과 혼합하여 존재하는 형태
④ 폐쇄군집 : 동굴처럼 뚜렷한 경계를 갖는 군집

3 군집의 속성

① 종조성(種組成) : 군집을 이루는 생물종의 구성
② 다양성
③ 층위구조 : 식물의 군집을 수직으로 볼 때 몇 개의 층(교목층·아교목층·관목층·초본층·지표층·지중층)으로 구성
④ 먹이사슬

4 군집의 구조

① 종조성
② 상관(相觀) : 군집은 층위구조나 공간적인 분포유형과 같은 고유의 특징

▌종 균등도(E)

군집구성 생물종간의 개체수의 균등성을 나타내는 지수 또는 개념이다.

$$E = \frac{H'}{\log S}$$

S : 총 종수

▌종 풍부도(RI)

군집을 구성하는 생물종의 많고 적음을 나타내는 지수 또는 개념이다.

$$RI = \frac{S-1}{\log 총 개체수}$$

▌종 다양성(H')

군집 내 생물종수-개체수 관계에서 군집구조의 복잡성(다양성)을 나타낸 것으로, 종 다양도는 종류의 풍부도와 각종 개체수의 균등도를 종합한 복합적 개념이다.
새넌(Shannon)의 다양도 지수
  H' = $-\Sigma$Pi log Pi
  Pi : 출현종 개체수/총 개체수

▌경관과 상관

① 경관 : 식생의 구조에 따라 나타나는 형태(산림·사바나·덤불숲·초원·사막 등)
② 상관 : 경관과 비슷하나 더 좁은 의미로 사용되며 식물군락을 외관적으로 파악한 모양(생활형·개체의 밀도·군락의 높이·계절에 따른 변화·우점종의 잎모양 등)

보유 – 우점종이 가진 생활형으로 식물군계의 구분에 유용

③ 주기성 : 군집의 구조는 1일 또는 계절을 주기로 반복

④ 영양구조 : 군집은 먹이사슬과 영양단계를 포함한 특정한 에너지 흐름의 유기성 보유

5 군집의 특성

① 우점종 : 일정한 군집 내에서 중요한 역할을 수행하고 다른 종에 영향(에너지 흐름이나 생활환경 등)을 미치는 종

② 핵심종 : 생태계의 종 가운데 종의 다양성을 유지하는 데 결정적 역할을 하는 종으로 생물종 구성과 생태계 기능을 결정하는 중요한 요소

③ 깃대종 : 한 지역의 생태계를 대표하며, 중요하다고 인식하고 있는 종

4>>> 식생조사

1 표본추출방법

(1) 표본추출방법

① 랜덤표본추출 : 무작위로 표본을 추출하여 조사

② 반복표본추출 : 체계적으로 많은 표본을 반복하여 측정함으로서 표본에 대한 평균의 변동을 작게 할 수 있는 방법

(2) 조사빈도 : 식물의 개화시기를 고려하여 봄·여름·가을조사 – 연 3회 조사

① 제1회 조사 : 4월에서 5월 중순 봄식물 조사

② 제2회 조사 : 6월 장마 전에 늦봄 및 초여름식물 조사

③ 제3회 조사 : 8월에서 9월에 여름 및 가을식물 조사

2 브라운 블랑케(Braun Blanquet)법

(1) 조사구역

식물종의 짝지움과 입지조건이 고르고 군락이 잘 발달된 지역 선택

(2) 조사구의 크기(종-면적 곡선에 의한 최소면적 산정)

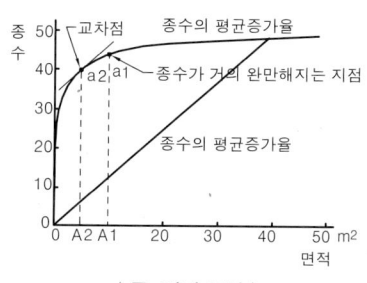

| 종-면적 곡선 |

• 조사면적에 따른 종수를 나타낸 그래프인 종 – 면적 곡선은 가로축에 조사면적, 세로축에 발견종수 기록

• 면적이 넓어짐에 따라 종수변화 완만

• 이때 종수의 변화가 거의 정지한 지점(a1)지점에서의 면적(A1)을 조사면적으로 하는 것이 유럽학파의 방법

• 종수의 평균증가율을 나타내는 지점(a2)의 면적(A2)을 조사면적으로 하는 것이 영미학파의 방법

(3) 계층구분

수고에 따라 교목층, 아교목층, 관목층, 초본층, 이끼층으로 나누어 높이를 측정하고 계층별로 구성종을 빠짐없이 조사

(4) 피도(被度)

식생전체의 식피율과 계층별 식피율을 백분율로 조사하고 종별피도를 7단계로 판정 – 우점도와 동일

피도의 계급

피도계급	판정기준
5	표본구 면적의 75% 이상을 덮음
4	표본구 면적의 50~75%를 덮음
3	표본구 면적의 25~50%를 덮음
2	표본구 면적의 5~25%를 덮음
1	표본구 면적의 5% 이하로 개체수는 많으나 피도가 낮거나, 개체가 산재하나 피도는 높은 경우
+	피도도 낮고 산재한 경우(피도 1% 정도)
γ	고립하여 출현, 피도는 극히 낮음

(5) 군도(郡度)

조사구 내에 있는 개별식물의 배분상태로 5등급으로 구분

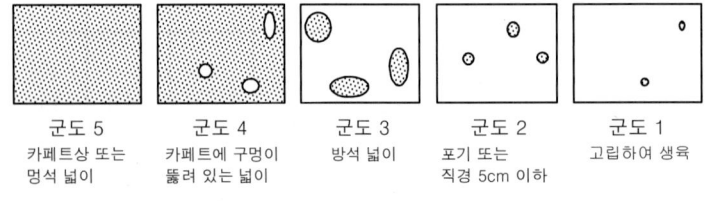

군도 5	군도 4	군도 3	군도 2	군도 1
카페트상 또는 멍석 넓이	카페트에 구멍이 뚫려 있는 넓이	방석 넓이	포기 또는 직경 5cm 이하	고립하여 생육

- 군도 5 : 방형구 내에서(혹은 조사면적에서) 전체적으로 퍼져있어 카페트처럼 말려있는 형태(피도 80~100% 정도) – 대군
- 군도 4 : 조사면적 내에 조사하고 있는 한 종이 가득 차있는 형태가 아니며, 드문드문 비어있는 형태로 마치 카페트에 구멍이 난 것처럼 한 종이 없는 면적 출현
- 군도 3 : 조사면적 내에서 한 종이 몇 군데에서 나타나며, 그 면적이 군도 4보다 적음(피도 30~40%정도) – 반상(소반·쿠션)
- 군도 2 : 조사면적 내에서 드문드문 나타남 – 군상·주상
- 군도 1 : 조사면적 내에서 우연히 출현하며, 고립해서 존재 – 단독

| 군도계급을 판정하는 기준 |

(6) 기록내용

기타 조사연월일, 조사지명, 표고, 사면의 방위와 경사각, 조사면적, 토양의 종류, 표토의 깊이, 기타 유의사항 등 기록

┃피도
정량적인 군집측도의 하나로 각종 식물의 지상부가 지표를 피복하는 정도를 나타내는 것으로 군락 내에서 우열의 비율을 총합적으로 나타내는 우점도와 동일하게 볼 수 있다.

┃식피율
식물의 지표면에 대한 피복의 상태를 백분율로 나타낸 것

┃우점도 산출
우점도 = 1 – 균등도

┃군도
정성적(定性的)인 군락측도의 하나로 개개의 종이 흩어져 살거나 모여서 사는 등의 집합의 상태를 나타내는 것

┃군집의 유사성지수
각 군집의 동질성 정도를 수치화한 것으로 각각의 조사구에 출현하는 종류와 개체수에 근거하여 유사성을 나타낸다.
① 소렌슨(Sorenson) 지수

$$S = \frac{2C}{A+B}$$

- A, B : A와 B의 조사구에 있는 종수
- C : A와 B의 조사구에 있는 공통종수
② 자카드(Jaccard) 지수

$$J = \frac{C}{A+B-C}$$

(7) 조성표 작성

① 각 식물종에 대해 조사구 전체 가운데 몇 개의 조사구에 출현했는가 하는 빈도를 %로 환산하여 상재도(常在度) 확정

② 상재도가 높은 것은 어느 군락에나 공통적으로 출현하는 종이고, 낮은 것은 드물게 존재하거나 우연히 출현한 것도 있으므로 제외

③ 상재도 Ⅱ,Ⅲ에 해당되는 것을 식별종 후보로 가려내고, 식물종의 배열을 바꾸어 가면서 식별종군을 그룹화

④ 그룹화한 식별종군에 상재도 Ⅰ, Ⅳ, Ⅴ를 더하여 군락식별표 완성

⑤ 군락구분을 지도위에 표시한 것이 현존식생도이고, 현존식생의 종조성과 토양조건, 자연적 환경조건 등을 감안하여 추정한 것이 잠재자연식생

❸ 측구법(plot sampling method)

(1) 개념

① 개체군이나 군집의 종조성과 구조를 정량적으로 조사하는 표본추출법

② 육상식물의 표본추출에 가장 많이 이용

③ 개체군이나 군집의 정확한 정보를 얻기 위해 여러 개의 방형구를 반복 측정

④ 측구법의 정확성을 높이기 위해서는 반드시 랜덤추출

⑤ 정방형을 기본으로 하는 방형구를 이용하여 조사하므로 방형구법(quadrat method)이라고도 지칭

(2) 방형구의 모양

① 조사는 정확도(accuracy)와 정밀성(precision)을 갖는 것이 중요

② 방형구의 가장자리가 늘어날수록 정밀성이 크고, 줄어들수록 정확도가 큼

③ 측구(plot)는 정방형이나 장방형일수도 있으며 경우에 따라 원형도 가능

(3) 방형구의 크기

① 측정 가능한 항목(item)에 따라 설정하며, 일반적으로 가장 커다란 종의 평균적인 캐노피(canopy)의 약 2배

② 모든 방형구에 한 종 또는 두 종의 식물이 포함되도록 정하거나, 가장 일반적인 종이 63~86% 정도 나타나도록 설정

③ 조사자 1인의 크기를 정하고 조사자의 수에 따라 설정

(4) 방형구수

방형구수를 늘려가면서 더 이상 피도의 변화가 없을 때까지의 수를 취하여 사용

(5) 피도

방형구 면적에 대한 캐노피 밑에 있는 면적의 비율

$$Ci(\text{i종의피도}) = \frac{ai(\text{i종의 투영면적})}{A(\text{총 조사면적})} \times 100(\%)$$

상재도 클래스

상재도	빈도(%)
Ⅴ	81~100
Ⅳ	61~80
Ⅲ	41~60
Ⅱ	21~40
Ⅰ	1~20

식생도(植生圖)

① 식물군락(식생단위)의 지리적 분포(넓이)를 구체적·시각적으로 나타낸 지도

② 현존식생도, 원식생복원도, 잠재자연식생도로 구분

③ 세밀한 식생조사를 위하여 대축척 식생도 제작

④ 식생도는 분포의 입지관련 해석의 실마리 제공

⑤ 학술적 이용, 토지이용계획, 환경진단, 자연복원 등에 활용

정확도(accuracy)와 정밀성(precision)

① 정확도 : 실제 평균과 샘플의 평균이 일치하는 것

② 정밀성 : 샘플의 평균이 실제 평균과 상관없이 서로서로 비슷한 값을 갖는 경우

① 생육지 면적에 대한 어떤 식물 종의 지상부 가장자리를 밑으로 투영하여 지면을 덮는 면적의 백분율

② 겹치는 부분이 있으면 한 번만 산입

③ 작은 식물의 경우 겹쳐진 부분이 있으면 별도로 피도 산정

④ 어떤 식생에서는 겹치는 캐노피로 총 피도가 100%를 넘기도 하나 그래도 맨땅이 존재

⑤ 맨땅 100%에서 식물의 총 피도를 뺀 값과 불일치

(6) 밀도(절대밀도)

단위면적 또는 단위부피(공간) 내의 개체수로서 방형구 내에 뿌리내린 식물의 수

$$Di(i종의 밀도) = \frac{ni(i종의 개체수)}{A(면적 또는 부피)}$$

(7) 빈도

전체 표본(방형구)수에 대한 어떤 종이 출현한 표본수의 백분율

$$Fi(i종의 빈도) = \frac{Ji(i종이 출현한 표본수)}{Pt(추출한 총 표본수)} \times 100(\%)$$

① 뿌리내린 개체가 한 개라도 포함시켜 표시하며, 뿌리내리지 않고 존재하기만 해도 산입

② 개체가 고르게 흩어져 있는지 모여 있는지의 분포유형을 검정

(8) 중요도

$$IVi(i종의 중요도) = RCi(상대피도) + RDi(상대밀도) + RFi(상대빈도)$$

① 특정 종의 중요치는 군집 내에서 그 종의 중요성 또는 영향력을 나타내는 총체적 척도

② 군집 내의 어떤 종의 중요도는 0~300%사이의 값을 지님

❹ 대상법(transect)

(1) 띠대상법(belt transect)

① 두 줄 사이의 폭을 일정하게 유지하고 그 속의 식물을 조사

② 띠(belt)는 모든 개체의 수를 세고 그 양을 잴 수 있는 좁고 긴 땅의 조사지

③ 트랜섹트(transect)의 너비와 길이를 알면 방형구법으로 취급하여 계산 과정 이용

④ 생육지의 환경구배를 따라 양편에 말뚝을 박고 일정한 폭을 유지하며 긴 줄 설치

⑤ 키가 낮은 초지나 관목림 조사에는 편의상 한 줄만 늘인 다음 조사자가 1~2m 길이의 장대를 가지고 줄 위를 걸으며 한편 또는 양편에 장대를

▎상대피도(RCi)
식물의 총 피도에 대한 한 종의 피도를 백분율로 나타낸 것

▎생태밀도
조사한 서식지의 모든 공간이 어떤 종의 서식에 적합한 것이 아니므로 실제 서식지 면적당 개체수로 나타내어 생태학적 의미를 적용한 것

▎상대밀도(RDi)
식물의 총 밀도에 대한 한 종의 밀도를 백분율로 나타낸 것

▎상대빈도(RFi)
식물의 총 빈도에 대한 한 종의 빈도를 백분율로 나타낸 것

▎중요도(IVi)
전체 군집에 대한 한 종의 상대적인 기여도로서 상대피도, 상대밀도, 상대빈도의 합으로 계산한다.

대어 띠의 폭 결정

⑥ 연속적인 환경구배에 따른 생물의 반응을 조사하는 데 이용

(2) 선차단법(line intercept)

① 조사하려는 군락을 횡단하여 한 줄을 직선으로 늘이고 그 선에 접하는 식물을 조사

② 면적을 고려하지 않고 선의 길이를 단위로 하여 밀도 또는 상대밀도 계산

③ 밀도는 줄의 총 길이에 대한 식물 개체가 접촉하는 길이로 산정

④ 서로 구분하기 어려운 식물개체들에서는 정확한 절대밀도의 측정이 어려워 초지군락조사에 많이 사용

⑤ 연속적인 환경구배에 따른 생물의 반응이나 전이지역에서의 군집조사에 효율적 이용

⑥ 방형구법에 비하여 시간과 노력 절감

(3) 자료의 정리와 계산

하나하나의 줄 간격을 각각의 방형구로 간주하여 방형구법 적용

1) 선형피도지수

$$ICi(\text{i종의 선형피도}) = \frac{li(\text{i종의 차단길이의 합})}{L(\text{줄의 총 길이})} \times 100(\%)$$

2) 선형밀도지수

$$IDi(\text{i종의 선형밀도}) = \frac{n(\text{i종의 총 개체수})}{L(\text{줄의 총 길이})}$$

3) 종의 빈도

$$Fi(\text{i종의 빈도}) = \frac{Ji(\text{i종이 출현하는 간격수의 합})}{K(\text{총 간격수, 표집점의 수의 합})} \times 100(\%)$$

4) 중요도

$$JVi(\text{i종의 중요도}) = RCi(\text{상대피도}) + RDi(\text{상대밀도}) + RFi(\text{상대빈도})$$

5>>> 군락식재 설계

1 개념

① 군락의 기본 단위인 군집을 본보기로 해서 식재하는 방법

② 군락식재를 실시하고자 하는 경우 본보기가 될 현존식생이 자연식생인지 대상식생인지 확인하여 결정

③ 잠재자연식생을 고려하여 식재방법 결정(객토·인간의 영향 제거·유지관리 등)

④ 군집의 특징적으로 결합되어 있는 종군에 초점을 두어 일정한 군락단위

┃ 선차단법 특성

선차단법으로 표본을 추출하여 얻은 확률은 식물의 크기에 따라 다르게 나타난다. 즉 몸집이 큰 식물은 작은 것보다 더 자주 출현한다. 공간분포의 유형은 빈도값에 영향을 미친다.

┃ 전이지역(轉移地域 주연부 ·추이대)

2개 이상의 다른 식물군집이 만나는 경우 또는 식물군집 내부에서 환경조건 차이로 인하여 이질성을 나타내는 선형의 이행부를 말하며, 각 수변의 특징을 가진 종의 서식 및 종의 다양성을 증가시키는 효과(주연부 효과)가 나타난다.

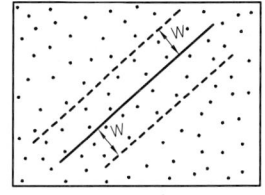

┃ 띠대상법 ┃

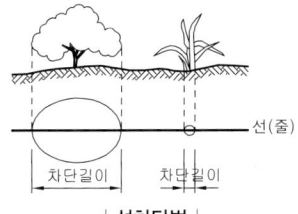

┃ 선차단법 ┃

를 인식할 수 있도록 설계

2 식재법

① 독자성을 나타내는 종군(표징종)이 양적인 우점종이 되는 것은 아니므로 주의

② 아군집(亞群集)이나 변군집(變群集)은 우점종을 식별종으로 삼고 있어 군락식재상 주목이 명확해지고 외관상으로도 적당

③ 그루수의 배분은 표징종보다 군락의 외관을 구성하는 수종 선택

④ 식재할 나무의 크기는 각기 생활형에 따라 계층 구성

⑤ 종의 구성에 따라 주목을 정하고 표징종을 포함한 기타 식물 혼식

> **식별종(識別種)**
> 식물사회학 상의 군락구분에서 특히 아군집이나 변군집 등 군집 하위단위의 식별에 이용하는 식물의 종류로 양적으로 우점하고 있는 종을 말한다.

핵 심 문 제

1 다음 중 식생에 관한 설명으로 틀린 것은?

기-06-4, 기-08-4

㉮ 식물의 집단을 식생(植生)이라 하고 그 식생의 구성단위를 식물군락이라 한다.

㉯ 식물 군락을 성립시키는 내적 요인으로는 기후요인, 토양요인, 생물적 요인 등을 들 수 있다.

㉰ 어떤 일정한 땅에 있어서 식물군락의 시간적 변이과정을 천이라 한다.

㉱ 개체 사이의 경합은 있으나 생존상의 요구 조건이 어느 정도 일치하는 식물 간에 일어나는 현상을 공존이라 한다.

해 ㉯ 기후요인, 도양요인, 생물저 요인은 외적유이에 해당된다.

2 식생(vegetation)을 분류하는 가장 기본적인 단위는?

산기-11-4, 산기-05-2

㉮ 종   ㉯ 군집

㉰ 우점도   ㉱ 천이

3 식물 군락을 성립시키는 내적(內的)요인에 해당되지 않는 것은?

산기-02-4, 기-02-1, 기-04-1, 기-08-4, 기-09-4, 산기-03-2

㉮ 경쟁(競爭)   ㉯ 공존(共存)

㉰ 토착(土着)   ㉱ 기온(氣溫), 빛(光)

해 ㉱ 기온(氣溫), 빛(光)은 외적(外的)요인 중 기후요인에 해당된다.

4 식생에 미치는 환경요인 중에서 식생분포를 결정하는데 가장 영향을 미치는 요인은?

기-06-1, 기-10-2, 산기-06-2, 산기-03-2

㉮ 기후요인   ㉯ 지형요인

㉰ 생물요인   ㉱ 인위적요인

5 다음 기술 중 부적당하다고 생각되는 것은?

기-03-4, 기-10-1

㉮ 식물군락의 구성종이 변모하여 타 수종 군락으로 종구성이 변화해 가는 것을 천이라고 한다.

㉯ 천이가 발생하는 원인은 차광 등 환경변화에 의

한 것이 일반적이다.

㉰ 천이를 반복하면서 식물군락이 안정된 상태일 때에 극상이라고 한다.

㉱ 천이는 자연의 힘만으로 이루어지며 인위적 작용의 영향을 받지 않는다.

해 ㉱ 천이는 자연의 힘만으로 이루어지기도 하고, 인위적 작용의 영향으로 생기기도 한다.

6 일반적인 식물의 천이(succession)과정은 다음과 같다. 옳게 짝지어진 것은?

기-03-1, 기-06-4

> 나지 → 일년생 초본의 초원 → 다년생 초본의 초원
> → ① → ② → ③

㉮ ① 양수의 교목림, ② 음수의 교목림, ③ 음수의 관목림

㉯ ① 음수의 교목림, ② 양수의 교목림, ③ 양수의 관목림

㉰ ① 음수의 교목림, ② 양수의 관목림, ③ 양수의 교목림

㉱ ① 양수의 관목림, ② 양수의 교목림, ③ 음수의 교목림

해 식물의 천이(succession)과정

나지식물 : 망초, 개망초 → 1년생 초본 : 쑥, 쑥부쟁이 → 다년생초본 : 억새 → 양수관목 : 싸리, 붉나무, 개옻나무, 찔레 → 양수교목 : 소나무, 자귀나무, 참나무류 → 음수교목 : 서어나무, 까치박달나무, 너도밤나무

7 우리나라 중부지방의 건성천이에서 최종적으로 이루어지는 극성상 수종들로 옳은 것은?

기-06-1, 기-03-2

㉮ *Pinus densiflora* S. 와 *Acer palmatum* Thunb

㉯ *Prunus sargentii* Rehder. 와 *Osmanthus fragrans* Lour.

㉰ *Rhododendron mucronulatum* Turcz. 와 *Rhododendron schlippenbachii* Max

㉱ *Quercus acutissima* Carr. 와 *Carpinus*

laxiflora Bl.

해 우리나라 중부지방의 건성천이에서 최종적으로 이루어지는 극성상 수종으로는 졸참나무, 상수리나무, 서어나무, 너도밤나무 등이다.

㉮ 소나무, 단풍나무, ㉯ 산벚나무, 목서

㉰ 진달래, 철쭉나무, ㉱ 상수리나무, 서어나무

8 우리나라 삼림대 중 온대림 극성상(climax)의 생태계에서 기후 상 우점종에 위치할 수 있는 수종은?
기-06-2, 기-09-1, 기-02-1, 산기-09-4

㉮ *Pinus densiflora* S. et Z

㉯ *Pinus koraiensis* S. et Z

㉰ *Populus davidiana* Dode.

㉱ *Carpinus laxiflora* Blume

해 ㉮ 소나무, ㉯ 잣나무, ㉰ 사시나무, ㉱ 서어나무

9 군집의 변화 중 천이에 대한 설명으로 올바른 것은?
산기-04-2

㉮ 천이를 주도하는 것은 인간이다.

㉯ 천이는 군집에 따른 물리적 환경의 변화와는 관련이 없다.

㉰ 천이는 대부분 만년 이내 즉 1~5,000년 사이에서 발생된 변화다.

㉱ 시간의 경과에 따른 군집변화과정으로서 군집발전의 규칙적인 과정을 나타낸다.

10 생태천이에 대한 설명 중 옳지 않은 것은?
기-05-1

㉮ 내적공생 정도는 성숙단계에 가까울수록 발달된다.

㉯ 총체적 항상성의 안정성은 성숙단계에 가까울수록 충분하게 된다.

㉰ 엔트로피는 성숙단계에 가까울수록 높게 된다.

㉱ 영양물질의 보존은 성숙단계에 가까울수록 충분하게 된다.

해 ㉰ 엔트로피는 성숙단계에 가까울수록 낮아지게 된다.

11 다음 설명 중 옳지 않은 것은?
기-03-2

㉮ 생태천이에서 성숙단계에 도달할수록 군집의 안정성이 낮아진다.

㉯ 생태천이에서 성숙단계에 도달할수록 전체 유기물의 양이 많아진다.

㉰ 생태천이에서 성숙단계에 도달할수록 공간적 이질성에 대한 조직화가 충분히 이루어진다.

㉱ 생태천이에서 성숙단계에 도달할수록 생태적 지위의 특수화가 좁아진다.

해 ㉮ 생태천이에서 성숙단계에 도달할수록 군집의 안정성은 높아진다.

12 식생조사 시 조사구역내의 개개의 식물 배분상태(군도)는 보통 몇 단계로 나누어 판정하는가?
기-13-4

㉮ 5단계 ㉯ 6단계

㉰ 7단계 ㉱ 8단계

13 생태계의 개체군 분포에서 Allee의 원리가 뜻하는 것은?
기-07-4

㉮ 어떤 개체군 분포는 집단화가 유리하다.

㉯ 어떤 개체군은 불규칙적으로 분포한다.

㉰ 어떤 개체군은 개체 내 경쟁이 개체간보다 치열하다.

㉱ 어떤 개체군은 미환경의 특성에 따라 분포한다.

14 다음 중 Allee 성장형에 대해 적당한 것은?
기-05-1, 기-06-4

㉮ 밀도 증가와 함께 성장률이 증가한다.

㉯ 밀도 증가와 함께 성장률이 감소한다.

㉰ 성장률은 밀도증가와 무관하다.

㉱ 성장률은 중간밀도에서 가장 높다.

해 앨리의 효과(Allee effect) : 개체군은 과밀(過密)도 해롭지만 과소(過小)도 해롭게 작용하므로 개체군의 크기가 일정이상 유지되어야 종 사이에 협동이 이루어지고 최적생장과 생존을 유지할 수 있다는 원리를 말한다.

15 개체군 분포를 나타내는 분산은 흔히 3가지 기본형으로 구분하고 있는데 이들 기본형 중 자연계에서 가장 흔히 볼 수 있으며 고분산으로 해석되는 형태는?
기-08-2, 기-11-4

㉮ 균일분포형 ㉯ 괴상분포형

ⓒ 무작위분포형　　　　　ⓓ 불규칙분포형

16 군락식재 설계를 위하여 식생조사를 하고자 한다. 다음 중 군락조사와 관계가 없는 것은?　　기-06-1
ⓐ 균등성지수와 유사도지수
ⓑ Braun-Blanquet의 우점도와 군도
ⓒ 상대성장률과 득묘율
ⓓ 중요치와 적산우점도

17 군집의 안정성 및 성숙도를 표현하는 지표로서 중요도, 균재도지수, 우점도 등이 이용되는 것은?
　　기-03-4, 산기-08-4, 산기-02-2
ⓐ 녹지자연도　　　　　ⓑ 층화도
ⓒ 산재도　　　　　　　ⓓ 종다양도

18 우점종에 대한 설명으로 올바른 것은?　산기-03-4
ⓐ 우점종과 그것이 소속된 영양집단의 생산력과는 관계가 없다.
ⓑ 식물 군락을 대표하는 종으로써 종 분류의 기준으로 사용된다.
ⓒ 어떤 특정 공간의 식물사회에서 양적으로 가장 우세한 상태를 보이고 있는 종이다.
ⓓ 식물군락의 우점종은 기후·지형·토양 등의 외적 환경에는 큰 영향을 받지 않는다.

19 브라운-블랑케의 분류법에 의한 군락구분의 기본 단위는?　　산기-08-1
ⓐ 클래스(class)　　　　ⓑ 군단(alliance)
ⓒ 군집(association)　　ⓓ 전형(typicum)

20 다음 중 브라운 블랑케(Braun-Blanquet)에 의한 식생 조사항목이 아닌 것은?　　기-08-2
ⓐ 식물의 종(種)　　　　ⓑ 피도(被度)
ⓒ 기공수(氣孔數)　　　ⓓ 군도(群度)
🔑 브라운 블랑케(Braun-Blanquet)에 의한 식생 조사항목으로는 계층별 구성종, 피도, 군도 등이 있다.

21 브라운 블랑케(Braun-Blanquet)의 식생조사법에서 교목림의 조사면적은 얼마로 하는 것이 가장 적당한가?　　기-05-2, 기-06-1, 기-09-2
ⓐ 50~100　　　　　　ⓑ 150~500
ⓒ 500~1000　　　　　ⓓ 2000~4000
🔑 브라운 블랑케(Braun-Blanquet)의 식생조사법의 조사면적
　① 교목림 : 200~500m²
　② 관목림 : 50~200m²
　③ 건생초지 : 50~100mm²
　④ 습생초지 : 5~10m²
　⑤ 선태류, 지의류 : 0.1~4m²

22 녹화와 식물군락에 대한 표본추출법 중 큰 키 벼과식물이 있는 초원을 조사하려할 때 적당한 조사구의 크기는?　　기-10-2
ⓐ 100~400m²　　　　　ⓑ 25~100m²
ⓒ 4~25m²　　　　　　ⓓ 1~4m²

23 식물군락의 서식지 분석 시에 사용되는 군도계급을 5단계로 구분할 때 '군도 1'의 설명으로 옳은 것은?　　기-09-1
ⓐ 엉성하다　　　　　　ⓑ 중간이다.
ⓒ 약간 빽빽하다.　　　ⓓ 빽빽하다.
🔑 군도 1단계는 조사면적 내에서 우연히 출현하며, 고립해서 존재한다.

24 식생도에 관한 설명 중 옳지 않은 것은?
　　기-05-2, 기-12-1
ⓐ 식생에 대한 분포를 시각적으로 알 수 있게 한다.
ⓑ 원식생이란 현생 식생분포를 말한다.
ⓒ 세밀한 식생조사를 위해서 대축척의 식생도를 만든다.
ⓓ 식생도는 분포의 입지 관련 해석의 실마리를 제공해준다.
🔑 ⓑ 원식생은 인간에 의한 영향을 받기 이전의 자연식생을 말한다.

25 식생과 관련된 설명 중 틀린 것은?
　　기-08-4, 기-10-4
ⓐ 어떤 군락을 특징 할 수 있는 종군을 표징종(character species)이라 한다.

ⓝ 인간에 의한 영향을 받지 않는 식생을 대상식생 (subsitutional vegetation)이라 한다.

ⓓ 군집 속에서 아군집을 구분하기 위해 양적으로 우점하고 있는 종을 식별종(difference species)이라 한다.

ⓡ 변화해 버린 입지조건 하에서 인간에 의한 영향이 제거되었다고 할 때 성립이 예상되는 자연식생을 현대의 잠재자연식생(potential natural vegetation)이라 한다.

🅗 ⓝ 인간에 의한 영향을 받지 않는 식생을 자연식생(원식생)이라 한다.

26 소나무군집에서 모든 종의 개체수의 총합은 250 개체이고 그 중 소나무의 개체수는 150개체이다. 소나무의 상대밀도(%)는? 기-09-4

㉮ 16.6   ㉯ 37.5
㉱ 60   ㉲ 90

🅗 상대밀도(%) = $\dfrac{\text{특정종의 개체수}}{\text{모든종의 개체수}} \times 100$

$= \dfrac{150}{250} \times 100 = 60(\%)$

27 추이대(ecotone)에 대한 설명 중 옳지 않은 것은? 기-06-2

㉮ 숲과 초원 등의 군집 사이에서 볼 수 있는 이행 부분이다.

㉯ 추이대는 인접해 있는 군집지역보다 넓다.

㉱ 때때로 주연효과를 볼 수 있다.

㉲ 추이대 폭의 너비에 따라 인접군집과 다른 서식처가 성립될 수 있다.

🅗 추이대는 인접해 있는 군집지역보다 좁다.

28 추이대(Ecotone)에 대한 설명으로 틀린 것은? 산기-07-1

㉮ 생태적 중요성이 높다.

㉯ 둘 이상의 유사한 군집이 모여 있는 곳이다.

㉱ 갯벌은 대표적인 추이대이다.

㉲ 생물종 다양성이 높은 경향이 있다.

🅗 ㉯ 둘 이상의 상이한 군집이 접하여 있는 곳이다.

29 군집 구조의 발전 과정에 대한 설명 중 틀리는

것은? 기-04-4

㉮ 비생물적 유기물질은 증가한다.

㉯ 개체의 크기는 점점 커지는 경향이 있다.

㉱ 총 생물량은 증가한다.

㉲ 종의 다양성은 지속적으로 증가한다.

30 생태적 천이단계에서 극상단계(성숙단계)의 설명으로 틀린 것은? 기-06-2, 기-09-4

㉮ 총생산량/군집호흡량은 1에 가깝다.

㉯ 순군집 생산량(수확량)이 높다.

㉱ 먹이 연쇄는 그물눈 모양이다.

㉲ 영양 염류 순환이 폐쇄적이다.

31 10개체로 구성된 개구리밥 개체군이 r=0.2로 4일간 지수생장을 하면 몇 개체로 증가하는가?
기-05-1

㉮ 12~13개체   ㉯ 15~16개체
㉱ 22~23개체   ㉲ 25~26개체

🅗 $10 \times (1+0.2)^4 = 20.74$(개체)

32 근계경쟁으로 인하여 집단식재를 피하고 단목 식재를 하는 것이 가장 좋은 수종은? 기-06-2

㉮ *Larix leptolepis* GORDON

㉯ *Magnolia denudata* DESR

㉱ *Betula platyphylla* var. *japonica* HARA

㉲ *Abies holophylla* MAX

🅗 ㉮ 낙엽송, ㉯ 백목련, ㉱ 자작나무, ㉲ 젓나무

33 삼림이나 들판의 내부보다 경계부 지역에서 식물상과 동물상이 다양하게 나타나는 현상을 일컫는 용어는? 산기-02-4, 산기-06-1

㉮ 서식지(habitat)

㉯ 가장자리 효과(edge effect)

㉱ 생물종 다양성(species diversity) 향상

㉲ 이차천이(secondary succession)

34 A 조사구는 25종, B 조사구는 34종의 식물이 출현하였고, A, B 조사구에 공통으로 출현한 종수가 16종이라고 한다면 군집의 유사성을 나타내는

Sorenson지수 S는?   기-04-4, 기-08-4, 기-10-4

㉮ 0.27   ㉯ 0.40

㉰ 0.54   ㉱ 0.67

해 소렌슨 지수 $S = 2 \times \dfrac{C}{(A+B)}$

    A : A조사구 출현종의 수 = 25

    B : B조사구 출현종의 수 = 34

    C : 두 조사구에서 공통으로 출현한 종의 수 = 16

    ∴ S=2×16/(25+34)=0.54

35 다음 중 엽면적 지수(LAI)를 바르게 나타낸 것은?   기-06-4

㉮ 지상의 엽면적 합계 / 지표면적

㉯ 지상의 엽면적 합계 / (지표면적)^2

㉰ (시상의 엽면적 합계)^2/ 지표면적

㉱ 지표면적 / 지상의 엽면적 합계

해 엽면적지수(葉面積指數 leaf area index;LAI) : 식물군락의 엽면적을 그 군락이 차지하는 지표면적으로 나눈 값. 밀생하는 식물군락에서는 3~7의 값을 가지는 경우가 많지만, 일시적으로는 10을 넘는 경우도 있다. 엽면적지수가 큰 군락에서는 아래쪽에 있는 잎은 보상점을 밑도는 빛 밖에 받을 수 없는 경우도 있다. 순생산량이 가장 많을 때가 최적 엽면적지수라 할 수 있다.

36 초원과 같이 거의 균질한 식생이 광대한 면적에 걸쳐 이루어진 경우에 적용하기 가장 좋은 표본추출법은?   기-12-1

㉮ 계통추출법   ㉯ 대상추출법

㉰ 전형표본추출법   ㉱ 무작위추출법

해 무작위추출법은 조사 대상지 내를 조사구 크기의 격자형태로 분할하고 난수표를 사용하여 무작위로 추출하는 방법으로 초원과 같이 거의 균질한 식생이 광대한 면적에 걸쳐 이루어진 경우에 적합하다.

37 우점도(dominance, D)를 산출하는 공식으로 맞는 것은?   기-12-1

㉮ 우점도 = 1-다양도지수

㉯ 우점도 = 1-균제도지수

㉰ 우점도 = 1-밀도지수

㉱ 우점도 = 1-피도지수

1>>> 수목의 조건 및 규격

☑ 조경수목의 일반사항

(1) 조경수목의 필수조건

① 이식이 쉽고 내척박성이 큰 나무

② 열매, 잎이 아름다우며, 수세가 강하고 맹아력이 좋은 나무

③ 수목의 구입이 용이하고 지정된 규격에 합당한 나무

④ 병충해가 적고 관리하기 쉬운 나무

⑤ 시공 해당지역의 기후, 토양 등 환경적응성이 큰 나무

⑥ 수명이 가급적 긴 나무

(2) 수목의 품질

① 상록교목 : 수간이 곧고 초두가 손상되지 않은 것으로 가지가 고루 발달하고, 목질화되지 않은 당년생 신초를 제외한 수고가 지정수고 이상인 것

② 상록관목 : 지엽이 치밀하여 수관에 큰 공극이 없으며, 수형이 잘 정돈된 것

③ 낙엽교목 : 주간이 곧고 근원부에 비해 수간이 급격히 가늘지 않은 것으로 가지가 도장되지 않고 고루 발달한 것

④ 낙엽관목 : 지엽이 충실하게 발달하고 합본되지 않은 것으로 지정수고 이상인 것

☑ 조경수목의 측정

수종 및 형상에 따라 구분하여 측정하며, 규격의 증감한도는 설계상의 규격에 ±10% 이내

(1) 수고(H : height 단위 : m)

① 지표면에서 수관 정상까지의 수직거리 – 돌출된 도장지 제외

② 관목의 경우 수고보다 수관폭이나 줄기의 길이가 더 클 때에는 그 크기를 수고로 표시

③ 소철, 야자류 등 열대·아열대 수목은 줄기의 수직높이

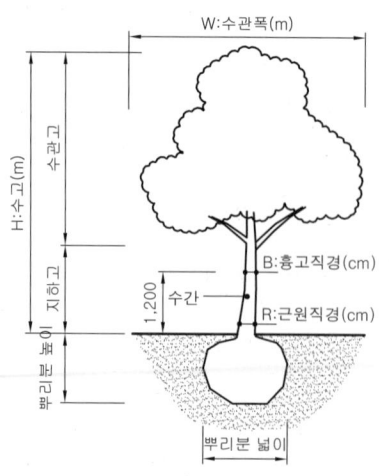

| 수목의 표시 |

▌**수목의 유형**

① 교목 : 다년생 목질인 곧은 줄기가 있고, 줄기와 가지의 구별이나 줄기의 신장생장이 명확한 나무

② 관목 : 교목보다 수고가 낮고, 일반적으로 곧은 뿌리가 없으며, 목질이 발달한 여러 개의 줄기를 이루는 수목

③ 조형목 : 특정한 목적과 목표를 설정하여 전정 등 인위적 방법으로 성장 및 유지관리에 특별한 수단이 요구되는 수목

▌**수목규격의 허용차**

수목규격의 허용차는 수종별로 −10~+10% 사이에서 여건에 따라 발주자가 정하는 바에 따른다. 단, 허용치를 벗어나는 규격의 것이라도 수형과 지엽 등이 지극히 우량하거나 식재지 및 주변여건에 조화될 수 있다고 판단되어 감독자가 승인한 경우에는 사용할 수 있다.

(2) 수관폭(W : width 단위 : m)

① 수관 투영면 양단의 직선거리 – 도장지 제외

② 타원형 수관은 최장과 최단의 평균길이

③ 수관이 일정방향으로 길게 성장한 경우에는 수관폭과 수관길이로 표시

(3) 흉고직경(B : breast 단위 : cm)

① 지표면에서 1.2m 부위의 수간직경

② 쌍간일 경우에는 각간의 흉고직경 합의 70%가 각간의 최대 흉고직경보다 클 때에는 이를 채택하고, 작을 때에는 각간의 최대흉고 직경 채택

(4) 근원직경(R : root 단위 : cm)

지표면 접하는 줄기의 직경 – 가슴높이 이하에서 줄기가 갈라지는 수목에 적용

(5) 수관길이(L : length 단위 : m)

수관이 수평 또는 능수형 등 세장하는 생장 특성을 가진 수종이나 조형한 수관의 최대 길이

(6) 주립수(단위 : 지枝 가짓수)

① 근원부위로부터 줄기가 여러 갈래로 갈라져 나오는 수종의 줄기 수를 정할 필요가 있을 때 사용

② 지정된 수고 이상의 가짓수를 정하며 발육이 불충분한 것은 제외

❸ 규격의 표시방법

(1) 교목

① 기본적으로 '수고(H)×흉고직경(B)'으로 표시하며 필요에 따라 수관폭, 근원직경, 수관길이 등 지정

② H×B : 곧은 줄기가 있는 수목(H×W×B로도 표시) – 은행나무, 메타세쿼이아, 버즘나무, 가중나무, 벚나무, 자작나무, 벽오동 등

③ H×R : 줄기가 흉고부 아래에서 갈라지거나 흉고부 측정이 어려운 나무(H×W×R로도 표시) – 느티나무, 단풍나무, 감나무 등 거의 대부분의 활엽수에 사용

④ H×W : 가지가 줄기의 아랫부분부터 자라는(지엽의 식별곤란) 침엽수나 상록활엽수에 사용 – 잣나무, 주목, 독일가문비, 편백, 굴거리나무, 아왜나무, 태산목 등

⑤ H : 덩굴성 식물과 같이 수고 외의 수관폭이나 줄기의 굵기가 무의미한 수목 – 대나무, 만경류

(2) 관목

① 기본적으로 '수고(H)×수관폭(W)'으로 표시하며 필요에 따라 가짓수, 수관길이, 뿌리분의 크기 등 지정

▌수관고(m)
수관에서 나온 최초의 가지에서 수관 정상까지의 높이

▌지하고(m)
가지가 없는 줄기부분의 높이로 지상에서 최초의 가지까지의 수직높이

▌형상
특수한 형상의 수목은 형태를 지정하여 시공도나 시방서에 명시

② H×W : 관목류로서 수고와 수관폭을 정상적으로 측정할 수 있는 수목
  – 철쭉, 진달래, 회양목, 사철나무 등

③ H×W×주립수(지) : 줄기의 수가 적고 수관폭 측정이 곤란하고 가짓수
  가 중요한 수목 – 개나리, 모란, 해당화 등

④ H×W×L : 수관이 한쪽 길이방향으로 성장이 뛰어난 수목 – 눈향 등

⑤ 년생×주립수(장미 등), H(높이만 사용 – 생강나무 등)

(3) 만경류

① 수고(H)×근원직경(R)으로 표시하며, 필요에 따라 흉고직경(B) 지정

② H×R(포도나무 등), L×R(능소화, 등나무 등), L×년생(담쟁이덩굴 등),
  L(길이만 사용 – 청가시덩굴, 미국담쟁이 등)

(4) 묘목

수간길이와 근원직경으로 표시하며 필요에 따라 묘령 적용

(5) 초화류

분얼로 표시하며 뿌리성장이 발달하여 뿌리 나누기로 번식이 가능한 초종
에 적용

2>>> 수목의 이식시기

■ 춘식

① 봄에 발아하기 전에 이식하는 것으로 대체로 해토 직후부터 3월 초~3월
  중순까지가 적기

  ㉠ 낙엽수 : 해토 직후~4월 초

  ㉡ 상록수 : 4월 상·중순 – 새로운 눈이 움직이는 시기, 6~7월 장마기 –
    신초의 생장이 멈추고 경화되는 시기

② 내한성이 약한 수종에 적합

③ 생장과정을 단시일 내에 판단 가능

■ 추식

① 수목의 체내에 가장 많은 에너지가 함축되어 있는 낙엽을 완료한 시기
  로 보통 10월 하순~11월까지가 적합

② 일반적으로 낙엽활엽수의 이식에 적용

③ 시간적 여유가 있어 흙과 뿌리가 완전히 결합되고 이른 봄의 이식보다
  발아 신속

④ 이식성공의 판단여부에 춘식보다 긴 기간이 필요

⑤ 동결·상해 등의 피해 및 뿌리의 부패 우려

▌분얼(tillering)
화본과 식물에서 뿌리에 가까운 줄기의 마디에서 가지가 갈라져 나오는 것을 말하며, 화본과 이외 식물의 곁가지에 해당한다.

▌포트(pot)
수목을 임시적으로 생육시키는 방편으로 모판의 역할에서부터 묘종의 생육 및 번식 등 다양한 용도로 사용한다.

▌수목의 검사
① 설계서, 품질시방서 지정규격
② 수형정돈, 생장상태
③ 병충해 피해
④ 뿌리분의 크기
⑤ 생산지와 시공예정지의 생육
  환경

▌이식시기
수목의 활착이 어려운 7~8월의 하절기나 12~2월의 동절기는 피하는 것이 원칙이며, 부적기의 이식은 보호 등 특별한 조치가 요구된다.

▌추식
잎이 떨어진 휴면기간에 이루어지며, 생육상태도 소모되지 않는 축적상태이므로 수목에 안전하다.

❸ 중간식(하계식·만춘식)

① 춘식과 추식을 제외한 늦봄부터 초가을 전까지의 식재

② 고온이나 공중습도가 높은 조건을 필요로 하는 수종(주로 5~7월 상록
활엽수에 적용)

❹ 부적기 식재의 양생 및 보호조치

(1) 하절기 식재(5~9월)

① 낙엽활엽수 : 잎의 2/3 이상을 훑어버리고 가지도 반 정도 전정한 후 충
분한 관수 및 멀칭

② 상록활엽수 : 증산억제제(위조방지제)를 5~6배 희석해 수목 전체에 분무

(2) 동절기 식재(12월~2월)

① 수간 및 수관 전체를 새끼로 동여매거나 짚으로 싸서 동해방지

② 근부 주위에 보토나 멀칭을 두껍게 하여 표토의 동결방지

③ 필요시 방풍네트나 서리제거장치 설치

❺ 수종별 이식

(1) 침엽수

① 2월 하순~4월 하순으로 그 중 3월 중순~4월 중순이 적기

② 9월 하순~11월 상순까지도 이식 가능

③ 소나무류와 전나무류 등은 3~4월이 적기(5~6월은 너무 늦음)

④ 주목, 향나무류는 연중 이식 가능

(2) 상록활엽수

① 이른 봄 새잎이 나기 전 3월 상순~4월 중순까지와 신록이 굳어진 6월
상순~7월 상순의 장마기가 적합

② 수종에 따라 9~10월 이식도 가능

③ 추위에 강한 수종은 장마기 이외에 4월이나 9~10월이 적당

④ 추위에 약한 수종은 5~6월부터 8~10월의 고온기가 안전

(3) 낙엽수

대체적으로 10월 중순~11월 중순, 해토 후 3월 중·하순~4월 상순까지가
최적기

3>>> 수목의 이식공사

❶ 시공상의 유의사항

① 식재는 흐리고 바람이 없는 날의 아침이나 저녁에 실시

▌중간식
열대·난대 원산의 수목에 적
용-소철·종려·협죽도·팔손이
·배롱나무·석류나무 등

▌활엽수 이식시기
① 3월 중순 : 단풍나무, 모과나
무, 버드나무
② 3월 하순~4월 중순 : 은행나
무, 낙우송, 메타세쿼이아
③ 4월 중순 : 배롱나무, 석류나
무, 능소화, 백목련, 자목련
④ 9월 하순 : 모란
⑤ 10월 상순 : 벚나무
⑥ 10월 하순~12월까지 : 매화
나무, 명자나무, 분설화
⑦ 한겨울도 가능 : 덩굴장미

② 식재는 수목이 반입된 당일 식재하는 것이 원칙(부득이한 경우 가식)

③ 야간에 반입되어 임시식재가 어려울 경우에는 거적덮기, 짚덮기 등의 보호시설과 약간의 물주기 시행

④ 수목의 반입일시·수종·규격에 따른 물량을 수시로 파악·조정

⑤ 소운반 시 뿌리분의 파괴, 잔뿌리의 절단, 지엽과 수피의 손상에 주의

⑥ 식재장소의 토양, 배수 등을 파악하여 객토, 시비, 위치변경 등 고려

⑦ 뿌리분의 상태가 불량한 것은 식재 전에 오래된 뿌리 절단

⑧ 식재구덩이에 살균제·살충제로 소독하여 활착률 제고

⑨ 일반적으로 수목은 깊게 심는 것보다 얕게 심는 것이 유리

⑩ 원생육지의 지반과 방향을 맞추어 앉힌 후 1/2 정도 흙을 메우고 재조정, 다시 3/4까지 흙을 메우고 물조임 후 나머지에 흙을 덮어 잘 밟아주기

⑪ 뿌리분 주위에 복토 후 높이 10cm 정도의 물받이 설치

⑫ 식재 후 흔들림 방지용 지주목 설치

⑬ 식재 전이나 직후에 지상부와 지하부의 균형유지를 위해 정지·전정하여 수분증산 억제 및 뿌리의 부담 경감

⑭ 부적기에 이식할 경우 낙엽수는 가급적 분을 크게 뜨고 잎이 무성하면 잎을 1/2 이상 훑어버리고, 상록수는 가지를 많이 잘라 수목의 쇠약 방지

⑮ 겨울에 이식할 경우에는 관수하지 않고 흙을 밟아서 다짐

⑯ 내한성이 강한 수종이라도 줄기에 짚 등으로 감아주고, 뿌리에도 상토하여 가마니 등으로 보호

⑰ 보온·보습 및 부패방지를 위한 활착보조재를 식재구덩이에 넣거나 뿌리부분에 접착시켜 활착 도모

② 뿌리돌림

(1) 뿌리돌림의 목적

① 새로운 잔뿌리 발생을 촉진시키고, 분토안의 잔뿌리 신생과 신장을 도모하여 이식 후의 활착을 돕고자 하는 사전조치

② 부적기 이식을 할 때나 건전한 수목을 육성하고 개화결실을 촉진할 때 실시

③ 세근이 발달하지 않아 극히 활착이 어려운 야생의 수목, 노목, 대목, 거목, 쇠약한 수목, 귀중한 나무, 이식경험이 적은 외래수종의 이식에 적용

(2) 뿌리돌림의 시기

① 이식하기 6개월~3년 전에 실시

② 3월~7월까지, 9월 가능, 해토 직후부터 4월 상순까지가 이상적

③ 봄의 뿌리돌림은 기온이 상승되는 시기로 토양미생물이 뿌리 절단부위에 침입하여 부패 우려

▌**수목의 이식순서**
굴취 → 운반 → 식재 → 식재 후 조치

▌**수목의 규격 환산**
이식을 위한 규격은 원칙적으로 근원직경을 적용하고 흉고지름만 있는 것은 다음 식으로 환산한다.
R(근원직경)=1.2×B(흉고직경)

▌**뿌리돌림 불필요 수종**
수종에 따라서 대나무류, 소철, 유카, 파초, 종려, 야자나무류 등은 뿌리돌림을 하지 않으며, 수목의 지름이 10cm 이하인 경우에도 뿌리돌림을 하지 않아도 된다.

▌**뿌리돌림 시기**
성공적인 이식을 위해서는 사업시행의 초기 단계에서 계획을 수립하여야 하며 뿌리돌림의 시행시기는 이식하기 전 1~2년으로 한다.(조경설계기준)

④ 가을의 뿌리돌림은 겨울동안 여러 가지 부패균이 저온으로 인하여 절단 부위 침입이 어렵게 되고, 무난히 캘러스(callus)가 형성되어 상처가 잘 아물어 봄이 되면 바로 잔뿌리 형성으로 활착

(3) 뿌리돌림 분의 크기

① 이식할 때의 뿌리분의 크기보다 작게 결정
② 일반적인 분의 크기는 근원직경의 3~5배로 보통 4배 적용
③ 깊이는 측근의 밀도가 현저하게 줄어드는 부분까지 실시
④ 파게 되는 부분의 넓이는 작업상 옮겨 심는 경우보다 크게 작업

(4) 뿌리돌림의 방법

① 구굴식 : 나무 주위를 도랑의 형태로 파내려가 노출되는 뿌리를 절단한 후 흙을 덮는 방법
② 단근식 : 표토를 약간 긁어내어 뿌리가 노출되면 삽이나 톱 등을 땅속에 삽입하여 곁뿌리를 잘라내는 방법으로 비교적 작은 나무에 실시
③ 수목의 이식력을 고려하여 일시에 실시하거나 2~4등분하여 연차적으로 실시

(5) 뿌리돌림의 순서

① 결정된 분의 크기보다 약간 넓게 수직으로 굴삭
② 가는 뿌리는 분의 바깥쪽에서 자르고 굵은 뿌리는 존치(대형목의 경우 지주목 설치)
③ 적당한 깊이가 되면 도복방지를 위해 3~4방향의 굵은 뿌리 3~4개만 15cm정도의 넓이로 환상박피 후 남겨두고 나머지 굵은 뿌리도 절단
④ 절단 및 박피 후 분을 새끼줄로 강하게 감은 다음 분 밑의 잔뿌리도 절단
⑤ 흙의 되메우기는 토식으로 하며 물의 주입 절대금지
⑥ 뿌리와 가지의 균형을 위해 정지·전정 실시(낙엽수 1/3, 상록활엽수 2/3 정도 가지치기)

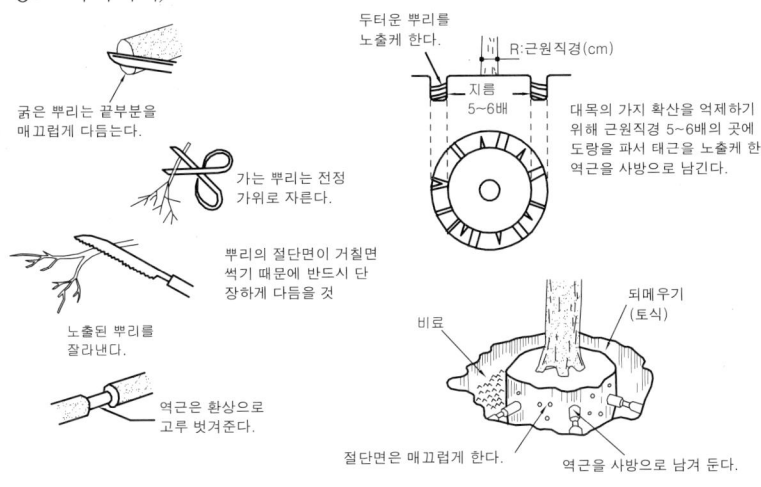

| 뿌리돌림의 방법 |

▍뿌리돌림 분의 크기
뿌리분의 크기는 근원직경의 5~6배를 표준으로 하나 뿌리의 분포, 2차근 발생 여부, 심근성, 천근성, 조밀도, 토양의 상태, 숲의 구조 등을 사전조사하여 가장 적절한 크기를 결정한다.

▍뿌리돌림 방법
뿌리를 절단하거나 껍질을 벗겨내어(박피) 어린뿌리(세근)의 발달을 유도하는 것으로 어린 나무는 뿌리에 직접적인 조치를 하지 않고 위치를 약간 이동시키기도 한다.

2회 뿌리돌림

3회 뿌리돌림

4회 뿌리돌림

| 뿌리돌림 등분법 |

▍절단 및 환상박피
① 절단면은 지하를 향하도록 직각 또는 45°정도로 매끈하게 절단하여 부패를 방지한다.
② 환상박피는 목질부를 약간 깎아낼 정도로 벗겨내어 뿌리의 발생이 용이하게 한다.

8 수목의 굴취

(1) 분의 크기와 모양

1) 일반적 방법 : 분의 너비는 근원직경의 4~6배로 하며 깊이는 너비의 1/2 이상

2) 수식에 의한 방법

뿌리분의 지름(cm)=24+(N−3)×d

여기서, N : 근원지름(cm)

d : 상수 4(낙엽수를 털어서 파 올릴 경우는 5)

3) 현장결정 방법

뿌리분의 지름(cm)=4R   R : 근원직경(cm)

4) 뿌리분의 종류

① 접시분 : 천근성 수종에 적용 − 버드나무, 메타세쿼이아, 낙우송, 일본잎갈나무, 편백, 미루나무, 사시나무, 황철나무, 독일가문비, 자작나무

② 보통분 : 일반수종에 적용 − 단풍나무, 벚나무, 향나무, 버즘나무, 측백, 산수유, 감나무, 꽃산딸나무

③ 팽이분(조개분) : 심근성 수종에 적용 − 소나무, 비자나무, 전나무, 느티나무, 튤립나무, 은행나무, 녹나무, 후박나무, 가시나무

5) 뿌리분을 일반적으로 크게 뜨는 경우

① 이식이 어려운 수종

② 세근의 발달이 느린 수종

③ 희귀종이나 고가의 수목

④ 산에서 채집한 수목

⑤ 부적기 이식 시

⑥ 이식할 장소의 환경이 열악한 경우

(2) 수목과 뿌리분의 중량

수고 4~5m 정도의 수목에서 보통의 경우 중량의 대부분은 흙을 포함한 뿌리부분이 차지

1) 수목의 중량

W=수목의 지상부 중량(W_1)+수목의 지하부 중량(W_2)

2) 수목의 지상부 중량

$$W_1 = k \times 3.14 \times \left(\frac{B}{2}\right)^2 \times H \times w_1 \times (1+p)$$

여기서, k : 수간형상계수(0.5)

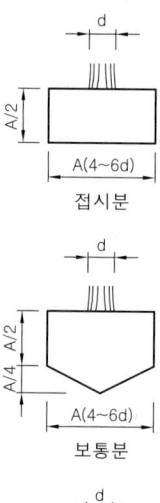
접시분

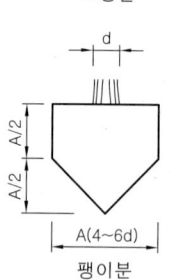
보통분

팽이분

| 분의 형태 |

굴취
이식하기 위하여 수목을 캐내는 작업으로 분의 크기를 결정하고, 분뜨기 및 뿌리감기를 실시하는 작업이다.

수종별 분의 크기
활엽수〈침엽수〈상록수

뿌리분
뿌리와 흙이 서로 밀착하여 한 덩어리가 되도록 한 것으로 이식 시 활착률을 높이기 위해 흙을 많이 붙이는 것이 좋으나 너무 커서 운반할 때 뿌리분이 깨지면 오히려 활착률이 떨어지므로 적당한 크기를 고려한다.

B : 흉고직경, 근원직경×0.8(m)

H : 수고(m)

w_1 : 수간의 단위체적중량(kg/m³)

p : 지엽의 과다에 의한 보합률(0.2~0.3)

수간의 단위체적중량

수종	단위체적중량(kg/m³)
가시나무류, 감탕나무, 상수리나무, 소귀나무, 졸참나무, 호랑가시나무, 회양목 등	1,340 이상
느티나무, 말발도리, 목련, 빗죽이나무, 사스레피나무, 쪽동백나무, 참느릅나무 등	1,300~1,340
굴거리나무, 단풍나무, 산벚나무, 은행나무, 일본잎갈나무, 향나무, 곰솔 등	1,250~1,300
모밀잣밤나무, 벽오동, 소나무, 칠엽수, 편백, 플라타너스 등	1,210~1,250
가문비나무, 녹나무, 삼나무, 금송, 일본목련 등	1,170~1,210
굴피나무, 화백 등	1,170 이하
기타 수목	1,200

3) 수목의 지하부 중량

$W_2 = V \times w_2$ 여기서, V : 뿌리분 체적(m³)

· 접시분 $V = \pi r^3$

· 보통분 $V = \pi r^3 + \frac{1}{6}\pi r^3 ≒ 3.66 r^3$

· 팽이분 $V = \pi r^3 + \frac{1}{3}\pi r^3 ≒ 4.18 r^3$

w_2 : 뿌리분의 단위체적중량(kg/m³)

수목 지하부 토양의 단위체적중량

토양조건		단위체적중량(kg/m³)
점질토	보통	1,500~1,700
	자갈 등이 섞인 것	1,600~1,800
	자갈 등이 섞이고 수분이 많은 것	1,900~2,100
사질토		1,700~1,900
점토	건조	1,200~1,700
	다습	1,700~1,800
모래		1,800~1,900

┃ 수목 지하부 토양의 단위체적중량

현장조사에 의하며 현장조사를 하지 않은 경우 좌측의 표를 적용한다. 특별히 지정하지 않으면 1,700kg/m³를 적용하고, 뿌리를 포함한 분의 단위중량은 1,300kg/m³로 한다.

(3) 굴취법

① 뿌리감기굴취법

㉠ 굴취 2~3일 전에 충분히 관수하고 4~5m 이상의 수목은 가지주 설치

㉡ 굴취선 결정 후 도랑 모양으로 작업이 가능한 폭만큼 파내려가며 새

끼, 녹화끈, 밴드, 녹화마대, 가마니, 철사 등으로 고정

② 나근굴취법 : 유목이나 이식이 용이한 수목의 이식 시 뿌리분을 만들지 않고 흙을 털어 굴취 – 철쭉류, 사철나무, 회양목, 버드나무, 포플러, 버즘나무 등

③ 추적굴취법 : 흙을 파헤쳐 뿌리의 끝부분을 추적해 가면서 굴취 – 등나무, 담쟁이덩굴, 모란, 감귤류 등

④ 동토법 : 겨울철 기온이 낮고 동결심도가 깊은 지방에서 완전휴면기의 낙엽수 주위에 도랑을 파서 방치하여 분을 동결시켜 굴취

⑤ 상취법 : 뿌리분에 새끼를 감는 대신 상자를 이용하여 굴취

┃ 굴취 시 가지정리
① 증산억제 및 운반의 용이성을 위해 수형이 망가지지 않는 범위에서 지엽의 정지·전정
② 운반에 지장을 주지 않기 위해 가지를 새끼 등으로 결박

4 수목의 운반

(1) 운반방법

① 인력운반 : 뿌리분이 작고 이동위치가 비교적 가까운 경우 – 목도운반

② 기계운반 : 운반에 필요한 반입로가 확보된 경우 – 크레인차, 트럭

③ 상·하차는 인력이나 대형목의 경우 체인블록·크레인 등의 중기 사용

(2) 운반에 따른 보호조치

① 운반 전에 뿌리의 절단면을 매끄럽게 마감

② 뿌리의 절단면이 클 경우에는 콜타르 등을 발라 건조를 방지

③ 세근이 절단되지 않도록 하고 충격 금지

④ 뿌리분의 보토 철저, 이중적재 금지

⑤ 충격과 수피손상방지용 새끼, 가마니, 짚 등의 완충재 사용

⑥ 가지는 간단하게 가지치기를 하거나 간편하게 결박

⑦ 수목이나 뿌리분을 젖은 거적이나 시트로 덮어 수분증발 방지

5 수목의 식재

(1) 수목의 가식

① 가식장소 : 사질양토나 양토로 배수가 잘 되어야 하고 불량지는 배수시설 설치

② 원활한 통풍을 위한 식재간격 유지, 증산억제 및 동해방지 조치

(2) 식재구덩이(식혈)

① 식재구덩이는 뿌리분 크기의 1.5배 이상의 크기로 파며 표토와 심토를 구분하여 적치

② 구덩이를 판 후 불순물 제거 및 양질의 토양을 넣고 고르기 시행

┃ 뿌리분 결속재로서의 고무밴드는 자연상태에서 분해되지 않아 토양오염원이 되므로 특별한 경우 이외에는 사용하지 않는다.

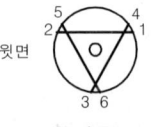
윗면

옆면

석줄 한 번 감기

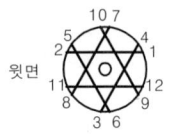
윗면

옆면

석줄 두 번 감기

윗면

옆면

넉줄 감기

┃ **뿌리감기법**

┃ **목도운반 분류**
① 매달아 운반
② 흙메워올리기와 눕혀끌기
③ 세워끌기
④ 눕혀끌기

┃ **가식–임시식재**
수목은 반입 당일 식재하는 것이 원칙이나 부득이한 경우 뿌리의 건조, 지엽의 손상 등을 방지하기 위하여 수목반출이 용이한 곳, 방풍이 잘 되는 곳, 가급적 그늘지고 약간 습한 곳에 심거나 가마니 또는 거적으로 덮어준다.(실제식재의 80%만 적용)

③ 수목의 방향, 경사도 등의 조절이 쉽게 바닥면의 중앙을 약간 높이기

④ 입지조건을 고려하여 깊이 결정

(3) 수목 앉히기(세우기)

① 잘게 부순 양질의 토양을 넣고 잘 정돈

② 한번 앉힌 수목의 이동금지

③ 이식 전의 방향과 동일한 방향으로 식재

④ 작업 전 정지·전정이나 뿌리분의 충해방제작업 – 효과적 방법

(4) 심기

① 수식(죽쑤기·물조림) : 흙을 넣은 후 몇 차례 물을 부어가면서 진흙처럼 만들어 뿌리 사이에 흙이 잘 밀착되도록 막대기나 삽으로 기포를 제거하여 심는 방법 – 일반낙엽수나 상록활엽수 등 대부분의 수목에 실시

② 토식 : 처음부터 끝까지 일체의 물을 사용하지 않고 흙을 다져가며 심는 방법 – 소나무, 해송, 전나무, 서향, 소철 등에 적합

③ 표토사용 : 식재대상지역의 표토를 확보하여 식재에 활용

④ 객토 : 식재구덩이에 넣는 흙으로 비옥한 토양의 사질양토를 사용하며 경우에 따라 모래나 토양개량제를 섞어서 사용

(5) 윤상관수구 – 물집·물받이

수식이나 토식 모두 근원직경 5~6배의 원형으로 높이 10~20cm의 턱을 만들어 사용하며, 경사지의 경우에는 투수판이나 유공관 활용

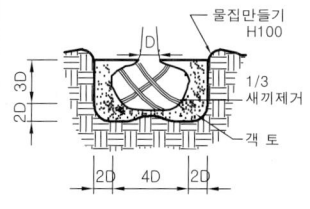

■ 일반적 식재 구덩이

| 교목 |

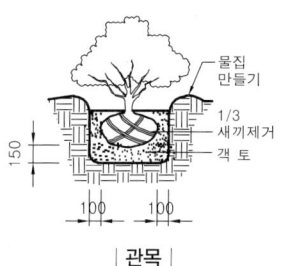

| 관목 |

⑥ 식재 후 작업

(1) 지주세우기

1) 지주설치 시 고려사항

① 주풍향·지형 및 지반의 관계를 고려, 튼튼하고 아름답게 설치

② 지주는 소정의 규격을 갖출 것

③ 목재의 경우 내구성이 강한 것이나 방부처리(탄화, 도료, 약물주입)한 것 사용

④ 수목의 접촉부위는 마대나 고무 등의 재료로 수피손상 방지

⑤ 지주의 아랫부분을 10~20cm 정도 묻어 바람에 흔들림 방지

2) 지주의 종류

① 단각지주 : 묘목이나 높이 1.2m 미만의 수목에 적용, 1개의 말뚝을 수

목의 중간에 겹쳐서 박고 그 말뚝에 수간 고정

② 이각지주 : 1.2~2.5m의 수목에 적용, 수목의 중심으로부터 양쪽을 일정간격으로 벌려 말뚝을 박고, 말뚝과 가로재를 연결시킨 후 그곳에 수간 고정

③ 삼발이(버팀대)지주 : 근원직경 20cm 이상의 수목에 적용, 견고한 지지를 요하는 수목이나 미관상 중요하지 않은 곳 등에 사용, 말구지름 10~15cm의 통나무 3개를 60°경사로 펼쳐 수간에 고정

④ 삼각지주 : 도로변, 광장의 가로수 등 포장지역에 식재하는 수고 1.2~4.5m의 수목에 적용, 통나무 및 파이프 등을 이용하여 수간 지지부위를 삼각형태로 만든 지주

⑤ 사각지주 : 삼각지주의 변형으로 미관상 필요한 곳에 설치

⑥ 연계형 지주 : 교목 군식지에 적용, 수목이 연속적 또는 군식되어 있을 때 서로 연결하여 결속시키는 방법

⑦ 당김줄형 지주 : 일반적으로 거목이나 경관적 가치가 특히 요구되는 곳에 설치, 수고의 2/3 높이 수간에 와이어를 이용하여 세 방향으로 당겨서 고정하는 방법

⑧ 매몰형 지주 : 경관상 매우 중요한 곳이나 지주목이 통행에 지장을 초래하는 곳에 적용, 땅속에서 뿌리분을 고정시키는 방법

지주의 재료

수목보호용 지주는 3년 이상 식재수목을 지지할 수 있을 정도의 내구성을 보유하고, 재료·색채·외양 등에서 자연친화적 재료 사용

① 박피통나무
② 대나무
③ 각목
④ 파이프
⑤ 플라스틱
⑥ 와이어

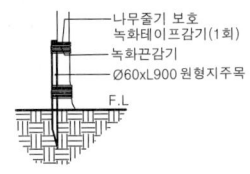

| 단각지주목 상세도 |

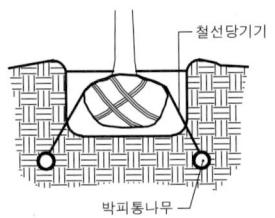

| 매몰형지주 상세도 |

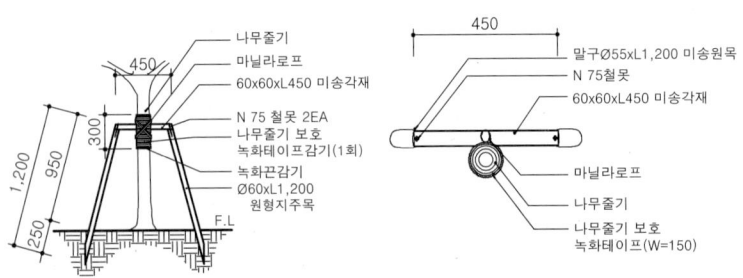

| 이각지주목 상세도 |

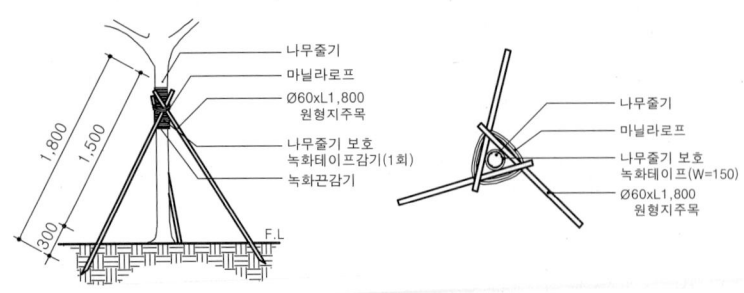

| 삼발이지주목 상세도 |

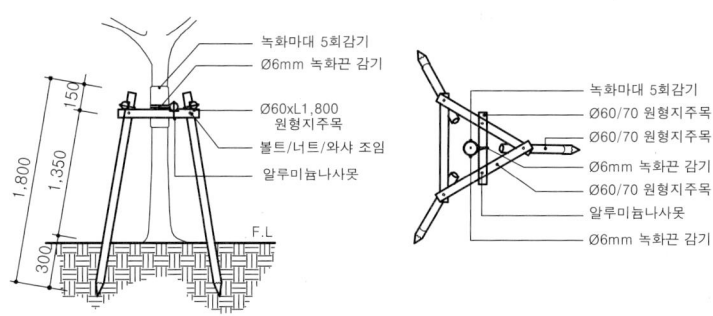

| 삼각지주목 상세도 |

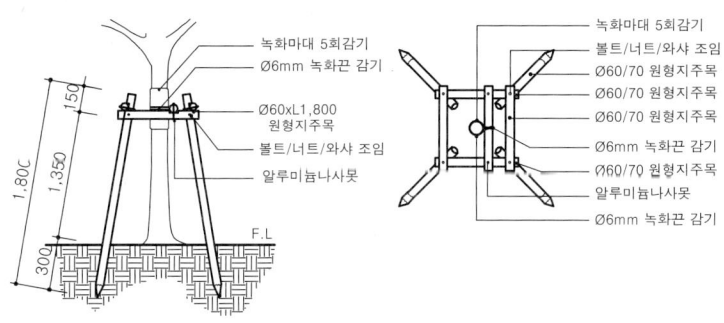

| 사각지주목 상세도 |

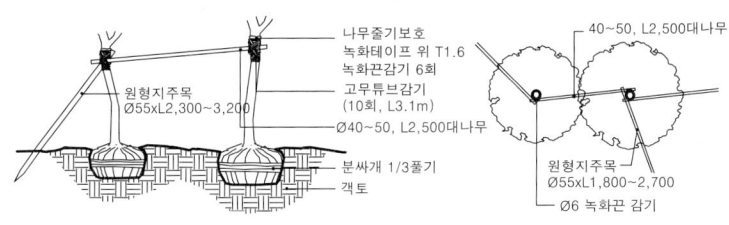

| 연결지주목(군식용)상세도 |

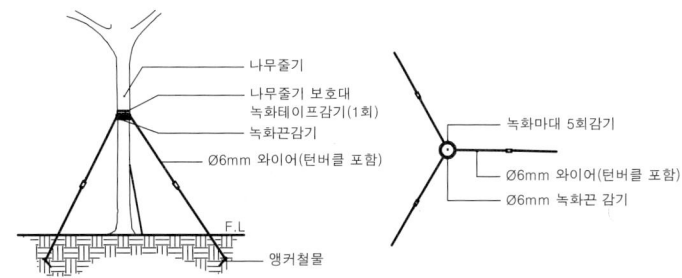

| 당김줄형 지주 상세도 |

(2) 수간감기 – 줄기감기

① 하절기 일사 및 동절기의 동해 등으로부터 수간의 피해 방지

② 수목의 상태나 식재시기를 고려하여 수피가 얇은 수목에 실시

③ 수피가 매끄럽고 얇은 수목의 증산억제 목적 – 느티나무·단풍나무·배롱나무·목련류

④ 수피가 갈라져 관수나 멀칭만으로 증산억제가 어려운 수목 – 소나무

⑤ 쇠약한 상태의 수목과 잔뿌리가 적은 수목

⑥ 부적기 이식 수목

⑦ 가지치기를 많이 하거나 이식 시 분이 깨진 경우의 수목

⑧ 뿌리돌림을 하지 않은 자연상태의 수목

⑨ 병충해 방지를 위한 조치가 필요한 수목

(3) 수목보호판 설치

① 토양 경화방지나 우수유입 확보 등 토양환경을 양호한 상태로 유지하고 보행공간 확대 등의 목적을 위하여 설치

② 근경이나 장래의 생장 등을 고려하여 여유있는 크기 결정

(4) 멀칭

① 여름에는 수분증발 억제, 겨울에는 보온효과로 뿌리 보호

② 잡초의 발생을 줄이고 근원부를 답압으로부터 보호

③ 비료의 분해를 느리게 하고, 표토의 지온을 높여 뿌리의 발육촉진

(5) 시비

① 시비량은 현장의 토양조건을 분석하여 토양중에 있는 유기질량과 비료의 유기질량을 비교하여 결정

② 토양조사가 이루어지지 않은 경우에는 식재 후 유기질 비료를 1~2kg/m² 시비하며, 유기질 비료 이외에 복합비료로 질소·인산·칼륨을 각각 6g/m²씩 추가

• 시비량 = $\dfrac{\text{소요성분량} - \text{천연양료공급량}}{\text{흡수율}}$

4 >>> 잔디 및 지피식재

1 지피식물의 특성

① 낮은 수고로 성장하며 잎, 꽃, 열매, 생육수형의 관상가치가 우수

② 정원, 공원 등의 평탄지 및 절개지, 경사지, 건물이나 담장 등 구조물의 표면녹화

③ 광대한 면적의 지면을 단일종의 식물로 치밀하게 녹화하며 교목 등의 하부식재로도 사용

2 지피식물의 조건 및 품질기준

① 병충해에 대한 내성과 환경적응력이 강할 것

② 유지관리와 재배가 용이한 일년 및 다년생의 목·초본일 것

┃ 수간감기

① 생육기능이 약해진 이식수목의 수피에 대한 양생작업

② 재료는 새끼·황마테이프·마직포·종이·가마니·짚 등 사용

③ 지표로부터 주간을 따라 감되 수고의 60% 정도 피복한다. 새끼는 감은 후 진흙을 바르고, 거적은 9cm, 황마포는 10cm 정도, 황마테이프는 폭의 1/2이 겹치게 한다.

┃ 멀칭

수목의 보호를 위하여 수목주변에 볏짚이나 왕겨, 낙엽, 깎은 풀, 톱밥, 바크 등의 피복재를 까는 작업으로 자연상태에서 분해 가능한 자연친화적 재료를 우선적으로 선정한다.

┃ 멀칭폭

① 교목 : 수관폭의 50% 이상

② 관목 : 수관폭의 100% 이상

③ 군식 : 가장자리 수목 주간으로부터 수관폭만큼 피복

┃ 지피식물

① 군식하며 지표면을 60cm 이내로 피복할 수 있는 식물로 수고의 생육이 더디고 지하경 등 지하부의 번식력이 뛰어난 식물

② 아름다운 경관조성이나 토양침식방지, 척박지나 음지 등의 녹화에 사용하는 식물

③ 계절적인 변화감이 뚜렷한 식물로서 관상가치를 지닐 것

④ 생산과정에서 품종의 균일성, 통일성을 가질 것

⑤ 토양

  ㉠ 토양재료는 식재지반용토로 이화학적 특성의 평가등급 중급 이상 적용

  ㉡ 잔디광장 및 잔디구장의 토양은 직경 0.25~1mm인 모래가 60% 이상 점하는 모래토양의 사용을 원칙으로 하며, 유기질 토양개량제가 1~4%(중량비) 혼합된 것

⑥ 잔디

  ㉠ 잔디 종자는 순량률 98% 이상, 발아율 60%(자생잔디) 및 80%(도입잔디) 이상 - 육안평가 및 발아율시험

  ㉡ 뗏장은 일반 뗏장과 롤뗏장으로 구분하며, 농장 재배품 채택

  ㉢ 정사각형 또는 직사각형의 것으로 취급하기 불편하거나 찢어지지 않을 정도의 크기

  ㉣ 적정 두께는 발근, 운반, 건조 등에 미치는 영향을 고려하여 결정

⑦ 초화류

  ㉠ 지피류는 뿌리의 발달이 좋고 지표면을 빠르게 피복하는 것으로서, 파종 적기의 폭이 넓고 종자발아력이 우수한 것

  ㉡ 주변 경관과 쉽게 조화를 이룰 수 있는 향토 초본류 채택

❸ 침식방지 효과

① 잎이나 줄기는 빗물의 충격력 및 지표면 빗물의 흐름을 감소시켜 토양입자의 유실 억제

② 근계는 분포밀도가 높아 표층토의 침투능력을 개선시키고, 지표면 빗물의 흐름 억제

❹ 잔디

(1) 잔디의 기능

▶ 토양오염방지 ▶ 토양침식방지 ▶ 먼지발생감소	▶ 산소공급 ▶ 수분보유능력 향상 ▶ 조류 서식방지

잔디의 기능

▶ 쾌적한 녹색 환경조성 ▶ 스포츠 및 레크리에이션 공간제공 ▶ 운동경기 시 부상방지	▶ 기상조절 ▶ 대기정화 ▶ 소음완화

▎지피식물의 종류
① 잔디류
② 다년생 초본류
③ 이끼류
⑥ 고사리류
⑤ 왜성관목류
⑥ 만경목류

▎종자의 효율
종자의 품질을 나타내는 기준인 순량률과 발아율로부터 구한다.

$$E = \frac{순량률 \times 발아율}{100}$$

▎잔디의 부가사항은 [조경관리-잔디 및 잡초관리] 참조

▎잔디
화본과 여러해살이풀로 재생력이 강하고 식생교체가 일어나며, 조경의 목적으로 이용되는 피복성 식물이다.

(2) 잔디의 질적 요건

① 균일성 : 밀도가 균일하지 못하면 기능과 이용면에서 가치가 떨어지며, 잔디의 재질·색상 등에 앞서 균일함 요구

② 탄력성 : 사용자의 미끄러짐과 충격완화도 등에 영향을 미치며 탄력성이 적으면 경기의 흐름이나 안전성 문제 초래

③ 밀도 : 단위면적당 새순 또는 잎이 얼마나 많은가를 나타내는 것으로 균일성과 탄력성에 관계

④ 질감 : 개개의 잎의 엽폭에 의하여 좌우되며, 대개 밀도가 높은 초종일수록 질감 섬세

⑤ 평탄성 : 높은 밀도와 균일성, 섬세한 질감에 의해 향상

⑥ 색깔 : 주위의 태양광선, 생장습성에 영향을 받으며 한지형 잔디가 색깔이 진함

(3) 잔디의 기능적 요건

① 내마모성(견고성) : 압력에 대한 잎과 줄기의 저항성을 말하며, 한국잔디를 비롯한 난지형 잔디가 강함

② 회복력(재생력) : 병충해나 기타 생리적 피해를 입은 후 회복되는 능력과 속도

③ 조성속도 : 종자파종이나 영양번식에 의해 일정면적을 피복하는 속도

④ 내환경성 : 내서성·내한성·내건조성·내침수성·내염성·내척박성·내음성·내공해성 등 적합하지 못한 토양이나 기상환경에 견디는 정도

⑤ 내병충성 : 각종 병이나 해충에 잘 견디는 정도

(4) 잔디의 종류와 특성

난지형 잔디(warm season turfgrass)

한국잔디류(Zoysiagrass)	양잔디
• (들)잔디(Z. japonica) • 금잔디(Z. matrella) • 비단잔디(Z. tenuifolia) • 갯잔디(Z. sinica) • 왕잔디(Z. macrostachya)	• 버뮤다그래스(커먼버뮤다그래스, 개량버뮤다그래스) • 버팔로그래스 • 버하이아그래스 • 써니피드그래스 • 카펫그래스

한지형 잔디(cool season turfgrass)

구분	세분
블루그래스류	• 켄터키블루그래스 • 러프블루그래스 • 캐나다블루그래스 • 에뉴얼블루그래스
라이그래스류	• 페레니얼라이그래스 • 이탈리언라이그래스

┃ 잔디의 내병충성
난지형 잔디는 병해에 강하고 충해에는 약한 편이며, 한지형 잔디는 습한 환경에서 자라기 때문에 병해에는 약하지만 충해는 별로 없는 편이다.

┃ 잔디의 구분
외래종(서양잔디)과 재래종(한국잔디)으로 나누어 부르기도 하나 생육적온이 15~25℃로서 한국의 겨울에도 녹색을 유지하는 한지형 잔디와 생육적온이 25~35℃인 난지형 잔디로 구분한다. 우리나라는 한지와 난지가 함께하는 전이지대로 많은 종류의 잔디가 이용된다.

벤트그래스	•크리핑벤트그래스 •코로니얼벤트그래스 •벨벳벤트그래스 •레드탑
광엽페스큐	•톨페스큐 •개량종 터프타입 톨페스큐
세엽페스큐	•크리핑레드페스큐 •추잉페스큐 •쉽페스큐 •하드페스큐

① (들)잔디(*Zoysia japonica*) : 전국 각지 산야의 양지바른 자리에 많이 식생하며 한국잔디 중 가장 많이 사용

  ㉠ 매우 강건하고 답압에 잘 견딤

  ㉡ 잎이 거칠며 길이 15cm 내외, 너비 4mm 내외로 포복경 마디 사이가 비교적 김

  ㉢ 바닷가나 사질양토에서 잘 자라나 점질토에서도 견딤

  ㉣ 공원, 운동경기장, 공항, 골프장 러프 등에 사용

② 금잔디(*Zoysia matrella*) : 마닐라잔디로도 부르며 원산지는 대만등의 남쪽이 자생지

  ㉠ 들잔디에 비해 잎이 연하고 섬세하며 미려

  ㉡ 잎의 너비는 보통 1.5~3mm 정도로 내한성은 비단잔디보다 강함

  ㉢ 정원의 잔디밭, 공원, 골프장 티·그린·페어웨이 등에 사용

③ 비단잔디(*Zoysia tenuifolia*) : 서울 지방에서는 월동하기가 어려우며 주로 남부지방에서 사용

  ㉠ 포복경과 잎이 매우 섬세하며 키 약 3cm, 잎의 길이 2cm, 너비 1mm 내외로 마디 사이는 1cm 내외

  ㉡ 침상(針狀)을 이루고 빳빳한 느낌이 들며 대단히 아름다움

  ㉢ 들잔디나 금잔디에 비해 약하고 생장이 더디며 내한성도 약함

  ㉣ 관리하기가 어려워 화단의 경계 긋기 등 소규모로 사용

┃한국잔디류 특성
① 우리나라에 자생하는 난지형 잔디
② 포복경과 지하경에 의해 옆으로 확산
③ 내건성·내서성·내한성·내병성·내답압성 등 특출
④ 공원·정원·경기장·골프장 등에 거의 이용
⑤ 조성시간이 길고 손상 후 회복속도 느림
⑥ 내음성이 약하고 장시간의 황색상태

한국잔디의 특성비교

종류	엽폭(mm)	내건조성	질감	생육정도	내한성
(들)잔디(*Zoysia japonica*)	4~6	강	거 침	왕성	강
금잔디(*Z. matrella*)	1.2~2	강	중 간	왕성	약
비단잔디(*Z. tenuifolia*)	1 이하	약	섬세함	중	매우 약
갯잔디(*Z. sinica*)	3~5	약	거 침	약	중

④ 버뮤다그래스(Bermudagrass ; *Cynodon dactylon*) : 난지형 잔디

  ㉠ 지하경 및 포복경에 의해 옆으로 확산되며, 손상에 의한 회복속도가

빠르고 다양한 토양조건에 잘 적응
- ⓒ 내한성과 내음성이 약하여 건물주변이나 나무 밑에서 생육곤란
- ⓒ 내건성이 강하며 시비조건만 맞으면 모래땅에서도 생육
- ⓔ 골프장 그린(Tifgreen, Tifdwarf), 골프장 티·페어웨이 및 일반잔디밭용(Tifway), 경기장용(Midirom)으로 사용

⑤ 켄터키 블루그래스(Kentucky bluegrass ; *Poa pratensis*) : 한지형 잔디
- ㉠ 지하경을 옆으로 뻗어 번식하며 잎이 보트형을 이루어 다른 잔디와 구별 용이
- ⓒ 온대나 아한대지역의 골프장(그린 제외), 경기장, 일반잔디밭 등에 이용하며, 한지형 잔디 중 가장 많이 사용
- ⓒ 배수가 잘되고 비교적 습하며, 중성 또는 약산성 토양에서 잘 생육

⑥ 크리핑 벤트그래스(Creeping bentgrass ; *Agrostis stolonifera*) : 한지형 잔디
- ㉠ 포복경으로 퍼지며 잎이 가늘어 치밀하고 섬세, 골프장의 그린용으로 이용
- ⓒ 습하지만 비옥한 토양에서 잘 자라나 우리나라에서는 하기에 잘 자라지 못하고 병이 많이 발생

⑦ 파인 페스큐(Fine fescues ; *Festuca rubra*) : 한지형 잔디
- ㉠ 주로 분얼에 의해 옆으로 퍼지며 엽폭이 매우 가늘어 섬세, 배수가 잘되고 다소 그늘진 곳에서 잘 자라며 척박한 토양에 강해 관리용이
- ⓒ 주로 다른 잔디류와 혼파하거나 추파하여 이용, 그늘에 강해 빌딩주변이나 녹음수 밑에 이용 가능
- ⓒ 우리나라에서는 여름철에 병이 심하게 발생

⑧ 톨 페스큐(Tall fescues ; *Festuca arundinacea*) : 한지형 잔디
- ㉠ 포복경 없이 분얼에 의해 옆으로 퍼지며 엽폭이 넓어 거친 질감 보유
- ⓒ 어떠한 토양조건에도 잘 적응하며, 고온과 건조에 강하고 병충해에도 강하나 내한성이 비교적 약함
- ⓒ 비행장·공장·고속도로변 등 시설용 잔디로 이용

⑨ 페레니얼 라이그래스(Perennial ryegrass ; *Lolium perenne*) : 한지형 잔디
- ㉠ 포복경 없이 분얼에 의해 옆으로 퍼지므로 번식력이 약함
- ⓒ 어떠한 토양조건에서도 잘 적응되나 중성 또는 약산성으로 비옥도 중간상태에서 잘 생육
- ⓒ 경기장용으로 켄터키블루그래스와 함께 또는 골프장의 그린이나 페어웨이 혼파나 추파용으로 많이 사용

난지형 잔디와 한지형 잔디의 특성

구분	난지형 잔디(warm season turfgrass)	한지형 잔디(cool season turfgrass)
일반적 특성	·생육적온 : 25~35℃ ·뿌리생육에 적합한 토양온도 : 24~29℃ ·발아적온 : 30~35℃ ·파종시기 : 5~6월 ·낮게 자람 ·낮은 잔디깎기에 잘 견딤 ·뿌리신장이 깊고 건조에 강함 ·고온에 잘 견딤 ·조직이 치밀하여 내답압성 강함 ·저온에 엽색이 황변하고 동사 위험이 있음 ·내음성이 약함 ·포복경, 지하경이 매우 강함 ·주로 영양번식 이용 ·병해보다는 충해에 약함	·생육적온 : 15~25℃ ·뿌리생육에 적합한 토양온도 : 10~18℃ ·발아적온 : 20~25℃ ·파종시기 : 8~9월 ·녹색이 진하고 녹색기간이 김 ·25℃ 이상시 하고현상 발생 ·내예지성 약함 ·뿌리깊이가 얕음 ·내한성 강함 ·내건조성 약함 ·내답압성 약함 ·종자로 주로 번식 ·충해보다 병해가 큰 문제점
분포	·온난습윤, 온난아습윤, 온난반건조 기후 ·전이지대(transition zone)	·한랭습윤기후 ·전이지대(한지와 난지가 함께하는 지역) ·온대~아한대
국내녹색기간 (중부지방기준)	5개월(5~9월)	9개월(3월 중순~12월 중순)
원산지	아프리카, 남미, 아시아지역	대부분 유럽지역

(5) 잔디의 선택

조성 후 목적과 관리능력 및 예산에 따라 선택

1) 사용용도에 따른 분류

① 사용이 많은곳 : Tall fescue, Perennial ryegrass, Zoysiagrass, Bermudagrass

② 사용이 적으면서 푸른 기간이 오래 지속되기를 원하는 곳 : Kentucky bluegrass, Perennial ryegrass, Tall fescue

③ 겨울철의 혹심한 추위가 예상되는 곳 : Kentucky bluegrass

④ 여름철 고온건조가 심한 곳 : Zoysiagrass, Bermudagrass, Tall fescue

⑤ 그늘이 예상되는 곳 : Tall fescue, Zoysiagrass, Kentucky bluegrass

⑥ 물에 잠길 우려가 심한 곳 : Tall fescue, Bermudagrass

⑦ 염해가 예상되는 곳 : Tall fescue, Bermudagrass, Zoysiagrass

⑧ 집중적인 관리가 어려운 곳 : Fine fescue, Tall fescue, Zoysiagrass

2) 관리요구도에 의한 분류

① 높은 정도의 관리를 요구 : Creeping bentgrass, Kentucky bluegrass, Perennial ryegrass

② 중간 정도의 관리를 요구 : Tall fescue, Bermudagrass

③ 낮은 정도의 관리를 요구 : Zoysiagrass, Fine fescue

3) 마모 등 스트레스에 견디는 정도에 의한 분류

　① 견디는 힘이 아주 강한 잔디 : Zoysiagrass, Bermudagrass

　② 견디는 힘이 강한 잔디 : Tall fescue

　③ 견디는 힘이 중간정도 되는 잔디 : Perennial ryegrass, Kentucky bluegrass, Fine fescue

　④ 견디는 힘이 약한 잔디 : Bentgrass류

4) 손상에 대한 회복력에 의한 분류

　① 회복력이 아주 빠른 잔디 : Creeping bentgrass, Bermudagrass

　② 회복력이 빠른 잔디 : Kentucky bluegrass

　③ 회복력이 중간정도 되는 잔디 : Tall fescue, Perennial ryegrass

　④ 회복력이 늦은 잔디 : Fine fescue, Zoysiagrass, Colonial bentgrass

(6) 잔디조성

1) 전반적 토목공사 : 표면 및 지하배수를 고려하여 습지가 생기지 않도록 유의

2) 표면준비 : 돌이나 나무뿌리 등 장애물 제거 후 균일하게 준비

3) 발아 전 제초 : 표면준비로 제거되지 않은 잡초는 글라신액제 등으로 제거

4) 식재방법(번식법) : 난지형 잔디는 발아율이 낮아 영양번식을 주로 하며, 한지형 잔디는 발아율이 좋아 종자번식이 대부분 차지

　① 파종 : 한지형 - 9~10월 초(최적기), 3~6월(2차 적기), 한국잔디(난지형)-5~6월 초 파종 적기

　　㉠ 파종량 산정

$$W = \frac{G}{S \cdot P \cdot B}$$

　　　여기서, W : 1m²당 파종량

　　　　　G : 1m²당 희망본수

　　　　　S : 종자 1g당 평균립수

　　　　　P : 순도(%)

　　　　　B : 발아율

　　a. 파종량은 m²당 희망립수 23,000~40,000개가 유지되도록 설계

　　b. 파종지의 환경이 불량한 경우 최대 1.5까지 할증률 적용

　　㉡ 종자를 반씩 나누어 반은 세로로, 반은 가로로 파종

　　㉢ 잔디의 종자는 미세하므로 복토는 절대로 금하며, 종자의 50% 이상이 지표면 3mm 이내에 존재하도록 레이킹(raking) 실시

　　㉣ 전압(rolling) : 레이킹 후 60~80kg의 롤러로 전압하거나 발로 밟아주어 종자를 토양에 밀착

　　㉤ 멀칭(mulching) : 투명한 비닐(한국잔디)이나 짚(양잔디)으로 피복하

오버씨딩(over seeding 보파)
난지형 잔디가 겨울에 말라 시들어 황변할 때 푸르름을 원할 경우 난지형 잔디의 잎을 바싹 깎고 그 위에 한지형 잔디종자를 파종하여 겨울동안 녹색잔디를 만드는 것

잔디지반조성
① 표면배수와 심토층 배수로 구분하며, 용도를 고려하여 설계
② 일반 잔디면은 표면배수를 고려하여 2% 이상의 기울기를 유지
③ 운동용 잔디면은 2% 이내의 표면경사를 유지하고, 주로 심토층 배수를 위주로 설계
④ 잔디지반은 수직배수구지반·모래카펫지반·모래층지반·다층구조지반·모래층셀지반 등으로 구분 - 배수력·경제성·관리요구도 고려
⑤ 심토층 배수구조는 우회배수구조(일반잔디밭이나 저밀도 이용)와 전면배수구조(운동용과 같은 고밀도 이용)로 구분
⑥ 골프장 그린은 모래층지반이나 다층구조지반 중 선정
⑦ 옥상조경용 잔디지반은 모래카펫지반·모래층지반·다층구조지반·모래층셀지반 등에서 선정(바크, 토탄 등 경량재료 혼합)

여 습기보존 및 종자 유실방지

ⓑ 종자살포공법(분사파종공법) : 광대한 면적에 빠른 시공이 가능하여 공사기간 단축 가능

② 영양번식 : 한지형은 9~10월과 3~4월, 한국잔디(난지형)는 4~6월이 뗏장피복 적기 – 이식 후 관리만 잘하면 언제나 가능

㉠ 풀어심기(spriging 줄기파종·포복경심기) : 잔디의 포복경 및 지하경을 땅에 묻어주는 것으로 초기 물관리 중요 – 조성기간 2~3년

 a. 금잔디 및 비단잔디와 같이 파종에 의한 피복이 어려운 초종에 적용

 b. 포복경에 붙은 흙을 털어 내어 산파하거나 5~10cm 정도의 간격을 띄어 식재

 c. 포복경네트공법은 포복경을 조제하여 짠 포복경 네트를 바닥에 깔고 흙을 덮어 식재

㉡ 뗏장심기(떼붙이기) : 뗏장을 붙이는 방법으로, 뗏장 사이의 간격에 따라 소요량과 조성속도가 상이 – 줄눈이 어긋나도록 식재

 a. 평떼식재(전면식재) : 식재대상지에 서로 어긋나게 틈새 없이 붙이는 방법으로 단기간에 잔디밭 조성 가능

 b. 이음매식재 : 뗏장 사이에 일정한 간격을 두고 이어서 붙이는 방법

 c. 어긋나게 식재 : 잔디를 어긋나게 배치하여 심는 방법 – 조성기간 2~3년

 d. 줄떼식재 : 뗏장을 10~30cm 간격으로 줄을 지어 붙이는 방법 – 조성기간 2~3년

③ 식생매트 붙이기(롤잔디 붙이기) : 뗏장의 크기가 다소 길며 말린 상태로 운송되는 잔디 – 폭 65cm×길이 150cm 또는 폭 40cm×길이 100cm 등

잔디규격 및 식재기준

구분	규격(cm)	식재기준
평떼	30×30×3	1m²당 11매
줄떼	10×30×3	1/2줄떼 : 10cm 간격, 1/3줄떼 : 20cm 간격

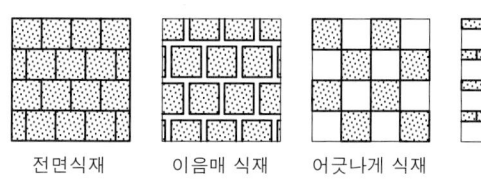

| 전면식재　　　 이음매 식재　　 어긋나게 식재　　 줄떼식재 |

| 잔디식재방법 |

번식방법

① 종자번식 : 대부분의 잔디로 한국잔디, 켄터키블루그래스, 크리핑벤트그래스, 파인페스큐, 톨페스큐, 페레니얼라이그래스 등

② 영양번식 : 가로경이 있어서 떼를 형성하는 잔디로 한국잔디, 켄터키블루그래스, 크리핑벤트그래스 등

③ 한국잔디류 가운데 금잔디 및 비단잔디는 뗏장심기 또는 포복경심기 적용

④ 한지형 잔디는 종자파종 또는 뗏장심기 적용

포복경

기는 줄기를 일컫는 말로서 토양표면을 기는 지상포복경과 토양속을 기는 지하포복경(지하경)으로 구분

뗏장

잔디의 포복경 및 뿌리가 자라는 잔디토양층을 일정한 두께와 크기로 떼어낸 것

잔디식재(떼붙이기)

① 바닥을 고른 후 뗏장을 깔고 모래나 양질의 흙을 덮은 다음 롤러(100~150kgf/m²)나 인력으로 다짐

② 경사면 시공 시 경사면의 아래쪽에서 위쪽으로 붙여 나가며 뗏장 1매당 2개의 떼꽂이로 고정

잔디소요량

① 평떼식재 : 100%

② 어긋나게 식재 : 50%

③ 이음매 식재
 ·너비 4cm : 77.9%
 ·너비 5cm : 73.5%
 ·너비 6cm : 69.4%

④ 줄떼식재
 ·1/2줄떼 : 50%
 ·1/3줄떼 : 33.3%

종자번식과 영양번식의 비교

장단점	종자번식	영양번식
장점	·비용 저렴 ·균일하고 치밀한 잔디조성 가능 ·작업이 편리	·짧은 시일 안에 잔디조성 가능 ·공사의 시기적 제한이 거의 없음 ·조성공사가 매우 안전 ·경사지 공사 가능
단점	·잔디조성에 60~100일 정도 소요 ·파종기가 정해져 한정된 시기만 가능 ·경사지 파종은 곤란	·비용 고가 ·공사기간이 비교적 오래 걸림

(7) 조성 후 관리

1) 관수

① 물은 잔디생육에 매우 중요한 요소이며 비료분의 효과 및 유실에 크게 작용하며 특히 초기 물관리가 중요

② 새로 파종·식재한 잔디밭 관수 : 수적을 작게하고 수압도 약하게 하여 관수

③ 관수량 : 토양의 보수력 및 관수중 일어나는 수분의 손실량에 따라 결정

④ 관수빈도 : 토양의 상태보다는 온도와 일조 등 기후조건에 따라 크게 좌우됨

⑤ 관수시간 : 오후 6시 이후에는 공기의 온도보다 지온이 낮아지므로 토양의 흡수가 원활하고, 수분유실 저하

2) 제초

① 예방적 방제 : 잔디생육에 적합한 조건을 만들어 경쟁력 강화

② 물리적 방제 : 잡초를 인력으로 제거

③ 화학적 방제 : 제초제 살포(접촉성 제초제, 이행성 제초제, 토양 소독제)

> ▍제초의 부가사항은 [조경관리 – 잡초관리] 참조

3) 시비

① 질소(N), 인산(P), 칼리(K)의 비료3원소와 그 밖의 미량원소가 부족하지 않도록 관리

② 시비용량 : 각 원소들의 결핍과 과잉이 발생하지 않도록 적당한 양의 비료분이 연중 균일하게 공급되도록 관리

③ 시비시기 : 난지형 잔디 – 봄·여름, 한지형 잔디 – 봄·가을

4) 잔디깎기

① 잔디깎기의 효과

㉠ 균일한 잔디면을 형성하고 시각적 효과 제고

㉡ 밑 부분의 잎이 말라 죽는 것을 방지

㉢ 엽수와 포복경수 증가로 밀도를 높여 잡초와 병충해 침입방지

㉣ 광합성량이 줄고 탄수화물의 생산량과 저장량 감소

㉤ 줄기·잎의 치밀도 제고 및 줄기의 형성 촉진

㉥ 뿌리의 발육이 일시적으로 저하

> ▍잔디깎기
> 잔디의 종류·관리수준·이용목적에 따라 다르나 잔디관리의 가장 기본적이고 중요한 작업이다. 난지형 잔디는 6~8월(늦봄초여름), 한지형 잔디는 5, 6월(봄)과 9, 10월(초가을)에 실시한다.

ⓐ 잘린 부분이 병의 침입통로 역할을 하여 병발생 초래

② 잔디깎기 주의사항

   ㉠ 처음에는 높게 깎아주고 형태를 보면서 서서히 높이를 낮출 것

   ㉡ 잔디토양이 젖어 있을 때에는 될 수 있는 한 작업 회피

   ㉢ 빈도와 예고는 규칙적으로 시행(불규칙적 작업은 악영향 초래)

   ㉣ 깎아낸 예지물(대치 thatch)은 비나 레이크로 모아서 제거

   ㉤ 기계의 방향이 계획적, 규칙적이어야 깎은 면 미려

③ 예고 : 토양표면에서 잘려진 잔디의 높이를 말하며, 생리적 조건, 잔디의 이용목적, 잔디의 생육습성을 기준으로 결정

④ 예초빈도 : 신초생장률·환경조건·예고·사용목적에 따라 결정하며, 1회 예초 시 엽조직의 40% 이상만 제거하지 않으면 예초기간을 길게 가져갈 수 있음

5) 갱신(renovation)

① 갱신의 필요성

   ㉠ 대치(thatch)가 과다하게 축적되어 투수성이 불량해지고 흡습성이 높아져 병발생

   ㉡ 표층에 근군의 발달로 근계가 역으로 퇴화하여 양분과 수분의 흡수능력 저하

   ㉢ 지나친 답압으로 표층토양의 고결, 근계의 퇴화, 투수성불량, 통기성 악화

② 갱신방법 : 계획적으로 장기적인 프로그램에 의하여 시행

잔디의 갱신방법

구분	갱신방법
잔디 지표면 통기성 갱신	레이킹(raking), 브러싱(brushing), 디대칭(dethatching)
잔디 표토층 통기성 갱신	에어레이션(airation), 스파이킹(spiking), 슬라이싱(slicing)
대치제거	디대칭, 레이킹, 버티커팅(verti-cutting)
기타	배토 등에 의한 표토층 개량 석회사용으로 토양산도 개선 입지환경 개선(그늘, 통풍 등)

③ 갱신시기 : 한지형은 초봄(3월)·초가을(9월), 한국잔디는 6월에 실시

④ 고온건조기, 병충해의 감염, 잡초발생 왕성, 토양건조 등이 있을 때에는 갱신작업 회피

6) 배토(top dressing 뗏밥주기)

① 배토의 목적

   ㉠ 잔디를 평탄하게 하며 잔디깎기 용이성 확보

   ㉡ 잔디의 토양구조와 토질 및 잔디의 질 개량

▌스컬핑(sculping) 현상

잔디의 예고를 과도하게 낮추면 잔디의 재생부위가 잘려나가 줄기만 남는 현상으로 잔디는 황색의 형태가 되며, 회복하는 데 오랜 시간이 걸린다.

▌예고 시의 생리적 반응
① 탄수화물 합성과 저장 감소
② 단위면적당 신초생장 증가
③ 엽폭의 감소
④ 단위면적당 엽록소 함량 증가
⑤ 뿌리생장률, 총생산량 감소
⑥ 지하경 생장감소

▌잔디의 갱신
잔디의 생육상태가 나빠졌을 경우 원래의 건전한 상태로 되돌리는 것이나 잔디의 품질을 유지시키는 재배관리의 일환으로 본다.

▌뗏밥주기 – 배토
세사토양이나 비료성분이 적은 유기물재료를 다량으로 사용하여 잔디지하경과 토양과의 분리를 막고, 잔디면을 균일하고 평평하게 하기 위한 작업

ⓒ 비료성분의 유실방지 및 잔디의 분얼과 생육촉진

ⓔ 지하경과 토양의 분리방지 및 내한성 증대

ⓜ 한지형 잔디와 난지형 잔디의 교체식생 가능

ⓗ 추파 시 배토를 행하여 시행

ⓢ 노화 지하경과 새 지하경의 식생교체 가능

ⓞ 상토 불량 시 배토로 상토 개량

② 배토시기 : 한지형은 봄·초가을(5~6월·9~10월), 난지형은 늦봄·초여름(6~8월)의 생육이 왕성한시기

③ 배토량 : 배토는 일시에 다량 사용하는 것보다 소량씩 자주 실시하며, 한번에 5mm 두께로 15일 이상의 간격으로 시용 – 다량 시용 시 황화현상, 병해 유발

7) 병충해 방제

① 병충해 방제 우선법칙 : 잔디의 생육에 적합한 조건 조성

ⓐ 토양개선, 관수, 배수 등의 완전한 설계

ⓑ 건강한 잔디생육을 위한 표토층의 충분한 확보

ⓒ 계속적인 환경개선과 계획방제

② 잔디병의 분류

ⓐ 감염성병 : 미생물에 의해 전염되는 병 : 곰팡이, 바이러스, 선충류 등

ⓑ 비감염성병 : 무생물에 의한 것으로 환경적, 영양적 또는 농약에 의해 발생되는 생리적 장해로 인한 병 : 공해물질, 화학약품, 토양의 산도 등

5 초화류

(1) 초화류 식재

① 일년초는 3~4월 초순에 정식하면 6월 초순경에 1회 교체하고, 장마가 끝나는 8월 중순에 2회 교체, 11월초에 3회 교체하여 연속성이 유지되도록 설계

② 춘식구근은 봄에 식재하여 가을까지 지속 가능, 추식구근은 가을에 식재하여 6월 초순에 캐어 보관하므로 캐어낸 화단에 일년초 설계

(2) 초화류 파종

① 춘파용 초화류의 경우 파종은 3~5월에, 정식은 여름 이후에 실시

② 추파용 초화류의 경우 파종은 8~10월에, 화단 정식은 봄에 실시

(3) 야생초화류 설계

① 지피식재가 필요한 곳에 우리나라 산야에 자생하는 초화류로서 지피성 및 경관성이 우수하며 번식력이 강한 것 중에서 선정

▌병충해 방제
잔디관리상 가장 전문적 지식이 필요하고 관리수준을 높이면 높일수록 더 많고 복잡한 병충해 발생이 나타난다.

▌잔디의 병충해에 관한 것은 [조경관리 – 잔디관리] 참조

▌야생 초화류 선정
벌개미취, 쑥부쟁이, 구절초, 산구절초, 감국, 바위채송화, 땅채송화, 꿩의비름, 기린초, 원추리, 꽃창포, 붓꽃, 제비꽃, 벌노랑이, 돌나물, 백리향, 갈대, 달뿌리풀, 참억새, 물억새, 띠 등은 특히 지피성 및 경관성이 우수하며 종자의 채취도 가능한 종류로 야생초화류 설계 시 우선적으로 선정할 수 있다.

5>>> 옥상조경(인공지반식재) 및 벽면조경

① 옥상녹화 및 벽면녹화의 기능과 효과

(1) 도시계획상의 기능과 효과

① 도시경관 향상 : 건물외관 향상 및 차폐, 가로경관의 향상

② 푸르름이 있는 새로운 공간 창출 : 공간의 입체적 효율적 활용, 휴식·휴양공간의 창출

(2) 생태적 기능과 효과

① 도시 외부공간의 생태적 복원 : 파괴된 생태계 복원

② 생물서식공간의 조성 : 조류나 곤충의 체류 및 서식처 제공

(3) 물리환경조건 개선효과

① 공기정화 : 이산화탄소 등의 유해가스 및 중금속 흡수, 산소방출

② 도시열섬현상의 완화 : 일사의 반사 및 증발산 작용, 미기후 조절

③ 소음저감효과 : 식물의 효과 및 심리적 효과

④ 초기 강수에 포함된 오염물질 여과로 하천수질 개선

(4) 경제적 효과

① 건물의 내구성 향상 : 표면노화방지, 방수층 보호 및 화재예방

② 우수의 유출억제로 도시홍수 예방 : 유출수 지연효과, 첨두수량 감소, 수자원 저장

③ 냉·난방 에너지 절약효과 : 건물의 보온 및 단열

④ 선전, 집객, 이미지업 효과

② 옥상녹화의 분류

(1) 저관리·경량형 녹화시스템

① 식생토심이 20cm 이하이며 주로 인공경량토 사용

② 관수, 예초, 시비 등 녹화시스템의 유지관리 최소화

③ 사람의 접근이 어렵거나 녹화공간의 이용을 하지 않는 경우

④ 일반적으로 지피식물 위주의 식재에 적합

⑤ 건축물의 구조적 제약이 있는 기존 건축물에 적용

(2) 관리·중량형 녹화시스템

① 식생토심 20cm 이상으로 주로 60~90cm 정도 유지

② 녹화시스템의 유지관리가 집약적

③ 사람의 접근이 용이하고, 공간의 이용을 전제로 하는 경우

④ 지피식물·관목·교목 등으로 다층식재 가능

⑤ 건축물의 구조적 제약이 없는 곳에 적용

| 저관리·경량형 옥상녹화시스템 |

| 관리·중량형 옥상녹화시스템 |

(3) 혼합형 녹화시스템

① 식생토심 30cm 내외

② 저관리 지향 – 관리·중량형을 단순화시킨 것

③ 지피식물과 키 작은 관목을 위주로 식재

❸ 적용방식(면적)에 따른 구분

(1) 전면녹화

① 옥상이나 지붕 전체를 녹화하는 방식

② 옥상녹화효과를 극대화할 수 있는 것이 장점

③ 녹화의 효율성과 경제성을 고려할 때 부분녹화보다 전면녹화가 유리

(2) 부분녹화

① 옥상의 일부를 녹화하는 것으로 기존의 플랜트박스형이 대표적

② 적용 대상공간이 구조적 한계를 가지고 있거나 방수·배수 등의 문제로 전면녹화가 불가능한 경우에 적용

③ 경계부의 처리 상세 및 소재 선택에 유의

❹ 적용대상 건물에 따른 구분

(1) 기존건물녹화

① 구조안전정밀진단을 통해 녹화가능하중의 산정 필요

② 녹화가능하중에 적절한 시스템의 구성

③ 토양층의 무게가 전체 시스템의 무게를 좌우하므로 낮은 토심으로 계획

④ 기타 기존 건물의 방수·배수 등 제약조건 반영

(2) 신축건물녹화

① 다양한 녹화시스템 유형의 적용 가능

② 주어진 조건을 고려, 명확한 유형 설정 요구

③ 녹화옥상을 조성하는 작업으로 구조체와 녹화시스템의 일체화가 장점

❺ 지붕경사에 따른 구분

(1) 평탄형

① 평지붕 및 평탄 옥상에 적용되는 시스템

② 사람의 이용을 전제로 할 경우 평탄형 적당

③ 구조체의 배수구배 설정에 유의

④ 다양한 옥상녹화 유형의 적용 가능

(2) 경사형

① 경사지붕에 적용되는 시스템

② 우수나 바람으로 인한 시스템의 붕괴나 토양유실을 방지할 수 있는 대

▌조경면적의 법적인정

① 옥상부분 조경면적의 2/3에 해당하는 면적을 대지의 조경면적으로 산정이 가능하다.

② 옥상부분 조경면적은 대지의 조경면적 중 50%까지만 인정한다.

▌유지관리방식

① 관리 : 식생 및 시스템의 내구성에 대한 지속적이고 집약적 관리를 하는 것

② 저관리 : 시스템의 유지관리 요구도를 최소화한 것

③ 비관리 : 식재기반 조성 후 관리를 전혀 하지 않는 것

▌플랜터(식수대) 설계 및 시공

① 양호한 배수가 이루어져야 한다.

② 주위 경관을 고려한 벽체의 재료 및 색상선택

③ 뿌리분의 밑에 자갈층 설치

④ 벽체의 방수는 플랜터 내부에 한다.

책개발 중요
③ 관리를 최소화할 수 있도록 계획
④ 주로 저관리, 경량형 녹화시스템 적용

옥상녹화의 유형분류

구분	내용	저관리·경량형	혼합형	관리·중량형
유지관리	저관리	●	○	
	관리		●	●
적용방식	전면녹화	●	●	●
	부분녹화	○	○	○
적용대상건물	신축건물	●	●	●
	기존건물	●	○	○
건물경사유무	평탄형	●	●	●
	경사형	●		
단열위치	내단열			
	외단열	●	●	●
	동적단열(DIS)	●		
토양의 하중	경량	●	○	
	중량		●	●
토심	20cm 이하	●		
	20cm 이상		●	●
식생의 종류	잔디		○	●
	세덤류	●	●	●
	지피식물	●	●	●
	관목, 소교목		●	●
	교목		○	●

● : 적용 가능 ○ : 경우에 따라서 적용 가능

6 인공지반의 생육환경 및 구조적 조건

(1) 인공지반의 생육환경

① 대지와 달리 인공구조물에 의해 격리된 불연속 공간
② 지하모관수의 상승현상이 전혀 없고 유효토양의 수분도 소량
③ 관수의 조작이 없는 한 식물의 생육상 대단히 불리한 여건
④ 기후변화와 하부로부터의 열변화의 영향으로 온도의 변화 큼
⑤ 토양미생물의 활동이 활발하지 못해 부식속도 감소
⑥ 잉여수의 배수가 촉진되어 양분의 유실속도 증가
⑦ 시비 등 양분의 보충이 없으면 고사 가능

(2) 인공지반의 구조적 조건

① 하중 : 구조적인 문제에서 가장 고려되어야 할 사항

   ㉠ 고정하중(dead load) : 구조체 및 옥상조경기반을 형성하기 위한 하중

   ㉡ 적재하중(live load) : 옥상조경을 조성하기 위한 하중 및 사용과 관리에 따르는 사람, 식물, 기계 등

   ㉢ 풍하중 : 식재 후 바람의 저항에 대한 고려

   ㉣ 수목의 생장에 따른 하중의 증가 고려

   ㉤ 기둥이나 보를 중심으로 식재하여 영향 최소화

   ㉥ 식재층, 수목, 시설물 등의 중량이 하중에 가장 많은 영향 요소

② 식재층의 경량화로 하중의 영향 저감

   ㉠ 보수성을 높이고 투수성과 통기성 향상

   ㉡ 사질양토에 각종 다공질경량재 혼합사용

   ㉢ 토층의 두께가 30cm 이상이면 항상 관수해야 할 필요성 감소

경량토의 용도와 특성

구분	용도	특성
버미큘라이트	식재토양에 혼용	·흑운모, 변성암을 고온으로 소성한 것 ·다공질로 보수성, 통기성, 투수성 우수 ·염기성치환용량이 커서 보비성 우수, pH7.0정도
펄라이트	식재토양에 혼용	·진주암을 고온으로 소성한 것 ·다공질로 보수성, 통기성, 투수성 우수 ·염기성치환용량이 적어 보비성 없음, 중성~약알칼리성
화산자갈	배수층	화산 분출암 속의 수분과 휘발성 성분이 방출된 것
화산모래	배수층, 식재토양에 혼용	다공질로 통기성, 투수성 우수
석탄재	배수층, 식재토양에 혼용	·석탄연소 시 타지 않고 남은 덩어리 ·다공질로 통기성, 투수성 우수
피트(peat)	식재토양에 혼용	·한냉한 습지의 갈대나 이끼가 흙 속에서 탄소화된 것 ·보수성, 통기성, 투수성 우수 ·염기성치환용량이 커서 보비성 우수, 산도 높음

7 옥상녹화시스템의 구성요소

(1) 방수층

① 옥상녹화시스템의 수분이 건물로 전파되는 것 차단

② 옥상녹화시스템 내구성에 가장 중요

③ 옥상녹화시스템은 항상 습기가 있고, 시비나 방제 등의 식재관리가 이루어지므로, 미생물이나 화학물질에 영향을 받지 않는 옥상녹화 특유의 안전한 방수소재 및 공법 요구

(2) 방근층

▌옥상녹화 고정하중 기준
① 경량형 녹화 : 120kgf/m² 내외
② 혼합형 녹화 : 200kgf/m² 내외
③ 중량형 녹화 : 300kgf/m² 이상

▌무기질계 토양개량제
광물질을 고온처리한 후 분쇄하여 다공질로 만든 토양개량제로 펄라이트, 버미큘라이트, 제올라이트, 벤토나이트, 석회 등이 포함된다.

▌양이온치환용량(CEC)
토양은 Ca^{2+}, Mg^{2+}, K^+, Na^+ 등의 양이온을 흡착 보유하고, 다른 이온과 교환하여 방출하는 능력을 가지고 있다. 이 성질을 염기치환이라고 하며, 각 토양은 각각 그 능력에 일정한 한도가 있다. 이것을 양이온치환용량 또는 염기성치환용량이라 한다. 토양 중의 점토 광물과 부식(腐植)이 이 능력을 가지고 있고 그 조성이나 양에 따라 양이온치환용량은 차이가 있다. 토양의 치환성 염기가 치환용량에서 어느 정도 차지하는지를 백분율(%)로 나타낸 값을 염기포화도(鹽基飽和度)라고 한다. 일반적으로 염기치환 용량의 값과 동시에 염기포화도가 높은 토양은 생산력이 높다.

$$염기포화도 = \frac{치환성염기량}{양이온 치환용량} \times 100$$

① 식물 뿌리로부터 방수층과 건물 보호

② 방수층이 시공 시의 기계·물리적 충격으로 손상되는 것 예방

③ 식재플랜과 시스템의 특성을 고려하여 방근소재와 공법 결정

(3) 배수층

① 배수는 식물의 생장과 구조물의 안전에 직결

② 옥상녹화시스템의 침수로 인한 식물의 뿌리의 익사 예방

③ 기존 옥상녹화 현장에서 발생하는 하자의 대부분이 배수불량으로 인한 것이므로 시스템의 설계와 시공, 특히 루프드레인과의 연결 등 상세설계와 시공에 세밀한 주의 요구

(4) 토양여과층

① 세립토양이 빗물에 씻겨 시스템 하부로 유출되지 않도록 여과

② 세립토양의 여과와 투수기능 동시 만족

③ 설치위치는 시스템의 특성에 따라 다르며, 뿌리의 침투를 방지하는 방근기능을 함께 가지는 경우도 있음

④ 미생물이나 화학물질의 영향으로부터 안전하고 내구성이 좋은 소재 선택

(5) 육성토양층

① 식물의 지속적 생장을 좌우하는 가장 중요한 하부시스템

② 토양의 종류와 토심은 식재플랜 및 건물 허용적재하중과의 함수관계를 고려하여 결정

③ 옥상녹화시스템의 총 중량을 좌우하는 부분으로 경량화가 요구되는 경우 일정한 토심의 확보를 위해 경량토양의 사용 고려

④ 일반적으로 토심이 작은 경우는 인공경량토양, 반대인 경우는 자연토양을 중심으로 육성토양을 조제

(6) 식생층

① 옥상녹화시스템의 최상부로 녹화시스템을 피복하는 기능

② 유지관리프로그램, 토양층의 두께, 토양특성을 종합적으로 고려하여 식재소재 선택

③ 지역의 기후특성은 물론 강한 일사, 바람 등 극단적인 조건에서 생육가능한 식물소재의 선택

④ 식재플랜의 구성에는 생태적 지속가능성 반드시 고려

(7) 기타

① 보호막 : 주로 방수층을 방수층 상하부의 소재로부터 보호하기 위해 시공

② 분리막 : 다양한 기능을 가지는 시트소재를 순차적으로 구성하는 과정에서 소재간의 화학적 반응 방지

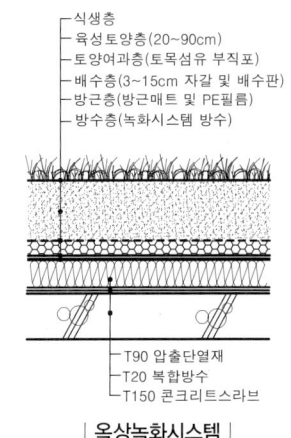

| 옥상녹화시스템 |

8 옥상조경 시 고려사항

(1) 건물의 안정성 확보 – 최우선적 고려

① 건물의 안전성 검토는 하중과 배수를 중점적으로 조사

② 적재하중 이내에서 옥상녹화계획 및 설계

③ 적재하중과 관리조건에 따라 녹화의 유형 결정

④ 하중부담을 줄이기 위해 인공경량토를 사용하여 토심 확보

⑤ 자연토양은 유기물의 함량이 풍부하고, 반입할 때 함께 들어오는 식물 종자 등으로 식물의 다양성 증진에 기여

⑥ 습지와 같은 서식처를 도입할 때에는 물의 하중도 추가적 고려

(2) 관수 및 배수에 대한 안정성 확보

① 배수가 불량하면 뿌리의 부패와 하중의 증가 및 누수발생

② 배수층은 굵은자갈, 잔자갈, 굵은모래 등을 사용하거나 화산자갈, 화산 왕모래, 합성수지로 만든 배수판 사용

③ 배수층의 두께는 10~15cm 정도

④ 배수층과 토양층 사이에 합성수지의 고운 망을 여러 겹으로 깔고 식재할 흙 조성

⑤ 배수층을 만들어야 할 면적이 클 경우 인공지반을 받들고 있는 보마다 배수관 매설

⑥ 아스팔트방수, 폴리우레탄도막방수, FRP도막방수, 염화비닐계 시트방수 등으로 방수층 설치

⑦ 토양이 갖는 수분침투율과 수분의 증발산량을 감안하여 관수주기 책정

> **옥상녹화 배수기준**
> ① 옥상의 면적과 layout을 고려하여 배수공을 설치한다.
> ② 식수대 벽체 길이 30m당 1개소 이상 설치하며, 플랜터, 데크 등 구조물로 인하여 배수가 원활하지 않을 때는 추가 반영한다.
> ③ 옥상면의 배수구배는 최저 1.3% 이상으로 하고 배수구 부분의 배수구배는 최저 2% 이상으로 설치한다.

> **수분 증발산량과 관수주기**
> 잔디밭의 하루당 수분증발산량은 대체로 5~7mm이고 수목식재지는 이보다 적다. 관수를 25mm/m²했을 경우 증발산량이 5mm라면 5일 간격으로 관수한다.

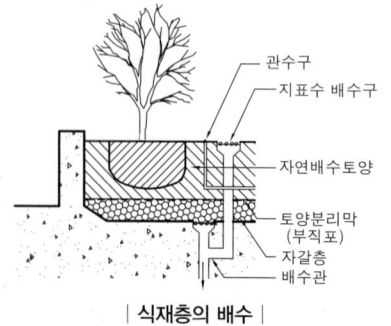

| 식재층의 배수 |

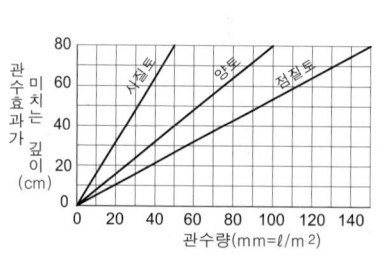

| 관수량과 관수효과가 미치는 깊이 |

(3) 바람의 영향 저감방안 모색

① 긍정적으로 볼 경우 식물종자를 포함한 다양한 생물종의 유입에 기여

② 수목의 전도 및 가지의 절손 등에 대한 안전대책 강구

③ 토양의 수분을 빠르게 증발시키므로 관수관리에 유의

④ 수목지지대, 철조망, 와이어, 목책 등과 방풍그물의 설치로 안정성 확보

(4) 식재층 조성

① 식재층의 지나친 경량화는 뿌리의 지지력을 약화시켜 풍도발생 가능

② 토양은 사질양토에 퇴비나 부엽토를 7：3의 비율로 혼합하고, 이것에 경량토를 3：1~5：1의 비율로 구성

9 옥상조경수목

(1) 식물선택 시 고려사항

① 구조물의 하중과 토양층 깊이, 식물의 하중과 크기

② 식재위치와 수관상태, 바람과의 관계

③ 식재토양의 비옥도, 건조, 동결, 내한성과의 관계

④ 식물생육관리와의 관계

(2) 식물 선택조건

① 천근성으로 건조지나 척박지에 생육이 잘 될 것

② 뿌리의 발달이 좋고 가지가 튼튼하며 바람에 잘 견딜 것

③ 피복식생은 견고한 피복상태를 보이는 초본류 적당

④ 수광량이 부족할 경우 내음성 보유한 식물 선택

⑤ 전정이 용이하고 비교적 성장이 느리며 병충해에 강할 것

(3) 옥상녹화에 적합한 수종

① 초화류 : 연화바위솔(바위연꽃), 민들레, 난장이붓꽃, 한라구절초, 애기원추리, 섬기린초, 두메부추, 벌개미취, 제주양지꽃, 송엽국(사철채송화), 맥문동, 비비추, 송악 등

② 관목류 : 철쭉류, 회양목, 사철나무, 무궁화, 정향나무, 조팝나무, 눈향나무, 개나리, 수수꽃다리, 말발도리, 장미류

③ 교목류 : 단풍나무, 향나무, 섬잣나무, 비자나무, 화백, 주목, 편백, 아왜나무, 동백나무, 목련

(4) 옥상조경 및 인공지반 조경의 식재토심

일반식재의 토심보다 기준 완화, 토심은 배수층 제외

옥상조경 및 인공지반의 토심(조경기준)

성상	토심	인공토양 사용시 토심
초화류 및 지피식물	15cm 이상	10cm 이상
소관목	30cm 이상	20cm 이상
대관목	45cm 이상	30cm 이상
교목	70cm 이상	60cm 이상

10 벽면녹화(부착조경)

(1) 벽면녹화식물의 조건

① 녹화목적과 잘 부합될 것

② 관리성이 좋을 것

▌인공지반의 식재토심
'조경기준'에서는 좌측의 표와 같이 되어 있고, '조경설계기준'에는 p.641의 '식물의 생육토심' 표를 인공지반에도 동일하게 적용하고 있다. 그러나 '조경기준'이 법률적 사항이므로 우선한다고 본다.

③ 비용이 저렴하고 구득이 용이할 것

④ 경관성이 높을 것

(2) 녹화형태에 따른 구분

1) 흡착등반형(등반부착형) 녹화 : 녹화대상물 벽의 표면에 흡착형 덩굴식물을 이용하여 흡착등반 시키는 방법

① 콘크리트·콘크리트블럭·벽돌 등 표면이 거친 다공질이나 요철이 많은 재료에 적합

② 고속도로의 방음벽 등에도 사용

2) 권만등반형(등반감기형) 녹화 : 녹화대상물 벽면에 네트나 울타리, 격자 등을 설치하고 덩굴을 감아올리는 방법

① 입면의 구조 및 재질에 관계없이 녹화가능 – 등반보조재 사용

② 흡착형 식물과 감기형 식물을 혼용할 경우 등반보조재 시공량 경감 가능

3) 하직형(하수형) 녹화 : 녹화대상물의 벽면옥상부 또는 베란다에 식재할 공간을 만들어 덩굴식물을 심고, 생장에 따라 덩굴을 밑으로 늘어뜨려 벽면을 녹화하는 방법

4) 콘테이너형 녹화 : 녹화대상물의 벽면에 덩굴식물을 식재한 콘테이너를 부착시켜 녹화하는 방법

① 식재시기와 무관하게 설치가능

② 이식이 곤란한 수목의 설치가능

③ 완성형 녹화는 불가능

(3) 녹화수법에 따른 구분

1) 벽면에 기반을 설치하는 경우

① 패널형상의 배지 기반을 형성하여 식물을 식재하고, 양생기간이 경과한 후에 설치하는 수법

② 벽면에 플랜터를 설치하는 수법 – 설치형

③ 건축 또는 토목구조물의 벽면에 직접 배토를 붙이고 라스망 등의 지지재로 눌러서 미끄럼 등을 방지하여, 식물을 식재하는 수법

2) 벽면이 기반이 되는 경우

다공질 콘크리트를 직접 배지로 하고, 그곳에 식물을 식재하는 수법

(4) 관리정도에 따른 구분

① 경관대응형 : 식물종에 꽃 등도 포함하며, 경관성의 배려가 필요한 벽면을 대상으로 한 자동관수와 시비장치가 딸린 장치

② 조방형 : 식물에 의해 덮여 있으며, 경관성을 그다지 배려하지 않아도 되는 벽면을 대상으로 한 최저의 관리가 필요한 장치

▌ 벽면녹화 식물

① 흡착형 식물 : 담쟁이덩굴, 송악, 모람, 마삭줄, 능소화, 줄사철나무 등

② 감기형 식물 : 노박덩굴, 등나무, 개머루, 으아리, 인동덩굴, 멀꿀, 머루, 다래, 칡 등

③ 하수형에는 흡착형이나 감기형 모두 사용가능

▌ 에스펠리어(aspalier)

벽면의 하부에 수목을 심어 성장하는 가지를 다양한 형태로 유인하여 벽면에 붙어 있는 형태로 생장하게 하여 벽면에 회화적 기법을 적용시키는 방법

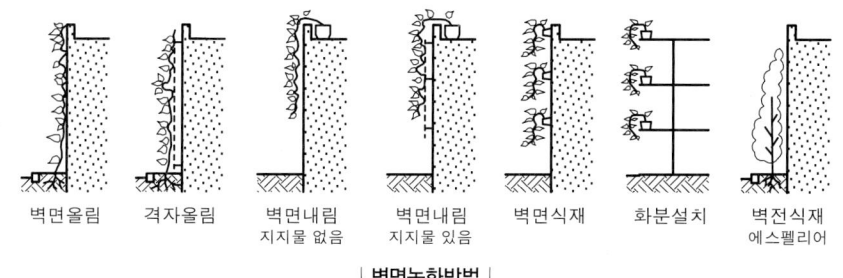

| 벽면올림 | 격자올림 | 벽면내림
지지물 없음 | 벽면내림
지지물 있음 | 벽면식재 | 화분설치 | 벽전식재
에스펠리어 |

| 벽면녹화방법 |

6>>> 생태환경 복원공사

1 환경복원녹화

(1) 환경복원녹화의 개념

① 복원녹화가 어려운 장소 및 시기 등 악조건을 극복하면서 조기에 바람직한 식물군락을 복원하는 기술

② 전혀 새로운 식물군락을 조성하는 것이 아니라, 자연회복력을 기대하고 생태적 천이와 부합되는 식물군락을 조성하여 훼손 이전의 환경에 근접한 상태로 복원하는 것

③ 강산성 토양, 암반 노출지, 급경사지, 채석장, 폐탄광 등에 식물군락을 복원하는 기본작업으로서 식물이 발아·생육하는 데 적합한 환경 조성

(2) 환경복원녹화의 목적

① 안전하게 녹화하여 침식붕괴 방지

② 자연경관의 조기회복

③ 단절된 환경과 생태계 회복

④ 야생동식물의 서식공간 조성

(3) 환경복원녹화의 목표

① 자연식생에 접근한 구성

② 경관과 조화되는 군집형성

③ 방재기능이 높은 군집형성

④ 생태계의 기능회복에 유효한 군집형성

(4) 환경복원녹화의 방향

① 자연회복력과 병행 : 식물생육이 용이한 상태로 나지를 정비하여 이것을 기초로 한 식물군락의 재생 고려

② 종자에 의한 식물군락 재생 : 종자나 묘목을 도입하여 식물군락을 재생하거나 주변식생의 침입이 용이하도록 조치

③ 자연과 유사한 군락재생 : 주변식생에 근거한 품종 및 밀도를 조절하여 주어진 환경조건에서 잘 적응하는 식물로 복원되도록 유도

| 녹화
인간의 개발 및 자연적인 현상에 의해 파괴된 자연을 인위적으로 '녹지재생'하는 행위 또는 환경조건을 개선하여 녹지를 창조할 수 있도록 유도하는 행위를 말한다.

② 비탈면 녹화설계

(1) 설계일반

1) 현장여건 사전조사

① 주변식생조사, 생육기반, 배수, 경관 등 여건의 조사

② 토사비탈면은 토양경도와 토양산도(pH), 암반비탈면은 균열 및 굴곡 등을 집중 조사 – 토사비탈면의 토양경도가 27mm 이상이면 암반과 동일하게 취급

2) 녹화복원목표의 설정

① 어떤 식물군락으로 할 것인지와 녹화속도, 경관조성, 생태복원 측면에서 검토 후 결정

② 영속적이고 안정되며, 지속성이 높고, 생태적 천이를 고려한 식물군락 조성

㉠ 삼림이 많은 산악지 : 시간이 지나면서 삼림으로 이행해 갈 수 있는 식물군락 조성

㉡ 농지나 목장주변 : 관목이나 초본류 위주의 식물군락 조성

㉢ 시가지 : 기존 녹지와의 연계성 확보, 종다양성 증진에 기여할 수 있는 식물군락 조성

③ 식물군락은 키가 큰 수림형, 키가 낮은 관목형 수림형, 초본주도형 군락중 하나 혹은 이들의 조합으로 조성

3) 불량생육기반의 개선 : 비탈의 토질, 경사도, 토양 등이 식물생육에 적합하지 못하면 생육기반환경 개선

(2) 사용식물의 선정

1) 재료의 선정기준

① 비탈면의 토질과 환경조건에 적응하여 생존할 수 있는 식물

② 주변의 식생과 생태적·경관적으로 조화될 수 있는 것

③ 초기에 정착시킨 식물이 비탈면의 자연식생천이를 방해하지 않고 촉진시킬 수 있는 것

④ 우수한 종자 발아율과 폭넓은 생육 적응성을 지닐 것

⑤ 재래초본류는 내건성이 강하고 뿌리발달이 좋으며, 지표면을 빠르게 피복하여 종자발아력 우수

⑥ 외래도입초본류는 발아율, 초기생육이 우수하고 초장이 짧으며, 국내 환경에 적응성이 높은 것

⑦ 목본류는 내건성·내열성·내척박성·내한성을 고루 갖춘 것

⑧ 생태복원용 목본류는 지역고유수종을 사용함을 원칙으로 하고, 종자 파종 혹은 묘목식재 가능할 것

⑨ 멀칭재로는 부식이 되는 식물원료로 가공한 네트류·매트류·부직포

▌비탈면 녹화

인위적으로 절성토된 비탈면과 자연침식으로 이루어진 비탈면 등을 생태적, 시각적으로 녹화하기 위한 일련의 행위를 통칭한다.

▌녹화복원의 목표

비탈면의 안정과 장기적인 생태복원을 위해서는, 특히 수목을 사용해야 하며 수목 중에서도 교목을 가능한 많이 사용해야 한다.

▌토양개량 및 식생기반재 부착

① 경사도가 급하면서 산중식 토양경도가 25mm 이상인 경우

② 토양산소의 부족으로 뿌리의 신장이 억제되기 쉬운 점성토

③ 마사토, 무토양 비탈면, 강산성 토양, 알칼리성 토양

④ 암반면

▌품질기준

① 재래초종 종자는 발아율 30% 이상, 순량률 50% 이상

② 외래도입초종은 최소 2년 이내에 채취된 종자로써 발아율 70% 이상, 순량률 95% 이상

③ 목본류 종자는 발아율 20% 이상, 순량률 70% 이상

④ 혼합하는 침식방지제와 합성고분자제는 토양오염 및 동식물에 무해할 것

⑤ 멀칭재들은 부식되어 유기물의 공급원 역할을 할 수 있을 것

등 사용

⑩ 멀칭재 선정 시 경제성과 보온성·흡수성·침식방지효과 등을 고려하고, 종자발아에 도움을 줄 수 있는지를 우선적으로 검토

2) 사용식물의 선정 : 암의 경우 균열과 굴곡, 토사의 경우 토양경도와 경사에 의한 생육적합도를 판정하여 산정

① 키 큰 수목형

㉠ 주 구성목 : 소나무, 곰솔, 자귀나무, 물오리나무 등으로 1~2종 선정

㉡ 키 낮은 수목 : 참싸리, 족제비싸리, 붉나무, 쉬나무 등

㉢ 초본류 : 비수리, 낭아초, 안고초, 개솔새, 쑥, 톨페스큐, 페레니얼라이그라스, 크리핑레드페스큐, 위핑러브그라스 등으로 2~3종 구성

② 키 낮은 관목수림형

참싸리, 족제비싸리, 붉나무, 쉬나무 등을 선정하며, 이 중 참싸리, 족제비싸리 등은 초본류와 같이 파종 가능

③ 초본주도형

비탈면을 초지형태로 조성하고자 할 때에는 초본류 중에서 2~3종을 배합하고, 경우에 따라서는 억새, 호장근 등과 같은 재래초 중에서 1~2종 배합

▌토양경도
식물의 착근 및 생육가능성의 판단척도로서 외력에 대한 토양의 저항력을 말한다.

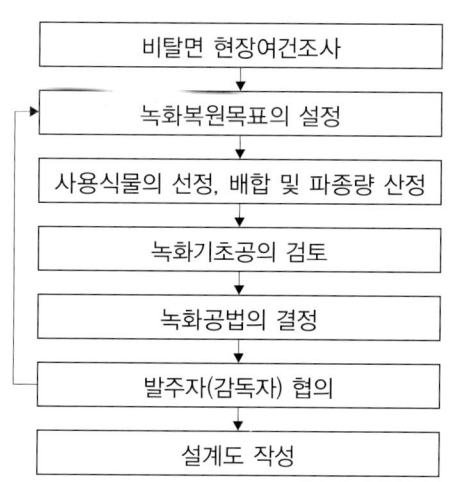

- 비탈면 현장여건조사
- 녹화복원목표의 설정
- 사용식물의 선정, 배합 및 파종량 산정
- 녹화기초공의 검토
- 녹화공법의 결정
- 발주자(감독자) 협의
- 설계도 작성

비탈면 녹화에 사용되는 식물

구분	종류
외래	톨페스큐(tallfescue), 켄터키 블루그래스(kentuckey bluegrass), 페레니얼 레이그래스(perennial ryegrass), 크리핑 레드페스큐(creeping red fecue)
재래목본	자귀나무, 붉나무, 소나무, 곰솔, 낭아초, 싸리류
재래초본	억새 등 새류, 비수리, 쑥, 안고초, 달맞이꽃
야생화	벌노랑이, 산국, 쑥부쟁이, 벌개미취, 구절초, 금계국, 패랭이꽃, 끈끈이대나물, 붓꽃류, 수레국화, 도라지

(3) 배합 및 파종량 산정

1) 종자배합

① 식물간에 상호 경합하거나 피압되지 않도록 고려, 다층구조의 수림형 군락조성이 가능한 종자배합

② 키가 큰 수림형 배합 : 키 큰 수목종자와 키 작은 수목류·초본류 혼합
    - 발생기대본수 800~1,500본/m²

③ 키가 낮은 관목형 배합 : 키가 낮은 수목 2~3종류와 초본류 혼합 – 발생기대본수 1,000~1,500본/m

④ 초본주도형 배합 : 복원목표에 따라 주구성종·경관보존종·조기녹화종 등을 배합 – 발생기대본수 1,000~2,000본/m²

2) 파종량 산정 : 식물군락을 파종으로 조성하기 위한 파종량

$$W = \frac{A}{B \cdot C \cdot D} \times E \times F \times G$$

여기서, W : 사용식물별 종자파종량(g/m²)

A : 발생기대본수(본/m²)

B : 사용종자의 발아율

C : 사용종자의 순도

D : 사용종자의 1g당 단위립수(립수/g)

E : 식생기반재 뿜어붙이기 두께에 따른 공법별 보정계수

F : 비탈입지조건에 따른 공법별 보정계수

G : 시공시기의 보정률

3) 초본류 식재

① 줄떼 붙이기 : 흙을 털지 않은 반 떼를 수평방향으로 줄로 붙여서 활착·녹화 하는 공법으로 주로 땅깎기 비탈에 적용

② 평떼 붙이기 : 비탈면 물매가 1:1보다 완만한 절성토비탈면에 적용하며, 줄눈의 간격은 2cm 이내로 하고 흙으로 채우며, 20cm 이상의 떼꽂이로 고정(2개 사용)

③ 선떼 붙이기 : 비탈면에 수평의 연속계단을 만들고 떼를 세워 붙이는 공법 – 선떼, 바닥떼, 받침떼, 머리떼의 잔디 사용

㉠ 1m당 떼의 사용매수에 따라 1급에서 9급까지 분류

㉡ 높이 0.8~1.2m 정도마다 수평으로 단(너비 50~70cm 정도)을 끊어 시공

④ 새심기 : 다른 비탈녹화공사의 보완수단으로 계획

㉠ 새, 솔새, 개솔새, 억새, 기름새 활용

㉡ 점심기, 줄심기 간격은 20~30cm, 흩어심기는 20~30cm 간격으로 서로 어긋나게 식재

▌ 비탈면 수목류 식재

① 차폐수벽공법 : 비탈의 앞쪽에 나무를 2~3열로 식재하여 수벽을 조성하는 것

② 소단상객토식수공법 : 암반비탈의 소단위에 객토와 시비 후 식재하는 것 – 객토 깊이 0.3m 이상, 너비 1.0m 이상

③ 식생상심기 : 점적, 선적 식생상(植生箱)에 식재하는 것 – 0.8~1.0×0.5~0.6m

④ 새집공법 : 요철이 많은 암절개면에 점적인 식생녹화 방법

▌ 발생기대본수
단위면적당 파종식물의 발생본수로 파종 후 1년간 발생된 총 수를 지칭한다. 발아 후 피압되었거나 고사한 것을 모두 포함한 수치이며, 파종량 산정의 기준이 된다.

▌ 파종량 할증
비탈면의 토질, 경사도, 향, 토양산도, 시공시기, 시공두께 등을 고려하여 결정
① 경사도 50° 이상, 암반 : 10~30% 이상
② 남서향 10% 이상
③ 시공시기 부적합 : 초본류 10~30% 이상, 목본류 30~50% 이상

▌ 시공시기
집중호우에 의한 침식과 동계의 동해를 받지 않을 만큼의 근계가 형성될 수 있는 생육기간이 확보되어야 한다. 목본류(5~6월), 자생초본류(4~6월)

(4) 녹화기초공(안정공)의 검토 및 결정

식생기반재뿜어붙이기공에 주로 적용되는 비탈면 기초공

구분	경사	표면상태	암지역 경사	암지역 표면상태
기초철망공	–	–	45° 이상	·굴곡편차 10cm 미만 ·낙석 위험이 있을 때 ·균열이 점점 커질 것으로 예상되는 곳
천연섬유NET	45° 내외	·표면이 매끈한 강마사 및 점성토 ·토사가 흘러내릴 때	45° 미만	균열이 심한 풍화암으로 풍화토가 흘러내릴 때
천연섬유망	30~45° 미만	토사가 흘러내릴 때	–	–

(5) 절토비탈면의 녹화모형

① 절토부 하단 : 도로에 면한 비탈면은 암질(경암·리핑암)인 경우가 많으므로 식생기반재와 초본류, 덩굴류 위주의 식생조성 필요

② 중간부분 : 초본류와 관목류 위주로 조성

③ 상단부분 : 주변 산림과의 인접되는 부분이므로 산림과의 연계성을 고려하여 초본류, 관목류, 목본류로 자연식생과 유사하게 조성

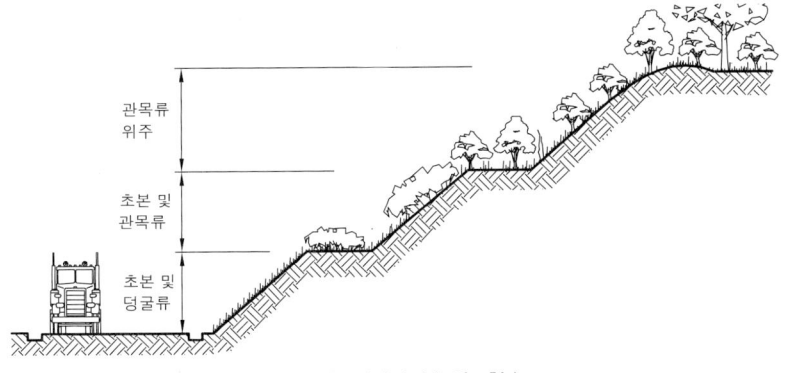

| 도로 절토비탈면의 녹화모형 |

❸ 생태계 복원공사

(1) 공종의 정의

① 복원 : 교란 이전의 원생태계의 구조와 기능을 회복하는 것이 목표

② 복구 : 완벽한 복원이 아니라 원래의 자연생태계와 유사한 수준으로 회복하는 것이 목표

③ 대체 : 원래의 생태계와는 다른 구조를 갖는 동등 이상의 생태계로 조성하는 것

④ 실제복원이나 복구수준으로 회복하는 것은 기술적으로 어려우므로 일반적으로 대체생태계의 조성이 목표

┃ 녹화기초공의 부가사항은 [시공구조학–비탈면] 참조

┃ 생태계 복원
자연적·인위적 원인으로 훼손되거나 파괴된 중요한 서식처나 생물종들을 훼손 이전의 상태 또는 유사한 상태로 되돌리는 것으로, 외부의 영향에 의한 변화 이전의 단계로 돌아가는 것이나 변화의 정도와 현재의 조건에 따라 복원목표가 달라질 수 있다.

┃ 생태적 식재
대상지 주위의 환경에 적합한 자생식물을 사용하되 생태계 천이계열 등 생태학적 원리를 응용한 배식을 의미한다.

⑤ 생태계 복원에는 기반조성과 아울러 식생도입도 포함

(2) 재료선정의 기준

① 자연향토경관과 조화되고 미적효과가 높은 것

② 생태적 특성에 대한 교육적 가치

③ 복원대상지 주변식생과 생태적·경관적으로 조화될 수 있는 식물

④ 생장에 따라 식생의 천이가 빠르게 이루어지는 것으로 궁극적으로 극상을 감안한 잠재식생 선정

⑤ 인공재료 사용 시 생태복원을 전제로 생산된 재료를 사용하며, 기존 블록이나 콘크리트 도입 시 다공성 재료 사용

(3) 재료의 종류 및 특성

① 식생재료 : 하천, 저수지, 습지 등에 도입하는 식생 이외에는 일반적인 식생고려

　㉠ 수생환경

　　a. 정수식물 : 물속의 토양에 뿌리를 뻗고 수면 위까지 성장하는 식물 – 갈대, 부들, 큰고랭이, 달뿌리풀, 물억새, 석창포, 줄, 택사, 미나리 등

　　b. 침수식물 : 물속의 토양에 뿌리를 뻗으나 수면 아래 물속에서 성장하는 식물 – 물수세미, 말즘, 물질경이, 검정말 등

　　c. 부엽식물 : 물속의 토양에 뿌리를 뻗으며 부유기구로 인해 수면에 잎이 떠 있는 식물 – 수련, 마름, 어리연꽃, 자라풀 등

　　d. 부유식물 : 물속에 뿌리가 떠 있고 물속이나 수면에 식물체 전체가 떠다니는 식물 – 개구리밥, 생이가래 등

　㉡ 육지환경

　　a. 호수 경계부 콩과 식물 : 족제비싸리, 조록싸리, 참싸리, 칡, 새콩, 차풀, 비수리 등

　　b. 특히 물가나 그 주변에는 위의 콩과식물 및 버드나무, 갯버들, 왕버들, 고마리, 갈풀, 골풀, 포플러, 동의나물, 비비추, 부처꽃, 앵초, 숫잔대, 꽃창포, 속새, 질경이, 택사, 세모고랭이, 흑삼릉, 매자기, 가시연꽃, 순채, 왜개연꽃, 물옥잠 등 도입

갯버들은 잎이 피기 전에 진가지를 그대로 쓸수 있으며, 잎이 핀 후에는 미리 삽목한 묘목을 사용한다. 갯버들 다발을 이용한 호안은 뿌리가 활착하면 콘크리트만큼 강하다.

갈대나 달뿌리풀은 종자재배한 것으로서 뗏장이나 분주의 형태로 사용한다. 뗏장은 30cm×30cm나 1m²를 기준으로 한다.

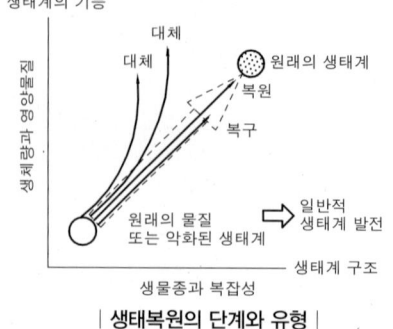

| 생태복원의 단계와 유형 |

대상식생
자연식생과 대응되는 것으로, 인위적 간섭에 의해 이루어진 식물군락을 말한다.

잠재자연식생
어떤 지역의 대상식생을 지속시키는 인위적 간섭이 완전히 정지되었을 때 당시의 그 입지를 지탱할 수 있다고 추정되는 자연식생을 말한다.

습지
항상 물에 젖어있는 환경으로 육지와 물이 접촉하고 있는 지대이며, 내륙습지와 해안습지(갯벌)로 구분한다.

저습지
불투수층인 토양을 기반으로 하며, 연중 내내 얕은 물에 의해 덮여있는, 육지와 개방수역의 전이지대로서 물의 흐름이 약하거나 정체되어 있는 지역을 말한다.

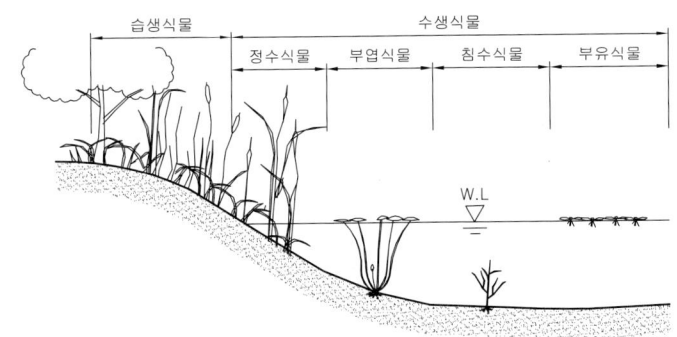

| 생태연못 식물의 유형구분 모식도 |

② 섶단 : 버드나무, 갯버들 등 삽목이 가능하고 맹아력이 있는 수종의 가지
와 천연야자섬유에 갈대 등 식재

③ 윗가지 : 버드나무가지를 발모양으로 엮어 사면보호용으로 사용

④ 식생콘크리트(다공질콘크리트) : 강도 및 내구성은 기존 콘크리트와 비
슷하나 환경에 대한 부하를 저감시키고, 생태계에 부합됨으로써 환경조
화성과 쾌적성 확보

　㉠ 기본구조는 다공질콘크리트와 보수성 재료, 비료, 표층의 객토층으로
　　구성

　㉡ 가는골재(모래)를 넣지 않은 상태로서 식물의 뿌리가 성장할 수 있는
　　공극확보

　㉢ 뿌리의 성장을 위한 공간, 미생물 서식 공간, 투수성 확보

　㉣ 콘크리트에 직접 또는 표면에 얇은 객토층을 확보하여 종자파종

⑤ 녹화블록·잔디블록 : 일정한 형태로 성형된 콘크리트블록에 잔디가 생
육할 수 있는 공간이나 공극을 확보하여 만든 포장재로 완만한 비탈에
도 사용

⑥ 야자섬유 두루마리 및 녹화마대 : 야자섬유로 된 그물모양의 야자섬유망
을 크기 ∮300×L400의 원통형으로 만들어 식생이 자랄 수 있는 기반을
만들거나, 마대로 만들어 흙을 채워 사면의 기단부를 고정시키는 데 사
용되며 원재료인 야자섬유는 부식 후 토양오염을 일으키지 않는 환경적
재료

⑦ 돌망태 : 철망에 돌을 채워 유속이 빠른 하안의 안정에 사용

⑧ 통나무 및 나무말뚝 : 호안의 안정화나 계단 등에 사용하며, 수중에서는
잘 부식되지 않으나 수면부근에서는 부식이 잘 되므로 방부처리 사용

⑨ 멀칭재료 : 황마로 짠 그물로서 차광률 35% 정도이며 녹화핀으로 고정

⑩ 식생섬(인공부도) : 식생을 도입할 수 있는 재료를 사용하여 물새와 어류
의 서식환경 창출, 경관향상, 수질정화, 호안침식방지 등의 기능을 가
지며, 개방수면에 식생도입이 가능한 공법

다공실콘그리트

공극의 연속성·불규칙성·개방
성을 확보하여 보수력증진, 영
양물질공급과 표면의 객토층
을 형성하여 조기녹화가 가능
하다.

④ 자연형 하천(생태하천)

(1) 자연수로(사행하천)조성

① 자연하천은 못과 여울 등 유속이 다양한 유속환경을 이루어 어류의 먹이, 번식·산란, 은신처 제공 및 저서생물 풍부

② 직강화된 하천을 사행 또는 망상형으로 처리하여 부등 및 비대칭의 자연스러운 선형 유지

(2) 자연형 호안

① 친수호안, 생태계보전호안, 경관보전호안, 기타 환경호안 등

② 섶나무기법, 버드나무가지법, 갈대군락호안, 다공질공법 등 사용

(3) 여울·웅덩이 조성

① 여울 : 유량이 많을 때 확산류에 의해 형성

ㄱ 유량이 적을 때는 유속이 빠르며, 수면경사는 급하고 거친 형태로 형성

ㄴ 하상의 바닥은 굵은 자갈로 형성

ㄷ 여울의 크기는 저수로폭의 6배 정도, 자연하상보다 30~50cm위에 위치하며, 못은 최소 30cm 유지

ㄹ 여울 및 웅덩이의 간격은 저수로폭의 1~3배 유지

② 못(웅덩이) : 유량이 많을 때 빠른 유속의 집중류에 의해 곡류부의 바깥쪽에 발생하는 하상세굴로 형성

ㄱ 사행흐름 축으로부터 약간 하류에 출현

ㄴ 유량이 적을 때는 유속이 매우 느리고 바닥은 모래인 경우가 많으며, 횡단면은 비대칭

③ 사주 : 곡류부의 안쪽에 형성되는 퇴적지형으로 못과는 반대쪽에 형성

ㄱ 못과 달리 분산류에 의해 퇴적물이 집적되어 형성

ㄴ 단면은 여울과 달리 비대칭적 형상

④ 여울은 폭기작용에 의해 생물생존에 충분한 용존산소를 만들고 자정작용이 가능하도록 조성

⑤ 기존 하천의 원래상태를 고려하여 물의 흐름이 원활한 곳에 설치

P : 웅덩이
Pb : 사주
Rf : 여울

확산류

확산류   집중류

| 여울과 못의 특성 |

(4) 보 및 낙차공 조성

① 하천주변을 포함한 경관이나 하천생태계 고려

② 상하류의 연속성을 단절하므로 어류의 이동과 서식환경 확보 중요

(5) 징검다리 놓기

최대 수위보다 0.2m 이상 되도록 설치하며, 2목도 이상의 돌을 사용하고

▌자연형 하천
생태적으로 건전하여 동물, 식물, 미생물 등의 생물이 다양하게 서식할 수 있는 하천공간을 의미한다.

▌사행하천(蛇行河川)
물의 흐름이 일정하지 않아 침식과 퇴적현상이 발생하여 굴곡이 진행된 하천

▌자연형 호안
자연호안에 인공을 가해서 개선시키되 원래 지니고 있던 자연적 특성을 가진 호안

▌여울과 웅덩이
수로의 자연굴곡부에 여울과 못을 조성하여 하천의 자연능력 제고 및 어류의 산란장·부화서식장 제공

▌보와 낙차공
하천의 횡단경사를 완화하여 흐름을 제어하고 하상세굴 방지 및 취수를 위해 설치

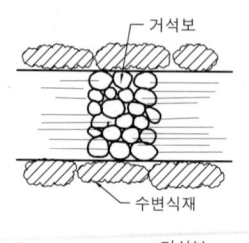

거석보

수변식재

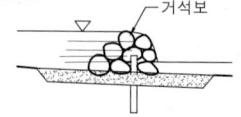

거석보

| 하천 및 습지의 거석보 |

징검돌 사이에 잔자갈을 두어 여울의 효과 도모

(6) 서식처 조성

① 어류 : 다공질 호안, 수중어소, 기타 수제를 활용한 서식처 조성이 있고 여울과 못, 풀과 수목의 생육에 의한 그늘 형성

② 조류 : 하천 주변에서 서식하면서 번식, 먹이획득, 휴식 등을 하는 하천 조류를 위한 모래밭, 수림, 넓은 공간 등 조성

③ 기타 동물, 곤충, 갑각류 등의 저서생물 등을 위한 공간조성

(7) 복원기반 조성 및 식생도입

① 섶단누이기, 돌망태놓기, 야자섬유 두루마리, 윗가지덮기, 녹색마대, 갈대다발묶음, 황마망 및 황마철망, 식생블록붙이기, 나무말뚝박기 등

② 갈대뗏장, 식생재(갯버들, 부들, 갈대, 달뿌리풀, 물억새, 창포 등) 피복

5 인공습지 및 생태연못

(1) 목표 및 효과

① 생물서식처 및 수질정화기능을 목표로 인공적으로 조성한 못으로서 넓은 의미의 습지로 구분

② 생물서식공간에 물의 도입은 생물다양성 증진에 효과적 기법

③ 수생 및 습지식물의 서식처, 수서곤충, 어류, 양서류의 서식처 및 조류의 휴식처

④ 수질정화 및 생태교육의 장

(2) 구조 및 기능

① 터파기 : 연못의 규모가 클 경우 방수시트 아래의 토양공기가 배출될 수 있도록 조치, 비닐 등의 방수시트 설치 시 돌이나 유리, 금속파편을 제거한 후 신문지 등을 깔고 방수시트를 설치하면 찢어질 우려 감소

② 방수 : 유입가능한 물의 양과 물의 유입에 소요되는 비용 고려

　　㉠ 물의 유입량이 적고 유입에 따른 비용이 많을 경우 불투수성 시트방수 선택

　　㉡ 물의 유입량이 많고 유입에 소요되는 비용이 적을 경우 연못물의 일부를 지하로 침투시킬 수 있는 진흙을 이용한 방수 선택

　　㉢ 방수에 필요한 진흙을 구하기 어려운 경우 벤토나이트 사용

　　㉣ 지반의 침하가 우려되는 곳에서는 지반보강용 부직포를 방수층 아래에 설치하여 부등침하 방지

③ 식재기반의 경사 : 수생식물은 1:3의 경사까지 생육가능하나 1:7~1:10 정도의 완경사가 적당

④ 연못바닥의 토양 : 수생식물의 생육기반이 될 뿐만 아니라 수질에 미치는 영향이 크므로, 유기물의 집적이 많을 것으로 예상되면 유기물과 진

저수지 비탈면

일반적으로 댐·저수지는 계획 홍수위까지 식생을 제거하고 지속적인 외부영향으로 침식되어 안정성에 많은 영향을 준다. 돌망태·석축·다공질콘크리트 등으로 사면을 처리하여 보호한다.

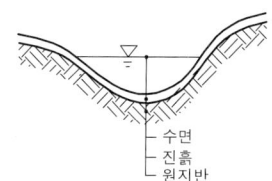

방수할 필요가 없을 경우에는 점착성이 강한 진흙이나 논흙 등을 이용하여 습지를 조성한다.

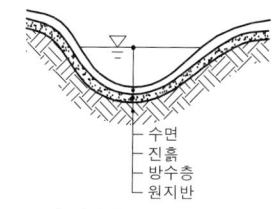

| 생태연못의 방수기법 |

방수시트, 벤토나이트 등을 이용할 경우에도 기초방수는 방수재료를 이용하지만 그 위에 피복토층으로 진흙이나 논흙 등을 이용하면 생태적인 측면에서 바람직하다.

흙의 함량이 적은 토양 사용

- ㉠ 추수식물 : 토심 0.5~1.0m - 점토함유량 25~30%인 입자가 가는 토양
- ㉡ 침수식물 : 토심 0.5m 이상 - 흙속·자갈틈에 뿌리를 내리거나 바위에 붙어서 자라는 종류가 있으므로 다양하게 구성
- ㉢ 부엽식물 : 토심 0.5~0.6m - 토심확보가 어려울 경우 화분 사용, 부엽식물은 생육이 왕성하므로 유기질이 풍부한 양토 사용
- ㉣ 수변림 식재 : 토심은 관목 50~60cm, 소교목 1m 이상, 대교목 1.5m 이상으로 하며 사질양토 적당
- ⑤ 호안부 : 경계부·경사·바닥의 형태 및 깊이·재료 등을 다양하게 하여 생물다양성 증진도모 - 폐사목 놓기, 통나무 박기, 통나무 놓기, 자연석·자갈 및 진흙 등으로 호안형성

6 생태통로 및 어도

- ① 도로, 댐, 수중보, 하구언 등으로 인하여 야생동물의 서식지가 단절되거나 훼손되는 것을 방지하고 야생동식물의 이동을 돕기 위하여 설치되는 인공구조물이나 식생 등의 생태적 공간을 지칭
- ② 단편화된 생태계를 물리적 또는 기능적으로 연결하여 이동로 제공, 서식지 이용, 천적 및 대형 교란으로부터의 피난처, 생태계 연속성 유지, 기온변화에 대한 저감효과, 교육적·위락적 및 심리적 가치제고, 개발억제효과 등
- ③ 생태적 연속성을 유지해야 하며, 외부의 간섭차단을 위한 통로의 은폐, 도로상의 과속방지턱, 노면처리, 동물출현표지판, 가드레일, 탈출을 위한 측구경사면 등 보조시설 설치

7 훼손지 복구

- ① 채석장, 비탈면, 사토장, 폐광지 등 기타 자연적이거나 인위적 원인에 의해 파괴되거나 훼손된 곳을 생태적 경관적으로 복원하는 것
- ② 기반안정공사
  - ㉠ 원지표면으로부터 깊이 15cm 이상 훼손된 지역은 먼저 깊이 30cm까지 잡석채우기, 깊이 30~15cm까지는 왕모래잔자갈채우기 시공 후 표토시공
  - ㉡ 경사도 30% 이상의 침식지는 연결지주형식의 통나무(ϕ10cm 무방부목) 묻기공사 실시
  - ㉢ 동일 배수유역인 경우 위에서 아래로 공사진행
  - ㉣ 구역 내 모든 잔존식생은 공사 전에 가식한 후 야생풀포기식재공사에 사용

▌수생식물 관리

수생식물이 점유하는 면적이 수면의 50%를 넘지 않도록 하며, 용기식재 또는 토양표면을 돌로 덮어 종자번성을 예방하거나 수심조절을 통해 제어한다. 또한 동물의 종류에 따라 나지를 필요로 하는 경우가 있으므로 식물이 침입하지 않도록 모래와 자갈로 구성된 수변구역도 만들어 둔다.

▌생태계 단편화

각종 개발행위, 특히 선형적인 도로, 철도 등으로 하나의 생태계가 여러 개의 작은 생태계로 분할되는 현상으로 생태계의 구조와 기능이 열악하게 된다.

③ 등산로 정비

   ⊙ 침식된 등산로는 하층부에서 상층부로 왕모래잔자갈층, 사양토층 순으로 복구

   ⓛ 등산로상의 암석이나 돌 등은 제거하고 사양토를 이용하여 노반을 정지한 후 3.92MPa(40kgf/cm²) 이상의 지지력을 갖도록 인력다짐

   ⓒ 목재계단의 사용(통나무·침목 등)

등산로의 종단경사도에 따른 노면시설

구분	내용	구분	내용
경사도 7% 이하 경사도 7~15%	흙바닥 정비 노면 침식이 적은 재료	경사도 15% 이상	목재계단

④ 식생도입 : 훼손지 주변의 현존식생조사를 토대로 추정되는 원식생을 복원하며, 야생풀포기심기를 위주로 파종공법을 병행하고, 1단계 초본류, 2단계 목본류 식재의 단계별 식생복원사업 시행

8 생물서식공간 조성

(1) 조류서식처

① 관목덤불숲, 유실수군락, 인공새집 등으로 조성

② 비행중인 조류가 먹이나 물이 풍부한 소생태계로 인식할 수 있게 하여 초기 유인효과를 거두어야 조류가 이용

③ 갯벌·습지·갈대밭 등을 조성하여 먹이활동, 서식활동, 휴식·휴면 활동이 가능한 환경조성

④ 비상력이 있으므로 수변환경뿐만 아니라 주변환경도 고려

⑤ 조류는 경계심이 강하므로 조류가 안심할 수 있는 구역확보

(2) 곤충서식처

다공성 공간의 제공이 기본으로 나뭇가지 다발쌓기, 고목놓기, 다공성 돌쌓기, 통나무쌓기, 짚쌓기 등 다공질 구조로 환경조성

(3) 양서류 및 파충류 서식처

① 저습지의 수심은 최고 1.0m에서 수면부위 35cm 내외 조성

② 중앙에 턱을 만들어 휴식(일광욕)을 위한 공간 조성

③ 겨울에도 완전히 건조하지 않은 환경을 갖추고 주변에 초지나 수림지 필요

④ 개구리의 산란장소인 수변부에 수생식물 도입 – 용존산소량 및 먹이 증가

⑤ 파충류는 지렁이류, 곤충류, 양서류, 파충류 등 먹이자원이 풍부하고 숨을 수 있는 장소 및 산란·동면장소 필요

⑥ 자연환경과 같이 생물이 서식하기 좋은 조건을 만들어 자연지역과 조성

▌비오톱(Biotop) – 소생물권

① Bio(생물)+tope(장소)의 뜻으로 생물서식을 위한 최소한의 단위공간으로, 생물이 생활하고 서식하는 장소나 환경을 말하며, 식물과 동물로 구성된 3차원의 서식공간으로 자연의 생태계가 기능하는 공간을 의미한다.

② 생물다양성을 높이고, 야생 동·식물의 서식지간의 이동가능성을 높이거나, 생태계의 건전성을 유지·증진하기 위한 특정한 생물종의 서식공간을 의미한다.

▌생물다양성

단위 생태계내 생물유기체간의 다양성을 말하며, 군집내와 군집간의 다양성을 포함한다.

지역과의 연결체계를 갖고 전체적으로 체계화된 비오톱 조성

9 생태계 이전

① 대상지역 내의 자연생태계 구성요소를 목적하는 다른 장소로 이전하는 것
② 식생구조 및 기반을 포함하여 공사구역 및 절·성토 등의 작업으로 사라질 녹지·산림지역 등의 이전
③ 이식대상 수목은 식생구조에 따라 층위별로 구분하여 이전 대상지의 생태계를 대표할 수 있는 식생지역 선정
④ 이식대상 초본 또는 관목류는 식생조사를 토대로, 가능한 생육이 왕성한 선구식물종과 식생천이계열상 중기 식물종을 중심으로 선정
⑤ 마운딩을 조성할 때는 20~30cm 두께로 다짐하되, 평균 기울기는 30% 이하로 완만하게 조성
⑥ 수목의 굴취는 낙엽·낙지의 채취 → 임상식물과 표토 → 관목층 → 하부토양채취 → 아교목층 → 교목층의 순서로 시행
⑦ 수목의 식재는 굴취순서의 반대로 시행

10 자연환경림

① 산림식생의 복원은 기본적으로 생태계 천이 고려
② 식물 생육을 위한 최소 유효표토층 깊이는 30cm 이상 확보
③ 식생의 공간적 배치는 식생의 생태적 습성과 식생학적 위치에 따라 지역의 잠재자연식생으로의 재창조가 가능하도록 조성
④ 복원지역의 가장자리는 일부의 면적을 완충지역으로 확보하여 식생정착 보조
⑤ 목표시기 : 목표수림별로 달리 적용
  ㉠ 일반교목림 : 최종목표년도 20년, 초기목표년도 10년
  ㉡ 임연군락 : 최종목표년도 10년, 초기목표년도 5년
  ㉢ 관목림 : 목표연도 5년
⑥ 야생동물이나 조류 등의 유치목표종에 적합한 식생계획
⑦ 생태적 배식으로 조성되는 수림(삼림식생)은 다층구조로 조성
⑧ 포트묘나 수고 1.5m 이하의 유목을 1.5m 이내의 간격으로 군식
⑨ 식재지의 경사는 낙엽활엽수림이 잘 발달되고 있는 15~30% 적용
⑩ 식재거리는 설정 목표연도 및 이식수목의 크기를 고려하여 결정

▍자연환경림
오염되거나 훼손된 도시산업화 지역에서 환경보전 및 자연성 증진 기능을 수행할 수 있도록 조성하는 다층복합구조의 숲을 말한다. 외래종은 목적된 것 이외에는 제거하고 가능한 자생수종으로 계획한다.

▍자연림의 식재밀도
① 교목 3.5주$/100m^2$를 기준으로 금지구역은 5주$/100m^2$, 소교목 2주$/100m^2$를 적용
② 단층림 : 잔디 및 초지가 주가 되며, 녹음목적의 교목이 점재하는 산생림의 경우 5~10주$/100m^2$, 울폐도 30% 적용
③ 교목위주의 복층림 : 교목류 하부에 관목이 부분적으로 점유하는 소생림의 경우는 10~20주$/100m^2$, 울폐도 30~70% 적용
④ 복층림 : 교목층과 중목층의 수관이 겹쳐 폐쇄적이고, 교목 하부에 관목류가 빽빽한 밀생림의 경우는 20~40주$/100m^2$, 울폐도 70% 적용

핵심문제

1 조경식물의 일반적인 선정 기준에 속하지 않는 것은? 기-04-1

㉮ 미적, 실용적 가치가 있는 식물

㉯ 식재지역 환경에 적응력이 큰 식물

㉰ 재질이 좋고 경제성이 높은 것

㉱ 이식이 용이하고 관리하기 용이한 것

2 일반적으로 표준품셈에서 식재 시 수목의 규격을 표시하는 항목에 포함하지 않는 것은? 기-08-2

㉮ 근원 직경   ㉯ 수고

㉰ 흉고직경   ㉱ 지하고

🄷 수목의 규격을 표시하는 항목으로는 수고, 수관폭, 흉고직경, 근원직경, 수관길이, 주립수 등이 있다.

3 다음 그림의 기호에 대한 용어와 단위가 틀린 것은? 산기-06-4

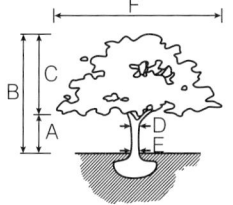

㉮ A : 수고(H, m)

㉯ D : 흉고직경(B, cm)

㉰ E : 근원경(R, cm)

㉱ F : 수관폭(W, m)

🄷 ㉮ A : 지하고(m)로 가지가 없는 줄기부분의 높이로 지상에서 최초의 가지까지의 수직높이를 말한다.

4 수목의 수간(樹幹) 굵기는 흉고직경을 재서 표시하는데 보통 지면으로부터 어느 정도의 높이를 재는가? 산기-03-2

㉮ 0.5m   ㉯ 1.2m

㉰ 1.0m   ㉱ 2.0m

5 수목규격의 측정기준 중 틀린 것은? 기-10-4

㉮ 수관 폭 : 수관 투영면 양단의 직선거리

㉯ 수고 : 지표면에서 수관 정상까지의 수직거리

㉰ 근원 직경 : 지표면에서 1.2m 부위의 수간의 직경

㉱ 지하고 : 수간 최하단부의 돌출된 줄기에서 지표면까지의 수직거리

🄷 ㉰ 흉고직경에 대한 설명이다.

6 수목 규격 표시 중 H×B로 표기하는 식물은? 산기-03-2, 산기-07-1

㉮ 대추나무   ㉯ 낙우송

㉰ 가중나무   ㉱ 느티나무

🄷 ·H×B : 곧은 줄기가 있는 수목(H×W×B로도 표시) – 은행나무, 메타세쿼이아, 버즘나무, 가중나무, 왕벚나무, 산벚나무, 자작나무, 벽오동 등

·H×R : 줄기가 흉고부 아래에서 갈라지거나 흉고부 측정이 어려운 나무(H×W×R로도 표시) – 느티나무, 단풍나무, 감나무 등 거의 대부분의 활엽수에 사용

7 다음 수종 중 굴취 시 규격표시 방법이 H×R로 표시되는 것은? 산기-06-4, 기-08-4

㉮ *Ailanthus altissima* Swingle

㉯ *Metasequoia glyptostroboides* Hu et Cheng

㉰ *Acer palmatum* Thunb

㉱ *Betula platyphylla* var. *japonica* Hara

🄷 ㉮ 가중나무 ㉯ 메타세쿼이아 ㉰ 단풍나무 ㉱ 자작나무

8 굴취 공사용 수목의 규격 표시 기준이 바르게 된 것은? 산기-07-4

㉮ 아왜나무 : H2.5×W1.0

㉯ 은행나무 : H4.0×R8

㉰ 홍단풍 : H2.5×B8

㉱ 조팝나무 : H1.0×L0.2

🄷 ㉯ 은행나무 : H×B

㉰ 홍단풍 : H×R

㉱ 조팝나무 : H×W

9 수목의 성상에 따른 이식 적기가 맞지 않는 것은? 기-05-4, 기-05-1, 기-08-2

㉮ 침엽수는 3월 중순~4월 중순이다.

ⓝ 낙엽수는 3월 중·하순~4월 상순의 개서전(開鋤前)과 10월 중순~11월 중순이다.

ⓓ 상록활엽수는 일반적으로 춘기 개서전(開舒前)과 신엽이 굳어진 4월 상순~5월 하순이다.

ⓡ 대나무는 죽순이 지상으로 나타나기 직전인 3월~4월에 실시하나 내한성이 강한 것은 가을이 좋다.

해 상록활엽수의 이식시기는 일반적으로 이른 봄 새잎이 나기 전 3월 상순~4월 중순까지와 신엽이 굳어진 6월 상순~7월 상순의 장마기가 적합하다.

10 장마철에 이식하면 가장 무난히 활착할 수 있는 나무는? 산기-04-1

㉮ 대나무류　　　㉯ 낙엽 활엽수
㉱ 침엽수　　　㉰ 상록 활엽수

11 수목식재 공사 시 필요한 사전조사의 내용으로 틀린 것은? 기-05-1

㉮ 이식 전 생육환경과 입지조건을 사전에 파악한다.

㉯ 수목의 수세, 수령, 병충해 유무 등 이식의 난이도를 추정하여 사전에 뿌리돌림의 여부를 결정한다.

㉱ 노거수의 경우 이식방법이나 이식의 시기가 중요하므로 신중히 결정한다.

㉰ 수목의 운반거리, 운반로 상태 등을 고려하여 뿌리분의 크기를 작게 하여 운반이 용이하고, 이동시간을 단축하는 것을 강구한다.

해 ㉰ 뿌리분의 크기는 근원직경의 5~6배를 표준으로 하나 뿌리의 분포, 2차근 발생 여부, 심근성, 천근성, 조밀도, 토양의 상태, 숲의 구조 등을 사전조사하여 가장 적절한 크기를 결정한다.

12 수목식재에 대한 표준시방 사항 중 옳지 못한 것은? 기-05-1

㉮ 객토용 토양은 부식질이 풍부하고 불순물이 혼입되지 않은 사질양토를 사용하여야 한다.

㉯ 활착을 돕기 위하여 보조 재료를 식혈에 넣거나 뿌리부분에 접착시켜 식재한다.

㉱ 식재지 표토의 최소 토심은 식재될 식물이 생육하는데 필요한 깊이 이상이어야 한다.

㉰ 식물은 반입 후 모두 가식을 하거나 보양설비를 하였다가 일정시간 후 식재하여야 한다.

해 ㉰ 수목은 반입 당일 식재하는 것이 원칙이나 부득이한 경우 뿌리의 건조, 지엽의 손상 등을 방지하기 위하여 바람이 없고 약간 습한 곳에 가식한다.

13 일반적인 수목 식재공사에 관한 다음 기술 중 잘못된 것은? 산기-05-1

㉮ 식재 구덩이는 분의 1.5배 정도로 크기로 판다.

㉯ 심겨지는 나무는 굴취 전에 묻혔던 것과 같은 높이로 묻히게 심는다.

㉱ 분을 떴던 새끼나 고무바 등은 분의 형상유지를 위해 식재 후에도 보존될 수 있도록 그대로 둔다.

㉰ 식재 구덩이 바닥에는 상토 또는 잘 부숙된 유기물을 넣고 토양소독제로 소독해 준다.

해 ㉱ 분을 떴던 새끼나 고무바 등은 뿌리분을 구덩이에 앉힌 후 반드시 제거한다.

14 조경 수목을 심을 때에 관한 기술 중 가장 옳은 것은? 기-05-1

㉮ 식재 전에 미리 시비하여 두며 직접 뿌리에 닿도록 해야 효과적이다.

㉯ 식혈은 뿌리분 정도의 크기로서 중앙부를 낮게 파두는 것이 좋다.

㉱ 흙채워심기일 경우 뿌리분과 흙이 밀착하도록 단단히 다져 심는다.

㉰ 물조임심기일 경우 막대기로 다지면 불투수층이 생기므로 피해야 한다.

15 뿌리돌림을 하는 목적이 아닌 것은? 산기-07-1

㉮ 귀중한 수목으로 안전하게 활착을 유도

㉯ 노거수 또는 대목의 수세 회복

㉱ 직근성으로 식재 전 잔뿌리 발생이 요구되는 어린나무

㉰ 수목을 이식할 경우 이동의 용이성

16 뿌리 돌림에 대한 설명으로 가장 거리가 먼 것은? 산기-04-4

㉮ 이식이 어려운 수종은 2~4등분하여 연차적으로 한다.

ⓓ 가을 보다는 봄에 하는 것이 더 효과적이다.

ⓔ 잔뿌리가 내리도록 해서 이식을 쉽게 하기 위한 작업이다.

ⓕ 이식 시기로 부터 적어도 6개월~3년 전에 준비한다.

해 ⓓ 봄 보다는 가을에 하는 것이 더 효과적이다.

17 수목의 굴취 시 뿌리분의 크기는 대체로 무엇을 기준으로 정하는가? 기-05-2
㉮ 흉고직경 ㉯ 수고
㉰ 근원직경 ㉱ 수관폭

18 수식 A=24+(N−3)×d는 무엇을 산출하기 위한 공식인가? (단, N : 근원 직경, d : 상수로서 일반적으로 4) 산기-06-4
㉮ 식재 구덩이의 크기 ㉯ 뿌리분 직경
㉰ 뿌리분의 중량 ㉱ 흉고직경 산출식

19 이식을 위한 수목의 굴취 시 근원 직경이 15cm인 상록수의 표준적인 뿌리분의 크기(직경)는?
기-06-2, 기-07-4
㉮ 64cm ㉯ 72cm
㉰ 84cm ㉱ 92cm

해 뿌리분의 크기(직경) = 24+(N−3)×d

N : 근원직경(cm) d : 상수 4(낙엽수를 털어서 파 올릴 경우는 5)

24+(15−3)×4 = 72(cm)

20 소나무(H3.5×R10)의 표준적인 뿌리분의 크기는? (단, D=24+(N−3)×d를 이용한다.) 산기-06-1
㉮ 63cm ㉯ 52cm
㉰ 45cm ㉱ 26cm

해 19번 참조

뿌리분의 직경 = 24+(10−3)×4 = 52(cm)

21 근원직경이 30cm 되는 수목의 뿌리분을 뜨고자 한다. 근원간주(根元幹周)로 부터 뿌리분 가장자리까지의 간격을 얼마로 하는 것이 좋은가? (단, 일반적인 방법에 의하므로 상수 4를 적용할것)
기-03-2, 기-08-1

㉮ 41cm ㉯ 51cm
㉰ 61cm ㉱ 71cm

해 19번 참조

뿌리분의 직경 = 24+(30−3)×4 = 132(cm)

· 근원의 가장자리부터 뿌리분 가장자리까지의 간격
$= \dfrac{(132-30)}{2} = 51(cm)$

22 근원 직경이 10cm인 수목을 4배 접시분으로 분뜨기를 할 경우 분의 깊이를 얼마로 하여야하나?
산기-06-1, 산기-03-2

㉮ 10cm ㉯ 20cm
㉰ 30cm ㉱ 40cm

해 접시분의 깊이는 2d이므로 2×10 = 20(cm)

23 수목을 이식할 때 뿌리분의 모양을 다음과 같이 해야하는 수종으로 가장 적당한 것은?
산기-05-1, 기-07-2, 기-11-4

㉮ 해송
㉯ 느티나무
㉰ 은행나무
㉱ 양버들

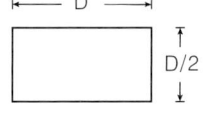

해 접시분 : 천근성 수종에 적용 – 버드나무, 메타세쿼이아, 낙우송, 일본잎갈나무, 편백, 미루나무, 사시나무, 황철나무 등

24 수목 굴취 시 천근성 나무의 분의 모양은?
기-08-1, 기-04-4

㉮ 보통분 ㉯ 접시분
㉰ 조개분 ㉱ 혼합분

25 다음 수목 중 뿌리분을 조개분 형태로 떠야 가장 좋은 것은?
산기-08-4, 산기-08-1
㉮ 잣나무 ㉯ 독일가문비
㉰ 일본잎갈나무 ㉱ 왕버들

해 조개분 : 심근성 수종에 적용 – 소나무, 비자나무, 전나무, 느티나무, 튤립나무, 은행나무, 녹나무, 후박나무 등

26 근원 직경이 15cm인 수목을 4배 접시분으로 분뜨기를 한 경우 지상부를 제외한 분의 중량은? (단, 뿌리분의 단위 중량은 1.3t/m³이고, 원주율 π는

3.14로 한다.) 산기-07-1, 산기-03-1

㉮ 0.11ton ㉯ 0.21ton

㉰ 0.25ton ㉱ 0.32ton

해 · 수목의 지하부 중량 $W_2 = V \times w_2$

· V : 뿌리분 체적(m^3),

접시분 $V = \pi r^3$, r : 뿌리분의 반경 $= \dfrac{4D}{2}$, w_2 : 뿌리분의 단위

체적중량(t/m^3)

→ $3.14 \times (\dfrac{4 \times 0.15}{2})^3 \times 1.3 = 0.11$(ton)

27 수목의 지상부 중량을 계산하는 식의 설명 중 틀린 것은? 기-05-1

$$W = K\pi(\dfrac{d}{2})^2 H w_1 (1+P)$$

㉮ K : 수간 형상지수

㉯ d : 근원 직경(m)

㉰ w_1 : 수간의 단위체적당 중량

㉱ P : 지엽의 다과(多寡)에 의한 보합율

해 ㉯ d : 흉고직경(cm)이다.

28 조경설계기준에서 정한 수간의 단위체적당 중량(kg/m^3)이 1,340 이상인 수종으로 짝지은 것은? 산기-04-1, 산기-11-2

㉮ 독일가문비나무, 녹나무, 삼나무

㉯ 굴피나무, 화백, 일본 목련

㉰ 소나무, 편백, 칠엽수

㉱ 감탕나무, 상수리나무, 호랑가시나무

해 수간의 단위체적중량이 1,340kg/m^3 이상인 수종으로는 가시나무류, 감탕나무, 상수리나무, 소귀나무, 졸참나무, 호랑가시나무, 회양목 등이 있다.

29 수목의 굴취방법 중 동토법(凍土法)의 설명으로 틀린 것은? 기-08-4

㉮ 부득이 겨울에 수목을 굴취할 때 사용하는 방법이다.

㉯ 잔뿌리의 손상이 적어 뿌리감기를 하지 않아도 된다.

㉰ 상록관목이나 낙엽관목 등 크기가 작은 수목에만 사용할 수 있다.

㉱ 동결심도가 높은 지방이나 낙엽수의 휴면기에는

뿌리둘레를 파도 흙이 흘러내리지 않아 그대로 굴취하는 방법이다.

해 ㉱ 동토법은 낙엽수에 실시한다.

30 수목의 뿌리를 사방 주위로부터 파내려가서 뿌리를 절단하고 새끼감기 대신에 상자모양의 테를 이용하여 이식하는 방법은? 기-05-2

㉮ 상취법(箱取法)

㉯ 전근이식법(剪根移植法)

㉰ 추굴법(追堀法)

㉱ 동토법(凍土法)

31 체인블록(chain block)의 주 용도라 볼 수 없는 것은? 산기-06-1

㉮ 무거운 돌을 지면에 자리 잡아 놓을 때

㉯ 무거운 수목을 싣거나 내릴 때

㉰ 무거운 물체를 가까운 거리에 운반할 때

㉱ 무거운 돌을 높이 쌓을 때

해 ㉰ 체인블록은 상·하운반 시에 사용한다.

32 식재 시방서의 식재구덩이에 관한 내용 중 틀린 것은? 기-04-1

㉮ 지정된 장소가 식재 불가능할 경우 도급업자가 임의로 옮겨 심는다.

㉯ 식재 구덩이를 팔 때에는 표토와 심토는 따로 갈라놓아 표토를 활용할 수 있도록 조치한다.

㉰ 묘목 구덩이는 보통 분의 크기에 1.5배 이상 되게 판다.

㉱ 식물 생육에 지장이 있는 것은 제거하고 양토를 넣고 고른다.

33 나무를 심을 경우 심을 구덩이의 최소한 크기는? 산기-04-2, 산기-07-1

㉮ 뿌리분 지름의 1배 이상 크기

㉯ 뿌리분 지름의 1.5배 이상 크기

㉰ 뿌리분 지름의 2배 이상 크기

㉱ 뿌리분 지름의 2.5배 이상 크기

34 나무심는 구덩이 파기에 대한 설명이다. 이 중

정답 **27** ㉯ **28** ㉱ **29** ㉱ **30** ㉮ **31** ㉰ **32** ㉮ **33** ㉯ **34** ㉰

틀린 것은?   산기-03-4

㉮ 구덩이는 나무분 보다 크고 깊게 한다.

㉯ 구덩이에서 파낸 흙으로 나무를 심고자 할 때는 토양의 상태를 고려하여야 한다.

㉰ 파 놓은 구덩이가 너무 깊어 흙을 메워서 심어야 할 때는 고운 흙으로 다져지지 않게 흙을 메운다.

㉱ 구덩이를 팔 때는 돌이나 자갈, 나무뿌리, 풀뿌리 들을 모두 골라낸다.

해 ㉰ 파 놓은 구덩이가 너무 깊어 흙을 메워서 심어야 할 때는 고운 흙으로 잘 다져서 흙을 메운다.

35 일반적으로 가로수의 운반 및 식재방법에 관한 설명 중 틀린 것은?   기-06-1

㉮ 식재목은 굴취 2~3일 전에 충분히 관수하고, 남.북의 방향을 리본으로 표시하여 식재 시 방향 유도를 용이하게 한다.

㉯ 식재지의 토질은 배수성과 통기성이 좋은 사질 양토로서 토양입자 50% 정도, 수분 35% 정도, 공기 15% 정도의 구성비를 원칙으로 한다.

㉰ 운반 시에는 식재목을 고정시켜 흔들림을 방지 하고 접촉부위에는 완충재를 끼워주며 2중 적재 를 금한다.

㉱ 식재구덩이의 크기는 뿌리분의 1.5배 이상으로 하고 척박한 곳은 비옥한 곳보다 크게 한다.

해 ㉯ 식재지의 토질은 배수성과 통기성이 좋은 사질양토로서 토양입자 50% 정도, 수분 25% 정도, 공기 25% 정도의 구성 비를 원칙으로 한다.

36 지주의 설치가 용이하고, 견고한 지지를 필요 로 하는 장소에 사용하지만, 설치면적을 많이 차지 하여 통행에 불편을 주는 단점도 있는 지주의 종류 는?   기-06-2, 기-03-4

㉮ 단각지주   ㉯ 삼각지주

㉰ 당김줄형지주   ㉱ 삼발이지주

37 수고 4.5m 정도의 수목을 식재한 후 설치하는 지주로 가장 적합한 것은?   산기-06-4, 산기-05-2

㉮ 당김줄형   ㉯ 삼각형

㉰ 이각형   ㉱ 삼발이 대형

38 이식수목의 지주설치 내용으로 틀린 것은?
                                        기-07-4, 기-11-2

㉮ 매몰형 지주는 경관 상 매우 중요한 곳이나 지주목 이 통행에 지장을 많이 가져오는 곳에 설치한다.

㉯ 거목이나 경관적 가치가 특히 요구 되는 곳, 주 간 결박지점의 높이가 수고의 2/3가 되는 곳에 당김줄형을 사용한다.

㉰ 삼발이(버팀형)는 견고한 지지를 필요로 하는 수 목이나 근원 직경 40cm 이상의 수목에 적용한다.

㉱ 수고 1.2m 미만의 수목은 특별히 지주가 필요 할 때 단각형을 설치한다.

해 ㉰ 삼발이(버팀대)지주는 근원직경 20cm 이상의 수목에 적 용하며 견고한 지지를 요하는 수목이나 미관상 중요하지 않 은 곳 등에 사용한다.

39 수목 식재가 경관 상 매우 중요한 위치일 때 사 용되는 지주목 형태는?   기-04-2

㉮ 단각형   ㉯ 삼각 및 사각지주

㉰ 당김줄형   ㉱ 매몰형

40 수목을 식재한 후 짚이나 풀 등으로 뿌리 주위 를 덮어준다. 이러한 뿌리 덮개(mulching)로 인한 효과라고 볼 수 없는 것은?   산기-05-4, 기-11-2

㉮ 토양중 수분의 증발 억제

㉯ 토양 구조의 개선

㉰ 잡초가 무성해지는 것을 방지

㉱ 뿌리의 동해방지

41 잔디는 지면의 피복식물로써 효과적이다. 잔디 밭 조성에 있어서 가장 먼저 고려되어야 하는 점은?
                                            산기-02-2

㉮ 상토와 배수성   ㉯ 병충해의 예방

㉰ 생장과 피복   ㉱ 통풍과 대기오염

42 우리나라에 가장 많이 분포되어 있는 잔디는?
                                            산기-02-4

㉮ *Zoysia japonica*   ㉯ *Zoysia matrella*

㉰ *Zoysia tenuifolia*   ㉱ *Zoysia sinica*

해 우리나라에 가장 많이 분포되어 있는 잔디는 들잔디로 불리

는 잔디(*Zoysia japonica*)이다.

43 다음 중 난지형 잔디류에 속하는 것은?

산기-10-2, 산기-06-1

㉮ 버팔로그래스　　　　㉯ 이탈리안라이그래스
㉰ 톨 훼스큐　　　　　　㉱ 크리핑벤트그래스

🄷 난지형 잔디

한국잔디류(Zoysiagrass)	양잔디
• (들)잔디(Z. japonica) • 금잔디 (Z. matrella) • 비단잔디(Z. tenuifolia) • 갯잔디(Z. sinica) • 왕잔디(Z. macrostachya)	• 버뮤다그래스(커먼버뮤다그래스, 개량버뮤다그래스) • 버팔로그래스 • 버하이아그래스 • 쎄니피드그래스 • 카펫그래스

44 다음 중 난지형 잔디로만 나열된 것은?　기-07-1

㉮ *Zoysia japonica*, Bermuda grass
㉯ Kentucky Blue grass, Bermuda grass
㉰ Bent grass, Kentucky Blue grass
㉱ Bent grass, *Zoysia japonica*

🄷 켄터키블루그래스. 벤트그래스는 한지형 잔디에 속한다.

45 다음 중 잔디별 생육 적온에 따른 분류 중 난지형 잔디에 해당하지 않는 것은?

산기-06-1

㉮ 버뮤다그래스　　　　㉯ 라이그래스
㉰ 버팔로그래스　　　　㉱ 비로드잔디

46 일반적인 난지형 잔디의 종자 파종시기로 가장 적당한 것은

산기-05-1, 기-10-1

㉮ 3월　　㉯ 4월　　㉰ 5월　　㉱ 9월

🄷 난지형잔디의 파종시기는 5~6월로 한다.

47 한지형(寒地型)서양잔디의 생육 적온으로 가장 알맞은 것은?

산기-10-1

㉮ -2~5℃　　　　　　㉯ 5~8℃
㉰ 10~12℃　　　　　　㉱ 15~24℃

🄷 난지형 잔디의 생육적온 : 25~35℃

　　한지형 잔디의 생육적온 : 15~25℃

48 우리나라에서 난지형 잔디의 파종 시기와 온도

가 가장 적합한 것은?　　　　　　　　기-10-1

㉮ 3~4월경, 외기온도 15~20℃
㉯ 5~6월경, 외기온도 20~25℃
㉰ 7~8월경, 외기온도 25~30℃
㉱ 9~10월경, 외기온도 15~20℃

49 다음 중 생육적온이 15~24℃ 정도인 한지형 잔디로 가장 적합한 것은?

산기-08-1

㉮ 비로드 잔디　　　　㉯ 화이트 클로버
㉰ 버팔로그래스　　　　㉱ 라이그래스

50 다음 서양잔디 중 한지형이 아닌 것은?　기-10-4

㉮ *Poa pratensis*　　　㉯ *Cynodon dactylon*
㉰ *Agrostis alba*　　　㉱ *Lolium perenne*

🄷 ㉮ 켄터키블루그래스　㉯ 버뮤다그래스 : 난지형잔디

　　㉰ 레드톱 벤트그래스　㉱ 퍼레니얼 라이그래스

51 다음 중 추운 지방에서 생육하기에 부적합한 지피식물은?

기-07-1

㉮ 양잔디　　　　　　　㉯ 왜곰취
㉰ 돌나물　　　　　　　㉱ 클로버

52 서양잔디인 버뮤다 그라스(Bermuda grass)에 관한 설명 중 틀린 것은?

기-09-1, 산기-03-4

㉮ 학명은 *Cynodon dactylon* L.이다.
㉯ 번식은 종자의 생산량이 극히 적어 주로 지하경과 포복경에 의하여 한다.
㉰ 겨울철용 상록성 잔디의 대표적인 것이다.
㉱ 내건성이 강하며, 시비조건만 맞으면 모래땅에도 잘 자란다.

🄷 ㉰ 버뮤다 그라스는 난지형잔디이다.

53 한국잔디 중 들잔디(*Zoysia japonica*)의 특징 설명으로 틀린 것은?

기-09-2

㉮ 들잔디의 내건성은 왕잔디(*Zoysia macrostachya*)보다 강하다.
㉯ 들잔디의 질감은 비로드잔디(*Zoysia tenuifolia*)보다 거칠다.
㉰ 들잔디의 생육속도는 고려잔디(*Zoysia matrella*)

보다 빠르다.

㉑ 들잔디의 내한성은 갯잔디(*Zoysia sinica*)보다 약하다.

해 ㉑ 들잔디의 내한성은 갯잔디(*Zoysia sinica*)보다 강하다.

54 들잔디(*Zoysia japonica*) 파종 시 고려할 사항 중 틀린 것은? 기-09-4

㉮ 파종은 3~4월경에 한다.

㉯ 파종 후 롤러로 가볍게 진압한 후 충분히 젖도록 관수한다.

㉰ 파종지는 20cm 이상 경운하여 롤러로 가볍게 다진 후 파종한다.

㉱ 씨드벨트(seed belt)로 파종할 때에는 정지된 지면에 종자가 닿도록 벨트를 깔고 충분히 관수 한 다음, 고운 흙을 1mm 내외 배토하고 다시 관수 한 후 폴리에틸렌 필름을 덮어준다.

해 ㉮ 파종은 5~6월경에 한다.

55 잔디의 생육 최소 심토 깊이는? 기-06-4

㉮ 15cm ㉯ 30cm
㉰ 45cm ㉱ 60cm

56 다음 중 켄터키 블루그래스의 품종이 아닌 것은? 산기-08-2

㉮ 메리온(Merion) ㉯ 에메랄드(Emerald)
㉰ 아델피(Adelphi) ㉱ 너깃(Nugget)

해 켄터키 블루그래스의 품종으로는 메리온, 아델피너깃, 미드나이트, 오썸, 퍼펙션 등이 있다.

57 잔디종자의 파종을 시행하고자 할 때 파종량을 정하는 공식은? (W : 1m²당 파종량, G : 희망본수, S : 종자1g의 평균립수, P : 순도(%), B : 발아율) 산기-05-4

㉮ $W = \dfrac{GS}{PB}$

㉯ $W = \dfrac{G}{SPB}$

㉰ $W = B \cdot P \cdot \dfrac{G}{S}$

㉱ $W = G \cdot S \cdot P \cdot B$

58 다음 조건을 가진 톨페스큐 1그램(gr)을 파종했을 때 얻을 수 있는 포기 수는 대략 얼마인가? (조건 : 1그램 당 종자 수 : 600알, 종자의 순도 : 90%, 발아율 : 90%, 유묘 고사 및 불발아율 : 40%) 산기-04-2

㉮ 약 100 ㉯ 약 200
㉰ 약 300 ㉱ 약 400

해 종자수×종자순도×발아율×유묘생존율=600×0.9×0.9×0.6=291.6≒300(포기)

59 골프장 그린(green)지역에 사용하기 가장 좋은 잔디는? 산기-04-4, 산기-06-4, 산기-02-2, 기-04-1

㉮ 들잔디 ㉯ 라이 그래스
㉰ 벤트 그래스 ㉱ 금잔디

60 우리나라 골프장 퍼팅그린(putting green)에 활용할 수 있는 잔디 종류는? 산기-06-4

㉮ Bent grass ㉯ Fescue
㉰ Kentucky Blue grass ㉱ *Zoysia Japonica*

61 캔터키블루그래스가 가장 잘 자라는 pH는? 기-04-1, 기-06-4, 기-09-4

㉮ pH 3.5 – 4.2 ㉯ pH 4.2 – 5.2
㉰ pH 5.2 – 6.0 ㉱ pH 6.0 – 7.8

해 캔터키블루그래스는 중성 또는 약산성 토양에서 잘 자란다.

62 30cm×30cm×3cm 뗏장을 100m²에 전면붙이기 하였을 때 뗏장 몇 매가 필요한가? 산기-06-2, 산기-09-1

㉮ 약 900매 ㉯ 약 1,100매
㉰ 약 1,500매 ㉱ 약 2,000매

해 1m²당 전면붙이기 뗏장수 : 11매
→ 11×100 = 1,100(매)

63 잔디를 경사면 전체에 피복하여 침식으로 부터 보호하려고 한다. 이 공법을 무엇이라 하는가? 기-03-1

㉮ 평떼붙이기(張芝工) ㉯ 줄떼붙이기(芝條工)
㉰ 식생반공(植生盤工) ㉱ 식생대공(植生袋工)

64 잔디식재공법으로 공사기간의 단축이 용이하고 광대한 면적에 빠른 시공이 가능한 공법은?

기-08-1

㉮ 평떼공법 ㉯ 줄떼공법
㉯ 종자살포공법 ㉰ 종자판붙임공법

65 잔디의 전면붙이기로 뗏장을 맞붙일 때 뗏장 1장의 규격이 45cm×30cm라면 1,000장으로 조성할 수 있는 뗏장의 평수는?

산기-06-4

㉮ 약 40평 ㉯ 약 60평
㉯ 약 80평 ㉰ 약 100평

해 1평 ≒ 3.31m²

$$\text{뗏장의 평수} = \frac{\text{뗏장수×가로×세로}}{3.31}$$

$$\rightarrow \text{평수} = \frac{1000×0.45×0.3}{3.31} = 40.8(\text{평})$$

66 6톤 트럭의 평떼 적재량을 갖고 이음매 4cm가 되게 이음매 붙이기로 잔디밭을 조성하려고 한다. 잔디밭 조성의 최대 가능 면적은? (단, 평떼 적재량은 1,200매이고 잔디규격은 표준규격(0.3×0.3×0.03)이다.)

기-05-4, 기-03-4

㉮ 약 100m² ㉯ 약 122m²
㉯ 약 154m² ㉰ 약 192m²

해 이음매의 오류로 보인다.
이음매 6cm의 소요량 : 전면붙이기의 약 70%

$$\rightarrow \text{면적} = \frac{\text{뗏장수×가로×세로}}{\text{이음새를 고려한 계수}} = \frac{1200×0.3×0.3}{0.7}$$
$$= 154.28(\text{m}^2)$$

67 다음 중 상록성 식물이 아닌 것은? 산기-07-4

㉮ 맥문동 ㉯ 자금우
㉯ 족제비고사리 ㉰ 비비추

68 다음 용토(用土)중 옥상조경용 인공용토가 아닌 것은?

산기-08-4, 산기-04-4

㉮ 버미큘라이트 ㉯ 펄라이트
㉯ 피트 ㉰ 부엽토

해 옥상조경용 인공용토로는 버미큘라이트, 펄라이트, 피트, 화산자갈, 화산모래, 석탄재 등이 있다.

69 다음 중 다공질경량토(多孔質輕量土)가 아닌 것은?

산기-05-1, 산기-10-2, 산기-11-2

㉮ 펄라이트(pearlite)
㉯ 화산(火山) 모래
㉯ 생명토(生命土)
㉰ 버미큘라이트(vermiculite)

70 옥상 및 인공지반 조경에 있어서 경량토의 용도 및 특성에 대한 설명으로 적합하지 않은 것은?

기-06-1

㉮ 버미큘라이트는 식재토양층에 혼용하여 사용하며 다공질로써 보수성, 통기성, 투수성이 좋다.
㉯ 화산 자갈은 배수층에 사용하며 화산 분출암속의 수분과 휘발성 성분이 방출된 것이다.
㉯ 펄라이트는 식재 토양층에 혼용하여 사용하며 염기성 치환용량이 커서 분비성이 크며 산도가 높다.
㉰ 석탄재는 배수층과 식재층에 혼용하여 사용하며 한랭한 습지의 갈대나 이끼가 흙 속에서 탄소화된 것이다.

해 ㉯ 펄라이트는 염기성치환용량이 적어 보비성 없으며 중성~약알칼리성이다.

71 다음 경량재 토양에 대한 설명 중 틀린 것은?

기-04-1, 기-07-4

㉮ 버미큘라이트(Vermiculite)는 다공질(多孔質)로서 나쁜 균이 없다.
㉯ 퍼어라이트(Perlite)는 토양에 대하여 완충 능력이 있다.
㉯ 피트(Peat)는 이끼가 모여 된 것이므로 영양분이 다소 포함된 경량재 토양이다.
㉰ 하이드로볼은 인공적으로 만든 토양이다.

해 ㉯ 펄라이트는 압력에 의해 잘 부서지는 결점이 있다.

72 옥상, 인공지반 등의 녹화 공사 시 방수공사의 유의 사항으로 틀린 것은?

기-06-4

㉮ 방수재는 내용연수가 긴 아스팔트 보호방수가 일반적이다.
㉯ 수밀성을 필요로 하는 연못 등에는 스테인레스 시트 방수 등으로 이중방수 한다.

㉰ 배수경사는 1/20 이상으로 하는 것이 바람직하다.

㉱ 방수층의 끝부분(오름)은 식재 상면에서 적어도 150mm로 한다.

해 ㉰ 배수경사는 1/50 이상으로 하는 것이 바람직하다.

73 우리나라의 도시 건물이 대형화 추세에 있고, 녹지 확보가 어려운 실정을 고려한다면 대형빌딩의 옥상정원 조성이 크게 신장하고 있다. 옥상과 지상 녹지의 환경 특성을 비교한 내용 중 틀린 것은?

산기-09-2

㉮ 온도는 지상에서 낮고, 온도변화는 옥상에서 크다.

㉯ 수광 정도는 옥상이 지상보다 양호하다.

㉰ 옥상에서는 바람의 영향이 크게 작용하므로 수고가 큰 교목은 가급적 식재를 지양한다.

㉱ 지상 녹지에서는 주변을 전망하는 시계가 불량하다.

74 비탈면(法面)의 경사도에 대한 설명으로 틀린 것은?

기-08-1, 산기-02-1

㉮ 수목을 식재할 때 관목은 1:2보다 완만하게 한다.

㉯ 수목 식재 시 소교목은 1:3보다 완만하게 한다.

㉰ 절토 시 모래로 안정화 할 때는 1:0.5보다 적은 것이 적합하다.

㉱ 성토한 곳의 안정은 1:1.5가 적합하다.

해 ㉰ 절토 시 모래로 안정화할 때는 1:1.5보다 적은 것이 적합하다.

75 토양침식을 억제하기 위한 식생의 피복에 따른 효과로 가장 거리가 먼 것은?

산기-04-4

㉮ 표면유수를 감소시킨다.

㉯ 지면의 경사도를 완화시킨다.

㉰ 토양에 대한 빗물의 충격을 감소시킨다.

㉱ 식물뿌리에 의하여 토양입자를 고정시킨다.

76 법면식재 공법 중 하나인 식생조공의 설명으로 옳은 것은?

산기-06-2

㉮ 뗏장을 법면 전면에 붙인다.

㉯ 씨와 비옥토를 섞은 것을 강대에 담아 법면의 수평구에 깐다.

㉰ 법면 구축 시 대상 인공 뗏장을 수평방향에 줄 모양으로 삽입한다.

㉱ 매트 모양으로 만들어진 인공잔디를 법면에 피복한다.

77 법면식재공법의 종류 중 식물의 도입이 곤란한 불량토질에 사용하고 피복속도가 느리기는 하지만 비료의 효과가 오래도록 계속되는 공법은? 기-08-2

㉮ 식생반공(植生般工)　　　㉯ 식생대공(植生袋工)

㉰ 식생혈공(植生穴工)　　　㉱ 식생조공(植生條工)

78 다음 중 생태형별 수생식물의 구분이 맞지 않는 것은?

산기-04-2, 산기-12-1

㉮ 침수식물 : 말, 물질경이, 대가래

㉯ 부유식물 : 개구리밥, 연, 부들

㉰ 부엽식물 : 마름, 자라풀, 택사

㉱ 정수식물 : 달뿌리풀, 보풀, 줄

해 ㉯ 부유식물은 물속에 뿌리가 떠 있고 물속이나 수면에 식물체 전체가 떠다니는 식물로 개구리밥, 생이가래, 부레옥잠 등이 있다.

79 다음은 생태연못이나 저습지 등을 조성할 때 도입되는 수생식물을 분류한 것이다. 옳지 않게 연결된 것은?

기-05-4, 기-11-1

㉮ 추수식물 – 식물의 뿌리를 물속의 토양에 두고 있으며, 몸의 일부가 수면위로 나온 식물 – 갈대, 줄, 부들

㉯ 부엽식물 – 식물의 뿌리와 잎이 수면에 떠서 생활하는 식물 – 마름, 순채

㉰ 침수식물 – 식물의 몸 전체가 물속에 잠겨서 생활하는 식물 – 검정말, 나사말

㉱ 부수식물 – 식물의 몸 전체가 수면에 떠서 생활하는 식물 – 개구리밥, 생이가래

해 ㉯ 부엽식물은 물속의 토양에 뿌리를 뻗으며 부유기구로 인해 수면에 잎이 떠 있는 식물로 수련, 마름, 어리연꽃, 자라풀 등이 있다.

80 다음 중 정수식물(추수식물)이 아닌 것은?

기-07-2, 산기-09-2

㉮ 줄   ㉯ 부들
㉰ 창포   ㉱ 자라풀

해 정수식물로는 갈대, 부들, 애기부들, 달뿌리풀, 물억새, 창포, 줄, 택사, 미나리, 연 등이 있다. 자라풀은 부엽식물에 해당한다.

81 생태연못이나 저습지 조성 시 도입되는 수생식물의 분류로 옳은 것은?   기-11-1
㉮ 추수식물 – 갈대, 줄
㉯ 부엽식물 – 수련, 생이가래
㉰ 침수식물 – 검정말, 꽃창포
㉱ 부유식물 – 개구리밥, 이삭물수세미

82 수생식물의 식재효과에 대한 설명 중 옳지 않은 것은?   기-06-2
㉮ 오염물질을 분해하여 수질정화를 하며, 습지 내 토양의 유입을 억제한다.
㉯ 수서곤충, 어류, 조류 등 야생동물의 서식공간을 제공한다.
㉰ 다공질을 좋아하는 곤충들의 서식처를 제공한다.
㉱ 호안의 침식을 방지한다.

83 습지의 각 기능에 대한 설명으로 옳은 것은?   산기-06-2, 산기-02-4
㉮ 경제적 기능 : 자연교육 및 관광기능
㉯ 수리적 기능 : 홍수통제
㉰ 생태적 기능 : 농·공용수 공급
㉱ 기후조절 기능 : 생물종 다양성의 보고

해 ㉯ 수리적 기능 : 홍수예방, 자연댐의 역할

84 학교 조경에서 조성되는 야외학습장에 수생식물원을 조성하려 한다. 사용할 수 있는 수생 식물이 아닌 것은?   산기-02-2

① 털부처꽃	② 창포	③ 원추리
④ 노랑어리연꽃	⑤ 미나리아제비	
⑥ 부레옥잠	⑦ 벌개미취	⑧ 마름
⑨ 흑삼릉	⑩ 매자기	

㉮ ①, ②   ㉯ ④, ⑤, ⑧

㉰ ⑥, ⑨   ㉱ ③, ⑦

해 ③원추리 : 산지식물, ⑦벌개미취 : 습지식물

85 아래의 수생식물 중 오수 정화용으로 적합한 것을 모두 선택한 것은?   산기-04-1

① 미나리	② 갈대	③ 줄	④ 애기부들
⑤ 수련	⑥ 꽃창포	⑦택사	

㉮ ①②③④⑤⑥⑦   ㉯ ①②③④⑤⑥
㉰ ①②④⑤⑦   ㉱ ①②③④⑤

86 생물 서식처(habitat)의 설명으로 가장 적합한 것은?   산기-06-4
㉮ 잠재 자연 식생이 발생하는 장소
㉯ 한 군집과 다른 군집의 결계장소
㉰ 생물이 살고 있는 곳 또는 생물이 발견되는 장소
㉱ 군집에서의 생물이 기능적 역할(영양적 위치)을 수행하는 장소

87 습지지역에서 수생식물은 생물다양성의 증진과 수질정화 등 다양한 기능을 수행한다. 다음 중 잘못 설명된 것은?   기-04-1
㉮ 습지에서 초본식물 식재지역의 토양의 깊이는 최소한 30cm 이상은 확보되어야 한다.
㉯ 수변부는 육지와 물이 인접하는 경계지대로 생물다양성이 풍부한 추이대(ecotone)이다.
㉰ 갈대는 규모가 아주 작은 연못이나 작은 계류에 식재하면 좋다.
㉱ 수생식물의 지나친 성장분포를 제어하기 위해서는 통나무를 촘촘히 박아주어야 한다.

해 ㉰ 갈대는 규모가 비교적 큰 수변지역과 호소 등의 수심 10㎝ 이하의 습지에서 잘 자라며 대군락으로 식재하는 것이 효과적이다.

88 다음 중 수변구역에서의 식재활용에 대한 설명 중 옳지 않은 것은?   기-04-4
㉮ 폐기물 매립지 등이 인접한 수변구역의 경우, 포플러류, 현사시 등의 식물을 식재하면 오염물질

제거 및 토양 정화 효과가 높다.

㉯ 목본 식생의 경우, 물푸레나무, 굴피나무, 고로쇠나무 등 뿌리의 양이 많고 땅속 깊이 뻗는 수원함양 효과가 높은 수종을 식재하는 것이 바람직하다.

㉰ 갈대의 경우, 인과 질소의 정화능력이 높아 수변지역에서 적용 가능성이 매우 높다.

㉱ 습지의 경우, 발생할 가능성이 있는 수질변화에 적절히 대처할 수 있도록 식물을 식재 할 때 여러 종을 식재하기 보다는 단일종을 식재하는 것이 간단하여 바람직하다.

해 ㉱ 수변구역에서의 목본 식생의 경우, 천근성이며 호습성인 수종을 식재하는 것이 바람직하다.

89 다음의 지피식물의 종류 중에서 내수면(수심 0.3 - 2m)에서 생육이 가능한 식물은?　산기-03-2

㉮ 부들, 물옥잠, 매화마름

㉯ 꽃창포, 물억새, 붓꽃

㉰ 돌나물, 기린초, 바위채송화

㉱ 산국, 감국, 구절초

90 공원 등에 야생조류를 유치하기 위한 식재계획의 원리 중 옳지 않은 것은?　기-03-4, 기-08-4

㉮ 유치 조류별로 먹이가 되는 열매수종을 다양하게 배식한다.

㉯ 조류들이 집을 지을 수 있게 덤불성 수종을 주연부에 배식한다.

㉰ 연못, 습지, 숲, 잔디밭 등 서식환경을 다양하게 설계한다.

㉱ 주연부 식재는 가능한 짧고 좁게 한다.

해 ㉱ 주연부 식재는 가능한 길고 넓게 한다.

91 다음 식물들 중에서 야생동물의 먹이가 될 수 있는 식이식물(食餌植物)로 짝지은 것 중 잘못된 것은?　산기-02-2, 산기-08-1, 기-08-2

㉮ 마가목 – 노박덩굴

㉯ 다래나무 – 으름덩굴

㉰ 찔레나무 – 쉬나무

㉱ 이태리 포플러 – 용버들

92 일반적으로 생물 서식공간으로 생물이 서식할 수 있는 최소한의 면적을 의미하는 용어는?　산기-10-2, 산기-04-2

㉮ 생태통로(ecological corridor)

㉯ 생태적 지위(niche)

㉰ 서식지의 경계(edge)

㉱ 비오톱(Biotope)

93 다음 비오톱에 관한 설명 중 잘못 된 것은?　기-04-4, 기-08-1

㉮ 도시(농촌) 비오톱 지도는 도시(농촌)경관생태계획의 핵심적 기초자료이다.

㉯ 도시 비오톱은 생물 서식 공간을 의미하기도 한다.

㉰ 도시 비오톱은 도시민에게 중요한 휴양 및 자연체험 공간을 제공해 준다.

㉱ 벽면 녹화 및 옥상정원 등은 소규모 비오톱공간으로 볼 수 없다.

해 ㉱ 벽면녹화 및 옥상정원 등은 소규모 비오톱공간으로 볼 수 있다.

94 호안 식생복원을 위한 식물선정 기준으로 적합하지 않은 것은?　산기-07-1

㉮ 정착되기까지의 기간이 긴 식물

㉯ 수위변동에 잘 견딜 수 있는 식물

㉰ 매년 자연적으로 출현하며 재생능력이 있는 식물

㉱ 수위 변동에 따라 상승과 하강을 반복할 수 있는 생태의 식물

해 ㉮ 정착되기까지의 기간이 짧은 식물이 효과적이다.

95 생태적인 도시로 나아가기 위한 기본원리에 대한 설명 중 옳지 않은 것은?　기-05-1

㉮ 토지 이용 시 전체 토지에 대한 단순한 이용성을 갖도록 한다.

㉯ 한 가지 토지이용패턴이 지속되어온 공간을 우선적으로 보호한다.

㉰ 동·식물 개체군의 고립효과를 줄이기 위하여 추가적인 녹지 공간 확보를 통하여 연결성을 증대시킨다.

㉱ 고밀도 개발지역에서는 벽면녹화 및 옥상녹화를

통하여 동·식물 서식공간으로 조성하여 이를 기능적으로 연결한다.

96 고립목 상태로 자라고 있는 느티나무의 흉고직경은 40cm이고 수고가 10m이며, 단위체적당 생체중량은 1300kg/m³이다. 이 나무의 근원단위 면적당 지상부의 중량은 얼마인가? (단, 수간형상 계수는 0.5, 근원직경은 흉고직경에 비례계수 a를 곱셈함으로써 얻어지고, a는 2이다. 지엽의 할증률은 0.1이다.)

기-12-1

㉮ 178.75kg

㉯ 357.5kg

㉰ 1787.5kg

㉱ 3575kg

해 ·수목의 지상부 중량

$$W = k \times \pi (\frac{d}{2})^2 \times H \times w_1 \times (1+p)$$

$$= 0.5 \times 3.14 \times (\frac{0.4}{2})^2 \times 10 \times 1300 \times (1+0.1)$$

$$= 898.04(kg)$$

·근원부 단위면적당 중량

$$W_r = \frac{수목의 중량}{근원부 면적} = \frac{898.04}{3.14 \times 0.4^2} = 1787.5(kg/m^2)$$

CONQUEST

5

조경시공구조학

조경시공은 목적공간을 형태화하기 위하여 필요한 일체의 경제적·기술적 수단의 총괄적인 개념으로 목적물을 신속하게 경제적으로 완성시켜야 한다는 당위성을 지니며, 조경가는 자연환경과 인간 그리고 생태적·예술적·기능적으로 아이디어를 창출하여 환경에 대한 건전성과 지속가능한 개발을 포괄하는 종합적인 환경관리자로서의 역할이 요구된다.

CHAPTER 01 시공의 개요

1>>> 조경시공재료

1 조경시공재료의 적용
① 외부공간의 특성 및 공간감에 대한 이해를 바탕으로 설계와 시공
② 인공재료의 발달로 각종 시설물의 양적·질적인 측면에서 다종·다양화 진전
③ 자원의 재활용 및 생태복원과 관련된 친환경소재의 개발
④ 장소번영과 공간적 정체성 확보를 위한 전통시설과 향토소재 도입
⑤ 시공의 능률성·편익성, 장소성 있는 조형공간 조성기법 등의 개발

2 조경시공재료의 분류와 요구성능
(1) 조경재료의 구분
1) 생산방법에 의한 분류
　① 자연재료 : 기계적 가공을 하지 않은 흙·돌·물·식물 등
　② 인공재료 : 시멘트·콘크리트재, 금속재, 합성수지재 등
2) 화학적 조성에 의한 분류
　① 무기재료 : 금속재료(철·알루미늄·구리·납 등)와 비금속재료(석재·시멘트·벽돌 등)
　② 유기재료 : 천연재료(목재·아스팔트·섬유류 등)와 합성수지재료(플라스틱재·도료) 등

(2) 시공재료의 요구성능
① 사용목적에 알맞은 품질 : 역학적 성질, 물리·화학적 성질, 환경친화적 성질 등
② 사용환경에 알맞은 내구성 및 보존성을 가질 것
③ 대량생산 및 공급이 가능하며, 가격이 저렴할 것
④ 운반취급 및 가공이 용이할 것

(3) 시공재료의 현장적응성
① 주변환경과 조화로운 색채·형태·질감 등이 요구되는 재료
② 개별 재료특성이 부각되면서 전체적인 조형미 요구
③ 장소적 의미의 문화전통성이나 토속성 반영
④ 이용자 관점에서 편리하고 안전하며 쾌적한 재료
⑤ 실용적이면서 가능한 최선의 재료 선호성 고려

▌시공재료

자연재료와 인공재료 등과 조경시설물·장치물, 구조물 및 야간경관을 창출하기 위한 조명재료 등 각종 조경소재를 통칭하는 것으로서, 조경공간 목적물의 기본단위가 되며, 상세한 설계, 정교한 시공기술 등의 전문성 수준과 직결된다.

▌사용목적에 의한 분류
① 구조재 : 목구조용, 철근콘크리트구조용, 철골구조용, 조적구조용 등
② 수장재 : 내외장 마감재, 차단재, 창호재, 방화 및 내화재 등

▌조경식물재료의 요구성능
① 식재지역 환경에 적응성이 큰 식물
② 미적·실용적 가치가 있는 식물
③ 이식 및 유지·관리가 용이한 식물
④ 수목시장이나 생산지에서 입수가 용이한 식물

❸ 시공재료의 규격화

① 시장생산을 위해서 국가적으로 또는 국제적으로 표준화 요구

② 산업합리화를 위한 가장 효과적 수단이며 불가결의 조건

③ 표준화를 통한 대량생산, 저렴한 가격, 판매 및 사용의 합리화

④ 거래의 공정화, 기술향상 도모, 경제적 손실 최소화

❹ 조경공사

(1) 조경공사의 특징

① 공종의 다양성 : 공사규모에 비해 공종이 다양

② 공종의 소규모성 : 공종의 다양성에 따라 세부 공종의 공사 규모가 대부분 소규모

③ 지역성 : 조경식물은 지역특성(물리적 환경)에 따른 환경의 제약이 있음

④ 장소의 분산성 : 공사구역이 한 곳에 집약적이지 않고 분산된 경우가 많음

⑤ 규격과 표준화의 곤란 : 조경식물은 자연에서 얻어지는 것으로 표준화를 통한 효율적 시공 곤란

(2) 공사관련 용어

① 건설공사 : 토목공사·건축공사·사업설비공사·조경공사 및 환경시설공사 등 시설물을 설치·유지·보수하는 공사(부지조성공사 포함), 기계설비, 기타 구조물의 설치 및 해체공사 등

② 건설업자 : 법 또는 법률에 의하여 면허를 받거나 등록을 하고 건설업을 영위하는 자

③ 도급 : 원도급·하도급·위탁, 기타 명칭의 여하에 불구하고 건설공사를 완성할 것을 약정하고 상대방이 그 일의 결과에 대하여 대가를 지급할 것을 약정하는 계약

④ 하도급 : 도급 받은 건설공사의 전부 또는 일부를 도급하기 위하여 수급인이 제3자와 체결하는 계약

⑤ 발주자 : 건설공사를 건설업자에게 도급하는 자를 말하는데, 수급인으로서 도급받은 건설공사를 하도급하는 자 제외

⑥ 수급인 : 발주자로부터 건설공사를 도급받은 건설업자를 말하며, 하도급 관계에 있어서 하도급하는 건설업자 포함

⑦ 하수급인 : 수급인으로부터 건설공사를 하도급 받은 자

⑧ 감독자 : 공사감독을 담당하는 자로서 발주자가 수급인에게 감독자로 통고한 자와 그의 대리인 및 보조자 포함 – 발주자가 감리원을 선정한 경우에는 감리원이 감독자를 대신함

⑨ 현장대리인(현장기술관리인) : 관계법규에 의하여 수급인이 지정하는 책임 시공기술자로서 그 현장의 공사관리 및 기술관리, 기타 공사업무를

┃ 각 나라별 산업규격

㉠ 국제 : ISO(International Standards Organization) – 국제표준화기구

㉡ 한국 : KS(Korean Industrial Standards) – 한국산업규격

㉢ 미국(ASTM), 영국(BS), 일본(JIS), 독일(DIN), 중국(CNS) 등

┃ 조경공사의 특징

① 공종의 다양성

② 공종의 소규모성

③ 지역성

④ 장소의 분산성

⑤ 규격과 표준화의 곤란

┃ 건설산업

건설업과 건설용역업

① 건설업 : 건설공사를 수행하는 업

② 건설용역업 : 건설공사에 관한 조사·설계·감리·사업관리·유지관리 등 관련된 용역을 수행하는 사업

┃ 설계감리

건설공사의 계획·조사 또는 설계가 건설공사설계기준 및 건설공사시공기준 등에 품질 및 안전을 확보하여 시행될 수 있도록 관리하는 것을 말한다.

┃ 책임감리

감리전문회사가 당해공사의 설계도서 기타 관계서류의 내용대로 시공되는지의 여부를 확인하고, 품질관리·공사관리 및 안전관리 등에 대한 기술지도를 하며, 발주자의 위탁에 의하여 관계법령에 따라 발주자로서의 감독권한을 대행하는 것을 말하는데, 공사감리의 내용에 따라 전면 책임감리 및 부분 책임감리로 구분한다.

┃ 감리원

감리전문회사에 종사하면서 책임감리업무를 수행하는 자

시행하는 현장요원

2>>> 시방서

1 개요
(1) 시방서 포함 내용
① 시공에 대한 보충 및 주의 사항
② 시공방법의 정도, 완성 정도
③ 시공에 필요한 각종 설비
④ 재료 및 시공에 관한 검사
⑤ 재료의 종류, 품질 및 사용
(2) 적용순위
① 현장설명서 → 공사시방서 → 설계도면 → 표준시방서 → 물량내역서
② 모호한 경우 발주자(감독자)가 결정

2 시방서의 분류
(1) 표준시방서
① 시설물의 안전 및 공사시행의 적정성과 품질확보 등을 위해 시설물별로 정한 표준적인 시공기준
② 발주자 또는 설계 등 용역업자가 작성하는 공사시방서의 시공기준
(2) 전문시방서
① 시설물별 표준시방서를 기준으로 작성
② 모든 공종을 대상으로 하여 특정한 공사의 시공기준
③ 공사시방서의 작성에 활용하기 위한 종합적인 시공기준
(3) 공사시방서
① 계약도서에 포함되며 표준시방서 및 전문시방서를 기본으로 작성
② 공사의 특수성·지역여건·공사방법 등을 고려하여 현장에 필요한 시공방법, 자재·공법, 품질·안전관리 등에 관한 시공기준을 기술한 시방서
③ 공사시방서 작성 시 표준시방서와 전문시방서에 작성되지 않은 사항이나 표준시방서의 내용에 대한 삭제·보완·수정 또는 추가사항 기입

3 시방서의 작성
(1) 시방서의 작성요령
① 공법과 마감상태 등 정밀도를 명확하게 규정
② 공사 전반에 걸쳐 중요사항을 빠짐없이 기록

▮ 시방서
시방서는 설계도면에 표시하기 어려운 사항을 설명하는 시공지침으로 도급계약서류의 일부이며, 공사의 설계도면과 시방서의 내용에 차이가 날 경우 상호 보완적인 효력을 가진다.

▮ 특별시방서(공사시방서)
일반시방서의 범위 안에서 전문적인 규정과, 일반시방서에 규정되지 않은 특정분야의 특정 규범을 정하는 시방서로서, 특정분야의 기술적인 부문에 대하여 제시되는 것으로 일반시방서의 내용과 상이할 경우 특별시방서에 따른다.

▮ 안내시방서
공사시방서를 작성할 때 참고나 지침서가 될 수 있는 시방서로 몇 가지를 첨부하거나 삭제하면 공사시방서가 될 수 있는 시방서를 말한다.

③ 간단 명료하게 기술하고, 명령법이 아닌 서술법 사용

④ 설계도면의 내용이 불충분한 부분은 충분히 보충 설명

⑤ 재료의 품목을 명확하게 규정하고, 신중을 기해 재료 선정

⑥ 중복 기재를 피하고, 설계도면과 시방서 내용이 상이하지 않도록 주의

(2) 시방서의 작성순서

① 시방서의 작성순서는 공사진행 순서와 일치하도록 작성

② 건설공사의 명칭 및 위치, 규모 등 개괄적 사항 작성

③ 공사진행 순서에 따라 공사 각 부문에 관하여 기술

④ 주의사항 및 질의응답사항 등을 포함하여 공사비 견적에 편리하도록 작성

3>>> 공사계약 및 시공방식

1 공사계약

(1) 계약의 범위

① 계약의 성립

  ㉠ 발주자에게는 정확한 목적물의 완성

  ㉡ 도급자에게는 계약의 이행에 따른 정당한 대가의 요구

② 계약의 이행

  ㉠ 공사이행 중 발생하는 발주자의 계약변경요구에 대한 대응과 계약금액 조정 및 클레임 제기

  ㉡ 발주자에게는 지급하는 대가에 합당한 계약이행 보장

  ㉢ 도급자에게는 최선의 계약이행을 전제로 정당한 이행대가의 수수

(2) 계약서 및 도급계약 내용

1) 계약서류

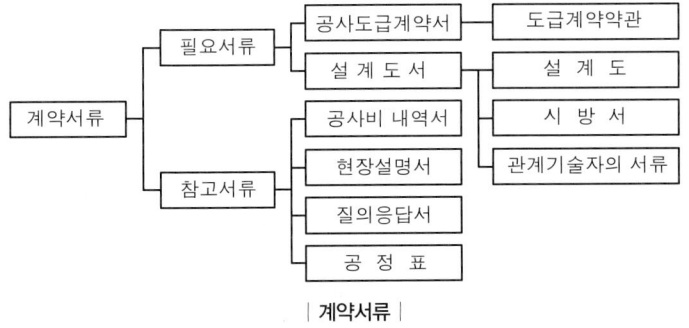

| 계약서류 |

2) 도급계약서의 기재내용

① 공사내용(규모, 도급금액)

② 공사착수시기, 완공시기(공사기간)

계약
건설공사의 계약은 수주자(도급자)의 요구와 도급자(시공자)의 승낙으로 성립되는 법률적 행위로서, 합의표시의 합치가 있더라도 사법상의 효과 발생을 목적으로 하지 않는 경우에는 계약이라 할 수 없다.

계약체결
낙찰이 확정되면 낙찰자(수수자)는 계약보증금(건설공사 예정가격의 10/1000 이상)을 납부하고 연대보증인을 세워 계약을 체결한다.

안내시방서
공사시방서를 작성할 때 참고나 지침서가 될 수 있는 시방서로 몇 가지를 첨부하거나 삭제하면 공사시방서가 될 수 있는 시방서를 말한다.

③ 도급액 지불방법, 지불시기

④ 설계변경, 공사중지의 경우 도급액 변경, 손해 부담에 대한 사항

⑤ 천재지변에 의한 손해부담

⑥ 인도검사 및 인도시기

⑦ 계약자의 이행지연, 채무불이행 사항

⑧ 지체 보상금, 위약금에 관한 사항

⑨ 공사시공으로 인하여 제3자가 입은 손해부담에 관한 사항

⑩ 공사기간에 따른 도급금액 변동에 관한 사항 및 기타사항

❷ 입찰집행

(1) 입찰참가 등록기간

건설업자에게 견적기간을 부여하여 입찰여부를 판단할 수 있는 기간을 주기 위하여 제정

① 공사예정금액 30억 원 이상의 공사 : 현장설명일로부터 20일 이상

② 공사예정금액 10억 원 이상의 공사 : 현장설명일로부터 15일 이상

③ 공사예정금액 1억 원 이상의 공사 : 현장설명일로부터 10일 이상

④ 공사예정금액 1억 원 미만의 공사 : 현장설명일로부터 5일 이상

(2) 입찰순서

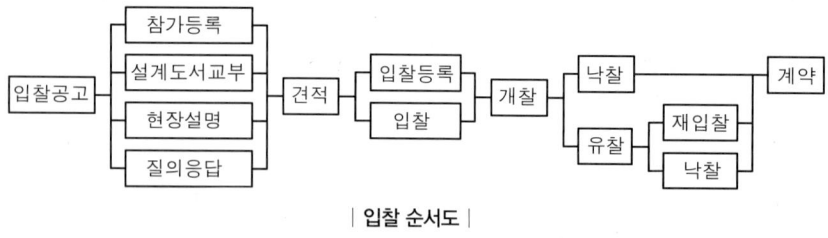

| 입찰 순서도 |

입찰공고 → 참가등록 → 설계도서 열람 및 교부 → 현장설명 → 질의응답 → 견적 → 입찰등록 → 입찰 → 개찰 → 낙찰 → 계약(유찰될 경우 재입찰)

▌현장설명에 필요한 사항
① 부지의 위치, 고저차 등
② 인접부지 상황 및 주변안전 사항
③ 지하 매설물(전기, 설비, 기초 등)
④ 공사비 지불조건 및 공사기간

(3) 낙찰자 선정방식

1) 최저가 낙찰제 : 2인 이상의 입찰자 중 예정가격 내에서 최저가격 입찰자 선정 – 부적격 업자에게 낙찰될 우려

2) 적격심사 낙찰제(종합낙찰제) : 경쟁입찰공사에서 예정가 이하 최저가격 입찰자 순으로 계약이행능력 심사 후 낙찰자 결정

3) 내역입찰제 : 입찰 시 입찰자로 하여금 별지 서식에 단가 등 필요한 사항을 기입한 산출내역서를 제출하게 하는 방식

4) 부대입찰제 : 하도급업체의 보호육성차원에서 입찰자에게 하도급자의 계약서를 첨부하도록 하여 덤핑입찰을 방지하고 하도급의 계열화 유도

5) 제한적 평균가낙찰제(부찰제) : 예정가격의 일정범위(86.5~87.74%)이상

금액으로 입찰한 자의 평균금액 이하로 근접하게 입찰한 자를 낙찰자로 정하는 제도로써, 과도한 경쟁으로 인한 덤핑입찰을 막고 적정이윤을 보장하여 중소건설업체에게 수주기회 부여

6) 대안입찰제도 : 원안입찰과 함께 대안입찰이 허용되는 입찰방식으로 우리나라만의 독특한 방식 – 정부공사에서는 대형공사나 신규공사의 경우 당초 설계된 내용보다 더 공사비를 낮추면서도 기본방침의 변경 없이 동등 이상의 기능과 효과를 가진 방안을 시공자가 제시할 경우 이를 검토하여 채택할 수 있는 제도

7) Pre-Qualification(PQ제도) : 입찰참가자격의 사전심사제도로써 공고를 통해 회사의 기술능력, 재정상태, 동종의 시공경험 등을 제출하도록 하여, 매 공사마다 자격을 얻은 업체만 입찰에 참여시키는 제도

장점	단점
·부실시공 방지 ·기업의 경쟁력 확보 ·입찰자 감소로 입찰 시 소요시간과 비용감소 ·무자격자로부터 유능업체 보호 ·적격업체 시공으로 우수시공 기대	·자유경쟁 원리에 위배 ·대기업에 유리한 제도 ·평가의 공정성 확보 문제 ·신규참여 업체에 장벽으로 간주 ·PQ 통과 후 담합 우려

▌담합(談合)
입찰경쟁자 간에 미리 낙찰자를 정하여 입찰에 참여하는 부정행위

❸ 공사시공방식

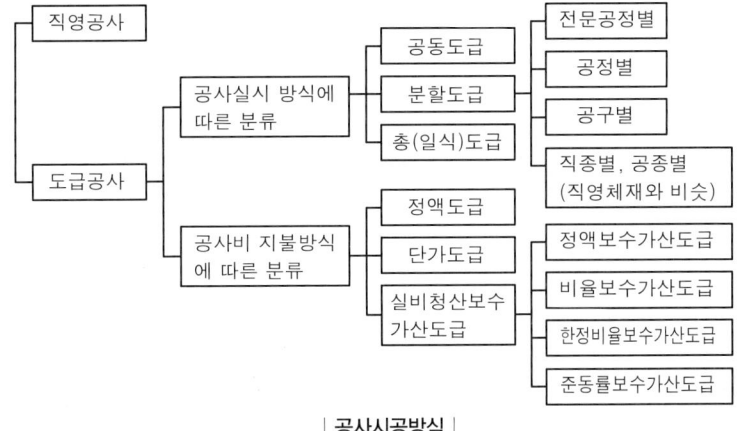

| 공사시공방식 |

(1) 직영공사

발주자(시공주)가 직접 재료를 구입하고 인력을 수배하여 자신의 감독 하에 시공하는 방법

장점	단점
·도급공사에 비해 확실한 공사 가능 ·발주·계약 등의 절차 간단 ·임기응변 처리 용이 ·관리능력이 있으면 공사비 저감 가능	·관리능력이 없으면 공사비 증대 우려 ·재료의 낭비와 잉여, 시공시기 차질 우려 ·공사기간의 연장 우려

▌직영공사의 결정
① 공사내용이 간단하여 시공이 용이한 경우
② 시기적 여유가 있는 경우
③ 중요하거나 기밀을 유지해야 하는 경우
④ 설계변경이 많을 것으로 예상될 때
⑤ 특수공사, 난공사, 견적산출이 곤란한 경우

(2) 일식도급(총도급)

공사 전체를 한 도급자에게 맡겨 시공업무 일체를 도급자의 책임하에 시행하는 방식

장점	단점
·계약 및 감독의 업무가 단순 ·공사비가 확정되고 공사관리 용이 ·가설재의 중복이 없으므로 공사비 절감	·발주자 의도의 미흡한 반영 우려 ·하도급 관행으로 부실시공 야기 우려

(3) 분할도급

공사의 내용을 세분하여 각각의 도급자(전문업자)에게 분할하여 도급 주는 방식

전문공종별 분할도급	·전기·기계 등 전문적인 공사를 분할 하여 전문업자에게 발주 ·전문화로 시공의 질과 능률 향상
공정별 분할도급	·시공 과정별로 나누어 도급 주는 방식 ·부분·분할 발주 가능 ·선행공사 지연 시 후속공사 영향이 지대
공구별 분할도급	·대규모 공사에서 지역별로 분리 발주하는 방식 ·각 공구마다 일식도급 체제로 운영 ·도급업자 기회균등과 시공기술 향상 ·사무업무가 복잡하고 관리가 어려움
직종별·공종별 분할도급	·직영에 가까운 형태로 전문직종이나 각 공종별로 분할 발주하는 방식 ·건축주의 의도가 잘 반영 ·현장 관리가 복잡하여 공사비 증대의 우려

장점	단점
·전문업자의 시공으로 우량공사 기대 ·업자간 경쟁으로 공사비 절감 기대 ·발주자와의 소통이 원활	·분할된 관계로 상호교섭 등의 복잡 ·감독상의 업무량 증대 ·관리부실 시 비용 증가

(4) 공동도급(Joint Venture)

대규모 공사에 기술·시설·자본·능력을 갖춘 회사들이 모여 공동출자회사를 만들어, 그 회사로 하여금 공사의 주체가 되게 하여 계약을 하는 형태

장점	단점
·공사이행의 확실성 확보 ·기술능력 보완 및 경험의 확충 ·자본력과 신용도 증대 ·공사도급 경쟁의 완화수단 ·위험부담 분산	·이해의 충돌과 책임회피 우려 ·사무관리, 현장관리 복잡 ·관리방식 차이의 능률저하 ·하자 책임 불분명 ·단일회사 도급보다 경비 증대

▎공동도급(J.V) 특징
① 공동출자
② 단일목적성
③ 일시성
④ 임의성
⑤ 이행의 확실성
⑥ 손익의 공동배분

(5) 턴키도급(Turn-key contract 일괄수주방식)

도급자가 공사의 계획, 금융, 토지 확보, 설계, 시공, 기계·기구 설치, 시운전, 조업지도, 유지관리까지 모든 것을 포괄하는 도급방식으로 발주자가

요구하는 완전한 시설물을 인계하는 방식

장점	단점
·책임시공으로 책임한계 명확 ·공기단축, 공사비 절감 기대 ·설계와 시공의 유기적 의사소통 ·공법의 연구개발, 기술개발 촉진	·발주자의 의도가 반영되기 어려움 ·대규모 회사 유리, 중소업체 육성 저해 ·최저가 낙찰일 경우 공사품질 저하 ·입찰 시 비용 과다 소모

(6) 성능발주방식(일종의 특명입찰방식)

발주자가 요구성능을 제시하면 그에 맞는 공법과 재료 등을 시공자가 자유로이 선택하여 완성할 수 있게 하는 방식

장점	단점
·시공자의 기술력 향상 기대 ·설계와 시공의 유기적 관계 도모 ·시공자의 창조적 시공 기대	·공사비 증대 ·요구성능과 적합한 시공에 차이 발생 ·성능을 확인하기 어려움

(7) CM방식(Construction Management 건설사업관리)

기획, 설계, 시공, 유지관리의 건설업 전 과정에 대해 공정관리·원가관리·품질관리를 통합시키고, 사업을 수행하기 위해 각 부분의 전문가가 발주자를 대신하여 공사 전반에 걸쳐 설계자·시공자·발주자를 조정하여 이익을 증대시키는 통합관리 조직

CM for fee 방식	프로젝트 전반에 걸쳐 발주자에게 컨설턴트 역할만 하고 보수(fee) 받으며 공사결과에는 책임이 없는 순수한 CM의 형태
CM at risk 방식	프로젝트의 관리업무를 수행함에 있어 공사에 일정책임을 지는 형태로 공사결과의 이익과 손실에 대한 책임이 주어지는 형태

(8) EC(Engineering Construction)

사업의 기획·설계·시공·유지관리 등 건설공사 전반의 사항을 종합기획·관리하는 기법으로 종합건설업화라 지칭

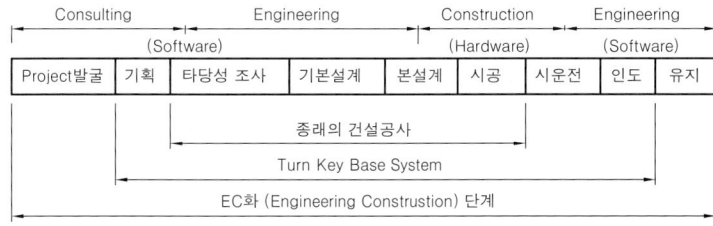

| EC개념도 |

(9) Partnering 방식

㉠ 발주자와 수급인이 상호 신뢰를 바탕으로 팀을 이루어 프로젝트의 성공과 상호 이익확보를 목표로 공동으로 집행·관리하는 방식

㉡ 능률의 향상과 비용의 절감, 공기단축, 가치공학(VE)의 활성화, 건설 분

VE(Value Engineering)
최소의 비용으로 최대의 목표를 달성하기 위해 공사의 전 과정에서 원가절감 요소를 찾아내는 개선활동으로, 필요기능 이하의 것은 받아들일 수 없고 필요기능 이상의 것은 불필요하다는 가치철학을 말한다.

쟁의 축소, 품질향상의 효과

(10) BOT, BOO, BTO 계약방식(개발계약방식)

발주자가 공사비를 부담하지 않고 수급인이 설계·시공 후 운영이나 소유권 이전 등으로 투자금을 회수하는 방식

BOT 방식 (Build Operate Transfer)	설계·시공 완료 후 → 일정기간운영 → 발주자에 소유권 이전
	발주측이 Project 공사비를 부담하는 것이 아니라 민간부분 수주측이 설계. 시공 후 일정기간 시설물을 운영하여 투자금을 회수하고 시설물과 운영권을 무상으로 발주측에 이전하는 방식
BTO 방식 (Build Transfer Operate)	설계·시공완료 후 → 소유권 이전 → 약정기간 운영
	사회 간접 시설을 민간부분 주도 하에 설계, 시공 후 소유권을 공공부분에 먼저 이양하고, 약정 기간 동안 그 시설물을 운영하여 투자금액을 회수하는 방식
BOO 방식 (Build Operate Own)	설계·시공완료 후 → 운영 → 소유권도 획득
	민간 부분이 설계, 시공 후 그 시설물의 운영과 함께 소유권도 민간에 이전되는 방식으로 향후 소유권을 거부하거나 판매 가능

◢ 도급금액 결정방식

(1) 정액도급(총액도급)

공사비 총액을 확정하여 계약하는 방식으로 현재 널리 사용

장점	단점
·경쟁 입찰로 공사비 절감 ·공사관리 업무 간편 ·총액이 확정되므로 자금 계획용이	·설계도서가 필요하므로 입찰 시 까지 상당한 기간이 필요 ·설계변경 시 발주자와 도급자간 분쟁 우려 ·최저입찰 관계로 공사부실 우려

(2) 단가도급

단위공사 부분(재료, 노임, 체적, 길이, 면적)의 단가만을 결정하고 공사수량의 확정에 따라 차후 정산하는 방식

장점	단점
·공사를 신속히 착공 가능 ·설계 변경에 따른 수량의 증감 ·설계 미비 및 공사수량 불분명 시 계약 가능	·총공사비의 예측 곤란 ·공사비 증대 우려

(3) 실비정산 보수가산도급

발주자·감독자·시공자가 입회하여 공사에 필요한 실비와 미리 정한 보수율에 따라 공사비를 지급하는 방식

1) 특징 및 장·단점

① 설계도서가 명확치 않거나 공사비 산출이 곤란할 때 적용

② 발주자가 양질의 공사를 원할 때 적용

③ 직영과 도급의 장점을 딴 이상적 방법

④ 건설업이 발달한 선진국에서 많이 활용

장점	단점
·양심적 시공 기대 ·시공자가 손해볼 염려가 적어 우수한 시공 기대	·공사기간의 연장 우려 ·공사비 절감 노력이 없어 공사비 증가 우려

2) 도급종류

실비비율 보수가산도급	사용된 공사 실비와 계약된 비율을 곱한 금액을 지불하는 방식
실비한정비율 보수가산도급	실비에 제한을 두고 시공자가 제한된 실비 내에서 공사를 완성시키는 방식
실비정액 보수가산도급	실비 여하를 막론하고 미리 계약된 일정액의 보수만을 지불하는 방식
실비준동률 보수가산도급	실비를 여러 단계로 분할하여 공사비가 각 단계의 금액보다 증가된 경우 비율보수 또는 정액보수를 체감하는 방식

5 공사의 입찰방법

(1) 일반경쟁입찰(공개경쟁입찰)

일정한 자격을 갖춘 불특정 공사수주 희망자를 입찰에 참가시켜 가장 유리한 조건을 제시한 자를 낙찰자로 선정하는 방식

장점	단점
·경쟁으로 인한 공사비 절감 ·공평한 기회 제공 ·담합의 위험성이 낮음	·공사비 저하로 부실공사 우려 ·입찰에 따른 비용증대 ·부적격자를 가리기 어려움

(2) 지명경쟁입찰

자금력과 신용 등에서 적합하다고 인정되는 소수(3~7개사)를 선정하여 입찰에 참여시키는 방식

장점	단점
·부적격자 배제로 양질의 공사 기대 ·시공상의 신뢰성이 높음	·불공정한 담합의 우려 ·공사비의 상승 우려

(3) 특명입찰(수의 계약)

발주자가 필요하다고 판단되는 사업이나 기술, 시공방법의 특수성, 시간적 제한성 등이 있을 때 단일 업자를 선정하는 방식

장점	단점
·공사의 기밀유지 가능 ·우량공사 기대 ·신속한 계약 가능	·공사비 증대 우려 ·자료의 비공개로 불순함 내재가능

제한경쟁입찰
일반경쟁입찰과 지명경쟁입찰의 혼합형으로 부적격자에게 낙찰될 우려를 줄이기 위해 지역을 제한하거나 시공능력, 도급한도액, 공사실적 등을 정하여 입찰하게 하는 방식이다.

4>>> 공사관리

1 시공계획

5M(생산수단)	5R(생산목표)
① 인력(Men) ② 재료(Materials) ③ 기계(Machines) ④ 자금(Money) ⑤ 방법(Methods)	① 제품(Right Product) ② 품질(Right Quality) ③ 수량(Right Quantity) ④ 공기(Right Time) ⑤ 가격(Right Price)

시공기술 → 시공관리

▌실시설계과정

상세도 작성 → 일위대가 작성 → 물량산출 → 내역서 작성

(1) 시공계획 검토사항

1) 사전조사

　① 계약서, 설계도서, 계약조건의 검토

　② 현장조건, 주변환경 등 현지답사

2) 시공기술계획

　① 공사순서와 시공법의 기본방침결정

　② 공기와 작업량 및 공사비의 검토

　③ 예정공정표 작성

　④ 시공기계 선정과 운용계획

　⑤ 가설비의 설계와 배치계획

　⑥ 품질관리계획

(2) 시공계획순서

① 사전조사 : 계약조건 및 현장조건

② 시공계획 : 시공순서 및 시공법 기본방침 결정

③ 일정계획 : 기계선정, 인원배치, 작업시간, 1일 작업량 결정 및 공정의 작업순서 및 계획

④ 가설계획 : 공사용 시설의 설계 및 배치계획

⑤ 공정표 작성 : 공정계획에 의한 노무, 기계, 재료 등 고려

⑥ 조달계획 : 공정계획에 의한 노무, 기계, 재료의 사용, 운반계획

⑦ 관리계획 : 현장관리조직구성, 실행예산 작성, 자금수지, 안전 등의 계획

▌시공계획과정

사전조사 → 기본계획 → 일정계획 → 가설 및 조달계획→ 관리계획

▌공사관리

설계도서를 근거로 재료를 가지고 적정한 이윤을 추구하면서 시공계획, 시공기술 및 시공관리를 결합하여 주어진 공기 내에서 싸게, 좋게, 빨리, 안전하게 양질의 결과물을 완성하는 것을 말한다.

▌시공계획

설계도면 및 시방서에 의해 양질의 공사목적물을 생산하기 위하여 기간 내에 최소의 비용으로 안전하게 시공할 수 있도록 조건과 방법을 결정하는 계획을 의미하며 5M을 가지고 5R을 목표로 한다.

▌시공기술

결과물을 완성하기까지의 공사순서와 시공방법, 공사예산에 의한 공기와 작업량, 시공기계의 선정과 운용계획 등 기술적 측면에 의한 부분으로 실제적으로 현장에서 일어나는 물리적 상황이다.

▌조달계획

① 하도급 발주계획

② 노무계획(직종별 인원과 사용기간)

③ 기계계획(기종별 수량과 사용기간)

④ 재료계획(종류별 수량과 소요시간)

⑤ 운반계획(방법과 시간)

▌관리계획

① 현장관리조직의 편성

② 실행예산서의 작성

③ 자금 및 수지계획

④ 안전관리계획

⑤ 각종 계획도표의 작성

⑥ 보고 및 검사용 서류의 정비계획

(3) 시공계획 기본사항

① 과거의 시공 경험 고려, 신기술 채택 의지

② 시공에 적합한 계획

③ 시공기술 수준 및 대안검토

④ 필요시 전문기관의 기술지도 수용

(4) 일정계획

다음의 조건식을 만족할 수 있도록 입안

$$\cdot 가능일수 \geq 소요일수 = \frac{공사량}{1일\ 평균작업량}$$

(가능일수 : 공사기간에서 휴일 및 불가능 일수를 뺀 기간)

▮참고
· 1일 실작업량 = 표준작업량×가동률×작업시간효율×작업능률

  여기서, 표준작업량 = 표준작업능력×작업시간

  가동률 = 가동 노무자수/전 노무자수

  작업시간효율 = 실작업시간/노동시간

  작업능률 = 실작업량/표준작업량

· 소요작업일수 = $\dfrac{공사량}{1일\ 평균작업량}$

· 공사기간 = 작업일수 + 준비일수 + 휴일일수 + 강우(강설)일수

❷ 시공관리(공정관리)

(1) 공정관리의 4단계(순서)

계획(Plan) → 실시(Do) → 검토(Check) → 조치(Action)의 반복진행으로 효율적인 관리가 되도록 하며, 공사의 완료시점까지 시행

① 계획(Plan) : 공정계획에 의한 실시방법 및 관리의 생산수단 사용계획

② 실시(Do) : 공사의 진행, 감독, 작업의 교육 및 실시

③ 검토(Check) : 작업의 내용을 검토하여 실적자료와 계획자료의 비교 · 검토

④ 조치(Action) : 실시방법 및 계획을 수정하여 재발 방지 및 시정조치

▮공정관리
① 재료, 노무, 건설기계, 자금 등의 계획 운영
② 전체공정은 계획 및 통제하고 작업내용은 재검토
③ 공사를 정해진 기한 내에 달성하도록 진척상황 파악 · 체크

(2) 시공관리의 목표

① 공정관리 : 가능한 공사기간 단축

② 원가관리 : 가능한 싸게 경제성 확보

③ 품질관리 : 보다 좋은 품질 유도

④ 안전관리 : 보다 안전한 시공

▮시공계획 결정과정
① 발주자의 계약조건
② 현장의 공사조건
③ 기본공정표
④ 시공법 및 공사조건
⑤ 기계선정
⑥ 가설비의 설계와 배치

▮일정계획
결정된 공기 내에 효율적인 공사진행을 유도하기 위한 수단으로 일정계획의 적부가 공사의 진도나 성과를 좌우한다.

▮시공관리
계획되어진 목표를 달성하기 위한 모든 수단과 방법을 제어하는 활동으로 정해진 기간 내에 경제적이며 좋은 결과물을 만들기 위해 공사일정을 계획, 조정, 수정하는 일련의 작업이다.

| PDCA Cycle |

(3) 관리의 상관관계

① 공기가 너무 빨라지거나 늦어지면 원가는 상승 – 최적공기 설정

② 원가가 낮을수록 품질은 저하 – 합리적 조정 필요

③ 공기가 빠를수록 품질은 저하 – 적정속도 확보

(4) 최적공기와 표준공기

1) 최적공기

직접공사비와 간접공사비를 합한 총공사비가 최소로 되는 가장 경제적인 공기 – 최적시공속도, 경제속도

① 직접공사비 : 노무비, 재료비, 가설비, 기계 운전비 등으로 시공속도를 높이면 공기는 단축되나 비용은 증가

② 간접공사비 : 관리비, 감가상각비, 가설비 등으로 공기가 단축되면 비용이 줄고, 공기가 늘어나면 비용은 증가

2) 표준공기

표준비용(각 공정의 직접비가 최소로 투입되는 공법으로 시공하면, 전체 공사의 총직접비가 최소가 되는 비용)에 요하는 공기, 즉 공사의 직접비를 최소로 하는 최장공기

3) 시공속도

① 채산속도 : 고정원가와 변동원가의 관계를 고려하여 손익분기점 이상의 성과가 유지되어야 채산성이 있기에 그러한 시공성과를 낙관할 수 있는 속도

② 경제속도 : 항상 채산속도를 유지할 수 있도록 공정을 계획하고 관리하여 기타조건(설계, 시방, 공기, 공사용 기계 등)에 적정한 관리가 병행될 때의 속도

(5) 공기단축

1) 공기단축 원칙

① 공기의 단축은 비용의 증가를 가져오므로 추가비용이 최소가 될 수 있도록 계획

② 직접비만을 고려한 공기단축과 MCX이론이 포함된 최적 공기 계획

2) 비용구배

작업을 1일 단축할 때 추가되는 직접비용

· 비용구배 = $\dfrac{특급비용-표준비용}{표준공기-특급공기}$

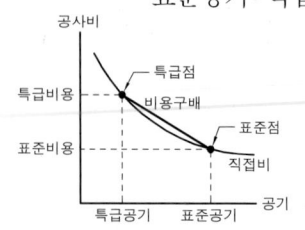

·표준점 : 직접비가 최소 투입되는 점
·표준비용 : 정상적인 공기에 대한 비용
·표준공기 : 정상공기
·특급비용 : 공기를 단축할 때의 비용
·특급공기 : 정상공기를 단축한 공기
·특급점 : 더 이상 공기를 단축할 수 없는 한계점

| 비용구배 그래프 |

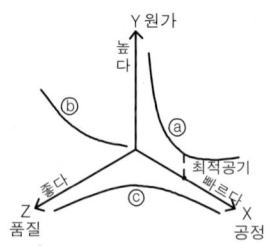

| 공정·원가·품질의 상관관계도 |

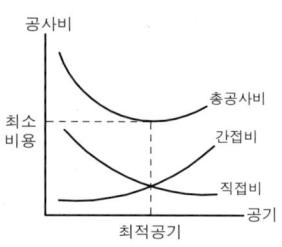

| 최소비용과 최적공기의 관계 |

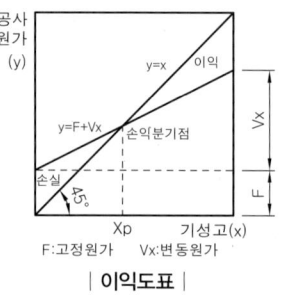

| 이익도표 |

▎공기단축
지정된 공기보다 계산되어진 공기가 긴 경우나 작업이 지연되어 공기가 늘어 날 가능성이 있는 경우에 행하여진다.

▎MCX
(minimum cost expediting theory)
각 작업을 최소의 비용으로 최적의 공기를 찾아 공정을 수행하는 관리기법을 말한다.

3) MCX기법에 의한 공기단축 순서

① 주공정선(CP)상의 단축가능한 작업 선택

② 비용구배가 최소인 작업 단축

③ 단축한계까지 단축

④ 보조 주공정선(sub-cp)의 발생 확인

⑤ 보조 주공정선의 동시단축 경로 고려

(6) 공정계획

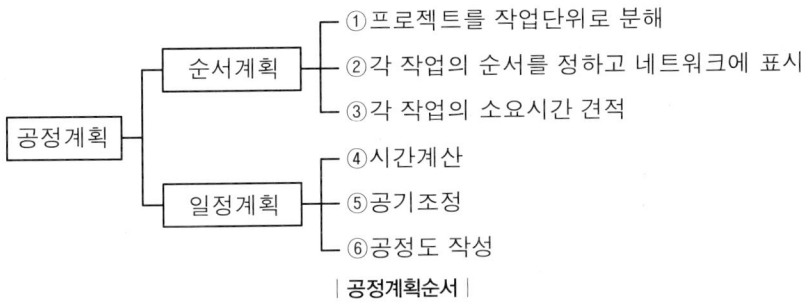

| 공정계획순서 |

▌공정계획
관리를 하기 위한 사전작업으로 부분작업의 시공시간 및 순서를 정하여 공기내에 공사가 완료될 수 있도록 타당성 있는 계획이 되도록 한다.

❸ 원가관리

(1) 원가관리 지표

① 실행예산과 실제 시공비를 대조 초과비용 발생 통제

② 차액의 발생원인 분석·검토

③ 장래 다른 공사의 예산을 위한 자료 작성

(2) 원가관리 저해요인

① 시공관리의 불철저

② 작업의 비능률

③ 작업대기시간의 과다

④ 부실시공에 따른 재시공작업 발생

⑤ 물가 등 시장정보 부족

⑥ 자재 및 노무, 기계의 과잉조달

(3) 원가관리 수단

① 가동률 향상 : 작업실태 분석에 따라 생산손실 저감

② 기계설비 정비 : 기계 및 장비의 고장에 따른 작업손실 방지

③ 품질관리 강화 : 재시공 등의 시공불량 저감

④ 공정관리 개선 : 작업속도를 능률적으로 운용하여 공기단축

⑤ 공법 개선 : 공업화, 표준화, 기계화 등 공법 개선에 의한 원가절감

⑥ 구매방법 개선 : 구매량, 대금지불방법 등의 개선에 의한 원가절감

⑦ 현장경비 절감 : 불필요한 현장경비 절감

▌원가관리
공사를 경제적으로 시공하기 위해 재료비, 노무비 및 그 밖의 비용을 기록·통합하고 정리·분석하여 개선하는 방법과 이를 위한 활동이다.

4 품질관리

(1) 품질관리의 목적 및 효과

목적	효과
·품질확보 ·품질개선 ·하자방지 ·원가절감 ·신뢰성 증가	·시공능률 향상 ·품질 및 신뢰성 향상 ·설계의 합리화 ·작업의 표준화

(2) 품질관리 순서

관리의 4단계인 계획(Plan) → 실시(Do) → 검토(Check) → 조치(Action)의 단계로 관리

① 품질관리항목설정

② 품질기준(표준)설정

③ 작업기준(표준)설정

④ 품질 및 작업기준에 대한 교육 및 작업실시

⑤ 품질시험조사 및 기준에 대한 확인

⑥ 공정의 안정성 점검

⑦ 이상원인 조사 및 수정조치

⑧ 관리한계선의 재결정

(3) 품질관리의 모델화

관리상의 문제를 누구나 알 수 있도록 표현하는 기법

① 구체적 모델 : 모형, 카드, 원척도 등으로 표현하는 기법

② 수학적 모델 : 생산계획, 생산할당 등

③ 그래픽 모델 : 각종 변수를 선이나 면적 등 그래프로 표현

④ 시뮬레이션 모델 : 어떤 현상을 훈련이나 실험용으로 모의하는 것

⑤ 픽토리얼 모델 : 만화, 일러스트 등의 이미지로 환기시키는 것

⑥ 스키매틱 모델 : 정보의 흐름, 공정의 분석, 조직도 등

(4) 품질관리 분류

1) 통계적 품질관리(Statistical Quality Control : SQC)

① 유용하고 경쟁력 있는 성과품을 경제적으로 생산하기 위해 생산의 모든 단계에 통계적인 수법을 응용하는 것

② 발주자가 설계에서 요구하는 적합한 품질을 경제적으로 완성하는 수단체계

③ 데이터 정리방법

㉠ 계량치 : 연속량으로 측정되는 품질특성의 값(길이, 온도, 질량 등)

㉡ 계수치 : 불량품의 수나 결점의 수같이 셀 수 있는 품질의 특성값

2) 통합적 품질관리(Total Quality Control : TQC)

┃ 품질관리

수요자의 요구에 맞는 품질의 제품을 경제적으로 만들어 내기 위한 모든 수단의 체계이며, 근대적 품질관리는 통계적 수단을 채택하고 있으므로 통계적 품질관리를 의미한다.(KSA3001) 결과물에 대한 시험과 검사를 위주로 시공과정 및 시공방법이나 공정관리를 포함한 전 과정의 관리로 본다.

┃ 품질관리의 대상

① 사람(Men)

② 재료(Materials)

③ 기계(Machines)

④ 자금(Money)

⑤ 공법(Methods)

① 제품관리를 비롯하여 비 제조부문에 이르는 종합적 경영관리방식
② 양질의 제품을 보다 경제적인 수준에서 생산할 수 있도록 각 부문의 품질유지와 개선노력을 체계적이면서 종합적으로 조정하는 효과적인 체계
③ TQC의 7가지 도구(Tools)
  ㉠ 히스토그램(Histogram) : 데이터가 어떤 분포를 하고 있는지를 알아보기위해 작성하는 그림
  ㉡ 파레토도(Pareto Diagram) : 불량 발생건수를 항목별로 나누어 크기 순서대로 나열해 놓은 그림
  ㉢ 특성요인도(Fish-Bone Diagram) : 결과에 원인이 어떻게 관계하고 있는지를 한 눈에 알 수 있도록 작성한 그림
  ㉣ 체크시트(Check sheet) : 계수치의 데이터가 분류항목의 어디에 집중되어 있는가를 보기 쉽게 나타낸 그림이나 표
  ㉤ 각종그래프(Graph) : 한 눈에 파악되도록 숫자를 시각화한 각종그래프
  ㉥ 산점도(산포도, Scatter Diagram) : 대응되는 2개의 짝으로 된 데이터를 그래프에 점으로 나타낸 그림
  ㉦ 층별(stratification) : 집단을 구성하고 있는 데이터를 특징에 따라 몇 개의 부분집단으로 나눈 것

5 안전관리

① 재해의 원인 : 인적(심리적·생리적 등), 물적(설비·작업 등), 천후(추위, 바람, 비 등) 등
② 계획(자연재해), 설계(구조물의 안전성), 시공(노동재해)의 각 단계에서 문제점 검토
③ 안전건설환경을 확보하기 위해 공사의 진행과정과 준공 후 유지관리 측면에서도 안전대책에 유의

5>>> 공정표

1 횡선식 공정표(Bar Chart)

① 막대그래프로 나타내는 공정표로서 간트차트(Gantt Chart)에서 유래
② 세로축에 공사종목을 나타내고, 가로축에는 공사종목의 소요시간을 막대의 길이로 표시
③ 단순한 공사나 시급한 공사에 사용

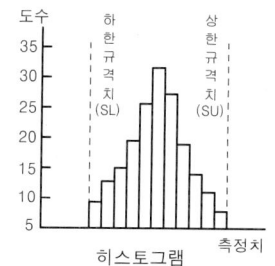
히스토그램

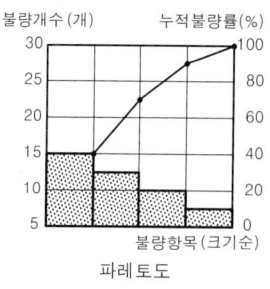
파레토도

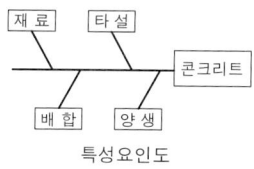
특성요인도

일 항목	1	2	3	계
A	//		/	3
B	/	/	//	4
C		/	/	2
계	3	2	4	9

체크시트

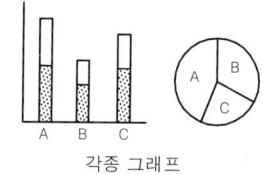
각종 그래프

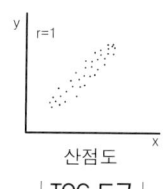
산점도

| TQC 도구 |

공정표
공정표는 지정된 공사기간 내에 계획한 예산과 품질로 완성물을 만들기 위한 계획서이며 동시에 공사의 진척상황을 쉽게 알 수 있도록 시각적인 방법으로 표시해 놓은 것이다.

장점	단점
·각 공정 및 전체공정이 일목요연 ·각 작업의 시작과 종료 명확 ·공정표가 단순하여 초보자도 이해 용이	·관리의 중심(주공정) 파악 곤란 ·작업의 수가 많을 경우 상호관계의 파악 곤란 ·작업 상호간의 연관성 및 종속관계 파악 곤란 ·작업상황의 변동 시 탄력성 없음 ·한 작업이 다른 작업 및 프로젝트에 미치는 영향 파악 불가능

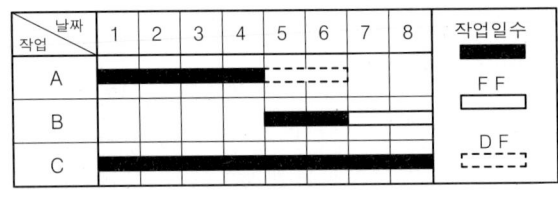

| 횡선식 공정표 |

2 사선식(기성고) 공정표

(1) 특징

① 작업의 관련성은 나타낼 수 없으나 예정공정과 실시공정(기성고) 대비로 공정의 파악 용이

② 공정의 움직임 파악이 쉬워 공사지연에 대한 조속한 대처 가능

③ 가로축은 공기, 세로축은 공정을 나타내어 공사의 진행상태(기성고)를 수량적으로 표시

장점	단점
·전체의 공정 파악 용이 ·예정과 실시의 차이 파악 용이 ·시공속도의 파악 용이	·세부진척 상황파악 불가능 ·개개의 작업 조정 불가능 ·주공정표로 사용하기 곤란–보조적 사용

(2) 공정표 작성 – 진도관리곡선

① 진도관리곡선은 먼저 예정진도 곡선(S–curve)을 그리고 상부허용한계와 하부허용한계선(Banana–curve) 표시

② 하부에 매일의 기성고를 막대 그래프로 그리고 누적기성고를 사선 그래프(실적곡선)로 표시

③ 실시상태의 공정이 바나나곡선의 한계 내에서 진행될 수 있도록 공정을 조정하며 관리

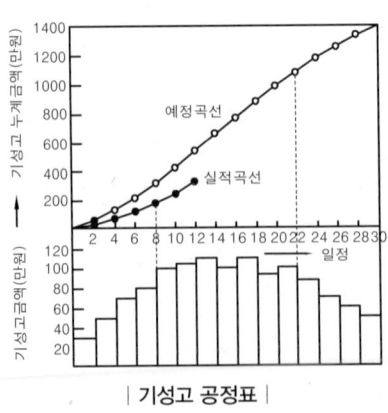

| 기성고 공정표 |

간트차트와 바차트

① 간트차트 : 각 작업의 완료시점을 100%로 하여 가로축에 그 달성도를 기입한 것으로 필요한 일수를 알 수 없어 공기에 미치는 영향을 알기 어렵다.

② 바차트 : 간트차트의 결점을 보완해 가로축에 일수를 기입하여 소요일수나 작업간의 관련성을 어느 정도 알 수 있으나 작업간의 영향을 미치는 요소는 알기 어렵다.

바차트 작성순서

① 전체의 부분공사를 세로로 열거한다.

② 공사기간을 가로축에 열거한다.

③ 부분공사의 필요시간을 계획한다.

④ 공사기간 내 끝낼 수 있도록 부분공사의 소요시간을 도표 위에 맞추어 놓는다.

진도관리곡선 예

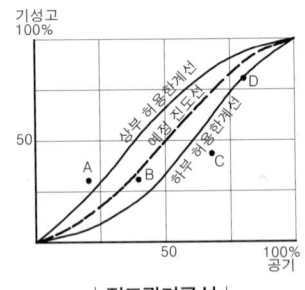

| 진도관리곡선 |

A점 : 예정보다 많이 진척되었으나 한계선 밖에 있으므로 비경제적이다.

B점 : 예정진도와 비슷하므로 그대로 진행되어도 좋다.

C점 : 하부한계선 밖에 있으므로 중점적 관리로 공사를 촉진시켜야 한다.

D점 : 허용 한계선 상에 있으나 관리를 하여 촉진시킬 필요가 있다.

❸ 네트워크 공정표(Network Chart)

(1) 장·단점

1) 장점

① 작업의 선후관계 명확

② 관리의 중심(주공정)을 파악하여 집중관리 가능

③ 주공정 및 여유공정의 파악으로 일정에 탄력적 대응 가능

④ 공사일정 및 자원배당에 의한 문제점의 예측 가능

⑤ 공사의 전체 및 부분파악이 쉽고, 부분 조정 시 전체에 미치는 영향 파악 용이

2) 단점

① 작성이 어려워 상당한 시간 소비

② 작성과 검사에 특별한 기능 필요

③ 수정작업 시 작성 때와 마찬가지로 상당한 시간 필요

(2) CPM과 PERT의 비교

구분	CPM(Critical Path Method)	PERT(Program Evaluation and Review Technique)
개발	Dupont사에서(1957) 플랜트 보전에 이용	미 해군 개발(1958), Polaris 잠수함탄 도미사일 개발에 응용
주목적	공사비용 절감	공사기간 단축
활용	반복사업, 경험이 있는 사업	신규사업, 비반복사업, 대형 project
요소작업의 시간추정	1점 추정 · $t_e = t_m$ t_e : 소요시간(기대시간) t_m : 정상시간 경험이 있는 사업을 대상으로 하기 때문에 정상 시간치로 소요시간 추정	3점 추정 · $t_e = \dfrac{t_o + 4t_m + t_p}{6}$ t_e : 소요시간 t_o : 낙관시간 t_m : 정상시간 t_p : 비관시간 신규사업을 대상으로 하기 때문에 3점 추정시간을 취하여 확률계산
일정계산	작업(activity)중심의 일정계산 ·최조개시시간 : EST(earliest starting time) ·최지개시시간 : LST(latest starting time) ·최조완료시간 : EFT(earliest finishing time) ·최지완료시간 : LFT(latest finishing time)	결합점(node)중심의 일정계산 ·최조시간 : ET, TE (earliest expected time 또는earliest time) ·최저시간 : LT, TL (latest allowable time 또는 latest time)
	작업중심의 여유(float)시간 ·총여유 : TF(total float) ·자유여유 : FF(free float) ·종속여유 : DF(dependent float)	결합점이 갖는 여유(slack)시간 ·정여유 : PS(positive slack) ·영여유 : ZS(zero slack) ·부여유 : NS(negative slack)
주공정	CP(critical path)는 TF = FF = 0(굵은 선)	CP는 TL − TE = 0(굵은 선)
일정계획	·일정계산이 자세하고 작업간 조정 가능 ·작업 재개에 대한 이완도 산출	·일정계산이 복잡 ·결합점 중심의 이완도 산출
MCX 최소비용	핵심이론	이론 없음

▍ 네트워크 공정표

화살선과 원으로 조립된 망상도로 표현하며 도해적으로 공사의 전체 및 부분을 파악하기 쉽고, 시간(시작, 종료, 여유)을 정량적으로 알 수 있다. CPM과 PERT 방식으로 나누어지며 대형공사, 복합적 관리가 필요한 공사 등에 사용된다.

▍ CPM과 PERT

CPM은 경험적 작업, 반복적인 작업(알고 있는 것)에 적용하므로 계산치가 자세하여 MCX 이론(최소 비용에 대한 최적공기 내포이론)이 핵심을 이루며, PERT는 신규작업, 비 반복작업(불확정적 요소를 포함)에 확률이 포함된 계산을 하여 작성한다. 현재는 두 가지 기법을 혼용한 PERT/CPM이 대표적인 네트워크 공정표로 활용되고 있다.

용어 및 표시기호

용어	영어	기호	내용
프로젝트	Project		네트워크에 표현하는 대상 공사
작업	Activity	→	프로젝트를 구성하는 작업 단위
더미	Dummy	┉▸	가상적 작업-시간이나 작업량 없음
결합점	Event, Node	○	작업과 작업을 결합하는 점 및 개시·종료점
가장 빠른 개시시각	Earliest Starting Time	EST	작업을 가장 빨리 시작하는 시각
가장 빠른 종료시각	Earliest Finishing Time	EFT	작업을 가장 빨리 끝낼 수 있는 시각
가장 늦은 개시시각	Latest Starting Time	LST	공기에 영향이 없는 범위에서 작업을 가장 늦게 시작하여도 좋은 시각
가장 늦은 종료시각	Latest Finishing Time	LFT	공기에 영향이 없는 범위에서 작업을 가장 늦게 끝내어도 좋은 시각
가장 빠른 결합점 시각	Earliest Node Time	ET	최초의 결합점에서 대상의 결합점에 이르는 경로 중 가장 긴 경로를 통하여 가장 빨리 도달되는 결합점 시각
가장 늦은 결합점 시각	Latest Node Time	LT	임의의 결합점에서 최종 결합점에 이르는 경로 중 시간적으로 가장 긴 경로를 통과하여 프로젝트의 종료 시각에 알맞은 여유가 전혀 없는 결합점 시각
총여유	Total Float	TF	가장 빨리 시작하여 가장 늦게 끝날 때 생기는 여유기간
자유여유	Free Float	FF	가장 빨리 시작하고, 후속 작업도 가장 빨리 시작하였을 때 생기는 여유시간
간섭여유	Dependent Float	DF	후속 작업의 영향을 받는 여유시간
슬랙	Slack	SL	결합점이 가지는 여유 시간
패스	Path		네트워크 중 둘 이상의 작업의 이어짐
플로트	Float		작업의 여유 시간
최장 패스	Longest Path	LP	임의의 두 결합점 간의 패스 중 소요 시간이 가장 긴 패스
주공정선	Critical Path	CP	작업의 시작점에서 종료점에 이르는 가장 긴패스

(3) 구성요소

1) 작업(activity, job)
   ① 화살선으로 표시
   ② 프로젝트를 구성하는 단위작업, 작업명을 위에 소요시간은 아래에 표시
   ③ 화살선의 길이와 작업일수는 관계없음

2) 결합점(event, node)
   ① 원으로 표시
   ② 작업의 시작과 끝을 나타내며, 작업과 작업을 연결하는 점
   ③ 정수를 사용하며 작업진행방향으로 작은 수에서 큰 수 부여

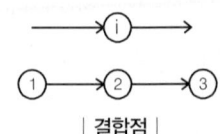

| 작업 |

| 결합점 |

3) 더미(dummy)

① 화살선을 파선으로 표시

② 명목상의 작업으로 소요시간 없음

③ 넘버링 더미(numbering dummy) : 두 작업의 앞뒤의 결합점 번호가 같을 경우를 방지하기 위해 넣는 더미로, 결합점과 결합점 사이에는 하나의 작업만 존재

④ 논리적 더미(logical dummy)

작업의 선후관계를 표현하기 위한 더미

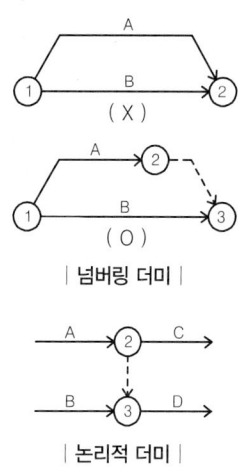

| 넘버링 더미 |

| 논리적 더미 |

(4) 일정계산

1) 작업시각

① EST(ET), EFT : 작업의 진행방향에 따른 전진계산

㉠ 개시 결합점의 EST = 0

㉡ 어떤 작업의 EFT는 그 작업의 EST+D(소요시간)

㉢ 어떤 작업의 EST는 그 선행 작업의 EFT 중 최대치

㉣ 종료 결합점에 들어가는 작업의 EFT 중 최대치가 공기(T)

② LST, LFT(LT) : 역진계산

㉠ 종료결합점의 LFT = 공기 또는 지정공기

㉡ 어떤 작업의 LST는 그 작업의 LFT − D

㉢ 어떤 작업의 LFT는 그 후속 작업의 LST 중 최소치

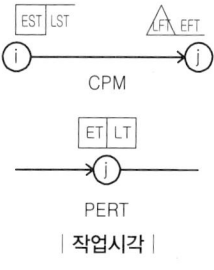

| 작업시각 |

2) 여유시간

① TF : 작업의 EST로 시작하고 LFT로 완료 시 생기는 여유 시간

·TF = LFT − 그 작업의 EFT

② FF : 작업을 EST로 시작하고 후속 작업도 EST로 시작해도 존재하는 여유 시간

·FF = 후속 작업 EST −그 작업의 EFT

③ DF : 후속 작업의 TF에 영향을 끼치는 여유 시간

·DF = TF− FF

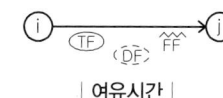

| 여유시간 |

3) 패스(PATH) : 두 결합점을 잇는 경로

① 최장 패스(Longest Path ; LP) : 임의의 결합점에서 임의의 결합점에 이르는 패스 중 소요시간의 합계가 가장 긴 패스

② 주공정선(Critical Path ; CP) : 개시 결합점에서 종료 결합점까지의 최장패스로 굵은선으로 표시 − 한계 공정선, 임계 공정선

㉠ 주공정선은 1개 이상도 가능

㉡ 주공정선상의 작업시간의 합이 공기(工期)

㉢ 작업의 여유(Float)와 결합점 여유(Slack)는 '0'

㉣ 공정관리상 가장 중요한 경로로 우선적 관리대상

핵심문제

1 조경공사에 있어서 시방서, 설계도면 등 설계서간의 내용이 상이한 경우 적용순서로 옳게 된 것은?

산기-05-1

㉮ 현장설명서 – 공사내역서 – 특별시방서 – 설계도
㉯ 공사내역서 – 설계도 – 현장설명서 – 특별시방서
㉰ 설계도 – 물량내역서 – 공사내역서 – 현장설명서
㉱ 현장설명서 – 공사시방서 – 설계도면 – 물량내역서

해 적용순서는 현장설명서 → 공사시방서 → 설계도면 → 표준시방서 → 물량내역서로 하고, 모호한 경우에는 발주자(감독자)가 결정한다.

2 다음 중 시방서에 포함되는 내용이 아닌 것은?

산기-08-2

㉮ 단위공사의 공사량이 기재되어 있다.
㉯ 공사의 개요가 기재되어 있다.
㉰ 시공상의 일반적인 주의사항이 기재되어 있다.
㉱ 도면에 기재할 수 없는 공사내용이 기재되어 있다.

해 시방서 포함 내용
·시공에 대한 보충 및 주의 사항　·시공방법의 정도, 완성 정도
·시공에 필요한 각종 설비　·재료 및 시공에 관한 검사
·재료의 종류, 품질 및 사용

3 다음 중 시방서에 포함될 수 없는 것은? 기-10-1
㉮ 적용 범위에 관한 사항
㉯ 검사 결과의 보고에 관한 사항
㉰ 시공 완성 후 뒤처리에 관한 사항
㉱ 재료의 인수시기에 관한 사항

4 시방서에 대한 설명 중 잘못된 것은? 기-04-2
㉮ 공사시행에 관련된 제반규정 및 요구사항
㉯ 공사 수량 산출서
㉰ 공사시행 관계 내용 기록 서류
㉱ 표준시방서와 특별시방서가 있음

5 다음 중 표준시방서의 내용으로 틀린 것은? 가-05-1
㉮ 공사의 마무리, 공법, 규격, 기준 등을 나타낸 것
㉯ 설계도 및 기타서류에 없는 사항을 자세히 명시한 것
㉰ 공사에 대한 공통적인 협의와 현장관리의 방법

을 명시한 것
㉱ 각 공사마다 제출되며 현장에 알맞는 공법 등 설계자의 특별한 지시를 명시한 것

6 건설공사의 계약도서에 포함되는 시공기준이 되는 시방으로 개별공사의 특수성, 지역여건, 공사방법 등을 고려하여 설계도면에 표시할 수 없는 내용과 공사수행을 위한 시공방법, 품질관리 등에 관한 시공기준을 기술한 시방서는? 기-09-1
㉮ 표준시방서
㉯ 전문시방서
㉰ 공사시방서
㉱ 현장설명서

7 공사계약에 관한 설명 중 틀린 것은?

산기-09-4, 산기-02-1

㉮ 공사를 전문공사별, 공정별, 공구별 등으로 나누어 2인 이상에게 주는 도급을 공동도급이라 한다.
㉯ 경력, 신용, 기술 등으로 고려하여 공사에 적격한 3~7개 업자를 선정하여 입찰에 참여시키는 것을 지명경쟁입찰이라 한다.
㉰ 건축주가 시공에 가장 적합하다고 인정하는 단일 업자를 선정하여 발주하는 방식을 수의계약이라 한다.
㉱ 입찰의 절차는 현장 설명을 끝낸 후 일정시간 경과 후에 행한다.

해 ㉮ 분할도급에 대한 설명이다.

8 공사계약서에 포함되어야 하는 내용으로 부적합한 것은? 산기-10-1
㉮ 공사금액
㉯ 시방서 작성방법
㉰ 분쟁의 해결방법
㉱ 설계변경절차 및 기성금액 지불방법

9 일반경쟁공사입찰의 과정 중 그 순서로 가장 올바른 것은? 기-05-2
㉮ 입찰공고 → 입찰참가신청 및 입찰보증금 접수 → 입찰서 제출 → 개찰 → 낙찰 → 계약체결

ⓝ 입찰공고 → 입찰참가신청 및 입찰보증금 접수 → 개찰 → 입찰서 제출 → 낙찰 → 계약체결

ⓓ 입찰공고 → 계약체결 → 개찰 → 낙찰 → 입찰참가신청 및 입찰보증금 접수 → 입찰서 제출

ⓡ 입찰공고 → 개찰 → 입찰참가신청 및 입찰보증금 접수 → 낙찰 → 입찰서 제출 → 계약체결

10 공사의 입찰과정 순서를 옳게 나열한 것은?

기-06-2

> A : 설계도서 교부 및 현장설명, B : 입찰, C : 입찰공고, D : 개찰, E : 낙찰, F : 계약, G : 질의응답, H : 견적

㉮ A–C–B–G–D–E–F–H ㉯ H–A–D–B–E–F–G–C
㉰ C–A–G–H–B–D–E–F ㉱ G–C–A–H–E–B–D–F

11 입찰계약 순서로 가장 적합한 것은?

산기-08-4, 산기-09-2

㉮ 입찰공고 – 현장설명 – 입찰 – 계약 – 낙찰 – 개찰
㉯ 입찰공고 – 낙찰 – 계약 – 개찰 – 입찰 – 현장설명
㉰ 입찰공고 – 계약 – 낙찰 – 개찰 – 입찰 – 현장설명
㉱ 입찰공고 – 현장설명 – 입찰 – 개찰 – 낙찰 – 계약

12 발주자가 입찰자로 하여금 입찰내역서상에 동 입찰금액을 구성하는 공사 중 하도급 할 공종, 하도급 금액, 하수급 예정자 등 하도급에 관한 사항을 기재하여 입찰서와 함께 제출하도록 하는 제도는?

산기-10-1

㉮ 사전자격심사(P.Q) ㉯ 내역입찰
㉰ 대안입찰 ㉱ 부대입찰

13 다음 중 입찰자의 시공경험, 기술능력, 경영상태, 신인도 등을 종합적으로 검토하여 가장 효율적으로 공사를 수행할 수 있는 업체에 입찰자격을 부여하는 입찰방식은?

산기-07-4, 산기-12-1

㉮ PQ제도 ㉯ 부대입찰제도
㉰ 대안입찰제도 ㉱ 수의계약

해 PQ(입찰참가자격사전심사)제도란 입찰에 참여하고자 하는 자에 대해 입찰에 참가할 수 있는 자격이 있는지를 사전에 미리

심사하여 경쟁입찰에 참가할 수 있는 적격자를 선정한 후 선정된 적격자에 한하여 입찰참가 자격을 부여하는 입찰방식이다.

14 공사시공방법에 있어서 전문 공사별, 공정별, 공구별로 도급을 주는 방법은?

산기-11-2, 기-12-1

㉮ 분할도급 ㉯ 공동도급
㉰ 일식도급 ㉱ 직영도급

15 단독도급과 비교하여 공동도급(joint venture)방식의 특징으로 거리가 먼 것은?

산기-11-4

㉮ 2 이상의 업자가 공동으로 도급함으로서 자금 부담이 경감된다.
㉯ 대규모 공사를 단독으로 도급하는 것 보다 적자 등의 위험 부담이 분담된다.
㉰ 공동도급 구성된 상호간의 이해 충돌이 없고 현장 관리가 용이하다.
㉱ 고도의 기술을 필요로 하는 공사일 경우, 경험기술이 부족한 업자도 특히 그 공사에 능숙한 업자를 구성원으로 참여시켜 안전하게 대처할 수 있다.

해 ㉰ 공동도급 구성된 상호 간의 이해충돌과 책임회피의 우려가 있다.

16 건설업자가 대상계획의 기업, 금융, 토지조달, 설계, 시공, 기계, 기구설치, 시운전까지 주문자가 필요로 하는 모든 것을 조달하여 주문자에게 인도하는 도급계약방식은?

산기-10-2

㉮ 턴키도급(turn–key contract)
㉯ 실비청산보수가산도급(cost plus fee contract)
㉰ 공동도급(joint venture contract)
㉱ 정액도급(lump sum contract)

17 공사의 발주방법 중 일정한 자격을 가진 불특정 다수의 희망자를 경쟁에 참여하도록 하여 시공자 다수에게 가장 균등한 기회를 제공하여 입찰하는 방법은?

산기-03-4, 기-11-4

㉮ 일반경쟁입찰 ㉯ 지명경쟁입찰
㉰ 제한적평균가낙찰제 ㉱ 대안입찰

18 일정한 자격요건을 갖춘 자들에게 동일한 조건에서 서로의 경쟁을 통하여 입찰하게 하는 방법이나 지

나친 경쟁으로 인하여 낮은 공사금액으로 입찰하여 공사의 질을 저해할 우려가 있는 입찰 방식은? 산기-11-1
㉮ 공개경쟁입찰
㉯ 제한경쟁입찰
㉰ 지명경쟁입찰
㉱ 제한적 평균가낙찰제

19 일반경쟁입찰에 대한 설명으로 틀린 것은? 기-05-1
㉮ 공고를 통하여 일정한 자격을 가진 불특정 다수의 경쟁참가를 허용한다.
㉯ 가장 유리한 조건을 제시한 자를 선정하여 계약을 체결하는 방법이다.
㉰ 저렴한 공사비와 기회 균등이 장점이다.
㉱ 낙찰자의 기술능력을 신뢰할 수 있다.
🖩 ㉱ 일반경쟁입찰 방식은 일정한 자격을 갖춘 불특정 공사수주 희망자를 입찰에 참가시키므로 부적격자를 가리기 어렵다는 단점이 있다.

20 시공자의 선정방법 중 지나친 경쟁으로 인한 부실공사를 막기 위해 기술과 경험이 풍부하고 신용있는 특정다수의 업체를 선정하여 경쟁 입찰토록 하는 방법은? 기-05-4, 기-08-4
㉮ 일반경쟁입찰
㉯ 지명경쟁입찰
㉰ 제한경쟁입찰
㉱ 수의계약

21 특명입찰(수의계약, individual negotiation)을 요하는 공사가 아닌 것은? 기-08-1
㉮ 실비 청산 보수공사
㉯ 특수공법을 요하는 공사
㉰ 추가공사
㉱ 도급업자 선정의 여지가 있을 때
🖩 특명입찰(수의 계약)은 발주자가 필요하다고 판단되는 사업이나 기술, 시공방법의 특수성, 시간적 제한성 등이 있을 때 단일 업자를 선정하는 방식이므로 도급업자 선정의 여지가 없을 때 시행한다.

22 공사계약방법 중 발주자가 제시하는 기본계획과 지침에 따라, 그 공사의 설계서 및 기타 시공에 필요한 도서를 작성하여 입찰서와 함께 제출하는 입찰방법을 무엇이라 하는가? 산기-04-1, 기-03-4
㉮ 특명입찰
㉯ 설계시공 일괄입찰
㉰ 지명경쟁입찰
㉱ 대안입찰

23 다음 공사 발주 방법에 대한 설명 중 옳지 않은 것은? 산기-02-2, 산기-06-1
㉮ 일반경쟁입찰은 저렴한 공사비와 모든 공사 수주희망자에게 균등한 기회를 제공한다.
㉯ 일반경쟁입찰은 낙찰자의 신용, 기술, 경험, 능력을 신뢰할 수 있는 장점이 있다.
㉰ 제한경쟁입찰은 일반경쟁입찰과 지명경쟁입찰의 단점을 보완 할 수 있다.
㉱ 지명경쟁입찰은 자금력과 신용 등에 있어서 적당하다고 인정되는 다수의 참가자를 지명하여 입찰하는 방법이다.

24 시공계획을 세우는 목적이 아닌 것은? 기-03-1
㉮ 최소의 비용으로 시공하여 경제성을 극대화하기 위하여
㉯ 최대한 인원을 동원하여 조기에 완공하기 위하여
㉰ 시공 품질을 정해진 수준으로 달성하기 위하여
㉱ 시공을 안전하게 수행하기 위하여
🖩 시공계획 : 설계도면 및 시방서에 의해 양질의 공사목적물을 생산하기 위하여 기간 내에 최소의 비용으로 안전하게 시공할 수 있도록 조건과 방법을 결정하는 계획을 의미한다.

25 조경 시공 계획상 고려해야 할 조달계획에 해당되지 않는 것은? 기-04-2
㉮ 하청발주계획
㉯ 노무계획
㉰ 품질관리계획
㉱ 재료계획
🖩 조달계획
·하도급 발주계획
·노무계획(직종별 인원과 사용기간)
·기계계획(기종별 수량과 사용기간)
·재료계획(종류별 수량과 소요시간)
·운반계획(방법과 시간)

26 다음 시공계획의 검토내용 중 시공기술계획에 해당하는 것은? 기-06-2
㉮ 계약서, 설계도서, 계약조건의 검토
㉯ 품질관리계획
㉰ 하도급 발주계획
㉱ 현장관리조직의 편성

해 시공기술계획

　·공사순서와 시공법의 기본방침결정

　·공기와 작업량 및 공사비의 검토

　·예정공정표 작성

　·시공기계 선정과 운용계획

　·가설비의 설계와 배치계획

　·품질관계획

27 다음 중 시공계획 작성의 내용에 포함되지 않는 것은? 　　　　　　　　　　　산기-04-1

㉮ 안전계획　　　　　　㉯ 조경계획

㉰ 노무계획　　　　　　㉱ 공정계획

28 시공계획서에 포함되어야 할 내용이 아닌 것은? 　　　　　　　　　　기-04-4, 산기-05-1

㉮ 공사개요

㉯ 계약서

㉰ 공정표

㉱ 인력동원계획 및 현장조직표

해 계획서 포함 내용

　－ 현장 조직표　　　 － 공사세부 공정표, 작업일정표

　－ 주요공정의 시공절차 및 방법

　　·시공일정　　　 ·시공의 범위

　　·작업방법　　　 ·가시설물 설치계획도

　　·세부작업별 동원장비, 인력, 자재계획

　　·주요기계설비의 반입과 배치 및 사용계획

29 다음 중 시공 계획과정을 순서대로 가장 바르게 나열한 것은? 　　　　　　　　　　　기-06-2

㉮ 사전조사 → 기본계획 → 일정계획 → 가설 및 조달계획

㉯ 사전조사 → 가설 및 조달계획 → 일정계획 → 기본계획

㉰ 기본계획 → 사전조사 → 가설 및 조달계획 → 일정계획

㉱ 기본계획 → 일정계획 → 사전조사 → 가설 및 조달계획

30 시공계획의 진행 순서로 가장 적합한 것은?

　　　　　　　　　　　산기-07-4

㉮ 사전조사 → 설계서검토 → 공정계획 → 실행예산작성

㉯ 사전조사 → 설계서검토 → 실행예산작성 → 공정계획

㉰ 설계서검토 → 공정계획 → 사전조사 → 실행예산작성

㉱ 설계서검토 → 실행예산작성 → 사전조사 → 공정계획

31 공정 계획에서 소요 작업 일수를 산출하기 위한 식은? 　　　　　　　　　　　산기-03-2

㉮ 소요작업일수 = $\dfrac{공사량}{1일\ 평균시공량}$

㉯ 소요작업일수 = $\dfrac{단위작업시공량}{총공사량}$

㉰ 소요작업일수 = $\dfrac{총공사량}{월평균작업량}$

㉱ 소요작업일수 = $\dfrac{총공사량}{작업가능일수}$

32 다음 중 공사 관리의 3대 요소에 해당하지 않는 것은? 　　　　　　기-06-1, 기-03-4, 산기-07-2

㉮ 자재관리　　　　　　㉯ 공정관리

㉰ 품질관리　　　　　　㉱ 원가관리

33 시공관리의 주 목표내용이 아닌 것은?

　　　　　　　　　　산기-07-1, 기-08-1

㉮ 공정관리　　　　　　㉯ 유지관리

㉰ 원가관리　　　　　　㉱ 품질관리

해 시공관리의 목표

　·공정관리 : 가능한 공사기간 단축

　·원가관리 : 가능한 싸게 경제성 확보

　·품질관리 : 보다 좋은 품질 유도

　·안전관리 : 보다 안전한 시공

34 현장에서는 차질없이 공사를 수행하기 위하여 시공계획에 따라 공사 관리를 철저히 해야 한다. 다음 중 공사관리에 포함되는 항목이 아닌 것은? 　기-07-1

㉮ 공정관리　　　　　　㉯ 인사관리

㉰ 자재 및 품질관리　　㉱ 노무관리

35 조경 시공관리의 내용이라 볼 수 없는 것은?

　　　　　　　　　　　산기-02-2

㉮ 품질 및 공정관리　　㉯ 노무 및 안전관리

㉰ 자재 및 원가관리　　㉱ 기상 및 수문관리

36 그림의 공기 건설비 곡선에서 어느 점에 해당하는 공기가 최적공기인가?   기-03-1관리, 기-04-4

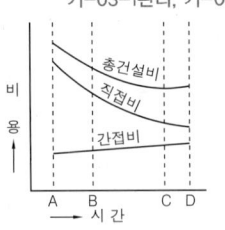

㉮ A
㉯ B
㉰ C
㉱ D

🎯 C : 최적공기(직접공사비와 간접공사비를 합한 총공사비가 최소로 되는 가장 경제적인 공기)

37 공정계획상 필요한 이익도표상의 원가곡선 (y = F+ vx)에서 y값(총 공사원가)을 최소화시키는 구체적인 방안에 해당되지 않는 것은?   기-05-4

㉮ 기계, 소모재 등을 합리적으로 최소화하여 가능한 반복 사용한다.
㉯ 전 공기를 통하여 가동 노무자수의 불균형을 가급적 줄인다.
㉰ 가설공사를 합리적인 범위 내에서 최소화 한다.
㉱ 강행작업에 의한 기성고 상승을 촉진한다.

🎯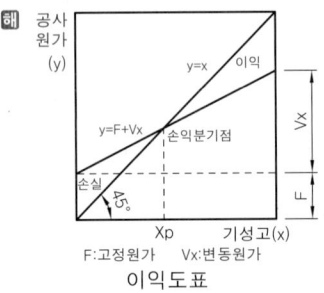

이익도표

38 원가관리의 내용으로 맞지 않는 것은? 산기-05-2
㉮ 실행예산과 실 가격을 대조한다.
㉯ 원가의 발생을 통제한다.
㉰ 시공관리의 3대 목표 중 하나이다.
㉱ 기성고를 높이기 위한 수단이다.

🎯 원가관리는 공사를 경제적으로 시공하기 위해 재료비, 노무비 및 그 밖의 비용을 기록·통합하고 정리·분석하여 개선하는 방법과 이를 위한 활동이다.

39 품질관리에 관한 사항으로 맞지 않는 것은? 산기-03-1
㉮ 원가절감을 위한 수단 중 하나이다.

㉯ 공사목적물의 품질유지를 위한 것이다.
㉰ 생산성을 향상시킬 수 있다.
㉱ 공정관리를 촉진하여 품질을 향상시킨다.

40 품질관리 및 검사에 대한 설명으로 옳지 않은 것은? 산기-04-2
㉮ 공사용 재료는 사용 전에 감독자에게 견본 또는 자료를 제출한다.
㉯ 시방서에 재료의 품질이 명시되지 않은 경우 생산 회사의 품질기준에 따른다.
㉰ 사전 검사된 재료라도 현장에 반입되면 감독자로부터 사용여부를 승인 받아야 한다.
㉱ 검사 또는 시험에 불합격한 재료는 지체 없이 공사현장으로부터 반출한다.

🎯 ㉯ 시방서에 재료의 품질이 명시되지 않은 경우 관계 규정 및 현장감독관의 해석 또는 지시에 따라야 한다.

41 다음 중 품질관리 4단계의 순서가 맞는 것은? 기-05-2관리
㉮ 실시 – 조치 – 검토 – 계획   ㉯ 조치 – 검토 – 실시 – 계획
㉰ 조치 – 실시 – 검토 – 계획   ㉱ 계획 – 실시 – 검토 – 조치

42. TQC를 위한 7가지 도구 중 다음 설명이 의미하는 것은? 산기-10-4, 기-10-1

> 모집단에 대한 품질특성을 알기 위하여 모집단의 분포상태, 분포의 중심위치, 분포의 산포 등을 쉽게 파악할 수 있도록 막대그래프 형식으로 작성한 도수분포도를 말한다.

㉮ 파레토도   ㉯ 체크시트
㉰ 히스토그램   ㉱ 특성요인도

43 각 공정별 공사와 전체의 공정시기 등이 일목요연하며, 경험이 적은 사람도 이해하기 쉬우나 작업 상호 간의 관계가 불분명하고, 주로 조경공사의 공정표로 가장 많이 쓰이는 것은? 산기-06-2
㉮ 사선식 공정표   ㉯ 좌표식 공정표
㉰ 횡선식 공정표   ㉱ 네트워크 공정표

44 가로축에 일수(日數)를 잡음으로써 각 작업의 소요일수를 알 수 있고, 작업의 흐름이 좌에서 우로 이행되는 관계로 작업간의 관련을 어느 정도 파악할 수 있는 공정표는? 기-05-4관리

㉮ 간트(GANTT)차트 횡선식 공정표
㉯ 바(bar)차트 횡선식 공정표
㉰ 곡선식 공정표
㉱ 네트워크식 공정표

45 간단한 공사의 공정을 단순비교 할 때 흔히 쓰이는 공정관리 기법은? 산기-03-1

㉮ 횡선식 공정표(Bar Chart)
㉯ 네트워크(Net work)공정표
㉰ 기성고 공정곡선
㉱ 칸트차트(Gantt Chart)

46 횡선식 공정표의 특징으로 옳지 않은 것은? 산기-04-1

㉮ 공정별 전체공사시기 등이 일목요연하여 알아보기 쉽다.
㉯ 단순하여 작성하기가 간편하다.
㉰ 수정작업이 쉽다.
㉱ 복잡한 공사에 많이 쓰인다.

해 ㉱ 네트워크 공정표에 대한 설명이다. 횡선식 공정표는 간단한 공사의 공정을 단순비교할 때 많이 쓰인다.

47 Bar Chart식 공정표를 작성하는 순서가 올바른 것은? 기-03-1

┌─────────────────────────────────┐
│ ① 부분공사, 시공에 필요한 시간을 계획한다. │
│ ② 이용할 수 있는 공사기간을 가로축에 표시한다. │
│ ③ 공사기간 내에 전체공사를 끝낼 수 있도록 각 부 │
│   분공사의 소요공사 기간을 도표 위의 자리에 맞 │
│   추어 일정을 짠다. │
│ ④ 전체공사를 구성하는 모든 부분공사를 세로로 │
│   열거한다. │
└─────────────────────────────────┘

㉮ ② - ④ - ① - ③
㉯ ④ - ② - ① - ③
㉰ ① - ② - ③ - ④
㉱ ② - ④ - ③ - ①

48 공정계획의 간트 도표의 단점이 아닌 것은? 산기-02-4

㉮ 변화와 변경에 약하다.
㉯ 문제점이 명확하지 않다.
㉰ 총소요 기간의 정도를 알수 없다.
㉱ 작업공정의 표현이 복잡하다.

해 ㉱ 간트차트는 각 작업의 완료시점을 100%로 하여 가로축에 그 달성도를 기입한 것으로 작업공정의 표현이 단순하여 필요한 일수를 알 수 없으므로 공기에 미치는 영향을 알기 어렵다.

49 다음 공정표 중 공사의 전체적인 진척상황을 파악하는데 가장 유리한 공정표는 무엇인가? 기-03-2

㉮ 횡선식 공정표
㉯ Network 공정표
㉰ 곡선식 기성고 공정표
㉱ CPM 공정표

해 사선식(기성고) 공정표
· 작업의 관련성은 나타낼 수 없으나 예정공정과 실시공정(기성고) 대비로 공정의 파악 용이
· 공정의 움직임 파악이 쉬워 공사지연에 대한 조속한 대처 가능
· 가로축은 공기, 세로축은 공정을 나타내어 공사의 진행상태(기성고)를 수량적으로 표시

50 다음 공정표의 종류 중 작업의 관련성을 나타낼 수는 없으나 공사의 기성고를 표시하는데 편리한 공정표로 각 부분공사의 상세를 나타내는 부분공정표에 적합하지만 보조적인 수단으로 사용되는 것은? 기-06-1관리

㉮ 횡선식공정표
㉯ 사선식공정표
㉰ 진도관리곡선
㉱ 네트워크공정표

51 기성고 공정곡선 중 계획선의 상하에 허용한계선을 그어 공정을 관리할 때 이 한계선을 무엇이라 하는가? 산기-02-4, 산기-10-2

㉮ 바나나 곡선
㉯ 계획 곡선
㉰ 실적 곡선
㉱ 누계 곡선

52 기성고 누계곡선의 일반적인 형태는? 산기-04-2, 산기-05-4

㉮ S자형
㉯ T자형
㉰ C자형
㉱ V자형

53 공정관리 곡선 작성 중 표에서와 같이 실시 공정곡선이 예정 공정 곡선에 대해 항상 안전범위 안에 있도록 예정 곡선(계획선)의 상하에 그린 허용한계선을 일컫는 명칭은? 기-03-4관리

㉮ S curve
㉯ Progressive curve
㉰ banana curve
㉱ net curve

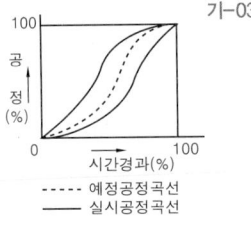

54 다음 중 복잡한 공사와 대형공사의 공사전체의 파악이 쉬운 공정관리 기법은? 기-05-1

㉮ 바 챠트(bar chart)　㉯ 간트 챠트(Gantt chart)
㉰ 네트워크법　㉱ 기성고 공정공법

55 다음 [보기]에서 ( )속에 알맞은 용어는? 기-07-4

[보기] 작업의 상호 관계를 원(O)과 화살(→)로 표시한 망상도를 나타내는 공정표를 ( )공정표라 하는데 이 공정표는 CPM과 PERT수법이 대표적으로 사용된다. 이 공정표의 장점은 도해적이므로 공사 전체 및 부분의 파악이 쉬운 장점이 있다.

㉮ 시스템　㉯ 바챠트
㉰ 횡선　㉱ 네트워크

56 네트워크(network)에 의한 종합관리가 이루어지며 작업의 선후관계가 명확하게 이루어지는 공정표는? 기-09-2

㉮ GANTT chart　㉯ Bar chart
㉰ PERT/CPM　㉱ 산점도

57 횡선식 공정표와 비교한 네트워크 공정표의 장점이 아닌 것은? 기-10-2

㉮ 공사계획 전체의 파악이 용이하다.
㉯ 작업의 상호관계가 명확하다.
㉰ 공정상의 문제점을 명확히 파악할 수 있다.
㉱ 공정표 작성이 간편하다.

🅷 네트워크 공정표의 단점
·작성이 어려워 상당한 시간 소비

·작성과 검사에 특별한 기능 필요
·수정작업 시 작성 때와 마찬가지로 상당한 시간 필요

58 다음 중 네트워크 공정표의 종류에 관한 설명 중 옳지 않은 것은? 기-06-1

㉮ CPM은 결합점(Event) 중심의 일정계산이다.
㉯ 최장경로와 여유공정에 의해 공사 통제 가능하다.
㉰ CPM의 활용은 반복사업 및 경험이 있는 사업에서 실시한다.
㉱ PERT의 개발배경은 1958년 미해군 폴라리스(Polaris) 핵잠수함 건조계획 시 개발되었다.

🅷 ㉮ CPM은 작업(Activity)중심의 일정계산이다.

59 공정관리에 있어서 최장경로(critical path)를 바탕으로 하여 표준시간, 표준비용, 한계시간, 한계비용의 4개와 간접비 또한 고려하여 비용을 최소화하는 경제적인 일정계획을 추구하는 네트워크 수법은? 기-07-1

㉮ CPM　㉯ PERT
㉰ GANTT　㉱ RAMPS

60 PERT와 CPM 공정표의 차이점으로 옳은 것은? 기-11-1

㉮ CPM은 신규 및 경험이 없는 건설공사에 이용되나 PERT는 경험이 있는 공사에 이용된다.
㉯ CPM은 더미(Dummy)를 사용하나 PERT는 사용하지 않는다.
㉰ CPM은 화살선으로 작업을 표시하나 PERT는 원으로 작업을 표시한다.
㉱ CPM은 소요시간 추정에서 1점 추정인 반면 PERT는 3점 추정으로 한다.

61 네트워크 공정관리기법인 PERT기법에 관한 설명으로 가장 적합한 것은? 기-10-4

㉮ 작업(activity)중심의 일정계산
㉯ Dupont사에서 플랜트 보전 사업, 경쟁력 강화를 위해 개발
㉰ 결합점(node) 중심의 반복적이고 경험이 있는 건설사업

④ 3점 추정시간에 의한 요소작업 시간추정

62 공정관리에 관한 설명으로 맞지 않는 것은?

산기-04-4

㉮ 횡선식 공정표는 공기에 영향을 미치는 작업을 알기 쉽다.

㉯ CPM은 각 작업들의 연관성을 알기 쉽다.

㉰ 네트워크 공정표는 대형공사에 적합하다.

㉱ PERT는 네트워크 공정표의 일종이다.

해 ㉮ 횡선식 공정표는 한 작업이 다른 작업 및 프로젝트에 미치는 영향 파악이 불가능하다.

63 네트워크(Net Work)공정표의 특징 설명 중 틀린 것은?

산기-09-4

㉮ PERT 방식은 공사비 절감에 주목적이 있으며, CPM 방식은 공사기간 단축에 목적이 있다.

㉯ 크리티컬 패스(Critical path)또는 이에 따르는 길에 주의하면 다른 작업에 계획 누락이 없는 한 공정이 원만하게 추진되어 공정관리가 편리하다.

㉰ 공정표를 능숙하게 작성하기 위해 시간과 경험이 요구된다.

㉱ 공사계약, 관리면에서 신뢰도가 높다.

해 ㉮ PERT 방식은 공사기간 단축에 주목적이 있으며, CPM 방식은 공사비용 절감에 목적이 있다.

64 네트워크(Net work)공정표에 대한 설명 중 틀린 것은?

기-07-2

㉮ 작업(activity)의 작업명은 실선의 하단, 공사기간은 실선의 상단에 표시한다.

㉯ 여유시간(float)은 공기에 영향을 주지 않고 지연시킬 수 있는 시간이다.

㉰ 더미(dummy)는 작업이 행해지지 않는 파선의 화살표로 나타낸다.

㉱ 한계경로(CP, critical path)는 개시 결합점에서 완료 결합점에 이르는 최장 경로를 말한다.

해 ㉮ 작업(activity)의 작업명은 실선의 상단, 공사기간은 실선의 하단에 표시한다.

65 네트워크 공정표 작성에 대한 설명 중 잘못된

내용은?

산기-03-2, 산기-12-1

㉮ 작업(activity)은 화살표로 표시하고 화살표의 시작과 끝에는 동그라미를 표시한다.

㉯ 빵표는 결합점(Event, node)이라 한다.

㉰ 동일 네트워크에 있어서 동일 번호가 2개 이상 있어서는 안된다.

㉱ 화살표의 윗부분에 소요시간을, 밑부분에 작업명을 표기한다.

66 네트워크 공정표의 기본 구성요소인 결합점과 액티비티에서 A와 B에 들어갈 내용이 바르게 짝지어진 것은?

산기-07-2

㉮ A : 작업기간, B : 작업명

㉯ A : 작업명, B : 작업기간

㉰ A : 작업명, B : 작업순서

㉱ A : 작업순서, B : 작업기간

시작 마디 ──A──▶ 끝남 마디
(0)   B   (1)

67 다음 네트워크 공정표와 관련된 내용 중 틀린 것은?

산기-06-4

㉮ 작업을 나타내며 시간과 자원을 필요로 하는 부분은 Activity(작업, 활동)라 한다.

㉯ 작업의 종료, 개시 또는 작업과 작업간의 연결점을 Event(결합점)라 한다.

㉰ 작업의 상호관계만을 나타내는 실선 화살선으로 작업이나 시간의 요소를 Dummy(더미)라 한다.

㉱ 최초 작업의 개시에서 최종 작업의 완료에 이르는 경로 중 소요일수가 가장 긴 경로를 Critical Path(주공정선)이라고 한다.

해 ㉰ Dummy(더미)는 명목상의 작업으로 소요시간이 없으며 화살선을 파선(┈┈)으로 표시한다.

68 네트워크 공정표 중 더미(dummy)에 대한 설명으로 맞는 것은?

산기-02-1, 산기-09-1

㉮ 하나의 선행 작업을 나타낸다.

㉯ 가장 중요한 공정을 나타낸다.

㉰ 선행과 후행의 관계만 나타낸다.

㉱ 가장 시간이 긴 경로를 나타낸다.

69 Network 공정표에서, Dummy의 표시기호로

옳은 것은? 산기-07-1

㉮ ➡ ㉯ ⟶

㉰ ----➡ ㉱ --·-➡

70 네트워크 공정표의 크리티칼 패스(critical path)에 대한 설명으로 맞지 않는 것은? 산기-05-1

㉮ 공기는 크리티칼 패스에 의해 결정된다.

㉯ 여러 경로 중 가장 시간이 긴 경로를 말한다.

㉰ 크리티칼 패스는 일의 개시시점을 말한다.

㉱ 크리티칼 패스상의 공종은 중점관리대상이 된다.

해 ㉰ 작업의 시작점에서 종료점에 이르는 가장 긴 패스를 말한다.

71 네트워크 공정을 작성하는 순서로 가장 옳은 것은? 기-03-2

㉮ 작업리스트 → 타임스케일도 → 흐름도 → 애로우도

㉯ 작업리스트 → 흐름도 → 애로우도 → 타임스케일도

㉰ 작업리스트 → 타임스케일도 → 애로우도 → 흐름도

㉱ 작업리스트 → 애로우도 → 흐름도 → 타임스케일도

72 네트워크 공정표의 기본 구성요소들에 대한 설명으로 틀린 것은? 기-05-1

㉮ 작업(Activity) : 공사를 구성하는 각개의 개별단위 작업을 표시한다.

㉯ 더미(Dummy) : 실제의 작업은 행하여지는 것이 아니고 선행과 후속의 관계를 나타내주기 위하여 사용한다.

㉰ 작업(Activity) : 작업의 표시는 실선의 화살표로 나타내는데, 화살선의 위에는 작업명을 아래에는 소요시간을 기재한다.

㉱ 더미(Dummy) : 명목상의 작업이지만, 소요시간은 0(zero)으로 하지는 않는다.

해 ㉱ 더미(Dummy) : 명목상의 작업이므로, 소요시간은 0(zero)이다.

73. 공정표 작성 시 공정계산에 관한 설명으로 옳은 것은? 기-11-2

㉮ 복수의 작업에 선행되는 작업의 LFT는 후속작업의 LST중 최대값으로 한다.

㉯ 복수의 작업에 후속되는 작업의 EST는 선행작업의 EFT중 최소값으로 한다.

㉰ 전체여유(TF)는 작업을 EST로 시작하고 LFT로 완료할 때 생기는 여유시간이다.

㉱ 종속여유(DF)는 후속작업의 EST에 영향을 주지 않는 범위 내에서 한 작업이 가질 수 있는 여유시간이다.

74 다음 네트워크 공정표를 보고 크리티칼 패스(Critical Path)를 나타내는 것은? 산기-03-1

㉮ ⓞ - ① - ③ - ⑤

㉯ ⓞ - ① - ② - ③ - ⑤

㉰ ⓞ - ① - ④ - ⑤

㉱ ⓞ - ① - ② - ⑤

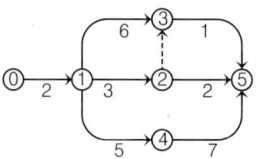

해 크리티칼 패스(CP)는 개시결합점에서 종료결합점에 이르는 최장패스(LP)로서 작업의 주공정선이 된다. 개시결합점에서부터 소요시간(D)을 더해 나가며 최대시간이 되는 경로를 찾는다.

㉮ $2 + 6 + 1 = 9$ ㉯ $2 + 3 + 1 = 6$

㉰ $2 + 5 + 7 = 14$ ㉱ $2 + 3 + 2 = 7$

따라서 ㉰의 경로가 주공정선이 되며 14가 공기(T)이다.

75 다음 공정표에서 크리티칼 패스(critical path)에 해당되는 과정은? 산기-05-2, 산기-07-1

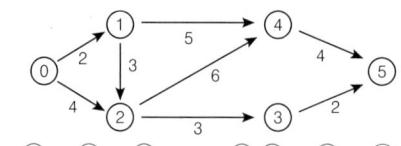

㉮ ⓞ - ① - ④ - ⑤   ㉯ ⓞ - ② - ③ - ⑤

㉰ ⓞ - ① - ② - ③ - ⑤   ㉱ ⓞ - ① - ② - ④ - ⑤

해 ㉮ 11, ㉯ 9, ㉰ 10, ㉱ 15

76 다음 공정표의 작업을 수행하는데 소요되는 CP의 공사일 수는? 산기-07-4

㉮ 13일

㉯ 14일

㉰ 16일

㉱ 18일

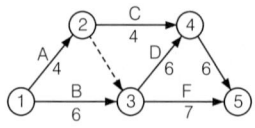

해 CP : ① - ③ - ④ - ⑤

· 소요시간 : 6 + 6 + 6 = 18(일)

77 다음 공정표에서 전체 공사기간은 얼마인가? 기-08-2

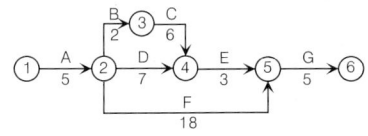

㉮ 20일   ㉯ 21일

㉰ 28일   ㉱ 46일

🄷 CP : ①-②-⑤-⑥   ·소요시간 : 5+18+5=28(일)

78 다음 공정표의 전체 소요 공기(工期)는?   산기-09-1

㉮ 30일

㉯ 40일

㉰ 41일

㉱ 42일

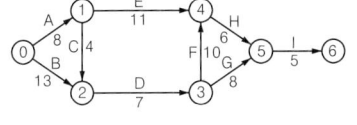

🄷 크리티칼 패스(CP) 상의 소요시간이 공기(T)이다.

   ·CP : ⓪-②-③-④-⑤-⑥

   ·공기 : 13+7+10+6+5=41(일)

79 다음 네트워크 공정표의 최장 소요 공기는?

                                        산기-07-2

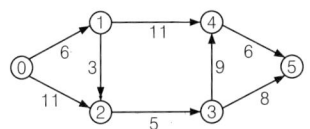

㉮ 24일   ㉯ 27일

㉰ 31일   ㉱ 33일

🄷 CP : ⓪-②-③-④-⑤   ·공기 : 11+5+9+6=31(일)

80 다음 그림의 네트워크 공정표에서 최장경로와 공기를 나타낸 것 중 맞는 것은?   기-08-1관리

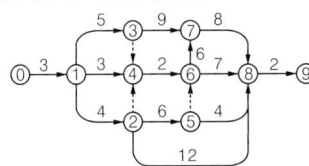

㉮ ⓪ - ① - ③ - ④ - ⑥ - ⑦ - ⑧ - ⑨(26일)

㉯ ⓪ - ① - ② - ⑤ - ⑥ - ⑦ - ⑧ - ⑨(29일)

㉰ ⓪ - ① - ③ - ④ - ⑥ - ⑦ - ⑧ - ⑨(31일)

㉱ ⓪ - ① - ② - ⑤ - ⑥ - ⑧ - ⑨(31일)

81 다음 공정표를 설명한 것 중 옳은 것은?   산기-06-1

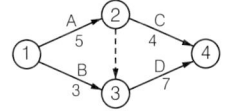

㉮ 작업 총 소요일수는 12일이다.

㉯ D는 B가 이루어지기만 하면 작업이 가능하다.

㉰ 주공정선은 B→D이다.

㉱ 점선부분의 더미작업에는 1일이 소요된다.

🄷 ㉯ D는 A와 B 모두 이루어 진 후 작업 가능

    ㉰ 주공정선은 A - D이다. ① - ② - ③ - ④

    ㉱ 더미는 작업이 아니므로 소요시간이 없다.

82 다음과 같은 네트워크에서 각 작업의 여유시간이 틀린 것은?   기-03-2관리, 기-06-1

㉮ A작업의 여유시간은 없다.

㉯ B작업의 여유시간은 3일이다.

㉰ D작업의 여유시간은 3일이다.

㉱ E작업의 여유시간은 없다.

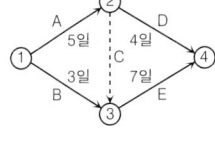

🄷 작업의 여유시간은 CP상의 작업에서는 없고, 그 외의 작업에만 있다. 여유시간은 결합점에 도달되는 작업의 시간을 비교하여 최대작업시각을 가진 작업과의 차로서 구할 수 있다.

   ·CP : A-E의 작업으로 여유시간은 없다.

   ·B작업의 여유시간 : ③에 도달되는 A(5) B(3)를 비교하여 5 - 3 = 2로 구할 수 있다.

   ·D작업의 여유시간 : ④에 도달되는 최대시각은 E(12)로서 D(9)와 비교하여 12 - 9 = 3으로 구할 수 있다.

83 다음 그림과 같은 네트워크에서 각 작업에는 EST, EFT, LST, LFT의 4가지 시각이 있다. 다음 중 틀린 것은?   기-03-4관리

㉮ A작업의 EST와 LST는 같다.

㉯ B작업의 EFT는 3일, LFT는 5일이다.

㉰ D작업의 EST는 8일, LFT는 12일이다.

㉱ E작업의 EST는 5일, EFT는 12일이다.

🄷 작업의 시각 EST와 EFT는 개시결합점부터 전진계산을 하여 구하고 LST와 LFT는 종료결합점에서 역진계산을 하여 구한다.

   ·CP상의 작업시각은 EST, EFT, LST, LFT가 모두 같다.

   ·D작업의 EST는 A의 작업의 EFT와 같은 5일이며 LFT는 종료작업으로 공기(12)와 같다.

CHAPTER 02 조경시공 일반

1>>> 공사준비

1 보호대상의 확인 및 관리

(1) 문화재 보호
① 문화재의 발굴이 예상되는 지역에서는 매장물 보호조치
② 공사중 매장문화재 발견 시 즉시 작업 중지 후 관계기관 통보

(2) 기존수목의 보호
① 공사부지에 오랜 시간에 걸쳐 생육하고 있는 수목의 보호 - 설계단계에서 반영
② 보호용 울타리 및 지지대 설치, 투수성 포장공법 실시

(3) 자연생태계의 보호
① 공사착수 전 자연생태계보호를 위한 교육과 보호조치
② 생태계 조사 - 환경특성과 군집의 구조 확인 및 보존·재생방안 강구
③ 울타리 설치, 답압피해 방지를 위한 멀칭이나 판자덮기, 굴취 및 가식의 보호조치

▌구조물 및 기반시설의 보호
① 기존에 설치된 포장 및 기반시설의 보호조치 강구
② 상·하수도, 가스, 전기, 통신 등 지하매설물의 자료수집 및 대책강구
③ 유사시 긴급복구를 위한 안전체계 구축

2 지장물의 제거
① 필요 없는 구조물 및 잔재의 수거와 폐기처리 - 매립 시 수목생육 저해
② 기반공급시설의 이전 및 제거 - 관련법 및 전문가에 의한 작업
③ 공사부산물의 폐기와 재활용 가능성 고려
④ 기존부지의 환경적 오염으로 인한 토양 제거

3 부지배수 및 침식방지
① 원활한 배수를 위해 표면배수로 설치
② 가능한 표면유출거리를 작게 하고 경사면의 경사를 완만하게 하여 침식 최소화
③ 지표식생이 제거된 곳의 대규모 표면유출로 인한 침식에 주의
④ 비탈면과 같은 녹화지역은 공사 초기단계에 파종-침식방지 및 조기녹화 효과
⑤ 공사부지 내 우수 및 혼탁류의 외부유출로 인한 피해 방지-임시저수시설, 물막이공 설치

❹ 재활용

① 처리비용과 재활용 가치를 고려해 결정

② 설계 및 시공단계에서 재활용 유도방안 강구

③ 재활용 고무매트·수목보호 덮개·지지대·배수관, 파쇄콘크리트 포장재 사용 등 적극 도입

2>>> 토양 및 토질

❶ 토양의 분류 및 조성

(1) 토양의 분류

1) 토양입자의 크기에 따른 분류

① 모래(sand) : 입경 0.05~2.0mm, 육안으로 구분이 가능하고 거친 촉감

② 미사(silt) : 입경 0.002~0.05mm, 현미경·렌즈로 구분이 가능하고 미끄러우며 점착성 없음

③ 점토(clay) : 입경 0.002mm 이하, 고배율 현미경으로만 구분이 가능하고 점착성 있음

토양구분과 그 크기 (단위 : mm)

구분	국제토양학회법	미국농무성법
자갈(역 gravel)	〉2.00	〉2.00
왕모래(극조사 very coarse sand)	–	2.00~1.00
거친모래(조사 coarse sand)	2.00~0.20	1.00~0.50
중모래(중사 medium sand)	–	0.50~0.25
가는모래(세사 fine sand)	0.20~0.02	0.25~0.10
고운모래(극세사 very fine sand)	–	0.10~0.05
가루모래(미사 silt)	0.02~0.002	0.05~0.002
찰흙(점토 clay)	0.002 이하	0.002 이하

2) 토양의 농학적 분류

① 토양의 분류를 토성(texture, soil class)이라고 하며, 모래·미사·점토의 함유비율에 의하여 결정

② 점토분이 많은 식토는 보수력 및 보비력은 크나 통기성 불량

③ 모래분이 많은 사토는 보수력 및 보비력은 작으나 통기성 양호

▌재활용 사례

① 블록이나 포장재 : 경계 및 계단용 재료로 사용

② 콘크리트 : 파쇄하여 포장재로 사용

③ 수목식재를 위해 골라낸 돌 : 맹암거 재료로 사용

④ 고사목, 목재 : 분쇄하여 멀칭재로 활용

▌토양의 구조 및 조사분석 등

부가내용은 [조경계획 – 토양조사] 참고

▌토양

암석이 풍화작용을 받아 모재가 만들어지게 되며, 이 모재에 유기물이 가해져서 생화학적인 반응이 일어나고, 환경조건과 평형상태를 유지하기 위하여 변화를 거듭한 결과물이다.

▌토양의 구성요소

모래·미사·점토

▌토양의 생산력

토양의 생산력은 입자의 조직에만 관계 하는 것이 아니라 토양의 구조, 부식의 함량 및 성질, 점토의 성분, 토양의 동적 성질 등 여러 가지 요인에 영향을 받는다. 일반적인 토양의 생산력은 사토로부터 양토까지는 점토분의 증가에 따라 커지나 이 한계를 넘어서 중점식토로 되면 반대로 줄어든다.

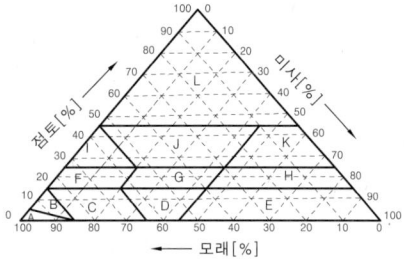

| 토성구분(국제토양학회법) |

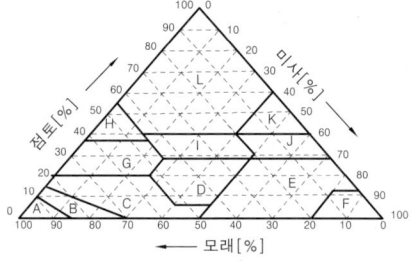

| 토성구분(미국 농무부법) |

A : 사토(sand) (S)
B : 양질사토(loamy sand) (LS)
C : 사양토(sandy loam) (SL)
D : 양토(loam) (L)
E : 미사질양토(silt loam) (SiL)
F : 사질식양토(sandy clay loam) (SCL)
G : 식양토(clay loam) (CL)
H : 미사질식양토(silty clay loam) (SiCL)
I : 사질식토(sandy clay) (SC)
J : 미사질식토(silty clay) (SiC)
K : 경식토(light clay) (LiC)
L : 중식토(heavy clay) (HC)

A : 사토(sand) (S)
B : 양질사토(loamy sand) (LS)
C : 사양토(sandy loam) (SL)
D : 양토(loam) (L)
E : 미사질양토(silt loam) (SiL)
F : 미사토(silt) (Si)
G : 사질식양토(sandy clay loam) (SCL)
H : 사질식토(sandy clay) (SC)
I : 식양토(clay loam) (CL)
J : 미사질식양토(silty clay loam) (SiCL)
K : 미사질식토(silty clay) (SiC)
L : 식토(clay) (C)

▌토양의 차이
작물생육 및 수량, 물리성, 화학성, 미생물성 등 인간 및 식물에 직·간접적인 영향을 미친다.

▌토양의 역할
① 작물이 자라는 터전인 집으로서의 공간
② 식물이 필요로 하는 물과 양분의 공급처로서의 창고
③ 미생물이 살면서 유기물을 분해하는 장소

토성구분과 판단방법

토성	건조 시 자연상태의 외관 및 그것을 손으로 비볐을 때의 외관	나이프에 의해 절단된 표면	자연상태에서의 물리성		가소성
			건조	습윤	
식토	점토질로서 균질하고 조밀한 덩어리(분말)	매끈하고 윤기가 있음	단단히 뭉쳐진 덩어리, 단괴 또는 단단한 구조	점착성과 가소성이 강한 덩어리	굴리면 끈처럼 됨(굵기 2mm 이하), 구부리면 고리가 됨
양토	점토분이 많고 불균질한 덩어리	납작하지만 광택이 없음	구조를 이루지만 단단하지 않음	가소성이 약한 덩어리	위의 것보다 굵은 끈이 되지만 구부리면 끊어짐
사양토	모래분이 많고 점토분이 약간 섞여 있음	표면에 나와 있는 모래로 꺼칠꺼칠함	덩어리는 그다지 단단하지 않음	가소성이 아주 약한 덩어리	굴려도 끈처럼 되지 않고, 까칠까칠한 작은 공같이 됨
사토	모두 모래로 이루어짐	표면에 나와 있는 모래로 꺼칠꺼칠함	세립질이 그다지 단단하지 않음	가소성이 나타나지 않음	굴릴 수 없으며 덩어리로 되지 않음
역토	세립토와 자갈이 섞임	자갈을 제거하면 나머지 부분은 위의 어느 하나의 성질을 나타냄			

각 토성에 잘 자라는 수종

토성	조경용 수목
모래	곰솔, 향나무, 사철나무, 해당화, 자귀나무, 등나무, 인동덩굴
사질양토	소나무, 향나무, 사철나무, 유엽도, 식나무, 왕벚나무, 회화나무, 배롱나무
양토	주목, 히말라야시다, 녹나무, 월계수, 꽝꽝나무, 동백, 회양목, 목련, 칠엽수, 감나무, 단풍나무, 매화나무, 모란, 은행나무

식양토	독일가문비, 전나무, 아왜나무, 편백, 호랑가시나무, 느티나무, 벽오동, 팽나무, 서어나무, 석류나무, 명자나무

3) 흙의 공학적 분류

① 조립토(coarse grained soils) : 자갈과 모래로 이루어진 흙 – 사질토

② 세립토(fine grained soils) : 실트와 점토로 된 흙 – 점질토

③ 유기질토(organic soils) : 동식물의 유체가 다량으로 함유된 흙

❷ 토양의 조사 분석 – [조경계획 – 토양조사] 참조

❸ 흙의 성질

(1) 흙의 구성

· 자연상태의 흙 = 흙입자(고체) + 물(액체) + 공기(기체)

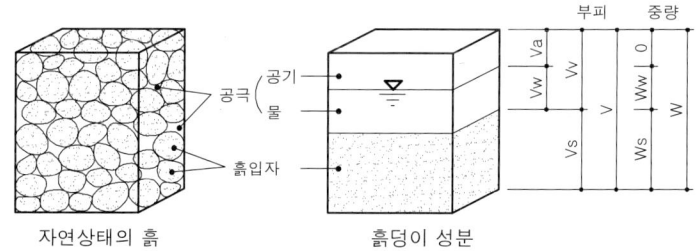

V:흙덩이 전체적   Vw:함유수분의 체적   W:흙의 전중량
Vv:공극의 체적   Va:공기의 체적   Ww:함유수분의 중량
Vs:흙입자의 체적   Ws:흙입자 부분의 중량(건조중량)

| 흙덩이의 구성 |

㉠ 간극비(공극비) : 흙입자 체적과 간극(물 + 공기)체적의 비

$$e = \frac{V_v}{V_s}$$ V_s : 흙입자의 체적 V_v : 간극의 체적

㉡ 간극률(공극률) : 흙덩이 전체 체적과 간극체적의 비를 백분율로 표시

$$n = \frac{V_v}{V} \times 100(\%)$$ V : 흙덩이 전체적 V_v : 간극의 체적

㉢ 함수비 : 흙입자 중량과 물 중량의 비를 백분율로 표시

$$w = \frac{W_w}{W_s} \times 100(\%)$$ W_s : 흙입자 중량 W_w : 물 중량

㉣ 함수율 : 흙덩이 전체 중량과 물 중량의 비를 백분율로 표시

$$w' = \frac{W_w}{W} \times 100(\%)$$ W : 흙덩이 전중량 W_w : 물 중량

㉤ 겉보기 비중 : 흙과 같은 용적의 15℃ 증류수 중량과 흙 전체 중량의 비

$$G = \frac{r}{r_w} = \frac{W}{V} \times \frac{1}{r_w}$$ r_w : 물의 단위중량 r : 흙의 단위중량

㉥ 진비중 : 흙입자만의 용적과 같은 15℃ 증류수 중량과 흙입자만의 중량과의 비

$$G_s = \frac{r_s}{r_w} = \frac{W_s}{V_s} \times \frac{1}{r_w}$$ r_w : 물의 단위중량 r_s : 흙입자만의 단위중량

▌조립토와 세립토의 성질 비교

성질	조립토	세립토
간극률	작다	크다
점착성	거의 없다	있다
압축성	작다	크다
압밀속도	순간적	느리고 장기적
소성	비소성	소성토
투수성	크다	작다
마찰력	크다	작다

▌흙의 투수계수

투수계수는 다공질(多孔質) 재료의 침투성 또는 침수성의 정도로 정해지는 고유 값으로, 흙의 경우는 입자 지름이나 간극비의 대소, 포화도, 침투수에 대한 저항력 등에 의존한다. 물의 단위중량에 비례하고, 물의 점성계수에 반비례하며, 흙 유효입경의 제곱에 비례한다.

▌토양(흙) 3상

① 고체상 : 50%(흙입자)
　　　(광물질 45%, 유기물 5%)

② 액체상 : 25%(물)

③ 기체상 : 25%(공기)

▌토양의 4대성분

① 광물질(무기물)

② 유기물

③ 물

④ 공기

▌토양의 공극

① 공기의 유통이나 물의 저장, 물의 통로가 된다.

② 공극의 크기에 따라 공기의 유통과 물의 저장이 상반된다.

③ 사질토보다 양질토, 심토보다 표토에 공극량이 많다.

④ 부식이 많은 토양은 공극량이 많고 입단구조가 잘 되어있다.

⑤ 공극이 크면 구조물의 기반으로 불안정하여 구조물의 기반은 가급적 공극이 적어야 한다.

ⓐ 포화도 : 흙 속의 간극체적과 물의 체적과의 비를 백분율로 표시

$$S = \frac{V_w}{V_v} \times 100(\%)$$ V_v : 간극의 체적 W_w : 물의 체적

(2) 토양의 견지성

1) 강성(견결성) : 토양이 건조하여 딱딱하게 되는 성질로써 함수비 0%에서 수축한계까지의 수분함량 조건에서 나타남

2) 이쇄성(취쇄성) : 강성과 소성의 중간상태의 성질을 가지는 반고체의 상태로 수축한계에서 소성하한까지의 수분함량 조건에서 나타남

3) 가소성(소성) : 힘을 가한 후 힘을 제거해도 원래의 모양으로 돌아가지 않는 성질 – 소성지수는 소성한계와 액상한계의 차이

   ① 소성하한(소성한계) : 가소성을 나타내는 최소수분

   ② 소성상한(액성한계) : 최대수분의 한도

   ③ 일반적으로 흙은 액성한계와 소성한계 사이에 존재

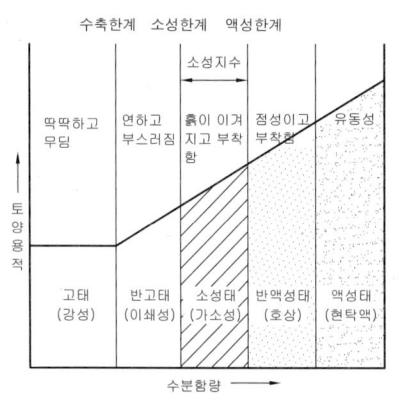

| 수분함량과 견지성의 관계 |

▌반데르 발스의 힘(van der Waals' force)
수축한계에 도달한 토양입자 사이의 결속력으로 입자간의 접촉면이 클수록 크고 모래알과 같이 표면적이 작으면 결속력이 작다.–진흙은 강함

▌흙의 투수성
세립자로 이루어진 점토질 흙보다 조립자로 이루어진 사질토가 투수계수가 크고, 표면수 침투는 세립토의 유출로 인한 구조물의 침하나 붕괴를 유발시킨다.

(3) 흙의 동해(凍害)

㉠ 동상현상 : 흙 속의 공극수가 동결하여 얼음층이 형성되어 부피의 팽창으로 지표면이 떠올려지는 현상

㉡ 연화현상 : 동결했던 지반이 기온의 상승으로 융해되어 다량의 수분을 발생시켜 지반을 연약화시키는 현상

㉢ 동해방지 조치

   a. 심토층 배수로 지하수위 낮춤

   b. 세립질 흙을 조립질 흙으로 치환

   c. 조립질 흙의 차단층을 지하수위보다 높은 위치에 설치

   d. 동결깊이보다 높은 곳에 자갈, 쇄석, 석탄재 사용

   e. 포장면 아래에 석탄재, 이탄찌꺼기, 코크스 등 단열재 사용

   f. 지표의 흙을 염화칼슘($CaCl_2$), 염화마그네슘($MgCl_2$), 염화나트륨

오른쪽 여백

▌토양의 견지성
수분함량에 따라 변화하는 토양의 상태변화로 토양의 입자사이 또는 다른 물체와의 인력에 의하여 나타나는 물리적 성질이다.

▌토양의 팽창과 수축
① 팽창 : 물의 흡착 및 침투작용에 의해 팽창되고, 팽창된 토양에 계속 수분을 가하면 점착력이 약화되고 입자가 분리되어 체적이 감소한다.
② 수축 : 토양의 구조가 잘 발달되어 있고, 식물뿌리나 동물에 의하여 만들어진 공극이 많은 토양은 물의 감소량에 비례하여 수축되지 않으며, 수축되더라도 수축량이 매우 작다.

(NaCl₂) 등 약품 처리

　　g. 보온장치 설치

(4) 흙의 다짐

　1) 함수비의 증가에 따라 흙의 성질 변화

　　① 수화단계 : 함수량이 부족하여 토양입자들이 서로 접촉하지 않고 공극이 존재하는 단계 – 함수비 27% 이내(다짐효과 낮음)

　　② 윤활단계 : 수분이 토양입자 사이에서 윤활작용을 하여 입자간 접촉이 용이해지는 단계 – 함수비가 31%에 달하면 최대건조밀도를 나타내는 최적함수비의 상태

　　③ 팽창단계 : 수분을 계속 증가시키면 수분이 공극 속에 남아 있는 공기를 압축하고, 다짐력을 제거하면 토양입자가 팽창되는 단계–함수비 44.7% 정도

　　④ 포화단계 : 수분이 증가되어 토양입자와 치환되어, 토양이 유동성을 갖는 포화상태의 단계 – 함수비 55% 정도

　2) 다짐효과

　　① 입도배합이 양호한 흙은 높은 건조밀도를 나타내고 세립분이 발달한 흙은 입도배합이 나빠 건조밀도 낮음

　　② 다짐에너지가 클수록 최대건조밀도는 증가하고 최적함수비는 낮아짐

　　③ 공극이 감소되어 투수성은 나빠짐

　　④ 전단강도와 압축강도가 증대되어 안정성 증가

4 전단강도와 사면의 안정

(1) 전단강도

　　$S = C + \sigma \cdot \tan\varnothing$　　　여기서, S(T): 흙의 전단강도(kgf/m²)　C : 점착력(kgf/m²)

　　　　　　　　　　　　　　　　σ : 파괴면에 작용하는 유효수직응력(kgf/m²)

　　　　　　　　　　　　　　　　∅ : 흙의 내부마찰각　　　tan∅ : 마찰계수

　　① 위의 식에서 C와 ∅는 토질과 그 상태가 정해지면 거의 일정–강도정수

　　② σ는 하중상태에 따라 변하며 C와 ∅를 구하는 것이 중요

(2) 비탈면의 안정

　1) 전단응력을 높이는 요인 : 건물·물·눈 등 외력의 작용, 함수비 증가에 따른 단위중량 증가, 균열 내에 작용한 수압 등

　2) 전단강도를 감소시키는 요인 : 흡수로 인한 점토의 팽창, 공극의 수압작용, 수축·팽창·인장으로 인한 균열, 다짐 불충분, 융해로 인한 지지력 감소 등

　3) 사면의 종류

　　① 직립사면 : 연직으로 절취된 사면 – 암반이나 일시적 점토사면

▌흙의 다짐

토양 내 기상의 공극을 제거하고 물과 토양입자가 함께 결합하도록 진동·충격을 가해서 인공적으로 흙의 밀도를 높이는 작업을 말하며, 다짐밀도는 토질·함수량·다짐에너지에 따라 크게 달라진다.

▌함수비 증가 시 흙의 성질 변화

수화단계 → 윤활단계 → 팽창단계 → 포화단계

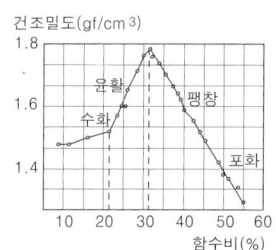

| 함수비 변화에 따른 다짐상태 변화 |

▌전단강도

흙에 외력이 가해지면 흙 내부의 각 점에 전단응력이 생기고, 이 응력에 저항하려는 전단저항이 생긴다. 흙 구조물이 평형을 이루면 전단응력과 전단저항이 서로 같은 크기이고 전단응력이 전단저항의 한계를 넘어서면 파괴되기 시작한다.

② 반무한사면 : 일정한 경사를 가진 사면이 계속되어 펼쳐진 것으로, 활
동면은 깊이에 비해 길이가 긴 평판상 - 일반 경사진 산
③ 단순사면 : 사면의 일반적인 형태로 사면의 길이가 한정되어 있으며,
사면의 선단부와 꼭지부가 평면을 이룸 - 저부파괴, 사면선단파괴, 사
면내 파괴

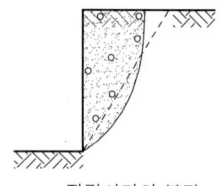

직립사면의 붕괴

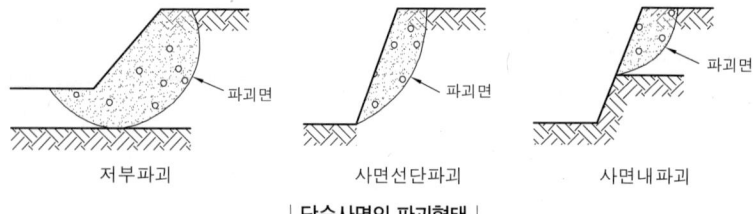

저부파괴   사면선단파괴   사면내파괴

| 단순사면의 **파괴형태** |

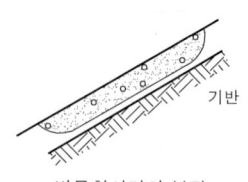

반무한사면의 붕괴

| **사면의 붕괴** |

4) 사면의 안전성 검토

① 평면활동일 때

$$F = \frac{활동에\ 저항하는\ 힘}{활동을\ 일으키는\ 힘}$$

② 원형활동일 때

$$F = \frac{활동에\ 저항하는\ 힘의\ 활동원의\ 중심에\ 대한\ 모멘트}{활동을\ 일으키는\ 힘의\ 활동원의\ 중심에\ 대한\ 모멘트}$$

③ 점토사면에 대한 Taylor의 안전율

$$F = \frac{활동에\ 발휘할\ 수\ 있는\ 최대\ 점착력}{흙이\ 현재\ 나타내고\ 있는\ 점착력}$$

▌안전율(F)

안전율(F)	안전성 여부
〈1	불안정
1.0~1.2	안정적이나 다소 불안
1.3~1.4	·굴착이나 성토에 대해 안전 ·earth dam에 대해 불안
〉1.5	·earth dam에도 안전 ·지진고려 시 필요

5 비탈면의 보호

(1) 녹화공법

① 상대적으로 구조공법보다 시공비가 저렴하고 미관성 우수
② 심층부까지 보강효과가 미치지 않고, 시공 시기나 장소의 제약이 있고,
시공 후 지속적인 유지관리 필요
③ 일반적으로 잔디류나 묘목류를 식재하는 식재공법과 식물종자에 의한
녹화를 기대하는 파종공법으로 구분

▌비탈면의 보호
사면의 붕괴를 방지하기 위하여 토질역학적 측면에서 사면의 안정성을 검토해야 하며,
이를 토대로 비탈면의 침식방지를 위한 녹화방법 및 다양한 방법을 강구하여야 한다.

▌녹화공법
비탈면 표층부에 식물의 뿌리에 의한 결속력을 높이고, 표층수 유입억제로 침식·건조
·동상 등의 피해를 줄이고 친환경적 자연경관을 회복시킨다.

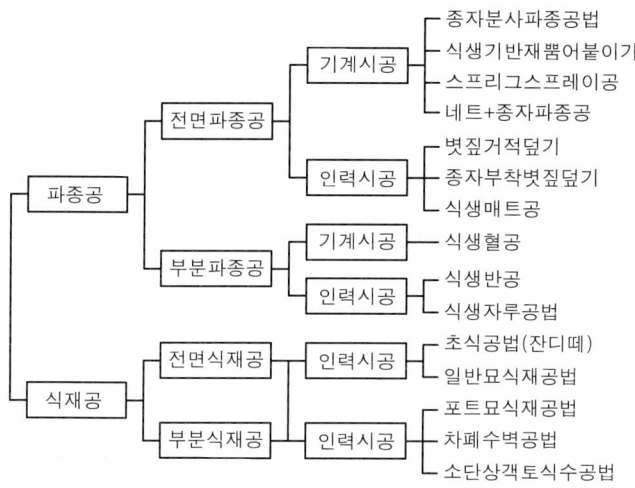

| 비탈면 녹화공법의 분류 |

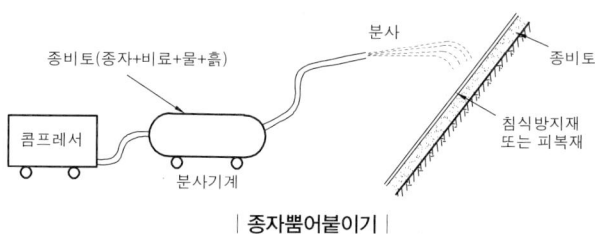

| 종자뿜어붙이기 |

④ 식생녹화공법별 특징

㉠ 식재공의 특징

잔디떼심기공	재배된 뗏장 잔디를 줄떼 또는 평떼의 형태로 잘라서 대상비탈면에 면고르기 실시 후 식재 ·복토 후 달구로 다진 다음 20cm 이상의 떼꽂이로 1매당 2개씩 고정 ·경사 길이가 짧고, 토질이 비옥한 45° 이하의 완경사 성토비탈면에 적용 ·시공 즉시 시각적 녹화효과 발휘 ·인력식재에 따른 인건비 과다 소요 ·활착되기 이전에는 토양 고정력 및 지지력 불량
묘식재공 (포트공)	재배된 일반묘나 포트(pot)에서 재배된 묘를 식재 ·급경사, 경구조물이나 특수조건이 수반된 공간, 비탈소단 평지부, 비탈하단부 등의 부분녹화에 주로 적용 ·토사 절·성토부의 억새류 또는 어린 묘목식재, 경암지역은 덩굴식물·하단식재 등으로 시행 ·묘식재 + 종자분사 파종공법의 형태로도 시행
차폐수벽공	훼손지의 경관이 보이지 않게 비탈하단부 앞쪽에 나무를 2~3열로 식재하여 수벽을 조성하는 공법 ·주로 채굴하고 깎아낸 암반비탈면이나 채석과 같은 비탈훼손지에 적용 ·식재 시에는 수목식재를 위한 객토를 실시하고 교목성 수종을 식재 ·비탈부 전면이 아닌 다른 공법과 병행하는 부분녹화
소단상객토식수공	암석을 깎아낸 대규모 암반비탈면의 소단 위에 객토와 시비를 한 후, 묘목을 수평선상으로 식재 하는 공법 ·소단의 넓이는 1.0m 이상, 객토 깊이는 30cm 이상으로 하여 생육공간을 확보 ·객토는 시공현장 부근에서 채취한 표토가 적합

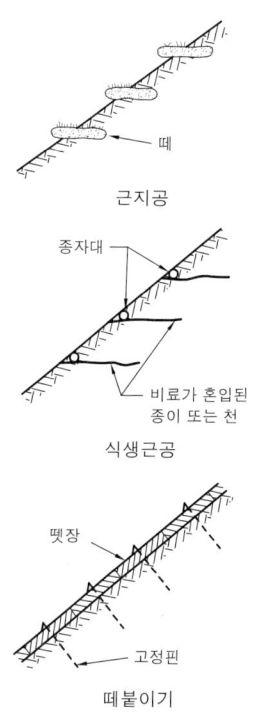

| 비탈면 녹화 공법 |

ⓛ 파종공의 특징

전면파종	인력시공법	볏짚거적덮기공	종자를 분사파종 후 볏짚으로 된 거적을 덮어 시공하는 것으로, 보습 및 발아 시 차광효과로 인해 단순종자분사파종 공법에 비해 시공효과가 양호(성토지역에 많이 적용)
		종자부착볏짚덮기공	별도의 종자파종공정이 필요 없이 식생용지(종이 + 식물종자)가 부착된 볏짚거적을 비탈면에 고정시킨 후 복토하여 시공(절·성토지역 적용)
		식생매트공	특정식물을 매트(mat)형태로 재배하여 비탈면에 부착하여 시공(절·성토지역 적용)
	기계시공법	종자분사파종공 (seed spray)	종자살포기로 종자, 비료, 화이버(fiver), 침식방지제 등을 물과 교반하여 펌프로 살포하는 공법(주로 토사가 있는 성토지역에 적용)
		지하경뿜어붙이기공 (sprig spray)	식물의 지상경이나 지하경 등의 영향체를 발근촉진, 병충해 저항처리 등 특수처리를 한 후 종자대신 투입하여 분사하는 공법으로, 일반적으로 지하경이 발달한 잔디류 식물에 많이 사용(종자분사파종공과 비슷한 적용)
		네트(net) + 종자분사파종공	종자분사파종공과 코이어 네트(코코넛 섬유), 주트 네트(황마섬유)를 결합하여 비탈면보호, 침식방지, 발아촉진, 활착을 도모하는 공법(토사지역에 효과 양호) – 인력시공병행 분사하는 공법(주로 암반 비탈면 등 극히 불량한 지역에 적용) – 네트, 망 등과 함께 사용하면 양호한 녹화기대
		식생기반재뿜어붙이기공	물, 종자, 비료, 토양재료 등을 혼합하여 식생녹화 기반재를 만들어 비탈면에 분사하는 공법(주로 암반비탈면 등 극히 불량한 지역적용) – 네트, 망 등과 함께 사용하면 양호한 녹화기대
부분파종	인력시공법	식생반공	비료, 흙, 토양안정제 등의 재료를 쟁반처럼 성형하여 그 표면에 종자를 붙여 비탈면에 파놓은 수평골에 대상이나 점상으로 붙이는 공법
		종자자루심기공	종자, 비료, 흙 등을 혼합해서 자루에 채운 후 비탈면에 쌓는 공법(소규모 토양, 유실지, 비탈면 보호블록, 배수로에 사용)
	기계시공법	식생혈공	비탈면에 드릴로 지름 5~8cm, 깊이 10~15cm의 구멍을 파고 고형비료 등을 넣고 종자분사파종이나 구멍에 종자부착지를 넣고 양생하는 것으로, 암반과 같은 토양경도가 높거나 생육환경이 나쁜 곳에 뿌리생육의 영역을 확보하는 공법

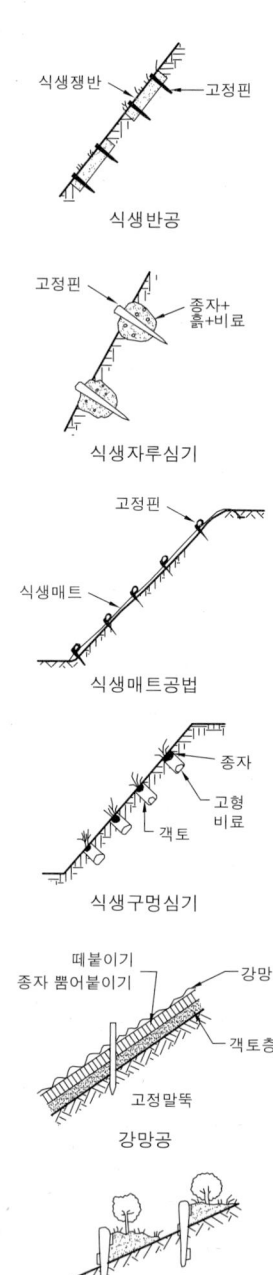

식생반공

식생자루심기

식생매트공법

식생구멍심기

강망공

편책공

| 비탈면 녹화 공법 |

종자분사파종공의 투입 주재료

투입재료	용도	사용재료
토양안정제	토양을 결집시켜 유실을 방지하고, 시공 후 표층부를 고결시켜 토양침식 억제	합성접착제
녹화기반재	식물의 생육기반이 되는 토양공간 형성	배양토, 복합비료, 화이버·펄프류
종자	식생 도입 – 식물의 기대본수에 의한 설계	지정
색소	살포지역과 미살포지역 구분. 시각적 위장	마아카이드그린
물	수분공급	깨끗한 물

▎ 식생녹화 기반재
물·종자·비료·배양토·색소 등을 혼합하여, 식생의 발아와 생육에 필요한 양분의 공급과 식물이 자랄 수 있는 공간 및 지지기반의 역할을 한다.

⑤ 비탈면의 입지조건별 녹화공법의 선정

비탈면의 입지조건				녹화공법	
지질	비탈면 기울기	토양의 비옥도	토양 경도 (mm)	초본에 의한 녹화 (외래초종+재래초종)	목본·초본의 혼파에 의한 녹화 (목본+외래초종+재래초종)
토사	45° 미만	높음	23 미만 (점성토)	종자 뿜어붙이기 떼붙이기 식생매트공법 등	종자 뿜어붙이기(흙쌓기에 사용)식생기반재 뿜어붙이기
		낮음	27 미만 (사질토)	종자 뿜어붙이기 떼붙이기 식생매트공법 잔디포복경심기 식생자루심기 식생기반재 뿜어붙이기 (두께 1~5cm)	식생기반재 뿜어붙이기 (두께 1~5cm)
토사	45°~ 60°	–	23 이상 (점성토) 27 이상 (사질토)	식생구멍심기(추비 필요) 식생기반재 뿜어붙이기 (두께 3~5cm)	식생혈공 식생기반재 뿜어붙이기 (두께 3~5cm)
절리가 많은 연암, 경암	–	–	–	식생기반재 뿜어붙이기 (두께 3~5cm 이상)	식생기반재 뿜어붙이기 (두께 3~5cm 이상)
절리가 적은 연암, 경암	–	–	–	식생기반재 뿜어붙이기(두께 3~5cm 이상)	

주)
① 식생기반재 뿜어붙이기는 두께가 3cm 이상인 경우 원칙적으로 철망붙임공 병용
② 식생기반재 뿜어붙이기의 두께는 공법에 따라 적정한 값 적용

(2) 구조개선공법

① 구조물설치공 : 토질역학적으로 비탈면의 안정성을 확보하기 위하여 석재, 강재, 콘크리트 등의 재료의 자중이나 자체강도를 이용한 방법 – 옹벽공, 앵커공, 기비온공 등

② 지반보강공 : 비탈면의 활동지반을 고정 또는 보강하여 안정을 도모하는 방법 – 네일링공, 마이크로파일공, 활동방지말뚝공, 락앵커공 등

(3) 배수공법

① 지표배수공법

ㄱ) 수로운반공법 : 표면유출수를 수로를 통해 배수하는 방법으로 지표수를 모으는 집수로와 외부로 방류하는 배수로, 집수로와 배수로의 합류점에 집수정 설치

ㄴ) 표면배수공법 : 매트(mat)나 블랭킷(blanket)을 이용하여 지표면이나 수로의 경사면을 덮어 침식을 완화하는 방법으로 비탈면의 잔디나 지피식생 도입 시 사용

② 지하배수공법 : 맹암거를 이용하여 지표면의 침투수를 배제하고, 수평배수공법, 집수정공법, 배수터널공법, 지하수차단공법 등의 대규모 토목공학적 방법 사용

▮ 구조개선공법
붕괴를 예방하기 위한 적극적 방법으로 재료·형태 또는 비탈면 여건에 따라 녹화공법과 병행 적용하며, 비탈면 보호에는 안정적이나 시공비가 많이 들고 미관효과가 떨어진다.

▮ 배수공법
비탈면의 침식과 붕괴의 주요 원인인 우수를 원활히 배수하여 유출수로부터 비탈면을 보호하는 방법

▮ 맹암거
지표면으로부터 침투된 물을 지하에 유공관을 설치하여 배수하는 방법으로 지반조건이 습하거나 투수성이 낮은 점성토 사면에 효과적이다.

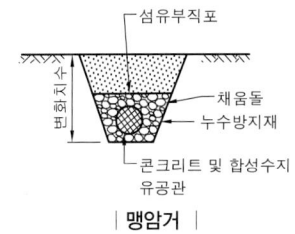

섬유부직포
채움돌
누수방지재
콘크리트 및 합성수지 유공관

▮ 맹암거 ▮

3>>> 지형 및 시공측량

1 지형의 묘사

(1) 지형의 표시

1) 음영법

① 수직음영법 : 빛을 비추고 빛이 반사되는 강도로 구분하는 것으로, 평탄한 것은 엷게, 급경사는 더 적은 빛을 반사하므로 어둡게 나타남

② 사선음영법 : 광원이 왼쪽 위(북서)에 있다고 가정하여 남동으로 생기는 그림자의 밝기로, 급경사는 어두운 그림자, 완경사는 밝은 그림자로 구분

③ 쇄상선법 : 선의 간격·굵기·길이·방향 등으로 지형을 표시하며, 급경사는 굵고 짧으며 완경사는 가늘고 길게 표현되고 선의 방향은 물이 흐르는 방향으로 표시

■ 음영법
빛이 지면에 비치면 지면의 형상에 따라 명암이 생기는 이치를 응용한 것

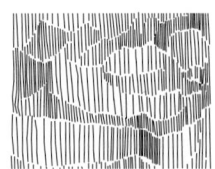

| 수직음영법 |

| 사선음영법 |

| 쇄상선법 |

2) 점고법

① 지형적인 차이를 등고선으로 충분히 표현할 수 없을 경우 보완적으로 사용

② 표기하고자 하는 곳에 '×'표시를 하고 소수점 이하 한자리까지 높이 명기

■ 점고법
지표면의 표고나 수심을 도상에 숫자로 기입하는 방법으로, 주로 산 정상 및 하천이나 항만의 깊고 얕음을 표시하는 데 사용한다.

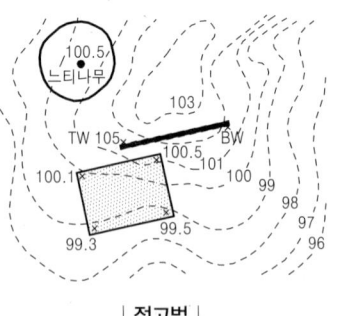

| 점고법 |

3) 등고선법

① 어떤 기준면에서부터 일정한 높이마다 한 둘레씩 등간격으로 구한 것을 평면도상에 나타내는 것

② 높이차, 경사도 등 지형을 나타내는 다양한 정보 제공

4) 단면도

토지의 수직적 변화를 나타낸 그림으로 도로와 같은 선형요소의 토공량 산정을 위한 주요한 표현방법

5) 채색법 : 높이의 증가에 따라 색의 농도를 달리하여 표시

6) 모형법 : 모형을 이용하여 나타냄

2 등고선의 정의 및 특징

(1) 등고선의 종류
① 주곡선 : 각 지형의 높이를 표시하는 데 기본이 되는 등고선
② 계곡선 : 지형의 높이를 쉽게 읽기 위하여 주곡선 5개마다 굵게 표시한 등고선
③ 간곡선 : 주곡선 간격의 1/2로 산정상, 고개, 경사가 고르지 않은 완경사지, 그 외 주곡선만으로 지모의 상태를 명시할 수 없는 곳에 파선으로 표시한 등고선
④ 조곡선 : 간곡선 간격의 1/2로 간곡선으로 충분히 표시할 수 없는 불규칙한 지형을 가는 점선으로 표시한 등고선

등고선의 표기 및 간격 (단위 : m)

축척 등고선	기호	1/500~ 1/1,000	1/2,500	1/5,000~ 1/10,000	1/25,000	1/50,000
계곡선	굵은 실선	5	10	25	50	100
주곡선	가는 실선	1	2	5	10	20
간곡선	가는 파선	0.5	1	2.5	5	10
조곡선	가는 점선	0.25	0.5	1.25	2.5	5

(2) 등고선의 성질
① 등고선상의 모든 점의 높이는 같다.
② 등고선은 반드시 폐합되며 도중에 소실되지 않는다.
③ 서로 다른 높이의 등고선은 절벽이나 동굴을 제외하고 교차하거나 폐합되지 않는다.
④ 등고선의 최종 폐합은 산정상이나 가장 낮은 요(凹)지에 생긴다.
⑤ 등고선 사이의 최단거리 방향은 그 지표면의 최대 경사로 등고선에 수직한 방향이며 강우 시 배수의 방향이다.
⑥ 등고선은 등경사지에서는 등간격이며, 등경사 평면의 지표에서는 같은 간격의 평행선이 된다.
⑦ 등고선의 간격이 넓으면 완경사지이고 좁으면 급경사를 이루는 지형이다.
⑧ 철(凸)경사에서 높은 쪽의 등고선은 낮은 쪽의 등고선보다 간격이 넓게 형성된다.
⑨ 요(凹)경사에서 낮은 쪽의 등고선은 높은 쪽의 등고선보다 간격이 넓게 형성된다.

▎등고선
지표의 같은 높이의 모든 점을 연결하여 평면위에 그린 선으로, 등고선 위의 모든 점은 높이나 깊이가 같다. – 네덜란드의 크루키어스(N. Cruquius)가 1730년 처음 사용

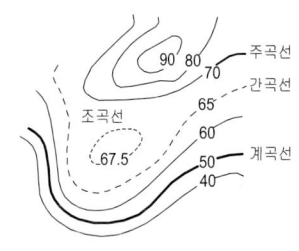

| 등고선의 종류 |

▎계곡과 산령
계곡(valley)과 산령(ridge)에서 등고선의 형태는 'U'나 'V'자 모양의 선들의 연속이다. 'U'나 'V'자 모양으로 바닥이 낮은 쪽의 등고선으로 향하면 이것은 산령이고, 반대로 높은 쪽의 등고선으로 향하면 계곡이다. 일반적으로 산령은 계곡보다 둥글게 나타나는데, 이것은 침식의 특성이 서로 다르기 때문이다.

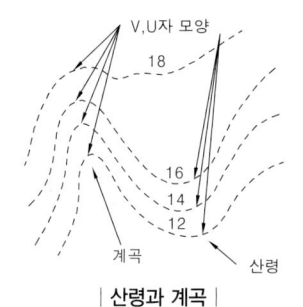

| 산령과 계곡 |

⑩ U자형의 등고선이 산령이며, 지표면의 최고부를 산령선(능선, 분수선) 또는 철(凸)선이라 한다. – 등고선에 수직방향

⑪ V자 형의 등고선은 계곡이며, 지표면의 최저부를 연결한 선으로 계곡선(합수선) 또는 요(凹)선이라 한다. – 등고선에 수직방향

⑫ 산령과 계곡이 만나 이들의 등고선이 서로 쌍곡선을 이루는 것과 같은 부분을 안부(Saddle 고개)라 한다.

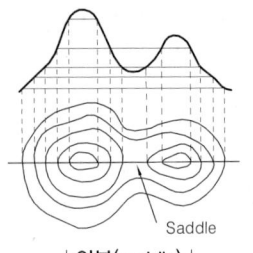

| 안부(saddle) |

(3) 지성선 : 지모의 골격이 되는 선

① 능선(산령선, 凸선) : 지표면의 최고부, 즉 산배를 연결한 선으로 표면배수의 물길이 나눠지는 분수선이며 등고선과 직각을 이룸(실선)

② 계곡선(凹선) : 지표면의 최저부, 즉 계곡의 최저부에 연하는 선으로서 표면수가 모이는 합수선이며 철선과 같이 등고선과 직각을 이룸(파선)

③ 방향변환점 : 계곡선 혹은 산령선이 진행 중에 방향을 바꾸어 다른 방향으로 향하는 점으로 산령이 분기하거나 계곡이 합류하는 점(a, a' 및 b, b')

④ 경사변환점 : 산령선이나 계곡선상의 경사상태가 변화하는 점(C1, C2, C3)

(4) 경사면의 종류

① 오목사면 : 등고선 간격이 높은 곳으로 갈수록 좁아지고, 낮은 곳으로 갈수록 넓어짐

② 볼록사면 : 오목사면과 반대로 높은 곳으로 갈수록 넓어지고, 낮은 곳으로 갈수록 좁아짐

③ 평사면 : 등고선 간격이 일정하다.

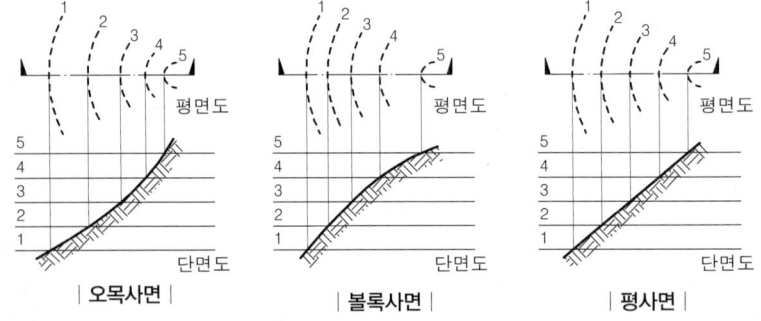

| 오목사면 | | 볼록사면 | | 평사면 |

(5) 부지조성

1) 절토에 의한 등고선 변경

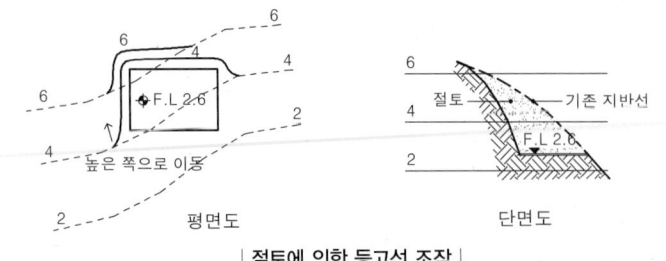

평면도   단면도

| 절토에 의한 등고선 조작 |

▌지성선
지모의 골격이 되는 선을 지성선이라 하며, 그 지성이 변환되는 지점을 지성변환점이라 한다. 능선과 계곡선을 기준으로 방향변환점이나 경사 변환점으로 형태를 나타낸다.

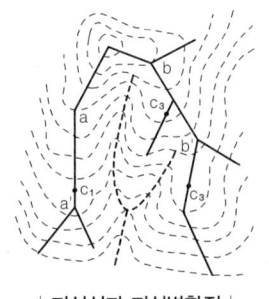

| 지성선과 지성변환점 |

▌급경사와 완경사
동일한 축척의 지형도에서 등고선의 간격이 좁으면 급경사를 나타내고, 넓으면 완경사를 나타낸다.

▌절토에 의한 조정
계획면보다 높은 지역의 흙을 깎는 작업으로, 부지의 계획높이보다 높은 등고선은 지형이 높은 쪽으로 이동하므로 계획 높이와 가까운 등고선부터 변경해 나간다.

2) 성토에 의한 등고선 변경

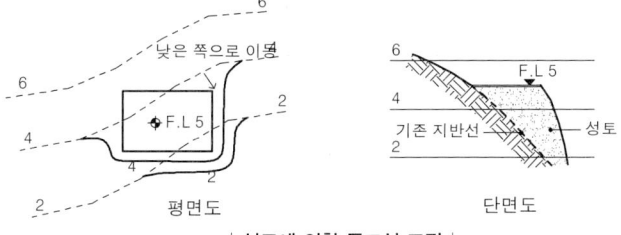

| 성토에 의한 등고선 조작 |

3) 절·성토에 의한 등고선 변경

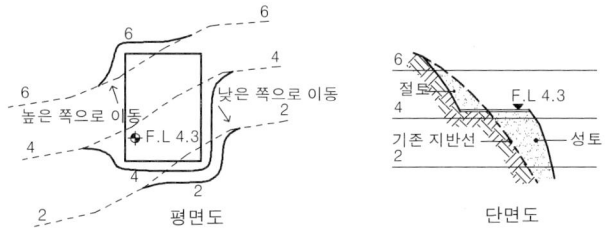

| 절·성토에 의한 등고선 조작 |

4) 옹벽 설치 시의 등고선 변경

① 경사진 옹벽을 설치한 경우

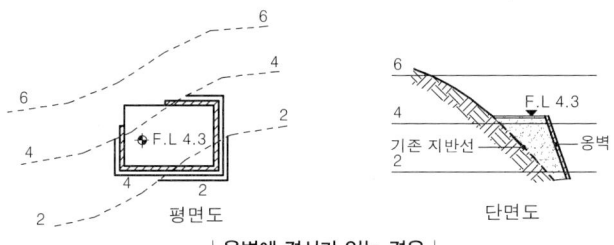

| 옹벽에 경사가 있는 경우 |

② 옹벽이 경사가 없는 수직인 경우

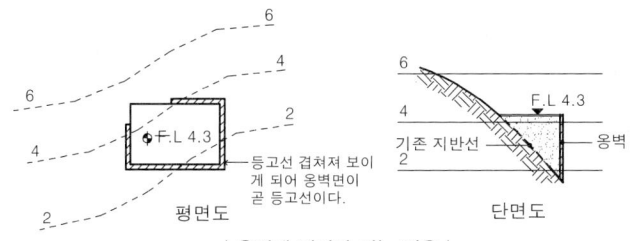

| 옹벽에 경사가 없는 경우 |

(6) 사면조성

1) 1방향 경사면 조성

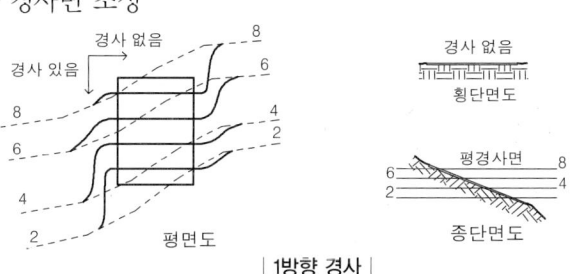

| 1방향 경사 |

▌성토에 의한 조정
계획면까지 흙을 쌓는(메꾸는) 작업으로, 부지의 계획높이보다 낮은 등고선은 지형이 낮은 쪽으로 이동하므로 계획높이와 가까운 등고선부터 변경해 나간다.

▌절·성토에 의한 조정
부지의 계획높이보다 높은 등고선은 지형이 높은 쪽으로 이동하고, 계획높이보다 낮은 등고선은 지형이 낮은 쪽으로 이동한다.

▌옹벽의 설치
부지의 활용성을 높이기 위해 절토면이나 성토면에 옹벽을 설치하여 조성하게 되고, 옹벽의 형태에 따라 등고선의 표현이 달라진다. 옹벽을 경사지게 설치할 경우 옹벽의 경사도에 따라 옹벽의 외부면에 등고선이 조밀하게 생기고, 옹벽을 수직으로 설치할 경우 절벽과 같은 형태로서 등고선의 성질 중 예외사항에 해당된다. 등고선이 수직인 옹벽면을 따라 나타나므로 옹벽과 만나는 등고선은 옹벽의 외부면을 따라 연결된다. 즉, 옹벽부분에서 등고선의 겹침이 발생되는 것이다.

▌사면조성
배수를 위한 사면조성 시 한쪽으로의 경사나 두 방향으로의 경사가 필요할 때 적용하며, 평경사면을 이루어야 하므로 부지상에 나타나는 등고선은 간격이 일정해야 한다.

2) 2방향 경사면 조성

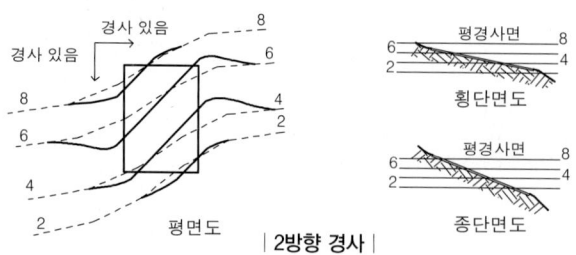

| 2방향 경사 |

(7) 노선조성

1) 절토에 의한 등고선 변경

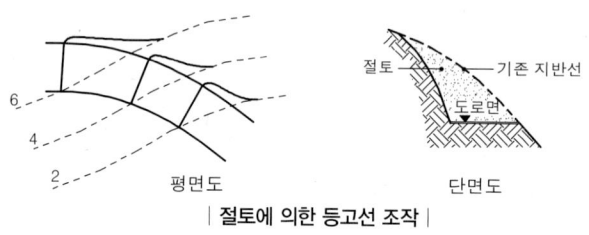

| 절토에 의한 등고선 조작 |

2) 성토에 의한 등고선 변경

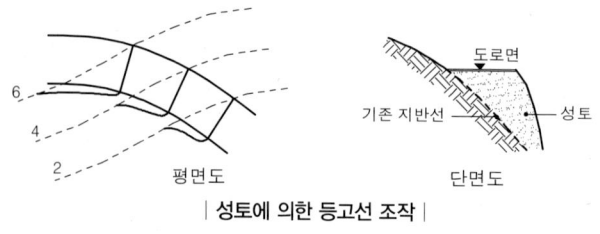

| 성토에 의한 등고선 조작 |

3) 절·성토에 의한 등고선 변경

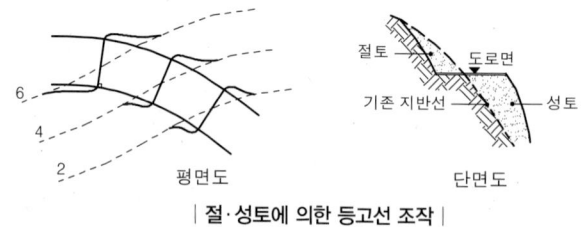

| 절·성토에 의한 등고선 조작 |

4) 경계석이 있는 도로의 등고선

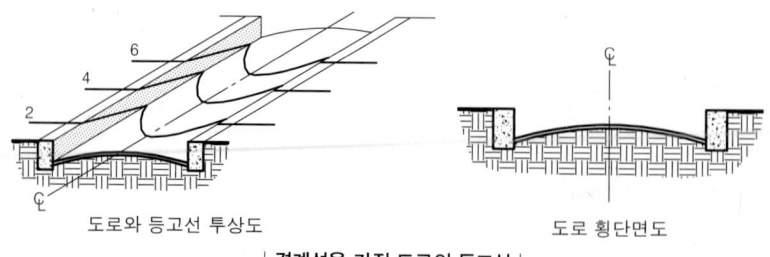

| 경계석을 가진 도로의 등고선 |

▌절토에 의한 조정
노선에 수직인 횡단선을 낮은 등고선 쪽에서 높은 등고선 쪽으로 향하도록 긋고, 기존 등고선과 곡선으로 연결한다.

▌성토에 의한 조정
노선에 수직인 횡단선을 높은 등고선 쪽에서 낮은 등고선 쪽으로 향하도록 긋고, 기존 등고선과 곡선으로 연결한다.

▌절·성토에 의한 조정
노선에 수직인 횡단선을 노선에 걸쳐진 등고선의 1/2 위치를 지나가도록 긋고, 양쪽의 기존 등고선과 곡선으로 연결한다.

▌도로에 경계석이 있을 경우 등고선의 형태는 도로의 단면과 비슷하게 나타난다. 절·성토의 방법을 결정하여 위치를 정하고, 도로의 중앙에 나타나는 포물선이 낮은 쪽을 향하도록 하여 도로의 형태처럼 그린다.

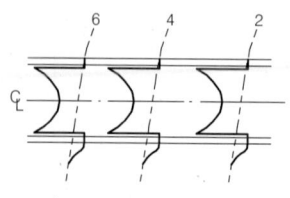

| 도로 등고선 평면도 |

❸ 지형도 일반

(1) 지형도의 내용

① 지물(地物) : 도로, 철도, 시가지, 촌락 등 주로 인공적인 시설 – 수평면 형태로 표시

② 지모(地貌) : 산정, 구릉, 계곡, 평야 등 주로 자연적인 토지의 기복(起伏) 상태 – 등고선으로 표시

(2) 지형도의 종류

① 일반도 : 자연·인문·사회 사항을 정확하고 상세하게 표현한 지도 – 1 : 5000 및 1 : 50000 국토기본도, 1 : 25000 토지이용도, 1 : 250000 지세도 등

② 주제도 : 특정한 주제를 강조하여 표현한 지도로 일반도를 기초로 제작 – 지질도, 산림도, 토양도, 교통도, 도시계획도 등

③ 특수도 : 특수한 목적에 사용되는 지도로 항공도, 해도, 천기도 등

▌편찬도
1 : 250000 지도와 같은 소축척의 지도는 실측에 의한 것이 아니고 1 : 50000 지형도에 의한 것으로 편찬(집)도라 하며 지형도와 구분된다.

❹ 측량일반

(1) 측량의 분류

1) 평면측량(국지적 측량)

지구의 곡률을 고려하지 않은 측량으로 허용정밀도를 1/1,000,000로 할 경우 반경 11km, 면적 400km² 이내의 지역에서 실시한 측량

2) 대지측량(측지학적 측량)

지구의 곡률을 고려하여 지표면을 곡면으로 보고 행하는 정밀 측량으로 허용정밀도를 1/1,000,000로 할 경우 반경 11km, 면적 400km² 이상인 넓은 지역에서의 측량

(2) 오차의 원인과 종류

1) 경중률(또는 무게)

측정값의 신뢰정도를 표시하는 값으로 일정한 거리를 재는데 갑은 1회, 을은 3회 측정했다면, 을의 측정값은 3배의 신뢰도가 있는 것으로 갑과 을의 경중률(무게)비는 1 : 3

① 최확값 : 어떤 관측량에서 가장 높은 확률을 가지는 값이며 반복 측정 된 값의 산술평균으로 구함

② 잔차 : 최확값과 관측값의 차이를 말하며 때로는 오차라 부르기도 함

2) 오차의 원인

① 기계적 오차(instrumental error) : 기계의 조작 불완전, 기계의 조정 불완전, 기계의 부분적 수축 팽창, 기계의 성능 및 구조에 기인되어 일어

▌지형도
지표면상의 자연 및 인공적인 지물, 지모의 형태와 수평 및 수직의 위치관계를 결정하여 그 결과를 일정한 축척에 따라 등고선과 표기원칙으로써 표현한 그림이다.

▌축척에 의한 구분
축척에 따라 대축척(1 : 1000 이상), 중축척(1 : 1000~1 : 10000), 소축척(1 : 10000 이하)으로 구분한다.

▌GIS(Geographic Information System)
일반 지도와 같은 지형정보와 함께 지하시설물 등 관련 정보를 인공위성으로 수집, 컴퓨터로 작성해 검색, 분석할 수 있도록 한 복합적인 지리정보시스템이다. 수치데이터로 구축되어 축척의 변경이 쉽고, 자료의 통계분석이 가능하며 분석결과에 따른 다양한 지도 제작이 가능하여 사용자 요구에 맞는 주제도 제작이 용이하다.

▌측량의 정의
지구상의 존재하는 모든 점들의 위치를 결정하여 도식에 의해 도면으로 나타내는 것이다.

▌측량의 3요소
거리, 방향(각), 고저차(높이)

▌참값과 참오차
참값이란 이론적으로 정확한 값으로 오차가 없는 값을 말하며 존재하지 않는다. 따라서 아무리 주의 깊게 측정해도 참값을 얻을 수 없으므로 참값을 대신해서 최확값을 사용한다. 또한 참값을 얻을 수 없으므로 참오차(참값–측정값)는 존재하지 않는다.

나는 오차

② 개인적 오차(personal error) : 측량자의 시각 및 습성, 조작의 불량, 부주의, 과오, 그 밖에 감각의 불완전 등으로 인하여 일어나는 오차

③ 자연 오차(Natural error) : 온도, 습도, 기압의 변화, 광선의 굴절, 바람 등의 자연현상으로 인하여 일어나는 오차

3) 오차의 종류

① 정오차(누차, 누적오차)

㉠ 오차의 발생원인이 확실하고 측정횟수에 비례해서 증가 – 누차

㉡ 발생원인을 찾으면 쉽게 소거 가능

$R = a \cdot n$　　여기서, R : 정오차　a : 1회 측정 시 오차　n : 측정횟수

② 우연오차(부정오차, 상차, 우차)

㉠ 오차의 발생이 불분명하여 아무리 주의해도 없앨 수 없는 오차로 부정오차라 하며, 때로는 서로 상쇄되어 상차, 우연히 발생한다하여 우차라고도 함

㉡ 측정횟수의 제곱근에 비례

$R' = \pm b\sqrt{n}$　　여기서, R' : 우연오차　b : 1회 측정시의 오차

③ 과실 : 엄밀한 의미로 오차는 아니나 관측자의 부주의, 착각 등으로 생기는 것

(3) 축척과 면적

① 실제의 길이나 면적, 크기 등을 줄여서 그리거나 만들어 놓은 비율

② 축척은 $\dfrac{1}{m}$로 표시

③ 길이에 대한 축척

$$\frac{1}{m} = \frac{도상거리}{실제거리},\ \frac{화면상길이}{실제거리},\ \frac{초점거리}{고도}$$

④ 면적에 대한 축척 : 면적은 '길이×길이'로 길이에 대한 축척의 제곱으로 나타냄

$$\left(\frac{1}{m}\right)^2 = \frac{도상면적}{실제면적}$$

⑤ 축척과 면적과의 관계

$m_1{}^2 : A_1 = m_2{}^2 : A_2$　　여기서, A_1 : 축척 $\dfrac{1}{m_1}$인 도면의 면적

$$\therefore A_2 = \left(\frac{m_2}{m_1}\right)^2 A_1$$　　A_2 : 축척 $\dfrac{1}{m_2}$인 도면의 면적

(4) 측량법

1) 거리측량법

① 하나의 직선 또는 곡선내의 두 점간의 위치 차이를 나타내는 양이며 일반적으로 관측한 거리는 경사거리이므로 이를 다음 식에 의해 수평

▌오차의 3원칙

① 큰 오차가 생길 확률은 작은 오차가 생길 확률보다 매우 작다.

② 같은 크기의 양(+)오차와 음(−)오차가 생길 확률은 같다.

③ 매우 큰 오차는 거의 생기지 않는다.

▌정오차의 적용

① 길이에 대한 오차

$$실제길이 = \frac{부정길이 \times 관측길이}{표준길이}$$

② 면적에 대한 오차

$$실제면적 = \frac{(부정길이)^2 \times 관측면적}{(표준길이)^2}$$

▌각측량 오차

측정횟수의 제곱근에 반비

$$R' = \pm \frac{b}{\sqrt{n}}$$

▌다각측량 폐합비

$$폐합비 = \frac{폐합오차}{전거리}$$

▌헤론의 공식(삼변법)

삼각형의 세변을 측정하여 면적(A)을 계산하는 방법

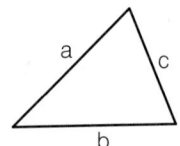

$$A = \sqrt{s(s-a)(s-b)(s-c)}$$

여기서, $s = \dfrac{a+b+c}{2}$

거리로 환산하여 사용해야 한다.

$$L = \ell \cdot \cos\theta \qquad\qquad H = \ell \cdot \sin\theta$$

$$A(면적) = \frac{1}{2}L \cdot \ell \cdot \sin\theta$$

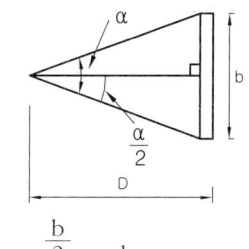

| 경사, 수평 및 수직거리의 관계 |

② 장애물이 있을 경우에는 삼각형의 원리, 비례관계, 힘의 합성 및 분할 등의 방법으로 해결

2) 평판측량

장점	단점
·현장에서 직접 측량결과를 제도함으로 필요사항 누락이 없음 ·측량과실의 발견 용이 ·기계구조가 간단하며 작업이 쉽고 내업량 적음	·현장작업이므로 일기의 영향이 큼 ·도지의 신축에 따른 오차 발생 ·일반적으로 정도(정밀도) 낮음

① 평판의 설치

ㄱ 수평 맞추기 : 다리를 조정하여 수평이 되도록 하는 것

ㄴ 중심 맞추기 : 평판상의 점과 측량점을 구심기를 이용해 일치시키는 것

ㄷ 방향 맞추기 : 평판을 일정한 방향으로 고정시키는 것

② 평판의 구성요소(측량기구)

평판, 시준기(앨리데이드), 삼각대, 구심기, 측침, 자침, 줄자, 다림추

③ 측량방법

ㄱ 방사법

  a. 측량지역에 장애물이 없어 시준이 잘 되는 좁은 지역에 적합 – 60m 이내

  b. 평판을 한 곳에 세워 각 점들을 쉽게 관측

  c. 측량하기는 쉬우나 오차 검사가 난해

ㄴ 전진법 – 도선법, 절측법

  a. 측량지역에 장애물이 있어 장애물을 비켜서 평판을 옮겨 가면서 측점사이의 거리와 방향 측정

  b. 도중에 미리 관측할 점들을 시준하여 오차검사가 가능하고, 비교적 정밀도 높음

  c. 평판을 옮겨가며 측량하기에 많은 시간 소요

ㄷ 교회법 – 교선법

  a. 기지점이나 미지점에서 2개 이상의 방향선을 그어 그 교차점으로 미지점의 위치를 도상에서 결정하는 법

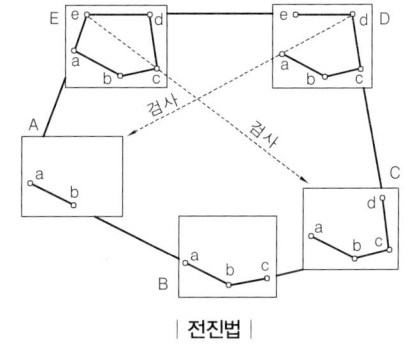

| 전진법 |

▌수평표척에 의한 거리 측정

$$D = \frac{\frac{b}{2}}{\tan\frac{\alpha}{2}} = \frac{b}{2} \cdot \cot\frac{\alpha}{2}$$

▌평판측량

평판을 삼각대 위에 올려놓고 도지(도면)를 붙여 시준기(앨리데이드)를 사용하여 목표물의 방향, 거리, 높이차를 관측하여 현장에서 직접 위치를 측량하는 법

▌평판의 3대요소

① 정준(정치) : 수평 맞추기

② 구심(치심) : 중심 맞추기

③ 표정(정위) : 방향 맞추기

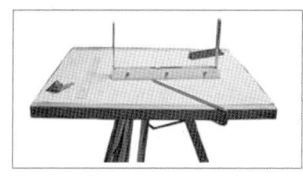

| 평판측량기 |

▌평판측량법 구분

① 방사법 : 장애물 없을 때

② 전진법 : 장애물 있을 때, 평판 옮겨가며 측량

③ 교회법 : 2개 이상의 방향선 교차

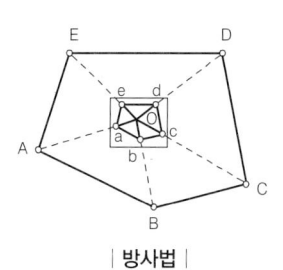

| 방사법 |

b. 거리를 측정하지 않고 위치를 설정하여 측량

c. 방향선의 교각을 30~150° 범위로 하여 측량 – 90° 내외가 적당

d. 전방교회법, 측방교회법, 후방교회법으로 구분

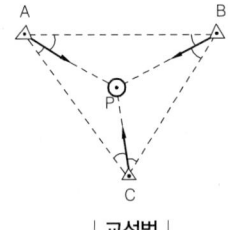

| 교선법 |

3) 수준측량(레벨측량) : 지표면상에 있는 점들의 고저차를 관측하는 것

① 수준측량의 이용

㉠ 기존 지형에 가장 알맞은 도로, 철도 및 운하의 설계

㉡ 계획된 고저에 의한 건설 공사의 배치

㉢ 토공량의 산정과 공사 지역의 배수 특성의 조사

㉣ 토지의 현황을 표현하는 지도의 제작

② 수준측량의 용어

㉠ 연직선 : 지표면의 어느 점으로부터 지구 중심에 이르는 선

㉡ 수준면(level surface) : 각 점들이 중력방향에 직각으로 이루어진 곡면으로 지오이드면, 회전타원체면 등으로 가정하지만 소규모 범위의 측량에서는 평면으로 가정해도 무방

㉢ 수준선(level line) : 지구의 중심을 포함한 평면과 수준면이 교차하는 곡선으로 보통 시준거리의 범위에서는 수평선과 일치

㉣ 수준점(bench mark;B.M) : 기준 수준면에서부터 높이를 정확히 구하여 놓은 점으로 수준측량의 기준이 되는 점이며, 우리나라에서는 국도 및 주요 도로를 따라 2~4km 마다 수준표석을 설치

㉤ 기준면 : 지반고의 기준이 되는 면을 말하며, 이 면의 모든 높이는 '0'이다. 일반적으로 기준면은 평균해수면을 사용하고 나라마다 독립된 기준면을 가짐

㉥ 수준원점 : 기준면(가상의 면)으로부터 정확한 높이를 측정하여 정해 놓은 점 – 우리나라는 인천 인하대학교 내에 위치하며 높이는 26.6871m

㉦ 수평면 : 연직선에 직교하는 곡면으로 시준거리의 범위에서는 수준면과 일치

③ 수준측량 시 용어

㉠ 측점(station;S) : 표척을 세워서 시준하는 점으로 수준측량에서는 다른 측량방법과 달리 기계를 임의점에 세우며 측점에 세우지 않음

㉡ 후시(back sight;B.S) : 기지점(높이를 알고 있는 점)에 세운 표척의 눈금을 읽는 것

㉢ 전시(fore sight;F.S) : 표고를 구하려는 점에 세운 표척의 눈금을 읽는 것

㉣ 기계고(instrument height;I.H) : 기계를 수평으로 설치했을 때 기준면으로부터 망원경의 시준선까지의 높이

㉤ 지반고(ground height;G.H) : 기준면에서 그 측점까지의 연직거리

▎직접수준측량의 적당한 시준거리

① 아주 높은 정확도의 수준측량 : 40m

② 보통 정확도의 수준측량 : 50~60m

③ 그 외의 수준측량 : 5~120m

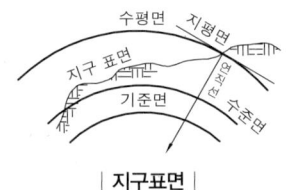

| 지구표면 |

▎정오차

① 기차(氣差) : 광선의 굴절에 의한 오차

② 구차(球差) : 지구의 곡률에 의한 오차

③ 시준선(시준축) 오차 : 기포관축과 시준선이 평행하지 않아 발생하는 가장 큰 오차

④ 온도변화에 의한 표척의 신축

▎우연오차

① 시차(視差) : 시차로 인해 정확한 표척값을 읽지 못해 발생하는 오차

② 레벨의 조정 불완전

③ 기포관의 둔감 및 곡률부등

④ 기상변화에 의한 오차

▎전시와 후시의 거리를 같게 하면 소거되는 오차

기차, 구차, 레벨조정 불량, 시준선(시준축) 오차

ⓑ 이기점(전환점 turning point;T.P) : 전후의 측량을 연결하기 위하여 전시와 후시를 함께 취하는 점으로 다른 점에 영향을 주므로 정확하게 관측

ⓢ 중간점(intermediate point;I.P) : 전시만 관측하는 점으로 다른 측점에 영향을 주지 않는 점

ⓞ 고저차 : 두 점간의 표고의 차

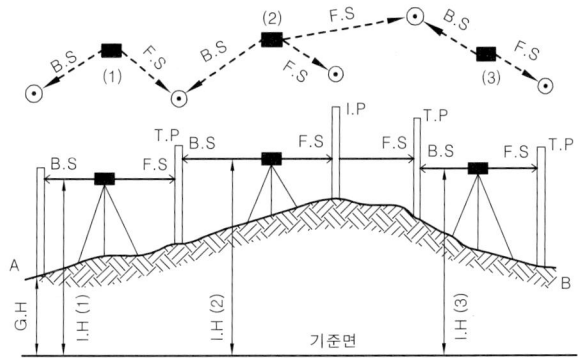

| 수준측량의 용어 |

④ 수준측량 방법

㉠ 고저차($\triangle H$) = 후시(a) −전시(b)

$$\triangle H=(a_1-b_1)+(a_2-b_2)+(a_3-b_3)+(a_4-b_4)$$
$$=(a_1+a_2+a_3+a_4)-(b_1+b_2+b_3+b_4)$$
$$=\Sigma B.S-\Sigma F.S(T.P)$$

∴$\triangle H$가 (+)값이면 전시방향이 높고, (−)값이면 전시방향이 낮음

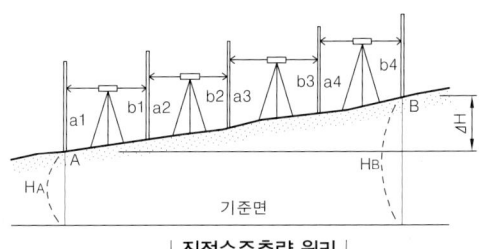

| 직접수준측량 원리 |

㉡ 기계고 = 기지점 지반고(G.H) + 후시(B.S)

㉢ 미지점 지반고 = 기계고(I.H) − 전시(F.S)

4) 각측량(각 측정법)

① 방향각과 방위각

㉠ 방향각 : 기준선으로부터 어느 측선까지 시계방향으로 잰 수평각을 말하는 것으로 방위각도 방향각에 포함

㉡ 방위각 : 자오선을 기준으로 어느 측선까지 시계방향으로 잰 수평각으로 북반구에서는 북쪽을 기준

▌야장기입법

① 고차식 : 후시의 합과 전시의 합과의 차로서 고저차를 구하는 법

② 기고식 : 가장 많이 이용하는 방법으로 중간시가 많을 때 이용하나 중간시에 대한 완전검산이 어렵다.

③ 승강식 : 전시와 후시의 차를 승·강란에 기입하여 계산하는 방법으로, 완전계산이 가능하여 정밀한 측정에 사용되나 중간시가 많을 때는 시간과 비용이 많이 소요된다.

▌스태프를 거꾸로 세웠을 경우
터널이나 담장 등의 천장높이를 측정할 경우 스태프(함척)를 거꾸로 세워 측정값을 읽고 계산 시에는 그 값에 (−)부호를 붙여 계산한다.

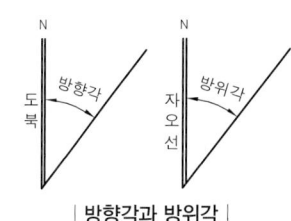

| 방향각과 방위각 |

② 방위 : 방위각의 범위는 0~360°이지만, 방위에서는 어느 측선이 자오선과 이루는 0~90°의 각으로서 측선의 방향에 따라 부호를 붙여줌으로써 몇 상한의 각인가를 표시

③ 수평각의 관측법

㉠ 한 측점 주위의 각을 재는 방법

　a. 단각법 : 하나의 각을 한번 관측하는 것

　b. 배각법 : 하나의 각을 2회 이상 관측하여 누적된 값을 평균하는 방법

　c. 방향각법 : 한 측점 주위에 관측할 각이 많은 경우 기준선으로부터 각 측선에 이르는 각을 차례로 재는 것

　d. 조합관측법 : 관측할 여러 개의 방향선 사이의 각을 차례로 방향각법으로 관측하여 최확값을 얻는 것으로 가장 정확한 방법

㉡ 측선과 측선 사이의 각을 재는 법

　a. 교각법 : 어느 측선이 그 앞의 측선과 이루는 각을 관측하는 방법으로 다각측량의 관측에 많이 쓰임

　b. 편각법 : 각 측선이 그 앞 측선의 연장선과 이루는 각을 관측하는 방법으로 도로나 수로의 선로와 같은 중심선 측량에 사용

　c. 방위각법 : 각 측선이 진북방향과 이루는 각을 오른쪽(시계방향)으로 관측하는 방법으로 노선측량이나 지형측량에 널리 사용

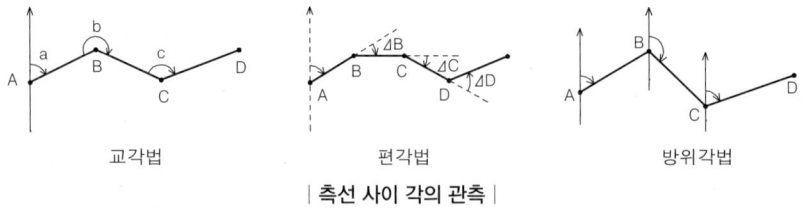

교각법　　　　　편각법　　　　　방위각법

| 측선 사이 각의 관측 |

5) 삼각측량

① 삼각측량의 원리

㉠ 그림과 같이 기선의 길이 AB = c는 정확하게 관측하고 삼각점 A, B, C를 잇는 그 밖의 변의 길이는 삼각형의 내각을 관측하여 삼각법으로 결정

　　sine 법칙 $\dfrac{a}{\sin\alpha} = \dfrac{b}{\sin\beta} = \dfrac{c}{\sin\gamma}$

㉡ 변의 길이 a,b는 $a = \dfrac{\sin\alpha}{\sin\beta}b$, $b = \dfrac{\sin\beta}{\sin\gamma}c$

㉢ 위와 같이 점점 확대하여 전체 변의 길이를 모두 구하고, 검기선은 다시 실측하여 계산값과 비교

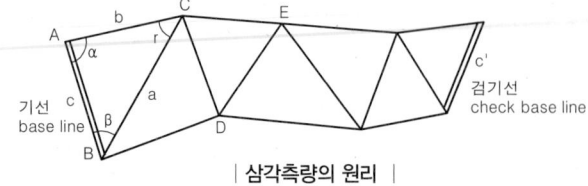

기선
base line　　　　　　　　　　　검기선
check base line

| 삼각측량의 원리 |

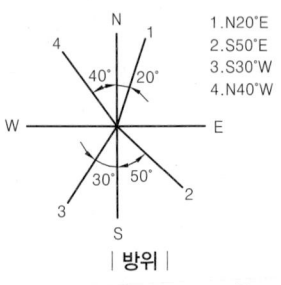

1. N20°E
2. S50°E
3. S30°W
4. N40°W

| 방위 |

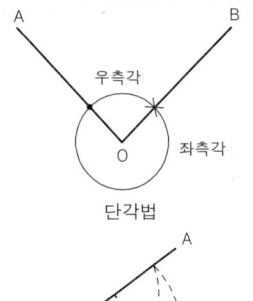

우측각　　　좌측각

단각법

배각법

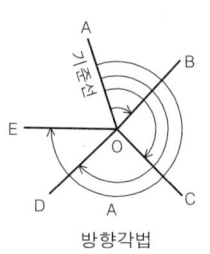

방향각법

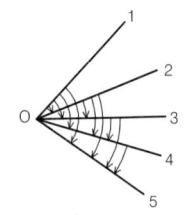

조합각관측법

| 각의 관측방법 |

▌ 삼각측량

수평위치를 삼각법으로 결정하기 위한 측량을 말하며 가장 정밀한 측량법의 하나이다.

▌ 삼각망의 비교

구분	단열	유심	사변형
정도	낮다	중간	높다
피복면적	중간	크다	작다
적용	하천, 터널 등 좁고 긴 지역	공단, 택지조성	기선 삼각망

② 측량방법

㉠ 측량할 지역을 적당한 크기의 삼각망으로 설정하고 각 삼각점으로부터 삼각형의 내각 및 기선을 측정하고 각 위치 결정

㉡ 삼각망의 종류

a. 단열 삼각망 : 하천, 도로, 터널 등 좁고 긴 지역의 측량에 적합

b. 사변형 삼각망 : 가장 정도가 높으나 피복 면적이 작아 비경제적

c. 유심 삼각망 : 측점수에 비해 피복면적이 가장 넓고 정밀도도 좋음

6) 다각측량(트래버스측량)

① 다각측량 이용

㉠ 삼각측량으로 결정된 삼각점을 기준으로 세부측량 기준점으로 연결

㉡ 노선측량, 삼림지대, 시가지 등의 기준점 연결

② 다각형의 종류

㉠ 개방다각형 : 기지점에서 시작하여 미지점에 연결되는 것으로 정도가 낮은 측량이며, 노선측량의 답사 등에 이용

㉡ 결합다각형 : 기지점에서 시작하여 기지점에 연결되는 방법으로 정도가 가장 높으며, 대규모 정밀측량에 적용

㉢ 폐합다각형 : 어떤 한 점에서 시작하여 차례로 측량한 후 다시 출발점으로 되돌아오는 방법으로 조경과 같이 소규모 부지 측량에 효과적

㉣ 다각망 : 2개 이상의 다각형을 필요에 따라 그물모양으로 연결한 것

7) 사진측량

장점	단점
·정확도가 균일 ·분업화에 의한 능률성 ·도화기로 축적변경이 용이 ·축척이 작을수록, 넓을수록 경제적	·시설비용 과대 ·작은 지역의 측정에 부적합 ·피사대상에 대한 식별 난해 ·기상조건 및 태양고도 등의 영향을 받음

① 축척에 의한 분류

㉠ 대축척 도화 : 저공촬영(촬영고도 800m 이내)에 의하여 얻어진 사진 도화

㉡ 중축척 도화 : 촬영고도 800~3000m에서 촬영된 사진 도화

㉢ 소축척 도화 : 촬영고도 3000m 이상에서 촬영된 사진 도화

② 사용 카메라에 의한 분류

종류	렌즈	렌즈의 화각	초점 거리(m)	화면의 크기(cm)	용도
보통각 사진	보통각 렌즈	약 60°	210	18×18	삼림 조사용
광각 사진	광각 렌즈	약 90°	153	23×23	일반 도화, 판독용
초광각 사진	초광각 렌즈	약 120°	90	23×23	소축척 도화용

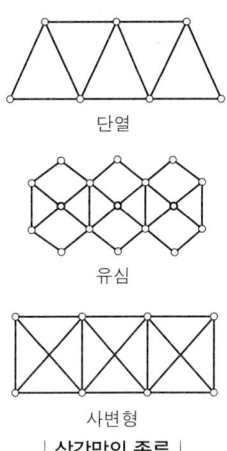

| 삼각망의 종류 |

다각측량

기준점을 연결하는 기선의 길이와 그 방향을 관측하여 측점의 위치를 결정하는 방법으로 세부측량의 기준이 되는 골조측량을 말한다.

| 다각형의 종류 |

사진측량

영상을 이용하여 피사체를 정량적(위치·형상), 정성적(특성)으로 해석하는 측량방법

렌즈의 화각에 따른 특징

① 보통각 사진 : 화각이 작아 촬영면적도 작고 기복변위도 작다.

② 초광각 사진 : 화각이 넓어 사진 1매에 찍히는 면적도 넓어 경제성이 높으나, 기복 변위도 크게 발생하여 정밀도가 떨어진다.

③ 광각사진 : 정밀도와 경제성을 만족시켜 대부분의 도화 판독용 사진에 사용한다.

③ 축척과 고도

그림에서 △OAB와 △Oab는 닮음꼴이므로 $\dfrac{ab}{AB} = \dfrac{f}{H} = \dfrac{1}{m}$ ∴H = m·f

여기서, $\dfrac{1}{m}$: 사진축척   H : 비행기의 촬영고도   f : 카메라의 초점거리

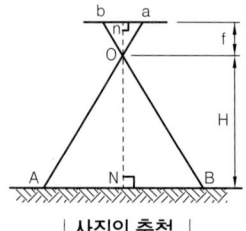

| 사진의 축척 |

④ 촬영과 사진매수

㉠ 촬영 코스

a. 직선 코스는 동서 방향을 원칙으로 하고, 코스의 길이는 중축척일 경우 30km를 한도로 촬영

b. 종중복(촬영 진행방향의 중복)은 60%, 횡중복은 30%를 표준으로 적용

c. 산악지역이나 고층빌딩이 밀집된 지역은 사각부를 없애기 위해 중복도를 10~20% 증가

d. 도로, 하천과 같은 선형물체는 그 방향에 따라 촬영

㉡ 촬영일시

a. 구름 없는 쾌청일의 오전 10시~오후 2시(태양각 45° 이상)가 최적

b. 우리나라의 연평균 쾌청일수는 80일

c. 대축척의 촬영은 어느 정도 구름이 있거나 태양각이 30° 이상인 경우도 가능

d. 오전 10시에서 오후 2시 사이에 1일 4시간 촬영으로 1일 8~10코스 촬영가능

㉢ 촬영 기선 길이 : a(화면크기), p(종중복도), q(횡중복도)

a. 촬영기선길이(B) : 1코스의 촬영 중에 임의의 촬영점으로부터 다음 촬영점까지의 실제거리

$$B = 화면크기의\ 실거리 \times (1 - \dfrac{p}{100}) = ma(1 - \dfrac{p}{100})$$

b. 촬영 횡기선 길이(C) : 코스와 코스 사이의 촬영점간 실거리−경로간격

$$C = 화면크기의\ 실거리 \times (1 - \dfrac{q}{100}) = ma(1 - \dfrac{q}{100})$$

c. 주점 기선 길이(b) : 임의의 사진의 주점과 다음 사진의 주점과의 거리

$$b = \dfrac{B}{m} = a(1 - \dfrac{p}{100})$$

㉣ 사진 매수(모델 수)

a. 화면 1변의 길이를 a, 사진 축척의 분모를 m이라 할 때 사진 한 장에 촬영되는 지상면적(A_0)

$$A_0 = (am) \times (am) = a^2 m^2 = a^2 \dfrac{H^2}{f^2}$$

b. 종중복도 p와 횡중복도 q를 고려한 면적(A_1, 유효면적)

$$A_1 = (am)(1 - \dfrac{p}{100})(am)(1 - \dfrac{q}{100}) = A_0(1 - \dfrac{p}{100})(1 - \dfrac{q}{100})$$

c. 안전율을 고려한 사진 매수(N)

$$N = \dfrac{F}{A}(1 + 안전율)$$ 여기서, F : 촬영대상지역의 면적

A : 사진 1장의 면적(중복도 고려 시 유효면적)

촬영 시 주의 사항

① 지정된 코스에서 10%이상 벗어나지 않게 촬영

② 지정고도에서 5% 이상 낮게, 혹은 10% 이상 높지 않도록 촬영

③ 편류(crab or drift) : 비행중 비행기가 기류에 의하여 밀리는 현상

④ 카메라의 방향을 편류의 각도만큼 회전하여 수정

⑤ 편류각(α)는 5° 이내, 앞 뒤 사진각의 회전각 5° 이내, 촬영 시 카메라의 경사 3°이내

⑥ 지표면이 보이지 않을 때 또는 이른 아침이나 석양은 촬영에 부적당

⑦ 계절은 지표면이 잘 보이는 가을에서 이른 봄이 적당

⑧ 적설지대에서는 겨울 피함

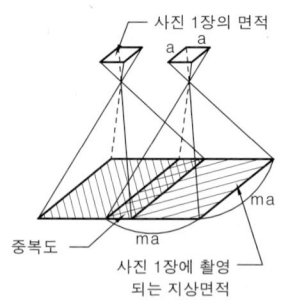

| 사진에 촬영되는 면적 |

유효면적 산출

p = 60%, q = 30% 일 때 유효면적(A_1)은

$$A_1 = A_0(1 - \dfrac{60}{100})(1 - \dfrac{30}{100}) = 0.28 A_0$$

사진판독 요소

색조, 모양, 질감, 음영, 상호위치 관계, 크기와 형상, 과고감 등을 참고하여 판단한다.

5 좌표 및 측점

(1) 좌표

① 평면직각좌표 : 측량지점의 적당한 한 점을 원점으로 하여 평면상으로 원점을 지나는 자오선(수직)을 X축, 동서방향을 Y축이라 하고 각 지점의 위치는 직교좌표값(x, y)로 표시

② U.T.M 좌표 : 지구를 회전타원체로 보고, 지구 전체를 6°씩 60개의 구역(종)으로 나누고, 위도를 기준으로 남·북위 각 80°까지의 구간을 8°씩 20개 구역(횡)으로 나누어 표시하여, 중앙의 경도와 적도의 교점을 원점으로 하는 좌표계

③ 경위도 좌표 : 지구상의 절대적 위치를 표현하는 데 가장 널리 사용되는 좌표

(2) 측점

① 측점은 도로와 하수도의 중심선과 같은 선형 구조물의 위치를 정하는 데 사용

시작점을 0+00으로 표시하고 선형요소에 따라 진행하며, 20m, 100m, 1000m를 기본거리로 하여, 사업대상의 규모에 따라 각 측점단위를 결정한 후 일정간격으로 측점번호를 1,2,3⋯의 순서로 부여

② 경사변화점, 곡선부 시·종점 등 주요지점에서는 측점번호와 해당지점까지의 분할거리 표시

③ 평면선형의 경우 측점과 곡선부의 제원, 직선부의 방위각 제시

▌좌표
좌표란 공간상의 한 물체 또는 한 점의 위치를 나타내는 규약이다.

▌우리나라 평면직각좌표계의 원점
서부도원점 : 동경 125° 북위 38
중부도원점 : 동경 127° 북위 38
동부도원점 : 동경 129° 북위 38
동해도원점 : 동경 131° 북위 38

▌U.T.M 좌표
국제횡메르카토르 투영법에 의하여 표현되는 좌표계로서 적도를 횡축, 자오선을 종축으로 하는 평면직각좌표계를 말한다.

---

4 >>> 정지 및 표토복원

1 일반사항

① 배수, 식물 생육에 부적절한 지하수위 변경
② 방음·방풍, 프라이버시 보호 및 안전성 확보를 위한 방축조성
③ 대지와 구조물 주위의 자연지형이나 경관과의 조화
④ 기하학적 형태 및 자연적 형태의 경관연출
⑤ 순환로의 경사완화 및 자연지형과의 조화
⑥ 부지내의 균형 있는 절·성토로 효율성과 경제성 달성
⑦ 표토를 적극적으로 활용

2 정지작업 시 고려사항

① 점토나 유기물이 많은 토양이 젖어 있을 때는 작업금지
② 다짐을 위해서는 적정한 수분을 함유하고 있을 때 다짐

③ 부지의 배수상태 확인 및 새로운 웅덩이가 없도록 작업

④ 정지작업과정에서 발생하는 침식 방지

3 정지작업의 준비 및 시행

① 마감면의 높이는 추후에 설치될 기초 및 기층부와 상층마감부의 두께를 고려하여 결정

② 성토 시 안정된 성토면을 얻을 수 있도록 하고 침하를 고려하여 여유 있게 성토

③ 성토층의 물다짐 시 식재지역에서는 자연상태 토양과 같은 정도로 시행

4 표토의 채취·보관·복원

(1) 표층식생의 제거

① 표층식생은 토성을 변화시키고 표토복원작업에 방해가 되므로 사전에 제거한 후 처리

② 레이크 등의 도구를 사용하여 깊이 10~20cm 정도로 채취

③ 수목의 뿌리가 깊이 박혀 있는 곳에서는 백호 등을 사용하여 깊게 제거

(2) 표토채취구역 선정

① 절·성토 구역으로서 보전녹지나 식재예정지 제외

② 채취로 토사유출이 우려되는 급경사지나 계곡 배제

③ 채취작업을 위해 기존수림을 추가로 벌채하지 않는 구역

④ 지하수위가 높아 습윤한 지역 배제

(3) 표토채취공법

① 일반채취법 : 채취대상지역의 토층이 두껍고, 평탄하거나 완경사지에 적용

② 계단식채취법 : 토사 유출이 조금 있으며 하층토의 혼입 과다

③ 표층절취법 : 중력이용의 하향작업으로 가장 좋은 방법이나 장기간 방치할 경우 토사유출 우려

(4) 가적치 장소

① 배수가 양호하고 평탄하며 바람의 영향이 적은 곳

② 가적치 두께는 1.5m를 기준으로 최대 3.0m 초과 금지

(5) 표토의 포설

① 하층토와 복원토의 조화를 위해 최소 20cm 이상의 지반을 기경한 후 표토 포설

② 표토의 깊이는 시방서에 따르나 일반적으로 잔디·초화류는 20~30cm, 관목 50cm, 소교목 70cm, 대교목 90cm 정도 포설

┃ 표토복원 순서

표층식생 제거 → 표토 모으기 및 보관 → 개략적인 정지 → 침식방지시설 설치 → 표토복원 → 상세한 정지마감

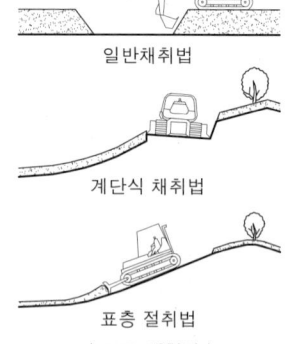

일반채취법

계단식 채취법

표층 절취법

┃ 표토 채취법 ┃

5>>> 가설공사

1 가설울타리
① 울타리 높이는 특별시방서에 정한 바가 없을 때는 1.8m 이상
② 판자·합판·함석·나무울타리 및 조립식 울타리 사용
③ 공사명·착공연월일 등 관련사항 표시
④ 출입구는 외부와 출입이 편하고 감시가 용이한 곳에 설치
⑤ 대규모 공사장으로 트럭 등의 출입이 잦은 곳은 입구와 출구 구분

2 가설건물
① 건축공사의 경우 본 건물의 연면적에 따라 소요면적 산출
② 토목공사의 경우 공사금액에 따라 규모 결정
③ 조경분야에서는 공사착공 전 관계자와 협의하여 결정
④ 가설건물은 설치 전에 관할 행정관청에 신고·허가취득

┃ 시멘트 창고에 대한 사항은 「콘크리트공사」참조

3 가설공급시설
① 용수 : 음용수와 콘크리트공사, 수목의 식재 및 연못 등의 수경시설에 사용 – 상수도 및 관정, 자연수 등 고려
② 전력공급과 전기설비 : 최대전력량을 기준으로 한전에 임시동력 또는 전등 사용신청·승인 후 사용
③ 전선은 지중에 매설하거나 전주에 가공배선, 사용장소에 분전반 설치

4 가식장
① 현장에 반입된 수목의 임시보관장소로 사전에 설치위치와 규모를 감독자와 협의 결정
② 공사에 지장이 없는 곳에 설치하며, 차량의 출입이나 수목의 싣고 부리기에 지장이 없는 곳
③ 바람이 심하게 불거나 먼지가 심하게 날리지 않는 장소
④ 사질양토의 배수가 잘되는 곳을 우선적으로 선정
⑤ 관수시설, 배수시설 및 보양시설과 관리시설 등 설치

5 공사용 도로
(1) 현장접근로
① 소유원이 다른 부지의 경우 사전에 승인 취득
② 자동차가 부지로 진·출입할 때 시계확보

③ 작업현장으로의 접근이 쉽고, 작업에 지장을 주지 않을 것

④ 차량의 종류와 크기 고려

(2) 가설도로

① 향후 도로로 조성될 부지에 노반과 보조기층을 미리 깔고 설치 시 유리

② 향후 식재지가 될 곳은 가급적 회피

③ 공사가 끝나갈 무렵 원상복구

핵 심 문 제

1 토양의 구조에 대한 설명 중 맞는 것은? 산기-12-1

㉮ 판상구조는 수직배수가 잘되며 충적토에서 발견할 수 있다.

㉯ 주상구조는 수직배수가 잘 안되며, 찰흙의 함량이 많은 표토에서 보기 쉽다.

㉰ 괴상구조는 각괴(角塊)와 원괴(圓塊)로 나누어지며 표토에서 많이 발견된다.

㉱ 입상구조는 서로 연하여 겹치거나 쌓여서 입단(粒團)사이의 공극에 물이 저장되어 생물생육에 적합한 조건이다.

해 •토양구조분류

·단립상(구조) : 토양입자가 단독으로 배열된 구조

·입단상(구조) : 단립이 미생물 검(gum), 점토 등에 의해 몇 개씩 뭉쳐져서 입단을 이룬 구조 – 입체적 배열로 필요 공극형성

•토양형상분류

·판상 : 토양입자가 얇은 층으로 배열되어 수직배수 불량 – 습윤지 토양, 논토양 하층부 등

·주상 : 토양입자가 수직방향으로 배열되어 수직배수 양호 – 각주상, 원주상으로 염류토의 심토, 건조지 심토 등

·괴상 : 외관이 다면체로 각괴 또는 원괴의 형상 – 산림토양 등

·입상 : 입단이 다면체나 구형으로 공극형이 좋아 식물생육에 좋은 구조 – 유기물이 많은 경작지 토양, 표토 등

2 토양입자가 수직방향으로 배열되어 있고, 찰흙의 함량이 많은 염류토(鹽類土)의 심토(深土)에서 흔히 볼 수 있는 토양구조는? 산기-08-1

㉮ 괴상(塊狀)　　　㉯ 판상(板狀)

㉰ 주상(柱狀)　　　㉱ 입상(粒狀)

3 다음 그림은 국제토양학회에 의한 토성의 구분 방법이다. 모래 : 미사 : 점토의 함유 비율이 각각 60% : 30% : 10% 일 때, 이 토양의 위치와 토양명을 올바르게 표현한 것은? 기-09-1관리

㉮ D, 양토(loam)

㉯ I, 식양토(Clay loam)

㉰ I, 사질식토(Sandy Clay)

㉱ D, 사양토(Sandy loam)

해 그림 보는 방법

·모래 : 아래변에서 좌측변을 따라 올라간다.

·미사 : 우측변에서 아래의 변을 향해 내려온다.

·점토 : 왼편에서 오른쪽으로 수평으로 진행한다.

→ 세 선이 만나는 곳의 토양명을 확인한다.

4 다음 중 흙의 성질에 관한 산출식으로 틀린 것은? 기-11-2

㉮ 예민비 $= \dfrac{\text{이긴시료의 강도}}{\text{자연시료의 강도}}$

㉯ 간극비 $= \dfrac{\text{간극의 용적}}{\text{토립자의 용적}}$

㉰ 포화도 $= \dfrac{\text{물의 용적}}{\text{간극의 용적}} \times 100(\%)$

㉱ 함수율 $= \dfrac{\text{젖은 흙의 물의 중량}}{\text{건조한 흙의 중량}} \times 100(\%)$

해 ㉮ 예민비 $\dfrac{\text{자연시료의 강도}}{\text{이긴시료의 강도}}$

5 토양의 공극량(孔隙量) 설명 중 틀린 것은? 기-08-4

㉮ 부식물질이 많은 토양은 공극량이 많다.

㉯ 공극이 크면 구조물의 기반으로서 불안정하다.

㉰ 양질토보다는 사질토가 공극량이 많다.

㉱ 심토보다는 표토에서 공극량이 많다.

해 ㉰ 사질토보다 양질토, 심토보다 표토에 공극량이 많다.

6 흙의 함수비에 관한 설명으로 부적합한 것은? 산기-10-1

㉮ 점토지반에서 함수비가 크면 점착력이 증가한다.

㉯ 점토지반에서 함수비의 감소로 전단강도가 증가된다.

㉰ 모래지반에서 함수비가 크면 내부마찰력이 감소된다.

㉱ 함수비를 감소시키기 위해서는 sand drain 공법을 사용할 수 있다.

해 ㉮ 점토지반에서 함수비가 크면 점착력이 감소한다.

7 토양침식에 대한 설명으로 옳지 않은 것은?

산기-11-2

㉮ 토양의 침식량은 유거수량이 많을수록 적어진다.

㉯ 토양유실량은 강우량보다 최대강우강도와 관계가 있다.

㉰ 경사도가 크면 유속이 빨라져 무거운 입자도 침식된다.

㉱ 작물의 생장은 투수성을 좋게 하여 토양유실량을 감소시킨다.

해 ㉮ 토양의 침식량은 유거수량이 많을수록 커진다.

8 다음은 비탈면 보호공법에 대한 설명이다. 구조물공법의 목적에 대한 것 중 적합치 않은 것은?

산기-02-4

㉮ 지표면의 온도변화 완화 및 동결에 대한 붕괴 억제

㉯ 토지이용 및 효율의 증대

㉰ 비탈면 용수의 누출방지

㉱ 1 : 0.6 보다 급한 비탈면의 안정처리

9 비탈면의 안정을 위해 떼심기를 할 때 그 내용이 잘못된 것은?

산기-02-2

㉮ 비탈면을 고르게 정지 작업하고 돌, 나무뿌리 등을 제거한다.

㉯ 비탈어깨나 비탈 끝에 배수로를 설치한다.

㉰ 떼는 위에서부터 아래로 어긋나게 식재한다.

㉱ 잔디 한 장에 적어도 2개 이상의 떼꼬치를 박는다.

해 ㉰ 떼는 아래에서부터 위로 어긋나게 식재한다.

10 비탈면의 안정을 위한 시공법이라 볼 수 없는 것은?

산기-03-4

㉮ 격자블록 설치공법

㉯ 잔디평떼 식재공법

㉰ 모르터 뿜어붙이기 공법

㉱ 케이슨(caisson)공법

해 ㉱ 케이슨(caisson)공법은 건조물의 기초 부분을 만들기 위한 공법이다.

11 비탈면 처리 공법으로 이용되는 종자 뿜어붙이기 공법에 관한 설명으로 틀린 것은?

산기-09-4

㉮ 초본류만을 사용하면 근계층이 얇기 때문에 비탈면이 박리되기 쉬우므로 필요시 목본류와 혼파한다.

㉯ 한 종류의 발생기대본수는 가급적 총 발생기대본수의 10% 이하로 내려가지 않도록 한다.

㉰ 흙을 혼합하여 시공하는 경우는 비교적 소면적의 완만한 경사의 비탈면에 적당하다.

㉱ 흙을 혼합하지 않고 시공하는 경우는 성토 비탈면에 적당하다.

해 종자뿜어붙이기의 경우 소면적이나 완만한 경사에 사용하지 않는다.

12 식생(植生)의 생육이 적당치 않고 용수(湧水)가 있는 절토 비탈면의 강우로 자주 유실되어 유지관리가 어려운 곳에 가장 적합한 비탈면 보호 공법은? (단, 비탈면 구배 1 : 0.8 이하의 완구배 비탈면에 적용함)

산기-07-4, 산기-12-1

㉮ 콘크리트 격자형 블록 및 심줄박기 공법

㉯ 편책공법

㉰ 시멘트모르타르 및 콘크리트 뿜어 붙이기공법

㉱ 낙석 방지망 공법

13 다음 절개지 녹화공법 중 암반 비탈면 녹화를 위해 가장 적절한 공법은?

산기-08-2

㉮ 차폐수벽공법

㉯ 잔디식재공법

㉰ 단목식재공법

㉱ 종비토(종자+비료+토양)공법

해 ·차폐수벽공법 : 비탈하단부에 나무를 2~3열 식재하여 수벽을 만드는 것으로 비탈면이 아닌 부분의 녹화에 쓰이며 다른 공법과 병행하여 적용한다.

·잔디식재공법 : 45° 이하의 완만한 경사에 적용한다.

·단목식재공법 : 수목을 직접 식재하는 것으로 암반에 부적당하다.

14 암절토 비탈면처럼 환경조건이 극히 불량한 지역을 녹화하는 공법은?

기-08-2

㉮ 식생기반재 뿜어붙이기공

㉯ 잔디떼심기공

㉰ 지하경 뿜어붙이기공

㉣ 식생매트공

해 식생기반재 뿜어붙이기공 : 물, 종자, 비료, 토양재료 등을 혼합하여 식생녹화 기반재를 만들어 비탈면에 분사하는 공법으로 주로 암반비탈면 등 극히 불량한 지역에 적용하며 네트, 망 등과 함께 사용하면 양호한 녹화를 기대할 수 있다.

15 다음 중 사면붕괴에 가장 큰 영향을 미치는 것은?   산기-07-2, 산기-04-4
㉮ 자유수   ㉯ 흡착수
㉰ 화학 결합수   ㉣ 모관수

16 지형도에서 등고선에 관한 설명으로 옳은 것은?   기-02-1, 기-08-2, 기-09-4
㉮ 계곡선은 지모상태를 명시하고 표고의 읽음을 쉽게 하기 위해 주곡선 간격의 1/5 거리로 표시한 곡선이다.
㉯ 산배와 계곡이 만나 이들의 등고선이 서로 쌍곡선을 이루는 부분을 고개라고 한다.
㉰ 등고선은 급경사지에서 간격이 넓고 완경사지에서는 좁다.
㉣ 조곡선은 주곡선만으로 지형을 완전하게 표시할 수 없을 때 주곡선 간격의 2배로 표시한 곡선이다.

해 등고선의 종류
·주곡선 : 각 지형의 높이를 표시하는 데 기본이 되는 등고선
·계곡선 : 지형의 높이를 쉽게 읽기 위하여 주곡선 5개마다 굵게 표시한 등고선
·간곡선 : 주곡선 간격의 1/2로 산정상, 고개, 경사가 고르지 않은 완경사지, 그 외 주곡선만으로 지모의 상태를 명시할 수 없는 곳을 파선으로 표시한 등고선
·조곡선 : 간곡선 간격의 1/2로 간곡선으로 충분히 표시할 수 없는 불규칙한 지형을 가는 점선으로 표시한 등고선

17 등고선에서 간곡선(間曲線)의 설명으로 옳은 것은?   산기-07-4
㉮ 주곡선 간격의 1/2로 하며 주곡선만으로 지형의 상태를 명시할 수 없을 때 사용한다.
㉯ 조곡선 간격의 1/2로 하며 지형이 복잡한 경우에 표시한다.
㉰ 주곡선 5개마다 읽기 쉽도록 굵게 표시한 곡선을

말한다.
㉣ 지형을 표시하는데 기본이 되는 등고선이다.

해 ㉯ 조곡선 간격의 1/2로 하는 등고선은 없다.
㉰ 계곡선에 대한 설명이다.
㉣ 주곡선에 대한 설명이다.

18 등고선의 종류와 간격의 설명이 알맞은 것은?   산기-08-1
㉮ 지형표시의 기본이 되는 선이 계곡선이다.
㉯ 간곡선의 평면간격이 클 때 주곡선의 1/2간격으로 조곡선을 넣는다.
㉰ 지형도가 1 : 5000일 때 주곡선의 간격은 5m이다.
㉣ 우리나라에서 기본도로 사용하고 있는 1 : 25,000 축척의 지형도에서는 20m 간격으로 주곡선이 나타난다.

해 등고선의 간격   (단위 : m)

축척 등고선	1/2,500	1/5,000~ 1/10,000	1/25,000	1/50,000
계곡선	10	25	50	100
주곡선	2	5	10	20
간곡선	1	2.5	5	10
조곡선	0.5	1.25	2.5	5

19 축척 1/25,000의 지도에서 등고선 중 계곡선 간격은?   기-07-1
㉮ 2m   ㉯ 5m
㉰ 20m   ㉣ 50m

20 축척 1 : 50000 우리나라 지형도에서 990m의 산정과 510m의 산중턱 간에 들어가는 계곡선의 수는?   기-11-2
㉮ 4개   ㉯ 5개
㉰ 20개   ㉣ 24개

해 축척 1 : 50000의 지형도에서의 계곡선은 100m마다 들어간다.
·등고선 개수 = (990 − 510)/100 = 4.8 → 4개

21 지형도에 관한 설명 중 옳은 것은?   산기-11-1
㉮ 1/10000 지형도에서 등고선 간격은 10m 이다.
㉯ 계곡선이란 주곡선 10개마다 굵은 선으로 표시

한 선이다.

㉓ 경사가 완만하면 등고선 간격이 좁아진다.

㉑ 최대경사의 방향은 반드시 등고선과 직각으로 교차한다.

22 다음 중 등고선의 특징으로 옳지 않은 것은?

산기-06-1

㉮ 높이가 다른 등고선은 현애, 동굴을 제외하고는 교차되거나 합쳐지지 않는다.

㉯ 서로 다른 높이의 등고선은 도면 안 또는 밖에서 서로 만나지 않으며, 도중에 소실되지 않는다.

㉰ 등고선 사이의 최단거리의 방향은 그 지표면의 최대경사로서 등고선에 수직방향으로 강우시 배수방향이 된다.

㉱ 요(凹)경사에서 높은 쪽의 등고선은 낮은 쪽의 등고선의 간격보다 더 넓게 되어 있다.

해 ㉱ 요(凹)경사에서 낮은 쪽의 등고선은 높은 쪽의 등고선보다 간격이 넓게 형성된다.

23 등고선의 성질 설명 중 옳지 않은 것은? 산기-06-2

㉮ 凸경사에서 높은 쪽의 등고선은 낮은 쪽의 등고선 간격보다 더 좁게 되어 있다.

㉯ 동일한 등고선 상에 있는 점은 같은 높이이다.

㉰ 등고선 사이의 최단거리의 방향은 그 지표면의 최대경사의 방향을 가리킨다.

㉱ 등경사지에서 등고선은 같은 간격으로 표시된다.

해 ㉮ 철(凸)경사에서 높은 쪽의 등고선은 낮은 쪽의 등고선보다 간격이 넓게 형성된다.

24 등고선의 성질에 관한 설명 중 틀린 것은?

산기-06-4

㉮ 경사가 급한 곳보다 경사가 완만한 곳이 간격이 넓다.

㉯ 등경사지의 등고선 간격은 등간격이다.

㉰ 높이가 다른 등고선은 절대로 교차되거나 합쳐지지 않는다.

㉱ 최대 경사의 방향은 등고선에 수직한 방향이다.

해 ㉰ 서로 다른 높이의 등고선은 절벽이나 동굴을 제외하고 교차하거나 폐합되지 않는다.

25 다음 등고선의 성질을 설명한 것 중 틀린 것은?

산기-07-2

㉮ 경사는 등고선이 조밀해짐에 따라서 급하게 된다.

㉯ 철(凸)경사에서 높은 쪽의 등고선은 낮은 쪽의 등고선의 간격보다 더 넓게 되어있다.

㉰ 유수(流水)는 등고선에 평행한 방향으로 흐른다.

㉱ 하나의 등고선 상의 모든 점은 같은 높이다.

해 ㉰ 유수(流水)는 등고선에 수직 방향으로 흐른다.

26 지형도에서 등고선이 높아질수록 밀집하여 있으며, 반대로 낮은 등고선에서는 간격이 멀어져 있는 경우는 다음 중 어느 것이 가장 적당한가? 기-10-1

㉮ 현애 ㉯ 凹경사

㉰ 급경사 ㉱ 평사면

27 다음 중 등고선의 특징으로 옳지 않은 것은?

산기-10-4

㉮ 높이가 다른 등고선은 현애, 동굴을 제외하고는 교차되거나 합쳐지지 않는다.

㉯ 일반적으로 등고선은 결코 분리되지 않으나 양편으로 서로 같은 숫자가 기록된 두 등고선을 때때로 볼 수 있다.

㉰ 등고선 사이의 최단거리의 방향은 그 지표면의 최소경사로서 등고선에 수평방향으로 강우시 배수방향이 된다.

㉱ 철(凸)경사에서 높은 쪽의 등고선은 낮은 쪽의 등고선의 간격보다 더 넓게 되어 있다.

해 ㉰ 등고선 사이의 최단거리의 방향은 그 지표면의 최대경사로서 등고선에 수직방향으로 강우시 배수방향이 된다.

28 다음 지형도에서 $\overline{AB}$의 경사에 대한 설명으로 가장 적당한 것은? 산기-08-2, 산기-02-4

㉮ 요사면(凹斜面)

㉯ 철사면(凸斜面)

㉰ 평사면(平斜面)

㉱ 현애(顯崖)

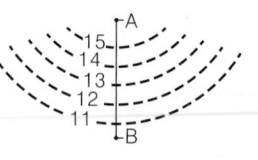

해 등고선의 간격이 일정하므로 평사면이다.

29 평탄면의 마감높이를 평탄면이 지나지 않은 가장 높은 등고선보다 조금 높게 설치하여 평탄면을 통과하는 등고선보다 낮은 방향으로 그 지역을 둘러싸도록 등고선을 조작한다면 다음 평탄면 조성방법 중 어느 것에 해당하는가? 기-02-1
㉮ 절토에 의한 방법　　㉯ 성토에 의한 방법
㉰ 성·절토에 의한 방법　㉱ 옹벽에 의한 방법

30 정지설계도(整地設計圖)의 작성 원칙 중 틀린 사항은? 기-03-1
㉮ 관습적으로 파선(破線)은 제안된 등고선을 나타낸다.
㉯ 등고선은 자연스럽게 그리는 것이 바람직하다.
㉰ 점고저(spot elevation)는 등고선만으로 이해 할 수 없는 지점표기에 사용한다.
㉱ 해당 부지의 소유 경계선을 넘지 않도록 한다.
해 ㉮ 제안된 등고선은 실선으로 나타낸다.

31 다음 지형도의 설명 중 틀리게 표현한 것은? 기-03-2

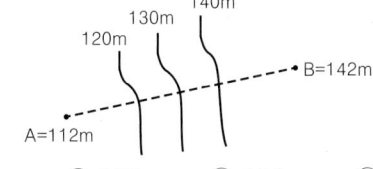

㉮ 도면의 나타난 등고선은 모두 기존등고선 (existing contour) 이다.
㉯ 凸사면(斜面)을 나타낸다.
㉰ 8–10m의 등고선은 12–14m 등고선보다 경사가 급하다.
㉱ A–A′선은 표면수가 모이는 합수선을 나타낸다.
해 A–A′선은 산령선을 나타낸다.

32 등고선 상에서 높이가 각각 98.2m와 107.6m인 두 지점 사이의 수평거리가 400m라면, 높이차 1m의 수평거리는 얼마인가? 기-06-1
㉮ 약 76.6m　　㉯ 약 62.4m
㉰ 약 56.6m　　㉱ 약 42.6m
해 수평길이에 대한 수직높이의 비율로 산정한다.
400/(107.6−98.2)=42.55(m)

33 A, B점의 표고가 각각 118m, 145m이고, 수평거리 250m이며, AB사이가 등경사일 때 A점에서 표고 130m까지의 수평거리는 얼마인가? 기-04-4, 산기-06-2
㉮ 약 18.5m　　㉯ 약 67.3m
㉰ 약 111.1m　　㉱ 약 203.7m
해 경사비를 구하고 그에 따라 수직길이를 곱하여 산정한다.
$$\frac{250}{145-118} \times (130-118) = 111.11(m)$$

34 축척 1 : 25000의 지형도에서 제한 기울기를 4%로 할 때 등고선(주곡선)간의 수평거리는? 산기-10-4
㉮ 5mm　　㉯ 10mm
㉰ 20mm　　㉱ 40mm
해 축척 1 : 25000의 지형도의 주곡선 간격은 10m
4%일 경우의 수평거리(실제거리) 10/0.04=250(m)
축척 적용(도상거리) : $\frac{250 \times 1000}{25000}$ =10(mm)

35 그림과 같이 표고가 각각 112m, 142m인 A, B 두 점이 있다. 두 점 사이에 130m의 등고선을 삽입할 때 이 등고선의 위치는 A점으로부터 $\overline{AB}$선상 몇 m에 위치하는가? (단, AB의 직선거리는 200m이고, AB 구간은 등경사이다.) 기-10-4

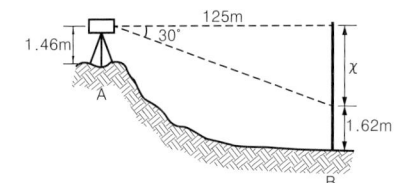

㉮ 120m　㉯ 125m　㉰ 130m　㉱ 135m
해 수평거리 200m에 높이차가 30m(142−112)이므로
경사율=(30/200)×100=15(%)
∴ 130m 높이에 해당하는 수평길이
ℓ = (130 − 112)/0.15 = 120(m)　(33번 문제 해법 가능)

36 A점의 지반고가 150.60m일 때 B점의 표고로 가장 적당한 것은? (단, A점의 기계고는 1.46m, AB의 수평거리는 125m이다.) 기-10-1

㉮ 12.67m　　　　㉯ 33.27m
 ㉰ 53.27m　　　　㉱ 78.27m

해 ·기계고 = 150.60 + 1.46 = 152.06(m)

　　·x = 125×tan30 = 72.17(m)

　　·지반고는 기계고에서부터 수직높이를 빼나간다.

　　→ B점 지반고 = 152.06 − 72.17 − 1.62 = 78.27(m)

37 아래 그림과 같이 장애물이 있는 지역에서 BC의 거리는 얼마인가? (단, A B C는 삼각형임)　　산가-05-1

㉮ 300m

㉯ 400m

㉰ 500m

㉱ 600m

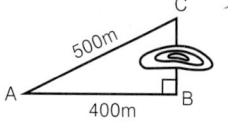

해 직각삼각형 원리로 계산한다.

　　h = $\sqrt{500^2 - 400^2}$ = 300(m)

38 등고선을 변경시켜 지반을 조성하려 한다. 마감 높이를 92.5m로 했을 때 어느 등고선이 성토를 나타내는가?　　기-04-4

㉮ 94 와 95m 등고선

㉯ 89,90,91과 92m 등고선

㉰ 89와 95m 등고선

㉱ 89,90,91,92,94와 95m 등고선

해 성토에 의한 등고선 변경

　　계획면까지 흙을 쌓는(메꾸는)작업으로, 부지의 계획높이보다 낮은 등고선은 지형이 낮은 쪽으로 이동한다.

39 도면의 그림은 정지계획도이다. 다음 설명 중 옳은 것은?　　기-03-2

㉮ 절토계획도이다.

㉯ 성토계획도이다.

㉰ 절성토계획도이다.

㉱ 평탄지 바닥면(F.F)은 표고 12~16m이다.

해 절·성토에 의한 등고선 변경 : 부지의 계획높이보다 높은 등고선은 지형이 높은 쪽으로 이동하고, 계획높이보다 낮은 등고선은 지형이 낮은 쪽으로 이동한다.

40 다음 그림은 경사도로의 등고선을 표시하고 있다. 이 도로의 단면은 어떻게 나타나는가?　　기-06-1

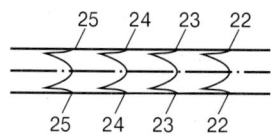

㉮ ⌐⌐　　　㉯ ⊔⊔

㉰ ⌒　　　㉱ ⌐⊔

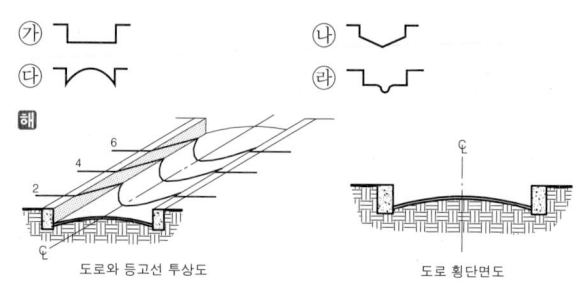

도로와 등고선 투상도　　도로 횡단면도

경계석을 가진 도로의 등고선

41 측량의 종류에 관한 기술 중 틀린 것은?　　기-07-2

㉮ 지형측량은 지표면 상의 자연 및 인공적인 지물의 상호위치관계를 수평적 또는 수직적으로 관측한다.

㉯ 노선측량은 도로, 철도, 운하 등의 교통로 등과 같이 폭이 좁고 길이가 긴 구역의 측량을 말한다.

㉰ 농지측량은 토지의 위치, 경계, 면적, 종류 등을 알기 위한 측량이다.

㉱ 건축측량은 건축물의 계획이나 공사 실시에 관한 측량이다.

해 ㉰ 농지측량은 농사짓는 토지의 크기, 경사, 경계 등을 알기 위한 측량이다.

42 다음 중 측량과 관련된 설명 중 틀린 것은?

기-07-2

㉮ 잔차(residual)란 최확값과 관측값의 차를 말한다.

㉯ 일반적으로 반복 관측한 값에 큰 오차가 있을 때는 착오가 있음을 알 수 있다.

㉰ 최확값이란 어떤 관측량에서 가장 높은 확률을 갖는 값을 말한다.

㉱ 정오차란 관측값의 신뢰도를 표시하는 값이다.

해 ㉱ 정오차(누차, 누적오차)는 오차의 발생원인이 확실하고 측정횟수에 비례해서 증가하는 것으로 발생원인을 찾으면 쉽게 소거할 수 있다.

43 측량오차의 일반적인 성질이 아닌 것은?

산기-10-2

㉮ 극히 큰 오차가 발생할 확률은 거의 없다.

㉯ 오차의 일반법칙 적용은 정오차에도 적용된다.

㉰ 같은 크기의 (+), (−) 오차가 생길 확률은 거의 같다.

㉱ 작은 오차가 생기는 확률은 큰 오차가 생기는 확률보다 크다.

해 오차의 3원칙

· 큰 오차가 생길 확률은 작은 오차가 생길 확률보다 매우 작다.

· 같은 크기의 양(+)오차와 음(−)오차가 생길 확률은 같다.

· 매우 큰 오차는 거의 생기지 않는다.

44 200m의 측선을 20m 줄자로 측정하여 1회 측정에서 +5mm의 누적오차와 ±25mm의 우연오차가 있었다면 정확한 거리는?

기-06-1

㉮ 200.00 ± 0.075m ㉯ 200.05 ± 0.05m

㉰ 200.00 ± 0.05m ㉱ 200.05 ± 0.075m

해 · 누적오차 R = a×n

· 우연오차 R' = ±b$\sqrt{n}$

a : 1회 측정 시 누적오차 = +5mm

b : 1회 측정 시 우연오차 = ±25mm

n : 측정횟수 = 200/20 = 10회

R = 5×10 = 50 → 0.05m

R' = ±25×$\sqrt{10}$ = ±79.05 → 0.079m

∴ 정확한 거리 = 200 + 0.05 ± 0.079

= 200.05 ± 0.079(m)

45 다음 축척에 대한 설명 중 옳은 것은?

기-11-1

㉮ 축척 1/500 도면상 면적은 실제 면적의 1/1000이다.

㉯ 축척 1/600의 도면을 1/200로 확대했을 때 도면의 면적은 3배가 된다.

㉰ 축척 1/300 도면상 면적은 실제 면적의 1/9000이다.

㉱ 축척 1/500인 도면을 축척 1/1000로 축소했을 때 도면의 면적은 1/4이 된다.

해 면적에 대한 축척은 축척의 제곱으로 나타나며, 도면을 확대하거나 축소하면 축척비율의 제곱으로 변한다.

46 실제 두 점간의 거리가 200m일 때 도면의 거리

가 4mm로 나타날 경우 축척은 얼마인가?

산기-07-4

㉮ 1/20,000 ㉯ 1/30,000

㉰ 1/50,000 ㉱ 1/60,000

해 · 축척 : $\frac{1}{m}$ = $\frac{\text{도상거리}}{\text{실제거리}}$ = $\frac{0.004}{200}$ = $\frac{1}{50,000}$

47 1:1000의 축척인 지형도에서 1cm²의 면적은 실제로 몇 m²인가?

산기-10-1

㉮ 10 ㉯ 100

㉰ 1000 ㉱ 1000000

해 · 축척 : $(\frac{1}{m})^2$ = $\frac{\text{도상면적}}{\text{실제면적}}$

∴ 실제면적 = 도상면적×(m)² = 0.0001×1000² = 100(m²)

48 1/200 축척의 도면에서 놀이터의 모래사장 면적을 cm자로 재었더니 9cm²이었다. 실제면적은?

산기-07-1

㉮ 3,600m² ㉯ 360m²

㉰ 36m² ㉱ 3.6m²

해 47번 문제해설 참조

· 실제면적 = 도상면적×(m)² = 0.0009×200² = 36(m²)

49 축척 1/50,000의 도상면적을 구적하였더니 40.52cm²이었다 이 토지의 실제 면적은?

기-06-4

㉮ 101.3ha ㉯ 202.6ha

㉰ 1,013ha ㉱ 2,026ha

해 47번 문제해설 참조

· 실제면적 = 도상면적×(m)² = 0.004052×50,000² = 10,130,000(m²)

→ 1,013ha ※1ha = 10000m²

50 축척 1/600 지도상의 면적을 잘못하여 축척 1/400로 측정하였더니 6,000m²가 나왔다. 실제 면적은 얼마인가?

산기-02-1, 산기-04-1, 산기-05-2

㉮ 7,600m² ㉯ 9,260m²

㉰ 13,500m² ㉱ 18,420m²

해 축척과 면적의 관계

m₁² : A₁ = m₂² : A₂

A₁ : 축척 $\frac{1}{m_1}$인 도면의 면적 = 6000m²

A₂ : 축척 $\frac{1}{m_2}$인 도면의 면적

A₂ = $(\frac{m_2}{m_1})^2$ A₁ = $(\frac{600}{400})^2$×6000 = 13500(m²)

51 평판측량 시 표정(標定)의 조건이 아닌 것은?

산기-07-4, 기-06-2, 산기-09-4

㉮ 정치(整置) ㉯ 치심(致心)

㉰ 교회(交會) ㉱ 정위(定位)

해 평판의 3대요소

·정준(정치) : 수평 맞추기

·구심(치심) : 중심 맞추기

·표정(정위) : 방향 맞추기

52 평판측량법 중에서 도로나 시가지, 삼림지대와 같은 한 측점에서 많은 측점의 시준이 안될 때나, 길고 좁은 지역의 측량에 주로 이용되는 방법은?

기-03-2, 산기-06-2, 기-09-1

㉮ 전방교회법 ㉯ 후방교회법

㉰ 전진법 ㉱ 방사법

해 전진법(도선법, 절측법)

·측량지역에 장애물이 있어 장애물을 비켜서 평판을 옮겨 가면서 측점사이의 거리와 방향 측정

·도중에 미리 관측할 점들을 시준하여 오차검사가 가능하고, 비교적 정밀도도 높음

·평판을 옮겨가며 측량하기에 많은 시간 소요

53 평판측량에서 기지점으로부터 미지점 또는 미지점으로부터 기지점의 방향을 엘리데이드로 시준하여 방향선을 교차시켜 도상에서 미지점의 위치를 도해적으로 구하는 방법은?

기-08-4

㉮ 방사법 ㉯ 교회법

㉰ 전진법 ㉱ 편각법

해 교회법(교선법)

·기지점이나 미지점에서 2개 이상의 방향선을 그어 그 교차점으로 미지점의 위치를 도상에서 결정하는 법

·거리를 측정하지 않고 위치를 설정하여 측량

·방향선의 교각을 30~150° 범위로 하여 90° 내외가 적당

·전방교회법, 측방교회법, 후방교회법으로 구분

54 평판측량의 방법에 대한 설명 중 옳지 않은 것은?

기-10-2

㉮ 방사법은 골목길이 많은 주택지의 세부측량에 적합하다.

㉯ 교회법에서는 미지점까지의 거리관측이 필요하지 않다.

㉰ 현장에서는 방사법, 전진법, 교회법 중 몇 가지를 병용하여 작업하는 것이 능률적이다.

㉱ 전진법은 평판을 옮겨 차례로 전진하면서 최종 측점에 도착하거나 출발점으로 다시 돌아오게 된다.

해 ㉮ 방사법은 측량지역에 장애물이 없어 시준이 잘 되는 좁은 지역에 적합하다.

55 다음 중 평판측량에 사용되지 않는 것은?

산기-06-4

㉮ 함자 ㉯ 엘리데이드

㉰ 다림추 ㉱ 구심기

해 평판의 구성요소(측량기구)로는 평판, 시준기(엘리데이드), 삼각대, 구심기, 측침, 자침, 줄자, 다림추 등이 있다.

56 평판측량에서 평판을 정치하는데 생기는 오차 중 측량 결과에 가장 큰 영향을 줌으로 특히 주의해야 할 것은?

기-11-4

㉮ 수평맞추기 오차

㉯ 중심맞추기 오차

㉰ 방향맞추기 오차

㉱ 엘리데이드의 수준기에 따른 오차

57 다음 수준측량의 용어 설명 중 틀린 것은?

산기-10-2

㉮ 전시 : 표고를 구하려는 점에 세운 표척의 눈금을 읽는 값

㉯ 후시 : 측량해 나가는 방향을 기준으로 기계의 후방을 시준한 값

㉰ 이기점 : 기계를 옮기기 위하여 어떠한 점에서 전시와 후시를 모두 취하는 점

㉱ 중간점 : 어떤 지점의 표고를 알기 위하여 표척을 세워 전시를 취하는 점

해 ㉯ 후시 : 기지점(높이를 알고 있는 점)에 세운 표척의 눈금을 읽는 것

58 다음 중 고저측량에서 사용되는 용어 중 잘못

설명된 것은?　　　　　　　　　　　산기-06-1

㉮ 후시(B.S) : 표고를 이미 알고 있는 점으로 즉 기지점에 세운 표척의 읽음값이다.

㉯ 지반고(G.H) : 측점의 표고이다.

㉰ 전시(F.S) : 표고를 구하려는 점, 즉 미지점에 세운 표척의 읽음값이다.

㉱ 기계고(I.H) : 단순히 그 점의 표고만을 구하고자 표척을 세워 전시를 취하는 점이다.

해 ㉱ 기계고(I.H) : 기계를 수평으로 설치했을 때 기준면으로부 망원경의 시준선까지의 높이

59 다음 중 수준측량에 사용되는 용어의 설명으로 거리가 먼 것은?　　　　　　　　기-05-4

㉮ 지표면의 어느 점으로부터 중력방향을 수평선이라 한다.

㉯ 수준면과 지구의 중심을 포함한 평면이 교차하는 선을 수준선이라 한다.

㉰ 지반면의 높이를 비교할 때 기준이 되는 면을 기준면이라고 한다.

㉱ 수준 원점으로부터 국도 및 주요 도로변에 2~4km마다 수준 표석을 설치하고 표고를 경정하여 놓은 점을 수준점이라 한다.

해 ㉮항은 연직선에 대한 설명이다.

　수평선은 연직선에 직교하는 곡면으로 시준거리의 범위에서는 수준면과 일치한다.

60 부지의 직접 수준측량 시행에 대한 설명으로 맞지 않는 것은?　　　　　　　　기-04-2

㉮ 제일 먼저 고저기준점을 선정한 후 영구표식을 매설한다.

㉯ 1/1,200–1/2,400 사이의 적합한 축척을 결정한 후 수준측량을 시행한다.

㉰ 수준측량의 내용은 부지 조건이나 설계자의 요구에 따라 달라질 수 있다.

㉱ 일반적으로 부지 외부와 부지 내부의 주요지점과 부지의 전반적인 높이를 대상으로 측량한다.

해 ㉯ 1/100–1/1,200 사이의 적합한 축척을 결정한 후 수준측량을 시행한다.

61 다음은 가상지형에 대한 직접수준측량치를 나타낸 그림이다. A와 B 지점의 표고차는? (이때 B.M은 5m이다.)　　　　　　　　기-05-1

㉮ 1.350m　　　　㉯ 6.350m
㉰ 3.650m　　　　㉱ 8.650m

해 표고차 = ΣB.S(후시합)−ΣF.S(전시합)
　ΣB.S = 1.253+1.368+1.249 = 3.87(m)
　ΣF.S = 0.725+0.812+0.983 = 2.52(m)
　∴ 표고차 = 3.87−2.52 = 1.35(m)

62 레벨을 이용하여 수준측량을 기계고(I.H)와 측점의 높이(H_1)를 구하였다. 가장 적당한 것은? (단, 기준점(B.M)의 높이 100m, 기준점으로의 전시 1.528m, 측점으로의 후시 1.011m이다.)　기-05-2

㉮ I.H. = 100.517, H_1= 100
㉯ I.H. = 100.517, H_1= 101.528
㉰ I.H. = 100, H_1= 101.528
㉱ I.H. = 101.528, H_1= 100.517

해 ·기계고 = 기지반고+후시 = 100+1.528 = 101.528(m)
　·측점 = 기계고−전시 = 101.528−1.011 = 100.517(m)
　– 후시는 기준점을 바라보는 것으로 방향과 상관없다.

63 수준측량을 실시한 결과 기준점의 후시(B.S)가 2.213m, 측점으로부터의 미지점의 전시(F.S)가 1.897m를 얻었다. 이때 기계고(I.H)와 미지점의 지반고(G.H_1)는? (단, 기준점의 지반고는 50.0m이다.)　기-08-4

㉮ I.H. = 52.213m, G.H_1= 50.316m
㉯ I.H. = 52.213m, G.H_1= 51.897m
㉰ I.H. = 51.897m, G.H_1= 50.316m
㉱ I.H. = 51.897m, G.H_1= 51.897m

해 ·기계고 = 기지반고 + 후시 = 50 + 2.213 = 52.213(m)
　·측점 = 기계고 − 전시 = 52.213 − 1.897 = 50.316(m)

64 지형을 측량하였을 때 고저기준점의 표고가

10.24m라 하고 기계고를 1.62m라 한다. 다시 그 지점에서 표고 9.5m인 지점을 시준한다면 표척 시준고는?

기-07-1

㉮ 1.36m ㉯ 1.86m
㉰ 2.36m ㉱ 12.36m

圖 미지점 지반고 = 기지점 지반고 + 후시 − 전시
= 10.24 + 1.62 − 9.5 = 2.36(m)

65 아래 그림과 같이 수준측량을 실시한 결과 a의 표척눈금이 3.560m, a의 표고 H_a = 100.00m이고, b의 표고 H_b = 101.110m이었다. b점의 표척눈금은? (단, 단위는 m이다.)

기-10-2

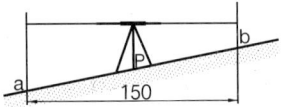

㉮ 1.245m ㉯ 2.450m
㉰ 3.000m ㉱ 3.004m

圖 측점 = 기지반고 + 후시 − 전시 = 100 + 3.56 − 전시 = 101.11(m)
∴ 전시 = 2.45m

66 레벨측량 시 레벨의 조정 사항으로 옳은 것은?

산기-10-2

㉮ 연직축과 시준축을 평행하게 할 것
㉯ 망원경의 배율을 항상 일정하게 할 것
㉰ 기포관 축과 시준축을 평행하게 할 것
㉱ 기포관 축과 연직축을 평행하게 할 것

67 그림의 다각형 트래버스 측량에서 측정하는 편각이란 어느 것인가?

기-08-2, 기-03-4

㉮ α
㉯ β
㉰ γ
㉱ θ

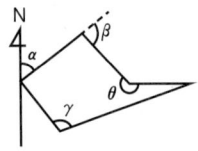

圖 ·방위각(α) : 자오선을 기준으로 정한 각을 말한다.
 ·편각(β) : 측선의 연장과 다음 측선과 이루는 각으로 180°보다 작은 각이 된다.
 ·교각(γ) : 두 측선이 접하며 이루어진 각을 말한다.

68 다음과 같은 삼각형 ABC의 면적은?(단, 헤론

의 공식을 이용하여 계산한다.)

산기-11-4

㉮ 153.04m²
㉯ 235.09m²
㉰ 1495.57m²
㉱ 2227.50m²

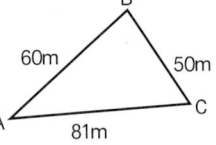

圖 헤론의 공식은 세변의 길이를 통해 넓이를 구하는 공식이다.
 ·$A = \sqrt{s(s-a)(s-b)(s-c)}$, $s = \dfrac{a+b+c}{2}$
 a, b, c : 세변의 길이
 a = 60m, b = 50m, c = 81m
 $s = \dfrac{60+50+81}{2} = 95.5$(m)
 ∴$A = \sqrt{95.5 \times (95.5-60) \times (95.5-50) \times (95.5-81)}$
 $= \sqrt{95.5 \times 35.5 \times 45.5 \times 14.5} = 1495.57$(m²)

69 지상 고도 2,000m의 비행기 위에서 화면 거리 152.7mm의 사진기로 촬영한 수직 공중 사진상에서 길이 50m의 교량은 몇 mm 정도로 촬영되는가?

산기-11-2

㉮ 1.2mm ㉯ 2.5mm
㉰ 3.8mm ㉱ 4.2mm

圖 사진측량 축척 : $\dfrac{1}{m} = \dfrac{\text{초점거리}}{\text{고도}}$
 ∴ (0.1527/2000)×50000 = 3.82(mm)

70 단지 내의 모든 구조물이나 시설물의 위치를 실제의 지형과 연관성을 갖도록 도면에 표시하는 가장 적당한 방법은?

기-05-1

㉮ 측점에 의한 방법 ㉯ 시점에 의한 방법
㉰ 좌표에 의한 방법 ㉱ 지반고에 의한 방법

71 전시와 후시의 거리를 같게 해도 소거되지 않는 오차는?

기-12-1

㉮ 기차(氣差)에 의한 오차
㉯ 시차(視差)에 의한 오차
㉰ 구차(球差)에 의한 오차
㉱ 레벨의 조정 불량에 따른 오차

圖 전시와 후시를 같게 하면 소거되는 오차 : 기차, 구차, 레벨조정 불량, 시준선(시준축) 오차

03 공종별 조경시공

1>>> 토공 및 지반공사

1 토공사

(1) 기본용어

① 시공기면(Formation Level : FL) : 시공 지반의 계획고로 구조물 바닥이나 공사가 끝났을 때의 지면 또는 마무리 면

② 절토(Cutting) : 공사에 필요한 흙을 얻기 위해서 굴착하거나 계획면보다 높은 지역의 흙을 깎는 작업

③ 성토(Banking) : 일정 구역 내에서 기준면까지 흙을 쌓는 작업

④ 준설(Dredging) : 수중에서 수저의 흙을 굴착하는 작업

⑤ 매립(Reclamation) : 굴착된 곳의 흙을 되메우거나 수중에서 일정기준으로 수저를 높이는 작업

⑥ 축제(Embankment) : 제방, 도로, 철도 등과 같이 폭에 비해 길이가 긴 지역의 성토 작업

⑦ 다짐전압(Rolling) : 성토한 흙을 다지는 것

⑧ 정지 : 공사구역 내의 흙을 계획면으로 맞추기 위해 절·성토하는 작업

⑨ 유용토 : 현장 내에서 절토된 흙 중 성토공사나 매립공사에 이용되는 흙

⑩ 토취장(Borrow Pit) : 성토 또는 매립공사 등의 토공사에 필요한 흙을 채취하는 장소

⑪ 토사장(Spoil Bank) : 공사장에서 남은 흙이나 불량토사를 버리는 장소

⑫ 흙의 안식각(Angle of Repose) : 흙을 쌓아올렸을 때 시간이 경과함에 따라 자연붕괴가 일어나 안정된 사면을 이루게 될 때 사면과 수평면과의 각도

⑬ 비탈면(법면, 사면, Side Slope) : 절토, 성토 시 형성되는 사면(AB, CD, EF)

⑭ 비탈구배(경사 Slope) : 비탈면의 수직거리 1m에 대한 수평거리의 비

⑮ 비탈머리(사면정부, 비탈어깨, Top of Slope) : 비탈면의 상단부분(B ,C)

⑯ 비탈기슭(사면저부, 비탈끝, Toe of Slope) : 비탈면의 하단부분(A, F)

⑰ 뚝마루(천단, Levee Crown) : 축제의 상단면($\overline{BC}$)

⑱ 소단(턱, Berm) : 비탈면의 중간에 만든 턱($\overline{DE}$)

▌ **끝맺음(Finishing)**
절토나 성토의 표면을 소정의 모양으로 만들고 다듬는 것을 말한다.

▌ **토공정규**
절토나 성토를 할 때 설계의 기본 단면형을 말한다.

▌ **토공의 표준**
절토나 성토의 설계 단면에 대해 현장에서 시공하기 위하여 시공위치에 나무대 또는 노끈으로 설계단면과 똑같은 형태로 만들어 세워 놓은 것을 말한다.

▌ **토적도(토적곡선 Mass Curve)**
경제적 토공설계에 필요한 토량배분, 토량운반거리, 토공기계의 선정, 시공방법, 토취장과 토사장의 위치 선정 등을 효율적으로 하기 위해 이용한다.

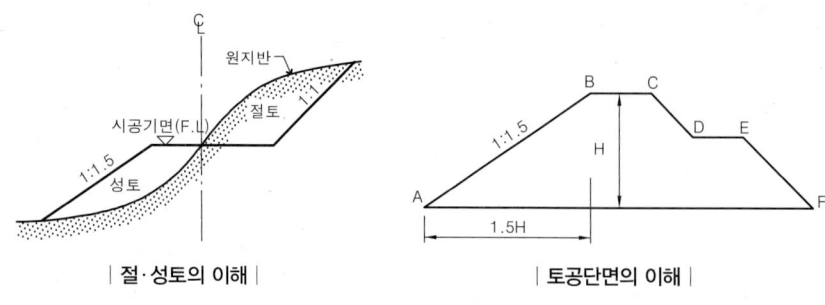

| 절·성토의 이해 | | 토공단면의 이해 |

(2) 토공의 일반사항

1) 흙의 안식각(휴식각)

　① 자연구배 또는 자연경사라고도 지칭

　② 함수비에 따라 영향을 받으나 일반적으로 흙의 입자가 크면 안식각이 커짐

　③ 일반적인 흙의 안식각은 20~40°이며 보통 30° 정도

2) 비탈경사

　① 절토와 성토의 비탈경사는 자연경사(안식각)보다 완만하게 하면 안정도가 커짐

　② 함수비가 작을수록 안식각이 커져서 경제적으로 유리

　③ 비탈면의 안정은 성토재료, 시공방법, 비탈보호공, 성토고, 비탈경사 등에 따라 차이

3) 시공기면 결정

　① 토공량을 최소로 하고 절·성토량이 균형되게 할 것

　② 절·성토량을 유용할 경우 토취장과 토사장을 가까운 곳에 두어 운반거리를 최소로 할 것

　③ 연약지반, 산사태, 낙석의 붕괴지역은 피하고 부득이한 경우 철저한 대책을 세울 것

　④ 절·성토 시 흙의 팽창성과 다짐에 의한 압축성을 고려할 것

　⑤ 성토에 의한 기초의 침하를 고려할 것

　⑥ 비탈면 등의 흙의 안정을 고려할 것

　⑦ 암석 굴착은 비용이 증가되므로 가능한 적게 할 것

　⑧ 교통기관과의 관련을 고려할 것

　⑨ 재해를 고려할 것

4) 시공위치 표기

　① 기준점(Bench Mark ; B.M) : 공사중의 높이 기준점

　　㉠ 변형 및 이동의 염려가 없는 곳에 2개소 이상 설치

　　㉡ 공사 중 잘 보이고, 공사에 지장이 없는 곳에 설정

　　㉢ 일반적으로 지반면에서 0.5~1.0m 위에 표시

▎흙의 안정
흙은 자중과 외력이 흙 입자간의 마찰저항과 점착력에 대하여 평형상태를 유지함으로써 안정상태를 유지하며, 평형상태를 잃으면 낙하·붕괴하게 된다.

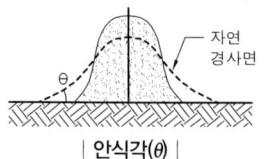

| 안식각(θ) |

▎시공기면의 경제성
절·성토량의 안배 또는 균형은 시공기준면에 의하여 결정되기 때문에 토공량, 운반거리, 공기 등에 영향을 준다.

② 수평규준틀 : 정확한 위치를 표기하기 위해 설치

ㄱ 귀규준틀 : 방향이 바뀌는 모서리 및 돌출부에 설치

ㄴ 평규준틀 : 중간에 나뉘는 부분의 양측에 설치

③ 임시적으로 흰색 횟가루를 사용하여 백색 선으로 표기

④ 식재위치

ㄱ 교목 및 단식 : 깃발을 꽂아 표기하고, 필요시 수목 명 기입

ㄴ 관목군식 : 흰색 횟가루로 식재지역을 표시

⑤ 높이 표시 : 기준점(기준수준점)을 기준으로 다른 측점(실시 높이)를 상
대 높이로 표현(점고저, 경사율과 방향 등으로 표기)

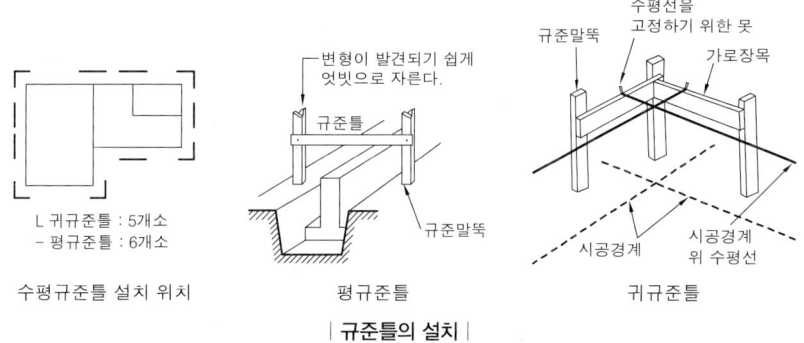

ㄴ 귀규준틀 : 5개소
  평규준틀 : 6개소

수평규준틀 설치 위치   평규준틀   귀규준틀

| 규준틀의 설치 |

5) 경사도(기울기·구배) : 수직단위당 토지의 높고 낮음을 말하며, 일반적으
로 비율, 백분율, 각도로 표현

① 경사율(G) 산정

$$G = \frac{D}{L} \times 100(\%)$$

여기서, D : 두 지점 사이의 높이차 L : 두 지점 사이의 수평거리

② 경사각(θ) 산정

$$\tan\theta = \frac{D}{L}$$

(3) 절토공

1) 절토(굴착)방법

① 도로 및 수로단면의 굴착 : 벤치 컷(bench cut) 공법이라 하고, 그림과
같이 1-2-3-4-5의 순서로 계단상으로 굴착하며, 한 단의 높이는
1~2m가 적당

② 중력이용 절토 : 3m 정도의 높이에 적당하나 사고의 위험이 있으므로
주의

③ 평지의 절토 : 수평절토는 불도저 작업, 수직절토는 쇼벨(shovel)계 굴
착기로 1-2-3 순서로 작업

④ 경사지 절토 : 높은 곳부터 굴착하면 굴착부에 물이 고여 작업이 곤란
할 수 있으므로 낮은 부분부터 1-2 순서로 작업

시설별 경사기준 (단위:%)

시설유형	권장범위(최대범위)
공공도로	1~8(0.5~10)
개인도로(사도)	1~12(0.5~20)
주차장	1~5(0.5~8)
주차장 경사로	15까지(20까지)
보행자 경사로	8까지(12까지)
계단	33~50(25~50)
운동장	0.5~2(0.5~1.5)
놀이터	2~3(1~5)
포장된 배수로	1~50(0.25~100)
잔디배수로	2~10(0.5~15)
테라스·휴게공간	1~2(0.5~3)
잔디제방	33까지(50까지)*
식재제방	50까지(100까지)

주) *경사는 토양의 종류에 따
라 달라질 수 있으며, 잔디제방
은 기계 깎기를 위해 25%까지
제한 할 수 있다.

· 최소경사는 표면재료의 배
수능력에 따라 달라진다.

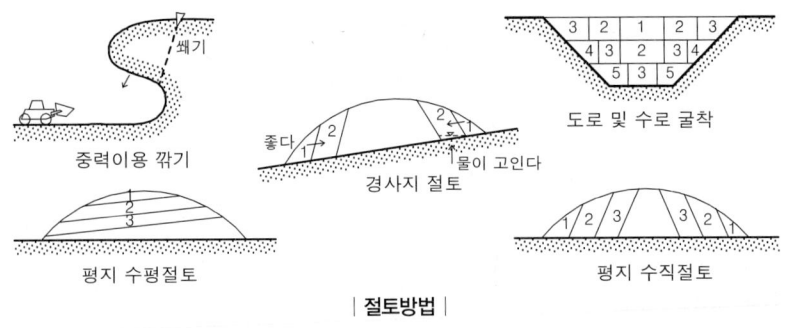

| 절토방법 |

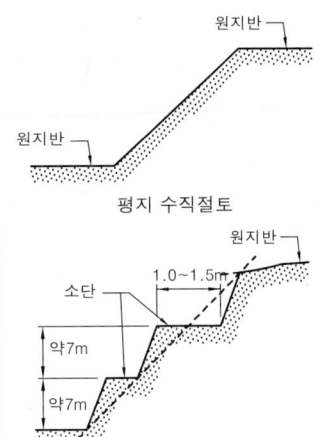

절토부의 준비배수
① 성토재료를 위한 배수
② 시공기계의 주행능력 확보를 위한 배수
③ 방재를 위한 배수

| 비탈면 설치법 |

2) 절토 시 비탈면 설치
　① 단일 비탈면 구배 : 절토고 7~10m 이하의 균질한 경암사면에 이용
　② 구배변화 설치법 : 토질이나 토층이 균일하지 않을 경우에 각 토질에
　　안정된 구배로 설치
　③ 소단설치법 : 절토고 7~10m 이상이거나 암질이 변화하는 경우 각 층
　　에 안정된 구배를 정하고 소단을 설치

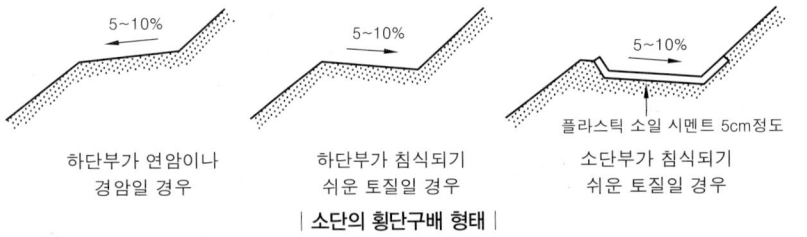

| 소단의 횡단구배 형태 |

(4) 성토공
1) 성토재료의 구비조건
　① 전단강도가 크고 지지력이 충분할 것
　② 시공기계의 주행능력(trafficability)이 확보될 것
　③ 압축성이 작고, 압축시간이 짧을 것
　④ 시공이 용이하고 배수 및 다짐이 양호할 것
　⑤ 하천 제방인 경우 투수성이 낮을 것
2) 더돋기(여성토)
　·더돋기 경사(구배)
　　일반적으로 더 돋우는 높이는 계획 성토고의 1/10을 표준으로 하며 더돋
　　기할 경사는 H : (D-S) = 1 : X의 비 식으로 계산

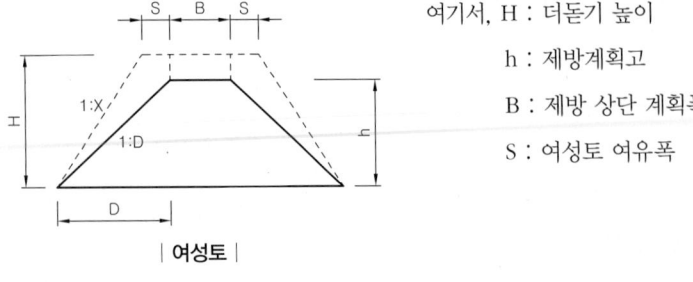

여기서, H : 더돋기 높이
h : 제방계획고
B : 제방 상단 계획폭
S : 여성토 여유폭

| 여성토 |

더돋기(여성토)
성토공사 후 흙의 변형 및 침하에 대비하여 계획고보다 일정높이만큼을 더 증가시켜 성토하는 것을 말한다.

더돋기 표준

높이 \ 재료명	보통 흙쌓기의 경우		축제의 경우	
	흙	모래 또는 암석	높이	더돋기
3m 미만	높이의 9~7%	높이의 6~3%	5.0m 미만	높이의 10%
3~6m	8~6%	5~2%	5.0~8.0m	8%
6~9m	7~5%	4~2%	8.0~10.0m	7%
9~12m	6~4%	3~1%	10.0~15.0m	6%
			15.0m 이상	5%

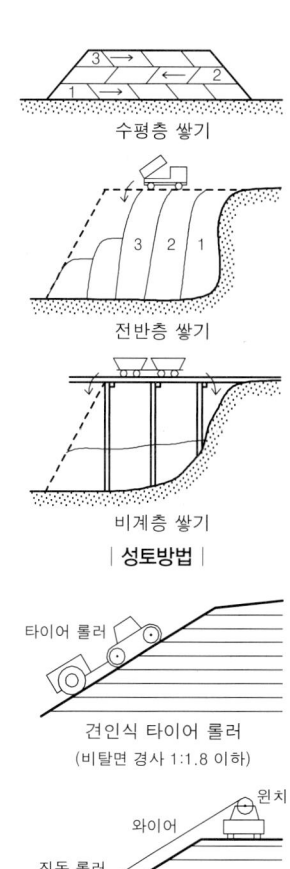

수평층 쌓기

전반층 쌓기

비계층 쌓기

| 성토방법 |

견인식 타이어 롤러
(비탈면 경사 1:1.8 이하)

원치를 사용한 진동 롤러
(급한 비탈면 시공가능)

| 비탈면 다짐방법 |

3) 성토방법

① 수평층쌓기 : 흙을 수평으로 여러 층으로 쌓아올려 다짐하는 방법

　　㉠ 얇은층쌓기 : 20~30cm 두께로 다짐을 하여 다짐효과가 커 저수지의 흙댐, 옹벽, 교태(橋台)의 뒤채움 등에 이용

　　㉡ 두꺼운층쌓기 : 60~100cm 두께로 한 층을 쌓아올린 후 약간의 시간을 두어 자연침하나 다짐이 된 후 다음 층을 쌓는 방법 – 하천제방, 도로, 철도 등의 시공에 이용

② 전방층쌓기 : 성토할 부분의 전방에 흙을 투하하면서 쌓는 방법으로 공사비가 적게 들고 진척이 빠르나 완공 후 침하가 큼 – 도로, 철도 등의 시공에 이용

③ 비계층쌓기 : 비계를 가설하고 그 위에 레일을 깔아 트롤리로 흙을 운반하여 투하하는 방법으로 높은 축제를 동시에 쌓아 올릴 때 사용하나 시공 후 침하가 큼

4) 성토 비탈면 다짐방법

① 다짐기계에 의한 방법

② 더돋기 다짐 후 절취하는 방법

③ 비탈면의 경사를 완만하게 하여 다진 후 절취하는 방법

④ 복토를 더돋음 하면서 다지는 방법

(5) 비탈면(사면)

1) 비탈면의 조성

① 절토비탈면 : 보통 토지 이용효율 측면에서 가능한 급한 경사로 실시

　　㉠ 토질이나 암질에 따라 안정한계경사 적용 – 보통토사 : 35~45°, 연암 : 45~51°, 경암 : 50~60°

　　㉡ 식물의 도입이나 경관을 중시할 경우 가능한 완만하게 시공

② 성토비탈면 : 흙을 쌓아올린 경우의 비탈면으로 보통 29~34° 정도가 안정한계경사

　　㉠ 일반적으로 보통토양에 대한 기준경사는 1 : 1.5~1.8 적용

　　㉡ 식재를 고려할 경우 1 : 2 이하의 경사 적당

┃ 비탈면

비탈면은 연중 발생되는 강우량, 토질, 지형, 표면상태, 지하수위, 배수로의 조건 등 다양한 상호작용에 의해 침식, 붕괴, 낙석 등으로 인한 재해 발생 요인을 잠재적으로 가진 공간이다. 절토 및 성토에 의한 사면은 인위적인 외부의 힘에 의하여 균형이 파괴된 공간으로 구조적으로 매우 불안정한 상태를 유지하고 있다.

절토의 표준비탈면 구배

본바닥(원지반)의 토질		절토고	구배
경암			0.3~0.8
연암			0.5~1.2
모래			1.5~1.8
사질토	조밀한 것	5m 이하	0.8~1.0
		5~10m	1.0~1.2
	느슨한 것	5m 이하	1.0~1.2
		5~10m	1.2~1.5
역질토, 암괴 또는 호박돌 섞인 사질토	조밀한 것 또는 입도분포가 좋은 것	10m 이하	0.8~1.0
		10~15m	1.0~1.2
	조밀하지 않은 것 또는 입도 분포가 나쁜 것	10m 이하	1.0~1.2
		10~15m	1.2~1.5
점토, 점질토		10m 이하	0.8~1.2
암괴 또는 호박돌 섞인 점질토, 점토		5m 이하	1.0~1.2
		5~10m	1.2~1.5

주) 상기 표는 식생 등에 의한 적절한 보호를 필요로 한다.

성토의 표준비탈면 구배

성토재로	성토높이(m)	구배	적용기준
입도분포가 좋은 모래 입도분포가 좋은 역질토	0~5 5~15	1.5~1.8 1.8~2.0	기초지반의 지지력이 충분하여 투수의 영향이 없는 성토에 적용
입도분포가 나쁜 모래	0~10	1.8~2.0	
암괴, 호박돌	0~10 10~20	1.5~1.8 1.8~2.0	일반적으로 비탈면 구배가 1:1.8보다 완만하면 기계다짐이 가능하며, 1:1.5의 비탈면에서는 다짐이 불충분하기 쉽고 침식이 생기는 비율도 높다.
사질토 굳은 점질토, 굳은 점토	0~5 5~10	1.5~1.8 1.8~2.0	
연한 점질토, 연한 점토	0~5	1.8~2.0	

주) 1. 표는 식생공 정도의 비탈면을 전제로 한 구배이다.
2. 성토높이는 비탈기슭에서 비탈어깨까지의 수직높이를 말한다.

2) 구조적 특성
① 자연사면 : 강우, 강설, 동결, 융해, 바람, 태양 등에 의해 지속적으로 영향을 받아 왔으므로 특별한 경우를 제외하고는 자력에 의해 장기적으로 물리적, 생물적 균형을 이루는 사면
② 절토사면 : 지질이 다양하게 나타나므로 주위의 지형, 기상, 피복식물의 영향 등으로 인해 구조적으로 불안정한 상태의 안정을 위한 구조적 보강법이 필요
③ 성토사면 : 대체적으로 토질을 균일하게 조정할 수도 있고 안정처리도

비탈면의 형태
비탈면의 경사는 식물의 생육이 가능한 60° 이하로 하고 길이는 10m 이하, 단 폭은 2m 이상이 좋으며, 경사각이 60°를 넘으면 생육기반의 탈락이 많아지고 식물의 조기쇠퇴가 일어날 수 있다.

생태적 특성
① 기존 동식물의 서식처의 파괴 및 생태계의 교란으로 인한 열악한 환경
② 식물생육에 필요한 양분의 결여
③ 평지부와 달리 식생의 천이과정이 순조롭지 않음
④ 경사가 급할수록 식생의 침입빈도가 적음 – 경사가 35° 이상일 경우 피도가 80% 이하
⑤ 유효 토양층이 불량하여 근계신장이 어려운 열악한 환경

비교적 용이

3) 절토와 성토의 접속부

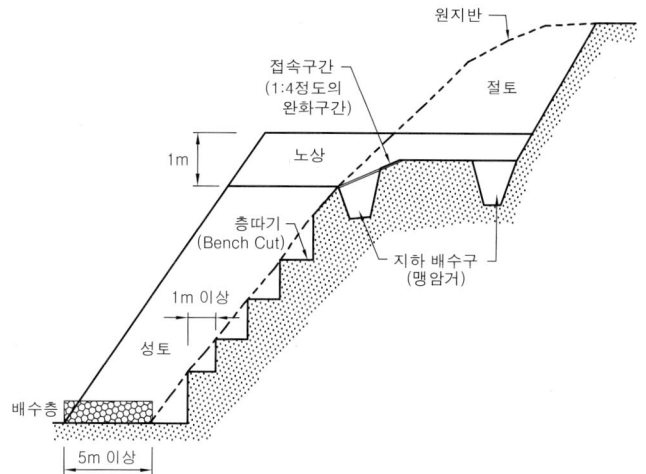

| 절토와 성토의 접속부 |

① 성토부분의 다짐 철저

② 절토와 성토의 접속부에 1 : 4 정도의 완화구간 설치

③ 원지반과 성토의 접속부에 층따기(Bench Cut) 설치(3~5% 횡단구배)

④ 절토부와 완화구간에 맹암거 설치

⑤ 성토부 하부에 배수층 설치

2>>> 운반 및 기계화시공

1 기계화 시공

(1) 일반사항

1) 장·단점

장점	단점
·공사기간 단축 가능 ·공사의 품질 향상 ·공사비용 절감 ·안전사고 감소 ·노동력 절감	·구입 및 유지관리 비용 과다 ·숙련된 운전자와 관리자 필요 ·소규모 공사에서는 비용의 증가 ·인력대체로 실업률 증가

2) 건설기계 선정 시 고려사항

① 공사의 규모와 기간

② 기계의 작업능력

③ 현장의 조건 및 토질 상태

④ 시공성 및 장비의 주행성

▌기계화 시공의 목적

① 공사비용의 절감

② 시공기간 단축

③ 공사의 신뢰성 확보

▌주행성(Trafficability)

건설기계의 주행통과 가능성을 흙의 측면에서 판단하는 기준으로 기계의 효율에 영향을 준다.

⑤ 기계 경비

(2) 기계경비

① 기계손료 : 원가감가상각비, 정비비, 관리비

② 운전경비 : 운전노무비, 연료비, 소모품비

운반거리별 건설기계

작업구분	운반거리	토공기계
절토 및 다짐	평균 20m	불도저(10~30m)
흙 운반	60m 이하	불도저
	60~100m	불도저, 피견인식 스크레이퍼 굴삭기+덤프트럭, 로더+덤프트럭
	100m이상	피견인식 스크레이퍼, 모터 스크레이퍼 굴삭기+덤프트럭, 로더+덤프트럭

작업 종류별 건설기계

작업종류	해당기계
벌개제근	불도저, 레이크 도저
굴착	파워 쇼벨, 백호, 클램셀, 트랙터 쇼벨, 불도저, 리퍼, 버킷휠, 드래그 라인
싣기	로더, 파워 쇼벨, 백호, 클램셀, 트랙터 쇼벨
굴착·싣기	파워 쇼벨, 백호, 플램셀, 트랙터 쇼벨, 드래저
굴착·운반	불도저, 스크레이퍼 도저, 트랙터 쇼벨, 드래저
운반	불도저, 덤프트럭, 벨트 컨베이어, 웨곤, 토운차, 트레일러, 덤프 트레일러, 덤프터, 가공삭도, 기관차
함수비 조절	스패빌라이저, 파라우, 할로, 브로, 살수차
도랑파기	트렌처, 백호
다짐	로드 롤러, 타이어 롤러, 탬핑 롤러, 플래이터 콤팩터, 래머, 탬퍼

3>>> 콘크리트(concrete)공사

❶ 콘크리트의 구성 및 특성

(1) 콘크리트의 구성

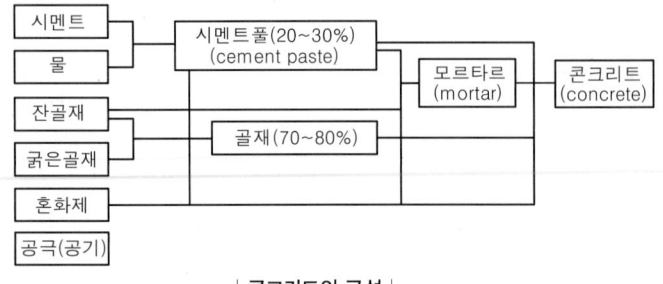

| 콘크리트의 구성 |

┃ 콘크리트
시멘트와 골재를 물과 혼합하여 시간의 경과에 따라 물의 수화반응(水和反應)에 의해 굳어지는 성질을 가진 인조석의 일종이다.

(2) 장·단점

장점	단점
·압축강도가 큼 ·내화·내수·내구적 ·철과의 접착이 잘 되고 부식 방지력이 큼 ·형태를 만들기 쉽고 비교적 가격 저렴 ·구조물의 시공이 용이하고 유지관리 용이	·인장강도 약함(압축강도의 1/10) ·자중이 커 응용범위 제한 ·수축에 의한 균열이 발생 – 구조적, 미관 등 저해 ·재시공 등 변경·보수 곤란

(3) 철근콘크리트

① 콘크리트의 단점인 인장력을 보완하기 위해 철근을 일체로 결합시켜 구조체 형성

② 콘크리트는 압축력에 저항하고 철근은 인장력에 저항

2 시멘트

(1) 시멘트의 성질

① 시멘트의 제조

·석회석+점토(산화철 혼합) $\xrightarrow[\text{고온소성}]{1,450℃}$ 클링커+지연제(석고) $\xrightarrow{\text{분쇄}}$ 시멘트

② 비중 : 3.05~3.17(보통 3.15)

③ 단위용적중량 : 1,200~2,000kg/m³(보통 1,500kg/m³)

④ 분말도 : 시멘트 입자의 고운 정도(2,800~3,000m³/g)

⑤ 수화작용 : 시멘트에 물을 첨가하면 시멘트 풀이 되고 시간이 흐르면 유동성을 잃고 굳어지는 일련의 화학반응

⑥ 응결 : 수화작용에 의해 굳어지는 상태를 지칭 – 대개 1시간 후 시작되어 10시간 이내로 상태완료

⑦ 경화 : 응결 후 시멘트 구체의 조직이 치밀해지고 강도가 커지는 상태로 시간의 경과에 따라 강도가 증대되는 현상

▌시멘트의 분말도
① 시공연도, 공기량, 수밀성, 내구성 등에 영향을 미친다.
② 시멘트 분말도 크기 : 조강시멘트 〉 보통시멘트 〉 중용열 시멘트
③ 분말도가 큰 경우
·표면적이 크다.
·수화작용이 빠르다.
·발열량 커지고, 초기강도가 크다.
·시공연도 좋고, 수밀한 콘크리트가 가능하다.
·균열발생이 크고 풍화가 쉽다.
·장기강도는 저하된다.

(2) 시멘트 창고

① 바닥은 지면에서 30cm 이상 띄우고 방습 처리

▌철근콘크리트 형성배경
① 철근과 콘크리트의 열팽창 계수가 거의 일치한다.
② 콘크리트 속의 철근은 공기와 물이 차단되어 부식 방지
③ 철근과 콘크리트의 부착력이 좋다.–이형철근 사용 시 부착력 증대
④ 콘크리트의 내진성과 내화성을 높인다.

▌시멘트
① 교착재(결합재)의 총칭으로 여러 재료를 붙이는 것으로 보통 시멘트라하면 포틀랜드시멘트를 말한다.
② 시멘트의 주성분은 실리카(SiO_2), 알루미나(Al_2O_3), 산화철(Fe_2O_3), 석회(CaO)이며, 석회가 주성분의 65% 정도를 차지한다.

▌수경률(Hydraulic Modulus)
수경률은 시멘트 중의 석회와 나머지 성분과의 비를 수식화한 것으로 반응성과 매우 밀접한 관계를 가지고 있어 시멘트 원료의 조합비를 정하는 데 사용한다. 수경률이 높을수록 수화반응속도가 향상되고 수화열이 증가되며 비중도 증가한다. – 중용열포틀랜드시멘트〈보통포틀랜드시멘트〈조강포틀랜드시멘트

▌시멘트의 응결
① 응결이 빠른 경우
·분말도가 클수록
·온도가 높고, 습도 낮을수록
·C_3A(Aluminate)성분이 많을수록
② 응결이 느린 경우
·W/C 비가 많을수록
·풍화된 시멘트일수록

② 13포대 이상 쌓지 않으며, 장기 저장 시 7포대 초과 금지

③ 3개월 이상 저장한 시멘트 또는 습기를 받았다고 생각되는 시멘트는 사용 전 재시험 실시

④ 시멘트의 입하 순서로 사용

⑤ 창고 주위에 배수도랑을 설치하여 우수 침입 방지

⑥ 필요한 출입구와 채광창 외에 환기용 개구부 설치 금지

⑦ 반입구와 반출구를 따로 두어 내부통로를 고려한 넓이 산정

(3) 시멘트의 종류

1) 포틀랜드 시멘트

① 보통 포틀랜드 시멘트

㉠ 비중 : 3.05 이상 – 보통 3.15

㉡ 단위용적중량 : 1500kg/m³

② 조강 포틀랜드 시멘트

㉠ 수화발열량 및 조기강도 큼

㉡ 긴급공사, 한중공사, 수중공사 사용

③ 중용열 포틀랜드 시멘트

㉠ 수화발열량이 적어 수축·균열 발생 적음

㉡ 조기 강도는 낮으나 장기 강도가 크며, 내침식성·내구성 양호

㉢ 방사선 차단용 콘크리트, 댐공사, 매스콘크리트에 적당

④ 백색 포틀랜드 시멘트

㉠ 시멘트 원료 중 철분 (Fe_2O_3)을 0.5% 이내로 한 것

㉡ 내구성·내마모성 우수, 타일줄눈·치장줄눈 등에 사용

2) 혼합시멘트

① 고로시멘트

㉠ 비중이 낮고(2.9) 응결시간이 길며 조기강도 부족

㉡ 해수, 하수, 지하수, 광천 등에 저항성이 크고 건조수축 적음

㉢ 매스콘크리트, 바닷물, 황산염 및 열의 작용을 받는 콘크리트

② 실리카 시멘트(포졸란 시멘트)

㉠ 조기강도는 작고 장기강도가 큼

㉡ 시공연도가 좋아지고 블리딩 및 재료분리 현상이 적어짐

㉢ 수화열이 적고 내화학성 큼

㉣ 매스콘크리트, 수중콘크리트에 사용

③ 플라이애쉬 시멘트 : 실리카 시멘트와 비슷한 특성

┃ 플라이애쉬

표면이 매끄러운 구형의 미세립의 석탄회로 보일러 내의 연소가스를 집진기로 채취한 것

┃ 시멘트의 풍화

① 비중 저하

② 응결 지연

③ 강도 저하

┃ 수화열 비교

조강 〉 보통 〉 고로 〉 중용열, 포졸란

┃ 조기강도 비교

알루미나 〉 조강 〉 보통 〉 고로 〉 중용열 〉 포졸란

┃ 고로 슬래그(slag)

용광로에서 선철을 제조할 때 생기는 찌꺼기를 냉각시켜 분말화한 것

┃ 실리카(포졸란)

규석, 규산물질로 실리카 시멘트에 혼합된 천연 및 인공인 것을 총칭해 포졸란이라 하며, 수산화칼슘과 반응하여 불용성의 화합물을 만든다.

① 천연산 : 화산회, 규산백토, 규조토 등

② 인공산 : 고로 슬래그, 소성점토, 플라이애쉬

3) 특수시멘트

① 알루미나 시멘트 – one day 시멘트

㉠ 조기강도가 큼 – 24시간에 보통 포틀랜드 시멘트의 28일 강도 발현

㉡ 수축이 적고 내수·내화·내화학성이 큼

㉢ 동절기공사, 해수 및 긴급공사에 사용

② 팽창(무수축)시멘트

㉠ 건조수축에 의한 균열방지 목적

㉡ 수축률은 보통시멘트의 20~30% 정도

(4) 혼화재(混和材)와 혼화제(混和劑)

① 혼화재 : 시멘트량의 5% 이상으로, 시멘트의 대체 재료로 이용되고 사용량이 많아 그 부피가 배합계산에 포함되는 것 – 플라이애쉬, 규조토(포졸란 작용), 고로슬래그, 팽창제, 착색재 등

② 혼화제 : 시멘트량 1% 이하의 약품으로 소량사용하며 배합계산에서 무시 – AE제, AE감수제, 유동화제, 지연제, 급결제, 방수제, 기포제

㉠ AE제 : 시공연도 증진, 동결융해 저항성·재료분리 저항성 증가, 단위수량 감소효과, 내구성·수밀성 증대, 블리딩 감소, 응결시간 조절(지연형, 촉진형)

㉡ AE감수제 : 시멘트 입자의 유동성을 증대해 수량의 사용을 줄여 강도, 내구성, 수밀성, 시공연도 증대 – 유동화제도 성능 동일

㉢ 응결경화촉진제 : 염화칼슘, 식염을 사용하여 초기강도를 증진시키고 저온에서도 강도 증진효과가 있어 한중콘크리트에 사용

㉣ 응결지연제 : 구연산, 글루코산, 당류 등을 사용하여 수화 반응에 의한 응결시간을 늦추어 슬럼프값 저하를 막고, 콜드조인트 방지나 레미콘의 장거리 운반 시 사용

㉤ 방수제 : 수밀성 증대를 목적으로 방수제 사용

㉥ 기포제 : 발포제를 사용하여 경량화, 단열화, 내구성 향상

❸ 골재와 물

(1) 골재크기에 따른 분류

① 잔골재 : 5mm 체에 중량비로 85% 이상 통과하는 것 – 모래

② 굵은골재 : 5mm 체에 중량비로 85% 이상 남는 것 – 자갈

(2) 골재비중에 따른 분류

① 보통골재 : 절건비중이 2.5~2.7 정도의 것으로 강모래, 강자갈, 부순모래, 부순자갈 등

② 경량골재 : 절건비중이 2.5 이하로 천연화산재, 경석, 인공질석, 펄라이트 등

▌혼화재와 혼화제

혼화재료는 시멘트의 성질을 개량할 목적으로 사용하는 재료이다.

▌포졸란과 플라이애쉬 효과

① 시공연도 개선효과

② 재료분리, 블리딩 감소

③ 수화열 감소

④ 해수, 화학적 저항성 증진

⑤ 초기강도 감소, 장기강도 증가

⑥ 포졸란은 수밀성, 인장강도, 신장능력 향상, 건조수축 약간 증가

⑦ 플라이애쉬는 알칼리 골재반응 억제효과가 있어 AE제와 병용 시 AE제를 흡착하므로 AE제 양은 3배가 소요된다.

▌골재

자연적인 모래, 자갈이나 인공적인 깬자갈, 부순돌, 경량골재 등 시멘트와 섞어 쓰는 입자형태의 재료를 말한다.

③ 중량골재 : 절건비중이 2.7 이상으로 중정석(重晶石), 철광석 등에서 얻은 골재

(3) 골재의 최대치수

사용장소에 대한 굵은골재의 최대치수

사용 개소	굵은골재의 최대치수(mm)	
	자갈	부순돌·고로슬래그 부순돌
기둥·보·벽	20, 25	20, 25
기초	20, 25, 40	20, 25, 40

(4) 골재의 함수량

① 함수량 : 습윤상태의 물의 전량 A−D

② 흡습수량 : 표면건조내부포화 상태의 수량 B−D

③ 표면수량 : 골재의 표면에만 있는 수량 A−B

④ 기건수량 : 공기중 건조상태의 수량 C−D

⑤ 유효흡수량 : 흡수량과 기건수량의 차 B−C

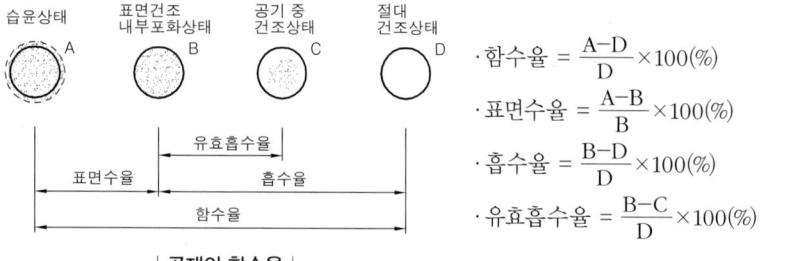

- 함수율 $= \dfrac{A-D}{D} \times 100(\%)$

- 표면수율 $= \dfrac{A-B}{B} \times 100(\%)$

- 흡수율 $= \dfrac{B-D}{D} \times 100(\%)$

- 유효흡수율 $= \dfrac{B-C}{D} \times 100(\%)$

| 골재의 함수율 |

(5) 물

① 물은 시멘트와 수화작용을 하므로 수질의 강도와 내구력에 영향을 줌

② 기름, 산, 알칼리, 염류, 유기물 등 유해한 불순물이 없는 음료 가능한 정도의 물 사용 – 상수도 적합

4 콘크리트의 배합

(1) 배합의 표시법

① 절대용적배합 : 콘크리트 1m³에 소요되는 재료의 양을 절대용적(ℓ)으로 표시한 배합

② 중량배합 : 콘크리트 1m³에 소요되는 재료의 양을 중량(g)으로 표시한 배합

③ 표준계량용적배합 : 콘크리트 1m³에 소요되는 재료의 양을 표준계량용적(m³)으로 표시한 배합 – 시멘트 1,500kg = 1m³

④ 현장계량용적배합 : 콘크리트 1m³에 소요되는 재료의 양을 시멘트는 포대수로, 골재는 현장계량에 의한 용적(m³)으로 표시한 배합

■ 골재의 품질

① 표면이 거칠고 둥근형태일 것

② 시멘트 강도 이상으로 단단할 것

③ 실적률이 클 것

④ 내마모성이 있을 것

⑤ 청정하고 불순물이 없을 것

■ 골재의 입도

입도란 크고 작은 골재가 적당히 혼합되어 있는 정도로 골재치수가 크면 시멘트 및 물의 사용량이 줄고 강도 및 내구성이 향상된다.

■ 콘크리트의 요구 성능

① 소요 강도(압축 강도)

② 균질성

③ 밀실성(수밀성)

④ 내구성

⑤ 내화성

⑥ 시공 용이성

⑦ 균열 저항성

⑧ 경제성

■ 콘크리트의 배합

콘크리트의 배합은 소요의 강도, 내구성, 수밀성, 균열, 저항성, 철근 또는 강재를 보호하는 성능 및 작업에 적합한 워커빌리티를 갖는 범위 내에서 단위 수량이 될 수 있는 대로 적게 되도록 해야 한다.

⑤ 배합에서의 잔골재는 5mm 체를 전부 통과한 것이고 굵은 골재는 5mm 체에 전부 남는 것 – 표면건조 내부포화상태

(2) 배합설계 순서

설계기준 강도 → 배합강도 → 시멘트 강도 → 물·시멘트비 → 슬럼프치 결정 → 굵은골재 최대치수 → 잔골재율 → 단위수량 → 시방배합 → 현장배합

1) 물·시멘트비 – W/C ratio

① 물과 시멘트의 중량백분율로 압축강도가 최대 영향인자이고, 내구성·수밀성이 지배요인

② 물·시멘트비는 시험에 의해 정하는 것이 원칙

물·시멘트비 최대값

종류	W/C(%)	종류	W/C(%)
수중, 해수	50	서모콘	43
고유동, 동결융해, 고강도	50	제치장	55
수밀	55	차폐	60
고내구성, 경량, 한중	60	보통	65(종류별 상이)

> **서머콘(thermo-con)**
> 골재를 사용하지 않고 시멘트와 물, 그리고 발포제를 배합하여 만든 일종의 경량 콘크리트

2) 소요 슬럼프(slump) : 슬럼프 테스트로 측정하며 시공연도의 양부 측정

슬럼프 표준값

종류		슬럼프 값(mm)
철근 콘크리트	일반적인 경우	80~150
	단면이 큰 경우	60~120
무근 콘크리트	일반적인 경우	50~150
	단면이 큰 경우	50~100

3) 잔골재율 : 잔골재량과 전골재량의 절대용적 비율

① 잔골재율이 커지면 단위수량과 단위시멘트량 증가

② 잔골재율은 소요 워커빌리티를 얻을 수 있는 범위 내에서 가능한 작게 함

4) 공기량 : AE제, AE감수제를 사용하여 연행공기를 만들어 계면활성작용으로 시공연도를 좋게 하고 내구성을 증가 시킴 – 콘크리트 내의 공기량은 일반적으로 4~7% 함유(자연적 공기량은 1~2%)

> **콘크리트중의 공기량 변화**
> ① AE제의 혼합량이 증가하면 공기량도 증대된다.–공기량 1% 증가 시 강도 4~6% 감소
> ② 컨시스턴시가 커지면 공기량이 증가한다.
> ③ 잔골재 중 0.15~0.3mm의 골재가 많으면 공기량이 증가한다.

▌설계기준 강도
콘크리트 28일 압축강도를 말하며, 무근콘크리트의 경우 f=150kgf/cm² 이상, 철근콘크리트의 경우 f=210kgf/cm² 이상으로 한다.–구조적으로 큰 하중을 받지 않는 곳은 예외

▌W/C가 클 때의 문제점
강도 저하(내부공극 증가), 부착력 저하, 재료분리 증가, 블리딩과 레이턴스 증가, 내구성·내마모성·수밀성 저하, 건조수축·균열발생 증가, 크리프(creep) 현상증가, 동결융해 저항성 저하, 이상응결 지연, 시공연도 저하 등

▌슬럼프 시험
밑지름 20cm, 윗지름 10cm, 높이 30cm의 몰드 속에 콘크리트를 3회에 나누어 넣고 각각 25회씩 다진 다음, 몰드를 들어 올렸을 때 30cm 높이의 콘크리트가 가라앉은 높이를 말한다.

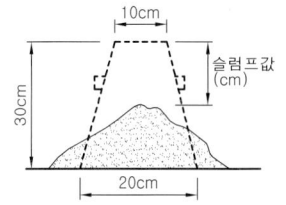

▌슬럼프 시험 기구
① 수밀 평판
② 슬럼프콘
③ 다짐 막대
④ 측정 기구(자)

5 콘크리트 특성 및 관리

(1) 굳지 않은 콘크리트 성질

① 컨시스턴시(consistency 반죽질기) : 수량에 의해 변화하는 콘크리트의 유동성의 정도, 혼합물의 묽기 정도, 시공연도에 영향을 줌

② 워커빌리티(workability 시공연도) : 반죽질기에 의한 작업의 난이도 정도 및 재료분리에 저항하는 정도 - 시공의 난이정도(시공성)

③ 플라스티시티(plasticity 성형성) : 재료분리가 일어나지 않으며, 거푸집 형상에 순응하여 거푸집 형태로 채워지는 난이정도(점조성)

④ 피니셔빌리티(finishability 마감성) : 골재의 최대치수에 따르는 표면정리의 난이정도 - 마감작업의 용이성 정도

(2) 시공연도에 영향을 주는 요소

① 단위수량이 많으면 재료분리, 블리딩 증가

② 단위시멘트량이 많은 부배합이 빈배합보다 시공연도 향상

③ 시멘트의 분말도가 클수록 시공연도 향상

④ 둥근골재(강자갈) 사용 시 입도가 좋아 시공연도 향상

⑤ 적당한 공기량은 시공연도 향상

⑥ 비빔시간이 길어지면 시공연도 저하

⑦ 온도가 높으면 시공연도 저하

(3) 재료분리 원인과 대책

① 단위수량 및 W/C 과다 → W/C를 작게

② 골재의 입도, 입형 부적당 → 양호한 재료배합

③ 골재의 비중차이(중량, 경량골재) → 혼화제(재) 사용

④ 시멘트 페이스트 및 물의 분리 → 수밀성 높은 거푸집 사용과 충분한 다짐

(4) 블리딩과 레이턴스

① 블리딩(bleeding) : 아직 굳지 않은 시멘트풀, 모르타르 및 콘크리트에 있어서 물이 윗면에 솟아오르는 현상으로 재료분리의 일종

② 레이턴스(laitance) : 블리딩으로 생긴 물이 말라 콘크리트면에 침적된 백색의 미세한 물질

6 콘크리트의 시공

(1) 콘크리트의 비빔

기계비빔이 원칙 - 비빔시간 최소 1분 이상, 수밀콘크리트는 3분 이상

(2) 운반

① 장거리 운반은 레미콘을 사용하고 현장 내 소운반은 버킷, 손수레류 사용

② 레미콘 드럼의 회전은 2~6회/분, 일반적으로 70~100회 정도에 운반하고 최대 300회 정도

▌ 공기연행 콘크리트의 공기량

공기연행제, 공기연행감수제 또는 고성능 공기연행 감수제를 사용한 콘크리트의 공기량은 다음의 표값에서 ±1.5% 이내이어야 한다.

굵은 골재의 최대치수(mm)	공기량(%) 심한 노출	공기량(%) 보통 노출
10	7.5	6.0
15	7.0	5.5
20	6.0	5.0
25	6.0	4.5
40	5.5	4.5

· 심한노출 : 동절기에 수분과 지속적인 접촉이 이루어져 결빙되거나, 제빙화학제를 사용하는 경우

· 보통노출 : 간혹 수분과 접촉하여 결빙이 되면서 제빙화학제를 사용하지 않는 경우

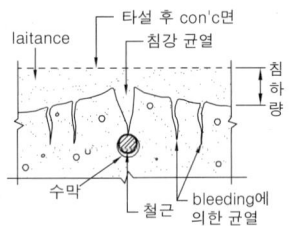

▌ 블리딩 현상 ▌

▌ 콘크리트 강도에 영향을 주는 요인

① 재료 : 시멘트, 골재, 물, 혼화재료

② 배합 : W/C비, 슬럼프치

③ 시공 : 타설, 운반, 양생 등

▌ 재료의 투입

이론적으로는 물 → 시멘트 → 모래 → 자갈로 입자가 작은 순서가 좋다고 한다.

▌ 비빔 시 재료의 투입

이론적으로는 물 → 시멘트 → 모래 → 자갈 순서가 좋으나 모래 → 시멘트 → 물 → 자갈의 순서로 투입하는 것이 보통이다.

(3) 부어넣기(치기)

① 철근이나 매설물의 이동이나 재료분리를 일으키지 않을 것

② 계획된 구획에서는 연속하여 부어넣어 콜드조인트를 만들지 않을 것

③ 한 곳에서만 부어넣기를 하면서 다른 부분으로 흘려보내는 횡방향 이동을 하지 말 것

④ 운반거리가 먼 곳에서부터 부어 넣을 것

⑤ 낮은 곳에서 높은 곳의 순서로 부어넣을 것

⑥ 부어넣기 높이는 될 수 있는 대로 낮은 곳에서 할 것 – 1.5~2.0m

⑦ 기둥은 다지며 넣고, 보는 바닥에서 윗면까지 동시에 부어넣을 것

⑧ 한 구획 내에서는 콘크리트 표면이 수평이 되도록 부어넣을 것

⑨ 부어넣기 중 블리딩이 생기면 이물을 제거하고 부어넣을 것

⑩ 될 수 있는 한 콘크리트 혼합 후 단기간에 부어넣을 것

(4) 다짐 – 진동기 사용시 주의점

① 슬럼프 15cm 이하의 된비빔 콘크리트에 사용함이 원칙

② 수직으로 사용하고 철근 및 거푸집에 닿지 않도록 사용

③ 중복되지 않게 60cm 이하의 간격으로 실시

④ 사용시간은 30~40초 이하 – 시멘트풀이 올라올 정도

⑤ 구멍이 생기지 않도록 천천히 빼기

⑥ 굳기 시작한 콘크리트에 사용 금지

(5) 시공이음

1) 시공이음의 일반사항

① 시공이음은 될 수 있는 대로 전단력이 작은 곳에 위치

② 부재의 압축력이 작용하는 방향과 직각 배치

③ 부득이 전단력이 큰 위치에 할 경우 강재로 적절히 보강

④ 시공이음을 철근으로 보강하는 경우 접착길이는 철근지름의 20배 이상 – 원형철근은 갈고리 설치

⑤ 시공이음부는 쇠솔이나 쪼아내기, 고압분사로 레이턴스를 제거하거나 청소하고, 습윤상태로 시멘트풀 등을 도포한 후 이어치기

2) 각종 줄눈(joint)

① 콜드조인트(cold joint) : 시공과정 중 휴식시간 등으로 응결하기 시작한 콘크리트에 새로운 콘크리트를 이어 칠 때 일체화가 저해되어 생기는 줄눈으로 계획되지 않은 불량 줄눈 – 강도저하, 누수, 균열, 부착력 저하 등 발생

② 시공줄눈(construction joint) : 타설 능력, 작업 상황을 고려하여 미리 계획한 줄눈으로, 콘크리트를 한 번에 계속하여 부어나가지 못할 곳에 위치

▌콘크리트(레미콘)의 규격표시

25-21-120의 콘크리트는 굵은 골재 25mm, 28일 압축강도 21MPa, 슬럼프치 120mm의 콘크리트를 말한다

▌비빔에서 부어넣기까지의 시간

외기온도 25° 이상	1.5시간 이내
외기온도 25° 미만	2시간 이내

▌경사슈트

경사슈트를 설치할 경우 재료분리를 일으키지 않는 정도의 경사가 전 길이에 걸쳐 일정하게 유지되어야 한다.
– 4/10~7/10 기울기 정도로 설치

▌다짐의 목적

① 공극을 제거하여 밀실하게 충진

② 소요강도, 내구성, 수밀성 증대

③ 철근의 부착강도 증대 및 부식방지

▌이어치기 시간

외기온도 25° 이하	150분
외기온도 25° 초과	120분

③ 신축줄눈(expansion joint) : 구조물의 온도변화에 의한 수축팽창, 부동침하 등으로 발생할 수 있는 곳을 예상하여 응력을 해제하거나 변형 흡수를 목적으로 설치

④ 조절줄눈(control joint) : 바닥, 벽 등의 수축에 의한 표면균열이 생기는 것을 줄눈에서 발생하도록 유도하는 줄눈

(6) 양생(養生)

1) 양생의 기본요건

① 성형된 콘크리트에 충분한 수분공급(보통 5일 이상 습윤 양생)

② 적절한 온도 유지(5℃ 이상)와 급격한 건조방지

③ 성형된 콘크리트에 하중 및 충격 금지

2) 양생방법

① 습윤양생 : 모르타르나 콘크리트 등을 수중 보양 또는 살수 보양하는 것

② 피막양생 : 콘크리트 표면에 피막을 형성시켜 수분증발을 방지하여 양생

③ 증기양생 : 고온의 수증기로 양생하는 것-한중 콘크리트에도 유리, 거푸집 조기 탈형, 조기 강도 증진

④ 고압증기양생 : autoclave에서 양생하며 24시간에 28일 강도 발휘

⑤ 전기양생 : 콘크리트 중에 저압 교류를 통하여 전기저항열을 이용한 것

⑥ 고주파양생 : 고주파의 전자장으로 콘크리트를 가열하여 양생

⑦ 적외선양생 : 적외선 램프를 콘크리트의 표면에 투사하여 양생

⑧ 단열보온양생 및 파이프냉각양생

7 특수콘크리트

(1) 한중(寒中)콘크리트

① 하루 평균 기온이 4℃ 이하로 동결 위험이 있는 기간에 시공하는 콘크리트

② 초기 동해가 발생하는 콘크리트는 초기강도 저하, 내구성 및 수밀성 저하가 생기므로 초기보온 양생 실시

③ W/C비 60% 이하, AE제, AE감수제 등 표면활성제 사용

(2) 서중(暑中)콘크리트

① 하루 평균기온이 25℃ 또는 최고 기온이 30℃를 초과하는 때에 타설하는 콘크리트

② 슬럼프 저하, 수분의 급격한 증발, 건조수축균열, 콜드조인트 발생

③ 재료의 온도를 낮추고 AE제, AE감수제, 지연제 등 사용

(3) 경량콘크리트

① 천연, 인공경량골재를 일부 혹은 전부를 사용하고 단위용적중량이 1.4~2.0t/m³의 범위에 속하는 콘크리트

② 콘크리트의 단점인 자중을 낮춰 개선하고 동시에 단열 등의 성능도 얻음

▌콘크리트공사 작업순서
재료계량 → 비비기 → 운반 → 치기 → 다지기 → 겉 마무리 → 양생

▌양생
콘크리트 타설 후 일정기간 동안 온도, 하중, 충격, 오손, 파손 등 유해한 영향을 받지 않도록 보호관리 하여 응결 및 경화가 진행되도록 하는 것을 말한다.

▌습윤양생 보호기간

15℃ 이상	보통 5일(조강 3일)
10℃ 이상	보통 7일(조강 4일)
5℃ 이상	보통 9일(조강 5일)

▌콘크리트와 온도
콘크리트의 응결 및 경화는 4℃ 이하가 되면 더욱 완만해지며 −3℃에서 완전 동결되어 더 이상 경화되지 않는다.

▌유동화콘크리트
콘크리트에 유동화제를 첨가하여 된비빔의 유동성을 증가시킨 콘크리트

▌중량콘크리트(방사선 차폐용 콘크리트)
주로 생체 방호를 위해 방사선을 차폐할 목적으로 골재에 자철광, 중정석, 갈철광 등을 사용한 콘크리트

(4) 매스콘크리트

부재단면의 최소치수가 80cm 이상이고 수화열에 의한 콘크리트 내부의 최고온도와 외기온도의 차가 25℃ 이상으로 예상될 때의 콘크리트

(5) 수밀콘크리트

① 콘크리트의 자체 밀도가 높고 내구적·방수적이어서 수조, 풀장, 지하벽 등 수밀성을 특별히 요하는 부위에 사용하는 콘크리트

② 경화 시 및 경화 후에 균열을 주의하고 곰보나 콜드조인트 등이 생기지 않도록 하며, 이어붓기는 될 수 있는 한 지양

(6) 진공콘크리트

① 콘크리트를 타설한 직후 진공매트(vacuum mat)를 사용하여 수분과 공기를 제거하고 대기의 압력으로 다짐으로써 초기강도를 크게 한 콘크리트

② 조기강도 및 내구성·내마모성이 커지고 건조수축이 적어 콘크리트 기성재에 사용

(7) 식생콘크리트

① 콘크리트 자체나 구조물에 부착생물, 암초성 생물, 생태적 약자, 식물 및 미생물 등이 서식할 수 있는 공간을 제공하는 콘크리트

② 연속공극 확보, 중화처리 등을 하여 식물이 성장할 수 있는 환경제공

8 거푸집

(1) 거푸집 재료 및 부속재

① 거푸집 널 : 콘크리트에 직접 닿는 판상부분 – 목재, 합판, 철재 사용

② 띠장, 장선(보통 45cm 간격), 멍에(보통 90cm 간격) : 거푸집 널 지지

③ 받침기둥(support 동바리) : 거푸집과 콘크리트의 하중, 설치하중을 지지하고 거푸집의 형상 및 위치를 확보하기 위한 지주 – 목재, 철재 사용

④ 연결대 : 동바리 길이의 1/2~1/3 위치에 동바리 간을 연결하여 횡력에 저항

⑤ 격리재(separator) : 거푸집 상호간의 간격을 유지하고 측벽 두께를 유지하기 위한 것 – 철판, 파이프, 철선제 등 사용

⑥ 긴장재(form tie) : 거푸집이 벌어지거나 오그라드는 것을 방지하는 것 – Ø9~16 볼트 사용, 세퍼레이터 겸용 가능

⑦ 간격재(spacer) : 철근과 거푸집의 간격을 유지하기 위한 것 – 피복두께 유지

⑧ 박리제(form oil) : 거푸집을 쉽게 제거하기 위해 표면에 동식물유, 중유, 석유, 아마인유, 파라핀유, 합성수지 등 도포 – 콘크리트에 착색이 안 되는 것 사용

(2) 거푸집 고려 하중

① 연직하중 : 거푸집 자중, 콘크리트, 철근, 작업인원, 시공기계 등의 중량 및 충격고려

고내구성콘크리트

높은 내구성을 요하는 구조물에 시공되는 콘크리트로 내구성에 미치는 영향을 감소시키는 염화물, 알칼리 골재반응, W/C비, 동결피해 등의 요소들을 제거하거나 고려하여 만든 콘크리트

팽창콘크리트

팽창제를 콘크리트 배합 시 함께 넣어 비빈 것으로 경화 후 체적팽창을 일으키는 콘크리트

섬유보강콘크리트

콘크리트에 강섬유, 유리섬유 등을 골고루 분산시켜 사용한 것으로 인장강도의 증진, 인장강도의 균열에 대한 저항성을 개선시킨 콘크리트

거푸집의 용도
① 콘크리트의 형상을 만드는 틀 – 목재, 철재 사용
② 콘크리트 형상과 치수유지
③ 콘크리트 경화에 필요한 수분과 시멘트풀 누출방지
④ 양생을 위한 외기 영향 방지

거푸집의 조건
① 수밀성–조립의 밀실성
② 외력, 측압에 대한 안정성
③ 충분한 강성과 치수의 정확성
④ 조립해체의 간편성
⑤ 이동용이, 반복사용 가능

지주(support) 설치
① 바닥판 및 보의 중앙부 처짐을 고려하여 1/300~1/500 정도 미리 치켜 올려 시공한다.
② 지주는 원칙적으로 바꾸기를 하지 않는다.

박리제의 요구조건
① 거푸집 재질을 손상치 말 것
② 철근과 콘크리트에 무해한 것
③ 무색, 휘발성이 적을 것

② 횡방향(수평)하중 : 횡방향 작업 시 진동, 충격, 풍압, 지진 등 고려

③ 측압 : 생콘크리트의 측압 고려

④ 특수하중 : 콘크리트타설 시의 비대칭 하중에 의한 편심하중과 경사거푸집 타설 시 수평분력 등

(3) 거푸집 측압

① 콘크리트 연속타설시 높이의 상승에 따라 증가하나 시간의 경과에 따라 감소하고 일정한 높이에서 증가하지 않음

② 콘크리트 헤드(conerete head) : 콘크리트 측압이 최대가 되는 점으로 타설된 콘크리트 윗면으로부터 최대 측압면까지의 거리

(4) 거푸집 존치기간

콘크리트의 압축강도를 시험할 경우(콘크리트 표준시방서 기준)

부재	콘크리트 압축강도(설계기준강도)
확대기초, 보 옆, 기둥, 벽 등의 측면	5MPa 이상
슬래브 및 보의 밑면, 아치 내면	설기기준 강도의 2/3배 이상 또한, 14MPa 이상

콘크리트의 압축강도를 시험하지 않을 경우(기초, 보 옆, 기둥, 벽 등의 측벽)

시멘트의 종류 / 평균기온	조강포틀랜드 시멘트	보통포틀랜드 시멘트 고로슬래그 시멘트(1종) 포틀랜드포졸란 시멘트(A종) 플라이애시 시멘트(1종)	고로슬래그시멘트(2종) 포틀랜드포졸란시멘트(B종) 플라이애시시멘트(2종)
20℃ 이상	2일	3일	4일
20℃ 미만 10℃ 이상	3일	4일	6일

9 철근

(1) 철근의 종류

① 원형철근 : 단면이 원형인 것으로 Ø로 표시 – Ø6~600

② 이형철근

㉠ 원형철근의 표면에 두 줄의 돌기와 마디가 있으며 D로 표시–D10~D38

㉡ 보통 원형강보다 40% 이상 부착력 증가

㉢ 표준길이는 4.5m 이상에서 m단위로 증가

③ 특수용으로 피아노선, PC강선, PC강봉 등 사용

(2) 철근의 가공

① 직경 25mm 이하 철근은 상온가공, 직경28mm(D29) 이상은 가열 가공

② 원형철근의 말단부는 반드시 갈고리(hook) 설치

③ 이형철근은 다음에 해당하면 후크설치

㉠ 늑근(stirrup)과 대근(hoop : 띠철근)

㉡ 기둥 및 보의 돌출부분(지중보 제외)

▎측압이 크게 걸리는 경우
① 슬럼프가 클 때
② 부배합일 경우
③ 벽두께가 두꺼운 경우
④ 부어넣기 속도가 빠른 경우
⑤ 대기습도가 높은 경우
⑥ 온도가 낮은 경우
⑦ 진동기 사용 시
⑧ 거푸집 강성이 큰 경우

▎거푸집 존치기간에 영향을 주는 4요소
① 부재의 종류
② 콘크리트 압축강도
③ 시멘트 종류
④ 평균기온(온도)

▎철근
콘크리트의 부족한 저항성 즉 인장력, 휨모멘트, 전단력, 비틀림 등을 보강하기 위한 방법으로 철근을 사용한다.

ⓒ 굴뚝의 철근

ⓔ 단순보 지지단, 캔틸레버 보, 캔틸레버 슬래브 상부 선단

(3) 철근의 조립

① 콘크리트 타설 시 이동하지 않도록 견고하게 조립

② 거푸집판과의 소요간격(피복두께), 철근간격 정확히 유지

③ 피복두께 : 콘크리트 표면에서부터 가장 가까운 철근의 가장자리까지의 두께

부위별 피복두께

부위			피복두께(mm)
흙에 접하지 않는 부위	지붕슬래브 바닥슬래브 비내력벽	옥내	30
		옥외	40
	기둥 보 내력벽	옥내	40
		옥외	50
	옹벽		50
흙에 접한 부위	기둥, 보, 바닥슬래브, 내력벽		50
	기초, 옹벽		70

주) 1. 옥외의 공기나 흙에 직접 접하지 않는 콘크리트는 보, 기둥의 경우 콘크리트의 설계기준강도가 400kgf/cm² 이상이면 규정된 값에서 최소피복두께를 1cm 저감 가능(구조기준)
　　2. 최소 피복두께는 위 표에서 10mm를 공제한 값 이상

④ 철근 간의 간격 : 주근 지름의 1.5배, 25mm 이상, 굵은 골재 치수의 1.25배 이상 중 큰 값으로 결정

⑤ 배근구조

ⓐ 주철근

　　a. 정철근 : 정(+)휨모멘트로 생기는 인장력을 받게 배치하는 철근

　　b. 부철근 : 부(−)휨모멘트로 생기는 인장력을 받게 배치하는 철근

ⓑ 사인장철근 : 경사방향의 인장응력을 받게 배치하는 철근

ⓒ 보조철근 : 주철근에 직각이 되게 배치를 해서 일정한 간격을 유지시키고, 수축인장 등에 의한 균열을 예방하는 철근

(4) 이음과 정착

1) 이음 및 정착 길이

(d : 철근 지름)

이음 위치	보통 콘크리트	경량 콘크리트
압축력 또는 작은 인장력 부위	25d	30d
큰 인장력 부위	40d	50d

① 겹침 철근의 직경(d)이 다를 경우에는 작은 쪽 철근 직경이 기준

▌피복두께의 목적
내구성, 내화성, 유동성, 부착력, 철근부식방지 등 소요강도 유지

▌철근의 부착강도가 큰 경우
① 피복두께가 클수록 크다
② 철근의 주장이 길수록 크다.
③ 시멘트 강도가 클수록 크다.
④ 원형철근보다 이형철근이 크다.

▌철근간격 필요성
유동성(시공성)확보, 재료분리방지, 소요강도 유지·확보

▌이음 길이
① 압축력 : ℓ = 25d
② 작은 인장력 : ℓ = 25d
③ 큰 인장력 : ℓ = 40d
④ 갈고리 길이는 제외

② 이음 길이는 갈고리의 중심 간 길이

③ 이음 부위는 #18~#20 철선으로 2개소 이상 긴결

④ D29(Ø28) 이상의 철근은 겹침 이음을 하지 않고 용접으로 이음

2) 이음위치

① 큰 응력을 받는 곳은 피하고 엇갈려 있게 배치

② 한 곳에서 사용 철근의 반 이상 이음 금지

③ 벽, 기둥의 철근이음은 높이 2/3 이하에 배치

3) 정착위치

① 기둥의 주근은 기초에 정착

② 보의 주근은 기둥에 정착

③ 작은 보의 주근은 큰 보에 정착

④ 직교하는 단부 보의 밑에 기둥이 없을 때는 상호 간에 정착

⑤ 벽철근은 기둥, 보, 바닥판에 정착

⑥ 바닥 철근은 보 또는 벽체에 정착

⑦ 지중보의 주근은 기초 또는 기둥에 정착

4>>> 목공사

1 목재의 특성 및 성질

(1) 장·단점

장점	단점
·비중이 작고 가공용이 ·열전도율이 작아 보온, 방한, 차음의 효과 높음 ·외관이 아름답고, 가구재, 내장재 및 다용도 사용	·부패, 충해, 풍해에 약함 ·가연성으로 제한적 사용 ·흡수성과 신축변형이 큼

(2) 목재의 함수율

$$함수율(\%) = \frac{목재의\ 무게(W_1) - 전건재의\ 무게(W_2)}{전건재의\ 무게(W_2)} \times 100$$

목재의 일반적 함수율

전건재	기건재	섬유 포화점	구조재	수장재		비고
0%	15%	30%	25%	A종	18% 이하	함수율은 전단면에 대한 평균치
				B종	20% 이하	
				C종	24% 이하	

응력전달 순서

슬래브 → 작은보 → 큰보 → 기둥 → 기초 → 지반

내화의 정도

① 인화점 : 180℃

② 착화점 : 260~265℃

③ 발화점 : 400~450℃

목재의 수축률

① 변재가 심재보다 수축률이 큼

② 축방향(0.35%), 지름방향(8%), 촉방향(14%)

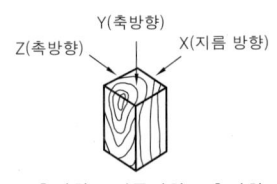

축방향 < 지름방향 < 촉방향

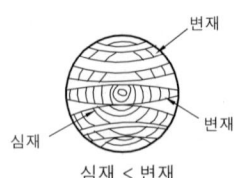

심재 < 변재

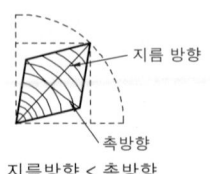

지름방향 < 촉방향

| 목재의 수축률 |

① 함수율이 작아질수록 목재는 수축하며, 목재의 강도는 증가

② 섬유 포화점(함수율 30%) 이상 – 강도 불변

③ 섬유 포화점 이하 – 건조 정도에 따라 강도 증가

④ 전건상태 – 섬유 포화점 강도의 약 3배

(3) 목재의 강도

① 압축 강도와 인장 강도 : 섬유방향 최대, 섬유와 직각방향 최소

② 전단강도 : 섬유방향에 직각일 때 최대, 섬유방향일 때 최소

③ 섬유직각방향(지름방향, 촉방향)의 강도는 섬유팽창방향(축방향)강도의 1/5~1/10 정도

④ 강도의 관계 : 인장강도 〉 휨강도 〉 압축강도 〉 전단강도(인장강도의 1/10 정도)

(4) 목재의 비중

① 전건상태를 기준으로 한 공극률 산출식

$$V = (1 - \frac{W}{1.54}) \times 100$$

여기서, V : 공극률(%)

W : 전건 비중

1.54 : 섬유질의 비중

② 비중 : 나무의 종류와 관계없이 세포자체는 1.54

③ 절건비중이 작은 목재일수록 공극률이 크고, 공극률이 커지면 강도는 작아짐

2 목재의 건조 및 방부법

(1) 건조법

1) 수액 제거법(건조 전 처리)

① 계절(seasonning)법 : 벌목 장소에 벌목한 채(보통 1년)로 방치하여 수액을 제거하는 방법

② 수침법 : 목재를 물속에 저장(보통 6월)하여 수액을 제거하는 방법

③ 자비법 : 물속에 목재를 넣어 끓이는 방법

2) 자연 건조법

직사광선을 피하고 통풍이 잘 되도록 쌓아 건조시키는 방법

3) 인공 건조법

① 열기 건조법(송풍식) : 가열 공기 등을 보내 건조시키는 방법

② 증기 건조법(대류식) : 적당한 습도의 증기를 보내 건조하는 방법

③ 고주파법 : 목재에 고주파를 투사하여 내부에 열을 발생시켜 건조하는 것으로 가장 빠르게 건조시킬 수 있는 방법

④ 훈연법 : 연기로 방부성을 주는 목재 건조법

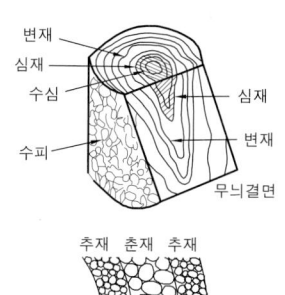

| 목재의 조직구조 |

▮ 목재의 흠과 강도

① 흠 : 옹이, 썩정이, 갈램, 껍질박이, 변색 등

② 옹이, 갈램, 썩음 등은 강도 저하 요인

▮ 심재와 변재의 비교

비교	심재	변재
비중	크다	작다
강도	크다	작다
내구성	크다	작다
수축성	작다	크다
흠	거의 없다	많다
내후성	크다	작다

▮ 목재의 건조목적

① 균에 의한 부식과 충해방지

② 변형, 수축, 균열 방지

③ 강도 및 내구성 향상

④ 중량 경감으로 취급 및 운반비 절감

⑤ 도장 및 약제처리 가능

▮ 목재의 규격 및 사용

목재의 규격은 한국산업규격(KS) 및 산림청의 「원목 및 제재 규격」에 따르며, 외부공간에 설치하는 목재는 방부 및 방충처리와 표면보호조치를 취하여 내구성을 증진시킨다. 또한 목재는 생산지·수종·품질 및 건조상태 등이 명기된 것을 채택한다.

▌제재의 규격

체목	10~15cm 각재(토대, 기둥, 보 등)
수장목	10×5~12×7.5cm 정도(문꼴 벽체 뼈대)
널재	두께 60mm 미만, 너비는 두께의 3배 이상
오림목	보통 6cm×6cm의 각재, 너비는 두께의 3배 미만
각재	두께 75mm 미만이고 너비는 두께의 4배 미만 또는 두께 및 폭이 75mm 이상

(2) 방부제(목재보존제)의 종류

1) 방부제의 요구조건

① 목재에 침투가 용이하고 악취나 변색이 없을 것

② 금속이나 동물, 인체에 피해가 없을 것

③ 방부처리 후 표면에 페인트 칠 등 마감처리가 가능할 것

④ 강도저하나 가공성 저하가 없을 것

⑤ 중량증가, 인화성, 흡수성 증가가 없을 것

2) 방부제의 종류

구분	종류	기호
수용성	구리·알킬암모늄·화합물계	ACQ-1,2
	크롬·플루오르화구리·아연화합물계	CCFZ
	산화크롬·구리화합물계	ACC
	크롬·구리·붕소화합물계	CCB
	구리·아졸화합물계	CUAZ-1,2,3
	구리·붕소·사이크로헥실다이아제니움디옥시-음이온화합물계	CuHDO-1,2,3
	붕소·붕산화합물계	BB
	알킬암모늄화합물계	AAC
마이크로나이즈드	마이크로나이즈드 구리 알킬암모늄화합물	MCQ
유화성	지방산 금속연계	NCU, NZN
유용성	유기요오드화합물계	IPBC
	유기요오드·인화합물계	IPBCP
	지방산 금속염계	NCU, NZN
	테부코나졸·프로피코나졸·3-요오드-2-프로페닐부틸카바메이드	Tebuconazole, Propiconazole, IPBC
유성	크레오소트유	A-1,2

① 수용성 방부제 : 물에 용해해서 사용

② 유화성 방부제 : 유성·유용성 방부제를 유화제로 유화한 후 물로 희석해서 사용

③ 유용성 방부제 : 경유, 등유 및 유기용제를 용매로 하여 사용

④ 유성 방부제 : 원액의 상태에서 사용하는 유상의 방부제

▌가공목재

① 합판 : 3장 이상의 박판을 1매마다 섬유방향에 직교하게 겹쳐서 붙인 것으로 로타리 베니어(가장 많이 사용), 슬라이스드 베니어, 쏘드 베니어법이 있다.

② 집성목재 : 두께 1.5~5cm의 단판을 몇 장 또는 몇 겹으로 접착한 것

▌목재의 용도

① 침엽수 – 구조재

② 활엽수 – 치장재, 가구재

▌사용 부위별 구분

① 구조재 : 강도가 크고, 직대재를 얻을 수 있어야 한다.

② 수장재 : 나무결이 좋고, 무늬가 곱고, 뒤틀림이 적어야 한다.

③ 창호재 및 가구재 : 수장재보다 흠이 없는 곧은 결의 기건재를 사용해야 한다.

▌CCA, PCP 방부제

방부력이 우수하여 많이 사용되어졌으나 비소의 독성과 PCP의 내분비계 장애 유발로 제조·사용이 금지되었다.

▌크레오소트유(Creosote oil)

방부력이 우수하고 가격이 저렴하나 암갈색으로 강한 냄새가 나며, 마감재 처리가 어려워 침목, 전신주, 말뚝 등 주로 산업용에 사용한다.

▌마이크로나이즈드(Micronized) 목재보존제

성분을 초미립자 크기로 기계적으로 분쇄하고 물에 분산시켜 희석해서 사용하는 목재보존제를 말한다.

목재의 사용환경범주(Hazard class)와 방부제

사용환경범주		사용환경조건	사용가능방부제
H1		·건재해충 피해환경 ·실내사용 목재	·BB, AAC ·IPBC, IPBCP
H2		·결로예상 환경 ·저온환경 ·습한 곳의 사용목재	·ACQ, CCFZ, ACC, CCB, CUAZ, CuHDO, MCQ ·NCU, NZN
H3		·자주 습한 환경 ·흰개미피해 환경 ·야외사용 목재	·ACQ, CCFZ, ACC, CCB, CUAZ, CuHDO, MCQ ·NCU, NZN
H4		·토양 또는 담수와 접하는 환경 ·흰개미피해 환경 ·흙·물과 접하는 목재	·ACQ, CCFZ, ACC, CCB, CUAZ, CuHDO, MCQ ·A
H5		·바닷물과 접하는 환경 ·해양에 사용하는 목재	·A

▌방부처리 방법의 선택
용도, 희망하는 내구연한, 목재 함수율의 높고 낮음, 방부처리 환경, 방부처리 비용, 목재보존제의 종류, 목재보존제의 농도관리의 각종 조건을 우선적으로 고려하여 적정한 방법을 선택하되 목재보존제 사용환경의 적용대상 목재는 가압방부 처리를 하여야 한다. 그러나 예방구제처리를 목적으로 하는 부분에는 유용성인 IPBC 및 IPBCP를 도포처리하여 사용할 수 있다.

(3) 방부처리 방법

구분	내용
표면탄화법	·목재의 표면 3~4mm 정도를 태워 수분을 제거하는 방법 ·효과의 지속성 부족, 탄화부분의 흡수성 증가 ·크레오소트유는 80~90℃로 가열 후 도포
도포법	·건조재의 표면에 방부제를 바르는 방법 ·침투깊이가 깊지 않아 지속성 낮음 ·IPBC와 IPBCP 방부제의 예방구제처리 목적으로 사용 가능
확산법	·생재 및 목재의 젖은 표면에 높은 농도의 방부액을 바르거나 침지한 후 일정시간 적치 후 건조시키는 방법
침지법	·방부제 용액에 목재를 담가서 상압처리하는 방법으로 보통 상온에서 행하지만 가열하여 처리도 함
가압식 주입처리법	·건조된 목재를 밀폐된 용기 속에 목재를 넣고 감압과 가압을 조합하여 목제에 약액을 주입하는 방법 ·방부처리법 중 효과가 가장 크며 H1~H5 사용환경의 모든 목재에 적용
생리적 주입법	·벌목 전 나무뿌리에 약액을 주입하여 수간에 이행시키는 방법 ·효과 미약

▌방부처리 원리
부후균의 번식에 필요한 요소인 공기, 수분, 영양 중 어느 한 가지의 공급을 막아서 번식을 막는 원리를 이용한다.

▌가압방부처리 공정
사전건조 → 전배기 → 약액충만 → 가압 → 후배기 → 양생(사후건조)

❸ 목재의 접합

(1) 이음 : 목재를 길이로서 길게 잇는 방법

　① 턱이음 : 두 부재의 연결부에 서로 반대되는 턱을 만들어 잇는 방법

　② 장부이음 : 한쪽에는 장부를 만들고 한쪽에는 장부구멍을 만들어 서로 끼워 밀착하게 결구하는 방법

(2) 맞춤(짜임) : 목재에 각을 지어서 맞추는 방법

① 턱끼움 : 턱이음과 유사하여 한 부재에는 홈을 파고 끼임 부재에는 턱을 깎아 접합하는 기법

② 턱맞춤 : 연결되는 2개의 부재에 모두 턱을 만들어 서로 직각되거나 경사지게 물리는 방법

③ 기둥머리짜임 : 기둥머리에 축을 만들어 도리나 창방, 보머리 또는 보방향 첨차를 짜임하는 기둥머리 결구에 사용되는 맞춤법

(3) 쪽매 : 목재를 섬유방향과 평행으로 넓게 옆으로 대는 방법

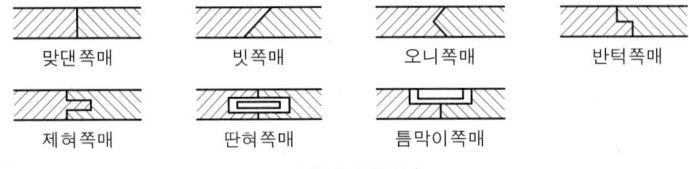

| 맞댄쪽매 | 빗쪽매 | 오니쪽매 | 반턱쪽매 |

| 제혀쪽매 | 딴혀쪽매 | 틈막이쪽매 |

| 쪽매의 종류 |

(4) 접착제

① 천연접착제 : 아교풀, 부레풀, 카세인, 밥풀

② 합성수지계접착제 : 초산비닐, 페놀수지, 요소수지, 멜라민 수지

▌접착제의 내수성 비교
실리콘 〉 에폭시 〉 페놀 〉 멜라민 〉 요소 〉 아교

▌접착력 비교
에폭시 〉 요소 〉 멜라민 〉 페놀

▌페놀수지
내수성이 풍부하고, 내구성이나 탄성도 있어 신뢰할 수 있으나 10℃ 이하에서는 거의 경화하지 않는다.

(5) 철물 : 못, 나사못, 볼트, 꺾쇠, 띠쇠, 듀벨 등

| 꺾쇠 | 듀벨 | 띠쇠 | 안장쇠 | 감잡이쇠 |

| 목재철물의 종류 |

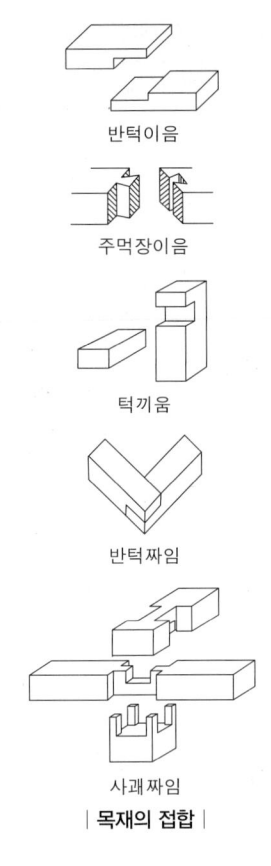

반턱이음

주먹장이음

턱끼움

반턱짜임

사개짜임
| 목재의 접합 |

▌목재의 도장
틈새나 홈을 목재전용 퍼티로 메워 거친 면을 연마하여 평활하게 하고, 표면의 오염물질을 제거한 후 지정 도장재를 3회 도장하여 마무리한다.−바니시, 조합페인트

5>>> 석공사

🔟 재료

(1) 경도에 의한 분류

① 강도는 대체로 비중에 비례하여 무거운 석재일수록 큼

② 인장강도는 압축강도의 1/10~1/20 정도에 불과해 인장재나 휨재의 사용은 회피

③ 절리나 석목의 수직방향에 대한 응력이 평행방향보다 큼

압축강도에 의한 분류

분류	압축강도(kg/cm²)	흡수율(%)	겉보기비중(g/cm³)	석재종류
경석	500 이상	5 이하	2.5~2.7	화강암, 안산암, 대리석
준경석	500~100	5~15	2.0~2.5	경질사암, 경질회암
연석	100 이하	15 이상	2.0 이하	연질응회암, 연질사암

(2) 재질에 의한 분류

분류	석재	용도	장점 및 특징
화성암	화강암	조적재, 기초석재, 건축 내외장재, 구조재	·경도·강도·내마모성·색채·광택 우수 ·내화성 낮으나 압축강도가 가장 큼 ·큰 재료 획득 가능
	안산암	구조재(판석), 장식재	·경도·강도·내구성·내화성도 있음 ·색조가 불규칙하고 절리에 의해 가공 용이
수성암	사암	외벽재, 경량구조재, 내장재	·모래가 퇴적·교착되어 생성-내화력 큼
	점판암	판석, 숫돌, 비석, 외벽, 바닥, 지붕 재료	·점토가 퇴적·응고되어 생성 ·재질 치밀, 흡수성 작고 강함 ·색상(흑색)이 좋고 외관 미려
	응회암	기초석재, 석축재, 실내 장식재	·다공질로 경도·강도·내구성 부족 ·화산재가 퇴적·응고되어 생성, 내화력 큼.
	석회암	도로포장, 석회원료	·유기질·무기질이 용해·침전되어 퇴적·응고 ·주성분은 탄산석회(CaCO₃)로 백색·회색암석
변성암	대리석	실내 장식재, 조각재	·경질로 강도 큼 ·실내 장식용 사용
	트래버틴 (travertine)	실내 장식재 (외부용 불가)	·대리석 일종 ·다공질로 무늬와 요철부가 입체감 지님

(3) 형상에 의한 분류

① 다듬돌(절석 切石) : 각석 또는 주석과 같이 일정한 규격으로 다듬어진 것으로서 건축이나 또는 포장 등에 사용 – 대체로 30cm×30cm, 길이 50~60cm의 돌을 많이 사용

② 각석(角石) : 폭이 두께의 3배 미만이고, 폭보다 길이가 긴 직육면체 형태의 돌

③ 판석(板石) : 두께가 15cm 미만이고, 폭이 두께의 3배 이상인 것으로 바닥이나 벽체에 사용

④ 견치돌(간지석 間知石) : 형상은 사각뿔형(재두각추체)에 가깝고, 전면은 거의 평면을 이루며 대략 정사각형으로 뒷길이, 접촉면의 폭, 뒷면 등의 규격화된 돌로서 4방락 또는 2방락의 것이 있으며, 접촉면의 폭은 전면 1변의 길이의 1/10 이상이어야 하고, 접촉면의 길이는 1변의 평균

▌석재의 압축강도 비교

화강암 > 대리석 > 안산암 > 사암 > 응회암 > 부석(화산석)

▌석재의 흡수율 비교

응회암 > 사암 > 안산암 > 화강암 > 대리석

▌석재의 조직

① 절리 : 암장의 냉각과정에서 수축과 압력에 의하여 자연적으로 일정방향으로 금이 가 있는 것을 말한다.

② 석목 : 절리 외에 암석결정의 병렬상태에 따라 절단이 용이한 방향성을 말한다.

③ 석리 : 조암 광물의 집합상태에 따라 생기는 돌결을 말한다.

④ 층리 : 암석 구성물질이 퇴적되며 나타난 층상의 배열 상태를 말한다.

▌성인에 의한 분류

① 화성암 : 지구 내부의 암장(마그마)이 냉각되어 생성된 것으로, 일반적으로 괴상으로 되어 있다.

② 수성암 : 암석의 파편, 물에 녹은 광물질, 동식물의 유해 등이 침전되고 쌓여 고화되는 퇴적 작용으로 이루어진 것으로, 층상으로 되어 있다.

③ 변성암 : 화성암이나 수성암이 압력이나 열에 의하여 심히 변질된 것으로, 일반적으로 층상으로 되어 있다.

▌막다듬돌

다듬돌을 만들기 위하여 다듬돌의 규격 치수의 가공에 필요한 여분의 치수를 가진 돌

길이의 1/2 이상, 뒷 길이는 최소변의 1.5배 이상

⑤ 깬돌(할석 割石) : 견치돌에 준한 재두방추형으로 견치돌보다 치수가 불규칙하고 일반적으로 뒷면이 없는 돌로서 접촉면의 폭과 길이는 각각 전면 1변의 평균길이의 1/20과 1/3이 된다. 뒷길이는 최소변의 1.5배 이상

⑥ 야면석(野面石) : 천연석으로 표면을 가공하지 않은 것으로서 운반이 가능하고 공사용으로 사용될 수 있는 비교적 큰 석괴

⑦ 호박돌(옥석 玉石) : 호박형의 천연석으로 가공하지 않은 지름 18cm 이상 크기의 돌 − 조경기준에는 지름 20cm 내외의 돌로서 정의

⑧ 조약돌(율석 栗石) : 가공하지 않은 천연석으로 지름 10~20cm 정도의 계란형 돌

⑨ 잡석(雜石) : 크기가 지름 10~30cm 정도로 크고 작은 알로 고루고루 섞여져 형상이 고르지 못한 큰 돌

⑩ 사괴석(四塊石) : 15~25cm 정도의 각석으로, 한식 건물의 바깥 벽담 및 방화벽에 사용하며, 길이는 앞면에서 직각으로 잰 길이로 최소변의 1.2배 이상

⑪ 장대석(長臺石) : 네모지고 긴 석재로서, 전통공간의 후원·섬돌·디딤돌 등에 사용

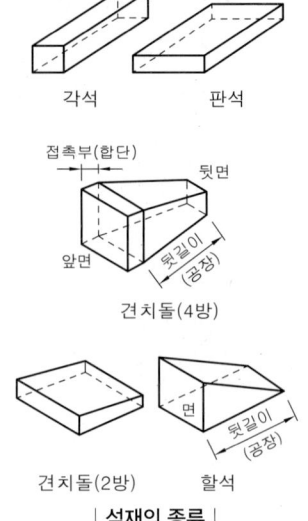

| 석재의 종류 |

▌사석(捨石)
막깬돌 중에서 유수에 견딜 수 있는 중량을 가진 큰 돌이다.

▌전석(轉石)
1개의 크기가 0.5m³ 이상 되는 석괴이다.

▌자연석 판석
수성암 계열의 점판암·사암·응회암 등을 얇은 판 모양으로 채취하여 포장재나 쌓기용으로 사용한다.

▌인조석
외관을 자연석과 유사하게 천연석의 유사품을 모조할 목적으로 제작한 것으로, 색은 다양하지만 무늬가 다양하지 못하며, 압축·인장강도가 천연석보다 약하므로 파손이 쉬우며, 규격은 자유로운 편이다.

▌테라조
모르타르에 백색 시멘트, 대리석 알갱이, 안료를 쓴 것으로 표면은 물갈기 마감한 인조 대리석판을 말한다.

(4) 석재의 가공(순서)

① 혹두기(메다듬) : 쇠메로 쳐서 큰 요철이 없게 다듬는 것

② 정다듬 : 정으로 쪼아서 평평하게 다듬는 것

③ 도드락다듬 : 도드락망치를 사용하여 정다듬면을 더욱 평탄하게 다듬는 일

④ 잔다듬 : 날망치를 이용하여 도드락다듬면을 곱게 쪼아 면다듬하는 것

⑤ 물갈기 : 잔다듬면을 숫돌 손갈기, 기계갈기 등으로 물을 주어 광택이 나게 하는 것

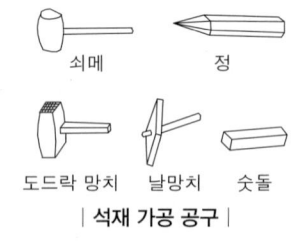

| 석재 가공 공구 |

▌버너마감(화염처리)
주로 화강암의 기계켜기로 마무리한 표면을 1,800~2,500℃의 불꽃으로 태워, 고열에 약한 결정을 없애 자연스러운 느낌을 주는 마감이 되도록 한 것으로 구조용 등에는 사용하지 않는다.

(5) 석재 사용 시 주의 사항

① 균일 제품을 사용해야 하므로 산출량을 조사하여 공급량 확보

② 압력방향에 직각으로 쌓기, 예각 회피

③ 취급상 1m³ 이하로 가공하여 사용 – 1m³ 이상 석재는 높은 곳 사용 금지

④ 내화가 요구되는 곳에는 강도보다 내화성 고려

⑤ 줄눈간격은 가급적 작게 하고, 상하 2층의 세로줄눈이 연속되지 않도록 설치

⑥ 1일 쌓기 켜수는 돌높이 50cm 내외의 것일 때는 하루 2켜(1.2m)이상 올리지 말 것

⑦ 모르타르나 콘크리트 채움은 1켜마다 하고 2켜 이내로 채울 것

(6) 모르타르 및 콘크리트

1) 모르타르 및 줄눈

모르타르의 용적배합비 및 줄눈나비

용도＼재료	시멘트	소석회	모래	줄눈나비
조적용	1	0.2	3	
깔모르타르용	1	–	3	·돌면 잔다듬일 때 3~6mm ·맞댐면 물 갈기 1~2mm ·거친돌 9~25mm
사춤모르타르용	1	–	2	
치장줄눈용	1	–	1	

2) 콘크리트 : 뒷채움 콘크리트 배합비는 보통 1:3:6으로 하고, 석축 등에는 1:4:8 또는 잡석콘크리트 사용

2 돌쌓기

(1) 사용재료에 따른 분류

① 막돌(거친돌)쌓기 : 막생긴(생긴 그대로, 또는 거칠게 다듬은) 돌을 사용하여 불규칙하게 쌓는 법

② 다듬돌쌓기 : 다듬은 돌을 사용하여 돌의 모서리나 맞댄면을 일정하게 다듬어 쌓는 법

③ 호박돌(조약돌)쌓기 : 지름 20cm 정도의 장타원형 자연석으로 쌓는 것으로, 줄쌓기를 원칙으로 하고 튀어나오거나 들어가지 않도록 면을 맞추고 양 옆의 돌과도 이가 맞도록 축조

④ 사괴석(사고석)쌓기 : 육면체의 돌(20~30cm 정도의 사방돌)로 바른층 쌓기를 하며 내민줄눈을 사용하여 전통담장 축조

⑤ 장대석쌓기 : 긴 사각 주상석의 가공석으로 바른층 쌓기 시행 – 낮은 담에 쓰임

⑥ 성돌쌓기(퇴물림쌓기) : 기초를 넓게 다지고 일반 성돌보다 큰 지대석을

구조체 석재
구조체에 사용하는 석재는 압축강도 500kg/cm² 이상, 흡수율 5% 이하이어야 하며, 휨강도가 약하므로 들보나 가로대의 재료로는 채택하지 않는다.

연결고정철물
석재의 안정을 위하여 은장·촉·당김쇠·꺽쇠·고정쇠 등 아연도금 한 것을 사용한다.

조경석공사는 [조경설계 – 기타 시설물 조경석] 참조

돌쌓기와 돌붙임
① 돌쌓기(석축) : 경사도가 1:1보다 급한 경우
② 돌붙임(장석) : 경사도가 1:1보다 완만한 경우

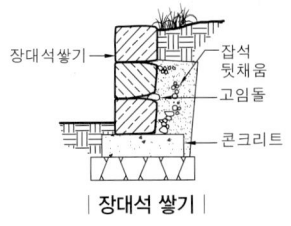
| 장대석 쌓기 |

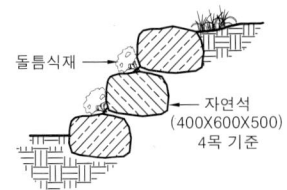
| 자연석 쌓기 |

놓고 그 위에 5~20cm 정도씩 매 단마다 성돌을 퇴물림하여 성벽의 기울기 만큼 층단형식을 취한 것으로, 시공비가 고가이며 문화재 복원 공사에 적용

⑦ 첩석(疊石)쌓기 : 가공된 화강석, 조경석 등으로 수직적 형태의 한 면을 가질 수 있도록 축조한 것으로, 돌틈식재, 상단부 식재 등으로 전통적 돌쌓기, 성의 축조, 돌담 쌓기에 적용

⑧ 자연석무 집쌓기 : 경사면을 따라 자연석을 놓아 무너져 내려 안정된 모습의 자연스러운 경관을 조성하며, 돌틈새에 초화류나 관목류 식재

| 사괴석 담장 |

| 장대석 쌓기 |

(2) 채움재(모르타르)의 사용유무에 따른 분류

① 찰쌓기 : 돌을 쌓아올릴 때 뒤채움을 콘크리트로 하고, 줄눈은 모르타르를 사용하여 쌓는 방법으로 특별한 명시가 없으면 찰쌓기가 원칙

  ㉠ 1일 쌓기 높이는 1.2m를 표준으로 최대 1.5m 이내로 하고, 이어쌓기 부분은 계단형으로 마감

  ㉡ 시공에 앞서 돌에 붙어있는 이물질 제거

  ㉢ 쌓기는 뒷고임돌로 고정하고 콘크리트를 채워가며 쌓기

  ㉣ 맞물림 부위는 견치돌 10mm 이하, 막깬돌 25mm 이하

  ㉤ 뒷면의 배수를 위해 3m² 마다 직경 50mm 의 PVC관을 사용하여 근원부가 막히지 않도록 설치

  ㉥ 돌쌓기의 밑돌은 될수록 큰 돌 사용

  ㉦ 특별히 정한 바가 없으면 20m 간격을 표준으로 높이가 변하는 곳이나 곡선부의 시점과 종점에 신축줄눈 설치

② 메쌓기 : 접합부를 다듬고 뒷틈 사이에 고임돌 고인 후 모르타르 없이 골재로 뒤채움을 하는 방식

  ㉠ 1일 쌓기 높이는 1.0m 미만

  ㉡ 맞물림 부위는 10mm 이내로 하며, 해머 등으로 다듬어 접합시키고, 맞물림 뒷틈 사이에 조약돌을 괴고, 뒷면에 잡석 채우기

| 자연석 무너짐 쌓기 |

돌쌓기 전면 기울기

쌓기높이	찰쌓기	메쌓기
1.5m	1:0.25	1:0.30
3.0m	1:0.30	1:0.35
5.0m	1:0.35	1:0.40

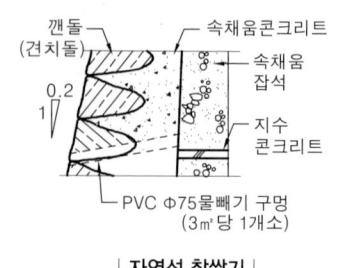

| 자연석 찰쌓기 |

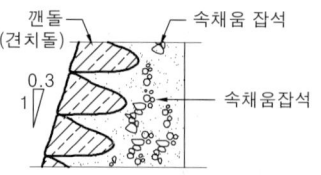

| 자연석 메쌓기 |

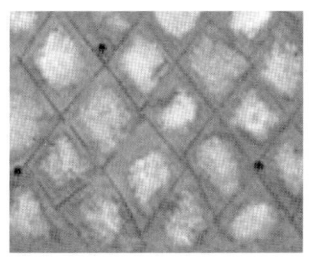

| 찰쌓기 |

| 메쌓기 |

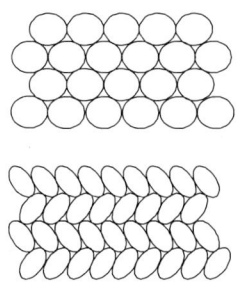

| 호박돌 쌓기 줄눈 |

(3) 줄눈의 모양에 따른 분류

① 허튼층쌓기(막쌓기) : 줄눈이 불규칙하게 형성되며, 수평·수직으로 막힌 줄눈이나 완자쌓기로 나타남

② 바른층쌓기(켜쌓기) : 주로 마름돌로 가로줄눈이 수평적 직선이 되도록 쌓는 것으로 외관상 좋으나 견고성이 떨어지고 수직줄눈은 통줄눈 회피

③ 골쌓기 : 줄눈을 파상 또는 골을 지어가며 쌓는 방법으로 부분파손이 전체에 영향을 미치지 않아 축대나 하천공사의 견치석 쌓기에 많이 적용

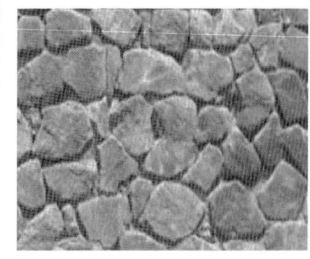

| 허튼층쌓기 |

(4) 돌 붙이기

1) 조약돌 및 야면석 붙이기

① 각각 균일한 크기의 돌 사용

② 뒷채움 모르타르, 줄눈 모르타르는 빈틈 없도록 유의

2) 판석표면가공

① 경질석재갈기

㉠ 거친갈기 : #24~80 카보렌덤숫돌 또는 그 정도 마무리의 다이아몬드 숫돌 사용

㉡ 물갈기 : #400~800 카보렌덤숫돌 또는 그 정도 마무리의 다이아몬드 숫돌 사용

| 바른층쌓기 |

㉢ 본갈기 : #800~1,500 카보렌덤숫돌 또는 그 정도 마무리의 다이아몬드 숫돌 사용

② 버너마감 : 버너와 석재면 간격 30~40mm, 회전반경 150mm, 겹침폭 50mm, 원형가열 후 즉시 물뿌리기 시행

3) 판석붙이기

① 외벽습식공법 : 바탕면과 판석의 이격거리는 40mm를 표준으로 띄우고 뒤에 사춤모르타르를 채워 시공

② 외벽건식공법 : 연결철물을 사용하여 붙이는 방법으로 줄눈폭은 연결 철물 두께와 동일

| 골쌓기 |

6>>> 조적(벽돌)공사

◀ 재료

(1) 벽돌의 종류

① 붉은 벽돌 : 완전 연소되어 적색을 띤 벽돌

② 검정벽돌 : 불완전 연소되어 회흑색을 띤 벽돌

③ 시멘트벽돌 : 시멘트와 모래로 만든 벽돌로 압축강도 60kgf/cm² 이상

④ 특수벽돌 : 내화벽돌, 오지벽돌, 아스벽돌, 이형벽돌, 포도용벽돌, 경량 벽돌, 흙벽돌 등

(2) 벽돌의 크기

구분		길이	너비	두께
표준형	치수(mm)	190	90	57
기존형	치수(mm)	210	100	60
허용 오차(mm)		±3	±3	±4

(3) 모르타르(mortar)

1) 배합비(시멘트 : 모래)

① 조적용 – 1 : 3～1 : 5

② 아치용 – 1 : 2

③ 치장용 – 1 : 1

2) 줄눈

① 벽돌과 벽돌 사이의 모르타르 부분인 가로 줄눈과 세로 줄눈

② 세로 줄눈에는 막힌 줄눈과 통줄눈이 있으며, 막힌 줄눈은 세로 줄눈의 상하가 단속되는 형태이며, 상부 응력을 하부에 고르게 분포시킬 수 있는 구조

③ 줄눈의 너비 : 가로·세로 줄눈 각각 10mm

3) 치장줄눈

① 치장 벽돌면은 쌓기가 완료되는 대로 줄눈을 흙손으로 눌러 깊이 8mm 정도로 줄눈파기 실시

② 치장 줄눈 모르타르에 방수제를 넣어 쓰기도 하며, 백색 시멘트 및 색소 등도 사용

◀ 벽돌쌓기

(1) 벽체의 종류

① 내력벽(bearing wall) : 상부 구조물의 하중을 기초에 전달하는 벽 – 일반적으로 외측벽

조적공사

건축물의 벽, 칸막이, 차단 등의 기능을 부여하기 위해 모르타르를 접착제로 사용하여 쌓기 공사를 하는 것을 말한다.

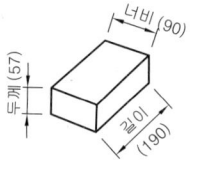

| 벽돌의 치수(표준형) |

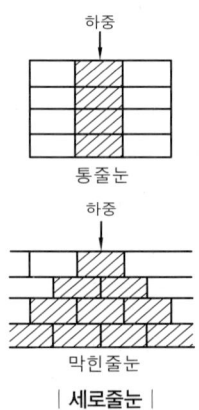

| 세로줄눈 |

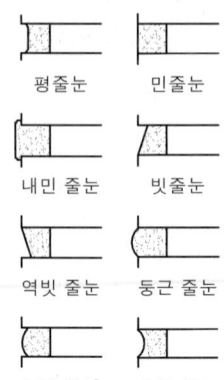

| 치장줄눈 |

② 장막벽(비내력벽, curtain wall) : 벽 자체의 하중만을 받고 자립하는 벽
  – 경미한 칸막이벽

③ 이중벽(중공벽, cavity hallow wall) : 중간부에 공간을 두어 이중으로
  쌓는 벽 – 보온·방습 등의 목적

(2) 기본 쌓기 방법

① 길이쌓기 : 길이 방향(벽두께 0.5B)으로 쌓는 가장 얇은 벽돌 쌓기 방법

② 마구리쌓기 : 마구리면이 보이도록(벽두께 1.0B) 쌓는 방법

③ 길이세워쌓기 : 길이 면이 보이도록 벽돌을 수직으로 세워 쌓는 방법

④ 옆세워쌓기 : 마구리면이 세워져 보이도록 벽돌을 수직으로 쌓는 방법

(3) 쌓기 방법에 의한 분류

종류	특징	비고
영식쌓기 (English bond)	·한 켜는 마구리 쌓기. 다음 켜는 길이 쌓기를 하는 쌓기 방법 ·마구리켜의 벽 끝에는 이오토막 또는 반절 사용	가장 튼튼한 쌓기
네덜란드(화란식) 쌓기 (Dutch bond)	·쌓기 방법은 영식과 동일 ·길이 쌓기 켜의 모서리에 칠오토막 사용	·가장 일반적인 방법으로 일하기가 쉬움 ·우리나라에서 가장 많이 사용
불식쌓기 (French bone)	·매 켜에 길이 쌓기와 마구리 쌓기 병행실시 ·외관이 미려하고 구조적 강도가 필요치 않은 곳에 사용	구조적으로 튼튼하지 못하여 치장용 사용
미식쌓기 (American bone)	·5켜는 치장 벽돌로 길이쌓기, 다음 한 켜는 마구리 쌓기로 본 벽돌에 물리게 하여 쌓는 방법	·뒷면은 영식 쌓기와 동일 ·표면은 치장 벽돌 쌓기로 하는 쌓기

(4) 벽체의 두께 구분 – 길이를 기준 구분

① 반장쌓기(0.5B) : 벽돌의 마구리 방향의 두께로 쌓는 것

② 한장쌓기(1.0B) : 벽돌의 길이 방향의 두께로 쌓는 것

③ 한장반쌓기(1.5B) : 마구리와 길이를 합한 것에 줄눈 10mm를 더한 두께
  로 쌓는 것

④ 두장쌓기(2.0B) : 길이 방향으로 2장을 놓고 줄눈 10mm를 더한 두께로
  쌓는 것

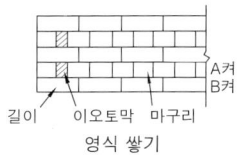

영식 쌓기

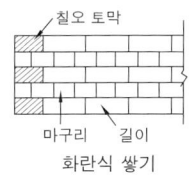

화란식 쌓기

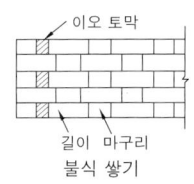

불식 쌓기

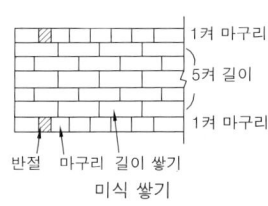

미식 쌓기

| 벽돌쌓기방법 |

| 벽돌의 마름질 |

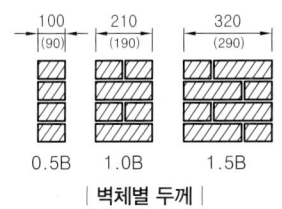

| 벽체별 두께 |

❸ 벽돌쌓기시공

(1) 벽돌의 균열원인

계획·설계상의 문제	시공상의 결함
·기초의 부등침하 ·건물의 평면·입면의 불균형 및 벽의 불합리 배치 ·불균형하중, 큰 집중하중, 횡력 및 충격 ·벽돌벽의 길이·높이·두께에 대한 벽체의 강도 부족 ·개구부 크기의 불합리 및 배치의 불균형	·벽돌 및 모르타르의 강도부족 ·온도 및 흡습에 의한 재료의 신축성 ·이질재 접합부의 불완전 시공 ·콘크리트보 및 모르타르 다져 넣기 부족 ·모르타르, 회반죽 바르기의 신축 및 들뜨기

(2) 시공상 주의 사항

① 바탕면을 고르고 흙·먼지 등 제거

② 벽돌에 부착된 불순물 제거 및 사전에 물 축이기 실시

③ 착수 전 벽돌 나누기 실시

④ 특별히 정한 바가 없는 한 세로줄눈의 통줄눈 금지

⑤ 줄눈폭은 특별한 경우 이외에는 10mm 적용

⑥ 모르타르는 건비빔 후 사용 시 물을 부어 사용하고 굳기 시작한 모르타르 사용금지

⑦ 모르타르는 벽돌강도 이상의 것 사용

⑧ 모래는 입자가 굵은 것을 사용하며 부배합 실시

⑨ 내력벽은 특별한 경우 이외에는 화란식 쌓기로 한다. - 영식쌓기 가능

⑩ 벽돌의 1일 쌓기 높이는 표준 1.2m(17켜)를 표준으로 최대 1.5m(20켜) 이하

⑪ 가급적 전체적으로 균일한 높이로 쌓아 올라가며, 이어 쌓기 부분은 계단형으로 연결

⑫ 치장쌓기일 때는 쌓기가 끝나는 대로 벽면에 묻은 모르타르를 청소하고 줄눈파기를 하며, 가급적 빨리 치장줄눈 시행

⑬ 쌓기가 끝나는 대로 충격, 진동, 압력을 가하지 않고 보양

■ 벽돌쌓기 순서
청소 → 물 축이기 → 건비빔 → 세로 규준틀 설치 → 벽돌 나누기 → 규준 쌓기 → 수평실치기 → 중간부 쌓기 → 줄눈 누름 → 줄눈 파기 → 치장 줄눈 → 보양

7>>> 기타공사

❶ 금속공사

(1) 철금속의 종류

탄소량의 함량에 따라 구분

① 순철(soft iron 철) : 탄소량 0.03% 이하 - 800~1000℃ 내외에서 가단성(可鍛性)이 크고 연질

② 탄소강(steel 강) : 탄소량 0.03~1.7% - 가단성, 주조성, 담금질 효과 있음

■ 주철의 사용
조경재료로 사용되는 주철은 쉽게 깨지지 않는 단면구조로서 적정 탄소함유량은 2.5~4.5%를 기준으로 한다.

③ 선철(cast iron 주철) : 탄소량 1.7% 이상 – 주조성이 좋고 경질이며 취성(脆性)이 큼

④ 특수강(합금강) : 탄소강에 합금용 원소를 첨가하여 성질을 개선시킨 것 – 니켈강, 니켈크롬강(스테인리스강) 등

(2) 비철금속

① 구리(Cu)합금 : 황동(Cu+Zn 아연), 청동(Cu+Sn 주석)

② 납(관·방수용·X선실 사용), 알루미늄(새시·펜스 사용), 티타늄 등

(3) 강의 열처리

① 불림 : 주조, 단조 또는 압연 등에 의해 조립화된 결정을 미세화된 균질의 조직을 만들기 위해 가열(Ac_3변태점 906℃ 이상) 후 공기 중에서 냉각 처리

② 풀림 : 연화조직의 정정과 내부응력을 제거하기 위해 적당한 온도로 가열(800~1000℃) 후 노(爐)의 내부에서 서서히 냉각

③ 담금질 : 강의 강도나 경도를 증가시키기 위해 가열(800~900℃) 후 재료를 갑자기 물이나 기름 속에 넣어 냉각

④ 뜨임 : 담금질한 강은 취성이크므로 인성을 증가시키기 위해 재가열(Ac_1변태점 721℃ 이하) 후 공기중에서 냉각

(4) 용접

1) 용접

① 가스용접, 아크용접 등으로 하며 용접면은 용접 전에 깨끗이 청소

② 스페이서를 사용하여 간격을 조정하고, 과도한 살돋음·살붙임 주의

③ 우천·바람 등이 심할 때, 기온이 0℃ 이하일 때는 작업 중지

④ 하향자세로 관을 회전시키면서 용접

2) 용접불량

구분	내용
균열(crack)	공기구멍이나 살붙임 등의 불량으로 생기는 갈라짐
슬래그(slag) 섞임	용접봉의 회분(slag)이 날라가지 못하고 용착금속 내에 남는 현상
피트(pit)	공기의 발생으로 용접부의 표면에 생기는 작은 구멍
공기구멍 (blow hole)	용융금속의 내부에 생기는 구멍으로 응고될 때 방출되어야 할 가스가 남아서 생기는 현상
언더컷(under cut)	용접상부의 모재가 녹아 용착금속이 채워지지 않고 홈으로 남게 되는 부분
오버랩(over lap)	용접금속의 언저리가 모재와 융합되지 않고 겹쳐지는 것
용입부족(혼입불량)	용입의 깊이가 충분하지 않거나 용착금속이 채워지지 않은 것
크레이터(crater)	아크용접 시 끝부분에 분화구 모양처럼 파여진 것
피시아이(fish eye)	용착금속 단면에 생기는 생선눈알 모양의 작은 은색의 점으로 수소의 영향에 의해서 발생

티타늄

① 비중이 약 4.5로 무게 대비 강도가 금속재료중 가장 크다.

② 내해수성, 내화학성, 내식성, 고온 저항성이 크다.

철의 연성(延性)

탄성한계를 넘는 힘을 가함으로써 물체가 파괴되지 않고 늘어나는 성질. 전성(展性)과 함께 물체를 가공하는 데 있어 아주 중요한 성질이다.

철의 전성(展性)

압축력에 대하여 물체가 부서지거나 구부러짐이 일어나지 않고, 물체가 얇게 영구변형이 일어나는 성질이다. 부드러운 금속일수록 이 성질이 강하다.

철의 부식방지

① 상이한 금속은 인접·접촉시키지 않는다.

② 표면을 평활하고 깨끗한 건조상태로 유지한다.

③ 도료나 내식성이 큰 재료나 방청재로 보호피막을 실시한다.

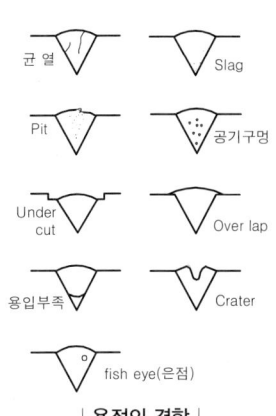

| 용접의 결함 |

2 미장공사

(1) 미장재료

종류		재료
기경성	벽토	진흙 + 모래 + 짚여물 + 물
	소석회(회반죽)	소석회 + 모래 + 여물 + 해 풀 + 물
	돌로마이트 플라스터	마그네시아석회 + 모래 + 여물 + 물
수경성	시멘트	시멘트 + 모래 + (안료) + 물
	석고 플라스터	소석고 + 석회반죽 + 모래 + 여물 + 물
	무수석고(경고석) 플라스터	무수석고 + 모래 + 여물 + 물

(2) 미장재료 성질

① 수경성 재료 : 물과 반응하여 경화, 경화 시간이 짧고 균열 발생이 적음
② 기경성 재료 : 공기 중의 탄산가스(CO_2)와 반응하여 경화, 경화 시간이 길고 균열 발생이 큼

(3) 바름면의 일반 조건

① 미장 바름을 지지하는 데 필요한 강도와 강성 보유
② 사용 환경조건에서 필요한 접착 강도를 유지할 수 있는 재질 및 형상
③ 미장 바름에 알맞은 표면 상태로서 유해한 요철, 접합부의 어긋남, 균열 등이 없어야 함
④ 미장 바름에 화학적으로 적합하고, 녹물 등 불순물에 의한 오염이 되지 않아야 함
⑤ 내외벽의 부위별 기후조건 및 사용 조건 고려

(4) 미장 공사에서 균열을 방지하기 위한 조치 사항

① 모르타르는 정벌 바름 시 빈배합 사용
② 1회의 바름 두께는 가급적 얇게 시공
③ 쇠손질 충분히 실시
④ 급격한 건조 회피
⑤ 초벌 바름이 완전히 건조되도록 양생 기간을 두어 균열을 발생시킨 후, 재벌 및 정벌 바름 실시
⑥ 시공 중 또는 경화 중에 진동 등 외부의 충격 방지

(5) 시공순서

① 바름은 위에서 아래의 순으로 시공
② 실내 : 천장 → 벽 → 바닥
③ 외벽 : 옥상 난간에서 지층의 순서로 하고, 처마밑, 반자, 차양 등의 부위는 먼저 시공

▌미장재료 혼화재료

① 해초풀 : 미역 등의 해초풀을 끓여 만든 풀물로서 부착이 잘되고 균열을 방지한다.
② 여물 : 균열을 방지하기 위해 잔섬유질 물질, 종이여물, 삼여물 등을 사용한다.
③ 수염 : 목조 졸대 바탕에 붙여 미장재가 떨어지는 것을 방지하기 위해 삼실끈, 종려털 등을 사용한다.

▌알칼리성 미장 재료

회반죽, 돌로마이트 플라스터, 시멘트 모르타르

▌경석고 플라스터 = 킨스시멘트(keen's cement)

점도가 있어 바르기 쉬우며, 경화 후 강도가 크고 광택이 좋다.

▌모르타르 배합 및 용도

배합비	용도
1:1	치장줄눈, 방수, 기타 중요한 곳
1:2	미장용 정벌바르기, 기타 중요한 곳
1:3	미장용 정벌바르기, 쌓기 줄눈
1:4	미장용 초벌바르기
1:5	기타 중요하지 않은 곳

▌빈배합과 부배합

① 빈배합 : 모르타르에 시멘트의 단위량이 적은 배합
② 부배합 : 모르타르에 시멘트의 단위량이 많은 배합

▌모르타르 바름 두께

① 천장, 차양 : 15mm
② 내벽 : 18mm
③ 바닥, 바깥벽 : 24mm
④ 1회 바름 두께는 바닥을 제외하고 6mm를 표준으로 하며 한 번에 두껍게 바르는 것보다 얇게 여러 번 바르는 것이 좋다.

3 도장공사

(1) 도장 재료의 구분 및 특징

종류		도료성분	특징
페인트	유성 페인트	안료 + 건성유 + 건조제 + 희석제	·내후성, 내마모성이 크고 가장 많이 사용 ·알칼리에 약하며, 건조가 늦음 ·목재, 금속, 콘크리트면에 사용
	수성 페인트	안료 + 교착제 + 물 (교착제 : 아교, 전분, 카제인)	·내알칼리성, 무광택, 비내수성 ·모르타르나 회반죽면에 사용
	에나멜 페인트	안료+유성바니시	·내수성, 내후성, 내약품성 좋음 ·옥내외 목부와 금속면에 사용
	에멀전 페인트	수성페인트 + 유화제 + 합성수지	·내수성·내구성이 좋음 ·수성 페인트의 일종으로 내외부, 목재·섬유판에 사용
바니시	유성 바니시	유용성 수지 + 건성유 + 건조제	·비내후성, 건조 느림 ·목재용, 내부용
	휘발성바니시	수지류 + 휘발성용제	·lack : 천연수지 주체, 목재, 가구용 건조속도가 빠르나 피막이 약함 ·lacquer : 합성수지 주체, 목재, 금속면 등 건조속도가 빠르고 내구성, 내수성 우수
래커	투명래커	수지 + 휘발성용제 + 소화섬유소	·투명하며 건조가 빨라 뿜칠로 시공 ·비내수성, 보통 내부에 사용
	에나멜래커	투명래커 + 안료	·내수성, 내후성, 내마모성 좋음 ·도막이 견고하여 외장용에 사용
합성수지도료		실리콘, 에폭시, 요소, 페놀, 아크릴, 폴리에스테르, 비닐계	·내산, 내알칼리성이고 건조 빠름 ·투광성이 좋고, 콘크리트·회반죽면에 사용
방청도료	광명단	광명단 + 보일드유	·비중이 크고 저장이 곤란하나 가장 많이 사용
	징크로메이트	크롬산아연 + 알키드수지	·녹막이 효과가 좋음 ·알미늄판, 아연철판 벌용 적합
	방청산화철 도료	산화철 + 아연분말 + 스테인오일(합성수지)	·내구성이 좋음 ·마무리칠에 좋음

도장의 역할

① 물체의 표면 보호
② 외관이나 형태의 변화감
③ 풍우, 부후, 노화방지
④ 생물의 부착방지 및 살균
⑤ 빛이나 음파의 반사, 흡수
⑥ 미관증진

용어설명

① 유지 : 도장 후 공기 중 산소와 화합하여 도막의 구성요소를 녹여 유동성을 갖게 하는 물질 – 건성유, 반건성유
② 건조제 : 도료의 건조를 촉진시키기 위해 사용하는 물질
③ 희석제 : 자체에는 용해성이 없고 기름의 점도를 작게 하여 편리하게 하는 물질 – 신너
④ 수지 : 도막을 형성하는 데 주체가 되는 원료 – 천연수지, 합성수지
⑤ 안료 : 물·기름·알콜 등에 용해되지 않는 착색의 목적으로 사용되는 것 – 무기안료, 유기안료

에나멜과 에멀션

① 에나멜 : 페인트와 바니시와의 중간품으로 유성페인트보다 도막이 두껍고 견고하여 내구성이 있으며, 색채와 광택이 선명하다.
② 에멀션 : 수성페인트와 유성페인트의 중간형태의 페인트

도료창고

① 주위 건물과 이격 – 1.5m 이상
② 독립된 단층 건물
③ 채광창 설치 금지
④ 환기를 잘 시키고, 직사광선 회피

(2) 도장공사의 일반사항

① 칠은 일반적으로 초벌, 재벌, 정벌칠의 3공정으로 시행
② 1회 바름 두께는 얇게 하여 여러 번 도포
③ 나중에 칠할수록 색을 짙게 하여 칠을 안 한 부분과 구별
④ 급격한 건조 회피
⑤ 주위의 기온이 5℃ 미만이거나, 상대 습도 85% 초과 시 작업 중지

(3) 바탕처리

1) 금속재 바탕 처리

　① 표면의 불순물 제거 – 와이어브러시, 샌드페이퍼 등

　② 유류는 휘발성 용제로 제거

2) 목부 바탕 처리

　① 표면의 불순물을 제거하며, 송진은 긁어내거나 휘발성 용제로 제거

　② 옹이는 땜 실시 – 셸락바니시칠 2회

　③ 구멍, 틈, 갈램 등에는 퍼티 작업

3) 콘크리트 표면 바탕 처리

　① 3개월 이상 건조시켜 표면의 중성화 기대

　② 균열 부위는 석고로 메우기

　③ 알칼리 중화제의 수용액을 도포하여 표면을 경화시킨 후 도포

▍도장방법

① 솔칠　② 롤러칠　③ 문지름칠　④ 뿜칠

(4) 칠공정 순서

1) 수성페인트칠

　바탕 고르기 → 바탕누름 → 초벌 바르기 → 연마지 갈기 → 마무리

2) 유성페인트칠

　① 목재바탕

　바탕처리 → 연마지 갈기 → 초벌 바르기 → 퍼티 먹임 → 연마지 갈기
　→ 재벌 → 연마지 갈기 → 정벌

　② 금속재 바탕

　바탕 처리 → 연마지 갈기 → 초벌칠 2회 → 퍼티 먹임 → 연마지 갈기 →
　재벌 → 연마지 갈기 → 재벌 2회 → 연마지 갈기 → 정벌

3) 바니시칠

　바탕 만들기 → 색올림(staining) → 초벌 바르기 → 눈먹임(2회) → 재벌 →
　정벌(2회) → 닦기 마무리

4 방수공사

(1) 시멘트 액체방수

① 방수 신뢰도는 낮으나 시공이 간단, 비용도 저렴, 중요도가 낮은 곳에
　사용

② 바탕처리는 건조 후 균열이 없게 보수 후 시공 – 바탕 바름 불필요

③ 시공순서 : 방수액 침투 → 시멘트 풀 → 방수액 침투 → 보호모르타르

④ 방수효과를 높이기 위해 2~3회 반복 시공

▍색올림(staining)
투명칠을 할 때 바탕면에 빛깔을 올리는 것

▍눈먹임
칠공사 시 나무결을 평활하게 만들기 위해 토분, 퍼티 등을 발라 채우는 것

(2) 아스팔트 방수

① 시공기간이 길고 비용이 고가, 방수신뢰도 높음 - 외기에 대한 영향이 비교적 작음

② 재료취급 및 시공이 번잡하고 결함부 발견이 곤란

③ 바탕처리는 1 : 3 모르타르로 1.5cm 정도 바른 후 완전 건조 후 시공

④ 시공순서 : 바탕처리 → 방수층 시공(8층) → 방수층 누름 → 보호모르타르 → 신축줄눈 시공

(3) 시트 방수

① 아스팔트 방수의 다층시공을 단일 시트층으로 대체하는 방법

② 합성고무 또는 합성수지를 주성분으로 하는 두께 1mm 정도의 합성고분자 루핑을 접착제로 바탕에 붙여서 방수층을 형성

③ 시공순서 : 바탕처리 → 프라이머칠 → 접착제칠 → 시트붙임 → 보호층 설치

(4) 도막방수

① 도료상태의 방수재를 수 회 칠하여 방수막 형성

② 유제형, 용제형, 에폭시계 방수 등

5 합성수지공사

(1) 장·단점

장점	단점
·성형 및 가공 용이 ·무게가 가볍고 착색 용이 ·내수성, 내산성, 내알칼리성, 내충격성이 우수 ·전기절연성이 좋고 빛의 투과율 우수	·경도가 약함 ·내화성, 내마모성이 낮음 ·열에 의한 변형이 큼

(2) 종류 및 특징

1) 열가소성 수지 - 2차 성형 가능

① 단량체(모노머)의 중합반응에 의해 얻어지는 1차원적 구조의 수지

② 가열하거나 용제에 녹여 가공

③ 몇 번이라도 열을 가하면 연성이 생겨 재성형이 가능

④ 염화비닐(P.V.C), 아크릴, 초산비닐, 폴리에틸렌, 폴리스틸렌, 폴리아미드

2) 열경화성 수지 - 2차 성형 불가능

① 2개 이상의 동종 또는 이종물질이 축합반응하여 고분자화한 3차원적 구조의 수지

② 열과 압력을 가하여 가공

③ 한 번 식었다 굳으면 화학구조가 달라져 다시 열을 가해도 부드러워지지 않아 재성형 불가능

④ 페놀, 요소, 멜라민, 폴리에스테르, 알키드, 에폭시, 실리콘, 우레탄, 푸란

▎방수의 비교

① 외기에 대한 영향은 도막방수가 아스팔트 방수보다 민감하다.

② 공사기간은 아스팔트 방수가 도막방수보다 길다.

③ 방수층의 신축성은 도막방수도 비교적 크지만, 시트 방수가 가장 크다.

④ 방수층의 끝마무리는 아스팔트방수는 불확실하나 도막방수는 간단하다.

▎합성수지(플라스틱)

석탄·석유·천연가스 등을 원료로 화학반응에 의해 고분자화한 물질로 플라스틱 성형품을 만드는 원료를 말한다.

1 토공과 관련한 설명으로 틀린 것은? 기-09-1

㉮ 흙을 버리는 장소를 '토취장(土取場)'이라 한다.

㉯ 수중의 밑바닥에 쌓인 모래나 암석의 굴착은 '준설(浚渫)'이라고도 한다.

㉰ 제방을 쌓는 것을 '축제(築堤)'라고 한다.

㉱ 비탈끝이라고도 하며 비탈의 하단 끝부분을 '비탈기슭'이라 한다.

해 ㉮ '토취장(土取場)'은 성토 또는 매립공사 등의 토공사에 필요한 흙을 채취하는 장소이며, 흙을 버리는 장소는 '토사장(吐瀉場)'이라 한다.

2 흙의 안식각이란 무엇을 나타내는가? 산기-05-2

㉮ 흙의 마찰각   ㉯ 자연 비탈각

㉰ 흙깎기 경사각   ㉱ 흙쌓기 경사각

3 흙을 높이 쌓아두면 미끄러져 내려와 경사면이 안정되는데 이 경사면의 각도를 무엇이라 하는가?

기-07-2, 기-03-1

㉮ 마찰각(摩擦角)   ㉯ 내부 마찰각

㉰ 전도각(轉倒角)   ㉱ 휴식각(休息角)

4 다음 안식각에 대한 설명 중 틀린 것은? 산기-07-1

㉮ 수평면과 경사면이 이루는 안정된 각을 안식각이라 한다.

㉯ 일반적인 흙의 안식각은 20°~40°이며 보통 30° 정도로 한다.

㉰ 흙의 입자가 작을수록 안식각은 커진다.

㉱ 비탈경사를 안식각 이하로 하면 안정도가 커진다.

해 ㉰ 함수비에 따라 영향을 받으나 일반적으로 흙의 입자가 크면 안식각은 커진다.

5 흙의 휴식각에 대한 설명 중 틀린 것은? 산기-11-4

㉮ 휴식각은 일반적으로 함수율이 증가할수록 작아진다.

㉯ 실제 흙의 휴식각에는 응집력과 부착력이 작용하게 된다.

㉰ 흙 입자간 마찰력만으로서 중력에 대하여 정지하는 흙의 사면 각도이다.

㉱ 흙막이가 없는 경우 흙파기 경사는 경사각의 2배 또는 기초파기 윗면 나비는 +0.6H이다.

6 다음 조경시설물 공사에 필요한 가설공사 중 규준틀 설치에 관한 설명으로 틀린 것은? 기-07-2

㉮ 수평 규준틀은 벽돌쌓기, 블록 쌓기 등 조적공사의 수평보기에 사용된다.

㉯ 규준틀은 통나무 또는 각목을 사용한다.

㉰ 규준틀은 공사착수에 있어서 대지에 건축물의 위치를 결정하기 위해 설치한다.

㉱ 수평 규준틀은 규준틀 설치 평면 배치도를 작성하여 개소 당 품을 적용하는 것이 원칙이다.

해 ㉮ 수평 규준틀은 벽돌쌓기, 블록 쌓기 등 조적공사의 수직보기에 사용된다.

7 학교 운동장의 한쪽 끝에서 다른 쪽 끝까지의 수평거리가 80m인 곳에 한쪽은 다른 한쪽 끝보다 4m가 더 높다. 이 때 이 운동장의 경사도는 얼마인가? 산기-09-4

㉮ 3%   ㉯ 4%

㉰ 5%   ㉱ 20%

해 · 경사도 $G = \dfrac{D}{L} \times 100(\%)$

     D : 두 지점 사이의 높이차

     L : 두 지점 사이의 수평거리

     $\therefore \dfrac{4}{80} \times 100 = 5(\%)$

8 경사도 표현 방법 중 1 : 1.5를 가장 잘 설명한 것은? 산기-10-2

㉮ 수직고 1에 대한 수평거리 1.5를 말한다.

㉯ 수평거리 1에 대한 수직고 1.5를 말한다.

㉰ 수직고 1에 대한 사면거리 1.5를 말한다.

㉱ 수평거리 1에 대한 사면거리 1.5를 말한다.

9 비탈면의 경사가 1:1.5일 때, 수평거리가 3m이면 수직거리(m)는 얼마인가? 산기-09-2

㉮ 1.5 ㉯ 2.0
㉰ 3.0 ㉱ 4.5

해 1:1.5 = 수직거리 : 수평거리를 의미하므로, 수평거리가 3m이면 수직거리는 2m가 된다.

10 다음 중 기계경비의 기계손료 항목이 아닌 것은? 기-03-2, 산기-09-2

㉮ 감가상각비 ㉯ 정비비
㉰ 관리비 ㉱ 운전노무비

해 기계손료 : 원가감가상각비, 정비비, 관리비

11 토사의 절취 후 운반 작업거리가 60m 이하일 때, 가장 합리적으로 사용할 수 있는 건설기계 장비는? 산기-06-4

㉮ 불도저 ㉯ 백호우
㉰ 로우더 ㉱ 그레이더

해 운반거리별 건설기계

작업구분	운반거리	토공기계
점토 및 다짐	평균 20m	불도저(10~30m)
흙 운반	60m 이하	불도저
	60~100m	불도저, 피견인식 스크레이퍼 굴삭기 + 덤프트럭, 로더+덤프트럭
	100m이상	피견인식 스크레이퍼, 모터 스크레이퍼 굴삭기 + 덤프트럭, 로더 + 덤프트럭

12 토공사용 기계로서 흙을 깎으면서 동시에 기체 내에 담아 운반하고 깔기작업을 경할 수 있으며, 작업거리는 100~1500m 정도의 중장거리용으로 쓰이는 것은? 산기-11-4

㉮ 트렌처 ㉯ 그레이더
㉰ 파워쇼벨 ㉱ 캐리올스크레이퍼

13 다음 기계에서 굴착, 적재, 운반, 버리기, 고르기 작업을 할 수 있는 토공기계는? 산기-02-4

㉮ 앵글 도우저 ㉯ 그레이더
㉰ 드래그 라인 ㉱ 스크레이퍼

14 고압벽돌을 이용하여 포장공사를 할 때 다짐에 사용하기 가장 부적당한 기계 및 기구는? 산기-09-1

㉮ 램머(rammer) ㉯ 콤팩터(compacter)
㉰ 롤러(roller) ㉱ 로더(loader)

해 다짐용 기계 : 로드 롤러, 타이어 롤러, 탬핑 롤러, 플래이터 콤팩터, 래머, 탬퍼

15 토목 공사용 기계인 쇼벨(shovel)의 작업 용도로만 모두 나열된 것은? 산기-09-2

㉮ 부설용 ㉯ 정지용
㉰ 굴착용, 싣기용 ㉱ 다짐용, 싣기용, 운반용

16 굴삭, 운반 및 다짐을 할 수 있는 건설 기계는? 기-04-1, 기-07-4

㉮ 불도우저 ㉯ 로우더
㉰ 리퍼 ㉱ 스크레이퍼

17 다음 불도저(bulldozer)의 특징 설명으로 틀린 것은? 산기-08-2

㉮ 토사의 절토, 성토, 다지기, 운반 등의 작업에 쓰이는 대표적인 토공기계이다.
㉯ 작업범위는 소형 50m에서 대형 100m 정도이다.
㉰ 무한궤도식(無限軌道式)은 승차감과 기동성이 좋고, 다짐효과도 커서 장거리작업에 효과적이다.
㉱ 토공판의 각도에 따라 스트레이트도저, 앵글도저, 틸트도저로 분류한다.

해 다항은 타이어식에 대한 설명이다. 무한궤도식은 80m 이내가 효과적이다.

18 다음 중 건설기계와 해당 건설기계의 주된 작업 종류의 연결이 틀린 것은? 산기-11-1, 산기-11-2

㉮ 크램셸 – 굴착 ㉯ 백호 – 정지
㉰ 파워쇼벨 – 굴착 ㉱ 그레이더 – 정지

해 ㉯ 백호-굴착·싣기

19 지면에 기계를 두고 깊이 8m 정도의 연약한 지반의 깊은 기초 흙파기를 할 때 사용하는 기계로 가장 적당한 것은? 기-10-4

㉮ 스크레이퍼(scraper)
㉯ 불도저(bulldozer)
㉰ 파워쇼벨(power shovel)
㉱ 드래그라인(drag line)

20 다음 시멘트에 대한 설명 중 옳지 않은 것은?

산기-03-4

㉮ 시멘트는 분말도가 많은 것 일수록 수화작용이 빨라진다.

㉯ 시멘트의 응결온도는 20±3℃정도가 적당하다.

㉰ 시멘트는 하절기 고온다습 할 때 풍화하기 쉽다.

㉱ 자연상태에서 풍화한 시멘트라도 압축강도에는 변화가 없다.

해 ㉱ 자연상태에서 풍화된 시멘트는 시멘트의 응결 및 경화속도가 늦어지고, 안정성이 떨어져 압축강도가 저하된다.

21 시멘트에 대한 설명으로 틀린 것은? 산기-07-2

㉮ 분말도가 고울수록 조기강도는 커진다.

㉯ 시멘트는 제조 직후보다 장기간 저장하여 사용해야 강도가 커진다.

㉰ 일반적으로 온도가 높을수록 응결은 빨라진다.

㉱ 시멘트의 강도는 시멘트의 조성, 물·시멘트비, 재령 및 양생 조건 등에 따라 달라진다.

해 ㉯ 시멘트는 장기간 저장하는 과정에서 공기중의 습기를 흡수하여 풍화되어 강도가 저하되므로, 제조 직후의 시멘트의 강도가 더 크다.

22 시멘트의 분말도에 대한 내용이 잘못된 것은?

산기-04-2

㉮ 분말도가 가는 것일수록 수화 작용이 빠르다.

㉯ 분말도가 가는 것일수록 조기 강도는 떨어진다.

㉰ 분말도가 가는 것일수록 워커빌리티가 좋다.

㉱ 분말도가 가는 것일수록 수축, 균열이 발생하기 쉽다

해 ㉯ 분말도가 가는 것일수록 조기 강도는 커진다.

23 다음 중 시멘트의 응결이 느린 경우는? 산기-05-4

㉮ 시멘트의 분말도가 큰 경우

㉯ 온도가 높고, 습도가 낮을수록

㉰ C₃A 성분이 많을수록

㉱ W/C 비가 많을수록

해 응결이 빠른 경우

　·분말도가 클수록

　·온도가 높고, 습도 낮을수록

　·C₃A(Aluminate)성분이 많을수록

응결이 느린 경우

　·W/C 비가 많을수록

　·풍화된 시멘트일수록

24 시멘트의 품질시험에 관한 설명 중 틀린 것은?

기-06-1

㉮ 혼합시멘트에서 혼화제의 혼입량이 많아질수록 비중이 작아진다.

㉯ 비표면적이 큰 시멘트일수록 분말이 미세하여 일반적으로 강도발현이 빨라지고 수화열의 발생량도 많아진다.

㉰ 풍화한 시멘트는 수화열이 커진다.

㉱ 수화열은 시멘트의 화학조성과 비표면적에 좌우된다.

해 ㉰ 풍화한 시멘트는 수화열이 낮아진다.

25 다음 중 시멘트 창고 설치 시 유의 사항으로 옳지 않은 것은? 기-06-2

㉮ 바닥은 지면에서 30cm 이상 높게 하여 깔판을 깔고 쌓는다.

㉯ 시멘트의 사용은 먼저 반입한 것부터 사용하도록 한다.

㉰ 창고 주변에 배수도랑을 두어 우수의 침투를 방지한다.

㉱ 시멘트를 쌓는 높이는 20포대 정도로 한다.

해 ㉱ 시멘트를 쌓는 높이는 13포대 이상 쌓지 않으며, 장기 저장 시 7포대를 초과하지 않는다.

26 경화시간과 수화작용(水和作用)이 빨라 조기 강도가 크고 발열량이 많아 한지(寒地), 긴급공사에 적당한 시멘트는? 산기-03-1, 산기-07-4, 산기-09-4

㉮ 포오틀랜드 시멘트

㉯ 조강 포오틀랜드 시멘트

㉰ 중용열 포오틀랜드 시멘트

㉱ 실리카 시멘트

27 수화열이 낮고 수축량이 적으며, 내황산염성이 풍부한 시멘트로 침식성 용액에 대한 저항이 크며,

내구성이 풍부하여 포장이나 댐 같은 매스(mass)콘크리트, 차폐용 콘크리트 등에도 사용되는 것은?

가-08-1, 산기-06-1, 산기-08-1

㉮ 고로 시멘트
㉯ 조강포틀랜드 시멘트
㉰ 중용열포틀랜드 시멘트
㉱ 백색포틀랜드 시멘트

해 중용열 포틀랜드 시멘트의 특징

·수화발열량이 적어 수축·균열 발생 적음
·조기 강도는 낮으나 장기 강도가 크며, 내침식성, 내구성 양호
·방사선 차단용 콘크리트, 댐공사, 매스콘크리트에 적당

28 다음 설명에 적합한 시멘트의 종류는?   산기-11-2

> – 수화열이 보통시멘트보다 적으므로 댐이나 방사선 차폐, 매시브한 콘크리트 등 단면이 큰 콘크리트용으로 적합하다.
> – 조기강도는 보통시멘트에 비해 작으나 장기강도는 보통시멘트와 같거나 약간 크다.
> – 건조수축은 포틀랜드시멘트 중에서 가장 작다.
> – 화학저항성이 크고 내산성이 우수하다.

㉮ 백색포틀랜드시멘트   ㉯ 조강포틀랜드시멘트
㉰ 중용열포틀랜드시멘트   ㉱ 실리카시멘트

29 백색포틀랜드시멘트에 대한 설명으로 옳지 않은 것은?   기-11-2

㉮ 제조 시 흰색의 석회석을 사용한다.
㉯ 안료를 섞어 착색 시멘트를 만들 수 있다.
㉰ 보통포틀랜드시멘트에 비하여 조기강도가 매우 낮다.
㉱ 제조 시 사용하는 점토에는 산화철이 가능한 한 포함되지 않도록 한다.

해 ㉰ 보통 포틀랜드 시멘트에 비하여 조기강도가 우수하다.

30 포틀랜드시멘트의 화학성분 중 가장 많은 부분을 차지하는 성분은?   산기-10-1

㉮ 실리카(SiO2)   ㉯ 산화철(Fe2O3)
㉰ 알루미나(Al2O3)   ㉱ 석회(CaO)

31 화학물질에 견디는 힘이 강해서 하수도공사나 바닷속의 공사에 쓰이는 시멘트는?   산기-03-2, 산기-12-1

㉮ 조강포오틀랜드 시멘트
㉯ 보통 포오틀랜드 시멘트
㉰ 중용열 포오틀랜드 시멘트
㉱ 고로시멘트

해 고로시멘트의 특징

·비중이 낮고(2.9) 응결시간이 길며 조기강도 부족
·해수, 하수, 지하수, 광천 등에 저항성이 크고 건조수축 적음
·매스콘크리트, 바닷물, 황산염 및 열의 작용을 받는 콘크리트

32 포틀랜드시멘트 클링커에 철용광로로부터 나온 슬래그와 급랭한 급랭슬래그를 혼합하여 이에 응결시간 조정용 석고를 혼합하여 분쇄한 것으로, 수화열량이 적어 매스콘크리트용으로도 사용할 수 있는 시멘트는?   기-11-1

㉮ 고로시멘트   ㉯ 조강시멘트
㉰ 보통포틀랜드시멘트   ㉱ 알루미나시멘트

33 다음 중 조기(早期)강도가 크고 내화성(耐火性)이 커서 긴급을 요하는 공사나 한중(寒中)공사에 적합한 시멘트는?   산기-06-2

㉮ 고로(高爐) 시멘트   ㉯ 포틀랜드 시멘트
㉰ 알루미나 시멘트   ㉱ 플라이애쉬 시멘트

해 알루미나 시멘트(one day 시멘트)의 특징

·조기강도가 큼-24시간에 보통포틀랜드 시멘트의 28일 강도 발현
·수축이 적고 내수·내화·내화학성 우수
·동절기공사, 해수 및 긴급공사에 사용

34 보통 포틀랜드 시멘트와 비교할 때 알루미나 시멘트의 특성 설명으로 틀린 것은?   산기-08-2

㉮ 바닷물이나 화학적 작용에 대한 저항성이 크다.
㉯ 조기강도는 낮으나 장기강도는 크다.
㉰ 열분해 온도가 높아 내화용(耐火用) 콘크리트에 적합하다.
㉱ 긴급공사, 한중콘크리트에 사용한다.

35 다음 중 플라이애쉬를 콘크리트에 사용함으로써

얻을 수 있는 장점에 해당되지 않는 것은? 산기-10-4

㉮ 워커빌리티가 개선된다.

㉯ 건조수축이 적어진다.

㉰ 수화열이 낮아진다.

㉱ 초기강도가 높아진다.

해 플라이애쉬의 효과

·시공연도 개선효과

·재료분리, 블리딩 감소

·수화열 감소

·해수, 화학적 저항성 증진

·초기강도 감소, 장기강도 증가

36 시멘트의 혼화재료(混和材料)에 대한 설명 중
틀린 것은? 산기-09-4

㉮ 시멘트, 물, 골재 이외의 재료로서 시멘트의 한
성분으로 넣는 재료이다.

㉯ 아직 굳지 않는 콘크리트의 성질을 개선하는데
필요하다.

㉰ 혼화재료는 혼화재와 혼화제로 나눈다.

㉱ 혼화재는 사용량이 적어서 그 자체의 체적이 콘
크리트의 배합에서 무시할 수 있다.

해 ㉱ 혼화재는 시멘트양의 5% 이상으로, 시멘트의 대체 재료로 이
용되고 사용량이 많아 그 부피가 배합계산에 포함되는 것이다.

37 미세기포의 작용에 의해 콘크리트의 워커빌리
티와 동결융해에 대한 저항성을 개선시키는 것은?
기-02-1

㉮ 포졸란   ㉯ AE제

㉰ 지연제   ㉱ 촉진제

해 AE제 : 시공연도 증진, 동결융해 저항성·재료분리 저항성 증
가, 단위수량 감소효과, 내구성·수밀성 증대, 블리딩 감소, 응
결시간 조절(지연형, 촉진형)

38 AE제에 대한 설명으로 옳은 것은? 산기-02-1

㉮ AE제를 넣을수록 공기량은 감소한다.

㉯ AE제를 사용한 콘크리트는 강도가 증가한다.

㉰ AE제 공기량은 온도가 높아질수록 증가한다.

㉱ AE제 공기량은 진동을 주면 감소한다.

39 AE감수제에 대한 설명 중 적절하지 않은 것은?
기-10-2

㉮ 수밀성이 향상되고 투수성이 감소된다.

㉯ 공기연행작용으로 건조수축이 증가된다.

㉰ 응결특성을 변화시키는 지연형, 촉진형과 응결
특성에 영향이 없는 표준형으로 분류된다.

㉱ 시멘트 분산작용과 공기연행작용이 합성되어 단
위수량을 크게 감소시킨다.

해 AE감수제의 특징

·시멘트 입자의 유동성 증대

·감수 효과가 뛰어남(13% 정도)

·단위 시멘트량의 감소 가능(6~12%)

·수화열 발생량 감소

·콘크리트 내구성 증대

40 시멘트의 응결경화 촉진제로 사용하는 혼화제
는? 산기-04-1

㉮ 염화칼슘   ㉯ 포졸란(Pozzolan)

㉰ 플라이애쉬   ㉱ 빈졸(Vinsol resin)

해 응결경화촉진제로는 염화칼슘, 식염을 사용하며 초기강도를
증진시키고 저온에서도 강도 증진효과가 있어 한중콘크리트
에 사용한다.

41 콘크리트 혼화제 중 경화(硬化)시 응결 촉진제의
주성분으로 사용되며 조기강도를 크게 하는 것은?
산기-09-1

㉮ 알루미늄   ㉯ 이산화망간

㉰ 염화칼슘   ㉱ 소석회

42 콘크리트 타설시 슬럼프 값의 저하를 적게 할
목적으로 사용하는 혼화제는? 기-04-2

㉮ AE제   ㉯ 감수제

㉰ 포졸란   ㉱ 응결지연제

해 응결지연제 : 구연산, 글루코산, 당류 등을 사용하여 수화 반응
에 의한 응결시간을 늦추어 슬럼프값 저하를 막고, 콜드조인트
방지나 레미콘의 장거리 운반 시 사용

43 다음 중 경량골재에 해당하는 것은? 산기-02-1

㉮ 부순 자갈   ㉯ 중정석

ⓒ 바다모래　　　　　　ⓓ 질석

🔲 골재비중에 따른 분류
　·보통골재 : 절건비중이 2.5~2.7 정도의 것으로 강모래, 강자갈, 부순모래, 부순자갈 등
　·경량골재 : 절건비중이 2.5 이하로 천연화산재, 경석, 인공질석, 펄라이트 등
　·중량골재 : 절건비중이 2.7 이상으로 중정석(重晶石), 철광석 등에서 얻은 골재

44 다음 중 콘크리트용으로 사용되는 골재의 요구 품질이 아닌 것은?　　　　　　　　　　산기-06-1
ⓐ 청결·견고하고 내구성이 있는 것
ⓑ 알모양은 둥글고 표면은 다소 거칠 것
ⓒ 입도가 불규칙하고 유기 불순물을 포함한 것
ⓓ 골재의 강도는 콘크리트 중의 경화된 모르타르 강도 이상일 것

🔲 ⓒ 콘크리트용으로 사용되는 골재는 유기 불순물이 없어야 한다.

45 콘크리트용 골재의 필요 성질에 관한 설명 중 적합하지 않은 것은?　　　　　　　　　　기-05-4
ⓐ 잔골재는 5mm체에 85% 이상 통과하는 것으로써 모래라고도 한다.
ⓑ 보통 골재는 절건 비중이 2.5~2.7 정도의 것으로서, 강모래, 강자갈, 부순 모래, 부순 자갈 등이 있다.
ⓒ 골재의 입형은 될 수 있는대로 편평하고 가늘며 길어야 단단한 구조를 가질 수 있다.
ⓓ 골재의 강도는 시멘트 풀이 경화하였을 때 시멘트 풀의 최대강도 이상이어야 한다.

🔲 ⓒ 골재의 표면이 거칠고 둥근형태인 것이 좋다.

46 콘크리트의 배합에 있어서 골재의 입도에 관한 설명이다. 옳지 않은 것은?　　　　　　　기-03-4
ⓐ 골재의 입도는 콘크리트를 경제적으로 만드는 데 중요한 인자이다.
ⓑ 골재의 입도는 같은 크기의 입자로만 이뤄져야 좋다.
ⓒ 골재의 입도는 시멘트풀과 밀접한 관계가 있다.
ⓓ 골재의 입도를 알기 위해서는 골재의 체가름 시험을 한다.

🔲 골재의 입도란 크고 작은 골재가 적당히 혼합되어 있는 정도로 골재치수가 크면 시멘트 및 물의 사용량이 줄고 강도 및 내구성이 향상된다.

47 콘크리트용 골재로서 요구되는 성질에 대한 설명 중 옳지 않은 것은?　　　　　　　　산기-11-2
ⓐ 골재의 입형은 가능한 한 편평, 세장하지 않을 것
ⓑ 골재의 강도는 경화시멘트페이스트의 강도를 초과하지 않을 것
ⓒ 골재의 입도는 조립에서 세립까지 연속적으로 균등히 혼합되어 있을 것
ⓓ 골재는 시멘트페이스트와의 부착이 강한 표면구조를 가져야 할 것

🔲 ⓑ 골재의 강도는 경화시멘트페이스트의 강도보다 커야 한다.

48 콘크리트를 배합할 때 골재의 건조 상태는 어느 것을 전제로 하는가?　　　　　　　　산기-04-4
ⓐ 절대 건조상태　　　　　ⓑ 공기 중 건조상태
ⓒ 표면건조 포화상태　　　ⓓ 습윤 상태

49 어느 골재 시료의 절건상태의 무게는 500g, 표면건조 내부 포수상태의 650g, 습윤상태의 무게는 700g이다. 이 골재의 흡수량은?　　　　기-07-2
ⓐ 50g　　　　　　　　　ⓑ 100g
ⓒ 150g　　　　　　　　　ⓓ 200g

🔲 흡수량 = 표면건조 포화상태(g) - 절대건조상태(g) = 650 - 500 = 150(g)

50 굵은 골재의 각 함수 상태에 계량한 값이 다음과 같다. 이때 표면수량과 함수량(%)은 얼마인가?　　　　　　　　　　　　　　　　　산기-11-4

절대건조상태 : 94kgf	공기건조상태 : 97kgf
표면건조 포화상태 : 99kgf	습윤상태 : 100kgf

ⓐ 표면수량 2.06%, 함수량 5.0%
ⓑ 표면수량 1.01%, 함수량 6.38%
ⓒ 표면수량 2.06%, 함수량 7.05%

㉣ 표면수량 1.01%, 함수량 6.0%

해 ·표면수율 $= \frac{A-B}{B} \times 100(\%)$

·함수율 $= \frac{A-D}{D} \times 100(\%)$

A : 습윤상태   B : 표면건조 포화상태

C : 공기건조상태   D : 절대건조상태

∴ → 표면수량 $= \frac{100-99}{99} \times 100 = 1.01(\%)$

→ 함수량 $= \frac{100-94}{99} \times 100 = 6.38(\%)$

51 단위 시멘트량이 300kg, 단위수량(水量)이 180kg 일 때 물시멘트비(W/C)는 몇 %인가?   산기-02-1

㉮ 30%   ㉯ 40%

㉰ 60%   ㉱ 80%

해 물시멘트비 W/C $= \frac{180}{300} \times 100 = 60(\%)$

52 물·시멘트비가 40%일 때, 시멘트량이 200kg이 었다면 단위수량은?   산기-03-1

㉮ 40kg   ㉯ 50kg

㉰ 80kg   ㉱ 100kg

해 W/C $= \frac{W}{200} \times 100 = 40(\%)$

∴ W = 80(kg)

53 어느 콘크리트의 28일 강도 σ는 220kg/cm²이 다. $\sigma = -210 + 215C/W$일 때, 물·시멘트 비는 얼마 인가?   산기-02-4

㉮ 0.5%   ㉯ 2%

㉰ 20%   ㉱ 50%

해 $\sigma = -210 + 215C/W$

$220 = -210 + 215C/W$

$W/C = \frac{215}{220+210} = 0.5 \rightarrow 50\%$

54 콘크리트 슬럼프 시험(slump test)과 관련된 설 명 중 틀린 것은?   기-09-4

㉮ 다짐봉은 지름 16mm, 길이 500~600mm의 강 제 또는 금속제 원형봉으로 그 앞 끝을 반구 모양 으로 한다.

㉯ 슬럼프 콘은 윗면의 안지름이 100mm, 슬럼프 콘의 밑면의 안지름은 200mm이다.

㉰ 슬럼프 콘의 각 층은 다짐봉으로 고르게 한 후 20회 똑같이 다진다.

㉱ 시료를 거의 같은 양의 3층으로 나눠서 채운다.

해 ㉰ 슬럼프 콘의 각 층은 다짐봉으로 고르게 한 후 25회 똑같 이 다진다.

55 다음 중 굳지 않은 콘크리트의 성질이 아닌 것 은?   기-06-4

㉮ 블리딩(bleeding)

㉯ 성형성(plasticity)

㉰ 반죽질기(consistency)

㉱ 워커빌리티(workability)

해 굳지 않은 콘크리트의 성질

·컨시스턴시(consistency 반죽질기)

·워커빌리티(workability 시공연도)

·성형성(plasticity)

·피니셔빌리티(finishability 마감성)

56 콘크리트를 반죽한 직후 아직 굳지 않은 콘크 리트 성질을 나타내는 용어로 콘크리트 부어넣기 작업의 난이도(難易度) 정도 및 재료 분리에 대한 저항성을 나타내는 성질을 의미하는 것은?

기-08-4, 기-07-2, 기-03-1

㉮ 반죽질기(Consistency)

㉯ 시공연도(Workability)

㉰ 성형성(Plasticity)

㉱ 마무리 정도(Finishability)

57 콘크리트 워커빌리티(Workability)에 영향을 주 는 요소가 아닌 것은?가

산기-02-4, 산기-04-1, 산기-05-2, 산기-06-4

㉮ 콘크리트의 강도   ㉯ 골재입도와 잔골재율

㉰ 시멘트 양   ㉱ 반죽질기(consistency)

해 워커빌리티(Workability 시공연도)에 영향을 주는 요소

·단위수량이 많으면 재료분리, 블리딩 증가

·단위시멘트량이 많으면(부배합) 빈배합보다 시공연도 향상

·시멘트의 분말도가 클수록 시공연도 향상

·둥근골재(강자갈)가 입도가 좋아 시공연도 향상

·적당한 공기량은 시공연도 향상

·비빔시간이 길어지면 시공연도 저하

·온도가 높으면 시공연도 저하

58 콘크리트의 반죽질기에 직접적인 영향을 주지 않는 것은? 산기-05-1

㉮ 물, 시멘트비(W/C)

㉯ 배쳐 플랜트(Batcher plant)

㉰ 워커빌리티(Workability)

㉱ 슬럼프 테스트(Slump test)

59 다음의 혼화재료 중 콘크리트의 워커빌리티를 개선하는 효과가 없는 것은? 산기-11-2

㉮ AE제   ㉯ 감수제

㉰ 포졸란   ㉱ 발포제

60 콘크리트의 워커빌리티(시공연도)에 관한 다음 설명 중 맞지 않는 것은? 기-05-4

㉮ 상온에서는 굳지 않은 콘크리트의 온도가 높을수록 워커빌리티가 좋아진다.

㉯ 일반적으로 시멘트의 사용량을 증가시키면 워커빌리티가 좋아진다.

㉰ 물의 양이 많을수록 시공성이 좋아지나 너무 많으면 재료분리를 일으키기 쉽다.

㉱ 굵은 골재료는 깬 자갈보다 강자갈을 쓸 때 워커빌리티가 좋아진다.

해 ㉮ 온도가 높을수록 워커빌리티는 낮아진다.

61 굳지 않은 콘크리트의 시공연도(workability)에 영향을 주는 요소 설명으로 틀린 것은? 기-09-1

㉮ 단위시멘트 사용량을 증가시키면 워커빌리티가 향상된다.

㉯ 물의 양을 증가시키면 콘크리트는 묽어지고 재료분리가 현저하게 감소된다.

㉰ 둥글둥글한 강자갈을 골재로 사용하면 워커빌리티가 좋아진다.

㉱ 비빔시간이 길어지면 시멘트의 수화가 촉진되어 워커빌리티가 나빠진다.

해 ㉯ 물의 양을 증가시키면 콘크리트는 묽어지고 재료분리가 일어나기 쉽다.

62 다음 콘크리트 워커빌리티(Workability)에 대한 설명으로 틀린 것은? 산기-07-4, 산기-10-1

㉮ 시멘트의 종류, 분말도, 사용량이 영향을 미친다.

㉯ 시멘트의 양이 많아지면 워커빌리티가 좋아진다.

㉰ 골재의 입자가 모난 것이나 납작한 것은 워커빌리티를 개선한다.

㉱ 시공연도를 나타내는 것이다.

해 둥근골재(강자갈)가 입도가 좋아 시공연도를 향상시킨다.

63 굳지 않은 콘크리트의 워커빌리티(Workability)의 측정방법이 아닌 것은? 산기-08-1, 기-12-1

㉮ 슬럼프테스트   ㉯ Remolding test

㉰ 흐름시험   ㉱ Viscosity test

해 콘크리트의 워커빌리티(Workability)의 측정방법으로는 슬럼프 시험(slump test), 플로우시험(flow test), 다짐계수시험, 비비 시험(Vee-Bee test), 구 관입시험(ball penetration test), 리모울딩 시험(remolding) 등이 있다.

64 굳지 않은 콘크리트의 성질에 관한 내용으로 옳지 않은 것은? 기-10-1

㉮ 시멘트는 분말도가 높아질수록 점성이 낮아지므로 컨시스턴시도 커진다.

㉯ 사용되는 단위수량이 많을수록 콘크리트의 컨시스턴시는 커진다.

㉰ 입형이 둥글둥글한 강모래를 사용하는 것이 모가 진 부순 모래의 경우보다 워커빌리티가 좋다.

㉱ 비빔시간이 너무 길면 수화작용을 촉진시켜 워커빌리티가 나빠진다.

해 ㉮ 시멘트는 분말도가 높아질수록 점성이 높아지므로 컨시스턴시는 낮아진다.

65 콘크리트 타설 작업시 발생하는 블리딩(Bleeding)현상에 대해 가장 잘 설명한 것은?
산기-05-4, 산기-10-4, 산기-03-2, 기-08-1

㉮ 시멘트 입자의 비율이 높아 점성이 증가하므로 타설작업에 지장을 초래하는 현상

㉯ 굳지 않은 상태에서 시멘트 입자의 점성에 의한 재료분리에 저항하는 성질

㉰ 시멘트의 화학적 작용으로 인한 골재의 혼합 및 타설작업에 지장을 초래하는 현상

㉱ 굳지 않은 상태에서 골재 및 시멘트 입자의 침강

(沈降)으로 물과 가벼운 입자가 분리하여 상승하는 현상

66 콘크리트의 재료분리현상을 줄이기 위한 방법으로 옳지 않은 것은? 기-11-4

㉮ 중량골재와 경량골재 등 비중차가 큰 골재를 함께 사용한다.

㉯ 플라이애쉬를 적당량 사용한다.

㉰ 세장한 골재보다는 둥근 골재를 사용한다.

㉱ AE제나 AE감수제 등을 사용하여 사용수량을 감소시킨다.

해 ㉮ 허용 범위내에서 미립분이 많은 잔골재 및 비중이 작은 굵은 골재를 사용한다.

67 콘크리이트의 강도에 관계되는 인자로 보기에 적당치 않은 것은? 산기-04-2

㉮ 양생온도

㉯ 시멘트의 화학성분

㉰ 시멘트의 분말색

㉱ 가해지는 수분의 양

68 다음 보기 중 콘크리트 공사의 작업순서로 옳은 것은? 산기-07-4

[보기]
치기(A), 양생(B), 다지기(C), 재료개량(D), 비비기
운반(E), 겉마무리(F)

㉮ B → A → C → E → D → F

㉯ D → E → A → C → B → F

㉰ D → C → E → A → B → F

㉱ D → E → A → C → F → B

69 콘크리트 치기에 대한 설명으로 부적합한 것은? 산기-09-2

㉮ 콘크리트를 2층 이상 나누어 칠 경우 하층의 콘크리트가 완전히 경화한 후에 시공한다.

㉯ 한 구획 내의 콘크리트는 치기가 완료될 때까지 연속해서 쳐야 한다.

㉰ 친 콘크리트는 거푸집 안에서 횡방향으로 이동시켜서는 안된다.

㉱ 콘크리트 치기 중 블리딩수가 발생하면 이 물을 제거하고 콘크리트를 쳐야 한다.

해 ㉮ 콘크리트를 2층 이상 나누어 칠 경우, 상층의 콘크리트 타설은 원칙적으로 하층의 콘크리트가 굳기 시작하기 전에 쳐야 하며 상층과 하층이 일체가 되도록 시공해야 한다.

70 다음 콘크리트와 관련된 설명이 옳지 않은 것은? 산기-10-4

㉮ 비비기로부터 타설이 끝날 때까지의 시간은 원칙적으로 외기온도가 25℃ 이상일 때는 1.5시간을 넘어서는 안된다.

㉯ 콘크리트 다지기에는 내부진동기의 사용을 원칙으로 하나, 얇은 벽 등 내부진동기의 사용이 곤란한 장소에서는 거푸집 진동기를 사용해도 좋다.

㉰ 거푸집의 높이가 높을 경우, 재료 분리를 막고 상부의 철근 또는 거푸집에 콘크리트가 부착하여 경화하는 것을 방지하기 위해 투입구와 타설면과의 높이는 1.5m 이하를 원칙으로 한다.

㉱ 비비기 시간은 시험에 의해 정하는 것을 원칙으로 하며, 미리 정해둔 비비기 시간의 2배 이상 지속해야 한다.

해 ㉱ 비비기 시간은 시험에 의해 정하는 것을 원칙으로 하며, 미리 정해둔 비비기 시간의 3배 이상 계속해서는 안된다.

71 콘크리트용 내부진동기의 사용방법에 관한 설명으로 틀린 것은? 기-10-2

㉮ 1개소 당 진동시간은 5~15초로 한다.

㉯ 내부진동기는 연직으로 찔러 넣으며, 삽입간격은 일반적으로 0.5m 이하로 하는 것이 좋다.

㉰ 재 진동을 할 경우에는 초결이 일어난 것을 확인한 후 실시한다.

㉱ 진동다지기를 할 때에는 내부진동기를 하층 콘크리트 속으로 0.1m 정도 찔러 넣는다.

해 ㉰ 재 진동을 할 경우에는 콘크리트에 나쁜 영향이 생기지 않도록 초결이 일어나기 전에 실시한다.

72 콘크리트 다지기에 대한 설명 중 옳지 않은 것은? 기-10-2

㉮ 콘크리트 다지기에는 내부진동기 사용을 원칙으

정답 66 ㉮ 67 ㉰ 68 ㉱ 69 ㉮ 70 ㉱ 71 ㉰ 72 ㉰

로 한다.

㉯ 진동기는 콘크리트로부터 천천히 빼내어 구멍이 남지 않도록 해야 한다.

㉰ 콘크리트가 한 쪽에 치우쳐 있을 때는 내부진동기로 평평하게 이동시켜야 한다.

㉱ 내부진동기는 될 수 있는 대로 연직으로 일정한 간격으로 찔러 넣는다.

해 ㉰ 내부진동기를 콘크리트의 횡방향 이동에 사용해서는 안된다. 이는 콘크리트의 재료분리의 치명적인 원인이 된다.

73 콘크리트 포장의 줄눈의 설치에 관한 설명으로 틀린 것은? _산기-07-2_

㉮ 신축/팽창 줄눈은 온도의 변화로 인한 수축, 팽창에 의해 생기는 파손을 막기 위한 것이다.

㉯ 시공 줄눈(construction joint)은 콘크리트 시공상 필요에 의해서 콘크리트 타설을 중단하는 위치에 설치하는 이음이다.

㉰ 포장 면이 기존 구조물과 만나는 곳에는 수축줄눈(contraction joint)을 설치한다.

㉱ 콘크리트 경화 시 수축에 의한 균열을 방지하고, 슬래브에서 발생하는 수평 움직임을 조절하기 위하여 조절 줄눈(control joint)을 설치한다.

해 기존 구조물과 만나는 곳에는 신축줄눈(expantion joint)을 설치한다.

74 콘크리트 양생에 관한 기술 중 바르게 된 것은? _산기-03-1_

㉮ 콘크리트의 노출면은 5일 이상 습윤한 상태로 되어야 한다.

㉯ 양생 중에 경화촉진을 시키기 위하여 건조시키는 것이 좋다.

㉰ 양생 온도는 10℃ 이하가 되면 경화가 진행되지 않는다.

㉱ 경화촉진제로서 알루미늄 분말이 있다.

75 다음 중 공장에서 콘크리트 제품의 양생 시에 주로 이용하는 촉진양생방법에 해당되지 않는 것은? _산기-10-2_

㉮ 습윤양생

㉯ 증기양생

㉰ 전기양생

㉱ 오토클레이브(autoclave)양생

76 콘크리트(Concrete)에 대한 설명으로 틀린 것은? _산기-06-2_

㉮ 일반적인 콘크리트(Concrete)의 동결온도는 약 -10℃부터 완전 동결된다.

㉯ 콘크리트(Concrete)의 강도는 비벼 넣은 뒤의 양생(養生)방법에 따라 차이가 있다.

㉰ 일반적으로 경화 초기에는 충분한 습기가 주어져야 한다.

㉱ 콘크리트(Concrete)가 경화하는 것은 시멘트(Cement)에 물을 더함으로써 수화작용이 일어나기 때문이다.

해 ㉮ 일반적인 콘크리트(Concrete)의 동결온도는 약 -3℃부터 완전 동결된다.

77 다음 콘크리트 공사에 대한 설명 중 옳은 것은? _기-07-2_

㉮ 콘크리트의 배합방법에는 용적배합, 질량배합, 복식배합이 있는데 복식배합을 하는 것이 가장 정확하다.

㉯ 경사면에 콘크리트를 칠 때는 밑에서부터 쳐 올라간다.

㉰ Cold joint는 온도변화, 기초 부등침하 등에서 균열을 방지하기 위하여 설치한다.

㉱ 일반적인 구조물 공사의 콘크리트 양생 방법은 손쉬운 막 양생법을 이용한다.

78 콘크리트의 강도는 경과시간(재령)에 따라 강도가 증가한다. 일반적으로 설계기준 강도를 규정하는 콘크리트의 강도는 표준양생 시 재령 몇 일을 기준으로 하는가? _기-09-2_

㉮ 7일 ㉯ 14일

㉰ 21일 ㉱ 28일

79 한중콘크리트로서 시공하여야 하는 기준이 되는 기상조건에 대한 설명으로 옳은 것은?

산기-10-4, 산기-11-2

㉮ 하루의 평균기온이 0℃ 이하가 되는 기상조건

㉯ 일주일의 평균기온이 0℃ 이하가 되는 기상조건

㉰ 일주일의 평균기온이 4℃ 이하가 되는 기상조건

㉱ 하루의 평균기온이 4℃ 이하가 되는 기상조건

80 한중콘크리트에 대한 설명 중 옳지 않은 것은?

산기-10-4

㉮ 단위수량은 초기동해를 적게 하기 위하여 소요의 워커빌리티를 유지할 수 있는 범위 내에서 되도록 적게 정하여야 한다.

㉯ 재료를 가열하는 경우, 물을 가열하는 것을 원칙으로 한다.

㉰ 골재가 동결되어 있거나 골재에 빙설이 혼입되어 있는 골재는 사용할 수 없다.

㉱ 한중콘크리트에는 공기연행 콘크리트를 사용하는 것이 원칙이다.

해 ㉯ 기온에 따라 다르나, 어떠한 경우라도 시멘트는 가열하지 않는다.

· 작업 중 기온이 2~5℃인 경우 : 물 가열

· 작업 중 기온이 0℃ 이하인 경우 : 물·모래 가열

· 작업 중 기온이 -10℃ 이하인 경우 : 물·모래·자갈 가열

81 수조, 풀장, 지하실 등 압력수가 작용하는 구조물로서 방수성(防水性)을 크게 하고 흡수성을 적게 한 콘크리트는?

산기-08-4

㉮ 중량콘크리트

㉯ 경량콘크리트

㉰ 쇄석콘크리트

㉱ 수밀콘크리트

해 수밀콘크리트

· 콘크리트의 자체 밀도가 높고 내구적·방수적이어서 수조, 풀장, 지하벽 등 수밀성을 특별히 요하는 부위에 사용하는 콘크리트

· 경화 시 및 경화 후에 균열을 주의하고 곰보나 콜드조인트 등이 생기지 않도록 하고, 이에 붓기는 될 수 있는 한 지양한다.

82 수밀 콘크리트의 시공에 대한 설명으로 틀린 것은?

기-10-4

㉮ 소요품질을 갖는 수밀 콘크리트를 얻기 위해서는 적당한 간격으로 시공이음을 두어야 하며, 그 이

음부의 수밀성에 대하여 특히 주의하여야 한다.

㉯ 콘크리트는 가능한 연속으로 타설하여 콜드조인트가 발생하지 않도록 하여야 한다.

㉰ 연속타설 시간 간격은 외기온도가 25℃ 이하일 경우에는 1.5시간을 넘어서는 안 된다.

㉱ 연직 시공 이음에는 지수판 등 물의 통과 흐름을 차단할 수 있는 방수처리재 등의 재료 및 도구를 사용하는 것을 원칙으로 한다.

해 ㉰ 연속타설 시간 간격은 외기온도가 25℃를 넘었을 경우에는 1.5시간, 25℃ 이하일 경우에는 2시간을 넘어서는 안 된다.

83 거푸집과 철근콘크리트의 하중을 지지하고 거푸집의 형상 및 위치를 확보하기 위하여 설치되는 가설공을 무엇이라 하는가?

기-04-4, 기-10-2

㉮ 천정보

㉯ 토대

㉰ 복공(Lining)

㉱ 동바리

84 다음 중 철근콘크리트의 부착강도가 큰 경우가 아닌 것은?

산기-06-4

㉮ 피복두께가 클수록 부착강도는 크다.

㉯ 인장철근이 압축철근보다 부착강도가 크다.

㉰ 철근의 주장이 클수록 부착강도는 크다.

㉱ 녹슨 이형철근이 원형철근보다 부착강도가 크다.

해 ㉯ 압축철근이 인장철근보다 부착강도가 크다.

철근의 부착강도가 큰 경우

· 피복두께가 클수록 크다

· 철근의 주장이 길수록 크다.

· 시멘트 강도가 클수록 크다.

· 원형철근보다 이형철근이 크다.

85 철근콘크리트에 관한 설명 중 틀린 것은?

산기-07-1

㉮ 콘크리트의 부착력은 철근의 주장과 길이에 비례하여 커진다.

㉯ 철근콘크리트는 내진성과 내화성을 높인다.

㉰ 철근은 콘크리트와 열에 대한 팽창·수축이 거의 일치한다.

㉱ 사용되는 철근은 이형철근 보다는 주로 원형철근이 사용된다.

웹 ㉣ 사용되는 철근은 원형철근보다는 주로 이형철근이 사용된다.

86 목재의 성질 중 틀린 것은? 기-03-4

㉮ 건조변형이 적다.

㉯ 열전도율이 낮다.

㉰ 온도에 대한 신축성이 적다.

㉱ 비중이 작은 반면 압축강도가 크다.

웹 ㉮ 목재는 흡수성에 의한 신축변형이 크다.

87 목재의 일반적인 특성으로 부적합한 것은? 기-09-2

㉮ 열전도율이 높아 보온, 방한성이 낮으며, 차음성, 흡음성이 낮다.

㉯ 비중에 비하여 강도와 탄성이 크므로 구조용재로도 이용된다.

㉰ 절단, 마감질 등이 용이하며 다양한 형상으로 제작할 수 있다.

㉱ 고층이나 장 스팬의 건축물에는 사용하기 어렵다.

웹 ㉮ 목재는 열전도율이 작아 보온, 방한, 차음의 효과가 높다.

88 목재의 결점에 관한 설명으로 틀린 것은? 산기-11-1

㉮ 옹이부위는 압축강도에 약하다.

㉯ 부패는 균의 작용으로 썩은 부분이다.

㉰ 껍질이 속으로 말려든 것을 입피(入皮)라고 한다.

㉱ 수심의 수축이나 균의 작용에 의해서 생긴 crack을 원형갈림이라 한다.

웹 ㉮ 옹이부위는 인장강도에 큰 영향을 미친다.

89 목재를 자연상태에서 건조시켰을 경우 함수율은 얼마가 표준인가? 산기-04-1

㉮ 5 – 10% ㉯ 10 – 15%

㉰ 15 – 20% ㉱ 20 – 25%

90 목재의 벌목시 무게가 20kg이고, 절대건조시의 무게가 15kg일 때 이 목재의 함수율은? 산기-03-4, 기-05-2, 산기-07-1

㉮ 12% ㉯ 25%

㉰ 33% ㉱ 75%

웹 · 함수율(%) = $\dfrac{\text{목재의 무게}(W_1) - \text{전건재의 무게}(W_2)}{W_2} \times 100$

= $\dfrac{20000 - 15000}{15000} \times 100 = 33.33(\%)$

91 목재의 건조 전 시료의 중량을 200g에서 건조하였더니 40g이 줄었다. 이때의 함수율은? 산기-04-4, 산기-03-2

㉮ 20% ㉯ 25%

㉰ 40% ㉱ 60%

웹 · 함수율(%) = $\dfrac{\text{목재의 무게}(W_1) - \text{전건재의 무게}(W_2)}{\text{전건재의 무게}(W_2)} \times 100$

전건재의 무게 (W_2) = 200 − 40 = 160(g)

∴ $\dfrac{200 - 160}{160} \times 100 = 25(\%)$

92 어느 목재의 함수율은 25%이다. 건조 전 100g인 이 목재의 절대건조중량은 얼마인가?(단, 함수율 = (W−W0)÷W0×100이다.) 산기-04-2, 산기-10-1

㉮ 20g ㉯ 40g

㉰ 60g ㉱ 80g

웹 함수율 = (W−W0)÷W0×100

= (100−W0)÷W0×100 = 25(%)

∴W0 = 80g

93 목질부의 종류 중 변재(邊材, sap wood)의 특징 설명으로 틀린 것은? 기-07-1

㉮ 심재보다 비중이 작으나 건조하면 변하지 않는다.

㉯ 심재보다 신축성이 작다.

㉰ 심재보다 내후성·내구성이 약하다.

㉱ 고목일수록 변재의 폭이 넓은 편이다.

웹 심재와 변재의 비교

비교	심재	변재
비중	크다	작다
강도	크다	작다
내구성	크다	작다
수축성	적다	크다
흠	거의 없다	많다
내후성	크다	작다

94 건설용 재료로 목재를 사용하기 위하여 목재를 건조시키는 목적 및 효과로 부적합한 것은? 기-11-1, 기-11-4

㉮ 가공성을 향상시킨다.

㉯ 균류의 발생을 방지할 수 있다.

④ 목재의 중량을 경감시킬 수 있다.

㉃ 수축균열 및 부정변형을 방지할 수 있다.

해 목재의 건조목적

· 균에 의한 부식과 충해방지

· 변형, 수축, 균열 방지

· 강도 및 내구성 향상

· 중량 경감으로 취급 및 운반비 절감

· 도장 및 약제처리 가능

95 목재의 건조방법은 크게 자연건조법과 인공건조법으로 나눌 수 있다. 다음 중 목재의 건조방법이 나머지 셋과 다른 것은? 기-10-4

㉠ 훈연법　　　　　㉡ 자비법

㉢ 증기법　　　　　㉃ 수침법

해 훈연법, 자비법, 증기법은 기기를 사용하는 인공적인 방법이며, 수침법은 목재를 물 속에 약 6개월 정도 담가 두어 수액을 제거하는 방법이다.

96 목재 방부제에 관한 설명으로 맞지 않는 것은? 산기-04-1

㉠ 유성방부제에는 크레오소오트, 황산구리 등이 있다.

㉡ 방부제는 침투성이 있어야 한다.

㉢ 방부제는 사람과 가축에 해가 없는 것이어야 한다.

㉃ 크레오소오트는 80°C~90°C로 가열 후 도포한다.

해 ㉠ 황산구리는 수용성 방부제에 해당된다.

97 목재의 방부처리를 위하여 정착성의 수용성 목재 방부제를 처리하는데 C.C.A를 구성하는 물질은? 산기-06-1

㉠ 크롬, 황, 철　　　　㉡ 크롬, 구리, 비소

㉢ 철, 황, 동　　　　　㉃ 비소, 유황, 구리

98 다음은 목재의 CCA 방부방법에 대한 설명이다. 적합한 것은 어느 것인가? 기-04-1

㉠ 사람이나 가축에 무해한 친환경적 방부법이다.

㉡ 방부효력에 대한 초기효과는 크나 점차 풍화작용에 의하여 효력이 떨어진다.

㉢ 목질 세포강도를 증진시켜 접착성, 절삭성이 떨

어진다.

㉃ 엷은 녹색을 띠게 하며, 비바람에도 강하며, 수중에서도 효력이 크다.

해 CCA 방부방법은 방부력이 우수하여 많이 사용되었으나 비소의 독성이 문제되어 제조·사용이 금지되었다.

99 다음 중 목재방부제에 해당하지 않은 것은? 기-07-4

㉠ 크레오소트(creosote oil)

㉡ PCP(Penta Chloro Phenol)

㉢ 페인트(paint)

㉃ 카본블랙(carbon black)

100 목재의 사용환경 구분과 방부제 설명이 맞지 않는 것은? 기-08-4

㉠ H1 등급은 건조한 실내조건, 건재 해충에 대한 방충성능과 변색오염균에 대한 방미성능을 필요로 하는 곳에 사용한다.

㉡ H2 등급은 비와 눈을 맞지는 않으나 결로의 우려가 있는 환경, 플로어링, 벽체 프레임에 해당한다.

㉢ H3 등급은 야외에서 눈, 비를 맞는 곳 부후·흰개미 피해의 우려환경으로 토대용 목재, 야외접합부재 등에 사용한다.

㉃ H4 등급은 토양 및 담수와 접하는 환경으로 BB, IPBC 등의 방부제가 있다.

해 ㉃ BB, IPBC 방부제는 H1 등급에 해당하며 H4 등급으로는 ACQ, CCFZ, ACC, CCB, CUAZ, CB-HDO 등의 방부제가 있다.

101 목재의 사용 환경 범주인 해저드클래스(Hazard Class)에 대한 설명으로 틀린 것은? 산기-10-4

㉠ 담수와 접하는 곳 등 특수한 환경에서 고도의 내구성을 요구할 때는 H4에 해당한다.

㉡ H1은 외기에 접하지 않은 실내의 건조한 곳에 해당된다.

㉢ 파고라 상부 등 야외용 목재시설은 H3에 해당하는 방부처리방법을 사용한다.

㉃ H4에서는 결로의 우려가 있는 조건에 적용하는

정답 **95** ㉃ **96** ㉠ **97** ㉡ **98** ㉃ **99** ㉃ **100** ㉃ **101** ㉃

목재로 침지법을 사용한다.

해 ⓐ H2 등급의 조건으로 가압법을 사용한다.

102 목재의 사용 환경의 범주인 해저드클라스 (Hazard class)에 대한 설명으로 틀린 것은?　기-07-4

㉮ 땅과 물에 접하는 곳에서 높은 내구성을 요구할 때는 H4이다.

㉯ 모두 10단계로 구성되어 있다.

㉰ H1은 외기에 접하지 않는 실내의 건조한 곳에 해당 된다.

㉱ 파고라 상부, 야외용 의자등 야외용 목재시설은 H3에 해당하는 방부처리법을 사용한다.

해 ㉯ H1~H5까지 모두 5단계로 구성되어 있다.

103 목재를 방부 처리하는 방법이 아닌 것은?

기-03-4

㉮ 표면탄화법　　　　㉯ 약제도포법

㉰ 관입법　　　　　　㉱ 약제주입법

해 목재를 방부 처리하는 방법으로는 표면탄화법, 도포법, 확산법, 침지법, 가압식 주입처리법, 생리적 주입법 등이 있다.

104 조경에서 사용되는 목재의 여러 가지 방부처리법 중 방부 효과면에서 가장 효과가 뛰어난 것은?

기-07-1

㉮ 수침법

㉯ 도포법

㉰ 가압침투법(가압주입법)

㉱ 침적법(침전법)

해 가압침투법(가압주입법)

·건조된 목재를 밀폐된 용기 속에 목재를 넣고 감압과 가압을 조합하여 목제에 약액을 주입하는 방법

·방부처리법 중 효과가 가장 크며 H2~H5 사용환경의 모든 목재에 적용

105 약 80~120℃의 크레오소트 오일액 중에 3~6시간 침지한 후 다시 냉액(冷液)중에 5~6시간 침지(浸漬)하여 15mm 정도 방수처리를 하는 목재방부제 처리법은?　　　　　　　　기-06-2, 기-11-1

㉮ 도포(塗布)법　　　　㉯ 생리적 주입법

㉰ 상압(常壓)주입법　　　㉱ 가압(加壓)주입법

106 목재를 섬유 방향과 평행으로 옆대어 붙이는 것을 무엇이라 하는가?　　　기-04-2, 기-08-2

㉮ 쪽매　　　　　　㉯ 이음

㉰ 맞춤　　　　　　㉱ 재춤

해 목재의 접합

·이음 : 목재를 길이로서 길게 잇는 방법

·맞춤(짜임) : 목재에 각을 지어서 맞추는 방법

·쪽매 : 목재를 섬유방향과 평행으로 넓게 옆으로 대는 방법

107 목재접착에 이용되는 접착제로서 내수, 내구성적인 측면에서 품질이 가장 우수한 것은?　기-06-4

㉮ 아교　　　　　　㉯ 비닐계수지

㉰ 페놀계수지　　　　㉱ 요소계수지

108 다음 중 석재에 대한 설명 중 틀린 것은?

산기-11-4

㉮ 인장강도는 압축강도보다 크다.

㉯ 내구성, 내수성, 내화학성이 풍부하다.

㉰ 종류가 다양하고 색조에 광택이 있어 외관이 장중 미려하다.

㉱ 화열을 받으면 화강암과 같이 균열을 일으키거나 파괴되고 석회암, 대리석과 같이 분해되어 강도를 상실하는 것도 있다.

해 ㉮ 석재의 인장강도는 압축강도의 1/10~1/20 정도에 불과해 인장재나 휨재의 사용은 피해야 한다.

109 다음 석재 중 압축강도가 가장 크고, 화열(火熱)에 맞으면 균열이 생겨 붕괴되는 결점이 있는 것은?　　　　　산기-06-2, 산기-02-2, 기-10-2

㉮ 화강암　　　　　　㉯ 응회암

㉰ 사문암　　　　　　㉱ 점판암

해 화강암의 특징

·경도·강도·내마모성·색채·광택 우수

·내화성 낮으나 압축강도가 가장 큼

·큰 재료 획득 가능

110 다음 중 화강암에 대한 특성 설명으로 틀린

것은? 기-08-2, 산기-10-2

㉮ 구조용 석조로 쓰기에 매우 훌륭한 특질을 나타내며 가장 많이 사용되고 있다.

㉯ 고열과 불에 강하다.

㉰ 다른 석재와 비교해 단위면적당 압축강도는 높고 흡수율은 적다.

㉱ 내산성이 우수하다.

᎙ 109번 문제해설 참조

111 공사용 석재 중 일반적으로 암질은 연하고 다공질로서 흡수율이 높으나 압축강도가 떨어지는 것은? 산기-08-4

㉮ 화강암　　　　　㉯ 응회암

㉰ 대리석　　　　　㉱ 안산암

112 다음 암석의 분류 중 수성암계가 아닌 것은?

산기-06-1

㉮ 응회암　　　　　㉯ 사암

㉰ 안산암　　　　　㉱ 석회암

᎙ 수성암계 : 사암, 점판암, 응회암, 석회암

113 다음 석재에 관한 설명 중 옳지 않은 것은?

기-05-1

㉮ 점판암은 층상으로 되어 있어 박판 채취가 가능하다.

㉯ 화강암은 석질이 견고하고 대형 석재가 가능하나 내구성이 약하다.

㉰ 안산암은 성분과 성질이 복잡 다양하나 보통 판상절리를 나타낸다.

㉱ 대리석은 석회석이 변하여 결정화된 것으로 치밀한 결정체이다.

᎙ ㉯ 화강암은 강도가 크고 내구성이 커서 내·외부 벽체, 기둥 등에 다양하게 사용된다.

114 석재 중 15~25cm 정도의 정방형 돌로서 주로 전통공간의 포장용 재료나 돌담, 한식건물의 벽체 등에 쓰이는 돌을 무엇이라고 하는가?

기-04-1, 기-09-1

㉮ 호박돌　　　　　㉯ 간사

㉰ 장대석　　　　　㉱ 사고(괴)석

115 석재의 형상별 설명이 적합하지 않은 것은?

기-11-4

㉮ 전석은 1개의 크기가 0.5m³ 이상 되는 석괴이다.

㉯ 호박돌은 호박형의 천연석으로 가공하지 않은 상태의 지름이 10cm 이상의 크기 돌이다.

㉰ 야면석은 천연석으로 표면을 가공하지 않은 것으로서 운반이 가능하고 공사용으로 사용될 수 있는 비교적 큰 석괴이다.

㉱ 다듬돌은 크기가 지름이 10~30cm 정도의 것이 크고, 작은 돌로 골고루 섞여져 있다.

᎙ ㉯ 호박돌은 호박형의 천연석으로 가공하지 않은 상태의 지름이 18cm 이상의 크기 돌이다.

㉱ 잡석에 대한 설명이다. 다듬돌은 각석 또는 주석과 같이 일정한 규격으로 다듬어진 것으로서 건축이나 또는 포장 등에 쓰이며, 대체로 30cm×30cm, 길이 50~60cm의 돌을 많이 사용한다.

116 장대석의 용도로 불합리한 것은? 산기-05-1

㉮ 계단

㉯ 담장의 기단석

㉰ 건물의 기단석

㉱ 경사진 곳의 무　짐 쌓기

᎙ 장대석쌓기 : 긴 사각 주상석의 가공석으로 전통공간의 후원, 섬돌, 디딤돌 등에 사용한다.

117 석재(石材)의 표면가공 방법이 아닌 것은?

산기-11-2

㉮ 할석　　　　　　㉯ 화염처리

㉰ 손다듬기　　　　㉱ 갈기 및 광내기

118 석재(石材)의 손다듬기 가공순서에 대한 과정이 옳은 것은? 산기-08-2

㉮ 흑두기 → 도드락다듬 → 정다듬 → 잔다듬 → 갈기

㉯ 정다듬 → 흑두기 → 잔다듬 → 도드락다듬 → 갈기

㉰ 흑두기 → 정다듬 → 도드락다듬 → 잔다듬 → 갈기

㉱ 도드락다듬 → 정다듬 → 흑두기 → 잔다듬 → 갈기

᎙ 석재의 가공순서

① 혹두기(메다듬) : 쇠메로 쳐서 큰 요철이 없게 다듬는 것

② 정다듬 : 정으로 쪼아서 평평하게 다듬는 것

③ 도드락다듬 : 도드락망치를 사용하여 정다듬면을 더욱 평탄하게 다듬는 일

④ 잔다듬 : 날망치를 이용하여 도드락다듬면을 곱게 쪼아 면다듬하는 것

⑤ 물갈기 : 잔다듬면을 숫돌 손갈기, 기계갈기 등으로 물주어 광택을 나게 하는 것

119 다음 석재(石材) 가공순서에서 잔다듬 작업 바로 이후에 이루어지는 작업은?　산기-06-2

㉮ 정다듬　　㉯ 도드락다듬
㉰ 물갈기　　㉱ 혹두기

120 석재의 다듬기 마무리 표면처리방법으로서 쇠메(쇠망치)로 쳐서 다듬는 거친 질감의 표면처리는?　기-08-1

㉮ 잔다듬　　㉯ 정다듬
㉰ 도드락다듬　　㉱ 혹두기

121 석재의 표면을 요철이 없게 거친 면 마무리를 할 수 있는 장비는?　기-11-4

㉮ 평날망치　　㉯ 외날망치
㉰ 도드락망치　　㉱ 양날망치

122 축석공사에 관한 다음 설명 중 옳지 않은 것은?　산기-02-4

㉮ 견치석 쌓기는 30cm×30cm×45cm 크기의 네모뿔형으로 다듬은 돌을 쌓는 것이다.

㉯ 호박돌 쌓기는 둥근 모양의 돌을 쌓는 것으로 가장 쉬운 공법이다.

㉰ 무너짐 쌓기는 자연의 산석을 자연스럽게 쌓는 것이다.

㉱ 평석 쌓기는 넓다랗고 평평한 돌을 쌓은 면이 수직이 되도록 쌓는 것이다.

해 ㉯ 호박돌 쌓기는 지름 20cm 정도의 장타원형 자연석으로 쌓는 것으로, 줄쌓기를 원칙으로 하고 튀어나오거나 들어가지 않도록 면을 맞추고 양옆의 돌과도 이가 맞도록 축조하는 것으로 다른 돌쌓기에 비해 시공이 어렵다.

123 다음 중 표준품셈에서 구분되는 돌 재료의 분류상 설명으로 틀린 것은?　기-06-2

㉮ 다듬돌 : 각석 또는 주석과 같이 일정한 규격으로 다듬어진 것으로서 건축이나 포장 등에 쓰이는 돌

㉯ 호박돌 : 호박형의 천연석으로서 가공하지 않은 지름 10cm 이하 크기의 돌

㉰ 견치돌 : 4방락 또는 2방락의 것이 있으며, 접촉면의 폭은 전면 1변의 길이의 1/10 이상이고, 접촉면의 길이는 1변의 평균 길이의 1/2 이상인 돌

㉱ 전석 : 1개의 크기가 0.5m³ 이상 되는 석괴

124 문화재 수리공간에서 줄눈 형태에 따른 쌓기법의 설명 중 틀린 것은?　기-08-2

㉮ 막쌓기는 석재의 형태대로 가로·세로줄눈을 고려하지 않고 쌓는다.

㉯ 퇴물림쌓기는 석재의 일부를 점차 바깥쪽으로 내밀면서 쌓는다.

㉰ 바른층쌓기 한 켜에서는 석재의 높이가 동일하고, 매 켜마다 가로줄눈이 일직선으로 연속되게 쌓는다.

㉱ 허튼층쌓기는 한 켜에서 가로줄눈이 일직선으로 연속되지 않고, 각기 높이가 다른 돌을 써서 막힌 줄눈이 되게 쌓는다.

해 성돌쌓기(퇴물림쌓기) : 기초를 넓게 다지고 일반 성돌보다 큰 지대석을 놓고 그 위에 5~20cm 정도씩 매단마다 성돌을 퇴물림하여 성벽의 기울기 만큼 층단형식을 취한 것으로, 시공비가 고가이며 문화재 복원 공사에 적용한다.

125 아래 그림은 견치돌을 표시한 것인데 b는 a에 비하여 몇 배 이상이어야 하는가?　산기-03-4

㉮ 0.5배
㉯ 0.8배
㉰ 1.0배
㉱ 1.5배

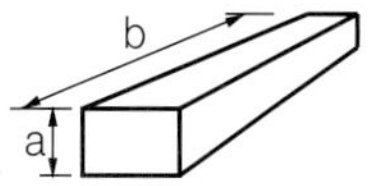

해 견치돌의 접촉면의 폭은 전면 1변의 길이의 1/10 이상이어야 하고, 접촉면의 길이는 1변의 평균길이의 1/2 이상, 뒷 길이는 최소변의 1.5배 이상이어야 한다.

126 견치돌 사이에 모르타르를 다져 넣고, 뒷채움

돌에도 콘크리트를 채워 넣는 석축 시공법을 무엇이라 하는가?

⑦ 건쌓기   ⑭ 메쌓기
⑮ 찰쌓기   ⑯ 층지어쌓기

127 돌쌓기에서 메쌓기의 내용이 옳은 것은?

산기-02-2

⑦ 쌓을 때 모르타르를 이용하지 않고 쌓는 방법
⑭ 쌓을 때 모르타르를 이용하여 쌓는 방법
⑮ 벽돌 쌓는 것과 같이 각층의 가로 줄눈이 직선상으로 쌓는 방법
⑯ 줄눈을 파상으로 골을 지어 쌓는 방법

해 메쌓기는 접합부를 다듬고 뒷틈 사이에 고임돌 고인 후 모르타르 없이 골재로 뒤채움을 하는 방식이다.

128 돌 쌓기의 시공에 관한 설명 중 틀린 것은?

산기-05-4

⑦ 찰쌓기의 경우 물구멍의 지름은 3~6cm의 대나무 혹은 파이프를 콘크리트 뒷면까지 설치한다.
⑭ 메쌓기의 높이는 5m 이하로 하는 것이 좋다.
⑮ 찰쌓기에서는 배수공을 2~3m²마다 1개씩 둔다.
⑯ 돌쌓기에 사용되는 호박돌은 20cm 정도의 것을 사용한다.

해 ⑭ 메쌓기의 높이는 2m 이하로 하는 것이 좋다.

129 돌쌓기의 시공에 관한 설명 중 틀린 것은?

산기-08-1

⑦ 찰쌓기의 경우 물구멍의 지름은 3~6cm의 대나무 혹은 파이프를 콘크리트 뒷면까지 설치한다.
⑭ 야면석쌓기는 높이 5m 이상이면 전부 또는 하부를 메쌓기로 한다.
⑮ 찰쌓기에서는 배수공을 2~3m²마다 1개소 이상 둔다.
⑯ 돌쌓기의 밑돌은 될수록 큰 돌을 사용하여야 한다.

해 야면석 쌓기는 높이 3m 이상이면 전부 또는 하부를 찰쌓기로 한다.

130 돌쌓기 시공에 대한 설명으로 부적합한 것은?

산기-08-4

⑦ 찰쌓기시 2~3m²당 1개소, 이상의 물뽑기를 설치한다.

⑭ 찰쌓기시 물구멍은 지름 3~6cm의 대나무 혹은 파이프를 콘크리트 뒷면까지 설치한다.
⑮ 메쌓기 본 품은 높이 3m까지 적용하며, 이를 초과한 3~4m까지는 별도로 30%를 가산할 수 있다.
⑯ 경사도가 1:1보다 완만한 경우를 돌쌓기라 하고, 경사도가 1:1보다 급한 경우를 돌붙임이라 한다.

해 ⑯ 경사도가 1:1보다 완만한 경우를 돌붙임이라 하고, 경사도가 1:1보다 급한 경우를 돌쌓기라 한다.

131 축석공사에 관한 설명 중 틀린 것은? 산기-09-1

⑦ 찰쌓기시 시공에 앞서 돌에 붙어 있는 이물질을 제거하여야 한다.
⑭ 호박돌 쌓기는 둥근 모양의 돌을 쌓는 것으로 가장 쉬운 공법이며, +자 줄눈이 생기도록 시공한다.
⑮ 찰쌓기시 신축줄눈은 설계도서에 의하되, 특별히 정하는 바가 없으면 20m의 간격을 표준으로 찰쌓기의 높이가 변하는 곳이나 곡선부의 시점과 종점에 설치한다.
⑯ 메쌓기의 맞물림 부위는 10mm 이내로 하며 해머 등으로 다듬어 접합시키고, 맞물림 뒷틈사이에 조약돌을 괸다.

해 석축쌓기는 통줄눈이 생기지 않도록 시공하며, 호박돌은 형태상 +자줄눈이 거의 불가능하고, 줄 쌓기를 원칙으로 하며 면을 맞추고 양옆의 돌과도 이가 맞도록 쌓는다.

132 마름돌쌓기를 할 때 연결 철물에 속하지 않는 것은?

산기-09-1

⑦ 촉   ⑭ 은장
⑮ 꺾쇠   ⑯ 코너비드

해 연결고정철물 : 석재의 안정을 위하여 은장·촉·당김쇠·꺾쇠·고정쇠 등 아연도금 한 것을 사용한다.

133 다음은 돌쌓기 시공에 있어서 안전을 고려할 때의 일반적인 요건이다. 이 중 틀린 것은? 기-04-1

⑦ 압력의 방향에 직각으로 쌓는다.
⑭ 돌이 크고 작은 경우에는 적절히 혼합해서 쌓는다.
⑮ 상하 2층의 세로줄눈이 연속되지 않게 쌓는다.
⑯ 줄눈 간격은 가급적 작게 한다.

해 ⑭ 돌이 크고 작은 경우에는 주로 큰 돌을 하부에 작은 돌을

상부에 쌓는다.

134 우리나라 전통 문화재 공간의 토석담 쌓기 설명으로 틀린 것은? (단, 적용은 문화재수리표준 시방 내용을 따른다.) 기-09-1

㉮ 자연석을 면 가공하여 사용하고, 크기는 길이가 200mm 내외, 두께는 길이와 같은 두께 정도로 사용한다.

㉯ 쌓기용 흙은 진흙에 짚여물을 혼합하여 흙의 점도를 보강한다.

㉰ 석축 위에 담을 쌓는 경우 담장하부를 석축 안쪽으로 들여 놓는다.

㉱ 쌓기는 지대석을 놓고 50mm 정도 들여 흙 한 켜를 놓아 윗돌이 흙과 물리도록 쌓으며, 경사는 기존대로 한다.

해 ㉮ 자연석을 면 가공하여 사용하고, 크기는 길이가 200mm 내외, 두께는 길이보다 얇은것을 사용한다.

135 벽돌벽의 구조상 벽채, 바닥, 지붕 등의 하중을 받아 기초에 전달하는 벽은 다음 중 어느 것에 해당하는가? 기-02-1, 기-06-4

㉮ 내력벽 ㉯ 장막벽
㉰ 중공벽 ㉱ 비내력벽

136 벽돌쌓기법에서 한 켜마다 길이쌓기와 마구리쌓기를 번갈아 쌓는 방법으로 통줄눈이 많이 생겨 구조적으로 튼튼하지 못하지만 외관이 좋은 쌓기 방법은? 산기-09-2

㉮ 영국식 ㉯ 프랑스식
㉰ 네덜란드식 ㉱ 미국식

137 우리나라에서 가장 많이 활용되는 벽돌쌓기로 시공이 용이하고, 벽체 모서리 벽 끝에 칠오토막을 써서 만드는 튼튼한 벽돌쌓기 방식은? 기-07-2

㉮ 미국식 쌓기 ㉯ 영국식 쌓기
㉰ 프랑스식 쌓기 ㉱ 네덜란드식 쌓기

138 다음 그림의 벽돌쌓기는 벽돌의 마구리 쪽이 전면으로 오도록 놓으면서 쌓는 방법으로 몇 장(B)

쌓기인가? 산기-09-2

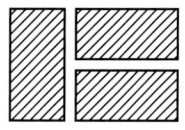

㉮ 1.0
㉯ 1.5
㉰ 2.0
㉱ 3.0

해 한 장 반 쌓기(1.5B) : 마구리와 길이를 합한 것이 줄눈 10mm 를 더한 두께로 쌓는 것

139 다음 중 조적벽(벽돌벽)의 균열의 원인은 크게 설계와 시공의 경우로 구분하는데 그 중 시공상의 결함은? 기-05-4

㉮ 기초의 부동침하

㉯ 건물의 평면, 입면의 불균형 및 벽의 불합리한 배치

㉰ 벽돌 및 모르타르의 강도부족

㉱ 벽돌벽의 길이, 높이에 비해 두께가 부족하거나 벽체강도 부족

해 시공상의 결함
· 벽돌 및 모르타르의 강도부족
· 온도 및 흡습에 의한 재료의 신축성
· 이질재 접합부의 불완전 시공
· 콘크리트보 및 모르타르 다져 넣기 부족
· 모르타르, 회반죽 바르기의 신축 및 들뜨기

140 돌쌓기나 벽돌쌓기의 하루 작업 높이의 한계를 어느 정도로 하는 것이 가장 좋은가? 산기-03-2

㉮ 1.2m 이하 ㉯ 2.0m 이하
㉰ 2.5m 이하 ㉱ 3.0m 이하

141 벽돌쌓기 공사에 관한 설명 중 틀린 것은?
산기-07-4, 산기-02-4, 기-11-1

㉮ 벽돌에 부착된 불순물은 제거하고 쌓기 전에 물 축이기를 한다.

㉯ 착수 전에 벽돌나누기를 하고 세로줄눈은 특별히 정한 바가 없는 한 통줄눈이 되지 않도록 쌓는다.

㉰ 1일 쌓기 높이는 1.5m 이상으로 하고, 다음날 이어서 쌓는 것이 경제적인 시공이다.

㉱ 줄눈 모르타르는 접합면 전체에 골고루 배분되도록 하고 줄눈 폭은 특별히 정하지 않는 한 10mm

로 한다.

해 ⓐ 벽돌의 1일 쌓기 높이는 표준 1.2m(17켜)로 하고, 최대 1.5m(20켜) 이하로 한다.

142 벽돌(조적)쌓기 작업의 시공상 설명으로 틀린 것은?　　　　　　　　　　　　　　　산기-06-2
㉮ 모르타르의 강도는 벽돌 강도보다 약하게 하는 것이 좋다.
㉯ 벽돌쌓기는 하루에 최대 1.5m 이하로 하는 것이 좋다.
㉰ 균일한 높이로 쌓아간다.
㉱ 벽돌은 쌓기 전에 충분히 물을 축여 쌓는다.

해 ㉮ 모르타르는 벽돌강도 이상의 것을 사용한다.

143 흡수율이 높은 벽돌에 대한 내용 중 적합하지 않은 것은 어느 것인가?　　　　　　산기-04-4
㉮ 일반적으로 외벽의 치장용으로 많이 쓴다.
㉯ 백태현상이 일어나기 쉽다.
㉰ 겨울철에 동파(凍破)되기 쉽다.
㉱ 일반적으로 무게가 가볍다.

해 외벽에 사용하는 벽돌은 수밀성이 있어 흡수율이 낮은 벽돌을 사용한다.

144 일반적인 금속재료에 대한 특징 설명 중 틀린 것은?　　　　　　　　　　　　　　　기-11-2
㉮ 연성과 전성이 작다.
㉯ 전기, 열의 전도율이 크다.
㉰ 금속 고유의 광택이 있으며 빛에 불투명하다.
㉱ 일반적으로 상온에서 결정형을 가진 고체로서 가공성이 좋다.

해 ㉮ 일반적으로 금속재료는 연성과 전성이 우수해 가공이 용이하다.

145 다음 중 비철금속 재료가 아닌 것은?　　산기-07-4
㉮ 철근　　　　　　　　㉯ 동
㉰ 알루미늄　　　　　　㉱ 아연

146 비철 재료 중 고온저항이 크며 내해수성이 우수하고 연산, 유산, 초산에 대한 저항과 강도의 대

비가 금속공업재료 중 가장 크며 비중이 약 4.5인 재료는?　　　　　　　　　　　　　　　기-08-1
㉮ 니켈　　　　　　　　㉯ 티타늄
㉰ 아연　　　　　　　　㉱ 주석

147 강의 열처리 및 가공에 대한 설명으로 틀린 것은?　　　　　　　　　　　　　　　기-09-2
㉮ 높은 온도로 가열 후 노(爐)나 재속에서 서서히 냉각하는 것은 풀림이다.
㉯ 담금질 조직은 탄소상이 많거나 냉각 속도가 빠를수록 담금질 효과가 크다.
㉰ 용해된 금속을 주형틀 속에다 부어넣어서 응고시켜 각종 형태의 제품을 만드는 것은 주조이다.
㉱ 회전하는 롤러 사이에 재료를 통과시켜 판재, 형재, 관재 등으로 성형하는 것은 단조이다.

해 ㉱ 압연에 대한 설명이다.

148 다음 철재의 가공 및 조립 제작 과정의 내용으로 올바르지 않은 것은?　　　　　　기-04-4
㉮ 금속내부는 인성을 갖도록 하되 표면이 마찰에 잘 견딜 수 있도록 부분적으로 열처리하는 방법을 표면경화법이라고 한다.
㉯ 리벳은 철재끼리 접합 시 사용하며 연성이 큰 리벳용 압연강재를 사용한다.
㉰ 금속을 가열했다가 갑자기 냉각시켜 조직 등을 변화시키는 처리를 뜨임이라고 한다.
㉱ 철재의 접합부를 냉간상태나 상온으로 가열한 후 기계적 압력으로 접합하는 것을 압접이라고 한다.

해 ㉰ 담금질에 대한 설명이다.
　　뜨임은 담금질한 강은 취성이 크므로 인성을 증가시키기 위해 재가열(Ac₁변태점 721℃ 이하) 후 공기중에서 냉각하는 것을 말한다.

149 용접작업 시 용착금속 단면에 생기는 작은 은색의 점으로 수소의 영향에 의해서 발생하며 100℃로 가열하여 24시간 방치하면 수소가 방출되어 회복되는 불완전용접의 종류는?　　　산기-10-2
㉮ 크레이터(crater)

㉯ 블로 홀(blow hole)

㉰ 피시 아이(fish eye)

㉱ 슬래그 섞임(slag inclusion)

150 조경공사에 사용되는 금속재료의 분류상 긴결 철물에 해당되지 않는 것은?   기-09-4

㉮ 띠쇠   ㉯ 듀벨

㉰ 리벳   ㉱ 익스팬드형강

151 다음 중 조경재료로 사용되는 금속의 물리적 특성으로 전성(展性, Mallcability)이 제일 작은 것은?   기-11-1

㉮ 니켈   ㉯ 철

㉰ 알루미늄   ㉱ 구리

해 철의 전성(展性) : 압축력에 대하여 물체가 부서지거나 구부러 짐이 일어나지 않고, 물체가 얇게 영구변형이 일어나는 성질 이다. 부드러운 금속일수록 이 성질이 강하다.

152 일반 벽돌쌓기용 줄눈, 미장용 마감바르기의 모르타르 배합에 모두 사용하기 가장 적합한 배합 비는?   기-09-1

㉮ 1 : 1   ㉯ 1 : 2

㉰ 1 : 3   ㉱ 1 : 4

해 모르타르 배합 및 용도

배합비	용도
1:1	치장줄눈, 방수, 기타 중요한 곳
1:2	미장용 정벌바르기, 기타 중요한 곳
1:3	미장용 정벌바르기, 쌓기 줄눈
1:4	미장용 초벌바르기
1:5	기타 중요하지 않은 곳

153 모르타르 배합비 1 : 3을 사용하기 적합한 작업은?   기-07-2

㉮ 치장줄눈, 방수 및 중요한 개소

㉯ 벽돌 쌓기 및 중요개소

㉰ 미장용 마감 바르기, 쌓기 줄눈

㉱ 미장용 초벌바르기

해 152번 문제해설 참조

154 다음 도장재료에 대한 설명 중 옳지 않은 것

은?   산기-05-4

㉮ 수성페인트는 유기질도료에 비하여 내구성과 내 수성이 좋다.

㉯ 유성페인트는 수성페인트보다 않게 마른다.

㉰ 에나멜페인트는 유성페인트보다 도막이 두껍고 내구성이 있으며, 색채광택이 좋다.

㉱ 일반적인 칠공법은 초벌, 재벌, 정벌의 3단계를 거친다.

해 ㉮ 유기질도료는 수성페인트에 비하여 내구성과 내수성이 좋다.

155 도막이 견고하고, 내후성과 내수성이 좋고, 착색이 선명하고, 성분은 안료+바니쉬이며, 옥내 외 목재와 금속면에 사용이 가능한 도료는?   산기-06-4

㉮ 수성페인트   ㉯ 에나멜페인트

㉰ 유성페인트   ㉱ 에멀션페인트

156. 안료+아교, 카세인, 전분+물의 성분으로 내 수성이 없고 내알칼리성이며 광택이 없고 모르타르 와 회반죽 면에 쓰이는 페인트는?   기-09-4

㉮ 유성페인트   ㉯ 에나멜페인트

㉰ 수성페인트   ㉱ 에멀션페인트

157 수성페인트에 관한 설명으로 부적합한 것은?   산기-10-2

㉮ 취급이 용이하여 작업성이 좋다.

㉯ 건조가 빠르고 광택이 좋다.

㉰ 희석제로 물을 사용하므로 독성과 화재발생의 위험이 적다.

㉱ 마감면의 마모가 크다.

해 ㉯ 수성페인트는 광택이 없다.

158 다음 중 목재 면에 칠하여 마감하는 종류의 도료가 아닌 것은?   기-04-4

㉮ 에나멜   ㉯ 광명단

㉰ 오일 스테인   ㉱ 조합 페인트

해 ㉯ 광명단은 대표적인 방청도료이다.

159 다음 칠공사의 재료로 사용하는 도료 중에서 주로 투명한 상태로 사용되는 것은?   기-05-2

㉮ 조합페인트   ㉯ 에나멜
㉰ 에멀죤페인트   ㉱ 바니쉬

160 다음 방청도료(녹막이칠)의 종류에 해당하지 않는 것은?   기-06-1, 산기-09-1
㉮ 광명단   ㉯ 역청질도료
㉰ 징크로메이트칠   ㉱ 에멀젼페인트
해 방청도료(녹막이칠)의 종류 : 광명단, 역청질도료, 징크로메이트, 아연분말 도료, 알루미늄 도료, 산화철 녹막이 도료 등

161 철골공사에서 크롬산아연을 안료로 하고, 알키드 수지를 전색료로 한 것으로서 알루미늄 녹막이 초벌칠에 적당한 것은?   산기-10-4
㉮ 광명단   ㉯ 그래파이트 도료
㉰ 알루미늄 도료   ㉱ 징크로메이트 도료

162 다음 중 시공순서가 방수액 침투 → 시멘트 풀 바름 → 방수액 침투 → 보호 모르타르 바름의 공정으로 된 방수법은?   산기-07-1
㉮ 시멘트 액체 방수   ㉯ 도막 방수
㉰ 시트 방수   ㉱ 시일재 방수
해 시멘트 액체방수
· 방수 신뢰도는 낮으나 시공이 간단, 비용도 저렴, 중요도가 낮은 곳에 사용
· 바탕처리는 건조 후 균열이 없게 보수 후 시공-바탕 바름 불필요
· 시공순서 : 방수액 침투 → 시멘트 풀 → 방수액 침투 → 보호 모르타르
· 방수효과를 높이기 위해 2~3회 반복 시공

163 피막식(membrane) 방수공법에는 아스팔트 방수, 시트방수, 도막 방수가 있는데 그 중 아스팔트 방수의 특징으로 옳은 것은?   산기-09-2
㉮ 외기에 대한 영향이 비교적 크다.
㉯ 시공이 번잡하다.
㉰ 재료취급이 간단하다.
㉱ 결함부 발견이 용이하다.
해 아스팔트 방수

· 시공기간이 길고 비용이 고가, 방수신뢰도 높음-외기에 대한 영향이 비교적 작음
· 재료취급 및 시공이 번잡하고 결함부 발견이 어려움
· 바탕처리는 1:3 모르타르로 1.5cm 정도 바른 후 완전 건조 후 시공한다.
· 시공순서 : 바탕처리 → 방수층 시공(8층) → 방수층 누름 → 보호모르타르 → 신축줄눈시공

164 도막방수, 아스팔트 방수, 시트방수에 관한 비교 설명으로 옳지 않은 것은?   기-09-2
㉮ 외기에 대한 영향은 도막방수가 아스팔트 방수보다 민감하다.
㉯ 공사기간은 아스팔트 방수가 도막방수보다 짧다.
㉰ 방수층의 신축성은 도막방수도 비교적 크지만, 시트방수가 가장 크다.
㉱ 방수층의 끝마무리는 아스팔트방수는 불확실하나 도막방수는 간단하다.
해 ㉯ 공사기간은 아스팔트 방수가 도막방수보다 길다.

165 합성고무 또는 합성수지를 주성분으로 하는 두께 1mm 정도의 합성고분자 루핑을 접착재로 바탕에 붙여서 방수층을 형성하는 공법은?   산기-10-1
㉮ 시트(sheet)방수   ㉯ 도막방수
㉰ 아스팔트방수   ㉱ 표면도포방수

166 플라스틱의 특성에 대한 설명 중 옳지 않은 것은?   산기-11-2
㉮ 내식성이 우수하다.
㉯ 약알칼리에 약하다.
㉰ 일반적으로 비흡수성이다.
㉱ 화학약품에 대한 저항성은 열경화성 수지와 열가소성수지가 다른 특성을 갖고 있다.
해 ㉯ 플라스틱은 내알칼리성이 우수하다.

167 열경화성 수지(熱硬化性樹脂)가 아닌 것은?
   산기-06-1, 기-10-1, 산기-11-4
㉮ 페놀수지   ㉯ 프란수지
㉰ 폴리스틸렌   ㉱ 알키드수지

해 열경화성 수지로는 페놀, 요소, 멜라민, 폴리에스테르, 알키드, 에폭시, 실리콘, 우레탄, 푸란 등이 있다.

168 내수성과 내열성이 우수하여 유리섬유를 보강하면 500℃ 이상 고열에도 수 시간을 견딜 수 있는 합성수지의 종류는? 　　산기-09-4, 산기-10-1

㉮ 에폭시수지　　　　㉯ 실리콘수지

㉰ 페놀수지　　　　　㉱ 멜라민 수지

169 다음 특성을 갖는 열가소성 수지는? 　산기-10-4

> 강도가 크고 전기 절연성 및 내약품성이 양호하다. 고온 및 저온에 약하며, 지수판이나 배수관으로 주로 사용된다. 비중은 1.4 정도이다.

㉮ 페놀수지　　　　　㉯ 염화비닐수지

㉰ 아크릴수지　　　　㉱ 폴리에스테르수지

170 다음[보기]에서 설명하는 합성수지 접착제는? 　기-12-1

> [보기]
> – 수용형, 용제형, 분말형 등이 있다.
> – 목재, 금속, 플라스틱 및 이들 이종재(異種材)간의 접착에 사용되지만 금속의 접착에는 적당하지 않다.
> – 액상인 것은 완전히 굳으면 적동색을 띠므로 경화정도를 쉽게 판단할 수 있다.

㉮ 페놀수지 접착제

㉯ 카세인 접착제

㉰ 초산비닐 접착제

㉱ 폴리에스테르수지 접착제

171 목재의 성질 중 단점에 해당하는 것은? 　산기-12-1

㉮ 구조재료 중 중량이 가볍다.

㉯ 열전도율이 작다.

㉰ 산에 대한 저항성이 크다.

㉱ 수분 흡수성이 강하다.

해

목재의 장점	목재의 단점
·가공이 용이하다. ·구조재료 중 경량이다. ·열전도율이 작다. ·탄성과 인성이 크다. ·내산 및 염분에 강하다. ·충격 및 진동 등의 흡수가 크다. ·수종이 다양하며 외관이 미려하다.	·내화성이 약하다. ·내구성이 약하다. ·흡수성이 크다. ·변형되기 쉽다. ·단일 단면에 응력보강이 불가하다. ·크기에 제한되는 경우가 많다.

172 시멘트가 풍화에 대한 설명으로 옳지 않은 것은? 　기-12-1

㉮ 시멘트가 풍화하면 밀도가 떨어진다.

㉯ 풍화한 시멘트는 강열감량이 감소한다.

㉰ 풍화는 고온다습한 경우 급속도로 진행된다.

㉱ 시멘트가 저장 중 공기와 접촉하여 공기 중의 수분 및 이산화탄소를 흡수하면서 나타나는 수화반응이다.

해 ㉯ 풍화한 시멘트는 강열감량이 증가한다.

　강열감량(强熱減量) : 약 900℃로 가열하였을 때의 중량의 감소량으로 풍화에 의한 수분, 무수탄산 등의 흡수물이 일출(逸出)되는 것으로서 풍화의 정도를 알 수 있는 지수이다.

1>>> 포장공사

▪ 포장의 목적 및 주의 사항

1) 시공일반사항

① 질감 및 문양 등 조형적 요소 및 내구성, 시공의 용이성, 비용, 유지관리 등을 고려한 자재선정 및 구조설계

② 배수구배 및 배수시설의 철저한 검토

③ 대규모 면적의 경우 수축·팽창으로 인한 파괴 방지 신축이음 설치

④ 각종 시설물이 설치된 곳의 포장방법 및 하자 검토

⑤ 자재검수 및 지반다짐 철저

⑥ 포장시공 전 노상과 노반의 깨끗한 정리

⑦ 동결된 지반 위에 기층형성이나 포장시공 금지

⑧ 서리, 결빙으로 손상된 포장은 제거 후 재시공

⑨ 공사 중 강우 시 또는 공사 후 비닐 등으로 덮어 시공면 보호

⑩ 포장시공 후 일정기간 동안 진동이나 보행 등 외부충격 금지

2) 재료 사용상 주의 사항

① 흙포장 : 바람에 날리지 않고, 입자모양이 날카롭지 않으며 다짐과 배수가 양호한 것 – 결합제로 시멘트나 석회 10% 이하 사용

② 투수성아스팔트포장 : 혼합물은 투수성이 있고 골재는 13mm 이하의 단립도쇄석 사용 – 잔골재 사용 금지

③ 인조잔디포장 : 인조잔디의 표면재료는 인화성이 없고 투수매트가 부착된 것 사용

④ 콘크리트블록포장 : 보도용 인터록킹블록은 28일 강도 $50kgf/cm^2$ 이상, 두께 60mm, 차도용은 강도 $60kgf/cm^2$, 두께 80mm의 것 사용

⑤ 석재포장 : 석재 표면은 우천 시 미끄러지지 않게 가공, 내구성 있고 흠 없는 것 사용

⑥ 타일포장 : 타일표면이 우천 시 미끄러지지 않게 가공된 것을 사용하고, 금이나 박리층·갈라짐·깨어짐 등이 없는 제품 선정

⑦ 고무포장 : 고무바닥타일은 내마모성 표면재를 상부로 하여 하나의 재료로 구성된 것으로 충격을 흡수할 수 있는 것 사용

▌포장에 대한 부가사항은 [조경설계 – 포장설계] 참조

▌도로포장의 목적
① 지표면과 도로의 선형을 유지
② 포장면의 지지력 증대, 토양유실 방지, 평탄성 확보, 통행성, 지표성, 미적 분위기 조성, 원활한 통행

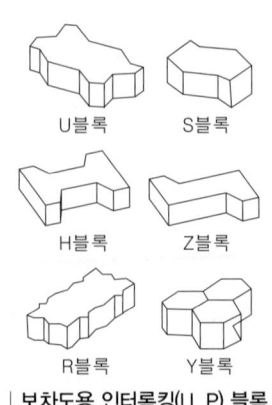

U블록　S블록

H블록　Z블록

R블록　Y블록

▌보차도용 인터록킹(I.L.P) 블록▌

❷ 포장의 구조 및 공법

(1) 포장의 구조

1) 노상 : 포장의 기초

① 상층부의 하중을 최종적으로 받으므로 상층보다 견고하게 시공

② 성토에 의한 노상은 한 층의 다진 후 두께가 20cm 이하가 되도록 최적함수비에 가까운 상태에서 시공

③ 균일한 지지력을 얻을 수 있도록 마감

2) 노반 : 표층과 노상의 중간층으로 하중을 분산시켜 노상으로 전달 – 한 층의 다진 후 두께가 15cm를 넘지 않도록 하며, 최적함수비에 가까운 상태에서 시공

① 보조기층 : 안정적 지지력을 높일 수 있도록 입도조성을 하고 안정처리재 사용

② 기층 : 보조기층 위의 층으로 아스팔트함량이 4% 이하인 아스팔트 안정처리층

③ 중간층 : 베이스, 서브베이스로 지표에 가해지는 하중과 충격에 의한 전단·휨모멘트의 반복에 견디며 그것을 흡수·분산

④ 표층 : 포장의 최상부로 교통하중을 분산시켜 기층으로 전달하며 쾌적한 주행성 확보, 내마모성이어야 하고, 표면으로 유입되는 침수를 막아 하상의 지지력이 저하되지 않도록 보호

(2) 포장의 공법

현장시공	아스팔트포장	아스팔트포장
		투수아스팔트포장
	콘크리트포장	포장용 콘크리트포장
		콘크리트블록포장(인터록킹블록)
	흙다짐포장	모래포장
		마사토포장
		황토포장
		흙시멘트포장
2차 제품형	석재 및 타일포장	판석포장
		호박돌포장
		자연석판석포장
		석재타일포장
	목재포장	나무벽돌포장
	점토벽돌포장	
	고무바닥재포장	
	합성수지포장	

포장의 구분

① 연성포장 : 주로 아스팔트포장을 지칭하며, 구조는 노상, 노반(하층, 기층, 표층)으로 구분

② 강성포장 : 시멘트콘크리트 포장에 해당되며, 구조는 노상, 노반(하층, 상층 또는 표층)으로 구분

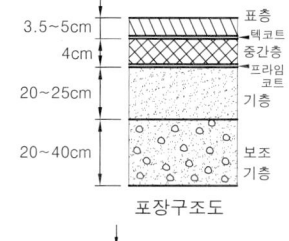

포장구조도

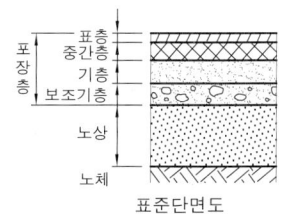

표준단면도

아스팔트 포장 단면

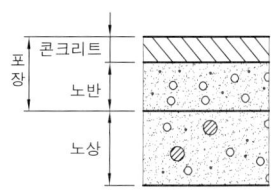

콘크리트 슬래브:T=15~30cm
노반(보조기층):T=15cm 이상
노상(기층):약 1.0m

시멘트콘크리트 포장 단면

	컬러세라믹포장	
	기타	콩자갈포장
		인조석포장
식생 및 시트공법	잔디블록	잔디식재블록
		인조잔디포장

1) 아스팔트포장

① 아스팔트 또는 타르에 의해 고결된 쇄석 등의 골재로 포장된 것

② 평탄성이 좋아 마찰저항이 작고, 절연재료로서 내력이 큼

③ 점착성이 크고 방수성 풍부, 시공성이 용이하여 건설속도 빠름

④ 점성과 온도변화에 대한 변화성이 높음

⑤ 투수성 아스팔트는 투수성이 있게 공극률 9~12% 기준으로 설정

⑥ 차량동선 및 주차장 등에 사용

2) 콘크리트포장

① 압축강도가 크고 내화성, 내수성, 내구성 높음 – 유지관리비 저렴

② 다른 재료와의 접착성이 높고 재료의 운반이 용이, 시장성 양호

③ 공사기간이 길고 수축균열 발생, 모양변경, 보수 및 제거 곤란

④ 균일시공이 어렵고 설계조건과 일치 곤란, 파괴나 모양변경 곤란

⑤ 하중을 많이 받는 곳은 철근 보강, 덜 받는 곳은 와이어메쉬 사용

3) 콘크리트블록포장

① 고압으로 성형된 콘크리트블록(사각블록, 인터록킹블록)을 사용하며, 강도가 높아 내구성, 내마모성이 큼

② 시공이 간편하여 공사시간이 단축되고 비용도 저렴 – 재시공 시 재사용도 가능

③ 다양한 색상과 형태로 조경미관 향상

4) 벽돌포장

① 건축용 벽돌을 사용한 것으로 질감과 색상이 좋고 보행감 우수

② 다양한 패턴이 가능하고 평깔기와 모로세워깔기를 많이 사용

③ 동결융해 저항력과 충격에 약하고 결속력이 약하여 모르타르 병행 사용

5) 판석포장

① 화강암이나 점판암을 자연스러운 모양이나 규칙적인 모양으로 만들어 사용

② 석재가공법에 따라 질감과 디자인 다양

③ 두께가 얇아 충격에 약해 바닥에 모르타르를 사용하여 고정

▮ 시공도구 및 장비
① 도구 : 줄자, 줄, 절단기, 다듬용 망치, 정, 지렛대, 그라인더, 리어커
② 장비 : 믹서기, 콤프레서, 지게차, 덤프트럭, 불도저, 포장용 롤러, 로더 모터그레이더, 콤팩터

▮ 아스팔트 침입도
아스팔트의 굳기정도를 나타내는 것으로, 보통 25℃의 온도에서 100g의 하중을 가한 바늘이 5초간 들어간 깊이로 나타내며, 깊이 들어간 것이 무른 아스팔트가 된다.

▮ 와이어 메쉬
금속재인 연강철선을 정방향 또는 장방향으로 겹쳐서 전기용접을 한 것으로 블록 또는 포장공사 시 균열방지를 위해 사용한다.

▮ 다짐용 장비
램머, 콤팩터, 롤러

2>>> 급·관수시설공사(살수관개시설)

1 개요

① 살수 : 물을 지표면에 뿌리기 위한 기계적 수단

② 관개 : 식물의 뿌리 부근까지 인공적으로 물을 유입시키는 것

③ 우리나라는 연중 강우량은 적지 않으나 장마철에 강우가 집중되어 봄·가을 건조기에는 인공적 관수 필요

④ 식물 생육에 필요한 수분은 강우량 및 관수량, 토양의 저수용량, 고유증발산량에 의해 결정

2 토양수분

(1) 토양의 공극

① 토양은 고상, 액상, 기상의 공극으로 구성

② 기상과 액상은 상호관계를 이루어 비가 오면 기상공극이 액상공극으로 대체되고 건조하면 반대가 됨

③ 공극은 크기에 따라 대공극인 비모세관 공극과 소공극인 모세관 공극으로 구분되며 알맞은 균형을 유지하는 것이 식물생육에 좋음

④ 일반적으로 사토는 점토보다 공극량은 적지만 대형공극이 많아 공기와 물의 이동이 빠름

⑤ 토양수 이동은 토양의 종류와 지표면의 경사에 영향을 받음

(2) 토양수 – 토양수의 부가내용은 [조경계획 – 토양조사] 참조

> ▌토양수분
> ① 결합수(화합수, pF7 이상) : 가열해도 제거되지 않고 식물 이용 불가능
> ② 흡습수(pF4.5~7) : 가열하면 제거 가능, 식물 이용 불가능
> ③ 모관수(유효수분, pF2.54~4.5) : 공극 내에 존재하는 식물에 유용한 물
> ④ 중력수(pF2.54 이하) : 유리수로 양분유실, 지하수원이 되는 물

(3) 유효수분

① 일시위조점(기위조점) : 토양수분이 점차 감소됨에 따라 식물이 시들기 시작하는 수분량으로 습도가 높은 대기 중에 두면 다시 회복

② 영구위조점 : 일시위조점을 넘어 계속 수분이 감소해 포화습도의 공기중에 두더라도 식물이 회복되지 않는 수분량으로 유효수분의 하한 – 흡착력 15bar(pF 4.2)

③ 포장용수량 : 토양의 비모세관 공극을 채우고 있던 중력수가 빠져나가고 모세관 공극을 채운 물만 남아 있는 상태로 유효수분의 상한 – 흡착력 1/3bar(pF 2.54)

④ 식물이 고사되지 않고 이용할 수 있는 수분량(유효수분량)은
　포장용수량 − 위조점 수분량=유효수분량

❸ 살수관개시설 설계

(1) 살수요구량과 급수용량

$$\cdot 살수요구량 = \frac{증발산률(ET) \times 식물계수(P_C) - 실효강우량(E_R)}{살수효율성(I_E)}$$

① 증발산량 : 식물의 종류, 기후, 지하상태, 수질 등에 영향 받음

② 식물계수 : 식물의 규격, 형태, 색채, 음지 및 양지, 인공지반, 성장단계
　나 계절 등에 따른 계수 적용

③ 실효강우량 : 강우량 중 표면유출, 차단, 중력이동 등으로 감소되는 것을
　고려하여 약 2/3 정도 적용

④ 살수효율성 : 살수된 물이 전부 식물에 공급되지 않으므로 손실을 고려
　하여 약 70% 정도 적용

⑤ 급수용량 : 작동수압과 압력손실을 고려 계량기의 규격, 급수관경, 급수
　길이, 급수관의 유형에 따라 검토·결정

(2) 급수원

① 직선형 분배방법

　㉠ 일반적으로 많이 사용되며 운반거리가 짧은 급수관로에 효율적

　㉡ 관수요구점이 멀어질수록 마찰손실이 축적되어 더 큰 관경 필요

② 환상식 분배방법

　㉠ 급수원으로부터 관수요구점까지 2개의 분배선에 의해 제공

　㉡ 살수계통의 관경을 감소시키고 압력손실을 2개의 분배선에 균등배분

　㉢ 관의 길이가 길어져 공사비용 증대

③ 이중급수원 분배방법

　㉠ 두 지점의 급수원에서 2개의 분배선으로 관수하여 시설보수 및 유지
　　관리 용이

　㉡ 경제적 효율성이 떨어져 거의 사용되지 않음

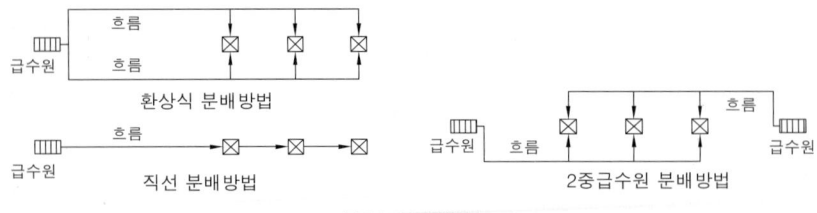

| 급수 분배방법 |

(3) 살수기의 선정 시 고려사항

① 동일구역 내의 살수기는 동일한 살수강도와 동일한 종류의 살수기 설치

② 동일한 회로 내의 살수기 압력은 규정압력 범위의 10% 오차범위 이내로 조정

③ 토양의 종류, 지표면 경사, 식물의 종류, 지표면의 형태와 규모, 장애물의 유무 고려

④ 살수기의 특성인 금속제의 배합비율, 제작상의 정밀도, 헤드의 성능을 고려하여 효율적, 경제적인 것으로 선정

(4) 살수기의 배치

① 균일한 살수율을 갖도록 하는 것이 가장 중요

② 균등계수 : 살수기 사이에서 측정한 물의 양의 상대적 비율 − 85~95%가 효과적인 배치

③ 삼각형 배치가 사각형 배치보다 더 좋은 균등계수를 가짐

④ 살수기의 최대간격은 보통 열간격을 기준으로 60~65%로 제한

⑤ 삼각형 배치 시 헤드열 사이의 간격은 헤드간격의 87%로 배치

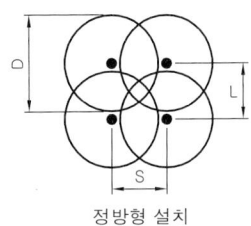

정방형 설치

D:살수기 직경
S:헤드간격(열간격)
L:헤드열 사이간격
정삼각형 배치 cos30°=0.87

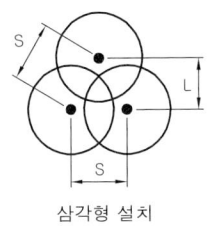

삼각형 설치

| 살수기의 배치간격 |

❹ 살수관개 비품

(1) 밸브

1) 수동조절밸브

① 구체밸브 : 쉬운 수리, 압력과 흐름의 효율적 조정, 가장 많이 사용

② 게이트밸브 : 구체밸브보다 저렴, 물에 모래나 거친가루 있으면 쉽게 고장

③ 급연결밸브 : 신속한 연결, 관수요구점에서 살수기나 호스연결

2) 원격조절밸브 : 중앙조절장치에서 물을 자동으로 개폐

① 폐쇄식밸브 : 전기이용, 전원연결 → 개방, 전원차단 → 폐쇄(복잡한 시설에 사용)

② 개방식밸브 : 수압이용, 수압작용 → 폐쇄, 수압제거 → 개방(대규모 시설에 사용)

(2) 살수기

1) 분무살수기(spray head)

① 고정된 동체와 분무공만으로 된 가장 간단한 살수기

② 비교적 저렴, 모든 형태의 관개시설에 이용

▎살수기배치의 고려사항
① 살수지역의 규모와 형태
② 식물의 규격, 형태, 분포상태
③ 장애물 유무 및 규격상태
④ 사업예산
⑤ 설계자의 지식과 경험
⑥ 물의 공급량과 가용압력, 풍속 등 부지조건

▎살수관개비품
살수관개체계는 펌프, 부속품, 관, 조절장치, 밸브, 분무정부의 6가지 비품으로 구성

▎방향조절밸브
① 차단밸브 : 수압이 제거되었을 때 관로 내의 물이 배수되는 것을 방지
② 대기진공차단기 : 관로 내부의 물이 역류하는 것을 방지
③ 공기배출밸브 : 관로 내부에 발생한 공기를 배출하기 위한 것

▎분무살수기
① 수압 : 1~2kg/cm²
② 살수범위 : 6~12m
③ 시간당 살수량 : 25~50mm
④ 살수형태 : 정방형, 거형, 원형, 분원형

2) 분무입상살수기(pop-up spray head)

① 물이 흐를 때 동체가 입상관에 의하여 분무공이 지표면 위로 올라오게 된 장치

② 살수할 때 잔디에 의해 관수가 방해받지 않고, 관수가 끝나면 지표면과 같은 높이 유지로 잔디 깎기 용이

3) 회전살수기(rotary head)

① 살수를 위한 분무공을 1개 또는 여러 개를 가짐

② 원형이나 분원형으로 살포되며 좁은 지역이나 넓은 지역에 사용

4) 회전입상살수기(rotary pop-up head)

① 살수기에 회전 및 입상기능이 복합된 것

② 관로에 물이 흐르면 분무공이 올라와 회전살수

③ 대규모의 자동살수관개조직에서 가장 많이 이용

5) 점적식 살수기

① 점적기(emitter)를 사용하여 각 수목이나 지정된 지역의 지표나 지하에 낮은 압력수를 일정비율로 서서히 관개하는 방법

② 지표에서 관개하는 방법의 40~60% 정도의 수량으로 살수 가능

③ 관목·지피 지역에서는 격자배치, 교목은 수목의 근부에 용량을 고려하여 2~8개 정도 배치

④ 에미터 주변에 자갈을 채워 출구의 막힘현상 방지

⑤ 관개량은 시간당 4~8ℓ, 효율은 90% 정도, 비료 주입도 가능하며 경제적

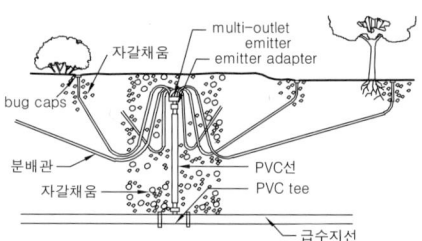

| 에미터 설치도 |

(3) 관

① 강관

㉠ 주철관보다 연성 및 내충격성이 우수하여 외압이 큰 관로나 연약지반 관로로 적합

㉡ 수명이 15년 정도로 녹이나 이물질 등으로 노즐손상 – 송수능력 50%까지 감소

② 주철관

㉠ 강관보다 녹이 적게 발생하고, 송수능력도 비교적 작게 저하

㉡ 연결이 어렵고 깨지기 쉬워 시공과정이나 시공 후 충격에 주의

③ 스테인리스관 : 내식성 우수, 기계적 성질 우수

④ 동관 : 녹이 생기지 않아 관목식재지 사용에 좋으나 가격대비 효율성 낮음

⑤ 염화비닐관 : 내구성이 높고 내화학성도 있고 어느 정도 강도가 있어 주

▌회전식 살수기

① 수압 : 2~6kg/cm²

② 살수범위 : 24~60m

③ 시간당 살수량 : 2.5~12.5mm

④ 살수형태 : 원형, 분원형

▌특수살수기

① 분류살수기 : 작은 물줄기로 분무, 바람의 영향을 적게 받으나 살수상태 불균일－잔디지역에 좋지 않음

② 거품식 살수기 : 물이 식물의 잎에 직접적으로 접촉되지 않게 하기 위해 사용

③ 점적식 살수기

▌조절기

살수의 양과 빈도가 다른 지역에서 효율적으로 시스템을 관리하기 위해 원격조절밸브를 작동시키기 위한 시계장치로서, 넓은 지역의 살수를 위해 사용할 경우 인력과 경비를 절감할 수 있으며, 효율적 살수기 제어로 관경과 펌프용량을 줄이고, 표토의 유실 방지 및 식물에게 유효한 흡수를 가능케 한다.

▌관

관의 충격, 내압, 외압에 대한 저항성, 내식성 수밀성, 시공성, 경제성을 고려하여 선정한다.

거지나 상업지역에 사용하고, 연약지반이나 수압이 낮게 작용하는 데 적합

⑥ 폴리에틸렌관 : 염화비닐보다 강도가 낮아 지선이나 압력이 낮은 곳에 사용

3>>> 배수시설공사

1 물의 순환

· 수문방정식   유입량 = 유출량 + 저류량

수문방정식의 변수

유입량	유출량	저류의 변동량
· 강수량 · 지표 유입량 · 지하 유입량 · 기타 유입량(개수로·관수로 등에 의한 유입량)	· 지표 유출량 · 지하 유출량 · 증발량 · 증산량 · 중간 유출량 · 기타 유출량(개수로·관수로 등에 의한 유출량)	· 지하수 · 토양수분 · 적설량 · 저수량 · 일시적 지상 정체수

2 배수계획

(1) 배수방법

1) 표면배수

① 지표면의 배수가 용이하도록 일정한 경사를 유지하여 표면수가 집수시설로 흘러가도록 한 배수

② 강우 시 빗물이 제거되는 형태 중 가장 많은 물 제거

③ 표면배수가 길면 유속 및 유량의 증가로 토양침식 발생

2) 명거배수

① 표면에서 유출된 우수를 지표면에 노출시킨 배수로를 통해 유출시키는 배수

② 자연성이 높은 지역이나 지하토질이 견고한 곳에서 효율적 사용가능

3) 암거배수 : 배수관을 지하에 매설하여 배수

① 분류식 : 우수와 오수를 별개의 하수관로를 통해 배출하는 방식으로 비용이 많이 들고, 시공이 어려워 기존 시가지에는 곤란

② 합류식 : 단일관거로 오수와 우수를 배출하는 방식으로 시공이 용이하나 수질오염의 우려

4) 혼합식배수

명거배수와 암거배수 체계를 병행하는 것으로 대부분의 배수구역이 이

▌펌프

① 원심펌프 : 임펠러(회전날개)의 회전으로 인한 원심력의 작용으로 물을 양수하는 펌프

② 터빈펌프 : 긴 굴대를 가지고 있어 정류하여, 압력을 상승시켜 양수하는 것으로 깊은 우물의 양수에 적합

③ 잠함펌프 : 수원에 펌프를 잠입시켜 양수하는 펌프로 유지비 높음

▌배수시설의 부가사항은 [조경설계 – 기타 시설물 배수시설] 참조

▌물의 순환권

지표수면이나 해양면(수권)과 대기 중(기권) 및 지층 내(암권)를 끊임없이 유동순환하는 것을 말하며, 수문현상의 순환과정은 시간과 장소에 따라 달라진다.

▌배수의 역할

① 홍수조절 : 수로조성이나 저장시설 설치

② 침식방지 : 침식방지를 위해 배수구역 크기나 표면경사 조절

③ 시설기반의 조성 : 건조한 표면을 위해 신속한 배수로 안정적 기반 확보

④ 동·식물생육환경의 조성 : 과다한 수분함유로 인한 수목의 생육 장애를 막고, 동·식물서식을 위한 습지나 연못 도입

에 속함

5) 심토층배수

① 지표면에서 지하로 침투한 침투수를 집수하는 것과 지하수위를 낮추기 위한 배수, 넓은 공간의 표면에 고인 물을 제거할 수 있는 국지적 배수에 사용

② 배수구역의 토양이나 포장재는 투수성 다공질 재료를 사용하며, 땅 속에는 유공관이나 자갈층을 만들어 배수

6) 심토전면배수 : 표면배수와 심토층 배수를 동시에 시행

(2) 간선과 지선

1) 간선

① 하수의 종말처리장이나 토출구의 연결에 이용되는 배수로

② 도시차원의 배수나 배수지역의 배수를 유도하는 역할의 관거

③ 연장길이가 길면 매설심도와 관경으로 인해 위험성 및 공사비 증가

2) 지선

① 단위배수구역이나 소규모 지역 내 배수관망

② 기존의 지선은 대부분 굴곡 되어 있거나 비체계적

> **▎준간선**
> 지선의 규모가 커져 간선의 기능을 수행하는 관로로서 간선과 지선의 중간규모에 해당한다.

(3) 배수계통

① 직각식 : 배수관거를 하천에 직각으로 연결하여 배출하는 방법으로 비용은 저렴하나 수질오염의 가능성 증가

② 차집식 : 우천시 하천으로 방류하고 맑은 날은 차집거를 통해 하수처리장으로 보내 처리 후 방류

③ 선형식 : 지형이 한 방향으로 집중되어 경사를 이루거나 하수처리관계상 한정된 장소로 집중시켜야 할 때의 방식

④ 방사식 : 지역이 광대하여 한 곳으로 모으기 곤란할 때 방사형 구획으로 구분하여 집수하고 별도로 처리하는 방식으로, 관로가 짧고 가늘어 시공비는 절감되나 하수처리장이 많아 부담

⑤ 평행식 : 지형의 고저차가 심한 경우 고지구와 저지구로 구분하여 배관하는 방식으로 고지구는 자연유하, 저지구는 양수 배수

⑥ 집중식 : 사방에서 한 지점을 향해 집중적으로 흐르게 해 처리하는 방식으로 주로 저지대의 배수를 위해 사용

> **▎지선망계통의 결정**
> ① 우회굴곡을 피한다.
> ② 배수상의 분수령을 중요시한다.
> ③ 경사가 급한 고개에는 대구경 급경사 관로 매설을 피한다.
> ④ 신속히 간선에 연결한다.
> ⑤ 교통이 빈번한 가로에는 대구경 관거의 매설을 피한다.

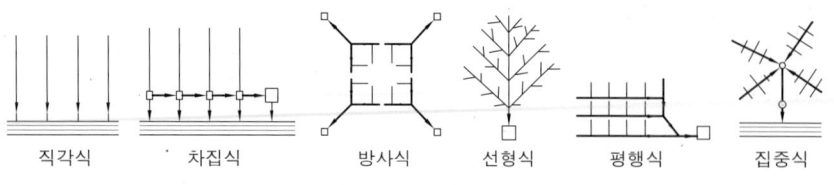

| 직각식 | 차집식 | 방사식 | 선형식 | 평행식 | 집중식 |

▎배수계통의 유형▎

❸ 강우량과 우수유출량

(1) 강우강도

단위시간 동안 내린 강우량(mm/hr)으로 강우시간이 1시간보다 작은 경우 1시간으로 환산

1) 강우계속시간 : 강우가 계속되는 시간으로 시간이 늘어나면 강우량은 커지나 강우강도는 감소

2) 강우재현기간 : 몇 년 단위로 최고 강우강도가 발생된 것인지 추정하기 위한 시간 간격

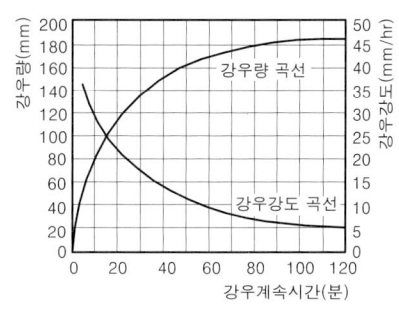

| 강우강도 곡선 및 강우량 곡선 |

3) 강우강도

· Sherman형 : $I = a/t^n$

· Talbot형 : $I = \dfrac{a}{t + b}$

· Isiguro형 : $I = \dfrac{a}{\sqrt{t} + b}$

여기서, I : 강우강도(mm/hr)

t : 강우계속시간(min)

a, b, n : 상수

(2) 유출과 유출계수

1) 유출 : 강우시간, 강우강도, 토양형태, 배수지역 경사, 배수지역 크기, 토지이용의 영향이 크게 작용

2) 유출계수 : 유출량과 강우량의 비율로 1년 단위의 비율이나 1시간, 1분 등의 단위시간의 비

$$유출계수 = \frac{최대우수유출량}{강우강도 \times 배수면적}$$

다양한 표면의 유출계수

배수지역 표면종류		유출계수 C	배수지역 표면종류		유출계수 C
포장 재료	콘크리트, 아스팔트	0.70~0.95	비 포장 지역	사질토양	0.15~0.30
	머캐덤	0.25~0.45		양토	0.20~0.35
	자갈포장	0.25~0.3		자갈	0.25~0.40
	규격블록포장	0.70~0.85		진흙	0.30~0.50
토지 이용	상업지역	0.70~0.95	잔디 및 식생 (사질토)	경사 0~2%	0.05~0.10
	공업지역	0.50~0.70		2~7%	0.15~0.20
	저밀도 주거지역	0.30~0.60		7% 이상	0.15~0.20
	고밀도 주거지역	0.67~0.75	잔디 및 식생 (점질토)	경사 0~2%	0.13~0.17
	공원, 골프장	0.10~0.25		2~7%	0.18~0.22
	학교운동장	0.20~0.50		7% 이상	0.25~0.35

▌유달시간

우수가 배수구역의 제일 먼 곳에서 부지 밖의 배수구로 배수될 때까지 움직이는 데 소요되는 시간을 말한다. - 강우계속시간과 동일하게 가정

▌유출을 조절하기 위한 시설

① 체수지나 연못을 만들어 저류하는 방법(도시에서는 저수조)

② 배수가 잘 되는 토양층에 침투시키는 방법

③ 주차장이나 보도와 같은 포장지역에 투수성 다공질 포장 방법

3) 평균유출계수 : 해당부지가 여러 가지 용도나 조건으로 인하여 한 가지 유출계수를 사용하지 못할 때 사용

$$Cm = \frac{\sum\limits_{i=1}^{n} C_i \cdot A_i}{\sum\limits_{i=1}^{n} A_i}$$

여기서, Cm : 평균유출계수
Ai : 각 배수 면적의 비율
Ci : 각 유출계수

4) 우수유출량

〈합리식〉

$$Q = \frac{1}{360} \cdot C \cdot I \cdot A$$

여기서, Q : 우수유출량(m³/sec)
C : 유출계수
I : 강우강도(mm/hr)
A : 배수면적(ha)

4 표면배수설계

(1) 물의 흐름

1) 정류 : 일정한 단면을 흐르는 유량이 시간에 따라 변하지 않는 흐름

2) 부정류 : 유적과 유속이 변함에 따라 유량이 시간에 따라 변하는 것(홍수, 파동 등)

3) 개수로 : 대기압을 받는 자유수면을 갖는 수로의 총칭

4) 흐름의 기본식

Q = A·v   여기서, Q : 유량(m³/sec), A : 유적(m²), v : 평균속도(m/sec)

① 높은 유속은 배수로 파괴, 배관 접합부 훼손, 표면침식 발생

② 낮은 유속은 물속 침전물이 쌓여 물의 흐름 방해, 기능저하 발생

(2) 수로단면의 특성

1) 수로단면 : 수로를 흐름의 방향에서 직각으로 끊었을 때의 단면적

2) 유적(유수단면적, A) : 수로단면 중 물이 점유하는 부분

3) 윤변(P) : 수로의 단면에서 물이 수로의 면과 접촉하는 길이

4) 경심(동수반경, 수리평균심, R) : 유적 A를 윤변 P로 나눈 값으로 마찰이 작용하는 주변의 단위 길이당 유수면적을 의미 - R = A/P

5) 평균유속 : 단위시간에 유적 내의 어느 점을 통과하는 물입자의 속도
·매닝(Manning)공식 - 개수로

$$Q = A \cdot v \quad v = \frac{1}{n} \cdot R^{\frac{2}{3}} \cdot I^{\frac{1}{2}}$$

여기서, Q : 유량(m³/sec)   A : 유수단면적(m²)
v : 평균속도(m/sec)   n : 수로의 조도계수
R : 경심(m)   I : 유역의 평균경사

▌배수면적

배수지역 전체 면적에서 하천, 호소, 해안지역 등 우수를 유출하지 않는 면적을 제외한 우수량 산정의 기본면적이다.

▌예제

강우강도가 100mm/h인 지역에 있는 유출계수 0.95인 포장된 주차장 900m²에서 발생하는 초당 유출량을 구하시오.
풀이) 단위를 m로 맞추어 계산한다.

$$Q = \frac{1}{3600} \times 0.95 \times 0.1 \times 900$$

$$= 0.023(m³/sec)$$

▌개수로

자연하천, 용수로, 배수로 등 뚜껑이 없는 수로뿐만 아니라 지하배수관거, 하수관거 등 암거라도 물이 일부만 차서 흐르는 것을 포함하며, 정수압이나 다른 압력에 의해 흐르는 관수로와 달리 흐름에 작용하는 중력이 수면 방향의 분력에 의해 자유수면을 갖는 것을 말한다.

▌경심

① 넓은 자연하천 R ≒ H
② 만수 원형관 R = $\frac{D}{4}$

·쿠터(Kutter)공식 − 원형지하배수관

$$Q = A \cdot v \quad v = \frac{N \cdot R}{\sqrt{R+D}}$$

$$N = 23 + \frac{1}{n} + \frac{0.00155}{I}\sqrt{I} \qquad D = (23 + \frac{0.00155}{I})^n$$

5 지하배수관거설계

(1) 물의 난류 및 손실 수두

1) 층류 : 물의 분자가 흐트러지지 않고 질서정연하게 흐르는 흐름
2) 난류 : 물의 분자가 서로 얽혀서 불규칙하게 흐르는 것으로 일반적으로 흐름은 거의 난류에 속함
3) 수두손실 : 흐름의 변환지점에서 난류의 흐름을 보이며 동시에 흐름에 지가 손실되는 것
   ① 관거 내의 유입구, 맨홀부위, 관거연결부위, 관거내부에서 발생
   ② 흐름의 변환지점에서 수리표면과 동수구배를 일치시켜 에너지의 손실 방지

> **지하배수관거설계**
> 우수를 유입구에서 집수·운반하여 부지외부로 유출시키기 위한 배수관거체계의 설계이다.

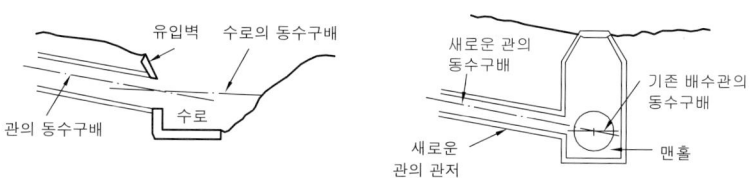

유입벽 수로의 동수구배
관의 동수구배 수로

새로운 관의 동수구배
새로운 관의 관저 기존 배수관의 동수구배 맨홀

| 배수관거의 동수구배 |

(2) 유속 및 유량공식

·강귈렛 − 쿠터(Ganguillet−Kutter)공식

$$v = C\sqrt{RI} \qquad Q = A \cdot C \sqrt{RI}$$

$$C = \frac{23 + \frac{1}{n} + \frac{0.00155}{I}}{1 + (23 + \frac{0.00155}{I})\frac{n}{\sqrt{R}}}$$

여기서, Q : 유량(m³/sec)   v : 유속(m/sec)
A : 유수단면적(m²)   R : 경심 = $\frac{A}{P}$(m)
I : 수면경사   C : 평균유속계수   n : 조도계수

(3) 배수관거설계기준

1) 배수관거의 경사 및 유속
   ① 유속은 하류로 감에 따라 점차 커지고 관거의 경사는 점차 작아지게 설치
   ② 하류로 갈수록 경사가 작아져도 유량이 증가되어 관거가 커지므로 유속도 크게 가능
   ③ 유속을 크게 하려고 경사를 급하게 하면 관의 매설 깊이가 깊어져 시공

원형   직사각형

계란형   마제형

| 배수관거의 단면형태 |

의 곤란, 공사비 증가, 토구에서 방류수면 수위가 낮아져 자연유하 곤란

④ 유속이 느리면 관거 저부의 오물이 침전되고 유하시간이 길어져 침전물의 부패로 악취와 오염문제 발생

⑤ 유속이 지나치게 커지면 관거를 손상시키므로 적정유속 유지

　㉠ 우수관거 및 합류식 관거 유속 0.8~3.0m/sec

　㉡ 분류식 오수관거 유속 0.6~3.0m/sec, 1.0~1.8m/sec가 이상적

2) 최소관경

① 우수관거, 합류관거 : 300mm

② 오수관거 : 250mm

③ 지선인 경우 위의 관경보다 작게 사용 가능

3) 관거의 위치 및 매설 깊이

① 합류식 하수거는 도로중앙에 설치하고 노폭이 넓으면 양측 보도 밑에 설치

② 깊이는 동결심도와 상부하중고려 1.0~1.2m로 하고 0.6m도 가능

(4) 배수관거 부대시설

1) 유입벽과 유출벽

① 유입벽 : 자연수로에서 암거로 유입될 때 최소한의 수두손실로 부드러운 수로로 전환해 갈 수 있도록 한 시설

② 유출벽 : 유수의 충격과 침식을 방지하기 위하여 유속을 감소시키고 낙하차가 크지 않도록 설치하는 시설

2) 배수유입구조물

① 소규모 지역배수구(area drain) : 배수가 곤란한 소규모 배수구역의 우수를 집수하여 지하 관거로 연결

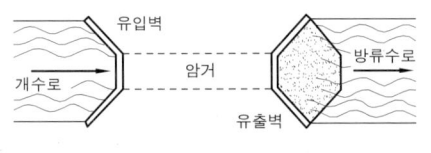

| 유입벽과 유출벽 |

② 측구(side gutter) : 도로나 공간이 구획되는 경계선을 따라 설치하는 배수로로 U형, L형이 있으며 뚜껑을 덮어 상부의 통행이 가능하도록 하면 트렌치라고 지칭

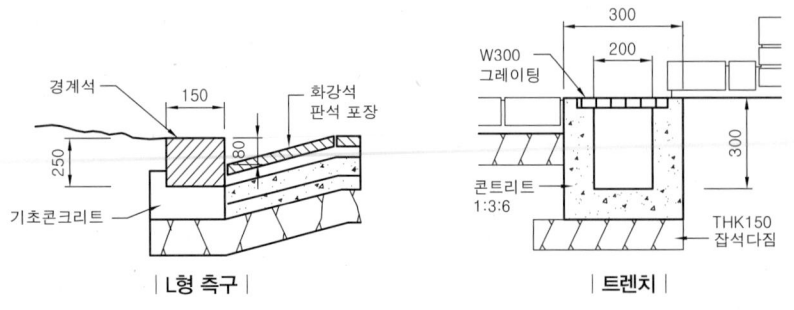

| L형 측구 |　　| 트렌치 |

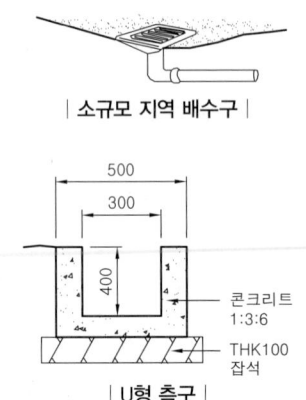

③ 트렌치(trench)

　㉠ U형 측구와 같은 형태를 취하며, 우수를 길이 방향으로 집수하는 선적 배수방법으로 직접 지하관거에 연결

　㉡ 표면수를 집수하는 능력이 커 우수를 완벽히 차단하고자 할 때 사용 (계단의 상하단 및 주차장, 광장, 진입로 입구 등)

④ 빗물받이

　㉠ 도로의 우수를 모아서 유입시키는 시설로 도로 옆의 물이 모이기 쉬운 장소나 L형 측구의 유하방향 하단에 설치

　㉡ 보차도 경계나 도로와 구획의 경계선에 설치하며 횡단보도 및 주택의 출입구 앞에는 가급적 설치 제한

　㉢ 간격은 도로폭, 경사, 배수면적을 고려하여 설치하며 20~30m 간격이 적당

　㉣ 규격은 내폭 30~50cm, 깊이 80~100cm 정도로 하고, 저부에 15cm 이상의 침전지 설치

⑤ 집수정(catch basin)

　㉠ 빗물받이의 일종으로 개수로와 암거, 심토층 배수로와 암거에 접속하는 유수를 모으기 위해 설치

　㉡ 깊이 15cm 이상의 침전지 설치

⑥ 맨홀(manhole)

　㉠ 관거 내의 통풍, 환기 및 검사, 청소 등의 관리와 관거의 연결을 위한 시설

　㉡ 관거의 기점과 관거의 방향, 높이, 관경이 변화하는 곳이나 관거가 합류하는 지점에 설치하고 유지관리 편의성 고려

　㉢ 보통의 맨홀 간격은 관경의 100배, 최대 300m

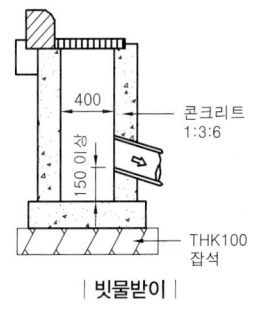

| 빗물받이 |

콘크리트 1:3:6

400

150 이상

THK100 잡석

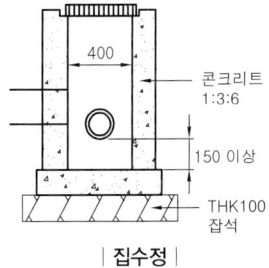

| 집수정 |

콘크리트 1:3:6

400

150 이상

THK100 잡석

맨홀의 관경별 최대간격

관거내경	30cm 이하	60cm 이하	100cm 이하	150cm 이하	165cm 이하
최대간격	50m	75m	100m	150m	200m

⑥ 심토층 배수설계

(1) 심토층 배수방법

① 지표유입수 배수 : 지표면으로부터 흡수된 물을 배수시켜 지표면의 기능을 효율적으로 유지하기 위한 배수로 가장 일반적 형태

② 완화배수 : 평탄한 지역의 지하수위를 낮추기 위한 방법

③ 차단배수 : 경사면 지하의 불투수성 토양층에 의해 물이 표면으로 유출되는 것을 방지하기 위해 사면을 따라 도입되는 방법

▌맨홀의 종류

① 표준맨홀 : 중간 맨홀, 합류 맨홀

② 낙하맨홀 : 급한언덕, 지관과 주관의 낙차가 클 때 사용

③ 측면맨홀 : 교통이 빈번한 도로 아래에 하수관거가 있어 바로 위에 출입구 설치가 곤란할 경우 옆으로 출입구를 만드는 것

④ 계단맨홀 : 대관거로 관거차가 클 경우 수세를 감쇄하기 위해 계단을 설치하는 맨홀

⑤ 연통맨홀 : 마제형거, 구형거에 사용되는 맨홀로 관거의 천단 일부분이 천공되어진다.

▌심토층 배수의 목적

① 진흙과 같은 불투성 토양의 물 제거

② 낮은 평탄지의 지하수위 저감

③ 불안정한 지반 개선

④ 기초벽 등으로부터 스며나오는 물 제거

⑤ 일시적 표면유출을 방지하고 토양 내 수분공급

⑥ 운동장, 놀이터, 골프장 등 낮은 지역의 과다한 물 제거

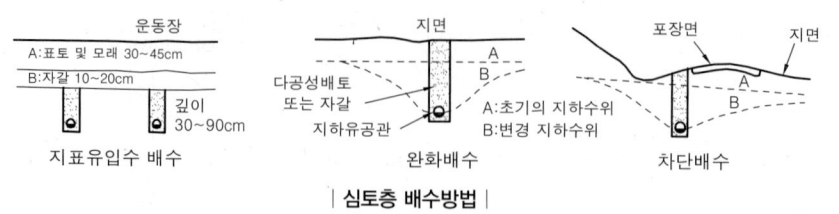

| 심토층 배수방법 |

(2) 배치유형

1) 어골형

① 주선(간선, 주관)을 중앙에 경사지게 배치하고 지선(지관)을 비스듬히 설치

② 지관은 길이 최장 30m 이하, 45° 이하의 교각, 4~5m 간격 설치

③ 놀이터, 골프장 그린, 소규모 운동장, 광장 등 소규모 평탄지역에 적합

2) 평행형(즐치형, 빗살형)

① 지선을 주선과 직각 방향으로 일정한 간격으로 평행하게 배치

② 주선과 지선의 직각접속으로 물의 흐름이 좋지 않아 유속이 저하

③ 넓고 평탄한 지역의 균일한 배수에 사용하며 어골형과 혼합사용 가능

3) 선형

① 주선이나 지선의 구분없이 1개의 지점으로 집중되게 설치

② 지형적으로 침하된 곳이나 경사진 소규모 지역에 사용

③ 집수지점 방향으로 진행하며 집수면적이 줄어 효율성이 저감

4) 차단형

① 경사면 내부에 불투수층이 있어 우수의 배출이 안 되거나 사면에서 용출되는 물을 제거하기 위한 방법

② 보통 도로의 사면에 많이 적용되며 도로를 따라 수로 형성

5) 자연형

① 지형의 기복이 심한 소규모 공간, 물이 정체된 평탄지 배수촉진을 위해 설치

② 부지 전체보다는 국부적인 곳의 배수를 위해 사용하므로 공간의 형태에 좌우되는 부정형 배치

③ 주선은 길고 지선은 짧은 것이 좋으며, 주선은 지형과 일치시키고 자연수로를 따르도록 하는 것이 좋으나 지선은 등고선과 평행이나 직각으로 배치 가능

(3) 설계기준

① 심토층의 토양상태, 강우량, 지하수위, 지형조건 등을 고려하여 결정

② 관거의 경사는 일정하거나 배출구 방향으로 경사가 증가

③ 유속 0.3m/sec 이하이면 중력에 의한 물의 이동이 곤란하여 침적물이 발생하고 관로가 막힘(잔디지역 0.1~1.0% 경사유지)

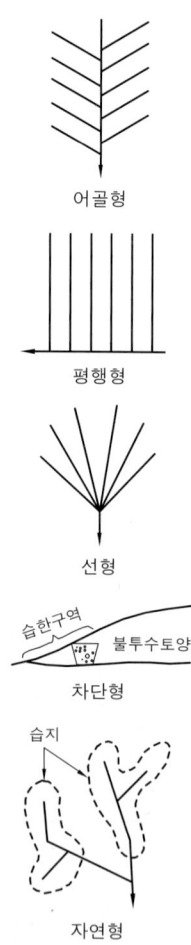

| 배치유형 |

④ 관의 크기는 보통 주선은 150~300mm, 지선은 100~150mm 관경 사용

⑤ 관의 깊이는 동결심도 이하로 하며 보통 점토질 토양 0.75~0.9m, 사토 1.1~1.4m

⑥ 관의 간격은 토성에 따라 다르나 사질토양은 중점토보다 물의 이동이 원활하므로 간격이 커짐

4>>> 순환로 공사설계

1 개요

(1) 기능적 분류

1) 간선도로

① 도시 내의 한 곳에서 다른 곳으로의 장거리 이동교통을 대량 수송

② 주변의 토지, 건물에서의 활동이 가능하도록 제한적 차량출입 허용

③ 대규모 선적인 오픈스페이스로 주요한 기능 수행

④ 도시경관의 질 좌우

⑤ 노상주차 불허

2) 집산도로

① 국지도로로부터의 교통을 모아 간선도로로 연결하는 기능

② 도로변의 토지, 건물에서의 제반활동이 능률적으로 처리되도록 차량 출입 허용

③ 자전거나 보행의 안전성과 편리성 확보

④ 노상주차 가능

3) 국지도로

① 주변 토지, 건물의 제반활동이 가능하도록 사람, 차량의 출입을 원활 하게 허용

② 근린주구를 형성하는 도로로 차량의 주행속도 제한 가능

③ 통과교통 불허

(2) 도로의 패턴

① 격자형

㉠ 도로구획 용이, 도로이용 편리

㉡ 시각적 단조로움, 지형반영 곤란

② 방사형

㉠ 도시중심의 상징성, 방향성 부여

㉡ 교통서비스 불편, 지형반영 곤란

③ 동심원형

▌도로에 대한 부가내용은 [조 경계획 – 교통시설] 참조

▌사용 및 형태에 따른 분류
① 일반도로
② 자동차 전용도로
③ 보행자 전용도로
④ 자전거 전용도로
⑤ 고속도로
⑥ 고가도로
⑦ 지하도로

▌규모에 따른 분류
① 대로
② 중로
③ 소로

    ㉠ 방사형과 조합사용, 환상순환도로 개념
    ㉡ 소규모 지역 교통서비스 불편, 구획형태 비효율적
  ④ 선형
    ㉠ 지역 연결, 고속도로나 강변도로 적용
    ㉡ 교통은 원활하나 중심성이 없고 효율이 낮음
  ⑤ 부정형
    ㉠ 자연적 도시에서 출현, 유기적 구성으로 도로체계를 이룸
    ㉡ 교통 서비스 효율 낮고 차량통행 불편
  ⑥ 루프형
    ㉠ 국지도로나 소규모 단지에 적용가능, 블록 단위별 완결성 가짐
    ㉡ 보차분리 가능, 안전성, 교통흐름 효율성 높음
  ⑦ 막다른 길(cul-de-sac)
    ㉠ 주거단지에 적용가능, 루프형과 결합 사용
    ㉡ 통과교통 배제로 안정성, 독자성 가짐
    ㉢ 막다른 곳에 차량회전 공간 필요

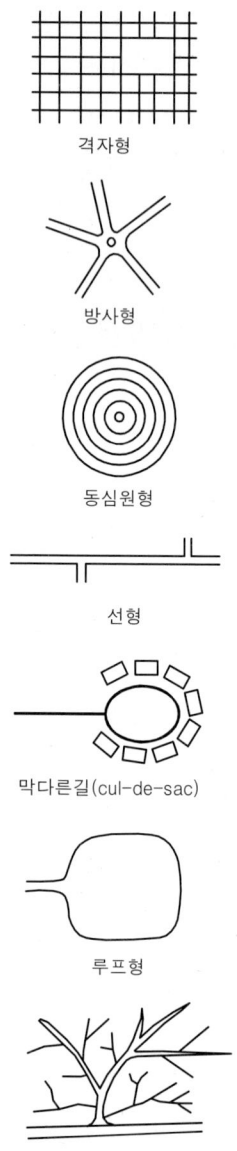

격자형

방사형

동심원형

선형

막다른길(cul-de-sac)

루프형

부정형

| 도로의 패턴 |

② 도로의 설계

(1) 도로설계 시 고려사항(기술적 조건)

  ① 노선은 가급적 완만한 경사로 설계
  ② 오르막이 너무 급하면 우회하거나 터널설치
  ③ 도로의 평면선형은 가급적 직선으로 하고 불가피한 경우 최대 곡선부의 반경으로 설계
  ④ 영구음지는 피하고 통풍이 잘 되는 곳에 설치
  ⑤ 지하수위가 높은 곳은 연약지반 개량대책 강구
  ⑥ 자연환경 보호, 절·성토 균형으로 경제성 제고
  ⑦ 철도, 교차도로, 보행로 등의 교차점 유의하여 안정성 제고
  ⑧ 교량은 하천과 직각이 되도록 설치

(2) 속도(speed)

  1) 지점속도(spot speed) : 어떤 지점을 자동차가 통과할 때의 순간적 속도-도로설계와 교통규제 계획의 자료
  2) 주행속도(running speed) : 자동차가 어떤 구간을 주행한 시간으로 그 거리를 나누어서 구한 속도 – 정지시간을 포함시키지 않는 것이 보통
  3) 구간속도(overall speed) : 어떤 구간을 주행하기 위해서 정지시간을 포함하여 소요된 전체시간으로 그 구간의 거리를 나누어서 구하는 속도
  4) 운전속도(operating speed) : 운전자가 도로의 교통량, 주위의 상황 등을 고려하여 유지해 나갈 수 있는 속도 – 실용적인 교통용량 등을 계산

| 도로설계
기술적 조건 외에 자연경관(지형, 지질, 수문, 기후 등)이나 도로경관(쾌적성, 시각적 경험, 시계의 연속성 등) 및 운전자의 특성과 차량의 특성 등을 고려한다.

할 때 쓰이는 기본적인 값

5) 임계속도(optimum speed) : 교통용량이 최대가 되는 속도 – 이론적으로 교통용량을 생각할 때 사용

(3) 설계속도(design speed)

① 도로조건만으로 정한 최고속도로서 도로의 기하학적 설계의 기준

② 도로의 종류와 교통량에 따라 정하는 기준적인 속도

③ 도로설계의 기준이 되는 속도로서 자동차의 주행에 영향을 미치는 도로의 기하학적 구조와 물리적 형상을 결정하는 기준

④ 도로의 종류와 교통량에 비례하고 지형의 난이성에 반비례한다는 원칙에서 결정

설계속도기준   (단위 : km/hr)

도로의 기능별 구분		지방지역			도시지역
		평지	구릉지	산지	
고속도로		120	110	100	100
일반도로	주간선도로	80	70	60	80
	보조간선도로	70	60	50	60
	집산도로	60	50	40	50
	국지도로	50	40	40	40

주) 1. 지형·경제성 등을 고려하여 필요한 경우 시속 20km 이내의 속도를 감할 수 있다.
  2. 주요 교차로(인터체인지 포함)·시설물 사이의 구간은 동일한 설계기준을 적용한다.
  3. 인접한 설계구간과의 설계속도의 차이는 시속 20km 이하가 되도록 하여야 한다.

(4) 시거(sight distance)

① 안전시거 : 위험이 따르지 않을 정도의 시거

② 정지시거 : 제동을 걸어서 정지하기 위해 필요한 시거

③ 피주시거 : 인접차선으로 피하려 할 때 필요한 시거

④ 앞지르기 시거 : 저속차를 앞지르는 데 필요한 시거

❸ 도로의 구성요소

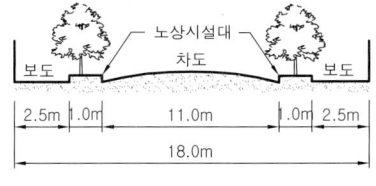

| 도시지역 도로 횡단면도 |

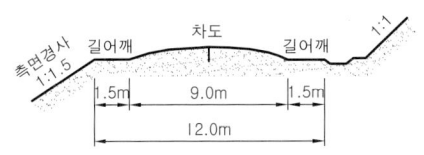

| 지방도로 횡단단면 |

(1) 차도

① 차도 : 자동차의 통행에 사용되며 차로로 구성된 도로의 부분

| 설계속도
설계속도를 높게 하면 좋은 도로가 될 수 있으나 비용적인 면을 고려해야 하며, 또한 지역의 물리적·환경적 상태에 따라 적용하기도 한다. 설계가는 단순하게 차량의 이동속도만을 고려한 설계속도보다는 그로 인한 부수적인 문제와, 보행자의 안전, 도로의 경관, 지형, 교통조건, 주변토지의 이용 등을 고려하여 결정한다.

| 자동차 전용도로 설계속도
본문의 표에도 불구하고 자동차 전용도로의 설계속도는 시속 80km 이상으로 한다. 다만, 자동차 전용도로가 도시지역에 있거나 소형차도로일 경우에는 시속 60km 이상으로 할 수 있다.

| 시거(視距)
진행방향에 있는 장애물 또는 위험요소를 인지하고 제동을 걸어 정지하거나, 장애물을 피해서 주행할 수 있을 정도로 전방을 내다볼 수 있는 거리를 말한다.

② 차로 : 한 줄로 통행할 수 있도록 차선에 의하여 구분되는 차도의 부분

③ 차선 : 차로와 차로를 구분하기 위하여 그 경계지점에 표시하는 선

④ 차로의 폭은 차선의 중심선에서 중심선까지로 3.0~3.5m

(2) 보도

① 보행자의 안전과 자동차 등의 원활한 통행을 위하여 필요 시 설치

② 연석(높이 25cm 이하)이나 방호울타리 등을 이용하여 차도와 분리

③ 필요 시 교통약자를 위한 이동편의시설 설치

④ 자전거도로에 접한 구간은 자전거의 통행에 불편이 없도록 할 것

⑤ 유효폭은 최소 2m 이상으로 통행량·주변 토지 이용 상황 고려하여 결정

⑥ 보행자의 통행 경로를 따라 연속성과 일관성이 유지되도록 설치

⑦ 가로수 등 노상시설 설치 시 필요한 폭 추가 확보

(3) 길어깨(갓길, 노견)

① 도로 보호 및 비상시 이용을 위하여 차도에 접속하여 설치하는 도로의 부분

② 차도에 접속하여 노상시설 설치 시 길어깨 폭에서 제외(배수로로 활용 가능)

③ 터널·교량·고가도로·지하차도의 경우 고속도로 1m 이상, 일반도로 0.5m 이상으로 가능하나 길이 1,000m 이상의 터널·지하차도에서 오른쪽 길어깨의 폭을 2m 미만으로 하는 경우 최소 750m의 간격으로 비상주차대 설치

④ 측대 설치 : 설계속도 80km/hr 이상인 경우 0.5m 이상, 80km/hr 미만이거나 터널인 경우 0.25m 이상

⑤ 적설지역의 중앙분리대 및 길어깨의 폭은 제설작업을 고려하여 결정

길어깨의 최소폭 (m)

구분	설계속도(km/hr)		지방지역	도시지역	소형차도로
우측 어깨	고속도로		3.00	2.00	2.00
	일반도로	80 이상	2.00	1.50	1.00
		60~80 미만	1.50	1.00	0.75
		60 미만	1.00	0.75	0.75
좌측 어깨	고속도로		1.00	1.00	0.75
	일반도로	80 이상	0.75	0.75	0.75
		80 미만	0.50	0.50	0.5

(4) 환경시설대

① 도로 주변지역의 환경보전을 위하여 길어깨의 바깥쪽에 설치하는 녹지대 등의 시설이 설치된 지역

② 도로건설로 인한 주변 환경피해를 최소화하기 위하여 필요한 경우에는 생태통로 등의 환경영향저감시설 설치

③ 교통량이 많은 도로 주변의 주거지역, 정숙을 요하는 시설·공공시설, 환

보도의 유효폭

보도폭에서 노상시설 등이 차지하는 폭을 제외한 보행자의 통행에만 이용되는 폭을 말한다.

중앙분리대

① 차도를 통행의 방향에 따라 분리하고 옆 부분의 여유를 확보하기 위하여 도로의 중앙에 설치하는 분리대와 측대를 말한다.

② 차로수가 4차로 이상인 고속도로에 대해서는 반드시 설치하고, 기타 도로에 대해서는 필요한 경우에 설치한다.

③ 야간에 전조등 불빛의 차광 및 도로표지, 기타 교통관제시설 설치장소를 제공한다.

④ 중앙선을 두 줄로 표시하는 경우 중심 사이의 간격은 0.5m 이상으로 한다.

중앙분리대의 최소폭

도로의 구분	지방지역	도시지역, 소형차도로
고속도로	3.0m	2.0m
일반도로	1.5m	1.0m

측대

운전자의 시선을 유도하고 옆 부분의 여유를 확보하기 위하여 중앙분리대 또는 길어깨에 차도와 동일한 횡단경사와 구조로 차도에 접속하여 설치하는 부분을 말한다. 측대의 폭은 설계속도가 80km/hr 이상인 경우 0.5m 이상, 80km/hr 미만인 경우 0.25m 이상으로 한다.

노상시설

보도, 자전거도로, 중앙분리대, 길어깨 또는 환경시설대 등에 설치하는 표지판 및 방호울타리, 가로등, 가로수 등 도로의 부속물(공동구 제외)을 말한다.

경보존을 위하여 설치-식수대, 둑, 방음벽, 보도 등 포함
④ 기준폭은 10~20m로 고속도로의 경우 차도 양끝에서 폭 20m 설치
⑤ 환경정책기본법의 도로변 지역 소음환경기준 : 55~75dB

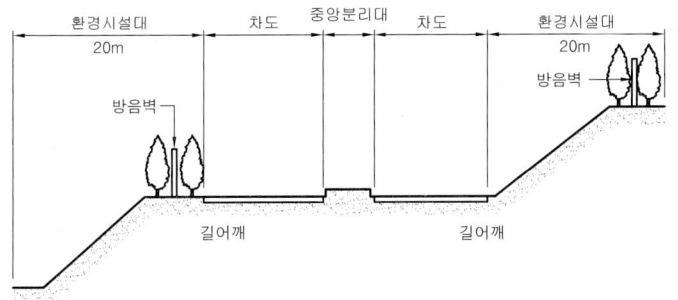

| 환경시설대가 설치된 도로의 횡단면 |

4 도로설계의 제요소

(1) 횡단경사(구배)

① 도로의 진행방향에 직각으로 설치하는 경사로서 도로의 배수를 위한 경사와 평면곡선부에 설치하는 편경사로 구분
② 노정과 노단을 연결하는 선의 기울기는 백분율 또는 분수로 표시
③ 보도, 자전거도로는 2% 이하(부득이한 경우 4%) – 보통 편경사 사용

(2) 종단경사(구배)

① 도로의 진행방향 중심선의 길이에 대한 높이의 변화 비율
② 수평거리와 양단높이차의 비를 백분율이나 분수로 표시
③ 경제성, 자동차의 성능을 감안하여 자동차의 소통과 안전도 고려

최대종단구배   (단위 : %)

설계속도(km/hr)	120	100	80	70	60	50	40	30	20
표준구배	3	3	4	4	5	6	7	8	10
부득이한 경우	–	5	6	6	7	9	10	11	13

주) 이 표는 이해를 돕기 위한 예시적 내용이므로 법률적 내용과는 차이가 있다.

(3) 평면선형

1) 평면(선형)곡선의 종류
　① 단곡선(Simple curve)
　　㉠ 하나의 원호에서 생긴 곡선
　　㉡ 노선방향의 변환곡선으로서는 가장 많이 사용되는 기본곡선
　② 복합곡선(Compound curve)
　　㉠ 같은 방향으로 굽은 2개의 원곡선을 공통접선을 갖도록 접속한 것
　　㉡ 주행이 자연스럽지 못하므로 지형이 부득이할 때 적용

시설한계
자동차나 보행자 등의 교통안전을 확보하기 위하여 일정한 폭과 높이 안쪽에는 시설물을 설치하지 못하게 하는 도로 위 공간 확보의 한계를 말한다. 차도의 시설한계 높이는 4.5m 이상, 보도 및 자전거도로의 시설한계 높이는 2.5m 이상 확보하여야 한다.

노면의 종류에 따른 횡단경사

구분	횡단경사
아스팔트 포장도로, 시멘트콘크리트 포장도로	1.5~2%
간이 포장도로	2.0~4%
비포장도로	3.0~6%

횡단경사의 차이
횡단 경사의 차이는 시공성, 경제성 및 교통안전을 고려하여 8% 이하로 한다.

종단경사의 영향
대부분의 승용차는 4~5%의 종단경사에서도 평지와 비슷하게 주행할 수 있으며, 3%에서는 거의 영향을 받지 않으나 트럭의 경우는 중량당 마력비가 낮고 잉여마력이 작아 종단경사에 크게 영향을 받는다.

편경사
평면곡선부에서 자동차가 원심력에 저항할 수 있도록 하기 위하여 한쪽 방향으로만 기울기를 주어 설치하는 횡단경사를 말한다.

ⓒ 두 곡선간의 곡선 반경비는 1.5 : 1을 넘지 말 것

③ 배향곡선(reverse curve)

  ⓐ 반대방향으로 굴곡되고 접합점에서 공동접선을 갖는 S자형의 곡선

  ⓑ 복합곡선보다 좋지 못하며 최소 30m 이상 직선으로 연결

④ 반향곡선(hair-pin curve)

  ⓐ 반지름이 작은 원호의 앞·뒤에 반대 방향의 곡선을 넣은 것

  ⓑ 산지 등의 급경사지 도로에서 종단경사를 완화할 목적으로 사용

2) 곡선반경

① 자동차가 직선부와 같이 안전하게 주행할 수 있게 설계

② 자동차의 원심력에 의한 횡력이 타이어와 노면의 마찰력을 넘지 않도록 결정

  ⓐ 원심력(F)과 곡선반경(R) 산식

$$F = \frac{W}{g} \cdot \left(\frac{V}{3.6}\right)^2 = \frac{WV^2}{127R}$$

여기서, F : 원심력(kg·m/sec²)
W : 차량의 중량(kg)
V : 차량의 속도(km/hr)
R : 곡선반경(m)
g : 중력의 가속도(9.8m/sec²)

  ⓑ 차량이 횡활동을 하지 않도록 하기 위한 조건

$$F\cos\alpha - W\sin\alpha \leq f(F\sin\alpha + W\cos\alpha)$$

여기서,
f : 노면과 타이어의 횡활동 미끄럼 마찰계수
α : 편구배가 수평과 이루는 경사각(°)

| 곡선부 주행 시 작용하는 힘 |

  ⓒ 원심력 F의 값 및 tanα=i를 넣어 대입하면 $R \geq \dfrac{V^2}{127} \times \dfrac{1-f \cdot i}{i+f}$

  ⓓ f·i의 값은 1에 비하여 작으므로 무시하면 $R \geq \dfrac{V^2}{127(i+f)}$

  ⓔ 위의 식에서 f 와 i의 값은 도로의 곡선부 주행시에 자동차 주행의 안전성과 쾌적성에 직접 관계되는 것으로서, 최소 곡선반경의 값을 결정하는 중요한 요소 -편경사 i는 보통 6% 사용

최소 원곡선 반경의 계산값과 규정값(편경사 6% 적용) (단위 : m)

설계속도(km/hr)		120	100	80	70	60	50	40	30	20
횡방향 미끄럼마찰계수(f)		0.10	0.11	0.12	0.13	0.14	0.15	0.16	0.16	0.16
최소원곡선 반경	계산값	709	463	280	203	142	94	57	32	14
	규정값	710	460	280	200	140	90	60	30	15

주) 이 표는 이해를 돕기 위하여 법률적 내용의 일부를 발췌한 것이다.

▌평면선형

선형은 일반적으로 평면선형을 말하며, 평면도상에 나타난 도로 중심선의 형상을 의미한다. 평면선형설계에서 중요한 것은 곡선부로서, 곡선부를 직선부와 같은 속도와 안전도를 가지고 주행할 수 있도록 하는 것이 도로설계의 주요 관심사이다.

▌평면선형의 설계요소

직선, 원곡선, 완화곡선

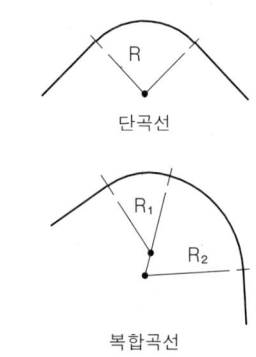

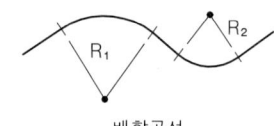

| 원곡선의 종류 |

3) 최소곡선장

① 곡선부 길이(곡선장)가 짧으면 운전자가 핸들 조작에 곤란을 느끼므로 적정길이 결정

② 도로의 교각이 작은 경우 운전자는 실제보다 더 작게 느끼거나, 단절된 것처럼 보이는 착각을 일으키게 되므로, 그것을 방지할 수 있는 길이 결정

③ 원심가속도의 증가율이 커질 경우 완화구간 길이의 2배 필요

④ 교각 5°를 한계로 하여 최소곡선장을 일정하게 하고, 작을 때는 최소곡선장을 점차 확대

(4) 종단선형

1) 종단선형의 기울기(구배)변화

① 기본적으로 교차점이 높은 경우 철(凸)의 형태, 낮은 경우 요(凹)의 형태

② 일반적 자동차는 경사도 차이가 9% 이상이면 지면에 닿거나 끌림

③ 종단경사가 변하는 곳은 사고위험, 차량성능저하, 승차감 저하, 차량 및 노면의 손상, 시거가 짧음

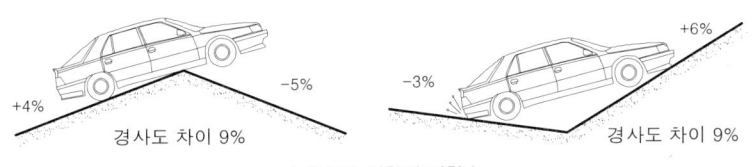

| 경사도 변환의 영향 |

2) 종단선형 설계 시 주의 사항

① 종단선형은 지형에 적합하여야 하며, 짧은 구간에서 오르내림이 많지 않도록 설계

② 중간이 움푹 패어 잘 보이지 않는 선형 회피

③ 같은 방향으로 굴곡하는 두 종단곡선 사이에 짧은 직선구간 설치 회피

④ 길이가 긴 경사 구간에는 상향 경사가 끝나는 정상 부근에 완만한 기울기의 구간 설치

⑤ 노면의 배수를 고려하여 최소종단경사 0.3~0.5% 부여

⑥ 평면선형과 조합하여 입체선형이 양호한 종단선형 구성

⑦ 교량이 있는 곳 전방에는 종단경사 회피

(5) 편경사(편구배, cant)

① 곡선부에서 발생하는 원심력으로 인하여 미끄러지거나 전도되는 것을 방지하기 위하여 도로중심을 향하여 경사지게 하는 것

② 편경사의 양은 차량의 속도, 곡선부의 반경, 도로표면의 종류에 따라 결정

③ 일반적으로 편경사는 곡선부에 두지만 점진적인 변화구간(유출거리) 설치

■ 종단선형

수직노선의 경사를 결정하는 것으로 지형과 자동차의 설계속도, 도로의 교통량 등을 고려하고 평면선형과의 조화도 고려한다.

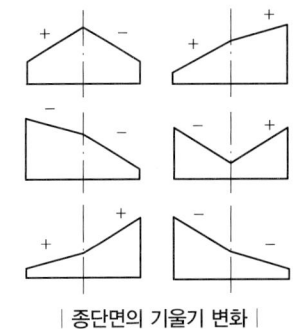

| 종단면의 기울기 변화 |

■ 종단곡선의 변화비율과 최소 길이

자동차에 미치는 충격완화, 정지시거를 확보할 수 있도록 종단경사가 1% 변하는 데 확보하여야 할 길이로서, 변화 비율이 작으면 최소길이가 너무 짧으므로 설계속도로 3초간 주행하는 거리를 최소 길이로 한다.

④ 유출거리는 곡선부와 같은 길이 부여

⑤ 편경사(i)산식

$$i = \frac{V^2}{127R} - f$$

여기서, i : 편경사

　　　　 f : 횡활동 미끄럼마찰계수

　　　　 V : 설계속도(km/hr)

　　　　 R : 곡선반경(m)

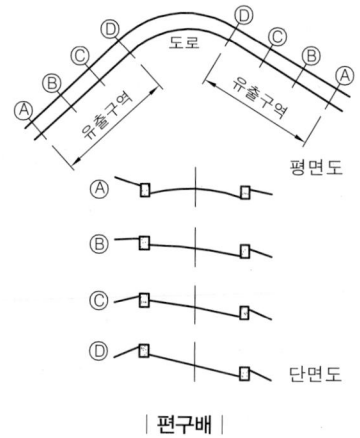

| 평면도 |

| 편구배 |

(6) 곡선부의 차도확폭

① 자동차가 곡선부를 지날 때 뒷바퀴는 앞바퀴보다 내측을 지남

② 자동차가 회전할 때 다른 차선을 침범하지 않도록 곡선부의 차선폭을 직선부의 차선폭보다 넓게 취함

(7) 완화구간 및 완화곡선

① 완화구간장(길이)은 원곡선반경의 크기에 따라 결정

② 완화곡선 설치는 곡선장에 반비례하여 곡률반경이 감소하는 클로소이드가 적합

③ 완화구간장이 짧으면 편구배 및 확폭의 변화가 급해 승차감을 해치고, 원심가속도가 급격히 커짐으로 적정길이 필요

④ 이정량 : 완화곡선을 직선과 원곡선 사이에 넣을 때 원곡선의 위치가 이동되는 거리

⑤ 설계속도가 60km/hr 이상인 도로의 평면곡선부에는 완화곡선을 설치하고 미만은 완화구간을 설치하여 편구배나 확폭 설치

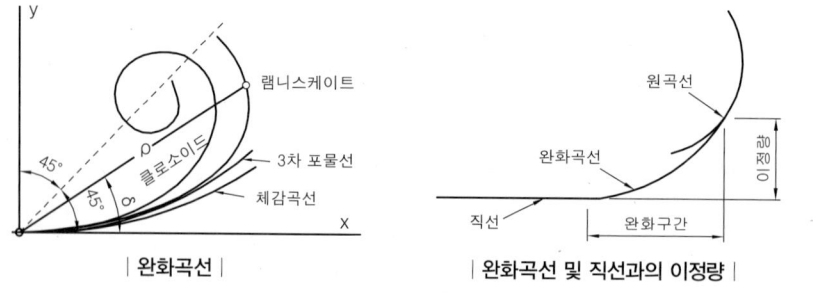

| 완화곡선 |　　　　 | 완화곡선 및 직선과의 이정량 |

5 도로선형설계

(1) 수평노선설계

① 평면선형 구성방식 결정 후 곡선부 제원 결정

② 축척에 맞게 도로를 그리고, 각 측점과 곡선부 제원을 기록하여 도로설치에 따른 지형도의 등고선 변경작업 시행

편경사

구분		최대편경사(%)
지방 지역	적설· 한랭지역	6
	그 밖의 지역	8
도시지역		6
연결로		8

완화곡선

직선부와 평면곡선 사이 또는 평면곡선과 평면곡선 사이에서 자동차의 원활한 주행을 위하여 설치하는 곡선으로서 곡선상의 위치에 따라 곡선반경이 변하는 곡선을 말하며, 시점의 반경은 무한대. 종점에서는 원곡선 R로 되어 곡률(1/R)은 곡선길이에 비례한다.

클로소이드(clothoid)

곡선장에 반비례하여 곡률반경이 감소하는 성질을 가진 곡선으로 자동차가 일정한 속도로 달리고 그 앞바퀴의 회전각속도가 일정할 때 이 차가 그리는 궤적은 클로소이드가 된다.

수평노선 설정

평면상에 도로를 설치하는 것으로, 설계속도에 의해 조절되며, 배치는 원호와 직선구간으로 구성되고, 수평노선 선정은 지형도에 개략적으로 직선도로를 그린 후 접선이 교차하는 곳에 단곡선을 삽입하여 설계한다.

③ 단곡선 산출공식

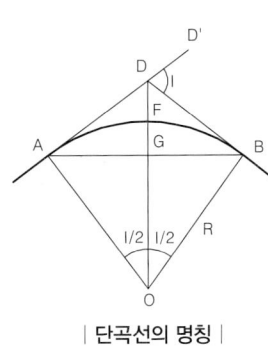

명칭	기호
A : 곡선의 시점(beginning of curve)	B.C.
B : 곡선의 종점(end of curve)	E.C.
F : 곡선의 중점(secant point)	S.P.
D : 교점(intersection point)	I.P.
∠D'DB : 교각(intersection angle)	I.
AD,DB : 접선장(tangent length)	T.
OA,OB : 곡선반경(radius of curve)	R.
AFB : 곡선장(length of curve)	C.L.

| 단곡선의 명칭 |

㉠ 곡선장 : AFB(L : length of curve)

$$L = \frac{2\pi RI}{360} = \frac{RI}{57.3}$$

㉡ 교각 : D'DB=AOB(I : intersection angle)

$$I = \frac{57.3L}{R}$$

㉢ 곡선반경 : OA = OB(R : radius of curve)

$$R = \frac{57.3L}{I}$$

㉣ 현장 : AGB(C : chord length)

$\triangle$AOB에서 AGB = 2AG = 2AO $\sin\frac{I}{2}$ $\therefore C = 2R\sin\frac{I}{2}$

㉤ 접선장 : AD 혹은 DB(T : tangent length)

$\triangle$ADO에서 AD = OA $\tan\frac{I}{2}$ $\therefore T = R\tan\frac{I}{2}$

▌중앙종거
$M = R(1-\cos\frac{I}{2})$

▌외할
$E = R(\sec\frac{I}{2}-1)$

(2) 종단곡선 설계

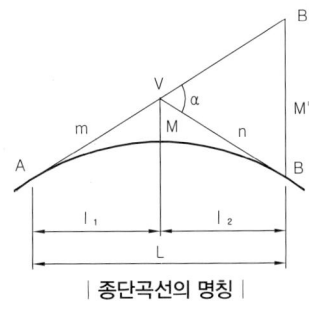

| 종단곡선의 명칭 |

A : 종단곡선 시점(BVC : beginning of vertical curve)

B : 종단곡선 종점(EVC : end of vertical curve)

V : 수직상 교차점(PVI : point of vertical intersection)

m : A에서 V에 이르는 기울기(%) – 상향경사 (+)

n : V에서 B에 이르는 기울기(%) – 하향경사 (−)

L : 종단곡선의 수평길이

$$L = \frac{(m-n)V^2}{360}$$

여기서, L : 종단곡선의 수평길이

m−n : 경사차(%), V : 자동차 속도

▌종단곡선 설계
① 도로의 경사변화에 따른 차량의 급격한 운동을 완화시켜 주행의 안전성과 쾌적성을 확보한다.
② 종단경사가 급격히 변하는 것을 완화하여 두 경사가 접하는 곳이 부드럽게 전환되도록 2차 포물선으로 연결한다.

6 보행로설계

(1) 보도폭의 계산

표준흐름 산정법

보도폭원 $W(m) = \dfrac{V \times M}{S}$ 여기서, V : 단위시간당 보행자수(명/분)

M : 보행자 1인당 공간모듈(m^2)

S : 보행속도(m/분)

(2) 보도 특성별 산정법

① 복잡한 공공행사 장소의 출구

최대보도용량 : 한 줄의 폭이 55cm일 때 33명/분

$W = \dfrac{0.55P}{33T}$ 여기서, W : 출구의 보도폭(m)

P : 출구를 통해 나올 전체인원

T : 출구를 완전히 이탈하는 데 소요되는 시간(분)

② 복잡한 상점가의 보도

㉠ 보도용량 : 한 줄의 폭이 약 70cm일 때 22명/분

㉡ 실제적 용량은 가로시설대와 진열창을 기웃거리는 공간의 폭을 추가하여 11명/분으로 감소시킴

㉢ 주요상점가의 보도는 3.0m 폭으로 유지

③ 쾌적한 환경의 보도

㉠ 눈을 지면에 편안하게 놓고 보행할 수 있는 전방거리는 약 10m 정도

㉡ 보행속도 80m/분, 약 75cm되는 한 줄에 8명/분

㉢ 쾌적한 보도의 최소폭은 2줄 보행으로 폭 1.5m(75cm×2)면 충분하나 좁을 경우 심리적 압박감이 있어 이보다 크게 조성

▌ 보도폭원

보행속도는 1분에 80m로 보며 구해진 보도폭원은 유효보도폭원으로 실제 보도폭을 산정하기 위해서는 가로시설대와 건물에 접한 가로점유공간을 추가하여야 한다.

▌ 보도용량

1분 동안에 주어진 지점을 통과하는 보행인의 수를 말한다. 이론적으로 예상되는 보행자를 수용할 수 있는 규모를 계산하는 것은 가능하지만, 기후·보행습관·보행밀도에 따라 달라지게 되므로 실제로는 복잡하다.

핵심문제

1 도로포장의 기능에 대한 설명 중 잘못된 것은?

산기-08-1

㉮ 표층은 마모에 견뎌야 한다.

㉯ 표층은 표면으로부터 침수를 막아 하상(下床)의 지지력이 저하되지 않도록 한다.

㉰ 중층인 베이스, 서브베이스는 지표에 가해지는 하중과 충격에 의한 전단, 휨 모멘트의 반복에 견뎌야 하고 흡수, 분산시켜야 한다.

㉱ 중층은 하중을 최종적으로 받게 되므로 최하층보다 견고해야 한다.

해 ㉱ 노상이 상층부의 하중을 최종적으로 받으므로 상층보다 견고해야 한다.

2 포장(paving)과 관련된 설명 중 틀린 것은?

산기-08-4, 산기-02-1

㉮ 포장은 설계 전에 이용목적, 이용 상황, 이용행태 등의 사회, 행태적 조건을 고려하여야 한다.

㉯ 콘크리트 조립블록의 보도용 두께는 6cm로 차도용 두께는 8cm로 한다.

㉰ 포장은 우수 유출량을 줄어들게 한다.

㉱ 콘크리트 포장은 온도변화에 따라 수축과 팽창이 생긴다.

해 포장은 우수의 지표로의 침투를 방해하므로 우수유출량은 늘어난다.

3 다음은 도로의 포장면이 파괴되는 원인에 대한 것이다. 이 중 적합하지 않은 것은?

산기-02-1, 산기-05-2

㉮ 기층이 진흙으로 된 경우

㉯ 지하수위가 높은 경우

㉰ 겨울의 동상(frost heaving)현상이 있는 경우

㉱ 포장면에 유연성이 없는 경우

해 위의 사항 이외에 배수불량, 노면의 약화, 지지력 부족, 시공불량, 부등침하, 표면연화, 박리 등이 있다.

4 다음 포장에 관한 사항으로 옳은 것은?

기-04-4

㉮ 단위 구성포장(unit paving)에서 각 조각의 연결은 반드시 몰탈을 사용한다.

㉯ 콘크리트 현장치기로 넓은 면을 포장할 때는 신축방지 줄눈을 설치한다.

㉰ 배수는 전적으로 표면배수에 의존한다.

㉱ 주차장 포장에서 경포장재(硬鋪裝材)와 지피식물을 겸용할 수 없다.

5 원로(園路)나 주차장을 콘크리트로 포장할 때 콘크리트 구조 보강용으로 사용되는 것은?

산기-03-1

㉮ 메탈라스

㉯ 부직포

㉰ 지오그리드 섬유

㉱ 와이어 메시

해 와이어메쉬 : 금속재인 연강철선을 정방향 또는 장방향으로 겹쳐서 전기용접을 한 것으로 블록 또는 포장공사시 균열방지를 위해 사용한다.

6 다음 토양수분의 보수성에 대한 설명 중 표면장력에 의해 수분이 이동하며, 식물에 가장 잘 이용되는 수분은?

산기-06-4

㉮ 중력수

㉯ 모관수

㉰ 수화수

㉱ 흡습수

7 우리나라에서 살수관개 설계 시에 적당한 살수강도(mm/hr)는?

기-10-2

㉮ 10

㉯ 20

㉰ 30

㉱ 40

8 우리나라에서 잔디의 관수는 1일 30mm가 필요하다. 2400m²의 면적을 120L/min 수량으로 급수할 수 있는 살수용량으로 얼마동안 살수해야 하는가?

산기-11-1

㉮ 4시간

㉯ 6시간

㉰ 10시간

㉱ 20시간

해 1일 관수량 = 0.03×2400 = 72(ton)

살수시간 $= \dfrac{1일관수량}{시간당살수량} = \dfrac{72000}{120 \times 60} = 10(시간)$

9 살수관계시설의 설계시 살수강도를 결정하는데 영향을 주는 요인에 해당하지 않은 것은?

산기-03-4, 산기-08-4, 기-10-4

㉮ 토양의 흡수력

㉯ 식물의 살수요구량

㉰ 공급수량을 살수하는 시간계획

㉱ 강우강도

해 살수강도의 결정요인

· 토양의 종류 및 흡수력 – 물의 공급방법

· 식물의 살수요구량

· 공급수량을 살수하는 시간계획 · 지표면의 상태(지피식물의 유무)와 경사조건

10 다음 중 인공살수(人工撒水)시설의 설계를 위한 관개강도(灌漑强度)결정에 영향을 미치는 요인이 아닌 것은?　　　　　　　　　산기-08-1

㉮ 가압기의 능력

㉯ 토양의 종류 및 흡수력

㉰ 지피식물의 피복도(被覆度)

㉱ 공급수량을 살수하는 작업시간

해 9번 문제해설 참조

11 살수요구량은 수시로 변하게 되는 불확정성을 가지므로 관련 자료의 안전성을 고려하여 1개월을 기준으로 해야 하는데 그 고려대상이 아닌 것은?　　　　　　　　　산기-06-1

㉮ 증발산율　　　　　　㉯ 실효강우량

㉰ 살수효율성　　　　　㉱ 식물흡수율

해 살수요구량 $= \dfrac{\text{증발산률(ET)} \times \text{식물계수(P}_\text{C}) - \text{실효강우량(E}_\text{R})}{\text{살수효율성(I}_\text{E})}$

12 동일한 살수지관(撒水支管)에서 각 살수기에 작동하는 압력의 오차범위는 어느 정도에서 고려될 수 있는가?　　　　　　기-04-2, 산기-11-2

㉮ 동일 지관이므로 같아야 한다.

㉯ 각 살수기 작동압력에 5% 이내로 한다.

㉰ 각 살수기 작동압력에 10% 이내로 한다.

㉱ 고려 없이 면적에 따라 한 지관에 얼마든지 설치할 수 있다.

13 살수기(sprinkler) 설치시 살수기의 열과 열사이의 간격을 기준으로 최대 간격을 살수직경의 어느 정도로 제한하는가?　　　　　　산기-04-1

㉮ 20 – 25%　　　　　　㉯ 40 – 45%

㉰ 60 – 65%　　　　　　㉱ 80 – 85%

14 관개지역에 분무기의 살수작동 능력이 직경 6m라면 살수기의 최대한의 간격(m)은 얼마로 하는 것이 일반적으로 타당한가?

(단, 살수기의 최대간격은 살수 작동 직경의 60~65%로 한다.)　　　　　　　　　기-09-2

㉮ 3.0 ~ 3.3m　　　　　㉯ 3.6 ~ 3.9m

㉰ 4.2 ~ 4.5m　　　　　㉱ 4.8 ~ 5.1m

15 살수기(撒水器)의 배치에 대한 설명 중 틀린 것은?　　　　　　　　　기-07-1

㉮ 삼각형의 배치가 사각형의 배치보다 더 좋은 균등계수를 얻을 수 있다.

㉯ 대부분 균일한 살수율을 얻기 위해 살수작동직경의 60~65%로 배치하는 것이 일반적이다.

㉰ 살수기의 열 간격은 살수기 간격의 87% 정도로 배치하는 것이 삼각형배치에서 타당하다.

㉱ 살수효율은 평균살수 깊이를 최소 살수 깊이로 구할 수 있다.

16 대부분의 살수기(撒水器)는 삼각형이나 사각형의 고유한 살수단면을 가지게 되는데 그 중 삼각형 형태로 배치하려고 할 때 열과 열 사이의 거리는 살수기 간격의 어느 정도로 하여야 효과적인가?　기-08-2

㉮ 같은 간격의 거리

㉯ 살수기 간격의 약 0.87배

㉰ 살수기 간격의 약 0.5배

㉱ 살수기 간격의 약 0.37배

17 살수기를 2.8m 간격으로 배치하였다. 삼각형 배치방법으로 설치한다면 열과 열 사이의 거리(m)는 얼마가 적당한가?　산기-08-2, 기-03-1, 기-09-1

㉮ 1.6　　　　　　　　　㉯ 1.8

㉰ 2.2　　　　　　　　　㉱ 2.4

해 삼각형의 살수형태는 일반적으로 정삼각형을 말하며, 열간격을 기준으로 87%의 간격으로 배치된다.

→ 2.8×0.87 = 2.43(m)

18 살수되는 물이 전부 식물체에 공급되지 않으므로 이러한 손실을 고려한 살수효율성(irrigation efficiency)을 반영하여야 하는데, 일반적으로 상수도(上水道)에서 120ℓ가 공급된다고 했을 때 살수관개용으로 적용된 급수량은?　　기-07-4, 기-04-2

㉮ 약 60　　　　　㉯ 약 75
㉰ 약 90　　　　　㉱ 약 120

해 살수효율성은 약 70% 정도를 고려하여 공급량을 산정한다.

→ 120×0.7 = 84(ℓ) → 90(ℓ)가 근사치로 적합

19 다음 중 살수 관개 시설의 압력손실요인이 아닌 것은?　　기-08-4

㉮ 급수계량기의 압력손실
㉯ 살수 지관의 압력손실
㉰ 높이 차에 따른 압력손실
㉱ 펌프의 압력손실

20 살수관개에 관한 사항 중 옳은 것은?　　기-08-1

㉮ 살수란 식물의 뿌리 부근까지 인공적으로 물을 유입시키는 작업이다.
㉯ 균등하게 살수하는 것보다는 살수직경을 크게 하는 것이 중요하다.
㉰ 살수되는 물이 떨어지는 구역을 중복시켜서는 안된다.
㉱ 살수기의 배치는 정삼각형이나 정사각형이 기본형이다.

21 다음 살수관개(撒水灌漑)의 부품인 밸브(valve)에 대한 설명으로 틀린 것은?　　기-05-1

㉮ 수동 조절 밸브는 구체(球體)밸브, 게이트밸브(gate valve), 급연결(急連結)밸브의 3종류가 있다.
㉯ 구체밸브는 압력과 흐름을 효과적으로 조절할 수 있는 반면 고장 시 수리가 어렵다.
㉰ 원격(遠隔)밸브는 그 조절을 전력(電力)이나 수압력에 의하여 작용한다.
㉱ 방향조절 밸브는 관내에서 물이 다른 방향으로 흐르지 않도록 사용하는 것이다.

해 ㉯ 구체밸브는 압력과 흐름을 효과적으로 조절할 수 있고 수리가 용이해 가장 많이 사용된다.

22 살수관개의 주요한 부품이 아닌 것은?　　기-06-2

㉮ 살수기　　　　　㉯ 밸브
㉰ 관　　　　　　　㉱ 에어레이터

해 살수관개는 펌프, 부속품, 관, 조절장치, 밸브, 분무정부의 6가지 비품으로 구성된다.

23 다음 조경에서 이용되는 분무살수기(spray head)에 관한 설명 중 틀린 것은?　　기-10-1

㉮ 고정된 동체와 분산공(噴散孔)으로 되어 있다.
㉯ 살수형태는 원형 또는 분원형(分圓形)으로 되어 있고 정방형이나 거형 살수는 불가능하다.
㉰ 살수기는 1~2kg/cm²의 수압으로 작동 가능하다.
㉱ 살수 범위는 6~12m 직경의 범위이다.

해 분무 살수기의 살수 형태는 정방형, 거형, 원형, 분원형 등으로 다양하며 비교적 다른 살수기보다 저렴하고 모든 형태의 관개 시설에 이용된다.

24 다음 살수기 중 살수할 때 긴 잔디에 의하여 방해되는 것을 막을 수 있고, 관수가 끝나면 지표면과 같은 높이를 유지하므로 잔디 깎기를 용이하게 할 수 있는 장점을 가진 것은?　　기-06-4

㉮ 분무 살수기(Spray head)
㉯ 분무입상 살수기(Pop-up spray head)
㉰ 회전 살수기(Rotary head)
㉱ 특수 살수기(Specialty head)

25 다음 살수기의 종류 중 가장 높은 압력에서 작동되며 살수범위가 가장 넓은 것은 어느 것인가?　　기-02-1

㉮ 분무 살수기　　　㉯ 분무입상 살수기
㉰ 회전 살수기　　　㉱ 회전입상 살수기

해 회전입상살수기(rotary pop-up head)

·살수기에 회전 및 입상기능이 복합된 것
·관로에 물이 흐르면 분무공이 올라와 회전살수
·대규모의 자동살수관개조직에서 가장 많이 이용

26 대규모의 잔디 지역에 자동으로 살수시키기에 가장 적합한 살수기는?　　기-07-2

㉮ 분무 살수기(spray head)

④ 분무입상 살수기(Pop-up spray head)

④ 분류 살수기(Steam spray head)

④ 회전입상 살수기(Pop-up rotary head)

27 관개시설에 관한 설명 중 틀린 것은?　산기-07-4

② 스프링클러는 고정식과 회전식이 있다.

④ 팝업 스프링클러는 물 공급이 중단되면 원위치로 돌아간다.

④ 에미터(emitter)는 스프링클러보다 높은 압력이 필요하다.

④ 회전식 스프링클러는 넓은 잔디지역에 사용하는 것이 효과적이다.

해 ④ 에미터(emitter)는 각 수목이나 지정된 지역의 지표나 지하에 낮은 압력수를 일정비율로 서서히 관개하므로 높은 압력이 필요하지 않다.

28 점적식 관개에 쓰이는 에미터(emitter)에 관한 설명 중 틀린 것은?　산기-09-4

② 에미터는 주로 교·관목이나 지피식물 관개에 이용된다.

④ 에미터는 보행공간에 설치되어야 유지 관리가 용이하다.

④ 에미터 주변에는 자갈을 채워 출구들이 막히는 현상을 방지해야 한다.

④ 에미터에 의한 관수는 희석효과가 있어 근부의 염분축적이 감소된다.

해 ④ 에미터는 수목 가까이 배치하여 관수하는 것이므로 보행공간은 적합하지 않다.

29 다음 수문 방정식(유입량 = 유출량 + 저류량)에서 유출량 부문에 속하는 항목이 아닌 것은?　기-03-1

② 지표유출량　　　④ 지하유출량

④ 강수량　　　　　④ 증발량

해 유출량

· 지표 유출량

· 지하 유출량

· 증발량

· 증산량

· 중간 유출량

·기타 유출량(개수로·관수로 등에 의한 유출량)

30 지역이 광대하여 우수를 한 곳으로 모으기가 곤란할 때 배수지역을 분산시켜 처리하는 배수계통은?　산기-03-2, 기-03-2, 산기-06-4

② 방사식　　　　　④ 차집식

④ 선형식　　　　　④ 직각식

31 다음 중 일반적인 배수계통의 유형이 아닌 것은?　산기-05-4

② 직각식　　　　　④ 환상식

④ 차집식　　　　　④ 집중식

해 배수계통 : 직각식, 차집식, 선형식, 방사식, 평행식, 집중식

32 배수에 대한 설명 중 옳은 것은?　산기-11-1

② 집중식은 배수량이 저수용량을 초과할 경우에는 저지대가 침수할 우려가 있으나, 강제배제 방식을 취하므로 효율적이다.

④ 지하배수시의 어골형은 경기장 등 평탄지역에 적합하다.

④ 배수계통에서 방사식은 좁은 지역에 유리하다.

④ 차집식은 오수가 직접 하천으로 유하되므로 불리하다.

33 다음 배수(排水)체계에 대한 설명 중 틀린 것은?　산기-10-1

② 직각식(直角式)은 신속하게 하수를 배출시키나 구축비(構築費)가 많이 든다.

④ 차집식(遮集式)은 오수를 처리하여 하류에 보냄으로 수질오염이 최소화 된다.

④ 방사식(放射式)은 배관의 최대 연장이 짧고, 소관경(小管經)으로 시설할 수 있다.

④ 평행식은 고지구(高地區), 저지구(低地區)를 구분해서 배관할 수 있다.

해 ② 직각식(直角式)은 배수관거를 하천에 직각으로 연결하여 배출하는 방법으로 비용은 서렴하나 수질오염의 우려가 있다.

34 다음은 강우강도 곡선과 강우량에 관한 설명이다. 옳은 것은?　기-03-4

정답　**27** ④ **28** ④ **29** ④ **30** ② **31** ④ **32** ④ **33** ② **34** ④

㉮ 강우량 곡선에서는 강우계속시간이 증가하면 강우량이 체감한다.

㉯ 강우강도 곡선은 일반적으로 1차식으로 표시된다.

㉰ 강우강도는 강우계속시간이 증가하면 증가된다.

㉱ 강우강도는 mm/hr로 표시된다.

35 배수계획에서 유출량과 강우량과의 비를 무엇이라고 하는가? 기-04-1

㉮ 유출계수　　　　　㉯ 강우강도

㉰ 수문통계　　　　　㉱ 강우계속시간

36 강우의 유출에 대한 설명으로 옳지 않은 것은? 기-06-1

㉮ 점토질 토양에서는 상대적으로 유출량이 많다.

㉯ 경사가 급할수록 유출량이 많다.

㉰ 도시지역의 유출계수가 높다.

㉱ 투수성 포장은 유출계수를 높인다.

해 ㉱ 투수성 포장은 유출계수를 낮춘다.

37 Q = 1/360CIA는 다음의 어느 것을 계산하는 식인가? 산기-03-1, 산기-06-2

㉮ 토압(土壓)의 계산식　　㉯ 옹벽의 안정 계산식

㉰ 유속(流速) 계산식　　　㉱ 우수유출량의 계산식

38 우수유출량을 산정하는 방법 중 합리식에서 적용되는 항목이 아닌 것은? 기-06-2, 산기-07-2

㉮ 유출계수　　　　　㉯ 강우강도

㉰ 배수면적　　　　　㉱ 유출속도

해 $Q = \dfrac{1}{360} \cdot C \cdot I \cdot A$

Q : 우수유출량(m³/sec)

C : 유출계수

I : 강우강도(mm/hr)

A : 배수면적(ha)

39 우수(雨水)유출량을 산정하는 공식은 Q = 1/360·C·I·A로 나타낸다. 이 식에서 C가 의미하는 것은 무엇인가? 산기-04-2, 산기-06-4

㉮ 면적　　　　　　　㉯ 유출계수

㉰ 강우강도　　　　　㉱ 유량(流量)

40 우수유출량의 계산식에서 $Q = \dfrac{1}{360}C \cdot I \cdot A$에서 "I"는 무엇을 의미하는가? 산기-07-4, 산기-11-2

㉮ 유출계수　　　　　㉯ 배수면적

㉰ 강우강도　　　　　㉱ 강우면적

41. 우수 유출량(Q)은 $Q = \dfrac{1}{360}C \cdot I \cdot A$로 보통 구하게 되는데 이 중 강우강도를 나타내는 I는 배수를 시켜야 하는 지역의 성격에 따라 다르게 산정해야 한다. 그러므로 $I = \dfrac{a}{t+b}$로 구하게 되는데 이중 a, b는 그 지방에 따른 상수이다. t는 무엇을 나타내는가? 산기-02-4, 산기-05-2

㉮ 유달시간(流達時間)　　㉯ 거리(距離)

㉰ 지면경사(地面傾斜)　　㉱ 기후특성(氣候特性)

해 강우강도의 a와 b는 지역에 따른 상수이며 t는 유달시간을 나타내고 강우계속시간과 동일하게 가정한다.

　　유달시간 = 유입시간 + 유하시간

42 강우강도 공식 중 Talbot 형은? 산기-09-4
(단, I는 강우강도, t는 강우계속시간 a, b, c는 상수이다.)

㉮ $I = \dfrac{1}{t^{20}}$　　　　　㉯ $I = \dfrac{a}{t+b}$

㉰ $I = \dfrac{a}{\sqrt{t}+b}$　　　㉱ $I = \dfrac{a}{t}+c$

43 토지이용 상 도심부 상업 지구에 대한 배수계획 시 적정하게 사용될 수 있는 유출계수는? 기-06-4

㉮ 0.1~0.25　　　　㉯ 0.2~0.35

㉰ 0.4~0.55　　　　㉱ 0.7~0.95

44 다음의 지표 상태 중 유출계수(流出係數)가 가장 높은 상태는? 기-04-1

㉮ 자갈 포장　　　　　㉯ 포장 양호한 아스팔트

㉰ 학교운동장　　　　　㉱ 잔디밭

해 ㉮ 자갈 포장 : 0.25~0.3

　　㉯ 콘크리트, 아스팔트 : 0.70~0.95

　　㉰ 학교운동장 : 0.20~0.50

　　㉱ 잔디밭 : 0.05~0.35(토지이용에 따라 상이)

45 유출계수는 0.9, 강우강도 40mm/hr, 배수면적

20000m²일 때 우수유출량 Q값은? 산기-08-1

㉮ 0.1m³/sec ㉯ 0.2m³/sec

㉰ 1000m³/sec ㉱ 2000m³/sec

해 $Q = \dfrac{1}{360} \cdot C \cdot I \cdot A$

Q : 우수유출량(m³/sec)

C : 유출계수 = 0.9

I : 강우강도 = 40 mm/hr

A : 배수면적 = 20000/10000 = 2(ha)

∴ $Q = \dfrac{1}{360} \times 0.9 \times 40 \times 2 = 0.2$(m³/sec)

46 강우강도가 100mm/h인 지역에 있는 유출계수 0.95인 포장된 주차장 900m²에서 발생하는 초당 유출량은 얼마인가? (단, 소수점 3째 자리 이하는 버림한다.) 기-10-4

㉮ 0.237m³/sec ㉯ 0.423m³/sec

㉰ 0.023m³/sec ㉱ 0.0423m³/sec

해 45번 문제해설 참조

· $Q = \dfrac{1}{360} \times 0.95 \times 100 \times 0.09 = 0.023$(m³/sec)

47 약 20,000m²의 단지에 아래의 조건으로 계획할 때 이 지역에 예상되는 우수 유출량은? 기-07-1

> [조건]
>
> 강우강도 : 10.5mm/hr
>
> 전체 대지의 20%는 건축물(c = 0.90), 30%는 도로 및 주차장(c = 0.95), 50%는 조경지역(c = 0.35)

㉮ 약 0.037m³/sec ㉯ 약 0.37m³/sec

㉰ 약 3.7m³/sec ㉱ 약 37m³/sec

해 한 구역에서 유출계수가 다를 경우 면적비율로 평균한 조정된 유출계수를 사용한다.

$Q = \dfrac{1}{360} \cdot C \cdot I \cdot A$, $C_m = \dfrac{\Sigma C_i \cdot A_i}{\Sigma A_i}$

유출계수 C = (0.2×0.9 + 0.3×0.95 + 0.5×0.35)/1 = 0.64

$Q = \dfrac{1}{360} \times 0.64 \times 10.5 \times 2 = 0.037$(m³/sec)

48 다음 그림에서 배수관 입구 A, B, C에서의 유입시간이 7분, 101번 배수관에서 105번 까지 각각의 배수관 길이가 60m씩이고, 배수관 내에서 유속을 1m/sec로 보았을 때 A점에서 D점까지의 유달

시간으로 가장 적합한 것은? 산기-10-1

㉮ 8분

㉯ 10분

㉰ 12분

㉱ 37분

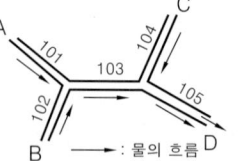

→ : 물의 흐름

해 유달시간은 관거에 유입되는 시간과 개수로를 흐르는 데 소요되는 유하시간으로 구분된다.

· 유달시간 = 유입시간 + 유하시간

· 유입시간 : 7분

· 유하시간 : A에서 D까지 흐르는 시간은 관의 길이를 유속으로 나누어 준다.

101 → 105까지 관의 길이 60 + 60 + 60 = 180(m)

유속 : 1m/sec

∴ 180/1 = 180(sec) → 3분

→ 유달시간 = 7 + 3 = 10(분)

49 다음과 같은 조건이 주어졌을 때 합리식에 의한 우수유출량을 산출하면 얼마인가? 기-04-4

> $A = 3ha$, $C = 0.4$, $tc = 25$, $K = 250$, $b = 25$, $i = \dfrac{K}{tc+b}$

㉮ 약 0.013m³/sec ㉯ 약 0.017m³/sec

㉰ 약 0.020m³/sec ㉱ 약 0.025m³/sec

해 합리식 : $Q = \dfrac{1}{360} \cdot C \cdot I \cdot A$

강우강도 $i = \dfrac{k}{tc+b} = \dfrac{250}{25+25} = 5$(mm/hr)

∴ $Q = \dfrac{1}{360} \times 0.4 \times 5 \times 3 = 0.016$(m³/sec)

50 다음과 같은 등사면의 단면을 갖는 수로의 경심(hydraulicradius)은 얼마인가? 기-09-4

㉮ 20.2m

㉯ 1.84m

㉰ 2.13m

㉱ 1.98m

해 · 경심 : 마찰이 작용하는 주변의 단위 길이당 유수면적의 의미(m)

· 유적 : 수로단면 중 물이 점유하는 부분(m²)

· 윤변 : 수로의 단면에서 물이 수로의 면과 접촉하는 길이(m)

· 경심 : $R = \dfrac{유적}{윤변}$

· 윤변 : 빗변의 길이 = $\sqrt{3^2 + 4^2} = 5$(m)

∴ 5 + 5 + 5 = 15(m)

·유적 : 사다리꼴 단면적 사용 $\frac{5+11}{2} \times 4 = 32(m^2)$

∴ R = 32/15 = 2.13(m)

51 유수 단면적이 100m²이고, 평균유속이 5m/sec 일 때 유량은 얼마인가? 산기-05-1

㉮ 500m³　　　　㉯ 50m³
㉰ 25m³　　　　㉱ 20m³

해 ·Q = A·v

A : 유수단면적(m²), v : 평균속도(m/sec)

∴ 100×5 = 500(m³/sec)

52 일반적으로 강우 시에 빗물이 제거되는 형태 중 가장 많은 양의 물이 제거되는 것은? 산기-08-2

㉮ 표면유출배수　　　㉯ 심토층 배수
㉰ 증산　　　　　　㉱ 증발

53 물이 흐르는 도수로의 횡단면을 설명한 것 중 틀린 것은? 기-08-1

㉮ 수로를 흐름의 방향에서 직각으로 끊었을 경우, 그 수로의 단면적을 수로단면이라 한다.
㉯ 수로단면 중 유체(流體)가 점유하는 부분에 의해 만들어진 단면을 유적(流積)또는 유수단면적이라 한다.
㉰ 수로의 한 단면에 있어서 물이 수로의 면과 접촉하는 길이를 윤변(潤邊)이라 한다.
㉱ 수로의 한 단면에서 윤변을 유적으로 나눈 값을 경심(經深)또는 수리평균심이라 한다.

해 ㉱ 수로의 한 단면에서 유적을 윤변으로 나눈 값을 경심(經深) 또는 수리평균심이라 한다.

54 관수로의 떨어진 두 지점에서의 수압을 측정하면 차이가 발생한다. 이것은 관내의 마찰과 기타 저항으로 물이 가지고 있는 에너지의 소모가 있기 때문이다. 이 손실 에너지의 크기를 수주(水柱)의 높이로 나타내는 용어는? 기-09-4

㉮ 감소에너지　　　㉯ 만류
㉰ 유실반경　　　　㉱ 손실수두

55 다음 설명 중 맞지 않는 것은? 산기-05-1

㉮ 유속은 운반되어진 물의 용적에 비례한다.
㉯ 유속이 증가하면 물의 용적이 증가한다.
㉰ 높은 유속은 지나친 침식으로 배수로를 파괴한다.
㉱ 가장 관심이 있는 물의 성질은 물의 용적 온도이다.

56 일반적으로 도시지역의 인공수로 및 잔디수로에서의 유속범위 중 최소 유속(m/sec)으로 가장 적합한 것은? 산기-09-2

㉮ 0.2　　　　㉯ 0.6
㉰ 1.2　　　　㉱ 2.5

57 다음 배수관거와 관련된 설명 중 옳지 않은 것은? 기-11-2

㉮ 원형관이 수리학상 유리하다.
㉯ 관거의 매설깊이는 동결심도와 상부하중을 고려한다.
㉰ 배수관거의 유속은 1.0~1.8m/sec가 이상적이다.
㉱ 일반적으로 관거의 접합은 평면상으로 간선과 지선의 관 중심선에 대한 교각이 90°일 때 배수효과가 가장 좋다.

해 ㉱ 일반적으로 관거의 접합은 평면상으로 간선과 지선의 관 중심선에 대한 교각이 60° 이하일 때 배수효과가 가장 좋다.

58 다음 조도계수가 큰 순서로 나열한 것인데 틀리는 것은? 기-05-1

㉮ 암석절취수로 – 흙으로 된 도랑 – 콘크리이트관 – 평활한 강철관
㉯ 흙으로 된 도랑 – 콘크리트관 – 하수도관 – 평활한 강철관
㉰ 암석절취수로 – 콘크리트관 – 모르타르 표면 – 평활한 강철관
㉱ 흙으로 된 도랑 – 콘크리트관 – 평활한 강철관 – 만곡수로

해 조도계수란 흐름이 있는 경계면의 거친 정도를 나타내는 계수이다.

㉱ 만곡수로 – 흙으로 된 도랑 – 콘크리트관 – 평활한 강철관

59 원형지하배수관의 굵기를 결정하기 위한 평균유속(流速) 산출 공식은? 기-03-2

(V = 평균유속(m/sec), C = 평균유속계수, R = 경심 L = 수면경사)

㉮ V = CRL ㉯ V = $\sqrt{CRL}$
㉰ V = $\dfrac{\sqrt{RL}}{C}$ ㉱ V = C$\sqrt{RL}$

60 Kutter공식 또는 Manning공식을 활용하여 구할 수 있는 것은? 산기-06-4
㉮ 평균유속(平均流速) ㉯ 도수관경(導水管經)
㉰ 도수관장(導水管長) ㉱ 평균유량(平均流量)

61 일반적으로 오수관거의 최소관경은 얼마 이상이어야 하는가? 산기-10-2
㉮ 300mm ㉯ 250mm
㉰ 150mm ㉱ 50mm

62 우수를 길이방향으로 집수하기 위하여 사용되는 선적인 배수방법으로 직접 지하관거와 연결되는 시설물로 유입구는 그레이팅으로 처리되어 있는 것은? 기-05-2, 기-08-4
㉮ 지역배수구 ㉯ 트렌치
㉰ 집수정 ㉱ 빗물받이
해 트렌치(trench)
· U형 측구와 같은 형태를 취하며, 우수를 길이 방향으로 집수하는 선적배수방법으로 직접 지하관거에 연결
· 표면수를 집수하는 능력이 커 우수를 완벽히 차단하고자 할 때 사용(계단의 상하단 및 주차장, 광장, 진입로 입구 등)

63 경사진 주차장입구, 계단의 상, 하단 진입로의 입구 등에 주로 설치하여 경사진 지역을 면적(面的)으로 배수하기 위한 시설은? 산기-03-1, 산기-09-2
㉮ 집수정(Catch basin) ㉯ 트렌치(Trench)
㉰ 측구(Side gutter) ㉱ 우수받이(Street inlet)

64 측구 등에서 흘러나오는 빗물을 하수 본관으로 유하시키기 위해 측구 도중에 설치하는 시설은? 산기-04-4
㉮ 집수지 ㉯ 우수받이
㉰ 맨홀 ㉱ 유공관
해 빗물받이(우수받이)

· 도로의 우수를 모아서 유입시키는 시설로 도로옆의 물이 모이기 쉬운 장소나 L형 측구의 유하방향 하단에 설치
· 보차도 경계나 도로와 구획의 경계선에 설치하며 횡단보도 및 주택의 출입구 앞에는 가급적 설치 제한
· 간격은 도로폭, 경사, 배수면적을 고려하여 설치하며 20~30m 간격이 적당
· 규격은 내폭 30~50cm, 깊이 80~100cm 정도로 하고, 저부에 15cm 이상의 침전지 설치

65 빗물받이(雨水渠)의 바닥은 배수관(排水管)의 바닥을 기준으로 어떻게 설치하여야 하는가? 산기-09-1
㉮ 배수관의 바닥보다 적어도 15cm 이상 낮추어야 한다.
㉯ 배수관의 바닥보다 적어도 30cm 이상 낮추어야 한다.
㉰ 배수관의 바닥보다 적어도 15cm 이상 높아야 한다.
㉱ 배수관의 바닥보다 적어도 30cm 이상 높아야 한다.
해 64번 문제해설 참조

66 관거(貫渠) 내경(內徑)이 30cm 이하인 맨홀의 최대 설치 간격은? 기-10-2
㉮ 30m ㉯ 50m
㉰ 75m ㉱ 100m
해 맨홀의 관경별 최대간격

관거내경	30cm이하	60cm이하	100cm이하	150cm이하	165cm이하
최대간격	50m	75m	100m	150m	200m

67 심토층 배수의 역할이라고 할 수 없는 것은? 산기-03-4, 산기-10-2
㉮ 낮은 평탄지역의 지하수위를 낮추기 위함
㉯ 불안정한 지반제거
㉰ 지하에 있는 배수관과 결합하여 표면 유출을 운반하여 처리
㉱ 건조를 방지하기 위한 토양 보습력 증진

68 다음 중 배수능력이 가장 떨어지며 쉽게 막히기도 하지만 지표면에서 흡수된 물을 배수하기 위

한 심토층 배수형태는 다음 중 어느 것인가? 기-04-1

㉮ 오지토관　　　　㉯ 유공관
㉰ 맹암거　　　　　㉱ 명거

69 평탄한 지역에서 전 지역의 배수가 균일하게 요구되는 곳에 주로 이용되는 심토층 배수방법은 어느 것인가? 기-04-2, 기-05-1

㉮ 어골형(herringbone type)
㉯ 자연형(natural type)
㉰ 선형(fan-shaped type)
㉱ 차단형(intercepting system)

해 어골형

· 주선(간선, 주관)을 중앙에 경사지게 배치하고 지선(지관)을 비스듬히 설치
· 지관은 길이 최장 30m 이하, 45° 이하의 교각, 4~5m 간격 설치
· 놀이터, 골프장 그린, 소규모 운동장, 광장 등 소규모 평탄 지역에 적합

70 심토층 배수계획을 함에 있어서 "자연형"의 배치 형태에 관한 성명으로 옳지 않은 것은? 기-11-4

㉮ 부지 전체보다는 국부적인 공간의 물을 배수하기 위해 사용한다.
㉯ 경기장과 같은 평탄한 지역에서 설치한다.
㉰ 자연 등고선을 고려하여 설치한다.
㉱ 지형에 따라 배수가 원활하지 못한 지역에 설치한다.

해 ㉯ 자연형은 지형의 기복이 심한 소규모 공간, 물이 정체된 평탄지의 배수촉진을 위해 설치한다.

71 심토층 배수체계 중 자연형에 대한 설명으로 틀린 것은? 산기-09-4

㉮ 지형의 기복이 심한 소규모 공간 내 물이 정체되는 곳에 설치한다.
㉯ 주선은 짧고 지선이 긴 것이 좋다.
㉰ 주선은 자연수로를 따르도록 하고 지선은 등고선과 평행하도록 배치하는 경우 지선은 마찰계수가 작은 관을 사용한다.
㉱ 주선은 자연수로를 따르도록 하고 지선이 등고

선에 직각으로 배치하는 경우 지나친 유속으로 인한 배수관 피해방지를 위한 조치가 필요하다.

해 ㉯ 주선은 길고 지선은 짧은 것이 좋다.

72 다음 배수계획에 관한 설명 중 옳은 것은? 기-10-1

㉮ 일정한 유수단면적에서 수리학 상 유리한 단면이 되기 위해서는 경심이 최대로 되어야 한다.
㉯ 배수관거의 유속은 침식을 방지하기 위하여 가능한 한 상류에서 하류로 갈수록 작게 하는 것이 좋다.
㉰ 강우 강도란 어떤 시간 내에 내린 강우의 깊이를 말하고 단위는 mm/s로 나타낸다.
㉱ 유출량과 유입량의 비를 유출계수라 한다.

73 배수에 대한 설명 중 옳은 것은? 기-02-1

㉮ 배수관 배수방법에서 분류식 하수처리가 용이하고 매설시 비용이 적게 든다.
㉯ 지하 배수시의 즐치형은 경기장 평탄지역에 적합하다.
㉰ 배수계통에서 방사식은 좁은 지역에 유리하다.
㉱ 지선 배수시 분수령을 무시해도 좋다.

74 다음 중 자동차를 도시 내의 한 곳에서 다른 곳으로 가는 장거리 이동 교통을 대량 수송케 하며, 토지 또는 건물에의 출입이 제한되고, 교통조절은 신호등, 교차로에 의한다. 또한 도시의 Open-Space로서의 역할을 주로 하여 대규모의 도시경관 설계를 할 수 있는 도로는? 기-11-4

㉮ 지역간도로(freeway)
㉯ 고속도로(expressway)
㉰ 간선도로(arterial road)
㉱ 집산도로(collector road)

75 다음 중 주거단지 내 통과 교통을 배제할 수 있지만 우회도로가 없는 결점을 개량하여 만든 것으로 도로율이 높아지는 단점이 있는 도로 유형은? 기-11-4계획

㉮ T자형　　　　　㉯ 격자형

정답 **69** ㉮ **70** ㉯ **71** ㉯ **72** ㉮ **73** ㉯ **74** ㉰ **75** ㉰

ⓒ 루프형　　　　　　　ⓓ 쿨데삭형

76. 다음 설명은 도로망 구성패턴 중 어디에 해당되는가? _산기-08-2계획_

> 질서정연한 모습이며 계획적으로 개발된 도시에서 볼 수 있는 도로망의 기본형이다. 도시의 규모가 크게 되면 교차점이 많아지거나 가구가 방형으로 되어 이용하기 쉽다.

ⓐ cul-de-sac형　　　ⓑ 방사환상형
ⓒ loop형　　　　　　ⓓ 격자형

77 쿨데삭(cul-de-sac)형태의 도로 패턴이 가장 효과적으로 이용될 수 있는 장소는? _기-06-4계획_
ⓐ 주거단지　　　　　ⓑ 공업단지
ⓒ 관광단지　　　　　ⓓ 도심지
🅗 쿨데삭(cul-de-sac) : 막다른 길
·주거단지에 적용가능. 루프형과 결합 사용
·통과교통 배제로 안정성. 독자성 가짐
·막다른 곳에 차량회전 공간 필요

막다른길(cul-de-sac)

78 교통용량이 최대가 되는 속도로서 이론적으로 교통용량을 생각할 때 사용되는 속도는? _산기-08-4_
ⓐ 지점속도(地點速度)　ⓑ 주행속도(走行速度)
ⓒ 구간속도(區間速度)　ⓓ 임계속도(臨界速度)
🅗 속도(speed)
·지점속도(spot speed) : 어떤 지점을 자동차가 통과할 때의 순간적 속도 – 도로설계와 교통규제 계획의 자료
·주행속도(running speed) : 자동차가 어떤 구간을 주행한 시간으로 그 거리를 나누어서 구한 속도 – 정지시간을 포함시키지 않는 것이 보통
·구간속도(overall speed) : 어떤 구간을 주행하기 위해서 정지시간을 포함하여 소요된 전체시간으로 그 구간의 거리를 나누어서 구하는 속도
·운전속도(operating speed) : 운전자가 도로의 교통량. 주위의 상황 등을 고려하여 유지해 나갈 수 있는 속도 – 실용적인 교통용량 등을 계산할 때 쓰이는 기본적인 값
·임계속도(optimum speed) : 교통용량이 최대가 되는 속도

– 이론적으로 교통용량을 생각할 때 사용

79 도로조건만으로 정한 최고속도로서 도로의 기하학적 설계에 기준이 되는 속도는? _기-03-4_
ⓐ 주행속도　　　　　ⓑ 구간속도
ⓒ 임계속도　　　　　ⓓ 설계속도

80 다음 중 주행속도(running speed)를 옳게 설명한 것은? _산기-06-1_
ⓐ 자동차가 어떤 구간을 주행한 시간으로 그 거리를 나누어서 계산한 속도이다.
ⓑ 어떤 자동차가 어떤 구간을 주행하기 위하여 소요된 전체시간(정지시간포함)으로 주행거리를 나눈 값이다.
ⓒ 도로의 교통량, 주위의 상황 등에 따라서 유지해 나갈 수 있는 속도이다.
ⓓ 교통용량이 최대가 되는 속도이다.

81 도로 설계에서 속도의 기준을 정하는 일이 매우 중요하다. 도로조건만으로 정한 최고속도로서 도로의 기하학적 측면의 기준이 되며 도로의 종류와 교통량에 따라 정하는 기준적인 속도를 무엇이라 하는가? _기-04-2_
ⓐ 주행속도(Running Speed)
ⓑ 임계속도(Optimum Speed)
ⓒ 구간속도(Overall Speed)
ⓓ 설계속도(Design Speed)
🅗 설계속도(design speed)
·도로조건만으로 정한 최고속도로써 도로의 기하학적 설계의 기준
·도로의 종류와 교통량에 따라 정하는 기준적인 속도
·도로설계의 기준이 되는 속도로써 자동차의 주행에 영향을 미치는 도로의 기하학적 구조와 물리적 형상을 결정하는 기준
·도로의 종류와 교통량에 비례하고 지형의 난이성에 반비례한다는 원칙에서 결정

82 자동차의 주행에 영향을 미치는 도로의 기하구조와 물리적 형상을 결정하는데 사용되는 자동차의 속도는? _기-10-1, 기-05-1, 기-07-4, 기-11-1_

㉮ 주행속도　　　　　㉯ 구간속도
㉰ 운전속도　　　　　㉱ 설계속도

83 도로설계 요소 중 시거(Sight distance)에 대한 설명 중 틀린 것은?　　　기-06-1설계

㉮ 안전시거(安全視距) – 위험이 따르지 않을 정도의 시거
㉯ 정지시거(停止視距) – 전방에서 오는 차량을 인지하고 제동 정지하는데 필요한 시거
㉰ 피주시거(避走視距) – 핸들을 돌려 후진시 필요한 시거
㉱ 추월시거(追越視距) – 전방의 차량을 추월하는데 필요한 시거

해 ㉰ 피주시거(避走視距) : 인접차선으로 피하려 할 때 필요한 시거

84 도로의 폭원(幅員) 요소 중 자동차의 속도를 내기 위해 횡방향에 여유를 두거나 도로표지 및 전주 등의 노상시설을 위해 설치하는 것은?　기-03-1

㉮ 노상시설대(street strip)　㉯ 분리대(median strip)
㉰ 길어깨(shoulder)　　　　㉱ 보도

85 길어깨(路肩)의 설치 목적으로 틀린 것은?
　　　　　　　　　　　　　　　　　기-09-2

㉮ 긴급구난 시 비상도로로 활용
㉯ 고장차의 대피
㉰ 도로의 주요 구조부의 보호
㉱ 고속도로 앞지르기 시 통행에 이용

86 길어깨(路肩)의 설치 목적 중 틀리게 설명한 것은?　　　　　　　　　　　　　　기-04-1

㉮ 긴급 구난 시 비상도로로 활용하기 위한 것이다.
㉯ 고장차를 대피시킨다.
㉰ 지하시설물의 설치, 도로의 배수를 위하여 차도에 접속하여 우측에 설치한다.
㉱ 도로 표지를 제외한 노상시설은 설치할 수 없다.

해 ㉱ 도로표지 및 전봇대 등의 노상시설물을 설치할 수 있다.

87 도로설계 시 길어깨(갓길, 路肩)에 대한 설명 중 틀린 것은?　　　　　　　　　기-07-4

㉮ 도로의 주요 구조부의 보호를 위해 이용한다.
㉯ 도로표지 및 전주 등 노상시설을 설치한다.
㉰ 고장차를 대피시키는 장소로 이용한다.
㉱ 길어깨의 폭은 설계속도와 도로의 구분에 따라 결정된다.

해 길어깨란 도로를 보호하고 비상시에 이용하기 위하여 차도에 접속하여 설치하는 도로의 부분으로서, 길어깨의 폭은 도로의 구분과 설계속도에 따라 결정되며 노상시설을 설치하는 경우 노상시설의 폭은 길어깨의 폭에 포함되지 아니한다.

88 환경시설대와 방음벽에 대한 설명으로 틀린 것은?　　　　　　　　　　　　　　기-09-2

㉮ 도로변 지역의 소음환경기준은 환경정책기본법에서 용도지역에 따라 75~90dB로 규정하고 있다.
㉯ 주거지역의 환경보전을 위하여 필요한 지역에는 도로 바깥쪽에 환경시설대를 설치할 수 있다.
㉰ 환경시설대의 폭은 10~20m를 기준으로 한다.
㉱ 환경시설대에는 길어깨, 식수대, 측도, 방음벽, 보도 등이 포함된다.

해 ㉮ 도로변 지역의 소음환경기준은 환경정책기본법에서 용도지역에 따라 55~75dB로 규정하고 있다.

89 도로의 횡단경사(구배)에 대한 설명으로 틀린 것은?　　　　　　　　　　　　기-05-4

㉮ 아스팔트 및 시멘트 포장도로의 경우 횡단경사(%)는 1.5 이상~2.0 이하로 설치한다.
㉯ 간이포장도로의 경우 횡단경사(%)는 2.0 이상~4.0 이하로 설치한다.
㉰ 길어깨의 횡단경사와 차도의 횡단경사의 차이는 시공성, 경제성 및 교통안전을 고려하여 8% 이하로 하여야 한다.
㉱ 보도 또는 자전거 도로에는 배수를 위하여 6%까지의 횡단경사를 둘 수 있다.

해 ㉱ 보도 또는 자전거 도로의 횡단경사(구배)는 배수를 위하여 보통 2%를 기준으로 하며 최대 5%까지의 가능하다.

90 일정한 경사를 가진 노선(수평거리 36m)에 6% 구배의 계획선을 넣을 때 종점의 수직고는 얼마인가?　　　　　　　　　　　　　　기-02-1

㉮ 0.0216m ㉯ 0.216m

㉰ 2.16m ㉭ 21.6m

해 경사율 $G = \dfrac{D}{L} \times 100$

　　D : 두 지점 사이의 높이차

　　L : 두 지점 사이의 수평거리 = 36m

　　G : 경사율 = 6%

　　∴ D = 36×0.06 = 2.16(m)

91 아스팔트 포장된 폭(幅)이 5m되는 차도에서 횡단구배를 2% 유지해야 한다면 도로의 노정(路頂)과 노단(路端)의 수직적인 높이 차이는?　　기-06-1

㉮ 0.05m ㉯ 0.1m

㉰ 1.25m ㉭ 2.5m

해 노정은 도로의 한가운데 가장 높은 부분으로 도로폭의 1/2지점에 생긴다.

　　·경사율 $G = \dfrac{D}{L} \times 100$

　　L : 수평거리 = 5/2 = 2.5(m)

　　G : 경사율 = 2%

　　∴ D = 2.5×0.02 = 0.05(m)

92 시가지의 가로에서 측구(側溝)의 종단 구배는 최소 몇 % 이상이 되어야 하는가?(단, 배수구가 충분한 평활면의 U형 측구일 경우는 제외)　산기-09-1

㉮ 0.5% ㉯ 1%

㉰ 3% ㉭ 5%

93 도로 원곡선의 종류 중 복합곡선(compound curve)에 해당되는 것은?　산기-09-1

㉮ 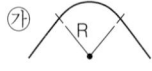　㉯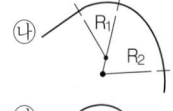

㉰ 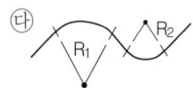　㉭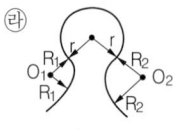

해 ㉮ 단곡선, ㉯ 복합곡선, ㉰ 배향곡선, ㉭ 반향곡선

94 도로의 곡선장(曲線長)이 너무 짧아서 생기는 결함이 아닌 것은?　산기-03-2, 산기-11-1

㉮ 운전자가 핸들조작에 불편을 느낀다.

㉯ 원심가속도(遠心加速度)의 증가율이 커진다.

㉰ 원곡선반경이 실제보다 커 보인다.

㉭ 도로가 절곡되어 있는 것 같이 보인다.

해 ㉰ 원곡선반경이 실제보다 짧아 보인다.

95 종단구배가 변하는 곳에서는 사고의 위험 및 차량성능이 저하되며 시거가 짧아지는데 이러한 종단선형의 설계시 주의할 사항으로 틀린 것은?　산기-06-2

㉮ 종단선형은 지형에 적합하여야 하며, 짧은 구간에서 오르내림이 많지 않도록 한다.

㉯ 중간이 움푹 패여 잘 보이지 않는 선형을 피해야 한다.

㉰ 노면의 배수를 고려하여 최소종단구배를 0.8~1.0% 주도록 한다.

㉭ 길이가 긴 경사구간에는 상향경사가 끝나는 정상부근에 완만한 기울기의 구간을 둔다.

해 ㉰ 노면의 배수를 고려하여 최소종단구배를 0.3~0.5% 주도록 한다.

96 도로설계 시 종단곡선의 설명 중 틀린 것은?　기-06-4

㉮ 종단곡선은 짧을수록 좋다.

㉯ 노면의 배수를 고려하여 최소종단구배를 0.3~0.5% 주도록 한다.

㉰ 설계속도가 커지면 종단곡선의 최소길이도 증가한다.

㉭ 교량이 있는 곳 전방에는 종단구배를 주지 않는다.

97 도로의 단면을 나타낸 그림 중 편구배를 나타낸 것은?　산기-03-2, 산기-10-1

㉮ 　㉯

㉰ 　㉭

해 편구배는 차량이 곡선부에서 발생하는 원심력으로 인하여 미끄러지거나 전도되는 것을 방지하기 위하여 도로중심을 향하여 경사지게 히는 것이다.

98 곡선반경이 R인 곡선부에서 차량이 미끄러지지 않도록 곡선반경과 횡활동 미끄럼마찰계수를 이

용해서 편구배를 계산할 때의 공식으로 옳은 것은?

기-06-2, 기-12-1

㉮ $\frac{V}{127\times R}+f$ ㉯ $\frac{V^2}{127\times R}-f$

㉰ $\frac{V^2}{150\times R}-f$ ㉱ $\frac{V}{150\times R}+f$

해 편구배 $i=\frac{V^2}{127+R}-f$

f : 횡활동 미끄럼마찰계수

V : 설계속도(km/hr)

R : 곡선반경(m)

99 자동차가 회전할 때 원심력에 저항할 수 있도록 편경사를 주어야 하는데 횡마찰계수가 0.15, 설계속도가 50km/hr, 곡선반경이 50m 일 때 편경사는? 기-06-4

㉮ 0.05 ㉯ 0.10 ㉰ 0.14 ㉱ 0.24

해 98번 문제해설 참조

편구배 $i=\frac{50^2}{127+50}-0.15=0.24$

100 도로설계에 있어서 다음과 같은 사항을 고려하여 최소 곡선반경을 구한 값은?(설계속도 70km/h, 편구배 6%, 마찰계수 0.15) 기-04-4

㉮ 200m ㉯ 300m

㉰ 400m ㉱ 500m

해 최소곡선반경 $R\geq\frac{V^2}{127(i+f)}$

V : 설계속도 = 70km

i : 편구배 = 6%

f : 마찰계수 = 0.15

$\therefore R=\frac{70^2}{127(0.06+0.15)}=183.73$(m) 이상

101 설계속도가 80km/h, 편경사가 6%, 미끄럼 마찰계수가 0.07일 때 최소 곡선반경 R값은?

기-07-1설계, 기-04-4

㉮ 33.6m ㉯ 151.2m

㉰ 387.6m ㉱ 615.4m

해 100번 문제해설 참조

· 곡선반경 $R=\frac{80^2}{127(0.06+0.07)}=387.6$(m) 이상

102 노선측량에서 완화곡선이 아닌 것은? 산기-11-4

㉮ 3차 포물선 ㉯ 머리핀 곡선

㉰ 클로소이드 곡선 ㉱ 램니스케이트 곡선

해

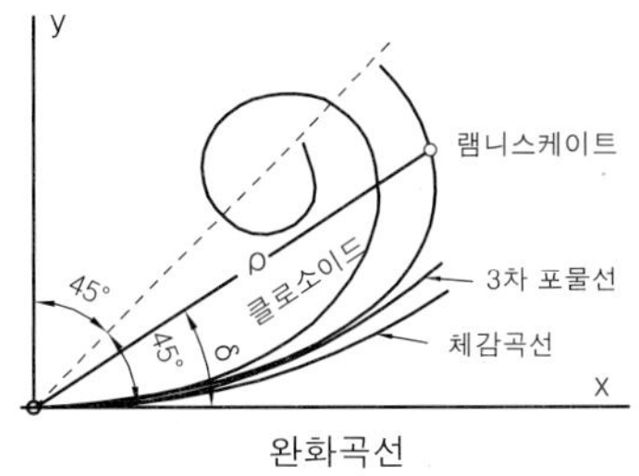
y
램니스케이트
3차 포물선
체감곡선
클로소이드
45°
45°
ρ
σ
x
완화곡선

103 도로의 수평노선에서 곡선반경이 20m이고, 접선장의 교각이 30도일 때 곡선장은 약 얼마인가?

산기-11-2, 기-11-4

㉮ 1.67m ㉯ 5.24m

㉰ 10.47m ㉱ 12.14m

해 · 곡선장 $L=\frac{2\pi RI}{360}=\frac{RI}{57.3}=\frac{20\times30}{57.3}=10.47$(m)

104 도로의 수평노선 곡선부에서 반경이 30m, 교각(交角)을 15°로 한다면 이 수평노선의 곡선장은 얼마인가? 기-08-2, 산기-09-4, 기-10-1

㉮ 약 1.25m ㉯ 약 2.50m

㉰ 약 7.85m ㉱ 약 8.50m

해 103번 문제해설 참조

곡선장 $L=\frac{30\times15}{57.3}=7.85$(m)

105 도로의 수평곡선 설계에서의 곡선장은 얼마인가? 기-05-4

㉮ 약 314m

㉯ 약 628m

㉰ 약 932m

㉱ 약 1,246m

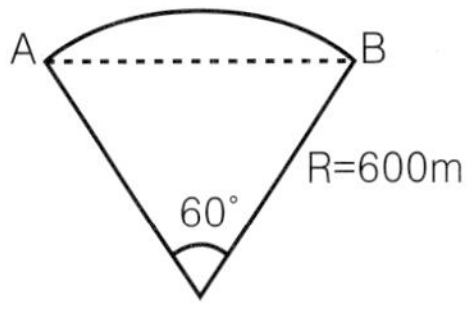
A
B
R=600m
60°

해 103번 문제해설 참조

곡선장 $L=\frac{600\times60}{57.3}=628.27$(m)

106 다음 그림과 같은 도로의 수평노선에서 곡선장과 접선장의 길이는 각각 얼마인가? 기-11-2

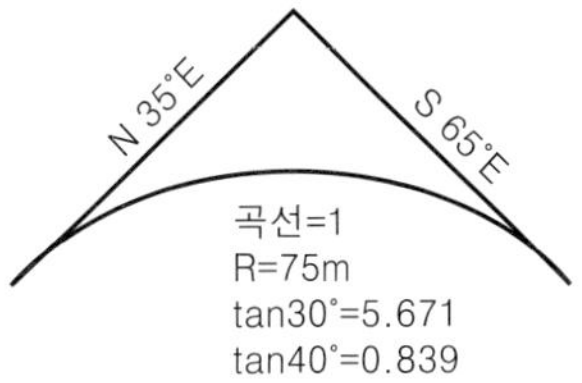
N 35°E
S 65°E
곡선=1
R=75m
tan30°=5.671
tan40°=0.839

정답 **99** ㉱ **100** ㉮ **101** ㉰ **102** ㉯ **103** ㉰ **104** ㉰ **105** ㉯ **106** ㉮

㉮ 약 104.7m와 62.9m ㉯ 약 104.7m와 425.3m

㉰ 약 52.5m와 62.9m ㉱ 약 425.3m와 104.7m

해 ·곡선장 $L = \frac{2\pi RI}{360} = \frac{RI}{57.3}$

·접선장 $T = R\tan\frac{I}{2}$

R : 곡선반경 = 75m

I : 교각 = 80°

→ $L = \frac{75 \times 80}{57.3} = 104.71(m)$

$T = 75 \times \tan\frac{80}{2} = 62.93(m)$

107 도로설계에서 원곡선을 설치할 때 원곡선에 2개의 접선이 교점 B에서 교차한다. 접선 AB의 방위는 N60°25′E이고, 접선 CB의 방위는 S45°10′E일 때 교각은?(단, A는 곡선의 시점, C는 곡선의 종점이다.)
기-08-1

㉮ 15°10′ ㉯ 74°25′

㉰ 105°35′ ㉱ 15°35′

해 교각은 180°에서 두 접선의 각을 빼주면 구할 수 있다.

$I = 180° - (60°25′ + 45°10′)$

$= 74°25′$

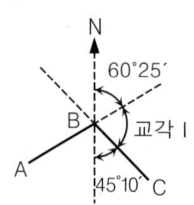

108 공공행사 장소의 출구 보도 폭원을 계산하려고 한다. 출구를 통해 나올 인원은 2만명이고, 완전히 출구를 이탈하는데 20분의 소요시간이 걸린다. 다음 중 알맞은 것은? (단, 한 줄의 폭이 대략 55cm이며, 최대용량을 33명으로 본다.)
기-05-2

㉮ 약 12m ㉯ 약 17m

㉰ 약 22m ㉱ 약 25m

해 ·보도폭 $W = \frac{0.55P}{33T}$

P : 출구를 통해 나올 전체인원 (명)

T : 출구를 완전히 이탈하는 데 소요되는 시간 (분)

∴ $\frac{0.55 \times 20000}{33 \times 20} = 16.66(m)$

109 어떤 부지내 잔디지역의 면적 0.23ha(유출계수 0.25), 아스팔트포장지역의 면적 0.15ha(유출계수 0.9)이며, 강우강도는 20mm/hr일 때 합리식을 이용한 총 우수유출량은?
기-12-1

㉮ 0.0032 m³/sec ㉯ 0.0075 m³/sec

㉰ 0.0107 m³/sec ㉱ 0.017 m³/sec

해 한 지역내 유출계수가 다를 경우 면적비에 따라 조정유출계수를 산정한다.

·우수유출량 $Q = \frac{1}{360}C \cdot I \cdot A$

·조정유출계수 $C = \frac{\Sigma Ci \cdot Ai}{\Sigma Ai}$

·강우강도 I = 20mm/hr

·배수면적 A = 0.23+0.15 = 0.38(ha)

$C = \frac{0.23 \times 0.25 + 0.15 \times 0.9}{0.38} = 0.5066$

∴ $Q = 0.5066 \times 20 \times 0.38 / 360 = 0.0107(m^3/sec)$

조경적산

1>>> 수량산출 및 품셈

1 개요

(1) 적산과 견적

① 적산 : 공사여건과 계약내용, 시방서, 설계도면을 기초로 공사에 소요되는 재료량 및 노동량을 산출하는 것

② 견적 : 수량을 산정한 것에 단가를 적용하여 비용을 산출하는 것

(2) 수량의 계산

① 수량의 단위 및 소수위는 표준품셈 단위표준에 의한다.

② 수량의 계산은 지정 소수의 이하 1위까지 구하고, 끝수는 4사5입한다.

③ 계산에 쓰이는 분도는 분까지, 원둘레율, 삼각함수 및 호도(弧度)의 유효숫자는 3자리(3위)로 한다.

④ 곱하거나 나눗셈에 있어서는 기재된 순서에 의해 계산하고, 분수는 약분법을 쓰지 않으며, 각 분수마다 그 값을 구한 다음 전부의 계산을 한다.

⑤ 면적의 계산은 보통 수학공식에 의하는 외에 삼사법이나 또는 구적기(Planimeter)로 한다. 다만, 구적기(Planimeter)를 사용할 경우에는 3회 이상 측정하여 그 중 정확하다고 생각되는 평균값으로 한다.

⑥ 체적계산은 의사공식에 의함을 원칙으로 하나, 토사의 체적은 양단면적을 평균한 값에 그 단면간의 거리를 곱하여 산출하는 것을 원칙으로 한다. 단, 거리평균법으로 고쳐서 산출할 수도 있다.

⑦ 다음에 열거하는 것의 체적과 면적은 구조물의 수량에서 공제하지 아니한다.

　㉠ 콘크리트 구조물 중의 말뚝머리

　㉡ 볼트의 구멍

　㉢ 모따기 또는 물구멍

　㉣ 이음줄눈의 간격

　㉤ 포장 공종의 1개소당 $0.1m^2$ 이하의 구조물 자리

　㉥ 강 구조물의 리벳 구멍

　㉦ 철근콘크리트 중의 철근

　㉧ 조약돌 중의 말뚝 체적 및 책동목

　㉨ 기타 전항에 준하는 것

⑧ 성토 및 사석공의 준공토량은 성토 및 사석공 설계도의 양으로 한다.

┃표준품셈 목적

정부등 공공기관에서 시행하는 건설공사의 적정한 예정가격을 산정하기 위한 일반적인 기준을 제공하여 공사비의 적정성을 기하고 일반적인 민간의 공사에서도 사용하며, 정부에서 매년 표준품셈을 발간한다.

┃품

공사를 하는 데 있어 인력, 기계 및 재료의 수량을 말하는 것

┃일위대가

일위대가란 단일재료나 품으로 이루어지지 않은 공사량을 최소단위로 산정하여 금액을 산출한 것이다. 즉, 어떤 공사의 단위수량에 대한 금액(단가)이다.

그러나 지반침하량은 지반성질에 따라 가산할 수 있다.

⑨ 절토량은 자연상태의 설계도의 양으로 한다.

(3) 단위 및 소수위 표준

종목	규격		단위수량		비고
	단위	소수	단위	소수	
공사연장 공사폭원 직공인부 공사면적 용지면적	m	2위	m m 인 m² m²	단위한 1위 2위 1위 단위한	대가표에서는 2위까지 이하 버림
토적(높이, 너비) 토적(단면적) 토적(체적) 토적(체적합계)			m m² m³ m³	2위 1위 2위 단위한	단면적 체적 집계체적
떼 모래, 자갈 조약돌 견치돌, 깬돌 견치돌, 깬돌	cm cm cm cm cm	단위한 단위한 단위한 단위한 단위한	m² m³ m³ m² 개	1위 2위 2위 1위 단위한	
야면석 야면석 야면석	cm cm cm	단위한 단위한 단위한	개 m³ m²	단위한 1위 1위	
돌쌓기 및 돌붙임 돌쌓기 및 돌붙임	cm cm	단위한 단위한	m³ m²	1위 1위	
사석 다듬돌 벽돌 블록	cm cm mm mm	단위한 단위한 단위한 단위한	m³ 개 개 개	1위 2위 단위한 단위한	
시멘트 모르타르 콘크리트			kg m³ m³	단위한 2위 2위	대가표에서는 3위까지 이하 버림
석분 석회 화산회			kg kg kg	단위한 단위한 단위한	
아스팔트 목재(판재) 목재(판재) 목재(판재) 합판	 길이m 폭, 두께 cm mm	 1위 1위 1위 단위한	kg m² m³ m³ 장	단위한 2위 3위 3위 1위	
말뚝	길이m 지름mm	1위	개	단위한	
철강재	mm	단위한	kg	3위	총량표시는 ton으로 하고 단위는 3위까지 이하 버림
철근 볼트, 너트 꺽쇠 못	mm mm mm 길이cm	단위한 단위한 단위한 1위	kg 개 개 kg	단위한 단위한 단위한 2위	
도료 도장 관류	 길이m 지름두께mm	 2위 단위한	ℓ또는 kg m² 개	2위 1위 단위한	

┃ 단위한
소수점 없이 정수로 나타내는 것을 말한다.

수로연장			m	1위	
옹벽			m²	1위	
방수면적			m²	1위	
건물(면적)			m²	2위	
건물(지붕, 벽붙이기)	깊이		m²	1위	
우물			m	1위	
가마니			장	단위한	

(4) 금액의 단위 표준

종목	단위	지위	비고
설계서의 총액	원	1,000	미만버림
설계서의 소계	원	1	미만버림
설계서의 금액란	원	1	미만버림
일위대가표의 계금	원	1	미만버림
일위대기표의 금액란	원	0.1	미만버림

(5) 재료의 할증

운반에서부터 사용에 까지 발생하는 손실에 대한 보정량을 말하며, 채집과정에서 발생되는 손실은 계상할 수 없다.

종목		할증률(%)	종목		할증률(%)
조경용 수목		10	시멘트블록		4
잔디 및 초화류		10	경계블록		3
목재	각재	5	호안블록		5
	판재	10	기와		5
합판	일반용 합판	3	원형철근		5
	수장용 합판	5	이형철근		3
단열재		10	강판		10
도료		2	강관, 소형형강		5
벽돌	붉은벽돌	3	대형형강		7
	시멘트벽돌	5	봉강, 평강		5
내화벽돌		3	경량형강, 각파이프 리벳		5
원석(마름돌용)		30	일반볼트		5
석판재 붙임용재	정형돌	10	레미콘	무근 구조물	2
	부정형돌	30		철근 구조물	1
타일	모자이크, 도기, 자기	3	포장용 시멘트	정치식	2
	아스팔트, 리로륨, 비닐	5		기타	3

❚ 소액의 처리

일위대가표 금액란 또는 기초 계산금액에서 소액이 산출되어 공종이 없어질 우려가 있어 소수위 1위 이하의 산출이 불가피할 경우에는 소수위의 정도를 조정 계산할 수 있다.

❚ 재료의 할증

① 표준품셈상 단위당 소요품은 절대소요량을 기준한 것으로 가공 및 시공품을 적용할 때에는 할증량에 대하여 품을 추가로 적용해서는 안되며, 재료비는 단가에 할증량을 포함한 총소요량을 곱하여 산출한다.

② 재료의 운반품은 정미수량에 할증량을 포함한 총소요량에 적용한다.

❚ 수량

① 정미량 : 설계도서를 기준으로 세밀하게 산출되는 설계수량

② 소요량 : 정미량에 할증량을 합하여 산출한 재료의 할증수량(구입량)

(6) 노임 및 품의 할증

① 노임의 할증

근로시간을 벗어난 시간외, 야간 및 휴일의 근무가 불가피한 경우에는 근로기준법, 유해·위험작업인 경우 산업안전보건법에 따라 적용

② 품의 할증

품의 할증이 필요한 경우 다음의 기준 이내에서 적용할 수 있으며, 품셈 각 항목별 할증이 있는 경우 그 것을 우선 적용

ⓐ 군작전 지구대 : 작업할증(인력품)을 20%까지 가산 가능

ⓑ 도서지구, 공항, 산악지역 : 인력품을 50%까지 가산 가능

ⓒ 열차통과 빈도별 할증 : 열차통과 횟수에 따라 10~50% 가산

ⓓ 야간작업 : PERT/CPM 공정계획의한 정상작업(정상공기)으로 불가능하여 야간작업을 할 경우 품의 25%까지 가산

ⓔ 그 외 고소작업, 소규모 작업, 지하, 터널 작업, 지세 및 지형 등을 고려하여 할증

(7) 재료의 단위 중량

종별	형상	단위	중량	비고
암석	화강암	m³	2,600~2,700kg	자연상태
	안산암	m³	2,300~2,710kg	자연상태
	사암	m³	2,400~2,790kg	자연상태
	현무암	m³	2,700~3,200kg	자연상태
자갈	건조	m³	1,600~1,800kg	자연상태
	습기	m³	1,700~1,800kg	자연상태
	포화	m³	1,800~1,900kg	자연상태
모래	건조	m³	1,500~1,700kg	자연상태
	습기	m³	1,700~1,800kg	자연상태
	포화	m³	1,800~2,000kg	자연상태
점토	건조	m³	1,200~1,700kg	자연상태
	습기	m³	1,700~1,800kg	자연상태
	포화	m³	1,800~1,900kg	자연상태
점질토	보통의 것	m³	1,500~1,700kg	자연상태
	역이 섞인 것	m³	1,600~1,800kg	자연상태
	역이 섞이고 습한것	m³	1,900~2,100kg	자연상태
모래질흙		m³	1,700~1,900kg	자연상태
자갈섞인토사		m³	1,700~2,000kg	자연상태
자갈섞인모래		m³	1,900~2,100kg	자연상태
호박돌		m³	1,800~2,000kg	자연상태
사석		m³	2,000kg	자연상태
조약돌		m³	1,700kg	자연상태
주철		m³	7,250kg	
스테인리스	STS 304	m³	7,930kg	KSD 3695
스테인리스	STS 430	m³	7,700kg	KSD 3695
강, 주강, 단철		m³	7,850kg	
연철		m³	7,800kg	
놋쇠		m³	8,400kg	

작업반장수 산정

현장작업조건	작업반장수
작업장이 광할하여 감독이 용이하고 고도의 기능이 필요치 않을 경우	보통인부 25인~50인에 1인
작업장이 협소하고 감독시야가 보통이며 약간의 기능을 요하는 경우	보통인부 15인~25인에 1인
고도의 기능과 철저한 감독이 요구되는 경우	보통인부 5인~15인에 1인

소운반의 운반거리

① 품에 포함된 소운반 거리는 20m 이내의 거리를 말한다.

② 소운반 거리가 20m를 초과할 경우 별도의 운반품을 계상한다.

③ 경사면의 소운반거리는 직고 1m를 수평거리 6m로 본다.

경사면의 운반거리 환산방법

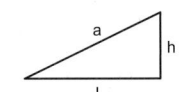

구하고자 하는 총 작업거리 = 수평거리(L) + 6×높이(h)

구리		m³	8,900kg	
납		m³	11,400kg	
목재	생송재	m³	800kg	
소나무	건재	m³	580kg	
소나무(적송)	건재	m³	590kg	
미송		m³	420~700kg	
시멘트		m³	3,150kg	
시멘트		m³	1,500kg	
철근콘크리트		m³	2,400kg	자연상태
콘크리트		m³	2,300kg	
시멘트모르타르		m³	2,100kg	

(8) 체적(토량)변화율과 체적(토량)환산계수

· 체적의 변화

$$L = \frac{흐트러진\ 상태의\ 체적(m^3)}{자연상태의\ 체적(m^3)} \qquad C = \frac{다져진\ 상태의\ 체적(m^3)}{자연상태의\ 체적(m^3)}$$

체적의 변화율

종별	L	C
경암	1.70~2.00	1.30~1.50
보통암	1.55~1.70	1.10~1.40
연암	1.30~1.50	1.00~1.30
풍화암	1.30~1.35	1.00~1.15
폐콘크리트	1.40~1.60	별도설계
호박돌	1.10~1.15	0.95~1.05
역	1.10~1.20	1.05~1.10
역질토	1.15~1.20	0.90~1.00
고결된 역질토	1.25~1.45	1.10~1.30
모래	1.10~1.20	0.85~0.95
암괴나 호박돌이 섞인 모래	1.15~1.20	0.90~1.00
모래질흙	1.20~1.30	0.85~0.95
암괴나 호박돌이 섞인 모래질흙	1.40~1.45	0.90~0.95
점질토	1.25~1.35	0.85~0.95
역이 섞인 점질토	1.35~1.40	0.90~1.00
암괴나 호박돌이 섞인 점질토	1.40~1.45	0.90~0.95
점토	1.20~1.45	0.85~0.95
역이 섞인 점질토	1.30~1.40	0.90~0.95
암괴나 호박돌이 섞인 점토	1.40~1.45	0.90~0.95

토량(체적)환산계수(f)

기준이 되는 토량 \ 구하고자 하는 토량	자연상태 토량	흐트러진 토량	다져진 토량
자연상태 토량	1	L	C
흐트러진 토량	$\frac{1}{L}$	1	$\frac{C}{L}$
다져진 토량	$\frac{1}{C}$	$\frac{L}{C}$	1

▌체적변화율과 체적환산계수
토공에 있어 토질 시험하여 적용하는 것을 원칙으로 하나 소량의 토량인 경우에는 표준품셈의 체적환산계수표에 따를 수도 있다.

▌혼합성토 시 성토량
암(경암·보통암·연암)을 토사와 혼합성토할 때는 공극채움으로 인한 토사량을 계상할 수 있다.

▌토량(체적)변화율
굴착, 운반, 다짐의 3단계로 이루어지는 토공사는 각 단계마다 흙의 체적이 변화하게 되는데, 자연상태의 토량을 기준으로 L(흐트러진 상태)과 C(다져진 상태)로 부피변화에 따른 체적비를 말한다. – 토질을 구성하는 개체의 크기가 클수록 변화율의 폭이 크다.

(9) 토질 및 암의 분류

① 보통토사 : 보통 상태의 실트 및 점토, 모재질 흙 및 이들의 혼합물로서 삽이나 괭이를 사용할 정도의 토질(삽작업을 하기 위하여 상체를 약간 구부릴 정도)

② 경질토사 : 견고한 모래질 흙이나 점토로서 괭이나 곡괭이를 사용할 정도의 토질(체중을 이용하여 2~3회 동작을 요할 정도)

③ 고사 점토 및 자갈섞인 토사 : 자갈질 흙 또는 견고한 실트, 점토 및 이들의 혼합물로서 곡괭이를 사용하여 파낼 수 있는 단단한 토질

④ 호박돌 섞인 토사 : 호박돌 크기의 돌이 섞이고 굴착에 약간의 화약을 사용해야 할 정도로 단단한 토질

⑤ 풍화암 : 일부는 곡괭이를 사용할 수 있으나 암질이 부식되고 균열이 1~10cm 정도로서 굴착 또는 절취에는 약간의 화약을 사용해야 할 암질

⑥ 연암 : 혈암, 사암 등으로서 균열이 10~30cm 정도로서 굴착 또는 절취에는 화약을 사용해야 하나 석축용으로 부적합한 암질

⑦ 보통암 : 풍화상태는 엿볼 수 없으나 굴착 또는 절취에는 화약을 사용해야 하며 균열이 30~50cm 정도의 암질

⑧ 경암 : 화강암, 안산암 등으로서 굴착 또는 절취에 화약을 사용해야 하며 균열상태가 1m 이내로서 석축용으로 쓸 수 있는 암질

⑨ 극경암 : 암질이 아주 밀착된 단단한 암질

❷ 토공량

(1) 단면법

① 양단면 평균법 $V = \left(\dfrac{A_1+A_2}{2}\right)\cdot \ell$

여기서, V : 체적, A_1, A_2 : 양단면적

ℓ : 양단면 사이의 거리

② 중앙 단면법 $V = A_m \cdot \ell$

여기서, A_m : 중앙 단면적

③ 각주공식 $V = \dfrac{\ell}{6}(A_1+4A_m+A_2)$

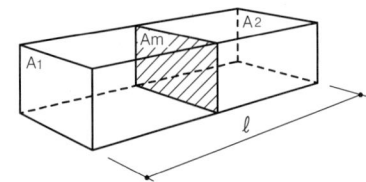

▌예제) 그림과 같은 형태의 체적을 3가지 단면법을 이용하여 구하시오.

$A_1 = 80m^2$, $Am = 60m^2$, $A_2 = 46m^2$, $\ell = 20m$

·양단면 평균법

$V = \left(\dfrac{80+46}{2}\right)\times 20 = 1,260(m^3)$

·중앙단면법

$V = 60\times 20 = 1,200(m^3)$

·각주공식

$V = \dfrac{20}{6}\times(80+4\times 60+46) = 1,220(m^3)$

▌굴착

① 기계굴착

·기계화 시공

·발파 : 암석절취, 암반터파기

② 인력굴착

·터파기 : 원지반으로부터 깊이 20cm 이상의 굴착

·절취 : 터파기 이외의 굴착

▌굴착의 인력품

① 절취

·본 품은 자연상태 기준

·화강암의 풍화토는 별도 계상

·절취한 흙을 던질 때 수평 3m, 수직 2m가 기준

·수평거리 3m 이상은 2단 던지기 또는 운반으로 계상

② 터파기

·자연상태 기준으로 소운반 불포함

·협소하거나 용수가 있는 곳 50% 가산

·수중터파기 2배 적용

·되메우기는 m^3당 0.1인 별도 가산

·깊이 3m 이상은 본 품을 비례적용

·화강암의 풍화토는 별도 계상

·호박돌 섞인 토사의 품에는 발파품을 인력품으로 환산하여 포함

·본 품에는 2단 던지기 및 3단 던지기 작업도 감안된 것임

·터파기 흙의 운반시점은 지반면상의 터파기 비탈어깨 선부터 적용

·절취나 터파기에 있어 면고르기는 별도로 계상하지 않음

·공구손료도 별도로 계상하지 않음

·현장내에서 소운반하여 깔고 고르는 잔토처리는 m^3당 0.2인 별도 계상

(2) 점고법

① 사각형 분할법

$$V = \frac{A}{4}(\Sigma h_1 + 2\Sigma h_2 + 3\Sigma h_3 + 4\Sigma h_4)$$

여기서,　A : 1개의 직사각형 면적

　　　　Σh_1 : 1개의 직사각형에만 관계되
　　　　　　는 점의 지반고의 합

　　　　Σh_2 : 2개의 직사각형에만 관계되
　　　　　　는 점의 지반고의 합

　　　　Σh_3 : 3개의 직사각형에만 관계되는 점의 지반고의 합

　　　　Σh_4 : 4개의 직사각형에만 관계되는 점의 지반고의 합

┌───

▎예제) 그림과 같은 지역의 토공량을 구하시오.(A = 200m²)

풀이) $\Sigma h_1 = 1 + 3 + 1 + 3 + 2 = 10(\text{m})$

　　　$\Sigma h_2 = 2 + 2 = 4(\text{m})$

　　　$\Sigma h_3 = 3\text{m}$

　∴ $V = \frac{200}{4} \times (10 + 2 \times 4 + 3 \times 3) = 1{,}350(\text{m}^3)$

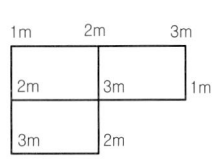

② 삼각형 분할법

$$V = \frac{A}{3}(\Sigma h_1 + 2\Sigma h_2 + 3\Sigma h_3 + \cdots + 8\Sigma h_8)$$

여기서,　A : 1개의 삼각형 면적

　　　　Σh_1 : 1개의 삼각형에만 관계되는 점의
　　　　　　지반고의 합

　　　　Σh_2 : 2개의 삼각형에만 관계되는 점의
　　　　　　지반고의 합

　　　　Σh_3 : 3개의 삼각형에만 관계되는 점의 지반고의 합

　　　　Σh_8 : 8개의 삼각형에만 관계되는 점의 지반고의 합

┌───

▎예제) 그림과 같은 지역의 토공량을 구하시오.(A = 100m²)

풀이) $\Sigma h_1 = 1 + 1 + 2 = 4(\text{m})$

　　　$\Sigma h_2 = 3 + 1 = 4(\text{m})$

　　　$\Sigma h_3 = 2 + 2 = 4(\text{m})$

　　　$\Sigma h_5 = 3\text{m}$

　∴ $V = \frac{100}{3} \times (4 + 2 \times 4 + 3 \times 4 + 5 \times 3) = 1{,}300(\text{m}^3)$

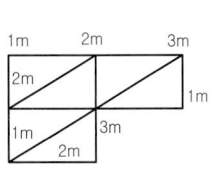

(3) 등고선법

・$V = \frac{h}{3}(A_1 + 4(A_2 + A_4 + \cdots + A_{n-1}) + 2(A_3 + A_5 + \cdots + A_{n-2}) + A_n)$

　　여기서, h : 등고선의 간격　　　A_l : 각 등고선의 폐합된 단면적

・원뿔공식 : $V = \frac{h'}{3} \cdot A$

▎단면법

수로, 도로 등 폭에 비하여 길이가 긴 선상의 물체를 축조하고자 할 경우 측점들의 횡단면에 의거 절토량 또는 성토량을 구하는 방법

▎점고법

비교적 평탄한 넓은 지역의 토공용적을 산정하기에 적합한 방법으로 대개는 사각형 분할법을 사용하고 더 높은 정밀도를 요할 때는 삼각형 분할법을 사용한다.

▎등고선법

지형도의 폐합된 등고선의 단면적으로 토공량이나 저수량을 계산하는 방법으로 홀수단면 구간은 각주공식으로 구하고 남는 부분은 원뿔공식, 양단면 평균법으로 구한다.

| 등고선법 |

예제) 그림과 같은 지형에서 등고선 간격이 5m일 때의 토량을 구하시오.

A₁ : 60m²

A₂ : 200m²

A₃ : 600m²

A₄ : 1,000m²

A₅ : 1,800m²

풀이) $V = \frac{5}{3} \times (60 + 4 \times (200 + 1,000) + 2 \times 600 + 1,800) = 13,100(m^3)$

(4) 기초터파기량

▌기초터파기

구조물의 기초를 설치하기 위한 흙파기 공사로 독립기초터파기(구덩이 파기), 줄기초터파기(도랑파기), 구조물 전체를 기초로 하는 온통파기가 있다.

① 독립기초터파기

$V = \frac{h}{6}((2a+a')b+(2a'+a)b')$

② 줄기초 터파기

$V = \frac{a+b}{2} \times h \times \ell$

▌흙파기 경사각

① 깊이 1m 이상은 경사파기로 한다.

② 휴식각의 2배

② 윗변길이 = 밑변길이+0.6×깊이

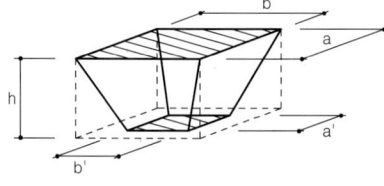

| 독립기초 터파기 |

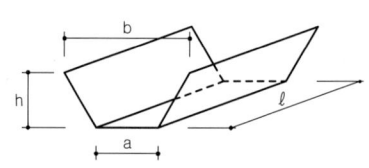

| 줄기초 터파기 |

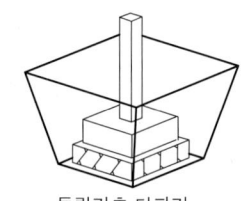

독립기초 터파기

줄기초 터파기

| 기초 터파기 |

③ 되메우기

· 되메우기량 = 터파기량 − 지중구조부체적

흙을 다지며 되메우기할 경우

· 되메우기량 = (터파기량 − 지중구조부 체적)×C

④ 잔토처리

㉠ 흙메우고 흙돋우기할 때

· 잔토처리량 = (터파기량 − (되메우기량 + 더돋기량))×L

㉡ 흙 되메기우기만 할 때

· 잔토처리량 = (터파기량 − 되메우기량)×L

㉢ 터파기량을 전부 잔토처리 할 때

· 잔토처리량 = 터파기량×L

⑤ 흙 돋우기(성토)

· 흙돋우기(더돋기)량=흙 돋우기 체적×C

▌되메우기

터파기한 곳에 기초 등 구조물을 설치한 후 파낸 흙을 다시 메우는 작업

▌잔토

터파기한 흙의 일부를 되메우기하고 남은 토량으로 흐트러진 상태의 흙이다

▌돋우기(더돋기)

되메우기의 침하를 고려하여 되메우기량의 약 10% 정도를 더 고려한다.

■ 예제1) 그림과 같은 20m 줄기초의 토량을 구하시오.(L = 1.2)

풀이) · 터파기량 $V = (\frac{0.8+1.2}{2})×0.6×20 = 12(m^3)$

· 되메우기량 = 터파기량 − 지중부 구조체적

$V = 12 − (0.6×0.25 + 0.2×0.35)×20$

$= 7.6(m^3)$

· 잔토처리량 = (터파기량 − 되메우기량) × L

$V = (12 − 7.6)×1.2 = 5.28(m^3)$

예제2) 예제1의 단면을 가진 정방형 기초 5개의 토량을 구하시오.(단, 되메우기는 다지면서 한다. L = 1.2, C = 0.9)

풀이) · 터파기량 $V = \frac{0.6}{6}×((2×1.2 + 0.8)×1.2 + (2×0.8 + 1.2)×0.8)×5 = 3.04(m^3)$

· 되메기우량 = (터파기량 − 지중부 구조체적)$×\frac{1}{C}$

$V = (3.04 − (0.6×0.6×0.25 + 0.2×0.2×0.35)×5)×\frac{1}{0.9} = 2.80(m^3)$

· 잔토처리량 $V = (3.04 − 2.80)×1.2 = 0.29(m^3)$

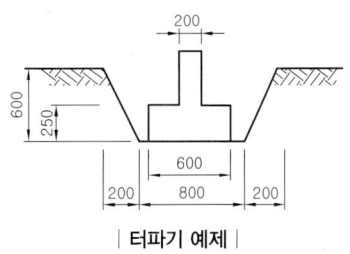

| 터파기 예제 |

❸ 운반 및 기계

(1) 인력운반

1) 인력운반 기본공식

$$Q = N×q \qquad N = \frac{T}{\frac{60×L×2}{V}+t} = \frac{VT}{120L×Vt}$$

여기서, Q : 1일 운반량(m^3 또는 kg)　　L : 운반거리(m)

N : 1일 운반횟수　　t : 적재 적하 소요시간(분)

q : 1회 운반량(m^3 또는 kg)　　V : 왕복평균속도(m/hr)

T : 1일 실작업시간(480분−30분)

· 고갯길 운반 환산거리

환산거리 = a×L　　여기서, a : 경사와 운반방법에 의하여 변하는 계수

L : 수평거리

■ 1회 운반량
삽으로 적재할 수 없는 자재(시멘트, 목재, 철근, 큰 석재 등)의 인력적사는 1인당 25kg으로 한다.

■ 1일 실작업시간
30분을 제하는 것은 용구의 지급 및 반납 등 준비시간으로 실제작업이 불가능한 시간을 고려한 것이다.

■ 예제) 20m^3의 자갈을 리어카로 운반할 때 1일 운반량과 총 운반비를 구하시오.

· 운반거리 : 80m(경사구간 40m, a = 1.25)

· 운반속도 : 2.5km/hr　　· 적재적하시간 : 5분

· 1일 실작업시간 : 450분　　· 자갈의 단위중량 : 1.8ton/m^3

· 1회 운반량 : 250kg(2인 작업)　　· 보통인부 노임 8,000원/일

풀이) · 환산운반거리 L = 40 + 40×1.25 = 90(m)

· 1일 운반횟수 $N = \frac{2,500×450}{120×90+2,500×5} = 48.28$(회)

· 1일 운반량 Q = (48.28×250)÷1,800 = 6.71(m^3)

· 총운반비 = (20/6.71)×8,000×2 = 47,690(원)

2) 목도운반비

· 목도운반비 $= \frac{M}{T}×A×(\frac{120×L}{V} + t)$, $M = \frac{총 운반량(kg)}{1인당 1회운반량(kg)}$

여기서, A : 목도공 노임　　T : 1일 실작업시간(분)

| 목도운반 |

$$M : 필요 목도공수 \qquad t : 준비작업시간(2분)$$

$$L : 운반거리(km) \qquad V : 평균왕복속도(km/hr)$$

· 1인당 1회운반량 : 25kg/인

· 경사지 환산거리 = 경사지 운반 환산계수(α)×수평거리(L)

▌예제) 자연석 600kg을 목도로 운반하려 한다. 운반거리 60m일 때, 운반비를 구하시오.

· 준비작업시간 : 2분   · 1일 작업시간 : 360분

· 1인당 1회운반량 : 40kg   · 경사지 운반 환산계수 α = 4

· 평균왕복속도 : 2.0km/hr   · 인부노임 : 6,000원/일

풀이) · 목도공수 $M = \dfrac{600}{40} = 15(인)$

· 환산운반거리 $L = 60 \times 4 = 240(m)$

· 목도운반비 $= \dfrac{6,000}{360} \times 15 \times (\dfrac{120 \times 240}{2,000} + 2) = 4,100(원)$

(2) 기계운반

1) 기본식

$$Q = n \cdot q \cdot f \cdot E \qquad 여기서, Q : 시간당 작업량(m^3/hr 또는 ton/hr)$$

n : 시간당 작업사이클 수

q : 1회 작업 사이클당 표준작업량(m^3 또는 ton)

f : 체적환산계수

E : 작업효율

· 시간당 작업사이클 수(n)

$$n = \dfrac{60}{Cm(min)} \text{ 또는 } \dfrac{3,600}{Cm(sec)}$$

· Cm은 사이클 시간으로서 기계의 작업속도나 주행속도에 따라 분(min) 또는 초(sec)로 표시

2) 불도저

$$Q = \dfrac{60 \cdot q \cdot f \cdot E}{Cm} \qquad q = q° \times e$$

여기서, Q : 시간당 작업량 (m^3/hr)

q : 삽날의 용량(m^3)

$q°$: 거리를 고려하지 않은 삽날의 용량(m^3)

e : 운반거리계수

f : 체적환산계수

E : 작업효율

Cm : 1회 사이클 시간(분)

· $Cm = \dfrac{L}{V_1} + \dfrac{L}{V_2} + t \qquad$ 여기서, Cm : 1회 사이클 시간(분)

L : 운반거리(m)

V_1 : 전진속도(m/분)

V_2 : 후진속도(m/분)

t : 기어 변속시간(0.25분)

▌불도저▌

┃ 예제) 다음의 조건으로 무한궤도 불도저의 시간당 작업량을 구하시오.

·거리를 고려하지 않은 삽날의 용량 : 3.2m³

·운반거리계수 : 0.8, 체적환산계수 : 1, 운반거리 : 60m , 작업효율 : 0.7

·전진속도 : 55m/min , 후진속도 : 70m/min, 기어변속시간 : 0.25분

풀이) ·삽날의 용량 q = 3.2×0.8 = 2.56(m³)

·1회 사이클 시간 $Cm = \dfrac{60}{55} + \dfrac{60}{70} + 0.25 = 2.2$(분)

·시간당 작업량 $Q = \dfrac{60 \times 2.56 \times 1 \times 0.7}{2.2} = 48.87$(m³/hr)

3) 굴삭기(쇼벨계 굴삭기포함) – 백호

·$Q = \dfrac{3,600 \cdot q \cdot k \cdot f \cdot E}{Cm}$

여기서, Q : 시간당 작업량(m³/hr)   q : 디퍼 또는 버킷용량(m³)

f : 체적환산계수   E : 작업효율

k : 디퍼 또는 버킷계수   Cm : 1회 사이클의 시간(초)

┃ 버킷계수
버킷에 담겨지는 정도를 수치화
시켜 놓은 것

┃ 굴삭기 ┃

┃ 예제) 버킷용량이 0.4m³인 백호를 사용하여 자연상태의 토사를 채취할 때의 시간당 작업량을 구하시오.

·버킷계수 : 0.9, 작업효율 : 0.75, 1회 사이클 시간 : 30초, 토량변화율 : 1.25

풀이) ·토량환산계수 : $f = \dfrac{1}{L} = \dfrac{1}{1.25} = 0.8$

·시간당 작업량 : $Q = \dfrac{3,600 \times 0.4 \times 0.9 \times 0.8 \times 0.75}{30} = 25.92$(m³/hr)

4) 로더(트랙터 쇼벨)

·$Q = \dfrac{3,600 \cdot q \cdot k \cdot f \cdot E}{Cm}$

여기서, Q : 운전시간당 작업량(m³/hr)   k : 버킷계수

q : 버킷용량(m³)   f : 체적환산계수

E : 작업효율   Cm : 1회 사이클 시간(초)

·$Cm = m \cdot \ell + t_1 + t_2$

여기서, m : 계수(초/m) 무한궤도식 : 2.0

타이어식 : 1.8

ℓ : 편도주행거리(표준 8m)

t_1 : 버킷에 토량을 담는 데 소요되는 시간(초)

t_2 : 기어변환 등 기본 시간과 다음 운반기계가 도착될 때까지의 시간(14초)

┃ 로더 ┃

┃ 예제) 버킷용량이 0.96m³인 타이어식 로더를 사용하여 흐트러진 상태의 토사를 덤프트럭에 적재할 때의 시간당 작업량을 구하시오.

·버킷에 토량을 담는 시간 : 9초, 버킷계수 : 1.2, 작업효율 : 0.6

·기어변환 및 대기시간 : 14초,   편도주행거리 : 8m,   체적환산계수 : 1

풀이) ·1회사이클 시간 Cm = 1.8×8 + 9 + 14 = 37.4(초)

·시간당 작업량 $Q = \dfrac{3,600 \times 0.96 \times 1.2 \times 1 \times 0.6}{37.4} = 66.53$(m³/hr)

5) 덤프트럭

$$\cdot Q = \frac{60 \cdot q \cdot k \cdot f \cdot E}{Cm} \qquad q = \frac{T}{r^t} \cdot L$$

여기서, Q : 1시간당 작업량(m³/hr)

q : 흐트러진 상태의 덤프트럭 1회 적재량(m³)

r^t : 자연상태에서의 토석의 단위 중량(습윤밀도)(t/m³)

T : 덤프트럭의 적재중량(ton)

L : 체적환산계수에서의 체적변화율 $L = \dfrac{\text{흐트러진 상태의 체적(m}^3)}{\text{자연상태의 체적(m}^3)}$

f : 체적환산계수

E : 작업효율(0.9)

Cm : 1회 사이클시간(분)

$\cdot Cm = t_1 + t_2 + t_3 + t_4 + t_5$

t_1 : 적재시간

t_2 : 왕복시간 $= \dfrac{\text{운반거리}}{\text{적재시 평균주행속도}} + \dfrac{\text{운반거리}}{\text{공차시 평균주행속도}}$

t_3 : 적하시간

t_4 : 적재대기시간

t_5 : 적재함 덮개 설치 및 해체시간

| 덤프트럭 |

· 적재기계를 사용하는 경우의 사이클시간

$$Cmt = \frac{Cm \cdot n}{60 \cdot Es} + (t_2 + t_3 + t_4 + t_5)$$

여기서, Cmt : 덤프트럭의 1회 사이클시간(분)

Cms : 적재기계의 1회 사이클시간(초)

Es : 적재기계의 작업효율

n : 덤프트럭 1대의 토량을 적재하는 데 소요되는 적재기계의 사이클 횟수

$$n = \frac{Qt}{q \cdot k}$$ 여기서, Qt : 덤프트럭 1대의 적재토량(m³)

q : 적재기계의 디퍼 또는 버킷용량(m³)

k : 디퍼 또는 버킷계수

▮예제1) 다음의 조건으로 10ton 덤프트럭의 시간당 작업량을 구하시오.

·체적변화율 : 1.25, 흙의 단위중량 : 1.7t/m³, 작업효율 : 0.9, 적재시간 : 8분

·적하시간 : 1.05분, 적재대기시간 : 0.7분, 적재함 개폐시간 : 0.5분

·왕복평균속도 : 30km/hr, 운반거리 : 6km

풀이) ·1회 적재량 $q = \dfrac{10}{1.7} \times 1.25 = 7.35(m^3)$

·왕복시간 $t_2 = \dfrac{6}{30} \times 2 \times 60 = 24(분)$

·1회 사이클 시간 Cm = 8 + 24 + 1.05 + 0.7 + 0.5 = 34.25(분)

·체적환산계수 $f = \dfrac{1}{1.25} = 0.8$

·시간당 작업량 $Q = \dfrac{60 \times 7.35 \times 0.8 \times 0.9}{34.25} = 9.27(m^3/hr)$

예제2) 다음의 조건으로 15ton 덤프트럭에 0.8m³용적의 굴삭기로 적재할 때 걸리는

시간을 구하시오.

· 굴삭기 사이클 시간(Cms) : 20초, 버킷계수(K) : 0.9, 굴삭기 효율(Es) : 0.9

· 흙의 단위중량 : 1.8t/m³, 체적변화율 : L=1.15

풀이) · 트럭의 1회 적재량 : $q = \dfrac{15}{1.8} \times 1.15 = 9.58(m^3)$

· 적재횟수 $n = \dfrac{9.58}{0.8 \times 0.9} = 13.3(회)$

· 적재소요시간 $Cmt = \dfrac{20 \times 13.3}{60 \times 0.9} = 4.93(분)$

4 콘크리트량

(1) 시멘트창고 면적(m²)

$$A = 0.4 \times \dfrac{N}{n} (m^2)$$

여기서, A : 창고면적(m²)

N : 저장포대수

n : 쌓기 단수(최고 13포대)

1) 저장량(N)

① 600포 이내 : 전량 저장

② 600포 이상 : 공기에 따라서 전량의 1/3 저장

2) 적정 쌓기 단수(n) – 참고사항(규정없음)

① 단기저장 시(3개월 내) : n≤13

② 장기저장 시(3개월 이상) : n≤7

(2) 콘크리트 비벼내기량(m³)

1) 정산식

표준계량 용적배합비 1 : m : n, 물·시멘트비 x%일 때

$$V = \dfrac{w_c}{g_c} + \dfrac{m \cdot w_s}{g_s} + \dfrac{n \cdot w_g}{g_g} + w_c \cdot x$$

· 시멘트 소요량 $C = \dfrac{1}{V} (m^3)$

· 모래의 소요량 $S = \dfrac{m}{V} (m^3)$

· 자갈의 소요량 $G = \dfrac{n}{V} (m^3)$

· 물의 소요량 $W = C \cdot x(t \text{ 또는 } m^3)$

여기서 V : 콘크리트의 비벼내기량(m³)

w_c : 시멘트의 단위용적중량(t/m³ 또는 kg/ℓ)

w_s : 모래의 단위용적중량(t/m³ 또는 kg/ℓ)

w_g : 자갈의 단위용적중량(t/m³ 또는 kg/ℓ)

g_c : 시멘트의 비중, g_s : 모래의 비중, g_g : 자갈의 비중

2) 약산식

현장 배합비 1 : m : n일 때   V=1.1m+0.57n

· 시멘트 소요량 $C = \dfrac{1}{V} \times 1500(kg)$

· 모래의 소요량 $S = \dfrac{m}{V} (m^3)$

· 자갈의 소요량 $G = \dfrac{n}{V} (m^3)$

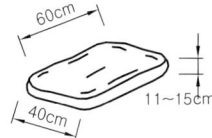

A=0.4X0.6=0.24(m²)

| 시멘트 1포 면적 |

▌시멘트창고 면적산출(약산식)

① 통로가 없는 경우 : 50포/m²

② 통로가 있는 경우 : 30~35 포/m²

▌동력소 및 변전소 필요면적

$A = 3.3\sqrt{W}$

A : 면적(m²)

W : 전력용량(KWH)

▌비벼내기량

콘크리트 1m³를 만들기 위해 혼합되어진 재료의 양으로 각 재료의 합이 1m³가 되는 것은 아니다.

▌콘크리트 1m³당 재료량

구분	1 : 2 : 4	1 : 3 : 6
시멘트	8포(320kg)	5.5포(220kg)
모래	0.45m³	0.47m³
자갈	0.9m³	0.94m³

(3) 콘크리트량(m³)

① 중복되는 곳이 없도록 산출

② 사다리꼴 체적은 독립기초터파기와 동일한 식으로 산출

(4) 거푸집(m²)

1) 콘크리트의 옆면적 및 밑면적 산출

   ① 기초 등 지반 위에 있는 것은 밑면적 산출 제외

   ② 콘크리트의 형상이 기울어져 경사각(θ)이 30° 이상이면 거푸집 면적 산출

2) 중복되어도 산출 시 제외하지 않는 부분

   ① 기초와 지중보의 접합부

   ② 지중보와 기둥의 접합부

   ③ 기둥과 큰보의 접합부

   ④ 기둥과 벽체의 접합부

   ⑤ 기둥과 바닥판의 접합부

   ⑥ 보와 벽의 접합부

   ⑦ 큰 보와 작은 보의 접합부

   ⑧ 1m² 이하의 개구부

3) 사다리꼴독립기초 수량산출법

   ① 콘크리트

   ㉠ 수평부 : $a \times b \times h_1$

   ㉡ 경사부 : $\dfrac{h_2}{6}((2a+a')b+(2a'+a)b')$

   ② 거푸집

   ㉠ 수직면 : $(a+b) \times 2 \times h_1$

   ㉡ 경사면 : $((\dfrac{a+a'}{2} \times \sqrt{x_1^2+h_2^2}) \times 2)+((\dfrac{b+b'}{2} \times \sqrt{x_2^2+h_2^2}) \times 2)$

(5) 철근(kg)

① 지름별로 길이를 구한 후 각각의 단위중량(kg/m)을 곱하고, 그 것을 합산하여 총중량 산출

② 할증률은 집계에서 하며, 지름별로 할증률이 다를 경우에는 지름별로 할증을 한 후 집계

③ 철근의 이음 및 정착은 주어진 조건에 따르고, 피복두께는 무시

④ 길이 산출

   ㉠ 철근의 길이 = 부재적용 길이 + 이음 길이 + 정착 길이(Hook는 적용하지 않음)

   ㉡ 부재적용 길이는 단일구간인 경우에는 전체길이, 줄기초의 경우에는 중심간 길이 적용

⑤ 개수 산출

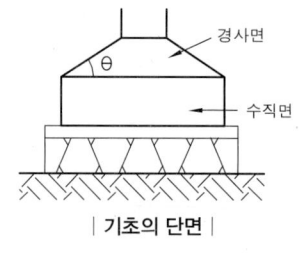

| 기초의 단면 |

할증률

① 콘크리트(레미콘)

· 무근구조물 : 2%

· 철골, 철근구조물 : 1%

② 철근

· 원형철근 : 5%

· 이형철근 : 3%

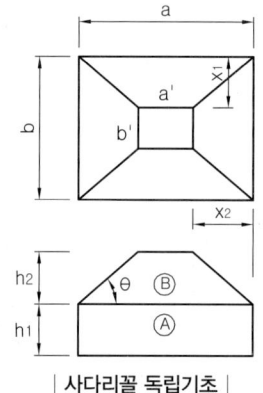

| 사다리꼴 독립기초 |

ⓐ 시작과 끝이 있는 구간 배근

·개수 = $\dfrac{구간길이(\ell)}{간격(@)}$ + 1

ⓑ 폐합된 구간 배근

·개수 = $\dfrac{구간길이(\ell)}{간격(@)}$

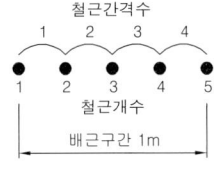

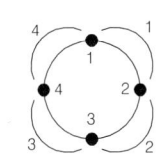

| 철근의 개수산출 |

5 목재량

(1) 통나무(원목재) 재적(m³)

① 길이 6m 미만인 것 : $V = D^2 \times L$

② 길이 6m 이상인 것 : $V = (D + \dfrac{L'-4}{200})^2 \times L$

여기서, V : 통나무 재적(m³)

D : 말구 지름(m)

L : 통나무 길이(m)

L′ : L에서 절하시킨 정수(m)

(2) 제재목 재적(m³)

·$V = T \times W \times L \times \dfrac{1}{10,000}$

여기서, T : 두께(cm)

W : 비(cm)

L : 길이(m)

┌──
▌ 예제1) 통나무의 길이가 6m이고, 말구 지름이 20cm일 때 재적(m³)을 구하시오.

·$V = (0.2 + \dfrac{6-4}{200})^2 \times 6 = 0.26$(m³)

예제2) 길이가 3m, 두께가 15cm, 폭이 10cm인 각목의 재적(材)을 구하시오.

·$V = 15 \times 10 \times 3 \times \dfrac{1}{10,000} = 0.045$(m³) → $0.045 \times 300 = 13.5$(材)

6 석재량

(1) 수량산출

① 다듬돌 등의 규격품은 개수로 산정 (개)

② 수량 및 시공량 등의 산정에 따라 면적(m²), 체적(m³) 또는 중량(ton)으로 산정

③ 체적 및 중량 산정 시 실적률 고려

·자연석 쌓기 중량 = 쌓기면적×뒷길이×실적률×자연석 단위 중량

(2) 품의 적용

① 메쌓기, 찰쌓기 공통

ⓐ 고임돌품 및 채움재품 포함, 기초다짐 및 뒤채움품은 별도 계상

ⓑ 본 품은 높이 3m까지 적용하며 초과 시 다음의 표에 따라 계상

높이에 대한 증가율표

높이(m)	3~4까지	4~5.5까지	5.5~7.5까지	7.5 초과
증가율(%)	30	40	60	80~100

▌이음 및 정착길이

① 큰 인장력을 받는 부분 : 40d

② 압축력, 작은 인장력을 받는 부분 : 25d

③ 이음 : 6m마다 1개소 산정

▌목재의 치수환산

① 1치(寸) = 3cm

② 1자(尺) = 30cm

③ 1재(才) = 1치×1치×12자
= 0.03×0.03×0.3×12
= 0.00324m³

④ 1m³ ≒ 300재(사이)

⑤ 1평(坪) = 6자×6자 ≒ 3.3m²

▌목재 할증률

① 각재 : 5%

② 판재 : 10%

③ 일반용 합판 : 3%

④ 수장용 합판 : 5%

▌할증률

① 원석(마름돌용) : 30%

② 붙임용 판석
·정형물 : 10%
·부정형물 : 30%

▌실적률

전체 체적과 비어있지 않은 부분과의 비율을 말하며, 공극률의 반대이다.

▌견치돌 수량 개산치

견치돌 크기	개수(1m²당)
35cm×35cm×55cm	8개
30cm×30cm×45cm	11개
25cm×25cm×35cm	16개

② 찰쌓기 줄눈메꿈 모르타르는 0.009m^3로 계상
   ㉠ 2~3m^2당 1개소 이상 물구멍 설치
   ㉡ 물구멍은 지름 3~6cm의 파이프를 콘크리트 뒷면까지 설치

7 벽돌량

(1) 벽돌

단위면적 산정법으로 공사면적(벽체의 면적)에 단위면적수량을 곱하여 산출

벽돌쌓기 기준량 (m^2 당)

벽두께 / 벽돌형(cm)	0.5B(매)	1.0B(매)	1.5B(매)	2.0B(매)
21×10×6(기존형)	65	130	195	260
19×9×5.7(기본벽돌)	75	149	224	298

·줄눈너비 10mm 기준

▌할증률
① 시멘트 벽돌 : 5%
② 붉은 벽돌 : 3%

(2) 벽돌쌓기 모르타르(치장쌓기 동일)

모르타르량 (1,000매당)

벽두께 / 벽돌형(cm)	0.5B(m^3)	1.0B(m^3)	1.5B(m^3)	2.0B(m^3)
21×10×6(기존형)	0.3	0.37	0.4	0.42
19×9×5.7(기본벽돌)	0.25	0.33	0.35	0.36

·줄눈너비 10mm 기준, 배합비 1:3, 모르타르의 재료 할증 포함

모르타르배합 (m^3 당)

배합용적비	시멘트(kg)	모래(m^3)	보통인부(인)
1:1	1,093	0.78	0.66
1:2	680	0.98	0.66
1:3	510	1.1	0.66

▌예제) 높이 2m, 길이 10m의 1.5B 벽체를 표준형 벽돌을 사용하여 쌓으려고 할 때의 벽돌량과 몰탈량을 구하시오.(위의 표를 이용할 것)

풀이) ·단위면적당 1.5B 표준형벽돌 : 224매
·1000매당 몰탈량 : 0.35m^3
·벽돌량 : 2×10×224 = 4480(매)
·몰탈량 : (4480/1000)×0.35 = 1.57(m^3)

8 수목 및 잔디

(1) 수량산출

① 수목 : 수종 및 규격별로 산출(단위:주)
② 잔디 : 식재면적(m^2)에 식재방법에 따른 소요매수를 적용하여 산출(품의 적용시 식재면적 이용)

▌할증률
① 조경용수목 : 10%
② 잔디 및 초화류 : 10%

잔디규격 및 식재기준

구분	규격(cm)	식재기준
평떼	30×30×3	1m²당 11매
줄떼	10×30×3	1/2줄떼 : 10cm간격, 1/3줄떼 : 20cm간격

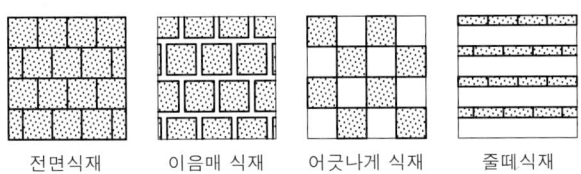

전면식재　　이음매 식재　　어긋나게 식재　　줄떼식재

| 잔디식재방법 |

▌예제) 100m²의 평지에 0.3×0.3×0.03m 규격의 잔디로 어긋나게 식재를 할 때 잔디의 소요량을 구하시오.

풀이) 단위면적당 11매가 표준이나 어긋나게 식재는 50%만 들어간다.
· 잔디매수 11×0.5×100 = 550(매)

풀이) 식재면적을 잔디면적으로 나누어 구한다. – 비추천
· 잔디매수 ($\frac{100}{0.3\times0.3}\times0.5$) = 556(매)

(2) 품의 적용

1) 식재면 고르기(10m²당)

① 부토 및 면고르기가 완료된 상태에서 인력으로 잔돌제거 등 식재면을 정비하는 작업

② 식재면고르기가 필요한 공종에 별도 계상

2) 잔디 및 초화류

① 잔디붙임(100m²당) : 줄떼 및 평떼 품의 산정

㉠ 재료소운반, 홈파기, 뗏밥주기, 물주기 및 마무리 포함

㉡ 잔디붙임 식재 후 1회 기준의 물주기 포함

㉢ 줄떼 간격 표준 10~30cm

② 초류종자 살포(100m²당) : 초류종자 살포시 자재, 장비, 인력품의 산정

㉠ 트럭에 종자살포기가 장착되어 살포하는 것을 기준한 것

㉡ 재료 소운반, 식재, 물주기 및 마무리 포함

㉢ 살수양생 및 객토가 필요한 때는 별도 계상

③ 거적덮기(100m²당) : 성·절토사면에 거적덮기를 설치하는 것

④ 초화류 식재(100주당)

㉠ 재료 소운반, 식재, 물주기 및 마무리 포함

㉡ 특수화단(화문회단, 리본화단, 포식화단)은 20%까지 가산 가능

㉢ 초화류 식재 후 1회 기준의 물주기 포함

3) 관목

① 굴취(10주당) : 나무높이 0.3~1.5m에 따른 품의 산정

▌잔디소요량
① 평떼식재 : 100%
② 어긋나게 식재 : 50%
③ 이음매 식재
· 너비 4cm : 77.9%
· 너비 5cm : 73.5%
· 너비 6cm : 69.4%
④ 줄떼식재
· 1/2줄떼 : 50%
· 1/3줄떼 : 33.3%

▌잔디의 중량
① 잔디 1매 체적
0.3×0.3×0.03=0.0027m³
② 평떼 1m² 체적
0.0027×11=0.0297m³
③ 1m²당 　단위중량(보통토사 1,700kg/m³적용)
0.0297×1,700=50.49kg/m³

㉠ 분을 보호하지 않은 상태로 굴취되는 작업 기준

㉡ 분을 보호할 경우 "나무높이에 의한 굴취" 적용

㉢ 나무높이보다 수관폭이 더 클 때는 그 크기를 나무높이로 적용

㉣ 야생일 경우에는 굴취품의 20%까지 가산 가능

② 식재(10주당) : 나무높이 0.3~1.5m에 따른 품의 산정

㉠ 재료소운반, 터파기, 나무세우기, 묻기, 물주기, 손질, 뒷정리 포함

㉡ 식재 후 1회 기준의 물주기 포함

㉢ 암반식재, 부적기식재 등 특수식재시는 품을 별도 계상

㉣ 나무높이보다 수관폭이 더 클 때에는 그 수관폭을 나무높이로 적용

㉤ 군식의 식재밀도(주/m²)

수관폭(m)	20	30	40	50	60	80	100
주수	32	14	8	5	4	2	1

4) 교목굴취

① 뿌리돌림(주당) : 수목 이식 전에 뿌리 분 밖으로 돌출된 뿌리를 깨끗이 절단하여 주근 가까운 곳의 측근과 잔뿌리의 발달을 촉진시키는 작업

㉠ 근원직경에 따른 품의 산정 : 뿌리돌림 분은 근원직경의 4~5배

㉡ 뿌리 절단 부위의 보호를 위한 재료비는 별도 계상

② 굴취(주당)

㉠ 나무높이(1~5.0m)에 의한 굴취 : 근원(흉고)직경을 추정하기 어려운 수종에 적용 – 곰솔(3m 이하), 독일가문비, 동백나무, 리기다소나무, 섬잣나무, 실편백, 아왜나무, 잣나무, 젓나무, 주목, 측백나무, 편백, 선향나무 등 이와 유사한 수종에 적용 가능

㉡ 근원(흉고)직경에 의한 굴취 : 근원직경 4~60cm, 흉고직경 4~50cm의 교목류 수종에 적용

㉢ 분은 근원직경의 4~5배, 분이 없는 경우 굴취품의 20% 감산

㉣ 준비, 구덩이파기, 뿌리절단, 분뜨기, 운반준비 작업 포함

㉤ 굴취시 야생일 경우에는 굴취품의 20%까지 가산 가능

㉥ 분뜨기, 운반준비를 위한 재료비는 별도 계상

㉦ 기계사용이 불가피한 경우 별도 계상

5) 교목식재

① 나무높이에 의한 식재 : 굴취와 동일한 수목에 적용

② 흉고(근원)직경에 의한 식재 : 굴취와 동일한 수목에 적용

③ 흉고직경은 지표면에서 높이 1.2m 부위의 나무줄기 지름

④ 지주목을 세우지 않을 때는 인력시공시 인력품의 10%, 기계시공시

인력품의 20% 감산

⑤ 재료소운반, 터파기, 나무세우기, 묻기, 물주기, 지주목세우기, 뒷정리 포함

⑥ 식재 후 1회 기준의 물주기 포함

⑦ 암반식재, 부적기식재 등 특수식재시는 품을 별도 계상 가능

6) 유지관리

① 전정(주당)–흉고직경을 기준으로 품의 산정

㉠ 일반전정 : 수목의 정상적인 생육장애요인의 제거 및 외관적인 수형을 다듬기 위해 실시하는 전정 작업을 기준한 품

㉡ 가로수 전정 : 가로수(낙엽수)의 전정을 기준한 품

② 수간보호–흉고직경 4~50cm를 기준으로 품의 산정

㉠ 겨울철 환경에 적응할 수 있도록 녹화마대 등의 수간보호재로 교목의 줄기싸주기를 하는 품

㉡ 수간보호의 범위는 지표로부터 1.5m 높이까지의 수간에 모양을 내어 감싸주는 것이 기준

③ 제초(100m²당) : 인력으로 잡초를 제거하는 품

④ 시비 : 교목(10주당), 관목(100m²), 잔디시비(10,000m²)로 구분

㉠ 교목시비품은 교목의 환상시비를 기준한 품

㉡ 교목시비품은 터파기, 비료포설, 되메우기 작업 포함

㉢ 관목시비품은 관목군식의 경우에 적용

⑤ 약제 살포(1,000L당) : 동력분무기를 사용한 액체형 약제의 살포품

⑥ 방풍벽 설치(거적세우기 10m당) : 도로인접구간에 식재된 관목의 염해방지 및 방풍을 위해 거적을 세워 설치하는 기준

9 조경구조물

(1) 정원석 쌓기 및 놓기

① 수석, 자연석 또는 조경석을 단독 또는 무리로 설치하여 미관이 고려된 경관을 조성하는 경우에 적용

② 지형 등 작업의 난이도에 따라 20%까지 가산 가능

③ 다짐 및 정지품이 포함, 사이목 식재는 별도 계상

④ 공구손료는 인력품의 3%로 계상, 굴삭기는 0.7m³를 적용

(2) 조경 유용석 쌓기 및 놓기

① 조경석이나 현장유용석을 활용하여 긴 선형의 화단, 수로 경계 등의 수직 방향의 사면을 조성하는 경우에 적용

② 운반비는 별도 계상, 사이목 식재는 별도 계상

2>>> 공사비 산출

▣ 공사원가 구성체계

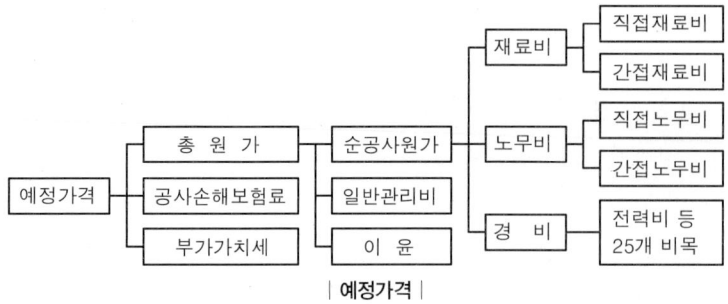

| 예정가격 |

▣ 공사원가 계산의 제비용 산정

(1) 재료비

① 직접재료비 : 공사 목적물의 실체를 형성하는 물품의 가치

   ㉠ 주요재료비 : 공사목적물의 기본적 구성형태를 이루는 물품의 가치 – 수목, 잔디, 시멘트, 철근 등

   ㉡ 부분품비 : 공사물에 원형대로 부착되어 그 조성부분이 되는 매입부품, 수입부품, 외장재료 및 경비로 계상되지 않는 외주품의 가치

② 간접재료비 : 실체를 형성하지 않으나 공사에 보조적으로 소비되는 물품의 가치

   ㉠ 소모재료비 : 기계오일, 접착제, 용접가스, 장갑 등 소모성 물품의 가치–표준품셈 공구손료(직접노무비의 3%)

   ㉡ 소모공구·기구·비품비 : 내용년수 1년 미만으로서 구입단가가 상당금액 이하인 감가상각 대상에서 제외되는 소모성 공구·기구·비품의 가치

   ㉢ 가설재료비 : 비계, 거푸집, 동바리 등 공사목적물의 실체를 형성하는 것은 아니나 시공을 위하여 필요한 가설재의 가치

③ 재료의 구입과정에서 당해 재료에 직접 관련되어 발생되는 운임, 보험료, 보관비 등의 부대비용

④ 작업설·부산물 등(△) : 시공 중에 발생하는 부산물 등으로 환금성이 있는 것은 재료비로부터 공제

   ·소계 = 직접재료비 + 간접재료비 – 작업설·부산물 등의 환급액

(2) 노무비

① 직접노무비 : 직접작업에 종사하는 자의 노동력의 대가 – 기본급, 제수당, 상여금, 퇴직급여충당금

② 간접노무비 : 작업현장에서 보조작업에 종사하는 자의 노동력의대가 – 기본급, 제수당, 상여금, 퇴직급여충당금

▌ 발생재의 처리

사용고재 등 발생재의 처리는 공제율에 따라 그 대금을 현장 거래가격을 기준으로 설계 당시 미리 공제하며, 공제금액 계산은 '발생량×공제율×고재단가'로 한다. 공제율은 사용고재(시멘트공대 및 공드람 제외) 90%, 강재스크랩 70%, 기타 발생재는 공제율 없이 그대로 적용한다.

▌ 직접노무비

제조공정별로 작업인원, 작업시간, 제조수량을 기준으로 계약목적물의 제조에 소요되는 노무량을 산정하고 노무비 단가를 곱하여 계산

·간접노무비 = 직접노무비×간접노무비율

간접노무비율

구분	공사종류별	간접노무비
공사 종류별	건축공사	14.5
	토목공사	15
	특수공사(포장, 준설 등)	15.5
	기타(전문, 전기, 통신 등)	15
공사 규모별	5억원 미만	14
	5~30억원 미만	15
	30억원 이상	16
공사 기간별	6개월 미만	13
	6~12개월 미만	15
	12개월 이상	17

(3) 경비

① 전력비, 광열비 : 계약목적물을 시공하는 데 소요되는 당해 비용

② 운반비 : 재료비에 포함되지 않은 운반비 – 원재료, 반재료 기계기구 운송비, 하역비, 조작비

③ 기계경비 : 건설기계의 경비

④ 특허권 사용료, 기술료, 연구개발비, 품질관리비 – 공사목적물을 시공하는 데 소요되는 비용

⑤ 가설비 : 실체를 형성하는 것은 아니나 필요한 가설물 설치비용(노무비, 재료비 포함) – 현장사무소, 창고, 식당, 화장실

⑥ 지급임차료 : 계약목적물을 시공하는 데 직접 사용되거나 제공되는 토지, 건물, 기술 기계기구(건설기계 제외) – 필요시설물 임대

⑦ 보험료 : 산업재해보험, 고용보험, 국민건강보험, 국민연금보험 등 의무적으로 가입이 요구되는 보험의 보험료

⑧ 복리후생비 : 현장에서 종사하는 자들의 의료위생약품대, 공상치료비, 지급피복비, 건강진단비, 급식비 등 작업조건 유지에 관련된 비용

⑨ 보관비 : 재료, 기자재 등의 창고사용료로서 외부에 지급되는 비용

⑩ 외주가공비 : 재료를 외부에서 가공시키는 실가공비용–재료비에 계상되는 것 제외

⑪ 산업안진보건관리비 : 작업현장에서 산업재해 및 건강장해 예방을 위하여 법령에 의거 요구 되는 비용

⑫ 소모품비 : 문방구, 장부대 등 소모용품–재료비에 계상되는 것 제외

⑬ 여비·교통·통신비 : 시공현장에서 직접 소요되는 비용

> **| 경비**
> 공사의 시공을 위하여 소요되는 공사원가 중 재료비, 노무비를 제외한 원가를 말하며, 기업의 유지를 위한 관리활동 부문에서 발생하는 일반관리비와 구분된다.

⑭ 세금과공과 : 공사와 직접 관련되어 부담해야 할 재산세, 차량세 등의 세금 및 공과금
⑮ 폐기물처리비 : 현장에서 발생되는 오물, 잔재물, 폐유 등, 고해유발물질 처리 비용
⑯ 도서인쇄비 : 참고서적 구입비, 각종 인쇄비, 사진제작비(VTR제작비 포함)
⑰ 지급수수료 : 공사이행보증서 발급수수료, 하도급대금 지급보증서 발급수수료 등 법령으로 의무화된 수수료
⑱ 환경보전비 : 제반환경오염 방지시설을 위한 것으로 의무화된 비용
⑲ 보상비 : 공사현장에 인접한 도로, 하천, 기타 재산에 훼손을 가한 것의 보상·보수비
⑳ 안전관리비 : 안전관리를 위하여 법령에 의해 요구되는 비용
㉑ 건설근로자 퇴직공제부금비 : 법령에 의하여 가입하는 데 소요되는 비용
㉒ 기타법정경비 : 위의 사항 이외의 것으로 법령에 정해진 경비

(4) 일반관리비

· 일반관리비 = (재료비+노무비+경비)×일반관리비율

일반관리비율

업종	일반관리비율(%)
제조업	
음·식료품의 제조·구매	14
섬유·의복·가죽제품의 제조·구매	8
나무·나무제품의 제조·구매	9
종이·종이제품·인쇄출판물의 제조·구매	14
화학·석유·석탄·고무·플라스틱의 제조·구매	8
비금속광물제품의 제조·구매	12
제1차 금속제품의 제조·구매	6
조립금속제품·기계·장비의 제조·구매	7
기타물품의 제조·구매	11
시설공사업	6

위의 표에서 정한 일반관리비율을 초과하여 계상할 수 없으며, 아래와 같이 공사규모별로 체감 적용할 것

일반 건설 공사		전문, 전기, 정보통신, 소방공사 및 기타공사	
공사원가	일반관리비율	공사원가	일반관리비율
5억원 미만	6%	5천만원 미만	6%
5억원~30억원 미만	5.5%	5천만원~3억원 미만	5.5%
30억원 이상	5%	3억원 이상	5%

일반관리비
기업의 유지를 위한 관리활동 부문에서 발생하는 제비용으로서 제조원가에 속하지 아니하는 모든 영업비용 중 판매비 등을 제외한 비용으로 기업 손익계산서를 기준으로 작성한다.

(5) 이윤

영업이익을 말하며 이윤율 15%를 초과할 수 없음

· 이윤 = (노무비 + 경비 + 일반관리비)×이윤율

(6) 총원가

· 총원가 = 재료비 + 노무비 + 경비 + 일반관리비 + 이윤

(7) 공사손해보험료

공사계약일반조건에 의해 공사손해보험에 가입할 때 지급하는 보험료

· 공사손해보험료 = 총원가×보험료율

경비의 합산
이윤산정 시 경비 중 기술료 및 외주가공비는 제외하여야 한다.

공사원가계산서

공사명 :　　　　　　　　　　　　공사기간 :

비목		구분	금액	구성비	비고
재료비		직접재료비 간접재료비 작업설·부산물등(△)			
		소계			
노무비		직접노무비 간접노무비			
		소계			
순공사원가	경비	전력비 수도광열비 운반비 기계경비 특허권사용료 기술료 연구개발비 품질관리비 가설비 지급임차료 보험료 복리후생비 보관비 외주가공비 산업안전보건관리비 소모품비 여비·교통비·통신비 세금과공과 폐기물처리비 도서인쇄비 지급수수료 환경보전비 보상비 안전관리비 건설근로자퇴직공제부금비 기타법정경비			
		소계			
일반관리비[(재료비+노무비+경비)×( )%]					

이윤[(노무비+경비+일반관리비)×( )%]			
총원가			
공사손해보험료[보험가입대상공사부분의 총원가×( )%]			

❸ 표준시장단가 계산

(1) 직접공사비

① 재료비 : 공사목적물의 실체를 형성하거나 보조적으로 소비되는 물품의 가치

② 직접노무비 : 공사에 직접 종사하는 자의 노동력의 대가

③ 직접공사경비 : 시공을 위하여 소요되는 기계경비, 운반비, 전력비, 가설비, 지급임차료, 보관비, 외주 가공비, 특허권사용료, 기술료, 보상비, 연구개발비, 품질관리비, 폐기물처리비 및 안전점검비

(2) 간접공사비

① 공사의 시공을 위하여 공통적으로 소요되는 법정경비 및 기타 부수적인 비용—직접공사비 총액에 비용별로 일정요율을 곱하여 산정

② 간접공사비 : 간접노무비, 산재보험료, 고용보험료, 건설근로자퇴직공제부금비, 안전관리비, 환경보전비, 기타 관련된 법정경비, 기타간접공사경비(집계표 참조)

표준시장단가
건설 공사 예정가격 작성 기초 자료 중 하나로, 시장거래가격을 토대로 각 중앙관서의 장이 정하는 단가기준을 말하며, 표준 시장단가는 계약단가, 입찰단가, 시공단가 등을 토대로 시장 및 시공상황을 고려하여 결정한다.

총괄집계표

공사명 :   공사기간 :

구분		금액	구성비	비교
직접공사비				
간 접 공 사 비	간접노무비 산재보험료 고용보험료 안전관리비 환경보전비 퇴직금공제부금비 수도광열비 복리후생비 소모품비 여비·교통비·통신비 세금과공과 도서인쇄비 지급수수료 기타법정경비			
일반관리비				
이윤				
공사손해보험료				
부가가치세				
합계				

1 도급자가 낙찰 후 공사에 투입할 예산을 편성할 때 실제로 공사할 단가를 적용하여 산출하는 견적(적산)을 무엇이라 하는가? 기-05-4

㉮ 설계견적
㉯ 입찰견적
㉰ 실행견적
㉱ 상세견적

2 실제 공사를 수행하기 위해 산정한 단가를 발주기관별로 축적하여 유사공사 발주 시 예정가격 산정의 기준단가로 활용하는 적산방식을 무엇이라고 하는가? 기-09-4

㉮ 원가계산 적산방식
㉯ 실적공사비 적산방식
㉰ 거래가격 적산방식
㉱ 기준단가 적산방식

3 단위공사에 소요되는 기본적인 재료와 인력의 표준적인 소요량을 무엇이라고 하는가? 산기-05-1

㉮ 공사시방
㉯ 적산
㉰ 일위대가
㉱ 내역

해 일위대가란 단일재료나 품으로 이루어지지 않은 공사량을 최소단위로 산정하여 금액을 산출한 것이다. 즉, 어떤 공사의 단위수량에 대한 금액(단가)이다.

4 조경공사를 위한 수량산출시 주요 자재(시멘트, 철근 등)를 관급으로 하지 않아도 좋은 경우에 해당되지 않는 것은? 기-04-4

㉮ 공사현장의 사정으로 인해 관급함이 국가에 불리할 때
㉯ 조달청이 사실상 관급할 수 없거나 적기공급이 어려울 때
㉰ 관급할 자재가 품귀현상으로 조달이 매우 어려울 때
㉱ 소량이거나 긴급사업 등으로 행정에 소요되는 시간과 경비가 과도하게 요구될 때

해 관급으로 하지 않아도 좋은 경우

· 국가가 불리할 때
· 적기에 조달할 수 없는 경우
· 공사기간이 촉박할 때
· 소량이거나 시간이나 경비가 많이 들 때

5 적산할 경우 수량의 환산기준 중 틀린 것은? 기-05-4, 기-10-4, 산기-04-1, 산기-08-4

㉮ 분수는 약분법을 쓰지 않으며, 각 분수마다 그의 값을 구한 다음 전부의 계산을 한다.
㉯ 수량의 단위 및 소수위는 표준품셈 단위표준에 의한다.
㉰ 수량의 계산은 지정 소수위 이하 1위까지 구하고 끝수는 버림한다.
㉱ 계산에 쓰이는 분도(分度)는 분까지, 원둘레율(圓周率)의 유효숫자는 3자리(3위)로 한다.

해 ㉰ 수량의 계산은 지정 소수위 이하 1위까지 구하고, 끝수는 4사5입한다.

6 다음은 수량 산출을 위한 적용방법 및 기준이다. 그 내용이 틀린 것은? 기-10-2, 기-07-1

㉮ 수량의 단위 및 소수위는 표준품셈 단위표준에 의한다.
㉯ 이음줄눈의 간격이나 콘크리트 구조물 중 말뚝머리의 체적과 면적은 구조물의 수량에서 공제한다.
㉰ 절토(切土)량은 자연상태의 설계도의 양으로 한다.
㉱ 면적계산시 구적기를 사용할 경우에는 3회 이상 측정하여 그 중 정확하다고 생각되는 평균값으로 한다.

해 ㉯ 이음줄눈의 간격이나 콘크리트 구조물 중 말뚝머리의 체적과 면적은 구조물의 수량에서 공제하지 아니한다.

7 다음 중 구조물 수량 산출시 체적과 면적을 공제하여야 하는 항목은? 기-11-4, 산기-06-2, 기-11-2

㉮ 볼트의 구멍
㉯ 철근콘크리트 중의 철근
㉰ 콘크리트 구조물중의 말뚝머리
㉱ 포장공종의 1개소 당 1m² 이하의 구조물 자리

해 다음에 열거하는 것의 체적과 면적은 구조물의 수량에서 공제하지 아니한다.

· 콘크리트 구조물 중의 말뚝머리, 볼트의 구멍, 모따기 또는 물구멍, 이음줄눈의 간격, 포장 공종의 1개소당 0.1m² 이하의 구

조물 자리, 강 구조물의 리벳 구멍, 철근콘크리트 중의 철근, 조약돌 중의 말뚝 체적 및 책동목, 기타 전항에 준하는 것

8 다음의 적산 방법 중 옳지 않은 것은?　산기-05-1
㉮ 수량의 계산은 지정 소수위 이하 1위까지 구하고, 끝수는 4사5입 한다.
㉯ 모따기의 체적은 구조물의 수량에서 공제한다.
㉰ 설계서의 총액은 1,000원 이하는 버린다.
㉱ 잔디의 할증율은 10%이다.
해 ㉯ 모따기 또는 물구멍의 체적은 구조물의 수량에서 공제하지 아니한다.

9 적산할 경우 수량의 계산 기준으로 옳지 않은 것은?　기-10-4, 기-04-4
㉮ 절토(切土)량은 자연생태의 설계도의 양으로 한다.
㉯ 성토 및 사석공의 준공토량은 성토 및 사석공 설계도의 양으로 한다. 그러나 지반침하량은 지반 성질에 따라 가산 할 수 있다.
㉰ 면적의 계산은 보통 수학공식에 의하는 외에 삼사법(三斜法)이나 플래니미터로 한다.
㉱ 수량의 계산은 지정 소수위 이하 1위까지 구하고, 끝수는 버림 한다.
해 ㉱ 수량의 계산은 지정 소수위 이하 1위까지 구하고, 끝수는 4사5입한다.

10 다음 여러 수량 중 소수위 표준이 바르게 적용되지 않은 것은?(단, 단위수량에 한정한다.)　산기-08-1
㉮ 토적(체적) : 56.78　　㉯ 공사폭원 : 23.45m
㉰ 떼 : 12.3　　㉱ 벽돌 : 256개
해 ㉯ 공사폭원은 소수1자리까지 계산한다.

11 다음은 표준품셈에서 사용하는 재료 규격의 단위와 단위수량의 단위이다. 틀린 것은?
㉮ 잔디(떼) : cm − m²　　㉯ 모래 자갈 : cm − m³
㉰ 합판 : mm − 장　　㉱ 철강재 : m − ton
해 ㉱ 철강재 : mm − kg

12 다음은 자재(資材)의 단위수량에 대한 설계서 수량계산에 명시되어 있는 설명이다. 틀린 사항은

어느 것인가?　기-04-1
㉮ 토량에 대한 체적단위는 m³이고, 소수 2자리까지 계산한다.
㉯ 떼의 단위는 m²이고 , 소수 1자리까지 계산한다.
㉰ 모래와 자갈의 물량은 m³로 하고, 소수1자리까지 계산한다.
㉱ 콘크리트의 물량은 m³로 하고, 소수 2자리까지 계산한다.
해 ㉰ 모래와 자갈의 물량은 m³로 하고, 소수2자리까지 계산한다.

13 일위 대가표 합계의 금액은 얼마까지 계산하는가?　산기-02-1
㉮ 10원 미만 버림　　㉯ 1원 미만 버림
㉰ 0.1원 미만 버림　　㉱ 0.01원 미만 버림

14 일위대가표를 작성할 때 일위대가표의 계 금액의 단위표준은 어떻게 적용시키는가?　산기-03-1, 산기-07-1
㉮ 0.1원 까지는 쓰고 그 이하는 버린다.
㉯ 1원까지는 쓰고 그 미만은 버린다.
㉰ 0.1원까지는 쓰고 소수위 2위에서 사사오입한다.
㉱ 1원까지는 쓰고 소수위 1위에서 사사오입한다.

15 일위대가표의 계금이 1234.56원이 산출되었다. 표준품셈상 금액의 단위표준을 따르면 얼마로 하여야 하는가?　산기-10-2
㉮ 1234원　　㉯ 1235원
㉰ 1234.5원　　㉱ 1234.6원

16 공사설계 내역서 산정 시 1원 단위 이상이 아닌 것은?　산기-04-4, 산기-07-2, 산기-08-1
㉮ 설계서의 소계　　㉯ 설계서의 금액란
㉰ 일위대가표의 계금　　㉱ 일위대가표의 금액란

17 공사수량 산출시 운반, 저장, 가공 및 시공과정에서 발생되는 손실량을 미리 예측하여 산정하는 것은?　기-06-1
㉮ 할증수량　　㉯ 설계수량
㉰ 계획수량　　㉱ 법정수량

정답　8 ㉯　9 ㉱　10 ㉯　11 ㉱　12 ㉰　13 ㉯　14 ㉯　15 ㉮　16 ㉱　17 ㉮

18 다음 중 할증에 관한 설명으로 옳은 것은?

산기-03-4, 기-08-1

㉮ 표준품셈에 수록된 조경용 수목 할증률은 5%이다.

㉯ 표준품셈에 수록된 재료할증률은 최소치이므로 그 이상 적용한다.

㉰ 시공품은 재료할증을 포함한 총 재료량에 표준 품용하여 계산한다.

㉱ 재료할증은 재료의 운반, 가공, 시공과정 등에서 하는 손실량을 예측하여 부과하는 것이다.

해 ㉰ 표준품셈상 단위당 소요품은 절대소요량을 기준한 것으로 가공 및 시공품을 적용할 때에는 할증량에 대하여 품을 추가로 적용해서는 안된다.

19 재료의 할증률에 관한 다음 설명 중 옳은 것은?

산기-04-1, 산기-07-2

㉮ 수목은 할증을 고려하지 않는다.

㉯ 붉은 벽돌의 할증률은 시멘트 벽돌의 할증률보다 더 작다.

㉰ 재료 중 원석의 할증률은 20% 이다.

㉱ 철근 구조물용 레미콘의 할증률은 2% 이다.

해 ㉮ 조경용 수목의 할증률 – 10%

㉰ 원석의 할증률 – 30%

㉱ 레미콘의 철근 구조물용 할증률 – 1%

20 다음 조경 재료별 할증률 중 틀린 것은?

기-05-4, 기-07-1, 기-07-2

㉮ 목재(각재)–5% ㉯ 조경용 수목–10%

㉰ 잔디–5% ㉱ 붉은 벽돌–3%

해 ㉰ 잔디–10%

21 다음 건설재료 중 할증률이 5%가 되는 재료는?

기-08-1

㉮ 목재의 판재 ㉯ 시멘트 벽돌

㉰ 잔골재·채움재 ㉱ 모자이크타일

해 목재(판재) – 10%, 시멘트 벽돌 – 5%, 포장용 잔골재·채움재 – 정치식 10%, 기타 12%, 포장용 굵은골재 – 정치식 3%, 기타 5%

22 표준품셈에서 노상 및 노반재료(선택층, 보조기층, 기층 등)로 사용되는 모래의 할증률은 몇 %까

지 적용할 수 있는가?

기-10-4

㉮ 3% ㉯ 6%

㉰ 8% ㉱ 10%

해 노상 및 노반재료 할증률 : 모래 – 6%, 부순돌·자갈 – 4%, 석분 – 0%, 점질토 – 6%

23 수량 산출시 수목 할증율은 얼마까지 줄 수 있는가?

산기-03-1, 산기-05-2

㉮ 5% ㉯ 7%

㉰ 10% ㉱ 15%

24 다음 조경재료 중 할증율을 가장 높게 채택하는 것은?

산기-03-1, 산기-06-1, 산기-08-4

㉮ 포장용 시멘트, 아스팔트

㉯ 마름돌 시공용의 원석, 석재판 붙임용 부정형돌

㉰ 목재 판재, 조경수목, 잔디

㉱ 페인트공의 도료

해 ㉮ 포장용 시멘트–(정치식–2%, 기타–3%), 아스팔트–5%

㉯ 마름돌 시공용의 원석–30%, 석재판 붙임용 부정형돌–30%

㉰ 목재 판재–10%, 조경수목–10%, 잔디–10%

㉱ 페인트공의 도료–2%

25 PERT/CPM 공정계획에 의한 공기 산출결과 정상작업(정상공기)으로는 불가능하여 야간작업을 하여야 할 경우, 작업능률 저하를 고려한 품은 몇 %까지 가산할 수 있는가?

기-06-1

㉮ 30% ㉯ 25%

㉰ 15% ㉱ 10%

해 야간작업 : PERT/CPM 공정계획에 의한 정상작업(정상공기)으로 불가능하여 야간작업을 할 경우 품의 25%까지 가산

26 다음 중 자연상태에서 재료의 단위중량에 관한 설명으로 옳은 것은?

산기-08-2

㉮ 화강암의 단위중량은 1.5~2.0ton/m³이다.

㉯ 콘크리트의 단위중량은 자갈의 단위중량보다 크다.

㉰ 습한 모래의 단위중량은 건조한 모래의 단위중량보다 작다.

㉱ 호박돌의 단위중량은 조약돌의 단위중량보다 작다.

해 ㉮ 화강암–2,600~2,700kg

ⓒ 콘크리트-2,300kg 〉 자갈-1,600~1,900kg

ⓓ 습한 모래-1,700~1,800kg 〉 건조 모래 - 1,500~1,700kg

ⓔ 호박돌-1,800~2,000kg 〉 조약돌 - 1,700kg

27 다음 구조 재료별 단위 중량으로 옳은 것은?

산기-07-1

㉮ 철근 콘크리트(자연상태) - 2,400kg/m³

㉯ 무근 콘크리트(자연상태) - 1,500kg/m³

㉰ 화강석(자연상태) - 2,400kg/m³

㉱ 소나무(건재) - 300kg/m³

해 ㉮ 철근 콘크리트(자연상태) - 2,400kg/m³

㉯ 무근 콘크리트(자연상태) - 2,300kg/m³

㉰ 화강석(자연상태) - 2,600~2,700kg/m³

㉱ 소나무(건재) - 580kg/m³

28 일반적인 재료의 추정 단위중량을 비교하여 가장 중량이 큰 것은?

기-03-1, 기-03-2

㉮ 건조상태의 자갈

㉯ 콘크리트

㉰ 호박돌

㉱ 자연상태의 자갈섞인 모래

해 ㉮ 건조상태의 자갈 - 1,600~1,800kg

㉯ 콘크리트 - 2,300kg

㉰ 호박돌 - 1,800~2,000kg

㉱ 자연상태의 자갈섞인 모래 - 1,900~2,100kg

29 공사 현장 내에서 표준품셈에 규정하고 있는 소운반거리는 다음 중 어느 것인가?

기-03-1, 기-06-1, 기-07-4

㉮ 수평거리 20m 이내의 운반거리

㉯ 수평거리 50m 이내의 운반거리

㉰ 수직고 20m 이내의 운반거리

㉱ 수직고 10m 이내의 운반거리

30 조경적산의 수량계산시 품에서 포함된 것으로 규정된 소운반거리는 (A)m 이내의 거리를 말하며, 별도 계상되는 경사면의 소운반거리는 수식높이 1m를 수평거리 (B)m의 비율로 본다. A, B는?

기-03-2

㉮ A = 20, B = 6

㉯ A = 15, B = 6

㉰ A = 20, B = 3

㉱ A = 15, B = 3

31 공사용 재료의 경사면 소운반거리 산정시 수직높이 3m는 수평거리 얼마에 해당하는가? (단, 건설공사표준품셈을 기준으로 한다.)

산기-02-1, 산기-10-1

㉮ 15m

㉯ 18m

㉰ 21m

㉱ 24m

해 경사면의 소운반거리는 직고 1m를 수평거리 6m로 본다.

→ 소운반 환산거리 = 3×6 = 18(m)

32 식재용 객토를 리어카로 운반하려 한다. 운반거리는 150m이며 6%의 경사로이다. 계산상의 운반거리는 얼마인가?(단, 6%경사시 환산계수(α)는 1.43이다.)

산기-03-2, 산기-06-4

㉮ 156m

㉯ 157.43m

㉰ 214.5m

㉱ 151.43m

해 경사진 운반거리는 경사환산계수(α)를 곱하여 산출한다.

→ 환산거리 : L = 150×1.43 = 214.5(m)

33 리어카로 토사를 운반하려 한다. 총 운반거리는 50m인데 이 중 30m가 10%의 경사로이다. 총 운반 수평거리(m)는 얼마로 계산하여야 하는가?(단, 10%인 경사인 경우 거리 변환계수 α=2이다.)

산기-07-1, 산기-08-2

㉮ 60

㉯ 80

㉰ 100

㉱ 120

해 운반거리 중 경사진 부분만 거리변환계수(α)를 적용한다.

→ 환산거리 : L = 20 + 30×2 = 80(m)

34 일반적으로 토량의 부피는 자연상태보다 흐트러진 상태의 것이 많아지게 된다. 다음 중 흐트러진 상태의 토량의 체적이 가장 많이 늘어나는 것은?

기-06-1

㉮ 점토

㉯ 보통암

㉰ 모래질 흙

㉱ 풍화암

해 ㉮ 점토 - 1.20~1.45

㉯ 보통암 - 1.55~1.70

㉰ 모래질 흙 - 1.20~1.30

ⓛ 풍화암 – 1.30~1.35

35 다음 토량변화율 C값에 대한 설명으로 틀린 것은?
기-08-2
㉮ 다져진 상태의 토량을 자연상태의 토량으로 나눈 값이다.
㉯ 성토에 소요되는 토량을 구하는데 사용된다.
㉰ C값을 과소 적용하면 잔토가 발생한다.
㉱ 점질토의 흙보다 자갈의 C값이 더 작다.
해 ㉱ 점질토의 흙보다 자갈의 C값이 더 크다.
→ 점질토 C값=0.85~0.95, 자갈 C값=1.10~1.40

36 토사의 종류 중 견질토사에 대한 설명은?
기-04-1, 기-07-2
㉮ 삽 작업을 위해 상체를 약간 구부릴 정도의 토질
㉯ 삽을 상체의 힘으로 퍼넬 수 있는 정도의 토질
㉰ 괭이나 곡괭이를 사용할 정도의 토질
㉱ 호박돌 크기의 돌이 섞이고 굴착에 약간의 화약을 사용해야 할 정도의 단단한 토질
해 견질토사 : 견고한 모래질 흙이나 점토로서 괭이나 곡괭이를 사용할 정도의 토질(체중을 이용하여 2~3회 동작을 요할 정도)

37 다음 토적 계산 방법들 중 가장 오차가 적은 것은?
산기-06-2, 기-06-4, 기-08-1
㉮ 양단면평균법   ㉯ 중앙단면법
㉰ 각주공식에 의한 방법 ㉱ 점고법에 의한 방법

38 그림과 같은 모양의 토적을 계산할 때 양단면평균법을 V_a, 중앙단면법을 V_m, 각주공식에 의한 방법을 V_p라 할 때 각 방법에 의해 산출된 토적의 값 관계를 옳게 설명한 것은?
산기-11-1
㉮ $V_m < V_p < V_a$
㉯ $V_p < V_m < V_a$
㉰ $V_m < V_a < V_p$
㉱ $V_a < V_p < V_m$

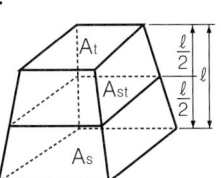

39 다음 그림에서 단면 A=250m², 단면 B=200m², 단면C=150m²일 때, 양단면평균법에 의한 그림의 토량은?
기-05-4

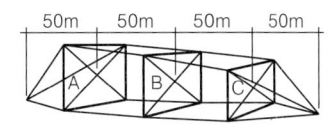

㉮ 30,000m³   ㉯ 40,000m³
㉰ 50,000m³   ㉱ 60,000m³
해 ·양단면 평균법 : $V = (\frac{A_1 \times A_2}{2})\ell$
→ $V = (\frac{0+250}{2} \times 50) + (\frac{250+200}{2} \times 50) + (\frac{200+150}{2} \times 50)$
$+ (\frac{150+0}{2} \times 50) = 30000(m^3)$
·별해 $V = \frac{\ell}{2}(A_1 + 2(A_2 + A_3 + \cdots + A_{n-1}) + A_n)$
→ $V = \frac{50}{2}(0 + 2(250 + 200 + 150) + 0) = 30000(m^3)$

40 밑면(A_2)의 면적이 40m², 윗면(A_1)의 면적이 35m², 윗면과 밑면의 거리(ℓ)가 10m일 때 양단면평균법으로 계산한 육면체의 체적(m³)은?
산기-09-1, 산기-09-2
㉮ 37.5
㉯ 140
㉰ 375
㉱ 1400

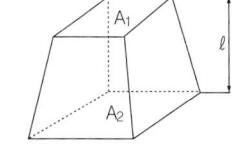

해 양단면 평균법 : $V = (\frac{A_1 \times A_2}{2})\ell$
$V = \frac{35+40}{2} \times 10 = 375(m^3)$

41 그림을 중앙단면법에 의해 토량을 계산한 값은 얼마인가?
산기-09-4
㉮ 12
㉯ 20
㉰ 30
㉱ 60

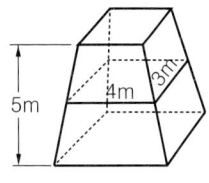

해 중앙 단면법 $V = A_m \times \ell$
중앙 단면적 $A_m = 4 \times 3 = 12(m^2)$
∴ $V = 12 \times 5 = 60(m^3)$

42 다음 토적계산공식 중 각주공식으로 옳은 것은?(단, $A_1 \cdot A_2$: 양단면적, A_m : 중앙단면적, L : 길이)
산기-07-1
㉮ $V = \frac{L}{2}(A_1+A_2)$ ㉯ $V = \frac{A_m}{L}$
㉰ $V = \frac{L}{6}(A_1+4A_m+A_2)$ ㉱ $V = \frac{L}{4}(A_1+A_2+A_3)$

43 양단면의 면적이 각각 10m², 15m²이며, 중앙단면의 면적이 12m²이고 양단면간의 거리가 20m 일 때 양 단면이 평행하고 측면이 평면인 조건에서 각주공식에 의한 체적은? 기-05-2, 산기-11-1

㉮ 약 240.00m³

㉯ 약 243.33m³

㉰ 약 246.67m³

㉱ 약 250.00m³

$\blacksquare$ ·각주공식 : $V = \dfrac{\ell}{6}(A_1 + 4A_m + A_2)$

$\rightarrow V = \dfrac{20}{6}(10 + 4 \times 12 + 15) = 243.33(m^3)$

44 아래 그림을 보고 각주(角柱)공식에 의해 계산한 토량은? (단, 각 단면은 직사각형이고, 단위는 m이다.) 산기-04-2, 기-06-2, 기-06-4, 산기-08-4

㉮ 924m³

㉯ 462m³

㉰ 304m³

㉱ 262m³

$\blacksquare$ ·각주공식 : $V = \dfrac{\ell}{6}(A_1 + 4A_m + A_2)$

$A_1 = 4 \times 8 = 32(m^2)$

$A_m = 5 \times 10 = 50(m^2)$

$A_2 = 6 \times 12 = 72(m^2)$

$\therefore V = \dfrac{6}{6}(32 + 4 \times 50 + 72) = 304(m^3)$

45 운동장, 광장 등 넓은 지역의 매립, 땅고르기 등에 필요한 토공량을 계산하는데 적합한 토적 계산방법은? 산기-08-2

㉮ 중앙단면법

㉯ 등고선법

㉰ 점고법(사각형분할)

㉱ 원추체적법

46 지하실의 시공기준면을 195m로 절토를 한다면 절토량은 얼마인가?(단, 분할된 사각형은 정사각형이며, 한 변의 길이는 5m 이다.) 기-04-2, 기-06-4

㉮ 357m³

㉯ 525m³

㉰ 985m³

㉱ 1,575m³

$\blacksquare$ ·점고법 사각형 분할법

$V = \dfrac{A}{4}(\Sigma h_1 + 2\Sigma h_2 + 3\Sigma h_3 + 4\Sigma h_4)$

$\Sigma h_1 = 6 + 4 + 6 + 5 + 2 = 23(m)$

$\Sigma h_2 = 5 + 3 + 4 + 3 = 15(m)$

$\Sigma h_3 = 5m$

$\Sigma h_4 = 4m$

$\therefore V = \dfrac{5 \times 5}{4}(23 + 2 \times 15 + 3 \times 5 + 4 \times 4) = 525(m^3)$

47 다음과 같은 높이를 갖는 지형을 100m 높이로 정지 작업할 때 절취해야 할 토량은? (단, 하나의 기본 구형은 5m×10m이다.) 산기-07-4, 산기-11-4

㉮ 65m³

㉯ 98m³

㉰ 126m³

㉱ 165m³

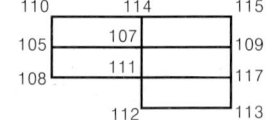

(단위:m)

$\blacksquare$ ·점고법 사각형 분할법

$V = \dfrac{A}{4}(\Sigma h_1 + 2\Sigma h_2 + 3\Sigma h_3 + 4\Sigma h_4)$

$\Sigma h_1 = 0.4 + 0.3 + 0.2 + 0.3 + 0.5 = 1.7(m)$

$\Sigma h_2 = 0.6 + 0.3 + 0.5 + 0.4 + 0.3 + 0.6 = 2.7(m)$

$\Sigma h_3 = 0.3m$

$\Sigma h_4 = 0.5 + 0.4 + 0.4 = 1.3(m)$

$\therefore V = \dfrac{5 \times 10}{4}(1.7 + 2 \times 2.7 + 3 \times 0.3 + 4 \times 1.3) = 165(m^3)$

48 대지를 파내어 면을 고르고자 한다. 각 지점의 지반고는 아래의 그림과 같고 계획지반고는 100m로 하려고 한다. 구형분할에 의한 점고법으로 계산한 절토량(m³)은?(단, 그림에서의 숫자의 단위는 m이고, 각 격자의 넓이는 10.0이다.) 산기-09-1

㉮ 500.0

㉯ 522.5

㉰ 535.5

㉱ 545.0

$\blacksquare$ ·점고법 사각형 분할법

$V = \dfrac{A}{4}(\Sigma h_1 + 2\Sigma h_2 + 3\Sigma h_3 + 4\Sigma h_4)$

$\Sigma h_1 = 10 + 15 + 8 + 12 + 13 = 58(m)$

$\Sigma h_2 = 14 + 5 + 9 + 17 = 45(m)$

$\Sigma h_3 = 11m$

$\Sigma h_4 = 7m$

$\therefore V = \dfrac{10}{4}(58 + 2 \times 45 + 3 \times 11 + 4 \times 7) = 522.5(m^3)$

49 표고 100m로 표시된 등고선의 면적이 55m²,

101m로 표시된 곳의 면적이 45m², 102m로 된 곳은 35m², 103m로 된 곳은 25m², 104m로 된 곳은 15m². 표고 100m로 평탄지를 만들기 위해 절토를 할 때 절토의 양은?　　　　　　산기-05-1, 산기-07-2

㉮ 50

㉯ 75

㉰ 140

㉱ 180

해 ·등고선법

$$V = \frac{h}{3}(A_1 + 4(A_2 + A_4 + \cdots + A_{n-1}) + 2(A_3 + A_5 + \cdots + A_{n-2}) + A_n)$$

h = 1 (등고선 간격)

$$\rightarrow V = \frac{1}{3}(55 + 4(45 + 25) + 2 \times 35 + 15) = 140(m^3)$$

50 1:25000 축척의 지형도에서 주곡선을 이용하여 구릉지를 구적기로 면적 측정하여 $A_0 = 120m^2$, $A_1 = 450m^2$, $A_2 = 1270m^2$, $A_3 = 2430m^2$, $A_4 = 5670m^2$을 얻었을 때 등고선법(각주공식)에 의한 체적은?
산기-10-4

㉮ 56166.67m³　　　　㉯ 66166.67m³

㉰ 76166.67m³　　　　㉱ 86166.67m³

해 ·등고선법

$$V = \frac{h}{3}(A_1 + 4(A_2 + A_4 + \cdots + A_{n-1}) + 2(A_3 + A_5 + \cdots + A_{n-2}) + A_n)$$

·축척 1:25000 지형도의 주곡선 간격 = 10m(h)

$$\rightarrow V = \frac{10}{3} \times (120 + 4(450 + 2430) + 2 \times 1270 + 5670)$$

$$= 66166.67(m^3)$$

51 다음 지형도와 같은 지형을 만들기 위하여 성토량을 계산하려고 한다. 각 절단면의 단면적은 다음과 같고 절단면과 절단면의 간격을 5m라고 할 때 성토량은 약 얼마인가?　　　　산기-11-2

(단, A − A′ 단면적 : 5m², B − B, 단면적 : 4m²
　　C − C′ 단면적 : 3m², D − D′ 단면적 : 4m²
　　E − E′ 단면적 : 5m², F − F′ 단면적 : 6m²)

㉮ 21.5m³

㉯ 43m³

㉰ 107.5m³

㉱ 215m³

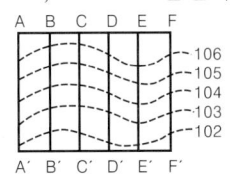

해 ·양단면평균법 $V = \frac{A_1 \times A_2}{2} \times \ell$

$$\rightarrow V = (\frac{5+4}{2} + \frac{4+3}{2} + \frac{3+4}{2} + \frac{4+5}{2} + \frac{5+6}{2}) \times 5 = 107.5(m^3)$$

·별해 $V = \frac{\ell}{2}(A_1 + 2(A_2 + A_3 + \cdots + A_{n-1}) + A_n)$

$$\rightarrow V = \frac{5}{2}(5 + 2(4 + 3 + 4 + 5) + 6) = 107.5(m^3)$$

52 표준 품셈 중 토공에서 절취와 터파기의 기준이 되는 깊이는 원지반으로부터 몇 cm를 기준으로 하는가?　　　　　　산기-05-2, 산기-07-2

㉮ 10cm　　　　㉯ 15cm

㉰ 20cm　　　　㉱ 30cm

해 인력굴착의 경우 원지반으로부터 깊이 20cm 이상의 굴착은 터파기로 보고, 그 외의 경우는 절취로 보며 품을 달리 적용한다.

53 그림과 같은 독립기초가 10개소 있을 때 전체 터파기량으로 가장 적합한 것은?(단, 소수3자리에서 반올림한다.)　　　　　　산기-08-1

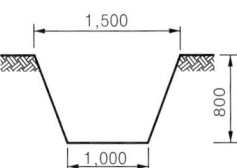

㉮ 1.80m³

㉯ 1.89m³

㉰ 18.87m³

㉱ 18.90m³

해 독립기초 터파기 $V = \frac{h}{6}(2a+a')b+(2a'+a)b'$

$$\rightarrow V = \frac{1.0}{6}((2 \times 1.2 + 2.0)0.8 + (2 \times 2.0 + 1.2)1.5) \times 10$$

$$= 18.87(m^3)$$

54 다음 그림과 같은 단면의 줄기초가 100m이다. 터파기한 후의 흙량은? (단, 토량변화율 L=1.3, C=0.9이다.)　　　　　　산기-06-4

㉮ 77m³

㉯ 90m³

㉰ 130m³

㉱ 520m³

해 ·줄기초 터파기 $V = \frac{a+b}{2} \times h \times \ell$

·터파기한 후의 흙량 : 흐트러진 흙 (L적용)

$$\rightarrow V = \frac{1.0+1.5}{2} \times 0.8 \times 100 = 100(m^3) \rightarrow 자연상태$$

$$\therefore 100 \times 1.3 = 130(m^3) \rightarrow 흐트러진 상태$$

55 토공사에서 수량 산출시 흙 다지기를 하여 되메우기할 때의 토량 계산방식은?　　　　기-04-1

㉮ (터파기체적 − 기초구조부체적)×체적변화율 C값

㉯ (터파기체적 − 기초부구조체적)×체적변화율 L값

㉰ (터파기체적 − 되메우기체적)×체적변화율 C값

㉱ (터파기체적 − 되메우기체적)×체적변화율 L값

56 다음 그림과 같은 단면도를 갖는 구조물을 10m 시공할 때 터파기의 흙량과 되메우기의 흙량으로 가장 적당한 것은? (단, 터파기는 수직터파기로 실시한다.) 산기-06-1

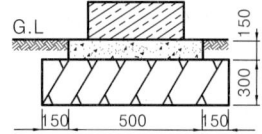

㉮ 터파기흙량 = 5.0m³, 되메우기흙량 = 3.0m³

㉯ 터파기흙량 = 4.5m³, 되메우기흙량 = 4.0m³

㉰ 터파기흙량 = 4.0m³, 되메우기흙량 = 2.0m³

㉱ 터파기흙량 = 3.6m³, 되메우기흙량 = 0.45m³

🅷 수직터파기이므로 잡석의 폭과 지중부 깊이로 산정한다.

· 터파기량 0.8×0.45×10=3.6(m³)

· 지중부 구조체적(잔토처리량)

(0.8×0.3+0.5×0.15)×10=3.15(m³)

· 되메우기량 3.6−3.15=0.45(m³)

57 계획지반고보다 3.0m 낮은 부지 500m²를 점질토로 성토하여 다지려 한다. 성토에 필요한 흙을 얼마만큼 절토하여야 하는지 원지반의 토량으로 산출하면 얼마인가? (단, L=1.25, C=0.8) 기-07-4

㉮ 1,875m³

㉯ 1,400m³

㉰ 1,200m³

㉱ 1,500m³

🅷 성토량(다져진 상태)을 원지반 토량(자연 상태)으로 환산하려면 체적환산계수 $\frac{1}{C}$을 적용한다.

$V = 500 \times 3 \times \frac{1}{0.8} = 1875(m³)$

58 벤치를 설치하기 위하여 기초부터 터파기량을 계산하니 1.2m³이고 구조부 체적은 0.8m³였다. 되메우기한 후 흙다지기를 할 때 토량변화율을 고려한다면 잔토처리량은 얼마인가? (단, 토량변화율 C=1.0 이고, L=1.2 이다.) 기-03-1

㉮ 0.40m³

㉯ 0.80m³

㉰ 0.84m³

㉱ 0.96m³

🅷 되메우기 시 흙다지기를 할 경우 되메우기량에 체적환산계수 $\frac{1}{C}$을 적용한다. 또한 잔토처리량에는 항상 L을 적용한다.

· 되메우기량 = (터파기량 − 구조부체적)×$\frac{1}{C}$

= (1.2−0.8)×$\frac{1}{1}$ = 0.4(m³)

· 잔토처리량 = (터파기량 − 되메우기량)×L

= (1.2−0.4)×1.2 = 0.96(m³)

59 토목공사에서 토사채취의 품셈을 0.20인/m³으로 할 때 100m³의 토사를 2일간에 다 채취를 하려면 하루에 동원해야 하는 인부 수는? 산기-07-1

㉮ 5인

㉯ 10인

㉰ 40인

㉱ 250인

🅷 공사기간이 2일로 정해져 있으므로 총공사량을 2일로 나누어 인부수를 구한다.

· 1일 공사량 = $\frac{100}{2}$ = 50(m³)

· 1일 필요 인부수 = 50×0.2 = 10(인)

60 보통토사 200m³, 경질토사 100m³의 터파기에 필요한 노무비는 얼마인가? (단, 보통토사 터파기에는 1m³당 보통인부 0.2인, 경질토사 터파기에는 1m³당 보통인부 0.26인의 품이 소요되며, 보통인부의 노임은 50000원/일 이다.) 산기-10-2

㉮ 1000000원

㉯ 2300000원

㉰ 3000000원

㉱ 3300000원

🅷 노무비 = 공사량×품×노임단가

= (200×0.2 + 100×0.26)×50000 = 3300000(원)

61 다음은 인력운반공사에 대한 설명이다. 가장 부적합한 항목은 어느 것인가?

㉮ 1일 운반 실작업시간은 8시간을 기준으로 480분을 적용한다.

㉯ 경사지 운반거리는 별도 보정계수를 적용하며 수직높이 1m는 수평거리 6m로 환산하여 적용한다.

㉰ 지게 운반의 1회 운반량은 25kg을 기준으로 산정한다.

㉱ 품에서 규정된 소운반 거리는 20m 이내의 거리를 말한다.

🅷 · ㉮ 1일 운반 실작업시간은 8시간을 기준으로 450분을 적용

한다.

🔲 ·1일 실작업시간(480분–30분) – 30분을 제하는 것은 용구의 지급 및 반납 등의 준비시간으로 실제작업이 불가능한 시간을 고려한 것이다.

62 인력 운반시 1목도라 함은 보통 몇 kg을 말하는가?

㉮ 25kg ㉯ 40kg
㉰ 60kg ㉱ 80kg

🔲 1인당 1회 운반량 : 25kg/인

63 흙을 100m 거리로 리어카를 이용하여 운반하려 한다. 운반로가 보통일 때 하루에 운반하는 흙은 몇 m³나 되는가? (단, 흙 1m³ = 1,800Kg, 하루의 작업시간은 450분, 리어카의 1회 적재량은 250Kg이고, 적재적하시간과 평균 왕복속도는 다음 표와 같다.)

산기-04-4

구분 종류	적재적하시간(t)	평균왕복 운반 속도(V)		
		양호	보통	불량
토사류	4분	3,000m/hr	2,500m/hr	2,000m/hr
석재류	5분			

㉮ 4.26m³ ㉯ 5.342m³
㉰ 7.102m³ ㉱ 9.678m³

🔲 ·1일 운반량 Q = N×q , 1일 운반횟수 N = $\frac{VT}{120L+Vt}$
·N = $\frac{2500×450}{120×100+2500×4}$ = 51.14(회)
·∴Q = 51.14×$\frac{250}{1800}$ = 7.103(m³)

64 식재할 표토 20m³를 80m 지점으로 손수레를 이용하여 운반할 때 하루의 운반 횟수로 가장 적당한 것은? (단, 운반로는 보통이고, 작업시간은 450분, 적재·적하시간, 왕복속도는 아래와 같다.)

산기-02-4, 산기-06-1

구분 종류	적재. 적하시간	평균왕복속도		
		양호	보통	불량
토사류	4분	3,000m/hr	2,500m/hr	2,000m/hr

㉮ 25.0회 ㉯ 43.6회
㉰ 57.4회 ㉱ 62.8회

🔲 ·1일 운반횟수 N = $\frac{VT}{120L+Vt}$
→ N = $\frac{2500×450}{120×80+2500×4}$ = 57.4(회)

65 리어카의 1회 운반량은 250kg이다. 콘크리트를 현장배합하기 위해 시멘트 2m³를 동시에 운반할 때 리어카는 몇 대가 필요한가? (단, 시멘트의 단위중량은 1500kg/m³이다.)Q산기-08-4

㉮ 4대 ㉯ 6대
㉰ 8대 ㉱ 12대

🔲 리어카 1회 운반량의 단위를 환산하여 산정한다.
리어카 1회 운반량 = $\frac{250}{1500}$ = 0.17(m³)
→ 2/0.17 = 11.7 = 12대

66 건설기계의 시간당 작업능력(m³/hr)은 "Q = n·q·f·E"의 기본식을 기준으로 하여 적용하는데 여기서, E는 무엇인가? (단, n은 시간당 작업 사이클 수, q는 1회 작업 사이클 당 표준작업량, f는 토량환산계수이다.)

기-09-2

㉮ 작업효율 ㉯ 현장작업능력계수
㉰ 능력계수 ㉱ 실작업시간율

67 대형 불도저를 이용하여 자연상태의 지형을 절취 운반하려할 때 시간당 작업량 산출에 필요한 토량환산 계수(f)는 다음 중 어느 것이 적합한가?

기-09-2

㉮ 1 ㉯ L값
㉰ C값 ㉱ 1/L값

68 자연 상태의 사질토를 불도저를 이용 절취하여 사토하려 할 때 시간당 작업량을 구하기 위한 토량환산계수 (f)는 얼마를 적용하여야 하는가? 기-07-1 (단, 사질토의 L값 = 1.25, C값 = 0.95이다.)

㉮ 1 ㉯ 1.25
㉰ 0.8 ㉱ 1.05

🔲 토량환산계수의 적용은 작업할 흙의 상태를 기준으로 하며, 주어진 문제와 같은 경우 작업의 시작이 자연상태이므로 시간당 작업량을 자연상태로 구한다.
·시간당 작업량을 자연상태로 구할 경우 f = $\frac{1}{L}$
·시간당 작업량을 흐트러진 상태로 구할 경우 f = 1
∴ f = 1/1.25 = 0.8

69 토량 470m³를 불도저로 작업하려고 한다. 작업

을 완료하기까지의 소요시간을 구하면? *산기-11-4*

(단, 불도저의 삽날용량은 1.2m³, 토량환산 계수는 0.8, 작업효율은 0.8, 1회 싸이클 시간은 12분이다.)

㉮ 120.40시간 ㉯ 122.40시간

㉰ 132.40시간 ㉱ 140.40시간

해 불도저의 시간당 작업량

$$Q = \frac{60 \times q \times f \times E}{Cm} = \frac{60 \times 1.2 \times 0.8 \times 0.8}{12} = 3.84(m^3/hr)$$

$$\therefore 소요시간 = \frac{공사량}{시간당\ 작업량} = \frac{470}{3.84} = 122.40(시간)$$

70 절취하여 흐트러진 상태로 쌓여져 있는 사질 토를 백호우를 이용하여 덤프트럭에 적재하려 할 때 시간당 작업량을 구하기 위한 토량환산계수(f)는 얼마를 적용하여야 하는가? (단, 사질토의 L값 = 1.25, C값 = 0.95) *기-08-4*

㉮ 1.25 ㉯ 1.05

㉰ 1 ㉱ 0.8

해 시간당 작업량을 흐트러진 상태로 구할 경우 f = 1

71 12ton 덤프트럭에 토량 환산계수 L값이 1.25인 사질 양토를 적재하려 할 때 1회 적재량은 얼마인가? (단, 자연 상태의 사질양토 단위 중량은 1,800kg/m³ 이다) *기-04-1*

㉮ 약 6m³ ㉯ 약 8m³

㉰ 약 10m³ ㉱ 약 12m³

해 트럭의 흐트러진 상태의 적재량

$$q = \frac{T}{rt} \times L = \frac{12}{1.8} \times 1.25 = 8.33(m^3)$$

72 원지반의 모래질흙 4,000m³, 점질토 3,000m³를 굴착하여 8ton 트럭으로 성토현장에 반입하고 다졌다. 다진 후의 성토량은 얼마인가? (단, 토량 변화율 (C)는 모래질흙 0.88, 점질토 0.99이다.) *기-04-2*

㉮ 649m³ ㉯ 6,490m³

㉰ 650m³ ㉱ 6,500m³

해 자연상태의 흙에서 다져진 상태로의 변화이므로 토량환산계수는 C를 적용한다.

$$\rightarrow 4000 \times 0.88 + 3000 \times 0.99 = 6490(m^3)$$

73 마사토를 다지면서 성토하여 운동장을 조성할 때 1000m³가 필요하다. 마사토를 굴착하여 적재용

량 10m³의 덤프트럭으로 운반할 때 필요한 흐트러 진 상태의 마사토를 모두 운반하려면 소요되는 덤프 트럭은 몇 대인가? (단, 마사토의 C:0.85, L:1.20)

기-07-2

㉮ 142대 ㉯ 120대

㉰ 118대 ㉱ 84대

해 트럭이 운반하는 흙은 흐트러진 상태이므로 성토할 흙(다져진 상태)을 흐트러진 상태로의 변화이므로 토량환산계수는 $\frac{L}{C}$을 적용한다.

· 트럭이 운반할 흙의 양 = $1000 \times \frac{1.2}{0.85} = 1411.76(m^3)$

· 트럭대수 = $\frac{1411.76}{10} = 141.17 \rightarrow 142$대

74 원지반의 모래질흙 3,000m³와 점질토 2,000m³ 를 굴착하여 6m³적재 덤프트럭으로 성토현장에서 반입하고 다졌다. 소요 덤프트럭 대수와 다진 후의 성토량은 얼마인가? *산기-03-4*

(단, 모래질흙 : L = 1.25, C = 0.88, 점질토 : L = 1.30, C = 0.99이다.)

㉮ 770대, 6,350m³ ㉯ 656대, 5,430m³

㉰ 833대, 4,530m³ ㉱ 1,058대, 4,620m³

해 토량환산계수의 적용

· 자연상태의 토사운반 → L적용

· 자연상태의 토량성토 → C적용

→ 트럭대수 = $\frac{3000 \times 1.25 + 2000 \times 1.3}{6} = 1058$(대)

→ 성토량 = $3000 \times 0.88 + 2000 \times 0.99 = 4620(m^3)$

75 덤프트럭의 1회 사이클 시간을 다음 조건에 의거 하여 구하면 얼마인가? (단, 토량 1m³ 기준, 운반거 리 500m, 적재시간 10분/m³, 적하시간 1.5분, 대기 시간 0.15분, 적재함 덮개 설치 및 해체시간 3.77분, 적재 시 평균주행속도 5km/hr, 공차 시 평균주행속 도 10km/hr) *기-04-4, 산기-11-2*

㉮ 24.68분 ㉯ 11.42분

㉰ 11.68분 ㉱ 24.42분

해 · 덤프트럭의 1회 사이클 시간

$$Cm = t_1 + t_2 + t_3 + t_4 + t_5$$

t_1 : 적재시간 = 10분

t_2 : 왕복운반시간 = $(\frac{0.5}{5} + \frac{0.5}{10}) \times 60 = 9$분

t_3 : 적하시간 = 1.5분

t_4 : 적재대기시간 = 0.15분

t_5 : 적재함 덮개 개폐시간 = 3.77분

∴ Cm = 10 + 9 + 1.5 + 0.15 + 3.77 = 24.42(분)

76 덤프트럭이 800m 지점에서 표토를 운반하려 한다. 적재시 운행 속도는 40Km/hr이고 공차시의 운행 속도는 적재시보다 30% 증가한다면 평균 주행 시간은? 산기-02-1

㉮ 2.1분 ㉯ 5.4분

㉰ 8.4분 ㉱ 12분

해·덤프트럭 왕복 운반시간

$t_2 = (\dfrac{운반거리}{적재시속도} + \dfrac{운반거리}{공차시속도}) \times 60(분)$

$= (\dfrac{0.8}{40} + \dfrac{0.8}{40 \times 1.3}) \times 60 = 2.12(분)$

77 자연상태의 100m³의 흙을 8ton 트럭 1대로 옮기려고 한다. 몇 회 운반하면 되는가? (단, 토량변화율(L) = 1.1이고 흐트러진 상태의 흙의 단위 중량은 1,500kg/m³이며, $q = \dfrac{T}{r^t} \times L$이다.) 산기-07-4

㉮ 약 12회 ㉯ 약 13회

㉰ 약 17회 ㉱ 약 21회

해·흐트러진 흙의 단위중량이 주어졌으므로 적재량 산정시 토량 변화율은 고려하지 않는다.

$q = \dfrac{8}{1.5} = 5.33(m^3)$

·운반횟수 = $\dfrac{100 \times 1.1}{5.33} = 20.64 \rightarrow 21회$

78 산지의 흐트러진 상태의 토양 3500m³를 8ton 트럭 2대로 운반할 때 소요되는 일수는? (단, 트럭 적재량은 5m³, 1회 왕복시간은 20분, 작업효율은 0.9, 토량변화율 L은 1.2, 1일 평균 작업시간은 7시간 이다.) 기-11-4

㉮ 9일 ㉯ 17일

㉰ 23일 ㉱ 33일

해·공사기간 = $\dfrac{공사량}{시간당작업량 \times 1일작업시간}$

흐트러진 상태의 토양 작업이므로 f=1. 트럭 2대로 운반하므로 시간당 작업량을 2배로 적용한다.

$Q = \dfrac{60 \times 5 \times 1 \times 0.9}{20} = 13.5(m^3)$

공사기간 = $\dfrac{3500}{13.5 \times 2 \times 7} = 18.51 \rightarrow 19일$

→ 계산치와 차이가 커서 '전항정답' 처리한 것 같다.

79 시멘트 창고 필요 면적 산출에 관한 내용으로 올바르지 않은 것은? 산기-04-1, 기-05-1

㉮ 쌓기 단수는 최고 13포대로 하여 계산한다.

㉯ 저장면적은 저장할 시멘트량을 쌓기 단수로 나눈 값에 0.4를 곱해서 산정한다.

㉰ 시멘트량이 600포대 이내일 때는 전량의 1/2을 저장할 수 있는 것을 기준으로 창고를 가설한다.

㉱ 시멘트량이 600포대 이상일 때는 공기에 따라서 전량의 1/3을 저장할 수 있는 것을 기준으로 창고를 가설한다.

해 ㉰ 시멘트량이 600포대 이내일 때는 전량을 저장할 수 있는 것을 기준으로 창고를 가설한다. - 600포 이상일 경우 전량의 1/3

80 저장할 수 있는 시멘트량은 455포대이고, 쌓을 수 있는 단수는 13포대일 때 시멘트 창고 필요면적은? 기-06-1, 기-06-2

㉮ 10.5m² ㉯ 14.0m²

㉰ 17.5m² ㉱ 21.0m²

해 시멘트 창고 면적 A = $0.4 \times \dfrac{N}{n}$

N : 저장할 시멘트 = 500포, n : 쌓기 단수 = 13단

→ A = $0.4 \times \dfrac{455}{13} = 14.0(m^2)$

81 보통시멘트 500포대를 저장할 수 있는 가설창고의 면적(m²)은? (단, 쌓기 단수는 10포대로 한다) 기-08-1, 산기-09-2

㉮ 10 ㉯ 20

㉰ 30 ㉱ 40

해 시멘트 창고 면적 A = $0.4 \times \dfrac{N}{n}$

→ A = $0.4 \times \dfrac{500}{10} = 20.0(m^2)$

82 용적이 1m³가 되고, 중량이 1,500kg 되는 시멘트는 몇 포대의 시멘트를 지칭하는가? 기-03-4, 기-05-4

㉮ 약 35포대 ㉯ 약 37.5포대

㉰ 약 40포대 ㉱ 약 42.5포대

해 시멘트 1포의 중량 : 40kg

→ 1500/40 = 37.5(포)

83 시멘트 쌓는 단수를 10포대로 할 때 200m²의 창

고에 저장할 수 있는 시멘트양은?   산기-06-4

㉮ 2,000포   ㉯ 2,500포

㉰ 5,000포   ㉲ 7,500포

🄷 시멘트 창고 면적 A = $0.4 \times \dfrac{N}{n}$

$\therefore N = \dfrac{A \times n}{0.4} = \dfrac{200 \times 10}{0.4} = 5000$(포)

84 용적배합비 1 : 2 : 4 콘크리트 1m³를 제작하기 위해서는 시멘트 320kg이 소요된다. 이 콘크리트 10m³가 필요할 경우, 포대 시멘트는 얼마나 필요한가? (단, 시멘트 1포대는 40kg이다.)   산기-07-2

㉮ 8포대   ㉯ 16포대

㉰ 80포대   ㉲ 160포대

🄷 콘크리트 1m³당 재료량

구분	1 : 2 : 4	1 : 3 : 6
시멘트	8포(320kg)	5.5포(220kg)
모래	0.45m³	0.47m³
자갈	0.9m³	0.94m³

→ 320 × 10/40 = 80(포대)

85 8톤(ton)의 시멘트로 배합비 1 : 2 : 4인 콘크리트를 비빌 때 얼마의 콘크리트 구조물을 만들 수 있는가? (단, 콘크리트 구조물 1m³당 시멘트 소요량은 320kg이다.)   산기-04-1

㉮ 10m³   ㉯ 15m³

㉰ 20m³   ㉲ 25m³

🄷 1m³당 시멘트 소요량이 320kg 이므로

→ 콘크리트량 = 8000/320 = 25(m³)

86 용적배합비 1 : 3 : 6 콘크리트 1m³를 제작하기 위해서는 모래가 0.47m³ 소요 된다. 이 콘크리트 20m³가 필요할 경우 자갈은 몇 m³가 필요한가? 산기-05-2

㉮ 0.94m³   ㉯ 1.88m³

㉰ 9.4m³   ㉲ 18.8m³

🄷 콘크리트 배합은 시멘트양을 기준으로 하며, 모래 및 자갈도 배합비에 따라 늘어난다.

시멘트 : 모래 : 자갈이 1 : 2 : 4 또는 1 : 3 : 6의 배합비일 경우 자갈은 모래보다 2배씩 더 소요된다.

→ 자갈양 = 0.47(모래양) × 2 × 20 = 18.8(m³)

87 1m³당 할증을 포함한 1 : 3 : 6 콘크리트의 배합에

는 시멘트 220kg, 모래 0.47m³, 자갈 0.94m³가 소요된다. 시멘트 1포대에 3,000원, 모래 1m³는 14,000원, 자갈 1m³는 12,000원이다. 콘크리트 1m³에 소요되는 재료비는 얼마인가?   산기-04-2

㉮ 29,000원   ㉯ 34,360원

㉰ 343,600원   ㉲ 677,860원

🄷 시멘트 1포는 40kg이므로 콘크리트 1m³에 들어가는 시멘트양은 220/40 = 5.5(포)가 된다.

→ 재료비 = 5.5 × 3000 + 0.47 × 14000 + 0.94 × 12000

= 34360(원)

88 1 : 3 : 6 콘크리트의 타설에는 시멘트 220kg, 모래 0.47m³, 자갈 0.94m³의 재료가 소요된다. 시멘트 1포대의 가격이 2,400원이라면 소요되는 시멘트 가격은?(단, 시멘트 1포의 무게는 40kg으로 한다.)   산기-06-4

㉮ 10,560원   ㉯ 13,200원

㉰ 264,000원   ㉲ 528,000원

🄷 시멘트 1포가 40kg으로 제시되었으므로

(220/40) × 2400 = 13200(원)

89 다음 중 콘크리트 타설시 사용되는 합판거푸집에 관한 설명 중 가장 거리가 먼 것은?   기-05-2

㉮ 동바리 재료 및 품은 포함되어 있다.

㉯ 본 품에서 2회 이상의 사용재고량은 각 횟수별 재료비 비율 속에 기 포함되어 있다.

㉰ 수중에서 거푸집을 조립 해체할 때에는 별도 계상할 수 있다.

㉲ 곡면부분 거푸집의 자재 및 품은 별도 계상할 수 있다.

90 철근콘크리트 공사의 기초부 거푸집 산출시 수직면(D)과 연속되는 수직면 상단 경사면의 수평각도(θ)가 몇 도 이상일 때 경사면 거푸집 면적으로 산출하는가?   기-05-2

㉮ 15°

㉯ 20°

㉰ 25°

㉲ 30°

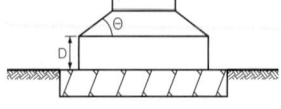

해 거푸집은 콘크리트의 옆면적 및 밑면적을 산출한다.

① 기초 등 지반 위에 있는 것은 밑면적의 산출 제외

② 콘크리트의 형상이 기울어져 경사각(θ)이 30° 이상이면 거푸집 면적을 산출한다.

91 철근이 D16, L = 6m인 10개의 중량은 얼마인가? (단, D16의 단위중량은 1.56kg/m이다.)　　산기-07-2

㉮ 46.8kg　　　　　　　㉯ 93.6kg

㉰ 187.2kg　　　　　　㉱ 280.8kg

해 철근의 중량은 지름별로 길이를 구한 후 각각의 단위중량 (kg/m)을 곱하고, 그것을 합산하여 총중량을 산출한다.

→ 철근의 중량 6×10×1.56 = 93.6(kg)

92 옹벽 배근에 소요된 철근 수량을 산출해보니 D10은 80m, D13은 100m이었다. D13 (kg/m = 0.995), D10 (kg/m = 0.560)의 가격(ton당)이 320,000원이라면 재료비는 얼마인가?　　산기-04-2

㉮ 39,808원　　　　　　㉯ 43,392원

㉰ 46,176원　　　　　　㉱ 49,760원

해 철근의 중량 = 80×0.56 + 100×0.995 = 144.3(kg)

→ 철근의 비용 = $\frac{144.3}{1000}$×320000 = 46176(원)

93 다음 목재의 단위 중 틀린 것은?　　기-05-1

㉮ 1자(尺) = 30.30cm

㉯ 1치(寸) = 0.1자(尺)

㉰ 1m³ = 350사이(才)

㉱ 1사이(才) = 1치(寸)×1치(寸)×12자(尺)

해 ㉰ 1m³≒300사이(재)

94 목재 5m³는 약 몇 사이(才)인가?　　기-06-4

㉮ 약 500사이(才)　　　㉯ 약 1,000사이(才)

㉰ 약 1,500사이(才)　　㉱ 약 2,000사이(才)

해 5×300=1500(사이)

95 길이가 5m, 원구직경이 40cm, 말구직경이 30cm, 중앙부직경이 38cm인 원목의 재적은 약 몇 사이(才)인가? (단, π는 3.14로 하고, Newton식을 사용한다.)　　기-07-1, 기-09-2

㉮ 162사이　　　　　　㉯ 154사이

㉰ 147사이　　　　　　㉱ 136사이

해 Newton식은 각주공식과 동일하다.

$$V = \frac{1}{6}(A_1 + 4A_m + A_2),\ 1m^3 ≒ 300사이(才)$$

재적 $= \frac{5}{6}((3.14×0.2^2) + 4×(3.14×0.19^2) + (3.14×0.15^2))$

$= 0.54(m^3)$

→ 0.54×300 = 162(사이)

96 통나무의 길이가 6m이고, 말구 지름이 20cm 일 때 목재의 재적(m³)은 약 얼마인가?(단, 국산재의 경우만을 적용한다.) 산기-02-2, 산기-05-4, 산기-09-1

㉮ 24　　　　　　　　㉯ 0.26

㉰ 1.9　　　　　　　　㉱ 2.6

해 · 통나무 재적(V)

· 길이 6m 미만인 것 : $V = D^2×L$

· 길이 6m 이상인 것 : $V = (D+\frac{L'-4}{200})^2×L$

· D : 말구지름 = 0.2m

· L : 통나무 길이 = 6m

· L' : L에서 절하시킨 정수 = 6m

∴ $V = (0.2+\frac{6-4}{200})^2×6 = 0.26(m^3)$

97 목재시설물 제작에 10cm×10cm×6m, 15cm×10cm×6m 부재가 각각 10개씩 소요되었다. 사용된 목재의 재료비는? (단, 목재 1m³는 300재, 목재 1재의 가격은 1,000원)　　산기-04-1, 산기-06-2

㉮ 360,000원　　　　　㉯ 450,000원

㉰ 480,000원　　　　　㉱ 600,000원

해 재적 (0.1×0.1×6+0.15×0.1×6)×10 = 1.5(m³)

→ 재료비 = 1.5×300×1000 = 450000(원)

98 쌓기 평균 뒷길이가 60cm, 공극률이 40%인 자연석 직각 쌓기 공사의 10m²당 쌓기 면적의 평균 중량은? (단, 자연석의 단위중량 2.65ton/m³)
　　기-03-4, 기-04-4

㉮ 63.6ton　　　　　　㉯ 6.36ton

㉰ 95.4ton　　　　　　㉱ 9.54ton

해 자연석 쌓기 중량 = 쌓기면적×뒷길이×실적률×자연석 단위중량

실적률은 공극률과 반대로 돌로 채워진 부분이다.

실적률 = 100-공극률(%) = 100-40 = 60(%)

→ 중량 = 10×0.6×0.6×2.65 = 9.54(ton)

99 자연석 쌓기를 50m²에 시공할 때 자연석의 평균 뒷길이는 70cm, 공극률은 30%일 경우 자연석 물량(ton)은? (단, 자연석의 단위중량은 2.65ton/m³이고, 재료의 할증률은 고려하지 않는다.) 기-09-1

㉮ 39.75
㉯ 3975
㉰ 64.925
㉱ 649.25

해 자연석 쌓기 중량 = 쌓기면적×뒷길이×실적률×자연석 단위중량

→ 중량 = 50×0.7×0.7×2.65 = 64.925(ton)

100 자연석의 단위중량은 2.7ton/m³이다. 자연석 10m³는 몇 ton인가? (공극률은 계산하지 않는다) 산기-05-1

㉮ 27
㉯ 54
㉰ 270
㉱ 540

해 자연석의 단위중량이 2.7ton/m³이므로 총량을 곱하여 산출한다.

중량 = 10×2.7 = 27(ton)

101 다음 정원석 석축공에 대한 인부품을 참조하여 정원석 쌓기 10t, 놓기 20t에 대한 노임을 계산하면 얼마인가? 산기-04-4

구분	조경공(인)	인부(인)	비고(ton당)
쌓기	2.5	2.5	조경공 10,000원/일
놓기	2.0	2.0	인부 5,000원/일

㉮ 625,000원
㉯ 825,000원
㉰ 975,000원
㉱ 1,250,000원

해 정원석 쌓기와 놓기의 품을 달리 적용하고 조경공과 인부의 노임도 구분한다.

조경공 노임 = (10×2.5 + 20×2.0)×10000 = 650000(원)

인부 노임 = (10×2.5 + 20×2.0)×5000 = 325000(원)

∴노임 = 650000 + 325000 = 975000(원)

102 벽돌공사의 적산에 관한 다음 사항 중 맞지 않는 것은? 기-10-1

㉮ 벽돌쌓기용 모르타르 배합비는 1:1을 기준으로 한다.
㉯ 표준품은 가로, 세로줄눈 너비 10mm를 기준으

로 한 것이다.
㉰ 표준형 벽돌의 규격은 190×90×57mm이다.
㉱ 곡선 시공의 경우는 중심선의 길이에 따라 수량을 산출한다.

해 ㉮ 벽돌쌓기용 모르타르 배합비는 1:3을 기준으로 한다.

103 조적공사에서 벽돌의 종류와 쌓기 방법에 따른 수량(m²당)기준으로 틀린 것은? 기-05-1, 기-08-1

㉮ 기준형 벽돌(0.5B) : 65장
㉯ 표준형 벽돌(0.5B) : 75장
㉰ 기준형 벽돌(1.0B) : 130장
㉱ 표준형 벽돌(1.0B) : 155장

해 ㉱ 표준형 벽돌(1.0B) : 149장

104 표준형 벽돌을 사용하여 0.5B쌓기 할 때 1m²당 소요 기준량은 얼마인가? (단, 벽돌규격의 단위는 mm이며, 줄눈간격은 1cm이다.) 기-02-1, 기-03-4, 기-08-2

㉮ 약 58매
㉯ 약 92매
㉰ 약 65매
㉱ 약 75매

105 벽면적 4.8m² 크기에 1.5B 두께로 붉은 벽돌을 쌓고자 할 때 벽돌 소요 매수로 옳은 것은? (단, 표준형 벽돌을 사용하고, 할증은 3%로 한다.) 기-11-1

㉮ 374
㉯ 743
㉰ 1108
㉱ 1487

해 벽돌양은 단위면적당 산정법으로 1m²의 소요매수에 전체면적을 곱하여 산출한다.

표준형 벽돌쌓기 단위 수량 : 224매

→ 벽돌양 = 설치면적×단위수량×할증률
= 4.8×224×1.03 = 1107.5 → 1108매

106 표준형 벽돌(190×90×57)을 이용하여 1m² 쌓기 조적공사를 하려한다. 1.5B 쌓기 방식으로 1m² 쌓을 때에 소요되는 벽돌의 양은 얼마인가? 기-04-2

㉮ 75매
㉯ 149매
㉰ 224매
㉱ 299매

해 표준형 벽돌의 단위수량

0.5B : 75매, 1.0B : 149매, 2.0B : 298매

107 1.5B의 두께로 높이 1m, 길이 1m의 벽을 쌓고자 한다. 공사에 필요한 벽돌의 양으로 가장 적합한 것은? (단, 기존형 벽돌이며, 모르타르 이음매는 10mm로 한다.) 산기-06-2

㉮ 65매 ㉯ 130매
㉰ 195매 ㉱ 260매

해 기존형 벽돌의 단위수량

0.5B : 65매, 1.0B : 130매, 2.0B : 260매

108 높이 1.6m, 길이 5m, 두께 19cm의 벽돌 담장을 설치하려 한다. 소요되는 벽돌은 몇 매인가? (단, 표준형 벽돌 1.0B 쌓기로 하며, 149매/m²를 적용하고, 할증률 3%를 고려한다.) 산기-03-1, 산기-07-4

㉮ 약 600매 ㉯ 약 618매
㉰ 약 1192매 ㉱ 약 1228매

해 벽돌양 = 설치면적×단위수량×할증률

= 1.6×5×149×1.03 = 1227.76 → 1228매

109 기존형 벽돌을 사용하여 0.5B의 두께로 길이 5m, 높이 2m의 담을 쌓으려 할 때 필요한 벽돌량(정미량)은? 기-06-1, 기-07-4

㉮ 약 415장 ㉯ 약 650장
㉰ 약 750장 ㉱ 약 1299장

해 벽돌양 = 설치면적×단위수량×할증률

·기존형 벽돌 0.5B 단위수량 : 65매

→ 벽돌양 = 5×2×65 = 650(장)

110 높이 2m 길이 5m인 콘크리트 화단 전면에 표준형 벽돌을 0.5B 두께로 치장쌓기를 하려할 때, 소요되는 벽돌은 몇 매인가? (단 표준형 벽돌 0.5B 쌓기시 75매/m²를 적용하고, 할증은 고려하지 않는다.) 산기-04-4

㉮ 375매 ㉯ 750매
㉰ 3,750매 ㉱ 7,500매

해 벽돌양 = 설치면적×단위수량×할증률

→ 벽돌양 = 2×5×75 = 750(매)

111 표준형 벽돌 8000매를 2.5B로 쌓으려 한다. 벽돌쌓기 1000매당 표준품셈표에는 조적공은 1.0인, 보통인부는 0.6인이 설정되어 있다. 단, 벽돌 5000매 이상 10000매 미만일 때는 품을 10% 가산한다. 조적공 노임은 50000원, 보통인부 노임은 30000원일 때, 총 노무비는 얼마인가? 산기-11-1

㉮ 544,000원 ㉯ 598,400원
㉰ 624,000원 ㉱ 689,600원

해 제시된 품셈이 1000매당 이므로 공사량을 1000으로 나누어 준 후 산출한다. 또한 벽돌량이 10%의 품을 가산하는 수량이므로 적용한다.

·조적공 노임 = $\frac{8000}{1000}$×1.0×1.1×50000 = 440000(원)

·보통인부 노임 = $\frac{8000}{1000}$×0.6×1.1×30000 = 158400(원)

∴ 노임 = 440000 + 158400 = 598400(원)

112 어느 파고라의 전체 바닥 면적을 산출하였더니 100m²가 되었다. 파고라 기둥 한 개의 바닥 면적은 0.02m²이고, 전체기둥은 4개이다. 전체바닥을 벽돌로 포장할 경우 표준품셈상의 벽돌 포장 면적은? 산기-07-2

㉮ 99m² ㉯ 99.9m²
㉰ 99.92m² ㉱ 100m²

해 표준품셈상의 구조물 자리 제외 면적은 포장공종 1개소당 0.1m² 이하의 면적으로, 0.02×4=0.08(m²)는 제외대상에 포함되어 바닥면적 100m² 전체가 포장면적이 된다.

113 일반 벽돌쌓기용 줄눈, 미장용 마감바르기의 모르타르 배합에 모두 사용하기 가장 적합한 배합비는? 산기-02-4, 기-07-2, 기-09-1

㉮ 1 : 1 ㉯ 1 : 2
㉰ 1 : 3 ㉱ 1 : 4

114 미장용 마감 바르기용 모르타르 배합이 1:3일 경우 m³당 할증이 포함된 개략 시멘트량으로 적합한 것은? 산기-02-4, 산기-07-2

㉮ 1,093kg ㉯ 750kg
㉰ 510kg ㉱ 380kg

해 모르타르배합

배합용적비	시멘트(kg)	모래(m³)	보통인부(인)
1 : 1	1,093	0.78	1.0
1 : 2	680	0.98	1.0
1 : 3	510	1.1	1.0

115 조경수목의 측정은 수목의 형상별로 구분하여 측정하는데 규격의 증감 허용한도는 설계규격의 몇 % 이내로 하여야 하는가? 기-05-2
㉮ ±3% ㉯ ±5%
㉰ ±10% ㉱ ±20%

116 다음 떼붙임에 대한 품셈기준 설명으로 가장 적합치 않은 것은? 기-05-1
㉮ 평떼의 경우 1m²당 할증 10%를 포함하여 30cm×30cm×3cm규격의 잔디 11매가 소요된다.
㉯ 떼붙임의 식재 품셈은 100m²를 기준으로 작성한다.
㉰ 평떼와 줄떼공법에 대한 할증은 10%를 동일하게 적용한다.
㉱ 떼의 식재는 보통인부를 기준으로 수량을 산정한다.
圖 ㉮ 할증이 포함되지 않은 것이다.

117 평떼 1m²당 단위중량으로 가장 적당한 것은? (단 평떼의 중량은 보통토사 1,700kg/m³를 적용한다.) 기-05-4
㉮ 2.55kg/m² ㉯ 7.65kg/m²
㉰ 28.05kg/m² ㉱ 50.49kg/m²
圖 0.3×0.3×0.03×11×1700=50.49(kg/m²)

118 잔디떼 규격이 30cm×30cm인 잔디를 평떼로 15m²를 식재하고자 한다. 총 몇 장이 소요되는가? 산기-03-2, 산기-05-2, 기-10-1
㉮ 125장 ㉯ 165장
㉰ 225장 ㉱ 365장
圖 평떼 1m²당 11매이므로 15×11=165(장)

119 이음매 붙이기로 잔디밭을 조성코자 한다. 이음매의 너비를 6cm로 할 경우 뗏장 소요량은 실지면적의 몇 %가 필요한가? 산기-05-1
㉮ 50% ㉯ 60%
㉰ 70% ㉱ 80%
圖 이음매 식재 – 잔디규격 30×30×3cm
너비 4cm : 77.9%, 너비 5cm : 73.5%, 너비 6cm : 69.4%

→ 이음매 6cm의 60% 소요량은 잔디의 크기를 30×15cm로 하였을 때의 수량으로 규격에 대한 오류로 보인다.

120 초화류 파종과 식재품의 적용은 관목류나 잔디 식재품과는 별도로 적용해야 한다. 다음의 초화류 식재품에 대한 설명 중 적합한 내용은 어느 것인가? 기-02-1
㉮ 초화류의 식재는 단위면적(m²)당 식재 주수를 정하고 100주당 식재품을 적용한다.
㉯ 초화류 파종은 단위면적(m²)당 종자의 무게(g)를 산정하여 100당 파종식재품을 산정한다.
㉰ 초화류 식재는 보통인부를 기준으로 한다.
㉱ 초화류 파종은 파종공 1인당 20m²를 기준으로 한다.

121 조경공사의 유지관리 표준 품과 관련한 내용 중 옳지 않은 것은? 산기-06-1
㉮ 일반 전정의 경우 수종, 수고, 장소에 따라 본 품의 20%까지 가산할 수 있다.
㉯ 가로수의 전정 작업시 상록수는 본 품의 20%를 가산한다.
㉰ 수간보호에 사용되는 거적너비는 1~2매를 감을 때 9cm 접속시켜서 새끼를 감는다.
㉱ 수목류 약제 살포시 액체일 경우에는 본 품의 20%까지 가산할 수 있다.
圖 ㉯ 가로수의 전정 작업시 상록수는 본 품의 30%를 가산한다.

122 조경공사의 품셈 적용에 관한 설명으로 틀린 것은? 기-09-1
㉮ 토사의 인력절취 운반에는 수평거리 3m 이상은 2단 던지기 또는 운반으로 계상한다.
㉯ 인력절취 시 본 품은 자연상태를 기준으로 한다.
㉰ 동일 조건의 떼붙임(재배잔디)에서 보통인부의 경우 평떼가 줄떼보다 품이 더 든다.
㉱ 흉고직경에 의한 식재 시 객토를 할 경우 식재품을 20%까지 가산할 수 있다.
圖 ㉱ 흉고직경에 의한 식재 시 객토를 할 경우 식재품을 10%까지 가산할 수 있다.

123 다음 수목 중 굴취 시 흉고직경 기준에 의하여 품셈을 산정하는 수종은? 기-06-4

㉮ 모과나무   ㉯ 은단풍나무

㉰ 대추나무   ㉭ 산수유

해 흉고직경에 의한 품 : 교목류인 가중나무, 계수나무, 낙우송, 메타세쿼이아, 벽오동, 수양버들, 벚나무, 은단풍, 은행나무, 자작나무, 칠엽수, 튤립나무(목백합), 플라타너스(버즘나무), 현사시나무(은수원사시) 등 기타 이와 유사한 수종

124 수목 굴취 시 근원직경에 의한 표준품셈을 적용해야 되는 수종은? 기-09-4

㉮ 모과나무   ㉯ 잣나무

㉰ 벚나무   ㉭ 은행나무

해 근원직경에 의한 품 : 소나무, 감나무, 꽃사과, 노각나무, 느티나무, 대추나무, 마가목, 매화나무, 모감주나무, 모과나무, 목련, 배롱나무, 산딸나무, 산수유, 이팝나무, 자귀나무, 층층나무, 쪽동백, 단풍, 회화나무, 후박나무, 등나무, 능소화, 참나무류 등 기타 이와 유사한 수종

125 평떼붙임을 하여야 할 녹지 면적을 AutoCAD로 측정하였더니 328.5472㎡가 나왔다. 실제 설계서에서 적용해야 할 면적은 몇 ㎡로 표기해야 하는가? (단, 건설공사 표준품셈을 적용한다.) 산기-17-4

㉮ 330㎡   ㉯ 329㎡

㉰ 328.5㎡   ㉭ 328.55㎡

해 건설공사 표준품셈의 '단위 및 소수위 표준'에 의하면 공사면적은 소수 1위까지 구한다.

126 식재공사 시 지주목을 세우지 않을 때 기계시공시 식재 인력품의 몇 %를 감하는가?

㉮ 10%   ㉯ 20%

㉰ 25%   ㉭ 30%

127 규격이 H3.0×W1.2인 잣나무 5주를 식재할 때 다음과 같은 조건하에서 식재 노임은? (단, 나무 높이에 의한 식재품은 2.6~3.5m인 경우 주당 조경공 0.15인, 보통인부 0.13인이며 조경공 노임은 10,000원/일, 보통인부 노임은 6,000원/일로 한다.) 산기-08-2

㉮ 6,000원   ㉯ 9,000원

㉰ 11,400원   ㉭ 16,000원

해 식재품은 조경수목 주당의 품으로 전체 수목에 곱하여 산출한다.

조경공 노임 = 5×0.15×10000 = 7500(원)

보통인부 노임 = 5×0.13×6000 = 3900(원)

∴ 노임 = 7500 + 3900 = 11400(원)

128 1주의 무게가 200kg인 수목 10주를 거리 50m 지점에 목도로 운반하려 한다. 평균왕복속도는 2km/hr, 1일 실작업시간은 6시간, 준비작업 시간은 2분, 1인 1회 운반량은 50kg이고, 목도공의 노임은 72000원이다. 전체 운반비는 얼마인가? 기-09-4

㉮ 35000원   ㉯ 36000원

㉰ 40000원   ㉭ 42000원

해 목도 운반비 = $\frac{A}{T} \times M \times (\frac{120 \times L}{20} + t)$, M = $\frac{총운반량(kg)}{1인당1회운반량(kg)}$

A : 목도공 노임 = 72000원

T : 1일 실 작업시간 = 360분

M : 필요목도공수 = $\frac{200 \times 10}{50}$ = 40(인)

t : 준비작업시간 = 2분

L : 운반거리 = 50m

V : 평균 왕복 속도 = 2000m/hr

1인당 1회 운반량 = 50kg

목도운반비 = $\frac{72000}{360} \times 40 \times (\frac{120 \times 50}{2000} + 2)$ = 40000(원)

129 수목의 약제 살포는 2m 이상의 수목의 경우 수목 1주당 특별인부 0.01인, 보통인부 0.03인이 소요된다. 수고 3m인 느티나무 5주에 약제를 살포할 경우 소요되는 노임은 얼마인가? (단, 특별인부 64,000원/일, 보통인부 40,000/일) 산기-06-1

㉮ 1,840원   ㉯ 3,200원

㉰ 6,000원   ㉭ 9,200원

해 약재살포품이 주당으로 제시되어 있으므로 전체 수목에 곱하여 산출한다.

특별인부 노임 = 5×0.01×64000 = 3200(원)

보통인부 노임 = 5×0.03×40000 = 6000(원)

∴ 노임 = 3200 + 6000 = 9200(원)

130 다음은 잡철물 제작 설치에 대한 품셈기준 설명이다. 적합하지 않은 것은 어느 것인가?
기-03-1, 기-07-4
㉮ 소요 강재의 총중량을 산출하여 적용한다.
㉯ 기계 기구 손료는 재료비의 3%를 계상한다.
㉰ 복잡한 구조물의 설치는 기본 품셈의 140%를 계상한다.
㉱ 철물제작 설치에 있어 비계설치가 필요하면 비계공을 별도 계상한다.

131 조경공사의 품 산정에 있어서 조경석 쌓기 공구손료는 어떻게 적용하는가?
㉮ 품의 3% 가산 ㉯ 재료비의 3% 가감
㉰ 품의 5% 가산 ㉱ 재료비의 5% 가감

132 인력터파기 표준품셈에 관한 설명으로 틀린 것은?
산기-07-4
㉮ 터파기 깊이가 깊어질수록 품은 감소한다.
㉯ 협소한 독립기초의 터를 팔 때에는 품의 50%까지 가산할 수 있다.
㉰ m³당 보통 인부의 터파기 품이 설정되어 있다.
㉱ 현장 내에서 소운반하여 깔고 고르는 잔토처리는 당 0.2인을 별도로 계상한다.

133 다음 원가계산을 위한 공사비를 구성하는 항목에 대한 설명 중 틀린 것은?
기-06-2
㉮ 공사비를 구성하는 항목은 재료비, 노무비, 경비, 일반관리비, 이윤과 세금으로 구성된다.
㉯ 순 공사원가는 재료비, 노무비와 경비로 구성된다.
㉰ 노무비는 직접노무비와 간접노무비로 구성된다.
㉱ 안전관리비는 일반관리비 항목에 구성된다.
🅷 ㉱ 안전관리비는 경비 항목에 구성된다.

134 다음 중 간접재료비에 포함되는 것은? 기-11-1
㉮ 수목 ㉯ 시멘트
㉰ 조명등 ㉱ 동바리
🅷 간접재료비 : 실체를 형성하지 않으나 공사에 보조적으로 소비되는 물품의 가치 - 기계오일, 비계, 소모성 공구 등

135 조경공사에 필요한 재료비 계상에 대한 설명 중 가장 적합한 항목은 어느 것인가? 기-03-2
㉮ 식재공사에 필요한 지주목은 간접재료비에 해당된다.
㉯ 목공사에 필요한 접착제는 직접재료비에 해당된다.
㉰ 재료 구입과정에서 발생되는 운임, 보험료, 보관비는 별도 계상한다.
㉱ 작업 중 발생하는 부산물은 강재 할증분만 재료비에서 공제한다.

136 일반적으로 표준품셈에서 정하는 공구손료의 계상방법은? (단, 노임할증과 작업시간 증가에 의하지 않은 품할증은 제외한다.) 기-06-4
㉮ 직접재료비의 5% 계상
㉯ 직접노무비의 5% 계상
㉰ 직접재료비의 3% 계상
㉱ 직접노무비의 3% 계상

137 시공 중 발생하는 작업설부산물에 대한 설명으로 부적합한 것은?
㉮ 작업설부산물은 수량산출시 설계 당시에 미리 공제한다.
㉯ 발생량을 금액으로 환산하여 직접재료비에서 감한다.
㉰ 사용고재는 발생량의 90%를 공제한다.
㉱ 강재 작업부산물은 발생량 전량을 공제한다.
🅷 ㉱ 강재 작업부산물은 발생량의 70%를 공제한다.
작업설·부산물 등 : 시공 중에 발생하는 부산물 등으로 환금성이 있는 것은 재료비로부터 공제 - 강재 부산물(발생량 70%), 사용고재(발생량 90%) 등

138 다음 ( )안에 각각 적합한 용어는? 산기-11-4
(①)는 공사시공 과정에서 발생하는 재료비, 노무비, 경비의 합계액을 말하며, (②)는 기업유지를 위한 관리활동부분에서 발생하는 제비용을 말하고, (③)는 공사계약 목적물을 완성하기 위해 직접작업에 종사하는 종업원 및 노무자에게 제공

되는 노동력의 대가를 말한다.

㉮ ① 순공사비 ② 공사원가 ③ 간접노무비
㉯ ① 공사원가 ② 일반관리비 ③ 간접노무비
㉰ ① 순공사비 ② 공사원가 ③ 직접노무비
㉱ ① 공사원가 ② 일반관리비 ③ 직접노무비

해 ·직접노무비 : 직접작업에 종사하는 자의 노동력의 대가 – 기본급, 제수당, 상여금, 퇴직급여충당금
·간접노무비 : 작업현장에서 보조작업에 종사하는 자의 노동력의대가 – 기본급, 제수당, 상여금, 퇴직급여충당금

139 노무비에 대한 설명으로 틀린 것은?

기-05-2, 기-09-1

㉮ 노동력의 대가를 말한다.
㉯ 직접노무비와 간접노무비로 구성된다.
㉰ 직접노무비 계상법에는 직접계상법과 승률법이 있다.
㉱ 작업 현장의 보조작업원의 급료는 간접노무비에 속한다.

140 공사발주처에서 작성되는 다음의 공사 원가 계산 항목 중 경비에 속하지 않는 것은?

산기-06-1, 기-08-1

㉮ 연구개발비   ㉯ 수도광열비
㉰ 세금 및 공과금   ㉱ 소모공구 비품비

해 ㉱ 소모공구 비품비는 간접재료비

141 다음 중 공사 원가계산 항목 중 직접경비에 해당하지 않는 것은?

기-10-4

㉮ 폐기물처리비   ㉯ 도서인쇄비
㉰ 가설비   ㉱ 운반비

해 '실적공사비'에 의한 항목의 내용을 물어본 것이며 현재는 '표준시장단가'로 용어가 변경되었다. ㉮㉰㉱는 직접공사경비에 속하며, ㉯는 간접공사경비에 속한다.

142 공사원가에 포함되지 않는 것은?   기-11-1

㉮ 부가가치세   ㉯ 직접노무비
㉰ 운반비   ㉱ 기계 경비

143 임차료는 공사비 가운데 어느 곳에 들어가야 하는가?

산기-04-2

㉮ 경비   ㉯ 노무비
㉰ 일반관리비   ㉱ 재료비

144 건설기계경비 산정에 있어 기계손료(機械損料)의 항목에 포함되지 않는 것은?   기-03-2, 산기-09-2

㉮ 소모품비(消耗品費)
㉯ 감가상각비(減價償却費)
㉰ 정비비(整備費)
㉱ 관리비(管理費)

145 재료비 25,000,000원, 노무비 12,000,000원, 산재보험료 4%일 때 기타 경비(5%)는 얼마인가?

산기-05-2

㉮ 600,000원   ㉯ 1,000,000원
㉰ 1,480,000원   ㉱ 1,850,000원

해 기타경비는 재료비와 노무비의 합산금액으로 산정하며 산재보험료는 노무비에 대하여 산정한다.
기타경비 = (재료비 + 노무비)×경비비율
= (25,000,000 + 12,000,000)×0.05 = 1,850,000원

146 기업의 유지를 위한 관리활동부문에서 발생하는 제비용으로서 제조원가에 속하지 아니하는 모든 영업비용 중 판매비 등을 제외한 비용으로 기업 손익계산서를 기준으로 산정하는 것은?

산기-04-4, 산기-06-4

㉮ 재료비   ㉯ 이윤
㉰ 경비   ㉱ 일반관리비

147 일반관리비의 산정에 관한 설명 중 옳은 것은?

산기-09-4

㉮ 공사현장의 유지관리에 필요한 비용이다.
㉯ 재료비, 노무비, 경비의 합계액에 일정비율을 곱하여 계산한다.
㉰ 총공사비 원가계산 방식에 있어 이윤 산출에는 포함되지 않는다.
㉱ 일반관리비 비율은 공사예정금액이 증가할수록 비율이 높아진다.

해 일반관리비 = (재료비 + 노무비 + 경비)×일반관리비율

148 이윤 계산시의 합계액에 포함되지 않는 것은?

산기-10-4

㉮ 노무비   ㉯ 일반관리비
㉰ 재료비   ㉱ 경비

해 이윤 = (노무경비 + 경비 + 일반관리비)×이윤율

149 다음 중 원가계산에 의하여 공사비 구성항목을 분류할 때 순공사원가에 속하는 경비 항목이 아닌 것은?

기-12-1

㉮ 연구개발비   ㉯ 복리후생비
㉰ 가설비   ㉱ 일반관리비

해 경비

공사의 시공을 위하여 소모되는 공사원가 중 재료비, 노무비를 제외한 원가를 말하며, 기업의 유지를 위한 관리활동 부문에서 발생하는 일반관리비와 구분된다.

경비에 포함되는 것으로는 전력비·광열비, 운반비, 기계경비, 특허권 사용료·기술료·연구개발비·품질관리비, 가설비, 지급임차료, 보험료, 복리후생비, 보관비, 외주가공비, 산업안전보건관리비, 소모품비, 여비·교통·통신비, 세금과 공과, 폐기물처리비, 도서인쇄비, 지급수수료, 환경보전비, 보상비, 안전관리비, 건설근로자 퇴직공제부금비, 기타법정경비 외 기타법정경비가 있다.

150 공사현장에서 750포대를 보관할 시멘트 창고 바닥면적은 약 얼마인가?

기-12-1

㉮ 5.77m²   ㉯ 7.69m²
㉰ 11.54m²   ㉱ 23.08m²

해 시멘트 창고의 면적은 600포 이상일 경우 공기에 따라 전량의 1/3을 저장하는 것으로 한다.

· 시멘트 창고의 면적 $A = 0.4 \times (N/n)$

· $A = (0.4 \times (750/13))/3 = 7.69(m^2)$

→ 지문에 공사의 기간이 명시되지 않아 '전항정답' 처리한 것으로 보인다.

CHAPTER 06 기본구조역학

1>>> 구조설계의 개념과 과정

1 구조설계의 개념
① 구조설계 : 구조물을 형성시키기 위한 구조계획, 구조물의 부분산정, 도면의 작성 등의 총칭
② 구조역학 : 구조물에 어떤 외력을 가했을 때 일어나는 응력 및 변형 등에 대한 역학적 관계를 규명하는 것
③ 구조계산 : 구조설계의 핵심으로 구조물을 역학적으로 해석하고 설계하는 과정

2 구조계산순서
① 하중산정 : 구조물에 작용하는 하중을 종류에 따라 적용
② 반력산정 : 하중에 의해 구조물의 각 지점에 발생하는 힘
③ 외응력 산정 : 외력에 의해 구조물에 발생되는 역학적 작용력
④ 내응력 산정 : 구조물 내부에 생기는 외력에 저항하는 힘
⑤ 내응력과 재료의 허용응력 비교

┌─────────────────────────
┃ **외력**
구조물에 작용하는 모든 하중과 반력

┃ **외응력**
① 축방향력, ② 전단력, ③ 휨모멘트, ④ 비틀림모멘트

┃ **구조물**
시설물에서 하중을 지지하는 부분

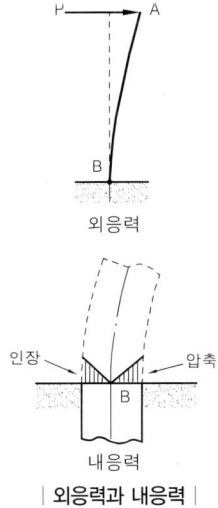

외응력

내응력

| 외응력과 내응력 |

2>>> 힘과 모멘트

1 힘(P,W)[단위 : kgf(kg), tf(ton)]
정지 물체의 이동, 이동물체의 방향 변경, 속도 변경 등의 원인이 되는 것

(1) 힘의 3요소
① 크기 : 축척에 의한 선분의 길이로 표시 － ℓ
② 방향 : 화살표의 선분의 기울기(각도)로 표시 － θ
③ 작용점 : 선분위의 한 점(보통 시작점)으로 표시 － x,y

┌─────────────────────────
┃ **힘의 이동성**
힘의 작용선 위에서는 작용점을 임의로 이동하여도 그 효력은 같다.

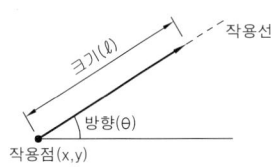

힘의 표시

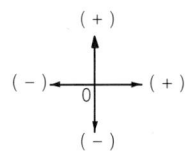

힘의 부호규약

| **힘의 표시, 힘의 부호규약** |

(2) 힘의 합성

1) 동일 작용선 위에 있을 때의 합력(R)

① 힘의 방향이 동일할 때 $R = P_1 + P_2$

② 힘의 방향이 반대일 때 $R = P_1 - P_2$ ($P_1 > P_2$의 경우)

2) 두 힘의 작용점이 같고 방향이 다를 때의 합력(R)

① 도해법 : 시력도에 의한 합력 도출

㉠ 평행사변형법 : 힘 P_1, P_2에 각각 평행인 선을 긋고, 그 교점과 힘의 작용점을 연결한 선이 합력 R

㉡ 삼각형법 : 힘 P_1의 종점에 힘, P_2의 시점을 연결해 P_2의 종점과 작용점을 연결한 선이 합력 R

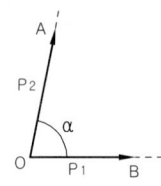 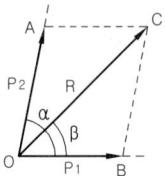 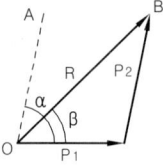

| 두개의 힘, 힘의 평행사변형, 힘의 삼각형 |

② 수식해법

㉠ 두 힘이 임의의 각을 이룰 때

$$R = \sqrt{P_1{}^2 + P_2{}^2 + 2P_1P_2\cos\alpha}$$

$$\tan\beta = \frac{P_2\sin\alpha}{P_1 + P_2\cos\alpha}$$

㉡ 두 힘이 직각($\alpha = 90°$)을 이룰 때

$$R = \sqrt{P_1{}^2 + P_2{}^2} \qquad \tan\beta = \frac{P_2}{P_1}$$

▮ 예제) 점 O에서 수평 우향의 힘 3tf, 수직 상향의 힘 4tf이 작용한다. 이 두 힘의 합력과 수평 우향의 힘 3tf과의 합력 R을 구하시오.

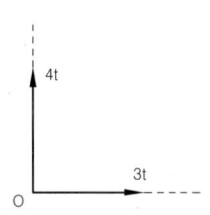

풀이) 우선 3t과 4t의 합력 P는

     $P = \sqrt{3^2 + 4^2} = 5\,(tf)$

이 합력 P와 수평 우향의 힘 3tf이 이루는 각을 α라고 하면,

     $\sin\alpha = \dfrac{4}{5}$, $\cos\alpha = \dfrac{3}{5}$

① 따라서 구하는 합력 R은,

     $R = \sqrt{3^2 + 5^2 + 2 \times 3 \times 5 \times \cos\alpha} = \sqrt{52} \fallingdotseq 7.2\,(tf)$

② 이 합력 R이 3t의 수평힘과 이루는 각을 β라고 하면,

     $\tan\beta = \dfrac{5\sin\alpha}{3 \times 5\cos\alpha} = \dfrac{4}{3+3} = \dfrac{2}{3}$ $\therefore \beta \fallingdotseq 33°40'$

③ 작용점은 O점이다.

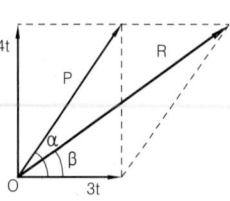

▮ 힘의 합성
임의의 물체에 작용하는 힘을 같은 효과를 갖는 하나의 힘으로 통합하는 것을 말하며 통합된 힘을 합력이라 한다.

▮ 시력도
힘의 공간상 위치는 무시하고 힘의 크기, 방위, 방향만으로 작도한 그림

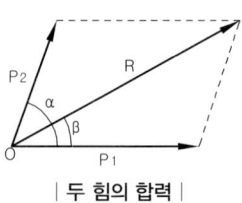

| 두 힘의 합력 |

3) 여러 개의 평행한 힘의 합성-바리뇽(Varignon's theory)의 정리

여러 힘의 한 점에 대한 모멘트의 대수합은 합력의 모멘트와 동일

· 분력의 모멘트 합=합력의 모멘트

① 각 힘의 대수합을 구하여 크기와 방향 결정

$$R = P_1 + P_2 + P_3 = \sum P$$

② 바리뇽의 정리를 이용하여 작용점의 위치 결정

O점에 대한 분력의 모멘트 합 = 합력의 모멘트

$$M_0 = P_1 x_1 + P_2 x_2 + P_3 x_3 = Rx$$

한 점으로부터의 작용점 거리

$$x = \frac{P_1 x_1 + P_2 x_2 + P_3 x_3}{R} = \frac{\sum P x}{\sum P}$$

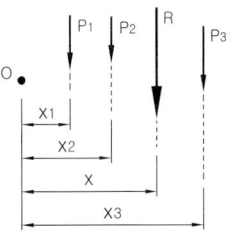

┃ 예제) 다음 힘들의 합력과 작용위치를 구하시오.

① 합력의 크기

$$R = -5 + 3 - 4 = -6(tf)하향$$

② 모멘트 중심을 P1에 두고 계산

$$x = \frac{(3 \times 3) + (-4 \times 5)}{-6} = 1.83(m)$$

③ 6tf의 힘이 아래로 힘 P1의 위치에서 오른쪽으로 1.83m 되는 위치에서 작용

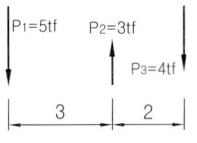

(3) 힘의 분해

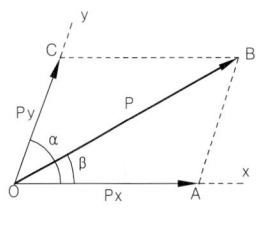

1) 임의의 각을 이루는 힘으로 분해

$$Px = \frac{P \sin(\alpha - \beta)}{\sin \alpha} \qquad Py = \frac{P \sin \beta}{\sin \alpha}$$

2) 직각(90°)을 이루는 힘으로 분해

$$Px = P \cos \beta \qquad Py = P \sin \beta$$

┃ 힘의 분해

한 힘을 작용점이 같은 두 힘으로 나누는 것으로 나누어진 힘을 분력이라 한다.

┃ 예제1) 그림에서 P=180kgf이 x축과 30°의 각을 이루고 있다. 이때 x, y축에 대한 분력 Px, Py를 구하시오. (단, α=60°)

풀이) $Px = \dfrac{180 \times \sin(60° - 30°)}{\sin 60°} = \dfrac{180 \times 0.5}{0.866} ≒ 103.9(kgf)$

$Py = \dfrac{180 \times \sin 30°}{\sin 60°} = \dfrac{180 \times 0.5}{0.866} ≒ 103.9(kgf)$

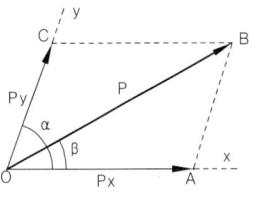

예제2) 그림에서 P=150kg이 x축과 30°의 각을 이루고 있을 때, P의 수평분력 Px와 수직분력 Py를 구하시오.

풀이) $Px = P \cos \beta = 150 \times \cos 30° = 150 \times 0.866 ≒ 130(kgf)$

$Py = P \sin \beta = 150 \times \sin 30° = 150 \times 0.5 ≒ 75(kgf)$

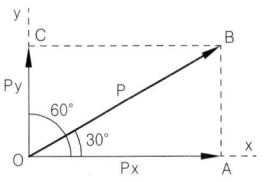

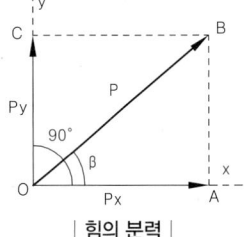

┃ 힘의 분력 ┃

3) 라미의 정리-sin 법칙

삼각형 ABC의 세 각의 크기와 세 변의 길이 a, b, c 사이에는 다음과 같은 관계 성립

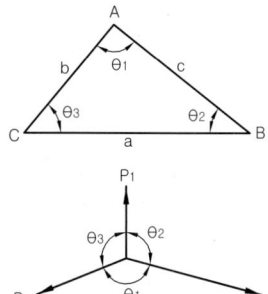

$$\frac{a}{\sin\theta_1} = \frac{b}{\sin\theta_2} = \frac{c}{\sin\theta_3}$$

$$\frac{P_1}{\sin\theta_1} = \frac{P_2}{\sin\theta_2} = \frac{P_3}{\sin\theta_3}$$

▌예제) 다음의 그림에서 로프에 생기는 힘 P의 값을 구하시오.

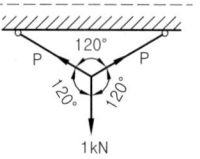

$$\frac{P}{\sin120^\circ} = \frac{1}{\sin120^\circ}$$

$$\therefore P = 1.0kN$$

② 모멘트(M)[단위 : kgf·m, tf·m]

① 어떤 점을 중심으로 회전하려고 하는 힘의 회전능력

② 크기 : 힘의 크기와 회전점으로부터 힘의 작용선까지의 수직거리의 곱

$M = P \times \ell$　(모멘트는 힘의 크기와 거리에 비례)

③ 부호　㉠ 정(+) : 시계방향(↷)

　　　　　㉡ 부(−) : 반시계방향(↶)

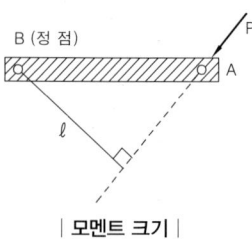

| 모멘트 크기 |

▌예제) 다음의 그림의 O점에 대한 모멘트를 구하시오.

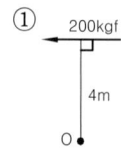
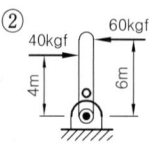
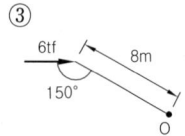

풀이) ① M = −200×4 = −800(kgf·m)

풀이) ② M = 40×4−60×6 = −200(kgf·m)

풀이) ③ 정점 O로부터 힘 6tf까지의 수직거리 y는

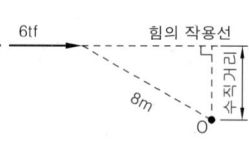

$$y = 8\times\sin30^\circ = 8\times\frac{1}{2} = 4(m)$$

$$M = 6\times(8\times\sin30^\circ) = 6\times(8\times\frac{1}{2}) = 24(tf\cdot m)$$

③ 우력모멘트[단위와 부호는 모멘트와 동일]

① 우력 : 힘의 크기가 같고 방향이 반대인 한 쌍의 힘

② 우력모멘트 : 우력에 의해 발생하는 모멘트

③ 크기 : 한 쪽 힘의 작용점에 대한 다른쪽 힘의 모멘트　M=P×ℓ

④ 같은 평면 내에 있는 어떠한 점에 대하여서도 그 모멘트의 값은 일정

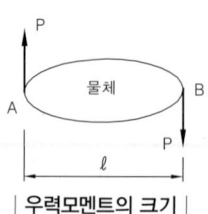

| 우력모멘트의 크기 |

■ 예제) 정점 O에 대한 모멘트의
   합을 구한 후 서로의 값을 비교
   하시오.
   ① M = −10×40 + 10×20
   ① M = −200(kgf·cm)
   ② M = −10×50 + 10×30= −200(kgf·cm)
   ∴ 우력모멘트의 값은 항상 일정함을 알 수 있다.

10kgf 10kgf   10kgf 10kgf

20cm 20cm ●O   20cm 30cm ●O

■ 삼각비율

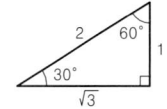

	30°	60°
sin	1/2=5	√3/2≒0.866
cos	√3/2≒0.866	1/2=0.5

3>>> 구조물

❹ 하중의 종류

(1) 하중의 구분

종류	해설
고정하중 (사하중)	구조재 및 마감재와 같이 건축물을 이루고 있는 자신의 중량(콘크리트, 철근, 목재, 타일 등)
적재하중 (활하중)	구조물의 용도에 따라 달라지는 물품, 사람 등의 중량(주택, 사무실, 학교, 주차장, 공장 등)
적설하중	구조물에 쌓인 눈의 중량
풍하중	바람이 구조물에 작용하는 힘
지진하중	지진에 의해 건축물에 영향을 주는 힘
토압	구조체나 벽체에 접한 흙에 의한 힘
수압	구조체나 벽체에 접한 물의 압력으로 인한 힘

(2) 하중의 작용

종류	표현	특징
집중하중 (P)	P(tf) P(tf)	① 한 점에 집중하여 작용하는 하중 ② 큰 보 위에 놓인 작은 보의 하중
등분포하중 (w)	ω(tf/m)	① 같은 크기의 하중이 연속적으로 분포 ② 구조물의 자중 등
간접하중 (P)	P(tf)	① 하중이 부재에 간접적으로 작용하는 하중
등변분포하중 (w)	ω(tf/m)	① 하중의 크기가 일정한 비율로 변화되면서 연속적으로 분포 ② 지하의 토압 등
모멘트하중 (M)	M(tf·m)	① 임의의 작용점에 회전을 주는 하중 ② 우력 등의 하중

주) 등변분포 하중에서의 w값은 삼각형의 최고 높이 부분의 값이다.

■ 이동여부에 따른 구분
① 고정하중 : 정하중으로 항상
   일정한 위치에서 작용
② 이동하중 : 적재하중과 같이
   시간적으로 달라지는 하중
③ 연행하중 : 열차의 바퀴에 걸
   리는 하중과 같이 간격이 일
   정한 이동하중

■ 면적의 대소에 따른 구분
① 집중하중 : 어느 한 점이나 좁
   은 면적에 작용하는 하중
② 분포하중 : 일정한 면적이나
   길이에 걸쳐 동일한 세력으
   로 분포된 하중

■ 작용시간에 따른 분류
① 장기하중 : 구조물의 사용에
   따라 지속적으로 작용하는
   하중(고정하중, 적재하중)
② 단기하중 : 구조물에 잠시 동
   안만 작용하는 일시적 하중
   (적설하중, 풍하중, 지진하중)

2 지점과 반력

(1) 지점반력(Reaction)

구조물에 하중이 작용할 때 반작용으로 각 지점에 생기는 힘(일종의 외력)
– 수직반력(V), 수평반력(H), 모멘트반력(M)

(2) 지점의 종류와 반력

종류	지점 구조상태	기호	반력수
이동지점 (roller support)			수직반력 1개(수직운동 구속, 회전 가능, 수평이동 가능)
회전지점 (hinged 또는 pin support)			수직반력 1개, 수평반력 1개 (수직·수평 운동구속, 회전가능)
고정지점 (fixed support)			수직반력1개, 수평반력 1개, 모멘트반력 1개(수직·수평회전운동 구속, 이동과 회전 불가능)

3 구조물의 정지조건

(1) 구조물의 정지조건

① 외력과 반력의 평형 : 구조물이 이동이나 회전을 하지 않고 정지되어 있
는 상태

② 외력과 내력의 균형 : 구조물이 파괴되지 않고 안전하게 하중을 지탱하는 상태

(2) 힘의 균형

구조물에 작용하는 모든 힘의 임의의 방향에 대한 분력(分力)의 합이 '0'
이 되고 임의의 점에 대한 모멘트의 합도 '0'이 되는 상태

· 힘의 평형방정식(정지조건식) $\Sigma H = 0$, $\Sigma V = 0$, $\Sigma M = 0$

4 구조물의 역학적 분류

(1) 안정과 불안정

① 내적안정 : 외력에 의해 구조물이 변형되지 않는 경우

② 내적불안정 : 외력에 의해 구조물이 변형되는 경우

③ 외적안정 : 외력에 의해 구조물이 이동되지 않는 경우

④ 외적불안정 : 외력에 의해 구조물이 이동되는 경우

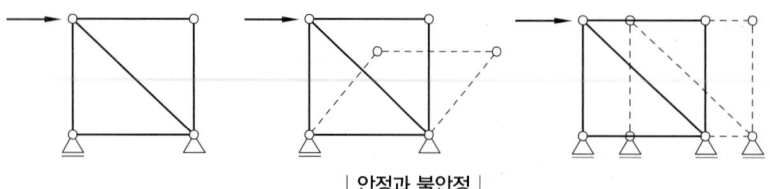

| 안정과 불안정 |

▮ 지점(support)
부재를 받치고 있는 점으로 부재와 지반이 연결된 곳

▮ 절점(Joint)
구조물을 구성하고 있는 부재와 부재가 연결된 곳
① 핀절점(pin, hinge 회전절점) : 부재 끝이 자유롭게 회전할 수 있게 한 절점 – 축방향력·전단력 전달, 수평·수직 구속
② 강절점(rigid, fixed 고정절점) : 부재의 연결점이 고정적으로 구속되어 회전할 수 없는 절점 – 축방향력·전단력·휨모멘트 전달, 수평·수직·회전 구속

▮ 안정과 불안정
외력이 작용하는 경우 구조물의 형태가 변하지 않아 내적으로 안정되어야 하고, 동시에 구조물의 위치가 변하지 않아 외적으로도 안정되어야 한다. 이 두 가지 조건 중 한 가지를 충족시키지 못 할 경우 불안정한 구조물이 된다.

(2) 정정과 부정정

① 내적정정 : 힘의 평형방정식만으로 단면력(부재력)을 구할 수 있는 것

② 내적부정정 : 힘의 평형방정식으로만으로 단면력을 구할 수 없는 것

③ 외적정정 : 힘의 평형방정식만으로 반력을 구할 수 있는 것

④ 외적부정정 : 힘의 평형방정식만으로 반력을 구할 수 없는 것

4>>> 부재의 선택과 크기결정

■1■ 보의 종류

(1) 정정보

힘의 평형방정식으로 반력이나 응력을 구할 수 있는 보

종류	구조형태	정의
단순보		한 단은 회전지점. 타단은 이동지점인 보
캔틸레버보		한 단은 고정단. 타단은 자유단인 보
내민보		단순보에서 한 단 또는 양단을 지점 밖으로 내밀어 자유단의 캔틸레버를 가진 보
겔버보		3개 이상의 지점을 가진 연속보에 적정한 수의 힌지를 넣어 정정구조로 한 보

(2) 부정정보

힘의 평형방식만으로는 해석이 안 되고 별도의 탄성방정식이 필요한 보

종류	구조형태	정의
연속보		한 개의 보가 3개 이상의 지점을 가진 보
고정보		양단을 고정하거나 일단은 고정이고 타단은 회전 등으로 반력수 4개 이상인 보

(3) 반력의 계산

힘의 평형방정식을 이용하여 산정 $\Sigma H=0$, $\Sigma V=0$, $\Sigma M=0$

1) 부호 : 좌우 구분없이 사용

① ΣH : →(+), ←(−)

② ΣV : ↑(+), ↓(−)

③ ΣM : ↶(+), ↷(−)

2) 단순보의 반력

① 집중하중

$$R_A = \frac{\text{지점B에 대한 모멘트와 대수합}}{\text{지간(span)}}$$

$$R_B = \frac{\text{지점A에 대한 모멘트와 대수합}}{\text{지간(span)}}$$

┃ 정정과 부정정

안정된 구조물 중 힘의 균형이 3개의 정지조건식을 이용하여 구할 수 있는 총 반력수가 수평·수직·회전반력 3개인 구조물을 정정구조물이라 하고 구조물의 반력수가 3개보다 많아서 평형조건식 외에 다른 조건식이 필요한 구조물을 부정정구조물이라 한다.

┃ 트러스(truss)

직선재를 삼각형구조로 만들어 마찰 없는 활절점(Hinge)으로 연결한 구조로 각 부재는 인장력과 압축력만 받는다.

┃ 아치(arch)

부재의 축이 곡선으로 만들어진 구조물로써 주로 축선을 따라 압축응력이 일어나게 설계한다.

┃ 라멘(rahmen)

수평재와 수직재가 강절점으로 접합된 일체식 구조로 축방향력, 전단력, 휨모멘트 등의 모든 내응력이 발생할 수 있는 구조이다.

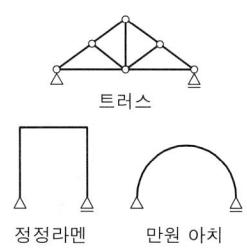

트러스

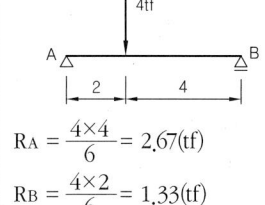

정정라멘   만원 아치

┃ 반력의 부호

계산 후 반력값이 (+)가 나오면 가정한 방향이 맞다는 의미이며, (−)가 나오면 가정한 방향과 반대되는 것으로 수정한다.

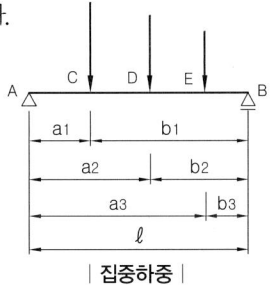

┃ 집중하중 ┃

┃ 예제

$$R_A = \frac{4\times4}{6} = 2.67(\text{tf})$$

$$R_B = \frac{4\times2}{6} = 1.33(\text{tf})$$

㉠ $R_A = \dfrac{\Sigma Pb}{\ell} = \dfrac{1}{\ell}(P_1b_1 + P_2b_2 + \cdots + P_nb_n)$

$R_B = \dfrac{\Sigma Pa}{\ell} = \dfrac{1}{\ell}(P_1a_1 + P_2a_2 + \cdots + P_na_n)$

[검산] $R_B = \Sigma P - R_A$

㉡ 집중하중이 한 개만 작용할 경우

$R_A = \dfrac{Pb}{\ell}$, $R_B = \dfrac{Pa}{\ell}$

㉢ 경사진 하중이 작용할 경우 : 하중 P를
수평과 수직으로 분해하여 풀이

$V_A = \dfrac{Pb}{\ell}\sin\theta$

$V_B = \dfrac{Pa}{\ell}\sin\theta$

$H_A = P\cos\theta$

② 등분포하중

$W = wa$가 $\dfrac{1}{2}a$되는 곳에 작용하는 집중하
중 P로 생각하여 풀이

③ 등변분포하중(삼각분포하중)

$W = \dfrac{1}{2}wa$가 그 중심에 작용하는 집중하
중 P로 생각하여 풀이

④ 대칭하중

보 위에 하중이 대칭으로 작용하면 양지점
의 반력은 전하중 W의 $\dfrac{1}{2}$씩 부담

$R_A = R_B = \dfrac{1}{2}\times W$(전체하중)

⑤ 모멘트하중

모멘트 하중만이 작용하면 수직반력만이 일
어나고, 양지점의 수직반력의 크기는 같고
방향은 서로 반대

㉠ 크기 $R_A = R_B = \dfrac{|M_1 - M_2|}{\ell}$ $\cdots\cdots(2-9)$

㉡ 방향 $M_1 > M_2$일 때$\cdots$ R_A(하향) , R_B(상향)

   $M_1 < M_2$일 때$\cdots$ R_A(상향) , R_B(하향)

⑥ 간접하중

하중 P가 간접적으로 작용하는 경우 P를 P
의 지점 C, D에 나누어 P_C, P_D를 구한 후 2
개의 집중하중으로 보고 풀이

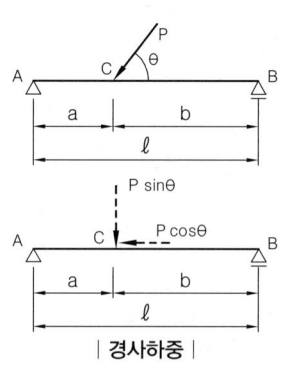

| 경사하중 |

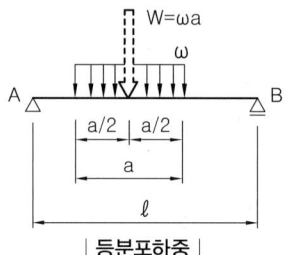

| 등분포하중 |

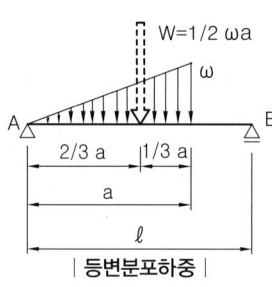

| 등변분포하중 |

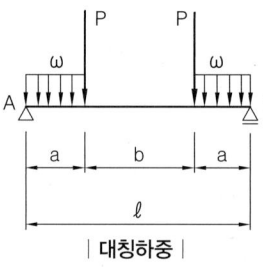

| 대칭하중 |

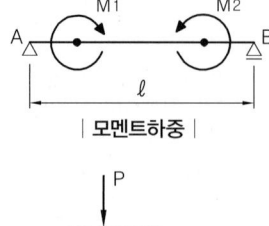

| 모멘트하중 |

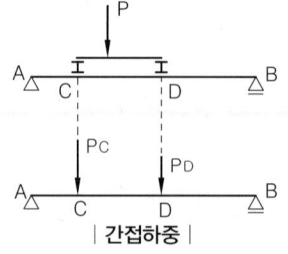

| 간접하중 |

▌예제

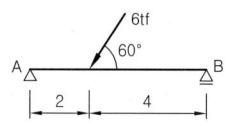

$V_A = \dfrac{6\times4}{6}\times\sin60° = 3.46(tf)$

$V_B = \dfrac{6\times2}{3}\times\sin60° = 1.73(tf)$

$H_A = 6\times\cos60° = 3(tf)$

▌예제

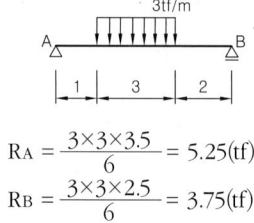

$R_A = \dfrac{3\times3\times3.5}{6} = 5.25(tf)$

$R_B = \dfrac{3\times3\times2.5}{6} = 3.75(tf)$

▌예제

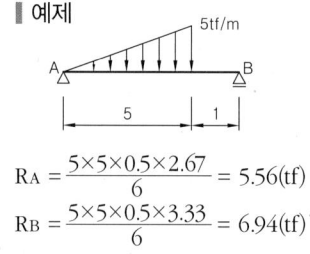

$R_A = \dfrac{5\times5\times0.5\times2.67}{6} = 5.56(tf)$

$R_B = \dfrac{5\times5\times0.5\times3.33}{6} = 6.94(tf)$

▌예제

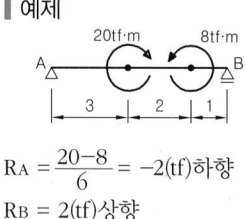

$R_A = \dfrac{20-8}{6} = -2(tf)$하향

$R_B = 2(tf)$상향

▌예제

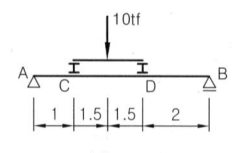

$P_C = P_D = \dfrac{10}{2} = 5(tf)$

$R_A = \dfrac{1}{6}\times(5\times5+5\times2)=5.83(tf)$

$R_B = \dfrac{1}{6}\times(5\times1+5\times4)=4.17(tf)$

3) 겔버보의 반력

① 단순보와 내민보로 분해하여 풀이

② 먼저 단순보의 반력 계산

③ 내민보의 끝 hinge에 단순보에서 구한 반력 P_D(상향)가 반대방향으로 작용하는 하중(하향)이라 생각하고 하중 P1과 함께 내민보의 반력 산정

④ R_A, R_B, R_C의 겔버보 반력 산정완료

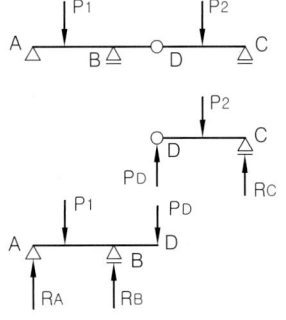

예제

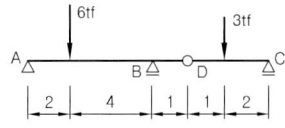

$$R_C = \frac{3 \times 1}{3} = 1(tf)$$

$$P_D = \frac{3 \times 2}{3} = 2(tf)$$

$$\Sigma M_A = 6 \times 2 - R_B \times 6 + 2 \times 7 = 0$$

$$\therefore R_B = 4.33(tf)$$

$$\Sigma M_B = R_A \times 6 - 6 \times 4 + 1 \times 2 = 0$$

$$\therefore R_A = 3.67(tf)$$

❷ 내·외응력의 종류

(1) 외응력

1) 외응력의 종류

구분	축방향력(N)	전단력(Q)	휨모멘트(M)
정의	단면력의 재축방향 성분으로 재축방향에 대해 인장 또는 압축 작용을 한다.	단면력의 재축에 직각방향 성분으로 재축에 직각으로 부재를 절단하려는 작용	부재 단면에 생기는 모멘트로 부재를 휘게 하는 작용
단위	kgf, tf	kgf, tf	kgf·cm, tf·m
부호	좌우구분 없이 인장 ← (+) → 압축 → (−) ←	좌우구분 없이 시계방향 ↑(+)↓ 반시계반향 ↓(−)↑	좌우구분 없이 아랫방향으로 휨 (+) 위방향으로 휨 (−)
단면력도	A.F.D − +	S.F.D + −	B.M.D − +

작용 외응력

보	일반적으로 연직하중만 작용하여 휨모멘트와 전단력 발생
기둥	·축하중만이 작용하는 경우 : 축방향력 ·편심축하중이 작용하는 경우 : 축방향력, 휨모멘트 ·축하중과 횡력 또는 축하중과 모멘트가 작용하는 경우 : 축방향력, 휨모멘트, 전단력

2) 단순보 단면력

① 양 지점의 전단력 크기는 각 지점의 반력 크기와 동일

② 양 지점의 휨모멘트는 지점에 모멘트 하중이 작용한 경우 외에는 '0'

③ 최대 전단력은 양 지점 중 최대 반력이 일어나는 지점에 생기고 그 값은 최대 반력과 동일

외응력

구조물이 외력을 받아 평형을 이루고 있을 때 부재의 임의의 단면에 생기는 저항력으로, 부재력 또는 단면력이라고도 한다. 모든 구조물에서 모든 응력이 나타나는 것은 아니다.

단면력의 부호규약

① 축방향력이 인장이면 (+)

② 전단력의 왼쪽 성분이 상향이면 (+)

③ 휨모멘트의 왼쪽 성분이 시계방향이면 (+)

※ (+),(−)의 위치표시는 단지 약속일 뿐이며, 위와 반대로 해도 크기에는 상관이 없다.

단면력의 관계

① 전단력이 '0'인 곳에서는 휨모멘트가 최대가 된다.

② 휨모멘트가 최대인 곳은 전단력이 '0'이 되는 곳이다.

④ 최대 휨모멘트는 전단력이 '0'인 점 또는 전단력의 부호가 변하는 위치에서 발생

⑤ 모멘트가 아닌 하중을 받는 단순보의 (+)전단력의 면적과 (−)전단력의 면적은 서로 동일

· 집중하중이 작용할 경우

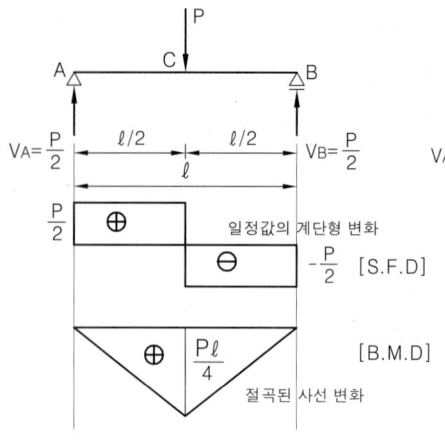 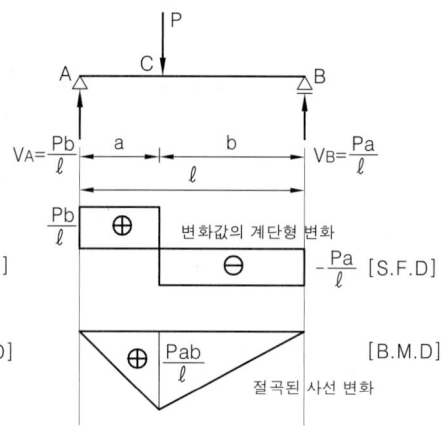

· 등분포하중이 작용할 경우   · 등변분포하중이 작용할 경우

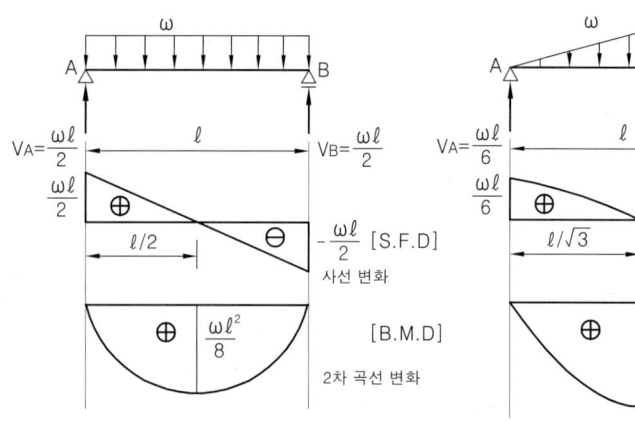

· 모멘트하중이 작용할 경우

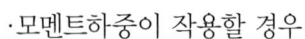

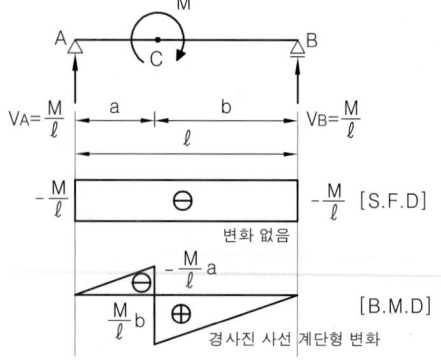

▌철근의 위치

단순보를 철근콘크리트로 만든다고 할 때 철근의 배근은 보의 하단에 설치하는 것이 적합하다.

▌예제

옆의 왼쪽 그림에서
$P = 4t$, $\ell = 6m$
$V_A = V_B = \dfrac{4}{2} = 2(tf)$
$Mmax = \dfrac{4 \times 6}{4} = 6(tf \cdot m)$

▌예제

옆의 오른쪽 그림에서
$P = 4tf$, $a = 2m$, $b = 4m$
$V_A = \dfrac{4 \times 4}{6} = 2.67(tf)$
$V_B = \dfrac{4 \times 2}{6} = 1.33(tf)$
$Mmax = \dfrac{4 \times 2 \times 4}{6} = 5.33(tf \cdot m)$

▌예제

옆의 왼쪽 그림에서
$w = 2tf/m$, $\ell = 6m$
$V_A = V_B = \dfrac{2 \times 6}{6} = 6(tf)$
$Mmax = \dfrac{2 \times 6^2}{8} = 9(tf \cdot m)$

▌예제

옆의 오른쪽 그림에서
$w = 3tf/m$, $\ell = 6m$
$V_A = \dfrac{3 \times 6}{6} = 3(tf)$
$V_B = \dfrac{3 \times 6}{3} = 6(tf)$
$Mmax = \dfrac{3 \times 6^2}{9\sqrt{3}} = 6.93(tf \cdot m)$

▌예제

옆의 그림에서
$M = 12tf \cdot m$, $a = 2m$, $b = 4m$
$V_A = \dfrac{12}{6} = -2(tf)$하향
$V_B = 2(tf)$상향
M_C 상부 $= \dfrac{12}{6} \times 2 = 4(tf \cdot m)$
M_C 하부 $= \dfrac{12}{6} \times 4 = 8(tf \cdot m)$

3) 캔틸레버보 단면력

① 전단력은 하중이 하향 또는 상향으로만 작용하는 경우 고정단에서 최대로 발생

② 모멘트하중만 작용하면 전단력은 0(영)이고, 전단력도는 기준선과 동일

③ 휨모멘트는 하향의 하중만이 작용할 경우 고정단에서 최대이고 부호는 고정단의 좌우와 상관없이 항상 (−)로 표시

·집중하중이 작용할 경우   ·등분포하중이 작용할 경우

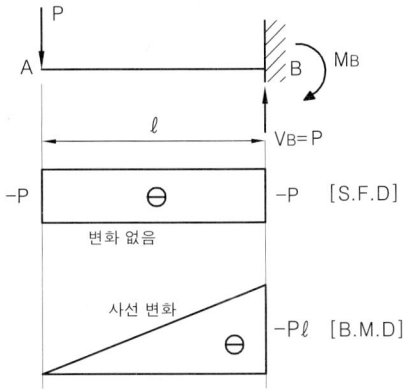 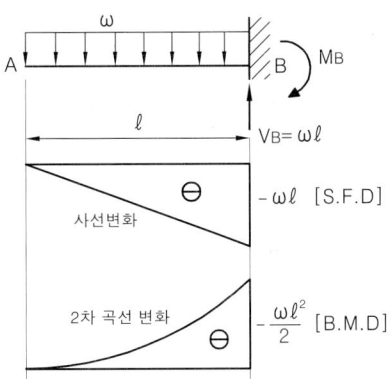

·등변분포하중이 작용할 경우

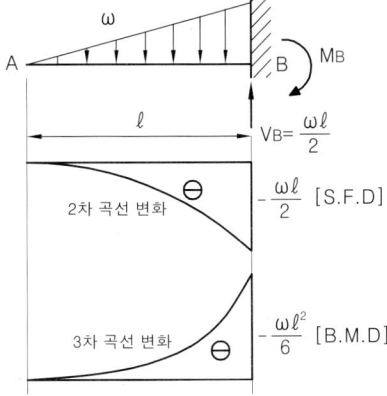

(2) 내응력(응력)

1) 축방향력에 의한 수직응력(축응력)

① 부재에 축방향력 P만 가해질 경우, 부재 내부의 단면에서 부재축과 나란한 방향으로 발생되는 응력

② 축방향력에 의한 수직응력은 인장력일 때 (+)로, 압축력일 때 (−)로 표시

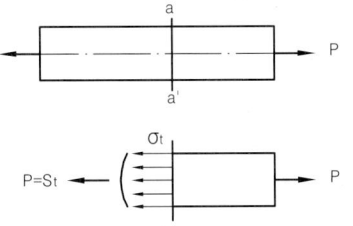

$$\sigma = \frac{P}{A}$$

여기서, σ : 응력(응력도)(kgf/cm²)

P : 축방향력(kgf)

A : 단면적(cm²)

2) 순수전단에 의한 전단응력

부재 전단력 Q만 가해질 경우, 부재 내부의 단면에서 부재를 절단하려는 응력

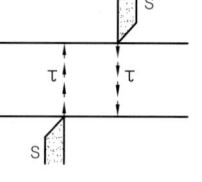

$$\tau = \frac{Q}{A}$$

여기서, τ : 응력(응력도)(N/mm², kN/m², kgf/cm², tf/m²)

Q : 전단력(N, kN, kgf, tf)

A : 단면적(mm², cm², m²)

3) 휨응력 : 외력에 의해서 단면내에 압축응력과 인장응력이 동시에 발생되는 응력

4) 렬응력 : 전단응력의 일종으로 비틀림에 의한 전단응력으로 보통은 고려하지 않음

5) 편심응력 : 단면상에 작용하는 축력이 부재 단면의 대칭축에 있지 않거나 대칭축이 없는 단면에 작용할 때 부재단면 내에 생기는 응력

❸ 단면의 성질

(1) 단면2차모멘트[cm⁴, m⁴]

① 단면계수, 단면2차 반경, 강도계산, 휨응력 등 계산 시 사용

② 처짐의 저항성을 나타내는 양 – EI : 휨강성

③ 주축 : 단면2차모멘트(I)값이 최대 또는 최소가 되는 축

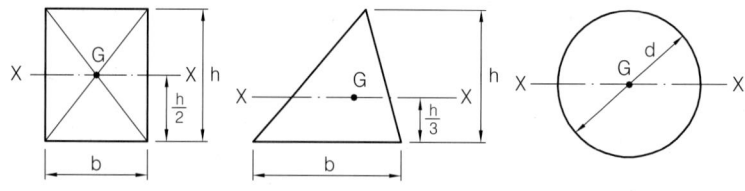

· 주 축 : $I = \dfrac{bh^3}{12}$　　　$I = \dfrac{bh^3}{36}$　　　$I = \dfrac{\pi d^4}{64}$

· 연단축 : $I = \dfrac{bh^3}{3}$　　　$I = \dfrac{bh^3}{12}$　　　$I = \dfrac{5\pi d^4}{64}$

(2) 단면계수[cm³, m³]

① 단면계수(Z)값이 큰 부재일수록 휨모멘트에 대한 저항력 상승

② 부재의 휨응력 계산, 단면설계 등에 사용

$$Z_c = \frac{I_{xG}}{y_c} \qquad\qquad Z_t = \frac{I_{xG}}{y_t}$$

여기서,　I_{xG} : X축 도심에 대한 단면 2차 모멘트

I_{yG} : Y축 도심에 대한 단면 2차 모멘트

y_c : 압축측 최연단으로부터 도심까지의 거리

y_t : 인장측 최연단으로부터 도심까지의 거리

▌단면2차모멘트

$I = \int y^2 dA$

▌평행축 단면2차모멘트

$I_{x'} = I_{xG} + y_0^2 A$

y_0 : x축에서 도심까지의 거리

A : 단면적

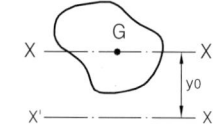

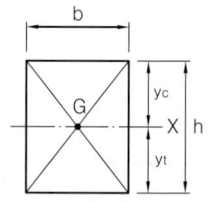

$$Z_t = \frac{I}{y} = \frac{bh^3/12}{h/2} = \frac{bh^2}{6}$$

▌ 사각형 단면계수 ▌

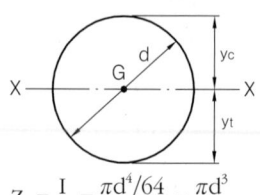

$$Z_t = \frac{I}{y} = \frac{\pi d^4/64}{d/2} = \frac{\pi d^3}{32}$$

▌ 원형 단면계수 ▌

(3) 단면2차반경 [cm, m]

① 압축재 설계 시 이용되는 계수

② 단면2차반경(i) 값이 큰 부재일수록 압축에 대한 저항력 상승

③ 좌굴하중 검토, 장주, 단주 구별(세장비)

$$tx = \sqrt{\frac{I_x}{A}} \text{ [cm, m]} \qquad ty = \sqrt{\frac{I_y}{A}} \text{ [cm, m]}$$

여기서, I_x : 도심 에 x_G대한 단면 2차 모멘트

I_y : 도심 에 y_G대한 단면 2차 모멘트

A : 단면적

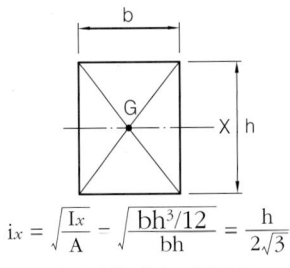

| 장방형 단면2차반경 |

$$i_x = \sqrt{\frac{I_x}{A}} = \sqrt{\frac{bh^3/12}{bh}} = \frac{h}{2\sqrt{3}}$$

▌좌굴(buckling)

기둥의 길이가 그 횡단면의 치수에 비해 클 때, 기둥의 양단에 압축하중이 가해졌을 경우 하중이 어느 크기에 이르면 기둥이 갑자기 휘는 현상

▌세장비

① 기둥의 길이와 최소 단면2차 반경과의 비

② 세장비가 크면 좌굴이 잘 일어나므로 값이 작을수록 큰 하중에 잘 견딘다.

④ 보의 설계

(1) 응력

1) 휨응력 : 보가 외력을 받으면 중립축을 경계로 압축응력과 인장응력이 생기는 것

① 일반식

중립축에서 거리 y만큼 떨어진 점의 휨응력(σ_b)

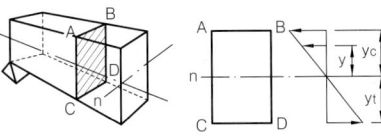

$$\sigma_b = \pm \frac{M}{I} \cdot y (kgf/cm^2, tf/m^2)$$

여기서, M : 휨모멘트(kgf·cm, tf·m)

I : 중립축에 대한 단면2차모멘트(mm^4, cm^4, m^4)

y : 중립축(n−n축)에서 구하고자 하는 곳까지의 거리(cm, m)

② 최대 휨응력도

a. 압축측 : $\sigma_c = \frac{M}{I} \cdot y_c = \frac{M}{Z_c}$

b. 인장측 : $\sigma_t = \frac{M}{I} \cdot y_t = \frac{M}{Z_t}$

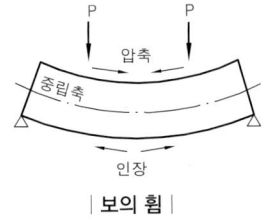

| 보의 휨 |

▌휨응력의 특성

① 중립축에서는 '0'

② 상·하단에서 최대

③ 중간에서는 직선변화

④ 응력은 중립축으로부터의 거리에 비례

⑤ 휨모멘트만 받는 경우의 중립축은 도심축

▌예제) 휨모멘트 20tf·m를 받는 장방형보(b=30cm, h=50cm)의 휨응력도(kgf/cm²) 구하시오.

$$\sigma = \frac{M}{Z} = \frac{2,000,000}{\frac{30 \times 50^2}{6}} = 160(kgf/cm^2)$$

2) 전단응력 : 하중이 가해지는 부재의 직교방향(수직 전단응력)과 재축방향(수평 전단응력)으로 전단되려고 하는 응력

일반식

$$\tau = \frac{Q \cdot S}{I \cdot b} = k\frac{Q}{A}$$

여기서, τ : 전단응력도(kgf/cm², tf/m²)

I : 중립축에 대한 단면 2차 모멘트(cm^4, m^4)

▌단면의 형상계수(k)

① 평균 전단응력 : k=1

② 직사각형 단면의 최대 전단응력 : k = 3/2

③ 원형 단면의 최대 전단응력 : k = 4/3

b : 전단응력을 구하고자 하는 위치의 단면의 폭(cm, m)

Q : 전단력(kgf, tf)

A : 단면적(cm^2, m^2)

k : 단면형상계수−평균(1), 직사각형(3/2), 원형(4/3)

S : 전단응력을 구하고자 하는 위치의 외측에 있는 단면의 중립축에 대한 단면
   1차 모멘트(cm^3, m^3)

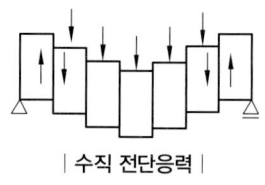

| 수직 전단응력 |

▌예제) 전단력 45tf 받는 장방형보(b = 30cm, h = 50cm)의 평균전단응력과 최대전단응력
을 구하시오.(단위는 kgf/cm^2)

· 평균전단응력 $\tau = \dfrac{45000}{30 \times 50} = 30(kgf/cm^2)$

· 최대전단응력 $\tau_{max} = \dfrac{3}{2} \times \dfrac{45000}{30 \times 50} = 45(kgf/cm^2)$

(2) 보의 처짐

① 보의 처짐은 길이, 하중, 탄성계수, 단면2차모멘트에 의해 결정

② 처짐량은 길이와 하중에 비례하고 탄성계수와 단면2차모멘트에 반비례

③ 경량구조물의 보의 처짐량은 스판의 1/300~1/360 이내, 캔틸레버보는 1/150~1/180 이내

처짐공식

구분	최대처짐
P↓ (캔틸레버, 집중하중)	$\delta = \dfrac{P\ell^3}{3EI}$
ω (캔틸레버, 등분포하중)	$\delta = \dfrac{w\ell^4}{8EI}$
↓P (단순보, 집중하중)	$\delta = \dfrac{P\ell^3}{48EI}$
ω (단순보, 등분포하중)	$\delta = \dfrac{5w\ell^4}{384EI}$

▌후크(Hook)의 법칙
탄성(변형)한도 내에서 응력과 변형률은 비례한다.
$\sigma = E \cdot \varepsilon$ (kgf/cm^2, tf/m^2)

▌탄성계수(E·영계수)
$E = \dfrac{\sigma(\text{응력도})}{\varepsilon(\text{변형도})}$

$= \dfrac{P \ell}{A \cdot \triangle \ell}(kgf/cm^2)$

(3) 단면설계

① 보의 단면치수를 결정하기 위하여 휨응력과 전단응력에 대한 안정성을 허용응력도와 비교하여 검토

② 휨응력에 대한 검토

$\sigma_b = \dfrac{M_{max}}{Z_{xe}} \leq f_b$

여기서, M_{max} : 최대 휨모멘트

Z_{xe} : 등가단면계수

f_b : 허용휨응력

③ 전단응력에 대한 검토

$\tau_{max} = k \cdot \dfrac{Q_{max}}{A_{xe}} \leq f_s$

여기서, A_{xe} : 등가단면계수

Q_{max} : 최대전단력

k : 형상계수(원형=$\dfrac{4}{3}$, 장방형=$\dfrac{3}{2}$)

f_s : 허용전단응력

▌허용응력도와 안전율
구조적인 안정성과 경제성을 확보하기 위해 파괴강도에 비해 얼마만큼의 강도를 허용응력도로 취하는 것이 좋은가의 비율을 말한다.

■ 예제) 다음 그림의 조건으로 정사각형 단면의 보를 설계하시오.
(단, 허용휨응력도 σ_a=90kgf/cm², 허용전단응력도 τ_a=8kgf/cm²이다.)

풀이)·최대 휨모멘트 $M = \dfrac{P\ell}{4} + \dfrac{w\ell^2}{8} = \dfrac{0.7 \times 6}{4} + \dfrac{0.2 \times 6^2}{8} = 1.95(tf \cdot m)$

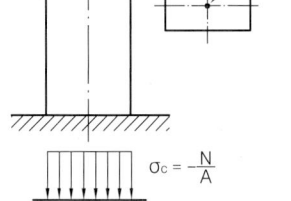

·최대 전단력 $Q = \dfrac{P}{2} + \dfrac{w\ell}{2} = \dfrac{0.7}{2} + \dfrac{0.2 \times 6}{2} = 0.95(tf)$

·최대 휨모멘트에 대한 필요 단면계수

$Z \geq \dfrac{M}{\sigma} = \dfrac{195000}{90} \fallingdotseq 2167(cm^3)$

·단면의 가정

·$Z = \dfrac{bh^2}{6}$ 이나 정사각형이므로 $\dfrac{b^3}{6} \geq 2167cm^3$으로 한다.

$b^3 \geq 13002cm^3$ $b = \sqrt[3]{13002} = 23.51(cm)$

∴ b는 24cm로 가정 $Z = \dfrac{bh^2}{6} = \dfrac{24 \times 24^2}{6} = 2304(cm^3)$

·휨응력 $\sigma = \dfrac{M}{Z} = \dfrac{195000}{2304} = 84.64(kgf/cm^2) \leq \sigma_a = 90kgf/cm^2$ ∴안전

·전단응력 $\tau = \dfrac{3}{2} \cdot \dfrac{Q}{A} = \dfrac{3}{2} \times \dfrac{950}{24 \times 24} = 2.47(kgf/cm^2) \leq \tau_a = 8kgf/cm^2$ ∴안전

5 장·단주의 설계

(1) 단주

1) 중심축하중을 받는 경우

　① 하중이 부재 단면의 도심에 작용하는
　　경우로 편심되지 않았으므로 휨모멘트
　　미발생

　② 전단면에서 균일한 압축응력 받음

　③ 압축응력도(σ_c)

$$\sigma_c = -\frac{N}{A} \leq f_c$$ 　여기서, N : 축방향 압축력(kgf, tf)

A : 기둥단면적(cm², m²)　　f_c : 허용압축응력

| 기둥의 압축응력 |

2) 편심축하중을 받는 경우−중심축하중과 휨모멘트를 동시에 받는 경우

　① 기둥이 중심축하중과 휨모멘트를 동시에 받는 경우나 편심축하중을
　　받는 경우−단면 내부에서의 위치에 따라 압축응력과 인장응력 발생

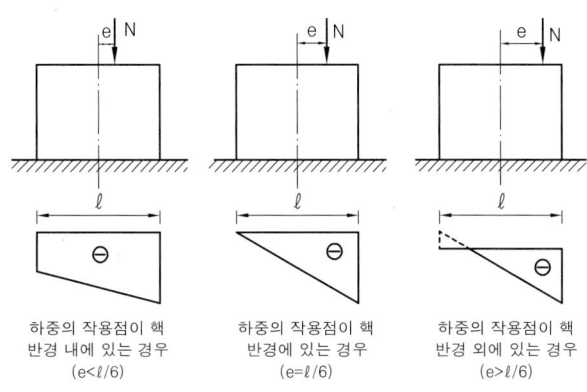

| 편심하중을 받는 기둥 |

하중의 작용점이 핵
반경 내에 있는 경우
(e<ℓ/6)

하중의 작용점이 핵
반경에 있는 경우
(e=ℓ/6)

하중의 작용점이 핵
반경 외에 있는 경우
(e>ℓ/6)

■ 단주와 장주
① 단체 : 단면에 비하여 키가 아
　주 작기 때문에 재료가 압축
　파괴될 때까지 좌굴현상이
　일어나지 않는 주체
② 단주 : 축력에 의하여 단면 내
　에 생기는 평균축응력이 재
　료의 탄성한계를 넘음으로써
　처음 좌굴이 일어나는 주체
③ 장주 : 축력에 의한 평균축응
　력이 재료의 탄성한계 이내
　에서 좌굴현상을 나타내는
　기둥

■ 단면의 핵
① 핵점 : 단면 내에 압축응력만
　이 일어나는 하중의 편심거
　리의 한계점
② 핵 : 핵점에 의해 둘러싸인
　부분
③ 핵반경 $e = \dfrac{Z}{A}$

A : 단면적(cm²)
Z : 단면계수(cm³)
∴ 장방형 $e = \dfrac{h}{6}$, 원형 $e = \dfrac{D}{8}$

② 공식

㉠ 일반식(도심에서 거리 y만큼 떨어진 지점의 응력)

$$\sigma = -\frac{N}{A} \pm \frac{M}{I}y$$

㉡ 최대응력

$$\sigma_{max} = -\frac{N}{A} - \frac{M}{Z} \leq f_c \text{ (휨모멘트가 작용하는 경우)}$$

$$\sigma_{max} = -\frac{N}{A} - \frac{N \cdot e}{Z} \leq f_c \text{ (편심축하중이 작용하는 경우)}$$

㉢ 최소응력

$$\sigma_{max} = -\frac{N}{A} + \frac{M}{Z} \leq f_c \text{ (휨모멘트가 작용하는 경우)}$$

$$\sigma_{min} = -\frac{N}{A} + \frac{N \cdot e}{Z} \leq f_c \text{ (편심축하중이 작용하는 경우)}$$

부호

최대 응력은 압축응력이 되며 부호규약으로 (−)이나 기둥 및 기초에서는 대부분 압축력만 작용하므로 일반적으로 생략하기도 한다.

▮예제1) 그림과 같은 조건으로 P=12tf의 압축력이 도심축에 작용할 때 압축 응력도를 구하시오.

풀이) $\sigma_c = \dfrac{N}{A} = \dfrac{12000}{12 \times 20} = 50(kgf/cm^2)$

예제2) 위의 조건에 축하중이 도심에서 장축방향 3cm(e=3cm) 되는 곳에 작용할 때의 응력도를 구하시오.

풀이) $\sigma_{min} = \dfrac{N}{A} - \dfrac{M}{Z} = \dfrac{12000}{12 \times 20} - \dfrac{12000 \times 3}{\dfrac{12 \times 20^2}{6}} = 5(kgf/cm^2)$

풀이) $\sigma_{max} = \dfrac{N}{A} + \dfrac{M}{Z} = \dfrac{12000}{12 \times 20} + \dfrac{12000 \times 3}{\dfrac{12 \times 20^2}{6}} = 95(kgf/cm^2)$

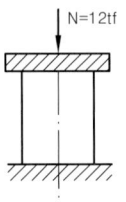

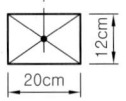

N=12tf

12cm

20cm

(2) 장주

1) 오일러(Euler)의 장주 공식

① 좌굴하중(P_k)

$$P_k = \frac{\pi^2 EI}{\ell_k^2}$$

여기서, E : 탄성계수(kgf/cm^2)

I : 단면2차모멘트 (cm^4, m^4)

ℓ_k : 유효좌굴길이(cm, m)

② 좌굴응력도(σ_k)

$$\sigma_k = \frac{P_k}{A} = \frac{\pi^2 E}{\lambda^2} = \frac{wN}{A}$$

여기서, P_k : 좌굴하중(kgf, tf)

A : 단면적(cm^2, m^2)

E : 탄성계수 (kgf/cm^2)

λ : 세장비

w : 좌굴계수

N : 축방향 압축력(kgf, tf)

장주의 좌굴

세장비와 양 끝의 지지상태에 따른 좌굴의 길이에 따라 크게 영향을 받으므로 동일 재료일지라도 세장비와 좌굴길이에 따라 강도가 달라진다.

세장비(λ)

$\lambda = \dfrac{\ell_k}{i}$
 i : 단면 2차 반지름($\sqrt{\dfrac{I}{A}}$)
 ℓ_k : 좌굴길이

장·단주 구별

구분	단주	장주
목재	$\lambda \leq 20$	$\lambda \rangle 20$
강재	$\lambda \leq 30$	$\lambda \rangle 30$

2) 유효좌굴길이(ℓ_k)

재단의 지지상태	일단고정 타단자유	양단회전	일단고정 타단회전	양단고정
	ℓ_k ℓ	ℓ_k ℓ	ℓ_k ℓ	ℓ_k ℓ
ℓ_k	2.0 ℓ	1.0 ℓ	0.7 ℓ	0.5 ℓ

① 좌굴 길이는 재단의 지지상태에 따라 달리 적용

② 동일한 단면이라도 좌굴길이가 짧을수록 더 큰 압축력에 저항

┃예제) 다음의 좌굴길이를 구하시오.

풀이) ① $\ell_k = 2\ell = 2\times2 = 4(m)$

② $\ell_k = \ell = 5m$

③ $\ell_k = 0.7\ell = 0.7\times4 = 2.8(m)$

④ $\ell_k = 0.5\ell = 0.5\times8 = 4(m)$

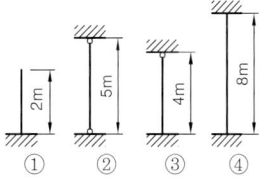

① ② ③ ④

예제) 중심압축력 30tf을 받고 단면적이 994mm²인 기둥에 대하여 장기압축응력도(f_k)

가 105kgf/mm²일 때 좌굴계수를 구하시오.

풀이) 좌굴응력도 $\dfrac{wN}{A} \leq f_k$

$w \leq f_k \cdot \dfrac{A}{N} = 105 \times \dfrac{994}{30000} = 3.48$

(3) 기초설계

1) 독립기초의 기초판 저면의 응력도

① 압축측 응력도

$$\sigma_{max} = -\frac{N}{A} - \frac{M}{Z}$$

② 인장측 응력도

$$\sigma_{min} = -\frac{N}{A} + \frac{M}{Z}$$

2) 독립기초바닥면의 크기 결정

$$\sigma_{max} = -\frac{N}{A} - \frac{M}{Z} \leq f_e \qquad \text{여기서, } f_e : \text{허용지내력도(tf/m²)}$$

┃예제) 다음 기초저면의 최대 응력도(σ_{max})를 구하시오.

풀이) $A = 3.5 \times 2 = 7(m^2)$

$Z = \dfrac{b \cdot h^2}{6} = \dfrac{2 \times 3.5^2}{6} = 4.08(m^3)$

$\sigma_{max} = -\dfrac{N}{A} - \dfrac{N \cdot e}{Z} = -\dfrac{300}{7} - \dfrac{300 \times 0.2}{4.08} = -57.6(tf/m^2)$

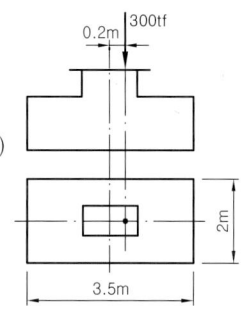

0.2m 300tf

2m

3.5m

❻ 담장의 구조설계

(1) 담장의 구조

① 구조물 자체의 중량과 수평 풍하중만이 작용하는 비내력벽으로 구분

② 담장의 붕괴로부터 안정성 확보

(2) 붕괴원인과 대책

1) 기초의 파괴

① 재료의 허용인장력을 초과하는 편심하중이 기초부에 작용할 때 발생

② 기초에 작용하는 인장력은 기초파괴나 부등침하의 원인임으로 모든 하중의 합이 압축력으로 작용하도록 설계

③ 중앙삼분점(middle third)의 원칙 : 모든 응력이 압축력이고 구조물의 합력이 중앙부분에 작용해야 안정하다는 것

④ 편심응력 : 압축응력과 휨응력의 합

　㉠ 기본식

$$f = -\frac{P}{A} \pm \frac{M}{Z} = -\frac{P}{bd}(1 \pm \frac{6e}{b})$$

여기서, f : 편심응력

A : 기초의 단면적

e : 편심거리

P : 편심하중

Z : 기초의 단면계수

　㉡ 동일 종류의 응력이 생기는 조건식

$$f = -\frac{P}{bd}(1 \pm \frac{6e}{b}) = 0, \ e = \pm\frac{b}{6}$$

2) 기초의 침하

① 상부의 하중으로 발생되는 최대압축응력이 기초지반의 허용지내력보다 클 경우 발생

② 지반이 연약층, 이질지층, 성토지반이거나 지하수위가 높은 경우

③ 지반의 지내력을 높이기 위해 기초를 보강하거나 기초 저면의 크기를 크게 설계

④ 안정성검토

　㉠ 편심하중에 의한 휨응력이 작용하지 않는 경우

$$\sigma_{max} = \left| -\frac{P}{A} \right| \leq f_e$$　　여기서, f_e: 허용 지내력도(tf/m²)

　㉡ 편심하중에 의한 휨응력이 작용하는 경우

$$\sigma_{max} = -\frac{P}{A} - \frac{M}{Z} = -\frac{P}{A}(1+\frac{6e}{b})$$

$$\therefore \ \sigma_{max} = \left| -\frac{P}{A}(1+\frac{6e}{b}) \right| \leq f_e$$

3) 전도

① 풍압 등의 수평력으로 발생하는 전도모멘트(M_0)가 저항모멘트(M_r)보다 클 경우 발생

▎담장붕괴의 원인

① 상부하중에 의한 기초의 파괴

② 지내력 부족에 의한 기초의 침하

③ 수평하중(풍압)에 의한 전도

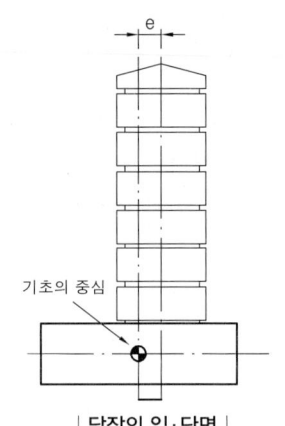

▎담장의 입·단면 ▎

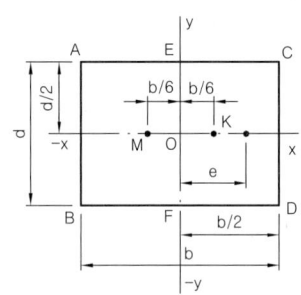

▎담장기초의 단면 ▎

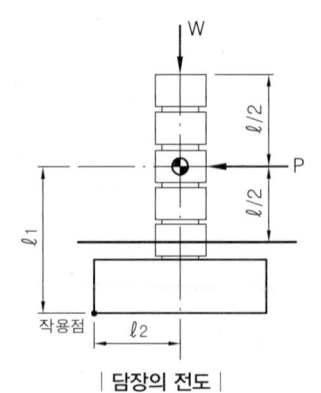

▎담장의 전도 ▎

② 안정성 검토

$$M_r = W\ell_2 \geq M_0 = P\ell_1, \quad 안전율 \ 1.5를 \ 적용하면 \ \frac{M_r}{M_0} \geq 1.5$$

4) 담장의 측지

① 측지 : 담장의 구조적 안정을 위하여 기둥, 벽기둥 또는 다른 벽에 지지하는 것

② 측지의 간격은 바람의 속도압에 따라 기둥사이의 거리(L)와 담장의 두께(T)의 비로 결정

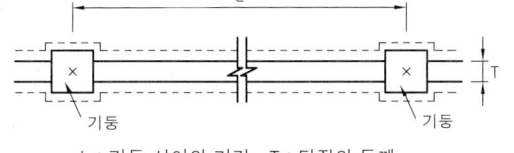

L : 기둥 사이의 거리, T : 담장의 두께

| 담장의 측지 |

┃ 바람의 속도압에 따른 L/T

속도압(kgf/m²)	최대비율(L/T)
24	35
49	25
73	20
98	18
122	16
147	14
171	13
196	12

┃ 예제) 바람의 속도압이 196kgf/m²인 곳에 표준형벽돌 1.0B의 담장을 쌓을 때 측지의 간격은 몇 m인가?

풀이) 표준형 벽돌 1.0B 두께는 19cm이고 L/T는 12(표 참조)이다.

$$L/19 = 12 \quad L = 228 \quad → 2.28m$$

▇ 옹벽의 안전성검토

(1) 옹벽의 종류

1) 중력식 옹벽

① 옹벽의 자중으로 토압에 저항하는 것으로 콘크리트, 돌, 벽돌 등을 사용하여 부피와 무게가 크므로 지반의 견고성 필수

② 옹벽의 높이는 4m 정도까지로 비교적 낮은 경우에 유리

③ 반 중력식은 자중을 줄이고 철근으로 안정성을 확보

2) 캔틸레버 옹벽

① 철근콘크리트 구조로 구조체 부피가 적어 옹벽 배면의 기초저판 위에 흙의 무게를 보강하여 안정성을 높인 것으로 중력식보다 경제적

② 단면의 형상에 따라 L형, 역T형으로 나누어지며 높이 6m까지 사용가능

③ 저판의 깊이 1.0m 이상−동결 깊이 이상

3) 부축벽 옹벽

① 철근콘크리트 구조로 역T형 옹벽으로 사용할 경우 수직벽의 강도를 높이기 위하여 일정한 간격으로 부벽을 설치한 것으로 높이 6m 이상에 사용가능

② 뒷 부벽식(토압을 받는 쪽에 부벽을 설치)과 앞면에 부벽을 설치한 앞 부벽식이 있으며, 보통 뒷 부벽식 사용

4) 조립식 옹벽

① 조립식 콘크리트블록을 사용하는 것으로 다양한 곡선의 옹벽 설치용이

② 옹벽이 다공질이고 개별적인 블록으로 구성되어 배면의 수압에 대한 조치 불필요

┃ 옹벽

수소적으로 강성이 매우 커서 구조물 자체의 변형 없이 일체로 거동하는 흙막이 구조물로써, 토사의 붕괴방지나 사용공간의 확보를 목적으로 하며, 일반적으로 낮은 쪽 지면에 옹벽을 만들고 그 배면에 성토한다.

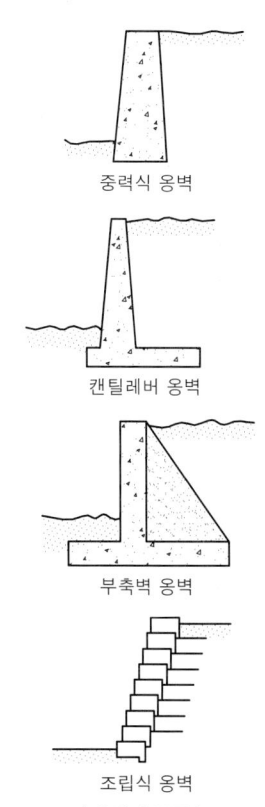

중력식 옹벽

캔틸레버 옹벽

부축벽 옹벽

조립식 옹벽

| 옹벽의 종류 |

(2) 토압의 종류

① 정지토압 : 옹벽에 뒷채움 흙을 채운 뒤에도 벽체의 변위가 생기지 않는 상태에서 작용하는 토압

② 주동토압(자연토압) : 옹벽이 뒷채움 흙(배면쪽)의 압력으로 벽체를 외측으로 움직이게 하거나 회전시키는 토압

③ 수동토압 : 주동토압과 반대로 외측에서 배면쪽으로 하중을 가할 때 뒷채움 흙이 압박을 받아 하나의 활동면을 따라 상향으로 밀려올라가게 하는 토압

(3) 토압의 계산

1) 토압의 작용점

① 배토의 지표면이 수평일 때는 옹벽 높이의 1/3지점에서 수평으로 작용

② 배토의 지표면이 경사진 경우 경사진 부분의 흙이 상재하중이 되어 옹벽 높이의 1/3지점에서 경사진 지표면과 평행하게 작용

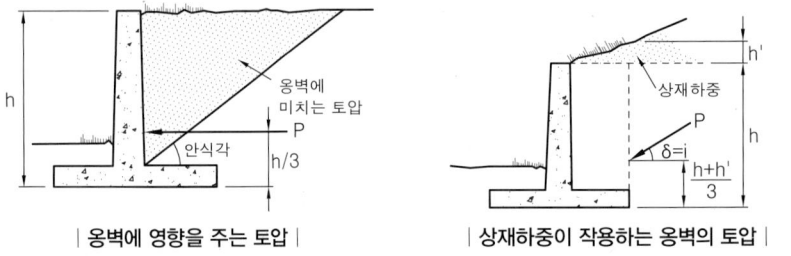

| 옹벽에 영향을 주는 토압 |　| 상재하중이 작용하는 옹벽의 토압 |

2) 랑킨(Rankine)의 주동토압공식을 사용한 토압과 작용점(안식각과 내부마찰각이 같으며 약 34°로 가정함)   W : 옹벽 및 저판 위의 중량

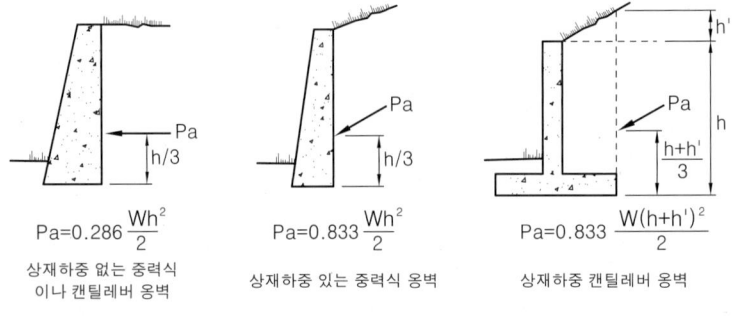

$Pa=0.286\dfrac{Wh^2}{2}$
상재하중 없는 중력식
이나 캔틸레버 옹벽

$Pa=0.833\dfrac{Wh^2}{2}$
상재하중 있는 중력식 옹벽

$Pa=0.833\dfrac{W(h+h')^2}{2}$
상재하중 캔틸레버 옹벽

| 옹벽의 종류별 토압과 작용점 |

(4) 옹벽의 안정조건

1) 일반적 안정

① 옹벽에 작용하는 토압과 옹벽중량의 합력이 옹벽기초부의 중앙 삼분점부분에 작용하는지의 판단

② 합력이 중앙 삼분점을 벗어날 경우 인장응력으로 인한 기초파괴나 부등침하 발생

③ 옹벽의 재료가 외벽보다 강한 재료로 구성되어야 한다.

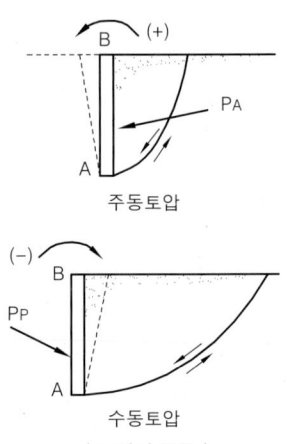

주동토압

수동토압

| 토압의 종류 |

▌배토(랑킨의 토압이론)
옹벽에 토압을 일으키는 흙으로 흙의 안식각 외부에 옹벽과 접하고 있는 부위를 말한다.

▌안식각(휴식각)
흙을 높이 쌓아두면 미끄러져 내려와 일정한 경사면을 이룰 때 수평면과 경사면이 이루는 각도. 역학적으로 흙 입자간의 인력 및 마찰력과 중력이 평형상태를 이루는 각도로 내부마찰각과 같다.

▌옹벽의 안정성 검토
옹벽에 접한 토사의 전단에 의한 활동파괴와 옹벽 자체의 파괴를 검토한다.

▌옹벽의 3대 기본 검토 요소
활동, 전도, 침하

2) 활동(sliding)에 대한 안정

① 활동 : 옹벽의 저부에 작용하는 합력 중 수평분력에 의해 옹벽이 밀리는 현상(활동력 = 수평분력의 합)

② 저항력 : 옹벽의 중량과 그것이 지지하고 있는 토양 중량의 합에 마찰계수를 곱한 마찰력

③ 활동력과 저항력의 비교로 안정성 검토 : 활동에 대한 안전율 1.5~2.0

$$F(안전율) = \frac{S_r(활동에 \ 대한 \ 저항력)}{\Sigma H(활동력)} > 1.5\text{\textasciitilde}2.0$$

단, S_r=W(옹벽과 저판 위의 흙의 중량의 합)×μ(마찰계수)

3) 전도에 대한 안정

① 전도 : 옹벽을 넘어뜨리려는 힘으로 옹벽에 작용되는 주동토압에 의해 옹벽의 외측 기초하단부에 걸리는 회전모멘트에 의해 발생

② 저항력 : 옹벽의 중량과 그것이 지지하고 있는 토양 중량의 합에 대한 동일한 지점에 대한 저항모멘트

③ 회전모멘트와 저항모멘트 비교로 안정성 검토 : 전도에 대한 안전율 2.0

$$F = \frac{M_r(작용점에서 \ 전도에 \ 대한 \ 저항모멘트)}{M_0(작용점에서 \ 토압에 \ 의한 \ 회전모멘트)} > 2.0$$

4) 침하에 대한 안정

① 옹벽에 작용하는 외력의 합력에 의하여 기초지반에 생기는 최대압축응력 δ_{max}이 지반의 지지력 δ_a보다 작으면 기초지반 안정

② 최대압축응력이 지반의 허용지지력보다 큰 경우 지반면 보완

$$\delta_{max} \leq \delta_a \qquad 단, \ \delta_{max} = \frac{\Sigma P_v}{A}\left(1+\frac{6e}{d}\right)$$

여기서, A : 옹벽의 단위길당 면적　ΣP_v : 수직하중

　　　　e : 편심거리　　　　　　　d : 옹벽의 저면폭

5) 옹벽의 배수

① 배수구를 옹벽의 저부에 설치

② 옹벽 상부로의 강우침투 차단

③ 벽면에 수평 수직으로 1.5~2.0m² 마다 직경 5~10cm 배수공 설치

④ 옹벽의 배수공 위치에 자갈 또는 쇄석으로 필터층 설치

⑤ 옹벽의 뒷채움 시 다짐 및 배수가 용이한 양질의 토사 사용

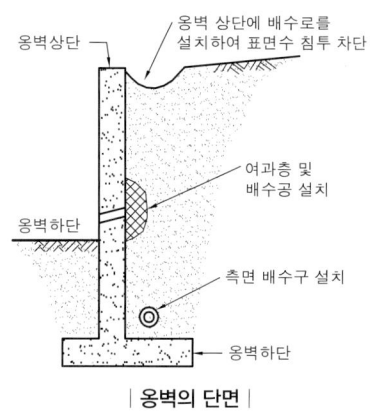

| 옹벽의 단면 |

▌예제

중력식 옹벽설계 시 활동력이 5000kgf이고 마찰계수가 0.7일 때 안전한 옹벽의 중량을 구하시오.

$$\frac{W \cdot \mu}{\Sigma H} > 1.5(최소) \rightarrow$$

$$W > \frac{1.5 \times \Sigma H}{\mu}$$

$$= \frac{1.5 \times 5000}{0.7}$$

$$= 10714.28 (kgf)$$

▌예제

그림과 같은 옹벽의 전도에 대한 안정을 검토하시오.

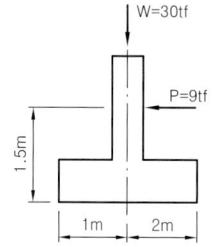

$$F = \frac{M_r}{M_0} > 2.0$$

$$\frac{30 \times 1.0}{9 \times 1.5} = 2.22 > 2.0$$

∴ 안전

▌함수량

함수량이 증가하면 흙의 단위중량 증가, 내부마찰각과 점착력 저하, 점토성 토양의 팽창, 수압증가 등이 발생한다

핵 심 문 제

1 구조설계의 과정을 순서대로 나열한 것은?

산기-06-2

㉮ 구조계획 → 구조해석 → 구조계산 → 구조체 작도

㉯ 구조계획 → 구조체 작도 → 구조계산 → 구조해석

㉰ 구조계획 → 구조계산 → 구조해석 → 구조체 작도

㉱ 구조계획 → 구조해석 → 구조체 작도 → 구조계산

2 조경 구조물을 역학적으로 해석하고 설계하는데 가장 우선하여 계산해야 되는 것은 무엇인가?

기-03-2, 기-04-4

㉮ 구조물에 작용하는 하중(荷重)

㉯ 재료의 허용강도(許容强度)

㉰ 구조물의 외응력(外應力)

㉱ 구조물에 생기는 반력(反力)

해 구조계산순서

1. 하중산정 : 구조물에 작용하는 하중을 종류에 따라 적용

2. 반력산정 : 하중에 의해 구조물의 각 지점에 발생하는 힘

3. 외응력 산정 : 외력에 의해 구조물에 발생되는 역학적 작용력

4. 내응력 산정 : 구조물 내부에 생기는 외력에 저항하는 힘

3 다음 힘에 대한 설명 중 틀린 것은?

기-05-2, 기-03-1, 산기-07-2

㉮ 힘의 3요소란 힘의 크기, 방향, 속도를 말한다.

㉯ 1개로 대치된 힘을 여러 개의 힘들에 대한 합력 이라 한다.

㉰ 1개의 힘이 2개 이상의 힘으로 나누어진 것을 분 력이라 한다.

㉱ 힘의 어느 한 점에 대한 회전 능력을 모멘트라 한다.

해 ㉮ 힘의 3요소란 힘의 크기, 방향, 작용점을 말한다.

4 그림은 힘에 관한 표시이다. 그림에 대한 설명 중 틀린 것은?

산기-05-2

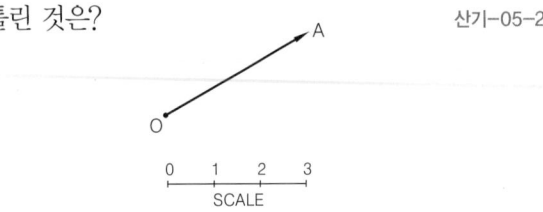

㉮ A 는 힘의 작용점이다.

㉯ OA 는 힘의 방향이다.

㉰ OA 의 길이는 축척에 의해 힘의 크기를 나타낸다.

㉱ 작용점, 방위와 방향, 크기를 힘의 3요소라 한다.

해 – 힘의 크기 : 축척에 의한 선분의 길이로 표시 (ℓ)

– 힘의 방향 : 화살표의 선분의 기울기(각도)로 표시 (θ)

– 힘의 작용점 : 선분 위의 한 점(보통 시작점)으로 표시 (x,y)

5 구조역학에서 힘의 공간상의 위치는 무시하고, 힘의 크기, 방위, 방향만으로 작도한 그림은?

기-07-1

㉮ 공간도(空間圖)　　㉯ 연력도(連力圖)

㉰ 시력도(示力圖)　　㉱ 합성분해도(合成分解圖)

6 아래 그림에서와 같은 평행력에 있어서 P_1, P_2, P_3, P_4의 합력의 위치는? (단, O점에서 떨어진 거리로 나타낸다.)

산기-10-2

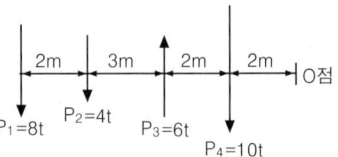

㉮ 5.4m　　　　　　　㉯ 5.7m

㉰ 6.0m　　　　　　　㉱ 6.4m

해 여러 개의 평행한 힘의 합성

· 합력 $R = P_1 + P_2 + P_3 + \cdots\cdots + P_n$

· 작용점 위치(바리뇽의 정리)

O점을 중심으로 작용점 x의 거리산출

$\chi = \dfrac{P_1 x_1 + P_2 x_2 + P_3 x_3 + \cdots\cdots + P_n x_n}{R}$

$R = -8 - 4 + 6 - 10 = -16$(하향)

$\chi = \dfrac{-8 \times 9 - 4 \times 7 + 6 \times 4 - 10 \times 2}{-16} = 6(m)$

7 그림과 같이 20t의 힘을 $\alpha_1 = 30°$, $\alpha_2 = 40°$의 두 방향으로 분해하여 분력 P_1과 P_2를 계산한 값은? (단, $\sin 70° = 0.9397$, $\sin 40° = 0.6428$이다.)

기-03-2, 기-10-4

㉮ $P_1 = 17.32t$, $P_2 = 10.00t$

㉯ $P_1 = 13.68t$, $P_2 = 10.64t$

㉰ $P_1 = 12.86t$, $P_2 = 15.32t$

㉱ $P_1 = 11.25t$, $P_2 = 14.36t$

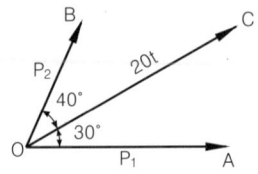

정답　**1** ㉮　**2** ㉮　**3** ㉮　**4** ㉮　**5** ㉰　**6** ㉰　**7** ㉯

해 힘의 분해

$$P_x = \frac{P\sin(\alpha-\beta)}{\sin\alpha}$$

$$P_y = \frac{P\sin\beta}{\sin\alpha}$$

$$P_1 = \frac{20\times\sin(70-30)}{\sin70} = 13.68(\text{tf})$$

$$P_2 = \frac{20\times\sin30}{\sin70} = 10.64(\text{tf})$$

8 모멘트(moment)에 대한 설명 중 옳지 않은 것은?

산기-02-2, 산기-04-2, 기-04-2, 산기-05-2

㉮ 한 지점에 대한 힘의 회전능률을 말한다.

㉯ 힘의 크기와 작용선까지의 거리를 곱한 값이다.

㉰ 시계방향으로 작용하면 (+), 반시계방향이면 (−)로 표시한다.

㉱ 단위는 kg/m² 또는 g/cm²와 같이 나타낸다.

해 ㉱ 단위는 kgf·m, tf·m와 같이 나타낸다.

9 다음 중 단순보의 모멘트에 관한 설명으로 틀린 것은?

기-09-1, 기-11-2

㉮ 모멘트의 단위는 kg·cm, 또는 t·m 이다.

㉯ 모멘트의 부호는 시계방향일 때 (+), 시계 반대방향일 때 (−)이다.

㉰ 모멘트의 크기는 작용하는 힘의 크기에 비례하고 중심에서의 거리에 반비례한다.

㉱ 휨모멘트가 최대인 곳에서 전단력은 0이다.

해 ㉰ 모멘트의 크기는 작용하는 힘과 거리에 비례한다.

10 다음 그림에서 힘 P의 점 O에 대한 모멘트 값은?

기-03-1, 기-11-4

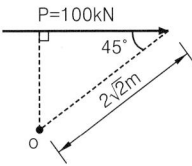

㉮ 100kN·m ㉯ 200kN·m

㉰ 200√2kN·m ㉱ 100√2kN·m

해 모멘트 M = P(힘)×ℓ(수직거리)

ℓ = 2√2×cos45° = 2(m)

∴M = 100×2 = 200(kN·m)

11 다음 그림과 같은 힘이 작용할 때 O점에 대한

모멘트의 크기는 얼마인가? 기-08-2

㉮ −24√3t·m

㉯ −12√3t·m

㉰ −8√3t·m

㉱ −4√3t·m

해 모멘트 M = P(힘)×ℓ(수직거리)

∴M = −4×(6×cos30) = −12√3(t·m)

12 그림과 같이 크기가 같고 방향이 다른 두 힘이 점 A에 작용할 때, 점 A에서의 모멘트의 크기는?

산기-08-2

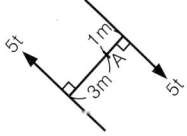

㉮ 5t·m

㉯ 10t·m

㉰ 15t·m

㉱ 20t·m

해 크기가 같고 방향이 반대인 경우는 우력모멘트로서 같은 평면 내 어떠한 곳에서도 일정하며 크기는 한 힘에 대한 두 힘 간의 거리의 곱으로 나타난다.

M = P×ℓ = 5×4 = 20(t·m)

13 다음 그림과 같은 힘이 작용할 때 점 A에 대한 모멘트는?

산기-04-1, 산기-08-4

㉮ 48kg·m

㉯ 50kg·m

㉰ 96kg·m

㉱ 192kg·m

해 그림에서 보이는 큰 삼각형과 닮은꼴이므로 길이의 비를 이용하여 수직거리를 구한다.

$$\frac{8}{10} = \frac{x}{6} \qquad x = 4.8m$$

∴ M = 40×4.8 = 192kg·m

14 힘의 크기는 같고 작용선이 평행하지만 방향과 작용점만이 서로 다른 힘을 무엇이라고 하는가?

기-08-1, 산기-04-4, 산기-09-1

㉮ 축력 ㉯ 우력

㉰ 반력 ㉱ 합력

15 그림과 같이 P(크기)가 같고 방향이 다른 두 힘이 점 A에서 발생하는 우력 모멘트는? 기-11-2

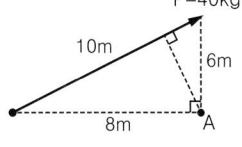

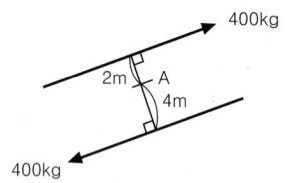

㉮ 0.8t·m   ㉯ 1.6t·m

㉱ 2.4t·m   ㉲ 3.6t·m

해 크기가 같고 방향이 반대인 경우는 우력모멘트로서 같은 평면 내 어떠한 곳에서도 일정하며 크기는 한 힘에 대한 두 힘 간의 거리의 곱으로 나타난다.

M = P×ℓ = 0.4×6 = 2.4(t·m)

16 하중(荷重)에 관한 설명으로 틀린 것은?

산기-03-4, 산기-04-2, 산기-09-1

㉮ 구조물에 작용하는 하중은 이동 여부에 따라 고정하중과 이동하중으로 분류된다.

㉯ 구조물에 작용하는 하중은 작용하는 면적의 대소에 의해 집중하중과 분포하중으로 나눈다.

㉱ 고정하중은 적재(積載)하중 또는 활(活)하중이라고도 한다.

㉲ 하중이 일정한 면적에 같은 세력으로 분포된 것을 등분포하중이라 한다.

해 ㉱ 고정하중은 사(死)하중이라고도 한다.

17. 단위 중량이 750kgf/m³인 목재를 사용하여 가로 2m, 세로 3.5m, 두께 6cm인 목재 데크를 만들었다. 이 목재 데크의 고정하중(kgf)은? 산기-09-4

㉮ 31.5   ㉯ 315

㉱ 420   ㉲ 3150

해 체적에 단위중량을 곱하여 하중을 산출한다.

W = 2×3.5×0.06×750 = 315(kgf)

18 구조물에 하중이 작용하면 각 지점(支点)에 생기는 힘을 무엇이라 하는가? 기-02-1, 기-05-4

㉮ 반력(反力)   ㉯ 합력(合力)

㉱ 분력(分力)   ㉲ 우력(偶力)

19 다음 중 반력(reaction)의 설명으로 옳은 것은?

산기-02-1, 기-04-2

㉮ 구조물에 외력이 작용할 때 하중과 평형을 유지하기 위한 힘

㉯ 힘의 한 점에 대한 회전능률

㉱ 방향과 작용점만이 서로 다르고 힘의 크기와 방위가 같을 때의 힘

㉲ P 또는 W로 표시되며 W는 중력에 의한 것일 때 주로 쓰인다.

해 반력 : 구조물에 하중이 작용할 때 반작용으로 각 지점에 생기는 힘

20 구조물에 발생하는 반력(反力)의 종류가 아닌 것은? 산기-06-2, 기-06-4

㉮ 수평반력(水平反力)   ㉯ 수직반력(垂直反力)

㉱ 모멘트 반력   ㉲ 고정반력(固定反力)

해 반력의 종류 = 수직반력(V), 수평반력(H), 모멘트반력(M)

21 다음 설명 중 잘못된 것은? 산기-02-2, 산기-07-1

㉮ 정지상태의 구조물은 하중과 반력에 의해 힘의 평형을 이루고 있다.

㉯ 하중이 반력보다 클 경우 구조물은 정지 상태에서 벗어나게 된다.

㉱ 구조물에 하중이 작용하게 되면 하중이 작용된 점에 반력이 생긴다.

㉲ 지점에 생기는 반력의 종류는 수평, 수직, 모멘트 반력이 있다.

해 ㉱ 구조물에 하중이 작용하게 되면 지점에 반력이 생긴다.

22 반력(反力)에 관한 다음 기술 중 옳지 않은 것은? 산기-03-1, 산기-08-2

㉮ 구조물에 하중이 작용하면 지점에 반력이 생긴다.

㉯ 구조물의 외력은 반력을 제외한 하중을 말한다.

㉱ 반력의 종류에는 수평반력, 수직반력, 모멘트반력, 비틀림반력이 있다.

㉲ 구조물은 하중과 반력에 의해 힘의 평형을 이루고 있다.

해 ㉯ 구조물의 외력은 구조물에 작용하는 모든 하중과 반력을 말한다.

23 다음 지점구조(支点構造)도해 중 구조역학상의 반력(反力)의 수가 1개인 것은 어느 것인가?

정답 **16** ㉱ **17** ㉯ **18** ㉮ **19** ㉮ **20** ㉲ **21** ㉱ **22** ㉯ **23** ㉱

산기-02-4

㉮ ▨█━━━━━━ ㉯ │
                 △

㉰ △ ㉱ ○━━━━

24 구조물에 쓰이고 있는 지점에 관한 기술 중 틀린 것은? 산기-05-1

㉮ 이동지점에서 수직반력 1개만 생긴다.

㉯ 고정지점에서 수직, 수평 및 모멘트의 3개 반력이 생긴다.

㉰ 회전지점에서 수직반력 및 모멘트의 2개 반력이 생긴다.

㉱ 하중이 구조물에 작용했을 때 그 하중과 비길 수있는 힘이 반드시 구조물의 지점에 작용하여야한다.

해 ㉰ 회전지점에서 수직반력 1개, 수평반력 1개의 반력이 생긴다.

·지점의 종류와 반력

종류	반력수
이동지점 (roller support)	수직반력 1개(수직운동 구속, 회전 가능, 수평이동 가능)
회전지점(hinged 또는 pin support)	수직반력 1개, 수평반력 1개 (수직·수평 운동구속, 회전가능)
고정지점 (fixed support)	수직반력 1개, 수평반력 1개, 모멘트반력 1개(수직·수평회전운동 구속, 이동과 회전 불가능)

25 캔틸레버 보의 고정점에 대하여 보의 끝부분에 작용하는 회전능률은 무엇인가? 기-11-4

㉮ 작용점 ㉯ 압축력

㉰ 모멘트 ㉱ 인장력

26 다음 설명 중에서 구조물의 3가지 평형조건식에 해당되지 않는 것은? 기-06-4

㉮ 수평력의 합은 영(零)이다.

㉯ 수직력의 합은 영(零)이다.

㉰ 전단력의 합은 영(零)이다.

㉱ 임의 지점의 모멘트의 합은 영(零)이다.

해 힘의 평형방정식(정지조건식) $\Sigma H = 0$, $\Sigma V = 0$, $\Sigma M = 0$

27 보(Beam)에 관한 설명으로 틀린 것은? 산기-04-4, 산기-08-4

㉮ 게르버보란 단순보와 내민보를 조합한 것이다.

㉯ ▨█━━━━━ 의 그림은 캔틸레버보를 나타낸다.

㉰ 고정보는 1개의 보를 3개 이상의 지점으로 지지하고 있는 것이다.

㉱ 단순보는 1개의 보가 양단으로 지지되어 그 1단은 회전지점으로 타단은 하중지점으로 지지하고있는 것이다.

해 ㉰ 고정보는 양단을 고정하거나 일단은 고정이고 타단은 회전등으로 반력수 4개 이상의 보를 말한다.

28 수평구조체의 부재 중 아래 그림의 명칭은? 산기-07-4

㉮ 단순보(simple beam)

㉯ 캔틸레버보(cantilever)

㉰ 내민보(overhanging beam)

㉱ 고정보(fixed beam)

29 다음 중 정정구조체(靜定構造體)의 수평부재(水平部材) 중 보의 지지방법에 관한 그림 중 캔틸레버보(cantilever beam)는 어느 것인가? 기-04-2

㉮ ▨█━━━━▨ ㉯ △━━━△

㉰ △━━△ ㉱ ▨█━━━

30 보(beam)의 구조에 대한 내용 중 한쪽 단은 고정되고 다른 한쪽 단은 지지점이 없는 보의 형태는? 산기-02-2, 산기-07-1, 기-08-2, 산기-11-1

㉮ 단순보 ㉯ 캔틸레버보

㉰ 내민보 ㉱ 고정보

31 다음 보의 표시방법을 도해한 것 중 게르버보(Gerver's beam)에 해당하는 것은? 기-07-2, 기-09-4

㉮ ▨█━━━━━

㉯ △━━━△

㉰ △━━○━△━━○━━△

㉱ △━━△━━

32 다음 구조물에 대한 설명 중 트러스(Truss)의 설명으로 옳은 것은?   기-03-4, 기-07-2

㉮ 축 방향으로 압축력을 받는 단일 부재(部材)

㉯ 보와 기둥, 즉, 수직재와 수평재가 강절점(rigid joint)으로 접합된 구조체

㉰ 2개 이상의 직선 부재의 양단을 마찰 없는 힌지 (Hinge)로 연결한 구조물

㉱ 부재 축이 곡선으로 되어 있는 구조체

🔠 트러스(truss) : 직선재를 삼각형구조로 만들어 마찰 없는 활절 점(Hinge)으로 연결한 각 부재는 인장력과 압축력만 받는다.

33 다음 그림은 어느 국립공원에 설치한 교량이다. 설명 중 옳은 것은?   기-04-2

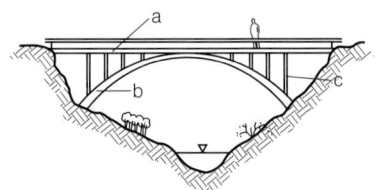

㉮ 이 교량의 구조는 현수교이다.

㉯ 주로 하중을 받는 부재는 b이다.

㉰ c는 케이블로 만드는 것이 좋다.

㉱ 반드시 철골구조로 만들어야 한다.

34 목재 교량의 횡보의 응력계산과 관계없는 것은?   기-07-1

㉮ 반력   ㉯ 전단력

㉰ 휨모멘트   ㉱ 장주응력

35 그림과 같은 단순보에서 B점의 수직반력은?

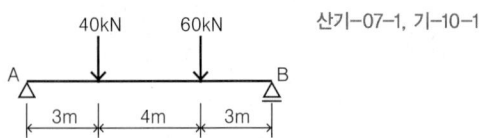

산기-07-1, 기-10-1

㉮ 50kN   ㉯ 54kN

㉰ 60kN   ㉱ 64kN

🔠 단순보의 집중하중

$$R_A = \frac{1}{\ell}(P_1b_1 + P_2b_2 + \cdots\cdots + P_nb_n)$$

$$R_B = \frac{1}{\ell}(P_1a_1 + P_2a_2 + \cdots\cdots + P_na_n)$$

$$\rightarrow R_B = \frac{1}{10}(40\times3 + 60\times7) = 54(kN)$$

36 다음 그림에서 B점의 반력(R_B)값은?   산기-05-4, 산기-10-4

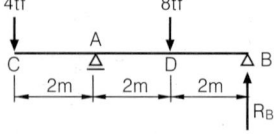

㉮ 0tf

㉯ 2tf

㉰ 4tf

㉱ 6tf

🔠 정정보는 힘의 평형방정식으로 반력을 구할 수 있으므로 A점을 중심으로 M=0이 되도록 B를 구한다.

$$\Sigma M_A = -4\times2 + 8\times2 - R_B\times4 = 0$$

$$\therefore R_B = 2(ton) \text{ 상향}$$

 - 참고로 R_A를 구해본다.

$$\Sigma M_B = -4\times6 + R_A\times4 - 8\times2 = 0$$

$$\therefore R_A = 10(ton) \text{ 상향}$$

검토 : 반력 + 외력 =0

       10 + 2 - 4 - 8 = 0   O.K

37 아래 구조물에서 A지점의 반력 R_A는?   기-07-2

㉮ 0.5t

㉯ 1.0t

㉰ 1.5t

㉱ 2.0t

🔠 간접하중을 받는 경우 상부 보의 지점반력을 구한 후 그것을 집중하중으로 하여 하부의 반력을 구한다.

 ·상부 보의 하중이 중앙에 놓이므로 반력은 하중의 1/2이다.

$$\therefore \frac{2}{2} = 1(ton)$$

 ·하부 보에 미치는 지점하중이 대칭하중으로 작용하므로 전체하중의 1/2이 지점반력이 된다. $\therefore \frac{2}{2} = 1(ton)$

38 점 A에 작용하는 반력은?   산기-03-2, 산기-08-1, 기-08-4

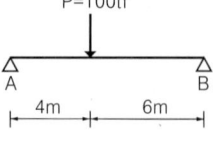

㉮ 20tf

㉯ 40tf

㉰ 60tf

㉱ 80tf

🔠 한 개의 집중하중을 받는 보

$$R_A = \frac{Pb}{\ell}, \ R_B = \frac{Pa}{\ell}$$

$$\rightarrow R_A = \frac{100\times6}{10} = 60(tf)$$

39 다음 그림과 같이 보에 3ton의 하중이 가해질 때 반력 R_A와 R_B는 각각 얼마인가?(단 소수점 3자리에서 반올림한다.) 기-05-1, 기-06-1, 기-07-4, 산기-07-2

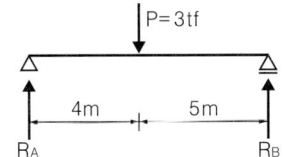

㉮ 반력R_A = 0.75t, 반력R_B = 0.60t

㉯ 반력R_A = 0.60t, 반력R_B = 0.75t

㉰ 반력R_A = 1.33t, 반력R_B = 1.67t

㉱ 반력R_A = 1.67t, 반력R_B = 1.33t

해 한 개의 집중하중을 받는 단순보

$$R_A = \frac{Pb}{\ell}, \ R_B = \frac{Pa}{\ell}$$

$$\rightarrow R_A = \frac{3 \times 5}{9} = 1.67(tf)$$

$$\rightarrow R_B = \frac{3 \times 4}{9} = 1.33(tf)$$

40 아래와 같은 단순보에 연속하중 w가 작용하고 있을 때 반력 R_B를 구하는 식은? 기-03-4

㉮ $R_B = \dfrac{W}{2}$

㉯ $R_B = \dfrac{W}{2}$

㉰ $R_B = \dfrac{w \cdot \ell}{8}$

㉱ $R_B = w \cdot \ell$

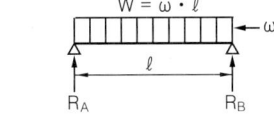

해 등분포하중을 받는 단순보

$$R_A = R_B = \frac{w\ell}{2} = \frac{W}{2}$$

41 그림과 같은 단순보에 경사하중이 작용할 때 A 지점의 반력은 얼마인가? 기-06-2

㉮ 2ton

㉯ 3ton

㉰ 5ton

㉱ 10ton

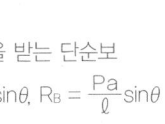

해 경사하중을 받는 단순보

$$R_A = \frac{Pb}{\ell}\sin\theta, \ R_B = \frac{Pa}{\ell}\sin\theta$$

$$H_B = P\cos\theta$$

$$\rightarrow R_A = \frac{10 \times 4}{10}\sin 30 = 2(ton)$$

42 다음의 단순보에서 A점의 반력이 B점의 반력의 3배가 되기 위한 거리 X는 얼마인가? 기-10-4

㉮ 3.75m

㉯ 5.04m

㉰ 6.06m

㉱ 6.66m

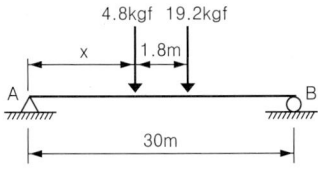

해 반력의 제시된 조건 $R_A = 3R_B$

· 합력 R = -4.8 - 19.2 = -24(kgf) 하향 ∴ $R_B = 6kgf$

· 두 힘에 대한 R의 작용점 거리(P_1기준)

$$\chi_p = \frac{19.2 \times 1.8}{24} = 1.44(m)$$

· A점에 대한 R의 작용점 거리

$$\Sigma M_A = 24 \times \chi_A - 6 \times 30 = 0$$

$$\chi_A = \frac{6 \times 30}{24} = 7.5(m)$$

∴ A점으로부터 P_1의 거리 $\chi = 7.5 - 1.44 = 6.06(m)$

43 다음 그림과 같이 하중을 받고 있는 보에서 지점 B의 반력이 3W라면 하중 3W의 재하 위치 χ는 얼마 인가? 산기-11-4

㉮ $\dfrac{\ell}{2}$

㉯ $\dfrac{\ell}{4}$

㉰ $\dfrac{\ell}{6}$

㉱ $\dfrac{\ell}{8}$

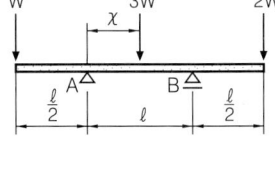

해 제시된 조건에 따라 $R_B = 3W$

A점을 중심으로 한 평형조건식

$$\Sigma M_A = -W(\frac{\ell}{2}) + 3W(\chi) - 3W(\ell) + 2W(\ell + \frac{\ell}{2})$$

$$= -\frac{w\ell}{2} + 3W\chi - 3W\ell + 3W\ell = 0$$

$$\therefore \chi = \frac{\ell}{6}$$

44 외응력에 대한 설명 중 틀린 것은? 기-07-4

㉮ 연직교하중만 작용하는 보에는 휨모멘트와 전단력이 생긴다.

㉯ 기둥에 축 하중만 작용하는 경우에는 부재를 단순히 압축 또는 신장하려는 외응력인 축방향력이 생긴다.

㉰ 축방향력이 인장력일 때 부(-)로 표시한다.

㉱ 전단력은 일반적으로 연직교력에 의해서만 생기므로 전단력 계산에서는 부재에 작용하는 외력 중 모멘트 하중은 고려하지 않아도 된다.

해 ㉰ 축방향력이 인장력일 때 정(+)으로 표시한다.

· 단면력의 보호규약

– 축방향력이 인장이면 (+)

– 전단력의 왼쪽 성분이 상향이면 (+)

– 휨모멘트의 왼쪽 성분이 시계방향이면 (+)

※ (+),(−)의 위치표시는 단지 약속일 뿐이며, 위와 반대로 해도 크기에는 상관이 없다.

45 다음 중 구조물에 생기는 외응력의 종류가 아닌 것은?　　　　산기-04-1, 기-05-1

㉮ 우력　　　　　　㉯ 축력

㉰ 전단력　　　　　㉱ 곡모멘트

해 ·구조물에 생기는 외응력의 종류
- 보 : 일반적으로 연직하중만 작용하여 휨모멘트와 전단력 발생
- 기둥 : 축방향력, 휨모멘트, 전단력

46 파골라의 횡보에는 어떤 외응력을 고려하여 설계해야 하는가?　　　　기-04-4

㉮ 축력과 곡 모멘트　㉯ 곡 모멘트와 전단력

㉰ 전단력과 열 모멘트　㉱ 축력과 전단력

47 다음 보에 걸리는 휨 모멘트(Bending moment)에 대한 해설로 옳은 것은?　　　기-04-2, 기-06-2

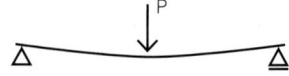

㉮ 보의 상부는 인장력, 하부는 압축력을 받으며, 부(−)의 힘으로 작용한다.

㉯ 보의 상부는 인장력, 하부는 압축력을 받으며, 정(+)의 힘으로 작용한다.

㉰ 보의 상부는 압축력, 하부는 인장력을 받으며, 정(+)의 힘으로 작용한다.

㉱ 보의 상부는 압축력, 하부는 인장력을 받으며, 부(−)의 힘으로 작용한다.

48 다음 그림과 같은 단순보에 등분포 하중이 작용할 때 최대 휨모멘트는?　　　산기-08-4

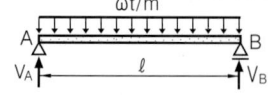

㉮ $\dfrac{w\ell^2}{2}$　　　　㉯ $\dfrac{w\ell^2}{4}$

㉰ $\dfrac{w\ell^2}{8}$　　　　㉱ $\dfrac{w\ell^2}{24}$

49 단순보에 등분포하중이 작용할 때 보에 대한 설명으로 틀린 것은?　　　산기-06-4, 기-09-1

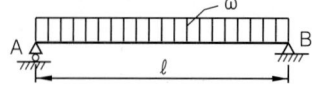

㉮ A점은 반력은 $\dfrac{w\ell}{2}$ 이다.

㉯ 최대전단력은 보의 중앙($\dfrac{\ell}{2}$)지점에서 $\dfrac{w\ell}{2}$ 이다.

㉰ 최대 휨 모멘트는 보의 중앙($\dfrac{\ell}{2}$)지점에서 $\dfrac{w\ell^2}{8}$ 이다.

㉱ 단순보를 철근콘크리트로 만든다고 할 때 보단면 하단에 철근을 설치하는 것이 적합하다.

해 ㉯ 최대 전단력을 휨모멘트가 '0'인 지점인 양쪽의 지점에서 나타난다.

50 그림의 보에서 최대휨 모멘트가 생기는 위치는 지점 A로부터 얼마 떨어진 곳인가?　　　기-10-2

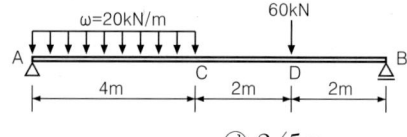

㉮ 2m　　　　　　㉯ 2.45m

㉰ 3.75m　　　　　㉱ 6m

해 최대 휨모멘트는 전단력이 '0'인 곳에서 발생한다.

· 반력산정

$\Sigma M_A = 80 \times 2 + 60 \times 6 - R_B \times 8 = 0$

∴ $R_A = V_A = 75kN$, $R_B = V_B = 65kN$

· 전단력이 '0'인 위치 산정

$Q_x = V_A - wx = 0$

∴ $x = \dfrac{V_A}{w} = \dfrac{75}{20} = 3.75(m)$

51 단순보 위에 등분포 하중이 작용할 때 다음 중 휨모멘트의 도시가 바르게 된 것은?　　　기-04-1

㉮ 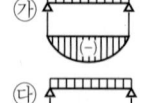　　㉯

㉰ 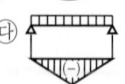　　㉱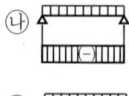

해 단순보에 등분포하중이 작용하는 경우 휨모멘트도는 2차 곡선의 형태로 나타난다.

정답　**45** ㉮　**46** ㉯　**47** ㉰　**48** ㉰　**49** ㉯　**50** ㉰　**51** ㉮

52. 양단 고정보에서 C점의 휨모멘트는? (단, 보의 휨강도 EI는 일정하다.) 기-08-4

㉮ 3.5 ft·m

㉯ 4.0 ft·m

㉰ 4.5 ft·m

㉱ 5.0 ft·m

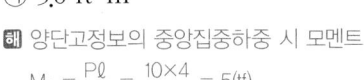

해 양단고정보의 중앙집중하중 시 모멘트

$$M_C = \frac{P\ell}{8} = \frac{10 \times 4}{8} = 5(tf)$$

53 그림과 같은 내민보에서 D점에 집중하중 P = 5t 이 작용할 경우 C점에서의 휨모멘트 크기는? 기-11-1

㉮ 10t·m

㉯ 7.5t·m

㉰ 5t·m

㉱ 2.5t·m

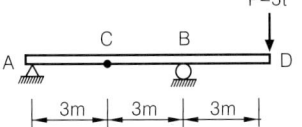

해 평형조건식으로 반력 산정 후 모멘트 산정

$$\Sigma M_A = -V_B \times 6 + 5 \times 9 = 0$$

$$\therefore V_B = 7.5(t) \text{ 상향}$$

$$M_C = -7.5 \times 3 + 5 \times 6 = 7.5(t \cdot m)$$

54 아래와 같은 캔틸레버보에서 주어진 하중에 따라 보의 A점에서 생기는 휨모멘트(bending moment)는? 기-09-1

㉮ $P_1 L_1$

㉯ $(P_1 - P_2)(L_1 - L_2)$

㉰ $P_2 L_2 + P_1 L_1$

㉱ $-P_1 L_1 + P_2 L_2$

해 A점을 기준으로 모멘트 산정

$$M_A = -P_1 \times L_1 + P_2 \times L_2$$

55 다음 그림과 같은 캔틸레버보 AB에 2tf/m의 등분포하중이 걸릴 때 최대휨모멘트 값 M_B는? 기-04-1, 기-08-1

㉮ 50 tf·m

㉯ 100 tf·m

㉰ 200 tf·m

㉱ 400 tf·m

해 캔틸레버에 등분포하중이 작용하는 경우

$$M_A = \frac{w\ell^2}{2} = \frac{2 \times 10^2}{8} = 100(tf \cdot m)$$

→ 모멘트 M_B의 값은 '0'이다. 정답없음

56 다음 그림에서 굽힌 모멘트의 최대치는? 기-02-1, 기-05-4

㉮ −4t·m

㉯ −6t·m

㉰ −8t·m

㉱ −12t·m

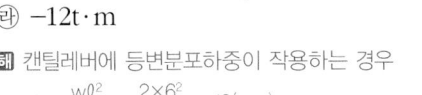

해 캔틸레버에 등변분포하중이 작용하는 경우

$$M = \frac{w\ell^2}{6} = \frac{2 \times 6^2}{8} = 12(t \cdot m)$$

57 재료의 역학적(力學的) 성질에 대한 설명 중 응력(應力, stress)의 설명으로 옳은 것은? 산기-02-2, 산기-07-2

㉮ 구조물에 작용하는 외력(外力)

㉯ 외력에 대하여 견디는 성질

㉰ 구조물에 작용하는 외력에 대응하는 내력(內力)의 크기

㉱ 구조물에 하중이 작용할 때 저항하는 재료의 능력

해 응력(내응력) : 외력의 상태에 따라 변화한 후 원래의 상태로 돌아가려고 하는(상호적인 위치의 변화에 대하여 저항하려는) 물체 내에 생긴 힘을 말한다.

58 아래 연강의 응력–변형률 곡선에 대한 설명으로 옳지 않은 것은? 산기-10-1

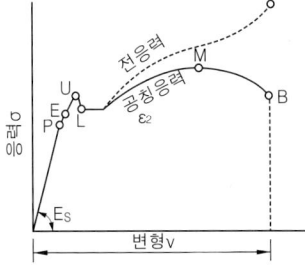

㉮ P는 비례한도이다.   ㉯ E는 탄성한도이다.

㉰ L은 하항복점이다.   ㉱ U는 중간항복점이다.

해 U : 상항복점, M : 극한점, B : 파단점

59 안전율을 고려하여 허용응력을 구조재의 최고 강도보다 상당히 적게 하는 이유로 부적합한 것은? 기-08-4

㉮ 구조재료의 성질이 반드시 같지 않으며, 내부에 결함이 있을 수 있다.

㉯ 재료가 부식하거나 풍화하여 부재단면이 감소할 수 있다.

㉰ 구조계산의 이론이 불완전하며, 이론과 실제가 일치하지 않을 수 있다.

㉱ 구조재료의 강도는 정적으로만 작용하므로 큰 차이가 발생할 수 있다.

60 1m×2m인 콘크리트 단면에 100tf의 압축력이 작용할 때 이 단면의 압축응력은? 기-04-1, 기-08-1

㉮ 25tf/m² ㉯ 50tf/m²

㉰ 100tf/m² ㉱ 200tf/m²

🄷 축방향력에 의한 수직압축응력

$$\sigma = \frac{P}{A}$$

P : 압축력 = 100tf

A : 단면적 = 1×2 = 2m²

∴ $\sigma = 100/2 = 50(\text{tf/m}^2)$

61 다음 그림에서 도심축에 대한 단면 2차모멘트는 얼마인가? 기-05-4, 기-06-1

㉮ 31,250cm⁴

㉯ 312,500cm⁴

㉰ 37,500cm⁴

㉱ 375,000cm⁴

🄷 도심축에 대한 단면 2차 모멘트

$$I = \frac{bh^3}{12} = \frac{30 \times 50^3}{12} = 312500\text{cm}^4$$

62 다음 그림은 보의 단면을 도해한 것이다. 연직 방향으로 하중이 작용할 때 휨에 대한 강도의 비율 A : B : C로 맞는 것은? (단, 강도의 비율은 단면계수 (Z)로 구한다.) 기-03-2, 기-11-2

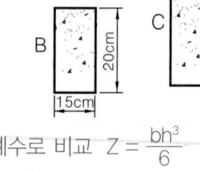

㉮ 1 : 2 : 3

㉯ 1 : 2 : 4

㉰ 1 : 2 : 5

㉱ 1 : 2 : 6

🄷 ·사각형 단면계수로 비교 $Z = \frac{bh^3}{6}$

A단면 $Z = \frac{30 \times 10^2}{6} = 500(\text{cm}^3)$

B단면 $Z = \frac{15 \times 20^2}{6} = 1000(\text{cm}^3)$

C단면 $Z = \frac{10 \times 30^2}{6} = 1500(\text{cm}^3)$

∴ 500 : 1000 : 1500 = 1 : 2 : 3

63 단면 2차모멘트(Moment of Inertia)에 관한 설명 중 옳은 것은? 기-08-4

㉮ 단면적에 거리를 곱한 값이다.

㉯ I = ∫y³dA로 표시된다.

㉰ 단위는 cm²이다.

㉱ 단면에서 단면2차모멘트값 I가 최대 혹은 최소가 되는 축을 주축이라 한다.

🄷 단면 2차모멘트 : I = ∫y²dA

단면 2차모멘트의 단위 : [cm⁴, m⁴]

64 그림과 같은 직사각형 단면의 하단축인 X축에 대한 단면 2차 모멘트 Iₓ는? 기-10-1

㉮ $\frac{bh^3}{12}$

㉯ $\frac{bh^3}{3}$

㉰ $\frac{bh^3}{6}$

㉱ $\frac{bh^3}{2}$

🄷 평행축 정리에 의하여 산출한다.

$$I_x = I_{xG} + y_0^2 A$$
$$= \frac{bh^3}{12} + \left(\frac{h}{2}\right)^2 A = \frac{bh^3}{3}$$

65 다음 중 좌굴현상(挫屈 : buckling)의 설명으로 가장 옳은 것은? 기-06-4

㉮ 나무가 바람에 못 견뎌서 넘어지는 현상

㉯ 나무 난간이 몸무게에 못 견뎌서 부러지는 현상

㉰ 땅이 얼었다가 녹을 때 포장이 깨지는 현상

㉱ 긴 기둥이 무게에 못 견뎌서 휘어져 부러지는 현상

🄷 좌굴(buckling)

기둥의 길이가 그 휨단면의 치수에 비해 클 때 기둥의 양단에 압축하중이 가해졌을 경우 하중이 어느 크기에 이르면 기둥이 갑자기 휘는 현상

66 다음 그림과 같이 양단이 회전단인 부재의 좌굴축에 대한 세장비는? (단, 기둥의 길이는 6.6m이고, 단면은 30×50cm 이다.) 산기-11-4

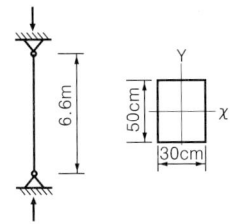

㉮ 76.21
㉯ 84.28
㉰ 94.64
㉱ 103.77

해 세장비는 기둥의 길이와 최소단면2차반경과의 비로서, 좌굴은 약축인 y축에서 먼저 일어난다.

· 장방형 단면2차반경

$$i = \sqrt{\frac{I}{A}} = \frac{h}{2\sqrt{3}} = \frac{30}{2\sqrt{3}} = 8.66(cm)$$

$$\therefore 세장비 \ \lambda = \frac{\ell_k}{i} = \frac{660}{8.66} = 76.21$$

67 조적조에서 개구부 상부에 설치하는 아치(Arch)는 부재의 하부에 어떤 응력이 생기지 않는가?

기-09-2

㉮ 전단력   ㉯ 집중하중
㉰ 인장력   ㉱ 압축력

68 다음과 같은 양단고정보의 단부 휨모멘트 값은? (단, 보의 휨강도 EI는 일정하다.)

기-11-2

㉮ $\frac{3p\ell}{16}$
㉯ $\frac{p\ell}{8}$
㉰ $\frac{p\ell}{12}$
㉱ $\frac{p\ell}{4}$

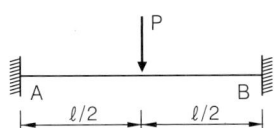

69 등분포하중을 받는 보에서 처짐이 가장 작은 경우의 단면 형태는?

기-10-2

(단, 길이, 탄성계수 등 모든 조건은 동일하다.)
㉮ 지름이 d인 원형 단면
㉯ 한 변이 d인 정사각형 단면
㉰ 밑변이 0.5d, 높이가 1.5d인 직사각형 단면
㉱ 밑면이 d, 높이가 0.8d인 삼각형 단면

해 처짐량은 길이와 하중에 비례하고 탄성계수와 단면2차모멘트에 반비례한다. 제시된 조건에서처럼 길이, 탄성계수 등 모든 조건이 동일한 경우 단면2차모멘트의 크기가 클수록 처짐량은 작아진다. 또한 단면2차모멘트는 휨축에 대한 크기에 매우 좌우된다.

· 검토 : d를 1로 놓고 산정

㉮ 단면 : $\frac{\pi d^4}{64} = \frac{3.14}{64} = 0.05$
㉯ 단면 : $\frac{bh^3}{64} = \frac{1}{12} = 0.08$
㉰ 단면 : $\frac{bh^3}{12} = \frac{1.69}{12} = 0.14$
㉱ 단면 : $\frac{bh^3}{36} = \frac{0.51}{36} = 0.01$

70 보의 처짐에 대한 설명 중 틀린 것은?

기-09-2

㉮ 보의 처짐은 보의 길이, 하중, 탄성계수, 단면2차모멘트에 의해 결정된다.
㉯ 보의 길이와 하중이 커질수록 처짐이 커지게 된다.
㉰ 목재의 경우 강재보다 탄성계수가 훨씬 작기 때문에 강재보다 처짐이 커지게 된다.
㉱ 대부분의 경량구조물에서는 보의 처짐을 스팬의 1/100~1/150 이내로 제한하는 것이 좋다.

해 ㉱ 경량구조물의 보의 처짐량은 스판의 1/300~1/360 이내, 캔틸레버보는 1/150~1/180 이내

71 그림과 같은 보의 C점에서의 처짐량은? (단, 보의 굽힘 강성 EI는 일정하고, 자중은 무시한다.)

기-09-2

㉮ $\frac{PL^3}{12EI}$
㉯ $\frac{PL^3}{24EI}$
㉰ $\frac{PL^3}{48EI}$
㉱ $\frac{PL^3}{96EI}$

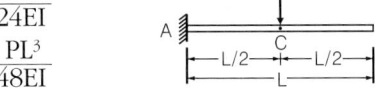

해 집중하중을 받는 캔틸레버 보의 처짐량
$$\delta = \frac{PL^3}{3EI}$$
주어진 조건에서 길이가 L/2로 주어졌으므로
$$\delta = \frac{P(\frac{L}{2})^3}{3EI} = \frac{PL^3}{24EI}$$

72 그림과 같은 장주의 좌굴길이의 크기를 옳게 표시한 것은? (단, 기둥의 재질과 단면 크기는 모두 동일하다.)

기-03-4, 기-07-1

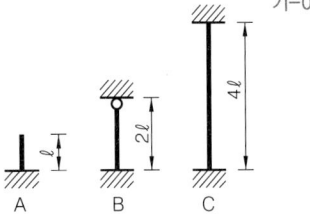

㉮ A = B > C   ㉯ A < B < C
㉰ A = C > B   ㉱ A = B = C

해 각 장주의 좌굴길이(ℓ_k)를 조건에 맞게 환산한다.

A. 일단고정 타단자유 : $\ell_k = 2\ell = 2 \times \ell = 2\ell$

B. 일단고정 타단회전 : $\ell_k = 0.7\ell = 0.7 \times 2\ell = 1.4\ell$

C. 양단고정 : $\ell_k = 0.5\ell = 0.5 \times 4\ell = 2\ell$

∴ A = C 〉 B

73 다음 그림은 기둥의 지지상태를 나타낸 것이다. 기둥의 재질과 단면의 크기가 동일하다고 가정할 때 좌굴하중이 큰 순서대로 나열된 것은?

기-04-1, 기-07-4

㉮ A 〉 B 〉 C 〉 D

㉯ D 〉 C 〉 B 〉 A

㉰ B 〉 C 〉 D 〉 A

㉱ C 〉 B 〉 D 〉 A

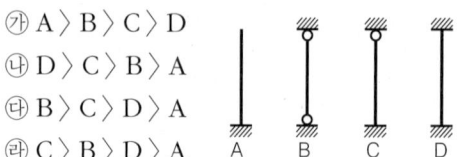

74 길이 5.0m인 기둥의 지점 조건에 따른 유효좌굴길이가 옳게 연결된 것은?

산기-06-1

㉮ 양단 고정인 경우 : 4.0m

㉯ 일단 고정, 일단 자유인 경우 : 7.5m

㉰ 양단 힌지인 경우 : 5.0m

㉱ 일단 고정, 일단 힌지인 경우 : 6.0m

75 다음 그림에 대한 설명 중 잘못 기술된 것은?

산기-06-1, 산기-08-1

㉮ A점에 하중P가 작용하고 있다.

㉯ B점을 고정지점이라고 한다.

㉰ 하중P가 증가되면 파괴는 A에서 일어난다.

㉱ 하중P가 증가되면 파괴는 B에서 일어난다.

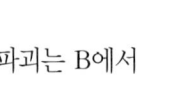

76 기둥의 세장비(細長比)로 옳은 것은?

기-09-2

㉮ $\dfrac{\text{기둥의 유효길이}}{\text{최대단면 2차반지름}}$

㉯ $\dfrac{\text{기둥의 유효길이}}{\text{최소단면 2차반지름}}$

㉰ $\dfrac{\text{최소단면 2차반지름}}{\text{기둥의 유효길이}}$

㉱ $\dfrac{\text{최대단면 2차반지름}}{\text{기둥의 유효길이}}$

🖪 세장비(λ) $\lambda = \dfrac{\ell_k}{i}$ i : 단면 2차 반지름, ℓ_k : 좌굴길이

77 부재의 단면적이 5cm×5cm되는 기둥에 50kg의 수직하중이 작용할 때 응력도는?

기-05-2, 기-07-2

㉮ 0.5kg/cm²

㉯ 2kg/cm²

㉰ 10kg/cm²

㉱ 1,250kg/cm²

🖪 축방향력에 의한 수직압축응력도

$\sigma = \dfrac{P}{A} = \dfrac{50}{5 \times 5} = 2(\text{kg/cm}^2)$

78 벽돌벽의 구조상 벽체, 바닥, 지붕, 등의 하중을 받아 기초에 전달하는 벽은?

기-06-4

㉮ 내력벽(耐力壁)

㉯ 장막벽(帳幕壁)

㉰ 중공벽(中空壁)

㉱ 비내력벽(非耐力壁)

79 다음은 담(wall)의 구조에 관한 사항이다. 옳은 것은?

기-03-4

㉮ 벽돌담의 기초는 독립기초가 적절하다.

㉯ 담은 구조물의 자중만 작용하는 비내력벽이다.

㉰ 벽돌담 제일 윗켜에는 모자(coping)를 씌워서 수밀성을 높힌다.

㉱ 벽돌담에는 반드시 기둥을 설치해야 한다.

🖪 담은 구조물 자체의 중량과 수평 풍하중만이 작용하는 비내력벽으로 구분한다.

80 담장 붕괴를 발생시키는 부동침하(不同沈下)의 주요원인에 속하지 않는 것은?

산기-03-2, 산기-07-1, 기-07-4, 기-08-4

㉮ 이질지층(異質地層)

㉯ 연약지반(軟弱地盤)

㉰ 지하수위변경(地下水位變更)

㉱ 과하중(過荷重)

🖪 부동침하(不同沈下)의 주요원인

· 상부의 하중으로 발생되는 최대압축응력이 기초지반의 허용지내력보다 클 경우 발생

· 지반이 연약층, 이질지층, 성토지반이거나 지하수위가 높은 경우

81 다음 그림과 같은 콘크리트 담장에서 풍압(P)에 의해 담장을 넘어뜨리려는 힘은 어느 것인가?

기-03-4

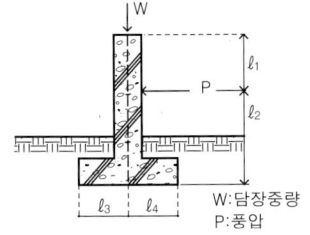

㉮ $p \cdot \ell_1$
㉯ $p \cdot \ell_2$
㉰ $p \cdot \ell_3$
㉱ $w \cdot \ell_4$

W:담장중량
P:풍압

82 다음 그림과 같은 1.0B 되는 벽돌 담장에서 힘 P에 대한 저항 모우먼트는?　　기-04-1, 산기-05-1

㉮ 280kg·m
㉯ 320kg·m
㉰ 1,900kg·m
㉱ 9,100kg·m

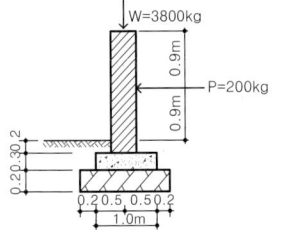

해 힘 P에 대한 모멘트를 전도모멘트라 하며 기초의 왼쪽 끝단을 중심으로 발생한다. 이에 반하여 저항 모멘트는 힘 P에 의한 모멘트와 반대방향의 모멘트를 말하며, 그림에서는 전도모멘트가 발생한 중심을 기준으로 힘 W에 의해서 생긴다.

· 전도모멘트 $M_o = 200 \times 1.4 = 280$(kgf·m)

· 저항모멘트 $M_r = 3800 \times 0.5 = 1900$(kgf·m)

83 담장시공에서 전도(轉倒)의 위험성 고려 시 가장 중요한 것은?　　기-07-1, 기-11-2

㉮ 설(雪)하중
㉯ 풍(風)하중
㉰ 수직등분포하중
㉱ 자중(自重)

84 바람의 속도압 195kg/m²이고, 벽돌담장의 두께는 21cm(기존형 벽돌 1.0B), 최대비율 L/T=12일 때 기둥사이의 거리(cm)는 얼마인가?　　기-06-2, 산기-08-2

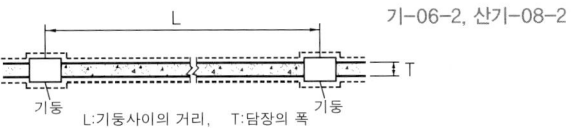

L:기둥사이의 거리,　T:담장의 폭

㉮ 195
㉯ 210
㉰ 247
㉱ 252

해 담장의 측지를 위한 벽두께(T) 및 기둥의 간격(L)은 바람의 속도압에 따라 최대비율(L/T)로 결정된다.

· 조건에 따라 간격 결정 : L/T=12

$L/21 = 12$　∴ L=252cm

85 바람의 속도압이 171kgf/m² 되는 곳에 표준형 벽돌 1.0B로 담장을 설치하려 한다. 담장의 측지사이 거리(L)와 담장의 폭(T)의 최대비가 13일 때 측지의 간격은 얼마인가?　　산기-05-4, 산기-11-4

㉮ 2.28m
㉯ 2.47m
㉰ 2.52m
㉱ 2.73m

해 · L/T = 13,　표준형 벽돌 1.0B : 19cm

· L/19 = 13　∴ L = 247 → 2.47m

86 재료가 많이 소요되며, 4m 정도까지로 비교적 낮은 옹벽에 많이 쓰이는 가장 단순한 옹벽은?　　산기-02-1, 산기-03-4, 산기-05-1, 산기-06-4

㉮ 캔틸레버 옹벽
㉯ 부축벽 옹벽
㉰ 중력식 옹벽
㉱ 역T형 옹벽

87 옹벽단면의 경제성이 높으며, 높이 6m 이상의 상당히 높은 흙막이 벽에 쓰이는 옹벽은?　　산기-03-2

㉮ 중력식옹벽
㉯ 캔틸래버(Cantilever) 옹벽
㉰ 부축벽옹벽
㉱ 무근콘크리트 옹벽

88 6m까지의 높이로 옹벽을 만들 경우 적용하는 옹벽 종류는?　　산기-04-2

㉮ 캔틸레버 옹벽
㉯ 반중력식 옹벽
㉰ 중력식 옹벽
㉱ 옹벽부축벽 옹벽

89 다음 그림의 옹벽에 관한 사항 중 옳은 것은?　　기-03-1

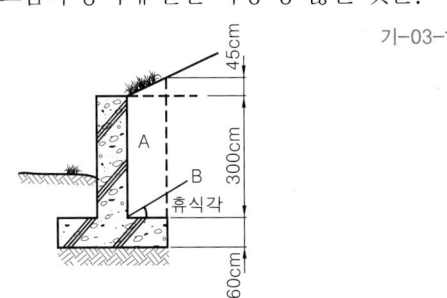

㉮ 무근 콘크리트 구조이다.
㉯ 4m 이하의 높이에 유리한 구조다.
㉰ 하중은 옹벽높이 $\frac{1}{3}$ 지점인 1.2m 지점에 수평방향으로 작용한다.

㉱ 켄티레버옹벽으로 중력식 옹벽보다 구조상 유리한 단면이다.

90 옹벽의 시공 상 유의사항이 아닌 것은? 산기-03-1

㉮ 옹벽의 전면경사가 앞으로 숙이게 되는 것을 피해야 한다.

㉯ 겨울에 동상의 피해를 입지 않도록 지면에서 1.0m 이상에 기초를 둔다.

㉰ 옹벽 되메우기는 옹벽 구체가 완전히 양생된 후 시행한다.

㉱ 옹벽 표면의 필요장소에 신축줄눈을 두고 철근은 그대로 연결되도록 놓아둔다.

해 옹벽은 구조적으로 강성이 매우 커서 구조물 자체의 변형이 없이 일체로 거동하는 흙막이 구조물로써 토사의 붕괴방지나 사용공간의 확보를 목적으로 하며, 일반적으로 낮은 쪽 지면에 옹벽을 만들고 그 배면에 성토한다.

91. 다음 중 일반적인 옹벽의 설계과정에서 고려해야 되는 사항이 아닌 것은? 산기-05-2

㉮ 뒷채움 흙의 경우 배수시설은 고려하지 않고 구조물에서 결정한다.

㉯ 지형의 조사, 지반의 토질조사 및 시험을 한다.

㉰ 옹벽 각 부재의 구조체를 설계한다.

㉱ 옹벽의 자중, 옹벽에 작용하는 토압 및 뒷채움 흙의 재하중을 계산한다.

92 옹벽에 어떤 힘이 정면에서 배면 쪽으로 민다면 배토는 압축을 받는 이 압축이 커져서 파괴될 때의 압력을 무슨 토압이라 하는가? 기-03-4

㉮ 압축토압 ㉯ 주동토압

㉰ 수동토압 ㉱ 정지토압

93 옹벽에 뒷채움 흙을 채운 뒤에도 벽체의 변위가 생기지 않는 상태에서 작용하는 토압은? 기-02-1, 기-06-1

㉮ 정지토압(靜止土壓) ㉯ 주동토압(主動土壓)

㉰ 수동토압(受動土壓) ㉱ 활동토압(滑動土壓)

94 Rankine의 토압이론에 의하면 그림과 같이 옹벽 뒤 배토의 지표면이 수평일 경우 토압의 작용점은 어디인가? 기-05-4, 기-11-2

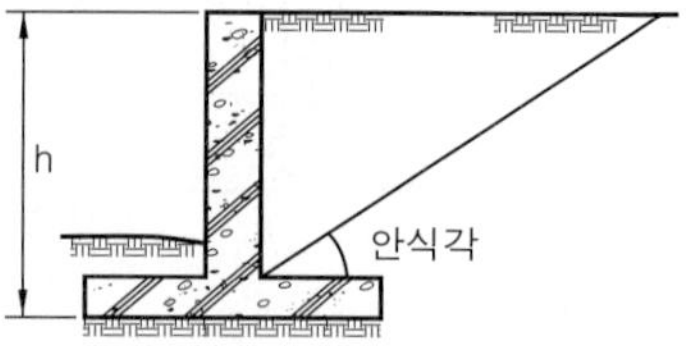

㉮ 옹벽높이의 1/2지점에 수평으로 작용

㉯ 옹벽높이의 1/2 지점에 안식각과 같은 각으로 작용

㉰ 옹벽높이의 1/3지점에 수평으로 작용

㉱ 옹벽높이의 1/3지점에 안식각과 같은 각으로 작용

해 토압의 작용점은 배토의 지표면이 수평일 때 옹벽 높이의 1/3 지점에서 수평으로 작용

95 배토의 지표면이 수평면일 때 옹벽에 영향을 미치는 토압의 작용 범위를 올바르게 도해한 것은 어느 것인가? 기-04-4

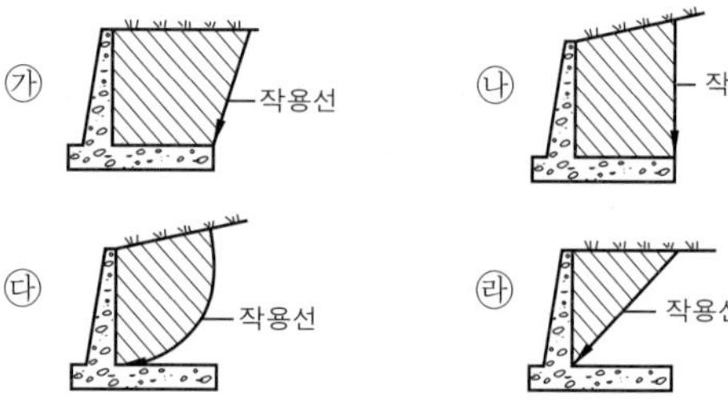

96 옹벽에 작용하는 토압에 관한 설명으로 맞지 않는 것은? 산기-02-4

㉮ 토압은 주동, 수동 및 정지토압 등 3종이 있다.

㉯ 주동 토압은 배토의 팽창에 의해 발생한다.

㉰ 수동 토압은 어떤 힘이 옹벽을 배면쪽으로 미는 경우이다.

㉱ 옹벽의 무게에 마찰계수를 곱한 것이 토압의 합계보다 크면 활동에 대해 안전하다.

해 ㉱ 옹벽의 무게에 마찰계수를 곱한 것이 토압의 합계보다 1.5~2.0배 크면 활동에 대해 안전하다.

97 옹벽의 안정성을 고려할 때 필요한 요건이 아닌 것은? 기-05-2, 기-07-1, 산기-08-4, 산기-09-4

㉮ 활동(sliding) ㉯ 전도(overturning)

㉰ 침하(沈下, sinking) ㉱ 크리프(creep)

정답 90 ㉱ 91 ㉮ 92 ㉰ 93 ㉮ 94 ㉰ 95 ㉱ 96 ㉱ 97 ㉱

해 옹벽의 3대 기본 검토 요소 : 활동, 전도, 침하

98 옹벽의 안정을 계산할 때는 옹벽에 접한 토사 전체의 진단에 의한 활동파괴와 옹벽자체의 파괴를 검토해야 한다. 다음 중 옹벽의 안정성 고려항목에 해당되지 않는 것은?　　　　기-11-4
㉮ 자중(自重)에 의하여 밑으로 움직인다.
㉯ 전체옹벽이 수평이동을 한다.
㉰ 옹벽이 앞으로 기울어진다.
㉱ 토압에 의하여 위로 움직인다.

99 옹벽의 안정에 관한 사항 중에서 맞는 것은?
　　　　기-04-4, 기-10-4
㉮ 옹벽의 전도에 대한 안정은 토압과 자중에 관계한다.
㉯ 옹벽의 미끄러짐에 대한 안정은 허용 지내력에 관계한다.
㉰ 옹벽의 침하에 대한 안정은 허용응력에 관계한다.
㉱ 옹벽자체의 단면의 안정은 자중에 관계한다.

100 옹벽 설계시 고려할 안정조건에 관한 설명으로 맞지 않는 것은?　　기-03-2, 기-04-2, 산기-05-4
㉮ 활동에 대한 저항력은 수평력의 2배 이상이어야 한다.
㉯ 옹벽에 영향을 주는 토압은 경사진 경우에는 경사진 표면과 평행하게 하중이 옹벽 높이의 1/3지점에 작용한다.
㉰ 옹벽이 지반을 누르는 힘보다 지지력이 커야 한다.
㉱ 캔틸레버 옹벽은 5m 내외로 설계해야 안정적이다.
해 ㉮ 활동에 대한 저항력은 수평력의 1.5~2.0 이상이어야 한다.

101 옹벽의 설계 시 옹벽의 안정조건 설명으로 틀린 것은?　　기-08-2, 기-09-1, 기-09-2, 기-10-1
㉮ 일반적으로 활동에 대한 안전율은 1.5~2.0을 적용한다.
㉯ 옹벽을 전도시키려는 힘에 대한 안전율은 1.5를 적용한다.
㉰ 옹벽이 지반을 누르는 힘보다 지내력이 커서 기초가 부등침하에 대한 안정성이 있어야 한다.
㉱ 옹벽의 재료는 외력보다 강한 재료로 구성되어

야 한다.
해 ㉯ 옹벽을 전도시키려는 힘에 대한 안전율은 2보다 커야 한다.

102 다음 그림을 참고하여 중력식 옹벽의 설계 안정성을 검토하는 방법으로 옳은 것은?　　기-06-2

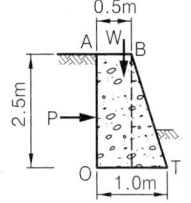

㉮ sliding에 대한 검토로서 안전계수 = (활동력/활동에 대한 저항력)을 계산한다.
㉯ 토압 산출 공식은 P=0.286$\frac{Wh}{3}$를 이용한다.
㉰ 모멘트는 사각형 단면과 삼각형 단면의 합산 후 단위당 무게와 모멘트 팔을 곱한다.
㉱ 전도에 대한 안전성 검토에서 전도와 저항 모멘트 비율이 안전율 3보다 커야 한다.
해 ㉮ 안전계수 = (활동에 대한 저항력/활동력) > 1.5~2.0
　　㉯ 토압산출 P = 0.286$\frac{Wh^2}{2}$
　　㉱ 전도에 대한 안전율은 2보다 커야 한다.

103 콘크리트 옹벽과 저판위의 흙의 중량이 5,000Kg일 때 토압이 1,162Kg 작용한다면 이 옹벽은 활동에 대해 어떠한가? (단, 콘크리트 면이 진흙에 대한 마찰계수를 0.5로 한다.)　　기-05-1
㉮ 위의 조건으로 알 수 없다.
㉯ 활동에 대해 안전하다.
㉰ 활동에 대해 불안전하다.
㉱ 활동에는 안전하나 침하될 우려가 있다.
해 활동에 대한 안전 : 활동력과 저항력의 비교로 안정성을 검토하며 활동에 대한 안전률은 1.5~2.0을 사용한다.
안전률 F = $\frac{Sr(활동에 대한 저항)}{\Sigma H(활동력)}$ > 1.5~2.0
Sr = W(옹벽과 저판 위의 흙의 중량)×μ(마찰계수)
∴ F = $\frac{5000×0.5}{1162}$ > 1.5 →활동에 안전

104 어느 옹벽에 작용하는 전도모멘트는 950kg·m, 활동력은 1,150kg/m²이다. 이 옹벽이 이러한 전도와 활동에 대해 안정할 수 있는 조합으로만 된 것은? (단, A는 전도저항모멘트, B는 활동저항력을 나타

냈다.)

산기-03-4

㉮ A : 1,300kg·m, B : 1,500kg/m²

㉯ A : 1,300kg·m, B : 2,400kg/m²

㉰ A : 2,000kg·m, B : 2,400kg/m²

㉱ A : 2,000kg·m, B : 1,500kg/m²

해 ·전도에 대한 안정 = (전도에 대한 저항모멘트/토압에 의한 회전모멘트) > 2.0

·활동에 대한 안정 = (활동에 대한 저항력/활동력) > 1.5~2.0

→ 전도에 대한 검토 : 950×2 = 1900(kg·m) 이상

활동에 대한 검토 : 1150×1.5 = 1725kg/m² 이상

105 어느 옹벽의 활동력이 3,000kg이고 기초 지반의 마찰계수는 0.6이다. 이 옹벽의 중량이 5,000kg일 때 활동에 대한 안전계수는? 산기-04-4, 산기-08-1

㉮ 1.0 ㉯ 1.7 ㉰ 2.0 ㉱ 3.4

해 F(안전율) = $\frac{S_r(활동에 대한 저항력)}{\Sigma H(활동력)}$ = $\frac{5000×0.6}{3000}$ = 1

106 어느 옹벽의 전도력은 2000kg·m이고, 전도 저항력은 5000kg·m이다. 이때 전도의 안전계수는 얼마인가? 산기-11-2

㉮ 0.4 ㉯ 1.5 ㉰ 2.0 ㉱ 2.5

해 F(안전율) = $\frac{M_r(작용점에서 전도에 대한 저항모멘트)}{M_0(작용점에서 전도에 대한 저항모멘트)}$ = $\frac{5000}{2000}$ = 2.5

107 그림과 같은 상재하중이 없는 중력식옹벽이 작용하는 토압은? (단, 무근콘크리트 중량 : 2300kgf/m³, 보통 흙의 중량 1300kgf/m³, h : 2.5m, 토압계수 : 0.286으로 한다.) 기-08-1

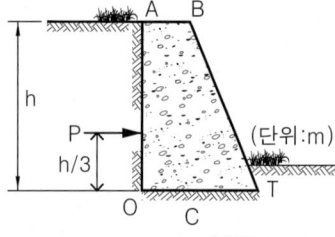

㉮ 약 2055.6kgf/m³ ㉯ 약 1161.9kgf/m³

㉰ 약 5987.2kgf/m³ ㉱ 약 3384.1kgf/m³

해 상재하중이 없는 중력식 옹벽의 토압

$P = k\frac{Wh^2}{2}$

W : 흙의 중량 = 1300kg/m³

h : 흙의 높이 = 2.5m

k : 토압계수 = 0.286

∴ P = 0.286×$\frac{1300×2.5^2}{2}$ = 1161.88(kgf/m)

108 다음의 구조계산의 순서 중 옳은 것은? 기-12-1

㉮ 하중산정 → 응력산정 → 반력산정 → 응력과 재료의 허용강도 비교

㉯ 하중산정 → 반력산정 → 응력산정 → 응력과 재료의 허용강도 비교

㉰ 반력산정 → 응력산정 → 응력과 재료의 허용강도 비교→하중산정

㉱ 반력산정 → 응력산정 → 하중산정 → 응력과 재료의 허용강도 비교

109 지름이 d인 원형단면의 단면 2차 반지름은? 기-12-1

㉮ $\frac{d}{4}$ ㉯ $\frac{d}{2}$ ㉰ $\frac{2d}{4}$ ㉱ $\frac{3d}{2}$

해 단면2차반경 i = $\sqrt{I/A}$

I : 단면2차모멘트 = $\pi d^4/64$

A : 면적 = $\pi(d/2)^2$

∴ i = $\sqrt{(\pi d^4/64)/(\pi(d/2)^2)}$ = d/4

110 그림과 같은 단순보에 집중하중이 작용할 때 최대 굽힘모멘트는 얼마인가? 기-12-1

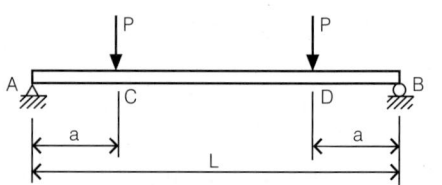

㉮ Pa ㉯ 2Pa ㉰ PL ㉱ 2PL

해 단순보에 대칭하중이 작용할 때의 휨모멘트는 지점에서 하중까지의 거리를 곱하여 산출한다. ∴ M=P×a

CONQUEST

6

조경관리론

조경관리란 환경의 재창조와 쾌적함의 연출로서, 조경공간의 질적 수준의
향상과 유지를 기하고, 운영 및 이용에 관해 관리하는 것이다. 관리의 내용
과 공간의 특성, 조성목적을 고려하여야 하며, 자연조건과 사회적 조건, 미
래의 변화에 대한 예상도 감안하여 반영하여야 한다.

1>>> 조경관리의 의의와 기능

1 조경관리의 구분

① 유지관리 : 조경수목과 시설물을 항상 이용에 용이하게 점검과 보수로서, 목적한 기능의 서비스제공을 원활히 하는 것

② 운영관리 : 시설관리에 의하여 얻어지는 이용 가능한 구성요소를 더 효과적이고 안전하게, 더 많은 이용 기회의 방법에 대한 것

③ 이용관리 : 이용자의 행태와 선호를 조사·분석하여 적절한 이용프로그램을 개발하여 홍보하고, 이용에 대한 기회를 증대시키는 것

조경관리의 구분

구분	구분
유지관리	식재수목, 초화류, 잔디, 야생식물, 기반시설물, 편익 및 유희시설물, 건축물
운영관리	예산, 재무제도, 조직, 재산 등의 관리
이용관리	안전관리, 이용지도, 홍보, 행사프로그램 주도, 주민참여 유도

> **조경관리**
> 환경의 재창조와 쾌적함의 연출로서, 조경공간의 질적 수준의 향상과 유지를 기하고, 운영 및 이용에 관해 관리하는 것이다.

2 조경관리의 목표 및 계획

(1) 조경관리의 목표

① 이용에 있어서 관리대상의 기능을 충분히 발휘하도록 관리

② 이용자가 쾌적하고 안전하게 이용할 수 있도록 관리

③ 최소의 경비와 인원으로써 효율적으로 행하는 것이 이상적

(2) 목표의 설정

① 유지관리 : 조성목적을 가능하게 하는 기술적 관리행위로 본래의 기능을 양호한 상태로 유지

② 운영관리 : 관리대상의 기능을 어떻게 하면 효율적이며 적절하게 발휘할 수 있는가에 중점

③ 이용관리 : 이용자의 이용을 조성목적에 적합하게 유도하고 적극적인 이용을 유도하기 위한 프로그램 작성 및 홍보

(3) 계획의 입안

① 관리목표의 결정 : 대상, 수준, 이용자 요구 등 파악

② 관리계획의 수립 : 과거의 자료나 경험에 기인한 이전의 상황과 문제점을 정확히 분석

③ 관리조직의 구성 : 장비부서, 기능부서, 정책부서로 업무분담

> **계획의 입안**
> 관리의 내용과 공간의 특성, 조성목적을 고려하여야 하며, 자연조건과 사회적 조건, 미래의 변화에 대한 예상도 감안하여 반영한다.

④ 각 조직의 업무확정 및 협조체계 수립 : 관리의 시기, 내용, 필요한 지식과 기술, 경험에 따른 업무를 분담·체계화 하여 관리업무 수행 시 문제점을 사전에 방지

⑤ 관리업무의 수행 : ①~④단계의 실행으로 시기, 인원, 경비가 고려되므로 관리자의 책임감·사명감과 적절한 시기의 선택 중요

⑥ 업무평가 : 일종의 환류(feedback) 기능으로 관리업무수행 결과를 자체평가하여 다음의 계획수립 시 기초자료로 활용

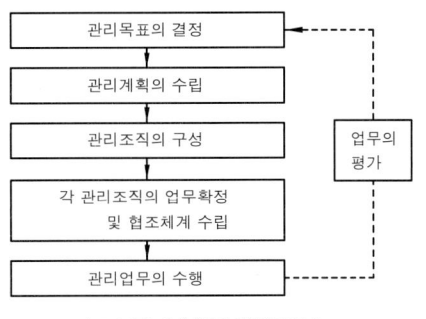

| 조경관리계획의 입안절차 |

■ 조경관리특성
① 관리자원의 변화성
② 비생산성
③ 다양성
④ 유동성

2>>> 운영관리

1 운영관리의 시스템

① 유지관리에서는 자연적 성상이 중요요인이 되나 운영관리에서는 사회적 배경이 크게 작용

② 효율적·합리적인 관리를 위해 예산·조직·기능·제도 등의 표준화나 기준화 필요

㉠ 효과적 통제를 위한 기준

㉡ 조경공간의 개량과 개선을 위한 문제점의 환류(feedback)

㉢ 사업실시의 홍보, 이용정보 등의 전달체계

㉣ 관리담당직원의 사기

| 운영관리의 시스템 |

■ 운영관리의 부정적 요인
① 자연공간
② 예측의 의외성
③ 규격화의 곤란성
④ 지방성

2 운영관리의 계획

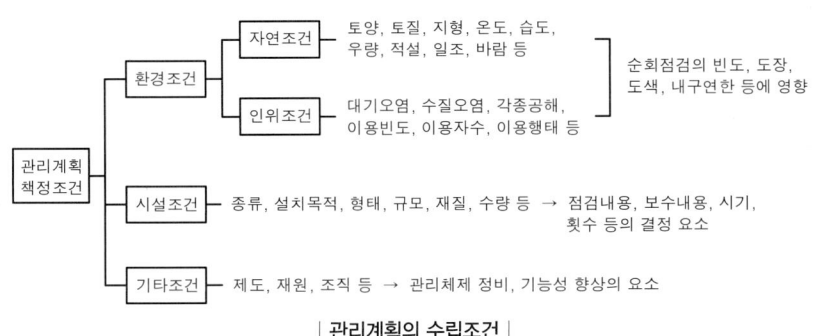

| 관리계획의 수립조건 |

■ 관리계획의 수립
자연에 대한 간섭(이용과 관리)정도가 선결되어야 하며, 유지의 수준을 관리기준으로 책정 후 수립한다.

(1) 이용조사

① 이용실태 파악 및 계획의 보완·수정을 위한 환류로서도 중요

② 이용자수의 계측으로 연간·계절별·월별·요일별·시간별 등의 이용상황 추적·파악

③ 이용자의 이용행태나 동태의 분석·계측

④ 이용의식 및 심리상태 등의 조사·파악

⑤ 가능한 이용자의 외형적·내면적 속성을 종합적으로 계측·분석

(2) 양(量)적인 변화에 대한 대응

① 부족이 예측되는 시설의 증설 : 출입구, 매점, 화장실, 음수대, 휴게시설 등

② 이용에 의해 손상이 생기는 시설의 보충 : 잔디, 벤치, 음수대, 울타리 등

③ 내구연한이 된 각종 시설물

④ 군식지(群植地)의 생태적 조건변화에 따른 갱신

⑤ 소요경비 : 경상적(經常的) 관리수준에 속하는 것이므로 일반적으로 조성비의 0.8~1.2%의 경비 소요

(3) 질(質)의 변화에 대한 대응

① 양호한 식생의 확보

　㉠ 생태학적으로 안정된 식생 유지

　㉡ 도시환경이 제한요소로 작용 – 대기오염, 지표면의 폐쇄, 일조량 감소, 야간조명, 지형변경, 무계획적 벌채 등 자연조건의 급변)

② 개방된 토양면의 확보

　㉠ 양호한 식생확보의 불가결 요소(자연토양면 확보)

　㉡ 이용밀도와 인공시설의 급증, 포장재료의 발전 등이 제한요소

(4) 관리계획의 추적·검토

① 이용조사에 의한 시민요구의 구체적 행동의 평가

② 관리단계의 지장이 되는 원인의 분석

③ 구체적 시민의 요구

(5) 예산

① 축적된 자료에 의한 합리적·객관적인 관리계획에 따라 예산 산출

② 도시공원의 관리비에서 인건비의 비율이 높아져 인력소비형의 내용을 갖는 것이 특징적

③ 단위작업별로 작업률을 책정하여 당해년도의 예산 수립

④ 작업의 단위년도 예산(a)

　　$a = T \cdot P$　　여기서, T:작업전체의 비용

P:작업률(3년에 1회일 경우 1/3)

(6) 시행시기

① 이용면을 고려하여 이용자의 안전 확보

▌관리자의 대응

조경공간과 대상물은 인위적·사회적·자연적 변화요인이 상존하므로 상례적 관리에다 변수에 대한 유연하고 탄력적인 대응이 요구된다.

▌양의 변화

조경대상물은 시간이 경과할수록 노후화나 변질, 생물의 생장이나 번식에 의한 외형적 변화, 이용자수와 이용행태 등의 변화성에 따라 양적인 변화에 대응하는 관리계획이 필요하게 된다.

▌질의 변화

이용자의 취향, 관습, 사회적·경제적 변화에 따라 조경공간의 기능적인 면에서나 대상물의 내적인 요구의 변화가 생기게 되므로 그 변화를 충족하게 할 관리계획을 추진하여야 한다.

▌관리계획의 추적검토

질적·양적 변화는 조성된 조경물의 당초계획에 따라 추적검토하며, 평가법에는 심리적 측정법, 쾌적성의 반응, 기타 실태파악수법 등을 응용한 접근방법이 많이 이용된다.

▌관리인원

관리인원의 적정수 산정은 가변적인 것이 많아 어려움이 따른다. 특별한 것을 제외하고는 어느 정도까지 단순화, 경량화하여 산출하며, 연간작업량, 단위작업률, 과거의 실적을 토대로 작업별로 1일당 소요인원 산출한다.

② 주변의 지역주민에게 공사안내 등의 홍보

③ 이용대체시설의 설치·안내

④ 지하매설물(수도·하수도·전선·통신·가스 등)과 지상점유물의 재해방지
   와 긴급대책 강구

❸ 운영관리방식

(1) 직영방식 – 관리주체가 직접 운용관리

1) 적용대상

   ① 재빠른 대응이 필요한 업무

   ② 연속해서 행할 수 없는 업무

   ③ 진척상황이 명확하지 않고 검사하기 어려운 업무

   ④ 금액이 적고 간편한 업무

   ⑤ 일상적으로 행하는 유지관리 업무

2) 장·단점

장점	단점
·관리책임이나 책임소재 명확 ·긴급한 대응 가능(즉시성) ·관리실태의 정확한 파악 ·관리자의 취지가 확실히 발현 ·임기응변적 조치 가능(유연성) ·이용자에게 양질의 서비스 가능 ·애착심을 갖고 관리효율의 향상에 노력	·업무의 타성화 ·관리직원의 배치전환 곤란 ·인건비의 필요 이상 소요 ·인사정체의 우려 ·관리비의 상승 우려 ·업무자체의 복잡화

(2) 도급방식 – 관리전문 용역회사나 단체에 위탁

1) 적용대상

   ① 장기에 걸쳐 단순작업을 행하는 업무

   ② 전문지식, 기능, 자격을 요하는 업무

   ③ 규모가 크고, 노력과 재료 등을 포함하는 업무

   ④ 관리주체가 보유한 설비로는 불가능한 업무

   ⑤ 직영의 관리인원으로는 부족한 업무

2) 장·단점

장점	단점
·규모가 큰 시설 등의 효율적 관리 가능 ·전문가의 합리적 이용 가능 ·번잡한 노무관리를 하지 않는 단순화된 관리 가능 ·전문적 지식, 기능, 자격에 의한 양질의 서비스 가능 ·장기적으로 안정되고 관리비용 저렴	·책임의 소재나 권한의 범위 불명확 ·전문업자의 활용 가능성 불충분

핵심문제

1 조경수목과 시설물 관리를 위한 예산, 재무, 조직 등의 업무기능을 수행하는 조경관리에 해당하는 것은? 산기-03-4, 산기-04-4

㉮ 유지관리 ㉯ 운영관리
㉰ 이용관리 ㉱ 사후관리

2 일반적으로 조경관리는 유지관리, 운영관리, 이용관리로 구분된다. 다음 중 운영관리 항목은? 산기-02-2, 기-07-2

㉮ 식재수목, 잔디 ㉯ 건축물, 조경시설물
㉰ 예산, 조직 ㉱ 홍보, 이용지도

해 운영관리 : 예산, 재무제도, 조직, 재산 등의 관리

3 조경관리에 있어서 운영관리에 해당하지 않는 것은? 기-10-4

㉮ 재산관리 ㉯ 조직관리
㉰ 예산관리 ㉱ 안전관리

4 조경관리계획을 수립함에 있어 수립 조건이 아닌 것은? 산기-05-2

㉮ 환경조건
㉯ 시설조건
㉰ 재원 및 제도조건
㉱ 시각 위치조건(제도, 재원, 조직 등)

해 관리계획의 수립조건 : 환경조건, 시설조건, 기타조건(제도, 재원, 조직 등)

5 조경관리는 크게 유지관리, 운영관리, 이용관리로 구분하는데, 이용관리에 속하는 것은? 산기-08-4, 산기-11-2

㉮ 조직관리 ㉯ 재산관리
㉰ 홍보관리 ㉱ 초화류관리

해 이용관리 : 안전관리, 이용지도, 홍보, 행사프로그램 주도, 주민참여 유도

6 토양, 온도, 일조 등의 항목은 조경관리계획의 수립조건에 비추어 볼 때 어느 항목에 속하는가?

산기-09-2

㉮ 자연조건 ㉯ 인위조건
㉰ 시설조건 ㉱ 사회조건

해 관리계획의 수립조건은 환경조건과 시설조건, 기타조건으로 분류되며, 환경조건은 다시 자연조건과 인위조건으로 구분된다. 이 중 자연조건에는 토양, 토질, 지형, 온도, 습도, 일조 등이 포함된다.

7 관리대상의 기능을 어떻게 하면 효율적이며 적절하게 발휘케 하는가를 목표로 하는 관리의 유형은?

기-07-2

㉮ 이용관리 ㉯ 운영관리
㉰ 유지관리 ㉱ 시공관리

해 운영관리 : 관리대상의 기능을 어떻게 하면 효율적이며 적절하게 발휘할 수 있는가에 중점

8 운영관리의 시스템을 구성하는 요소가 아닌 것은?

기-05-4

㉮ 사회적 배경 및 법제 ㉯ 조경공간의 규모
㉰ 직원의 사기 ㉱ 예산 및 재무제도

해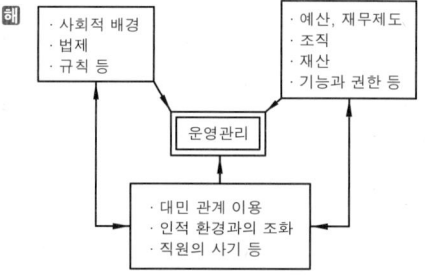

운영관리의 시스템

9 조경 관리계획을 수립함에 있어서 일반적으로 검토되어야 할 조건들로만 형성된 것은?

산기-04-4, 산기-05-2

㉮ 자연환경 조건, 이용자 빈도, 시설의 형태와 규모
㉯ 사회적 배경, 역사적 자료, 문화적 배경
㉰ 사업비 규모, 예산의 범위, 사업성 검토
㉱ 동선의 형태, 주차규모, 시설의 수요

정답 **1** ㉯ **2** ㉰ **3** ㉱ **4** ㉱ **5** ㉰ **6** ㉮ **7** ㉯ **8** ㉯ **9** ㉮

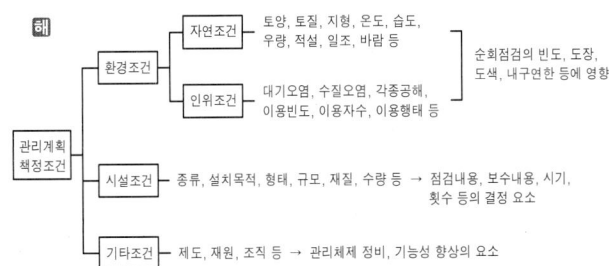

관리계획의 수립조건

10 조경관리 대상물의 양적인 변화에 따라 대응하여야할 관리계획의 내용이 아닌 것은?

기-03-4, 산기-09-4, 산기-02-4

㉮ 군식지의 생태적 조건변화에 따른 갱신

㉯ 부족이 예측되는 시설의 증설

㉰ 내구년한이 된 각종 시설물

㉱ 귀화 식물의 번식

해 양(量)의 변화

· 부족이 예측되는 시설의 증설 : 출입구, 매점, 화장실, 음수대, 휴게시설 등

· 이용에 의해 손상이 생기는 시설의 보충 : 잔디, 벤치, 음수대, 울타리 등

· 내구연한이 된 각종 시설물

· 군식지(群植地)의 생태적 조건변화에 따른 갱신

11 운영관리계획의 수립 시에 있어서 질적, 양적 변화에 대한 설명으로 가장 거리가 먼 것은?

기-07-4, 기-03-2

㉮ 양적인 변화에서 생물인 경우에는 생장이나 번식의 외형적 변화가 수반된다.

㉯ 양적인 변화는 이용자 수와 이용 형태에 따라 크게 나타난다.

㉰ 질의 변화는 이용자 취향, 관습, 사회·경제적 변화에 따라 크게 나타난다.

㉱ 질의 변화는 가시적이어서 쉽게 파악하고 대처할 수 있다.

12 조경물 자체와 사회적 요구의 질적·양적인 변화는 조성된 조경물의 당초 관리계획에 따라 추적 검토되어야 하는데, 이러한 검토내용에 해당되지 않는 것은?

산기-15-2

㉮ 구체적인 시민들의 요구

㉯ 관리조직과 인원에 대한 검토

㉰ 관리단계에서 지장이 되는 원인의 분석

㉱ 이용조사에 의한 시민요구의 구체적 행동의 평가

13 조경관리 업무의 수행에 있어서 다음 중 직영방식의 장점으로 볼 수 없는 것은?

산기-02-4, 기-07-1, 기-10-2, 기-03-2

㉮ 관리책임이나 책임소재가 명확하다.

㉯ 긴급한 대응이 가능하다.

㉰ 관리 실태를 정확히 파악할 수 있다.

㉱ 규모가 큰 시설의 관리를 효율적으로 할 수 있다.

해 직영방식의 장점

· 관리책임이나 책임소재 명확

· 긴급한 대응 가능(즉시성)

· 관리실태의 정확한 파악

· 관리자의 취지가 확실히 발현

· 임기응변적 조치 가능(유연성)

· 이용자에게 양질의 서비스 가능

· 애착심을 갖고 관리효율의 향상에 노력

㉱ 규모가 큰 시설의 관리를 효율적으로 할 수 있는 것은 도급방식의 장점이다.

14 다음 직영공사와 관련한 내용 중 가장 거리가 먼 것은?

기-05-2, 기-06-1

㉮ 전문가를 합리적으로 이용이 가능하다.

㉯ 임기응변 조처를 취하기 쉽다.

㉰ 연속해서 행할 수 없는 업무에 적합하다.

㉱ 관리자의 취지가 확실히 나타날 수 있다.

15 조경관리를 위하여 관리주체가 직접 운영 관리하는 직영방식의 좋은 점은?

산기-03-1

㉮ 전문가를 합리적으로 이용할 수 있다.

㉯ 인건비가 싸게 든다.

㉰ 규모가 큰 시설 등의 관리를 효율적으로 할 수 있다.

㉱ 관리책임이나 책임소재가 명확하다.

16 조경관리 업무를 위탁(도급)방식으로 할 때의

장점은?　　　　　　　　　　　　산기-04-2, 기-04-2

㉮ 긴급한 대응이 가능하다.

㉯ 관리실태가 정확히 파악된다.

㉰ 임기응변적 조치가 가능하다.

㉱ 관리비가 싸게 된다.

해 위탁(도급)방식의 장점

·규모가 큰 시설 등의 효율적 관리 가능

·전문가의 합리적 이용 가능

·번잡한 노무관리를 하지 않는 단순화된 관리 가능

·전문적 지식, 기능, 자격에 의한 양질의 서비스 가능

·장기적으로 안정되고 관리비용 저렴

17 운영관리방식 중 도급방식의 장점에 해당하는 것은?　　　　　　　　　　　기-03-4, 기-10- 1

㉮ 전문가를 합리적으로 이용할 수 있다.

㉯ 관리책임이나 책임소재가 명확하다.

㉰ 관리 실태를 정확히 파악할 수 있다.

㉱ 이용자에게 양질의 서비스가 가능하다.

18 운영관리업무의 수행방식의 하나로서 도급방식의 장점으로 볼 수 없는 것은?　　산기-02-1, 산기-08-2

㉮ 규모가 큰 시설의 관리에 있어 효율적인 방식이다.

㉯ 관리책임이나 책임소재가 명확하다.

㉰ 전문가를 합리적으로 이용할 수 있다.

㉱ 관리비가 싸게 되고 장기적으로 안정될 수가 있다.

해 ㉯ 관리책임이나 책임소재가 명확한 것은 직영방식의 장점이다.

19 조경 관리업무상 도급방식의 장점이 아닌 것은?　　　　　　　　　　　　　　기-05-1

㉮ 전문가를 합리적으로 이용할 수 있다.

㉯ 규모가 큰 시설 등의 관리를 효율적으로 할 수 있다.

㉰ 임기응변적 조치가 가능하다.

㉱ 번잡한 노무관리를 하지 않고 관리의 단순화를 기할 수 있다.

해 ㉰ 임기응변적 조치가 가능한 것은 직영방식의 장점이다.

20 조경공사의 관리방식 중 도급공사의 단점은?

　　　　　　　　　　기-06-4, 산기-05-4, 기-08-2

㉮ 인건비가 필요이상으로 들게 된다.

㉯ 책임의 소재나 권한의 범위가 불명확하게 된다.

㉰ 임기응변적 조처가 가능해 진다.

㉱ 인사정체가 되기 쉽다.

해 도급공사의 단점

·책임의 소재나 권한의 범위 불명확

·전문업자의 활용 가능성 불충분

21 운영관리방식의 장단점이 바르게 연결 된 것은?　　　　　　　　　　　　기-05-4, 산기-07-4

㉮ 직영방식의 장점 - 규모가 큰 시설 등의 관리를 효율적으로 할 수 있다.

㉯ 직영방식의 단점 - 책임의 소재나 권한의 범위가 불명확하게 된다.

㉰ 도급방식의 장점 - 번잡한 노무관리를 하지 않고, 관리의 단순화를 기할 수 있다.

㉱ 도급방식의 단점 - 업무가 타성화 되기 쉽다.

22 직영방식과 도급방식의 적용업무가 바르게 연결된 것은?　　　　　　　　　　　　기-04-4

㉮ 직영방식 - 장기에 걸쳐 단순작업을 행하는 경우

㉯ 직영방식 - 전문적 지식, 기능, 자격을 요하는 경우

㉰ 도급방식 - 재빠른 대응이 필요한 업무

㉱ 도급방식 - 규모가 크고 노력, 재료 등을 포함하는 업무

해 직영방식

·재빠른 대응이 필요한 업무

·연속해서 행할 수 없는 업무

·진척상황이 명확하지 않고 검사하기 어려운 업무

·금액이 적고 간편한 업무

·일상적으로 행하는 유지관리 업무

도급방식

·장기에 걸쳐 단순작업을 행하는 업무

·전문지식, 기능, 자격을 요하는 업무

·규모가 크고, 노력과 재료 등을 포함하는 업무

·관리주체가 보유한 설비로는 불가능한 업무

·직영의 관리인원으로는 부족한 업무

23 시설물의 유지관리 공사에 있어서 직영공사 혹은 도급공사로 할 경우에 대한 설명이다. 적당하지 않은 것은?　　　　　　산기-03-4, 산기-08-2

㉮ 대규모의 기계 설비를 필요로 할 때는 도급공사로 한다.
㉯ 긴급을 요하는 공사는 도급공사로 한다.
㉰ 일정기간 연속해서 시행 할 수 없는 공사는 직영공사로 한다.
㉱ 완성된 형태의 파악이 어려운 공사는 직영공사로 한다.

24 전문적인 관리능력을 가진 전문 업체에 위탁하는 도급관리 방식의 대상에 해당되는 것은?　　　　　　산기-03-2, 기-08-4

㉮ 연속해서 행할 수 없는 업무
㉯ 금액이 적고 간편한 업무
㉰ 진척상황이 명확치 않고 검사하기가 어려운 업무
㉱ 장기간에 걸쳐 단순작업을 행하는 업무

25 도급방식의 구분 중 도급방식에 의한 조경관리 대상에 해당하지 않는 것은?　　　　산기-11- 4
㉮ 전문적 지식이나 기능을 요하는 업무
㉯ 금액이 적고 간편한 업무
㉰ 관리주체가 보유한 설비나 장비로는 곤란한 업무
㉱ 직영의 인원으로 부족한 업무

해 ㉯ 금액이 적고 간편한 업무는 직영방식이 효율적이다.

26 조경관리의 특성에 대한 설명 중 가장 잘못된 것은?　　　　　　　　　　　기-02-1
㉮ 조경관리에 의해서는 형태로 취급되는 어떤 생산도 할 수 있다.
㉯ 관리대상의 기능이 유동성과 다양성을 지닌다.
㉰ 관리대상의 시간경과에 따라 변하되 폐허가 되지 않는다.
㉱ 조경관리의 규격화, 표준화가 가능하다.

해 규격화의 곤란성으로 운영관리의 부정적 요인을 꼽을 수 있다.

27 다음 조경관리 업무 중 도급 방식을 취하는 것이 유리한 것은?　　　　　　　　　기-03-1

㉮ 재빠른 대응이 필요한 업무
㉯ 일상적인 유지관리업무
㉰ 규모가 크고 전문적 지식이 요구되는 업무
㉱ 연속해서 행할 수 없는 업무

해 도급방식 적용대상
· 장기에 걸쳐 단순작업을 행하는 업무
· 전문지식, 기능, 자격을 요하는 업무
· 규모가 크고, 노력과 재료 등을 포함하는 업무
· 관리주체가 보유한 설비로는 불가능한 업무
· 직영의 관리인원으로는 부족한 업무

28 유지관리계획에서 비용계획을 진행시키는데 유의해야 할 사항으로 옳지 않은 것은?　　기-12-1
㉮ 비용절감 방법의 강구
㉯ 시설이용 수입의 증대 방안
㉰ 시설의 합리적인 지속 방안
㉱ 관리성에 따른 시설 개량의 불균형 파악

CHAPTER 02 이용관리계획

1>>> 이용자관리

1 이용지도

(1) 이용지도의 필요성
① 공원녹지의 질을 충실히 하기 위한 질적인 면의 정비
② 안전하고 쾌적한 이용환경 창출
③ 이용자의 다양한 욕구에 부응하여 공원을 보다 효과적으로 활용

(2) 이용지도의 방법
① 지도원에 의한 상주지도, 순회지도, 정기지도
② 표지, 간판, 팜플렛 등에 의한 안내 및 주의
③ 지도원은 관련부서 담당자, 주민단체, 전문가, 자원봉사자 활용
④ 이용자가 바라는 이용지도 형태
   ㉠ 각 공원녹지에서 가능한 놀이지도
   ㉡ 각종 스포츠의 규칙이나 놀이방법지도
   ㉢ 식물이나 원예지식에 대한 지도
   ㉣ 계절별 꽃 감상 및 볼만한 장소에 대한 정보전달 및 지도
   ㉤ 지역의 역사 등 교양적인 내용에 관한 지도

이용지도의 구분

목적	내용	대상이 되는 행위·시설
공원녹지의 보전	조례 등에 의해 금지되어 있는 행위의 금지 및 주의	식물의 채취, 공원녹지의 손상·오손, 출입금지구역, 광고물의 표시, 불의 사용 등
안전·쾌적이용	위험행위의 금지 및 주의	놀이기구로부터 뛰어 내림, 풀에서의 위험행위, 아동공원에서 어른들의 골프·야구를 하는 행위 등
	특수한 시설 혹은 위험을 수반하는 시설의 올바른 이용방법 지도	모험광장, 물놀이터, 수면이용시설(보트풀), 사이클링, 승마장, 롤러스케이트장, 트레이닝기구, 각종 경기장
유효이용	이용안내	시설의 유무소개, 공원 내의 루트
	레크리에이션 활동에 대한 상담·지도	식물관찰·조류관찰·오리엔터링·게이트볼 등의 지도, 유치원·학교 등의 단체에 대한 활동프로그램의 조언

(3) 이용지도의 사례
1) 공원자원봉사계획(volunteers in the park:VIP)
   ① 미국 메릴랜드주 공원국에서 각종 레크리에이션, 서비스 등에 자원봉

▌이용자관리
① 이용자의 요구사항 파악
② 이용방법의 지도·감독
③ 더 많은 이용기회 제공
④ 이용자간의 문제점 제거

▌이용자관리의 대상
① 현재 공원녹지 등 대상지 이용자
② 이용경험이 있는 사람
③ 앞으로 이용할 가능성이 있는 사람

사(volunteer)를 활용코자 공원볼룬티어계획(VIP) 시도

② 10대의 연령층부터 노령층에 이르는 다양한 자원봉사자 참여

③ 역사의 해설, 안내가이드, 해설보조, 역사·고고학 조사 및 보조, 환경교육보조 등의 이용지도

2) 놀이공원(playpark) : 일본 도쿄에서 지역주민과 볼룬티어들이 협력하여 놀이도구, 분위기조성, 놀이조건, 안전지도 등으로 어린이들이 창조력을 발휘하며 놀 수 있도록 운영

2 행사 및 홍보·정보제공, 의견청취

(1) 행사(event)

① 공원녹지의 활용과 이용률을 높이고, 공원녹지에의 관심 제고 및 계몽을 위한 것

② 행정홍보의 수단과 커뮤니티 활동의 일환으로서 이용

③ 공원녹지이용의 다양화를 도모하는 수단으로 활용

(2) 홍보·정보제공

① 공원녹지에 대한 이해를 촉진시키기 위해 예산, 관리방침 등의 공개로 앞으로의 계획 홍보

② 직접적으로는 공공의 시설로서 주민의 이용에 기여하는 기본적 정보제공

③ 유효한 이용 및 이용촉진 도모

(3) 의견청취

① 주민의 비판, 요망, 애로사항, 의견 등 청취

② 관리주체와 주민과의 상호신뢰 및 민주적인 합의 관계형성

③ 상호교류에 의해 상호이해가 가능하게 되고, 관리주체측에서만 처리하던 문제를 주민자신의 손으로 해결

> **행사개최의 형태**
> ① 공공목적의 행사
> ② 체력·건강·오락을 위한 행사
> ③ 문화향상을 위한 행사

3 안전관리

(1) 사고의 종류

1) 설치하자에 의한 사고

① 시설의 구조자체의 결함에 의한 것 : 시설물의 구조상 접속부에 손이 끼거나, 사용상 내구성이 다하는 등의 구조자체의 결함에 의한 사고

② 시설설치의 미비에 의한 것 : 본래 고정되어 있어야 할 시설이 제대로 고정되어 있지 않아 시설이 쓰러지거나 부서지는 등의 사고

③ 시설배치의 미비에 의한 것 : 그네에서 뛰어내리는 곳에 벤치가 배치되어 충돌하는 등 시설배치 자체의 문제에 의한 사고

2) 관리하자에 의한 사고

① 시설의 노후·파손에 의한 것 : 시설의 부식·마모에 의한 노후화 또는

파손부위로 인해 상처를 입는다거나, 전락·전도되고, 시설에 깔리는 등의 사고

② 위험장소에 대한 안전대책 미비에 의한 것 : 연못 등의 위험장소에 접근방지용 펜스 등을 설치하지 않는 등의 안전대책 미비에 의한 사고

③ 이용시설 이외 시설의 쓰러짐, 떨어짐에 의한 것 : 블록이나 간판이 떨어진다든지, 배수맨홀의 뚜껑이 제대로 닫혀져 있지 않거나 시설이 부식되어 쓰러지는 등의 사고

④ 위험물방치에 의한 것 : 유리조각을 방치하여 손발을 베거나, 낙엽 등 소각 후의 재를 잘못 묻어 어린이가 이로 인해 화상을 당하는 등의 사고

⑤ 기타 : 입장정리의 불충분에 의한 개찰구에서의 사고, 동물의 도망 등에 의한 사고

3) 이용자·보호자·주최자 등의 부주의에 의한 사고

① 이용자 자신의 부주의, 부적정이용에 의한 것 : 그네를 잘못 타서 떨어지거나, 미끄럼틀에서 거꾸로 떨어지는 등의 사고

② 유아·아동의 감독·보호 불충분에 의한 것 : 유아가 방호책을 기어 넘어가서 연못에 빠지는 등의 보호불충분에 의한 사고

③ 행사주최자의 관리 불충분에 의한 것 : 관객이 백네트에 기어 올라갔다가 백네트가 기울어져 떨어져 다치는 등의 사고

4) 자연재해 등에 의한 사고

(2) 안전대책

1) 설치하자에 대한 대책

① 구조·재질상 안전에 대한 결함 시 철거 또는 개량 조치

② 설치·제작에 문제가 있을 때는 보강 조치

2) 관리하자에 대한 대책

① 계획적·체계적으로 순시·점검하고 이상이 발견될 경우 신속한 조치가 가능한 체계 확립

② 시설의 노후 파손에 대해서는 시설의 내구연수(耐久年數) 파악

③ 부식·마모 등에 대한 안전기준의 설정

④ 시설의 점검 포인트 파악

⑤ 위험장소의 여부 판단 및 감시원·지도원의 적정배치

⑥ 위험을 수반하는 유희시설은 안내판·방송에 의한 이용지도

3) 이용자·보호자·주최자의 부주의에 대한 대책

① 빈번히 사고가 나는 경우에는 시설개량 및 안내판 이용지도

② 정기적인 순시·점검과 함께 이용상황, 시설의 이용방법 등 관찰 및 상세 보고서 작성

(3) 사고처리

① 사고자의 구호 : 사고발생통보를 받은 후 즉시 현지에 가서 응급처치·구급차요청·호송 등 조치

② 관계자에게 통보 : 사고자의 가족 및 보호자에게 가능한 빨리 통보하고, 특히 관리하자에 의한 경우에는 관계자에게 잘 설명하여 차후문제발생 억제

③ 사고상황의 파악 및 기록 : 사고 후 책임소재를 명확히 하기 위하여 대단히 중요하며, 사진촬영, 사정청취, 도면작성, 목격자의 주소·이름 등 파악·기록

④ 사고책임의 명확화 : 공원관리자, 피해자, 보호자 중 책임소재를 빨리 검토하여 대응조치

▌사고처리의 순서
① 사고자의 구호
② 관계자에게 통보
③ 사고상황의 파악 및 기록
④ 사고책임의 명확화

2>>> 주민참가

1 주민참가의 개념

(1) 주민참가의 의의

① 주민이 결정과정에 참가하여, 주민책임의 발생에 대한 대응

② 주민자신과 관리행정당국과의 공동화(共同化)로 저항형·요구형의 참가형태에서 토의형·협력형·해결형의 형태로 변화

③ 공원관리의 위탁 등으로 지역 내 공원을 지역주민이 자주관리(自主管理)한다는 의욕에 대한 부응과 주체성확보의 효과

④ 자율적 주민관리를 위하여, 주민의식의 성숙과 더불어 이를 이끌어 나갈 수 있는 지도자의 존재가 필수적

(2) 주민참가의 종류

① 시민과의 대화(요구형→대화형)

② 행정에의 참가(대결형→협력형)

③ 정책에의 참가(주민참가의 정책형성)

④ 활동의 기반 만들기

(3) 주민참가의 발전과정

안시타인(Sherry R Arnstein)이 제시한 주민참가 과정의 3단계인 '비참가 → 형식적 참가 → 시민권력'의 단계로 발전

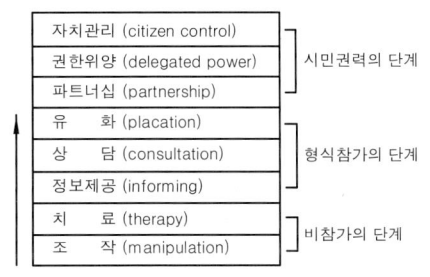

| 주민참가의 8단계 |

▌주민참가의 전제
행정측의 정보공개 및 제공과 주민측의 자율적 참가에 의해 대립되는 이해를 자신의 힘으로 조정한다는 기본적 과제를 전제로 한 참가이다.

▌주민참가의 목적
주민참가의 궁극적 목적은 주민의 정책에의 참가이며, 더욱 구체적으로는 자주관리라 할 수 있다.

❷ 주민참가와 공원관리

(1) 주민참가의 기반
① 사회봉사활동, 사회참여활동 등의 활동
② 자유시간 증대, 생활의식과 가치관의 변화

(2) 주민참가의 조건
① 규모 및 전문성이 주민의 수탁능력을 넘지 않을 것
② 주민참가에 의해 효과가 기대될 것
③ 운영상 주민의 자발적 참가 및 협력을 필요요건으로 할 것
④ 주민참가에 있어서 이해의 조정과 공평심을 가질 것

(3) 주민참가활동의 내용
① 청소, 제초, 병충해방제, 시비, 관수, 화단식재
② 놀이기구점검, 어린이 놀이지도, 금지행위, 위험행위의 주의
③ 공원·녹화관련행사, 공원을 이용한 레크리에이션 행사의 개최
④ 공원의 홍보, 공원관리에 관한 제안, 공원이용에 관한 규칙 제정
⑤ 사고, 고장 등의 통보, 열쇠 등의 보관, 시설·기구 등의 대출

(4) 주민참가의 효과
① 연대감·상호신뢰·융화감 생성
② 단체 상호간의 친목도모
③ 친구관계 형성
④ 행정과 주민과의 신뢰감 형성
⑤ 노인들의 건강관리에 일조
⑥ 봉사정신 함양
⑦ 정서교육 제고
⑧ 공중도덕심, 공공애호정신 생성
⑨ 자기 자신들의 공원이라고 하는 관심과 애착심 생성
⑩ 안전이용 가능

(5) 관련제도의 사례
1) 소공원관리계약제도(미국)
　① 발생배경
　　㉠ 활발한 공원건설에 따른 관리면적의 확대
　　㉡ 여가시간의 증가에 따른 공원이용의 신장
　　㉢ 시(市) 재정사정의 악화로 공원관리부담 증대
　　㉣ 근린주민들이 근린에 있는 소공원의 일상적 관리업무를 대신하여 공원레크리에이션국의 업무를 경감시키려는 계약
　② 계약내용
　　㉠ 근린주민단체가 일상적 관리(잔디깎기·제초·청소·관수)를 행하고

| 행정부와 주민단체와의 관계 설정 |
① 주민단체의 자발적 행위
② 주민단체에 위탁
③ 주민단체의 공원관리활동에 대한 보조

행정당국은 소정의 비용지급
- ㉴ 레크리에이션국은 쓰레기처리, 수목의 정지·전정 등 특수한 기능이나 자재를 필요로 하는 작업 담당
③ 효과
  - ㉠ 소공원의 관리에 주민이 참가함으로써 공원의 관리비용 절감
  - ㉡ 지역의 공원에 대한 관심도 증가
  - ㉢ 빈발했던 반달리즘(vandalism) 감소
2) 공원 애호회(일본)
① 동시다발적인 공원건설로 공원의 관리업무 증가
② 시민자신이 이용하는 공원을 스스로 보전하려는 욕구
③ 건설성이 도시공원의 관리를 강조·계몽
④ 공원애호회는 일본의 대부분의 주요도시에 설립되었으며, 특히 아동공원의 설립률 증가
3) 녹화협정(일본) : 지역주민이 자주적으로 녹지가 풍부한 생활환경을 창조하고 관리하고자 하는 주민의 의사를 반영하기 위하여 제도화
4) 내셔널 트러스트(National Trust 영국 1896년)
① 역사적 명승지·자연적 경승지를 위한 내셔널 트러스트로 로버트 헌터(R. Hunter), 옥타비아 힐(Octavia Hill), 캐논 하드윅 론즐리(Canon H. Rawnsely) 세 사람이 시작
② 국민에 의한 국토보전뿐만 아니라 보존가치가 있는 아름다운 자연이나 역사 건축물과 그 환경을 기부금·기증·유언 등으로 취득하여 보전·유지·관리·공개함으로써 차세대에게 물려준다는 취지
③ 자연신탁국민운동으로 불리는 시민운동이나 1907년 영국의회에서 특별법으로 내셔널 트러스트 법안제정

3>>> 레크리에이션 관리

1 레크리에이션 관리의 개념
(1) 레크리에이션 자원의 관리원칙
① 레크리에이션 자원의 관리는 사회적 가치와 연계되어 있으므로, 자원의 관리라 할지라도 이용자의 문제가 유지관리의 문제와 연관
② 자원의 보전도 중요하나 이용자의 레크리에이션 경험의 질도 중요
③ 부지의 변형은 가능
④ 접근성은 이용자의 결정적 영향요소
⑤ 레크리에이션 자원은 단순히 이용활동에 제공될 뿐만 아니라 자연적 경

반달리즘(vandalism)
다른 문화나 종교, 예술 등에 대한 무지로 그것들을 파괴하는 행위

님비(NIMBY) 현상
열병합발전소, 쓰레기매립장, 폐기물소각장 등 혐오시설물의 필요성은 인식하나 자기 지역 내 설치에 대한 관계당사자들의 견해를 말한다. 'Not in my back yard'의 각 단어의 앞 철자를 따라서 만든 용어이다.

공원애호회
주민참가의 일환으로, 공원을 관리함에 있어 지역주민이 자주적으로 관리하는 조직을 말한다.

우리나라의 국민신탁법
우리나라는 2006년에 문화유산과 자연환경자산에 관한 국민신탁법을 제정하여 2007년부터 시행하였다. 법에 의하여 '문화유산국민신탁', '자연환경국민신탁'의 국민신탁법인이 만들어져 활동하고 있다.

레크리에이션 관리 개념
이용자들의 쾌적한 레크리에이션활동과 녹지공간의 만족스러운 이용을 최대한 보장하면서 레크리에이션 자원을 유지·보수할 수 있게 하기 위한 관리행위이다.

관미도 제공

⑥ 레크리에이션 자원의 파괴는 돌이킬 수 없는 한계가 있고, 파괴된 부지의 원상회복 불가능

(2) 옥외 레크리에이션 관리

① 부지의 생태적 측면(유지관리)과 이용에 관련된 사회적 측면(이용자관리)으로 구분

② 생태적 측면의 관리문제도 근본적으로는 이용자들의 레크리에이션이용에 따라 발생

③ 부지에 생태적 악영향을 미치는 원인은 이용자들의 반달리즘(vandalism) 및 무지(ignorance), 과밀이용(overuse) 등

(3) 관리목표

각 공간의 성격과 기능에 따라 이용과 보전의 밸런스를 유지해 나갈 수 있도록 관리목표 설정

(4) 레크리에이션 공간의 관리전략

① 완전방임형 : 가장 원시적이고 재래적으로 적용 불가능

② 폐쇄 후 자연회복형 : 자원중심형으로 자연지역의 경우에 적용할만 하나, 이용자들의 불만 등으로 특별한 경우 외에는 적용 곤란

③ 폐쇄 후 육성관리 : 짧은 폐쇄·회복기에도 최대한의 회복효과를 얻을 수 있고, 이용자에게 불편을 적게 줄 수 있으므로 손상이 심한 부지에 적합

④ 순환식 개방에 의한 휴식기간 확보 : 충분한 시설과 공간이 추가적으로 개발·확보되어야 가능

⑤ 계속적 개방·이용상태 하에서 육성관리 : 가장 이상적인 관리전략이나 최소한의 손상이 발생하는 경우에 한해서 유효한 방법으로, 자연적 생산력이 크고 안정된 부지를 제외하고는 적용 곤란

❷ 옥외 레크리에이션 관리체계

(1) 관리체계 3요소

1) 이용자 : 관리체계의 요소 중 가장 중요

① 레크리에이션 경험의 수요를 창출하는 주체

② 특정 개인보다는 이용자 집단의 차원에서 관심과 요구도 등에 부응

2) 자연자원기반 : 레크리에이션 활동 및 이용이 발생하는 근거이며 레크리에이션경험으로서 이용자 만족도를 좌우하는 요소

3) 관리 : 다양한 이용자 집단에게 만

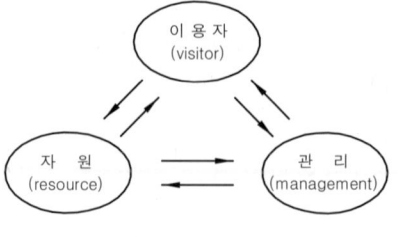

| 레크리에이션 관리체계의 기본요소들 간의 상호관계 |

▌ 부지의 관리수준에 영향을 미치는 요소
① 부지의 위치
② 부지의 설계
③ 이용의 유형
④ 환경적 조건
⑤ 관리의 전략

▌ 관리목표설정의 3가지 기준
① 경제적 효율성
② 균형성
③ 공공적 요구의 부응

▌ 옥외 레크리에이션 관리체계 3요소
① 이용자
② 자연자원기반
③ 관리

족스러운 경험을 제공하려는 요소

① 이용자의 요구에 부응하여 가용한 자원의 서비스와 활동 조정

② 레크리에이션 경험과 자원기반의 원형을 보호하는 요소

(2) 관리체계

1) 이용자관리 : 이용자의 레크리에이션 경험의 질을 극대화하기 위한 사회적 환경의 관리를 의미하며, 이용자의 이용에 대한 정보와 교육프로그램이 가장 중요

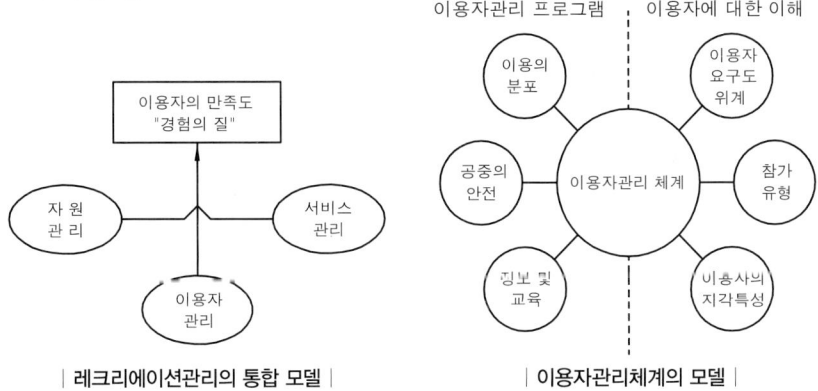

| 레크리에이션관리의 통합 모델 |　　　| 이용자관리체계의 모델 |

2) 자원관리

① 모니터링(monitoring) : 모든 주요자원들에 대해 이루어지며 인간의 활동들이 자원의 변화에 미치는 영향을 결정짓는 자료수집과정의 필수작업

② 프로그래밍(programming) : 자연환경의 질을 유지하며, 이용에 대한 교육, 영향평가, 위험제거 등에 대한 파악 및 관리

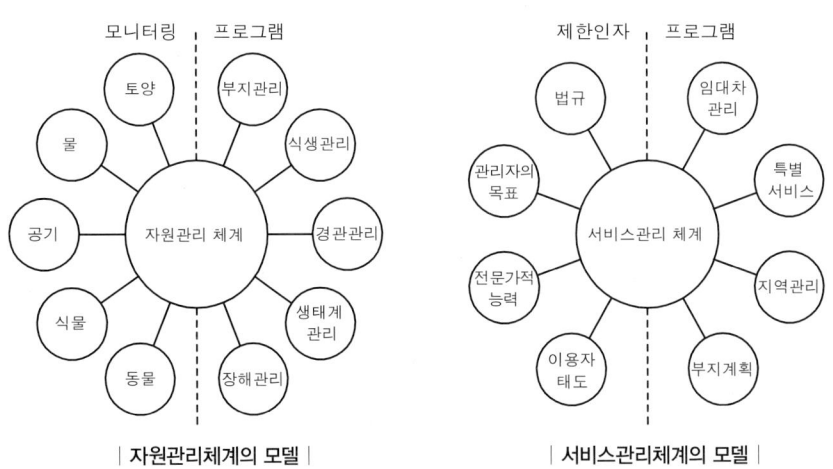

| 자원관리체계의 모델 |　　　| 서비스관리체계의 모델 |

3) 서비스관리 : 이용자를 수용하기 위해 물리적 공간을 개발하거나 접근로 및 특정의 서비스를 제공하는 것

관리체계

① 이용자관리

② 자원관리

③ 서비스관리

④ 가장 중요한 것은 이용자관리이고, 자원이나 서비스의 잠재력은 이용자의 만족스러운 레크리에이션 경험을 목표로 하는 환경적 조건이다.

⑤ 옥외 레크리에이션 관리의 주요기능이라 할 수 있다.

① 지역 및 부지의 계획 : 수요의 평가, 동선체계를 위한 공간배치와 제공될 설비들의 결정
② 특별서비스 : 레크리에이션 경험의 질을 보다 높게 하고 이용효율을 증대시키기 위한 예약시스템, 음식·정보서비스, 특수부대시설 및 판매 등
③ 임대차 관리 : 공공부문에서 이루어져야 할 중요 결정사항으로 필요서비스 및 제공방법 등

❸ 레크리에이션부지의 관리

(1) 도시공원녹지의 관리

1) 식물관리 : 기존식생의 보전계획을 포함하고 식재계획의 의도를 지속적으로 달성
  ① 수목관리 : 전지·전정, 시비, 병충해 방제, 관수, 지주목 설치 및 교체, 보식(補植) 등
  ② 수림지관리 : 하예, 가지치기, 제벌(除伐), 간벌(間楐), 병충해 방제, 지주목 설치 및 교체, 시비, 보식 등
  ③ 잔디관리 : 잔디깎기, 시비, 배토, 복토, 병충해 방제, 관수, 통기작업 등
  ④ 초화류관리 : 화단, 화분 및 수림지 내에 배식된 초화류와 습지성 식물을 대상으로 재료의 입수, 정지, 시비, 정식(定植) 및 관수, 제초, 병충해 방제, 적심(摘心), 화분의 흙갈이 및 분갈이 등
  ⑤ 식물관리비의 계산
    식물관리비=식물의 수량×작업률×작업횟수×작업단가
2) 시설관리 : 시설의 기능을 충분히 발휘·활용하고, 안전·쾌적한 이용을 하기 위한 것
  ① 시간의 경과에 따라 시설의 기능이 나빠지는 것 방지
  ② 나빠지거나 손상된 부분을 보수하여 내구성을 복원하고 기능을 회복시키며, 미관의 향상 도모
  ③ 시설관리대상 : 건물, 공작물(토목설비, 소공작물 등), 설비

식물재료의 특성
① 생물(생명활동)→자연성
② 생장·번식→영속성
③ 다양한 형태→주변시설과의 조화성
④ 개체마다의 독특한 개성미

하예(下刈)
하부식생을 베어내는 작업

정식(定植)
온상(溫床)에서 재배한 모종을 식재지에다 내어 심는 일

적심(摘心)
성장이나 결실을 조절하기 위하여 순을 잘라내는 일

시설관리대상 및 내용

구분		내용
건물관리	예방보전	점검(일상·정기), 청소(일상·정기·특별), 도장, 기구 등의 점검 및 교체
	사후보전	임시점검, 보수
공작물관리	예방보전	점검, 청소, 도장, 노면표시, 기구의 손질 및 교체
	사후보전	임시점검, 보수
	기타	필요성에 따라 보충, 이설, 부분교체

설비관리	급수설비	·배관계통 및 누수, 파손 등 정기점검 및 보수 ·고가수조 및 물탱크의 정기청소 및 점검 ·수질검사, 사용수량 확인, 수도미터기의 점검
	배수설비	·배수계통 및 각종 기기의 정기점검 및 보수
	처리시설	·처리시설의 운전 및 작동상황의 점검 ·처리시설의 운전조건 조정 및 청소 ·유입수 및 방류수의 수질검사
	전기시설	·수전·변전설비의 점검 및 검침, 시험측정 ·배전설비의 점검, 절연저항 측정 및 수리

(2) 자연공원지역의 관리

1) 이용자 손상의 관리

레크리에이션에 의한 손상의 속성

구분	내용
손상의 상호관련성	환경적·생태적 반응은 단일한 것이 없고 서로 상호 관련되어 발생
이용과 손상의 관계성	다양한 손상지표들은 다양한 이용강도의 수준과 연관
손상에 대한 내성의 변화	이용과 손상의 관계에서는 환경과 이용자집단 사이에 내재하는 내성의 변화가 가장 중요한 요인
활동특성에 따른 손상	활동특성에 따라 손상의 정도가 다르며, 같은 활동이라도 사용설비와 이용자 특성에 따라서도 상이
공간특성에 따른 손상	다양한 공간별 특성 및 계절적 변수에 영향

이용자에 의한 손상의 종류

구분	내용
생태적 손상	·식생 : 답압에 의한 식생감소 등 ·토양 : 답압에 의한 토양 고결화 등 ·수질 및 야생동물
사회·심리적 영향	·다른 이용자의 이용에 따른 혼잡감 ·다른 이용자의 이용에 따른 불쾌감 ·다른 이용자의 흔적에 의한 만족도 감소 등

2) 손상관리의 절차 3단계
① 문제되는 조건 파악 – 바람직하지 않은 이용자에 의한 손상
② 바람직하지 않은 손상들의 발생에 영향을 주는 잠재적 요인 결정
③ 바람직하지 않은 조건들을 완화시킬 수 있는 관리전략 선택

3) 모니터링(monitoring)
① 이용에 따른 영향에 대한 시각적 평가, 물리적 자원의 변화측정을 통하여 관리작업의 효율 등 제반 관리적 상황에 대하여 파악
② 영향을 유효·적절히 측정할 수 있는 지표설정
③ 저비용에 신뢰성이 있고 민감한 측정기법
④ 측정단위들의 위치를 합리적으로 설정

▎자연공원지역의 관리
자연공원지역의 뛰어난 자연풍경지를 보호하고 적절하게 이용할 수 있게 함으로써, 자연환경의 보전과 이용의 효율화를 유지하고 운영할 수 있도록 하는 것이다.

▎자연공원내 수림지 관리
① 천연갱신의 유도
② 대부분 생태적 복원력에 의지
③ 식생천이계열의 존중

▎자연공원의 쓰레기 특성
① 음식찌꺼기, 깡통 등 소각 곤란
② 정상, 계곡 등에 수집처리 곤란지역에 폭넓게 산재
③ 기동력에 의한 처리가 어려워 비능률적
④ 일상생활계 쓰레기와 상이
⑤ 이용집중도나 행태에 따라 발생량이나 위치가 상이

4>>> 레크리에이션 수용능력

1 개념의 근원 및 발전

① 수용능력(carrying capacity)개념은 원래 생태계 관리분야에서 비롯된 것으로 초지용량 및 삼림용량 등 소위 지속산출(sustained yield)의 개념에서 출발

② 수용능력개념이 레크리에이션분야에 적용된 것은 20세기 들어 도시화에 따른 수요의 증가와 대중화에 따른 필연적 결과

③ 와그너(M.Wagner 1915) : 공원녹지의 소요량의 산정으로 수용능력 개념을 레크리에이션에 최초 적용

④ 마이네키(Meineke 1928) : 무절제한 이용과 개발이 생태적·경관적 훼손의 가능성에 대한 경고로 근대적 레크리에이션 수용능력 개념의 출발점

⑤ 펜폴드(Penfold 1972) : 오늘날 통설로 인정받는 분류체계 확립 – 물리적 수용능력, 생태적 수용능력, 심리적 수용능력

> **레크리에이션 수용능력**
> 어떤 행락지에 있어 그 공간의 물리적·생물적 환경과 이용자의 행락의 질에 심각한 악영향을 주지 않는 범위의 이용수준을 말하며, 이는 또한 그 공간의 성격, 관리목표, 이용자의 태도 등에 영향을 받는다.

레크리에이션수용능력 개념·정의의 변화

학자	연도	개념/정의	특징
J. V. K. Wagar	1951	3가지 요인 ·이용자의 태도 ·토양, 식생 등의 내성·회복능력 ·가능한 관리의 총량	수용능력의 인자를 설명한 최초의 연구
James & Ripley	1963	수용능력 : 행락이용을 수용할 수 있는 생물적·물리적 한계	물리적·생태적 수용능력
LaPage	1963	심미적(aesthetic) 수용능력 생물적(biotic) 수용능력 ·레크리에이션의 질(quality)과 이용과의 만족도(satisfaction)에 준거	·이용자측면이 수용능력산정에 반영됨 ·최초의 수용능력분류 시도
Lucas Alan Wagar	1964	·어떤 행락구역이 양과 질에 이용의 만족(satisfaction)을 제공할 수 있는 능력 용량 ·지속적인 행락의 질을 유지·제공하는 행락이용의 수준	이용만족도에 근거한 사회·심리적 수용력
Chubb & Ashton	1969	·생물학적·물리적 악화 또는 행락경험의 질 저하 없이 행락지역이 수용할 수 있는 이용자의 수와 시간 ·공간용량 : 주어진 시간에 만족스럽게 수용할 수 있는 최대이용자수 ·수용용량 : 심각한 악영향 없이 수용될 수 있는 이용의 양	수용능력의 분류시도
O'Riordan	1969	환경용량(environmental capacity) : 어떤 장소를 이용하는 이용자들의 만족도의 합이 최대가 될 수 있는 용량	total satisfaction(총만족량)개념의 도입
Rodgers	1969	수용능력은 경험적으로 느껴지는 것으로 엄밀한 산정(calculation)은 불가능	수용능력 산정의 불가능성 언급

Lime & Stankey	1971	이용자의 경험과 물리적 환경의 질 저하 없는 수준에서 개발된 지역에 의해 일정기간 유지될 수 있는 이용의 성격 3가지 구성요소로 이루어짐 ·관리목적(management) ·이용자의 태도(user) ·자원에 대한 행락의 영향(resource)	·수용능력의 3가지 구성요소 설정 ·이론적 기반확립
Aldredge	1972	경험의 질이 가장 높을 때의 행락이용자의 수 ·시설용량 : 주어진 시간 동안 시설의 이용능력 ·자원인내용량 : 생태적 측면의 유지가능한 수준의 이용자수 ·이용자용량 : 최대 경험의 질을 제공할 때의 이용자수	·수용능력 분류 체계 확립 ·이용자수를 단위로 함
Penfold(conservation foundation)	1972	본질적인 변화가 없이 외부영향을 흡수할 수 있는 능력 ·물리적 수용능력 ·생태적 수용능력 ·심리적 수용능력	·수용능력 분류체계의 확립 ·오늘날의 통설
Godschalk & Parker	1975	수용능력 개념을 환경계획의 조작적 도구, 수단(operational tool)으로 이용가능성 제안 ·환경적 용량(environmental capacity) ·제도적 수용력(institutional capacity) ·지각적 용량(perceptual capacity)	·수용능력의 이론적 측정기법의 개발(예 : 수리모형)
근등삼웅 (近藤三雄)	1980	·표준 수용력(standard capacity) ·한계 수용력(critical capacity) ·적정 수용력(optimum capacity)	·수용능력의 수준분화

❷ 레크리에이션 수용능력의 결정인자

(1) 고정적 결정인자 - 공간 및 활동의 표준

① 특정활동에 대한 참여자의 반응정도 - 활동의 특성

② 특정활동에 필요한 사람의 수

③ 특정활동에 필요한 공간의 최소면적

(2) 가변적 결정인자 - 물리적 조건 및 참여자의 상황

① 대상지의 성격

② 대상지의 크기와 형태

③ 대상지 이용의 영향에 대한 회복능력

④ 기술과 시설의 도입으로 인한 수용능력 자체의 확장 가능성

(3) 수용능력 산정 시 고려해야 할 영향요인(Knudson 1984)

① 물리적 자원기반(부지)특성 : 환경요인들에 의해 결정되며, 부지의 황폐화는 식생의 부정적인 변화로 발현(지질 및 토양, 지형 및 향, 식생, 기후, 물, 동물 등)

② 관리의 특성 : 부지가 관리되는 양상에 따라 수용능력에 영향(정책, 관리, 설계)

③ 이용자의 특성 : 주로 사회·심리적 수용능력에 영향을 주며, 사회·심리

▌수용능력 영향요인

① 물리적·생태적 수용능력은 주로 대상지의 지형·규모 및 침식 등의 자연형성과정과 인간의 영향에 따라 발생하는 물리적·생물적 구성의 변화에 의해 결정

② 사회적·심리적 수용능력은 주로 이용의 수준, 이용의 유형, 이용시간, 공간적 변화 및 이용자의 행태 등과 같은 이용자의 행락만족도 관계인자에 의해 행락의 질로써 결정

적 수용능력은 레크리에이션만족도에 의한 경험의 질로써 결정(이용자의 심리, 선호도, 태도, 이용설비의 유형, 공간요구도, 사회적 습관 및 이용패턴)

❸ 수용능력 구성요소(관리요소)

① 관리목표 : 이용자에게 다양한 레크리에이션 기회의 제공을 위해 공간의 물리적·생태적·사회적 측면의 조건들을 관리프로그램을 통해 조성하고 유지·발전시키기 위한 지침
② 이용자 태도 및 선호도 : 레크리에이션관리에 있어 기본적인 사회적·심리적 조건 형성
③ 물리적 자원에의 영향 : 생태적 수용능력을 기본으로 물리적 자원에의 이용영향의 허용한계에 근거

❹ 수용능력과 관리기법

(1) 수용능력 선정 절차

① 이용의 추세변화 측정(계절, 날씨, 요일변수 등)을 통해 이용패턴 및 이용자수의 변화파악
② 이용자만족도의 변화 측정(물리적 구성 및 이용자간의 관계파악)
③ 이용행태(이용유형 및 양, 흐름 및 활동패턴 등)기록
④ 행락활동별 프로그램개발(활동과 공간의 상호관계)
⑤ 이용수준 결정(프로그램에 근거)
⑥ 활동별 이용수준 결정(총만족도 최대 기대)

(2) 수용능력 관리목적 및 기법

① 경쟁적이고 상충되는 이용과 이용에 따른 환경파괴 최소화
② 물리적 자원의 내구성 증대
③ 이용자들에게 질 높은 경험의 기회제공 증대
④ 이용의 특성과 강도 조절 3가지 관리기법
  ㉠ 부지관리 : 부지강화(관수, 시비, 품종교체), 이용유도(이용을 위항 식생제거, 조경, 장애물 설치, 비이용구역 접근성 제고), 시설개발(숙박시설, 각종 활동시설) − 부지·설계조성 및 조경적 측면에 중점
  ㉡ 직접적 이용제한 : 정책강화(세금부과), 구역별 이용(구역감시 강화, 순환식 이용), 이용강도의 제한(예약제, 이용자수·이용시간·장소 제한), 활동의 제한(캠프·낚시제한) − 선택권을 제한한 이용행태 조절
  ㉢ 간접적 이용제한 : 물리적 시설의 개조(접근로 등 시설의 증설·감축), 이용자에 정보제공(구역별 특성·범위·이용패턴 홍보), 자격요건의 부과(입장료, 이용요금 차등화) − 선택권을 존중한 이용행태 조절

핵심문제

1 조경의 이용관리에 있어서 이용지도의 목적이라 보기 어려운 것은? 기-04-4, 산기-07-1, 기-11-2
㉮ 생태적 안전성의 도모 ㉯ 공원녹지의 보전
㉰ 안전하고 쾌적한 이용 ㉱ 유효 이용의 유도
해 이용지도의 목적은 공원녹지의 보전, 안전·쾌적 이용, 유효
이용으로 구분된다.

2 다음 공원 내에서의 이용자들에 대한 이용지도에 관한 내용으로 옳지 않은 것은? 기-04-4
㉮ 사고성 행위에 대한 주의
㉯ 위험행위의 금지
㉰ 공원 내 레크리에이션 활동에 관한 상담 지도
㉱ 자원봉사자(volunteer)의 교육
해 이용지도의 구분

목적	내용
공원녹지의 보전	조례 등에 의해 금지되어 있는 행위의 금지 및 주의
안전·쾌적이용	위험행위의 금지 및 주의
	특수한 시설 혹은 위험을 수반하는 시설의 올바른 이용방법 지도
유효이용	이용안내
	레크리에이션 활동에 대한 상담·지도

3 다음 중 공원 내 공원녹지의 보전을 위한 이용지도의 대상이 되는 행위 시설은? 기-05-4
㉮ 유치원, 학교 등의 단체에 대한 활동프로그램의 조언
㉯ 공원녹지의 손상·오손
㉰ 공원 내의 루트, 시설의 유무소개
㉱ 식물관찰, 조류관찰, 오리엔터링등의 지도
해 공원녹지의 보전을 위한 이용지도의 대상행위 및 대상시설 :
식물의 채취, 공원녹지의 손상·오손, 출입금지구역, 광고물의
표시, 불의 사용 등

4 관광지의 과잉이용을 방지하기 위한 직접적인 이용자 관리 기법에 해당되지 않는 것은? 기-06-4
㉮ 구역제 실시 ㉯ 이용강도의 배분
㉰ 활동의 제한 ㉱ 가격 차등화
해 과잉이용 방지기법으로는 구역제 실시, 이용강도의 배분, 활

동의 제한이 있다

5 다음 중 공원의 이용자관리에 관한 설명으로 옳은 것은? 기-08-2
㉮ 이용자 관리 대상은 이용하는 사람뿐만 아니라 이용경험이 있는 사람과 가능성이 있는 사람까지도 포함한다.
㉯ 이용지도를 하는 것은 이용자의 자유로운 이용을 방해하므로 불필요하다.
㉰ 이용행위의 금지나 규제는 적극적인 이용지도에 속한다.
㉱ 이용자관리란 어린이 대상으로 하는 교육적이고 정서적인 놀이지도를 뜻한다.
해 이용자관리의 대상은 현재 공원녹지 등 대상지 이용자, 이용
경험이 있는 사람, 앞으로 이용할 가능성이 있는 사람 모두
포함된다.

6 다음 조경관리의 구분 중 이용관리의 구분만으로 해당되는 것은? 기-09-2, 산기-11-2
㉮ ①안전관리, ②주민참여의 유도
㉯ ①홍보, ②조직의 관리
㉰ ①편익 및 유희시설물, ②이용지도
㉱ ①식재수목, ②안전관리
해 이용관리의 내용으로는 안전관리, 이용지도, 홍보, 행사프로
그램 주도, 주민참여 유도 등이 있다.

7 다음 중 공원 내 안전관리에 따른 사항 중 사고의 종류에 해당하지 않는 것은? 산기-09-4
㉮ 설치하자에 의한 사고
㉯ 관리하자에 의한 사고
㉰ 자동차에 의한 사고
㉱ 이용자, 보행자, 주최자 등의 부주의에 의한 사고
해 안전관리에 따른 사고의 종류로는 설치하자, 관리하자, 자연
재해, 이용자·보호자·주최자 등의 부주의에 의한 사고로 나
뉜다.

8 다음 안전사고 중 설계 또는 설치 상 하자에 해당

되는 것은? 산기-06-4, 기-07-1
㉮ 벤치에 못이 삐져나와 이용자의 몸에 상처가 났다.
㉯ 계단 모서리가 마모되어 통행자가 미끄러져 다쳤다.
㉰ 흔들거리던 안내판이 쓰러져 통행인의 이마가 찢어졌다.
㉱ 조합놀이대 위의 난간 간격이 넓어 그 사이로 어린이가 떨어졌다.

9 다음 안전관리 사고의 종류 중 관리하자(瑕疵)에 의한 사고가 아닌 것은? 기-06-2
㉮ 위험장소에 대한 안전대책의 소홀
㉯ 이용자 자신의 부주의
㉰ 동물의 탈출에 의한 사고
㉱ 위험물의 방치

해 ㉯ 이용자 자신의 부주의는 이용자·보호자·주최자 등의 부주의에 의한 사고의 종류에 해당한다.

10 다음 중 관리하자에 의한 사고로 볼 수 없는 항목은? 산기-05-4, 산기-11-1
㉮ 시설의 구조 자체의 결함에 의한 것
㉯ 시설의 노후, 파손에 의한 것
㉰ 위험 장소에 대한 안전대책 미비에 의한 것
㉱ 위험물 방치에 의한 것

해 ㉮ 시설의 구조 자체의 결함에 의한 것은 설치하자에 의한 사고에 해당된다.

11 조경물 관리 하자에 의한 사고는? 산기-02-4
㉮ 이용자 자신의 부주의에 의한 것
㉯ 유아가 보호책을 넘어간 사고
㉰ 시설물의 접속부에 손이 낀 사고
㉱ 시설물의 노후 파손에 의한 것

해 관리하자에 의한 사고 중 시설의 노후·파손에 의한 것으로는 시설의 부식·마모에 의한 노후화 또는 파손부위로 인해 상처를 입는다거나, 전락·전도되고, 시설에 깔리는 등의 사고가 있다.

12 수심이 깊은 연못 등의 위험한 장소에 접근 방지용 펜스(fence)를 설치하지 않아 발생하는 사고의 경우 원인은? 산기-05-2, 산기-07-1

㉮ 설치하자   ㉯ 관리하자
㉰ 이용자 부주의   ㉱ 주최자 부주의

해 위험장소에 접근방지용 펜스 등을 설치하지 않는 등의 안전대책 미비에 의한 사고로 관리하자에 의한 사고에 해당한다.

13 조경공간에서 관리하자에 의한 안전사고로 옳은 것은? 기-06-1, 기-07-4
㉮ 그네에서 뛰어내리는 곳에 벤치가 설치되어 있어 충돌한 사고
㉯ 관객이 백네트에 올라갔다가 떨어진 사고
㉰ 유리조각을 방치하여 손발을 베인 사고
㉱ 시설물의 구조상 접속부에 손이 끼거나 구조 자체의 결함에 의한 사고

14 다음 중 관리하자에 의한 사고로 가장 적합한 것은? 기-06-4
㉮ 그네에서 뛰어내리다 벤치에 충돌하는 사고
㉯ 간판이 떨어지거나 맨홀 뚜껑이 제대로 닫혀 있지 않아 발생하는 사고
㉰ 어린이가 안전난간을 넘어가서 연못에 빠지는 사고
㉱ 시설물의 접속부에 손이 끼어서 다치는 사고

15 공원에서 청소한 낙엽을 모아 소각처리한 재가 잘못 묻어 어린이가 화상을 입었을 경우 어느 사고에 해당하는가? 기-08-4, 기-11-1
㉮ 설치하자   ㉯ 관리하자
㉰ 이용자부주의   ㉱ 보호자부주의

16 야영장의 고사된 수목에 텐트 줄을 지지하였는데 폭풍으로 고사목이 쓰러져 야영객이 다쳤다면, 다음 중 어떤 유형의 사고에 가장 근접하겠는가? 산기-04-2, 산기-11-4

㉮ 설치하자에 의한 사고
㉯ 관리하자에 의한 사고
㉰ 이용자 부주의에 의한 사고
㉱ 자연재해에 의한 사고

17 위험물 방치에 의한 이용자 사고에 해당하는

정답   **9** ㉯   **10** ㉮   **11** ㉱   **12** ㉯   **13** ㉱   **14** ㉯   **15** ㉯   **16** ㉯   **17** ㉯

것은?　　　　　　　　　　　　　기-04-1
㉮ 설치하자　　　　　　㉯ 관리하자
㉰ 이용자 부주의　　　　㉱ 주최자 부주의

해 위험물 방치는 관리하자에 의한 사고로 유리조각을 방치하여 손발을 베거나, 낙엽 등 소각 후의 재를 잘못 묻어 어린이가 이로 인해 화상을 당하는 사고 등이 해당된다.

18 안전관리에서 사고의 종류는 설치하자에 의한 사고, 관리하자(瑕疵)에 의한 사고, 이용자, 보호자, 주최자 등의 부주의에 의한 사고 등으로 구별된다. 이 중 관리하자에 대한 대책에 해당하는 것은?
　　　　　　　　　　산기-08-4, 산기-05-1

㉮ 시설배치의 미비점을 보완
㉯ 구조, 재질 상 안전에 대한 문제 여부 파악
㉰ 이용자 부주의에 의한 사고를 예상
㉱ 시설 노후 파손에 대한 내구연수를 파악

해 관리하자에 대한 대책
·계획적·체계적으로 순시·점검하고 이상이 발견될 경우 신속한 조치가 가능한 체계 확립
·시설의 노후 파손에 대해서는 시설의 내구년수(耐久年數) 파악
·부식·마모 등에 대한 안전기준의 설정
·시설의 점검 포인트 파악
·위험장소의 여부 판단 및 감시원·지도원의 적정배치
·위험을 수반하는 유희시설은 안내판·방송에 의한 이용지도

19 사고방지 대책은 설치하자에 대한 대책, 관리하자에 대한 대책, 이용자·보호자·주최자의 부주의에 대한 대책으로 구분된다. 다음 중 관리하자에 대한 사고방지 대책이 아닌 것은?　　　산기-09-1

㉮ 구조, 재질 상 결함이 있다고 인정될 경우 철거한다.
㉯ 계획적, 체계적으로 순시, 점검한다.
㉰ 각 시설에 대해 감시원, 지도원을 적정 배치한다.
㉱ 위험한 유희시설에 대해서는 안내판 또는 방송에 의한 이용지도를 실시한다.

해 구조, 재질상 결함이 있다고 인정될 경우 철거하는 것은 설치하자에 대한 대책이다.

20 안전사고 방지책에 대한 내용 중 맞지 않는 것은?　　　　　　　　　　　　　기-04-1

㉮ 구조나 재질에 결함이 있으면 철거하거나 개량조치를 한다.
㉯ 공원은 휴양, 휴식시설이므로 안전사고는 이용자 자신의 과실이다.
㉰ 위험한 장소에는 감시원, 지도원의 배치를 한다.
㉱ 정기적인 순시 점검과 시설이용 방법을 관찰 지도한다.

해 ㉯ 안전사고의 책임은 공원관리자, 피해자, 보호자 중에 있으며 사고상황의 파악 및 책임소재를 빨리 검토하여 대응조치하여야 한다.

21 주민들의 참가에 의하여 행하여 질 수 있는 공원관리활동 내용으로 부적합한 것은?　　산기-09-2
㉮ 운영관리　　　　　　㉯ 공원관리에 관한 제안
㉰ 놀이기구의 점검　　　㉱ 화단식재

해 주민참가활동의 내용
·청소, 제초, 병충해방제, 시비, 관수, 화단식재
·놀이기구점검, 어린이 놀이지도, 금지행위, 위험행위의 주의
·공원·녹화관련행사, 공원을 이용한 레크리에이션 행사의 개최
·공원의 홍보, 공원관리에 관한 제안, 공원이용에 관한 규칙 제정
·사고, 고장 등의 통보, 열쇠 등의 보관, 시설·기구 등의 대출

22 주민참가에 의한 공원관리 활동 내용 중에 적당하지 않은 것은?　　　　기-05-1, 기-10-1
㉮ 제초, 청소작업
㉯ 사고, 고장 등을 관리주체에 통보
㉰ 레크레이션 행사의 개최
㉱ 전정, 간벌작업

23 공원의 관리에 근린 주민단체가 참가할 경우 효율적으로 수행할 수 없는 작업의 내용은?
　　　　　　　　　　기-04-4, 기-08-4

㉮ 잔디깎기　　　　　　㉯ 제초
㉰ 관수　　　　　　　　㉱ 쓰레기 처리

해 쓰레기 처리는 행정당국에서 하는 것이 효율적이다.

24 다음 중 공원이용 관리시의 주민참가를 위한 조건으로 볼 수 없는 것은? 기-05-2, 기-03-4

㉮ 주민참가 결과의 효과가 기대될 것

㉯ 이해의 조정과 공평성을 가질 것

㉰ 행정당국의 지침에 수동적으로 참여할 것

㉱ 규모 및 전문성이 주민에의 수탁능력을 넘지 않을 것

해 ㉰ 운영상 주민의 자발적 참가 및 협력을 필요요건으로 한다.

25 공원관리에 주민참가의 조건에 포함되지 않는 것은? 기-05-1, 기-09-1, 산기-10-1

㉮ 규모와 전문성이 주민의 수탁능력을 넘지 않을 것

㉯ 운영상 주민의 자발적 참가와 협력을 필요조건으로 할 것

㉰ 유지 관리비의 예산을 절감하고 수익성이 있을 것

㉱ 주민참가에 있어서 이해의 조정과 공평성을 가질 것

26 주민참여에 의한 공원관리 활동 내용에 대하여 행정부서와 주민단체와의 관계 설정 내용으로 적합하지 않은 것은? 산기-09-4

㉮ 주민단체의 공원관리활동에 대한 보조

㉯ 주민단체에 위탁

㉰ 주민단체의 자발적인 행위

㉱ 주민단체와의 계약관계

27 이용관리 계획 중 주민참가의 발전과정이 아닌 것은? 기-11-4

㉮ 시민 권력의 단계   ㉯ 개인 참가의 단계

㉰ 비참가의 단계   ㉱ 형식적 참가의 단계

28 조경관리에 있어서 안시타인이 설명한 주민참가 3단계 중 시민 권력의 단계에 속하지 않는 것은? 기-08-1

㉮ 자치관리   ㉯ 파트너쉽

㉰ 권한위양   ㉱ 정보제공

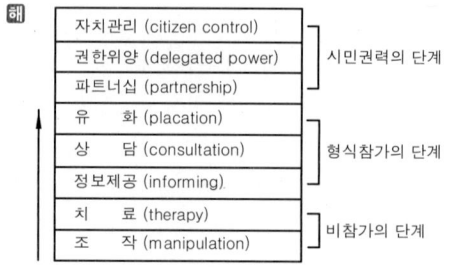

주민참가의 8단계

29 공원시설의 파괴 및 훼손과 관련된 용어는? 기-03-1

㉮ 과밀이용(overuse)

㉯ 수용능력(carrying capacity)

㉰ 님비(NIMBY)현상

㉱ 반달리즘(vandalism)

해 반달리즘(vandalism) : 다른 문화나 종교, 예술 등에 대한 무지로 그것들을 파괴하는 행위

30 부지관리에 있어서 이용자에 의해 생태적 악영향을 미치는 주된 원인이 아닌 것은? 기-03-4

㉮ 반달리즘(Vadalism)   ㉯ 요구도(Needs)

㉰ 무지(Ignorance)   ㉱ 과밀이용(Over-Use)

해 부지에 생태적 악영향을 미치는 원인은 이용자들의 반달리즘(vandalism) 및 무지(ignorance), 과밀이용(overuse) 등이 있다.

31 국민에 의한 국토보전, 관리 뿐 아니라 국민 자신의 손으로 가치 있는 아름다운 자연과 역사적 건축물을 기증, 구입 등의 방법으로 입수하여 보호, 관리하고 공개한다는 취지를 갖고 창립된 단체는? 기-08-1, 기-03-2, 산기-08-4

㉮ 커뮤니티 넌 프라핏 에이전시(Community Non-Profit Agency)

㉯ 내셔널 트러스트(National Trust)

㉰ 벌런티어 트러스트(Volunteer Trust)

㉱ 반달리즘(Vandalism)

해 내셔널 트러스트(National Trust 영국 1896년)

·역사적 명승지·자연적 경승지를 위한 내셔널 트러스트로 로버트 헌터(R. Hunter), 옥타비아 힐(Octavia Hill), 캐논 하드웍 론즐리(Canon H. Rawnsely) 세 사람이 시작

· 보존가치가 있는 아름다운 자연이나 역사 건축물과 그 환경을 기부금·기증·유언 등으로 취득하여 보전·유지·관리·공개함으로써 차세대에게 물려준다는 취지
· 자연신탁국민운동으로 불리는 시민운동이나 1907년 영국의 회에서 특별법으로 내셔널 트러스트 법안제정

32 내셔널 트러스트(National Trust)의 설명으로 가장 적당한 것은? 기-05-1
㉮ 파괴되어가는 아름다운 자연과 역사적 건축물의 입수, 보호 및 관리를 목적으로 설립된 단체
㉯ 환경보전사업을 수행하기 위한 필요 자금 융통 목적의 공공기금
㉰ 지역 환경보전단체들의 국가적 연대기구
㉱ 환경보전을 주 정치문제로 다루는 정당

33 다음 내셔널 트러스트(National Trust)에 관한 설명으로 옳지 않은 것은? 기-06-2
㉮ 도시환경을 아름답게 유지, 보전하기 위한 시민운동이다.
㉯ 법에 의해서 뒷받침되고 있는 시민운동이다.
㉰ 영국에서 시작한 시민운동이다.
㉱ 자산 취득 시 양도가 불가능하다.

34 원래 삼림생태계의 관리 분야에서 비롯된 것으로 초지용량 및 삼림용량 등 소위 지속산출(sustained yield)의 개념에서 출발한 것은? 기-05-1, 기-04-1
㉮ 반달리즘(Vandalism)
㉯ 님비(NIMBY)현상
㉰ 내셔널 트러스트(National Trust)
㉱ 수용능력(Carrying Capacity)
🔳 수용능력(carrying capacity)개념은 원래 생태계 관리분야에서 비롯된 것으로 초지용량 및 삼림용량 등 소위 지속산출(sustained yield)의 개념에서 출발했다.

35 행락지 관리 시 이용수준과 관련하여 도입할 수 있는 개념은? 산기-08-2
㉮ 반달리즘 ㉯ 수용능력
㉰ 잠재력 ㉱ 지구력
🔳 어떤 행락지에 있어 그 공간의 물리적·생물적 환경과 이용자

의 행락의 질에 심각한 악영향을 주지 않는 범위의 이용수준을 수용능력이라 한다.

36 수용능력(carrying capacity)에 대한 다음 설명 중 가장 거리가 먼 것은? 산기-09-4
㉮ 수용능력은 생태계 관리를 위한 초지용량, 산림용량 등의 지속산출(sustained yield)의 개념에서 출발하였다.
㉯ 레크리에이션 수용능력은 공간의 물리적 생물적 환경과 이용자의 행락의 질에 악영향을 주지 않는 범위의 이용수준을 말한다.
㉰ 수용능력은 경험적으로 느껴지는 것으로 엄밀한 산정은 불가능하기 때문에 어떤 공간에 대한 수용능력의 산출과 계량화는 무의미하다.
㉱ 이용자 자신에 의해 지각되는 일정 행위에 대한 적정 이용밀도를 생리적 수용능력이라고 말할 수 있다.

37 레크리에이션 관리계획의 기본 요소가 아닌 것은? 산기-04-1, 산기-07-4, 기-04-1, 기-09-1
㉮ 자원 ㉯ 이용자
㉰ 서비스 ㉱ 식생
🔳 기본요소는 '이용자·자원·관리'이다. 여기서 관리란 서비스를 관리하는 것이지 '서비스'는 아니다. 이 문제에서는 ㉱로 인하여 맞는 것이 될 수 있으나 원칙적으로 ㉰도 틀린 것이다.

38 다음 중 레크리에이션 관리체계의 기본요소가 아닌 것은? 기-06-2, 기-06-4
㉮ 자원(resource)
㉯ 이용자(visitor)
㉰ 서비스(service)
㉱ 관리(management)

39 옥외 레크리에이션의 관리체계 중 서비스 관리체계 인자가 아닌 것은? 기-07-4
㉮ 관리자의 목표
㉯ 전문가적 능력
㉰ 이용자 태도
㉱ 공중 안전

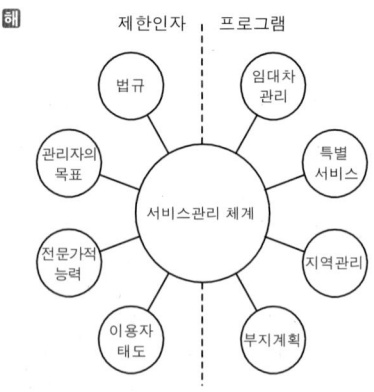

제한인자　프로그램

서비스관리체계의 모델

40 레크리에이션 수용능력에 따른 관리방법 중 부지관리 유형에 해당하는 것은?　산기-10-1, 기-09-2

㉮ 이용강도의 제한　　㉯ 이용유도
㉰ 이용자에게 정보 제공　㉱ 정책강화

🅷 부지관리 유형 : 부지강화, 이용유도, 시설개발(부지설계·조성 및 조경적 측면에 중점)

41 "길이 불편하고 합리적으로 설계되어 있지 못하므로 길이 아닌 잔디공간을 통행하는 것이 잘못된 것이라고 생각 들지 않는다."는 의식을 가진 공원 이용자에 의해 발생하는 훼손행위의 유형은?　기-07-4

㉮ 무지에 의한 훼손행위
㉯ 모방심리에 의한 훼손행위
㉰ 책임 회피적 훼손행위
㉱ 환경 탓에 의한 훼손행위

42 레크리에이션 관리의 기본전략 중 폐쇄 후 육성관리에 대해 적절히 설명한 것은?　산기-10-2

㉮ 짧은 폐쇄, 회복기에도 최대한의 회복효과를 얻을 수 있다.
㉯ 가장 원시적이고, 재래적인 방법이다.
㉰ 회복하는데 많은 시간이 소요되는 문제점이 있다.
㉱ 충분한 시간과 공간이 있는 경우 적용 가능하다.

🅷 폐쇄 후 육성관리전략은 짧은 폐쇄·회복기에도 최대한의 회복효과를 얻을 수 있고, 이용자에게 불편을 적게 줄 수 있으므로 손상이 심한 부지에 적합한 관리전략이다.

43 짧은 폐쇄·회복기에도 최대한의 회복효과를 얻을 수 있고, 따라서 이용자에게 불편을 적게 줄 수 있으며, 특히 손상이 심한 부지에 가장 이상적인 레크리에이션 공간의 관리 방안은?　기-07-2

㉮ 완전방임형 관리 전략
㉯ 폐쇄 후 자연회복형
㉰ 폐쇄 후 육성관리
㉱ 순환식 개방에 의한 휴식기간 확보

44 레크리에이션 공간에 최소한의 손상이 발생하는 경우에 유효한 방법으로서 자연적 생산력이 크게 안정된 부지들에 적용하기가 좋은 관리 전략은?　기-09-4

㉮ 완전방임형 관리
㉯ 폐쇄 후 육성관리
㉰ 계속적인 개방·이용상태 하에서 육성관리
㉱ 순환식 개방에 의한 휴식기간 확보

45 옥외 레크리에이션의 관리체계는 주요 기능의 관점에서 3가지 관리로 구성된다. 이들 중 가장 중요한 관리는 무엇인가?　산기-08-1, 기-07-2

㉮ 이용자관리(visitor management)
㉯ 자원관리(resource management)
㉰ 서비스관리(service management)
㉱ 경관관리(landscape management)

🅷 이용자는 레크리에이션 경험의 수요를 창출하는 주체로 관리체계의 요소 중 가장 중요하며, 자원이나 서비스의 잠재력은 이용자의 만족스러운 레크리에이션 경험을 목표로 하는 환경적 조건이다.

46 옥외 레크리에이션(recreation) 관리체계에서 주요소 기능의 관점과 거리가 먼 것은?　산기-09-2

㉮ 이용자관리(visitor management)
㉯ 서비스관리(service management)
㉰ 자원관리(resource management)
㉱ 건축물관리(building management)

🅷 레크리에이션 관리계획의 기본 요소는 이용자관리, 자원관리, 서비스관리이다.

정답　40 ㉯　41 ㉰　42 ㉮　43 ㉰　44 ㉰　45 ㉮　46 ㉱

47 옥외 레크리에이션 관리체계의 3가지 기본 요소로만 구성되어 있는 것은?   기-04-2, 기-10-2

㉮ 이용자, 관리자, 부지의 설계
㉯ 관리자, 자연자원기반, 요구도
㉰ 자원, 관리자, 환경적 조건
㉱ 관리, 이용자, 자연자원기반

48 레크리에이션 시설의 서비스 관리를 위해서는 제한 인자들에 대한 이해가 필요하며 그것들을 극복할 수 있어야만 한다. 다음 중 그 제한인자에 속하지 않는 것은?   기-04-2

㉮ 특별 서비스   ㉯ 관련법규
㉰ 이용자 태도   ㉱ 관리자의 목표

해 서비스관리 : 이용자를 수용하기 위해 물리적 공간을 개발하거나 접근로 및 특정이 서비스를 제공히는 것이다.

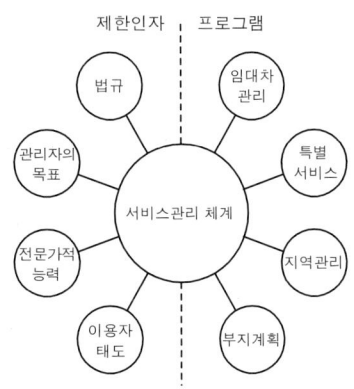

서비스관리체계의 모델

49 자연공원지역에서 제반 관리적 상황의 파악을 위한 적정 모니터링시스템이 갖춰야 할 사항에 해당하지 않는 것은?

기-05-2, 기-10-2, 기-10-4, 기-03-1

㉮ 영향을 유효 적절히 측정할 수 있는 지표의 설정
㉯ 신뢰성 있고 민감한 측정의 기법 적용
㉰ 고비용의 정확한 측정모델의 선정
㉱ 측정 단위들의 합리적 위치 설정

50 자연공원의 모니터링을 위한 효과적인 방법이 아닌 것은?

기-08-2, 기-03-2, 기-09-2, 기 -09-4, 기-12-1

㉮ 측정지표의 합리화

㉯ 신뢰성 있는 기법의 도입
㉰ 시간 및 노동력의 증대
㉱ 위치선정의 타당성

해 모니터링을 위한 효과적인 방법

·영향을 유효·적절히 측정할 수 있는 지표설정
·저비용에 신뢰성이 있고 민감한 측정기법
·측정단위들의 합리적 위치설정

51 수용능력(carrying capacity)의 개념을 최초로 종래의 생태적 측면에서 이용자의 레크리에이션 질 및 만족도 등의 사회·심리적 측면으로까지 확대 발전시킨 사람은?

기-03-1, 산기-09-2, 기-07-1, 산기-07-2

㉮ Lucas   ㉯ J.V.K Wagar
㉰ Lapage   ㉱ O'Riordan

52 레크리에이션 수용능력을 물리적, 생태적 및 심리적 수용능력으로 구분한 체계를 확립한 사람은?

기-06-1, 기-07-4

㉮ Lapage   ㉯ Alderdge
㉰ Penfold   ㉱ Godschalk & Parker

53 다음 펜폴드(penfold)가 주장한 레크리에이션 수용능력의 분류방법에 속하지 않는 것은?

기-06-4, 기-12-1

㉮ 물리적 수용능력   ㉯ 생태적 수용능력
㉰ 심리적 수용능력   ㉱ 사회적 수용능력

해 펜폴드(Penfold 1972) : 레크리에이션 수용능력의 분류를 물리적 수용능력, 생태적 수용능력, 심리적 수용능력으로 체계화하였다.

54 Godschalk & Parker의 레크리에이션 수용능력 개념 설명이 틀린 것은?   기-09-2

㉮ 수용능력 개념을 환경계획의 조작적 도구, 수단으로 이용 가능성을 제안
㉯ 심리적 수용능력
㉰ 수용능력의 이론적 측정기법의 개발(수리모형)
㉱ 지각적 용량

해 Godschalk & Parker : 수용능력 개념을 환경계획의 조작적

도구, 수단(operational tool)으로 이용가능성 제안했으며, 수용능력의 이론적 측정기법(수리모형)을 개발했나.

· 환경적 용량(environmental capacity)

· 제도적 수용력(institutional capacity)

· 지각적 용량(perceptual capacity)

55 일반적으로 레크리에이션 수용능력에는 3가지 기본적인 구성요소가 있는데 이것에 해당되지 않는 것은?　　　　　　　　　　산기-06-4

㉮ 관리목표　　　　㉯ 이용자 태도 및 선호도

㉰ 주민참여　　　　㉱ 물리적 자원에의 영향

해 수용능력의 구성요소로는 관리목표, 이용자 태도, 물리적 자원에의 영향이 있으며 이 중 관리목표는 다시 일반적 목표와 명시적 목표로 나뉜다.

56 레크리에이션 수용능력의 결정인자는 고정인자와 가변인자로 구분되어 지는데 다음 중 고정적 결정인자가 아닌 것은?　기-11-1, 기-05-4, 산기-09-1

㉮ 특정활동에 대한 참여자의 반응정도

㉯ 특정활동에 의한 이용의 영향에 대한 회복능력

㉰ 특정활동에 필요한 사람의 수

㉱ 특정활동에 필요한 공간

해 고정적 결정인자

· 특정활동에 대한 참여자의 반응정도

· 특정활동에 필요한 사람의 수

· 특정활동에 필요한 공간

57 레크레이션의 수용능력의 결정인자 중 고정인자는?　　　기-05-4, 산기-09-1, 산기-12-1

㉮ 대상지의 성격

㉯ 대상지의 크기와 형태

㉰ 특정 활동에 대한 참여자의 반응정도

㉱ 대상지 이용의 영향에 대한 회복능력

58 레크리에이션 수용능력을 결정하는 인자 중에서 가변적 결정 인자는?　　　　　　기-06-2

㉮ 특정활동에 필요한 사람의 수

㉯ 특정활동에 필요한 공간의 최소면적

㉰ 특정활동에 대한 참여자의 반응 정도

㉱ 대상지 이용의 영향에 대한 회복능력

해 가변적 결정인자

· 대상지의 성격

· 대상지의 크기와 형태

· 대상지 이용의 영향에 대한 회복능력

· 기술과 시설의 도입으로 인한 수용능력 자체의 확장 가능성

59 수용능력(carrying capacity)에 대한 설명 중 틀린 것은?　　　　　　　　　기-12-1

㉮ 수용능력개념 중 심미적 요소에 대한 개념은 없다.

㉯ 레크레이션지역의 관리 시 유용한 개념으로 이용되고 있다.

㉰ 수용능력의 개념은 원래 생태계 관리분야에서 유래되었다.

㉱ 이용에 따른 환경파괴를 최소화하고, 자원의 내구성을 높이며, 양호한 여가활동의 즐거움을 제공할 수 있는 기회를 증대한다.

60 안전사고 발생 시의 사고처리 순서로서 알맞은 것은?　　　　　　　　　　산기-12-1

㉮ 관계자에의 통보 → 사고자의 구호 → 사고상황의 파악 및 기록 → 사고책임의 명확화

㉯ 사고자의 구호 → 관계자에의 통보 → 사고상황의 파악 및 기록 → 사고책임의 명확화

㉰ 관계자에의 통보 → 사고상황의 파악 및 기록 → 사고자의 구호 → 사고책임의 명확화

㉱ 사고자의 구호 → 사고상황의 파악 및 기록 → 관계자에의 통보 → 사고책임의 명확화

식물관리의 작업시기 및 횟수

구분	작업 종류	4월	5월	6월	7월	8월	9월	10월	11월	12월	1월	2월	3월	연간작업 횟수	적요
식재지	전 정 (상록)			■	■			■	■					1 ~ 2	
	전 정 (낙엽)					■			■	■				1 ~ 2	
	관 목 다 듬 기	■	■	■	■	■	■	■	■					1 ~ 3	
	깎 기 (생울타리)	■	■	■	■	■	■	■	■					3	
	시 비	■	■							■	■	■		1 ~ 2	
	병 충 해 방 지		■	■	■	■	■	···		■	■			3 ~ 4	살충제 살포
	거 적 감 기							■	■			■		1	동기 병충해 방제
	제 초 · 풀 베 기	■	■	■	■	■	■	■	■					3 ~ 4	
	관 수			■	■	■	■							적 의	식재장소, 토양조건 등에 따라 횟수 결정
	줄 기 감 기		■	■										1	햇빛에 타는 것으로부터 보호
	방 한	■							■	■		···	···	1	난지에는 3월부터 철거
	지주결속 고치기	···	···	■	■	■		···	···	···	···	···	···	1	태풍에 대비해서 8월 전후에 작업
잔디밭	잔 디 깎 기		■	■	■	■	■	■	■					7 ~ 8	
	뗏 밥 주 기	■	■									■	■	1 ~ 2	운동공원에는 2회 정도 실시
	시 비	■	■									■	■	1 ~ 2	
	병 충 해 방 지		■	■	■	■	■							3	살균제 1회, 살충제 2회
	제 초	■	■	■	■	■	■							3 ~ 4	
	관 수			■	■	■	■							적 의	
화단	식 재 교 체	■	■	■	■	■	■	■	■			■	■	4 ~ 5	
	제 초		■	■	■	■	■	■	■					4	식재교체기간에 1회 정도
	관 수 (pot)	■	■	■	■	■	■	■	■	■				78 ~ 80	노지는 적당히 행한다.
원로	풀 베 기	···	■	■	■	■	■							5 ~ 6	
	제 초		■	■	■	■	■							3 ~ 4	
광장	제 초 · 풀 베 기		■	■	■	■	■	■	■					4 ~ 5	
자연림	잡 초 베 기	···	···	■	■	■	■	■	■					1 ~ 2	
	병 충 해 방 지	■	■	■	■	···								2 ~ 3	
	고 사 목 처 리	■	■	■	■	■	■	■	■					1	연간 작업
	가 지 치 기		■			■	■	■	■						

CHAPTER 03 조경식물관리

1>>> 조경수목의 관리

❶ 정지 및 전정

(1) 정지·전정의 목적

1) 미관상의 목적
   ① 건전한 생육을 도모하고 수목 본래의 미(美) 제고
   ② 인공적 수형을 만들 경우 조형미 제고

2) 실용상의 목적
   ① 수목 본래의 목적을 달성토록 불필요한 줄기나 가지를 잘라내어 지엽의 생육 건전화
   ② 한정된 공간 내 수목의 크기조정 및 조화 도모
   ③ 가로수 등은 하기(夏期)전정하여 통풍 원활, 태풍의 피해 방지

3) 생리상의 목적
   ① 지엽이 밀생한 수목의 통풍과 채광의 확보로 병충해방지 및 풍해·설해에 대한 저항력 증진
   ② 쇠약해진 수목의 지엽을 부분적으로 잘라 새로운 가지를 소생케 하여 수목의 활력 도모
   ③ 도장지, 허약지 등을 제거하여 개화·결실 촉진
   ④ 이식수목의 지엽을 자르거나 잎을 훑어주어 수분의 균형유지

(2) 정지·전정의 효과

① 수관을 구성하는 주지와 부주지, 측지를 균형있게 발육시켜 각 수종 고유의 수형과 아름다움 유지
② 수관내부에 햇빛과 통기로 병충해 억제 및 가지의 발육 촉진
③ 화목이나 과수의 경우 개화와 결실을 충실하게 유도
④ 도장지나 허약지 등을 제거하여 건전한 생육 도모
⑤ 수목의 형태 및 크기의 조절로 정원과 건축물의 조화 도모
⑥ 수목의 기능적 목적인 차폐·방화·방풍·방진·방음 등의 효과 제고

(3) 정지·전정의 분류

1) 조형을 위한 전정
   ① 수목 본래의 특성 및 자연과의 조화미, 개성미, 수형 등을 환경에 이용
   ② 예술적 가치와 미적 효과 발휘
   ③ 수목의 각 부분을 균형 있게 생육하기 위한 도장지 등 제거

정지·전정의 용어
① 전정(pruning) : 수목의 관상, 개화·결실, 생육조절 등 조경수의 건전한 발육을 위해 가지나 줄기의 일부를 잘라내는 정리작업
② 정지(training) : 수목의 수형을 영구히 유지 또는 보존하기 위하여 줄기나 가지의 생장을 조절하여 목적에 맞는 수형을 인위적으로 만들어가는 기초정리작업
③ 정자(trimming) : 나무전체의 모양을 일정한 양식에 따라 다듬는 것. 전정·다듬기·가지의 유인·수간의 교정 등의 조작으로 나무의 외모를 정돈되고 아름답게 하는 작업
④ 전제(trailing) : 생장력에는 무관한 필요 없는 가지나 생육에 방해가 되는 가지를 잘라버리는 작업

수목류의 전정
① 전정은 다듬기(heading)와 솎아내기(thinning)로 구분하며, 수세, 미관, 통풍, 채광 등을 고려한다.
② 도심부의 수목의 수고를 낮추어야 할 경우, 사슴뿔모양으로 조형미를 살리고 1~3년마다 정리하여 끝부분에 혹을 형성(pollarding)시킨다.

▌정지·전정의 대상

도장지, 교차지, 역지, 수하지, 난지, 병해지, 허약지, 밀생지, 평행지, 고사지, 윤생지, 대생지, 근생아, 포복지, 얼지, 정면으로 향한 가지 등

2) 생장을 조정하기 위한 전정

① 묘목이나 어린 나무의 병충해를 입은 가지나 고사지 및 손상지 등을 제거하여 생장을 조정

② 묘목 육성 시 아래쪽의 곁가지를 자르거나 곁가지의 끝을 다듬어 키의 생장 촉진

③ 추위에 약한 수종이나 과수의 묘목 등은 주간을 잘라 주어 곁가지를 강하게 생육

3) 생장을 억제하기 위한 전정

① 수목의 일정한 형태 유지 : 산울타리 다듬기, 소나무 새순 자르기, 상록활엽수의 잎사귀 따기 등과 침엽수와 상록활엽수의 정지·전정 작업

② 필요 이상으로 생육되지 않게 전정 : 작은 정원 내의 녹음수, 도로변 가로수 등

③ 맹아력이 강한 수종(느티나무, 배롱나무, 단풍나무, 모과나무 등)은 굵은가지의 길이를 줄여 성장억제, 소나무의 순꺾기, 팽나무·단풍나무의 순따기와 잎따기로 도장 억제

4) 갱신을 위한 전정 : 맹아력이 강한 활엽수가 늙어 생기를 잃거나 개화상태가 불량해진 묵은 가지를 잘라 새로운 가지가 나오게 하는 것(팽나무 등)

5) 생리조정을 위한 전정 : 이식 시 손상된 뿌리로부터 흡수되는 수분의 균형을 위해 가지와 잎을 적당히 제거

6) 개화·결실을 촉진시키기 위한 전정

① 과수나 화목류의 개화 촉진 : 매화나무(개화 후 전정), 장미(수액 유동 전)

② 결실 : 감나무(개화 후 전정)

③ 개화와 결실 동시 촉진 : 개나리, 진달래 등(개화 후 전정), 배나무(3년 앞을 보고 전정), 사과나무(뿌리의 절단 및 환상박피, 척박지 개량)

(4) 정지·전정의 시기

1) 춘기전정(3~5월)

① 수목의 생장기로, 강전정을 하면 수세 쇠약 초래

② 수고를 늘리거나 상록수의 형태를 정리할 경우의 적기로, 도장지 제거나 적심(순지르기, 순따기) 실시

③ 느티나무, 벚나무 등의 낙엽활엽수는 영양생장기로 접어들어 신장생장이 최대인 시기이므로 적심·적아 등의 소극적 전정만 실시

④ 봄에 꽃이 피는 화목류는 꽃이 진 후에 전정(진달래, 철쭉류, 목련류, 서향, 동백나무 등)

▌전정의 종류

① 약전정 : 수관내의 통풍이나 일조 상태의 불량에 대비하여 밀생된 부분을 솎아 내거나 도장지 등을 잘라내어 수형을 다듬는다.

② 강전정 : 굵은가지 솎아내기 및 장애지 베어내기 등으로 수형을 다듬는다.

③ 생장이 왕성한 유목은 강전정, 노목은 약전정 실시

▌적심과 적아

① 적심 : 불필요한 곁가지를 없애기 위해 신초의 끝부분을 제거하는 것 - 순지르기

② 적아 : 불필요한 곁눈의 일부 또는 전부를 제거하는 것

⑤ 동백나무나 목련류는 눈의 바로 위에서 잘라 주어야 하나 진달래나 철쭉류는 눈의 유무에 관계없이 어느 위치에서나 전정 가능

⑥ 수형을 만들기 위한 전정은 봄에 맹아신장이 끝나는 시기에 1회 실시하고 가을에 한번 더 전정하면 대부분 수형 유지

2) 하기전정(6~8월)

① 수목의 생장이 활발하여 수형이 흐트러지고 도장지가 발생하며, 수관 내 통풍이나 일조상태가 불량하여 병충해가 발생하는 시기의 전정

② 불량한 상태를 막기 위해 밀생된 부분을 솎아내고 도장지 제거

③ 수목이 양분을 축적하는 시기로 강전정을 피하고 목적에 맞는 가벼운 전정을 2~3회로 나누어 실시

④ 도장지는 길이의 1/2 정도를 먼저 잘라내어 힘을 약화시킨 후 기부로부터 제거

⑤ 풍해에 대비하여 지주목 설치

3) 추기전정(9~11월)

① 강전정을 하면, 눈이 움직이거나 새로 나올 가지 등이 충실해지기 전에 휴면기를 맞아 수세가 약해지게 되므로 수형을 다듬는 정도의 약전정이 적당

② 상록활엽수도 가을전정이 적기로 되어 있으나 강전정은 피하는 것이 적당(10월은 남부지방의 추기전정 적기)

4) 동기전정(12~3월)

① 휴면기간 중에 굵은가지의 솎아내기나 베어내기와 같은 수형을 다듬기 위한 강전정을 해도 무방(너무 심한 강전정은 주의)

② 상록활엽수는 절단부위로 한기가 스며들어 피해를 입히므로 추운지방에서는 동기전정을 피하고 해토될 무렵 실시

③ 낙엽수는 잎이 떨어진 뒤 수형의 판별이 쉬워 불필요한 가지 제거 용이

전정시기의 분류

전정시기	수종	비고
봄전정 (4,5월)	상록활엽수(감탕나무, 녹나무 등)	잎이 떨어지고 새잎이 날 때 전정
	침엽수(소나무, 반송, 섬잣나무 등)	순꺾기(5월 상순)
	봄꽃나무(진달래, 철쭉류, 목련 등)	화목류는 꽃이 진 후 곧바로 전정
	여름꽃나무(무궁화, 배롱나무, 장미 등)	눈이 움직이기 전에 이른 봄 전정
	산울타리(향나무류, 회양목, 사철나무 등)	5월말
	과일나무(복숭아, 사과, 포도 등)	이른 봄 전정
여름전정 (6,7,8월)	낙엽활엽수(단풍나무류, 자작나무 등)	강전정은 회피
	일반수목	도장지, 포복지, 맹아지 제거

■ 전정 횟수

① 전정의 횟수는 수형, 수종, 식재목적, 식재장소 등의 여건을 고려하여 정한다.

② 관목류의 전정 횟수는 연간 1회를 기준으로 한다.

③ 교목류의 전정 횟수는 연간 1회를 기준으로 하되, 여건에 따라 추가하거나 2~3년마다 1회 시행할 수 있다.

■ 일반적 전정시기(시방서)

① 하계전정(6~8월) : 수목의 정상적인 생육장애요인의 제거 및 외관적인 수형을 다듬기 위해 실시하며, 도장지·포복지·맹아지·평행지 등을 제거한다.

② 동계전정(12~3월) : 수형을 잡아주기 위한 굵은가지 전정으로 허약지·병든가지·교차지·내향지 등을 제거한다.

■ 수종별 전정시기(설계기준)

① 낙엽활엽수 : 7~8월, 11~3월
② 상록활엽수 : 5~6월, 9~10월
③ 상록침엽수 : 10~11월, 이른봄
④ 협죽도, 배롱나무, 싸리 등은 가을부터 이듬해 봄의 발아 전까지
⑤ 수국, 매실, 복숭아, 동백, 개나리, 서향, 치자, 철쭉류 등은 낙화 직후
⑥ 매실, 복숭아, 개나리, 히어리 등은 화아분화 후

가을전정 (9,10,11월)	낙엽활엽수 일부	강전정은 동해를 받기 용이
	상록활엽수 일부	남부 지방에서만 전정
	침엽수 일부	묵은 잎 적심
	산울타리	2번 정도 전정
겨울전정 (12,1,2,3월)	일반수목	수형을 잡아주기 위한 굵은 가지 전정
	교차지, 내향지, 역지 등	가지 식별이 가능하므로 전정
전정을 하지 않는 수종	침엽수 : 독일가문비, 금송, 히말라야시다, 나한백 등	
	상록활엽수 : 동백나무, 늦동백나무(산다화), 치자나무, 굴거리나무, 녹나무, 태산목, 만병초, 팔손이나무, 남천, 다정큰나무, 월계수 등	
	낙엽활엽수 : 느티나무, 벚나무, 팽나무, 회화나무, 참나무류, 푸조나무, 백목련, 튤립나무, 수국, 떡갈나무, 해당화 등	

(5) 정지 · 전정의 방법

1) 정지 · 전정 시 고려사항

① 주변환경과의 조화

② 수목의 생리, 생태특성 등의 파악

③ 각 가지의 세력을 평균화하고 수목의 미관 유지

2) 정지 · 전정의 일반원칙

① 무성하게 자란 가지 제거

② 지나치게 길게 자란 가지 제거

③ 수목의 주지는 하나로 자라게 유도

④ 평행지 만들지 않기

⑤ 수형이 균형을 잃을 정도의 도장지 제거

⑥ 역지, 수하지 및 난지 제거

⑦ 같은 모양의 가지나 정면으로 향한 가지는 만들지 않기

⑧ 뿌리자람의 방향과 가지의 유인 고려

⑨ 기타 불필요한 가지 제거

3) 수형정돈

① 전정은 수종별, 형상별 등 필요에 따라 견본전정 실시

② 굵은가지의 전정은 생장할 수 있는 눈을 남기지 않고 기부로부터 가지를 자르거나 길이를 줄이는 방법으로 수종·수형 등을 고려하여 제거

③ 가지의 방향이 교차되지 않고 사방으로 퍼지도록 실시

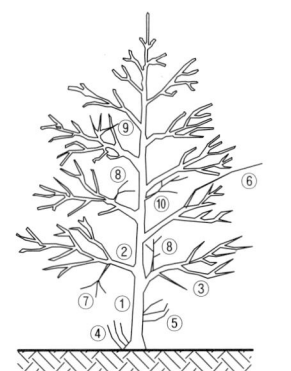

① 주간
② 주지
③ 측지
④ 포복지
(움돋이)
⑤ 맹아지
(붙은가지)
⑥ 도장지
⑦ 수하지
⑧ 내향지
(역지)
⑨ 교차지
⑩ 평행지

| 전정대상 수목의 각 부위도 |

▌ C/N율

동화작용에 의해서 만들어진 탄수화물(C)과 뿌리에서 흡수된 질소(N)성분이 수체 내에 저장되는 비율로서, 재배환경, 전정정도에 따라 가지생장, 꽃눈형성 및 결실 등에 영향을 미친다.

① C/N율 고 : 생장장애, 꽃눈 많아짐, T/R율이 높을 때

② C/N율 저 : 도장, 성숙이 늦음, T/R율이 낮을 때

▌ T/R율

나무의 지상부(top)와 지하부(root) 생장의 중량비율로 일반적인 식물은 1에 가까우며, 토양 내의 수분이 많거나 질소의 과다사용, 일조부족, 석회부족 등의 경우에는 커지게 된다.

▌ 정지 · 전정 대상

① 고사지 : 생장이 멈추어 죽은 가지

② 허약지 : 생육이 부실한 허약한 가지

③ 교차지 : 두개의 가지가 서로 엇갈리며 자란 가지

④ 도장지 : 생육이 지나치게 왕성하여 웃자란 가지

⑤ 역지(내향지) : 가지의 생장 방향이 다른 가지와 다른 것

⑥ 수하지 : 아래로 똑바로 향한 가지

⑦ 윤생지 : 한 곳에서 수레바퀴처럼 사방으로 자란 가지(소나무, 전나무, 가문비 나무 등)

⑧ 대생지 : 줄기의 같은 높이에서 서로 반대되는 방향으로 마주 자란 가지

④ 상하의 가지간격이 균형되게 하고 같은 높이에서 나는 가지 정리

⑤ 주지의 길이는 수형에 어울리도록 정리

⑥ 작은 가지의 전정은 마디의 바로 윗 눈이 나온 부위의 상부로부터 반대편으로 경사지게 절단

4) 산울타리전정

① 식재 3년 후부터 제대로 된 전정 실시

② 맹아력을 고려하여 연 2~3회 실시

③ 높은 울타리는 옆부터 하고 위를 전정

④ 상부는 깊게 하부는 얕게 전정

⑤ 높이 1.5m 이상일 경우 윗부분이 좁은 사다리꼴 형태로 전정

5) 가로수전정

① 생육공간에 제약이 없어 자연생육이 가능한 장소의 전정은 수형의 형성에 장애가 되는 불용지 제거

② 생육공간에 제약이 있어 자연생육이 불가능한 경우 제한공간 내에 골격이 되는 주지를 가능한 길게 하여 수형을 유지하고, 동계전정 시 측지의 일부를 갱신하는 것으로 수형 유지

③ 도심부에 맹아력이 강한 버즘나무, 버드나무 등은 같은 부위를 계속 전정하여 혹을 형성시켜 조형미 조성

④ 가로수의 전정은 노선에 따라 실시

⑤ 생육공간의 제약

  ㉠ 고압선이 있는 경우 고압선보다 1m 밑까지를 한도로 유지하며, 그 이상의 수고를 유지하고자 하는 경우는 수관 내에 통로 설치

  ㉡ 제일 밑가지는 가능한 도로와 평행이 되도록 유지하며, 보도측 지하고는 2.5m 이상, 최소 2.0m 확보

  ㉢ 보도측 건물의 외벽으로부터 수관 끝에서 1m 이격거리 확보

6) 정지·전정의 순서 및 요령

① 전체적 수형을 고려하여 스케치

② 주지선정

③ 고사지, 병해지 등 꼭 제거해야 할 대상 제거

④ 수형을 위한 전정은 위에서 아래로, 오른쪽에서 왼쪽으로 가며 실시 – 수관선 고려

⑤ 수관의 밖에서부터 안쪽으로 실시

⑥ 상부는 강하게 하부는 약하게 전정 – 정부우세성

7) 정지·전정의 도구

① 사다리 : 손이 닿지 않는 키가 큰 나무에 사용

② 톱 : 전정가위로 자르기 힘든 큰 가지나 노목의 갱신에 사용(대지용, 소

▌두목작업(pollarding)

입목(立木)을 지상 1~2m 높이에서 자르고 자른 부분에서 발생하는 맹아(萌芽)만 매년 채취하는 작업을 말한다. 맹아채취를 오랫동안 계속하면 맹아채취 부분(자른 부분)이 굵어져서 사람의 머리 모양이 된다 하여 두목작업이라고 한다. 두목작업의 목적은 연료·퇴비·사료 등의 채취에 있고, 참나무·아까시나무·포플러 등 활엽수가 대상 수종이 된다.

▌정부우세성(정아우세성)

나무 윗부분의 눈이 가장 원기 있고 아래로 내려갈수록 약하다는 특성으로, 전정의 강도를 이 특성에 따라 상부는 강하게 하부는 약하게 하는 것이다.

지용, 전동톱 등)

③ 전정가위 : 조경수목이나 분재의 전정에 가장 많이 사용

④ 적심가위(순치기가위) : 주로 연하고 부드러운 가지나 끝순, 햇순, 수관 내부의 약한 가지, 꽃꽂이용으로 사용

⑤ 적과·적화가위 : 꽃눈이나 열매를 솎을 때, 과일의 수확에 사용

⑥ 고지가위 : 높은 곳의 가지나 열매를 채취할 때 사다리를 이용하지 않고 지면에서 사용

⑦ 긴자루 전정가위 : 일반적으로 쓰는 전정가위 또는 지름 3cm 이상의 굵은 가지를 자를 때 쓰는 대형가위

⑧ 산울타리 전정가위 : 쥐똥나무, 회양목, 사철나무, 향나무 등의 산울타리의 가지나 잎을 빨리 다듬기 위한 가위 - 전기, 전동식, 수동

⑨ 혹가위, 보조용 칼, 삽, 로우프, 예취기 등

(6) 정지·전정의 기술

1) 전정

① 굵은가지를 치는 방법 : 다음에 생장할 수 있는 눈을 하나도 남기지 않고 기부로부터 바싹 가지를 자르거나 줄기의 길이를 줄이는 방법

ㄱ 상록수는 2/3 정도, 낙엽수는 1/3 정도를 표준으로 실시

ㄴ 일반적으로 침엽수와 낙엽수는 봄눈이 움직이기 전이 적당

ㄷ 강풍으로 인한 절손의 피해 시 바로 실시

ㄹ 단풍나무는 11~12월 상순, 상록활엽수 4월 상·중순이 적당

② 가지의 길이를 줄이는 방법 : 수형의 생장속도를 억제하거나 수형의 균형유지, 수령, 신초, 강도 등을 고려하여 필요 이상 자란 가지의 길이를 줄이는 방법

ㄱ 곁눈은 끝눈 대신 생장하므로 원하는 방향으로 대생과 호생을 고려하여 엽아 바로 위에서 잘라 주고 아래쪽 눈은 남김

ㄴ 줄이는 위치는 남겨야 할 눈 위 3~4cm 정도에서 비스듬히 절단

ㄷ 상록활엽수와 침엽수류는 4월부터 장마 전까지, 낙엽수는 낙엽 직후부터 싹이 트기 전까지 실시

ㄹ 이른 봄에 꽃피는 나무는 꽃이 진 후 실시(진달래, 철쭉류, 개나리, 벚나무, 라일락, 목련류 등)

ㅁ 여름 안에 꽃피는 나무는 휴면기부터 이른 봄에 실시해도 무방(무궁화, 배롱나무, 능소화, 싸리 등)

ㅂ 강한 가지를 만들려면 가지를 짧게 줄여야 하고, 약하게 가지를 신장시키려면 길게 남겨서 실시

③ 가지를 솎는 방법 : 밀생상태에 놓여있는 잔가지나 불필요한 도장지 등을 그 밑둥으로부터 쳐버리는 작업 - 2~3년에 한 번 실시

> **전정**
> 너무 무성하게 자라서 가지의 발육에 지장을 받거나 햇볕과 통풍의 불충분으로 인한 병해충의 침입을 방지하고, 꽃눈의 발생을 촉진하며, 뿌리와 지상부와의 균형을 유지하기 위한 목적으로 실시한다.

> **엽아(葉芽)**
> 자라서 가지나 잎이 될 눈

㉠ 내부의 가지가 말라 죽지 않게 되고, 흰가루병이나 깍지벌레 등 병충해의 발생을 사전에 방지

㉡ 낙엽수류는 낙엽이 진 뒤, 상록활엽수나 침엽수는 혹한기를 제외한 시기

④ 부정아를 자라게 하는 방법 : 수목을 젊어지게 하는 동시에 크기를 작게 하기 위해 실시하며, 산울타리 조성용 수목(회양목, 사철나무, 아왜나무 등)과 은행나무, 가시나무 등 전정에 강하고 부정아가 생기기 쉬운 나무에 적용

가지 지름의 1/3
① 아래쪽을 약간자른다.

② 아래쪽 자른 곳의 바깥쪽으로 어긋나게 위에서 자른다.

③ 절단면은 직각으로 한다.

| 굵은가지(지름 10cm 이상) 치는 법 |

지름 5cm 이상의 가지는 썩어 들어가지 않도록 절단면을 매끄럽게 다듬는다.

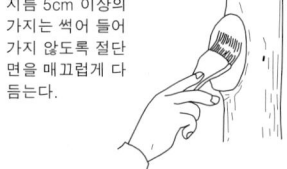
절단면에는 유성페인트 등을 바른다

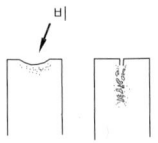
비
빗물에 노출되면 중심 부분이 썩거나 갈라진 곳은 빨리 썩게 된다.

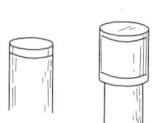
절단부 윗면에 콜타르, 크레오소트 등을 도포하거나 깡통 등으로 덮어준다.

| 굵은가지 자른 후의 처치방법 |

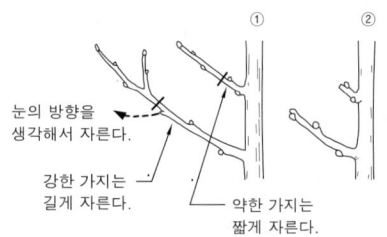
눈의 방향을 생각해서 자른다.
강한 가지는 길게 자른다.
약한 가지는 짧게 자른다.

| 가지의 길이 줄이는 방법 |

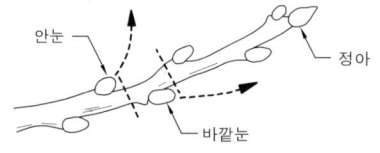
안눈
정아
바깥눈
바깥눈 위에서 자르면 새로 자라나는 가지는 원래의 방향과 같은 방향으로 자라려고 하며 안눈 위에서 자르면 새로운 가지는 위를 향해서 치솟아 올라간다.

| 눈의 위치와 자라나는 방향 |

▮부정아

잎, 뿌리 또는 줄기의 마디 사이 등 보통은 눈을 형성하지 않는 부분에 생기는 싹의 총칭으로, 일정 부위에 생기는 정아에 비견해 부정아라고 하나 싹 형성의 발생적 조건이 갖추어진 조직에 한해서 실현되므로 정아와 부정아의 구별은 기관학적인 것에 지나지 않는다.

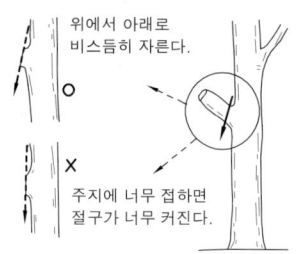
위에서 아래로 비스듬히 자른다.
ㅇ
×
주지에 너무 접하면 절구가 너무 커진다.

| 굵은가지 절단위치 |

2) 깎아다듬기

① 신초의 발육이 정지되었거나 정지기에 가까워지는 늦은 봄부터 6월 중순경까지와 9월에 다시 한 번 실시

② 수형이 만들어진 뒤에는 매년 신초만 다듬어 수형유지

③ 깎아다듬기 전에 밀생한 내부의 가지를 솎아내고, 생울타리는 신초뿐만 아니라 굵은 가지를 내려 잘라서 낮은 부분으로부터 신아가 발생하도록 다듬기 실시

3) 적아와 적심

① 상록수의 경우 7~8월경에 1회 정도 실시하며, 낙엽수의 경우 이른 봄

▮깎아다듬기

수관 전체를 고르게 다듬어 구형, 반구형, 타원형이나 산울타리의 경우와 같이 각형, 파상형 등의 형태로 만드는 작업

의 신아 발생기에 한 번, 여름에 들어서 두 번째 실시

② 소나무류 순자르기

 ㉠ 해마다 눈을 잘라 나무의 신장을 억제하고, 잔가지가 많이 형성되도록 하여 아름다운 소나무 수형을 단시간 내에 만들기가 가능

 ㉡ 4~5월경에 새순이 5~10cm의 길이로 자랐을 때 새순 1~2개만 남기고 나머지는 따버린 후, 5월 중순경 순의 길이를 1/3~2/3 정도 줄여 줌 – 가위 대신 손으로 작업

 ② 등나무 순자르기는 7월 중순경 지나치게 자란 덩굴을 적당히 제거

 ③ 적아는 전정작업으로 피해를 입기 쉬운 나무(자작나무, 벚나무)나 줄기가 연해서 썩기 쉬운 나무(모란)에 적당

 ④ 적초는 회양목 생울타리를 깎아 다듬기하거나 가로수(버즘나무, 개오동나무 등)의 일정 높이에서 절두, 절간의 정지와 같은 방법으로 이용

4) 적엽(잎따기)

 ① 일반활엽수 : 7~8월경 고엽의 성숙기에 하고 불필요한 신초부 제거

 ② 상록활엽수 : 늦여름에 잎따기를 하여 생장을 억제하고 수형 왜소화

 ③ 삼나무와 편백 등의 침엽수는 잎과 가지의 구별이 불분명하기에 전지라고 하며 3~8월에 끝부분의 연한 잎 제거

 ④ 소나무류는 순자르기를 한 뒤 신엽이 굳어진 8월경에 묵은잎 따기 실시 – 수형을 더 아름답게 하거나 일정한 크기로 유지하기 위해 실시

5) 유인

 ① 흑송, 단풍나무, 주목, 매화나무, 벚나무, 느티나무 등에 실시

 ② 가지를 유인해야 할 거리가 멀수록 능률적이나 휘어지는 한도 고려해 일정기간을 두고 서서히 적은 거리로 유인하는 것이 적당

6) 단근(전근)

 ① 수령이나 신장상태에 따라 다르나 굵은 뿌리만을 대상으로 하고 가는 뿌리는 남김

 ② 이른봄 눈이 움직이기 직전에 하는 것이 좋으며, 2~3년에 한번 정도 실시로 충분

적아와 적심(순지르기)

적아는 불필요한 겨드랑이눈(곁눈)의 일부 또는 전부를 제거하는 것이며, 적심은 불필요한 곁가지를 없애고 지나치게 자라는 가지의 신장을 억제하기 위하여 신초의 끝부분을 제거하는 것으로, 상장생장(上長生長)을 정지시키고 곁눈의 발육을 촉진시켜 새로운 가지의 배치를 고르게 하고 개화작용을 조장한다.

순자르기

과도한 곁가지를 방지하기 위하여 햇가지의 선단을 잘라주는 것으로 순지르기보다는 길게 남기고 갈리낸다.

적엽

지나치게 우거진 잎이나 묵은 잎을 따버리는 작업으로, 필요에 따라 작업을 해주어야 세력의 균형이 파괴되지 않는다.

유인

가지의 생장을 정지시켜 도장을 억제하거나 착화를 좋게 하고, 줄기의 형태를 조절하는 등의 목적으로 실시–지주목, 철사, 새끼, 끈 등을 이용한 기계적 조작

단근

수목의 뿌리와 지상부의 균형 유지 및 뿌리의 노화방지, 수목의 도장억제, 아래가지의 발육 증진, 꽃눈의 수를 늘이기 위해 뿌리의 일부를 자르는 작업

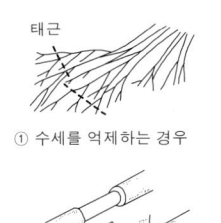

태근

① 수세를 억제하는 경우

② 수세를 회복케 하는 경우
지름의 2~3배의 껍질을 벗긴다.

신근

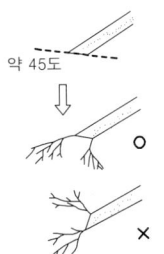

약 45도

자르는 각도

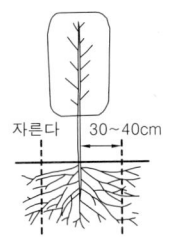

자른다 | 30~40cm

지상부의 가지, 잎과 뿌리의 생장은 상관관계가 있어 뿌리가 뻗으면 지상부도 뻗게 되므로 뿌리를 잘라 수관이 넓어지는 것을 방지한다.

| 단근의 방법 |

7) 아상

① 이른 봄에 실시

② 눈의 상단 아상 : 양분의 흐름이 멈춰 눈이 충실해져 꽃눈 형성

③ 눈의 하단 아상 : 위쪽으로 양분이 이동되지 않으므로 생장억제

표피와 형성층을 상하로 차단하나 목질부는 자르지 않도록 한다.

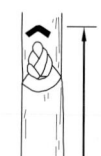
양분은 이곳에서 일시적으로 그침으로 인해서 눈이 충실하여져 꽃눈이 될 수 있다.

눈 위에 목상을 할 때에는 'ㅅ'자 형으로 한다.

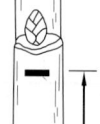
양분의 상승이 이곳에서 차단되어 위쪽에서 눈에 가지 않고 아래의 눈에 집중되기 때문에 아래의 눈이 충실해진다.

상부의 눈의 자람을 억제하기 위해서는 눈의 아래에 '-'자형 으로 목상을 한다.

| 아상의 방법 |

> **▌아상**
> 원하는 자리에 새로운 가지를 나오게 하거나 꽃눈을 형성시키기 위한 작업으로, 눈의 위쪽이나 아래쪽의 목질부에 상처를 줘 뿌리의 양분이나 수분의 공급을 차단하여 성장을 억제하거나 촉진

8) 가지비틀기

① 어린 가지를 대상으로 8월경에 실시

② 소나무류의 경우 신초를 자르지 않고 비틀어서 양분의 상승을 막고 꽃눈 형성 조장

> **▌가지비틀기**
> 가지가 너무 뻗어가는 것을 막고, 착화가 잘되도록 하는 것

❷ 시비

(1) 토양·양분 및 식물생육과의 관계

1) 토양의 물리적 성질

① 토성 : 토양의 입자크기를 말하며, 토양에 흡수된 양분의 양과 직접적인 관계를 가지며, 점토보다는 사토의 경우 더 자주 시비

② 토심 : 수목이 이용할 수 있는 양분과 수분보유능력 결정 – 뿌리의 깊고 넓음에 따라 양분과 수분의 흡수능력 차이 발생

③ 토양구조 : 토양입자의 배열상태에 따라 근계의 발달과 양분흡수, 통기성, 투수성 등에 관계

2) 토양의 화학적 성질 : 식물생육에 필요한 원소는 거의 토양에서 흡수

① C 및 O는 CO_2의 상태로 흡수되며 O는 대기나 토양에서 흡수

② 미량원소는 소량으로 요구되나 다른 원소로 대체 불가능

3) 식물의 생육에 요한 양분의 검증법

① 토양분석 : 수목의 식재 전에 토양의 가용양분 및 pH 등 측정

② 식물체 분석 : 양분의 부족으로 식물체에 나타난 증상을 육안으로 관찰하여 양분의 부족현상 판단 – 아조(牙條 shoot) 생장기간, 엽색, 낙엽기 등 관찰

③ 식물의 조직분석 : 주로 잎을 대상으로 특정한 양분의 부족현상을 알아내는 데 이용

④ 양분시험법 : 2개의 조사구(처리구, 무처리구)를 설치하여 식물의 양분

> **▌시비**
> 수목이 보다 충실하게 성장할 수 있도록 천연 또는 인공의 양분을 공급하는 적극적인 수목관리의 방법으로 비교적 어린나무를 대상으로 한다.
>
> **▌식물의 원소(16)**
> 탄소(C), 수소(H), 산소(O), 질소(N), 인(P), 칼륨(K), 칼슘(Ca), 마그네슘(Mg), 황(S), 철(Fe), 망간(Mn), 붕소(B), 아연(Zn), 구리(Cu), 몰리브덴(Mo), 염소(Cl)
>
> **▌식물의 10대 원소**
> C, H, O, N, P, K, Ca, Mg, S, Fe
>
> **▌식물생육 필수원소**
> ① 필수다량원소 : C, H, O, N, P, K, Ca, Mg, S
> ② 필수미량원소 : Fe, Mn, B, Zn, Cu, Mo, Cl

요구도에 대한 조사 – 시간의 상당한 소요로 비현실적

⑤ 엽면살포법 : 양분결핍의 의심이 있을 때 양분을 엽면에 살포하거나 붓으로 바른 후 반응 조사(3,4일~2주 정도 소요)

(2) 결핍도 양분의 현상과 보정

1) 다량원소의 양분현상

원소		내용
질소(N)	기능	원형질의 주요 구성분으로 단백질이나 핵산 등의 질소화합물을 만드는 원료로써 매우 중요한 성분, 줄기와 잎의 생육 및 뿌리와 열매에도 필요
	결핍현상	·활엽수 : 잎이 황록색으로 변하고, 잎의 크기가 다소 작고 두꺼워지며, 잎 수가 적어지고, 조기 낙엽과 눈(shoot)의 지름이 다소 짧아지고 작아지며, 적색 또는 적자색으로 변색 ·침엽수 : 침엽이 짧아지고 황색으로 변하며, 개엽(開葉)상태가 다소 빈약하고, 수관의 하부는 황색으로 변색
	시비방법	·토양시비 : 질소1~2kg/100m² ·엽면시비 : 질소1kg/물100ℓ
인(P)	기능	세포핵, 분열조직, 효소를 구성하여 세포분열이나 유전현상을 지배, 물질의 합성, 분해반응에 중요한 작용, 꽃눈의 생장을 돕고 개화·결실을 좋게 하여 수를 증가시키고, 꽃이나 과실의 생장 촉진
	결핍현상	·활엽수 : 엽맥, 엽병 및 잎의 밑부분이 적색 또는 자색으로 변하며, 눈의 지름이 보다 가늘어지고, 꽃의 수도 적게 맺히며, 열매의 크기도 작아짐 ·침엽수 : 침엽이 구부러지며 나무의 하부에서부터 상부로 점차 고사
	시비방법	·사질토 : 인산 1~2kg/100m² ·점토 : 인산 2~4kg/100m²
칼륨(K)	기능	산성화 된 토양을 알칼리성으로 변환, 뿌리나 줄기를 튼튼하게 하며, 세포막을 두껍게 하고 줄기와 잎을 튼튼하게 하여 병해에 대한 저항성이나 내한성 증가, 일조량 부족에 대한 생리적 보충
	결핍현상	·활엽수 : 잎이 황색으로 변하며 쭈굴쭈굴해지거나 위쪽으로 말리고, 화아는 매우 적게 맺히며 눈의 끝부분이 고사 ·침엽수 : 침엽이 황색 또는 적갈색으로 변하며 끝부분이 고사 ·묘목의 경우 수고가 낮아지고 눈이 많이 달리고, 서리의 피해 용이
	시비방법	·사질토 : 칼륨비료 2~8kg/100m² ·점토 : 칼륨비료 8~15kg/100m²
칼슘 (석회Ca)	기능	분열조직의 생장, 잎의 세포핵이나 뿌리의 생장점을 보강하여 세포막을 강건하게 하고 세포내로 들어가는 해로운 물질을 방어, 식물체의 웃자람을 막고 체내에 유기산과 결합하여 중화시켜 축적되는 노폐물을 제거
	결핍현상	·활엽수 : 잎의 백화 및 괴사, 잎의 크기가 다소 작아지며 잎의 끝부분이 뒤틀리거나 고사하고, 뿌리의 끝부분도 갑자기 짧아져 고사 ·침엽수 : 정단(생장점)부분의 생육이 정지되며 잎의 끝부분이 고사
	시비방법	·알칼리성 토양의 사질토 : 황산칼슘 40~75kg/100m² ·알칼리성 토양의 점토 : 황산칼슘 75~150kg/100m²
마그네슘 (고토Mg)	기능	엽록소의 구성성분으로 광합성의 중심적 역할
	결핍현상	·활엽수 : 잎이 보다 얇아져 부스러지기 쉬우며 조기에 낙엽이 되고, 성숙된 잎에는 백화현상이 나타나며 열매는 작게 결실 ·침엽수 : 잎의 끝부분이 황색이나 적색으로 변색
	시비방법	·사토 : 황산마그네슘 12~25kg/100m² ·점토 : 황산마그네슘 25~35kg/100m² ·엽면시비 : 황산마그네슘 2.5kg/물100ℓ

비료의 3요소
① 질소(N)
② 인산(P₂O₂)
③ 칼리(K₂O)

원형질
동식물의 세포에서 생활에 직접적으로 관계가 있는 물질계로, 핵·세포질을 포함하는 세포 내의 '살아 있는 물질계'를 가리킨다.

길항작용(antagonism)
① 상반되는 두 요인이 동시에 작용하여 그 효과를 서로 상쇄시켜 없애거나 감소시키는 작용
② 마그네슘과 칼륨은 길항작용으로 인하여 마그네슘의 결핍이 생기기 쉽다. 따라서 시비 시에는 마그네슘과 칼륨의 비율이 2:1 정도가 되게 한다.

	기능	단백질을 이루고 있는 아미노산의 구성원소
황(S)	결핍현상	·활엽수 : 잎이 짙은 황록색으로 변하며 수종에 따라 잎이 작으며, 질소의 부족현상과 동일한 증상 ·침엽수 : 잎의 끝부분이 황색 또는 적색을 띠는 경우도 있으며, 질소의 부족현상과 동일한 증상
	시비방법	·사토 : 황산칼슘 5~8kg/100m² ·점토 : 황산칼슘 8~12kg/100m²

2) 미량원소의 양분현상

원소		내용
철(Fe)	기능	엽록소 생성에 촉매 작용을 하고, 산소운반, 호흡효소의 부활제
	결핍현상	·활엽수 : 어린잎은 황색으로 변하며 잎이나 가지의 크기도 다소 작아지며, 조기에 낙엽·낙과현상도 나타나며, 열매의 색깔은 다소 암색으로 변화 ·침엽수 : 백화현상 발생
	시비방법	·사토 : 황산철 12kg/100m² ·점토 : 황산철 18kg/100m² ·엽면시비 : 황산철 0.5kg/물100ℓ
망간(Mn)	기능	호흡효소의 부활제 및 단백질합성효소의 구성, 식물체 내의 산화환원작용을 지배
	결핍현상	·활엽수 : 잎이 황색으로 변하고 엽맥을 따라 녹색선이 발생하며, 열매는 작게 결실 ·침엽수 : 철분의 부족현상과 함께 나타나 구별이 비교적 난해
	시비방법	·토양 : 황산망간 2~10kg/100m² ·엽면시비 : 황산망간 0.25~1.0kg/물100ℓ
붕소(B)	기능	꽃의 형성, 세포분열, 원형질막 구성, 대사작용 등에 관여
	결핍현상	·활엽수 : 잎이 적색을 띠며 어린잎에 먼저 나타나며, 잎이 작고 두꺼워지며 뒤틀리는 것도 발생하고, 열매가 쭈그러지며 괴사 ·침엽수 : 줄기끝부분이 J자 형태로 구부러지며 정아 및 측아가 고사
	시비방법	·사토 : Borax 0.2~0.5kg/100m² ·점토 : Borax 0.5~1.0kg/100m² ·엽면시비 : 붕산 0.125~0.250kg/물100ℓ
아연(Zn)	기능	효소부활제
	결핍현상	·활엽수 : 잎이 황색으로 변하며 크기가 작고, 엽폭이 좁으며 낙엽현상이 발생하고, 눈은 보다 가늘고 끝부분이 고사하며 열매의 무게가 가볍고 끝부분이 뾰족해 짐 ·침엽수 : 가지와 잎의 크기가 매우 작아지고 잎은 황색으로 변색
	시비방법	·토양 : Chelate 1kg/100m² ·엽면시비 : Chelate 0.125~0.25kg/물100ℓ
구리(Cu)	기능	호흡효소의 성분
	결핍현상	·활엽수 : 잎의 크기가 작아지며 새 가지의 끝부분이 갈색으로 변색 ·침엽수 : 어린 침엽은 잎의 끝부분이 고사하며 조기에 낙엽
	시비방법	·사토 : 황산동 0.5~1.5kg/100m² ·점토 : 황산동 1.5~5.0kg/100m² ·엽면시비 : 황산동 0.5~0.8kg/물100ℓ

	기능	질소고정 촉진
몰리브덴 (Mo)	결핍현상	·활엽수 : 잎의 증상이 질소 부족현상과 유사하며, 잎의 폭이 다소 좁아지고, 꽃은 크기가 작아지고 적게 개화 ·침엽수 : 잎의 크기가 작아짐
	시비방법	·토양 : 황산몰리브덴 2~20kg/100m² ·엽면시비 : 황산몰리브덴 10~100g/물100ℓ

(3) 비료의 종류 및 시비의 구분

1) 비료의 종류

함유성분에 따른 분류

구분	내용
질소질비료	황산암모늄, 염화암모늄, 질산암모늄, 요소, 석회질소, 칠레초석
인산질비료	골분, 구아노, 겨, 과린산석회, 중과린산석회, 용성인비, 용과린, 토마스인비, 소성인비, 인산질암모늄
칼리질비료	염화칼리, 황산칼리, 초목회
석회질비료	생석회, 소석회, 석회석분말
유기질비료	어박, 골분, 대두박, 계분, 맥주오니 - 질소질 성분이 가장 많음
규산질비료	규산질비료, 규회석(규산석회)비료
미량원소비료	철, 망간, 동, 아연, 붕소, 몰리브덴
복합비료	·화성비료 : 비료의 3요소 중 두 종류 이상이 화학적으로 결합된 비료 ·배합비료 : 무기질 질소비료, 무기질 인산비료, 무기질 칼리비료 등을 배합한 것 ·화성비료와 무기질 및 유기질 비료를 혼합한 것 ·성분표시(%)는 질소 - 인산 - 칼륨의 비율로 표시(21 - 17 - 17은 질소 21%, 인산17%, 칼리 17%가 들어 있다는 표시)

비효의 속도에 따른 분류

구분	내용
속효성 비료	황산암모늄, 염화칼리 등과 같이 물에 넣으면 빨리 녹으며, 흙에 사용했을 때 수목이 빨리 흡수할 수 있는 비료로 대개의 화학비료
완효성 비료	석회질소, 깻묵, 두엄과 같이 토양 중에 있는 미생물의 작용에 의해 서서히 분해되어 양분이 녹아 나오는 비료를 말하며, 화학비료도 있음
지효성 비료	퇴비와 같이 양분의 방출정도가 늦어 서서히 공급되는 비료

2) 시비의 종류

① 기비(基肥 밑거름) : 파종하기 전이나 이앙·이식 전에 주는 비료로 작물이 자라는 초기에 양분을 흡수하도록 주는 비료

㉠ 주로 지효성(또는 완효성)유기질 비료를 사용

㉡ 늦가을 낙엽 후 10월 하순~11월 하순 땅이 얼기 전, 또는 2월 하순~3월 하순의 잎이 피기 전 시비

㉢ 연 1회를 기준으로 시비

칠레초석
칠레 북부의 아타카마(Atacama) 사막에서 많이 산출되는 데에서 유래한 실산 나트륨으로 이루어진 광물. 예전에는 주요 질소질 비료의 하나였다.

구아노(guano)
바닷새의 배설물이 바위 위에 쌓여 굳어진 덩어리로서 주로 인산질 비료로 이용된다. 특히 페루의 건조한 해안지방이 산지로 유명하다.

유기질 비료
① 퇴비 : 우분, 돈분, 계분 등에 왕겨, 짚, 톱밥 등을 섞어 부숙시킨 것으로 대표적인 유기질 비료이다.
② 유기질 비료는 양질의 소재로 유해물, 기타 다른 물질이 혼입되지 않은 것으로 충분히 건조하고 완전 부숙된 것을 사용한다.

복합비료의 특징
① 비료효과의 용출속도 완급 조절
② 시비의 횟수를 줄일 수 있어 소요노력 절감
③ 각 비료성분의 결점 보완
④ 토양, 작물 및 기상 조건 등에 적합하게 배합하여 비효 제고

② 추비(追肥 웃거름·덧거름) : 수목의 생육 중 수세회복을 위하여 추가로 주는 비료로 영양을 보충하는 시기에 주는 비료

　㉠ 주로 속효성 무기질(화학)비료를 수목의 생장기인 4월 하순~6월 하순에 시비

　㉡ 꽃눈의 분화 촉진을 위해 꽃눈이 생기기 직전에 사용

　㉢ 연 1회에서 수회 식물의 상태에 따라 시비

수목의 양료요구도

양료요구도	수종
높음 (비옥지 선호)	·활엽수 : 감나무, 느티나무, 단풍나무, 대추나무, 동백나무, 매화나무, 모과나무, 물푸레나무, 배롱나무, 버즘나무, 벚나무, 오동나무, 이팝나무, 칠엽수, 튤립나무, 피나무, 호두나무, 회화나무 ·침엽수 : 금송, 낙우송, 독일가문비, 삼나무, 주목, 측백
중간	·활엽수 : 가시나무류, 버드나무류, 자귀나무, 자작나무, 포플러 ·침엽수 : 가문비나무, 미송, 솔송나무, 잣나무, 젓나무
낮음 (내척박성)	·활엽수 : 등나무, 보리수나무, 소귀나무, 싸리나무류, 아까시나무, 오리나무, 참나무류, 해당화 ·침엽수 : 곰솔, 노간주나무, 대왕송, 방크스소나무, 소나무, 향나무

(4) 조경수목류의 시비

① 수종과 크기를 고려하여 비료의 종류와 시비량 및 시비횟수 결정

② 화목류의 기비(밑거름)는 이른 봄에 퇴비(우분, 돈분, 계분 등에 왕겨, 짚, 톱밥 등을 섞어 부식시킨 것) 등 완효성 유기질 비료(5~20kg/주)와 질소, 인산, 칼륨 각각 $6g/m^2$를 추가하여 시비

③ 화목류의 추비(덧거름)는 꽃이나 열매가 관상 대상인 수목의 관상기가 끝난 후 수세를 회복시키기 위하여 실시하거나 가을에 실시

④ 가을에 시비하는 추비에 질소질비료가 많으면 내한성이 약해져서 동해를 받기 쉬우므로 질소, 인산, 칼륨 각각 $10g/m^2$의 기준을 지킬 것

⑤ 일반 조경수목류의 기비는 유기질 비료를 늦가을 낙엽 후 땅이 얼기 전(10월 하순~11월 하순) 또는 2월 하순~3월 하순의 잎 피기 전에 연 1회를 기준으로 시비 – 관목·소교목 5kg/주, 중교목 10kg/주, 대교목 20kg/주

⑥ 일반 조경수목류의 추비는 화학비료를 수목생장기인 4월 하순~6월 하순에 1회 시비 – 질소 $10g/m^2$, 인산 $10g/m^2$, 칼륨 $20g/m^2$

⑦ 이식한 수목, 수세가 쇠약해진 수목은 엽면시비, 영양제 수간주사를 시비하여 빠른 수세회복이 이루어질 수 있도록 할 것

⑧ 화목류는 7~8월에 인산질 비료를 많이 주어 화아형성 촉진

시비시기

양분의 종류, 함량, 방법, 토성, 배수정도, 기상상태 및 수목의 양료요구수준에 따라 달라지나 대부분의 경우 수목이 왕성하게 생육을 시작하는 봄에 시비하나, 질소질비료의 경우는 생육에 곧바로 이용하도록 가을에 시비하기도 한다.

(5) 시비방법

1) 표토시비법 : 땅의 표면에 직접 비료를 주는 방법으로 시비 후 관수

　① 작업이 비교적 신속하나 비료의 유실량 과대

　② 토양 내 이동속도가 느린 양분은 부적당

　③ 질소(N)시비에 적당하며 인(P)과 칼륨(K)은 부적당

2) 토양내 시비법 : 시비목적으로 땅을 갈거나 구덩이를 파고, 또는 주사식(관주)으로 비료성분을 직접 토양 내부로 유입시키는 방법

　① 비교적 용해하기 어려운 비료의 시비에 효과적

　② 토양수분이 적당히 유지될 때에 시비

　③ 구덩이는 깊이 25~30cm, 폭 20~30cm 정도, 간격 0.6~1.5m 정도로 설치

> **시비구덩이 위치**
>
> 일반적으로 성숙된 조경수목에 비료를 주는 부위는 수관외주선의 지상투영부위 20cm 내외가 적당하다.
>
>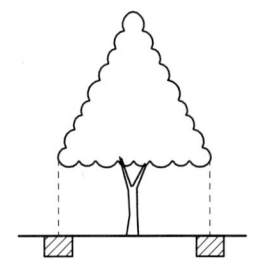
>
> | 시비구덩이의 단면상 위치 |

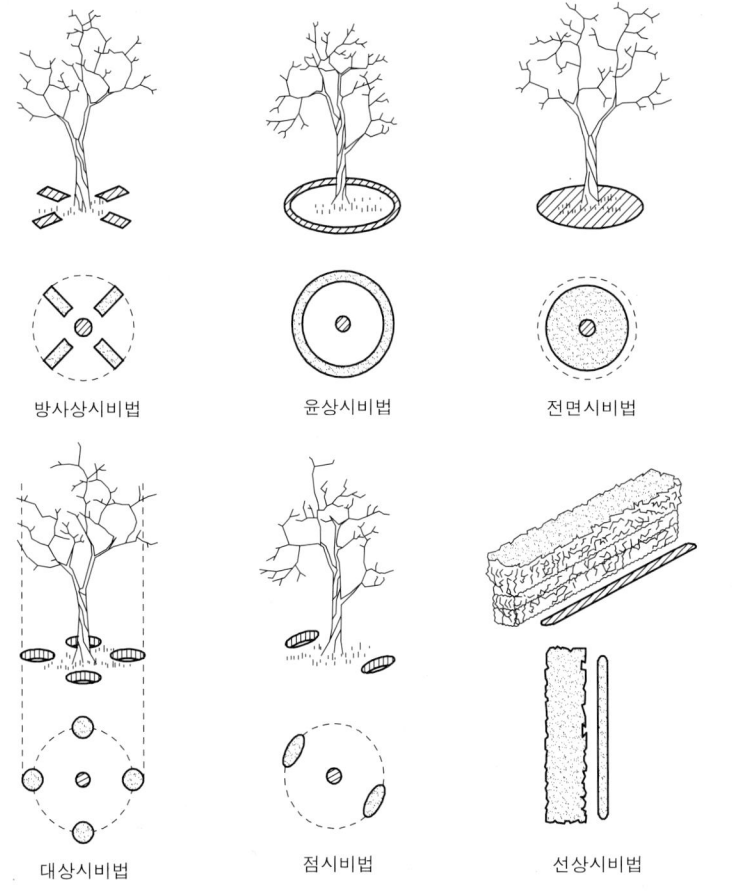

방사상시비법　　윤상시비법　　전면시비법

대상시비법　　점시비법　　선상시비법

| 수목의 시비방법 |

시비방법

구분	내용
방사상시비	·수간을 중심으로 빛이 밖으로 퍼져나가는 형태로 구덩이를 파고 시비(구덩이 길이는 수관폭의 1/3 정도) ·1회 시비에 수목을 중심으로 2개소에, 2회 시비에는 1회 시비의 중간위치 2개소에 시비 ·교목이 넓은 간격으로 식재된 경우 적용

윤상시비	·수간을 중심으로 수관을 형성하는 가지 끝 아래에 동그랗게(윤상) 도랑을 파서 거름을 주는 방법
전면시비	·한 그루씩 거름을 주기 어려운 경우 전면적으로 비료를 살포 ·작은 나무들이 가깝게 식재된 경우 적용
대상시비	·윤상시비와 비슷하나 구덩이가 연결되어 있지 않고 일정 간격을 띄어 실시 ·이듬해에 위치를 바꾸어 시비
점시비	·구덩이를 대상시비보다 적게 만들어 시비 ·적당한 위치를 정하여 구덩이 파기
선상시비	·산울타리 등의 대상군식이 되었을 경우 식재 수목을 따라 일정간격을 띄어 도랑처럼 길게 구덩이를 파서 비료 살포
천공시비	·오거(power auger)를 사용하여 직경 3~4cm, 깊이 15cm 정도로 구멍을 뚫고 시비 ·수관의 가장자리에서 안쪽으로 들어오며 0.6~1.0m 간격(100m²당 100~275개의 구멍)으로 천공 ·뿌리가 많은 관목집단에 적용
가로수 및 수목 보호홀의 시비	·측공시비법(수목근부 외곽표면을 파내어 비료를 넣는 방법)으로 시행하며, 깊이 10cm 정도 파고 수량을 일정간격으로 넣고 복토

▌시비 시 주의사항
① 수간의 밑동 가까이 시비하지 않는다.(근원직경 3~7배 이격)
② 비료가 뿌리에 직접 닿지 않도록 한다.

3) 엽면시비법 : 비료를 물에 희석하여 직접 나뭇잎에 살포

　① 미량원소 부족 시 효과적이며, 쾌청한 날에 실시

　② 보통 물 100ℓ당 60~120㎖의 비율로 희석하여 사용

　③ 이식목의 활착, 동해회복에 효과적

4) 수간주사(수간주입법) : 여타의 방법으로 시비가 곤란한 경우나 효과가 낮은 경우 사용

　① 인력과 시간이 많이 소요되므로 특수한 경우에 적용

　② 수액이동과 증산작용이 활발한 4월~9월의 맑은 날에 실시

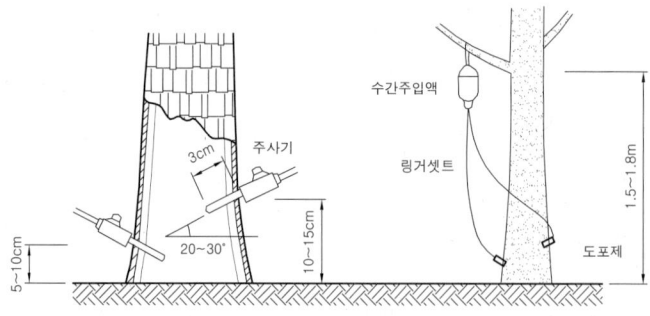

| 수간주사법 |

▌수간주사 실시방법
① 주사액이 형성층에 도달하도록 실시
② 수간주입기를 사람의 키높이(1.5~1.8m) 정도에 설치
③ 나무 밑에서부터 5~10cm 되는 곳에 드릴로 지름 5mm, 깊이 3~4cm가 되도록 하고, 구멍을 20~30° 각도로 비스듬히 천공
④ 먼저 뚫은 구멍의 반대편에 나무 밑에서부터 10~15cm 되는 곳에 같은 방법으로 1개 더 천공
⑤ 양쪽 구멍에 주사기를 꽂은 후 약액 주입
⑥ 약액 주입 후 주입구멍에 도포제를 바른 다음, 코르크 마개 설치

❸ 관수

(1) 식물에 의한 수분의 이용

　① 식물의 호흡과 토양으로부터 증산되어 유실되는 수분의 비율 고려

　② 유실된 수분을 ET(evapotranspiration 증발산량)라 하며, 단위시간당 유실된 수분의 양(mm, inch)으로 표시

③ ET의 측정은 Lysimeter(원통형 증발산계)를 사용하며, 일정한 크기의 용기에 식재된 식물을 대상으로 용기, 토양, 식물체 및 수분의 중량을 주기적으로 측정하여 계산

④ ET의 값은 태양광선, 온도, 습도 및 바람 등 환경요인의 영향을 많이 받으므로 지역간 또는 지역 내에서도 상이

⑤ 수분의 이용은 기상뿐만 아니라 토양 또는 식물자체에 의한 영향도 크게 작용(크기, 형태, 근계의 발달정도, 밀도, 토성, 토심 등)

⑥ 잎이나 가지의 특성 및 생육장소의 특성에 따라 수분의 요구도도 상이 (상록수나 잔디류보다 낙엽수의 변화가 큼)

(2) 관수의 시기 판단요령

① 식물의 관찰 : 잎의 광택, 색상 변화

② 토양의 상태 관찰 : 토양의 건습정도를 경험적으로 판단

③ 장력계(0~80cb 측정), 전기저항계(100~1500cb 측정) 사용

④ 증산흡수(유실수분 ET) 추정 및 엽면의 온도측정(적외선 주사장치 사용)

(3) 관수방법

① 수목류의 관수는 가물 때 실시하되 5회/연 이상, 3~10월경의 생육기간 중 실시 – 장기 가뭄 시 추가조치

② 기온이 5℃ 이상이며, 토양의 온도가 10℃ 이상인 날이 10일 이상 지속될 때 실행

③ 관수량은 관목 10cm 이상, 교목 30cm 이상 토양이 흠뻑 젖도록 관수

④ 수관폭의 1/3 정도 또는 뿌리분 크기보다 약간 넓게 높이 10cm 정도의 물받이를 만들어 공급

⑤ 토양의 건조시나 한발 시에는 이식한 수목에 계속하여 수분 유지

⑥ 강한 직사광선을 피해 일출·일몰 시에 관수가 원칙

⑦ 관수는 지표면과 엽면관수로 구분하여 실시

관수법

구분	내용
침수식	·수간의 주위에 도랑을 파서 측방에서 수분 공급 ·급수구의 위치나 토성에 따라 관수량 불규칙 ·관수 시 급수구쪽의 유속에 따라 표토 유실(자갈피부)
도랑식	·여러 그루의 수목을 중심으로 도랑을 설치하여 급수 ·투수율, 도랑의 경사도 및 유속 등에 따라 비교적 균일하게 관수가능
스프링클러식	·스프링클러의 체계나 설계, 수압 및 풍향조건등에 따라 관수의 균일성 상이 ·일시에 큰 면적의 관수, 노동력의 절감, 비교적 균일한 관수(장점) ·토양의 경도 증가, 지표면의 유실, 필요 이상의 수분공급(단점)
점적식	·지표나 지하에 구멍이 난 특수한 구조의 파이프를 연결하여 수분공급 ·낮은 압력으로 균일한 양을 서서히 관수하므로 효율이 높음

관수용 물

상수도물이나 깨끗한 시냇물 또는 연못물을 사용하며, 오염되거나 식물 생육에 유해한 물질이 섞여있는 물을 사용해서는 안 된다.

관수의 일반사항

① 기상조건, 토양조건, 식물종, 용도, 식재지의 특성, 관리요구도 등을 고려하여 정한다.

② 기상조건은 관수의 빈도 및 양에 가장 영향을 미치는 인자로써, 고온건조로 가물어 증발산량이 많아지면 관수의 빈도 및 양을 증가시킨다.

③ 인공지반, 보수성이 적은 사질토양, 뿌리의 활착이 불충분한 이식지 등의 식물은 수분부족에 의해 건조의 피해가 우려되기 때문에 이러한 곳에는 관수를 충분히 실시한다.

④ 관리요구도가 높은 식재지인 경우에는 충분히 관수한다.

영구위조점

일시위조점을 넘어 토양의 수분이 계속 감소되면 습도로 포화된 공기 중에 놓아도 식물이 회복되지 못하는 한계의 수분량을 말하며, 이 때의 수분흡착력은 pF 4.2(1500cb)이다.

배수

식물의 생육에 지장을 초래하는 장소에는 표면배수나 심토층배수로서 하고, 우기에 물이 고인 곳은 신속히 배수하여 토양의 통기성을 유지한다.

4 멀칭(mulching)

① 토양침식방지 : 빗방울이나 관수 등의 충격완화

② 토양의 수분손실방지 및 수분유지

  ㉠ 지표면의 증발 및 잡초 발생 억제로 수분유실방지

  ㉡ 수분의 이동속도 완화로 충분한 수분침투 유도

  ㉢ 점토질 토양의 갈라짐 방지

③ 토양의 비옥도 증진 및 구조개선

  ㉠ 멀칭재료의 부식으로 통기성·토양온도·습도의 증가와 근계의 발달

  ㉡ 유기물 함량증대 및 미생물 생육으로 양분의 효용성 증대

④ 토양의 염분농도 조절 : 지표면의 증발억제로 염분의 농도 희석

⑤ 토양온도 조절 : 태양열의 복사와 반사를 감소시키며, 여름에는 토양온도를 낮추고 겨울에는 보온

⑥ 토양의 굳어짐 방지 및 지표면 개선효과 : 관수나 통행 시 발생하는 답압 감소와 시각적 개선 및 소음완화

⑦ 잡초 및 병충해발생 억제 : 잡초종자의 광도부족에 의한 발아억제

5 월동관리(방한)

① 동해의 우려가 있는 수종과 온난지역에서 생육한 수목의 한랭지역 식재 시 기온이 5℃ 이하이면 조치

② 한랭기온에 의한 동해방지를 위한 짚싸주기

③ 토양동결로 인한 뿌리 동해방지를 위한 뿌리덮개

④ 관목류의 동해방지를 위한 방한덮개

⑤ 한풍해를 방지하기 위한 방풍조치

⑥ 잔디의 동해방지를 위한 뗏밥주기

6 지주목

(1) 지주목의 요성과 중요성

① 바람이나 눈·비에 의한 흔들림 방지로 원활한 생육보호

② 차량통행과 같은 인위적인 활동에 대한 보호

③ 수목보호의 기능 및 시각대상물로써의 역할

(2) 지주목 설치의 효과 및 문제점

1) 설치효과

  ① 수고생장 보조

  ② 수간의 굵기가 균일할 수 있도록 보조

  ③ 뿌리부분의 생육적절화

  ④ 바람에 의한 피해감소

┃ 멀칭

① 토양을 피복하거나 보호하여 식물의 생육을 도와주는 역할을 한다. 수피·낙엽·볏집·콩깍지·풀·바크(bark)·제재목의 부산물 등의 재료를 사용하며, 모래와 합성수지의 재료를 사용하기도 하나 멀칭의 역할수행에는 자연친화적 재료가 적당하다.

② 너무 세립한 재료 사용이나 너무 두껍게 덮지 않는다. (5cm 적당)

③ 교목은 수관폭의 50%, 관목은 100%, 군식은 가장자리 수관폭만큼 피복

┃ 수간감기

① 수목이 밀식상태에서 자랐거나 지하고가 높은 수목에 적용

② 수분의 증산을 억제하고 태양의 직사광선으로부터 줄기의 피소 및 수피의 터짐을 보호

③ 병충해의 침입을 방지

④ 바람 부는 시기와 바람이 심한 지역에서 수분의 증발 방지

⑤ 마포, 유지, 새끼 등을 이용하여 분지된 곳 이하의 줄기를 싸주고 그 해의 여름을 경과

┃ 지주목의 상세는 [조경식재 – 식재공사] 참조

⑤ 수목상부의 단위횡단면당 내인력 증대

2) 문제점

① 지지된 부분의 수목에 대한 상처 및 발육부진

② 목질부의 생육이 원활하지 못하여 부러질 가능성 존재

③ 설치비용과 인력의 과다 소요 및 수형의 가치 감소

(3) 지주목의 종류

① 수목보호용 지주 : 자동차, 통행인 또는 잔디깎기 기계 등으로부터 수목 보호 – 금속제 지주목 적당

② 수목지지용 지주 : 뿌리나 뿌리분을 고착시키거나 곧바로 설 수 있도록 사용

③ 수간보조용 지주 : 수간부위가 약하여 곧바로 서지 못하거나 바람·눈·비 등에 의해 쉽게 넘어지는 수목에 사용

(4) 지주목의 재결속 : 준공 후 1년경과 시 재결속 1회 실시 – 주풍향 고려

▛ 상처치료 및 외과수술

(1) 상처의 치료

① 절단면이나 수피의 상처를 통해서 균류(fungi), 박테리아 또는 기생충 등의 감염으로부터 방지

② 상처면 둘레에 유합조직(callus tissue)이 해마다 계속적으로 형성되어 치유(연 1cm 정도 유합조직 생성)

③ 절단면을 깨끗하게 처리해서 부패방지

④ 절단면이나 상처 난 곳은 예리한 도구를 사용하여 매끄럽게 처리(유합 조직 형성에 일조)

⑤ 절단면에 즉시 도료(shellac)를 발라 부패 예방 – 오렌지 셀락, 아스팔템 페인트, 크레소트 페인트, 접목용 밀랍, 하우스 페인트, 라놀린 페인트, 수목용 페인트 등 사용

(2) 뿌리의 보호

① 부지의 정지로 인한 수목의 매립 및 노출에 대한 조치

② 나무우물(tree well) : 성토에 의해 지면이 높아질 경우 나무줄기를 가운데 두고 일정한 넓이로 지면까지 돌담을 쌓아 원래의 지표유지 – 돌담은 메담(dry wall)쌓기로 시공

③ 돌옹벽 쌓기 : 절토에 의해 뿌리주변의 흙이 깎여 뿌리의 노출이 있을 경우 주위에 돌옹벽을 쌓아 뿌리의 노출 방지

④ 수목 주위에 사람들이 몰릴 것이 예상되는 곳에는 수목뿌리 보호판(tree grate 수목보호대) 설치

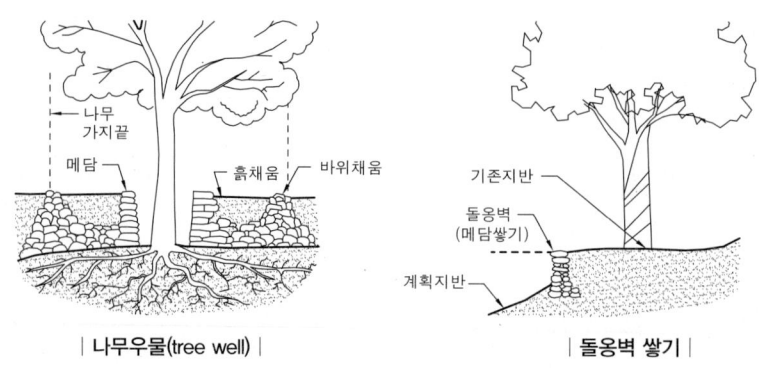

| 나무우물(tree well) | | 돌옹벽 쌓기 |

(3) 공동(空胴)처리

① 깨끗이 깎아내기 : 부패한 목질부와 균사가 침입한 부분과 주변의 건전부

② 공동내부 다듬기 : 물이 고일 수 있는 부분 제거 및 배수대책, 공동의 가장자리는 매끄럽게 처리

③ 버팀대 박기 : 공동이 큰 경우 충전재를 채우기 전에 볼트로 고정

④ 살균 및 치료 : 약제 및 페인트로 살균 후 살충제 처리로 해충 제거, 수목페인트 등으로 방부작업

⑤ 공동충전 : 공동내부의 빈 공간을 충전

⑥ 마감처리 : 빗물 등의 수분 침입을 막기 위한 방수(유리섬유, 접착용 수지) 및 표면경화처리, 수피의 이질감을 보완하기 위한 작업

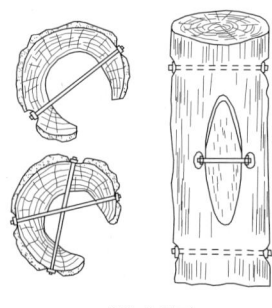

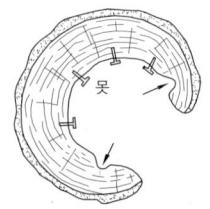

버팀대 박기   공동충전 전처리

| 공동처리 |

(4) 수간주사

① 수분의 흡수가 어려워 영양이 부족한 경우 약제 사용

② 비료성분 및 식물생장호르몬, 발근촉진제 혼합사용

(5) 교접(橋接)

① 수피의 상처로 근계에 대한 영양공급의 부족을 미연에 방지하기 위한 수단

② 상처의 위 아래를 일년생 가지로 된 접수를

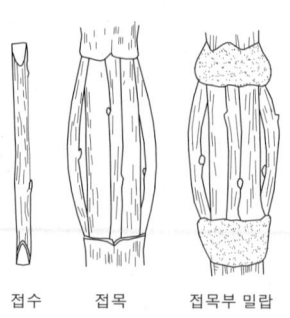

접수   접목   접목부 밀랍

| 교접방법 |

▌공동처리의 순서
부패부 제거 → 공동내부 다듬기 → 버팀대 박기 → 살균 및 치료 → 공동충전 → 방수처리 → 표면경화처리 → 수피처리

▌조경설계기준상 공동처리
부패부제거 → 살균처리 → 살충처리 → 방부처리 → 방수처리 → (공동충전) → (매트처리) → 인공수피 → 산화방지처리(공동충전과 매트처리는 필요시 적용한다.)

▌공동처리 재료
① 콘크리트 : 값이 가장 싸고 쉽게 이용가능
② 아스팔트 혼합물 : 시멘트보다 더 좋은 재료로서 쓰이나 준비·처리과정이 비교적 곤란
③ 합성수지 : 폴리우레탄고무, 에폭시수지, 폴리에스테르수지, 폴리우레탄폼
④ 기타 나무덩어리, 코르크, 고무블럭, 벽돌 등
⑤ 폴리우레탄고무 : 공동 충전 재료 중 내후성, 내산화성, 기계적강도, 내마모성, 접착력이 우수하고 효과면에서 다른 재료보다 월등히 우수

▌수간의 수술방법
개공법, 피복법, 충진법

▌교접
귀중한 조경수 등이 기계적 상처나 토끼나 쥐와 같은 설치류의 해를 입어 껍질에 해를 입었을 경우 처리가 가능한 방법이다.

꽂아 넣는 것

③ 접수는 휴면기간에 채취, 굵기는 0.6~1.2cm 가량이 적당

8 조경수목의 생육장해

(1) 저온의 해

1) 한해(寒害 cold damage)

① 한상(寒傷) : 식물체 내에 결빙은 일어나지 으나 한랭으로 인하여 생활기능이 장해를 받아서 죽음에 이르는 것

② 동해(凍害) : 식물체의 조직 내에 결빙이 일어나 조직이나 식물체 전체가 죽게 되는 것

2) 상해(霜害 frost injury)

① 만상(晩霜) : 봄에 식물의 발육이 시작된 후 0℃ 이하로 갑작스럽게 기온이 하강하여 식물체에 해를 주게 되는 것으로 피해를 입기 쉬운 수종은 회양목, 말채나무, 피라칸타, 참나무류, 물푸레나무, 미국팽나무 등

② 조상(早霜) : 가을 계절에 맞지 않는 추운 날씨의 서리에 의한 피해

③ 동상(冬霜) : 겨울동안 휴면상태에 생긴 피해

3) 저온의 현상

① 상렬(霜裂) : 수액이 얼어 부피가 증가하여 수관의 외층이 냉각·수축하여 수선(髓線)방향으로 갈라지는 현상

㉠ 낙엽교목이 상록교목보다, 배수가 불량한 토양이 양호한 건조토양보다, 활동기의 수목이 유목이나 노목보다 잘 발생

㉡ 상렬에 걸리기 쉬운 수목은 늦가을에 수목을 사이잘크라프트지나 대마포를 감아 보호

㉢ 백도제(흰색페인트), 볼트박음 등으로 분리된 층의 결합 등을 통해 성장유도

② 풍렬(cup-shake) : 건조에 의한 균열로 목재의 나이테를 따라 나타나는 결함이나 상렬의 반대상황에서도 발생(태양광에 의한 외층 팽창)

③ 상해옹이(frost canker) : 수목의 수간, 가지, 갈라진 지주 등에서 발생하는 해

㉠ 지면 가까이에 있는 수목의 껍질과 신생조직에서 피해발생 용이

㉡ 수간의 남쪽이나 서쪽의 노출지역에 한정되어 발생

4) 저온의 방지

① 통풍이 잘되고 배수가 양호한 환경조성 – 오목한 지형 회피

② 낙엽이나 피트모스 등의 피복재 사용으로 보온

③ 0℃되기 전의 충분한 관수로 겨우내 필요한 수분공급

④ 바람막이 설치 및 짚싸기, 방한 덮개 설치 – 풍향 고려

▌한해와 상해

① 한해 : 일반적으로 저온의 의한 피해를 총칭하며 한상과 동해로 구분한다.

② 상해 : 봄·가을의 서리에 의한 피해를 총칭하며, 시기에 따라 만상, 조상, 동상으로 구분한다.

③ 저온의 해는 질소비료의 혜택을 많이 입은 수목과 늦가을에 성장을 많이 한 수목에서 쉽게 발생한다.

▌상륜(frost ring)

만상의 영향으로 1년에 2개의 나이테가 생기는 것으로 자작나무, 오리나무, 잎갈나무 등 싹이 빨리 나오는 수종에 잘 발생한다.

▌위연륜(false annual ring)

중연륜(重年輪)을 이루는 성장륜(成長輪)이 상해(霜害)나 풍해, 충해로 인하여 형성층의 작용에 이상이 생기며 정상적인 세포 형성을 하지 않음으로써 생긴 비정상적인 연륜으로 헛나이테라고도 한다.

⑤ 액체플라스틱 wilt-pruf(시들음 방지제)를 잎에 살포하여 겨울의 갈색화 방지 및 저감 – 철쭉이나 회양목의 피해방지

(2) 고온의 해

1) 일소(日燒·피소)

① 수피가 평활하고 코르크층이 발달하지 않은 수종에 쉽게 발생 – 오동나무, 호두나무, 가문비나무 등

② 서남향 및 서향에 위치한 곳에 발생

③ 가장 중요한 원인은 건조로 수목이 이용할 수 있는 수분의 양을 감소시키거나, 잎의 증산작용 증가로 뿌리의 수분공급이 충분하지 못할 경우 발생

④ 지나치게 습한 토양에서 자라는 수목에도 발생가능 – 지하부 공기부족

⑤ 토양침투가 어렵거나 불가능한 포장지의 수목에도 발생

⑥ 진딧물 등의 곤충도 일소의 피해에 일조

⑦ 시들음 방지제 살포 시 일소의 영향을 방지하거나 저감 가능

2) 한해(旱害 drought injury)

① 가뭄이 장기간 계속될 때 토양의 수분부족으로 인해 발생

② 늦봄과 초여름의 따뜻한 오후 동안에도 건강한 식물에 발생

③ 천근성 수종과 지하수위가 얕은 토양에서 자라는 수목에 쉽게 발생– 단풍나무, 물푸레나무, 느릅나무, 너도밤나무 등

④ 한해가 발생하기 쉬운 입지조건은 산등성이, 볼록한 형태의 급경사지나 남쪽 또는 서쪽사면의 토양깊이가 얕은 장소

⑤ 관수는 같은 양을 주더라도 여러 번의 적은 양보다 한두 번의 충분한 양의 공급이 효과적

(3) 가스의 해

① CO, 시안화수소, 불포화탄화수소(에틸렌, 아세틸렌 등)이 큰 피해 야기

② 천연가스(포화탄화수소, 메탄 등)의 누출은 산소의 수준감소 초래

③ 생존 가능성이 있는 피해식물은 뿌리지역을 통풍시키고 질소비료 $10g/m^2$을 시비하고 식물의 첨단을 솎아주어 생육유도

(4) 연해 및 그을음의 해

① 검댕축적에 의한 상록관목의 해는 비눗물이나 깨끗한 물로 세척

② 상록수로부터 검댕을 제거할 경우 칼곤(calgon 경수연화제) 사용

(5) 화학적 상해

① 제초제 : 2,4-D에 가장 큰 피해 발생

㉠ 제초제 살포 후 몇 주 내에 징후가 나타나면 수목주변 토심 50mm를 제거하고, 25mm는 숯과 목탄으로, 나머지 25mm는 혼합비료와 톱밥을 섞어 채움

일소·엽소와 한해

① 일소 : 강한 직사광선에 의해 잎이나 줄기에 변색이나 조직의 고사가 발생하는 현상

② 엽소 : 고온의 열로 인하여 잎이 타서 마르는 피해

③ 한해 : 건조로 인한 수분의 결핍으로 생기는 피해

거들링(girdling)현상

식물의 줄기나 가지의 형성층 외측의 수피를 환상으로 떼어내는 것이나, 이것이 부작용으로 발전되어 나타나는 한해현상이다. 왕성한 근계를 가진 뿌리가 서로 맞닿으면서, 그 접촉점에서 변형을 일으키고 부피성장을 멈추고 기능이 감소한다.

가스의 해

가스는 유독성에 의해 식물체에 직접 피해를 주거나 산소의 양을 감소시키므로 간접적 피해도 발생한다.

연해 및 그을음의 해

생활공간에서 유해가스 생산을 통제하거나 도시생활환경에 잘 적응하는 수종 개발이 필요하다.

ⓛ 깨끗한 토양을 첨가하여 주고 표면침식을 최소화하도록 비로부터 보호하거나 관수금지

② 염분의 해 : 염분에 오염된 수목은 브롬(Br) 과다현상과 비슷하게 잎의 가장자리와 첨단 건조

  ㉠ 염분은 잎 뒷면의 기공으로 침투하여 생리작용 방해
  ㉡ 부착된 염화나트륨(NaCl)이 원형질로부터 수분을 탈취하여 원형질 분리
  ㉢ 식물생육에 영향을 미치는 염분의 한계농도는 수목 0.05%, 잔디 0.1%
  ㉣ NaCl은 토양 내의 세균의 생육을 불가능하게 하여 유기물분해를 방해
  ㉤ 도로에 사용하는 염화칼슘(CaCl₂)도 피해유발
  ㉥ 잎과 가지에 쌓인 염은 물로 세척하며 세척시기를 놓친 수목은 전정

③ 붕소(boron) : 저강수량 지역에 피해가 크며 잎의 색이 짙어지고 잎의 가장자리와 첨단에 괴사발생하며, 관수 시 1ppm의 붕소보다 많으면 축적되어 피해발생

④ 살충제 : 건강치 못한 식물에 해를 주기도 하며 온도와 습도가 높을 경우 오염 잘 되므로 시기, 농도, 수종의 반응에 주의

(6) 점액유출

① 갈색 점액유출 : 심재부분의 수액으로 깨끗한 수용액이 표면에 도달해 균류, 박테리아, 곤충류의 먹이가 된 결과 갈색으로 변한 것

② 알콜성 점액유출 : 껍질과 변재의 수액이며 희고 거품이 있고 보통수간의 기부 가까이에서 형성

③ 수액은 녹말, 당분, 단백질이 풍부하여 박테리아 등의 유기체를 모으고 그의 부패로 수피와 신생조직 파괴

④ 방지가 어려우며 구멍을 뚫어 배수시키거나 상처부위에 도료를 발라 치료

(7) 황백화 현상

① 균류, 바이러스, 곤충의 공격, 저온, 공기나 토양 중의 유해물질, 과습, 잉여토양광물질, 영양분의 결핍 등으로 발생

② 석회석재, 그 밖의 알칼리성 물질을 함유한 토양에서 많이 발생

③ 유실수의 경우 아연, 마그네슘, 브롬, 질소 등의 결핍으로 발생

④ 철분결핍에 의한 경우 치료제 철분킬레이트(iron chelate) 사용

2>>> 초화류의 유지관리

1 토양의 조제

(1) 바람직한 토양조건

① 통기성 : 토양의 수분이 적당하며 산소공급이 원활한 구조

┃ 뿌리의 토양상태

지표면의 포장, 토양성토, 건축물, 토양경도에 의해 토양통기와 토양수분이 많이 악화된다. 수목보호를 위해 가능한 토양을 이동시키지 말며, 큰 뿌리에 피해가 없도록 조치하며 근계에 20% 이상의 장해가 있으면 자주 관수하고 1kg/100m²의 질소를 공급한다.

┃ 기계적 상해

자동차, 인간의 행위, 기계에 의한 상처로 균류가 침입하여 수목이 감염되므로 수목보호대 등으로 접근을 막고 상처부위는 그늘지게 하고 표면은 화이트라텍스 등을 도포하여 보호한다.

┃ 지의류의 해

수목에 해를 준다기보다는 시각적인 영향을 미치며 도시나 속성수에서는 볼 수 없으며, 발생 시 보르도액 2-2-50 또는 코퍼 스프레이(copper spray) 살포로 근절시킨다.

┃ 황백화 현상

잎의 엽록소 감소로 인해 발생되는 현상으로 녹색의 손실은 잎의 영양제조능력 감소로 발전된다.

② 배수성 : 과다한 토양수분은 뿌리의 호흡 방해

③ 보수성·보비성 : 어느 정도 양의 수분·양분을 어느 정도의 기간 동안 보존 – 유기질 비료나 토양개량제로 향상 가능

④ 병충해 방제 및 잡초방제 : 밭토양이나 유기물에 잡초종자, 병균, 해충알 등의 내포 가능 – 제초제, 살균제, 살충제 사전 사용

(2) 토양재료

① 밭토양 : 재배토양 조제 시 기본토양으로 많이 사용

② 굵은 골재 : 토양의 공극량을 높이고 답압에 대한 저항성이 높으나 양이온치환용량(CEC)이 작아 보비력 미흡 – 펄라이트(perlite), 버미큘라이트(vermiculite), 소성점토(calcined clay), 모래·자갈

③ 토양배합 : 일반적인 화단용 재배용토는 유기물의 비율이 약 1/3 정도가 적당하며 입단구조가 적합 – 새로운 화단조성 시 토양을 깊이 20~30cm 정도로 가을에 경운 및 퇴비 시비

(3) 재배식물별 토양

① 1~2년생 초화류 : 표토가 깊고 건습의 차이가 적으며, 비료분의 부족이 없는 땅으로 배수가 잘되는 사질양토가 적당

② 숙근성 화훼 : 토층이 깊고 메마르지 않은 곳으로 부식성이 적당한 양토가 적당

③ 구근류 : 하층은 자갈이 섞여 배수가 좋고 상층은 사질양토나 점질양토로 토층이 깊은 비옥한 곳이 최적지

　ⓒ 튤립 : 토양 중의 수분의 변화에 약

　ⓒ 수선·달리아 : 수분의 변화에 강

④ 화목류 : 특별한 불량조건이 없는 한 재배가 가능

❷ 비배관리

(1) 식물별 시비방법

① 묘상(苗床) : 두엄을 주로 하여 인산, 칼리, 칼슘 등을 적당히 사용하거나 복합비료 사용

② 1~2년생 초화류 : 퇴비를 밑거름으로 한 후, 생육기간이 긴 것은 속효성 비료를 시비하고, 개화기간이 긴 것은 시비량 증량

③ 숙근초화 : 유기질비료로 깻묵, 쌀겨, 어비(어박) 등을 많이 시비하고, 개화기간이 길어 거름기가 끊이지 않도록 덧거름 시비

④ 구근류 : 인산과 칼리가 부족하지 않도록 유의

⑤ 화목류 : 두엄을 밑거름으로 넉넉히 시비하고 생육에 따라 질소 및 인산 시비

(2) 시비방법

① 전면시비 : 뿌리가 비교적 얕은 잔디나 지피식물류, 일년초, 관목류 등에

▌토양개량제

① 토양공극량이 크고, 알맞은 용수량, 답압에 대한 저항성, 낮은 수용성 염기함량, 낮은 가격, 병균이나 해충이 없는 상태 등의 조건을 구비해야 한다.

② 토탄(peat), 짚, 왕겨, 나무부스러기, 나무껍질, 퇴비, 부엽토 등의 유기물질 사용가능

▌토양배합률

밭토양 : 유기물질 : 굵은골재

중점토	1:2:2
중간토양	1:1:1
경점토	1:1:0

적용하며, 위에서 고루고루 뿌려주고 시비 후 관수 실시

② 측면시비 : 표면시비의 하나로 조경식물이나 화단 옆에 열을 만들고 식물을 따라 한쪽이나 양옆을 따라 정제(精製)의 비료 살포

③ 엽면시비 : 소량의 양분을 효과적으로 식물체에 제공하는 방법으로 수용성비료를 물에 희석하여 잎에 살포(Fe 결핍 시 많이 사용)

(3) 초화류의 시비

① 초종을 고려하여 시비량과 시비횟수를 결정

② 화단 초화류는 집약적 관리가 요구되므로 가능한 한 유기질비료를 기비로서 연간 1회, 화학비료를 추비로서 연간 2~3회 시비

③ 기비는 유기질비료를 1년에 1차례 1~2kg/m²의 기준으로 시비

④ 추비는 화학비료를 연간 2~3회씩 1회당 질소(N), 인산(P_2O_5), 칼륨(K_2O) 성분이 각각 5g/m² 이상 되도록 시비

③ 관수

(1) 초화류의 관수

① 기상조건, 토양조건, 초종, 식재지의 특성, 관리요구도 등을 고려

② 기상조건은 관수의 빈도 및 양에 가장 영향을 미치는 인자로서 고온 건조로 가물어 증발산량이 많아지면 관수의 빈도 및 양을 증가시킬 것

③ 초화류의 관수 빈도는 생육기에 2~6회/주 관수

④ 개화중인 묘는 물이 꽃에 젖지 않도록 하며 가능한 근원부분에 관수

⑤ 토양이 충분히 젖도록 관수하되, 적어도 토양이 5cm 이상 젖도록 관수

⑥ 일년초 중 추파 일년초는 건조에 약하므로 관수관리를 배려하여 설계

(2) 화단의 관수

① 한번 관수할 때 물을 충분히 주어 토양 깊이 적셔지도록 관수

② 화분 관수 시 분 밑으로 물이 새어나올 정도로 관수(염류의 용탈이 용이)

③ 손으로 물주기, 스프링클러, 점적관수 등의 방법으로 관수

④ 배수 불량 시 뿌리의 고사 – 배수로, 모래 혼합, 하부 자갈 등 적용

3>>> 잔디관리 및 잡초관리

④ 잔디관리

(1) 토양

1) 토양의 성질

① 토양의 물리적 성질 : 재질, 구조, 밀도(최적공극률 33%), 토양수분, 통기, 온도 등

▌화단의 비배관리

① 가을이나 겨울에 토성개량과 영양분 공급을 위해 퇴비를 넣고 땅을 일구어 혼합(봄에라도 파종이나 이식 전 혼합)한다.

② 복합비료 입제를 꽃을 심기 일주일~열흘 전에 시비한다.

③ 꽃을 피우기 시작할 때 액제비료를 잎이나 줄기부에 일주일에 한두 번씩 살포한다.

▌관수의 시기

① 파종 후에는 씨가 이동하지 않도록 하고 매일 관수하며, 발아초기에는 건조하지 않을 정도로 관수한다.

② 어린 모종 이식 후에는 약 2주 동안 모종상의 건조에 주의하고 활착 후 위조현상을 보이기 직전에 관수한다.

③ 하루 중의 관수는 봄과 가을에는 오전 일찍, 여름철에는 건조상태를 보아 오전, 오후 두어 차례, 겨울철에는 냉해 방지를 위해 데워서 오전 10~11시경에 실시한다.

▌월동관리

① 화단의 부지선택 : 움푹 들어간 지역 및 건물주변 등 배치 및 방향 고려

② 보온막 설치 및 가온(加溫)

③ 내한성 증진식물을 사용

▌잔디의 부가사항은 [조경식재 – 잔디 및 지피식재] 참조

▌잔디관리 필수작업
관수, 시비, 잔디깎기

② 토양의 화학적 성질 : 양이온치환용량(CEC 최소 15~20me/100g 정도가 필요), 토양산도(pH6.0~7.0 적당), 토양의 염기도 등

2) 이용관리

① 토양의 A층과 O층이 잔디의 생육에 직접적으로 관계 – 토양개량 시 표면에서 5~10cm 깊이 정도의 층이 중요

② 균일한 입자로 구성된 모래의 경우 답압에 의한 고결의 피해 감소

③ 배토 및 버티커팅(verticutting), 에어레이션(aeration) 등으로 대치층을 부숙유기물로 가속화

④ 토양고결의 주요인은 토양의 물리적 성질, 토양수분의 정도, 답압의 힘과 빈도, 지상부의 식생 정도 등이 복합적으로 작용

⑤ 토양고결의 영향

　㉠ 토양밀도의 증가로 열전도도가 높아져 지온의 과도한 상승 초래

　㉡ 토양입자간의 밀착으로 뿌리의 신장을 억제

　㉢ 투수율이 낮아지고 보수력 감소

　㉣ 통기가 불량하여 산소 및 유해가스교환 저해

(2) 관수

① 최소량의 관수 : 필요한 최소의 양을 관수하여 항상 잔디잎 및 표토층을 마른 상태로 유지

② 가뭄 시의 이용제한 : 가뭄 시에는 잎이 부스러지기 쉽고 토양이 딱딱하여 투수율이 떨어지고 관수 후에도 회복이 더디므로 이용의 제한 필요

③ 관수상태 관찰 : 바람의 방향·속도, 관수장비에 따라 달라질 수 있으므로 균일하게 조절

④ 투수상태 관찰 : 토양에 따라 투수율이 달라 흡수가 불균일할 수 있으므로 토양전착제 사용이나 통기작업 등으로 개선

⑤ 관수시간 및 양 : 새벽이 관수에 좋은 시간이나 편의상 오후 6시 이후인 저녁관수를 많이 시행

　㉠ 관수 후 10시간 이내에 잔디가 마를 수 있도록 관수시간 조절

　㉡ 관수량은 일반적으로 1일 8mm 정도가 소모되고 소모량의 80% 정도를 관수 – 같은 양의 물이라도 빈도를 줄이고 심층관수

　㉢ 지나친 관수는 토양 속의 산소가 부족해지고 영양분의 용탈로 뿌리의 생장을 억제

⑥ 관수횟수 : 가뭄을 타지 않도록 기상여건을 고려하여 결정

　㉠ 한지형 잔디류는 생육기에 보통 때는 2~3일에 1회, 가물 때는 매일 관수

　㉡ 잔디면이 충분히 젖도록 살포하되, 적어도 토양이 5cm 이상 젖도록 관수

┃ 대치(thatch)
잔디병의 발생에 크게 영향을 주는 요소로 잘려진 잎, 노화된 줄기·뿌리·잎 등이 썩지 않고 남아 있는 것을 말한다.

┃ 양이온치환용량(CEC)
토양입자의 표면이 띠고 있는 음전하로 말미암아 붙어있는 Ca^{2+}, Mg^{2+}, K^+, Na^+ 등 교환될 수 있는 양이온의 총량을 말하며 단위는 100g의 토양당 me로 표시하며, 배수나 통기가 적당할 때에는 CEC가 높을수록 식물의 생육에 유리한 토양이다.

┃ 이용관리
집중적인 이용이나 우천 등 토양에 수분이 많을 때의 이용을 억제하여 토양고결 등의 피해를 방지한다.

┃ 잔디밭 관수
① 갓 조성된 잔디밭에는 수압을 약하게 하여 관수한다.
② 잔디의 밀도가 높을수록 잎에 의한 증산량이 많으므로 관수량도 많아진다.
③ 잔디의 사용이 많은 지역일수록 관수량 및 관수의 횟수가 많아야 한다.

┃ 토양수분
포장용수량의 60~80% 정도의 토양수분 함유상태가 잔디생육에 적합하다.

┃ 시린지(syringe)
여름 고온 시 기후가 건조할 경우 잔디표면 근처에 소량의 물을 분무하여 온도를 낮추는 방법으로, 증산량을 줄여주고 위조를 막아주며, 이슬을 제거하는 데 사용한다.

ⓒ 스포츠용 잔디나 한지형 잔디류는 자주 관수하여야 하므로 관수시설 필요

⑦ 관수장비 : 펌프, 밸브, 조절장치, 파이프, 스프링클러 헤드(주로 pop-up식 사용)

㉠ 헤드형태 : 살포식(소규모 정원이나 부분적 공간), 회전식(살수반경이 넓어 다량의 물이 사용되는 곳에 적합)

ⓒ 회전방법 : 충격식(골프장, 공원 등 사용빈도가 적은 곳), 기어식(축구장 등 집중적인 이용을 하는 곳)

(3) 시비

1) 시비량 및 횟수

① 시비량은 잔디의 종류, 이용정도, 관리정도(깎기의 높이와 빈도, 관수의 빈도 및 양, 병충해 방제, 잡초방제 등)에 따라 결정

② 초종을 고려하여 시비량을 결정하며, 비료의 종류는 질소 : 인산 : 칼리의 비율이 3 : 1 : 2 또는 2 : 1 : 1이 적당

③ 기비 : 매년 퇴비 등의 유기질비료를 1~2kg/m²을 기준으로 1회 시비

④ 추비 : 화학비료를 질소 : 인산 : 칼리의 비율이 3 : 1 : 2 또는 2 : 1 : 1의 비율이 되도록 시비

⑤ 화학비료의 1회 시비량은 질소, 인산, 칼리 성분이 각각 3g/m², 1g/m², 2g/m² 이상 되도록 시비

⑥ 화학비료의 시비횟수는 들잔디 및 금잔디는 3회 이상 분시, 켄터키 블루그래스 등의 한지형 잔디는 최소한 6회 이상 분시, 7·8월의 시비는 피하거나 줄임

2) 비료의 선정

① 속효성 비료 : 황산암모늄, 질산암모늄, 요소 등

② 완효성 비료 : IBDU, UF, SCU, 퇴비 등

3) 시비시기

① 난지형 한국잔디 : 주로 봄·여름에 많이 하되 늦가을은 주의

② 한지형 잔디류 : 봄·가을에 하되 후반부(9월 이후)의 비중을 높이고 연간 4~12회 분시, 여름철 고온다습기의 병발생 시 시비주의

4) 시비방법

① 수동살포가 전통적으로 이용되며 시비자의 숙련도에 따라 균일도가 다를 수 있으므로 주의 - 소량 살포 시 모래를 희석하여 사용

② 회전식 살포기 : 가능하면 성분별 입자가 고른 것이 좋고 지나치게 가는 입자가 포함된 것은 분리 살포하는 것이 유리

③ 드롭(drop)식 살포기 : 입자 크기의 영향을 덜 받으나 시간이 많이 걸려 대규모 살포에는 부적당

전착제(wetting agent) 사용
수분이 토양에 흡수됨을 도와주어 제한된 수자원을 효율적으로 사용하게 하며, 특히 부분적으로 위조현상이 자주 일어나는 지역의 개선에 쓰이고, 농약에 첨가하면 균일한 살포로 효과를 증진시킨다.

일반적 시비량
① 질소 : 연간 m²당 4~16g 정도 요구되며 1회당 4g 초과금지
② 인산 및 기리 : 토양검사 후 결정하나 불가피할 경우 질소 : 인산 : 가리의 순성분의 비 3 : 1 : 2로 시행(토양 중 비료성분 함량은 인산 - 60~80kg/ha, 가리 - 200kg/ha가 적당)

비료의 선택
① 속효성을 여러 차례에 나누어 시비하는 것도 효과적이나 빈번한 관리작업을 할 수 없을 경우에는 완효성이 유리하다.
② 퇴비 등 유기질비료는 여름철 고온다습기에 병충해 발생 등으로 이용을 제한한다.

┃시비방법

① 골프장 그린과 같은 특수한 잔디나 다량의 혹은 순도가 높은 비료 살포 시 살포 후의 관수가 중요 – 잘못될 경우 피해 발생

② 시비는 연중계획에 의거하며, 생육이 빠를 때 시비량도 늘리는 등 생육기간 중 약간의 조정이 필요하며, 지상부와 지하부의 생육이 예상될 때 집중적으로 실시

┃가리(K₂O)

잔디가 많이 밟히거나 가뭄을 타는 경우, 한해가 예상되는 경우 등의 스트레스에 대단히 효과가 크며 경기장용 잔디에 매우 중요하다.

(4) 잡초관리

① 잡초를 정확하게 파악하여 번식방법(영양번식 및 종자번식)에 대한 대책수립

② 잡초방제의 최선은 가장 좋은 상태의 잔디를 유지하는 것

③ 3월말~4월 중순경 잡초가 발아하기 전 발아전처리 제초제 1회 이상 살포 – 시마진, 데브리놀

④ 광엽잡초가 발생된 후에는 선택성 발아후처리 제초제를 잡초부위에 1회 이상 살포 – 2,4-D, MCPP, 반벨, 반벨디

⑤ 겨울철 잔디 휴면중 비선택성 제초제 사용 – 근사미, 그라목손

⑥ 발아전처리 제초제는 단위면적에 일정량 이상 투여되면 약해가 발생될 수 있으므로 규정된 농도와 양을 살포할 것

⑦ 수목이 있는 부위(가지 뻗은 면적)와 경사지 하부 수목이 있는 곳은 제초제 사용을 자제할 것

(5) 잔디깎기(mowing)

1) 잔디깎는 시기 및 주기

① 한국잔디 등 난지형 잔디는 6~8월(늦봄·초여름), 한지형 잔디는 5,6월(봄)과 9,10월(초가을)에 실시

② 깎는 주기는 전체높이의 30% 정도를 깎아서 원하는 높이 유지

㉠ 정원용 잔디의 경우 한국잔디류는 연 5회 이상, 한지형 잔디는 연 10회 이상 예초

㉡ 경기장 잔디는 일반적으로 연 18~24회 예초

2) 잔디깎는 높이

① 일반적으로 정원에서는 한지형 잔디의 경우 50mm 정도, 한국잔디류는 30~40mm 정도가 적당

② 한 번에 초장의 1/3 이상을 깎지 않으며, 초장이 3.5~7cm에 도달할 경우에 깎으며, 깎는 높이는 2~5cm 정도를 기준으로 예초

㉠ 3~4mm(낮게 깎는 경우) : 벤트그라스류(골프장 그린)

㉡ 12~37mm(중간정도 높이) : 한국잔디, 켄터키 블루그라스, 페레니얼 라이그라스 등

┃재배적 잡초방제법

① 잔디를 자주 깎아준다.

② 통기작업으로 토양조건을 개선한다.

③ 토양에 수분이 과잉되지 않도록 한다.

┃잔디밭에 많이 발생하는 잡초

토끼풀, 질경이, 바랭이

┃잔디깎기

잔디의 종류 및 생태적 특성, 기후, 이용목적, 관리정도에 따라 적절하게 대응하여야 한다.

┃스컬핑(sculping) 현상

잔디의 예고를 과도하게 낮추면 잔디의 재생부위가 잘려나가 줄기만 남는 현상으로 잔디는 황색의 형태가 되며, 회복하는데 오랜 시간이 걸린다.

ⓒ 50~75mm(높이 깎는 경우) : 톨페스큐나 다른 품종들로 높게 관리할 때
3) 잔디깎기 기계 : 릴형과 로타리형 등
   ① 릴(reel)형 기계 : 고정날과 회전날이 마주쳐 깎는 것으로 잔디가 깨끗이 잘려지나 값이 비싸고 전문적인 관리가 필요해 대규모 관리에 이용
   ② 회전(rotary)형 기계 : 날이 고속으로 회전하며 잔디잎을 쳐서 잘라내는 방식으로 깨끗하게 잘리지 않고 찢어지는 경우도 생겨 수분손실, 병충해 발생기회가 높아지며, 미적으로 떨어질 수 있으나 싸고 관리가 편하여 일반적 정원에 사용
   ③ 기계의 종류 및 용도
      ㉠ 핸드모어(hand mower) : 인력으로 작동되며 50평 미만의 면적에 사용
      ㉡ 로타리모어(rotary mower) : 골프장 러프, 공원의 수목지 등 50평 이상의 면적에 사용
      ㉢ 그린모어(green mower) : 골프장의 그린, 테니스코트 등 잔디면이 섬세한 곳에 사용
      ㉣ 갱모어(gang mower) : 골프장, 운동장, 경기장, 3,000~5,000평 이상의 대면적에 사용
      ㉤ 수동가위, 낫 등

(6) 재배관리

1) 잔디의 갱신
   ① 잔디의 갱신작업은 한지형은 초봄(3월)·초가을(9월), 한국잔디는 보통 6월에 실시
   ② 통기작업(core aerification, coring, aeration) : 단단해진 토양에 지름 0.5~2cm 정도의 원통형 토양을 깊이 2~5cm로 제거하고 구멍을 허술하게 채워 물과 양분의 침투 및 뿌리의 생육을 용이하게 해주는 작업 – 통기성과 배수성 원활, 병발생 억제
      ㉠ 표토층을 섞어 줄기와 뿌리의 생육을 왕성하게 하며 대치층의 감소 효과 발현
      ㉡ 표토구조를 파괴하고 잔디에 상처를 입혀 증산 및 병의 기회 제공, 해충의 근거지 제공 우려
      ㉢ 잔디가 왕성하게 자라는 시기에 시행
      ㉣ 잦은 답압으로 고결되기 쉬운 운동용은 연간 1회 이상 실시
   ③ 슬라이싱(slicing) : 칼로 토양을 베어주는 작업으로 잔디의 포복경 및 지하경도 잘라주는 효과로 밀도를 높여주며, 통기작업과 유사한 효과가 있으나 정도가 미약
   ④ 스파이킹(spiking) : 끝이 뾰족한 못과 같은 장비로 토양에 구멍을 내는 작업으로 통기작업과 유사하나 토양을 제거하지 않아 효과가 낮으

잔디의 종류와 예고높이

잔디종류		예고(mm)
일반가정용 잔디		50~30
공원용 잔디		20~30
운동장용 잔디		20~25
골프장	그린	4.5~6
	티그라운드	12~15
	페어웨이	18~25
	러프	40~50

잔디의 갱신

토양의 표면층이 고결되어 있을 경우에는 코어 에어레이터, 심토층까지 고결되어 있을 경우에는 버티컬 드레인으로 작업한다.

며, 상처가 적어 회복시간이 짧아 스트레스 기간 중 이용

⑤ 버티컬모잉(vertical mowing) : 작업성격으로 보아 슬라이싱과 유사하나 토양의 표면까지 잔디만 주로 잘라주는 작업으로 대치제거 및 밀도를 높여주는 효과가 있으나 표토층이 건조할 경우 작업금지

⑥ 롤링(rolling) : 균일하게 표면을 정리하는 작업으로 부분적으로 습해와 건해를 받지 않게 하며, 파종 후나 경기 중 떠오른 토양, 봄철에 들뜬 토양을 누르기 위해 시행

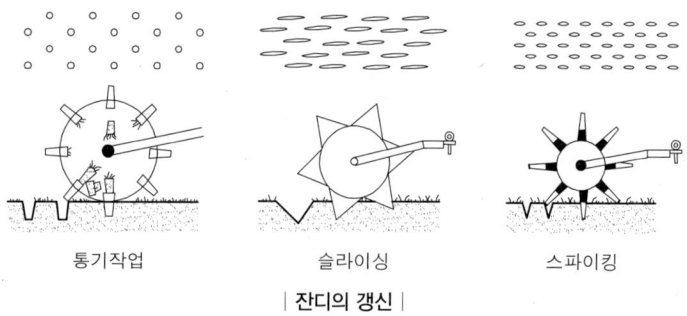

| 통기작업 | 슬라이싱 | 스파이킹 |

| 잔디의 갱신 |

2) 배토(topdressing)

① 배토의 효과

㉠ 대치층의 분해를 빠르게 하고 건조 및 동해의 감소 효과

㉡ 토층을 고르게 해주고 기계작업을 용이하게 유도

㉢ 지하경과 토양의 분리방지 및 내한성 증대

㉣ 잔디 식생층의 증가로 답압에 의한 피해 감소

② 배토의 조제 : 배토는 원칙적으로 상토의 토양과 동일한 것 사용

㉠ 일반적으로 세사 : 토양을 2 : 1로 하고 유기물을 혼합하여 사용하며, 세사의 함량은 20~30%가 적당

㉡ 이상적 배토는 점토 10~15%, 조사 20%에 유기물을 함유한 것

㉢ 배토사의 입자지름은 2mm 이하로 최저 0.2mm 이상 모래 사용

㉣ 배토는 5mm체로 쳐서 모두 통과한 것 사용

㉤ 배토는 일반적으로 가열하여 사용 - 증기소독, 화학약품소독

┃ 뗏밥주기

대치층이 과도하게 축적되면 수분 및 양분의 이동을 방해하여 잔디의 생육을 불량하게 하므로 뗏밥주기를 실시하며, 대치의 축적, 토양의 유실, 표면의 요철 등의 상태를 고려하여 실시하며, 보통 1~2mm에서 10mm 이상 뿌려주기도 한다.

┃ 뗏밥용 토양

유기물이 1~4%(중량비) 함유된 사질토 또는 사질양토를 기준으로 하며, 스포츠용 잔디의 배토용으로는 입도가 균일한 세사에 유기질 토양개량재를 혼합하여 토양유기물이 1~4%(중량비)가 되도록 조제하여 사용할 수 있다.

┃ 레이킹(raking)

대치나 낙엽 등을 제거하기 위한 작업으로 표층의 통기성 개선 및 매트화 방지

┃ 브러싱(brushing)

잔디가 쓰러져 있을 경우 솔로 잔디를 세우는 작업으로, 보통 그린에서 실시하며, 통기성 개선 및 매트화 방지

┃ 잔디관리 기계

용도	기계
코링	그린세어, 버티화이어, 에리화이어, 코어 에어 레이터, 버키컬 드레인
스파이킹	스파이크에어, 스파이커
슬라이싱	로운에어, 레노베이터
레이킹	레이커, 그린모어, 버티컬모어
브러싱	그린모어
버티커팅	버티커터, 버티컬모어
레노베이팅	레노베이어

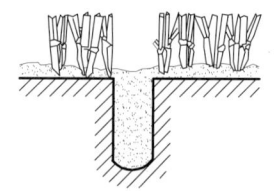

| 통기작업 후 배토 |

③ 배토시기 : 한지형은 봄·가을(5~6월, 9~10월), 난지형은 늦봄·초여름(6~8월)의 생육이 왕성한시기에 실시(연 1회 이상 실시)

④ 배토량 : 배토는 일시에 다량 사용하는 것보다 소량씩 자주 실시

  ㉠ 뗏밥의 두께는 2~4mm 정도로 주며 2회차로 15일 후에 실시

  ㉡ 봄철 한번에 두껍게 줄때는 5~10mm 정도로 시행

  ㉢ 다량 사용 시 황화현상이나 병해를 유발

⑤ 배토의 소독 : 잡초종자 및 병균의 사멸을 위해 소독

⑥ 배토의 사용 : 손이나 삽으로 살포하고, 건조 후 스틸매트 등을 끌어주어 배토가 잔디사이로 들어가게 작업

⑦ 배토 후 관수는 즉시 할 필요가 없으며, 비해(肥害)의 우려에 주의

(7) 병충해관리

1) 한국잔디의 병

① 고온성 병 : 라지패치(large patch), 녹병(rust), 엽고병(helminthosporium leaf spot)

② 저온성 병 : 춘고병(spring dead spot), 푸사리움패치(fusarium patch)

2) 한지형 잔디의 병

① 고온성 병 : 입고병(brown patch 엽부병), 면부병(pythium blight), 엽고병(helminthosporium leaf spot), 달라스팟(dollar spot), 푸사리움 브라이트(fusarium blight 썸머패치), 탄저병(anthracnose)

② 저온성 병 : 푸사리움패치(fusarium patch), 설부병(snow mold)

3) 잔디병의 종류 및 대책

구분	특징 및 방제
라지패치 (large patch)	·한국잔디 등의 난지형 잔디에 가장 잘 발생하는 고온성 병 ·Rhizoctonia solani균 계통의 토양전염병으로 비가 많이 오는 봄·가을에 거의 발병 – 온도가 15℃ 전후인 저온에서 심하게 발생 ·직경 30cm~수 m의 원형 또는 동공형의 병반 ·신초가 붉은 갈색으로 변하고 잘 뽑히며, 심하면 볏짚색으로 퇴색 ·완벽한 치료가 거의 불가능하여 반복적으로 발생 ·질소질비료의 과다사용과 축적된 대치(thatch) 및 고온·다습 등으로 발병 ·방제 : 베노밀, 캡탄, 프로피코나졸, 헥사코나졸, 지오판, 티람
붉은녹병 (rust)	·한국잔디류에서 흔히 발생하며, 5~6월경 17~22℃ 정도의 기온에서 그늘지고 습한 조건과 영양결핍 시 주로 발생 ·여름에서 초가을에 잔디의 잎이나 엽초에 적갈색, 오렌지색(등황색)의 불규칙한 반점이 생기고 적(황)갈색 가루가 입혀진 모습으로 출현 ·기온이 떨어지면 사라져 비교적 심각하지 않은 병으로 간주 ·질소질 비료 시비, 낮은 예고를 피하고, 통풍확보와 잎이 젖어있는 시간을 최소화 ·방제 : 만코지, 지네브, 티디폰, 디니코나졸, 테부코나졸
입고병(갈색엽부병 brown patch)	·여름 고온기에 잘 나타나며 지름이 수십 cm 정도의 원형 및 부정형 황갈색 병반 형성 ·경계가 분명하고 경계지점에 테두리같이 짙은색의 띠가 출현 ·질소질비료 과다와 고온다습, 대치의 축적, 6~9월 20~30℃의 기온에서 발생 ·방제 : 이프로, 지오판, 만코지, 티람, 테부코나졸, 헥사코나졸

▌터프컬러란트(turf colorant)

난지형 잔디의 휴면 중 녹색을 원할 경우 사용하는 물감류로서 식물의 생육에 영향이 적으며, 스포츠잔디에 종종 이용한다.

▌잔디의 병충해 방제

① 한국잔디는 골프장 페어웨이, 경기장 등과 같이 집약적으로 관리되는 곳에서는 춘고병이나 Rhizoctonia균에 의한 라지패치가 문제가 되나 공원이나 정원의 잔디밭에는 별로 발생하지 않으므로 생태·생리적 예방방제를 원칙으로 하며, 병충해 발생 시에만 약제를 살포한다.

② 켄터키 블루그래스와 같은 한지형 잔디는 병해 발생이 많은 6,7,8월 병 발생 전·후에 약제를 살포한다.

달라스폿
(dollar spot)
	·지름 15cm 이하의 황갈색, 황녹색 병반이 동전처럼 무수히 나타나 줄기와
	  잎이 고사
	·주로 봄부터 가을까지 지속되며 낮 기온 15~30℃ 정도, 밤 기온 10℃ 정도
	  일 때 발생
	·밤낮의 기온차가 심할 때, 질소질비료가 부족할 때 발생
	·이른 아침에 병반부위에 솜털모양의 균사가 형성되므로 아침에 이슬을 제거
	  해 병발생 기회를 차단
	·방제 : 테부코나졸, 이프로, 지오판, 헥사코나졸, 훼나리

엽고병
(helminthosporiu
m leaf spot)
	·지름 10~20cm 정도의 갈색 둥근 반점이 나타나며 가을에는 흑갈색을 띠며
	  심하면 관부, 포복경, 뿌리가 부패되어 나지화
	·저온성(서늘하고 습한 봄·가을로 발생)과 고온성(고온다습한 여름철 장마직후
	  발생)의 두 가지로 구분
	·가능한 한 예고는 높게 관리하고, 병원균의 서식처인 대치층 제거
	·물관리와 통풍에 유의하고 고온기의 사용을 지양
	·방제 : 이프로, 만코지, 다코닐

춘고병
(spring dead
spot)
	·4월중 잔디가 휴면에서 깨어날 때 30cm 내외의 담회색의 원형이나 동공형
	  으로 경사지 등 건조지역에 발생 – 버뮤다그라스에서 자주 발생
	·발병지역에는 맹아가 출현하지 못하고, 맹아된 신초도 고사함
	·병징 발현시기가 다른 병과 달리 이병된 이듬해 봄에 출현
	·과다한 질소질 비료, 매트화 된 잔디밭에서 주로 발병되므로 대치의 축척을
	  방지하고 갱신작업 실시
	·병징 발현시기인 봄철의 시약은 방제효과가 거의 없으므로 가을·겨울에 예방
	  적 살균제 살포 실시
	·방제 : 베노밀, 지오판, 훼나리, 사이프로코나졸 아족시스트로빈

황색엽부병 (Yellow patch)	·직경 30cm 내외의 원형 병반 형성하고, 10~15℃ 정도의 기온에서 잘 발생 ·처음에는 연노란색의 고리 모양 병반이 형성되고, 병의 진전 부위의 잔디잎 은 붉은색을 나타내다 후기에는 갈색으로 변색 ·초가을 찬비나 과습, 질소질비료 시비 후 기온이 떨어지면 갑자기 발생 ·방제 : 이프로, 지오판, 리프졸, 테부코나졸, 티람

면부병(pythium
blight)
	·지름 3~5cm의 불규칙한 갈색 병반 형성
	·저온형(18~20℃)의 병으로 봄·가을(3월~11월까지) 발병
	·우기에 큰 문제가 되며 병에 걸린 잎은 물에 잠긴 것처럼 땅에 누우며 미끈
	  미끈한 촉감 발현
	·원형 또는 부정형으로서 물을 따라 번지는 것과 같은 형태로 발병
	·토양에서 썩는 냄새가 나며 이른 아침에 하얀 솜털모양의 균사 형성
	·물에 의해 전반되므로 배수와 통풍이 큰 영향을 주며 잔디의 지상부를 건조
	  한 상태로 유지
	·방제 : 하이멕사졸, 메타실엠, 에트리디아졸, 비타놀

썸머패치
(summer
patch·fusarium
blight)
	·켄터키 블루그라스에 잘 나타나고 여름 휴면 중, 고온 건조하에 발생 용이
	·6월부터 9월에 걸쳐 고온다습한 (25~30℃) 시기의 잦은 강우 시에 발병
	·수 cm~90cm에 이르는 원형 또는 초승달 모양의 패치 형성
	·병원균이 활동적일 때 병반의 가장자리는 청동색(bronze color)을 띠며, 가
	  장자리의 잔디만 고사하는 개구리눈(frog eye) 증상 발현
	·이른 봄과 여름에 과도한 질소질비료 시비 회피
	·뿌리 감염균이므로 치료적 방제보다는 6월 초순경에 예방적 방제가 훨씬 효
	  과적
	·방제 : 프로피코나졸, 마이클로뷰타닐

푸사리움패치 (fusarium patch)	·0~10℃ 온도범위에서 눈이 없고 잔디의 생육이 늦을 때 발생 ·한국잔디에 주로 발생하며 이른 봄 직경 30~50cm 원형상태의 황화현상 – 한지형 잔디에도 발생 ·질소비료 과용지역에서 많이 발병 ·초승달 모양의 많은 분생포자를 형성하고 감염된 잔디잎은 핑크색으로 변색 ·많은 균사를 생성하여 패치주위에 핑크색 균사매트를 형성 ·방제 : 지오판, 메프로닐, 테부코나졸, 메트코나졸, 털산
설부병(snow mold)	·눈으로 덮여 습한 상태가 장기간 지속될 때 발생되며 늦가을의 비료의 시비 회피

▍**스마일몰드(백색부패병)**
고온다습 시 잎 전체가 흰가루
를 덮어쓴 것같이 되며 오소사
이드 살포와 통기와 배수 조절

▍**반엽병**
고온다습 시나 과도한 잔디깎
기로 인해 쇠약할 때 발생하며
반점 또는 줄무늬가 생기다 전
체가 황갈색으로 변색하며 고
사, 질소과용으로 일어나며 만
코지수화제 살포

	·일반적으로 여러 종류의 저온성 곰팡이류에 의해 발생 ·뿌리, 줄기, 잎들을 −4~15℃ 정도의 온도에서 썩게 하며 눈이 없는 상태에서도 발생 ·방제 : 메프로닐, 테부코나졸, 타코닐, 헥사코나졸, 티람, 오소사이드
탄저병 (anthracnose)	·지름 30cm~1m 정도의 적갈색의 불규칙적인 작은 병반으로 나타나며, 병이 진점함에 따라 적갈색으로 고사 ·병든 잔디 잎에 수많은 초생달 모양의 포자를 형성하고, 눈썹 모양의 강모를 형성해 다른 엽고성 병과 구분됨 ·잎이 젖어있을 때나 과도한 대치의 축적으로 발생 ·26℃ 정도의 덥고 습한 조건에서 주로 발생하며, 답압과 같은 물리적 스트레스를 받은 잔디가 먼저 감염됨 ·치료적 방제보다는 예방적 방제가 효과적이므로 6월 하순에 실시 ·방제 : 테부코나졸, 메타실엠, 프로피코나졸, 메트코나졸, 가스신, 만프로
페어리링병 (fairy ring)	·비옥도가 낮고 토양습도가 낮은 지역에서 부숙유기물이 과다하고, 대치 축적이 많을 경우 발병 ·병원균은 잔디에의 병원성은 없으나 토양 중 유기물이 분해되는 과정에서 간접적으로 잔디 생육에 영향 ·5,6월경에는 대부분 농녹색의 원형링으로 나타나며 7,8월의 장마기에는 병반 부위에서 버섯 형성 ·많은 균사를 생성하여 패치주위에 핑크색 균사매트를 형성 ·방제 : 이프로, 지오판, 테부코나졸

코퍼스폿(copper spot)
봄과 가을철 고온다습 시 붉은 동색(銅色)을 나타내며 고사, 티람, TMDT, 유기황산제 사용

황화병
일조부족, 심한 풀깎기와 객토의 과다로 봄·여름에 발생하며 생육이 부진하고 누렇게 변색됨. 우스플론, 메르크론, 오소사이드 살포

4) 충해관리

① 뿌리의 피해 : 바구미류, 왜콩풍뎅이류, 방아벌레류, 땅강아지류 등

② 잎과 줄기의 피해 : 명나방류, 멸강나방류, 거세미나방류 등의 애벌레

③ 수액의 흡입(흡즙) 피해 : 진딧물류와 긴노린재류, 응애류 등

④ 표토층 구조 파괴 및 인체의 피해 : 벼룩, 모기, 벌, 개미, 조류 등

그러브(grubs 굼벵이)
풍뎅이류의 애벌레(유충)들로 1년생부터 3년생까지가 잔디의 뿌리를 상하게 하여 많은 피해를 입히며, 피해를 주는 시기가 한정되어 있으므로 적정한 시기에 방제하여 피해를 최소화시킬 수 있다.(풍뎅이류는 유충과 성충이 모두 한국잔디에 큰 피해를 입힌다.) 메프유제, 카보입제 등으로 방제

황금충
한국잔디에 가장 많은 피해를 주는 해충이며 햇볕이 잘 쪼이는 양지의 경사지에서 많이 발생한다. 1.3cm 정도 크기의 굼벵이 모양의 유충이 잔디의 지하경을 갉아먹어 잔디를 죽게 한다. 방제법으로는 봄·가을에 엔드린유제 400배액이나 비산염을 10a당 50kg씩 잔디에 뿌리면 잘 구제된다.

2 잡초관리

(1) 잡초의 상태

① 잡초는 작물에 비해서 생활력이 강하고 생존력이 강한 특성 보유

② 잡초는 좋은 조건이 주어졌을 때 일시에 발아하여 초기생육이 신속

③ 가능한 한 단시간 내에 종자를 맺어 전파(방제의 곤란성)

광조건에 따른 잡초의 분류

구분	내용
광발아 잡초	메귀리, 바랭이, 왕바랭이, 강피, 향부자, 참방동사니, 개비름, 쇠비름, 소리쟁이, 서양민들레 등
암발아 잡초	냉이, 광대나물, 별꽃 등

잡초의 종류

구분		내용
화본과 잡초	봄 발아 1년생	돌피, 미국개기장, 이태리호밀풀, 참새그령
	봄 발아 다년생	존슨그라스, 오리새
	봄·가을 발아 1년생	포아풀류
	늦봄에서 여름에 발아 1년생	바랭이류, 강아지풀류, 왕바랭이
	늦봄에서 여름에 발아 다년생	우산풀, 쥐꼬리새류
광엽 잡초	봄 발아 1년생	큰석류풀, 마디풀, 명아주, 쇠비름, 방가지똥, 애기땅빈대
	봄 발아 2년생	소리쟁이, 야생당근, 점나도나물
	봄 발아 다년생	토끼풀, 쑥, 서양민들레, 야생마늘류
	봄·가을 발아 다년생	개자리류, 괭이밥류, 질경이류
	가을 발아 다년생	별꽃, 광대나물, 냉이

(2) 화학적 잡초방제

1) 약제가 잡초에 작용하는 기작에 따른 분류

  ① 접촉성 제초제 : 식물의 부위에 흡수되어 근접한 조직에만 이동되어 부분적으로 살초하며, 지하부 제거에는 비효율적이나 약효가 신속(온도가 낮으면 약효저하)하며, 대부분의 비선택성 제초제에 해당

  ② 이행성 제초제 : 잎·줄기·뿌리를 통해 흡수되어 체내로 이동되어 식물 전체가 죽어가는 것으로, 약효가 서서히 발현되는 대부분의 선택성 제초제

  ③ 토양소독제 : 종자를 포함한 모든 번식단위를 제거할 수 있는 약제로 선택적 잡초방제가 어려운 경우 이용

2) 이용전략에 따른 분류

  ① 발아전처리 제초제 : 대부분의 일년생 화본과 잡초에 효과적이며, 다년생잔디나 숙근성 화훼류, 수목 등과 같이 이미 조성된 상황에서 효과적으로 사용

  ② 경엽처리제 : 다년생 잡초를 포함하여 영양기관 전체를 제거할 필요가 있을 경우 사용 – 2,4-D, MCPP, 반벨(디캄바액제), 밧사그란

잡초의 유용성
① 토양침식 및 토양유실 방지
② 작물개량을 위한 유전자은행
③ 토양정화 기능
④ 토양에 유기물과 퇴비 공급
⑤ 야생동물의 먹이와 서식처 공급
⑥ 자연 경관성 향상 및 환경 보전

잡초의 생활사
① 하계 일년생 : 봄에 발아, 여름 생장, 가을 결실 후 고사(바랭이, 쇠비름, 피, 명아주, 강아지풀)
② 동계 일년생 : 가을·초겨울 발아, 월동 후 봄에 생장, 봄·초여름 결실 후 고사(둑새풀, 냉이, 벼룩나물, 갈퀴덩굴)
③ 2년생 : 첫해에 발아·생장, 월동기간중 화아분화, 다음해 봄에 개화·결실 후 고사(지칭개, 망초, 엉겅퀴, 달맞이꽃, 나도냉이, 갯길경이)
④ 다년생 : 종자 또는 지하기관으로 번식하여 방제 곤란

물리적 잡초방제
① 인력제거 : 전통적인 많이 사용하던 방법
② 깎기 : 지하부 저장양분을 재생에 사용하게 하여 식물자체를 약하게 하는 점진적 제거법
③ 경운 : 화학적 방제법을 복합 사용하여 효과적으로 이용 가능
④ 멀칭재 사용법 : 광의 차단을 목적으로 멀칭재(유기물, 검은 비닐, 왕모래·왕자갈 등)를 사용하여 발아환경을 제어
⑤ 솔라리제이션(solarization) : 잡초에 지나치게 강한 광을 쬐게 함으로써 광합성이 저해되어 잎이 말라죽게 하는 법
⑥ 소각 : 작물의 휴면기에 불을 놓아 잡초를 제거

③ 비선택성 제초제 : 작물과 잡초를 구별하지 못하고 비선택적으로 살초하는 약제이나 사용시기에 따라 선택적 이용 가능

발아전처리 제초제

제초제	상표명	대상잡초
Benefin	발란	바랭이, 돌피, 개기장류, 이태리호밀풀, 마녀풀, 존슨그라스, 큰석류풀, 마디풀, 명아주, 포아풀, 쇠비름, 별꽃, 강아지풀
Bensulide	론파	바랭이, 강이지풀, 돌피, 포아풀, 명아주, 냉이, 광대나물
DCPA	닥탈	바랭이, 포아풀, 강아지풀, 돌피, 별꽃, 왕바랭이
Oxadiazon	론스타	바랭이, 왕바랭이, 포아풀, 돌피, 명아주, 미국개기장, 큰석류풀, 쇠비름, 괭이밥류
Pendimethalin	스톰프(저농도)	바랭이, 강아지풀, 돌피, 미국개기장, 포아풀
	스톰프(고농도)	바랭이, 강아지풀, 돌피, 미국개기장, 포아풀, 괭이밥류, 광대나물
Siduron	투퍼산	바랭이, 강아지풀, 돌피
Simazine	시마진	바랭이, 포아풀, 강아지풀, 돌피
Napropamide	데브리놀	바랭이, 포아풀, 왕바랭이, 강아지풀, 명아주, 쇠비름, 이태리호밀풀

광엽잡초 경엽처리제

제초제	상표명	대상잡초
2,4-D	이사디	큰석류풀, 야생당근, 민들레, 명아주, 질경이류
MCPP	엠시피피	야생당근, 별꽃, 점나도나물, 토끼풀, 민들레, 명아주, 냉이류
Dicamba	반벨	질경이류를 제외한 대부분의 잡초에 효과
2,4-D+MCPP+Dicamba	3가지 혼용	거의 모든 잡초에 효과
Bentazon	밧사그란	방동사니류 제거

화본과 잡초 경엽처리제

제초제	상표명	대상잡초
DSMA	디에스엠에이	바랭이, 방동사니
MSMA	엠에스엠에이	바랭이, 방동사니
Pronamide	커브	바랭이, 방동사니
Fenoxaprop	아크라임	바랭이, 왕바랭이, 돌피, 강아지풀, 개기장류, 존슨풀

비선택성 제초제

제초제	상표명	내용
Glyphosate (글리포세이트액제)	근사미	·토양의 잔류력이 매우 적음 ·2차 살포가 필요할 수도 있음 ·난지형 잔디의 휴면기간 중 겨울잡초 제거에 이용될 수 있음 ·작물의 휴면 시(겨울) 생육잡초제거에 효율적
Paraquat (파라콰액제)	그라목손	·다년생잡초의 지하영양기관을 제거하기 곤란 ·근사미와 유사한 목적으로 사용하나 농도는 더 낮게 사용

▌식물학적 분포비율이 높은 과(科)
국화과, 화본과, 방동사니과

▌광엽잡초
잎이 둥글고 크며 잎맥은 망상맥이다.

▌화본과 잡초
잎집과 잎몸으로 나누어져 있고, 줄기는 마디가 뚜렷한 원통형으로 마디 사이가 비어있으며, 잎의 길이가 폭에 비해 길고 잎맥은 평행맥이다.

▌비선택성 제초제 사용
① 구조물 주변 등 식생을 원하지 않는 곳에 사용
② 지나친 고온기와 저온기의 사용 배제
③ 묘포지 주변에서 세심한 주의 요구

(3) 종합적 잡초방제

1) 비선택적 잡초제거

① 구조물 주변, 식생을 원하지 않는 곳에 근사미를 0.2~0.3% 용액으로 희석하여 사용

② 살포 후 7~10일 정도 경과 전에는 깎기 금지

③ 살포 후 6시간 이내에 비가 오면 약효 저하

④ 살포 후 2시간 이내에 심한 비가 오면 재살포

⑤ 토양의 잔류성은 거의 없으며, 지나친 고온기와 저온기에는 사용 중지

2) 수목 하부에 식생이 없을 경우의 잡초방제

① 예방적 방제로 멀칭재를 덮어 발아억제 – 바크, 콩자갈 등 피복

② 가급적 뽑아주거나 깎아주는 방법 이용

③ 화학적 제초제 사용 : 가장 저렴하고 효과적이나 위험성이 있어 주의 해야 하며, 유목(5년 미만)에는 줄기에 묻어도 피해 발생

④ 비선택성 제초제 살포

3) 조경수목과 다년생 지피식물이 혼합된 경우의 잡초방제

① 비선택성 제초제 사용금지

② 파인페스큐나 맥문동류와 같이 음지에 적응된 초종 식재 – 잡초도 음지에서는 생육 저하

③ 잔디가 있는 수목의 아래는 잔디를 비교적 높여서 깎기 시행

(4) 제초제 사용 시 주의사항

① 제조한 약제가 가라앉지 않게 계속 저어주고 상태 관찰

② 섞는 물의 산도가 낮거나 지나치게 센물은 약제의 침전 초래

③ 제조 후 가능한 빨리 살포

④ 여러 약제 혼합 시 '수화제 → 액화제 → 가용성 → 분제 → 전착제 → 유제'의 순으로 조제

⑤ 강알칼리성 약제와 산성약제와의 혼용은 회피

⑥ 일반적으로 가용성 약제가 불용성약제보다 위험성 증가

⑦ 살균제, 살충제, 비료 등 물을 필요로 하는 약제는 혼용 금지

⑧ 살균제나 제초제의 처리는 5~30℃ 정도가 적당

┃종합적 방제법
(integrated control)

① 제초제 약해와 환경오염 저감

② 여러 가지 방제법의 상호협력적 적용

③ 잡초군락 감소와 작물의 생산력 증대 효과

④ 2,4-D 또는 반벨 등과 같은 이행성이 강한 제초제는 선택성이나 조경수목의 뿌리에 흡수되어 피해를 주므로 하부제초용으로 사용해서는 안된다.

┃ 종합적 방제를 선형특성
(linear nature)의 파악과정을 통하여 계획수립 시 고려사항

① 제초의 필요성 검토

② 잡초군락 조사

③ 제초방법 선정

4>>> 병·충해 관리

1 병원의 분류

(1) 생물성 원인 - 전염성병, 기생성병

병원체	크기	특징	표징	병의 예
바이러스	0.01~0.08μm	세포의 구조를 가지지 않고 핵산과 외피단백질로 이루어져 있음.	없음	포플러·아까시나무·뽕나무 모자이크병, 느릅나무얼룩반점병, 오동나무미친개꼬리병
파이토플라스마	0.3~1.0μm	세포질은 있으나, 세포벽이 없음. 매개충에 의해 전파	없음	대추나무·붉나무·오동나무·쥐똥나무빗자루병, 뽕나무오갈병
세균 (박테리아)	0.6~3.5μm	세포벽을 가진 단세포 생물.	거의 없음	복숭아·매실·살구·자두구멍병, 벚나무·산사나무·과수의 불마름병, 감귤궤양병, 벚나무·포플러·과수의 근두암종병
곰팡이(진균)	2~10μm	본체가 실처럼 길고 가는 모양의 균사로 되어 있는 사상균으로 자낭균, 담자균, 불완전균, 점균 등으로 구분되며, 수목병의 대부분을 차지	균사, 균사속, 포자, 버섯 등	•자낭균 : 대나무·벚나무빗자루병, 잎마름병, 잎떨림병, 가지마름병, 그을음병, 흰가루병, 구멍병, 탄저병, 갈색무늬병 •담자균 : 녹병, 붉은별무늬병, 떡병
선충	0.8mm	지상부에 기생하는 선충은 매개충에 의해 전파	없음	침엽수·활엽수의 혹병, 침엽수류시들음병, 소나무재선충병
기생식물	30~60cm	상록관목으로서 따뜻한 남쪽지방에서 심하게 발생	기생부위의 비대	참나무 겨우살이, 소나무 겨우살이

█ 병원(病原)
식물에 병을 일으키는 원인이 되는 것으로 생물적인 것 이외의 화학물질이나 기상인자와 같은 무생물도 포함된다.

█ 병원체(病原體)
병원이 생물이거나 바이러스일 경우 병원체라 하며, 특히 균류(菌類 세균, 진균)일 경우에는 병원균이라 한다. 수병을 일으키는 것은 대부분 균류이며, 경제적으로 피해가 큰 병해도 균류에 의한 것이 많다.

█ 병원체의 크기
바이러스〈파이토플라스마〈세균〈진균〈선충

█ 파이토플라스마(phytoplasma)
세포벽이 없는 미생물로 인공배양이 되지 않고 곤충에 매개되는 특성이 있으며, 세균과 바이러스의 중간 형태를 가진 미생물로 마이코플라스마의 식물병원의 새로운 명칭이다. 우리나라에서 발생하는 주요 마이코플라스마병으로는 대추나무빗자루병, 오동나무빗자루병, 뽕나무오갈병 등이 있는데 이중 오동나무빗자루병은 담배장님노린재, 나머지 둘은 마름무늬매미충이 매개하고 있다. 마이코플라스마병은 옥시테트라사이클린(oxytetracycline) 같은 항생제나 술파제를 줄기에 주입하거나 매개충을 구제하고, 병든 식물을 제거하는 등의 방법으로 방제한다.

█ 자낭균(子囊菌)
균류 중에서 유성생식에 의해서 자낭을 형성하여 자낭포자를 만드는 균으로, 일반적으로 8개의 자낭포자(ascospore)를 만든다. 자낭균류에는 분생포자시대와 자낭포자시대 등 두 가지의 번식기가 있다. 전자는 불완전세대, 후자는 완전세대라고 불린다. 자낭 보호기관의 형태에 따라, 자낭각, 자낭과, 자낭반 등의 특별한 명칭이 있다.

█ 담자균
담자균류는 유성포자로서 담자포자(basidiospore)를 갖는다. 진균류 중에서는 가장 고등인 것으로 인식되어지며, 기생성을 갖는 것도 많다. 버섯은 담자균류 중에서도 고등인 것에 속하고, 일반적으로는 버섯으로 알려져 담자균류의 대표적인 것으로 되어 있다.

(2) 비생물성 원인 – 비전염성병, 비기생성병

① 부적당한 토양조건에 의한 병 : 토양수분의 과부족, 토양 내의 양분결핍 및 과잉, 토양 내의 유독물질, 통기성 불량, 토양산도의 부적합 등

② 부적당한 기상조건에 의한 병 : 지나친 고온 및 저온, 광선부족, 건조와 과습, 강풍·폭우·우박·눈·벼락·서리 등

③ 유해물질에 의한 병 : 대기오염, 광독(광물질의 독성) 등의 토양오염, 염해, 농약의 해 등

④ 농기구에 의한 기계적 상해

(3) 주인(主因)과 유인(誘因)

병은 보통 2개 이상의 원인이 복합되어 발생되며, 주된 원인(주인)과 2차적 원인(주인과 친화적 상관관계)으로 병을 유발하는 경우를 유인 또는 종인(從因)으로 지칭

(4) 기주식물(寄主植物)과 감수성(感受性)

① 기주식물 : 병원체가 이미 침입하여 병든 식물

② 감수체 : 병원체가 침입하기 전의 병에 걸릴 수 있는 상태의 식물

③ 감수성(소인) : 수목이 병에 걸리기 쉬운 성질

(5) 병원성(病原性)

① 병원성 : 병원체가 감수성인 수목에 침입하여 병을 일으키는 능력

② 침해력 : 감수성인 수목에 침입하여 내부에 정착하고 양자간에 일정한 친화관계가 성립될 때까지 발휘하는 힘

③ 발병력 : 수목에 병을 일으키게 하는 힘

④ 아까시나무, 등나무 등 콩과식물의 뿌리혹박테리아는 침해력은 크나 발병력은 없음

⑤ 자줏빛날개무늬병균, 모잘록병균 등은 침해력은 약하나 발병력은 매우 큼

❷ 병징과 진단

(1) 병징(symptom)과 표징(sign)

① 병징 : 병든 식물 자체의 조직변화에 유래하는 이상

② 표징 : 병원체 자체(영양기관, 번식기관)가 식물체상의 환부에 나타나 병의 발생을 알릴 때의 것

③ 병원체의 확인 : 로버트 코호(R. Koch's)의 4원칙에 의하여 병의 발생이 미생물에 의한 것이라는 것을 증명

(2) 수목의 주요한 병징

① 색깔변화

ㄱ 퇴색 : 환부의 색깔이 건전부에 비해 퇴색

a. 황화 : 엽록소의 발달이 불량하여 황백색 변화 – 소나무·낙엽송묘황

▌주인과 종인의 관계

① 소나무류·낙엽송·삼나무 등의 잿빛곰팡이병 : 진균 – 주인, 과습조건 – 종인

② 환경요인 자체가 주인이 되기도 하며, 복합적 원인으로 발병되는 경우 주인과 종인의 구별이 불가능하여 상대적관계로 보기도 한다.

▌병원체의 기주범위

① 다범성(多犯性)병원체 : 기주범위가 넓어 많은 종류의 식물을 침해하는 병원체

② 단범성(單犯性)병원체 : 1~수종의 특정한 식물만을 침해하는 한정성(限定性) 병원체

▌병의 발생

기주식물의 감수성과 병원체의 병원성은 기상조건, 토양조건, 재배조건 등 환경조건에 따라 영향을 받으며, 그 결과로서 병의 발생정도가 좌우된다. 이렇게 식물병의 발생에 관여하는 3대 요인인 기주, 병원체, 환경의 상호관계를 삼각형으로 나타낸 것을 병삼각형(disease triangle)이라 하며 삼각형의 크기는 병발생량을 뜻한다.

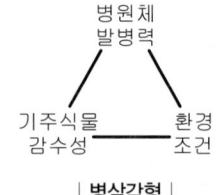

| 병삼각형 |

▌코호의 4원칙

① 미생물의 환부 존재

② 미생물의 분리·배양

③ 미생물의 접종, 동일병발생

④ 미생물의 재분리

화병

b. 위황화 : 엽록소의 부분적 발달과 불량 및 정지, 철의 부족, 석회과잉, 바이러스·파이토플라스마에 의한 발생 – 오동나무·대추나무빗자루병, 밤나무위황화병

c. 은색화 : 표피하에 공기층이 만들어져 잎의 표면이 은색이나 은회색으로 변색 – 자색비늘버섯에 의한 활엽수의 은엽병

d. 백화 : 엽록소가 전혀 생성되지 않는 것으로 유전적 또는 바이러스에 의한 발생 – 사철나무반입(얼룩짐)

ⓛ 자색화 및 적색화 : 변색부가 명료하지 않게 자색 또는 적색으로 변색 – 소나무·낙엽송묘의 자색화병, 침엽수묘의 입고병, 삼나무묘의 침엽적변병

ⓒ 청변 : 침엽수의 변재부가 청색을 띠는 경우 – 소나무청변병

ⓔ 변색반 : 변색부가 국소적으로 한정

a. 반점 : 이병부가 짐상으로 변색되는 것으로 형상에 따라 원반, 각반, 윤반 등으로 구분 – 플라타너스갈점병, 느티나무백성병, 버드나무류의 윤반병

b. 오반 : 잎이나 열매의 표면에 나타나는 얼룩 – 뽕나무오엽병

② 천공 : 잎의 병반부 조직이 탈락하여 구멍을 만드는 경우로 세균이나 균류 또는 염해·동해 등에 의해 발생 – 벚나무천공성갈반병, 오동나무두창병

③ 위조 : 병든 식물의 전부 또는 일부가 시드는 경우로 위조의 주된 병징은 위조병으로 지칭 – 묘의 입고병, 아까시나무·자귀나무·위조병, 소나무재선충병·뿌리썩음병

④ 괴사 : 세포나 조직이 죽는 것으로 괴저라고도 하며 변색이나 위조와 밀접한 관계를 가지며 국소괴사, 전신괴사로 구분 – 활엽수반점병류, 삼나무적고병

⑤ 위축 : 조직이나 기관의 크기가 작아지는 것으로 국부적이나 전체에 발생 – 뽕나무위축병, 밤나무위황병, 소나무소엽병·뿌리썩이선충병

⑥ 비대 : 병든 식물의 기관 전체 또는 일부가 커지는 경우 – 진달래·동백나무비대병, 버드나무잎자루병, 소나무류혹병·근두암종병·뿌리혹선충병

⑦ 기관의 탈락 : 이층을 형성한 부분에서 잎이나 꽃 등이 탈락하는 것으로 세균·균류의 기생 및 기상 등의 무생물적 원인으로 발생 – 소나무엽진병, 낙엽송낙엽병, 약해에 의한 낙엽

⑧ 암종 : 병든 식물의 기관 일부가 부풀어 혹이 생기는 경우 – 근두암종병, 소나무혹병

⑨ 빗자루모양 : 환부에 가늘고 병든 소지가 총생(rosetting)하는 경우 – 대

추나무·오동나무·벗나무빗자루병

⑩ 잎마름 : 잎·꽃·가지 등이 급격히 마르는 경우 – 밤나무동고병, 삼나무적
고병, 소나무엽고병

⑪ 지고 : 가지 끝에 가까운 부분이 고사하는 경우 – 삼나무흑점지고병, 낙엽
송선고병

⑫ 동고 및 부란 : 주로 주간이나 굵은 가지에 생기는 국소적 고사를 의미하
며, 환부의 외부표피가 거칠게 되고 균열이나 함몰이 생기는 경우도 발
생 – 오동나무부란병, 밤나무동고병, 분비나무동고병

⑬ 분비 : 병든 식물의 조직이 붕괴·변질하여 액즙이나 점질물 및 수지가
나오는 경우 – 복숭아수지병, 편백나무수지병

⑭ 부패 : 병조직이 분해되는 상태까지 진행하여 조직이 썩는 경우로 부패
하는 부위에 따라서 근부, 경부, 화부, 아부, 변재부후, 심재부후로 구
분 – 모잘록병, 낙엽송근주심재부후병

(3) 수병의 중요한 표징 – 대부분 진균에 의해 발생

구분	내용
병원체의 영양기관에 의한 표징	균사, 균사속, 균사막, 근상균사속, 선상균사, 균핵, 자좌 등
병원체의 번식기관에 의한 표징	포자, 분생자병, 분생자퇴, 분생포자, 분생자좌, 포자낭, 병자각, 자낭각, 자낭구, 자낭반, 소립점, 수포자퇴, 세균점괴, 포자각, 버섯 등

(4) 식물병의 진단

육안적 진단	병징이나 표징을 육안으로 보고 판단하며, 표징이 진단에 결정적 역할
현미경적 진단	현미경을 이용하여 병원체를 정밀조사(형태, 크기, 색 등)하는 것 ·직접적 관찰 및 절편을 만들어 관찰 ·광학현미경 관찰 : 곰팡이류 및 선충류 ·전자현미경 관찰 : 바이러스, 파이토플라스마, 세균 등
해부학적 진단	병든 조직을 해부하여 조직속의 이상증상이나 병원체의 존재 등 검사 ·그람염색법 : 세균의 염색특징(양성 또는 음성)에 의하여 분류·동정 ·침지법 : 바이러스에 감염된 잎을 염색하여 관찰(감염여부만 판정) ·초박절편법 : 바이러스에 감염된 조직을 두께 0.1㎛ 이하의 절편을 만들어 전자현미경으로 관찰 ·면역전자현미경공법 : 혈청과 항혈청을 반응(면역반응)시켜 그 부위를 전자현미경으로 관찰하는 법
이화학적 진단	병환부에 나타나는 물리·화학적 변화 조사 – 자외선투사, 황산구리처리
병원적 진단	병원체를 분리·배양·인공접종·재분리하여 병원성의 확인 및 진단
혈청학적 진단	혈청반응을 이용하는 진단방법 – 한천면역확산법, 형광항체법, 효소결합항체법, 직접조직프린트면역분석법, 적혈구응집반응법
생물학적 진단	생물적 수단에 의한 진단방법 – 괴경지표법, 지표식물법, 박테리오파지법, 즙액접종법, 토양검신법
분자생물학적 진단	식물병의 핵산분석에 의한 진단방법 – 역전사중합효소연쇄반응법, PAGE분석법, 닷블라트법

진단
병든 식물체를 검사하여 발병 상황, 환경조건 등을 확인하고 병원체를 분류·동정하는 것으로 진단은 가능한 한 현장에서 하며 전신진단을 한다.

동정(同定)
생물(병원체)의 속·종을 결정하는 것

습실처리
발병부위가 오래되었거나 말라서 검사가 어려울 때 물에 적신 신문지나 휴지를 덮어 주거나, 조직을 떼어내 비닐봉지나 유리병에 넣어 포화습도상태를 유지시켜 주면 병원균의 활동이 활발해져 환부의 상태를 육안으로 확인할 수 있게 처리하는 것을 말한다.

3 수병의 발생

(1) 병원체의 월동

기주의 체내에서 월동	잣나무털녹병균, 오동나무빗자루병균, 각종 식물성 바이러스
병환부나 죽은 기주체에서 월동	밤나무줄기마름병균, 오동나무탄저병균, 낙엽송잎떨림병균·가지마름병균
종자에 붙어 월동	오리나무갈색무늬병균, 묘목의 입고병균
토양 중에서 월동	묘목의 입고병균, 근두암종병균, 자줏빛날개무늬병균, 각종 토양서식 병균

(2) 병원체의 전반

바람에 의한 전반	잣나무털녹병균, 밤나무줄기마름병균·흰가루병균
물에 의한 전반	근두암종병균, 묘목의 입고병균, 향나무적송병균
곤충·소동물에 의한 전반	오동나무·대추나무빗자루병균, 포플러모자이크병균, 뽕나무오갈병균
종자에 의한 전반	오리나무갈색무늬병균, 호두나무갈색부패병균
묘목에 의한 전반	잣나무털녹병균, 밤나무근두암종병균
식물체의 영양번식기관에 의한 전반	오동나무·대추나무빗자루병균, 포플러·아까시나무모자이크병균
토양에 의한 전반	묘목의 입고병균, 근두암종병균
건전한 뿌리와 병든 뿌리가 접촉하여 전반	재질부후균
벌채 후 통나무와 재목 등에 병균이 잠재하여 전반	목재부후균, 밤나무줄기마름병균, 느릅나무시들음병균

(3) 병원체의 침입

① 각피침입 : 병원체가 자기의 힘으로 표피를 뚫고 침입하는 것(각피감염) – 각종 녹병균의 소생자, 호두나무탄저병균, 잿빛곰팡이병균, 뽕나무자줏빛날개무늬병균·뿌리썩음병균, 묘목의 입고병균

② 자연개구를 통한 침입 : 식물체의 자연개구인 기공, 피목 등을 통해 침입하는 것

ⓒ 기공감염 : 각종 녹병균의 녹포자·여름포자, 삼나무붉은마름병균, 소나무류잎떨림병균, 소나무류그을음잎마름병균, 느티나무흰별무늬병균

ⓛ 피목감염 : 포플러줄기마름병균, 뽕나무줄기마름병균

③ 상처를 통한 침입 : 여러 원인에 의한 상처를 통하여 병원체(바이러스·세균)가 침입(상처감염) – 밤나무줄기마름병균, 포플러줄기마름병균, 근두암종병균, 낙엽송끝마름병균, 각종 목재부후균, 모잘록병균(식물기생선충에 의해 만들어진 상처로 침입)

(4) 감염과 병환

① 감염 : 식물체에 침입한 병원체가 그 내부에 정착하여 기생관계가 성립

되는 과정

② 잠복기간 : 감염에서 병징이 나타나기까지(발병하기까지)의 기간으로 3~10일 또는 2~4년(잣나무털녹병균의 소생자)까지 다양

③ 병환(disease cycle) : 발병한 기주식물에 형성된 병원체가 새로운 기주식물에 감염하여 병을 일으키고 병원체를 형성하는 일련의 연속적인 과정

(5) 기주교대 : 이종기생균이 생활사를 완성하기 위하여 기주를 바꾸는 것

① 이종기생균 : 식물병원균 중에서 그의 생활사를 완성하기 위하여 두 종의 서로 다른 식물을 기주로 하는 녹병균

② 동종기생균 : 생활사 모두를 동종의 식물에서 끝내는 녹병균

③ 중간기주 : 기주교대가 이루어지는 두 종의 기주식물 중에서 경제적 가치가 적은 것으로 결정

기주식물 및 중간기주

병명	기주식물 (녹병포자·녹포자세대)	중간기주 (여름포자·겨울포자세대)
잣나무털녹병	잣나무	송이풀·까치밥나무
소나무혹병	소나무	졸참나무·신갈나무
소나무잎녹병	소나무	황벽나무·참취·잔대
잣나무잎녹병	잣나무	등골나무·계요등
포플러녹병	낙엽송	포플러
전나무잎녹병	전나무	뱀고사리
배나무붉은별무늬병	배나무·모과나무	향나무(여름포자세대 없음)

④ 녹병균은 그 생활환 중에서 5종의 포자형(spore type)을 모두 형성하는 것도 있으나 그중 몇 가지만 가지는 것도 존재

녹병균의 포자형

기호	포자과	포자
0	녹병자기(銹柄子器)	녹병포자
I	녹포자기(銹胞子器)	녹포자
II	여름포자퇴(夏胞子堆)	여름포자
III	겨울포자퇴(冬胞子堆)	겨울포자
IV	전균사(前菌絲)	소생자

4 식물병의 방제법

(1) 예방법

① 비배관리 : 시비에 의한 병의 발생 주의

㉠ 질소질비료 과용 : 동해나 상해를 받기 쉬우며, 침엽수의 입고병·설부병, 삼나무적고병 등의 발생이 심해짐

㉡ 황산암모니아 : 토양을 산성화하여 토양전염병의 피해 발생

㉢ 인산질·가리질비료 : 전염병 발생 억제

② 환경조건의 개선 : 일광이 부족하거나 토양습도가 부적당할 때 토양전염병이 많이 발생

▌병환(病環)

초본식물병의 경우 1년을 주기로 되풀이 되나 수병의 경우 잣나무털녹병과 같이 3~4년만에 되풀이되는 것도 있다.

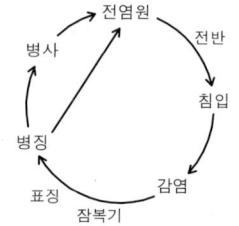

▌전염성 병의 감염과 확산촉진요인

① 병원체의 이상증식
② 급격한 기상변화
③ 수목의 영양 충실도
④ 병원의 침투력과 발병력 정도

▌녹병균

수병균(銹病菌)이라고도 하며, 양치식물과 종자식물에 기생하면서 녹병을 일으킨다. 담자균의 곰팡이로 죽은 유기물을 영양원으로 할 수 없는 순활물기생균이므로 기생세포를 죽이지 않고 때로는 생육촉진을 과대하게 일으켜 기형을 유발한다. 생활사 중 5종의 포자를 만드는 시기가 있으며, 그에 해당하는 각 시기를 일반적으로 O·I·II·III·IV의 숫자나 부호로 표시한다. 이 중 동포자는 담자균류의 상징인 담자기(擔子器)를 형성하는 시기이므로 이 시기를 거치지 않는 것을 불완전녹병균이라고 한다. 동포자는 일반적으로 막이 두껍고 여럿이 모여 동포자퇴(冬胞子堆)를 형성하며 월동한다.

③ 전염원의 제거 : 병든 잎·가지·묘목 등 감염된 것은 소각 또는 땅속 매립

④ 중간기주의 제거 : 이종기생균의 중간기주를 제거하여 병원균의 생활환 차단

⑤ 윤작실시 : 동일수종의 연작은 병원균의 밀도를 높여 병의 발생이 많아 지므로 윤작을 실시하며, 작물의 선택과 윤작연한이 중요

　㉠ 오리나무갈색무늬병균, 오동나무탄저병균 : 2~3년의 짧은 윤작연한으 로 방제효과 기대

　㉡ 침엽수의 입고병균, 자줏빛날개무늬병균, 흰비단병균 : 3~4년의 짧은 윤작연한으로 방제효과 기대 불가능

⑥ 식재식물의 검사 : 철저한 검사와 필요 시 소독멸균 조치

⑦ 작업기구류 및 작업자의 위생관리

　㉠ 토양전염병이 심한 곳에서 사용한 농기구 세척

　㉡ 녹병, 흰가루병, 삼나무붉은마름병 등이 심한 곳의 작업 후 옷을 갈아 입고 새로운 곳에서 작업

　㉢ 접목·전정·전지 등의 작업 시 기구와 작업자의 손끝 소독

⑧ 상구(상처부위)에 대한 처치 : 방부제 도포나 접밀 등으로 조치

⑨ 종묘소독 : 종자·묘목·접수·삽수 등의 소독

　㉠ 약제소독 : 침적소독, 분의소독 – 유기수은제, 티람제, 캡탄제 사용

　㉡ 열에 의한 소독 : 묘목의 뿌리를 45℃의 물에 20~30분간 온탕소독 – 자줏빛날개무늬병

⑩ 토양소독 : 토양전염병 예방의 가장 직접적이고 효과적 방법

　㉠ 열에 의한 소독 : 소토법, 열탕관주법, 전기가열법, 증기소독법 – 소규 모면적에 이용

　㉡ 약제소독 : 클로로피크린, 포르말린, PCNB제, 티람제, 캡탄제, DAPA제, NCS제, 메틸브로마이드, 살선충제

⑪ 약제살포 : 병환에 입각하여 병원균의 종류에 따라 살포시기 결정

　㉠ 병환부에 직접 살포 : 녹병·그을음병·잿빛곰팡이병·거미줄병 등

　㉡ 수목의 휴면기 살포 : 월동 후 수목의 체표면에 형성되는 포자에 의한 제1차 전염 방제

⑫ 검역 및 예찰 : 병든 수목의 타지역으로의 이동 방지와 병원체의 밀도, 병원성, 기주식물의 감수성 및 환경, 기상요인 등을 고려한 병의 발생정도 및 피해정도 등의 추정

⑬ 임업적 방제법 : 임업기술의 도입 및 응용으로 환경을 인위적으로 개선하고, 병원체의 침입경로 차단, 환경조건에 맞는 수종의 선택, 종자의 산지, 묘목의 취급과 식재방법, 간벌·정지 등의 육림작업, 벌채시기의 조절 등 시행

▌약제살포

주목적은 병원균의 기주체 내에 침입 저지와 표면에 있는 병원균의 살균으로 병의 발생 방지 및 발생 후 만연을 억제하는 데 있으나, 현재 사용되고 있는 약제는 대부분 병의 예방을 위한 것이며, 치료효과를 가진 것은 항생제를 제외하고는 별로 많지 않다. 따라서 약제살포는 병원균이 기주식물에 도달하기 전에 실시한다.

▌수병(樹病)의 발생예찰

병의 발생예찰은 언제, 어디에, 어떤 병이 어느 정도 발생하여 피해가 얼마나 될 것인지를 추정함으로써 사전에 적절한 병의 방제책을 강구하는 데 그 목적이 있다.

⑭ 내병성 품종의 이용 : 내병성 품종이나 클론(clone)을 이용하는 것이 재배기간이 긴 임목의 경우 가장 확실하고 경제적인 방법

(2) 치료법

1) 내과적 요법

① 옥시테트라사이클린 : 대추나무·오동나무빗자루병, 붉나무·뽕나무오갈병

② 사이클로헥사마이드 : 잣나무털녹병, 낙엽송끝마름병, 소나무류잎녹병

③ 베노밀 : 밤나무줄기마름병

④ 스트렙토마이신·테라마이신 : 근두암종병예방

2) 외과적 요법

① 가지 : 석회황합제·크레오소트로 소독 후 페인트·접밀·발코트 방수

② 줄기 : 발코트 도포 후 크레오소트타르(크레오소트1 : 콜타르3) 또는 크레오소트와 아스팔트의 등량혼합물 도포, 동공 시 시멘트나 아스팔트, 수지 등 충전

③ 뿌리 : 자줏빛날개무늬병, 흰빛날개무늬병, 뿌리썩음병 등의 토양전염성병에 감염되었을 경우 죽은 뿌리를 잘라내고 토양살균제용액으로 뿌리의 노출된 부위를 잘 씻고 살균제 용액을 관주

5 조경수목의 주요병해

① 흰가루병(백분병) : 자낭균에 의한 병으로 병든 낙엽 또는 병든 가지에서 균사나 자낭각상태로 월동 후 분생포자에 의해 반복전염되므로 전 생육기를 통해 발생

㉠ 기주식물 : 참나무류, 밤나무, 단풍나무류, 포플러류, 배롱나무, 장미, 벚나무, 가중나무, 붉나무, 개암나무, 오리나무, 조팝나무 등 활엽수류

㉡ 특징 및 병징 : 활엽수에서 광범위하게 발생하며, 수세가 약해져 위축되고 관상수의 미관 손상

a. 잎 표면에 흰가루를 뿌린 것처럼 엷게 곰팡이가 생겨 점차 잎 전면으로 확산되어 광합성 방해

b. 주야의 온도차가 크고, 습기가 많으면서 통풍이 불량한 경우에 주로 신초, 어린나무, 묘목에 발생

c. 습기가 많은 6월부터 혹은 장마철 이후부터 급속히 확산

㉢ 방제 : 병든 낙엽 소각, 이른 봄 가지치기로 병든 가지 제거·소각, 묘포장의 소독

a. 봄에 새순이 나오기 전 석회황합제 1~2회 살포

b. 여름에는 만코지수화제, 지오판수화제, 베노밀수화제 등을 2주 간격

┃ 치료법

수간주사에 의한 내과적 요법과 병환부의 완전한 제거 후 소독과 방수로 유합조직의 형성을 촉진하는 외과적 요법으로 구분할 수 있다.

┃ 조경수목류의 병충해 방제

① 약제를 살포할 경우 연간 2회의 정기방제를 기준으로 하며, 특정 병충해 발생 시에는 약제를 추가 살포한다.

② 우선적으로 가능한 천적 이용이나 환경조건의 개선을 통한 생태적 방제법을 활용한다.

③ 병충해 방제에 효과적인 수간주사 등에 의한 약제주입법을 활용한다.

으로 살포

　c. 그 외 황수화제, 포리옥신, 4-4식 보르도액, 가라센, 톱신수화제 사용

② 그을음병(매병) : 자낭균에 의한 병으로 균사나 자낭각상태로 월동 후 분생포자나 자낭포자로 감염

　㉠ 기주식물 : 낙엽송, 소나무류, 주목, 버드나무, 동백나무, 후박나무, 식나무, 대나무 등

　㉡ 특징 및 병징 : 기주선택성이 없어 아무 수종이나 걸리며, 나무가 말라 죽는 경우는 없으나 동화작용의 방해로 수세가 약해지고 관상수의 미관 손상

　　a. 병원균이 진딧물, 깍지벌레 등의 흡즙성 해충의 배설물에 기생하며, 균체가 검은색이기 때문에 외관상 잎의 표면에 그을음이 붙은 것처럼 보임

　　b. 병징이 잎의 표면에 발생하고 처음에는 옅은 검은색이나 점차 짙은 색으로 변화

　　c. 주로 잎에 발생하나 가지·줄기·과실 등에도 발생

　　d. 보통 7월 중·하순부터 발생하여 8~9월에 가장 많이 발생

　㉢ 방제 : 통기불량·음습·양료부족에 의한 생육불량, 질소질비료의 과다가 발병 유인

　　a. 휴면기에 기계유유제 20~25배액 살포, 발생기에는 메치온유제 살포로 깍지벌레 등 구제

　　b. 만코지수화제, 지오판수화제 살포

　　c. 동제살균제는 흡즙성해충의 번식을 도우므로 금지

③ 탄저병 : 자낭균에 의한 병으로 병든 가지에서 균사와 자낭각상태로, 병든 낙엽에서는 자낭각을 만들어 월동 후, 분생포자나 자낭포자로 감염

　㉠ 기주식물 : 대부분의 과수, 동백나무, 호두나무, 사철나무, 버즘나무, 오동나무, 후피향나무 등

　㉡ 특징 및 병징 : 잎, 어린가지, 과실이 검게 변하고 움푹 들어가는 것이 공통적 병징

　　a. 잎에는 다갈색의 원형병반이 나타나며 오래되면 병반위에 작고 검은 점이 다수 발생

　　b. 줄기에는 장타원형의 자갈색의 병반, 열매에는 암갈색 병반 발생

　　c. 묘목이나 어린나무의 잎과 줄기, 가지 등에도 발생하여 병든 부분 고사

　　d. 온도와 습도가 높을 때 발병(5~6월 발생 시작)

　㉢ 방제 : 토양소독 후 양묘, 병든 잎, 가지 제거 및 소각

　　a. 베노밀수화제, 지오판수화제 6~9월까지 4~5회 살포

　　b. 석회황합제(겨울), 만코지수화제, 지네브수화제, 마네브수화제, 동

수화제 등 사용

④ 갈색무늬병(갈반병) : 자낭균에 의한 병으로 병포자를 형성하는 불완전 균류에 의해 발생하며 병든 낙엽에 병자각으로 월동

　㉠ 기주식물 : 배롱나무, 참나무류, 자작나무, 오리나무, 가중나무, 포플 러류 등의 활엽수

　㉡ 특징 및 병징 : 이 병만으로는 큰 피해는 없으나 흰가루병과 함께 발생 하면 피해가 심해 조기 낙엽

　　a. 잎에 흑갈색의 작은 점으로 나타나다 커지며 약간 각이 지나 점차 확 대되면 경계가 뚜렷하지 않고 여러 개의 반점이 생성

　　b. 잎뒷면의 병반위에는 회색~암갈색으로 터럭모양인 병원균의 분생 자병 및 분생포자가 밀생

　　c. 6~7월부터 병징이 나타나서 8월부터 조기 낙엽이 되어 수세가 약해짐

　㉢ 방제 : 가을부터 이듬해 봄까지 병든 낙엽 소각

　　a. 계속적 발생 시 마네브수화제, 베노밀수화제 2주 간격(월2회) 살포

　　b. 만코지수화제, 동수화제 사용

⑤ 흰별무늬병(백성병) : 자낭균에 의한 병으로 병든 낙엽에서 병자각으로 월동 후 병포자로 감염

　㉠ 기주식물 : 느티나무

　㉡ 특징 및 병징 : 이 병으로 인해 조기 낙엽이 되지는 않으나 심하게 병 이 발생한 묘목은 성장 둔화

　　a. 주로 묘목에서 발생하고 큰 나무에서는 땅가부근의 맹아지에서 발생

　　b. 잎에 작은 갈색의 반점이 생겨서 점점 퍼지면서 엽맥부근에 다각형 의 병반 형성

　　c. 병반의 중앙부는 회백색이며 병증이 진행되면 잎이 탈락

　　d. 주로 이른 봄과 장마철에 발생

　㉢ 방제 : 병든 낙엽 소각, 잎이 피기 시작할 때부터 9월 중순까지 동수화 제, 보르도액 등 3~4회 살포

⑥ 붉은별무늬병(적성병) : 향나무가 중간기주로 향나무 녹병과 같은 녹병 균에 의해 발생

　㉠ 기주식물 : 모과나무, 배나무, 사과나무, 꽃사과나무 등 장미과의 과수 류

　㉡ 특징 및 병징 : 잎과 엽병, 가지에 전염되어 잎이 지저분해지고 조기 낙엽되며, 가지에 전염되면 가지 고사

　　a. 잎의 표면에 광택이 있는 적갈색의 원형병반이 생긴 후 작고 검은 점 다수 발생

　　b. 6~7월 잎과 열매에 노란색의 작은 반점이 나타나서 갈색으로 커지

며 잎의 뒷면에 담갈색의 긴 털이 생기면서(균체 형성) 병든 잎은 조기 낙엽

ⓒ 방제 : 반경 2km 주위에 향나무류 식재 금지

a. 4월 중순~6월 디티폰수화제, 훼나리수화제, 마이탄수화제 등 10일 간격 살포

b. 향나무에는 4~5월, 7월에 만코지수화제, 포리옥신, 4-4식 보르도액 등 살포

⑦ 잎마름병(엽고병) : 자낭균에 의한 병으로 병든 낙엽에서 균사나 미숙한 균퇴, 균핵으로 월동한 후 10월 하순까지 반복 전염

㉠ 기주식물 : 소나무, 해송, 측백나무, 가시나무류, 포플러류, 감나무, 밤나무

㉡ 특징 및 병징 : 활엽수보다는 침엽수에 심하게 발생하는 병으로 잎을 침해하여 병든 잎이 일찍 떨어지므로 생장이 둔화되고 묘목은 고사

a. 활엽수는 봄에 일찍 어린잎에 삭은 살색 반점이 생긴 후 급속히 커져서 조기 낙엽

b. 침엽수는 봄에 잎 윗부분에 띠모양으로 황색의 반점이 생긴 후 갈변하고, 후에 검은 작은 점이 생기며 조기 낙엽

c. 6월부터 잎에 다각형의 갈색반점이 나타나고 점점 커지면서 부정형의 적갈색 반점이 되고 흑갈색으로 변화

d. 햇볕이 잘 들지 않는 음지나 6~7월의 장마철에 많이 발생

㉢ 방제 : 병든 낙엽·묘목 소각, 토양이 습하지 않도록 배수기반 확보, 곤충의 식해가 발병 유인이 될 수 있으므로 식엽성 해충 구제

a. 4-4식보르도액을 4~10월까지 2주 간격 살포

b. 동제계통의 수화제·유제 및 분제 유효, 만코지수화제, 타로닐수화제

⑧ 잎떨림병(엽진병) : 자낭균에 의한 병으로 병든 잎에서 자낭각으로 월동 후 자낭포자가 비산하여 감염

㉠ 기주식물 : 잣나무, 전나무, 소나무, 해송, 낙엽송

㉡ 특징 및 병징 : 잎이 갈색으로 변하여 낙엽되며, 급격히 고사되지는 않으나 피해가 계속되면 생장이 뚜렷하게 저하

a. 7월 하순~9월 중순경에 병원균이 침입하면 녹갈색의 반점이 생기고 3~4월경 병엽은 적갈색으로 변하기 시작하여 6월까지 낙엽이 지고 병든 낙엽에 6~11mm 간격으로 격막이 생기며 흑색 병반(자낭반) 형성

b. 가을부터 초봄까지 황색 반점을 만들고 감염된 묵은 잎은 적갈색으로 변해서 조기 낙엽된 후 감염 반복

㉢ 방제 : 건전묘 육성, 낙엽 소각, 수관하부의 가지치기

a. 만코지수화제, 4-4식 보르도액을 6~8월에 2주 간격 2~3회 살포

b. 베노밀수화제, 지오판수화제 사용

⑨ 갈색무늬구멍병(천공갈반병) : 자낭균에 의한 병으로 병든 잎에서 자낭각으로 월동 후 분생포자나 자낭포자로 감염

　㉠ 기주식물 : 벚나무류, 복숭아나무, 살구나무, 자두나무, 매실나무 등

　㉡ 특징 및 병징 : 수목의 생장에는 큰 피해는 없으나 미관이 불량

　　a. 잎에 작고 둥근 담갈색의 반점이 나타나 커지며 자갈색으로 진행되다 구멍으로 발전

　　b. 엽병에 구멍이 생기면 잎이 탈락

　　c. 5월경에 발생하기 시작하여 여름철에 가장 극심

　㉢ 방제 : 병든 잎 소각, 잎이 날 때부터 4-4식 보르도액을 3~4회 살포

⑩ 떡병 : 담자균에 의한 병으로 담자병이 외부에 나와 자실체 형성하며 균사의 형태로 환부에서 월동

　㉠ 기주식물 : 철쭉류, 진달래류

　㉡ 특징 및 병징 : 잎의 뒷면에 원형이나 부정형의 주머니 모양의 균영이 형성되어 흰떡과 같은 모양으로 변형

　　a. 잎의 일부 또는 전부가 기형으로 변형되고 후에 백색의 분말(자실층, 담자포자)로 덮임

　　b. 5~6월에 발생이 심하나 9~10월에 발생하기도 하며 강우량이 많거나 일조부족 시 심하게 발생

　㉢ 방제 : 병든 부분의 제거 및 소각, 동수화제 10일 간격으로 3~4회 살포

⑪ 녹병(수병) : 담자균의 녹병균에 의한 병으로 기주의 체내에서 월동

　㉠ 향나무녹병 : 향나무의 가지 및 줄기를 고사시키기도 하며, 배나무, 모과나무, 꽃사과 등의 중간기주에 붉은별무늬병 유발

　　a. 명자나무, 산사나무, 야광나무 등의 중간기주에서는 흰털모양의 수포자퇴를 형성하여 미관적 가치 및 생장 저하

　　b. 향나무 부근 2km 반경에 배나무, 사과나무, 명자나무, 산사나무 등 장미과 식물 식재금지

　　c. 향나무에는 4~5월, 7월에 만코지수화제, 포리옥신수화제, 4-4식 보르도액 살포

　　d. 중간기주에는 4월 중순~6월까지 티디폰수화제, 훼나리수화제, 마이탄수화제 등을 10일 간격으로 살포

　㉡ 잣나무털녹병 : 주로 15년생 이하의 나무에 발생하나 장령목(壯齡木)에도 발생

　　a. 병든 나무는 줄기의 형성층이 파괴되어 병든 부위가 부풀면서 윗부분 고사

　　b. 병원균은 잎의 기공을 통하여 침입하여 줄기로 전파하며, 잎에는 황

향나무 녹병균의 병환

봄(4월경)에 향나무의 잎과 줄기에 자갈색의 돌기(동포자퇴)가 형성되며, 비가 와서 수분이 많아지면 황색~황갈색의 한천모양으로 부푼다. 이때 동포자는 발아하여 전균사를 내고 소생자를 형성하여 장미과 식물로 옮겨간다. 6~7월 장미과 식물의 잎과 열매 등에 노란색 작은 반점이 다수 나타나고 그 중앙에 흑색점(녹병자기)이 형성된다.(적성병 발생) 곧이어 잎 뒷면에는 회색~담갈색의 털같은 돌기(수포자퇴)가 형성되는데 이 안에서 수포자가 형성된다. 이 수포자는 다시 향나무로 날아가서 향나무 잎과 줄기 속에 침입하여 살다가 균사의 형태로 월동한다.

색의 미세한 반점 형성

  c. 잣나무에서 만들어진 수포자가 중간기주인 송이풀류에 침입하여 소생자를 만들고, 다시 잣나무 잎으로 침입

  d. 임업적 방제로서 병든 나무와 중간기주를 지속적으로 제거, 수고 1/3까지 조기에 가지치기를 하여 감염경로 차단

  d. 송이풀류의 자생지에 잣나무 조림을 피하고, 피해지역 묘목의 다른 지역 반입금지

  e. 잣나무 묘포에 8월 하순부터 10일 간격으로 보르도액을 2~3회 살포하여 소생자의 침입방지

  f. 내병성 수종 육종으로 저항성 수종 개발하여 식재

ⓒ 젓나무잎녹병 : 계곡부에 주로 발생하며 병든 잎은 퇴색하면서 조기 낙엽

  a. 중간기주인 뱀고사리의 죽은 잎에서 월동성 하포자퇴로 월동

  b. 젓나무 임지 부근에서 뱀고사리 제거

ⓔ 포플러류잎녹병 : 병원균이 침입하면 정상적인 잎보다 1~2개월 조기 낙엽되어 생장이 감소하나 말라죽지는 않음

  a. 녹병균의 종류에 따라 중간기주는 낙엽송 또는 현호색, 줄꽃주머니로 구분

  b. 동포자로 월동한 후 이듬해 3월에 발아하여 중간기주 침해(하포자 월동도 드물게 발생)

⑫ 빗자루병(천구소병) : 병원체가 나무 전체에 분포하는 전신병

  ㉠ 특징 : 병엽은 황록색을 띠며 매우 작고, 개화·결실하지 않으며, 작은 가지가 총생하여 빗자루(새집)모양을 나타내며, 수세가 약해져 1~3년 내에 고사

  ㉡ 파이토플라스마에 의한 병 : 마름무늬매미충(대추나무), 담배장님노린재(오동나무)에 의해 충매전염

    a. 기주식물 : 대추나무, 오동나무, 붉나무, 쥐똥나무

    b. 방제 : 분근묘의 생산 금지, 밀식 회피

    c. 1,000ppm 농도 옥시테트라사이클린을 흉고직경 10cm당 1ℓ 수간주사

    d. 매개충 구제를 위해 6~10월에 비피유제, 메프유제 2주 간격 살포

  ㉢ 자낭균에 의한 병 : 병든 기주조직 속에서 자낭으로 월동

    a. 기주식물 : 벗나무, 대나무

    b. 병든 가지 및 줄기 제거·소각, 절단부위에 지오판도포제 처리

    c. 이른봄 봄꽃이 진 후 보르도액, 만코지수화제 2~3회 살포

⑬ 가지마름병(지고병) : 자낭균에 의한 병

ⓐ 기주식물 : 소나무, 잣나무, 밤나무, 버즘나무, 호두나무, 가래나무, 단풍나무 등

ⓑ 특징 및 병징 : 가지나 줄기에 발생하여 흑갈색의 병반이 형성되고 점차 확산되어 2~3년 뒤 고사

　a. 침엽수와 활엽수에서 모두 관찰되며, 특히 소나무, 잣나무, 밤나무, 버즘나무에서 피해가 심함

　b. 소나무류의 경우 2~3년생 가지가 적갈색으로 말라죽고, 밤나무는 줄기의 수피가 갈색으로 변하여 차츰 검은색으로 되며, 뿌리까지 감염되면 잎이 적갈색으로 변하여 고사

　c. 수세가 약하거나 상처가 생기면 발생이 용이하고, 통풍이 좋지 않은 그늘진 곳에서 잘 발생

ⓒ 방제 : 6월까지 병든 가지 절단·소각, 가지치기나 발병부위 제거 등 기타 인위적 상처를 가했을 때 지오판도포제 처리, 석회황합제, 8-8식 보르도액

⑭ 줄기마름병(동고병) : 자낭균에 의한 병으로 나무의 상처를 통하여 병원균 침입

ⓐ 기주식물 : 밤나무, 참나무, 단풍나무, 배나무, 벚나무, 식나무, 은행나무

ⓑ 특징 및 병징 : 병반이 가지나 줄기를 둘러싸면 고사

　a. 가지나 줄기에 발생하며 처음 수피의 색깔이 담황색으로 변하며 부풀어 오르고, 점차 황갈색으로 변하면서 바늘끝처럼 작은 융기점이 다수 발생

　b. 배수불량한 곳과 수세가 약한 경우 피해가 심하므로 유의

ⓒ 방제 : 병든 부분 제거나 가지치기, 기타 인위적 상처를 가했을 때 지오판도포제 처리

　a. 비료주기는 적기에 하며 질소질비료의 과용을 피하고 동해나 피소를 막기 위하여 백색페인트 도포, 석회황합제, 8-8식 보르도액

　b. 박쥐나방 등 천공성해충의 피해가 없도록 살충제를 살포하며 저항성품종 식재

⑮ 소나무재선충병 : 재선충은 스스로 이동할 수 없으며 매개곤충인 솔수염하늘소에 의하여 전파되고, 분산형 3기유충으로 월동하며 내구형유충으로 전파·전염

ⓐ 기주식물 : 소나무류, 히말라야시다, 독일가문비, 잣나무, 젓나무, 분비나무, 낙엽송 등

ⓑ 특징 및 병징 : 솔수염하늘소의 성충이 소나무의 잎을 갉아 먹을 때 감염되며 나무에 침입한 재선충에 의해 소나무 고사

　a. 말라죽은 나무의 가지 또는 줄기에는 직경 0.8cm 정도의 솔수염하

▌밤나무동고병

동양의 풍토병으로서 줄기가 말라 죽는 병이다. 1900년경 동양에서 수입한 밤나무에 묻어 들어가 미국 동부지방과 유럽의 밤나무림을 황폐화시킨 병으로, 우리 나라의 밤나무는 저항성품종이므로 피해가 크지 않다.

늘소의 탈출공을 쉽게 발견 가능

  b. 재선충에 의한 잎의 변색은 뚜렷한 적색으로 나타나므로 건조에 의한 갈색과 구별 가능

ⓒ 방제 : 피해발생지의 수목은 어떠한 경우든 원목형태로의 이용과 임외반출 금지

  a. 피해발생지와 인접지역내 고사목, 피압목 등 벌채·제거, 과밀임분에 대한 적정간벌, 다른 원인에 의한 수세쇠약목이 없도록 무육관리하여 매개충의 침입 예방

  b. 매개충을 유인하기 위한 이목(餌木)을 설치한 후 우화전에 모아 태워서 매개충 구제

  c. 5~7월 중(매개충우화 및 후식피해시기) 메프유제 살포.

  d. 삼나무, 편백 등과 혼효된 소나무림에는 NAC수화제를 잔존하는 건전목의 수관(樹冠)에 살포하고, 단목발생시 반경 20m 구역내의 건전목에 집중적 살포

  e. 감염 기의 병든 나무 또는 감염우려가 있는 임목에 대하여는 살선충제인 그린가드를 근원경 1cm당 0.1㎖ 기준으로 수간주입

  g. 재선충 및 매개충 제거를 위한 훈증

⑯ 참나무 시들음병 : 광릉긴나무좀 벌레가 매개충으로 파렐리아라는 곰팡이균이 원인

 ㉠ 기주식물 : 참나무류

 ㉡ 특징 및 병징 : 광릉긴나무좀 벌레들이 참나무둥치를 뚫고 다니면서 작은 구멍을 내는 것이 병의 초기증세이고 구멍이 나기 시작한 참나무는 두세 달 안에 수액 흐름이 막혀 고사

 ㉢ 방제 : 피해발생지 고사목 제거, 병원균 및 매개충 제거를 위한 훈증

⑥ 충해관리

(1) 해충의 분류

 1) 분류학적 분류

강명	목명	부류	가해습성
곤충강	나비목	나방류	식엽성, 천공성
	노린재목	방패벌래류	흡즙성
	딱정벌레목	나무좀류 하늘소류	천공성
		바구미류	식엽성
	매미목	깍지벌레류	식엽성, 천공성
		진딧물류	흡즙성

벌목	잎벌류	식엽성
	혹벌류	충영형성
파리목	혹파리류	충영형성
거미강	응애목	응애류	흡즙성, 충영형성

2) 가해습성에 따른 분류

가해습성	주요해충
흡즙성 해충	깍지벌레류, 응애류, 진딧물류, 방패벌레류
식엽성 해충	노랑쐐기나방, 독나방, 버들재주나방, 솔나방, 어스렝이나방, 짚시나방, 참나무재주나방, 텐트나방, 흰불나방, 오리나무잎벌레, 잣나무넓적잎벌
천공성 해충	미끈이하늘소, 박쥐나방, 버들바구미, 소나무좀, 측백하늘소
충영형성 해충	밤나무혹벌, 솔잎혹파리
묘포해충	거세미나방, 땅강아지, 풍뎅이류, 복숭아병나방

3) 생태학적 분류

구분	내용
주요해충 (관건해충)	·매년 만성적, 지속적인 피해를 나타내는 해충 ·효과적 천적이 없는 경우가 대부분 ·인위적방제가 없으면 심각한 손실 초래 ·솔잎혹파리, 솔껍질깍지벌레
돌발해충	·주기적으로 대발생하는 해충 또는 평상시 문제가 없던 종류가 비정상적으로 발생하는 경우 ·짚시나방, 텐트나방
2차해충	·특정해충의 방제로 곤충상이 파괴되면서 새로운 종류가 주요해충화 하는 경우 ·응애, 진딧물, 깍지벌레류 등 미소흡즙성 해충
비경제해충	임목을 가해하나 피해가 경미하여 방제의 필요성이 없는 해충(일반적 곤충)

(2) 해충방제

① 생물적 방제 : 기생성·포식성 천적, 병원미생물
② 화학적 방제 : 살충제, 생리활성물질
③ 임업적 방제 : 내충성 품종, 간벌, 시비
④ 기계적·생리적 방제 : 포살, 유살, 차단, 박피소각

(3) 조경식물의 주요 해충

1) 흡즙성 해충

구분	특징 및 피해	방제법	천적
깍지벌레류	·주로 가지에 붙어 즙액을 빨아 먹으며 번식력이 강하고 다수가 기생하여 수목이 점차 쇠약해져서 심하면 고사 ·2차적으로 그을음병, 고약병 등을 유발 ·활엽수 및 침엽수의 대부분에 피해	메티온유제 메카밤유제 디메토유제 기계유제 (동절기)	무당벌레류 풀잠자리

곤충의 구성
① 머리 : 잎틀, 더듬이, 겹눈
② 가슴 : 3쌍의 다리, 2쌍의 날개
③ 배 : 여러 개의 고리마디로 기문(호흡기관), 소화기관, 생식기관
④ 해충방제 시 약제가 기문을 통하여 체내에 침입

곤충의 변태
① 완전변태 : 알 – 애벌레 – 번데기 – 성충
② 불완전변태 : 알 – 애벌레 – 성충
③ 과변태 : 유충시대에 많은 형태를 경과하는 것

해충발생 예찰방법
① 발생시기 예찰
② 발생량 예찰
③ 피해 예찰

해충조사방법
① 직접조사법 : 전수조사, 표본조사, 축차표본조사
② 간접조사법 : 유아등, 포충기, 포충망, 트랩

경제적피해수준
경제적 피해가 나타나는 최저밀도 즉, 병해충에 의한 피해액과 방제비가 같은 수준의 밀도

경제적피해허용수준
경제적 피해수준에 도달하는 것을 억제하기 위하여 직접 방제수단을 사용해야 하는 병해충의 밀도 수준을 말하며 아직 방제 수단을 쓸 시간적인 여유가 있는 상태

응애류	·바늘과 같이 끝이 뾰족한 입틀로써 잎의 즙액을 빨아 먹어 잎에 황색의 반점을 만들고 많아지면 잎 전체가 황갈색으로 변화 ·꽁무니에서 거미줄 같은 것을 내어 잎과 어린 줄기에 치며 습기를 싫어하여 먼지가 많은 고온건조 시 주로 발생 ·피해수목은 생장이 저하되고 수세가 약해지며 피해가 심하면 고사 ·활엽수 및 침엽수의 대부분에 가해 ·방제 시 동일농약을 계속 사용하면 저항성이 생기므로 연용 금지	테디온유제 디코폴유제 벤지란유제 아미트유제 가보치수화제 알리포유제 펜부린수화제 벤조메유제 아노톤유제 테트라디포유제 아크리나스린 액상수화제	무당벌레류 풀잠자리 포식성 응애 거미	
진딧물류	·월동란에서 부화한 유충이 수목의 줄기 및 가지에 기생하여 즙액을 빨아 먹어 잎이 말리고 수세가 쇠약 ·피해수목은 각종 바이러스병, 그을음병 유발 ·활엽수 및 침엽수의 전 수종에 기생	메타유제 마라톤유제 아시트수화제 펜토유제 벤즈유제 바미드액제	무당벌레 꽃등애류 풀잠자리류 기생봉	
방패벌레류	·1년에 4~5회 활엽수에 발생 ·활엽수 잎의 뒷면에서 즙액을 빨아 먹으며 주근깨같은 반점이 무수히 생기고 잎이 황백색으로 탈색 ·응애의 피해와 비슷하지만 피해부위에 검은색의 벌레똥과 탈피각이 붙어 있으므로 응애 피해와 구별 가능	메프유제 파프유제 나크수화제 피해잎 채취 ·소각	무당벌레류 풀잠자리류 거미	

2) 식엽성 해충

구분	특징 및 피해	방제법	천적
노랑쐐기나방	·1년에 1회 발생하며 유충은 새알처럼 생긴 고치 속에서 월동하여 이듬해 5월 번데기가 되어 6월에 우화하고 7월부터 식엽 ·단풍나무, 느릅나무, 버드나무, 미루나무 등을 많이 먹으며 독침모가 있어 인체에 닿으면 불쾌한 고통 감지	디프액제 메프수화제 주론수화제	
독나방	·각종 활엽수의 잎을 가해하며 유충은 표피와 잎맥을 남겨 망상으로 식해 ·봄철에 피해가 심하며 특히 참나무류의 새싹을 먹음 ·해충에 독침모가 있어 인체에 유해 ·참나무류, 느티나무, 버들류, 귀룽나무, 감나무, 사과나무, 장미 등 활엽수의 잎을 가해	디프액제 등화유살 (성충) 피해잎 채취 ·소각	긴등기생파리 독나방긴허리 고치벌 재가슴기생 파리 독나방고치벌
버들재주나방	·1년에 2회발생-1회 성충은 5월 하순~6월에 발생, 2회 성충은 8월 상순~ 9월에 출현 ·부화유충이 잎을 갉아 식해 ·커지면 잎을 말지 않고 망상으로 엽육만 먹는다. ·주로 가로수를 많이 색해하며 포플러류, 미루나무, 버드나무, 참나무류를 가해	메프수화제 디프유제 DDVP유제 부화초기에 피해엽과 유충 채취·소각	밀화부리 찌르레기
솔나방	·1년에 1회 발생하며 11월초 기온이 10℃ 이하로 내려가면 나무줄기를 따라 내려와 나무껍질, 돌, 낙엽 밑에서 애벌레로 월동 ·유충은 어린 소나무 잎을 먹으며 심한 피해를 받은 나무는 고사하며, 송충 한 마리가 64m의 솔잎을 먹음 ·보통 성충은 7월 하순~8월 중순에 우화하여 새솔잎 또는 그 부근 가지에 산란 ·소나무, 곰솔, 리기다소나무, 잣나무, 낙엽송에 가해	마라톤유제 디프액제 파라티온 등화유살 (성충) 병원성 세균인 슈리사이드 살포	뻐꾸기 꾀꼬리 두견 주둥이노린재 흰줄박이맵시벌 흰무늬침노래기 송충살이고치벌
어스렝이나방	·1년에 1회 발생하며 알로 월동하여 5월에 부화 ·유충은 숙주식물의 잎을 갉아먹는데 부화유충은 처음 수간에서 군서하지만 점차 나무 상단으로 올라가 식엽	디프액제 나크수화제 포스톤제 등화유살	가죽나방살이고치벌 황다리납작맵시벌

▌깍지벌레류
가루깍지벌레, 솔잎깍지벌레, 콩깍지벌레, 굴깍지벌레, 샌호재깍지벌레

▌진딧물류
알락진딧물, 복숭아진딧물, 밤나무왕진딧물, 붉나무진딧물

▌방패벌레류
물푸레방패벌레, 배나무방패벌레, 버즘나무방패벌레, 진달래방패벌레

▌무당벌레
딱정벌레목으로 가을이 되면 성충은 무리를 이루어 특정한 장소로 이동해 겨울을 지내며, 유·성충 시에 진딧물이나 깍지벌레를 잡아먹는 익충이다.

▌표 이외의 식엽성 해충
죽순나방, 황철나무잎벌, 솔노랑잎벌, 미루재주나방, 감꼭지나방, 차잎말이나방, 사과잎말이나방, 회양목명나방, 버드나무가지나방, 갈무늬재주나방, 흰독나방, 줄노랑밤나방, 느릅나무애잎벌 등

▌포플러류는 흰불나방, 미루나무재주나방, 버들재주나방, 텐트나방, 박쥐나방 등의 해충에 가장 많은 피해를 받는 수종이다.

	·유충 한 마리가 한 세대 동안 40~55엽 먹음 ·한 번 피해 받은 나무는 수세가 약화되며 꽃이나 열매의 양이 감소 ·밤나무, 호두나무, 은행나무, 버즘나무 등을 가해	(성충) 알집 채취· 소각	흰발목벼룩 좀벌 황말벌 잠아기생파리
짚시나방 (매미나방)	·1년 1회 발생하며 알로 수간에서 월동하고 5~6월에 부화 ·참나무류, 사과나무류, 감나무, 매실나무, 벚나무류, 오리나무, 포플러류, 느릅나무, 낙엽송, 소나무류 등을 가해	나크수화제 디프액제 메프수화제 주론수화제 알 덩어리 채집·소각	기생충(송충알벌, 벼룩좀벌, 흰발목좀벌, 독나방고치벌, 맵시벌, 좀벌)과 포식충(명주딱정벌레, 풀색딱정벌레, 참노린재)
참나무재 주나방	·1년 1회 발생하며 월동한 알은 5월에 부화 ·부화유충은 잎 1개에 집중하여 엽육을 먹다가 성장하면 주맥을 남기고 전체를 먹음	디프유제 피리모유제 등화유살(성충) 월동란괴와 유충 채취·소각	
텐트나방	·1년 1회 발생하며 알로 월동하여 늦봄에 부화하여 주기적으로 발생하여 밤에 나와 각종 숙주식물을 가해 ·포플러류, 사과나무류, 배나무, 참나무류, 벚나무, 뽕나무, 장미류 등을 가해	메프유제 크로포수화제 다이야톤 디프유제 월동 알집 채취·소각 군집과 유충 채취·소각	각종 포식성 벌 맵시벌 고치벌 좀벌류
흰불나방	·1년 2~3회 발생하고 번데기로 나무껍질 사이, 판자틈, 지피물 밑에서 월동하며 1화기는 5월 중순~6월 하순, 2화기는 7월~8월인데 2화기에 피해가 심함 ·몇 개의 잎 또는 작은 가지를 거미줄 같은 것으로 감아 놓기 때문에 발견이 쉬우며 가로수나 정원수에 특히 피해가 심함 ·포플러류, 버즘나무 등 많은 수의 활엽수의 잎을 먹으며, 먹이가 부족하면 초본류도 먹음	디프유제 메프수화제 파프수화제 주론수화제 비티수화제 카바릴수화제 군집 유충 채집·소각 잠복소 유인살포	긴등기생파리 송충알벌 검정명주딱정벌레 나방살이납작맵시벌
오리나무 잎벌레	·1년에 1회 발생하며 성충과 유충이 동시에 잎을 갉아 먹음 ·성충으로 월동하고 봄에 잎의 새순을 주맥만 남기고 가해 ·유충은 잎을 망상으로 먹으며 수관 아래 피해가 심함 ·유충은 엽육을 먹어 잎이 붉게 변색되어 멀리서도 발생상태 인지 ·오리나무류, 박달나무, 개암나무 등을 가해	디프액제 나크분제 아조포유제 성충포살 알집 채취·소각	무당벌레
잣나무 넓적잎벌	·1년에 1회 발생하며 해에 따라 집단적으로 많이 발생하여 짧은 기간에 심한 피해를 입어 나뭇가지가 앙상하게 됨 ·유충은 여러 개의 잣나무잎을 거미줄로 모아놓고 그 속에서 먹음 ·주로 잣나무 등에 피해가 심함	마라톤유제 아조포유제 디프유제 월동유충 채취·소각	송충알벌 벼룩파리 스미스개미

3) 천공성 해충

구분	특징 및 피해	방제법	천적
미끈이하늘소	·주로 10~30년생 정도 되는 건전한 나무에 피해를 줌 ·나무의 형성층부위를 갉아먹어 수액의 이동이 저하되고 결국 고사 ·나무에 구멍을 뚫어 관상 및 목재의 가치를 저하시키고 바람이 심하게 불면 부러지기 쉬움 ·참나무류, 밤나무, 사과나무류 등에 많은 피해를 입힘	침입점에 살충제 주입 후 구멍을 막음 메프유제 파라티온유제 이피엔	딱따구리 등의 새 종류
박쥐나방	·2년에 1회 발생하고 알로 월동하고 8~10월에 우화하여 다수의 작은 알을 땅에 떨어뜨림 ·어린유충은 초본류의 줄기를 식해하나 성장 후에는 수목으로 이동하여 줄기에 들어가 똥을 배출하고 형성층부위를 둥글게 가해하다 나무 속으로 구멍을 뚫고 들어감 ·피해부위는 땅에서 50cm 이상 수간에 많고 피해부의 지름은 2~4cm가 많고 구멍이 보이므로 육안 식별 용이 ·버드나무, 자작나무, 느릅나무, 참나무, 물푸레나무, 단풍나무, 버즘나무, 포플러류, 벚나무, 호두나무, 오동나무, 아까시나무 등에 많은 피해 발생	침입점에 살충제 주입 후 구멍을 막음 나무하부의 잡초를 제거하고 지표에 마라톤유제나 파라티온 살포 끈끈이를 발라 유충의 침입 예방	각종 조류 기생파리류는 효과 미미
버들바구미	·1년에 1회 발생하며 매우 불규칙함 ·어린유충은 수피의 밑을 둥글게 갉아 먹음 ·초기 피해증상은 외관상 나타나지 않으나 점차 외부로 톱밥 같은 것을 배출하므로 피해가 발견됨 ·성숙한 유충은 목질부로 갱도를 만들고 침입하여 줄기에서 즙액을 빨아 먹음 ·포플러류, 버드나무 등에 주로 발생	메프유제 마라톤수화제 피해목 발견 시 잘라낸 후 소각	좀벌류 맵시벌류 기생파리류 딱다구리류 및 각종 조류
소나무좀	·성충이 나무수간에 구멍을 뚫고 알을 낳으면 쇠약지 형성층 부근에 갱도를 만들어 수분과 양분의 이동을 막아 고사 ·소나무의 3대 해충의 하나로 주로 수세가 약한 나무 또는 벌채한 나무에 기생하지만 많은 양이 발생 시 건전한 나무를 가해 ·성충이 침입하는 수간의 부위는 주로 지상 5m 내외로 그 부분의 피해가 큼 ·소나무, 곰솔, 잣나무, 리기다소나무 등 침엽수가 많음	메프유제 수간주사 및 살포 수세가 약한 나무 제거 유충가해기(5월경)에 구제	좀벌류 맵시벌류 기생파리류 개미붙이 줄침노린재 딱다구리류 및 각종 조류
측백하늘소	·1년에 1회 발생하는데 성충으로 월동하고 3~4월에 탈출하여 수피를 물어뜯고 그 속에 산란 ·유충은 수목의 형성층부위를 얕게 구멍을 뚫고 가해하며 심하면 고사 ·주로 약한 나무에 피해가 주나 대발생하면 건전목 피해 ·다른 하늘소와 달리 똥을 밖으로 배출하지 않기 때문에 발견이 어려움 ·측백나무, 향나무류, 편백, 화백, 삼나무	메프유제 테라빈수화제 파라티온유제 피해가지 채취·소각	좀벌류 맵시벌류 기생파리류 딱다구리류 및 각종 조류

▌표 이외의 천공성 해충
흰점배기하늘소, 포도호랑하늘소, 뽕나무하늘소, 알락굴벌레나방, 벽오동굴나방, 알락수염긴하늘소 등

4) 충영형성해충

구분	특징 및 피해	방제법	천적
밤나무혹벌	·1년에 1회 발생하고 어린유충으로 눈(芽) 속에서 월동하여 이른 봄에 급속히 자라 8월 중순에 부화 ·밤나무에 주로 가해	내충성 강한 저항성 품종 식재 기생한 가지를 채취하여 성충이 탈출 전에 벌레혹 소각	꼬리좀벌 노랑꼬리좀벌 배질록왕꼬리좀벌 상수리좀벌 큰다리남색좀벌류
솔잎혹파리	·1년에 1회 발생하며 애벌레는 혹에서 나와 지피물 밑이나 땅 속에서 월동하고 5월 중순부터 6월 하순까지 성충이 나타나고 날아다니며 소나무 새잎에 산란 ·유충이 솔잎 기부에 들어가 벌레혹을 만들고 그 속에서 수액 및 즙액을 빨아 먹음 ·벌레혹은 6월 하순부터 부풀기 시작하여 피해를 주며 노목보다는 유목에 심하게 나타남 ·솔나방과 달리 울창한 소나무 숲에 피해가 많으며 주로 소나무, 곰솔 등에 발생	오메톤액제 포스팜액제 테믹입제 나크입제 피해목 벌채 우화최성기에 약제를 수간에 주입	산솔새 솔잎혹파리먹좀벌 혹파리등뿔먹좀벌 혹파리살이먹좀벌

5) 묘포해충

구분	특징 및 피해	방제법	천적
거세미나방	·1년에 2~3회 발생하고 유충으로 월동하며 5~6월경부터 묘목의 뿌리에 가해 ·각종 묘목의 뿌리, 유묘의 줄기를 자르고 그 일부를 땅속으로 끌고 들어가 갉아 먹음 ·묘목은 대개 완전히 자르지 않고 줄기와 표피를 약간 남기고 먹으며 1년생 유묘에 피해가 심함 ·주로 전나무, 낙엽송, 탱자, 그 외 활엽수, 침엽수의 묘목을 가해	지오릭스 폭심분제 그로빈분제 잡초 제거 및 이른아침 피해목 부위의 유충 포살	
땅강아지	·1년에 1회 발생하며 낮에는 땅속에서 쉬고 밤에만 활동 ·유충과 성충이 두더지 모양으로 땅속을 다니며 통로에 있는 각종 식물의 뿌리를 가해 ·10월경 땅속에 들어가 월동하고 땅이 녹으면서 활동을 시작하여 뿌리를 먹으며 표토를 파헤쳐 묘목의 뿌리를 들뜨게 하고 말라죽게 함 ·소나무, 참나무, 기타 유묘에 피해가 큼	지오릭스 다이포입제 프리미입제 낙엽, 말똥, 짚 등으로 유인포살	두더지 딱정벌레
풍뎅이류	·1년에 1회 또는 2년에 1회 발생하며 5월~9월 중순에 우화 ·유충(굼벵이)은 땅속에서 생활하면서 어린묘목의 뿌리를 갉아먹고 고사시킴 ·애초록풍뎅이, 먹풍뎅이, 애우단풍뎅이, 애풍뎅이가 주로 가해 ·참나무류, 포플러류, 호두나무, 벚나무 등 대부분의 활엽수 묘에 피해가 심함	모캡입제 메프분제 비펜트린입제 등화유살 윤작실시	
복숭아명나방	·1년에 2회 발생하며 성충은 6월에 출현하여 부화유충이 과실로 침입 ·유충은 종자 및 과실 속으로 들어가 표면에 암갈색의 똥과 즙액이 배출되어 피해를 주며 낙엽 후의 신초도 갉아 먹음 ·감나무, 복숭아나무, 사과나무, 매실나무, 벚나무, 석류 등을 가해	마라톤유제 디프유제 그로포유제 파라티온유제 등화유살	먹수염납작맵시벌 가시은주둥이벌

▌표 이외의 충영형성 해충

조롱나무잎진딧물, 오미자면충, 상수리혹벌, 검은배네줄면충, 사마귀잎혹진딧물 등

▌솔잎혹파리 방제

① 수간주사 : 흉고직경 6cm 이상의 나무에 적용하며, 5월 초순부터 9월말에 걸쳐 실시(우화기인 5~6월에 많이 시행)
  ㉠ 지상 40~50cm의 수간에 직경 1cm, 길이 7~8cm, 하향각도 45° 정도의 구멍을 천공(구멍의 방향은 나무의 중심을 비켜서 변재부에 천공)
  ㉡ 포스파미돈 50%액제를 흉고직경 1cm당 0.3mℓ 사용
② 토중처리 : 4~5월 테믹 15% 입제 120kg/ha 사용
③ 수관살포 : 메프50%유제 1,000배액 사용

5>>> 농약관리

1 농약의 분류
(1) 사용목적 및 작용특성에 따른 분류
1) 살균제

보호살균제	·병원균의 포자가 발아하여 식물체 내로 침입하는 것을 방지하기 위한 약제(보르도액, 석회황합제, 유기황제) ·예방이 목적이므로 병이 발생하기 전 식물체에 처리 ·약효 지속기간이 길어야 하며 부착성 및 고착성이 양호하여야 함
직접살균제	·병원균의 발아와 침입방지는 물론, 침입한 병원균에 독성작용을 하는 약제(항생물질, 벤트레이트, 카스카민) ·치료가 목적이므로 발병 후에도 방제 가능
기타 살균제	·종자소독제 : 종자나 종묘에 감염된 병원균 방제(베노밀, 티람, 베노람, 지오람수화제, 캡탄제 등) ·토양소독제 : 토양 중의 병원균 살멸(클로로피크린, 메틸브로마이드, 캡딘제, 디람제 등) ·과실방부제 : 과실의 저장 중 부패 방지 ·도열병약, 탄저병약 등

2) 살충제

소화중독제	식물의 잎에 농약을 살포·부착시켜 해충이 먹이와 함께 농약을 소화기관내로 흡수하게 하여 독작용을 하는 약제(비산납, 비티제, 유기인계 농약)	
접촉독제	살포된 약제가 해충의 피부나 기문을 통하여 체내로 침투되어 독작용을 하는 약제(메프제, DDVP 등 유기인제)	
	직접접촉독제	직접 충체에 약제가 접촉되어 살충
	잔류성접촉독제	약제가 살포된 장소에 해충이 접촉되어 살충효과 발현
침투성 살충제	약제를 식물의 잎이나 뿌리에 처리하여 식물체내로 흡수·이동시키고, 식물전체에 분포되도록 하여 흡즙성 해충에 독성을 나타내는 약제(포스팜액제, 모노포액제)	
유인제	해충을 일정한 장소로 유인하여 포살하는 약제 (페로몬 농약)	
기피제	유인제와 반대로 농작물이나 저장농산물에 해충이 접근하지 못하게 하는 약제(나프탈린)	
생물농약	해충의 천적(병원균, 바이러스, 기생벌) 등을 이용하여 해충을 방제하는 약제(비티균) – 병원균에 길항하는 미생물도 일종의 생물 농약임	
불임제	해충을 불임화시켜 번식을 막는 방법(테파, 헴파)	

3) 기타 약제

살비제	곤충에는 살충력이 거의 없고 응애류에만 효력을 나타내는 약제(켈센, 데디온, 디코폴 수화제)	
살선충제	선충을 구제하는 데 사용하는 약제(디디, 그린가드)	
제초제	작물의 양분을 수탈하거나 생육환경을 불리하게 하는 잡초를 제거를 위한 약제	
	작용특성 구분	선택성 제초제(2,4-D), 비선택성 제초제(근사미)
	작용기작 구분	광합성 저해제, 광합성화에 의한 독물생산제, 산화적 인산화저해제, 식물호르몬 작용저해제, 단백질 합성저해제

농약의 정의(농약관리법)
수목 및 농·임산물을 포함한 모든 작물을 해치는 균·곤충·응애·선충·바이러스, 기타 농림부령이 정하는 동·식물의 방제에 사용하는 살균제, 살충제, 제초제와 농작물의 생리기능을 증진 또는 억제하는 데 사용되는 생장조제 및 약효를 증진시키는 자재

	사용시기 구분	발아 전 처리제(토양처리제), 발아 후 처리제(경엽처리제)		
식물 생장조정제	식물의 생장을 촉진·억제하거나 개화·착색 및 낙과방지 등 식물의 생육을 조정하기 위한 약제(지베렐린, 옥신, MH-30, 시토키닌, 에틸렌)			
혼합제	사용목적 및 사용특성이 서로 다른 2종 또는 그 이상의 약제를 혼합하여 하나의 제 형으로 만든 약제			
	살균살충제	병과 해충을 동시에 방제		
	혼합살균제 혼합살충제	2종 또는 그 이상의 병해 또는 해충을 동시에 제거		
	혼합제초제	1년생 및 다년생 잡초를 동시에 방제		
보조제	농약 주제의 효력을 증진시키기 위하여 사용되는 약제			
	전착제	농약의 주성분을 병해충이나 식물 등에 잘 전착시키기 위한 것으로 약제의 확전성·현수성·고착성 증진(비누, 카세인석회, 스티커)		
	증량제	농약 주성분의 농도를 낮추기 위하여 사용하는 보조제(탈크, 카올 린, 규조토, 벤토나이트)		
	용제	약제의 유효성분을 녹이는 데 사용하는 약제(벤젠)		
	유화제	유제의 유화성을 높이는 데 사용하는 물질(계면활성제)		
	협력제	농약 유효성분의 효력을 증진시킬 목적으로 사용하는 약제(피페로 닐후록시드)		

(2) 농약 주성분 조성에 따른 분류

유기인계	현재 사용하고 있는 농약 중 가장 많은 종류가 있으며, 주로 살충제(디클로르보스, 다이아디논, 페니트로티온, 말라티온)로 사용하며 살균제(이프로벤포스 IBP), 에디펜 포스)로도 사용
카바메이트계	주로 살충제(페닐 N - 메틸카바메트)로 사용되며 일부는 제초제(알킬 N - 페닐카바메 이트)로, 살균제(지오판, 디티오카밤산)로 사용
유기염소계	살충제(BHC, 알드린, DDT), 살균제(알드린), 제초제(PCP)
유황계	대부분 살균제로 이용 – 무기황화합물(석회황합제, 황수화제), 유기황화합물(만코제브, 티람, 프로피네브, 마네브, 지네브)
동계	주로 살균제로 사용 – 무기동제(석회보르도액, 동수화제), 유기동제(옥신쿠페, 쿠페하 이드록시퀴놀린)
유기비소계	살균제 – 네오아진(현재 사용 중인 유기비소계 유일한 농약)
항생물질계	미생물이 분비하는 물질을 이용하는 것으로 주로 살균제로 이용 – 항세균성 미생물, 항곰팡이성 미생물, 항바이러스성 미생물(농약으로 실용화된 것은 없음)
피레스로이 드계	제충국의 살충성분인 피레트린의 근연화합물로 주로 살충제로 사용(델타메트린, 사 이퍼메트린)
페녹시계	주로 제초제(2,4-D, MCPA)로 사용되나 식물 생장조정제(2,4,5-TP)로도 이용
트리아진계	주로 제초제(아트라진, 시마진)로 사용되나 살균제(다이렌)로도 사용
요소계	대부분 제초제(리누론, 디우론)로 사용하며 살균제(펜사이큐론)로도 사용

보조제의 역할특성
① 중독제, 보호살균제 : 고착성
② 접촉제 : 습윤성, 침투성, 확
전성
③ 물에 녹지 않는 유화액, 현탁
액 : 유화성, 현수성, 분산성

계면활성제
① 분자의 한쪽에 친수기를, 다
른 한쪽에는 친유기를 가지
고 있는 화학구조의 고분자
물질
② 물과 유지 양쪽에 친화력을
가지며 계면의 성질을 바꾸
는 기능
③ 습윤, 유화, 분산, 침투, 세
정, 전착, 고착, 보호, 기포 등
의 작용
④ 농약의 주제를 변질시키지
않는 친화성과 경수에서도
유화력과 분산력 필요
⑤ 종류 : 유화제, 습윤제, 전착제

제충국(除蟲菊)
국화과에 속하는 식물로서 식
물체, 특히 꽃부분에 피레트린
이라는 담적황색의 기름과 같
은 물질이 있다. 피레트린은
유기용매에 용해되며, 냉혈동
물, 특히 곤충에 대하여 독성
이 강하고 온혈동물에는 독성
이 없다.

(3) 농약 형태에 따른 분류

유제 (emulsifiable concentrate)	·농약의 주제를 용제에 녹여 계면활성제를 유화제로 첨가하여 제제한 것 ·다른 제형에 비하여 제제가 간단 ·수화제에 비하여 살포용 약액 조제가 편리 ·수화제나 다른 제형보다 약효가 우수·확실
수화제 (wettable powder)	·물에 녹지 않는 원제를 화이트 카본, 카올린, 벤토나이트 등 증량제 및 계면활성제와 혼합하여 분쇄한 제제 ·물에 희석하면 유효성분의 입자가 물에 고루 분산하여 현탁액이 됨
수용제(soluble powder)	주제가 수용성이고 첨가하는 증량제가 유안이나 망초, 설탕과 같이 수용성인 물질을 사용하여 조제한 것으로 살포액이 투명한 용액으로 되는 것
액상수화제 (flowable)	주제가 고체로서 물이나 용제에 잘 녹지 않는 것을 액상의 형태로 제제한 것으로 분쇄하지 않은 주제를 물에 분산시켜 현탁하여 제제
액제(liquid)	주제가 수용성으로서 가수분해의 우려가 없는 경우에 주제를 물에 녹여 계면활성제나 동결방지제를 첨가하여 제제
분제(dust)	·주제를 증량제, 물리성 개량제, 분해방지제 등과 균일하게 혼합·분쇄하여 제제한 것 ·분제 조성의 대부분을 증량제가 차지하고 있으므로 분제의 품질은 증량제의 이화학적 성질에 크게 영향을 받음
DL분제 (driftless dust)	분제의 일종이나 10㎛이하의 미립자를 최소한의 증량제와 응집제를 가하여 살포된 미립자를 대기중에 응집시켜 약제의 표류·비산을 방지
입제(granule)	주제에 증량제, 점결제, 계면활성제를 혼합하여 입상으로 만든 제제
미립제 (microgranule)	입제의 방법과 같이 만드나 입제보다 입자의 크기가 작음
정제(tablet)	분제와 수화제 같이 제제한 농약을 일정한 크기로 만든 것으로 저장물의 해충방제에 쓰이며 실내에서 가스화 되어 독작용
훈증제 (fumigant)	비점이 낮은 농약의 주제를 액상, 고상 또는 압축가스상으로 용기에 충진한 것으로 용기를 열 때 대기 중에 기화되어 독작용
기타	연무제, 도포제, 훈연제, 캡슐제, 현탁제, 미탁제, 분산성액제, 입상수화제 등

② 농약의 물리적 성질

(1) 액체형 약제

① 유화성 : 유제 농약을 물에 희석하였을 때 유제 입자가 물속에 균일하게 분산되어 유탁액을 형성하는 성질

② 습윤성 : 균일하게 적시는 성질(습전성=습윤성+확전성)

③ 확전성 : 표면에 밀착되어 피복 면적을 넓히는 성질

④ 수화성 : 물과의 친화도를 나타내는 성질(수화제가 물에 혼합되는 성질)

⑤ 현수성 : 수화제에 물을 가했을 때 고체 미립자가 침전하거나 떠오르고 오랫동안 균일한 분산상태를 유지하는 성질(현탁액)

⑥ 부착성 : 살포 또는 살분된 약제가 식물체에 잘 부착되는 성질

⑦ 고착성 : 부착된 약제가 비나 이슬에 씻겨 내리지 않고 오래도록 식물체에 붙어 있도록 하는 성질

⑧ 침투성 : 살포된 약제가 식물체나 충체에 침투하여 스며드는 성질

▌유탁제
유제에 사용되는 유기용제를 줄이기 위한 방안으로 개발된 것으로, 주제를 적은 양의 용매에 녹인 후 물에 희석하여 사용하는 액상 또는 점질액상의 제형

▌미탁제
유탁제보다 더 적은 양의 유기용매 사용

▌미분제(Flo-dust)
미분상으로서 원상태로 사용되는 농약 입자를 디옥 작게 하여 비산성을 증대시킨 제형(평균입경 2㎛)

▌경시변화(經時變化)시험
조경수목에 살포한 농약이 시간의 경과에 따라 물리·화학적으로 변화되는 주성분 또는 물리성을 확인하는 방법이다.

(2) 고형 약제

① 응집력 : 분제의 입자가 서로 뭉치거나 물에 희석한 유제나 수화제의 입자가 서로 엉겨 붙는 성질

② 토분성 : 분제의 입자가 살분기의 분출구로 잘 미끄러져 가는 성질

③ 분산성 : 분제를 살분할 때 분제의 미립자가 공기 중에 균일하게 분산하는 성질

④ 비산성 : 살분된 분제입자가 공기의 움직임에 따라 유동되는 성질

⑤ 부착성 및 고착성 : 살포된 분제가 작물이나 해충에 잘 부착되어 오래도록 붙어 있는 성질

⑥ 안정성 : 저장 중인 분제의 주제가 증량제 등과 작용하여 공기의 수분 등에 의해서 분해되지 않는 성질

⑦ 수중 붕괴성 : 입제 농약을 토양이나 수면에 처리했을 때 입상이 붕괴되어 유효성분을 쉽게 방출하는 성질

❸ 농약의 사용방법

(1) 농약의 구비조건

① 살균·살충력이 강하고 효과가 클 것

② 작물 및 인축에 해가 없을 것

③ 천적·어류에 대한 독성이 낮고 선택적일 것

④ 사용법이 간편할 것

⑤ 품질이 균일하고 저장 중 변색되지 않을 것

⑥ 값이 싸고 구입하기 쉬우며 대량생산이 가능할 것

⑦ 다른 약제와 혼용할 수 있으며 혼용범위가 넓을 것

⑧ 물리적 성질이 양호할 것

⑨ 농촌진흥청에 등록된 농약일 것

(2) 살포액의 조제 시 고려사항

① 희석용수의 선택 : 일반적으로 중성의 용수가 적당하며 알칼리용수나 공업폐수 사용 시 약해유발(수돗물 적당)

② 정해진 희석배수 준수 : 방제효과 및 약해의 직접적 원인

③ 충분한 혼합 : 약제의 입자가 균일하게 섞이도록 충분히 혼합

(3) 살포액 조제방법

배액조제법	배액은 용량 배수를 나타내는 것으로 물의 양에 첨가할 약제의 양을 계산
퍼센트액조제법	액제에 함유된 유효성분(주성분)의 함량과 비중을 고려하여 백분율로 나타내는 것
PPM액조제법	주로 실험실 내에서 조제
액제, 수용제	약제 자체가 수용성이므로 물에 완전히 녹여 투명한 액으로 조제
유제	소정량의 약제와 동일한 양의 물에 약제를 가하여 충분히 혼화한 후에 소정량의 물을 가하여 혼화하여 조제

▌농약의 선택 시 고려사항

① 병해충의 종류 및 발생상황

② 농작물의 종류, 품종 및 생육현황

③ 농약의 이화학적 특성 및 작용기작

④ 농민의 영농규모

▌농약의 안전사용기준

① 적용 대상 농작물에 한하여 사용할 것

② 적용 대상 병해충에 한하여 사용할 것

③ 살포시기(일수)를 지켜 사용할 것

④ 적용 대상 농작물에 대한 재배기간 중의 사용가능 횟수 내에서 사용할 것

▌농약의 안전성 평가기준

① 질적 위해성

② 잔류허용기준

③ 1일섭취허용량

▌약제의 조제기준

약제의 조제는 약제의 중량으로 계산하여 조제하는 것이 원칙이다.

수화제, 액상수화제	소정량의 약제를 소량의 물에 넣어 혼합한 다음 희석에 필요한 전량의 물을 부어 충분히 혼화
전착제 첨가	유제 농약의 살포액 조제 방법에 준하여 전착제액을 조제하여 살포액에 첨가하여 혼합

$$\cdot 1ppm = \frac{1mg}{1\ell} = \frac{1g}{1000\ell}$$
$$= \frac{1g}{1,000,000m\ell}$$

(4) 농약소요량 계산

- 소요 농약량$(m\ell, g) = \dfrac{\text{단위면적당 소정살포액량}(m\ell)}{\text{희석배수}}$

- 소요 농약량$(m\ell, g) = \dfrac{\text{추천농도}(\%) \times \text{단위면적당 소정살포량}(m\ell)}{\text{농약주성분 농도}(\%) \times \text{비중}}$

- 희석할 물의 양$(m\ell, g) = \text{소요농약량}(m\ell) \times (\dfrac{\text{농약주성분농도}(\%)}{\text{추천농도}(\%)} - 1) \times \text{비중}$

(5) 농약 사용 시 고려사항

① 기상과의 관계 : 날씨가 좋은 날 살포하여 빨리 말려서 고착시킴
  ㉠ 비가 오기 전·후에 살포 시 약해 발생 우려 및 약제의 유실 가속
  ㉡ 가뭄 시 작물의 엽면흡수가 왕성해지므로 약해 주의
  ㉢ 심한 태풍 후 잎과 줄기의 상처로부터 약액이 침투하여 약해발생 우려
  ㉣ 바람이 강할 때에는 약제가 날아가 버리기 쉬우므로 살포 금지
  ㉤ 기온이 너무 높을 때에는 약해가 일어나거나 효과 저하 발생
  ㉥ 기온이 낮을 때에는 병균이나 해충이 동면상태에 있어 저항력이 크므로 효력 저하
  ㉦ 일광이 직사되는 곳에서는 약액입자의 집광작용에 의해 잎이나 줄기가 타는 경우도 발생

② 혼용할 수 없는 농약 : 대부분의 농약은 다른 약제와 혼용하면 약해가 일어나거나 분해되어 효력이 없어지는 것도 많으므로 농약혼용가부표 참고

③ 작물에 대한 약해 : 농작물에 농약을 살포하여 병해충을 방제하였을 때 며칠 후 갑자기 엽소, 반점, 위조, 낙엽 등 발생
  ㉠ 대부분의 농약은 약해를 낼 요인을 가지고 있으며, 주성분 자체, 보조제 등에 의해서도 많이 발생
  ㉡ 작물이 연약하게 자랐거나 비바람이 지나간 후, 개화시기에 약해 발생용이

④ 농약에 대한 해충의 저항성 : 같은 약제를 계속 사용하여 살충력이 낮아지면, 그 해충은 그 약제에 대하여 저항성이 생긴 것이며, 저항성이 생기면 그 약제는 사용할 수 없음

⑤ 천적과 방화 곤충 : 방화곤충이나 유력한 천적이 활동하는 지역과 시기에는 농약의 살포를 피하거나 영향을 덜 주는 사용법 선정

▌약제 저항성(Drug resistance)
해충이 농약 등의 물질에 저항성이 생겨 농약 등을 처리해도 죽지 않는 경우가 생기는데 이를 약제 저항성이라 한다. 이 저항성은 몇 세대를 지나면서 생기게 된다. 즉 살아남은 해충이 있을 경우 그 자손은 농약에 대한 저항성을 가지게 되며 세대가 지날수록 점점 더 약제 저항성이 강해진다. 해충의 세대 간이 짧을수록, 농약의 잔효성이 길수록, 농약의 농도 및 살포횟수가 많을수록 크게 나타난다.

▌교차 저항성(Cross resistance)
저항성이 생긴 해충이 그 약제뿐만 아니라 사용하지 않은 약제에 대해서도 저항성을 갖는 것을 말한다. 교차저항성의 일종으로 살충작용이 다른 2종 이상의 약제에 대하여 동시에 해충이 저항성을 나타내는 현상은 복합 저항성(multiple resistance)이라 한다.

▌교차보호(Cross protection)
약독계통의 바이러스를 이용하여 강독계통의 바이러스 감염을 예방하는 것을 말한다.

(6) 농약의 혼용

1) 장단점

장점	단점
·농약의 살포횟수를 줄여 방제비용 절감 ·서로 다른 병해충의 동시방제를 통한 약효 상승 ·동일 약제의 연용에 의한 내성 또는 저항성 발달 억제 ·약제간 상승 작용에 의한 약효 증진	·약제에 따라 다른 약제와 혼용 시 농약 성분의 분해에 의한 약효 저하 ·농작물의 약해발생

2) 농약 혼용 시 주의점

① 혼용가부표를 반드시 확인 할 것

② 표준 희석배수를 반드시 준수할 것

③ 2종 혼용을 원칙으로 하고 다종 약제의 혼용 회피

④ 살포액을 만들 경우 두 가지 이상의 약제를 섞지 말고 한 약제를 완전히 섞은 후 다음 약제를 추가 혼합

⑤ 수화제와 다른 약제 혼용 시 액제(수용제)-수화제(액상수화제)-유제 순으로 혼합

⑥ 혼용 희석 시 침전물이 생긴 희석액은 사용금지

⑦ 조제한 살포액은 오래 두지 말고 당일에 사용

⑧ 다종 혼용 시 농약을 표준량 이상 살포금지

(7) 농약의 독성 표시

① LD50(Lethal Dose 50) : 포유동물을 대상으로 실험동물에 약제를 투여하여 처리된 동물 중 반수(50%)가 죽음에 이를 때의 동물 개체당 투여된 약량(반수치사량)으로 화학물질의 급성독성의 강·약도를 결정하는 값

  ㉠ 급성 경구·경피독성 : 동물체중 1kg에 대한 독물량(mg)으로 표시(mg/kg)

  ㉡ 흡입독성 : ppm이나 mg/m^3, mg/ℓ으로 표시

② TLm(Median Tolerance Limit) : 어류에 대한 독성시험의 결과를 나타내는 값으로, 어류를 급성 독물질이 포함되어 있는 배수의 희석액 중에 일정 시간 사육한 후, 그 기간 동안에 시험물고기의 50%가 살아남았을 때의 배수 농도(ppm)로 표시

③ 조류나 꿀벌, 누에, 천적 등 익충에 대한 독성도 포유동물에 대한 급독성과 같이 반수치사량(LD50)으로 표시

농약의 독성표시 기호

① LD50(Lethal Dose 50) : 반수치사약량

② LC50(Lethal Concentration 50) : 반수치사농도

③ ED50(Effective Dose 50) : 반수영향약량

④ EC50(Effective Concentration 50) : 반수영향농도

(8) 농약살포방법

분무법	·유제, 수화제, 수용제 등 약제를 물에 희석하여 분무기로 살포하는 법 ·분제에 비해 식물체에 오염이 적고, 약제의 혼합이 용이하여 가장 많이 이용 ·분무기에서 분출되는 살포액의 입자를 작게 하여 약액이 골고루 부착되도록 하는 것이 중요 ·농약살포는 아침, 저녁이 좋고 한낮의 온도가 높을 때는 약해 발생 우려 ·배부식 수동분무기, 동력분무기, 헬기이용 등으로 살포
분제살포법	·약제 조제와 물이 필요하지 않으므로 작업이 간편하고 노력이 적게 들어, 단위시간당 액제보다 넓은 면적 살포 가능 ·나무가 약제에 의해 오염되기 쉽고, 바람이 많이 부는 날은 살포 불가능 ·약제가루가 떠다니므로 인가 주변이나 큰 도로 가까이에는 사용 곤란 ·살포량은 줄기나 잎을 손으로 문질렀을 때 가루가 손에 묻을 정도면 적당 ·농약살포는 아침에 하는 것이 좋으며 저녁때는 상승기류가 없을 때 살포
입제살포법	·손에 고무장갑을 끼고 직접 뿌릴 수 있어 다른 약제에 비해 살포가 간편 ·면적이 넓을 때 입제 살포기 또는 헬기를 이용 ·입제를 지면에 살포하는 법, 땅속에 묻는 법, 직접 식물에 뿌리는 법으로 사용
미스트법	·원심식 송풍기에 의해 $30 \sim 60\mu m$의 미립자로 살포(분무기 살포 $80 \sim 300\mu m$) ·약제를 고농도로 미량 살포할 수 있어 분무법에 비해 살포량을 $1/3 \sim 1/5$로 줄일 수 있으므로 살포인력 절약
연무법	약제의 주성분을 연기($10 \sim 20\mu m$)의 형태로 해서 사용하는 법(모기향)
훈증법	저장 곡물 또는 종자 소독 시 밀폐된 곳에 넣고 약제를 가스화시켜 방제
관주법	토양 내에 서식하는 병해충을 방제하기 위하여 땅 속에 약액을 주입하는 법
토양처리법	·토양의 표면이나 땅 속에 서식하는 병해충을 방제하기 위한 약제를 토양의 표면이나 땅 속에 살포 ·침투성 약제를 토양에 처리하여 나무의 뿌리로 약액을 흡수하게 하여 수관에 서식하는 병해충 방제
침지법	종자나 종묘를 소독하기 위하여 희석액에 종자를 담가 병해충 사멸
분의법	종자의 소독을 위해 분제로 된 약제를 종자에 피복시켜 병해충 사멸
도포법	나무줄기에 환상으로 약액을 발라 이동하는 해충을 잡거나, 가지 절단부위, 상처부위에 병균이 침입하지 못하도록 약제 처리
나무주입	나무줄기에 구멍을 뚫고 침투이행성이 높은 약제를 넣어 잎이나 줄기를 가해하는 해충 방제, 특히 솔잎혹파리와 솔껍질깍지벌레 방제에 주로 이용

▌경사도에 의한 조정배수

경사도(°)	표준살포량에 대한 배수
5~10(완)	1.02
10~15(완)	1.04
15~20(중)	1.07
20~25(중)	1.11
25~30(중)	1.16
30~35(급)	1.23
35~40(급)	1.32

(9) 농약 살포 시 주의사항

① 마스크, 보안경, 고무장갑 및 방제복 등 착용, 바람을 등지고 뿌리며 작업 후 깨끗이 씻을 것

② 농약의 혼용 시 해당년도, 해당 제조회사에서 제공한 농약혼용가부표를 확인

③ 살포 전·후 살포기 세척, 남은 희석액과 세척한 물의 하천 유입방지

④ 농약의 개봉(병뚜껑·봉지) 시 신체(눈, 코, 입, 피부 등)에 내용물이 묻지 않도록 할 것

⑤ 사용하고 남은 농약은 다른 용기에 옮겨 보관하지 말고, 밀봉한 뒤 햇빛을 피해 건조하고 서늘한 장소에 보관

⑥ 신체이상(감기, 알레르기, 임신, 천식, 피부병 등) 시 약제의 살포 및 취

▌사용법에 관한 주의사항

① 희석해서 사용하는 농약은 사용 약량을 지켜 물에 희석한 후 분무기를 이용하여 수목에 충분히 묻도록 뿌릴 것

② 입제나 원액을 그대로 사용하는 농약은 물에 희석하지 말고 사용법과 사용량에 따라 사용할 것

③ 라벨의 표기사항에 의문이 있을 경우 해당회사나 농약 판매점에 문의할 것

급 금지

⑦ 이상기후(이상고온, 이상저온, 과습, 건조 등) 시 약해의 발생 주의

⑧ 적용 대상 수종과 병해충, 잡초 이외에는 사용하지 말 것

⑧ 살포작업은 한낮 뜨거운 시기를 피하고, 아침, 저녁 시원할 때 할 것

⑨ 살포작업은 한 사람이 2시간 이상 하지 말 것

⑩ 제4종 복합비료(영양제)와 농약을 섞어서 사용하는 것은 약해의 원인이 되므로 유의

⑪ 식물전멸제초제(비선택성 제초제)는 작물의 근처에서 절대 사용을 금하고, 전용 살포기 사용 및 사용 후 반드시 방제기구를 세척

❹ 대표적 살균제

(1) 동제(銅製 구리제) 보르도액

① 보호살균제로 효력이 뛰어나고 저렴

② 황산동과 생석회로 조제 : 1ℓ당 황산동의 g수(a)와 생석회의 g수(b)를 a−b식으로 표시

③ 사용할 때마다 제조하여 사용, 제조 후 곧바로 뿌려야 효과적

④ 제조 시 석회유와 황산동액을 따로 나무통(금속용기 부적당)에서 만든 후 석회유에다 황산동액을 부어 조제

⑤ 전착제를 가해서 고압분무기로 제1차전염이 일어나기 1주일 전에 살포

⑥ 살포약제의 유효기간은 약 2주간이므로 살포간격도 2주 간격으로 실시

⑦ 약제살포는 바람이 없는 약간 흐린 날이 적당

⑧ 삼나무붉은마름병, 소나무묘목잎마름병, 활엽수의 각종 반점병·잿빛곰팡이병·녹병 등 지상부를 침해하는 병에 적용(흰가루병이나 토양전염병에는 무효)

(2) 유기수은제

① 직접살균제로 효과가 뛰어나나 독성이 커 종자소독에만 인가

② 수화제의 경우 종자를 3~4시간 침지 후 그늘에 말려서 파종

③ 분제의 경우 종자 1kg당 12~20g의 비율로 분의(전체에 묻힘)한 후 파종

④ 약제는 그늘에서 조제하고 한번 만든 약액은 1~2일 내에 사용

▌**보르도액 조제**
① 보르도액 1ℓ를 만드는 데 황산동 6g, 생석회 6g을 사용하면 6−6식 보르도액으로 지칭
② 황산동 450g에 배합되는 생석회의 양에 따라 반량(半量 소석회)·등량(等量 석회)·배량(倍量 과석회)보르도액이라 하며, 같은 양의 원료를 가지고 물의 양에 따라 6두식(斗式)·8두식(斗式)으로 부르며, 두 개를 붙여서 6두식반량보르도액, 8두식배량보르도액 등으로 표기
③ 1말(斗) = 약 18ℓ

▌식물체 부분 중 동의 독성에 가장 예민한 곳은 어린뿌리로 피해에 주의한다.

▌**약제의 용도구분 색깔**

살균제	분홍색
살충제	녹색
제초제	황색
생장조정제	청색
맹독성 농약	적색
기타약제	백색
혼합제 및 동시방제제	해당 약제색 한 가지 선택

▌**살균제**
① 보호살균제 : 침입 전 살포로 병으로부터 보호한다.
② 살균제 : 병환부위에 뿌려져 살균한다.
③ 치료제 : 기주식물 내부조직에 침입 후 작용한다.

▌**동제 종류**
① 무기동제 : 보르도혼합액, 동수화제
② 유기동제 : 옥신코페, 코퍼하이드록사이드

▌**보르도액**
1885년 프랑스의 Millardet가 포도의 노균병 방제에 보르도액이 효과가 있음을 발견했다. 포도 노균병(露菌病)에 효과가 있는 것을 발견한 이래 현재까지도 과수나 화훼작물에 보호살균제로서 널리 사용되고 있다. 이 농약은 다른 농약과 달리 사용하려고 할 때 농가에서 직접 제조하여 사용한다는 것이 특징이다.

(3) 황제(黃製 유황제)

무기 황제	석회황합제	적갈색 물약으로 흰가루병과 녹병, 깍지벌레 방제, 겨울철 수목의 휴면기에 살균과 살충을 겸하여 사용 가능
	황	황의 미분말을 분제·수화제 형태로 만들어 흰가루병과 녹병 방제
유기 황제	지네브(Zineb)제	각종 탄저병, 녹병, 낙엽송끝마름병 – 다이센 Z-78, 파제이트
	마네브(Maneb)제	지네브와 동일 – 다이센 M-22
	퍼밤(Ferbam)제	각종 녹병, 흰가루병, 점무늬병 – 퍼메이트
	지람(Ziram)제	퍼밤제와 동일 – 저얼제이트
	티람(Thiram)제	종자소독과 토양소독, 소나무설부병 – 아라산, 티오산
	아모밤(Amobam)제	각종 녹병, 흰가루병, 잿빛곰팡이병 – 다이센스텐리스

(4) 유기합성살균제

PNCB제	리조토니아균에 의한 입고병, 흰비단병, 흰빛날개무늬병, 설부병
CPC제	유기염소제의 일종으로 목재의 변색 및 부후 방지에 사용, 석회황합제와 혼합하여 월동병해방제를 위한 휴면기살포제로 효과적
캡탄(Captan)제	종자소독과 잿빛곰팡이병, 모잘록병

(5) 항생물질제

① 미생물의 대사생산물을 주성분으로 하며, 세균성병에 유효한 것과 진균성병에 유효한 것으로 구분(침투이행성이 강해 병원균에 유효)

② 사이클로헥사마이드(cyclohexamide) : 잣나무털녹병, 낙엽송끝마름병, 소나무잎녹병

③ 옥시테트라사이클린(oxytetracycline) : 파이토플라스마에 의한 오동나무·대추나무빗자루병, 뽕나무오갈병, 복숭아·자두세균성구멍병

④ 스트렙토마이신(streptomycin), 아그리마이신(agrimycin) : 감귤·매실궤양병, 복숭아세균상구멍병, 자두검은점무늬병

(6) 항바이러스제(리바비린 ribavirin)

항바이러스 작용을 하는 합성 뉴클레오시드(nucleoside)제로 병든 식물체에 살포하거나 주입하여 바이러스의 증식 억제

⑤ 살충제

유기인계	·현재 사용중인 살충제 중 가장 많고, 환경생물에 대한 영향도 가장 큰 농약 ·인축에 대한 독성은 높으나, 광선이나 기타 요인에 의해 소실이 빨라 환경에서의 잔류성은 짧음 ·그로포수화제, 다수진입제, 다이포입제, 디디브이피유제, 디메토유제, 디프수화제, 메티온유제, 메카밤유제, 메타유제, 메프수화제, 모노포유제, 아시트수화제, 아조포유제, 아진포수화제, 에토프입제, 오메톤액제, 이피엔유제, 타보입제, 파프수화제, 포스트수화제, 포스팜수화제

침투성 살균제

침투이행성이 있어 예방 및 치료효과를 나타내지만 보호살균제에 비해 적용범위가 좁고 병원균의 저항성이 발생할 우려가 많다. – 메탈락실, 베노밀, 카벤다짐, 티오파네이트메틸, 카복신, 메프로닐, 티아벤다졸, 페날리몰

카바메이트계	·살충작용이 선택적이고, 체내에서 빨리 분해되어 인축에 대한 독성이 적은 화합물 ·나크수화제, 메소밀수화제, 벤즈유제, 테믹입제
유기염소계	·살충력이 강하고, 적용범위가 넓으며, 인축에 대한 급독성은 낮으나 생태계 내의 잔류성과 생물농축성이 높음 ·테디온유제, 디코폴유제, 디엘드린제, 엔도설판유제, DDT, BHC, 드린제, 헵타클로르
합성피레스 로이드계	·일반적으로 낮은 농도에서 살충력이 크고, 선택적이며 저독성인 화합물 ·델타린유제, 알파스린유제, 에스밴수화제, 펜프로유제, 프로싱유제

▌기계유

유화제로 탄산수소의 석유류 유제가 주성분으로 값이 싸고 독이 없으며 해충의 몸을 덮어 기문을 막아 질식시켜 박멸

▌티오사이클람하이드로젠옥살레이트수화제

네레이스톡신을 기초로 한 천연물유도형 살충제로서 접촉독, 소화중독으로 해충의 신경을 마비시켜 죽게 하는 살충제

▌기타 살충제

• 유기주석계 살충제 : 사이틴수화제, 페부탄수화제, 아시틴수화제
• 혼합제 : 테부코나졸수화제, 디디론수화제
• 계면활성제 : 비티수화제, 주론수화제
• 항생제 : 아바멕틴유제

핵 심 문 제

1 다음 중 수목 단위 개체의 관리가 아닌 것은?

기-05-1

㉮ 정지, 전정
㉯ 하예작업
㉰ 지주목 교체(보수)
㉱ 병해충

2 전정작업의 목적과 관계가 먼 것은? 기-11-1

㉮ 미관
㉯ 실용
㉰ 생리
㉱ 법규

3 조경 수목의 정지와 전정의 목적 및 효과가 아닌 것은?

기-07-4, 산기-08-1

㉮ 나무수종 고유의 수형과 아름다움을 유지한다.
㉯ 수관 내부로 햇빛과 바람이 골고루 통하게 되어 병해 발생이 촉진된다.
㉰ 나뭇가지의 생육을 고르게 한다.
㉱ 나무의 크기를 조절 또는 축소시킬 수 있다.

해 ㉯ 지엽이 밀생한 수목의 통풍과 채광의 확보로 병충해 방지 및 풍해·설해에 대한 저항력이 증진된다.

4 정원수 전정 작업을 설명한 것 중 미관상의 목적으로 하는 것은?

산기-05-2

㉮ 생육을 양호하게 하기 위하여 한다.
㉯ 불균형 및 불필요한 가지를 제거한다.
㉰ 생장을 억제시켜 개화결실을 촉진한다.
㉱ 태풍에 의한 도복의 피해를 방지한다.

5 조경을 목적으로 한 정지(整枝) 및 전정(剪定)의 효과라고 할 수 없는 것은?

기-03-4

㉮ 꽃눈발달과 영양생장의 균형 유도
㉯ 수목의 구조적 안전성 도모
㉰ 화아분화의 촉진
㉱ 수목의 규격화 추구

6 소나무류 새순 자르기(치기)는 주로 어떤 전정의 방법에 해당하는가? 산기-10-4, 산기-04-2, 산기-12-1

㉮ 노쇠한 것을 갱신시키기 위한 전정
㉯ 생장을 조장시키기 위한 전정

㉰ 생장을 억제시키기 위한 전정
㉱ 생리 조절을 위한 전정

7 매화나무의 경우 꽃이 피고 난 후 강전정을 실시하는 경우가 있다. 이러한 전정의 목적은?

산기-04-4, 산기-09-1

㉮ 수형 조절
㉯ 생장 억제
㉰ 수분수급 조절
㉱ 개화결실 촉진

8 강전정을 실시하면 수세가 약해지고 소나무의 순지르기 및 감탕나무, 녹나무, 굴거리나무와 같은 상록활엽수류의 전정시기로 가장 적당한 때는?

산기-08-2, 기-07-4, 기-09-1

㉮ 겨울
㉯ 봄
㉰ 가을
㉱ 여름

9 일반적으로 침엽수의 전정시기로 다음 중 가장 적합한 것은? 기-08-4

㉮ 4~5월
㉯ 6~7월
㉰ 8~9월
㉱ 11~12월

10 봄에 꽃이 진후에 전정(춘계전정)하는 것은?

기-05-4

㉮ 장미
㉯ 목련
㉰ 벛나무
㉱ 배롱나무

해 봄에 꽃이 피는 화목류는 꽃이 진 후에 전정(진달래, 철쭉류, 목련류, 서향, 동백나무 등)

11 진달래, 철쭉류의 가장 알맞는 전정 시기는?

산기-02-2, 산기-05-2

㉮ 봄의 새싹이 나오기 직전
㉯ 낙화 직후
㉰ 10~11월의 가을철
㉱ 12~1월의 겨울철

12 전년도의 가지에도 꽃이 피는 라일락의 아름다운 개화 상태를 감상하기 위한 가장 적절한 전정 시

기는?　　　　　　　　　　　　　기-04-4, 기-09-4

㉮ 봄철 꽃이 진 바로 직후

㉯ 지엽이 무성한 여름철

㉰ 낙엽이 진 직후의 가을철

㉱ 겨울철 휴면기

13 장미의 동기 전정 시기로 가장 적합한 것은?

산기-10-1

㉮ 눈이 부풀어 오를 때　　㉯ 눈이 트고 난 후

㉰ 눈이 휴면기일 때　　　㉱ 눈이 자랐을 때

14 조경 수목에서 굵은 가지솎기나 베어내기와 같이 수형을 다듬기 위한 강전정을 실시해도 나무의 손상이 적은 시기의 전정은?　　　　　기-02-1, 기-08-1

㉮ 춘기전정　　　　　　㉯ 하기전정

㉰ 추기전정　　　　　　㉱ 동기전정

해 동기전정(12~3월)은 휴면기간 중에 굵은가지의 솎아내기나 베어내기와 같은 수형을 다듬기 위한 강전정을 해도 무방(너무 심한 강전정은 주의)

15 조경수의 정지 및 전정 시 고려사항이 아닌 것은?　　　　　　　　　　　　　　산기-06-2

㉮ 주변 환경과 조화를 이루어야 한다.

㉯ 수목의 생리, 생태 특성을 잘 파악해야 한다.

㉰ 각 가지의 세력을 평균화 하고 수목의 미관을 유지시킨다.

㉱ 수목의 주지(主枝)는 가급적 여러 개 자라게 한다.

16 조경수의 정지(整枝)와 전정에 관한 설명이다. 가장 적합한 것은?　　　　　　산기-04-1, 기-05-1

㉮ 주지(主枝)는 일반적으로 3-5개가 적합하다.

㉯ 도장지(徒長枝)는 최대한 보호한다.

㉰ 평행지를 최대한 유도한다.

㉱ 가지의 유인은 뿌리의 자람 방향을 고려한다.

해 정지·전정의 일반원칙

· 무성하게 자란 가지 제거

· 지나치게 길게 자란 가지 제거

· 수목의 주지는 하나로 자라게 유도

· 평행지 만들지 않기

· 수형이 균형을 잃을 정도의 도장지 제거

· 역지, 수하지 및 난지 제거

· 같은 모양의 가지나 정면으로 향한 가지는 만들지 않기

· 뿌리자람의 방향과 가지의 유인 고려

· 기타 불필요한 가지 제거

17 정지, 전정의 방법 중 틀린 것은?

기-03-2, 산기-12-1

㉮ 수목의 주지(主枝)는 하나로 자라게 한다.

㉯ 같은 방향과 각도로 자라난 평행지는 남겨둔다.

㉰ 역지(逆枝), 수하지(垂下枝)및 난지(亂枝)는 제거한다.

㉱ 무성하게 자란 가지는 제거한다.

18 조경 수목의 전정에 관한 설명으로 가장 옳은 것은?　　　　　　　　　　　　　산기-05-1

㉮ 도장지(徒長枝)와 역지(逆枝)는 가급적 보호한다.

㉯ 꽃과 열매를 감상하는 수종은 강한 도장지를 유도한다.

㉰ 이식한 수목은 활착을 돕기 위하여 가급적 전정을 실시한다.

㉱ 전정은 개화와 결실에는 영향을 미치지 않는다.

해 ㉮, ㉯ 수목의 각 부분을 균형 있게 생육하기 위해 도장지, 역지 등은 제거해야 한다.

㉱ 개화·결실을 촉진시키기 위해 전정을 한다.

19 전정시의 작업 방법으로 적합하지 못한 것은?

산기-09-2

㉮ 가지를 자를 때는 상부의 주지부터 전정한다.

㉯ 상부는 강하게 하부는 약하게 전정한다.

㉰ 강전정을 하면 대체로 세력이 약한 가지가 나오게 되므로, 능수버들과 단풍나무는 강전정을 한다.

㉱ 수관 밖에서부터 작업하여 내부가지를 전정한다.

해 ㉰ 강전정을 하면 대체로 세력이 약한 가지가 나오게 되므로, 능수버들과 단풍나무 같이 부드러운 느낌을 주는 수목은 약전정을 해 가지의 발생을 유도하는 것이 좋다.

20 조경 수목의 유지관리를 위한 올바른 전정 방법이 아닌 것은?　　　산기-05-4, 기-03-1, 산기-03-4

㉮ 수목의 지엽이 지나치게 무성한 경우 하계 전정으로 가지를 정리한다.

㉯ 진달래나 철쭉, 목련류 등의 화목류는 낙화 직전에 춘계 전정을 하면 좋다.

㉰ 나무를 이식하기 전에는 단근된 지하부와 균형을 위해 굵은 가지를 친다.

㉱ 소나무류는 윤생지의 발생을 억제하기 위해 순꺾기를 봄철에 행한다.

해 ㉯ 진달래나 철쭉류, 목련 등의 봄꽃나무는 봄에 꽃이 진 후 곧바로 전정을 하는 것이 좋다.

21 다음 전정 및 정지에 대한 설명 중 부적합한 것은?
산기-07-2

㉮ 산울타리의 경우 1년에 2~4회의 전정이 필요하다.

㉯ 꽃이 피는 수목의 전정은 꽃이 진 직후가 좋다.

㉰ 낙엽활엽수의 전정은 낙엽후인 10월부터 12월까지가 적당하다.

㉱ 나무의 생장 습성을 고려하여 위쪽은 약하게 아래쪽은 강하게 전정한다.

해 ㉱ 나무의 생장 습성을 고려하여 위쪽은 강하게 아래쪽은 약하게 전정한다. (정부우세성)

22 조경 수목의 전정 요령에서 정부우세성(頂部優勢性)을 고려해야 한다. 다음 중 이 원칙을 올바르게 적용한 것은?
산기-02-1

㉮ 전정 시 수목의 정단부를 무성하게 하기 위해 윗가지는 되도록 자르지 않는다.

㉯ 윗가지는 강하게 자라므로 윗가지는 짧게 남기고 아래가지는 길게 남긴다.

㉰ 대부분의 수목은 윗가지보다 아랫가지가 강하게 자라므로 아랫가지를 강전정한다.

㉱ 전정 작업 시 아랫가지는 강하게 자라므로 윗가지를 소중히 다루고 우선적으로 보호한다.

23 조경 수목의 교목(喬木)류 전정에 대한 내용 중 옳지 못한 것은?
산기-02-4, 산기-09-1

㉮ 나무의 모양을 잡기 위한 전정은 낙엽 직후에 실시한다.

㉯ 그 나무의 고유 수형을 충분히 고려한다.

㉰ 작업을 수관 아래로부터 위로 올라가면서 실시한다.

㉱ 일반적으로 오른쪽에서 왼쪽으로 돌아가면서 행한다.

해 ㉰ 작업은 수관 위에서부터 아래로 내려오면서 실시한다

24 정지, 전정의 방법 및 작업순서로 틀린 것은?
기-06-2, 산기-03-1

㉮ 주지의 선정이 우선이다.

㉯ 위에서 아래쪽으로, 오른쪽에서 왼쪽의 순서로 작업한다.

㉰ 수형을 축소 또는 왜화 시킬 때는 늦가을에 실시한다.

㉱ 상부는 강하게 하부는 약하게 작업한다.

해 ㉰ 수형을 축소 또는 왜화시킬 때는 이른 봄 수액이 유동하기 전에 실시한다.

25 조경 수목의 정지(整枝), 전정(剪定) 작업에 대한 설명 중 가장 거리가 먼 것은?
산기-05-1

㉮ 정지, 전정 작업은 자연 상태에서 양호한 수형을 유지해주거나, 예술적으로 새로운 수형을 창작하거나 생육 상태의 조절 및 개화결실을 촉진하기 위해 실시한다.

㉯ 지엽이 너무 밀생한 수목은 도장지, 역지(逆枝), 혼합지 등을 정리하여 통풍, 채광이 잘되게 함으로써 병충해를 방지하고 풍해와 설해에 대한 저항력을 강하게 한다.

㉰ 이식수목은 뿌리가 많이 절단되거나 손상되어 생리작용이 약화되고 고사하기 쉽기 때문에 지상부의 잔가지와 지엽을 충분히 남겨 생육을 왕성하게 한다.

㉱ 개화결실을 촉진시키기 위한 전정은 화아 분화의 형성시기와 개화결실시의 습성을 잘 알고 전정하여야 한다.

해 ㉰ 이식수목은 뿌리가 많이 절단되거나 손상되어 생리작용이 약화되고 고사하기 쉽기 때문에 손상된 뿌리로부터 흡수되는 수분의 균형을 위해 지상부의 잔가지와 지엽을 적당히 제거한다.

26 다음 중 가장 많은 전정을 요하는 수종은?

산기-03-4, 산기-06-1

㉮ 회화나무, 팽나무　　㉯ 느티나무, 독일가문비
㉰ 팽나무, 자작나무　　㉱ 쥐똥나무, 옥향

해 ㉱ 쥐똥나무, 옥향 등은 맹아력이 강하므로 강전정을 요한다.

27 다음 중 가장 많은 전정을 요하는 수종으로 짝 지어진 것은? 산기-06-1

㉮ *Sophora japonica L, Celtis sinensis* Pers
㉯ *Zelkova serrata Makino, Picea abies* Karst
㉰ *Gadenia jasminoides for. Grandiflora* MAKINO, *Betula platyphylla var. japonica* HARA
㉱ *Ligustrum obtusifolium* S. et Z., *Juniperus chinesis* var. *globosa*

해 ㉮ 회화나무, 팽나무　　㉯ 느티나무, 독일가문비
　　㉰ 치자나무, 자작나무　　㉱ 쥐똥나무, 옥향

28 일반적으로 전정을 하지 않는 수종은? 기-04-1

㉮ 느티나무　　㉯ 섬잣나무
㉰ 장미　　　　㉱ 향나무

해 전정을 하지 않는 수종

· 침엽수 : 독일가문비, 금송, 히말라야시다, 나한백 등
· 상록활엽수 : 동백나무, 늦동백나무(산다화), 치자나무, 굴거 리나무, 녹나무, 태산목, 만병초, 팔손이, 남천, 다정큼나무, 월 계수 등
· 낙엽활엽수 : 느티나무, 벚나무, 팽나무, 회화나무, 참나무류, 푸조나무, 백목련, 튤립나무, 수국, 떡갈나무, 해당화 등

29 지나치게 자라는 가지의 신장을 억제하기 위해 서 신초의 끝부분을 따버리는 작업은? 기-09-4

㉮ 적아(摘芽)　　㉯ 적심(摘心)
㉰ 전정(剪定)　　㉱ 적엽(摘葉)

30 적심(摘心)에 관한 설명으로 가장 적합한 것은? 산기-09-1

㉮ 상록성 관목류의 전정을 통칭하는 뜻이다.
㉯ 토피아리 전정의 한 방법이다.
㉰ 꽃눈 조절을 위한 과수의 전정방법이다.
㉱ 새로 나온 연한 순을 자르는 것이다.

해 적심은 불필요한 곁가지를 없애고 지나치게 자라는 가지의

신장을 억제하기 위하여 신초의 끝부분을 제거하는 것으로, 상장생장(上長生長)을 정지시키고 곁눈의 발육을 촉진시켜 새 로운 가지의 배치를 고르게 하고 개화작용을 조장하며 소나 무류와 등나무 등의 일부 수종에 실시한다.

31 적심(摘芯)에 관한 설명으로 가장 적합한 것은? 산기-06-1

㉮ 해마다 반복 실시하면 가지의 신장을 촉진하는 효과가 있다.
㉯ 가급적 목질화 이후에 실시한다.
㉰ 소나무의 경우 새 잎의 보호를 위해 전정가위보 다 손톱으로 순지르기를 한다.
㉱ 대부분의 조경수는 적심을 실시해야 한다.

32 식물의 아래 잎에서부터 위로 차츰 황화(Chlorosis) 현상이 일어나고 심하면 잎 전면에 나타나며 잎이 작고 그 수가 적어진다. 초본류에서는 초장이 낮아지고 일찍 낙엽현상이 일어난다. 이와 같은 증상이 비료의 결핍에 원인이 있다면 다음 중 어느 성분인가? 산기-04-4

㉮ 질소　　㉯ 인산　　㉰ 칼륨　　㉱ 석회

33 질소 성분의 결핍현상 설명으로 부적합한 것은? 산기-08-2

㉮ 활엽수의 경우 황록색으로 변색된다.
㉯ 침엽수의 경우 잎이 짧고 황색을 띤다.
㉰ 눈(shoot)의 크기는 지름이 다소 짧아지고 작아 진다.
㉱ 조기에 낙엽이 되거나 잎이 부서지기 쉽다.

해 ㉱ 마그네슘(고토 Mg)의 결핍현상이다.

질소(N)의 결핍현상

· 활엽수 : 잎이 황록색으로 변하고, 잎의 크기가 다소 작고 두 꺼워지며, 잎수가 적어지고, 조기 낙엽과 눈(shoot)의 지름이 다소 짧아지고 작아지며, 적색 또는 적자색으로 변색
· 침엽수 : 침엽이 짧아지고 황색으로 변하며, 개엽(開葉)상태가 다소 빈약하고, 수관의 하부는 황색으로 변색

34 낙엽성 활엽수의 질소(N)질 결핍현상을 바르게 설명한 것은? 기-02-1, 기-03-2, 산기-09-2

㉮ 조기 낙엽현상과 열매가 작아진다.

㉯ 황화현상과 함께 잎이 말린다.

㉰ 잎의 끝이 마르거나 뒤틀린다.

㉱ 잎이 황록색으로 변하며 잎이 작고 적게 핀다.

35 양분의 결핍현상으로서 활엽수의 경우, 잎맥, 잎자루 및 잎의 밑 부분이 적색 또는 자색으로 변하며 조기에 낙엽현상이 생기고 꽃의 수는 적게 맺히며 열매의 크기가 작아지는 현상을 일으키는 것은?
기-03-4, 산기-10-4

㉮ 질소(N)　　　　㉯ 인산(P)

㉰ 칼륨(K)　　　　㉱ 칼슘(Ca)

해 인산(P)의 결핍현상

· 활엽수 : 엽맥, 엽병 및 잎의 밑부분이 적색 또는 자색으로 변하며, 눈의 지름이 보다 가늘어지고, 꽃의 수도 적게 맺히며, 열매의 크기도 작아짐

· 침엽수 : 침엽이 구부러지며 나무의 하부에서부터 상부로 점차 고사

36 다음의 표현은 어느 양분의 결핍 현상인가?
기-04-2, 기-09-4, 기-10-1

"활엽수의 경우 잎이 황화현상을 보이며, 쭈글쭈글해지거나 위쪽으로 말린다. 침엽수의 경우는 침엽이 황색 또는 적갈색으로 변하며, 끝부분이 괴사(壞死)하게 되며, 묘목의 경우는 수고가 낮아지고 서리의 피해를 받기 쉽다."

㉮ N　　　　㉯ P

㉰ K　　　　㉱ Ca

해 칼륨(K)의 결핍현상

· 활엽수 : 잎이 황색으로 변하며 쭈굴쭈굴해지거나 위쪽으로 말리고, 화아는 매우 적게 맺히며 눈의 끝부분이 고사

· 침엽수 : 침엽이 황색 또는 적갈색으로 변하며 끝부분이 괴사

· 묘목의 경우 수고가 낮아지고 눈이 많이 달리고, 서리의 피해 용이

37 비료성분 중 식물체의 웃자람을 막고 체내에 유기산과 화합하여 이것을 중화하고 특히 꽃의 화아 형

성을 좋게 하며 부족 시 어린잎과 가지가 말라 죽거나 끝이 오므라드는 현상과 관련된 것은?　기-05-1

㉮ 질소(N)　　　　㉯ 인산(P)

㉰ 철(Fe)　　　　㉱ 석회(Ca)

38 다음 현상은 어떤 양분이 결핍된 것인가?
산기-03-1, 산기-05-4

"열매는 정상적인 것보다 크기가 작게 달리고, 잎맥과 잎가 부위에 황백화 현상이 보이며, 활엽수의 경우 잎이 더욱 얇아지고 부스러지기 쉽다."

㉮ N　　　　㉯ P

㉰ K　　　　㉱ Mg

39 활엽수의 경우 질소부족현상과 유사한 현상이 나타나며 잎의 폭이 좁아지고 꽃의 크기가 작고 적게 맺히는 경우 결핍된 미량 원소는?　기-06-2

㉮ 붕소(Br)　　　　㉯ 철(Fe)

㉰ 아연(Zn)　　　　㉱ 몰리브덴(Mo)

40 조경 수목의 생육에 반드시 필요한 비료의 3요소에 해당되는 것은?　기-09-1

㉮ 요소, 석회, 석회질소

㉯ 요소, 용성인비, 염화칼륨

㉰ 요소, 황산암모늄, 용성인비

㉱ 요소, 용성인비, 석회

해 비료의 3요소 : 질소(N), 인산(P_2O_2), 칼리(K_2O)

· 질소질비료 : 황산암모늄, 염화암모늄, 질산암모늄, 요소, 석회질소, 칠레초석

· 인산질비료 : 골분, 구아노, 겨, 과린산석회, 중과린산석회, 용성인비, 용과린, 토마스인비, 소성인비, 인산질암모늄

· 칼리질비료 : 염화칼리, 황산칼리, 초목회

41 100kg비료의 포대에 영양분의 표시가 20-10-5로 표시된 비료의 인산(P_2O_2) 함량은 얼마인가?
산기-02-1

㉮ 5kg　　　　㉯ 10kg

㉰ 20kg　　　　㉱ 25kg

해 비료의 영양성분은 질소(N) – 인산(P_2O_2) – 칼리(K_2O)로 표시하므로 비료 100kg 중 질소 20kg, 인산 10kg, 칼리 5kg이 함유되어 있다.

42 N : P_2O_5 : K_2O의 비가 5 : 3 : 2인 배합비료 300kg을 황산암모늄(N 20.0%), 과린산석회(P_2O_5 16.0%), 황산칼륨(K_2O 48.0%)을 원료로 제조할 경우 배합률로 맞는 것은?

기-04-4

㉮ 황산암모늄 150kg, 과린산석회 90kg, 황산칼륨 60kg

㉯ 황산암모늄 60kg, 과린산석회 48kg, 황산칼륨 144kg

㉰ 황산암모늄 71kg, 과린산석회 57kg, 황산칼륨 171kg

㉱ 황산암모늄 157kg, 과린산석회 117kg, 황산칼륨 26kg

해 비례식을 사용하여 재료량을 산정한다.

· $\frac{5}{0.2}$: $\frac{3}{0.16}$: $\frac{2}{0.48}$ = 25 : 18.75 : 4.17

→ 25 + 18.75 + 4.17 = 47.92의 상대적 비율로 계산

· 황산암모늄 = $\frac{25}{47.92}$×300 = 156.51(kg)

· 과린산석회 = $\frac{18.75}{47.92}$×300 = 117.38(kg)

· 황산칼륨 = $\frac{4.17}{47.92}$×300 = 25.16(kg)

43 시비에 대한 설명 중 적당하지 않은 것은?

산기-09-4

㉮ 추비(追肥)는 일반적인 수종에서는 눈이 움직일 무렵, 화목(花木)의 경우에는 개화 직후에 준다.

㉯ 비료는 수관선(樹冠線)을 따라 20cm 내외의 홈을 파서 주는 것이 효과적이다.

㉰ 화목류에는 7~8월경 인산질 비료를 많이 주어야 화아형성을 촉진한다.

㉱ 지효성의 유기질 비료는 덧거름으로, 황산암모늄과 같은 속효성 비료는 밑거름으로 준다.

해 ㉱ 지효성의 유기질 비료는 밑거름으로, 황산암모늄과 같은 속효성 비료는 덧거름으로 준다.

44 밑거름(基肥)의 사용법에 대한 설명 중 가장 올바른 것은?

기-04-4

㉮ 수간(樹幹)의 기부(基部)에 사용함

㉯ 꽃눈(花芽)의 분화를 촉진시키기 위해 꽃눈이 생기기 직전에 사용함

㉰ 지효성(遲效性)비료를 사용함

㉱ 수목의 생장기에 사용함

해 ㉮, ㉯, ㉱항은 추비(追肥 웃거름·덧거름)에 대한 설명이다.

기비(基肥 밑거름) : 파종하기 전이나 이앙·이식 전에 주는 비료로 작물이 자라는 초기에 양분을 흡수하도록 주는 비료

· 주로 지효성(또는 완효성)유기질 비료를 사용

· 늦가을 낙엽 후 10월 하순~11월 하순 땅이 얼기 전, 또는 2월 하순~3월 하순의 잎이 피기 전 시비

· 연 1회를 기준으로 시비

45 조경 수목에 대한 시비방법으로 적절하지 못한 방법은?

기-09-1

㉮ 시비횟수는 1년에 1~2회로서 추비는 속효성 비료를 준다.

㉯ 비옥한 밭흙에 식재한 경우 당장 시비할 필요가 없으나 시비량은 조절한다.

㉰ 석회질소는 뿌리에 직접 닿지 않게 하며, 황산암모늄과 과인산석회는 혼용을 금한다.

㉱ 과인산석회나 계분 등의 인산질비료는 잎을 무성하게 하므로 엽비라 한다.

해 ㉱ 잎이나 줄기등의 생육을 촉진해 잎의 색을 진하게 해 엽비로 불리는 것은 질소질비료이며, 황산암모늄, 염화암모늄, 질산암모늄, 요소, 석회질소, 칠리초석 등이 있다.

46 수목의 시비방법으로 시비용 구덩이 깊이를 가장 바르게 표시한 것은?

산기-05-2, 산기-09-1

㉮ 지표면 가까이 10~20cm 정도

㉯ 지표에서 25~30cm 깊이

㉰ 지표에서 35~45cm 깊이

㉱ 지표에서 50cm 이상 깊이

해 시비용 구덩이는 깊이 25~30cm, 폭 20~30cm 정도, 간격 0.6~1.5m 정도로 배치한다.

47 다음 중 가장 좋은 시비 구덩이의 위치는?

산기-02-2

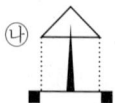

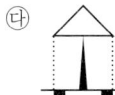 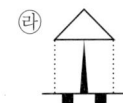

㉰ ㉱

48 수목 시비법 중 쥐똥나무 생울타리에 적합한 시비방법은?
산기-10-4, 기-08-4
㉮ 선상시비법 ㉯ 윤상시비법
㉰ 대상시비법 ㉱ 전면시비법

해 선상시비법 : 산울타리 등의 대상군식이 되었을 경우 식재 수목을 따라 일정간격을 띄어 도랑처럼 길게 구덩이를 파서 비료 살포

49 다음 중 수목 관리 시 토양 내 시비방법이 아닌 것은?
산기-10-2
㉮ 윤상시비법 ㉯ 전면시비법
㉰ 대상시비법 ㉱ 엽면시비법

해 시비목적으로 땅을 갈거나 구덩이를 파고, 또는 주사식(관주)으로 비료성분을 직접 토양내부로 유입시키는 토양 내 시비법으로는 방사상시비, 윤상시비, 전면시비, 대상시비, 선상시비, 천공시비, 환상시비 등이 있다.

50 수목의 시비방법에 관한 설명으로 부적합한 것은?
기-10-1
㉮ 표토시비법은 작업이 신속하여 좋으나, 비료의 유실이 많다.
㉯ 토양내 시비법은 용해가 어려운 비료 사용에 적합하다.
㉰ 엽면시비법은 미량원소의 부족 시 그 효과가 빠르다.
㉱ 수간주사법은 인력과 시간이 가장 적게 소요된다.

해 ㉱ 수간주사법은 인력과 시간이 많이 소요되므로 가급적 특수한 경우에 적용한다.

51 다음 중 시비 방법이 좋지 않은 것은?
산기-04-4, 산기-07-4
㉮ 작은 나무들이 가깝게 식재된 경우 → 전면시비
㉯ 교목이 넓은 간격으로 식재된 경우 → 방사상 시비
㉰ 경계선의 산울타리 → 윤상시비
㉱ 뿌리가 많은 관목의 집단 → 천공시비

해 ㉰ 경계선의 산울타리 → 선상시비

52 교목 500주가 심겨진 공원에 시비를 하고자 한다. 년 평균 수목 시비율을 20%로 할 때 다음 표를 참조하여 시비를 위한 인건비를 산출하면?
산기-06-2, 산기-03-2

교목시비(100주당)

명칭	단위	수량
조경공	인	0.3
보통인부	인	2.8

인부의 노임단가

구분	금액
조경공	50,000
보통인부	40,000

㉮ 127,000원 ㉯ 279,000원
㉰ 635,000원 ㉱ 12,700,000원

해 100주당의 품을 제시한 것이므로 노무량 산출 시 총공사량을 100으로 나누어준 후 계산한다.
· 인건비 = $\frac{공사량}{100}$ × (노무량×노임단가)
· 총인건비 = (조경공 인건비 + 보통인부 인건비)×시비율
∴ $\frac{500}{100}$ ×(0.3×50000 + 2.8×40000)×0.2 = 127000(원)

53 관수를 시행한 후 수목의 수분 흡수이용률에 영향을 주는 직접적 요인이라고 볼 수 없는 것은?
산기-06-1
㉮ 수목의 영양 ㉯ 근계의 발달
㉰ 토양의 깊이 ㉱ 대기의 온도

54 조경공사 시방서상 수목의 관수 횟수는 연간 몇 회인가?
기-03-1, 기-09-1
㉮ 연 3회이며, 장기 가뭄 시에는 추가 조치한다.
㉯ 연 5회이며, 장기 가뭄 시에는 추가 조치한다.
㉰ 연 7회이며, 장기 가뭄 시에는 추가 조치한다.
㉱ 연 10회이며, 장기 가뭄 시에는 추가 조치한다.

해 수목류의 관수는 가물 때 실시하되 5회/연 이상, 3~10월경의 생육기간 중에 실시하며 장기 가뭄 시 추가조치한다.

55 관수 시 실시하는 ET(evapotranspiration)의 측정으로 가장 옳은 것은?
산기-05-1, 산기-11-1
㉮ 식물의 호흡과 수분으로부터 증산되어 단위시간 당 유실되는 수분의 양
㉯ 식물의 호흡과 수분으로부터 증산되어 하루에 유실되는 수분의 양

ⓒ 태양열에 의해 단위 초당 유실되는 수분의 양

ⓓ 태양열에 의해 단위 분당 유실되는 수분의 양

56 조경 수목의 관수 시 단위시간당 유실된 수분의 양(min, inch)을 표시하는 것은?　기-02-1, 기-05-4

ⓐ ET

ⓑ pF

ⓒ pH

ⓓ C/N

57 조경 수목에 관수(灌水)할 때 적합한 방법은?

기-06-4

ⓐ 표토(表土)가 젖도록 준다.

ⓑ 매일 관수한다.

ⓒ 물이 충분히 고이도록 준다.

ⓓ 토양에 물이 충분히 젖도록 한다.

🖹 토양이 10cm 이상 흠뻑 젖도록 관수한다.

58 조경관리 시 관수에 대한 설명 중 알맞지 못한 것은?　산기-02-1, 산기-07-2

ⓐ 관수 횟수는 일시에 충분히 주는 것보다 자주 주는 것이 좋다.

ⓑ 관수의 시기 판단은 식물을 주의 깊게 관찰하거나 토양상태를 관찰한다.

ⓒ 여름 고온 시 기후가 건조할 때 잔디표면 근처에 소량의 물로 온도를 낮추는 것은 시린지(syringe)라 한다.

ⓓ 회전입상살수기는 물이 흐르면 동체로부터 분무공이 올라와서 관수하게 된다.

🖹 ⓐ 관수 횟수는 자주 하는 것보다 일시에 충분히 주는 것이 좋다.

59 식물의 관수방법으로서 틀린 것은?　산기-03-4

ⓐ 수분증발을 활용하기 위하여 햇볕이 나는 정오에 실시한다.

ⓑ 땅이 흠뻑 젖도록 관수한다.

ⓒ 잎과 줄기에도 관수하는 것이 좋다.

ⓓ 필요시 영양제를 혼합하여 관수하여도 좋다.

🖹 ⓐ 수분의 손실을 막기 위해 강한 직사광선을 피해 일출·일몰 시에 관수한다.

60 흉고직경 15cm의 벚나무 500주와 23cm의 은행나무 400주를 인력으로 관수하고자 한다. 다음 표의 조건을 참조할 때 4명의 보통인부가 관수를 끝내기 위한 소요일수는?　산기-06-4

인력관수		주당
종별	흉고직경(cm)	
	10~20미만	20~30미만
보통인부(인)	0.04	0.06

ⓐ 5일

ⓑ 11일

ⓒ 22일

ⓓ 44일

🖹 각 수목별로 소요되는 인부수를 작업인부수(4인)로 나누어준다.

· 소요일수 = $\dfrac{\text{총소요인력}}{\text{작업인부수}}$

∴ $\dfrac{500\times0.04+400\times0.06}{4}$ = 11(일)

61 멀칭(mulching)의 효과로 볼 수 없는 것은?

산기-09-2, 산기-09-4, 산기-10-4, 기-03-4

ⓐ 토양침식과 수분의 손실을 방지한다.

ⓑ 토양을 굳어지게 한다.

ⓒ 염분 농도를 조절한다.

ⓓ 토양의 비옥도를 증진시킨다.

62 멀칭(mulching)의 효과를 설명한 것이다. 잘못된 것은?　산기-03-1

ⓐ 토양수분 유지

ⓑ 토양 비옥도 증진

ⓒ 토양의 굳어짐 방지

ⓓ 태양열의 복사와 반사 증가

63 멀칭을 함으로서 나타나는 현상이 아닌 것은?

기-07-1

ⓐ 빗방울이나 관수 등으로부터의 충격을 완화해주며, 수분의 이동속도를 느리게 해준다.

ⓑ 통기성이 양호해지며, 토양온도 및 토양습도가 높아져서 근계의 발달이 좋다.

ⓒ 지표면의 증발을 억제해 적절한 상태의 수분유지가 가능하여 염분의 농도를 희석할 수 있다.

ⓓ 토양을 피복함으로 인해 병충해 발생이 증대된다.

🖹 ⓓ 잡초 및 병충해발생억제 : 잡초종자의 광도부족에 의한 발아억제

64 조경공사 표준시방서에서 동해의 우려가 있거나 온난한 지역에서 생육한 수목 등을 식재하였을 때 일반적으로 기온이 어느 정도 이하로 떨어지면 월동작업을 해야 하는가? 산기-07-2
㉮ 영하 5℃이하   ㉯ 영하 10℃이하
㉰ 영하 15℃이하   ㉱ 영하 20℃이하
해 동해의 우려가 있는 수종과 온난지역에서 생육한 수목의 한랭지역 식재 시 기온이 5℃ 이하이면 방한 조치해야 한다.

65 다음 중 조경수의 월동대책이 아닌 것은? 가-04-4
㉮ 배수철저   ㉯ 토양멀칭
㉰ 증산촉진제 살포   ㉱ 토양 동결 전 관수
해 냉해를 막기 위해서는 증산억제 조치를 해야 한다.

66 월동작업 중 동해 우려가 있는 경우 방한조치와 거리가 먼 것은? 산기-06-1
㉮ 한랭기 기온에 의한 동해방지를 위한 짚 싸주기
㉯ 토양 동결로 인한 뿌리 동해방지를 위한 멀칭
㉰ 관목류의 동해방지를 위한 방한 덮개
㉱ 수세가 쇠약한 나무의 수세를 회복하기 위한 약액 수간주입
해 ㉱ 겨울철은 식물의 휴식기이므로 약액 수간주입에 의한 수세 회목 효과가 낮다.

67 내한성이 약한 수목의 월동 방법으로 가장 부적합한 것은? 산기-10-4
㉮ 흙을 성토하여 덮어주거나 흙 속에 매장한다.
㉯ 초겨울 증산제의 살포를 통해 잎의 변조를 조기에 실시한다.
㉰ 배수를 좋게 한다.
㉱ 짚으로 싸 주거나 새끼로 감아준다.

68 다음 지주목에 관한 설명 중 틀린 것은? 산기-04-2
㉮ 이식된 수목의 조기 활착을 유도한다.
㉯ 가급적 낮게 설치함이 기능적이다.
㉰ 답압을 방지하고, 수목을 보호한다.
㉱ 교목의 경우 반드시 설치함이 좋다.
해 ㉯ 지주목은 수목별로 적절하게 설치하되 최소 1.8m 정도로 한다.

69 수목을 식재한 후 일반적으로 지주목을 설치한다. 다음은 지주목의 필요성에 대하여 기술한 것이 아닌 것은? 산기-04-1
㉮ 수고 생장에 도움을 준다.
㉯ 바람에 의해 피해를 줄일 수 있다.
㉰ 수간의 굵기가 균일하게 생육할 수 있도록 해준다.
㉱ 도시미관을 위해 필수적이다.
해 ㉱ 지주목은 도시미관을 저해하고 통행에 지장을 줄 수 있다.

70 지주목 설치의 장점이 아닌 것은? 기-08-1, 기-09-4, 기-11-2
㉮ 수고생장에 도움을 준다.
㉯ 지상부의 생육에 비교하여 근부의 생육을 적절히 해준다.
㉰ 지지(支持)된 수목의 상부에 있어서 단위횡단면당 내인력(耐引力)이 감소된다.
㉱ 수간의 굵기가 균일하게 생육할 수 있도록 해준다.
해 ㉰ 지지(支持)된 수목의 상부에 있어서 단위횡단면당 내인력(耐引力)이 증가된다.

71 수목의 식재위치가 매우 중요한 곳 또는 사람의 통행에 지장이 많다고 판단되는 장소에 사용하기 알맞은 지주목 설치 방법은? 산기-08-2
㉮ 삼발이형   ㉯ 삼각형
㉰ 당김줄형   ㉱ 매몰형

72 지주목에 관한 설명으로 옳은 것은? 기-10-2
㉮ 이식된 수목은 의무적으로 설치해야 한다.
㉯ 대형목의 설치 기간은 6개월 정도가 이상적이다.
㉰ 태풍이 없는 곳은 설치가 필요 없다.
㉱ 수고생장과 근부의 발육을 돕는다.
해 지주목의 설치효과
·수고생장 보조
·수간의 굵기가 균일할 수 있도록 보조
·뿌리부분의 생육적화
·바람에 의한 피해감소
·수목상부의 단위횡단면당 내인력 증대

73 일반적으로 성목을 이식한 직후 관리에서 가장 우선적으로 실시해야 되는 작업은? 기-10-4

㉮ 시비와 관수
㉯ 관수와 지주목 세우기
㉯ 병해충 방제 및 시비
㉰ 새끼감기와 멀칭

74 박피된 통나무로 삼각 말목형 지주목을 설치하고자 한다. 교목 10주에 소요되는 목재의 재적은 얼마인가? 산기-03-4
(단, 지주목 1개의 크기 : 말구직경 10cm, 길이5m의 소경목이다.)

㉮ 0.05m³
㉯ 0.15m³
㉯ 0.50m³
㉰ 1.50m³

해 길이 6m 미만의 통나무 재적산출공식을 사용한다.

· $V = D^2 \times L$

  V : 통나무 재적(m³)

  D : 말구 지름(m) = 0.1m

  L : 통나무 길이(m) = 5m

→ 지주목 1개의 재적 0.1×0.1×5 = 0.05(m³)

· 수목이 10주이고 1주당 3개가 필요하다.

∴ 10×3×0.05 = 1.5(m³)

75 외과수술 과정의 순서가 올바른 것은?
산기-09-4, 산기-06-1

㉮ 부패부제거 → 표면경화처리 → 소독·방부처리 → 공동충전 → 방수처리 → 인공수피처리
㉯ 부패부제거 → 표면경화처리 → 방수처리 → 소독·방부처리 → 공동충전 → 인공수피처리
㉯ 부패부제거 → 소독·방부처리 → 공동충전 → 방수처리 → 표면경화처리 → 인공수피처리
㉰ 부패부제거 → 공동충전 → 소독·방부처리 → 방수처리 → 표면경화처리 → 인공수피처리

76 부패된 줄기의 동공 외과수술시 순서가 가장 적당한 것은? 산기-02-4, 산기-04-2, 산기-09-1

㉮ 살균 및 살충제 사용 – 오염된 부분 제거 – 방수처리 – 충전재 사용
㉯ 오염된 부분 제거 – 방수처리 – 살균 및 살충제 사용 – 충전재 사용
㉯ 방수처리 – 살균 및 살충제 사용 – 오염된 부분 제거 – 충전재 사용
㉰ 오염된 부분 제거 – 살균 및 살충제 사용 – 방수처리 – 충전재 사용

77 노거수목의 관리요령이다. 적절하지 않은 것은? 기-04-1

㉮ 유합조직(callus tissue)의 조기형성을 위해 오렌지 셸락, 아스팔템 페인트 등을 도포한다.
㉯ 메담쌓기(dry well)는 성토 지역에 있어서의 뿌리보호 대책이다.
㉯ 부패된 줄기의 공동(cavity)처리는 충전 재료의 선택이 중요하다.
㉰ 공동충전재료는 접착용수지, 유리섬유 등이 있다.

해 ㉰ 공동충전재료로는 폴리우레탄고무, 에폭시수지, 폴리에스테르수지, 폴리우레탄폼 등이 있다.

78 다음 중 수목의 외과 수술시 사용되는 공동 (cavity) 충전재료 중 내후성, 내산화성, 기계적 강도, 내마모성, 접착력 등이 우수하고, 효과면에서 다른 재료들 보다 가장 좋은 것은? 기-06-1

㉮ 폴리우레탄폼
㉯ 우레탄고무
㉯ 에폭시레진
㉰ 고무밀납

79 다음 중 조경 수목의 관리상 저온에 대한 피해를 최소화하려는 저온 방지대책과 무관한 것은?
산기-07-2, 산기-04-1

㉮ 낙엽이나 피트모스(peatmoss)등을 피복재료 (mulch)로 사용한다.
㉯ 강정지, 강전정을 실시한다.
㉯ 액체 피막제(wilt-pruf)를 잎에 살포한다.
㉰ 바람막이를 설치한다.

해 ㉯ 강정지, 강전정을 실시할 시 저온의 피해가 증가할 수 있다.

80 다음 중 저온에 의한 피해 현상으로만 짝지어진 것은? 산기-04-4

㉮ 늦서리(晩霜) – 상해옹이(frost canker)
㉯ 상렬 – 거들링(girdling)
㉯ 이른서리(早霜) – 위연륜(false annual ring)
㉰ 일소 – 컵쉐이크(cup shake)

해 거들링(girdling)현상 : 식물의 줄기나 가지의 형성층 외측의 수피를 환상으로 떼어 내는 것으로 꽃눈분화 촉진, 과실비대나 착색의 촉진을 도모하기 위해 실시하는 것이나, 이것이 부작용으로 발전되어 나타나는 현상

81 겨울철 수간이 동결하는 과정에서 발생하는 상렬(frost crack)현상에 대한 설명으로 맞는 것은?

산기-06-4, 산기-09-2

㉮ 수목의 횡축(수평)방향으로 갈라진다.
㉯ 주로 그 해에 자란 어린 가지에서 발생된다.
㉰ 수목의 남서쪽 방향이 더 심하다.
㉱ 활엽수보다는 침엽수에서 더 자주 관찰된다.

해 상렬(霜裂) : 수액이 얼어 부피가 증가하여 수관의 외층이 냉각·수축하여 수선(髓線)방향으로 갈라지는 현상으로 온도차가 큰 남서쪽 수간에서 나타남
·낙엽교목이 상록교목보다, 배수가 불량한 토양이 양호한 건조토양보다, 활동기의 수목이 유목이나 노목보다 잘 발생
·상렬에 걸리기 쉬운 수목은 늦가을에 수목을 사이잘크라프트나 대마포를 감아 보호
·백도제(흰색페인트), 볼트박음 등으로 분리된 층의 결합 등을 통해 성장유도

82 이병식물의 전신 또는 일부가 시드는 경우를 말하며, 또한 한여름 우박이나 찬 소낙비가 근계 부근의 토양을 냉각시키면 식물의 잎에서 발생하는 저온의 피해를 가리키는 것은? 산기-10-2

㉮ 위조(wilting)
㉯ 황화(chlorosis)
㉰ 오반(blotch)
㉱ 지고(die-back)

83 식물의 동해 방지를 위한 방법 중 옳지 않은 것은?

산기-02-1

㉮ 철쭉류에 액체플라스틱의 시들음방지제(Wilt-Pruf)를 잎에 살포한다.
㉯ 근원경의 5~6배 넓이로 수목 주위를 피트모스 또는 낙엽을 깔아준다.
㉰ 전나무 주변 토양은 0℃ 이하로 내려가기 전 흠뻑 젖도록 충분히 관수한다.
㉱ 소나무의 경우 계속된 추위로 토양이 얼었을 때 미지근한 물로 1주일 간격으로 토양을 녹여준다.

84 동해(冬害)를 입기 쉬운 조건들 중 잘못된 것은?

산기-05-4

㉮ 상해는 맑은 밤에 많고, 흐린 날에는 적다.
㉯ 건조한 토양보다 습한 토양에 발생하기 쉽다.
㉰ 남면에서는 북면에서 보다 피해가 심하다.
㉱ 성목(成木)보다 어린 나무에서 발생이 많다.

해 ㉰ 남면보다는 일조량이 적은 북면에서의 피해가 심하다.

85 조경수에 동해가 발생되기 쉬운 조건은?

산기-04-1, 기-07-1

㉮ 건조한 토양에서 많이 발생한다.
㉯ 오목한 지형에서 많이 발생한다.
㉰ 구름이 있고, 바람이 불 때 발생한다.
㉱ 유령목보다 성목에서 많이 발생한다.

86 초봄에 식물의 발육이 시작된 후 0℃ 이하로 갑작스럽게 기온이 하강함으로써 식물체에 해를 주게 되는 것은? 기-05-4, 기-07-1

㉮ 조상
㉯ 일소
㉰ 동상
㉱ 만상

해 저온의 상해
·만상(晚霜) : 초봄에 식물의 발육이 시작된 후 0℃ 이하로 갑작스럽게 기온이 하강하여 식물체에 해를 주게 되는 것으로 피해를 입기 쉬운 수종은 회양목, 말채나무, 피라칸타, 참나무류, 물푸레나무, 미국팽나무 등
·조상(早霜) : 초가을 계절에 맞지 않는 추운 날씨의 서리에 의한 피해
·동상(冬霜) : 겨울동안 휴면상태에 생긴 피해

87 가을에 수목들의 중간 부분에 짚이나 거적을 감아두는 이유는? 산기-09-4

㉮ 겨울을 나기 위해 내려오는 벌레들을 속에 숨어들게 하였다가 봄에 태워 죽이기 위해
㉯ 겨울철에 동해를 예방하기 위해 추위에 취약한 부분을 감싸주는 효과를 위해
㉰ 운전자로 하여금 나무의 위치를 명확히 하여 가로수를 보호하기 위해
㉱ 지주목을 묶어야 할 나무줄기의 부위를 감아 나무껍질을 보호하기 위해

88 다음 한해현상(旱害現象)과 관련된 설명 중 잘 못된 것은? 기-10-2
㉮ 가뭄이 장기간 계속될 때 토양의 수분부족으로 인해 발생한다.
㉯ 나무의 끝이 말라죽거나 생장이 감소된다.
㉰ 한해가 발생하기 쉬운 입지조건은 산등성이, 볼 록한 형태의 급경사지나 남쪽 또는 서쪽 사면의 토양 깊이가 얕은 장소이다.
㉱ 서어나무, 리기다소나무 등은 한해(旱害)에 약하다.

89 다음 초화류의 식재지 토양조건에 관한 설명으 로 틀린 것은? 산기-06-2, 산기-02-4, 산기-11-2, 산기-02-1
㉮ 견밀도가 높아야 한다.
㉯ 배수성이 좋아야 한다.
㉰ 보수성이 있어야 한다.
㉱ 보비성이 있어야 한다.

90 시비와 관련된 설명 중 옳지 않은 것은? 산기-20-1
㉮ 조경수목의 시비는 수종과 크기를 고려하여 비료 의 종류와 시비량 및 시비횟수를 결정한다.
㉯ 잔디 초종을 고려하여 연간 시비량을 결정하며, 비료의 종류는 N : P₂O₅ : K₂O이 3 : 1 : 2 또는 2 : 1 : 1의 비율이 되도록 한다.
㉰ 화단 초화류는 집약적 관리가 요구되므로 가능한 한 무기질비료를 추비로서 연간 2~3회, 화학비료 를 기비로서 연간 1회 시비한다.
㉱ 일반 조경수목류의 기비는 유기질 비료를 늦가을 낙엽 후 땅이 얼기 전 또는 2월 하순~3월 하순의 잎이 피기 전에 연 1회를 기준으로 시비한다.
해 ㉰ 화단 초화류는 가능한 한 무기질(화학)비료를 추비로서 연 간 2~3회, 유기질비료를 기비로서 연간 1회 시비한다.

91 대부분의 화목류에 화아형성을 촉진하기 위하 여 주어야 할 비료와 시기는? 산기-09-2, 산기-02-2
㉮ 인산질 비료를 7~8월에 준다.
㉯ 인산질 비료를 3~4월에 준다.
㉰ 질소질 비료를 3~4월에 준다.

㉱ 질소질 비료를 7~8월에 준다.
해 화목류는 7~8월에 인산질 비료를 많이 주어 화아형성 촉진 시킨다.

92 화목류의 개화 상태를 향상시키기 위한 조작이 아닌 것은? 기-08-4, 산기-05-1
㉮ 환상박피를 한다.
㉯ C/N율을 어느 정도 높여준다.
㉰ 단근조치를 한다.
㉱ 인산과 칼륨질 비료를 줄인다.

93 화단관리에 적당치 않은 것은? 산기-04-2
㉮ 이식 후 토양수분에 주의하여 적절한 관수를 실 시한다.
㉯ 비료는 이식 전에 기비(基肥)를 충분히 주고 이식 후는 엷은 액비(液肥)를 관수를 겸하여 준다.
㉰ 생육 불량한 것이나 고사(枯死)한 것은 부근의 식물을 다치게 하므로 제거하지 말고 그대로 두 어야 한다.
㉱ 이식한 화초는 생육에 따라 적심, 전정을 실시하 여 개화를 고르게 한다.

94 다음은 잔디 생육에 필요한 영양원소이다. 생 육의 필요한 원소 중 미량원소에 해당하는 것은? 산기-02-1, 기-07-1
㉮ N(질소) ㉯ Mn(망간)
㉰ Mg(마그네슘) ㉱ K(칼륨)
해 필수미량원소 : Fe, Mn, B, Zn, Cu, Mo, Cl

95 잔디의 양호한 생장을 위하여 필요한 토양의 최적공극율(最適孔隙率)은 얼마인가? 기-04-2
㉮ 22% ㉯ 33%
㉰ 44% ㉱ 55%

96 잔디가 답압에 의한 토양의 고결로 인하여 악 화되는 상황에 대한 설명으로 적합하지 않은 것은? 산기-07-4
㉮ 토양입자 간의 밀착으로 잔디뿌리의 신장을 물 리적으로 억제한다.

㉯ 투수율이 낮아지고 유효토양 공극이 적어져서 보수력이 떨어진다.

㉰ 토양밀도의 증가로 열전도도가 감소하여 지하생육부의 지온이 낮아지는 효과가 있다.

㉱ 통기가 불량해져서 지하부의 산소 및 유해 가스 교환을 저해한다.

해 ㉰ 토양밀도의 증가로 열전도도가 높아져 지온의 과도한 상승 초래한다.

97 한여름 잔디밭에 관수 작업을 실시하고자 한다. 땅속으로 수분이 가장 많이 스며들게 하려면 다음 중 어느 시간에 관수를 실시하는 것이 가장 좋은가? 산기-10-2

㉮ 오전 9~오전 11시　㉯ 오전 11시~오후 3시
㉰ 오후 3~오후 6시　㉱ 오후 6시 이후

98 잔디관리 시 지나치게 관수를 많이 해준 결과 야기되는 문제점에 해당되지 않는 것은? 기-05-4

㉮ 토양산도 증가　㉯ 토양 속의 산소량 부족
㉰ 뿌리의 생장억제　㉱ 토양 속 영양분의 용탈

해 잔디관리 시 지나친 관수는 토양 속의 산소가 부족해지고 영양분의 용탈로 뿌리의 생장을 억제한다.

99 한국잔디의 시비관리 방법으로 옳지 않은 것은? 산기-09-4

㉮ 한국잔디의 시비는 주로 봄, 여름에 많이 한다.

㉯ 한국잔디는 병해가 심하므로 여름철 고온기에는 시비를 하지 않는다.

㉰ 한국잔디는 강하지만 시비할 때는 밑거름과 덧거름으로 나누어 준다.

㉱ 한국잔디의 시비는 연간 3~4회면 충분하다.

해 ㉯ 한국잔디 등 난지형 잔디는 주로 봄·여름에 많이 하되 늦가을은 주의한다.

100 일반적으로 경기장 내의 잔디는 보통 연 몇 회를 깎는 것이 가장 적당한가 산기-05-1

㉮ 연 8~14회　㉯ 연 10~15회
㉰ 연 18~24회　㉱ 연 26~34회

101 다음 중 잔디 깎기의 주목적으로 가장 적합한 것은? 기-09-1

㉮ 잡초에 의한 잔디의 일조 장해 및 생장의 억제 작용을 해소한다.

㉯ 노출된 지하 줄기를 보호하고, 부정아와 부정근을 촉진시킨다.

㉰ 줄기 잎의 치밀도를 높이고, 줄기의 형성을 촉진시킨다.

㉱ 토양 내 통풍을 도모하고 지하줄기, 뿌리의 호흡을 도와 잔디의 노화를 방지한다.

102 잔디깎기의 목적으로 가장 거리가 먼 것은? 산기-05-1, 기-07-4, 기-03-2

㉮ 미관을 아름답게 한다.
㉯ 잔디의 분얼을 억제한다.
㉰ 병해를 예방한다.
㉱ 이용을 편리하게 한다.

103 잔디를 깎아 주는 요령으로 적합하지 않은 것은? 산기-10-1

㉮ 골프장 그린의 벤트그라스는 4~6mm 높이 정도로 깎아주는 것이 좋다.

㉯ 잔디 토양이 습기가 있어 젖어 있을 때는 잔디 깎기를 하지 않아야 한다.

㉰ 키가 큰 잔디는 처음에는 높게 깎아주고 서서히 낮추어 깎아 주어야 한다.

㉱ 잔디의 깎아낸 잔재는 보온과 보습을 위하여 표면에 골고루 펴주는 것이 좋다.

해 ㉱ 잔디의 깎아낸 잔재는 제거한다.

104 조경설계기준에서 정한 잔디 깎기에 관한 기술 중 가장 옳지 못한 것은? 기-05-1, 기-07-2

㉮ 잔디의 깎기 높이와 횟수는 잔디의 종류, 용도, 상태 등을 고려하여 결정한다.

㉯ 한 번에 초장의 약 1/3 이상을 깎지 않도록 한다.

㉰ 초장이 2~5cm에 도달할 경우에 깎으며, 깎는 높이는 1~3cm를 기준으로 한다.

㉱ 한국잔디류는 생육이 왕성한 6~8월에 한지형 잔디는 5, 6월과 9, 10월경에 주로 깎아준다.

해 ㉑ 초장이 3.5~7cm에 도달할 경우에 깎으며, 깎는 높이는 2~5cm 정도를 기준으로 한다.

105 잔디의 관리에 관한 설명 중 틀린 것은?

산기-03-4, 산기-08-1

㉮ 난지형 잔디의 시비는 주로 봄, 여름에 많이 하고 한지형 잔디는 봄, 가을에 시비한다.

㉯ 한국 잔디는 병해가 적으므로 시비가 어렵지 않으나 서양 잔디는 하기 고온 다습 기간에 발병이 심하므로 주의해야 한다.

㉰ 잔디 깎기의 높이는 잔디의 종류, 잔디밭의 사용 목적에 따라 다르나 보통 10-50mm 정도로 한다.

㉱ 잔디 깎기는 한국잔디와 같은 난지형 잔디는 봄, 가을에 한지형 잔디는 고온기에 자주 실시해야 한다.

해 ㉱ 잔디 깎기는 한국잔디 등 난지형 잔디는 6~8월(늦봄·초여름), 한지형 잔디는 5,6월(봄)과 9,10월(초가을)에 실시한다.

106 다음 중 잔디깎기에 관한 주의사항으로 틀린 것은?

산기-06-4

㉮ 키가 큰 상태의 잔디는 처음에는 낮게 깎아 맹아력을 높이고 서서히 깎는 높이를 높인다.

㉯ 아침에 이슬로 잔디 토양에 습기가 많을 때는 잔디깎기를 하지 않는다.

㉰ 잔디를 깎는 빈도와 깎는 높이는 규칙적이어야 한다.

㉱ 잔디를 깎아낸 부스러기는 제거하도록 한다.

107 다음 잔디밭 관리에 따른 공정 중 관계가 먼 것은?

산기-05-4

㉮ 통기(通氣)작업　　　㉯ 밑깎기작업(下刈)

㉰ 시비　　　　　　　　㉱ 복토작업

108 잔디관리에 필요한 작업 중 [보기]의 설명은 무엇인가?

기-09-1

[보기]

표면 정리작업으로 균일하게 표면을 정리하여 부분적으로 습해와 건조의 해를 받지 않게 하는 목적 등 이용에 적합한 상태를 유지시켜 주는 작업이다. 종

자파종 후, 경기중 떠오른 토양을 눌러 줄 때, 봄철에 들 뜬 상태의 토양을 눌러 줌에 그 효과가 크다.

㉮ 레이킹(raking)　　　㉯ 브럿싱(brushing)

㉰ 스파이킹(spiking)　　㉱ 롤링(rolling)

109 한국잔디가 관리 면에서 좋은 점에 해당하지 않는 것은?

기-10-1

㉮ 번식력이 왕성하여 뗏장으로도 번식이 용이하다.

㉯ 재배가 용이하고 밟기에 강하다.

㉰ 음지에서도 강하게 잘 자란다.

㉱ 병충해에 강하다.

110 잔디밭의 통기작업(通氣作業)이라 볼 수 없는 것은?

산기-05-4, 산기-03-2

㉮ 레이킹(raking)　　　㉯ 톱 드레싱(top dressing)

㉰ 코링(coring)　　　　㉱ 스파이킹(spiking)

해 ㉯ 톱 드레싱(top dressing)은 잔디의 배토작업이다.

111 잔디밭 통기 작업을 하기에 가장 부적합한 것은?

산기-10-4, 산기-11-2

㉮ 롤링(rolling)

㉯ 스파이킹(spiking)

㉰ 슬라이싱(slicing)

㉱ 코어 에어리피케이션(core aerification)

112 다음 중 잔디밭의 표층 통기작업으로 사용되는 기계는?

기-04-1

㉮ 레노베이팅　　　　　㉯ 레이킹

㉰ 코링　　　　　　　　㉱ 버티커팅

113 잔디밭을 오래 사용하여 토양이 많이 고결(固結)되어 통기(通氣)가 매우 불량하게 되었다. 다음 중에서 통기를 목적으로 행하는 작업과 사용기계가 일치되는 항목은 어느 것인가?

산기-02-4, 산기-06-1

㉮ 코링(Coring) - 버티화이어(Vertifier)

㉯ 스파이킹(Spiking) - 에리화이어(Aerifier)

㉰ 레노베이팅(Renovating) - 레노베이터(Renovator)

㉱ 레이킹(Raking) - 버티컷터(verticutter)

114 벤트 그래스로 조성된 골프장 그린에서의 가장 적당한 잔디깎기의 높이는?　산기-04-1, 산기-10-2

㉮ 4 - 6mm
㉯ 10 - 15mm
㉰ 15 - 18mm
㉱ 20 - 25mm

골프장	그린	4.5~6
	티그라운드	12~15
	페어웨이	18~25
	러프	40~50

115 축구 경기장에서 잔디의 깎기는 어느 정도 높이로 하여야 가장 좋은가?　산기-04-2, 산기-02-1

㉮ 50mm - 60mm
㉯ 5mm - 10mm
㉰ 40mm - 50mm
㉱ 10mm - 20mm

116 잔디 깎기 작업에 관한 설명 중 틀린 것은?　산기-03-2

㉮ 잔디의 포기갈라짐을 촉진시켜 잔디밭의 밀도를 높일 수 있다.
㉯ 깎은 뒤에 거름을 주면 잔디에 좋지 좋다.
㉰ 잔디의 깎기 작업은 기후, 잔디의 종류, 생육상태, 잔디의 관리 상태에 따라 깎는 횟수를 달리하여야 한다.
㉱ 정기적으로 되풀이 하면 잡초의 발생을 막을 수 있다.

해 ㉯ 잔디를 깎은 뒤에는 거름을 주어야 한다.

117 골프장의 러프(rough)지역, 공원의 수목지역 등 150m² 이상의 면적에 많이 사용하는 잔디 깎는 기계는?　산기-02-4

㉮ 핸드모워(hand mower)
㉯ 그린모워(green mower)
㉰ 로타리 모워(rotary mower)
㉱ 갱모워(gang mower)

해 ·핸드모어(hand mower) : 인력으로 작동되며 50평 미만의 면적에 사용
·그린모어(green mower) : 골프장의 그린, 테니스코트 등 잔디면이 섬세한 곳에 사용
·로타리모어(rotary mower) : 골프장 러프, 공원의 수목지 등 50평 이상의 면적에 사용

·그린모어(green mower) : 골프장의 그린, 테니스코트 등 잔디면이 섬세한 곳에 사용
·갱모어(gang mower) : 골프장, 운동장, 경기장, 3,000~5,000평 이상의 대면적에 사용

118 서양잔디를 이용하여 종자 뿜어붙이기를 한 후 정상적인 유지관리를 하였을 때 피복완성까지의 표준시간은 얼마 정도 소요되는가?　산기-04-4

㉮ 15일~1개월
㉯ 2개월~3개월
㉰ 4개월~5개월
㉱ 6개월~9개월

119 잔디의 이용 및 관리체계에서 토양의 표면까지 잔디만 주로 잘라 주는 작업으로 태치(thatch)를 제거하고 밀도를 높여주는 효과를 기대하는 것으로 가장 적당한 것은?　기-06-2

㉮ Slicing
㉯ Vertical Mowing
㉰ Topdressing
㉱ Spiking

해 버티컬모잉(vertical mowing) : 작업성격으로 보아 슬라이싱과 유사하나 토양의 표면까지 잔디만 주로 잘라주는 작업으로 대치제거 및 밀도를 높여주는 효과가 있으나 표토층이 건조할 경우 작업을 금지한다.

120 잔디에 뗏밥을 주는 작업을 무엇이라 하는가?　기-03-1

㉮ 통기작업(core aerification)
㉯ 슬라이싱(slicing)
㉰ 버티컬모잉(vertical mowing)
㉱ 배토(topdressing)

121 뗏밥주기에 대한 설명 중 적당하지 않은 것은?　산기-03-2, 기-10-4, 산기-02-2

㉮ 뗏밥은 보통 모래 2 : 토양 1 : 유기물을 혼합하여 약 5mm의 체를 통과한 것만 사용한다.
㉯ 금잔디, 들잔디 등 난지형 잔디들은 잔디 생육이 왕성할 때 행한다.
㉰ 뗏밥은 일시에 다량 시용하면 황화현상이나 병해를 유발하므로 소량을 자주 시용한다.
㉱ 뗏밥을 준 후에는 곧 물을 뿌려주어 잔디 표면에 말라붙기 전에 잔디 사이로 스며들게 한다.

⑤ ㉛ 뗏밥은 자연스럽게 잔디 사이로 스며들게 하는게 효과적이다.

122 뗏밥주기에 관한 설명으로 부적합한 것은?

산기-10-4

㉮ 잔디의 생육을 돕기 위하여 한지형 잔디는 봄, 가을에 뗏밥을 준다.

㉯ 잔디의 생육을 돕기 위하여 난지형 잔디는 늦봄에서 초여름에 뗏밥을 준다.

㉰ 뗏밥의 양은 잔디깎기의 정도에 따라 조절하는데, 잔디의 생육이 왕성할 때 얇게 1~2회 준다.

㉱ 뗏밥의 두께는 2~4cm 정도로 주고, 다시 줄 때에는 14일이 지난 후에 주어야 하며, 봄철에 두껍게 한 번에 주는 경우에는 2~5cm 정도로 시행한다.

⑤ ㉱ 뗏밥의 두께는 2~4mm 정도로 주되 2회차로 15일 후에 실시하며, 봄철 한번에 두껍게 줄때는 5~10mm 정도로 시행한다.

123 잔디의 뗏밥주기에 관한 설명으로 바르지 못한 것은?

산기-02-1

㉮ 뗏밥은 가는모래 2, 밭흙 1, 유기물 약간을 섞어서 사용한다.

㉯ 뗏밥은 일반적으로 가열하여 사용하며 증기소독, 화학약품 소독을 하기도 한다.

㉰ 뗏밥은 한지형 잔디의 경우 봄, 가을에, 난지형 잔디의 경우 생육이 왕성한 6~8월에 주는 것이 좋다.

㉱ 뗏밥의 두께는 잔디잎이 덮힐 10~15mm 정도로 주고 다시 줄 때에는 일주일이 지난 후에 바로 주어야 좋다.

124 뗏밥주기에 대한 설명 중 적당하지 않은 것은?

산기-04-4

㉮ 뗏밥은 보통세사 : 2, 토양 : 1, 유기물을 혼합하여 약 5mm의 체를 통과한 것을 사용한다.

㉯ 금잔디, 들잔디 등 난지형 잔디들은 잔디 생육이 왕성할 때 행한다.

㉰ 뗏밥은 한 번에 두껍게 주는 것보다는 여러 번 얇게 준다.

㉱ 뗏밥은 뗏밥을 줄 잔디의 토양과 다른 성분으로 구성된 것을 사용하여야 한다.

⑤ ㉱ 뗏밥은 뗏밥을 줄 잔디의 토양과 동일한 성분으로 구성된 것을 사용하여야 한다.

125 잔디에 거름 주는 요령으로 틀린 것은?

산기-07-1

㉮ 잔디의 거름은 지효성을 필요로 할 때는 닭똥가루와 깻묵가루를 시비한다.

㉯ 일반적으로 질소, 인산, 칼륨의 성분비는 3 : 1 : 2 정도로 한다.

㉰ 켄터키블루그래스는 최소한 3~4회로 나누어 시비하며 7~8월에도 시비하는 것이 좋다.

㉱ 뗏밥과 섞어줄 때에는 관수하지 않아도 된다.

⑤ ㉰ 켄터키블루그래스 등의 한지형 잔디는 고온에서의 시비를 피하는 것이 좋다.

126 다음 중 잔디의 생육상태를 불량하게 하는 원인이 아닌 것은?

산기-02-2

㉮ 매트(mat)

㉯ 소드 바운드(sod bound)

㉰ 사질양토

㉱ 태치(thatch)

⑤ ㉰ 사질양토는 잔디재배에 좋은 토양이다.

127 한국잔디에서 고온기에 라이족토니아 솔라니 푸사리움 병원균이 발생되어 문제되는 병으로 치료가 힘든 병은?

산기-07-2, 산기-09-2, 산기-07-2

㉮ 라지 패취병   ㉯ 엽고병

㉰ 옐로우 패취병   ㉱ 설부병

128 잔디병의 일종인 라지패치에 대한 설명으로 틀린 것은?

기-10-2

㉮ 한국잔디 등의 난지형 잔디에 발생율이 높은 고온성 병이다.

㉯ 원형 또는 동공형 병징이 형성된다.

㉰ 비가 많이 오는 봄, 가을에 거의 발병하고 온도가 15℃ 전후인 저온에 발생이 심하다.

㉱ 북더기 잔디(thatch)의 집적을 유도하여 지면보온을 꾀함으로써 예방할 수 있다.

정답   122 ㉱   123 ㉱   124 ㉱   125 ㉰   126 ㉰   127 ㉮   128 ㉱

⑳ 라지패치는 질소질비료의 과다사용과 축적된 태치(thatch) 및 고온·다습 등으로 발병한다.

129 한국의 잔디류에서 잘 발생하며, 중부지방에서는 5~6월경에 17~22℃ 정도의 기온에서 습윤 시 잘 발생하며 Zoysia류의 엽맥에 불규칙한 적갈색의 반점이 보이기 시작할 때 발견되는 병은?

산기-06-1, 산기-03-1, 산기-08-2

㉮ 잔디 탄저병　　　㉯ 잎마름병
㉰ 녹병　　　㉱ 브라운 패취

130 잔디에 녹병이 발생했을 때 조치하는 방법으로 틀린 것은? 기-08-4

㉮ 질소질 비료를 뿌려 생장을 촉진시킨다.
㉯ 잎을 깎아 통풍이 잘되게 한다.
㉰ 침투이행성인 포스파미돈액제(다무르)를 뿌린다.
㉱ 충분한 양을 오전에 관수한다.

해 붉은녹병(rust) : 질소질 비료 시비, 낮은 예고를 피하고, 통풍 확보와 잎이 젖어있는 시간을 최소화해야 한다.

131 잔디의 붉은녹병의 방제에 가장 효과가 큰 것은? 기-08-2

㉮ 2,4-D 액제　　　㉯ 나크수화제
㉰ 디니코나졸수화제　　　㉱ 디코폴유제

해 붉은녹병 방제 : 만코지, 지네브, 티디폰, 디니코나졸, 테부코나졸

132 서양잔디에서 많이 발생하는 브라운 패취(brown patch) 현상의 예방을 위한 적절한 조치가 아닌 것은? 기-05-1

㉮ 토양의 pH는 6.0 이상을 유지한다.
㉯ 여름철에 질소질 비료를 다량 시비한다.
㉰ 통풍과 배수를 좋게 하기 위해 자주 깎아준다.
㉱ 살균 예방제를 정기적으로 살포한다.

해 ㉯ 브라운 패취(brown patch)현상은 질소질비료의 과다와 고온다습에 의해 발생하기 쉽다.

133 다음 중 잔디의 잎과 줄기에 불규칙한 황녹색 또는 황갈색의 점이 마치 동전처럼 무수히 나타나며, 주로 초여름과 초가을에 발병하는 것은?

㉮ 붉은 녹병(Rust)
㉯ 달라 스폿(Dollar spot)
㉰ 잔디 탄저병(Anthracnose)
㉱ 브라운 패취(Brown patch)

134 과다 질소 시비 시 발병이 조장되는 잔디의 병이 아닌 것은? 산기-04-4

㉮ 달라스팟(Dollar Spot)
㉯ 브라운 패치(Brown Patch)
㉰ 설부병(雪腐病)
㉱ 잎반점병

해 ㉮ 달라스팟(Dollar Spot)은 질소질 비료가 부족할 때 발생한다.

135 한국 잔디에 주로 발생하여 이른 봄 30~50cm 직경의 원형 상태로 황화현상이 나타나며, 또한 질소비료 과용지역에서 많이 나타나는 병은?

기-05-2, 산기-02-1

㉮ 푸사리움 팻치(fusarium patch)
㉯ 브라운 팻치(brown patch)
㉰ 카사리움 팻치(casarium patch)
㉱ 레드 팻치(red patch)

136 한국 잔디에 가장 심한 피해를 주는 충해(蟲害)는? 산기-04-1, 기-03-2

㉮ 도둑벌레(夜盜蟲)　　　㉯ 황금충(黃金蟲)
㉰ 깍지벌레　　　㉱ 진딧물

해 황금충은 한국잔디에 가장 많은 피해를 주는 해충이며 햇볕이 잘 쪼이는 양지의 경사지에서 많이 발생한다. 1.3cm 정도 크기의 굼벵이 모양의 유충이 잔디의 지하경을 갉아먹어 잔디를 죽게 한다.

137 한국 잔디의 해충 중 유충과 성충이 모두 큰 피해를 주는 것은? 산기-03-4

㉮ 도둑나방(夜盜蟲)　　　㉯ 개미류
㉰ 땅강아지　　　㉱ 풍뎅이류

138 잔디의 수액을 빨아먹는 해충에 해당되지 않는 것은? 산기-08-1

㉮ 진딧물류　　　㉯ 긴노린재류

ⓒ 응애류 　　　　　ⓓ 나방류

139 다음 중 잔디의 피티움마름병에 효과가 가장 큰 것은?　　　　　　　　　　산기-07-2
ⓐ 메타실엠수화제(리도밀엠지)
ⓑ 메타실동수화제(리도밀농)
ⓒ 타로닐수화제(다코닐)
ⓓ 나크수화제(세빈)

140 잔디밭의 굼벵이 방제에 쓰이는 약제는?
　　　　　　　　　　　　　　　　기-05-4
ⓐ 파라치온유제(파라치온)
ⓑ 만코지수화제(다이센엠 45)
ⓒ 아시트유제(오트란)
ⓓ 디코폴유제(켈센)
해 ⓑ 살균제, ⓒ 진딧물 구제, ⓓ 살비제

141 다음 정원이나 밭에 잘 발생되는 잡초들 중 1년생 잡초는?　　　　　　　　　산기-07- 2
ⓐ 마디풀　　　　　　　ⓑ 개보리뺑이
ⓒ 망초　　　　　　　　ⓓ 광대나물

142 다음 중 잔디밭의 잡초가 아닌 것은? 산기-03-1
ⓐ 크로바　　　　　　　ⓑ 바랭이
ⓒ 매듭풀　　　　　　　ⓓ 부들
해 ⓓ 부들은 연못가에서 자라는 풀이다. 잔디밭의 잡초로는 크로바, 바랭이, 매듭풀, 토끼풀, 민들레 등이 있다.

143 다음 중 잔디밭에 많이 발생하는 클로버 방제에 가장 적당한 것은?　　　산기-06-1, 산기-07-4
ⓐ 이사디액제(이사디아민염)
ⓑ 파라코액제(그라목손)
ⓒ 디코폴수화제(켈센)
ⓓ 글라신액제(근사미)
해 클로버(토끼풀)방제에는 2,4-D, MCPP, 반벨(디캄바액제) 등이 적당하다.

144 잔디밭의 클로버 제초로 사용하는 것은? 기-08-1
ⓐ 티오디카브수화제(신기록)

ⓑ 기계유유제졸(삼공기계유)
ⓒ 에트리디아졸·티오파네이트메틸수화제(가지린)
ⓓ 티캄바액제(반벨)

145 다음은 잡초 방제에 대한 설명이다. 가장 적당하지 않은 것은?　　　산기-03-1, 산기-07-2
ⓐ 짚 멀칭도 잡초 방제의 효과가 있다.
ⓑ 제초제에는 2.4-D, 시마네제, 파미드제 등이 있다.
ⓒ 농약과 비료를 함께 뿌리는 것이 노력 절감이 되므로 되도록 혼용하여 사용한다.
ⓓ 시기적으로 몇 가지 제초제를 체계적으로 사용한다.
해 ⓒ 살균제, 살충제, 비료 등 물을 필요로 하는 약제는 혼용을 금지한다.

146 제초에 관한 설명 중 틀린 것은?　　　기-07-2
ⓐ 제초제는 처리 방법에 따라 토양처리형 제초제, 잡초처리형 제초제로 구분할 수 있다.
ⓑ 제초제 살포는 인력 제초보다 저렴하므로 자주 실시하는 것이 효과적이다.
ⓒ 제초를 하는 것은 식물의 보호상, 미관상, 위생상의 효과를 얻는다.
ⓓ 초지로서 이용하는 공간에는 제초보다는 일정한 초장을 유지시키는 관리 방법도 바람직하다.
해 ⓑ 제초제 살포는 가급적 자주 실시하지 않는 것이 좋다.

147 비선택성 제초제에 관한 설명이다. 거리가 먼 것은?　　　　　　　　　　　산기-02-2
ⓐ 구조물 주변 등 식생을 원하지 않는 곳에 적용하기 알맞다.
ⓑ 지나친 고온기와 저온기는 피하는 것이 좋다.
ⓒ 묘포지 주변에서는 세심한 주의가 요구된다.
ⓓ 여름철 잔디밭 제초용으로 주로 사용된다.
해 ⓓ 지나친 고온기와 저온기에는 사용을 중지해야 한다.

148 잔디밭에서의 재배적 잡초 방제법에 대한 설명으로 부적당한 것은?　　　　　산기-09-4
ⓐ 잔디를 자주 깎아 준다.

㉰ 통기 작업으로 토양 조건을 개선한다.

㉱ 토양에 수분이 과잉되지 않도록 한다.

㉲ 잡초의 생육이 왕성할 시기에는 비료를 주지 않는다.

149 제초제에 의한 제초효과가 가장 높은 것은?

산기-02-2

㉮ 우기 시 ㉯ 건조한 토양

㉰ 사질토의 토양 ㉱ 고온 다습한 기후

150 수목에 대한 전염성 병의 감염과 확산에 영향을 주는 요인이라고 볼 수 없는 것은?

산기-02-4, 산기-09-1

㉮ 병원체의 이상 증식 ㉯ 수목영양의 충실도

㉰ 급격한 기상변화 ㉱ 인간의 접촉과 이용

151 다음 중 바이러스에 의해 수목에 발생하는 수병은?

기-07-2

㉮ 뽕나무모자이크병 ㉯ 뽕나무오갈병

㉰ 동백나무시들음병 ㉱ 단풍나무점무늬병

해 바이러스에 의해 수목에 발생하는 수병 : 포플러·아까시나무·뽕나무모자이크병, 느릅나무얼룩반점병, 오동나무미친개꼬리병

152 다음 중 바이러스에 의한 수목의 병으로 옳은 것은?

산기-06-1

㉮ 포플러모자이크병 ㉯ 오동나무빗자루병

㉰ 뽕나무오갈병 ㉱ 낙엽송잎떨림병

153 파이토플라스마(phytoplasma)에 의해서 발생되는 병해는?

산기-08-1

㉮ 탄저병 ㉯ 오동나무빗자루병

㉰ 세균성 천공병 ㉱ 근두암종병

해 마이코플라스마(파이토플라스마)에 의한 병 : 대추나무·붉나무·오동나무·쥐똥나무빗자루병, 뽕나무오갈병

154 다음 식물병 중에서 마이코플라스마(파이토플라스마)에 의한 병이 아닌 것은?

기-03-1

㉮ 대추나무 빗자루병 ㉯ 오동나무 빗자루병

㉰ 벚나무 빗자루병 ㉱ 뽕나무 오갈병

155 다음 중 자낭균에 의한 수병이 아닌 것은?

기-07-1, 기-09-1, 산기-08-4

㉮ 벚나무의 빗자루병 ㉯ 밤나무의 흰가루병

㉰ 대나무의 그을음병 ㉱ 포플러의 잎녹병

해 자낭균에 의한 수병 : 대나무·벚나무빗자루병, 잎마름병, 잎떨림병, 가지마름병, 그을음병, 흰가루병, 구멍병, 탄저병, 갈색무늬병

156 소나무 잎떨림병(엽진병, needle cast)의 1차 전염원은?

기-09-1

㉮ 자낭포자 ㉯ 분생포자

㉰ 병자포자 ㉱ 후막포자

157 다음 중 곰팡이에 의해 발생하지 않는 병은?

기-06-4, 기-08-2

㉮ 삼나무붉은마름병 ㉯ 소나무술기녹병

㉰ 대추나무빗자루병 ㉱ 잣나무잎떨림병

해 ㉰ 대추나무빗자루병은 파이토플라스마에 의해 발병한다.

158 조경수 병징(symptom)에 해당하는 것은?

산기-05-2, 산기-11-2

㉮ 로제팅 ㉯ 균사체

㉰ 포자 ㉱ 버섯

159 병든 식물의 표면에 병원체의 영양기관이나 번식기관이 나타나 육안으로 식별되는 것을 가리키는 것은?

기-06-1, 기-11-2

㉮ 병징 ㉯ 병반

㉰ 표징 ㉱ 병폐

160 수병의 표징(sign)에 해당되지 않는 것은?

산기-08-1

㉮ 포자 ㉯ 균핵

㉰ 분생포자 ㉱ 괴사

해 ㉱ 괴사는 병징에 해당된다.

병원체의 영양기관에 의한 표징	균사, 균사속, 균사막, 근상균사속, 선상균사, 균핵, 자좌 등
병원체의 번식기관에 의한 표징	포자, 분생자병, 분생자퇴, 분생포자, 분생자좌, 포자낭, 병자각, 자낭각, 자낭구, 자낭반, 소립점, 수포자퇴, 세균점괴, 포자각, 버섯 등

161 다음 중 주로 바람에 의해 전반 되는 병균이 아닌 것은? 　　　　　　　　　기-07-1
㉮ 향나무 적성병균　　㉯ 잣나무 털녹병균
㉰ 밤나무 줄기마름병균　㉱ 밤나무 흰가루병균
🈔 ㉮ 향나무 적성병균은 물에 의해 전반된다.

162 병원체의 전반 방법 중 곤충 및 소동물에 의한 것은? 　　　　　　　　　기-09-4
㉮ 대추나무 빗자루병　　㉯ 밤나무 흰가루병
㉰ 향나무 녹병　　　　㉱ 교목의 입고병
🈔 곤충 및 소동물에 의한 전반 : 오동나무·대추나무빗자루병균, 포플러모자이크병균, 뽕나무오갈병균

163 다음 중 주요한 전반(傳搬)방법과 병원체의 연결이 바른 것은? 　　　　산기-05-4, 산기-06-4
㉮ 바람에 의한 전반 – 묘목의 입고병균
㉯ 물에 의한 전반 – 잣나무 털녹병균
㉰ 묘목에 의한 전반 – 밤나무 근두암종병균
㉱ 토양에 의한 전반 – 향나무 적성병균

164 다음 중 병원체의 월동방법 중 기주(寄主)의 체내에 잠재하여 월동하는 것은? 　기-06-2, 기-07-4
㉮ 잣나무털녹병균
㉯ 오리나무갈색무늬병
㉰ 묘목의 모잘록병(立枯病)균
㉱ 밤나무뿌리혹병(根頭癌腫病)균

165 소나무혹병의 중간 기주 식물은? 　　　　　　　　산기-07-4, 산기-09-4, 기-07-2
㉮ 졸참나무, 신갈나무　㉯ 송이풀, 까치밥나무
㉰ 황벽나무　　　　　㉱ 향나무

166 다음 병·해충 중에서 주·야의 온도 차이가 클 때 많이 발생하며 석회유황합제, 포리옥신 또는 지오판수화제 등을 살포하면 효과적으로 구제할 수 있는 병·해충은? 　　　　　　　산기-08-1
㉮ 흰가루병　　　　　㉯ 흰불나방
㉰ 그을음병　　　　　㉱ 솔나방

167 다음 중 흰가루병이 잘 발생하지 않는 수종은? 　　　　　　　　　산기-07-1
㉮ 배롱나무　㉯ 장미　㉰ 향나무　㉱ 벚나무
🈔 흰가루병이 잘 발생하는 수종 : 참나무류, 밤나무, 단풍나무류, 포플러류, 배롱나무, 장미, 벚나무, 가중나무, 붉나무, 개암나무, 오리나무, 조팝나무 등 활엽수류

168 수목의 그을음병을 유발시키는 해충은? 　　　　산기-05-4, 기-08-4, 산기-03-4, 산기-06-2
㉮ 진딧물, 깍지벌레　　㉯ 풍뎅이, 하늘소
㉰ 독나방, 텐트나방　　㉱ 나무좀, 바구미
🈔 그을음병은 병원균이 진딧물, 깍지벌레 등의 흡즙성 해충의 배설물에 기생하며, 균체가 검은색이기 때문에 외관상 잎의 표면에 그을음이 붙은 것처럼 보임

169 진딧물이 기생하는 곳에는 어떤 병이 잘 발생 되는가? 　　　　　　　　　산기-03-4
㉮ 흰가루병　　　　　㉯ 그을음병
㉰ 미친개꼬리병　　　㉱ 탄저병

170 배롱나무, 동백나무 등에 발생되는 그을음병의 예방법으로 가장 적합한 것은? 　　　산기-04-1
㉮ 진딧물을 구제하고 통풍을 좋게 한다.
㉯ 병든 잎은 제거하고 소각 처리한다.
㉰ 생리적 현상이므로 염려할 필요가 없다.
㉱ 향나무류를 주위에 식재하지 않는다.

171 느티나무에서 자주 발생하는 병해로 잎에 작은 갈색의 반점이 생겨서 점점 퍼지면서 엽맥부근에 다각형의 병반이 형성되고, 병반의 중앙부는 회백색이며 병증이 진행되면 잎이 탈락하는 경우가 있는 것은? 　　　　　　　기-06-1
㉮ 흰가루병　　　　　㉯ 비짜루병
㉰ 흰별무늬병　　　　㉱ 갈색무늬병

172 다음 중 배나무 붉은별무늬병(적성병)의 중간 기주로 옳은 것은? 　산기-06-2, 산기-07-2, 산기-09-4
㉮ 포플러나무　　　　㉯ 향나무
㉰ 졸참나무　　　　　㉱ 은행나무

173 소나무 잎마름병(Pseudocer cospora)의 병징은? 기-10-4

㉮ 봄에 잎 끝부분이 갈색으로 변한다.

㉯ 봄에 신초와 잎이 시들고 구부러진다.

㉰ 봄에 잎에 띠 모양의 황색반점이 생긴다.

㉱ 봄에 잎 전체가 갑자기 갈색으로 변한다.

㉣ 침엽수는 봄에 잎 윗부분에 띠모양으로 황색의 반점이 생긴 후 갈변하고, 후에 검은 작은 점이 생기며 조기 낙엽

174 잣나무, 소나무, 전나무 등에 주로 발생하는 병으로 3~4월경 병엽은 적갈색으로 변하기 시작하여 6월까지 낙엽이 지고 병든 낙엽에 6~11mm 간격으로 격막이 생기며 흑색 병반이 형성되는 병해는? 산기-08-2

㉮ 털녹병 ㉯ 잎마름병

㉰ 잎떨림병 ㉱ 잎녹병

175 수목의 병해충 구제 방법이 아닌 것은? 기-05-1, 기-06-4

㉮ 기계적 방법 ㉯ 화학적 방법

㉰ 식생적 방법 ㉱ 생물학적 방법

㉣ 해충방제

· 생물적 방제 : 기생성·포식성 천적, 병원미생물

· 화학적 방제 : 살충제, 생리활성물질

· 임업적 방제 : 내충성 품종, 간벌, 시비

· 기계적·생리적 방제 : 포살, 유살, 차단, 박피소각

176 다음 중 해충방제 방법 중 기계적 방법이 아닌 것은? 기-06-4

㉮ 유살법(誘殺法) ㉯ 소살법(燒殺法)

㉰ 접촉 침투(接觸 浸透) ㉱ 박피소각(剝皮燒却)

177 해충의 경제적 피해 허용수준(economic threshold)을 가장 적절하게 설명한 것은? 산기-08-1

㉮ 경제적 가해수준에 달하는 것을 억제하기 위하여 직접적 방제를 해야 하는 밀도를 말한다.

㉯ 경제적 피해를 주는 최소의 밀도, 즉 해충의 피해액과 방제비가 같은 수준의 밀도를 말한다.

㉰ 일반적 환경조건 하에서 해충의 평균밀도로서

허용이 가능한 밀도수준을 말한다.

㉱ 경제적 피해를 주는 밀도 수준으로 해충의 피해보다 방제비가 많이 드는 수준의 밀도를 말한다.

178 해충을 가해습성에 따라 분류 시 천공성 해충에 해당되지 않는 것은? 산기-08-4, 산기-05-1

㉮ 소나무좀 ㉯ 바구미

㉰ 방패벌레 ㉱ 박쥐나방

㉣ 천공성 해충으로는 미끈이하늘소, 박쥐나방, 버들바구미, 소나무좀, 측백하늘소 등이 있다.

179 천공성 해충이 아닌 것은? 기-02-1, 기-07-1

㉮ 소나무 좀 ㉯ 박쥐나방

㉰ 노랑쐐기나방 ㉱ 미끈이 하늘소

180 흡즙성 해충이 아닌 것은? 기-03-2

㉮ 깍지벌레 ㉯ 응애

㉰ 진딧물 ㉱ 오리나무잎벌

㉣ 흡즙성 해충으로는 깍지벌레류, 응애류, 진딧물류, 방패벌레류 등이 있다.

181 고약병 등을 유발시키며 벚나무, 뽕나무, 밤나무 등에 발생하는 흡즙성 해충인 깍지벌레류의 천적으로 맞는 것은? 산기-03-4, 산기-06-4

㉮ 기생봉, 꽃응애류

㉯ 거미

㉰ 긴등기생파리, 독나방고치벌

㉱ 무당벌레류, 풀잠자리

182 흡즙성 해충으로 고온 건조 시에 주로 발생하여 수목에 피해를 주는 것은? 기-04-1

㉮ 깍지벌레 ㉯ 진딧물

㉰ 응애류 ㉱ 솔잎혹파리

183 응애류(mite)에 관한 설명으로 옳은 것은? 기-07-1

㉮ 잎의 즙액을 빨아먹는다.

㉯ 침엽수에만 피해를 준다.

㉰ 활엽수에만 피해를 준다.

㉡ 미관상 나쁠 뿐 생육에는 상관이 없다.

혜 응애류
· 바늘과 같이 끝이 뾰족한 입틀로써 잎의 즙액을 빨아먹어 잎에 황색의 반점을 만들고 많아지면 잎 전체가 황갈색으로 변화
· 꽁무니에서 거미줄 같은 것을 내어 잎과 어린 줄기에 치며 습기를 싫어하여 먼지가 많은 고온건조 시 주로 발생
· 피해수목은 생장이 저하되고 수세가 약해지며 피해가 심하면 고사
· 활엽수 및 침엽수의 대부분에 가해
· 방제 시 동일농약을 계속 사용하면 저항성이 생기므로 연용 금지

184 다음 중 응애류(mite)에 관한 설명 중 틀린 것은?　산기-06-4
㉮ 잎의 즙액을 빨아 먹는다.
㉯ 침엽수에도 피해를 준다.
㉰ 천적으로 바구미, 사슴벌레 등이 있다.
㉱ 피해를 받으면 잎이 황갈색으로 변하며, 수세가 약해진다.

185 다음 중 응애류의 방제약이 아닌 것은?　산기-05-4, 기-07-2
㉮ 테트라디온(테디온)　㉯ 디코폴유제(켈센)
㉰ 아미트유제(마이캇트)　㉱ 씨마네수화제(씨마진)

혜 응애류의 방제약 : 테디온유제, 디코폴유제, 벤지란유제, 아미트유제, 가보치수화제, 알리포유제, 펜부린수화제, 벤조메유제, 아노톤유제 등

186 다음 중 솔나방에 관한 설명으로 틀린 것은?　기-06-4, 산기-11-2
㉮ 1년에 1회 발생한다.
㉯ 주로 소나무, 해송, 리기다소나무 등을 가해한다.
㉰ 11월 초 기온이 10℃ 이하로 내려가면 나무줄기를 따라 내려와 지표부근의 나무껍질사이, 돌, 낙엽 밑에서 월동한다.
㉱ 6~7월 사이 지오판수화제를 살포하여 방제한다.

혜 솔나방은 마라톤유제, 디프액제, 파라티온 등을 살포하여 방제한다.

187 미국 흰불나방의 천적은?　기-02-1, 기-08-2
㉮ 먹좀벌　㉯ 긴등기생파리

㉰ 무당벌레　㉱ 풀잠자리

혜 미국 흰불나방의 천적으로는 긴등기생파리, 송충알벌, 검정명주딱정벌레, 나방살이납작맵시벌 등이 있다.

188 다음 중 미국 흰불나방에 관한 설명으로 옳지 않은 것은?　기-06-2, 산기-09-2, 기-08-4
㉮ 나무껍질 사이, 판자 틈, 지피물 밑에 있는 고치 속에서 번데기로 월동한다.
㉯ 유충이 활엽수보다는 침엽수의 잎을 주로 가해한다.
㉰ 1화기(化期) 보다는 2화기에 피해가 더 심하다.
㉱ 잎 또는 가지를 거미줄 같은 것으로 감아 놓기 때문에 발견하기 쉽다.

혜 미국 흰불나방은 포플러류, 버즘나무 등 많은 수의 활엽수의 잎을 먹으며, 먹이가 부족하면 초본류도 먹는다.

189 흰불나방에 관한 설명으로 잘못된 것은?　기-08-4
㉮ 1년에 2회 발생하고 고치 속에서 번데기로 월동한다.
㉯ 유충이 잎을 식해하는데 제3령까지의 유충은 실을 토하여 잎을 감싼다.
㉰ 천적이 없으므로 화학방제만을 실시한다.
㉱ 방제약제로는 트리클로르폰수화제(디프록스)가 효과적이다.

혜 흰불나방의 천적으로는 긴등기생파리, 송충알벌, 검정명주딱정벌레, 나방살이납작맵시벌 등이 있다.

190 흰불나방은 겨울철을 어떤 상태로 월동 하는가?　기-05-4, 기-10-1, 기-11-4
㉮ 번데기　㉯ 유충　㉰ 알　㉱ 성충

191 박쥐나방에 대한 설명이다. 가장 알맞은 것은?　산기-02-2, 산기-07-1
㉮ 거미류에 속하는 작은 해충으로 고온건조기에 심하게 발생한다.
㉯ 동수화제나 석회유황합제가 효과적이다.
㉰ 주로 소나무, 벚나무, 전나무 등에 피해가 심하다.
㉱ 수피에 구멍을 뚫고 가해하므로 육안으로 식별이 용이하다.

혜 박쥐나방의 피해부위는 땅에서 50cm 이상 수간에 많고 피해

부의 지름은 2~4cm가 많고 구멍이 보이므로 육안 식별 용이하며 버드나무, 자작나무, 느릅나무, 참나무, 물푸레나무, 단풍나무, 버즘나무, 포플러류, 벚나무, 호두나무, 오동나무, 아까시나무 등에 많은 피해가 발생한다.

192 다음 [보기]에서 설명하는 수목의 피해 현상을 보이는 해충은? 기-11-2

[보기]
어린 유충은 초본의 줄기 속을 식해하지만 성장한 후에는 나무로 이동하여 수피와 목질부 표면을 환상(環狀)으로 식해하면서 거미줄을 토하여 벌레똥과 먹이 잔재물을 피해부위 바깥에 처리하므로 혹 같아 보인다. 처음에는 인피부를 고리모양으로 식해하지만, 이어 줄기의 중심부로 먹어 들어가며 위와 아래로 갱도를 뚫으면서 식해한다.

㉮ 미국흰불나방   ㉯ 참나무재주나방
㉰ 천막벌레나방   ㉱ 박쥐나방

193 다음 소나무좀에 관한 설명 중 관계가 먼 것은? 산기-05-2
㉮ 유충가해기(5월경)에 구제하거나 개미붙이 등의 천적을 이용한다.
㉯ 치명적 피해는 주지 않고 부분적으로 가해한다.
㉰ 이식한 소나무(적송)에 많은 피해를 준다.
㉱ 천공성 해충으로 분류된다.
해 ㉯ 소나무좀의 성충이 침입하는 수간의 부위는 주로 지상 5m 내외로 그 부분의 피해가 크며 소나무 3대 해충중의 하나이다.

194 소나무좀에 관한 설명으로 틀린 것은? 기-10-2
㉮ 기주는 소나무, 해송, 잣나무 등의 소나무류이다.
㉯ 피해 받은 새가지는 구부러지거나 부러진 채 나무에 붙어 있는 것이 관찰되었는데, 이를 후식(後食)피해라고 한다.
㉰ 연 2회 발생하며, 나무껍질 밑에서 번데기로 월동한다.
㉱ 침입한 구멍이나 탈출한 구멍에는 송진이 하얗게 나와 있으며 피해 가지는 붉은색으로 말라 죽는다.

195 솔잎혹파리에 대한 설명으로 잘못된 것은? 산기-04-2, 산기-06-1, 기-02-1
㉮ 연 1회 발생한다.
㉯ 유충이 솔잎 기부에 들어가서 즙액을 빨아 먹는다.
㉰ 서울지방인 경우 유충은 벌레집 속에서 월동한다.
㉱ 성충은 5월 상순~6월 하순에 나타난다.
해 ㉰ 유충은 벌레혹에서 나와 지피물 밑이나 땅 속에서 월동한다.

196 솔잎혹파리에 관한 설명 중 옳지 않은 것은? 산기-06-1
㉮ 솔잎혹파리의 유충 발생 시기는 3~4월이다.
㉯ 유충은 지피물 밑이나 땅 속에서 월동한다.
㉰ 성충은 파리와 흡사하여 매우 작다.
㉱ 수간주사로 유충을 구제할 수 있다.

197 다음 중 솔잎혹파리의 방제 방법으로 틀린 것은? 기-04-4
㉮ 먹좀벌을 방사하여 구제한다.
㉯ 10~11월에 피해목을 벌목하여 태워 구제한다.
㉰ 6월 상순~7월 중순에 다이진(다이아톤) 50% 유제 등을 수간에 주사한다.
㉱ 성충 우화 최성기에 메프수화제(스미치온) 500배액을 수관에 살포한다.
해 ㉯ 9월~다음해 1월에 벌레혹에서 탈출하여 월동을 위해 낙하하므로 9월 전에 벌목하여 태워 구제한다.

198 소나무(적송)에 심한 피해를 주는 솔잎혹파리를 방제하는 효과적인 방법이 아닌 것은? 기-03-4
㉮ 소나무 수간에 주사기로 침투성살충제 다이메크론유제를 주입한다.
㉯ 5~6월 성충의 부화시기에 일주일 간격으로 강력 살충제를 지면, 수관에 살포한다.
㉰ 2~3월 유충의 부화시기에 일주일 간격으로 강력 살충제를 지면, 수관에 살포한다.
㉱ 생물학적 방법으로 천적을 증식하여 살포한다.

199 꼬리좀벌, 노랑 꼬리좀벌, 상수리좀벌, 큰다리남색좀벌류 등이 천적인 해충은? 기-03-1, 기-10-2
㉮ 밤나무혹벌   ㉯ 소나무좀

㉠ 솔잎혹파리　　　　㉣ 측백하늘소

200 측백하늘소 성충의 발생 및 산란시기로 가장 적당한 것은?　　　　　　　　산기-05-1, 산기-07-1
㉮ 1~2월　　　　　　㉯ 3~4월
㉰ 5~6월　　　　　　㉱ 7~8월
해 측백하늘소는 1년에 1회 발생하는데 월동한 성충은 3~4월에 탈출하여 수피를 물어뜯고 그 속에 산란한다.

201 다음 중 주요 수목과 병해충이 틀리게 짝지어진 것은?　　　　　　　　　　　　산기-02-1
㉮ 소나무 – 솔나방
㉯ 낙엽송, 참나무류 – 집시나방
㉰ 낙엽송, 섬잣나무 – 미국흰불나방
㉱ 사과나무, 느티나무 – 독나방
해 ㉰ 포플러류, 버즘나무 – 미국흰불나방

202 다음 해충에 대한 설명 중 바르게 연결되지 않은 것은?　　　　　　　　　　　산기-07-4
㉮ 흰불나방 → 부화유충은 군서(群棲)
㉯ 솔잎혹파리 → 침엽의 접합부에 충영(蟲纓)
㉰ 애소나무좀 → 소나무의 인피부와 신소가해
㉱ 측백나무 하늘소 → 향나무, 측백나무의 뿌리 가해
해 ㉱ 측백나무 하늘소 → 향나무, 측백나무의 형성층부위를 얕게 구멍을 뚫고 가해

203 생육환경 조절을 통한 수목해충 예방법이 아닌 것은?　　　　　　　　　　　산기-03-1
㉮ 수목 근원부 토양에 멀칭 처리한다.
㉯ 적절히 솎아 베는 간벌을 실시한다.
㉰ 천적 서식지를 조성해 천적을 증식한다.
㉱ 우기 전에 배수로를 정비한다.

204 공원 녹지에서 병해충 발생에 대한 방제계획을 적은 것이다. 다음 중 농약 사용기준에 가장 적합한 것은?　　　　　　　　　　　　　기-04-2
㉮ 미적, 경제적으로 허용하는 한도이하로 피해를 억제하는 정도에서 사용한다.
㉯ 가능한한 농약을 사용하여 피해를 일으키는 해

충을 절멸 시킨다.
㉰ 농약을 사용치 않는 대신 천적을 이용하는 정도로만 한다.
㉱ 동일 농약을 계속 사용하여 병해충을 방제하고 부작용을 없앤다.

205 조경 수목의 생장을 저해하는 충해를 방지하기 위한 방제법으로 거리가 먼 것은?　　기-04-2
㉮ 강력한 살균제를 년 3~4회 살포한다.
㉯ 필요한 천적을 증식 살포한다.
㉰ 유아등을 설치하여 성충을 유인하여 잡는다.
㉱ 잠복소를 설치하여 해충을 유인하여 잡는다.

206 다음 중 살균제인 것은?　　　　　　기-07-2
㉮ 지오판수화제(톱신엠)　㉯ 주론수화제(디밀린)
㉰ 부타유제(마세트)　　　㉱ 아이비에이액제(옥시베론)
해 살균제로는 베노밀, 티람, 베노람, 지오람수화제, 캡탄제 보르도액, 석회황합제, 유기황제 등이 있다.

207 클로로피크린, 메틸브로마이드, 캡탄 등은 어떤 용도로 쓰이는 약제인가?　　　　기-08-2
㉮ 살충제　　　　　　㉯ 토양살균제
㉰ 제초제　　　　　　㉱ 목본살균제
해 토양 중의 병원균 살멸하기 위한 토양살균제로는 클로로피크린, 메틸브로마이드, 캡탄제, 티람제 등이 있다.

208 다음 약제 가운데 보조제(補助齊 : adjuvant)가 아닌 것은?　　　　　　　　　산기-10-1
㉮ 유화제(emulsifier)　　㉯ 협력제(synergist)
㉰ 기피제(repellent)　　　㉱ 증량제(diluent)
해 보조제로는 전착제, 증량제, 용제, 유화제, 협력제 등이 있다.

209 다음 중 계면활성제의 종류가 아닌 것은?
　　　　　　　　　　　　　기-08-4, 기-09-2
㉮ 유탁제　　　　　　㉯ 유화제
㉰ 습윤제　　　　　　㉱ 전착제

210 유제나 액제와 같이 액상의 농약을 제조할 때 주제(원제)를 녹이기 위하여 사용하는 보조제 물질

은? 기-16-1

㉮ 협력제   ㉯ 용제

㉰ 증량제   ㉭ 유화제

211 파라치온 등 유기인계 살충제의 가장 큰 작용 특성은? 기-10-4

㉮ 살충력이 강하고 광범위하게 사용된다.

㉯ 분해가 느리기 때문에 약효지속 시간이 길다.

㉰ 알칼리성 물질에 분해가 느린 편이다.

㉭ 인축에 대해 독성이 약한 편이다.

해 유기인계 살충제는 현재 사용중인 살충제 중 가장 많고, 환경 생물에 대한 영향도 가장 큰 농약으로 인축에 대한 독성은 높으나, 광선이나 기타 요인에 의해 소실이 빨라 환경에서의 잔류성은 짧음

212 다음 중 물에 녹지 않는 유효성분을 카오링, 벤트나이트등으로 희석한 분상의 제제로 현탁액으로써 살포하는 제제(製濟) 형태는? 산기-05-4

㉮ 유제   ㉯ 수용제

㉰ 수화제   ㉭ 도포제

해 수화제(wettable powder)는 물에 녹지 않는 원제를 화이트 카본, 카올린, 벤토나이트 등 증량제 및 계면활성제와 혼합하여 분쇄한 제제로 물에 희석하면 유효성분의 입자가 물에 고루 분산하여 현탁액이 된다.

213 약제를 식물의 줄기, 잎, 뿌리에 처리하여 식물 전체로 확산시켜서 이 식물을 섭식하는 해충에 살충력을 나타내는 약제의 종류는? 산기-11-4

㉮ 훈증제   ㉯ 소화중독제

㉰ 화학불임제   ㉭ 침투성살충제

214 공원 녹지에서 병해충 발생에 대한 방제계획을 적은 것이다. 다음 중 농약 사용기준에 가장 적합한 것은? 기-04-2

㉮ 미적, 경제적으로 허용하는 한도이하로 피해를 억제하는 정도에서 사용한다.

㉯ 가능한한 농약을 사용하여 피해를 일으키는 해충을 절멸 시킨다.

㉰ 농약을 사용치 않는 대신 천적을 이용하는 정도

로만 한다.

㉭ 동일 농약을 계속 사용하여 병해충을 방제하고 부작용을 없앤다.

215 농약의 구비조건으로 틀린 것은? 산기-11-2

㉮ 다른 약제와 혼용이 어려워야 한다.

㉯ 적은 양으로도 약효가 확실하여야 한다.

㉰ 인축에 대하여 피해를 주지 않아야 한다.

㉭ 사용 작물에 대하여 약해를 일으키지 않아야 한다.

해 ㉮ 다른 약제와 혼용할 수 있으며 혼용범위가 넓어야 한다.

216 수확기의 농산물 중 농약의 잔류량이 잔류허용기준을 초과 하지 않도록 하기 위하여 작물별로 농약의 살포횟수와 수확 전 최종 살포시기(일수)를 제한하는 기준을 무엇이라고 하는가? 산기-09-1, 기-10-4

㉮ 농약 안전사용기준   ㉯ 농약 잔류허용기준

㉰ 농약 취급제한기준   ㉭ 농약 안전관리기준

해 농약의 안전사용기준

· 적용 대상 농작물에 한하여 사용할 것

· 적용 대상 병해충에 한하여 사용할 것

· 살포시기(일수)를 지켜 사용할 것

· 적용 대상 농작물에 대한 재배기간 중의 사용가능 횟수 내에서 사용할 것

217 농약잔류허용기준의 설정 시 결정요소가 아닌 것은? 산기-09-1, 기-12-1

㉮ 토양 중 잔류특성   ㉯ 1일 섭취 허용량(ADI)

㉰ 안전계수   ㉭ 1일 식품 섭취량

해 농약의 잔류 허용기준을 산출하기 위해서는 최대무작용량, 안전계수, 1일 섭취허용량, 국민평균체중, 식품계수 등이 필요하다.

218 농약의 조제법 중 살포제의 희석법에 해당하지 않는 것은? 산기-10-1

㉮ 배액 조제법   ㉯ 퍼센트 조제법

㉰ ppm 조제법   ㉭ 분제의 조제법

219 조경에서 사용되는 농약의 독성을 표시하는 단위에서 LD50이란? 기-08-1

㉮ 50%치사에 필요한 농약의 농도

ⓒ 50%치사에 필요한 농약의 종류

ⓓ 50%치사에 필요한 시간

ⓔ 50%치사에 필요한 농약의 양

🖪 LD50(Lethal Dose 50) : 포유동물을 대상으로 실험동물에 약제를 투여하여 처리된 동물 중 반수(50%)가 죽음에 이를 때의 동물 개체당 투여된 약량(반수치사량)으로 화학물질의 급성독성의 강·약도를 결정하는 값

220 파리치온 유제 50%를 0.08%로 희석하여 10a 당 100L를 살포하려고 할 때 소요약량은 약 몇 mℓ 인가? (단, 비중은 1.008이다.) 기-08-2

ⓐ 148 ⓑ 158

ⓒ 168 ⓓ 178

🖪 소요농약량 $= \dfrac{추천농도(\%) \times 단위면적당\ 살포량(mℓ)}{농약주성분\ 농도(\%) \times 비중}$

$\therefore \dfrac{0.08 \times 100 \times 1000}{50 \times 1.008} = 158.73(mℓ)$

221 흰불나방 구제를 위하여 살충제 50% 유제를 0.05%(1,000배) 농도로 하여 ha당 1000L를 살포하고자 한다. ha당 소요되는 원액량은? 산기-07-1

ⓐ 1,000cc ⓑ 1,500cc

ⓒ 2,000cc ⓓ 2,500cc

🖪 소요농약량 $= \dfrac{추천농도(\%) \times 단위면적당\ 살포량(mℓ)}{농약주성분\ 농도(\%) \times 비중}$

$\therefore \dfrac{0.05 \times 1000 \times 1000}{50 \times 1.0} = 1000(cc)$

222 30%메프(Mep) 유제(비중1.0) 200cc를 0.06%의 살포액으로 만드는데 소요되는 물의 양 (cc)은? 산기-10-1

ⓐ 99900 ⓑ 99800

ⓒ 99700 ⓓ 99600

🖪 희석할 물의 양 $=$ 소요농약량(cc) $\times \left(\dfrac{농약주성분농도(\%)}{추천농도(\%)} - 1\right) \times 비중$

$\therefore 200 \times \left(\dfrac{30}{0.06} - 1\right) \times 1 = 99800(cc)$

223 붉은별 무늬병 방제를 위해 살균제 마이틴수 화제를 살포하고자 한다. 600배액으로 만들고자 할 때 물 18L에 원액을 얼마 넣어야 하는가? 산기-05-1

ⓐ 30g ⓑ 33.3g

ⓒ 108g ⓓ 300g

🖪 소요농약량 $= \dfrac{단위면적당\ 살포량(mℓ)}{희석배수}$

$\therefore \dfrac{18 \times 1000}{600} = 30(mℓ) \rightarrow 30g$

224 다음 중 농약사용 중 일반적인 주의사항으로 가장 거리가 먼 것은? 기-05-2

ⓐ 사용하다가 남은 농약은 다른 용기에 옮겨서 보관한다.

ⓑ 살포 전·후 살포기를 반드시 씻는다.

ⓒ 병뚜껑을 열 때 신체에 내용물이 묻지 않도록 주의한다.

ⓓ 약을 뿌릴 때에는 마스크, 보안경, 고무장갑 및 방제복 등을 착용하고, 바람을 등지고 뿌려야 한다.

🖪 ⓐ 사용하고 남은 농약은 다른 용기에 옮겨 보관하지 말고, 밀봉한 뒤 햇빛을 피해 건조하고 서늘한 장소에 보관한다.

225 대추나무 빗자루병에 대한 설명으로 옳지 않은 것은? 산기-12-1

ⓐ 병원체가 나무 전체에 분포하는 전신성병이다.

ⓑ 벚나무는 대추나무 빗자루병의 기주식물이다.

ⓒ 빗자루병에 걸린 나무는 결실이 되지 않는다.

ⓓ 마름무늬매미충(Hishimonus sellatus)에 의해 매개된다.

🖪 ⓑ 대추나무 빗자루병의 기주식물에는 대추나무, 오동나무, 붉나무, 쥐똥나무가 있으며 벚나무는 자낭균에 의한 병의 기주식물이다.

226 농약 사용 시 여러 가지 조제형의 약제를 섞어야 할 경우 조제별 순서에 따라 계속해서 저어 주어야 한다. 다음 중 그 순서로 맞는 것은? 산기-10-1

ⓐ 수화제 → 액화제 → 가용성 → 분제 → 전착제 → 유제

ⓑ 수화제 → 가용성 → 분제 → 액화제 → 전착제 → 유제

ⓒ 수화제 → 분재 → 가용성 → 액화제 → 유제 → 전착제

ⓓ 수화제 → 액화제 → 전착제 → 가용성 → 분재 → 유제

227 농약의 성분이 20% 인 분제 5Kg을 5%의 분제로 만들려면 희석용 증량제가 몇 Kg 더 필요한가? 산기-12-1

ⓐ 10Kg ⓑ 15Kg

ⓒ 20Kg ⓓ 25Kg

🖪 ·희석재료량 $=$ 소요농약량 $\times \left(\dfrac{주성분농도}{희망농도} - 1\right) \times 비중$

$\therefore 5 \times \left(\dfrac{20}{5} - 1\right) = 15(kg)$

시설물 보수사이클과 내용년수

시설의 종류	구조	내용년수	계획보수	보수사이클	정기점검보수	정기점검보수
원로·광장	아스팔트 포장	15년			균열	전면적의 5~10% 균열 함몰이 생길 때(3~5년), 전반적으로 노화가 보일 때 (10년)
	평판 포장	15년			평판고쳐놓기 평판교체	전면적의 10% 이상 이탈이 생길 때 (3~5년) 파손장소가 특히 눈에 띄일 때(5년)
	모래자갈 포장	10년	노면수정 자갈보충	반년~1년 1년	배수정비	배수가 불량할 때 진흙청소(2~3년)
분수		15년	전기·기계의 조정점검	1년	펌프, 밸브 등 교체 절연성의 점검을 행한다.	수중펌프 내용연수(5~10년) 펌프의 마모에 따라서 연못, 계류의 순환펌프에도 적용
			물교체, 청소낙엽제거	반년~1년		
			파이프류 도장	3~4년		
파걸러	철제	20년	도장	3~4년	서까래 보수	서까래의 부식도에 따라서 목제 5~10년 철제 10~15년 갈대발 2~3년
	목제	10년	도장	3~4년	서까래 보수	상 동
벤치	목제	7년	도장	2~3년	좌판 보수	전체의 10% 이상 파손, 부식이 생길 때(5~7년)
	플라스틱	7년			좌판 보수	전체의 10% 이상 파손, 부식이 생길 때(3~5년)
					볼트 너트 조이기	정기점검시 처리
	콘크리트	20년	도장	3~4년	파손장소 보수	파손장소가 눈에 띄일 때(5년)
그네	철제	15년	도장	2~3년	좌판교체	부식도에 따라서 조속히(3~5년)
					볼트조이기, 기름치기	정기점검 때 처리
					쇠사슬, 고리마포교체	마모도에 따라서 조속히(5~7년)
미끄럼틀	콘크리트제 철제	15년	도장	2~3년	미끄럼판 보수	마모도에 따라서(5~7년)
모래사장	콘크리트	20년	모래보충	1년	모래 경운	모래보충시 적당히
			연석도장	2~3년	배수 정비	
정글짐	철제	15년	도장	2~3년	볼트 너트 조이기	정기점검시 처리 (철봉, 등반봉 등 금속제 놀이기구에도 적용)
시소		10년	도장	2~3년	베어링보수, 좌판보수	삐걱삐걱 소리가 난다(베어링마모) (3~4년) 부식도에 따라서(특히 손잡이가 떨어지기 쉽다.)
목제놀이기구		10년	도장	2~3년	볼트 너트 조이기	정기점검 때 처리
					부품교체	마모도 부식도에 따라서
					적요	도장은 방부제 도포를 포함
야구장		20년	그라운드면 고르기	1년	Back Net교체	파손상황에 따라서 (5년)
			잔디 손질	1년	모래보충	모래의 소모도에 따라서 (1~2년)
			조명시설보수 점검정비	1년	조명등의 교체	

테니스코트	전천후코트	10년			코트보수	균열, 파손상황에 따라서 (3~5년)
					네트교체	네트의 파손도에 따라서 (2~3년)
					바깥울타리보수	파손상황에 따라서 (2~3년)
	클레이코트	10년		1년	네트교체 바깥울타리보수	네트의 파손도에 따라서 (2~3년) 파손상황에 따라서 (2~3년)
화장실	목조	15년	도장	2~3년	문 보수	파손상황에 따라서 (1년)
					배관보수	파손상황에 따라서 (1년)
					탱크청소	정기점검시 처리 (1년)
					적요	도장은 방부제 도포를 포함, 문, 배관류는 임시보수가 많다.
	철근 콘크리트조	20년	도장	3~4년	문 보수	파손상황에 따라서 (1년)
					배관보수	파손상황에 따라서 (1년)
					변기류보수	파손상황에 따라서 (1년)
						문, 배관은 임시보수가 많다.
시계탑		15년	분해점검	1~3년	유리 등 파손장소 보수	파손상황에 따라서 (1~2년)
			도장	2~3년	적요	임시보수의 경우가 많다.
			시간조정	반년~1년		
담장·등	파이프제 울타리	15년	도장	2~3년	파손장소 보수	파손상황에 따라서 (1~2년)
	철사울타리	10년	도장	3~4년	파손장소 보수	파손상황에 따라서 (1~3년)
	로프 울타리	5년			로프교체	파손, 부식상황에 따라서 (2~3년)
					파손장소 보수	파손, 부식상황에 따라서 (1~2년)
					기둥교체	파손, 부식상황에 따라서 (3~5년)
안내판	철제	10년	안내글씨교체	3~4년	파손장소 보수	파손상황에 따라서
	목제	7년	안내글씨교체	2~3년	파손장소 보수	파손상황에 따라서
가로등		15년	전주도장	3~4년	전등교체	끊어진 것, 조도가 낮아진 것
			전등청소	1~3년	부속기구교체 (안정기, 자동점멸기 등)	절연저하·기능저하 안정기(5~10년) 자동점멸기(5~10년) 전선류(15~20년) 분전반(15~20년)

CHAPTER 04 시설물 유지관리

1>>> 시설물 유지관리 개요

1 관리원칙

(1) 유지관리의 목표와 기준

① 조경공간과 조경시설을 항시 깨끗하고 정돈된 상태로 유지

② 경관미가 있는 공간과 시설을 조성·유지

③ 공간과 시설을 건강하고 안전한 환경조성에 기여할 수 있도록 유지관리

④ 유지관리를 통하여 즐거운 휴게·오락 기회 제공

⑤ 관리주체와 이용자간에 유대관계 형성

(2) 관리기준의 설정 시 고려사항

① 이용밀도 및 날씨, 지형

② 감독자의 수와 기술수준

③ 조경시설이용 프로그램

④ 이용자의 시설물 파손행위

(3) 유지관리의 요소

① 시간절약 : 유지관리의 공사나 작업은 최단시일에 시행

② 인력의 절약 : 인력의 과다배치나 부족배치로 낭비와 부실작업의 예방과 기술 보유자의 적절한 배치

③ 장비의 효율적 이용 : 장비의 사용과 작업수행에 맞는 적절한 장비의 확보와 이용

④ 재료의 경제성 : 양질의 저렴한 재료를 적기에 공급함으로써 유지관리 공사비 절감

⑤ 의사소통 : 유지관리 작업을 요청하는 사람과 유지관리 담당자 사이의 원활한 소통이 매우 중요

> **유지관리계획 시 고려사항**
> ① 계획이나 설계목적
> ② 관리대상의 양과 질
> ③ 관리대상의 특성

> **유지관리계획의 비용계획 유의사항**
> ① 비용절감방법의 강구
> ② 시설의 합리적인 지속방안
> ③ 관리성에 따른 시설개량의 불균형 파악

2 유지관리 개요

(1) 유지관리계획의 확립과 문서화(명문화)

① 해당부서의 업무를 체계적으로 처리

② 예산확보의 확실한 증거

③ 조직체 상하의 의사소통 원활

(2) 유지관리목표와 계획

유지관리목표와 우선순위에 입각한 작업일정계획 및 지침마련

(3) 예방중심의 관리시책

① 파손 우려가 있는 시설이나 비용이 많이 드는 수선작업이 필요한 시설에 계속적 관찰 및 보수

② 일간, 주간, 분기간 윤활유 주입 및 교체, 마모되는 부속의 교체 계획으로 기능정지 전에 보수

③ 인력이나 장비 사용상 편리한 시기를 택해 작업함으로써 일시에 발생되는 문제 예방

(4) 유지관리조직의 구성

① 인력·장비·재료·시간의 효율적 활용

② 조직구성은 방문객, 이용형태, 대상지규모, 시설물의 유형 등 고려

  ㉠ 단위별 책임제 : 관리 대상지를 공간단위로 구분하여 관리

  ㉡ 전문 기능별 책임제 : 목공, 전기, 기계, 청소 등 전문기능조직이 각각의 분야 관리

  ㉢ 용역관리 : 관리주체가 조직을 갖추지 않고 용역을 주는 방법

■ 시설물 이용조사 항목
① 시간적 이용자 계측조사
② 이용형태별 조사
③ 의식조사

■ 시설물관리작업
① 이용자수가 적을 때 점검
② 동일종류를 종합해서 관리
③ 우기 및 추울 때 작업 회피

2>>> 기반시설의 유지관리

1 포장관리

(1) 포장의 대상과 유형

① 자전거 및 관리용 차량도로 : 아스팔트콘크리트 포장, 시멘트콘크리트 포장

② 보도, 광장, 원로 : 블록포장(평판블록, 인터록킹블록, 벽돌 등), 타일포장, 화강석 및 자연석 평판포장, 토사(풍화토)포장

(2) 포장관리를 위한 고려사항

① 지하 매설물(전화, 상하수도, 가스)의 파손점검

② 도로포장에 설치된 배수시설 점검

③ 기능적 상태의 충족도 점검

(3) 토사포장(토사·풍화토·자갈 및 쇄석·세사 포장)

1) 포장방법

① 기존의 흙바닥을 고른 후 다짐하거나 자갈이나 깬돌에 모래·점토를 적당히 섞은 혼합물(노면자갈)을 30~50cm 다짐

② 노면자갈의 최대 굵기는 30~50mm 이하가 이상적이며, 노면 총 두께의 1/3 이하

③ 점토질은 10% 이하, 모래질은 30% 이하가 적당

2) 점검 및 파손원인

① 너무 건조하거나 심한 바람에 의한 먼지

■ 노면자갈이 없을 때에는 풍화토, 왕사, 광산폐석, 쇄석 등 사용

② 강우에 의한 배수불량, 지하수 침투
(흡수)에 의한 연약화

③ 노면에 침투한 수분의 동결, 해동될
때의 질퍽해짐이나 연약화

④ 차량통행의 증가 및 중량화로 노면
의 약화 및 지지력 부족

노면자갈의 혼합비율

재료	크기(mm)	혼합비율(%)
자갈	30~50	55~75
모래	2~0.07	15~30
점토	0.07 이하	5~10

3) 개량방법

① 지반치환공법 : 동결심도 하부까지 모래질이나 자갈로 환토

② 노면치환공 : 노면자갈을 보충하여 지지력 확보

③ 배수처리공법 : 물의 침투방지를 위한 횡단구배유지, 측구의 배수, 맹
암거로 지하수위 조절

4) 보수방법

① 흙먼지 방지(방진) : 살수, 약품살포, 역청재료(아스팔트류)혼합법 등
의 일시적 방법

② 노면요철부 처리 : 배수가 잘되는 모래·자갈로 채워 다지며 건조시에
는 약간의 물을 살포 후 시공

③ 노면안정성 유지 : 노면횡단경사를 3~5%로 유지하고 일정한 노면두
께 유지

④ 동상(凍上) 및 진창흙 방지 : 흙을 비동상성재료(점토나 흙질이 적은
모래, 자갈)로 바꾸거나, 또는 배수시설(개거, 암거)로 지하수위를 저
하시키며, 자갈 등으로 치환공법 시행

⑤ 도로배수 : 배수불량지역의 도
로는 양측에 폭 1m, 깊이 1m
의 측구 굴착 후 자갈, 호박
돌, 모래 등으로 치환하거나
노상층 위에 30cm 이상 모래
층 설치

> **약품살포**
> 고체 또는 액체의 염화칼슘, 염
> 화마그네슘, 식염 등을 0.4~
> 0.5kg/m²정도 살포한다.

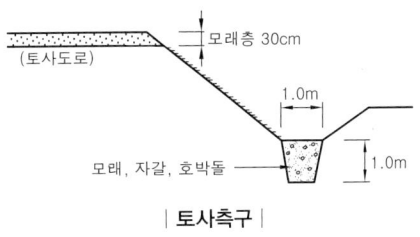

| 토사측구 |

(4) 아스팔트 콘크리트 포장

1) 포장구조 : 노상위에 보조기층(모래·자갈), 기층, 중간층 및 표층의 순으
로 구성

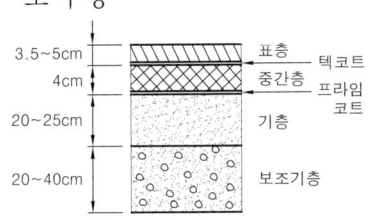

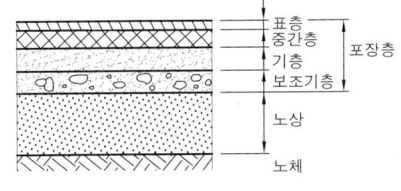

| 아스팔트포장 표준단면도 및 구조단면도 |

2) 점검

① 노면 상황조사 : 개략적 상황판단 현지조사 – 균열조사, 요철조사

② 노면 상세조사 : 처리방법 결정을 위한 조사 – 처짐량조사, 균열조사, 요철조사, 미끄럼저항조사, 침하량조사, 마모·박리조사

3) 파손원인

① 균열 : 아스콘 혼합물의 배합불량(아스팔트량부족, 점도불량), 아스팔트 노화, 기층 지지력 부족, 포장두께 부족, 부등침하, 시공이음새 불량 등

② 국부적 침하 : 기초 노체(路體)의 시공불량(성토다짐·혼합물·전압 부족), 노상지지력 부족 및 불균일(부등침하)

③ 파상의 요철 : 기층·보조기층 및 노상의 연약에 따른 지지력 불균일, 아스팔트의 과잉, 차량통과 위치의 고정화, 아스콘 입도불량 및 공극력 부족

⑤ 표면연화 : 아스팔트량의 과잉이나 골재의 입도불량 및 공극률 부족

⑥ 박리 : 표층의 품질불량(아스팔트의 부족, 혼합물의 과열, 혼합불량), 지하수위가 높은 곳, 차량의 기름 떨어짐 등

4) 보수방법

① 패칭공법 : 균열, 국부적 침하, 부분적 박리에 적용(일시적 응급보수공법)

㉠ 시공순서 : 파손부분 4각형으로 따내기 → 깨끗이 쓸어내고 텍코팅 → 아스팔트(가온, 상온)혼합물 투입 → 롤러, 콤팩터, 래머 등으로 다지기–표면에 석분이나 모래 살포

㉡ 구멍깊이가 7cm 이상일 경우 2층으로 포설·전압

㉢ 가열식일 경우 표면온도가 손을 댈 수 있을 정도일 때 교통 개방

② 표면처리공법 : 차량통행이 적고 균열정도와 범위가 심각하지 않은 훼손포장에 적용(일시적 응급보수공법)

㉠ 골재 또는 아스팔트만으로 균열부분을 메우거나 덮어 씌워 재생

㉡ 시공순서 : 균열부분 쓰레기·먼지 제거 → 아스팔트 도포 → 균열부에서 나오는 혼합물 제거

③ 덧씌우기 공법 : 균열·파손장소를 패칭과 같은 방법으로 부분보수한 뒤 새로운 포장면 조성

·시공순서 : 기존 포장면층의 청소 → 텍코팅 → 아스팔트 혼합물포설

④ 꺼진곳 메우기(혈매) : 표층의 경미한 국부적 침하에 사용

⑤ 치환설치 : 노상, 노체의 국부적 침하에 의한 파손에 적용

⑥ 파상요철에 의한 훼손 : 튀어나온 부분 깎기 → 쇄석살포 → 전압(심할 때는 덧씌우기로 시공)

▎패칭공법 종류
① 가열혼합식 공법
② 상온혼합식 공법
③ 침투식 공법

▎텍코팅
이미 시공한 아스콘이나 중간층 위에 새로운 아스콘층을 시공하기 전에 위아래 두 개층의 접착을 위해 역청재료를 살포하는 것을 말한다.

⑦ 표면연화에 의한 파손 : 석분이나 모래를 균등하게 살포 후 전압

⑧ 박리 : 패칭이나 덧씌우기공법을 적용하며 경미한 경우 메우기법으로 처리

(5) 시멘트 콘크리트 포장

1) 포장구조 : 보조기층이나 기층(일반적으로 생략)위에 시멘트 콘크리트판의 시공으로 표층구성

① 온도변화나 함수량변화 등에 의한 파손을 줄이기 위해 5~7m 간격으로 가로·세로, 수축·팽창줄눈 설치

② 무근포장이나 6mm 지름의 철망(mesh)을 넣은 철근삽입포장으로 설치

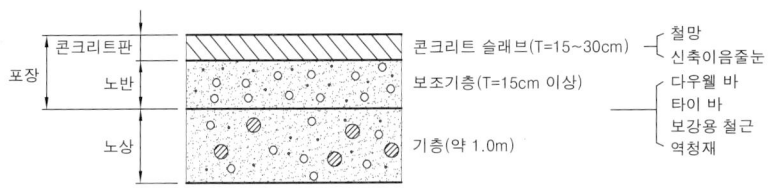

| 시멘트 콘크리트 포장단면 |

2) 파손원인 및 형태

① 콘크리트, 슬래브 자체의 결함 : 슬립바(slipbar)·타이바(tiebar)의 미사용, 줄눈의 설계·시공 부적합, 물시멘트비·다짐·양생 등의 결함

② 노상 또는 보조기층의 결함 : 지지력 부족, 배수시설 부족, 동결융해

③ 파손형태 : 균열, 융기(blow-up), 보조기층 펌핑에 의한 침하, 줄눈에 의한 단차현상, 표면의 박리, 마모에 의한 바퀴자국 등

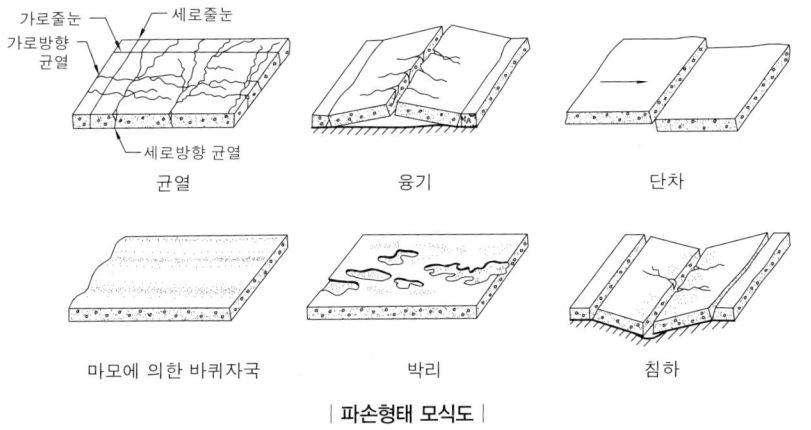

| 파손형태 모식도 |

3) 보수방법

① 줄눈 및 표면의 균열 : 설계의 부적합, 시공양생의 불량, 노상·노반의 불량, 노화, 결빙 등에 의해 발생

㉠ 충전법(겨울 시공금지) : 청소 → 접착제(프라이머)살포 → 충전재주입 → 건조한 모래 살포

㉡ 꺼진 곳 메우기 : 청소 → 아스팔트유제 도포 → 아스팔트모르타르(균

▌펌핑현상

균열부로 우수가 들어가 지층이 질퍽해지고 슬래브하중에 의해 지층의 진흙이나 모래가 올라와 포장하부에 공극이 생기는 것

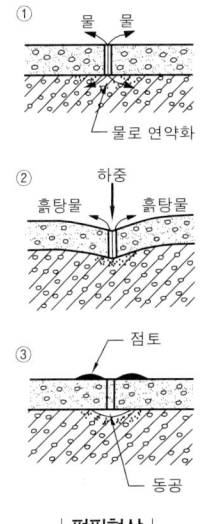

| 펌핑현상 |

▌심한 균열보수

콘크리트 포장에 균열이 많아져서 전구간에 걸쳐 파손될 염려가 있는 경우에는 전단면 보수를 한다.

열폭 2cm 이하)나 아스팔트 혼합물(균열폭 3~5cm)메우기

    ⓒ 덧씌우기 : 균열상태가 크거나 전면적으로 파손될 염려가 있는 경우 포장수명 연장법으로 아스팔트 혼합물 피복

    ⓔ 모르타르 주입공법 : 포장판과 기층과의 공극에 아스팔트나 콘크리트를 주입하여 포장판을 원래의 위치로 들어 올려 기층의 지지력을 회복하고 펌핑현상 방지

    · 순서 : 포장판에 구멍뚫기 → 압축공기로 청소(점토가 있는 곳은 석분 도포) → 아스팔트나 시멘트 모르타르 주입 → 마개막기 → 굳은 후 마개부분 채우기 → 시멘트의 경우 3일간 양생

    ⓜ 패칭 : 포장의 훼손이 심하여 보수가 불가능할 경우에 사용

    · 순서 : 파손부 청소 → 파손된 노면 걷어내기 → 슬래브 및 노면 면고르기 → 콘크리트 혼합물 넣고 슬래브 면고르기 → 필요기간 동안 양생

  ② 콘크리트 슬래브 꺼짐 : 노상·노반의 결함, 표면균열로 우수가 침투하여 노반의 파손(공극)으로 발생

    ⓐ 포장꺼짐 이전이나 초기 발견 시 주입공법으로 예방가능

    ⓑ 정도가 심한 곳은 꺼진 곳 메우기, 패칭공법으로 보수

  ③ 표면박리 : 저온(-5℃ 이하)이 오랫동안 지속된 경우에 발생하며, 약간의 훼손인 경우 접착제(프라이머), 시멘트풀(paste) 등을 바르고, 심한 경우 시멘트모르타르나 아스팔트모르타르 바르기 실시

(6) 블록포장

다른 포장재료에 비하여 용이한 유지관리가 장점

1) 포장유형 : 재료나 제품에 의해 구분

  ① 시멘트 콘크리트 재료 : 콘크리트 평판블록, 벽돌블록, 인터록킹블록

  ② 석재료 : 화강석 평판블록, 석판블록

  ③ 목재료 : 목판블록

2) 포장구조

  ① 노상상태가 좋을 경우 모래층만 4cm 정도 균일하게 깔고 평판블록 부설

  ② 노상상태가 좋지 않거나 무거운 물건의 운반이나 보도이용자가 빈번한 곳은 노반층을 6cm 정도 쇄석으로 추가 설치

  ③ 평판과의 이음새 폭은 3~5mm로 하나 미관상으로는 5mm가 적당

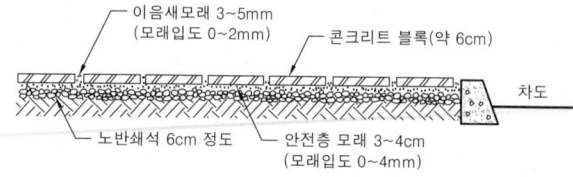

| 평판블록 포장단면도 |

비접착 덧씌우기

기존 콘크리트 포장과 콘크리트 덧씌우기 사이에 분리층을 두어 두 층을 분리하도록 설계

슬래브 안정화 유지공법

펌핑에 의한 슬래브 하부공극을 시멘트그라우트를 이용하여 공극을 채워 하부구조의 지지력의 손실에 의한 단차나 우각부 균열을 방지하는 데 이용된다.

패칭공법

콘크리트포장 슬래브의 균열이 많아져서 균열사이를 충전하거나 꺼진곳메우기 방법으로 메워질 수 없을 때, 전면적으로 파손이 심하여 보수가 불가능하다고 판단할 때 사용한다.

3) 파손원인

① 블록모서리 파손 : 제품 자체의 소요강도 부족(재료 배합비 및 양생방법 기준), 무거운 하중운반, 블록의 부등침하

② 블록 자체파손 : 제품 생산과정 불량(재료배합비 및 양생방법, 양생기간의 부족)

③ 블록포장의 요철, 블록과의 단차, 포장표면의 만곡 : 지반자체가 연약지반이거나 노반의 쇄석 및 안전모래층(cusion층)의 시공 잘못으로 인한 부등침하

4) 보수순서 : 보수 위치 및 영향권 결정 → 블록 제거 및 재사용재 분리 → 안정모래층 및 노반층 보수 → 기계전압(compacter, rammer) → 모래층 수평고르기(두께 5m 정도) 후 블록깔기 → 가는 모래로 이음새 채우기

2 배수관리

(1) 배수유형

① 표면배수 : 강우에 의해 발생하여 지표면을 따라 흐르는 물이나 인접지역에서 단지 내로 유입하여 들어오는 물을 처리하는 배수형태

② 지하배수 : 지반 내의 배수를 목적으로 지표면 밑의 지하수위를 저하시키거나 지하에 고인 물이나 지면으로부터 침투하는 물을 배수하는 형태

③ 비탈면배수 : 강우에 의한 빗물이나 표류수 등을 비탈면으로 유입되지 않게 하거나 빗물을 유도로로 유도하여 안전하게 비탈면 밖으로 배수하는 형태

④ 구조물배수 : 교량, 터널, 고가도로, 지하도 등 큰 구조물에 대한 배수관리

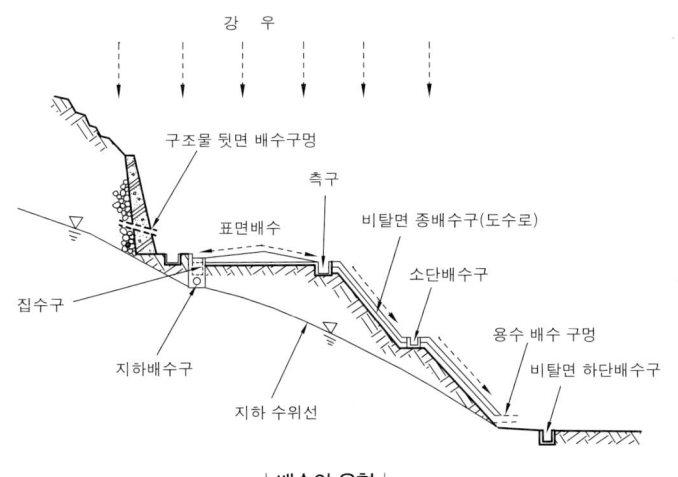

| 배수의 유형 |

(2) 배수시설 구조

1) 표면배수시설

① 측구(gutter) : 도로상의 물이나 인접부지 주변의 강수에 의한 물을 다른 배수처리 지점(집수구)으로 이동시키는 배수 도랑(토사측구, 잔디

▎파손점검
① 제품자체 파손 : 블록모서리 파손, 블록표면 시멘트 페이스트 유실, 블록자체 부서지기
② 시공불량 파손 : 블록포장 요철(평판의 부등침하), 블록과의 높이차(±2mm 이상, 포장표면의 만곡)

▎배수의 역할
지반상태를 좋게 하고, 강우나 눈 녹은 직후에도 사용을 가능하게 하며, 동토에 의한 포장의 파손이나, 수목의 고사, 목재시설의 부식, 배수불량으로 인한 물고임으로 냄새나 해충의 발생을 방지하도록 한다.

▎하수관의 구비조건
① 산·알칼리성에 잘견딜 것
② 내압력에 견디는 힘이 클 것
③ 수압에 견디고 불투수성일 것

▎맨홀 설치간격
① 관거내경50cm−최대75m
② 관거내경165cm−최대200m
③ 관거내경200cm−최대500m

및 돌붙임측구, 돌 및 블록쌓기측구, 콘크리트측구 등)

② 빗물받이 홈(집수구), 트렌치(trench), 배수관, 도수관, 맨홀 등

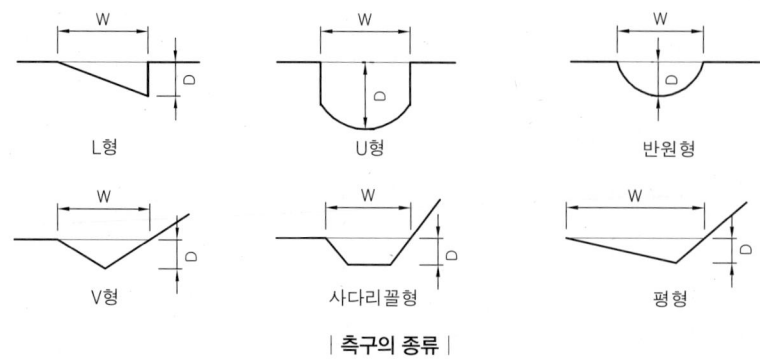

L형   U형   반원형

V형   사다리꼴형   평형

| 측구의 종류 |

■ 명거와 암거
지표배수시설의 측구와 같이 배수구가 개방된 것을 명거라 하며, 그에 반하여 지하배수시설은 암거라 한다.

2) 지하배수시설 : 표면배수시설에 의해 이동시킨 물이 집수시설에 모아져 다시 지하배수시설에 의해 이동

① 지하처리시설 : 주로 배수관거(도관, 콘크리트관, 철근콘크리트관, 흄관 등)에 의해 지표수를 지하로 처리하는 시설

② 유공관 배수시설 : 지하수와 같이 심토층에서 용출되는 물이나 지표수가 지하로 침투해온 물을 배수처리

③ 맹암거·맹구 : 자갈·모래층으로 구성된 배수시설

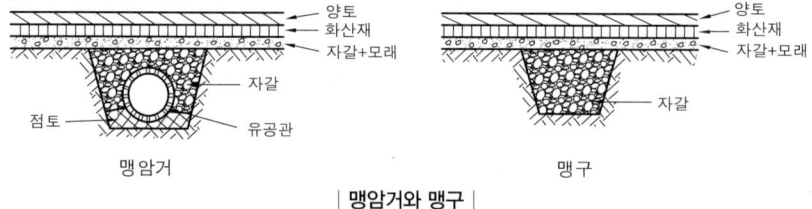

양토
화산재
자갈+모래
자갈
점토
유공관
맹암거

양토
화산재
자갈+모래
자갈
맹구

| 맹암거와 맹구 |

3) 비탈면 배수시설

① 비탈면 어깨 배수구 : 비탈면 인접지역에서 흘러 들어오는 것을 차단 – 토사, 소일시멘트(soilcement), 콘크리트제품(precast) 등의 측구 사용

② 종배수구 : 비탈면 자체에 내리는 강우를 흘러내리게 하는 것 – 콘크리트U형구, 반원흄관, 철근콘크리트관, 도관, 돌붙임 수로, 떼붙임 수로 사용

③ 소단배수구 : 비탈면 소단에 가로로 받아 종배수구에 연결하여 배수 – 소일시멘트구, 콘크리트U형구 등 사용

④ 맹구·맹암거 : 비탈면 지하 용수지역이나 인근 지표수차단을 위하여 자갈·호박돌 및 유공관을 이용 W형·Y형으로 설치하여 배수처리

(3) 배수시설의 점검 및 관리

① 부지 배수시설의 배수상황 및 측구, 집수구, 맨홀 등의 퇴적상태

② 노면 및 노견부의 배수시설 상황

③ 배수시설 내부 및 유수구의 토사, 먼지, 오니, 잡석 등의 퇴적상태

④ 지하배수시설, 유출구의 물 빠지는 상태

⑤ 비탈면 배수시설의 배수상태 및 주위로부터 유입되는 지표수나 토사유출 상황

⑥ 각 배수시설의 파손 및 결함상태

⑦ 배수로는 정기적인 청소로 오니·낙엽 찌꺼기 제거

⑧ 바닥 포장 시 일정한 구배(경사로) 확보

⑨ 지반침하로 집수구가 솟아오르면 낮추어 보수

(4) 보수방법

1) 표면배수시설

① 측구 : 정기적인 점검과 청소(낙엽, 유출토사, 먼지, 오니 등)

㉠ 토사측구 : 끊임없는 점검으로 벌초 및 제초, 단면 및 저면구배 유지, 침식이나 퇴적이 현저한 지점은 콘크리트측구로 개조

㉡ 콘크리트측구 : 측벽 주위의 토압에 눌려 넘어지거나 파손발생

  a. 측벽배면의 토사를 물이 잘 빠지는 것으로 치환

  b. 구거통수 단면적에 여유가 있을 경우 측벽 사이를 작은 들보로 지지

  c. U형 측구를 연결이음새가 파손되어 누수로 인한 기초지반의 세굴이 일어나는 경우가 많으므로 중점 점검

  d. 파손부분의 측구를 떼어내어 지반을 보수·다짐 후 교체 설치

  e. 도로변 U형 측구의 지반침하에 의한 불균형, 역구배 및 파손개소 여부의 점검을 6개월마다 실시

② 집수구와 맨홀 : 배수에 의해 흐른 물을 배수관으로 연결시키는 역할은 동일

㉠ 배수시설의 주요 관리시설

㉡ 정기적 청소(특히 태풍철, 해빙기 전에는 반드시 실시)

㉢ 지표면의 토사지나 황폐한 구릉의 경사면, 나지 및 자갈밭 등은 청소횟수 증가

㉣ 노면상의 집수구나 맨홀 등이 주변보다 솟아올라와 있거나 움푹 들어가 있는 경우 즉시 보수

㉤ 뚜껑이 분실·파손된 경우 보수 전에 표지판 및 울타리 설치 후 즉시 보수나 교체

③ 배수관 및 구거

㉠ 먼지나 오니 등에 의해 통수단면이 좁아진 경우 필요에 따라 개량

㉡ 관거, 구거의 누수나 체수가 발견될 때 원인 조사 및 보수

㉢ 기초불량, 경사변화, 이음새 누수가 있을시 재설치나 개량

▌배수시설 점검

정기적으로 하는 것이 필요하지만 특히 많은 강우가 내리는 중이나 강우 직후에 배수상황을 지켜보는 것이 효과적이며, 지하배수관과 같이 직접 보기 곤란한 배수관은 정기적으로 물을 흘려보내어 확인하고, 퇴적량조사나 오니처리를 위해 연간청소계획을 수립한다.

▌집수구와 맨홀

① 집수구 : 어떤 형태에 의해 배수되는 물을 한 곳에 모아서 다시 배수계통으로 보내는 배수시설

② 맨홀(manhole) : 지하배수관거를 점검하고 청소를 하거나 또는 전력·통신케이블 관로의 접속과 수리 등을 위해 사람이 출입할 수 있는 통로(구멍)

   ㄹ 관거·구거의 유출구에 갑자기 토사의 퇴적이 생기면 구멍이나 이음 새 균열이므로 조사·보수

 2) 지하배수시설
  ① 지하배수시설의 설치 년·월·일과 위치, 구조 등을 명시한 도면비치
  ② 배수의 유출구는 항상 주의 점검
  ③ 현저한 기능 저하 시 재설치가 필요하며, 기존의 위치보다 다른 위치에 설치하는 것이 효과적이고 경제적인 경우도 존재
  ④ 지표 또는 노면파손의 상황으로 보아 지하배수가 불충분하다고 판단될 경우 새로이 설치

 3) 비탈면 배수시설 : 성토비탈면의 소단이나 절토비탈면의 어깨에 배수구 설치 및 용수처리를 위한 명암거 등의 유도시설 설치
  ① 높은 성토비탈면의 소단배수구 및 절·성토비탈면 상단의 어깨배수구의 정기적 점검 및 청소
  ② 비탈면 종배수구를 U형 콘크리트 제품으로 설치한 경우 부등침하로 이음매 결함 시 즉시 보수

❸ 비탈면 관리
(1) 비탈면 보호시설 공법
 ① 식생공 : 종자뿜어붙이기공, 식생매트공, 떼붙임공, 식생띠공, 줄떼심기공, 식생판공, 식생자루공, 식생구멍공 등
  ㉠ 식생에 의한 비탈면 표층부의 안정 도모
  ㉡ 토양이나 풍화토로 된 곳으로 붕괴우려가 적은 비탈면에 적용
 ② 구조물에 의한 보호공 : 모르타르붙임공, 콘크리트붙임공, 돌붙임공, 콘크리트격자블록공, 콘크리트판설치공, 비탈면앵커공, 편책공, 비탈면돌망태공 등
  ㉠ 식생이 부적당한 곳
  ㉡ 풍화, 용수 등에 의해 붕괴우려가 있는 곳에 적용
 ③ 낙석방지공 : 낙석이 우려되는 곳에 적용
  ㉠ 낙석방지망공 : 자갈 섞인 토사, 풍화암 등 작은 낙석이 있는 곳에 적용
  ㉡ 낙석방지책공 : 큰 낙석이 예상되는 절리나 균열이 많은 암석비탈면에 적용
 ④ 배수공 : 우수나 용수에 의해 세굴이나 표층 무너짐이 많은 곳에 식생공, 콘크리트격자블록공, 철망덮기 등과 병용

(2) 점검 및 파손형태
 ① 성토비탈면 : 점검 전 성토시기, 구조, 토질형상, 주위의 유수상태, 기초지반 및 환경상태 등 파악
  ㉠ 식생번식상황, 비탈면 침식유무

▌비탈면 보호의 부가내용은 [시공구조학 – 토양 및 토질] 참조

▌비탈면 유형
① 자연비탈면
② 절토비탈면
③ 성토비탈면

▌비탈면 점검
① 년 1~2회 정기적 점검
② 강우에 의한 지표면 세굴
③ 구조물의 균열 및 변형
④ 무너져 내려앉아 꺼진 곳
⑤ 경사면이 삐져나온 곳
⑥ 비탈면 배수공의 배수상태

ⓛ 비탈면이나 비탈어깨부분 배수로의 상태

ⓒ 비탈면의 균열·삐져나옴, 비탈어깨의 균열 유무(붕괴의 징조로 진행 과정 체크)

ⓔ 보호공의 균열, 변형, 꺼짐 등의 체크 및 진행성 확인

ⓜ 배수공의 막힘 등 기능상태 및 변화유무 체크

② 절토비탈면 : 점검 전 형상, 용수상태, 어깨부분상태, 집수범위, 보호공의 상태 등 파악

ⓖ 특히 토사비탈면(토질·지질의 특수조건, 표토층 두께 등)과 암석비탈면(풍화정도, 암석틈새상황, 지질의 특수조건 등)의 실태 파악이 중요

ⓛ 성토비탈면 점검과 다르지 않으나 비탈어깨부분의 집수상황과 비탈면의 용수상태변화 등에 유의

(3) 식생공의 유지관리

① 연 1회 이상 시비 및 추비 : 화학비료나 액비엽면산포로 가급적 약한 농도로 여러 번의 시비가 적당

② 잡초 제거 및 풀베기작업 : 들잔디류, 버뮤다그라스 등 음지생장이 곤란한 초종에 적용

ⓖ 들잔디로만 비탈면을 유지할 경우 크로바, 쑥, 바랭이 등을 인력으로 뽑거나 제초제 살포

ⓛ 식생의 풀베기는 너무 짧게 하면 생육이 약화되어 침식되기 쉬우므로 초장이 10cm 이상 필요하고, 6~10월 사이 인력이나 기계로 수 회 시행

③ 관수 및 병충해 방제 : 가뭄이 심할 때 관수하며 병충해방제를 위해 수시로 예찰을 실시하고 방제

④ 상단부 관리에 중점 : 비탈면 식생은 하단부보다 상단부의 비탈어깨부분의 상태가 나쁘므로 중점관리 필요

⑤ 강제식생도입 : 식생지 일부 나지비탈면에 침식이 발생되면 빠른 속도로 진행되므로 녹화와 동시에 침식방지 중요

공법별 식생공 유지관리

시공법		피복완성까지의 기간(표준)	피복완성까지의 관리		식생안정까지의 관리	
외국산 초종(양잔디)을 사용하는 공법	종자뿜어 붙이기 공법으로 전면 파종	2~3개월	하절기 한발 때 살수, 가을 시공일 경우 익년춘계 추비	성적이 불량할 경우 추비하고 아주나쁜 곳은 보파손질	2~3년간은 연 1회의 추비를 꼭 할 것	식생의 변화에 주의하고 나지가 생기면 추비 시행
	기타공법	3~6개월	–		–	
들잔디 사용공법	줄떼 공법	1년	시공 시에 양잔디 씨앗병용 및 시비 또는 퇴비		거의 관리가 필요 없지만 토질이 불량하거나 생육상태가 나쁠 경우는 퇴비 시행	
	평떼 공법	–	–			

토질별 식생공 유지관리

비탈면 토질		피복완성까지의 관리	식생안정까지의 관리
연약토의 성토 및 절토	사질토	발아불량에 주의, 피복속도 빠름, 피복시기를 호우기 내에 맞추지 못하면 침식방지제 병용	피복을 파손할 위험 및 약간의 나지가 생기면 조기에 추비 시행
	점질토	생장은 느리나 동토기까지 피복되는 것이 바람직함	거의 관리가 필요 없음
경질토의 절토		시공 직후의 수분부족, 비료기가 빨리 떨어지며, 살수, 추비를 충분히 함	식생안정 시까지 오래 걸리며, 추비는 수년간 계속 필요

(4) 비탈면보호공 유지관리

① 보호공 자체의 노후화 : 해당 부분만 보수해도 좋은 경우가 있고, 사정에 따라 그대로 두어도 안정을 유지하는 것도 존재

② 비탈면 자체의 변형 : 붕괴의 위험성이 있으므로 충분히 조사 후 대책 필요

③ 비탈면의 파괴는 지표수, 지하수의 처리 불량으로 많이 발생

④ 특히 비탈면배수공의 기능유지는 높은 비탈면이나 큰 절토면에서 매우 중요

보호공의 유지관리 항목

구분	내용
돌붙임공 및 블록붙임공	호박돌이나 잡석의 국부적 빠짐, 돌붙임 전체의 파손, 뒷채움 토사의 유실, 보호공의 무너져꺼짐, 삐져나옴, 균열, 용수의 상황 및 처리
콘크리트붙임공	균열, 미끄러져 움직임(활동), 침하
콘크리트블록격자 및 힘줄박기공	격자 내의 연결부 헐거워짐과 내려앉음, 격자뒷면의 토사유실, 격자의 삐져나옴
현장타설 콘크리트격자 및 힘줄박기공	격자 내의 연결부 헐거워짐과 내려앉음, 격자의 균열
모르타르 및 콘크리트 뿜어붙이기공	균열, 용수나 침투수의 상황 및 처리, 삐져나온 것이나 마모손상
편책공	퇴적토사의 중량에 의한 손상, 말뚝이나 편책의 부식과 빗물유입에 의한 무너짐
비탈면 돌망태공	토사에 의한 돌망태망의 막힘, 철선의 부식
낙석방지망공	망이나 로프의 절단, 낙석이나 토사의 퇴적, 앵커 일부의 헐거움
낙석방지책공	방책기둥의 굴곡, 낙석이나 토사의 퇴적, 기초부의 풍화나 붕괴

4 옹벽

(1) 옹벽의 유형 및 구조

① 중력식 옹벽 : 옹벽 자체의 자중에 의해서 토압에 저항하는 것으로 돌쌓기, 무근콘크리트 사용

② 반중력식 옹벽 : 중력식 옹벽을 철근으로서 보강한 것으로 옹벽의 높이

┃ 옹벽의 역학적 내용은 [시공구조학 – 옹벽의 안정성] 참조

는 중력식 옹벽 높이와 같은 정도

③ 역T형 옹벽 : 옹벽의 높이가 약간 높은 경우에 사용하며, 저판과 종벽으로 된 철근콘크리트 옹벽

④ L형 옹벽 : 역T형 옹벽과 비슷하나 안정성이 더 요구되거나 높은 옹벽에 적용하며, 저판이 길어 저판상의 성토를 자중으로 간주하여 경제성 높고, 5m 내외 높이의 옹벽에 사용

⑤ 부벽식 옹벽(뒷 부벽식) : 안정성을 중시한 철근콘크리트 옹벽으로 저판과 종벽, 부벽으로 구성되며, 역T형보다 높은 구조에 사용되고, 5~7m 정도의 높이에 적용

⑥ 지지벽 옹벽(앞 부벽식) : 부벽과 같은 식으로 옹벽전면에 지지벽을 설치한 것으로 부벽식에 비해 안정성 부족

⑦ 돌쌓기옹벽 : 일반 자연석이나 잡석, 깬돌, 견치석 등을 사용하여 메쌓기나 찰쌓기에 의해 시공

　㉠ 메쌓기 : 비탈면에서 용수가 심할 때와 뒷면 토압이 적을 때 적용

　㉡ 찰쌓기 : 메쌓기보다 뒷면 토압을 더 많이 받을 때 설치

⑧ 블록(벽돌)옹벽 : 돌쌓기 대신에 콘크리트 블록을 사용한 것으로 돌쌓기보다 중량이 가볍기 때문에 비탈면 구배를 높이거나 뒷채움 두께를 두텁게 적용

(2) 점검

① 점검 전 옹벽의 위치, 옹벽주위의 환경, 설치 년·월·일, 설계도면 및 계산서, 시공자 관계공사 기록지, 유지관리 작업일지 등을 조사·정리

② 침하, 경사, 불룩하게 삐져나옴 : 옹벽상단 및 신축이음새 등의 고저차, 어긋남, 벌려짐, 간격의 확인

③ 뒷면 토사의 공극 및 균열 : 옹벽의 이동, 넘어진 것 확인

④ 옹벽의 균열, 이음새 상태 : 균열의 형상, 간격, 진행성 유무확인

⑤ 콘크리트의 떨어져 나간 파손상태 : 집중응력, 철근 보강부족, 부식 등

⑥ 철근 노출 : 철근의 부식상태

⑦ 물빠짐 구멍의 배수상황, 뒷면의 고여 있는 물(침수)의 상황 : 구멍의 기능 확인

⑧ 기초부분의 세굴상태 : 기초가 올라온 것 확인

⑨ 틈새의 유출방지 : 노견, 노면의 균열확인, 이음새의 벌어짐 확인

(3) 파손형태 및 원인

① 옹벽의 변화상태 : 침하 및 부등침하, 이음새의 어긋남, 경사, 균열, 이동, 세굴 등

② 옹벽의 변화상태의 원인 : 지반의 침하, 지반의 이동, 설계·시공의 부적당, 기의 강도저하, 지반 지지력의 저하, 하중의 증대 등

(4) 보수방법

1) 옹벽을 재설치하여야 하는 경우

   ① 땅 무너짐과 같은 대규모붕괴에 의해 지형 자체가 변경된 경우

   ② 옹벽의 노후화, 대규모 파손으로 보강이나 보수가 불가능한 경우

   ③ 기초의 보강에 많은 비용이 들고 보수하여도 안전성이 보장되지 않는 경우

2) 석축옹벽 보수

   ① 석축의 일부에 균열이 있을 때 : 뒷면에 침수되어 토압이 증가되면 배수구 설치로 토압을 감소시키고 그래도 안되면 재시공

   ② 석축의 일부에 구멍이 났을 때 : 뒷면에 이상이 없으면 구멍을 콘크리트로 채우고, 이상이 있으면 그 부분 재시공

   ③ 석축 전체가 앞으로 넘어지려고 할 때

   　㉠ 뒷면의 토압이 큰 것이 원인이면 석축 앞에 콘크리트 옹벽 설치

   　㉡ 석축기초 세굴이 원인일 때는 세굴부분을 채우고 콘크리트나 사석으로 앞부분 성토

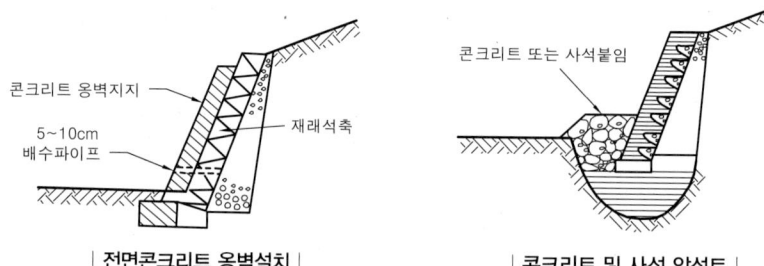

| 전면콘크리트 옹벽설치 | 콘크리트 및 사석 앞성토 |

3) 콘크리트 옹벽 보수(앞으로 넘어질 우려가 있는 경우)

   ① P.C앵커공법 : 기존 지반의 암질이 좋을 때 P.C앵커로 넘어짐을 방지

   ② 부벽식 콘크리트옹벽공법 : 기존의 지반이 암이고 기초가 침하될 우려가 없을 때 옹벽 전면에 부벽식 콘크리트옹벽 설치

   ③ 말뚝에 의한 압성토(壓盛土)공법 : 옹벽이 활동(滑動)을 일으킬 때 옹벽 전면에 수평으로 암을 따서 압성토하는 공법

   ④ 그라우팅공법 : 옹벽에 보링기로 구멍을 뚫고 충전재를 삽입하고 뒷면의 지하수를 배수구멍에 유도시켜 토압을 경감시키는 방법

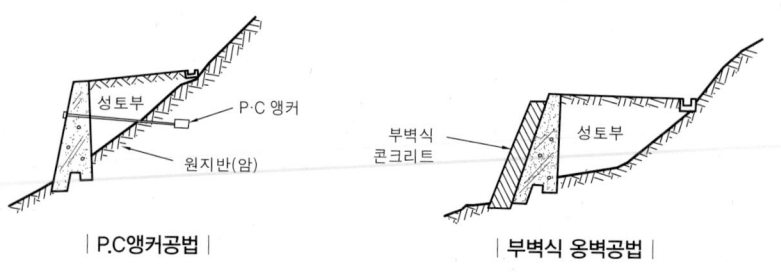

| P.C앵커공법 | 부벽식 옹벽공법 |

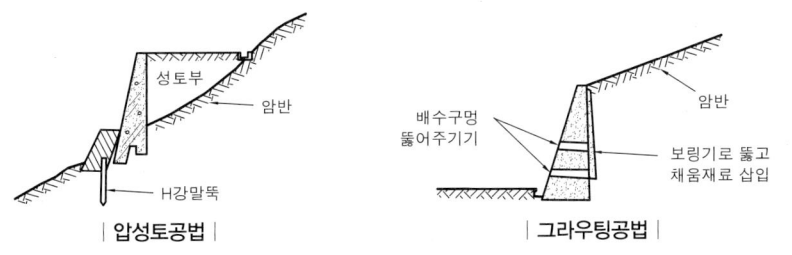

| 압성토공법 | | 그라우팅공법 |

3 >>> 편익 및 유희시설의 유지관리

1 재료별 유지관리

재료별 장단점

재료	장점	단점
목재 (자연목·제재목)	·감촉이 부드러움 ·4계절을 통하여 이용하기 좋음 (열전도율이 낮음) ·수리 용이 ·무늬모양이 아름다움	·파손되기 쉬움 ·습기에 약하며 썩기 쉬움 ·병충해의 피해를 받기 쉬움 ·내화력 작음
철재 (특수강·주철·강철)	·가장 튼튼 ·가공하기 쉬움 ·무게가 있고 안정감이 있음 ·내구성이 좋음	·시각적, 촉각적으로 찬 느낌 ·기온에 민감 ·녹슬기 쉬움
콘크리트재 (제치장·모르타르바름 ·연마·타일붙임·인조 석물갈기·자연석붙임)	·자유로운 형태조작이 가능 ·다양한 표면처리 ·내구성, 내화성 좋음 ·제작비 저렴 ·유지관리 용이 ·재료확보 용이	·감촉이 딱딱함 ·파손된 부분은 아주 흉함 ·알칼리성분이 스미어 나와 미관 상 좋지 않음
합성수지재	·성형가공되기 때문에 자유로운 디자인 가능, 규격화 가능 ·제작된 제품은 색채가 쉽게 변하 지 않음	·파손되면 보수 곤란 ·높은 강도 요구(강도가 약함)
도기재	·색채와 무늬가 아름다움 ·쉽게 더러워지지 않음 ·변화 있는 형태의 창조 가능	·파손되면 부분보수 곤란
석재 (자연석·가공석)	·견고함 ·외관이 아름다움 ·내구성이 좋음 ·유지관리 용이	·제작 및 운반 곤란 ·값이 비쌈 ·감촉이 딱딱함

재료별 점검항목

구분	점검항목
철재	용접 등의 접합부분, 충격에 의해 비틀리거나 파손된 부분, 부식된 부분
목재	접합부분, 갈라진 부분, 파손된 부분, 부패된 부분, 절단된 부분
콘크리트재	파손된 부분, 갈라진 부분, 금이간 부분, 침하된 부분, 마감부분처리상태

합성수지재	갈라진 부분, 파손된 부분, 변형된 부분, 퇴색된 부분
기타	도장이 벗겨진곳, 퇴색된 곳, 담배불이나 화재 등으로 인한 파손상태 등

(1) 목재시설물의 유지관리

1) 손상의 성질

손상의 종류	손상의 성질	보수방법의 예
인위적인 힘에 의한 파손	고의로 물리적인 힘을 가하거나 사용에 의한 손상, 장비 및 자동차 운전의 부주의로 발생	·파손부분 교체 및 보수
온도와 습도에 의한 파손	건조가 불충분하여 목재에 남아 있는 수액으로 부패	·파손부분을 제거한 후 나무못박기, 퍼티채움 ·교체
균류에 의한 피해	균의 분비물이 목질을 융해시키고 균은 이를 양분으로 섭취하여 목재 부패(균은 20~30℃정도의 온수에서 발육이 왕성하고 목재의 함수율이 20% 이상이어야 발육 가능)	·유상 방균제, 유용성 방균제, 수용성 방균제 살포 ·부패된 부분을 제거한 후 나무못박기, 퍼티 등 채움 ·교체
충류에 의한 피해	습윤한 목재는 충류에 의한 피해를 받기 쉬움	·유기염소계통, 유기인계통의 방충제 살포 ·부패된 부분을 제거한 후 나무못박기, 퍼티 등 채움 ·교체

2) 충류의 부패

① 건조재 가해 충류 : 가루나무좀과, 개나무좀과, 빗살수염벌레과, 하늘소과 – 가루나무좀과의 피해 다량

② 습윤재 가해 충류 : 흰개미류 – 종류에 따라 건조재도 가해

③ 목재 방충제 : 유기염소계통, 유기인계통, 붕소계통, 불소계통 등

목재 방충제의 특징

종별	특징
유기염소계통	·방충, 개미예방에 유효 ·표면처리용, 접착제 혼입용
크롤나프탈렌	·고농도 필요
유기인계통	·독성이 약함 ·구충용(驅蟲用) ·독성이 오래 남음
붕소계통	·독성이 약함 ·확산법, 가압(加壓)용에 사용
불소계통	·확산법, 가압용에 사용

3) 균류의 부패

① 목재 부패균은 포자의 상태로 공기 중에 존재하다 목재표면에 떨어지면, 적당한 수분과 온도에 의해 발아하여 목재조직 내에 침투

② 목재 속에 들어온 균류는 당이나 전분, 세포벽의 셀룰로오즈, 리그린 등을 영양원으로 성장

③ 세균(박테리아)은 온도, 습도 등을 통제하여 일부 번식 억제가능

④ 목재 방균제 : 유상방부제(타르, 크레오소트유 등), 유용성방부제(유기인화합물, 클로르페놀류 등), 수용성 방부제(CCA, FCAP)

│ 충류피해

건조재 피해는 라왕, 물푸레나무 등을 가해하는 가루나무좀의 피해가 크며, 습윤재를 가해하는 흰개미는 소나무를 비롯한 많은 수종의 목재에 피해를 입힌다.

목재 방균제의 특징

방부제의 구비조건 / 방부제명	부패균에 대한 독성, 화학적 안정성	취급 안전성	사용의 용이성	금속에 대한 부식성	침투성
각종 creosote 및 coaltar와의 혼합유	양호	양호	양호	보통은 비부식성	양호
유성용매, 휘발성 용매, 폐유 등을 약제에 녹인 것	양호	제조자의 지시에 주의할 것	양호	보통은 비부식성	양호
Cu, Zn, Hg, Na, K, Cr 등의 염류를 물에 녹인 것	양호	비소를 포함하는 것도 있음	양호	어떤 염은 금속을 부식하나 보통 가압주입에는 사용하지 않음	양호

▌목재방부제 성능 기준 항목
흡습성, 철부식성, 침투성, 유화성, 방부성능

4) 갈라졌을 경우 : 페인트 및 이물질 제거 → 퍼티채움 → 샌드페이퍼로 마무리 → 조합페인트나 바니스 도장처리

5) 교체 : 충분히 건조된 재료 사용 및 매끈한 마무리, 기존재료와 동일한 마감처리

(2) 콘크리트재 유지관리

1) 손상의 성질

손상의 종류	손상의 성질	보수의 기본적 사항	보수방법의 예
콘크리트의 균열	극히 경미한 균열이 있어 큰 손상으로 발전할 위험이 있음	균열된 부분을 봉하여 물의 침입 방지	실(seal)재로 표면을 잘 봉함
	균열이 상당히 진행되어 강재에 녹이 씀	균열된 부분에 실재를 주입하여 물의 침입을 완전히 방지	실재의 주입
	손상이 진행되어 철근이 부식되고 콘크리트가 박리되는 것	·부식된 철근을 노출시켜 녹을 제거한 후 박리된 부분 충전 ·철근의 단면결손이 있는 경우에는 철근 보강	·철근의 녹을 제거한 후 에폭시 도장 ·부분적 콘크리트 타설치환
	구조물에 치명적인 균열이 발생	콘크리트 단면에 내하력이 기대되며 부가적 단면보강 필요	·필요단면의 부가 ·부분적 혹은 전면 타설치환
콘크리트의 부식	동해 혹은 황산염 등으로 표면부의 열화	열화된 부분을 타설치환, 표면을 봉하여 물 혹은 침식물의 침입방지	표층부의 타설치환 혹은 표면의 도장
	특수한 골재에 의한 열화(알칼리 골재반응)	콘크리트의 내부 깊숙이 열화가 진행된 경우 부가적인 단면보강 필요	경미한 경우 필요 단면의 부가 혹은 전면 타설치환

▌콘크리트재 시설물 균열대책
① 단위시멘트량을 적게 한다.
② 수화열이 낮은 시멘트를 선택한다.
③ 수축이음부를 설치한다.
④ 1회의 타설높이를 줄인다.
⑤ 양생방법에 주의한다.

▌콘크리트 균열 보수재료
시멘트페이스트, 퍼티, 코킹, 접착제(프라이머), 아스팔트모르타르, 합성수지 등이 있다.

2) 균열부의 보수

① 표면 실링(sealing)공법 : 0.2mm 이하의 균열부에 적용

㉠ 와이어브러시청소 후 에어컴프레서로 먼지를 제거하고, 에폭시계 재료를 폭 5cm, 깊이 3mm 정도로 도포(필요 시 타르에폭시 등 방수성 재료 사용)

ⓒ 알칼리성 골재반응 시 폴리우레탄 표면방수실링으로 반응 정지시도

② V자형 절단공법 : 균열부의 표면을 V자형으로 잘라낸 후 충전재를 채워 넣는 방법으로 표면실링보다 확실한 공법

㉠ 누수가 있는 곳에 에폭시계 주입재의 표면실링공법 사용이 적절치 못한 경우 효과적

ⓒ 누수방지를 위하여 30~40cm 간격으로 지수재(폴리우레탄계 수경성 발포재) 사용

③ 고무(gum)압식 주입공법 : 시멘트반죽에 고분자계 유제나 고무유액을 혼입하여 균열부에 주입하고 24시간 이상 양생

3) 연약부 보수 : 시공불량에 의한 공극, 동결융해작용, 알칼리골재반응 등에 시멘트계 재료를 사용하며, 모서리 일부의 보수, 조기강도를 필요로 하는 경우 합성수지계 재료 사용

① 시멘트 모르타르에 의한 보수

㉠ 기존 콘크리트는 조골재 표면이 노출된 곳까지 모래 분사 후 고압수로 청소

ⓒ 보수부분은 표면에서 수직으로 절단하는 것이 좋고 내면에서는 원형이 적당

ⓒ 기존 콘크리트의 연결제로 중력비 1 : 1의 조강시멘트 또는 세사 2mm 이하의 모르타르 사용

② 보수모르타르의 혼화제는 유동화촉진제, AE제 등 사용

ⓜ 비교적 얇은 보수층의 경우 양생이 곤란한 경우 접착제 혼입

② 콘크리트 뿜어붙이기에 의한 보수

㉠ 바탕처리는 규사를 사용한 모래분사가 가장 효과적

ⓒ 연결제는 필요하지 않고 뿜어붙이기층은 1회당 2~5cm

ⓒ 보수에는 건식법을 사용하여 호스로 공급

4) 전면재시공 : 부분보수가 곤란한 경우, 전면 재시공이 경제적인 경우, 보수하였을 때 미관이 크게 손상될 경우 적용

(3) 철재의 유지관리

1) 손상의 성질

손상의 종류	손상의 성질	보수방법의 예
인위적인 힘에 의한 파손	·이용자가 물리적인 힘을 가하여 뒤틀리거나 휘어지거나 닳아서 손상 ·용접부분의 파열, 볼트나 연결철물이 부러지거나 나사부분이 풀리게 되어 손상 초래	·나무망치로 원상복구 ·부분절단 후 교체
온도, 습도에 의한 부식	·녹 발생 ·해안지방의 염분, 광산지대·공장지대 등의 아황산가스 발생으로 공기가 오염되어 있는 곳은 현저한 부식 발생	·샌드페이퍼로 닦아낸 후 도장 ·부분절단 후 교체

▌고무압식 주입공법
주입구와 주입파이프의 중간에 고무튜브를 설치하는 것으로 주입재료는 고무튜브를 직경의 2배까지 팽창시키고 튜브 내 압력이 3kg/cm² 정도로 유지되도록 한 다음 주입파이프를 통하여 이동시킨다.

2) 물리적인 힘에 의한 손상

① 심하게 손상된 부분은 절단하고 새로운 재료로 용접

② 용접할 때에는 브러시나 솔 등으로 페인트자국 및 이물질 제거 후 용접

③ 강우나 강설 등 용접부위가 젖어 있거나 바람이 심하게 불 때, 기온이 0℃ 이하일 경우 용접 금지

④ 용접부위가 식은 후 그라인더로 용접잔해를 갈아내고 도장

3) 부식에 의한 손상 : 약하게 부식된 경우 브러시나 샌드페이퍼 등으로 닦아낸 후 도장하고, 심한 경우는 부분절단 후 교체

(4) 석재의 유지관리

1) 파손부분의 보수

① 접착시킬 양면을 에틸알콜로 세척 후 접착제(에폭시계, 아크릴계 등) 사용

② 접착 후 완전 경화될 때까지(약 24시간) 고무로프로 고정

③ 접착이 완료된 후 노출된 접착제는 메틸에틸케톤(M.E.K)세척제로 닦아내고 면다듬질 실시

④ 접착수지의 두께는 약 2mm 이상으로 하고, 접착제 사용은 반드시 대기 중 상온(7℃ 이상)에서 실시

2) 균열부분의 보수

① 균열폭이 작은 경우 : 표면실링공법 적용

② 균열폭이 큰 경우 : 고무압식공법 적용

3) 합성수지재, 도기재 관리 : 파손된 제품은 부분보수가 곤란하므로 교체

2 편익시설별 유지관리

(1) 벤치·야외탁자 관리

① 이용자수가 설계 시의 추정치보다 많을 경우 이용실태를 고려하여 증설

② 차광시설 및 녹음수 식재 또는 이설하여 이용자의 편의 도모

③ 노인, 주부 등이 장시간 머무르는 곳은 목재벤치로 교체, 그늘이나 습기가 많은 장소에는 콘크리트재나 석재로 교체

④ 바닥에 물이 고인 경우 배수시설 설치 후 포장

⑤ 이용빈도가 높은 경우 접합부분의 볼트·너트를 충분히 조이고 풀림방지용접 실시

(2) 휴지통 관리

① 쓰레기 처리 : 쓰레기 수거빈도는 사용되는 휴지통의 크기와 개수에 의해 결정

ㄱ 매일 수거하는 것이 일반적이나 사용빈도가 낮으면 1주 3~4회, 주말이나 휴일 등 빈도가 높을 때는 1일 2~3회 수거

▍**금속재의 부식환경**

① 금속재의 내구성에 영향을 미치는 기상요인 중 가장 문제가 되는 요인은 온도·습도·강우량이다.

② 온도가 높을수록 부식이 빨라지며 금속의 녹슨 양은 그 지방의 기온의 적산치에 비례한다.

③ 습도 50% 이하에서는 금속의 부식은 거의 진행되지 않는다.

④ 염분이 많을수록 부식이 촉진되며, 해안지대에서의 해수입자에 의한 금속부식 영향권은 1.5km 이내이다.

⑤ 대기오염이 많으면 부식이 촉진된다.

▍**휴지통 배치**

① 벤치 2~4개소마다 1개 설치

② 원로 30~60m에 1개 설치

③ 투입구 높이는 60~75cm가 적당

ⓒ 쓰레기 수거차량의 종류는 쓰레기 무게보다 양(부피)에 의해서 결정

ⓒ 쓰레기처리방법은 부지매립이나 소각처리

② 전반적인 관리

㉠ 설계 시보다 쓰레기량이 많을 경우 휴지통 증설

㉡ 벤치나 야외탁자 등의 주변은 설치개수나 설치장소 재검토 및 청결한 환경유지

㉢ 기초의 노출부분은 흙을 넣고 다지며, 담배불이나 화재 등으로 그을린 부분은 보수 후 재도장

㉣ 이용빈도가 높은 경우 접합부의 볼트, 너트의 충분한 결합

㉤ 본체 뚜껑 지지부속이 꺾이고 굽은 것은 보수나 교체

(3) 음수대 관리

1) 음수대의 손상부분 점검

구분		점검항목
계통별	급수관	·매설장소에 있어서 누수 및 함몰 또는 현저한 지반침하 등의 이상 유무 ·제수변 내의 퇴수용 밸브, 게이트밸브 등의 개폐를 행하여 작동상태 확인 ·제수변 내부에 토사의 유입 유무 ·제수변의 파손유무
	배수관	·맨홀을 점검하여 오물 및 오수가 괸 곳 ·배수관 내의 오수의 흐름상태 ·배수관내, 매설지 표면의 움푹한 곳, 함몰 등의 유무, 드레인의 상태확인
재료별	철재	용접 등의 접합부분, 충격에 비틀린 곳, 파손된 곳, 부식된 곳
	콘크리트재	금이 간 곳, 파손된 곳, 침하된 곳
	도기재·블록제	금이 간 곳, 파손된 곳
기타		제수변의 먼지 및 오물적재상태, 작동여부, 도장이 벗겨진 곳, 퇴색된 곳, 접합부분 등

2) 전반적인 관리

① 배수구가 막히지 않게 하고 드레인의 상태 확인·유지

② 장난이나 도난에 대비해 견고하고 도난의 우려가 적은 것으로 교체하거나 설치장소 변경

③ 국공립공원, 유원지, 관광지 등 3계절형인 곳에는 겨울철에 게이트밸브를 잠그고 물을 빼내며, 자주 사용하는 곳도 빙점 이하로 온도가 내려가면 물을 빼내어 동파 방지

④ 수도꼭지를 틀어놓고 있는 경우에도 물이 넘치지 않을 정도로 게이트밸브 조절

⑤ 급수관 : 시공불량, 지반의 침하, 급수관의 노화, 동결 등의 원인에 의해 코킹의 느슨함, 금감, 절손, 부식, 파열 등이 생겨 누수되므로 교체
  – 오래된 배수관은 전체교체

⑥ 콘크리트재 : 부분보수가 어렵고, 보수 후 미관이 조잡해지므로 정교한 시공이 요구되며, 본체는 강도를 충분히 낼 수 있도록 원설계와 같은 배합의 콘크리트 타설

⑦ 마감면 인조석바르기 : 양질의 재료로 준공도와 같은 배합비로 타설

  ㉠ 인조석이 잘 부착되도록 본체 바탕면을 거칠게 한 후 물축임 시행

  ㉡ 한 번 바를 때의 두께는 6mm 이하로 충분히 누르며 바르기

  ㉢ 초벌바름 후 충분한 시간 경과 후 재벌 및 정벌바름

  ㉣ 바름면은 바람 또는 직사광선 등에 의한 급속한 건조를 피하고, 동절기에는 보온양생

  ㉤ 시공중이나 경화 중에는 바름면에 대한 진동금지

인조석 마무리의 종별

종별 장소	고급바름	보통바름
바닥	정벌바름 후 경화정도로 보아 #60 숫돌로 거친 숫돌갈기 후 #120 숫돌, 다시 #100~#200 숫돌을 사용하여 모래를 뿌려 갈기를 되풀이 하면서 마무리	#60 숫돌로 거친 숫돌갈기 후 #180 숫돌을 사용하여 모래를 뿌리면서 갈기를 되풀이하여 마무리
벽체	위와 같이 갈아낸 후 더 고운 숫돌로 마감갈기를 하여 마무리하고 왁스 등으로 광내기	위와 같이 한 다음 다시 흰숫돌로 정갈기를 하여 마무리

⑧ 테라조바르기 : 인조석바르기와 비슷하나 약간 굵은 종석(대리석이나 경질쇄석) 사용

  ㉠ 백시멘트에 착색제를 넣어 바르고 경화 후 갈기작업

  ㉡ 정벌바름 후 충분히 경화한 다음(손갈기 3일, 기계갈기 7일) 갈기작업

⑨ 타일붙이기

  ㉠ 현장붙임 : 콘크리트나 모르타르면에 타일을 붙여나가는 공법

  ㉡ 타일거푸집 선붙임 : 콘크리트 타설용 거푸집에 타일을 미리 가붙임하여 놓고 콘크리트 타설 본체 보수공사가 완료된 후에 타일붙임면이 마감면으로 되는 공법 – 현장붙임보다 공기단축

⑩ 석재붙이기 : 타일붙이기에 준하고 연결철물 및 모르타르를 사용하여 시공

  ㉠ 붙임돌 두께가 3cm 이상이면 연결철물과 모르타르를 사용하여 붙이지만 3cm 미만일 경우에는 모르타르만 사용 가능

  ㉡ 석재뒷면을 돌높이의 1/3~1/4 정도 높이까지 모르타르사춤을 비벼넣으며 순차적으로 시공

  ㉢ 사춤모르타르는 묽은비빔(1:2배합)으로 하고 다져넣을 때 탕개줄이 늘어지거나 돌에 변형을 주지 않도록 하고 줄눈주위는 빈틈없이 다지기 실시

┃ 탕개줄
벽돌이나 돌을 쌓을 때 기준이 되는 줄로 사용한 것으로 팽팽히 당겨져야 바르게 쌓을 수 있다.

(4) 옥외조명 관리

1) 옥외조명의 점검

구 분		점 검 항 목								
조도	도로 공원 광장	대체로 고르게 조명하는 것이 바람직하므로 정기적인 조사 실시								
		조도단계 (lux)	2	5	10	20	50	100	200	500
		도 로 지 하 상 점 가					■	■	■	■
		상 점 가				■	■	■	■	
		지 하 도 로			■	■	■	■		
		시 가 지 보 도			■	■	■	■	■	
		주 택 지 도 로	■	■	■					
		광 장 교통관계의 광장		■	■	■	■			
		주 차 광 장	■	■	■	■				
		기 타 의 광 장	■	■	■					
		공 원 주가되는 장소	■	■	■					
등 기 구		금이간 부분, 파손된 부분, 부점등								
		등기구의 방향, 수목에 의해 가려진 부분, 청소상태								
등 주 형	철 재	충격에 의해 파손된 부분, 접합부분의 상태, 부식된 부분								
	목 재	접합부분, 갈라진 부분, 파손된 부분, 부패된 부분								
	콘 크 리 트 재	기초콘크리트 노출부분, 파손된 부분, 금이 간 부분								
가 공 선		태풍, 계절풍, 자체중량, 온도의 변화 등에 의해 늘어진 상태, 절단된 상태								
기 타		차단기, 변압기, 배선기구, 개폐기의 작동 여부								

> ▌ 조명기구 및 광원의 부가사항은 [조경설계 – 경관조명설계] 참조

2) 전반적인 관리

① 전기절약을 위해 밝기를 감소시키는 경우 1등당의 밝기조절방법(형광등, 수은등, 고압나트륨등)과 전체수량의 일부를 소등하는 방법(나트륨등) 사용

② 등기구의 오염청소는 1년에 1회 이상 정기적 청소를 하며, 등주가 동관일 경우 부식방지를 위해 3~5년에 1회 정기적 도장 실시

③ 정전기용 안정기 사용 시 입력전압의 허용변동범위는 ±10%이며, 안정기 주위온도가 40℃ 이상인 장소에서의 사용은 부품의 열화나 파손이 되므로 주의

(5) 표지판 관리

1) 재료별 특징

① 목재 : 자연환경과의 조화에 적합, 내구성 약

② 철재 : 인공적이나 내구성이 강하고 가공·조립·취급용이, 주조성 양호

③ 콘크리트 : 인공적이나 자연모방 가능, 다양한 형태의 제작용이

④ 석재 : 자연환경과의 조화도 좋고 내구성 강, 가공이 어렵고 용도가 제한적

⑤ 합성수지재 : 인공성이 강하며 내구성 약, 문자판이나 지주로 사용 곤란

2) 손상부분 점검

① 문자나 사인이 보이지 않는 부분

② 소정의 방향을 향해 있지 않는 경우나 넘어진 것

③ 도장이 벗겨지거나 퇴색한 것

> ▌ 표지판의 부가사항은 [조경설계–안내표지설계] 참조

> ▌ 옥외광고 간판의 관리
> ① 환경의 쾌적성을 저해하는 광고물을 제거한다.
> ② 공중의 선호를 저하시키는 광고물은 피하게 한다.
> ③ 운전자와 도로이용자의 주의력을 산만하게 하는 광고물을 제거한다.

3) 전반적인 관리

① 청소 : 포장도로, 공원 등은 월 1회, 비포장도로 월 2회

② 도장 : 2~3년에 1회

③ 강판이나 강관의 청소는 보통세제 사용

④ 철판이나 스테인리스판 위에 실크스크린한 경우 손상부위가 크면 전면 재인쇄하고, 작으면 손상부위만 현장에서 재시공

⑤ 철판에 법랑을 입힌 것은 깨어졌을 때 보수가 곤란하므로 교체

③ 유희시설유지관리

(1) 유희시설의 점검

┃ 유희시설의 부가사항은 [조경 설계-놀이시설설계] 참조

구분		점검항목
재료별	철재	·곡선부의 상태, 충격에 의해 비틀린 곳, 충격에 의한 파손상태, 사용에 의한 마모상태, 체인의 곡선부 상태 ·접합부분(앵커볼트, 볼트, 리벳, 엘보, 티, 용접 등)의 상태 ·지면과 접한 곳, 지상부 등의 부식상태 ·축 및 축수(軸受)의 베어링 마모상태, 이완상태
	목재	·충격에 의한 파손, 사용에 의한 마모상태 ·갈라진 부분, 뒤틀린 부분 ·부패된 부분, 충해에 의해 손상된 부분
	콘크리트재	·기초콘크리트의 노출된 부분, 파손된 부분, 침하된 부분 ·충격에 의해 파손된 부분, 갈라진 부분, 안정성
	연와재· 합성수지재	·금이 간 곳, 파손된 곳, 흠이 생긴 곳 등
일반사항		·안전사고를 예방할 수 있도록 주 1회 이상 모든 시설물 점검 ·점검 시에는 긴급을 요하는 사항과 그렇지 않는 사항으로 구별하여, 긴급을 요하는 것에는 신속히 대책을 수립하고, 특히 안전을 요하는 것은 점검 시 응급처리
기타		·접합부분(앵커볼트, 볼트, 리벳, 엘보, 티, 용접 등)의 상태 ·회전부분의 구리스 유무, 도장이 벗겨진 곳, 퇴색한 부분 등

(2) 전반적인 관리

① 해안의 염분, 대기오염이 현저한 지역에서는 철재, 알루미늄 등의 재료에 강력한 방청처리 – 가급적 스테인리스제품 사용

② 사용재료에 균열 등 파손우려가 있거나 파손시설물은 사용하지 못하도록 보호조치 후 즉시 보수 – 방치금지

③ 바닥모래는 충분히 건조된 것으로 바람에 날리지 않도록 굵은 모래 사용

④ 놀이터 내에 물이 고이는 곳이 없도록 모래면 평탄하게 고르기

(3) 보수 및 교체

1) 철재 유희시설

① 도장이 벗겨진 곳에는 방청처리 후 재도장

② 앵커, 볼트, 너트 등의 이완 시 조임과 이완이나 어긋남이 심하거나

꺾어짐에 의해 위험성이 큰 부분은 교체

③ 회전부분의 정기적 구리스 주입과 베어링 마모 시 교체

④ 기초부분은 조기훼손이 쉬우므로 항상 점검하며, 상태가 불량하면 보수하거나 교체 – 기초콘크리트 재타설

2) 목재 유희시설

① 사용상 더러워진 부분은 미관상 나쁘므로 정기적으로 도색하고, 도장이 벗겨진 부분은 부패하기 쉬우므로 즉시 방부처리

② 연결부분의 고정부품(볼트, 너트, 앵커볼트 등)의 이완 및 풀어짐 조치

③ 기초부분은 조기에 부패하기 쉬우므로 항상 점검하며, 불량한 부분은 교체나 콘크리트두르기 등의 보수(접합부 사이의 들뜸도 모르타르 보수)

3) 콘크리트 유희시설

① 콘크리트구조물의 자체침하, 경사 또는 균열이 생긴 경우 즉시 보수

② 박리로 철근이 노출된 경우 철근의 강도를 조사하여 부족 시 철근보강 후 보수

③ 콘크리트부분은 파손부분을 거칠게 요철을 주어 깎아 내고 물로 씻어 낸 후 원설계와 같은 배합으로 콘크리트 타설

④ 모르타르바름 부분은 강도가 충분한 곳까지 낡은 모르타르를 벗겨내고 너무 평탄한 곳은 요철을 주고 콘크리트에 물을 충분히 부어서 고인물이 없어진 후 모르타르바름 실시

⑤ 콘크리트와 모르타르 보수면의 도장은 3주 후 충분히 건조한 상태에서 도장 – 3년에 1회 정도 재도장

⑥ 콘크리트기 가 노출되어 있으면 위험하므로 성토, 모래채움 등으로 보수

4) 합성수지재 유희시설

① 합성수지재는 마모되기 쉽고 자외선, 온도의 변화로 퇴색·비틀림·휨 등이 쉽게 생기므로 강도저하 시 교체

② 벌어진 금이 생긴 경우 보수가 곤란하고, 이용자가 상처받기 쉬우므로 부분보수나 전면교체

4>>> 건축물의 유지관리

1 건물과 설비의 유지관리

(1) 최소한의 인력구성

① 목공 : 가구제작, 가구수선, 유리창 갈아끼우기, 퍼티바르기, 코킹작업, 자물쇠 수선작업 등을 할 수 있는 사람

② 전공 : 조명과 동력을 모두 다룰 수 있는 사람

③ 기계공 : 기계정비, 배관, 냉·난방설비를 다룰 수 있는 사람

④ 도장공 : 아스팔트나 합성수지재 마루깔기, 배관의 단열재 시공, 대부분의 미장일을 할 수 있는 사람

(2) 건물관리기준

건물의 기능유지와 함께 경제성이 유지되도록 관리하는 기준

(3) 유지관리의 접근방법

① 보수관리 위주의 접근법 : 발생하는 문제점 해결을 중시하는 법

㉠ 흔히 예산이 부족할 때 취하게 되는 법

㉡ 비상 보수조치 위주가 되어 결과적으로 효율적 이용을 저해하는 동시에 비경제적인 방법

② 예방관리 위주의 접근법 : 문제가 발생하기 전에 문제 예상부분의 발견과 예방조치를 중시하는 법

㉠ 기구조직과 장비 준비 등 초기비용과 시간이 많이 소요

㉡ 문제예방으로 이용이 원활하고 자재의 비상구입, 비상 보수작업에 소요되는 추가비용을 절감함으로써 결과적으로 경제적

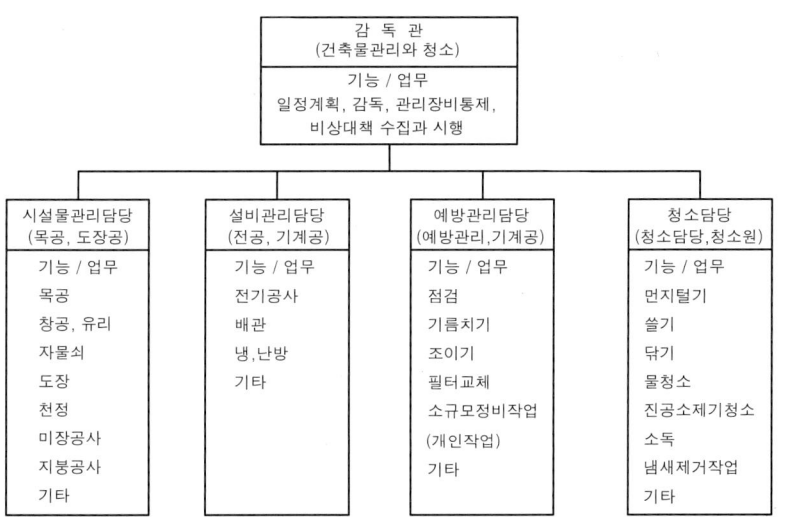

| 건축물 유지관리 조직 예 |

❷ 예방유지관리

① 예방유지관리 작업명세서 작성

② 예방유지관리 작업일정 계획 : 점검기간별, 작업별 분류

③ 예방유지관리인력 : 가능한 여러 분야의 지식과 경험을 가진 사람일수록 적당

④ 예방유지관리 작업의 분담

㉠ 구역별 분담방법 : 일정구역 내의 건물을 개인에게 분담시키는 방법

▌예방유지관리
기능상 문제점이 예견되는 곳을 발견하고 미리 기능조절이나 소규모 보수작업을 실시하여, 불시에 기능이 정지되거나 비상보수작업, 대규모 보수작업을 예방하고자 하는 것으로, 문제의 발생이 예견되는 곳을 미리 찾아 보수하기 위해서는 체계적이고 제도적인 검정과정을 확립해야 한다.

a. 건물 개소수나 연면적으로 배당하며, 건물의 노후상태 감안

b. 작성된 작업명세서가 책임업무한계

c. 담당자가 대상지를 완전히 책임 맡으므로 관리의 질이 높고 소요시간도 절약

d. 대규모공원이나 오락시설 단지에 적용 시 유리

e. 담당자는 여러 부분에 익숙하여 융통성을 발휘할 수 있고, 책임의식과 자부심을 갖고 수행

f. 개인의 각 분야별 능력에 한계가 있으므로 전문가를 필요로 하는 경우 발생(단점)

ⓒ 분야별 분담방법 : 구역별 분담방법의 단점을 보완

a. 분야별 기술자가 조를 이루어 비교적 넓은 지역을 담당

b. 작업의 규모와 성격에 따라 필요한 인력배치 가능(장점)

c. 넓은 지역을 담당하여 관리대상에 대한 친숙도가 덜하며, 여러 명이 공동관리하므로 책임한계 불분명(단점)

d. 어떤 작업에 대한 인력배치가 과다해지는 경향이 있어 낭비발생가능(단점)

❸ 청소

① 청소기준 설정 : 예산편성, 인원배치, 장비와 재료의 조달계획에 필요 – 보통·좋음·아주 좋음의 구분이나 빈도수 설정

② 청소요원 : 면적에 의한 청소요원수 결정, 특정지역별 측정에 의한 청소요원수 결정, 계량적 분석방법에 의한 청소요원수 결정

③ 청소작업할당 : 개인할당 및 조할당

④ 청소대행 : 현재의 상황을 면밀히 분석하여 도급과의 장·단점 비교 후 결정

❹ 노동절약설계(건물설계와 청소용이성)

① 건물청소에 드는 제반비용의 증가에 따라 건물설계 시 청소용이성 고려

ⓐ 건물설계가에게 청소를 하기 위한 설계특징과 청소설비의 필요성 주지

ⓑ 설계진행과정에서 반드시 작성된 계획 검토

② 바닥, 벽, 천정, 개구부, 가구설비와 장비, 청소설비 등의 재료 및 배수, 청소용이성 고려

청소작업 시 개인할당의 장점
① 개인이 홀로 책임지므로 성취욕이 강해진다.
② 여러 가지 일을 수행하므로 단조로움이 적다.
③ 작업불량, 파손 등에 대한 책임이 생겨난다.
④ 작업진행에 대한 정리가 쉽다.

청소작업 시 조할당의 장점
① 전문화로 효율적 작업이 가능하다.
② 협동심과 책임감이 증진된다.
③ 개인할당보다 청소비품이 덜 필요하다.
④ 청소작업이 보다 균등히 분배된다.
⑤ 작업자의 갑작스런 차질을 예방할 수 있다.

핵 심 문 제

1 다음 중 유지관리의 일반적인 원칙으로서 가장 적합하지 않는 것은?　　　　　산기-02-1

㉮ 유지관리 비용은 가능한한 최소가 되도록 한다.

㉯ 그 지역의 생태적 특성은 반드시 고려할 필요가 있다.

㉰ 유지관리 비용을 낮추기 위하여서는 시공비용을 최소로 해야 한다.

㉱ 유지관리상의 문제는 설계 및 시공의 단계에서 도 고려되어야 한다.

2 조경유지관리 작업을 설명한 것이다. 옳지 않는 것은?　　　　　　　　　　　산기-04-1

㉮ 유지관리 작업은 일반적으로 시공단계가 끝나면 서 바로 시작한다.

㉯ 시공이 장기간에 걸쳐 진행될 때에는 시공이 끝 난 지구의 시설이라도 전체공사가 끝나야 관리 의 대상이 된다.

㉰ 유지관리는 조경 환경의 질을 유지하기 위한 것 이다.

㉱ 유지관리를 위해서는 유지관리계획이 수립되어 야 한다.

3 공공 조경시설물의 유지관리 목표가 아닌 것은?　　　　　　　　　　　　　　기-06-1

㉮ 이용기회를 많이 하여 이용수입을 증대시킨다.

㉯ 경관미가 있는 공간과 시설을 조성 유지한다.

㉰ 항시 깨끗하고 정돈된 상태로 유지한다.

㉱ 안전하고 쾌적한 시설 이용이 되게 한다.

해 유지관리의 목표와 기준

　·조경공간과 조경시설을 항시 깨끗하고 정돈된 상태로 유지

　·경관미가 있는 공간과 시설을 조성·유지

　·공간과 시설을 건강하고 안전한 환경조성에 기여할 수 있도 록 유지관리

　·유지관리를 통하여 즐거운 휴게·오락 기회 제공

　·관리주체와 이용자간에 유대관계 형성

4 조경시설의 일반적인 유지관리 목표로서 가장 관

계가 적은 것은?　　　산기-02-2, 산기-08-4

㉮ 조경공간과 조경시설을 항상 깨끗하고 정돈된 상태로 유지한다.

㉯ 경관미가 있는 공간과 시설을 조성 유지한다.

㉰ 공간과 모든 시설을 현대적인 분위기가 나도록 변경 혹은 개선한다.

㉱ 이용자에게 쾌적하고 즐거운 오락기회를 제공할 수 있도록 유지, 관리한다.

5 조경 시설물의 유지관리에 대한 설명으로 옳지 않은 것은?　　　　기-11-4, 기-07-2, 산기-10-1

㉮ 시설물의 내구년한까지는 보수점검을 생략한다.

㉯ 기능성과 안전성이 도모되도록 유지관리 해야 한다.

㉰ 주변 환경과 조화를 이루는 가운데 경관성과 기 능성이 유지되어야 한다.

㉱ 시설물의 기능저하에는 이용 빈도나 고의적인 파손 등의 인위적 원인이 많다.

6 다음 중 시설물 유지관리 기준의 설정 시 고려해 야 할 내용으로 가장 거리가 먼 것은?

　　　　　　　　　　산기-06-1, 산기-07-2

㉮ 장비의 양이나 질　　㉯ 감독자의 수와 기술수준

㉰ 이용밀도　　　　　　㉱ 조경시설 이용 프로그램

해 시설물 유지관리기준 설정 시 고려사항

　·이용밀도 및 날씨, 지형

　·감독자의수와 기술수준

　·조경시설이용 프로그램

　·이용자의 시설물 파손행위

7 다음 중 토사포장의 파손원인이 아닌 것은?

　　　　　　　　　　　　　　산기-06-2

㉮ 배수불량

㉯ 기상변화에 따른 연약지반

㉰ 자동차 통행량 증가

㉱ 줄눈의 이완 및 표면의 균열

해 토사포장의 파손원인

·너무 건조하거나 심한 바람에 의한 먼지

·강우에 의한 배수불량, 지하수 침투(흡수)에 의한 연약화

·노면에 침투한 수분의 동결, 해동될 때의 질퍽해짐이나 연약화

·차량통행의 증가 및 중량화로 노면의 약화 및 지지력 부족

8 다음 중 토사포장의 개량공법에 속하지 않는 것은?

기-04-4, 기-09-1, 산기-02-4, 산기-08-2

㉮ 지반치환공법 　　㉯ 노면치환공법

㉰ 배수처리공법 　　㉱ 패칭(Patching)공법

해 토사포장 개량방법

·지반치환공법 : 동결심도 하부까지 모래질이나 자갈로 환토

·노면치환공 : 노면자갈을 보충하여 지지력 확보

·배수처리공법 : 물의 침투방지를 위한 횡단구배유지, 측구의 배수, 맹암거로 지하수위 조절

9 다음 토사포장에 관한 설명으로 틀린 것은?

기-07-1

㉮ 기존의 흙바닥을 평탄하게 고른 후 다짐하거나 지반 위에 자갈에 혼합물을 섞어 30~50cm 깔아 다진다.

㉯ 노면자갈이 없을 때는 풍화토 또는 왕사, 광산폐석, 쇄석 등을 사용한다.

㉰ 노면자갈의 최대 굵기는 20~30mm 이하가 이상적이며, 노면 총 두께의 1/2 이하이다.

㉱ 점토질은 10% 이하이고, 모래질은 30% 이하이면 좋다.

해 ㉰ 노면자갈의 최대 굵기는 30~50mm 이하가 이상적이며, 노면 총 두께의 1/3 이하로 한다.

10 다음 마사토 포장의 보수에 대한 설명 중 적당하지 않은 것은?

산기-05-4

㉮ 비가 온 뒤 차량통행으로 생긴 요철부는 배수가 잘되는 모래, 풍화토로 채워 잘 다진다.

㉯ 노면의 횡단경사를 8~10%로 유지하고 노면의 지표수가 고여 있을 때는 신속히 배제한다.

㉰ 표면수가 흙속으로 스며들지 않도록 하고, 필요 시 명거, 암거 등 배수시설을 설치한다.

㉱ 극히 배수불량 지역의 도로는 도로양측에 폭

1m, 깊이 1m의 측구를 설치하고 자갈, 호박돌 등의 재료로 치환한다.

해 ㉯ 노면의 횡단경사를 3~5%로 유지하고 일정한 노면두께로 유지한다.

11 아스팔트 및 골재가 떨어져 나가는 현상으로 아스팔트의 부족과 혼합물의 과열, 혼합불량 등 표층 자체의 품질 불량이 주원인이 되어 나타나는 아스팔트 포장의 하자 종류는?

산기-04-4, 기-10-1, 산기-07-1, 산기-08-1, 산기-10-4

㉮ 균열 　　㉯ 침하

㉰ 박리 　　㉱ 표면연화

12 아스팔트포장의 보수공법으로 가장 부적당한 것은?

산기-05-1

㉮ 패칭공법(patching) 　　㉯ 표면처리공법

㉰ 덧씌우기 공법(overlay) 　　㉱ 주입공법

13 아스팔트의 패칭 보수공법의 종류에 속하지 않는 것은?

기-10-2

㉮ 가열혼합식공법 　　㉯ 상온혼합식공법

㉰ 침투식공법 　　㉱ 충진식공법

14 아스팔트양의 과잉, 골재의 입도불량 등 아스팔트 침입도가 부적합한 역청재료를 사용하였을 때 주로 나타나는 도로의 파손 현상은?

산기-10-4

㉮ 균열 　　㉯ 국부적 침하

㉰ 박리 　　㉱ 표면연화

15 시멘트 콘크리트 포장 시 철근을 삽입하는 경우 몇 mm 지름의 철망을 많이 사용 하는가?

산기-04-1

㉮ 3mm 　　㉯ 6mm

㉰ 9mm 　　㉱ 12mm

해 시멘트 콘크리트 포장 시 무근포장이나 6mm 지름의 철망(mesh)을 넣은 철근삽입포장으로 설치한다.

16 시멘트 콘크리트 포장의 파손유형으로서 줄눈의 경계를 따라 콘크리트층이 어긋나 발생하는 현상은?

산기-05-1

㉮ 마모 ㉯ 단차
㉰ 박리 ㉱ 침하

17 다음 콘크리트 포장의 보수에 대한 설명으로 적당하지 않은 것은? 산기-04-2

㉮ 줄눈이나 균열이 생긴 부분은 더 이상 수축 팽창하지 않도록 시멘트 모르타르로 채워 넣는다.
㉯ 기층 재료를 보강하기 위해서는 포장면에 구멍을 뚫고 시멘트나 아스팔트를 주입해 넣는다.
㉰ 포장 슬래브가 불균일할 때는 주입에 의해 포장면을 들어 올린다.
㉱ 콘크리트 포장 슬래브의 균열이 많아져서 전 면적으로 파손될 염려가 있는 경우에는 덧씌우기를 한다.

18 콘크리트포장의 보수공법 가운데 포장의 파손이 심하여 보수가 불가능하다고 판단될 때 사용하는 방법은? 기-04-2, 산기-10-2

㉮ 덧씌우기(overlay) ㉯ 꺼진 곳 메우기
㉰ 패칭(patching) ㉱ 포장 슬래브 들어올리기

19 아스팔트 포장이 균열되었거나 국부적 침하, 부분적 박리일 때의 보수방법은? 산기-02-1, 산기-11-4, 기-11-2

㉮ 덧씌우기공법(overlay) ㉯ 패칭공법(patching)
㉰ 노면안정성 유지공법 ㉱ 배수처리공법

20 다음 중 유지관리 작업이 가장 용이한 포장공법은? 산기-02-1, 산기-06-2, 산기-09-1

㉮ 시멘트콘크리트포장 ㉯ 아스팔트포장
㉰ 블록포장 ㉱ 타일포장

해 블록포장은 다른 포장재료에 비하여 용이한 유지관리가 장점이다.

21 블록포장의 보수 시 주의할 사항이 아닌 것은? 기-04-4

㉮ 노반층이나 모래층은 부설 후 기계장비로 가압한다.
㉯ 침하된 블록은 모양이 온전하더라도 재사용하지 않는다.
㉰ 블록설치 후 가는 모래가 블록 이음새에 들어가도록 한다.
㉱ 모래층은 수평고르기 한 다음 블록을 기존 형태로 깔아 나간다.

22 보도블럭포장 보수 시 노반층 위에 부설하는 모래의 일반적인 두께는? 산기-06-4

㉮ 1~2cm ㉯ 3~4cm
㉰ 5~6cm ㉱ 7~8cm

23 표면 배수시설에 해당하지 않는 것은? 기-06-2

㉮ 측구 ㉯ 빗물받이 홈
㉰ 유공관 ㉱ 트렌치

해 표면 배수시설에는 측구, 빗물받이 홈(십수구), 드렌치(trcnch), 배수관, 도수관, 맨홀 등이 있다.

24 표면배수시설의 점검내용 및 보수방법 중 옳은 것은? 산기-06-1

㉮ 기성제품인 U형 측구는 연결 이음새에 결함이 많아 중점 점검한다.
㉯ 토사측구의 경우 단면에 변화를 주어 유속을 저지시키도록 한다.
㉰ 맨홀을 새로이 설치할 때는 자연침하를 고려하여 주위보다 약 1cm 정도 높게 한다.
㉱ 토사지보다 포장지역의 집수구가 빠른 유속에 의한 침전물이 많아 수시로 청소한다.

25 다음 설명에 해당되는 배수시설은? 산기-08-1, 산기-11-1

표면배수의 일종으로서 광장이나 도로상의 물이나 인접부지주변의 빗물을 다른 배수처리 시설로 이동시키는 배수도랑을 의미하며, 재료나 형상에 따라 여러 유형으로 구분할 수 있다.

㉮ 측구 ㉯ 집수구
㉰ 맨홀 ㉱ 맹암거

정답 17 ㉮ 18 ㉰ 19 ㉯ 20 ㉰ 21 ㉯ 22 ㉯ 23 ㉰ 24 ㉮ 25 ㉮

26 집수구, 맨홀의 보수 및 점검에 관한 내용 중 틀린 것은? 기-08-4, 기-10-2
㉮ 정기적인 청소가 필요하다.
㉯ 지표면이 토사지나 황폐한 구릉의 경사면인 경우에는 청소회수를 증가시킨다.
㉰ 주변의 토사 등이 흘러 들어오지 못하게 집수구를 조금 높인다.
㉱ 뚜껑이 파손되었을 경우 보수 전에 표지판을 설치하고 즉시 보수를 한다.
해 ㉰ 주변의 토사 등이 흘러 들어오지 못하게 집수구를 지반의 높이와 동일하게 한다.

27 다음 중 지하배수시설 유지관리에 적합하지 않는 것은? 기-04-2, 기-07-4
㉮ 지하배수시설 도면은 별도로 만들어 놓는다.
㉯ 지하배수시설은 유출구가 항상 점검의 대상이 된다.
㉰ 재설치시는 기존 위치에 설치하는 것이 항상 경제적이다.
㉱ 배수 유출구는 항상 그 기능을 다하도록 주의 한다.

28 배수시설의 관리내용이 아닌 것은? 기-05-2
㉮ 배수로는 정기적 청소로 낙엽 등 찌꺼기를 제거한다.
㉯ 바닥포장 시 일정한 구배를 주어 물이 고이지 않도록 한다.
㉰ 지반침하로 집수구가 솟아오르면 집수구를 절단하여 낮추어 준다.
㉱ 비탈면의 U형 배수구는 인접지표면 보다 항상 높게 설치하여 표면수가 유입되지 않게 주의한다.
해 ㉱ 비탈면의 U형 배수구는 인접지표면 보다 낮게 설치하여 표면수가 유입되지 않게 주의한다.

29 식생에 의한 비탈면 유지관리의 내용으로 가장 적합지 않은 것은? 산기-03-2
㉮ 시공 후 1개월간 중점관리
㉯ 연 1회 이상 시비 및 추비시여
㉰ 잡초제거 및 풀베기
㉱ 관수 및 병해충 방제

해 ㉮ 식생안정까지 2~3년간 지속적으로 관리한다.

30 식생공에 의한 비탈면 유지 관리 작업의 내용 중 틀린 것은? 기-06-4, 기-02-1
㉮ 년 1회 이상 시비 및 추비를 한다.
㉯ 잡초제거 및 풀베기 작업을 실시하고 초장을 5cm이하로 깎아준다.
㉰ 관수 및 병충해 방제를 위해 수시로 예찰을 실시하고 방제한다.
㉱ 비탈면 식생은 하단부보다 비탈면 어깨부분의 상태가 나쁘므로 상단부의 관리에 중점을 두고 관리한다.
해 ㉯ 식생의 풀베기는 너무 짧게 하면 생육이 약화되어 침식되기 쉬우므로 초장이 10cm 이상 필요하다.

31 비탈면 보호시설공법의 설명으로 옳은 것은? 기-08-1
㉮ 종자뿜어붙이기공은 일종의 식생공이다.
㉯ 평판블록붙임공은 비탈면 길이가 길고 구배(경사)가 비교적 급한 곳에 시행된다.
㉰ 비탈면돌망태공은 용수(涌水) 및 토사유실 우려가 없는 곳에 시행된다.
㉱ 콘크리트 격자 블록공은 식생공법을 배제한 구조물에 의한 비탈면 보호공이다.

32 배수가 불량한 도로의 관리를 위해 도로 양측에 총 연장 4km 길이의 그림과 같은 측구를 굴착하고 자갈을 채우려 한다. 소요되는 총 자갈량은? (단, 할증율과 공극은 무시한다.) 산기 -03-1, 산기-11-4
㉮ 3600m³
㉯ 1800m³
㉰ 900m³
㉱ 450m³
해 ·체적 = 단면적×길이
·사다리꼴면적 = $\frac{밑변+윗변}{2}$×높이
∴ $(\frac{0.8+1.0}{2}×1.0)×4000 = 3600(m^3)$

33 비탈면 보호공법 중 다른 공법으로서는 식물의 도입이 곤란한 단단한 점질토나 경질석회토와 같은

정답 **26** ㉰ **27** ㉰ **28** ㉱ **29** ㉮ **30** ㉯ **31** ㉮ **32** ㉮ **33** ㉯

토질의 절토비탈면에 적합한 공법은? 기-07-1

㉮ 식생매트공　　　　㉯ 식생구멍공
㉰ 식생자루공　　　　㉱ 식생판공

34 종자, 비료 그리고 흙을 혼합하여 네트(Net)에 넣고 비탈면의 수평으로 판 굴 속에 넣어 붙이는 공법은? 산기-06-4, 산기-02-2, 산기-08-4

㉮ 식생구멍공　　　　㉯ 식생판공
㉰ 식생자루공　　　　㉱ 식생매트(mat)공

35 비탈면에서 용수가 없고 우선은 붕괴우려가 없는 지역으로 풍화되어 낙석이 예상되는 암(岩), 식생이 부적당한 곳에 시공하는 공법은? 산기-08-1, 산기-02-4

㉮ 시멘트 모르타르 및 콘크리트 뿜어붙이기공
㉯ 콘크리트판 설치공
㉰ 콘크리트 격자형 블록 및 심줄박기공
㉱ 돌붙임 및 블록붙임공

36 비탈면에 용수가 있어 토사가 유실될 우려가 있는 경우 또는 무너진 장소를 복구하는 경우나 해동에 의해 비탈면이 흘러내릴 우려가 있는 지역에 가장 적합한 비탈면 보호공법은? 산기-04-1

㉮ 비탈면 돌망태공　　㉯ 낙석방지망공
㉰ 돌붙임공　　　　　　㉱ 식생자루공

37 다음 비탈면 보호공의 유지관리 항목 중 연결 내용이 잘못된 것은? 산기-05-2

㉮ 돌붙임공, 블록붙임공 : 앵커(anchor)일부의 헐거움
㉯ 콘크리트 붙임공 : 균열
㉰ 편책공 : 퇴적토사의 중량에 의한 손상
㉱ 낙석방지망공 : 망이나 로프(rope)의 절단

해 ㉮ 돌붙임공, 블록붙임공 : 호박돌이나 잡석의 국부적 빠짐, 돌붙임 전체의 파손, 뒷채움 토사의 유실, 보호공의 무너져 꺼짐, 삐져나옴, 균열, 용수의 상황 및 처리

38 옹벽의 변화 상태에 작용하는 원인으로 가장 관계가 적은 것은? 산기-03-1, 산기-06-1

㉮ 지반의 침하　　　　㉯ 기초의 강도저하

㉰ 하중의 감소　　　　㉱ 지반의 이동

39 다음 중 옹벽의 변화 상태를 눈으로 확인할 수 있는 것이 아닌 것은? 기-04-4

㉮ 이음새의 어긋남　　㉯ 구조체의 균열
㉰ 침하 및 부등 침하　㉱ 기초의 강도 저하

40 콘크리트 옹벽이 뒷면의 토압 증대로 인하여 앞으로 넘어지려 하는 경우 적합하지 않은 시공 방법은? 기-07-1, 산기-02-2

㉮ 부벽식 콘크리트 옹벽공법
㉯ 편책공법
㉰ P.C. 앵커공법
㉱ 그라우팅공법

41 콘크리트 옹벽이 앞으로 넘어질 우려가 있을 때 옹벽에 보링기로 구멍을 뚫고 충전재를 삽입한 다음 지하수 배수구멍을 통해 토압을 경감시키는 공법은? 기-08-2, 산기-03-2, 산기-10-2, 산기-11-4, 산기-05-1

㉮ P.C. 앵커공법
㉯ 부벽식 콘크리트 옹벽공법
㉰ 말뚝에 의한 압성토공법
㉱ 그라우팅공법

42 조경 유희시설에서 목재부분의 이상 유무를 점검하는 항목으로 부적합한 것은? 산기-08-2

㉮ 충격에 의한 파손, 사용에 의한 마모상태
㉯ 갈라진 부분, 뒤틀린 부분
㉰ 부패된 부분, 충해에 의해 손상된 부분
㉱ 축 및 축수의 베어링 마모나 이완상태

해 ㉱ 축 및 축수의 베어링 마모나 이완상태는 철재부분의 이상 유무를 점검하는 항목이다.

43 목재 시설물의 유지관리 방충, 개미예방에 유효하며, 목재의 표면에 처리하거나 접착제의 혼입용으로 주로 사용되는 약품은? 산기-02-2, 기-03-1

㉮ 유기염소계통　　　　㉯ 크롤나프탈렌
㉰ 붕소계통　　　　　　㉱ 불소계통

44 목재의 벤치나 야외탁자에서 재료의 단점이 아닌 것은? 산기-02-4, 산기-06-1

㉮ 파손되기 쉽다.

㉯ 병해충의 피해를 받기 쉽다.

㉰ 기온에 민감하다.

㉱ 습기에 약하며 썩기 쉽다.

🖩 ㉰ 철재재료의 단점이다.

45 다음 중 조경관리상 목재에 대한 특징이 아닌 것은? 산기-02-4

㉮ 감촉이 부드러우며 가볍다.

㉯ 재질 및 방향에 따라 강도가 달라서 파손되기 쉽다.

㉰ 가공성이 용이하다.

㉱ 표면처리를 다양하게 할 수 있다.

🖩 ㉱ 콘크리트재료의 특징이다.

46 벤치 및 야외탁자의 재료로서 목재를 이용할 경우 다른 소재들과 비교해 장점에 해당되는 것은? 산기-06-1

㉮ 감촉이 부드럽다.

㉯ 성형 가공되기 때문에 자유로운 디자인이 가능하다.

㉰ 견고하다.

㉱ 내구성이 좋다.

47 목재의 내구성을 저해하는 요인이 아닌 것은? 산기-03-1

㉮ 사용으로 인한 마모 충격

㉯ 균 또는 박테리아에 의한 부식

㉰ 인문, 사회적 조건

㉱ 곤충 또는 해충에 의한 식해

48 목재가 가장 잘 부패하는 조건들을 나열한 것이다. 틀린 것은? 산기-03-2

㉮ 온도 20~40℃

㉯ 습도 90% 이상

㉰ 목재 함수율 20% 이상

㉱ 지하수위 이하에 박힌 기초 말뚝

49 다음 중 목재 방균제로 쓰이는 약품으로 가장 관련이 없는 것은? 산기-03-2, 산기-05-1

㉮ 크롤나프탈렌 ㉯ 크레오소트유

㉰ 타르 ㉱ C.C.A

50 목재의 방부제로서 독성이 약하고 구충용으로 사용되고 있으나 독성이 오래 남는 단점을 지니고 있는 방충제는 다음 중 어느 계통인가? 산기-03-4, 기-10-4

㉮ 유기염소계통 ㉯ 유기인계통

㉰ 붕소계통 ㉱ 불소계통

51 파라치온 등 유기인계 살충제의 가장 큰 작용 특성은? 기-10-4

㉮ 살충력이 강하고 광범위하게 사용된다.

㉯ 분해가 느리기 때문에 약효지속 시간이 길다.

㉰ 알칼리성 물질에 분해가 느린 편이다.

㉱ 인축에 대해 독성이 약한 편이다.

52 목재의 균류에 의한 파손을 보수하는 방법으로 가장 관계가 먼 것은? 산기-04-1, 기-09-1

㉮ 유상 방균제 살포

㉯ 유기 염소계통 약제 살포

㉰ 부패된 부분의 제거 및 퍼티 채움

㉱ 파손부분의 교체

🖩 ㉯ 유기 염소계통 약제는 방충제로 사용한다.

53 습윤한 목재를 가해하는 대표적인 해충류는? 산기-04-4, 산기-08-2

㉮ 가루나무좀류 ㉯ 흰개미류

㉰ 개나무좀류 ㉱ 하늘소류

54 목재 벤치의 각 부분 중 방부제를 칠하지 않아도 되는 부분은? 산기-06-2

㉮ 좌판 부분 ㉯ 지면과 접한 부분

㉰ 등판 부분 ㉱ 볼트 접합 부분

🖩 ㉱ 볼트 접합 부분은 방청제를 사용해야 한다.

55 목재 시설물의 유지관리 방충, 개미예방에 유

효하며, 목재의 표면에 처리하거나 접착제의 혼입 용으로 주로 사용되는 약품은? 산기-02-2

㉮ 유기염소계통　　㉯ 크롤나프탈렌
㉰ 붕소계통　　　　㉱ 불소계통

56 시설물의 목재방부를 위한 재료로 가장 적합한 것은? 기-03-2, 기-07-4

㉮ 에나멜페인트　　㉯ 오일페인트
㉰ 옻　　　　　　　㉱ 크레오소트

57 목재 방부처리 중 효율적인 방법이 아닌 것은? 기-04-1

㉮ C.C.A 방부 처리　　㉯ 페인트 도장 처리
㉰ 부틸화유기금속 처리　㉱ 크레오소트 처리

58 목재 공작물의 점검 시 유의하여야 할 항목과 가장 관련이 적은 것은? 기-04-2

㉮ 이용 목적　　　　㉯ 부재(部材)의 절단
㉰ 도장(塗裝)상태　　㉱ 부재(部材)의 부식

59 다음 포장의 결함에 의해 발생되는 파손 형태 모식도이다. 박리(剝離)현상의 모식도를 표현한 것은? 산기-05-2

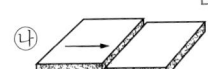

해 ㉮ 융기, ㉯ 단차, ㉱ 침하

60 다음 중 콘크리트의 균열 폭이 0.2mm 이하의 균열부가 있을 때 적용하는 가장 적합한 보수방법은? 기-08-4, 산기-09-4, 기-02-1

㉮ 메틸에틸케톤공법　　㉯ 표면실링공법
㉰ V자형 절단공법　　　㉱ 고무압식 주입공법

61 콘크리트면에 균열이 생겼을 때 보수하기 위한 재료로 거리가 먼 것은? 산기-06-4, 산기-10-2

㉮ 시멘트 페이스트　　㉯ 퍼티
㉰ 코킹제　　　　　　㉱ 오일 프라이머

해 콘크리트 균열 보수재료 : 시멘트페이스트, 퍼티, 코킹, 접착제(프라이머), 아스팔트모르타르

62 내구성이 강하며 페넌트 부착이 용이하나 방청 처리가 필요하고 무거운 단점을 갖고 있는 옥외 등 주 재료는? 산기-06-2

㉮ 알루미늄재　　㉯ 목재
㉰ 철재　　　　　㉱ 콘크리트재

63 다음은 철재의 용접불량 상태를 나타낸 단면 그림이다. 판면 부족은 어느 것인가? 산기-04-2, 산기-07-1

㉮ 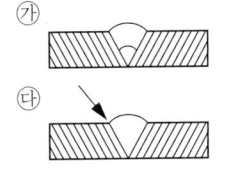　　㉯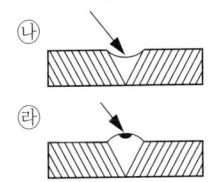

㉰ 　　㉱

64 일반적으로 금속재료의 부식에 관한 내용 중 틀린 것은? 기-06-2, 기-09-2, 기-02-1

㉮ 온도가 높을수록 부식 속도가 느려진다.
㉯ 습도가 높을수록 부식이 빨라진다.
㉰ 염분이 많으면 부식이 촉진된다.
㉱ 대기오염이 많으면 부식이 촉진된다.

해 ㉮ 온도와 습도가 높을수록 부식 속도가 빨라진다.

65 금속의 부식 환경에 대한 설명 중 틀린 것은? 기-02-1

㉮ 금속에 미치는 기상요인 중 가장 문제가 되는 요인은 온도이다.
㉯ 습도 50% 이하에서는 금속의 부식은 거의 진행되지 않는다.
㉰ 해안지대에서 해수입자에 의한 금속부식 영향권은 3km 이내이다.
㉱ 금속의 녹슨 양은 그 지방의 기온의 정산치에 비례한다.

해 ㉰ 해안지대에서 해수입자에 의한 금속부식 영향권은 1.5km 정도이다.

66 휴지통 배치 시 고려해야 할 사항이 아닌 것은?

⑦ 투입구의 높이는 60~75cm가 바람직하다.

⑭ 벤치 2~4개소마다 1개를 설치한다.

⑮ 원로에는 30~60m에 1개를 설치한다.

⑯ 휴지통도 점경물이므로 미적설계에 치중해야 한다.

67 다음 중 유지관리 측면에서 음수대의 재료로 가장 적합하지 않은 것은?　　　　　기-05-1

⑦ 철재　　　　　⑭ 도기재

⑮ 석재　　　　　⑯ 목재

68 음수대의 보수방법 중에 인조석바르기의 마무리 작업 내용 중에 맞지 않는 것은?　　산기-05-2

⑦ 한번 바를 때의 두께는 6mm 이하로 한다.

⑭ 양질의 재료를 사용하고 준공도와 같은 배합비로 혼합하여 타설한다.

⑮ 인조석이 잘 부착되도록 본체의 바탕면을 거칠게 한 후 물축임을 한다.

⑯ 초벌 바름 후 바름이 마르기 전에 바로 재벌 및 정벌 바름을 한다.

해 ⑯ 초벌바름 후 충분한 시간 경과 후 재벌 및 정벌바름한다.

69 시설물 관리를 위한 페인트칠의 방법으로 올바르지 못한 것은?　　　　　산기-02-1

⑦ 목재의 바탕칠 시는 먼저 건조상태를 확인한다.

⑭ 철재의 바탕칠 시는 불순물을 제거 후 바로 페인트칠을 한다.

⑮ 목재의 갈라진 틈, 홈 등은 퍼티로 땜질하고, 24시간 후 초벌칠을 한다.

⑯ 콘크리트면의 틈은 석고로 땜질하고 유성 또는 수성 페인트를 칠한다.

70 표지판의 유지관리를 설명한 것 중 옳은 것은?　　　　　산기-04-2

⑦ 강판이나 강관의 청소는 강한 크리너를 사용한다.

⑭ 도장이 퇴색된 곳은 재도장 하되 도장은 2~3년에 1회씩 칠한다.

⑮ 표지판의 방향이 뒤틀어지거나 지주가 구부러진 것 등은 정기보수 시 보수한다.

⑯ 철판에 법랑 입힘을 한 경우 법랑이 깨어졌을 때는 수시로 현장에서 보수한다.

71 표지나 간판의 정기적인 유지관리 방법 중 내용이 가장 거리가 먼 것은?　　산기-05-1

⑦ 포장도로, 공원 등의 표지판은 월 1회 청소를 실시한다.

⑭ 비포장도로의 표지판은 월 2회 청소를 실시한다.

⑮ 도장, 도색은 5~6년 주기로 실시한다.

⑯ 방향을 바로잡고, 알기 쉽게 표현한다.

해 ⑮ 도장, 도색은 2~3년 주기로 실시한다.

72 표지판의 손상부분 점검 중 관리적인 측면에서 거리가 먼 사항은?　　　산기-05-4

⑦ 용접이음 부분상태의 불량여부

⑭ 도장이 벗겨지거나 퇴색한 것

⑮ 문자나 표시가 보이지 않는 부분

⑯ 가리키는 방향으로 향해 있지 않는 것

해 손상부분 점검 사항

·문자나 사인이 보이지 않는 부분

·소정의 방향을 향해 있지 않는 경우나 넘어진 것

·도장이 벗겨지거나 퇴색한 것

73 다음은 도로 간판 표지의 점검 및 보수에 관한 사항이다. 이 중 적합하지 않은 것은?　산기-10-2

⑦ 연결부위 및 볼트, 너트의 탈락 유무를 확인한다.

⑭ 지주의 매립부분 및 볼트, 너트 붙임 부분의 도장 부위를 주의해서 점검한다.

⑮ 콘크리트 중에 지주를 매입했을 때 앵커플레이트 및 앵커볼트 붙임 여부를 확인한다.

⑯ 도장부분이 배기가스나 매연 등으로 더러워졌을 경우는 묽은 염산이나 황산으로 닦아내도록 한다.

해 ⑯ 도장부분이 배기가스나 매연 등으로 더러워졌을 경우는 보통세제를 사용하여 닦아내도록 한다.

74 시설물 보수 사이클과 내용 연수의 연결이 잘못된 것은?　　　　　산기-04-4

시설물 – 내용연수 – 보수사이클

⑦ 파골라(목재) – 10년 – 3~4년

ⓝ 벤치(목재) – 7년 – 5~6년

ⓓ 그네(철재) – 15년 – 2~3년

ⓡ 안내판(철재) – 10년 – 3~4년

해 ⓓ 벤치(목재) – 7년 – 2~3년

75 다음 유희시설의 전반적인 유지관리에 대한 내용 중 가장 거리가 먼 것은?   산기-05-4

㉮ 파손된 시설물은 즉시 보수하여 어린이가 이용할 수 있도록 하며 그대로 장시간 방치해서는 안 된다.

㉯ 해안의 염분, 대기오염이 현저한 지역에서는 가급적 스테인리스 제품을 사용한다.

㉰ 놀이터 내에 물이 고이는 곳이 없도록 모래 면을 평탄하게 고른다.

㉱ 바닥 모래는 바람에 날리지 않도록 수분이 충분히 유지되도록 한다.

해 ㉱ 바닥모래는 충분히 건조된 것으로 바람에 날리지 않도록 굵은 모래 사용

76 유희시설물의 유지관리 계획의 수립에 필요한 사항으로 적합하지 않은 것은?   산기-04-4

㉮ 사회적 배경 및 사회적 요구의 변화

㉯ 시간별 이용자 및 이용 행태별 조사

㉰ 시설물 이용의 최대한 억제 방법 조사

㉱ 건물 상태, 강우, 쾌청 일수 조사

77 어린이 놀이터의 유희시설을 보수하고자 할 때 잘못된 방법은?   산기-06-1, 산기-10-1

㉮ 철재부의 도장이 벗겨진 부분은 방청처리 후 유성페인트를 칠한다.

㉯ 회전놀이시설 축부에는 정기적으로 구리스를 주입하여 마모를 방지한다.

㉰ 볼트 등의 연결부위는 이완 및 풀어지기 쉽기 때문에 너트를 조인 후 용접하여 영구 고정시킨다.

㉱ 기초부분은 조기에 훼손되기 쉽기 때문에 항상 점검하며 상태가 불량하면 교체하거나 보수한다.

해 ㉰ 앵커, 볼트, 너트 등의 이완 시 조임과 이완이나 어긋남이 심하거나 꺾어짐에 의해 위험성이 큰 부분은 교체한다.

78 유희시설물 중 콘크리트재의 보수에 관한 내용에 맞지 않는 것은?   산기-03-1

㉮ 콘크리트 보수면의 도장은 3주 이상 기간을 두어 표면이 충분히 건조한 후 칠을 한다.

㉯ 미관을 위한 재도장은 3년에 1회 정도 실시한다.

㉰ 콘크리트의 기초부분이 노출되어 있는 경우에는 성토 등을 행한다.

㉱ 파손부분의 보수에는 원설계시보다 시멘트의 양을 훨씬 많이 배합한 콘크리트를 타설한다.

해 ㉱ 파손부분의 보수에는 원설계와 같은 시멘트의 양을 배합한 콘크리트를 타설한다.

79 시설물의 점검 시 점검빈도가 가장 짧은 것은?   산기-05-4

㉮ 옥외 소화 설비의 소화전 누수 유무 점검

㉯ 유희시설의 강재 용접 등에 의한 이음 부분

㉰ 교량, 옹벽, 울타리 및 암거

㉱ 각종 케이블의 매설 상태

80 조경시설물의 정비, 점검 방법으로 틀린 것은?   기-07-2

㉮ 배수구는 정기적으로 점검하여 토사나 낙엽에 의한 유수의 방해를 제거한다.

㉯ 어린이공원에서의 유희시설물 회전부분은 충분한 윤활유 공급을 실시한다.

㉰ 표지, 안내판 등의 도장상태나 문자는 수시 점검한다.

㉱ 아스팔트 포장과 같이 내구성이 있는 것은 전면 개보수할 때까지 점검하지 않아도 된다.

해 ㉱ 아스팔트 포장은 전면적의 5~10% 균열 함몰이 생길 때 (3~5년), 전반적으로 노화가 보일 때 (10년) 보수한다.

81 연간 시설물의 정비 및 보수 계획을 세울 때 가장 많은 횟수의 점검과 정비, 보수가 요구되는 것은?   산기-03-1

㉮ 산책로의 콘크리트 포장상태

㉯ 오수관의 누수 및 흐름상태

㉰ 회전유희시설의 회전축 및 베어링 상태

㉱ 안내판의 기초 및 기둥의 체결 상태

82 건물의 청소를 위해 적절한 청소 요원의 수를 결정하는 방법이 아닌 것은?   산기-02-1, 기-03-4

㉮ 면적에 의한 방법

㉯ 특정지역별 측정에 의한 방법

㉰ 계량적 분석 방법에 의한 방법

㉱ 이용자수의 측정에 의한 방법

해 청소 요원의 수 결정 방법 : 면적에 의한 청소요원수 결정, 특정지역별 측정에 의한 청소요원수 결정, 계량적 분석방법에 의한 청소요원수 결정

83 건축물관리는 예방보전과 사후보전으로 구분되는데 이 중 사후보전에 해당되는 작업은?   산기-04-1

㉮ 청소   ㉯ 도장

㉰ 일상점검과 정기점검   ㉱ 보수

84 건물의 청소작업 할당 시 개인 할당작업의 장점이 아닌 것은?   기-08-1

㉮ 개인이 홀로 책임지므로 성취욕이 강해진다.

㉯ 여러 가지 일을 수행하므로 단조로움이 적다.

㉰ 작업진행에 대한 정리가 쉽다.

㉱ 청소작업이 보다 균등하게 분배된다.

해 ㉱ 조할당의 장점에 해당된다.

85 방치하였을 때 우수가 침투하여 노상이나 노체에 현저한 파손을 초래함으로써 발생 즉시 보수하여야 하는 아스팔트 콘크리트 포장 파손의 유형은?   산기-12-1

㉮ 박리(剝離)   ㉯ 표면연화(軟化)

㉰ 균열(龜裂)   ㉱ 파상(波狀)의 요철

86 금속제 시설물의 부식이 가장 않은 곳은?   기-12-1

㉮ 해안별장지대   ㉯ 전원주택지

㉰ 시가지나 공업지대   ㉱ 산악지의

해 금속재료의 부식

· 온도가 높을수록 부식이 빨라진다.

· 염분이 많으면 부식이 촉진된다.

· 습도가 높을수록 부식이 빨라진다.

· 대기오염이 많으면 부식이 촉진된다.

정답   **82** ㉱ **83** ㉱ **84** ㉱ **85** ㉰ **86** ㉯

CONQUEST

2017년	조경기사 제1회	(2017. 3. 5 시행)	1152
	조경기사 제2회	(2017. 5. 7 시행)	1166
	조경기사 제4회	(2017. 9. 23 시행)	1181
2018년	조경기사 제1회	(2018. 3. 4 시행)	1196
	조경기사 제2회	(2018. 4. 28 시행)	1211
	조경기사 제4회	(2018. 9. 15 시행)	1225
2019년	조경기사 제1회	(2019. 3. 3 시행)	1241
	조경기사 제2회	(2019. 4. 27 시행)	1256
	조경기사 제4회	(2019. 9. 21 시행)	1271
2020년	조경기사 제1·2회	(2020. 6. 1 시행)	1285
	조경기사 제3회	(2020. 8. 22 시행)	1300
	조경기사 제4회	(2020. 9. 26 시행)	1315
2021년	조경기사 제1회	(2021. 3. 7 시행)	1329
	조경기사 제2회	(2021. 5. 15 시행)	1343
	조경기사 제4회	(2021. 9. 12 시행)	1357
2022년	조경기사 제1회	(2022. 3. 5 시행)	1370
	조경기사 제2회	(2022. 4. 24 시행)	1385

※ 2022년 4회부터는 당일에 합격 여부를 알 수 있는 컴퓨터 시험(CBT)으로 시험 방법이 바뀌어 문제가 공개되지 않습니다. 이 책 안의 것으로도 충분히 합격하실 수 있으니 염려하지 마시고 공부하시기 바랍니다.

7

최근기출문제

조경기사

제1과목 조경사

1 영국의 비컨헤드 파크(Birkenhead Park)의 설명으로 옳지 않은 것은?

① 역사상 최초로 시민의 힘과 재정으로 조성된 공원이다.

② 수정궁을 설계한 조셉 팩스턴(Joseph Paxton)이 설계하였다.

③ 그린스워드(Greensward) 안(案)에 의하여 조성된 공원이다.

④ 넓은 초원, 마찻길, 연못, 산책로 등이 조성 되었다.

해 ③ 그린스워드안은 센트럴파크의 당선작이다.

2 다음 전통정원과 정원에 조성된 대(臺)가 잘못 연결된 것은?

① 세연정 – 매대   ② 소쇄원 – 대봉대

③ 서석지 – 옥성대   ④ 도산서원 – 천광운영대

3 T.V.A(Tenessee Valley Authority)에 대한 설명 중 옳지 않은 것은?

① 최초의 광역공원계통

② 미국 최초의 광역지역계획

③ 계획·설계 과정에 조경가들이 대거 참여

④ 수자원개발의 효시이자 지역개발의 효시

해 ① 찰스 엘리어트의 수도권공원계통을 말한다.

4 르 코르뷔지에(Le Corbusier)가 제안한 빌라래디어스의 내용과 가장 거리가 먼 것은?

① 오픈 스페이스 중시

② 토지이용 체계의 주종 관계 고려

③ 저층 주거 형태에서의 쾌적성 확보

④ 적절한 비례의 격자형 가로 공간 구조

해 ③ 초고층을 세우고 그 사이를 오픈스페이스로 구성한다.

5 동궁과 월지(안압지)에 대한 설명으로 틀린 것은?

① 바닥을 강회로 처리하였다.

② 삼국사기와 동사강목에서 기록을 볼 수 있다.

③ 지형상 동안(東岸)보다 서안(西岸)이 높다.

④ 북안(北岸)과 동안(東岸)은 직선적 형태이다.

6 동양의 조경 관련 옛 문헌과 저자의 연결이 틀린 것은?

① 굴준망 – 작정기

② 문진형 – 장물지

③ 서유구 – 임원경제지

④ 소굴원주 – 축산정조전

해 ④ 축산정조전(후편)의 저자는 이도헌추리이다.

7 중국 고문헌 설문해자에 기술된 "과일나무를 심는 곳"을 의미하는 용어는?

① 유(囿)   ② 원(園)

③ 포(圃)   ④ 정(庭)

8 다음 중 누정의 경관 처리 기법과 가장 관계가 없는 것은?

① 허(虛)   ② 취경과 다경

③ 축경   ④ 팔경

해 누정의 경관기법으로는 허, 원경, 취경·다경, 읍경, 환경, 팔경이 있다.

9 중국 조경의 특징 중 태호석을 고를 때 주요 고려 요소가 아닌 것은?

① 누(漏)   ② 경(景)

③ 수(瘦)   ④ 추(皺)

해 태호석은 추(皺주름), 투(透투과), 누(漏구멍), 수(瘦여림)가 잘 구비된 것을 최고로 여긴다.

10 다음 중 건축에 비해 조경이 강조되고, 베르사이유(Versailles) 궁에 영향을 준 것은?

① Malmaison   ② Ermenonville

③ Petit Trianon   ④ Vaux le Vicomte

해 보르비콩트는 베르사유궁이 탄생하게 된 계기가 되었다.

11 왕의 화단, 연못과 분수, 대수로와 캐스케이드

가 특징인 프랑스 앙드레 르 노트르의 작품은?

① 말메종(Malmason)

② 퐁텐블로(Fontainebleau)

③ 에르메농빌르(Ermenonville)

④ 프티 트리아농(Petit Trianon)

12 창덕궁의 명당수 어구에 설치한 금천교(1411) 북쪽에 세워진 동물 조각상은?

① 기린 　　　　　② 용

③ 거북 　　　　　④ 호랑이

해 금천교의 북쪽에는 거북, 남쪽에는 해치를 세웠다.

13 서양 중세(中世) 초기(初期)에 발달한 정원양식은?

① 빌라(Villa) 　　　　② 민가(民家)

③ 수도원(修道院) 　　④ 왕이나 귀족의 별장

해 중세 전기는 수도원 정원, 후기에는 성관정원이 발달하였다.

14 중국 송의 유학자 주돈이의 애련설과 관련된 보길도 윤선도 원림에 있는 시설은?

① 익청헌(益淸軒) 　　② 동천석실(洞天石室)

③ 낙서재(樂書齋) 　　④ 녹우당(綠雨堂)

해 ① 애련설의 '향원익청'에서 빌어왔다.

15 토피어리, 미원(maze), 총림 등이 대규모로 조성되고 비밀분천, 경악분천, 물 풍금 등이 도입된 정원 양식은?

① 고전주의 양식 　　② 매너리즘 양식

③ 바로크 양식 　　　④ 로코코 양식

16 파르테논 신전의 특징에 대한 설명으로 틀린 것은?

① 비례적 구성 　　　② 유동적 곡선

③ 균제법 응용 　　　④ 착시현상 무시

해 파르테논신전은 시각상으로 보이는 착시의 교정을 위하여 정확한 직선이나 직각은 사용하지 않았으며 크기, 굵기에 대한 보정을 통하여 정확한 수직·수평으로 보이게 하였다.

17 영국 풍경식 정원의 탄생에 기여한 작가가 아

닌 사람은?

① Inigo Thomas 　　② Earl Shaftesbury

③ Joseph Addison 　　④ Alexander pope

해 ① Inigo Thomas는 19C 말의 영국 정원가이다.

18 다음 동양의 정원에 대한 설명으로 틀린 것은?

① 자연과 인간을 대립관계가 아닌 유기적 일원체로 이해했다.

② 고대에는 임천형의 정원이 공통적으로 출현하고 있다.

③ 유교, 불교사상은 정원발달에 크게 영향을 미쳤다.

④ 간접적인 자연의 관찰과 정형적인 인공미 원칙에 기반을 두고 있다.

19 일본 전통 수경요소 가운데 견수(遣水:야리미즈)와 가장 가까운 형태는?

① 샘 　　　　　　② 연지

③ 소폭포 　　　　④ 인공적 계류

20 고대 이집트에서 나일강을 중심으로 장제신전 (분묘)과 예배신전은 어디에 위치하였는가?

① 장제신전은 서쪽, 예배신전은 동쪽에 입지

② 장제신전은 동쪽, 예배신전은 서쪽에 입지

③ 장제신전과 예배신전 둘 다 동쪽에 입지

④ 장제신전과 예배신전은 나일강 방향에 나란하게 입지

제2과목 조경계획

21 도시인구 20만명, 취업률 30%, 제조업 인구구성비 25%, 제조업인구 1인당 점유 토지 면적 300m² 이다. 이 때 공업지의 총 소요 면적은 얼마인가? (단, 공업지 내의 공공용지율은 40%이다.)

① 600ha 　　　　② 750ha

③ 900ha 　　　　④ 1100ha

해 제조업 인구=200,000×0.3×0.25=15,000명

실공업면적=15,000×300/10,000=450(ha)

총소요면적=450×(1+0.4/0.6)=750(ha)

22 「도시공원 및 녹지 등에 관한 법률 시행령」상

주민의 요청이 있을 시에는 공원조성 계획의 정비를 요청할 수 있도록 되어 있다. 이에 적합한 요건은?
① 소공원 : 공원구역 경계로 부터 250m이내에 거주하는 주민 500명 이상의 요청
② 어린이공원 : 공원구역 경계로 부터 500m이내에 거주하는 주민 800명 이상의 요청
③ 근린공원 : 공원구역 경계로 부터 1000m이내에 거주하는 주민 1,000명 이상의 요청
④ 체육공원 : 공원구역 경계로 부터 1000m이내에 거주하는 주민 2,000명 이상의 요청

해 정비요청 요건
① 소공원 및 어린이공원 : 공원구역 경계로부터 250m 이내에 거주하는 주민 500명 이상의 요청
② 소공원 및 어린이공원 외의 공원 : 공원구역 경계로부터 500m 이내에 거주하는 주민 2천명 이상의 요청

23 다음 중 GIS의 기능적 요소가 아닌 것은?
① 자료 처리　　② 자료 복원
③ 자료 출력　　④ 자료 관리

24 다음 [보기]는 「도시계획 관련 규정」 중 어느법에 대한 설명인가?

[보기]
도시지역의 시급한 주택난을 해소하기 위하여 주택 건설에 필요한 택지의 취득·개발·공급 및 관리 등에 관하여 특례를 규정함으로써 국민주거 생활의 안정과 복지 향상에 이바지 함을 목적으로 제정 되었다.

① 주택법　　② 도시개발법
③ 주택건설촉진법　　④ 택지개발촉진법

25 다음[보기]에 제시하는 정의는 어떤 학문 분야에 대한 설명인가?

[보기]
– 인간 행태와 물리적 환경의 관계성에 관련되는 학문이다.
– 물리적 환경과 인간 행태 및 경험과의 상호관계

성에 초점을 맞추는 분야이다.
– 물리적 환경에 내재된 인간을 연구하는 학문이다.

① 인체공학　　② 환경생태학
③ 인간생태학　　④ 환경심리학

26 다음 어린이놀이시설의 설치와 관련 된 설명 중 (　)안에 적합한 용어는?

어린이놀이시설을 설치하는 자는 「어린이 제품 안전 특별법」에 따라 안전인증을 받은 어린이놀이기구를 (　)이 고시하는 시설기준 및 기술기준에 적합하게 설치하여야 한다.

① 국민안전처장관　　② 국토교통부장관
③ 문화체육관광부장관　　④ 산업통상자원부장관

27 린치(K. Lynch)가 제시한 도시 이미지 형성에 기여하는 물리적 요소에 해당되지 않는 것은?
① 통로(paths)
② 모서리(edges)
③ 지역(districts)
④ 장소성(sense of place)

28 "어떤 지역에서 레크리에이션의 질을 유지하면서 지탱 할 수 있는 레크리에이션 이용의 레벨"이라는 Wagar(1974)의 정의는 다음의 무엇에 관한 설명인가?
① 자연완충능력
② 생태적 적정효과
③ 레크리에이션 자원잠재능력
④ 레크리에이션 한계수용능력

29 「도시공원 및 녹지 등에 관한 법률」의 다음 설명 중 (　)안에 맞는 용어는?

도시공원의 설치에 관한 도시·군 관리계획결정은 그 고시일로부터 10년이 되는 날까지 (　)가/이 없는 경우에는 「국토의 계획 및 이용에 관한 법률」에도 불구하고 그 10년이 되는 날의 다음 날에 그 효력을 상실한다.

① 공원부지의 매입　　② 공원의 조성완료

③ 공원관리계획의 수립　④ 공원조성계획의 고시

30 광역도시계획의 수립 시, '광역계획권이 같은 도의 관할구역에 속하여 있는 경우', 광역도시계획의 수립권자는?

① 관할 시·도지사

② 국토교통부장관

③ 관할 시장 또는 군수가 공동

④ 인구가 더 많은 시장 또는 군수

31 토양 단면의 구분에 있어서 연결이 잘못된 것은?

① O층 : 유기물층　　　② A층 : 용탈층(표토)

③ B층 : 집적층(심토)　④ C층 : 기반암(무기물층)

해 C층 : 모재층, D층 : 기암층

32 수요량 예측이 공간의 규모를 결정짓게 되는데, 반대로 계획의 규모가 수용량의 한계를 결정짓기도 한다. 수요량 산출 공식에 해당하지 않는 것은?

① 시계열 모델　　　② 중력 모델

③ 요인분석 모델　　④ 혼합형 모델

33 다음 중 행태분석 모델 중 "지각된 환경의 질에 대한 지표를 의미하며, 환경의 질에 관한 측정기준을 설정하여 보다 체계적이고 객관적인 환경설계를 수행할 수 있는 기반 조성을 위한 모델"은 무엇인가?

① 순환모델　　　　② 3차원모델

③ 역모델　　　　　④ PEQI

34 생태학자인 오덤(Odum)이 제안한 개념 중 개체 혹은 개체군의 생존이나 성장을 멈추도록 하는 요인으로, 인내의 한계를 넘거나 이 한계에 가까운 모든 조건을 지칭하는 용어는?

① 엔트로피(entropy)

② 제한인자(limiting factor)

③ 시각적 투과성(visual transparency)

④ 생태적 결정론(ecological determinism)

35 다음 중 오픈스페이스에 대한 설명으로 옳지 않은 것은?

① 지붕 없이 하늘을 향해 열려 있는 땅이다.

② 주변이 수직적인 요소로 둘러싸인 공지를 말한다.

③ 공원이나 녹지 등과 같이 도시계획 시설의 하나이다.

④ 집, 공장, 사무실 등과 같은 건물이나 시설물이 지어지지 않은 땅을 말한다.

36 자연휴양림의 조성과 관련된 설명 중 틀린 것은?

① 자연휴양림으로 지정된 산림에 휴양시설의 설치 및 숲 가꾸기 등을 하고자 하는 자는 농림축산식품부령이 정하는 바에 따라 휴양시설 및 숲 가꾸기 등의 조성계획을 작성하여 시·도지사의 승인을 받아야 한다.

② 시·도지사는 관련 규정에 따라 자연휴양림조성계획을 승인한 때에는 산림청장에게 통보하여야 한다.

③ 산림청장은 자연휴양림조성계획에 따라 자연휴양림을 조성하는 자에게 그 사업비의 전부 또는 일부를 보조하거나 융자할 수 있다.

④ 자연휴양림을 조성하는 경우에는 「산지기본법」 관련 규정에 따라 산지전용신고를 하지 않은 것으로 보고 30일 이내에 신고한다.

해 ④ 자연휴양림을 조성하는 경우에는 「산지관리법」 관련 규정에 따른 산지전용신고를 한 것으로 본다.

37 이용후평가(P.O.E)는 시공 후 이용자들이 사용한 뒤에 이루어지는 평가로, 공간계획의 피드백 효과가 높은 방법이다. 이용후평가에 있어서 물리·사회적 환경 요소가 아닌 것은?

① 이용자의 만족도　　② 관리의 양호도

③ 이용자의 기호도　　④ 이용재료의 특성

38 다음 설명의 (　　)안에 해당하는 자는?

> 환경부장관은 국민을 대상으로 지질공원에 대한 지식을 체계적으로 전달하고 지질공원 해설·홍보·교육·탐방안내 등을 전문적으로 수행할 수 있는 (　　)를 선발하여 활용 할 수 있다.

① 문화재해설사   ② 환경영향평가사
③ 지질공원해설사   ④ 명예습지생태안내사

39 다음 중 아파트 단지내 가로망 유형별 특징으로 옳지 않은 것은?
① 격자형은 토지 이용상 효율적이나 단조로운 경관을 만들기 쉽다.
② 우회형은 통과교통이 상대적으로 적어 주거환경의 안정성을 확보하기 용이하다.
③ 막다른 골목형은 통과교통을 최대한 줄일 수 있으며 각 건물에 접근하는데 불편하다.
④ 격자형은 지형의 변화가 심한 곳에서 적용하기 유리하다.

<u>해</u> ④ 격자형은 지형의 변화가 심한 곳에서는 급구배 발생되어 불리하다.

40 조경기본계획 작성 과정에서 자료 분석 종합 후 대안 설정기준으로서 일반적으로 가장 먼저 고려되어야 할 사항은?
① 동선 및 식재   ② 토지이용 및 동선
③ 공급처리 및 구조물   ④ 식재 및 공급처리시설

제3과목 조경설계

41 조경설계의 미적요소 중 강조(accent)에 대한 설명과 가장 거리가 먼 것은?
① 보는 사람의 주의력을 사로잡을 수 있다.
② 경관 연출의 극적 효과를 위해 사용한다.
③ 연속되거나 형태를 이룬 대상들 가운데서 일어나는, 하나의 시각적 분기점이다.
④ 형태, 색채 또는 질감을 디자인에 응용할 때 다양성과 대비를 위해 강조를 사용한다.

42 다음 그림은 연못 바닥 단면상세도이다. ㉠~㉤을 순서대로 바르게 기입한 것은?

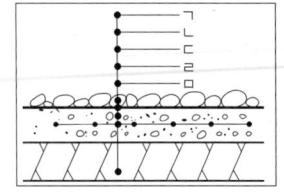

① ㉠철근, ㉡조약돌 깔기, ㉢잡석다짐, ㉣콘크리트, ㉤방수몰탈
② ㉠잡석다짐, ㉡철근, ㉢콘크리트, ㉣방수몰탈, ㉤조약돌 깔기
③ ㉠조약돌 깔기, ㉡방수몰탈, ㉢콘크리트, ㉣철근, ㉤잡석다짐
④ ㉠방수몰탈, ㉡콘크리트, ㉢조약돌 깔기, ㉣철근, ㉤잡석다짐

43 다음은 제3각법으로 도시한 물체의 투상도이다. 이 투상법에 대한 설명으로 틀린 것은? (단, 화살표 방향은 정면도이다.)

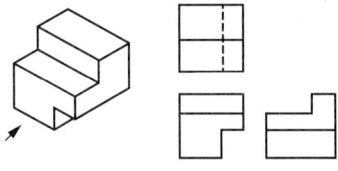

① 평면도는 정면도 위에 배치된다.
② 배면도의 위치는 가장 오른쪽에 배열한다.
③ 눈→투상면→물체의 순서로 놓고 투상한다.
④ 물체를 제1면각에 놓고 투상하는 방법이다.

44 경관을 구성하는 지배적인 요소가 아닌 것은?
① 연속성(sequence)   ② 색채(color)
③ 선(line)   ④ 질감(text)

45 조경 제도에서 대상물의 보이지 않는 부분을 표시하는데 사용하는 선의 종류는?
① 파선   ② 1점 쇄선
③ 2점 쇄선   ④ 가는 실선

46 다음의 두 도형에 있어서 동일 면적인 작은원 a, b 중 a가 b 보다 크게 보이는 착시 현상은 무엇 때문인가?

 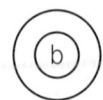

① 대비의 착시   ② 분할의 착시
③ 면적에 대한 착시   ④ 수평수직에 의한 착시

47 도면에 사용하는 인출선에 대한 설명으로 틀린 것은?

① 치수선의 보조선이다.

② 가는 실선을 사용한다.

③ 도면 내용물의 대상 자체에 기입할 수 없을 때 사용한다.

④ 식재설계시 수목명, 수량, 규격을 기입하기 위해 사용한다.

48 다음 그림과 같이 2개의 자연요소를 맥하그(McHarg)의 도면결합법(overlay method)으로 분석하였을 때 최적지는 몇 점인가? (단, 점수가 높을수록 최적지임)

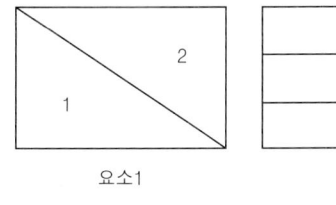

요소1   요소2

① 7   ② 6   ③ 5   ④ 4

해 두 도면을 겹쳐서 겹쳐지는 부분의 점수를 합하여 최적지를 구한다.

49 Albedo 값이 높은 것부터 낮은 것 순으로 옳게 나열한 것은?

① 눈 → 산림 → 바다 → 마른모래

② 마른모래 → 산림 → 눈 → 바다

③ 눈 → 마른모래 → 산림 → 바다

④ 산림 → 바다 → 마른모래 → 눈

해 알베도란 표면에 닿은 복사열이 흡수되지 않고 반사되는 비율을 말한다.

50 산림지역에서 지도상에 표시한 몇 개의 지점을 지도와 나침반만을 사용하여 가능한 한 짧은 시간내에 발견, 통과, 골인하는 스포츠를 무엇이라 하는가?

① 오리엔트 링크(Orient Link)

② 오리엔테이션(Orientation)

③ 자연 탐방로(Nature Trail)

④ 오리엔트 파크(Orient Park)

51 도시경관과 자연경관에 대한 설명 중 틀린 것은?

① 일반적으로 자연경관이 도시경관에 비해 선호도가 높다.

② 도시경관의 복잡성은 자연경관의 복잡성보다 상대적으로 낮다.

③ 자연경관이 도시경관에 비해 색채대비가 낮다.

④ 자연경관은 도시경관에 비해 부드러운 질감을 가진다.

52 노약자, 신체장애인을 고려한 시설 설계기준으로 틀린 것은?

① 보도의 경사도는 10% 이내가 적당하다.

② 보도 면은 바퀴가 빠지지 않도록 틈이 없어야 한다.

③ 휠체어 사용자가 통행할 수 있는 경사로의 유효폭은 120cm 이상으로 한다.

④ 안내시설은 어린이와 장애인을 고려하여 보행동선에서 1m 이내가 되도록 계획한다.

해 ① 경사도는 8.3%(1/12) 이내가 적당하다.

53 조경설계기준에서 정한 의자(벤치)에 관한 설명으로 틀린 것은?

① 지면으로부터 등받이 끝까지 전체 높이는 80~100cm 기준으로 한다.

② 의자의 길이는 1인당 최소 45cm를 기준으로 하되, 팔걸이 부분의 폭은 제외한다.

③ 앉음판의 높이는 약 34~46cm를 기준으로 하되 어린이를 위한 의자는 낮게 할 수 있다.

④ 등받이 각도는 수평면을 기준으로 약 95~110°를 기준으로 하고, 휴식시간이 길수록 등받이 각도를 크게 한다.

해 ① 지면으로부터 등받이 끝까지의 높이는 75~85cm를 기준으로 한다.

54 "가까이 있는 두 가지 이상의 색을 동시에 볼 때 색의 삼속성 차이로 서로 영향을 받아 색이 다르게 보이는 대비 현상"에 적용되는 것은?

① 면적대비   ② 동시대비

③ 계시대비   ④ 연속대비

55 공원의 휴식공간에 설치하고자 하는 음수대(飮水臺)의 디자인에 영향을 주는 요소로 가장 거리가 먼 것은?

① 사용대상　　　　　② 사용목적
③ 배수시설　　　　　④ 관리유무

56 등고선 간격(수직거리)이 60m일 때 경사도가 20%이면, 축척(縮尺) 1 : 30000인 지도상에서 등고선 간의 평면거리(수평거리)는?

① 1cm　　② 2cm　　③ 3cm　　④ 5cm

해 (60×100/0.2)/30,000=1(cm)

57 해가 지면서 주위가 어두워지는 해 질 무렵 낮에 화사하게 보이던 빨간색 꽃은 어둡고 탁해 보이고, 연한 파란색 꽃들과 초록색 잎들은 밝게 보이는 현상은 무엇인가?

① 푸르키니에 현상　　② 컬러드 셰도우 현상
③ 베졸트-브뤼케 현상　④ 헬슨-저드 효과

58 조경설계기준상의 「생태못」설계와 관련된 설명으로 옳지 않은 것은?

① 일반적으로 종 다양성을 높이기 위해 관목숲, 다공질 공간 등 다른 소생물권과 연계되도록 한다.
② 야생동물 서식처 목적의 생태연못의 최소폭은 5m 이상 확보하고 주변식재를 위해 공간을 확보한다.
③ 수질정화 목적의 못은 수질정화 시설의 유출부에 설치하여 2차 처리된 방류수(방류수 10ppm)를 수원으로 한다.
④ 수질정화 목적의 못 안에 붕어 등의 물고기를 도입하고, 부레옥잠, 달개비, 미나리 등 수질정화 기능이 있는 식물을 배식한다.

해 수질정화 시설의 유출부에 설치하여 1차 처리된 방류수(방류수 20ppm)를 수원으로 한다.

59 1/25000 지형도상에서 시(市) 경계는 어떤 선으로 표현되는가?

① ━ ▪ ▪ ━ ▪ ▪ ━
② ━ ▪ ━ ▪ ━ ▪ ━
③ ━ ▪▪ ━ ▪▪ ━
④ ▪▪▪▪▪▪▪▪▪▪

해 시·군·구계는 이점쇄선으로, 읍·면 경계는 일점쇄선으로 표현한다.

60 시점(eye point)이 가장 높은 투시도는?

① 평행 투시도　　　　② 조감 투시도
③ 유각 투시도　　　　④ 사각 투시도

제4과목 조경식재

61 야생생물 유치를 위한 생태적 배식설계의 방법과 직접적으로 관련되지 않는 것은?

① 식물종을 다양화 한다.
② 에코톤(Ecotone)을 조성한다.
③ 서식처 크기를 획일적으로 조성한다.
④ 수직적 식생구조를 층화(層化)한다.

해 ③ 서식처는 여러 생물들이 서식하는 공간으로 일정할 수가 없다.

62 생태계 단편화가 생물에게 미치는 영향으로 틀린 것은?

① 오염/교란 증가　　　② 주연부 감소
③ 종조성 변화　　　　④ 서식처 면적 감소

해 ② 단편화는 주연부의 길이를 증가시킨다.

63 다음 중 미선나무의 특징으로 틀린 것은?

① 두릅나무과(科)의 수종이다.
② 학명은 *Abeliophyllum distichum*이다.
③ 성상은 낙엽활엽관목이며, 열매는 부채꼴형이다.
④ 이른 봄에 흰색 또는 분홍색 꽃이 잎보다 먼저 핀다.

해 ① 미선나무는 물푸레나무과 수종이다.

64 중부지방의 석유화학공업단지 식재에 가장 적합한 수종은?

① 산수국, 튤립나무　　② 가죽나무, 가시나무
③ 은행나무, 무궁화　　④ 일본잎갈나무, 산수국

해 석유화학지대 적용수종 : 화백, 눈향나무, 은행나무, 백합나무, 양버즘나무, 무궁화, 태산목, 후피향나무, 녹나무, 굴거리나무, 아왜나무, 가시나무

정답　**55** ③　**56** ①　**57** ①　**58** ③　**59** ①　**60** ②　**61** ③　**62** ②　**63** ①　**64** ③

65 대량번식이 가능하고, 교잡에 의해 새로운 식물체를 만들 수 있는 번식방법은?

① 삽목　　　　　　② 취목
③ 접목　　　　　　④ 실생

66 생태적 복원 중 '대체(replacement)'에 대한 설명으로 옳지 않은 것은?

① 현재의 상태를 개선하기 위하여 다른 생태계로 원래의 생태계를 대체하는 것
② 유사한 기능을 지니면서도 다양한 구조의 생태계를 창출하는 것
③ 완벽한 복원보다는 못하지만 원래의 자연상태와 유사한 것을 목적으로 하는 것
④ 구조에 있어서는 간단할 수 있지만, 보다 생산적일 수 있는 것

해 ③ 복구에 대한 내용이다.

67 수목류를 활용한 식재의 방법 중 틀린 것은?

① 차폐수벽공법은 수벽을 3열로 조성할 때는 중앙에 활엽교목을 1열로 식재하고, 그 앞뒤에 침엽수 또는 관목으로 배식한다.
② 차폐수벽공법은 수벽을 3열로 조성할 때는 중앙에 교목을 2열로 열식하고 앞이나 혹은 뒤에 관목을 배식한다.
③ 소단상객토식수공법의 소단은 나무를 심고 자랄 수 있는 충분한 너비를 가져야 하며, 소단상 객토는 깊이 0.3m 이상, 너비 1.0m 이상을 표준으로 한다.
④ 식생상심기는 암석을 채굴하고 깎아낸 대규모 암반비탈의 소단위에 객토와 시비를 한 후, 녹화용 묘목을 식재하여 수평선상으로 녹화하고자 설계한다.

해 ④ 소단상객토식수공의 내용이다.
식생상심기 : 식생상은 주로 암석을 채굴하고 깎아낸, 비교적 요철이 많은 절암비탈의 점적 또는 짧은 선적인 식생녹화와 식생상(植生箱)의 특수한 경관효과를 목적으로 설계한다. 식생상의 크기는 시공 장소 및 시공여건, 시공재료에 따라 다르지만, 안쪽 길이 0.8~1.0m, 안쪽 너비 0.5~0.6m를 표준으로 하며, 견고하게 제작되도록 설계한다.

68 수목의 명명법에 관련된 설명 중 옳지 않은 것은?

① 학명은 라틴어로 표기한다.
② 학명(學名)의 속명(屬名)은 소문자로 시작한다.
③ 학명은 전 세계적으로 동일하게 통용되는 장점이 있다.
④ 학명은 속(屬)명과 종(種)명이 연결된 이명식(二名式)이다.

69 열매의 형태가 시과(翅果, samara)가 아닌 수종은?

① 당단풍나무　　　② 참느릅나무
③ 물푸레나무　　　④ 비목나무

해 비목나무는 녹나무과 수종으로 열매는 장과이다.

70 다음 그림 중 안접(鞍接)에 해당하는 것은?

해 ② 합접(맞춤접)　③ 절접(깎기접)　④ 할접(쪼개접)

71 수목식재 공사에 대한 설명으로 틀린 것은?

① 식재구덩이 내 불순물을 제거한 양질토사를 넣고 바닥을 고른다.
② 가로수 식재의 마감면은 보도 연석면 보다 3cm 이하로 끝마무리 한다.
③ 수목 앉히기가 끝나면 물을 식재구덩이에 충분히 붓고 각목 등으로 저어 흙이 뿌리분에 완전히 밀착되게 한다.
④ 수목의 운반거리, 운반로 상태 등을 고려하여 뿌리분의 크기를 가능한 한 작게 하여 운반을 용이하도록 한다.

해 ④ 뿌리분의 크기는 클수록 유리하나 깨질 염려가 있으므로 적당한 크기로 정한다.

72 다음 중 우리나라 특산수종이 아닌 것은?

① 구상나무　　　　　② 미선나무
③ 개느삼　　　　　　④ 계수나무

해 ① 박태기나무 ② 자귀나무 ③ 때죽나무 ④ 모감주나무

73 조경수목의 삽목 번식에 있어 발근과 관계되는 요인에 대한 설명으로 틀린 것은?

① 온대식물의 상토 내 적온은 15~25°C이며, 항온 조건보다 변온조건이 더 좋다.
② 캘러스가 형성되고 근원체가 움직일 무렵에는 상토를 약간 말려 주는 것이 좋은 결과를 가져다 준다.
③ 녹지삽에 있어서는 상토의 적습유지와 함께 삽 목상을 감도는 공기를 포화상태에 가까운 높은 습도로 유지하는 것이 뿌리내림에 대한 중요한 조건이 된다.
④ 삽수의 뿌리내림을 좋게 하기 위해서 정오에 햇 빛에 일정시간 노출시킨다.

해 ④ 증산작용을 억제하기 위하여 햇볕의 노출을 피한다.
· 녹지삽 : 여름에 가지를 삽목하여 뿌리를 내리게 하는 것을
　　　　　말한다.
· 숙지삽 : 전년생가지를 삽수로 이용하는 것

74 홍만선의 산림경제(山林經濟)에 의한 수목 식 재 원칙으로 옳지 않은 것은?

① 서북쪽에는 큰 나무를 심지 않고 동남쪽에는 큰 나무를 심는다.
② 마당 한가운데를 피하고 마당가의 담장 쪽에 심 는다.
③ 크기나 수종이 같은 것은 대칭으로 심거나 열식 하지 않는다.
④ 한 공간 내에서 질감의 강한 대조는 주지 않는다.

해 ① 서북쪽에는 큰 나무를 심고 동남쪽에는 큰 나무를 심지 않는다.

75 옥상녹화용 인공지반에 사용될 녹화용(綠化用) 인공토 선정 시 우선적으로 고려할 사항이 아닌 것 은?

① 가벼워야 한다.
② 보수성이 좋아야 한다.

③ 영양분이 많아야 한다.
④ 배수성이 양호해야 한다.

76 추이대(推移帶, ecotone)와 관련된 설명으로 틀 린 것은?

① 숲과 초원 등 군집 사이의 이행부이다.
② 추이대에서만 살고 있는 고유종이 존재할 수 있다.
③ 종수나 일부 종의 밀도가 인접한 군집보다 높다.
④ 양 군집의 인접부위로서 그 폭이 인접군집보다 훨씬 넓다.

해 ④ 추이대의 폭과 인접군집과의 비교치는 일정하지 않다.

77 노각나무의 과명(科名)과 꽃색은?

① 느릅나무과, 황색　　② 물푸레나무과, 백색
③ 장미과, 적색　　　　④ 차나무, 백색

78 우리나라 남부지방에서 많이 식재되는 상록활 엽수종이 아닌 것은?

① *Daphne odora*
② *Osmanthus fragrans*
③ *Gardenia jasminoides*
④ *Viburnum carlesii*

해 ① 서향 ② 목서 ③ 치자나무 ④ 분꽃나무

79 무기양료와 관련된 식물조직의 구성 성분이 아 닌 것은?

① N : 단백질　　　　　② Ca : 세포
③ K : 효소　　　　　　④ Mg : 엽록소

80 느릅나무과(科)의 수종이 아닌 것은?

① *Ficus carica*
② *Zelkova serrata*
③ *Celtis sinensis*
④ *Ulmus davidiana* var. *japonica*

해 ① 무화과나무(뽕나무과) ② 느티나무 ③ 팽나무
　 ④ 느릅나무

제5과목 **조경시공구조학**

81 다음 토사절취의 설명 중 A, B에 해당하는 것은?

절취한 흙을 던질 때는 수평으로 (A)m, 수직으로 (B)m를 기준으로 한다. 따라서 수평거리 (A)m 이상은 2단 던지기 또는 운반으로 계상해야 한다.

① A: 2.5, B: 3.5
② A: 3.0, B: 2.0
③ A: 3.0, B: 4.5
④ A: 5.0, B: 4.0

82 다음 수문방정식(유입량=유출량+저류량)에서 유출량에 해당하지 않는 것은?
① 강수량
② 증발량
③ 지표유출량
④ 지하유출량

83 다음 자전거 도로 설계의 설명으로 옳지 않은 것은?
① 자전거도로의 폭은 하나의 차로를 기준으로 1.5m 이상으로 한다.
② 자전거전용도로의 설계속도는 시속 30km 이상으로 한다.
③ 자전거도로의 7% 종단경사에 따른 제한 길이는 350m 이하로 한다.
④ 자전거도로의 곡선부에는 설계속도나 눈이 쌓이는 정도 등을 고려하여 편경사를 두어야 한다.

해 ③ 자전거도로의 7% 종단경사에 따른 제한길이는 120m 이하이다.

84 그림과 같은 보에서 점 B에서의 굽힘 모멘트의 크기는 몇 kNm인가?

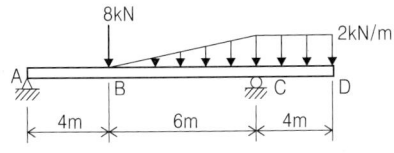

① 8.0
② 9.6
③ 16.0
④ 17.6

해 ΣMc=Ra×10−8×6−(2×6×0.5)×2+(2×4)×2=0
∴Ra=4.4(kN)
→ Mb=4.4×4=17.6(kNm)

85 어떤 A부지는 잔디지역의 면적 0.4ha(유출계수 0.25), 아스팔트 포장지역의 면적 0.2ha(유출계수 0.9)

로 구성되어 있다. 강우강도는 20mm/hr 일 때, A지역의 총 우수유출량(m³/sec)은?
① 0.0056
② 0.0100
③ 0.0156
④ 5.6000

해 Cm=(0.25×0.4+0.9×0.2)/0.6=0.47
Q=(0.47×20×0.6)/360=0.0156(m³/sec)

86 강(鋼)과 비교한 알루미늄의 특징 중 옳지 않은 것은?
① 강도가 작다.
② 비중이 작다.
③ 열팽창률이 작다.
④ 전기 전도율이 높다.

87 콘크리트의 크리프에 영향을 미치는 요인에 대한 설명으로 틀린 것은?
① 습도가 낮을수록 크리프 변형은 커진다.
② 재하 하중이 클수록 크리프 변형은 커진다.
③ 콘크리트 온도가 높을수록 크리프 변형은 커진다.
④ 고강도의 콘크리트 일수록 크리프 변형은 커진다.

88 수준측량에서 부정(우연)오차로 판단되는 것은?
① 시차로 인한 오차
② 광선 굴절에 의한 오차
③ 지반 연약으로 인한 오차
④ 표척의 눈금이 표준척에 비해 약간 크게 표시되어 발생하는 오차

해 우연오차 : 정오차나 과오를 제거한 후에도 반드시 잔존한다고 생각되는 오차로, 이것은 측정시의 조건이 일시적으로 우연히 변화하든가 측정의 대상에 우연적 변화가 생긴 것으로 본다.

89 옥상녹화 시스템의 식재기반 구성요소에 해당되지 않은 것은?
① 방수층
② 배수층
③ 집적층
④ 식재기반층

해 옥상녹화시스템 : 방수층−방근층−배수층−토양여과층−육성층−식생층

90 화강암에 관한 설명으로 옳지 않은 것은?
① 산화철을 포함하면 미홍색을 띤다.
② 질이 단단하고 내구성 및 강도가 크다.

③ 색은 주로 석영에 의해 좌우된다.

④ 외관이 수려하고 절리의 거리가 비교적 커서 큰 판재를 생산할 수 있다.

해 ③ 화강암의 색은 여러 가지 조암물질에 따라 다르게 나타난다.

91 다음과 같은 특징을 갖고 있는 조명등은?

> - 등황색의 단일광원으로 고압일 경우 황백색이다.
> - 광질의 특색 때문에 도로조명, 터널조명에 적합하다.
> - 연색성이 불량하다.

① 할로겐등   ② 고출력형광등

③ 형광수은등   ④ 나트륨등

92 중용열 포틀랜드시멘트에 대한 설명 중 옳지 않은 것은?

① 내구성이 크며 장기강도가 크다.

② 방사선 차단용 콘크리트에 적합하다.

③ 수화열량이 적어 한중공사에 적합하다.

④ 단기강도는 조강 포틀랜드시멘트보다 작다.

해 ③ 조기강도가 낮으므로 한중공사에는 부적합하다.

93 수중콘크리트에 대한 다음 설명 중 A와 B에 알맞은 것은?

> 현장 타설 콘크리트말뚝 및 지하연속벽 콘크리트는 수중에서 시공할 때 강도가 대기중에서 시공할 때 강도의 (A)배, 안정액 중에서 시공할 때 강도가 대기 중에서 시공 할 때 강도의 (B)배로 하여 배합강도를 설정하여야 한다.

① A: 0.8, B: 0.7   ② A: 0.7, B: 0.8

③ A: 0.7, B: 0.7   ④ A: 1.2, B: 1.4

94 공정표의 하나인 횡선식 공정표(Bar Chart)에 대한 설명으로 틀린 것은?

① 최적안 선택 기능이 전무하다.

② 문제점의 사전 예측이 어렵다.

③ 작업의 선후 관계를 파악하기 용이하다.

④ 각 공종을 세로로, 날짜를 가로로 잡고 공정을 막대그래프로 표시한다.

95 클로소이드 곡선(Clothoid curve)에 대한 설명 중 옳지 않은 것은?

① 곡률이 곡선의 길이에 비례하는 곡선이다.

② 단위 클로소이드란 매개변수 A가 1인 클로소이드이다.

③ 클로소이드는 닮은꼴인 것과 닮은꼴이 아닌 것 두 가지가 있다.

④ 클로소이드에서 매개변수 A가 정해지면 클로소이드의 크기가 정해진다.

96 공사관리의 핵심은 시공계획과 시공관리로 구분되는데, 다음 중 시공관리의 4대 목표에 포함되지 않는 것은?

① 노무관리   ② 품질관리

③ 원가관리   ④ 공정관리

해 시공관리의 4대 목표 : 공정관리, 원가관리, 품질관리, 안전관리

97 흉고(근원) 직경에 의한 식재의 품에 대한 설명이 틀린 것은?

① 기계시공 시 지주목을 세우지 않을 경우는 인력품의 10%를 감한다.

② 식재 후 1회 기준의 물주기는 포함되어 있으며, 유지관리는 별도 계상한다.

③ 현장의 시공조건, 수목의 성상에 따라 기계시공이 불가피한 경우는 별도 계상한다.

④ 품은 재료 소운반, 터파기, 나무세우기, 묻기, 물주기, 지주목세우기, 뒷정리를 포함한다.

해 ① 지주목을 세우지 않을 때는 인력시공 시 인력품의 10%, 기계시공 시 인력품의 20%를 감한다.

98 옹벽의 구조적 안정성을 위해 필요한 기본적인 검토 요소와 가장 거리가 먼 것은?

① 활동(sliding)   ② 침하(settlement)

③ 전도(overturning)   ④ 우력(couple forces)

99 다음 보의 종류 중 캔틸레버보에 해당하는 것은?

정답   **91** ④   **92** ③   **93** ①   **94** ③   **95** ③   **96** ①   **97** ①   **98** ④   **99** ①

① ②

③ ④

100 식물생장에 적합한 표토모으기와 관련된 설명 중 거리가 먼 것은?

① 표토의 토양산도(pH)는 6.0~7.0 범위를 채집대상으로 한다.

② 표토보관과 관련하여 가적치의 최적두께는 1.5m를 기준으로 한다.

③ 표토가 습윤상태이고, 지하수위가 높은 평탄지를 대상으로 채취한다.

④ 표토의 운반거리는 최소로 하고, 운반양은 최대로 한다.

해 ③ 배수가 양호하고 평탄하며 바람의 영향이 적은 곳이 적합하다.

제6과목 조경관리론

101 유지관리를 위해 공원 내 태풍으로 쓰러진 키가 큰 나무를 기계톱으로 절단할 때 유의할 사항으로 틀린 것은?

① 절단은 후진하면서 작업한다.

② 소나무나 활엽수 등은 가지의 끝부분부터 작업한다.

③ 가급적 안내판이 짧은 기계톱을 사용한다.

④ 작업자는 쓰러진 나무 위에서 가지제거 작업을 실시하지 않는다.

102 레크리에이션의 자원관리 중 "프로그램 단계"에 속하지 않는 것은?

① 생태계 관리   ② 이용자관리

③ 경관관리   ④ 안전(장해)관리

해 프로그램 단계 : 부지관리, 식생관리, 생태계 관리, 경관관리, 장해관리

103 가지 위 방향을 바꾸기 위해서 신초를 자르지 않고 가지 비틀기를 하는 대표적인 조경수는?

① 은행나무   ② 벚나무

③ 소나무   ④ 자작나무

104 2, 4-D의 작용특성에 속하는 것은?

① 호흡 억제

② 동화작용 증진

③ 세포분열의 이상유발

④ 저온에서 작용력 증진

105 비료의 화학적 반응에 대한 설명으로 옳은 것은?

① 비료 자체의 수용액 고유의 반응

② 식물이 양분을 흡수하는 데 매우 중요

③ 비료의 화학적 반응과 생리적 반응은 일치

④ 화학적 반응은 산성과 염기성 반응으로 구분

106 단일균사에 의하여 각피침입을 하는 병원체는?

① 낙엽송 끝마름병균

② 소나무류 잎떨림병균

③ 동백나무 잿빛곰팡이병균

④ 밤나무 줄기마름병균

해 ① ④ 상처침입 ② 자연개구 침입

107 불리한 환경에 따른 곤충의 활동정지(quiescence)와 휴면(diapause)에 대한 설명으로 옳은 것은?

① 활동정지는 환경조건이 호전되면 곧 발육이 재개된다.

② 의무적 휴면의 예는 흰불나방에서 찾아볼 수 있다.

③ 기회적 휴면은 1년에 한 세대만 발생하는 곤충이 갖는다.

④ 일장(日長)은 휴면으로의 진입여부 결정에 중요한 요소는 아니다.

108 다음 중 카바메이트계(carbamate) 농약은?

① 펜티온 유제

② 디티오피르 유제

③ 이프로디온 수화제

④ 티오파네이트메틸 수화제

109 다음 중 파이토플라스마(phytoplasma)에 의

해 발생되는 수목병이 아닌 것은?

① 철쭉류 떡병　　　② 뽕나무 오갈병
③ 대추나무 빗자루병　④ 오동나무 빗자루병

해 ① 떡병은 담자균에 의한 병이다.

110 토양에서 서식하고, 충분한 수분을 요구하며, 주로 목조 건물 및 목조 구조물에 피해를 주는 해충은?

① 흰개미　　　　　② 그리마
③ 흰불나방　　　　④ 독일바퀴벌레

111 농약의 약자와 농약 제형이 잘못 표기된 것은?

① (수) : 수화제　　② (훈) : 훈연제
③ (유) : 유제　　　④ (입) : 입제

해 (수용)수용제, (액)액제, (액상)액상수화제, (입상)입상수화제, (분액)분산성액제, (유탁)유탁제, (캡현)캡슐현탁제, (유현)유현탁제, (미탁)미탁제, (입수용)입상수용제

112 식물 표면에서 제초제의 흡수 과정과 관련된 설명으로 옳지 않은 것은?

① 극성의 제초제에 습윤제를 첨가하면 제초제의 독성은 감소된다.
② 비극성(친유성) 제초제는 큐티클 납질층을 친수성보다 잘 통과한다.
③ 계면활성제는 극성 제초제가 큐티클 납질층을 잘 통과하도록 도와준다.
④ 친수성 제초제의 통과는 펙틴, 큐틴 순으로 잘되나 납질은 통과가 어렵다.

113 식물병은 예방이 주축을 이루고, 치료는 아직까지 그 일부에 지나지 않는데 그 이유로 합당하지 않은 것은?

① 경제적으로 방제 경비가 제한된다.
② 식물병의 치료는 원인 규명이 중요하다.
③ 식물은 체내에 순환계를 지니지 않고 있다.
④ 방제에 사용되는 약제의 대부분이 치료효과가 확실하지 않다.

114 저수호안의 생태개비온 설치 및 관리에 관한 사항으로 틀린 것은?

① 하천 및 수로 등의 세굴이 예상되는 부분에는 안정을 위해 자연상태 그대로 방치하여 수생식물 및 관목들의 유입을 도모한다.
② 돌채움이 끝나면 뚜껑을 철선으로 단단히 묶어야 하며, 개비온망 끼리 일체가 되도록 연결부를 단단히 결속하여야 한다.
③ 기초지반이 연약할 경우에는 지반개량을 실시하거나, 버림콘크리트 등을 타설하여 개비온의 하중을 지지하여야 한다.
④ 도입식생은 설계도서에 따르되 일반적으로 수생식물, 관목 등을 도입하며, 식재방법은 파종, 포트식재 등의 기법과 호안의 안정성을 높이기 위한 식생매트 등을 복합 사용할 수 있다.

해 ① 하천 및 수로 등의 세굴이 예상되는 부분에는 세굴방지 대책을 수립하여, 개비온의 안정을 도모 한다.

115 공원 녹지 내 특별 행사(Event) 개최 목적이 아닌 것은?

① 공원 녹지 이용의 다양화 유도
② 행정 주도형 공원 녹지의 추구
③ 커뮤니케이션(Communication)의 도모
④ 주민 간 공감을 통한 문화적 유대감 증대

116 수분 공급을 위한 관수방법으로 가장 알맞은 것은?

① 스프링클러는 대면적 관수작업 시 효율적이다.
② 도랑식 관수는 경사도나 유속과 상관없이 균일한 관수가 가능하다.
③ 하루 중 관수 시기는 정오를 기준으로 하는 것이 가장 좋다.
④ 식물이 위조현상을 보인 후에 관수해도 상관없다.

117 토양수분함량 측정법이 아닌 것은?

① 중성자법　　　　② 양성자법
③ 석고블럭법　　　④ 텐시오미터법

118 비기생성 식물이 아닌 것은?

① 칡　　　　　　② 겨우살이

③ 노박덩굴   ④ 청미래덩굴

해 ② 다른 나무에 기생하는 겨우살이과 상록기생관목으로 스스로 광합성하여 살아가는 식물이다.

119 도시공원의 점용(占用)에 대한 설명 중 옳은 것은?
① 공원 내 집회나 모임은 불가능하다.
② 점용허가 만료 후 원상복구는 반드시 공원관리청이 시행해야 한다.
③ 점용료 수입을 올리기 위해 가능한 한 많은 점용허가를 해준다.
④ 공원관리청 이외의 사람도 점용허가를 받아 공원 내 공작물이나 시설물을 설치할 수 있다.

해 도시공원에서 다음의 행위를 하려는 자는 점용허가를 받아야 하며, 그 점용기간이 끝나거나 점용을 폐지하였을 때에는 지체 없이 도시공원을 원상으로 회복하여야 한다
  ① 공원시설 외의 시설·건축물 또는 공작물을 설치하는 행위
  ② 토지의 형질변경
  ③ 죽목(竹木)을 베거나 심는 행위
  ④ 흙과 돌의 채취
  ⑤ 물건을 쌓아놓는 행위

120 다음 중 비결정형(부정형) 광물은?
① 일라이트(illite)
② 알로펜(allophane)
③ 카올리나이트(kaolinite)
④ 몬모릴로나이트(montmorillonite)

2017년 조경기사 제2회

제1과목 조경사

1 고려 말 탁광무가 은퇴한 후 전라도 광주에 조영한 별서 정원은?
① 경렴정
② 양이정
③ 몽답정
④ 문수원

2 일본의 작정기(作庭記)에 대한 설명으로 옳지 않은 것은?
① 회유식 정원의 형태와 의장에 관한 것이다.
② 일본에서 정원 축조에 관한 가장 오랜 비전서이다.
③ 이론적인 것에서부터 시공 면까지 상세하게 기록되어 있다.
④ 정원 전체의 땅가름, 연못, 섬, 입석, 작천(作泉) 등 정원에 관한 내용이다.

해 작정기(作庭記)에는 침전조 계통의 정원 형태와 의장에 관한 내용으로 정원 전체의 땅가름, 연못, 섬, 입석(立石), 작천(作泉) 등 정원에 관한 사항을 이론적인 것에서부터 시공면에 이르기까지 상세하게 기록되어져 있다.

3 다음 중 중세 장원제도(feudal system) 속에서 발달된 조경양식의 특징은?
① 풍경식의 도입
② 내부공간 지향적 정원 수법
③ 로마시대의 공지 형태를 답습
④ 성벽을 의식한 장대한 외부 경관의 조성

해 중세 장원제도(feudal system) 속의 조경양식은 안정된 성직자의 사원생활로 발달된 '수도원 정원'과 함께 내부지향적으로 발달하여 폐쇄적 특징을 지닌다.

4 이탈리아 르네상스 정원의 평면구성에서 제시된 도면 순서와 일치하는 것은?
(단, ■표시는 카지노를 의미한다.)

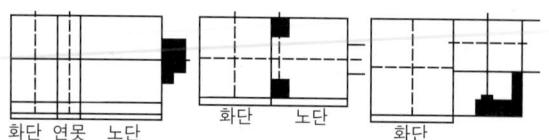

① 란테장 – 알도브란디니장 – 에스테장
② 메디치장(피에졸) – 이솔라벨라 – 파르네제장
③ 파르네제장 – 란테장 –에스테장
④ 에스테장 – 란테장 – 메디치장(피에졸)

5 일본 비조(飛鳥, 아스카)시대와 관련이 가장 먼 것은?
① 노자공
② 모월사
③ 수미산석
④ 석무대 고분

해 ② 모월사는 헤이안시대 후기의 정토정원이다.

6 개성 만월대(滿月臺)의 조성자와 조성목적으로 옳은 것은?
① 고려 초 왕건이 이궁(離宮)으로 조영
② 고려 초 왕건이 정궁(正宮)으로 조영
③ 조선 초 이성계가 이궁(離宮)으로 조영
④ 고려 초 왕건이 별서정원(別墅庭苑)으로 조영

7 미국 Central Park의 성립배경과 가장 거리가 먼 사람은?
① Calvert Vaux
② Daniel Burnham
③ William Cullen Bryant
④ Andrew Jackson Downing

해 Daniel Burnham은 시카고 박람회 건축부분 설계자이다.

8 덕수궁 석조전 앞의 분수와 연못을 중심으로 정원과 가장 가까운 양식은?
① 독일의 풍경식
② 프랑스의 정형식
③ 영국의 절충식
④ 이탈리아의 노단건축식

9 풍경식 정원의 이론가이며 18C 후 ~ 19C 초에 걸쳐 풍경식 정원을 완성한 조경가는?
① John Rose
② George London
③ Humphrey Repton
④ Henry Wise

10 델 엘 바하리(Deir-el Bahari)의 신원에 대한 내용 중 옳지 않은 것은?
① 인공과 자연의 조화
② 직교축에 의한 공간구성
③ Punt 보랑(步廊) 석벽의 부조
④ 주랑건축 전면에 파진 식재구덩이

11 다음은 한국 전통조경 시설물, 혹은 전통수목과 관련 있는 단어들이다. 이 중 다른 3단어와 가장 관련이 없는 것은?

■사우단	■송죽매국
■절우사	■죽림칠현

① 사우단   ② 송죽매국
③ 절우사   ④ 죽림칠현
해 사절우는 송, 죽, 매, 국을 지칭하며, 서석지원(瑞石池園) 북단의 주일재 앞에는 못 안으로 사우단을 축성하여 사절우를 심고, 도산서당의 동쪽 계류 건너 절우사에도 사절우를 심었다.

12 창덕궁 내 천정(泉井)이 아닌 것은?
① 마니(摩尼)   ② 몽천(蒙泉)
③ 옥정(玉井)   ④ 파리(玻璃)
해 창덕궁 내의 천정(泉井, 어정: 왕의 우물)에는 마니(摩尼), 파려(坡瓈), 유리(琉璃), 옥정(玉井) 등이 있으며 몽천(夢泉)은 도산서당 입구의 우물을 말한다. 정확히 말하면 ④도 틀린 것이다.

13 1500년대 초에 만들어진 별서 정원으로 담 아래 구멍을 통해 흘러 들어온 물이 나무 홈대를 거쳐 못을 채우고 다시 넘친 물이 자연스럽게 떨어지도록 꾸며진 곳은?
① 양산보의 소쇄원   ② 노수진의 십청정
③ 이퇴계의 도산원림   ④ 윤선도의 부용동 정원

14 16세기에 조성된 '중국 – 한국 – 일본'의 정원으로 모두 옳은 것은?
① 원명원 – 주합루 – 육의원
② 유원 – 옥호정 – 선동어소

③ 창춘원 – 서석지 – 수학원이궁
④ 졸정원 – 소쇄원 – 대덕사 대선원
해 졸정원(1512 왕헌신), 소쇄원(1534 양산보), 대덕사 대선원(1513)

15 미국의 조경발달에 획기적인 영향을 미친 시카고 박람회의 영향으로 가장 거리가 먼 것은?
① 도시미화운동의 부흥
② 도시계획 발달의 전기
③ 신도시계획 계기 마련
④ 건축, 토목 등과 공동작업의 계기

16 전통정원 연못에 도입된 섬의 형태가 3도형(三島型)이 아닌 곳은?
① 창경궁 춘당지   ② 님원 광한루 원지
③ 경주 동궁과 월지   ④ 경복궁 경회루 원지

17 다음 중 동쪽은 청화원, 서쪽은 근춘원으로 나뉘어 있는 중국의 정원은?
① 희춘원   ② 기춘원
③ 이화원   ④ 어화원

18 고대 메소포타미아인들의 정원에 대한 개념 중 틀린 것은?
① 산악경관을 동경하여 이상화하였다.
② 관개용 수로를 기본적으로 배치하였다.
③ 높은 담으로 둘러싼 뜰 안을 기하학적으로 배치하였다.
④ 방형(方形)의 공간에 천국의 4대강을 뜻하는 Paradise 개념의 수로를 배치하였다.
해 ① 산악경관을 이상화한 것이 아니라 구상화·구체화했다.

19 정원의 조영시기가 오래된 것부터 순서대로 나열된 것은?
① 피에졸레 → 마다마 → 에모 → 보르뷔콩트
② 마다마 → 피에졸레 → 카스텔로 → 로톤다
③ 마다마 → 피에졸레 → 로톤다 → 보르뷔콩트
④ 란테 → 마다마 → 로톤다 → 베르사유궁전

해 빌라 조영순서

일 트레비오장 → 카파졸로장 → 카레지장 → 피에졸레장 → 풋지어아카이아노장 → 벨베데레원 → 마다마장 → 임페리알 레장 → 카스텔로장 → 기우리아장 → 에스테장 → 파르네제 장 → 에모 → 란테장 → 로톤다 → 알도브라디니장

20 리젠트 파크의 영향을 받아 왕실 수렵원을 시민의 힘으로 공공정원으로 조성한 곳은?
① 로마의 포름
② 뉴욕 센트럴 파크
③ 영국 버큰헤드 파크
④ 뉴욕 프로스팩트 파크

제2과목 조경계획

21 다음 주택건설기준 등에 관한 규정상의 주택단지 안의 도로 설명 중 ( )안에 내용이 틀린 것은?

> – 공동주택을 건설하는 주택단지에는 폭 (A) 이상의 보도를 포함한 폭 (B) 이상의 도로를 설치하여야 한다.
> – 해당 도로를 이용하는 공동주택의 세대수가 (C) 미만이고 해당 도로가 막다른 도로로서 그 길이가 (D) 미만인 경우 도로의 폭을 4미터 이상으로 할 수 있다.

① A: 1.5미터
② B: 7미터
③ C: 300세대
④ D: 35미터

해 폭 1.5m 이상의 보도를 포함한 폭 7.0m 이상의 도로(보행자 전용도로, 자전거전용도로 제외)설치하여야 한다.(단, 100세대 미만이고 35m 미만의 막다른 도로인 경우 4m 이상 가능)

22 다음 「도로」와 관련된 기준으로 틀린 것은?
① 차로의 폭은 차선의 중심선에서 인접한 차선의 중심선까지로 한다.
② 도로의 차로 수는 교통흐름의 형태, 교통량의 시간별·방향별 분포, 그 밖의 교통 특성 및 지역 여건에 따라 홀수 차로로 할 수 있다.
③ 도시지역의 일반도로 중 주간선도로의 설계속도는 60km/시간 이상으로 하여야 한다.
④ 도로의 계획목표연도는 공용개시 계획연도를 기준으로 20년 이내로 정한다.

해 도시지역의 일반도로 중 주간선도로의 설계속도는 80km/시간 이상으로 하여야 한다.

23 도시민이 이용할 수 있는 공원녹지를 확충하기 위하여 필요한 경우에는 도시지역의 식생 또는 임상(林床)이 양호한 토지의 소유자와 그 토지를 일반 도시민에게 제공하는 것을 조건으로 해당 토지의 식생 또는 임상의 유지·보존 및 이용에 필요한 지원을 하는 것을 내용으로 시장이 하는 계약은?
① 녹화계약
② 녹지활용계약
③ 토지거래계약
④ 생물다양성관리계약

해 참고) 녹화계약 : 특별시장은 도시녹화를 위하여 필요한 경우에는 도시지역의 일정 지역의 토지 소유자 또는 거주자와 수림대 등의 보호, 해당 지역의 면적 대비 식생비율의 증가, 해당 지역을 대표하는 식생의 증대 등에 해당하는 조치를 하는 것을 조건으로 묘목의 제공 등 그 조치에 필요한 지원을 하는 것을 내용으로 하는 계약을 체결할 수 있다.

24 야생동물 보호 및 관리에 관한 법률에 대한 사항으로 맞는 것은?
① 환경부장관은 야생생물 보호와 그 서식환경 보전을 위하여 5년마다 멸종위기 야생생물 등에 대한 야생생물 보호 기본계획을 수립하여야 한다.
② 야생생물 그 서식지에서 보전하기 어렵거나 종의 보존 등을 위하여 서식지외에서 보전할 필요가 있는 경우 환경부장관이 단독으로 서식지 외 보전기관을 지정한다.
③ 학술연구, 관람·전시, 유해야생동물의 포획 등 어떠한 경우에도 덫이나 창애, 올무의 제작을 금지한다.
④ 멸종위기 야생생물의 중장기 보전대책은 우리나라 야생생물에 대한 보전대책이기 때문에 국제협력에 관한 사항은 포함하지 않아도 된다.

25 환경설계에서 연속적 경험의 중요성에 대한 연구와 관련이 없는 사람은?
① 할프린(Halprin)
② 틸(Thiel)
③ 맥하그(Mcharg)
④ 아버나티(Abernathy)

해 할프린, 틸, 아버나티와 노우가 연속적 경험의 중요성에 대해

연구하였으며, 맥하그는 생태적 결정론을 주창한 사람이다.

26 1875년 영국에서 불결한 도시주거환경을 제거하기 위해 새로이 건설되는 주택의 상하수도 시설과 정원 크기 및 주변 도로의 폭 등 주거환경기준을 규제하는 목적으로 제정된 법은?

① 건축법(building code)

② 공중위생법(public health act)

③ 단지조성법(site planning act)

④ 미관지구에 관한 법(law of beautification district)

27 국토의 용도 구분 중에서 농림업의 진흥, 자연환경 또는 산림의 보전을 위하여 자연환경보전지역에 준하여 관리할 필요가 있는 지역의 명칭은?

① 도시지역   ② 관리지역

③ 농림지역   ④ 산림지역

28 계획 및 설계에서 피드백(feed back) 과정을 가장 옳게 설명한 것은?

① 계획에서는 피드백 과정이 필요하나 설계에서는 필요하지 않다.

② 피드백은 계획수행 과정상 전단계로 되돌아가 작성된 안을 다시 한 번 검토해 보는 것을 말한다.

③ 피드백 과정 시에는 조경가만이 참여하며 의뢰인은 참여하지 않는다.

④ 피드백은 자료의 분석 후 이들을 종합하는 과정에서 주로 사용되는 기법이다.

29 공원녹지 체계를 설명한 것 중 가장 거리가 먼 것은?

① 체계를 구성하는 요소는 하나의 큰 공원이다.

② 다수의 공원을 연계하여 상호간의 관계를 만든다.

③ 가로수나 하천을 공원의 연계요소로 이용한다.

④ 호수, 운동장, 광장 등은 공원을 보완하는 점적 · 면적요소이다.

해 여러 공원을 연계하는 체계화의 목적은 접근성 향상, 연속성 향상, 식별성 제고를 위함이다.

30 옥상정원의 인공지반을 녹화할 때 가장 우선적

이고, 중요하게 고려해야 할 하중은?

① 고정하중   ② 적재하중

③ 적설하중   ④ 풍하중

해 장기적으로 증가하는 하중을 고려하여야 한다.

31 다음 중 I. McHarg가 주로 사용해 정착된 적지판정법은?

① DGN method

② overlay method

③ motation method

④ image map method

32 우리나라 중부지방에서 오후 시간대에 태양복사열을 가장 많이 받는 장소는?

① 남~동향 사이의 20% 경사면

② 남~서향 사이의 20% 경사면

③ 남~서향 사이의 40% 경사면

④ 남~동향 사이의 40% 경사면

33 Berlyne의 미적 반응과정을 순서대로 맞게 나열 한 것은?

① 환경적 자극 → 자극선택 → 자극해석 → 자극탐구 → 반응

② 환경적 자극 → 자극탐구 → 자극해석 → 자극선택 → 반응

③ 환경적 자극 → 자극선택 → 자극탐구 → 자극해석 → 반응

④ 환경적 자극 → 자극탐구 → 자극선택 → 자극해석 → 반응

34 「체육시설의 설치 · 이용에 관한 법률」상 등록 체육시설업에 해당하지 않는 것은?

① 골프장업   ② 스키장업

③ 승마장업   ④ 자동차 경주장업

해 체육시설업의 구분 · 종류

　① 등록 체육시설업 : 골프장업, 스키장업, 자동차 경주장업

　② 신고 체육시설업 : 요트장업, 조정장업, 카누장업, 빙상장업, 승마장업, 종합 체육시설업, 수영장업, 체육도장업, 골프 연습장업, 체력단련장업, 당구장업, 썰매장업, 무도학원업, 무도장업

35 휴양림 지역 내 진입(進入)도로의 종점(終點)에 설치된 주차장으로 부터 휴양림의 주요시설 입구를 순환, 연결하는 기능을 담당하는 도로를 가리키는 용어는?
① 임도 ② 목도
③ 벌도 ④ 녹도

36 단지 내 보행자 공간의 역할과 가장 거리가 먼 것은?
① 생활공간 제공 역할로 산책, 놀이, 대화 등의 생활공간으로 활용될 수 있다.
② 환경보호적 역할로 보행의 안전과 보안 및 방범 효과를 높여준다.
③ 경제적 역할로 쾌적한 보행자 공간의 조성을 통해 연도상가의 환경을 개선시킬 수 있다.
④ 교통관리 역할로 안락하고 편리한 보행자 공간을 이용하여 보행자들이 목적지까지 편리하게 도달할 수 있게 한다.

37 둘 이상의 행정구역에 걸치는 군립공원의 지정·관리 시 협의가 이루어지지 아니한 경우 관계자는 누구에게 재정 신청을 할 수가 있는가?
① 국토교통부장관 ② 환경부장관
③ 시·도지사 ④ 공원관리청장

38 고속도로 조경계획 시 가능노선 선정의 고려사항을 도로 이용도와 경제적 측면, 기술적 측면으로 구분할 수 있는데, 다음 중 기술적 측면의 조건에 포함되지 않는 것은?
① 직선도로를 유지 하도록 노선을 선정한다.
② 운수속도(運輸速度)가 가장 빠른 노선을 선정한다.
③ 오르막 구배가 너무 급하게 되면 우회노선을 선정한다.
④ 토량 이동(절·성토)이 균형을 이루는 노선을 선정한다.
해 ② 경제적측면의 고려사항이다.

39 단지 계획시「건폐율」의 설명으로 옳은 것은?
① 건축물의 각층 바닥면적의 합계

② 대지면적에 대한 건축면적의 비율
③ 대지면적에 대한 건축연면적의 비율
④ 객실면적 합계의 건축연면적에 대한 비율

40 세계 최초로 지정된 국립공원과 한국 최초로 지정된 국립공원이 바르게 짝지어진 것은?
① 요세미티(yosemite) – 오대산
② 요세미티(yosemite) – 속리산
③ 옐로우스톤(yellow stone) – 설악산
④ 옐로우스톤(yellow stone) – 지리산
해 옐로우스톤(yellow stone)은 1872년에 지정되었고, 지리산은 1967년에 지정되었다.

제3과목 조경설계
41 그림과 같은 투상도는 제 3각법 정투상도이다. 우측면도로 가장 적합한 것은?

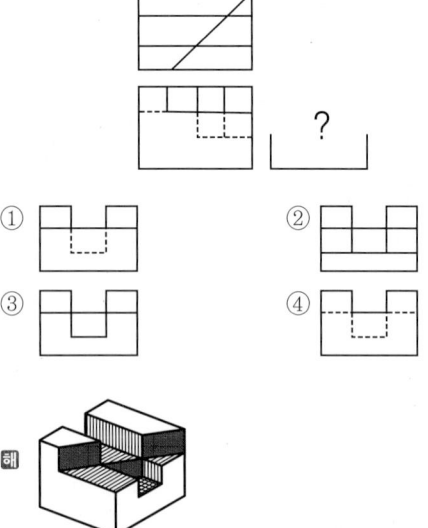

42 친환경적 도시시설 중에는 자전거 전용도로가 가장 효율적인 시설 중의 하나이다. 다음 중에서 자전거 전용도로 설계 시 양측의 여유를 고려한 1차선 폭은 얼마 이상이어야 하는가? (단, 지역상황 등에 따라 부득이하다고 인정되는 경우는 고려하지 않음.)
① 100cm ② 120cm
③ 150cm ④ 180cm
해 자전거 전용도로의 설계 시 하나의 차로를 기준으로 폭 1.5m(상황에 따라 1.2m) 이상으로 한다.

43 경계석 설치 시 그 기능이 가장 낮은 것은?
① 차도와 보도 사이
② 차도와 식재지 사이
③ 자연석 디딤돌의 경계부
④ 유동성 포장재의 경계부

44 물체가 화면에 평행하고 기선에 수직인 경우 1소점 투시도가 되는 투시도의 유형은?
① 유각 투시도   ② 사각 투시도
③ 눈높이 투시도   ④ 평행 투시도

45 수경시설의 설계기준에 대한 설명 중 틀린 것은?
① 수경시설은 적설, 동결, 바람 등 지역의 기후적 특성을 고려하여 실계한다.
② 물놀이를 전제로 한 수변공간(도섭지등)시설의 1일 물 순환횟수는 2회를 기준으로 한다.
③ 장애물이 없는 개수로의 유량산출은 프란시스의 공식, 바진의 공식을 적용한다.
④ 분수의 경우 수조의 너비는 분수 높이의 2배, 바람의 영향을 크게 받는 지역은 분수 높이의 4배를 기준으로 한다.
해 ③ 개수로의 유량산출은 매닝의 공식을 사용하고, 프란시스 공식과 바진의 공식은 폭포의 유량산출에 적용한다.

46 기본설계에서 수행되어지는 과정 중 적당하지 않은 것은?
① 평면도   ② 조감도
③ 시방서   ④ 스터디모형

47 조경설계기준상 토지이용 상충지역 완충녹지의 설계로 옳지 않은 것은?
① 완충녹지의 폭원은 최소 20m를 확보한다.
② 임해매립지의 방풍·방조녹지대의 폭원은 200 ~ 300m를 확보한다.
③ 재해 발생 시의 피난지로서 설치하는 녹지는 교목식재를 하고, 전체 녹화 면적률이 50% 정도가 되도록 한다.
④ 보안, 접근 억제, 상충되는 토지이용의 조절 등을 목적으로 설치하는 녹지는 교목, 관목 또는

잔디, 기타 지피식물을 재식하고 녹화면적률이 80% 이상이 되도록 한다.
해 재난발생시의 피난 등을 위하여 설치하는 녹지는 관목 또는 잔디 그 밖의 지피식물 식재는 녹화면적률을 70% 이상으로 한다.

48 K. Lynch가 주장한 도시경관의 시각적 명료성을 분석하기 위한 5가지 요소에 해당하지 않는 것은?
① 도로(path)
② 지역(district)
③ 결절점(node)
④ 근린주구(neighborhood unit)
해 린치의 도시의 이미지 5가지 구성요소는 통로, 경계, 결절점, 지역, 랜드마크이다.

49 도면 제조 시 치수선에 수치를 쓸 때 방향이 틀린 것은?
① 좌측은 아래에서 위쪽으로
② 우측은 위에서 아래쪽으로
③ 상단부는 왼쪽에서 오른쪽으로
④ 하단부는 왼쪽에서 오른쪽으로

50 다음에서 대칭 균형 원리의 예로 적합하지 않는 것은?
① 독립문   ② 낙선재
③ 파르테논신전   ④ 불국사 대웅전
해 대칭은 형태가 통합되어 보이는 하나의 요인으로 단순성을 가지고 엄숙함과 장엄함을 강조하거나, 안정감과 계획의 명료성이 부각되기도 한다.

51 Leopold가 계곡경관의 평가에 사용한 경관가치의 상대적 척도의 계량화 방법은?
① 상대성비   ② 연속성비
③ 유사성비   ④ 특이성비

52 다음 환경지각 이론 중에서 지원성(affordance)의 지각을 내용으로 하는 이론은?
① 형태심리 이론   ② 장(場)의 이론
③ 확률적 이론   ④ 생태적 이론

해 지원성(affordance, 행동의 유도성) : 대상의 어떤 속성이 유기체로 하여금 특정한 행동을 하게끔 유도하거나 특정 행동을 쉽게 하게 하는 성질이다. 예컨대, 사과의 빨간색은 따 먹고자 하는 행동을 유도하며, 적당한 높이의 받침대는 앉는 행동을 잘 지원한다.

53 가법혼합(Additive mixture)의 3색광에 대한 설명으로 틀린 것은?

① 빨강색광과 녹색광을 흰 스크린에 투영하여 혼합하면 밝은 노랑이 된다.
② 가법혼합은 가산혼합, 가법혼색, 색광혼합 이라고 한다.
③ 3색광 모두를 혼합하면 암회색(暗灰色)이 된다.
④ 가법혼색의 방법에는 동시가법혼색, 계시가법혼색, 병치가법혼색의 3가지가 있다.

해 ③ 3색광 모두를 혼합하면 백색이 된다.

54 다음 중 균형과 관계있는 용어로 가장 거리가 먼 것은?

① 대칭   ② 비대칭
③ 점증   ④ 주도와 종속

해 균형과 관계있는 용어로는 균제와 균형, 대칭, 비대칭, 비례, 주도와 종속이 있다.

55 주택단지·공공건물·사적지·명승지·호텔 등의 정원에 설치하며, 정원의 아름다움을 밤에 선명하게 보여줌으로써 매력적인 분위기를 연출하는 「정원등」의 세부시설기준으로 틀린 것은?

① 광원은 고압 수은형광등을 적용한다.
② 등주의 높이는 2m 이하로 설계·선정한다.
③ 숲이나 키 큰 식물을 비추고자 할 때에는 아래 방향으로 배광한다.
④ 야경의 중심이 되는 대상물의 조명은 주위보다 몇 배 높은 조도기준을 적용하여 중심감을 부여한다.

해 ③ 화단이나 키작은 식물을 비추고자 할 때에는 아래로 배광한다.

〈정원등 세부시설기준 추가내용〉
① 주택단지 등 설계대상 공간의 정원 경관과 어울리는 형태·색깔로 설계한다.
② 광원이 이용자의 눈에 띌 경우 정원의 장식물을 겸하도록 조형성을 갖추어 디자인한다.
③ 정원의 조명은 밝기를 균일하거나 평탄한 느낌을 주지 않도록 하고, 명암이나 음영에 따라 정원 내부의 깊이를 느끼도록 연출한다.
④ 광원이 노출될 때는 휘도를 낮추거나 광원의 위치를 높여 광원에 따른 눈부심을 피한다.
⑤ 광원을 선정할 때에는 광원의 색상·조명색상·공간의 규모·유지보수 등의 수명·효율·경제성·연색성 등의 용량·기온 등을 고려한다.

56 시각적 복잡성과 시각적 선호도의 관계를 가장 올바르게 설명한 것은?

① 시각적 복잡성과 시각적 선호도는 아무 관계가 없다.
② 시각적 복잡성이 증가함에 따라 시각적 선호도도 증가한다.
③ 시각적 복잡성이 증가함에 따라 시각적 선호도가 감소한다.
④ 시각적 복잡성이 적절할 때 가장 높은 시각적 선호도를 나타낸다.

해 시각적 선호(visual preference)와 시각적 복잡성(visual complexity)과의 관계는 거꾸로 된 "U"자 형태(역 U자)의 관계를 이룬다.

57 다음 재료 구조 표시 기호(단면용)에 해당되는 것은?

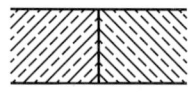

① 지반   ② 석재
③ 인조석   ④ 잡석다짐

58 다음 중 일반적인 조경설계 과정에 포함되는 사항이 아닌 것은?

① 프로그램 개발   ② 조사와 분석
③ 개념적인 설계   ④ 모니터링 설계

59 시각적 선호에 관련된 변수에 대한 설명이 틀린 것은?

① 물리적 변수: 식생, 물, 지형

② 추상적 변수: 복잡성, 조화성, 새로움

③ 지역적 변소: 위치, 거리, 규모

④ 개인적 변수: 개인의 나이, 학력, 성격

해 시각적 선호의 변수에는 물리적 변수, 추상적 변수, 상징적 변수, 개인적 변수가 있다.

60 다음 중 운율미(韻律美)의 표현과 가장 관계가 먼 것은?

① 변화되는 색채

② 수관의 율동적인 선(線)

③ 편평한 벽에 생긴 갈라진 틈

④ 일정한 간격을 두고 들려오는 소리

제4과목 **조경식재**

61 도시의 철로 변 식생 중 자연적으로 이입되었을 가능성이 가장 큰 수종은?

① 향나무

② 개나리

③ 회양목

④ 가죽나무

해 ④ 가죽나무는 생명력이 강해 어디든 싹을 틔운다. 내건성, 내한성이 강하고, 오염에도 강하며, 발아율도 좋으며, 상층목이 없는 경우 더 잘 자란다.

62 야생동물 이동통로 설치 시 고려할 사항이 아닌 것은?

① 주변 생태계와 유사한 식물을 식재하거나 주변 지형을 고려한 설치로 주변 서식지 특성과 조화를 이루도록 한다.

② 뚜렷한 보호 대상종이 존재하는 경우, 특정 종을 위한 소규모의 이동통로를 여러 곳에 만드는 것보다 전체 종을 대상으로 대규모 이동통로를 만드는 것이 경제적으로 바람직하다.

③ 차량에 의한 동물피해를 최소화하기 위한 수단으로써 과속방지턱, 노면처리, 동물 출현 표지판 등의 보조시설을 설치할 수 있다.

④ 인접도로에서 발생하는 소음 및 진동, 자동차 혹은 기타 건물의 불빛 등의 외부간섭을 차단하기 위해 통로를 은폐하는 것이 바람직하다.

63 잎보다 꽃이 먼저 피는 수종은?

① *Magnolia sieboldii*

② *Magnolia denudata*

③ *Magnolia obovata*

④ *Hibiscus syriacus*

해 꽃이 먼저 피는 선화후엽(先花後葉) 수종으로는 미선나무, 산수유, 개나리, 진달래, 박태기나무, 생강나무, 왕벚나무, 매실나무, 백목련 등이 있다.

① 함박꽃나무, ② 백목련, ③ 일본목련, ④ 무궁화

64 학교조경 설계 시 식물재료의 선정조건으로 가장 부적합한 것은?

① 교과서에 취급된 수종

② 주변환경에 내성이 강한 수종

③ 그 학교를 상징할 수 있는 수종

④ 잎이나 꽃이 아름다운 외국 수종

해 ④ 학교식재 수종으로는 향토식물을 선정하는 것이 좋다.

65 수피에 코르크가 발달하는 수목이 아닌 것은?

① *Quercus variabilis*

② *Prunus mandshurica*

③ *Phellodendron amurense*

④ *Aphananthe aspera*

해 ① 굴참나무, ② 개살구나무, ③ 황벽나무, ④ 푸조나무

66 열매는 이과로 타원형이며 반점이 뚜렷하고 지름이 1cm로 붉은색으로 익으며 9월 중순 ~10 초에 성숙하는 수종은?

① *Morus alba*

② *Sorbus alnifolia*

③ *Albizia julibrissin*

④ *Ligustrum obtusifolium*

해 ①뽕나무 , ② 팥배나무, ③ 자귀나무, ④ 쥐똥나무

67 수목의 수형을 결정하는 요인으로 가장 거리가 먼 것은?

① 바람

② 관수량

③ 인간의 영향(접촉)

④ 태양광의 입사각

68 다음 중 쪽동백나무(*Styrax obassia* Siebold & Zucc)의 특징 설명으로 틀린 것은?

① 꽃은 흰색으로 5 ~ 6월에 개화한다.

② 나무껍질은 검은색이며, 굴곡이 생기고 매끈하다.

③ 생장속도는 빠르며, 이식이 잘되지 않아 실생번식을 주로 한다.

④ 원뿔모양의 수형과 특색 있는 줄기, 아름다운 꽃, 귀여운 열매는 관상가치가 크다.

해 쪽동백나무는 생장속도는 느리나 이식이 잘 되며, 녹지삽이나 근삽도 한다. 관상가치가 커 독립수나 가로수로 이용이 가능하며, 내병충성이 커 관리가 편하다.

69 천이(Succession)의 순서가 옳은 것은?

① 나지 → 1년생초본 → 다년생초본 → 음수교목림 → 양수관목림 → 양수교목림

② 나지 → 1년생초본 → 다년생초본 → 양수교목림 → 양수관목림 → 음수교목림

③ 나지 → 1년생초본 → 다년생초본 → 양수관목림 → 양수교목림 → 음수교목림

④ 나지 → 다년생초본 → 1년생초본 → 양수관목림 → 양수교목림 → 음수교목림

70 수분 요구도별 식물의 설명으로 틀린 것은?

① 건생식물은 증산작용을 억제하기 위해 잎의 표피조직이 두껍게 발달되며, 세덤(Seduum)속이 해당된다.

② 부엽식물은 뿌리가 물 밑 땅속에 고착하고 잎은 수면에 띄우며, 연꽃이 해당된다.

③ 습생식물은 주로 토양이 축축한 습지에서 생활하며, 바위솔이 해당된다.

④ 침수식물은 뿌리가 물 밑 땅속에 고착하고 식물 전체의 전부가 수면 하에 있으며, 이삭물수세미가 해당된다.

해 ③ 바위솔은 산지의 바위 곁에 붙어서 자란다.

71 식재시방서의 식재구덩이에 관한 설명으로 틀린 것은?

① 식재구덩이는 식재 당일에 굴착하는 것을 원칙으로 한다.

② 지정된 장소가 식재 불가능할 경우 도급업자가 임의로 옮겨 심는다.

③ 식재 구덩이를 팔 때에는 표토와 심토는 따로 갈라놓아 표토를 활용할 수 있도록 조치한다.

④ 대형목 등 특수목 식재를 위한 구덩이의 굴착방법은 공사시방서에 따른다.

72 다음 양버들(*Populus nigra* var. *italica* Koehne)에 관한 설명으로 틀린 것은?

① 버드나무과 수종이다.

② 수형은 원주형으로 빗자루처럼 좁은 형태이다.

③ 성상은 낙엽활엽교목이고 뿌리는 천근성이다.

④ 가을에 붉은 단풍이 아름다운 우리나라 자생수종이다.

해 ④ 양버들은 유럽 남부의 이탈리아 북부 롬바디가 원산이다.

73 식생과 관련된 설명으로 틀린 것은?

① 어떤 군락을 특징할 수 있는 종군을 표징종(character species)이라 한다.

② 인간에 의한 영향을 받지 않은 식생을 대상식생(substitute vegetation)이라 한다.

③ 군집 속에서 아군집을 구분하기 위해 양적으로 우점하고 있는 종을 식별종(differences species)으로 삼는다.

④ 변화해 버린 입지 조건하에 인간에 의한 영향이 제거되었다고 할 때 성립이 예상되는 자연식생을 현재의 잠재자연식생(potential natural vegetation)이라 한다.

해 ② 인간에 의한 영향을 받지 않고 자연상태 그대로 생육하고 있는 식생을 자연식생이라 한다.

74 식재의 공학적 이용 효과가 아닌 것은?

① 음향 조절　　　　② 차단 및 은폐

③ 토양 침식 조절　　④ 섬광 및 반사 조절

해 ② 차단 및 은폐는 건축적 이용 효과이다.

75 다음 설명하는 식물은?

- 꽃고비과이다.

- 잎은 상록성 다년초로 경질이며 군생한다.
- 잎은 엽병이 없이 마주나기하며, 길이 8 ~ 20mm로서 대개 피침형이지만 그 외에도 여러 가지 형태의 것이 있다. 끝이 뾰족하고 가장자리가 껄끄럽다.
- 광선을 요하며, 노지에서 월동가능하다.

① 바위취　　　　　　② 프리뮬러
③ 삼지구엽초　　　　④ 지면패랭이꽃

76 수종과 학명(學名)의 연결이 틀린 것은?
① 주목 : *Taxus cuspidata*
② 잣나무 : *Pinus koraiensis*
③ 가문비나무 : *Picea abies*
④ 백송 : *Pinus banksiana*

해 ③ 가문비나무 : *Picea jezoensis*
　④ 백송 : *Pinus bungeana*

77 고속도로 사고방지 기능의 식재방법에 속하지 않는 것은?
① 차광식재　　　　　② 지표식재
③ 완충식재　　　　　④ 명암순응식재

해 사고방지를 위한 식재는 차광식재, 명암순응식재, 침입방지식재, 완충식재 등이 있다.
　② 지표식재는 경관연출기능과 관련된 식재이다.

78 수목검사 시 다음 설명 중 (　)안에 적합한 수목 규격의 허용범위는?

수목규격의 허용차는 수종별로 (　) 사이에서 여건에 따라 발주자가 정하는 바에 따른다. 단, 허용치를 벗어나는 규격의 것이라도 수형과 지엽 등이 지극히 우량하거나 식재지 및 주변 여건에 조화될 수 있다고 판단되어 감독자가 승인한 경우에는 사용할 수 있다.

① −5 ~ 0%　　　　　② −10 ~ −5%
③ −15 ~ −10%　　　④ −25 ~ −15%

79 백목련을 접목으로 증식시키고자 할 때 대목으로 가장 좋은 것은?
① 일본백목련　　　　② 목련
③ 자목련　　　　　　④ 함박꽃나무

80 광보상점(light compensation point)이 가장 낮은 식물은?
① 주목　　　　　　　② 소나무
③ 버드나무　　　　　④ 자작나무

해 광보상점이란 식물에 의한 이산화탄소의 흡수량과 방출량이 같아져서 식물체가 실질적으로 흡수하는 이산화탄소의 양이 '0'이 되는 빛의 세기를 말한다.

제5과목 조경시공구조학
81 배수계획에서 유출량과 강우량과의 비율을 무엇이라고 하는가?
① 강우강도　　　　　② 강우계속시간
③ 수문통계　　　　　④ 유출계수

82 시방서의 작성요령에 대한 설명으로 틀린 것은?
① 재료의 품목을 명확하게 규정한다.
② 표준시방서는 공사시방서를 기본으로 작성한다.
③ 설계도면의 내용이 불충분한 부분은 보충 설명한다.
④ 설계도면과 시방서의 내용이 상이하지 않도록 한다.

해 표준시방서는 발주자 또는 설계 등 용역업자가 작성하는 공사시방서의 시공기준을 말하며, 공사시방서에는 표준시방서에 작성되지 않은 사항이나 표준시방서의 내용에 대한 삭제·보완·수정 또는 추가사항을 기입한다.

83 목재의 특징으로 가장 거리가 먼 것은?
① 건조변형이 적다.
② 열전도율이 낮다.
③ 비중이 작은 반면 압축강도가 크다.
④ 생산 사이클이 짧아 친환경성이 높다.

해 목재의 단점에는 약한 내화성, 약한 내구성, 쉬운 변형 등이 있다.

84 등고선의 성질 중 틀린 것은?

① 도상간격이 넓으면 완경사면이다.

② 등고선은 급경사면에서는 서로 겹친다.

③ 등고선은 도면 안 또는 밖에서 반드시 폐합한다.

④ 등고선의 도상간격은 동일한 경사면에서 등거리 이다.

해 ② 등고선은 급경사면에서의 간격이 매우 좁다.

85 지름 15cm, 높이 30cm인 콘크리트 원주공시 체를 압축강도 시험하였더니 45ton에서 파괴되었다. 이때의 압축강도(kgf/cm²)는 약 얼마인가?

① 58 　　　　　　② 106

③ 176 　　　　　　④ 254

해 $\sigma = \dfrac{P}{A} = \dfrac{45,000}{7.5 \times 7.5 \times 3.14} = 254.78(kgf/cm^2)$

86 아스팔트로 포장된 폭(幅)이 5m 되는 차도에서 횡단구배를 4% 유지해야 한다면, 도로의 노정(路頂)과 노단(路端)의 수직적인 높이 차이는?

① 0.05m 　　　　　② 0.10m

③ 1.25m 　　　　　④ 2.50m

해 노정은 도로의 한가운데 가장 높은 부분으로 도로폭의 1/2지 점에 생긴다.

　• 경사율 G=D/L×100

　L : 수평거리=5/2=2.5(m)

　G : 경사율=4%

　4=(D/2.5)×100 ∴ D=2.5×0.04=0.10(m)

87 심토층 배수와 관련된 설명 중 옳지 않은 것은?

① 잔디지역에서는 10%의 경사를 유지하는 것이 바람직하다.

② 유속이 0.3m/sec 이하로 떨어지면 침적물이 발생하고 관로가 막힌다.

③ 심토층 유출은 지표면배수나 지하배수관 배수와 달리 유출속도가 매우 느리고 예측이 어려운 경우가 많다.

④ 강우량, 심토층 유출량, 토양조건 등을 고려하여 매닝공식과 연속방정식을 이용하여 심토층 계획 유출량을 계산한다.

해 ① 잔디지역의 경사는 0.1%~1.0%로 유지한다.

88 에폭시수지 도료에 관한 일반사항 중 틀린 것은?

① 열에 강하다.

② 금속고무 등에도 접착이 잘 된다.

③ 여러 가지 충전재와는 혼합사용 할 수 있다.

④ 내수성(耐水性)과 내약품성(耐藥品性)이 나쁘다.

해 에폭시수지는 내열성, 접착성, 전기절연성, 내약품성, 내수성 이 뛰어나다.

89 그림과 같은 보에서 지점 A지점 반력의 크기는 몇 kN인가?

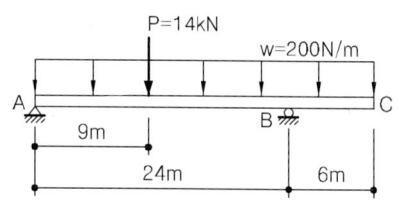

① 9 　　　　　　② 11

③ 13 　　　　　　④ 15

해 등분포하중을 집중하중으로 환산하고 위치를 확인한 후 힘의 평형방정식을 이용한다.

　·등분포하중 환산

　$P_1 = 0.2 \times 24 = 4.8(kN)$, $P_2 = 0.2 \times 6 = 1.2(kN)$

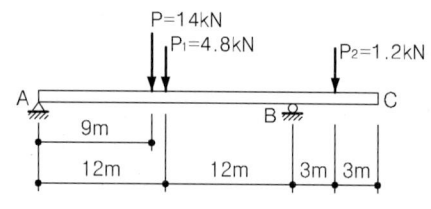

　$\Sigma M_B = R_A \times 24 - 14 \times 15 - 4.8 \times 12 + 1.2 \times 3 = 0$

　$\therefore R_A = 11kN$

90 철근콘크리트 구조로서 단면적의 형태를 취하여 구조체의 부피가 상대적으로 적어 자중이 줄어든 만큼 옹벽 배면의 기초 저판위의 흙의 무게를 보강하여 안정성을 높인 옹벽의 형태는?

① 중력식 　　　　　② 캔틸레버식

③ 부축벽식 　　　　④ 조립식

91 2m의 터파기 공사에서 적용하는 일반적인 흙의 휴식각(안식각)은 얼마인가?

① 0°
② 10°
③ 20°
④ 30°

해 일반적의 흙의 안식각은 20°~40° 이며 보통 30° 정도이다.

92 하수도시설 기준에서 오수관거 계획 시 고려사항으로 틀린 것은?

① 오수관거와 우수관거가 교차하여 역사이펀을 피할 수 없는 경우에는 오수관거를 역사이펀으로 하는 것이 바람직하다.
② 관거는 원칙적으로 개거로 하며, 수밀한 구조로 하여야 한다.
③ 관거배치는 지형, 지질, 도로폭 및 지하매설물 등을 고려하여 정한다.
④ 분류식과 합류식이 공존하는 경우에는 원칙적으로 양 지역의 관거는 분리하여 계획한다.

해 ② 관로는 원칙적으로 암거로 한다. 참고적으로 ①이 맞는 이유는 우수관로는 시가지의 홍수량을 배제하여 침수를 방지하므로 유수의 유하상황을 고려하여 우수배제를 우선적으로 다루는 것을 기본으로 하기 때문이다.

93 축척 1/300 도면을 구적기(Planimeter)의 축척 1/600로 맞추고 측정 하였더니 1246m²가 되었다면 실제적인 면적은 얼마인가?

① 311.5m²
② 623m²
③ 2492m²
④ 4984m²

해 $A_2 = (\frac{m_2}{m_1})^2 \times A_1 = (\frac{300}{600})^2 \times 1,246 = 311.5(m^2)$

94 가설시설물과 관련된 내용 중 틀린 것은?

① 가설시설물의 설치규모는 공사기간과 공사 규모에 따라 다르다.
② 시멘트 보관창고는 대량이 아닐 때에는 작업장의 일부를 구획하여 사용한다.
③ 판자 울타리의 높이는 공사시방서에서 정하는 바가 없을 때에는 1.2m 이상으로 한다.
④ 공사에 지장이 없는 공사장 내의 일정장소에 감독자의 지시에 따라 수목가식장소 또는 임시보관 장소를 설치한다.

해 ③ 판자 울타리 높이는 공사시방서에 정한 바가 없을 때는 1.8m 이상으로 한다.

95 기본벽돌을 사용하여 0.5B의 두께로 길이 5m, 높이 2m의 담을 쌓으려 할 때 필요한 벽돌량(정미량)은?

① 약 415장
② 약 650장
③ 약 750장
④ 약 1299장

해 기본(표준형)벽돌의 단위 수량은 0.5B가 75장이다.
→ 5×2×75=750(장)

96 다음의 네트워크는 공기 45일의 공사공정도 이다. 공기를 5일간 단축할 경우 맞는 것은?

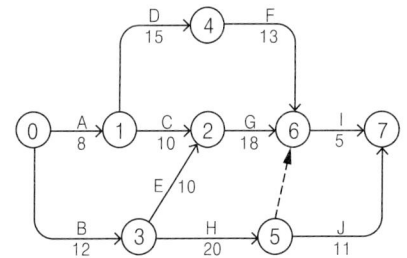

① B작업: 2일, E작업: 2일, I작업: 1일
② B작업: 1일, G작업: 2일, I작업: 2일
③ B작업: 2일, E작업: 1일, I작업: 2일
④ B작업: 3일, E작업: 1일, I작업: 1일

해 C.P가 ⓪-③-②-⑥-⑦이므로 이 안의 작업은 단축을 한다고 하여도 항상 주공정이 되어야 한다. 따라서 B작업을 2일 이하로 줄이면 다른 곳을 아무리 단축하여도 경로 ⓪-③-⑤-⑦ 공기는 41일 이상이 되므로 주공정선이 바뀌게 된다. 따라서 B작업을 3일 이상 단축하여야 하며, 3일을 단축하고, 나머지 기간을 E,G,I작업에서 단축하면 경로 ⓪-③-⑤-⑦도 주공정선이 되고, 공기 40일이 되는 공정표가 만들어진다.

97 자연상태의 모래질흙 1500m³를 6m³ 적재 덤프트럭으로 운반하여, 성토하여 다지고자 한다. 트럭의 총 소요대수와 다짐 성토량은 각각 얼마인가? (단, 모래질흙의 토양환산계수는 L = 1.2, C = 0.9 이다.)

① 250대, 1350m³
② 250대, 1620m³
③ 300대, 1350m³
④ 300대, 1620m³

해 소요대수 = $\dfrac{\text{자연상태의 흙} \times L}{\text{트럭의 적재량}}$ = $\dfrac{1,500 \times 1.2}{6}$ =300(대)

다짐 성토량=자연상태의 흙×C=1,500×0.9=1,350(m³)

98 토양조사 분석에서 물리적 특성 분석에 해당되지 않는 것은?

① 입도
② 투수성
③ 유효수분
④ 유기물 함량

99 목재 방부법으로 가장 거리가 먼 것은?

① 표면탄화법
② 습식법
③ 약제 주입법
④ 약제 도포법

해 목재의 방부법으로는 표면탄화법, 도포법, 확산법, 침지법, 가압식주입처리법, 생리적 주입법이 있다.

100 공사의 도급금액 결정방식 중 총액도급에 관한 설명으로 옳은 것은?

① 공사의 공정관리 수행이 용이하다.
② 입찰 전까지의 소요기간이 적게 든다.
③ 공사비 절감과 원가관리가 용이하다.
④ 설계변경에 따른 수량증감과 공사비의 산정이 용이하다.

해 총액도급(정액도급)의 장점으로는 공사비 절감, 간편한 공사관리 업무, 용이한 자금 계획이 있다.

제6과목 **조경관리론**

101 다음 설명하는 비료 형태는?

- 물과 작용하면 소화(消和; slaking)되어 수산화칼슘으로 변한다.
- 주성분 즉 CaO 및 MgO가 최소량으로 80%이어야 한다.
- 토양산성의 중화와 토양의 물리적 성질 개량에 매우 효과적이다.

① 생석회
② 황산석회
③ 황산암모늄
④ 질산암모늄

102 침투성 살충제의 작용특성에 대한 설명으로 가장 옳은 것은?

① 주로 섭식성 해충의 피부에 접촉, 흡수되어 살충력을 나타낸다.
② 살포 즉시 강력한 살충력을 나타내며 잔효성이 매우 짧은 편이다.
③ 즙액을 빨아먹는 흡즙해충에 특히 우수한 살충력을 나타낸다.
④ 우수한 살충효과를 얻기 위해서는 작물체 표면에 균일하게 살포되어야 한다.

103 수목의 외과수술 시 동공 충진 재료로 가장 적합한 것은?

① 바셀린
② 라놀린
③ 폴리우레탄폼
④ 발코트

해 ③ 폴리우레탄폼 : 공동 충전재료 중 내후성, 내산화성, 기계적강도, 내마모성, 접착력이 우수하고 효과면에서 다른 재료보다 월등히 우수하다.

104 생태연못의 유지관리 사항으로 옳지 않은 것은?

① 모니터링은 최소 조성 10년 후부터 3개년 주기로 실시한다.
② 모니터링은 가급적 지역주민, NGO, 전문가 등이 함께 참여하도록 한다.
③ 물순환시스템이 지속적으로 유지될 수 있도록 유입구와 유출구를 주기적으로 청소한다.
④ 습지식물이 지나치게 번성하였을 경우에는 부수식물이 차지하는 면적이 수면적의 1/3이하가 되도록 식물 하단부(뿌리부근)에 차단막을 설치하거나 수시로 제거해 준다.

해 ① 모니터링은 조성 직후부터 1년, 2년, 3년, 5년, 10년 등의 주기로 한다.

105 잔디관리 항목 중 배토(Topdressing)를 잘못 설명한 것은?

① 배토작업시 부정근이 감소한다.
② 답압 및 동해에 의한 잔디피해를 최소화한다.
③ 잔디면의 요철을 방지하여 잔디깎기 효과를 높인다.
④ 지하경과 토양의 분리를 막으며 내한성을 증대시킨다.

해 ① 부정근이란 원뿌리가 아닌 줄기에서 뿌리가 나오는 것으로 배토는 잔디의 분얼과 생육촉진 기능이 있어 부정근도 증가한다.

106 나무주사 방법에 대한 설명으로 옳지 않은 것은?
① 여름철 소나무류에는 주로 중력식 주사를 사용한다.
② 형성층 안쪽의 목부까지 구멍을 뚫고 약제를 넣어야 한다.
③ 모젯(Mauget) 수간주사기는 압력식 주사이다.
④ 중력식 주사는 약액의 농도가 낮거나 부피가 클 때 사용한다.

해 ① 여름철 소나무류에는 주로 압력식 주사를 사용한다.

107 실외놀이 및 휴게시설 제작용 재료 중 성형이 용이한 반면 마모되기 쉽고 자외선, 온도의 변화에 의해 퇴색되거나 가장 휘기 쉬운 것은?
① 철재
② 합성수지재
③ 목재
④ 콘크리트재

108 식물병의 주요한 표징 중 영양기관에 의한 것은?
① 포자(胞子)
② 균핵(菌核)
③ 자낭각(子囊殼)
④ 분생자병(分生子炳)

해 병원체의 영양기관에 의한 표징에는 균사, 균사속, 균사막, 근상균사속, 선상균사, 균핵, 자좌 등이 있다.

109 참나무류에 치명적인 피해를 주는 참나무 시들음병을 매개하는 곤충은?
① 광릉긴나무좀
② 솔수염하늘소
③ 참나무재주나방
④ 도토리거위벌레

110 다음 조경공간의 지주목 및 지주세우기 등에 관한 설명으로 옳은 것은?
① 인공지기반에 식재하는 수고 2.0m 이상의 수목은 바람의 피해를 고려하여 지지시설을 하여야 한다.
② 대나무 지주의 경우에는 선단부를 고정하고 결속부에는 대나무에 흠집이 발생하지 않도록 유의한다.
③ 삼각형지주 등은 수간, 주간 및 기타 통나무와 교착하는 부위에 2곳 이상 결속한다.
④ 준공후 2년이 경과되었을 때 지주목의 재결속을 1회 실시함을 원칙으로 하되 자연재해에 의한 훼손시는 복구계획을 수립하여 보수한다.

해 ① 인공지반에 식재하는 수고 1.2m 이상의 수목은 바람의 피해를 고려하여 지지시설을 하여야 한다.
② 대나무 지주의 경우에는 선단부를 고정하고 결속부에는 대나무에 흠을 넣어 유동을 방지한다.
④ 준공후 1년이 경과되었을 때 지주목의 재결속을 1회 실시함을 원칙으로 하되 자연재해에 의한 훼손시는 즉시 복구하여야 한다.

111 공원의 이용자관리에 대한 설명으로 옳지 않은 것은?
① 대상지의 보전이란 차원에서 이용자의 행위를 규제할 수 있다.
② 적정한 이용이 되도록 지도감독 하는 것도 이용자관리 업무이다.
③ 다양한 계층의 이용자 필요에 대응하여 유연하게 운영해야 한다.
④ 이용자 관리의 대상은 현재 공원을 이용하는 사람과 이용경험이 있는 사람에 한한다.

해 ④ 이용자 관리의 대상은 현재 공원을 이용하는 사람과 이용경험이 있는 사람, 앞으로 이용할 가능성이 있는 사람이다.

112 페니트로티온 50% 유제 50cc를 페니트로티온 농도 0.5%로 희석하려고 할 경우 요구되는 물의 양은? (단, 원액의 비중은 1이다.)
① 4500cc
② 4950cc
③ 5500cc
④ 6000cc

해 희석할 물의 양(mℓ,g)
$$= 소요농약량(mℓ) \times (\frac{농약주성분농도(\%)}{추천농도(\%)} - 1) \times 비중$$
$$\therefore 50 \times (\frac{50}{0.5} - 1) \times 1 = 4,950(cc)$$

113 이식한 나무의 활착율을 높이기 위하여 실시하는 방법으로 가장 거리가 먼 것은?

① 잎에 수분증산억제제를 뿌린다.
② 뿌리에 항시 고일 정도로 물을 공급해 준다.
③ 하절기 잎이 무성한 수목 식재 시 가지치기를 실시한다.
④ 구덩이에서 나온 흙을 보관 후 하층토를 제외하고 다시 구덩이 채우기를 한다.

114 증기압이 높은 농약의 원제를 액상, 고상 또는 압축가스 상으로 용기 내에 충전하여 용기를 열때 유효성분이 대기 중으로 기화하여 병해충을 방제하도록 설계된 제형은?
① 훈증제 　　　　② 분의제
③ 연무제 　　　　④ 훈연제

115 다음 중 일반적으로 전정을 하지 않는 수종은?
① 소나무 　　　　② 회양목
③ 향나무 　　　　④ 금송
해 일반적으로 전정을 하지 않는 수종에는 독일가문비, 금송, 동백나무, 녹나무, 태산목, 팔손이, 월계수, 느티나무, 벚나무, 팽나무, 회화나무, 참나무류, 백목련, 떡갈나무 등이 있다.

116 다음 중 쥐똥밀깍지벌레와 관련된 설명으로 틀린 것은?
① 연 2회 발생하며 알로 월동한다.
② 가해수종의 가지에 기생하여 흡즙 가해하므로 수세가 약화된다.
③ 가해수종으로는 쥐똥나무, 물푸레나무, 이팝나무 등이 있다.
④ 수컷은 나뭇가지에 모여 살며 백색의 밀랍을 분비하기 때문에 피해를 발견하기 쉽다.
해 ① 연1회 발생하고 성충으로 월동한다.

117 토양의 ph 변화를 억제하는 토양의 성질을 무엇이라고 하는가?
① 완충작용 　　　　② 길항작용
③ 흡착작용 　　　　④ 공생작용

118 청소작업의 할당에 있어서 개인에게 지정된 지역의 청소책임을 지우는 방법의 장점이 아닌 것은?

① 협동심과 책임감이 증진된다.
② 작업진행에 대한 정리가 쉽고, 성취욕이 강해진다.
③ 작업불량, 파손, 기타 사고에 대한 책임이 명확하다.
④ 여러 가지 임무를 수행하므로 단조로움이 덜하다.
해 ① 청소작업 시 조할당의 장점에 해당한다.

119 안전사고 발생시 사고처리 요령 중 가장 먼저 해야 할 일은?
① 사고자의 구호
② 관계자에게 통보
③ 사고책임의 명확화
④ 사고 상황의 파악·기록
해 사고처리 순서 : 사고자의 구호 → 관계자에의 통보 → 사고 상황의 파악 및 기록 → 사고책임의 명확화

120 레크레이션(Recreation) 이용의 강도와 특성의 조절을 위한 관리기법 중 직접적 이용제한 방법이 아닌 것은?
① 예약제의 도입
② 이용시간의 제한
③ 구역감시의 강화
④ 비이용지역으로의 접근성 제고
해 ① 직접적 이용제한 : 정책강화(세금부과), 구역별 이용(순환식 이용, 구역감시 강화), 이용강도의 제한(예약제, 이용자수·시간·장소 제한), 활동의 제한(캠프·낚시 제한)
② 간접적 이용제한 : 물리적 시설의 개조(접근로 등의 증설·감축), 이용자에게 정보제공(구역별 특성·범위·이용패턴 홍보), 자격요건부과(입장료·이용요금 차등화)

제1과목 조경사

1 테베(THEBE)에서 발견된 아래의 고대 이집트 벽화와 직접 관련되는 정원은?

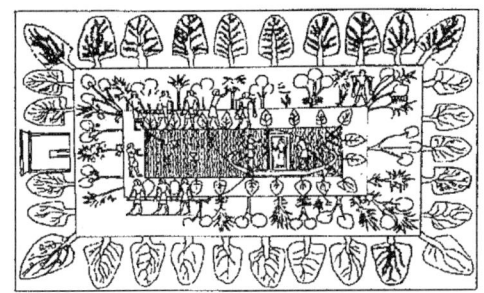

① 궁궐정원　　　　　② 묘지정원
③ 옥상정원　　　　　④ 주택정원

2 백제시대의 궁원을 조성 시기 순으로 바르게 나열한 것은?

① 궁남지 → 한산성궁원 → 망해정 → 임류각
② 한산성궁원 → 임류각 → 궁남지 → 망해정
③ 임류각 → 한산성궁원 → 궁남지 → 망해정
④ 한산성궁원 → 궁남지 → 임류각 → 망해정

해 ② 한산성궁원(미상) → 임류각(동성왕 22년, 500) → 궁남지(무왕 35년, 635) → 망해정(의자왕 15년, 655)

3 중국에 조성된 정원과 이를 경영한 인물의 연결이 틀린 것은?

① 이덕유 - 평천산장　　② 왕유 - 망천별업
③ 사마광 - 독락원　　　④ 이격비 - 졸정원

해 ④ 이격비 - 낙양명원기, 졸정원 - 왕헌신

4 17세기 영국 스튜어트 왕조의 정원에 미친 네덜란드의 영향이 아닌 것은?

① 튤립의 식재
② 방사형의 소로
③ 공간구성의 조밀함
④ 상록수를 환상적 형태로 다듬은 토피아리

해 ② 방사형의 소로는 프랑스의 영향이다.

5 한쪽은 산, 삼방은 못으로 조성되어 연꽃 향으로 유명한 하풍사면정(荷風四面亭)과 관련된 정원은?

① 졸정원　　　　　② 상림원
③ 이화원　　　　　④ 사자림

6 우리나라 경복궁의 향원정(香遠亭)이라는 명칭은 어느 사람의 글에서 따온 것인가?

① 왕희지　　　　　② 주돈이
③ 도연명　　　　　④ 황정견

해 ② 주돈이의 '애련설(愛蓮說)' 중 향원익청(香遠益淸)이란 구절에서 유래되었다.

7 다음 서원과 대(臺)의 연결이 틀린 것은?

① 도산서원 - 천연대　　② 옥산서원 - 사산오대
③ 돈암서원 - 영귀대　　④ 무성서원 - 유상대

해 ③ 돈암서원은 1634년(인조 12)에 김장생의 학문과 덕행을 추모하기 위해 창건하여 위패를 안치한 곳이며, 영귀대(詠歸臺)는 사산오대 중의 하나이다.

8 우리나라에 모란(牡丹) 씨가 도입된 시기는?

① 신라 진평왕 49년　　② 백제 동명성왕 22년
③ 신라 법흥왕 21년　　④ 신라 문무왕 14년

9 일본에서 용안사(龍安寺), 대덕사(大德寺)의 대선원(大仙院)과 같은 고산수(枯山水)가 나타났던 시대는?

① 평안(平安)시대　　　② 겸창(鎌倉)시대
③ 실정(室町)시대　　　④ 도산(桃山)시대

10 다음 중 관련 연결이 적절하지 않은 것은?

① 장물지(長物誌) - 계성
② 애련설(愛蓮設) - 주돈이
③ 낙양명원기(洛陽名園記) - 이격비
④ 유금릉제원기(遊金陵諸園記) - 왕세정

해 ① 장물지 - 문진향, 계성 - 원야

11 바로크 양식의 특징으로 가장 거리가 먼 것은?

① 직선적인 것을 선호
② 토피아리의 난용(亂用)
③ 물에 대한 기교적인 취급
④ 개성적 형태와 평면의 격렬한 대비

해 바로크 양식이란 17C 초에서 18C 전반에 걸쳐 나타난 양식
으로 16세기 르네상스의 조화와 균제미로부터 벗어나 세부
기교에 치중하며 곡선의 활용, 자유롭고 유연한 디테일 등이
활발하게 나타난다.

12 20세기 초 도시미화운동의 이론적 배경을 마련한 미국의 조경가는?
① 맥킴(C. McKim)
② 번햄(D. Burnham)
③ 로빈슨(C. Robinson)
④ 생고덴(A. Saint-Gaudens)

13 도시 조절 기능으로서 그린벨트(녹지대) 개념이 생겨난 것은?
① 보스톤 공원계통
② 랑팡의 워싱턴 계획
③ 하워드의 전원도시론
④ 옴스테드의 센트럴파크 계획

14 George Washington이 개조했으며 가장 사랑했던 주택은?
① 몬티셀로(Monticello)
② 군스톤 홀(Gunston Hall)
③ 마운트 버논(Mount Vernon)
④ 스토우 하우스(Stowe House)

15 일본 강호(江戶, 에도) 시대의 정원이 아닌 것은?
① 계리궁(桂離宮)
② 천룡사(天龍寺) 정원
③ 수학원이궁(修學院離宮)
④ 소석천후락원(小石川後樂園)

해 ② 천룡사(天龍寺) 정원은 남북조시대의 정원이다.

16 "추고천황(推古天皇) 20년(612년)에 백제의 노자공(路子工)이 수미산(須彌山)과 오교(吳橋)를 만

들어 놓았다." 라는 내용이 포함된 일본 최초 정원에 관한 기록서는?
① 작정기(作庭記)
② 일본서기(日本書紀)
③ 축산정조전 전편(築山庭造傳 前篇)
④ 석조원생팔중탄전(石粗園生八重坦傳)

해 ① 작정기 - 귤준망의 침전조 계통의 작정서
③ 축산정조전 전편 - 북촌원금재
④ 석조원생팔중원전 - 이도헌추리

17 다음 중 화계(花階)를 인공적으로 성토하여 조성한 사례는?
① 다산초당의 화계
② 연경당의 선향재 후원
③ 낙선재와 석복헌의 후원
④ 경복궁 교태전 후원의 아미산원

18 한국정원의 특징으로 가장 거리가 먼 것은?
① 풍류생활의 장
② 유불선 사상 반영
③ 원지의 단조로움
④ 곡선위주의 윤곽선 처리

해 ④ 한국정원의 공간 처리는 직선적이다.

19 영국 풍경식 조경가들의 활동연대 순서가 오래된 것부터 순서대로 바르게 배열된 것은?
① 찰스 브릿지맨 → 란셀로트 브라운 → 윌리암 켄트 → 험프리 랩턴
② 윌리암 켄트 → 란셀로트 브라운 → 찰스 브릿지맨 → 험프리 랩턴
③ 윌리암 켄트 → 찰스 브릿지맨 → 란셀로트 브라운 → 험프리 랩턴
④ 찰스 브릿지맨 → 윌리암 켄트 → 란셀로트 브라운 → 험프리 랩턴

20 건륭화원(乾隆花園)의 설명으로 맞는 것은?
① 3개의 단으로 이루어진 전통적 계단식 경원이다.
② 제1단은 석가산을 이용하여 자연의 웅장함을 갖게 하였다.

③ 제2단은 인공 연못을 조성하여 심산유곡을 상징화 하였다.

④ 제3단은 석가산위에 팔각문이 달린 죽향관을 세웠다.

해 건륭화원은 괴석과 건축물로 이루어진 입체적 공간으로 4개의 안뜰로 이루어졌으며, 일반적으로 5단의 계단식 정원으로 평가한다.

제2과목 조경계획

21 다음 중 환경영향평가 대상사업의 종류 및 범위기준으로 틀린 것은?

① 「도로법」 및 「국토의 계획 및 이용에 관한 법률」에 따른 도로의 건설사업 중 왕복 2차로 이상인 기존 도로로서 길이 10킬로미터 이상의 확장

② 「관광진흥법」에 따른 관광사업 중 사업면적이 30만제곱미터 이상인 것

③ 「자연공원법」에 따른 공원사업 중 사업면적이 10만제곱미터 이상인 것

④ 「체육시설의 설치·이용에 관한 법률」에 따른 체육시설의 설치공사 중 사업면적이 10만제곱미터 이상인 것

해 ④ 「체육시설의 설치·이용에 관한 법률」에 따른 체육시설의 설치공사 중 사업면적이 25만제곱미터 이상인 것

22 생태복원 관련 용어 중 "완벽한 복원은 아니지만 원래의 자연 상태와 유사한 것을 목적으로 하는 것"은 무엇인가?

① 복구(rehabilitation)

② 개조(remediation)

③ 재생(nature restoration)

④ 향상(enhancement)

해 ② 개조(remediation) : 건강한 생태계 조성을 위해 개조하는 것으로 결과보다는 과정을 중요시한다.

③ 재생(nature restoration) : 복원과 같은 의미로 자연을 적극적으로 되돌리는 것을 통해 생태계의 건강성을 회복하는 것이다.

④ 향상(enhancement) : 질이나 중요도, 매력 측면에서의 증진을 말한다.

23 뉴어바니즘(New Urbanism)의 계획이념과 가장 거리가 먼 것은?

① 도로가 서로 연결된 계획

② 보행자를 최대한 고려한 계획

③ 동일한 주거형태를 이용하여 지역의 명료성을 강조하는 계획

④ 모든 요소를 종합하여 단지의 조화와 유지를 위해 강력한 디자인 코드를 사용하는 계획

해 뉴어바니즘은 1980년대 무질서한 시가지 확산에 의한 도시문제를 극복하기 위한 대안으로 대두되었으며, 효율적이며 친환경적인 보행도로 조성, 차도 및 보행공간의 연결성 확보, 다양한 기능 및 형태의 주거단지 조성 등의 계획이념을 토대로 한다.

24 도로관리청은 도로 구조의 파손 방지, 미관의 훼손 또는 교통에 대한 위험 방지를 위하여 필요하면 소관 도로의 경계선에서 20미터를 초과하지 아니하는 범위에서 대통령령으로 정하는 바에 따라 어떤 구역을 지정할 수 있는가?

① 입체적도로구역   ② 도로보전입체구역

③ 접도구역   ④ 노견

해 접도구역에서는 토지의 형질을 변경하는 행위 또는 건축물이나 그 밖의 공작물을 신축·개축 또는 증축하는 행위 등을 제한한다.

25 학교조경 계획 시 고려사항으로 가장 거리가 먼 것은?

① 일조는 겨울철 기준으로 적어도 4시간 이상 얻을 수 있도록 한다.

② 학생들의 이해를 돕기 위해 식생관련안내표찰 설치를 검토한다.

③ 교목위주의 수목식재를 설계하고 기존의 성상이 양호한 대형 수목은 존치시킨다.

④ 시설물 설치는 최대한 다양하게 설치한다.

26 뉴먼(Newman)은 주거단지 계획에서 환경심리학적연구를 응용하여 범죄 발생률을 줄이고자 하였다. 뉴먼이 적용한 가장 중요한 개념은?

① 혼잡성(crowding)

② 프라이버시(privacy)

③ 영역성(territoriality)

④ 개인적 공간(personal space)

27 유원지에서 위락활동의 수요에 직접적으로 영향을 주는 요소로 가장 거리가 먼 것은?

① 토지가격 ② 교육정도

③ 지리적인 위치 ④ 이용자의 수입

28 조경계획에서 식생현황 조사의 기본 목적으로 가장 거리가 먼 것은?

① 공사에 필요한 수목재료의 이용

② 보존지역의 파악

③ 개발 가능지역의 한정

④ 바람의 이동경로 예측

29 조경계획 및 설계를 위한 과정 중 필수적으로 수집 분석할 자료의 범주로 가장 거리가 먼 것은?

① 물리/생태적 자료 ② 사회/행태적 자료

③ 시각/미학적 자료 ④ 산업/경제적 자료

30 다음 중 경관분석의 기법에 해당하지 않는 것은?

① 기호화 방법 ② 군락측도 방법

③ 사진에 의한 방법 ④ 메쉬(mesh)에 의한 방법

🈁 ② 군락측도란 군락의 여러 특질을 재는 척도로 자연환경조사에 속한다.

31 생태계획에서 고려하는 원리로 가장 부적합한 것은?

① 생태계의 폐쇄성

② 생태계 구성요소들 사이의 연결성

③ 생태적 다양성과 추이대(ecotone)

④ 에너지 투입과 물질저장의 제한성

32 다음 중 공동주택을 건설하는 주택단지의 규모에 따른 진입도로 폭(기간도로와 접하는 폭)에 대한 기준으로 틀린 것은?

① 300세대 미만 : 4m 이상

② 300세대 이상 500세대 미만 : 8m 이상

③ 500세대 이상 1,000세대 미만 : 12m 이상

④ 1,000세대 이상 2,000세대 미만 : 15m 이상

🈁 ① 300세대 미만의 도로 폭은 6m 이상이다.

33 일반주거지역 등에 설치하는 문화 및 집회시설 건축물의 공개공지를 확보해야 할 때의 건축물 바닥면적 합계 조건과 공개공지 설치면적의 범위 기준이 모두 맞는 것은?

① 4,000m² 이상, 대지면적의 5% 이하

② 4,000m² 이상, 대지면적의 10% 이하

③ 5,000m² 이상, 대지면적의 15% 이하

④ 5,000m² 이상, 대지면적의 10% 이하

🈁 공개공지란 문화 및 집회시설, 판매 및 영업시설 등 다중이용시설 건축 시에 도심지 등의 환경을 쾌적하게 조성하기 위해 일반이 자유롭게 이용할 수 있도록 설치하는 개방된 소규모 휴식 공간을 말한다.

34 주택의 배치 시 쿨데삭(Cul-de-sac) 도로에 의해 나타나는 특징이 아닌 것은?

① 주택이 마당과 같은 공간을 둘러싸는 형태로 배치된다.

② 주민들 간의 사회적인 친밀성을 높일 수 있다.

③ 통과교통이 출입하지 않으므로 안전하고 조용한 분위기를 만들 수 있다.

④ 보행 동선의 확보가 어렵고, 연속된 녹지를 확보하기 어려운 단점이 있다.

🈁 ④ 쿨데삭은 차량으로부터 분리된 안전한 녹지를 확보할 수 있다.

35 근린주구는 공간상의 한계와 사회적 네트워크(social network), 지역시설에 대한 집중적인 이용과 주민들간의 감성적(感性的)·상징적(象徵的)인 의미를 지닌 작은 지역이라고 주장한 사람은?

① C.S.Stein ② Ruth Glass

③ G. Golany ④ Suzzane Keller

🈁 ① C. S. Stein : 근린주구에 대한 개념을 설계에 적용하는 등의 보편화에 기여하였다.

② Ruth Glass : 뚜렷한 물리적 성격이나 주민의 특수한 사회적 성격으로 분리되어지는 영역집단으로 보았다.

④ Suzzane Keller : 분리할 수 있는 큰 공간단위가 있는 특수한 지역이며 지역의 특수성은 지리상의 경계, 거주민의 인종, 문화적 성격 또는 주민이 공동체로 느낄 수 있는 심리적 단위 등 정확하게 평가하기 힘든 서로 다른 기준에 의해 구분된다고 하였다.

36 「도시 및 주거환경정비법」에서 정비사업으로 포함되지 않는 것은?

① 주택재개발사업　　② 주택재건축사업
③ 도시환경정비사업　　④ 공공시설정비사업

해 「도시 및 주거환경정비법」에서 정비사업에는 주거환경개선사업, 주택재개발사업, 주택재건축사업, 도시환경정비사업, 주거환경관리사업, 가로주택정비사업 등이 있다.

37 자연공원법 상 국립공원으로 지정하기 위해 필요한 서류에 해당하지 않는 것은?

① 지역 주민의 지정 동의서
② 공원지정의 목적 및 필요성
③ 인구, 주거, 문화재 등 인문현황
④ 동·식물의 분포, 지형·지질, 수리·수문, 자연경관, 자연자원 등 자연환경현황

해 국립공원의 지정에 필요한 서류에는 ②③④항 이외에 공원의 명칭 및 종류, 공원구역 예정지의 도면 및 행정구역별 면적, 토지의 이용현황 및 그 현황을 표시한 도면, 토지의 고유구분, 공원구역 예정지의 용도지구계획안 및 그 계획을 표시한 도면 등이 있다.

38 레크레이션 수요 중에서 사람들로 하여금 패턴을 변경하도록 고무시키는 수요는?

① 잠재수요　　② 유도수요
③ 유사수요　　④ 표출수요

39 생태적 결정론(ecological determinism)을 주장하여 조경 계획 및 설계에 있어 생태적 계획의 이론적 기초가 되도록 한 사람은?

① Ian McHarg　　② J.O.Simonds
③ Lawrece Halprin　　④ Robert Sommer

해 맥하그는 자연계는 생태계의 원리에 의해 구성되어 있어 생태적 질서가 인간환경의 물리적 형태를 지배한다는 이론을

주장하였다.

40 지구단위계획구역 및 지구단위계획을 결정하는 계획은?

① 기본경관계획　　② 광역도시계획
③ 도시·군기본계획　　④ 도시·군관리계획

해 지구단위계획이란 도시·군계획 수립 대상지역의 일부에 대하여 토지 이용을 합리화하고 그 기능을 증진시키며 미관을 개선하고 양호한 환경을 확보하며, 그 지역을 체계적·계획적으로 관리하기 위하여 수립하는 도시관리계획을 말한다.

제3과목 조경설계

41 자연의 형태에서 찾아볼 수 있는 피보나치수열(Fibonacci Sequence)에 대한 설명으로 틀린 것은?

① 레오나르도 피보나치가 1200년경 발견하였다.
② 원형울타리의 길이를 계산하는데 사용될 수 있다.
③ 수학적으로 각 수는 그것을 앞서는 2개의 수의 합인 연속의 수를 말한다.
④ 식물의 잎차례나 해바라기 씨에 의해 만들어지는 나선형에서 찾아볼 수 있다.

42 산림속의 빨간 벽돌집은 선명하고 아름답게 보인다. 이는 무슨 대비인가?

① 색상대비　　② 명도대비
③ 채도대비　　④ 보색대비

43 한국산업표준(KS)에서 규정한 유채색의 기본색 이름의 상호관계를 나타낸다. 빈칸에 들어갈 색명 약호가 순서대로 바르게 짝지어진 것은?(단, 영문은 색명의 약호이다.)

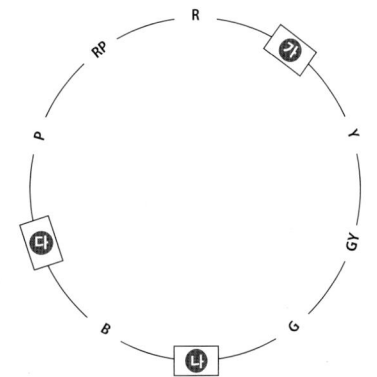

① 가 : Pk, 나 : BG, 다 : Br
② 가 : YR, 나 : Rr, 다 : PB
③ 가 : Pk, 나 : BG, 다 : PB
④ 가 : YR, 나 : BG, 다 : PB

44 묘지공원을 설계하고자 할 때 고려해야 할 사항으로 틀린 것은?
① 화장장 시설을 부지 내 의무 겸비한다.
② 공원시설 부지면적은 전체 부지의 20% 이상으로 한다.
③ 묘역의 면적비율은 공원종류, 토지이용상황, 운영관리의 편의 및 기타 여건에 의해 결정하되 전면적의 1/3 이하로 한다.
④ 공원면적의 30~50% 정도를 환경보존녹지로 확보하고, 식재는 목적과 기능에 적합하고 생태적 조건에 맞는 수종을 선정한다.

45 도시 이미지를 분석해 보면 관찰자에게 두 가지 단계의 경계나 연속적인 요소를 직선적으로 분리하는 요소가 눈에 뜨이게 된다. 이에는 해안, 철로변, 벽 등이 포함될 수 있겠는데 이러한 요소를 케빈린치는 무엇이라 부르고 있는가?
① 모서리(Edges)   ② 통로(Paths)
③ 지역(Districts)   ④ 결절점(Nodes)

46 그림의 치수 표시 방법으로 틀린 것은?

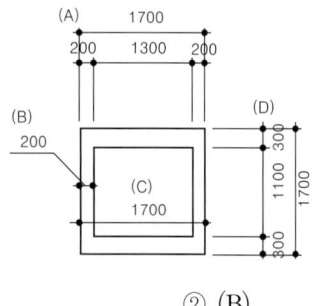

① (A)   ② (B)
③ (C)   ④ (D)

47 수경시설(폭포, 벽천, 실개울 등) 설계고려 사항 중 틀린 것은?
① 실개울의 평균 물깊이는 3~4cm 정도로 한다.

② 분수는 바람에 의한 흩어짐을 고려하여 주변에 분출높이의 2배 이하의 공간을 확보한다.
③ 콘크리트 등의 인공적인 못의 경우에는 바닥에 배수시설을 설계하고, 수위조절을 위한 월류(over flow)를 반영한다.
④ 실개울은 설계대상 공간의 어귀나 중심광장·주요 조형요소·결절점의 시각적 초점 등으로 경관효과가 큰 곳에 배치한다.
㉿ ② 분수는 바람에 의한 흩어짐을 고려하여 주변에 분출높이의 3배 이상의 공간을 확보한다.

48 1:50,000 지형도에서 5% 구배의 노선을 선정하려면 등고선 사이에 취하여야 할 도상 거리는?(단, 등고선 간격은 20m 임)
① 4mm   ② 8mm
③ 10mm   ④ 12mm
㉿ •경사도(G) = (D/L)×100
5 = (20/X)×100 ∴X=400(m) → 400,000(mm)
•축척 1/m=도상거리/실제거리
1/50,000=X/400,000 ∴X = 8(mm)

49 T자를 사용한 선긋기의 요령으로 틀린 것은?
① 수평선을 그을 때는 T자를 제도판에 밀착시키고 왼쪽에서 오른쪽으로 긋는다.
② 수직선을 그을 때는 T자와 삼각자를 겸용하여 위에서 아래로 긋는다.
③ T자가 움직이지 않도록 왼손으로 머리 부분을 가볍게 누르고, 안으로 밀면서 사용한다.
④ 연필심이 고르게 묻도록 T자에 연필을 대고, 적절히 돌리면서 선을 긋는다.
㉿ ② 수직선을 그을 때는 T자와 삼각자를 겸용하여 아래에서 위로 긋는다.

50 그림과 같은 입체도를 화살표 방향에서 본 투상도로 가장 적합한 것은?

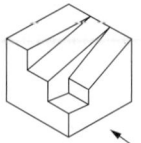

정답 44 ① 45 ① 46 ④ 47 ② 48 ② 49 ② 50 ②

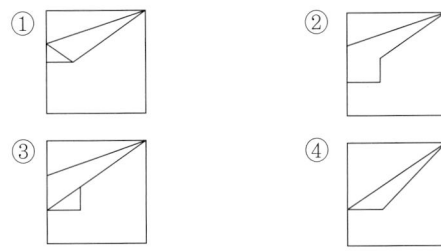

51 시각적 흡수력을 가장 올바르게 설명한 것은?
① 경관의 규모에 비례하여 증가한다.
② 경관의 명암과 농담에 의하여 결정된다.
③ 경관의 시각적 매력도와 같은 개념이다.
④ 시각적 투과성과 시각적 복잡성의 함수로 나타낸다.

해 ④ 시각적 투과성이 높고 시각적 복잡성이 낮은 곳이 시각적 흡수력이 낮다.

52 조경설계에 사용되는 "삼각스케일"에 표기되어 있는 축척이 아닌 것은?
① 1/800 　② 1/600
③ 1/300 　④ 1/100

53 생태숲의 학습 및 관찰시설 설계요령으로 틀린 것은?
① 야생조류에서 관찰지까지의 거리는 20미터 정도면 탐방객의 관찰을 적극적으로 실시할 수 있다.
② 관찰로를 단일코스로 하는 경우에는 루프형태로 하여 1.5~5km의 길이로 설치한다.
③ 적정노폭은 1.2m로 하되 최소 60cm(주변수목의 최소 개척폭 1.2m, 개척높이 2.1m)를 확보한다.
④ 노선의 기울기가 30% 미만일 경우는 비포장으로 하며, 그 이상의 경사로는 통나무 등을 이용한 자연스런 계단식 보도를 설치한다.

해 ① 조류탐방을 위한 공간은 탐방객을 위한 공간과 조류를 위한 공간으로 분리하며, 경계심을 완화할 수 있는 거리를 확보해야 한다. 먼 거리에서 조류에게 방해되지 않고 관찰할 수 있도록 망원경(fieldscope) 등을 이용한 관찰공간을 설계한다.

54 다음은 건축도면에 사용하는 치수의 단위에 관한 설명이다. ( )안에 공통으로 들어갈 단위는?

치수의 단위는 ( )를 원칙으로 하고, 이때 단위기호는 쓰지 않는다. 치수 단위가 ( )가 아닌 때에는 단위 기호를 쓰거나 그 밖의 방법으로 그 단위를 명시한다.

① cm 　② mm
③ m 　④ Nm

55 표제란에 대한 설명으로 옳은 것은?
① 도면명은 표제란에 기입하지 않는다.
② 도면 제작에 필요한 지침을 기록한다.
③ 범례는 표제란 안에 반드시 기입해야 한다.
④ 도면번호, 작성자명, 작성일자 등에 관한 사항을 기입한다.

56 음수대와 관련된 설계 및 설치 설명으로 틀린 것은?
① 사람이 많이 다니는 동선의 중앙에 위치한다.
② 배수구는 청소가 쉬운 구조와 형태로 설계한다.
③ 성인·어린이·장애인 등 이용자의 신체특성을 고려하여 적정높이로 설계한다.
④ 지수전과 제수밸브 등 필요시설을 적정 위치에 제 기능을 충족시키도록 설계한다.

해 ① 음수대는 녹지에 접한 포장부의에 배치하여 보행자 통행에 지장을 주지 않는 곳에 위치한다.

57 정면, 평면, 측면을 하나의 투상도에서 동시에 볼 수 있도록 3개의 모서리가 각각 120°를 이루게 그리는 도법은?
① 경사 투상도 　② 등각 투상도
③ 유각 투상도 　④ 평행 투상도

58 다음 균형(均衡) 중 불균등성(不均等性)에 해당하는 것은?
①  　②
③  　④

ᴴ 비대칭적 균형에 해당되는 것을 찾는다.

59 조경설계기준상의 경관조경시설과 관련된 설명이 맞는 것은?

① 보행등은 보행로 경계에서 100cm 정도의 거리에 배치한다.

② 정원등의 등주 높이는 1.5m 이하로 설계·선정한다.

③ 수목등은 푸른 잎을 돋보이게 할 경우에는 메탈할라이드등을 적용한다.

④ 잔디등의 높이는 2.0m 이하로 설계한다.

ᴴ ① 보행등은 보행로 경계에서 50cm 정도의 거리에 배치한다.

　② 정원등의 등주 높이는 2m 이하로 설계·선정한다.

　④ 잔디등의 높이는 1.0m 이하로 설계한다.

60 조경분석에 있어서 생태학적인 요인을 중요시하여 이를 주어진 조건 분석에 overlay 기법을 사용함으로써 적정한 토지이용을 구상하는 방법을 주장하는 사람은?

① F.L. Olmsted　　　　② I. McHarg

③ D. Burnham　　　　④ V. Olgay

제4과목 **조경식재**

61 경관생태학의 관점에서 볼 때 개체군과 관련하여 생물종의 손실이 가장 많이 일어나는 곳은?

① 고립되고 면적이 작은 공원 패취

② 산림과 산림을 연결하는 식생 코리더

③ 농경지로 이루어진 모자이크

④ 도시지역에 넓은 면적을 가진 습지

ᴴ ① 큰 패치일수록 다양한 비오톱을 포함하며, 더 많은 서식처를 가지게 되어 더 많은 종이 서식할 수 있다.

62 자연풍경식 식재의 기본양식에 해당되는 것은?

① 교호식재　　　　② 대식

③ 단식　　　　④ 임의식재

ᴴ 자연풍경식 식재의 기본양식에는 부등변삼각형식재, 임의식재, 모아심기, 무리심기, 산재식재, 배경식재, 주목 등이 있다.

63 다음 설명에 적합한 수종은?

> – 백색수피가 특이하다.
> – 극양수로서 도시공해 및 전지전정에 약하다.
> – 종이처럼 벗겨지며 봄의 신록과 가을 황색 단풍이 아름다워 현대 감각에 알맞은 조경수이다.

① *Carpinus laxiflora*

② *Betula schmidtii*

③ *Corylus heterophylla*

④ *Betula platyphylla* var. *japonica*

ᴴ ① 서어나무, ② 박달나무, ③ 개암나무, ④ 자작나무

64 엽(葉)의 속생 수가 옳은 수종은?

① *Pinus densiflora* : 3개

② *Pinus parviflora* : 3개

③ *Pinus bungeana* : 5개

④ *Pinus thunbergii* : 2개

ᴴ ① 소나무 2개, ② 섬잣나무 5개, ③ 백송 3개, ④ 곰솔

65 식재기능을 공간구성과 환경조절에 관한 기능으로 구분할 때, 환경조절과 밀접한 관련이 있는 식재는?

① 경계식재　　　　② 차폐식재

③ 방음식재　　　　④ 유도식재

ᴴ 식재의 기능별 구분

　• 공간조절기능 : 경계식재, 유도식재

　• 경관조절기능 : 지표식재, 요점식재, 경관식재, 차폐식재

　• 환경조절기능 : 녹음식재, 가로식재, 방풍·방설·방화식재, 지피식재 등

66 낙상홍의 수목규격 표시 방법은?

① H×R　　　　② H×W

③ H×B　　　　④ H×L

ᴴ 낙상홍은 전국에 식재가 가능한 낙엽활엽관목으로 추위에 강하고 내조성과 내공해성도 강하여 바닷가와 도심지에서도 생장력이 좋다.

67 Raunkiaer의 생활형과 그 대표종이 바르게 연결된 것은?

① 일년생식물 – 수련　　② 수생식물 – 돼지풀
③ 지중식물 – 얼레지　　④ 지상식물 – 갈대

해 ① 일년생식물 – 돼지풀, 채송화, 봉선화

　　② 수생식물 – 갈대, 수련, 물옥잠, 마름

　　③ 지중식물 – 튤립, 백합

　　④ 지상식물 – 교목, 관목, 덩굴류

68 일년생 가지에서 꽃눈이 생겨 그 해에 꽃이 피는 수목은?

① *Lagerstroemia indica*
② *Prunus yedoensis*
③ *Cercis chinensis*
④ *Camellia japonica*

해 ① 배롱나무, ② 왕벚나무, ③ 박태기나무, ④ 동백나무

69 수목의 음·양수 구별을 위한 외형상의 현저한 특징 주 가장 거리가 먼 것은?

① 지서(枝序)의 양
② 초두(梢頭)의 위치
③ 주간(主幹)의 분화
④ 생육지(生育地)의 환경

70 다음 중 천근성 수종으로 옳은 것은?

① 느티나무　　　　　② 아까시나무
③ 곰솔　　　　　　　④ 팽나무

71 다음 중 「박태기나무」의 학명은?

① *Cercis chinensis*
② *Chamaecyparis obtusa*
③ *Cercidiphyllum japonicum*
④ *Euonymus fortunei* var. *radicans*

해 ② 편백, ③ 계수나무, ④ 줄사철나무

72 노거수의 공동(空胴) 치료 방법에 대한 설명으로 틀린 것은?

① 공동이 큰 경우 버팀대를 박고, 충전재를 채워 넣는다.
② 부패한 목질부를 끌이나 칼 등을 이용하여 먼저 깨끗이 깎아 낸다.

③ 공동의 충전재로는 콘크리트, 폴리우레탄, 펄라이트 등이 사용된다.
④ 공사를 끝낸 후에 목질부의 부패를 방지하기 위하여 접착용 수지 등으로 이들 사이에 틈이 생기지 않도록 처리해 준다.

해 ③ 공동처리의 재료에는 콘크리트, 아스팔트 혼합물, 합성수지, 코르크, 고무블럭, 폴리우레탄 고무 등이 사용된다. 펄라이트는 인공지반 위에 사용하는 경량토 중 하나이다.

73 다음 (　)안에 적합한 용어는?

> 생강나무(*Lindera obtusiloba* Blume)의 꽃은 이가화이며, 3월에 잎보다 먼저 피고 황색으로 화경이 없는 (　)화서에 많이 달린다. 소화경은 짧으며 털이 있다. 꽃받침잎은 깊게 6개로 갈라진다.

① 산형　　　　　　　② 산방
③ 원추　　　　　　　④ 총상

74 중앙분리대 식재 시 차광효과가 가장 큰 수종으로만 나열된 것은?

① 아왜나무, 돈나무　　② 광나무, 소사나무
③ 사철나무, 쉬땅나무　④ 생강나무, 병아리꽃나무

해 ① 항 이외에 가이즈카향나무, 졸가시나무, 향나무 등이 있다.

75 사실적(寫實的) 식재와 가장 관련이 없는 것은?

① 다수의 수목을 규칙적으로 배식
② 실제로 존재하는 자연경관을 묘사
③ 고산식물을 주종으로 하는 암석원(rock garden)
④ 윌리엄 로빈슨이 제창한 야생원(wild garden)

해 사실적 식재는 실제로 존재하는 자연경관을 충실히 묘사하여 재현하는 방법으로 19세기 말 영국 윌리엄 로빈슨이 제창한 야생원, 20세기 브라질의 벌 막스가 시도한 원시적 천연식생 가미수법, 고산식물을 심어놓은 암석원 등이 이에 해당한다.

76 식재계획 시 향토자생 수종을 이용하는데 있어서 장점이 될 수 없는 것은?

① 주변지형 및 식생경관과 잘 조화된다.
② 대량구입이 용이하다.

③ 지역 환경에 적응이 잘 된다.

④ 유지관리에 비용이 적게 든다.

77 수목식재로 얻을 수 있는 기능은 건축적, 공학적, 기상학적, 미적기능이 있다. 다음 중 공학적 기능이 아닌 것은?

① 토양침식의 조절　　② 대기정화 작용

③ 통행의 조절　　　　④ 온도조절 작용

해 ④ 온도조절 작용은 기상학적 이용에 해당한다.

78 야생동물을 위한 이동통로 중 육교형 통로에 해당하는 설명이 아닌 것은?

① 주로 중·대형동물(곰, 멧돼지, 오소리, 너구리, 고라니, 노루 등)용 이다.

② 통로 길이가 긴 경우 중간에 고목, 돌더미 등 피난용 구조물을 추가한다.

③ 이용 동물들이 불안감을 느끼지 않도록 입·출구 및 통로 전체는 주변 식생과 조화를 이루도록 조성한다.

④ 동물들이 도로를 횡단하지 않고 통로를 이용하도록 유도하기 위해 입·출구의 좌·우측을 따라 방책을 설치하지 않는다.

해 ④ 동물들이 도로를 횡단하지 않고 통로를 이용하도록 유도하기 위해 입·출구의 좌·우측을 따라 방책을 설치해야 한다.

79 다음과 같은 특징을 갖는 수종은?

> – 상록활엽소관목이다.
> – 상록수 하부에 자금우 등과 혼재하며 강한 햇볕 아래에서도 잘 자라고 척박한 사질양토에서 번성한다.
> – 열매는 장과로 구형이며 붉은색으로 9월에 성숙한다.
> – 잎은 돌려나기(윤생)하며, 타원형이다.

① 맥문동　　　　　② 히야신스

③ 만년청　　　　　④ 산호수

80 식재설계의 물리적 요소 중 질감에 관한 설명

으로 옳은 것은?

① 잎이 작고 치밀한 수종은 고운 질감을 가진다.

② 좁은 공간에서는 거친 질감의 수목을 식재한다.

③ 식재는 사람 시각을 가장 고운 곳에서 가장 거친 곳으로 자연스럽게 이동되도록 해야 한다.

④ 고운 질감에서 거친 질감으로 연속되는 식재 구성은 멀리 떨어진 듯한 후퇴의 효과를 준다.

해 ② 좁은 공간에서는 고운 질감의 수목을 식재한다.

③ 식재는 사람 시각을 가장 거친 곳에서 가장 고운 곳으로 자연스럽게 이동되도록 해야 한다.

④ 거친 질감에서 고운 질감으로 연속되는 식재 구성은 멀리 떨어진 듯한 후퇴의 효과를 준다.

제5과목 **조경시공구조학**

81 공원지역에서 강우시 배수를 위한 수리효과(水理效果)에 직접적인 영향을 미치지 않는 것은?

① 수로의 경사

② 적설량(積雪量)

③ 동수반경(動水半徑)

④ 개수로 단면의 조도계수(組度係數)

82 B.M의 표고가 98.760m일 때, C점의 지반고는?(단, 단위는 m이고, 지형은 참고사항임)

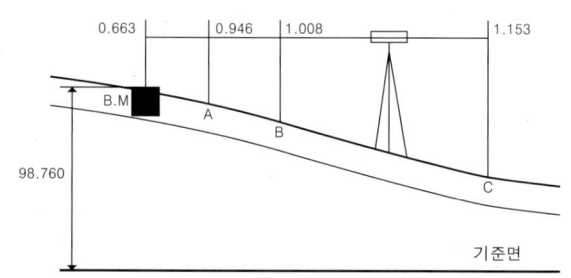

측점	관측값	측점	관측값
B.M.	0.663	B	1.008
A	0.946	C	1.153

① 98.270m　　　　② 98.415m

③ 98.477m　　　　④ 99.768m

해 미지점 지반고=기지점 지반고+후시−전시

측점C 지반고=98.760+0.663−1.153=98.270(m)

83 비가 오후 1시 15분에서 45분까지 30mm가 왔

다면 그 당시의 평균강우강도(mm/hr)는 얼마인가?

① 15
② 30
③ 45
④ 60

🔠 강우강도란 단위시간 동안 내린 강우량(mm/hr)으로 강우시간이 1시간보다 작은 경우 1시간으로 환산한다.

30×(60/30) = 60(mm/hr)

84 다음 옥외조명에 관한 사항으로 옳은 것은?
① 광도(光度)는 단위 면에 수직으로 떨어지는 광속밀도로서 단위는 룩스(lx)를 쓴다.
② 수은등은 고압나트륨등에 비해 2배 이상의 효율을 가지고 있다.
③ 도로 조명은 휘도 차에서 오는 눈부심을 줄이기 위해 광원을 멀리한다.
④ 교차로 조명등의 설치간격은 10m 정도가 좋고, 아래의 여러 방향으로 방사하도록 한다.

🔠 ① 광도는 광원의 세기를 표시하는 광속의 밀도로서 단위는 칸델라(cd)를 쓴다.
② 고압나트륨등은 수은등에 비해 2배 이상의 효율을 가지고 있다.
④ 교차로 조명등의 설치간격은 20~40m 정도가 좋고, 사고 위험이 높으므로 높은 조도가 필요하며, 조명등의 높이는 높게, 횡단보도 주변은 밝게 한다.

85 강우강도곡선과 강우량에 관한 설명 중 옳은 것은?
① 강우강도는 mm/hr로 표시된다.
② 강우강도는 강우계속시간이 증가하면 증가된다.
③ 강우강도 곡선은 일반적으로 1차식으로 표시된다.
④ 강우량 곡선에서는 강우계속시간이 증가하면 강우량이 감소한다.

🔠 ② 강우강도는 강우계속시간이 증가하면 감소된다.
③ 강우강도는 일반적으로 2차식으로 표시된다.
④ 강우량 곡선에서는 강우계속시간이 증가하면 강우량도 점차 증가한다.

86 하도급업체의 보호육성차원에서 입찰자에게 하도급자의 계약서를 입찰서에 첨부하도록 하여 덤핑입찰을 방지하고 하도급의 계열화를 유도하는 입찰방식은?
① 부대입찰
② 내역입찰
③ 제한경쟁입찰
④ 제한적 평균가낙찰제

87 살수기의 선정과 관련된 설명으로 적합하지, 않은 것은?
① 동일한 구역 내의 살수기의 살수강도는 같아야 한다.
② 같은 구역에나 구간에서 분무식과 회전식살수기를 혼용 사용해 효율을 증가시킨다.
③ 동일한 회로 내에 살수기에 작동하는 압력은 제조업자가 권장하는 계통의 효과적인 작동압력의 범위 내에 있어야 한다.
④ 토양종류, 지표면 경사, 식물종류, 지표면의 형태와 규모, 장애물의 유무를 고려하여 적합한 살수기를 선정한다.

🔠 ② 동일구역 내의 살수기는 동일한 살수강도와 동일한 종류의 살수기를 설치한다.

88 조경공사에 필요한 공사비 산정에 대한 설명으로 적합하지 않은 것은?
① 경비는 직접경비와 기타경비로 구분되며, 기타경비는 직접경비에 기타경비율을 곱하여 적용한다.
② 노무비는 직접노무비와 간접노무비로 구성되며, 간접노무비는 직접노무비에 간접노무비율을 곱하여 적용한다.
③ 일반관리비는 기업의 유지, 관리 비용 등 본사경비의 개념으로서 순공사비에 일반관리비율을 곱하여 적용한다.
④ 재료비는 순공사비를 구성하는 직접재료비, 간접재료비와 부대비용에서 작업부산물의 가치를 공제한 것이다.

🔠 경비에는 전력비, 광열비, 운반비, 기계경비, 특허권 사용료, 기술료, 연구개발비, 품질관리비, 가설비, 보험료, 복리후생비, 산업안전보건관리비 등이 포함된다.

89 다음 중 현행 시방서의 종류가 아닌 것은?
① 표준시방서
② 전문시방서
③ 공사시방서
④ 기준시방서

90 그림과 같은 단순보에서 지점 A의 수직반력값은?

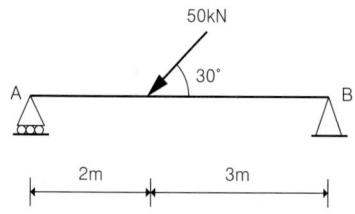

① 10kN
② 15kN
③ 20kN
④ 25kN

해 $R_A = \dfrac{50 \times \sin 30 \times 3}{5} = 15(kN)$

91 다음 네트워크 공정표에서 크리티컬패스(CP, critical path)의 순서로 옳은 것은?

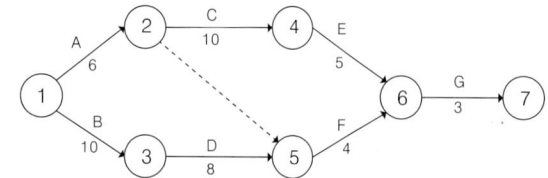

① 1 → 2 → 4 → 6 → 7
② 1 → 3 → 5 → 6 → 7
③ 1 → 2 → 5 → 6 → 7
④ 1 → 3 → 4 → 6 → 7

해 CP는 작업시간의 합이 최대가 나오는 경로다.

92 견치돌 사이에 모르타르를 채우고, 뒷채움으로 고임돌과 콘크리트를 사용하는 석축공법은?

① 골쌓기
② 메쌓기
③ 찰쌓기
④ 층지어쌓기

93 조경 수목의 측정은 수목의 형상별로 구분하여 측정하는데 규격의 허용치는 수종별로 설계규격의 몇 % 이내로 하여야 하는가?

① −5 ∼ 0%
② −10 ∼ −5%
③ −15 ∼ −10%
④ −20 ∼ −15%

94 안료+아교, 카세인, 전분+물의 성분으로 내수성이 없고 내알칼리성이며 광택이 없고 모르타르와 회반죽 면에 쓰이는 페인트는?

① 유성페인트
② 에나멜페인트
③ 수성페인트
④ 에멀션페인트

95 다음 중 측량의 3대 요소가 아닌 것은?

① 각측량
② 고저측량
③ 거리측량
④ 세부측량

96 조경시설물의 제품화에 대한 설명으로 틀린 것은?

① 조경시설물의 제품화율이 점차적으로 높아지고 있다.
② 제품화를 통하여 조경시설의 품질향상효과를 얻을 수 있다.
③ 공장에서 생산된 제품을 사용함으로써 현장에서 시공기간을 단축할 수 있다.
④ 실시설계단계에서 설계도면에 제품생산회사 및 모델명을 명시해야 한다.

97 석재의 성질에 대한 설명으로 틀린 것은?

① 압축강도는 중량이 클수록, 공극률이 작을수록 크다.
② 일반적으로 내구연한은 대리석이 화강석 보다 크다.
③ 흡수율이 크다는 것은 다공성이라는 것을 나타내며, 대체로 동해나 풍화를 받기 쉽다.
④ 일반적으로 암석의 밀도는 겉보기 밀도를 말하며, 조직이 치밀한 암석은 2.0∼3.0 범위이다.

98 강우유출량을 계산하는 공식인 $Q = \dfrac{1}{360} \cdot C \cdot I \cdot A$에서 I가 의미하는 것은?

① 강우속도
② 우수유출계수
③ 배수면적
④ 강우강도

99 다음 중 시공계획의 순서가 옳은 것은?

① 사전조사 → 일정계획 → 기본계획 → 가설 및 조달계획 → 관리계획
② 사전조사 → 기본계획 → 일정계획 → 가설 및 조달계획 → 관리계획
③ 사전조사 → 기본계획 → 가설 및 조달계획 →

일정계획 → 관리계획

④ 사전조사 → 일정계획 → 가설 및 조달계획 → 기본계획 → 관리계획

100 다음 중 식생옹벽 시공에 관한 설명으로 틀린 것은?

① 옹벽구체 보강토는 배수에 유리한 화강풍화토(마사토) 성분의 사질양토 사용을 원칙으로 한다.

② 식생옹벽의 기울기는 설계도면에 따르되 옹벽용 블록은 선형과 수평이 일정하게 유지되도록 한다.

③ 기초는 옹벽 높이의 1/3만큼 터파기하고, 일반구조용 옹벽에 비해 부등침하에 대한 사전검토는 생략해도 좋다.

④ 식생옹벽에 사용되는 조립식 블록은 모양과 색상이 균일하고 비틀림이나 균열 등이 없는 양질의 제품을 사용하여야 한다.

해 ③ 기초는 설계도서에 따라 터파기하고 부등침하가 발생하지 않도록 잡석다짐 또는 버림콘크리트 기초를 해야 한다.

제6과목 조경관리론

101 자연공원에서 동·식물 서식지 확대를 위한 모니터링(Monitoring)의 효과적 방법이라 하기 어려운 것은?

① 최소비용의 도모

② 측정지표의 정성화

③ 위치 선정의 타당성

④ 신뢰성 있는 기법의 도입

해 모니터링은 영향을 유효·적절히 측정할 수 있는 지표를 설정하고, 저비용에 신뢰성 있고 민감한 측정기법으로 측정 단위들의 합리적인 위치선정이 필요하다.

102 다음 중 수목의 육종에서 콜히친(colchicine) 처리에 따른 효과를 가장 잘 설명한 것은?

① 식물체를 빨리 자라게 한다.

② 병에 대한 저항성을 높여준다.

③ 염색체 수를 다배수로 만든다.

④ 천연적으로 교배할 수 없는 수종간의 교배가 가능하게 한다.

해 콜히친은 백합과 식물인 콜키쿰(Colchicum autumnale)의

씨앗이나 구근에 포함되어 있는 알칼로이드(식물 독성) 성분이다. 식물이 세포분열을 할 때 염색체의 분리를 저해해서 생식세포를 배수체로 만드는 효과가 있다. 이것을 이용해서 씨 없는 수박을 만들어 내는 등 식물의 육종에 사용되기도 한다.

103 다음과 같은 네트워크 공정관리에서 각 작업의 여유시간이 틀린 것은?

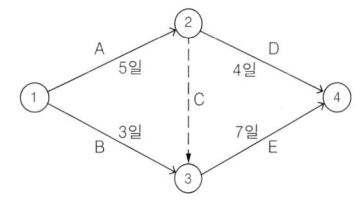

① A작업의 여유시간은 없다.

② B작업의 여유시간은 3일이다.

③ D작업의 여유시간은 3일이다.

④ E작업의 여유시간은 없다.

해 CP가 ①-②-③-④이므로 A, E작업의 여유시간은 없으며, B작업은 2일, D작업은 3일의 여유시간을 갖는다.

104 횡선식 공정표(bar chart)의 특징이 아닌 것은?

① 작성하기 쉽다.

② 작업 상호관계가 분명하다.

③ 각 공종별 공사와 전체의 공정시기 등이 일목요연하다.

④ 공사 진척 사항을 기입하고 예정과 실시를 비교하면서 관리할 수 있다.

해 ② 작업의 선후관계가 명확한 것은 네트워크 공정표의 장점이다.

105 실외 테니스, 배드민턴의 공식경기에 필요한 수평면 평균 조도 값(lx)은?

① 5000 　　　　② 2000

③ 1000 　　　　④ 500

106 일반적인 조경수 재배 토양과 비교했을 때 염해지 토양의 가장 뚜렷한 특징은?

① 유기물 함량이 높다.

② 활성 철 함량이 높다.

③ 치환성 석회 함량이 높다.

④ 마그네슘, 나트륨 함량이 높다.

107 습윤한 토양의 무게는 1650g, 그리고 건조 후 토양의 무게가 1450g, 용기의 부피는 1000cm³일 때 이 토양의 용적밀도(g/cm³)는?

① 1.00   ② 1.25

③ 1.45   ④ 1.65

해 토양의 용적밀도는 1m³의 흙을 채취하여 이것을 건조(보통 110℃에서 18시간)하였을 때의 중량을 말한다.

108 다음 중 이액순위(lyotropic series)가 가장 큰 원소는?

① Na^+ ② K^+

③ Mg^{+2} ④ Ca^{+2}

해 이액순위란 토양용액 중의 양이온이 콜로이드 표면에 흡착되기 쉬운 정도를 이액순위라 하고, 주요 양이온의 이액순위는 대체로 $Ca^{2+}>Mg^{2+}>K^+≧Na^+$이다.

109 정지, 전정의 방법으로 틀린 것은?

① 무성하게 자란 가지는 제거한다.

② 수목의 주지(主枝)는 하나로 자라게 한다.

③ 역지(逆枝), 수하지(垂下枝), 및 난지(亂枝)는 제거한다.

④ 같은 방향과 각도로 자라난 평행지는 제거하지 않고 남겨둔다.

해 ④ 같은 방향과 각도로 자라난 평행지는 제거한다.

110 조경공간에서 관리하자에 의한 안전사고로 옳은 것은?

① 유리조각을 방치하여 발을 베인 사고

② 관객이 백네트에 올라갔다가 떨어진 사고

③ 그네에서 뛰어내리는 곳에 벤치가 설치되어 있어 충돌한 사고

④ 시설물의 구조상 접속부에 손이 끼거나 구조 자체의 결함에 의한 사고

해 ② 이용자·보호자·주최자 등의 부주의에 의한 사고

③ 설치하자에 의한 사고 중 시설배치의 미비에 의한 것

④ 설치하자에 의한 사고 중 시설구조자체의 결함에 의한 사고

111 건설공사에 있어서 안전을 확보하기 위한 예방 대책과 가장 거리가 먼 것은?

① 현장의 정리정돈

② 안전관리기구의 구성

③ 산업재해보험의 가입

④ 안전교육의 주기적 실시

112 카바메이트(carbamate)계 농약에 해당하지 않는 것은?

① 페노뷰카브유제

② 카보설판수화제

③ 페니트로티온수화제

④ 티오파네이트메틸수화제

해 ③ 유기인계 농약

113 다음 [보기]에서 나타난 예는 레크리에이션공간의 관리에 있어서의 5가지 기본 전략 중 어느 것에 해당되는가?

[보기]
레크리에이션 이용에 의해 부지조건의 악화가 발생할 시 손상된 부지를 폐쇄하고, 더욱 빠른 회복을 단기간에 하기 위해 적당한 육성관리를 행하여 주는 방법이다.

① 폐쇄 후 육성관리

② 폐쇄 후 자연회복형

③ 완전방임형 관리전략

④ 순환식 개방에 의한 휴식기간 확보

114 수목 이식 직후 조치하여야 할 주 관리사항으로 가장 부적절한 작업은?

① 수간보호   ② 지주목 설치

③ 관수 및 전정   ④ 뿌리돌림

해 ④ 뿌리돌림은 새로운 잔뿌리 발생을 촉진시키고, 분토 안의 잔뿌리 신생과 신장을 도모하여 이식 후의 활착을 돕기 위하여 굴취 전에 하는 사전조치이다.

115 솔수염하늘소에 대한 설명으로 옳지 않은 것은?

① 유충으로 월동한다.

② 소나무재선충병의 매개체이다.

③ 산란기는 6~9월이며, 7~8월에 가장 많다.

④ 암컷 한 마리의 산란수는 평균 500여개 정도이다.

해 ④ 솔수염하늘소는 6~9월에 100여 개의 알을 소나무류의 수피 속에 낳는다.

116 토양 중 인산이 난용성으로 되는 가장 큰 이유는?

① 휘산(揮散)　　　　② 산화(酸化)

③ 고정(固定)　　　　④ 용탈(溶脫)

해 인산고정이란 식물이 성장하는데 필요한 유효태 인산 이온이 점토광물이나 유기물 등에 빨리 흡착되고, 칼슘, 알루미늄, 철 등과 반응하여 불용성의 화합물로 변하게 된다. 이렇게 될 경우 인산은 식물이나 미생물이 이용할 수 없는 형태로 전환되는데 이러한 반응을 인산 고정이라 한다.

117 비탈면 보호시설 공법의 설명으로 옳은 것은?

① 종자뿜어붙이기공은 일종의 식생공이다.

② 비탈면 돌망태공은 용수(湧水) 및 토사유실 우려가 없는 곳에 시행된다.

③ 콘크리트 격자 블록공은 식생공법을 배제한 구조물에 의한 비탈면 보호공이다.

④ 평판 블록 붙임공은 비탈면 길이가 길고 경사(勾配)가 비교적 급한 곳에 시행된다.

118 과일이 열리는 조경수목에서 도장지는 힘이 강한 가지의 기부에 급속도로 자란 필요치 않는 나무가지로서 생장기에는 우선 길이를 반 정도 줄여 힘을 억제하고 이듬해 봄에 동기(冬期) 전정 때는 어느 정도 잘라야 하는가?

① 가지의 1/2을 남기고 자른다.

② 가지의 2/3정도를 남기고 자른다.

③ 줄기에 바짝 붙여서 기부로부터 자른다.

④ 기부로 부터 2~3눈을 남기고 자른다.

119 공정관리상 최적공기란 직접비와 간접비를 합한 총공사비가 최소가 되는 가장 경제적인 공기를 말한다. 시공속도를 빠르게 하면 공기 단축에 따른 일반적인 직·간접비의 증감사항으로 맞는 것은?

① 직접비 : 증가, 간접비 : 증가

② 직접비 : 증가, 간접비 : 감소

③ 직접비 : 감소, 간접비 : 증가

④ 직접비 : 감소, 간접비 : 감소

120 배수시설의 구조 중 지하배수시설의 구조물이 아닌 것은?

① 맹암거　　　　② 측구

③ 유공관암거　　　　④ 배수관거

해 ② 측구란 도로나 공간이 구획되는 경계선을 따라 설치하는 배수로로 뚜껑을 덮어 상부의 통행이 가능하도록 하면 트렌치라고 지칭한다.

2018년 조경기사 제1회

제1과목 조경사

1 정원시설과 관련된 인물의 연결이 적절하지 않은 것은?

① 오곡문 – 양산보
② 암서재 – 송시열
③ 초간정 – 권문해
④ 동천석실 – 정영방

해 ④ 동천석실은 윤선도의 부용동 정원에 위치한다.

2 중국의 북경에 있는 원명원(圓明園)에 관한 설명 중 옳은 것은?

① 강희(康熙)황제가 꾸며 공주에게 넘겨준 것이다.
② 1860년에 침략한 일본군에 의하여 파괴되었다.
③ 원명원을 중심으로 동쪽에는 만춘원이 있고, 남동쪽에는 장춘원이 있다.
④ 뜰(園) 안에는 대 분천(噴泉)을 중심으로 하는 프랑스식 정원이 꾸며져 있다.

해 원명원은 원명원, 장춘원, 기춘원(후에 만춘원으로 변경) 3원을 통틀어 일컬으며, 1860년 침공한 영·불 연합군의해 대부분 소실되었으며 아직도 복원이 끝나지 않았다.

3 19세기에 공공공원(public park)을 마련한 기본적인 원인이 아닌 것은?

① 포스트모더니즘의 등장
② 공중위생에 대한 관심
③ 국민의 도덕에 대한 관심 증가
④ 낭만주의적·미적인 관심 증가

해 ① 포스트모더니즘은 20C 중후반에 등장하는 사조이다.

4 조선시대 주례고공기(周禮考工記)의 적용에 관한 설명 중 옳지 않은 것은?

① 조선 궁궐을 만드는 원칙 가운데 하나이다.
② 삼조삼문의 치조는 정전과 편전이 있는 곳을 의미한다.
③ 우리나라에서는 전조후시 원칙을 적용하여 궁궐을 조성했다.
④ 삼조삼문의 외조는 신하들이 활동하는 관청이 있는 곳이다.

해 ③ 궁궐 건축의 형식과 구성 원리는 '삼조삼문', 왕도의 배치

는 '좌조우사면조후시'의 원리로 되어 있으나 조선의 궁궐(경복궁)은 배산임수의 풍수지리설로 인하여 뒤쪽에 시장을 배치하지 않았다.

5 통일신라시대 경주의 도시구획 패턴으로 가장 적합한 것은?

① 직선형
② 격자형
③ 십자형
④ 동심원형

해 왕경(王京)을 확장하고 시가지 가로망 형성에는 정전법 사용하여 약 120m 정도의 간격을 둔 격자형으로 구획하였으나 후에는 정전식 가로망이 쇠퇴한다.

6 고대 그리스의 공공조경이 아닌 것은?

① 아도니스원
② 성림
③ 아카데미
④ 김나지움

해 ① 아도니스원은 고대 그리스의 주택정원으로 부인들에 의해 가꾸어졌으며, 옥상가든이나 포트가든으로 발전하였다.

7 안동 하회마을 부용대에서 체험할 수 있는 다차원적 놀이문화와 관계가 먼 것은?

① 천천히 줄에 매달려 강을 건너는 불
② 독특한 송진 타는 냄새 맡기
③ 짚단에 불 붙여 절벽 아래 던지기
④ 물 위에 술잔 띄워 돌리기

해 ④ 유상곡수연에 해당하는 내용으로 하회마을과는 관계가 없다.

8 일본정원에 학도(鶴島)와 구도(龜島)가 함께 조성된 정원은?

① 용안사 석정
② 은각사 향월대
③ 서방사 이끼정원
④ 남선사 금지원

해 ④ 소굴원주에 의해 조영된 정원으로 학도와 구도의 배치가 배치되어 있어 '학구의 정원'이라 불린다.

9 16~17C의 네덜란드 정원에서 흔히 볼 수 있었던 정원 시설물이 아닌 것은?

① 캐스케이드
② 창살울타리

③ 화상(花床)　　　　　④ 정자

웹 ① 캐스케이드는 지형을 이용한 수경시설로 구릉지가 없는 네덜란드 정원에서는 보기가 어렵다.

10 고대 서부아시아 수렵원(Hunting park)에 관한 설명으로 가장 거리가 먼 것은?
① 오늘날 공원(park)의 시초가 된다.
② 인공으로 호수와 언덕을 만들고, 물가에 신전을 세웠다.
③ 소나무, 사이프러스에 대한 관개를 위해 규칙적으로 식재하였다.
④ 니네베(Nineveh)의 인공 언덕 위에 세워진 궁전 사냥터가 유명하다.

웹 ② 사냥터 내 작은 언덕에 신전과 예배당을 설치하였다.

11 경복궁의 아미산(峨嵋山)원에서 볼 수 있는 경관요소가 아닌 것은?
① 굴뚝　　　　　　② 정자
③ 석지(石池)　　　④ 수조(水槽)

웹 아미산은 왕비의 침전인 교태전의 후원으로 인공적으로 조성한 화계에 각종 수목이 식재되어 있으며, 굴뚝·석지·수조·괴석 등으로 장식되어 있다.

12 중세 스페인 알함브라 궁원의 주정으로 일명 "천인화의 파티오"라 불리는 것은?
① 사자의 파티오　　② 연못의 파티오
③ 다라하의 파티오　④ 레하의 파티오

웹 ② '알베르카 파티오'라고도 한다.

13 다음 중 카지노가 테라스 최상단에 위치한 빌라는?
① 에스테　　　　　② 란테
③ 알도브란디니　　④ 코르도바

웹 ② 란테-하단, ③ 알도브란디니-중간

14 고려시대 궁원에 관한 기록에서 동지(東池)는 5대 경종에서 31대 공민왕에 이르기까지 자주 나타나고 있다. 기록상으로 추측할 때 동지에 대한 설명으로 틀린 것은?

① 정전(政殿)인 회경전 동쪽에 위치
② 연꽃을 감상하기 위한 정적인 소규모 연못
③ 연못 주변과 언덕에 누각 조성
④ 학, 거위, 산양 등을 길렀던 유원 조성

웹 동지에 배를 띄워 시험을 보거나 왜선을 잡아다 놓을 정도의 큰 규모이다.

15 다음 중 베티가(House of vettii)의 설명으로 맞지 않는 것은?
① 고대 그리스 별장에 속한다.
② 실내공간과 실외공간의 구분이 모호하다.
③ 2개의 중정과 지스터스로 이루어져 있다.
④ 아트리움(Atrium)과 페리스틸리움(Peristylium)을 갖추고 있다.

웹 ① 로마시대의 주택정원이다.

16 다음 중 동일한 서원 공간에 존재하지 않는 것은?
① 송죽매국　　　　② 절우사
③ 시사단　　　　　④ 관어대

웹 ①②③은 도산서원과 관련이 있으며, ④의 관어대는 옥산서원의 사산오대 중 하나이다.

17 이슬람 정원에서 4개의 수로로 분할되는 4분 정원의 기원은?
① 마스지드(al-Masjid)
② 차하르 바그(Chahar Bagh)
③ 지구라트(Ziggurat)
④ 마이단(Maidan)

웹 ② 차하르바그는 이란어로 4개의 정원이라는 의미이다. 이것을 이스파한의 길에 붙여 차하르바그 길이 생겨난다.

18 영국 버컨헤드(Birkenhead) 공원의 설계자는?
① Humphry Repton　　② Joseph Paxton
③ Joseph Nash　　　　④ Robert Owen

19 서원의 외부공간 구성요소가 아닌 것은?
① 성생단　　　　　② 관세대
③ 소전대　　　　　④ 정료대

해 ③ 소전대는 왕릉에서 제사를 마친 후 축문이나 혼백 등을 태우기 위한 시설물이다.

20 다음 중 A와 B에 해당하는 것은?

> 역대 중국정원은 지방에 따라 많은 명원(名園)을 볼 수 있다.
> 그 중 소주(蘇州)에는 (A) 등이 있고, 북경(北京)에는 (B) 등이 있다.

① A:유원(留園), B:졸정원(拙政園)
② A:자금성(紫禁城), B:원명원 이궁(圓明園離宮)
③ A:졸정원(拙政園), B:원명원 이궁(圓明園離宮)
④ A:만수산 이궁(萬壽山離宮), B:사자림(師子林)

해 • 소주 : 창랑정, 사자림, 졸정원, 유원
　　• 북경 : 자금성(어화원·영수화원), 원명원, 만수산 이궁(이화원)

제2과목 **조경계획**

21 통경(vista)의 배치 방법으로 가장 거리가 먼 것은?
① 시점, 종점의 물체, 연결공간이 시각적 단위를 형성하도록 한다.
② 종점에서 시점을 보는 역 통경(reverse vista)은 피한다.
③ 종점의 물체를 몇 개의 시점에서 보도록 배치할 수 있다.
④ 종점의 물체를 부분적으로 보이도록 배치할 수 있다.

22 조경 공사업의 등록기준으로 틀린 것은?
① 개인 자본금의 경우 7억원 이상
② 「건설기술 진흥법」에 따른 토목 분야 초급 건설기술자 1명 이상
③ 「건설기술 진흥법」에 따른 건축 분야 초급 건설기술자 1명 이상
④ 「국가기술자격법」에 따른 국토개발 분야의 조경기사 또는 「건설기술 진흥법」에 따른 조경 분야의 중급 이상 건설기술자인 사람 중 2명을 포함한 조경분야 초급 이상의 건설기술자 4명 이상

해 ① 법인은 7억원 이상, 개인은 14억원 이상의 자본금이 필요하다. ②③④는 기술능력에 해당한다.

23 도시공원 및 녹지 등에 관한 법률 시행규칙상 도시농업공원의 공원시설 부지면적 기준은?
① 100분의 20이상
② 100분의 40이하
③ 100분의 50이하
④ 100분의 60이하

24 일반적인 스카이라인 형성기준과 거리가 먼 것은?
① 단일 고층건물의 배경에 산이 있을 경우, 건물의 높이는 산 높이의 60~70%가 되게 한다.
② 고층건물 주변에 일정 높이의 건물이 있을 경우, 고층건물의 높이는 주변 건물 높이의 160~170%가 되게 한다.
③ 주변건물에 비하여 현저하게 높은 건물은 위로 갈수록 좁아지는 피라미드 또는 첨탑 형태로 한다.
④ 신도시와 같이 고층건물을 집합적으로 계획할 경우, 주요 조망점에서 볼 때 하나의 형태로 겹쳐서 보이게 한다.

해 ④ 나열하기보다는 그룹으로 보이게 한다. 그 외, 경사진 지붕을 사용하고 배치 시 조망점에서는 멀리, 배경산에 가까이 배치하여 조망선 아래에 배치한다.

25 다음 설명에 해당하는 표지판의 종류는?

> – 공원 내 시야가 막히거나 동선이 급변하는 지점에 설치하고 세계적 공용문자를 사용
> – 개별 단위 시설물이나 목표물의 방향 또는 위치에 관한 정보를 제공하여 목적하는 시설 또는 방향으로 안내하는 시설

① 안내표지
② 해설표지
③ 유도표지
④ 주의표지

해 ③ 순간적인 혼란이 야기될 수 있거나 정확한 방향으로의 안내 시 유도표지를 사용한다.

26 리모트 센싱에 의한 환경해석의 특징이 아닌 것은?

① 광역적인 환경을 파악할 수 있다.

② 시각적 선호도에 의한 경관을 예측할 수 있다.

③ 시간적 추이에 따른 환경의 변화를 파악할 수 있다.

④ 특정지역의 환경 특성을 광역 환경과 비교하면서 파악할 수 있다.

해 리모트 센싱(Remote sensing)은 환경조건에 따라 물체가 다른 전자파를 반사·방사하는 특성을 이용하여 대상물이나 현상에 직접 접하지 않고 식별·분류·판독·분석·진단할 수 있는 방법이다.

27 주차장에 대한 설명으로 맞는 것은?

① 노외주차장의 출입구 너비는 3.0미터 이상으로 하여야 한다.

② 경형차의 평행주차 형식의 주차구획은 폭 1.5m, 길이 4m로 한다.

③ 노상주차장은 너비 4미터 미만의 도로에 설치하여서는 아니 된다.

④ 주차단위구획이란 자동차 1대를 주차할 수 있는 구획을 말한다.

해 ① 출입구의 너비는 3.5m 이상, ② 주차구획은 폭 1.7m 이상, 길이 4.5m 이상, ③ 너비 6미터 미만의 도로에 설치 금지

28 특정 대상이 지닌 의미를 파악하고자 할 때 여러 단어로 구성된 목록을 통해 자신들이 느끼는 감정의 정도를 측정 하는 방법은?

① 직접관찰   ② 물리적 흔적관찰

③ 어의구분척도   ④ 리커드 태도 척도

29 도시구성에 있어서 도로의 위계 체제를 명확히 함과 동시에 거주환경지역(Environmental Area)을 설정하여 일상생활에서 보행자를 우선하도록 주장한 보고서는?

① Barlow Report

② Buchanan Report

③ Utwatt Report

④ Regional Survey of New York and its Environs Vol.Ⅲ.

해 ① 1944년 제2차 세계대전 후 교육 개혁과 새로운 주 교육

시스템의 기본 틀을 제시했다.

③ 1942년 제2차 세계대전 중 토지이용제도를 근본적으로 개편하는 제도를 제시했다.

④ 1929년 뉴욕 지역 계획 및 그 주변을 지역계획협회가 작성한 내용을 담고 있다.

30 다음 중 안내시설의 계획 시 고려사항으로 옳지 않은 것은?

① 도시의 CIP개념과 독자적으로 계획하는 것이 바람직하다.

② 야간 이용을 고려하여 조명시설을 반영하는 것이 필요하다.

③ 재료는 내구성·유지관리성·경제성·시공성·미관성·환경친화성 등 다양한 평가항목을 고려하여 종합적으로 판단한다.

④ 이용자에게 시각적 방해가 되는 장소는 피하여야 하며, 보행 동선이나 차량의 움직임을 고려하여 배치하여야 한다.

해 ① CIP개념을 도입하여 통일성을 주고 해당 명칭에 고유형태(logotype)가 있는 경우 그대로 사용한다.

31 공원 녹지의 수요 분석 방법 중 양적 수요 산정 방법이 아닌 것은?

① 생태학적 방식

② 생활권별 배분 방식

③ 심리적 수요에 의한 방식

④ 공원 이용률에 의한 방식

해 그 외에 기능배분방식, 인구기준 원단위 적용방식이 있다.

32 여가활동을 증가시키고 있는 요소 중 가장 관계가 적은 것은?

① 소득의 증대

② 교육수준의 향상

③ 맞벌이 가정의 증가

④ 인간서비스 및 사회복지의 확충

33 다음 중 도로조경 계획의 설명으로 가장 거리가 먼 것은?

① 주변 토지이용과 노선의 구조적 특성 및 시각적

효과를 고려한 식재 및 시설물 배치를 한다.

② 철도, 도로 등 다른 교통과 교차점이 많은 노선에 효율적으로 배치한다.

③ 절·성토의 균형 및 완만한 구배를 얻는 노선을 계획하도록 한다.

④ 가능한 곡선반경을 크게 주어, 운전자가 되도록 직선에 가까운 노선으로 느끼게 한다.

해 ② 철도, 도로 등 다른 교통과 교차점이 적은 노선에 효율적으로 배치한다.

34 외부 공간 설계에 관한 세부 설계 기법의 설명으로 옳지 않은 것은?

① 소공원(mini-park) 주변의 자동차 소음을 완화하기 위하여 폭포를 설치하였다.

② 인간적 척도(human scale)를 위하여 60층 건물의 입구에 돌출된 현관을 따로 만들었다.

③ 사적지의 엄숙함을 강조하기 위하여 고운 질감을 가진 수목 위주로 식재하였다.

④ 어린이 놀이 시설에 즐거움을 더해주기 위하여 중성색 위주로 색칠하였다.

해 ④ 명도가 높고 활동적 느낌의 원색을 주로 사용하는 것이 좋다.

35 도시공원 및 녹지 등에 관한 법률의 설명으로 틀린 것은?

① 10만제곱미터 이하 규모의 도시공원을 새로 조성하는 경우 공원녹지기본계획 수립권자는 공원녹지기본계획을 수립하지 아니할 수 있다.

② 공원녹지기본계획에는 도시녹화에 관한 사항 및 공원녹지의 종합적 배치에 관한 사항 등이 포함되어야 한다.

③ 도시·군관리계획 중 도시공원 및 녹지에 관한 도시·군관리계획은 공원녹지기본계획에 부합되어야 한다.

④ 도시녹화계획에는 「자연공원법」에 따라 도시지역의 녹지를 체계적으로 관리하기 위하여 수립된 시책이 반영되어야 한다.

해 ④ 도시녹화계획에는 「자연공원법」이 적용되지 않는다.

36 자연공원 계획 시 필요한 적정 수용력의 분석에 해당되지 않는 것은?

① 물리적 수용력　　　② 사회적 수용력

③ 생태학적 수용력　　④ 심리적 수용력

해 적정수용력을 분석하여 자연의 상태에 따라서 이용을 제한하고 개발의 한도를 조정한다.

37 다음 중 환경심리학에 관한 설명 중 옳지 않은 것은?

① 환경과 인간행위 상호간의 관계성을 연구한다.

② 사회심리학과 공동의 관심분야를 많이 지니고 있다.

③ 이론적이고 기초적인 연구에만 관심을 둔다.

④ 다소 정밀하지 않더라도 문제해결에 도움이 되는 가능한 모든 연구방법을 사용한다.

38 생태(연)못의 조성과 관련된 설명으로 틀린 것은?

① 바닥의 물 순환을 위하여 바닥물길을 설계한다.

② 자연 지반 내에 생태연못 조성 시 방수시트를 사용하여 물을 담수한다.

③ 종다양성을 높이기 위해 관목숲, 다공질 공간 등 다른 소생물권과 연계되도록 한다.

④ 흙, 섶단, 자연석 등 자연재료를 도입하고 주변에 향토수종을 배식하여 자연스런 경관을 형성한다.

39 공장배치 및 조경의 체계에 가장 부합되지 않는 것은?

① 일반적으로 입구 정면에 수위실을 두어 근무자와 화물의 출입을 통제한다.

② 관련도가 높은 공장들은 모이게 배치하고, 관련성이 없는 것은 떨어지게 배치한다.

③ 외부공간에 도입되는 설계요소를 단순화시켜 작업 효율의 향상에 기여한다.

④ 직접 제조활동, 간접 제조활동, 지원설비공간, 부수보조공간 및 후생지원공간들이 공장 조경에 고려되어야 한다.

해 ③ 외부공간의 설계요소는 다양화시켜 여러 경험의 기회를 줄 수 있도록 한다.

40 건축법 시행령에 따른 대지의 조경이 필요한 건축물은?

① 축사

② 녹지지역안에 건축하는 건축물

③ 면적 3,000m²인 대지에 건축하는 공장

④ 상업지역의 연면적 합계가 2,000m²인 물류시설

제3과목 조경설계

41 다음 제도의 선 중 위계(hierarchy)가 굵음에서 가는 쪽으로 옳게 나열 된 것은?

① 식생 → 인출선 → 도로

② 단면선 → 구조물 → 주차선

③ 건물외곽 → 도로 → 주차선

④ 치수선 → 단면선 →건물외곽

42 투시도에서 물체가 기면에 평행으로 무한히 멀리 있을 때 수평선 위의 한 점으로 모이게 되는 점은?

① 사점   ② 대점

③ 정점   ④ 소점

43 먼셀 색입체를 수직으로 절단했을 경우 나타나는 것은?

① 10색상의 채도변화

② 같은 명도의 10색상

③ 2가지 반대색상의 명도변화

④ 2가지 반대색상의 명도, 채도변화

44 일반적인 제도 용지의 규격(mm)이 틀린 것은?

① A1 : 594×841   ② A4 : 210×297

③ B2 : 515×728   ④ B5 : 257×364

해 ④ B5 : 182mm×257mm

45 조경설계기준상의 하천조경 설계시 관찰시설 설치와 관련된 내용이 틀린 것은?

① 야생동물이 자주 출현하는 곳에 작은 규모의 야생동물 관찰소를 설치한다.

② 안전을 위한 데크의 난간 높이는 100cm 이상으로 하며, 장애자가 이용하는 데크는 최소 80cm의 폭이 확보되도록 계획한다.

③ 관찰시설 설치는 생태·미관의 교육, 체험 목적으로 설치되나, 서식처 보호, 훼손 확산 방지를 위한 이용객 동선 유도 등 꼭 필요한 장소에 설치한다.

④ 관찰시설은 사회적 약자의 배려를 도모하여 진행도중 추락의 위험이 없도록 안전난간을 설치하는 등 안전한 관찰 및 탐방이 가능하도록 설치한다.

해 ② 안전을 위한 난간의 높이는 120cm 이상으로 하며, 장애자용 데크는 최소 100cm의 폭이 확보되도록 계획한다.

46 도심 소공원의 설계과정에서 초기 단계에서 분석되어야 할 요소가 아닌 것은?

① 주변건물의 용도와 형태

② 보행자 동선의 유입 방향

③ 투자에 대한 경제적 효용성

④ 이용자 특성에 따른 도입활동의 선정

47 제도의 치수기입에 관한 설명으로 옳은 것은?

① 치수는 특별히 명시하지 않는 한, 마무리 치수로 표시한다.

② 치수기입은 치수선을 중단하고 선의 중앙에 기입하는 것이 원칙이다.

③ 치수의 단위는 밀리미터(mm)를 원칙으로 하며, 반드시 단위 기호를 명시하여야 한다.

④ 치수 기입은 치수선에 평행하게 도면의 오른쪽에서 왼쪽으로 읽을 수 있도록 기입한다.

해 ② 치수기입은 치수선 중앙 윗부분에 기입한다. (치수선 중앙에 기입 가능). ③ 치수의 단위는 밀리미터(mm)를 원칙으로 하고, 이때 단위 기호는 쓰지 않는다. ④ 치수기입은 치수선에 평행하게 도면의 왼쪽에서 오른쪽으로, 아래부터 위로 읽을 수 있도록 기입한다.

48 린치(Lynch)의 도시의 이미지 형성요소에 포함되지 않는 것은?

① 통로(path)   ② 결절점(node)

③ 모서리(edge)   ④ 비스타(vista)

해 린치의 도시의 이미지 형성요소에는 통로, 경계, 결절점, 지역, 랜드마크가 있다.

49 경관을 구성하는 방법 중 눈앞에 보이는 주위의 자연경관을 어떤 구도(構圖) 속에 포함시켜 그 구도가 한층 큰 효과를 갖도록 교묘히 구성하는 방법은?

① 축경(縮景)　　　　② 차경(借景)
③ 원경(遠景)　　　　④ 첨경(添景)

50 일반적으로 경관분석 기법과 그 분석 내용을 잘못 짝지은 것은?

① 계량화 방법 : 특이성비의 산출
② 사진에 의한 방법 : 지각 횟수와 지각 강도의 산출
③ 기호화 기법 : 조망시점에서 본 경관의 특성과 형태
④ 시각회랑에 의한 방법 : 경관우세 요소와 변화 요인의 파악

해 ② 사진에 의한 분석방법은 자연경관에 대한 시각적 선호의 계량적 모델이며, 제시된 내용은 아이버슨(Iverson)이 제시한 방법이다.

51 조경계획과 조경설계의 개념적 차이를 설명한 것 중 틀린 것은?

① 조경설계는 미학적 창의성이 많이 요구되는 과정이다.
② 조경설계는 개념상 상위계획으로 조경계획에 선행하여 실행된다.
③ 조경계획과 조경설계는 상호 순환적 검증(feed back)을 거쳐 완성된다.
④ 조경계획은 문제 해결방안의 합리적인 제시가 많이 요구되는 과정이다.

52 시각적 선호도(visual preference)의 일반적 측정방법에 해당하지 않는 것은?

① 구두측정(verbal measure)
② 행태측정(behavioral measure)
③ 표정측정(expressional measure)
④ 정신생리측정(psychophysiological measure)

53 건축물설계와 관련된 도면의 작성에서 실시 설계 단계의 조경관련 도면의 축척이 옳은 것은? (단, 주택의 설계도서 작성기준을 적용한다.)

① 지주목 상세도 : 1/20~1/50
② 담장 단면도 : 1/100~1/200
③ 단지종합 안내판 : 1/10~1/100
④ 가로수 식재 평면도 : 1/300~1/1,000

해 ① 지주목 상세도 : 1/10~1/30, ② 담장 단면도 : 1/10~1/100, ④ 가로수 식재 평면도 : 1/100~1/600

54 다음 중 조경포장 설계와 관련된 설명으로 틀린 것은?

① 「간이포장」이란 비교적 교통량이 적은 도로의 도로면을 보호·강화하기 위한 도로포장으로 주로 차량의 통행을 위한 아스팔트콘크리트포장과 콘크리트포장을 제외한 기타의 포장을 말한다.
② 포장재를 선정할 때에는 내구성·내후성·보행성·안전성·시공성·유지관리성·경제성·환경친화성 그리고 관련 법규 등을 고려한다.
③ 포장용 점토바닥벽돌은 흡수율 10% 이하, 압축강도 20.58MPa 이상, 휨강도는 5.88MPa이상의 제품으로 한다.
④ 포장지역의 표면은 배수구나 배수로 방향으로 최소 0.3% 이하의 기울기로 설계한다.

해 ④ 포장지역의 표면은 배수구나 배수로 방향으로 최소 0.5% 이하의 기울기로 설계한다.

55 일상생활에서 하나하나의 부분적 경관을 체계적으로 연결하여 풍부한 연속적 경험을 줄 수 있도록 "연속적 경관 구성"이라는 관점에서 주로 연구한 학자가 아닌 것은?

① 틸(Thiel)
② 린치(Lynch)
③ 할프린(Halprin)
④ 아버니티와 노우(Abernathy & Noe)

해 ② 린치는 도시의 이미지성(imageability)이 도시의 질을 좌우한다는 전제하에 5개의 물리적 요소를 기호화하여 분석도면을 작성하였다.

정답　**49** ②　**50** ②　**51** ②　**52** ③　**53** ③　**54** ④　**55** ②

56 경관의 형식은 자연경관과 문화경관(인공경관)으로 구분된다. 다음 중 자연경관에 속하는 것은?

① 평야경관 ② 교외경관
③ 경작지경관 ④ 취락경관

57 다음 입체도의 화살표 방향 투상도로 가장 적합한 것은?

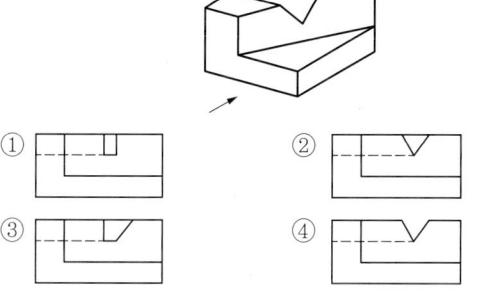

① ② ③ ④

58 오스트발트(Ostwald) 표색계에 대한 설명 중 옳지 않은 것은?

① 무채색, 유채색 모두 W+B+C=100% 이다.
② 헤링(E. Hering)의 4원색 설을 기본으로 하였다.
③ 혼합하는 색량의 비율에 의하여 만들어진 체계이다.
④ 기본 색채는 순색(C), 이상적 백색(W), 이상적 검정(B)이다.

해 ① 무채색은 W+B=100%이고, 유채색은 W+B+C=100%이다.

59 리듬(Rhythm)과 가장 관련이 없는 것은?

① 대칭 ② 반복
③ 방사 ④ 점진

해 리듬에는 점층, 반복, 대립, 변이, 방사가 있다.

60 색조(Hue key)의 정의를 설명한 것은?

① 강한 엑센트를 주는 색채의 효과
② 색상을 비교하는 데 기준이 되는 색
③ 조화적인 색채들이 대비를 파괴하는 색상
④ 주색상이 구성의 주조를 결정하게 되는 원리

제4과목 조경식재

61 다음 중 느티나무(*Zelkova serrata* Makino)에 대한 설명이 아닌 것은?

① 내한성이 약하다.
② 성상은 낙엽활엽교목이다.
③ 과명은 느릅나무과이다.
④ 수피는 오래되면 비늘조각으로 떨어진다.

62 상관(相觀)에 의한 식생 구분은?

① 군계에 의한 것
② 우점종에 의한 것
③ 표징종에 의한 것
④ 군락 구분종에 의한 것

해 상관(相觀)이란 일정한 식물군락에 의해서 형성되는 경치나 양상을 말하며, 군세(群系)란 식물군락을 일정한 상관을 가진 것끼리 나눈 것을 말한다. 삼림·초원·황야·수생식물군 등은 식물의 생태분포를 군계에 의해 나누어 놓은 것이다.

63 열매가 익었을 때 붉은 색이 아닌 것은?

① 귀룽나무, 작살나무
② 팥배나무, 마가목
③ 덜꿩나무, 청미래덩굴
④ 딱총나무, 뜰보리수

해 ① 귀룽나무–흑색, 작살나무–보라색

64 지피식물(地被植物)로 이용하기에 적합한 상록 다년초는?

① 자금우 ② 골담초
③ 수호초 ④ 협죽도

해 수호초는 회양목과의 상록 여러해살이풀로서 높이 30cm 내외로 자라며, 그늘에서도 잘 자란다.

65 다음 중 자연수형이 나머지 3종과 가장 차이나는 것은?

① 전나무(*Abies holophylla*)
② 구상나무(*Abies koreana*)
③ 느티나무(*Zelkova serrata*)
④ 일본잎갈나무(*Larix kaempferi*)

해 ①②④ 원추형, ③ 평정형

66 지주목 설치에 대한 설명 중 틀린 것은?
① 목재를 지주목으로 사용할 경우 각재로서 나왕, 미송이 가장 좋으며, 되도록 방부처리를 하지 않는 것이 좋다.
② 수피가 직접 닿는 부분은 수피가 상하지 않게 보호대를 설치한 후 지주대를 설치한다.
③ 대나무 지주의 경우에는 선단부를 고정하고 결속부에는 대나무에 흠을 넣어 유동을 방지한다.
④ 지주목 해체는 목재의 경우 5~6년 경과 후 해체하지만 수목이 완전히 활착될 때 까지는 설치를 유지하도록 한다.

해 ① 목재의 경우 내구성이 강한 것이나 방부처리(탄화, 도료, 약물주입)한 것을 사용한다.

67 식재지의 토양조건에 대한 설명으로 틀린 것은?
① 좋은 토양구조와 토성을 지닌 혼합물
② 느슨하지 않고 쉽게 부서지지 않는 토양
③ 유기질과 양분함량이 높고, 물을 저류하거나 배수하기 용이한 토양
④ 산소 함량이 지속적으로 높음과 동시에 식물 생육에 적합한 ph를 지닌 토양

68 잎차례가 대생(對生)인 수종은?
① 수수꽃다리　　② 박태기나무
③ 느티나무　　　④ 때죽나무

69 왕버들(*Salix chaenomeloides*)에 대한 설명으로 틀린 것은?
① 꽃은 6월에 핀다.
② 잎 뒷면은 흰빛을 띤다.
③ 잎이 새로 나올 때는 붉은빛이 난다.
④ 풍치수, 정자목 등으로 이용된 한국전통 수종이다.

해 ① 왕버들의 꽃은 암수딴그루로, 4월에 잎과 같이 꼬리모양 꽃차례에 달린다.

70 비탈면(법면) 식재공법의 종류 중 식물 도입이

곤란한 불량 토질에 사용하고, 피복 속도가 느리기는 하지만 비료의 효과가 오래도록 계속되는 공법은?
① 식생반공(植生盤工)　② 식생대공(植生袋工)
③ 식생혈공(植生穴工)　④ 식생조공(植生條工)

71 식물 분포의 결정 요인이 아닌 것은?
① 토양조건
② 기후조건
③ 인근 종에 대한 친화성
④ 변화하는 환경요인에 대한 적응성

72 식재지의 토질로서 가장 이상적인 것은?
① 떼알구조로 토양입자 70%, 수분 15%, 공기 15%
② 홑알구조로 토양입자 70%, 수분 15%, 공기 15%
③ 떼알구조로 토양입자 50%, 수분 25%, 공기 25%
④ 홑알구조로 토양입자 50%, 수분 25%, 공기 25%

73 배경식재에 관한 설명으로 틀린 것은?
① 고층빌딩군 주변에 적용되는 식재기법으로 자연성을 증진시킨다.
② 설계 시 건물과 연계하여 식재기능을 충족시킬 수 있는 식재위치의 선정이 중요하다.
③ 주로 사용되는 수목은 대교목으로 그늘을 제공하거나 방풍, 차폐기능을 동반한다.
④ 자연경관이 우세한 지역에서 건물과 주변경관을 융화시키기 위해서 기본적으로 요구되는 식재기법이다.

해 ① 배경식재는 배경으로 사용되는 수목이 건물보다 높아야 하나 높은 빌딩에서는 적용이 불가하다.

74 공원의 원로나 건물 앞에 어울리는 화단의 형태는?
① 경재화단(border flower bed)
② 기식화단(assorted flower bed)
③ 모듬화단(carpet flower bed)
④ 침상원(sunken garden)

75 임해매립지 식재 시 염분피해를 줄이기 위해 취할 수 있는 방법으로 틀린 것은?

정답 66 ① 67 ② 68 ① 69 ① 70 ③ 71 ③ 72 ③ 73 ① 74 ① 75 ③

① 석고, 석회, 염화칼슘 등을 이용하여 염분을 제거한다.

② 염분용탈을 위해 지속적으로 관수한다.

③ 투수성이 불량한 곳에는 점질토로 객토한다.

④ 마운딩을 하여 식재하거나 객토를 한다.

해 ③ 투수성이 불량한 토지는 2m 간격으로 깊이 50cm 이상, 너비 1m 이상의 도랑을 파고 그 속에 모래를 채워 사구를 형성한다.

76 *Cornus*속에 해당되는 수목은?

① 산수유   ② 박태기나무

③ 팽나무   ④ 서어나무

77 천이에 대한 설명으로 틀린 것은?

① 식물 군락의 구성종이 변화하여 타군락으로 변하는 것을 천이라 한다.

② 천이가 반복되어 식물군락이 안정된 상태를 극상이라 한다.

③ 천이는 자연의 힘에서만 일어나며 인위적 작용은 관계없다.

④ 천이가 일어나는 원인은 환경조건의 변화와 관계있다.

해 ③ 변천현상은 외적 환경요인의 변화와 선행식물에 의한 환경형성작용, 식물 상호간의 경쟁 등에 의해 발생한다.

78 미적 효과와 관련한 식재형식 중 경관식재와 밀접한 관계가 없는 것은?

① 표본식재   ② 산울타리식재

③ 경재식재   ④ 방풍식재

79 다음 중 요점(要點) 식재와 가장 관련이 먼 것은?

① 경관의 강조   ② 위험방지

③ 건물의 차폐   ④ 첨경(添景)

80 11월에 백색 꽃이 피는 수종은?

① *Albizia julibrissin*

② *Lagerstroemia indica*

③ *Fatsia japonica*

④ *Prunus padus*

해 ① 자귀나무(7월 분홍색), ② 배롱나무(7~9월 진분홍색), ③ 팔손이, ④ 귀룽나무(5월 백색)

제5과목 조경시공구조학

81 조경 시공관리의 3대 기능에 해당되지 않는 것은?

① 공정관리   ② 자원관리

③ 품질관리   ④ 원가관리

82 다음 수목 굴취공사와 관련된 설명으로 틀린 것은?

① 은행나무와 칠엽수는 나무높이에 의한 굴취품을 적용한다.

② 굴취 시 야생일 경우에는 굴취품의 20%까지 가산 할 수 있다.

③ 관목의 굴취 시 나무높이가 1.5m를 초과할 때는 나무높이에 비례하여 할증할 수 있다.

④ 뿌리돌림은 수목 이식 전에 뿌리분 밖으로 돌출된 뿌리를 깨끗이 절단하여 주근 가까운 곳의 측근과 잔뿌리의 발달을 촉진시키는 작업이다.

해 ① 근원(흉고)직경을 추정할 수 있는 수종은 이에 해당하는 품을 적용한다.

83 그림과 같은 하중을 받는 단순보의 지점 D에서 휨모멘트 크기는?

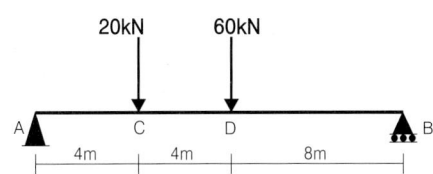

① 90 kNm   ② 180 kNm

③ 280 kNm   ④ 360 kNm

해 $R_A = \dfrac{20 \times 12}{16} + \dfrac{60 \times 8}{16} = 45(kN)(\uparrow)$

$R_D = 45 \times 8 - 20 \times 4 = 280(kNm)$

84 건설공사로 활용되는 석재에 관한 설명 중 틀린 것은?

① 사석(捨石) : 막 깬 돌 중에서 유수에 견딜 수 있는 중량을 가진 큰 돌

② 잡석(雜石): 크기가 지름 10~30cm 정도의 것이 고르게 섞여진, 형상이 고르지 못한 큰 돌

③ 전석(轉石): 1개의 크기가 0.5m³ 내·외의 정형화되지 않은 석괴

④ 야면석(野面石): 호박형의 천연석으로서 지름이 10cm 정도 크기의 둥근 돌

🎯 ④ 야면석: 천연석으로 표면을 가공하지 않은 것으로서 운반이 가능하고 공사용으로 사용될 수 있는 비교적 큰 석괴를 말한다.

85 기반조성공사, 식재공사, 잔디 및 지피·초화류 공사, 조경석공사, 시설물공사, 수경시설설치공사 등으로 공사의 과정별로 분할하여 도급계약하는 방식은?

① 전문공종별 분할도급

② 공정별 분할도급

③ 공구별 분할도급

④ 직종별·공종별 분할도급

86 다음 중 합성수지에 관한 설명으로 틀린 것은?

① 폴리우레탄수지는 도막 방수재 및 실링재로서 이용된다.

② 폴리스티렌수지는 발포제로서 보드상으로 성형하여 단열재로 사용된다.

③ 실리콘수지는 내열성·내한성이 우수한 수지로 접착제, 도료로 사용된다.

④ 염화비닐수지는 내산·내알칼리성이 작지만 내후성이 커서 건축 재료로 널리 사용된다.

🎯 ④ 폴리염화 비닐. PVC라고도 하는 열가소성으로 내수성, 내화학 약품성이 우수하여 전선의 피복, 수도관, 각종 필름 등에 쓰인다.

87 다음 항공사진 측량의 판독에 대한 설명 중 옳지 않은 것은?

① 사진상의 크기나 형상은 피사체의 내용을 판독하기 위하여 중요한 요소이다.

② 사진의 음영은 촬영고도에 따라 변화하기 때문에 판독에는 불필요한 요소이다.

③ 사진의 정확도는 사진상의 변형, 색조, 형상 등

제반 요소의 영향을 고려해야 한다.

④ 사진의 색조는 피사체로부터의 반사광량에 따라 변화하나 사용하는 필름 현상의 사진처리 등에 따라 영향을 받는다.

🎯 ② 판독할 때에는 색조, 모양, 질감, 음영 등의 판독요소에 따른다.

88 점토에 대한 설명으로 옳지 않은 것은?

① 순수점토일수록 용융점이 높고 저급점토는 낮다.

② 점토의 일반적 성분은 SiO_2, Al_2O_3, Fe_2O_3, CaO, MgO 등이다.

③ 화학적으로 순수한 점토를 카올린(고령토)이라 한다.

④ 침적점토는 바람이나 물에 의해 멀리 운반되어 침적되므로 입자가 크며 가소성이 적다.

🎯 ④ 침적점토는 바람이나 물에 의해 멀리 운반되어 침적된 2차 점토이며 입자가 미세하고 가소성이 크다.

89 다음 네트워크에서 주공정선(critical path)은?

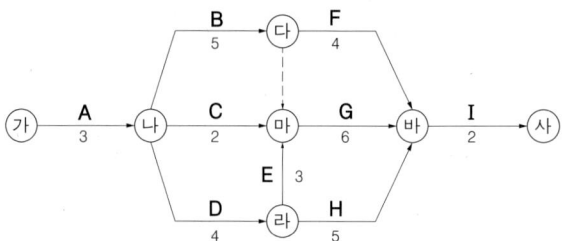

① ㉮-㉯-㉣-㉳-㉲-㉰

② ㉮-㉯-㉢-㉲-㉰

③ ㉮-㉯-㉳-㉲-㉰

④ ㉮-㉯-㉢-㉳-㉲-㉰

90 다음 중 콘크리트에 발생하는 크리프가 큰 경우가 아닌 것은?

① 작용 응력이 클수록

② 재하재령이 느릴수록

③ 물시멘트비가 클수록

④ 부재 단면이 작을수록

🎯 콘크리트의 크리프(creep)란 콘크리트에 작용하는 하중의 변화가 없는 가운데 시간이 지남에 따라 변형이 점차 증가하는 현상을 말한다.

91 콘크리트용 혼화재료로 사용되는 고로슬래그 미분말에 대한 설명으로 틀린 것은?

① 고로슬래그 미분말을 사용한 콘크리트는 보통콘크리트보다 콘크리트 내부의 세공경이 작아져 수밀성이 향상된다.

② 플라이애시나 실리카흄에 비해 포틀랜드시멘트와의 비중차가 작아 혼화재로 사용할 경우 혼합 및 분산성이 우수하다.

③ 고로슬래그 미분말의 혼합률을 시멘트 중량에 대하여 70% 정도 혼합한 경우 중성화 속도가 보통콘크리트의 1/2정도로 감소된다.

④ 고로슬래그 미분말을 혼화재로 사용한 콘크리트는 염화물이온 침투를 억제하여 철근부식 억제 효과가 있다.

해 일반적으로 고로슬래그 미분말을 사용하면 알칼리성이 약간 저하하여 중성화가 빠르게 나타난다. 혼합률이 50% 이상일 경우에는 2배 이상의 중성화 깊이를 보이게 된다.

92 다음 조건을 참고하여 양단면평균법을 사용한 체적은?

> – A면 각 변 길이 : 7m×8m
> – B면 각 변 길이 : 9m×10m
> – 양단면간의 거리 : 12m

① 568m³   ② 876m³

③ 1136m³   ④ 1752m³

해 V=((7×8+9×10)/2)×12=876(m³)

93 다음 광원(光源)에 대한 설명으로 틀린 것은?

① 백열등: 광색이 따뜻한 느낌을 주기 때문에 휴식공간 조명에 적당하다.

② 형광등: 관 내벽의 형광물질로 자외선을 발생시켜 빛을 얻으며 광색이 차다.

③ 나트륨등: 적색을 띤 독특한 광색으로 열효율이 낮고 투시성이 수은등에 비하여 낮다.

④ 수은등: 수은증기압을 고압으로 가압하여 고효율의 광원을 얻으며, 큰 광속(光束)으로 가로 조명에 적합하다.

해 ③ 나트륨등은 황색계열의 광색으로 열효율이 높고, 투시성이 뛰어나며, 설치비는 비싸지만 유지관리비가 저렴하다.(저압은 등황색, 고압은 황백색)

94 다음 배수관거와 관련된 설명 중 옳지 않은 것은?

① 원형관이 수리학상 유리하다.

② 관거의 매설깊이는 동결심도와 상부하중을 고려한다.

③ 배수관거의 유속은 1.0~1.8m/sec가 이상적이다.

④ 관거는 간선과 지선이 90°일 때 배수효과가 가장 좋다.

해 ④ 간선과 지선의 중심교각은 30~45°가 이상적이지만 도로의 폭, 그 밖의 장애물과의 관계를 고려하여 60° 이하로 하는 것이 바람직하다.

95 미장용 정벌 바르기 또는 벽돌쌓기 줄눈용도로 많이 사용되는 모르타르의 적합한 용적배합비는?

① 1:1   ② 1:2

③ 1:3   ④ 1:4

96 그림과 같은 기둥에서 유효좌굴길이는?

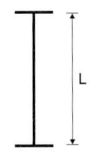

① 0.5L   ② 0.7L

③ 1.0L   ④ 2.0L

해 유효좌굴길이는 기둥 상하단의 고정상태를 고려하여, 양단고정(0.5L), 일단고정 타단회전(0.7L), 양단회전(1.0L), 일단고정 타단자유(2.0L)의 조건으로 판정한다.

97 다음 중 횡선식 공정표(Bar chart)의 특징으로 틀린 것은?

① 복잡한 공사에 사용된다.

② 주공정선의 파악이 힘들어 관리통제가 어렵다.

③ 각 공종별 공사와 전체의 공사시기 등이 알기 쉽다.

④ 각 공종별의 상호관계, 순서 등이 시간과 관련성이 없다.

해 ① 횡선식 공정표는 간단한 공사에 많이 사용된다.

98 변재(邊材)와 심재(心材)에 대한 설명으로 틀린 것은?

① 수심에 가까운 부위가 변재이다.

② 심재보다 변재가 내후성이 작다.

③ 일반적으로 심재는 변재에 비해 강도가 강하다.

④ 변재는 심재보다 비중이 적으나 건조하면 변하지 않는다.

해 ① 수심 부위를 심재, 수피 쪽 부분을 변재라 한다.

99 식물의 관수량을 결정하는 요소와 관계가 가장 먼 것은?

① 토양의 침투율(浸透率)

② 토양의 포장용수량(圃場容水量)

③ 토양의 위조함수량(萎凋含水量)

④ 토양의 유효수분함량(有效水分含量)

100 다져진 후 토량이 40000m³, 성토에서 원지반 토량이 25000m³일 때 흐트러진 상태의 토량은 몇 m³이 필요한가? (단, 토량변화율은 L=1.30, C=0.85이다.)

① 1153.85

② 11700

③ 22950

④ 28676.47

해 V=(40,000×(1/0.85)−25,000)×1.3=28,676.47(m³)

제6과목 조경관리론

101 해충의 구제 방법들 중 기계적 방제법에 해당하는 것은?

① 인공포살(人工捕殺)

② 온도(溫度)처리법

③ 접촉살충제살포(接觸殺蟲劑撒布)

④ 기생봉(寄生蜂) 이용

102 다음 조경시설물에 보수의 목표(보수시기) 설명으로 옳은 것은?

① 원로, 광장의 아스팔트 포장 균열 보수: 전면적의 15~20%의 함몰이 생길 때(3~5년)

② 원로, 광장의 평판 교체: 파손장소가 눈에 띌 때

(2년)

③ 시소의 베어링 보수: 베어링이 마모되어 삐걱 삐걱 소리가 날 때(3~4년)

④ 목재 벤치의 좌판보수: 전체의 20% 이상 파손, 부식이 생길 때(5~7년)

해 ① 원로, 광장의 아스팔트 포장 균열 보수: 전면적의 5~10%의 함몰이 생길 때(3~5년)

② 원로, 광장의 평판 교체: 파손장소가 눈에 띌 때(5년)

④ 목재 벤치의 좌판보수: 전체의 10% 이상 파손, 부식이 생길 때(3~5년)

103 다음 중 병환부에 직접 살균제를 살포하여 효과를 얻을 수 있는 병이 아닌 것은?

① 흰가루병

② 잿빛곰팡이병

③ 녹병

④ 시들음병

해 ④ 시들음병의 방제 방법은 피해발생지의 고사목을 제거하거나 병원균 및 매개충 제거를 위한 훈증 등이 있다.

104 재해원인 분석방법의 통계적 원인분석 중 다음에서 설명하는 것은?

> 사고의 유형, 기인물 등 분류항목을 큰 순서대로 도표화한다.

① 관리도

② 파레토도

③ 크로스도

④ 특성 요인도

105 조경석 쌓기의 설명으로 틀린 것은?

① 경관적 목적 또는 구조적 목적으로 조경석을 쌓아 단을 조성하는 경우에 적용한다.

② 가로쌓기는 설계도면 및 공사시방서에 명시가 없을 경우 높이가 1.5m 이하일 때에는 찰쌓기로 1.5m 이상인 경우와 상시 침수되는 연못, 호수 등은 메쌓기로 한다.

③ 뒷부분에는 고임돌 및 뒤채움돌을 써서 튼튼하게 쌓아야 하며, 필요에 따라 중간에 뒷길이가 0.6~0.9m 정도의 돌을 맞물려 쌓아 붕괴를 방지한다.

④ 사전에 지반을 조사하여 연약지반은 말뚝박기

등으로 지반을 보강하고 필요한 경우 콘크리트나 잡석 등으로 기초를 보완하는 등 하중에 의한 침하를 방지하여야 한다.

해 ② 가로쌓기는 설계도면 및 공사시방서에 명시가 없을 경우 높이가 1.5m 이하일 때에는 메쌓기를 하고 1.5m 이상인 경우와 상시 침수되는 연못, 호수 등은 찰쌓기로 한다.

106 운영관리계획 중 양적인 변화에 대응한 관리는?
① 개방된 토양면의 확보로 양호한 수분과 토양 조건을 구축
② 자연 발아된 식생의 증식과 생육에 따른 과밀식생의 이식, 벌채
③ 조경공간의 구조적 개량으로 경관관리와 양호한 생태계의 확보
④ 레크레이션적 기능에서 어메니티 기능 중심으로 구조적 변화

해 ①③④ 질적변화에 따른 대응

107 레크리에이션 관리의 내용이 아닌 것은?
① 집약적 시설의 제공
② 도시의 무질서한 확산 방지
③ 접근성이 필수적인 활동 허용
④ 개인 또는 소집단에 필요한 활동 허용

해 ② 도시의 무질서한 확산 방지는 '개발제한구역'의 기능이다.

108 그네, 시소 및 미끄럼틀과 관련한 설명 중 틀린 것은?
① 그네 줄 상단의 베어링은 좌우로 흔들리지 않아야 하며 회전에 의해 풀리지 않도록 풀림방지 너트로 고정하고 마모 시에 교체 할 수 있도록 해야 한다.
② 미끄럼틀 미끄럼판의 기울기 각도는 설계도면의 기준을 따르고 활주면은 요철이 없으며 미끄러워야 한다.
③ 미끄럼틀 최종 활주면은 모래판 및 지면에서 0.6m 미만으로 이격시키고, 활주면 최하단의 앉음판은 0.3m 이상으로 한다.
④ 시소의 좌판이 지면에 닿는 부분에 중고 타이어

등의 재료를 사용하여 충격을 줄여야 하며 마모가 심하여 철선이 노출되거나 찢어진 것을 사용해서는 안 된다.

해 ③ 미끄럼판 출구에서 적립자세로 전환하기 쉽도록 착지판에서 놀이터 바닥의 답면까지의 높이를 10cm 이하로 하고 착지판의 길이는 50cm 이상으로 한다.

109 수목에 시비하는 방법 중 토양 내 시비하는 방법에 해당하지 않는 것은?
① 엽면시비법　　　　② 방사상시비법
③ 전면시비법　　　　④ 선상시비법

해 ① 엽면시비법이란 비료를 물에 희석하여 직접 나뭇잎에 살포하는 것을 말한다.

110 다음과 같은 피해현상을 보이는 해충은?

> • 어린 유충은 초본의 줄기 속을 식해하지만 성장한 후에는 나무로 이동하여 수피와 목질부 표면을 환상(環狀)으로 식해하면서 거미줄을 토하여 벌레똥과 먹이 잔재물을 피해부위 바깥에 처리하므로 혹 같아 보인다.
> • 처음에는 인피부를 고리모양으로 식해하지만, 이어 줄기의 중심부로 먹어 들어가며 위와 아래로 갱도를 뚫으면서 식해한다.

① 미국흰불나방　　　② 참나무재주나방
③ 천막벌레나방　　　④ 박쥐나방

해 박쥐나방은 알로 월동하며, 5월에 부화한 유충은 수피와 목질부를 식해하며 이동한 후 그 속에서 번데기가 된다. 8～10월 상순에 우화한 성충은 박쥐처럼 저녁에 활발히 활동한다.

111 잔디초지의 예초높이는 토양표면으로부터 예초될 잔디의 높이를 말하는데 이를 지배하는 요인으로 가장 거리가 먼 것은?
① 잔디의 생육형　　　② 토양수분
③ 해충의 종류　　　　④ 잔디의 이용형태

112 수목관리와 비교한 수림지 관리만의 고유특성이라 분류하기 어려운 것은?

① 천연갱신의 유도
② 생태적 복원력에 의지
③ 정상천이계열의 존중
④ 수목생장에 따른 보식 및 갱신

113 근로자 2000명이 1일 9시간씩 연간 300일 작업하는 A시설물 제작 작업장에서 1명의 사망자와 의사진단에 의한 60일의 휴업일수를 가져왔다. 이 사업장의 강도율은 약 얼마인가?

① 1.21　　　　　　② 1.40
③ 1.57　　　　　　④ 1.84

해 강도율이란 연근로시간 1,000시간당 발생한 근로손실일수를 나타낸 것으로 산업재해로 인한 근로손실을 나타내는 통계를 말한다.

강도율 = $\frac{근로손실일수}{연간근로시간수}$ ×1,000, 손실일수는 사망(7,500시간)이나 장애등급에 따라 정해진다.

→ 강도율 = $\frac{7,500+60}{2,000×9×300}$ ×1,000 = 1.40

114 다음 중 옹벽의 변화 상태를 육안으로 확인할 수 있는 것이 아닌 것은?

① 이음새의 어긋남　　② 구조체의 균열
③ 침하 및 부등 침하　　④ 기초의 강도 저하

115 빛의 조절이나 통제가 용이하며 색채연출이 우수하고, 고출력의 높은 전압에서만 작동이 가능한 옥외 조명의 광원은?

① 나트륨등　　　　② 수은등
③ 백열등　　　　　④ 금속 할로겐등

해 ④ 금속할로겐등은 고압 수은등의 발광관 안에 금속 할로겐 화물을 더 넣어 금속 원자에 고유한 스펙트럼선을 내게 한 방전등으로 연색성이 아주 높은 광원이다.

116 식물생육에 필요한 양분 중에서 공기로부터 얻을 수 있는 필수원소는?

① P　　　　　　　② K
③ Ca　　　　　　　④ C

117 그 자체만으로는 약효가 없으나 농약제품에 첨가할 경우 농약의 약효에 대해 상승작용을 나타

내는 보조제는?

① 협력제　　　　　② 유화제
③ 유기용제　　　　④ 증량제

118 벚나무 빗자루병의 병원체가 속하는 분류 그룹은?

① 자낭균　　　　　② 난균
③ 담자균　　　　　④ 불완전균

119 질소가 0.5%인 퇴비(이용율 20%) 40톤 중에 유효한 질소량은 몇 kg 인가?

① 10　　　　　　　② 20
③ 30　　　　　　　④ 40

해 질소량= 0.005×40,000×0.2=40(kg)

120 콘크리트 포장 보수를 위한 패칭(patching) 공법의 설명으로 틀린 것은?

① 포장의 파손 부분을 쓸어낸다.
② 깨끗이 쓸어낸 뒤 텍코팅 한다.
③ 슬래브 및 노반의 면 고르기를 한다.
④ 필요기간 동안 충분히 양생작업을 한다.

해 패칭은 포장의 훼손이 심하여 보수가 불가능 할 경우에 사용하는 방법으로, 파손부 청소 → 파손된 노면 걷어내기 → 슬래브 및 노면 면고르기 → 콘크리트 혼합물 넣고 슬래브 면고르기 → 필요기간 동안 양생의 순으로 작업한다.

제1과목 조경계획 및 설계

1 12단의 테라스와 캐스케이드, 차경의 정원으로 유명한 인도무굴 왕조의 정원은?

① 샤리마르 바그(Shalimar Bagh)

② 니샤트 바그(Nishat Bagh)

③ 아차발 바그(Achabal Bagh)

④ 이티맛드 우드 다우라(I timad-ud-Daula)묘

2 중국 소주의 정원 중 화려한 정원 건축물이 많고 허와 실, 명암대비 등 변화있는 공간처리와 유기적 건축배치를 가진 것은?

① 졸정원   ② 사자림

③ 작원   ④ 유원

3 다음 중 르네상스 시대 로마의 대표적인 3대 별장에 속하지 않는 것은?

① 카렛지오장(Villa Careggio)

② 란테장(Villa Lante)

③ 데스테장(Villa D'Este)

④ 파르네제장(Villa Farnese)

4 다음 한·중·일 정원에 관한 설명 중 틀린 것은?

① 일본 무로찌(室町)시대의 용안사(龍安寺)는 사실적(寫實的) 조경의 대표적인 것이다.

② 조선시대 소쇄원(瀟灑園)의 주요 조경식물은 송(松), 죽(竹), 매(梅), 국(菊) 이었다.

③ 태호석(太湖石)은 북송(北宋)시대 정원의 인공석산(石山)의 재료이다.

④ 조선시대 경복궁 경회루원은 방지와 3개의 방도로 축조했다.

해 ① 용안사 석정은 평정고산수식으로 추상적 고산수에 속하고, 사실적 조경의 축산고산수식의 대표적 정원으로는 대덕사 대선원 서원이 있다.

5 축조물의 형태에 있어서 다른 셋과 같은 유형이 아닌 것은 ?

① 피라미드(Pyramid)

② 아도니스원(Adonis garden)

③ 공중공원(Hanging garden)

④ 지구라트(Ziggurat)

해 ② 소규모로서 부인들에 의해 가꾸어졌으며, 창가를 장식하는 포트가든이나 옥상가든으로 발전되었다. ①③④는 대규모 구조물로 만들어졌다.

6 강릉 선교장에는 주택 전면부에 방지방도(方池方島)가 조성되어 있다. 이 연못에 있는 정자의 명칭은?

① 활래정   ② 농산정

③ 부용정   ④ 하엽정

해 ②③ 창덕궁, ④ 박황가옥

7 유명한 조경가와 대표적인 작품을 짝지은 것 중 옳지 않은 것은?

① Olmsted - Central Park

② Paxton - Crystal Palace

③ Michelozzi - Villa Medici

④ Brawn - Stowe Garden

해 ④ Stowe Garden은 반브러프와 브릿지맨이 설계한 것을 켄트와 브라운이 공동으로 수정하였다.

8 세계 제1차 대전 후 루드비히 레서(L.Lesser)가 제창한 대표적 독일 조경은?

① 분구원   ② 생태원

③ 야생동물원   ④ 폴크스파크(Volkspark)

9 고구려 시대의 산성과 도성이 맞게 짝지어진 것은?

① 환도산성 – 안학궁성

② 흘승골성 – 국내성

③ 대성산성 – 안학궁성

④ 환도산성 – 장안성

해 ③ 안학궁은 장안성(長安城현 평양시 일대) 내 대성산성 아래 대동강가의 평지에 한 변이 622m인 380,000㎡ 규모의 궁성으로 축조되었다.

10 우리나라 고려시대의 대표적인 궁궐은?

① 안학궁 ② 국내성

③ 만월대 ④ 칠궁

해 ①② 고구려시대. ④ 조선시대

11 르 노트르의 조경양식에 영향을 받아 축조된 것으로 알려진 중국의 정원은?

① 서화원 ② 옥천산 이궁

③ 원명원 ④ 상림원

해 원명원은 동양최초의 서양식 정원이다.

12 계성의 원야에서 기술한 차경수법 중 시선의 높낮이와 관계 있는 것은?

① 일차(逸借) ② 석차(席借)

③ 부차(俯借) ④ 수차(水借)

해 ③ 부차(俯借)란 낮은 곳의 풍경을 차경하는 것이다.

13 처음으로 대가구를 설정하고, 보도와 차도를 완전히 분리했으며 쿨데삭(cul-de-sac)을 도입한 곳은?

① Chicopee, Georgia

② Greenbelt, Maryland

③ Radburn, New Jersey

④ Welwyn, Herfordshire

14 근대 도시공원계통 수립의 선구자는?

① 다니엘 번암(Daniel Bunharm)

② 찰스 엘리어트(Charles Eliot)

③ 칼버트 보(Calvert Vaux)

④ 프레데릭 로 옴스테드(Frederick Law Olmsted)

15 알함브라 궁원 사자의 중정에 있는 12마리 사자가 받치고 있는 수반과 관련된 사조는?

① 비잔틴 ② 로마네스크

③ 고딕 ④ 로코코

16 일본의 석조원생팔중원전(石組園生八重垣傳)에 소개된 오행석(五行石) 중 체동석(體胴石)은 어느 것인가?

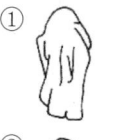

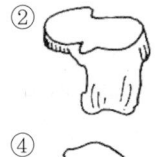

17 이집트 주택정원의 특징으로 가장 거리가 먼 것은?

① 입구에는 탑문(pylon)이 설치되어 있다.

② 원로에는 관개수로와 정자(arbor)가 있다.

③ 장방형의 화단·연못·울타리 등이 배치되어 있다.

④ 수목의 식재로 담을 허물고 장식적, 상징적 정원을 조성하였다.

해 ④ 높은 울담을 설치하였다.

18 고려 말 탁광무가 전라남도 광주에 조성한 정원은?

① 임류각 ② 팔석정

③ 천천정 ④ 경렴정

19 프랑스 정원에 관한 설명으로 틀린 것은?

① 대칭적 균형(均衡)을 중요시 했다.

② 정원을 기하학적 모양으로 만들었다.

③ 본격적 규모로 만들어진 것은 보르비콩트(Vaux-Le-Vicontte)이다.

④ 구릉과 산악을 평탄하게 하고 파르테르(Parterre)를 조성했다.

해 ④ 이탈리아 조경에 대한 설명이다.

20 로마 근교의 바그나이아에 있는 전원형 별장으로 빛의 분천, 거인의 분천, 워터체인, 돌고래 분천 등이 있는 곳은?

① 빌라 알도브란디니 ② 빌라 데스테

③ 빌라 감베라이아 ④ 빌라 란테

제2과목 조경식재

21 공원 내에 설치되는 화장실에 대한 계획기준으로 가장 거리가 먼 것은?

정답 **10** ③ **11** ③ **12** ③ **13** ③ **14** ② **15** ① **16** ① **17** ④ **18** ④ **19** ④ **20** ④ **21** ③

① 청결감이 나타나게 디자인한다.
② 환기와 채광이 가장 중요하다.
③ 습기나 그늘이 많은 곳에 배치한다.
④ 도로로부터 쉽게 접근하도록 한다.

22 자연환경 조사 중 토양 단면조사의 설명으로 틀린 것은?
① 토양단면조사는 식물의 생장에 가장 중요한 환경인자인 토양의 수직적 구성 및 형태를 분석한다.
② A층은 광물토양의 최상층으로 외부환경과 접촉되어 그 영향을 직접 받는 층이다.
③ B층은 대부분의 토양수를 보유하는 층으로 식물의 뿌리 발달에 가장 큰 영향을 미치는 층이다.
④ C층은 외부 환경으로부터 토양 생성 작용을 받지 못하고 단지 광물질이 풍화된 층이다.
해 ③ B층은 외계의 영향을 간접적으로 받으며, 표층으로부터 용탈된 물질이 쌓이는 층이다.

23 국토의 계획 및 이용에 관한 법령 상 도시계획 기반시설인 "광장"의 종류로서 규정 되어 있지 않은 것은?
① 건축물부설광장　　② 미관광장
③ 일반광장　　　　　④ 지하광장
해 "광장"에는 교통광장, 일반광장, 근린광장, 경관광장, 지하광장, 건축물부설광장이 있다.

24 다음 설명의 (　)안에 가장 적합한 용어는?

> (　　　)은/는 1928년 미국의 페리(C. A. Perry)가 제안한 주거단지 개념으로, 어린이들이 위험한 도로를 건너지 않고 걸어서 통학할 수 있는 단지규모에서 생활의 편리성과 쾌적성, 주민간의 사회적 교류 등을 도모할 수 있도록 조성된 물리적 환경을 말한다.

① 가든시티　　　　② 근린주구
③ 스몰블럭　　　　④ 커뮤니티

25 생태적 결정론에 대한 설명으로 옳지 않은 것은?

① 생태적 계획의 이론적 뒷받침으로서 미국의 Ian McHarg 교수가 주장한 것이다.
② 환경계획을 자연과학적 근거에서 인간의 환경적응 문제를 파악하고자 하였다.
③ 자연과 인간, 자연과학과 인간환경의 관계를 생태적 질서를 통하여 규명하고자 하였다.
④ 자연의 경제적 가치를 중요시하고 이를 극복해야 할 대상으로 파악하고자 하였다.
해 '생태적 결정론'이란 자연계는 생태계의 원리에 의해 구성되어 있어 생태적 질서가 인간환경의 물리적 형태를 지배한다는 이론으로, 경제성에만 치우치기 쉬운 환경계획을 자연과학적 근거에서 인간의 환경문제를 파악하여 새로운 환경의 창조에 기여하고자 하였다.

26 공원녹지 관련법 체계가 상위법에서 하위법으로의 흐름을 바르게 나타낸 것은?
① 국토기본법 → 도시공원 및 녹지 등에 관한 법률 → 국토의 계획 및 이용에 관한 법률
② 도시공원 및 녹지 등에 관한 법률 → 국토의 계획 및 이용에 관한 법률 → 국토기본법
③ 국토의 계획 및 이용에 관한 법률 → 국토기본법 → 도시공원 및 녹지 등에 관한 법률
④ 국토기본법 → 국토의 계획 및 이용에 관한 법률 → 도시공원 및 녹지 등에 관한 법률

27 자연경관지역을 계획하는 올바른 방법이 아닌 것은?
① 경관의 질을 강조하는 요소를 도입한다.
② 구성요소 중 부조화 요소를 제거한다.
③ 대조(contrast)를 통하여 통일감이 형성 되어도 대조는 피한다.
④ 시설이나 사용공간이 경관의 구성요소가 되도록 한다.

28 레크리에이션 계획의 접근방법에 대한 설명 중 옳은 것은?
① 자원형은 한계수용력과 환경영향을 지표로 한다.
② 행태형은 과거의 참여 패턴이 장래의 기회를 결정한다는 것을 전제로 한다.

③ 활동형은 대도시 또는 지역레벨의 대상지에 적용하는 기법이다.

④ 경제형은 이용자 선호도와 만족도가 지표이다.

해 ② 활동형, ③ 경제형, ④ 행태형

29 다음 중 실시설계 단계에서 작성하는 것이 아닌 것은?

① 버블 다이어그램
② 내역서
③ 시설물 상세도
④ 특기시방서

해 ① 기본계획 단계, ②③④ 실시설계 단계

30 도로 및 동선계획에서 동선의 패턴 형태와 그 특징에 대한 설명이 틀린 것은?

① 격자형: 시각적으로 단조롭고 불필요한 통과교통이 발생할 수 있다.

② 방사형: 도시중심의 상징성을 부여하고 각 도로의 방향성을 부여할 수 있다.

③ 선형: 도로의 구간 내에서 교통이 원활하지 않을 수 있으나 교통 서비스 효율이 높다.

④ cul-de-sac: 국지도로나 소규모 지역의 도로 계획에 적용가능하며 블록단위별 자기 완결성을 가진다.

해 ③ 선형은 교통은 원활하나 중심성이 없고 효율이 낮다.

31 녹지자연도(Degree of green naturality)에 대한 설명으로 옳지 않은 것은?

① 녹지자연도 0등급은 개발지역이다.

② 자연지역은 이차림, 자연림, 고산자연초원으로 구분한다.

③ 녹지자연도는 우리국토 전체를 개발지역, 반자연지역, 자연지역, 수역으로 나눈다.

④ 녹지자연도를 통하여 특정지역의 자연성 혹은 식생의 천이상황을 알 수 있다.

해 ① 개발지역의 등급은 1~3등급이고, 0등급은 수역이다.

32 습지보전법상 습지보전을 위해 설치할 수 있는 시설 중 가장 거리가 먼 것은?

① 습지연구시설
② 습지준설복원시설
③ 습지오염방지시설
④ 습지생태관찰시설

33 공원 녹지를 비롯한 오픈스페이스 계획에 있어서 주요 계획 개념 및 설명이 틀린 것은?

① 계기: 각 오픈스페이스의 독립 및 완결성을 연결하여 보다 연속된 효과를 느끼게 할 경우에 사용

② 위요: 핵이 되는 경관요소를 감싸줌으로써 그 성격 및 존재를 부각시킬 경우에 사용

③ 관통: 보다 더 강력한 대상의 오픈스페이스요소가 인공 환경과의 강한 대조 효과를 연출 하는 경우에 사용

④ 분절: 각 지점이 상이할 경우, 새로운 장소의 전환기법으로 사용

해 ④ 결절화에 대한 설명이다.

34 상호관련성 분석을 포함하여 자연의 동적인 과정을 파악하는데 중점을 두는 "자연현상 종합분석"에 대한 설명으로 옳은 것은?

① 완경사지역은 주로 고지대 계곡부에 분포한다.

② 급경사지역은 주로 저지대 하천변에 분포한다.

③ 고지대는 건조하여 토양발달이 불량한 곳이다.

④ 저지대는 건조하여 토양발달이 불량한 곳이다.

35 『도시공원 및 녹지 등에 관한 법률』중 공원녹지 기본계획에 대한 설명으로 틀린 것은?

① 시의 시장은 5년을 단위로 하여 관할 구역의 도시지역에 대하여 공원녹지의 확충·관리·이용 방향을 종합적으로 제시한다.

② 지역적 특성 및 계획의 방향·목표에 관한 사항을 제시한다.

③ 인구, 산업, 경제, 공간구조, 토지이용 등의 변화에 따른 공원녹지의 여건 변화에 관한 사항을 제시한다.

④ 공원녹지기본계획 수립권자는 대통령으로 정하는 바에 따라 공원녹지기본계획의 내용을 공고하고 일반인이 열람할 수 있도록 하여야 한다.

해 ① 시의 시장은 10년을 단위로 하여 관할 구역의 도시지역에 대하여 공원녹지의 확충·관리·이용 방향을 종합적으로 제시한다.

36 자연공원 내 공원 입장객에 대한 편의제공 및

공원의 보호, 관리 등을 위해 지정되는 용도지구에 해당되지 않는 곳은?

① 공원마을지구   ② 공원자연보존지구

③ 공원자연환경지구   ④ 공원집단시설지구

해 자연공원법 내 용도지구는 공원문화유산지구를 포함하여 4가 지로 구분된다.

37 다음 설명의 (가)에 들어갈 용어는?

> (가)(이)라 함은 외국인관광객의 유치촉진 등을 위하여 관광활동과 관련된 관계법령의 적용이 배제되거나 완화되는 지역으로서 관광진흥법에 의하여 지정된 곳을 말한다.

① 관광특구   ② 관광단지

③ 관광지   ④ 관광사업

38 조경계획을 위한 분석과 종합과정에 대한 설명으로 틀린 것은?

① 분석은 관련 자료를 부분적으로 나누어 검토하는 것이며, 종합은 이들을 체계화시키고 중요도에 따라 우선순위를 결정하는 것이다.

② 분석과 종합을 위해서는 창의성 보다는 합리적 접근이 보다 많이 요구된다.

③ 분석은 주로 정량적(定量的) 특성을 지니며 종합은 주로 정성적(定性的) 특징을 지닌다.

④ 분석은 관련 자료를 분야별로 나누어 조사하는 것이며, 종합은 이들을 평가하여 대안 작성을 위한 기초를 마련하는 것이다.

해 ③ 분석은 정성적, 정량적인 특성을 지닌다.

39 18홀 정규 골프장의 계획·설계 시 토지이용의 효율성을 고려할 때 490~575야드(yard) 정도의 롱홀(long hole)은 몇 개 정도 설치하는 것이 바람직한가?

① 2개   ② 4개

③ 6개   ④ 10개

40 다음 그림에서 해발표고 225m와 235m의 두

지점 A~B사이는 몇[%] 경사 지역인가?(단, AB사이의 거리는 지표상의 거리임)

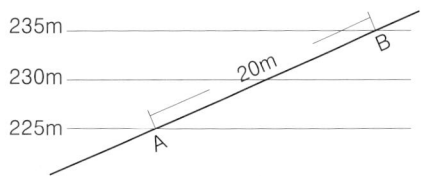

① $\frac{1}{\sqrt{3}} \times 100[\%]$ ② $\sqrt{3} \times 100[\%]$

③ $\sqrt{2} \times \times 100[\%]$ ④ $\frac{1}{\sqrt{2}} \times 100[\%]$

해 AB의 수평거리 $= \sqrt{20^2 - 10^2} = \sqrt{300}$

경사도 $G = \frac{수직거리}{수평거리} \times 100(\%) = \frac{1}{\sqrt{3}} \times 100$

제3과목 조경설계

41 오방색(五方色)에 대한 설명 중 틀린 것은?

① 오방색이란 우리나라의 전통색채에서 사용되어 오던 색이다.

② 오방색은 동, 서, 남, 북, 중앙의 5가지 방위로 이루어져 있다.

③ 각 방위에 따른 색상, 오행, 계절, 방향, 풍수, 맛, 오륜 등이 있다.

④ 기본색은 오정색이라 불렀으며 청(靑), 적(赤), 황(黃), 녹(綠), 백(白) 색 이다.

해 ④ 기본색은 오정색이라 불렀으며 청(靑), 적(赤), 황(黃), 흑(黑), 백(白)색이다.

42 다음 도시경관(Townscape)에 관한 기술 중 적당하지 않은 것은?

① 플로어 스케이프(Floorscape)는 연못 혹은 호수 면과 같이 수평적인 경관을 말한다.

② 사운드 스케이프(Soundscape)는 도시속의 각종 소리의 종류나 크기와 관계가 있다.

③ 카 스케이프(Carscape)는 대규모 주차장의 차 혼잡을 비평한 말이다.

④ 와이어 스케이프(Wirescape)는 공중의 전기줄과 전화 줄의 보기 싫은 모습을 비난한 말이다.

해 ① 플로어 스케이프(Floorscape)는 도로나 보도 등 도시경관의 한 부분을 차지하고 있는 부분의 디자인을 말하는 것으로 재료의 질감, 색채, 기능성 등을 고려한다.

43 P.D.Spreiregen은 건물의 높이(H)와 거리(D)의 비가 어느 정도일 때 공간의 폐쇄감이 완전히 소멸되고, 특징적 공간으로서의 장소 식별이 불가능해지는가?

① D/H = 1
② D/H = 2
③ D/H = 3
④ D/H = 4

44 Edward.T.Hall이 구분한 대인 간격거리에 적합하지 않은 것은?

① 0.45m 미만: 밀집거리
② 0.45m ~ 1.2m 미만: 개체거리
③ 1.2m ~ 3.6m 미만: 사회거리
④ 3.6m 이상: 업무거리

해 ④ 3.6m 이상: 공공거리

45 등각투상도법(Iso-metrics)에 관한 설명 중 옳지 않은 것은?

① 평행도법의 일종이다.
② 보이는 면이 다 같이 강조된다.
③ 모든 수직선은 수직으로 나타나며 서로 평행하다.
④ 평면의 도형을 그대로 이용하기 때문에 작도가 편리하다.

해 ④ 등각투상도란 3좌표축의 투상이 서로 120°가 되는 축측투상도이므로 평면도형을 그대로 이용할 수 없다.

46 안개가 많거나 밤에도 멀리서 잘 보이며 가장 눈에 잘 띄는 조명의 색은?

① 빨강
② 노랑
③ 파랑
④ 초록

47 다음 조경설계기준상의 설명 중 ( )안에 적합한 수치는?

> 보행자 전용도로의 너비는 1.5m 이상으로 하고, 필요한 경우 경사로나 계단을 설치하며 경사로는 어린이나 노약자, 신체 장애인이 스스로 오를 수 있는 기울기로서 최대 ( )% 를 초과하지 않도록 한다.

① 5
② 8
③ 12
④ 15

48 다음 중 안내시설의 설계 시 검토 사항으로 가장 부적합한 것은?

① 보행자 등 이용자의 안전성을 고려한다.
② 외부 요인에 따른 변형·마모 등에 대한 유지·관리 등을 고려하여 설계한다.
③ 안내시설은 인간 감성의 회복에 기여하고 환경 친화성을 높일 수 있도록 설계한다.
④ 다양한 유형의 안내시설물이 한 장소에 설치될 필요가 있을 경우에는 각 유형별로 여러 개의 종합표지판을 나누어 배치한다.

해 ④ 다양한 유형의 안내시설물이 한 장소에 설치될 필요가 있을 경우에는 하나의 종합표지판과 이를 보조할 표지판으로 구분하여 배치한다.

49 같은 도면에서 2종류 이상의 선이 중복되었을 때 가장 우선시 되는 것은?

① 치수 보조선
② 절단선
③ 외형선
④ 중심선

50 경관조사방법 중 경관의 특징, 주위경관의 유사성 변화 등을 밝혀내기 위한 경관의 우세요소가 아닌 것은?

① 형태(form)
② 색채(color)
③ 규모(scale)
④ 질감(texture)

해 경관의 우세요소 : 형태, 선, 색채, 질감

51 그림과 같은 정면도와 평면도에 가장 적합한 우측면도는?

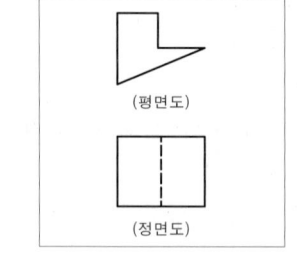

(평면도)

(정면도)

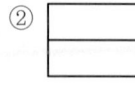

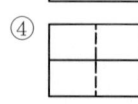

52 조경구조물 중 「얕은 기초」의 설명에서 (   )안에 적합한 것은?

> 상부구조로부터의 하중을 직접 지반에 전달시키는 형식의 기초로서 기초의 최소폭과 깊이와의 비가 대체로 (   )이하인 경우를 말한다.

① 1.0
② 1.5
③ 2.0
④ 3.0

53 고대 그리스에서 나타나고 있는 여러 작품(조각, 변화 등) 중 인체를 황금비로 구분하는 기준점의 신체 부위는?

① 배꼽
② 어깨
③ 가슴
④ 사타구니

54 다음 중 평면도와 표제란에 포함되지 않는 것은?

① 기관정보
② 도면정보
③ 시공자 정보
④ 도면번호

55 잔상(after image)에 대한 설명으로 틀린 것은?

① 잔상의 출현은 원래 자극의 세기, 관찰시간, 크기에 의존한다.
② 원래의 자극과 색이나 밝기가 반대로 나타나는 것은 음성잔상이다.
③ 보색잔상은 색이 선명하지 않고 질감도 달라 면색(面色)처럼 지각된다.
④ 잔상현상 중 보색잔상에 의해 보게 되는 보색을 물리보색이라고 한다.

해 ④ 잔상현상 중 보색잔상에 의해 보게 되는 보색을 심리보색이라고 한다.

56 제도용지 A2의 크기는 A0용지의 얼마 정도의 크기인가?

① 1/2
② 1/4
③ 1/8
④ 1/16

해 용지의 크기는 A0를 기준으로 1/2 호칭숫자 제곱에 비례한다. → $\frac{1}{2^2} = \frac{1}{4}$

57 다음 그림의 착시(錯視)에 관한 설명 중 틀린 것은?

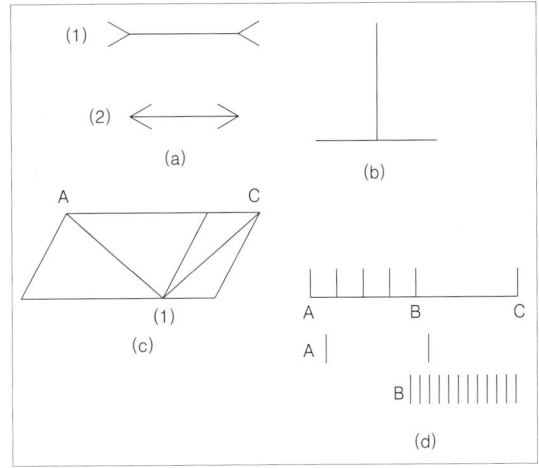

① (a): 방향의 착시를 보여주는 상태에서 바깥쪽(2)으로 향한 선이 더 길어 보인다.
② (b): 수평선보다도 수직선 편이 길게 보인다.
③ (c): 2개의 평행사변형 내에 있는 대각선의 길이가 동일하지만 다르게 보인다.
④ (d): 단순한 선분보다도 분할선이 많은 선분이 길게 보인다.

58 달리는 차안에서 바라보는 가로수가 관찰자의 이동과는 무관하게 변함없이 서 있음을 알게 하는 지각 원리는?

① 위치 항상성
② 크기 항상성
③ 모양 항상성
④ 색채 항상성

해 물체가 망막에 비치는 모습이 바뀌어도 그것을 일정한 것으로 지각하는 현상을 지각의 항상성이라 한다. 위치·크기·형태·색채 등이 어떤 조건에 따라 망막에 비치는 상이 끊임없이 변화해도 우리가 세계를 항상 일관성 있게 지각하도록 해주지만, 때로는 그러한 항상성 때문에 착시 현상이 일어나기도 한다.

59 조경설계기준상 배수시설의 설계시 고려해야 할 설명으로 틀린 것은?

① 녹지의 표면배수 기울기는 고려하지 않아도 된다.
② 배수에는 지표면 배수와 심토층 배수의 두 방법이 있다.

③ 관거 이외의 배수시설의 기울기는 0.5% 이상으로 하는 것이 바람직하다.

④ 개거배수는 지표수의 배수가 주목적이지만 지표저류수, 암거로의 배수, 일부의 지하수 및 용수 등도 모아서 배수한다.

해 ① 녹지의 식재면은 일반적으로 1/20~1/30 정도의 배수기울기로 설계한다.

60 조경설계기준상의 정원조경(공장) 중 다음 설명의 (   )안에 적합한 수치는?

> – 공장정원의 바닥은 나지로 남겨두어서는 안 된다.
> – 공해물질에 내성이 강하고 먼지의 흡착력이 강한 활엽수의 식재면적을 전체 수목 식재면적(수관부 면적)의 (   )% 이상으로 정한다.

① 50 　　　　　　② 60
③ 70 　　　　　　④ 80

제4과목 조경식재

61 지상부의 줄기가 목질화 되지 않는 식물은?
① 능소화 　　　　　② 작약
③ 모란 　　　　　　④ 멀꿀

해 ② 작약은 여러해살이풀이다.

62 잎이 2개씩 속생하는 수종은?
① 리기다소나무(*Pinus rigida*)
② 스트로브잣나무(*Pinus strobus*)
③ 백송(*Pinus bungeana*)
④ 반송(*Pinus densiflora* for. *multicaulis*)

해 ① 3엽 속생, ② 5엽 속생, ③ 3엽 속생

63 산울타리용으로 가장 적합한 수목은?
① 때죽나무(*Styrax japonicus*)
② 계수나무(*Cercidiphyllum japonicum*)
③ 사철나무(*Euonymus japonicus*)
④ 수양버들(*Salix babylonica*)

64 멸종위기 야생생물 II급에 속하는 식물종은?

(단, 야생생물 보호 및 관리에 관한 법률 시행규칙을 적용한다.)
① 처녀치마(*Heloniopsis koreana*)
② 얼레지(*Erythronium japonicum*)
③ 가시연(*Euryale ferox*)
④ 초롱꽃(*Campanula punctata*)

해 멸종위기 야생생물 II급에는 가는동자꽃, 가시오갈피나무, 각시수련, 개가시나무, 개병풍, 갯봄맞이꽃, 검은별고사리 등이 있다.

65 도시 내 소생물권과 관련된 설명으로 틀린 것은?
① 「자연환경보전법」에서 규정하는 소생태계의 개념을 포함하는 생물서식공간을 의미한다.
② 해당 지역의 자연환경 상황을 파악하여 '보전', '복원', '창조'의 기법을 조합하여 계획을 수립한다.
③ 보존가치가 있는 생태계는 개발사업 이후부터 보호하되 집중적인 방법으로 대체 방안을 모색한다.
④ 단위생태계로서의 소생물권과 생태계 네트워크로서의 시스템적 기능과 구조를 고려한다.

해 ③ 보존가치가 있는 생태계는 개발사업 이전부터 보호방안을 수립한다.

66 상록활엽교목으로만 구성되어 있는 것은?
① 동백나무, 녹나무, 돈나무, 만병초
② 조록나무, 노각나무, 귀룽나무, 산사나무
③ 해당화, 송악, 굴거리나무, 담팔수
④ 가시나무, 후박나무, 녹나무, 구실잣밤나무

67 비비추(*Hosta longipes*)에 관한 설명으로 틀린 것은?
① 백합과(科) 식물이다.
② 7~9월에 연보라색 꽃이 핀다.
③ 뿌리는 구근으로 되어 있고 인편번식을 한다.
④ 숙근성 여러해살이풀로 관엽, 관화식물이다.

해 ③ 많은 뿌리가 사방으로 뻗어 있고, 포기에서 곁눈이 나와 퍼지는 것을 쪼개어 심는다.

68 인공조성지의 수목 생육환경과 관련하여 고려되어야 할 사항으로 가장 거리가 먼 것은?
① 유효토양의 과잉
② 토양공기의 부족
③ 토양의 과습
④ 식물양분의 결핍

69 토양이 단립(團粒)구조를 갖게 하기 위한 것으로 틀린 것은?
① 배수를 좋게 한다.
② 퇴비 등의 유기질 비료를 준다.
③ 사질 토양은 식토로 객토하는 것이 중요하다.
④ 식질 토양에는 점토로 객토하는 것이 중요하다.
해 ④ 식토에는 사질이 많은 사토를 객토한다.

70 수형이 원추형인 것은?
① *Zelkova serrata*
② *Sophora japonica*
③ *Platanus occidentalis*
④ *Abies holphylla*
해 ① 느티나무(평정형), ② 회화나무(원정형), ③ 양버즘나무(원정형), ④ 전나무

71 여름철 더위에 견디는 힘(耐暑性)이 가장 강한 것은?
① Ryegrass 류
② Bentgrass 류
③ Zoysia grass 류
④ Kentucky bluegrass 류
해 ③ 한국잔디

72 층층나무(*Cornus controversa*)에 관한 설명으로 틀린 것은?
① 꽃은 흰색계열이다.
② 뿌리는 천근성이다.
③ 가지는 계단상으로 돌려나고 층을 형성한다.
④ 열매는 핵과로 8월말 ~ 10월초에 검은색으로 성숙한다.
해 틀린 것 없이 ①②③④항 모두 옳은 내용이다.

73 화살나무(*Euonymus alatus*)의 특징으로 틀린 것은?
① 낙엽활엽관목
② 잎에 있는 날개가 독특함
③ 종자는 황적색 종의로 싸여 있으며 백색
④ 가을의 붉은색 단풍이 감상가치가 높음
해 ② 화살나무는 가지에 코르크질의 날개가 2~4줄 생겨난다.

74 무성(영양)번식에 대한 설명으로 틀린 것은?
① 영양번식에 의한 식물체는 종자번식에 비해 대량번식이 쉽다.
② 영양번식에 의한 식물체는 생장과 개화가 종자 식물에 비해 빠르다.
③ 접목은 분리된 두 식물체의 조직을 유합시켜 하나의 식물체를 만드는 방법이다.
④ 분구는 백합류, 칸나 등의 구근을 지니는 조경식물의 지하부 구근을 분주하여 번식하는 방법이다.

75 소사나무에 해당하는 속명은?
① *Alnus*   ② *Carpinus*
③ *Celtis*   ④ *Quercus*
해 ① 오리나무속, ③ 팽나무속, ④ 참나무속

76 햇빛을 충분히 받아야만 생육이 좋은 양수는?
① 자작나무(*Betula platphylla*)
② 감탕나무(*Ilex integra*)
③ 마가목(*Sorbus commixta*)
④ 노각나무(*Stewartia pseudocamellia*)

77 식재수량 산정 결과, 교목 20주, 관목 100주가 산출되었다. 이 중 상록수의 식재 규정 수량은?(단, 국토교통부 조경기준을 적용한다.)
① 교목: 2주 이상, 관목: 10주 이상
② 교목: 2주 이상, 관목: 20주 이상
③ 교목: 4주 이상, 관목: 10주 이상
④ 교목: 4주 이상, 관목: 20주 이상
해 상록수의 식재비율은 교목 및 관목 중 규정 수량의 20% 이상으로 한다.

78 다음 [보기]의 (   )안에 적합한 용어는?

[보기]

토양수분은 흙 입자 표면에 분자간 응집력에 의해 흡착되는 수분인 (㉠)와 흙 공극의 표면장력에 의해 유지되는 (㉡)로 구분된다.

① ㉠ 결합수, ㉡ 모관수
② ㉠ 결합수, ㉡ 중력수
③ ㉠ 흡습수, ㉡ 모관수
④ ㉠ 흡착수, ㉡ 결합수

79 국화과(科)에 해당되지 않는 것은?
① 흰민들레 　　　 ② 벌개미취
③ 비비추 　　　 ④ 구절초
🔳 ③ 비비추는 백합과이다.

80 내습성이 가장 강한 수종은?
① 노간주나무(*Juniperus rigida*)
② 싸리(*Lespedeza bicolor*)
③ 가죽나무(*Ailanthus altissima*)
④ 낙우송(*Taxodium distichum*)

제5과목 조경시공구조학
81 다음 중 경비에 속하지 않는 것은?
① 기계경비 　　　 ② 산재보험료
③ 외주가공비 　　　 ④ 작업부산물
🔳 ④ 시공 중에 발생하는 부산물 등으로 환금성이 있는 것은 재료비로부터 공제한다.

82 다음 중 통계적 품질관리(QC)의 도구가 아닌 것은?
① 산포도 　　　 ② 히스토그램
③ 기능계통도 　　　 ④ 특성요인도
🔳 품질관리의 도구에는 히스토그램, 파레토도, 특성요인도, 체크시트, 각종그래프, 산포도, 층별 등이 있다.

83 50년 강우빈도에 대한 강우강도가 $I = \dfrac{660}{t+0.05}$ 이라고 주어졌다면 강우강도는 약 얼마인가?(단, 유달

시간은 유입시간 5분과 900m를 유속 1.5m/sec로 흘러내리는 유하시간으로 한다.)

① 21.9mm/hr 　　　 ② 43.85mm/hr
③ 65.35mm/hr 　　　 ④ 130.69mm/hr
🔳 $t = 5 + \left(\dfrac{900}{1.5}\right) \div 60 = 15(\text{min})$, $I = \dfrac{660}{15+0.05} = 43.85(\text{mm/hr})$

84 대부분의 살수기(撒水器)는 삼각형이나 사각형의 고유한 살수단면을 가지게 되는데 그 중 삼각형 형태로 배치하려고 할 때 열과 열사이의 거리는 살수가 간격의 어느 정도로 하여야 효과적인가?
① 같은 간격의 거리
② 살수기 간격의 약 0.87배
③ 살수기 간격의 약 0.5배
④ 살수기 간격의 약 0.37배

85 조경공사 표준시방서에서 공사기간에 관한 설명으로 틀린 것은?
① 시공 후 잔류침하에 의한 후속 공사물의 파손위험이 예상되는 경우에는 잔류침하가 허용범위 내에 도달할 때까지의 기간을 감안하여 충분한 공사기간을 설정해야 한다.
② 준공일자와 관련하여 공사여건상 불가피하게 식재 부적기에 식재하여야 할 경우 감독자의 승인을 받아 식재공사를 시행하되 부적기에 필요한 수목양생조치를 추가 실시하여야 한다.
③ 식재공사 기한이 차기의 식재적기로 이월될 경우, 일반적으로 식재공사를 제외한 타공사의 공사기한도 식재공사와 같이 이월된다.
④ 이월된 식재공사는 이월공사기간에도 불구하고 식재적기 개시일로부터 최소 15일 이상의 공기가 확보되어야 한다.
🔳 ③ 식재공사 기한이 차기의 식재 적기로 이월되더라도 식재공사를 제외한 타공사의 공사기한은 이월되지 않는다.

86 「소운반의 운반거리」설명 중 (   )안에 포함될 수 없는 것은?

( )에서 포함된 것으로 규정된 소운반 거리는 ( ) 이내의 거리를 말하므로 소운반이 포함된 품에 있어서 소운반 거리가 ( )를 초과할 경우에는 초과분에 대하여 이를( ) 계상하며 경사면의 소운반 거리는 수직 1m를 수평거리 ( )의 비율로 본다.

① 품
② 15m
③ 6m
④ 별도

해 (품)에서 포함된 것으로 규정된 소운반 거리는 (20m) 이내의 거리를 말하므로 소운반이 포함된 품에 있어서 소운반 거리가 (20m)를 초과할 경우에는 초과분에 대하여 이를(별도) 계상하며 경사면의 소운반 거리는 수직 1m를 수평거리 (6m)의 비율로 본다.

87 표준시방서에서 콘크리트 비비기의 설명으로 틀린 것은?
① 콘크리트의 재료는 반죽된 콘크리트가 균질하게 될 때까지 충분히 비벼야 한다.
② 믹서 안의 콘크리트를 전부 꺼낸 후가 아니면 믹서 안에 다음 재료를 넣지 않아야 한다.
③ 비비기 시간은 시험에 의해 정하는 것을 원칙으로 한다.
④ 비비기는 미리 정해 둔 비비기 시간의 5배 이상으로 계속하여야 한다.

해 ④ 비비기 시간은 시험에 의해 정하는 것을 원칙으로 하며, 미리 정해둔 비비기 시간의 3배 이상 계속해서는 안된다.

88 콘크리트 슬럼프 시험(slump test)과 관련된 설명 중 틀린 것은?
① 슬럼프 콘의 각 층은 다짐봉으로 고르게 한 후 진동기로 다진다.
② 다짐봉은 지름 16mm, 길이 500~600mm의 강 또는 금속제 원형봉으로 그 앞 끝을 반구 모양으로 한다.
③ 슬럼프 콘은 윗면의 안지름이 100mm, 밑면의 안지름이 200mm, 높이 300mm 및 두께 1.5mm 이상인 금속제로 한다.
④ 슬럼프 콘은 수평으로 설치하였을 때 수밀성이

있는 강제평판 위에 놓고 누르고, 시료를 거의 같은 양의 3층으로 나눠서 채운다.

해 ① 각 층마다 다짐봉으로 25회씩 고르게 다지며, 진동기는 사용하지 않는다.

89 목재의 절취단면을 나타내는 용어가 아닌 것은?
① 횡단면
② 접선단면
③ 방사단면
④ 수심단면

해 목재의 절취단면에는 횡단면(생장방향과 직각), 접선단면(나이테와 접선으로 생장방향), 방사단면(나이테와 직각)이 있다.

90 점토의 물리적 성질에 관한 설명 중 옳은 것은?
① 가소성은 점토입자가 클수록 좋다.
② 압축강도는 인장강도의 약 5배 정도이다.
③ 기공률은 20~50%로 보통상태에서 10% 내외이다.
④ 철산화물이 많으면 황색을 띠게 되고, 석회물질이 많으면 적색을 띠게 된다.

해 가소성은 입자가 작을수록 좋으며, 기공률은 일반적으로 30~90% 범위에 들고 보통 50% 내외이고, 철산화물이 많을수록 적색을 띠게되고, 석회물질이 많으면 황색을 띠게 된다.

91 공원에 설치되는 조명과 관련된 설명 중 '휘도'에 관한 내용으로 맞는 것은?
① 방사속 중에서 가시광선의 방사속을 눈의 감도를 기준으로 하여 측정한 것
② 발광체가 발하는 광속의 밀도
③ 단위면에 수직으로 투하된 광속밀도
④ 광원면에서 어느 방향의 광도를 그 방향에서의 투영면적으로 나눈 것

해 ① 광속, ② 광도, ③ 조도

92 암절토 비탈면 등 환경조건이 극히 불량한 지역의 녹화공법으로 가장 적합한 것은?
① 식생매트공
② 잔디떼심기공
③ 일반묘식재공법
④ 식생기반재뿜어붙이기공

93 그림과 같은 내민보에 모멘트와 집중하중이 작용한다. 지점 B에서의 굽힘 모멘트의 크기는 몇 kNm인가?

그림

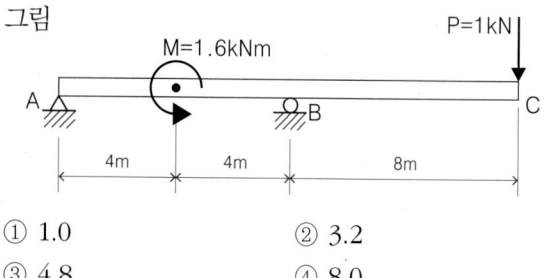

① 1.0
② 3.2
③ 4.8
④ 8.0

해 내민보 부분의 모멘트는 캔틸레버보처럼 직접 구한다.

$M_B = 1 \times 8 = 8(kNm)$

94 조경공사 재료의 할증률이 바르게 짝지어진 것은?

① 초화류 : 5%
② 잔디 : 10%
③ 조경용수목 : 5%
④ 원석(마름돌용) : 10%

해 ① 초화류 : 10%, ③ 조경용수목 : 10%, ④ 원석(마름돌용) : 30%

95 흙을 쌓은 경사면이 미끄러진 형태로 안정되는데 이 경사면의 각도를 무엇이라 하는가?

① 마찰각(摩擦角)
② 내부 마찰각
③ 전도각(轉倒角)
④ 휴식각(休息角)

96 바람의 속도압이 98kgf/m²가 되는 곳에 조적식 담장을 쌓을 때 담장을 지지하기 위한 기둥사이의 최대 허용거리는 얼마인가?(단, 최대비율 L/T=18, 담장의 폭은 19cm(1.0B)로 한다.)

① 25.2m
② 34.2m
③ 2.52m
④ 3.42m

해 최대비율이 L/T=18이므로

L/19=18   ∴ L=342 → 3.42m

97 구조물에 작용하는 하중 중 바람 및 지진 또는 온난한 지방의 눈하중과 같이 구조물에 잠시 동안만 작용하는 하중을 말하는 것은?

① 이동하중
② 집중하중
③ 고정하중
④ 단기하중

98 콘크리트의 시공 관련 설명으로 틀린 것은?

① 연직 시공이음에는 지수판 등의 재료 및 도구의 사용을 원칙으로 한다.

② 팽창재는 습기의 침투를 막을 수 있는 사이로 또는 창고에 시멘트 등 다른 재료와 혼입저장하는 것이 효과적이다.

③ 소요 품질을 갖는 수밀콘크리트를 얻기 위해서는 적당한 간격으로 시공 이름을 두어야 하며, 그 이음부의 수밀성에 대하여 특히 주의하여야 한다.

④ 수밀콘크리트에 사용하는 혼화재료는 적합한 공기연행제, 감수제 또는 포졸란 등을 사용하는 것을 원칙으로 한다.

해 ② 팽창재는 혼화재료로서 콘크리트 부재의 건조수축을 줄여서 균열발생을 방지하기 위해 사용한다.

99 초점거리가 210mm인 카메라로 표고 500m 지형을 축척 1/20000으로 촬영한 연직사진의 촬영고도는?

① 4050m
② 4250m
③ 4500m
④ 4700m

해 $\dfrac{1}{m} = \dfrac{\text{초점거리}}{\text{고도}}$ → 고도=0.21×20,000=4,200(m)

∴실제고도=4,200+500=4,700(m)

100 시험재의 전건무게가 1000g이고, 건조 전에 시험재의 무게가 1200g 일 때 건량기준 함수율은 얼마인가?

① 20%
② 25%
③ 30%
④ 35%

해 함수율(%)= $\dfrac{\text{목재의 무게}(W_1) - \text{전건재의 무게}(W_2)}{\text{전건재의 무게}(W_2)} \times 100$

$= \dfrac{1,200-1,000}{1,000} \times 100 = 20(\%)$

제6과목 조경관리론

101 멀칭(Mulching)의 직접적 효과가 아닌 것은?

① 병충해의 발생억제
② 토양수분의 유지
③ 풍화작용의 촉진
④ 잡초의 발생억제

102 칼륨(K) 성분량 10kg을 황산칼륨(보증성분량 : 48%)으로 사용하려면 황산칼륨은 대략 몇 kg을 주어야 하는가?

① 50kg   ② 40kg

③ 30kg   ④ 20kg

해 10/0.48 = 20.83(kg)

103 바이러스 감염에 의한 수목병의 대표적인 병징에 해당되지 않는 것은?

① 위축   ② 그을음

③ 잎말림   ④ 얼룩무늬

해 ② 그을음병은 자낭균에 의한 병이다.

104 훈증제 농약의 구비 조건으로 옳지 않은 것은?

① 기름이나 물에 잘 녹아야 한다.

② 휘발성이 커서 확산이 잘 되어야 한다.

③ 비 인화성이어야 하고 침투성이 커야 한다.

④ 훈증 목적물에 이화학적 변화를 일으키지 않아야 한다.

해 훈증제는 비점이 낮은 농약의 주제를 액상, 고상 또는 압축 가스상으로 용기에 충진한 것으로 용기를 열 때 대기중으로 기화되어 독작용을 한다.

105 골프장 그린(잔디) 관리, 재배 상 주의할 점에 해당되지 않는 것은?

① 배수를 원활히 해야 한다.

② 통풍을 양호하게 한다.

③ 비료를 많이 자주 준다.

④ 살수 과잉으로 인한 그린(Green)의 과습은 피한다.

106 일반적인 조경관리 절차로 가장 적합한 것은?

① 관리목표설정 → 관리계획수립 → 관리조직구성 → 업무확정 → 업무수행 → 업무평가

② 관리조직구성 → 관리계획수립 → 관리목표설정 → 업무확정 → 업무수행 → 업무평가

③ 관리목표설정 → 관리조직구성 → 업무확정 → 업무수행 → 관리계획수립 → 업무평가

④ 관리조직구성 → 관리목표설정 → 업무확정 → 업무수행 → 관리계획수립 → 업무평가

107 다음 중 향나무 녹병균은 어떤 것인가?

① 동종기생균   ② 이종기생균

③ 유주포자균   ④ 표면서식균

108 토양반응(ph)이 낮아질 때 토양 내 인산의 고정량은 어떻게 되는가?

① 상관이 없다.

② 더욱 커진다.

③ 적어진다.

④ 적어지다 커지다를 반복하다가 한계점 도달 시 적어진다.

해 ② 토양반응(ph)이 낮아질 때(산성일 때) 인산은 잘 녹지 않으므로 토양 내 고정량은 증가한다.

109 보수점감의 법칙에 해당되는 것은?

① 시비량과 수량과의 관계

② 시비량과 품질과의 관계

③ 비료성분과 증수율과의 관계

④ 비료의 흡수율과 최소양분율과의 관계

해 보수점감의 법칙이란 비료를 너무 많이 주어 얻는 역효과로서 비료를 처음 줄 때는 수량이 많이 나오지만 비료를 주는 횟수가 늘어날수록 수량의 차가 점점 줄어들며 더 나아가 필요 이상 주면 오히려 수량이 떨어지는 현상이다.

110 옥외조명기구를 청소하는 방법으로 강한 알칼리성, 산성의 약품을 사용하면 표면의 부식이나 산화피막이 벗겨질 위험이 있는 재료는?

① 알루미늄   ② 법랑

③ 합성수지   ④ 플라스틱

111 식물의 즙액을 흡즙하는 입틀 구조를 갖지 않은 곤충은?

① 버즘나무방패벌레   ② 느티나무벼룩바구미

③ 솔껍질깍지벌레   ④ 가루나무좀

112 소나무재선충병에 대한 설명으로 옳지 않은 것은?

① 수분 이동 통로를 막아 고사시킨다.

② 소나무먹좀벌이 천적이므로 생태학적 방제에 의존할 수 밖에 없다.

③ 감염 후 수 주내에 급속히 말라 죽으며, 치사율이 100%이다.

④ 이동능력이 없이 공생관계인 솔수염하늘소를 통해 전파된다.

해 ② 소나무재선충병의 방제 방법으로는 피해발생지와 인접지역내 고사목, 피압목 등 벌채·제거, 과밀임분에 대한 적정간벌, 매개충을 유인하기 위한 이목을 설치한 후 우화 전에 모아 태워 구제하는 방법 등이 있다.

113 토양수분포텐셜(soil water potential)의 단위로 쓰이지 않는 것은?

① pF   ② %   ③ bar   ④ kPa

114 공사장 관리를 위한 주변 가설울타리의 설명 중 ( )안에 해당되는 것은?

> 판자 울타리의 높이는 공사시방서에서 정하는 바가 없을 때에는 ( )m 이상 (도로상에 현장사무소, 창고, 작업장 및 통로 등의 가설시설물을 둘 때에는 이들 바닥으로 부터의 높이)으로 한다.

① 1.2   ② 1.8

③ 2.4   ④ 3.0

115 광엽 또는 화본과 잡초의 분류로 옳은 것은?

① 화본과 잡초: 여뀌   ② 광엽잡초: 돌피

③ 광엽잡초: 명아주   ④ 광엽잡초: 바랭이

해 ① 여뀌(광엽잡초), ② 돌피(화본과), ④ 바랭이(화본과)

116 작물보호제(농약) 살포시 주의사항으로 옳지 않은 것은?

① 살포 전·후 살포기를 반드시 씻는다.

② 이상기후(이상고온, 이상저온, 과습, 건조등)에서는 약해의 우려가 있으니 살포를 자제한다.

③ 약을 뿌릴 때에는 마스트, 보안경, 고무장갑 및 방제복 등을 착용 후 바람을 등지고 살포 작업한다.

④ 농약을 섞어 뿌리고자 할 때에는 반드시 1년 정도 경과해 안정된 상태에서 사용한다.

해 ④ 혼용 조제한 살포액은 오래 두지 말고 당일에 사용한다.

117 생태연못의 유지관리에 대한 설명으로 가장 거리가 먼 것은?

① 모니터링은 조성 직후부터 1년, 2년, 3년, 5년, 10년 등의 주기로 한다.

② 모니터링은 가급적 지역주민, NGO, 전문가 등이 함께 참여하도록 한다.

③ 여름철에 성장한 수초는 겨울철에 말라서 연못내에 잔존하게 되면 연못내 식물의 영양분이 되므로 지속적으로 유지시킨다.

④ 붉은귀거북, 블루길, 베스, 비단잉어 등의 외래종은 제거하도록 한다.

해 ③ 말라 죽은 수초는 연못의 부영양화를 가져오므로 소량이 아닌 경우에는 제거한다.

118 옥외레크레이션의 관리체계를 세울 때 주요 기능 관점의 3가지 부체계 기본요소에 해당되지 않는 것은?

① 이용자관리   ② 자원관리

③ 서비스관리   ④ 매스미디어관리

119 다음 주민참가의 단계 중 시민권력 단계에 속하지 않는 것은?

① 자치관리   ② 권한이양

③ 파트너 쉽   ④ 유화

해 ④ 형식적 참가의 단계이다.

120 조경시설물 정비, 점검방법으로 적합하지 못한 것은?

① 배수구는 정기적으로 점검하여 토사나 낙엽에 의한 유수방해를 제거한다.

② 어린이공원 유희시설물의 회전부분은 충분한 윤활유 공급으로 회전을 원활히 해준다.

③ 아스팔트 도로포장은 내구성이 큰 포장이므로 전면개수까지 점검사항에서 제외한다.

④ 표지, 안내판 등의 도장(塗裝)상태나 문자는 상시점검 보수한다.

해 ③ 아스팔트 포장은 전면적의 5~10% 균열 함몰이 생길 때 3~5년 단위로 정기점검 및 보수하고, 전반적으로 노화가 보일 때 10년 단위로 점검 및 보수한다.

정답 113 ② 114 ② 115 ③ 116 ④ 117 ③ 118 ④ 119 ④ 120 ③

제1과목 조경사

1 창덕궁 옥류천 주변에 있는 정자가 아닌 것은?

① 청의정   ② 농산정

③ 농수정   ④ 취한정

해 ③ 농수정은 연경당 후원의 화계 상단에 축조된 정자이다.

2 다음 중 일본의 시대별 정원양식이 맞지 않는 것은?

① 침전조 정원 – 평안시대

② 회유임천식 정원 – 겸창시대

③ 고산수식 정원 – 실정시대

④ 다정 – 나양시대

해 ④ 다정(茶庭)은 다실(茶室)에 이르는 길을 중심으로 한 좁은 공간에 꾸며지는 일종의 자연식 정원으로 모모야마 시대의 양식이다.

3 고려시대 정원에 관한 내용이 기술된 문집이 아닌 것은?

① 동국이상국집   ② 목은집

③ 운곡시사   ④ 운림잡저

해 ④ 조선시대 화가 허련(1809~1892)이 운림산방을 조성하여 말년을 지내던 곳에 대한 기록이다.

4 명쾌한 균제미로부터 벗어나 번잡하고 지나친 세부기교에 치우치고 복잡한 곡선, 도금한 쇠붙이 장식, 다채로운 색 대리석 등을 풍부히 사용한 정원양식은?

① 프랑스의 르네상스 평면기하학식

② 이탈리아 르네상스 노단건축식

③ 르네상스 후기 바로크식

④ 중세 고딕식

5 중국에서 조경에 관계되는 한자의 의미 설명이 잘못된 것은?

① 원(園) : 과수류를 심었던 곳으로 울타리가 있는 공간

② 포(圃) : 채소를 심거나 기르는 곳

③ 원(苑) : 짐승을 기르거나 자생하던, 울타리가 있는 공간

④ 정(庭) : 건물이나 울타리에 둘러싸인 평탄한 뜰

해 ③ 금수(禽獸)를 키우는 곳(동물원)은 유(囿)라고 하였다.

6 다음 중 중국 정원의 특성으로 가장 거리가 먼 것은?

① 태호석 등 세부시설에 조석이 많이 사용되었다.

② 자연경관이 수려한 곳에 곡절(曲折)기법을 사용하여 심산유곡을 형성하였다.

③ 정원의 포지 포장 재료는 주로 목재를 사용하였다.

④ 정원에 차경을 위하여 누창을 조성하였다.

해 ③ 정원의 포지 포장 재료로는 주로 전(磚)돌을 사용하였다.

7 경복궁 교태전 후원을 지칭하는 다른 명칭은?

① 귀거래사(歸去來辭)   ② 아미산(峨嵋山)

③ 삼신산(三神山)   ④ 곡수연(曲水宴)

8 고대 신들을 위하여 축조한 건축물이나 조형물은 경관적으로 큰 역할을 하였다. 다음 중 신(神)을 위해 조성한 시설에 해당하지 않는 것은?

① Hanging Garden

② Obelisk

③ Ziggurat

④ Funerary Temple of Hat-shepsut

해 ① 공중정원(Hanging Garden)은 바빌론의 네브카드네자르(nebuchadnezzar) 2세 왕이 산악지형이 많은 메디아 출신의 아미티스(Amiytis) 왕비를 위해 축조한 정원이다.

9 연꽃을 군자에 비유한 애련설의 저자는?

① 이태백   ② 왕휘지

③ 주렴계   ④ 주희

해 ③ 호는 염계(濂溪). 이름은 주돈이(周敦頤)로 북송의 관리이자 철학가, 문학가로 알려져있다.

10 일본의 도산(모모야마)시대의 다정(茶庭)을 구성하는 요소로 가장 부적합한 것은?

① 석등(石燈)　　　② 디딤돌(飛石)

③ 수통(水桶)　　　④ 방지(方池)

11 중국 명나라 원림에 관한 설명 중 틀린 것은?

① 원명원은 서쪽에 있는 이화원과 더불어 황가원림의 대표로 꼽힘

② 북경과 남경 및 소주와 양주 일대를 중심으로 발달됨

③ 계성의 〈원야〉, 이어의 〈한정우기〉 등 원림관련 서적들이 출간됨

④ 문화와 예술 활동의 장이자 예술작품의 배경이됨

🎯 ① 청나라 원림에 대한 설명이다.

12 다음 중 근대 조경의 흐름에 있어 적절하지 않은 설명은?

① 미국에서 전원도시(田園都市) 운동은 20C 초에 시작되었다.

② 래드번(Radburn)은 쿨데삭(cul-de-sac)의 원리를 정원이 아닌 단지계획에 적용한 것이다.

③ 뉴욕(New York)의 센트럴파크(Centeral Park)는 조셉 팩스톤(Joseph Paxton)과 옴스테드(Olmsted)의 공동 작품이다.

④ 레치워스(Letchworth) 개발과 웰윈(Welwyn) 조성은 영국의 대표적인 전원도시이다.

🎯 ③ 센트럴파크(Central Park)는 옴스테드(Olmsted)와 보우(Vaux)의 공동작품이다.

13 일본의 고산수정원은 어떤 목적에 의하여 조성되었는가?

① 불교 선종(禪宗)의 영향으로 방이나 마루에서 정숙하게 감상하도록 조성

② 도교사상의 영향으로 위락이나 산책을 위한 실용적인 목적으로 조성

③ 불교 정토종(淨土宗)에서 화엄장엄 세계를 구현하는 목적으로 조성

④ 신선사상의 목적으로 정숙하게 관조하는 목적으로 조성

14 고대 그리스 일반시민의 주택에 대한 설명이

아닌 것은?

① 가족 공용실을 통해 각 실로 통하는 내향식 주택

② 단순하고 기능적이며, 거리의 소음으로부터 격리

③ 중정은 포장을 하지 않고 방향성 식물을 식재

④ 대리석 분수의 도입

🎯 ③ 중정은 돌 포장, 방향성 식물, 대리석 분수로 장식된 부인들의 취미공간이었다.

15 다음 설명에 해당하는 이탈리아 정원은?

> 몬탈또(Montalto) 분수, 빛의 분수(Fountain of Lights), 거인의 분수, 돌고래 분수 등과 같은 정원 시설물을 만들어 놓음

① Villa Lante(란테장)

② Villa d Este(에스테장)

③ Villa Gamberaia(감베라이아장)

④ Villa Aldobrandini(알도브란디니장)

16 동양 3국에서 공통적으로 행해지던 곡수연과 관련이 없는 대상지는?

① 한국 경주의 포석정

② 일본 평성궁의 동원

③ 중국 숭복궁의 범상정

④ 한국 궁남지의 포룡정

17 전통담장 조영에 있어 벽돌, 기와 등으로 구멍이 뚫어지게 쌓는 담은?

① 분장(粉牆)　　　② 곡장(曲牆)

③ 화문장(花紋牆)　　④ 영롱장(玲瓏牆)

18 미국 역사상 최초의 수도권 공원계통을 수립한 사람은?

① 찰스 엘리오트(Charles Eliot)

② 프레드릭 로 옴스테드(Frederic Law Olmsted)

③ 칼버트 보우(Calvert Vaux)

④ 다니엘 번함(Daniel Burnham)

🎯 ① 찰스 엘리오트는 '광역 공원녹지체계의 아버지'란 찬사를 받는 인물이다.

정답　**11** ①　**12** ③　**13** ①　**14** ③　**15** ①　**16** ④　**17** ④　**18** ①

19 원야(園冶)에 대한 설명으로 옳지 않은 것은?
① 흥조론과 원설로 나눠진다.
② 원야의 저자는 문진향(文震亨)이다.
③ 정원구조물의 그림 설명이 되어 있다.
④ 작자가 중국 강남에서의 작정경험을 기초로 했다.
🈯 ② 「원야(園冶)」의 저자는 계성이다.

20 알함브라 궁전의 파티오에 대한 설명 중 옳지 않은 것은?
① 사자의 중정은 중앙에 분수를 두고 +자형으로 수로가 흐르게 한 것으로 사적(私的) 공간기능이 강하다.
② 외국 사신을 맞는 공적(公的) 장소에 긴 연못 양편에서 분수가 솟아오르게 한 알베르카 중정이 있다.
③ 사이프레스 중정 혹은 도금양의 중정이란 명칭은 그 중정에 식재된 주된 식물의 명칭에서 유래하였다.
④ 파티오에 사용된 물은 거울과 같은 반영미(反映美)를 꾀하거나 혹은 청각적인 효과를 도모하되 소량의 물로서 최대의 효과를 노렸다.
🈯 ② 공적 기능공간인 알베르카 중정에는 가운데 장방형의 연못이 있고 양 옆으로 도금양(천일화)을 열식하였으며, 연못 남북단에 흰 대리석으로 만든 원형 분수반을 배치하였다.

제2과목 조경계획
21 교통 동선계획은 교통량을 파악하고 적절한 교통량과 방향을 설정하는 계획이다. 주거지, 공원, 어린이놀이터 등에 적합한 도로형태에 가장 작합한 것은?
① 위계형　② 격자형
③ 미로형　④ 환상형

22 Avery(1977)의 자료 중 수지형(樹枝型)의 하천 패턴이 형성될 가능성이 가장 높고, 점토의 함량에 따라 변화가 심한 암석 지질은?
① 화강암　② 석회암
③ 화산주변　④ 사암(砂岩)

23 다음 중 야생동물(wild life)의 서식처(분포)와 가장 밀접한 관련이 있는 인자는?
① 지형의 변화　② 식생분포
③ 토양분포　④ 인공구조물 분포

24 「도시공원 및 녹지 등에 관한 법률」 시행규칙 중 도시공원별 유치거리(A) 및 규모(B)의 기준이 맞는 것은?
① 소공원: (A) 150m 이하, (B) 5백㎡ 이상
② 어린이공원: (A) 200m 이하, (B) 1천㎡ 이상
③ 도보권근린공원: (A) 1천m 이하, (B) 3만㎡ 이상
④ 도시지역권근린공원: (A) 2천m 이하, (B) 100만㎡ 이상

25 동선계획에서 고려되어야 할 내용과 거리가 먼 것은?
① 부지 내 전체적인 동선은 가능한 막힘이 없도록 계획한다.
② 주변 토지이용에서 이루어지는 행위의 특성 및 거리를 고려하여 적절하게 통행량을 배분한다.
③ 기본적인 동선 체계로 균일한 분포를 갖는 격자형과 체계적 질서를 가지는 위계형으로 구분할 수 있다.
④ 도심지와 같이 고밀도의 토지이용이 이루어지는 곳은 위계형 동선이 효율적이다.
🈯 ④ 도심지와 같이 고밀도의 토지이용이 이루어지는 곳은 격자형 동선이 효율적이다.

26 공장조경 식재계획 수립의 방법으로 가장 거리가 먼 것은?
① 중부지방의 석유화학지대에는 화백, 은행나무, 양버즘나무를 식재한다.
② 성장 속도가 빠르고 대량공급이 가능한 수종을 선택한다.
③ 공장과의 조화를 위해 수종선정은 경관성에 중심을 둔다.
④ 자연스럽게 천연갱신이 되는 것을 선정한다.
🈯 ③ 수종은 환경적응성이 강한 것, 생장속도가 빠른 것, 이식 및 관리가 용이한 것, 관상·실용가치가 높은 것 등을 고려한다.

27 조경계획 과정에서 시설규모 결정은 매우 중요하며 수요예측에 따라서 결정된다. 방법유형에 대한 설명으로 옳은 것은?
① 단순회귀분석 – 정성적 예측
② 여행발생분석 – 정성적 예측
③ 델파이분석 – 정량적 예측
④ 중력모형분석 – 정량적 예측

28 「자연공원법 시행령」상 공원기본계획의 내용에 포함되지 않는 사항은?
① 자연공원의 축(軸)과 망(網)에 관한 사항
② 자연공원의 자원보전·이용 등 관리에 관한 사항
③ 자연공원의 관리목표 설정에 관한 사항
④ 환경부장관이 자연공원의 관리를 위하여 필요하다고 인정하는 사항

29 자연과학적 근거에서 인간의 환경적응의 문제를 파악하여 새로운 환경의 창조에 기여하고자 하는 조경계획의 접근 방법은?
① 생태학적 접근   ② 형식미학적 접근
③ 기호학적 접근   ④ 현상학적 접근
圐 ① 맥하그(McHarg)가 제시한 생태적 결정론(ecological determinism)에 입각한 접근방법이다.

30 GIS의 자료처리 및 구축을 위한 전반적인 작업과정으로 옳은 것은?
① 자료입력 → 자료수집 → 자료조작 및 분석 → 자료처리 → 출력
② 자료수집 → 자료입력 → 자료처리 → 자료조작 및 분석 → 출력
③ 자료수집 → 자료입력 → 출력 → 자료처리 → 자료조작 및 분석
④ 자료수집 → 자료조작 및 분석 → 자료처리 → 자료입력 → 출력

31 다음 자연공원법 상의 해안지역의 범위에 맞는 것은?

해안 : 「연안관리법」 제2조 제2호에 따른 연안해역의 육지쪽 경계선으로터 (   )미터까지의 육지지역

① 500   ② 1000
③ 3000   ④ 5000

32 주어진 시각적 선호모델과 독립변수들의 값을 사용한 특정 지역의 시각적 선호도 값은?

(1) 모델 : $Y = -2 + X_1 + 3X_2 - X_3$
   Y : 시각적 선호도
   X_1 : 식생지역의 경계선 길이
   X_2 : 물과 관련된 지역의 면적
   X_3 : 건물이 차지하는 면적
(2) 이 지역의 식생지역의 경계선 길이 : 3,
   물과 관련된 지역의 면적 : 5,
   건물이 차지하는 면적 : 2

① 4   ② 6
③ 10   ④ 14
圐 시각적 선호도 $Y=(-2)+3+3\times5-2=14$

33 이용 후 평가가 도입된 이후 설계 방법론에 대한 설명으로 옳은 것은?
① 생태계의 원리를 이해함을 말한다.
② 자연 및 인문환경의 철저한 분석을 의미한다.
③ 기본계획 보고서 제작을 통해 바람직한 미래상의 청사진적 제시를 말한다.
④ 계획수립, 집행, 결과를 평가를 토대로 한 환류(Feedback)를 포함한 전과정을 말한다.

34 다음 중 레크레이션 계획의 접근 방법 분류에 해당하지 않는 것은?
① 자원형   ② 심리형
③ 행태형   ④ 혼합형
圐 레크레이션 계획의 접근 방법으로 자원형, 활동형, 경제형, 행태형, 혼합형이 있다.

35 인간 행동의 움직임을 부호화한 표시법(motation sysmbols)를 창안하여 설계에 응용한 사람은?

① Ian L.McHarg ② Philip Thiel
③ Laurence Halprin ④ Christopher J.Jones

36 주차장의 주차구획 기준은 평행주차형식과 그 외의 경우로 구분된다. 평행주차형식 외의 경우 주차장의 주차구획 최소 기준이 맞는 것은? (단, 규격 표현은 너비×길이로 나타낸다.)
① 일반형 : 2.5m×5.0m
② 장애인전용 : 3.3m×5.0m
③ 확장형 : 2.8m×5.0m
④ 경형 : 2.1m×3.5m
☶ ③ 확장형 : 2.6m×5.2m, ④ 경형 : 2.0m×3.6m

37 시몬스(J.O.Simonds)가 제시하고 있는 공간구성의 4가지 요소 중 제3차 요소에 해당하는 것은?
① 계절 ② 담장
③ 도로 ④ 수목
☶ 시몬스의 공간구성의 4차요소
·제1차 요소: 평면적인 토지자체
·제2차 요소 : 평면의 물적표현으로 인위적 구조물
·제3차 요소 : 3차 평면이 있는 것처럼 느끼는 요소
·제4차 요소 : 시간 공간의 연속적인 변화

38 다음 중 생태·경관 보전지역에 포함되지 않는 것은?
① 생태·경관관리보전구역
② 생태·경관핵심보전구역
③ 생태·경관완충보전구역
④ 생태·경관전이보전구역

39 다음 중 아파트 단지 내 울타리 조성 방법 중 자연스러운 경관, 둔덕과 조화된 추가된 높이, 한 번 설치 후 유지관리비용 절감의 이점이 있는 방법은?
① 벽돌쌓기
② 수목으로 식재하기
③ 목재울타리 만들기
④ 콘크리트 울타리 만들기

40 생태연못 및 습지의 계획지침으로 적절하지 않은 것은?
① 되도록 장축 방향은 동서방향으로 배치한다.
② 호안 모양은 내부면적대비 주연길이가 큰 형태로 조성한다.
③ 소형의 다수보다는 대형의 소수가 바람직하다.
④ 호안 사면은 1:3 ~ 1:5 이하의 완경사를 이루도록 한다.

제3과목 조경설계
41 다음 중 유희시설 설계 시 고려할 사항이 아닌 것은?
① 평탄지, 경사지 등의 지형특성에 맞는 이용을 고려한다.
② 편리성, 예술성보다 안전성을 더욱 고려해야 한다.
③ 놀이기구는 가능한 한 다양하게 많은 기구를 배치하도록 한다.
④ 이용계층(유아, 소년 등)에 맞는 놀이시설을 배치하도록 한다.
☶ ③ 놀이기구는 행동공간·추락공간 및 여유공간 등이 확보될 수 있도록 적절히 배치해야 한다.

42 조경설계기준상 「경사로」설계 내용으로 옳은 것은?
① 휠체어 사용자가 통행할 수 있는 경사로의 유효폭은 100cm가 적당하다.
② 바닥표면은 휠체어가 잘 미끄러질 재료를 선택하고, 울퉁불퉁하게 마감한다.
③ 연속경사로의 길이 50m 마다 1.2m×3m 이상의 수평면으로 된 참을 설치하여야 한다.
④ 지형조건이 합당한 경우 장애인 등의 통행이 가능한 경사로의 종단기울기는 1/18 이하로 한다.
☶ ① 휠체어 사용자가 통행할 수 있는 경사로의 유효폭은 1.2m 이상이다.
② 바닥은 미끄럽지 않은 재료를 사용하고 평탄하게 마감한다.
③ 연속경사로의 길이 30m마다 1.5m×1.5m 이상의 수평면으로 된 참을 설치한다.

43 조경공간의 보도에 포장면 기울기 설명 중 ( )

안에 알맞은 것은?

> – 보도용 포장면의 종단기울기가 ( )% 이상인 구
> 간의 포장은 미끄럼방지를 위하여 거친 면으로
> 마무리된 포장재료를 사용하거나 거친 면으로
> 마감처리 한다.
> – 투수성 포장인 경우에는 횡단경사를 주지 않을
> 수 있다.

① 2　　　　　　　　② 3
③ 4　　　　　　　　④ 5

44 다음 색에 관한 설명 중 옳은 것은?
① 파랑 계통은 한색이고, 진출색·팽창색이다.
② 파랑 계통은 난색이고, 후퇴색·팽창색이다.
③ 빨강 계통은 난색이고, 진출색·팽창색이다.
④ 빨강 계통은 한색이고, 후퇴색·팽창색이다.

🄷 파랑 계통의 한색은 후퇴색이며 실제 크기보다 작게 보이므
　로 수축색이 된다.

45 황금분할(golden section)에 관한 설명으로 옳
지 않은 것은?
① 피보나치(Fibonacci) 급수와는 유사하다.
② 황금비의 항수는 1+√5 또는 √5구형으로 작도할
수 있다.
③ 황금분할 비율을 응용으로 달팽이 등의 성장곡
선을 작도 할 수 있다.
④ 하나의 선분을 대소 두 개의 선으로 나눌 때 큰
것과 작은 것의 길이의 비가 전체와 큰 것의 길
이의 비와 동일하다.

🄷 하나의 선분을 두 개의 대소로 나눌 때 (a+b):a = a:b의 비
　로써 $\frac{1 \times \sqrt{5}}{2}$, $\frac{-1+\sqrt{5}}{2}$의 값을 가지며 1.618:1, 1:0.618의 비율로
　나타난다.

46 다음 중 시각적 선호를 결정짓는 변수에 해당
하지 않는 것은?
① 물리적 변수　　　② 사회적 변수
③ 상징적 변수　　　④ 추상적 변수

🄷 시각적 선호를 결정짓는 변수로는 물리적 변수, 상징적 변수,

추상적 변수, 개인적 변수가 있다. 개인적 변수는 개인의 연
령, 성별, 학력, 성격, 심리적 상태 등으로 가장 어렵고 중요
한 변수이다.

47 다음 설명에 적합한 혼색 방법은?

> 팽이나 레코드판과 같은 회전원판을 일정 면적비
> 의 부채꼴로 나누어 칠해 회전시키면, 표면의 색들
> 은 혼색되어 하나의 새로운 색이 보이게 되며, 이
> 색은 밝기와 색에 있어서 원래 각 색지각의 평균값
> 으로 나타난다.

① 색광혼색　　　　② 감법혼색
③ 중간혼색　　　　④ 병치가법혼색

48 인간 척도(human scale)에 관한 설명으로 틀
린 것은?
① 인간을 기준으로 대상을 측정하는 경우를 말한다.
② 주위에 인간 척도를 가진 대상이 없는 경관은 불
안감을 준다.
③ 관찰자의 속도가 빠르면 세밀한 경관요소는 보
이지 않는다.
④ 인간보다 작은 척도가 많은 공간은 웅장해 보
인다.

49 다음 기하학적 형태 주제 중 그 상징성과 의미
가 부드러움, 혼합, 연결, 조화를 나타내는 것은?
① 45°/90°각의 형태　② 원 위의 원형
③ 호와 접선형　　　④ 원의 분할형

50 다음 환경미학과 관련된 설명 중 틀린 것은?
① 주로 예술작품을 연구한다고 볼 수 있다.
② 미학과 환경미학의 관계는 예술가와 환경설계가
의 관계로써 설명될 수 있다.
③ 종합적으로 미적인 지각과 인지 및 반응에 관계
되는 이론 및 응용을 종합적으로 연구한다.
④ 환경미학에서도 보다 종합적인 미적경험과 반응
에 관심을 두며, 현실적인 환경문제 해결을 지향
한다.

51 경관분석 시 경관 통제점의 선정 기준에 적합하지 않는 것은?

① 주요 도로 및 산책로

② 이용밀도가 높은 장소

③ 주변지형 중 가장 표고가 높은 곳

④ 특별한 가치가 있는 경관을 조망하는 장소

해 ③ 가장 좋은 조망기회를 제공하는 장소로 설정하는 것이 적합하다.

52 다음 중 조경설계기준상의 「조경석 놓기」에 대한 설명이 틀린 것은?

① 돌을 묻는 깊이는 조경석 높이의 1/4 이 지표선 아래로 묻히도록 한다.

② 단독으로 배치할 경우에는 돌이 지닌 특징을 잘 나타낼 수 있도록 관상위치를 고려하여 배치한다.

③ 3석을 조합하는 경우에는 삼재미(천지인)의 원리를 적용하여 중앙에 천(중심석), 좌우에 각각 지, 인을 배치한다.

④ 5석 이상을 배치하는 경우에는 삼재미의 원리 외에 음양 또는 오행의 원리를 적용하여 각각의 돌에 의미를 부여한다.

해 ① 돌을 묻는 깊이는 경관석 높이의 1/3 이상을 지표선 아래에 매립하도록 한다.

53 할프린(halprin, 1965)에 의해서 수행된 연속적 경관구성에 관한 연구의 내용이라고 볼 수 없는 것은?

① 건물, 수목, 지형 등의 환경적 요소를 부호화하여 기록

② 공간형태보다는 시계에 보이는 사물의 상대적 위치를 기록

③ 장소 중심적인 기록 방법이며, 시각적 요소가 첨가

④ 폐쇄성이 비교적 낮은 교외지역이나 캠퍼스 등에 적용이 용이

해 ③ 할프린은 시계에 보이는 사물의 상대적 위치를 주로 기록하는 진행 중심적 기록방법을 연구하였다.

54 형광등 아래서 물건을 고를 때 외부로 나가면 어떤 색으로 보일까 망설이게 된다. 이처럼 조명광에 의하여 물체의 색을 결정하는 광원의 성질은?

① 색온도   ② 발광성

③ 연색성   ④ 색순응

55 독립식재의 평면적인 구성에 대한 설명 중 틀린 것은?

① 수목의 전체적인 형태가 아름답고 수피, 잎, 꽃의 색깔이나 질감이 우수하고 무게감이 있는 수목을 독립적으로 식재하는 방법을 독립식재라 한다.

② 지그재그식으로 어긋나게 식재하는 교호식재와 반원형식재, 원형식재는 열식의 응용형태로 식재 폭을 넓히기 위해 변화를 주기 위함이다.

③ 군식은 식재기능에 따라 규칙적으로 수목을 배열하는 정형식 군식과 자연스런 모습의 군락을 형성하게 하는 자연형 군식을 나누어 생각할 수 있다.

④ 자연형 군식의 기법은 양적인 식재공간을 조성하면서 엄숙하고 질서정연한 분위기를 조성할 때에 사용하는 수법으로 식재수종, 간격에 따라 군식 된 공간의 느낌이 달라질 수 있다.

56 다음 중 자연의 이미지를 형태화하기 위한 방법에 해당하는 것은?

① 직해   ② 위트

③ 유사성   ④ 표절

57 다음 투상도의 평면도로 가장 적합한 것은? (단, 제 3각법으로 도시하였다.)

정면도

우측면도

①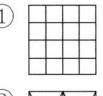

②

③

④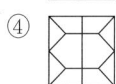

58 조경설계기준상의 쓰레기통 설치기준에 대한

설명으로 옳지 않은 것은?

① 내구성 있는 재질을 사용하거나 내구성 있는 표면마감 방법으로 설계한다.

② 각 단위공간 마다 배치할 필요는 없고, 단위공간 몇 개를 조합하여 그 중간에 1개소 설치한다.

③ 각 단위공간의 의자 등 휴게시설에 근접시키되, 보행에 방해가 되지 않도록 하고 수거하기 쉽게 배치한다.

④ 설계 대상공간의 휴게공간·운동공간·놀이공간·보행공간과 산책로 등 보행동선의 결절점, 관리사무소·상점 등의 건물과 같이 이용량이 많은 지점의 적정위치에 배치한다.

해 ② 쓰레기통은 단위공간마다 1개소 이상 배치한다.

59 인공지반에 자연토양 사용 시 식재된 식물에 필요한 최소 생육 토심이 틀린 것은? (단, 배수경사는 1.5~2.0%로 한다.)

① 교목 : 70cm 이상

② 소관목 : 30cm 이상

③ 대관목 : 45cm 이상

④ 잔디 및 초화류 : 10cm 이상

해 ④ 잔디 및 초화류 : 15cm 이상

60 다음 중 경관구성 상 랜드마크(landmark)적 성격에 해당하지 않는 것은?

① 에펠탑

② 어린이대공원

③ 남대문

④ 피라미드

제4과목 조경식재

61 다음 [보기]의 특징을 갖는 수종은?

> – 침엽은 2개씩 나오고 길이 6~12cm이다.
> – 수피는 붉은 색이고, 뿌리는 심근성이다.
> – 생장속도가 느린 관목성으로 악센트 식재나 유도식재 등으로 널리 사용된다.
> – 학명: *Pinus densiflora* for. *multicaulis*

① 곰솔

② 금송

③ 반송

④ 잣나무

62 다음 벤트그라스(Bentgrasses)에 관한 설명이 틀린 것은?

① 불완전 포복형이지만 포복력이 강한 포복경을 지표면으로 강하게 뻗는다.

② 다른 잔디류에 비하여 답압에 매우 강하여, 많이 이용될지라도 그 피해가 적은 편이다.

③ 호광성 잔디로 그늘에서는 자랄 수 없으며 특히 건조한 지역에서는 자주 관수를 해 주어야 한다.

④ 한지형 잔디로 여름철에는 잘 자라지 못하며 병해가 많이 발생하나 서늘할 때는 그 생육이 왕성한 편이다.

해 ② 벤트그라스(Bentgrasses)는 일반적으로 답압에 약하지만 재생력이 강하므로 답압의 피해는 그리 크게 발생하지 않는다.

63 거친 돌 조각물을 더욱 돋보이게 하기 위한 배경식재로 가장 적합한 것은?

① 큰 잎이 넓은 간격으로 소생하는 수종

② 작은 잎이 넓은 간격으로 소생하는 수종

③ 작은 잎이 조밀하게 밀생하는 수종

④ 잎이 크고 가시가 있는 수종

64 환경영향평가 항목 중 식생 조사를 할 때 위성 데이터를 활용하면 얻을 수 있는 유리한 점이 아닌 것은?

① 광역성

② 동시성

③ 사실성

④ 주기성

해 원격탐사의 장점은 광역성, 동시성, 주기성, 접근성, 기능성, 전자파 이용성 등이 있다.

65 다음 중 여름(6~9월)에 꽃의 향기를 맡을 수 없는 식물은?

① 치자나무(*Gardenia jasminoides*)

② 함박꽃나무(*Magnolia sieboldii*)

③ 인동덩굴(*Lonicera japonica*)

④ 서향(*Daphne odora*)

해 ④ 서향의 개화시기는 3~4월이다.

66 첨가제에 의한 토양 개량공법 중 물리성의 개량 방법이 아닌 것은?

① 펄라이트 첨가 ② 이탄이끼 첨가
③ 수피, 톱밥 첨가 ④ 석회 첨가

67 다음 중 생리적 기작에서 광보상점(혹은 광포화점)이 가장 낮은 수종은?

① 버드나무 ② 금송
③ 무궁화 ④ 소나무

해 ①③④ 양수, ② 음수

68 벽면녹화 설계의 일반사항으로 적합하지 않은 것은?

① 벽면녹화 방법은 등반형, 하수형, 기반조성형 등으로 구분할 수 있다.
② 에너지 절약, 구조물 보호, 반사광 방지 등의 기능적 효과도 기대할 수 있다.
③ 식물의 생육은 벽면의 방위(방향)에 따라 영향을 받는다.
④ 기반조성형은 식재기반으로부터 식물을 늘어뜨려 피복하는 방법이다.

해 ④ 하직형(하수형) 녹화에 대한 설명이다.

69 다음 참나무속(屬) 중 잎 뒷면에 성모(星毛)가 밀생하고, 잎이 대형이며 시원하고, 야성적인 미가 있어 자연풍치림 조성에 적당한 수종은?

① 굴참나무(*Quercus variabilis*)
② 상수리나무(*Quercus acutissima*)
③ 졸참나무(*Quercus serrata*)
④ 떡갈나무(*Quercus dentata*)

70 카탈라제(catalase)에 대한 설명으로 옳은 것은?

① 탄수화물을 환원시키는 효소이다.
② 활동이 클수록 영양생장이 활발해진다.
③ 세포 내 호흡작용을 억제하는 작용을 한다.
④ 전자(electron)의 수용체 역할을 하는 특수효소이다.

71 흉고 직경이 10cm인 나무의 근원 직경이 흉고 직경보다 2cm 더 컸다면 이 나무의 근원부 둘레는

얼마인가?

① 20.0cm ② 24.0cm
③ 31.4cm ④ 37.7cm

해 근원 직경=10+2=12(cm) → 12×3.14=37.7(cm)

72 다음 중 꽃 색이 다른 수종으로 연결된 것은?

① 백목련(*Magnolia denudata* Desr)
　때죽나무(*Styrax japonicus* Siebold & Zucc.)
② 미선나무(*Abeliophyllum distichum* Nakai)
　마가목(*Sorbus commixta* Hedl.)
③ 풍년화(H*amamelis japonica* Siebold & Zucc.)
　생강나무(*Lindera obtusiloba* Blume)
④ 모감주나무(*Koelreuteria paniculata* Laxmann)
　채진목(*Amelanchier asiatica* Endl. ex Walp.)

해 ④ 모감주나무(황색), 채진목(백색)

　① 백색, ② 홍색, ③ 황색

73 목본식물에 기생하는 외생균근을 형성하는 수목이 아닌 것은?

① 일본잎갈나무(*Larix kaempferi*)
② 고로쇠나무(*Acer pictum*)
③ 자작나무(*Betula platyphylla*)
④ 너도밤나무(*Fagus engleriana*)

해 외생균근 : 균사가 고등식물의 뿌리의 표면 또는 표면에 가까운 조직 속에 번식하면서 무기물과 물을 식물에게 주고 뿌리를 보호해 주며, 식물로부터 탄수화물을 제공받는다.

74 은행나무(*Ginkgo biloba* L.)의 특징으로 틀린 것은?

① 은행나무과(科)이다.
② 낙엽침엽교목이다.
③ 암수한그루이고 꽃은 5월경에 핀다.
④ 회백색의 나무껍질은 세로로 깊이 갈라진다.

해 ③ 은행나무는 자웅이주이다.

75 수목의 이식 적기는 수종에 따라 약간의 차이가 있을 수 있다. 다음 중 이식 시기와 관련된 설명으로 부적합한 것은?

① 낙엽활엽수 중 이른 봄에 개화하는 종류는 전년

도의 11~12월 중에 이식을 끝마쳐야 한다.

② 가을 이식의 경우 낙엽이 진 후 아직 토양이 얼기 전의 기간을 이용할 수 있다.

③ 상록활엽수는 한국과 같이 겨울이 추울 경우 휴면을 고려할 때 봄 이식 보다는 가을 이식이 유리하다.

④ 가을철 낙엽이 지기 시작하는 늦가을부터 봄철 새싹이 나오는 이른 봄까지를 휴면라고 하며, 이때가 이식적기이다.

해 ③ 상록활엽수의 이식은 4월 상·중순이 적절하다.

76 옥상정원(屋上庭園)의 계획 시 우선적으로 고려해야 할 내용이 아닌 것은?

① 토양, 수목의 무게 등 하중의 계산

② 관수와 배수 그리고 방수관계

③ 전체 건물의 건축계획, 구조계획, 기계설비 계획과의 상호 연관성

④ 도시환경 및 기후조절 문제에의 기여성

77 다음 중 자연풍경식 식재 수법으로 많이 이용되는 형식은?

① 정삼각형식

② 이등변삼각형식

③ 일직선의 3본형형식

④ 부등변삼각형식

해 자연풍경식재 양식으로는 부등변삼각형식재, 임의식재, 모아심기, 무리심기(군식), 산재식재, 배경식재 등이 있다.

78 사고방지를 위한 식재 중 "명암순응식재"의 설명으로 부적합한 것은?

① 중앙분리대가 넓을 경우 교목의 식재도 가능하다.

② 터널 주위의 명암을 서서히 바꿀 목적으로 식재한 것이다.

③ 터널입구로부터 200~300m 구간의 노견과 중앙분리대에 낙엽교목을 식재한다.

④ 터널에서의 거리에 따라 밝기를 조절하기 위해 식재밀도의 변화를 주는 것이 바람직하다.

해 ③ 상록교목을 식재한다.

79 식물의 줄기는 단독 또는 잎과 함께 그 모양이 달라지는 경우가 있는데, 다음 설명은 어떤 형태인가?

> 잎이 육질화되어 짧은 줄기의 주위에 밀생하는 것으로서 육질의 인편이 기왓장처럼 포개진 것과 바깥쪽의 넓은 인편이 속의 것을 둘러싸고 있는 것으로 되어 있다.

① 지하경(rhizome)

② 인경(bulb)

③ 구경(corm)

④ 괴경(tuber)

해 ① 지하경 : 땅속을 수평으로 기어서 자라는 줄기. 땅속에서 자라는 줄기를 통틀어 말한다.

③ 구경 : 알줄기라고도 하며 노출된 줄기가 비대하여 구상(球狀)으로 변한 것을 말한다.

④ 괴경 : 덩이줄기라고도 하며 식물의 땅속에 있는 줄기의 끝이 양분을 저장하여 비대해진 부분으로 영양생식기관으로의 기능도 갖는다.

80 식물명명의 기본원칙과 관련된 설명으로 옳지 않은 것은?

① 분류군의 학명은 선취권에 따른다.

② 학명은 라틴어화 하여 표기 한다.

③ 분류군의 명명은 표본이 명명기본이 된다.

④ 식물의 학명은 동물의 학명과 관계가 있다.

해 국제식물명명규약 6가지 기본원칙

㉠ 식물명명규약은 동물명명규약과 독립적이다.

㉡ 특정한 분류군을 명명하는 것은 명명상의 기준표본이라는 수단을 통해서 이루어진다.

㉢ 분류군의 명명은 출판의 선취권에 기초한다.

㉣ 각 분류군은 규칙에 의해 가장 먼저 정해진 단 하나의 정명을 가진다(일부 예외존재).

㉤ 학명은 라틴어화 되어야 한다.

㉥ 식물명명규약은 특별한 제한이 없는 한 소급력이 있다.

제5과목 조경시공구조학

81 정지설계에서 가장 불필요한 도면은?

① 기본도

② 개념도

③ 경사분석도

④ 지질도와 토양도

82 일반적으로 강은 탄소함유량이 증가함에 따라 비중, 열팽창 계수, 열전도율, 비열, 전기저항 등에 영향을 미친다. 다음 설명 중 틀린 것은?

① 압축강도는 거의 같다.

② 굴곡성은 탄소량이 적을수록 작아진다.

③ 탄소량의 증가에 따라 인장강도, 경도는 증가한다.

④ 탄소량의 증가에 따라 신율, 수축율은 감소한다.

해 ② 탄소량이 적을수록 경도가 낮아지므로 굴곡성은 커진다.

83 토지이용도별 기초유출계수의 표준값 중 표면형태가 「잔디, 수목이 많은 공원」에 해당하는 계수 값은?

① 0.10 ~ 0.30   ② 0.05 ~ 0.25

③ 0.20 ~ 0.40   ④ 0.40 ~ 0.60

84 포졸란(pozzolan) 반응의 특징이 아닌 것은?

① 블리딩이 감소한다.

② 작업성이 좋아진다.

③ 초기강도와 장기강도가 증가한다.

④ 발열량이 적어 단면이 큰 대형 구조물에 적합하다.

해 ③ 초기강도는 감소하고 장기강도는 증가한다.

85 건설공사에서 사용되는 「선급금」에 대한 설명으로 옳은 것은?

① 공사가 완공되어 계약한 공사대금을 발주자가 지불하는 금액이다.

② 정해진 공사기간 내에 공사를 완성하지 못했을 때 도급자가 발주자에게 납부하는 금액이다.

③ 공사가 진행되면서 시공이 완성된 부분에 대해 도급자에게 주기적으로 지급하는 대금이다.

④ 공사계약이 체결되었을 때 시공 준비를 위해 계약금액의 일정률을 발주자로부터 지급받는 금액이다.

86 건설공사의 시방서 기재사항으로 가장 거리가 먼 것은?

① 건물인도의 시기

② 재료의 종류 및 품질

③ 재료에 필요한 시험

④ 시공방법의 정도 및 완성에 관한 사항

87 모멘트(moment)에 대한 설명으로 옳지 않은 것은?

① 모멘트란 힘의 어느 한 점에 대한 회전 능률이다.

② 모멘트 작용점으로부터 힘까지의 수선거리를 모멘트 팔이라 한다.

③ 회전방향이 시계방향일 때의 모멘트 부호는 정(+)으로 한다.

④ 크기와 방향이 같고 작용선이 평행한 한 쌍의 힘을 우력이라 한다.

해 ④ 힘의 크기가 같고 방향이 반대인 한 쌍의 힘을 우력이라 한다.

88 조경공사 현장에서 공정관리를 위해 사용되는 기성고 공정곡선에서 A, B, C, D의 공정현황에 대한 설명으로 틀린 것은?

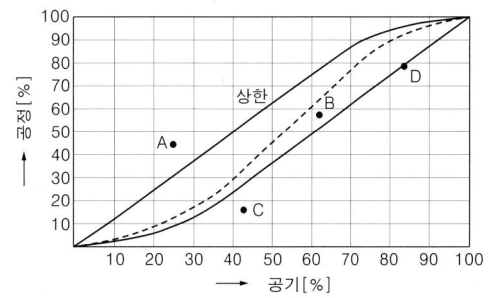

① A : 예정공정보다 실적공정이 훨씬 진척되어 있으나 공정관리의 문제점을 재검토할 필요가 있다.

② B : 예정공정보다 실적공정이 다소 낮으나 허용한계 하한이내이므로 정상적인 범위에 해당한다.

③ C : 예정공정보다 실적공정이 훨씬 낮아 허용한계 하한을 벗어나므로 공정관리의 위기상황이다.

④ D : 예정공정보다 실적공정이 낮으나 허용한계 하한에 있으므로 공정관리에 최적화되어 있다.

해 ④ D : 예정공정보다 실적공정이 낮으나 허용한계 하한에 있으므로 공정관리에 중점을 둔다.

89 표준길이보다 3mm 늘어난 50m 테이프로 정사각형의 어떤 지역을 측량하였더니, 면적이 250000m²이었다. 이때의 실제면적은 얼마인가?

① 250030m²   ② 260040m²

③ 270050m²   ④ 280040m²

해 실제면적 $= \frac{(부정길이)^2 \times 관측면적}{(표준길이)^2} = \frac{(50.003)^2 \times 250,000}{(50)^2}$

$= 250,030(m^2)$

90 그림과 같이 외팔보에 하중이 작용할 때 전단력선도로 옳은 것은?

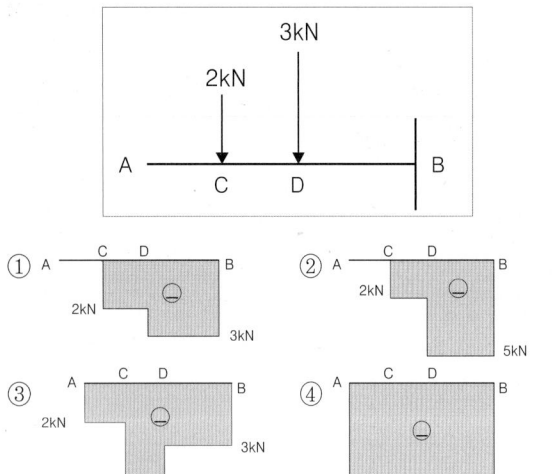

91 다음 그림에서와 같은 평행력에 있어서 P_1, P_2, P_3, P_4의 합력의 위치는 O점에서의 몇 m 거리에 있겠는가?

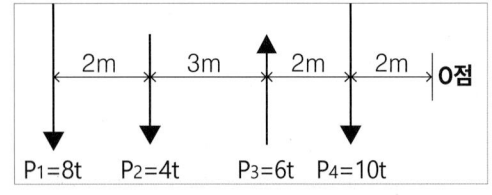

① 5.4m   ② 5.7m

③ 6.0m   ④ 6.4m

해 여러 개의 평행한 힘의 합성

· 합력 $R = P_1 + P_2 + P_3 + \cdots + P_n$

· 작용점 위치(바리뇽의 정리)

→ O점을 중심으로 작용점 x의 거리산출

$x = \frac{P_1 x_1 + P_2 x_2 + P_3 x_3 + \cdots + P_n x_n}{R}$

$R = -8-4+6-10 = -16(하향)$

$x = \frac{-8 \times 9 - 4 \times 7 + 6 \times 4 - 10 \times 2}{-16} = 6(m)$

92 수목 식재공사에서 지주목을 설치하지 않는 기계시공은 식재품의 몇 %를 감하는가?

① 10%   ② 20%

③ 25%   ④ 30%

93 어느 지역 토양의 공극률(porosity) 측정을 위해 토양 $60cm^3$을 채취하여 고형입자 부피와 수분부피를 측정하였더니 각각 $36cm^3$와 $12cm^3$였다. 이 지역 토양의 공극률(%)은?

① 10%   ② 20%

③ 30%   ④ 40%

해 공극률 $n = \frac{공극의\ 체적}{흙덩이\ 전체적} \times 100(\%)$

$\rightarrow \frac{60-36}{60} \times 100 = 40(\%)$

94 면적을 계산하는 구적기(Planimeter)의 사용방법으로 틀린 것은?

① 구적계의 상수를 미리 계산하는 것이 좋다.

② 상하좌우의 이동이 비슷하게 평면을 잡는 것이 좋다.

③ 이론적으로 많은 회수의 측정을 할수록 계산이 정확해 진다.

④ 정방형보다는 세장한 곡선부의 측정에서 정밀도가 높아진다.

95 등고선에 대한 설명으로 맞는 것은?

① 강우 시 배수방향은 등고선에 수직방향이다.

② 기존등고선은 실선, 계획등고선은 점선으로 표시한다.

③ 완경사지에서는 등고선 사이의 수평거리가 일정하다.

④ 요(凹, Concave) 경사지에서는 높은 쪽으로 갈수록 등고선 사이의 수평거리가 더 넓다.

해 ② 기존 등고선은 점선, 계획등고선은 실선으로 표시한다.

③ 평경사지에서 등고선 사이의 수평거리가 일정하다.

④ 요(凹)경사지에서는 높은 쪽으로 갈수록 등고선 사이의 수평거리가 더 좁아진다.

96 한중콘크리트에 대한 설명으로 옳은 것은?

① 저열시멘트를 사용하는 것을 표준으로 한다.

② 재료를 가열할 경우, 물 또는 시멘트를 가열하는 것으로 한다.

③ 물-시멘트비가 작아지기 때문에, AE감수제 사

용을 가급적 피해야 한다.

④ 타설할 때의 콘크리트 온도는 구조물의 단면치수, 기상조건 등을 고려하여 5 ~ 20℃의 범위에서 정한다.

97 어느 토양 구조의 양단면적이 A_1=100m^2, A_2=200m^{2}이고, 중앙단면적은 120m^{2}이다. 양단면 간의 거리 L=10m일 때, 양단면적평균법(Q), 중앙단면적법(W), 각주공식(E)에 의한 토적(m^3)의 조합으로 옳은 것은?

① Q : 1200, W : 1300, E : 1400
② Q : 1300, W : 1400, E : 1500
③ Q : 1400, W : 1300, E : 1600
④ Q : 1500, W : 1200, E : 1300

해 · 양단면 평균법 $= \dfrac{100+200}{2} \times 10 = 1,500(m^3)$

· 중앙 단면법 $= 120 \times 10 = 1,200(m^3)$

· 각주공식 $= \dfrac{10}{6} \times (100+4 \times 120+200) = 1,300(m^3)$

98 미국농무부 기준의 거친 모래(조사) 굵기는?

① 0.05 ~ 0.002mm
② 0.1 ~ 0.05mm
③ 1.0 ~ 0.5mm
④ 2.0 ~ 1.0mm

99 배수관망의 부설방법 중 적합하지 않은 것은?

① 배수관내의 마찰저항을 줄이기 위해 가급적 등고선과 직교하지 않게 부설한다.
② 배수지역이 광대하여 배수관망을 한 곳으로 집중시키기 곤란할 경우 방사식 관망부설법을 사용한다.
③ 지선을 다수 배치하여 처리하는 것보다 간선을 많이 배치하는 것이 더 효율적이다.
④ 지형에 순응하여 자연 유하선을 따라 관을 부설한다.

100 벽돌 외벽 시공시 고려해야 할 사항으로 가장 거리가 먼 것은?

① 가로줄눈의 충전도
② 모르타르의 접착강도
③ 세로줄눈의 충전도
④ 벽체의 수직·수평도

제6과목 **조경관리론**

101 질산태질소 화합물에 산성비료를 배합하면 이 때의 반응은?

① 질산으로 휘발된다.
② 조행성이 증가된다.
③ 암모니아로 휘발된다.
④ 암모니아로 환원된다.

102 토양의 질산화작용(nitrification)에 대한 설명으로 옳지 않은 것은?

① 토양 중에서 주로 미생물이나 고등식물에 의하여 일어난다.
② 광질산화작용은 미생물에 의한 작용 없이 화학적 작용에 의한 것이다.
③ 질산화작용은 수분함량이 과도할 때 왕성하며, 공기의 유통이 좋을 때 저해된다.
④ 토양 중 또는 비료로서 토양에 사용되는 암모늄 태질소가 산화되어 질산태질소로 변하는 것이다.

해 ③ 질산화 작용은 질산화균에 의해 일어나는 산화반응으로 포장용수량 정도의 수분 함량에서 가장 잘 일어나며 토양 수분함량이 증가할수록 질산화 작용은 느려지며 포화 상태에서는 산소부족으로 거의 발생하지 않는다.

103 다음 중 회양목명나방의 설명이 틀린 것은?

① 유충이 거미줄을 토하여 잎을 묶고 그 속에서 잎을 식해한다.
② 포식성 천적인 무당벌레류, 풀잠자리류, 거미류 등을 보호한다.
③ 연 2회 발생하나 3회 발생하기도 하며, 유충으로 월동한다.
④ 대개 10월 상순경부터 피해가 심하게 나타나며 가해부위에서 번데기가 된다.

104 주요 조경시설의 대표적인 중요 관리항목과 보수방법으로 가장 부적합한 것은?

① 표지판 – 도장의 퇴색 – 재도장
② 음수전 – 배수구의 막힘 – 이물질 제거
③ 휴지통 – 수거 횟수 및 수거차량의 선정 – 수거 계획의 수립

④ 벤치, 야외탁자 – 주변의 물고임 방지 – 포장 재
료의 교체

해 ④ 벤치, 야외탁자 관리 시 주변 바닥에 물이 고인 경우 배수
시설 설치 후 포장을 실시한다.

105 농약의 사용법에 의한 약해로 가장 거리가 먼
것은?
① 근접살포에 의한 약해
② 동시 사용으로 인한 약해
③ 불순물 혼합에 의한 약해
④ 섞어 쓰기 때문에 일어나는 약해

해 ③ 불순물 혼합으로 인해 품질불량이 원인이 되어 약해를 일
으키는 경우이다.

106 공사 현장에서의 부주의에 의한 사고방지대
책 중 정신적 대책과 가장 거리가 먼 것은?
① 적성 배치
② 스트레스 해소 대책
③ 주의력 집중훈련
④ 표준작업의 습관화

107 수목관리를 할 때에 수형의 전체 모양을 일
정한 양식에 따라 다듬는 작업은?
① 정자(整姿, trimming)
② 정지(整枝, training)
③ 전제(剪除, trailing)
④ 전정(剪定, pruning)

해 정지·전정의 용어
① 정자(trimming) : 나무전체의 모양을 일정한 양식에 따라
다듬는 것. 전정·다듬기·가지의 유인·수간의 교정 등의 조작
으로 나무의 외모를 정돈되고 아름답게 하는 작업
② 정지(training) : 수목의 수형을 영구히 유지 또는 보존하
기 위하여 줄기나 가지의 생장을 조절하여 목적에 맞는 수형
을 인위적으로 만들어가는 기초정리작업
③ 전제(trailing) : 생장력에는 무관한 필요 없는 가지나 생육
에 방해가 되는 가지를 잘라버리는 작업
④ 전정(pruning) : 수목의 관상, 개화·결실, 생육조절 등 조
경수의 건전한 발육을 위해 가지나 줄기의 일부를 잘라내는
정리작업

108 다음 설명하는 파손의 형태는?

아스팔트량의 과잉이나 골재의 입도불량 즉, 아스
팔트 침입도가 부적합한 역청재료를 사용하였을
때 나타나며 연질의 아스팔트 사용 및 텍코트의
과잉 사용 때 발생한다.

① 균열 　　　　② 국부적 침하
③ 박리 　　　　④ 표면연화

109 주민참가에 의한 공원관리 활동 내용으로 적
합하지 않은 것은?
① 제초, 청소작업
② 사고, 고장 등을 관리주체에 통보
③ 레크레이션 행사의 개최
④ 전정, 간벌작업

해 주민참가활동의 내용
· 청소, 제초, 병충해방제, 시비, 관수, 화단식재
· 놀이기구점검, 어린이 놀이지도, 금지행위, 위험행위의 주의
· 공원·녹화관련행사, 공원을 이용한 레크레이션 행사의 개최
· 공원의 홍보, 공원관리에 관한 제안, 공원이용에 관한 규칙제정
· 사고, 고장 등의 통보, 열쇠 등의 보관, 시설·기구 등의 대출

110 다음 설명의 (　)안에 적합한 용어는?

잡초 개개종의 (　)는 상대적 개체수와 상대적 건
물중을 합하여 2로 나눈 값이다.

① 우점도 　　　　② 다양도
③ 유사도 　　　　④ 비유사성계수

111 잔디 녹병(Rust)의 방제대책으로 가장 거리가
먼 것은?
① 토양 산성화를 방지할 것
② Rough지역에 잔디의 적정예초 높이를 지킬 것
③ 배수를 개선하고 질소질 비료를 균형 시비 하도
록 할 것
④ 예초된 잔디와 장비(mower) 등을 통한 전염을
예방할 것

112 옥외 레크레이션 관리체계에서 주요 기능의 부체계 관리요소가 될 수 없는 것은?
① 시설관리(facility management)
② 자원관리(resource management)
③ 이용자관리(visitor management)
④ 서비스관리(service management)

113 화학적 반응 및 현상에 의한 토양질소의 변동 과정에 해당되지 않는 것은?
① 탈질작용(denitrification)
② 부동화작용(immobilization)
③ 질산화작용(nitrification)
④ 세탈작용(washing-out)

114 수목의 병해에 대한 설명 중 옳지 않은 것은?
① 자낭균에 의한 빗자루병은 벚나무류는 걸리지 않는다.
② 그을음병은 진딧물이나 깍지벌레의 배설물에 곰팡이가 기생하여 생긴다.
③ 포플러 잎 녹병은 5~6월에 여름포자가 발생하여 8월 말까지 계속 반복 전염된다.
④ 잣나무털녹병은 병든 가지나 줄기 수피는 노란색 또는 갈색으로 변하면서 부푼다.

해 ① 벚나무는 자낭균에 의한 빗자루병의 기주식물이다.

115 다음 중 조경작업장에서 기계사용 관련 재해 발생 시 조치 순서 중 긴급처리의 내용으로 볼 수 없는 것은?
① 현장보존
② 잠재위험요인 적출
③ 재해자의 응급조치
④ 관련 기계의 정지

116 미끄럼판에 사용되는 F.R.P 제품의 일반적 성질 중 물리적 성질이 아닌 것은?
① 내열성
② 압축강도
③ 인장강도
④ 내약품성

해 ④ 화학적 성질

117 다음 특징의 병해가 주로 발생하는 수목은?

> - 병에 걸린 잎 모습이 마치 불에 구어 부풀어 오른 찰떡과 같다고 해서 '떡병'이라 한다.
> - 나무의 건강에 피해 주기보다 주로 미관에 해를 주어 미관훼손 식물병이다.
> - 5월 초순경부터 어린잎, 새순, 꽃망울의 일부 또는 전체가 두껍게 부풀어 오르면서 부드러운 다육질 혹을 만드는데, 그 모양은 불규칙하며 일정하지 않다.

① 철쭉
② 개나리
③ 사철나무
④ 느티나무

118 다음 중 유희시설과 관련된 설명으로 가장 부적합한 것은?
① 이용자를 고려하여 정적인 놀이시설과 동적인 놀이시설은 함께 배치하여 관리한다.
② 유희시설의 면모서리, 구석모서리는 둥글게 처리하거나 모따기를 한다.
③ 그네, 회전무대 등 충돌의 위험이 많은 시설은 보행동선과 놀이동선이 상충 되거나 가로지르지 않도록 배치한다.
④ 시설조립에 사용되는 긴결재는 규정된 도구로만 해체가 가능해야 한다.

해 ① 유희시설의 설계 시 정적인 놀이시설과 동적인 놀이시설은 분리시켜 배치한다.

119 지주목 관리에 관한 설명 중 옳지 않은 것은?
① 결속 끈은 탄력성이 있는 것으로 하고, 일정한 주기로 고쳐 묶기를 해야 한다.
② 가로수 지주목의 횡목(橫木)은 차도와 평행하게 설치하는 것이 좋다.
③ 지주목 자체도 통일미와 반복미를 가지므로 재료와 규격을 통일하는 것이 좋다.
④ 인공지반에 식재하는 수고 1.2m 이상의 수목은 활착 및 지반의 안정을 위해 1년 후 지지시설을 철거하여야 한다.

120 조경운영 관리방식 중 직영방식과 비교한 도급방식의 단점에 해당하는 것은?

① 인사정체가 되기 쉽다.

② 전문가를 합리적으로 이용할 수 있다.

③ 인건비가 필요 이상으로 들게 된다.

④ 책임의 소재나 권한의 범위가 불명확하게 된다

해 ①③ 직영방식 단점, ② 도급방식 장점

제1과목 조경사

1 센트럴파크에 낭만주의적 풍경식 정원수법을 옮기는 교량적 역할을 한 작품은?

① 스투어헤드(Stourhead)정원

② 몽소(Monceau)공원

③ 모르퐁테느(Morfontaine)정원

④ 무스코(Muskau)정원

해 영국 낭만주의 양식 중 독일의 가장 대표적인 풍경식 정원으로 후일 옴스테드의 센트럴 파크에 낭만주의적 풍경식을 전하는 과정에서 교량역할을 한 작품으로 평가된다.

2 서방사경원(西芳寺景園) 못 속에 같은 크기와 모양의 암석을 배치하여 보물을 실어 나가거나, 싣고 들어오는 선박을 상징하는 것은?

① 쓰꾸바이 ② 야리미즈

③ 비석 ④ 야박석

3 윤선도의 보길도 부용동 원림과 관련이 없는 것은?

① 세연정 ② 낭음계

③ 수선루 ④ 동천석실

해 ③ 자연상태의 암굴을 적절히 이용하여 2층으로 지어진 누각으로, 1686년 전북 진안에 연안 송씨가에서 건립하였다.

4 임원경제지에 의하면 지당(池塘)은 수심양성(修心養性)의 장(場)이 되었음을 기록하고 있다. 다음의 설명 중 기록된 내용이 아닌 것은?

① 물놀이를 할 수 있다.

② 고기를 기르면서 감상 할 수 있다.

③ 논밭에 물을 공급 할 수 있다.

④ 사람의 마음을 깨끗하게 할 수 있다.

5 일본의 조경사에 나오는 석립승(石立僧)에 대한 설명이 옳은 것은?

① 연못에 놓여 진 입석군을 지칭한다.

② 가마쿠라시대 정원조영을 담당한 스님을 지칭한다.

③ 정치사적으로 무사계급 중 하나이다.

④ 정토사상과 같은 사상적 배경에 의해 헤이안(平安)시대 부터 나온 정원시설의 일종이다.

6 서원의 자연환경은 주로 전면에 계류를 끼고 구릉지에 위치하는 것이 많다. 다음의 사례 가운데 서원 전면에 계류가 없는 곳은?

① 도산서원 ② 돈암서원

③ 소수서원 ④ 옥산서원

7 동서양 정원에 있어서 문학작품, 전설, 신화 등의 영향에 관한 설명으로 옳지 않은 것은?

① 영국의 스투어 헤드(Stourhead)에서는 버어질(Virgil)의 서사시「에이네이어스(Aeneid)」를 물리적으로 표현하였다.

② 이슬람 정원은 코란에 묘사된 파라다이스를 표현한 바, 이는 구약성경「창세기」에 묘사된 에덴동산과 일맥상통하며 대체적으로 방형 정원에 십자형 수로를 가진다.

③ 고대 그리스의 아도니스 원(Adonis Garden)은 아도니스 신을 제사하기 위한 신원적 성격의 광장이다.

④ 영주, 봉래, 방장 등의 이름을 붙인 연못 속의 섬이나 석가산 등은 고대 중국에서 구전되어온 신선사상에서 유래한다.

해 ③ 아도니스원은 젊은 나이에 죽은 아도니스를 추모하는 제사에서 유래되었으며, 오늘날 포트가든이나 옥상가든으로 발전하였다.

8 원명원을 복원하는데 매우 중요한 자료로 평가되는 견문기를 편지로 쓴 사람은?

① William Chambers

② William Temple

③ Harry Beaumont

④ Jean Denis Attiret

해 ④ 프랑스 선교사 장 드니 아띠레(중국명 왕치성)의 기록은 복원 자료로서 큰 가치를 지닌다.

9 소정원 운동(영국)의 내용과 맞는 것은?

① Charles Barry에 의해 주도 되었다.

② Knot기법 등 기하학적 형태를 응용하였다.

③ 귀화식물의 사용을 배제하였다.

④ 풍경식 정원의 비합리성에 대한 지적에서 시작되었다.

해 소정원 운동은 로빈슨과 지킬에 의해 주도 되었으며 영국의 자생식물, 귀화식물을 이용하여 야생정원을 조성하였다.

10 중국 청나라 시대에 조영된 북경의 북서부에 위치한 삼산오원(三山五園) 중 규모가 가장 큰 정원은?

① 명원   ② 정명원

③ 원명원   ④ 이화원

11 조선시대 옥사[교도소] 주변에 다섯줄의 녹음수를 심어 옥사의 환경개선을 도모한 왕은?

① 인조   ② 세조

③ 태조   ④ 세종

해 세종 21년 새로이 옥을 짓는 일에 대한 방법으로 "토벽을 쌓고 주위에 장목(잘 자라는 나무)을 다섯 줄로 심어 나무가 무성해지면 문을 만들어 여닫을 수 있게 하고.."라는 기록이 전해진다.

12 "국가−저자−저술서"의 연결이 틀린 것은?

① 진−주밀−오흥원림기

② 당−백거이−동파종화

③ 송−이격비−낙양명원기

④ 명−계성−원야

해 ① 송−주밀−오흥원림기

13 조선 태종 때 도입된 후자(堠子)의 설명과 관련이 없는 것은?

① 경복궁 앞을 원표로 하였다.

② 10리마다 소후, 30리마다 대후를 두었다.

③ 이정표의 일종으로 흙을 쌓아올린 돈대이다.

④ 10리마다 정자를 세우고, 30리마다 느티나무를 식재하였다.

해 후자란 거리를 나타내기 위하여 흙을 무더기로 모아 만든 길가의 표지물을 말한다.

14 발굴조사를 통해 밝혀진 경주 동궁과 월지(안압지)의 조경 기법으로 맞는 것은?

① 좌우대칭의 기하학적인 구성으로 되어 있다.

② 연못의 큰 섬에는 모래를 사용한 평정고산 수법으로 꾸몄다.

③ 넓은 바다를 연상할 수 있도록 조성하였고, 수위(水位)를 조절하였다.

④ 회유식(回遊式) 정원의 수법을 도입하여 산책로의 기능을 강화하였다.

해 월지의 건축물은 정형적인 구조를 가진 대칭적 수법에 의해 배치되어 있으나, 연못은 바다의 경관을 본떠 심한 굴곡을 가진 연못이며, 산수풍경식 궁원의 형식을 가지고 있다.

15 이탈리아 르네상스의 정원에 있어서 건물과 정원의 배치방식에 해당되지 않는 것은?

① 직렬형   ② 병렬형

③ 직렬·병렬 혼합형   ④ 방사형

16 중국 소주(蘇州)지방의 명원 조성시대 순서가 맞게 연결된 것은? (단, 사자림(獅子林), 졸정원(拙政園), 창랑정(滄浪亭)을 대상으로 한다.)

① 사자림→창랑정→졸정원

② 사자림→졸정원→창랑정

③ 졸정원→사자림→창랑정

④ 창랑정→사자림→졸정원

해 창랑정(송)→사자림(원)→졸정원(명)

17 고려시대 격구(擊逑)를 즐겨, 북원(北園)에 격구장(擊逑場)을 설치한 왕은?

① 예종   ② 의종

③ 인종   ④ 명종

18 독일의 풍경식 정원과 관계없는 것은?

① 데시테트(Destedt)는 외래수종을 배제하여 조성한 풍경식 정원의 전형이다.

② 퓌클러 무스카우(Pückler-Muskau) 정원은 후기 독일의 풍경식 정원이다.

③ 독일의 풍경식 정원은 자연경관의 재생을 주요 과제로 삼고 있다.

정답   **9** ④ **10** ④ **11** ④ **12** ① **13** ④ **14** ③ **15** ④ **16** ④ **17** ② **18** ①

④ 식물생태학과 식물지리학에 기초를 두고 있다.

해 ① 데시테트(Destedt)는 임원에 지리 및 생육상태 등 과학적인 배려를 하여 조성한 풍경식 정원이다.

19 정절의 꽃이란 상징성과 서향(西向)하는 성질 때문에 동쪽 울타리 밑에 심어 '동리가색(東籬佳色)'이란 별칭을 얻은 정원 식물은?
① 매화　　　　　　　② 국화
③ 작약　　　　　　　④ 원추리꽃

해 홍만선의 산림경제 '양화편'에 "국화의 본성이 서향을 좋아하므로 동쪽에 심는다"는 내용이 있다.

20 고대인도(무굴제국)의 정원요소가 아닌 것은?
① 물　　　　　　　　② 녹음수
③ 연꽃　　　　　　　④ 마운딩

해 고대인도(무굴제국)의 정원구성 주요소로는 연못에 연꽃, 녹음수, 정자, 물, 높은 담 등이 있다.

제2과목 조경계획

21 다음 중 고속도로 조경의 특징으로 옳지 않은 것은?
① 조경설계에 있어서 소규모 공간을 강조하는 경향이 있다.
② 연속적이며 대규모의 경관이 시각적으로 중요한 요소로 작용한다.
③ 배수, 경사, 안전, 식생 등 다양한 관련 학문이 연관되어 종합적으로 진행한다.
④ 휴게소, 교차로, 정류장 등 다양한 도로상의 시설이 경관조성에 영향을 끼친다.

해 ① 고속도로 조경의 특징은 연속적이며 대규모 경관이 시각적으로 적용되며 수직적인 변화가 강하게 나타난다.

22 『국토의 계획 및 이용에 관한 법률』상에서 정의 된 (　　)안의 용어는?

> (　　)이란 도시·군계획 수립 대상지역의 일부에 대하여 토지 이용을 합리화하고 그 기능을 증진시키며 미관을 개선하고 양호한 환경을 확보하며, 그 지역을 체계적·계획적으로 관리하기 위하여 수

립하는 도시·군관리계획을 말한다.

① 지구단위계획　　　② 개발실시계획
③ 개발단위계획　　　④ 도시기반계획

23 다음 중 조경공사 시행을 위한 구체적이고 상세한 도면을 무엇이라 하는가?
① 기본계획도면　　　② 계획설계도면
③ 기본설계도면　　　④ 실시설계도면

24 다음 중 국립공원 내 공원자연보존지구에서 할 수 있는 행위가 아닌 것은?
① 학술연구로서 필요하다고 인정되는 최소한의 행위
② 해당 지역이 아니면 설치할 수 없다고 인정되는 통신시설로서 대통령령으로 정하는 기준에 따른 최소한의 시설 설치
③ 산불진화 등 불가피한 경우의 임도 설치사업
④ 사방사업법에 따른 사방사업으로서 자연 상태로 두면 심각하게 훼손될 우려가 있는 경우에 이를 막기 위하여 실시되는 최소한의 사업

25 다음에 해당하는 공원·녹지체계 유형은?

> – 일정한 폭의 녹지가 직선적으로 길게 조성되었을 경우
> – 정형적으로 배치된 단지에서 볼 수 있음
> – 샹디가르(Chandigarh)에 적용된 유형

① 집중(集中)형　　　② 분산(分散)형
③ 대상(帶狀)형　　　④ 격자(格子)형

26 『주차장법 시행규칙』상 "노상주차장의 구조·설비기준" 내용으로 ㉠~㉣에 들어간 수치가 틀린 것은?

> – 너비 (㉠ 6)미터 미만의 도로에 설치하여서는 아니 된다. 다만, 보행자의 통행이나 연도(沿道)의 이용에 지장이 없는 경우로서 해당 지방차지단체의 조례로 따로 정하는 경우에는 그러하지 아

니하다.

- 종단경사도가 (ⓒ 4)퍼센트를 초과하는 도로에 설치하여서는 아니 된다. 다만, 다음 각 목의 경우에는 그러하지 아니하다.

  가. 종단경사도가 6퍼센트 이하인 도로로서 보도와 차도가 구별되어 있고, 그 차도의 너비가 (ⓒ 13)미터 이상인 도로에 설치하는 경우

- 노상주차장에서 주차대수 규모가 (ⓔ 30)대 이상 50대 미만인 경우에는 장애인 전용 주차구획을 한 면 이상 설치하여야 한다.

① ㉠   ② ㉡   ③ ㉢   ④ ㉣

해 ④ 노상주차장에서 주차대수 규모가 20대 이상 50대 미만인 경우에는 장애인 전용 주차구획을 한 면 이상 설치하여야 한다.

27 다음 『자연공원법 시행규칙』의 점용료 또는 사용료 요율기준으로 (   )안에 알맞은 것은?

- 건축물 기타 공작물의 신축·증축·이축이나 물건의 야적 및 계류 : 인근 토지 임대료 추정액의 (㉠) 이상
- 토지의 개간 : 수확예상액의 (㉡) 이상

① ㉠ 100분의 20, ㉡ 100분의 10
② ㉠ 100분의 20, ㉡ 100분의 50
③ ㉠ 100분의 50, ㉡ 100분의 25
④ ㉠ 100분의 50, ㉡ 100분의 50

28 다음 (   ) 안에 들어갈 내용으로 바르게 연결된 것은?

(A)은 환경부장관이 (B)년마다 국립공원위원회의 심의를 거쳐 수립하여야 하며, 도립공원에 관한 공원계획은 시·도지사가 결정한다.

① A: 공원기본계획, B: 10
② A: 공원관리계획, B: 10
③ A: 공원기본계획, B: 5
④ A: 공원관리계획, B: 5

29 맥하그(Ian McHarg)가 주장한 생태적 결정론(ecological determinism)을 가장 올바르게 설명한 것은?

① 인간행태는 생태적 질서의 지배를 받는다는 이론이다.
② 생태계의 원리는 조경설계의 대안결정을 지배해야 한다는 이론이다.
③ 인간환경은 생태계의 원리로 구성되어 있으며, 따라서 인간사회는 생태적 진화를 이루어 왔다는 이론이다.
④ 자연계는 생태계의 원리에 의해 구성되어 있으며, 따라서 생태적 질서가 인간환경의 물리적 형태를 지배한다는 이론이다.

해 생태적 계획(ecological)을 주장하면서 내놓은 생태적 계획의 이론적 배경. 자연의 변화·생성은 생태적 형성과정을 통해 이루어지고, 이들 형성과정은 궁극적으로 우리가 지각하는 물리적 형태로 표현된다. 따라서 생태적 인자 또는 생태적 형성과정이 시각적 경관 또는 자연경관을 결정한다는 이론으로. 생태적 인자들이 환경의 형태를 결정짓는다는 관점에서 생태적 경관분석의 이론적 기초가 된다.

30 레크리에이션 대상지의 수요를 크게 좌우하는 3요인은 이용자들의 변수, 대상지 자체의 변수, 접근성의 변수이다. 다음 중 접근성의 변수에 해당되지 않는 것은?

① 여행시간, 거리   ② 준비 비용
③ 정보   ④ 여가습관

31 미끄럼대 놀이시설에 대한 계획·설계 기준 설명이 틀린 것은?

① 미끄럼판은 높이 1.2~2.2m의 규격을 기준으로 한다.
② 미끄럼판의 높이가 90cm 이상인 경우에는 미끄럼판 아래 끝부분에 감속용 착지판을 설치한다.
③ 1인용 미끄럼판의 폭은 40~50cm를 기준으로 한다.
④ 되도록 남향 또는 서향으로 배치한다.

해 ④ 미끄럼대는 북향 또는 동향으로 배치한다.

32 자전거 도로와 관련된 기준으로 틀린 것은?

① 종단경사가 있는 자전거도로의 경우 종단 경사도에 따라 연속적으로 이어지는 도로의 최소 길이를 "제한길이"라 한다.

② 자전거도로의 통행용량은 자전거의 주행속도 및 자전거 통행 장애 요소 등을 고려하여 산정한다.

③ 자전거전용도로의 설계속도는 시속 30킬로미터 이상으로 한다.

④ 자전거도로의 폭은 하나의 차로를 기준으로 1.5미터 이상으로 한다.

해 ① 제한길이란 종단경사도에 따라 연속적으로 이어지는 도로의 최대길이를 말한다.

33 하천복원 및 습지복원에서 복원(restoration)의 의미로 가장 적합한 것은?

① 현재의 상태를 개선한다.

② 현재의 상태를 완화시킨다.

③ 훼손되기 이전의 상태나 위치로 되돌린다.

④ 훼손되기 전의 원래의 상태에 근접되게 향상시킨다.

34 바람의 영향을 받지 않는 지역의 수경관 연출을 위해 폭 6m의 수조를 설치하려 한다. 다음 중 가장 적절한 분수의 분출 높이는?

① 1m이하   ② 2m이하

③ 4m이하   ④ 6m이하

해 일반적 분수의 경우 수조의 너비는 분수 높이의 2배, 바람의 영향을 크게 받는 지역은 분수 높이의 4배를 기준으로 한다.

35 도시공원의 종류별 유치거리(A) – 면적규모(B)에 대한 기준이 틀린 것은? (단, 도시공원 및 녹지 등에 관한 법률 시행규칙 적용)

공원종류	A	B
① 소공원	제한없음	제한없음
② 어린이공원	250m이하	1500m²이상
③ 근린생활권근린공원	500m이하	10000m²이상
④ 역사공원	1000m이하	30000m²이상

해 ④ 역사공원은 유치거리와 면적규모에 제한이 없다.

36 만약 어떤 사람이 공원을 방문해 잔디밭에 앉으려고 돗자리를 깔았다면 돗자리에 의해 새로이 만들어진 공간은 공간 한정 요소 중 어느 것에 속하는가?

① 바닥면   ② 벽면

③ 천정면   ④ 관개면

37 다음 중 종합분석 중 "규모분석"과 상관이 가장 먼 것은?

① 공간량 분석

② 시간적 분석

③ 예산규모분석

④ 구조 및 형태분석

해 "규모분석"에는 공간량 분석, 시간적 분석, 예산규모분석, 토목적 분석 등이 있다.

38 근린주구이론에 따라 1개의 근린생활권을 구성하려고 한다. 어린이공원은 몇 개소가 적정한가?

① 1개소   ② 2개소

③ 3개소   ④ 4개소

39 환경영향평가(environmental impact assessment)와 이용후 평가(post occupancy evaluation)의 비교 설명 중 옳지 않은 것은?

① 두 가지 모두 환경설계 평가의 범주에 속한다.

② 환경영향 평가는 개발 전에, 이용후 평가는 개발 후에 실시한다.

③ 두 가지 모두 미국의 국가환경정책법(NEPA)에 의해 처음 시작되었다.

④ 우리나라의 환경영향평가법은 환경영향평가의 대상 사업을 규정하고 있다.

해 ③ 환경영향평가만 미국 국가환경정책법에서 최초로 법제화되었다.

40 지형 및 지질조사에 대한 설명 중 옳지 않은 것은?

① 토양구(soil type) 확인을 위해 이용할 수 있는 도면은 개략토양도이다.

② 간이산림토양도는 잠재생산 능력급수를 5등급으

로 나누어 표현한다.

③ 경사분석도의 간격은 목적에 따라 구분하여 사용할 수 있다.

④ 지형도를 통해 분수선, 계곡선, 지세 등을 분석한다.

■해 토양구(soil type) 확인을 위해 이용할 수 있는 도면은 정밀토양도이다.

제3과목 조경설계

41 도로설계 제도에서 축척이 1 : 25000인 경우 등고선의 주곡선 간격은 몇 m 마다 가는 실선으로 기입하는가?

① 5m
② 10m
③ 20m
④ 40m

42 미적 구성 원리 중 다양성의 원리와 가장 거리가 먼 것은?

① 조화(harmony)
② 변화(change)
③ 리듬(rhythm)
④ 대비(contrast)

43 색상환에 대한 설명으로 틀린 것은?

① 먼셀표색계는 색의 3속성인 색상, 명도, 채도로 색을 기술하는 방식이다.

② 색상환은 색상에 따라 계통적으로 색을 둥그렇게 배열한 것이다.

③ 색상의 분할은 빨강, 노랑, 초록, 파랑, 보라의 5가지 주요색상에 중간색을 삽입한 10색상을 고리모양으로 배치한다.

④ 오스트발트 표색계에서는 빨강, 노랑, 초록, 파랑, 자주의 다섯 가지를 기본으로 하고 있다.

■해 ④ 오스트발트의 표색계에서는 황(Yellow), 남(Ultra-marine Blue), 적(Red), 청록(Sea green)의 네 가지를 기본으로 하고 있다.

44 LCP(Landscape Control Point)의 의미로 가장 적합한 것은?

① 시각 구역을 전망할 수 있는 경관 탐사용 고정 관찰점이다.

② 경관 탐사 시에 초점경관을 이루는 관찰 대상물

을 가리킨다.

③ 불량 경관을 개선하기 위한 차폐 시설물의 설치 지점을 말한다.

④ 우수 경관을 선택적으로 조망할 수 있도록 만든 방향 표지판의 지점을 말한다.

45 다음의 자연적 형태주제 중 그 상징성과 의미가 부드러움, 흐름, 신비감, 움직임, 파동, 흥미, 리듬, 이완, 편안함, 비정형성을 나타내는 것은 무엇인가?

① 구불구불한 형태
② 불규칙 다각형
③ 집합과 분열형
④ 유기체적 가장자리형

46 조경설계 과정 중 주로 시설의 배치계획 및 공사별 개략설계를 작성하여 사업실시에 관계되는 각종 사항의 판단에 도움을 주기 위해 진행되는 과정은?

① 기본계획
② 기본설계
③ 실시설계
④ 현장설계

47 파노라마(panorama)의 우리말 표현으로 옳은 것은?

① 무아경
② 만화경
③ 요지경
④ 주마등

48 린치(K. Lynch)가 주장하는 도시경관의 구성요소가 아닌 것은?

① 매스(mass)
② 통로(paths)
③ 모서리(edge)
④ 랜드마크(landmark)

■해 린치의 도시경관 구성요소 : 통로, 모서리, 결절점, 지역, 랜드마크

49 국토교통부고시 조경기준의 식재수량 및 규격에 관한 설명 중 ( )안에 들어 갈 수 없는 것은?

식재하여야 할 교목은 흉고직경 ( )센티미터 이상이거나 근원직경( )센티미터 이상 또는 수관

폭 ( )미터 이상으로서 수고 ( )미터 이상이어야 한다.

① 0.8　　② 1.0　　③ 5.0　　④ 6.0

50 그림과 같은 물체의 제 1각법의 평면도에 해당하는 것은? (단, 화살표 방향이 정면임)

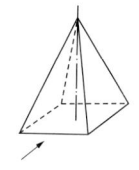

① 　　　　　②

③ 　　　　　④

51 색채계획 단계에 있어 사용 목적과 면적에 따라 적용할 색을 3종류로 분류한 것 중 맞는 것은?
① 주조색, 보강색, 강조색
② 주조색, 보조색, 강조색
③ 주요색, 보조색, 강한색
④ 주조색, 보강색, 강한색

52 시각 디자인상 방향감(方向感)에 관한 설명으로 적합하지 않은 것은?
① 수직과 수평방향만으로도 시각적 만족과 경험을 준다.
② 대각선 방향은 안정을 깨뜨리고 자극을 준다.
③ 엄숙과 위엄을 강조할 때에는 수직방향의 강조가 필요하다.
④ 우리 눈은 수직 길이 방향보다 수평 길이 방향을 판단하는데 더 노력을 필요로 한다.

53 다음 그림은 무엇을 설명하려는 것인가?

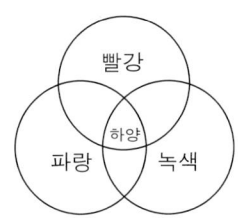

① 색광혼합　　　　　② 색료혼합
③ 중간혼합　　　　　④ 병치혼합

해 색광혼합(가법혼합)은 혼합하는 성분이 증가할수록 밝아지는 혼합으로 '플러스 현상'으로도 지칭하며 기본 색상을 모두 합치면 백색광이 된다.

54 조경설계기준 상 옹벽(콘크리트)과 식생벽(벽면녹화)의 설명으로 틀린 것은?
① 옹벽배면의 뒤채움 설계 시 토압은 물론, 토압보다도 큰 수압이 작용하지 않도록 배수기능을 고려해야 한다.
② 옹벽의 전도에 대한 안전율은 1.5 이상이어야 한다.
③ 활동에 대한 효과적인 저항을 위하여 저판에 활동방지벽을 적용하는 경우 저판과 일체로 설치해야 한다.
④ 식생벽은 용도와 경관·시각적·경제적 기대효과에 따라 와이어, 메시, Pot, 식생보드형 등이 지속가능한 공법을 적용하여 사용한다.

해 ② 옹벽의 전도에 대한 안전율은 2.0 이상이어야 한다.

55 다음 중 연두(GY)의 보색으로 맞는 것은?
① 자주(RP)　　　　　② 주황(YR)
③ 보라(P)　　　　　④ 파랑(B)

56 '한가한 일요일 A씨는 무료하여 신문을 읽다가 원색으로 인쇄된 특정 광고가 눈에 띄었다. 그 광고를 읽어보니 B지역(레크리에이션을 위한 장소)에 관한 것이었다.' 이 설명 중 "광고가 눈에 띄었다."라는 부분은 Berlyne이 제시한 미적 반응과정 중 개념적으로 어디에 속하는가?
① 자극탐구　　　　　② 자극선택
③ 자극해석　　　　　④ 자극에 대한 반응

57 다음 중 치수선을 표시하는 방법이 틀린 것은?
① 치수의 단위는 원칙적으로 mm이다.
② 치수의 기입은 치수선에 평행하게 기입한다.
③ 협소한 간격이 연속될 때에는 치수선에 겹쳐 치수를 쓸 수 있다.
④ 치수는 특별히 명시하지 않는 한 마무리치수로

표시한다.

🖹 ③ 협소한 간격이 연속될 때에는 인출선을 사용하여 치수를 쓴다.

58 투시도에 사용되는 용어의 설명 중 틀린 것은?
① 기선(GL, Ground line) : 화면상의 눈의 중심을 통한 선이다.
② 족선(FL, Foot line) : 물체의 평면도의 각점과 정점을 이은 직선이다.
③ 소점(VP, Vanishing point) : 선분의 무한원점이 만나는 점이다.
④ 시점(PS, Point of sight) : 기준면 상에 보는 사람의 위치를 말한다.

🖹 ① 기선이란 기면의 지반선을 말한다.

59 Altman의 영역성 중 서로 성격이 다른 것은?
① 해변   ② 교실
③ 기숙사식당   ④ 교회

🖹 ① 공적 영역. ②③④ 2차적 영역

60 다음 재료의 단면 표시가 의미하는 것은?

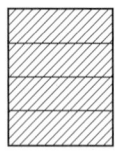

① 야석   ② 벽돌
③ 인조석   ④ 연마석

제4과목 조경식재

61 기린초(*Sedum kamtschaticum*)의 과명(科名)은?
① 범의귀과   ② 국화과
③ 장미과   ④ 돌나무과

62 축의 좌우에 동형 동종의 수목을 한 쌍으로 식재하는 수법은?
① 열식   ② 집단식재
③ 교호식재   ④ 대식

63 다음 중 9~10월에 적색의 원형 육질종의 (fleshy aril)로 성숙하는 수종은?

① 주목   ② 후박나무
③ 곰솔   ④ 개잎갈나무

64 경량재 토양에 대한 설명으로 틀린 것은?
① Perlite는 진주암을 고온으로 소성한 것이다.
② Vermiculite는 다공질(多孔質)로서 나쁜균이 없다.
③ Peat는 고온의 늪지에서 생성되며, 산도가 낮고 보비성이 작다.
④ Hydroball은 점질토를 고온으로 발포시키면서 구워 돌처럼 만든 것이다.

🖹 ③ 피트(Peat)는 한냉한 습지의 갈대나 이끼가 흙 속에서 탄소화 된 것이다. 염기성치환용량이 커서 보비성이 우수하며 산도가 높다.

65 우리나라 중부지방을 기준으로, 꽃피는 시기가 이른 봄부터 순서대로 옳게 배열된 것은?
① 산수유 → 배롱나무 → 모란
② 산딸나무 → 생강나무 → 무궁화
③ 박태기 → 산철쭉 → 풍년화
④ 왕벚나무 → 이팝나무 → 능소화

66 수종과 학명의 연결이 틀린 것은?
① 은행나무 : *Ginkgo biloba*
② 느티나무 : *Liriodendron tulipifera*
③ 신갈나무 : *Quercus mongolica*
④ 소나무 : *Pinus densiflora*

🖹 ② 느티나무 : *Zelkova serrata*

67 다음 중 식생 천이(遷移)의 과정을 순서대로 옳게 나열한 것은?
① 나지→초생지→지의류→관목지→교목지→극상

정답 **58** ① **59** ① **60** ② **61** ④ **62** ④ **63** ① **64** ③ **65** ④ **66** ② **67** ③

② 지의류→나지→초생지→관목지→교목지→극상

③ 나지→지의류→초생지→관목지→교목지→극상

④ 초생지→나지→지의류→교목지→관목지→극상

68 극상에 대한 설명으로 틀린 것은?

① 극상 군집은 환경과의 평형을 이루고 있다.

② 토지극상은 변질된 기후 및 배수와 같은 여러 조합과 결부되어 나타난다.

③ 기후극상은 대기후 아래에서 여러 가지 극상으로 수렴된다는 것이다.

④ 극상은 천이계열의 최종적인 안정된 군집이다.

해 ③ 천이의 방향이 기후에 의해 정해진다는 클레멘츠(F. Clements)의 이론으로 같은 기후지역에서는 하나의 극상만이 존재한다는 주장이다.

69 일본잎갈나무·소나무류·삼나무·편백 등의 저장종자에 효과가 있는 종자 발아 촉진법은?

① 고온처리법

② 냉수처리법

③ 황산처리법

④ 종피의 기계적 가상

70 군집의 생태와 관련하여 종의 풍부도 경향을 설명한 것으로 틀린 것은?

① 종의 풍부도는 고위도에서 증가한다.

② 종의 풍부도는 지역의 규모에 따라 증가한다.

③ 종의 풍부도는 서식처의 복잡한 정도에 따라 증가한다.

④ 한 지역에서 종의 풍부도는 종의 지리적 근원지에 가까울수록 증가한다.

해 ① 종의 풍부도는 위도가 낮아짐에 따라 다양도는 증가한다.

71 조경면적은 식재된 부분의 면적과 조경시설 공간의 면적을 합한 면적으로 산정된다. 식재면적은 당해 지방자치단체의 조례에서 정하는 조경의무면적의 얼마 이상으로 하여야 하는가? (단, 국토교통부의 조경기준 적용)

① 100분의 20

② 100분의 30

③ 100분의 40

④ 100분의 50

72 *Firmiana simplex* 의 성상은?

① 낙엽활엽교목

② 낙엽활엽관목

③ 상록활엽교목

④ 상록활엽관목

해 벽오동(*Firmiana simplex*)

73 다음 중 조릿대(*Sasa borealis*)의 특징으로 틀린 것은?

① 양수이고 내건성이 강하며, 생장속도가 늦다.

② 꽃은 4월경에 개화하며, 열매는 5~6월에 결실한다.

③ 잎 길이는 10~30cm로 타원상 피침형이다.

④ 전국 산지에 자생하며, 내한성이 강하다.

해 ① 조릿대(*Sasa borealis*)는 어떤 곳에서도 왕성한 번식력을 가지며 반그늘·양지에서 잘 자라는 식물이다.

74 수목과 열매 종류가 잘못 연결된 것은?

① 사철나무–삭과(튀는 열매)

② 복자기–시과(날개 열매)

③ 상수리나무–핵과(굳은씨 열매)

④ 자귀나무–협과(콩깍지 열매)

해 ③ 상수리나무–견과

75 수형(樹形)이 원추형(圓錐形)인 수종은?

① 전나무

② 호랑가시나무

③ 후박나무

④ 산딸나무

76 다음 중 방화용(防火用) 수종으로 내화력(耐火力)이 가장 강한 것은?

① 아왜나무

② 삼나무

③ 비자나무

④ 구실잣밤나무

77 수목 굴취시 뿌리분의 크기는 대체로 무엇을 기준으로 정하는가?

① 지하고

② 수관폭

③ 흉고직경

④ 근원직경

78 가을에 붉은색 단풍이 아름다운 관목은?

① 쉬나무(*Euodia daniellii*)

② 네군도단풍(*Acer negundo*)

③ 화살나무(*Euonymus alatus*)

④ 칠엽수(*Aesculus turbinata*)

해 ① 황색, ② 황금색, ④ 황색

79 다음 중 음수(陰樹)의 특성에 해당하는 것은?

① 햇볕이 닿는 쪽으로 자라는 습성이 있다.

② 유묘시에는 생장속도가 느리지만 자라면서 빨라진다.

③ 가지가 드물게 나고 수관이 개방적이다.

④ 생육상 많은 빛을 필요로 하며 건조에 적응성이 강하다.

80 다음과 같은 열매 특징을 가진 수종은?

> 열매는 골돌과로 원통형이며 길이 5~7cm로서 곧거나 구부러지고, 종자는 타원형이며 길이 12~13mm이고, 외피는 적색을 띠며 9~10월에 익는다.

① 불두화(*Viburnum opulus for. hydrangeoides*)

② 좀작살나무(*Callicarpa dichotoma*)

③ 산사나무(*Crataegus pinnatifida*)

④ 목련(*Magnolia kobus*)

제5과목 조경시공구조학

81 공사 원가계산 산정식이 옳지 않은 것은?

① 산업재해 보상보험료 = 노무비 × 산업재해 보상보험료율

② 총공사원가 = 순공사원가 + 일반관리비 + 이윤

③ 이윤 = (순공사원가 + 일반관리비) × 이윤율

④ 순공사원가 = 재료비 + 노무비 + 경비

해 ③ 이윤 = (노무비 + 경비 + 일반관리비) × 이윤율

82 공사 진행이 공정표보다 늦어진 경우 공사현장 관리자로서 즉시 취해야 할 조치로 가장 적합한 것은?

① 노무자를 증원한다.

② 건축자재 반입을 서두른다.

③ 공사가 지연된 원인을 규명한다.

④ 새로운 공정표를 작성한다.

83 다음 그림과 같은 도로의 수평노선에서 곡선장(L)과 접선장(T)의 길이는 약 얼마인가?

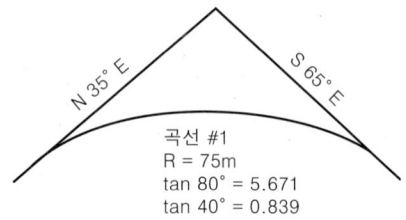

곡선 #1
R = 75m
tan 80° = 5.671
tan 40° = 0.839

① L: 104.7m,　　　　　T: 62.9m

② L: 104.7m,　　　　　T: 25.3m

③ L: 52.5m,　　　　　T: 62.9m

④ L: 425.3m,　　　　　T: 104.7m

해 교각 I = 180 - (35 + 65) = 80°

$$L = \frac{RI}{57.3} = \frac{75 \times 100}{57.3} = 104.7m$$

$$T = R \times \tan\frac{I}{2} = 75 \times 0.839 = 62.9m$$

84 흙의 성질에 관한 산출식으로 틀린 것은?

① 간극비 = $\dfrac{간극의 용적}{토립자의 용적}$

② 예민비 = $\dfrac{이긴시료의 강도}{자연시료의 강도}$

③ 포화도 = $\dfrac{물의 용적}{간극의 용적} \times 100(\%)$

④ 함수율 = $\dfrac{젖은 흙의 물의 중량}{건조한 흙의 중량} \times 100(\%)$

해 ② 예민비 = $\dfrac{자연시료의 강도}{이긴시료의 강도}$

85 다음 그림에서 No.2의 지반고는?

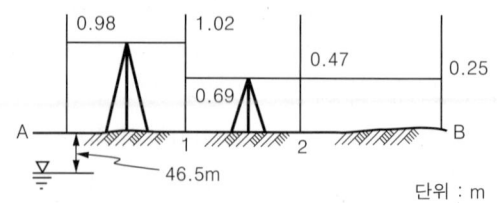

단위 : m

① 47.48m   ② 46.46m

③ 46.68m   ④ 47.44m

해 미지점 지반고 = 기지점 지반고 + Σ후시 − Σ전시

→ 46.5 + (0.98 + 0.69) − (1.02 + 0.47) = 46.68(m)

86 다음 설명에 적합한 건설용 석재는?

> – 화성암 중에서도 심성암에 속한다.
> – 강도가 가장 크다.
> – 대재(大材)를 얻기 쉽고 외관이 미려하고 내산
> 성이 커서 구조재로서 사용한다.

① 대리석   ② 화강암

③ 석회암   ④ 혈암(頁岩)

87 그림과 같이 85m에서부터 5m 간격으로 증가하는 등고선이 삽입된 지형도에서 85m 이상의 체적을 구한다면 약 얼마인가? (단, 정상의 높이는 108m이고, 마지막 1구간은 원추공식으로 구한다.)

등고선의 면적

105m : 30.5m²

100m : 290m²

95m : 545m²

90m : 950m²

85m : 1525.5m²

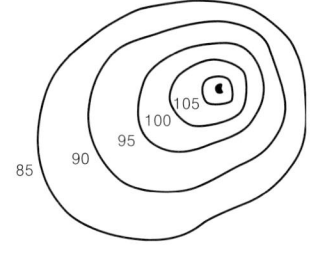

① 12677m³   ② 12707m³

③ 12894m³   ④ 12516m³

해 $V_1 = \frac{5}{3} \times (30 + 4 \times (290 + 950) + 2 \times 545 + 1,525.5$

$= 12,676.67(m^3)$

$V_2 = \frac{3}{3} \times 30.5 = 30.5(m^3)$

∴ $V = 12,676.67 + 30.5 = 12,707.17m^3$

88 구조물의 종류별 콘크리트 타설시 사용되는 굵은 골재의 최대치수(mm)로 가장 적합한 것은? (단, 구조물의 종류는 단면이 큰 경우로 제한한다.)

① 20   ② 25

③ 40   ④ 50

89 다음 설명에 적합한 품질관리의 도구는?

> 모집단에 대한 품질특성을 알기 위하여 모집단의
> 분포상태, 분포의 중심위치, 분포의 산포 등을 쉽
> 게 파악할 수 있도록 막대그래프 형식으로 작성한
> 도수 분포도를 말한다.

① 특성요인도   ② 파레토도

③ 체크시트   ④ 히스토그램

90 그림과 같은 내민보의 점A에 모멘트가, 점C에 집중하중이 작용한다. 지점 A에서 3m 떨어진 단면에 작용하는 전단력의 크기는 몇 kN인가?

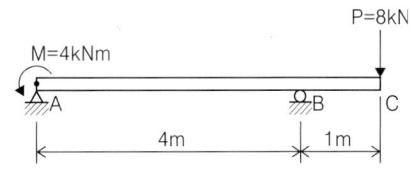

① 1   ② 4   ③ 8   ④ 9

해 $\Sigma M_B = -4 + R_A \times 4 + 8 \times 1 = 0$ ∴$R_A = -1kN(\downarrow)$

→ A점으로부터 3m 구간에 하중이 없으므로 전단력은 반력과 동일하다.

91 강우강도가 100mm/h인 지역에 있는 유출계수 0.95인 포장 된 주차장 900m²에서 발생하는 초당 유출량은 얼마인가? (단, 소수점 3째자리 이하는 버림한다.)

① 0.237m³/sec   ② 0.423m³/sec

③ 0.023m³/sec   ④ 0.042m³/sec

해 • 풀이1 : 강우강도를 m로 맞추어 계산한다.

$Q = \frac{1}{3,600} \times 0.95 \times 0.1 \times 900 = 0.023m^3/sec$

• 풀이2 : 포장면적을 ha로 맞추어 계산한다.

$Q = \frac{1}{360} \times 0.95 \times 100 \times \frac{900}{10,000} = 0.023m^3/sec$

92 비탈면의 잔디식재 공사에 대한 표준시방서 내용으로 틀린 것은?

① 잔디생육에 적합한 토양의 비탈면 기울기가 1:1 보다 완만할 때에는 비탈면을 일시에 녹화하기 위해서 흙이 붙어있는 재배된 잔디를 사용하여

붙인다.

② 잔디고정은 떼꽂이를 사용하여 잔디 1매당 2개 이상 견실하게 고정하며, 시공 후에는 모래나 흙으로 잔디붙임면을 얇게 덮은 후 고루 두들겨 다져준다.

③ 비탈면 줄떼다지기는 잔디폭이 0.1m 이상 되도록 하고, 비탈면에 0.1m 이내 간격으로 수평골을 파서 수평으로 심고 다짐을 철저히 한다.

④ 비탈면 전면(평떼)붙이기는 줄눈을 틈새없이 붙이고 십자줄이 형성되도록 붙이며, 잔디 소요면적은 비탈면면적의 10%를 추가 적용한다.

해 ④ 비탈면 전면(평떼)붙이기는 줄눈을 틈새없이 붙이고 십자줄이 형성되지 않도록 어긋나게 붙이며, 잔디소요면적은 비탈면 면적과 동일하게 적용한다.

93 네트워크 공정표 작성시 공정계산에 관한 설명으로 옳은 것은?

① 복수의 작업에 선행되는 작업의 LFT는 후속작업의 LST 중 최대값으로 한다.

② 복수의 작업에 후속되는 작업의 EST는 선행작업의 EFT 중 최소값으로 한다.

③ 전체여유(TF)는 작업을 EST로 시작하고 LFT로 완료할 때 생기는 여유시간이다.

④ 종속여유(DF)는 후속작업의 EST에 영향을 주지 않는 범위 내에서 한 작업이 가질 수 있는 여유시간이다.

94 캔틸레버 보(Cantilever beam)에 해당하는 설명은?

① 보의 양단(兩端)을 메워 넣어서 고정시킨 것

② 일단(一端)이 회전점, 타단(他端)이 이동 지점인 것

③ 일단(一端)이 고정지점이고 타단(他端)에는 지점이 없는 자유단인 것

④ 3개 이상의 지점으로 지지하고 있는 보로서 단순보와 내다지보를 조합한 것

해 ① 고정보, ② 단순보

95 돌 공사의 특수 마무리 방법에 해당되지 않는 것은?

① 분사식(sand blasting method)

② 화염분사식(burner finish)

③ chiseled boasted work

④ coloured stone finish

96 조명시설의 용어 중 단위 면에 수직으로 투하된 광속밀도를 무엇이라 하는가?

① 광도(luminous intensity)

② 조도(illumination)

③ 휘도(brightness)

④ 배광곡선

97 다음 중 품셈을 가장 잘 설명한 것은?

① 물체를 만드는데 필요한 노력과 물질의 수량이다.

② 시공현장에서 소요되는 재료의 물량을 집계한 것이다.

③ 건설공사에 소요되는 공사비를 산정하는 과정을 말한다.

④ 공사에 소요되는 노무량만을 수량으로 표시하여 금액을 산출 할 수 있게 한 것이다.

98 다음 중 철제 조경시설 관리에서 도장의 목적이 아닌 것은?

① 물체표면의 보호　　② 부식 및 노화의 방지

③ 미관의 증진　　　　④ 방충성 증진

99 다음 중 시공·관리 분야에서 일반경쟁 입찰을 바르게 설명한 것은?

① 계약의 목적, 성질 등에 필요하다고 인정될 경우 참가자의 자격을 제한할 수 있도록 한 제도

② 관보, 신문, 게시 등을 통하여 일정한 자격을 가진 불특정다수의 희망자를 경쟁에 참가하도록 하여 가장 유리한 조건을 제시한 자를 선정하는 방법

③ 예산가격 10억원 미만의 공사 낙찰자 결정방법으로 예정가격의 85% 이상의 금액으로 입찰한 자를 계약하는 방법

④ 설계서상의 공종 중 대체가 가능한 공종의 방법

100 등고선의 성질이 옳지 않은 것은?

① 동일한 등고선 상에 있는 모든 점은 같은 높이이다.
② 산정과 요지(오목한 곳)에서는 등고선이 폐합된다.
③ 급경사지는 간격이 좁고, 완경사지는 간격이 넓다.
④ 높은 쪽의 등고선 간격이 넓으면 요사면이다.

🛠 ④ 높은 쪽의 등고선 간격이 넓으면 철사면이다.

제6과목 조경관리론

101 조경관리에 있어 각종 하자·부주의에 대한 대책으로 옳지 않은 것은?
① 사전에 점검을 통하여 위험장소 여부에 대한 판단을 한다.
② 유희시설과 같은 위험유발시설은 안내판, 방송 등을 통해 이용지도를 해야 한다.
③ 각 시설에 대한 안전기준을 세우고 점검계획을 세운다.
④ 시설물이나 재료의 내구년수는 시방서를 기준으로 하여 연한 경과 후부터 점검한다.

102 뿌리혹선충(Meloidogyne spp.)에 대한 설명으로 틀린 것은?
① 세계적으로 광범위하게 분포하는 대표적인 식물기생선충이다.
② 토양 속에서 유충이나 알 상태로 월동한다.
③ 대부분 침엽수 묘목을 주로 가해한다.
④ 자웅이형이며 감염세포는 거대세포가 된다.

🛠 ③ 감자, 고구마, 당근, 인삼, 사탕무, 장미 등 수많은 작물을 침해하며 세계 각지에 분포한다.

103 다음 해충 관련 설명 중 틀린 것은?
① 버즘나무방패벌레 : 성충으로 월동한다.
② 미국흰불나방 : 1년에 1회 발생한다.
③ 잣나무넓적잎벌 : 알 시기의 기생성 천적으로는 알좀벌류가 있다.
④ 느티나무알락진딧물 : 가해 수종은 오리나무, 개암나무, 느릅나무 등이다.

🛠 ② 미국흰불나방은 1년 2~3회 발생한다.

104 습지나 늪지에서 생성되는 부식은?

① 모어(mor)　　　　② 멀(mull)
③ 니탄(peat)　　　　④ 모더(moder)

105 동력예취기의 안전점검 및 보관관리에 대한 설명으로 틀린 것은?
① 엔진, 배터리, 연료탱크 주변을 청소한다.
② 급유는 엔진이 식었을 때 실시해야 한다.
③ 야간작업 시 예취기 본체의 라이트를 켜고 작업해야 한다.
④ 오일류의 폐기는 폐기설비를 갖춘 곳에서만 처리한다.

106 공사현장의 안전대책으로 가장 거리가 먼 것은?
① 작업장 내는 관계자 이외의 사람이 출입하지 못하도록 방지책 등으로 봉쇄한다.
② 공사용 차량의 출입구는 표지판을 설치하고 필요에 따라 교통 유도원을 배치한다.
③ 휴일 및 작업이 행해지지 않을 때에는 작업장 출입구를 완전히 봉쇄한다.
④ 작업장 주위의 조명설비는 야간에 꺼두어 불필요한 전기 소모를 막는다.

107 다음 목재로 만들어진 벤치에 대한 특징으로 가장 거리가 먼 것은?
① 내화력이 작다.
② 병해충의 피해를 받기 쉽다.
③ 습기에 약하며 썩기 쉽다.
④ 파손되면 보수가 곤란하다.

108 배수시설의 점검사항으로 가장 거리가 먼 것은?
① 배수시설 주변의 돌쌓기 현황
② 각 배수시설의 파손 및 결함 상태
③ 지하배수시설, 유출구의 물 빠지는 상태
④ 비탈면 배수시설의 배수상태 및 주위로부터 유입하는 지표수나 토사 유출 상황

🛠 배수시설 점검 시에는 부지 배수시설의 배수상황 및 측구, 집수구, 맨홀 등의 퇴적상태에 유의한다.

109 다음 작물보호제 중 비선택성 제초제에 해당하는 것은?

① 디캄바액제

② 이사-디액제

③ 베노밀수화제

④ 글리포세이트암모늄액제

레 비선택성 제초제로 근사미(글리포세이트액제)와 그라목손(피라크액제)가 있다.

110 소나무 잎녹병에 있어서 여름포자(하포자)의 중간숙주가 되는 것은?

① 까치밥나무   ② 황벽나무

③ 잎갈나무   ④ 참나무류

111 메프로닐 원제 0.4kg으로 2% 분제를 만들려고 할 때 소요되는 증량제의 양은? (단, 원제의 함량은 80%이다.)

① 1.84kg   ② 4.60kg

③ 15.6kg   ④ 46.0kg

레 증량제의 양 = 소요농약량 $\times \left(\dfrac{\text{주성분농도}}{\text{희망농도}} - 1 \right) \times$ 비중

$\rightarrow 0.4 \times \left(\dfrac{80}{2} - 1 \right) \times 1 = 15.6 (kg)$

112 다음 중 조경석 등 중량물을 운반할 때의 바른 자세는?

① 길이가 긴 물건은 앞쪽을 높게 하여 운반 한다.

② 허리를 구부리고, 양손으로 들어올린다.

③ 중량은 보통 체중의 60%가 적당하다.

④ 물건은 최대한 몸에서 멀리 떼어서 들어올린다.

113 토양에 직접 비료를 주는 것보다 엽면살포가 유리한 경우가 아닌 것은?

① 뿌리가 장해를 입어 정상적인 양분흡수 기능이 저하될 때

② 토양 중 미량원소가 불용성으로 되어 흡수가 불량할 때

③ 지온이 낮은 지역에서 양분흡수를 저하시키려고 할 때

④ 뿌리를 통한 양분흡수보다 빨리 양분을 공급하고자 할 때

114 레크리에이션 이용의 특성과 강도를 조절하는 관리기법에 대한 설명으로 옳지 않은 것은?

① 이용자를 유도하는 방법은 부지관리기법에 해당되지 않는다.

② 부지관리기법은 부지설계, 조성 및 조경적 측면에 중점을 두는 방법이다.

③ 간접적 이용제한은 이용행태를 조절하되 개인의 선택권을 존중하는 방법이다.

④ 직접적 이용제한 관리기법은 정책 강화, 구역별 이용, 이용강도 및 활동의 제한 등이 있다.

레 ① 부지관리기법에는 부지강화, 이용유도, 시설개발(부지설계·조성 및 조경적 측면에 중점)이 있다.

115 부지관리에 있어서 이용자에 의해 생태적 악영향을 미치는 주된 원인으로 가장 거리가 먼 것은?

① 반달리즘(Vandalism)

② 요구도(Needs)

③ 무지(Ignorance)

④ 과밀이용(Over-Use)

116 목재보존제의 성능 항목에 해당하지 않는 것은?

① 항온성   ② 철부식성

③ 흡습성   ④ 침투성

레 목재보존제의 성능 항목으로는 흡습성, 철부식성, 침투성, 유화성, 방부성능 등이 있다.

117 다음 중 질소(N)를 가장 많이 함유하고 있는 비료는?

① 요소   ② 황산암모늄

③ 질산암모늄   ④ 염화암모늄

118 농약 중에서 분제의 물리적 성질에 해당하는 것으로만 나열된 것은?

① 현수성, 유화성

② 수화성, 접촉각

③ 용적비중, 비산성

④ 습전성, 표면장력

119 식물에 침입한 병원제가 그 내부에 정착하여 기주관계가 성립되었을 때의 단계는 무엇인가?

① 감염 ② 발병
③ 병징 ④ 표징

120 수목의 유지관리와 관련된 설명으로 옳지 않은 것은?

① 전정은 수목의 활착과 녹화량의 증가를 목적으로 수목의 미관, 수목생리, 생육 등을 고려하면서 가지치기와 수형을 정리하는 작업이다.
② 제초는 식재지 내에서 번성하고 있는 수목들 중 가장 유리한 수종 외에 골라 제거하는 작업이다.
③ 수목시비는 수목의 성장을 촉진하고 쇠약한 수목에 활력을 주기 위하여 퇴비 등 유기질 비료와 화학비료를 주는 것이다.
④ 월동작업은 이식수목 및 초화류가 겨울철 환경에 적응할 수 있도록 하기 위하여 월동에 필요한 제반조치를 시행하는 것이다.

해 ② 제초는 불필요하게 발생한 잡초를 제거하는 일이다.

제1과목 조경사

1 다음 중 중세 수도원의 회랑식 중정(Cloister Garden)에 대한 설명으로 옳지 않은 것은?

① 4부분으로 구획되어진 중정이 있다.
② 분수는 중정의 중앙에 설치되어 있다.
③ 페리스틸리움(peristylium)의 구조와 동일하게 흉벽을 두지 않았다.
④ 수도원 내의 다른 건물들에 의하여 둘러싸여 있는 공간을 의미한다.

해 ③ 페리스틸리움의 구조와 흡사하지만 기둥이 흉벽(parapet) 위에 얹혀져 설치되어 있다.

2 고려시대부터 많이 사용된 정원 용어인 화오(花塢)에 대한 설명과 거리가 먼 것은?

① 오늘날 화단과 같은 역할을 한 정원 수식공간이다.
② 지형의 변화를 얻기 위해 인공의 구릉지를 만들었다.
③ 화초류나 화목류를 많이 군식 하였다.
④ 사용된 재료에 따라 매오(梅塢), 도오(挑塢), 죽오(竹塢) 등으로 불렸다.

해 ② 자연적 지형을 정형화하기 위한 단상의 축조가 유도된 것이다.

3 조선시대 조경 관련 고문헌의 저자와 저술서가 일치하는 것은?

① 강희안 – 택리지
② 홍만선 – 유원총보
③ 신경준 – 순원화훼잡설
④ 이수광 – 임원경제지

해 ① 강희안–양화소록, ② 홍만선–산림경제, ④ 이수광–지봉유설

4 일본 용안사 석정과 관련이 없는 것은?

① 암석 ② 장방형
③ 추상적 고산수 ④ 침전조

5 중국 진시왕 31년에 새로이 왕궁을 축조하고, 그 안에 큰 연못을 조성한 후 그 속에 봉래산을 만들었다는 연못의 명칭은?

① 곤명호(昆明湖) ② 태액지(太液池)
③ 난지(蘭池) ④ 서호(西湖)

6 명나라 때 별서정원의 성격으로 꾸며진 소주 지방의 명원은?

① 기창원 ② 이화원
③ 졸정원 ④ 작원

7 스페인의 알함브라 궁전의 4개 중정 가운데 이슬람 양식을 부분적으로 보이면서도 기독교적인 색체가 강하게 가미되어 있는 중정은?

① 알베르카 중정(Patio de la Alberca), 사자의 중정(Patio de los Leons)
② 사자의 중정(Patio de los Leons), 다라하 중정(Patio de Daraxa)
③ 린다라야 중정(Lindaraja), 창격자 중정(Pario de la Reja)
④ 창격자 중정(Pario de la Reja), 알베르카 중정(Patio de la Alberca)

8 중국 유원(留園)의 설명 중 맞는 것은?

① 소주의 정원 중 가장 소박한 정원이다.
② 처음 조성은 청대 말기 관료의 정원으로서였다.
③ "홍루몽"의 대관원 경치를 묘사하였다.
④ 변화있는 공간 처리와 유기적 건축배치의 수법을 갖는다.

9 정원에 많은 관심을 가졌던 백거이(白居易)와 관련 없는 것은?

① 유명한 장한가(長恨歌)를 지었다.
② 진나라 사람으로 유명한 시인이다.
③ 관사(官舍)에 화원을 만들고 동파종화(東坡種花)라는 시를 지었다.
④ 공무를 마치고 낙향할 때 천축석(天竺石)과 학(鶴)을 가지고 갔다.

해 ② 당나라 시대의 인물

정답 1③ 2② 3③ 4④ 5③ 6③ 7③ 8④ 9②

10 창덕궁 후원 조경의 특징은 17개소에 정자를 건립함으로써 공간을 특화하였다. 이 공간 가운데 연못의 이름과 정자(亭子)의 연결이 바르지 않은 것은?

① 존덕지 – 존덕정   ② 반도지 – 취한정
③ 몽답지 – 몽답정   ④ 빙옥지 – 청심정

☒ ② 반도지–관람정. 취한정은 옥류천역에 위치

11 정원에 처음으로 도입된 것들과 밀접한 관계가 있는 조경가들의 연결이 잘못된 것은?

① 물 화단(parterres d'eau) : 르 노트르(Andre Le Notre)
② 수정궁(crystal palace) : 팩스턴(Samuel Paxton)
③ 큐 가든의 중국식 탑 : 챔버(Sir William Chambers)
④ 하–하(Ha-ha) : 랩턴(Humphry Repton)

☒ ④ 하하수법 : 브릿지맨(Charles Bridgeman)

12 사찰에서 구도자가 제석천왕이 다스리는 도리천에 올라 마지막으로 해탈을 추구하는 것을 상징하는 최종적인 문의 이름은?

① 일주문   ② 사천왕문
③ 금강문   ④ 불이문

☒ ① 사찰에 들어서는 3문 가운데 첫 번째 문
　② 3문 중 일반적으로 일주문 다음에 위치하는 문
　③ 일주문 다음에 위치하나 없는 경우도 있음
　④ 3문 중 절의 본전에 이르는 마지막 문으로 해탈문이라고도 한다.

13 담양 소쇄원에 관한 설명 중 옳지 않은 것은?

① 소쇄원 48영시에는 목본 16종, 초본 5종의 식물이 나타난다.
② 광풍, 제월의 당호는 이덕유의 평천장고사에서 인용한 것이다.
③ 조담에서 떨어지는 물은 홈통을 통해 방지로 유입된다.
④ 매대라고 불리는 화계는 자연석을 2단으로 쌓아 만든 구조물이다.

14 일본의 전통적인 오행석조방식에서 주석(主石)이 되는 바위의 명칭은?

① 기각석   ② 심체석
③ 영상석   ④ 체동석

15 이집트 피라미드에 대한 설명 중 가장 거리가 먼 것은?

① 분묘건축의 일종으로서 마스터마(Mastaba)도 여기에 포함된다.
② 선(善)의 혼(Ka)을 통해 태양신(Ra)에게 접근하려는 탑이다.
③ 인간이 세운 가장 거대한 상징으로 볼 수 있다.
④ 신전은 강의 서쪽에 배치하고, 분묘는 강의 동쪽에 배치하였다.

☒ ④ 신전은 강의 동쪽에 배치하고, 분묘는 강의 서쪽에 배치하였다.

16 1893년 시카고에서 열린 세계 콜롬비아 박람회가 여러 방면에 미친 영향이라 볼 수 없는 것은?

① 도시미화운동이 활발해졌다.
② 로마에 아메리칸 아카데미를 설립하였다.
③ 박람회장 내 건축은 유럽고전주의 답습으로부터 완전히 탈피하였다.
④ 조경계획의 수립 시 타 분야와의 공동 작업이 활발해졌다.

17 다음 중 프랑스의 영향을 받은 영국 내 조경 작품이 아닌 것은?

① 맬버른 홀(Melbourne Hall)
② 브라함 파크(Bramham Park)
③ 햄프턴 코트(Hampton Court)
④ 버컨헤드 공원(Birkenhead Park)

18 다음 중 회교식 정원양식으로 보기 어려운 것은?

① 이탈리아 – 사라센   ② 페르시아 – 사라센
③ 스페인 – 사라센   ④ 인도 – 사라센

19 조선시대에 조영된 별서정원 작정자의 연결이 틀린 것은?

① 옥호정 – 김조순　　② 남간정사 – 송시열
③ 소쇄원 – 양산보　　④ 명옥헌 – 정영방

해 ④ 명옥헌–오이정, 서석지원–정영방

20 고려시대 궁궐 정원에 대한 내용이 처음 기록된 시기는?

① 태조 5년(942년)　　② 경종 2년(977년)
③ 성종 12년(994년)　　④ 문종 5년(1052년)

해 ② 만월대 동지에 대한 최초 기록

제2과목 조경계획

21 용적률에 대한 설명으로 알맞은 것은?

① 건축물의 일조, 채광, 통풍의 확보와 관련된 개념이다.
② 화재시 연소의 차단, 소화 작업, 피난처 역할을 확보 할 수 있게 한다.
③ 식목 공간을 확보하기 위한 방법이다.
④ 입체적인 건축 밀도의 개념이다.

해 ④ 용적률(%) = (연면적/부지면적) × 100

22 휴게시설 중 벤치의 배치는 소시오페탈(sociopetal)한 형태를 취하여야 하는데, 그것은 다음 인간의 욕구 중 어디에 해당하는가?

① 개인적인 욕구　　② 사회적인 욕구
③ 안정에 대한 욕구　　④ 장식에 대한 욕구

해 ② 소시오페탈(sociopetal) 형태의 배치란 마주보거나 둘러싼 형태의 배치로, 이용자 서로간의 대화가 자연스럽게 이루어질 수 있는 배치이며, 인간의 사회적 접촉에 대한 심리적 욕구를 수용하는 형태의 배치를 말한다.

23 주거지역 주변의 경관에 대한 시각적 선호를 예측하는 것으로서 다음 [보기]의 가설과, 계량적 예측모델의 효시라고 볼 수 있는 것은?

[보기]
기본적인 가설은 경관에 대한 시각적 선호의 정도는 선호에 영향을 미치는 각 인자(독립변수)들의 영향의 합으로서 나타내진다는 것이다.

① 프라이버시 모델　　② 쉐이퍼 모델
③ 중정 모델　　④ 피터슨 모델

24 『국토기본법』에 대한 설명이 틀린 것은?

① 국토종합계획은 10년을 단위로 수립한다.
② 국토종합계획은 5년을 단위로 전반적으로 재검토하고 실천계획을 수립한다.
③ 국토계획의 유형에는 국토종합계획, 도종합계획, 시·군종합계획, 지역계획 및 부문별계획으로 구분한다.
④ 중앙행정기관의 장은 지역 특성에 맞는 정비나 개발을 위하여 관계 중앙행정기관의 장과 협의하여 관계 법률에 따라 지역계획을 수립할 수 있다.

해 ① 국토종합계획은 국토해양부장관이 수립하며, 20년을 단위로 하고 사회적·경제적 여건변화를 고려하여 5년마다 국토종합계획을 전반적으로 재검토하고 필요한 경우 이를 정비하여야 한다.

25 공장조경계획의 기본원칙으로 가장 거리가 먼 것은?

① 환경개선 효과가 큰 수종을 선정한다.
② 공장의 차폐를 위한 부분적 식재에 중점을 둔다.
③ 임해공장의 경우 내조성을, 공장녹화용수로는 내연성을 고려한다.
④ 공장의 성격과 입지적 특성에 따라 개성적인 계획이 이루어져야 한다.

해 공장식재의 목적으로는 지역사회화의 융합, 직장환경의 개선, 기업의 이미지 향상 및 홍보, 재해로부터의 시설보호 등이 있다.

26 미적 반응(aesthetic response) 과정이 올바른 것은?

① 자극→자극선택→자극탐구→반응→자극해석
② 자극→자극선택→자극탐구→자극해석→반응
③ 자극→자극탐구→자극선택→반응→자극해석
④ 자극→자극탐구→자극선택→자극해석→반응

27 공동 주거 공간 계획 시 주거의 쾌적성 및 안전성 확보 노력과 관련이 가장 먼 것은?

① 인동 간격의 유지
② 완충 공간의 확보
③ 도로 위계에 따른 영역성 확보
④ 자투리땅을 이용한 녹지 확보

28 주택단지 배치 계획시 주거군(住居群)의 조망이 양호하도록 배치하는 방법으로 적합하지 못한 것은?
① 단지의 지형조건을 고려하여 최적 위치 및 적정 높이를 결정하여 배치한다.
② 각 방향의 경관을 조망할 수 있는 위치에 주택을 배치한다.
③ 밑에서 올려다보는 것보다 위에서 내려다볼 수 있도록 배치한다.
④ 높은 지역에는 저층건물, 낮은 지역에는 고층건물을 배치한다.

29 다음 설명에 해당하는 레크리에이션 계획의 접근 방법은?

> – 잠재적인 수요까지도 파악하여 관련시킴
> – 다른 방법보다 더 복잡하고, 논쟁의 여지도 있으나 미시적 접근이라는 면에서 매우 중요성이 인식됨
> – 일반 대중이 여가 시간에 언제 어디서 무엇을 하는가를 상세히 파악하여 그들의 구체적인 행동 패턴에 맞추어 계획하려는 방법

① 자원접근법　　② 활동접근법
③ 경제접근법　　④ 행태접근법

30 『환경영향평가법 시행령』에서 규정한 "전략환경영향평가서"의 내용으로 틀린 것은?
① 대상사업이 실시되는 지역의 경관 및 방재가 포함되어야 한다.
② 전략환경영향평가 항목 등의 결정내용 및 조치내용이 포함되어야 한다.
③ 개발기본계획의 전략환경영향평가서 초안에 대한 주민, 관계 행정기관의 의견 및 이에 대한 반영 여부가 포함되어야 한다.

④ 전략환경영향평가서에 포함되어야 하는 구체적인 내용과 작성방법 등에 관하여 필요한 세부사항은 관계 중앙행정기관의 장과 협의를 거쳐 환경부장관이 정하여 고시한다.

31 조망(眺望, The vista)의 설계적 처리 방법이 아닌 것은?
① 부분적으로 나눌 수 있다.
② 경관특성과 조화되게 한다.
③ 시각적 관심이 분할되지 않게 한다.
④ 시작지점에서 한 눈에 전체가 보이게 한다.
圖 ④ 통경의 시선 축을 따라 이동하면서 시각적 초점이 되는 물체를 점진적으로 보이게 한다.

32 『도시공원 및 녹지 등에 관한 법률 시행규칙』에 의한 "녹지의 설치·관리 기준"으로 틀린 것은?
① 전용주거지역에 인접하여 설치·관리하는 녹지는 그 녹화면적률이 50퍼센트 이상이 되도록 할 것
② 재해발생시의 피난을 위해 설치·관리하는 녹지는 녹화면적률이 50퍼센트 이상이 되도록 할 것
③ 원인시설에 대한 보안대책을 위해 설치·관리하는 녹지는 녹화면적률이 80퍼센트 이상이 되도록 할 것
④ 완충녹지의 폭은 원인시설에 접한 부분부터 최소 10미터 이상이 되도록 할 것
圖 ② 재해발생시의 피난을 위해 설치·관리하는 녹지는 녹화면적률이 70퍼센트 이상이 되도록 할 것

33 『자연환경보전법』에 의해 자연생태·자연경관을 특별히 보전할 필요가 있는 지역을 "생태·경관보전지역"으로 지정할 수 있다. 다음 중 이에 해당되지 않는 것은?
① 자연경관의 훼손이 심각하게 우려되는 지역
② 다양한 생태계를 대표할 수 있는 지역 또는 생태계의 표본지역
③ 지형 또는 지질이 특이하여 학술적 연구 또는 자연경관의 유지를 위하여 보전이 필요한 지역
④ 자연 상태가 원시성을 유지하고 있거나 생물다양성이 풍부하여 보전 및 학술적 연구 가치가 큰

지역

해 ②③④ 이외에 그 밖에 하천·산간계곡 등 자연경관이 수려하여 특별히 보전할 필요가 있는 지역으로서 대통령령이 정하는 지역 등이 있다.

34 레크리에이션 계획 시 반영되는 표준치(standard)의 설명으로 옳지 않은 것은?
① 방법론적으로 우수하며, 확실성이 있다.
② 목표의 달성 정도를 평가하는데 도움이 된다.
③ 계획이나 의사결정 과정에서 지침 또는 기준이 된다.
④ 여가시설의 효과도(effectiveness)를 판단하는데 도움이 된다.

해 ① 계획 시 반영되는 표준치는 방법론적으로 명확하지 않다.

35 우리나라의 스키장 계획 관련 설명으로 가장 부적합한 것은?
① 남서향 사면에 계획
② 정상부는 급경사, 하부는 완경사로 계획
③ 관련 시설을 포함하여 최소 10ha 이상의 면적이 바람직함
④ 동계기간에 강설량이 많고, 적설기의 우천일수가 적은 곳

해 ① 스키장의 코스(슬로프)의 방향은 북동향이 좋다.

36 골프장 코스 계획 시 잔디가 가장 잘 다듬어진 지역의 명칭은?
① 그린(green)
② 러프(rough)
③ 페어웨이(fairway)
④ 벙커(bunker)

37 오픈스페이스를 형질, 기능, 소유의 기준으로 공공녹지, 자연녹지 및 공개녹지로 분류할 때 "공개녹지"에 해당하는 것은?
① 도로용지
② 개인정원
③ 학교운동장
④ 공익시설 부속원지

38 각 각의 운동시설 계획 시 고려할 사항으로 옳은 것은?
① 농구코트의 장축 방위는 남-북 축을 기준으로

하고, 가까이에 건축물이 있는 경우에는 사이드라인을 건축물과 직각 혹은 평행하게 배치 계획한다.
② 배구장의 코트는 장축을 동-서로 설치하고, 주풍 방향에 수목을 설치하지 않고, 환기를 원활하게 계획한다.
③ 야구장의 방위는 내·외야수의 플레이를 고려하여, 홈 플레이트를 서쪽과 남동쪽 사이에 자리잡게 계획한다.
④ 테니스 코트 장축의 방위는 정동-서를 기준으로 남서 5~15°편차 내의 범위로 하며, 가능하면 코트의 장축 방향과 주 풍향의 방향이 다르도록 계획한다.

해 ② 배구장의 코트는 남-북으로 배치하고, 주풍방향에 수목 등으로 방풍배식 한다.
③ 야구장의 방위는 내·외야수가 오후에 태양을 등지고 경기할 수 있도록 홈플레이트를 동쪽과 북서쪽 사이에 배치한다.
④ 테니스 코트의 장축의 방위는 정남-북을 기준으로 동서 5~15° 편차내의 범위로 배치하고 가능하면 코트의 장축방향과 주풍 방향이 일치하도록 배치한다.

39 의자의 계획·설계기준으로 부적합한 것은?
① 등받이 각도는 수평면을 기준으로 95~110°를 기준으로 한다.
② 앉음판의 높이는 34~46cm를 기준으로 하되 어린이를 위한 의자는 낮게 할 수 있다.
③ 앉음판의 폭은 38~45cm를 기준으로 한다.
④ 의자의 길이는 1인당 최소 70cm를 기준으로 한다.

해 ④ 의자의 길이는 1인당 45cm를 기준으로 한다.

40 자연지역에서 그 보호와 이용을 합리적으로 하는데 적정수용력의 개념이 사용된다. 이용자가 만족스럽게 공원경험(park experience)을 만끽하는데는 일정지역에 어느 정도의 인원을 수용하는 것이 적정할 것인가를 기준으로 설정하는 적정 수용력은?
① 물리적 수용력
② 심리적 수용력
③ 위락적 수용력
④ 사회적 수용력

정답 **34** ① **35** ① **36** ① **37** ④ **38** ① **39** ④ **40** ②

제3과목 조경설계

41 시각적 환경의 질을 표현하는 특성과 거리가 먼 것은?

① 친근성(familiarity)　　② 복잡성(complexity)

③ 새로움(novelty)　　④ 의미성(meaning)

해 시각적 환경의 질을 표현하는 특성에는 조화성, 기대성, 새로움, 친근성, 놀램, 단순성, 복잡성 등이 있다.

42 먼셀의 색입체를 수평으로 잘랐을 때 나타나는 특징을 표현한 용어는?

① 등색상면　　② 등명도면

③ 등채도면　　④ 등대비면

43 조경설계기준 상의 미끄럼대의 설계에 대한 설명이 옳지 않은 것은?

① 미끄럼판의 끝에서 계단까지는 최단거리로 움직일 수 있도록 한다.

② 미끄럼판(면)과 지면이 이루는 각(기울기)은 20~25°로 재질을 고려하여 설계한다.

③ 착지판에서 놀이터 바닥의 답면까지 높이는 10cm 이하로 설계한다.

④ 착지판의 길이는 50cm 이상으로 하고, 물이 고이지 않도록 수평면에서 바깥쪽으로 2~4°의 기울기를 이룰 수 있도록 설계한다.

해 ② 미끄럼판(면)과 지면이 이루는 각(기울기)은 30~35°로 재질을 고려하여 설계한다.

44 Gordon Cullen이 도시경관 분석 시 이용했던 분석개념에 해당되지 않는 것은?

① 장소(Place)

② 내용(Content)

③ 동일성(Identity)

④ 연속적 경관(Serial Vision)

해 카렌(G. Cullen)은 요소간의 시각적·의미적 관계성이 경관의 본질을 규정하며 연속된 경관(Sequence)을 형성한다고 보고, 도시경관을 시간, 장소, 내용으로 파악하였다.

45 시몬스(J.O.Simonds)가 말하는 외부공간을 형성하는 요소 중 평면적 요소(base plane)의 특징으로 적합하지 않은 것은?

① 모든 생명체의 근원을 이룬다.

② 대지 내의 토지이용 상황에 직접 관련된다.

③ 우리 자신의 동선(動線)이 이 위에 존재한다.

④ 수직적 요소보다 통제(control)가 용이하다.

해 ④ 수직적 요소보다 통제(control)가 불리하다.

46 다음 제도용구 중 곡선을 그리는데 사용하기 가장 부적합한 도구는?

① 운형자　　② 템플릿

③ 자유곡선자　　④ 팬터그래프

해 ④ 4개의 막대로 되어 있으며 특정한 점에서 회전할 수 있게 되어 있어 원하는 배율로 축소 또는 확대된 모양으로 그리는 데 사용된다.

47 뱀이나, 무서운 개 따위는 상당한 거리를 두어도 기분이 나쁘다. 이러한 의식은 다음 항목에서 어느 공간 의식에 해당하는가?

① 시각적　　② 촉각적

③ 운동적　　④ 심리적

48 다음 그림과 같은 재료 단면표시가 나타내는 것은?

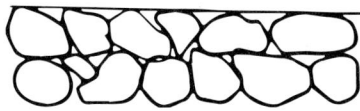

① 일반 흙　　② 바위

③ 잡석　　④ 호박돌

49 다음 중 일반적으로 길이를 재거나 줄이는데 사용하는 축척이 아닌 것은?

① 1/100　　② 1/700

③ 1/200　　④ 1/300

50 자연석 및 조경석을 활용한 설계 내용 중 틀린 것은?

① 하천에 있는 둥근 형태의 돌로서 지름 20cm 내외의 크기를 가지는 자연석을 호박돌이라 한다.

② 조형성이 강조되는 자연석을 사용할 때는 상세 도면을 추가로 작성한다.

③ 조경석 놓기는 조경석 높이의 1/3 이하가 지표선 아래로 묻히도록 설계한다.

④ 디딤돌(징검돌) 놓기는 2연석, 3연석, 2·3연석, 3·4연석 놓기를 기본으로 설계한다.

🖼 ③ 조경석 놓기는 조경석 높이의 1/3 이상을 지표선 아래에 묻히도록 설계한다.

51 도면에서 2종류 이상의 선이 같은 곳에서 겹치게 될 때 표시하는 선의 우선순위가 옳게 나타난 것은?

① 외형선-절단선-중심선-숨은선

② 중심선-외형선-절단선-치수선

③ 무게중심선-절단선-외형선-숨은선

④ 외형선-숨은선-절단선-중심선

52 평행주차형식의 경우 일반형 주차구획 규격의 기준은? (단, 규격은 너비 × 길이 순서임)

① 1.7미터 이상 × 4.5미터 이상

② 2.0미터 이상 × 3.6미터 이상

③ 2.5미터 이상 × 5.0미터 이상

④ 2.0미터 이상 × 6.0미터 이상

53 시인성(color visibility)에 관한 설명이 틀린 것은?

① 색채마다 고유한 시인성이 있다.

② 다른 용어로 명시성(明視性)이라고도 한다.

③ 검정보다 하양의 바탕이 시인성이 더 높다.

④ 위험 등을 알리는 교통표지판이나 안내물 등에는 시인성을 이용하는 것이 좋다.

🖼 시인성이란 대상의 존재나 형상이 보이기 쉬운 정도를 말한다.

54 경관요소가 시각에 대한 상대적 강도에 따라 경관의 표현이 달라지는 것을 우세요소(dominance elements)라 하는데, 다음 중 우세요소에 해당하는 것은?

① 대비, 시간, 연속, 축

② 선, 색채, 질감, 형태

③ 대비, 리듬, 반복, 연속

④ 리듬, 색채, 질감, 형태

55 시각적 복잡성과 시각적 선호도와의 관계를 나타낸 설명 중 옳지 않은 것은?

① 일반적으로 중간 정도의 복잡성에 대한 시각적 선호도가 가장 높다.

② 복잡성이 아주 낮은 경우에 시각적 선호도가 낮아진다.

③ 시각적 복잡성이 아주 높은 경우에 시각적 선호도가 가장 높다.

④ 시장은 학교보다 훨씬 높은 정도의 복잡성이 요구된다.

🖼 ③ 일정 환경에서의 시각적 선호도는 중간 정도의 복잡성에 대한 시각적 선호가 가장 높고 복잡성이 높거나 낮으면 시각적 선호도가 감소한다.

56 표지판 등 안내시설의 배치 시 고려할 사항으로 옳지 않은 것은?

① 종합안내표지판은 이용자가 가능한 한 적은 장소 등 인지도와 식별성이 낮은 지역에 배치한다.

② 표지판의 설치로 인하여 시선에 방해가 되어서는 아니 된다.

③ CIP(Corporate Identity Program) 개념을 도입하여 시설들이 통일성을 가질 수 있도록 한다.

④ 보행동선이나 차량의 움직임을 고려한 배치계획으로 가독성과 시인성을 확보한다.

🖼 ① 종합안내표지판은 이용자가 많이 모이는 장소 등 인지도와 식별성이 높은 지역에 배치한다.

57 다음 그림은 제3각법으로 제도한 것이다. 이 물체의 등각 투상도로 알맞은 것은?

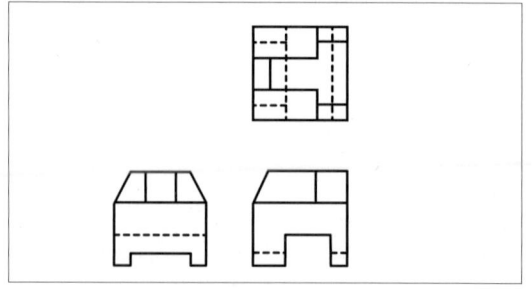

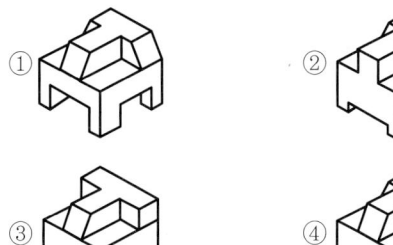

① 침엽수 – 풍매화
② 나자식물 – 구과
③ 쌍자엽식물 – 은화식물
④ 현화식물 – 종자식물

해 ③ 쌍자엽식물 – 피자식물

58 도시공간의 분류방법 중 틸(thiel)에 의한 분류방법이 아닌 것은?
① 모호한 공간(vagues)
② 한정된 공간(spaces)
③ 닫혀진 공간(volumes)
④ 정적 공간(negative spaces)

62 "소사나무(*Carpinus turczaninowii*)"의 특징으로 틀린 것은?
① 한국이 원산지이다. ② 낙엽활엽 수목이다.
③ 4~5월에 개화한다. ④ 잎은 마주난다.

해 ④ 잎은 어긋난다.

59 자전거도로에서 해당 자전거 설계속도가 시속 35km의 경우 최소 얼마 이상의 곡선반경(m)을 확보하여야 하는가? (단, 자전거 이용시설의 구조·시설 기준에 관한 규칙을 적용한다.)
① 12
② 17
③ 27
④ 35

63 생울타리용 수종들의 특성으로 옳은 것은?
① 『*Juniperus chinensis* 'Kaizuka'』는 조해, 염해에 약하고 내한, 내서성이 있으며 건습에도 잘 자라나 이식은 어려운 편이다.
② 『*Ligustrum obtusifolium*』는 염해에 강하며 조해에도 비교적 강하고 토질은 가리지 않으며, 강한 전정에 잘 견딘다.
③ 『*Euonymus japonicus*』는 이식이 쉽고 생장이 어느 수종보다도 빠르나 조해, 염해에는 약하다.
④ 『*Chamaecyparis obtusa*』은 조해, 염해에 강하고 이식도 다른 수종에 비해 잘 되나 삽목에 의한 번식은 어렵다.

해 ① *Juniperus chinensis* 'Kaizuka'(가이즈카향나무)
　② *Ligustrum obtusifolium*(쥐똥나무)
　③ *Euonymus japonica*(사철나무)
　④ *Chamaecyparis obtusa*(편백나무)

60 A, B 두 점의 표고가 각각 318m, 345m이고, 수평거리가 280m인 등경사일 때 A점에서 330m 등고선이 지나는 점까지의 거리는?

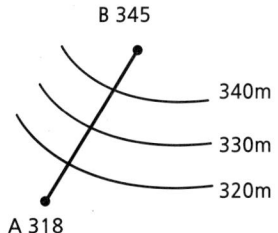

① 80m
② 100.5m
③ 124.4m
④ 145.2m

해 경사비를 구하고 그에 따라 수직길이를 곱하여 산정한다.
$$\frac{280}{345-318} \times (330-318) = 124.4\,(m)$$

64 생태적 천이(ecological succession)에 대한 설명으로 틀린 것은?
① 내적공생 정도는 성숙단계에 가까울수록 발달된다.
② 생활 사이클은 성숙단계에 가까울수록 길고 복잡하다.
③ 생물과 환경과의 영양물 교환 속도는 성숙단계에 가까울수록 빨라진다.
④ 영양물질의 보존은 성숙단계에 가까울수록 충분하게 된다.

해 ③ 영양물질의 교환속도는 성숙단계에 가까울수록 느려진다.

제4과목 **조경식재**

61 일반적인 조경 수목의 형태 및 분류학적인 특징 연결로 가장 거리가 먼 것은?

65 배경식재에 관한 설명으로 가장 거리가 먼 것은?
① 주경관의 배경을 구성하기 위한 식재
② 시각적으로 두드러지지 말아야 할 것
③ 대상 수목은 암록색, 암회색 등의 수관 및 수피를 가질 것
④ 대상 수목은 시선을 끄는 웅장한 수형을 가질 것

해 ④ 배경식재는 하나의 경관에 있어서 배경적 역할을 구성하기 위한 수법이다.

66 방풍림(防風林, wind shelter) 조성 등에 관한 설명으로 틀린 것은?
① 식물은 공기의 이동을 방해하거나 유도하고, 굴절시키며 여과시키는 기능을 한다.
② 수림의 밀폐도가 90%이상이 되면 풍하 쪽의 흡인 선풍과 난기류는 줄어든다.
③ 수림대의 길이는 수고의 12배 이상이 필요하다.
④ 주풍과 직각이 되는 방향으로 정삼각형 식재의 수림을 조성한다.

해 ② 수림의 경우 50~70%의 밀폐도를 가져야 방풍효과의 범위가 넓어진다.

67 수종별 특징이 옳지 않은 것은?
① 후박나무(*Machilus thunbergii*)는 상록성 수종이다.
② 백송(*Pinus bungeana*)의 잎은 3엽 속생이다.
③ 병꽃나무(*Weigela subsessilis*)는 경계식재용으로 많이 쓰인다.
④ 상수리나무(*Quercus acutissima*)의 잎은 거치 끝에 엽록소가 존재한다.

해 ④ 상수리나무의 잎은 밤나무와 비슷하지만 거치 끝에 엽록체가 없어 희게 보이며 잎 뒷면에는 소선점이 없어 구별된다.

68 시기적으로 꽃이 가장 먼저 피는 수목은?
① 풍년화(*Hamamelis japonica*)
② 무궁화(*Hibiscus syriacus*)
③ 모란(*Paeonia suffruticosa*)
④ 나무수국(*Hydrangea paniculata*)

해 ① 3~4월, ② 8~9월, ③ 4~5월, ④ 7~8월

69 시야를 방해하지 않으면서 공간을 분할 및 한정하는데 이용할 수 있는 수종으로만 구성된 것은?
① 백합나무, 맥문동
② 회화나무, 가죽나무
③ 느티나무, 수수꽃다리
④ 화살나무, 병아리꽃나무

해 ④ 관목을 이용한다.

70 계절의 변화를 가장 확실하게 보여 주는 수종은?
① 주목(*Taxus cuspidata*)
② 동백나무(*Camellia japonica*)
③ 산벚나무(*Prunus sargentii*)
④ 태산목(*Magnolia grandiflora*)

해 ①②④ 상록교목

71 자연풍경식 식재 양식에 속하지 않는 것은?
① 배경식재
② 부등변 삼각형식재
③ 임의식재
④ 표본식재

해 자연풍경식 식재 양식으로는 부등변삼각형식재, 임의식재, 모아심기, 무리심기(군식), 산재식재, 배경식재 등이 있다.

72 서울 등의 도심지역에 가로수를 식재할 때 고려해야할 사항으로 가장 거리가 먼 것은?
① 지하고(枝下高)를 고려한다.
② 수고(樹高)를 고려한다.
③ 심근성(深根性)여부를 고려한다.
④ 내염성(耐鹽性)을 고려한다.

해 ④ 도심지역에서는 내공해성을 고려한다.

73 정원공간의 안쪽을 멀고, 깊게 보이게 하는 방법으로서 적합하지 않은 것은?
① 뒤쪽에 황록색(GY), 앞쪽에 청자색(PB)의 식물을 심는다.
② 뒤쪽에 후퇴색, 앞쪽에 진출색의 식물을 심는다.
③ 뒤쪽에 질감(Texture)이 부드러운 수목을 앞쪽에 질감이 거친 것을 심는다.

정답 65 ④ 66 ② 67 ④ 68 ① 69 ④ 70 ③ 71 ④ 72 ④ 73 ①

④ 뒤쪽에 키가 작은 나무를, 앞쪽에 키가 큰 나무를 심는다.

74 화서(花序; inflorescence) 종류 중 "무한화서 (총상화서)"에 해당하는 것은?
① 수수꽃다리(*Syringa oblata*)
② 때죽나무(*Styrax japonicus*)
③ 목련(*Magnolia kobus*)
④ 작살나무(*Callicarpa japonica*)
해 ① 원추화서, ③ 단정화서, ④ 취산화서

75 생물종 다양성에 관한 설명으로 옳은 것은?
① 생물종 다양성의 이론은 열대지방에서만 적용되는 것이므로 온대지방에서는 문제가 없음
② 일반적으로 생태적 천이단계에서 극상림은 생물종 다양성이 발전단계보다 낮아짐
③ 도시지역에서는 인위적으로 생물종 다양성을 높일 수 없음
④ 엔트로피가 증가되면 생물종 다양성은 반드시 증가함

76 두 그루의 수목을 근접 위치에 식재하면, 관련 (關聯) 및 대립(對立)으로서의 구성을 보인다. 다음 중 "관련의 구성"에 해당되지 않는 것은?
① 두 그루가 한시야(약 60°각도)에 들어오게 배식한다.
② 수고보다 수관폭이 큰 경우, 두 그루의 거리를 두 수관폭의 1/2씩의 합계보다 좁게 유지한다.
③ 두 그루의 수고 합계보다 식재거리를 좁게 배식한다.
④ 두 그루의 거리가 두 그루의 수관폭 합계보다 좁게 유지한다.

77 다음 설명에 적합한 한국의 수평적 삼림대는?

-고유상록활엽수림상은 거의 파괴되고 낙엽활엽수, 침엽혼효림, 소나무림화 된 곳이 많다.
-붉가시나무, 감탕나무, 후박나무, 녹나무 등이 향토 수종이다.

① 한대림　　　　　② 온대북부
③ 온대남부　　　　④ 난대림

78 방음식재의 효과를 높이기 위한 유의사항으로 가장 거리가 먼 것은?
① 소음원에 접근해서 식재하는 것이 효과가 높다.
② 경관을 고려하여 지하고가 높은 교목을 선정하고, 식재대는 10m 이하가 적합하다.
③ 수종은 가급적 지하고가 낮은 상록교목을 사용하는 것이 감쇠효과가 높다.
④ 자동차도로 소음 감쇠용 방음식재의 수림대는 높이가 13.5m 이상이 되도록 한다.
해 ② 방음식재용 수종은 지하고가 낮고 잎이 수직방향으로 치밀한 상록교목이 적당하며, 식재대는 20~30m 이상이 적합하다.

79 다음 설명하는 종자 활력검정방법은?

• 발아력의 간접측정
• 결과를 1~3일 내 도출 가능
• 단단한 종피를 가지고 있어 발아촉진 기간이 긴 휴면성이 깊은 목본류 식물종자에 유용한 검정 방법
• 효소반응을 방해하는 물질을 함유하고 있는 일부 종에는 적용 불가

① 발아검정
② X-ray 검사
③ 배 추출검정(EE검정)
④ 테트라졸리움 검정(TTC검정)

80 산림생태계 복원 시 자생종으로 활용할 수 있는 수종으로만 조합된 것은?
① 가죽나무(*Ailanthus altissima*)
　자귀나무(*Albizia julibrissin*)
② 감나무(*Diospyros kaki*)
　버즘나무(*Platanus orientalis*)
③ 모과나무(*Chaenomeles sinensis*)
　메타세콰이아(*Metasequoia glyptostroboides*)

④ 상수리나무(*Quercus acutissima*)
　때죽나무(*Styrax japonicus*)

제5과목 조경시공구조학

81 다음은 콘크리트 구조물의 동해에 의한 피해 현상을 나타낸 것이다. 어느 현상을 설명한 것인가?

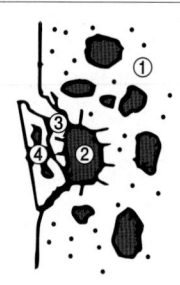

[보기]
① 콘크리트가 흡수
② 흡수율이 큰 쇄석이 흡수, 포화상태가 됨
③ 빙결하여 체적 팽창압력
④ 표면부분 박리

① Pop Out
② 폭렬 현상
③ Laitance
④ 알칼리 골재반응

해 ② 화재 시 고온에 의해 콘크리트 구조체 내부의 수분이 팽창하여 심한 폭음과 함께 박리·탈락하는 현상을 말한다.
③ 재료분리에 의한 블리딩으로 생긴 물이 말라 콘크리트면에 침적된 백색의 미세한 물질을 말한다.
④ 포틀랜드 시멘트와 골재 내의 반응성 실리카 물질이 반응하여 콘크리트 내에 팽창을 유발하는 현상으로 콘크리트에 균열·박리현상을 유발하여 콘크리트의 내구성을 저하시킨다.

82 다음 설명하는 배수 계통의 종류는?

- 하수처리장이 많아지고 부지경계를 벗어난 곳에 시설을 설치해야 하는 부담이 있다.
- 배수지역이 광대해서 배수를 한 곳으로 모으기 곤란할 때 여러 개로 구분해서 배수계통을 만드는 방식이다.
- 관로의 길이가 짧고 작은 관경을 사용할 수 있기 때문에 공사비를 절감할 수 있다.

① 직각식(直角式)
② 차집식(遮集式)
③ 선형식(扇形式)
④ 방사식(放射式)

83 축척 1:1500 지도상의 면적을 잘못하여 축척 1:1000으로 측정하였더니 10000m²이 나왔다면

실제의 면적은?
① 15,000m²
② 18,700m²
③ 22,500m²
④ 24,300m²

해 $\left(\dfrac{1,500}{1,000}\right)^2 \times 10,000 = 22,500(\text{m}^2)$

84 회전입상 살수기(回轉立上撒水器, rotary pop-up head)의 설명으로 옳은 것은?
① 고정된 동체와 분사공만으로 된 살수기
② 특수한 경우에 사용되는 분류 살수기
③ 회전하며 한 개 또는 여러 개의 분무공을 갖는 살수기
④ 동체로부터 분무공이 올라와서 회전하는 살수기

해 ① 분무살수기, ② 특수살수기, ③ 회전살수기

85 합성수지 중 건축물의 천장재, 블라인드 등을 만드는 열가소성수지는?
① 요소수지
② 실리콘수지
③ 알키드수지
④ 폴리스티렌수지

해 열가소성수지의 종류로는 염화비닐(P.V.C), 아크릴, 초산비닐, 폴리에틸렌, 폴리스틸렌, 폴리아미드 등이 있다.

86 공사내역서 작성 시 순공사 원가가 해당되는 항목이 아닌 것은?
① 경비
② 노무비
③ 재료비
④ 일반관리비

87 시방서 작성에 포함되는 내용이 아닌 것은?
① 시공에 대한 주의사항
② 재료의 수량 및 가격
③ 시공에 필요한 각종 설비
④ 재료 및 시공에 관한 검사

88 평판 측량에서 평판을 세울 때 발생하는 오차 중 다른 오차에 비하여 그 영향이 매우 큰 오차는?
① 거리 오차
② 기울기 오차
③ 방향 맞추기 오차
④ 중심 맞추기 오차

89 지오이드(Geoid)에 관한 설명으로 틀린 것은?

① 하나의 물리적 가상면이다.

② 평균 해수면과 일치하는 등포텐셜면이다.

③ 지오이드면과 기준 타원체면과는 일치한다.

④ 지오이드 상의 어느 점에서나 중력 방향에 연직이다.

해 지오이드는 평균해수면을 이용하여 지구의 모양을 나타낸 것으로 지구표면을 그대로 나타낸 것 보다는 단순하면서도 회전 타원체 보다는 실제에 가깝게 지구의 모양을 나타낸 것이다.

90 다음 그림과 같이 벽돌을 활용한 내력벽 쌓기의 명칭은?

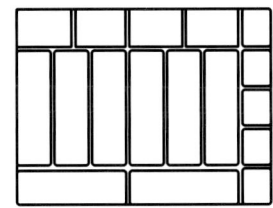

① 길이 쌓기

② 옆세워 쌓기

③ 마구리 쌓기

④ 길이세워 쌓기

91 다음 중 표준품셈의 재료별 할증률이 가장 큰 것은?

① 이형철근

② 붉은벽돌

③ 조경용수목

④ 마름돌용 원석

해 ① 3%, ② 3%, ③ 10%, ④ 30%

92 강우유역 면적이 28ha이고, 평균 우수유출계수가 C=0.15인 도시공원에 강우강도가 I=15mm/hr일 때 공원의 우수 유출량(m³/sec)은?

① 0.175

② 0.635

③ 1.035

④ 3.015

해 $Q = \dfrac{1}{360}C \times I \times A$

$= \dfrac{1}{360} \times 0.15 \times 15 \times 28 = 0.175(\text{m}^3/\text{sec})$

93 0.7m³ 용량의 유압식 백호우를 이용하여 작업 상태가 양호한 자연상태의 사질토를 굴착 후 선회각도 90°로 덤프트럭에 적재하려 할 때 시간당 굴착

작업량은?

(단, 버킷계수는 1.1, L은 1.25, 1회 사이클 시간은 16초, 토질별 작업효율은 0.85이다.)

① 1.79m³

② 3.07m³

③ 117.81m³

④ 184.08m³

해 $Q = \dfrac{3,600qkfE}{Cm}$

$= \dfrac{3,600 \times 0.7 \times 1.1 \times \frac{1}{1.25} \times 0.85}{16} = 117.81(\text{m}^3)$

94 □단면 90×90mm의 미송목재 단주(短柱)에 3톤의 고정하중이 축방향 압축력으로 작용한다면 압축 응력은?

① 32kgf/cm²

② 37kgf/cm²

③ 42kgf/cm²

④ 47kgf/cm²

해 $\sigma = \dfrac{P}{A} = \dfrac{3,000}{9 \times 9} = 37.04(\text{kgf/m}^2)$

95 다음과 같이 평탄지를 조성하는 방법은 어떤 수법에 의한 것인가?

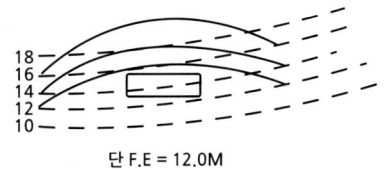

단 F.E = 12.0M

① 성토에 의한 방법

② 절토에 의한 방법

③ 옹벽에 의한 방법

④ 혼합(절토와 성토) 방법

해 절토할 경우 기존 등고선을 기준으로 계획등고선이 높은 쪽으로 이동하게 된다.

96 네트워크 공정표 작성에 대한 설명으로 옳지 않은 것은?

① ○표는 결합점(Event, node)이라 한다.

② 작업(activity)은 화살표로 표시하고 화살표에는 시종으로 동그라미를 표시한다.

③ 동일 네트워크에 있어서 동일 번호가 2개 이상 있어서는 아니 된다.

④ 화살표의 윗부분에 소요시간을 밑 부분에 작업명을 표기한다.

◙ ④ 화살표의 윗부분에 작업명을, 밑부분에 소요시간을 표기한다.

97 흙의 함수율, 함수비, 공극률, 공극비에 대한 설명으로 틀린 것은?
① 함수율은 공극수 중량과 흙 전체 중량의 백분율이다.
② 공극률은 흙 전체 용적에 대한 공극의 체적 백분율이다.
③ 공극비는 고체부분의 체적에 대한 공극의 체적비이다.
④ 함수비는 토양에 존재하는 수분의 무게를 흙의 체적으로 나눈 백분율이다.

◙ ④ 함수비는 토양에 존재하는 수분의 무게를 흙입자 무게로 나눈 백분율이다.

98 광원에 의해 빛을 받는 장소의 밝기를 뜻하는 조도의 단위는?
① 룩스(lx)　　　　② 암페어(A)
③ 칸델라(cd^2)　　④ 스틸브(sb)

99 구조물에 작용하는 하중의 유형과 그에 대한 설명이 옳지 않은 것은?
① 고정하중: 구조물과 같이 항상 일정한 위치에서 작용하는 하중이며, 구조체나 벽 등의 체적에 재료의 단위용적 중량을 곱하여 구한다.
② 집중하중: 하중이 구조물에 얹혀있는 면적이 아주 좁아 한 점으로 생각되는 경우의 하중이다.
③ 눈하중: 구조물에 쌓이는 눈의 중량을 말하며, 지붕의 경사각이 30°를 넘는 경우 눈하중을 경감할 수 있다.
④ 풍하중: 구조물에 재난을 주는 빈도가 높은 하중이며, 특히 내륙지방에서는 20%를 증가시켜 적용한다.

100 물의 흐름과 관련한 설명 중 등류(等流)에 해당하는 것은?
① 유속과 유적이 변하지 않는 흐름
② 물 분자가 흩어지지 않고 질서정연하게 흐르는 흐름
③ 한 단면에서 유적과 유속이 시간에 따라 변하는 흐름
④ 일정한 단면을 지나는 유량이 시간에 따라 변하지 않는 흐름

◙ ② 층류, ③ 부정류, ④ 정류

제6과목 조경관리론

101 농약 중 분제(粉劑)에 대한 설명으로 옳은 것은?
① 분제에 대한 검사 항목으로는 주성분과 분말도이다.
② 분제는 유제에 비하여 수목에 고착성이 우수하다.
③ 분제의 물리성 중에서 중요한 것은 입자의 크기와 현수성이다.
④ 주제에 Kaoline 등의 점토광물과 계면활성제 및 분산제를 넣어 제제화한 것이다.

102 다음 중 식물체내의 질소고정작용에 가장 필요한 원소는?
① Mo　　　　② Si
③ Mn　　　　④ Zn

103 부식이 토양의 pH 완충력을 증가시킬 수 있는 이유로 가장 적절한 것은?
① carboxyl기를 많이 가지고 있으므로
② 석회를 많이 흡착 보유할 수 있으므로
③ 미생물의 활성을 증가시키므로
④ 질산화 작용을 억제하므로

◙ carboxyl기는 −COOH로 나타내며 이 수소 원자는 이온화하기 쉽고 산성을 나타내며, 수소이온(H⁺)에 의한 완충작용 때문에 pH는 거의 변하지 않는다.

104 멀칭(mulching)의 효과가 아닌 것은?
① 토양수분이 유지된다.
② 토양의 비옥도를 증진시킨다.
③ 염분농도를 증진시킨다.
④ 점토질 토양의 경우 갈라짐을 방지한다.

◙ ③ 지표면의 증발억제로 염분의 농도를 희석시킨다.

105 수림지의 하예작업 관리계획 수립시의 검토사항으로 가장 거리가 먼 것은?
① 계속 연수 　　　　② 연간 횟수
③ 작업시기 　　　　④ 현존량

106 농약의 살포방법 중 유제, 수화제, 수용제 등에서 조제한 살포액을 분무기를 사용하여 무기분무(airless spray)에 의하여 안개모양으로 살포하는 방법은?
① 분무법 　　　　② 미스트법
③ 폼스프레이법 　　　　④ 스프링클러법

107 레크레이션 시설의 서비스 관리를 위해서는 제한 인자들에 대한 이해가 필요하며 그것들을 극복할 수 있어야만 한다. 다음 중 그 제한인자에 속하지 않는 것은?
① 관련법규 　　　　② 특별 서비스
③ 이용자 태도 　　　　④ 관리자의 목표
해 ①③④ 이외에 전문가적 능력도 포함된다.

108 각종 운동경기장, 골프장의 Green, Tee 및 Fairway 등과 같이 집중적인 재배를 요하는 잔디초지는 답압의 내구력과 피해로부터 빨리 회복되는 능력 등이 매우 중요하다. 다음 중 잔디 초지류의 내구성에 대한 저항력이 가장 강한 것은?
① Perennial ryegrass
② Creeping bentgrass
③ Kentucky bluegrass
④ Tall fescue

109 토사로 포장한 원로의 보수 관리 설명으로 틀린 것은?
① 먼지 발생을 억제하기 위해 물을 뿌리거나 염화칼슘을 살포한다.
② 측구나 암거 등 배수시설을 정비하고 제초를 한다.
③ 요철부는 같은 비율로 배합된 재료로 채우고 다진다.
④ 표면배수를 위하여 노면횡단경사를 8~10% 이상으로 유지한다.

해 ④ 보도용 포장면의 횡단경사는 배수처리가 가능한 방향으로 2%를 표준으로 하되, 포장재료에 따라 최대 5%까지 가능하다.

110 토양 전염을 하지 않는 것은?
① 뿌리혹병 　　　　② 모잘록병
③ 오동나무 탄저병 　　　　④ 자주빛날개무늬병
해 ③ 바람이나 물, 종자에 의해 전염된다.

111 하천 생태복원관리의 설명으로 틀린 것은?
① 조성된 생태하천을 효율적으로 관리하기 위해서는 생태적 천이에 교란을 주지 않는 범위 내에서 최소한의 관리를 해주어야 한다.
② 생태하천에서의 비점오염원의 유입차단 및 수질 정화효과를 극대화시키기 위해서는 초본의 경우 연 1회(늦가을) 제초를 해주어야 하며 제거된 초본은 하천부지 밖으로 유출하여야 한다.
③ 다년생 초본류와 같은 식생대를 유지하기 위해서는 환삼덩굴과 같은 덩굴성식물이나 단풍잎돼지풀과 같은 외래식물은 지속적으로 구제해주어야 한다.
④ 하천 내에서는 생태하천조성 당시의 원하지 않았던 식물이 도입될 경우, 식물을 조기에 제거하기 위하여 제초제를 사용한다.
해 ④ 하천에서는 제초제를 사용해서는 안 된다.

112 아스팔트 콘크리트 도로 포장의 균열 파손을 보수하는 방법으로 사용할 수 없는 것은?
① 표면처리 공법 　　　　② 덧씌우기 공법
③ 모르타르 주입공법 　　　　④ 패칭공법
해 ③ 모르타르 주입공법이란 포장판과 기층과의 공극에 아스팔트나 콘크리트를 주입하여 포장판을 원래의 위치로 들어 올려 기층의 지지력을 회복하고 펌핑현상 등을 방지하는 공법을 말한다.

113 소나무좀은 유충과 성충이 모두 소나무에 피해를 가하는데, 신성충이 주로 가해하는 곳은?
① 소나무 잎 　　　　② 소나무 뿌리
③ 수간 밑부분 　　　　④ 소나무 새가지

114 다음 중 근로재해의 도수율(度數率)을 가장 잘 설명한 것은?

① 근로자 1000명당 1년간에 발생하는 사상자 수
② 재직근로자 1000명당 년간 근로 재해 수
③ 재직근로자의 근로 시간당의 사상자 수
④ 연 근로시간 합계 100만 시간당의 재해 발생 건수

115 조경공간에서 잡초가 발아하여 지표면 위로 출현하는 과정에 관여하는 요인과 가장 관련이 적은 것은?

① 토양심도
② 토양강도
③ 토양수분
④ 토양온도

116 시공자를 대신하여 공사의 모든 시공관리, 공사업무 및 안전관리업무를 행사하는 사람은?

① 감독관
② 작업반장
③ 현장대리인
④ 공사감리자

117 다음 설명의 (   )안에 들어갈 용어는?

> 토양의 사상균(곰팡이)은 (   )을/를 형성하여 토양의 입단화를 촉진한다.

① 균사
② 포자
③ 항생물질
④ 뿌리혹박테리아

118 다음 중 조경관리를 위한 동력예취기, 농약살포 연무기, 사다리 등의 장비관리 내용이 틀린 것은?

① 연무기 몸체는 열기를 식힐 수 있도록 주기적으로 물을 뿌려 적셔주도록 한다.
② 가급적 예취기의 날은 작업에 맞도록 사용하며, 일자날 사용은 하지 않도록 한다.
③ 사다리 작업시 손, 발, 무릎 등 신체의 일부를 사용하여 3점을 사다리에 접촉·유지한다.
④ 예취작업은 오른쪽에서 왼쪽 방향으로 하며, 운전 중 항상 기계의 작업범위 내에 사람이 접근하지 못하도록 한다.

119 미국흰불나방의 생태적 특성을 설명한 것으로 틀린 것은?

① 주로 활엽수를 가해한다.
② 성충은 1년에 1회만 발생한다.
③ 수피사이, 판자 틈, 나무의 빈 공간에 형성한 고치를 수시로 채집하여 소각한다.
④ 8월 상순부터 유충이 부화하여 10월 상순까지 가해한 후 번데기가 되어 월동에 들어간다.

해 ② 성충은 1년에 2회 발생한다.

120 수목생장에 영향을 끼치는 저해 요인들 중 상대적 비율이 가장 높은 것은?

① 충해
② 병해
③ 기상피해
④ 산불피해

제1과목 조경사

1 제1노단의 정방형 못 가운데 몬탈토(Montalto) 분수가 있는 곳은?

① 란테장(Villa Lante)

② 데스테장(Villa d'Este)

③ 파르네제장(Villa Farnese)

④ 피렌체의 보볼리원(Giardino Boboli)

2 다음 설명에 적합한 대상은?

- 1661년에 조성되어 르 노트르(Le Notre)의 이름을 알리게 된 정원
- 기하학, 원근법, 광학의 법칙이 적용
- 중심축을 따라 시선은 정원으로부터 점차 멀리 수평선을 바라보게 처리

① 보볼리원　　　　　② 벨베데레원

③ 보르 뷔 콩트　　　④ 베르사이유 정원

3 영국 자연풍경식 조경가 중 "자연은 직선을 싫어한다."라는 말을 신조로 삼고 있었던 사람은?

① 켄트(Kent)

② 스위처(Switcher)

③ 브라운(Brown)

④ 브리지맨(Bridgeman)

4 일본의 헤이안, 가마쿠라 시대 때 조영된 대상과 연못의 명칭 연결이 틀린 것은?

① 대각사 – 대택지　　② 모월사 – 대천지

③ 금각사 – 황금지　　④ 평등원 – 아(阿)자지

해 황금지는 서방사에 있는 연못이다.

5 고대 로마 개인주택에서 5점형 식재나 실용원이 꾸며진 장소는?

① 아트리움(Atrium)

② 지스터스(Xystus)

③ 페리스틸리움(Peristylium)

④ 클로이스터 가든(Cloister Garden)

6 한국정원에 관한 옛 기록 대동사강에 나오는 고조선 시대 노을왕(魯乙王)과 관련된 내용은?

① 유(囿)　　　　　② 누대(樓臺)

③ 도리(桃李)　　　④ 신산(神山)

해 ②④ 수도왕, ③ 제세왕

7 동양정원과 관련된 저서에 대한 설명으로 옳은 것은?

① 계성은 원야에서 주인(조영자)보다 장인들의 중요성을 주장하였다.

② 산림경제 복거(卜居)편에는 수목 식재방법이 소개된다.

③ 양화소록에는 조선 시대 정원식물의 특성과 번식법, 화분의 관리법 등이 소개된다.

④ 홍만선(1643~1715)은 임원경제지라는 농가생활에 필요한 백과전서를 소개했다.

해 ① 계성은 설계자의 중요성을 주장하였다.

　② 복거편에는 풍수설에 의한 식재방법이 소개되어 있다.

　④ 홍만선은 산림경제지, 서유구는 임원경제지를 저술하였다.

8 일본 다정(茶庭)양식의 전형적 특징이 아닌 것은?

① 심신을 정화하기 위해 준거(蹲踞: 쓰꾸바이)를 배치하였다.

② 조명과 장식의 목적으로 석등(石燈)을 설치하였다.

③ 연못과 섬을 조성하여 다실(茶室)과 연결하였다.

④ 다실에 이르는 통로인 노지(露地)는 다실과 일체된 공간으로 구성되었다.

해 ③ 다정은 제한된 공간 속에 깊은 산골의 정서를 묘사하였다.

9 다음 중 중국 진(秦)나라 시대의 정원은?

① 난지궁　　　　　② 서효원

③ 어숙원　　　　　④ 태액지원

10 근대 조경의 아버지라고 불리는 옴스테드(F. L.

Olmsted)의 작품 및 프로젝트가 아닌 것은?

① Greensward Plan

② Birkenhead Park

③ Back Bay Fens Plan

④ World's Columbian Exposition

11 조선 시대 읍성의 공간 구조적 구성 요소들 가운데 제례공간이 아닌 곳은?

① 여단   ② 향청

③ 사직단   ④ 성황사

해 읍성의 향청은 지방자치의 집회장이었다.

12 이도헌추리(離島軒推理)의 축산정조전(築山庭造傳)에서 정원(庭園)의 종류로 구분한 것이 아닌 것은?

① 진(眞)   ② 초(草)

③ 원(園)   ④ 행(行)

13 '거울의 방→물 화단→Latona분수→타피 베르→아폴로 분천'으로 이어지도록 조성된 공간 특성을 보이는 곳은?

① 데스테장(Villa d'Este)

② 알함브라(Alhambra)궁

③ 베르사이유(Versailles)궁

④ 폰덴블로우(Fontainebleau)성

14 다음 중 동양사상의 일반적인 특징으로 가장 거리가 먼 것은?

① 천지인의 조화를 꾀하였다.

② 자연과 인간이 융합적이다.

③ 분석적이며 물질 중심적이다.

④ 전체주의적이며 정신주의적이다.

15 주렴계의 애련설에 서술된 연꽃의 의미는?

① 은일자(隱逸者)를 상징

② 부귀자(富貴者)를 상징

③ 군자(君子)를 상징

④ 극락의 세계를 상징

해 주렴계는 애련설에서 국화로 은일자(隱逸者)를, 연꽃으로 군

자(君子)를, 모란으로 부귀자(富貴者)를 특징지으면서 자신은 연꽃을 사랑한다고 하였다.

16 자연사면을 수평면으로 처리한 것이 아니라 인공적인 성토작업을 통하여 축조한 계단식 후원은?

① 경복궁의 교태전 후원

② 창덕궁의 낙선재 후원

③ 전라남도 담양군의 소쇄원

④ 창덕궁의 연경당 선향재 후원

해 교태전 후원의 아미산은 인위적으로 흙을 쌓아서 화계를 만들고 둘레에 화문장(花紋牆)을 설치하였다.

17 영국 르네상스 시대의 튜더, 스튜어트 왕조 때 정형식 정원의 특징이라고 볼 수 없는 것은?

① 축산(mounding)

② 노트(knot)의 도입

③ 몰(mall)과 대로(grand avenue)

④ 정방형 테라스의 설치

해 영국 정형식 정원의 특징으로는 곧은 길(forthright), 축산(가산), 매듭화단(노트), 약초원, 토피어리, 문주 등을 들 수 있다. '곧은 길'이란 네 사람 정도가 여유롭게 걸을 수 있는 정도를 말한다.

18 다음 중 세부적 기교, 강렬한 대비효과, 호화로움 그리고 역동성 등의 특성이 나타난 조경 양식은?

① 로코코(rococo) 조경

② 바로크(baroque) 조경

③ 낭만주의(romanticism) 조경

④ 노단건축식(terrace-dominant architectural style) 조경

19 메가론(Megaron)이라 불리는 중정 형태가 등장한 시대는?

① 고대 로마   ② 고대 이집트

③ 고대 그리스   ④ 고대 메소포타미아

20 다음 중 사찰에 1탑 3금당식 유형이 나타나지 않는 것은?

① 신라 분황사

② 신라 황룡사지

③ 고구려 청암리 절터(금강사)

④ 백제 익산 미륵사지

해 익산 미륵사지는 세 개의 탑과 세 개의 금당이 회랑으로 구획되어 각각의 영역을 형성하고 있다.

제2과목 조경계획

21 관련 규정에 따라 '명예습지생태안내인'의 위촉기간은 얼마로 하는가?

① 1년

② 2년

③ 3년

④ 5년

22 다음 그림과 같은 대지에 건축물을 건축하고자 한다. 층수는 지하는 1층(200m²), 지상은 5층으로 하고자 할 경우 최대한 건축할 수 있는 연면적은? (단, 건폐율은 50%, 용적률은 200%이다.)

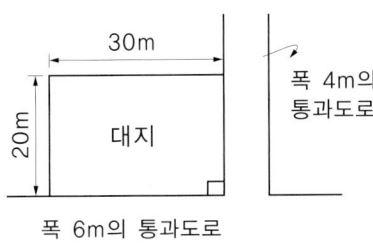

① 1,196m²

② 1,200m²

③ 1,396m²

④ 1,695m²

해 용적률은 지상의 연면적만 적용한다. (20×30×2)+200=1,400(m²) 따라서 전체면적은 1,400m² 이하가 되므로 ③이 정답이 된다.

23 단지설계 및 주택설계를 함에 있어서 에너지를 절약할 수 있는 설계안이 많이 제시되고 있는데, 여기서의 주요한 고려 사항으로 가장 거리가 먼 것은?

① 태양열의 최대한 이용

② 실내식물의 도입

③ 겨울바람의 차단

④ 여름바람의 통과

24 조경계획을 할 경우 지형도에서 파악이 곤란한 것은?

① 자연배수로

② 경사도

③ 유역(流域)

④ 식생현황상태

25 고속도로 조경 시 명암순응식재가 가장 필요한 곳은?

① 휴게소

② 인터체인지

③ 교량

④ 터널 입구

해 순응시간을 고려하여 터널 입구로부터 200~300m 구간의 노견과 중앙분리대에 상록교목을 식재한다.

26 개인적 공간(personal space)의 기능과 가장 거리가 먼 것은?

① 방어(protection)

② 공공영역의 확보

③ 정보교환(communication)

④ 프라이버시(privacy) 조절

27 주택정원의 기능 분할(zoning)은 크게 전정(前庭), 주정(主庭), 후정(後庭) 및 작업(作業)공간으로 나눌 수 있다. 다음 중 후정을 설명하고 있는 것은?

① 가족의 휴식이 단란하게 이루어지는 곳이며, 가장 특색 있게 꾸밀 수 있는 장소이다.

② 장독대, 빨래터, 건조장, 채소밭, 가구집기, 수리 및 보관 장소 등이 포함될 수 있다.

③ 실내 공간의 침실과 같은 휴양공간과 연결되어 조용하고 정숙한 분위기를 갖는 공간이다.

④ 바깥의 공적(公的)인 분위기에서 주택이라는 사적(私的)인 분위기로 들어오는 전이공간이다.

해 ① 주정, ② 작업정, ④ 전정

28 경사도별 지형 특성(시각적 느낌, 용도, 공사의 난이도 등)을 설명한 것으로 적합하지 않은 것은?

① 4% 이하: 활발한 활동, 별도의 절·성토 없이 건물 배치 가능

② 4~10%: 평탄하고, 소극적인 행위와 활동, 절·성토 작업을 통한 건물과 도로의 배치 가능

③ 10~20%: 가파르고, 언덕을 이용한 운동과 놀이에 적극 이용, 편익시설 배치 곤란

④ 20~50%: 테라스 하우스, 새로운 형태의 건물과

도로의 배치 기법이 요구됨

해 ② 경사도 4~10%는 완만한 구릉지로 본다.

29 「국토의 계획 및 이용에 관한 법률」 시행령에 따른 '경관지구'의 분류에 해당되지 않는 것은?
① 자연경관지구
② 특화경관지구
③ 생태경관지구
④ 시가지경관지구

30 「도시·군계획시설의 결정·구조 및 설치기준에 관한 규칙」에 의한 도시·군계획시설 중 분류가 '공간시설'에 포함되지 않는 것은?
① 광장
② 공원
③ 유원지
④ 주차장

31 「도시공원 및 녹지 등에 관한 법률」 시행 규칙상 면적 12,000m²의 도심 공지에 체육공원을 조성하려 한다. 최대 공원시설면적에 설치할 수 있는 운동시설 최소면적은 얼마인가?
① 7,200m²
② 6,000m²
③ 4,300m²
④ 3,600m²

해 체육공원의 공원시설 부지면적은 50% 이하이며, 체육공원에 설치되는 운동시설은 공원시설 부지면적의 60% 이상이어야 한다. ∴12,000×0.5×0.6=3,600(m²)

32 식재계획에 대한 설명으로 옳지 않은 것은?
① 식재계획은 구역 내 식생의 보호, 관리, 이용 및 배식에 관한 것을 포함한다.
② 계획구역의 기후적 여건에서 생장이 가능한지를 검토한 후 수종을 선택한다.
③ 생태적 측면뿐만 아니라 기능적 측면도 고려하여 수종을 선택한다.
④ 정형식 패턴은 기념성이 높은 장소에 부적합하다.

33 조경가의 역할이 주어진 장소의 단순한 미화 작업이 생존을 위한 설계, 지구의 파수꾼이라는 측면의 영역으로 확대한 생태적 계획방법을 수립한 사람은?
① 에크보(G. Echbo)
② 헬프린(L. Halprin)

③ 맥하그(I. McHarg)
④ 옴스테드(F. Olmsted)

34 「도시공원 및 녹지 등에 관한 법률」에서 구분하는 녹지의 유형이 아닌 것은?
① 경관녹지
② 생산녹지
③ 완충녹지
④ 연결녹지

35 조경계획 과정에서 동선계획은 토지이용 상호 간의 이동을 다루는 중요한 계획요소이다. 이에 대한 계획기준으로 적절한 것은?
① 통행량이 많은 곳은 짧은 거리를 직선으로 연결하는 것이 바람직하다.
② 주거지와 공원 등에서는 격자형 패턴이 효과적이다.
③ 쿨데삭(Cul-de-sac)은 통과교통 구간에 적합하다.
④ 다양한 행위가 발생하는 곳은 복잡한 동선체계로 한다.

해 ② 주거단지, 공원, 캠퍼스, 유원지 등과 같이 모임과 분산의 체계적 활동이 이루어지는 곳에는 위계형(수지형)이 바람직하다.
③ 쿨데삭(Cul-de-sac)은 통과교통을 배제하여 주민의 안전성을 높인다.
④ 시설물이나 행위의 종류가 많고 복잡한 박람회장, 종합어린이놀이터 등은 단순한 짜임의 동선체계를 확보하는 것이 바람직하다.

36 공공디자인으로서 가로시설물을 계획할 때 고려할 요소가 아닌 것은?
① 형태와 이미지의 통합
② 재료와 규격의 통합
③ 내용 및 콘텐츠의 통합
④ 시설과 단위공간의 통합

37 인간행태 연구를 위한 현장관찰 방법의 설명으로 틀린 것은?
① 행위자의 의도를 인터뷰 없이 정확하게 알 수 있다.
② 시간의 흐름에 따라 변하는 연속적인 행태를 연구할 수 있다.

③ 연구자의 출현이 피관찰자의 행태에 영향을 미칠 수 있다.

④ 환경적 상황에 따른 행태의 해석이 용이하다.

38 다음 중 「자연환경보전법」에 대한 설명으로 틀린 것은?

① 환경부장관은 전국의 자연환경보전을 위한 자연환경보전기본계획을 10년마다 수립하여야 한다.

② 환경부장관은 관계 중앙행정기관의 장과 협조하여 생태·자연도에서 1등급 권역으로 분류된 지역과 자연상태의 변화를 특별히 파악할 필요가 있다고 인정되는 지역에 대하여 2년마다 자연환경을 조사할 수 있다.

③ 환경부장관은 자연생태·경관을 특별히 보전할 필요가 있는 지역을 생태·경관 보전지역으로 지정할 수 있다.

④ 생태·자연도는 5만분의 1 이상의 지도에 실선으로 표시하여야 한다.

해 ④ 생태·자연도는 1 : 25,000 이상의 지도에 실선으로 표시한다.

39 토양에 대한 설명으로 틀린 것은?

① 토성(soil texture)은 토양의 개략적인 성질을 나타내는 것이다.

② 직경이 0.05~0.002mm인 토양입자는 미사로 구분한다.

③ 토성분류는 자갈, 미사, 점토의 구성비로 나타낸다.

④ 토양단면은 유기물층, 용탈층, 집적층, 무기물층, 암반 등으로 구분한다.

해 ③ 토성의 분류는 모래, 미사, 점토의 구성비로 나타낸다.

40 어린이놀이터의 놀이시설 배치 시 고려할 사항으로 거리가 먼 것은?

① 인접 놀이터와 기능을 달리하여 장소별 다양성을 부여한다.

② 놀이시설은 어린이의 안전성을 먼저 고려하여야 하며, 높이가 급격하게 변화하지 않게 설계한다.

③ 놀이시설은 지역여건과 주변환경을 고려하여 놀이터에 따라 단위놀이시설·복합놀이시설 등을

조화되게 구분하여 설치한다.

④ 놀이공간 안에서 어린이의 놀이와 보행동선의 연계를 위해 주보행동선 주변에 가급적 시설물을 배치한다.

해 ④ 놀이공간 안에서 어린이의 놀이와 보행동선이 충돌하지 않도록 주보행동선에는 시설물을 배치하지 않는다.

제3과목 조경설계

41 조경공간에서 휴게시설의 퍼걸러(pergola) 설계기준이 옳지 않은 것은?

① 기둥과 들보와 보로 구성되며, 햇빛을 막아 그늘을 제공하는 구조물로서 그늘시렁이라고도 한다.

② 평면 형태는 직사각형 및 정사각형을 기본으로 하며, 공간성격에 따라 원형·아치형·부정형으로 할 수 있다.

③ 조형성이 뛰어난 그늘시렁은 시각적으로 넓게 조망할 수 있는 곳이나 통경선(vista)이 끝나는 곳에 초점요소로서 배치할 수 있다.

④ 규격은 공간규모와 이용자의 시각적 반응을 고려하여 결정하며, 일반적으로 길이보다 높이가 길도록 한다.

해 ④ 규격은 공간규모와 이용자의 시각적 반응을 고려하여 결정하되 균형감과 안정감이 있도록 하며, 일반적으로 높이보다 길이가 길도록 한다.

42 다음 입체도를 제3각법으로 나타낸 3면도 중 옳게 투상한 것은?

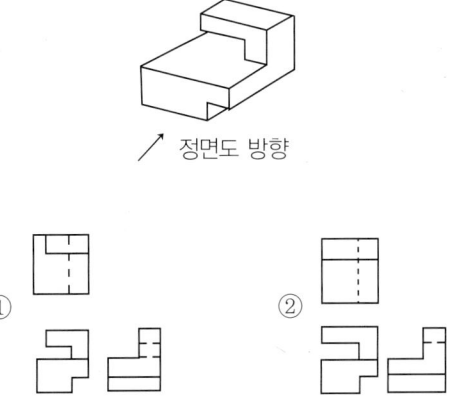

③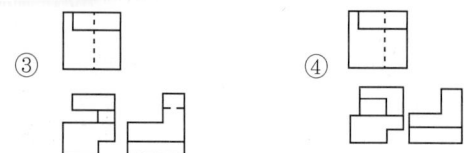
④

43 기본적인 수(手)작업 제도상의 주의 사항으로 틀린 것은?

① 축척자는 선을 그릴 때 사용하지 않는다.
② T자를 제도판으로부터 들어낼 때는 머리 부분을 눌러 옮긴다.
③ 제도용 연필은 그리는 방향으로 당기듯이 회전하면서 그려 나간다.
④ 삼각자를 활용해서 수직선을 그릴 때는 위에서 아래로 그려 나간다.

해 ④ 삼각자를 활용하여 수직선을 그릴 때는 아래에서 위로 그려 나간다.

44 다음 그림을 서로 다른 모양과 크기의 체크무늬로 이루어진 사다리꼴 그림으로 받아들이지 않고 같은 크기의 정방형 체크무늬 타일바닥이 비스듬하게 기울어진 것으로 받아들이려는 경향이 있다. 이를 형태주의 심리학(Gestalt Psychology)에서는 무슨 원리로 설명하는가?

① 단순성의 원리
② 교차조합의 원리
③ 모호성의 원리
④ 전경배경의 원리

45 설계자의 창의성을 사고(思考)의 창의성과 표현(表現)의 창의성으로 구분한다면 사고의 창의성과 가장 관계가 깊은 것은?

① 프로그램 작성
② 기본계획 작성
③ 기본설계 작성
④ 실시설계 작성

46 일소점 투시도상에서 사람의 눈높이에 위치하며, 선들이 모이는 점은?

① V.P(Vanishing Point)
② P.S(Point of Sight)
③ S.P(Stand Point)
④ F.P(Foot Point)

47 흰색 배경의 회색보다 검은색 배경의 회색이 더 밝게 보이는 것은?

① 보색대비
② 명도대비
③ 색상대비
④ 채도대비

48 다음 색입체에서 가장 채도가 높은 빨강의 순색은?

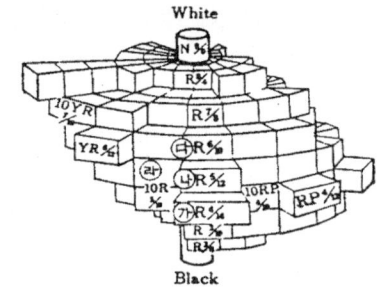

① ㉮ R 4/14
② ㉯ R 5/12
③ ㉰ R 6/10
④ ㉱ 10R 5/10

해 색채는 색상(Hue)·명도(Value)·채도(Chroma)의 순서로 'H V/C'로 표기한다.

49 조경에서 배수시설 설계와 관련된 설명으로 옳지 않은 것은?
(단, 조경설계기준을 적용한다.)

① 배수 계통은 직각식, 차집식, 선형식, 방사식, 집중식 등이 있다.
② 배수의 계통 및 방식은 최소 우수배수량을 합류식으로 산출하여 정한다.
③ 개거는 토사의 침전을 줄이기 위해서 배수 기울기를 1/300 이상으로 한다.
④ 하수도에 방류하는 경우에는 빗물과 오수를 동일 관거로 배제하는 합류식과 분리하는 분류식으로 나눈다.

해 ② 최대 우수배수량을 합류식으로 산출하여 정한다.

50 산림경관 중 인상적이고 명확한 형태의 경관으로 관찰자나 시행자에게 중요한 안내자가 되는 동

시에 경관의 지표(指標)가 되는 경관은?
① 전경관
② 지형경관
③ 위요경관
④ 초점경관

51 "교목들을 건물의 서편에 배치시켜 늦은 오후의 강한 햇살이 실내로 들어오는 것을 차단하였다."는 물리·생태적 분석 요소 중 어느 것이 설계에 반영된 결과인가?
① 지형
② 기후
③ 토양
④ 식생

52 다음 중 질감(texture)의 설명으로 적합하지 않은 것은?
① 수목의 질감은 잎의 특성과 구성에 있다.
② 옷감의 질감은 실의 특성과 직조 방법에 있다.
③ 거친 질감은 관찰자에게 접근하는 느낌을 주기 때문에 실제거리보다 가깝게 보인다.
④ 질감은 주로 촉각에 의해서 지각되며 자세히 보면 형태의 집합보다는 부분적 느낌의 종합이다.

해 ④ 질감은 어떤 물체의 촉각적 경험을 가지고서 물체의 재질에서 오는 표면의 특징을 시각적으로 인식하여 심리적 반응을 발생시킨다.

53 존 딕슨 헌트(John Dixon Hunt)가 자연을 분류한 3가지 유형에 포함되지 않는 것은?
① 정원(garden)
② 이상향(utopia)
③ 원생자연(wild nature)
④ 문화자연(cultural nature)

54 다음 경관분석을 위한 기초자료 종합 시 가중치(加重値) 적용 방법 중 가장 객관적이라고 볼 수 있는 것은?
① 회귀분석법(回歸分析法)
② 도면결합법(圖面結合法)
③ 여러 명의 전문가 의견을 평균하는 방법
④ 모든 요소에 동일한 가중치를 적용하는 방법

해 ① 회귀분석법은 매개변수를 이용하여 통계적으로 변수들 사이의 관계를 추정하는 분석방법이다.

55 물리적 공간을 한정하여 공간규모를 결정하는 옥외 공간 한정 요소로 적당하지 않은 것은?
① 천장면
② 장식면
③ 바닥면
④ 벽면

56 다음 그림에서 각 선의 명칭으로 옳은 것은?

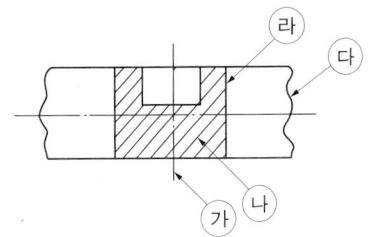

① ㉮ 경계선
② ㉯ 파단선
③ ㉰ 가상선
④ ㉱ 외형선

57 입체의 각 방향의 면에 화면을 두어 투영된 면을 전개하는 투상도법은?
① 사투상
② 정투상
③ 투시투상
④ 축측투상

58 포장설계를 하는 데 있어서 고려해야 할 바람직한 설계 기준에 해당되는 것은?
① 시선유도에는 넓은 스케일의 포장패턴을 사용한다.
② 포장의 변화를 이용하여 도로의 속도감을 표현한다.
③ 편의성, 내구성, 경제성, 재생성을 기준으로 한다.
④ 교통하중, 동결심도, 토질, 등의 사항을 고려해야 한다.

59 조경설계기준상의 환경조경시설 관련 배치설계 등에 관한 설명으로 틀린 것은?
① 조형물 전체를 감상하기 위해서는 최소 시설물 높이의 2~3배의 관람 거리를 확보한다.
② 기념비형 조형물은 설계대상 공간의 어귀·중앙의 광장과 같이 넓은 휴게공간의 포장 부위 또는 녹지에 배치한다.
③ 인지도와 식별성이 낮은 곳을 선정하여 조형시설의 도입에 따른 이미지가 부각되지 않도록 배

치한다.

④ 환경조형시설은 인간성 회복에 기여하고 주변 환경의 지속성을 높일 수 있도록 설계한다.

해 ③ 인지도와 식별성이 높은 곳을 선정하여 조형시설의 도입에 따른 이미지 개선효과가 극대화되는 곳에 배치한다.

60 축척이 1/500인 도면에서 길이가 3cm 되는 선은 실제로는 얼마가 되는가?

① 3cm ÷ 500
② 500 ÷ 3cm
③ 500 × 3cm
④ 1 ÷ (500 × 3cm)

제4과목 **조경식재**

61 양버즘나무의 특징으로 옳은 것은?

① 학명은 *Platanus orientalis* L.이다
② 암수한그루로 꽃은 3월 말~5월에 핀다.
③ 열매는 둥글고 털이 없으며, 직경이 1cm로 6월에 2개가 성숙하여 그해 가을에 모두 탈락한다.
④ 토심이 얕고 배수가 불량한 점질토양에서도 생육이 양호하며, 각종 공해에 약하고 충해에는 강하다.

해 ① 양버즘 나무의 학명은 *Platanus occidentalis* L.이다.
③ 열매는 9~10월에 익으며, 둥글고 지름 3cm 정도다.
④ 토심이 깊고 배수가 양호한 사질양토를 좋아하며, 각종 공해에는 강하나 충해에는 약하다.

62 서양 잔디 중 난지형 잔디로 종자 번식이 비교적 잘되어 운동장에 주로 이용하는 것은?

① Bent grass
② Fescue grass
③ Bermuda grass
④ Kentucky bluegrass

63 군집의 발전 과정에서 나타나는 여러 현상에 관한 설명으로 틀린 것은?

① 비생물적 유기물질은 증가한다.
② 개체의 크기는 점점 커지는 경향이 있다.
③ 물리적 환경과의 평형상태를 극상이라고 한다.
④ 천이는 군집 변화 과정을 내포한 방향성 없는 변화이다.

해 ④ 천이는 방향성을 가지고 있다.

64 인동덩굴(*Lonicera japonica* Thunb)의 특성에 대한 설명으로 틀린 것은?

① 반상록 활엽 덩굴성 관목이다.
② 잎은 마주나기하며 타원형이고 예두 또는 끝이 둔한 예두이다.
③ 열매는 둥글고 지름이 7~8mm로 검은색이고 9~10월에 성숙한다.
④ 줄기는 덩굴손을 이용하여 올라가고, 1년생 가지는 녹색이다.

65 유전자급원(遺傳子給源)으로서의 모수(母樹)를 선정할 경우 유의해야 할 사항에 해당되는 것은?

① 열세목 중에서 선택한다.
② 유전적 형질과는 무관하다.
③ 적은 양의 종자를 생산하는 개체를 남긴다.
④ 바람에 의한 넘어짐에 대한 저항력이 높아야 한다.

66 하천의 저습지 설계와 관련된 설명으로 틀린 것은?

① 저습지에는 외래식물 중 발아 및 초기생육이 우수한 초본식물을 우선 도입한다.
② 저습지는 침수빈도와 정도를 고려하여 조성하고, 식재하는 식물종을 선정한다.
③ 배수가 불량하거나 물이 많이 고이는 곳에 습초지(濕草地)를 조성하여 조류 서식처가 되도록 한다.
④ 도입 가능한 부유식물(free-floating plants)로는 좀개구리밥, 생이가래 등이 있다.

67 지피식물의 이용 목적과 거리가 가장 먼 것은?

① 토양의 침식 방지
② 공간의 장식적 역할
③ 미기후의 완화, 조절
④ 정원수 생육 촉진

68 우리나라의 경토(耕土)와 산림 토양의 일반적인 산도(pH) 범위는?

① 4.5 미만
② 4.5 ~ 6.5

③ 6.6 ~ 8.0 　　　　④ 8.1 ~ 9.0

69 우리나라 산림의 수직분포 중 한대림의 자생수종에 해당되지 않는 것은?
① 분비나무(*Abies nephrolepis*)
② 개서어나무(*Carpinus tschonoskii*)
③ 눈잣나무(*Pinus pumila*)
④ 잎갈나무(*Larix olgensis*)

혜 ② 서어나무는 온대중부지역의 극상수종에 해당한다.

70 다음 중 이식이 어려운 수종으로 구성된 것은?
① 은행나무, 사철나무　　② 버드나무, 계수나무
③ 느티나무, 명자나무　　④ 자작나무, 호두나무

71 종 다양성에 대한 설명으로 옳지 않은 것은?
① 종 이질성을 나타낸다.
② 종들의 생태적 지위가 중복된 군집일수록 종 다양도는 높다.
③ 낮은 종 다양도는 매우 복잡한 군락을 나타낸다.
④ 종 다양도는 천이 초기에 증가하는 경향이 있다.

혜 ③ 종 다양도가 낮으면 단순한 군집이 된다.

72 식물이 생육하는 토양에서 답압에 의한 영향으로 옳은 것은?
① 토양이 입단(粒團)구조가 된다.
② 용적 비중이 낮아진다.
③ 통수성이 낮아진다.
④ 토양 통수가 빠르다.

73 인공지반(옥상 등)의 식재 환경에 대한 설명으로 옳지 않은 것은?
① 지하 모관수의 상승작용이 없다.
② 잉여수 때문에 양분 유실 속도가 빠르다.
③ 토양 미생물의 활동이 미약하다.
④ 토양 온도의 변화가 거의 없다.

혜 ④ 토양의 심도와 수분, 건물로부터의 영향 등으로 온도변화가 크게 나타난다.

74 수목이식을 위한 굴취공사 때 필요로 하는 재료와 가장 거리가 먼 것은?
① 식물생장조절제　　② 결속·완충재
③ 가지주재　　　　　④ 증산촉진제

75 다음은 온대중부지역의 천이단계를 나타낸 것이다. (A) 안의 단계에 해당하는 수종으로 적합한 것은?

> 나지 → 1·2년생초본기 → 다년생초본기 → 관목식생기 → 양수성교목림기 → (A) → 극상림기

① 신갈나무　　　　　② 곰솔
③ 때죽나무　　　　　④ 능수버들

76 다음 수목 중 꽃의 색이 다른 하나는?
① *Cornus controversa*
② *Cornus walteri*
③ *Cornus officinalis*
④ *Cornus kousa*

혜 ① 층층나무(흰색), ② 말채나무(흰색), ③ 산수유(노란색), ④ 산딸나무(흰색)

77 다음 특징에 해당하는 수종은?

> • 5월에 개화하고 연한 홍색의 꽃이 핀다.
> • 줄기는 홍갈색과 녹색의 얼룩무늬가 있다.
> • 9월에 익은 노란 열매는 향기가 매우 좋다.

① 호두나무(*Juglans regia* Dode)
② 명자나무(*Chaenomeles speciosa* Nakai)
③ 산딸나무(*Berberis koreana* Palib.)
④ 모과나무(*Chaenomeles sinensis* Koehne)

78 라운키에르(Raunkier)에 의한 식물의 생활양식의 유형이 아닌 것은?
① 다육(多肉)식물　　② 초본(草本)식물
③ 반지중(半地中)식물　　④ 일년생(一年生)식물

혜 라운키에르의 생활형이란 일반적으로 휴면아를 기준으로 구별한 것으로 지상식물, 지표식물, 반지중식물, 지중식물, 1년

생식불, 수생식물로 구분한다. 따라서 다육식물을 맞는 것으로 하는 것은 무리가 있으며, 그렇다면 틀리다고 한 ② 초본식물도 맞는 것이 될 수 있다.

79 다음 중 생태학에서 분류하는 천이에 해당되지 않는 것은?

① 1차 천이　　　　② 퇴행 천이
③ 2차 천이　　　　④ 3차 천이

80 임해 매립지 위의 식재기반과 관련된 설명으로 옳지 않은 것은?

① 바람의 피해를 받을 우려가 있는 식재지에는 방풍림 또는 방풍망 등을 설계한다.
② 바람에 날리는 모래로 수목의 생육 장애가 우려되는 지역에는 방사망 설계를 적용한다.
③ 지하에서 염분이 상승하여 수목의 생장에 피해를 줄 우려가 있는 식재지에는 관수시설을 도입한다.
④ 준설토로부터의 염분 확산이 우려되는 곳에서는 준설토보다 작은 입자의 토양을 객토용으로 채택한다.

제5과목 조경시공구조학

81 골재의 함수상태에 따른 중량이 다음과 같을 경우 표면수율은?

* 절대건조상태: 400g
* 표면건조상태: 440g
* 습윤상태: 550g

① 2%　　　　　② 10%
③ 25%　　　　　④ 37%

해 표면수율 $= \frac{550-440}{440} \times 100 = 25(\%)$

82 도로의 곡선부분에 곡선장(曲線長)을 짧게 할 때 발생하는 현상으로 거리가 먼 것은?

① 도로가 절곡되어 있는 것처럼 보이므로 속도가 증가된다.
② 운전자가 핸들 조작에 불편을 느낀다.

③ 곡선반경이 실제보다 작게 보여 운전상 착각을 느낀다.
④ 원심 가속도의 증가로 운전경로를 이탈하기 쉽다.

해 ① 도로의 교각이 작은 경우(=곡선장이 짧은 경우) 운전자는 실제보다 더 작게 느끼거나, 단절된 것처럼 보이는 착각을 일으키게 되므로, 그것을 방지할 수 있는 길이로 설계한다.

83 목재의 섬유포화점(fiber saturation point)에서의 함수율은?

① 약 15%　　　　② 약 30%
③ 약 40%　　　　④ 약 50%

84 배수지역이 광대해서 하수를 한 곳으로 모으기가 곤란할 때, 배수 지역을 여러 개로 구분하여 배수 구역별로 외부로 배관하고 집수된 하수는 각 구역별로 별도로 처리하는 배수 방식은?

① 직각식　　　　② 선형식
③ 집중식　　　　④ 방사식

85 토적 계산법에 대한 설명으로 틀린 것은?

① 점고법은 단면법의 일종이다.
② 등고선법은 각주공식을 응용하여 계산한다.
③ 중앙단면법은 양단면평균법보다 토량이 적게 계산된다.
④ 사각형분할법보다 삼각형분할법에서 더 정확한 토량이 계산된다.

86 다음 중 측량의 3대 요소가 아닌 것은?

① 각측량　　　　② 면적측량
③ 고저측량　　　　④ 거리측량

87 건설공사표준품셈 기준에 의한 공사비 예산내역서 작성 시 일반적인 설계서의 총액 원 단위표준 지위 규칙으로 옳은 것은?
(단, 지위 이하는 버린다.)

① 지위 1원
② 지위 10원
③ 지위 100원
④ 지위 1,000원

88 그림과 같은 보에서 A점의 수직반력은?

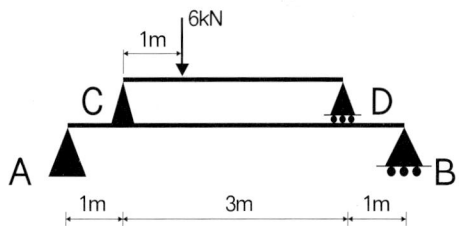

① 2.4kN
② 3.6kN
③ 4.8kN
④ 6.0kN

해 C점 하중 = $\frac{6\times2}{3}$ = 4(kN), D점 하중 = 6−4 = 2(kN)

$\rightarrow R_A = \frac{4\times4+2\times1}{5} = 3.6$(kN)

89 쇠메로 쳐서 요철이 없게 대충 다듬는 정도의 돌 표면 마무리는 무엇인가?

① 정다듬
② 잔다듬
③ 도두락다듬
④ 혹두기

90 다음 그림에서 같은 두 힘에 의한 A점의 모멘트 크기는?

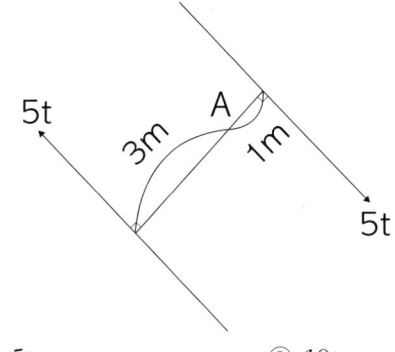

① 5t·m
② 10t·m
③ 15t·m
④ 20t·m

해 우력모멘트는 중심점의 위치와 상관없이 P×L로 구한다.

∴M=5×4=20(t·m)

91 다음 평판측량과 관련된 용어는?

> 평판상의 점과 지상의 측점을 일치시키는 것

① 정준
② 표정
③ 치심
④ 폐합

해 평판의 3대요소

① 정준(정치) : 수평 맞추기

② 구심(치심) : 중심 맞추기

③ 표정(정위) : 방향 맞추기

92 비탈면 구축 시 대상(帶狀) 인공뗏장을 수평방향에 줄 모양으로 삽입하는 식생공법(植生工法)을 무엇이라고 하는가?

① 식생조공(植生條工)
② 식생대공(植生袋工)
③ 식생반공(植生般工)
④ 식생혈공(植生穴工)

93 다음 옹벽 설계조건의 ( ) 안에 가장 적합한 것은?

> 활동력이 저항력보다 커지면 옹벽은 활동하게 되고, 반대인 경우에 옹벽은 활동에 대해 안전하다고 볼 수 있다. 일반적으로 활동(sliding)에 대한 안전율은 ( )을/를 적용한다.

① 1.0~1.5
② 1.5~2.0
③ 2.0~2.5
④ 2.5~3.0

94 식재지반 조성에 필요한 자연 상태의 사질양토 10,000m³를 현장에서 10km 떨어진 곳에서 버킷용량 0.7m³의 유압식 백호우를 이용하여 굴착하고 덤프트럭에 적재하여 운반하고자 한다. 백호우의 시간당 작업량(m³/h)은?

> • C: 0.85, L: 1.25, 버킷계수: 1.1
> • 백호우의 작업효율: 0.85
> • 백호우의 1회 사이클 시간: 21초

① 89.76
② 112.2
③ 140.25
④ 165.0

해 Q = $\frac{3,600\times q\times K\times f\times E}{Cm}$

= $\frac{3,600\times0.7\times1.1\times(1/1.25)\times0.85}{21}$ = 89.76(m³/h)

95 수목식재 장소가 경관상 매우 중요한 위치일

때 사용하는 방법으로 통나무를 땅에 깊숙이 묻고 와이어로프 등으로 수목이 흔들리지 않도록 하는 수목 지주법은?

① 강관지주
② 당김줄형지주
③ 매몰형지주
④ 연계형지주

96 공사 발주자가 공사발주를 위한 예정 가격을 책정하기 위한 것으로 공사비 산정의 일반적인 과정이 올바르게 연결된 것은?

[보기]
ㄱ 수량산출　　　ㄴ 현장조사
ㄷ 단위품셈결정　ㄹ 직접공사비 산출
ㅁ 발주시공　　　ㅂ 기획 및 예산책정

① ㅂ→ㄴ→ㄷ→ㄱ→ㄹ→ㅁ
② ㅁ→ㅂ→ㄴ→ㄷ→ㄱ→ㅁ
③ ㅂ→ㄴ→ㄱ→ㄷ→ㄹ→ㅁ
④ ㄴ→ㅂ→ㄱ→ㄷ→ㄹ→ㅁ

97 다음 중 네트워크식 공정표의 계산에 관한 설명으로 적합하지 않은 것은?

① EFT는 EST보다 크다.
② FF는 TF보다 작다.
③ DF는 TF보다 크다.
④ 최초작업의 EST는 0으로 한다.

해 발표된 답안 ③뿐만 아니라 ②도 틀린 것이다. 'FF는 TF보다 작다'는 절대적이지 않다. FF는 TF와 같을 수도 있으며 작을 수도 있는 것이다. ③이 확실하게 틀리고 ②는 반만 틀렸다고 할 수 없는 것이다.

98 살수관개시설의 설계 시 고려 사항에 해당되지 않는 것은?

① 관수량, 급수원의 흐름 및 압력에 의해 살수기를 선정한다.
② 어느 동일한 구역에서 살수지관의 압력 변화는 살수기에서 필요한 압력의 20%보다는 크지 않도록 한다.
③ 살수기 배치는 정삼각형보다 정사각형의 경우가

살수 효율이 좋다.
④ 살수지관의 압력손실은 주관 압력의 10% 이내가 되도록 한다.

해 ③ 살수효율은 정삼각형 배치가 더 좋다.

99 관습적으로 정지계획 설계도 작성 시 고려할 사항으로 틀린 것은?

① 제안하는 등고선은 파선으로 표시한다.
② 계단, 광장, 도로 등의 꼭대기와 바닥의 고저를 표기하도록 한다.
③ 폐합된 등고선은 정상을 표시하기 위해 점고저(spot elevation)를 적는다.
④ 등고선의 수직노선 조작은 성토의 경우 높은 방향(위)에서 시작하여 내려온다.

해 ① 일반적으로 원지반 등고선은 파선, 계획등고선은 실선으로 표시한다.

100 시멘트의 분말도에 관한 설명으로 틀린 것은?

① 시멘트의 분말이 미세할수록 수화반응이 느리게 진행하여 강도의 발현이 느리다.
② 분말이 과도하게 미세하면 풍화되기 쉽거나 사용 후 균열이 발생하기 쉽다.
③ 시멘트의 분말도 시험으로는 체분석법, 피크노메타법, 브레인법 등이 있다.
④ 분말도는 시멘트의 성능 중 수화반응, 블리딩, 초기강도 등에 크게 영향을 준다.

해 ① 시멘트의 분말도가 크면 수화반응이 빠르게 일어나며, 초기강도가 높게 나타난다.

제6과목 조경관리론

101 공원 내 이용지도는 목적에 따라 3가지(공원녹지의 보전, 안전·쾌적이용, 유효이용)로 구분할 수 있다. 다음 중「공원녹지의 보전」을 위한 이용지도의 대상이 되는 행위·시설은?

① 공원녹지의 손상·오손
② 공원 내의 루트, 시설의 유무 소개
③ 식물·조류관찰·오리엔터링 등의 지도
④ 유치원, 학교 등의 단체에 대한 활동 프로그램의

조언

102 공원녹지 내에서 행사를 기획할 때 유의해야 할 사항이 아닌 것은?
① 행사 시설이 설치 목적에 맞을 것
② 관계 법령을 준수할 것
③ 대안을 만들어 놓을 것
④ 통상 이용자를 통제할 것

103 파이토플라스마(phytoplasma)에 의한 수병(樹病)은?
① 포플러 모자이크병　　② 벚나무 빗자루병
③ 대추나무 빗자루병　　④ 장미 흰가루병
해 ① 바이러스에 의한 병, ②④ 자낭균에 의한 병

104 잎과 뿌리가 없는 기생식물로서 다른 식물의 잎과 줄기를 감고 자라며 바이러스를 매개하는 것은?
① 새삼　　　　　　　　② 으름덩굴
③ 겨우살이　　　　　　④ 청미래덩굴

105 가수분해의 우려가 없는 경우에 농약 원제를 물에 녹이고 동결방지제를 가하여 제제화한 제형은?
① 유제(乳劑)　　　　　② 액제(液劑)
③ 수화제(水和劑)　　　④ 수용제(水溶劑)

106 공정표의 종류 중 횡선식 공정표(Gantt Chart)에서 가장 정확히 보여 주는 특성은?
① 작업 진행도
② 공종별 상호관계
③ 공종별 작업의 순서
④ 공기에 영향을 주는 작업

107 잡초 중에서 가장 많이 분포하며, 잎집과 잎몸의 이음새에는 막이 있고, 털이 밖으로 생장한 모습의 잎혀가 있으며, 잎맥이 평행한 특성을 가지는 것은?
① 화본과　　　　　　　② 명아주과

③ 사초과　　　　　　　④ 마디풀과

108 토양을 100℃로 가열해도 분리되지 않으며, pF 7 이상인 수분은?
① 흡습수　　　　　　　② 결합수
③ 모세관수　　　　　　④ 유리수

109 솔잎혹파리가 겨울을 나는 형태는?
① 알　　　　　　　　　② 성충
③ 유충　　　　　　　　④ 번데기

110 아스팔트 포장의 파손 부분을 사각형 수직으로 따내고 보수하는 공법으로, 포장이 균열되었거나 국부적 침하, 부분적 박리가 있을 때 적용하는 공법은?
① 패칭 공법　　　　　　② 표면처리 공법
③ 덧씌우기 공법　　　　④ 혈매 공법

111 해충의 가해 형태별 분류에서 흡즙성 해충에 해당되는 것은?
① 점박이응애
② 호두나무잎벌레
③ 개나리잎벌
④ 솔알락명나방

112 질소기아(nitrogen starvation) 현상에 대한 설명으로 틀린 것은?
① 토양으로부터 질소의 유실이 촉진된다.
② 탄질률이 높은 유기물이 토양에 가해질 경우 일시적으로 발생한다.
③ 미생물 상호 간은 물론 미생물과 고등식물 사이에 질소 경쟁이 일어난다.
④ 미생물이 토양 중의 질소를 먼저 이용하므로 배수나 휘산에 의한 질소 손실을 막을 수 있다.
해 ① 토양으로부터 질소의 유실이 촉진되기보다는 일시적으로 식물이 사용할 질소가 부족해지는 것으로 일정기간이 지나면 미생물의 사체에서 무기물로서 다시 공급되는, 일시적인 현상으로 정의하는 것이다.

113 멀칭의 효과로 가장 거리가 먼 것은?
① 토양 수분 유지
② 잡초 발생 억제
③ 토양 침식 방지
④ 토양 고결 조장

114 시설 및 수목관리의 목적으로 활용되는 이동식 사다리의 안전기준으로 틀린 것은?
① 안정성이 확보되면 사다리의 길이는 제한이 없다.
② 발판의 수직간격은 25~35cm 사이, 사다리의 폭은 30cm 이상인 것을 사용한다.
③ 사다리의 발판에는 물결모양 등 미끄럼방지 처리가 된 것을 사용한다.
④ 사다리의 상부 3개 발판 미만에서만 작업하며, 최상부 발판에서는 작업하지 않는다.

🈂 발표된 답은 ①이나 문제의 내용에 대한 이동식 사다리 안전기준은 2018년에 폐기된 내용이며, 개정된 지침에는 없는 내용이다. 따라서 이 문제는 적합한 문제가 될 수 없다.

115 콘크리트 옹벽이 앞으로 넘어질 우려가 있을 때 일반적으로 시행하는 공법이 아닌 것은?
① P·C 앵커 공법
② 압성토 공법
③ 전면 부벽식 옹벽 공법
④ 실링 공법

116 이용률이 80인 조건에서 요소(N 46%) 10kg 중 유효질소의 양은?
① 약 2.7kg
② 약 3.7kg
③ 약 4.7kg
④ 약 5.7kg

🈂 유효질소의 양=10×0.46×0.8=3.7(kg)

117 재해·안전대책의 설명으로 가장 거리가 먼 것은?
① 각종 재해의 복구는 재산 가치가 높은 것부터 복구한다.
② 각종 시설물은 정기적인 점검과 보수를 한다.
③ 위험한 곳은 사고 방지를 위한 시설을 설치한다.
④ 이용자 부주의에 의한 빈번한 사고라도 안내판 설치 등 이용지도가 필요하다.

118 조경건설 현장의 근로재해 강도율(强度率)을 나타내는 식은?

① $\dfrac{\text{근로재해에 의한 사상자수}}{\text{근로총시간수}} \times 1,000$

② $\dfrac{\text{근로손실일수}}{\text{근로총시간수}} \times 1,000$

③ $\dfrac{\text{연간근로재해에 의한 사상자수}}{\text{재적근로자수}} \times 1,000$

④ $\dfrac{\text{근로손실일수}}{\text{재적근로자수}} \times 1,000$

119 일반적으로 조경분야의 연간 유지관리 계획에 포함하는 것은?
① 건물의 도색
② 건물의 갱신
③ 공원 지역 내의 순찰
④ 수목의 전정 및 잔디 깎기

120 다음 설명의 ( ) 안에 적합한 용어는?

> 수직깎기인 ( )은/는 수직으로 향한 칼날을 이용해서 수평의 날을 바르게 회전시켜 지나치게 뻗은 포복경이나 옆으로 누운 잎을 잘라 내며, 에어레이션(Aeration) 후의 얕은 ( )은/는 코어(Core)를 깨뜨려서 토양의 재형성을 돕는 효과가 있기도 하고 그렇지 않은 경우도 있다. 이 ( ) 작업은 종종 북더기 잔디인 대치(Thatch)가 극심한 경우에 한하여 각종 경기장에서 사용이 제한되기도 하는데 이는 특히 잔디초지를 재조성하는 동안에는 금지되고 있다.

① Rolling
② Slicing
③ Spiking
④ Vertical mowing

제1과목 조경사

1 정원에서의 생활을 중요시하여 생전에는 정원에 정자 등 화려한 건물을 지어 친구들과 즐기다가 사후에는 그 곳을 그대로 묘소나 기념관으로 사용하였던 국가는?

① 무굴인도
② 페르시아
③ 이탈리아
④ 스페인

해 ① 무굴시대 연못가의 원정은 장식과 실용을 겸하여 쾌적한 정원생활 및 안식처(묘소)나 기념관으로 사용되었다.

2 다음 설명에 적합한 형태의 대상지는?

- 궁 내 방지원도의 형태를 취한다.
- 주변으로 사정기비각, 영화당, 어수문, 주합루 등이 있다.
- 전통정원 구성기법 중 인공미와 자연미가 상생하는 곳이다.

① 창경궁 통명전 옆의 연지
② 경복궁 후원의 향원지
③ 창덕궁 후원의 부용지
④ 창경궁 후원의 춘당지

3 고려시대의 의종(毅宗)이 민가 50여구를 헐어 터를 다듬고 여기에 많은 정자를 세워 명화이과(名花異果)를 심었으며, 괴석으로 가산을 꾸미고 인공폭포를 만들었는데, 그 원림은 치려(侈麗)하기 그지없었다고 하였다. 이와 관련된 정자는?

① 만수정(萬壽亭)
② 양성정(養性亭)
③ 중미정(衆美亭)
④ 태평정(太平亭)

4 중국의 청(淸)나라 때 조성된 이름난 정원은?

① 앵도원(櫻桃園)
② 평천장(平泉莊)
③ 온천궁(溫泉宮)
④ 이화원(頤和園)

5 다음 설명에 적합한 용어는?

해인사, 불영사, 청평사 등에는 ( )이/가 조성되어 있었다고 전해지고 있다. 이 ( )은/는 불교에서 가장 성스럽게 여기는 부처님, 탑 그리고 산의 그림자를 수면에 비추기 위해 조성된 것이다.

① 영지(影池)
② 연지(蓮池)
③ 계담(溪潭)
④ 귀루(晷漏)

6 고대 로마시대의 정원인 호르투스(hortus)의 초기 구성 요소가 아닌 것은?

① 약초밭
② 분수
③ 과수원
④ 채전

해 고대 로마시대의 호르투스(Hortus)라 불리는 정원은 약초밭, 과수원, 채소밭으로 구성되었다.

7 고려시대 정원조영의 특징으로 가장 부적합한 것은?

① 격구장을 축조하였다.
② 별서정원(別墅庭園)이 유행하였다.
③ 곡연(曲宴)을 위한 대사누각(臺射樓閣)이 지어졌다.
④ 송나라의 정원을 모방하여 호화롭고 이국적인 화원이 만들어졌다.

8 고대 각 국가의 정원 특징으로 볼 수 없는 것은?

① 이집트 – 신원(Shrine garden)
② 바빌로니아 – 공중(Hanging)공원
③ 그리스 – 아카데미(academy)
④ 로마 – 페리스타일(peristyle) 가든

해 답은 ④로 발표되어 있으나 ④도 절대 틀리지 않다. 페리스타일 가든은 페리스틸리움의 정원 형식을 말하는 것으로 페리스틸리움은 로마 주택조경의 매우 큰 특징이다.

9 불국사의 구품연지를 지나 대웅전으로 올라가는 청운교와 백운교에 33계단이 조성되었는데, 이 "33

계단"의 상징적 의미는?

① 한국 사람이 좋아하는 행운의 숫자

② 입신공명과 부귀영화를 뛰어넘는 해탈

③ 세속의 번뇌로 부산히 흩어진 마음을 하나로 모아두는 시간

④ 불교의 우주관인 수미산에서 33천(天)을 뛰어 넘어 부처의 세계로 나아감

10 영국의 공원 중 최초로 시민의 힘에 의해서 만들어진 공원은?

① 리젠트 파크(Regent Park)

② 그린 파크(Green Park)

③ 하이드 파크(Hyde Park)

④ 버컨헤드 파크(Birkenhead Park)

11 화목부(花木部)에 식물 특성과 함께 배식법을 다루고 있는 중국 명나라 때의 저술서는?

① 계성의 원야(園冶)

② 문진향의 장물지(長物志)

③ 주밀의 오흥원림기(吳興園林記)

④ 이도헌추리의 축산정조전(築山庭造傳)

12 문헌상 우리나라의 정원에 식물인 연(蓮)이 최초로 나타난 시기는?

① 기원전 16년경

② 서기 123년경

③ 서기 372년경

④ 서기 600년경

헤 삼국사기에 신라 지마왕 12년(서기 123년)으로 기록되어있다.

13 르 노트르 양식의 영향을 받은 오스트리아 정원 유적으로 옳은 것은?

① 쇤부른성

② 샤블롱 정원

③ 님펜부르크 성관

④ 페트로드보레츠 궁전

14 Radburn 계획의 개념과 관계가 먼 것은?

① 쿨데삭(cul-de-sac)

② 보행자도로(pedestrian road)

③ 슈퍼블럭(super block)

④ 격자 가로망(grid system)

15 알베르티의 저서『데 레 아에디피카토레(De re Aedificatoria)』에서 제시한 정원의 입지 조건이 아닌 것은?

① 수원의 적절성을 확인한다.

② 배수가 잘되는 견고한 부지가 좋다.

③ 부지의 향방은 태양과 이루는 수평·수직 각도를 고려한다.

④ 도시로부터 조망이 좋고 시장이 형성되는 곳이 좋다.

16 창경궁과 관련된 설명으로 틀린 것은?

① 낙선재 지역은 후궁들의 침전이었다.

② 동명전 옆에는 장대석을 쌓아올린 원형지당과 중앙에 부정형의 섬을 만들었다.

③ 동궐도에 보면 큰 황새 같은 조류나 동물, 해시계, 풍기(風旗) 등의 기물을 대석 뒤에 설치한 것이 보인다.

④ 홍화문에서 명정문에 이르는 보도는 삼도로 중앙을 높게 해 단을 두고 박석을 깔았다.

17 다음 설명 중「도산서원」과 가장 거리가 먼 것은?

① 사산오대(四山五臺)

② 연(蓮)을 식재한 애련설(愛蓮說)

③ 매(梅), 죽(竹), 송(松), 국(菊)

④ 정우당(淨友塘)과 몽천(夢泉)을 축조

헤 ① 사산오대는 이언적 고택의 주변(옥산서원) 경관요소이다.

18 이슬람권의 정원은 파라다이스(Paradise)의 개념을 갖는 정원이 대부분이다. 다음 이와 같은 성격으로 분류하기 어려운 정원은?

① 이졸라 벨라(Isola Bella)

② 샤리마르-바그(Shalimar Bagh)

③ 헤네랄리페(Generalife)

④ 타지마할(Taj Mahal)

정답 | **10** ④ **11** ② **12** ② **13** ① **14** ④ **15** ④ **16** ② **17** ① **18** ①

해 ① 이졸라 벨라 정원은 이탈리아 르네상스시대의 정원이다.

19 다음 정원에 관한 설명에 적합한 일본시대는?

> 거대한 정원석, 호화로운 석조(石組), 명목(名木) 등을 사용한 화려한 색조 정원이 성행했으며 삼보원(三寶院) 정원이 그 대표적 사례이다.

① 실정(室町, 무로마치)
② 도산(桃山, 모모야마)
③ 강호(江戸, 에도)
④ 겸창(鎌倉, 가마쿠라)

20 한국의 별서 양식의 발달에 배경이 되지 못하는 것은?
① 신라시대의 사절유택
② 조선시대 사화와 당쟁의 심화
③ 우리나라의 아름다운 자연환경
④ 무역을 통한 문물 교류의 확대

제2과목 조경계획

21 산악형 국립공원지역 내 입지한 고찰(古刹)지역을 관광지로 개발할 때 가장 중요하게 고려하여야 할 것은?
① 등산로와 종교 참배 동선의 연결
② 종교시설의 집단 설치를 위한 이주
③ 관광객과 종교인들 간의 보행동선 공유
④ 종교 및 문화재 보존과 관광 레크레이션 시설 사이에 완충지대 형성

22 대상 부지 분석의 목적이 아닌 것은?
① 부지계획의 목표 수립
② 부지의 문제점 도출
③ 부지의 잠재력 파악
④ 부지의 특성을 이해

23 자연공원의 각 지구별 자연보존 요구도의 크기 순서를 옳게 나타낸 것은?

> ㉠ 공원자연보존지구
> ㉡ 공원마을지구
> ㉢ 공원자연환경지구

① ㉠ > ㉡ > ㉢
② ㉠ > ㉢ > ㉡
③ ㉢ > ㉠ > ㉡
④ ㉢ > ㉡ > ㉠

24 자연공원법의 "공원별 보전·관리계획의 수립 등" 대한 설명 중 A, B에 적합한 값은?

> 공원관리청은 관련 규정에 따라 결정된 공원계획에 연계하여 (A)년마다 공원별 보전·관리계획을 수립하여야 한다. 다만, 자연환경보전 여건 변화 등으로 인하여 계획을 변경할 필요가 있다고 인정되는 경우에는 그 계획을 (B)년마다 변경할 수 있다.

① A: 10, B: 5
② A: 10, B: 7
③ A: 15, B: 5
④ A: 15, B: 7

25 「체육시설의 설치·이용에 관한 법률」에서 공공체육시설로 분류되지 않는 것은?
① 생활체육시설
② 대중체육시설
③ 전문체육시설
④ 직장체육시설

해 공공체육시설에는 ①③④가 있고, 체육시설업에는 스키장업, 썰매장업, 요트장업, 빙상장업, 종합 체육시설업, 체육도장업, 무도학원업, 무도장업, 가상체험 체육시설업이 있으며, 회원제체육시설업(회원을 모집하여 경영)과 대중체육시설업(회원을 모집하지 아니하고 경영)으로 세분한다.

26 도로를 기능적으로 구분할 때 다음 설명에 해당되는 것은?

> 도시·군계획시설의 결정·구조 및 설치기준에 관한 규칙에서 설명하는 가구(街區: 도로로 둘러싸인 일단의 지역을 말한다.)를 구획하는 도로

① 주간선도로
② 보조간선도로

③ 집산도로　　　　④ 국지도로

27 환경계획이나 설계의 패러다임 중 자연과 인간의 조화, 유기적이고 체계적 접근, 상호 의존성, 직관적 통찰력 등을 특징으로 하는 패러다임은?
① 직관적 패러다임
② 데카르트적 패러다임
③ 전체론적 패러다임
④ 뉴어버니즘 패러다임
해 전체론적 패러다임과 반대의 개념으로는 데카르트적 패러다임을 들 수 있다. 데카르트적 패러다임은 자연 위의 인간, 기계적이고 세분적 접근, 독립성, 분석적인 특징을 가지고 있다.

28 다음 중 놀이시설 계획과 관련된 용어 설명이 부적합한 것은?
① 「개구부」란 시설물의 일부분이 구조체의 모서리나 면으로 둘러싸인 공간을 말한다.
② 「안전거리」란 놀이시설 이용에 필요한 시설 주위의 보호자 관찰거리를 말한다.
③ 「최고 접근높이」란 정상적 또는 비정상적인 방법으로 어린이가 오를 수 있는 놀이시설의 가장 높은 높이를 말한다.
④ 「놀이공간」이란 어린이들의 신체단련 및 정신수양을 목적으로 설치하는 어린이놀이터·유아놀이터 등의 공간을 말한다.
해 ② 「안전거리」란 놀이시설 이용에 필요한 시설 주위의 이격거리를 말한다.
　　답은 ②로 발표되었으나 ①도 완전히 틀렸다. 조경설계기준에 나온 개구부의 정의를 보면, "시설물 일부분이 구조체의 모서리나 면으로 둘러싸인 공간의 입구 또는 출구를 말한다."라고 되어있다. "공간"과 "공간의 입구 또는 출구"가 절대 동일할 수 없다.

29 다음 설명에 가장 적합한 용어는?

> "과거 우리 민족의 정치·문화의 중심지로서 역사상 중요한 의미를 지닌 경주·부여·공주·익산, 그 밖에 관련 절차를 거쳐 대통령령으로 정하는 지역"

① 고도(古都)　　　　② 침상원
③ 비오톱(Biotop)　　④ 계획지역

30 대상지역의 기후에 관한 조사는 계획구역이 속한 지역의 전반적인 기후에 관한 조사와 계획구역 내에 국한된 미기후에 관한 조사로 나누어진다. 다음 중 미기후에 관한 조사 사항이 아닌 것은?
① 강우량　　　　　② 태양열
③ 공기유통　　　　④ 안개·서리 피해지역
해 미기후는 ②③④ 외 지형(산, 계곡, 경사면의 방향), 수륙분포(해안, 하안, 호반)에 따른 안개의 발생, 지상피복(산림, 전답, 초지, 시가지) 및 특수열원(온천, 열을 발생하는 공장) 등에 따라 달라진다.

31 주차장법상 주차장의 종류에 해당되지 않는 것은?
① 노상주차장　　　　② 부설주차장
③ 노외주차장　　　　④ 지하주차장

32 다음 설명에 적합한 계약은?

> 특별시장 등은 도시녹화를 위하여 필요한 경우에는 도시지역의 일정 지역의 토지소유자와 "수림대 등의 보호 조치"를 하는 것을 조건으로 묘목의 제공 등 그 조치에 필요한 지원을 하는 것을 내용으로 하는 계약을 체결할 수 있다.

① 녹지계약　　　　　② 공지계약
③ 생태공간계약　　　④ 원상회복계약
해 답이 ①로 발표되었으나 이 문제는 답이 없다. 보기 내용은 「도시공원 및 녹지 등에 관한 법률」의 "녹화계약"에 대한 것이며 법률에는 "녹지계약" 자체가 없다. 법률적 용어는 정확히 동일한 것만 맞는 것이지 개념이 비슷하다고 답이 될 수는 없다.

33 도시 오픈스페이스의 주요 기능으로 거리가 먼 것은?
① 재해의 방지　　　　② 미기후의 조절
③ 도시 확산의 억제　　④ 토지이용율의 제고

정답　**27** ③　**28** ②　**29** ①　**30** ①　**31** ④　**32** ①　**33** ④

34 배수시설 계획 중 다음 설명의 배수는?

> - 지하수위가 높은 곳, 배수 불량 지반의 지하수위를 낮추기 위한 지하수 배수
> - 맹암거, 개거 등을 이용한 배수
> - 완화배수 및 수목주위 배수암거 등 고려

① 개거 배수
② 표면 배수
③ 지표 배수
④ 심토층 배수

35 건물의 실내정원 배치계획 수립에서 고려해야 할 사항으로 옳지 않은 것은?

① 제한된 환경조건을 갖게 되며, 건물 내부의 환경 및 구조적 조건을 고려해야 한다.
② 일반적으로 식물의 생장에 필요한 습도의 제공 및 관수에 의한 수분공급이 필요하다.
③ 위치 및 조경요소의 배치는 건물 내부의 전체적인 동선 흐름, 이용패턴, 내부공간의 성격 등을 고려한다.
④ 정창(top-light)을 통한 실내 자연광 유입을 위해 남향에 배치하고, 빛을 좋아하고, 생장속도가 빠른 키 큰 식물을 식재한다.

해 실내정원은 공간적·관리적 한계가 있으므로 식물을 선정하는 경우 생장속도가 느리고 크기가 작은 식물이 적합하다.

36 축척이 1/50000인 지형도의 어떤 사면경사를 알기 위해 측정한 계곡선 간의 도상 수평 최단거리가 1.4cm이었을 때 이 두 점의 사면 경사도는 약 얼마인가?

① 8%
② 10%
③ 14%
④ 20%

해 축척 1/50,000의 계곡선 간격은 100m이므로 수직거리는 100m이고, 수평거리는 (1.4×50,000)/100 = 700(m)이다.
∴ 경사도 G = $\frac{수직거리}{수평거리} \times 100 = \frac{100}{700} \times 100 = 14.29(\%)$

37 설문조사의 특성이 아닌 것은?

① 설문 작성을 위한 예비조사를 실시함이 바람직하다.
② 앞부분의 질문이 나중의 질문에 영향을 줄 수 있다.
③ 표준화된 설문지를 여러 응답자에게 반복적으로 사용함으로써 여러 사람의 응답을 비교할 수 있다.
④ 통계적 처리를 통하여 계량적 결론을 낼 수는 있으나 비계량적 결과보다 연구결과의 설득력이 약하다.

38 생태관광의 범위로 옳지 않은 것은?

① 지속가능한 환경친화적인 관광
② 농촌보다는 도시를 소규모 그룹으로 관광
③ 관광지의 경관, 동식물, 문화유산을 고려하는 관광
④ 훼손이 덜된 자연지역을 소규모 그룹으로 관광

해 생태관광이란 생태계가 특히 우수하거나 자연경관이 수려한 지역에서 자연자산의 보전 및 현명한 이용을 통하여 환경의 중요성을 체험할 수 있는 자연친화적인 관광을 말한다.(자연환경보전법)

39 주택건설기준 등에 관한 규정상 "근린생활시설"의 설명 중 ( )안에 알맞은 기준값은?

> 하나의 건축물에 설치하는 근린생활시설 및 소매시장·상점을 합한 면적이 ( )m²를 넘는 경우에는 주차 또는 물품의 하역 등에 필요한 공터를 설치하여야 하고, 그 주변에는 소음·악취의 차단과 조경을 위한 식재 그 밖에 필요한 조치를 취하여야 한다.

① 500
② 1000
③ 2000
④ 2500

40 다음의 설명에 해당하는 계획은?

> "I. McHarg가 시도한 바와 같이 지도를 중첩하여 보다 효율적으로 토지이용의 적정성을 평가하여 개발지구에 대한 대안을 선정"
> "지역의 생태계를 보존하면서 인간의 주거나 활동 장소를 선택해 가기 위한 계획"

① 환경시설계획
② 심미적 환경계획
③ 생태환경계획
④ 환경자원관리계획

제3과목 조경설계

41 장애인 등의 통행이 가능한 계단 그림에서 A와 B의 값이 모두 옳은 것은? (단, 장애인·노인·임산부 등의 편의증진 보장에 관한 법률 시행규칙을 적용한다.)

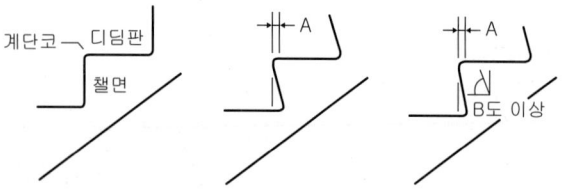

① A: 3cm, B: 45
② A: 3cm, B: 60
③ A: 5cm, B: 50
④ A: 5cm, B: 60

42 사람이 눈을 통하여 외계의 사물을 볼 때 그 사물을 구성하고 있는 다음 시각요소들 중에서 어떤 것이 가장 빨리 지각되는가?
① 색채
② 형태
③ 공간
④ 질감

43 다음 중 제도용 삼각자에 관한 설명으로 옳지 않은 것은?
① 조경 제도에는 30cm가 적합하다.
② 삼각자는 15° 증가되어 여러 각도를 얻을 수 있다.
③ 자의 길이는 45° 빗변과 60°의 수선길이를 말한다.
④ 삼각자는 30°와 60° 2가지가 한 세트로 되어 있다.

해 ④ 삼각자는 세 각이 90°, 45°, 45°인 것과 90°, 60°, 30°인 것 2매가 1세트로 되어 있다.

44 주차장법 시행규칙상의 "장애인전용" 주차단위 구획 기준은? (단, 평행주차형식 외의 경우를 적용한다.)
① 2.0m 이상 × 6.0m 이상
② 2.0m 이상 × 5.0m 이상
③ 2.6m 이상 × 5.2m 이상
④ 3.3m 이상 × 5.0m 이상

45 조경설계기준에서 정한 의자(벤치) 설계에 관한 설명으로 틀린 것은?

① 지면으로부터 등받이 끝까지 전체 높이는 80~100cm를 기준으로 한다.
② 의자의 길이는 1인당 최소 45cm를 기준으로 하되, 팔걸이 부분의 폭은 제외한다.
③ 앉음판의 높이는 약 34~46cm를 기준으로 하되 어린이용 의자는 낮게 할 수 있다.
④ 등받이 각도는 수평면을 기준으로 95~110°를 기준으로 하고, 휴식시간이 길어질수록 등받이 각도를 크게 한다.

해 ① 지면으로부터 등받이 끝까지의 전체 높이는 75~85cm를 기준으로 한다.

46 도면에 사용하는 인출선에 대한 설명으로 틀린 것은?
① 치수선의 보조선이다.
② 가는 실선을 사용한다.
③ 도면 내용물의 대상 자체에 기입할 수 없을 때 사용한다.
④ 식재설계 시 수목명, 수량, 규격을 기입하기 위해 사용한다.

47 다음 재료 구조 표시 기호(단면용)에 해당되는 것은?

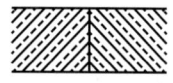

① 지반
② 석재
③ 인조석
④ 잡석다짐

48 제도 용지의 나비와 길이의 비가 옳은 것은?
① 1:1
② 1:$\sqrt{2}$
③ 1:$\sqrt{3}$
④ 1:2

49 가법혼합(Additive mixture)의 3색광에 대한 설명으로 틀린 것은?
① 빨간색광과 녹색광을 흰 스크린에 투영하여 혼합하면 밝은 노랑이 된다.
② 가법혼합은 가산혼합, 가법혼색, 색광혼합이라고 한다.

③ 3색광 모두를 혼합하면 암회색(暗灰色)이 된다.

④ 가법혼색의 방법에는 동시, 계시, 병치 3가지가 있다.

해 ③ 감법혼합(색료의 혼합)에 해당한다.

50 조경공간에서 경관조명시설의 설계 검토 사항으로 옳지 않은 것은?

① 하나의 설계대상 공간에 설치하는 경관조명시설은 종류별로 규격·형태·재료에서 체계화를 꾀한다.

② 특정 집단의 집중적인 이용에 대비해 유지관리가 전문화될 수 있도록 회로구성 등의 설계에 고려한다.

③ 광장과 같은 공간의 어귀는 밝고 따뜻하면서 눈부심이 적은 조명으로 설계한다.

④ 야간 이용의 활성화를 목적으로 설계하는 공원과 같은 공간에서는 야간 이용자들의 흥미유발이 중요하다.

51 제이콥스와 웨이(Jacobs & Way)는 경관의 시각적 흡수력(Visual absorption)은 경관의 투과(Transparency)와 복잡도(Complexity)에 의해 좌우된다고 하였다. 시각적 흡수력이 가장 높은 것은?

① 투과성이 높고, 복잡도가 낮은 경우

② 투과성이 높고, 복잡도가 높은 경우

③ 투과성이 낮고, 복잡도가 낮은 경우

④ 투과성이 낮고, 복잡도가 높은 경우

52 다음 그림은 도형조직의 원리 가운데에서 어느 것이 가장 적당한가?

① 근접성　　　② 방향성

③ 유사성　　　④ 완결성

53 도시경관과 자연경관에 대한 설명 중 틀린 것은?

① 일반적으로 자연경관이 도시경관에 비해 선호도가 높다.

② 도시경관의 복잡성은 자연경관의 복잡성보다 상대적으로 낮다.

③ 자연경관이 도시경관에 비해 색채대비가 낮다.

④ 자연경관은 도시경관에 비해 부드러운 질감을 가진다.

54 다음 입체도를 3각법에 의해 3면도로 옳게 투상한 것은?
(단, 화살표 방향을 정면으로 한다.)

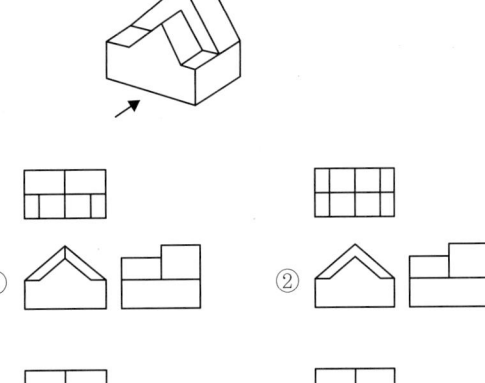

55 해가 지면서 주위가 어두워지는 해 질 무렵 낮에 화사하게 보이던 빨간색 꽃은 어둡고 탁해 보이고, 연한 파란색 꽃들과 초록색의 잎들은 밝게 보이는 현상은 무엇인가?

① 푸르키니에 현상

② 컬러드 셰도우 현상

③ 베졸트-브뤼케 현상

④ 헬슨-저드 효과

56 다음 중 운율미(韻律美)의 표현과 가장 관계가 먼 것은?

① 변화되는 색채

② 수관의 율동적인 선(線)

③ 편평한 벽에 생긴 갈라진 틈

④ 일정한 간격을 두고 들려오는 소리

57 다음 중 균형과 관계있는 용어로 가장 거리가 먼 것은?

① 대칭　　　　　② 점증
③ 비대칭　　　　④ 주도와 종속

해 ② 색깔이나 형태의 크기, 방향이 점차적인 변화로 생기는 리듬을 말한다.

58 비탈면 녹화의 설계 시 고려사항으로 옳지 않은 것은?

① 비탈면 녹화는 인위적으로 깎기, 쌓기 된 비탈면과 자연침식으로 이루어진 비탈면을 생태적, 시각적으로 녹화하기 위한 일련의 행위를 말한다.
② 초본류 식재 방법에는 차폐수벽공법, 식생상심기, 새집공법, 새심기가 있다.
③ 소단배수구를 계획하는 소단부에는 횡단구배를 두고, 배수구쪽으로 편구배를 두어 물이 비탈면으로 넘치지 못하도록 설계한다.
④ 비탈면의 조사에서 토사 비탈면의 토양경도가 27mm 이상이면 암반 비탈면과 같이 취급한다.

해 ② 차폐수벽공법은 비탈의 앞쪽에 나무를 2~3열로 식재하여 수벽을 조성하는 것이다.

59 다음 중 속도감이 가장 둔한 느낌의 색상은?

① 노랑　　　　　② 빨강
③ 주황　　　　　④ 청록

해 속도감은 난색계통의 색이 잘 느껴진다.

60 좋은 디자인이 되기 위해 요구되는 조건으로 가장 거리가 먼 것은?

① 합목적성　　　② 대중성
③ 심미성　　　　④ 경제성

제4과목 조경식재
61 다음 중 비료목(肥料木)으로 분류하기 가장 어려운 수종은?

① 소나무　　　　② 오리나무
③ 싸리나무　　　④ 아까시나무

해 비료목(肥料木) 수종으로는 다릅나무, 아까시나무, 자귀나무, 사방오리나무, 산오리나무, 오리나무, 소귀나무, 목마황, 왜금송, 금작아, 싸리나무, 족제비싸리, 보리수나무, 칡 등이 있다.

62 영국 윌리암 로빈슨이 제창한 야생원과 같은 목가적인 전원풍경을 그대로 재현시키는 식재기법은?

① 무늬식재　　　② 군락식재
③ 자유식재　　　④ 자연풍경식식재

63 자연식생의 군락조사 방법으로 가장 부적합한 것은?

① 모든 방형구의 크기는 5×5m 정도가 일반적이다.
② 방위·경사 등의 입지조건을 기재한다.
③ 식생계층은 교목층, 아교목층, 관목층, 초본층으로 구분하여 기록한다.
④ 각 계층별로 모든 출현종의 우점도와 군도를 기록한다.

해 방형구의 크기는 조사대상에 따라 달리 정한다.

64 다음 특징에 해당하는 수종은?

- 콩과(科) 수종이다.
- 성상은 낙엽활엽교목이다.
- 여름 8월경에 황백색의 꽃이 아름답다.
- 나무껍질은 세로로 갈라진다.
- 건조, 공해에 강하여 전통적으로 정자목으로 이용했다.

① 쥐똥나무(*Ligustrum obtusifolium*)
② 귀룽나무(*Prunus padus*)
③ 능수버들(*Salix pseudolasiogyne*)
④ 회화나무(*Sophora japonica*)

65 조경설계기준에 제시된 비탈 경사면(法面) 피복용 식물이 갖추어야 할 조건으로 가장 거리가 먼 것은?

① 비탈면의 자연식생 천이 방해
② 주변 식생과의 생태적·경관적 조화

정답　**57** ②　**58** ②　**59** ④　**60** ②　**61** ①　**62** ④　**63** ①　**64** ④　**65** ①

③ 우수한 종자발아율과 폭넓은 생육 적응성

④ 목본류는 내건성, 내열성, 내한성 조건을 고루 만족

66 식재로 얻을 수 있는 대표적인 기능 중 "공학적 이용"을 통해서 얻을 수 있는 식물의 효과에 해당하는 것은?

① 대기의 정화작용

② 사생활 보호

③ 조류 및 소동물 유인

④ 구조물의 유화

해 ① 건축적 이용 : 사생활 보호, 차단 및 은폐, 공간분할, 점진적 이해

② 공학적 이용 : 토양침식의 조절, 음향조절, 대기정화작용, 섬광소실, 반사조질, 동행조절

③ 기상학적 이용 : 태양복사열 조절, 바람조절, 강수조절, 온도조절

④ 미적 이용 : 조각물로서의 이용, 반사, 영상(silhouette), 섬세한 선형미, 장식적인 수벽(樹壁), 조류 및 소동물 유인, 배경, 구조물의 유화(柔化)

67 다음 중 황색 열매가 익어 달리는 수종은?

① 치자나무(*Gardenia jasminoides* Ellis)

② 매자나무(*Berberis koreana* Palib)

③ 식나무(*Aucuba japonica* Thunb)

④ 작살나무(*Callicarpa japonica* Thunb)

해 ② 매자나무(적색), ③ 식나무(적색), ④ 작살나무(보라색)

68 조경 식재 설계에서 질감(texture)의 설명으로 옳지 않은 것은?

① 거친 질감에서 부드러운 질감으로의 점진적인 사용은 식재설계에서 바람직하지 않다.

② 떨어진 거리에서 보았을 때 질감은 식물 전체에 대한 빛과 음영의 효과로 나타난다.

③ 가까이에서 보았을 때 질감은 계절을 통하여 잎, 가지의 크기와 표면, 밀도 등에 따라서 결정된다.

④ 식물개체의 물리적 특성과 빛이 식물에 비추는 상태, 식물이 보이는 거리 등은 식물개체의 질감을 결정한다.

69 다음 중 생태계 교란 생물(식물)이 아닌 것은?

① 갯줄풀(*Spartina alterniflora*)

② 단풍잎돼지풀(*Ambrosia trifida*)

③ 양미역취(*Solidago altissima*)

④ 환삼덩굴(*Humulus japonicus*)

해 생태계교란 생물 중 식물에는 돼지풀, 단풍잎돼지풀, 서양등골나물, 털물참새피, 물참새피, 도깨비가지, 애기수영, 가시박, 서양금혼초, 미국쑥부쟁이, 양미역취, 가시상추, 갯줄풀, 영국갯끈풀, 환삼덩굴, 마늘냉이가 있다.(생태계교란 생물 지정고시)

70 다음 중 자생지가 우리나라에서는 울릉도로 한정된 수종은?

① 무화과나무(*Ficus carica* L.)

② 신갈나무(*Quercus mongolica* Fisch. *ex* Ledeb.)

③ 당단풍나무(*Acer pseudosieboldianum* Kom.)

④ 너도밤나무(*Fagus engleriana* Seemen *ex* Diels)

71 다음 중 같은 속(屬)에 속하는 수종으로만 구성된 것은?

① 밤나무, 너도밤나무, 나도밤나무

② 상수리나무, 신갈나무, 굴참나무

③ 족제비싸리, 조록싸리, 꽃싸리

④ 오동나무, 벽오동, 개오동

해 ② 참나무속(*Quercus*)

밤나무(밤나무속), 너도밤나무(너도밤나무속), 나도밤나무(나도밤나무속), 족제비싸리(족제비싸리속), 조록싸리(싸리속), 꽃싸리(꽃싸리속), 오동나무(오동나무속), 벽오동(벽오동속), 개오동(개오동속)

72 다음 식물 중 상록활엽수에 해당되는 것은?

① 목련(*Magnolia kobus*)

② 함박꽃나무(*Magnolia sieboldii*)

③ 태산목(*Magnolia grandiflora*)

④ 일본목련(*Magnolia obovata*)

73 개체군 분포에서 Allee의 원리가 뜻하는 것은?

① 어떤 개체군은 불규칙적으로 분포한다.

② 어떤 개체군 분포는 집단화가 유리하다.

③ 어떤 개체군은 개체 내 경쟁이 개체간보다 치열하다.

④ 어떤 개체군은 미환경의 특성에 다라 분포한다.

해 앨리의 효과(Allee effect)란 개체군은 과밀(過密)도 해롭지만 과소(過小)도 해롭게 작용하며, 개체군의 크기가 일정 이상 유지되어야 종 사이에 협동이 이루어지고 최적생장과 생존을 유지할 수 있다는 원리를 말한다.

74 다음 중 협죽도과(科, Apocynaceae)의 수종은?

① 목서(*Osmanthus fragrans*)

② 좀작살나무(*Callicarpa dichotoma*)

③ 마삭줄(*Trachelospermum asiaticum*)

④ 치자나무(*Gardenia jasminoides*)

해 ① 목서(물푸레나무과), ② 좀작살나무(마편초과), ④ 치자나무(꼭두서니과)

75 식재방법을 기능별로 분류하면 공간조절, 경관조절, 환경조절로 구분할 수 있다. 이 중 공간을 조절하기 위한 식재방법은?

① 지표식재   ② 경관식재

③ 녹음식재   ④ 경계식재

76 수목이식시 표준 뿌리분의 크기를 결정하는 일반적 기준은?

① 근원직경 × 3   ② 근원직경 × 4

③ 근원직경 × 5   ④ 근원직경 × 6

77 다음 중 자웅이주이기 때문에 암그루와 숫그루를 함께 심어야 열매를 볼 수 있는 수종으로만 나열된 것은?

① 계수나무, 해당화   ② 먼나무, 산딸나무

③ 낙상홍, 보리수나무   ④ 소철, 은행나무

해 보기 중 암수딴그루(자웅이주) : 계수나무, 먼나무, 낙상홍, 소철, 은행나무

78 식물체를 지탱시키며, 뿌리에 산소를 공급하는 토양단면상의 집적층을 나타내는 기호는?

① A층   ② B층

③ C층   ④ D층

79 다음 중 무궁화의 학명으로 맞는 것은?

① *Lagerstroemia indica*

② *Cornus controversa*

③ *Cedrus deodara*

④ *Hibiscus syriacus*

해 ① 배롱나무, ② 층층나무, ③ 개잎갈나무, ④ 무궁화

80 아황산가스에 약한 수종은?

① 은행나무   ② 가이즈까향나무

③ 독일가문비   ④ 동백나무

제5과목 조경시공구조학

81 다음 중 고사식물의 하자보수 면제 대상에 해당되지 않는 것은?

① 폭풍 등에 준하는 사태

② 천재지변과 이의 여파에 의한 경우

③ 인위적인 원인(생활 활동에 의한 손상 등)으로 인한 고사

④ 유지관리비용을 지급받은 준공 후 상태에서 가뭄 등에 의한 고사

82 콘크리트 타설시 거푸집에 작용하는 측압이 큰 경우에 해당되지 않는 것은?

① 거푸집 부재단면이 클수록

② 콘크리트의 비중이 작을수록

③ 콘크리트의 슬럼프가 클수록

④ 외기온도가 낮을수록

해 ② 콘크리트의 비중이 클수록 측압이 커진다.

83 다음 네트워크 공정표에서 전체 공정을 마치는데 소요되는 최장 기간(CP)은?

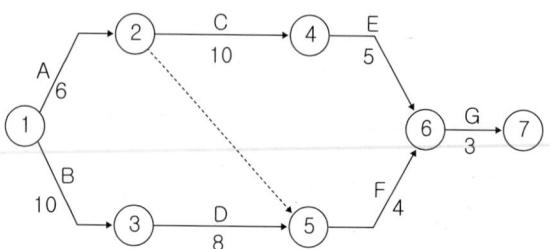

① 23일 　　　　　② 24일

③ 25일 　　　　　④ 26일

해 CP 작업 : B-D-F-G

84 감리원에 대한 설명이 틀린 것은?

① 현장대리인이 감리원을 선정한다.

② 그 공사에 대하여 전문적인 기술자를 선정한다.

③ 감리원은 설계도대로 시공되지 않았을 때는 수급인에게 시정을 요구한다.

④ 감리원은 발주자의 자문에 응하고 기술적으로 설계서대로의 시공여부를 확인한다.

해 감리원은 발주자를 대신하여 관리·감독의 권한을 가지기에 발주자가 선정한다.

85 다음 건설재료 중 단위 m³당 중량(重量)이 가장 큰 것은?

① 철근콘크리트 　　　② 화강암

③ 자갈(건조) 　　　　④ 목재(생송재)

해 ① 2.4t/m³, ② 2.6~2.7t/m³,

③ 1.6~1.8t/m³, ④ 0.8t/m³

86 조경시공분야와 관련된 POE(Post Occupancy Evaluation)란?

① 품질관리기법의 일종으로 불량품처리와 재발을 방지하는 것

② 시공으로 인한 환경적 영향을 사전에 평가하는 기법

③ 설계자가 시공자의 입장을 충분히 고려하여 설계하는 기법

④ 시공 후 평가 또는 이용 후 평가

87 다음에 설명하는 특징을 갖는 조명등은?

> - 조명등 중 전기효율이 높은 편이다.
> - 빛이 먼 거리까지 잘 비춰 가로등이나 각종 시설조명으로 사용된다.
> - 발광색은 노란색이어서 매우 특징적이므로 미적효과를 연출하기 용이하다.
> - 곤충들이 모여 들지 않는 특징이 있다.

① 할로겐등 　　　　② 크세논램프

③ 고압나트륨등 　　④ 메탈할라이드등

88 다음 그림에 대한 설명 중 틀린 것은?

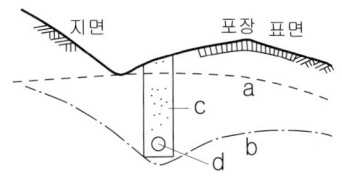

① 차단배수시설이다.

② d는 콘크리트 무공관이다.

③ a는 초기, b는 변경된 지하수위이다.

④ c는 굵은 모래나 모래가 섞인 강자갈이 좋다.

해 ② d는 PVC 유공관이다.

89 다음 중 구조물을 역학적으로 해석하고 설계하는 데 있어, 우선적으로 산정해야 하는 것은?

① 구조물에 작용하는 하중 산정

② 구조물에 작용하는 외응력 산정

③ 구조물에 발생하는 반력 산정

④ 구조물 단면에 발생하는 내응력 산정

해 구조계산 순서 : 하중 산정-반력 산정-외응력 산정-내응력 산정-내응력과 재료의 허용응력 비교

90 건물 외벽에 그림과 같은 철봉을 박고 그 끝에 화분을 걸었다. 이때 발생하는 휨모멘트의 해석도는?

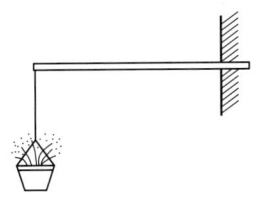

 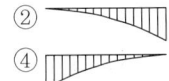

91 소운반(小運搬)에 대한 설명으로 옳은 것은? (단, 건설공사 표준품셈의 기준을 적용한다.)

① 인력을 이용하는 목도운반을 소운반이라 한다.

② 소운반의 거리는 50m 이내의 거리를 말한다.

정답 **84** ① **85** ② **86** ④ **87** ③ **88** ② **89** ① **90** ① **91** ③

2020년 조경기사 제1·2회 통합 **1295**

③ 경사면의 소운반 거리는 수직고 1m를 수평거리 6m의 비율로 계상한다.

④ 소운반로가 비포장일 경우 비용을 50% 할증 계상한다.

해 소운반의 운반거리 : 품에 포함된 소운반 거리는 20m 이내의 거리를 말하며, 소운반 거리가 20m를 초과할 경우 별도의 운반품을 계상하고, 경사면의 소운반 거리는 직고 1m를 수평거리 6m로 본다.

92 보통 포틀랜드 시멘트(평균기온 20℃ 이상)를 사용한 경우 거푸집널의 해체 시기(기초, 보, 기둥 및 벽의 측면)로 옳은 것은? (단, 압축강도를 시험하지 않을 경우)

① 1일   ② 2일
③ 3일   ④ 4일

93 다음 공식에서 A가 의미하는 것은?

$$A = \frac{흐트러지지 \ 않은 \ 천연시료의 \ 강도}{흐트러진 \ 시료의 \ 강도}$$

① 예민비   ② 간극비
③ 함수비   ④ 포화도

94 다음 중 금속부식을 최소화하기 위한 방법에 대한 설명 중 옳지 않은 것은?

① 부분적으로 녹이 나면 즉시 제거한다.

② 표면을 평활하고 깨끗이 하며 가능한 한 건조한 상태를 유지한다.

③ 가능한 한 이종금속을 인접 또는 접촉시키지 않는다.

④ 큰 변형을 준 것은 가능한 한 담금질을 하여 사용한다.

95 토압에 대한 설명 중 틀린 것은?

① 토압이 작용하지 않는 옹벽은 구조적으로 담과 같은 구조물이다.

② 옹벽의 뒷채움 흙을 다지더라도 토압은 크게 변화하지 않는다.

③ 토압의 크기는 토질, 함수량, 등에 따라 달라지게 된다.

④ 옹벽과 같은 구조물에 작용하는 흙의 압력이 토압이다.

96 다음 중 순공사비의 구성 항목이 아닌 것은?

① 경비   ② 재료비
③ 노무비   ④ 일반관리비

97 다음의 단순보에서 A점의 반력이 B점의 반력의 3배가 되기 위한 거리 x는 얼마인가?

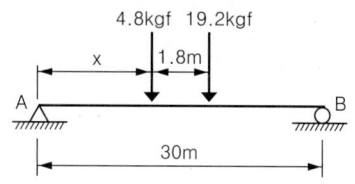

① 3.75m   ② 5.04m
③ 6.06m   ④ 6.66m

해 반력의 제시된 조건 $R_A = 3R_B$

· 합력 $R = -4.8 - 19.2 = -24$(kgf) 하향 ∴ $R_B = 6$kgf

· 두 힘에 대한 R의 작용점 거리(P_1기준)

$$x_p = \frac{19.2 \times 1.8}{24} = 1.44(m)$$

· A점에 대한 R의 작용점 거리

$$\Sigma M_A = 24 \times x_A - 6 \times 30 = 0$$

$$x_A = \frac{6 \times 30}{24} = 7.5(m)$$

∴ A점으로부터 P_1의 거리 $x = 7.5 - 1.44 = 6.06$(m)

98 그림과 같을 때 B점의 표고 Hb는? (단, n=11.5, D=40m, S=1.50m, I=1.10m, Ha=25.85)

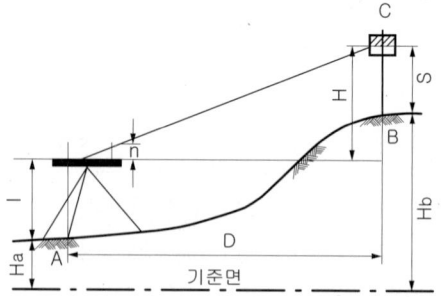

① 31.20m   ② 32.20m
③ 30.05m   ④ 31.05m

해 $H_b = H_a + I + (nD/100) - S$

=25.85+1.1+(11.5×40/100)−1.5=30.05(m)

99 15분 동안에 15mm의 비가 내렸을 때, 이것을 평균강우강도(mm/hr)로 환산할 경우 맞는 것은?

① 1　　　　　　　　② 30
③ 60　　　　　　　　④ 90

🖩 강우강도 계산 시 강우시간이 1시간보다 적은 경우 1시간으로 환산하여 구한다. 15×(60/15)=60(mm/hr)

100 15ton 차륜식 불도저를 이용하여 60m지점에 굴착토를 운반하여 사토하려 할 때 1회 왕복시간은 얼마인가? (단, 전진속도 80m/분, 후진속도 100m/분, 기어변속시간 0.25분이다.)

① 3.24분　　　　　　② 2.95분
③ 1.60분　　　　　　④ 0.91분

🖩 왕복시간 Cm = $\frac{L}{V_1}$ + $\frac{L}{V_2}$ + t = $\frac{60}{80}$ + $\frac{60}{100}$ + 0.25 = 1.6(분)

제6과목 조경관리론

101 다음 [보기]에서 설명하는 제초제는?

[보기]
- 유기인계 비선택성 제초제이다.
- 작용기작은 아미노산의 생합성저해이다.
- 원제는 백색, 무취의 결정으로서 분자량이 약 169이다.

① 파라코(Paraquat)
② 글리포세이트(Glyphosate)
③ 시노설프론(Cinosulfuron)
④ 프레틸라클로르(Pretilachlor)

102 공원관리에 있어서 안전대책에 관한 사항으로 틀린 것은?

① 사고 후의 처리 문제는 안전대책에서 제외시킨다.
② 시설의 설치 시 시설의 구조, 재질, 배치 등이 안전한가에 주의해야 한다.
③ 시설을 설치한 후에도 이용방법, 이용빈도 등 이용 상황을 관찰하도록 한다.
④ 이용자, 보호자의 부주의에서 생기는 사고의 경

우에는 시설의 개량, 안내판에 의한 지도가 필요하다.

🖩 ① 사고 후의 처리 문제도 사고 대책에 포함되어야 한다.

103 비료의 화학적 반응에 관한 설명으로 틀린 것은?

① 과인산석회는 산성비료이다.
② 비료의 수용액 고유의 반응을 말한다.
③ 화학적으로 중성인 비료는 시용 후 식물의 흡수 후에도 그 반응은 변화되지 않는다.
④ 식물이 뿌리로부터 양분을 흡수하는 것은 그 양분이 가용성(可溶性)이어야 한다.

🖩 ③ 중성비료에는 식물의 사용 후 생리적 산성비료와 생리적 중성비료로 구분할 수 있다. 생리적 산성비료는 식물이 사용하지 못하는 황산기와 염소이온 등이 남아 산성을 보이는 비료를 말하며, 생리적 중성비료는 작물이 흡수한 후에도 중성을 보이는 비료를 말한다.

104 토양 부식(腐植, humus)의 기능으로 틀린 것은?

① 지온을 상승시킨다.
② 공극률을 증가시킨다.
③ 유효인산의 고정을 증가시킨다.
④ 양이온치환용량을 증가시킨다.

🖩 인산이 알루미늄이나 철 등과 반응하여 식물이 이용하지 못하는 불용성화합물로 되는 것을 인산고정이라고 하며, 부식에 의해서는 거의 일어나지 않는다.

105 실내조경용 식물의 인공토양에 해당되지 않는 것은?

① 질석　　　　　　　② 펄라이트
③ 피트모스　　　　　④ 사질양토

🖩 ④ 사질양토는 자연토양을 말한다.

106 공정관리 곡선 작성 중 아래 표에서와 같이 실시 공정 곡선이 예정 공정 곡선에 대해 항상 안전 범위 안에 있도록 예정곡선(계획선)의 상하에 그리는 허용한계선을 일컫는 명칭은?

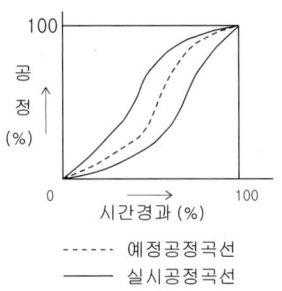

① S - curve
② progressive curve
③ banana curve
④ net curve

107 조경관리에 활용되는 사다리의 넘어짐(전도) 방지에 대한 설명으로 틀린 것은?
① 이동식 사다리의 길이가 6m를 초과하는 것을 사용하지 않도록 한다.
② 기대는 사다리의 설치각도는 수평면에 대하여 75° 이하를 유지해야 한다.
③ 계단식 사다리(A자형)는 잠금장치를 확실하게 사용하고, 접은 채로 사용하지 않도록 한다.
④ 기대는 사다리(일자형)를 설치할 때는 사다리의 상단이 걸쳐 놓은 지점으로부터 30cm 정도 올라가게 설치한다.
해 지문의 내용은 한국산업안전보건공단의 「사다리 안전보건작업 지침」에 나오는 내용으로서 "사다리의 상단은 걸쳐놓은 지점으로부터 60cm 이상이어야 한다."라는 내용과 비교하여 ④가 잘못된 것이나, 이 지침은 2018년 12월에 폐기된 것으로 현 시점에서는 올바른 문제라 할 수 없다.

108 콘크리트 재료 시설물의 균열을 줄이기 위한 대책으로 적당하지 않은 것은?
① 양생방법에 주의한다.
② 수축 이음부를 설치한다.
③ 단위 시멘트량을 적게 한다.
④ 수화열이 높은 시멘트를 선택한다.
해 수화열이 높으면 수축과 팽창이 늘어나 균열이 증가한다.

109 관리업무 중에 위탁하는 것이 유리한 것은?
① 긴급한 대응이 필요한 업무
② 정량적이고 정기적인 관리업무
③ 관리취지가 명확해야 하는 업무
④ 이용자에게 양질의 서비스가 가능한 업무
해 위탁이 유리한 업무
·장기에 걸쳐 단순작업을 행하는 업무
·전문지식, 기능, 자격을 요하는 업무
·규모가 크고, 노력과 재료 등을 포함하는 업무
·관리주체가 보유한 설비로는 불가능한 업무
·직영의 관리인원으로는 부족한 업무

110 포플러류 잎의 뒷면에 초여름부터 오렌지색의 작은 가루덩이가 생기고 정상적인 나무보다 먼저 낙엽이 지는 현상이 나타나는 병은?
① 갈반병
② 잎녹병
③ 잎마름병
④ 점무늬잎떨림병

111 미국흰불나방은 북아메리카가 원산지이다. 우리나라에 최초로 피해를 나타낸 시기는?
① 1948년 전후
② 1958년 전후
③ 1968년 전후
④ 1978년 전후

112 수목의 수간 외과수술의 과정이 옳은 것은?

A: 부패부 제거	B: 형성층 노출
C: 소독 및 방부	D: 공동충전
E: 방수처리	F: 표면경화처리
G: 인공수피처리	

① A→B→C→D→E→F→G
② A→F→E→D→C→B→G
③ A→F→B→C→E→D→G
④ A→D→C→E→B→F→G

113 다음 설명의 A와 B에 들어갈 적합한 용어는?

지하수는 작은 공극으로 이루어지는 모세관을 따라 위로 이동하게 되며, 이동되는 높이는 모세관의 지름에 (A)한다. 그러나 모세관작용에 의하여 이동하는 물의 속도는 모세관의 지름이 (B) 빠르다.

① A: 비례 　　 B: 클수록
② A: 반비례 　 B: 클수록
③ A: 비례 　　 B: 작을수록
④ A: 반비례 　 B: 작을수록

114 살분법(撒粉法)에 이용되는 분제가 갖추어야 할 물리적 성질로서 가장 거리가 먼 것은?

① 분산성 　　　　　② 비산성
③ 안정성 　　　　　④ 현수성

해 ④ 현수성은 액체형 약제의 물리적 성질로 수화제에 물을 가했을 때 고체 미립자가 침전하거나 떠오르지 않고 오랫동안 균일한 분산상태를 유지하는 성질을 말한다.

115 횡선식공정표로서 각 작업의 완료시점을 100%로 하여 가로축에 그 진행도를 표현하는 것은?

① GANTT Chart 　　② PERT 기법
③ CPM 기법 　　　　④ 기열식 공정표

116 토양으로부터 입경분석을 하고, 그리고 입경의 분포비에 의해서 토성(Soil texture)을 결정하게 된다. 이 일련의 과정과 관계가 없는 것은?

① 삼각도표법
② 스톡스(Stokes) 법칙
③ 토양의 양이온치환용량
④ Sodium hexametaphosphate

해 ① 도표를 이용하여 토성을 판별한다.
　　② 다양한 크기의 입자로 구성된 토양 현탁액의 입경분포 또는 밀도를 평가한다.
　　③ 양이온치환용량은 입경분석과 관련이 없다.
　　④ 토양 질감 평가를 위해 점토 및 기타 토양 유형을 분해하는 분산제로 사용된다.

117 곤충의 외분비물질로 특히 개척자가 새로운 기주를 찾았다고 동족을 불러들이는 데에 사용되는 종내 통신물질로 나무좀류에서 발달되어 있는 물질은?

① 집합 페로몬 　　　② 경보 페로몬
③ 길잡이 페로몬 　　④ 성 페로몬

118 비탈면의 풍화 및 침식 등의 방지를 주목적으로 하며, 1:1.0 이상의 완구배로서 접착력이 없는 토양, 식생이 곤란한 풍화토, 점토 등의 경우에 실시하는 비탈면의 보호공은?

① 콘크리트판 설치공
② 돌붙임 및 블록붙임공
③ 콘크리트 격자형 블록 및 심줄박기공
④ 시멘트 모르타르 및 콘크리트 뿜어붙이기공

해 답이 ②로 발표되었으나 지문이 잘못되어 ②가 될 수 없다. 일반적(건설기준에도 있음)으로 45°를 기준으로 급경사와 완경사를 구분하는데, 지문에 "1:1.0 이상의 완경사"라는 표현은 잘못된 것이며, "1:1.0 이하의 완경사"로 표현해야 ②가 답이 될 수 있는 것이다. 따라서 ②는 답이 될 수 없다.

119 네트워크에 의한 공정계획 수법 중 자원의 평준화의 목적에 해당하지 않는 것은?

① 유휴시간을 줄일 것
② 일일 동원자원을 최대로 할 것
③ 공기내에 자원을 균등하게 할 것
④ 소요자원의 급격한 변동을 줄일 것

해 ② 일일 동원자원을 평준화시킨다.

120 과석, 중과석과 같은 가용성 인산비료에 석회질비료를 함께 배합할 경우 비효가 감소하는 원인 물질에 해당되는 것은?

① 규산석회 　　　　② 인산3칼슘
③ 질소 　　　　　　④ 염화칼륨

해 ② 과석과 중과석은 산성비료이고 석회질 비료는 알칼리이므로 동시에 시비할 경우 산과 알칼리 반응으로 효과가 감소된다. 따라서 주성분인 인산3칼슘(인산석회)이 영향을 받게 된다.

제1과목 조경사

1 고대 이집트 주택정원의 연못가에 세운 정자는?

① Pylon ② Kiosk
③ Obelisk ④ Sycamore

2 안동 하회마을과 관련이 없는 것은?

① 화산서원 ② 이화촌
③ 겸암정사 ④ 하당

해 화산서원은 경기 포천, 전북 익산 등 여러 곳에 위치한다.

3 20세기 초 건축, 조경, 공예 부문에 실용적이고 장식이 별로 가해지지 않는 것이 요구되어 생겨난 미학 용어는?

① 회화미 ② 고전미
③ 복합미 ④ 기능미

해 ④ 20세기에 들어 기능과 합리성을 추구하는 양식이 대두되었다.

4. 다음 보기의 단면도와 같은 배치를 보이는 르네상스 시대의 별장 정원은?

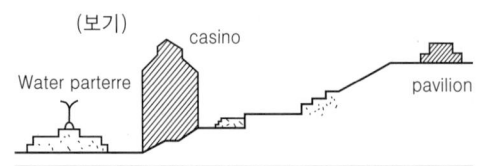

① 란셀로티장(Villa Lancelotti)
② 란테장(Villa Lante)
③ 에스테장(Villa d'Este)
④ 카스텔로장(Villa Castello)

해 ② 제1노단과 제2노단 사이에 두 채의 카지노가 설치되어 있다.

5 경복궁의 경회루에 대한 내용으로 틀린 것은?

① 외국사신의 영접과 왕이 조정의 군신에게 베풀었던 연회장소로서의 기능
② 유생들에게 왕이 친히 시험을 치르던 공간으로 사용

③ 조선시대의 전형적인 방지원도형 지원으로 2개의 원도를 설치
④ 서쪽에서 볼 때 두 개의 섬은 양분되어 좌우대칭의 기하학적 형태

해 ③ 경회루는 방지방도형 지원으로 3개의 방도를 설치하였다.

6 일본의 정토정원이 아닌 것은?

① 정유리사 ② 영구사
③ 장안사 ④ 중존사

7 보르뷔콩트(Vaux-Le-Vicomte)의 설명으로 맞지 않는 것은?

① 기하학, 원근법, 광학의 법칙을 적용하였다.
② 루이 14세에 의해 만들어졌다.
③ 비스타 가든(Vista garden)의 특징을 잘 보여준다.
④ 프랑스 조경의 평면기하학 양식을 대표하는 정원의 하나이다.

해 ② 보르뷔콩트는 재정 담당관이었던 니콜라스 푸케에 의해 지어졌다.

8 조선시대 기관 중 원포(園圃)와 소채(蔬菜)에 관한 업무를 맡던 곳은?

① 영조사 ② 장원서
③ 산택사 ④ 사포서

9 스페인의 무어양식의 특징은 중정(patio)에 있다 알함브라 궁의 파티오와 헤네랄리페 이궁의 파티오 가운데 같은 이름으로 불렸던 곳은?

① 사이프러스의 중정 ② 사자의 중정
③ 연못의 중정 ④ 커넬의 중정

해 알함브라 궁전의 '레하(Reja)의 중정', 헤네랄리페의 '후궁의 중정'이 '사이프러스 중정'으로 불린다.

10 다음 중 왕도(王都)에 배나무가 연이어져 심겨 있었던 기록이 있는 국가는?

① 고구려 ② 신라
③ 백제 ④ 발해

정답 **1** ② **2** ① **3** ④ **4** ② **5** ③ **6** ③ **7** ② **8** ④ **9** ① **10** ①

해 ① 삼국유사에 고구려 양원왕 2년(546) '왕도에 있는 배나무가 연리(連理)했다'는 기록이 있다.

11 조선시대 중기에 조영된 품(品)자형 상류주택으로 풍수지리사상과 방지원도형 연못이 조영된 다음 가도(家圖)의 사례지는?

① 구례 운조루
② 강릉 선교장
③ 논산 윤증고택
④ 함양 정여창 고택

12 각 나라 정원의 연결이 올바른 것은?
① 에카테리나 궁 – 오스트리아
② 바벨성 – 헝가리
③ 엑홀름 – 러시아
④ 돌마바체 – 터키

해 ① 에카테리나 궁–러시아, ② 바벨성–폴란드, ③ 엑홀름–덴마크

13 초암풍(草庵風)의 정원조성으로 다정원(茶庭園) 양식을 창출한 사람은?
① 풍신수길(豐臣秀吉)
② 몽창국사(夢窓國師)
③ 천리휴(千利休)
④ 등원양방(藤原良房)

14 중국의 사가정원 가운데 "해당화가 심겨져 있는 봄 언덕(해당춘오:海棠春塢)"이라는 정원이 그림과 같이 꾸며진 곳은?

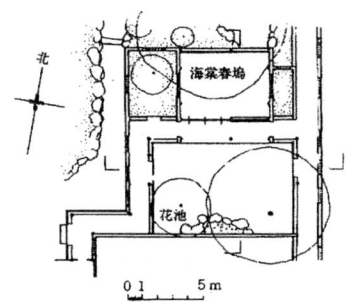

① 유원
② 사자림
③ 창랑정
④ 졸정원

15 이탈리아의 벨베데레원(Belvedere Garden)에 대한 설명으로 틀린 것은?
① 16세기 초 브라망테가 설계하였다.
② 최고 높이의 노단은 장식원으로 꾸몄다.
③ 건물과 공지를 조화시키어 건축적인 중정을 만들었다.
④ 축선을 강조한 캐널과 대분천으로 워터가든을 조성하였다.

해 ④ 대분천을 이루는 것은 오스트리아의 벨베데레원이다.

16 다음 중 중국 전통정원에 영향을 끼친 문인으로 보기 어려운 인물은?
① 백거이(伯居易)
② 도연명(陶淵明)
③ 계성(計成)
④ 귤준강(橘俊綱)

해 ④ 귤준강은 일본의 작정기(作庭記)를 작성하였다고 알려진 인물이다.

17 청평사 선원(문수원 정원)에 관한 내용 중 틀린 것은?
① 청평사 문수원 정원은 고려 중기 이자현이 조성한 것이다.
② 청평사는 사다리꼴 형태의 영지가 경외에 있다.
③ 청평사는 자연동화적 수행 공간으로 조성되었다.
④ 청평사는 축을 강조한 전형적 전통사찰공간 배치 형식을 따른다.

해 ④ 청평사는 수림과 계류가 조화를 이룬 자연경관에 계곡을 따라 정자나 암자를 배치하였다.

18 19세기 초 미국문화와 기후에 따라 부지에 적합하게 설계해야 된다는 점을 깊이 인식한 조경가는?
① 앙드레 파르망티에
② 앤드류 잭슨 다우닝
③ 프레드릭 로 옴스테드
④ 찰스 엘리어트

19 통일신라시대의 대표적인 조경유적이 아닌 것은?

① 임류각 　　　　　　② 안압지

③ 포석정 　　　　　　④ 불국사

해 ① 임류각은 백제의 유적이다.

20 오늘날 옥상정원(Roof Garden)의 효시로 볼 수 있는 고대의 정원은?

① 이집트의 룩소르(Luxor)신전

② 그리스의 아도니스(Adonis)정원

③ 로마의 아드리아나(Adriana)별장

④ 페르시아의 파라다이스(Paradises)

제2과목 조경계획

21 다음 중 기능적 위계가 큰 도로의 순서대로 바르게 나열한 것은?

① 집산도로 〉 주간선도록 〉 국지도로 〉 보조간선도로

② 주간선도로 〉 보조간선도로 〉 국지도로 〉 집산도로

③ 주간선도로 〉 집산도로 〉 보조간선도로 〉 국지도로

④ 주간선도로 〉 보조간선도로 〉 집산도로 〉 국지도로

22 대지면적이 500m²인 필지에서 기준층 건축면적이 200m²이고, 5층 건물이라고 할 때에 건폐율(A)과 용적률(B)을 맞게 계산한 것은?(단, 모든 층의 면적은 기준층의 면적과 같음)

① A: 20%, B: 100%　　② A: 20%, B: 200%

③ A: 40%, B: 200%　　④ A: 40%, B: 400%

해 건폐율 $= \dfrac{건축면적}{대지면적} \times 100 = \dfrac{200}{500} \times 100 = 40(\%)$

용적률 $= \dfrac{연면적}{대지면적} \times 100 = \dfrac{5 \times 200}{500} \times 100 = 200(\%)$

23 일반적인 토지이용계획의 순서에 포함되지 않은 것은?

① 적지분석 　　　　　② 종합배분

③ 토지이용분류 　　　④ 지하매설 공동구 설치

해 토지이용계획은 '토지이용 분류→적지분석→종합배분'의 순으로 한다.

24 개인적 공간(personal space)을 설명한 것 중 옳지 않은 것은?

① 개인이 이동함에 따라 같이 움직이는 구역

② 사회적 거리(홀, Hall)는 보통 1.2m~3.6m

③ 상황과 상관없이 일정한 크기를 유지

④ 인체를 둘러 싼 보이지 않는 경계를 가진 구역

해 ③ 개인적 공간은 일정하거나 고정되어 있지 않는 유동적 범위로 설정된다.

25 GIS에서 사용되는 벡터모델의 기본요소가 아닌 것은?

① Grid 　　　　　　② Line

③ Point 　　　　　　④ Polygon

해 벡터모델은 점(Point), 선(Line), 면(Polygon)의 자료구조로 단순화하여 좌표를 통해 실세계의 지형지물을 표현한다.

· 점(Point) : 0차원 기하학적 위치를 나타내는 요소(삼각점, 수준점 등)

· 선(Line) : 1차원 표현방식으로 두 점까지의 최단거리 선형 대상물(도로 등)

· 면(Polygon) : 한정되고 연속적인 2차원적 표현, 경계를 포함하거나 포함하지 않음(행정경계 등)

26 일반적으로 "장애인 등의 통행이 가능한 접근로"에 대한 설명 중 (　)안에 적합한 값은?(단, 관련 규정을 적용, 지형상 곤란한 경우는 고려하지 않는다.)

> 나. 기울기
> (1) 접근로의 기울기는 (　)분의 1 이하로 하여야 한다.
> (2) 대지 내를 연결하는 주접근로에 단차가 있을 경우 그 높이 차이는 2센티미터 이하로 하여야 한다.

① 8 　　　② 10 　　　③ 12 　　　④ 18

27 조경계획 과정 중 공간배분 계획에 대한 설명으로 옳지 않은 것은?

① 공공성이 높을수록 수목이나 시설물의 높이를 낮게 하여야 한다.

② 유사시설간 연계성을 높이고 집단화를 통하여

토지이용의 효율성을 높여야 한다.

③ 공간축의 성격에 따라 대칭형 공간과 균제형 대칭공간을 형성하게 된다.

④ 휴게공간은 운동공간이나 놀이공간에 비하여 상대적으로 공공성이 높으므로 측면부에 배치하여야 한다.

28 이용자수 추정 시 활용되는 "최대일률(피크율)"에 대한 설명 중 옳은 것은?

① 경제적인 측면에서 볼 때 최대일률이 높을수록 좋다.

② 최대일 이용자 수에 대한 최대 시 이용자수의 비율이다.

③ 연간 이용자 수에 대한 최대일 이용자 수의 비율이다.

④ 최대일률은 계절형과 관계없이 일정하다.

해 ① 최대일률은 편차가 작은 것이 경제적이다.

② 회전율에 대한 설명이다.

④ 계절에 따라 비율이 달리 적용된다.

29 「도시·군계획시설의 결정·구조 및 설치기준에 관한 규칙」에 명시된 보행자전용도로의 구조 및 설치기준으로 옳은 것은?

① 소규모광장·공연장·휴식공간·학교·공공청사·문화시설 등이 보행자전용도로와 연접된 경우에는 이들 공간과 보행자전용도로를 분리하여 위요된 보행공간을 조성할 것

② 보행자전용도로와 주간선도로가 교차하는 곳에는 평면교차시설을 설치하고 보행자 우선구조로 할 것

③ 포장을 하는 경우에는 빗물이 일정한 장소로 집수될 수 있도록 불투수성 재료를 사용할 것

④ 차량의 진입 및 주정차를 억제하기 위하여 차단시설을 설치할 것

30 조경계획 과정에서 필요한 인문·사회환경분석에 대한 설명으로 틀린 것은?

① 조망점은 조망빈도가 낮고, 조망량이 적어 원상태 유지가 잘된 곳으로 정한다.

② 토지 소유권의 특징과 토지취득의 조건을 세밀히 조사해야 한다.

③ 교통은 계획부지 내의 교통체계를 조사하고 계획 대상지에 접근할 수 있는 교통수단과 동선배치 상태를 조사한다.

④ 행태분석의 방법은 실제 이용자를 대상으로 하거나 또는 이와 유사한 계층의 사람들을 대상으로 조사한다.

31 자연공원법상 공원계획으로 지정할 수 있는 용도지구 중에서 공원자연보존지구의 완충공간(緩衝空間)으로 보전할 필요가 있는 지역을 지칭하는 용어는?

① 공원자연보존지구 ② 공원자연환경지구
③ 공원문화유산지구 ④ 공원마을지구

32 미기후 조사 항목 중 '안개' 및 '서리'는 주로 어느 지역에서 발생하는가?

① 경사가 완만하고 수목이 밀생한 지역
② 지하수위가 낮고 사질양토인 지역
③ 수목이 없고 겨울철 북서풍에 노출되는 지역
④ 지형이 낮고 배수가 불량한 지역

33 환경영향평가와 관련된 설명이 틀린 것은?

① 제안된 사업이 환경에 미치는 영향을 파악하는 과정이다.

② 제안된 사업의 파급 영향에 대한 정보를 정책 결정자에게 제공한다.

③ 사업이 수행되지 않을 때와 사업이 수행될 때의 환경변화의 차이가 환경영향이다.

④ "환경영향평가등"이란 사전환경영향평가, 환경영향평가 및 집약적 환경영향평가를 말한다.

해 ④ "환경영향평가등"이란 전략환경영향평가, 환경영향평가 및 소규모 환경영향평가를 말한다.

34 다음 설명의 밑줄에 해당되지 않는 것은?

공원녹지기본계획 수립자는 공원녹지기본계획을 수립하거나 변경하려면 미리 인구, 경제, 사회,

문화, 토지이용, 공원녹지, 환경, 기후, 그 밖에 **대통령령으로 정하는 사항** 중 해당 공원녹지기본계획의 수립 또는 변경에 필요한 사항을 대통령으로 정하는 바에 따라 조사하거나 측량하여야 한다.

① 경관 및 방재
② 상위계획 등 관련 계획
③ 환경부장관이 정하는 조사방법 및 등급분류 기준에 따른 녹지등급
④ 지형·생태자연·지질·토양·수계 및 소규모 생물 서식공간 등 자연적 여건

35 자연공원에서 하여서는 아니 되는 금지행위에 해당하지 않는 것은?
① 지정된 장소 안에서의 취사와 흡연행위
② 자연공원의 형상을 해치거나 공원시설을 훼손하는 행위
③ 대피소 등 대통령령으로 정하는 장소·시설에서 음주행위
④ 야생동물을 잡기 위하여 화약류·덫·올무 또는 함정을 설치하거나 유독물·농약을 뿌리는 행위

36 지질도가 다음 그림과 같이 나타났을 경우 암석층 A의 경사각 표현으로 가장 적합한 것은?

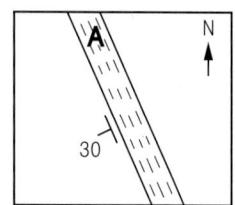

① 수평면으로부터 30° 기울어졌다.
② 지표면으로부터 30° 기울어졌다.
③ 수직면으로부터 좌측으로 30° 기울어졌다.
④ 정북(北)으로부터 좌측으로 30° 기울어졌다.

37 습지보호지역에서 습지보전·이용을 위해 설치·운영할 수 없는 시설은?
① 습지를 보호하기 위한 시설

② 습지를 연구하기 위한 시설
③ 습지를 인공적으로 조성하기 위한 시설
④ 습지생태를 관찰하기 위한 시설

38 도로설계 시 '최소곡선장'이 기준치보다 짧을 때 발생되는 문제로 옳지 않은 것은?
① 운전 시 핸들조작이 불편하여 안전성을 저하시킨다.
② 원심 가속도 변화율의 증가로 운전에 방해가 될 수 있다.
③ 현재까지 안전상의 문제 해결을 위해 도로설계 시 최소 원곡선의 길이 규정은 마련되어 있지 않다.
④ 곡선반경이 실제보다 작게 보여 운전 시 착각을 일으키므로 다른 차선을 침범할 수 있다.
해 ③ 「도로의 구조·시설 기준에 관한 규칙」에 '평면곡선의 길이'가 정해져 있다.

39 다음 중 시간 혹은 비용의 제약 등을 고려해볼 때 주어진 시간 및 비용의 범위 내에서 얻을 수 있는 최선의 안을 말하는 것은?
① 최적 안(optimal solution)
② 규범적인 안(normative solution)
③ 만족스런 안(satisficing solution)
④ 혁신적인 안(innovative solution)
해 ① 현재의 주어진 여건 혹은 가정된 여건 내에서 가장 적절한 안
② 이상적인 혹은 권위주의인 안으로, 현재의 여건을 거의 고려하지 않고 찾아내는 안
④ 기존의 가정된 여건 및 요구조건을 변경시키고 새로운 가정 하에서 만들어진 안

40 수중등에 관한 배치 및 시설기준에 관한 설명이 틀린 것은?
① 여러 종류의 색필터를 사용하여 야간의 극적인 분위기를 연출한다.
② 관리의 효율성을 위해 전구는 수면 위로 노출시키며, 고전압으로 설계한다.
③ 규정된 용기 속에 조명등을 넣어야 하며, 용기에 따라 정해진 최대수심을 넘지 않도록 한다.

정답   35 ① 36 ① 37 ③ 38 ③ 39 ③ 40 ②

④ 폭포·연못 등과 같은 대상공간의 수조나 폭포의 벽면에 조명의 기능을 구현할 수 있는 곳에 배치한다.

제3과목 조경설계

41 다음 중 경관을 변화시키는 요인에 해당하지 않는 것은?

① 대비   ② 거리
③ 관찰점   ④ 시간

해 경관의 변화요인 : 운동, 빛, 기후조건, 계절, 거리, 관찰위치, 규모, 시간

42 한 도면 내에서 굵은 선의 굵기 기준을 0.8mm로 하였다면 레터링 보조선이나 치수선의 적절한 굵기에 해당되는 것은?

① 0.2mm   ② 0.3mm
③ 0.4mm   ④ 0.5mm

해 ① 한 도면 내에서 가는선, 기본선(중간선) 및 굵은선의 비율은 1 : 2 : 4이다.

43 주차장의 설계 시 이용할 주차단위구획(너비 × 길이)이 3.3미터 이상 × 5.0미터 이상의 기준에 해당되는 형식은?(단, 주차장법 시행규칙을 적용한다.)

① 일반형(평행주차형식)
② 보도와 차도의 구분이 없는 주거지역의 도로(평행주차형식)
③ 확장형(평행주차형식 외의 경우)
④ 장애인전용(평행주차형식 외의 경우)

44 인체의 치수를 기본으로 하여 전체를 황금비 관계로 잡아가는 독자적인 조화 척도는?

① 스케일(scale)
② 모듈러(modulor)
③ 비례(proportion)
④ 피보나치 급수(fibonacci series)

45 조경설계기준 상의 "옥외계단" 설계로 옳지 않은 것은?

① 계단의 경사는 최대 30~35°가 넘지 않도록 한다.

② 옥외에 설치하는 계단은 최소 2단 이상을 설치하여야 한다.

③ 경사가 18%를 초과하는 경우는 보행에 어려움이 발생되지 않도록 계단을 설치한다.

④ 높이가 1.5m를 넘을 경우 1.5m 이내마다 계단의 유효 폭 이상의 폭으로 너비 100cm 이상인 참을 둔다.

해 ④ 높이가 2.0m를 넘을 경우 2.0m 이내마다 계단의 유효 폭 이상의 폭으로 너비 120cm 이상인 참을 둔다.

46 다음 설명에 알맞은 형태의 지각심리는?

> • 공동운명의 법칙이라고도 한다.
> • 유사한 배열로 구성된 형들이 방향성을 지니고 연속되어 보이는 하나의 그룹으로 지각되는 법칙을 말한다.

① 근접성   ② 연속성
③ 대칭성   ④ 폐쇄성

47 다음 입체도를 제3각법 정투상도로 옳게 나타낸 것은?

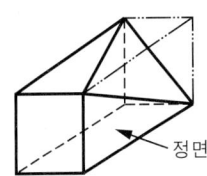

정면

①   ②
③   ④

48 아치(arch)에 대한 설명으로 거리가 먼 것은?

① 동·서양에서 공통적으로 사용된 구조물이다.
② 아치의 기술은 B.C 2세기경 로마인에 의해 크게 발전하였다.
③ 구조적으로 압축력을 인장력으로 전환하여 지반에 전달하는 구조이다.
④ 아치를 이용하면 기둥(post)과 인방(lintel)구조

에서 생산이 짧은 단점을 극복할 수 있다.

㉿ ③ 아치구조는 압축력만을 받는 구조로 인장력은 발생하지 않는다.

49 시각적 선호도 측정방법 중 정신생리 측정법에 대한 설명으로 옳은 것은?
① 주로 오스굿(Osgood)의 어의구별 척도를 사용한다.
② 심리적 상태에 따라 나타나는 생리적 현상을 측정하는 것이다.
③ 여러 대상물을 2개씩 맞추어 서로 비교하는 방식을 사용한다.
④ 이용자의 관찰시간 측정에 의한 주의집중 밀도 파악이 가능하다.

㉿ ② 정신생리측정은 심리적 상태에 따라 나타나는 생리적 현상을 측정하는 방법이며, 피부전기반사를 측정하거나 뇌파를 측정하여 '각성(arousal)'의 정도를 나타내는 지표로 이용된다.

50 설계대안의 작성에 관한 설명으로 옳은 것은?
① 대안은 많을수록 좋은 안을 선택할 수 있는 가능성이 높다.
② 대안 작성의 목적은 대안 중에서 반드시 최종안을 결정하는 데 있다.
③ 대안 작성은 문제해결을 보다 합리적이고 객관적으로 수행하기 위한 방법이다.
④ 대안의 평가는 정책적인 요소가 많이 게재됨으로 실질적인 의의는 없다.

51 프로젝트의 계획방향이 설정되면 조사 분석을 거쳐 계획·설계로 진행된다. 다음 중 설계과정의 설명으로 옳은 것은?
① 분석단계에는 부지의 조건을 고려하여 평면배치를 위한 땅가름 등의 분석 및 구상을 하게 된다.
② 분석내용을 종합하여 기본구상을 하게 되며 이 경우 아이디어의 상징적·추상적 표현을 위하여 도식화된 다이어그램이 많이 사용된다.
③ 기본계획에서는 토지이용계획을 하게 되며, 동선계획과 녹지계획 등은 실시설계 단계에서 구체화하여 간다.

④ 시공을 위한 실시설계는 분석단계 이전에 충분히 고려되어 있어야 한다.

52 색채이론의 내용이 틀린 것은?
① 고채도의 색은 강한 느낌을 준다.
② 장파장역의 빨강은 팽창색이다.
③ 한색, 암색은 진출색이다.
④ 명도가 높은 색과 한색보다 난색은 주목성이 높다.

㉿ ③ 난색이나 명도와 채도가 높은 것이 진출색이다.

53 조경설계기준상의 「축구장」의 배치 및 규격 기준으로 가장 거리가 먼 것은?
① 장축을 동-서로 배치한다.
② 경기장 크기는 길이 90~120m, 폭 45~90m이어야 하며, 길이는 폭보다 길어야 한다.
③ 경기장 라인은 12cm 이하의 명확한 선으로 긋되, V자형의 홈을 파서 그으면 아니 된다.
④ 잔디가 아닐 경우 스파이크가 들어갈 수 있을 정도의 경도로 슬라이딩에 의한 찰과상을 방지할 수 있는 포장으로 한다.

㉿ ① 장축을 남-북으로 배치한다.

54 다음 설명의 ( )에 가장 부적합한 것은?

> 「도시·군계획시설의 결정·구조 및 설치 기준에 관한 규칙」에 의해 도로에는 ( ) 등을 고려하여 차도와 분리된 보도를 설치하는 것을 고려하여야 한다.

① 도로 폭
② 보행자의 통행량
③ 주변 토지이용계획
④ 대중교통의 통행량

55 투시도 작성 시 소점(消点, Vanish Point)을 설명한 것은?
① 화면과 지면이 만나는 선
② 물체와 시점 간의 연결선
③ 물체의 각 점이 수평선상에 모이는 점

④ 정육면체의 측면 깊이를 구하기 위한 점

56 다음 [보기]의 설명 중 ㉠, ㉡에 적합한 것은?(단, 도시공원 및 녹지 등에 관한 법률 시행규칙을 적용한다.)

> [보기]
> 하나의 도시지역 안에 있어서의 도시공원의 확보 기준은 해당도시지역 안에 거주하는 주민 1인당 (㉠)제곱미터 이상으로 하고, 개발제한구역 및 녹지지역을 제외한 도시지역 안에 있어서의 도시공원의 확보 기준은 해당 도시지역 안에 주거하는 주민 1인당 (㉡)제곱미터 이상으로 한다.

① ㉠ 2, ㉡ 4
② ㉠ 3, ㉡ 6
③ ㉠ 4, ㉡ 2
④ ㉠ 6, ㉡ 3

57 도면결합법(overlay method)을 주로 사용하여 경관의 생태적 목록을 종합하여 분석에 활용한 사람은?
① Lynch
② McHarg
③ Litton
④ Leopold

58 디자인의 요소에 대한 설명으로 옳지 않은 것은?
① 적극적 입체는 확실히 지각되는 형, 현실적 형을 말한다.
② 소극적인 면은 점의 확대 선의 이동, 너비의 확대 등에 의해 성립된다.
③ 기하 곡면은 이지적 이미지를 상징하고, 자유 곡면은 분방함과 풍부한 감정을 나타낸다.
④ 점이 일정한 방향으로 진행할 때는 직선이 생기며, 점의 방향이 끊임없이 변할 때는 곡선이 생긴다.

59 조경공간에서 배수설계 관련 설명이 옳지 않은 것은?
① 배수시설의 기울기는 지표기울기에 따른다.
② 최대 우수배수량을 합류식으로 산출하여 정한다.

③ 관거 이외의 배수시설의 기울기는 0.5% 이하로 하는 것이 바람직하다.
④ 배수계통은 직각식·차집식·선형식·방사식·집중식 등의 방식 중 배수구역의 지형·배수방식·방류조건·인접시설 그리고 기존의 배수시설과 같은 요소들을 고려하여 결정한다.

해 ③ 관거 이외의 배수시설의 기울기는 0.5% 이상으로 하는 것이 바람직하다.

60 조경설계기준상 조경구조물의 계획·설계 설명이 옳지 않은 것은?
① 앉음벽은 휴게공간이나 보행공간의 가운데에 배치할 때는 주보행동선과 교차하게 배치한다.
② 앉음벽은 짧은 휴식에 적합한 재질과 마감 방법으로 설계하며, 앉음벽의 높이는 34~46cm로 한다.
③ 장식벽은 경관적 목적을 위하여 수식이나 장식이 필요한 석축, 옹벽, 담장 등의 수직적 구조물의 표면에 부가·설치한다.
④ 울타리 및 담장은 단순한 경계표시 기능이 필요한 곳은 0.5m 이하의 높이로 설계한다.

해 ① 앉음벽은 휴게공간이나 보행공간의 가운데에 배치할 때는 주보행동선과 평행하게 배치한다.

제4과목 조경식재

61 나자식물 중 상록침엽수가 아닌 것은?
① 개잎갈나무(*Cedrus deodara*)
② 구상나무(*Abies koreana*)
③ 일본잎갈나무(*Larix kaempferi*)
④ 독일가문비(*Picea abies*)

62 여의도공원 내 생태적인 공간에 식재할 수 있는 교목성상의 수목으로 부적합한 것은?
① 느티나무(*Zelkova serrata*)
② 상수리나무(*Quercus acutissima*)
③ 물푸레나무(*Fraxinus rhynchophylla*)
④ 구실잣밤나무(*Castanopsis sieboldii*)

해 ④ 구실잣밤나무는 남부수종에 해당된다.

63 조경 식재도면의 식물 리스트 작성 시 이용하기에 가장 편리한 순서는?
① 교목, 관목, 덩굴식물, 화초의 순서
② 한국 식물 명칭의 가, 나, 다 순서
③ 학명의 A, B, C 순서
④ 상록활엽수, 낙엽활엽수의 순서

64 다음 수목 중 생울타리용으로 양지 바른 곳에 가장 적합한 것은?
① 광나무(*Ligustrum japonicum*)
② 감탕나무(*Ilex integra*)
③ 삼나무(*Cryptomeria japonica*)
④ 주목(*Taxus cuspidata*)

65 다음 중 같은 속(屬)에 속하는 식물들로만 구성된 것은?
① 곰솔, 일본잎갈나무, 백송
② 사시나무, 은백양, 황철나무
③ 소나무, 리기다소나무, 낙우송
④ 자작나무, 개박달나무, 물오리나무

해 ② 사시나무속

66 「*Euonymus japonicus* Thunb.」의 식재기능으로 가장 거리가 먼 것은?
① 경계식재   ② 경관식재
③ 녹음식재   ④ 차폐식재

해 사철나무는 관목으로 녹음식재에 부적합하다.

67 조경설계기준에서 제시한 표 중 "H"에 해당하는 수치는?

식물의 종류	생육 최소 토심(cm)		배수층 두께
	토양등급 중급이상	토양등급 상급이상	
잔디, 초화류	A	B	C
소관목	D	E	F
대관목	G	H	I
천근성 교목	J	K	L
심근성 교목	M	N	O

① 15   ② 30   ③ 50   ④ 90

해 식물의 생육토심

식물의 종류	생육 최소 토심(cm)		배수층 두께
	토양등급 중급이상	토양등급 상급이상	
잔디, 초화류	30	25	10
소관목	45	40	15
대관목	60	50	20
천근성 교목	90	70	30
심근성 교목	150	100	30

68 침식지 및 사면녹화에 적합하지 않은 수종은?
① 족제비싸리(*Amorpha fruticosa*)
② 물오리나무(*Alnus sibirica*)
③ 등(*Wisteria floribunda*)
④ 노각나무(*Stewartia pseudocamellia*)

69 중부 임해공업지대에서 공해와 한해의 피해를 가장 적게 받고 생육할 수 있는 수종은?
① 사철나무(*Euonymus japonicus*)
② 광나무(*Lingustrum japonicum*)
③ 개비자나무(*Cephalotaxus koreana*)
④ 일본잎갈나무(*Larix kaempferi*)

해 ②③④ 모두 남부수종에 해당된다.

70 페튜니아(*Petunia hybrida*)의 설명이 틀린 것은?
① 여러해살이풀이다.
② 높이 15~25(60)cm 정도로 자란다.
③ 잎에 샘털이 밀생하여 점성을 띠고 냄새가 고약하다.
④ 온실에서 가꾼 꽃은 일찍 피며, 모양, 크기 및 색이 품종에 따라서 다르다.

71 다음 중 덧파종에 대한 설명으로 옳은 것은?
① 난지형 잔디밭 위에 한지형 잔디를 파종하여 겨울철 녹색의 잔디밭을 만드는 것
② 사전에 종피 처리를 한 잔디종자를 파종하여 대규모로 잔디밭을 만드는 것
③ 잔디 뗏장을 부지 전면에 이식하여 조기에 잔디밭을 만드는 것
④ 잔디 뗏장을 잘라서 일정 간격을 떼고 심어 잔디밭을 만드는 것

72 쌍자엽식물(A)과 단자엽식물(B)의 일반적인 특징 비교 중 틀린 것은?

① 잎맥: A(대개 망상맥), B(대개 평행맥)
② 뿌리계: A(1차근과 부정근), B(부정근)
③ 부름켜: A(있음), B(없음)
④ 1차 관다발: A(산재 또는 2~다환배열), B(환상배열)

해 ④ 관다발의 경우 쌍자엽식물은 규칙적이며 단자엽식물은 불규칙적이다.

73 조경기준(국토교통부)상에 "대지안의 식재기준" 중 ㉠~㉣의 내용이 틀린 것은?

> □ 조경면적의 배치
> –대지면적 중 조경의무면적의 (㉠)% 이상에 해당하는 면적은 자연지반이어야 하며, 그 표면을 토양이나 식재된 토양 또는 투수성 포장구조로 하여야 한다.
> –너비 (㉡)m 이상의 도로에 접하고 (㉢)m² 이상인 대지 안에 설치하는 조경은 조경의무면적의 (㉣)% 이상을 가로변에 연접하게 설치하여야 한다.

① ㉠ 10
② ㉡ 20
③ ㉢ 2000
④ ㉣ 15

해 ④ ㉣ 20

74 붉은(赤)색 계통의 단풍이 들지 않는 수종은?

① 고로쇠나무(*Acer pictum* subsp. *mono* Ohashi)
② 신나무(*Acer tataricum* subsp. *ginnala*)
③ 화살나무(*Euonymus alatus*)
④ 당단풍나무(*Acer pseudosieboldianum*)

해 ① 고로쇠나무는 황색 계통의 단풍이 든다.

75 일반적으로 우리나라의 4계절 구분 중 개화 시기가 다른 수종은?

① 무궁화(*Hibiscus syriacus*)
② 능소화(*Campsis glandiflora*)
③ 배롱나무(*Lagerstroemia indica*)

④ 병꽃나무(*Weigela subsessilis*)

해 ①②③ 여름철 개화, ④ 5월경 개화

76 식물의 질감과 관계되는 설명 중 옳지 않은 것은?

① 질감은 식물을 바라보는 거리에 따라 결정된다.
② 두껍고 촘촘하게 붙은 잎은 고운 질감을 나타낸다.
③ 부드러운 질감을 가진 식물에 의해서 생긴 그림자는 더욱 짙게 보인다.
④ 어린식물들은 잎이 크고, 무성하게 성장하기 때문에 성목보다 거친 질감을 갖는다.

해 ③ 부드러운 질감의 식물은 잎이 작으므로 상대적으로 그림자가 연하게 보인다.

77 다음 조경식물의 규격에 관한 설명에 적합한 용어는?

> 교목의 줄기를 측정하는 방법, 지면에서 1.2m 높이에서 측정, 기호는 B이고 단위는 cm이다.

① 근원직경
② 흉고직경
③ 지상직경
④ 수관직경

78 생태적 천이의 과정이 순서대로 나열된 것은?

① 나지 → 개망초 → 참억새 → 참싸리 → 소나무 → 신갈나무
② 나지 → 망초 → 억새 → 소나무 → 상수리나무 → 붉나무
③ 나지 → 쑥부쟁이 → 찔레꽃 → 망초 → 소나무 → 졸참나무
④ 나지 → 쑥 → 억새 → 소나무 → 옻나무 → 굴참나무

79 가을에 개화하여 꽃을 감상할 수 있는 지피식물은?

① 노루귀
② 피나물
③ 꽃향유
④ 원추리

80 다음 중 실내정원 식물인 "페페로미아"의 특징으로 틀린 것은?

① 쥐꼬리망초과(Geraniaceae)이다.

② 줄기삽과 엽삽으로 번식하며 쉽게 뿌리가 내리는 편이다.

③ 배양토의 적정 pH는 5.5~6.0이고 EC는 1.0mS이다.

④ 높은 공중습도를 좋아하며, 토양수분이 적고 광도가 낮은 환경에서 잘 자란다.

해 ① 후추과

제5과목 조경시공구조학

81 거푸집에 가해지는 콘크리트의 측압이 크게 작용하는 경우에 해당하지 않는 것은?

① 철근량이 많을수록

② 특히 유의하여 다질수록

③ 부재의 수평단면이 클수록

④ 콘크리트의 부어넣기 속도가 빠를수록

82 구조부재에 작용하는 축직교 하중은 부재상의 각 점에서 부재를 자르려고 하는데 이 외력의 세력을 무엇이라 하는가?

① 수직반력　　　　② 전단력

③ 압축응력　　　　④ 축력

83 공동도급(joint venture) 방식의 장점에 대한 설명으로 옳지 않은 것은?

① 2개 이상의 사업자가 공동으로 도급하므로 자금 부담이 경감된다.

② 대규모 공사를 단독으로 도급하는 것보다 적자 등 위험 부담의 분산이 가능하다.

③ 공동도급 구성원 상호간의 이해충돌이 없고 현장 관리가 용이하다.

④ 각 구성원이 공사에 대하여 연대책임을 지므로, 단독도급에 비해 발주자는 더 큰 안정성을 기대할 수 있다.

해 ③ 공동도급 구성원 상호간 이해의 충돌과 책임회피의 우려가 있고, 사무관리나 현장관리가 복잡하다.

84 조경용 합성수지재는 열경화성수지와 열가소성수지로 구별된다. 다음 중 열경화성수지에 해당되지 않는 것은?

① 폴리에틸렌수지　　② 페놀수지

③ 우레탄수지　　　　④ 폴리에스테르수지

85 다음 중 목재와 관련된 설명으로 틀린 것은?

① 목재의 건조방법은 자연건조와 인공건조로 구분된다.

② 목재방부제는 열화방지 효과 및 내구성이 크고 침투성이 양호해야 한다.

③ 목재는 함수율의 증가에 따라 팽윤하기도 하고, 함수율의 감소와 함께 수축하기도 한다.

④ 목재의 강도 중 섬유와 직각방향의 인장강도가 가장 크다.

해 ④ 목재의 강도 중 섬유방향의 인장강도가 가장 크다.

86 콘크리트의 블리딩(Bleeding) 현상에 의한 성능저하와 가장 거리가 먼 것은?

① 콘크리트의 응결성 저하

② 콘크리트의 수밀성 저하

③ 철근과 페이스트의 부착력 저하

④ 골재와 페이스트의 부착력 저하

87 다음 사다리꼴(균등측면) 개수로의 관련 식으로 옳은 것은?

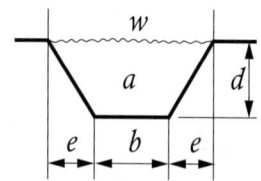

① 유적 : $b+2\sqrt{e^2}+d^2$

② 윤변 : $\dfrac{d(b+e)}{b+2\sqrt{e^2}+d^2}$

③ 경심 : $d(b+e)$

④ 폭 : $b+2e$

해 ① 유적 : $d(b+e)$

　　② 윤변 : $b+2\sqrt{e^2+d^2}$

　　③ 경심 : $\dfrac{d(b+e)}{b+2\sqrt{e^2+d^2}}$

88 다음 그림은 기둥을 도해한 것이다. 단면이 같고 하중의 크기가 동일할 때 좌굴장에 대한 설명 중 옳은 것은?

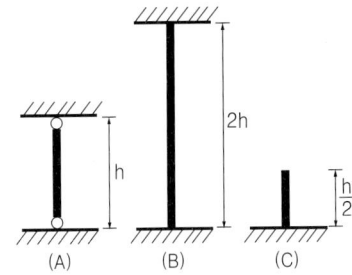

(A) (B) (C)

① A, B, C 모두 같다.
② A가 최대이고 C가 최소이다.
③ B가 최대이고 A가 최소이다.
④ B가 최대이고 C가 최소이다.

해 A=1.0×h=h, B=0.5×2h=h, C=2×(h/2)=h

89 도로와 하수도의 중심선과 같은 선형 구조물의 위치를 평면적으로 표시하는 데 가장 적합한 방법은?
① 좌표에 의한 방법   ② 단면에 의한 방법
③ 입면에 의한 방법   ④ 측점에 의한 방법

90 건설 표준품셈에서 다음의 종목(A) 중 설계서의 단위(B) 및 단위 수량 소수위 기준(C)이 틀리게 구성된 것은?(단, 나열순은 A-B-C의 순서임)
① 공사폭원 – m – 1위
② 직공인부 – 인 – 2위
③ 공사면적 – m² – 2위
④ 토적(체적) – m³ – 2위

해 ③ 공사면적 – m² – 1위

91 고사식물의 하자보수 면제 항목에 해당되지 않은 것은?
① 전쟁, 내란, 폭풍 등에 준하는 사태
② 준공 후 유지관리비용을 지급받은 상태에서 혹한, 혹서, 가뭄, 염해(염화칼슘) 등에 의한 고사
③ 천재지변(폭풍, 홍수, 지진 등)과 이의 여파에 의한 경우
④ 인위적인 원인으로 인한 고사(교통사고, 생활 활동에 의한 손상 등)

92 그림에서 B점의 반력(V_B)값은?

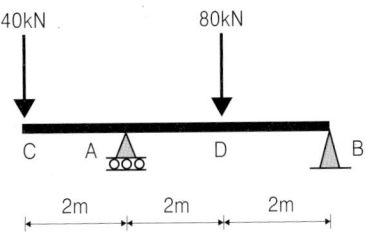

2m 2m 2m

① 0kN   ② 20kN   ③ 40kN   ④ 60kN

해 힘의 평형방정식으로 MA=0이 되도록 VB를 구한다.
$\Sigma M_A = -40×2+80×2-V_B×4=0$ $\therefore V_B=20(ton)$

93 그림과 같이 한쪽은 깎기이고, 한쪽은 쌓기일 경우에 쓰이는 방법으로 매립에 이용되는 절토와 성토 방법은?

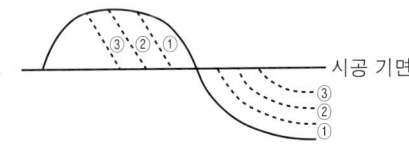

시공 기면

① 비계층쌓기   ② 층따기
③ 전방층쌓기   ④ 수평층쌓기

94 횡선식 공정표와 비교한 네트워크 공정표의 설명이 틀린 것은?
① 복잡한 공사, 대형공사, 중요한 공사에 사용된다.
② 최장경로와 여유 공정에 의해 공사의 통제가 가능하다.
③ 네트워크에 의한 종합관리로 작업 선·후 관계가 명확하다.
④ 공정표 작성이 용이하나 문제점의 사전예측이 어렵다.

95 배수계획에서 다음 그림을 설명한 사항 중 옳은 것은?

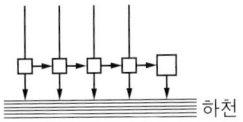

하천

① 배수가 가장 신속하다.
② 수질오염 방지에 적합하다.
③ 평행식(parallel system)이다.
④ 지형의 고저차가 심할 때 유리하다.

96 등고선이 높아질수록 밀집하여 있으며, 반대로 낮은 등고선에서는 간격이 멀어져 있는 경우는 다음 중 지형도의 어느 것에 해당하는가?
① 현애　　　　　② 凹경사
③ 급경사　　　　④ 평사면

97 수준측량의 야장 기입법 중 중간점(I.P)이 많을 경우 가장 편리한 방법은?
① 승강식　　　　② 기고식
③ 횡단식　　　　④ 고차식

98 다음 중 조경시설물 재료에 대한 일반적인 요구 성능이 아닌 것은?
① 가연성　　　　② 내구성
③ 보존성　　　　④ 운반가능성

99 TQC(Total Quality Control)를 위한 도구 중 다음 설명에 적합한 것은?

> 모집단에 대한 품질특성을 알기 위하여 모집단의 분포 상태, 분포의 중심위치 및 산포 등을 쉽게 파악할 수 있도록 막대그래프 형식으로 작성한 도수분포도를 말한다.

① 체크시트　　　② 파레토도
③ 히스토그램　　④ 특성요인도

100 단면의 형상에 따라 역T형, L형으로 나누어지며, 옹벽자체 중량과 기초 저판 위 흙의 중량에 의하여 배면토압을 지탱하게 한 형식은?
① 조적식　　　　② 중력식
③ 부벽식　　　　④ 캔틸레버식

제6과목 조경관리론

101 고속도로의 녹지관리 상 기본적 입장으로 볼 수 없는 것은?
① 대부분 가늘고 긴 대상(帶狀)의 벨트로 되어 있다.
② 대부분 이용자는 도로녹지를 이용하는 것이 주 목적이다.
③ 미적인 식재관리보다 교통의 안정성과 쾌적성을 중요시한다.
④ 이용자가 불특정 다수이기 때문에 서비스 수준을 정하기가 어렵다.
해 ② 대부분의 도로녹지는 완충녹지의 역할을 한다.

102 농약 혼용 시 주의하여야 할 사항으로 틀린 것은?
① 유기인계와 알칼리성 농약은 혼용하지 않는다.
② 되도록 농약과 비료는 혼합하여 살포하지 않는다.
③ 혼용가부표를 반드시 확인하여 혼용여부를 결정한다.
④ 성분특성과 농도유지를 위해 약효가 다른 많은 종류의 약제를 한 번에 다량 혼용한다.
해 ④ 농약 혼용 시 2종 혼용을 원칙으로 하고 다종 약제의 혼용은 피한다.

103 잔디를 정기적으로 적당한 높이에서 예초할 때의 효과로 거리가 먼 것은?
① 잡초 방제 효과
② 깎인 경엽은 거름으로 제공
③ 잔디분얼 촉진과 밀도를 높임
④ 미관을 증진시켜 휴식처의 이용에 적합
해 ② 깎아낸 예지물(thatch)은 비나 레이크로 모아서 제거한다.

104 안전관리 사고 중 관리하자에 의한 사고는?
① 그네에서 뛰어내리는 곳에 벤치가 설치되어 팔이 부러진 사고
② 그네를 잘못 타서 떨어지거나, 미끄럼틀에서 거꾸로 떨어진 사고
③ 유아가 방호책을 기어 넘어가서 연못에 빠지는 사고

④ 연못가에 설치된 목재 펜스가 부패되어 부서져 물에 빠진 사고

해 ① 설치하자에 의한 사고

②③ 이용자·보호자·주최자 등의 부주의에 의한 사고

105 토성의 분류 방법 중 자갈의 크기는 입경이 몇 mm 이상인가?

① 0.2mm
② 1mm
③ 2mm
④ 3mm

106 조경관리의 특성으로 옳지 않은 것은?

① 조경관리의 규격화, 표준화가 가능하다.
② 관리대상의 기능이 유동성과 다양성을 지닌다.
③ 관리대상은 시간 경과에 따라 성장하고 자연에 적응한다.
④ 조경관리란 경관과 경관을 이루는 모든 경관 구성요소에 대한 관리 개념까지 포함된다.

해 ① 조경식물은 자연에서 얻어지는 것으로 표준화를 통한 효율적 시공 및 관리가 곤란하다.

107 토양의 양이온교환용량(CEC)에 대한 설명으로 옳은 것은?

① 토양이 전하성질과는 무관하게 양이온을 함유할 수 있는 능력이며, 단위는 me/100g이다.
② 토양이 음전하에 의하여 양이온을 함유할 수 있는 능력이며, 단위는 mg/kg이다.
③ 토양이 음전하에 의하여 양이온을 흡착할 수 있는 능력이며, 단위는 cmolc/kg이다.
④ 토양이 양전하에 의하여 염기성 이온을 흡착할 수 있는 능력이며, 단위는 %이다.

108 수목관리의 설명이 옳지 않은 것은?

① 지주목 결속 끈의 보수는 1년 동안 수시로 점검·정비한다.
② 철쭉, 개나리 등의 낙엽화목류 전정은 휴면기인 동계에 실시한다.
③ 거적감기는 가을(10~11월)에 실시하는 것이 병해충 방제에 효과가 있다.
④ 생장이 왕성한 어린 유목(幼木)에는 강전정, 오래

된 노목(老木)에는 약전정을 실시한다.

해 ② 화목류의 전정은 꽃이 진 후에 실시한다.

109 고속도로 주변 녹지관리를 위해 등짐형 동력예초기로 제초작업을 하는 경우 착용해야 하는 개인보호구로 적절하지 않은 것은?

① 보안경
② 안전화
③ 방진 장갑
④ 방독마스크

110 잔디종자는 땅을 잘 갈아서 고른 뒤에 파종한다. 파종 시 주의할 사항으로 옳은 것은?

① 잔디종자는 호암성이므로 복토를 할 때 깊이 묻히도록 해야 한다.
② 잔디종자는 호광성이므로 복토 시 반드시 깊이 묻히도록 해야 한다.
③ 잔디종자는 호암성이므로 복토 시 얕게 묻히도록 해야 한다.
④ 잔디종자는 호광성이므로 복토를 할 때 깊이 묻히지 않도록 해야 한다.

111 다음의 특징을 갖는 해충에 대한 방제약제는?

- 온도조건에 따라 8~10회(1년) 발생한다.
- 기온이 높고 건조할 때 피해가 심하다.
- 가해식물의 범위가 넓다.
- 밀도가 높으면 잎 주위를 거미줄처럼 뒤덮고 피해 잎은 갈색으로 변색되면서 일찍 떨어진다.

① 글리포세이트암모늄
② 에마멕틴벤조에이트 유제
③ 결정석회황합제
④ 디플루벤주론 액상수화제

112 조경수목에 발생하는 생육장해의 설명이 틀린 것은?

① 만상(晩霜)은 봄의 생장개시 후에 내리는 서리에 의해 어린가지 및 잎의 고사를 초래한다.
② 저온에 의한 수목의 원형질 분리는 저온이 계속 유지되면 큰 문제가 발생되지 않는다.

③ 수목이 가을에 단계적으로 저온에 순화(acclimation)된 이후에는 동해를 잘 입지 않는다.

④ 건조로 고사를 당하는 대부분의 수목들은 천근성과 토심이 낮은 곳에서 자라는 개체이다.

113 요소의 질소함유량을 50%라고 할 때 30kg의 요소 비료 중에 함유된 질소의 성분 함량은?

① 10.5kg

② 11.5kg

③ 15.0kg

④ 20.0kg

해 질소함유량 30×0.5=15(kg)

114 살충제의 설명으로 옳지 않은 것은?

① 직접접촉제는 해충의 몸에 약제를 직접 뿌렸을 때에만 살충력이 기대된다.

② 훈증제는 시안화수소 약제의 유효성분을 연기의 상태로 하여 해충을 죽이는데 쓰인다.

③ 기피제는 수목 또는 저장물에 해충이 모이는 것을 막기 위해 쓰인다.

④ 잔효성접촉제는 대부분의 살충제가 해당된다.

해 ② 훈증제는 비점이 낮은 농약의 주제를 액상, 고상 또는 압축가스상으로 용기에 충진한 것으로 용기를 열 때 대기 중으로 기화되어 병해충에 독작용을 일으키는 제형이다.

115 조경시설물 중 낙석방지망에 관한 설명이 틀린 것은?

① 낙석방지망은 암반과 밀착시킨 후 견고하게 설치하여야 한다.

② 앵커볼트는 암반의 절리를 점검하여 천공 깊이와 간격을 결정한 후 천공한다.

③ 암반비탈면의 굴곡부보다 평탄부에 가능한 한 밀착시켜 표면층의 퇴적이 이루어지도록 한다.

④ 수급인은 반드시 설치위치, 범위를 현장실정에 적합하도록 검토하며, 공사감독과 사전협의 후 설치하여야 한다.

116 병원체가 다른 지역이나 식물체에 전반(傳搬)되는 방법 중 주로 바람에 의해 이루어지는 것은?

① 잣나무 털녹병균

② 참나무 시들음병균

③ 밤나무 뿌리혹병균

④ 대추나무 빗자루병균

해 ②④ 곤충·소동물에 의한 전반, ③ 토양에 의한 전반

117 지오릭스 15%, 분제 10kg을 2.5%의 분제로 만들려면 몇 kg의 증량제가 필요한가?

① 40kg

② 50kg

③ 60kg

④ 70kg

해 희석재료량 = 소요농약량×($\frac{주성분농도}{희망농도}$−1)×비중

$$= 10×(\frac{15}{2.5}−1) = 50(kg)$$

118 지주목 관리에 대한 설명이 옳지 않은 것은?

① 결속 끈의 관리는 지속적으로 해야 한다.

② 지주목 자체의 통일미와 반복미도 중요하다.

③ 이식 수목의 활착과 풍해 등으로부터 보호 역할을 한다.

④ 보행 및 미관에 지장이 되므로 2년 이내에 모두 제거하도록 한다.

119 석회석(limestone)을 태워 CO_2를 제거시켜 제조하는 석회질 비료는?

① 소석회

② 생석회

③ 탄산석회

④ 탄산마그네슘

해 ① 생석회(CaO)가 물과 반응하여 생긴 수산화칼슘

③ 수산화칼슘이 이산화탄소(CO_2)와 화합하여 생성

④ 탄산의 마그네슘염으로 천연의 마그네사이트로 산출

120 다음 중 실내식물의 인공조명에서 가장 경제적이면서 좋은 것은?

① 백열등

② 형광등

③ 나트륨등

④ 수은등

정답 **113** ③ **114** ② **115** ③ **116** ① **117** ② **118** ④ **119** ② **120** ②

제1과목 조경사

1 클로이스터 가든(Cloister Garden)에 대한 설명이 아닌 것은?

① 흙벽이 있는 중정
② 원로의 중심에는 커넬 배치
③ 교회건물의 남쪽에 위치한 네모난 공지
④ 두 개의 직교하는 원로에 의한 4분할

2 다음 중 고대 로마의 주택 정원에서 나타나지 않는 것은?

① 메갈론(Megalon)
② 아트리움(Atrium)
③ 페리스틸리움(Peristylium)
④ 지스터스(Xystus)

해 ① 그리스 정원에서 나타난다.

3 고려시대 경남 합천군의 옥류동 계곡에 위치한 정자로 전면 2칸, 측면 2칸의 팔작지붕의 건물은?

① 거연정(居然亭)   ② 초간정(草澗亭)
③ 사륜정(四輪亭)   ④ 농산정(籠山亭)

해 ① 경남 함양, ② 경북 예천, ③ 실재하지 않음

4 다음 중 소쇄원과 관련된 설명으로 틀린 것은?

① 소쇄원을 경관유형(임수형, 내륙형)으로 분류할 때 산지 내륙형에 해당된다.
② 정자 방의 위치에 따른 유형(중심, 편심, 분리, 배면)구분 중 광풍각은 배면형에 해당된다.
③ 구성요소 중 경물은 작은 못, 비구, 물방아, 유수구, 석가산, 긴 담이 등장한다.
④ 소쇄원의 정원요소는 '소쇄원 48영시'에 잘 나타나 있다.

해 ② 소쇄원의 광풍각은 중심형, 제월당은 편심형에 해당된다.

5 다음 백제의 궁남지(宮南池)에 대한 설명으로 맞지 않는 것은?

① 사비궁 남쪽에 못(池)을 파고, 20여리 밖에서 물을 끌어들였다.

② 못 가운데에는 무산십이봉(巫山十二峰)을 상징하는 섬을 만들었다.
③ 못(池) 주변에는 능수버들을 심었다.
④ 634년(무왕 35년)에 조영하였다.

해 ② 못 가운데에는 방장선산을 상징하는 섬을 만들었다.

6 서양도시에서 발생한 "광장"의 변천과정을 고대에서부터 순서대로 올바르게 나열한 것은?

① Agora → Forum → Square → Piazza → Place
② Agora → Forum → Piazza → Place → Square
③ Forum → Piazza → Agora → Place → Square
④ Forum → Agora → Piazza → Place → Square

7 프랑스에서 르 노트르(Le Notre)의 조경양식이 이탈리아와 다르게 발전한 가장 큰 요인은?

① 기온   ② 역사성
③ 국민성   ④ 지형

8 프랑스에 있는 보르비콩트(Vaux-Le-Vicomte)원에 대한 설명으로 적합하지 않은 것은?

① 건축이 조경에 종속됨으로써 이전의 공간 계획과는 차이가 있다.
② 앙드레 르 노트르(Andre Le Notre)의 출세작이다.
③ 강한 중심축선을 사용하여 공간을 하나로 조직화하고 있다.
④ 앙드레 르 노트르가 조경을, 라퐁테느가 건축을, 몰리에르는 실내장식을 맡아 완성시켰다.

해 ④ 앙드레 르 노트르가 조경을, 건축은 루이 르 보, 실내장식은 샤를 르 브렁이 설계하였다.

9 하워드(Ebenezer Howard)의 전원도시 사상과 이념은 후에 현대 도시환경개념에 많은 영향을 미쳤다. 하워드의 전원도시 개념과 거리가 먼 것은?

① 도시인구를 3~5만 명 정도로 제한할 것
② 주민의 자유결합의 권리를 최대한으로 향유할 수 있을 것
③ 중심도시와 주위를 둘러싼 전원도시와의 기능적

연관성 분석

④ 세부적으로 물리적 계획이나 적정인구 규모에 관한 이론 제시

10 조지 런던과 헨리 와이즈의 협력작품으로, 설계는 방사형의 소로와 중심축선의 강조를 통한 바로크적인 새로운 지면분할의 방식을 취하면서 프랑스 왕궁과 경쟁한 저명한 영국의 정원은?

① 스토우원　　　　　② 햄프턴 코트
③ 에르메농빌르　　　④ 말메종

11 다음 설명하는 중국의 정원 유적은?

> −북경의 서북쪽 10km에 위치한 3.4km² 규모의 황가원림으로 물과 산이 어우러진 원림이다.
> −공간은 크게 만수산 공간과 곤명호 공간으로 나뉜다.

① 이화원　　　　　② 원명원
③ 장춘원　　　　　④ 졸정원

12 서원에서 춘추제향시 제물로 쓰이는 짐승을 세워놓고 품평을 하기 위해 만든 곳은?

① 관세대(盥洗臺)　　② 정료대(庭燎臺)
③ 사대(社臺)　　　　④ 생단(牲壇)

13 영양의 서석지(瑞石池)관련 설명이 틀린 것은?

① 정영방이 축조
② 지당은 중도가 없는 방지
③ 대나무, 소나무, 국화, 매화의 사우단
④ 대지 내 식물은 대부분 외부에서 옮겨 식재

14 다음 설명에 적합한 통일신라의 유적은?

> −다듬은 돌로 축조된 전복과 비슷한 모양을 하고 있는 수로
> −수로 폭의 변화와 경사로의 변화에 따라 술잔이 불규칙적으로 흐르도록 설계
> −유상곡수연을 즐기던 곳

① 동지　　　　　　② 안압지
③ 포석정　　　　　④ 태액지

15 신라 의상대사의 "화엄일승법계도"에 근거하여 동심원적 공간구성체계로 조영된 사찰 명칭은?

① 양산 통도사　　　② 경주 불국사
③ 순천 송광사　　　④ 합천 해인사

16 비뇰라(Vignola)가 설계한 것으로 몬탈토(Montalto)분수가 있는 정원은?

① 빌라 란테(Villa Lante)
② 빌라 에스테(Villa d'Este)
③ 빌라 마다마(Villa Madama)
④ 빌라 감베라이아(Villa Gamberaia)

17 범세계적인 뉴타운 건설 붐을 일으켰고 새로운 도시공간을 창조하는 데 조경가의 적극적인 참여 계기가 된 것은?

① 전원도시론
② 도시미화운동
③ 시카고 대박람회
④ 그린스워드(Green sward)안

18 다음의 빌라 중 로마의 하드리아누스 빌라의 영감을 받아 "피로 리고리오"가 설계한 것은?

① 에스테 빌라　　　② 무티빌라
③ 몬드라고네 빌라　　④ 알도브란디니 빌라

19 다음 중 향원지(香遠池)가 있는 후원을 가지고 있는 궁은?

① 경복궁　　　　　② 창덕궁
③ 창경궁　　　　　④ 덕수궁

20 다음 중 일본에서 가장 먼저 발생한 정원 양식은?

① 다정식(茶庭式)
② 축경식(縮景式)
③ 회유임천식(回遊林泉式)
④ 원주파 임천식(遠州派林泉式)

일본 정원양식의 발달과정

임천식(회유임천식)→축산고산수수법→평정고산수수법→ 다정식→지천임천식(회유식, 원주파임천식)→축경식

제2과목 조경계획

21 「자연공원법」상 용도지구의 분류에 해당하지 않는 것은?

① 공원밀집마을지구

② 공원마을지구

③ 공원자연환경지구

④ 공원자연보존지구

22 환경계획의 차원을 부문별 환경계획, 행정 및 정책구조, 사회기반형성으로 분류할 때 다음 중 사회기반형성 차원의 내용으로 가장 거리가 먼 것은?

① 소음방지

② 에너지계획

③ 환경교육 및 환경감시

④ 시민참여의 제도적 장치

23 Berlyne의 미적 반응과정을 순서대로 옳게 나열한 것은?

① 환경적 자극 → 자극선택 → 자극해석 → 자극탐구 → 반응

② 환경적 자극 → 자극탐구 → 자극해석 → 자극선택 → 반응

③ 환경적 자극 → 자극선택 → 자극탐구 → 자극해석 → 반응

④ 환경적 자극 → 자극탐구 → 자극선택 → 자극해석 → 반응

24 다음 중 개인적 공간 및 개인적 거리에 대한 설명으로 옳지 않은 것은?

① 위협을 느낄 때 개인적 거리는 좁아질 수 있다.

② 홀(Hall)은 친밀한 거리, 개인적 거리, 사회적 거리, 공적 거리 등으로 세분하였다.

③ 개인적 공간은 방어 기능 및 정보교환 기능의 2가지 측면에서 설명될 수 있다.

④ 온순한 수감자보다 난폭한 수감자에 대해서 개

인적 공간이 더 크게 설정되는 경향이 있다.

25 경관조명시설의 계획·설계 시 고려해야 할 사항으로 가장 거리가 먼 것은?

① 경관조명시설은 야간 이용 시 안전과 방범을 확보하도록 효과적으로 배치한다.

② 안전성, 기능성, 쾌적성, 조형성, 유지관리 등을 충분히 고려하여 계획한다.

③ 계단이나 기복이 있는 곳에는 안전한 보행을 위하여 간접 조명방식을 계획한다.

④ 정원등의 광원은 이용자의 눈에 띄지 않는 곳에 배치한다.

③ 계단이나 기복이 있는 곳에는 안전한 보행을 위하여 직접 조명방식을 계획한다.

26 시설물의 배치 계획으로 가장 거리가 먼 것은?

① 시설물의 형태, 재료, 색채는 주변경관과 조화를 이루도록 한다.

② 구조물의 배치는 전체적인 패턴이 일정한 질서를 갖도록 한다.

③ 구조물의 평면이 장방형인 경우 짧은 변이 등고선에 평행하도록 배치 계획한다.

④ 여러 기능이 공존할 경우 집단별로 배치 계획한다.

③ 구조물의 평면이 장방형인 경우 긴 변이 등고선에 평행하도록 배치 계획한다.

27 일반적인 조경계획의 과정으로 가장 적합한 것은?

① 분석 → 기본전제 → 기본계획 → 설계

② 기본전제 → 분석 → 설계 → 기본계획

③ 분석 → 기본전제 → 설계 → 기본계획

④ 기본전제 → 분석 → 기본계획 → 설계

28 휴양림 지역 내 진입(進入)도로의 종점(終點)에 설치된 주차장으로부터 휴양림의 주요시설 입구를 순환, 연결하는 기능을 담당하는 도로를 가리키는 용어는?

① 임도　　　　　　② 목도

③ 벌도　　　　　　④ 녹도

29 다음 중 공원의 최대일(最大日) 이용객 수 산정 방법으로 옳은 것은?

① 연간 이용객수 ÷ 365

② 연간 이용객수 × 최대일율

③ 연간 이용객수 × 서비스율

④ 연간 이용객수 × 회전율 × 최대일율

30 설문지(questionnaire) 작성 시 폐쇄형 질문의 장점에 해당되지 않는 것은?

① 민감한 주제에 보다 적합하다.

② 부호화와 분석이 용이하여 시간과 경비를 절약할 수 있다.

③ 설문지에 열거하기에는 응답의 범주가 너무 클 경우에 사용하면 좋다.

④ 질문에 대한 대답이 표준화되어 있기 때문에 비교가 가능하다.

31 도시지역과 그 주변지역의 무질서한 시가화를 방지하고 계획적·단계적인 개발을 도모하기 위하여 대통령령으로 정하는 일정기간동안 시가화를 유보할 필요가 있다고 인정하여 지정하는 구역은?

① 시가화유보구역 　　② 시가화관리구역

③ 시가화조정구역 　　④ 시가화예정구역

32 집수(集水) 구역을 결정하는 가장 중요한 요소는?

① 식생 　　　　　　② 지형

③ 경관 　　　　　　④ 강우량

33 도시공원 중 묘지공원의 경우 적당한 공원 면적의 규모 기준은?(단, 정숙한 장소로 장래 시가화가 예상되지 아니하는 자연녹지지역에 설치한다.)

① 100,000㎡ 이상 　　② 300,000㎡ 이상

③ 500,000㎡ 이상 　　④ 700,000㎡ 이상

34 계획안을 작성할 때 주어진 시간 및 비용의 범위 내에서 얻을 수 있는 최선의 안(案)을 가리키는 것은?

① 최적 안(Optimal Solution)

② 창조적인 안(Creative Solution)

③ 규범적인 안(Normative Solution)

④ 만족스러운 안(Satisficing Solution)

해 ① 현재의 주어진 여건 혹은 가정된 여건 내에서 가장 적절한 안

　② 기존의 가정된 여건 및 요구조건을 변경시키고 새로운 가정 하에서 만들어진 안

　③ 이상적인 혹은 권위주의인 안으로, 현재의 여건을 거의 고려하지 않고 찾아내는 안

35 도시 및 지역차원의 환경계획으로 생태네트워크의 개념에 해당되지 않는 것은?

① 공간계획이나 물리적 계획을 위한 모델링 도구이다.

② 기본적으로 개별적인 서식처와 생물종의 보전을 목표로 한다.

③ 지역적 맥락에서 보전가치가 있는 서식처와 생물종의 보전을 목적으로 한다.

④ 전체적인 맥락이나 구조측면에서 어떻게 생물종과 서식처를 보전할 것인가에 중점을 둔다.

해 ② 서식처 간의 연결을 통하여 생태계 기능의 안정성과 생물종의 보전을 목표로 한다.

36 「국토의 계획 및 이용에 관한 법률」 시행령에 따라 국토교통부장관이 도시·관리계획 결정으로 용도지역 중 "녹지지역"을 세분할 때의 분류 형태에 해당되지 않는 것은?

① 보전녹지지역

② 전용녹지지역

③ 생산녹지지역

④ 자연녹지지역

37 골프장 계획 시 구성 요소 중 홀의 처음 샷을 해서 출발하는 곳으로 주변보다 약간 높으며, 사각형 혹은 원형인 곳을 무엇이라 하는가?

① 그린(Green)

② 러프(Rough)

③ 벙커(Bunker)

④ 티잉그라운드(Teeing ground)

38 자연형성 요소의 상호 관련성은 '매우 밀접한', '밀접한', '간접적인'으로 관계가 분류된다. 다음 중 '매우 밀접한 관계'를 가지는 요소들의 조합은?
① 지형 – 기후
② 지질 – 기후
③ 지질 – 식생
④ 토양 – 야생동물

39 도시지역 안에서 도시자연경관의 보호와 시민의 건강·휴양 및 정서생활을 향상시키는 데에 기여하기 위하여 도시관리계획 수립 절차에 의해 조성되는 공원의 유형으로 가장 거리가 먼 것은?
① 근린공원
② 자연공원
③ 묘지공원
④ 어린이공원

40 만조 때 수위선과 지면의 경계선으로부터 간조 때 수위선과 지면이 접하는 경계선까지의 지역을 지칭하는 용어는?
① 비오톱
② 습지훼손
③ 연안습지
④ 유비쿼터스

제3과목 **조경설계**

41 직육면체의 직각으로 만나는 3개의 모서리가 모두 120°를 이루는 투상도는?
① 사투상도
② 정투상도
③ 등각투상도
④ 부등각투상도

42 도면에서 치수의 표시와 기입방법이 틀린 것은?
① 전체의 치수는 가장 바깥에 나타낸다.
② 치수선과 치수는 도형 안에 나타내지 않는다.
③ 한 도면에서 치수선의 굵기는 동일하게 한다.
④ 치수선은 외형선이나 중심선을 대신해서 사용하지 않는다.

43 야외공연장(야외무대 및 스탠드)의 설계기준으로 틀린 것은?(단, 조경설계기준을 적용한다.)
① 객석의 전후영역은 표정이나 세밀한 몸짓을 감상할 수 있는 15cm 이내로 한다.
② 평면적으로는 무대가 보이는 각도(객석의 좌우영역)는 90° 이내로 설정한다.

③ 객석에서의 부각은 15° 이하가 바람직하며 최대 30°까지 허용된다.
④ 객석의 바닥기울기는 후열객의 무대방향 시선이 전열객의 머리끝 위로 가도록 결정한다.

해 ② 평면적으로는 무대가 보이는 각도(객석의 좌우영역)는 101~108° 이내로 설정한다.

44 다음 중 설계도의 종류에 속하지 않는 것은?
① 구상도(diagram)
② 단면도(section)
③ 입면도(elevation)
④ 조감도(birds-eye view)

45 디자인 요소 중 조경에 표현되는 면적인 요소와 가장 거리가 먼 것은?
① 호수면
② district
③ 수목의 군식
④ node

46 조경용 제도용지 중 A2용지의 표준 규격은?
① 297mm × 420mm
② 420mm × 594mm
③ 594mm × 841mm
④ 841mm × 1189mm

47 한국의 오방색(五方色)과 방향의 연결 중 "동쪽"에 해당하는 색상은?
① 백색
② 적색
③ 청색
④ 황색

48 먼셀의 색입체 관련 설명으로 틀린 것은?
① 수직축은 맨 위에 명도가 가장 높은 하양을 배치한다.
② 색입체는 전 세계적으로 가장 널리 쓰이는 혼색계 체계이다.
③ 색상 배열시 보색관계를 중시하여 파랑과 자주가 감각적으로 균등하지 못하다.
④ 색입체의 적도 부근인 원에는 중간 밝기의 색상을 배열한 색상환을 만든다.

해 ② 먼셀의 색입체는 현색계이다.

49 K. Lynch가 도시경관 분석에 사용한 도시구성 요소에 해당하는 것은?

① District   ② Form
③ Building   ④ Road

50 다음 중 조형예술 측면에서 최초의 요소로 규정지을 수 있고, 기하학 측면에서 위치를 결정하는 것은?

① 면   ② 선
③ 점   ④ 입체

51 다음 중 통경선(vista)의 예로 볼 수 없는 것은?
① 창문을 통해 보이는 바깥 경치
② 경회루 석주 사이로 보이는 수면
③ 숲 속 나무 사이로 보이는 경치
④ 옥상 전망대에서 보이는 경치

52 제도 시 사용하는 선의 종류 중 1점쇄선을 사용하는 경우에 해당되는 것은?
① 외형선   ② 치수선
③ 치수보조선   ④ 중심선

53 고속도로 식재 설계 중 "사고방지기능"의 식재에 해당되지 않는 것은?
① 완충식재   ② 차폐식재
③ 차광식재   ④ 명암순응식재

54 경사지에 휴게소를 설계하고자 한다. 절·성토면에 대한 지형설계를 하여 이용자들에게 편리한 공간을 조성하고자 도면을 작성하려 할 때, 다음 중 잘못된 것은?
① 계획이나 설계를 하기 위해 기존의 등고선을 실선으로 그리고, 기본 지형도를 만들며, 변경된 등고선은 파선으로 그린다.
② 경사도 조작에 있어 일반토사의 성토는 1 : 2, 절토는 1 : 1의 경사를 유지한다.
③ 배수를 고려하기 위해 잔디로 마감할 경우 1%, 인공적인 재료로 마감할 경우 0.5~1%의 경사를 최소한 유지하도록 한다.

④ 동선을 위한 경사면을 조작할 경우 이용자들의 양과 속도의 관점에서 계획하며 장애인을 위한 동선일 경우 일반인보다 구배를 완만히 유지하도록 한다.

해 ① 계획이나 설계를 하기 위해 기존의 등고선을 파선으로 그리고, 기본 지형도를 만들며, 변경된 등고선은 실선으로 그린다.

55 도시 내 콘크리트 하천을 자연형 하천으로 복원하는 설계를 계획하고자 할 때의 설명으로 가장 부적합한 것은?
① 흐르는 하천의 가운데에 섬을 조성하여 서식환경을 다양하게 만든다.
② 안정된 서식환경이 조성될 수 있도록 급류나 웅덩이가 조성되지 않도록 한다.
③ 수심에 맞는 식물을 선정하여 식재하고, 수변·수중생물의 서식환경을 조성해준다.
④ 직선 수로를 곡선화하여 자연하천의 흐름과 유사하게 만들어 하천의 자정기능을 높인다.

56 관찰자가 느끼는 폐쇄성은 관찰자의 위치에서 수직면까지의 거리에 관계되며 건물 높이(H), 관찰자와 건물의 거리(D)라 할 때, 폐쇄감을 완전히 상실하기 시작하는 시점(H : D)은?
(단, P.D. Spreiregen의 이론을 적용한다.)
① 1 : 2   ② 1 : 3
③ 1 : 4   ④ 1 : 5

57 비례(比例)에 대한 설명 중 적합하지 않은 것은?
① 치수의 계획적인 관계이다.
② 가장 친근하고 구체적인 구성 형식이다.
③ 모든 단위의 크기와 대소의 상대적인 비교이다.
④ 황금비(黃金比)는 동서고금을 통해 절대적인 유일한 비례 기준으로 적용된다.

58 인공지반식재기반 조성과 관련된 설명이 옳지 않은 것은?
① 건축 및 토목구조물 등의 불투수층 구조물 위에

조성되는 식재지반을 인공지반이라 한다.

② 버드나무, 아까시나무 등은 바람에 쓰러지거나 줄기가 꺾어지기 쉬우므로 설계 시 고려한다.

③ 인공지반의 건조현상을 방지하기 위해 토성적으로 보수성이 좋은 토양재료를 사용한다.

④ 인공지반조경의 옥상조경에서, 옥상면의 배수구배는 최대 1.0% 이하로, 배수구 부분의 배수구배는 최대 1.5% 이하로 설치한다.

해 ④ 옥상면의 배수구배는 최저 1.3% 이상으로 하고 배수구 부분의 배수구배는 최저 2% 이상으로 설치한다.

59 그림과 같은 입체도에서 화살표 방향이 정면일 때 평면도로 가장 적합한 것은?

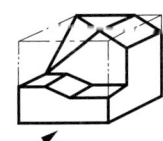

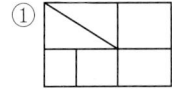
①

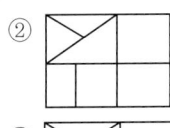
②

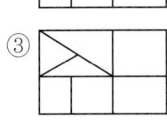
③

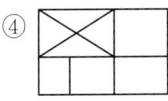
④

60 장애인 등의 통행이 가능한 계단의 설계기준에 맞는 것은?(단, 장애인·노인·임산부 등의 편의증진 보장에 관한 법률 시행규칙을 적용한다.)

① 계단에는 챌면을 설치하지 아니할 수 있다.

② 계단은 직선 또는 꺾임형태로 설치할 수 있다.

③ 계단 및 참의 유효폭은 0.8미터 이상으로 하여야 한다.

④ 계단은 바닥면으로부터 높이 2.4미터 이내마다 휴식을 할 수 있도록 수평면으로 된 참을 설치할 수 있다.

해 ① 계단에는 챌면을 반드시 설치하여야 한다.

③ 계단 및 참의 유효폭은 1.2미터 이상으로 하여야 한다.

④ 계단은 바닥면으로부터 높이 1.8미터 이내마다 휴식을 할 수 있도록 수평면으로 된 참을 설치할 수 있다.

제4과목 조경식재

61 느티나무(*Zelkova serrata* Makino)의 특징에 대한 설명이 틀린 것은?

① 독립수 및 분재로 활용된다.

② 꽃은 일가화로 5월에 잎과 함께 핀다.

③ 'serrata'은 삼각상 첨두모양을 뜻한다.

④ 수피는 짙은 회색으로 갈라지지 않고 오래되면 비늘조각으로 떨어진다.

해 ③ 'serrata'는 톱니가 있다는 것을 뜻한다.

62 방화용(防火用)으로 적합하지 않은 수종은?

① 소나무   ② 가시나무

③ 후박나무   ④ 동백나무

63 백합나무(*Liriodendron tulipifera*)의 특징으로 틀린 것은?

① 실생 번식률이 좋아 가을에 결실하는 열매를 파종한다.

② 양지에서 잘 자라고 내건성과 내공해성은 강하다.

③ 꽃은 5~6월에 피며 녹황색이고 가지 끝에 튤립 같은 꽃이 1송이씩 달린다.

④ 병충해가 거의 없고 수명이 긴 편이며 내한성이 강하므로 우리나라 전역에 식재가 가능하다.

64 식물의 질감은 잎의 크기, 모양, 시각, 촉각 등으로 특징지어지는데, 다음의 실내조경용 식물 중 잎의 크기가 가장 작아 고운 질감을 나타내는 수종은?

① 벤자민고무나무(*Ficus benjamina*)

② 행운목(*Dracaena fragrans*)

③ 떡갈나무잎 고무나무(*Ficus lyrata*)

④ 몬스테라(*Monstera deliciosa*)

65 다음 중 조경과 관련된 용어의 설명이 틀린 것은?

① "자연지반"이라 함은 하부에 투수가능 시설물이 포함되어 있거나 자연상태의 지층 그대로인 지반으로 공기, 물, 생물 등의 인공 순환이 가능한 지반을 말한다.

② "식재"라 함은 조경면적에 수목이나 잔디·초화류 등의 식물을 배치하여 심는 것을 말한다.

③ "조경면적"이라 함은 조경기준에서 정하고 있는 조경의 조치를 한 부분의 면적을 말한다.

④ "옥상조경"이라 함은 인공지반조경 중 지표면에서 높이가 2미터 이상인 곳에 설치한 조경을 말한다.(다만, 발코니에 설치하는 화훼시설은 제외한다.)

᳘ ① "자연지반"이라 함은 하부에 인공구조물이 없는 자연상태의 지층 그대로인 지반으로서 공기, 물, 생물 등의 자연순환이 가능한 지반을 말한다.

66 다음 중 가시가 없는 수종은?
① *Forsythia koreana*
② *Berberis koreana*
③ *Kalopanax pictus*
④ *Acanthopanax sieboldianum*

᳘ ① 개나리, ② 매자나무, ③ 음나무, ④ 당오갈피나무

67 우리나라에 자생하는 후박나무의 학명은?
① *Magnolia liliiflora*
② *Magnolia obovata*
③ *Magnolia grandiflora*
④ *Machilus thunbergii*

᳘ ① 자목련, ② 일본목련, ③ 태산목, ④ 후박나무

68 식생에 대한 인간의 영향을 설명한 것으로 옳지 않은 것은?
① 인간에 의해 영향을 받기 이전의 식생을 원식생(原植生)이라 한다.
② 인간에 의해 영향을 받지 않고 자연 상태 그대로의 식생을 자연 식생이라 한다.
③ 인간에 의한 영향을 받음으로써 대치된 식생을 보상 식생이라 한다.
④ 인간의 영향이 제거되었을 때 성립할 수 있는 자연 식생을 잠재 자연 식생이라 한다.

᳘ ③ 인간에 의한 영향을 받음으로써 대치된 식생을 대체(대상) 식생이라 한다.

69 정수식물(emerged plant)이 아닌 것은?
① 물질경이
② 애기부들
③ 세모고랭이
④ 매자기

᳘ ① 침수식물

70 생태적 도시를 설계하는 데 고려해야 할 기본 원리로 옳지 않은 것은?
① 한 가지 토지 이용 패턴이 지속되어 온 공간을 우선적으로 보호한다.
② 토지 이용 시 전체 토지에 대한 균일한 이용성을 갖도록 하는 것이 바람직하다.
③ 동·식물 개체군의 고립 효과를 줄이기 위하여 추가적인 녹지 공간 확보를 통하여 연결성을 증대시킨다.
④ 고밀도 개발 지역에서는 벽면녹화 및 옥상 녹화를 통하여 동·식물 서식공간으로 조성하여 이를 기능적으로 연결한다.

71 우리나라 서울 인근지역에서 교목-소교목(아교목)-관목의 순으로 식재를 할 경우 식재 가능한 수종으로 가장 잘 짝지어진 것은?
① 수수꽃다리 - 때죽나무 - 조팝나무
② 느티나무 - 화살나무 - 철쭉
③ 단풍나무 - 붉나무 - 귀룽나무
④ 신갈나무 - 산사나무 - 생강나무

72 잔디관리 작업 중 토양의 단립(單粒)구조를 입단(粒團)구조로 바꾸기 위한 작업으로 가장 적합한 것은?
① 잔디깎기
② 시비작업
③ 관수작업
④ 통기작업

73 잎 종류와 수종의 연결이 옳지 않은 것은?
① 3출엽: 복자기
② 5출엽: 으름덩굴
③ 단엽: 중국단풍
④ 기수1회우상복엽: 피나무

᳘ ④ 피나무는 단엽이다.

74 옥상 녹화용 경량토 중 다음과 같은 특징이 있는 것은?

> −pH가 낮으나 안정
> −분해에 안정성이 높음
> −보수성 및 통기성 양호
> −이끼 및 갈대류가 수천~수만년 동안 분해되어 형성
> −양이온 치환용량(CEC)이 크고, 무기이온 함량 적음

① 화산모래 ② 피트모스
③ 펄라이트 ④ 질석(버미큘라이트)

75 다음 ( )에 들어갈 적합한 용어는?

> 가을철에 잎이 갈색으로 변하는 상수리나무, 느티나무 등의 경우에는 안토시안계 색소 대신에 다량의 ( )계 물질이 생성되기 때문이다.

① 타닌(tannin)
② 크산토필(xanthophyll)
③ 카로티노이드(carotinoid)
④ 크리산테민(chrysanthemin)

76 조경 식물의 일반적인 선정 기준과 가장 거리가 먼 것은?
① 이식과 관리가 용이한 식물
② 희소하여 경제성이 높은 식물
③ 미적, 실용적 가치가 있는 식물
④ 식재지역 환경에 적응력이 큰 식물

77 늦가을부터 초겨울까지 도시의 광장이나 가로변의 플랜터나 화분에 적당한 식물은?
① 과꽃 ② 꽃양배추
③ 분꽃 ④ 제라늄

78 *Berberis*속에 관한 설명으로 틀린 것은?
① 수형, 열매, 단풍을 감상함

② 생울타리로 활용 가능함
③ 산성토양을 좋아함
④ 해충이 별로 없음

해 *Berberis*속(매자나무속)

79 식물 생육을 저해하는 토양 환경압의 요인에 해당되지 않는 것은?
① 토양의 과습 또는 과다 건조
② 토양의 입단화 및 낮은 토양경도
③ 유효토층의 부족과 토양공기의 부족
④ 식물양분의 결핍과 유해물질의 존재

80 단조롭고 지루한 경관을 질감, 식재, 형태 등의 요소를 통해 시각적인 변화를 유도하는 식재 기법은?
① 강조식재 ② 군집식재
③ 차폐식재 ④ 배경식재

제5과목 조경시공구조학

81 합성수지는 열가소성, 열경화성, 탄성중합체로 분류된다. 다음 중 탄성중합체에 해당되는 것은?
① 폴리에틸렌수지 ② 에폭시수지
③ 클로로프렌 고무 ④ 페놀수지

해 ① 열가소성, ②④ 열경화성

82 골재에 대한 설명으로 틀린 것은?
① 골재란 모래, 자갈, 깬 자갈, 부순 자갈, 기타 이와 유사한 재료의 총칭이다.
② 바다 자갈의 염분함량은 절대건조중량의 1% 이하이면 부식의 우려가 없다.
③ 재료에 따라 천연골재와 인공골재로 나눈다.
④ 중량에 따라 보통골재, 경량골재, 중량골재로 나눈다.

해 ② 바다 자갈의 염분함량은 절대건조중량의 0.01% 이하이면 부식의 우려가 없다.

83 직접노무비에 대한 설명으로 적합한 것은?
① 공사현장 사무소에서 근무하는 직원에 대한 임금
② 공사현장에서 직접작업에 종사하는 노무자에게

지급하는 임금

③ 작업현장에서 보조적인 작업에 종사하는 노무자에 대한 임금

④ 본사에서 근무하는 직원에 대한 임금

84 각종 조경용 재료의 일반사항에 대한 설명 중 틀린 것은?

① 석재는 휨강도가 약하므로 들보나 가로대의 재료로는 채택하지 않는다.

② 와이어 메시 보강의 주목적은 콘크리트의 압축강도를 높이기 위해서이다.

③ 구조체에 사용하는 석재는 압축강도 49MPa 이상, 흡수율 5% 이하이어야 한다.

④ 콘크리트 및 모르타르 등의 무기질계 소재의 도장은 함수율 9% 이하, pH9 이하가 되어야 한다.

해 ② 와이어 메시 보강의 주목적은 콘크리트의 균열을 방지하기 위해서이다.

85 다음 도로설계와 관련된 설명의 ( )에 적합하지 않은 것은?

> 설계속도를 높게 하면 (   ).

① 차도의 폭원이 넓다.

② 곡선반경이 커진다.

③ 완경사 도로가 된다.

④ 건설비가 적게 든다.

86 종단구배가 변하는 곳에서 사고의 위험 및 차량성능 저하 등의 문제를 예방하기 위하여 설계 시 주의해야 할 사항으로 가장 거리가 먼 것은?

① 종단선형은 지형에 적합하여야 하며, 짧은 구간에서 오르내림이 많지 않도록 한다.

② 길이가 긴 경사 구간에는 상향경사가 끝나는 정상 부근에 완만한 기울기의 구간을 둔다.

③ 같은 방향으로 굴곡하는 두 종단곡선 사이에 짧은 직선구간을 반드시 두도록 한다.

④ 교량이 있는 곳 전방에는 종단구배를 주지 않도록 한다.

87 재료의 성질에 대한 설명으로 옳은 것은?

① 탄성은 재료에 작용하는 외력이 어느 한도에 이르러 외력의 증가 없이도 변형이 증대하는 성질을 말한다.

② 강성은 재료의 단단한 정도로서 마감재의 내마모성 등에 영향을 끼치는 요인이 된다.

③ 인성은 재료가 외력으로 변형을 일으키면서도 파괴되지 않고 견딜 수 있는 성질이다.

④ 연성은 재료가 압력이나 타격에 의하여 파괴 없이 판상으로 펼쳐지는 성질이다.

해 ① 탄성→크리프(creep), ② 강성→경도, ④ 연성→전성

88 조명시설의 용어 중 단위 면에 수직으로 투하된 광속밀도를 가리키는 용어는?

① 배광곡선

② 휘도(brightness)

③ 조도(illumination)

④ 광도(luminous intensity)

89 절·성토 공사구간에서 5000m³의 성토량이 필요하다. 절토할 자연상태의 토량은 얼마인가?(단, L=1.1, C=0.8이다.)

① 4000m³

② 5500m³

③ 6250m³

④ 7500m³

해 V=5,000×(1/0.8)=6,250(m³)

90 목재를 방부처리 하는 방법으로 가장 거리가 먼 것은?

① 표면탄화법

② 약제도포법

③ 관입법

④ 약제주입법

91 다음 설명에 해당하는 공사 계약방식은?

> 민간도급자가 사회간접시설에 대하여 자금을 대고 설계, 시공을 하여 시설물을 완성한 후 일정 기간 동안 시설물을 운영하여 투자금을 회수한 후 발주자에게 소유권을 양도하는 공사계약제도 방식

① B.O.T(Build-Operate-Transfer)

② C.M(Construction Management)

③ E.C(Engineering Construction)

④ 파트너링(Partnering) 방식

92 아스팔트 및 콘트리트 포장 시 부등침하나 온도변화로 수축, 팽창에 의한 파손을 막기 위해 일정 간격으로 설치하여야 하는 것은?

① 줄눈 ② 맹암거

③ 암거 ④ 물빼기공

93 다음 돌쌓기의 설명 중 틀린 것은?

① 찰쌓기의 물빼기 구멍의 배치는 서로 어긋나게 하고, 2~3㎡ 간격마다 1개소를 계획하는 것을 표준으로 한다.

② 메쌓기는 뒷채움 등에 콘크리트를 사용하고 줄눈에 모르타르를 사용하는 것을 말한다.

③ 메쌓기는 규격이 일정한 석재의 켜쌓기(수평축)를 원칙으로 한다.

④ 높은 돌쌓기는 밑으로 내려옴에 따라 뒷길이를 길게 하는 것이 원칙이다.

해 ② 메쌓기는 뒷채움을 잡석 등으로 하고 콘크리트나 시멘트를 사용하지 않는다.

94 시방서(specification)에 대한 설명 중 틀린 것은?

① 사용재료의 품질, 규격 조건, 시공방법, 완성 후의 마감 등이 수록된다.

② 일반시방서와 특별시방서, 설계설명서로 구분된다.

③ 공사의 수행과 관리방법에 대해 계약자에게 내용을 알려준다.

④ 설계자는 시방서를 통하여 시공방법을 구체적으로 기술하여야 한다.

해 ② 설계설명서는 시방서가 아니다.

95 다음 그림과 같은 단순보에서 하중 P의 값으로 옳은 것은?

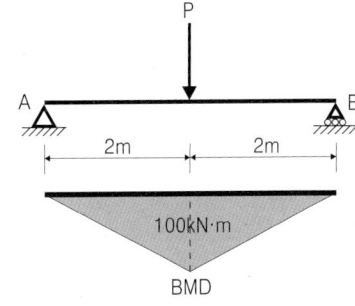

① 50kN ② 100kN

③ 150kN ④ 200kN

해 $M = \frac{P \times \ell}{4} \rightarrow P = \frac{4 \times 100}{4} = 100(kN)$

96 다음 등고선에 관한 설명 중 옳지 않은 것은?

① 지표면의 경사가 같을 때는 등고선의 간격은 같고 평행하다.

② 등고선은 동굴이나 낭떠러지 이외에는 서로 겹치지 않는다.

③ 등고선은 급경사지에서는 간격이 넓어지며, 완경사지에서는 간격이 좁아진다.

④ 등고선 간의 최단거리 방향은 최급경사 방향을 나타낸다.

해 ③ 등고선은 급경사지에서는 간격이 좁아지며, 완경사지에서는 간격이 넓어진다.

97 다음과 같은 지형의 기반에 성토하였을 때 포화 점토사면의 파괴에 대한 안전율은 얼마인가?(단, 토양의 포화 단위중량은 20tf/㎥, Ø=0, 흙의 전단강도정수 C=6.5tf/㎡, 안정계수 Ns=5.55이다.)

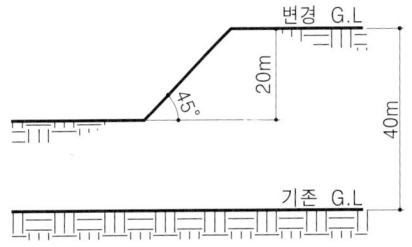

① 0.4509 ② 0.9018

③ 1.2525 ④ 1.9018

해 한계고 $Hc = \frac{C}{rt}Ns = \frac{6.5}{2.0} \times 5.55 = 18.0375(m)$

안전율 $Fs = Hc/H = 18.0375/20 = 0.9018$

98 다음 중 소운반 및 인력운반 공사에 대한 표준품셈 관련 설명으로 틀린 것은?(단, V: 평균왕복속도, T: 1일 실작업시간, L: 운반거리, t: 적재적하시간)

① 1일 운반 실작업시간은 8시간을 기준으로 480분을 적용한다.
② 지게운반의 1회 운반량은 보통토사의 경우 25kg을 기준으로 산정한다.
③ 1일 운반횟수를 구하는 식은 $\dfrac{VT}{120L+Vt}$이다.
④ 지게운반 경로가 고갯길인 경우에는 수직높이 1m는 수평거리 6m의 비율로 적용한다.

해 ① 1일 운반 실작업시간은 8시간을 기준으로 450분을 적용한다.

99 살수 관개시설 설치 시 고려할 사항으로 가장 거리가 먼 것은?

① 관수량과 급수원의 흐름과 작동압력에 의해 살수기를 선정한다.
② 살수기의 간격은 보통 살수작동 지름의 60~65%로 추정한다.
③ 살수구역에서 첫 번째와 마지막 살수기에 작동하는 압력의 차는 10% 이내이어야 한다.
④ 살수기의 배치는 정사각형의 배치가 정삼각형의 배치보다 균등한 살수를 한다.

해 ④ 살수기의 배치는 정삼각형의 배치가 정사각형의 배치보다 균등한 살수를 한다.

100 콘크리트의 워커빌리티(workability)를 알아보기 위한 시험방법이 아닌 것은?

① 플로우테스트　　② 표준관입시험
③ 슬럼프테스트　　④ 다짐계수시험

해 ② 토양의 전단강도나 모래의 압축성 등을 판정할 수 있으며, 지반의 지지력 추정에 쓰인다.

제6과목 조경관리론

101 다음 중 유기물 사용의 효과에 해당되지 않는 것은?

① 토양 온도를 낮춤
② 토양의 구조 개량
③ 토양 중의 양분 저장
④ 토양의 완충작용을 증진

102 재료별 유희시설의 관리에 대한 설명으로 옳지 않은 것은?

① 목재시설 기초부분은 조기에 부패하기 쉬우므로 항상 점검하며, 상태가 불량한 부분은 교체하거나 콘크리트 두르기 등의 보수를 한다.
② 철재시설은 회전부분의 축부에 기름이 떨어지면 동요나 잡음이 생기지만 계속 사용하면 마모되어 소음이 줄어든다.
③ 콘크리트시설은 콘크리트 기초가 노출되면 위험하므로 성토, 모래 채움 등의 보수를 한다.
④ 합성수지시설에 벌어진 금이 생긴 경우에는 보수가 곤란하고, 이용자가 상처를 입기 쉬우므로 전면 교체한다.

103 토양의 형태론적 분류체계 단위의 순서가 옳은 것은?

① 목 → 아목 → 대군 → 아군 → 계 → 통
② 목 → 아목 → 대토양군 → 계 → 통 → 구
③ 목 → 대토양군 → 아목 → 통 → 계
④ 목 → 대군 → 아군 → 아목 → 계 → 통

104 대규모 녹지공간의 풀베기를 위한 일반적인 동력예취기 사용 시 안전사항으로 거리가 먼 것은?

① 예취 작업할 곳에 빈병이나, 깡통, 돌 등 위험요인을 제거한다.
② 예취 칼날이 있는 동력예취기 작업 시 왼쪽에서 오른쪽 방향으로 작업한다.
③ 예취 칼날 교체를 위한 해체 시 볼트를 오른쪽에서 왼쪽 방향으로 돌린다.
④ 예취작업 시에는 안전모, 보호안경, 무릎보호대, 안전화 등 보호구를 착용한다.

해 ② 예취작업 시 핸들은 양손으로 잡고 반드시 오른쪽에서 왼쪽방향으로 작업한다.

105 다음 [보기]에서 설명하는 해충은?

[보기]
–약충은 매우 가는 철사모양의 입을 나뭇가지 인피부에 꽂고 즙액을 흡수한다.
–정착한 1령 약충은 여름에 긴 휴면을 가진 후 10월경에 생장하기 시작하고, 11월경에 탈피하여 2령 약충이 된다. 2령 약충은 생장이 활발한 11월~이듬해 3월에 수목 피해를 가장 많이 주고, 수컷은 3월 상순 전후에 탈피하여 3령 약충이 된다.

① 도토리거위벌레　　② 솔껍질깍지벌레
③ 참나무재주나방　　④ 호두나무잎벌레

106 어떤 물질이 농약으로 사용되기 위하여 구비하여야 할 조건으로 가장 거리가 먼 것은?
① 살포 시 수목에 대한 약해가 없어야 한다.
② 병해충을 방제하는 약효가 뛰어나야 한다.
③ 수목재배 전체기간 중 잔효성이 유지되어야 한다.
④ 사용하는 작업자에 대하여 독성이 낮아야 한다.

107 나무의 정지, 전정 요령으로 가장 거리가 먼 것은?
① 도장한 가지는 제거한다.
② 병충해의 피해를 입은 가지는 제거한다.
③ 얽힌 가지와 교차한 가지는 제거한다.
④ 같은 부위, 같은 방향으로 평행한 두 가지 모두 제거한다.

해 ④ 같은 부위, 같은 방향으로 평행한 가지 중 하나를 제거한다.

108 배수시설의 관리에 의한 효용으로 가장 거리가 먼 것은?
① 강우 및 강설량의 조절
② 유속 및 유량감소로 토양침식방지
③ 토양의 포화상태를 감소시켜 지내력 확보
④ 해충의 번식원인이 될 수 있는 고여 있는 물을 제거

109 병균이 식물체에 침투하는 것을 방지하기 위해 쓰이는 약제로, 예방을 목적으로 사용되며 약효 시간이 긴 특징을 갖고 있는 것은?

① 토양살균제　　② 직접살균제
③ 종자소독제　　④ 보호살균제

110 옥외레크리에이션 이용자 관리체계는 관리 프로그램적 측면과 이용자의 제특성에 대한 이해 부분으로 구분된다. 이 중 "이용자 관리 프로그램"에 속하는 것은?
① 참가 유형　　② 이용의 분포
③ 이용자 요구도 위계　　④ 이용자의 지각 특성

111 화단의 비배관리에 효과적인 방법이 아닌 것은?
① 봄에 파종이나 이식이 끝난 후에 퇴비를 섞어준다.
② 복합비료 입제는 꽃을 식재하기 일주일 정도 전에 뿌려준다.
③ 가을이나 겨울에 토성을 개량하기 위하여 퇴비를 넣고 땅을 일구어서 섞어 준다.
④ 꽃을 피우기 시작할 때 액제의 비료를 잎이나 줄기기부에 일주일에 한 두 번씩 뿌려준다.

해 ① 봄에 파종이나 이식 전에 퇴비를 섞어준다.

112 식재공사 후 장기간의 가뭄으로부터 수목을 보호하기 위해 실시하는 관수(灌水)의 요령으로 가장 거리가 먼 것은?
① 물을 줄 때 수관폭의 1/3 정도 또는 뿌리분 크기보다 약간 넓게, 높이 0.1m 정도의 물받이를 만든다.
② 관수량은 물분(깊이 5~10cm)에 반 정도 차게 물을 붓는다.
③ 거목의 경우에는 근부(根部)뿐만 아니라 줄기 전체에도 물을 끼얹어 준다.
④ 매일 관수를 계속할 경우 하층에 뿌리가 부패하는 것을 주의한다.

113 토양의 입경조성(粒經組成)과 가장 밀접한 관련이 있는 것은?
① 토성(土性)　　② 토양통(土壤統)
③ 토양의 구조(構造)　　④ 토양반응(土壤反應)

114 생울타리의 관리 방법이 옳지 않은 것은?

① 맹아력이 약한 수종은 자주 강하게 다듬으면 잔가지 형성에 도움을 준다.

② 전정은 목적에 맞게 보통 1년에 2~3회 실시한다.

③ 주요 수종은 쥐똥나무, 무궁화 등이 적합하다.

④ 다듬는 시기는 새잎이 나올 때부터 6월 중순경까지와 9월이 적기이다.

해 ① 맹아력이 약한 수종은 강하게 다듬지 않는다.

115 진딧물이나 깍지벌레 등이 기생하는 나무에서 흔히 관찰되는 수목병은?

① 그을음병 　　　　② 빗자루병

③ 흰가루병 　　　　④ 줄기마름병

해 ① 그을음병은 진딧물이나 깍지벌레 등 흡즙성 해충의 배설물에 기생하며, 균체가 검은색이기 때문에 외관상 잎의 표면에 그을음이 붙은 것처럼 보인다.

116 다음 설명은 어떤 양분이 결핍된 증상인가?

> －활엽수는 성숙엽을 관찰하며, 엽맥, 엽병 및 잎 뒷면이 동색~보라색으로 변한다.
> －조기낙엽 현상이 생긴다.
> －꽃의 수는 적게 맺힌다.
> －열매는 크기가 작아진다.

① Mg 　　　　② K

③ N 　　　　④ P

117 식물병을 예방하기 위한 방법은 여러 가지가 있다. 다음 중 잣나무 털녹병을 예방하기 위한 가장 효과 있는 방법은?

① 비배관리 　　　　② 윤작실시

③ 깍지벌레의 방제 　④ 중간기주의 제거

해 ④ 중간기주를 제거하여 생활사가 연속되지 못하도록 한다.

118 다음 공원 녹지 내에서의 행사 개최에 대한 설명으로 옳지 않은 것은?

① 공원 내에서의 행사 시 목적에 따라 참가대상에 대한 고려를 하여야 한다.

② 행사의 프로그램은 가능한 풍부한 내용을 가지도록 한다.

③ 행사는 보통 「제작→기획→실시→평가」의 단계를 거치도록 한다.

④ 「도시공원 및 녹지 등에 관한 법률」에서는 행사 개최 시 일시적인 공원의 점용에 대한 기준을 정하고 있다.

해 ③ 행사는 보통 「기획→제작→실시→평가」의 단계를 거치도록 한다.

119 종자에 낙하산모양의 깃털이나 솜털이 부착되어 있어서 바람에 의하여 전파가 되는 잡초로만 나열된 것은?

① 민들레, 망초

② 어저귀, 쇠비름

③ 박주가리, 환삼덩굴

④ 명아주, 방동사니

120 80%의 메치온 유제 원액이 있다. 이것의 사용 농도를 20%로 하여 100L의 용액을 만들려면 메치온 유제의 원액량은 얼마인가?

① 1.25L 　　　　② 2.50L

③ 12.50L 　　　④ 25.00L

해 소요농약량 $= \dfrac{\text{사용농도} \times \text{살포량}}{\text{원액농도}} = \dfrac{20 \times 100}{80} = 25(\text{L})$

제1과목 조경사

1 다음의 사찰 배치도는 1탑1금당식의 전형적인 배치를 보여주고 있다. 이 사찰의 배치는 연지가 있고 중문, 5층 석탑, 금당, 강당이 차례로 놓여져 있으며 회랑으로 둘러져 있는 사찰의 명칭은?

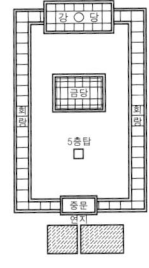

① 미륵사
② 황룡사
③ 정릉사
④ 정림사

2 일본 강호(江戶)시대는 여러 정원의 형식들을 종합하여 회유식(回遊式) 성원이 완성된 시기였다. 이 시대의 대표적인 정원은?

① 계리궁(桂離宮), 수학원이궁(修學院離宮)
② 대덕사(大德寺), 후락원(後樂園)
③ 대선원(大仙院), 영보사(永保寺)
④ 서방사(西芳寺), 서천사(瑞泉寺)

3 최저 노단 내 연못들 뒤 감탕나무 총림이 위치하고 서쪽에 물 풍금(Water Organ)이 유명한 로마 근교의 빌라는?

① 빌라 마다마(Villa Madama)
② 빌라 에스테(Villa d'Este)
③ 빌라 랑테(Villa Lante)
④ 빌라 페트라리아(Villa Petraia)

4 다음 중 창덕궁에 속한 지당(池塘)의 형태가 나머지와 다른 것은?

① 빙옥지
② 부용지
③ 존덕지
④ 애련지

해 ①②④ 방형연못, ③ 부정형 연못

5 중국 청조(淸朝)의 원림 중 3산5원에 해당하지 않는 것은?

① 만수산 소원(小園)
② 옥천산 정명원(靜明園)
③ 만수산 창춘원(暢春園)
④ 만수산 원명원(圓明園)

해 · 삼산 : 만수산, 향산, 옥천산
· 오원 : 이화원, 정의원, 정명원, 창춘원, 원명원

6 고려시대 궁궐정원을 맡아보던 관서는?

① 내원서
② 상림원
③ 장원서
④ 사복시

7 중국의 사자림(獅子林)에는 「견산루(見山樓)」의 편액을 볼 수 있는데, 그 이름은 다음 중 누구의 문장에서 나왔는가?

① 왕희지(王羲之)
② 주돈이(周敦頤)
③ 도연명(陶淵明)
④ 황정견(黃庭堅)

8 서양의 중세 수도원 정원에 나타난 사항이 아닌 것은?

① 채소원
② 약초원
③ 과수원
④ 자수원

해 ①②③ 자급자족의 수단으로 나타난 것이다.

9 이집트인은 종교관에 따라 거대한 예배신전이나 장제 신전을 건설하고, 그 주위에 신원(神苑)을 설치하였다. 그 중 현존하는 최고(最古)의 것으로 대표적인 조경 유적이 있는 신전은?

① Thutmois 3세의 신전
② Menes왕의 장제신전
③ Amenophis 3세의 장제신전
④ Hatshepsut여왕의 장제신전

10 정약용이 조성한 다산초당(茶山草堂)에 관한 설명으로 옳은 것은?

① 신선사상을 배경으로 한 전통적인 중도형 방지이다.
② 풍수지리설을 배경으로 한 전통적인 화계수법의

③ 유교사상을 배경으로 한 전통적인 중도형의 방지이다.

④ 임천을 배경으로 한 전통적인 화계수법의 정원이다.

11 질 클레망이 자연, 운동, 건축, 기교의 원리로 개조한 것은?
① 시트로엥 공원
② 라빌레뜨 공원
③ 발비 공원
④ 루소 공원

12 고구려의 안학궁원(安鶴宮苑)에 대한 설명으로 옳은 것은?
① 수구문은 동쪽과 서쪽에 설치되어 있었다.
② 궁의 북서쪽 모서리에 태자궁이 있었다.
③ 정원 터는 서문과 외전 사이와 북문과 침전 사이에 있었다.
④ 가장 큰 규모의 정원 터는 동문과 내전 사이이다.

해 ① 수구문은 북쪽과 남쪽에 설치되어 있었다.
② 궁의 북동쪽 모서리에 태자궁이 있었다.
④ 가장 큰 규모의 정원 터는 서문과 외전 사이이다.

13 정자에 만들어진 방의 형태가 "중심형"에 해당하지 않는 것은?
① 소쇄원 광풍각
② 담양 명옥헌
③ 예천 초간정
④ 화순 임대정

해 ③ 초간정은 배면편심형에 속한다.

14 옴스테드(Frederick Law Olmsted)에 의한 센트럴 파크(Central Park)의 설계 특징이 아닌 것은?
① 자연경관의 뷰(view) 및 비스타(vista)
② 정형적인 몰(mall) 및 대로
③ 입체적 동선 체계
④ 넓은 커낼(grand canal)

15 경상북도 봉화군에 있는 권씨가의 청암정 지원(靑岩亭 池園)에서 볼 수 있는 못의 형태는?

①
②
③
④

16 다음 서원에 관한 설명 중 옳지 않은 것은?
① 무성서원은 최초의 가사문학 「상춘곡」이 저술된 곳이다.
② 도동서원은 서원철폐령 때 훼철되지 않은 서원 중 하나이다.
③ 도산서원에는 절우사 축조 후 매, 죽, 송, 국이 식재되었다.
④ 병산서원의 광영지(光影池)는 자연석 지안에 방지방도형의 연못이다.

해 ④ 병산서원의 광영지(光影池)는 자연석 지안의 타원형 연못에 원도가 있는 연못이다.

17 네덜란드 르네상스의 정원과 관련된 설명 중 ( ) 안에 적합한 것은?

> 과수원(果樹園), 소채원(蔬菜園), 약초원(藥草園), 화단(花壇)을 가진 정원은 ( )로 구획 지어진 작은 섬의 형태를 이루고, 서로 다리에 의해서 이어진다.

① 커낼
② 캐스케이드
③ 폭포
④ 창살울타리

18 일본 침전조 정원 양식과 관련된 저서는?
① 해유복
② 송고집
③ 작정기
④ 벽암록

19 르네상스 시기 이탈리아의 조경 발달 과정에 대한 설명으로 옳지 않은 것은?
① 16세기 건축가 브라망테(Bramante)가 설계한 벨베데레(Belvedere)원은 이탈리아 빌라를 건축적 노단 양식으로 만든 계기가 된다.
② 16세기에는 메디치가가 가장 번성하여 플로렌스는 후기 르네상스의 중심지가 되었다.
③ 15세기 중서부 터스카니 지방을 중심으로 발달

한 초기 르네상스의 발라들은 원근법, 수학적 단계 등을 중요시하였고, 미켈로지(M.Michelozzi)는 당대의 대표적 조경가이다.

④ 소 필리니(Pliny the Younger)의 빌라에 대한 연구, 비트리비우스의 「De Architecture」 등이 빌라 조경에 영향을 주었다.

🖎 ② 메디치가의 영향을 받아 15세기 투스카니 지방의 플로렌스(피렌체)에서 초기 르네상스가 발달하였다.

20 다음 중 이탈리아 르네상스 시대의 정원으로서 10개의 노단(Ten Terraces)으로 이루어진 바로크식 정원은?
① Villa Lante
② Isola Bella
③ Villa Farnese
④ Villa Petraia

제2과목 조경계획

21 다음 조경 접근방법 중 이용자들이 공유하는 경험과 체험의 중요성을 강조하는 것은?
① 기호학적 접근
② 미학적 접근
③ 환경심리적 접근
④ 현상학적 접근

22 다음 중 미기후(microclimate)가 가장 안정된 상태는?
① 지표면의 알베도가 낮고, 전도율이 낮은 경우
② 지표면의 알베도가 낮고, 전도율이 높은 경우
③ 지표면의 알베도가 높고, 전도율이 높은 경우
④ 지표면의 알베도가 높고, 전도율이 낮은 경우

23 공원관리청이 공원구역 중 일정한 지역을 자연공원특별보호구역으로 지정하여 일정 기간 사람의 출입 또는 차량의 통행을 금지·제한하거나, 일정한 지역을 탐방예약구간으로 지정하여 탐방객 수를 제한할 수 있는 경우에 해당되지 않는 것은?
① 자연생태계와 자연경관 등 자연공원의 보호를 위한 경우
② 인위적인 요인으로 훼손되어 자연회복이 불가능한 경우
③ 자연공원에 들어가는 자의 안전을 위한 경우
④ 자연공원의 체계적인 보전관리를 위하여 필요한 경우

24 조경계획에서 환경심리학적 접근방법에 속하지 않는 것은?
① 도시경관의 이미지에 관한 연구
② 공원 이용자의 수를 추정하여 이를 설계에 반영하는 연구
③ 공원에 있어서 이용자의 프라이버시에 관한 연구
④ 주민의 사회문화적 특성을 계획에 반영하는 연구

🖎 환경심리학적 접근방법이란 인간과 환경의 종합적 관계 및 현실문제의 해결에 중점을 둔 접근방법이다.

25 다음 설명에 해당하는 계획은?

> 자연공원을 보전·이용·관리하기 위하여 장기적인 발전방향을 제시하는 종합계획으로서 공원계획과 공원별 보전·관리계획의 지침이 되는 계획

① 공원기본계획
② 공원조성계획
③ 공원녹지기본계획
④ 공원별 보전·관리계획

26 문화재로서 해당 문화재가 역사적·학술적 가치가 크다고 인정되며, 기타의 조건을 만족할 때 「문화재보호법」에 의해 사적(국가지정문화재)으로 지정될 수 없는 유형은?
① 사당 등의 제사·장례에 관한 유적
② 우물 등의 산업·교통·주거생활에 관한 유적
③ 서원 등의 교육·의료·종교에 관한 유적
④ 「세계문화유산 및 자연유산의 보호에 관한 협약」에 따른 자연유산에 해당하는 곳 중 자연의 미관적으로 현저한 가치를 갖는 것

27 정밀토양도에서 토양의 명칭을 "Mn C2"라고 명명하였을 경우 '2'가 의미하는 것은?
① 침식정도
② 경사도
③ 비옥도
④ 배수정도

🖎 Mn(토양통 및 토성), C(경사도), 2(침식 정도)

28 래드번(Radburn) 택지계획의 개념과 가장 관계 깊은 것은?

① 차도와 보도의 분리

② 개발제한구역(Green Belt) 지정

③ 자동차 전용 도로망을 최초로 도입

④ 고밀도 주거지와 그 사이 넓은 녹지공간의 조화

29 근린공원 계획 시에는 근린공원의 개념과 성격에 대한 명확한 이해가 선행되어야 한다. 다음 중 근린공원의 개념 정의에 적합하지 않은 것은?

① 일상 생활권 내에 거주하는 시민을 위한 공원

② 연령, 성별 구분 없이 누구나 이용 가능한 공원

③ 주민의 규모, 구성 및 행태를 비교적 정확하게 파악하여 조성될 수 있는 공원

④ 도보접근 내에 있는 여러 계층의 주민들에게 필요한 시설과 환경을 갖춰주는 공원

30 다음 사후환경영향조사의 대상사업 중 조사 기간이 다른 것은?

① 도시의 개발사업 부문의 주택건설사업 및 대지조성사업

② 도시의 개발사업 부문의 마을정비구역의 조성사업

③ 항만의 건설사업 부문의 항만재개발사업

④ 공항의 건설사업 부문의 비행장

31 다음 중 조경과 관련한 타분야에 대한 설명으로 가장 부적절한 것은?

① 건축은 주로 환경 속에 실체로 나타난 건물의 계획이나 설계에 관련된 분야이다.

② 토목은 주로 도로, 교량, 지형변화, 댐, 상하수설비 등의 설계와 공법에 관심이 있다.

③ 도시계획은 도시 혹은 어느 대단위지역에 관한 사회적, 물리적 계획에 관련한다.

④ 도시설계는 자연과 도시의 조화를 유도하기 위하여 자연생태계의 이해가 가장 중요하다.

32 제1종 지구단위계획으로 차 없는 거리(보행자 전용도로를 지정, 차량의 출입을 금지)를 조성하고

자 하는 경우 「주차장법」 규정에 의한 주차장 설치 기준을 얼마까지 완화하여 적용할 수 있는가?

① 100%   ② 105%

③ 110%   ④ 120%

33 근린생활권근린공원의 설명으로 맞는 것은?(단, 도시공원 및 녹지 등에 관한 법률 시행규칙을 적용한다.)

① 유치거리는 500m 이하

② 1개소의 면적은 1,500㎡ 이상

③ 공원시설 부지면적은 전체의 60% 이하

④ 하나의 도시지역을 초과하는 광역적인 이용에 제공할 것을 목적으로 하는 근린공원

해 ② 10,000㎡ 이상, ③ 40% 이하, ④ 주로 인근에 거주하는 자의 이용에 제공할 것을 목적으로 하는 근린공원

34 옥상정원 계획 시 건물, 주변현황 이용측면을 고려하여야 하는데, 그 설명이 옳지 않은 것은?

① 지반의 구조 및 강도가 흙을 놓고 수목식재 및 야외조각물 설치에 견딜 정도가 되어야 한다.

② 수목의 생육 상 관수를 해야 하므로 구조체가 우수한 방수성능과 배수 계통도 양호해야 한다.

③ 측면에 담장, 차폐식재로 프라이버시를 지키고, 녹음수, 정자, 퍼골라 등을 설치하여 위로부터의 보호 조치가 필요하다.

④ 수종 선정이나 부재 선정에 있어서 미기후의 변화에 대응해야 하며, 교목식재는 40cm 정도의 최소유효토심을 확보해야 한다.

해 ④ 교목식재는 70cm(인공토양 60cm) 이상의 토심을 필요로 한다.

35 시설물 배치계획에 관한 설명으로 옳지 않은 것은?

① 여러 기능이 공존하는 경우, 유사기능의 구조물들은 모아서 집단별로 배치한다.

② 다른 시설물들과 인접할 경우, 구조물들로 형성되는 옥외공간의 구성에 유의해야 한다.

③ 구조물의 평면이 장방형일 때는 긴 변이 등고선에 수직이 되도록 배치한다.

④ 시설물이 랜드마크적 성격을 갖고 있지 않다면, 주변경관과 조화되는 형태, 색채 등을 사용하는 것이 좋다.

해 ③ 구조물의 평면이 장방형일 때는 긴 변이 등고선에 평행이 되도록 배치한다.

36 Mitsch와 Gosselink가 제시한 습지생태계 복원을 위한 일반적인 원리와 가장 거리가 먼 것은?
① 습지 주변에 완충지대를 배치하라
② 범람, 가뭄, 폭풍 등으로부터 피해를 받지 않도록 주변에 제방을 계획하라
③ 식물, 동물, 미생물, 토양, 물은 스스로 분포하고 유지될 수 있도록 계획하라
④ 적어도 하나의 주목표와 여러 개의 부수적 목표를 설정하라

37 체계화된 공원녹지의 기본 목적이 아닌 것은?
① 접근성과 개방성의 증대
② 경제성과 효율성 증대
③ 포괄성과 연속성의 증대
④ 상징성과 식별성의 증대

38 다음 중 공장조경계획 시 고려할 사항으로 가장 거리가 먼 것은?
① 효율적인 공간구성
② 쾌적한 환경 조성
③ 부가적인 효과 창출
④ 신기술 적용

39 연결녹지를 설치할 때 고려하여야 할 기준이나 기능이 틀린 것은?(단, 도시공원·및 녹지 등에 관한 법률 시행규칙을 적용한다.)
① 산책 및 휴식을 위한 소규모 가로(街路)공원이 되도록 할 것
② 비교적 규모가 큰 숲으로 이어지거나 하천을 따라 조성되는 상징적인 녹지축 혹은 생태통로가 되도록 할 것
③ 도시 내 주요 공원 및 녹지는 주거지역·상업지역·학교 그 밖에 공공시설과 연결하는 망이 형

성되도록 할 것
④ 녹지율(도시·군계획시설 면적분의 녹지면적을 말한다)은 60퍼센트 이하로 할 것

해 ④ 녹지율은 70% 이상으로 할 것

40 도시 오픈스페이스의 효용성에 해당하지 않는 것은?
① 도시개발의 조절
② 도시환경의 질 개선
③ 시민생활의 질 개선
④ 개발 유보지의 조절

제3과목 조경설계

41 다음 중 파노라믹 경관(panoramic landscape)의 설명으로 옳은 것은?
① 수림이나 계곡이 보이는 자연경관
② 원거리의 물체들을 시선이 가로막는 장해물 없이 조망할 수 있는 경관
③ 아침 안개 또는 저녁 노을과 같이 기상조건에 따라 단시간 동안만 나타나는 경관
④ 원거리의 물체들이 가까이 접근해 있는 물체의 일부에 가려 액자(額子)에 넣어진 듯 보이는 경관

42 린치(Lynch, 1979)가 제안한 도시구성요소에 속하지 않는 것은?
① 지역(districts) ② 통로(paths)
③ 경관(views) ④ 랜드마크(landmarks)

해 ①②④ 외 경계(edges), 결절점(nodes)

43 그림과 같은 등각투상도에서 화살표 방향이 정면일 때 우측면도로 가장 적합한 것은?

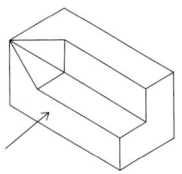

① ②
③ ④

44 오른손잡이 설계자의 일반적인 실선 제도 방법으로 틀린 것은?

① 눈금자, 삼각자 등은 오른쪽에 가깝게 놓는다.

② 선을 그을 때는 심을 자의 아랫변에 꼭 대고 연필을 오른쪽으로 30~40° 뉘어 사용한다.

③ 연필심이 고르게 묻도록 연필을 돌리면서 빠르고 강하게 단번에 긋는다.

④ 사선은 삼각자의 방향에 따라 아래에서 위로 또는 위에서 아래로 긋는다.

해 ① 오른손잡이 설계자의 경우 눈금자(스케일), 삼각자 등은 왼쪽에 배치하고, 컴퍼스, 디바이더 등은 오른쪽에 배치한다.

45 다음 설명 중 ( )에 알맞은 것은?

> 자전거 이용시설의 구조·시설 기준에 관한 규칙에서 자전거도로의 폭은 하나의 차로를 기준으로 ( ) 미터 이상으로 한다.(다만, 지역 상황 등에 따라 부득이하다고 인정되는 경우는 고려하지 않는다)

① 0.6

② 0.9

③ 1.2

④ 1.5

46 분광반사율의 분포가 서로 다른 두 개의 색자극이 광원의 종류와 관찰자 등의 관찰조건을 일정하게 할 때에만 같은 색으로 보이는 경우는?

① 연색성

② 발광성

③ 조건등색

④ 색각이상

47 설계과정에서 기본구상이 이루어진 다음 구체적인 세부설계에 도달하는데 이때 현실의 제약 조건 때문에 기본구상과 계획이 또 다시 재검토되고 수정되면서 원래의 구상이 점차로 구체화되는 과정을 무엇이라고 하는가?

① 구상계획

② 실시계획

③ 계획의 평가

④ 설계에서의 환류(Feed-back)

48 조경설계기준상의 보행등의 배치 및 시설기준으로 옳지 않은 것은?

① 소로·계단·구석진 길·출입구·장식벽에 설치한다.

② 보행등 1회로는 보행등 10개 이하로 구성하고, 보행등의 공용접지는 5기 이하로 한다.

③ 보행인의 이용에 불편함이 없는 밝기를 확보하며, 보행로의 경우 3lx 이상의 밝기를 적용한다.

④ 배치간격은 설치높이의 8배 이하 거리로 하되, 등주의 높이와 연출할 공간의 분위기를 고려한다.

해 ④ 배치간격은 설치높이의 5배 이하, 보행로 경계에서 50cm 정도에 배치한다.

49 다음 중 3차원적인(입체적인) 그림이 아닌 것은?

① 입단면도

② 1소점투시도

③ 엑소노메트릭

④ 아이소메트릭

50 「주택건설기준 등에 관한 규정」에서 규정하고 있는 "부대시설"에 해당하는 것은?

① 안내표지판

② 주민공동시설

③ 근린생활시설

④ 유치원

해 ②③④ 복리시설

·부대시설 : 진입도로, 주택단지 안의 도로, 주차장, 관리사무소 등, 수해방지, 안내표지판, 통신시설, 지능형 홈네트워크설비, 보안등, 가스공급시설, 비상급수시설, 난방설비, 폐기물보관시설, 영상정보처리기기, 전기시설, 방송수신을 위한 공동수신설비, 급·배수시설, 배기설비

51 다음 중 시각적 밸런스(balance)를 결정짓는 요소가 아닌 것은?

① 색채

② 통일

③ 질감

④ 형태의 크기

52 조경설계기준상의 수경시설의 설계에 대한 설명으로 옳지 않은 것은?

① 수경시설은 적설, 동결, 바람 등 지역의 기후적 특성을 고려하여 설계한다.

② 물놀이를 전제로 한 수변공간(도섭지 등)시설의 1일 용수 순환 횟수는 2회를 기준으로 한다.

③ 장애물이 없는 개수로의 유량산출은 프랑스의

공식, 바진의 공식을 적용한다.

④ 분수의 경우 수조의 너비는 분수 높이의 2배, 바람의 영향을 크게 받는 지역은 분수 높이의 4배를 기준으로 한다.

해 ③ 장애물이 없는 개수로의 유량산출은 매닝 공식을 적용한다.

53 밝은 태양 아래 있는 석탄은 어두운 곳에 있는 백지보다 빛을 많이 반사하고 있는데도 불구하고 석탄은 검게, 백지는 희게 보이는 현상은?

① 항상성　　　　　② 명암순응
③ 비시감도　　　　④ 시감 반사율

54 다음의 노외주차장의 설치에 대한 계획기준 내용 중 (　) 안에 알맞은 것은?

> 특별시장·광역시장, 시장·군수 또는 구청장이 설치하는 노외주차장의 주차대수 규모가 (　)대 이상인 경우에는 주차대수의 2퍼센트부터 4퍼센트까지의 범위에서 장애인의 주차수요를 고려하여 지방자치단체의 조례로 정하는 비율 이상의 장애인전용주차구획을 설치하여야 한다.

① 30　　② 50　　③ 100　　④ 200

55 색에도 무거워 보이는 색과 가벼워 보이는 색이 있다. 다음 중 가장 무겁게 느껴지는 색은?

① 노랑　　　　　　② 주황
③ 초록　　　　　　④ 회색

해 색의 중량감에 있어 명도가 높은 것이 가벼워 보이고 한색이 난색보다 무겁게 느껴진다.

56 투시도에서 실물 크기를 어림잡을 수 있도록 할 수 있는 방법은?

① 사람을 그려 넣는다.
② 정확한 축척을 표시한다.
③ 집의 높이를 잘 그려 넣는다.
④ 나무를 잘 배열하여 그려 넣는다.

해 ① 투시도는 축척을 사용하지 않으므로 사람이나 자동차 등을 넣어 상대적 스케일감을 느끼도록 한다.

57 설계과정을 암상자(black box), 유리상자(glass box), 자유적 조직(self-organizing system)의 세 유형으로 구분한 사람은?

① Jones　　　　　② Halprin
③ Broadbent　　　④ Alexander

58 설계에 자주 이용되는 기준적 비례(proportion)가 아닌 것은?

① 황금비
② 정사각형의 비례
③ Fibonacci 수열의 비례
④ 인체 비례 척도(Le Modulor)

59 조경설계에 활용되는 2개의 삼각자(1조)를 이용하여 그릴 수 없는 각은?

① 15°　　② 30°　　③ 65°　　④ 75°

해 ③ 삼각자 1조로는 15°의 배수가 되는 각을 그릴 수 있다.

60 보도용 포장면의 설계와 관련된 설명 중 ㉠~㉣의 내용이 틀린 것은?

> (1) 종단기울기는 휠체어 이용자를 고려하는 경우에는 (㉠) 이하로 한다.
> (2) 종단기울기가 (㉡)% 이상인 구간의 포장은 미끄럼방지를 위하여 거친 면으로 마감처리 한다.
> (3) 횡단경사는 배수처리가 가능한 방향으로 (㉢)를 표준으로 한다.
> (4) 투수성 포장인 경우에는 (㉣)경사를 주지 않을 수 있다.

① ㉠ 1/12　　　　② ㉡ 5
③ ㉢ 2%　　　　　④ ㉣ 횡단

해 ① 보도용 포장면의 종단기울기는 1/12 이하가 되도록 하되, 휠체어 이용자를 고려하는 경우에는 1/18 이하로 한다.

제4과목 조경식재

61 생물군집의 특성에 미치는 영향이 아닌 것은?

① 비중　　　　　　② 우점도
③ 종의 다양성　　　④ 개체군의 밀도

62 생불종 보호를 위한 자연보호지구 설계의 설명 중 옳지 않은 것은?

① 대형포유동물의 종 보전을 위해서는, 면적이 큰 녹지공간이 작은 것보다 효과적이다.

② 여러 개의 녹지공간이 있을 경우, 원형으로 모여 있는 것보다 직선적으로 배열되는 것이 종의 재정착에 용이하다.

③ 서로 떨어진 녹지공간 사이에 종이 이동할 수 있는 통로를 만들 경우, 종의 이입 증가와 멸종의 방지에 도움을 줄 수 있다.

④ 인접한 녹지공간이 서로 가까울수록 종 보전에 효과가 높다.

🅗 ② 여러 개의 녹지공간이 있을 경우, 서로 가까이 모여 있는 것이 직선적으로 배열되는 것보다 종의 재정착에 용이하다.

63 식재 설계의 물리적 요소인 질감에 관한 설명이 틀린 것은?

① 거친 텍스처에서 부드러운 텍스처로 점진적인 사용은 흥미로운 식재구성을 할 수 있다.

② 가장자리에 결각이 많은 수종은 그렇지 않는 것보다 거친 질감을 나타낸다.

③ 식재를 보는 사람의 눈은 거친 곳에서 가장 고운 곳으로 이동되도록 해야 한다.

④ 중간지점이나 모퉁이는 제일 부드러운 질감을 갖는 수목을 배치한다.

64 다음 특징에 해당되는 수종은?

> −꽃은 5~6월에 백색 계열로 개화한다.
> −생울타리용으로 이용하기 적합하다.
> −열매가 불처럼 붉고, 가지에 가시모양의 단지가 있음

① 녹나무(*Cinnamomum camphora*)
② 피라칸다(*Pyracantha angustifolia*)
③ 층층나무(*Cornus controversa*)
④ 단풍나무(*Acer palmatum*)

65 하천의 공간별 녹화에 관한 설명과 식재하기에 적합한 수종의 연결이 옳지 않은 것은?

① 하천 저수부는 평상시에는 유수의 영향을 받지 않는 고수부와 저수로 사이의 하안평탄지: 물억새, 꽃창포

② 하천 둔치는 홍수 시 침수되는 공간이므로 토양유실을 방지하는 식물의 식재가 좋음: 갯버들, 찔레꽃

③ 제방사면부는 홍수 시 물의 흐름을 방해하지 않는 범위 내에서 수목식재가 가능: 조팝나무, 싸리류

④ 하안부는 물과 직접적으로 맞닿는 부분으로 유속에 영향을 받음: 갈대, 달뿌리풀

🅗 ① 물억새와 창포는 습생식물로서 하안 평탄지에는 적합하지 않다.

66 실내조경은 실외조경에 비해 많은 제약을 받는데, 다음 중 실내식물의 환경조건의 설명으로 가장 거리가 먼 것은?

① 광선은 제일 중요한 환경요인으로 광도, 광질, 광선의 공급시간 등에 대하여 검토해야 한다.

② 온도는 식물의 생리적 과정에 작용하는데 아열대 원산 식물의 생육최적온도는 20℃~25℃이다.

③ 물의 공급량은 빛의 공급량과 직접적인 관계가 있는데, 큰 식물에는 자체 급수용기를 사용한다.

④ 식물에 있어서 최적습도는 70~90%이며, 상대습도 30% 이상이면 대부분의 식물은 적응할 수 있다.

67 다음 설명은 식재설계의 미적 요소 중 어느 것에 해당되는가?

> 연속되거나 형태를 이룬 식물재료들 가운데 일어나는 시각적 분기점으로 질감, 색채, 높이 등을 통하여 그 효과를 높일 수 있다.

① 통일 ② 강조
③ 스케일 ④ 균형

68 효과적인 교통통제를 위해 위요공간의 경우 수

목의 어떤 특징을 중요시해야 하는가?

① 폭
② 높이
③ 색채
④ 질감

69 나자식물과 피자식물의 특징 설명으로 옳지 않은 것은?

① 나자식물은 단일수정을 한다.
② 은행나무는 나자식물에 속한다.
③ 종자가 자방 속에 감추어져 있는 식물을 피자식물이라 한다.
④ 초본류는 나자와 피자식물 모두에 들어 있다.

해 ④ 초본류는 피자식물에만 있다.

70 [보기]는 고속도로식재의 기능과 종류를 연결한 것이다. ( )에 적합한 용어는?

[보기]
( )기능 – 차폐식재, 수경식재, 조화식재

① 휴식
② 사고방지
③ 경관
④ 주행

71 다음 설명에 적합한 수종은?

열매는 핵과로 둥글고 지름은 5~8mm로 붉은색이며, 10월에 성숙하는데 겨울동안에 매달려있다.

① 먼나무(*Ilex rotunda*)
② 머루(*Vitis coignetiae*)
③ 멀구슬나무(*Melia azedarach*)
④ 병아리꽃나무(*Rhodotypos scandens*)

72 . 생태 천이의 설명으로 옳은 것은?

① 천이의 순서는 나지 → 1년생초본 → 다년생초본 → 양수관목 → 음수교목 → 양수교목 순이다.
② 시간의 경과에 따른 군집변화 과정으로서 군집 발전의 규칙적인 과정을 나타낸다.
③ 천이의 과정을 주도하는 것은 인간이다.
④ 천이는 반드시 1000년 이내에 이루어진다.

73 다음 중 상록활엽수에 해당되는 식물은?

① 화살나무(*Euonymus alatus*)
② 회목나무(*Euonymus pauciflorus*)
③ 사철나무(*Euonymus japonicus*)
④ 참빗살나무(*Euonymus hamiltonianus*)

74 보리수나무(*Elaeagnus umbellata*)에 대한 설명으로 잘못된 것은?

① 키가 작은 상록활엽수이다.
② 붉은 열매는 식용이 가능하다.
③ 온대 중부 이남의 산지에서 자생한다.
④ 꽃은 5~6월에 피며, 백색에서 연황색으로 변한다.

해 ① 보리수나무는 낙엽활엽관목이다.

75 주요 잔디 초지류의 회복력이 가장 강한 것은?

① Timothy
② Tall fescue
③ Perennial ryegrass
④ Bermudagrass

76 수목의 색채와 관련된 특징이 틀린 것은?

① 열매가 가을에 붉은색 계열 : 마가목
② 단풍이 홍색(紅色) 계열 : 때죽나무
③ 꽃이 황색 계열 : 매자나무
④ 수피가 회색 계열 : 서어나무

해 ② 때죽나무는 황색~주황색 계열로 단풍이 든다.

77 일반적인 구근화훼류의 분류는 춘식과 추식으로 구분한다. 다음 중 춘식(봄 심기) 구근에 해당하지 않는 것은?

① 칸나
② 달리아
③ 글라디올러스
④ 구근 아이리스

78 다음 중 개화 시기가 가장 빠른 수종은?

① 배롱나무(*Lagerstroemia indica*)
② 무궁화(*Hibiscus syriacus*)
③ 치자나무(*Gardenia jasminoides*)
④ 명자나무(*Chaenomeles speciosa*)

해 ① 배롱나무 7~9월, ② 무궁화 7~10월
③ 치자나무 6~7월, ④ 명자나무 4~5월

79 적박하고 건조한 토양에 잘 견디는 수종으로만 바르게 짝지어진 것은?

① 칠엽수, 일본목련, 단풍나무
② 자작나무, 물오리나무, 자귀나무
③ 느티나무, 이팝나무, 왕벚나무
④ 메타세쿼이아, 백합나무, 함박꽃나무

80 다음 형태 특성 중 수형이 다른 것은?

① *Larix kaempferi*
② *Celtis sinensis*
③ *Picea abies*
④ *Taxodium distichum*

해 ① 일본잎갈나무, ② 팽나무, ③ 독일가문비나무, ④ 낙우송

제5과목 조경시공구조학

81 표준품셈에서 수량에 대한 환산의 설명이 틀린 것은?

① 절토량은 자연상태의 설계도의 양으로 한다.
② 수량의 단위 및 소수위는 표준 품셈의 단위표준에 의한다.
③ 구적기로 면적을 구할 때는 2회 측정하여 평균값으로 한다.
④ 수량의 계산은 지정 소수위 이하 1위까지 구하고 끝수는 4사5입 한다.

해 ③ 구적기(Planimeter)를 사용할 경우에는 3회 이상 측정하여 그 중 정확하다고 생각되는 평균값으로 한다.

82 슬럼프 시험에 대한 설명으로 틀린 것은?

① 슬럼프 콘의 높이는 25cm이다.
② 슬럼프 콘의 지름은 위쪽이 10cm, 아래쪽이 20cm이다.
③ 시공연도(workability)의 좋고 나쁨을 판단하기 위한 실험이다.
④ 슬럼프 콘 높이에서 무너져 내린 높이까지의 거리를 cm로 표시한다.

해 ① 슬럼프 콘의 높이는 30cm이다.

83 그림과 같은 수준측량에서 B점의 표고는?(단, $H_A = 50.0m$)

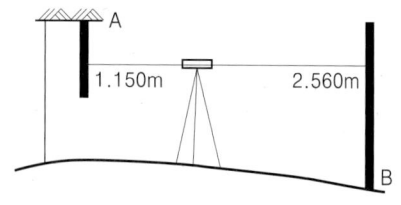

① 42.590m
② 46.290m
③ 48.590m
④ 51.410m

해 미지점 지반고 = 기지점 지반고+후시−전시
= 50−1.15−2.56 = 46.29(m)

84 지형도 등고선의 종류와 간격의 설명이 옳은 것은?

① 지형도가 1 : 5,000일 때 계곡선은 25m이다.
② 지형도의 표시의 기본이 되는 선이 계곡선이다.
③ 간곡선의 평면간격이 클 때 주곡선의 1/2 간격으로 조곡선을 넣는다.
④ 간곡선은 주곡선의 간격이 클 때 실선으로 나타낸다.

해 ② 지형도의 표시의 기본이 되는 선이 주곡선이다.
③ 간곡선의 평면간격이 클 때 간곡선의 1/2 간격으로 조곡선을 넣는다.
④ 간곡선은 주곡선의 간격이 클 때 파선으로 나타낸다.

85 표면유입시간 계산도표를 이용하여 우수의 유입시간을 계산하고자 한다. 다음 중 계산 시 고려요소로 가장 거리가 먼 것은?

① 토성
② 경사도
③ 최대흐름거리
④ 지표면 토지이용

86 목재를 구조재료로 쓸 경우 다른 재료(강철 등의 재료)보다 가장 떨어지는 강도는?(단, 가력방향은 섬유에 평행하다)

① 인장강도
② 압축강도
③ 전단강도
④ 휨강도

87 조경공사를 위한 수량산출 시 주요 자재(시멘트, 철근 등)를 관급으로 하지 않아도 좋은 경우에 해당되지 않는 것은?

① 공사현장의 사정으로 인하여 관급함이 국가에

불리할 때

② 관급할 자재가 품귀현상으로 조달이 매우 어려울 때

③ 조달청이 사실상 관급할 수 없거나 적기 공급이 어려울 때

④ 소량이거나 긴급사업 등으로 행정에 소요되는 시간과 경비가 과도하게 요구될 때

88 덤프트럭의 기계경비 산정에 있어 1회 사이클 시간(Cm)에 포함되지 않는 것은?

① 적재시간 ② 왕복시간

③ 정비시간 ④ 적하시간

89 다음 그림과 같이 하중점 C점에 P의 하중으로 외력이 작용하였을 때 휨 모멘트의 최대값은 얼마인가?

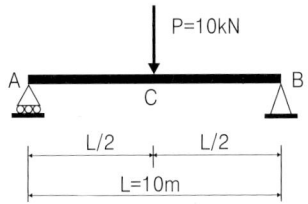

① 100kN·m ② 75kN·m

③ 50kN·m ④ 25kN·m

해 $M = \dfrac{P \times \ell}{4} = \dfrac{10 \times 10}{4} = 25(kN \cdot m)$

90 옹벽의 안정에 관한 사항 중 적합하지 않은 것은?

① 옹벽자체 단면의 안정은 허용응력에 관계한다.

② 옹벽의 미끄러짐(滑動)은 토압과 허용지내력에 관련이 깊다.

③ 옹벽의 전도(顚倒)에서 저항모멘트가 회전모멘트보다 커야만 옹벽이 안전하다.

④ 옹벽의 침하(沈下)는 외력의 합력에 의하여 기초지반에 생기는 최대압축응력이 지반의 지지력보다 작으면 기초지반은 안정하다.

해 ② 옹벽의 미끄러짐(滑動)은 토압과 지지토양의 마찰계수에 관련이 깊다.

91 석축 옹벽시공에 대한 설명이 틀린 것은?

① 찰쌓기는 메쌓기보다 비탈면에서 용수가 심하고 뒷면토압이 적을 때 설치한다.

② 신축줄눈은 찰쌓기의 높이가 변하는 곳이나 곡선부의 시점과 종점에 설치한다.

③ 찰쌓기의 1일 쌓기 높이는 1.2m를 표준으로 하며, 이어쌓기 부분은 계단형으로 마감한다.

④ 호박돌쌓기는 줄쌓기를 원칙으로 하고 튀어나오거나 들어가지 않도록 면을 맞추고 양 옆의 돌과도 이가 맞도록 하여야 한다.

해 ① 찰쌓기는 뒷면토압이 클 때 설치한다.

92 굳지 않은 콘크리트의 성질로서 주로 물의 양이 많고 적음에 따른 반죽의 되고 진 정도를 나타내는 용어는?

① 컨시스턴시(Consistency)

② 펌퍼빌리티(Pumpability)

③ 피니셔빌리티(Finishability)

④ 플라스티시티(Plasticity)

93 지상고도 3000m의 비행기 위에서 초점거리 15cm인 촬영기로 촬영한 수직 공중사진에서 50m의 교량의 크기는?

① 2.0mm ② 2.5mm ③ 3.0mm ④ 3.5mm

해 축척 1/m = 0.15/3,000 = 1/20,000

∴ 50,000/20,000 = 2.5(mm)

94 살수관개(撒水灌漑)를 설계할 때 살수기의 균등계수는 어느 정도가 효과적인가?

① 60~65% ② 75~85% ③ 85~95% ④ 95% 이상

95 인공지반의 식재 시 사용되는 토양의 보수성, 투수성 및 통기성을 향상시키기 위한 인공적인 다공질 경량토에 해당되지 않는 것은?

① 표토(topsoil)

② 피트모스(peat moss)

③ 펄라이트(perlite)

④ 버미큘라이트(vermiculite)

96 재료의 역학적(力學的) 성질에 대한 설명 중 응력(應力, Stress)에 관한 정의는?

① 구조물에 작용하는 외력(外力)

② 외력에 대하여 견디는 성질

③ 구조물에 작용하는 외력에 대응하려는 내력(內力)의 크기

④ 구조물에 하중이 작용할 때 저항하는 재료의 능력

97 콘크리트 타설 후의 재료 분리현상에 대한 설명이 틀린 것은?

① AE제를 사용하면 억제할 수 있다.

② 단위수량이 너무 많은 경우 발생한다.

③ 물시멘트비를 크게 하면 억제할 수 있다.

④ 굵은 골재의 최대치수가 지나치게 클 경우 발생한다.

해 ③ 물시멘트비를 크게 하면 할수록 재료분리는 증가한다.

98 배수(排水)의 지선망계통(枝線網系統)을 효율적으로 결정하는 방법이 틀린 것은?

① 우회곡절(迂廻曲折)을 피한다.

② 배수상의 분수령을 중요시한다.

③ 경사가 급한 고개에는 구배가 급한 대관거를 매설하지 않는다.

④ 교통이 빈번한 가로나 지하 매설물이 많은 가로에는 대관거(大菅渠)를 매설한다.

해 ④ 교통이 빈번한 가로나 지하 매설물이 많은 가로에는 대관거(大菅渠)의 매설을 피한다.

99 어떤 부지 내 잔디지역의 면적 0.23ha(유출계수 0.25), 아스팔트포장 지역의 면적 0.15ha(유출계수 0.9)이며, 강우강도는 20mm/hr일 때 합리식을 이용한 총 우수유출량(m³/sec)은?

① 0.0032

② 0.0075

③ 0.0107

④ 0.017

해 평균유출계수 $Cm = \dfrac{0.23 \times 0.25 + 0.15 \times 0.9}{0.38} = 0.507$

$Q = \dfrac{1}{360}CIA = \dfrac{1}{360} \times 0.507 \times 20 \times 0.38 = 0.0107(m^3/sec)$

100 트래버스 측량 중 정확도가 가장 높으나 조정이 복잡하고 시간과 비용이 많이 요구되는 삼각망은?

① 개방형 삼각망

② 단열 삼각망

③ 유심 삼각망

④ 사변형 삼각망

제6과목 조경관리론

101 공사원가 구성항목에 포함되는 일반관리비의 계상 설명으로 맞는 것은?

① 순공사비 합계액의 6%를 초과하여 계상할 수 없다.

② 현장사무소의 유지관리를 위하여 사용되는 비용이다.

③ 관급자재에 대한 관리비 계상은 일반관리비 요율에 준하여 계상한다.

④ 가설사무소, 창고, 숙소, 화장실 설치비용을 포함해서 계상한다.

해 일반관리비는 기업의 유지를 위한 관리활동 부문에서 발생하는 제비용으로서 제조원가에 속하지 아니한다.

102 굵은 골재 가운데 질석을 800~1,000℃의 고온에서 튀긴 것으로 일반적으로 비료 성분을 가지고 있지 않으며, 경량으로 흡수율이 높아 파종이나 삽목용 토양으로 사용되는 것은?

① 소성점토

② 피트모스(peat moss)

③ 펄라이트(perlite)

④ 버미큘라이트(vermiculite)

103 안전대책 중 사고처리의 일반적인 순서로서 옳은 것은?

① 사고자의 구호 → 관계자에게 통보 → 사고 상황의 기록 → 사고 책임의 명확화

② 관계자에게 통보 → 사고자의 구호 → 사고 책임의 명확화 → 사고 상황의 기록

③ 사고자의 구호 → 사고 상황의 기록 → 사고 책임의 명확화 → 관계자에게 통보

④ 사고자의 구호 → 사고 책임의 명확화 → 사고 상황의 기록 → 관계자에게 통보

104 일반적인 조건하에서 조경 시설물(철제 그네)의 도장, 도색은 몇 년 주기로 보수하는가?

① 1년   ② 3년

③ 5년   ④ 10년

105 60kg 잔디 종자에 살충제 이피엔 50% 유제를 8ppm이 되도록 처리하려고 할 때의 소요 약량(mL)은 약 얼마인가?(단, 약제의 비중 : 1.07)

① 0.5   ② 0.7

③ 0.9   ④ 1.2

해 1% = 10,000ppm, 소요농약량 = $\dfrac{\text{사용농도×살포량}}{\text{원액농도×비중}}$

    = $\dfrac{8×60×1,000}{500,000×1.07}$ = 0.9(mL)

106 제초제의 선택성에 관여하는 생물적 요인이 아닌 것은?

① 잎의 각도   ② 제초제 처리량

③ 잎의 표면조직 ④ 생장점의 위치

107 사다리 이용과 관련한 안전 조치로 적절한 것은?

① 사다리의 상부 3개 발판 이상에서 작업한다.

② 사다리를 기대 세울 때는 가능한 한 나무나 전주 등에 세워 작업한다.

③ 사다리에서 작업할 때 신체의 일부를 사용하여 3점을 사다리에 접촉·유지한다.

④ 기대는 사다리의 설치각도는 수평면에 대하여 80도 이상을 유지하여 넘어짐을 예방한다.

해 현재 적용되고 있는 '이동식 사다리 안전지침(고용노동부 2020 실시)' 이전의 규정이다.

108 병든 식물의 표면에 병원체의 영양기관이나 번식기관이 나타나 육안으로 식별되는 것을 가리키는 것은?

① 병징   ② 병반

③ 표징   ④ 병폐

109 다음 중 전염성병으로 분류되지 않는 것은?

① 진균에 의한 병

② 바이러스에 의한 병

③ 종자식물에 의한 병

④ 토양 중의 유독물질에 의한 병

해 ④ 부적당한 토양조건·기상조건에 의한 병, 유해물질에 의한 병, 농기구에 의한 기계적 상해 등 비생물성 원인에 의한 것은 비전염성병으로 분류한다.

110 수목의 아황산가스 피해에 대한 설명 중 잘못된 것은?

① 공중습도가 높고, 토양수분이 많을 때에 피해가 줄어든다.

② 기온이 낮은 봄철보다 여름철에 더욱 큰 피해를 입는다.

③ 아황산가스는 석탄이나 중유 또는 광석 속의 유황이 연소하는 과정에서 발생한다.

④ 토양 속으로도 흡수되어 토양의 산성을 높임으로써 뿌리에 피해를 주고 지력을 감퇴시키기도 한다.

해 ① 수목의 활동성이 클수록 피해는 증가한다.

111 산성에 대한 저항력이 강하여 산성토양에서도 활동이 강한 미생물은?

① 세균   ② 조류

③ 방선균   ④ 사상균

112 탄소와 화합한 질소화합물로서 물에 녹아 비교적 빨리 비효를 나타내지만 그 자체로는 유해하며 함유하는 비료로는 석회질소가 대표적인 질소 형태는?

① 요소태 질소 ② 질산태 질소

③ 암모니아태 질소 ④ 시안아미드태 질소

113 식물 방제용 농약의 보관방법으로 틀린 것은?

① 농약은 직사광선을 피하고 통풍이 잘 되는 곳에 보관한다.

② 농약은 잠금장치가 있는 전용 보관함에 보관한다.

③ 사용하고 남은 농약은 다른 용기에 담아 보관한다.

④ 농약 빈병과 농약 폐기물은 분리해서 처리한다.

해 ③ 사용하고 남은 농약은 다른 용기에 옮겨 보관하지 말고, 밀봉한 뒤 햇빛을 피해 건조하고 서늘한 장소에 보관한다.

114 공원 관리업무 수행 시 도급방식 관리에 대한 설명 중 틀린 것은?

① 관리비가 싸다.

② 임기응변적 조처가 가능하다.

③ 관리주체가 보유한 설비로는 불가능한 업무에 적합하다.

④ 전문적 지식, 기능을 가진 전문가를 통한 양질의 서비스를 기할 수 있다.

해 ② 도급방식의 단점에 속한다.

115 낙엽수는 낙엽 후부터 다음해 새로운 눈이 싹트기 전, 상록수는 싹트기 시작하는 전후의 시기에 실시하는 전정은?

① 동기전정   ② 기본전정

③ 솎음전정   ④ 하기전정

116 참나무류에 발생하는 참나무시들음병의 병균을 매개하는 곤충은?

① 참나무방패벌레   ② 참나무하늘소

③ 광릉긴나무좀   ④ 갈참나무비단벌레

117 레크리에이션 수용능력의 결정인자는 고정인자와 가변인자로 구분되는데 다음 중 고정적 결정인자가 아닌 것은?

① 특정 활동에 필요한 사람의 수

② 특정 활동에 대한 참여자의 반응정도

③ 특정 활동에 필요한 공간의 최소면적

④ 특정 활동에 의한 이용의 영향에 대한 회복능력

118 조경시설물 보관 창고에 전기화재가 발생하였을 때, 사용하는 소화기로 가장 적합한 것은?

① A급 소화기   ② B급 소화기

③ C급 소화기   ④ D급 소화기

해 화재의 종류 : A급 화재(일반화재), B급 화재(유류화재), C급 화재(전기화재), D급 화재(주방화재)

119 다음 토양 중 침식(erosion)을 받을 소지가 가장 작은 것은?

① 투수력이 큰 토양

② 팽창성이 큰 토양

③ 가소성이 큰 토양

④ Na⁻교질이 많은 토양

120 소나무 혹병의 중간 기주에 해당되는 것은?

① 송이풀   ② 졸참나무

③ 까치밥나무   ④ 향나무

정답 **114** ② **115** ① **116** ③ **117** ④ **118** ③ **119** ① **120** ②

2021년 조경기사 제2회

제1과목 조경사

1 미국 도시계획사에서 격자형 가로망을 벗어나서 자연스러운 가로 계획으로 시카고에 리버사이드 주택단지를 최초로 시도한 사람은?
① 찰스 엘리어트(Charles Eliot)
② 엔드류 다우닝(Andrew J. Downing)
③ 캘버트 보(Calvert Vaux)
④ 프레드릭 로 옴스테드(Frederick L. Olmsted)

2 고대 로마 소 플리니의 별장정원으로 전망이 좋은 터에 다양한 종류의 과일나무와 여러 가지 모양으로 다듬어진 회양목 토피아리를 장식한 곳은?
① 아드리아나장(Villa Adriana)
② 라우렌틴장(Villa Laurentiana)
③ 디오메데장(Villa Diomede)
④ 토스카나장(Villa Toscana)

3 이탈리아 바로크 양식의 대표적인 작품은?
① 에스테장(Villa d'Este)
② 랑테장(Villa Lante)
③ 이졸라벨라(Isola Bella)
④ 보볼리가든(Boboli garden)

4 뉴욕 센트럴 파크의 설명으로 옳지 않은 것은?
① 옴스테드의 단독 설계안을 두어 보우(Vaux)가 시공하였다.
② 장방형의 공원부지 내 도로망은 대부분 자유 곡선에 의하여 처리되고 있다.
③ 4개의 횡단도로는 지하도(地下道)로서 소통하고 있다.
④ 현대 공원으로서의 기본적 요소를 갖춘 최초의 공원이다.
> 해 ① 공원설계 공모에 옴스테드와 보우의 "그린스워드안"이 당선되었다.

5 별장생활이 발달하게 됨에 따라 정원에 Topiary 가 다양한 형태(글자, 인간이나 동물, 사냥이나 선대(船隊)의 항해 장면 등)로 등장하여 발달된 시기는?
① 고대 로마
② 고대 그리스
③ 고대 이집트
④ 고대 메소포타미아

6 17세기 프랑스의 르노트르 정원구성 특징으로 옳지 않은 것은?
① 비스타를 형성한다.
② 탑과 녹정을 배치한다.
③ 정원은 광대한 면적의 대지 구성요소의 하나로 보고 있다.
④ 대지의 기복에 조화시키되 축에 기초를 둔 2차원적 기하학을 구성한다.

7 신라 포석정은 곡수거를 만들어 곡수연을 하였다는데 이것은 중국 진시대의 누구의 영향인가?
① 주돈이의 애연설
② 왕희지의 난정고사
③ 도연명의 귀거래사
④ 중장통의 락지론

8 다음 중 창덕궁 후원의 기능에 부합되지 않는 것은?
① 왕과 그의 가족을 위한 휴식의 공간이다.
② 학업을 수학(修學)하여 사물의 통찰력을 기른다.
③ 자연 속에 둘러 싸여 현실의 속박에서 벗어나 안식을 얻는다.
④ 상징적 선산(仙山)을 조산(造山)하여 축경(縮景)적 조망(眺望)을 한다.

9 이탈리아의 노단식(露壇式) 정원과 프랑스의 평면기하학식 정원이 성립되는데 결정적 역할을 한 시대사조 및 배경은?
① 국민성의 차이
② 지형적 조건의 차이
③ 정원 소유주(所有主)의 권위 정도
④ 천재적(天才的)인 조경가의 역할 유무

10 하하(ha-ha wall) 수법이란?

① 담장을 관목류의 생울타리로 조성하여 자연과 조화되게 구성하는 수법

② 담장의 형태나 색채를 주변 자연과 조화되게끔 만드는 수법

③ 담장의 높이를 낮게 하여 외부경관을 차경(借景)으로 이용하는 수법

④ 담장 대신 정원대지의 경계선에 도랑을 파서 외부로부터의 침입을 막도록 한 수법

11 고려시대에 궁궐과 관가의 정원을 관장하던 관서명은?

① 다방(茶房)　　　　② 상림원(上林園)

③ 장원서(掌苑署)　　④ 내원서(內園署)

12 백제시대 방장선산(方丈仙山)을 상징하여 꾸며 놓은 신선 정원은?

① 임류각(臨流閣)　　② 월지(月池)

③ 궁남지(宮南池)　　④ 임해전지(臨海殿址)

13 일본의 비조(아스카, AD 503~709) 시대에 백제 사람 노자공이 이룩한 조경에 관한 설명으로 틀린 것은?

① 일본서기의 추고 천왕 20년조의 기록에서 볼 수 있다.

② 남쪽 뜰에 봉래섬과 수루를 만들었다.

③ 수미산은 중국의 불교적 세계관을 배경으로 하고 있다.

④ 지기마려(芝耆磨呂)는 노자공의 다른 이름이다.

해 ② 남쪽 뜰에 수미산과 오교를 만들었다.

14 백제 정림사지(址)에 관한 설명 중 가장 관계가 먼 것은?

① 1탑 1금당식　　　② 5층 석탑 배치

③ 원내 방지의 도입　④ 구릉지 남사면에 위치

15 중국 조경사에 있어서 유럽식 정원이 축조되었던 곳은 어느 곳인가?

① 이화원　　　　　② 사자림

③ 유원　　　　　　④ 원명원

16 중국정원의 조형적 특성에 대한 설명으로 옳지 않은 것은?

① 주택 건물 사이에 중정을 조성했다.

② 사실주의에 의한 풍경식이 나타나고 있다.

③ 주거용으로 쓰이는 건물의 뒤나 좌우 공지에 축조했다.

④ 자연경관을 주 구성용으로 삼고 있기는 하나 경관의 조화보다는 대비에 중점을 두었다.

해 ② 사의주의에 의한 풍경식이 나타나고 있다.

17 이집트의 사상은 자연숭배사상과 내세관의 깊은 영향이 반영되어 건축물이 표출되었다. 선(善)의 혼(Ka)을 통해 태양신(Ra)에 접근하려는 기하학적 형태로 인간의 동경과 열망을 대지에 세운 거대한 상징물은?

① 마스터바(mastaba)

② 피라미드(pyramid)

③ 스핑크스(sphinx)

④ 오벨리스크(obelisk)

18 다음의 주택정원 중 정원 내 연못 수(水)경관이 없는 곳은?

① 구례 운조루　　　② 괴산 김기응 가옥

③ 강릉 선교장　　　④ 달성 박황 가옥

19 데르 엘 바하리(Deir-el Bahari)의 신원에서 나타나는 특징이 아닌 것은?

① Punt보랑의 부조

② 인공과 자연의 조화

③ 직교축에 의한 공간구성

④ 주랑 건축 전면에 파진 식재용 돌구멍

20 다음 중 고대 로마의 지스터스(Xystus)에 관한 설명으로 옳지 않은 것은?

① 유보(遊步)하는 자리라는 의미를 나타낸다.

② 주택 부지의 끝부분에 높은 담장과 건물에 둘러싸인 공간이다.

③ 내방객과의 상담이나 업무를 위한 기능 공간이다.
④ 세탁물 건조장 또는 채원(菜園)으로도 활용된다.

해 ③ 아트리움에 대한 설명이다.

제2과목 조경계획

21 기본계획의 설명으로 옳은 것은?
① 토지이용계획: 현재의 토지이용에 따라 계획을 수립한다.
② 교통·동선계획: 주 이용 시기에 발생되는 통행량을 반영한다.
③ 시설물배치계획: 재료나 구조를 구체적으로 명시한다.
④ 식재계획: 보식계획은 실시설계 단계에서 반영한다.

22 도심 공원 이용객의 이용행태 조사를 위한 '질문의 순서결정' 시 고려해야 할 사항이 아닌 것은?
① 질문 항목간의 관계를 고려하여야 한다.
② 첫 번째 질문은 흥미를 유발할 수 있게 인적사항 질문으로 배치하여야 한다.
③ 응답자가 심각하게 고려하여 응답해야 하는 질문은 위치선정에 주의하여야 한다.
④ 조사 주제와 관련된 기본적인 질문들을 우선적으로 배치하여야 한다.

23 「도시·군계획시설의 결정·구조 및 설치기준에 관한 규칙」에 의한 광장의 분류에 포함되지 않는 것은?
① 역전광장　　　　② 중심대광장
③ 경관광장　　　　④ 옥상광장

24 자연공원법에 의한 자연공원의 분류에 해당되지 않는 것은?
① 지질공원　　　　② 도립공원
③ 수변공원　　　　④ 군립(郡立)공원

25 다음 중 환경영향평가 항목 중 '생활환경분야'에 포함되지 않는 것은?
① 인구　　　　　② 위락·경관
③ 위생·공중보건　　④ 친환경적 자원 순환

26 지구단위계획 수립 시 '환경관리'를 계획에 포함하는 사업은 무엇인가?
① 신시가지의 개발
② 기존시가지의 정비
③ 기존시가지의 관리
④ 기존시가지의 보존

27 「국토의 계획 및 이용에 관한 법률」에 명시된 도시기반시설 중 교통시설에 해당하지 않는 것은?
① 공항　　　　　② 항만
③ 주차장　　　　④ 광장

28 자연환경·농지 및 산림의 보호, 보건위생, 보안과 도시의 무질서한 확산을 방지하기 위하여 녹지의 보전이 필요한 녹지지역을 지정할 수 있게 규정한 법은?
① 자연공원법
② 환경영향평가법
③ 국토의 계획 및 이용에 관한 법률
④ 도시공원 및 녹지 등에 관한 법률

29 공장의 조경계획 시 고려사항으로 적합하지 않은 것은?
① 운영관리적 측면을 배려한다.
② 식재계획은 필요한 곳에 국지적으로 처리한다.
③ 성장속도가 빠르며 병해충이 적으면서 관리가 쉬운 수종을 선택한다.
④ 공장의 성격과 입지적 특성에 따라 개성적인 식재계획이 이루어져야 한다.

30 공원 내에 휴게시설인 벤치(의자)에 대한 계획 기준으로 틀린 것은?
① 앉음판에는 물이 고이지 않도록 계획·설계한다.
② 장시간 휴식을 목적으로 한 벤치는 좌면을 높게 만든다.
③ 의자의 길이는 1인당 최소 45cm를 기준으로 하되, 팔걸이 부분의 폭은 제외한다.
④ 휴지통과의 이격거리는 0.9m, 음수전과의 이격거리는 1.5m 이상의 공간을 확보한다.

해 ② 긴 휴식에 이용되는 의자는 앉음판의 높이가 낮고 등받이를 길게 설계한다.

31 고속도로 조경계획 시 가능노선 선정의 고려사항을 도로 이용도와 경제적 측면, 기술적 측면으로 구분할 수 있는데, 다음 중 기술적 측면의 조건에 포함되지 않는 것은?
① 직선도로를 유지하도록 노선을 선정한다.
② 운수속도(運輸速度)가 가장 빠른 노선을 선정한다.
③ 토량 이동(절·성토)이 균형을 이루는 노선을 선정한다.
④ 오르막 구배가 너무 급하게 되면 우회노선을 선정한다.

32 미기후(Microclimate)에 대한 설명 중 틀린 것은?
① 건축물은 미기후에 영향을 미친다.
② 지형, 수륙(해안, 호안, 하안)의 분포, 식생의 유무와 종류는 미기후의 변화 요소이다.
③ 현지에서 장기간 거주한 주민과 대화를 통해서도 파악이 가능하다.
④ 미기후 요소는 대기요소와 동일하며 서리, 안개, 자외선 등의 양은 제외한다.

해 ④ 미기후 요소는 대기요소와 동일하고 이외에 서리, 안개, 시정, 세진, 자외선, SO_2, CO_2양 등을 추가한다.

33 자연공원법에 관한 설명이 옳은 것은?
① 자연공원법은 20년마다 공원구역을 재조정하도록 되어 있다.
② 공원사업의 시행 및 공원시설의 관리는 별도의 예외 없이 환경청이 한다.
③ 자연공원의 지정기준은 자연생태계, 경관 등을 고려하여 환경부령으로 정한다.
④ 용도지구는 공원자연보존지구, 공원자연환경지구, 공원마을지구, 공원문화유산지구로 구분한다.

해 ① 자연공원법은 10년마다 공원계획(공원구역 포함)의 타당성 검토 후 결과를 반영한다.
② 공원사업의 시행 및 공원시설의 관리는 특별한 규정이 있는 경우를 제외하고는 공원관리청이 한다.

③ 자연공원의 지정기준은 자연생태계, 경관 등을 고려하여 대통령령으로 정한다.

34 「도시공원 및 녹지 등에 관한 법률」 시행규칙의 도시공원 유형 중 규모의 제한이 있는 것은?
① 소공원   ② 체육공원
③ 문화공원   ④ 역사공원

해 ② 체육공원은 10,000㎡ 이상의 규모로 조성한다.

35 조경학의 학문적 정의와 가장 거리가 먼 것은?
① 인공 환경의 미적특성을 다루는 전문 분야
② 외부공간을 취급하는 계획 및 설계 전문 분야
③ 인공 환경의 구조적 특성을 다루는 전문 분야
④ 토지를 미적·경제적으로 조성하는 데 필요한 기술과 예술이 종합된 실천과학

36 도시 스카이라인 고려 요소가 아닌 것은?
① 하천의 형태 고려
② 구릉지 높이의 고려
③ 조망점과의 관계 고려
④ 고층건물의 클러스터(집합형태) 고려

37 생태학자인 오덤(Odum)이 제안한 개념 중 개체 혹은 개체군의 생존이나 성장을 멈추도록 하는 요인으로, 인내의 한계를 넘거나 이 한계에 가까운 모든 조건을 지칭하는 용어는?
① 엔트로피(entropy)
② 제한인자(limiting factor)
③ 시각적 투과성(visual transparency)
④ 생태적 결정론(ecological determinism)

38 조경계획의 한 과정인 '기본구상'의 설명이 옳지 않은 것은?
① 추상적이며 계량적인 자료가 공간적 형태로 전이되는 중간 과정이다.
② 서술적 또는 다이어그램으로 표현하는 것은 의뢰인의 이해를 돕는데 바람직하지 못하다.
③ 자료의 종합분석을 기초로 하고 프로그램에서 제시된 계획방향에 의거하여 계획안의 개념을

정립하는 과정이다.

④ 자료 분석과정에서 제기된 프로젝트의 주요 문제점을 명확히 부각시키고 이에 대한 해결방안을 제시하는 과정이다.

39 생태적 조경계획에 관한 설명이 옳지 않은 것은?

① Ian McHarg에 의해 주장되었다.

② 생태적 결정론이 하나의 이론적 기초가 된다.

③ 생태적 조경계획은 생태전문가에 의해 수행되어야 한다.

④ 어떤 지역의 자연적·사회적 잠재력이 조경계획을 위해 어떤 기회성과 제한성이 있는가를 판정해야 한다.

40 다음 설명의 (   )에 적합한 수치는?

> 환경부장관 또는 승인기관의 장은 관련 조항에 따라 원상복구할 것을 명령하여야 하는 경우에 해당하나, 그 원상복구가 주민의 생활, 국민경제, 그 밖에 공익에 현저한 지장을 초래하여 현실적으로 불가능할 경우에는 원상복구를 갈음하여 총 공사비의 ( )퍼센트 이하의 범위에서 과징금을 부과할 수 있다.

① 3
② 5
③ 8
④ 15

제3과목 조경설계

41 기본설계(Preliminary design)에 대한 설명으로 옳지 않은 것은?

① 실시설계의 이전단계이다.

② 소규모 프로젝트에서는 생략될 수 있다.

③ 프로젝트의 토지이용과 동선체계를 정하는 단계이다.

④ 설계개요서와 공사비 계산서 등의 서류를 만든다.

해 ③ 기본계획 단계의 내용이다.

42 옥상조경에 대한 설명으로 틀린 것은?

① 건조에 강한 나무를 선택하는 것이 좋다.

② 식물을 식재할 면적은 전체 옥상면적의 1/2 정도가 적합하다.

③ 지반의 구조체에 따른 하중의 위치와 구조 골격의 관계를 검토한다.

④ 사용 조합토는 부엽토와 양토 및 모래를 섞고 약간의 유기질 비료를 넣어도 좋다.

43 조경설계기준의 각종 관리시설 설계 시 고려해야 할 사항으로 가장 거리가 먼 것은?

① 단주(볼라드)의 배치간격은 1.5m 정도로 설계한다.

② 자전거보관시설은 비·햇볕·대기오염으로부터 자전거를 보호할 수 있도록 지붕과 같은 시설을 갖추어야 한다.

③ 공중화장실은 장애인의 진입이 가능하도록 경사로를 설치하며, 경사로 폭은 휠체어의 통행이 가능한 120cm 이상으로 한다.

④ 플랜터(식수대)는 배식하는 수목의 규격에 대응하는 생존 최소 토심을 확보한다.

해 ④ 플랜터(식수대)는 배식하는 수목의 규격에 대응하는 최소 생육토심을 확보한다.

44 벤치의 배치 계획 시 sociopetal 형태로 했다면 인간의 심리적 요소 중 어느 욕구에 해당하는가?

① 사회적 접촉에 대한 욕구

② 안정에 대한 욕구

③ 프라이버시에 대한 욕구

④ 장식에 대한 욕구

45 대당 주차 면적이 가장 적게 소요되는 주차 형식은?(단, 형식별 주차 대수는 모두 동일함)

① 30°주차
② 45°주차
③ 60°주차
④ 90°주차

46 조경설계기준상의 디딤돌(징검돌) 놓기 설계 시 옳지 않은 것은?

① 보행에 적합하도록 지면과 수평으로 배치한다.

② 디딤돌 및 징검돌의 장축은 진행방향에 평행이

되도록 배치한다.

③ 디딤돌은 2연석, 3연석, 2·3연석, 3·4연석 놓기를 기본으로 설계한다.

④ 정원을 제외한 배치 간격은 어린이와 어른의 보폭을 고려하여 결정하되, 일반적으로 40~70cm로 하며 돌과 돌 사이의 간격이 8~10cm 정도가 되도록 배치한다.

해 ② 디딤돌 및 징검돌의 장축은 진행방향에 직각이 되도록 배치한다.

47 다음 먼셀 색상기호 중 채도가 가장 높은 색은?

① 5BG   ② 5R

③ 5B   ④ 5P

48 다음 설명에 적합한 형식미의 원리는?

> − 자연경관에서 일정한 간격을 두고 변화되는 형태, 색채, 선, 소리 등
> − 다른 조화에 비하면 이해하기 어렵고 질서를 잡기도 간단하지 않으나 생명감과 존재감이 가장 강하게 나타남

① 비례미(proportion)
② 통일미(unity)
③ 운율미(rhythm)
④ 변화미(variety)

49 어린이공원은 어린이라는 특정 연령층을 대상으로 조성되는 목적 공원이다. 설계 시 고려사항으로 가장 거리가 먼 것은?

① 의자, 평상, 파고라 등 휴식시설은 가급적 한 곳으로 모은다.
② 부모, 노인 등 보호자 및 청소년을 위한 공간도 고려해야 한다.
③ 미끄럼대는 가급적 북향으로 하며, 그네는 태양과 맞보지 않도록 한다.
④ 지형은 단순화시키고 안전을 위하여 주변과 격리되도록 구성한다.

50 아파트 외곽 담장은 Altman이 구분한 인간의 영역 중에 어느 영역을 구분하고 있는가?

① 1차영역과 2차영역
② 2차영역과 공적영역
③ 1차영역과 공적영역
④ 해당되는 영역이 없다.

51 경관을 사진, 슬라이드 등의 방법을 통하여 평가자에게 보여주고 양극으로 표현되는 형용사 목록을 제시하여 경관을 측정하는 방법은?

① 순위조사(rank-ordering)
② 리커트 척도(likert scale)
③ 쌍체 비교법(paired comparison)
④ 어의구별척(semantic differential scale)

52 연극무대에서 주인공을 향해 녹색과 빨간색 조명을 각각 다른 방향으로 비추었다. 주인공에게는 어떤 색의 조명으로 비추어질까?

① Cyan   ② Gray

③ Magenta   ④ Yellow

해 가법혼합(색광의 혼합)

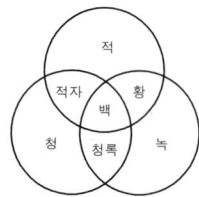

53 그림과 같이 도형의 한쪽이 튀어나와 보여서 입체로 지각되는 착시 현상은?

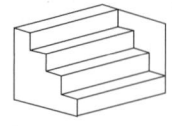

① 대비의 착시   ② 반전 실체의 착시
③ 착시의 분할   ④ 방향의 착시

54 조경설계기준상의 「생태못 및 인공습지」 설계와 관련된 설명으로 옳지 않은 것은?

① 일반적으로 종다양성을 높이기 위해 관목숲, 다

공질 공간과 같은 다른 소생물권과 연계되도록 한다.

② 야생동물 서식처 목적을 위해 최소 폭은 5m 이상 확보하고 주변 식재를 위해 공간을 확보한다.

③ 수질정화 목적의 못은 수질정화 시설의 유출부에 설치하여 2차 처리된 방류수(방류수 10ppm)를 수원으로 한다.

④ 수질정화 목적의 못 안에 붕어와 같은 물고기를 도입하고, 부레옥잠, 달개비, 미나리와 같은 수질정화 기능이 있는 식물을 배식한다.

해 ③ 수질정화 목적의 못은 수질정화 시설의 유출부에 설치하여 1차 처리된 방류수(방류수 20ppm)를 수원으로 한다.

55 우리나라의 제도통칙에서는 투상도의 배치는 몇 각법으로 작도함을 원칙으로 하고 있는가?
① 제 1각법
② 제 2각법
③ 제 3각법
④ 제 4각법

56 다음 설명의 (   ) 안에 적합한 값은?

> 경사가 (   )%를 초과하는 경우는 보행에 어려움이 발생되지 않도록 옥외계단을 설치한다.

① 12
② 14
③ 16
④ 18

57 조경제도에서 치수기입에 대한 설명으로 옳은 것은?
① 치수의 단위는 cm를 원칙으로 한다.
② 치수보조선은 치수선과 직교하는 것이 원칙이다.
③ 치수선은 주로 조감도, 시설물상세도, 투시도 등 다양한 도면에 사용된다.
④ 일반적인 방법으로 수치 치수를 기입하기에는 치수선이 너무 짧을 경우, 수치를 세로로 기입할 수 있다.

해 ① 치수의 단위는 mm를 원칙으로 한다.
③ 치수선은 조감도나 투시도 등에는 사용하지 않는다.
④ 일반적인 방법으로 수치 치수를 기입하기에는 치수선이 너무 짧을 경우에는 인출선을 사용하여 기입한다.

58 다음 그림과 같은 도형에서 화살표 방향에서 본 투상을 정면으로 할 경우 우측면도로 올바른 것은?

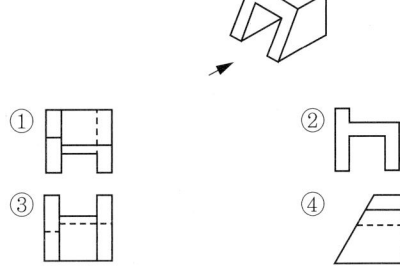

① ② ③ ④

59 표제란에 대한 설명으로 옳은 것은?
① 도면명은 표제란에 기입하지 않는다.
② 도면 제작에 필요한 지침을 기록한다.
③ 범례는 표제란 안에 반드시 기입해야 한다.
④ 도면번호, 작성자명, 작성일자 등에 관한 사항을 기입한다.

60 한 도면에서 2종류 이상의 선이 같은 장소에 겹치게 될 때 우선순위(큰 것 → ··· → 작은 것)로 옳은 것은?

A. 숨은선	B. 중심선
C. 외형선	D. 절단선

① C → A → D → B
② C → A → B → D
③ D → A → C → B
④ A → B → C → D

제4과목 **조경식재**

61 수목의 전정에 관한 설명이 옳은 것은?
① 전체적인 수형의 균형에 중점을 두어 수시로 잘라준다.
② 개화습성을 감안한 화아분화가 형성되는 데 차질이 없도록 한다.
③ 철쭉류는 1년 내내 언제든지 가능하다.
④ 내한성이 없는 수목이라도 강전정을 하여 신초

가 도장하도록 유도하는 것이 좋다.

62 다음 설명과 가장 관련이 깊은 용어는?

> 수분퍼텐셜 -0.033MPa과 -1.5MPa 사이의 수분을 말한다. 이 수분량은 모래, 미사 및 점토가 적절하게 혼합된 양토, 미사질양토, 식양토 등에서 많다.

① 흡습수   ② 유효수분
③ 중력수   ④ 포장용수량

63 식재기능별 수종의 요구 특성에 대한 설명이 옳지 않은 것은?
① 방화식재는 잎이 두껍고, 함수량이 많은 수종이어야 한다.
② 지표식재는 수형이 단정하고 아름다운 수종이어야 한다.
③ 방풍·방설식재는 지하고가 높은 천근성 교목이어야 한다.
④ 유도식재는 수관이 커서 캐노피를 이루거나 원추형이어야 한다.
해 ③ 방풍·방설식재는 지하고가 낮은 심근성 교목이어야 한다.

64 산울타리에 적합한 수종으로 가장 거리가 먼 것은?
① 꽝꽝나무(*Ilex crenata*)
② 돈나무(*Pittosporum tobira*)
③ 탱자나무(*Poncirus trifoliata*)
④ 졸참나무(*Quercus serrata*)

65 척박한 토양에 잘 견디는 수종으로만 이루어진 것은?
① 오동나무(*Poulownia tomentosa*), 서어나무(*Carpinus laxiflora*)
② 단풍나무(*Acer palmatum*), 자작나무(*Betula platyphylla* var. *japonica*)
③ 자귀나무(*Albizia julibrissin*), 향나무(*Juniperus chinensis*)

④ 은행나무(*Ginkgo biloba*), 왕벚나무(*Prunus yedoensis*)

66 다음 중 6~7월에 피고, 꽃이 백색으로 피었다가 황색으로 변하는 수종은?
① 나무수국(*Hydrangea paniculata*)
② 등(*Wisteria floribunda*)
③ 미선나무(*Abeliophyllum distichum*)
④ 인동덩굴(*Lonicera japonica*)

67 화살나무(*Euonymus alatus Siebold*)의 특징 설명이 틀린 것은?
① 노박덩굴과(科)이다.
② 생장속도가 느리며, 병해충에 약하다.
③ 어린가지에 2~4줄의 코르크질 날개가 있다.
④ 보통 3개의 꽃이 달리며, 5월에 피고 지름 10mm로서 황록색이다.

68 관목(shrub, 작은 키 나무)의 분류로 가장 거리가 먼 것은?
① 병아리꽃나무(*Rhodotypos scandens*)
② 금송(*Sciadopitys verticillata*)
③ 황매화(*Kerria japonica*)
④ 눈측백(*Thuja koraiensis*)

69 식재기능을 공간조절, 경관조절, 환경조절 기능으로 나눌 경우 공간조절 식재 기능은?
① 지표식재   ② 녹음식재
③ 유도식재   ④ 방풍식재

70 다음 식물의 특성 설명이 옳지 않은 것은?
① 모란은 목본식물이고 작약은 초본식물이다.
② 붓꽃과(科)의 식물에는 창포와 꽃창포가 있다.
③ 얼레지, 처녀치마는 우리나라 전국 각지에 자생하는 숙근성 여러해살이풀이다.
④ 부들은 연못가와 습지에서 자라는 다년초로서 근경은 옆으로 뻗고 수염뿌리가 있다.
해 ② 창포와 꽃창포는 백합과(科)이다.

71 일반적인 음수(陰樹)의 설명으로 옳지 않은 것은?

① 음수는 양수보다 광보상점이 낮다.

② 일반적으로 음수는 양수에 비해 어릴 때의 생장이 왕성하다.

③ 음수가 생장할 수 있는 광량은 전수광량의 50% 내외이다.

④ 양수와 음수의 구분은 그늘에서 견딜 수 있는 내음성의 정도로 구분한다.

72 다음 중 속명(屬名)이 *Abies*가 아닌 것은?

① 구상나무   ② 분비나무

③ 종비나무   ④ 전나무

해 ③ 가문비나무속(Picea)

73 다음 설명과 같은 활용성이 높은 번식방법은?

> 특이하게 붉은색 열매가 많이 달리는 먼나무(*Ilex rotunda*)를 생산·재배하여, 조기에 붉은색 열매를 관상하려고 한다.

① 파종   ② 접목

③ 분주   ④ 삽목

74 다음에 설명하는 수종은?

> −상록활엽교목이다.
> −수형은 원추형이다.
> −뿌리는 심근성이다.
> −꽃은 백색으로 방향성, 지름 15~20cm, 화피편은 9~12개, 두꺼운 육질로 5~6월에 개화한다.

① 서어나무(*Carpinus laxiflora*)

② 버즘나무(*Platanus orientalis*)

③ 버드나무(*Salix koreensis*)

④ 태산목(*Magnolia grandiflora*)

75 Allee 성장형으로 본 식물종의 성장률 설명으로 옳은 것은?

① 중간밀도에서 다른 경우보다 더 크다.

② 낮은 밀도에서 다른 경우보다 더 크다.

③ 높은 밀도에서 다른 경우보다 더 크다.

④ 항상 동등하게 성장한다.

76 고속도로 식재의 기능과 종류의 연결이 옳지 않은 것은?

① 휴식 – 녹음식재

② 주행 – 시선유도식재

③ 방재 – 임연보호식재

④ 사고방지 – 완충식재

해 ③ 방재 – 법면보호식재

77 양버들(*Populus nigra* var. *italica* Koehne)에 관한 설명으로 틀린 것은?

① 버드나무과(科) 수종이다.

② 수형은 원주형으로 빗자루처럼 좁은 형태이다.

③ 성상은 낙엽활엽교목이고 뿌리는 천근성이다.

④ 우리나라 자생수종으로 가을에 붉은 단풍이 아름답다.

78 조경 식물의 일반적인 선정 기준으로 가장 거리가 먼 것은?

① 미적(美的)·실용적 가치가 있는 식물

② 식재지역 환경에 적응성이 큰 식물

③ 야생동물의 먹이가 풍부한 식물

④ 시장이나 묘포(苗圃)에서 입수하기 용이한 식물

79 토양의 물리적 성질로 옳지 않은 것은?

① 배수 불량지는 양질의 토양으로 객토해야 한다.

② 수목 생육에는 일반적으로 양토나 사양토가 적합하다.

③ 입단(粒團, aggregated)구조의 토양은 딱딱하고 통기성이 불량하여 수목생육에 좋지 않게 된다.

④ 토양입자의 거침에 따라 사토, 사양토, 양토, 식토로 구분되며, 후자로 갈수록 점토의 함량이 많아진다.

해 ③ 입단구조의 토양은 공극이 잘 형성되어 통기성이 좋아 수목생육에 유리하다.

80 우리나라 수생식물은 정수, 부엽, 침수, 부유의 4가지 유형으로 구분된다. 다음 중 부유식물에 해당되는 것은?
① 창포
② 수련
③ 나사말
④ 생이가래

해 ① 정수식물, ② 부엽식물, ③ 침수식물

제5과목 조경시공구조학

81 공사현장 관리조직을 구성하는 데 가장 부적합한 것은?
① 직책과 권한의 위임을 분명히 한다.
② 공사착수 후에 현장관리 조직을 편성한다.
③ 각 부분의 관계를 고려하여 규칙을 마련한다.
④ 일의 성격을 명확히 해서 분류, 통합한다.

82 콘크리트의 표준배합 설계요소에 포함되지 않는 것은?
① 슬럼프값 결정
② 물−시멘트비 결정
③ 단위수량의 결정
④ 굵은 골재의 최소치수 결정

83 다음 중 수해에 접하는 구조물에 가장 적합한 시멘트는?
① 고로 시멘트
② 보통포틀랜드 시멘트
③ 조강포틀랜드 시멘트
④ 중용열포틀랜드 시멘트

84 그림과 같은 동질(同質), 동단면(同斷面)의 장주(長柱) 압축재로 축방향 하중에 대한 강도의 상호관계로서 옳은 것은?

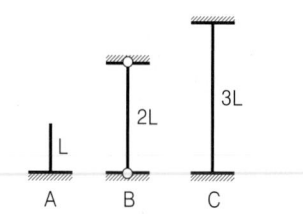

① A > B > C
② A > B = C

③ A = B = C
④ A = B < C

해 A=2×L=2L, B=1×2L=2L, C=0.5×3L=1.5L

85 대기 중의 탄산가스의 작용으로 콘크리트 내 수산화칼슘이 탄산칼슘으로 변하면서 알칼리성을 상실하는 현상은?
① 레이턴스
② 크리프
③ 슬럼프
④ 중성화

86 다음 중 돌공사에 대한 설명이 틀린 것은?
① 석재는 인장력에 약하다.
② 대리석은 내구성이 약하고, 내화성이 떨어진다.
③ 구조용 석재는 흡수율 30% 이하의 것을 사용한다.
④ 돌쌓기 공사에 사용되는 긴결재로는 철재를 사용한다.

87 다음 중 시방서에 포함될 내용이 아닌 것은?
① 사용재료의 종류와 품질
② 단위공사의 공사량
③ 시공상의 일반적인 주의사항
④ 도면에 기재할 수 없는 공사내용

88 구조관련 용어에 대한 설명으로 틀린 것은?
① 모멘트(moment): 어느 한 점에 대한 회전능률이다.
② 모멘트(moment): 거리에 반비례 한다.
③ 지점(support): 구조물의 전체가 지지 또는 연결된 지점이다.
④ 힌지(hinge): 회전은 가능하지만 어느 방향으로도 이동될 수 없다.

해 ② 모멘트는 힘과 거리에 비례한다.

89 다음 중 다짐작업을 효과적으로 수행할 수 없는 건설기계의 종류는?
① 탬핑롤러
② 불도저
③ 래머
④ 스크레이퍼

90 건설공사의 시공 시 작성하는 공정표 중 공사 비용절감을 목적으로 개발된 공정표는?

정답 80 ④ 81 ② 82 ④ 83 전항정답 84 ④ 85 ④ 86 ④ 87 ② 88 ② 89 ④ 90 ③

① 바 차트(Bar Chart)

② 칸트 차트(Gantt Chart)

③ CPM(Critical Path Method)

④ PERT(Program Evaluation and Review Technique)

91 목재의 강도에 관한 설명 중 옳지 않은 것은?

① 벌목의 계절은 목재강도에 영향을 끼친다.

② 일반적으로 응력의 방향이 섬유방향에 평행인 경우 압축강도가 인장강도보다 작다.

③ 목재의 건조는 중량을 경감시키지만 강도에는 영향을 끼치지 않는다.

④ 섬유포화점 이하에서는 함수율 감소에 따라 강도가 증대한다.

해 ③ 목재의 건조는 중량을 경감시키지만 강도를 증가시킨다.

92 A점과 B점의 표고는 각각 125m, 150m이고, 수평거리는 200m이다. AB 간은 등경사라고 가정할 때, AB선상에 표고가 140m가 되는 점의 A점으로부터 수평거리는?

① 40m

② 80m

③ 120m

④ 160m

해 수평길이=높이차/경사도

L=(140−125)÷((150−125)/200)=120(m)

93 합판거푸집의 설치 및 해체에 관한 건설표준품셈에서 대상 구조물이 측구, 수로, 우물통 등 비교적 간단한 벽체 구조, 교량 및 건축 슬래브인 경우에는 몇 회 사용하는 것이 가장 합당한가?(단, 유형은 보통으로 한다.)

① 2회　　② 3회　　③ 4회　　④ 6회

94 그림과 같이 사각형분할로 구분되는 지역에서 정지 공사를 위해 각 지점의 계획절토고를 측정하였다. 점고법에 의한 계획지반고에 준거하여 절토할 토공량은?(단, F.L ±0)

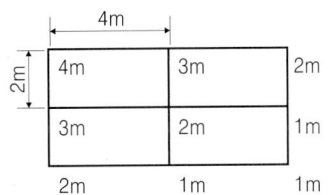

① 38m³

② 40m³

③ 66m³

④ 68m³

해 Σh₁ = 4+2+2+1 = 9(m)

$\Sigma h_1 = 4+2+2+1 = 9(m)$

$\Sigma h_2 = 3+3+1+1 = 8(m)$

$\Sigma h_4 = 2m$

$V = \dfrac{2\times4}{4}(9+2\times8+4\times2) = 66(m^3)$

95 배수지역 내 우수의 유출을 환경 친화적으로 조절하기 위한 방법이 아닌 것은?

① 투수성 포장을 한다.

② 체수지나 연못을 만든다.

③ 지하 배수관로를 많이 만든다.

④ 주차장이나 공원하부에 저수조를 만든다.

96 0.4m³ 용량의 유압식 백호(Back-Hoe)를 이용하여 작업상태가 양호한 자연상태의 사질토를 굴착 후 덤프트럭에 적재하려할 때, 시간당 굴착 작업량(m³)은?

[조건]
−버킷계수: 1.1　·1회 사이클시간: 19초
−사질토의 토량변화율: 1.25
−작업효율(점성토: 0.75, 사질토: 0.85)

① 50.02

② 56.69

③ 78.16

④ 192.79

해 f = 1/1.25 = 0.8

$Q = \dfrac{3,600\times0.4\times1.1\times0.8\times0.85}{19} = 56.69(m^3)$

97 인공살수(人工撒水) 시설의 설계를 위한 관개강도(灌漑强度) 결정에 영향을 미치는 요인이 아닌 것은?

① 작업시간

② 가압기의 능력

③ 토양의 종류, 경사도

④ 지피식물의 피복도(被覆度)

98 도로설계의 수직노선 설정 시 종단곡선으로 사용되는 곡선은?

① 클로소이드곡선 ② 렘니스케이트곡선
③ 2차 포물선 ④ 3차 포물선

99 캔틸레버보에 집중하중을 받고 있을 때 작용하는 힘에 대한 설명이 옳은 것은?

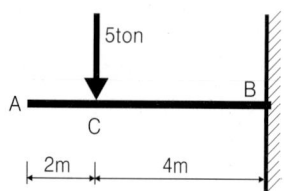

① A~C 구간의 전단력이 0이며, B~C 구간의 전단력은 -5ton이다.
② B지점의 반력은 수직, 수평반력과 휨모멘트 반력이 작용한다.
③ 휨모멘트의 크기는 10t·m이다.
④ B점의 반력의 크기는 –50ton이다.
> 해 ② B지점의 반력은 수직반력과 휨모멘트 반력이 작용한다.
> ③ 휨모멘트의 크기는 20t·m이다.
> ④ B점의 반력의 크기는 5ton이다.

100 다음 건설재료 중 할증률이 가장 큰 것은?
① 각재 ② 일반용합판
③ 잔디 ④ 경계블록
> 해 ① 5%, ②④ 3%, ③ 10%

제6과목 조경관리론
101 수목 유지관리 중 정지(training)·전정(pruning)의 목적에 따른 분류가 가장 부적합한 것은?
① 갱신을 위한 전정 : 소나무
② 조형을 위한 전정 : 향나무
③ 생장조정을 위한 전정 : 묘목
④ 개화결실의 촉진을 위한 전정 : 매화나무
> 해 ① 갱신을 위한 전정 : 팽나무

102 조경현장의 근로자가 경련(발작)을 할 때 응급처치 방법으로 옳지 않은 것은?
① 발작이 멈출 때까지 환자를 안전하게 보호해야

한다.
② 환자의 치아 사이로 어떠한 물체도 끼우면 아니된다.
③ 우선 환자를 붙잡아 2차 상해방지와 경련(발작)이 조기에 진정될 수 있도록 한다.
④ 환자에게 먹을 거나 마실 것을 줘서는 안 되지만 환자가 당뇨병 환자라면 환자의 혀 아래 각설탕을 넣는 것은 가능하다.

103 다음 식물의 병·충해 방제 방법이 생태계에 가장 치명적인 해를 주는 것은?
① 기계적 방법에 의한 방제
② 생물적 방법에 의한 방제
③ 재배적 방법에 의한 방제
④ 화학적 방법에 의한 방제

104 이식에 적합한 조경수의 상태로 가장 거리가 먼 것은?
① 뿌리가 되도록 무성하게 많이 꼬인 수목
② 겨울철에 동아가 가지마다 뚜렷한 수목
③ 성숙 잎의 색이 짙은 녹색이며, 크고 촘촘히 달린 수목
④ 골격지가 적절한 간격의 4방향으로 균형 있게 뻗은 수목

105 다음 중 미량원소(micro element)로만 구성된 것은?
① Fe, Mg, S, Mo, Cl ② Fe, B, Zn, Mo, Mn
③ Fe, Si, Cu, S, Cl ④ Fe, Ca, Cu, Mo, B
> 해 ·미량원소 : Fe, Mn, B, Zn, Cu, Mo, Cl
> ·다량원소 : C, H, O, N, P, K, Ca, Mg, S

106 공정관리를 위한 횡선식 공정표 중 현장 기사들이 주로 사용하고 있으면서 작업소요일수가 명확하게 표시되어 있는 공정표는?
① 절선공정표
② 열기식 공정표
③ 바 차트(Bar Chart)
④ 네트워크 공정표

107 시설물에 따른 점검 빈도가 적합하지 않은 것은?

① 많은 비가 내린 후 유입토사에 의해 우수 배수관의 막힘, 배수 불량 부분의 점검: 필요시마다.

② 관 내에 지하수, 오수 등 침입의 유무 및 관 내의 흐름 상태를 점검: 1회/2년

③ U형 측구, V형 배수로 등의 지반 침하가 현저하거나 역구배 및 파손된 장소의 유무 점검: 1회/6개월

④ 운동장 표층의 파손상태, 물웅덩이, 표층의 안정 상태 점검 : 1회/6개월

해 ② 관 내에 지하수, 오수 등 침입의 유무 및 관 내의 흐름 상태를 점검: 1회/1년

108 잡초가 발아하기 전에 지표면에 약제를 살포하여 잡초종자를 발아하지 못하게 하거나 발아 직후 어린식물의 생육을 멈추게 하는 제초제를 무엇이라 하는가?

① 선택성 제초제

② 토양처리 제초제

③ 경엽처리 제초제

④ 비선택성 제초제

109 다음 중 토성별 단위 g당 토양의 공극량(%)이 가장 큰 것은?

① 사토　　　　　　② 사양토

③ 미사질 양토　　　④ 식토

110 토양 pH가 높을 때 식물에 의한 흡수가 가장 어려운 성분은?

① Mo　　　　　　② Fe

③ Ca　　　　　　④ S

해 토양 pH가 높을 때 망간(Mn), 철(Fe), 동(Cu), 아연(Zn) 등의 흡수가 어렵고, 반대로 토양 pH가 낮으면 질소(N), 인산(P), 칼륨(K), 칼슘(Ca), 마그네슘(Mg), 몰리브덴(Mo), 붕소(B) 등의 흡수가 어렵다.

111 작업자가 업무에 기인하여 사망, 부상 또는 질병에 이환되지 않는 "무재해" 이념의 3원칙에 해당하지 않는 것은?

① 무(Zero)의 원칙

② 선취의 원칙

③ 관리의 원칙

④ 참가의 원칙

112 골프장 잔디의 관수와 관련된 설명이 옳은 것은?

① 가능한 한 심층관수 하되 자주하지 않는다.

② 기상조건에 관계없이 관개계획을 수립한다.

③ 관수 소모량의 120%를 관수하여 위조를 막는다.

④ 실린지(Syringe) 효과를 위해 잔디와 토양이 모두 충분히 젖도록 살수한다.

113 도시공원녹지(U)와 자연공원(N) 관리특성상 가장 큰 차이점은?

① U는 자원의 보전보다는 이용자의 레크레이션 요구도에 집착한다

② U는 이용관리적 측면이, N은 시설관리적 측면이 우선된다.

③ U는 안전하고 쾌적한 이용의 극대화를 목표로 하며, N은 상대적으로 자연자원의 보존이 고려되어야 한다.

④ 레크레이션 경험의 창출을 위해 U와 N은 모두 서비스(service) 관리에 주력해야 한다.

114 운영관리 계획에서 양적(量的)인 변화에 적합하지 않은 것은?

① 간이화장실의 증설량

② 고사목, 밀식지의 수목제거

③ 이용자 증가에 따른 출입구의 임시 개설

④ 잔디블럭으로 포장된 주차공간의 도입

115 품질관리(QC)의 목표로 가장 거리가 먼 것은?

① 자기개발

② 불량률의 감소

③ 고급품의 생산

④ 생산능률의 향상

116 기주 범위가 가장 넓은 다범성 병균은?

① 녹병균

② 잎마름병균

③ 버즘나무 탄저병균

④ 아밀라리아뿌리썩음병균

117 탄질비가 20인 유기물의 탄소 함량이 60%이면 질소 함량은?

① 1.2% ② 3.0%

③ 8.0% ④ 12%

해 C/N=20 N=60/20=3.0(%)

118 해충의 주화성(走化性)을 이용하는 약제는?

① 유인제 ② 해독제

③ 훈연제 ④ 생물농약

해 곤충의 행동중 화학물질에 대한 반응을 주화성(chemotaxis)이라고 한다. 그 물질에 향하는 반응을 양성주화성, 기피하는 반응을 음성주화성이라고 하는데 전자를 이용하는 것이 유인제, 후자를 이용하는 것이 기피제이다.

119 조경 수목의 재해방지 대책을 위한 관리 작업에 해당하지 않는 것은?

① 침수 상습 지대는 수목 주위에 배수로를 설치해 준다.

② 태풍에 쓰러진(도복) 수목은 뿌리를 보호한 후 재활용을 위해 가을까지 그대로 둔다.

③ 강설 중이나 직후에는 수관에 쌓인 눈을 즉시 제거해 줌으로서 가지를 보호한다.

④ 태풍, 강풍의 예상시기에는 수목에 지주목이나 철선 등을 묶어 도복을 방지한다.

120 멀칭(Mulching)의 효과에 해당되지 않는 것은?

① 토양수분 유지

② 토양비옥도 증진

③ 토양구조 개선

④ 토양 고결화 촉진

제1과목 조경사

1 브라질 리오데자네이로 코파카바나 해변의 프로메나드를 남미의 문양으로 조성한 조경가는?

① 프레드릭 로우 옴스테드(F.L. Olmsted)

② 카일리(David urban Kiley)

③ 벌 막스(Roberto Burle Marx)

④ 바리간(Luis Barragan)

2 영국 풍경식 정원 양식의 대표적인 정원인 Stowe Garden과 가장 거리가 먼 사람은?

① Charles Bridgeman

② William Kent

③ Humphry Repton

④ Lancelot Brown

해 브리지맨·반프루프 설계→켄트·브라운 수정→브라운 개조

3 다음 중 바로크식의 탄생에 가장 큰 영향력을 미친 수법은?

① Raggaelo의 수법

② Michelangelo의 수법

③ Medici家의 인본주의 수법

④ Bramante의 노단 건축식 수법

4 삼국시대의 대표적인 궁궐을 올바르게 연결한 것은?

① 고구려 – 국내성

② 백제 – 안학궁

③ 신라 – 한산성

④ 백제 – 월성

해 ② 고구려 안학궁, ③ 백제 한산성, ④ 신라 월성

5 한국의 거석문화를 설명한 것 가운데 적절하지 못한 것은?

① 선돌은 전국적으로 분포한다.

② 고인돌은 신석기시대 때 발달한 분묘이다.

③ 고인돌의 양식은 북방식과 남방식이 있다.

④ 선돌은 종교적 의미를 가진 원시 기념물이다.

해 ② 우리나라의 고인돌은 청동기시대에 전래된 것으로 본다.

6 아고라(Agora)의 기능과 가장 거리가 먼 것은?

① 토론

② 시장

③ 선거

④ 전시회

7 르네상스 시대의 조경양식에 영향을 미친 예술사조의 순서가 맞게 기술된 것은?

① 매너리즘 → 바로크 → 고전주의

② 바로크 → 고전주의 → 매너리즘

③ 고전주의 → 매너리즘 → 바로크

④ 바로크 → 매너리즘 → 고전주의

8 세계에서 가장 오래된 조경유적이라고 하는 델엘바하리 신전과 관계없는 것은?

① 핫셉수트여왕

② 태양신 아몬

③ 향목(insence tree)

④ 시누해 이야기

해 ④ 고대 이집트 중왕국 때의 이야기로 '사자의 정원'에 관한 기록으로 본다.

9 문헌상에 기록으로 나타난 고려 예종 때 궁궐에 설치된 화원(花園)에 대한 설명으로 틀린 것은?

① 송나라 상인으로부터 화훼를 구입하였다.

② 궁의 남, 서쪽 2군데 설치하였다.

③ 담장으로 둘러싸인 공간이다.

④ 누각과 연못을 만들어 감상하였다.

10 다음 조경가와 작품의 연결이 옳은 것은?

① 조셉펙스톤 – 버컨헤드 공원

② 몽빌남작 – 히드 코트 영지

③ 메이저 로렌스 존스톤 – 레츠광야

④ 윌리엄 챔버 – 테라스 가든

11 고려시대의 조경에 관한 설명으로 옳지 않은 것은?

① 수창궁 북원에는 내시 윤언문이 괴석으로 쌓은 가산과 만수정이 있었다.

② 태평정경원에는 옥돌로 쌓아 올린 환희대와 미성대가 있고, 괴석으로 쌓은 가산이 있었다.

③ 기홍수의 퇴식재경원에는 방지인 연의지가 있고 척서정과 녹균헌과 같은 건축물이 있었다

④ 수다사의 하지나 문수원(청평사)의 남지(영지)는 모두 네모 형태이다.

해 ③ 연의지는 곡수연을 즐기던 곳으로 방지가 아니다.

12 강한 축선은 없으나 노단과 캐스케이드 등이 이탈리아 르네상스 시대의 빌라정원에 영향을 준 것은?

① 타지마할 　　　② 알카자르
③ 알함브라 　　　④ 헤네랄리페

13 건륭화원(乾隆花園)의 설명으로 맞는 것은?

① 3개의 단으로 이루어진 전통적 계단식 경원이다.

② 제1단은 석가산을 이용하여 자연의 웅장함을 갖게 하였다

③ 제2단은 인공연못을 조성하여 심산유곡을 상징화 하였다.

④ 제3단은 석가산위에 팔각문이 달린 죽향관을 세웠다.

14 도시조경과 여가활동을 목적으로 독일의 "루드비히 레서"가 제안한 것은?

① 폴크스파르크 　　② 분구원
③ 도시림 　　　　　④ 전원풍경

15 지형의 고저차를 이용하여 옹벽 겸 화단을 겸하게 한 한국 전통 조경의 대표적 구조물은?

① 취병 　　　　　② 화오
③ 화계 　　　　　④ 절화

16 도시미화운동(City Beautiful Movement)이 부진했던 가장 큰 이유는?

① 많은 도심 축과 녹음도로의 설치

② 지나치게 웅장하고 고전적인 건물군 계획

③ 도심지 재개발에 대한 주민의 반발

④ 장식수단에 의존한 획일화된 연출

17 다음 설명과 일치하는 일본정원의 양식은?

> 불교 선종의 수행방법 중 하나인 차를 마시는 법의 영향을 받았으며, 제한된 공간 속에 산골의 정서를 담고자 하여 비석(飛石), 수통(水樋), 마른 소나무 잎, 석등·석탑이 구성요소이다.

① 다정(茶庭) 양식
② 고산수(枯山水) 양식
③ 침전조(寢殿造) 양식
④ 회유식(回遊式) 양식

18 강호(에도)시대 이도헌추리의 "축산정조전후편"에서 밝힌 정원 형식이 아닌 것은?

① 축산 　　　　　② 계간
③ 평정 　　　　　④ 노지정

19 우리나라 최초의 정원에 관한 기록이 실린 서적 명칭은?

① 대동사강 　　　② 삼국사기
③ 삼국유사 　　　④ 산림경제

해 ① 고조선 시대의 노을왕(魯乙王)이 유를 만들어 짐승을 키운 기록이 있다.

20 석재 점경물의 명칭과 용도가 틀린것은?

① 석분(石盆) - 괴석을 받치는 작은 돌그릇

② 석가산(石假山) - 인공석을 쌓아 산을 표현

③ 대석(臺石)- 해시계, 화분 등의 받침돌

④ 석연지(石蓮池)- 넓고 두터운 돌을 큰 수조처럼 다듬어 작은 연지, 어항으로 사용

해 ② 석가산(石假山)은 자연석을 쌓아 산을 표현하였다.

제2과목 조경계획

21 다음에 해당하는 용도지역의 녹지지역은?

> 도시의 녹지공간의 확보, 도시확산의 방지, 장래 도시용지의 공급 등을 위하여 보전할 필요가 있는 지역으로서 불가피한 경우에 한하여 제한적인 개발이 허용되는 지역

① 공원녹지지역　　　② 보전녹지지역
③ 생산녹지지역　　　④ 자연녹지지역

22 조경계획, 생태계획, 환경계획의 과정에서 생태학적 원리와 생태계의 이론을 응용하고, 생태적 관심을 정책결정에 반영할 수 있는 접근방법이 아닌 것은?
① 환경영향평가
② 토지가격의 분석
③ 생태계 구성 요소 간 상호관계 파악
④ 환경의 기능과 서비스의 화폐가치 환산

23 뉴먼(Newman)은 주거단지 계획에서 환경심리학적 연구를 응용하여 범죄 발생률을 줄이고자 하였다. 뉴먼이 적용한 가장 중요한 개념은?
① 혼잡성(crowding)
② 프라이버시(privacy)
③ 영역성(territoriality)
④ 개인적 공간(personal space)

24 다음 중 조경계획 진행시 인문·사회환경 조사 항목이 아닌 것은?
① 식생　　　　　　　② 교통
③ 토지이용　　　　　④ 역사적 유물

25 E. Howard 에 의해 창안된 전원도시의 구성조건이 아닌 것은?
① 도시의 계획인구는 3~5만 정도로 제한
② 주변 도시와 연계한 전기, 철도 등의 기반시설을 유입하여 공유자원으로 활용
③ 도시의 주위에 넓은 농업지대를 포함하여 도시의 물리적 확장을 방지하고 중심지역은 충분한 공지를 보유
④ 도시성장과 번영에 의한 개발이익의 일부는 환수하며 계획의 철저한 보존을 위해 토지를 영구히 공유화

26 경부고속도로와 중앙고속도로가 서로 교차하는 고속도로 분기점에 가장 이상적인 형태는?

① 클로버형　　　　　② 트럼펫형
③ 다이아몬드형　　　④ 직결 Y형

27 「도시공원 및 녹지 등에 관한 법률」상 녹지를 그 기능에 따라 세분하고 있는데, 그 분류에 해당하지 않는 것은?
① 완충녹지　　　　　② 연결녹지
③ 경관녹지　　　　　④ 보완녹지

28 다음 설명에 해당하는 표지판의 종류는?

> －공원 내 시야가 막히거나 동선이 급변하는 지점에 설치하고 세계적 공용문자를 사용
> －개별단위의 시설물이나 목표물의 방향 또는 위치에 관한 정보를 제공하여 목적하는 시설 또는 방향으로 안내하는 시설

① 안내표지　　　　　② 해설표지
③ 유도표지　　　　　④ 주의표지

29 「도시 및 주거환경정비법」에서 정비사업으로 포함되지 않는것은?
① 재개발사업
② 재건축사업
③ 주거환경개선사업
④ 공공시설정비사업

30 환경용량(Environmental Capacity)의 개념을 설명한 것 중 가장 거리가 먼 것은?
① 성장의 한계를 우선적으로 전제한다.
② 재생가능한 자연자원이 지탱할 수 있는 유기체의 최대 규모를 말한다.
③ 비가역적인 손상을 자연시스템에게 가하는 인간활동의 한계를 의미한다.
④ 다른 조건이 동일하다면 더 넓고 자연자원이 적을수록 더 큰 환경용량을 가진다.

31 주택의 배치 시 쿨데삭(Cul-de-sac) 도로에 의해 나타나는 특징이 아닌 것은?

① 주택이 마당과 같은 공간을 둘러싸는 형태로 배치된다.

② 주민들 간의 사회적인 친밀성을 높일 수 있다.

③ 통과교통이 출입하지 않으므로 안전하고 조용한 분위기를 만들 수 있다.

④ 보행 동선의 확보가 어렵고, 연속된 녹지를 확보하기 어려운 단점이 있다.

32 「도시공원 및 녹지 등에 관한 법률」상 도시공원 안에 설치할 수 있는 공원시설의 부지면적은 당해 도시공원의 면적에 대한 비율로 규정하고 있는데 그 기준이 틀린 것은?

① 어린이 공원 : 100분의 60 이하

② 근린공원 : 100분의 30 이하

③ 묘지공원 : 100분의 20 이상

④ 체육공원 : 100분의 50 이하

해 ② 근린공원 : 100분의 40 이하

33 테니스장 계획·설계의 내용 중 ( )안에 적합한 것은?

> 테니스장의 코트 장축의 방위는 (   )방향을 기준으로 5~15° 편차 내의 범위로 하며, 가능하면 코트의 장축 방향과 주 풍향의 방향이 일치하도록 계획한다.

① 정동–서   ② 북동–남서

③ 북서–남동   ④ 정남–북

34 생태 네트워크 계획에서 고려할 주요 사항과 가장 거리가 먼 것은?

① 환경학습의 장으로서 녹지 활용

② 경제효과를 기대할 수 있는 녹지 공간 구상

③ 생물의 생식·생육공간이 되는 녹지의 확보

④ 생물의 생식·생육공간이 되는 녹지의 생태적 기능의 향상

35 「자연공원법」상 용도지구를 자연보존 요구도의 크기로 구분할 때 공원자연보존지구와 공원마을지구의 중간에 위치하는 지구는?

① 공원특별보호지역

② 공원자연환경지구

③ 공원자연생태지구

④ 공원자연경관지구

36 다음 중 옥상조경 계획 시 반드시 고려해야 할 사항이라고 볼 수 없는 것은?

① 미기후의 변화

② 유출토사 퇴적량

③ 지반의 구조 및 강도

④ 구조체의 방수 및 배수

37 조경계획의 설명으로 옳지 않은 것은?

① 부지이용의 경제적 측면을 주로 강조한다.

② 도면중첩법을 활용하여 토지 적합성을 판단한다.

③ 계획부지의 적절한 이용을 제시하거나, 계획된 이용에 적합한 부지를 판단한다.

④ 대단위 부지를 체계적으로 연구하며, 자연과학적, 생태학적 측면을 강조하고, 시각적 쾌적성을 고려한다.

38 이용 후 평가(post occupancy evaluation)의 설명으로 옳지 않은 것은?

① 대상지의 시공 전 환경영향 분석에 관한 설명이다.

② 설계프로그램을 위한 과학적 자료를 제공한다.

③ 과거의 경험을 새로운 프로젝트에 반영시키기 위한 방법이다.

④ 주로 이용자의 행태에 적합하게 설계되었는가를 분석한다.

39 「자연공원법」상 "공원자연보존지구"를 지정하는 이유가 되지 못하는 것은?

① 경관이 특히 아름다운 곳

② 생물다양성이 특히 풍부한 곳

③ 특별히 보호할 가치가 높은 야생 동식물이 살고 있는 곳

④ 보존대상 주변에 완충공간으로 보전할 필요가 있는 곳

40 도시계획시설로 분류되지 않는 것은? (단, 도시·군계획시설의 결정·구조 및 설치기준에 관한 규칙을 적용한다.)

① 교통시설
② 방재시설
③ 주거시설
④ 공공·문화체육시설

제3과목 조경설계

41 장애인 등의 통행이 가능한 접근로를 설계하고자 할 때 기준으로 틀린 것은?(단, 장애인·노인·임산부 등의 편의증진 보장에 관한 법률 시행규칙을 적용한다.)

① 보행장애물인 가로수는 지면에서 2.1m까지 가지치기를 하여야 한다.
② 접근로의 기울기는 10분의 1 이하로 하여야 한다.
③ 휠체어사용자가 통행할 수 있도록 접근로의 유효폭은 1.2m 이상으로 하여야 한다.
④ 접근로와 차도의 경계부분에는 연석·울타리 기타 차도와 분리할 수 있는 공작물을 설치하여야 한다.

해 ② 접근로의 기울기는 18분의 1 이하로 하여야 한다.

42 해가 지고 주위가 어둑어둑 해질 무렵 낮에 화사하게 보이던 빨간 꽃은 거무스름해져 어둡게 보이고, 그 대신 연한 파랑이나 초록의 물체들이 밝게 보이는 현상을 무엇이라고 하는가?

① 푸르킨에 현상
② 하만그리드 현상
③ 애브니 효과 현상
④ 베졸드 브뤼케 현상

43 조경설계기준상의 "놀이시설" 설계로 옳지 않은 것은?

① 안전거리는 놀이시설 이용에 필요한 시설 주위의 이격거리를 말한다.
② 안전접근 높이는 어린이가 비정상적인 방법으로만 오를 수 있는 가장 높은 위치를 말한다.
③ 놀이공간 안에서 어린이의 놀이와 보행동선이 충돌하지 않도록 주보행동선에는 시설물을 배치하지 않는다.

④ 그네 등 동적인 놀이시설 주위로 3.0m 이상, 시소 등의 정적인 놀이시설 주위로 2.0m 이상의 이용공간을 확보하며, 시설물의 이용공간은 서로 겹치지 않도록 한다.

해 ② 최고 접근높이는 정상적 또는 비정상적인 방법으로 어린이가 오를 수 있는 놀이시설의 가장 높은 높이를 말한다.

44 미기후(micro climate)의 설명으로 옳지 않는 것은?

① 도심은 교외보다 기온이 높다.
② 우리나라는 여름에 남풍이 주로 분다.
③ 북사면은 남사면보다 눈이 오래 남는다.
④ 남향건물의 뒷쪽은 그림자 때문에 일조량이 적다.

45 심근성 교목의 A~E중 B에 해당하는 값은?

토심 \ 식물종류	심근성 교목	
생존최소 토심(cm)	인공토	A
	자연토	B
	혼합토(인공토 50% 기준)	C
생육최소 토심(cm)	토양등급 중급이상	D
	토양등급 상급이상	E

① 45
② 60
③ 90
④ 150

해 식물의 생육토심

토심 \ 식물종류	심근성 교목	
생존최소 토심(cm)	인공토	60
	자연토	90
	혼합토(인공토 50% 기준)	75
생육최소 토심(cm)	토양등급 중급이상	150
	토양등급 상급이상	100

46 조경설계기준상 게이트볼장의 설계와 관련된 내용 중 거리가 먼 것은?

① 경기라인 밖으로 2m의 규제라인을 긋는다.
② 라인이란 경계를 표시한 실선의 바깥쪽을 말한다.
③ 게이트는 코트 안의 세 곳에 설치하되 높이는 지면에서 20cm로 한다.
④ 코트의 면은 평활하고 균일한 면을 가지고 있어야 하나, 옥외코트는 0.5%까지의 기울기를 둔다.

해 ① 경기라인 밖으로 1m의 규제라인을 긋는다.

47 그림과 같이 3각법으로 정투상한 도면에서 A에 해당하는 수치는?

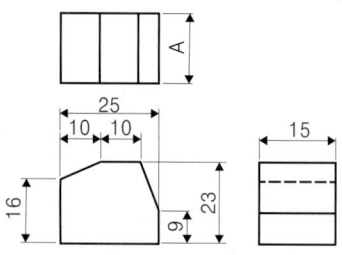

① 15

② 16

③ 23

④ 25

48 「생태숲」이란 자생식물의 현지 내 보전기능을 강화하고, 특산식물의 자원화 촉진과 숲 복원기법 개발 등 산림생태계에 대한 연구를 위하여 생태적으로 안정된 숲을 말한다. 다음 중 생태숲은 얼마 이상인 산림을 대상으로 지정할 수 있는가?(단, 예외사항은 적용하지 않는다.)

① 30만 제곱미터

② 50만 제곱미터

③ 80만 제곱미터

④ 100만 제곱미터

49 다음의 설명에 적합한 용어는?

> 자연지역에 형성되는 경관으로서 자연적 요소를 배경으로 인공적 요소가 침입하는 경관이다. 인공적 요소의 규모 및 형태에 따라 경관훼손 정도가 결정되며 대부분의 경우 인공구조물의 침입은 경관의 질을 저하시킨다. 따라서 자연경관 보전노력이 가장 많이 필요하다.

① 순수한 자연경관

② 반자연경관

③ 반인공경관

④ 인공경관

50 도면을 제도할 때 2종류 이상의 선이 같은 장소에 겹치게 될 경우 우선순위로 먼저 그려야 되는 선의 종류는?

① 중심선

② 치수보조선

③ 절단선

④ 외형선

51 다음 중 치수의 기입, 가공 방법 및 기타의 주의사항 등을 기입하기 위하여 도면의 도형에서 빼내 표시하는 선은?

① 치수선

② 절단선

③ 가상선

④ 지시선

52 그림과 같은 정투상도(정면도와 평면도)를 보고 우측면도로 가장 적합한 것은?

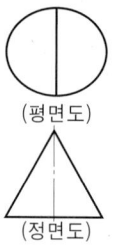

(평면도)

(정면도)

① ② ③ ④

53 전항에 전전항을 더하여 가는 수열(sequence)로서 황금비를 설명하는 것은?

① 조화수열

② 등비수열

③ 펠의 수열

④ 피보나치수열

54 주택단지·공공건물·사적지·명승지·호텔 등의 정원에 설치하며, 정원의 아름다움을 밤에 선명하게 보여줌으로써 매력적인 분위기를 연출하는 「정원등」의 세부시설기준으로 틀린 것은?

① 광원이 노출될 때는 휘도를 낮춘다.

② 등주의 높이는 2m 이하로 설계·선정한다.

③ 숲이나 키 큰 식물을 비추고자 할 때에는 아래방향으로 배광한다.

④ 야경의 중심이 되는 대상물의 조명은 주위보다 몇 배 높은 조도기준을 적용하여 중심감을 부여한다.

해 ③ 화단이나 키 작은 식물을 비추고자 할 때는 아래 방향으로 배광한다.

55 렐프(Relph)는 장소성을 설명하는 개념으로 내부성과 외부성을 거론한 바 있다. 다음 중 내부성과 관련하여 렐프가 제시한 유형에 해당하지 않는 것은?

① 직접적 내부성
② 존재적 내부성
③ 감정적 내부성
④ 행동적 내부성

56 A2(420×594)제도 용지 도면을 묶지 않을 경우 도면에 테두리의 여백은 최소 얼마나 두어야 하는가?

① 5mm
② 10mm
③ 15mm
④ 20mm

57 색의 3속성을 나타내는 색입체 표현이 맞는 그림은?

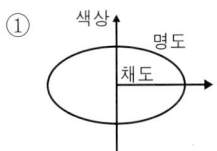
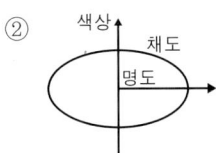
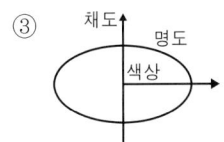
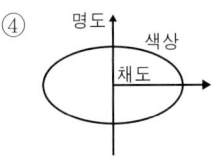

58 다양한 구성 요소끼리 하나의 규칙으로 단일화 시키는 원리는?

① 대비
② 통일
③ 연속
④ 반복

59 경계석 설치 시 다음 중 그 기능이 가장 약한 것은?

① 차도와 보도 사이
② 차도와 식재지 사이
③ 자연석 디딤돌의 경계부
④ 유동성 포장재의 경계부

60 자갈을 나타내는 재료 단면의 표시는?

① ② ③ ④

제4과목 조경식재

61 식생과 토양간의 관계를 설명한 것 중 옳지 않는 것은?

① 배수불량의 원인은 주로 이층토의 접합부위에서 나타난다.
② 산중식(山中式) 토양경도계로 측정하여 토양 경도지수가 18~23mm까지는 식물의 근계생장에 가장 적당하다.
③ 우리나라의 산림토양은 일반적으로 알칼리성에 해당하며, 식물의 생육에 적합한 토양산도는 pH7.6~8.8의 범위이다.
④ 일반적으로 도시지역에 조성되는 식재지반의 경우 투수성이 나쁜 경우가 많다.

해 ③ 우리나라의 산림토양은 일반적으로 산성에 해당하며, 식물의 생육에 적합한 토양산도는 pH6.0~7.0의 범위이다.

62 일반적인 방풍림에 있어서 방풍효과가 미치는 범위는 바람 아래쪽일 경우 수고(樹高)의 몇 배 거리 정도인가?

① 5~10배
② 15~20배
③ 25~30배
④ 35~40배

63 배롱나무(*Lagerstroemia indica* L.)의 특징으로 옳지 않은 것은?

① 두릅나무과(科)이다.
② 성상은 낙엽활엽교목이다.
③ 줄기는 매끈하고 무늬가 발달하였다.
④ 꽃은 원추화서로 8월 중순에서 9월 중순에 개화한다.

해 ① 부처꽃과(科)이다.

64 남부 해안지역에 식재할 수 있는 수종으로 가장 거리가 먼 것은?

① 곰솔(*Pinus thunbergii*)
② 동백나무(*Camellia japonica*)
③ 산수유(*Cornus officinalis*)
④ 후박나무(*Machilus thunbergii*)

65 온대지방 식생분포의 대국(大局)을 결정하는데 가장 큰 영향을 미치는 환경 요인은?
① 기후요인과 최저온도
② 지형요인과 풍향
③ 토지요인과 강우량
④ 생물요인과 최고온도

66 다음 중 낙엽활엽관목에 해당되는 수종은?
① 황매화(*Kerria japonica*)
② 송악(*Hedera rhombea*)
③ 모람(*Ficus oxyphylla*)
④ 남오미자(*Kadsura japonica*)

67 가로수의 목적 및 갖추어야 할 조건으로 옳지 않은 것은?
① 병·해충에 잘 견디고 쾌적감을 줄 것
② 도로의 미화를 위해 상록수일 것
③ 이식과 전지에 강한 수종일 것
④ 지역적, 역사적 특성과 향토성을 풍기고 공해에 잘 견딜 것

68 아조변이 된 식물, 반입식물을 번식시키는 방법으로 적당하지 못한 것은?
① 삽목 ② 실생
③ 접목 ④ 취목

69 그림과 같은 식재설계 시 경관목(景觀木)의 위치로 가장 적합한 것은?

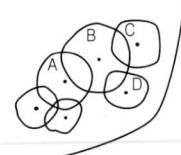

① A ② B
③ C ④ D

70 다음 중 양수들로만 짝지어진 수목은?
① 낙엽송, 소나무, 자작나무
② 태산목, 구상나무, 꽝꽝나무
③ 개비자나무, 회양목, 팔손이
④ 독일가문비나무, 아왜나무, 미선나무

71 식생조사 및 분석에서 두 종의 종간관계를 유추하기 위하여 종간결합을 조사하는 과정을 순서에 맞게 나열한 것은?

> A. x^2값을 계산한다.
> B. 2×2 분할표를 작성한다.
> C. 양성, 음성 혹은 기회 결합인지 판단한다.
> D. 알맞은 크기의 방형구를 100개 이상 설치하여 두 종의 존재 여부를 기록한다.

① B → A → D → C ② B → D → A → C
③ D → B → A → C ④ D → A → B → C

72 다음 중 화재의 방지 또는 확산을 막거나 지연시킬 목적으로 식재하는 방화수종으로 가장 부적합한 것은?
① 동백나무(*Camellia japonica*)
② 굴거리나무(*Daphniphyllum macropodum*)
③ 사철나무(*Euonymus japonicus*)
④ 댕강나무(*Abelia mosanensis*)

73 다음 중 과(family)가 다른 수종은?
① 금송 ② 측백나무
③ 향나무 ④ 노간주나무
해 ① 낙우송과(科)

74 다음 특징에 해당하는 수종은?

> −전정을 싫어함
> −여름에 백색의 꽃이 핌
> −수피가 벗겨져 적갈색 얼룩무늬의 특색이 있음

① 노각나무(*Stewartia pseudocamellia*)

② 모과나무(*Chaenomeles sinensis*)

③ 채진목(*Amelanchier asiatica*)

④ 느릅나무(*Ulmus davidiana* var. *japonica*)

75 다음 중 수도(數度, abundance)를 나타내는 식으로 옳은 것은?

① 조사한 총 면적 / 어떤 종의 총 개체수

② 어떤 종이 출현한 방형구 / 조사한 총 방형구 수

③ 어떤 종의 총 개체수 / 조사한 총 면적

④ 어떤 종의 총 개체수 / 어떤 종이 출현한 방형구 수

76 다음 중 우리나라 특산수종이 아닌 것은?

① 구상나무   ② 미선나무

③ 개느삼   ④ 계수나무

77. 다음 특징에 해당되는 식물은?

－잎이 장상복엽이다.

－그늘시렁에 올려 사계절 녹음을 볼 수 있음

① 덩굴장미(*Rosa multiflora* var. *platyphylla*)

② 멀꿀(*Stauntonia hexaphylla*)

③ 등(*Wisteria floribunda*)

④ 으름덩굴(*Akebia quinata*)

78 온대성 화목류의 개화에 대한 설명 중 틀린 것은?

① 꽃눈(화아, 花芽)은 보통 개화 전년에 형성된다.

② 대체로 단일이 되면 생장이 중지되었다가 장일이 되면서 생육하며 개화한다.

③ 꽃눈(화아, 花芽)이 저온에 노출되면 정상적으로 생육하지 못한다.

④ 생육과 개화는 auxin이나 gibberellin 물질의 증가 및 활성화와 밀접하다.

79 3그루 나무를 배식 단위로 식재할 때 가장 자연스러운 처리 방법은?

① 동일한 선상(線上)에 놓여야 한다.

② 3그루 수목은 수종과 형태가 동일해야 한다.

③ 식재지점을 연결한 형태가 정삼각형이 되어야 한다.

④ 식재지점을 연결했을 때 부등변삼각형이 되어야 한다.

80 목련(*Magnolia kobus*)의 특징으로 옳은 것은?

① 중국이 원산임   ② 꽃이 밑으로 향함

③ 꽃잎은 6~9장임   ④ 꽃보다 잎이 먼저 나옴

제5과목 조경시공구조학

81. 벽돌 담장 시공의 주의사항으로 틀린 것은?

① 하루 쌓기 높이는 1.2m(18켜 정도)를 표준으로 한다.

② 세로 줄눈은 특별히 정한 바가 없는 한 신속한 시공을 위해 통줄눈이 되도록 한다.

③ 모르타르는 사용할 때 마다 물을 부어 반죽하여 곧 쓰도록 하고, 경화되기 시작한 것은 사용하지 않는다.

④ 줄눈은 가로는 벽돌담장 규준틀에 수평실을 치고, 세로는 다림추로 일직선상에 오도록 한다.

해 ② 세로 줄눈은 특별히 정한 바가 없는 한 통줄눈은 금지한다.

82 다음 그림의 면적을 심프슨(simpson) 제1법칙을 이용하여 구하면 얼마인가?

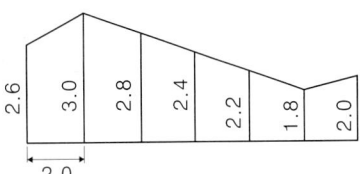

① 28.93m²   ② 29.00m²

③ 29.10m²   ④ 29.17m²

해 $A = \dfrac{d}{3}(y_0 + 4\Sigma y_{\text{홀수}} + 2\Sigma y_{\text{짝수}} + y_n)$

$= \dfrac{2}{3}(2.6 + 4(3.0 + 2.4 + 1.8) + 2(2.8 + 2.2) + 2.0) = 28.93(m^2)$

83 평탄면의 마감높이를 평탄면이 지나지 않는 가장 높은 등고선 보다 조금 높게 정하여 평탄면을 통과하는 등고선보다 낮은 방향으로 그 지역을 둘러싸도록 등고선을 조작하는 평탄면 조성 방법은?

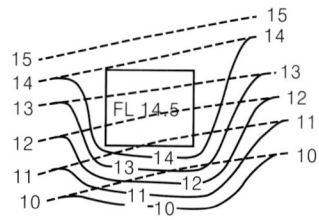

① 절토에 의한 방법　② 성토에 의한 방법
③ 성·절토에 의한 방법　④ 옹벽에 의한 방법

84. 적산 시 적용하는 품셈의 금액의 단위 표준에 관한 내용으로 잘못 표기된 것은?
① '설계서의 총액'은 1000원 이하는 버린다.
② '설계서의 소계'는 100원 이하는 버린다.
③ '설계서의 금액란'에서는 1원 미만은 버린다.
④ '일위대가표의 금액란'은 0.1원 미만은 버린다.
해 ② '설계서의 소계'는 1원 미만은 버린다.

85 원형지하 배수관의 굵기를 결정하기 위한 평균 유속(流速) 산출 공식은?

| V=평균유속 | C=평균유속계수 |
| R=경심 | I=수면경사 |

① $V = CRI$
② $V = \sqrt{CRI}$
③ $V = \dfrac{\sqrt{RI}}{C}$
④ $V = C\sqrt{RI}$

86. 공사발주를 위해 발주자가 작성하는 서류가 아닌 것은?
① 수량산출서
② 내역서
③ 시방서
④ 견적서

87 다음 수문 방정식(유입량=유출량+저류량)에서 유출량에 해당하지 않는 것은?
① 강수량　　　　② 증발량
③ 지표유출량　　④ 지하유출량

88. 다음의 (　)안에 적당한 ㉠, ㉡의 용어는?

> (㉠)란 콘크리트의 (㉡)와 동등 이상의 강도를 발현하도록 배합을 정할 때 품질의 편차 및 양생온도 등을 고려하여 (㉡)에 할증한 압축강도이다.

① ㉠ 배합강도, ㉡ 설계기준강도
② ㉠ 배합강도, ㉡ 호칭강도
③ ㉠ 호칭강도, ㉡ 배합강도
④ ㉠ 설계기준강도, ㉡ 배합강도

89 힘(force)에 대한 설명이 옳지 않은 것은?
① 힘은 작용점, 방향, 크기로 나타낸다.
② 힘의 크기는 표시된 길이에 반비례한다.
③ 일반적으로 힘의 기호는 P 또는 W로 표시한다.
④ 2개의 힘이 1개 힘으로 대치된 경우 이를 합력이라 한다.
해 ② 힘의 크기는 표시된 길이에 비례한다.

90 축척 1 : 25000의 지형도에서 963m의 산 정상으로부터 423m의 산 밑까지 거리가 95mm이었다면 사면의 경사는?
① 1/7.4　　　　② 1/6.4
③ 1/5.4　　　　④ 1/4.4
해 경사도 $= \dfrac{\text{수직거리}}{\text{수평거리}} = \dfrac{963-423}{0.095 \times 25,000} = \dfrac{1}{4.4}$

91 석재(石材)의 특징으로 틀린 것은?
① 불연성이고 압축강도가 크다.
② 비중이 작고, 가공성이 좋다.
③ 내수성, 내구성, 내화학성이 풍부하다.
④ 조직이 치밀하고 고유의 색조를 갖고 있다.
해 ② 비중이 크고, 가공이 어렵다.

92 정지(整地, grading)에 대한 설명으로 틀린 것은?
① 표토는 보존하는 것이 바람직하다.
② 성토와 절토에 균형이 이루어져야 한다.
③ 건설기계에 의해 흙이 과도하게 다져지는 것을 피한다.

④ 실선은 기존 등고선, 파선은 제안된 등고선을 나타낸다.

🈁 ④ 파선은 기존 등고선, 실선은 제안된 등고선을 나타낸다.

93 시방서에 대한 설명 중 옳지 않은 것은?
① 공사 수량 산출서
② 공사시행 관계 내용 기록 서류
③ 재료, 공법을 정확하게 지시하고 도면과 상이하지 않게 기록
④ 시방서의 종류에는 공사시방, 전문시방, 표준시방서가 있음

94 100ha의 배수면적인 지역에 강우강도 50mm/hr의 비가 내렸을 때 우수유출량(㎥/sec)은?

```
- 배수면적 토지이용 :
  잔디(30ha), 숲(50ha), 나스팔트 포장(20ha)
- 유출계수 :
  잔디(0.20), 숲(0.15), 아스팔트 포장(0.90)
```

① 4.375   ② 5.792
③ 6.474   ④ 7.583

🈁 $Cm = \dfrac{0.2 \times 30 + 0.15 \times 50 + 0.9 \times 20}{100} = 0.315$

$Q = \dfrac{1}{360} \times 50 \times 0.315 \times 100 = 4.375 (m^3/sec)$

95 옹벽이 횡방향의 압력으로 반시계 방향으로 회전하거나 벽체의 외측으로 움직일 때 뒤채움 흙은 팽창할 것이다. 이 팽창이 증가하여 파괴가 일어날 때의 토압을 무엇이라 하는가?
① 주동토압   ② 이동토압
③ 수동토압   ④ 정지토압

96 도로의 단곡선을 설치할 때 곡선의 시점(B.C) 위치를 구하기 위해서 필요한 요소가 아닌 것은?
① 반경(R)   ② 접선장(T.L)
③ 곡선장(C.L)   ④ 교점(IP)까지의 추가거리

97 부지의 직접 수준측량 시행에 대한 설명으로

맞지 않는 것은?
① 제일 먼저 고저기준점을 선정한 후 영구표식을 매설한다.
② 1/1200~1/2400 사이의 적합한 축척을 결정한 후 수준측량을 시행한다.
③ 수준측량의 내용은 부지조건이나 설계자의 요구에 따라 달라질 수 있다.
④ 일반적으로 부지 외부와 부지 내부의 주요지점과 부지의 전반적인 높이를 대상으로 측량한다.

🈁 ② 수준측량은 축척을 필요로 하는 측량이 아니다.

98 구조물에 하중이 작용하면, 부재의 각 지점(支点)에는 무엇이 생기는가?
① 우력   ② 합력
③ 전단력   ④ 반력

99 다음의 설명에 해당하는 용어는?

```
시멘트에 물을 첨가한 후 화학반응이 발생하여 굳
어져 가는 상태를 말하며 또한 강도가 증진되는 과정을
의미한다.
```

① 경화   ② 수화
③ 연화   ④ 풍화

100 원가계산에 의한 공사비 구성 중 "직접경비"에 해당되지 않는 것은?
① 특허권 사용료   ② 가설비
③ 전력비   ④ 폐기물처리비

제6과목 조경관리론
101 상수리좀벌, 중국긴꼬리좀벌, 노랑꼬리좀벌, 큰다리남색좀벌 등이 천적인 해충은?
① 밤나무혹벌   ② 소나무좀
③ 아까시잎혹파리   ④ 측백하늘소

102 병원균은 *Cronartium ribicola* 이며, 북아메리카 대륙에서는 까치밥나무류, 우리나라에서는 주로 송이풀과 기주교대를 하는 이종 기생균은?

① 묘목의 입고병균   ② 근두암종병균
③ 잣나무 털녹병균   ④ 낙엽송 잎떨림병균

103 탄저병 예방약제인 Mancozeb는 어떤 계통의 약제인가?
① 구리 화합물계 농약   ② 유기 유황계 농약
③ 무기 유황계 농약   ④ 유기 수은제 농약

104 토양 공기 중에서 토양미생물의 활동이 활발할수록 그 농도가 증가되는 성분은?
① 산소   ② 질소
③ 이산화탄소   ④ 일산화탄소
해 ③ 토양미생물의 호흡량 증가에 따라 이산화탄소가 증가된다.

105 토양의 양이온치환용량(Cation Exchange Capacity)과 관계가 없는 것은?
① 염기치환용량과 같은 의미이다.
② 점토와 부식 같은 교질물의 종류와 양에 좌우된다.
③ 주요 토양교질물 중 음전하의 생성량이 많은 것일수록 양이온치환용량이 작다.
④ 보통 토양이나 교질물 1kg이 갖고 있는 치환성 양이온의 총량으로 나타낸다.
해 ③ 주요 토양교질물 중 음전하의 생성량이 많은 것일수록 양이온치환용량이 크다.

106 분제(粉劑)의 물리적 성질인 토분성(吐紛性, dustability)에 대한 설명으로 옳은 것은?
① 살분 시 분제의 입자가 풍압에 의하여 목적하는 장소까지 날아가는 성질을 말한다.
② 살분 시 분제의 입자가 살분기의 분출구로 잘 미끄러져 가는 성질을 말한다.
③ 분제가 입자의 크기와 보조제의 성질에 따라 작물해충 등에 잘 달라붙는 성질을 말한다.
④ 분제농약의 저장 시 주성분의 분해 및 응집 등 물리적 변화가 일어나지 않은 성질을 말한다.
해 ① 비산성, ③ 부착성 및 고착성, ④ 안정성

107 겨울철 작업현장에서의 동상(Frostbite) 환자에 대한 응급처치 요령으로 옳은 것은?

① 동상부위를 약간 높게 해서 부종을 줄여준다.
② 동상부위를 모닥불 등에 쬐어 동결조직을 신속하게 녹인다.
③ 조직손상을 최소화하기 위해 동상부위를 뜨거운 물에 담근다.
④ 야외에서 적당한 온열장비가 없는 경우, 동결부위를 마찰시켜 열을 발생시킨다.

108 인산 20%를 함유한 용성인비 25kg의 유효인산의 함량은 몇 kg 인가?
① 3   ② 5
③ 7   ④ 9
해 25×0.2=5(kg)

109 잔디의 이용 및 관리체계에서 다음 설명에 해당하는 작업은?

> - 토양표면까지 잔디만 주로 잘라주는 작업
> - 태치(thatch)를 제거하고 밀도를 높여주는 효과를 기대
> - 표토층이 건조할 때 시행함은 필요이상의 상처를 줄 수 있어 작업에 주의가 필요

① Slicing   ② Vertical Mowing
③ Topdressing   ④ Spiking

110 조경 시설물의 유지관리에 대한 설명으로 옳지 않은 것은?
① 시설물의 내구년한까지는 보수점검 관리계획을 수립하지 않는다.
② 기능성과 안전성이 도모되도록 유지관리 해야 한다.
③ 주변환경과 조화를 이루는 가운데 경관성과 기능성이 유지되어야 한다.
④ 시설물의 기능저하에는 이용빈도나 고의적인 파손 등의 인위적 원인이 많다.

111 직영관리 방식의 단점에 해당되는 것은?
① 업무가 타성화하기 쉽다.

정답 103 ② 104 ③ 105 ③ 106 ② 107 ① 108 ② 109 ② 110 ① 111 ①

② 긴급한 대응이 불가능하다.

③ 관리 실태를 정확이 파악할 수 없다.

④ 관리책임이나 권한의 범위가 불명확하다.

112 토양 중에서 인산질 비료의 비효를 증진시키는 방법이 아닌 것은?

① 식물의 뿌리가 많이 분포하는 부분에 시비한다.

② 유기물 시용으로 토양의 인산 고정력을 감소시킨다.

③ 입상보다는 분상을 퇴비와 혼합하여 사용한다.

④ 퇴비와 혼합하거나 국부적 사용으로 토양과의 접촉을 적게 한다.

113 옥외 레크리에이션 관리체계의 기본요소가 아닌 것은?

① 예산(Budgets)

② 이용자(Visitor)

③ 관리(Management)

④ 자연자원기반(Natural resource)

114 일반적으로 동일한 금속 재료로 만들어진 시설물의 부식이 가장 늦게 나타나는 지역은?

① 해안별장지대

② 전원주택지

③ 시가지나 공업지대

④ 산악지의 스키장

115 공사기간에 따른 공사의 진척상황을 그래프로 표시할 때 다음 중 가장 양호한 것은?

①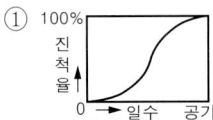

②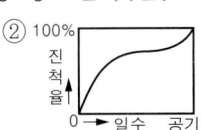

③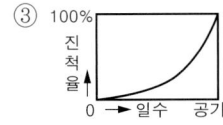

④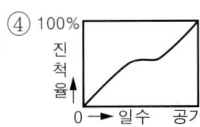

116 자연 레크리에이션지역 조경관리의 가장 중요한 현실적 목표라고 인식되는 사항은?

① 자연환경의 보전

② 하자(瑕疵)의 최소화

③ 수목 및 시설물의 지속적 이용촉진

④ 지속가능한 관리를 통한 이용효과의 증진

117 다음 중 솔나방에 관한 설명으로 틀린 것은?

① 식엽성 해충으로 1년에 1회 발생한다.

② 주로 소나무, 해송, 리기다소나무 등을 가해한다.

③ 6~7월 사이에 지오판수화제를 살포하여 방제한다.

④ 지표부근의 나무껍질 사이, 돌, 낙엽 밑에서 월동한다.

해 ③ 솔나방의 번데기 및 성충기는 약제의 방제효과가 떨어지며, 약제는 아바멕틴이 적당하다.

118 일시에 큰 면적을 동시에 관수할 수 있으며, 노동력이 절감되고 비교적 균일한 상태로 관수할 수 있는 방법은?

① 방사식 관수

② 침수식(basin) 관수

③ 도랑식(furrow) 관수법

④ 스프링클러식(sprinkler) 관수

119 다음 식물의 병 중 병원체가 세균인 것은?

① 버즘나무 탄저병

② 포플러류 줄기마름병

③ 대추나무 빗자루병

④ 벚나무 불마름병

해 ①②③ 곰팡이(진균)에 의한 병

120 난지형 잔디(금잔디, 들잔디 등)의 뗏밥주기 시기로 가장 적당한 것은?

① 12~1월　　　② 2~3월

③ 5~6월　　　④ 9~10월

제1과목 조경사

1 다음 조선시대 사직단(社稷壇)에 관한 설명 중 틀린 것은?

① 동양의 우주관에 의해 궁궐 왼쪽에 사직단을 두었다.

② 토신에 제사지내는 사단(社壇)을 사직단에서 동쪽에 두었다.

③ 곡식의 신에 제사지내는 직단(稷壇)을 사직단에서 서쪽에 두었다.

④ 두 사직의 외각 기단부 사방에 홍살문을 두었다.

해 ① '좌조우사면조후시(左祖右社面朝後市)'에 의해 궁궐 오른쪽에 사직단을 두었다.

2 중국 조경의 특징 중 태호석을 고를 때 주요 고려요소가 아닌 것은?

① 누(漏)　　　　　　② 경(景)

③ 수(瘦)　　　　　　④ 추(皺)

해 태호석은 추(皺 주름), 투(透 투과), 누(漏 구멍), 수(瘦 여림)를 모두 구비한 것을 최고로 여겼다.

3 르네상스시대 바로크식 정원의 특징과 가장 관계가 먼 것은?

① 동굴(grotto)

② 토피아리(topiary)

③ 격자울타리(trellis)

④ 비밀분천(secret fountain)

해 ③ 격자울타리(trellis)는 프랑스 평면기하학식 정원에서 더욱 발전하였으며, 소로와 축선, 자수화단의 밝은 색 화초, 생울타리와 총림, 조소·조각, 아웃도어 룸 등의 요소를 특징으로 한다.

4 인도의 타지마할(Taj-mahal)은 어떤 목적으로 만든 건축물인가?

① 왕궁(王宮)　　　　② 분묘건축(墳墓建築)

③ 서민의 주택(住宅)　④ 귀족의 별장(別莊)

5 다음 중 스페인 알함브라 궁전의 「사자의 중정(court of lions)」과 같이 4등분한 수로가 의미하는

바는?

① 동서남북을 의미

② 수로의 편리성을 의미

③ 동일한 모양의 땅 가름을 의미

④ 파라다이스 가든의 네 강을 의미

해 파라다이스 가든은 천국을 묘사한 정원으로 천국에 흐르는 네 강을 상징화하였다.

6 동사강목(東史綱目)에 "궁성의 남쪽에 못을 파고 20여리 밖에서 물을 끌어 들이고 사방의 언덕에 버드나무를 심고, 못 속에 섬을 만들었다."는 기록이 나타난 시기는?

① 백제의 진사왕　　② 백제의 무왕

③ 신라의 경덕왕　　④ 신라의 문무왕

해 궁남지(宮南池) - 「동사강목(東史綱目)」, 「삼국사기」
　백제 무왕 35년(635) 궁성의 남쪽에 못을 파고 20여 리 밖에서 물을 끌어 들이고 사방의 언덕에 버드나무를 심고, 못 속에 섬을 만들었다.

7 일본 교토에 위치한 실정(室町, 무로마치)시대의 전통정원 가운데 은사탄(銀砂灘, 인공모래펄), 향월대(向月臺) 등의 경물이 있는 곳은?

① 금각사　　　　　　② 은각사

③ 대선원　　　　　　④ 용안사

8 한국정원의 특징 중 가장 대표적인 것은?

① 산수경관의 축경화와 조화미

② 산수경관의 실경화(實景化)와 조화미

③ 산수경관의 모조화와 강한 대비성

④ 산수경관의 축의화(縮意化)와 대칭성

9 일반적인 조선시대 상류주택의 정원 중 바깥주인의 거처 및 접객공간이며, 조경수식이 가장 화려한 공간은?

① 안마당　　　　　　② 별당마당

③ 사랑마당　　　　　④ 사당마당

10 한국조경에는 석교(石橋), 목교(木橋), 징검다리, 외나무다리 등 다양한 형태가 설치되었는데, 이 중 외나무다리가 설치된 조경 유적은?
① 경주 안압지(雁鴨池)
② 경복궁 향원지(香源池)
③ 남원 광한루지(廣寒樓池)
④ 전남 담양의 소쇄원(瀟灑園)

11 다음 중 일본조경의 시초라 할 수 있는 사실과 가장 거리가 먼 것은?
① 일본서기(日本書紀)
② 용안사 석정(龍安寺 石庭)
③ 수미산(須彌山)과 오교(吳橋)
④ 백제인 노자공(路子工)

해 ② 용안사 석정(15C 말)은 평정고산수(平庭枯山水) 수법(추상적 고산수 수법)의 대표작이다.

12 서양조경사를 통시적으로 보아 역사적으로 나타난 정원양식의 발달 순서로 적합한 것은?
① 자연풍경식 → 노단건축식 → 평면기하학식
② 노단건축식 → 평면기하학식 → 자연풍경식
③ 평면기하학식 → 노단건축식 → 자연풍경식
④ 노단건축식 → 자연풍경식 → 평면기하학식

해 ② 노단건축식(이탈리아) → 평면기하학식(프랑스) → 자연풍경식(영국)

13 프랑스 베르사유궁원에서 사용된 "파르테르(Parterre)"란 명칭으로 가장 적당한 것은?
① 분수   ② 화단
③ 연못   ④ 산책로

14 영국에 프랑스식 정원 양식을 도입하는데 공헌한 사람들 중 관계없는 인물은?
① 르노트르(Andre Le Notre)
② 로즈(John Rose)
③ 페로(Claude Perrault)
④ 포프(Alexander Pope)

해 알렉산더 포프 : 18C 영국의 문호로 "자연 그대로가 좋다"라며 토피어리를 공격했으며, 모든 정원은 회화적이어야 한다고

주장하였다.

15 T.V.A(Tenessee Valley Authority)에 대한 설명 중 옳지 않은 것은?
① 최초의 광역공원계통
② 미국 최초의 광역지역계획
③ 계획·설계 과정에 조경가들이 대거 참여
④ 수자원개발의 효시이자 지역개발의 효시

16 다산초당(茶山草堂) 연못 조성과 관련된 글인 "中起三峯 石假山"에서 삼봉의 의미는?
① 금강산, 지리산과 한라산의 산악신앙에 의한 명산을 상징한다.
② 봉래, 방장과 영주의 신선사상에 의한 삼신산을 상징한다.
③ 돌의 배석기법인 불교에 의한 삼존석불을 상징한다.
④ 천·지·인의 우주근원을 나타낸 삼재사상을 상징한다.

17 서양에서 낭만주의 시대 자연풍경식 정원이 제일 먼저 발달한 국가는?
① 프랑스   ② 독일
③ 영국   ④ 이탈리아

18 이탈리아 조경요소는 점, 선, 면적 요소로 나누어 볼 수 있는데, 다음 중 점적 요소에 해당되지 않는 것은?
① 분수   ② 원정(園亭)
③ 조각상   ④ 연못

19 조선시대 궁궐 조경에 곡수거 형태가 남아있는 곳은?
① 창덕궁 후원 옥류천 공간
② 경복궁 후원 향원정 공간
③ 창경궁 통명전 공간
④ 경복궁 교태전 후원 공간

해 옥류천 공간의 소요암

20 다음 중 고려시대(A)와 조선시대(B) 정원을 관장하던 행정부서의 명칭이 옳은 것은?
① A : 식대부, B : 장원서
② A : 내원서, B : 식대부
③ A : 장원서, B : 상림원
④ A : 내원서, B : 장원서

제2과목 조경계획

21 비교적 큰 규모의 프로젝트(예: 유원지, 국립공원)를 수행할 때 기본구상의 단계에서 가장 중요한 항목은?
① 토지이용 및 식재
② 토지이용 및 동선
③ 동선 및 하부구조
④ 시설물 배치 및 식재

🄗 기본구상 단계에 들어서면 계획안에 대한 물리적·공간적 윤곽이 서서히 들어나기 시작하며 대안작성 과정에서 전체적 공간의 이용에 관한 확실한 윤곽이 드러난다.

22 설문지 작성의 원칙과 거리가 먼 것은?
① 직접적, 간접적 질문을 혼용하여 작성한다.
② 조사목적 이외에도 기타 문항을 삽입하여 응답자를 지루하지 않게 배려한다.
③ 편견 또는 편의가 발생하지 않도록 작성한다.
④ 유도질문을 회피하고 객관적인 시각에서 문항을 작성한다.

23 1875년 영국에서 불결한 도시주거환경을 제거하기 위해 새로이 건설되는 주택의 상하수도 시설과 정원 크기 및 주변 도로의 폭 등 주거환경기준을 규제하는 목적으로 제정된 법은?
① 건축법(building act)
② 공중위생법(public health act)
③ 단지조성법(site planning act)
④ 미관지구에 관한 법(law of beautification district)

24 인간행태 관찰방법 중 시간차 촬영(Time-Lapse Camera)에 이용될 수 있는 가장 적절한 조사 내용은?

① 국립공원의 보행패턴 및 이용 장소 조사
② 대규모 아파트단지의 자동차 통행패턴 조사
③ 광장 이용자의 하루 중 보행통로 및 머무는 장소 조사
④ 초등학교 어린이가 집에서부터 학교에 도달하는 보행통로 조사

25 자연공원체험사업 중 「자연생태 체험사업」의 범위에 해당하지 않는 것은?
① 생태체험사업을 위한 주민지원
② 공원 내 갯벌, 모래 언덕, 연안습지, 섬 등 해양생태계 관찰 활동
③ 자연공원특별보호구역 탐방 및 멸종위기 동식물의 보전·복원 현장 탐방
④ 우수 경관지역, 식물군락지, 아고산대, 하천, 계곡, 내륙습지 등 육상생태계 관찰 활동

26 출입구가 2개 이상일 때 차로의 너비가 가장 큰 주차형식은? (단, 이륜자동차전용 노외주차장 이외의 노외주차장으로 제한)
① 평행주차
② 직각주차
③ 교차주차
④ 60° 대향주차

27 「자연환경보전법 시행규칙」상 시·도지사 또는 지방 환경관서의 장이 환경부장관에게 보고해야 할 위임업무 보고사항 중 "생태·경관보전지역 등의 토지매수 실적" 보고는 연 몇 회를 기준으로 하는가?
① 수시
② 1회
③ 2회
④ 4회

28 주택단지의 밀도 중 주거목적의 주택용지만을 기준으로 한 것을 무엇이라 하는가?
① 총밀도
② 순밀도
③ 용지밀도
④ 근린밀도

🄗 ① 총 주거밀도(gross density) : 건축 부지를 구획하는 도로 면적(차로, 해당지구 주변 가로의 1/2, 주변가로 교차점의 1/4면적)을 포함한 부지를 대상으로 하는 밀도
② 순밀도(net density) : 주거목적의 획지(녹지나 교통용지 제외)만을 기준으로 산출한 밀도(순수 주택건설용지에 대한 인구수)

④ 근린밀도(neighborhood density) : 건축부지에 각종 서비스 시설용지와 도로용지를 포함한 부지를 대상으로 하는 밀도

29 인근 거주자의 이용을 대상으로 하여 유치거리 500m 이하로 규모가 1만 제곱미터 이상의 기준에 해당하는 공원은?
① 체육공원 　　　　　② 어린이공원
③ 도보권근린공원 　　④ 근린생활권근린공원

해 ① 체육공원 : 제한 없음. 10,000㎡ 이상
② 어린이공원 : 250m 이하, 1,500㎡ 이상
③ 도보권근린공원 : 1,000m 이하, 30,000㎡ 이상

30 다음 중 우수유량을 결정하는데 영향력이 가장 적은 요소는?
① 지표면의 경사방향
② 강우시간 및 강우강도
③ 지표면에 형성된 식생의 종류
④ 지표면을 형성하는 토양의 종류

해 우수유출량 결정요인
지표면에 내린 강우는 식물에 의한 차단, 증발, 토양 내 침투, 저수지에 저장되고 나머지는 유출되며, 강우시간, 강우강도, 토양형태, 배수지역 경사, 배수지역 크기, 토지이용이 가장 큰 영향을 주게 된다.

31 도시공원 안의 공원시설 부지면적 기준이 상이한 곳은? (단, 도시공원 및 녹지 등에 관한 법률 시행규칙을 적용한다.)
① 근린공원(3만㎡ 미만) ② 수변공원
③ 도시농업공원 　　　　 ④ 묘지공원

해 ①②③ 40% 이하, ④ 20% 이상

32 다음과 같은 행위기준이 적용되는 자연공원의 용도지구는?

- 공원자연환경지구에서 허용되는 행위
- 대통령령으로 정하는 규모 이하의 주거용 건축물의 설치 및 생활환경 기반시설의 설치
- 지구의 자체 기능상 필요한 시설로서 대통령령이 정하는 시설의 설치
- 환경오염을 일으키지 아니하는 가내공업(家內工業)

① 공원마을지구 　　　② 공원자연환경지구
③ 공원자연보존지구 　④ 공원문화유산지구

33 집을 출발하여 목적지에 도착한 후 그곳에서 2~3개소의 시설을 광범위하게 구경하고 집으로 돌아오는 관광행위의 유형은?
① 옷핀(pin)형 　　　　② 스푼(spoon)형
③ 피스톤(piston)형 　④ 탬버린(tambourine)형

34 공원녹지 체계를 설명한 것 중 가장 거리가 먼 것은?
① 체계를 구성하는 요소는 하나의 큰 공원이다.
② 가로수나 하천을 공원의 연계요소로 이용한다.
③ 다수의 공원을 연계하여 상호간의 관계를 만든다.
④ 공원을 보완하는 점적·면적 요소들로서는 호수, 운동장, 광장 등이 있다.

해 공원체계 개념의 속성
㉠ 여러 개의 공원을 구성요소로 하여 체계를 구성한다.
㉡ 각각의 공원은 각기 자기완결적인 구성과 기능을 가지고 있는 점적·면적 요소이므로 지리적으로 붙어 있어도 상관관계가 반드시 있다고 할 수 없다.
㉢ 각각 별개인 공원을 다른 구성요소로써 연계하여 상관관계를 형성시킨다.

35 수요량 예측이 공간의 규모를 결정짓게 되는데, 반대로 계획의 규모가 수용량의 한계를 결정짓기도 한다. 일반적으로 수요량 산출 공식에 해당하지 않는 것은?
① 시계열 모델 　　　② 중력 모델
③ 요인분석 모델 　　④ 혼합형 모델

36 동질적인 성격을 가진 비교적 큰 규모의 경관을 구분하는 것으로 주로 지형 및 지표 상태에 따라 구분하는 것을 무엇이라고 하는가?
① 경관요소 　　　　② 경관유형
③ 토지형태 　　　　④ 경관단위

37 도시조경의 목표로서 가장 거리가 먼 것은?

① 친환경적 도시건설　② 친인간적 도시건설
③ 아름다운 도시건설　④ 교통 편의적 도시건설

38 환경심리학에 관한 설명으로 옳지 않은 것은?
① 환경과 인간행위 상호간의 관계성을 연구한다.
② 사회심리학과 공동의 관심분야를 많이 지니고 있다.
③ 이론적이고 기초적인 연구에만 관심을 둔다.
④ 다소 정밀하지 않더라도 문제해결에 도움이 되는 가능한 모든 연구방법을 사용한다.

해 환경심리학 개념
　환경과 인간행태의 관계성을 연구하는 것으로, 조경계획·설계를 수행하는 데 있어서 사회적, 기능적, 형태적 접근을 위한 과학적 기초가 된다. – 개인적 공간, 영역성, 혼잡

39 환경영향평가의 어려움에 관한 설명으로 옳지 않은 것은?
① 쾌적함, 아름다움 등의 추상적 가치에 관한 정량적 분석이 어렵다.
② 건설 후에 평가를 하게 되므로 완화대책을 시행하는데 비용이 많이 든다.
③ 일정행위로 인해 초래되는 환경적 영향에 대한 과학적 자료가 미흡하다.
④ 환경적 영향을 충분히 분석하기 위하여 어느 정도의 자료가 수집되어야 하는가에 대한 지식이 부족하다.

해 ② 환경영향평가는 사전평가이다.

40 세계 최초로 지정된 국립공원과 한국 최초로 지정된 국립공원이 바르게 짝지어진 것은?
① 요세미티(yosemite) – 오대산
② 요세미티(yosemite) – 속리산
③ 옐로우스톤(yellow stone) – 설악산
④ 옐로우스톤(yellow stone) – 지리산

해 ④ 옐로우스톤(yellow stone 1872) – 지리산(1967)

제3과목 **조경설계**

41 균형(Balance)의 원리에 관한 설명으로 옳지 않

은 것은?
① 크기가 큰 것은 작은 것보다 시각적 중량감이 크다.
② 거친 질감은 부드러운 질감보다 시각적 중량감이 크다.
③ 불규칙적인 형태는 기하학적인 형태보다 시각적 중량감이 크다.
④ 밝은 색상이 어두운 색상보다 시각적 중량감이 크다.

해 ④ 밝은 색상이 어두운 색상보다 시각적 중량감이 작다.

42 다음 먼셀 기호에 대한 설명에 틀린 것은?

> 5R 4/10

① 명도는 4 이다.
② 색상은 5R 이다.
③ 채도는 4/10 이다.
④ 5R 4의 10이라고 읽는다.

해 ③ 채도는 10 이다.

43 자전거도로의 설계에서 "종단경사가 있는 자전거도로의 경우 종단경사도에 따라 연속적으로 이어지는 도로의 최대 길이"를 무엇이라 하는가?
① 편경사　　　　② 정지시거
③ 횡단경사　　　④ 제한길이

해 ① 편경사 : 평면곡선부에서 자동차가 원심력에 저항할 수 있도록 하기 위하여 설치하는 횡단경사를 말한다.(차량이 곡선부를 주행할 때 외측으로 향하려는 원심력에 의한 차량 전복이나 탈선을 막기 위한 경사를 말한다.)
② 정지시거(停止視距) : 자전거 운전자가 도로 위에 있는 장애물을 인지하고 안전하게 정지하기 위하여 필요한 거리로서 자전거도로 중심선 위의 1.4m 높이에서 그 자전거 도로의 중심선 위에 있는 높이 0.15m 물체의 맨 윗부분을 볼 수 있는 거리를 그 자전거도로의 중심선에 따라 측정한 길이를 말한다.
③ 횡단경사 : 도로의 진행방향에 직각으로 설치하는 경사로서 도로의 배수(排水)를 원활하게 하기 위하여 설치하는 경사와 평면곡선부에 설치하는 편경사(偏傾斜)를 말한다.

44 다음 색에 관한 설명 중 옳은 것은?
① 파랑 계통은 한색이고, 진출색·팽창색이다.
② 파랑 계통은 난색이고, 후퇴색·팽창색이다.
③ 빨강 계통은 난색이고, 진출색·팽창색이다.
④ 빨강 계통은 한색이고, 후퇴색·팽창색이다.

해 파랑 계통은 한색이고, 후퇴·수축색이다.

45 가시광선이 주는 밝기의 감각이 파장에 따라 달라지는 정도를 나타내는 것은?
① 명시도   ② 시감도
③ 암시도   ④ 비시감도

해 ① 명시도 : 물체색이 얼마나 잘 보이는가를 나타내는 정도로서 같은 빛, 같은 크기, 같은 그림, 같은 거리로부터의 보이는 정도를 말한다.
② 시감도 : 사람의 눈은 파장에 따라 눈으로 느끼는 감도가 다르며, 또한 같은 양의 에너지를 받아도 파장에 따라 느끼는 밝기(시감도)가 다르게 나타나는데 이것을 그 파장에 대한 시감도라고 한다.
④ 비시감도: 눈의 최대감도(555nm)를 1로 하여 다른 파장(380~760nm)에 대한 시감도의 비를 비시감도라 한다.

46 공공을 위한 공원 조성 시 보행동선 계획·설계에 관한 설명으로 틀린 것은?
① 동선은 가급적 단순하고 명쾌해야 한다.
② 상이한 성격의 동선은 가급적 분리시켜야 한다.
③ 이용도가 높은 동선은 가급적 길게 해야 한다.
④ 동선이 교차할 때에는 가급적 직각으로 교차해야 한다.

해 ③ 이용도가 높은 동선은 가급적 짧게 해야 한다.

47 인간 척도의 측면에서 외부공간에서 리듬감을 주고자 할 때 바닥의 재질변화나 고저차는 어느 정도 간격으로 하는 것이 가장 효과적인가?
① 10~15m   ② 15~20m
③ 20~25m   ④ 25~30m

해 •린치(Lynch)는 도시 외부공간에 있어 24m(80ft)가 인간적 척도라고 하였다.
•아시하라는 20~30m가 휴먼스케일로 개개의 건물을 인식할 수 있는 거리라고 하였다.

•스프라이레겐은 12~24m가 얼굴을 알아볼 수 있는 친밀감 높은 거리라고 하였다.

48 위요된 공간에서 혼잡하다고 느낄 때, 이를 완화시키기 위한 공간의 구성으로 틀린 것은?
① 천정을 높인다.
② 적절한 칸막이를 만들어 준다.
③ 외부공간으로 시선을 열어준다.
④ 장방형의 공간을 정방형으로 만든다.

49 조경구성에 있어서 질감(texture)의 특성에 대한 설명으로 옳지 않은 것은?
① 질감은 물체의 부분의 형과 크기의 결과이다.
② 수목의 질감은 주로 잎의 특성과 크기 및 배치에 달려 있다.
③ 질감은 관찰자의 떨어진 거리가 영향을 미치지 않는다.
④ 질감의 효과는 매끄럽다, 거칠다 등 경험적 촉각에 의하여 감지된다.

해 질감 : 어떤 물체의 촉각적 경험을 가지고서 물체의 재질에서 오는 표면의 특징을 시각적으로 인식하는 것으로 촉각경험과 시각경험을 결합하여 시각을 통하여 심리적 반응이 나타난다. 대상물의 형태나 크기에 따라 달라지는 것은 물론 표면이 가지는 조건, 관찰자의 거리에 따라서도 달라진다.

50 다음 중 "자연적인 형태" 주제에 해당하지 않는 것은?
① 나선형(spiral)
② 유기체적 모서리형(organic edge)
③ 불규칙 다각형(irregular polygon)
④ 집합과 분열형(clustering and fragmentation)

해 ① 나선형(spiral)은 기하학적 형태를 나타낸다.

51 다음 중 교차점광장의 결정기준에 해당하지 않는 것은? (단, 도시·군계획시설의 결정·구조 및 설치기준에 관한 규칙을 적용한다.)
① 자동차전용도로의 교차지점인 경우에는 입체 교차방식으로 할 것
② 주민의 사교, 오락, 휴식 및 공동체 활성화 등을

위하여 근린주거구역별로 설치할 것

③ 혼잡한 주요도로의 교차점에서 각종 차량과 보행자를 원활히 소통시키기 위하여 필요한 곳에 설치할 것

④ 주간선도로의 교차지점인 경우에는 접속도로의 기능에 따라 입체교차방식으로 하거나 교통섬·변속차로 등에 의한 평면교차방식으로 할 것

해 광장
　㉠ 교통광장 : 교차점 광장, 역전광장, 주요시설광장
　　　　　　　(항만·공항 등)
　㉡ 일반광장 : 중심대광장, 근린광장
　㉢ 경관광장, 지하광장, 건축물부설광장

52 설계 도면의 치수를 나타낸 그림 중 가장 나쁘게 표현한 것은?

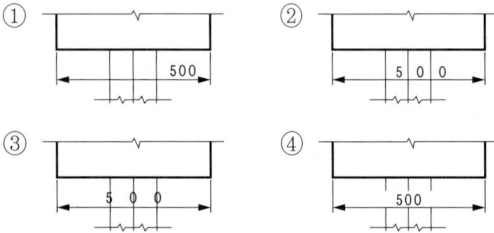

해 치수는 명확하게 인식할 수 있어야 한다.

53 건축물의 피난·방화구조 등의 기준에 관한 규칙상 다음 설명의 (　) 안에 적합한 수치는?

> 건축물의 바깥쪽으로 나가는 출구를 설치하는 경우 관람실 바닥면적의 합계가 (　)m² 이상인 집회장 또는 공연장은 주된 출구 외에 보조출구 또는 비상구 2개소 이상 설치하여야 한다.

① 250　　　　　　② 300
③ 500　　　　　　④ 600

54 다음 중 일반적인 조경설계 과정에 포함되는 사항이 아닌 것은?

① 프로그램 개발　　② 조사와 분석
③ 개념적인 설계　　④ 모니터링 설계

55 전망대 설치 시 고려사항으로 틀린 것은?

① 전망대의 면적은 1인당 보통 5~7m²가 적당하다.

② 위치는 조망에 유리한 방향을 향하도록 하는 것이 좋다.

③ 보안상 안전하고 이용자가 사용하기 좋은 곳을 고려해야 한다.

④ 전망대 위치는 능선이나 산 정상보다는 진입로 근처가 바람직하다.

해 ④ 공원·휴양림·유원지 등의 설계대상공간이나 주변 경관을 조망할 수 있는 높은 지형에 배치한다.

56 최근의 환경 설계 분야에서는 과학적 설계에 대한 관심이 높아지고 있다. 과학적 설계에 관한 설명으로 틀린 것은?

① 과학적 설계연구 자료에 근거하여 설계한다.

② 이용자의 형태, 선호 및 가치를 최대한 고려한다.

③ 설계자의 창의력은 임의성이 많으므로 과학적 방법으로 완전히 대체하고자 하는 것이다.

④ 설계자의 직관 및 경험에만 의존하지 않고 합리적 접근이 가능한 분야는 과학적 방법을 이용한다.

해 ③ 설계자의 창의력에 과학의 객관성과 합리성을 접목하여 설계하는 방법이다.

57 다음 그림과 같이 투상하는 방법은?

① 제1각법　　　　　② 제2각법
③ 제3각법　　　　　④ 제4각법

58 설계 시 사용되는 1점 쇄선의 용도가 아닌 것은? (단, 한국산업표준(KS)을 적용한다.)

① 중심선　　　　　② 절단선
③ 경계선　　　　　④ 가상선

59 어린이미끄럼틀의 미끄럼대에 있어서 일반적인 미끄럼판의 기울기 각도와 폭이 가장 적합하게 짝지어진 것은? (단, 폭은 1인용 미끄럼판을 기준으로

한다.)

① 각도 : 20~30°, 폭 : 20~30cm

② 각도 : 30~35°, 폭 : 40~50cm

③ 각도 : 20~30°, 폭 : 40~50cm

④ 각도 : 30~40°, 폭 : 20~30cm

60 환경색채디자인에서 주의할 점이 아닌 것은?

① 인공 시설물의 색채는 제외시킨다.

② 자연환경과 인공환경의 조화를 고려해야 한다.

③ 대상 지역 전체의 색채이미지와 부분의 색채이미지가 잘 조화될 수 있도록 계획한다.

④ 외부 환경색채 디자인의 경우 광, 온도, 기후 등 대상지역에 대한 정확한 조사를 바탕으로 색채계획이 이루어져야 한다.

제4과목 조경식재

61 다음 중 천근성(淺根性)으로 분류되는 수종은?

① 느티나무(*Zelkova serrata*)

② 전나무(*Abies holophylla*)

③ 상수리나무(*Quercus acutissima*)

④ 이태리포푸라(*Populus davidiana*)

62 천이(Succession)의 순서가 옳은 것은?

① 나지 → 1년생초본 → 다년생초본 → 음수교목림 → 양수관목림 → 양수교목림

② 나지 → 1년생초본 → 다년생초본 → 양수교목림 → 양수관목림 → 음수교목림

③ 나지 → 1년생초본 → 다년생초본 → 양수관목림 → 양수교목림 → 음수교목림

④ 나지 → 다년생초본 → 1년생초본 → 양수관목림 → 양수교목림 → 음수교목림

63 '개체군내에는 최적의 생장과 생존을 보장하는 밀도가 있다. 과소 및 과밀은 제한 요인으로 작용한다.'가 설명하고 있는 원리는?

① Gause의 원리

② Allee의 원리

③ 적자생존의 원리

④ 항상성의 원리

해 앨리의 효과(Allee effect) : 개체군은 과밀(過密)도 해롭지만 과

소(過小)도 해롭게 작용하므로 개체군의 크기가 일정이상 유지되어야 종 사이에 협동이 이루어지고 최적생장과 생존을 유지할 수 있다는 원리를 말한다.

64 포장지역에 식재한 독립 교목은 태양열 및 인적 피해로부터의 보호와 미관을 고려하여 수간에 매년 새끼 등 수간보호재 감기를 실시하여야 한다. 이 경우 지표로부터 약 몇 m 높이까지 감아야 하는가?

① 1.0m

② 1.5m

③ 2.0m

④ 2.6m

65 가로수의 식재 방법으로 옳지 않은 것은?

① 식재구덩이의 크기는 너비를 뿌리분 크기의 1.5배 이상으로 한다.

② 분의 지름은 근원경의 2~3배로해서 분뜨기를 한다.

③ 지주 설치 기간은 뿌리 발육이 양호해질 때까지 약 1~2년간 설치해 둔다.

④ 식재지의 일정용량 중 토양입자 50%, 수분 25%, 공기 25%의 구성비를 표준으로 한다.

해 ② 뿌리분의 크기는 근원직경의 4~6배 이상으로 분뜨기를 한다.

66 추식구근(秋植球根)에 해당하지 않는 것은?

① 아마릴리스(Amaryllis)

② 아네모네(Anemone)

③ 히아신스(hyacinth)

④ 라넌큘러스(Ranunculus)

해 ① 춘식구근(春植球根)에 해당한다.

67 다음 설명에 적합한 수종은?

> – 백색수피가 특이하다.
> – 극양수로서 도시공해 및 전지전정에 약하다.
> – 종이처럼 벗겨지며 봄의 산록과 가을 황색 단풍이 아름다워 현대 감각에 맞는 조경수이다.

① 서어나무(*Carpinus laxiflora*)

② 박달나무(*Betula schmidtii*)

③ 개암나무(*Corylus heterophylla*)

④ 자작나무(*Betula platyphylla* var. *japonica*)

68 사실적(寫實的) 식재와 가장 관련이 없는 것은?
① 다수의 수목을 규칙적으로 배식
② 실제로 존재하는 자연경관을 묘사
③ 고산식물을 주종으로 하는 암석원(rock garden)
④ 윌리엄 로빈슨이 제창한 야생원(wild graden)

69 개울가, 연못 가장자리 등 습윤지에서 잘 자라는 수종이 아닌 것은?
① 낙우송(*Taxodium distichum*)
② 능수버들(*Salix pseudolasiogyne*)
③ 오리나무(*Alnus japonica*)
④ 향나무(*Juniperus chinensis*)

70 숲의 층위에 해당하지 않는 것은?
① 만경류층   ② 초본층   ③ 관목층   ④ 아교목층

71 다음 중 자동차 배기가스에 가장 강한 수종은?
① 은행나무(*Ginkgo biloba*)
② 전나무(*Abies holophylla*)
③ 자귀나무(*Albizia julibrissin*)
④ 금목서(*Osmanthus fragrans* var. *aurantiacus*)

72 식재구성에서 색채와 관련된 이론으로서 옳지 않은 것은?
① 경관마다 우세한 것과 종속적인 요소를 결정하여 조성하여야 한다.
② 색의 변화는 연속성을 파괴하지 않도록 점진적인 단계를 두어야 한다.
③ 밝고 선명한 색채는 희미하고 연한 색채에 비하여 고운 질감을 지닌다.
④ 정원에서 휴식과 평화로운 분위기를 주도록 잎의 녹색은 관목의 꽃보다 더욱 중요하게 취급된다.

73 장미과 식물 중 속(Genus) 분류가 다른 것은?
① 산돌배   ② 콩배나무
③ 아그배나무   ④ 위봉배나무

해 ①②④ Pyrus속, ③ Malus속

74 중앙분리대 식재 시 차광효과가 가장 큰 수종으로만 나열된 것은?
① 아왜나무, 돈나무
② 광나무, 소사나무
③ 사철나무, 쉬땅나무
④ 생강나무, 병아리꽃나무

75 다음 설명에 해당되는 수목은?

> – 수형은 원추형
> – 내음성과 내조성이 강한 상록침엽수
> – 큰 나무는 이식이 곤란하나 전정에 잘 견디며 경계식재나 기초식재에 이용

① 개잎갈나무(*Cedrus deodara*)
② 자목련(*Magnolia liliflora*)
③ 주목(*Taxus cuspidata*)
④ 단풍나무(*Acer palmatum*)

76 기수1회 우상복엽의 잎 특성을 가진 수종이 아닌 것은?
① 물푸레나무(*Frazinus fhynchophylla*)
② 아카시나무(*Robinia pseudoacacia*)
③ 자귀나무(*Albizia julibrissin*)
④ 쉬나무(*Rutaceae daniellii*)

해 ③ 자귀나무 : 우수2회 우상복엽

77 식물의 화아분화가 가장 잘 될 수 있는 조건은?
① 식물체내의 N 성분이 많을 때
② 식물체내의 K 성분이 많을 때
③ 식물체내의 P 성분이 많을 때
④ 식물체내의 C/N율이 높을 때

해 C/N율 : 동화작용에 의해서 만들어진 탄수화물(C)과 뿌리에서 흡수된 질소(N)성분이 수체 내에 저장되는 비율로서, 재배환경, 전정정도에 따라 가지생장, 꽃눈형성 및 결실 등에 영향을 미친다.

78 토양을 개선하기 위해 사용되는 부식(humus)의 특성으로 옳지 않은 것은?
① 토양의 용수량을 증대시키고 한발을 경감시킨다.

② 보비력이 강하고 배수력과 보수력이 강하다.

③ 미생물의 활동을 활발하게 하며 유기물의 분해를 촉진시킨다.

④ 토양을 단립(單粒)구조로 만들고, 토양의 물리적 성질을 약화시킨다.

해 부식 : 토양 속에서 분해나 변질이 진행된 유기질로 양이온치환 능력이 매우 높으며 토양의 부식질함량은 5~20%가 적당하다.

79 흰말채나무(*Cornus alba* L.)의 특징으로 틀린 것은?

① 노란색의 열매가 특징적이다.

② 층층나무과(科)로 낙엽활관목이다.

③ 수피가 여름에는 녹색이나 가을, 겨울철의 붉은 줄기가 아름답다.

④ 잎은 대상하며 타원형 또는 난상타원형이고, 표면에 작은 털, 뒷면은 흰색의 특징을 갖는다.

해 ① 열매는 타원 모양의 핵과(核果)로서 흰색 또는 파란빛을 띤 흰색이며 8~9월에 익는다.

80 팥배나무의 종명에 해당하는 것은?

① *myrsinaefolia* 　② *Alnus*

③ *Sorbus* 　④ *alnifolia*

해 ④ *Aria alnifolia*(팥배나무)

제5과목 **조경시공구조학**

81 다음 중 콘크리트의 혼화재료에 속하지 않는 것은?

① 타르 　② AE제

③ 포졸란 　④ 염화칼슘

82 그림과 같은 지형을 평탄하게 정지작업을 하였을 때 평균 표고는?

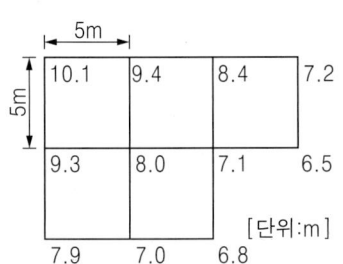

[단위:m]

① 7.973m 　② 8.000m

③ 8.027m 　④ 8.104m

해 Σh1 = 10.1+7.2+6.5+7.9+6.8 = 38.5(m)

Σh2 = 9.4+8.4+9.3+7.0 = 34.1(m)

Σh3 = 7.1m

Σh4 = 8.0m

$V = \dfrac{5\times5}{4}(38.5+2\times34.1+3\times7.1+4\times8.0) = 1,000(m^3)$

$H = \dfrac{1,000}{5\times5\times5} = 8.0(m)$

83 관거의 유속과 유량에 대한 설명이 틀린 것은?

> Q : 유량　　V : 유속　　A : 유수단면적　　R : 경심
> I : 수면구배　　C : 평균유속계수　　n : 조도계수

① $V = C\sqrt{RI}$가 성립된다.

② $Q = A\cdot C\sqrt{RI}$가 성립된다.

③ $C = \dfrac{23+\dfrac{1}{n}+\dfrac{0.00155}{I}}{1+(23+\dfrac{0.00155}{I})\times\dfrac{n}{\sqrt{R}}}$ 가 성립된다.

④ $A\cdot C\cdot I$ 가 일정하면 경심이 최대일 때 유량은 최대가 될 수 없다.

해 ④ $A\cdot C\cdot I$ 가 일정하면 경심이 최대일 때 유량은 최대가 된다.

84 도면에서 곡선으로 된 자연지형 부분의 면적을 구하기에 가장 적합한 방법은?

① 모눈종이법에 의한 방법

② 배횡거법에 의한 방법

③ 지거법에 의한 방법

④ 구적기에 의한 방법

85 다음 시공관리에 대한 설명이 틀린 것은?

① 시공관리의 3대 목표는 공정관리, 품질관리, 원가관리이다.

② 발주자는 최소의 비용으로 최대의 생산을 올리고자 한다.

③ 품질과 원가와의 관계는 품질을 좋게 하면 원가는 높아지는 경향이 있다.

④ 공사의 품질 및 공기에 대해 계약조건을 만족하면서 능률적이고 경제적 시공을 위한 것이다.

해 ② 발주자는 최소의 비용으로 최고의 품질을 얻고자 한다.

86 다음 설명에 적합한 도로의 폭원 요소는?

> – 다른 용어로 갓길 또는 노견이라 한다.
> – 도로를 보호하고 비상시에 이용하기 위하여 차로
> 에 접속하여 설치하는 도로의 부분
> – 도로의 주요 구조부의 보호, 고장차 대피 등에 이용

① 길어깨(shouler)
② 보도(pedestrian way)
③ 중앙분리대(median strip)
④ 노상시설대(street strip)

87 네트워크 공정표의 특징으로 가장 거리가 먼 것은?
① 작성 및 검사에 특별한 기능이 요구된다.
② 작업순서와 상호관계의 파악이 용이하다.
③ 계획의 단계에서 만든 여러 데이터의 수집이 가능하다.
④ 변경에 대해 전체적인 영향을 받지 않아 공정표의 수정이 대단히 용이하다.

해 ④ 네트워크 공정표는 전체의 공정을 파악하여야 하므로 수정 작업 시 작성 때와 마찬가지로 상당한 기능과 시간이 필요하다.

88 시공도면 작성 시 아래와 같은 표시는 일반적으로 무엇을 의미하는가?

① 지반   ② 잡석다짐
③ 석재   ④ 벽돌벽

89 비탈면에 잔디를 식재하는 방법이 틀린 것은?
① 비탈면 줄떼다지기는 잔디폭이 0.1m 이상 되도록 한다.
② 잔디고정은 떼꽂이를 사용하여 잔디 1매당 2개 이상 견실하게 고정한다.
③ 비탈면 전면(평떼)붙이기는 줄눈을 일정한 틈을 벌려 십자줄이 되도록 붙인다.

④ 잔디시공 후에는 모래나 흙으로 잔디붙임면을 얇게 덮은 후 고루 두들겨 다져준다.

해 ③ 비탈면 전면(평떼)붙이기는 줄눈을 틈새 없이 붙이고 십자줄이 형성되지 않도록 어긋나게 붙인다.(표준시방서 비탈면 녹화)

90 콘크리트의 크리프(creep)에 대한 설명으로 틀린 것은?
① 작용응력이 클수록 크리프는 크다.
② 재하재령이 빠를수록 크리프는 크다.
③ 물시멘트비가 작을수록 크리프는 크다.
④ 시멘트페이스트가 많을수록 크리프는 크다.

해 ③ 물시멘트비가 클수록 크리프는 크다.
크리프 : 크리프는 일정한 응력에서의 변형률 증가로 정의된다. 콘크리트에 지속하중을 가하면 하중의 증가 없이 시간이 지나면서 변형이 증가하는 소성변형을 뜻한다.

91 다음 중 점토의 특성으로 옳지 않은 것은?
① 주성분은 규산 50~70%, 알루미나 15~35%, 기타 MgO, K₂O, Na₂O₃가 포함되어 있다.
② 암석이 풍화된 세립(細粒)으로 습한 상태에서 소성이 크다.
③ 비중은 3.0~3.5 정도이고 알루미나 성분이 많은 점토의 비중은 3.0 내외이다.
④ 양질의 점토일수록 가소성이 좋다.

해 ③ 비중은 2.5~2.6 정도이고 알루미나 성분이 많은 점토의 비중은 3.0 내외이다.

92 비탈면 안정자재에 대한 설명이 틀린 것은?
① 부착망은 체인링크철선과 염화비닐피복철선의 기준에 합당한 제품을 사용해야 한다.
② 낙석방지철망은 부식성이 있고 충격이나 식물뿌리의 번성에 따라 자연 변형되는 강도를 갖춘 것을 채택한다.
③ 격자틀 및 블록제품을 접합구가 일체식으로 연결될 수 있어야 하며, 녹화식물의 생육최 소심도 이상의 토심이 확보될 수 있도록 설계한다.
④ 비탈안정녹화공사용 격자틀 등의 합성수지 제품은 내부식성이 있고 변형 및 탈색이 되지 않으며 자연미가 나도록 제작된 것을 채택한다.

해 ② 낙석방지철망은 내부식성이 있고 낙석에 견딜 수 있는 충분한 강도를 갖춘 것을 채택한다.

93 8ton 덤프트럭에 자연상태의 사질양토를 굴착 후 적재하려 한다. 덤프트럭의 1회 적재량은? (단, 사질양토 단위중량 : 1700kg/m³, L=1.25, C=0.85, 소수 2째 자리에서 반올림한다.)

① 5.9m³　　　　② 4.7m³
③ 4.0m³　　　　④ 5.0m³

해 $q = \dfrac{T}{\gamma_t} \times L = \dfrac{8}{1.7} \times 1.25 = 5.9(m^3)$

94 다음 설명에 적합한 심토층 배수의 유형은?

> – 식재지역에 부분적으로 지하수위를 낮추기 위한 방법
> – 경사면의 내부에 불투수층이 형성되어 있어 지하로 유입된 우수가 원활하게 배출되지 못하거나 사면에서 용출되는 물을 제거하기 위하여 사용되는 방법
> – 보통 도로의 사면에 많이 적용되며, 도로를 따라 수로가 만들어짐

① 차단법(intercepting system)
② 자연형(natural type) 배치
③ 완화 배수(relief drainage)
④ 즐치형(gridiron type) 배치

95 다음 조경재료의 역학적 성질 중 "단단한 정도"를 나타내는 용어는?

① 연성(ductility)　　② 인성(toughness)
③ 취성(brittleness)　　④ 경도(hardness)

해 ① 연성 : 탄성한계를 넘는 힘을 가함으로써 물체가 파괴되지 않고 늘어나는 성질

② 인성 : 재료의 파괴에 대한 질긴 정도

③ 취성(brittleness) : 작은 변형량에도 파괴되는 성질

96 계획오수량 산정 시 고려사항으로 틀린 것은?

① 지하수량은 1인1일 최대 오수량의 10~20%로 한다.
② 계획 1일 평균 오수량은 계획 1일 최대 오수량의

70~80%를 표준으로 한다.
③ 계획 시간 최대 오수량은 계획 1일 최대 오수량의 1시간당 수량의 1.3~1.8배를 표준으로 한다.
④ 합류식에서 우천 시 계획 오수량은 원칙적으로 계획시간 최대오수량의 3배 이하로 한다.

해 ④ 합류식에서 우천 시 계획 오수량은 원칙적으로 계획시간 최대오수량의 3배 이상으로 한다.

97 P가 그림과 같이 AB부재에 작용할 때 A, B점에 발생하는 반력(R_A, R_B)은 각각 얼마인가?

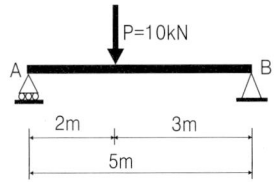

① R_A : 6kN, R_B : 4kN　② R_A : 4kN, R_B : 6kN
③ R_A : 2kN, R_B : 8kN　④ R_A : 8kN, R_B : 2kN

해 $R_A = \dfrac{Pb}{\ell} = \dfrac{10 \times 3}{5} = 6(kN)$　$R_B = 10-6 = 4(kN)$

98 노외주차장 또는 노상주차장의 구조·설비기준이 틀린 것은?

① 노상주차장은 너비 6미터 미만의 도로에 설치하여서는 아니 된다.
② 노외주차장에는 주차구획선의 긴 변과 짧은 변 중 한 변 이상이 차로에 접하여야 한다.
③ 노외주차장의 출구와 입구에서 자동차의 회전을 쉽게 하기 위하여 필요한 경우에는 차로와 도로가 접하는 부분을 곡선형으로 하여야 한다.
④ 노외 및 노상 주차장에서 60° 주차방식이 동일 면적에 토지이용의 효율성이 가장 높다.

해 ④ 주차효율은 직각주차방식이 토지이용의 효율성이 가장 높다.

99 콘크리트 배합(mix proportion) 중 실제 현장 골재의 표면수·흡수량 및 입도상태를 고려하여 시방배합을 현장상태에 적합하게 보정하는 배합은?

① 현장배합(job mix)
② 용적배합(volume mix)
③ 중량배합(weight mix)
④ 계획배합(specified mix)

해 ② 용적배합 : 콘크리트 $1m^3$에 소요되는 재료의 양을 절대용적(ℓ)으로 표시한 배합

③ 중량배합 : 콘크리트 $1m^3$에 소요되는 재료의 양을 중량(g)으로 표시한 배합

④ 계획배합(시방배합) : 소정 품질의 콘크리트가 얻어지는 배합(조건)으로 시방서 또는 책임기술자에 의하여 지시된 것

100 건설공사 표준품셈의 수량계산 기준이 틀린 것은?

① 절토(切土)량은 자연상태의 설계도의 양으로 한다.

② 수량의 계산은 지정 소수의 이하 1위까지 구하고, 끝수는 4사5입 한다.

③ 철근 콘크리트의 경우 철근 양 만큼 콘크리트 양을 공제한다.

④ 곱하거나 나눗셈에 있어서는 기재된 순서에 의하여 계산하고, 분수는 약분법을 쓰지 않는다.

해 ③ 볼트의 구멍, 철근콘크리트 중의 철근, 포장 공종의 1개소당 $0.1m^2$ 이하의 구조물 자리 등 전체의 양에 크게 영향을 미치지 않는 것은 공제하지 아니한다.

제6과목 조경관리론

101 유효인산과 결합하여 식물에 대한 인산의 유효도를 떨어뜨리는 원소는?

① K ② Mg

③ Fe ④ Cu

해 인은 토양 속의 철(Fe), 아연(Zn), 칼슘(Ca) 등에 의해 고정되어 효과를 잃게 되어 이용률이 낮아진다.

102 농약을 안전하게 사용하도록 용기색으로 농약의 종류를 구분한다. 농약 종류에 따른 지정색의 연결이 틀린 것은?

① 살충제 – 녹색

② 살균제 – 분홍색

③ 생장조정제 – 청색

④ 비선택성 제초제 – 노란색

해 ④ 비선택성 제초제는 맹독성 농약에 해당되므로 적색을 사용한다.

103 다음 중 유기물의 탄소와 질소 함량을 비교해 볼 때 가장 빨리 분해가 될 수 있는 것은?

① 탄소 : 50.7%, 질소 : 2.20%

② 탄소 : 50.0%, 질소 : 0.30%

③ 탄소 : 44.0%, 질소 : 1.50%

④ 탄소 : 50.0%, 질소 : 5.00%

해 미생물은 탄소(C)를 에너지원으로, 질소(N)를 영양원으로 활용한다. 유기물의 탄소율(C/N율)이 낮으면 질소함량이 많아 미생물의 빠른 증식이 이루어져 빠른 분해가 일어난다.

104 조경수목 유지관리 작업 계획 시 정기적인 작업으로 분류하기 가장 어려운 것은?

① 전정 ② 시비

③ 병해충 방제 ④ 관수

105 천공성 해충인 소나무좀의 월동 충태는?

① 알 ② 유충

③ 번데기 ④ 성충

해 소나무좀은 지제부의 수피 틈에서 월동한 성충이 3월 말~4월 초에 평균기온이 15℃정도 2~3일 계속되면 월동처에서 나와 쇠약목, 벌채목의 수피에 구멍을 뚫고 침입한다.

106 생태연못의 유지관리 사항으로 옳지 않은 것은?

① 모니터링은 최소 조성 10년 후부터 3개년 주기로 실시한다.

② 모니터링은 가급적 지역주민, NGO, 전문가 등이 함께 참여하도록 한다.

③ 물순환시스템이 지속적으로 유지될 수 있도록 유입구와 유출구를 주기적으로 청소한다.

④ 습지식물이 지나치게 번성하였을 경우에는 부수식물이 차지하는 면적이 수면적의 1/3이하가 되도록 식물 하단부(뿌리부근)에 차단막을 설치하거나 수시로 제거해 준다.

해 ① 모니터링은 조성직후부터 1년, 2년, 3년, 5년, 10년 등의 주기로 한다.

107 수목의 병해충 구제 방법이 아닌 것은?

① 기계적 방법 ② 화학적 방법

③ 식생적 방법   ④ 생물학적 방법

해 ① 포살, 유살, 차단, 박피소각

     ② 살충제, 생리활성물질

     ④ 기생성·포식성 천적, 병원미생물

108 요소의 성질을 나타낸 설명이 옳은 것은?

① 분자식은 $CO(NH_4)_2$이다.

② 타 질소질 비료에 비해 고온에서 흡습성이 높다.

③ 산(acid)과 함께 가열하면 우레탄이 만들어진다.

④ 알칼리와 함께 가열하면 완전히 분해되어 암모늄염과 이산화탄소가 된다.

109 수목병과 매개충의 연결이 옳지 않은 것은?

① 느릅나무 시들음병 – 나무좀

② 쥐똥나무 빗자루병 – 마름무늬매미충

③ 오동나무 빗자루병 – 담배장님노린재

④ 대추나무 빗자루병 – 담배장님노린재

해 ④ 대추나무 빗자루병 – 마름무늬매미충

110 식물관리비의 산정식으로 옳은 것은?

① 식물의 수량×작업률×작업횟수×작업단가

② (식물의 수량×작업률)÷(작업횟수×작업단가)

③ (식물의 수량×작업률×작업횟수)÷작업단가

④ 식물의 수량÷(작업률×작업횟수×작업단가)

111 목재에 사용되는 방부제의 성능 기준의 항목으로 가장 거리가 먼 것은?

① 휘산성   ② 흡습성

③ 철부식성   ④ 침투성

해 목재보존제의 성능 항목으로는 흡습성, 철부식성, 침투성, 유화성, 방부성능 등이 있다.

112 토양수를 흡습수, 모세관수, 중력수로 구분하는 기준은?

① 토양중의 수분함량

② 대기로의 수분증발력

③ 토양입자와 수분의 장력

④ 토양수분의 중력에 견디는 힘

해 토양수는 부착력과 응집력에 의해 유지되며 이 압력을 장력(張

力)으로 나타낸다.

113 콘크리트 포장의 부분 보수를 위한 콘크리트 포설작업이 불가능한 기온은 몇 ℃ 이하인가? (단, 감독자가 승인한 경우 이외에는 공사를 진행하여서는 안 된다.)

① 10℃   ② 8℃

③ 6℃   ④ 4℃

해 콘크리트의 응결 및 경화는 4℃ 이하가 되면 더욱 완만해지며 −3℃에서 완전 동결되어 더 이상 경화되지 않는다.

114 다음 중 공원이용 관리시의 주민참가를 위한 조건으로 볼 수 없는 것은?

① 이해의 조정과 공평성을 가질 것

② 주민참가 결과의 효과가 기대될 것

③ 행정당국의 지침에 수동적으로 참여할 것

④ 규모 및 전문성이 주민의 수탁능력을 넘지 않을 것

해 ③ 운영상 주민의 자발적 참가 및 협력을 필요요건으로 할 것

115 조경관리 계획 수립 시 작업별 1일당 소요인원을 산출할 경우 기초자료로 활용될 수 있는 내용으로만 구성된 것은?

① 단위작업률, 미래의 예상실적, 작업능률

② 연간작업량, 단위작업률, 과거의 실적

③ 연간작업량, 미래의 예상실적, 작업능률

④ 연간작업량, 단위작업률, 작업능률

116 녹지(綠地) 표면에 물이 고여 정체하고 있어 식물생육에 피해를 주고 있을 경우 대처해야 할 관리방법으로 가장 부적합한 것은?

① 암거(暗渠)를 매설한다.

② 지하수위를 높여 준다.

③ 표토를 그레이딩(Grading)한다.

④ 표토의 토성(土性) 및 구조(構造)를 개량한다.

해 ② 지하수위를 낮추어 준다.

117 수목 병의 주요한 표징 중 영양기관에 의한 것은?

① 포자(胞子) ② 균핵(菌核)

③ 자낭각(子囊殼) ④ 분생자병(分生子炳)

해 •영양기관 : 균사, 균사속, 균사막, 근상균사속, 선상균사, 균핵, 자좌 등

　•번식기관 : 포자, 분생자병, 분생자퇴, 분생포자, 분생자좌, 포자낭, 병자각, 자낭각, 자낭구, 자낭반, 소립점, 수포자퇴, 세균점괴, 포자각, 버섯 등

118 병원체의 월동방법 중 기주(基主)의 체내에 잠재하여 월동하는 것은?

① 잣나무 털녹병균

② 오리나무 갈색무늬병

③ 묘목의 모잘록병[苗立枯病]균

④ 밤나무 뿌리혹병[根頭癌腫病]균

해 ② 종자에 붙어 월동

　③ 토양 중에서 월동

　④ 병환부에서 월동

119 다음 중 암발아 잡초에 해당하는 것은?

① 광대나물 ② 바랭이

③ 쇠비름 ④ 향부자

해 암발아 잡초 : 냉이, 광대나물, 별꽃 등

120 교차보호(cross protection)란 무엇인가?

① 살균제를 이용하여 해충을 방제하는 것

② 살균제와 살충제를 혼용하여 병과 해충을 동시에 방제하는 것

③ 동일한 영농집단 내에서 병방제, 해충방제 등으로 업무를 분담하는 것

④ 약독 계통의 바이러스를 이용하여 강독 계통의 바이러스 감염을 예방하는 것

정답 **118** ① **119** ① **120** ④

2022년 조경기사 제2회

제1과목 조경사

1 한옥은 주택공간상 사랑채의 분리로 사랑마당 공간이 생겼는데, 이 사랑마당 공간의 분할에 가장 많은 영향을 미친 사상은?

① 불교사상 ② 유교사상
③ 풍수지리설 ④ 도교사상

해 유가사상의 영향 : 장유유서에 의한 생활공간 속에서 크기와 위치, 남녀유별에 의한 남녀의 공간을 엄격히 구분하였다.

2 조선시대 상류 주택에 조영된 연못 중 방지원도(方池圓島) 형태가 아닌 곳은?

① 논산 명재(舊 윤증) 고택
② 정읍 김명관(舊 김동수) 가옥
③ 구례 운조루 고택
④ 달성 박황 가옥

해 ② 김명관 고택의 바깥쪽에 부정형 연못이 조영되어 있다.

3 서원에서 제사에 쓰일 제물(짐승)들을 세워놓고 품평하기 위해 만든 것은?

① 생단(牲壇) ② 사직단(社稷壇)
③ 관세대(冠洗臺) ④ 정료대(庭燎臺)

해 ② 사직단 : 조선시대 토지신과 곡식의 신에게 풍년을 기원하며 제사를 드리기 위해 쌓은 제단
③ 정료대 : 궁궐이나 서원 등 넓은 뜰이 있는 건물에서 밤에 불을 밝히기 위해 설치한 시설물
④ 관세대 : 사당을 참배할 때 손을 씻을 수 있도록 대야를 올려놓았던 석조물

4 이탈리아 빌라에서 조영자 가족이나 방문객을 위한 거주·휴식의 기능을 하는 곳은?

① 카지노(Casino) ② 카펠라(Cappella)
③ 테라자(Terrazza) ④ 템피에트(Tempietto)

해 ②④ 예배를 보던 장소, ③ 노단, 테라스

5 정영방(조선시대 중기)이 경북 영양에 조영한 서석지와 가장 관련이 있는 것은?

① 곡수당과 곡수대 ② 경정과 사우단

③ 제월당과 매대 ④ 정우당과 몽천

6 보길도 윤선도 원림과 가장 관련이 먼 것은?

① 세연정 ② 낭음계
③ 수선루 ④ 동천석실

해 ③ 수선루(전북 진안)는 자연 상태의 암굴을 적절히 이용하여 2층으로 건립되었다.

7 다음 중 고대 신(神)을 위해 조성한 시설에 해당하지 않는 것은?

① Hanging Garden
② Obelisk
③ Ziggurat
④ Funerary Temple of Hat-shepsut

해 ① 네브카드네자르 2세가 왕비 아미티스를 위해 축조하였다.

8 고려시대 궁원에 관한 기록에서 동지(東池)에 대한 설명으로 옳지 않은 것은?

① 정전(政殿)인 회경전 동쪽에 위치
② 연꽃을 감상하기 위한 정적인 소규모 연못
③ 연못 주변과 언덕에 누각 조성
④ 학, 거위, 산양 등을 길렀던 유원 조성

해 동지는 진금기수(珍禽奇獸)를 사육하고, 물가에 누각이 있어 경관 감상하기도 하고, 무사를 검열하거나 혹은 활 쏘는 기술 등을 구경하는 자리로 사용된 다목적 대규모 공간이다.

9 레프턴이 완성시켜 놓은 영국 풍경식 조경수법은 자연을 어떤 비율로 묘사해 놓았는가?

① 1 : 1 ② 1 : 2
③ 1 : 10 ④ 2 : 1

해 ① 영국 풍경식은 자연을 그대로 모방한 형식을 취한다.

10 수도원 정원이 자세히 그려진 평면도가 발견된 중세 수도원은?

① San Lorenzo 수도원
② St. Gall 수도원
③ Canterbury 수도원

④ Santa Maria Grazie 수도원

웹 St. Gall 수도원 도면은 서로마 제국의 몰락부터 13세기까지 약 700년의 기간 동안 유일하게 남아있는 건축 도면이다.

11 중국 평천산장(平泉山莊)에 대한 설명으로 옳은 것은?

① 이덕유가 조성한 정원이다.
② 연못은 태호를 상징하였다.
③ 송나라 때 축조된 정원이다.
④ 소주의 명원으로 유명하다.

웹 ① 당(唐)시대 이덕유가 평천에 괴석을 쌓아 무산12봉을 상징한 정원이다.

12 일본의 작정기(作庭記)에 대한 설명으로 옳지 않은 것은?

① 회유식 정원의 형태와 의장에 관한 것이다.
② 일본에서 정원 축조에 관한 가장 오랜 비전서이다.
③ 이론적인 것에서부터 시공 면까지 상세하게 기록되어 있다.
④ 정원 전체의 땅가름, 연못, 섬, 입석, 작천(作泉) 등 정원에 관한 내용이다.

웹 ① 침전식 정원의 형태와 의장에 관한 것이다.

13 브라질 조경가 벌 막스(Roberto Burle Marx) 작품의 특징으로 옳은 것은?

① 남미 향토식물의 적극 활용
② 20세기의 바로크 양식
③ 캘리포니아 양식
④ 기하학적 정원

14 일본 도산(모모야마) 시대를 대표하는 정원으로 풍신수길이 등호석이라는 유명한 돌을 운반하여 조성한 정원이 있는 곳은?

① 이조성
② 삼보원
③ 계리궁
④ 육의원

웹 등호석은 정원 중심에 위치하며 아미타삼존을 표현하고 있으며, 역대 무장들에게 전해져 왔다는 점에서 「천하의 명석」이라고 일컬어지고 있다.

15 소정원 운동(영국)의 설명으로 옳은 것은?

① Charles Barry에 의해 주도되었다.
② Knot 기법 등 기하학적 형태를 응용하였다.
③ 귀화식물의 사용을 배제하였다.
④ 풍경식 정원의 비합리성에 대한 지적에서 시작되었다.

16 조선의 능(陵)은 자연의 지세와 규모에 따라 봉분의 형태가 다른데 가장 관계가 먼 것은?

① 우왕좌비
② 상왕하비
③ 국조오례의
④ 향궐망배

웹 향궐망배 : 객사나 지방의 관아에 임금을 상징하는 전패를 모셔두고, 관아의 수령이 초하루 보름마다. 또 나라에 국상과 같은 큰 일이 있을 때 이 전패에 절하는 '향궐망배'의 의식을 거행한다.

17 고려시대부터 사용된 정원 용어인 화오(花塢)에 대한 설명으로 가장 거리가 먼 것은?

① 화초류나 화목류를 군식하였다.
② 지형의 변화를 얻기 위해 인공의 구릉지를 만들었다.
③ 오늘날 화단과 같은 역할을 한 정원 수식 공간이다.
④ 사용된 식물 재료에 따라 매오(梅塢), 도오(挑塢), 죽오(竹塢) 등으로 불렸다.

웹 ② 조선시대 화계(花階)에 대한 설명

18 통일신라시대 경주의 도시구획 패턴으로 가장 적합한 것은?

① 직선형
② 격자형
③ 방사형
④ 동심원형

19 영국 비컨헤드 파크(Birkenhead Park)에 대한 설명으로 옳지 않은 것은?

① 역사상 최초로 시민의 힘과 재정으로 조성된 공원이다.
② 수정궁을 설계한 조셉 팩스턴(Joseph Paxton)이 설계하였다.
③ 그린스워드(Greensward) 안(案)에 의하여 조성

된 공원이다.

④ 넓은 초원, 마찻길, 연못, 산책로 등이 조성되었다.

뤱 ③ 그린스워드 안에 의하여 조성된 공원은 센트럴 파크(Central Park)이다.

20 다음 중 전북 남원에 있는 광한루원에 대한 설명으로 옳지 않은 것은?

① 황희(黃喜)가 세운 광통루(廣通樓)가 그 전신이다.

② 광한루(廣寒樓)라는 이름은 전라감사 정철(鄭澈)이 지은 것이다.

③ 오작교는 장의국(張義國)이 남원부사로 있을 때 만든 것이다.

④ 광한루 앞의 큰 못에는 3개의 섬이 있고 오작교 서쪽의 작은 못에는 1개의 섬이 있다.

뤱 ② 광한루라는 이름은 세종 16년(1434) 정인지가 고쳐 세운 뒤 바꾼 이름이다.

제2과목 조경계획

21 관광지의 수요예측 모형 중 방문자 수를 피설명변수(dependent variable)로 그리고 방문자 수에 영향을 미치는 변수들을 설명변수(independent variables)로 설정하여 방문자 수를 선형적으로 예측하는 통계적 방법을 무엇이라 하는가?

① Gravity Model

② Delphi Technique

③ Regression Analysis

④ Judgement Aided Models

22 다음 중 조경계획의 기초자료 분석에서 인문·사회환경 분석 요소에 해당하지 않는 것은?

① 인구   ② 교통

③ 식생   ④ 토지이용

뤱 ③ 식생은 자연환경에 대한 요소다.

23 다음 중 조경과 타 분야와의 관계에 대한 설명으로 가장 거리가 먼 것은?

① 조경이 건축과의 가장 큰 차이는 외부 공간을 다

룬다는 측면이다.

② 물리적 환경을 다룬다는 점에서 건축, 토목, 도시계획 등의 분야와 밀접한 관계가 있다.

③ 조경계획은 도시계획과 건축의 중간 단계로서 도시의 물리적 형태와 골격에 관심을 갖는다.

④ 조경학이 미적인 측면을 강조하면서 계획과 설계의 중점을 둔다는 면에서 토목이나 도시계획과 구분된다.

뤱 ③ 조경은 최종적인 환경의 모습에 관심을 갖는다.

24 다음 도시공원 중 관련 법상 설치할 수 있는 공원시설 부지면적의 적용 비율이 가장 큰 곳은?

① 소공원

② 어린이공원

③ 근린공원(3만m² 미만)

④ 체육공원(3만m² 미만)

뤱 ① 소공원 – 20% 이하

② 어린이공원 – 60% 이하

③ 근린공원(3만m² 미만) – 40% 이하

④ 체육공원(3만m² 미만) – 50% 이하

25 다음 중 자연공원의 지정 해제 또는 구역 변경 사유가 아닌 것은?

① 천재지변으로 인해 자연공원으로 사용할 수 없게 된 경우

② 정부출연기관의 기술개발에 중요한 영향을 미치는 연구를 위하여 불가피한 경우

③ 군사목적 또는 공익을 위하여 불가피한 경우로서 대통령령으로 정하는 경우

④ 공원구역의 타당성을 검토한 결과 자연공원의 지정기준에서 현저히 벗어나서 자연공원으로 존치시킬 필요가 없다고 인정되는 경우

26 아파트 단지의 경계를 나타내는 담장은 주민들에게 상징적으로 소유 의식을 주는 방법의 하나라 볼 수 있다. 이는 환경심리학의 어떤 연구 결과가 응용된 예인가?

① 혼잡(Crowding)

② 반달리즘(Vandalism)

③ 영역성(Territoriality)

④ 개인적 공간(Personal Space)

해 영역성 : 개인 또는 일정 그룹의 사람들이 사용하는 물리적 또는 심리적 소유를 나타내는 일정지역으로 기본적 생존보다는 귀속감을 느끼게 함으로써 심리적 안정감을 부여한다.

27 조경계획에서 지속가능한 개발의 개념을 응용하고 있다. 지속가능한 개발의 개념이 아닌 것은?

① 개발과 환경보전은 공존할 수 없다는 사고이며, 생태적 측면을 강조한다.

② 현 세대가 물려받은 생태자본의 양과 같은 야의 생태자본을 다음 세대에게 물려준다.

③ 장기적인 관점에서 개발을 판단하며, 개인간, 그룹간의 자원접근에 있어 형평성을 고려한다.

④ 환경의 기능과 서비스를 화폐가치로 환산하여 환경손실 비용을 개발계획의 비용편익 분석에 반영시킨다.

해 지속가능한 개발

지속가능한 개발(ESSD)은 경제 발전과 환경 보전의 양립을 위하여 등장한 개념으로, 미래 세대가 이용할 환경과 자연을 손상시키지 않고 현재 세대의 필요를 충족시켜야 한다는 '세대 간의 형평성'과, 자연 환경과 자원을 이용할 때는 자연의 정화 능력 안에서 오염 물질을 배출하여야 한다는 '환경 용량 내에서의 개발'을 의미한다.

28 다음 중 야생동물(wild life)의 서식처(분포)와 가장 밀접한 관련이 있는 인자는?

① 지형의 변화 　　　　② 식생분포

③ 토양분포 　　　　　④ 인공구조물 분포

29 다음 중 조경계획 및 설계의 3대 분석과정에 해당하지 않는 것은?

① 물리·생태적 분석　　② 사회·행태적 분석

③ 시각·미학적 분석　　④ 환경영향평가적 분석

해 ① 물리·생태적 분석 : 자연적 인자(토양·지질·수문·기후 및 일기·식생·야생동물 등)

② 사회·행태적 분석 : 인문·사회적 인자(토지이용·교통통신·인공구조물 등의 현황·변천과정·역사 등)

③ 시각·미학적 분석 : 미학적 인자(각종 물리적 요소들의 자

연적 형태, 시각적 특징, 경관의 가치, 경관의 이미지 등)

30 국토의 계획 및 이용에 관한 법률상의 지형도면에 대한 설명으로 ( ) 안에 적합한 것은?

> 지역·지구 등의 지형도면 작성에 관한 지침에서는 다음을 정하고 있다.
> − 토지이용규제정보시스템(LURIS) 등재 시에는 JPG 파일 형식을 원칙으로 한다.
> − 지형도면 등이 2매 이상인 경우에는 축척 ( )의 총괄도를 따로 첨부할 수 있다.

① 5백분의 1 이상 1천5백분의 1 이하

② 2천5백분의 1 이상 1만분의 1 이하

③ 1천5백분의 1 이상 2천5백분의 1 이하

④ 5천분의 1 이상 5만분의 1 이하

31 공원시설의 종류에 해당되지 않는 것은? (단, 도시공원 및 녹지 등에 관한 법률을 적용한다.)

① 편익시설 　　　　　② 운동시설

③ 교양시설 　　　　　④ 보호 및 안전시설

해 공원시설 : 도로 또는 광장, 조경시설, 휴양시설, 유희시설, 운동시설, 교양시설, 편익시설, 공원관리시설, 도시농업시설

32 공원 내에 측구공사를 계획할 때 우선적으로 고려 사항으로 가장 거리가 먼 것은?

① 지형 조건 　　　　　② 강우 조건

③ 토질 조건 　　　　　④ 식생 조건

해 우수유출량 결정요인 : 지표면에 내린 강우는 식물에 의한 차단, 증발, 토양 내 침투, 저수지에 저장되고 나머지는 유출되며 강우시간, 강우강도, 토양형태, 배수지역 경사, 배수지역 크기, 토지이용이 가장 큰 영향을 주게 된다.

㉠ 자연적 요인 : 기후, 지형, 토양, 지질, 수문, 식생 등

㉡ 사회적 요인 : 토지이용, 개발밀도, 부지의 규모 등

33 특이성 비를 이용한 Leopold의 주된 접근 방법은?

① 현상학적 접근방법　　② 경관자원적 접근방법

③ 인간행태적 접근방법　④ 경제학적 접근방법

해 레오폴드(Leopold)는 스코틀랜드 계곡경관을 평가하기 위해 특

이성(uniqueness) 값을 계산하여 경관가치를 상대적 척도 (relative scale)로 계량화하였다.

34 환경자극에 대한 반응과정의 순서가 올바르게 배열된 것은?

① 자극 → 지각 → 태도 → 인지 → 반응
② 자극 → 인지 → 지각 → 감지 → 반응
③ 자극 → 지각 → 인지 → 태도 → 반응
④ 자극 → 감지 → 지각 → 태도 → 반응

35 특정 대상이 지닌 의미를 파악하고자 할 때 여러 단어로 구성된 목록을 통해 자신들이 느끼는 감정의 정도를 측정하는 방법은?

① 직접관찰
② 물리적 흔적관찰
③ 어의구분 척도
④ 리커드 태도 척도

해 ①② 인간행태분석
③④ 미적반응측정

36 자연공원에서 오물처리 문제의 일반적인 특징에 대한 설명으로 옳지 않은 것은?

① 발생하는 쓰레기는 대부분 소각하기 쉬운 것이다.
② 타 지역에서 일시적으로 방문한 사람들에 의해 초래된다.
③ 방문하는 이용자 수에 의해 발생 쓰레기의 양이 좌우된다.
④ 통제를 하지 않으면 인간의 행위에 따라서 쓰레기의 산재(散在)하는 범위가 광범위하다.

37 다음 중 특정연구에 대한 사전 지식이 부족할 때 예비조사(pilot test)에서 사용하기 가장 적합한 질문 유형은?

① 개방형 질문
② 폐쇄형 질문
③ 유도성 질문
④ 가치중립적 질문

38 다음 중 공원계획 시 입지선정의 주요 기준 요소로서 가장 거리가 먼 것은?

① 생산성
② 접근성
③ 안전성
④ 시설적지성

해 입지선정 주요 기준 : 접근성, 안전성, 쾌적성, 편익성, 시설적지성

39 공원녹지 관련 법 체계가 상위법에서 하위법으로의 흐름을 바르게 나타낸 것은?

> A : 국토기본법
> B : 도시공원 및 녹지 등에 관한 법률
> C : 국토의 계획 및 이용에 관한 법률

① A → B → C
② B → C → A
③ C → A → B
④ A → C → B

40 옴부즈만(ombudsman) 제도의 기능과 거리가 먼 것은?

① 갈등해결 기능
② 국가재정확보 기능
③ 국민의 권리구제 기능
④ 사회적 이슈의 제기 및 행정정부 공개 기능

해 옴부즈만 : 옴부즈만은 행정권의 오용 또는 남용으로 인한 국민의 자유와 권리침해를 예방하고, 이를 적절히 통제하며, 침해가 발생한 경우 이를 해결하고 제도개선까지 도모할 수 있는 제도적 장치다.

제3과목 조경설계

41 다음 중 평면도의 표제란에 포함되지 않는 것은?

① 도면명칭
② 설계자
③ 시공자
④ 도면번호

해 표제란에는 기관 정보(발주·설계·감리기관 등), 개정 관리정보(도면의 갱신 이력), 프로젝트 정보(개괄적 항목), 도면 정보(설계 및 관련 책임자, 도면명, 축척, 작성일자, 방위 등), 도면 번호 등을 기입한다.

42 다음 중 단면도와 투시도에 사용되는 일반적인 그래픽 심벌에 해당되는 것은?

① 수직면의 요소
② 빛과 바람의 요소
③ 이동과 소리의 요소
④ 원경(배경)적인 요소

43 조경설계기준의 각종 포장재에 대한 설명으로

옳지 않은 것은?

① 투수성 아스팔트 혼합물은 공극률 9~12%, 투수 계수 10^{-2}cm/sec 이상을 기준으로 한다.

② 포장용 석재는 흡수율 5% 이내, 압축강도 49 MPa 이상의 것으로 한다.

③ 콘크리트 블록 포장재의 포설용 모래의 투수계수는 기준 이상으로 No.200체 통과량이 6% 이하여야 한다.

④ 포장용 콘크리트의 재령 28일 압축강도 15.4 MPa 이상, 굵은 골재 최대치수는 30mm 이하로 한다.

해 ④ 포장용 콘크리트의 재령 28일 압축강도 17.64MPa 이상, 굵은 골재 최대치수는 40mm 이하로 한다.

44 근린공원 내 조명에 의하여 물체의 색을 결정하는 광원의 성질은?

① 기능성　　　　② 연색성
③ 조명성　　　　④ 조색성

해 연색성 : 조명이 물체의 색감에 영향을 미치는 현상. 같은 색도의 물체라도 어떤 광원으로 조명해서 보느냐에 따라 그 색감이 달라진다. 광원의 위치, 크기, 종류, 색 등에 따라 물체의 색감에 영향을 미치는 현상을 말한다.

45 다음 중 디자인에서 형태의 부분과 부분, 부분과 전체 사이의 크기, 모양 등의 시각적 질서, 균형을 결정하는 데 가장 효과적으로 사용되는 디자인 원리는?

① 강조　　　　② 비례
③ 리듬　　　　④ 통일

해 ① 강조 : 시각적으로 중요한 부분을 나타낼 때 돋보이게 하는 수법
③ 리듬 : 부분과 부분 사이에 시각적인 강한 힘과 약한 힘을 규칙적으로 연속시킬 때 발생하는 수법
④ 통일 : 동질성을 창출하기 위한 여러 부분들의 조화로운 결합

46 다음 설명의 (　) 안에 적합한 수치는? (단, 자전거 이용시설의 구조·시설 기준에 관한 규칙을 적용한다.)

> 자전거도로의 시설한계는 자전거의 원활한 주행을 위하여 폭은 (　)미터 이상으로 하고, 높이는 2.5미터 이상으로 한다. 다만, 지형 상황 등으로 인하여 부득이하다고 인정되는 경우에는 시설한계 높이를 축소할 수 있다.

① 0.8　　　　② 1.0
③ 1.5　　　　④ 2.0

47 경관의 시각적 선호를 결정짓는 변수가 아닌 것은?

① 사회적 변수　　　　② 물리적 변수
③ 개인적 변수　　　　④ 추상적 변수

해 ②③④ 외 상징적 변수가 있다.

48 Kevin Lynch가 제시한 도시 이미지 형성에 기여하는 물리적 요소 개념에 속하지 않는 것은?

① 통로(paths)　　　　② 모서리(edges)
③ 연결(links)　　　　④ 결절점(node)

해 5가지 요소 : 통로, 모서리, 지역, 결절점, 랜드마크

49 단위놀이시설로서 모래밭의 깊이는 놀이의 안전을 고려하여 얼마 이상으로 설계하는가?

① 10cm　　　　② 15cm
③ 20cm　　　　④ 30cm

50 빛의 반사율(%) 공식으로 맞는 것은?

① $\dfrac{조도}{거리^2} \times 100$　　　　② $\dfrac{광도}{조명} \times 100$

③ $\dfrac{조도발산도}{조명} \times 100$　　　　④ $\dfrac{광속발산도}{거리^2} \times 100$

51 황금비(golden section, 황금분할)에 대한 설명으로 가장 거리가 먼 것은?

① 1 : 1.618의 비율이다.

② 고대 로마인들이 창안했다.

③ 몬드리안의 작품에서 예를 들 수 있다.

④ 건축물과 조각 등에 이용된 기하학적 분할 방식이다.

해 ② 고대 그리스인에 의해 만들어졌다.

52 다음 설명에 가장 적합한 배수 방법은?

> – 지표수의 배수가 주목적이다.
> – U형 측구, 떼수로 등을 설치한다.
> – 식재지에 설치하는 경우에는 식재계획 및 맹암거 배수계통을 고려하여 설계한다.
> – 토사의 침전을 줄이기 위해서 배수기울기를 1/300 이상으로 한다.

① 심토층배수   ② 개거배수
③ 암거배수   ④ 사구법

53 척도에 대한 설명으로 옳지 않은 것은?
① 현척은 실제 크기를 의미한다.
② 배척은 실제보다 큰 크기를 의미한다.
③ 축척은 실제보다 작은 크기를 의미한다.
④ 그림의 크기가 치수와 비례하지 않으면 NP를 기입한다.

해 ④ 그림의 크기가 치수와 비례하지 않으면 NS(No Scale)를 기입한다.

54 다음 정면도와 우측면도에 알맞은 평면도로 ( ) 안에 가장 적합한 것은?

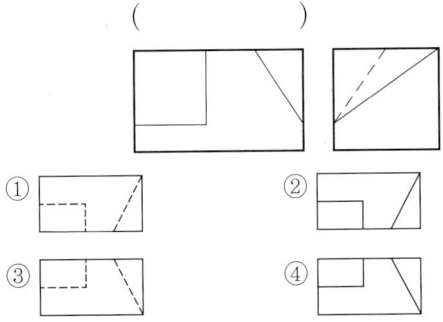

55 다음 배색에서 명도차가 가장 큰 배색은?
① 빨강 – 파랑   ② 노랑 – 검정
③ 빨강 – 녹색   ④ 노랑 – 주황

56 다음 설명은 형태심리학(Gestalt psychology)의 지각이론 중 어느 것에 해당하는가?

> 정원에서는 무리를 지어 있는 꽃이 한 송이의 꽃보다 더 우리의 시선을 끈다.

① 폐쇄(Ceosare)   ② 근접성(Proximity)
③ 유사성(Similarity)   ④ 지속성(Continuance)

57 조경설계기준에 따른 경기장 배치에 대한 설명으로 옳지 않은 것은?
① 축구장: 장축은 가능한 동–서로 주풍 방향과 직교시킨다.
② 테니스장: 코트 장축의 방위는 정남–북을 기준으로 동서 5~15° 편차 내의 범위로 하며, 가능하면 코트의 장축 방향과 주풍 방향이 일치하도록 한다.
③ 배구장: 장축을 남–북 방향으로 배치하며, 바람의 영향을 받기 때문에 주풍 방향에 수목 등의 방풍시설을 마련한다.
④ 농구장: 농구코트의 방위는 남–북측을 기준으로 하고, 가까이에 건축물이 있는 경우에는 사이드라인을 건축물과 직각 혹은 평행하게 배치한다.

해 ① 축구장 : 장축의 방향이 남–북에 평행하도록 배치한다.

58 조경설계의 접근측면 중 가장 거리가 먼 것은?
① 장소의 생태적 측면
② 설계자의 의식적 측면
③ 토지이용의 기능적 측면
④ 이용자의 인간 행태적 측면

59 분수 설계에서 주로 고려해야 하는 사항으로 가장 거리가 먼 것은?
① 바닥포장형 분수는 랜드마크성이 강한 곳에 주로 설치한다.
② 동절기 분수 설비의 노출로 인한 미관 저해, 안전 문제를 고려한다.
③ 바람에 의한 흩어짐을 고려하여 주변에 분출 높이의 3배 이상의 공간을 확보한다.
④ 바닥분수는 주변 빗물이나 오염수가 유입되지 않도록 바닥분수 외곽으로 경사가 완만하게 낮아

지도록 조성한다.

60 어떤 색을 보고 난 후 다른 색을 볼 때 먼저 본 색의 영향으로 뒤에 본 색이 다르게 보이는 현상은?
① 계시대비　　　　② 동시대비
③ 면적대비　　　　④ 연변대비

제4과목 조경식재

61 수관(樹冠)의 질감(texture)을 고려할 때 소규모 정원에 가장 어울리지 않는 수종은?
① 영산홍(*Rhododendron indicum*)
② 벚나무(*Prunus serrulata* var. *spontanea*)
③ 편백(*Chamaecyparis obtusa*)
④ 칠엽수(*Aesculus turbinata*)

62 봄철에 노란색 꽃을 볼 수 없는 식물은?
① 산수유(*Cornus officinalis*)
② 개나리(*Forsythia koreana*)
③ 생강나무(*Lindera obtusiloba*)
④ 해당화(*Rosa rugosa*)

63 다음의 그림이 표현하고 있는 식재의 미적 원리는?

① 반복성(repetition)　　② 다양성(variety)
③ 강조성(emphasis)　　④ 방향성(sequence)

64 다음 설명의 특징에 가장 적합한 잔디는?

> – 한지형 잔디로 여름철에는 잘 자라지 못하며 병해가 많이 발생하나 서늘할 때는 그 생육이 왕성한 편이다.
> – 일반적으로 답압에 약하지만 재생력이 강하므로 답압의 피해는 그리 크게 발생하지 않는다.
> – 아황산가스에 대한 내성이 약하다.
> – 불완전 포복형이지만 포복력이 강한 포복경을 지표면으로 강하게 뻗는다.

① 들잔디　　　　　② 라이 그라스
③ 벤트 그라스　　　④ 켄터키블루 그라스

65 다음 특징 설명에 적합한 것은?

> – 장미과(科)이다.
> – 가을의 단풍이 아름답다.
> – 5~6월에 황백색의 꽃이 개화한다.
> – 주연부 식재, 경계식재, 지피식재에 적합하다.

① 국수나무(*Stephanandra incisa*)
② 때죽나무(*Styrax japonicus*)
③ 팥배나무(*Sorbus alnifolia*)
④ 협죽도(*Nerium indicum*)

66 소나무 및 전나무 등에서 균사가 뿌리피층의 세포간극에 균사망을 형성하는 세균은?
① 의균근　　　　　② 외생균근
③ 내생균근　　　　④ 내외생균근

해 **외생균근** : 균근(菌根) 중 균사가 고등식물의 뿌리의 표면, 또는 표면에 가까운 조직 속에 번식하여 균사는 세포간극에 들어가지만 뿌리의 세포 내에까지 침입하지 않는 것으로, 균체는 식물체로부터 탄수화물의 공급을 받는 한편 토양 중의 부식질을 분해하여 유기질소 화합물을 뿌리가 흡수하여 동화할 수 있는 형태로 식물에 공급한다.

67 식재계획 및 설계에 있어서 식물을 시각적 요소로 활용하고자 할 때 중요하게 고려되어야 할 점이 아닌 것은?
① 색채　　　　　　② 질감
③ 형태　　　　　　④ 향기

68 수목의 이용상 분류 중 방화용에 대한 내용에 해당되는 것은?
① 방화용 수목은 잎이 얇으면서 치밀한 수종이어야 한다.
② 수목의 방화력은 수관직경과 수관길이에 좌우되며, 지하고율이 클수록 증대된다.
③ 방화용 수목으로는 가시나무류, 녹나무, 아왜나무 등이 포함된다.

정답　**60** ①　**61** ④　**62** ④　**63** ①　**64** ③　**65** ①　**66** ②　**67** ④　**68** ③

④ 방화용 수목은 그늘을 형성하는 낙엽수이다.

레 방화식재용 수종으로는 잎이 두껍고 넓으며, 함수량이 많고 밀생하고 있는 상록수가 적합하다. 수관의 중심이 추녀보다 낮은 위치에 있는 것이 좋으며, 지엽이나 줄기가 타도 다시 맹아하여 수세가 회복되는 나무가 적당하다. 가시나무, 아왜나무, 후피향나무, 사스레피나무, 사철나무, 금송, 멀구슬나무, 벽오동, 상수리나무, 은행나무, 단풍나무, 층층나무, 동백나무 등을 이용한다.

69 수목의 시비에 대한 설명으로 옳은 것은?
① C/N 비율이 20 이상인 완숙비료를 토양에 시비한다.
② 엽면시비의 효과를 높이려면 미량원소와 계면활성제를 함께 사용한다.
③ 토양관주는 완효성 비료를 시비할 때 효과적이다.
④ 일반적으로 유실수 < 활엽수 < 침엽수 < 소나무류 순으로 양분요구도가 높다.

70 하목식재(下木植栽)로 차폐(遮蔽)의 기능이 강하고, 척박한 토양에서도 잘 자라기 때문에 토양안정을 위한 사방녹화로 이용되는 속성 수종은?
① 자귀나무(*Albizia julibrissin*)
② 배롱나무(*Lagerstroemia indica*)
③ 족제비싸리(*Amorpha fruticosa*)
④ 수수꽃다리(*Syringa oblata* var. *dilatata*)

레 족제비싸리는 북미 원산의 귀화식물로 관목이다. 우리나라에는 사방용으로 도입해 식재된 것이 야생화한 것이다.

71 다음 설명의 ( ) 안에 적합한 용어는?

생강나무(*Lindera obtusiloba* Blume)의 꽃은 이가화이며, 3월에 잎보다 먼저 피고 황색으로 화경이 없는 ( )화서에 많이 달린다. 소화경은 짧으며 털이 있다. 꽃받침 잎은 깊게 6개로 갈라진다.

① 산형   ② 산방
③ 원추   ④ 총상

72 지피식물(地被植物)로 이용하기에 적합한 상록다년초는?
① 자금우(*Ardisia japonica*)

② 골담초(*Caragana sinica*)
③ 수호초(*Pachysandra terminalis*)
④ 협죽도(*Nerium indicum*)

레 ① 자금우 : 상록소관목
  ② 골담초 : 낙엽관목
  ④ 협죽도 : 상록관목

73 종자 발아능력 검사방법 중 생리적인 면을 다룰 수 없는 것은?
① 발아시험   ② X선사진법
③ 배추출시험   ④ 테트라졸리움시험

74 다음 중 과(科) 분류가 다른 것은?
① 개맥문동   ② 곰취
③ 구절초   ④ 털머위

레 ① 백합과, ②③④ 국화과

75 다음 수종의 공통점에 해당되는 것은?

 – 물푸레나무(*Fraxinus rhynchophylla*)
 – 가죽나무(*Ailanthus altissima*)
 – 느릅나무(*Ulmus davidiana* var. *japonica*)
 – 계수나무(*Cercidiphyllum japonicum*)

① 암수한그루이다.
② 우리나라 자생종이다.
③ 잎은 기수1회우상복엽이다.
④ 종자에는 날개가 달려 있다.

76 야생 조류를 보호하기 위한 자연보호지구를 설정할 때 고려할 사항이 아닌 것은?
① 자연보호지구에 대한 목표 설정이 명확해야 한다.
② 생물자원에 대한 목록이 우선적으로 작성되어야 한다.
③ 자연환경의 변화를 지속적으로 모니터링 할 수 있는 장소에 설치되어야 한다.
④ 생태이동 통로 내 여과기능을 높이기 위해서 다양한 수종을 촘촘히 식재 계획한다.

77 식재양식을 정형식과 자연풍경식으로 구분할 때 정형식 식재의 기본양식이 아닌 것은?

① 단식　　　　　　② 열식
③ 집단식재　　　　④ 임의식재

헤 정형식 식재 : ①②③ 외 대식, 교호식재가 있다.

78 다음 중 습지를 좋아하는 식물들로만 구성된 것은?

① 팥배나무(*Sorbus alnifolia*)
　 느릅나무(*Ulmus davidiana* var. *japonica*)
② 왕버들(*Salix chaenomeloides*)
　 낙우송(*Taxodium distichum*)
③ 상수리나무(*Quercus acutissima*)
　 소나무(*Pinus densiflora*)
④ 팽나무(*Celtis sinensis*)
　 향나무(*Juniperus chinensis*)

79 다음 설명의 (　) 안에 가장 적합한 용어는?

> (　)은/는 나타니엘 워드(Dr. Nathaniel Ward)가 유리용기 안에서 양치식물을 재배하는 방법을 소개하면서 시작되었으며, 광선 이외에는 물·비료 등이 거의 차단된 채 생육된다.

① 테라리움(Terrarium)
② 디쉬가든(Dish Garden)
③ 토피아리(Topiary)
④ 트렐리스(Trellis)

80 잎 차례가 대생(對生)인 수종은?

① 박태기나무(*Cercis chinensis*)
② 느티나무(*Zelkova serrata*)
③ 때죽나무(*Styrax japonicus*)
④ 수수꽃다리(*Syringa oblata* var. *dilatata*)

제5과목 조경시공구조학

81 다음 중 표준시방서의 설명으로 옳지 않은 것은?

① 공사의 마무리, 공법, 규격, 기준 등을 나타낸 것

② 설계도 및 기타 서류에 없는 사항을 자세히 명시한 것
③ 공사에 대한 공통적인 협의와 현장관리의 방법을 명시한 것
④ 각 공사마다 제출되며 현장에 알맞은 공법 등 설계자의 특별한 지시를 명시한 것

헤 ④ 공사시방서

82 암절토 비탈면 등 환경조건이 극히 불량한 지역의 녹화공법으로 가장 적합한 것은?

① 식생매트공
② 잔디떼심기공
③ 일반묘식재공
④ 식생기반재뿜어붙이기공

83 공사수량 산출 시 운반, 저장, 가공 및 시공과정에서 발생되는 손실량을 사전에 예측하여 산정하는 것은?

① 계획수량　　　　② 법정수량
③ 설계수량　　　　④ 할증수량

84 다음 중 시멘트 창고 설치 시 유의사항으로 옳지 않은 것은?

① 시멘트를 쌓을 때 최대 20포대까지 한다.
② 시멘트의 사용은 먼저 반입한 것부터 사용하도록 한다.
③ 창고 주변에 배수도랑을 두어 우수의 침투를 방지한다.
④ 바닥은 지면에서 30cm 이상 높게 하여 깔판을 깔고 쌓는다.

헤 ① 시멘트를 쌓을 때 최대 13포대까지 한다.

85 다음 중 열경화성수지에 속하지 않는 것은?

① 실리콘수지　　　　② 폴리에틸렌수지
③ 멜라민수지　　　　④ 요소수지

헤 • 열가소성수지 : 염화비닐(P.V.C), 아크릴, 초산비닐, 폴리에틸렌, 폴리스틸렌, 폴리아미드
• 열경화성수지 : 페놀, 요소, 멜라민, 폴리에스테르, 알키드, 에폭시, 실리콘, 우레탄, 푸란

86 다음 보도의 설계는 어떤 방법으로 정지 계획 되었는가?

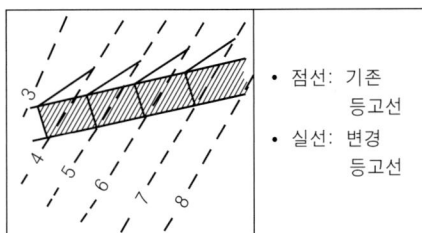

- 점선: 기존 등고선
- 실선: 변경 등고선

① 절토에 의한 방법
② 성토에 의한 방법
③ 옹벽에 의한 방법
④ 절토와 성토에 의한 방법

해 등고선 조작에 있어 절토는 높은 쪽, 성토는 낮은 쪽으로 등고선이 이동된다.

87 B.M 표고가 98.760m일 때, C점의 지반고는? (단, 단위는 m이고, 지형은 참고 사항임)

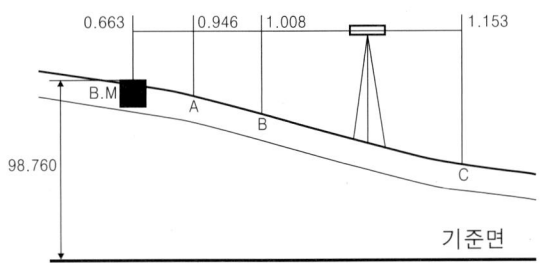

측점	관측값	측점	관측값
B.M.	0.663	B	1.008
A	0.946	C	1.153

① 98.270m
② 98.415m
③ 98.477m
④ 99.768m

해 Hc=98.760+0.663-1.153=98.270(m)

88 목재의 실질률을 구하는 공식으로 옳은 것은?

① $\dfrac{전건비중}{진비중} \times 100(\%)$

② $\dfrac{전건비중}{가비중} \times 100(\%)$

③ $\dfrac{생재비중}{진비중} \times 100(\%)$

④ $\dfrac{생재비중}{가비중} \times 100(\%)$

89 재료를 사용하여 동일한 규격의 시설물을 축조 하였을 경우, 고정하중(固定荷重)이 가장 큰 구조체 는?

① 점토
② 목재
③ 화강석
④ 철근콘크리트

90 다음 설명에 해당하는 수준측량의 용어는?

기준 원점으로부터 표고를 정확하게 측량하여 표시 해 둔 점으로 그 지역의 수준측량의 기준이 된다.

① 수평선
② 기준면
③ 수준선
④ 수준점

91 평판측량의 방법에 대한 설명으로 옳지 않은 것은?

① 방사법은 골목길이 많은 주택지의 세부측량에 적합하다.
② 교회법에서는 미지점까지의 거리관측이 필요하지 않다.
③ 현장에서는 방사법, 전진법, 교회법 중 몇 가지 를 병용하여 작업하는 것이 능률적이다.
④ 전진법은 평판을 옮겨 차례로 전진하면서 최종 측점에 도착하거나 출발점으로 다시 돌아오게 된 다.

해 ① 방사법은 개방된 공간에 적합하다.

92 자연상태의 1,500m³ 모래질흙을 6m³ 적재 덤 프트럭으로 운반하여, 성토하여 다지려고 한다. 트 럭의 총 소요대수와 다짐 성토량은 각각 얼마인가? (단, 모래질흙의 토양환산계수는 L=1.2, C=0.9 이 다.)

① 250대, 1,350m³
② 250대, 1,620m³
③ 300대, 1,350m³
④ 300대, 1,620m³

해 트럭의 소요대수 $n = \dfrac{1,500 \times 1.2}{6} = 300$(대)

성토량 $V = 1,500 \times 0.9 = 1,350 m^3$

93 다음 중 경비의 세비목에 해당하지 않는 것은?
① 기계경비
② 보험료
③ 외주가공비
④ 작업부산물

해 ④ 작업부산물은 재료비에서 공제하는 항목이다.

94 물의 흐름과 관련한 설명 중 등류(等流)에 해당하는 것은?

① 유속과 유적이 변하지 않는 흐름

② 물 분자가 흩어지지 않고 질서정연하게 흐르는 흐름

③ 한 단면에서 유적과 유속이 시간에 따라 변하는 흐름

④ 일정한 단면을 지나는 유량이 시간에 따라 변하지 않는 흐름

해 ② 층류, ③ 부정류, ④ 정류

95 목재의 사용환경 범주인 해저드클래스(Hazard class)에 대한 설명으로 틀린 것은?

① 모두 10단계로 구성되어 있다.

② H1은 외기에 접하지 않는 실내의 건조한 곳에 해당된다.

③ 파고라 상부, 야외용 의자 등 야외용 목재시설은 H3에 해당하는 방부처리방법을 사용한다.

④ 토양과 담수에 접하는 곳에서 높은 내구성을 요구할 때는 H4이다.

해 ① 모두 5단계로 구성되어 있다.

96 건설공사의 관리 중 시공계획의 검토 과정에 있어 조달계획에 해당하는 것은?

① 계약서 검토　　　② 예정공정표 작성

③ 하도급 발주계획　　④ 실행예산서 작성

해 조달계획

　① 하도급 발주계획

　② 노무계획(직종별 인원과 사용기간)

　③ 기계계획(기종별 수량과 사용기간)

　④ 재료계획(종류별 수량과 소요시간)

　⑤ 운반계획(방법과 시간)

97 암석이 가장 쪼개지기 쉬운 면을 말하며 절리보다 불분명하지만 방향이 대체로 일치되어 있는 것은?

① 석리　　　　　　② 입상조직

③ 석목　　　　　　④ 선상조직

해 • 절리 : 암장의 냉각과정에서 수축과 압력에 의하여 자연적으

로 일정방향으로 금이 가있는 것을 말한다.

　• 석목 : 절리 외에 암석결정의 병행상태에 따라 절단이 용이한 방향성을 말한다.

　• 석리 : 조암 광물의 집합상태에 따라 생기는 돌결을 말한다.

　• 층리 : 암석 구성물질이 퇴적되며 나타난 층상의 배열상태를 말한다.

98 다음 그림과 같은 양단고정보에 하중(P)을 가할 때 휨모멘트 값은? (단, 보의 휨강도 EI는 일정하다.)

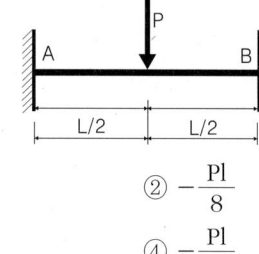

① $-\dfrac{3Pl}{16}$　　　　② $-\dfrac{Pl}{8}$

③ $-\dfrac{Pl}{12}$　　　　④ $-\dfrac{Pl}{4}$

99 도로의 수평노선 곡선부에서 반경이 30m, 교각(交角)을 15°로 한다면 이 수평노선의 곡선장은 약 얼마인가? (단, 소수점 둘째 자리까지 구한다.)

① 1.25m　　　　　② 2.50m

③ 7.85m　　　　　④ 8.50m

해 $C.L = \dfrac{2\pi Rl}{360} = \dfrac{2\times\pi\times 30\times 15}{360} = 7.85(m)$

100 대규모 자동 살수 관개 시설에 많이 사용되는 것은?

① 회전 살수기　　　② 분무입상 살수기

③ 분무 살수기　　　④ 회전입상 살수기

제6과목 조경관리론

101 화장실 옥상 슬라브의 보호 콘크리트층에 표면 균열이 발생하여 누수현상이 발생하였다. 원인으로 볼 수 없는 것은?

① 동파현상

② 백화현상

③ 줄눈의 미 시공

④ 시멘트 입자의 재료 분리 현상

해 백화현상 : 건물 시공 시 자재에 포함된 알칼리 또는 알칼리 토류 산화물 성분이 용해되어 생긴 물질이 벽돌 등의 표면에 흰

색의 반응물로 구조물 표면에 형성된 것을 말한다.

102 화목류의 개화 상태를 향상시키기 위한 방법이 아닌 것은?

① 환상박피를 한다.
② 단근조치를 한다.
③ C/N율을 어느 정도 높여준다.
④ 인산과 칼륨질 비료를 줄인다.

해 •인 : 꽃눈의 생장을 돕고 개화·결실을 좋게 하여 수를 증가시키고, 꽃이나 과실의 생장을 촉진한다.

•칼륨 : 뿌리나 줄기를 튼튼하게 하며, 세포막을 두껍게 하고 줄기와 잎을 튼튼하게 하여 병해에 대한 저항성이나 내한성 증가시키며, 일조량 부족에 대한 생리적 보충작용을 한다.

103 다음 [표]와 같이 배치하는 시험구 배치법을 무엇이라고 하는가?

E	C	A	D	B
B	E	D	A	C
C	A	E	B	D

① 완전난괴법
② 포트 시험법
③ 사경법
④ 토경법

해 ① 완전난괴법 : 알고 있는 환경변이와 직각의 방향으로 집구(集區, block)를 설정하여 집구 내의 변이를 최소화하고, 이 집구 내에 모든 처리가 한 번씩 들어가게 배치한다. 포장시험에 널리 이용된다.

② 포트 시험법 : 어떤 용기에 흙이나 모래 및 배양액 등을 담아 작물을 재배하여 시험하는 것이다.

③ 사경법 : 불순물을 없앤 모래에 식물의 생장에 필요한 양분을 주어 식물을 기르는 영양 비료 시험의 방법.

④ 토경법 : 특별히 고른 흙에 식물을 기르는 시험 방법. 거름의 효과나 그 식물 또는 흙의 특성을 시험한다.

104 다음 어린이놀이시설의 설치검사 관련 내용 중 밑줄 친 내용에 해당하는 것은?

> 관리주체는 관련 조항에 따라 설치검사를 받은 어린이놀이시설에 대하여 대통령령으로 정하는 방법 및 절차에 따라 안전검사기관으로부터 ( )에 ( )회 이상 정기검사를 받아야 한다.

① 1개월에 1회
② 6개월에 1회
③ 1년에 1회
④ 2년에 1회

105 동일 분자 내에 친수기와 소수기를 갖는 화합물로 제재의 물리화학적 성질을 좌우하는 역할을 하는 것은?

① 용제
② 고착제
③ 계면활성제
④ 고체희석제

106 파라치온 유제 50%를 0.08%로 희석하여 10a 당 100L를 살포하려고 할 때 소요약량은 약 몇 mL인가? (단, 비중은 1.008, 계산결과 소수점은 절사)

① 148mL
② 158mL
③ 168mL
④ 178mL

해 소요약량(ml, y) = $\dfrac{추천농도(\%) \times 단위면적당살포량(ml)}{농약주성분농도(\%) \times 비중}$

$= \dfrac{0.08 \times 100 \times 1,000}{50 \times 1.008} = 158(ml)$

107 공원관리에 인근 주거지 내 주민단체가 참가할 경우 효율적으로 수행할 수 없는 작업은?

① 시비
② 제초
③ 관수
④ 피압목 벌채

108 다음 중 잎을 가해하는 해충(식엽성 해충)의 피해도 결정인자가 아닌 것은?

① 입목(立木)의 굵기
② 입목(立木)의 밀도
③ 수령
④ 초살도

해 초살도 : 줄기나 가지가 아래쪽에서 위쪽으로 향하면서 가늘어지는 정도를 말하는데, 초살도가 높은 수목은 줄기나 가지의 아래쪽이 위쪽보다 굵기 때문에 구조적으로 튼튼하여 강한 바람에도 잘 꺾이지 않는다.

109 조경시설물의 유지관리에 대한 내용으로 틀린 것은?

① 내구연한까지는 별다른 보수점검을 생략해도 좋다.
② 기능성과 안전성이 확보되도록 유지관리한다.
③ 주변 환경과 조화를 이루며, 경관성과 기능성이 있도록 관리한다.
④ 기능 저하에는 이용빈도나 고의적인 파손 등의

인위적인 원인이 많다.

110 질소고정에 관여하는 균 중 콩과식물과 공생에 의하여 질소를 고정하는 미생물은?
① 리조비움(*Rhizobium*)
② 아조토박터(*Azotobacter*)
③ 베제린크키아(*Beijerinckia*)
④ 클로스트리디움(*Clostridium*)

해 ②③④ 비공생 질소고정 미생물

리조비움 : 토양 세균으로 콩과식물과 공생(혹은 기생)하며 공기 중의 질소를 고정하는 질소고정세균(Diazotroph)이다. 뿌리에 작은 혹으로 존재하므로 뿌리혹박테리아 또는 뿌리혹세균(근류균)이라고도 한다.

111 조경관리 중 운영관리 체계화의 부정적 요인으로 작용하는 것이 아닌 것은?
① 직원의 사기
② 규격화의 곤란성
③ 이용주체의 다양화에 따른 예측의 의외성
④ 조경공간의 주요 대상이 자연이라는 특성

해 ① 직원의 사기 : 효율적·합리적 관리를 위한 요소

112 중량법(gravimetry)에 의한 토양수분측정 과정에서 젖은 토양시료의 중량이 200g, 110℃ 건조기에서 24시간 건조시킨 토양의 중량이 160g이면 이 토양의 질량기준 수분함량은?
① 15% ② 20%
③ 25% ④ 80%

해 $\frac{200-160}{160} \times 100 = 25(\%)$

113 합성 페로몬을 이용한 해충 방제에 있어서 고려해야 할 것은?
① 환경에 대한 오염
② 식물에 대한 약해
③ 저항성 개체의 발현
④ 천적 및 인축에 대한 독성

해 페로몬 방제법 : 페로몬은 곤충이나 동물로부터 분비되어 동종의 다른 개체에 특정 행동을 유발하는 체외 물질을 통틀어 일컫는다. 페로몬은 인공적 화학물질이 아니므로 저항성이 존재

하지 않는다. 또한 종 특이적이어서 다른 곤충이나 동물이 피해를 입을 걱정이 없다.

114 어린이 활동공간의 환경안전관리기준에 따른 모래놀이터의 토양검사 항목이 아닌 것은?
① 염소 ② 수은
③ 카드뮴 ④ 6가크롬

해 검사항목 : 카드뮴, 비소, 수은, 납, 6가크롬

115 토양광물은 여러 가지 무기화합물로 구성되어 있다. 일반적으로 토양을 구성하는 성분 중 제일 많이 존재하는 것은?
① CaO ② SiO_2
③ Fe_2O_3 ④ Al_2O_3

해 ① CaO(산화칼슘, 생석회)
② SiO_2(이산화규소)
③ Fe_2O_3(산화철)
④ Al_2O_3(산화알루미늄)

116 다음 중 표징(sign)이 나타나지 않는 병은?
① 잣나무 털녹병
② 대추나무 빗자루병
③ 단풍나무 타르점무늬병
④ 소나무류 피목가지마름병

해 ② 대추나무 빗자루병(파이토플라스마에 의한 병)
• 병징 : 병든 식물 자체의 조직변화에 유래하는 이상을 말한다.
• 표징 : 병원체 자체(영양기관, 번식기관)가 식물체상의 환부에 나타나 병의 발생을 알릴 때의 것으로 대부분 진균에 의해 나타난다.

117 수목병의 원인 중 뿌리혹병, 불마름병 등의 원인이 되는 생물적 원인은?
① 세균 ② 선충
③ 곰팡이 ④ 바이러스

118 참나무류에 치명적인 피해를 주는 참나무 시들음병을 매개하는 곤충은?
① 광릉긴나무좀 ② 솔수염하늘소
③ 참나무재주나방 ④ 도토리거위벌레

119 농약살포 작업 시 안전수칙으로 옳은 것은?

① 농약 희석 작업 시에는 개인보호구를 착용하지 않아도 된다.

② 농약 살포 시 바람을 등지고 살포한다.

③ 농약은 습기가 마른 한낮에 단기간 살포하며, 흡연자는 주기적인 흡연으로 휴식한다.

④ 농약 방제복 세탁 시 중성세제를 넣으면 일반 세탁물과 함께 세탁하여도 영향이 없다.

120 레크리에이션 수용능력의 결정인자는 고정인자와 가변인자로 구분된다. 다음 중 고정적 결정인자에 속하는 것은?

① 대상지의 크기와 형태

② 특정 활동에 대한 참여자의 반응 정도

③ 대상지 이용의 영향에 대한 회복능력

④ 기술과 시설의 도입으로 인한 수용능력 자체의 확장 가능성

해 고정적 결정인자

㉠ 특정활동에 대한 참여자의 반응정도-활동의 특성

㉡ 특정활동에 필요한 사람의 수

㉢ 특정활동에 필요한 공간의 최소면적

MEMO

CONQUEST

2015년	조경산업기사 제1회	(2015. 3. 8 시행)	1402
	조경산업기사 제2회	(2015. 5. 31 시행)	1411
	조경산업기사 제4회	(2015. 9. 19 시행)	1420
2016년	조경산업기사 제1회	(2016. 3. 6 시행)	1430
	조경산업기사 제2회	(2016. 5. 8 시행)	1439
	조경산업기사 제4회	(2016. 10. 1 시행)	1449
2017년	조경산업기사 제1회	(2017. 3. 5 시행)	1459
	조경산업기사 제2회	(2017. 5. 7 시행)	1468
	조경산업기사 제4회	(2017. 9. 23 시행)	1477
2018년	조경산업기사 제1회	(2018. 3. 4 시행)	1486
	조경산업기사 제2회	(2018. 4. 28 시행)	1496
	조경산업기사 제4회	(2018. 9. 15 시행)	1506
2019년	조경산업기사 제1회	(2019. 3. 3 시행)	1516
	조경산업기사 제2회	(2019. 4. 27 시행)	1525
	조경산업기사 제4회	(2019. 9. 21 시행)	1535
2020년	조경산업기사 제1·2회	(2020. 6. 1 시행)	1544
	조경산업기사 제3회	(2020. 8. 22 시행)	1553

※ 2020년 4회부터는 당일에 합격 여부를 알 수 있는 컴퓨터 시험(CBT)으로 시험 방법이 바뀌어 문제가 공개되지 않습니다. 이 책 안의 것으로도 충분히 합격하실 수 있으니 염려하지 마시고 공부하시기 바랍니다.

8

최근기출문제

조경산업기사

제1과목 조경계획 및 설계

1 광원에 따라 물체의 색이 달라지는 광원의 특성은?

① 시인성   ② 연색성

③ 항상성   ④ 주목성

해 ② 연색성:빛의 분광특성이 물체의 색 보임에 미치는 효과

2 다음 중 조경설계기준상의 관리사무소와 관련된 내용 중 틀린 것은?

① 부상 등 긴급시의 연락과 공원시설의 이용 및 접수 등에 관한 정보제공기능이 쉽도록 배치한다.

② 관리용 장비보관소와 적치장은 이용자의 눈에 잘 띄지 않도록 관리사무소 뒷면에 배치하고 수목 등으로 적절히 차폐시킨다.

③ 관리실·화장실·숙직실·보일러실·창고 등을 포함하되, 화장실은 이용자들과 분리하여 독립적으로 이용할 수 있도록 별도의 장소에 분리 배치한다.

④ 관리사무실의 배치는 설계대상공간마다 1개소를 원칙으로 하되, 통합관리가 가능할 때에는 인접하는 2~3개소의 공간에 1개소를 설치한다.

3 미적 구성 원리 중 비례(proportion)에 대한 설명으로 가장 적합한 것은?

① 변화를 위주로 한 배치

② 변화하여 가는 과정에 있어서의 상호 연관성

③ 상호 비교에서 그 차이가 표현되도록 하는 것

④ 부분과 전체와의 수량적 관계가 일정한 비율을 갖는 것

4 건설분야 제도의 치수 및 치수선에 관한 설명으로 옳지 않은 것은?

① 치수는 특별히 명시하지 않는 한 마무리 치수로 표시한다.

② 협소한 간격이 연속될 때에는 인출선을 사용하여 치수를 쓴다.

③ 치수선의 양 끝 표시는 화살 또는 점으로 표시할 수 있으며 같은 도면에서 2종을 혼용할 수도 있다.

④ 치수 기입은 치수선에 평행하게 도면의 왼쪽에서 오른쪽으로, 아래로부터 위로 읽을 수 있도록 기입한다.

해 ③ 치수선의 양 끝 표시는 화살 또는 점으로 표시할 수 있으며 같은 도면에서는 1종을 사용한다.

5 그림과 같이 투상하는 방법은?

		저면도		
우측면도		정면도		좌측면도
		평면도		

① 제1각법   ② 제2각법

③ 제3각법   ④ 제4각법

6 건설 재료 단면의 표시방법 중 모래를 나타낸 것은?

① 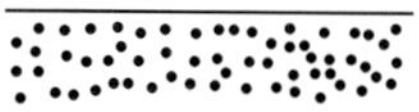   ②

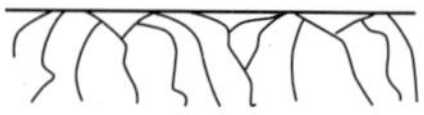

③ 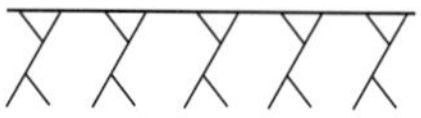   ④

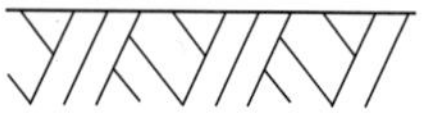

7 도시 공동화로 인해 나타나는 현상에 해당되는 것은?

① 스프롤(sprawl) 현상의 발생

② 도심의 상대적 인구 증가

③ 직주 근접현상 발생

④ 기성 시가지의 활성화

해 ① 스프롤(sprawl) 현상: 도시가 불규칙하고 무질서하게 확산되는 현상

8 계획설계 과정 중 기본구상안 마련, 비교분석, 영향평가, 아이디어와 개선 방안의 수용, 집행방안 등을 수행하는 단계는 어느 것인가?

① 조사   ② 분석

③ 종합   ④ 시공

9 다음 각 호에 해당하지 않는 것은?

> 공원관리청은 다음 각 호의 어느 하나에 해당하는 경우에는 공원구역 중 일정한 지역을 자연공원특별보호구역 또는 임시출입통제구역으로 지정하여 일정 기간 사람의 출입 또는 차량의 통행을 금지하거나 탐방객수를 제한할 수 있다.

① 자연생태계와 자연경관 등 자연공원의 보호를 위한 경우
② 자연적 또는 인위적인 요인으로 훼손되어 자연회복이 불가능한 경우
③ 자연공원에 들어가는 자의 안전을 위한 경우
④ 공원관리청이 공익상 필요하다고 인정하는 경우

10 건축법에서 정하고 있는 공개공지 등의 확보의무에 해당되지 않는 지역은?
① 준주거지역　　　　② 상업지역
③ 준공업지역　　　　④ 자연녹지지역

11 조경계획의 자연환경분석 중에서 항공사진을 활용하여 분석하기가 가장 어려운 것은?
① 토지피복 분석　　　② 지형 분석
③ 식생 분석　　　　　④ 경관 분석

12 어떤 지역의 경관 특성을 향상시키기 위한 방법으로 가장 부적합한 것은?
① 부조화 요소를 제거한다.
② 강조 요소를 도입한다.
③ 주경관요소와 대등한 상징물을 설치한다.
④ 경관특성에 조화되는 계획을 수립한다.
해 ③ 주경관요소와 대등한 상징물을 설치하면 경관특성 및 상징성이 저감된다.

13 다음 중 사절유택(四節遊宅)의 설명으로 옳지 않은 것은?
① 계절의 풍경과 정서를 즐겼다.
② 신라시대에 즐기던 풍습이다.
③ 일반 백성들이 즐겨 찾는 놀이장소이다.
④ 계절에 따라 거처하는 별장형의 주택을 말한다.

해 ③ 귀족들이 즐겨 찾는 놀이장소이다.

14 고려시대 별궁과 정원을 가장 많이 호화롭게 꾸민 왕은?
① 예종　　　　　　　② 의종
③ 문종　　　　　　　④ 충숙왕

15 일본의 정원 양식 중 뜰에 물통(쓰꾸바이)이 자주 활용되었던 시기는?
① 침전식정원(寢殿式庭園)
② 고산수정원(故山水庭園)
③ 다정(茶庭 또는 露地)
④ 임천회유식정원(林泉廻遊式庭園)

16 다음 중국의 역대 조경가와 활동시대 연결이 옳지 못한 것은?
① 계성－청(淸)　　　② 예운림－원(元)
③ 주면－송(宋)　　　④ 염입덕－당(唐)
해 ① 계성－명(明)

17 전라남도 담양군 남면에 있는 양산보가 조성한 정원은?
① 선교장 정원　　　② 다산초당
③ 소쇄원　　　　　④ 부용동 정원

18 조경기법의 하나인 노트(Knot)에 관한 설명으로 옳지 않은 것은?
① 무늬화단을 만드는 수법이다.
② 주로 상록수를 사용하였다.
③ 주로 키가 작은 나무를 사용하였다.
④ 중세 이후 미국에서 크게 유행하였다.
해 ④ 중세 이후 영국에서 크게 유행하였다.

19 다음 중 이집트의 분묘건축이 속하는 것은?
① 지구라트(ziggurat)
② 지스터스(xystus)
③ 키오스크(kiosk)
④ 마스타바(mastaba)

20 영국의 정원발전에 기여한 사람들과 그 관련 설명이 옳지 않은 것은?

① 렙턴 : 큐 가든에 중국식 탑을 도입

② 브리지맨 : 하하(Ha-ha)기법의 도입

③ 센스톤 : 낭만주의적 조경방식의 도입

④ 브롬필드 : 풍경식 정원이 악취미이고 비합리적이라 주장

해 ① 렙턴은 풍경식 정원의 완성자이고, 큐 가든에 중국식 탑을 도입한 사람은 윌리암 챔버이다.

제2과목 조경식재

21 황색 또는 갈색으로 물드는 단풍이 아름다운 수종은?

① *Acer triflorum*

② *Acer tataricum* subsp. *ginnala*

③ *Acer pictum* subsp. *mono*

④ *Euonymus alatus*

해 ① 복자기(붉은색), ② 신나무(붉은색), ③ 고로쇠나무, ④ 화살나무(붉은색)

22 다음 중 천근성에 해당하는 수종은?

① 후박나무　　　　② 자작나무

③ 가시나무　　　　④ 가중나무

23 들잔디를 파종하는 시기가 가장 적당한 것은?

① 3~4월　　　　　② 5~6월

③ 9~11월　　　　　④ 10~11월

24 다음 중 상록성 식물에 해당하는 것은?

① *Viburnum carlesii*

② *Viburnum odoratissimum* var. *awabuki*

③ *Viburnum erosum* var. *vegetum*

④ *Viburnum opulus*

해 ① 분꽃나무, ② 아왜나무, ③ 개덜꿩나무, ④ 백당나무

25 실내식물 생육 시 빛의 강도가 너무 약할 때 일어나는 현상이 아닌 것은?

① 잎이 황색으로 변한다.

② 잎이 마르고 희게 된다.

③ 점차적으로 잎이 떨어진다.

④ 잎의 두께가 얇아지고 줄기가 가늘어 진다.

26 다음 지피식물로 이용되는 특성 중 양지성에 해당되는 식물은?

① 산수국　　　　　② 꿩고비

③ 복수초　　　　　④ 옥잠화

27 화살나무에 대한 설명으로 옳지 않은 것은?

① 과명은 노박덩굴과이다.

② 영명은 Winged Spindle Tree이다.

③ 열매는 시과(날개열매)이다.

④ 꽃은 황록색으로 5월에 핀다.

해 ③ 열매는 삭과이다.

28 다음 수종 중 관상시 열매가 붉은색이 아닌 것은?

① *Cornus officinalis*

② *Sorbus commixta*

③ *Euonymus alatus*

④ *Ligustrum obtusifolium*

해 ① 산수유, ② 마가목, ③ 화살나무, ④ 쥐똥나무(검은색)

29 다음 중 오죽[검정대, 흑죽, 분죽]의 설명으로 틀린 것은?

① 벼과(Gramineae)이다.

② 주로 중부 이남에 분포한다.

③ 줄기 지름은 5~15mm이고 중앙 윗부분에서 5~6개의 가지가 나오고, 초상엽 밖에 굽은 털이 있으며 죽순은 5월에 나온다.

④ 꽃은 양성 또는 단성으로 2~5개가 꽃차례를 둘러싼 넓은 피침형 포에 들어 있다.

해 ③ 줄기 지름은 2~5㎝이고 죽순은 4~5월에 올라온다.

30 다음 중 녹음수로 가장 적합한 것끼리 짝지어 진 것은?

① 회화나무, 느릅나무

② 아왜나무, 낙우송

③ 화백, 층층나무

④ 단풍나무, 흰말채나무

정답 **20** ① **21** ③ **22** ② **23** ② **24** ② **25** ② **26** ③ **27** ③ **28** ④ **29** ③ **30** ①

31 다음 중 잔디붙이기와 관련된 설명으로 틀린 것은?

① 비탈면에 잔디를 붙일 때에는 잔디 1매당 2개의 떼꽂이로 잔디가 움직이지 않도록 고정한다.

② 시공대상지에 산재한 큰 부스러기, 쓰레기 등을 제거하고 지반을 토심 0.2m로 경운한 후 흙덩어리를 잘게 부수고 돌, 잡초, 등 불순물을 제거한다.

③ 롤형잔디는 전체 지면에 틈새 없이 붙이고 모래나 사질토를 가볍게 살포한 후 롤러로 다지고 충분히 관수한다.

④ 풀어심기(stolonizing or sprigging)는 잔디에서 풀은 포복경 또는 지하경을 0.1~0.5m 정도로 잘라 줄파한 후 잔디뿌리가 반만 묻히도록 흙을 덮는다.

해 ④ 풀어심기는 잔디에서 풀은 포복경 또는 지하경을 0.05~0.1m 정도로 잘라 산파한 후 잔디뿌리가 묻히도록 흙을 덮는다.

32 다음 중 중앙분리대의 식재방법이 아닌 것은?

① 랜덤식　　　② 루버식

③ 평식법　　　④ 독립수법

33 다음 중 자연적으로 원추형의 수형을 갖는 수종은?

① Acer negundo

② Cryptomeria japonica

③ Ilex integra

④ Euonymus alatus

해 ① 네군도단풍(우산형), ② 삼나무, ③ 감탕나무(원정형), ④ 화살나무

34 연안대 수변림의 식재 수종으로만 올바르게 나열된 것은?

① 왕버들, 버드나무, 오리나무, 들메나무

② 조록싸리, 신갈나무, 선버들, 댕강나무

③ 졸참나무, 들메나무, 백당나무, 수양버들

④ 할미꽃, 미루나무, 좀작살나무, 갯버들

35 화단 양식 중 자수화단과 비슷하나 보통 지면

이나 보도보다 1m 정도 낮게 만들어 위에서 내려다보면서 관상할 수 있게 만든 화단은?

① 기식화단　　　② 노단화단

③ 침상화단　　　④ 리본화단

36 다음 중 양수에 해당하는 것은?

① 너도밤나무　　　② 자금우

③ 굴거리나무　　　④ 일본잎갈나무

37 산업단지 및 공장정원의 식재기법으로 옳지 않은 것은?

① 완충녹지의 경우 상록수와 낙엽수의 비율은 5:5로 한다.

② 공장정원의 바닥은 나지로 남겨두지 않는다.

③ 산업단지의 경우 지속가능한 녹색 생태산업단지의 원리를 적용한다.

④ 건축물 연면적이 2천제곱미터 이상인 공장의 경우 대지면적의 100분의 10이상 조경에 필요한 조치를 하여야 한다.

해 ① 완충녹지의 경우 환경정화수를 주 수종으로 도입하고, 대기오염에 강한 상록수를 중심에 주목으로 두고, 주변에 속성 녹화수목과 관목을 배식한다.

38 학교정원에 배식하는 수목 중 적합하지 못한 것은?

① 이식력이 좋고 관리가 용이한 수종

② 학교를 상징할 수 있는 수종

③ 주위환경에 잘 견디는 수종

④ 열대지방 원산의 고가 수종

39 옥상조경용 식물선정 시 중요한 고려사항 중 가장 후순위로 고려할 사항은?

① 식물의 수형

② 바람과의 관계

③ 토양층의 깊이나 식물의 크기

④ 구조물의 허용하중과 식물무게

40 다음 중 수목 식재 시 유의할 점으로 옳지 않은 것은?

① 식재구덩이의 너비를 뿌리분 크기의 1.5배 이상으로 확보한다.

② 식재구덩이를 굴착할 때는 표토와 심토는 따로 갈라놓아 표토를 활용할 수 있도록 조치한다.

③ 식재지역에 지반침하가 우려되는 경우에는 침하 후 지주목을 재설치 할 수 있도록 유동적으로 조치한다.

④ 잘게 부순 양토질 흙을 뿌리분 높이의 1/2정도 넣은 후, 수형을 살펴 수목의 방향을 재조정하고, 다시 흙을 깊이의 3/4정도까지 추가해 넣은 후 잘 정돈시킨다.

제3과목 조경시공

41 덤프트럭이 800m 지점에서 표토를 운반하려고 한다. 적재시 운행 속도는 40km/hr이고 , 빈차 시의 운행속도는 공차시 보다 30% 증가한다면 주행시간은?

① 2.1분   ② 5.4분
③ 8.4분   ④ 12분

해 운반시간 = $\dfrac{운반거리}{적재시속도}$ + $\dfrac{운반거리}{공차시속도}$

= $\left(\dfrac{0.8}{40} + \dfrac{0.8}{40 \times 1.3}\right) \times 60 = 2.1분$

42 다음 설명하는 평판측량의 방법은?

> －세부측량에서 가장 많이 이용되는 방법이다.
> －평판을 한번 세워서 여러 점들을 측정할 수 있는 장점이 있다.
> －시준을 방해하는 장애물이 없고 비교적 좁은 지역에서 대축척으로 세부측량을 할 경우 효율적이다.

① 전진법   ② 방사법
③ 전방교회법   ④ 후방교회법

43 유지관리를 위한 가로수의 전정과 관련된 조경공사 품셈적용 내용이 틀린 것은?

구분		단위	수량(흉고직경cm)		
			11미만	….	51이상
강전정	조경공	인	0.09		0.32
	보통인부	인	0.21	….	0.89
	고소작업차	hr	0.36		1.03

① 본 품은 가로수(낙엽수)의 전정을 기준한 품이다.

② 본 품은 준비, 소운반, 전정 및 전정 후 뒷정리 작업을 포함한다.

③ 고소작업차는 트럭탑재형크레인(5ton)을 적용한다.

④ 공구손료 및 경장비(전정기 등)의 기계경비는 인력품의 3%를 계상한다.

해 ④ 공구손료 및 경장비(전정기 등)의 기계경비는 인력품의 2.5%를 계상한다.

44 다음 그림은 지하배수를 위한 유공관 암거 설치에 관한 단면도이다. 각 부분에 위치하는 재료 중 적합하지 않은 것은?

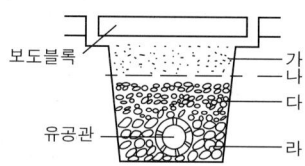

① 가 : 모래   ② 나 : 부직포
③ 다 : 잔 자갈   ④ 라 : 사괴석

45 자연석 쌓기 20m²를 평균 뒷길이 60cm로 쌓을 때 공사에 소요되는 자연석의 중량은 얼마인가? (단, 자연석 단위중량은 2.65ton/m³, 공극율 30% 기준)

① 11.13 ton   ② 22.26 ton
③ 25.32 ton   ④ 31.15 ton

해 자연석의 중량 = 쌓기면적×뒷길이×단위중량×실적률

= 20×0.6×2.65×0.7=22.26ton

46 목재는 자연건조와 인공건조로 분류할 수 있다. 다음 중 인공건조법에 해당하지 않는 것은?

① 자비법   ② 증기법
③ 수침법   ④ 고주파건조법

47 조경공사에서 가장 많이 사용되며, 간단한 공사의 공정을 단순비교 할 때 흔히 사용되는 공정관리 기법은?

① 횡선식 공정표(Bar Chart)

② 네트워크(Net work) 공정표

③ 기성고 공정곡선

④ 칸트차트(Gantt Chart)

48 다음의 옹벽 설명에서 역 T형 옹벽에 대한 설명으로 옳은 것은?
① 자중만으로 토압에 저항한다.
② 자중이 다른 형식의 옹벽보다 대단히 크다.
③ 자중과 뒤채움 토사의 중량으로 토압에 저항한다.
④ 일반적으로 옹벽의 높이가 낮은 경우에 사용된다.
해 ①②④ 중력식 옹벽

49 감수제의 사용 효과에 대한 설명으로 옳은 것은?
① 응결을 늦추기 위한 목적으로 사용한다.
② 사용량이 비교적 많아서 배합 계산시 고려한다.
③ 시멘트 입자를 분산시켜 단위수량을 감소시킨다.
④ 콘크리트 흡수성과 투수성을 줄일 목적으로 사용한다.
해 ① 응경지연제. ② 혼화재. ④ 방수제

50 그림과 같은 단순보에 집중하중과 모멘트가 작용한다. 지점 A에서의 반력은 얼마인가?

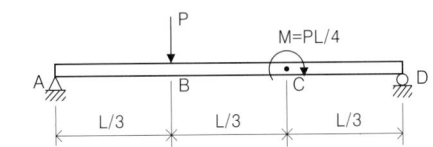

① $\dfrac{P}{3}$ ② $\dfrac{5P}{12}$ ③ $\dfrac{P}{2}$ ④ $\dfrac{7P}{12}$

해 $R_A = \dfrac{\frac{P2L}{3} - \frac{PL}{4}}{L} = \dfrac{5P}{12}$

51 다음 중 기건(氣乾)의 비중이 가장 큰 것은?
(단, 우리나라 목재의 경우로 한다.)
① 곰솔 ② 오동나무
③ 박달나무 ④ 자작나무

52 실리카 시멘트 사용시 특징이 아닌 것은?
① 블리딩이 감소한다.
② 수밀성이 감소된다.
③ 장기강도가 커진다.
④ 워커빌리티가 증진된다.

해 ② 수밀성도 증가된다.

53 열가소성 수지의 일종인 폴리에틸렌수지의 특징이 아닌 것은?
① 내수성이 좋지 않다.
② 내약품성, 전기전열성이 좋다.
③ 도장 재료로서 사용은 적당하지 않다.
④ 얇은 시트나 내화학성의 파이프로 이용된다.
해 ① 내수성이 좋다.

54 공사기록, 공사기록사진, 준공도 등에 관한 설명으로 맞지 않는 것은?
① 공사기록사진은 공종별로 공사진행에 따라 촬영한다.
② 공사기록사진은 시공 전과 시공 후의 상황을 촬영한다.
③ 준공도면은 공사중 변경된 부분을 모두 반영하여 준공검사원과 함께 제출한다.
④ 공정사진은 감독자와 협의하여 매월 말을 기준으로 동일방향, 동일거리에서 촬영한다.
해 ② 공사기록사진은 시공 전과 시공과정. 시공 후의 상황을 촬영한다.

55 사질토로 25,000m³의 면적을 성토 할 경우 굴착 및 운반토량은 얼마인가?
(단, 토량 변화율 L = 1.25, C = 0.9이다)

(굴착토량)	(운반토량)
① 19865.3m³	28652.8m³
② 27531.5m³	36375.2m³
③ 27777.8m³	34722.2m³
④ 35600.2m³	23650.5m³

해 굴착토량 $= 25,000 \times \dfrac{1}{0.9} = 27,777.8$m³

운반토량 $= 25,000 \times \dfrac{1.25}{0.9} = 34,722.2$m³

56 하도급을 한 실시공사가 직영공사에 비하여 불리한 공사는?
① 노동력을 주체로 한 단순공사
② 비용 산정이 곤란한 공사

③ 전문 건설업체의 특수한 공사

④ 하도급의 경험을 활용하는 공사

57 목재의 수분이나 습도의 변화에 따른 수축 및 팽창을 완전히 방지하기는 곤란하지만 어느 정도 줄일 수 있는 방법에 해당하지 않는 것은?

① 가능한 한 곧은결 목재를 사용한다.

② 기건상태로 건조된 목재를 사용한다.

③ 저온처리 과정을 거친 목재를 사용한다.

④ 목재의 표면에 기름 등을 주입하여 흡습을 지연, 경감시킨다.

58 조경시설물로 주로 사용되는 막구조(membrane structure)에 대한 설명으로 적합하지 않는 것은?

① 반투수성의 코팅된 직물을 주재료로 초기장력을 주고 외관의 강성을 늘림으로써 외부하중에 대하여 안정된 형태를 유지하는 구조물이다.

② 주로 공장에서 제작하여 현장에서 설치하는 준조립식 공법으로서 단기간에 제작·시공이 가능하므로 공사비가 저렴하다.

③ 무대 등에 주로 사용되는데 이는 매우 높은 반향 효과를 지니는 음향적 특성으로 인하여 연설과 음악연주의 음향을 증대한다.

④ 일반적으로 섬유에 코팅하여 사용하는데, 막섬유는 경사·위사방향의 이방향성으로 조직의 대각선 방향에 대한 하중에는 약하다.

59 조경시공관리 중 시공의 3대 관리에 해당하지 않는 것은?

① 품질관리 ② 환경관리

③ 원가관리 ④ 공정관리

60 거푸집공사에서 사회, 기술환경의 변화에 따른 합리적인 공법으로의 발전방향이 아닌 것은?

① 부재의 경량화 ② 높은 전용회수

③ 설치의 단순화 ④ 거푸집의 소형화

제4과목 조경관리

61 수용능력(carrying capacity)에 대한 다음 설명 중 가장 거리가 먼 것은?

① 수용능력은 생태계 관리를 위한 초지용량, 산림용량 등의 지속산출(sustained yield)의 개념에서 출발하였다.

② 레크레이션 수용능력은 공간의 물리적, 생물적 환경과 이용자의 행락의 질에 악영향을 주지 않는 범위의 이용 수준을 말한다.

③ 수용능력은 경험적으로 느껴지는 것으로 엄밀한 산정은 불가능하기 때문에 어떤 공간에 대한 수용능력의 산출과 계량화는 무의미하다.

④ 이용자 자신에 의해 지각되는 일정 행위에 대한 적정이용밀도를 생리적 수용능력이라고 말할 수 있다.

62 40g의 건토(밭토양)를 24시간 물속에 침지한 후 물 속에서 체별(篩別)하여 체(1mm) 위에 남은 양이 30g이고, 체 위의 토양을 손가락으로 잘 비벼 다시 물속에서 체별하여 이 때 남은 양이 15g이었다면 이 토양의 입단화도(粒團化度)는 약 몇 % 인가?

① 40 ② 50 ③ 60 ④ 70

해 입단화도(DA)는 토양입자 총량에 대한 내수성입단에 포함된 같은 크기의 입자의 함량비로 나타낸다. $DA = \frac{10+15}{40} = 62.5\%$

63 절토 비탈면에서 낙석방지망을 사용하려고 한다. 망의 크기는 어느 정도가 가장 적당한가?

① 20cm×20cm ② 15cm×15cm

③ 10cm×10cm ④ 3cm×3cm

64 아황산가스의 식물체 내 유입은 주로 어느 곳을 통하는가?

① 기공 ② 통도조직

③ 해면조직 ④ 책상조직

65 토양 중 인산성분의 유효도가 가장 높은 pH 범위는?

① 1.5 ~ 3.5 ② 3.5 ~ 5.5

③ 6.5 ~ 7.5 ④ 8.5 ~ 9.5

66 식재 후 수목관리 작업 중 멀칭의 효과가 아닌

것은?

① 토양 염분 농도를 조절한다.

② 수목 병충해 발생을 억제한다.

③ 토양의 온도를 조절한다.

④ 지상부에 비해 근부의 생육을 직접적으로 돕는다.

67 다음 중 동해(凍害)에 대해 옳게 설명한 것은?

① 열대식물 같은 것이 0℃ 이하의 저온을 만나 식물체내에 결빙은 일어나지 않으나 한냉으로 인해 식물체의 생활기능이 장해를 받아 죽음에 이르는 것이다.

② 식물체의 온도가 0℃ 이하로 내려가서 세포조직의 결빙과 원형질 분리를 일으키게 되고, 식물체 조직내에 결빙이 일어나서 그 조직이나 식물체가 죽게 된다.

③ 추운 겨울밤에 수액이 얼어서 부피가 증대되어 수간의 외층이 냉각 수축하여 길이방향으로 갈라지는 현상이다.

④ 수분의 흡수능력이 감소되고 줄기와 가지에 해를 주며, 질병을 일으키게 하고 물의 이동을 제한시킨다.

해 ① 한상, ③ 상렬

68 옹벽의 파손형태와 원인이 되는 변화상태가 아닌 것은?

① 침하 및 부등침하　② 변색

③ 이동　④ 이음새의 어긋남

69 식물의 동해 방지를 위한 방법 중 옳지 않은 것은?

① 철쭉류에 시들음방지제(Wilt-Pruf)를 잎에 살포한다.

② 근원경의 5~6배 넓이로 수목 주위에 피트모스 또는 낙엽을 깔아준다.

③ 전나무 주변 토양은 0℃ 이하로 내려가기 전 흠뻑 젖도록 충분히 관수한다.

④ 소나무의 경우 계속된 추위로 토양이 얼었을 때 미지근한 물로 1주일 간격으로 토양을 녹여준다.

70 최근 우리나라 참나무류에 발생하는 시들음병의 매개충은?

① 솔수염하늘소　② 노랑애소나무좀

③ 참나무하늘소　④ 광릉긴나무좀

71 물에 녹지 않은 원제를 벤토나이트·고령토 같은 점토광물의 증량제와 혼합하고 여기에 친수성·습전성 및 고착성 등을 부가시키기 위하여 적당한 계면활성제를 가하여 미분말화시킨 농약의 제형은?

① 분제　② 유제

③ 수용제　④ 수화제

72 유기인제 계통의 약제를 알칼리성 농약과 혼용을 피해야 하는 주된 이유는?

① 약해가 심해지기 때문

② 물리성이 나빠지기 때문

③ 가수분해가 일어나기 때문

④ 중합반응을 하여 다른 물질로 되기 때문

73 곤충의 일반적 특징이 아닌 것은?

① 머리, 가슴, 배로 구분된다.

② 씹는 입틀을 가진 것도 있다.

③ 다리는 다섯 마디로 되어 있다.

④ 날개는 없거나 반드시 두 쌍이다.

74 다음 중 녹병균의 포자형이 아닌 것은?

① 녹포자　② 담자포자

③ 여름포자　④ 후막포자

75 레크리에이션 수용능력에 따른 관리유형에 해당되지 않는 것은?

① 직접적 이용제한　② 간접적 이용제한

③ 이용자 관리　④ 부지관리

76 다음 중 자주 깎아 주지 않으면 아름다운 경관이 유지되지 않으므로 깎지 않는 채로 잔디밭을 조성, 유지할 수 없는 잔디의 종류는?

① 들잔디　② 버뮤다그라스

③ 비로드잔디　④ 에메랄드잔디

77 졸참나무를 중간기주로 하는 수병은?

① 소나무 혹병   ② 낙엽송 낙엽병

③ 잣나무 털녹병   ④ 오동나무 빗자루병

78 지주목 설치 및 관리에 관한 설명으로 틀린 것은?

① 준공 후 1년이 경과되었을 때 지주목의 재결속을 1회 실시함을 원칙으로 한다.

② 수목 굴취시 수고 3m 이상의 수목은 반드시 감독자와 협의하여 본 지주를 설치하고 가지치기, 기타 양생을 하여 작업에 착수한다.

③ 자연재해에 의한 훼손시는 즉시 복구하여야 한다.

④ 설계도면과 일치하도록 지주목을 결속시키되 주풍향을 고려하여 시공한다.

79 다음 중 경질불량토 비탈면의 부분객토 식생공법이 아닌 것은?

① 식생판공   ② 식생대공

③ 식생혈공   ④ 식생띠공

80 자연공원 지역의 좋은 모니터링 시스템이라고 볼 수 없는 것은?

① 측정기법이 신뢰성이 있고 민감하여야 한다.

② 영향을 유효 적절히 측정할 수 있는 지표를 설정한다.

③ 측정 단위들의 위치 설정이 합리적이어야 한다.

④ 시간과 비용이 많이 소용되더라도 많은 정보를 얻어야 한다.

제1과목 조경계획 및 설계

1 대표적인 조선시대 전통정원의 특징에 해당하는 양식은?

① 정형식   ② 대칭식

③ 후원식   ④ 절충식

해 조선시대 전통정원은 풍수지리의 영향으로 후원식 조경이 발달하였다.

2 시대적으로 가장 않게 발생한 정원 양식은?

① 독일의 구성식 정원

② 스페인의 중정식 정원

③ 영국의 사실주의 풍경식 정원

④ 이탈리아의 노단건축식 정원

해 ②스페인의 중정식→④정원 이탈리아의 노단건축식 정원→③ 영국의 사실주의 풍경식 정원→①독일의 구성식 정원

3 조선시대의 별서가 아닌 것은?

① 담양 소쇄원   ② 예천 초간정

③ 보길도 부용동 정원   ④ 춘천 청평사 정원

해 춘천 청평사 정원은 고려시대의 사찰정원이다.

4 중국 소주에 있는 명나라때의 정원들이다. 오늘날까지 대표적 명원으로 잘 보존되어 있는 것은?

① 소지원   ② 서경경원

③ 졸정원   ④ 서참의원

해 졸정원은 중국 소주지방의 4대 명원 가운데 하나이다.

5 그리스의 조경에 직접적인 관계가 없는 것은?

① 아카데미(Academy)

② 파라디소(Paradiso)

③ 아고라(Agora)

④ 아도니스 원(Adonis Garden)

해 중세 서구의 회랑식 중정(Cloister garden) 중앙에 파라디소라고 하여 수목을 식재하거나 수반, 분천, 우물 등을 설치하였다.

6 호주의 수도 캔버라(Canberra)의 도시 설계안 공모시에 채택된 설계가는?

① 알트맨(A.Altmann)

② 슈레버(A.Schreber)

③ 에스테렌(Cornelius van Esteren)

④ 그리핀(Walter Burley Griffin)

해 그리핀은 미국의 건축가이자 조경가이다.

7 석가산에 대한 설명으로 옳지 않은 것은?

① 지형의 변화를 얻기 위한 수법이다.

② 첩석성산은 석가산의 일종이다.

③ 주로 흙이나 돌로 쌓아 만들었다.

④ 고려시대부터 널리 사용되어 온 우리 고유의 정원 기법이다.

해 석가산은 인공적으로 만들어진 축산(築山)으로 한·중·일 모두 규모의 차이는 있으나 정원의 요소로 사용되었다.

8 다음 중 양화소록(養花小錄)에 관한 설명으로 옳지 않은 것은?

① 주로 초본식물에 대한 재배법을 다루고 있다.

② 이조 세종 때에 지어진 화훼원예에 관한 저술이다.

③ 괴석(怪石)에 대한 것과 꽃을 분에 심어 가꾸는 법에 대해서도 적고 있다.

④ 고려의 충숙왕이 원나라에 갔다 돌아올 때 각종 진기한 관상식물을 많이 가져 왔다는 기록도 있다.

해 양화소록에는 화목의 재배법과 이용법, 화목의 품격, 상징성을 설명하고 있다.

9 다음 중 우리나라 최초의 국립공원으로 지정된 곳은?

① 태백산   ② 지리산

③ 한라산   ④ 설악산

해 지리산은 1967년 12월 지정되었다.

10 다음에서 설명하는 계획은?

> 특별시·광역시·특별자치시·특별자치도·시 또는 군의 관할구역에 대하여 기본적인 공간구조와 장기발전방향을 제시하는 종합계획으로서 도시·군

> 관리계획 수립의 지침이 되는 계획을 말한다.

① 지구단위계획   ② 도시·군관리계획
③ 광역도시계획   ④ 도시·군기본계획

11 다음 설명과 관련된 항목은?

> 인간에게 일정지역에의 소속감을 느끼게 함으로서 심리적 안정감을 주며, 외부와의 사회적 작용을 함에 있어 구심적 역할을 하는 것

① 혼잡성   ② 공적 공간
③ 개인적 공간   ④ 영역성
해 영역성은 개인 또는 일정 그룹의 사람들이 사용하는 물리적 또는 심리적 소유를 나타내는 일정지역으로 기본적 생존보다는 귀속감을 느끼게 함으로써 심리적 안정감을 부여한다.

12 다음 중 현명한 토지이용계획과 자원 계획을 수립하는 기본은?
① 우리의 건강과 행복을 지켜주는 자연계를 이해하고 유지하는 것
② 생태적으로 민감한 곳, 생산성이 높은 곳, 빼어난 자연경승을 훼손하는 것
③ 보존 대상 주변을 둘러싸는 보호 구역을 보전하고, 보전 목적에 부합하는 용도이외의 것으로 사용하는 것
④ 자연훼손 위험성이 큰 곳만을 개발하고, 주변환경을 무시한 계획

13 조경설계의 목적과 목표를 예를 들어 설명하고 있다. 광장입구를 대상으로 설계작업을 진행하는 경우에 목적(goal)에 해당되는 것은?
① 스케일 상으로 공적(public)인 입구를 만든다.
② 인식하기 쉽도록 입구의 바닥포장에 변화를 준다.
③ 광장으로 들어가는 입구는 뚜렷이 알아볼 수 있도록 한다.
④ 입구로부터 광장으로의 시야는 어느 정도 트이도록 한다.

14 '광막한 바다나 끝없는 초원의 풍경'과 같은 경관은?
① 전(panoramic) 경관   ② 위요(enclosure) 경관
③ 초점(focal) 경관   ④ 관개(canopied) 경관
해 전경관은 시야를 가리지 않고 멀리 터져 보이는 경관을 말한다.

15 보색에 관한 설명으로 틀린 것은?
① 물감에서 보색의 조합은 빨강~청록, 연두~보라이다.
② 보색인 2색은 색상환상에서 90° 위치에 있는 색이다.
③ 두 가지 색의 물감을 섞어 회색이 되는 경우, 그 두색은 보색관계이다.
④ 두 가지 색광을 섞어 백색광이 될 때 이 두 가지 색광을 서로 상대색에 대한 보색이라고 한다.
해 보색인 2색은 색상환상에서 180° 위치에 있는 색이다.

16 그림은 어느 재료 단면의 경계를 표시한 것인가?

① 흙   ② 물
③ 암반   ④ 잡석

17 미적으로 아름다운 공간이 구성되려면 통일성과 다양성이 존재하여야 한다. 다음 중 다양성을 달성하기 위한 수법이 아닌 것은?
① 변화   ② 강조
③ 리듬   ④ 대비
해 통일성을 달성하기 위한 수법

18 다음 중 조경설계기준상의 휴게시설 설계기준으로 옳지 않은 것은?
① 야외탁자의 너비는 64~80cm를 기준으로 한다.
② 평상 마루의 높이는 34~41cm를 기준으로 한다.
③ 앉음벽은 짧은 휴식에 적합한 재질과 마감방법으로 설계하며, 높이는 34~46cm를 원칙으로 한다.

④ 그늘시렁(파골라)은 태양의 고도 및 방위각을 고려하여 부재의 규격을 결정하며, 해가림 덮개의 투영밀폐도는 50%를 기준으로 한다.

해 그늘시렁(파골라)의 투영밀폐도는 70%를 기준으로 한다

19 투시도에 관한 설명으로 옳지 않은 것은?

① 화면에 평행하지 않은 평행선들은 소점으로 모인다.

② 투시도에서 수평면은 시점높이와 같은 평면위에 있다.

③ 투시도에 있어서 투사선은 관측자의 시선으로서, 화면을 통과하여 시점에 모이게 된다.

④ 투사선이 1점으로 모이기 때문에 물체의 크기는 화면 가까이 있는 것보다 먼 곳에 있는 것이 커보인다.

해 화면 가까이 있는 것보다 먼 곳에 있는 것이 작아 보인다.

20 도면을 사용 목적, 내용, 작성 방법 등에 따라 분류할 때 사용목적에 따른 분류에 속하는 것은?

① 공정도 ② 부품도
③ 계획도 ④ 스케치도

제2과목 조경식재

21 다음 중 금낭화(*Dicentra spectabilis* Lem)에 관한 설명으로 틀린 것은?

① 현호색과(科)에 속하는 식물이다.

② 아름다운 주머니를 닮은 꽃이란 뜻이다.

③ 한해살이풀로 무릎 높이까지 자란다.

④ 남부지방은 3월 말, 중부지방에서는 4~6월에 꽃을 피운다.

해 금낭화는 다년생 초본으로 키는 60~100cm이다.

22 다음 중 수생식물의 분류 중 정수성 식물에 해당하지 않는 것은?

① 갈대 ② 생이가래
③ 애기부들 ④ 벗풀

해 생이가래는 부수식물로 물 위에 자유롭게 떠서 사는 수생식물이다.

23 다음 수종 중 복엽인 것은?

① *Acer mono*

② *Acer palmatum*

③ *Acer negundo*

④ *Acer pseudosieboldinum*

해 ① *Acer pictum subsp. mono*(고로쇠나무)

② *Acer palmatum*(단풍나무)

③ *Acer negundo*(네군도단풍)_우상복엽

④ *Acer pseudosieboldinum*(당단풍나무)

24 잎이 황색 또는 갈색으로 물드는 수목이 아닌 것은?

① 붉나무 ② 은행나무
③ 양버즘나무 ④ 튤립나무

해 붉나무는 적색으로 단풍이 든다.

25 다음 중 상록성인 식물은?

① 모과나무 ② 채진목
③ 산사나무 ④ 비파나무

26 다음 그림(입면·단면도)과 같은 고속도로 중앙분리대의 식재 방법으로 가장 적합한 것은?

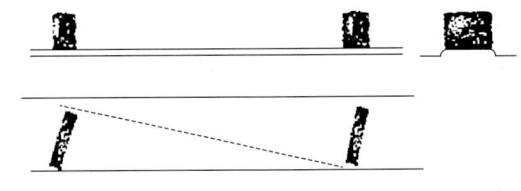

① 랜덤식 ② 무늬식
③ 루버식 ④ 산울타리식

27 향기 식물원을 조성하기에 적합한 방향성 식물이 아닌 것은?

① 꽃향유 ② 석창포
③ 얼레지 ④ 배초향

28 고속도로 조경에서 노선의 변화를 운전자에게 예지(豫知)시켜 주기 위한 식재수법은?

① 지표식재 ② 조화식재

③ 완충식재　　　　④ 시선유도식재

헤 시선유도식재는 주행 중의 운전자가 도로의 선형변화를 운전
자가 미리 판단할 수 있도록 해주는 식재이다.

29 한국잔디(들잔디) 종자의 적정 파종량은?
① 2.5~5g/m²　　　　② 5~15g/m²
③ 20~35g/m²　　　　④ 35~50g/m²

30 다음 중 잎 보다 꽃이 먼저 피는 수종이 아닌
것은?
① 서어나무　　　　② 히어리
③ 자두나무　　　　④ 모과나무

31 종자번식작물에서는 자식 또는 동계교배에 의
해 키메라(chimera)를 해소하고 완전한 돌연변이
체가 얻어진다. 다음 중 키메라의 소멸 방법으로 옳
지 않은 것은?
① 종자의 이용　　　　② 부정아의 이용
③ 잠복아의 이용　　　　④ 조직배양의 이용

헤 키메라란 자식 또는 동계교배에 의해 나타나는 돌연변이증상
을 말하는 것이다.

32 노거목(대교목) 이식 전 뿌리돌림 시기로 가장
적당한 것은?
① 장마철　　　　② 겨울
③ 이른 봄　　　　④ 가을

33 다음 그림은 수목의
어떤 번식방법인가?
① 휘묻이
② 묻어떼기
③ 가지꽂이
④ 깎기눈접

비닐　점토 또는 이끼

환상박피

헤 정확하게는 공중취목 또는 높이떼기라 한다.

34 다음 중 수변부(水邊部) 형태에 따른 평가 기
준 중 매우 우수에 해당하는 것은?

① 　　　②

③ 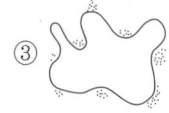　　　④

35 다음 중 수목 번식을 위한 종자 파종시 종자수
가 가장 적게 소요되는 것은?
① 낙엽송　　　　② 느티나무
③ 자작나무　　　　④ 칠엽수

36 *Pinus densiflora* Siebold & Zucc의 특징에
해당되지 않은 것은?
① 양수이다.
② 내건성이 있다.
③ 심근성 수종이다.
④ 천이 후기에 출현한다.

헤 *Pinus densiflora* Siebold & Zucc(소나무)
· 천이 후기에는 음수림을 형성한다.

37 다음 중 일반적으로 접붙이기 시 쓰이고 있는
바탕나무의 종류가 틀린 것은?
① 태산목 – 목련　　② 장미 – 해당화
③ 라일락 – 쥐똥나무　④ 백목련 – 일본목련

헤 장미는 찔레꽃을 대목으로 하여 접붙이기를 한다.

38 토양의 화학적 성질 중 토양산도(pH)에 관한
설명으로 틀린 것은?
① 토양 pH는 양분의 가용성을 결정하는 역할을 한다.
② 토양 pH가 증가하면 토양용액 내 칼슘, 칼륨, 마
그네슘의 양이 감소한다.
③ 토양 pH6~7은 식물양분의 용해도가 최대를 이
루는 범위이다.
④ 토양 pH가 낮아지면 세균과 방사선균의 수와 활
동이 줄어들게 된다.

헤 토양 pH가 감소하면(산성화되면) 토양용액 내 칼슘, 칼륨, 마
그네슘의 양이 감소한다.

39 다음 중 옥상 및 인공지반의 식재 식물을 선택
할 때 우선적으로 고려해야 할 사항은?
① 주변 환경에 내성이 강한 식물

정답　**29** ②　**30** ④　**31** ①　**32** ③　**33** 전항정답　**34** ④　**35** ④　**36** ④　**37** ②　**38** ②　**39** ④

② 생장속도가 빠르고, 관리가 용이한 식물

③ 향토식물, 관상가치가 있는 식물

④ 토양층의 깊이와 식물의 크기

40 수목의 내동성은 배수상태, 위치, 환경조건에의 적응능력과 관련된다. 수목의 생리적 요인 설명으로 틀린 것은?

① 수분투과성이 높은 세포는 세포내 결빙가능성이 낮아 내동성이 높다.

② −SH기(基)가 많은 세포는 −SS기가 많은 것보다 원형질의 파괴가 커서 내동성이 작다.

③ 점도(粘度)가 낮고 연도(軟度)가 높은 세포는 기계적 견인력을 적게 받기 때문에 내동성이 크다.

④ 친수성 콜로이드가 많으면 세포내의 결합수가 많아지고 자유수(自由水)가 적어 세포의 결빙이 경감되므로 내동성이 크다.

해 −SH기란 반응성이 풍부한 물질로 산화에 의해 −SS로 결합하여 산화물질로 바뀌고 다시 환원하면 원래의 상태로 돌아가므로 원형질을 파괴가 크지 않아 내동성이 크다.

제3과목 조경시공

41 다음 중 절리가 적은 연암, 경암의 비탈면에 주로 사용되며, 시공방식으로는 건식법과 습식법을 활용하는 녹화공법은?

① 식생매트 공법　② 식생구멍 심기

③ 떼 붙이기　④ 식생기반재 뿜어붙이기

42 조경수목 고사식물의 하자보수에 대한 설명으로 맞는 것은?

① 지급수목이 20% 미만 고사되었을 때 전량하자보수가 면제된다.

② 하자보수식재는 하자가 확인된 후 2년 이내에 이행한다.

③ 준공후 유지관리를 지급하지 않은 상태에서 혹한, 혹서, 가뭄 염해 등에 의한 고사는 하자보수가 면제된다.

④ 수목은 수관부 가지의 약 1/2 이상이 고사하는 경우에 고사목으로 판정한다.

43 등경사선 지형에서 축척이 1:6000, 등고선 간격은 6m, 제한경사를 5%로 할 때, 각 등고선간의 도상거리는?

① 1.0cm　② 1.5cm

③ 2.0cm　④ 2.5cm

해 ((6/0.05)×100)/6000=2cm

44 목재방부 처리인 가압처리법의 장점에 해당하지 않는 것은?

① 많은 양의 방부제를 침투시킨다.

② 방부제가 깊고, 균일하게 침투한다.

③ 언제나 처리 조건을 조절할 수 있다.

④ 방부제를 부분적으로 주입하는 것이 가능하다.

해 가압주입법은 압력탱크에서 고압으로 방부액을 주입하는 방법으로 부분적 주입은 불가능하다.

45 다음 테니스 코트의 포장재료를 단면 순서(a-b-c-d-e-f)에 맞게 [보기]에서 골라 옳게 쓴 것은?

[보기] ㉠ 칼라코트
㉡ 역청질 콘크리트 수평층 —— a
㉢ 역청질 콘크리트 접합층 —— b
　　　　　　　　　　 —— c
㉣ 혼합 골재층 —— d
㉤ 전압 자갈층 —— e
㉥ 전압 기반층 —— f

① ㉠-㉡-㉢-㉣-㉤-㉥

② ㉠-㉡-㉢-㉥-㉣-㉤

③ ㉠-㉢-㉡-㉥-㉣-㉤

④ ㉠-㉢-㉡-㉣-㉤-㉥

46 시멘트의 응결에 관한 설명 중 옳지 않은 것은?

① 습도가 낮으면 응결이 빨라진다.

② 분말도가 크면 응결이 빨라진다.

③ 풍화되었을 경우 응결이 빨라진다.

④ 온도가 높을수록 응결이 빨라진다.

47 대리석의 특징으로 옳지 않은 것은?

① 석질이 치밀하고 견고하다.

② 내화성이 높고 산성비에 강하다.

③ 외관이 미려하여 조각재로도 사용된다.

④ 강도는 높지만 실외용으로는 적합하지 않다.

해 대리석은 내화성이 낮고 열과 산에 약한 특징이 있다.

48 수목을 높이 기준에 따라 굴취시 야생일 경우에는 굴취품의 최대 몇 %를 가산할 수 있는가?

① 5%
② 7%
③ 10%
④ 20%

49 고온으로 가열하여 소정의 시간동안 유지한 후에 냉수, 온수 또는 기름에 담가 급랭하는 처리로 강도 및 경도, 내마모성의 증진을 목적으로 실시하는 강의 열처리법은?

① 담금질(quenching)
② 불림(normalizing)
③ 뜨임(tempering)
④ 풀림(annealing)

50 다음 중 공사비 산정기준이 맞는 것은?

① 산업안전보건관리비 : (재료비 + 노무비) × 비율
② 산재보험료 : 직접노무비 × 비율
③ 환경보전비 : (재료비 + 노무비) × 환경보전비율
④ 일반관리비 : 순공사원가 × 일반관리비율

51 석재를 한 변이 15~25cm 정도의 정방형각석으로 가공하여 포장하는 것으로서 중후하고 고급스런 느낌을 가지나 시공비가 고가인 포장 재료는?

① 화강석 판석 포장
② 사고석 포장
③ 해미석 포장
④ 석재타일 포장

해 사고석은 육면체의 돌(20~30cm정도의 사방돌)로 전통공간에 많이 쓰인다.

52 공중촬영한 사진 1매의 크기가 10cm×10cm일 때 축척이 1/5,000이면 사진 1매에 들어간 실제 면적은 얼마인가?

① 25a
② 250a
③ 25ha
④ 250ha

해 ma×ma=(0.1×5,000)×(0.1×5,000)=250,000(m²) → 25ha

53 다음 중 등고선의 성질 설명으로 옳은 것은?

① 등고선은 동굴과 절벽에서는 교차한다.

② 등고선은 지표의 최대경사선 방향과 평행하다.

③ 등고선의 간격이 좁다는 것은 지표의 경사가 완만하다는 것을 뜻한다.

④ 등고선은 도면 내에서는 폐합하지만 도면 외에서는 폐합하지 않는다.

54 민속놀이시설과 관련된 표준시방 내용 중 ( ) 안에 적합한 용어는?

> – 민속그네는 로프의 꼬임현상이 없어야 하며, 그네의 회전반경과 안전거리를 고려하여 여유공간을 확보하여야 한다.
> – 민속줄타기 로프는 처짐방지를 위해서 연결할 때 완전히 당긴후 턴버클조립을 해야 하며, 로프와 맞닿는 판재부분은 로프와 동일한 폭만큼 절단하고 로프의 마모방지를 위하여 모서리는 ( ) 처리 하여야 한다.

① 마운딩
② 라운딩
③ 사운딩
④ 보링

55 불도저(bull dozer)의 경제적 운반거리로 가장 적합한 것은?

① 60m
② 120m
③ 150m
④ 200m

해 불도저는 운반 작업거리가 60m 이하일 때 가장 합리적으로 사용할 수 있는 건설기계 장비이다.

56 통계적 품질관리에서 측정값의 산포상태를 표현하는 용어가 아닌 것은?

① 분산
② 범위
③ 중앙치
④ 표준편차

57 재료의 할증율에 관한 설명으로 옳은 것은?

① 수목은 할증을 고려하지 않는다.

② 철근 구조물용 레디믹스트콘크리트의 할증율은 2%이다.

③ 석재 중 마름돌용 원석의 할증율은 20%이다.

④ 붉은 벽돌의 할증율은 시멘트 벽돌의 할증율 보

다 더 작다.

④ 목재의 표면에 기름 등을 주입하여 흡습을 지연, 경감시킨다.

해 수목 10%, 레미콘 1%, 원석 30%, 붉은벽돌 3%, 시멘트벽돌 5%

58 다음 중 호우 발생시 옹벽 및 석축의 붕괴가 자주 발생하는 원인으로 가장 많은 것은?

① 지반강화
② 부등침하
③ 유하시간 단축
④ 지하수위 상승으로 인한 수압증가

59 구조물에 하중이 작용할 때 발생하는 지점 (support)과 반력(reaction)에 대한 설명으로 옳지 않은 것은?

① 고정지점은 지단에 직교하는 방향으로만 부재의 운동이 구속되어 이동 및 회전이 가능하므로 고정지점에는 수직반력이 생기게 된다.
② 회전지점은 돌쩌귀나 간단한 정착볼트로 되어 있는 부재지단과 같이 회전은 가능하지만 어느 방향으로도 이동될 수 없도록 만들어져 있다.
③ 구조물에 하중이 작용할 때 구조물이 정지상태에 있기 위해서는 구조물을 지지하기 위한 지점이 있어야 하고, 각 지점에는 하중과 평형을 유지하기 위해 반력이 생긴다.
④ 구조물의 반력은 수평반력, 수직반력, 모멘트반력의 3가지가 있으며, 구조물이 외력에 의해 비틀릴 경우에는 비틀림반력도 발생된다.

해 고정지점은 이동과 회전이 불가능하다.

60 그림과 같은 단순보에 하중이 작용할 때 점B에 작용하는 굽힘 모멘트의 크기는 몇 Nm인가?

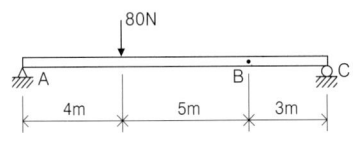

① 26.7
② 53.3
③ 80.0
④ 110

해 MB=(80×4÷12)×3=80Nm

제4과목 조경관리

61 탄질비가 높은 유기물을 토양에 시용하면 토양 중에 작물이 이용할 수 있는 질소를 유기물을 분해시키는 미생물들이 이용하게 되어 작물은 질소를 이용할 수 없게 되는 현상을 의미하는 것은?

① 탈질
② 질소기아
③ 질산화
④ 광질산화

해 질소기아는 토양 중에 있는 질소의 양이 작물의 생육에는 부족하지 않으나, 탄질률이 30 이상 높은 유기물을 넣을 때 미생물이 원래 토양 중에 있는 질소를 빼앗아 이용하므로서 작물이 일시적으로 질소의 부족증상을 일으키는 현상을 말한다.

62 다음 중 이중기생을 하는 녹병균의 연결로 틀린 것은?

녹병균 – 병명 – 녹병정자(녹포자) – 여름포자(겨울포자)

① *Cronartium ribicola* – 잣나무털녹병 – 잣나무 – 까치밥나무
② *Coleosporium phellodendri* – 소나무잎녹병 – 소나무 – 황벽나무
③ *Coleosporium asterum* – 소나무잎녹병 – 소나무 – 잔대
④ *Melampsora larici-populina* – 포플러잎녹병 – 낙엽송 – 포플러

63 당년지에서 개화하기 때문에 2~3년의 굵은 가지를 전정하여도 개화에 영향이 크지 않는 수종은?

① 배롱나무
② 벗나무
③ 목련화
④ 꽃사과

64 대기오염의 2차적 오염물질 중에서 주로 오존 (O_3)에 의한 피해를 입는 세포는?

① 상피세포
② 엽육세포
③ 표피세포
④ 책상조직세포

해 오존(O_3)에 의해 책상조직에 짙은 알칼로이드 색소가 축적되어 잎 표면이 표백되는 현상이 나타나기도 한다.

65 수목 관리시 보호 살균제인 동제(석회보르도

액)제조 방법 및 사용용도 등의 설명 중 틀린 것은?
① 병원균의 침입을 예방하는 것이 주 목적이다.
② 황산동과 생석회를 따로 만든 다음 황산동과 진흙으로 조제한다.
③ 황산동과 생석회를 따로 만든 다음 석회유에다 황산동액을 부어 혼합한다.
④ 황산동이 6g, 생석회가 6g 이면 6-6식 보르도액이라 한다.

66 목재 방균제로 이용되는 수용성 방부제의 설명으로 틀린 것은?
① 열화생물에 대한 독성은 양호하다.
② 염류의 종류에 따라 금속부식성이 있다.
③ 도장 및 접착 가공성은 처리재가 건조된 후 불량하다.
④ 취급의 안정성 고려는 비소화합물이 함유된 것이 있음으로 유의한다.

67 모과나무 붉은별무늬병의 특징에 해당되는 것은?
① 병원균은 기주교대를 한다.
② 병징은 열매에만 나타난다.
③ 효과적인 살균제가 개발되지 않았다.
④ 밤에 보면 병징에 붉은 형광이 나타난다.
해 붉은별무늬병의 기주식물에는 모과나무, 배나무, 사과나무, 꽃사과나무 등 장미과의 과수류이고 향나무를 중간기주로 삼는다.

68 농약의 구비조건으로 가장 거리가 먼 것은?
① 독성이 강할 것　　② 약해가 없을 것
③ 약효가 확실할 것　　④ 저장성이 좋을 것
해 농약의 구비조건으로는 다른 약재와 혼용할 수 있는 혼용범위가 넓으며 적은 양으로도 약효가 확실하고 인축에 대한 피해를 주지 않아야 한다.

69 다음 중 예취(刈取, mowing)의 설명으로 옳은 것은?
① 잔디의 분얼(分蘖)을 촉진시키며, 미관을 높이기 위해 실시한다.
② 우천으로 인하여 그린에 물기가 많으면 예취작

업시 잔디 가루의 비산이 적어지므로 신속히 작업하는 것이 좋다.
③ 그린의 낮고 잦은 예취는 뿌리의 깊이, 탄수화물의 축적, 회복능력 등에 대한 내성을 좋게하여 생육상 좋은 영향을 끼친다.
④ 그린을 1/2등분하고 양끝에서 예취를 시작하며 직선으로 왕복주행하며, 위→아래, 아래→위를 기본으로 하여 매일 잔디깎는 방향을 같게 준다.

70 조경물 자체와 사회적 요구의 질적·양적인 변화는 조성된 조경물의 당초 관리계획에 따라 추적 검토되어야 하는데, 이러한 검토내용에 해당되지 않는 것은?
① 구체적인 시민들의 요구
② 관리조직과 인원에 대한 검토
③ 관리단계에서 지장이 되는 원인의 분석
④ 이용조사에 의한 시민요구의 구체적 행동의 평가

71 화살표형 네트워크 작성시의 기본 규칙으로 옳지 않은 것은?
① 가능한한 요소작업 상호간의 교차를 피한다.
② 네트워크상 작업을 표시하는 화살선이 회송 되어서는 아니된다.
③ 네트워크의 개시와 종료 결합점은 각기 반드시 하나씩 이어야 한다.
④ 네트워크에서 쓰이는 소요시간은 작업에 필요한 최소한의 시간으로 휴일, 우천 등의 휴업을 포함하지 않는다.

72 관거나 구거의 체수(滯水) 원인으로 가장 관련이 먼 것은?
① 먼지　　　　　② 오니
③ 토사　　　　　④ 블록

73 식재지의 멀칭(mulching)을 통하여 기대되는 효과가 아닌 것은?
① 토양 경도를 증가 시킨다.
② 여름철 토양온도의 상승을 억제한다.
③ 유익한 토양미생물의 생장을 촉진한다.

④ 토양으로부터 수분증발을 감소시킨다

해 멀칭은 토양의 굳어짐을 방지하는 효과가 있다.

74 다음 중 레크레이션 공간의 관리방법이 아닌 것은?

① 완전 방임형 관리전략
② 폐쇄 후 자연 회복형
③ 계절별 순환 관리형
④ 순환식 개방에 의한 휴식 기간확보

75 분비물에 의해 그을음병을 유발시키는 해충은?

① 솔잎혹파리　　　　② 소나무좀
③ 솔수염하늘소　　　④ 소나무가루깍지벌레

해 깍지벌레류는 흡즙성 해충으로 그을음병, 고약병 등을 유발한다.

76 다음 중 조경식물의 생물학적 방제를 위한 천적의 선택시 고려사항이 아닌 것은?

① 증식력이 큰 것
② 단식성 일 것
③ 2차 기생봉이 없을 것
④ 성비(性比)가 1에 가까울 것

77 농약 사용시 취급의 주의를 위하여 서로 다른 색깔로 병 뚜껑이나 라벨을 만들어서 쉽게 알아볼 수 있게 구분하고 있는데, 다음 중 연결이 적합한 것은?

① 녹색 : 제초제　　　② 노란색 : 보조제
③ 흰색 : 생장조절제　④ 분홍색 : 살균제

해 약제의 용도구분 색깔

살균제	살충제	제초제	생장조정제	맹독성 농약	기타약제	혼합제 및 동시방제재
분홍색	녹색	황색	청색	적색	백색	해당 약제색깔 병용

78 다음 중 수목 관리시 지주목의 필요성 중 장점이 아닌 것은?

① 수고 생장에 도움을 준다.
② 바람에 의한 피해를 줄일 수 있다.
③ 수간의 굵기가 균일하게 생육할 수 있도록 해준다.
④ 지지된 부분의 수피박피로 잔가지의 발생을 돕는다.

해 지지된 부분의 수목에 대한 상처 및 발육부진이 생길 수 있다.

79 다음 중 수목의 시비와 관련된 설명으로 틀린 것은?

① 시비 시에 비료는 가급적 뿌리에 직접 닿을 정도까지 작업하여야 한다.
② 방사형 시비는 1회시에는 수목을 중심으로 2개소에, 2회시에는 1회시비의 중간위치 2개소에 시비후 복토한다.
③ 기비는 늦가을 낙엽후 10월 하순~11월 하순의 땅이 얼기 전까지, 또는 2월 하순~3월 하순의 잎피기 전까지 사용한다.
④ 환상시비는 뿌리가 손상되지 않도록 뿌리분 둘레를 깊이 0.3m, 가로 0.3m, 세로 0.5m 정도로 흙을 파내고 소요량의 퇴비(부숙된 유기질비료)를 넣은 후 복토한다.

해 시비 시 수간의 밑동 가까이 시비하지 않도록 하며 비료가 뿌리에 직접 닿지 않도록 주의한다.

80 수목 병원체가 월동하는 장소가 아닌 것은?

① 낙엽　　　　② 대기
③ 토양　　　　④ 뿌리

해 수목의 병원체는 기주체 표면, 종자, 기주 수목의 죽은 조직, 토양에서 월동한다.

제1과목 조경계획 및 설계

1 다음 유형의 공간 중 공간적 위요감이 가장 크게 느껴지는 유형은?

① 관개형 공간
② 위요관개형 공간
③ 반개방형 공간
④ 수직형 공간

2 보행자가 외부공간 내의 한 지점에서 표고차가 있는 다른 지점으로 안전하고 편리하게 이동할 수 있도록 설치하는 시설이 아닌 것은?

① 계단
② 램프(ramp)
③ 험프(hump)
④ 오토워크

해 험프란 노면을 부분적으로 높여 차량의 속도를 억제하려는 수법으로 볼록하게 올려놓은 부분

3 특별시장·광역시장·시장 또는 군수는 도시녹화를 위하여 필요한 경우에 도시지역 안에 일정지역의 토지소유자 또는 거주자와 녹화계약을 할 수 있다. 녹화계약으로부터 지원 받기 위한 조건에 해당되지 않는 것은? (단, 도시공원 및 녹지 등에 관한 법률을 적용한다.)

① 수림대(樹林帶) 등의 보호
② 해당 지역을 대표하는 식생의 증대
③ 해당 지역의 면적 대비 식생 비율의 증가
④ 해당 지역을 대표하는 멸종위기종의 증대

4 축척(scale)에 관한 설명으로 옳지 않은 것은?

① 도면에서 척도를 기입하는 것이 원칙이다.
② 실물과 같은 크기로 그린 배척, 실물보다 확대하여 그린 현척이 있다.
③ 한 도면 안에 사용한 척도는 도면의 표제란에 기입한다.
④ 척도의 표시를 "A : B"로 할 때 B는 "물체의 실제 크기"를 의미한다.

5 도시공원 및 녹지 등에 관한 법률에 명시된 도시공원에서의 금지행위가 아닌 것은?

① 공원시설을 훼손하는 행위
② 공원에서 애완동물을 동반하여 입장하는 행위
③ 나무를 훼손하거나 이물질을 주입하여 나무를 말라죽게 하는 행위
④ 심한 소음 또는 악취가 나게 하는 등 다른 사람에게 혐오감을 주는 행위

해 도시공원 및 녹지 등에 관한 법률 제49조(도시공원 등에서의 금지행위)

1. 공원시설을 훼손하는 행위
2. 나무를 훼손하거나 이물질을 주입하여 나무를 말라죽게 하는 행위
3. 심한 소음 또는 악취가 나게 하는 등 다른 사람에게 혐오감을 주는 행위
4. 동반한 애완동물의 배설물(소변의 경우에는 의자 위의 것만 해당한다)을 수거하지 아니하고 방치하는 행위
5. 도시농업을 위한 시설을 농산물의 가공·유통·판매 등 도시농업 외의 목적으로 이용하는 행위

6 도시계획시설 중 공공·문화체육시설에 해당하지 않는 것은? (단, 도시·군계획시설의 결정·구조 및 설치기준에 관한 규칙을 적용한다.)

① 도서관
② 공공청사
③ 학교
④ 광장

해 도시·군계획시설의 결정·구조 및 설치기준에 관한 규칙상 공공·문화체육시설로는 학교, 운동장, 공공청사, 문화시설, 체육시설, 도서관, 연구시설, 사회복지시설, 공공직업훈련시설, 청소년수련시설 등이 있다.

7 영국(1850~1900)에서 일어난 소정원 운동을 주도한 대표적 인물은?

① 루우돈(John Charles Loudon)
② 베리(Sir Charles Barry)
③ 로빈슨(William Robinson)과 재킬여사(Gertrude Jeckyll)
④ 로렌스 헬프린(Lorence Helprin)

해 로빈슨(William Robinson)과 재킬여사(Gertrude Jeckyll)는 소정원 운동을 주도한 인물들로 영국의 자생식물, 귀화식물을 이용하여 최초의 야생정원을 조성하였다.

8 조선시대에 네모난 연못 속에 둥근 모양의 섬을 꾸미는 소위 방지원도형이 사용되었는데 이는 어떤 사상의 영향이 가장 강하다고 볼 수 있는가?

① 신선사상(神仙思想)

② 풍수지리사상(風水地理思想)

③ 무송사상(巫俗思想)

④ 음양사상(陰陽思想)

9 석가산 수법이 성행되었다고 볼 수 있는 시대는?

① 삼국시대　　　　　② 통일신라시대

③ 고려시대　　　　　④ 조선시대

🈢 석가산 수법은 고려시대 궁궐에서 즐겨 사용하였고 고려 중기 이후 궁궐은 물론 주택정원에 널리 성행되어 별서정원에도 애용되었다.

10 중국정원에서 원자(院子)에 관한 설명으로 가장 적합한 것은?

① 송나라 시대 사대부의 정원이다.

② 중국 명대의 정원에 관한 전문서적이다.

③ 정원을 다스리는 기구로서 송나라 시대부터 있었다.

④ 건물과 건물 사이에 자리잡은 공간으로 화훼류를 가꾸었다.

🈢 원자(院子)란 건물사이에 자리 잡은 공간으로 화훼류를 가꾸기도 하였으며, 강남에서는 천정(天井)이라 하여 전돌을 깔아놓고, 일부는 꽃나무를 가꾸는 수법이 당(唐)시대 이전에도 있었던 것으로 백낙천의 「백목단시(白牧丹詩)」에도 나타난다.

11 이스파한은 페르시아의 사막지대에 위치한 오아시스 도시이다. 이 이스파한의 계획 요소가 아닌 것은?

① 광로(Chahar Bagh)　　② 왕의 광장(Maidan)

③ 오벨리스크(Obelisk)　　④ 40주궁(Tchihil-Sutun)

12 프레드릭 로우 옴스테드(F.L.Olmsted)의 조경 업적에 관한 설명으로 옳지 않은 것은?

① 국립공원에 많은 기여를 하였다.

② 도시 내 오픈 스페이스 확보에 기여하였다.

③ 군주적인 장원(莊園)생활에 알맞은 환경을 조성

하였다.

④ 센트럴파크라는 전원(田園)풍경식 대공원을 설계 시공하였다.

🈢 옴스테드(F.L.Olmsted)는 공공조경 이념을 기본으로 근대적 도시공원의 토대를 마련한 조경가이다.

13 조선시대 민가 정원의 특성을 설명한 것 중 가장 거리가 먼 것은?

① 뒤뜰에 화계를 만들어 꽃나무가 식재된다.

② 안뜰은 괴석, 세심석 등 점경물로 꾸며진다.

③ 풍수도참설의 영향으로 뒤뜰이 주정원으로 꾸며졌다.

④ 유교의 영향으로 남성과 여성을 위한 공간이 엄격히 구분되었다.

🈢 조선시대 민가 정원은 일반적으로 안뜰과 앞뜰은 비워두고 조경적 수법이 가해지지 않았으며, 뒤뜰에 화계를 꾸며놓고, 여유 있는 집에서는 괴석이나 세심석(洗心石) 같은 점경물을 설치하였다.

14 다음 중 바로크(baroque)시대 조경양식의 특징은?

① 단순 명료성

② 명쾌한 규제미

③ 온화와 단조로움

④ 번잡함과 극도의 세부기교

🈢 바로크 양식은 화려하고 세부기교에 치중하였으며, 곡선을 사용하며, 강열하고 열정적이며 역동적으로 표현하였다.

15 다음 중 조경설계기준상의 단위놀이시설에 관한 설명으로 틀린 것은?

① 시소 2연식의 경우 길이 3.6m, 폭 1.8m를 표준 규격으로 한다.

② 미끄럼판은 높이 1.2(유아용)~2.2m(어린이용)의 규격을 기준으로 한다.

③ 그네의 안장과 모래밭과의 높이는 50~100cm가 되도록 하며, 이용자의 신체를 고려하여 결정한다.

④ 모래밭의 모래막이의 마감면은 모래면보다 5cm 이상 높게 하고, 폭은 12~20cm를 표준으로 하며, 모래밭쪽의 모서리는 둥글게 마감한다.

해 그네의 안장과 모래밭과의 높이는 35~45cm가 되도록 하며, 이용자의 나이를 고려하여 결정한다.

16 제도 통칙에서 그림의 모양이 치수에 비례하지 않아 착각될 우려가 있을 때 사용되는 문자기입 방법은?

① AS　　② KS　　③ NS　　④ PS

17 다음 설명과 같은 특징을 갖는 색은?

> – 미각적으로는 새콤달콤한 맛을 느낄 수 있다.
> – 후각적으로는 톡 쏘는 과일향의 냄새가 있다.
> – 청각적으로는 높은 소리의 영역게 속한다.
> – 촉각적으로는 광태감을 느낄 수 있다.

① 올리브 색　　　　② 바다색
③ 갈색　　　　　　④ 오렌지 색

18 먼셀 색입체에 관한 설명 중 틀린 것은?

① 색상은 명도 축을 중심으로 원주상에 구성되어 있다.
② 명도 번호가 클수록 명도가 높고, 작을수록 명도가 낮다
③ 채도는 색입체의 중심에 가까울수록 증가한다.
④ 채도는 표면색의 선명함을 나타내지만, 일반적으로 선명함은 표면색에서 뿐 아니라 빛의 색에서도 느낄 수 있다.

해 먼셀 색입체의 중심축은 무채색 축으로 채도는 색입체의 중심에 가까울수록 감소한다.

19 물체의 앞이나 뒤에 화면을 놓은 것으로 생각하고, 시점에서 물체를 본 시선과 그 화면이 만나는 각 점을 연결하여 물체를 그리는 투상법은?

① 투시도법　　　　② 사투상법
③ 정투상법　　　　④ 표고 투상법

20 다음 A~D의 그림이 내포하고 있는 주 원리가 잘못 표시된 것은?

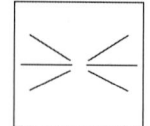 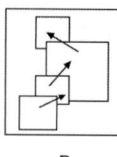 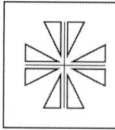 

A　　　B　　　C　　　D

① A : 균형(balance)　　② B : 통일(unity)
③ C : 대칭(symmetry)　④ D : 점이(gradation)

해 B : 변화

제2과목 조경식재

21 녹색 수피를 갖는 수종이 아닌 것은?

① 황매화　　　　　② 죽단화
③ 벽오동　　　　　④ 황벽나무

해 황벽나무의 수피는 갈색이다.

22 아까시나무와 회화나무에 대한 설명으로 틀린 것은?

① 두 수종 모두 기수우상복엽이다.
② 두 수종 모두 꽃 피는 시기는 5월 초이다.
③ 두 수종 모두 뿌리가 천근성이다.
④ 아까시나무에는 가시가 있으나 회화나무에는 없다.

해 회화나무의 개화 시기는 8월경이다.

23 다음 중 *Styrax japonicus* Siebold & Zucc에 대한 설명으로 옳지 않은 것은?

① 줄기는 흑갈색이다.
② 열매는 삭과이다.
③ 잎의 배열은 호생이다.
④ 꽃은 흰색이며 향기가 난다.

해 때죽나무의 열매는 핵과이다.

24 식재형의 구성에 의한 배식을 가장 바르게 설명한 것은?

① 식재형의 기본형은 반드시 3의 배수여야 한다.
② 두 그루의 수목을 근접하게 식재하면 대립되어 보인다.
③ 2본식 식재형에서 대식은 주로 동양식 정원에서 사용한다.
④ 삼각식수는 모든 식재방법에 있어서 간격을 결

정하는 기초가 된다.

25 식물 분류학상 우리나라에 자생하는 식물로 1속 1종에 속하는 식물은?
① 미선나무
② 물푸레나무
③ 푸조나무
④ 개서어나무

26 1992년 브라질 리우데자네이루에서 열린 유엔환경개발회의(UNCED)에서 합의한 주요사항이 아닌 것은?
① 21세기 행동 강령 : 21세기 지구환경보전의 실천지침과 행동강령을 규정
② 생물다양성협약 : 열대림의 파괴를 줄이고 사라져 가는 생물자원을 보존하여 종과 유전자 자원의 보전책을 모색
③ 기후변화협약 : 이산화탄소 방출을 억제하고 지구온난화 방지를 위한 범세계적 및 국가적인 규제책 모색
④ 산림원칙 : 산림자원을 보유한 개발도상국가는 산림자원 개발 시 반드시 세계적으로 허가를 받아야 함

27 식물생육에 필요한 토양의 최소깊이가 30cm일 때, 이곳에서 생육할 수 있는 식생은? (단, 토양등급은 중급, 배수층 두께는 10cm)
① 잔디, 초본
② 소관목
③ 대관목
④ 천근성 교목

28 식재설계 시 기초자료가 되는 기존식생의 조사분석은 다음 중 어느 분석항목에 속하는 과정인가?
① 물리적 환경조사
② 시각적 환경조사
③ 미학적 환경조사
④ 사회적 환경조사

29 일조가 식물에 미치는 영향에 관한 설명 중 틀린 것은?
① 너도밤나무와 주목은 빛이 약한 곳에서도 잘 생육하는 음수이다.
② 태양광선은 직사광선과 반사광선으로서 식물체에 도달하여 광합성 작용의 에너지가 된다.

③ 일조가 좋은 곳일수록 나뭇잎이 무성해지며, 나뭇잎이 무성해질수록 생장이 좋아진다.
④ 증산작용은 온도, 바람의 영향을 받지만, 일조의 강도가 높아지면 증산작용도 증가한다.

30 소나무류(Hard Pine)와 잣나무류(Soft Pine)의 식별에 대한 설명으로 잘못된 것은?
① 잎수는 잣나무류가 3~5개이고, 소나무류는 2~3개이다.
② 아린은 잣나무류가 곧 떨어지고, 소나무류는 끝까지 남아있다.
③ 잣나무류는 가지에 침엽이 달렸던 자리가 도드라져 있고 소나무류는 밋밋하다.
④ 잣나무류의 실편(實片)은 끝이 얇고 가시가 없으며, 소나무류의 실편은 끝이 두껍고 가시가 있다.
해 잣나무류는 가지에 침엽이 달렸던 자리가 밋밋하고, 소나무류는 도드라져 있다.

31 *Wisteria floribunda* (Willd.) DC. for. *floribunda*의 성상은 무엇인가?
① 교목
② 관목
③ 만경목
④ 초화
해 등나무는 낙엽덩굴식물이다.

32 브라운 블랑케의 식생조사 방법 설명으로 옳은 것은?
① 주로 동물 집단과 식물 집단의 생활 상태를 조사한다.
② 각 식물종의 조합과 입지조건이 다른, 군락이 가장 잘 발달된 지역을 선택한다.
③ 상재도는 식물전체의 피복율과 층별 식피율의 백분율, 7단계로 판정한다.
④ 조사구역의 면적은 관목림은 50~200m²이다.
해 식물집단과 생활사를 조사하는 것으로 식물종의 짝지움과 입지조건이 고르고 군락이 잘 발달된 지역을 선택한다.

33 다음의 설명에 적합한 수종은?

- 낙엽활엽만경목이다.

- 잎은 장상복엽으로 소엽이 5장이다.
- 꽃은 일가화, 총상화서로 보라색 꽃이 핀다.
- 관상가치가 높다.

① *Akebia quinata*　　② *Stauntonia hexaphylla*
③ *Ficus oxyphylla*　　④ *Clematis patens*

해 ① 으름덩굴, ② 멀꿀, ③ 모람, ④ 큰꽃으아리

34 다음 중 식재방법에 대한 설명으로 옳지 않은 것은?
① 원래 생육지의 방향대로 식재지에 심는 것이 좋다.
② 풀잎과 짚 등의 거친 거름 소재를 식재 구덩이 밑에 넣어서는 안 된다.
③ 구덩이를 팔 때 나온 겉흙과 속흙은 섞어서 메움 작업 시 재사용한다.
④ 물을 충분히 주고 죽상태가 되도록 나무막대기로 충분히 쑤셔서 뿌리분이 흙과 밀착되도록

해 식재 구덩이를 팔 때에는 겉흙과 속흙을 구분하여 겉흙을 활용할 수 있도록 조치한다.

35 다음 중 비료에 대한 요구도(要求度)가 가장 큰 잔디는?
① 버뮤다그래스　　② 켄터키블루그래스
③ 라이그래스　　④ 한국잔디

36 다음 중 오동나무의 속명에 해당되는 것은?
① *Firmiana*　　② *Paulownia*
③ *Campsis*　　④ *Fraxinus*

해 ① 벽오동속, ③ 능소화속, ④ 물푸레나무속

37 질소가 식물이 이용할 수 있는 형태로 전환되는 질소고정(nitrogen fixation)을 할 수 있는 종은?
① *Zelkova serrata*　　② *Salix koreensis*
③ *Quercus mongolica*　　④ *Alnus japonica*

해 ① 느티나무, ② 버드나무, ③ 신갈나무, ④ 오리나무
대표적인 비료목 수종으로는 다릅나무, 아까시나무, 자귀나무, 사방오리나무, 산오리나무, 오리나무, 소귀나무, 목마황, 왜금송, 금작아, 싸리나무, 족제비싸리, 보리수나무, 칡 등이 있다.

38 다음 중 엽록소의 구성 성분이 되는 다량원소는?
① 마그네슘(Mg)　　② 황(S)
③ 칼륨(K)　　④ 칼슘(Ca)

39 다음 설명에 대한 수종으로 옳은 것은?

녹나무과(科)의 상록활엽수인 후박나무와는 다르며 넓은 잎, 향기가 좋은 큰 꽃은 관상가치가 높아 주로 공원에 관상수로 식재된다. 잎이 크고 도란형이며 꽃은 잎보다 늦게 피고 위로 향한다. 이명으로 후박(厚朴), 적박(赤朴), 담백(淡伯)이라고도 한다.

① *Magnolia sieboldii*　　② *Magnolia obovata*
③ *Magnolia denudata*　　④ *Magnolia kobus*

해 ① 함박꽃나무, ② 일본목련, ③ 백목련, ④ 목련

40 다음 설명에 적합한 화단양식은?

공원, 학교, 병원, 광장 등의 넓은 부지의 원로, 보행로, 도로 등과 산울타리, 건물, 연못 등을 따라서 조성되는 나비가 좁고 긴 화단으로 키가 작은 화초인 메리골드, 팬지, 튤립 등이 주로 식재된다.

① 침상화단　　② 리본화단
③ 카펫화단　　④ 기식화단

제3과목 조경시공
41 일반적으로 풍화한 시멘트에서 나타나는 성질이 아닌 것은?
① 비중감소　　② 응결지연
③ 강도발현 저하　　④ 강열감량의 감소

해 풍화한 시멘트는 강열감량이 증가한다.

42 레디믹스트 콘크리트(ready mixed concrete)를 사용할 경우의 장점에 해당하지 않은 것은?
① 양질이며 균질한 콘크리트를 얻을 수 있다.
② 콘크리트의 워커빌리티를 조절하기 용이하다.
③ 콘크리트 치기 능률이 향상되고 공사기간이 단축된다.

④ 현장에서는 콘크리트 치기와 양생에만 전념할 수 있다.

☒ 레디믹스트 콘크리트는 운반 중에 골재, 시멘트, 물을 혼합하는 것으로 워커빌리티 조절이 어렵고, 운반 중 시간경과 및 재료분리 등으로 강도가 저하되기 쉬운 단점이 있다.

43 다음 혼화재료 중 콘크리트의 워커빌리티를 개선하는 효과가 없거나 가장 적은 것은?
① AE제 ② 유동화제
③ 플라이애시 ④ 응결·경화촉진제

44 그림과 같은 단순보에서 점B에 작용하는 반력의 크기는 몇kN인가?

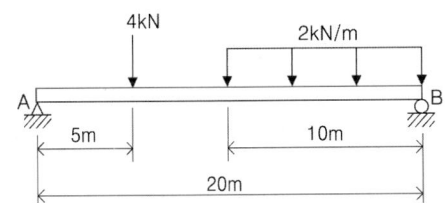

① 2 ② 4 ③ 8 ④ 16

☒ R_B = 4×5/20+2×10×15/20 = 16kN

45 다음 중 흙의 연경도(consistency)에 대한 설명 중 옳지 않은 것은?
① 액성한계나 소성지수가 큰 흙은 연약 점토지반이라고 볼 수 있다.
② 액성한계가 큰 흙은 점토분을 많이 포함하고 있다는 것을 의미한다.
③ 소성한계가 큰 흙은 점토분을 많이 포함하고 있다는 것을 의미한다.
④ 액성한계와 소성한계가 가깝다는 것은 소성이 크다는 것을 의미한다.

☒ 소성지수는 액성한계와 소성한계의 차이를 말하는 것으로 액성한계와 소성한계가 가까울수록 소성이 작다는 것을 의미한다.

46 후시(B.S.)가 1.550m, 전시(F.S.)가 1.445m 일 때 미지점의 지반고가 100.000m 이었다면 기지점의 높이는?

① 97.005m ② 98.450m
③ 99.895m ④ 100.695m

☒ 미지점 지반고 = 기지점 지반고(GH)+후시(BS)−전시(FS)
• 100.000(m) = 기지점 지반고(GH)+1.550−1.445
∴ 기지점 지반고 = 99.895(m)

47 「석재판붙임용재(부정형돌)」의 할증률은?
① 3% ② 5% ③ 10% ④ 30%

48 계획대상지의 부지정지 및 다짐에 필요한 성토량이 1000m³이다. 인접지역의 토양을 적재용량이 10m³인 덤프트럭으로 운반할 때 소요되는 덤프트럭은 모두 몇 대인가? (단, L=1.15, C=0.9인 경우이다.)
① 100 ② 111 ③ 115 ④ 128

☒ 성토량은 다져진상태이고 운반토량은 흐트러진 상태이므로 토량환산계수는 L/C을 적용한다.
• 트럭대수 = (1000×1.15/0.9)/10 = 127.78 → 128대

49 활엽수재에는 있으나 침엽수재에는 없는 구성요소로만 나열된 것은?
① 유세포와 목섬유 ② 유세포와 도관
③ 목섬유와 도관 ④ 가도관과 목섬유

50 최대계획우수유출량(m³/s)의 산정에서 합리식에 대한 설명 중 틀린 것은?
① 배수유역이 커지면 유출량도 커진다.
② 불투수포장이 작을수록 유출량이 커진다.
③ 유출계수가 커지면 유출량이 커진다.
④ 유달시간 내의 평균강우강도가 큰 지역은 유출량이 커진다.

☒ 투수성포장에 비해 불투수포장의 유출계수가 크므로 불투수포장이 작을수록 유출량은 작아진다.

51 공사원가 계산에 있어 일반관리비에 대한 설명으로 옳은 것은?
① 일반관리비는 본사 경비이다.
② 이윤 이율 적용 시 합산하여 산정하지 않는다.
③ 일반관리비 요율 적용 시 재료비는 합산하지 않는다.

④ 순공사원가 항목으로 노무관리비 성격으로 계상한다.

해 일반관리비는 기업유지를 위한 관리활동부분에서 발생하는 제비용을 말하며, 재료비·노무비·경비의 합계액에 일정비율을 곱하여 계산한다.

52 다음 중 산업재해 보상보험료(산재보험료)에 대한 설명으로 적합하지 않은 것은?
① 산재보험료는 고정요율로서 5%이다.
② 총괄내역서 작성 시 경비 항목으로 계상한다.
③ 법령에 의하여 강제적으로 가입되는 항목이다.
④ 노무비의 총액에 일정 요율을 곱하여 산정한다.

53 다음 굴삭기의 시간당 작업량 계산 공식 중 'f'가 의미하는 것은?

$$Q = \frac{3600 \times q \times k \times f \times E}{cm}$$

① 버킷용량　　　　② 버킷계수
③ 작업효율　　　　④ 체적환산계수

해 Q : 시간당 작업량(m³/hr)　q : 디퍼 또는 버킷용량(m³)
　　f : 체적환산계수　　　E : 작업효율
　　k : 디퍼 또는 버킷계수　Cm : 1회 사이클의 시간(초)

54 네트워크 공정표 중 더미(dummy)에 대한 설명으로 맞는 것은?
① 선행작업을 표시한다.
② 작업일수는 1일이다.
③ 가장 시간이 긴 경로를 나타낸다.
④ 선행과 후속의 관계만을 나타낸다.

55 품질관리 및 검사에 대한 설명으로 옳지 않은 것은?
① 공사용 재료는 사용 전에 감독자에게 견본 또는 자료를 제출하고 승인을 얻어 사용한다.
② 시방서에 재료의 품질 및 규격이 규정되어 있지 않은 경우 제조·생산 회사의 품질기준을 우선적으로 따른다.
③ 견본제출 또는 현장 확인 등의 사전검사에도 불

구하고 공사용 재료가 현장에 반입되면 감독자로부터 사용여부를 승인받아야 한다.
④ 검사 또는 시험에 불합격된 재료는 지체없이 공사현장으로부터 반출한다.

해 시방서에 재료의 품질이 명시되지 않은 경우 관계 규정 및 현장감독관의 해석 또는 지시에 따라야 한다.

56 벽돌쌓기 시공 시 주의사항으로 옳지 않은 것은?
① 벽돌은 쌓기 전에 물을 축여 놓으면 쌓은 후 부스러질 우려가 있으므로 관리에 유의한다.
② 모르타르는 정확히 배합해 쓰고, 1시간이 지난 것은 사용하지 않는다.
③ 줄눈나비는 가로와 세로 10mm를 표준으로 하고, 줄눈에 모르타르가 빈틈없이 채워지도록 한다.
④ 쌓기 도중에 중단할 때에는 층단들여 쌓기로 하고 직각으로 교차되는 벽의 물림은 켜걸름들여 쌓기로 한다.

해 벽돌쌓기 전 벽돌에 부착된 불순물을 제거하고 사전에 물축이기를 실시한다.

57 그림과 같은 ABC토지의 1변 BC에 평행하게 m : N = 1 : 3의 비율로 분할하고자 할 경우 AB의 길이가 75m일 때 AX의 길이는?

① 33.2m
② 36.7m
③ 37.5m
④ 37.8m

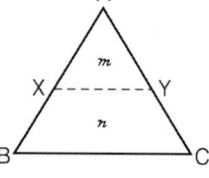

해 $AX = AB\sqrt{\dfrac{m}{m+n}} = 75\sqrt{\dfrac{1}{1+3}} = 37.5$

58 건축재료의 일반적인 요구 성능(역학적, 물리적 내구성능, 화학적 등)을 구분할 때 물리적 성능이 아닌 것은?
① 강도　　　　② 비중
③ 수축　　　　④ 반사

59 빛의 측정단위가 틀린 것은?

① 광속 : W
② 광도 : cd
③ 조도 : lx
④ 휘도 : sb

해 광속 : lum

60 다음 중 식재기반조성의 배수와 관련된 설명으로 옳지 않은 것은?

① 인공지반 위나 일반토사 위에 자갈 배수층을 설치할 때는 Ø20~30mm의 자갈을 사용한다.

② 표면배수는 식재지역 및 구조물 쪽으로 기울어서는 안 되며, 식재지역에 타 지역의 유수가 유입되지 않도록 한다.

③ 심토층의 배수가 불량한 식재지역은 필요시 교목 주위에 암거배수를 별도로 설치한다.

④ 심토층 집수정에 유입되는 물은 유출구보다 최소 0.15m 낮게 설치한다.

해 심토층 집수정에 유입되는 물은 유출구보다 최소 0.15m 높게 설치해야 한다.

제4과목 **조경관리**

61 옥외레크리에이션의 관리 체계상 주요기능의 관점에서 부체계에 해당하지 않는 것은?

① 운영 관리
② 이용자 관리
③ 자원 관리
④ 서비스 관리

62 조경관리 상례(常例) 계획 중 운영항목에 해당되지 않는 것은?

① 정비
② 재산
③ 인·허가
④ 계약

63 소나무에 피해를 주는 해충이 아닌 것은?

① 솔나방
② 응애류
③ 솔잎혹파리
④ 솔잎혹파리먹좀벌

해 솔잎혹파리먹좀벌은 솔잎혹파리의 천적으로 생물적 방제 차원에서 솔잎혹파리에 의한 피해지에 방사한다.

64 한국 잔디류의 대표적인 생리 특성에 해당하지 않는 것은?

① 내서성
② 내답압성
③ 내한성
④ 내습성

해 한국잔디류 특성

① 우리나라에 자생하는 난지형 잔디

② 포복경과 지하경에 의해 옆으로 확산

③ 내건성·내서성·내한성·내병성·내답압성 등 특출

④ 공원·정원·경기장·골프장 등에 거의 이용

⑤ 조성시간이 길고 손상 후 회복속도 느림

⑥ 내음성이 약하고 장시간의 황색상태

65 다음 중 이용 측면보다는 자원의 보전측면의 관리가 더욱 강조되는 공원의 유형은?

① 어린이공원
② 근린공원
③ 묘지공원
④ 국립공원

66 배나무 붉은별무늬병의 겨울포자가 기생하기 때문에 배나무 과수원 가까이 식재하지 말아야 할 수목은?

① 화백
② 향나무
③ 오동나무
④ 히말라야시이다

67 다음 중 비료의 영양성분이 10-6-4로 표시된 것에 대한 설명이 옳은 것은?

① 6은 질소(N)의 비율을 나타낸 것이다.

② 10은 인산(P_2O_5)의 첨가 비율을 나타낸 것이다.

③ 4는 가리(K_2O)의 비율을 나타낸 것이다.

④ 10-6-4로 표시된 비료와 5-3-2로 표시된 비료의 영양분의 양은 같다.

해 비료의 영양성분은 질소(N)-인산(P_2O_2)-칼리(K_2O)로 표시한다.

68 레크리에이션 공간관리에 있어서 다음 중 가장 원시적이고 재래적인 방법이라 할 수 있는 것은?

① 완전방임형
② 자연회복형
③ 육성관리형
④ 순환식 개방형

69 잔디유지관리에 관한 설명으로 옳지 않은 것은?

① 들잔디는 잎의 길이가 0.03~0.06m 이내가 되도록 수시로 잔디깎기를 실시한다.

② 잔디깎기 높이를 일정하게 유지하여 잔디의 높이에 단차가 발생하지 않도록 한다.

③ 잔디시비는 질소, 인산, 칼리성분이 복합된 비료를 1회에 m²당 30g씩 살포한다.

④ 잔디의 생육을 돕기 위하여 난지형 잔디는 봄, 가을에, 한지형 잔디는 늦봄에서 초여름에 뗏밥을 준다.

해 잔디의 생육을 돕기 위하여 난지형 잔디는 늦봄에서 초여름에, 한지형 잔디는 봄, 가을에 뗏밥을 준다.

70 토양의 입경조성에 의한 토양의 분류를 가리키는 것은?
① 토성
② 토양통
③ 토양반응
④ 토양분류

71 다음 중 음수대의 설치 및 유지관리에 대한 설명으로 옳지 않은 것은?
① 동파방지를 위한 보온시설 및 퇴수시설을 설치하여야 한다.
② 인입관은 해당 지역의 동결심도를 고려하여 적정 깊이 이상으로 매설해야 한다.
③ 급·배수시설은 조경공사표준시방서의 해당 항목을 따르며, 음수대에 별도의 제수밸브를 설치한다.
④ 배수구는 구조적인 안전이 최우선 고려사항이므로 일체형으로 설치하며, 별도의 관리시설을 설치하지 않고 전체 교체한다.

해 배수구는 청소가 쉬운 구조와 형태로 설계한다.

72 다음 중 토사포장 도로의 유지관리에 고려해야 할 항목으로 가장 관계가 적은 것은?
① 강우 시 지반의 연약화
② 동결된 노면의 해동 후 상태
③ 지지력 약화에 의한 표면의 균열
④ 차량 통행량 증가에 의한 노면의 약화

73 침투성 살균제에 대한 설명으로 옳은 것은?
① 곰팡이의 세포벽을 잘 침투하는 살균제
② 식물체 전체로 이행하여 살균효과를 보이는 살균제
③ 곰팡이의 핵까지 침투하여 직접적으로 억제하는 살균제

④ 토양침투력이 우수하여 뿌리병 방제에 효과적인 살균제

74 기존의 포장구간의 균열 및 파손장소를 부분 보수한 뒤에 사용하는 보수공법으로서 임시적 포장 재생 방법이 아니라 새로운 포장면을 조성하기 위하여 사용하는 아스팔트 포장 보수공법은?
① 패칭공법
② 표면처리공법
③ 덧씌우기공법
④ 치환공법

75 패칭(Patching)공법으로 보수가 곤란한 아스팔트콘크리트(아스콘)의 파손 유형은?
① 부분적 박리
② 국부적 침하
③ 일부면의 균열
④ 전면적인 마모

해 패칭(Patching)공법은 아스팔트 포장의 파손부분을 사각형 수직으로 따내고 보수하는 공법으로 균열되었거나 국부적 침하, 부분적 박리일 때 적용하는 공법이다.

76 0.2mm 이하의 콘크리트 균열부를 처리하는 데 주로 사용하는 공법으로 와이어브러쉬로 청소한 후에 에폭시계 재료로 폭 5cm, 깊이 3mm 정도를 도포하는 콘크리트 보수공법은?
① 표면실링공법
② 압식주입공법
③ V자형 절단공법
④ 시멘트 모르타르공법

77 잔디관리 방식 중 잔디의 뗏밥(培土, Topdressing)과 관련된 설명이 옳지 않은 것은?
① 생리·생태적 효과로는 발아 보호력 촉진
② 생리·생태적 효과로는 맷트(mat) 형성을 촉진
③ 물리적 효과로는 그린면을 평편하게 하여 잔디의 균일한 생육을 도모
④ 물리적 효과로는 잔디밭 표층토의 물리성을 개량하게 되어 토성개선 효과

78 식재지 지주목의 결속을 고치는 시기로 가장 적당한 것은?
① 3~5월
② 7~9월
③ 9~11월
④ 1~3월

해 지주목 재결속은 태풍을 대비하여 7~9월에 연 1회 실시한다.

79 정지(整枝) 및 전정(剪定)의 효과라 할 수 없는 것은?

① 화아분화의 촉진

② 수목의 규격화 추구

③ 수목의 구조적 안전성 도모

④ 꽃눈발달과 영양생장의 균형 유도

해 정지(整枝) 및 전정(剪定)으로 인해 나무수종 고유의 수형과 아름다움을 유지할 수 있다.

80 불합리한 농약의 혼용은 약효의 경감, 약해의 원인 또는 급성독성의 현저한 증가를 야기한다. 농약 혼용 시 주의할 사항이 아닌 것은?

① 혼용에 의한 활성의 변화

② 혼용에 의한 화학적 변화

③ 혼용에 의한 물리성의 변화

④ 혼용에 의한 살포시기의 변화

제1과목 조경계획 및 설계

1 팩스턴(Paxton)의 이름을 높여 준 작품은?

① 시뷔베르원
② 수정궁
③ 큐 가든
④ 켄싱턴원

2 일본정원 중 선종(禪宗)의 영향을 가장 크게 받은 시대는?

① 아스까(비조)시대
② 무로마찌(실정)시대
③ 에도(강호)시대
④ 모모야마(도산)시대

해 무로마찌 시대에 선종(禪宗)의 영향을 크게 입어 정숙하게 도(道)를 닦는 목적으로 고산수수법이 태어났으며 추상적 구성과 표현의 특수한 정원 양식이 성행하였다.

3 조선시대 민가정원의 지당형태를 잘못 설명한 것은?

① 지당내 섬에는 목본식물이 식재된다.
② 지당의 윤곽선은 직선적으로 처리된다.
③ 지당 가운데는 1~3개의 섬이 조성된다.
④ 지당 내부의 섬을 연결하는 곡교(曲橋)가 조성된다.

해 곡교(曲橋)는 연못 등에서 누각이나 섬에 연결할 때 쓰이는 다리로 중국정원의 특징이다.

4 조선시대 궁궐정원 시설이 아닌 곳은?

① 통명전
② 향원정
③ 교태전
④ 연복정

해 연복정은 의종 21년 (1167) 왕성 동편 용연사(龍淵寺) 동쪽의 단애절벽과 울창한 수림을 주경관 삼아 축조된 것으로 고려정원 전성기의 마지막 작품이다.

5 고대 메소포타미아 지방에 만들어졌던 파크(Park)에 관한 설명으로 가장 적합한 것은?

① 사막지대에 정형식으로 조성된 궁원이다.
② 신전을 중심으로 하여 조성한 신림(神林)이다.
③ 왕의 수렵(狩獵)놀이를 주목적으로 하여 조성한 숲이다.
④ 왕의 소유이지만 일반사람들에게도 공개되는 오늘날의 공원과 같은 것이다.

6 조선 왕릉의 공간은 능침, 제향, 진입공간으로 구성되어 있다. 다음 중 제향공간에 속하지 않는 것은?

① 곡장
② 정자각
③ 수라간
④ 수복방

해 곡장은 풍수지리의 바람막이와 담장 역할을 하는 구조물로 능침공간에 속한다.

7 다음 중 부울리바아드(boulevard)가 의미하는 것은?

① 어린이 놀이터
② 산림욕을 할 수 있는 숲
③ 나무가 줄지어 심어진 유보도(遊步道)
④ 도시 가운데에 있는 벤치가 놓인 공원(公園)

8 다음 제시된 평면기하학식 정원의 조성 시기가 가장 빠른 정원은?

① 베르사이유(Versailles) 궁원
② 카르스루헤(Karsruhe) 성
③ 보르비콩트(Vaux-Le-Viconte)
④ 헤렌하우젠(Herrenhauzen) 궁

해 보르비콩트는 최초의 평면기하학식 정원으로 기하학, 원근법, 광학의 법칙을 적용하였다.

9 Litton의 삼림경관의 유형과 그 설명이 틀린 것은?

① 관개경관 : 터널적 경관이라고도 불리며 수관 아래나 임내의 경관
② 파노라믹 경관 : 시선을 가로막는 장애물이 없이 풍경을 조망할 수 있는 경관
③ 위요경관 : 기준면(바닥)을 지면 또는 수평이나 초원으로 하여 주위의 경관요소들이 울타리처럼 자연스럽게 싸고 있는 국소적 경관
④ 세부경관 : 평행선의 연속이나 경관요소들이 직선상으로 연결됨으로써 시선은 어느 점을 따라 유도되는 현상의 경관

해 관찰자가 가까이 접근하여 나무의 모양, 잎, 열매 등을 상세히 보며 감상할 수 있는 경관이다.

10 프로그램이란 설계시 필요한 요소와 요인들에 대한 목록과 표를 말하는데, 이 프로그램의 구성은 세 가지로 이루어진다. 다음 중 구성 요소로 가장 보기 어려운 것은?

① 설계 비용

② 설계 목적과 목표

③ 설계상의 특별한 요구사항

④ 설계에 포함되어야 할 요소들의 목록

해 프로그램 구성요소

① 설계의 목적과 목표

② 설계의 유형에 따른 제약점 및 한계성

③ 설계에 포함되어야 할 목록

④ 설계상의 특별한 요구사항

⑤ 장래성장 및 기능변화에 대한 유연성

⑥ 예산

11 우리나라 「도시·군계획시설의 결정·구조 및 설치기준에 관한 규칙」상의 「교통광장」의 분류에 해당하지 않는 것은?

① 교차점광장　　　② 중심대광장

③ 주요시설광장　　④ 역전광장

12 다음 중 생태숲 계획시 고려할 사항으로 가장 부적합한 것은?

① 건설사업으로 인한 산림의 훼손지복원이나 이용객들의 치유목적 및 자연학습장으로 이용 가능한 숲의 조성에 적용한다.

② 오염되거나 훼손된 도시산업화 지역에서 환경보전 및 자연성 증진 기능을 수행 할 수 있도록 조성하는 다층복합구조의 숲 조성에 적용한다.

③ 생태라는 개념을 도입하여 자연이 갖는 생태적 기능을 강조함과 동시에 일반인의 관심과 흥미를 유도할 수 있는 숲을 말한다.

④ 50만 제곱미터 이상(자연휴양림·도시숲 등과 연접하여 교육·탐방·체험 등의 기능을 높일 수 있는 경우에는 30만 제곱미터 이상)인 산림을 대상으로 지정할 수 있다.

해 30만 제곱미터 이상(자연휴양림·도시숲 등과 연접하여 교육·탐방·체험 등의 기능을 높일 수 있는 경우에는 200만

제곱미터 이상)인 산림을 대상으로 지정할 수 있다.

13 아파트 단지계획에 있어서 다음 그림은 무엇을 가장 잘 표현한 것인가?

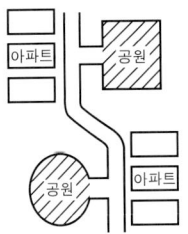

① 녹지 속에 아파트가 파묻혀 있도록 계획한 것

② 완충녹지를 조성하여 그 곳에 공원을 계획한 것

③ 주거동으로 포위된 넓은 공간을 공원적 성격을 지닌 다목적인 자리로 계획한 것

④ 동선의 흐름에 따라 성격을 달리한 공원을 계획하여 공간이용의 다양화를 도모한 것

14 대지(垈地)조건에 가장 적합한 토지의 용도를 찾고 정지 작업하기 위한 절·성토량을 계산하여 적절한 사면 처리 방법을 강구하기 위한 대지조사 작업은?

① 토지이용 조사　　② 경사도 분석

③ 토양조사　　　　④ 인공구조물 조사

15 다음 중 조경설계기준상의 「보행등」에 관한 설명으로 틀린 것은?

① 보행로 경계에서 1000mm 정도의 거리에 배치한다.

② 소로·산책로·계단·구석진 길·출입구·장식벽 등에 설치한다.

③ 보행인의 이용에 불편함이 없는 밝기를 확보하며, 보행로의 경우 3ℓx 이상의 밝기를 적용한다.

④ 산책로 등의 보행공간만을 비추고자 할 경우에는 포장면 속에 배치하거나 등주의 높이를 50~100cm로 설계한다.

해 보행등 설계시 보행로 경계에서 50cm 정도의 거리에 배치한다.

16 정투상도에 의한 제1각법으로 도면을 그릴 때 도면 위치로 맞는 것은?

① 정면도를 중심으로 평면도가 위에, 우측면도는 정면도의 왼쪽에 위치한다.

② 정면도를 중심으로 평면도가 위에, 우측면도는 정면도의 오른쪽에 위치한다.

③ 정면도를 중심으로 평면도가 아래에, 우측면도는 정면도의 오른쪽에 위치한다.

④ 정면도를 중심으로 평면도가 아래에, 우측면도는 정면도의 왼쪽에 위치한다.

17 다음 색채의 일반적인 성질 중에서 보색관계는?

① 한색과 난색　　　　② 청색과 탁색

③ 유채색과 무채색　　④ 고명도와 저명도

해 서로 다른 2가지 색을 섞었을 경우 회색과 같이 무채색이 나오는 색을 보색이라 하며 일반적으로 색상환의 반대편에 위치하는 색상을 말한다.

18 다음 도시공원 및 녹지 등에 관한 법률 시행규칙의 도시공원의 면적기준 설명의 "B"에 적합한 숫치는?

> 하나의 도시지역 안에 있어서의 도시공원의 확보기준은 해당도시지역 안에 거주하는 주민 1인당 (A)제곱미터 이상으로 하고, 개발제한구역 및 녹지지역을 제외한 도시지역 안에 있어서의 도시공원의 확보기준은 해당도시지역 안에 거주하는 주민 1인당 (B)제곱미터 이상으로 한다.

① 2　　　② 3　　　③ 6　　　④ 10

19 다음 수종 중 멀리서 조망하였을 때 잎이 주는 질감이 가장 부드러운 것은?

① 버즘나무　　　　② 상수리나무

③ 해송　　　　　　④ 낙우송

20 조경제도에서 불규칙한 곡선을 그릴 때 사용하기 가장 적합한 제도 용구는?

① 삼각자　　　　② 스케일

③ 자유곡선자　　　　④ 만능제도기

제2과목 조경식재

21 다음 중 초화류의 식재간격(cm)이 가장 큰 것은?

① 팬지　　　　② 맨드라미

③ 샐비어　　　④ 꽃양배추

해 팬지, 맨드라미, 샐비어는 20~25㎝ 정도의 간격으로 하고, 꽃양배추는 40~50㎝ 정도의 간격으로 식재한다.

22 받침줄(guy, 당김줄)을 사용해 지주할 때 주의사항으로 틀린 것은?

① 나뭇가지를 감쌀 때 고무호스를 사용해야 한다.

② 받침줄은 가급적 금속재 앵카로 지지되어야 한다.

③ 받침줄에 의해 힘이 분산될 때 평형상태가 되어야 한다.

④ 받침줄은 조이기 위하여 가급적 턴버클을 사용하지 않는 것이 효과적이다.

해 받침줄을 팽팽하게 당겨주기 위해 중간에 턴버클을 부착한다.

23 뿌리돌림 분의 크기를 정할 때 고려해야 할 조건으로 틀린 것은?

① 귀중한 수목은 크게 작업한다.

② 뿌리 발생력이 강한 수종은 작게 작업한다.

③ 심근성 수종은 천근성보다 좁고 깊게 잡는다.

④ 뿌리발생에 불리한 지형과 토양에서는 작게 작업한다.

해 뿌리발생에 불리한 지형과 토양에서는 크게 작업해야 한다.

24 수(水) 처리에 이용되는 습지식물의 분류 중 침수식물에 해당하는 것은?

① 부들　　　　② 가래

③ 골풀　　　　④ 사초

25 자귀나무의 학명으로 맞는 것은?

① *Amorpha fruticosa*　② *Albizzia julibrissin*

③ *Caragana sinica*　④ *Cercis chinensis*

해 ① 족제비싸리 ③ 골담초 ④ 박태기나무

정답　**16** ④　**17** ①　**18** ②　**19** ④　**20** ③　**21** ④　**22** ④　**23** ④　**24** 전항정답　**25** ②

26 다음 중 같은 색의 꽃이 피는 수목으로 맞게 짝지어진 것은?

① Cornus controversa, Aesculus turbinata

② Cornus kousa, Lagerstroemia indica

③ Cercis chinensis, Cornus officinalis

④ Albizzia julibrissin, Chionanthus retusus

해 ①층층나무(백), 칠엽수(백), ②산딸나무(백), 배롱나무(백, 홍), ③박태기나무(홍), 산수유나무(황), ④자귀나무(홍), 이팝나무(백)

27 다음 중 한 마디에 잎이 2개씩 달리는 대생(對生)하는 식물이 아닌 종은?

① 쥐똥나무   ② 굴참나무

③ 수수꽃다리   ④ 고로쇠나무

해 굴참나무는 잎이 호생하는 수종이다.

28 훼손된 비탈면의 자연환경과 생태계를 복원하기 위한 성능 목표로 틀린 것은?

① 비탈침식의 조장   ② 비탈면의 경관향상

③ 종 다양성의 확보   ④ 주변 지역과의 조화

29 다음 중 개화의 순서가 바르게 된 것은?

① 쥐똥나무 → 산수유 → 풍년화 → 금목서

② 풍년화 → 산수유 → 쥐똥나무 → 금목서

③ 금목서 → 쥐똥나무 → 풍년화 → 산수유

④ 풍년화 → 쥐똥나무 → 금목서 → 산수유

해 풍년화(2월)→산수유(3월)→쥐똥나무(5월)→금목서(10월)

30 다음 자연생육에서도 비교적 정형을 유지하는 수종들 중 전정으로서만 정형을 유지할 수 있는 수종은?

① 개잎갈나무   ② 가이즈까향나무

③ 낙우송   ④ 낙엽송

31 단풍나무과(科)의 식물의 아름다운 단풍으로 계절감을 제공하는 대표적인 수종이다. 다음 중 단풍나무과 식물이 아닌 것은?

① 신나무   ② 미국풍나무

③ 중국단풍   ④ 네군도단풍

해 미국풍나무는 조록나무과에 해당된다.

32 수목식재시 자연토의 생존최소토심과 토양등급 중급 이상의 생육최소토심을 순서대로 열거한 것 중 틀린 것은?

① 심근성 교목 : 90cm, 150cm

② 천근성 교목 : 60cm, 90cm

③ 소관목 : 45cm, 60cm

④ 잔디·초화류 : 15cm, 30cm

해 소관목 : 30cm, 45cm

33 일반적인 식재지역의 토양조건 중 수목생육에 가장 좋은 토양 조건은?

① 산성 토양   ② 풍화암 토양

③ 점질 토양   ④ 중성이나 약산성 토양

34 다음 방풍림 구조의 설명으로 가장 거리가 먼 것은?

① 1.5~2.0m 간격의 정삼각형식재가 바람직하다.

② 수림대의 길이는 수고의 12배 이상이 필요하다.

③ 지형과의 관계에서는 능선 또는 법견에 설치함이 좋다.

④ 수림의 밀폐도는 90~95% 정도 유지되도록 하는 것이 필요하다.

해 수림의 경우 50~70%, 산울타리의 경우 45~55%의 밀폐도를 가져야 방풍효과의 범위가 넓어진다.

35 다음 식물에 관한 설명으로 틀린 것은?

① 건생식물에는 바위솔, 세덤류가 속한다.

② 소택식물에 있어 마름, 가래, 줄 등의 정수식물이 속한다.

③ 중생식물은 적윤지 식물에 잘 자라는 식물로 온대낙엽활엽수가 속한다.

④ 토양수분이 부족하여 잎의 원형질 분리가 일어나 시들기 시작하는 때를 초기위조점이라 한다.

해 마름, 가래는 부엽식물에 속한다.

36 낙엽송은 개화가 매우 힘든 수종으로 알려져 있다. 개화결실을 촉진하기 위한 기술이 아닌 것은?

① 접목법   ② 환상박피

③ 조직배양법   ④ 지베렐린처리법

젤 조직 배양 기술은 번식력이 약한 생물을 대량으로 증식할때 이용하는 번식방법에 해당된다.

37 다음 중 학명에 품종이 표기되지 않는 식물은?

① 반송 　　　　　 ② 불두화

③ 용버들 　　　　 ④ 화살나무

젤 ① *Pinus densiflora* f. *multicaulis*

② *Viburnum opulus* f. *hydrangeoides*

③ *Salix matsudana* f. *tortuosa*

④ *Euonymus alatus*

38 바람에 쓰러지기 쉬운 수종이 아닌 것은?

① 미루나무 　　　　 ② 아까시나무

③ 갈참나무 　　　　 ④ 양버즘나무

젤 갈참나무는 심근성 수종이다.

39 조경수목 종자의 품질을 나타내는 기준인 순량율이 50%, 실중이 60g, 발아율이 90% 라고 할 때, 종자의 효율은?

① 27%　　② 30%　　③ 45%　　④ 54%

젤 종자의 효율(%)=(순량율×발아율)/100=(50×90)/100=45(%)

40 다음 중 낙상홍에 대한 설명이 아닌 것은?

① 과명은 감탕나무과이다.

② 학명은 *Ilex cornuta*이다.

③ 암수딴그루이다.

④ 열매는 붉은색이다.

젤 낙상홍의 학명은 *Ilex serrata*이다.

제3과목 **조경시공**

41 다음 1/50,000 도면 상에서 AB간의 도상수평거리가 10cm일 때 AB간의 실 수평거리와 AB선의 경사를 구한 값은?

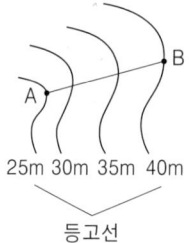

25m 30m 35m 40m

등고선

실수평거리	경사		실수평거리	경사
① 50m	1/3.3		② 500m	1/33.3
③ 5000m	1/333		④ 50000m	1/3333

젤 •실제거리=0.1×50,000=5,000m

•경사도=15/5,000=1/333.33

42 그림과 같은 외팔보에 등분포하중이 작용한다. 지점 C에서의 굽힘모멘트의 크기는 얼마인가?

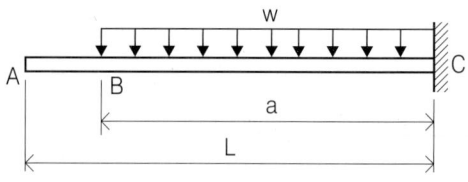

① wa²/4 　　　　 ② wa²/2

③ wa² 　　　　　 ④ 2wa²

젤 wa×a/2=wa²/2

43 기본벽돌을 사용하여 2.0B의 두께로 벽을 만들었을 때 벽 두께(mm)는? (단, 줄눈 두께는 1cm로 한다.)

① 190%　② 200%　③ 380%　④ 390%

젤 표준형(기본형) 벽돌 크기는 190×90×570이고, 길이의 두께로 쌓는 것을 1.0B라고 하므로 줄눈두께를 더하여 구한다.

•t=190×2+10=390(mm)

44 다음 설명에 적합한 콘크리트의 종류는?

> – 동일 슬럼프를 얻기 위한 단위수량이 많아진다.
> – 콜드조인트(cold joint)가 발생하기 쉽다.
> – 초기강도 발현은 빠른 반면에 장기강도가 저하될 수 있다.
> – 기온이 높아 콘크리트의 슬럼프 저하나 수분의 급격한 증발 등의 위험이 있는 경우 시공된다.

① 서중콘크리트 　　　　 ② 매스콘크리트

③ 팽창콘크리트 　　　　 ④ 한중콘크리트

45 배수지역의 표면 종류에 따른 유출계수가 가장 큰 곳은?

① 공원 　　　　　　 ② 상업지역

③ 학교운동장 　　　 ④ 저밀도주거지역

46 다음 설명하는 건설 장비는?

- 흙을 굴착, 적재, 운반, 버리기, 고르기 작업을 비교적 고르게 할 수 있다.
- 기계가 서 있는 지반보다 낮은 곳의 굴착에 좋다.
- 파는 힘이 강력하고 비교적 경질지반도 적용한다.

① Bulldozer
② Back Hoe
③ Grader
④ Drag line

47 흙을 100m 거리로 리어카를 이용하여 운반하려 한다. 운반로의 상태가 보통일 때 하루에 운반하는 흙은 몇 m³인가? (단, 흙 1m³은 1800kg, 하루작업시간은 450분, 리어카의 1회 적재량은 250kg이고, 적재적하시간과 평균왕복운반속도는 다음 표와 같다.)

구분 종류	적재적하 시간(t)	평균왕복 운반속도(V, m/hr)		
		양호	보통	불량
토사류 석재류	4분 5분	3000	2500	2000

① 4.268
② 5.342
③ 7.102
④ 9.678

해 $Q = (\frac{2500 \times 450}{120 \times 100 + 2500 \times 4}) \times (\frac{250}{1800}) = 7.102m^3$

48 다음 네트워크 공정표와 관련된 설명 중 틀린 것은?
① 작업을 나타내며 시간과 자원을 필요로 하는 부분을 Activity(작업, 활동)라고 한다.
② 작업의 종료, 개시 또는 작업과 작업간의 연결점을 Event(결합점)라 한다.
③ 작업을 나타내는 실선 화살선으로 작업이나 시간의 값을 나타내는 것을 Dummy(더미)라 한다.
④ 최초작업의 개시에서 최종작업의 완료에 이르는 경로 중 소요일수가 가장 긴 경로를 Critical Path(주공정선)이라고 한다.

해 Dummy(더미)는 가상적 작업으로 시간이나 작업량이 없다.

49 다음 [보기]에서 설명하는 시멘트는?

- 응결·경화과정에서 발열량이 적어 건조수축으로

인한 균열이 적게 발생
- 콘크리트의 장기 강도가 우수
- 주로 매스콘크리트용으로 사용되고, 도로의 포장용으로 적합

① 실리카시멘트
② 알루미나시멘트
③ 고로시멘트
④ 중용열 포틀랜드시멘트

50 CPM과 비교한 PERT의 특성으로 부적합한 것은?
① PERT는 최소비용에 대한 도입이론이 없다.
② CPM과 PERT 모두 공사전체의 파악을 용이하게 한다.
③ PERT는 소요시간 추정을 위하여 1점 추정을 한다.
④ PERT는 경험이 없는 건설공사나 비반복사업에 유리하다.

해 PERT는 신규사업을 대상으로 하기 때문에 3점 추정시간을 취하여 확률을 계산한다.

51 어떤 배수구역의 면적 비율이 주거지 40%, 도로 30%, 녹지 30%라고 가정하고 그 유출계수를 각각 순서대로 0.90, 0.80, 0.10이라 한다면, 이 구역의 합리적인 평균 유출계수는?
① 0.60
② 0.63
③ 0.80
④ 0.83

52 콘크리트 시공에서 골재의 습윤상태에 관한 것으로 콘크리트 반죽시 물량(水量)이 골재에 의해 증감되지 않는 이상적인 상태 또는 골재입자의 표면에 물은 없으나 내부의 공극에는 물이 꽉 차 있는 상태는?
① 절대건조상태
② 습윤상태
③ 노건상태(爐乾狀態)
④ 표면건조 포화상태

53 다음 중 일반적인 옹벽의 설계과정에서 고려해야 되는 사항이 아닌 것은?
① 옹벽 각 부재의 구조체를 설계한다.

② 지형의 조사, 지반의 토질조사 및 시험을 한다.

③ 뒷채움 흙의 경우 배수시설은 고려하지 않고 구조물에서 결정한다.

④ 옹벽의 자중, 옹벽에 작용하는 토압 및 뒷채움 흙의 재하중을 계산한다.

54 옹벽의 종류 중 옹벽배면 기초저판 위의 흙 무게를 보강하여 안정성을 높인 옹벽의 구조에 해당하지 않는 것은?

① 캔틸레버 옹벽　　② 역T형 옹벽

③ L형 옹벽　　④ 중력식 옹벽

55 다음의 도형과 같은 현장토공에서 절토량은 얼마인가?(단, 각 점의 숫자는 절토 깊이를 나타내며, 토량 계산은 구형(矩形)단면법에 의한다.)

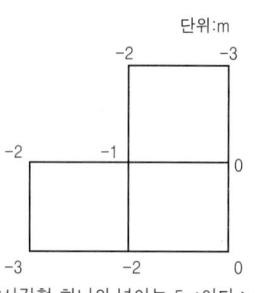

단위:m

〈사각형 하나의 넓이는 5㎡이다〉

① 11.25m³　　② 17m³

③ 21.25m³　　④ 85m³

해 Σh1=2+3+2+3=10, Σh2=2, Σh3=1

V=(5/4)×(10+2×2+3×1)=21.25㎡

56 콘크리트의 특징에 관한 설명 중 옳지 않은 것은?

① 보강이 어렵고 철거하기 힘들다.

② 임의의 크기의 구조물을 형성할 수 있다.

③ 압축강도에 비해 인장강도와 휨강도가 비교적 크다.

④ 유지비가 목재 등에 비해 상대적으로 저렴하다.

해 콘크리트는 인장강도와 휨강도에 비해 압축강도가 비교적 크다.

57 흙의 다짐효과에 대한 설명 중 틀린 것은?

① 흙을 다지면 공극이 작아지고 투수성이 저하된다.

② 다짐건조밀도는 전압횟수에 따라 증가하지만 한계에 도달하면 거의 증가가 없다.

③ 입도배합이 좋은 흙에서는 높은 건조밀도를 얻

을 수 있다.

④ 최대건조밀도는 모래질 흙일수록 낮고 점토일수록 높다.

58 강(鋼)과 비교한 알루미늄의 특징에 대한 내용 중 옳지 않은 것은?

① 강도가 작다.　　② 비중이 작다.

③ 열팽창률이 작다.　　④ 전기 전도율이 높다.

해 알루미늄은 강(鋼)에 비해 열팽창률이 크다.

59 포틀랜드시멘트의 화학성분 중 가장 많은 부분을 차지하는 것은?

① 실리카(SiO_2)　　② 산화철(Fe_2O_3)

③ 알루미나(Al_2O_3)　　④ 석회(CaO)

60 유기질계 토양개량제로서 부적합한 것은?

① 토탄　　② 피트모스

③ 바크퇴비　　④ 벤토나이트

해 벤토나이트는 무기질계 토양개량제에 포함된다.

제4과목 조경관리

61 강도율이 1.98인 조경시설물 생산 사업장에서 한 근로자가 평생 근무한다면 이 근로자는 재해로 인해 며칠의 근로손실일수가 발생하겠는가? (단, 근로자의 평생근무시간은 100000시간이라 한다.)

① 198일　　② 216일

③ 254일　　④ 300일

해 근로손실일수=(강도율×근로시간)/1000

=(100000×1.98)/1000=198일

62 다음 중 하천 생태복원 관리와 관련된 설명 중 (　　　)안에 들어 갈 수 없는 것은?

> – 조성된 생태하천을 효율적으로 관리하기 위해서는 생태적 천이에 (　　)을 주지 않는 범위내에서 최소한의 관리를 해주어야 한다.
>
> – 생태하천에서의 (　　)의 유입차단 및 수질정화 효과를 극대화시키기 위해서는 초본의 경우 년 1회(늦가을) 제초를 해주어야 하며, 제거된 초본

은 하천부지 밖으로 유출하여야 한다.

- 다년생 초본류와 같은 식생대를 유지하기 위해서는 (   )과 같은 덩굴성식물이나 외해식물은 지속적으로 구제해 주어야 한다.

① 환삼덩굴　　　　② 교란
③ 비점오염원　　　　④ 치수안정성

해 (교란), (비점오염원), (환삼덩굴) 순으로 들어간다.

63 수목의 생장이 왕성할 때 하계전정(하기전정, 夏期剪定)을 설명한 것 중 옳지 않은 것은?
① 밀생된 부분을 솎아낸다.
② 굵은 가지 1~2개 솎아낸다.
③ 도장지를 잘라 내는 정도로 한다.
④ 목적대로 가벼운 전정을 2~3회 나누어 실시한다.

해 하계전정은 수목이 양분을 축적하는 시기로 강전정을 피하고 목적에 맞는 가벼운 전정을 2~3회로 나누어 실시한다.

64 분제의 물리적인 성질로서 가장 거리가 먼 것은?
① 고착성(Tenacity)
② 토분성(Dustibility)
③ 부착성(Adhesiveness)
④ 현수성(Suspensibility)

해 분제의 물리적인 성질 : 응집력, 토분성, 분산성, 비산성, 부착성 및 고착성, 안정성, 수중 붕괴성

65 잔디깎기를 실시하는 목적으로 가장 거리가 먼 것은?
① 잔디의 생육면을 평탄하게 한다.
② 통풍이 잘 되므로 병해충을 방제한다.
③ 잔디의 분얼이 억제되며 생장이 정지된다.
④ 정기적으로 깎으므로 잡초발생이 억제된다.

해 잔디깎기는 줄기·잎의 치밀도 제고 및 줄기의 형성을 촉진시킨다.

66 토사포장 방법에 대한 설명 중 맞지 않는 것은?
① 지반위에 자갈, 모래, 점토를 섞은 혼합물(노면자갈)을 30~50cm 깔고 다진다.
② 노면자갈의 최대 굵기가 30~50mm일 때 55~75%

의 혼합비율로 한다.
③ 점토질은 10%이하이고, 모래질은 30%이하이면 좋다.
④ 노면자갈의 두께는 노면 총 두께의 1/5이하이다.

해 노면자갈의 두께는 노면 총 두께의 1/30이하로 한다.

67 수목을 식재한 후 일반적으로 지주목을 설치한다. 다음은 지주목의 필요성에 대한 설명으로 옳지 않은 것은?
① 수고 생장에 도움을 준다.
② 도시미관을 위해 필수적이다.
③ 바람에 의한 피해를 줄일 수 있다.
④ 수간의 굵기가 균일하게 생육할 수 있도록 해준다.

68 다음 중 「설치하자」에 의한 사고로 볼 수 없는 것은?
① 시설의 구조 자체의 결함에 의한 사고
② 시설 설치의 미비에 의한 사고
③ 시설 배치의 미비에 의한 사고
④ 시설의 노후, 파손에 의한 사고

해 ④는 관리하자에 의한 사고에 해당된다.

69 주민참가에 의하여 행하여 질 수 있는 공원관리활동 내용이 아닌 것은?
① 청소
② 기술자문
③ 공원관리에 대한 제안
④ 어린이의 놀이지도

70 다음 중 이용관리의 방법이 아닌 것은?
① 이용지도
② 토양시비관리
③ 안전관리
④ 팸플릿 작성 및 포스터의 이용

해 이용관리 : 안전관리, 이용지도, 홍보, 행사프로그램 주도, 주민참여 유도

71 방동사니류 잡초에 해당하지 않는 것은?
① 올미　　　　② 올방개

③ 올챙이고랭이　　　④ 바람하늘지기

🔠 방동사니류 잡초로는 알방동사니, 참방동사니, 금방동사니 및 나도방동사니, 향부자, 올방개, 매자기, 올챙이고랭이 등이 있다. 올미는 광엽류 잡초에 해당된다.

72 수목에 비료를 주는 방법 중 작업방법이 비교적 신속하고, 비료의 유실량(流失量)이 많다. 특히 토양 내로의 이동속도가 비교적 느린 양분에 적용하지 않는 것이 좋다. 즉 질소시비의 경우에는 이 방법이 좋으나, 인(P)이나 칼륨(K)에는 좋지 않은 시비방법은?

① 표토시비법　　　② 천공시비법
③ 엽면시비법　　　④ 수간주사법

73 일반적으로 시설물별 내용 년수로 옳은 것은?
① 벤치(플라스틱) : 5년
② 시계탑 : 10년
③ 담장(로프 울타리) : 20년
④ 테니스 코트(클레이코트) : 10년

🔠 벤치(플라스틱)–7년, 시계탑–15년, 담장(로프 울타리)–5년

74 아스팔트 포장의 보수 및 시공 공법이 아닌 것은?
① 패칭공법　　　② 표면충전처리공법
③ 표면실링공법　　　④ 덧씌우기공법

75 다음 중 잎을 가해하는 식엽성 해충으로 분류되는 것은?
① 박쥐나방　　　② 도토리거위벌레
③ 솔수염하늘소　　　④ 대벌레

🔠 식엽성 해충 : 노랑쐐기나방, 독나방, 버들재주나방, 솔나방, 어스렝이나방, 짚시나방, 참나무재주나방, 텐트나방, 흰불나방, 오리나무잎벌레, 잣나무넓적잎벌

76 공사 기성고(既成高) 곡선 중 원활하게 진행하고자 할 땐 어느 곡선이 가장 적절한가?

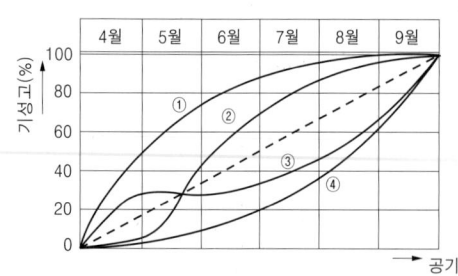

① 1　　　② 2　　　③ 3　　　④ 4

🔠 S자형 곡선을 이루는 것이 적절한 진행을 보이는 것이다.

77 비탈면 보호공의 유지관리 항목 중에서 특히 방책기둥의 굴곡, 낙석 또는 토사의 퇴적, 기초보의 풍화 또는 붕괴 등을 주로 점검해야 하는 비탈면 보호공은?
① 편책공　　　② 비탈면돌망태공
③ 낙석방지망공　　　④ 낙석방지책공

78 목재시설물의 관리 지침 중 적당하지 않은 것은?
① 원목은 옹이가 없는 것이 좋다.
② 썩는 것을 방지하기 위해 방부처리를 한다.
③ 표면 방부처리 후 대패질을 부드럽게 만든다.
④ 수축 및 균열을 방지하기 위해 충분히 건조시킨다.

🔠 방부목재 사용시 절단, 천공, 대패질 등 현장가공 하지 않는다. 방부처리된 목재가 절단, 대패질 등의 추가가공이 되었을 경우에는 가공부위에 대하여 방부제를 도포하여 방부성능이 저하되지 않도록 해야 한다.

79 운영관리 고유의 업무 영역으로 분류하여 어려운 것은?
① 예산·재무 제도　　　② 조직관리
③ 월동관리　　　④ 재산관리

80 수병치료를 위한 수간주사법에 대한 설명이 옳은 것은?
① 청명한 날의 낮 시간에 실시한다.
② 수간주사액은 주로 살균제 성분이다.
③ 빗자루병의 치료에는 효과가 없다.
④ 수피 두께 정도까지 바늘을 찌른다.

제1과목 조경계획 및 설계

1 중세 서양의 도시광장이라고 불리던 것의 명칭은?
① 플레이스(place)
② 아고라(agora)
③ 포름(forum)
④ 프라자(plaza)

2 중국 원대(元代)의 예찬(倪瓚)과 화가 주덕윤(朱德潤)에 의해 설계된 정원은?
① 졸정원
② 사자림
③ 수지정원
④ 대자사(大字寺)의 정원

3 다음 중 계리궁 정원과 가장 관계가 먼 것은?
① 연양정
② 천교립
③ 송금정
④ 백낙천

해 연양정(엔요테이, 延養亭)은 일본 에도시대의 고라쿠엔(後樂園)의 정자이다.

4 다음 중 경복궁의 어원(御苑)과 관계없는 것은?
① 부용정
② 경회루
③ 아미산후원
④ 향원정

해 부용정은 창덕궁 후원에 있는 정자이다.

5 다음 중 인위적으로 흙을 쌓아서 만든 계단식 후원은?
① 덕수궁의 함녕전 후원
② 경복궁의 교태전 후원
③ 창덕궁의 낙선재의 후원
④ 창덕궁의 연경당 선향제 후원

6 백제 동성왕(東城王)이 서기 500년에 궁안에 누(樓)를 짓고 원지(苑池)를 파고 기이한 짐승을 기른 기록이 있는데, 이때의 누의 명칭은?
① 망해루(望海樓)
② 임해전(臨海殿)
③ 임류각(臨流閣)
④ 세연정(洗然亭)

7 고려 예종 때 창건된 국립 숙박시설로 왕의 행차에 대비한 별원이 있던 곳은?

① 순천관
② 중미정
③ 만춘정
④ 혜음원

8 낙양명원기(洛陽名園記)에 관한 설명으로 옳지 않은 것은?
① 작자는 북송(北宋)의 이격비로 알려져 있다.
② 당나라의 원림에 관한 것도 기술하고 있다.
③ 석가산 조영수법에 대해 자세히 설명되어 있다.
④ 아취(雅趣)를 중히 여기는 사대부의 정원들이 소개되었다.

9 다음 [보기]는 계획·설계과정 중 어느 단계에 해당하는가?

•법규검토	•단지분석
•제한 요소 검토	•잠재요소 검토

① 용역발주
② 조사
③ 분석
④ 종합

10 사람들이 공간을 어떻게 인지하는가라는 문제를 분석하기 위해 린치(Kevin Lynch)가 사람들이 그린 지도를 통해 분류한 공간인지방법에 해당하지 않는 것은?
① 우선결정점부터 그리는 방법
② 경계선을 그리고 세부적인 것을 보는 방법
③ 상징물을 지정하고 상징물 사이를 연결하여 구역으로 나누는 방법
④ 통로를 그리고 그 통로를 따라 주변요소들을 지적하는 방법

11 옥외휴양 행동을 좌우하는 지배인자로서 영향력이 가장 약한 기상 조사 항목은?
① 강우 일수
② 연평균 강설량
③ 기온의 변동량(최고 최저 기온)
④ 생물 기후의 각종 데이터(벚꽃의 개화일 등)

12 경관을 디자인 하는데 있어서 개념을 형태로 발전시키는 주제로서 크게 기하학적인 형태의 주제와 자연적인 형태의 주제로 나눌 수 있는데 다음 중 자연적인 형태인 것은?

① 원 위의 원
② 90°직각 주제
③ 불규칙한 다각형
④ 동심원과 반지름

13 다음 중 환경영향평가법 시행령에 규정된 환경 분야별 환경영향평가 세부항목과 항목수가 맞지 않는 것은?

① 대기환경 분야(3가지) : 소음·진동, 일조장해, 위생·공중보건
② 수환경 분야(3가지) : 수질(지표·지하), 수리·수문, 해양환경
③ 토지환경 분야(3가지) : 토지이용, 토양, 지형·지질
④ 자연생태환경 분야(2가지) : 동·식물상, 자연환경 자산

📖 대기환경 분야(3가지) : 기상, 대기질. 온실가스

14 다음 용도지역별 용적율의 최대한도가 다른 하나는?

① 녹지지역　　　　② 농림지역
③ 생산관리지역　　④ 자연환경보전지역

📖 ① 100% 이하, ②③④ 80% 이하

15 다음 중 조경설계기준상의 「문화재 및 사적지」에 관한 설명으로 틀린 것은?

① 사적지는 자연지형의 변화 및 훼손이 없는 범위 내에서 설계하며, 재료는 사적지 주변의 지역에서 활용되도록 고려한다.
② 사적지는 사적의 복원 및 재현은 역사성에 맞게 하되 주변지역도 역사성에 맞게 식재하고 시설물들이 조화롭게 설계되어야 한다.
③ 전적지는 관리자가 별도로 상주함으로 관리측면을 관리자 중심의 설계를 기본으로 한다.
④ 민속촌 내의 수목은 그 지방의 낙엽화목류와 과일나무를 주종으로 하는 향토수종을 사용하며

전통적 식재기법에 어긋나지 않도록 유의한다.

📖 전적지는 관리자가 별도로 상주하지 않는 점을 고려하여 관리 측면을 설계한다.

16 「장애인·노인·임산부 등의 편의증진보장에 관한 법률 시행규칙」상의 장애인 등의 통행이 가능한 접근로의 기준 중 A에 해당하는 값은?

> – 접근로의 기울기는 (A)이하로 하여야 한다. 다만, 지형상 곤란한 경우에는 (B)까지 완화할 수 있다.
> – 대지 내를 연결하는 주접근로에 단차가 있을 경우 그 높이 차이는 2센티미터 이하로 하여야 한다.

① 10분의 1　　　　② 16분의 1
③ 18분의 1　　　　④ 20분의 1

📖 B는 12분의 1이다.

17 다음 중 미적원리에 대한 설명으로 틀린 것은?

① 균형은 안정성은 있지만 단조로움이 있다.
② 동세는 공간에 운동감을 줌으로 여백에 생명감을 준다.
③ 율동의 효과적 사용은 작품에 약동감을 주며 여백을 충실히 표현하게 된다.
④ 반복은 공간 예술에서 거리, 형태 등의 본질이며 그것은 동양식 정원에서 많이 볼 수 있다.

18 그림은 어떤 건설 재료의 단면 표시인가?

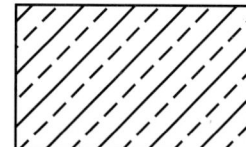

① 석재
② 강재
③ 목재
④ 콘크리트

19 경사가 있는 지반에서 도면에 1:0.03로 표시할 수 있는 경우는?

① 연직거리 1m 일 때 수평거리 8mm 경사
② 연직거리 4m 일 때 수평거리 12mm 경사
③ 연직거리 1m 일 때 수평거리 80mm 경사
④ 연직거리 4m 일 때 수평거리 120mm 경사

해 연직거리 1에 대한 수평거리 0.03을 말한다.

∵ 4 : 0.12 = 1 : 0.03

20 그림과 같이 문자, 숫자, 상징 등이 비슷한 것들끼리 그룹 지어 보이는 지각 원리는?

A	B	C
1	2	3
@	%	&

① 근접성의 원리
② 유사성의 원리
③ 연속성의 원리
④ 공동운명의 원리

제2과목 **조경식재**

21 자연풍경 식재의 기본 패턴에 속하지 않는 것은?

① 교호식재 ② 랜덤식재
③ 배경식재 ④ 부등변삼각형식재

해 교호식재는 정형 식재의 기본 패턴에 속한다.

22 토양환경에 있어 표층토(표토, surface soil)에 관한 설명으로 틀린 것은?

① 토양색은 암흑색을 띠고 있다.
② 낙엽, 낙지가 분해되어 부식질을 포함하고 있다.
③ 표토의 토심은 토양의 생산성과 밀접한 관계가 있다.
④ B층이라고도 하며 깊은 토층이 수목의 생육에 바람직하다.

해 표층토는 A층이다.

23 파종잔디 조성에 관한 설명으로 옳은 것은?

① 한지형 잔디는 9~10월경 파종한다.
② 파종지는 깊이 10cm 이하로 부드럽게 간다.
③ 파종 후 종자가 흙 속에 박히지 않도록 주의한다.
④ 파종 직후에는 통풍과 곰팡이 발생을 억제하기 위해 피복하지 않는다.

24 수수꽃다리(*Syringa oblata* var. *dilatata* Rehder)의 설명으로 틀린 것은?

① 낙엽활엽 소교목 또는 관목이다.
② 생육환경은 산기슭 양지(석회암지대)이다.
③ 열매는 삭과로 타원형이며 첨두이고 길이 9~15mm로 9~10월에 성숙한다.
④ 꽃은 8월에 피고 지름 2cm로 연한 노란색이며, 원뿔모양꽃차례로 전년지 끝에 마주난다.

해 꽃은 4~5월에 연한 자주색으로 피고, 향기가 있다. 꽃받침과 꽃부리는 4갈래로 갈라지고 수술은 2개이다.

25 다음 설명에 적합한 수종은?

- 낙엽활엽교목이다.
- 서북향이 막힌 양지바른 곳이면 서울을 비롯한 중부지방 어디에서나 잘 자라나 내염성이 약한 편이어서 해안지방에서는 잘 자라지 못한다.
- 꽃은 백색 또는 담홍색으로 4월에 잎보다 먼저 피고 전년도 잎겨드랑이에 1~3개씩 달리며 화경이 거의 없다.

① 매실나무 ② 리기다소나무
③ 이태리포플러 ④ 삼나무

26 다음 중 한 해 동안 잎의 녹색을 가장 오랫동안 볼 수 있는 것은?

① 능수버들 ② 회화나무
③ 느티나무 ④ 은행나무

27 식재로 얻을 수 있는 기능에는 건축적 이용, 공학적 이용, 기상학적 이용, 미적 이용이 있다. 다음 중 식재기능과 관계 없는 것은?

① 통행의 조절 ② 점진적 이해
③ 건축물의 구조재 ④ 섬세한 선형미

해 식재의 기능

① 건축적 이용 : 사생활 보호, 차단 및 은폐, 공간분할, 점진적 이해
② 공학적 이용 : 토양침식의 조절, 음향조절, 대기정화작용, 섬광조절, 반사조절, 통행조절
③ 기상학적 이용 : 태양복사열 조절, 바람조절, 강수조절, 온도조절
④ 미적 이용 : 조각물로서의 이용, 반사, 영상(silhouette), 섬세한 선형미, 장식적인 수벽(樹壁), 조류 및 소동물 유인, 배경, 구조물의 유화(柔化).

28 고속도로 식재수법이 보행관련 식재, 사고방지 식

정답 **20** ② **21** ① **22** ④ **23** ① **24** ④ **25** ① **26** ① **27** ③ **28** ④

재, 경관을 위한 식재, 기타 식재로 구분 될 때 다음 중 "경관을 조성"하는데 목적이 있는 식재수법은?

① 시선유도식재
② 차광식재
③ 진입방지식재
④ 조망식재

29 다음 설명에 해당하는 수종은?

> 가지가 많이 갈라지고 일년생 가지에는 구(溝)가 있으며 마디마다 1~3개의 날카로운 가시가 나 있다. 2년지는 적색 또는 암갈색으로 되고 가시는 길이 6~12mm이다.

① 호랑가시나무
② 살구나무
③ 노린재나무
④ 매자나무

30 다음 중 뿌리돌림과 관련된 설명으로 옳지 않은 것은?

① 뿌리돌림의 대상은 수세회복이 필요한 노거수이다.
② 분의 크기는 뿌리 발생력이 강한 수종은 작게한다.
③ 뿌리에 V자 모양의 깊은 홈이 파지도록 한 바퀴 빙 돌아가며 파준다.
④ 도랑파기식은 분 형태로 도랑을 파 잔뿌리와 직근은 박피 후 남겨 새 뿌리를 발생시키고 굵은 측근은 모두 제거한다.

해 도랑파기식은 분 형태로 도랑을 파 노출되는 뿌리를 자르고, 3-4개의 굵은 측근을 박피한다.

31 다음에서 설명하는 삽목법은?

> – 당년에 자란 가지로서 어느 정도 탄력이 있고 경화되지 않은 상태의 것을 잘라 꽂는 방식으로서 이는 생육이 중지된 새가지(신초;新梢)를 사용
> – 동백나무, 치자나무, 서향, 철쭉 등에 적용

① 지삽(枝揷)
② 녹지삽(綠枝揷)
③ 할삽(割揷)
④ 엽삽(葉揷)

32 다음 중 조경식재의 효과에 대한 설명으로 틀린 것은?

① 조밀한 방풍림은 풍속을 75~85%까지 감소시킨다.

② 180m 정도의 넓은 식재대는 대기중의 먼지를 75% 감소시킨다.
③ 5~10m 폭의 식재대는 저주파 소음을 10~20dB 까지 감소시킨다.
④ 식재높이가 90~180cm가 되면 통행이 매우 효과적으로 조절된다.

해 식생은 고주파소음의 조절에 효과가 크고 저주파소음에는 효과가 저하된다. 폭 10~15m의 식재대는 고주파소음을 10~20dB 감소시킨다.

33 줄기가 회백색 계열이며, 밋밋하고, 큰 비늘처럼 벗겨지기 때문에 얼룩져 보이는 수종은?

① 백송(*Pinus bungeana*)
② 분비나무(*Abies nephrolepis*)
③ 서어나무(*Carpinus laxiflora*)
④ 식나무(*Aucuba japonica*)

34 멸종위기 야생생물 I급에 해당하는 식물종은? (단, 야생생물 보호 및 관리에 관한 법률 시행 규칙을 적용한다.)

① 죽백란
② 가시연꽃
③ 각시수련
④ 노란만병초

해 멸종위기 야생식물 I급으로는 광릉요강꽃, 나도풍란, 만년콩, 섬개야광나무, 암매, 죽백란, 풍란, 한란, 털복주머니란이 있다.

35 가로수 식재시 차량주행에 따른 섬광 차폐를 위하여 식재간격을 결정하는 공식(S)은? (단, s:가로수의 간격, d:수관의 직경, r:수관의 반경, α:주행 방향에 대한 시각)

① $\dfrac{2r}{\sin\alpha}$
② $\dfrac{2d}{\sin\alpha}$
③ $\dfrac{d}{\tan\alpha}$
④ $\dfrac{2d}{\tan\alpha}$

36 다음 식재와 관련된 설명 중 옳지 않은 것은?

① 식재로 얻을 수 있는 공학적 효과로서 섬광조절 기능이 있다.
② 일반적으로 음수는 양수에 비해 어릴 때 생장이 왕성하다.

③ 식물은 토양수분이 pF 4.2에 도달되면 고사하며, 이점을 영구위조점이라 한다.
④ 내염성이 크다고 알려진 수종이라도 내륙지방에서 자란 것은 해안지방에서 자란 것보다 내염성이 약하다.

해 일반적으로 양수가 음수에 비해 어릴 때 생장이 왕성하다.

37 척박한 급경사지에 생육이 적합하며 지면을 피복하는 수목은?
① 싸리
② 주목
③ 철쭉
④ 병아리꽃나무

38 한대성 수종으로 줄기가 백색으로 아름다운 수종은?
① *Abies holophylla*
② *Betula schmidtii*
③ *Alnus japonica*
④ *Betula platyphylla* var. *japonica*

해 ① 전나무 ② 박달나무 ③ 오리나무 ④ 자작나무

39 영명으로 tree of heaven이라고 불리며, 공해에 강하고 수관이 우산을 펴든 모양으로 열대 수목 같은 모양의 잎을 가진 수종은?
① *Wisteria floribunda*
② *Melia azedarach*
③ *Ailanthus altissima*
④ *Sophora japonica*

해 ① 등나무 ② 멀구슬나무 ③ 가중나무 ④ 회화나무

40 잔디는 지면의 피복식물로서 효과적이다. 잔디밭 조성에 있어서 우선적으로 고려되어야 할 사항은?
① 상토와 배수성
② 병충해 예방 및 관리
③ 전질소량
④ 대기오염

제3과목 조경시공
41 다음 [보기]중 ( )안에 알맞은 용어는?

수의계약이라 하더라도 계약 상대방과 임의로 가격을 협의하여 계약을 체결하는 것이 아니라, ( )

를/을 공개하지 아니한 가운데 견적서를 제출케 함으로써 경쟁입찰에 단독으로 참가하는 방식으로 이루어진다.

① 설계도면
② 공사시방서
③ 공사예정가격
④ 공사예정기일

42 네트워크 공정표의 크리티컬 패스(critical path)에 대한 설명으로 맞지 않는 것은?
① 공기는 크리티컬 패스에 의해 결정된다.
② 크리티컬 패스는 일의 개시시점을 말한다.
③ 크리티컬 패스상의 공종은 중점 관리대상이 된다.
④ 여러 경로 중 가장 시간이 긴 경로를 말한다.

해 크리티컬 패스는 작업의 시작점에서 종료점에 이르는 가장 긴패스를 말한다.

43 다음에서 설명하는 토공 기계는?

– 굴착, 적재, 운반, 버리기, 고르기 작업을 겸할 수 있다.
– 작업거리는 100~1500m 정도의 중장거리용이다.

① 앵글도우저
② 그레이더
③ 드래그라인
④ 스크레이퍼

44 자연상태에서 화강암의 정원석 1m의 일반적인 추정 단위중량으로 가장 적당한 것은?
① 1800~2000kg
② 2600~2700kg
③ 2700~3700kg
④ 3500~4000kg

45 강의 탄소함유량이 증가함에 따른 성질 변화에 관한 설명으로 옳지 않은 것은?
① 경도가 높아진다.
② 신장률은 떨어진다.
③ 충격값은 감소한다.
④ 용접성이 좋아진다.

해 탄소량이 증가함에 따라서 용접부에는 저온균열이 발생할 염려가 커져 용접성이 저하된다.

46 인공위성을 이용한 범세계적 위치 결정의 체계

로 정확한 위치를 알고 있는 위성에서 발사한 전파를 수신하여 관측점까지의 소요시간을 측정함으로써 관측점의 3차원 위치를 구하는 측량은?
① 원격탐측
② GPS측량
③ 스타디아측량
④ 전자파 거리측량

47 그림과 같은 단순보에 집중하중이 작용할 때 최대 굽힘 모멘트가 발생하는 구간은?

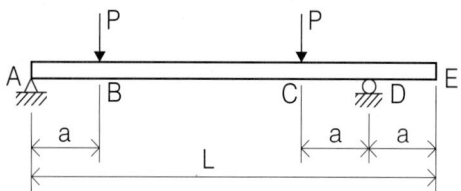

① 구간 AB
② 구간 BC
③ 구간 CD
④ 구간 DE

해 대칭하중이 작용하므로 BC구간에 모멘트가 최대가 되고 모멘트의 변화는 없다.

48 다음의 정원석 석축공의 품셈기준과 인부품을 참조하여 정원석 쌓기 10t, 놓기 20t에 대한 노임 합계는?

구분	조경공 (인)	보통인부 (인)	비고(ton당)
쌓기	2.5	2.5	조경공 10,000원/일
놓기	2.0	2.0	보통인부 5,000원/일

① 625,000
② 825,000
③ 975,000
④ 1,250,000

해 • 쌓기 10×(2.5×10,000+2.5×5,000) = 375,000(원)
• 놓기 20×(2.0×10,000+2.0×5,000) = 600,000(원)
• 노임합계 375,000+600,000 = 9,750,000(원)

49 자연상태에서 100m의 흙을 8ton 트럭 1대로 옮기려고 한다. 몇 회 운반하면 되는가? (단, 토량 변화율 (L) = 1.1 이고, 흐트러진 상태의 흙 단위중량은 1500kg/m³이며, $q = \dfrac{T}{r_t} \times L$이다.)
① 약 12회
② 약 13회
③ 약 17회
④ 약 21회

해 (100×1.1)/(8/1.5)=20.63회

50 옹벽의 구조설계시 역학적 필수 검토 사항으로만 조합된 것은?
① 모멘트, 미끄러짐, 처짐
② 처짐, 뒤틀림, 휨
③ 지지력, 모멘트, 미끄러짐
④ 재료의 내구성, 시공방법, 시공기한

51 시멘트에 대한 일반적인 내용으로 옳지 않은 것은?
① 시멘트는 풍화되면 비중이 작아진다.
② 시멘트가 풍화되면 수화열이 감소된다.
③ 시멘트의 분말도가 클수록 수화작용이 빠르다.
④ 시멘트의 수화반응에서 경화 이후의 과정을 응결이라 한다.

해 응결은 수화작용에 의해 굳어지는 상태를 지칭한다.

52 시멘트의 분말도에 대한 설명으로 옳지 않은 것은?
① 분말도가 가는 것일수록 수화작용이 빠르다.
② 분말도가 가는 것일수록 조기강도는 떨어진다.
③ 분말도가 가는 것일수록 워커빌리티가 좋다.
④ 분말도가 지나치게 가는 것일수록 건조수축, 균열이 발생하기 쉽다.

해 분말도가 가는 것일수록 조기강도는 크다.

53 종자뿜어붙이기 시공과 관련된 설명 중 옳지 않은 것은?
① 네트 + 종자분사파종은 시공이 간편하여 단기간에 많은 면적을 녹화하는데 적합하다.
② 한 종류의 발생기대본수는 가급적 총 발생기대본수의 80% 이하로 내려가지 않도록 한다.
③ 사용식생의 종자발아에 필요한 온도, 수분이 적당한 범위 내에서 정하되 가능한 한 봄철로 한다.
④ 초본류만을 사용하면 근계층이 얇기 때문에 비탈면이 박리(剝離)되기 쉬우므로 필요시 목본류와 혼파한다.

해 한 종류의 발생기대본수는 가급적 총 발생기대본수의 10% 이하로 내려가지 않도록 한다.

54 그림과 같은 평행력 2t과 6t을 P₁=3t, P₂=5t으로 분해한다면 P₂의 거리 X는?

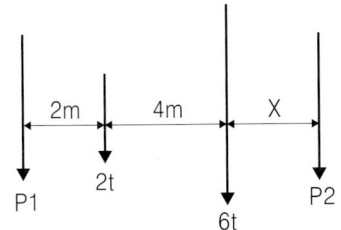

① 1m ② 2m ③ 3m ④ 4m

🔲 분력의 모멘트와 합력의 모멘트는 동일하므로 여기서는 6t 이 작용하는 곳을 중심으로 정하고 모멘트를 구하는 것이 편리하다.

$5X - 3 \times 6 = -2 \times 4$ ∴ $X = 2$

55 금속부식을 최소화하기 위한 방법에 대한 설명 중 옳지 않은 것은?

① 부분적으로 녹이 나면 즉시 제거한다.

② 가능한 한 이종 금속을 인접 또는 접촉시키지 않는다.

③ 큰 변형을 준 것은 가능한 한 담금질을 하여 사용한다.

④ 표면을 평활하고 깨끗이 하며 가능한 한 건조 상태를 유지한다.

🔲 큰 변형을 준 것은 가능한 한 풀림을 하여 사용한다.

56 벽돌쌓기에 관한 일반적인 설명으로 옳지 않은 것은?

① 균일한 높이로 쌓아 올라간다.

② 모르타르는 배합하여 1시간 이내에 사용한다.

③ 벽돌에 충분한 습기가 있도록 사전에 조치한다.

④ 하루에 쌓는 표준 높이는 2.0m까지이다.

🔲 벽돌의 1일 쌓기 높이는 표준 1.2m를 표준으로 최대 1.5m 이하로 한다.

57 중용열 포틀랜드시멘트의 일반적인 특징 중 옳지 않은 것은?

① 초기강도가 크다. ② 건조수축이 적다.

③ 수화발열량이 적다. ④ 내구성이 우수하다.

🔲 중용열 포틀랜드시멘트는 조기 강도는 낮으나 장기 강도가 크다.

58 감람석이 변질된 것으로 암녹색 바탕에 아름다운 무늬를 갖고 있으나 풍화성이 있어 실내장식용으로 사용되는 것은?

① 사문암 ② 안산암

③ 응회암 ④ 현무암

59 목재는 같은 재료일지라도 탈습과 흡습에 따라 평형함수율이 달라지며 평형함수율은 탈습에 의한 경우보다 흡습에 의한 경우가 낮다. 이러한 현상을 무엇이라 하는가?

① 기건수축 ② 동적평형

③ 이력현상 ④ 목재의 이방성

60 공사기간 중 설치되었다가 공사 완공 후 철거되는 것을 가시설이라 한다. 다음 중 가시설이 아닌 것은?

① 토류벽 ② 옹벽구조물

③ 비계 ④ 가설사무소

제4과목 조경관리

61 다음 중 조경공간의 관수(灌水)관리를 위한 설명으로 가장 적합한 것은?

① 봄철 하루 중 관수의 시기는 식물의 생육이 왕성한 정오에 하는 것이 바람직하다.

② 스프링클러에서 물이 흐르는 파이프는 헤드의 원활한 작동을 위해 가능하면 큰 직경에 유속은 변화를 주어 빨리 공급되어야 한다.

③ 관의 토양 중 깊이는 다른 관리 작업에 의해 파손되지 않도록 충분히 깊어야 하며, 겨울철에는 물을 빼서 동파의 가능성을 줄여야 한다.

④ 점적관수(drip irrigation)는 개별 식물체에 연결된 호스의 작은 구멍을 통해 소량의 물이 나오는 것으로서 많은 수분이 일시에 대기 중에 배출된다.

62 다음 중 조팝나무진딧물과 관련된 설명으로 틀린 것은?

① 오래된 잎에 모여 식엽 가해한다.

② 가해 수종으로는 조팝나무, 모과나무, 명자나무 등이 있다.

③ 무시생태 암컷 성충의 몸길이는 2mm 내외이며 타원형으로 녹황색을 띤다.

④ 생물적 방제를 위해 포식성 천적인 무당벌레류, 풀잠자리류, 거미류 등을 보호한다.

해 조팝나무진딧물은 흡즙성 해충이다.

63 차량통행이 적고 균열 정도와 범위가 심각하지 않은 훼손포장 부위를 아스팔트와 골재 또는 아스팔트만으로 메우거나 덮어 씌우는 임시적 포장 재생방법은?

① 표면처리공법
② 덧씌우기공법
③ 패칭공법
④ 치환공법

64 철제면 도장공사의 작업순서로 가장 적합한 것은?

① 도장물체 표면 쇠솔 → 녹 제거(샌드페이퍼) → 광명단 → 밑칠 → 마른 후 재도장

② 광명단 → 도장물체 표면 쇠솔 → 녹 제거(샌드페이퍼) → 밑칠 → 마른 후 재도장

③ 도장물체 표면 쇠솔 → 녹 제거(샌드페이퍼) → 광명단 → 마른 후 재도장 → 밑칠

④ 광명단 → 도장물체 표면 쇠솔 → 녹 제거(샌드페이퍼) → 마른 후 재도장 → 밑칠

65 조경재료 중 목재 부분이 해충에 의해 손상을 입었을 때 보수방법에 해당하는 것은?

① 실(seal)재료(에폭시계)를 도포하여 잘 봉한다.

② 해충을 구제하고 나무 망치로 원상 복구한다.

③ 유기인계 및 유기염소계통의 방충제를 살포하고 부패된 부분은 제거 후 퍼티를 충전한다.

④ 에틸알콜로 깨끗이 세척한 후 접착제(에폭시계), 아크릴 계통 등으로 경화될 때까지 도포한다.

66 30% 메프(MEP)유제 100cc로 0.05%의 살포액을 만들려고 한다. 이 때 소요되는 물의 양은? (단, 비중은 1.0으로 한다.)

① 59,900cc
② 69,900cc
③ 79,900cc
④ 89,900cc

해 희석할 물의 양

소요농약량 $\times \left(\dfrac{\text{농약주성분농도(\%)}}{\text{추천농도(\%)}} -1 \right) \times$ 비중

$\therefore 100 \left(\dfrac{30}{0.05} -1 \right) \times 1 = 59,900cc$

67 비탈면의 풍화, 침식 등의 방지를 위하여 시행하는 공법으로서 1:1 이상의 완구배로서 접착력이 없는 토양, 식생이 곤란한 풍화토, 점토 등의 경우에 주로 사용되는 보호 공법은?

① 돌붙임 및 블록 붙임공

② 콘크리트판 설치공

③ 콘크리트 격자형 블록 및 심줄박기공

④ 시멘트 모르타르 뿜어붙이기공

68 다음 수목의 수형관리와 관련된 설명 중 옳지 않은 것은?

① 무궁화는 1년생 가지에 꽃이 많이 달리므로 개화 후 낙화 할 무렵에 전지한다.

② 벗나무류는 전지한 곳에서 썩기 쉬우므로 병해충의 피해를 입지 않도록 주의 한다.

③ 나무 밑둥의 뿌리에서 돋아나는 곁움은 모두 베어버려야 한다.

④ 박달나무, 자작나무 등은 지피융기선과 지륭이 잘 발달하여 뚜렷이 나타나 가지치기시 그 안쪽을 잘라야 한다.

해 박달나무, 자작나무 등은 지피융기선과 지륭이 잘 발달하여 뚜렷이 나타나 가지치기 시 그 바깥쪽을 잘라야 한다.

69 병원의 분류 중 비전염성병에 속하지 않는 것은?

① 대기오염에 의한 병

② 종자식물에 의한 병

③ 토양산도의 부적합에 의한 병

④ 토양 중의 양분 결핍 및 과잉에 의한 병

해 종자식물에 의한 병은 전염성병에 속한다.

70 아밀라리아(Armillaria) 뿌리썩음병균에 의해 나타나는 증상이 아닌 것은?

① 균핵

② 자실체(버섯)

③ 부채꼴 모양의 흰색 균사매트

④ 근상균사속(뿌리모양의 균사다발)

71 다음 병명 중 한지형 잔디에 발생되는 병으로 여름 우기에 크게 문제되며 병에 걸린 잎은 물에 잠긴 것처럼 땅에 누우며 미끈한 촉감을 주는 증상을 보이는 것은?

① 녹병(Rust)

② 설부병(Snow molds)

③ 갈색엽부병(Brown patch)

④ 면부병(Pythium blight)

72 다음 [보기]에서 설명하는 비료는?

> – 주성분은 인산1칼슘과 황산칼슘이다.
> – 회백색 또는 담갈색의 분말이다.
> – 강산성이고 특유의 냄새가 있다.
> – 염기성비료와 배합하면 좋지 않다.

① 용성인비

② 질산칼슘

③ 토머스인비

④ 과린산석회

73 수목관리에서는 잡초방제가 중요하다. 다음 중 잡초의 정의에 가장 적당한 것은?

① 수목의 성장에 방해되는 식물을 말한다.

② 수목의 관리에 방해되는 식물을 말한다.

③ 계획에 의하여 식재되지 않은 식물을 말한다.

④ 이용자가 원하지 않는 장소에 원하지 않는 식물이 생육하고 있을 것을 말한다.

74 농약의 살포방법 중 유제, 수화제, 수용제 등에서 조제한 살포액을 분무기를 사용하여 무기분무(airless spray)에 의하여 안개모양으로 살포하는 방법은?

① 분무법(method of spray)

② 미스트법(mist spray method)

③ 스프링클러법(sprinkler method)

④ 폼스프레이법(foam spray method)

75 조경관리 업무를 위탁(도급)방식으로 할 때의 장점에 해당하는 것은?

① 긴급한 대응이 가능하다.

② 관리실태가 정확히 파악된다.

③ 임기응변적 조치가 가능하다.

④ 관리비가 싸게 되고 정기적으로 안정할 수 있다.

해 위탁(도급)방식의 장점

- 규모가 큰 시설 등의 효율적 관리 가능
- 전문가의 합리적 이용 가능
- 번잡한 노무관리를 하지 않는 단순화된 관리가능
- 전문적 지식, 기능, 자격에 의한 양질의 서비스가능
- 장기적으로 안정되고 관리비용 저렴

76 조경관리 중 시설구조 자체의 결함이나 시설설치 및 배치의 미비에 의한 사고의 종류는?

① 자연재해 등에 의한 사고

② 관리하자에 의한 사고

③ 설치하자에 의한 사고

④ 이용자, 보호자의 부주의에 의한 사고

77 용적밀도(bulk density)가 1.44 g/cm인 토양의 공극률이 0.4일 때, 이 토양의 입자비중(particle density)은 몇 g/cm인가?

① 2.20

② 2.30

③ 2.40

④ 2.65

해 공극률이 0.4이므로 실적률은 0.60이다.

실적률=용적밀도/입자비중

$0.6 = 1.44/x$ ∴$x = 2.4$

78 시멘트, 모르타르 뿜어붙이기에 앞서 철망을 비탈면에 잘 붙이고 철근앵커를 고정하는데 1m²당 몇 본을 표준으로 실시하는가?

① 1~2본

② 3~5본

③ 5~10본

④ 10~15본

79 다음 중 재해의 발생 원인에 있어 인적원인에 해당하는 것은?

① 방호설비에 결함이 있었다.

② 작업자와의 연락이 불충분하였다.

③ 작업장의 조명이 부적절하였다.

④ 작업장 주위가 정리정돈 되어 있지 않았다.

해 ①③④ 물적원인에 해당한다.

80 다음 중 솔잎혹파리에 관한 설명으로 틀린 것은?

① 매개충은 솔수염하늘소에 의해서 이동한다.

② 기생성 천적으로 솔잎혹파리먹좀벌, 혹파리등뿔먹좀벌 등이 있다.

③ 벌레가 외부로 노출되는 시기가 극히 제한적이기 때문에 침투성 약제 나무주사가 가장 효율적인 방제법이다.

④ 유충은 9월 하순~다음해 1월에 낙하(비오는 날이 가장 많음)하여 지피물 밑 또는 흙속으로 들어가 월동한다.

해 솔수염하늘소는 소나무재선충의 매개충이다.

제1과목 조경계획 및 설계

1 다음 중 향원지원, 교태전 후원 등과 가장 관계가 깊은 곳은?

① 창덕궁　　　　② 경복궁
③ 덕수궁　　　　④ 창경궁

2 조선후기 궁궐에서 정원 관리를 담당하던 관서는?

① 내원서　　　　② 장원서
③ 상림원　　　　④ 사선서

3 일본의 회유식 임천정원(廻遊式 林泉庭園)에 관한 설명으로 옳지 않은 것은?

① 산책하면서 감상하도록 설계되어 있기 때문에 못(池)에는 다리가 없다.
② 교토(京都) 계리궁(桂離宮, 가츠라리큐)의 정원은 그 대표적인 한 예이다.
③ 그 근원을 중세 말에 두고 있으나 양식으로 정착한 것은 강호(江戸, 에도)시대이다.
④ 중국적인 조경요소가 도입되어 있는 도쿄(東京)의 소석천후락원(小石川後樂園)도 이 양식에 속한다.

해 회유식 임천정원(廻遊式 林泉庭園)은 연못가와 섬을 다리로 연결하여 거니는 정원이다.

4 아도니스원(Adonis Garden)에 대한 설명으로 옳지 않은 것은?

① 포트 가든(Pot Garden)의 발달에 기여하였다.
② 고대 그리스에서 발달된 일종의 옥상정원이다.
③ 고대 이집트에서 발달된 일종의 사자(死者)의 정원이다.
④ 고대 그리스에서 부인들에 의해 가꾸어진 정원으로 초화류를 분(盆)에 심어 장식했다.

해 아도니스(Adonis)원은 고대 그리스 아테네의 부인들이 푸른색 식물인 보리·밀·상추 등을 화분에 심어 아도니스상 주위에 놓아 가꾸었으며, 오늘날 창가를 장식하는 포트가든이나 옥상가든으로 발전하였다.

5 중국 송나라의 휘종(徽宗) 때에 주민이 설계한 정원으로서 항주의 봉황산을 닮게 하였다고 하는 정원은?

① 경산(景山)　　　　② 만세산(萬歲山)
③ 만수산(萬壽山)　　④ 아미산(蛾眉山)

6 탑골(파고다)공원 내에 있는 「앙부일구(仰釜日晷)」는 무엇과 관련 있는가?

① 사리탑　　　　② 불상
③ 해시계　　　　④ 천제단

7 도산서원에 퇴계선생이 지당을 파고 연꽃을 심었던 유적은?

① 정우당　　　　② 절우사
③ 몽천　　　　　④ 세연지

8 다음 중 아크로폴리스(Acropolis)와 관계없는 것은?

① 니케 신전　　　　② 파르테논 신전
③ 프로필레아 신전　④ 폼페이 신전

해 아크로폴리스는 그리스의 폴리스에서 아고라와 함께 중심지의 중요부를 구성하였던 언덕으로 전성기인 페리클레스 시대에 파르테논 신전과 프로필레아 에렉테움 니케 신전이 세워졌다.

9 광장에 대한 설명으로 옳지 않은 것은?

① 광장은 휴식과 대화의 자리가 된다.
② 광장은 주변에 있는 건물이나 각종 시설물이 큰 영향을 준다.
③ 광장의 성격은 자연 지향적이고 레크레이션 지향형이다.
④ 광장의 입지조건은 상업, 문화, 행정 등의 기능을 지닌 공간과 관련성이 있는 자리가 좋다.

해 광장은 사회 지향적, 도시 지향적인 공간이다.

10 조경을 계획과 설계의 개념으로 구분한 것 중 설계(design)의 개념에 가장 가까운 접근방법은?

① 매우 체계적이며 일반론적임
② 논리적이고 객관성 있게 접근
③ 어떤 지침서나 분석결과를 서술형식으로 표현
④ 주관적·직관적이며, 창의성과 예술성을 크게 강조

11 다음 중 대상물의 표면이 거칠거나 섬세한 상태에 의하여 판단되는 경관 인지 요소는?
① 질감   ② 형태
③ 크기   ④ 색

12 레크레이션 계획을 '여가 시간에 행하는 사람들의 레크레이션 활동을 그에 적합한 공간 및 시설에 관련시키는 계획'이라고 정의하였으며, 이를 토대로 레크레이션의 접근방법을 자원접근방법, 활동접근법, 경제접근법, 행태접근방법, 종합접근방법 등 5가지로 분류한 사람은?
① 케빈 린치(Kevin Lynch)
② 이안 맥하그(Ian McHarg)
③ 가렛 에크보(Garrett Eckbo)
④ 세이머 골드(Seymour M Gold)

13 다음 중 주차장법상 주차장의 종류에 해당하지 않는 것은?
① 노변주차장   ② 노상주차장
③ 노외주차장   ④ 부설주차장

14 광역도시계획의 수립을 위한 공청회 개최에 관련된 설명 중 틀린 것은? (단, 국토의 계획 및 이용에 관한 법률을 적용한다.)
① 공청회는 국토교통부장관, 시·도지사, 시장 또는 군수가 지명하는 사람이 주재한다.
② 공청회개최예정일 20일 전까지 관계행정기관의 관보에 공고하여야 한다.
③ 공청회는 광역계획권 단위로 개최하되, 필요한 경우에는 광역계획권을 수개의 지역으로 구분하여 개최할 수 있다.
④ 공고 시 주요사항으로는 개최목적, 개최예정일시 및 장소, 수립 또는 변경하고자 하는 광역 도시계획의 개요, 기타 필요한 사항으로 한다.

해 공청회를 개최하려면 해당 광역계획권에 속하는 특별시·광역시·특별자치시·특별자치도·시 또는 군의 지역을 주된 보급지역으로 하는 일간신문에 공청회 개최예정일 14일전까지 1회 이상 공고하여야 한다.

15 다음 중 조경설계기준상의 계단돌 쌓기(자연석 층계)의 설명이 틀린 것은?
① 계단의 최고 기울기는 40~45° 정도로 한다.
② 한 단의 높이는 15~18cm, 단의 폭은 25~30cm 정도로 한다.
③ 보행에 적합하도록 비탈면에 일정한 간격과 형식으로 지면과 수평이 되게 한다.
④ 돌계단의 높이가 2m를 초과할 경우 또는 방향이 급변하는 경우에는 안전을 위해 너비 120cm 이상의 계단참을 설치한다.

해 계단의 최고 기울기는 30~35° 정도로 한다.

16 다음 그림에서 치수 기입 방법이 잘못된 것은?

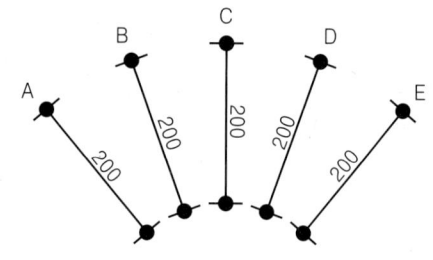

① A   ② B   ③ C   ④ D

해 수평방향의 치수선에 대하여는 도면의 하변으로부터 수직방향의 치수선에 대하여는 도면의 우변으로부터 읽고 쓴다. 경사방향의 치수선에 대해서도 이에 준해서 쓴다.

17 문화재에 대한 조경 대상으로서 비교적 거리가 먼 것은?
① 무형문화재   ② 사적
③ 명승   ④ 천연기념물

18 환경색채에 대한 설명으로 틀린 것은?
① 환경색채 디자인은 자연적인 특징과 인공적인 특징을 조화롭게 계획하여 지역 거주자들에게 좋은 영향을 줄 수 있도록 해야 한다.

② 인간에게 관계되는 환경색채로서 경관색채의 의미로 인간에게 심리적, 물리적인 영향을 준다.

③ 자연과 친화된 환경일수록 풍토성이 강해지고, 지역이 고립되고 차단될수록 지역색의 특성이 강해진다.

④ 자연기후의 영향을 받지 않아 계절색의 이미지를 고려하지 않아도 되며 주변 동·식물계의 생태학적 색채 또한 요소적 특징에 포함되지 않는다.

19 체육공원의 계획 및 설계 시 고려해야 할 사항으로 옳지 않은 것은?

① 휴게센터는 출입구에서 먼 곳에 배치시킨다.

② 공원면적의 5~10%는 다목적 광장, 시설 전면적의 50~60%는 각종 경기장으로 배치한다.

③ 야구장, 궁도장 및 사격장 등의 위험시설은 정적 휴게공간 등의 다른 공간과 격리하거나 지형, 식재 또는 인공구조물로 차단한다.

④ 운동시설은 공원 전 면적의 50% 이내의 면적을 차지하도록 하며, 주축을 남-북방향으로 배치한다.

해 공원이용자의 편의를 고려하여 운동공간과 연계하여 휴게센터를 배치시킨다.

20 수목의 종류, 배치 및 기타 횡단 구성요소와 균형 및 장래에 추가 차선을 목적으로 할 경우나 경관지 식수대의 경우는 그 폭을 몇 미터까지 할 수 있는가?

① 1.5m

② 2.0m

③ 3.0m

④ 4.5m

해 식수대의 폭은 수목의 종류, 배치 및 기타 횡단 구성요소와 균형 등을 고려하여 1~2m(표준 1.5m)로 한다. 다만, 장래에 추가 차선을 목적으로 할 경우나 경관지 식수대의 경우는 그 폭을 3m까지 할 수 있다.

제2과목 조경식재

21 다음 그림 중 식재를 통한 비대칭적 균형에 의한 공간감을 조성한 것이 아닌 것은?

①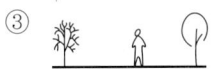

②

③

④

22 다음 중 피자식물에 속하는 종이 아닌 것은?

① 은행나무

② 뽕나무

③ 신갈나무

④ 단풍나무

23 일반적인 식재설계과정이 올바르게 연결된 것은?

① 예비계획단계→기본구상→식재설계→시공

② 식재 기본구상→관련법규 검토→식재설계→시공

③ 식재 기본구상→식재평면도 작성→유지관리→관련 법규검토

④ 예비계획단계→시공상세도 작성→사용수종 선정→관련법규 검토

24 토양의 화학적 성질 중 양이온치환에 관한 설명으로 틀린 것은?

① 양이온치환능력은 토양 표면으로부터 깊이가 깊어질수록 증가한다.

② 강우가 거의 없는 지역의 따뜻하고 건조한 토양은 칼슘, 나트륨, 칼륨의 흡착이 많다.

③ 석회석 모재로부터 생성된 습윤한 온대지역의 토양은 칼슘과 마그네슘의 함량이 높다.

④ 양이온치환능력은 완충능력을 결정하기 때문에 안정된 토양산도를 유지하는 데 중요한 역할을 한다.

해 양이온치환용량은 토심이 깊어질수록 감소한다.

25 수목식재에 있어서 색채(color)는 중요한 디자인 요소이다. 이러한 디자인요소를 부각시키기 위해서 사용되는 각 수종의 기관별 특징이 되는 색채가 바르게 설명된 것은?

① 자작나무 – 꽃 – 흰색

② 흰말채나무 – 수피 – 흰색

③ 홍가시나무 – 꽃 – 홍색

④ 벽오동 – 수피 – 녹색

해 자작나무(수피-흰색), 흰말채나무(수피-홍색), 홍가시나무(잎-홍색)

26 무궁화의 설명으로 틀린 것은?

① 아욱과(科)에 속하는 식물이다.

② 꽃이 개량되어 담홍, 자색, 백색, 홑꽃, 겹꽃이 다양하다.

③ 열매는 삭과로서 장타원형이고 약간의 털이 있는데 10월경에 성숙한다.

④ 잎은 대생으로 3개로 갈라지나 윗부분의 잎은 갈라지지 않는 것도 있다.

해 무궁화의 잎은 호생으로 얕게 3개로 갈라지며 가장자리에 불규칙한 톱니가 있다. 표면에는 털이 없으나 잎 뒷면에는 털이 있다.

27 다음 수종 중 잎의 특징이 복엽인 것은?

① *Albizia julibrissin* ② *Sorbus alnifolia*

③ *Cercis chinensis* ④ *Crataegus pinnatifida*

해 ① 자귀나무 ② 팥배나무 ③ 박태기나무 ④ 산사나무

28 고속도로 중앙분리대 녹지에서 생육이 불량한 수종은?

① 금목서 ② 아왜나무

③ 광나무 ④ 꽝꽝나무

해 금목서는 자동차 배기가스에 약한 수종이다.

29 다음 중 멸종가능성이 상대적으로 낮은 종은?

① 몸체가 작은 종

② 유전적 변이가 낮은 종

③ 지리적 분포 범위가 좁은 종

④ 개체군의 크기가 감소하고 있는 종

해 멸종가능성이 큰 종
- 지리적 분포가 좁은 종
- 단지 하나 또는 극소수의 개체군만으로 구성된 종
- 개체군의 크기가 작은 종(유전적 변이가 낮아 환경에 잘 견디지 못한다.)
- 개체군의 크기가 감소하고 있는 종
- 개체군의 밀도가 낮은 종
- 행동권이 넓어야 생육이 가능한 종
- 몸체가 큰 종
- 종을 효율적으로 확산시키지 못하는 종
- 계절적 이주 종
- 유전적 변이가 낮은 종

- 특이한 생태적 지위를 요구하는 종
- 안정된 환경에서만 생육하는 종
- 영구적 혹은 일시적 집합체를 형성하는 종(무리지어 사는 종)
- 인간에 의해 사냥 또는 수확되는 종

30 식물체 기공에 관한 설명으로 틀린 것은?

① 10개의 공변세포로 이루어졌다.

② 증산과 이산화탄소가 유입되는 통로의 역할을 한다.

③ 부유식물은 잎의 표면에, 건생식물은 함몰된 기공을 가진다.

④ 주로 잎에 많이 존재하지만 광합성을 수행하는 녹색 줄기에도 약간 존재한다.

해 공변세포는 기공을 둘러싸고 있는 반달 모양의 세포로 기공 하나당 2개의 공변세포로 이루어져 있다.

31 다음 중 장미과(*Rosaceae*)에 속하지 않는 것은?

① 오미자 ② 명자나무

③ 죽단화 ④ 옥매

해 오미자는 오미자과(*Schisandraceae*)에 속한다.

32 보통명(common name)은 습성, 특징, 산지, 용도, 전설, 외래어 등에서 유래되어 비롯된다. 다음 중 이름이 나무의 특징을 반영한 것이 아닌 것은?

① 생강나무 ② 주목

③ 물푸레나무 ④ 너도밤나무

33 다음 지피식물 중 백색계의 꽃을 볼 수 있는 식물로 모두 해당되는 것은?

① 할미꽃, 동자꽃, 금낭화

② 복수초, 피나물, 원추리

③ 바람꽃, 물매화, 남산제비꽃

④ 용담, 투구꽃, 용머리

34 서어나무에 대한 설명으로 틀린 것은?

① 꽃은 잎보다 먼저 핀다.

② 자작나무과(科) 식물로 잎은 호생이다.

③ 우리나라 온대림의 극상림 우점종이다.

④ 수피는 부분적으로 떨어지고 가로형의 피목이 발달한다.

정답 26 ④ 27 ① 28 ① 29 ① 30 ① 31 ① 32 ④ 33 ③ 34 ④

해 서어나무의 수피는 회색이고 세로방향으로 갈라진 근육모양의 울퉁불퉁한 형태를 지닌다.

35 조경공사 시 표토 모으기 및 활용에 관한 설명으로 틀린 것은?

① 지하수위가 높은 평탄지에서는 가능한 한 채취를 피한다.

② 채집대상 표토의 토양산도(pH)가 5.6~7.4가 되도록 하여 사용한다.

③ 보관 시 가적치의 최적두께는 2.0m를 기준으로 하며 최대 5.0m를 초과하지 않는다.

④ 식재공사 시 표토 소요량과 활용 가능한 표토량을 비교하여 적절한 채취계획을 수립한다.

해 가적치 두께는 1.5m를 기준으로 최대 3.0m를 초과하지 않는다.

36 줄기 싸주기(나무감기)를 하는 이유로 가장 거리가 먼 것은?

① 병해충 방제 ② 잡목 침해 방지

③ 수피 일소현상 보호 ④ 수목의 수분증산 억제

37 흰색의 꽃(5~7월)과 붉은 색의 열매(9~10월)를 감상할 수 있으며, 녹음수 또는 독립수로 적합한 수종은?

① 박태기나무 ② 이팝나무

③ 마가목 ④ 광나무

38 수목의 번식과 관련된 잡종강세(雜種强勢)의 설명으로 가장 적합한 것은?

① 잡종이 양친수보다 우수할 때

② 잡종보다 양친수가 우수할 때

③ 양친수의 어느 한 쪽이 잡종보다 우수할 때

④ 도입수종이 자생지보다 우수한 생장을 보일 때

39 다음 특징 설명은 어떤 종에 가장 적합한가?

- *Magnoliaceae*과에 속하는 식물이다.
- 산골짜기 숲 속에 자라는 자생하는 낙엽활엽 소교목이다.

- 꽃은 5~6월에 잎이 핀 다음 나와서 밑을 향해 핀다.
- 잎은 도란상 긴 타원형으로 어긋나기 한다.
- 높이가 7m에 달하고 가지는 잿빛이 도는 황갈색이며 속은 백색이고 일년생 가지 및 동아에 복모가 있다.

① *Magnolia kobus* ② *Magnolia sieboldii*

③ *Magnolia obovata* ④ *Magnolia grandiflora*

해 ① 목련 ② 함박꽃나무 ③ 일본목련 ④ 태산목

40 토양 산성화의 영향으로 틀린 것은?

① 토양의 떼알구조 형성이 활성화된다.

② 식물체에 인(P) 결핍현상이 일어난다.

③ 토질이 노후화되어 뿌리균과 질소고정균과 같은 유용한 미생물의 활동이 저하된다.

④ 식물체 내의 단백질을 응고시키거나 용해시켜 직접적 피해를 준다.

해 산성 토양은 토양입자의 떼알구조를 파괴시킨다.

제3과목 조경시공

41 순공사원가(순공사비) 항목에 해당되지 않는 것은?

① 경비 ② 재료비

③ 노무비 ④ 일반관리비

해 일반관리비는 기업의 유지를 위한 관리활동 부문에서 발생하는 제비용으로서 제조원가에 속하지 아니하는 모든 영업비용 중 판매비 등을 제외한 비용으로 기업 손익계산서를 기준으로 작성한다.

42 다음 네트워크 공정표에서 작업 ②→④의 총여유시간(T.F)은? (단, 단위는 일이다.)

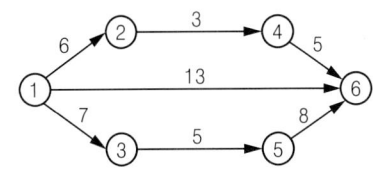

① 0일 ② 3일 ③ 5일 ④ 6일

해 CP(공기)가 20일이고 1-2-4-6 경로의 EFT가 14일 이므로 20-14 = 6일이 된다.

43 열가소성 수지에 해당되지 않는 것은?

① 아크릴 수지　　　　② 염화비닐 수지

③ 폴리에틸렌 수지　　④ 우레탄 수지

해 ・열가소성 수지 : 염화비닐(P.V.C), 아크릴, 초산비닐, 폴리
　에틸렌, 폴리스틸렌, 폴리아미드

・열경화성 수지 : 페놀, 요소, 멜라민, 폴리에스테르, 알키드,
　에폭시, 실리콘, 우레탄, 푸란

44 건축부문에서 일위대가표를 작성할 때 일위대가표의 계금 단위표준은 어떻게 적용시키는가?

① 0.1원까지는 쓰고, 그 이하는 버린다.

② 1원까지는 쓰고, 그 미만은 버린다.

③ 1원까지는 쓰고, 소수위 1위에서 사사오입한다.

④ 0.1원까지는 쓰고, 소수위 2위에서 사사오입한다.

45 공원부지 분할에 있어서 그림과 같은 삼각형 ABC의 변 BC상의 점 D와 AC상의 점 E를 연결하여 직선 DE로 삼각형 ABC의 면적을 2등분하려고 할 때 적당한 CE의 길이는?

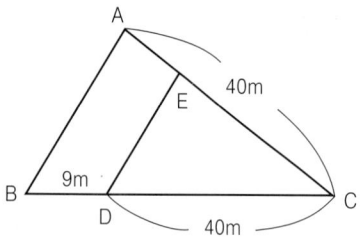

① 14.99m　　　　　② 18.49m

③ 24.50m　　　　　④ 32.50m

해 $CE = \dfrac{n}{m+n} \times \dfrac{BC}{CD} \times AC = \dfrac{1}{1+1} \times \dfrac{49}{40} \times 40 = 24.5m$

46 그림과 같은 외팔보의 지점 A에서 발생하는 굽힘 모멘트의 크기는 몇 kNm인가?

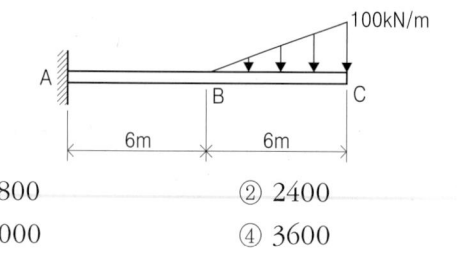

① 1800　　　　　② 2400

③ 3000　　　　　④ 3600

해 $M_A = 100 \times 6 \times 0.5 \times 10 = 3000kNm$

47 목재의 수축과 팽윤에 직접 관여하지 않는 수분은?

① 결합수　　　　② 자유수

③ 흡착수　　　　④ 일시적 모관수

48 조경공사에서 사용되는 목재의 장점에 해당하지 않는 것은?

① 비중에 비하여 강도・탄성・인성이 작고, 열・소리・전기 등의 전도성이 크다.

② 온도에 대한 팽창・수축이 비교적 작으며, 충격・진동의 흡수성이 크다.

③ 외관이 아름답고 가격이 저렴하며, 생산량이 많아 구입이 용이하다.

④ 적당한 경도와 연도로 가공이 쉽고 못질・접착이음 등의 접착성이 좋다.

49 철근과 콘크리트의 부착력 성질로 옳지 않은 것은?

① 콘크리트 압축강도가 클수록 철근의 부착력은 커진다.

② 콘크리트는 철근과 부착력으로 철근의 좌굴을 방지한다.

③ 콘크리트의 부착력은 철근의 주장과 길이에 반비례하여 커진다.

④ 철근의 단면 모양과 표면의 녹 상태에 따라 부착력이 달라진다.

해 콘크리트의 부착력은 철근의 주장과 길이에 비례하여 커진다.

50 조적(벽돌)쌓기 시 일반적인 줄눈나비는 얼마를 기준으로 하는가?

① 5mm　　　　　② 10mm

③ 15mm　　　　　④ 20mm

51 다음 중 재료의 물리적 성질에 대한 설명이 옳지 않은 것은?

① 비중(比重)이란 동일한 체적을 10℃ 물을 중량으로 나눈 값이다.

② 함수율(含水率)이란 재료 속에 포함된 수분의 중량을 건조 시 중량으로 나눈 값이다.

③ 연화점(軟化點)이란 재료에 열을 가했을 때 액체로 변하는 상태에 달하는 온도이다.

④ 반사율(反射率)이란 재료에의 입사 광속에너지에 대한 반사백분율로서 %로 표시한다.

해 비중(比重)은 어떤 물체의 단위중량과 순수한 물 4℃일 때 단위중량의 비를 말한다.

52 경량골재 콘크리트의 시공에 대한 설명으로 틀린 것은?

① 운반은 하차가 쉽고 재료 분리가 적은 운반차를 사용하여야 한다.

② 타설 시 모르타르가 침하하고, 굵은 골재가 떠오르는 경향이 적게 일어나도록 하여야 한다.

③ 보통 콘크리트에 비해 진동기를 찔러 넣는 간격을 크게 하거나 진동시간을 약간 짧게 해 느슨하게 다져야 한다.

④ 표면을 마무리한 지 1시간 정도 경과한 후에는 다짐기 등으로 표면을 가볍게 두들겨서 균열을 없애야 한다.

해 일반적으로 경량골재 콘크리트의 진동에 의한 다짐효과는 보통콘크리트보다 낮으므로 진동기의 삽입간격을 적게 하고 진동시간을 길게 하는 것이 좋다.

53 어떤 지역에 20분 동안 15mm의 강우가 있다면 평균 강우강도(mm/h)는?

① 15　　② 20　　③ 30　　④ 45

해 I = 15/(20/60)=45(mm/hr)

54 다음 설명에 해당하는 거푸집의 종류는?

- 내수코팅합판과 경량 Frame으로 기성품 제작
- 몇 가지 형태의 기본 panel로 벽, slab, 기둥의 조입이 가능
- 못을 사용 안하며 간단하게 조립·해체가 가능
- system거푸집의 초기단계로 모듈화된 판넬을 사용

① 합판 거푸집　　② 원형 거푸집
③ 문양 거푸집　　④ 유로폼

55 지형의 기복이 심한 소규모 공간에 물이 정체되는 곳이나 평탄면에 배수가 원활하지 못한 곳의 배수를 촉진시키기 위해 설치되는 심토층 배수방식은?

① 직각식(直角式)　　② 차집식(遮集式)
③ 선형식(扇形式)　　④ 자연식(自然式)

56 네트워크 공정표를 작성하는 주요 목적이 아닌 것은?

① 전체작업의 진행을 관리하기 위한 것이다.

② 각 공종의 소요일수를 파악 후 간단히 수정하기 위한 것이다.

③ 전체 작업의 시간적 계획을 수립하기 위한 것이다.

④ 복잡한 공종 간의 연결 관계를 파악하기 위한 것이다.

해 네트워크 공정표는 작성이 어려워 상당한 시간 소비되고, 수정작업 시 작성 때와 마찬가지로 상당한 시간 필요한 단점이 있다.

57 곡선부에서 발생하는 원심력을 방지하기 위한 편구배(i)를 구하는 공식은?

i : 편구배	f : 횡활동 미끄럼마찰계수
V : 설계속도	R : 곡선반경

① $\dfrac{R^2}{127f}-V$　　② $\dfrac{f}{127R}-R$

③ $\dfrac{V^2}{127R}-f$　　④ $\dfrac{V^2}{127R^2}-f$

58 항공사진의 판독 순서로 가장 적합한 것은?

Ⓐ 촬영계획	Ⓑ 촬영과 사진작성
Ⓒ 판독	Ⓓ 판독기준의 작성
Ⓔ 정리	Ⓕ 지리조사

① Ⓐ→Ⓑ→Ⓒ→Ⓓ→Ⓔ→Ⓕ
② Ⓐ→Ⓑ→Ⓓ→Ⓒ→Ⓔ→Ⓕ
③ Ⓐ→Ⓑ→Ⓒ→Ⓓ→Ⓕ→Ⓔ
④ Ⓐ→Ⓑ→Ⓓ→Ⓒ→Ⓕ→Ⓔ

59 다음 중 맨홀 배치가 필요 없는 경우는?

① 관거의 기점

② 단차가 발생하는 곳

③ 관로의 경사가 완만할 때

④ 관거의 유지관리가 필요한 곳

해 맨홀은 하수관로의 기점, 합류점, 구배변화점, 관경변화점에는 반드시 설치한다.

60 큰 나무를 심거나 옮기거나 또는 식재할 때 사용하기 가장 부적합한 것은?

① 래커(wrecker)차

② 체인블록(chain block)

③ 크레인(crane)차

④ 스캐리파이어(scalifier)

해 스캐리파이어(scalifier)는 땅을 파 일구는 토공사용 장비이다.

제4과목 조경관리

61 조경의 유지관리 기본목적에 속하지 않는 것은?

① 신속성 ② 기능성

③ 안정성 ④ 관리성

62 주로 상처가 나지 않도록 주의함으로써 병을 예방할 수 있는 것은?

① 근두암종병 ② 녹병

③ 흰가루병 ④ 털녹병

해 근두암종병은 여러 원인에 의한 상처를 통하여 병원체(바이러스·세균)가 침입(상처감염)하는 병으로 상처가 나지 않도록 주의함으로써 병을 예방할 수 있다.

63 다음 비탈면 보호공의 유지관리 항목의 연결 내용이 가장 부적합한 것은?

① 콘크리트 붙임공 – 균열

② 편책공 – 퇴적토사의 중량에 의한 손상

③ 낙석방지망공 – 망이나 로프(rope)의 절단

④ 돌붙임공, 블록붙임공 – 앵커(anchor) 일부의 헐거움

해 돌붙임공, 블록붙임공 – 호박돌이나 잡석의 국부적 빠짐, 돌붙임 전체의 파손, 뒷채움 토사의 유실, 보호공의 무너져꺼짐, 삐져나옴, 균열, 용수의 상황 및 처리

64 시설물 보수 사이클과 내용 연수의 연결이 잘못된 것은?

	시설물	내용 연수	보수 사이클
①	파골라(목재)	10년	3~4년
②	벤치(목재)	7년	5~6년
③	그네(철재)	5년	2~3년
④	안내판(철재)	0년	3~4년

해 벤치(목재) – 7년 – 2~3년

65 수피(樹皮)에 구멍을 내어 비료성분을 주입하는 시비법에 해당하는 것은?

① 수간주사법 ② 엽면시비법

③ 방사상시비법 ④ 표토시비법

66 운영관리계획은 양의 변화와 질의 변화로 분류한다. 다음 중 질(質)의 변화에 해당하는 것은?

① 양호한 식생의 확보

② 내구년한이 된 시설물

③ 부족이 예측되는 시설의 증설

④ 이용에 의한 손상이 생기는 시설의 보충

해 질(質)의 변화 : 양호한 식생의 확보, 개방된 토양면의 확보

67 잔디밭에서의 재배적 잡초방제법에 대한 설명으로 부적당한 것은?

① 잔디를 자주 깎아 준다.

② 통기 작업으로 토양 조건을 개선한다.

③ 토양에 수분이 과잉되지 않도록 한다.

④ 잡초의 생육이 왕성할 시기에는 비료를 주지 않는다.

68 가을에 수목들의 줄기 중간부분에 짚이나 거적을 감아두는 이유로 가장 적합한 것은?

① 운전자로 하여금 나무의 위치를 명확히하여 가로수를 보호하기 위해

② 지주목을 묶어야 할 나무줄기의 부위를 감아 나무껍질을 보호하기 위해

③ 겨울철에 동해를 예방하기 위해 추위에 취약한 부분을 감싸주는 효과를 위해

④ 겨울을 나기 위해 내려오는 벌레들을 속에 숨어

들게 하였다가 봄에 태워 죽이기 위해

69 비탈면의 경사가 1 : 1.0 이상의 완구배로서 접착력이 없는 토양식생이 곤란한 풍화토, 점토 등의 경우에 비탈면의 풍화 및 침식 등의 방지를 주목적으로 사용되는 비탈면 보호공으로 가장 적당한 것은?
① 식생매트공　　　　② 블록붙임공
③ 낙석방지공　　　　④ 종자뿜어붙이기공

70 1년간 연 근로시간이 240,000시간의 조경시설물 제조공장에서 4건의 휴업재해가 발생하여 100일의 휴업일수를 기록했다. 강도율은 얼마인가? (단, 연간 근로일수는 300일이다.)
① 0.34　　　　② 34.0
③ 0.75　　　　④ 0.075

해 강도율은 연근로시간 1,000시간당 발생한 근로 손실일수(재해의 경중)를 나타낸다.
즉 1,000시간당 발생할 근로손실일수를 구하여 재해의 경중, 즉 강도를 나타내는 재해 통계로서 재해자수나 발생 빈도에 관계없이 그 재해 내용을 측정하는 척도로 사용된다.
· 근로손실일수=휴업일수×근로일수/365
∴ 100×300/365=82일
· 강도율=1,000×근로손실일수/연근로시간
∴ 1,000×82/240,000=0.34

71 수목 관리 시 목재 부산물을 이용한 멀칭(mulching)의 기대 효과가 아닌 것은?
① 토양수분이 유지된다.
② 토양의 비옥도를 증진시킨다.
③ 지온상승으로 잡초발생이 왕성해진다.
④ 토양침식과 수분의 손실을 방지한다.

해 바크 등의 멀칭재를 덮어 잡초 발아를 억제하는 예방적 방제가 가능하다.

72 활엽수의 질소(N)결핍 현상으로 옳은 것은?
① 잎의 끝이 마르거나 뒤틀린다.
② 잎은 짧고 소형이 되며 엽색은 황화한다.
③ 엽맥 간의 황백화현상이 나타나고 심하면 피해부와 건전부위와의 경계가 뚜렷해진다.
④ 어린나무의 경우 수관하부의 성숙엽에서 자줏빛으로 변색되기 시작하여 점차 안쪽과 위쪽의 잎으로 진행한다.

해 질소(N)의 결핍현상
· 활엽수 : 잎이 황록색으로 변하고, 잎의 크기가 다소 작고 두꺼워지며, 잎수가 적어지고, 조기 낙엽과 눈(shoot)의 지름이 다소 짧아지고 작아지며, 적색 또는 적자색으로 변색
· 침엽수 : 침엽이 짧아지고 황색으로 변하며, 개엽(開葉)상태가 다소 빈약하고, 수관의 하부는 황색으로 변색

73 다음 수목관리 계획 중 정기적으로 수행하는 작업이 아닌 것은?
① 토양 개량　　　　② 전정
③ 병해충 방제　　　　④ 지주목 보수

74 콘크리트재 유회시설의 콘크리트나 모르타르에 미관을 위한 재도장은 얼마의 기간을 두고 하는 것이 적당한가?
① 1년　　② 3년　　③ 5년　　④ 8년

75 다음 중 시설물의 안전관리에 관한 특별법상 안전점검의 종류가 아닌 것은?
① 정기점검　　　　② 긴급점검
③ 정밀점검　　　　④ 임시점검

76 간척지의 다년생 우점잡초에 해당하는 것은?
① 새섬매자기　　　　② 올챙이고랭이
③ 물달개비　　　　④ 뚝새풀

해 간척지의 다년생 우점잡초로는 드렁새, 쇠털골, 새섬매자기 등이 있다.

77 다음 중 토양 내에 과량 함유되어 있는 경우에는 중금속 오염의 피해를 주지만 미량 함유되어 있으면 필수미량원소 비료가 되는 것은?
① Cd　　② Zn　　③ Pb　　④ Cr

78 작물보호제(농약)의 사용방법에 관한 주의사항으로 틀린 것은?
① 입제농약은 원칙적으로 물에 희석하여 사용방법 및 사용량에 따라 사용한다.

② 포장지의 표기사항이 이해가 되지 않거나 의문 사항이 있을 경우에는 해당회사에 문의한다.

③ 수화제 및 입상수화제 등 희석제농약은 사용약 량을 지켜 물에 희석한 후 분무기를 이용하여 작 물에 충분히 묻도록 뿌린다.

④ '사용적기 및 방법'란에 경엽처리 등 살포방법이 특별히 명시되지 아니한 것은 반드시 농약 포장 지를 확인 후 사용한다.

해 일반적으로 알칼리 용수나 공업 폐수 등의 유입으로 오염된 물을 농약의 희석용수로 사용하면 농약 주성분의 분해가 촉 진되어 효과가 떨어진다던가 요염물질이 농약과 반응하여 작물에 유해한 물질을 생산하여 약해를 유발시키는 경우가 있으므로 이러한 물은 농약의 희석용수로 부적당하며 일반 적으로 중성의 용수가 희석용수로 적당하다.

79 레크레이션 분야에 수용능력(carrying capacity)이란 용어를 처음 사용한 사람은?

① Wagar
② Lapage
③ Lucas
④ Ashton

80 다음 중 잔디의 피티움마름병에 방제 효과가 가 장 나쁜 것은?

① 메탈락실 – 엠(수)
② 하이멕사졸(액)
③ 만코제브·메탈락실(수)
④ 다이아지논·에토펜프록스(수)

정답 **79** ① **80** ④

제1과목 조경계획 및 설계

1 인도의 타지마할(Taj mahal)은 어떤 목적으로 만든 공간인가 ?

① 왕궁(王宮)
② 분묘(墳墓)
③ 귀족 별장(別莊)
④ 상류주택정원

2 백제 무왕이 궁궐 남쪽에 지원(池園)을 꾸민 기록과 거리가 먼 것은?

① 음양석 배치
② 연못에 섬 축조
③ 물을 끌어 들여 활용
④ 연못 주위에 버드나무 식재

해 궁궐 남쪽에 연못을 파고 물을 20여 리나 되는 곳에서 끌어들였다고 하는 것은 집권자의 권력을 과시한 것으로 보이며, 연못 속에 섬을 쌓는다는 것은 불로장생을 희원했던 신선사상에 입각한 작정수법을 본뜬 것이다.

3 곡수로를 만들고 그곳에서 유상곡수연을 펼치던 문화와 관계가 있는 기록은?

① 차랑정기
② 난정기
③ 청연각연기
④ 오흥원림기

4 통일신라의 동궁과 월지(안압지) 관련 문헌으로 가장 거리가 먼 것은?

① 삼국사기
② 동경잡기
③ 양화소록
④ 동국여지승람

5 고대 서부아시아의 공중정원(Hanging Garden)에 대한 설명으로 옳지 않은 것은?

① 이슬람시대 4분원의 효시가 되었다.
② 지구라트에 연속된 계단식 테라스로 구성 되었다.
③ 네부카드네자르 왕이 왕비를 위해서 축조하였다.
④ 벽체의 구조는 벽돌에 아스팔트를 발라 굳혀서 만들었다.

6 한나라의 태액지에 대한 설명으로 틀린것은?

① 태호석을 채취했었다.

② 봉래, 영주, 방장의 세 섬이 있었다.
③ 신선사상을 반영한 정원양식이었다.
④ 연못 가장자리에는 대리석이나 청동으로 만든 조각물을 배치하였다.

7 로마시대의 주택에서 아트리움(atrium)의 설명으로 틀린 것은?

① 모양은 사각형이었다.
② 바닥은 돌로 포장되어 있었다.
③ 사적(私的)인 공간인 제2중정이라고도 한다.
④ 폼페이(Pompeii) 주택의 내정(內庭)을 말한다.

해 아트리움은 손님접대나 상담을 하는 공적인 장소로 사각형의 방들이 아트리움을 둘러싼 무열주 중정으로 제1중정(전정)이라고도 한다.

8 상류주택에 모란(牡丹)이 대규모로 심겨졌던 국가는?

① 발해
② 신라
③ 고구려
④ 백제

해 발해의 기록인 「발해국지」를 보면 "고구려 유민 가운데 재력 있는 자들은 저택에 원지(園池)를 꾸미고, 요양지방에 심어져 있던 모란을 옮겨 가꾸었는데 그 수가 2~3백주나 되었으며, 그 속에는 줄기가 수십 갈래로 갈라진 고목도 있었다."고 기록되어 있다.

9 조경계획의 조사 분석 항목인자는 7가지로 구분 되는데, 이 중 지권(地圈)과 관련성이 가장 먼 것은?

① 토양
② 지하수
③ 지질
④ 경사도

10 조경과 관련된 학문영역의 설명으로 틀린 것은?

① 사회적 요소에는 인간의 행태, 사회적 가치, 규범 등이 있다.
② 표현기법에는 표현 방법, 표현 기술 등 미적훈련을 위한 분야가 있다.
③ 자연적 요소에는 지질, 토양, 수문, 지형, 기후, 식생, 야생동물 등이 있다.
④ 설계방법론에는 식재공법, 우수배수, 포장기술,

구조학, 재료학 등이 있다.

11 조경계획의 사회 행태적 분석 중 인간행태관찰의 특성이라 볼 수 없는 것은?
① 정적(靜的)인 행태를 관찰하는 것이다.
② 행태가 일어나는 상황을 보다 절실하게 파악 할 수 있다.
③ 인터뷰를 하는 경우에는 얻지 못하는 내용을 직접 관찰시에는 수집이 가능하다.
④ 관찰자는 행위자들이 관찰자 자신을 어느 정도 인식하도록 할 것인가를 결정해야 한다.

12 다음 중 체육시설업의 분류 방법이 다른 것은?
① 스키장업   ② 태권도장업
③ 무도학원업   ④ 빙상장업

해 태권도장은 별도의 분류로 되어있지 않고 체육도장업이 분류되어 있다.
　• 체육시설업의 분류 : 스키장업, 썰매장업, 요트장업, 빙상장업, 종합 체육시설업, 체육도장업, 무도학원업, 무도장업

13 조경계획을 위한 물리적 분석 중에서 지역성 분석에 포함되는 항목으로서 거시적 분석 항목이 아닌 것은?
① 주변 지형과의 관계   ② 주변 지역과의 연관성
③ 접근로 및 위치   ④ 경사 분석도

14 도시의 자연적 환경를 보전하거나 이를 개선하고 이미 자연이 훼손된 지역을 복원·개선함으로써 도시경관을 향상시키기 위하여 설치하는 녹지를 무엇이라 하는가? (단, 도시공원 및 녹지 등에 관한 법률을 적용 한다.)
① 생산녹지   ② 완충녹지
③ 연결녹지   ④ 경관녹지

15 그림에서 제3각법에 따라 도면을 작성할 때 평면도는?

정면

16 평행주차형식 외의 경우에 일반형(A)과 장애인전용(B) 주차단위구획의 최소 규모 기준이 모두 맞는 것은 ? (단, 단위는 m, 표시는 너비×길이로 한다.)
① A:2.0×5.0, B:3.3×6.0
② A:2.0×6.0, B:3.3×6.0
③ A:2.3×5.0, B:3.3×5.0
④ A:2.3×6.0, B:3.3×5.0

17 주택정원의 공간 중 가장 이용이 많이 이루어지며, 우리나라의 전통마당에 해당되는 공간은?
① 후정   ② 전정
③ 작업정   ④ 주정

18 다음 선과 관련된 설명 중 틀린 것은?
① 강의 흐름은 S커브의 한 형태라 할 수 있다.
② 방향은 수직, 수평 및 좌우 사방향(斜方向)이 있다.
③ 선은 점보다 훨씬 강력한 심리적 효과를 가지고 있다.
④ 곡선 중에서 기하곡선은 가장 여성적인 아름다움을 준다.

해 자유곡선이 가장 여성적이며, 개성의 특징이 잘 나타나고, 매력적이나 어수선하고, 복잡하고 번거로운 느낌을 준다.

19 색의 감정적인 효과 설명으로 옳지 않은 것은?
① 고채도, 고명도의 색은 화려하다.
② 색의 중량감은 채도에 의한 영향이 가장 크다.
③ 색의 온도감은 색상에 의한 효과가 가장 크다.
④ 채도가 낮고 명도가 높은 색은 부드러워 보인다.

20 다음 공장정원의 설계 시 (   )안에 해당하는 것은?

– 공장정원의 바닥은 나지로 남겨두어서는 안 된다.
– 공해물질에 내성이 강하고 먼지의 흡착력이 강

한 활엽수의 식재면적을 전체 수목식재 면적(수관부 면적)의 (   )% 이상으로 정한다.

① 40   ② 50   ③ 60   ④ 70

제2과목 조경식재

21 다음 중 자생종이면서 상록수가 아닌 수종은?

① 붓순나무   ② 미선나무
③ 죽절초   ④ 비쭈기나무

22 조경수목을 식재할 때 가장 이상적인 지하수위(地下水位)는 얼마인가? (단, 주로 토양단면의 상태를 조사할 경우)

① 0.5m 이하   ② 0.5 ～ 1.0m
③ 1.0 ～ 1.5m   ④ 2.0m 이상

23 수피에 얼룩무늬가 있어 감상가치가 높은 수종이 아닌 것은?

① Stewartia pseudocamellia
② Crataegus pinnatifida
③ Pinus bungeana
④ Chaenomeles sinensis

해 ① 노각나무, ② 산사나무, ③ 백송, ④ 모과나무

24 "Zelkova serrata" 의 수관 기본형으로 적당한 것은?

① 원통형(圓桶形)   ② 배형(盃形)

③ 수지형(垂枝形)      ④ 구형(球形)

해 Zelkova serrata(느티나무)

25 다음 [보기] 중 (   )안에 적합한 용어는?

[보기]
식물체 표면의 표피세포의 표면무늬는 식물군이나 종에 따라 다르다.
쌍자엽식물은 (㉠), 단자엽식물은 (㉡)을 가지고 있다.

① ㉠ : 평행맥, ㉡ : 장상맥
② ㉠ : 그물맥, ㉡ : 부정맥
③ ㉠ : 망상맥, ㉡ : 평행맥
④ ㉠ : 격자맥, ㉡ : 원형맥

26 학명의 종명(種名) 중 잎의 모양(leaf form)을 표현한 것은?

① stellata   ② parviflora
③ glabra   ④ umbellata

해 ①②④ 꽃모양을 표현한 것이다.

27 '산목련'이라고 불리고 있는 수종으로 순백색의 청순한 꽃과 아취형 수형을 가진 수종은?

① Magnolia sieboldii   ② Magnolia obovata
③ Magnolia denudata   ④ Magnolia kobus

해 ① 함박꽃나무, ② 일본목련, ③ 백목련, ④ 목련

28 하부식재(지피; 地被)용 식물의 조건으로 맞는 것은?

① 1년생 자생식물
② 내음성이 약한 식물
③ 피복속도가 빠른 식물
④ 꽃과 잎이 관상가치가 없는 식물

해 식물체의 키가 낮고 다년생 식물로서 가급적이면 상록이며, 피복속도가 빠르고, 관리도 쉽고 답압에 견디는 것일 것으로 잎과 꽃이 아름답고 악취·가·즙 등이 적은 것일 것이 좋다.

29 굴취 된 수목을 차량으로 운반시 유의하여야 할 사항으로 틀린 것은?

① 수목의 호흡작용을 위하여 시트(천막)를 덮지 않도록 한다.
② 진동을 방지하기 위하여 차량 바닥에 흙이나 거적을 깐다.
③ 부피를 작게 하기 위하여 가지를 죄어 맨다.
④ 운반시는 땅바닥에 끌어대는 일이 없도록 한다.

해 수목이나 뿌리분을 젖은 거적이나 시트로 덮어 수분증발을 방지한다.

30 잔디 종자의 수명을 연장하는 방법으로 틀린

것은?

① 저온저장　　　　　② 충분한 건조

③ 수분의 공급　　　　④ 산소의 제약(制約)

31 실내의 내음성 식물이 빛의 광도가 너무 강한 때의 현상은?

① 잎이 황색으로 변한다.

② 점차적으로 잎이 떨어진다.

③ 잎의 두께가 얇아지고 줄기가 가늘어진다.

④ 잎이 마르고 희게 되며 나중에는 죽게 된다.

32 옥상녹화 시 식재할 때 가장 고려해야 할 것은?

① 식재의 간격　　　　② 식재의 형태

③ 병충해관리　　　　④ 관수와 배수

33 다음은 온대중부지역의 천이단계를 나타낸 것이다. (　　)안의 단계에 들어갈 적합한 수종은?

> 나지 → 일·이년생초본기 → 다년생초본기 → (　　)
> → 양수성교목림기 → 음수성교목림기 → 극상림기

① 찔레나무　　　　　② 신갈나무

③ 소나무　　　　　　④ 서어나무

해 (　　)안의 단계는 관목림기이다.

34 일반적으로 수목의 거친 질감을 구성하는 것으로 틀린 것은?

① 커다란 잎

② 굵고 큰 가지

③ 산만하게 형성된 수관형

④ 밀집된 잔가지

35 다음 [보기]에서 설명하고 있는 식물은?

> [보기]
> – 남부유럽 원산의 국화과 추파 일년초로서 비교적 내한성이 강하다.
> – 식물체 전체에 솜털이 있고 재배식물의 초장은 30~60cm정도, 분지하는 습성이 있다.
> – pH는 7.0정도가 적당하며 배수가 잘되는 곳이

라면 직사광선에서 잘 자란다.

> – 절화 및 화단·분화용이 있으며 꽃색은 보통 노란색, 오렌지색 및 살구색이고 대부분 겹꽃이다.

① 금어초　　　　　　② 천일홍

③ 글록시니아　　　　④ 금잔화

36 다음 수종 중 잎의 질감이 고운 것은?

① 자귀나무　　　　　② 오동나무

③ 벽오동　　　　　　④ 일본목련

해 잎이 작은 수종이 고운질감을 나타낸다.

37 바람이 강한 지방에서 방풍을 겸해서 택지 주위에 산울타리를 조성할 때 그 높이는 어느 정도가 가장 알맞은가?

① 1~2m　　　　　　② 3~5m

③ 5~8m　　　　　　④ 8m 이상

38 학명이 이명법(binomials)이라고 불리는 이유는?

① 속명 + 명명자로 구성

② 보통명 + 종명으로 구성

③ 속명 + 종명으로 구성

④ 종명 + 명명자로 구성

39 수목의 뿌리분포를 가정(假定)하는 가장 적당한 기준은?

① 수고(樹高)　　　　② 수관폭(樹冠幅)

③ 분지수(分枝數)　　④ 수간(樹幹)의 굵기

40 예로부터 마을의 정자목으로 이용된 수종은?

① *Paeonia suffruticosa*　② *Lonicera japonica*

③ *Acuba japonica*　　　④ *Zelkova serrata*

해 ① 모란, ② 인동덩굴, ③ 식나무, ④ 느티나무

제3과목 조경시공

41 비탈면녹화와 관련된 설명 중 틀린 것은?

① 녹화공법의 안정성 및 경제성은 물론 선정된 녹화식물의 생육과 식물군락 형성에 가장 적합한

공법을 선정하되, 동일 비탈면에는 동일 공법의 적용을 원칙으로 한다.

② 토양의 비탈면 기울기가 1:1 보다 완만할 때에는 급할 때 보다 비탈면을 단계적으로 녹화하기 위해서 잔디종자를 사용하여 발아 시킨다.

③ 피복도와 생육상태를 감안한 일반적인 파종적기는 4~6월 또는 9~10월이며, 파종시기에 따라 종자배합을 적절히 조정하여야 한다.

④ 비탈면 줄떼다지기는 잔디폭이 0.1m이상 되도록 하고, 비탈면에 0.1m이내 간격으로 수평골을 파서 수평으로 심고 다짐을 철저히 한다.

해 ② 토양의 비탈면 기울기가 1:1보다 완만할 때에는 비탈면을 일시에 녹화하기 위해서 흙이 붙어있는 재배된 잔디를 사용하여 붙인다.

42 조적용 모르타르의 강도 중 가장 중요한 것은?
① 압축강도　　　　　② 전단강도
③ 접착강도　　　　　④ 인장강도

43 설개울의 수경연출 시 흐르는 물에서 음향효과와 동시에 수포를 발생시키기 위해서는 매닝공식(Manning Formula)을 기준으로 할 경우 일반적인 유속(A)과 경사(B)는 얼마를 유지하여야 하는가?
① A: 0.5~1.0m/s, B: 10~11%
② A: 1.0~1.5m/s, B: 12~15%
③ A: 1.7~1.8m/s, B: 16~17%
④ A: 2.0~2.5m/s, B: 18~20%

44 도로계획의 종단면도에서 알 수 없는 것은?
① 계획고　　　　　② 지반고
③ 성토고　　　　　④ 면적

45 혼화재료 중 사용량이 비교적 많아서 그 자체의 부피가 콘크리트 비비기 용적에 계산되는 혼화재에 해당되지 않는 것은?
① 팽창제　　　　　② 플라이애쉬
③ 고성능 AE감수제　　④ 고로슬래그 미분말

해 • 혼화재 : 플라이애쉬, 규조토, 고로슬래그, 팽창제, 착색재 등
• 혼화제 : AE제, AE감수제, 유동화제, 지연제, 급결제, 방수제, 기포제 등

46 조경공사 시 시공에 있어서 수급인을 대신하여 공사현장에 관한 일체의 사항을 처리하는 권한을 갖는 자를 말한다. 일반적으로 현장소장 등이라고 불리고 있는 자는?
① 감독자　　　　　② 감리자
③ 시공주　　　　　④ 현장대리인

47 수고 2.0m인 주목 15주를 인력시공으로 식재할 때의 공사비는?

- 주목 1주당 가격 : 200,000원
- 수고 2.0m 1주 식재하는데 필요한 인부수 : 조경공 0.2인
- 조경공의 일일 노임 : 100,000원
- 재료비와 노임은 할증율을 적용하지 않음

① 220,000원　　　② 330,000원
③ 3,300,000원　　④ 4,500,000원

해 (0.2×100,000+200,000)×15=3,300,000(원)

48 지표의 임의의 한 점에서 그 경사가 최대로 되는 방향을 표시하는 선을 말하며 등고선에 직각으로 교차하는 것을 무엇이라 하는가?
① 분수선　　　　　② 유하선
③ 합수선　　　　　④ 경사변환선

해 유하선이란 강우 시 배수의 방향이다.

49 표준품셈에 대한 설명 중 틀린 것은?
① 공사의 예정가격 산정 시 활용할 수 있다.
② 표준품셈에서 제시된 품은 일일 작업시간 8시간을 기준한 것이다.
③ 재료비, 노무비, 직접경비가 포함된 공종별 단가를 계약단가에서 추출하여 유사 공사의 예정가격 산정에 활용하는 방식이다.
④ 건설공사의 예정가격 산정시 공사규모, 공사기간 및 현장조건 등을 감안하여 가장 합리적인 공법을 채택 적용한다.

해 ③ 표준시장단가제도에 의한 내용이다.

50 콘크리트의 워커빌리티(Wokability)와 관련된

설명으로 틀린 것은?

① 타설할 때 공기연행제(AE제)를 첨가하면 워커빌리티가 크게 개선된다.

② 타설할 때 콘크리트에 단위수량이 많으면 워커빌리티가 좋아진다.

③ 타설할 때 충분히 잘 비비면 워커빌리티가 좋아진다.

④ 적정한 배합을 갖지 못하면 워커빌리티가 좋지 않다.

51 임해매립지 식재기반조성 시 흙쌓기의 설명 중 ( )안에 알맞은 것은?

> 흙쌓기 가능지역의 경우 매립흙쌓기로 인한 침하를 고려하여 흙쌓기 소요 높이의 15~20%를 가산하여 매립흙쌓기하며 최소 흙쌓기 높이는 ( )m로 한다.

① 1.0　　② 1.5　　③ 2.0　　④ 2.5

52 다음 수준측량의 야장에서 측점 3의 지반고는 얼마인가?

(단위 : m)

측점	후시	전시		승강	지반고
		T.P	I.P		
A	2.216				50.000
1	3.713	0.906		1.310	51.310
2			2.821	0.892	52.202
3	4.603	1.377		2.336	( )
B		0.522		4.081	57.727

① 53.646m　　② 52.620m

③ 52.336m　　④ 51.202m

해 야장에서 위쪽으로 가장 가까운 지반고에 승강란의 수를 더해준다. 51.310+2.336=53.646(m)

53 체적환산에 적용되는 토양 변화율과 관련된 설명으로 옳은 것은?

① 경암과 풍화암의 C값은 1이 넘는다.

② 절토 토량의 운반비 산정을 위해 적용한다.

③ 흐트러진 상태의 체적을 자연상태의 체적으로 나눈 값이다.

④ 토양의 체적환산계수 f값 산정시에는 적용하지 않는다.

54 목재 방부제에 관한 설명으로 틀린 것은?

① 방부제는 침투성이 있어야 한다.

② 크레오소트는 80~90℃로 가열 후 도포한다.

③ 유성방부제에는 염화아연 4%용액, 황산구리 등이 있다.

④ 방부제의 조건으로는 사람과 가축에 해가 없는 것이어야 한다.

해 황산구리는 수용성 방부제에 해당된다.

55 어느 공사현장에서 사토장까지의 거리가 12km라고 한다. 덤프트럭을 이용하여 적재한 토사를 사토하고 적재 장소까지 돌아오는 데 소요되는 왕복시간은? (단, 적재 시 평균주행속도는 50km/h이며, 공차시의 평균주행속도는 적재 시보다 20% 증가한다.)

① 28.8분　　② 26.4분

③ 24.0분　　④ 20.0분

해 t=((12/50)+(12/(50×1.2)))×60=26.4(분)

56 살수기(撒水器)에 관한 설명으로 옳지 않은 것은?

① 분무살수기는 고정된 동체와 분사공 만으로 된 가장 간단한 살수기이다.

② 분무입상살수기는 살수 시 긴 잔디에 의해 방해를 받지 않는다.

③ 분류살수기는 바람의 영향을 적게 받으며, 낮은 압력 하에서도 작동한다.

④ 회전입상살수기는 낮은 압력에서도 작동되며, 소규모 관개지역에서 사용한다.

해 분무살수기에 대한 것이다.

57 플라스틱 재료에 관한 설명으로 옳지 않은 것은?

① 아크릴수지는 투명도가 높아 유기유리로 불린다.

② 멜라민수지는 내수, 내약품성은 우수하나 표면경도가 낮다.

③ 불포화 폴리에스테르수지는 유리섬유로 보강하

정답　**51** ②　**52** ①　**53** ①　**54** ③　**55** ②　**56** ④　**57** ②

여 사용되는 경우가 많다.

④ 실리콘수지는 내열성, 내한성이 우수한 수지로 콘크리트의 발수성 방수도료에 적당하다.

해 멜라민수지는 열·산·용제에 대하여 강하고, 전기적 성질도 뛰어나고 강하여 식기·잡화·전기 기기 등의 성형재료로 쓰인다.

58 다음 모멘트의 설명 중 옳지 않은 것은?

① 모멘트의 단위는 kg·m, t·m 이다.

② 힘의 크기는 중량단위로 표시한다.

③ 모멘트는 모멘트 팔과 힘의 크기 곱으로 구한다.

④ 모멘트 부호는 회전방향이 시계방향일 때(−)로 표시한다.

해 시계방향의 회전모멘트 부호는 (+)로 표시한다.

59 다음과 같은 네트워크 공정표에서 한계경로는?

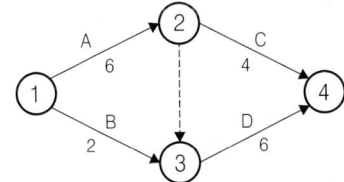

① ①→②→④

② ①→③→④

③ ①→②→③→④

④ ①→③→②→④

해 ③의 경로가 공기이다.

60 수량산출시 체적 혹은 면적을 구조물의 수량에서 공제하여야 되는 것은?

① 목재 각재의 모따기 체적

② 철근 콘크리트 중의 철근

③ 포장공사 이음줄눈의 간격

④ 보도블럭 포장 공종의 1개소 당 면적이 1m² 되는 맨홀 면적

해 포장 공종의 1개소당 0.1m² 이하의 구조물 자리는 공제하지 아니한다.

제4과목 조경관리

61 벤치, 야외탁자의 관리에 관한 설명으로 옳은 것은?

① 바닥지면에 물이 고이는 곳은 자연적인 현상으로 큰 문제가 되지 않는다.

② 노인, 주부 등이 장시간 머무르는 곳의 목재벤치는 내구성이 강한 석재나 콘크리트재로 교체한다.

③ 이용자의 수가 설계 시의 추정치보다 많은 경우에는 이용실태를 고려하여 개소를 증설하여 이용자 편의를 도모한다.

④ 여름철 녹음 부족, 겨울철 햇빛이 잘 들지 않는 곳의 시설에는 차광시설, 녹음수 등은 식재하거나 설치할 수 없다.

62 병원체의 활동과 병의 진행을 알려주는 일련의 과정을 지칭하는 용어는?

① 병환 ② 병삼각형

③ 코흐의 원칙 ④ 미생물병원설

63 유지관리 계획에 영향을 미치는 요인으로 가장 거리가 먼 것은?

① 시공방법 ② 계획이나 설계목적

③ 관리대상의 질과 양 ④ 이용빈도와 이용실태

64 건조 목재벤치를 가해하는 충류에 해당하지 않는 것은?

① 솔수염하늘소 ② 가루나무좀

③ 개나무좀 ④ 빗살수염벌레

65 유기물이 토양에 첨가되면 일반적으로 식물의 생장에 유리해지는데, 이러한 근거한 유기물이 토양의 물리적, 화학적 성질을 개선해주기 때문이다. 유기물의 토양 개선내용으로 적합하지 않은 것은?

① 토양공극과 통기성을 증가시켜 준다.

② 토양온도의 변화 폭을 크게 해 준다.

③ 토양미생물이 필요로 하는 에너지를 제공한다.

④ 토양의 무기양료에 대한 흡착능력(보존능력)을 향상시킨다.

66 역T형 옹벽과 비슷하지만 안정성이 더 요구되거나 높은 옹벽에 적용되며 저판이 길기 때문에 저판상의 성토가 자중으로 간주되므로 안정되며 경제

성이 높은 옹벽은?

① L형 옹벽

② 중력식 옹벽

③ 부벽식 옹벽

④ 지지벽 옹벽

67 24%의 A유제 100ml를 0.03%로 희석하여 진 딧물에 살포하려 한다. 물의 양은 얼마로 하여야 하는가? (단, A유제 비중은 1로 한다.)

① 18000ml

② 24000ml

③ 47120ml

④ 79900ml

圖 100×((24/0.03)−1)=79,900(ml)

68 도시공원대장에 기입해야 할 사항이 아닌 것은?

① 공원의 관리방법

② 공원의 연혁

③ 지구단위계획 사항

④ 공원시설에 관한 사항

69 응애류(mite)에 관한 설명 중 틀린 것은?

① 잎의 즙액을 빨아 먹는다.

② 침엽수에도 폭넓게 피해를 준다.

③ 천적으로 바구미, 사슴벌레 등이 있다.

④ 수관에서 불규칙하게 피해증상(황화현상)이 나타난다.

圖 응애류의 천적으로는 무당벌레류, 풀잠자리, 포식성 응애, 거미 등이 있다.

70 소나무나 섬잣나무 등의 높은 부분을 사다리를 사용하지 않고, 끝가지를 전정하거나 열매를 채취 시 사용하기 적합한 가위의 종류는?

① 적과가위

② 순치기가위

③ 대형전정가위

④ 갈고리전정가위

71 옥외 레크리에이션 관리체계의 3가지 기본요소와 가장 거리가 먼 것은?

① 이용자(Visitor)

② 계획가(Planner)

③ 관리(Management)

④ 자연자원기반(Natural Resource Base)

72 노거수(老巨樹) 관리에 있어서 공동(空胴)의 처리 과정 중 D에 해당하는 것은?

부패한 목질부 제거→(A)→(B)→(C)→(D)→마감처리

① 버팀대 박기

② 살균 및 치료하기

③ 공동 내부 다듬기

④ 공동충전재료 메우기

圖 공동처리의 순서:"부패부 제거→공동내부 다듬기→버팀대 박기→살균 및 치료→공동충전→마감처리(방수처리, 표면경화처리, 수피처리)

73 점토광물이 형태상의 변화 없이, 내·외부의 이온이 치환되어 점토광물 표면에 음전하를 갖게 하는 현상을 무엇이라 하는가?

① 동형치환

② pH의존전하

③ 변두리 전하

④ 잠시적 전하

74 골프장의 잔디를 낮은 잔디깎기 하였을 때 효과로 틀린 것은?

① 엽폭을 감소시켜서 보다 재질감이 좋은 잔디를 만들 수 있다.

② 식물조직이 단단해지므로 병이나 해충에 대하여 강해지게 된다.

③ 엽면적의 감소로 광합성량이 떨어지므로 탄수화물의 저장량이 감소된다.

④ 분얼경의 형성을 촉진시키므로 결국 줄기밀도가 증가하여 지표면을 조밀하게 해준다.

圖 잘린 부분이 병의 침입통로 역할을 하여 병발생을 초래하수 있다.

75 잔디에 잘 발생되는 녹병의 재배적(화학적) 방제법에 해당되지 않는 것은?

① 충분한 양으로 오전에 관수한다.

② 질소질 비료를 살포하여 시비로 생육을 도모 한다.

③ 메프로닐 수화제를 발병 초부터 7일 간격으로 3회 살포한다.

④ 조경수의 전정이나 차폐수등을 잘 관리하여 공기의 흐름을 원활히 한다.

76 유희시설물 목재부분의 이상 유무를 점검하는데 가장 거리가 먼 것은?

① 갈라진 부분이나 뒤틀린 부분

② 축 및 축수의 마모나 이완상태

③ 부패되거나 충해에 의한 손상 여부

④ 충격에 의한 파손이나 이용에 의한 마모상태

헤 철제부분의 점검항목에 속한다.

77 벗나무 빗자루병의 병원체는 무엇인가?

① 세균   ② 담자균

③ 자낭균   ④ virus

헤 대추나무빗자루병, 오동나무빗자루병 등은 파이토플라스마에 의한 병이다.

78 두 제초제를 혼합 시 나타내는 길항작용(拮抗作用, antagonism)의 정의로 가장 적합한 것은?

① 혼합시의 처리 효과가 단독처리시의 효과보다 큰 것을 의미

② 혼합시의 효과가 단독처리시의 효과와 같은 것을 의미

③ 혼합시의 처리 효과가 활성이 높은 물질의 단독 효과보다 작은 것을 의미

④ 혼합시의 처리 효과가 단독처리시의 효과보다 크지도 작지도 않은 것을 의미

79 훈증제가 갖추어야 할 조건으로 틀린 것은?

① 비인화성이어야 한다.

② 휘발성이 크고 농도가 균일하여야 한다.

③ 침투성이 커서 약제가 쉽게 도달하여야 한다.

④ 훈증할 목적물에 이화학적으로 변화를 주어야 한다.

80 종자 비료 그리고 흙을 혼합하여 망(net)에 넣고 비탈면의 수평으로 판 골(滑) 속에 넣어 붙이는 공법으로 유실이 적으며, 유연성이 있기 때문에 지반에 밀착하기 쉬운 것은?

① 식생띠(帶)공   ② 식생판(板)공

③ 식생자루(袋)공   ④ 식생구멍(穴)공

제1과목 조경계획 및 설계

1 일본에서 대표적인 평정고산수 수법의 정원이 있는 곳은?

① 서방사   ② 용안사

③ 금각사   ④ 평등원

해 ① 고산수지천회유식, ③ 정토정원, ④ 정토정원

2 당(唐)나라 시기의 정원을 알 수 있는 문헌은?

① 시경   ② 동파종화

③ 춘추좌씨전   ④ 낙양명원기

해 ①③ 주나라, ④ 송나라

3 프랑스 보르 뷔 콩트(Vaux-le-Vicomte)는 어느 정원 양식에 속하는가?

① 중정식(中庭式)

② 노단건축식(露壇建築式)

③ 자연풍경식(自然風景式)

④ 평면기하학식(平面幾何學式)

해 보르 뷔 콩트는 니콜라스 푸케의 의뢰로 앙드레 르 노트르가 설계하였고 프랑스 최초의 평면기하학식 정원이며, 이후 루이14세의 베르사유궁 탄생의 계기가 되었다.

4 조성 시기가 가장 빠른 르네상스(Renaissance) 시대의 정원은?

① 메디치장(Villa Medici)

② 토스카나장(Villa Toscana)

③ 아드리아나장(Villa Adriana)

④ 로렌티아나장(Villa Laurentiana)

해 ②③④ 고대 로마시대 정원

5 우리나라 민가정원에서 일반적으로 안뜰에 정심수(庭心樹)를 심지 않았던 이유로 전해 오는 것은?

① 자손이 귀해 진다.

② 집안이 빈곤해 진다.

③ 마당에 그늘이 든다.

④ 보기가 싫기 때문이다.

해 홍만선의 「산림경제」에 의한 배식방법 중 '마당 가운데 나무를 심으면 재앙이 생긴다.(閑困 한곤)'라는 내용이 있다.

6 다음 작자와 저서의 연결이 잘못된 것은?

① 계성 : 난정기(蘭亭記)

② 굴준망 : 작정기(作庭記)

③ 백거이 : 동파종화(東坡種花)

④ 이격비 : 낙양명원기(洛陽名園記)

해 ① 계성의 「원야」, 왕희지의 「난정기」

7 고려시대 궁궐조경의 설명으로 옳은 것은?

① 첩석성산을 만들고 아름다운 화목으로 화려하게 꾸몄다.

② 공간배치는 불교의 영향으로 풍수설을 배척하였다.

③ 만월대 궁원의 공간배치는 동서축을 기본으로 한다.

④ 고려시대 화원은 궁궐의 조경을 관리하던 곳이다.

해 ② 풍수도참설이 성행하여 국사나 민간의 일상생활에도 영향을 미쳤다.

③ 만월대의 배치는 전조후침(前朝後寢)의 형식으로 이루어지나 가변성을 지녔다.

④ 예종 8년에 설치한 화원은 중국의 화원과 다른 화훼위주로 꾸며진 화원이다.

8 고정원 및 동천(洞天)의 유적과 가장 가까운 개념은?

① 사찰(寺刹)   ② 염승(厭勝)

③ 원림(園林)   ④ 수림지(樹林地)

해 동천은 경관이 수려한 곳을 일컫는 말이고 원림은 정원이나 숲을 말한다. 염승은 풍수지리에 있어 기세가 센 곳을 눌러주는 행위를 이름이다.

9 기본설계(preliminary design)에서 행할 사항이 아닌 것은?

① 정지계획   ② 배수설계

③ 식재계획   ④ 공정표

해 ④ 공정표는 실시설계 단계에서 행하여진다.

10 국립공원의 지정 시 거쳐야 할 지정절차를 순서대로 맞게 나열한 것은?

① 관할 시·도지사 및 군수의 의견 청취 → 주민 설명회 및 공청회의 개최 → 관계 중앙행정기관장과의 협의 → 국립공원위원회의 심의

② 관계 중앙행정기관장과의 협의 → 관할 시·도지사 및 군수의 의견 청취 → 주민설명회 및 공청회의 개최 → 국립공원위원회의 심의

③ 주민설명회 및 공청회의 개최 → 관할 시·도지사 및 군수의 의견 청취 → 관계 중앙행정기관장과의 협의 → 국립공원위원회의 심의

④ 관할 시·도지사 및 군수의 의견 청취 → 관계 중앙행정기관장과의 협의 → 국립공원위원회의 심의 → 주민설명회 및 공청회의 개최

11 야외음악당의 바닥에 다음 중 어느 색을 주조(主調)로 처리하면 청중의 감정효과가 가장 크게 되겠는가?

① 주황색　　　　　　② 연두색
③ 파랑색　　　　　　④ 남색

해 주조색이란 배색의 기본이 되는 색으로, 약 60~70% 면적을 차지하는 가장 넓은 부분의 색을 말하며, 난색계열이 한색계열 보다 감정효과가 크게 나타난다.

12 「국토의 계획 및 이용에 관한 법률」의 도시·군 기본계획의 수립권자가 될 수 없는 사람은?

① 군수　　　　　　② 시장
③ 광역시장　　　　④ 환경부장관

13 주택단지 쿨데삭 도로의 일반적 기능별 구분을 나타낸 것으로 옳은 것은?

① 길이 : 240m(최대), 회전반경 : 12m
② 길이 : 15~18m(최대), 회전반경 : 9m
③ 길이 : 18~24m(최대), 회전반경 : 12m
④ 폭 : 24m

14 환경분석 시 사용하는 지리정보체계라고 부르는 프로그램은?

① GIS　　　　　　② IMGRID

③ SYMAP　　　　　④ CAD

해 ② 웹뷰어, ③ 지도 제작, ④ 컴퓨터 설계

15 조경설계의 방위표시 방법에 대한 설명 중 틀린 것은?

① 단순하고 알아보기 쉬워야 한다.
② 확실하고 직선적인 화살표로 한다.
③ 항상 도면의 위쪽이나 오른쪽에 두고 때로는 도면에서 생략한다.
④ 가능하면 수직으로 세워 끝이 위로 가게하고, 수평선에서 위쪽으로 약간의 각을 준다.

해 ③ 일반적으로 표제란에 기입하고 필요시 도면 내에도 가능하다.

16 다음 중 조경설계기준 상의 운동시설에 대한 설명으로 틀린 것은?

① 육상경기장 코스의 폭은 0.8m를 표준으로 한다.
② 배구장은 바람의 영향을 받기 때문에 주풍 방향에 수목 등의 방풍시설을 마련한다.
③ 농구코트의 방위는 남-북 축을 기준으로 하고, 가까이에 건축물이 있는 경우에는 사이드라인을 건축물과 직각 혹은 평행하게 배치한다.
④ 축구장의 표면은 잔디로 하며, 잔디가 아닐 경우는 스파이크가 들어갈 수 있을 정도의 경도로 슬라이딩에 의한 찰과상을 방지할 수 있는 포장으로 한다.

해 ① 육상경기장 코스의 폭은 1.25m를 표준으로 한다.

17 일반적인 조경포장의 설명 중 ( )안에 적합한 것은?

- 포장지역의 표면은 배수구나 배수로 방향으로 최소 (A)% 이상의 기울기로 설계한다.
- 산책로 등 선형구간에는 적정거리마다 (B)나 횡단배수구를 설계하고, 광장 등 넓은 면적의 구간에는 외곽으로 뚜껑 있는 (C)를 두도록 하며, 비탈면 아래의 포장경계부에는 측구나 수로를 설치한다.

① A : 0.03 B : 종단배수구 C : 측구
② A : 0.1 B : 측구 C : 빗물받이
③ A : 0.3 B : 종단배수구 C : 맹암거
④ A : 0.5 B : 빗물받이 C : 측구

18 기계적 효능과 미적질서를 통일시킴으로써 보다 완벽한 공간의 창조를 위한 선구적 디자인 교육 기관이었던 것은?
① 에꼴드 보자르
② 바우하우스
③ 하바드
④ 로얄 아카데미

19 다음 설명의 ( )안에 적합한 것은?

> 색의 맑고 탁함, 색의 순수한 정도, 혹은 색의 강약을 나타내는 성질이다. 진한 색과 연한 색, 흐린 색과 맑은 색 등은 모두 ( )의 높고 낮음을 가리키는 용어다.

① 색상
② 명도
③ 조도
④ 채도

20 축(axis)에 대한 설명으로 옳지 못한 것은?
① 지향적(指向的)
② 자연적(自然的)
③ 질서적(秩序的)
④ 우세적(優勢的)
해 축은 인공적 디자인을 위한 도구이다.

제2과목 조경식재

21 다음 식물 중 진달래과(*Ericaceae*)에 해당하지 않는 것은?
① 만병초
② 영산홍
③ 철쭉
④ 죽단화
해 ④ 장미과

22 다음 식물의 생육환경에 대한 설명 중 적합하지 않은 것은?
① 토질은 배수성과 통기성이 좋은 사질양토를 표준으로 한다.
② 단립(團粒)구조로서 일정용량 중 토양입자 50%, 수분 25%, 공기 25%의 구성비를 표준으로 한다.

③ 지하수위(地下水位)는 잔디의 경우 -30 ~ -20cm 정도 되는 것이 수분흡수가 용이하여 가장 좋다.
④ 식물의 생육에 알맞은 입단의 굵기는 1 ~ 5mm 이고 근모는 0.001mm 이하의 공극으로는 침입할 수 없다.
해 ③ 잔디의 지하수위는 최소 -60cm, 가급적 -100cm 이하가 적합하다.

23 조경수목별 월별 개화기의 연결이 맞지 않는 것은?
① 2, 3월 : 호랑가시나무, 목서
② 3, 4월 : 물오리나무, 회양목
③ 4, 5월 : 모과나무, 서어나무
④ 6, 7월 : 치자나무, 자귀나무
해 ① 호랑가시나무 4~5월, 목서 10월 개화

24 리조트 단지 입구에 대형 수목을 식재하여 랜드마크(Landmark)를 형성하려고 한다. 식재기법으로 맞는 것은?
① 지표식재
② 경계식재
③ 차폐식재
④ 지피식재

25 토양의 부식질 함량이 어느 정도 함유되어야 수목의 생장에 가장 좋은가?
① 0.5 ~ 5%
② 5 ~ 20%
③ 20 ~ 30%
④ 30 ~ 40%
해 부식(humus)의 기능
　① 토양의 입단화로 물리적 성질 개선
　② 부식이 양분을 흡수·보유하는 능력이 커 암모니아칼륨석회 등의 유실 방지
　③ 토양미생물의 에너지 공급원으로 유기물의 분해촉진
　④ 토양 내의 공극형성으로 공기와 물의 함량 및 보비력 증대

26 다음 중 내한성이 가장 약한 수종은?
① 구상나무
② 자작나무
③ 전나무
④ 개잎갈나무

27 양수로서 물속에서도 생육이 가능할 정도로 수분을 좋아하고 뿌리의 호흡을 위해 지상으로 울퉁

불퉁하게 나온 천근성 기근(aerial root)이 발달한 수종은?
① 낙우송　　　　　② 일본잎갈나무
③ 삼나무　　　　　④ 거제수나무

28 소나무과(科) 식물의 잎 특성 중 엽속(needle fascicle)내 잎의 수가 다른 것은?
① 소나무　　　　　② 곰솔
③ 리기다소나무　　④ 방크스소나무

해 ①②④ 2엽, ③ 3엽

29 양버즘나무(*Platanus occidentalis* L.)의 특징으로 옳은 것은?
① 원산지는 한국이다.
② 꽃은 이가화이며 암꽃은 붉은색이다.
③ 공해에 약하여 가로수로 부적합하다.
④ 열매는 지름이 3cm정도로 둥글게 1개씩 달린다.

해 양버즘나무는 북아메리카 원산으로 암꽃은 연한 녹색으로 가지 끝에 달리며 공해에 강해 가로수로 적합하다.

30 일반적으로 교목 식재작업에 대한 설명이 옳지 못한 것은?
① 식재 후 멀칭을 해준다.
② 나무의 정부(頂部)가 수직이 되도록 한다.
③ 구덩이 속에 흙을 50% 정도 넣은 후 물조임(물반죽)을 한다.
④ 가로수 식재의 마감면은 보도 연석면 보다 3cm 이하로 끝마무리 한다.

해 ③ 원생육지의 지반과 방향을 맞추어 앉힌 후 1/2 정도 흙을 메우고 방향을 재조정하고, 다시 3/4까지 흙을 메우고 물조임 후 나머지에 흙을 덮어 잘 밟아준다.

31 식재형식은 정형식, 자연풍경식, 자유식으로 분류한다. 다음 중 자연풍경식(自然風景式)식재의 기본패턴에 해당하지 않는 것은?
① 임의(랜덤)식재　　② 배경식재
③ 무늬식재　　　　　④ 부등변삼각형식재

해 ③ 정형식

32 다음 중 미적효과와 관련된 식재형식이 아닌 것은?
① 표본식재　　　　　② 강조식재
③ 군집식재　　　　　④ 초점식재

해 미적효과에는 표본식재, 강조식재, 군집식재, 산울타리식재, 경재식재가 있다.

33 다음 [보기]의 설명에 해당하는 초화류는?

> [보기]
> − 두해살이풀로 전국 각처에 분포한다.
> − 높이가 2.5m에 달하고 원줄기는 녹색이며, 털이 있고 원주형이다.
> − 꽃을 촉규화(蜀葵花)라 한다.
> − 종자 번식하고 열매는 접시 모양의 삭과이다.

① 꽃양배추　　　　　② 매리골드
③ 접시꽃　　　　　　④ 천일홍

34 잔디의 일반적인 특성 중 밟힘에 견디는 힘(내답압성, 耐踏壓性)이 가장 약(弱)한 것은?
① 한국잔디
② bermuda grass
③ bentgrass
④ kentyucky bluegrass

35 다음 수목 중 학명이 틀린 것은?
① 수양버들 : *Salix koreensis*
② 계수나무 : *Cercidiphyllum japonicum*
③ 함박꽃나무 : *Magnolia sieboldii*
④ 조팝나무 : *Spiraea prunifolia* for. *simpliciflora*

해 ① 수양버들(*Salix babylonica*), 버드나무(*Salix koreensis*)

36 종자 채집 후 정선을 위해 풍선법을 활용하기 가장 적합한 수종은?
① 옻나무　　　　　② 가문비나무
③ 주목　　　　　　④ 목련

해 선풍기 등을 이용하여 종자 중에 섞여 있는 종자날개, 잡물, 쭉정이 등을 선별하는 방법으로 소나무류, 가문비나무류, 낙엽송류 등에 적용한다.

37 차량이 주행할 때 측방차폐 효과를 얻기 위한 열식수(列植樹)의 수고가 4m, 수관반경이 2m 인 경우에 가로수의 식재거리는 얼마를 유지해야 하는가? (단, 진행방향에 대한 시각은 30° 이다.)

① 4m
② 6m
③ 8m
④ 12m

해 차폐효과를 얻기 위해서는 열식수의 간격을 수관직경의 2배 이하로 한다.

38 조경수 배식에서 실용적인 목적을 위해서 식재되는 녹음수 선정시 가장 부적합한 수종은?

① 위성류
② 느티나무
③ 팽나무
④ 벽오동

해 위성류는 활엽수에 속하나 비늘조각에 가까운 침형으로 길이 1~3mm로 작다.

39 다음 중 인동덩굴에 대한 설명으로 틀린 것은?

① 반상록 활엽덩굴성 관목이다.
② 번식은 분근이 가장 용이하다.
③ 꽃은 6~7월에 백색으로 피었다가 후에 황색으로 변한다.
④ 줄기는 왼쪽으로 감아 올라가고, 1년생 가지는 청록색으로 속이 비어 있으며, 털이 밀생한다.

해 ④ 인동덩굴의 줄기는 오른쪽으로 감아 올라가며 소지는 적갈색으로 속이 비어있고 황갈색 털이 밀생한다.

40 다음 식물 중 부유식물이 아닌 것은?

① 부레옥잠
② 생이가래
③ 개구리밥
④ 붕어마름

해 ④ 침수식물

제3과목 조경시공

41 비탈면 보호용 격자블록 시공과 관련된 설명으로 틀린 것은?

① 비탈면에 용수가 있을 때에는 배수로를 설치하여 시공면에 물이 흘러들지 않도록 하여야 한다.
② 앵커봉을 비탈면에 박을 때에는 연결판(조립판)

이 파손되지 않도록 지면에 45°각도로 찔러 고정시켜야 한다.
③ 비탈면 보호용 격자블록의 설치는 비탈 끝 아래쪽에서부터 위쪽으로 시공하게 되므로 격자블록의 속채움 흙을 확보할 수 있도록 여유 공간을 확보하여야 한다.
④ 격자블록 내에 식재하기 위해서는 도입식물의 원활한 생육을 위하여 채집표토를 채워서 충분히 다진 후 식재하며, 채집표토가 없을 때에는 생육기반재를 채우도록 한다.

해 ② 앵커봉을 비탈면에 박을 때에는 연결판(조립판)이 파손되지 않도록 지면에 직각으로 고정시켜야 한다.

42 경량(輕量) 콘크리트의 설명으로 옳은 것은?

① 직접 흙에 접하는 부분에는 사용하지 않는다.
② 흡수율이 크므로 골재를 완전히 건조시켜서 사용한다.
③ 시공이 용이하여 사전 재료의 처리가 필요없다.
④ 철근의 이음길이와 정착 길이는 보통 콘크리트보다 짧게 한다.

43 생태호안 복구공사용 재료로 사용하기 가장 부적합한 것은?

① 섶단
② 돌망태
③ 격자블럭
④ 갈대뗏장

해 생태호안 복구공사용 재료에는 섶단, 돌망태, 윗가지, 식생콘크리트, 야자섬유 두루마리 및 녹화마대, 통나무, 갈대뗏장 등이 있다.

44 다음「자전거 이용시설의 구조·시설 기준에 관한 규칙」설명 중 A와 B에 적합한 값은?

> – 자전거전용도로 : 시속 (A)킬로미터
> – 자전거도로의 폭은 하나의 차로를 기준으로 (B) 미터 이상으로 한다.

① A: 25, B: 1.0
② A: 30, B: 1.5
③ A: 25, B: 1.2
④ A: 30, B: 1.2

45 재료의 할증률이 나머지 재료와 다른 것은?

① 목재(각재) ② 일반볼트
③ 이형철근 ④ 시멘트벽돌

해 ③ 3%, ①②④ 5%

46 건물, 주차장, 운동장 등은 평탄한 지반이 요구된다. 평탄한 지역을 조성하는 방법에 속하지 않는 것은?

① 절토에 의한 방법
② 성토에 의한 방법
③ 옹벽에 의한 방법
④ 배수구 처리에 의한 방법

47 타일의 소지(素地) 중 규산을 화학성분으로 한 석영·수정 등의 광물로서 도자기 속에 넣으면 점성을 제거하는 효과가 있으며, 소지 속에서 미분화하는 것은?

① 납석 ② 규석
③ 점토 ④ 고령토

48 녹지부지의 면적 측량에서 평판측량의 방법에 해당하지 않는 것은?

① 방위각법(方位角法) ② 방사법(放射法)
③ 교회법(交會法) ④ 전진법(前進法)

49 Manning 등류경험식(평균유속공식)에 대한 설명 중 틀린 것은?

$$V=\frac{1}{n}R^{2/3}I^{1/2}$$

① 유속은 경사가 급할수록 빨라진다.
② 배수로 표면이 거칠수록 유속은 느려진다.
③ 동수반경(경심)이 크면 유속이 빨라진다.
④ 윤변(물이 닿는 면의 길이)이 길어지면 유속이 빨라진다.

50 다음 석재 중 수성암(퇴적암)에 속하며 준경석 또는 대부분 연석으로 내화성이 강하나, 흡수성이 크기 때문에 한랭지에서 풍화되기 쉬운 결점이 있는 것은?

① 대리석 ② 화강암
③ 응회암 ④ 점판암

51 공사의 발주방법 중 자금력과 신용 등에서 적합하다고 인정되는 특정 다수의 경쟁 참가자가 입찰하는 방법은?

① 대안입찰
② 공개경쟁입찰
③ 지명경쟁입찰
④ 제한적평균가낙찰제

52 가로 5m, 세로 3m인 벽을 1.0B 기본벽돌(190×90×57)로 쌓으려 한다. 개구부가 2m2이고, 할증율은 3% 적용할 때 필요한 벽돌 매수는? (단, 매수는 소수 첫째자리에서 반올림한다.)

① 1004매 ② 1159매
③ 1995매 ④ 2302매

해 기본벽돌 1.0B는 149매/m^2이므로

149×(5×3−2)×0.03=1,995(매)

53 건설공사 표준품셈에 따른 운반공사에 대한 설명 중 틀린 것은?

① 인력 1회 운반량은 보통토사 25kg이다.
② 1일 실작업시간은 360분을 적용한다.
③ 고갯길인 경우 수직거리 1m를 수평거리 6m의 비율로 적용한다.
④ 품에서 규정된 소운반 거리는 20m 이내의 거리를 말한다.

해 ② 1일 실작업시간은 450분(480분−30분)을 적용한다.

54 다음 [보기]의 설명은 품질관리를 위한 어떤 도구 특징에 해당하는가?

> [보기]
> 가로축에 시공불량의 내용이나 원인을 분류해서 크기순으로 나열하고 세로축에 불량도를 잡아 막대그래프를 작성하고, 누적비율을 꺾은선으로 표시한 것이다.

정답 45 ③ 46 ④ 47 ② 48 ① 49 ④ 50 ③ 51 ③ 52 ③ 53 ② 54 ②

① 체크시트　　　　　② 파레토도
③ 히스토그램　　　　④ 산점도

55 목재의 열에 관한 성질 중 옳지 않은 것은?
① 가벼운 목재일수록 착화되기 쉽다.
② 겉보기 비중이 작은 목재일수록 열전도율은 작다.
③ 섬유에 평행한 방향의 열전도율이 섬유 직각방향의 열전도율 보다 작다.
④ 목재는 불에 타는 단점이 있으나 열전도율이 낮아 여러 가지 용도로 사용되고 있다.
해 ③ 섬유에 평행한 방향의 열전도율이 섬유 직각방향의 열전도율 보다 크다.

56 항공사진에서 수목의 종류를 판독하는데 가장 중요한 것은?
① 음영　　　　　　② 색조
③ 형태 및 배치　　④ 촬영조건

57 표면건조 포화상태의 잔골재 500g을 건조시켜 기건 상태에서 측정한 결과 460g, 절대건조상태에서 측정한 결과 440g이었다. 이때 흡수율은?
① 8%　　　　　　② 8.7%
③ 12%　　　　　④ 13.6%
해 흡수율(%) = $\dfrac{\text{표면건조 내부포화상태−기건상태}}{\text{기건상태}}×100$
→ $\dfrac{500-440}{440}×100 = 13.6(\%)$

58 다음 그림에서 각주공식을 이용한 토량은? (단, 단위는 m이다.)

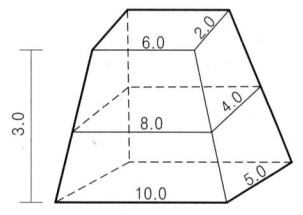

① 47.0m³　　　　② 95.0m³
③ 141.0m³　　　④ 282.0m³
해 $V = \dfrac{3}{6}(10×5+4(8×4)+6×2) = 95.0(\text{m}^3)$

59 8ton 덤프트럭에 자연상태의 사질양토를 굴착하여 적재 하려한다. 흐트러진 상태의 덤프트럭 1회 적재량은 얼마인가? (단, 사질양토 단위중량: 1800kg/m³, L=1.20, C=0.85)
① 4.33m³　　　　② 4.80m³
③ 5.00m³　　　　④ 5.33m³
해 트럭의 흐트러진 상태의 적재량
$q = \dfrac{T}{rt}×L = \dfrac{8}{1.8}×1.2 = 5.33(\text{m}^3)$

60 표준품셈의 적용기준 중 수량의 계산에 관한 설명으로 적합하지 않은 것은?
① 절토(切土)량은 원지반을 절토한 후 흐트러진 상태의 양으로 계산한다.
② 수량의 계산은 지정 소수의 이하 1위까지 구하고, 끝수는 4사5입 한다.
③ 분수는 약분법을 쓰지 않으며, 각 분수 마다 그의 값을 구한 다음 전부의 계산을 한다.
④ 면적의 계산은 보통 수학공식에 의하는 외에 삼사법(三斜法)이나 구적기(Planimeter)로 한다.
해 ① 절토량은 자연상태의 양으로 계산한다.

제4과목 조경관리

61 다음 중 성토비탈면의 점검사항으로 가장 관계가 먼 것은?
① 비탈면의 침식유무　　② 비탈면의 균열유무
③ 암석의 풍화정도　　　④ 보호공의 변화상태
해 성토비탈면의 점검사항으로는 점검 전 성토시기, 구조, 토질 형상, 주위의 유수상태, 기초지반 및 환경상태 등을 파악하여야 한다.

62 솔잎혹파리의 천적으로 생물적 방제를 위해 방사하는 것은?
① 상수리좀벌　　　　② 노란꼬리좀벌
③ 솔잎혹파리먹좀벌　④ 남색긴꼬리좀벌

63 레크리에이션 수용 능력 개념의 설정에 있어서 총 만족량(total satisfaction) 개념을 도입한 사람은?
① O' Riordan　　　② Rodgers
③ Lucas　　　　　④ Reiner

64 잔디에 뗏밥주기를 하는 이유로 적당하지 않은 것은?

① 잔디면을 평탄하게 하며 잔디깍기를 용이하게 한다.

② 호광성(好光性) 잡초종의 발아율을 낮춘다.

③ 지상부 잔디생장점의 동결을 방지한다.

④ 토양 멀칭(mulching) 효과로 건조를 방지한다.

65 곤충의 채집법 가운데 비행하는 곤충을 채집하기에 가장 부적당한 방법은?

① 말레이즈트랩(Malaise trap)

② 함정트랩(pitfall trap)

③ 페로몬트랩(pheromone trap)

④ 유아등(light trap)

해 ② 절지동물의 채집방법이다.

66 다음 중 사용환경 범주 H1 "건재해충 피해환경 및 실내사용 목재"에 사용 가능한 방부제는?

① AAC   ② ACQ

③ ACC   ④ CuAz

해 H1 사용가능 방부제 : BB, AAC, IPBC, IPBCP

67 옹벽의 유지관리에 대한 설명으로 틀린 것은?

① 옹벽이 파손되어 보수가 불가능할 경우 재시공 설치한다.

② 옹벽의 경사를 확인하여 변화 상태를 점검한다.

③ 옹벽이 전도위험이 있을 때는 P·C앵커공법을 사용한다.

④ 깬 돌 메쌓기 옹벽은 배수관의 설치 및 관리가 찰쌓기 보다 중요하다.

해 메쌓기는 옹벽 내의 물이 줄눈사이로 빠져나가므로 찰쌓기보다 덜 중요하다.

68 다음 설명하는 잔디 관리 기계는?

– 밀생한 잔디 깎기용, 잡초 예초용
– 잔디밭 150m² 이상의 면적에 곱게 깎지 않아도 되는 골프장
– 어떤 장소에서도 손쉬운 방향 전환과 경쾌한 후

진이 가능
– 안전한 작업이 가능

① 자동 스위퍼   ② 스파이크 에어

③ 로터리모어   ④ 3연갱모아

69 피레트린(Pyrethrin) 살충제는 충제의 어느 부분에 작용하여 효과를 내는가?

① 원형질독   ② 신경독

③ 근육독   ④ 피부독

해 피레트린은 곤충의 기문 또는 피부를 통해 침입하여 신경을 마비시킨다.

70 비탈면을 식생공법으로 시공할 때 식생공사를 선상(線狀) 혹은 대상(帶狀)으로 시공하는 시공법을 선적녹화방식(線的綠化方式) 또는 선적녹화공법(線的綠化工法)이라고 한다. 선적 녹화방식에 해당되는 것은?

① 식생구멍심기

② 종자뿜어붙이기공법

③ 식생자루심기공법

④ 거적덮기공법

71 다음 [보기]의 설명에 해당되는 시민참여의 형태는?

[보 기]
시민참여를 안시타인의 이론에 따라 크게 3유형으로 구분했을 때 실질적인 주민참여단계인 시민권력의 단계에 해당 정부, 일반시민, 시민단체, 학생, 기업, 기타 이해당사자(stakeholder)가 고루 참여

① 시민자치(citizen control)

② 파트너십(partnership)

③ 상담자문(consultation)

④ 조작(manipulation)

72 다음은 전정 및 정지에 대한 요령이다. 이 중 적당하지 않은 것은?

① 길게 자란 가는가지를 다듬을 때에는 옆눈이 있는 곳의 위에서 가지터기를 6~7mm 가량 남겨 두어야 한다.

② 굵고 큰 가지의 전정은 지피융기선을 기준으로 하여 수간의 지륭을 그대로 남겨 둘 수 있는 각도를 유지하여 바짝 자른다.

③ 중간 정도의 가지는 10cm정도 남겨 놓고 자르는 것이 병해충의 침입 방지에 좋다.

④ 소나무류의 순따기는 생장력이 너무 강하다고 생각될 때에는 1/3 ~ 1/2만 남기고 꺾어 버린다.

73 건물의 청소를 위해 적절한 청소 요원의 수를 결정하는 방법이 아닌 것은?

① 면적에 의한 방법

② 특정지역별 측정에 의한 방법

③ 계량적 분석 방법에 의한 방법

④ 이용자수의 측정에 의한 방법

74 수목의 뿌리수술에 가장 적당한 시기는?

① 봄　　　② 여름　　　③ 가을　　　④ 겨울

75 다음 설명에 해당하는 살충제는?

- 식물의 뿌리나 잎, 줄기 등으로 약제를 흡수시켜 식물체 내의 각 부분에 도달하게 하고, 해충이 식물체를 섭식함으로써 사망하는 것으로, 가축의 먹이에 혼합하거나 주사하여 기생하는 해충을 방제하기도 한다.

- 식물체 내에 약제가 흡수되어버리므로 천적이 직접적으로 피해를 받지 않고 식물의 줄기나 잎 내부에 서식하는 해충에도 효과가 있다.

① 소화중독제　　　　② 화학불임제

③ 접촉살충제　　　　④ 침투성살충제

76 수목시비에 관한 설명 중 옳지 않은 것은?

① 시비 시에 비료가 뿌리에 직접 닿지 않도록 주의한다.

② 화목류의 시비는 잎이 떨어진 후에 효과가 빠른

비료를 준다.

③ 환상시비는 뿌리분 둘레를 깊이 0.3m, 가로 0.3m, 세로 0.5m 정도로 흙을 파내고 소요량의 부숙된 유기질비료를 넣은 후 복토한다.

④ 지효성의 유기질 비료는 덧거름으로 황산암모늄과 같은 속효성 거름을 밑거름으로 주는 것이 좋다.

해 ④ 지효성의 유기질 비료는 밑거름으로, 속효성 비료는 덧거름으로 준다.

77 찻나무 털녹병균의 침입부위(A)와 시기(B)가 맞는 것은?

① A: 잎　　　　　B: 3월~4월

② A: 줄기　　　　B: 3월~4월

③ A: 잎　　　　　B: 9월~10월

④ A: 줄기　　　　B: 9월~10월

78 수목 생장시기인 봄에 늦게 내린 서리에 의한 피해는?

① 만상　　② 춘상　　③ 조상　　④ 추상

해 만상이란 초봄에 식물의 발육이 시작된 후 0℃ 이하로 갑작스럽게 기온이 하강하여 식물체에 해를 주게 되는 것으로 피해를 입기 쉬운 수종은 회양목, 말채나무, 피라칸타, 참나무류, 물푸레나무, 미국팽나무 등이 있다.

79 건축물 관리는 예방보전과 사후보전으로 구분되는데, 이 중 사후보전에 해당되는 작업은?

① 청소　　　　　　　② 도장

③ 일상·정기점검　　④ 보수

80 다음에서 설명하는 (　　)안에 해당되는 작용은?

산이나 알칼리성 물질을 물에 가했을 때보다 동물의 혈액, 식물의 즙액에 가했을 때가 수소이온 농도의 변환화가 훨씬 적다. 이와 같이 토양에서도 pH의 변화에 확실하게 작용하는 저항력이 있으며 이것을 토양의 (　　)이라 한다.

① 완충작용　　　　② 길항작용

③ 수용작용　　　　④ 흡수작용

제 1과목 조경계획 및 설계

1 「낙양명원기」란 조경관련 서적을 집필한 사람은?

① 이어(李漁)　　　　② 계성(計成)

③ 송만종(宋萬鍾)　　④ 이격비(李格非)

2 다음 중 장식화단인 파트레(Parterre)와 소로(allee)를 가장 많이 이용한 정원은?

① 그리스 정원　　　② 영국 정원

③ 프랑스 정원　　　④ 이탈리아 정원

3 다음 중 고려시대에 성행하다가 조선시대에 잘 사용되지 않은 정원 시설은?

① 정자

② 석가산

③ 연못

④ 화오(花塢) 또는 화계(花階)

해 고려시대의 석가산은 괴석을 쌓아 만들었으나 조선시대에는 괴석을 석분(석대)에 올려 단일적으로 사용하였다.

4 조선시대 정원에 사용되었던 괴석은 무엇을 가리키는 말인가?

① 괴이한 생김새의 자연석

② 물건에 앉기 위해 네모나게 다듬은 돌

③ 시간을 확인하기 위해 석재로 만든 장식물

④ 돌 화분을 올려놓기 위해 아름답게 조각해 놓은 돌

5 19세기 영국에서 왕가소유의 영지를 일반대중에게 개방했던 공원이 아닌 것은?

① 비큰헤드 파크　　② 하이드 파크

③ 그린 파크　　　　④ 캔싱턴 가든

해 비큰헤드 파크는 역사상 최초의 시민공원이다.

6 조경사(造景史)를 연구하는 목적으로 가장 부적합한 것은?

① 세계 조경의 역사의 흐름을 파악하기 위하여

② 조경설계의 원류를 파악하여 현대에 접목시키기 위하여

③ 고유한 조경양식에 대한 국가간 상호영향을 최소화하기 위해서

④ 여러 가지 인자에 의해 영향을 받은 조경양식의 특징을 연구하기 위하여

7 경복궁의 후원에 위치하며 주렴계(周濂溪)의 애련설(愛蓮設) 구절에서 명칭을 따온 곳은?

① 대조전(大造殿)

② 낙선재(樂善齋)

③ 교태전(交泰殿) 후원

④ 향원정(香猿亭)과 연지(蓮池)

8 고대 중국의 정원 가운데 봉래산을 쌓고 가장 먼저 신선사상을 반영한 정원은?

① 진시황의 난지궁과 난지

② 송 휘종의 경림원(瓊林苑)

③ 청 건륭제의 원명원(圓明園)

④ 당 현종의 화청궁 정원(華淸宮 庭園)

9 도시공원 중 생활권공원의 유형에 해당하지 않는 것은? (단, 도시공원 및 녹지 등에 관한 법률을 적용)

① 소공원　　　　　② 어린이공원

③ 근린공원　　　　④ 체육공원

해 ④ 주제공원

10 도시 · 군관리계획 설계도면에서 도시계획 지역의 구분과 지역 표현색의 연결이 틀린 것은?

① 관리지역 – 무색　　② 도시지역 – 빨강

③ 상업지역 – 보라　　④ 주거지역 – 노랑

해 ③ 상업지역 분홍색, 보라색 공업지역 표현

11 조경계획을 계획의 과정에 의해 분류할 때 구체적인 시설물의 지정과 공간분할이 토지상에 정확하게 3차원적으로 표현되며, 시공을 위한 재료와 수량, 시행방법을 표현한 실질적인 계획은?

① 구상계획　　　　② 기본계획

③ 실시계획　　　　④ 관리 · 운영계획

12 공원관리청은 자연공원을 효과적으로 보전하고 이용할 수 있도록 하기 위하여 용도지구를 공원계획으로 결정할 수 있다. 다음 중 용도지구에 해당되지 않는 것은?

① 공원자연보존지구
② 공원자연경관지구
③ 공원마을지구
④ 공원문화유산지구

해 용도지구에는 ①③④ 이외에 공원자연환경지구 등이 있다.

13 다음 중 지형경관(Feature landscape)을 구성하는 경관요소가 될 수 있는 것은?

① 높은 절벽
② 숲속의 호수
③ 계곡 끝에 있는 폭포
④ 고속도로

14 경관생태학에서 의미하는 패치(patch)의 예로 가장 적합하지 않은 것은?

① 초원의 동물 이동로
② 농경지의 잔여 산림지역
③ 산림 내의 소규모 초지
④ 사막의 오아시스

해 ① 초원의 동물 이동로는 코리더에 속한다.

15 옥상정원 설계 시 중점 주의사항으로 가장 거리가 먼 것은?

① 오염물질의 정화
② 식재토양층의 깊이
③ 수목 및 토양의 하중
④ 옥상 바닥의 보호 및 방수

해 옥상정원의 계획 시 고려사항으로는 지반의 구조 및 강도, 구조체의 방수성능 및 배수계통, 옥상의 특수한 기후조건, 이용 목적의 경우 프라이버시 확보 등이 있다.

16 토양의 단면에 대한 설명으로 틀린 것은?

① A층은 기후, 식생, 생물 등이 영향을 가장 강하게 받는 층이다.
② B층은 황갈색 내지 적갈색이며, 표층에 비해 부식 함량이 적은 층이다.
③ H층은 분해가 진행되어 육안으로 낙엽의 기원을

전혀 알 수 없는 유기물 층이다.
④ L층은 낙엽이 분해되었지만 원형을 다소 유지하고 있어 식물조직을 육안으로 알 수 있다.

해 ④ L층은 낙엽이 대부분 분해되지 않고 원형 그대로 쌓여 있는 층을 말한다.

17 다음 설명하는 선의 종류는?

> – 조경설계에서 도면의 내용물 자체에 수목명, 본수, 규격 등의 설명을 기입할 때 사용하는 가는 실선
> – 치수, 가공법, 주의사항 등을 넣기 위하여 가로에 대하여 45°의 직선을 긋고 문자 또는 숫자를 기입하는 선

① 인출선
② 중심선
③ 치수선
④ 치수 보조선

18 도심에 위치한 건축물들 사이에 작은 쌈지공원을 조성하고자 한다. 다음 중 가장 필요한 조사 항목은 무엇인가?

① 미기후 조사
② 가시권 분석
③ 지질 구조 조사
④ 이용객 행태 조사

19 경사로 및 계단의 설계 내용으로 틀린 것은?

① 휠체어사용자가 통행할 수 있는 경사로의 유효폭은 120cm 이상으로 한다.
② 연속 경사로의 길이 20m마다 1.2m×1.2m 이상의 수평면으로 된 참을 설치할 수 있다.
③ 옥외에 설치하는 계단의 단수는 최소 2단 이상으로 하며 계단바닥은 미끄러움을 방지할 수 있는 구조로 설계한다.
④ 높이 2m를 넘는 계단에는 2m 이내마다 당해 계단의 유효폭 이상의 폭으로 너비 120cm 이상인 참을 둔다.

해 ② 연속 경사로의 길이 30m마다 1.5m×1.5m 이상의 수평면으로 된 참을 설치한다.

20 색의 대비현상에 관한 설명으로 틀린 것은?

① 색차가 클수록 대비현상이 강해진다.

② 대비되는 부분을 계속해서 보면 대비효과가 적어진다.

③ 두 색 사이에 무채색 테두리를 두르면 대비 효과가 커진다.

④ 자극과 자극 사이의 거리가 멀어질수록 대비 현상이 약해진다.

제 2과목 조경식재

21 다음 그림과 같이 잔디를 줄떼심기 할 경우 심는 간격을 줄때 잔디의 폭과 동일하게 하면 잔디는 전체 면적의 얼마 정도가 필요한가?

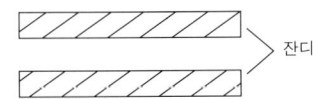
잔디

① 25%   ② 50%

③ 75%   ④ 100%

22 토양의 이학적 성질에서 식물생육에 알맞은 흙의 용적비율(容積比率) 중 무기물의 비율로 적합한 것은?(단, 조성은 무기물, 공기, 물, 유기물로 구성)

① 5%   ② 20%

③ 25%   ④ 45%

해 토양의 삼상 : 50%(광물질 : 45%, 유기물 5%), 수분 : 25%, 공기 : 25%

23 다음 중 우리나라 중부지방의 월별 개화 수종에 대한 연결 중 틀린 것은?

① 2~3월 : 싸리   ② 4~5월 : 모란

③ 6~7월 : 자귀나무   ④ 7~8월 : 능소화

해 ① 싸리 꽃은 7~8월에 붉은 자줏빛으로 개화한다.

24 수목의 속명(屬明)이 옳지 않게 연결된 것은?

① 벗나무 – *Prunus*   ② 소나무 – *Pinus*

③ 솔송나무 – *Tsuga*   ④ 전나무 – *Larix*

해 ④ 전나무(*Abies holophylla* MAX.)

25 덩굴성으로 분류할 수 없는 수종은?

① 송악   ② 줄사철나무

③ 멀꿀   ④ 담팔수

해 ④ 담팔수는 상록활엽교목이다.

26 임해매립지에서는 특히 내조성, 내염성을 고려한 수종의 선택이 필요한데 우리나라에서 해안림을 조성할 때 방풍림으로 사용할 수 있는 상록활엽교목은?

① 멀구슬나무   ② 사철나무

③ 구실잣밤나무   ④ 후피향나무

27 수목의 수피 색깔이 틀린 것은?

① 자작나무 : 백색

② 곰솔 : 황색

③ 벽오동 : 녹색

④ 낙우송 : 적갈색

해 ② 곰솔의 수피는 검은빛을 띤 갈색이다.

28 낙엽속의 유기질 질소가 곰팡이나 박테리아에 의해 분해되면 발생하는 것은?

① NH_4^+ ② NH_3

③ CH_4 ④ N_2

해 ① 암모늄이온, ② 암모니아, ③ 메탄, ④ 질소

29 다음 중 능소화과(科)에 속하는 수종은?

① 벽오동   ② 꽃개오동

③ 오동나무   ④ 참오동나무

해 ① 벽오동과, ③ 현삼과, ④ 현삼과

30 고광나무(*Philadelphus schrenkii*)의 꽃 색깔로 가장 적합한 것은?

① 적색   ② 황색

③ 백색   ④ 자주색

31 상록활엽교목에 해당되지 않는 수종은?

① 녹나무   ② 구실잣밤나무

③ 돈나무   ④ 참식나무

해 ③ 상록활엽관목

정답   21 ②   22 ④   23 ①   24 ④   25 ④   26 ③   27 ②   28 ①   29 ②   30 ③   31 ③

32 다음 산수유와 생강나무에 대한 설명 중 틀린 것은?

① 둘 다 잎의 배열은 대생이다.

② 둘 다 이른 봄에 노란색 꽃이 핀다.

③ 생강나무는 녹나무과, 산수유는 층층나무과이다.

④ 생강나무는 낙엽활엽관목이고, 산수유는 낙엽활엽소교목이다.

해 ① 산수유는 대생이고 생강나무는 호생이다.

33 다음 중 수피에 가시가 없는 수종은?

① 산초나무　　　　　② 해당화

③ 산사나무　　　　　④ 가시나무

해 ④ 가시나무의 잎 가장자리 상반부에 잔톱니가 있다.

34 광선과 식물의 관계에 대한 설명으로 틀린 것은?

① 식물이 광합성에 이용할 수 있는 가시광선 영역을 광합성보상광이라 한다.

② 자외선의 경우, 잎 각피층에 의해 거의 흡수된다.

③ 활엽수는 침엽수에 비해 700 ~ 1000nm 파장의 근적외선을 더 많이 반사시킨다.

④ 광량은 일반적으로 광도(light intensity)로 표시하며 사용하는 단위는 촉광(foot candle) 또는 럭스(lux) 등이 있다.

해 ① 광합성에 소요되는 광선의 영역을 광합성유효방사(PhAR)이라 한다.

35 우리나라 문화재 보호구역을 식재보수 계획하고자 할 때 고려해야 할 사항이 아닌 것은?

① 가능한 희귀수종으로 한다.

② 그 지역에 자라는 향토수종으로 한다.

③ 주변 환경과 어울리는 수종으로 한다.

④ 이식이 용이하고 관리가 쉬운 수종으로 한다.

36 고속도로의 사고방지를 위한 조경 식재방법으로 거리가 먼 것은?

① 지표식재　　　　　② 차광식재

③ 명암순응식재　　　④ 완충식재

해 ① 지표식재란 운전자에게 장소적 위치 및 그 밖의 상황을 알려주기 위하여 랜드마크를 형성시키는 식재를 말한다.

37 식재로 얻을 수 있는 "건축적 기능"이라고 볼 수 없는 것은?

① 공간 분할　　　　　② 대기 정화작용

③ 사생활의 보호　　　④ 차단 및 은폐

해 ② 공학적 기능

38 비탈면의 안정을 위해 잔디식재를 할 때 그 설명이 틀린 것은?

① 잔디 1매당 적어도 2개의 떼꽂이로 잔디가 움직이지 않도록 고정한다.

② 비탈면 전면(평떼)붙이기는 줄눈에 십자줄이 형성되도록 틈새를 만들며, 잔디 소요면적은 비탈면면적보다 조금 적게 적용한다.

③ 비탈면 줄떼다지기는 잔디폭이 10cm 이상 되도록 하고, 비탈면에 10cm 이내 간격으로 수평골을 파서 수평으로 심고 다짐을 철저히 한다.

④ 잔디생육에 적합한 토양의 비탈면경사가 1:1보다 완만할 때에는 비탈면을 일시에 녹화하기 위해서 흙이 붙어 있는 재배된 잔디를 사용하여 붙인다.

해 ② 비탈면 전면(평떼)붙이기는 식재대상지에 십자줄이 생기지 않도록 전면적으로 빈틈없이 붙이는 방법으로 잔디 소요면적을 비탈면 면적과 동일하게 적용한다.

39 한국(울릉도), 중국, 일본이 원산지인 수목은?

① *Aesculus turbinata* Blume

② *Cedrus deodara* Loudon

③ *Juniperus chinensis* L.

④ *Prunus yedoensis* Matsum.

해 ① 칠엽수, ② 개잎갈나무, ③ 향나무, ④ 왕벚나무

정답　**32** ①　**33** ④　**34** ①　**35** ①　**36** ①　**37** ②　**38** ②　**39** ③

40 가로수로서 능수버들(*Salix pseudolasiogyne*)의 단점에 해당하는 것은?

① 수형(樹形)　　　　② 생장력(生長力)
③ 토양 적응성　　　　④ 병해충(病害蟲)

제 3과목 조경시공

41 평떼붙임을 하여야 할 녹지 면적을 AutoCAD로 측정하였더니 328.5472m²가 나왔다. 실제 설계서에서 적용해야 할 면적은 몇 m²로 표기해야 하는가?(단, 건설공사 표준품셈을 적용한다.)

① 330m²　　　　　② 329m²
③ 328.5m²　　　　④ 328.55m²

해 공사면적은 소수 1위까지 구한다.

42 구조계산의 첫번째 단계에 대한 설명으로 옳은 것은?

① 구조물에 생기는 외응력을 계산한다.
② 구조물에 작용하는 하중을 산정한다.
③ 구조물의 각 지점에 생기는 반력을 계산한다.
④ 재료의 허용강도와 내응력의 크기를 서로 비교한다.

해 구조계산은 '하중산정 → 반력산정 → 외응력 산정 → 내응력 산정 → 내응력과 재료의 허용응력 비교' 순으로 한다.

43 흙의 성토작업에서 아래 그림과 같은 쌓기 방법은?

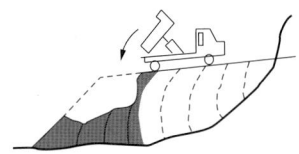

① 물다짐 공법　　　　② 비계층 쌓기
③ 수평층 쌓기　　　　④ 전방층 쌓기

44 대형 수목과 자연석의 적재 및 장거리 운반, 쌓기, 놓기 등에 효과적으로 사용되는 장비는?

① 크레인　　　　　② 로드롤러
③ 콤팩터　　　　　④ 로더

45 다음 중 시공계획의 내용을 순서대로 옳게 나열한 것은?

> ㉠ 계약조건, 현장조건을 이해하기 위해 사전 조사를 한다.
> ㉡ 시공순서, 방법을 검토하여 방침을 결정한다.
> ㉢ 기계 및 인원의 설정 및 공정에 따른 작업 계획을 수립한다.
> ㉣ 노무·재료 등의 조달·수송계획을 수립한다.

① ㉠→㉢→㉣→㉡　　② ㉠→㉡→㉢→㉣
③ ㉠→㉡→㉣→㉢　　④ ㉠→㉢→㉡→㉣

46 다음 중 옥상녹화에 대한 설명으로 가장 부적합한 것은?

① 건축으로 훼손된 도심지의 녹지 및 토양생태계를 인공지반 위에 복원하는 의미로서 도시의 열섬현상을 완화하고 건축물의 냉난방에 소요되는 에너지를 절약하는 효과가 있다.
② 창으로 자연광이 유입되거나 인공광의 도입이 가능한 지하, 발코니, 베란다 등에 식물의 생장을 위한 기반조성과 식재 등으로 기후조절 및 환경미화의 효과가 있다.
③ 옥상조경과 옥상녹화는 건축물의 중량허용에 따른 토심과 교목의 식재여부로 구분하며, 옥상녹화는 최소한의 토심으로 지피식물이나 관목류를 피복하는 형태이다.
④ 여름철의 경우 옥상녹화를 도입한 건물의 표면온도는 일반적인 옥상보다 낮아 에너지를 절감할 수 있다.

해 ② 실내조경에 대한 설명이다.

47 다음 중 우수 시 우수관으로 흘러 들어가기 직전에 우수받이(Catch basin)를 설치하는 주된 목적은?

① 유속을 줄이기 위해
② 하수냄새가 발생하는 것을 방지하기 위하여
③ 우수로부터 모래나 침전성 물질을 제거시키기 위하여

④ 우수관의 용량 이상으로 유입되는 것을 방지하기 위한 유량조절을 위하여

48 단독도급과 비교하여 공동도급(joint venture) 방식의 특징으로 거리가 먼 것은?

① 2 이상의 업자가 공동으로 도급함으로서 자금 부담이 경감된다.

② 공동도급을 구성한 상호간의 이해 충돌이 없고 현장 관리가 용이하다.

③ 대규모 공사를 단독으로 도급하는 것 보다 적자 등의 위험 부담이 분담된다.

④ 고도의 기술을 필요로 하는 공사일 경우, 경험 기술이 부족한 업자도 특히 그 공사에 능숙한 업자를 구성원으로 참여시켜 안전하게 대처할 수 있다.

해 ② 공동도급의 단점으로 이해의 충돌과 책임회피 우려, 하자 책임 불분명 등이 있다.

49 다음 중 계획우수량과 관련된 용어 설명 중 틀린 것은?

① 유출계수 : 유출계수는 토지이용도별 기초유출계수로부터 총괄유출계수를 구하는 것을 원칙으로 한다.

② 우수유출량의 산정식 : 최소계획우수유출량의 산정은 합리식에 의하는 것을 원칙으로 한다.

③ 확률년수 : 하수관거의 확률년수는 10~30년, 빗물펌프장의 확률년수는 30~50년을 원칙으로 한다.

④ 유달시간 : 유입시간과 유하시간을 합한 것으로서 전자는 최소단위배수구의 지표면특성을 고려하여 구하며, 후자는 최상류관거의 끝으로부터 하류관거의 어떤 지점까지의 거리를 계획유량에 대응한 유속으로 나누어 구하는 것을 원칙으로 한다.

해 ② 우수유출량은 합리식에 의한 최대계획우수유출량으로 구하는 것을 원칙으로 한다.

50 콘크리트 혼화제 중 경화(硬化)시 응결촉진제의 주성분으로 사용되며 조기강도를 크게 하는 것은?

① 산화크롬
② 이산화망간
③ 염화칼슘
④ 소석회

51 다음 재료 중 건설공사 표준품셈에 따른 할증률이 적합하지 않은 것은?

① 붉은 벽돌 : 3%

② 조경용 수목 : 10%

③ 목재(판재) : 5%

④ 석재판 붙임용재(부정형 돌) : 30%

해 ③ 목재의 각재 5%, 판재 10%

52 보통 토사 200m³, 경질 토사 100m³의 터파기에 필요한 노무비는 얼마인가?(단, 보통토사 터파기에는 1m³당 보통인부 0.2인, 경질토사 터파기에는 1m³당 보통인부 0.26인의 품이 소요되며, 보통 인부의 노임은 50000원/일 이다.)

① 1,000,000
② 2,300,000
③ 3,000,000
④ 3,300,000

해 $(200 \times 0.2 + 100 \times 0.26) \times 50,000 = 3,300,000$(원)

53 리어카로 토사를 운반하려 한다. 총 운반거리는 50m인데, 이 중 30m가 10%의 경사로이다. 총 운반수평거리는 얼마로 계산하여야 하는가 ?

표1. 경사 및 운반방법에 따른 계수의 값

	8%	9%	10%	12%	14%	16%
리어카	1.67	1.82	2.00	—	—	—
트롤리	15.6	17.1	1.85	2.04	2.24	2.50

① 60m
② 80m
③ 100m
④ 120m

해 $20 + 30 \times 2 = 80$(m)

54 A점과 B점의 표고는 각각 145m, 170m이고 수평거리는 100m이다. AB선상에 표고가 160m되는 점의 A점으로부터 수평거리는 얼마인가?

① 20m
② 40m
③ 60m
④ 80m

해 $100 : 25 = X : 15$ ∴ $X = 60$(m)

55 품의 할증에 관한 설명이 틀린 것은?

① 도서지구, 공항 등에서는 인력품을 50%까지 가산할 수 있다.

② 굴취시 야생일 경우에는 굴취품의 20%까지 가산할 수 있다.

③ 관목류 식재시 지주목을 설치하지 않을 때는 식재품을 20%까지 감할 수 있다.

④ 군작전 지구 내에서는 작업능률에 현저한 저하를 가져올 때는 작업할증률을 20%까지 가산할 수 있다.

해 ③ 관목은 지주목을 설치하지 않기 때문에 식재품을 동일하게 한다.

56 목재에 대한 설명으로 옳지 않은 것은?

① 비중에 비하여 강도가 크다.

② 온도에 대하여 팽창, 수축성이 비교적 작다.

③ 함수량의 증감에 따라 팽창, 수축성이 크다.

④ 재질이나 강도가 균일하고 알칼리에 견디는 힘이 크다.

57 단위시멘트량이 300kg, 단위수량(水量)이 180kg 일 때 물시멘트비(W/C)는 몇 %인가?

① 30% ② 60%

③ 80% ④ 160%

해 (180/300)×100=60(%)

58 콘크리트에 사용되는 골재의 품질요구조건으로 틀린 것은?

① 실적율이 클 것

② 표면이 거칠고 둥근 것

③ 시멘트 강도 이상의 견고한 것

④ 석회석, 운모 함유량이 클 것

59 건설공사를 건설업자에게 도급한 자로서 해당 공사의 시행주체이며 공사를 시행하기 위하여 입찰을 부여하거나 공사를 발주하고 계약을 체결하여 이를 집행하는 자를 무엇이라 하는가?

① 발주자 ② 수급인

③ 감리원 ④ 현장대리인

60 맨홀의 배수 관거내경이 100cm 이하일 때 맨홀의 최대 설치 간격은?

① 50m ② 75m

③ 100m ④ 150m

해 맨홀의 관경별 최대간격

관경	간격
30cm 이하	30m
60cm 이하	75m
100cm 이하	100m
150cm 이하	150m
165cm 이하	200m

제 4과목 **조경관리**

61 절토 비탈면에 대한 일상적 점검 이외에 상세 점검을 실시하기에 가장 적당한 시기는?

① 봄의 신초 발생 후

② 여름의 우기 전

③ 여름의 우기 후

④ 가을의 낙엽 전

62 다음의 연중 식물관리 항목 중 작업 개시 시기가 가장 빠른 것은? (단, 3월부터 이듬해 2월까지 중 시기적으로 처음 개시 작업을 기준으로 한다.)

A : 생울타리(관목)의 전정
B : 잔디의 시비작업
C : 수목의 지주 결속
D : 수목의 줄기감기(피소방지)

① A ② B

③ C ④ D

63 시멘트 콘크리트 포장의 파손원인이 콘크리트 슬래브 자체의 결함으로 볼 수 없는 것은?

① 줄눈 시공 불량으로 인한 균열

② 동결 융해로 인한 지지력 결함

③ 다짐 및 양생의 불량으로 인한 결함

④ 슬립바(slipbar)의 미사용으로 인한 균열

64 유희시설의 재료별 유지관리에 관한 설명 중

옳지 않은 것은?

① 목재시설의 도장이 벗겨진 부분은 즉시 방부처리하여 부패를 방지한다.

② 합성수지제에 균열이 생긴 경우는 전면 교체하는 것이 효과적이다.

③ 해안의 염분, 대기오염이 심한 지역에서는 철재에 강력한 방청처리가 반드시 필요하다.

④ 콘크리트 부위의 보수는 파손부분을 평평히 매끄럽게 깎아내고 그 곳에 콘크리트를 재 타설한다.

해 ④ 콘크리트 부분은 파손부분을 거칠게 요철을 주어 깎아 내고 물로 씻어낸 후 원설계와 같은 배합으로 콘크리트를 타설한다.

65 동물(곤충)의 몸속에서 생산되고, 몸 밖으로 분비, 배출되어 같은 종의 다른 개체에 특이적인 생리작용을 나타내는 물질은?

① 알로몬(allomone)

② 호르몬(hormone)

③ 페로몬(pheromone)

④ 카이로몬(kairomone)

66 시설물 유지관리의 연간작업 계획 중 정기적으로 하는 작업으로 분류하기 가장 부적합한 것은?

① 점검　　　　　② 청소

③ 계획수선　　　④ 하자처리

67 환경조건에 따른 제초제의 살초효과에 대한 설명으로 틀린 것은?

① 습도는 높을수록 약효는 빨리 나타난다.

② 살초효과는 대체로 저온보다 고온일 때 높다.

③ 사질토나 저습지에서는 약해가 생기고, 약효는 떨어진다.

④ 약물의 감수성은 노화부분이 연약부분보다 민감하다.

해 ④ 약물의 감수성은 노화부분보다 연약부분이 민감하다.

68 목재시설물의 균류에 의한 부패를 막을 수 있는 방부제로 가장 거리가 먼 것은?

① 크레오소트유

② 나프텐산구리

③ 산화크롬·구리화합물

④ 지방산 금속염계

69 수목의 그을음병을 방제하는데 가장 적합한 것은?

① 방풍시설을 설치한다.

② 중간 기주를 제거한다.

③ 해가림시설을 설치한다.

④ 흡즙성 곤충을 방제한다.

해 그을음병은 병원균이 진딧물, 깍지벌레 등의 흡즙성 해충의 배설물에 기생하며, 균체가 검은색이기 때문에 외관상 잎의 표면에 그을음이 붙은 것처럼 보인다.

70 절토비탈면에 상단의 외부로부터 빗물이 흘러 비탈면의 내부로 넘쳐흐르고 있다. 다음 중 어느 배수시설을 주로 보수하는 것이 효과적인가?

① 산마루도수로　　② 비탈면도수로

③ 소단배수구　　　④ 하단배수로

71 수목의 월동작업 시 동해의 우려가 있는 수종과 온난한 지역에서 생육 성장한 수목을 한랭한 지역에 시공하였거나 지형·지세로 보아 동해가 예상되는 장소에 식재한 수목은 일반적으로 기온이 몇 ℃이하로 하강하면 방한조치를 하여야 하는가?

① 10　　　　　　② 7

③ 5　　　　　　 ④ 0

72 수목전정의 원칙과 가장 거리가 먼 것은?

① 수목의 역지는 제거한다.

② 수목의 굵은 주지는 제거한다.

③ 무성하게 자란 가지는 제거한다.

④ 수형이 균형을 잃을 정도의 도장지는 제거한다.

해 ② 수목의 굵은 주지는 보존한다.

73 깍지벌레 방제를 위하여 B유제 40%를 0.01%로 하여 ha당 500L를 살포하려면 ha당 소요되는 원액량(cc)은? (단, 비중은 1로 한다.)

① 100cc

② 125cc

③ 250cc

④ 500cc

해 소요농약량 = $\dfrac{\text{추천농도(\%)} \times \text{단위면적당 살포량(ml)}}{\text{농약주성분 농도(\%)} \times \text{비중}}$

→ $\dfrac{0.01 \times 500 \times 1,000}{40 \times 1.0} = 125(cc)$

74 조경시설물의 효율적인 유지관리를 위하여 필요한 항목으로서 가장 관계가 적은 것은?

① 시간절약
② 인력의 절약
③ 고가 재료의 채택
④ 장비의 효율적 이용

75 일반적인 식재 후 관리방법으로 맞지 않은 것은?

① 연 1회 정기적으로 병충해 발생 시에는 만성 시에 효과적으로 대처한다.
② 겨울의 추위나 건조한 강풍에 피해가 예상되는 수목은 11월 중에 지표로부터 1.5m 높이까지의 수간에 모양을 내어 짚 또는 녹화마대로 감싸준다.
③ 교목과 관목은 연 2회 이상 수세와 수형을 고려하여 정지·전정하며 형태를 유지시킨다.
④ 숙근지피류는 필요한 경우 하절기 직사광노출 등에 의한 생육장애가 발생하지 않도록 차광막 등을 설치한다.

76 다음 중 가해 수종이 주로 침엽수가 아닌 해충은?

① 버들바구미
② 솔거품벌레
③ 소나무좀
④ 북방수염하늘소

해 ① 버들바구미는 포플러류, 버드나무 등에 주로 발생한다.

77 연간평균근로자수가 400명인 사업장에서 연간 2건의 재해로 인하여 2명의 재해자가 발생하였다. 근로자가 1일 9시간씩 연간 300일을 근무하였을 때 이 사업장의 연천인율은 약 얼마인가?

① 1.85
② 4.44
③ 5.00
④ 10.00

해 연천인율 = $\dfrac{\text{재해발생자수}}{\text{평균근로자수}} \times 1,000$

→ $\dfrac{2}{400} \times 1,000 = 5$

78 다음 잔디관리와 관련된 설명 중 옳지 않은 것은?

① 뗏밥은 잔디의 생육이 불량할 때 두껍게 3회 정도 구분하여 준다.
② 시비는 가능하면 제초작업 후 비오기 직전에 실시하며 불가능시에는 시비 후 관수한다.
③ 잔디시비는 질소, 인산, 칼리성분이 복합된 비료를 1회에 m²당 30g씩 살포한다.
④ 잔디깎기 횟수는 사용목적에 부합되도록 실시하되 난지형 잔디는 생육이 왕성한 6~9월에 집중적으로 실시한다.

해 ① 뗏밥은 일시에 다량 사용하면 황화현상이나 병해를 유발하므로 소량을 자주 사용한다.

79 다음 부식성분 중 알칼리에 불용성인 성분은?

① humin
② humic acid
③ fulvice acid
④ hymatomelanic acid

해 ① 부식탄, ② 부식산, ③ 풀브산, ④ 히마토멜란산

· 부식(humus) : 토양 속에서 분해나 변질이 진행된 유기질로서 부식탄(humin), 풀브산(fulvic acid), 히마토멜란산(hymatomelanic acid), 부식산(humic acid) 등으로 되어 있고 부식산이 그 주요부분을 차지한다.

80 다음 초화류의 관수(灌水, irrigation) 요령으로 틀린 것은?

① 겨울철에는 이른 아침에 충분히 관수하여야 한다.
② 식물이 활착을 한 후에는 자주 관수할 필요가 없다.
③ 어린 모종일 때는 건조하지 않을 정도로 관수해야 한다.
④ 파종 후에는 씨가 이동하지 않도록 고운 물뿌리개나 분무기로 관수한다.

해 ① 겨울철에는 냉해 방지를 위해 데워서 오전 10시~11시경에 실시한다.

2018년 조경산업기사 제1회

제1과목 조경계획 및 설계

1 인도 무굴정원의 가장 중요한 정원 요소는?
① 물
② 원정(園亭)
③ 녹음수
④ 화훼(花卉)

2 중국 서호(西湖) 10十景의 무대가 되는 곳과 거리가 먼 것은?
① 소주지방
② 백제(百堤)
③ 소제(蘇堤)
④ 소영주(小瀛洲)

해 ① 서호는 항주지방에 있으며, 백제, 소제, 소영주 등의 요소가 포함되어 있고, 그것을 배경으로 서호십경을 이룬다.

3 15세기 후반부터 일본정원에서 바다 풍경을 상징적으로 묘사하기 위해 평면(平面)에 모래를 깔고 돌을 짜 맞추어(石組) 구성된 양식은?
① 축산식(築山式)
② 임천식(林泉式)
③ 평정고산수(平庭枯山水)
④ 축산고산수(築山枯山水)

4 옥상정원의 기원이라고 할 수 있는 것은?
① 김나지움
② 아도니스 가든
③ 페리스틸리움
④ 파라디소

5 다음 일본의 정원양식 중 가장 늦게 나타난 양식은?
① 다정식
② 침전임천식
③ 회유임천식
④ 축산고산수식

해 일본 정원양식의 발달과정 : 임천식(회유임천식) → 축산고산수식 → 평정고산수식 → 다정식 → 회유식(지천임천식)

6 르네상스 시대의 이탈리아 정원(庭園) 의장의 가장 큰 특징은?
① 축경식(縮景式)
② 노단건축식(露壇建築式)
③ 평면기하학식(平面幾何學式)
④ 사실주의 풍경식(寫實主義 風景式)

7 앗시리아 제국에 조성된 사르곤 2세의 궁전 수렵원과 거리가 먼 것은?
① 인공호수
② 입구의 탑문(pylon)
③ 인공언덕
④ 향기나는 수목

해 ② 고대 이집트의 건축에서 볼 수 있다.

8 창덕궁 후원의 정자(亭子) 중 물에 뜬 것과 같은 부채꼴 모양으로 된 것은?
① 관람정
② 부용정
③ 애련정
④ 청의정

9 다음 중 대지의 조경과 관련한 설명 중 틀린 것은?
① 면적이 200제곱미터 이상인 대지에 건축을 하는 건축주는 해당 지방자치단체의 조례로 정하는 기준에 따라 조경이나 그 밖에 필요한 조치를 하여야 한다.
② 건축물의 옥상에 조경이나 그 밖에 필요한 조치를 하는 경우에는 옥상부분 조경면적의 3분의 2에 해당하는 면적을 조경면적으로 산정할 수 있다.
③ 옥상조경의 경우 전체 조경면적의 100분의 50을 초과할 수 없다.
④ 조경면적은 공개공지 면적으로 합산할 수 없다.

해 ④ 건축법 시행령 제27조의2(공개 공지 등의 확보)에 의하면 공개공지 등의 면적은 대지면적의 100분의 10 이하의 범위에서 건축조례로 정한다. 이 경우 법 제42조에 따른 조경면적과 「매장문화재 보호 및 조사에 관한 법률」 제14조제1항제1호에 따른 매장문화재의 현지보존 조치 면적을 공개공지 등의 면적으로 할 수 있다.

10 다음 현황종합 분석도에서 화살표의 방향이 의미하는 것으로 가장 적합한 것은?

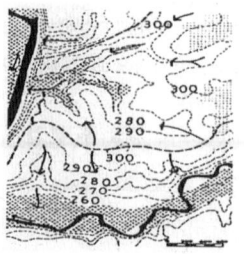

정답 **1** ① **2** ① **3** ③ **4** ② **5** ① **6** ② **7** ② **8** ① **9** ④ **10** ③

① 능선　　　　　　　② 스카이라인
③ 물의 흐름　　　　　④ 풍향

11 비용편익분석(Cost-Benefit Analysis)과 관련이 없는 용어는?
① 소비자 잉여(Consumer's Surplus)
② 비용−편익비(B/C Ratio)
③ 순현재가치(Net Present Value)
④ 수입(revenue)

🅷 비용편익분석이란 여러 정책대안 가운데 목표 달성에 가장 효과적인 대안을 찾기 위한 기법이며, 편익이란 국민생산 또는 국민후생에의 공헌으로, 실질적 재화의 변화나 소비자의 지불의사를 바탕으로 평가한다. 판단기준으로는 편익/비용 비율(B/C), 순현재가치(NPV), 내부가치(IRR)로 판단기준을 삼는다.

12 동선계획을 구체화하는 과정에서 공간의 경험과 체험이 연속되도록 기능과 시설을 배치하고자 하는 것을 무엇이라 하는가?
① scale　　　　　　② sequence
③ contrast　　　　　④ context

13 도시의 "오픈스페이스"의 기능으로 가장 거리가 먼 것은?
① 미기후 조절　　　② 도시확산의 억제
③ 재해의 방지　　　④ 토지이용의 제고

14 계획 설계 과정 중 법규검토, 제한성, 가능성, 프로그램 개발 등을 검토하고 결정하는 단계는 어느 단계인가?
① 용역발주　　　　　② 조사
③ 분석　　　　　　　④ 프로젝트 정의

15 다음 중 케빈 린치(Kevin Lynch)가 주장하는 도시경관의 요소는 무엇인가?
① 자연(natures), 통로(paths), 지구(districts), 결절점(nodes), 랜드마크(landmarks)
② 경계(edges), 통로(paths), 지구(districts), 결절점(nodes), 랜드마크(landmarks)

③ 경계(edges), 연못(ponds), 지구(districts), 결절점(nodes), 랜드마크(landmarks)
④ 경계(edges), 통로(paths), 지구(districts), 울타리(walls), 랜드마크(landmarks)

16 고속도로 조경에서 안전운행을 위한 기능에 포함되지 않는 식재 유형은?
① 완충식재　　　　　② 지표식재
③ 차광식재　　　　　④ 시선유도식재

🅷 ② 지표식재란 무변화의 주변경관이 연속되는 경우 운전자의 노변 확인을 위한 특징적인 식재로써 경관연출기능을 하므로 경관조성에 기여한다.

17 그림과 같은 평면도에 대한 정면도로 가장 옳은 것은?

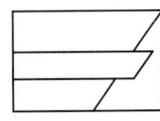

① 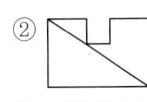　　　②
③ 　　　④

🅷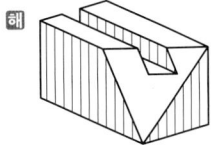

18 다음 중 보색관계로 옳은 것은?
① 빨강 − 청록　　　② 노랑 − 보라
③ 녹색 − 주황　　　④ 파랑 − 연두

🅷 ② 노랑−남색, ③ 녹색−자주, ④ 파랑−주황

19 제도용지 A3의 크기가 297mm×420mm이다. A2용지의 긴 변의 길이는 얼마인가?
① 420mm　　　　　② 594mm
③ 841mm　　　　　④ 1089mm

🅷 기준 용지를 기준으로 종이를 늘일 때는 짧은 변을 2배씩 늘여 나가고, 줄일 경우에는 긴 변을 1/2배씩 줄여 나간다.

20 다음 중 건축물의 특정한 층이 계획에서 정한 선의 수직면을 넘어 돌출하여 건축할 수 없는 것으로, 보행공간이나 공동주차통로 등의 확보가 필요한 곳에 지정하는 것은?

① 건축지정선   ② 건축한계선
③ 벽면지정선   ④ 벽면한계선

해 ① 건축지정선 : 건축물의 외벽면이 계획에서 정한 지정선의 수직면에 일정비율 이상 접해야 한다.
② 건축한계선 : 건축물 지상부의 외벽면이 계획에서 정한 선의 수직면을 넘어 돌출하여 건축할 수 없다.
③ 벽면지정선 : 건축물 특정층의 외벽면이 계획에서 정한 선의 수직면에 일정비율 이상 접해야 한다.

제2과목 조경식재

21 하천 내 조사한 식물종 리스트 중 자생종인 것은?

① 호밀풀   ② 말냉이
③ 개망초   ④ 마디꽃

22 건물, 담장, 울타리를 배경으로 하여 앞쪽에 장방형으로 길게 만들어져 한쪽에서만 바라볼 수 있는 화단은?

① 경재화단(border flower bed)
② 리본화단(ribbon flower bed)
③ 포석화단(paved flower bed)
④ 카펫화단(carpet flower bed)

23 다음 중 꽃 색깔이 다른 수종은?

① 조팝나무   ② 국수나무
③ 층층나무   ④ 생강나무

해 ①②③ 흰색, ④ 황색

24 수목의 식재로 얻을 수 있는 기능 중 기상학적 효과는?

① 반사조절
② 대기정화 작용
③ 토양 침식조절
④ 태양 복사열 조절

해 기상학적 효과에는 태양 복사열 조절, 바람조절, 강수조절,

온도조절 등이 있다.

25 서울 숲을 생태공원으로 재조성하고자 할 때 동해를 받을 우려가 있어 식재가 힘든 수종은?

① 소나무   ② 서어나무
③ 종가시나무   ④ 갈참나무

해 ③ 종가시나무는 상록활엽교목으로 내조성과 내염성이 강하고 공해에도 잘 견디나 추위에는 약하다. 마산, 진주, 전주 등에서는 월동이 되나 대구에서는 한해의 피해를 받는다.

26 다음 설명의 ㉠, ㉡에 적합한 용어는?

> 식물은 암흑 상태에서는 광합성 대신 호흡작용만 하기 때문에 (㉠)를 방출한다. 또한, 식물이 살아가기 위해서는 광도가 최소한 (㉡) 이상으로 유지되어야만 한다.

① ㉠ : O_2, ㉡ : 광포화점
② ㉠ : O_2, ㉡ : 광보상점
③ ㉠ : CO_2, ㉡ : 광보상점
④ ㉠ : CO_2, ㉡ : 광포화점

27 다음 설명의 ㉮, ㉯에 알맞은 용어는?

> 종의 (㉮)은 섬과 육지의 떨어진 거리와 상관성이 있고, 종의 (㉯)은 섬의 크기와 상관성이 있다.

① ㉮사멸률, ㉯생존율
② ㉮생존율, ㉯사멸률
③ ㉮유출률, ㉯유입률
④ ㉮유입률, ㉯유출률

해 섬생물지리학에 제시되는 이론적 내용이다.

28 으름덩굴(Akebia quinata)의 설명으로 틀린 것은?

① 개화 시기는 7월이다.
② 가지에 털이 없으며 갈색이다.
③ 음수이나 양지에서도 잘 자란다.
④ 형태는 낙엽활엽덩굴식물이다.

해 ① 으름덩굴의 개화시기는 4월 말~5월 중순이다.

29 녹도(green way)에 대한 설명으로 틀린 것은?
① 자전거 통행을 고려하여 안전시거를 확보한다.
② 수목의 지하고는 2.5m 이상이 되도록 한다.
③ 향토수종을 식재하고, 기존 수목을 최대한 활용하며 식생구조는 다층형으로 식재한다.
④ 보행녹도의 폭은 최소 4m 이상의 폭원을 확보하며 수목식재 및 휴게공간을 설치한다.

해 녹도는 보행과 자전거 통행을 위주로 한 자연의 환경요소가 담겨진 도로로서 자연 그대로의 수형과 크기를 가진 수목 식재하여 친근감과 쾌적한 인간척도(human scale)의 공간을 조성한다. 녹도 전체의 너비는 적어도 10m 내외가 소요되며, 도로의 높이는 2.5m 이상으로 교목 등의 가지가 돌출하지 않도록 관리하고, 방범의 문제상 멀리 바라볼 수 있도록 하고, 야간에는 조명이 고루 닿도록 배식한다.

30 우리나라 온대지방의 계절 특성상 녹음수로 가장 적합한 것은?
① *Forsythia koreana*   ② *Celtis sinensis*
③ *Pinus Koraiensis*   ④ *Photinia glabra*

해 ① 개나리, ② 팽나무, ③ 잣나무, ④ 홍가시나무

31 겨울에 낙엽이 지는 수종은?
① 광나무(*Ligustrum japonicum*)
② 가시나무(*Quercus myrsinaefolia*)
③ 낙우송(*Taxodium distichum*)
④ 굴거리나무(*Daphniphyllum macropodum*)

32 미루나무(*Populus deltoides*)의 특성으로 틀린 것은?
① 수고 30m, 지름 1m 정도로 자란다.
② 종자로 번식시키고 있으나 대부분 삽목에 의한다.
③ 하천변이나 습윤 비옥한 계곡지역이 식재 적지이다.
④ 꽃은 6~7월에 피고 꼬리모양꽃차례로서 암수한그루이다.

해 ④ 꽃은 3~4월에 피고 꼬리모양꽃차례로서 암수딴그루이다.

33 다음 [보기]가 설명하는 수종은?

[보기]
열매는 둥글고 지름 1cm 정도로서 9~10월에 적색으로 성숙하며 명감 또는 망개라고 한다. 종자는 황갈색이며 5개 정도이다.

① 인동덩굴   ② 광나무
③ 청미래덩굴   ④ 송악

해 ① 인동덩굴 : 열매는 둥글고 지름 7~8mm로 검은색이고 9~10월에 성숙한다.
② 광나무 : 열매는 핵과로 달걀형의 원형이고 길이 7~10mm로 보랏빛 검은색으로 10월에 성숙한다.
④ 송악 : 열매는 8~10mm로 검은색으로 다음해 5월 초~7월 초에 성숙한다.

34 비탈면 녹화(잔디, 수목식재)에 관한 설명으로 틀린 것은?
① 덩굴식재 시 식혈의 크기는 직경 30cm, 깊이 30cm로 한다.
② 잔디고정은 떼꽂이를 사용하여 잔디 1매당 2개 이상 견실하게 고정한다.
③ 잔디생육에 적합한 토양의 비탈면경사가 1:1보다 완만할 때에는 흙이 붙어 있는 재배된 잔디를 사용한다.
④ 비탈면 줄떼다지기는 잔디폭이 10cm 이상으로 하고, 비탈면에 25cm 이내 간격으로 수평골을 파서 수평으로 심고 다짐을 철저히 한다.

해 ④ 비탈면 줄떼다지기는 잔디폭이 10cm 이상으로 하고, 비탈면에 10cm 이내 간격으로 수평골을 파서 수평으로 심고 다짐을 철저히 한다.

35 식물 명명의 기본원칙에 해당되지 않은 것은?
① 분류군의 학명은 선취권에 따른다.
② 규약은 대부분 소급 적용할 수 없다.
③ 분류군의 학명은 표본의 명명기본이 된다.
④ 각 분류군은 오직 하나의 이름만을 가진다.

해 국제식물명명규약 6가지 기본원칙
㉠ 식물명명규약은 동물명명규약과 독립적이다.

ⓒ 특정한 분류군을 명명하는 것은 명명상의 기준표본이라는 수단을 통해서 이루어진다.

ⓒ 분류군의 명명은 출판의 선취권에 기초한다.

ⓔ 각 분류군은 규칙에 의해 가장 먼저 정해진 단 하나의 정명을 가진다(일부 예외존재)

ⓜ 학명은 라틴어화 되어야 한다.

ⓗ 식물명명규약은 특별한 제한이 없는 한 소급력이 있다.

36 다음 중 자유식재의 패턴에 해당되지 않는 것은?

① 루버형
② 번개형
③ 선형
④ 절선형

37 조경설계기준상 산업단지 및 공업지역의 완충녹지 설명 중 틀린 것은?

① 주택지와 접한 공업지역의 경우 완충녹지의 폭은 30m 이상이어야 한다.

② 공업지역과 주택지역 사이에 설치되는 완충녹지의 폭은 100m 정도로 한다.

③ 경관조경수를 주 수종으로 도입하며, 대기오염에 강한 낙엽수를 수림지대 주변부에 두고, 그 중심에 속성 녹화 경관수목을 배식한다.

④ 녹지의 폭원은 최소 50~200m 정도를 표준으로 하되 당해 지역의 특성과 인접 토지이용과의 관계, 풍향, 기후, 사회적·자연적 조건 등을 고려하여 적절한 폭과 길이를 결정한다.

🖎 ③ 환경정화수를 주 수종으로 도입하며, 대기오염에 강한 상록수를 수림지대 중심부에 주목으로 두고, 그 주변에 속성 녹화 수목과 관목을 배식한다.

38 녹음용 수목의 조건으로 적합하지 않은 것은?
① 낙엽활엽수가 바람직하다.
② 수관폭이 가능한 넓어야 한다.
③ 답압에 견딜 수 있어야 한다.
④ 지하고가 낮은 종을 우선으로 한다.

🖎 ④ 녹음식재용 수종은 수관이 커야 하고 머리에 닿지 않을 정도의 지하고가 확보되어야 한다.

39 원형 또는 타원형의 수형을 갖는 수종은?

① 동백나무
② 느티나무
③ 배롱나무
④ 삼나무

🖎 ②③ 평정형, ④ 원추형

40 다음 중 다공질 경량토(多孔質經量土)에 해당하지 않는 것은?
① 펄라이트(pearlite)
② 화산(火山) 모래
③ 생명토(生命土)
④ 버미큘라이트(vermiculite)

제3과목 조경시공

41 골재의 단위용적 중량을 계산할 때 골재는 어느 상태를 기준으로 하는가? (단, 굵은 골재가 아닌 경우이다.)
① 습윤상태
② 기건상태
③ 절대건조상태
④ 표면건조내부포화상태

42 다음 조경공사의 표준품셈 설명 중 ( )안에 알맞은 수치는?

> 근원(흉고)직경에 의한 조경수목의 굴취 시 야생일 경우에는 굴취품의 ( )%까지 가산할 수 있다.

① 3
② 5
③ 10
④ 20

43 지상에 있는 임의 점의 표고를 숫자로 도상에 나타내는 지형의 표시방법은?
① 점고법
② 등고선법
③ 채색법
④ 우모법

44 주차공간의 폭이 넓어 충분한 여유가 있을 경우 설치가 가능하며, 동일 면적에 가장 많은 주차를 할 수 있는 주차배치 방법은?
① 30° 주차
② 45° 주차
③ 60° 주차
④ 90° 주차

정답 **36** ③ **37** ③ **38** ④ **39** ① **40** ③ **41** ③ **42** ④ **43** ① **44** ④

45 보행자 전용도로의 설명 중 ( )안에 알맞은 숫자는?

> 보행자 전용도로의 너비는 ( )m 이상으로 하고, 필요한 경우 경사나 계단을 설치하며, 경사로는 어린이나 노약자, 신체 장애인이 스스로 오를 수 있는 기울기로서 최대 ( )%를 초과하지 않도록 한다.

① 1.0, 10
② 1.5, 8
③ 2.0, 10
④ 2.5, 8

⃞ 공단의 답은 ④로 나왔으나 「도시·군계획시설의 결정·구조 및 설치기준에 관한 규칙」과 조경설계기준에도 ②가 맞는 내용이다.

46 다음 공정표의 전체 소요 공기(工期)는?

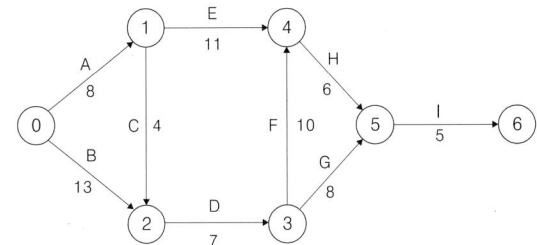

① 30일
② 40일
③ 41일
④ 42일

⃞ C.P 작업(B → D → F → H → I)의 소요시간을 모두 더한다. 13+7+10+6+5=41

47 건설공사의 입찰방식에 따른 분류에 해당하지 않는 것은?

① 공개경쟁입찰
② 제한경쟁입찰
③ 공동입찰
④ 특명입찰

⃞ ③ 공동입찰은 공사시공방식에 따른 분류에 속한다.

48 주요 조경자재 중 굳지 않은 콘크리트(레디믹스트 콘크리트)의 품질관리시험 항목으로 옳은 것은?

① 흡수율
② 휨강도
③ 인장강도
④ 압축강도

⃞ 굳지 않은 콘크리트의 품질시험에는 Slump, 공기량, 온도, 단위용적질량, 압축강도, 염화물량, 알칼리양 등이 있다.

49 다음 대표적인 범주의 표준화(산업규격) 예로 틀린 것은?

① 영국 – ES(England Standards)
② 일본 – JIS(Japan Industrial Standards)
③ 국제표준화규격 – ISO(International Standard Organization)
④ 유럽연합 – EN(European Norm)

⃞ ① 영국 – BS(British Standards)

50 입찰·견적·계약용 적산의 올바른 진행과정은?

> ㉠ 수량산출   ㉡ 단가 결정
> ㉢ 직접공사비 결정   ㉣ 간접공사비 결정
> ㉤ 공사비 집계 검토   ㉥ 견적서 제출
> ㉦ 시공계획 수립   ㉧ 설계도서 검토·작성
> ㉨ 현장 설명   ㉩ 입찰참가·지명

① ㉩→㉨→㉧→㉣→㉢→㉡→㉠→㉤→㉦→㉥
② ㉩→㉨→㉧→㉠→㉦→㉡→㉢→㉣→㉤→㉥
③ ㉩→㉨→㉧→㉡→㉠→㉦→㉢→㉣→㉤→㉥
④ ㉩→㉨→㉧→㉦→㉠→㉡→㉢→㉣→㉤→㉥

51 플라스틱의 특성에 관한 설명 중 옳지 않은 것은?

① 내식성이 우수하다.
② 약알칼리에 약하다.
③ 일반적으로 비흡수성이다.
④ 화학약품에 대한 저항성은 열경화성 수지와 열가소성수지가 다른 특성을 갖고 있다.

⃞ ② 플라스틱은 내수성, 내산성, 내알칼리성, 내충격성이 우수하다.

52 안전율을 고려하여 허용응력을 구조재의 최고 강도보다 상당히 적게 하는 이유로 틀린 것은?

① 재료가 부식하거나 풍화하여 부재단면이 감소할 수 있다.

② 구조계산과정에서 발생하는 계산 착오를 고려한 것이다.

③ 구조재료의 성질이 반드시 같지 않으며, 내부결함이 있을 수 있다.

④ 구조재료의 강도는 하중이 정적 또는 동적으로 작용하는가에 따라 큰 차이가 있다.

53 조경공사의 견적시 수량계산에 관한 사항 중 틀린 것은?

① 절토량은 자연상태의 설계도의 양으로 한다.

② 수량은 C.G.S 단위와 척, 관 단위를 병행함을 원칙으로 한다.

③ 볼트의 구멍부분은 구조물의 수량계산에서 공제하지 아니한다.

④ 면적의 계산 중 구적기(Planimeter)를 사용하는 경우 3회 이상 측정하여 그 중 정확하다고 생각되는 평균값으로 정한다.

해 ② 수량의 단위 및 소수위는 표준품셈 단위표준에 의한다.

54 경사면에 따라 거리를 측정하여 다음 그림과 같았다. 이 때의 AC의 수평거리를 구한 값은?

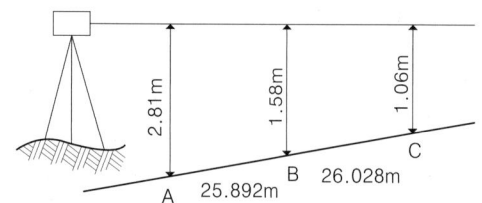

① 50.590m ② 51.890m

③ 50.188m ④ 51.188m

해 수직 높이차=2.81−1.06=1.75(m)

빗변길이=25.892+26.028=51.92(m)

∴ $\sqrt{51.92^2-1.75^2}=51.89$(m)

55 흙의 수분함량에 따른 상태변화에 대한 설명 중 틀린 것은?

① 수분함량에 따라 유동성, 가소성, 이쇄성, 강성을 갖는다.

② 소성상한과 소성하한 사이의 차를 소성지수라고 한다.

③ 수분함량에 따른 토양의 상태변화를 견지성이라 한다.

④ 가소성을 나타내는 최대수분을 소성하한, 최소 수분을 소성상한이라 한다.

해 ④ 가소성을 나타내는 최소수분을 소성하한, 최대수분을 소성상한이라 한다.

56 건설부분의 재료 중 일반적인 추정 단위중량이 틀린 것은?(단, 건설공사 표준품셈상의 조건은 자연상태 또는 건재 등을 알맞게 적용)

① 암석(화강암) : 2600~2700kg/m³

② 자갈(건조) : 1600~1800kg/m³

③ 모래(습기) : 1700~1800kg/m³

④ 소나무(적송) : 1800~2400kg/m³

해 ④ 소나무(적송) : 590kg/m³

57 다음 중 조경공사 표준시방서상의 설계변경조건에 해당되는 것은?

① 가식장 이동 시

② 현장 사무실 위치 이동 시

③ 공사시행 중 발주자의 방침 변경 시

④ 재료보관 창고 설치 방법 변경 시

해 설계변경조건

① 공사시행 중 발주자의 계획 및 방침 변경으로 인한 일부 공사의 추가, 삭제 및 물량의 증감

② 공법, 현장여건의 변동 및 수량의 변경 시

③ 골재원과 부토용 토취장의 위치 및 운반거리 변경

④ 필요시 수목의 보호 및 양생조치비용의 계상

⑤ 지도점검이나 자재검사과정에서 설계변경이 필요하거나 또는 기타 감독자의 지시가 있는 경우

58 공사비의 산출 시 금액의 단위표준이 맞는 것은?

① 설계서의 총액: 100원 이하 버림

② 설계서의 소계: 10원 미만 버림

③ 설계서의 금액란: 1원 미만 버림

④ 일위대가표의 금액란: 0.1원 단위 반올림

해 금액의 단위표준

종목	단위	지위	비고
설계서의 총액	원	1,000	이하 버림(단, 10,000원 이하의 공사는 100원 이하 버림)
설계서의 소계	원	1	미만 버림
설계서의 금액란	원	1	미만 버림
일위대가표의 계금	원	1	미만 버림
일위대가표의 금액란	원	0.1	미만 버림

59 하수도 배수체계에서 합류식의 장점이 아닌 것은?
① 비용이 적게 든다.
② 침전물이 생기지 않는다.
③ 관리가 용이하다.
④ 관 내부의 환기가 용이하다.

᠍ 합류식은 단일관거로 오수와 우수를 배출하는 방식으로 시공이 용이하나 수질오염의 우려가 있다.

60 축척 1：200과 축척 1：600에서 1변이 3cm인 정사각형의 실제 면적 비는?
① 1：3
② 1：6
③ 1：9
④ 1：12

᠍ $A_2 = (\frac{m_2}{m_1})^2 \times A_1 = (\frac{600}{200}) \times A_1 = 9A_1$

제4과목 조경관리

61 80%의 A수화제 원액을 0.02%로 희석하여 20L의 용액을 만들려면 A수화제의 원액은 얼마가 필요한가?
① 2cc
② 4cc
③ 5cc
④ 8cc

᠍ 소요농약량 = $\frac{추천농도(\%) \times 단위면적당 살포량(ml)}{농약주성분 농도(\%) \times 비중}$

$\rightarrow \frac{0.02 \times 20 \times 1,000}{80 \times 1.0} = 5(cc)$

62 진딧물의 천적에 속하지 않는 것은?
① 기생벌류
② 나방류
③ 무당벌레류
④ 풀잠자리류

᠍ 진딧물의 천적에는 무당벌레류, 꽃등애류, 풀잠자리류, 기생벌류 등이 있다.

63 식물(기주)이 병에 견디는 힘이 약해 병에 쉽게 걸리는 성질을 나타내는 용어는?

① 내병성
② 이병성
③ 면역성
④ 비기주 저항성

᠍ ① 내병성 : 병원체의 침입, 감염을 받아도 병이 가볍거나 거의 영향이 없는 상태의 성질
③ 면역성 : 어떤 병원체에 의해 전혀 병에 걸리지 않는 성질
④ 비기주 저항성 : 병원균에 감염이 잘 되지 않는 경우의 성질

64 유희시설의 유지관리에 관한 설명으로 틀린 것은?
① 철재 유희시설은 방청처리를 해야 하며 가급적 스테인리스를 사용한다.
② 파손시설은 보호조치를 취하고 이용할 수 없는 시설을 방치해서는 아니 된다.
③ 바닥모래는 어린이의 안전을 위하여 최대한 가는 모래를 사용한다.
④ 놀이터 내에는 물이 고이지 않게 하고 항상 모래 면을 평탄하게 한다.

᠍ ③ 놀이터 포설용 모래는 입경 1~3mm 정도의 입도를 가진 것으로 하고, 먼지·점토·불순물 또는 이물질이 없어야 한다.

65 질소(N) 성분의 결핍현상 설명으로 가장 거리가 먼 것은?
① 활엽수의 경우 황록색으로 변색된다.
② 침엽수의 경우 잎이 짧고 황색을 띤다.
③ 눈(shoot)의 크기는 지름이 다소 짧아지고 작아진다.
④ 조기에 낙엽이 되거나 잎이 부서지기 쉽다.

᠍ ④ 마그네슘(Mg) 성분의 결핍현상에 대한 설명이다.

66 다음 설명과 같이 식재선정 및 관리에 주의해야 하는 수종은?

• 수술에는 갈고리가 있어 어린이가 주로 이용하는 조경시설 주위에는 실명(失明)할 위험이 있어 주위 식재하지 않는다.
• 8~9월에 피는 나팔모양의 황색꽃은 개화기간이 길고 아름다워 관상가치가 높다.
• 줄기에 흡반이 발달하여 죽은 나무, 벽 등에 미관 보완 목적으로 식재한다.

---

① 마삭줄　　　　② 등수국
③ 인동덩굴　　　　④ 능소화

67 가로수에 유공관(有孔管, perforated pipe)을 설치하여 얻고자 하는 효과로 옳은 것은?
① 통기성 및 관수의 효율성을 높인다.
② 다양한 디자인으로 경관을 개선한다.
③ 통행인으로 인한 답압을 줄인다.
④ 가로변 쓰레기와 먼지를 흘려보낸다.

68 적심(摘芯)에 관한 설명으로 가장 접합한 것은?
① 상록성 관목류의 전정을 통칭하는 뜻이다.
② 토피아리 전정의 한 방법이다.
③ 꽃눈 조절을 위한 과수의 전정방법이다.
④ 새로 나온 연한 순을 자르는 것이다.

69 다음은 포장의 결함에 의해 발생되는 파손형태 모식도이다. 침하(沈下)현상의 모식도를 표현한 것은?

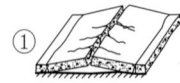
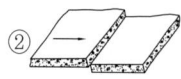

해 ① 융기, ② 단차, ③ 박리

70 관리예산 책정 시 작업률이 1/4이라면 이것이 의미하는 것은?
① 4년에 1회 작업을 한다.
② 분기별로 1회 작업을 한다.
③ 작업시 1/4명이 참가한다.
④ 작업당 소요시간이 1/4이다.

71 초화류 관수(灌水)시 일반적으로 유의하여야 할 점으로 틀린 것은?
① 여름의 관수는 직사일광이 강한 정오 전후의 시간대는 가능한 한 피한다.
② 관수는 충분한 양의 물을 주되 겉흙이 말랐을 때 하는 것이 좋다.
③ 관수는 소량의 물을 매일 주는 것이 가장 효과적

이다.
④ 관수는 시간을 두고 토양 깊숙이 침투할 정도로 실시하고, 지표면에 물이 고이지 않을 정도로 하여야 한다.

72 참나무 시들음병의 매개충은?
① 바구미　　　　② 광릉긴나무좀
③ 솔수염하늘소　　④ 오리나무잎벌레

73 종자와 비료, 흙을 혼합하여 네트(Net)에 넣고, 비탈면의 수평으로 판 골속에 넣어 붙이는 공법은?
① 식생구멍공　　　② 식생판공
③ 식생자루공　　　④ 식생매트(mat)공

74 조경시설의 유지관리에 있어서 행정사항으로 가장 거리가 먼 것은?
① 안전교육의 실시 여부
② 공정진행 사항의 기록 보존 여부
③ 반입자재에 대한 품질의 적합 여부
④ 기술지도 및 기타 지시사항 이행 상태

75 레크레이션 공간의 관리에 있어서 가장 이상적인 관리전략은?
① 폐쇄 후 육성관리
② 폐쇄 후 자연회복형
③ 순환식 개방에 의한 휴식기간 확보
④ 계속적인 개방·이용상태 하에서 육성관리

76 목재의 벤치나 야외탁자에서 재료의 단점이 아닌 것은?
① 파손되기 쉽다.
② 기온에 민감하다.
③ 습기에 약하며 썩기 쉽다.
④ 병해충의 피해를 받기 쉽다.
해 ② 철재재료의 단점

77 수중펌프 및 수중등을 연못에 설치하고 관리 시의 보완 대책으로 적당하지 않은 것은?
① 누전차단기를 반드시 설치한다.

② 과부하 보호장치를 설치한다.

③ 연못 물을 항상 일정하게 유지하기 위해 수위 조절기를 설치한다.

④ 간단한 조작을 위하여 커버나이프 스위치에 직렬로 연결 사용한다.

78 잡초의 종합적 방제법(integrated control)에 대한 설명으로 틀린 것은?

① 제초제 약해와 환경오염을 줄일 수 있다.

② 여러 가지 다른 방제법을 상호 협력적으로 적용하는 방식이다.

③ 잡초군락의 크기는 감소하고, 작물의 생산력이 증대되는 효과가 있다.

④ 화학적 방제를 배제하고 생태적 방제와 예방적 방제를 주로 사용한다.

해 ④ 잡초의 종합적 방제법에는 화학적 방제도 포함된다.

79 일반적인 잔디 깎기 요령에 관한 설명으로 가장 올바른 것은?

① 버뮤다 그라스는 여름보다는 가을에 집중적으로 깎아 준다.

② 벤트 그라스는 봄보다 여름에 자주 깎는다.

③ 잔디의 맹아성을 고려하여 키가 큰 잔디는 한 번에 원하는 위치까지 깎는 것이 효과적이다.

④ 잔디깎는 횟수와 높이를 규칙적으로 일정하게 하는 것이 좋다.

80 식재한 수목의 뿌리분 위쪽 둘레에 짚, 낙엽 등의 피복 목적으로 가장 거리가 먼 것은?

① 유기질 비료 제공

② 병해충 발생

③ 표토의 굳어짐을 방지

④ 잡초 발생 억제

제1과목 조경계획 및 설계

1 마당 중앙에는 수반형의 둥근 분수대를 세웠고, 사방 주위에는 관목이나 초화류를 식재한 정형식 정원이 있는 곳은?

① 덕수궁 석조전   ② 창덕궁 주합루
③ 경복궁 교태전   ④ 경복궁 향원정

2 분구원(分區園)을 제창한 사람은?

① 시레버(Schreber)
② 하워드(E. Howard)
③ 루드비히 레서(L. Lesser)
④ 존 러스킨(J. Ruskin)

3 토피어리(topiary)의 역사적 유래가 시작된 나라는?

① 고대 서부아시아   ② 로마
③ 인도   ④ 프랑스

4 태호석(太湖石)에 대한 설명으로 거리가 먼 것은?

① 한나라 때 태호석의 이용이 성행하였다.
② 석가산 수법의 재료나 경석으로 사용되었다.
③ 태호의 물속에서 채집하여 정원석으로 사용 하였다.
④ 북방지역은 화석강이라는 운반선으로 운하를 통해 운반하였다.

해 ① 송나라 때 태호석의 이용이 성행하였다.

5 전라남도 담양군 남면에 있는 양산보가 조성한 정원은?

① 선교장 정원   ② 다산초당
③ 소쇄원   ④ 부용동 정원

6 조선시대 아미산원에 대한 설명으로 옳지 않은 것은?

① 계단식으로 다듬어 놓은 화계를 이용한 정원 공간이다.

② 화목사이로 괴석과 세심석이 놓여 있다.
③ 창덕궁 후원으로 사적인 성격의 공간이다.
④ 온돌의 굴뚝을 화계 위로 뽑아 점경물로 삼았다.

해 ③ 아미산은 경복궁 교태전의 후원이다.

7 일본의 평안(헤이안)시대 나타난 침전조(寢殿造) 정원양식의 전형을 보여주는 대표적인 사례로 꼽을 수 있는 것은?

① 계리궁   ② 동삼조전
③ 삼보원   ④ 이조성

8 고대 로마 폼페이 주택의 제1중정으로써 바닥이 돌로 포장되어 있었던 중정은?

① 아트리움   ② 페리스틸리움
③ 지스터스   ④ 파티오

9 보행자도로와 차도를 동일한 공간에 설치하고 보행자의 안전성을 향상하는 동시에 주거환경을 개선하기 위하여 차량통행을 억제하는 여러 가지 기법을 도입하는 방식은?

① 보차혼용방식   ② 보차병행방식
③ 보차공존방식   ④ 보차분리방식

해 보차분리체계

·보차분리방식: 보행자전용도로를 일반도로와 평면적으로, 입체적 혹은 시간적으로 분리하여 별도의 공간에 설치하는 방식

·보차병행방식 : 보행자는 도로 측면을 이용하도록 차도 옆에 보도가 설치된 방식

·보차공존방식 : 차와 사람을 단순히 분리한다는 개념에서 한걸음 더 나아가 보행자의 안전을 확보하면서 차와 사람을 공존시킴

·보차혼용방식 : 보행자통행에 대한 보행이 도입되지 않는 방식으로 보행자의 안전이 위협받을 가능성이 큰 방식

10 옥상정원에 관한 설명 중 틀린 것은?

① 건물전체의 건축구조설계 등 타분야와 상호 연관성을 고려한다.

② 하중을 줄이기 위하여 경량골재 등 가벼운 재료

정답   **1** ③   **2** ①   **3** ②   **4** ①   **5** ③   **6** ③   **7** ②   **8** ①   **9** ③   **10** ④

를 사용하는 것이 바람직하다.

③ 이용의 측면에서 볼 때 프라이버시 보호가 설계의 중점 사항이다.

④ 옥상은 태양 복사열을 잘 받고 미기후가 수목의 생장에 유리한 조건을 갖는다.

☞ ④ 옥상은 미기후 변화가 심하며 수목의 생장에 불리한 조건을 갖는다.

11 생물다양성관리계약 체결 가능 지역으로 명시되지 않은 지역은?

① 멸종위기 야생생물 보호를 위하여 필요한 지역

② 생물다양성의 증진이 필요한 지역

③ 생물다양성의 복구가 필요한 지역

④ 생물다양성이 독특하거나 우수한 지역

☞ 생물다양성관리계약 : 생태계 우수지역의 보전을 위하여 지방자치단체의 장과 지역 주민이 생태계 보전을 위한 계약을 체결하고, 지역주민이 그 계약의 내용을 성실히 이행함에 따른 인센티브를 지방자치단체의 장이 제공하는 제도이다.

12 경관의 우세요소(A), 우세원칙(B), 변화요인(C)을 순서대로 짝지은 것 중 틀린 것은?

① A : 형태, B : 집중, C : 규모

② A : 색채, B : 대조, C : 광선(light)

③ A : 선, B : 축, C : 거리

④ A : 질감, B : 방향, C : 연속성

☞ ·우세요소 : 형태, 선, 색채, 질감

·우세원칙 : 대비, 연속성, 축, 집중, 쌍대성, 조형

·변화요인 : 운동, 빛, 기후조건, 계절, 거리, 관찰위치, 규모, 시간

13 시점(A)에서 포장면(P)을 지각할 때 공간적 깊이 감을 가장 잘 줄 수 있는 포장 패턴은?

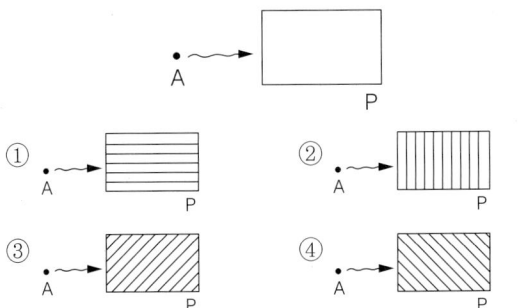

14 행태 조사 방법 중 물리적 흔적(physical traces)의 관찰 방법으로 부적합한 것은?

① 일정 장소의 의자배치, 낙서, 잔디마모 등의 물리적 흔적을 관찰하는 것이다.

② 연구하고자 하는 인간행태에 영향을 미치지 않는다.

③ 일반적으로 정보를 얻는데 시간이 많이 걸려 비용이 많이 든다.

④ 대부분의 물리적 흔적은 비교적 장시간 변형되지 않으므로 반복적인 관찰이 가능하다.

☞ ③ 물리적 흔적관찰은 반복관찰이 가능하고 저비용으로 중요 정보를 신속하게 획득할 수 있다.

15 먼셀(A.H.Munsell)의 표색계(表色系)를 설명한 것 중 옳은 것은?

① 주요 5색은 R, Y, G, B, P 이다.

② 채도 단계에서 빨강은 8단계이고, 녹색은 14단계이다.

③ 명도축에는 1에서 14까지 번호가 붙여지고 있다.

④ 헤링(E.Hering)의 4원색설을 기본으로 하고 있다.

☞ ② 채도 단계에서 빨강은 14단계이고, 녹색은 10단계이다.

③ 명도는 N1, N2, N3…N9까지 표기하며, 번호가 높을수록 흰색에 가까워진다.

④ 오스트발트 표색계가 헤링(E.Hering)의 4원색설을 기본으로 하고 있다.

16 설계시 활용되는 "척도"의 종류에 해당되지 않는 것은?

① 배척　　　　　　② 축척

③ 현척　　　　　　④ 외척

17 현대 디자인용 척도인 모듈러(modulor)의 확립자는?

① 라이트(Wright)

② 그로피우스(Gropius)

③ 르 꼬르뷔제(Le Corbusier)

④ 미스반델로에(Mies van der Rohe)

18 다음 중 그늘시렁(파골라)의 배치, 형태 및 규

격의 설명으로 틀린 것은?

① 태양의 고도 및 방위각을 고려하여 부재의 규격을 결정하며, 해가림 덮개의 투영 밀폐도는 50%를 기준으로 한다.

② 공간규모와 이용자의 시각적 반응을 고려하여 규격을 결정하되 일반적으로 높이에 비해 길이가 길도록 한다.

③ 의자를 설치할 수 있으며, 의자는 하지의 12~14시를 기준으로 사람의 앉은 목 높이 이상 광선이 비추지 않도록 배치한다.

④ 조형성이 뛰어난 그늘시렁은 시각적으로 넓게 조망할 수 있는 곳이나 통경선(vista)이 끝나는 곳에 초점요소로서 배치할 수 있다.

해 ① 해가림 덮개의 투영 밀폐도는 70%를 기준으로 한다.

19 일반적으로 어느 색이 다른 색의 영향을 받아 단독으로 볼 때와는 달라져 보이는 현상을 무엇이라 하는가?

① 색의 조화　　　　② 색의 대비

③ 색의 잔상　　　　④ 푸르킨예 현상

20 그림과 같이 어떤 물체를 제 3각법으로 투상한 투상도의 입체도로 가장 적합한 것은?

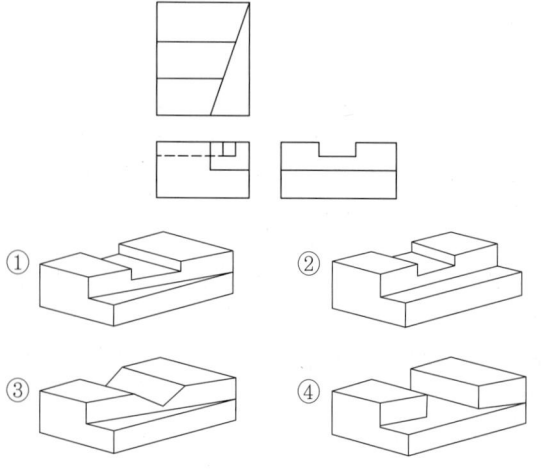

제2과목 조경식재

21 잎보다 꽃이 먼저 피는 식물이 아닌 것은?

① 진달래　　　　② 복사나무

③ 모과나무　　　　④ 박태기나무

해 잎보다 꽃이 먼저 피는 선화후엽(先花後葉) 수종으로는 미선나무, 산수유, 개나리, 진달래, 박태기나무, 생강나무, 왕벚나무, 복사나무, 매실나무, 백목련 등이 있다.

22 다음은 어떤 식물에 대한 설명인가?

> 황색의 꽃이 4~5월에 피고 겨울철에 녹색의 줄기가 관상가치가 있으며, 원산지는 일본이다.

① 야광나무(*Malus baccata* Borkh)

② 황매화(*Kerria japonica* DC)

③ 조팝나무(*Spiraea prunifolia* f. *simpliciflora* Nakai)

④ 쉬땅나무(*Sorbaria sorbifolia* var. *stellipila* Maxim.)

23 미과(科)의 벚나무속(屬)에 해당되지 않은 것은?

① 매실나무　　　　② 살구나무

③ 자두나무　　　　④ 모과나무

해 ④ 명자나무속

24 벽오동의 분류군으로 맞는 것은?

① 피나무과(*Tilliacae*)

② 차나무과(*Theaceae*)

③ 소태나무과(*Simaroubaceae*)

④ 벽오동과(*Sterculiaceae*)

25 고속도로 중앙분리대의 식재방식 중 랜덤식 식재법은?

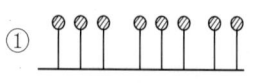 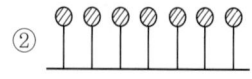
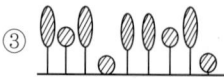 

26 수목을 식재한 후 지주목 설치의 가장 중요한 목적은?

① 지주목의 설치 그 자체가 관상의 주 대상이 된다.

② 철사로 설치함이 지주목의 기능으로서 효과가 가장 크다.

③ 바람에 의한 피해를 줄이고 뿌리의 활착을 돕는 역할을 한다.

④ 지주목은 가급적 가장 저렴한 재료를 이용하므로 경제상 유리하다.

27 선화후엽(先花後葉) 식물 중 꽃은 황색이고, 열매가 검은색으로 익은 식물은?

① 생강나무(*Lindera obtusiloba*)

② 미선나무(*Abeliophyllum distichum*)

③ 왕벚나무(*Prunus yedoensis*)

④ 진달래(*Rhododendron mucronulatum*)

28 조경수목의 부분별 특성을 살펴보면 뿌리(根), 줄기(莖), 잎(葉)의 영양기관과 꽃, 열매, 씨 등의 생식기관으로 구성되어 있다. 겨울의 꽃눈(花芽)이 필봉(筆鋒)같다 하여 경관적 가치가 있는 수목은?

① 때죽나무 ② 백목련

③ 수수꽃다리 ④ 무궁화

29 비탈면(斜面) 식재 수종 선정에 우선적으로 고려할 조건으로 가장 거리가 먼 것은?

① 열매에 향기가 있는 수종

② 척박토에 강한 수종

③ 토양 고정력이 있는 수종

④ 환경 적응성이 우수한 수종

30 식물군락에 대한 설명으로 옳은 것은?

① 우점종은 군락에 공통적으로 나타나는 종

② 추이대는 두 개 이상의 이질적인 군집사이에서 보이는 이행부

③ 극상은 나지에 처음 들어오는 식물들의 외부 형태를 말함

④ 1차 천이는 번식기관이 남아 있는 장소에서의 천이

31 방화용 식재 수종으로만 구성된 것은?

① 녹나무, 삼나무

② 비자나무, 소나무

③ 은목서, 구실잣밤나무

④ 후피향나무, 아왜나무

해 방화식재용 수종으로는 가시나무, 돌참나무, 아왜나무, 후피향나무, 사스레피나무, 사철나무, 왜금송, 멀구슬나무, 벽오동, 상수리나무, 은행나무, 단풍나무, 층층나무, 동백나무 등이 있다.

32 잎의 질감(texture)이 가장 거친 수종으로만 구성된 것은?

① 칠엽수, 양버즘나무

② 편백, 화백

③ 산철쭉, 삼나무

④ 회양목, 꽝꽝나무

해 수관의 질감이 거친 느낌을 주는 수목으로는 양버즘나무, 칠엽수, 백합나무, 소철, 벽오동, 태산목, 팔손이 등이 있다.

33 일반적으로 천근성 수종 이식시 사용되는 뿌리분의 종류와 기준 깊이는? (단, 뿌리분의 지름을 A라고 가정 함)

① 접시분, A/3 ② 보통분, A/2

③ 조개분, A/3 ④ 접시분, A/2

해 일반적으로 분의 너비는 근원직경의 3~5배로 하며 깊이는 너비의 1/2 이상으로 한다.

34 물푸레나무(*Fraxinus rhynchophylla* Hance)에 관한 설명이 틀린 것은?

① 낙엽활엽교목이다.

② 나무껍질은 세로로 갈라지고, 흰색의 가로무늬가 있다.

③ 열매는 길이 2~4cm 되는 시과로서 날개는 피침형으로 9월에 익는다.

④ 꽃은 암수한그루로만 존재하며 3월 중 ~ 4월 초에 핀다.

해 ④ 꽃은 암수딴그루 또는 암수한꽃도 섞여있고 4월 중~5월 중에 핀다.

35 실내조경의 식물 선정에 있어서 가장 거리가 먼 것은?

① 실내에 식재될 수목은 낙엽현상방지를 위해 반 그늘에서 약 2개월 전 식재 적응기간을 둔다.

② 실내조경에는 아열대성과 난온대성 관엽식물이 잘 자랄 수 있으므로 많이 사용되고 있다.

③ 실내조경에는 추위에 강한 한대성 침엽수가 적당하다.

④ 실내에서는 광 조건이 제한되므로 양수보다 음수를 선택하는 것이 좋다.

해 실내조경식물은 낮은 광도에서도 잘 자라며 고온·다습·건조에도 강한 식물을 도입한다.

36 다음( )안에 공통으로 들어갈 매립지 복원 공법은?

> – ( )은 산흙 식재기반 조성시 하부층이 세립 미사질토인 경우 적용하는 공법이다.
> – ( )은 세립 미사질토가 가장 많은 중심부에서 외곽부로 모래 배수구를 만들어 준 후, 그 위에 산흙을 넣어 수목을 식재하는 방법이다.

① 성토법   ② 사공법
③ 사토객토법   ④ 사구법

37 종합경기장에 식재계획을 할 경우 주차장에 심어야 할 가장 적합한 녹음 수종으로만 짝지어진 것은?
① 느티나무, 이팝나무
② 주목, 비자나무
③ 회양목, 식나무
④ 팔손이나무, 녹나무

해 녹음수는 활엽교목이 적당하다.

38 돈나무의 학명으로 맞는 것은?
① *Pittosporum tobira*
② *Chaenomeles speciosa*
③ *Lespedeza maximowiczii*
④ *Rhus javanica*

해 ② 명자나무, ③ 조록싸리, ④ 붉나무

39 식물의 생태적 천이에 관한 설명으로 틀린 것은?

① 질서 있게 변화하는 진화과정으로 예측이 가능하다.

② 식물종다양성은 천이 후기단계에 최대화되는 경향이 있다.

③ 천이는 초본식물 및 외래식물의 침입으로부터 시작된다.

④ 식물군집이 성숙되어 안정된 상태를 이룰 때 극상에 도달하게 된다.

40 꽃 색깔이 다른 수종은?
① 채진목(*Amelanchier asiatica* Endl. ex Walp.)
② 함박꽃나무(*Magnolia sieboldii* K.Koch)
③ 옥매(*Prunus glandulosa* for. albiplena Koehne)
④ 모과나무(*Chaenomeles sinensis* Koehne)

해 ①②③ 흰색, ④ 붉은색

제3과목 조경시공

41 건설재료로서 목재의 특징이 옳은 것은?
① 열, 음, 전기 등의 전도성이 큰 전도체이다.
② 흡수 및 흡습성이 작으나 신축변형이 크다.
③ 종류가 다양하고 외관이 아름답다.
④ 비중에 비해 압축강도, 인장강도가 작으며 건축물의 자중이 크다.

42 강의 일반적인 성질로 옳지 않은 것은?
① 비례한계점까지는 응력도와 변형도는 비례한다.
② 비례한계점까지는 후크(Hook)의 법칙이 성립된다.
③ 탄성계수(영계수)는 변형도를 응력도로 나눈 값이다.
④ 탄성계수는 일정한 정수로 나타내며 금속의 기계적 성질을 나타내는 중요한 자료이다.

해 ③ 탄성계수(영계수)는 응력도를 변형도로 나눈 값이다.

43 30m의 테이프가 표준자보다 1cm 짧다고 할 때 이 테이프로 측정한 300m의 길이는 얼마인가?
① 289.9m   ② 299.9m
③ 300.1m   ④ 300.01m

해 답이 ③으로 발표되었으나 위의 지문만으로는 아래와 같이 풀이할 수 있으므로 ②가 답이 되어야 한다.

$$실제길이 = \frac{부정길이 \times 관측길이}{표준길이}$$

$$\rightarrow \frac{29.99 \times 300}{30} = 299.9(m)$$

44 다음 중 평판측량 관련 설명으로 틀린 것은?
① 평판의 세우기는 정준, 구심, 표정의 3조건을 만족시켜야 한다.
② 측량 구역이 넓고 장애물이 있을 때는 후방 교회법으로 하는 것이 좋다.
③ 대표적인 평판측량 방법에는 방사법, 전진법, 교회법이 있다.
④ 측방교회법이라 함은 시준이 잘되는 여러 목표물을 미리 정한 후 이 점들을 시준하여 다른 점을 구하는 방법이다.

해 ② 측량 구역이 넓고 장애물이 있을 때는 전진법으로 하는 것이 좋다.

45 콘크리트의 중성화와 가장 관계가 깊은 것은?
① 산소　　　　　② 질소
③ 염분　　　　　④ 이산화탄소

해 콘크리트 중성화란 콘크리트에 함유된 알칼리성 수산화칼슘이 탄산가스와 반응하여 탄산칼슘으로 변화하는 현상으로 콘크리트의 강도가 저하한다.

46 다음 표의 점토질과 사질지반의 비교 내용 중 옳은 것은?

비교항목	사질	점토질
가. 투수계수	작다	크다
나. 가소성	크다	없다
다. 내부마찰각	크다	없다
라. 동결피해	크다	적다

① 가　　　　　② 나
③ 다　　　　　④ 라

47 다음 중 건설표준품셈의 조경공사의 유지관리를 위한 "일반전정" 관련 설명으로 틀린 것은?
① 본 품은 준비, 소운반, 전정, 뒷정리를 포함한다.
② 전정 후 외부 운반 및 폐기물처리비를 포함한다.

③ 공구손료 및 경장비(전정기 등)의 기계정비는 인력품의 2.5%를 계상한다.
④ 수목의 정상적인 생육장애요인의 제거 및 외관적인 수형을 다듬기 위해 실시하는 전정작업을 기준한 품이다.

해 ② 전정 후 외부 운반 및 폐기물처리비는 별도 계상한다.

48 공원 등에 사용되는 우수의 배수관에 관한 설치 요령 중 옳지 않은 것은?
① 이상적인 유속은 1.0~1.8 정도로 한다.
② 일반적으로 동결심도 이하의 깊이로 매설하는 것이 원칙이다.
③ 관의 굵기는 계획 배수량을 정해진 유속으로 흘려보낼 수 있도록 정한다.
④ 평탄지에서는 유속을 될 수 있는 한 급구배로 하여 관의 굵기를 정한다.

해 ④ 관거 이외의 배수시설의 기울기는 0.5% 이상으로 하는 것이 바람직하다. 단, 배수구가 충분한 평활면의 U형 측구일 때는 0.2%까지 완만하게 할 수 있다.

49 「석재판붙임용재(부정형돌)」의 할증률은?
① 3%　　　　　② 5%
③ 10%　　　　　④ 30%

50 다음 공정표에 관한 설명으로 틀린 것은?
① 좌표식 공정표는 예정공정에 쉽게 대비할 수 있는 장점이 있다.
② 네트워크 공정표는 각 공종간의 관계를 명확하게 하여 보다 세심한 관리가 가능하다.
③ 막대공정표는 막대그래프를 이용하여 작업의 특정시점과 기간을 표시하여 공종별 공사일정을 파악하기가 쉽다.
④ 네트워크의 주공정선(critical path)은 전체 공사과정 중 가장 짧은 일정이 소요되는 과정으로 전체 공사의 소요기간을 산정할 수 있다.

해 ④ 주공정선(critical path)은 작업의 시작점에서 종료점에 이르는 가장 긴 패스를 말하며, 전체 공사의 소요기간을 산정할 수 있다.

51 다음과 같은 특징을 갖는 합성수지는?

> - 내열성이 우수하다.
> - 내수성이 대단히 우수하여 Seal재의 원료로 쓰인다.
> - 유리섬유를 보강하면 500℃이상 고열에도 수 시간을 견딜 수 있다.

① 에폭시 수지　　② 실리콘 수지
③ 페놀 수지　　④ 멜라민 수지

52 왕벚나무 100주를 기계시공으로 식재하는데 필요한 노무비는 얼마인가?

> - 조경공 노임: 50,000원
> - 보통인부 노임: 30,000원
> - 왕벚나무 1주당 식재품: 조경공(1.0인), 보통인 부(0.1인)
> - 지주목은 설치하지 않는다.(감소요율은 인력시 공시 인력품의 10%, 기계시공시 인력품의 20% 을 적용)

① 4,240,000 원　　② 4,770,000 원
③ 5,300,000 원　　④ 6,400,000 원

해 노무비 = 100×((조경공 노임+보통인부 노임)×(1-0.2))
　→ 100×((50,000×1.0+30,000×0.1)×0.8)=4,240,000원

53 목재의 변재와 심재에 대한 설명으로 맞는 것은?
① 변재는 심재에 비해 건조수축이 크다.
② 변재가 심재에 비해 강도가 높다.
③ 수심에 가까운 부위가 변재이다.
④ 심재는 수액의 수송 및 양분을 저장하는 부분이다.

해 ② 일반적으로 심재는 변재에 비해 강도가 높다.
　③ 수심 주위의 짙은 목질 부분을 심재라 칭한다.
　④ 수목은 저장양분을 수간, 뿌리, 굵은 가지, 가는 가지, 동아의 살아있는 세포에 저장한다.

54 잔디 운동장 정지작업 중 경사도의 표준으로 적당한 것은?

① 1~2%　　② 3~4%
③ 5~6%　　④ 7~10%

55 보도를 포장하려고 할 때 지반의 지지력 중 가장 높은 것은?
① 점질토　　② 사질토
③ 잡석층　　④ 자갈 섞인 흙

56 시공 장비의 주요 사용 용도별 분류 중 "정지 또는 배토"를 위한 것은?
① 콤펙트　　② 불도저
③ 전압식 롤러　　④ 쇼벨

57 콘크리트 타설 작업 시 발생하는 블리딩 (Bleeding)현상의 설명으로 옳은 것은?
① 굳지 않는 상태에서 시멘트 입자의 점성에 의한 재료분리에 저항하는 성질
② 시멘트 입자의 비율이 높아 점성이 증가하므로 타설 작업에 지장을 초래하는 현상
③ 시멘트의 화학적 작용으로 인한 골재의 혼합 및 타설 작업에 지장을 초래하는 현상
④ 굳지 않은 상태에서 무거운 골재나 시멘트는 침 하하고 비교적 가벼운 물이나 미세한 물질 등이 상승하는 현상

58 다음 그림과 같은 비탈면 녹화 공법의 명칭은?

① 편책공　　② 근지공
③ 식생반공　　④ 종자뿜어붙이기

59 공사감독자가 공사의 일시중지를 지시할 수 있는 경우에 해당되지 않는 것은?
① 수급인과 건축주로부터 공사대금의 선급금을 50% 미만으로 받은 경우

정답 **51** ② **52** ① **53** ① **54** ① **55** ③ **56** ② **57** ④ **58** ① **59** ①

② 공사감독자나 감리원의 정당한 지시에 불응할 경우

③ 기후조건 또는 천재지변으로 인해 부실시공이 우려될 경우

④ 공사 종사원의 안전을 위하여 필요하다고 인정될 경우

60 목재의 CCA 방부제는 유해성으로 인해 산업현장에서 사용을 금지하고 있는데, 그 구성 성분의 역할로 적합하지 않은 것은?

① As: 방충성(防蟲性)

② Cr: 정착성(定着性)

③ Cu: 방부성(防腐性)

④ Al: 지속성(持續性)

제4과목 조경관리

61 공원관리에 긍정적인 주민참가 효과를 설명하고 있는 것은?

① 생태교육 효과를 높인다.

② 공원에 대한 애착심을 높인다.

③ 이용자를 제한할 수 있다.

④ 반달리즘을 높인다.

62 목재 유희시설물을 보수 할 때 방부, 방충효과를 알아보고자 함수율을 계산하면 얼마인가?

- 목재의 건조 전의 중량: 120kg
- 건조 후의 중량: 80kg

① 60%

② 50%

③ 30%

④ 20%

해 함수율(%) = $\frac{\text{목재의 무게}(W_1) \times \text{전건재의 무게}(W_2)}{\text{전건재의 무게}(W_1)} \times 100$

→ $\frac{120-80}{80} \times 100 = 50(\%)$

63 다음 중에서 천적류에 가장 큰 영향을 미치는 살충제의 종류는?

① 유인제

② 접촉독제

③ 기피제

④ 불임제

64 비탈면보호공의 적용은 현지실정에 맞추어 결정하는데, 주로 토양이나 풍화토(風化土) 등 붕괴우려가 적은 비탈면에 적합한 공법은?

① 배수공(排水工)

② 식생공(植生工)

③ 낙석방지공(落石防止工)

④ 구조물(構造物)에 의한 보호공(保護工)

65 토양입자와 침강속도를 측정하여 토양의 입경을 구분할 때 이용되는 Stokes식 내의 독립변수 중 침강속도에 영향을 주는 인자로 고려되지 않는 것은?

① 물의 점성계수

② 물의 밀도

③ 입자의 반경

④ 입자의 형태

66 교목 500주가 심어진 공원에 시비를 하고자 한다. 연 평균 수목 시비율을 20%로 할 때 다음 표를 참조하여 시비를 위한 당해 연도(1년간) 인건비를 산출하면 얼마인가?

□교목시비(100주당)

명칭	단위	수량
조경공	인	0.3
보통인부	인	2.8

□건설인부 노임단가

명칭	금액
조경공	50,000원
보통인부	40,000원

① 127,000원

② 279,000원

③ 635,000원

④ 1,270,000원

해 100주당의 품셈표이므로 계산 시 주의한다.

· 인건비 = $\frac{\text{공사량}}{100} \times (\text{노무량} \times \text{노임단가}) \times \text{시비율}$

→ $\frac{500}{100} \times (0.3 \times 50,000 + 2.8 \times 40,000) \times 0.2 = 127,000(원)$

67 운영관리계획 중 양적인 변화로 관리계획에 필요한 것은?

① 군식지의 생태적 조건 변화에 따른 갱신

② 귀화 식물의 증대

③ 야간조명으로 인한 일장효과의 증대

④ 지표면의 폐쇄로 토양 조건 약화

68 백호우의 장비 규격 표시 방법으로 옳은 것은?

① 차체의 길이(m)

② 차체의 무게(ton)

③ 표준 견인력(ton)

④ 표준버킷 용량(m^3)

69 병 발생의 성노를 결정하는 요인으로 가장 거리가 먼 것은?

① 환경조건
② 병원체의 병원성
③ 식물의 크기
④ 기주식물의 감수성

해 식물병의 발생에 관여하는 3대 요인인 기주, 병원체, 환경의 상호관계를 삼각형으로 나타낸 것을 병삼각형이라 하며 삼각형의크기는 병발생량을 뜻한다.

70 토양개량제 중 유기질 재료(organic matter)로 쓰이지 않는 것은?

① 왕모래
② 피트(Peat)
③ 짚
④ 퇴비

해 유기질 재료로는 ②③④ 이외에 나무껍질, 나무부스러기, 부엽토, 왕겨 등이 있다.

71 조경석을 옮기거나 설치하기 위해 이용되는 이음매가 있는 권상용 와이어로프의 사용금지규정이다. ( )안에 알맞은 수치는?

> 와이어로프의 한 꼬임에서 소선의 수가 ( )%이상 절단된 것을 사용하면 안된다.

① 5
② 7
③ 10
④ 15

해 「산업안전보건기준에 관한 규칙」에 의한 금지규정
　㉠ 이음매가 있는 것
　㉡ 와이어로프의 한 꼬임에서 끊어진 소선의 수가 10% 이상인 것
　㉢ 지름의 감소가 공칭지름의 7퍼센트를 초과하는 것
　㉣ 꼬인 것
　㉤ 심하게 변형되거나 부식된 것
　㉥ 열과 전기충격에 의해 손상된 것

72 솔나방의 생태에 관한 설명으로 옳지 않은 것은?

① 연 1회 발생한다.
② 유충으로 월동한다.
③ 성충의 우화기간은 7월 하순 ~ 8월 중순이다.
④ 소나무껍질 틈에 알을 덩어리로 낳는다.

해 솔나방은 1년에 1회 발생하며 11월초 기온이 10℃ 이하로 내려가면 나무줄기를 따라 내려와 나무껍질, 돌, 낙엽 밑에서 애벌레로 월동하고 보통 성충은 7월 하순~8월 중순에 우화하여 새솔잎 또는 그 부근 가지에 산란한다.

73 도로변 녹지의 관리계획 일정을 세우고자 할 때 잔디 보식의 최적기는?

① 4월
② 7월
③ 8월
④ 11월

74 식물 관리비의 계산 공식으로 맞는 것은?

① 식물의 종류×작업율×작업회수×작업단가
② 식물의 종류×작업율×작업회수×작업방법
③ 식물의 수량×작업장소×작업회수×작업방법
④ 식물의 수량×작업율×작업회수×작업단가

75 저온에 의한 피해로 주로 열대나 아열대 식물에 발생하여 신진대사가 정지되고 세포질의 활성이 상실되는 생리기능의 장해를 일으켜 고사하는 것은?

① 한상(chilling injury)
② 상해(frost injury)
③ 동해(freezing injury)
④ 열사(sun scald)

76 레크레이션 수용능력에 따른 관리방법 중 부지관리 유형에 해당하는 것은?

① 이용강도의 제한
② 이용유도
③ 이용자에게 정보 제공
④ 정책강화

해 ① 이용강도의 제한(직접적 이용제한)
　③ 이용자에게 정보 제공(간접적 이용제한)
　④ 정책강화(직접적 이용제한)

77 다음 중 소나무 좀에 관한 설명으로 틀린 것은?

① 수세가 쇠약한 벌목, 고사목에 기생한다.
② 연 1회 발생하며, 유충으로 월동한다.
③ 월동성충이 수피를 뚫고 들어가 산란한 알이 부

화한 유충이 수피 밑을 식해한다.

④ 생물학적 방제를 위해 기생성 천적인 좀벌류, 맵시벌류, 기생파리류 등을 보호한다.

해 ② 연 1회 발생하며, 성충으로 월동한다.

78 조경 작업용 도구와 능률에 대한 설명으로 옳지 않은 것은?

① 도구의 자루 길이가 너무 길면 정확한 작업이 어렵다.

② 도구의 날이 너무 날카로운 것은 부러지기 쉽다.

③ 도구의 날은 날카로울수록 땅을 잘 파거나 나무를 잘 자를 수 있다.

④ 도구의 날 끝 각도가 작을수록 자를 나무가 잘 빠개진다.

해 ④ 도구의 날 끝 각도가 클수록 자를 나무가 잘 빠개진다.

79 시멘트 콘크리트 포장 관리에 관한 사항 중 옳지 않은 것은?

① 줄눈시공이 부적합하면 수축에 의해 균열이 발생한다.

② 배수시설이 불충분하면 노상이 연약해진다.

③ 포장의 균열이 많은 경우 콘크리트로 덧씌우기 한다.

④ 포장파손이 심한 경우 패칭공법으로 보수한다.

해 ③ 포장의 균열이 많은 경우 아스팔트 혼합물로 덧씌우기 한다.

80 잔디에 뗏밥주기를 실시하는 이유로 가장 거리가 먼 것은?

① 지하경과 토양의 분리를 막으며, 내한성을 증대시킨다.

② 잔디의 요철(凹凸) 부분을 평탄하게 하며, 잔디 깎기를 용이하게 한다.

③ 잔디 식생층의 증가로 답압에 의한 잔디 피해를 적게 한다.

④ 새로운 지하경을 뗏밥 속에 묻고, 오래된 지하경의 생육을 촉진함으로써 병해충의 피해를 줄인다.

해 ④ 노화 지하경과 새 지하경의 식생교체가 가능하다.

제1과목 조경계획 및 설계

1 조선시대 경승지에 세워진 누각들이다. 경기도 수원에 위치하고 있는 것은?

① 한벽루(寒碧樓)

② 사미정(四美亭)

③ 방화수류정(訪花隨柳亭)

④ 북수구문루(北水口門樓)

해 ① 충청북도 제천시(보물 제 528호, 고려), ② 경상북도 경주시, ④ 제주특별자치도 제주시

2 영국 풍경식정원에서 대정원과 모든 시골풍경을 성공적으로 통합시킬 수 있는 방법을 제시한 '스펙테이터(The spectater)'의 저자는?

① 조셉 애디슨

② 토마스 웨이틀리

③ 로버트 카스텔

④ 존 제라드

3 다음 중 한국 전통정원 양식 가운데 특히 별서의 특징이라고 할 수 있는 것은?

① 선택된 자연풍경을 이상화하여 독특한 축경법(縮景法)에 따른 상징화된 모습으로 정원을 표현하였다.

② 자연적인 경관을 주 구성 요소로 삼고 있기는 하나 경관의 조화에 주안을 두기보다는 대비에 중점을 두었다.

③ 자연의 아름다움이 건물의 내부에도 연결되어 하나의 특징적 정원을 이룬다.

④ 자연에 대한 선종적(禪宗的)인 해석을 바탕으로 한 상징과 많은 법칙들에 의하였다.

4 파티오(Patio)는 어느 나라 정원의 형태에서 많이 볼 수 있는가?

① 로마

② 프랑스

③ 스페인

④ 이탈리아

해 ③ 스페인은 내향적 공간을 추구하여 중정(internal court)개념의 파티오(Patio)가 발달하였다.

5 다음과 같은 특징을 갖는 정원 유적은?

- 돌로 축조된 전복과 비슷한 모양의 수로로 유상곡수연의 유구로 추정되고 있다.
- 형태는 타원형을 이루며, 안쪽에 12개, 바깥쪽에 24개 다듬은 돌을 조립하였다.

① 계담(溪潭)

② 구품연지(九品蓮池)

③ 만월대(滿月臺)

④ 포석정(鮑石亭)

6 고대 그리스 특수정원인 아도니스원의 성격이라고 볼 수 있는 것은?

① Megaron

② Hanging garden

③ Roof garden

④ sunken garden

해 아도니스원은 부인들에 의해 가꾸어졌으며, 창가를 장식하는 포트가든이나 옥상가든으로 발전하였다.

7 다음 중 계성의 원야(園冶)에 기술된 차경기법이 아닌 것은?

① 대차

② 원차

③ 앙차

④ 부차

해 원야에 기술된 차경기법으로는 일차(원경), 인차(근경), 앙차(앙관경), 부차(부감경), 응시이차(계절에 따른 경관) 등이 있다.

8 다음 중 아미산(峨嵋山) 조경 유적은 어느 곳에 있는가?

① 경주 안압지(雁鴨池)

② 경복궁 교태전(交泰殿) 후원

③ 창덕궁 대조전(大造殿) 후원

④ 경복궁 건청궁(乾淸宮) 후원

9 개발 대상지에서는 벌채 등으로 대규모의 붕괴가 일어나기 쉬우므로 자연 상태로 적극 보존 할 필요가 있는 경사도는 최소 몇 도(°) 이상인가?

① 15° 이상

② 20° 이상

③ 25° 이상

④ 30° 이상

10 국토종합계획은 몇 년마다 수립하여야 하고,

몇 년 마다 전반적으로 재검토 및 정비를 하여야 하는가?

① 20년, 10년 ② 20년, 5년
③ 10년, 5년 ④ 10년, 3년

11 당시의 사회적 가치는 경관과 도시형태에 중요한 역할을 한다. 다음 중 서로 관계가 먼 것은?

① 죽음의 문제 – 피라미드
② 종교 – 고딕 건축
③ 절대왕권 – 수직적인 거대도시
④ 환경 문제 – 지속가능한 도시

해 절대왕권을 반영하여 평면적인 거대한 궁전 및 도시계획을 나타낸다.

12 조경계획을 위한 기본도(base map) 중 대지 종·횡 단면도의 기초가 되는 도면은?

① 토양도 ② 식생도
③ 지형도 ④ 지질도

13 환경적으로 건전하고 지속 가능한 개발(ESSD)에 대해서는 많은 해석이 있는데 다음 중 골자를 이루고 있는 개념이 아닌 것은?

① 자연자원의 절대 보존
② 세대 간의 형평성
③ 환경 용량 한계 내에서의 개발
④ 사회 정의적 관점에서의 개발

해 지속 가능한 개발(ESSD)의 기본적 개념은 미래세대가 그들의 필요를 충족시킬 수 있는 가능성을 손상시키지 않는 범위에서 현재 세대의 필요를 충족시키는 개발을 일컫는 말로, '환경과 개발에 관한 세계위원회(WCED)'가 1987년에 발표한 "우리의 미래(Our Common Future)"라는 보고서에 의해서 공식화되었다.

14 자연환경보전법상의 생태·경관보전지역 관리 기본계획에 포함되어야 할 사항이 아닌 것은?

① 지역 안의 녹지관리체계와 공원계획에 관한 사항
② 지역 안의 생태계 및 자연경관의 변화 관찰에 관한 사항
③ 지역 안의 오수 및 폐수의 처리방안

④ 환경친화적 영농 및 생태관광의 촉진 등 주민의 소득증대 및 복지증진을 위한 지원방안에 관한 사항

해 ②③④ 이외에 생태·경관보전관리기본계획에 포함된 사업의 시행에 소요되는 비용의 산정 및 재원의 조달 방안에 관한 사항 등이 있다.

15 채도에 관한 설명 중 옳은 것은?

① 흰색을 섞으면 높아지고 검정색을 섞으면 낮아진다.
② 색의 선명도를 나타낸 것으로 무채색을 섞으면 낮아진다.
③ 색의 밝은 정도를 말하는 것이며 유채색끼리 섞으면 높아진다.
④ 그림물감을 칠했을 때 나타나는 효과이며 흰색을 섞으면 높아진다.

16 자전거 도로 설계와 관련된 용어의 설명이 틀린 것은?

① 설계속도 : 자전거도로 설계의 기초가 되는 자전거의 속도
② 정지시거 : 자전거 운전자가 같은 자전거도로 위에 있는 장애물을 인지하고 안전하게 정지하기 위하여 필요한 거리
③ 제한길이 : 종단경사가 있는 자전거도로의 경우 종단경사도에 따라 연속적으로 이어지는 도로의 최소 길이
④ 편경사 : 평면곡선부에서 자전거가 원심력에 저항할 수 있도록 하기 위하여 설치하는 횡단경사

해 ③ 제한길이 : 종단경사가 있는 자전거도로의 경우 종단경사도에 따라 연속적으로 이어지는 도로의 최대 길이를 말한다.

17 주거단지 조경의 기본설계 내용으로 옳지 않은 것은?

① 지속가능한 녹색 생태도시의 원리를 적용한다.
② 주택의 질과 양호한 거주성 확보를 위하여 영역성, 향, 사생활 보호, 독자성, 편의성, 접근성, 안전성 등을 고려하여 설계한다.
③ 단지가 갖고 있는 역사적·문화적 유산과 보호

수, 수림대, 습지 등의 자연환경자원 등 고유의
여러 특성을 최대한 활용한다.
④ 주동의 향의 지형과 부지형태, 조망 등에 따라
조화를 이루도록 하고, 서향을 우선하되, 특별한
경우를 빼고는 남향을 피한다.

18 조경설계기준상의 흙쌓기 식재지와 관련된 설
계 내용 중 틀린 것은?
① 저습지의 토양 중 유기물질을 함유한 부분과 토
양공극 내에 존재하는 수분은 흙쌓기에 앞서서
충분히 제거하도록 설계한다.
② 기존의 지반이 기울어진 경우에는 기존 지반과
흙쌓기층의 분리를 위해 기존 지반을 평식으로
정리한 다음 흙쌓기 하도록 설계한다.
③ 식재지의 흙쌓기 깊이가 5m를 넘는 경우, 지반
의 부등침하 및 미끄러짐이 우려되는 곳에서는
흙쌓기 높이 2m마다 2% 정도의 기울기로 부직
포를 깔아 토양공극의 자유수가 쉽게 배수되도
록 한다.
④ 기존의 땅 위에 기존 토양보다 투수계수가 큰 토
양을 쌓을 경우에는 정체수의 배수가 용이하도
록 기존 지반의 표면을 2% 이상 기울게 마무리
하며, 정체수가 모이는 지점에 심토층 배수시설
을 설치한다.
해 ② 기존의 지반이 기울어진 경우에는 기존 지반과 흙쌓기층의
분리를 방지하기 위해 기존 지반을 계단식으로 정리한 다음
흙쌓기하도록 설계한다.

19 다음과 같이 3각법에 의한 투상도에서 누락된
정면도로 옳은 것은?

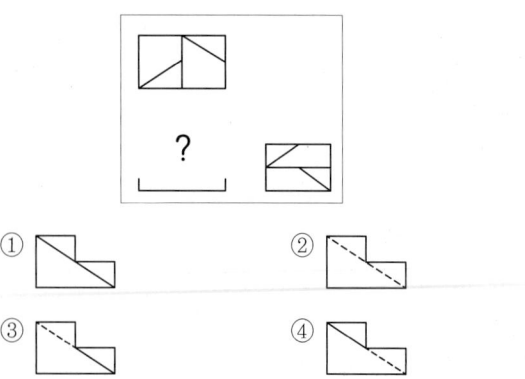

① ② ③ ④

20 각종 선(線)의 형태에 대한 표현 설명으로 가장
거리가 먼 것은?
① 직선은 대담, 적극적, 긴장감 등을 준다.
② 곡선은 유연, 온건, 우아한 감을 준다.
③ 대각선은 수동적, 휴식상태의 감을 준다.
④ 지그재그(Zigzag)는 활동적, 대립, 방향제시를
한다.
해 ③ 대각선은 주의력 환기, 활동적, 동적, 생기, 불안, 난폭, 위
협적, 불확실, 과민, 위험, 불안 등의 감정을 내포한다.

제2과목 **조경식재**
21 다음 [보기]에서 설명하고 있는 식물은?

[보기]
– 여름철의 고온다습한 환경에서 한층 더 잘 자라
고 계속 꽃피우는 춘식구근이다.
– 생육적온은 25~28°C이며, 5°C이하에서는 생육
이 중지되고 0°C이하에서는 죽어버린다.
– 양성식물로 생육개화에는 충분한 일조를 필요
로 하고, 개화하는데 일장의 영향은 거의 받지
않으나 근경의 비대는 단일하에서 촉진된다.
– 개화기가 길고 강건하며 병해에 강하다.

① 달리아　　　　　② 튤립
③ 칸나　　　　　　④ 히아신스

22 다음 중 가지에 예리한 가시와 같은 형태를 갖
고 있는 수목은?
① 명자나무(*Chaenomeles speciosa*)
② 남천(*Nandina domestica*)
③ 호랑가시나무(*Ilex cornuta*)
④ 서어나무(*Carpinus laxiflora*)
해 가지에 가시가 있는 수목으로는 명자나무 외에 매자나무, 보
리수나무, 산사나무, 석류나무, 아까시나무, 찔레, 탱자나무
등이 있다.

23 다음 설명에 적합한 표본추출 방법은?

일정한 형식에 따라 규칙적으로 표본을 추출하

는 방법으로서 선상으로 길게 이어지는 도로의 절사면 식생을 일정한 간격으로 조사할 때 적합한 방법

① 계통추출법　　　　② 무작위추출법
③ 전형표본추출법　　④ 벨트 트랜섹트법

24 수생식물 분류와 해당 식물의 연결이 맞는 것은?

① 정수성 : 부들　　　② 부엽성 : 붕어마름
③ 부유성 : 고랭이　　④ 침수성 : 가시연

해 ② 부엽성 : 수련, 마름, 어리연꽃, 가시연꽃 등
　　③ 부유성 : 개구리밥, 생이가래 등
　　④ 침수성 : 붕어마름, 말즘, 물질경이, 검정말 등

25 다음 중 잔디종자의 발아력(發芽力)이 감퇴되는 요인에 해당되지 않는 것은?

① 종자 내 효소활력이 감소되는 경우
② 종자 내 저장양분이 소모된 경우
③ 발아유도기구가 분해된 경우
④ 가수분해효소가 활성화 된 경우

26 월동작업 중 줄기싸주기(나무감기)를 실시하여주는 이유가 아닌 것은?

① 충해 잠복소 제공　　② 수분증산 감소
③ 잡목 침해 방지　　　④ 수피일소현상 억제

27 지상의 줄기가 일 년 넘게 생존을 지속하며 목질화되어 비대성장을 하는 만경목(蔓莖木)으로만 구성되지 않은 것은?

① 작약, 멀꿀
② 송악, 으름덩굴
③ 인동덩굴, 능소화
④ 마삭줄, 담쟁이덩굴

해 ① 작약은 숙근성 다년초에 해당한다.

28 녹나무과(科) 식물 중 낙엽성인 것은?

① 녹나무(*Cinnamomum camphora*)
② 생강나무(*Lindera obtusiloba*)

③ 센달나무(*Machilus japonica*)
④ 후박나무(*Machilus thunbergii*)

해 ①③④ 활엽성

29 녹음수의 잎 1매에 의한 햇빛 투과량이 10%일 때 2매에 의한 반사흡수량은?

① 90%　　　　　　② 93%
③ 96%　　　　　　④ 99%

해 반사흡수량=100×0.9+10×0.9=99(%)

30 다음 중 측백나무과(*Cupressaceae*)에 해당하지 않는 수종은?

① 향나무(*Juniperus chinensis*)
② 편백(*Chamaecyparis obtusa*)
③ 측백나무(*Thuja orientalis*)
④ 독일가문비(*Picea abies*)

해 ④ 소나무과

31 꽃이나 잎의 형태와 같이 보다 작은 식물학적 차이점을 지닌 것으로 식물의 명명에서 "for"로 표기하는 것은?

① 품종　　　　　　② 이명
③ 변종　　　　　　④ 재배품종

해 ③ var. ④ cv.

32 가로변 녹음수의 일반조건에 맞는 것은?

① 지하고가 높은 수종
② 병충해에 약한 수종
③ 수간에 가시가 있는 수종
④ 잔가지가 많이 발생하고 고사지가 많은 수종

33 다음 중 가장 먼저 꽃이 피는 것은?

① 철쭉(*Rhododendron schlippenbachii*)
② 산철쭉(*Rhododendron yedoense*)
③ 진달래(*Rhododendron mucronulatum*)
④ 풍년화(*Hamamelis japonica*)

해 ①②③ 4~5월 개화, ④ 3~4월 개화

34 생태적 천이에 관한 설명으로 옳은 것은?

① 호수에서의 생태적 천이는 점진적으로 느리게 진행된다.

② 2차 천이 계열은 삼각주, 사구(sand dune)등에서 볼 수 있다.

③ 1차 천이 계열은 토양이 이미 존재하므로 빠르게 진행된다.

④ 영양염류 공급과 생산력이 거의 없는 호수를 부영양호라 한다.

35 식물 분류학상 과(科)가 틀린 것은?

① 곰솔 : 소나무과

② 사철나무 : 노박덩굴과

③ 미루나무 : 버드나무과

④ 복자기 : 콩과

해 ④ 복자기 : 단풍나무과

36 꽃이 잎보다 먼저 나오는 식물이 아닌 것은?

① 살구나무(*Prunus armeniaca* var. *ansu* Maxim)

② 올벚나무(*Prunus pendula* for. *ascendens* Ohwi)

③ 다정큼나무(*Raphiolepis indica* var. *umbellata* Ohashi)

④ 복사나무(*Prunus persica* Batsch for. *persica*)

37 조경식재에 의한 기후조절기능을 설명한 것 중 맞는 것은?

① 식물은 아스팔트나 그 밖의 인공재료에 비하여 태양복사를 반사시키는 효과가 크지만, 흡수한 열은 인공구조물보다 비교적 오랫동안 식물 내부에 가지고 있어 외부 기온을 떨어뜨리는 효과가 있다.

② 기온과 습도가 적당하더라도 바람이 지나치면 쾌적성이 떨어지는데 이 같은 바람을 차단하기 위해서는 고밀도로 식재하는 것이 바람감소에 더욱 효과적이다.

③ 바람막이 역할을 나무의 식재 폭(두께)은 방풍효과와는 무관하지만, 식재의 폭이 너무 좁으면 최소한의 필요한 방풍밀도를 확보하기 어려우므로 일정한 폭이 되도록 식재하여야 한다.

④ 식물은 주로 광합성작용에 의하여 체내 수분을 공기 중으로 방출하여 공중습도를 조절하는 기능을 가지고 있다.

38 다음 [보기]의 특징을 갖는 수종은?

[보기]
– 소태나무과(科)이다.
– 수피는 회갈색으로 얇게 갈라지며, 잎이나 꽃에서 강한 냄새가 난다.
– 중국 원산으로 우리나라에 귀화식물로 전국에 자생하며, 대기오염에 강하다.
– 생장이 빠르며 녹음기능이 우수하여 가로수 식재, 녹음식재, 완충식재에 적합하다.

① 가죽나무

② 메타세쿼이아

③ 은단풍

④ 회화나무

39 다음의 차폐대상과 차폐식재와의 관계를 나타내는 식과 관련이 없는 것은?

$$h = \frac{D}{d}(H-e)+e$$

① h : 차폐식재의 높이

② H : 차폐대상물의 높이

③ d : 시점과 차폐식재와의 수평거리

④ D : 눈과 차폐대상물의 최하부를 연결한 거리

해 ④ D : 시점과 차폐대상물과의 수평거리

40 조경수목의 번식을 위해 다음과 같은 공정 순서를 갖는 번식법은?

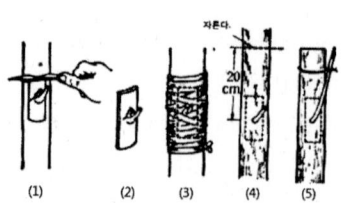

① 눈접(아접)

② 깎기접(절접)

③ 쪼개접(할접)

④ 꺾꽂이접(삽목접)

제3과목 조경시공

41 공사실시방식에 따른 계약방법에 있어 전문 공사별, 공정별, 공구별로 도급을 주는 방법은?

① 공동도급
② 분할도급
③ 일식도급
④ 직영도급

42 벽돌쌓기에서 각 켜를 쌓는데, 벽 입면으로 보아 매켜에 길이와 마구리가 번갈아 나타나는 것은?

① 프랑스식 쌓기
② 미식쌓기
③ 영식쌓기
④ 네덜란드식 쌓기

43 조경식재공사 시 다음 조건을 참고하여 산출한 총공사비는?

> ・재료비: 5,000만원　　・직접노무비: 1,000만원
> ・간접노무비율: 5%　　・산재보험료율: 15/1,000
> ・일반관리비율: 5%　　・이윤: 13%
> ・총공사비는 천원단위까지만 구하고, 미만은 버리며 부가가치세는 계상하지 않음

① 6,066만원
② 6,289만원
③ 6,547만원
④ 8,320만원

해 간접노무비 = 직접노무비×비율

산재보험료 = 노무비×율 → 경비

일반관리비 = (재료비+노무비+경비)×율

이윤 = (노무비+경비+일반관리비)×율

총원가 = 재료비+노무비+경비+일반관리비+이윤

・노무비 = 10,000,000×1.05=10,500,000

・산재보험료 = 10,500,000×0.015=157,500

・일반관리비 = 60,657,500×0.05=3,032,875

・이윤 = 13,690,375×0.13=1,779,748

・총공사비

= 50,000,000+10,500,000+157,500+3,032,875+1,779,748

= 65,470,123 → 65,470,000원

44 순공사원가에 해당되지 않는 항목은?

① 안전관리비
② 간접노무비
③ 일반관리비
④ 외주가공비

45 하천 양안에서 교호 수준측량을 실시하여 그림과 같은 결과를 얻었다. A점의 지반고가 50.250m일 때 B점의 지반고는?

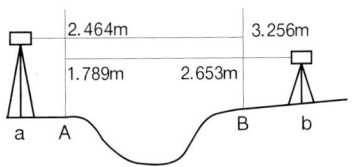

① 49.422m
② 50.250m
③ 51.082m
④ 51.768m

해 A점과 B점의 높이차를 먼저 구한다.

$$\Delta h = \frac{1}{2}((a_1-b_1)+(a_2-b_2))$$
$$= \frac{1}{2}((1.789-2.653)+(2.464-3.256)) = -0.828(m)$$
$$\rightarrow B점의 지반고 = 50.250-0.828 = 49.422(m)$$

46 목재의 건조방법은 크게 자연건조법과 인공건조법으로 나눌 수 있다. 다음 중 목재의 건조 방법이 나머지 셋과 다른 것은?

① 훈연법
② 자비법
③ 증기법
④ 수침법

해 훈연법, 자비법, 증기법은 기기를 사용하는 인공적인 방법이며, 수침법은 목재를 물 속에 약 6개월 정도 담가 두어 수액을 제거하는 방법이다.

47 합성수지(plastic)의 일반적인 성질로 틀린 것은?

① 가소성이 풍부하다.
② 전성, 연성이 작다.
③ 탄성계수가 강재보다 작다.
④ 연소할 때 유독가스를 방출한다.

48 토공사용 기계로서 흙을 깎으면서 동시에 기체 내에 담아 운반하고 깔기 작업을 겸할 수 있으며, 작업거리는 100~1500m 정도의 중장거리용으로 쓰이는 것은?

① 트렌처
② 그레이더
③ 파워쇼벨
④ 스크레이퍼

49 재료의 성질에 관한 설명으로 틀린 것은?

① 경도는 재료의 단단한 정도를 말한다.

② 강성은 외력을 받아도 잘 변형되지 않는 성질이다.

③ 인성은 외력을 받으면 쉽게 파괴되는 성질이다.

④ 소성은 외력이 제거되어도 원형으로 돌아가지 않는 성질이다.

해 ③ 인성은 재료가 하중을 받아 파괴될 때까지의 에너지 흡수 능력으로 나타내는 것을 말한다.

50 다음 조건으로 합리식을 이용한 우수유출량은?

> -배수면적: 360ha
> -우수유출계수: 0.4
> -유달시간(t)내의 평균강우강도: 120mm/h

① 24m³/s   ② 48m³/s

③ 240m³/s   ④ 480m³/s

해 합리식 $Q = \frac{1}{360} \times C \times I \times A$

→ $\frac{1}{360} \times 0.4 \times 120 \times 360 = 48(m^3/s)$

51 0.035~1.5%의 탄소를 함유하고 있어 담금질 등 열처리가 가능하며, 일반적인 철 제품에 사용하는 것은?

① 순철   ② 탄소강

③ 주철   ④ 공정주철

52 조경 옥외시설물 중 안내시설의 시공과 관련된 설명으로 틀린 것은?

① 아크릴판은 KS규정에 적합한 일반용 메타크릴 수지판으로 한다.

② 게시판의 경우 우천 시 게시물의 보호를 위하여 불투명한 합성수지의 보호덮개를 설치해야 녹슬음을 방지하고, 글씨 상태를 유지 할 수 있다.

③ 글씨 및 문양표기 작업이 끝난 후에는 마감표면 상태를 정리하고 각 재료에 따른 적정한 보호양생조치를 해야 한다.

④ 석재바탕 글자새김의 경우 형태와 크기는 설계도면에 의하며, 글자의 깊이는 특별히 정하지 않는 한 글자 폭에 대하여 1/2 내지 같은 치수로 하고, 글자를 새기는 순서는 글자를 쓰는 순서와 동일하게 한다.

53 공원 조명에 관한 설명으로 틀린 것은?

① 조명용 각종 배선은 지하매설 방식이 바람직하다.

② 공원조명은 보안성, 효율성, 쾌적성 등을 고려해서 설치한다.

③ 발광색은 백색으로 연색성이 좋은 것은 고압나트륨등이다.

④ 그림자 조명은 실루엣조명과 대조적인 조명방식으로 물체의 측면이나 하향으로 빛을 비춤으로써 이루어진다.

해 ③ 고압나트륨등은 황백색으로 연색성이 좋지 않다.

54 그림과 같은 옹벽의 경우 토압이 작용하는 곳은 옹벽 하단점으로부터 어느 지점인가?

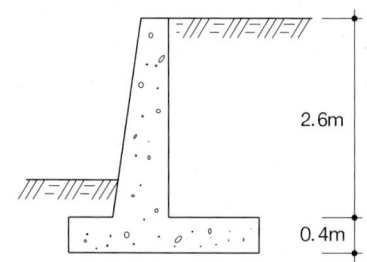

① 0.4m 지점   ② 1.0m 지점

③ 1.3m 지점   ④ 1.5m 지점

해 토압은 전체의 1/3 되는 곳에 작용한다.

55 철골공사에서 크롬산아연을 안료로 하고, 알키드 수지를 전색료로 한 것으로서 알루미늄 녹막이 초벌칠에 적당한 것은?

① 광명단

② 그라파이트 도료

③ 알루미늄 도료

④ 징크로메이트 도료

56 네트워크 관리공정에 관한 다음 설명에 적합한 용어는?

> 빠른 개시시각에 시작하여 후속하는 작업도 가장 빠른 개시시각에 시작하여도 존재하는 여유시간

① T.F   ② CP
③ LST   ④ FF

57 식물 생육을 위해 토양생성작용을 받은 솔럼 (SOLUM)층으로 근계발달과 영양분을 제공할 수 있는 층으로 표토복원에 쓰일 토양층에 해당되지 않는 것은?

① 모재층   ② 용탈층
③ 유기물층   ④ 집적층

해 ① 모재층은 C층이라고도 부르며 외계로부터 토양생성작용을 받지 못하고 단지 광물질만이 풍화된 층이다.

58 자연석을 다음의 조건으로 30m² 쌓을 때 자연석 쌓기 중량은 약 얼마인가? (단, 평균 뒷길이 0.7m, 단위중량 2.65ton/m³, 공극율 30%, 실적율 70%이다.)

① 2.38ton   ② 5.65ton
③ 16.70ton   ④ 38.96ton

해 자연석 쌓기 중량=쌓기면적×뒷길이×실적률×자연석 단위중량
→ 30×0.7×0.7×2.65=38.96(ton)

59 콘크리트용 골재로서 요구되는 성질에 대한 설명 중 틀린 것은?

① 골재의 입형은 가능한 한 편평, 세장하지 않을 것
② 골재의 강도는 경화시멘트페이스트의 강도를 초과하지 않을 것
③ 골재는 시멘트페이스트와의 부착이 강한 표면구조를 가져야 할 것
④ 골재의 입도는 조립에서 세립까지 연속적으로 균등히 혼합되어 있을 것

해 ② 골재의 강도는 경화시멘트페이스트의 강도보다 큰 것을 사용한다.

60 다음은 지하수위를 낮추기 위한 심토층 배수용 암거의 설치에 대한 설명으로 옳은 것은?

① 일반적으로 주관은 150~200mm이고, 지관은 100mm인 유공관을 쓴다.
② 진흙질이 많은 곳은 관을 얕게 묻고 관의 설치

간격을 멀리한다.
③ 모래질이 많은 곳은 관을 깊게 묻고 관의 설치 간격을 좁게 한다.
④ 지하수위를 낮추기 위한 것이므로 관의 경사는 1%보다 작게 하고, 유속은 0.3m/sec보다 작게 한다.

해 ① 일반적으로 주관은 150~300mm이고, 지관은 100~150mm인 유공관을 쓴다.

제4과목 **조경관리**

61 재배적 관리의 방법으로 잔디표면에 배토작업을 실시하는데, 적절하게 처리된 토양을 잔디 표면에 엷게 살포함으로써 얻을 수 있는 효과로 틀린 것은?

① 종자나 포복경의 피복을 통한 잔디생육 및 번식을 촉진한다.
② 잔디표면의 평탄화를 통해 경기와 사용하기에 좋게 한다.
③ 새로운 토양미생물을 유기물에 투입시켜 대취의 분해를 억제한다.
④ 겨울 동안의 낮은 온도와 건조에서 잔디를 보호할 수 있는 동해방지 효과가 있다.

62 관리유형에 따라 레크리에이션 이용의 강도와 특성의 조절을 위한 관리기법 중 "직접적 이용제한"의 방법은?

① 이용유도
② 시설개발
③ 구역별 이용
④ 이용자에게 정보 제공

해 ①② 부지관리, ④ 간접적 이용제한

63 농약 저항성 해충의 가능한 저항성기작 특성에 대한 설명으로 틀린 것은?

① 살충제의 피부투과성이 증대된다.
② 체내에서 흡수된 살충제의 해독작용이 증대된다.
③ 약제를 살포한 곳의 기피를 위한 식별능력이 증가된다.
④ 살충제의 충체 침투를 막기 위한 피부 두께가 증

가한다.

64 식물에 피해를 주는 대기오염물질 중 대기에서의 반응에 의하여 생성되는 광화학 산화물은?
① SO_2
② H_2S
③ PAN
④ NO_x

65 다음 해충 방제방법 중 기계적 방제법이 아닌 것은?
① 경운법
② 차단법
③ 소살법
④ 방사선이용법

해 기계적 방제법으로는 불에 태워 죽이는 소살법, 손이나 간단한 기구를 써서 잡아 죽이는 포살법, 경운법, 빛이나 냄새 등으로 해충을 유인하여 살충하는 유살법, 차단법 등이 있다.

66 다음 중 지주목 설치의 장점이 아닌 것은?
① 수고(樹高) 생장에 도움을 준다.
② 수간(樹幹)의 굵기가 균일하게 생육할 수 있도록 해 준다.
③ 지상부 생육과 비교하여 근부의 생육을 적절하게 해 준다.
④ 지지부위가 바람에 의하여 피해가 발생된다.

해 ④ 지주목 설치의 단점에 해당한다.

67 조경수의 식엽성 해충에 해당되는 것은?
① 잣나무넓적잎벌레
② 솔껍질깍지벌레
③ 아까시잎혹파리
④ 솔알락명나방

해 식엽성 해충으로는 노랑쐐기나방, 독나방, 버들재주나방, 솔나방, 어스렝이나방, 짚시나방, 참나무재주나방, 텐트나방, 흰불나방, 오리나무잎벌레 등이 있다.

68 월별 수목관리 계획 중 시기와 작업 내용이 잘못 연결된 것은?
① 4월 : 향나무의 정지 및 조정
② 7월 : 수목 하부 제초
③ 8월 : 소나무 이식
④ 10월 : 모과나무 시비

해 ③ 소나무의 이식은 3~4월이 적기이다.

69 다음 중 코흐(Koch's)의 원칙과 관계 없는 것은?
① 미생물이 병든 환부에 반드시 존재해야 한다.
② 미생물은 기주생물로부터 분리되고 배지에서 순수배양이 불가능해야 한다.
③ 순수배양한 미생물을 동일 기주에 접종하였을 때 동일한 병이 발생되어야 한다.
④ 병든 생물체로부터 접종할 때 사용하였던 미생물과 동일한 특성의 미생물이 재분리 배양되어야 한다.

해 코흐의 4원칙 : 미생물의 환부 존재, 분리·배양, 접종, 재분리

70 석회황합제의 특징 설명으로 틀린 것은?
① 산성비료 등과 섞어 써야 효과가 증대된다.
② 기온이 높고 볕쬐임이 강한 때와 수세가 약한 경우에는 약해의 우려가 있다.
③ 값이 저렴하고 살균력뿐만 아니라 살충력도 지니고 있다.
④ 공기와 접촉하게 되면 분해가 촉진되기 때문에 저장할 때에 용기의 밀봉이 중요하다.

71 다음 포장 및 수목(잔디) 등의 설명으로 옳은 것은?
① 마른우물(dry well)은 수목이 성토로 인한 피해를 막기 위해 수목둘레를 두른 고랑이다.
② 매트(mat)는 잘라진 잔디 잎이나 말라죽은 잎이 썩지 않은 채 땅위에 쌓여 있는 상태이다.
③ 대치(thatch)는 매트 밑에 썩은 잔디의 땅속 줄기와 같은 질긴 섬유질 물질이 쌓여 있는 상태이다.
④ 아스팔트포장 기층의 펌핑(Pumping)은 균열부로 유수가 들어가 기층이 질컥질컥해져서 슬래브 하중에 의해 큰 공극이 생기는 것이다.

72 표면 배수시설인 집수구 및 맨홀의 유지관리 사항으로 틀린 것은?
① 정기적인 유지보수를 실시한다.
② 집수구의 높이를 주변보다 낮게 한다.

③ 원활한 배수를 위하여 뚜껑을 설치하지 않는다.

④ 주변의 재 포장 시 집수구의 높이도 다시 조절한다.

해 ③ 뚜껑이 분실·파손된 경우 보수 전에 표지판 및 울타리 설치 후 즉시 보수나 교체한다.

73 그네에서 뛰어 내리는 곳에 벤치가 배치되어 있어 충돌하는 사고가 발생하였다. 이것은 다음 중 어떤 사고의 종류에 해당하는가?

① 설치하자에 의한 사고

② 관리하자에 의한 사고

③ 이용자 부주의에 의한 사고

④ 자연재해 등에 의한 사고

74 다음 조경용 기계장비의 저장 요령으로 옳지 않은 것은?

① 장기간 보관할 경우 지면 위에 나무판자 등의 틀을 깔고 놓는다.

② 사용하지 않을 경우 회전하고 움직이는 각부분에 그리스를 주입한다.

③ 엔진의 윤활과 유압부분을 위하여 1개월에 한번씩 엔진을 가동시켜준다.

④ 사용하지 않을 경우 연료를 충분히 채워서 제 성능을 발휘하게 준비한다.

75 바이러스 감염에 의한 수목병의 대표적인 병징으로 옳지 않은 것은?

① 위축   ② 그을음

③ 기형(잎말림)   ④ 얼룩무늬

76 구조물에 의한 비탈면 표층부의 붕괴방지를 위한 공종이 아닌 것은?

① 콘크리트 격자공   ② 덧씌우기공

③ 비탈면 앵커공   ④ 콘크리트판 설치공

해 ② 균열·파손장소를 패칭과 같은 방법으로 부분보수한 뒤 새로운 포장면을 조성하는 공법이다.

77 토양에서 pF가 의미하는 것은?

① 흡습계수   ② 산화환원전위

③ 토양의 보수력   ④ 토양 수분의 장력

78 다음 중 통기효과를 기대하기 어려운 잔디 관리 작업은?

① 롤링(Rolling)

② 스파이킹(Spiking)

③ 코링(Coring)

④ 슬라이싱(Slicing)

해 ① 롤링은 균일하게 표면을 정리하는 작업이다.

79 다음의 배수시설 중에서 원형의 유지를 위하여 관리에 가장 노력을 필요로 하는 시설은?

① 잔디측구   ② 돌붙임측구

③ 블록쌓기측구   ④ 콘크리트측구

해 ① 잔디측구는 경질재료를 사용하지 않아 원형을 유지하기 어려우며, 퇴적물에 의한 장애도 많이 일어난다.

80 흡수율(이용률)이 가장 높으나 토양 중 유실되는 양도 많은 비료는?

① 칼륨질 비료(K_2O)

② 질소질 비료(N)

③ 고토질 비료(MgO)

④ 안산질 비료(P_2O_5)

제1과목 조경계획 및 설계

1 20세기 초 미국의 도시 미화 운동(City Beautiful Movement)과 관련이 없는 것은?

① 미국의 조경가 옴스테드(Frederick Law Olmsted)가 이론적 배경을 만들었다.

② 도시미술(civic art)을 통해 공공미술품의 도입을 추진하였다.

③ 전체 도시사회를 위한 단위로서 도시설계(civic design)를 추진하였다.

④ 도시개혁(civic reform)과 도시개량(civic improvement)을 추진하였다.

해 ① 조경가 로빈슨(Charles Mulford Robinson)이 도시미화운동의 이론적 배경을 만들었다.

2 다음 설명의 ( ) 안에 적합한 인물은?

> 다도의 창립자 촌전주광(村田珠光, 무라타슈코)이 시작한 사첩반(四疊半)은 (   )에 의해 차다(侘茶, 와비차)에 적합한 건축공간으로 완성된다. 다다미 4장 반의 규모인 사첩반의 다실과 다실에 부속된 넓은 의미의 정원공간인 '평지내(評之內, 쯔보노우치)'는 협지평지내(脇之評之內)와 면평지내(面平之內)로 구성된다.

① 소굴원주(小堀遠州)　② 천리휴(天利休)

③ 고전직부(古田織部)　④ 무야소구(武野紹鷗)

3 클로드 몰레가 설계한 생제르맹앙레의 정원에서 최초로 사용한 정원세부 수법은?

① 하하(Ha-ha)　② 파르테르(parterre)

③ 토피아리(topiary)　④ 물 풍금(water organ)

4 김조순의 옥호정도(玉壺亭圖)에서 볼 수 없는 것은?

① 옥호동천 바위 글씨

② 별원의 유상곡수

③ 사랑마당의 분재

④ 사랑마당의 포도가(葡萄架)

5 조선시대의 대표적 별서인 소쇄원(瀟灑園)에 대한 설명으로 옳지 않은 것은?

① 계곡에 흘러내리는 임천이 주된 경관자원이다.

② 앞뜰, 안뜰, 뒤뜰과 같은 명확한 공간구분은 없다.

③ 소쇄원 경치를 읊은 48영시에는 동물도 표현되었다.

④ 명칭은 '구슬과 같은 물소리가 들리는 곳'이란 의미를 갖는다.

해 ④ 소쇄원의 '소쇄(瀟灑)'는 맑고 깨끗하다는 의미다.

6 다음 조선 왕릉 중 경기도 남양주시에 소재하고 있는 것은?

① 정릉　② 장릉

③ 의릉　④ 홍유릉

해 ① 서울, ② 장릉, ③ 서울

7 소(小) 플리니우스가 남긴 유명한 편지 속에 자세히 소개된 정원은?

① 로우렌티아나장, 토스카나장

② 메디치장, 카렛지오장

③ 아드리아나장, 카스텔로장

④ 이솔라벨라장, 카프아쥬올로장

8 중국 청조(淸朝)의 건륭(乾隆) 12년(1747년)에 대분천(大噴泉)을 중심으로 한 프랑스식 정원을 꾸밈으로써 동양에서는 최초의 서양식 정원으로 알려진 곳은?

① 원명원 이궁　② 만수산 이궁

③ 열하이궁　④ 이화원

9 다음 표는 조경계획의 일반과정을 나타낸 것이다. 빈칸 A에 가장 알맞은 것은?

```
┌─────────────────┐
│  목표와 목적의 설정  │
└─────────────────┘
        ↓
┌─────────────────┐
│  기준 및 방침모색   │
└─────────────────┘
        ↓
┌─────────────────┐
│        A        │
└─────────────────┘
        ↓
┌─────────────────┐
│  최종한 결정 및 시행 │
└─────────────────┘
```

정답　**1** ①　**2** ④　**3** ②　**4** ②　**5** ④　**6** ④　**7** ①　**8** ①　**9** ④

① 경관분석 　　　　　② 설계서 작성
③ 이용 후 평가 　　　④ 대안의 작성 및 평가

10 조경계획 시 기후는 중요한 요소 중 하나이다. 다음 중 기후가 영향을 주는 사회적 특성에 해당되지 않는 것은?
① 현존 식생 　　　　② 전통적인 습관
③ 옷을 입는 습관 　　④ 독특한 음식과 식사

11 보도의 유효폭은 보행자의 통행량과 주변 토지 이용 상황을 고려하여 결정된다. 보도의 최소 유효폭(A)과 불가피시의 완화기준 적용에 따른 최소 폭(B)의 연결이 맞는 것은? (단, 도로의 구조·시설 기준에 관한 규칙 적용)
① A: 3.5m, B: 3.0m　　② A: 3.0m, B: 2.5m
③ A: 2.5m, B: 2.0m　　④ A: 2.0m, B: 1.5m

🅷 ④ 보도의 유효폭은 보행자의 통행량과 주변 토지 이용 상황을 고려하여 결정하되, 최소 2m 이상으로 하여야 한다. 다만, 지방지역의 도로와 도시지역의 국지도로는 지형상 불가능하거나 기존 도로의 증설·개설 시 불가피하다고 인정되는 경우에는 1.5m 이상으로 할 수 있다.

12 「도시공원 및 녹지 등에 관한 법률」에서 정하는 도시공원 중 어린이공원의 표준 규모는?
① 1000m² 이상　　　② 1500m² 이상
③ 5000m² 이상　　　④ 10000m² 이상

13 녹지자연도 등급에 따른 설명이 옳지 않은 것은?
① 1등급 : 해안, 암석 나출지
② 2등급 : 과수원, 묘포장
③ 8등급 : 원시림, 2차림
④ 10등급 : 고산지대 초원지구

🅷 ② 3등급에 대한 내용이다. 2등급 : 경작지

14 아파트 단지 계획 중 질서 있는 공간 조형 요소로 가장 부적합한 것은?
① 연속성 　　　　　② 방향성
③ 개별성 　　　　　④ 통일감

15 공원 내에 표지판을 설치할 때 고려할 필요가 없는 항목은?
① 재료의 선택 　　　② 장소 선정
③ 주변 환경 고려 　　④ 미기후 고려

16 색채지각에서 태양광선의 프리즘을 이용한 분광실험을 통해서 나타나는 여러 가지 색의 띠를 무엇이라 하는가?
① 전자기파 　　　　② 자외선
③ 적외선 　　　　　④ 스펙트럼

17 지형의 높고 낮음을 지도 위에 표시하는 것과 같이 기준면을 정하고, 기준면에 평행한 평면을 같은 간격으로 잘라 평 화면상에 투상한 수직투상은?
① 정투상법 　　　　② 표고 투상법
③ 축측 투상법 　　　④ 사투상법

18 질적 혹은 양적으로 심하게 다른 요소가 배열되었을 때 상호의 특질이 한층 강조되어 느껴지는 현상은 어떠한 효과인가?
① 대비 　　　　　　② 대칭
③ 평형 　　　　　　④ 조화

19 1943년 덴마크의 소렌슨(Sorensen) 박사에 의해 시작된 새로운 개념의 공원은?
① 모험공원 　　　　② 교통공원
③ 장애자공원 　　　④ 특수공원

20 직선을 긋는데 사용할 수 없는 제도 도구는?
① 평행자 　　　　　② 삼각자
③ T자 　　　　　　④ 운형자

🅷 ④ 구름모양의 형태로 여러 곡률의 곡선을 그리기 위한 도구이다.

제2과목 조경식재

21 다음 꽃피는 식물 중 잎보다 꽃이 먼저 피는 식물이 아닌 것은?
① 생강나무 　　　　② 자두나무
③ 박태기나무 　　　④ 철쭉

22 자연풍경식 식재 중 강한 개성미는 없으나 대신 유연성이 있어 자연·인공과 같은 이질적인 요소를 조화시키는데 매우 효과적인 식재법은?
① 자연풍경식재　　　　② 집단식재
③ 1본식재　　　　　　④ 비대칭적 균형식재

23 대칭형이기는 하나 지나치게 면적이 광대한 프랑스식 정원에서는 보스케(Bosquet)가 존재함으로써 두드러지게 강조되는 것은?
① 방사축　　　　　　② 측축
③ 통경축　　　　　　④ 직교축

24 지주세우기의 설치요령 중 틀린 것은?
① 연계형은 교목 군식지에 적용한다.
② 단각(單脚)지주는 주간이 서지 못하는 묘목 또는 수고 1.2m 미만의 수목에 적용한다.
③ 매몰형은 경관상 중요하지 않은 곳이나 지주목이 통행에 지장을 주지 않는 곳에 적용한다.
④ 당김줄형은 거목이나 경관적 가치가 특히 요구되는 곳에 적용하고, 주간 결박지점의 높이는 수고의 2/3가 되도록 한다.
해 ③ 매몰형은 경관상 매우 중요한 곳이나 지주목이 통행에 지장을 초래하는 곳에 적용한다.

25 다음 중 봄에 꽃이 피지 않는 수목은?
① 히어리　　　　　　② 산수유
③ 진달래　　　　　　④ 나무수국
해 ④ 나무수국의 개화기는 7~8월이다.

26 다음 특징에 해당하는 수종은?

- 수형이 원추형인 낙엽침엽교목임
- 열매의 모양은 구형으로 길이 18~25mm 임
- 잎은 선형이고 대생하며, 길이 10~25mm, 너비 1.5~2.0mm로 깃처럼 배열 됨
- 가로수로도 많이 사용되고 있으나 식재공간의 문제나 떨어진 낙엽의 신속한 처리 등이 고려되어야 함

① 삼나무　　　　　　② 분비나무
③ 일본잎갈나무　　　④ 메타세쿼이아

27 다음 중 느릅나무과(Ulmaceae)에 해당하지 않는 것은?
① 팽나무　　　　　　② 센달나무
③ 푸조나무　　　　　④ 느티나무
해 ② 녹나무과(Lauraceae)

28 원산지는 북아메리카로 차폐식재용으로 적합한 수종으로 가지가 짧게 수평으로 퍼지며 잎에 향기가 있고 표면은 녹색, 뒷면은 황록색인 수종은?
① 서양측백나무(*Thuja occidentalis*)
② 편백(*Chamaecyparis obtusa*)
③ 화백(*Chamaecyparis pisifera*)
④ 실화백(*Chamaecyparis pisifera var. filifera*)

29 중부지방에서 가로수로 사용하기 가장 적합한 수종은?
① 돈나무　　　　　　② 구실잣밤나무
③ 산당화　　　　　　④ 왕벚나무
해 ①③ 관목, ② 남부수종

30 아황산가스에 견디는 힘이 가장 약한 수종은?
① 전나무　　　　　　② 회화나무
③ 양버즘나무　　　　④ 물푸레나무
해 아황산가스(SO₂)에 약한 수종으로는 가문비나무, 독일가문비, 삼나무, 소나무, 일본잎갈나무, 잎갈나무, 전나무, 잣나무, 히말라야시다, 반송, 느티나무, 백합나무, 자작나무, 감나무, 벚나무류, 다릅나무, 단풍나무, 매화나무 등이 있다.

31 우리나라에 있어서 수평적 삼림분포를 기준으로 난대림, 온대림, 한대림으로 구분할 때, 난대림에 해당되는 수종은?
① 자작나무　　　　　② 잎갈나무
③ 감탕나무　　　　　④ 신갈나무

32 굴취 된 수목을 운반할 때 주의사항에 대한 설명으로 틀린 것은?

① 수목과 접촉하는 고형부(固形部)에는 완충재를 삽입한다.
② 대량수송과 비용절감을 위해 가급적 이중적재 등을 통해 이동횟수를 줄인다.
③ 비포장도로로 운반할 때는 뿌리분이 충격을 받지 않도록 완충재로 가마니, 짚 등을 깐다.
④ 운반 중 바람에 의한 증산을 억제하며 강우로 인한 뿌리분의 토양유실을 방지하기 위하여 덮개를 씌우는 등 조치를 취한다.

해 ② 뿌리분의 이중적재는 뿌리분이 깨질 수 있기 때문에 금지한다.

33 식물생육지의 수분환경에 대한 설명과 그에 따른 식물의 연결이 옳은 것은?
① 부유식물(통발, 부처꽃): 식물체 전체가 물에 떠 있는 식물
② 습생식물(부들, 갈대): 얕은 물이나 물가에 생육하는 식물
③ 소택(추수)식물(고마리, 낙우송): 주로 토양이 축축한 습지에서 생육하는 식물
④ 부엽식물(연꽃, 마름): 물속을 중심으로 생활하는 식물로 뿌리는 물밑에 고착되어 있고 식물체의 잎은 수면에 떠 있는 식물

34 지피식물 중 황색계의 꽃을 피우는 식물은?
① 앵초 ② 복수초
③ 꽃향유 ④ 꿀풀

해 ① 홍자색, ③ 분홍빛 자주색, ④ 적자색

35 다음 설명에 해당되는 식물은?

높이가 3m에 달하고 가지가 밑에서부터 갈라지며, 줄기색이 붉은 빛이 돌고 일년생가지에 털이 없으며 열매는 흰색이다.

① 흰말채나무 ② 황매화
③ 쥐똥나무 ④ 앵도나무

36 식물조직의 일부분을 떼어 무기염류 배지에서

인공적으로 배양하여 새로운 식물체로 증식시키는 번식방법은?
① 취목 ② 분구
③ 조직배양 ④ 삽목

37 각 수종에 대한 특징 설명으로 틀린 것은?
① 전나무 열매는 난상타원형이며, 거꾸로 매달린다.
② 독일가문비 열매는 긴 원주형 갈색이고, 아래로 달린다.
③ 주목은 컵모양의 붉은 종의 안에 종자가 들어 있다.
④ 구상나무의 열매는 원주형이고, 갈색, 검은색, 자주색, 녹색이 있다.

해 ① 전나무 열매는 원주형으로 위로 달린다.

38 다음 중 강조식재가 되지 않는 것은?
① 같은 수관형태의 수목들이 식재되어 있다.
② 단풍나무가 연속적으로 심겨진 가운데 홍단풍이 식재되어 있다.
③ 고운 질감의 식물로 식재되어 있는 가운데 거친 질감의 식물이 있다.
④ 같은 크기의 관목이 식재된 가운데 좀 더 큰 키의 침엽수가 식재되어 있다.

해 강조효과는 질감·형태·색채 등에 있어 이질적 변화를 주는 방법이다.

39 소나무(*Pinus densiflora* Siebold & Zucc.)에 대한 설명으로 틀린 것은?
① 수꽃은 새가지 밑부분에 달리며 타원형이다.
② 수피는 회색이고, 노목의 수피는 흑갈색이며, 세로로 길게 벗겨진다.
③ 가을에 종자를 기건 저장했다가 파종 1개월 전에 노천매장한 후 사용한다.
④ 곰솔 대목에 접을 붙이면 쉽게 많은 묘목을 얻을 수 있다.

해 ② 수피는 적갈색이고, 노목의 수피는 흑갈색이며, 인편상으로 벗겨진다.

40 벽면을 식물로 녹화시킴으로써 얻을 수 있는 효과로 가장 거리가 먼 것은?

① 노시경관의 향상

② 방음과 방진효과

③ 도심 열섬현상 완화

④ 여름철 건물 벽면의 복사열 증진효과

제3과목 조경시공

41 암거 배열방식 중 집수 지거를 향하여 지형의 경사가 완만하고 같은 정도의 습윤상태인 곳에 적합하며 1개의 간선 집수지 또는 집수 지거로 가능한 한 많은 흡수거를 합류하도록 배열하는 방식은?

① 빗식(gridiron system)

② 자연식(natural system)

③ 집단식(grouping system)

④ 차단식(intercepting system)

42 철골부재 간 사이를 트이게 한 홈인 개선부를 뜻하는 용어는?

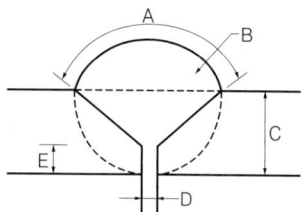

① 가우징(gouging)　　② 스패터(spatter)

③ 그루브(groove)　　④ 위핑(weeping)

43 건설시공(콘크리트, 벽돌, 용접 등) 관련 설명 중 옳지 않은 것은?

① 콘크리트 비비기는 미리 정해둔 비비기 시간의 3 배 이상 계속하지 않아야 한다.

② 벽돌쌓기 시에는 붉은 벽돌에 물이 충분히 젖도록 하여 시공하는 것이 좋다.

③ 강우나 강설 시에는 용접작업을 습기가 침투할 수 없는 밀폐된 공간에서 실시한다.

④ 콘크리트를 타설한 후 일평균 10℃이상에서 보통 포틀랜드시멘트는 7일간을 습윤 양생기간으로 정한다.

해 ③ 강우나 강설 등 용접부위가 젖어 있거나 바람이 심하게 불 때, 기온이 0℃ 이하일 경우 용접을 금지한다.

44 관목류 식재공사 품셈적용에 관한 기준으로 옳은 것은?

① 수목의 수관폭을 기준으로 하여 적용한다.

② 나무높이가 수관폭 보다 클 때에는 나무높이를 기준으로 한다.

③ 나무높이가 1.5m이상일 때에는 나무높이에 비례하여 할증할 수 있다.

④ 식재품은 나무세우기, 물주기, 지주목세우기, 손질, 뒷정리 등의 공정을 별도 계상한다.

45 모르타르 배합비(시멘트 : 모래)에 관한 설명이 옳지 않은 것은?

① 벽돌 및 블록의 쌓기용 배합은 1 : 3으로 한다.

② 타일공사의 붙임용 배합은 1 : 2로 한다.

③ 타일공사의 고름용 배합은 1 : 1로 한다.

④ 벽돌 및 블록의 줄눈용 배합은 1 : 2로 한다.

해 ③ 타일공사의 고름용 배합은 1:4로 한다.

46 다음 중 지형도의 이용법으로 가장 거리가 먼 것은?

① 저수량의 결정

② 노선의 도면상 선정

③ 노선의 거리 측정

④ 하천의 유역 면적 결정

해 지형도란 자연·인문·사회 사항을 정확하고 상세하게 표현한 지도를 말한다.

47 지피 및 초화류 식재 공사의 설명으로 틀린 것은?

① 식재 후 지반을 충분히 정지하고 낙엽, 잡초 등을 모아 뿌리 주변에 넣어 식재상을 조성한다.

② 객토는 사양토의 사용을 원칙으로 하나 지피류, 초화류의 종류와 상태에 따라 부식토, 부엽토, 이탄토 등의 유기질토양을 첨가할 수 있다.

③ 토심은 초장의 높이와 잎, 분얼의 상태에 따라 다르나 표토 최소토심은 0.3~0.4m 내외로 한다.

④ 덩굴성 식물은 식재 후 주요 장소를 대나무 또는 지정재료로 고정한다.

48 일반 콘크리트의 슬럼프 시험 결과 중 균등한 슬럼프를 나타내는 가장 좋은 상태는?

① 　　②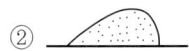

③ 　　④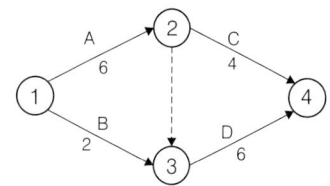

49 플라스틱 재료의 일반적인 특징으로 옳지 않은 것은?
① 내수성(耐水性)과 내약품성이다.
② 내마모성이 크며, 접착성도 우수하다.
③ 착색이 용이하고, 투명성도 있다.
④ 내후성(耐候性)이 크며, 전기절연성이 양호하다.

50 흙(토양)의 기본적인 구성요소가 아닌 것은?
① 공기　　　　　　② 물
③ 흙입자　　　　　④ 유기물

51 지상의 측점과 이에 대응하는 평판 위의 점을 같은 연직선이 되는 위치에 있게 하는 작업은?
① 정준　　　　　　② 구심
③ 표정　　　　　　④ 조정
해 평판의 3대요소
　① 정준(정치) : 수평 맞추기
　② 구심(치심) : 중심 맞추기
　③ 표정(정위) : 방향 맞추기

52 다음 식생대 호안의 식생매트 관련 설명이 틀린 것은?
① 식생매트 포설 후 현장여건을 검토하여 두께 0.5m 이내로 복토하여 관수한다.
② 비탈면을 평평하게 정지한 후, 하천에 어울리는 종자를 이식 및 파종하고 그 위에 매트를 설치한다.
③ 비탈기슭에는 비탈멈춤 및 유수에 의한 세굴을 방지하기 위해 돌망태, 사석부설, 흙채움 등으로 조치한다.
④ 매트는 비탈 머리, 기슭에서 땅속으로 길이 0.3~0.5m, 폭 0.3m 이상 묻히도록 하고, 양단을 0.1m 이상 중첩하되, 겹치는 방향은 유수의 흐

름과 동일하게 아래쪽으로 향하도록 한다.
해 ① 식생매트 포설 후 현장여건을 검토하여 두께 0.05m 이내로 복토하여 관수한다.

53 공원의 울타리가 외부에 노출된 경우 다음 중 시각적으로 가장 부적당한 것은?
① 철　　　　　　　② 목책
③ 콘크리트블록　　④ 산울타리

54 다음 목재 사용에 대한 장·단점에 대한 설명 중 옳지 않은 것은?
① 목재는 팽창수축이 크다.
② 목재는 열, 음, 전기 등의 전도율이 작다.
③ 목재는 비중에 비해 압축 인장강도가 높다.
④ 목제는 무게에 비해 섬유질 직각방향에 대한 강도가 크다.
해 ④ 목재의 섬유직각방향 강도는 섬유팽창방향(축방향) 강도의 1/5~1/10 정도이다.

55 다음과 같은 네트워크 공정표에서 한계경로의 공기는?

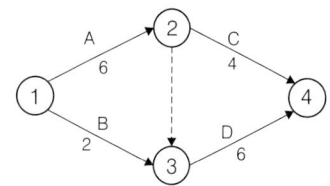

① 6일　　　　　　② 8일
③ 10일　　　　　④ 12일
해 C.P : ①-②-③-④

56 도장공사에 관한 주의사항으로 옳지 않은 것은?
① 도장 장소의 습도를 높게 유지시킬 것
② 직사일광을 가능한 한 피할 것
③ 도막의 건조는 매회 충분히 행할 것
④ 도막은 얇게 여러 번 도장할 것
해 ① 도장공사는 주위의 기온이 5℃ 미만이거나, 상대 습도 85% 초과 시 작업을 중지해야 한다.

57 콘크리트 혼화제인 AE제의 사용 목적으로 가장 거리가 먼 것은?
① 시공연도의 증진 효과
② 응결시간의 조절 효과
③ 단위수량 감수 효과
④ 다량 사용으로 강도 증가 효과

58 다음 중 조경공사의 품질관리 사이클 순서로 옳은 것은?
① 계획 → 검토 → 실시 → 조치
② 계획 → 검토 → 조치 → 실시
③ 계획 → 실시 → 조치 → 검토
④ 계획 → 실시 → 검토 → 조치

59 적산의 기준 설명으로 틀린 것은?
① 기본벽돌의 크기는 19cm × 9cm × 5.7cm이다.
② 1일 실작업시간은 360분(6시간)으로 한다.
③ 경사면의 소운반 거리는 수직높이 1m를 수평거리 6m의 비율로 한다.
④ 1회 지게 운반량은 보통토사 25kg으로 하고, 삽작업이 가능한 토석재를 기준으로 한다.
해 ② 1일 실작업시간은 480분−30분으로 30분을 제하는 것은 용구의 지급 및 반납 등 준비시간으로 실제작업이 불가능한 시간을 고려한 것이다.

60 다음 중 실내조경 공사용으로 사용되는 식재용토로 가장 거리가 먼 것은?
① 펄라이트   ② 잡석
③ 피트모스   ④ 질석

제4과목 조경관리
61 솔노랑잎벌의 월동 형태로 맞는 것은?
① 알   ② 성충
③ 유충   ④ 번데기

62 다음 설명의 (   )에 적합한 수치는?

기층은 보조기층 위에 있어 표층에 가하여지는 하중을 분산시켜 보조기층에 전달함과 동시에 교통하중에 의한 전단에 저항하는 역할을 하여야 한다. 기층에는 입도조정, 시멘트 안정처리, 아스팔트 안정처리, 침투식 등의 공법을 사용할 수 있다. 침투식 공법을 제외하고는 재료의 최대입경은 (   ) mm 이하이다.

① 40   ② 50
③ 60   ④ 100

63 나무좀, 하늘소, 바구미 등은 쇠약목에 유인되므로 벌목한 통나무 등을 이용하여 이들을 구제하는 기계적 방법은?
① 식이유살법
② 등화유살법
③ 잠복소유살법
④ 번식처유살법

64 다음 중 도로 등의 포장과 관련된 관리방법으로 옳은 것은?
① 흙 포장의 지반 토질이 점토나 이토인 경우 지지력이 약하므로 물을 충분히 부어 다져준다.
② 차량 통행이 적고 포장면의 균열 정도와 범위가 심각하지 않은 아스팔트 포장은 훼손부분을 4각형의 수직으로 절단한 후 프라임코팅을 한다.
③ 콘크리트 슬래브면이 꺼졌을 때는 모르타르 주입이나 패칭공법으로는 보수가 곤란하므로 두껍게 덧씌우기를 실시한다.
④ 보도블록 포장의 보수공사에서는 모래층에 대한 충분한 다짐과 수평고르기가 중요하다.

65 전문적인 관리능력을 가진 전문업체에 위탁하는 도급관리 방식의 대상으로 가장 적합한 것은?
① 금액이 적고 간편한 업무
② 연속해서 행할 수 없는 업무
③ 관리주체가 보유한 설비로는 불가능한 업무
④ 진척 상황이 명확하지 않고 검사하기가 어려운 업무

66 다음 중 친환경적 수목 해충 방제방법이 아닌 것은?

① 미량접촉제에 의한 방제

② 성페로몬 물질에 의한 방제

③ 유아등 및 포충기를 이용한 박제

④ 솔잎혹파리의 유충낙하기 박새 등 포식조류에 의한 방제

67 다음 중 건물의 예방보전을 위한 관리 방법으로 볼 수 없는 것은?

① 점검   ② 청소

③ 보수   ④ 도장

68 토양의 고결이 잔디의 생육에 미치는 영향에 관한 설명으로 틀린 것은?

① 뿌리의 신장을 저해한다.

② 지하부 산소공급이 떨어진다.

③ 토양 고결은 잔디 생육에 악 영향을 미친다.

④ 투수율과 보수율이 높아져 생육이 좋아진다.

해 ④ 투수율이 낮아지고 보수력이 감소한다.

69 다음 중 1년을 1사이클로 하는 작업은?

① 청소

② 순회점검

③ 전면적 도장

④ 식물유지관리

70 수목 생장에 영향을 끼치는 저해 요인들 중 상대적 비율이 가장 높은 것은?

① 병해   ② 충해

③ 불 피해   ④ 기상 피해

71 관리 하자에 의한 사고 내용이 아닌 것은?

① 위험물 방치에 따른 사고

② 시설의 노후 및 파손에 의한 사고

③ 시설물의 배치 잘못에 의한 사고

④ 안전대책 미비로 인한 사고

해 ③ 설치 하자에 의한 사고

72 우리나라 수경시설물의 하자처리 발생률이 1년 중 가장 높은 기간은?

① 1~2월   ② 3~4월

③ 7~8월   ④ 10~11월

73 수간 주사(trunk injection)와 관련한 설명으로 옳지 않은 것은?

① 20~30°로 비스듬히 세워서 구멍을 뚫는다.

② 시기는 수액이 왕성하게 이동하는 4~9월이 좋다.

③ 솔잎혹파리를 방제하기 위하여 침투성이 좋은 포스파미돈 액제를 우화시기에 주사한다.

④ 줄기의 형성층 밖 사부에 영양제를 공급한다.

해 ④ 수간 주사는 주사액이 형성층에 도달하도록 실시한다.

74 내기오염물질로 볼 수 없는 것은?

① NOX   ② HF

③ SiO_2 ④ SOX

해 ③ 실리카(SiO_2)는 시멘트의 주성분이다.

75 평균 근로자 수가 50명인 조합놀이대 생산 공장에서 지난 한 해 동안 3명의 재해자가 발생하였다. 이 공장의 강도율이 1.5이었다면 총 근로손실일 수는? (단, 근로자는 1일 8시간씩 연간 300일 근무)

① 180일   ② 190일

③ 208일   ④ 219일

해 근로손실일수 = (강도율 × 연근로시간)/1,000

→ (1.5 × (50 × 8 × 300))/1,000 = 180(일)

76 황(S) 성분이 들어 있는 비료는?

① 과린산석회   ② 중과린산석회

③ 인산암모늄   ④ 용성인비

77 시비의 효과를 좌우하는 것으로서 식물자체의 흡수율에 영향을 주는 요인으로 볼 수 없는 것은?

① 비료 시용량

② 식물의 종류

③ 토질 여건

④ 수질 여건

78 살포한 약제가 작물에 부착된 후 씻겨 내려가지 않고 표면에 붙어 있는 성질을 가장 잘 나타낸 것은?

① 고착성(tenacity)

② 현수성(suspensibility)

③ 비산성(floatability)

④ 안정성(stability)

79 다음 (   )안에 알맞은 것은?

> "토양 중 유리된 수소이온 농도에 의한 산도를
> (㉠)이라 하고 치환성 수소이온에 의한 산도를
> (㉡)이라고 한다."

① ㉠ 활산성   ㉡ 치환산성

② ㉠ 잠산성   ㉡ 활산성

③ ㉠ 가수산성   ㉡ 잠산성

④ ㉠ 활산성   ㉡ 가수산성

80 우리나라의 농약의 독성 구분 기준이 아닌 것은?

① 고독성   ② 무독성

③ 저독성   ④ 보통독성

제1과목 조경계획 및 설계

1 원야(園冶)는 누구의 저술서인가?

① 이격비(李格非)　　　② 계성(計成)

③ 문진향(文震享)　　　④ 왕세정(王世貞)

2 다음 중 이집트의 분묘건축에 속하는 것은?

① 지구라트(ziggurat)　　② 지스터스(xystus)

③ 키오스크(kiosk)　　　④ 마스터바(mastaba)

3 알함브라 궁전에 조성된 "파티오"가 아닌 것은?

① 궁전(宮殿)의 파티오

② 천인화(天人花)의 파티오

③ 사자(獅子)의 파티오

④ 다라하(Daraja)의 파티오

해 ②③④ 이외에 레하의 파티오가 있다.

4 일본 정원에서 실용(實用)을 주목적으로 조성했던 정원은?

① 다정(茶庭)

② 축경식(縮景式)정원

③ 고산수식(枯山水式)정원

④ 회유임천형(回遊林泉形)정원

5 다음 중 계류가 건물 아래를 관류(貫流)하는 형태의 건물은?

① 대전 옥류각(玉溜閣)　② 괴산 암서재(巖棲齋)

③ 예천 초간정(草澗閣)　④ 영양 서석지(瑞石池)

해 ① 인조 때(1623~1649) 송준길과 그 문인들이 강학을 위하여 세운 누각으로, 정면 3칸, 측면 2칸인 단층 팔작지붕 건물 계곡의 암반과 계류 사이의 바위를 의지하여 축조하였다.

6 우리나라에서 공공(公共)을 위해 만들어진 최초의 근대 공원은?

① 탑골공원　　　　　② 사직공원

③ 장충단공원　　　　④ 남산공원

7 작정기에 쓰여 진 "못(池)도 없고 유수(流水)도 없는 곳에 돌(石)을 세우는 것"을 특징으로 하는 일본의 정원 수법은?

① 정토식　　　　　　② 수미산식

③ 곡수식　　　　　　④ 고산수식

8 우리나라 조경관련 문헌과 저자가 바르게 연결된 것은?

① 이중환(李重煥) – 임원경제지(林園經濟志)

② 이수광(李晬光) – 촬요신서(撮要新書)

③ 강희안(姜希顔) – 색경(穡經)

④ 홍만선(洪萬選) – 산림경제(山林經濟)

해 ① 이중환–택리지, ② 이수광–지봉유설, ③ 강희안–양화소록

9 국립공원을 폐지하는 경우 관련 규정에 따른 소사 결과 등을 토대로 국립공원 지정에 필요한 서류를 작성하여 다음 4개의 절차를 차례대로 거쳐야 한다. 다음의 순서가 옳은 것은?

> A. 국립공원위원회의 심의
>
> B. 주민설명회 및 공청회의 개최
>
> C. 관할 시·도지사 및 군수의 의견 청취
>
> D. 관계 중앙행정기관의 장과의 협의

① A → B → C → D

② B → C → D → A

③ C → D → A → B

④ D → C → B → A

10 케빈 린치(Kevin Lynch)의 도시의 이미지 요소 중 점을 지칭하며 관찰자가 외부로부터 보는 것으로서 건물, 상징물, 산 등 확실하고 단순한 물리적 대상물은?

① 결절점(nodes)

② 지구(districts)

③ 랜드마크(landmarks)

④ 모서리(edges)

11 도시공원과 관련된 설명으로 틀린 것은?
(단, 도시공원 및 녹지 등에 관한 법률을 적용한다.)
① 도시공원의 설치기준, 관리기준 및 안전기준은 국토교통부령으로 정한다.
② 도시공원은 특별시장·광역시장·시장 또는 군수가 공원조성계획에 의하여 설치·관리한다.
③ 도시공원의 설치에 관한 도시·군관리계획결정은 그 고시일부터 10년이 되는 날의 다음날에 그 효력을 상실한다.
④ 도시공원의 세분 중 생활권공원에는 역사공원, 문화공원, 수변공원, 묘지공원, 체육공원 등이 있다.

해 ④ 주제공원. 생활권공원에는 소공원, 어린이공원, 근린공원이 있다.

12 조경계획에서 골드(S. Gold)가 분류한 레크레이션 계획의 접근방법에 해당되지 않는 것은?
① 생태접근법(ecological approach)
② 자원접근방법(resource approach)
③ 활동접근법(activity approach)
④ 행태접근법(behavioral approach)

해 레크리에이션 계획의 5가지 접근방법 : 자원접근법, 활동접근법, 경제접근법, 행태접근법, 종합접근법

13 기후와 조경계획과의 관계를 설명한 내용 중 맞지 않는 것은?
① 인간 활동의 입지에 적합한 지역을 선정 할 때 필히 고려해야 한다.
② 선정된 지역 내에서 가장 적합한 부지를 선정할 때 고려해야 한다.
③ 주어진 기후조건에 맞는 단지와 구조물을 어떻게 설계할 것인가는 고려할 필요가 없다.
④ 환경조건을 개선하기 위해 기후의 영향을 어떻게 조절할 것인가를 고려해야 한다.

14 오픈스페이스의 기능에 대한 설명으로 옳지 않은 것은?
① 시냇물·연못·동산 등과 같은 자연 경관적 요소들을 제공한다.

② 기존의 자연환경을 보전·향상시켜 줄 수 있는 수단을 제공한다.
③ 공기정화를 위한 순환통로의 기능을 수행함으로써 미기후의 형성에 영향을 준다.
④ 오픈스페이스의 적극적 확보를 위하여 수림이 양호한 자연녹지 지역을 우선 확보하여야 한다.

15 그림은 건설재료에서 무엇을 나타내는 단면 표시인가?

① 목재
② 구리
③ 유리
④ 강철

16 치수와 치수선의 기입 방법에 대한 설명 중 옳지 않은 것은?
① 치수선은 표시할 치수의 방향에 평행하게 긋는다.
② 치수는 특별히 명시하지 않으면 마무리 치수로 표시한다.
③ 치수선은 될 수 있는 대로 물체를 표시하는 도면의 내부에 긋는다.
④ 치수선에는 분명한 단말 기호(화살표 또는 사선)를 표시한다.

17 다음 중 초점경관에 해당하는 것은?
① 산속의 큰 암벽
② 광막한 바다
③ 끝없는 초원의 풍경
④ 길게 뻗은 도로

해 초점경관이란 관찰자의 시선이 한 곳으로 집중되는 경관을 말한다.

18 먼셀 색입체의 수직방향으로 중심축이 되는 것은?
① 채도
② 명도
③ 무채색
④ 유채색

19 다음의 투시도를 그리는데 필요한 l 은 무엇을 나타내는가?

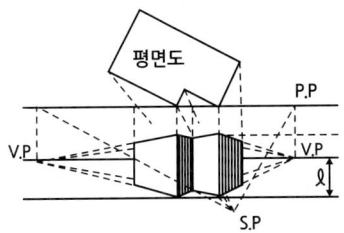

① 눈의 높이
② 물체의 높이
③ 소점(消點)간의 거리
④ 물체가 화면(畵面)에 접하는 위치와 입점(立點)간의 거리

20 동물원의 주된 기능이라 볼 수 없는 것은?
① 학술연구
② 동물의 번식분양
③ 야생동물의 보호
④ 동물 전시에 의한 사회교육

제2과목 조경식재

21 다음 설명의 (   )안에 알맞은 것은?

> 삽수를 알맞은 환경 하에 꽂아주면 하부 절단구에 대개는 (   )(이)가 발달한다.
> (   )(은)는 목화의 정도를 다르게 하는 각종 조직세포가 불규칙하게 배열된 것으로, 주로 유관속형성층과 그 부근에 있는 사부세포에서 발달된다.

① 피층
② 클론
③ 키메라
④ 캘러스

22 다음 중 생장 후에도 껍질이 떨어지지 않고 부착되어 있으며, 지하경이 길게 자라는 조릿대류에 해당되지 않는 것은?
① 신이대
② 이대
③ 오죽
④ 한산죽

23 실내공간의 식물기능과 역할 중 식물을 이용하여 어떤 특정한 곳을 주변으로부터 격리시키는 건축적 기능은?
① 사생활 보호
② 동선의 유도
③ 공기의 정화
④ 음향의 조절

24 잔디식재에 관한 설명으로 틀린 것은?
① 식재 전에 토양개량과 정지작업을 실시한다.
② 줄떼붙이기는 떼를 일정 크기로 잘라 쓴다.
③ 비탈면에 잔디를 붙일 때에는 잔디 1매당 2개의 떼꽂이로 잔디를 고정한다.
④ 전면붙이기(일반잔디)는 통일되게 1cm 틈새를 유지하며 붙인 후 모래나 사질토를 살포하고 충분히 관수한다.

해 ④ 평떼붙이기는 잔디피복률 100%로 설계하며, 잔디 뗏장이 서로 어긋나도록 설계한다.
비탈면의 평떼붙이기 줄눈의 간격은 2cm 이내로 하고 흙으로 채우고, 떼를 붙인 후에는 20cm 이상의 떼 꽂이로 고정한다.

25 잎은 어긋나기하며 홀수 깃모양겹잎이고, 열매는 협과, 원추형이고 염주상으로 10월경에 성숙, 8월경 황백색 꽃이 아름답고 꼬투리가 특이하다. 예로부터 정자목으로 이용되어 왔으며, 녹음식재, 완충식재, 가로수로도 이용되는 수종은?
① 가중나무
② 왕벚나무
③ 참죽나무
④ 회화나무

26 아까시나무와 회화나무에 대한 설명으로 틀린 것은?
① 두 수종 모두 기수우상복엽이다.
② 두 수종 모두 꽃피는 시기는 5월 초이다.
③ 두 수종 모두 뿌리가 천근성이다.
④ 아까시나무에는 가시가 있으나 회화나무에는 없다.

해 ② 회화나무의 개화기는 8월이다.

27 수생식물의 분류 중 정수성 식물(emergent plants)에 해당하지 않는 것은?
① 갈대
② 생이가래

③ 부늘   ④ 골풀

해 ② 부유식물

28 다음 녹지자연도(DGN)에 대한 설명으로 틀린 것은?

① 식생에 대한 자연성 평가개념으로 도입된 용어이다.

② 1등급부터 10등급, 그리고 수역을 나타내는 0등급으로 구분된다.

③ 판정기준이 되는 계급의 숫자가 클수록 인간의 간섭을 강하게 받은 식생을 의미한다.

④ 법적인 토대가 없고, 하나의 격자면적에 실질적으로 여러 종류의 녹지자연도 등급이 혼재되어 있는 경우가 흔하다.

해 ③ 판정기준이 되는 계급의 숫자가 낮을수록 인간의 간섭을 강하게 받은 식생을 의미한다.

29 다음 중 층층나무과(科)의 수종으로만 구성된 것은?

① 산딸나무, 산사나무

② 산수유, 흰말채나무

③ 노각나무, 곰의말채나무

④ 식나무, 쪽동백나무

해 ① 산사나무–장미과, ③ 노각나무–차나무과, ④ 쪽동백나무– 때죽나무과

30 인공지반조경의 옥상조경 시 배수에 관한 설명이 틀린 것은?

① 옥상 1면에 최소 2개소의 배수공을 설치한다.

② 식재층에서 잉여수분은 빨리 배수시킬 필요가 있다.

③ 옥상면은 배수를 원활히 하기 위해 0.5%의 구배를 둔다.

④ 인공토양의 경우 식재기반의 조성유형에 적합한 배수성과 통기성을 확보하여야 한다.

해 ③ 인공지반조경의 옥상조경에서, 옥상면의 배수구배는 최저 1.3% 이상으로 하고 배수구 부분의 배수구배는 최저 2% 이상으로 설치한다.

31 다음 설명에 적합한 수종은?

- 늘 푸른 작은 키(관목) 나무이다.
- 꽃은 양성화로 이른 봄에 1~4개의 수꽃과 그 중앙부의 암꽃이 핀다.
- 국내 전역에 출현하나 강원도, 경북, 충북 중심 석회암지대의 지표식물이다.
- 잎은 마주나고 가장자리는 밋밋하다.
- 꽃받침 잎은 4장이고 열매는 삭과이다.

① *Buxus koreana*(회양목)

② *Euonymus japonicus*(사철나무)

③ *Ilex crenata*(꽝꽝나무)

④ *Thuja orientalis*(측백나무)

32 잎이 황색 또는 갈색으로만 물드는 수목이 아닌 것은?

① 붉나무(*Rhus javanica* L.)

② 은행나무(*Ginkgo biloba* L.)

③ 양버즘나무(*Platanus occidentalis* L.)

④ 튜울립나무(*Liriodendron tulipifera* L.)

해 ① 적색계

33 다음 중 우리나라에서 내동성이 가장 강한 것은?

① 감탕나무(*Ilex integra* Thunb)

② 녹나무(*Cinnamomum camphora* J.Presl)

③ 비자나무(*Torreya nucifera* Siebold & Zucc)

④ 자작나무(*Betula platyphylla* var. *japonica* Hara)

해 ①②③ 상록교목 남부 수종

34 방화식재에 사용할 수종을 선택할 때 주요 특징에 해당하지 않는 것은?

① 맹아력이 강한 수종

② 잎이 넓으며 밀생하는 수종

③ 배기가스 등의 공해에 강한 수종

④ 잎이 두텁고 함수량이 많은 수종

35 두 종류 또는 그 이상의 오염물질이 동시에 작

용하는 경우 발현되는 식물 피해현상 중 다음 설명하는 작용은?

> 2개의 독성물질의 성질이 정반대인 경우, 각 독성물질의 독성을 서로 상쇄해 버리는 경우를 말한다.

① 독립(獨立)작용
② 상가(相加)작용
③ 상승(相乘)작용
④ 길항(拮抗)작용

36 다음 중 수목의 잎이 호생(互生)인 것은?
① 계수나무(*Cercidiphyllum japonicum*)
② 박태기나무(*Cercis chinensis*)
③ 쉬나무(*Euodia daniellii*)
④ 수수꽃다리(*Syringa oblata*)
해 ①③④ 대생(마주나기)

37 다음 중 복합적 대기오염의 피해를 가장 받기 쉬운 수목은?
① 삼나무(*Cryptomeria japonica*)
② 양버즘나무(*Platanus occidentalis*)
③ 은행나무(*Ginkgo biloba*)
④ 아왜나무(*Viburnum odoratissimum*)

38 수목의 이식시기로 가장 적합한 것은?
① 근(根)계 활동 시작 직전
② 근(根)계 활동 시작 후
③ 발아 정지기
④ 새 잎이 나오는 시기

39 실내식물의 환경 중 광선의 세기가 광보상점이상 광포화점이하 일 때 식물이 건강하게 생육 할 수 있다. 빛의 세기가 너무 약하면 나타나는 현상은?
① 잎이 황색으로 변한다.
② 잎이 마르고 희게 된다.
③ 잎의 두께가 굵어진다.
④ 잎의 가장자리가 마르게 된다.

40 수목식재가 경관상 매우 중요한 위치일 때의

지주목 설치 유형은?
① 단각형
② 매몰형
③ 삼발이형
④ 이각형

제3과목 조경시공

41 다음 그림에서 A는 무엇을 나타낸 것인가?

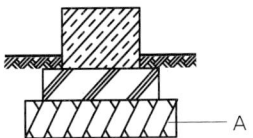

① 모래
② 잡석다짐
③ 콘크리트
④ 장대석

42 콘크리트의 양생에 대한 설명 중 가장 옳지 못한 것은?
① 적절한 온도를 유지 시킨다.
② 경화할 때까지 충격을 받지 않도록 한다.
③ 가급적 재령 5일간은 건조 상태를 유지해 준다.
④ 양생기간 동안 직사광선이나 바람에 직접 노출되지 않도록 한다.
해 ③ 콘크리트를 부어넣은 후에는 7일 이상 거적 또는 시트 등으로 덮어 물뿌리기 또는 기타의 방법으로 수분을 보존하여야 한다. 다만, 조강 포틀랜드 시멘트를 사용할 경우의 습윤 양생 기간은 3일 이상으로 한다.

43 다음 중 공사시방서를 작성할 때 참고나 지침서가 될 수 있는 시방서로 몇 가지를 첨부하거나 삭제하면 공사시방서가 될 수 있는 것은?
① 표준시방서
② 공통시방서
③ 안내시방서
④ 일반시방서

44 콘크리트의 타설 전이나 타설 시의 품질검사 항목이 아닌 것은?
① 비파괴시험
② 슬럼프시험
③ 공기량시험
④ 염분함유량시험
해 ① 콘크리트구조물 검사에 있어 대상물에 대한 손상없이 강도나 그 외의 물성을 측정하는데 이용된다.

45 보도블럭 포장의 일반적인 구조는 그림과 같이

기층, 완충층, 표층의 3층으로 되어 있다. 이 중 완충층은 모래, 모르타르 등을 1~2cm 두께로 포설하는데 완충층의 기능에 해당되지 않는 것은?

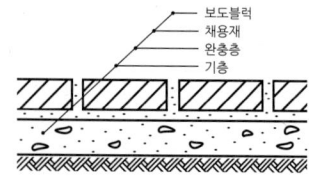

① 凹, 凸을 조절해 준다.
② 보도블럭 면에 어느 정도 탄성을 준다.
③ 보도블럭의 높이를 같이 하는데 편리하다.
④ 겨울에 동상(凍上, frost heaving)현상을 막아 준다.

46 순공사원가에 포함되지 않는 것은?
① 재료비   ② 노무비
③ 일반관리비   ④ 부가가치세

47 목재의 섬유포화점에서의 함수율은 평균 얼마 정도인가?
① 10%   ② 20%
③ 30%   ④ 40%

48 다음 중 땅깎기, 흙쌓기, 및 터파기 관련 설명으로 틀린 것은?
① 젖은 땅을 깎아서 유용할 때에는 깎은 흙을 최적 함수비가 되도록 조치한다.
② 흙쌓기 재료는 명시된 사공기준에 따라 연속된 층으로 깔아서 다져야 한다.
③ 구조물 기초의 가장자리에서 45° 지지각을 침범해서 터파기해서는 아니 된다.
④ 깎아낸 흙은 유용하지 않을 경우에는 현장에서 제거하거나 담당원이 지정하는 장소에 3.5m를 넘지 않는 높이로 임시쌓기를 하고, 세굴되지 않도록 보호한다.

해 ④ 깎아낸 흙은 유용하지 않을 경우에는 현장에서 제거하거나 감리자가 지정하는 장소에 2.5m를 넘지 않는 높이로 임시쌓기를 하고, 세굴되지 않도록 보호하여야 한다.

49 정지설계도 작성 원칙으로 옳지 않은 것은?

① 파선은 기존 등고선을 나타내며, 직선은 제안된 등고선을 나타낸다.
② 매 5번째 등고선은 읽기 편하게 약간 진하게 그려 넣는다.
③ 평탄지는 배수가 불량하므로 각 시설별로 경사도 최소 표준을 알아야 한다.
④ 경사지를 만들 때 등고선의 조작은 절토의 경우에는 위에서부터, 성토의 경우에는 밑에서부터 시작한다.

해 ④ 등고선의 조작은 계획 높이와 가까운 등고선부터 변경해 나가므로 절토는 아래에서부터, 성토는 위에서부터 시작한다.

50 다음의 인력운반 기본공식에 대한 세부설명으로 적당하지 않은 것은?

$$Q = N \times q \qquad N = \frac{V\,T}{(120 \times L) + (V \times t)}$$

① 1일 운반횟수(N): 1일간 작업현장 소운반거리 내에서의 작업 왕복횟수로서 경사로는 운반환산계수를 적용하거나 수직 1m를 수평 6m로 보정한다.
② 1일 실작업시간(T): 1일 8시간은 기준 작업시간으로 하고, 여기에서 손실시간 30분을 제한 한 7시간 30분을 실 작업시간으로 적용한다.
③ 적재·적하시간(t): 삽 작업의 경우 보통토사 1삽의 중량은 10kg을 기준하며, 적재횟수는 1분간 평균 10회를 기준으로 한다.
④ 평균왕복속도(V): 운반로의 상태별 운반장비의 주행속도로서 운반로의 상태에 따라 양호, 보통, 불량의 3단계로 구분하여 적용한다.

51 일위대가 작성시 기본형 벽돌(190×90×57)을 이용하여 조적공사를 1.0B로 쌓을 때 1m²에 소요되는 벽돌의 양은 얼마인가?
① 75매   ② 149매
③ 185매   ④ 224매

52 [보기]의 구조계산 순서 중 "3번째 단계"에 해당되는 것은?

> [보기]
> · 하중 산정
> · 내응력 산정
> · 내응력과 재료 허용응력의 비교
> · 반력 산정
> · 외응력 산정

① 외응력 산정
② 반력 산정
③ 내응력 산정
④ 내응력과 재료 허용응력의 비교

해 하중산정→반력산정→외응력 산정→내응력 산정→내응력과 재료 허용응력의 비교

53 다음 그림에 나타난 지역의 저수량(m³)은?

> · 40m 등고선내의 면적 : 100m²
> · 50m 등고선내의 면적 : 500m²
> · 60m 등고선내의 면적 : 700m²
> · 70m 등고선내의 면적 : 900m²

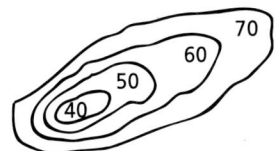

① 12636.5
② 14666.7
③ 15329.3
④ 15641.2

해 발표된 답안은 ②이나 맞지 않는다.

54 강의 열처리 중에서 조직을 개선하고 결정을 미세화하기 위해 800~1000℃로 가열하여 소정의 시간까지 유지 한 후에 대기 중에서 냉각시키는 처리는?

① 뜨임(Tempering)
② 담금질(Quenching)
③ 불림(Normalizing)
④ 풀림(Annealing)

55 다음 설명에 적합한 콘크리트 이음의 종류는?

> – 온도에 따른 콘크리트 구조물의 변형을 방지하기 위하여 설치한다.
> – 응력해제, 변형흡수가 목적이다.
> – 시공안전과 구조물의 안전을 우선 고려하여 결정한다.

① 콜드 조인트
② 익스펜션 조인트
③ 콘트롤 조인트
④ 콘스트럭션 조인트

56 지역이 광대하여 우수를 한 곳으로 모으기가 곤란할 때 배수지역을 분산시켜 처리하는 배수 계통은?

① 방사식
② 차집식
③ 선형식
④ 직각식

57 다음 설명의 (   )안에 적합한 용어는?

> 도로, 보도, 포장지역 등의 하부로 관로가 통과할 경우에 정확한 위치에 (   )을(를) 그 폭보다 양쪽으로 0.3m이상 여유를 두어 설치한다.

① 트렌치
② 슬리브
③ 호안블럭
④ 경계석

58 공정관리의 목표로서 맞지 않는 것은?

① 공사의 조기 준공
② 공사의 계약기간 준수
③ 공사조건의 검토
④ 공사수행 능력 확보

59 힘의 평형조건만으로 반력이나 내응력을 구할 수 있는 정정보에 해당하지 않는 것은?

① 캔틸레버보
② 고정보
③ 게르버보
④ 단순보

해 ② 고정보는 부정정보(힘의 평형방식만으로는 해석이 안 되고 별도의 탄성방정식이 필요한 보)에 해당한다.

60 다음 중 건설재료로 이용되는 대리석의 특징 설명으로 옳지 않은 것은?

① 열에 약하다.

② 내산성이 강하다.

③ 내장용으로 많이 쓰인다.

④ 석질이 치밀하고 무늬가 아름답다.

제4과목 조경관리

61 조경수목을 가해하는 식엽성 해충에 해당하는 것은?

① 진딧물

② 솔껍질깍지벌레

③ 오리나무잎벌레

④ 솔잎혹파리

해 식엽성 해충에는 노랑쐐기나방, 버들재주나방, 솔나방, 어스렝이나방, 짚시나방, 참나무재주나방, 텐트나방, 흰불나방, 잣나무넓적잎벌 등이 있다.

62 수목을 대기오염으로부터 보호하려면 어떤 약제를 뿌려야 가장 효과가 있는가?

① 증산억제제

② 생장촉진제

③ 왜화제

④ 발근촉진제

63 소나무 잎떨림병균이 월동하는 곳은?

① 중간 기주

② 소나무 줄기

③ 소나무 뿌리

④ 땅 위에 떨어진 병든 잎

64 골프장 잔디초지 관리 중 10월에 실시되어야할 관리 내용으로 부적합한 것은?

① 그린의 통기 및 배토작업 : 잔디생육이 왕성한 시기이므로 갱신작업 실시, 통기작업 1회 정도와 배토 1~2회 실시한다.

② 그린의 시비관리 : 잔디생육이 정지하는 시기이므로, 석회질 비료 위주로 공급한다.

③ 티의 예초 : 10월은 잔디 생장량이 낮아지고 휴

면을 위해 저장양분을 축적하는 시기이므로 한 국잔디의 예고를 25mm로 한다.

④ 조경수목의 병해충관리 : 깍지벌레류와 응애류의 방제를 실시한다.

65 공원 내 가로 조명등주의 유지관리상 특징 설명으로 옳은 것은?

① 알루미늄은 부식에 강하고, 유지관리가 용이하며, 내구성도 크나 비용이 많이 든다.

② 콘크리트는 유지관리가 용이하고, 내구성도 강하지만 부식에는 약하다.

③ 철재는 합금강철 조명등주로 제조되어 내구성이 강하고, 페넌트 부착에 강하지만 부식이 용이하여 방부처리가 요구된다.

④ 나무는 미관적으로 좋고 초기에 유지관리하기도 좋아서 별다른 단점은 고려하지 않아도 좋다.

해 ① 알루미늄은 내구성이 약하다. ② 콘크리트는 내부식성이 강하다. ④ 목재는 초기에 유지관리가 용이하지만 부패 방지를 고려해야 한다.

66 엽면시비에 대한 설명으로 옳지 않은 것은?

① 엽면시비는 토양시비 보다 비료성분의 흡수가 쉽고 빠르다.

② 광합성 작용이 왕성할 때 잘 흡수되며 잎의 뒷면보다 앞면에서 흡수가 잘 된다.

③ 주로 미량원소의 빠른 효과를 위해서 이용되는데 Fe은 대표적으로 많이 쓰이는 성분이다.

④ 동·상해, 풍·수해, 병해충 피해 등을 입어서 급속한 영양 공급이 요구될 경우에는 효과적이다.

해 ② 엽면시비는 잎의 기공을 통해서 흡수되며 기공은 잎의 뒷면에 위치한다.

67 토양고결(soil compaction)에 의해 발생되는 잔디식재 토양의 영향으로 틀린 것은?

① 토양경도 감소

② 토양의 투수성 감소

③ 토양의 통기성 저하

④ 토양의 물리성 악화

68 식물관리에는 식물의 생리, 생태적 특성을 잘 이해해야 한다. 식물이 갖는 특성에 해당하지 않는 것은?
① 동일한 모양의 동질성
② 생장, 번식 등을 계속하는 영속성
③ 생물로서 생명활동이 행해지는 자연성
④ 형태가 매우 다양하여 주변의 시설과의 조화성

69 소나무재선충을 매개하는 곤충은?
① 맵시벌　　　　　② 솔수염하늘소
③ 솔곤봉하늘소　　④ 짚시벼룩좀벌

70 중간 기주를 제거함으로써 병을 예방할 수 있는 것은?
① 오동나무 탄저병
② 각종 식물의 잿빛곰팡이병
③ 묘목의 입고병
④ 잣나무 털녹병
해 ④ 중간기주인 송이풀·까치밥나무를 제거한다.

71 콘크리트 포장도로 혹은 아스팔트 포장도로의 표면이 심하게 마모되었거나 박리되었을 때 주로 사용하는 보수공법은?
① 충전법　　　　　② 패칭공법
③ 덧씌우기공법　　④ 주입공법

72 다음 중 직영방식의 대상으로 가장 적합한 것은?
① 장기에 걸쳐 단순작업을 행하는 업무
② 일상적으로 행하는 유지관리적인 업무
③ 전문적 지식, 기능, 자격을 요하는 업무
④ 규모가 크고, 노력, 재료 등을 포함하는 업무

73 농약 중 고체 사용제가 갖추어야 할 물리적 성질이 아닌 것은?
① 분말도　　　　　② 토분성
③ 분산성　　　　　④ 현수성
해 ④ 현수성이란 수화제에 물을 가했을 때 고체 미립자가 침전하거나 떠오르지 않고 오랫동안 균일한 분산상태를 유지하는

성질을 말한다.

74 넘어짐 사고와 떨어짐 사고의 예방방안으로 틀린 것은?
① 마찰력이 낮은 작업화를 착용한다.
② 어두운 공간에는 충분한 조명을 설치한다.
③ 사다리 작업 안전지침 및 기준을 준수한다.
④ 작업화 바닥, 사다리 발판의 흙을 털어 미끄러움을 예방한다.

75 A 토양의 진밀도가 2.6gcm⁻³, 가밀도 1.2gcm⁻³일 때 이 토양의 공극률은 얼마인가?
① 약 17%　　　　　② 약 46%
③ 약 54%　　　　　④ 약 83%
해 공극률 $= (\frac{가밀도}{진밀도}) \times 100 = (1 - \frac{1.2}{2.6}) \times 100 = 53.85(\%)$

76 초화류의 월동관리 요령 중 틀린 것은?
① 내한성이 강한 작물이나 품종을 선택한다.
② 노지상태의 경우, 식물체를 비닐이나 짚 등으로 감싸준다.
③ 화단부지의 경우, 지대가 낮고 움푹 들어간 곳을 선택한다.
④ 온실을 만들 경우, 가능하면 땅 속으로 깊게 들어가게 건설한다.
해 ③ 지대가 낮고 움푹 들어간 곳은 냉해를 입기 쉽다.

77 멀칭(mulching)의 효과로 거리가 먼 것은?
① 토양침식과 수분의 손실을 방지한다.
② 토양구조를 개선하여 단단하게 한다.
③ 토양의 비옥도를 증진시키고 잡초의 발생이 억제된다.
④ 토양온도를 조절하고 태양열의 복사와 반사를 감소시킨다.

78 다음 중 다량원소에 속하는 것은?
① N　　　　　② B
③ Fe　　　　　④ Mo
해 다량원소-C, H, O, N, P, K, Ca, Mg, S

79 재해손실비의 평가방식 중 하인리히(Heinrich) 계산 방식으로 옳은 것은?

① 총재해비용 = 공동비용 + 개별비용
② 총재해비용 = 공보험비용 + 비보험비용
③ 총재해비용 = 직접손실비용 + 간접손실비용
④ 총재해비용 = 노동손실비용 + 설비손실비용

80 공원녹지 내에서의 행사(event)개최를 통하여 얻고자 하는 주요한 효과가 아닌 것은?

① 행정홍보의 수단으로 행사를 개최함으로써 주민의 공감을 얻을 수 있다.
② 재정확보 차원에서 행사개최를 통해 공원유지관리를 위한 재정을 확충할 수 있다.
③ 커뮤니티활동의 일환으로 공원 등에서 행사를 통하여 지역주민의 커뮤니케이션(communication)을 도모할 수 있다.
④ 공원녹지이용의 다양화를 도모하는 수단으로서 시민들에게 다양한 프로그램을 제공하여 공원녹지이용의 폭을 넓힐 수 있다.

제1과목 조경계획 및 설계

1 고대 그리스 시대의 것으로 현대 도시광장의 기원이 되는 것은?
① 포럼(Forum)
② 아고라(Agora)
③ 아트리움(Atrium)
④ 페리스틸리움(Peristylium)

2 장소는 미적(美的)이거나 회화적이어야 한다고 주장한 루엘린 파크의 설계자는?
① 가렛 에크보
② 제임스 로즈
③ 앤드루 잭슨 다우닝
④ 프레드릭 로우 옴스테드

3 조선 시대 다산초당(茶山草堂)과 가장 관련이 없는 것은?
① 단상(段狀)의 화계
② 방지원도(方池圓島)
③ 석가산
④ 풍수지리설

4 대추나무를 지칭하는 옛 한자명은?
① 이(李)
② 내(柰)
③ 백(柏)
④ 조(棗)

5 도산(桃山, 모모야마) 시대에 석등, 세수통 등 점경물을 설치하고 소공간을 자연 그대로의 규모로 꾸민 정원 양식은?
① 다정(茶庭)
② 정토(淨土) 정원
③ 고산수(枯山水) 정원
④ 침전식(寢殿式) 정원

6 16세기 이탈리아 빌라 정원의 주된 공간 배치요소가 아닌 것은?
① 수림대(Bosco)
② 후정
③ 빌라(Villa)
④ 중정

7 미국 컬럼비아 건축미술 박람회의 영향을 받아 조직된 단체는?
① 후생협회(N.R.A)
② 도시계획협의회(N.C.C.P)
③ 운동장협회(N.P.F.A)
④ 미국조경가협회(A.S.L.A)

8 전통적인 중국조경의 특성에 해당하는 것은?
① 대비보다 조화에 중점을 두었다.
② 축경식으로 자연을 모방하여 일정한 비율로 균일하게 축조하였다.
③ 수려한 자연경관을 정원 내 사의적으로 묘사하였디.
④ 자연경관을 축소하지 않고 1 : 1 비율로 정원에 묘사하였다.

해 중국정원은 자연적인 경관을 주 구성요소로 삼고 있으나, 하나의 정원 속에 여러 비율로 꾸며놓은 부분들을 함께 가지고 있어 조화보다는 대비를 중시하였다.

9 다음 설명의 정책 방향이 포함된 계획은?

> - 관할구역에 대하여 기본적인 공간구조와 장기 발전방향을 제시하는 종합계획
> - 지역적 특성 및 계획의 방향·목표에 관한 사항
> - 토지의 이용 및 개발에 관한 사항
> - 환경의 보전 및 관리에 관한 사항
> - 공원·녹지에 관한 사항
> - 경관에 관한 사항

① 광역도시계획
② 도시·군기본계획
③ 도시·군관리계획
④ 지구단위계획

10 이용 후 평가(post occupancy evaluation)에 대한 설명으로 틀린 것은?
① 이용자의 만족도를 제시한다.

② 시공 직후에 단기평가를 수행한다.
③ 설계과정을 일방향적 흐름으로부터 순환과정으로 바꾸었다.
④ 기존 환경의 개선 및 새로운 환경의 창조를 위한 자료를 제공한다.

해 ② 이용 후 평가는 어떤 프로젝트가 시공되고 얼마 동안의 이용기간을 거친 후 그 설계 혹은 계획에 대한 평가를 하는 것이다.

11 다음 중 계획용량을 결정하는 수용력(carrying capacity) 산출식으로 옳은 것은?
① 연간 이용자 수 × (1−최대일률) ÷ 회전율
② (연간 이용자 수 + 최대일률) × 회전율
③ 연간 이용자 수 ÷ 최대일률 × 회전율
④ 연간 이용자 수 × 최대일률 × 회전율

12 조경가를 세분된 분야로 구분할 때, 주로 대규모 프로젝트에 관여하며 종합적 사고력(합리성)을 필요로 하는 제너럴리스트(generalist)의 입장을 취하는 분야는?
① 조경계획가 　　　② 조경설계가
③ 조경기술자 　　　④ 조경원예가

13 다음 설명에 해당하는 시각적 경관요소의 분류에 속하는 것은?

> 주위의 환경 요소와는 달리 특이한 성격을 띤 부분의 경관으로 지형적인 변화 즉, 산속의 높은 암벽과 같은 것을 말한다.

① 전(panoramic) 경관　② 지형(feature) 경관
③ 초점(focal) 경관　　④ 세부(detail) 경관

14 다음 도시공원 종류들 가운데 공원시설 부지면적 비율 기준이 '100분의 50 이하'에 해당하는 것은?
① 근린공원 　　　　② 체육공원
③ 어린이공원 　　　④ 묘지공원

해 ① 40% 이하, ③ 60% 이하, ④ 20% 이상

15 리조트(resort) 개발을 위한 입지조건에서 기본적 요건으로 가장 거리가 먼 것은?
① 일상생활권과 인접할 것
② 공간(환경·시설)에 충분한 여유가 있을 것
③ 흥미 대상(본다, 먹는다, 한다)이 있을 것
④ 프라이버시나 자유로움이 확보되어 있을 것

16 그림과 같은 도면에서 평면도로 가장 적합한 것은?

(정면도) (우측면도)

①　　　　　②

③　　　　　④

17 조경계획에서 사용되는 설문지 작성 시 주의사항을 설명한 것으로 틀린 것은?
① 설문을 배치할 때 긍정적인 질문과 부정적인 질문을 섞어서 나열하도록 한다.
② 자유응답설문보다 제한응답설문으로 구성하면 설문시간을 많이 줄일 수 있다.
③ 설문작성을 위해 인터뷰 혹은 현장방문을 통한 예비조사를 하는 것이 바람직하다.
④ 원활한 설문작성을 위해 세부적인 사항의 질문을 먼저 하고 그다음에 일반적인 사항으로 넘어가도록 한다.

18 식물의 질감과 색채를 이용하여 공간감을 느끼게 할 수 있다. 다음 설명 중 틀린 것은?
① 중간 밝기의 녹색은 밝은 녹색과 어두운 녹색사이의 점진적 요소 역할을 한다.
② 어두운 색채의 잎을 갖는 식물은 관찰자로부터 멀어지는 듯이 보이고, 밝은 색채의 잎을 갖는 식물은 관찰자에게 다가오는 듯이 보인다.
③ 고운 질감의 식물은 멀어져 가는 듯이 보이는 데 비해 거친 질감의 식물은 접근하는 것처럼 느껴진다.

정답　**11** ④　**12** ①　**13** ②　**14** ②　**15** ①　**16** ②　**17** ④　**18** ②

④ 거친 질감은 큰 잎이나 두텁고 무거운 감이 있는 식물에서 나타나며 고운 질감은 많은 수의 작은 잎, 작고 얇은 가지가 있는 식물에서 나타난다.

19 우리나라 농촌마을에 남아 있는 마을숲의 기능 중 가장 많이 나타나는 기능은?
① 비보기능
② 쉼터기능
③ 풍치기능
④ 제사기능

해 비보란 풍수지리에 의한, 미비한 부분을 채우는 것이다.

20 관찰자가 물체를 보고 그 형상을 판별할 수 있는 범위는?
① 지선
② 소점
③ 기간
④ 시야

제2과목 조경식재

21 식물의 분류 중 덩굴성 식물에 해당하는 것은?
① 산수국
② 흰말채나무
③ 능소화
④ 불두화

22 식재공사 시 뿌리돌림을 할 경우에 분의 크기는 근원직경의 몇 배로 작업하는 것이 가장 이상적인가?
① 2배
② 4배
③ 8배
④ 10배

23 수목은 내한성에 따라 온난지와 한랭지로 구분할 수 있다. 다음 중 한랭지에 적합한 수종은?
① 굴거리나무
② 동백나무
③ 후박나무
④ 쥐똥나무

24 다음 중 밴트 그라스의 설명으로 틀린 것은?
① 일반적으로 가장 품질이 좋은 잔디이다.
② 재질이 매우 곱고, 잎의 폭이 3~4mm로 매우 짧은 다발형이다.
③ 질소질 비료 요구량이 높고, 세심한 관리와 주의가 요구된다.
④ 주로 골프장 그린이나 스포츠 경기장 등 집약적인 잔디 초지에 광범위하게 쓰인다.

해 ② 잎의 재질이 곱고 섬세하며 잎의 폭은 0.6~3mm 정도로 매우 좁다.

25 우리나라에서 자생하는 참나무류는 성상에 따라 크게 2가지로 구분할 수 있다. 다음 중 성상이 다른 수종은?
① 붉가시나무(*Quercus acuta*)
② 떡갈나무(*Quercus dentata*)
③ 졸참나무(*Quercus serrata*)
④ 갈참나무(*Quercus aliena*)

해 ① 상록활엽수. ②③④ 낙엽활엽수

26 다음 설명의 ( ) 안에 들어갈 용어로 알맞은 것은?

> ( )은/는 꽃이나 잎의 형태와 같이 보다 작은 식물학적 차이점을 지닌다. ( )의 표기는 'for.'를 사용한다.

① 보통명
② 변종
③ 품종
④ 이명

27 다음 그림과 같은 형태를 갖는 수종은?

① 리기다소나무
② 방크스소나무
③ 일본잎갈나무
④ 독일가문비

28 시야를 방해하지 않으면서 공간을 분할하거나 한정하는 데 이용할 수 있는 식물 재료는?
① 대교목
② 소교목
③ 관목
④ 지피류

29 다음 중 회색 또는 암갈색 나무껍질이 세로로 갈라지면서 떨어져 얼룩무늬를 형성하는 수종은?
① 소나무(*Pinus densiflora*)
② 벽오동(*Firmiana simplex*)
③ 자작나무(*Betula platyphylla*)
④ 양버즘나무(*Platanus occidentalis*)

30 토양 단면에서 바로 위에 있는 층보다 부식이 적어 갈색 또는 황갈색을 띠며, 가용성 염기류가 많고 비교적 견밀한 특징을 구비한 토양층은?
① 모재층
② 용탈층
③ 집적층
④ 유기물층

31 수고가 1.2m 이하인 수목에 지주를 할 필요가 있을 때 이용하기 적합한 지주의 설치형태는?
① 단각형(單脚形)
② 이각형(二脚形)
③ 삼각형(三脚形)
④ 사각형(四脚形)

해 ② 1.2~2.5m의 수목에 적용한다.
③④ 도로변, 광장의 가로수 등 포장지역에 식재하는 수고 1.2~4.5m의 수목에 적용한다.

32 개잎갈나무(*Cedrus deodara*)의 생장 형태로 가장 적합한 것은?

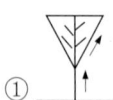 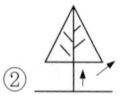 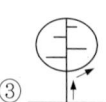 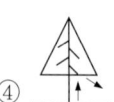

해 개잎갈나무는 상록교목이며 잔가지에 털이 있고 밑으로 처진다.

33 자유식재의 개념으로 옳지 않은 것은?
① 제2차 세계대전 이후 구미 각국에서 시작되었다.
② 풍토적인 제약이나 전통적인 형식에 구속되지 않는다.
③ 기능성에 큰 비중을 두어 단순 명쾌하다.
④ 전체적인 형태는 자연풍경식인 경우가 많다.

34 일반적인 양수(陽樹)의 특징에 대한 설명으로 틀린 것은?
① 유묘 시에는 생장이 빠르나 나이가 많아짐에 따라 차차 느려진다.

② 지엽이 밀생하고 가지의 배열이 조밀하며 아래 가지가 내부로 향한다.
③ 가지는 소생하고 수관이 개방적이며, 아래 가지는 일찍 말라 떨어져 버린다.
④ 줄기의 선단부와 굵은 가지가 남쪽 또는 햇빛이 있는 쪽으로 자라는 습성이 있다.

35 버드나무과(科) 수종에 대한 설명으로 옳지 않은 것은?
① 이른 봄에 푸른 잎이 난다.
② 봄철 하얀 솜털은 암그루에서만 날리는 종모(씨털)이다.
③ 왕버들은 능수버들에 비해서 가지가 아래로 처지지 않는다.
④ 수양버들의 학명은 *Salix pseudolasiogyne*, 능수버들의 학명은 *Salix babylonica*이다.

해 ④ 수양버들(*Salix babylonica*), 능수버들(*Salix pseudolasiogyne*)

36 다음 수목의 생장 및 생리에 관한 설명으로 틀린 것은?
① 대부분의 나자식물은 정아지가 측지보다 빨리 자람으로써 원추형의 수관형을 유지한다.
② 오동나무의 뿌리에서 나오는 근맹아(root sprout)는 부정아에서 생겨난 것이다.
③ 단풍나무는 늦여름에 일장이 길어지면 줄기생장이 촉진되고 동아 형성이 정지된다.
④ 양수는 음수보다 광포화점이 높다.

37 다음 그림이 나타내는 중앙분리대의 식재형식은?

① 군식법
② 무늬식
③ 평식법
④ 루버식

38 다음 중 추식(가을심기) 구근에 해당되지 않는 것은?
① 튤립
② 달리아

③ 구근아이리스   ④ 히아신스

39 공해에 약한 식물, 강한 산성에서 자라는 식물 등 그 식물이 자라고 있는 곳의 환경조건을 나타내는 식물을 무엇이라고 하는가?
① 식별식물   ② 지표식물
③ 기준식물   ④ 표식식물

40 개체군 내의 개체가 주어진 공간에 퍼져 있는 형태를 개체군 분산형태라고 하는데, 다음 중 이에 해당되지 않는 것은?
① 괴상형   ② 중립형
③ 균일형   ④ 임의형

제3과목 조경시공

41 다음 설명에 적합한 시멘트의 종류는?

> – 수화열이 보통시멘트보다 적으므로 댐이나 방사선차폐용, 매시브한 콘크리트 등 단면이 큰 콘크리트용으로 적합하다.
> – 조기강도는 보통시멘트에 비해 작으나 장기강도는 보통시멘트와 같거나 약간 크다.
> – 건조수축은 포틀랜드시멘트 중에서 가장 작다.
> – 화학저항성이 크고 내산성이 우수하다.

① 백색포틀랜드시멘트
② 조강포틀랜드시멘트
③ 중용열포틀랜드시멘트
④ 실리카시멘트

42 자연상태의 토량이 사질토는 1500m³, 점질토는 2000m³로 이루어져 있다. 이를 모두 굴착하여 다른 공사현장으로 이동 후 성토·다짐했다면 토량은 얼마인가?
(단, 사질토의 L=1.2, C=0.9, 점질토의 L=1.3, C=0.9)
① 3150m³   ② 3600m³
③ 3950m³   ④ 4400m³
해 1,500×0.9+2,000×0.9=3,150(m³)

43 다음 도로의 횡단면도에서 AB의 수평거리는?

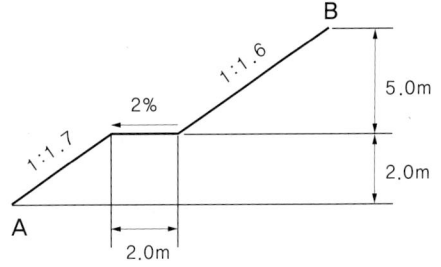

① 8.1m   ② 12.3m
③ 13.4m   ④ 18.5m
해 2×1.7+2+5×1.6=13.4(m)

44 다음 중 목재를 건조하는 목적이 아닌 것은?
① 수축을 방지한다.   ② 부식을 방지한다.
③ 강도를 증진시킨다.   ④ 비중을 증가시킨다.

45 등고선의 성질에 관한 설명으로 틀린 것은?
① 같은 경사면에는 같은 간격의 평행선이 된다.
② 등고선은 배수방향과 반드시 직교한다.
③ 등고선은 절벽이나 동굴 등 특수한 지형 외에는 합치거나 교차하지 않는다.
④ 요(凹)선으로 표시한 곡선은 안부(鞍部) 가까이에서 곡률이 크고 계곡 밑으로 감에 따라 곡률이 작게 된다.

46 기본벽돌을 1.0B로 1000m²의 담장을 치장쌓기할 때 소요되는 노무비는?
(단, 벽돌 10000매당 소요되는 치장벽돌공은 2.5인, 보통인부는 2.0인, 치장벽돌공 노임은 100000원, 보통인부 노임은 50000원이다.)
① 5000000원   ② 5215000원
③ 5250000원   ④ 5500000원
해 $\frac{1,000×149}{10,000}$ ×(2.5×100,000+2.0×50,000) = 5,215,000(원)

47 일반조경공사의 특성이라고 볼 수 없는 것은?
① 공종의 다양성
② 공종의 소규모성
③ 규격화 및 표준화의 곤란성
④ 공사시기 및 자재구입의 용이성

48 물 등의 유체 흐름을 매우 느리게 하여 이 시설물을 통과하면서 유기 및 무기성 고형물을 침강시켜 자정기능을 갖는 생태복원 시설은?

① 인공습지
② 비탈면녹화
③ 옥상녹화
④ 인공식물섬

49 축척 1/1000의 단위면적이 5m²일 때 1/3000 축척에서 단위면적은?

① 0.6m²
② 35m²
③ 40m²
④ 45m²

해 $A_2 = (\frac{m_2}{m_1})^2 \times A_1 = (\frac{3,000}{1,000})^2 \times 5 = 45(m^2)$

50 다음 특성을 갖는 열가소성 수지는?

- 강도가 크고 전기절연성 및 내약품성이 양호하다.
- 고온 및 저온에 약하며, 지수판이나 배수관으로 주로 사용된다.
- 경질 비중은 1.4 정도이다.

① 페놀수지
② 염화비닐수지
③ 아크릴수지
④ 폴리에스테르수지

51 수목 굴취공사의 일위대가 작성에 대한 설명으로 틀린 것은?

① 분의 크기는 흉고직경 4~5배를 기준으로 한다.
② 뿌리 절단 부위의 보호를 위한 재료비는 별도 계상한다.
③ 교목류 수종의 굴취 시 분이 없는 경우에는 굴취품의 20%를 감한다.
④ 굴취 시 야생일 경우에는 굴취품의 20%를 가산한다.

해 ① 분의 크기는 근원직경의 4~5배를 기준으로 한다.

52 콘크리트 시공에 관한 설명으로 틀린 것은?

① 거푸집의 내면에는 박리제를 발라야 한다.
② 콘크리트를 타설 후 양생할 때에는 충분한 수분이 공급되어야 한다.
③ 콘크리트를 칠 때 30℃ 이상이 되면 수화작용이

빨리 장기 강도가 증대된다.
④ 표준양생(standard curing)은 20±3℃로 유지하면서 수중 또는 습도 100퍼센트에 가까운 습윤 상태에서 실시하는 양생이다.

해 ③ 온도가 높으면 초기강도 발현이 빠른 반면에 장기강도가 저하될 수 있다.

53 시멘트의 저장과 관련된 설명으로 틀린 것은?

① 보관 후 사용할 시멘트는 일반적으로 50℃ 정도 이하의 온도에서 사용하는 것이 좋다.
② 시멘트를 저장하는 창고는 시멘트가 바닥에 쌓여서 나오지 않는 부분이 생기지 않도록 한다.
③ 3개월 이상 장기간 저장한 시멘트는 사용에 앞서 재시험을 실시하여 품질을 확인한다.
④ 현장에서 목조창고의 마룻바닥과 지면 사이의 거리는 0.1m를 표준으로 하면 좋다.

해 ④ 시멘트 창고의 바닥은 지면에서 30cm 이상 띄우고 방습 처리한다.

54 조경공사 중 돌쌓기에 관한 설명으로 틀린 것은?

① 찰쌓기의 높이는 1일 1.2m를 표준으로 한다.
② 메쌓기는 찰쌓기에 비하여 토압증대의 우려가 높다.
③ 찰쌓기의 전면 기울기는 높이 1.5m까지 1 : 0.25를 기준으로 한다.
④ 호박돌쌓기는 줄쌓기를 원칙으로 하고 튀어나오거나 들어가지 않도록 면을 맞춘다.

해 ② 메쌓기는 찰쌓기에 비해 배수가 원활하므로 상대적으로 토압에 대한 우려가 적어진다.

55 다음 중 잔디깎기에 지장을 주지 않고 잔디밭에 사용하기 편리한 살수기(sprinkler head)는 어느 것인가?

① 분무 살수기(spray head)
② 분무입상 살수기(pop-up spray head)
③ 회전 살수기(rotary head)
④ 특수 살수기(specialty head)

56 횡선식 공정표에 대한 특징으로 옳은 것은?
① 네트워크 공정표에 비해 작성이 어렵다.
② 작업의 선후관계를 파악하기 어렵다.
③ 개략적인 공사내용을 파악하기 어렵다.
④ 대규모 공사의 공정관리에 적합하다.

57 합리식에서 강우강도의 특성에 대한 설명으로 틀린 것은?
① 강우강도의 단위는 mm/h이다.
② 강우강도는 지역에 따라 다르다.
③ 강우강도가 커지면 유출량은 작아진다.
④ 강우계속시간이 늘어나면 강우강도는 작아진다.
해 ③ 강우강도가 커지면 유출량도 커진다.

58 다음 중 플라이애쉬를 콘크리트에 사용하여 얻을 수 있는 장점에 해당되지 않는 것은?
① 워커빌리티가 개선된다.
② 건조 수축이 적어진다.
③ 수화열이 낮아진다.
④ 초기강도가 높아진다.
해 ④ 장기강도가 높아진다.

59 금속의 부식방지에 관한 대책으로 옳지 않은 것은?
① 부분적으로 녹이 나면 즉시 제거할 것
② 아연 또는 주석용액에 담가서 도금할 것
③ 이종(異種)금속을 인접 또는 접촉시킬 것
④ 표면을 평활하게 하고 가능한 한 건조상태로 유지할 것
해 ③ 이종금속과 인접·접촉시키면 화학적 반응에 의하여 부식이 진행된다.

60 빗물이 제거되는 방법 중 배수계획에서 가장 고려해야 할 사항은?
① 증발작용에 의한 제거
② 증산작용에 의한 제거
③ 표면유출에 의한 제거
④ 식물체의 호흡 작용에 의한 제거

제4과목 조경관리

61 공원 내의 안내소, 전시관, 관리실 등 건축물의 유지관리비는 건물의 제비용 백분율로 나타낼 때 일반적으로 얼마 정도인가?
① 25%   ② 50%
③ 75%   ④ 90%

62 풀베기, 덩굴제거 등에 사용되는 무육톱의 삼각톱날 꼭지각은 몇 도(°)로 정비하여야 하는가?
① 12°   ② 25°   ③ 38°   ④ 45°

63 야영장에서 내부가 고사된 수목에 겉만 보고 텐트 줄을 지지하였는데, 폭풍으로 고사목이 쓰러져 야영객이 다쳤다면 다음 중 어떤 유형의 사고에 가장 근섭한가?
① 설치하자에 의한 사고
② 관리하자에 의한 사고
③ 이용자 부주의에 의한 사고
④ 자연재해에 의한 사고

64 조경수의 전정 작업을 목적별로 분류한 것에 해당되지 않는 것은?
① 조형을 위한 전정
② 생리조정을 위한 전정
③ 생장을 조정하기 위한 전정
④ 뿌리의 세근 발근촉진을 위한 단근 전정

65 다음 곤충 가운데 식엽성(植葉性) 해충이 아닌 것은?
① 미국흰불나방   ② 오리나무잎벌레
③ 천막벌레나방   ④ 밤나무혹벌
해 ④ 밤나무혹벌(충영형성해충)

66 아스팔트 및 골재가 떨어져 나가는 현상으로 아스팔트의 부족과 혼합물의 과열, 혼합불량 등이 주요 원인이 되어 나타나는 아스팔트 포장의 파손 현상은?
① 균열   ② 침하
③ 파상요철   ④ 박리

67 조경의 관리 작업 항목 중 부정기적으로 작업이 이루어지는 것은?

① 점검
② 청소
③ 수목의 손질
④ 식물의 보식

68 다음 중 지하수위가 높은 저습지 또는 배수가 불량한 곳에서 주로 나타나는 주요한 토양생성 작용은?

① 라테라이트화 작용(laterization)
② 글라이화 작용(gleization)
③ 포드졸화 작용(podzolization)
④ 석회화 작용(calcification)

69 토사포장의 개량(改良) 방법으로 적합한 것은?

① 지반치환공법
② 지하수상승법
③ 노면골재감소법
④ 지반강하법

70 다음 중 2년생 잡초에 대한 설명으로 틀린 것은?

① 지칭개, 망초 등이 속한다.
② 로제트(rosette) 형태로 월동한다.
③ 주로 온대지역에서 볼 수 있는 잡초이다.
④ 월동 이후 화아 분화하여 개화, 결실을 한 후 고사한다.

해 ④ 2년생 잡초는 첫해에 발아·생육하고, 월동기간 중 화아 분화하여 봄에 개화 결실 후 고사한다.

71 벤치·야외탁자의 전반적인 관리방안으로 적합하지 않은 것은?

① 이용자 수가 설계 시의 추정치보다 많은 경우에는 이용실태를 고려하여 개소를 증설하여 이용자의 편의를 도모한다.
② 노인, 주부 등이 장시간 머무르는 곳의 콘크리트재 벤치는 인체와 접촉부위가 차가워지기 쉬우므로 목재로 교체한다.
③ 바닥의 지면에 물이 고인 경우에는 배수시설을 설치한 후 흙을 넣고 충분하게 다지거나 지면을 포장한다.
④ 그늘이나 습기가 많은 장소에는 목재벤치를 설치하도록 한다.

72 농약의 효력을 충분히 발휘하도록 하기 위하여 첨가하는 물질을 일컫는 용어는?

① 기피제
② 훈증제
③ 유인제
④ 보조제

73 농약 살포 방법으로 옳은 것은?

① 심한 태풍이나 비바람이 지나간 직후에 살포하는 것이 흡수 효과가 좋다.
② 살충제와 살균제를 혼합사용하며, 기온이 높을수록 효과가 좋다.
③ 살충제 중 독한 약제는 흐린 날 살포하는 것이 좋다.
④ 전착제를 완전히 용해시킨 뒤 살포액에 넣는 것이 좋다.

74 다음 중 전지·전정 작업을 할 때 일반적으로 잘라야 하는 가지로 적합하지 않은 것은?

① 개화·결실 가지
② 안으로 향한 가지
③ 아래를 향한 가지
④ 줄기의 중간부에 돋아난 가지

75 장미의 동기 전정시기로 가장 적합한 것은?

① 발아할 눈이 자랐을 때
② 발아할 눈이 트고 난 후
③ 발아할 눈이 휴면기일 때
④ 발아할 눈이 부풀어 오를 때

76 조경업무의 성격상 관리계획을 체계적으로 수립하는 데 있어서 제한요인이라고 볼 수 없는 것은?

① 관리대상의 자연성
② 관리규모의 협소성
③ 이용자의 다양성
④ 규격화의 곤란성

77 다음 중 소나무재선충병의 감염 증세가 아닌 것은?

① 수지(송진) 유출의 감소

② 침엽에서 증산량의 감소

③ 침엽이 반 정도 자라면서 변색

④ 수체 함수율의 감소 및 목질부 건조

78 농약의 사용목적에 따른 분류에 해당하는 것은?

① 유기인계   ② 살응애제

③ 호흡저해제   ④ 과립수화제

79 테니스 클레이 코트에 뿌리는 소금과 염화칼슘의 역할이 아닌 것은?

① 응고작용   ② 보습효과

③ 동결방지   ④ 지려보강

80 공원에서 사고가 발생하였을 때 사고처리 절차로 옳은 것은?

① 사고발생 통보 → 관계자 통보 → 사고자 응급처치 → 병원호송 → 사고 상황 파악

② 사고발생 통보 → 사고 상황 파악 → 사고자 응급처치 → 병원호송 → 관계자 통보

③ 사고발생 통보 → 사고 상황 파악 → 관계자 통보 → 사고자 응급처치 → 병원호송

④ 사고발생 통보 → 사고자 응급처치 → 병원호송 → 관계자 통보 → 사고 상황 파악

제1과목 조경계획 및 설계

1 무굴인도의 샤-자한 시대에 조성된 작품은?

① 니샤트-바그(Nishat Bagh)

② 샤리마르-바그(Shalimar Bagh)

③ 아차발-바그(Achabal Bagh)

④ 체하르-바그(Tshehar Bagh)

해 ①③ 자한기르 시대, ④ 이란 정원

2 경주 황룡사를 중심으로 방위와 산의 연결이 틀린 것은?

① 동쪽 - 명활산　　② 서쪽 - 선도산

③ 남쪽 - 황룡산　　④ 북쪽 - 소금강산

해 ③ 남쪽에는 남산이 있다.

3 중국 정원에서 포지(鋪地)의 수법은 어느 때부터 전해져 내려오는가?

① 진나라　　　　② 송나라

③ 당나라　　　　④ 한나라

4 남송(南宋)시대 20여개소 명원(名園)을 소개한 정원서는?

① 원야　　　　　② 낙양명원기

③ 오흥원림기　　④ 장물지

5 옥녀산발형(玉女散髮型)의 풍수 형국을 보이는 읍성은?

① 정의읍성　　　② 해미읍성

③ 고창읍성　　　④ 낙안읍성

해 ① 장군대좌형, ② 행주형, ③ 와호음수형

6 문헌에 나타난 고려시대 기홍수의 원림(園林)을 설명한 것으로 옳지 않은 것은?

① 이규보의 문집인『동국이상국집』에 전한다.

② 곡지를 만들고 꽃을 심어 신선정원으로 조성했다.

③ 버드나무, 소나무, 자두나무, 모란 등의 목본식물과 창포를 식재했다.

④ 퇴식재 팔영의 제6영인 연의지(蓮漪池)는 장방

지(長方池)이다.

해 ④ 연의지는 곡지(曲池)로 조성하였다.

7 페르시아의 회교식 정원에서 도입되는 정원의 핵심시설이 아닌 것은?

① 커넬(Canal)　　　② 토피어리

③ 분천(噴泉)　　　④ 저수지

8 일본 평성궁 동원의 곡수유구에 관한 설명으로 가장 거리가 먼 것은?

① 바닥에 목상을 묻고 계절 수초를 심어 꽃을 감상했다.

② 조경 시기는 나라시대 중기로 추정된다.

③ 자연석에 홈을 파서 유배거로 사용하였다.

④ 지중에는 경사가 있는 암도(岩島)를 배치한다.

해 ③ 평성궁 곡수유구는 자연석을 활용한 수로로 볼 수 있다.

9 공원관리청이 아닌 자의 공원사업 시행 및 공원시설의 관리 중 (　)에 해당되는 것은?

> 공원사업의 허가를 받으려는 자는 공원사업의 대상이 되는 토지에 자기 소유가 아닌 토지가 있는 경우에는 그 토지 소유자의 사용 승낙을 받아야 한다. 다만, 규정에 따라 공원마을지구에서 환지(換地)를 하려는 경우에는 토지면적과 사업대상 토지 소유자 총수의 각각 (　) 이상에 해당하는 소유자의 승낙을 받아야 한다.

① 2분의 1　　　② 3분의 1

③ 3분의 2　　　④ 4분의 3

10 조경계획의 접근방법 중 물리적 자원 혹은 자연자원이 레크레이션의 유형과 양을 결정하는 접근방법은?

① 경제 접근법(economic approach)

② 자원 접근법(resource approach)

③ 활동 접근법(activity approach)

④ 행태 접근법(behavioral approach)

11 환경에 영향을 미치는 계획을 수립할 때에 환경보전계획과의 부합 여부 확인 및 대안의 설정·분석 등을 통하여 환경적 측면에서 해당 계획의 적정성 및 입지의 타당성 등을 검토하여 국토의 지속가능한 발전을 도모하는 것은?
① 환경영향평가
② 토지적성평가
③ 전략환경영향평가
④ 소규모환경영향평가

12 그리스인들이 일상 생활을 영위하는 도로와 생활 공간 등을 계획할 때, 효용과 기능의 측면에서 추구하였던 사항이 아닌 것은?
① 지형조건에 맞게
② 기능에 충실하게
③ 즐겁고 편안하게
④ 호화롭게

13 다음 ( )에 포함되지 않는 것은?

> 기본계획안은 보통 ( ) 등의 부문별로 나누어서 별도의 도면에 표현한다.

① 식재계획
② 토지이용계획
③ 교통동선계획
④ 레크레이션계획

14 종래의 스타일과는 달리 녹음이 많은 우수한 환경 위에 인구가 모이고 산업이 성립되어 형성된 도시는?
① 메가로폴리스형 도시
② 메트로폴리스형 도시
③ 에페로폴리스형 도시
④ 리비에라형 도시

해 ① 메갈로폴리스 : 인접해 있는 몇 개의 메트로폴리스가 서로 연결되어 형성된 초거대도시
② 메트로폴리스 : 인구 백만 이상의 거대도시
③ 에페로폴리스 : 자연 재해 앞에 무력한 도시 문명을 스테이플러 침으로 표현

15 혼합되는 각각의 색 에너지(energy)가 합쳐져서 더 밝은 색을 나타내는 혼합은?

① 가산혼합
② 감산혼합
③ 중간혼합
④ 색료혼합

16 시각 디자인에 관련되는 착시(錯視)에 대한 다음의 설명 중 가장 거리가 먼 것은?
① 우리 눈은 예각은 크게, 둔각은 작게 보는 경향이 있다.
② 동일한 도형을 상하로 두면 위쪽이 아래쪽보다 커 보인다.
③ 피로하거나 시신경에 이상이 있을 때 눈의 착시 현상이 생긴다.
④ 눈의 착각 현상을 역이용하여 착각교정을 함으로써 시각적으로 훌륭한 구조물을 만들 수 있다.

17 그림과 같이 화살표 방향이 정면일 경우 우측면도로 가장 적합한 투상도는?

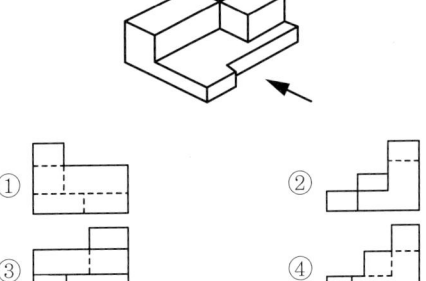

18 가시도(可視度)가 가장 높은 배색(配色)은?
① 백색 바탕에 검정색 형상
② 황색 바탕에 녹색 형상
③ 황색 바탕에 청색 형상
④ 검정색 바탕에 황색 형상

19 공장조경 계획 시 공장 부지나 건물에 다음 시설의 설치 목적은?

> 잔디밭, 수림, 운동장, 벤치, 퍼골라, 음수전, 조명시설, 휴게시설, 작업장, 경기장 등

① 환경개선   ② 환경미화

③ 환경보호   ④ 환경보존

20 다음 중 조경설계기준상의 휴게시설 설계와 관련된 설명으로 가장 거리가 먼 것은?

① 휴게시설은 각 시설별로 본래의 설치목적에 부합되도록 설계하며, 복합적인 기능을 갖는 경우 본래의 기능을 먼저 충족시키도록 한다.

② 시설의 형태는 표준화된 형태 또는 조형적인 형태로 할 수 있으며, 조형적인 형태로 설계할 경우 이 설계기준을 적용하지 아니할 수 있다.

③ 목재의 경우 보의 단면은 폭과 높이의 비를 1/3 ~ 1/5로 하고, 기둥은 좌굴현상을 고려하여 좌굴계수(재료의 허용압축응력×단면적÷압축력)는 4를 적용하며, 세장비(좌굴장/최소단면 2차 반경)는 250 이하를 적용한다.

④ 휴게시설은 미학적 원리를 이용하여 개별시설·시설의 연속·시설간의 조합에 의해 미적 효과를 얻을 수 있도록 하며, 통합 이미지를 연출하기 위하여 CI(Cooperation Identity)를 적용할 수 있다.

해 ③ 목재의 경우 보의 단면은 폭과 높이의 비를 1/1.5 ~ 1/2로 하고, 기둥은 좌굴현상을 고려하여 좌굴계수(재료의 허용압축응력×단면적÷압축력)는 2를 적용하며, 세장비(좌굴장/최소단면 2차 반경)는 150 이하를 적용한다.

제2과목 조경식재

21 한국잔디의 일반적인 생육 특징이 틀린 것은?

① 최적의 pH는 5.5~6.5 정도이다.

② 난지형 잔디로 여름철에 잘 자란다.

③ 불완전 포복경이지만, 포복력이 강한 포복경을 지표면으로 강하게 뻗는다.

④ 호광성 잔디로 양지에서는 잘 생육되나 그늘에서는 생육이 매우 느린 단점이 있다.

해 한국잔디류는 포복경과 지하경에 의해 옆으로, 확산속도는 빠르지 않다.

22 꽃이 무성화로만 이루어진 수종은?

① 수국(*Hydrangea macrophylla*)

② 돈나무(*Pittosporum tobira*)

③ 나무수국(*Hydrangea paniculata*)

④ 백당나무(*Viburnum opulus* var. *calvescens*)

23 다음 [보기]의 식물 분류에 해당되는 것은?

[보기] 부들, 매자기, 줄, 갈대

① 부유식물   ② 정수식물

③ 침수식물   ④ 부엽식물

24 다음 [보기]의 '이것'에 해당하는 것은?

[보기]

이것은 한 종에 속하는 표현형적으로 비슷한 집단들의 모임이며, 그 종의 지리적 분포구역의 한 부분에 살고 있고 또 그 종의 다른 지역 집단들과는 분류학적으로 차이가 있다.

① 변종   ② 아종

③ 지역종   ④ 단형종

25 봄철 수목의 화아분화를 지배하는 가장 중요한 체내성분은 무엇인가?

① 질소화합물과 유기산의 비율

② 지질과 탄수화물의 비율

③ 질소화합물과 탄수화물의 비율

④ 유기산과 지질의 비율

26 여름철 기식화단(assorted flower bed)에 적당한 초화류를 키가 큰 식물에서 작은 식물 순으로 나열한 것은?

① 채송화 → 해바라기 → 튤립

② 칸나 → 다알리아 → 글라디올러스

③ 나팔꽃 → 페튜니아 → 물망초

④ 백일홍 → 샐비어(조생종) → 페튜니아

27 다음 중 비비추(*Hosta longipes*)의 특성으로 틀린 것은?

① 붓꽃과이다.

② 잎은 근생하며 두껍다.

③ 개화기는 7~8월에 연보라색 꽃이 핀다.

④ 열매는 삭과로 긴 타원형이며, 9월에 결실한다.

해 ① 비비추는 백합과이다.

28 다음 중 바람에 대한 저항성인 내풍력이 약한 수종은?

① 가시나무(*Quercus myrsinaefolia*)

② 느티나무(*Zelkova serrata*)

③ 아까시나무(*Robinia pseudoacacia*)

④ 졸참나무(*Quercus serrata*)

해 ③ 아까시나무는 천근성으로 내풍력이 약하다.

29 다음 중 열매의 형태가 시과(samara; 翅果)에 해당되는 수종은?

① 참느릅나무(*Ulmus parvifolia*)

② 윤노리나무(*Pourthiaea villosa*)

③ 층층나무(*Cornus controversa*)

④ 산벚나무(*Prunus sargentii*)

해 ② 이과(梨果), ③④ 핵과(核果)

30 식물의 식재 및 사후관리에 관한 설명으로 옳은 것은?

① 구덩이의 크기는 분 크기의 1.5배 정도로 파고 밑바닥에는 부엽토 등을 적당량 섞고 넣어준다.

② 수목식재는 가능한 본래 식재되었던 방향의 반대방향으로 원래 묻혔던 깊이보다 조금 높게 식재한다.

③ 이식하는 나무의 뿌리가 많이 잘렸을 경우에는 지상부의 가지와 잎은 가능한 한 떨어지지 않도록 주의한다.

④ 뿌리의 발생이 좋지 못한 나무들이나 노거수 등은 뿌리돌림을 할 경우 활착이 어려우므로 분을 떠서 이식하는 것이 좋다.

31 어떤 수목을 이식하고자 다음 그림과 같이 분을 뜰 때 ㉠, ㉡, ㉢, ㉣에 맞는 항은 어떤 것인가? (단, 일반적 수종으로 보통분일 경우)

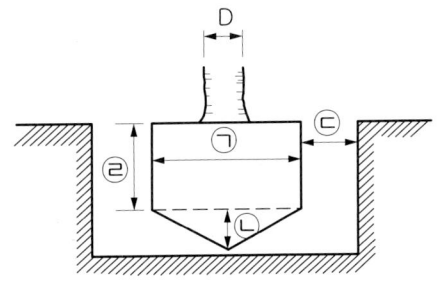

① ㉠: 4D, ㉡: D, ㉢: 2D, ㉣: 2D

② ㉠: 5D, ㉡: 2D, ㉢: 2D, ㉣: 3D

③ ㉠: 4D, ㉡: 2D, ㉢: 3D, ㉣: 2D

④ ㉠: 6D, ㉡: 3D, ㉢: 3D, ㉣: 4D

32 식재계획의 배식원리 중 자유식재에 해당하는 것은?

① 비대칭적 균형식재, 사실적 식재가 기본형이다.

② 식재의 기본 양식은 교호식재, 집단식재, 열식 등이다.

③ 사례로는 아메바형, 절선형, 번개형 식재가 있다.

④ 자연풍경과 유사한 경관을 재현하는 식재 방법이다.

33 보통명(common name)은 습성, 특징, 산지, 용도, 전설, 외래어 등에서 유래되어 비롯된다. 다음 중 수목명이 나무의 특징을 반영한 것이 아닌 것은?

① 생강나무

② 주목

③ 물푸레나무

④ 너도밤나무

34 군락(群落)식재를 실시할 때 가장 우선적으로 고려해야 할 사항은?

① 현존 모델 식생이 자연식생인지 대상식생인지를 파악한다.

② 모암이 무슨 토양인지 표층토의 상태를 파악한다.

③ 기후에 따라 미기후, 소기후, 중기후, 대기후로 나누어 파악한다.

④ 인간에 의한 벌목, 풀베기, 경작 등의 상태를 파악한다.

35 임해매립지에서 바닷물이 튀어 오르는 곳에 식재하기 알맞은 지피식물로 구성된 것은?

① 눈향나무, 다정큼나무

② 섬쥐똥나무, 유카

③ 버뮤다그라스, 잔디

④ 사철나무, 유엽도

해 ③ 외 갯방풍, 땅채송화, 갯잔디 등도 이용된다.

36 생태계의 공생과 관련된 설명이 틀린 것은?

① 중립 : 두 종간에 어떠한 영향을 주지도 받지도 않는다.

② 종내경쟁 : 서로 다른 두 생물종이 서로에게 피해를 준다.

③ 상리공생 : 서로 또는 모두에게 유리하거나 도움이 된다.

④ 편리공생 : 한쪽은 분리하고 다른 않은 이해관계가 없다.

해 ② 종내경쟁은 같은 종끼리의 경쟁관계를 나타낸다.

37 다음 중 잎의 질감이 상대적으로 고운 수종은?

① 자귀나무(*Albizia julibrissin*)

② 오동나무(*Paulownia coreana*)

③ 벽오동(*Firmiana simplex*)

④ 일본목련(*Magnolia obovata*)

해 ②③④ 상대적으로 잎이 큰 수종에 속한다.

38 다음 중 상록성인 식물은?

① 모과나무(*Chaenomeles sinensis*)

② 채진목(*Amelanchier asiatica*)

③ 산사나무(*Crataegus pinnatifida*)

④ 비파나무(*Eriobotrya japonica*)

39 연속된 형태를 이룬 식물재료들 가운데 갑작스러운 변화를 주어 관찰자의 시선을 집중시키는 식재 기법은?

① 강조   ② 균형

③ 연속   ④ 통일

40 다음 중 능수버들, 은사시나무, 이태리포푸라

의 공통적인 특징은?

① 암수딴그루이다.

② 충매화 수종이다.

③ 종모가 날린다.

④ 우리나라 자생종이다.

제3과목 조경시공

41 다음 건설 기계류 중 주작업 용도가 "운반용"인 기계로만 짝지어진 것은?

① 리퍼 – 램머

② 로더 – 백호우

③ 진동콤팩터 – 탬핑롤러

④ 덤프트럭 – 벨트컨베이어

42 실시설계 도면을 기준으로 1.0B 붉은 벽돌쌓기에 필요한 정미수량이 300장이라 한다. 이에 운반, 저장, 가공, 시공과정에서 발생하는 손실량을 예측하여 부가한다면 총 소요량은 몇 장인가?

① 330장   ② 315장

③ 309장   ④ 303장

해 표준품셈의 붉은벽돌 할증률은 3%이다.

43 공원에서 클레이코트 테니스장을 만들 때 표면에 소금을 뿌렸다. 그 이유는 무엇인가?

① 표면의 배수를 용이하게 하기 위해

② 흙이 뭉치는 것을 방지하기 위해

③ 테니스장의 답압에 견디는 강도를 높이기 위해

④ 테니스장의 기층과 표면층과의 분리를 방지하기 위해

44 다음 힘과 모멘트에 대한 설명이 틀린 것은?

① 모멘트의 단위는 kg·m, t·m이며, 기호는 M이다.

② 모멘트의 크기는 힘의 크기(P)에 힘까지의 거리(a)를 곱한 것을 말한다.

③ 모멘트의 부호는 모멘트의 회전방향이 시계방향일 때는 (−), 반시계 방향일 때는 (+)로 한다.

④ 크기가 같고 작용선이 평행하며, 방향이 반대인 한 쌍의 힘을 우력(偶力)이라 한다.

45 옥외계단 설치 시 주의할 사항으로 가장 거리가 먼 것은?

① 계단의 재료 선택은 마모되지 않는 것이 유리하나 주위의 경관을 고려해야 한다.

② 화강석 계단은 고저차가 없고, 안쪽으로 경사지게 설치해야 한다.

③ 단 높이(R)와 너비(T)의 경우는 2R+T=60~65cm를 유지하되 전 구간에 걸쳐 동일하여야 한다.

④ 계단이 길 경우에는 반드시 참을 두어야 하며 참의 폭은 계단의 높이에 따라 설계하도록 한다.

46 석재의 성질 중 장점에 해당하는 것은?

① 불연성이다.

② 일반적으로 가공이 곤란하다.

③ 화열에 닿으면 강도가 없어진다.

④ 인장강도가 압축강도의 1/10 ~ 1/20 정도이다.

47 내열성이 크고 발수성을 나타내어 방수제로 쓰이며, 저온에서도 탄성이 있어 gasket, packing의 원료로 쓰이는 합성수지는?

① 페놀수지

② 실리콘수지

③ 에폭시수지

④ 폴리에스테르수지

48 축척 1 : 50000 지형도에서 3% 기울기의 노선을 선정하려면 이 노선상의 주곡선 간 도상 거리는? (단, 주곡선 간격은 20m임)

① 7.5mm

② 10.6mm

③ 13.3mm

④ 20.4mm

해 수평거리 $= \dfrac{20 \times 1,000}{0.03} \times \dfrac{1}{50,000} = 13.3$(mm)

49 골재의 함수상태 중 기건상태를 나타내는 것은?

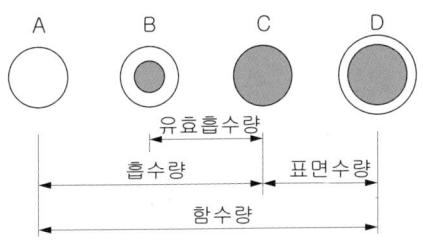

50 그림과 같은 수준측량 결과에 따른 B점의 지반고는? (단, A점의 지반고는 30m이다.)

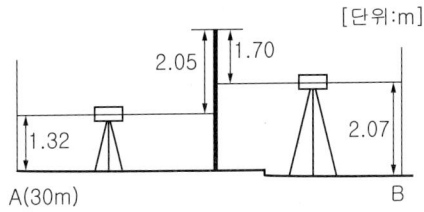

① 28.90m

② 29.60m

③ 33.74m

④ 37.14m

해 미지점 지반고 = 기지점 지반고+∑후시−∑전시

30+(1.32−1.7)−(−2.05+2.07) = 29.6(m)

① A

② B

③ C

④ D

51 다음의 설명에 적합한 공사계약 방식은?

> • 발주자가 도급자의 신용, 기술, 시공능력, 보유 기자재, 시공실적 등을 고려하여 그 공사에 가장 적합한 하나의 업체 선정
> • 공사 기밀유지 가능
> • 입찰수속 간단
> • 공사비가 증가할 우려

① 지명경쟁입찰

② 턴키입찰

③ 수의계약

④ 대안입찰

52 콘크리트 공사에서 사용되는 혼화재료 중 혼화제에 속하지 않는 것은?

① 방청제

② 감수제

③ 플라이애시

④ AE제(공기연행제)

53 다음 중 공사현장에 항시 비치하고 있어야하는 "해당공사에 관한 서류"에 해당되지 않는 것은?

① 천후표

② 품셈표

③ 계약문서

④ 공사예정공정표

54 다음 중 체적계산에 대한 설명으로 가장 거리

가 먼 것은?)

① 단면이 불규칙할 때에는 플래니미터를 이용한다.

② 비교적 규칙적인 때에는 수치계산법을 활용한다.

③ 계산 방법에는 단면법, 점고법, 등고선법 등이 있다.

④ 단면이 규칙적인 때에는 도해법을 활용한다.

55 어린이놀이터 등에 사용되는 금속의 부식을 최소화하기 위한 유의사항으로 가장 거리가 먼 것은?

① 부분적으로 녹이 나면 즉시 제거할 것

② 가능한 한 이종 금속을 인접 또는 접촉시켜 사용할 것

③ 균질한 것을 선택하고 사용 시 큰 변형을 주지 않도록 할 것

④ 큰 변형을 준 것은 가능한 한 풀림(燒純 ; annealing)하여 사용할 것

해 ② 이종 금속 사이에는 화학적 반응이 일어날 수 있다.

56 조경시설의 내구성에 대한 설명으로 가장 거리가 먼 것은?

① 재료가 산, 알칼리, 염류, 기름 등의 작용에 저항하는 성질을 내구성이라고 한다.

② 비와 눈, 추위와 더위, 햇빛은 노후화의 원인이 된다.

③ 구조물의 내구성은 시간, 기능, 그리고 비용이 고려된 성능이다.

④ 조경시설물은 외부공간에 노출되므로 상대적으로 내구성능이 조기에 낮아질 우려가 있다.

해 ①과 같은 작용에 저항하는 성질은 내화학성이라고 한다.

57 공사가격의 구성 요소 중 "직접공사비"를 계산하기 위해 필요한 세부항목에 해당되지 않는 것은?

① 일반관리비 ② 재료비

③ 경비 ④ 외주비

해 표준시장단가 산정 시 직접공사비, 간접공사비, 일반관리비로 구별된다.

58 경사도(gradient)에 대한 설명이 틀린 것은?

① 25%의 경사는 1 : 4이다.

② 100%의 경사도는 45°의 각을 갖는다.

③ 1 : 2의 경사는 수평거리 1m에 수직거리 2m이다.

④ 보통 토질에서 성토(盛土)의 경사는 1 : 1.5로 한다.

59 벽에 침투하는 빗물에 의해서 모르타르 중의 석회분이 공기 중의 탄산가스와 결합하여 벽돌이나 조적 벽면에 흰가루가 돋는 현상은?

① 백화현상 ② 레이턴스

③ 히빙현상 ④ 수화열

60 다음 중 한중콘크리트에 대한 설명으로 가장 거리가 먼 것은?

① 특별한 보온조치는 취하지 않아도 된다.

② 한중콘크리트에는 공기연행 콘크리트를 사용하는 것을 원칙으로 한다.

③ 하루의 평균기온이 4℃ 이하가 예상되는 조건일 때 한중콘크리트를 시공하여야 한다.

④ 양생종료 후 따뜻해 질 때까지 받는 동결 융해 작용에 대하여 충분한 저항성을 가지게 한다.

제4과목 조경관리

61 도시공원에서 이용자의 요망·애로사항을 시설 요망, 관리, 공원녹지 주변 등으로 구분할 때 "관리에 관한 사항"에 해당하는 것은?

① 관람석 설치 ② 수목 명찰

③ 자동 판매기 ④ 연못 청소

62 엽면시비에 관한 설명 중 틀린 것은?

① 이식 후나 뿌리가 장해를 받았을 경우에 실시한다.

② 비료의 농도는 가급적 진하게 하고 한 번에 충분한 양이 효과적이다.

③ 약액이 고루 부착되도록 전착제를 사용함이 효과적이다.

④ 살포 시기는 한낮을 피해 맑은 날 아침이나 저녁 때가 적합하다.

해 ② 비료를 일시에 과량으로 사용할 경우 비해가 발생할 수 있으므로 정해진 양만 시비한다.

63 질병 가능성(disease potential)이 가장 높은

잔디의 종류는?
① Creeping bentgrass
② Fine fescue
③ Kentuckey bluegrass
④ Tall fescue

64 다음 설명에 해당되는 시민참여의 형태는?

> 시민참여를 안시타인의 이론에 따라 크게 3유형으로 구분했을 때 실질적인 주민참여단계인 시민권력의 단계에 해당 정부, 일반시민, 시민단체, 학생, 기업, 기타 이해당사자(stakeholder)가 고루 참여

① 시민자치(citizen control)
② 파트너십(partnership)
③ 상담자문(consultation)
④ 조작(manipulation)

65 조경공간에서 안전관리상 관리하자에 의한 사고는?
① 유아가 보호책을 넘어간 사고
② 시설물의 노후 파손에 의한 사고
③ 이용자 자신의 부주의에 의한 사고
④ 시설물의 구조상 접속부에 손이 낀 사고

해 ①③ 이용자·보호자·주최자 등의 부주의에 의한 사고. ④ 설치하자에 의한 사고

66 가로수의 수목보호 홀 덮개의 기능이 아닌 것은?
① 병해충의 방지　　② 뿌리보호
③ 토양 답압 방지　　④ 도시미관의 증진

67 토양에서 일어나는 질소순환작용 중 가스형태로의 질소 손실과 관련 있는 것은?
① 탈질작용　　　　② 부동화작용
③ 질산화작용　　　④ 암모니아화작용

68 연평균 조경 작업자수가 10,000명인 어느 기업

의 1년 동안의 작업 관련 재해 건수는 6건, 재해자 수는 12명, 총 근로손실일수는 30일로 나타났다. 이 기업의 지난 1년 동안의 연천인율은? (단, 하루 작업시간은 8시간, 한 달은 25일로 가정한다.)
① 0.25　　　　　　② 0.50
③ 0.60　　　　　　④ 1.20

해 연천인율 = $\dfrac{\text{재해발생자수}}{\text{평균근로자수}} \times 1,000 = \dfrac{12}{10,000} \times 1,000 = 1.2$

69 토양 중 유기물 함량이 3.40%, 질소 함량이 0.19%일 때 탄질비는 약 얼마인가? (단, 유기물의 탄소함량은 58%이며, 최종 계산결과 소수점 둘째 자리에서 반올림)
① 12.0　　　　　　② 10.9
③ 10.4　　　　　　④ 9.8

해 탄질비 = $\dfrac{\text{탄소량}}{\text{질소량}} = \dfrac{3.4 \times 0.58}{0.19} = 10.4$

70 시비와 관련된 설명 중 옳지 않은 것은?
① 조경수목의 시비는 수종과 크기를 고려하여 비료의 종류와 시비량 및 시비횟수를 결정한다.
② 잔디 초종을 고려하여 연간 시비량을 결정하며, 비료의 종류는 $N : P_2O_5 : K_2O$이 $3 : 1 : 2$ 또는 $2 : 1 : 1$의 비율이 되도록 한다.
③ 화단 초화류는 집약적 관리가 요구되므로 가능한 한 무기질비료를 추비로서 연간 2~3회, 화학비료를 기비로서 연간 1회 시비한다.
④ 일반 조경수목류의 기비는 유기질 비료를 늦가을 낙엽 후 땅이 얼기 전 또는 2월 하순~3월 하순의 잎이 피기 전에 연 1회를 기준으로 시비한다.

해 ③ 화단 초화류는 유기질비료를 기비로서 연간 1회 시비한다.

71 농약의 독성정도를 구분할 때 해당되지 않는 것은?
① 급독성　　　　　② 고독성
③ 맹독성　　　　　④ 저독성

해 농약의 독성은 ②③④ 외 '보통독성'으로 구분된다.

72 천막벌레나방(텐트나방)의 설명이 틀린 것은?
① 벚나무, 장미류, 버드나무 등 기주범위가 넓다.
② 애벌레는 이른 봄 실을 토해 만든 거미줄집 안에

서 군집생활을 하고 잎을 갉아먹는다.
③ 1년에 2회 발생하며, 노숙유충으로 땅속에서 고치 상태로 겨울을 난다.
④ 유충 발생 초(4월 하순)에 클로르푸루아주론유제(5%) 2000배액을 수관 살포한다.

해 ③ 천막벌레나방(텐트나방)은 1년에 2회 발생한다.

73 포장공사에서 토사포장의 보수 및 시공방법 중 개량방법에 해당되지 않는 것은?
① 지반치환공법　　　② 노면치환공법
③ 표면처리공법　　　④ 배수처리공법

74 설치비용은 비싸나 유지관리비가 저렴하며, 열 효율이 높고, 투시성이 뛰어나 산악 도로나 터널 등에 가장 적합한 조명 램프는?
① 나트륨 램프　　　② 크세논 램프
③ 수은 램프　　　　④ 형광 램프

75 콘크리트 소재의 시설물 균열부에 대한 보수방법으로 부적합한 것은?
① 표면실링(sealing) 공법
② V자형 절단 공법
③ 고무(gum)압식 공법
④ 그라우팅공법

76 다음 중 직영방식의 장점이 아닌 것은?
① 긴급한 대응이 가능하다.
② 관리책임이나 책임의 소재가 명확하다.
③ 이용자에게 양질의 서비스가 가능하다.
④ 규모가 큰 시설 등의 관리를 효율적으로 할 수 있다.

77 노거 수목의 관리요령으로 틀린 것은?
① 유합조직(Callus tissue)의 형성과 보호를 위해 바세린을 발라 놓는다.
② 절토지역에 있어서의 뿌리보호 대책으로는 메담쌓기(Dry well)가 있다.
③ 부패된 줄기의 공동(Cavity)처리는 충전 재료의 선택이 중요하다.

④ 공동충전 재료는 에폭시수지 등의 합성수지가 널리 사용된다.

해 성토에 의해 지면이 높아질 경우 나무줄기를 가운데에 두고 일정한 넓이로 지면까지 돌담을 쌓아 원래의 지표를 유지하기 위하여 나무우물(tree well)을 만들며, 돌담은 메담(dry wall)쌓기로 시공한다.

78 동력예초기로 제초 작업을 하는 경우 개인보호구로 적절하지 않은 것은?
① 보안경　　　　　② 안전화
③ 방독마스크　　　④ 방진 장갑

79 세균이 식물에 침입하는 방법이 아닌 것은?
① 각피 침입　　　② 피목 침입
③ 밀선 침입　　　④ 상처 침입

80 다음 중 인공적 수형을 만들기 위하여 정지, 전정하는 수종으로 부적합한 것은?
① 회양목, 사철나무　　② 무궁화, 쥐똥나무
③ 벚나무, 단풍나무　　④ 향나무, 측백나무

제1과목 조경계획 및 설계

1 18C 영국 조경의 특징이 옳지 않은 것은?

① 낭만주의 정원 양식이 시작되었다.

② 브리지맨(C. Bridgeman)이 스토우(Stowe)가든을 설계했다.

③ 자연풍경식 정원 양식이 유행하였다.

④ 테라스와 마운드를 만드는 것이 성행하였다.

해 ④ 테라스와 마운드를 만드는 것이 성행한 시기는 르네상스 시대이다.

2 다음 중 고려시대 수목 관련 정책 중 시행 시기가 가장 빠른 것은?

① 수양도감 설치

② 산불방지법 반포

③ 소나무 벌채금지법 반포

④ 산림벌채금지와 나무심기 장려

3 인도(印度) 정원의 특징에 대한 설명으로 가장 거리가 먼 것은?

① 중국, 일본, 한국과 같은 자연풍경식 정원이다.

② 회교도들이 남부 스페인에 축조해 놓은 것과 흡사한 생김새를 갖고 있다.

③ 녹음수가 중요시되었고 온갖 화초로 화단을 만들었으며, 연못에는 연꽃을 식재했다.

④ 궁전이나 귀족의 별장을 중심으로 한 바그와 정원과 묘지(墓地)를 결합한 형태이다.

해 ① 인도의 정원은 이슬람 정원으로서 정형식 정원이다.

4 백제 노자공(路子工)이 일본 궁궐에 오교(吳橋)와 함께 만든 것은?

① 방장산　　　　② 봉황산

③ 수미산　　　　④ 영주산

5 장수를 기원하며 후원 담장과 같은 벽면에 십장생을 새겼던 궁궐 정원은?

① 창덕궁 대조원 후원

② 경복궁 사정전 후원

③ 경복궁 자경전 후원

④ 창덕궁 연경당 후원

6 다음 중 자연풍경식 정원을 지향하며 '자연으로 돌아가자'고 주장한 사람은?

① 루소　　　　　② 데카르트

③ 르 노트르　　　④ 니콜라스 푸케

7 일본의 대표적인 정원양식과 관련된 정원의 연결이 옳지 않은 것은?

① 다정(茶庭) – 고봉암(孤蓬庵)

② 고산수(枯山水) – 서천사(瑞泉寺)

③ 회유식(回遊式) – 계리궁(桂離宮)

④ 정토정원(淨土庭園) – 정유리사(淨留璃寺)

8 과일을 심는 곳을 원(園), 채소를 심는 곳을 포(圃), 금수를 키우는 곳을 유(囿)로 풀이한 중국의 문헌은?

① 난정기

② 설문해자

③ 시경대아편

④ 춘추좌씨전

9 도시공원 및 녹지 등에 관한 법률에 따른 어린이공원에 대한 기준이 옳지 않은 것은?

① 규모는 1,000m² 이하로 한다.

② 유치거리는 250m 이하이다.

③ 공원시설 부지면적은 100분의 60 이하로 한다.

④ 공원시설은 조경시설, 휴양시설(경로당 및 노인복지회관은 제외), 유희시설, 운동시설, 편익시설 중 화장실·음수장·공중전화실을 설치할 수 있다.

해 ① 규모는 1,500m² 이상으로 한다.

10 그린벨트의 설치 목적 중 가장 중요한 것은?

① 도시를 일정 규모로 제한하기 위해

② 도시민에게 레크리에이션 장소를 제공하기 위해

③ 도시재해 발생을 막고, 또 발생 시에 피난처로

사용하기 위해

④ 도시민의 정서를 함양하고 식생활에 필요한 식품을 가까이에서 얻기 위해

11 자동차와 보행자의 마찰을 피하고 안전하게 보행할 수 있도록 설치하는 것은?
① 몰(mall) ② 패스(path)
③ 결절점(node) ④ 랜드마크(landmark)

12 정밀토양도에서 분류하는 토양명이 아닌 것은?
① 토양구(土壤區) ② 토양군(土壤群)
③ 토양통(土壤統) ④ 토양토(土壤土)

13 순 인구밀도가 200인/ha이고, 주택 용지율이 60%일 때, 총 인구밀도는?
① 80인/ha ② 100인/ha
③ 110인/ha ④ 120인/ha
해 총 인구밀도=200/(1+(40/60))=120(인)

14 환경영향평가 제도는 1969년 어느 국가의 "국가환경정책법"이 제정되면서 시작되었나?
① 영국 ② 미국
③ 프랑스 ④ 일본

15 그림과 같이 3각법으로 투상된 정면도와 좌측면도에 가장 적합한 평면도는?

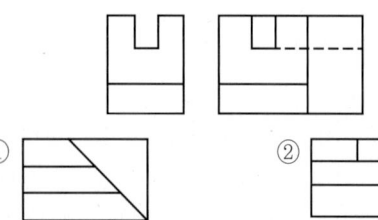

①  ②
③ 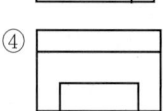 ④

16 다음 중 균형(Balance)에 관한 설명으로 가장 거리가 먼 것은?
① 균형에는 중심이 있다.
② 프랑스 정원에서 강조되었다.

③ 균형을 결정하는 인자는 무게와 방향성이다.
④ 대칭적 균형이란 고르게 정돈되지 않은 균형을 의미한다.
해 ④ 대칭적 균형이란 고르게 정돈된 균형을 의미한다.

17 다음과 같은 특징을 갖는 식물 색소는?

수국의 색소로 많이 알려져 있으며, 종류에 따라 빨강, 주홍, 핑크, 파랑, 보라 등 다양한 색을 띤다. 특징은 산성이나 알칼리성에 의해 색이 변하는 것인데 산성에는 빨강으로, 중성에서는 보라, 알칼리성에서는 파랑을 띤다. 또, 물이나 산에 녹기 쉬운 성질을 가지고 있다.

① 카로틴 ② 클로로필
③ 안토시아닌 ④ 플라보노이드

18 표제란(title block)의 내부에 들어 갈 요소로 가장 거리가 먼 것은?
① 스케일 ② 일위대가
③ 도면번호 ④ 설계자 이름
해 ② 일위대가는 내역서를 작성할 때 필요한 것이다.

19 햇빛이 밝은 야외에서 어두운 실내로 이동할 때 빨간색은 점점 어둡게 사라져 보이고 파란색 계열이 밝게 보이는 시각현상은?
① 색순응 ② 메타메리즘 현상
③ 베너리 효과 ④ 푸르키니에 현상

20 다음 중 감법혼색에 대한 설명으로 옳지 않은 것은?
① 3원색은 시안(cyan), 마젠타(magenta), 노랑(yellow)이다.
② 3원색 중 옐로는 스펙트럼의 녹색 영역의 빛을 흡수한다.
③ 3원색을 모두 혼색하면 검정에 가까운 암회색이 된다.
④ 감법혼색의 원리를 응용한 것으로는 컬러사진, 컬러복사, 컬러인쇄 등을 들 수 있다.

웹 ② 3원색 중 옐로는 스펙트럼의 녹색에서 적색 영역의 빛을 반사한다.

제2과목 조경식재

21 다음 그림과 같은 형태의 수종은?

① 호랑가시나무(*Ilex cornuta*)
② 박달나무(*Betula schmidtii*)
③ 칠엽수(*Aesculus turbinata*)
④ 양버들(*Populus nigra*)

22 다음 중 정형식 식재의 설명으로 옳은 것은?
① 정형식 식재와 자유식재는 같은 양식이다.
② 자연의 풍경과 같은 비정형식인 선에 의한 식재를 말한다.
③ 정형식 식재의 기본 유형은 군식, 산재식재, 배경식재 등이 있다.
④ 열식은 동형, 동 수종을 직선상으로 일정한 간격에 식재하는 수법을 말한다.

23 그림과 같이 2그루 심기로 배식설계를 할 때 가장 적합한 조합은?(단, 활엽수와 침엽수의 구분 없음, 보기는 A(관목)−B(교목)의 조합순서이다.)

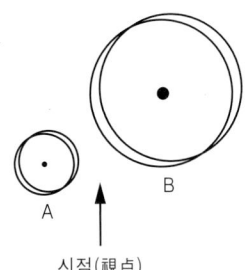

시점(視点)

① 수양버들 − 은행나무   ② 은행나무 − 전나무
③ 전나무 − 명자나무   ④ 명자나무 − 서양측백

24 다음 설명의 (   ) 안에 적합한 값은?

> 표준적인 뿌리분의 크기는 근원직경의 (   )를 기준으로 하되 수목의 이식력과 발근력을 적절히 고려하도록 하며, 분의 깊이는 세근의 밀도가 현저히 감소된 부위로 한다.

① 1배   ② 2배
③ 4배   ④ 8배

25 수목의 생태 분류상 "음수"로 분류할 수 없는 것은?
① 사철나무(*Euonymus japonicus*)
② 전나무(*Abies holophylla*)
③ 자작나무(*Betula platyphylla*)
④ 솔송나무(*Tsuga sieboldii*)

26 무궁화(*Hibiscus syriacus*)의 특성에 대한 설명으로 옳은 것은?
① 수형은 평정형이다.
② 생태 특성상 음수이다.
③ 내한성과 내공해성이 약하다.
④ 품종이 많고, 여름에 개화한다.

웹 무궁화는 품종이 많아 수형을 한 가지로 정의하기 어렵다. 양수로서 추위에는 어느 정도 강하고 내공해성도 강하다.

27 수고가 높은 교목을 열식하여 수직적 공간감을 느끼게 하려고 할 때 가장 적합한 수목은?
① 미선나무(*Abeliophyllum distichum*)
② 자귀나무(*Albizia julibrissin*)
③ 모감주나무(*Koelreuteria paniculata*)
④ 메타세콰이아(*Metasequoia glyptostroboides*)

28 토양 단면에 대한 설명으로 틀린 것은?
① 부식질은 홑알구조를 형성하므로 토양의 물리적 성질이 불량하다.
② 표층토인 A층은 낙엽, 낙지가 분해되어 있는 층으로 암흑색에 가깝다.
③ 부식은 미생물을 활기 있게 만들고, 유기물의 분

해를 **촉진**한다.

④ 자연림에서는 교목류의 근계가 B층에도 분포하고 있다.

해 ① 부식질은 떼알구조를 형성하므로 토양의 물리적 성질이 양호하다.

29 다음 설명에 적합한 식물은?

> -원산지는 지중해 연안으로서 제비꽃과 (Violaceae) 에 속하는 추파 1년생 초화이다.
> -원래 내한성이 강한 화초로서 품종에 따라 다르지만 -5℃까지도 충분히 견딜 수 있다.
> -초봄에 가장 일찍 도심 주변의 화단조성에 필요한 화종이나 조기 정식 시 동해율은 품종 및 육묘 조건에 따라 차이가 많아 문제시되고 있다.

① 글라디올러스   ② 채송화
③ 팬지   ④ 페튜니아

30 무성(영양)번식 중 삽목(Cutting)에 관한 설명으로 틀린 것은?

① 삽목의 발근촉진물질은 비나인(B-nain)이 대표적이다.

② 식물체의 재생능력을 이용하여 인위적으로 번식시킬 수 있는 방법이다.

③ 식물체의 일부를 상토에 꽂아 절단면으로부터 부정근을 발생시킨다.

④ 삽수의 제조는 식물의 종류에 따라 다르나 적어도 상하 2개의 눈을 부착하여 조제한다.

해 ① 삽목의 발근촉진물질은 옥신(auxin)이 대표적이며, 비나인(B-nain)은 생장조절제(억제)이며 제한적으로 사용한다.

31 종-면적 곡선(Spedies-area Curve)으로 평가할 수 있는 것은?

① 종간 경쟁
② 종 풍부도
③ 개체군 분포
④ 개체군 증식

32 여름철에 개화되는 수종은?

① 산수유(Cornus officinalis)
② 능소화(Campsis grandifolira)
③ 태산목(Magnolia grandiflora)
④ 금목서(Osmanthus fragrans)

해 ① 3~4월, ③ 5~6월, ④ 9~10월

33 일반적으로 잔디 초지(피복) 조성 속도가 가장 빠른 종류는?

① 한국잔디
② 벤트(Bent) 그래스
③ 버뮤다(Bermuda)그래스
④ 켄터키(Kentucky) 블루그래스

34 다음 중 "좋은 식재"의 방향이라고 볼 수 없는 것은?

① 무조건 수고가 큰 나무를 심도록 한다.
② 필요 이상의 나무는 심지 않도록 한다.
③ 생태적으로 적합한 장소에 심도록 한다.
④ 시각적 특성을 충분히 고려하여 심도록 한다.

35 개잎갈나무(Cedrus deodara)의 특징으로 옳지 않은 것은?

① 상록침엽교목
② Cedrus의 용어는 kedron(향나무)에서 유래
③ 원추형으로 직립하며, 밑가지가 아래로 처짐
④ 심근성 수종으로 바람에 강하며, 수관폭이 넓고 생장이 느림

해 ④ 천근성 수종으로 바람에 약하며, 수관폭이 넓고 생장이 빠르다.

36 조경식물의 성상에 대한 설명이 틀린 것은?

① 상록수와 낙엽수의 구분은 절대적이 아니며, 기후, 계절, 나무의 입지환경에 따라 상록수가 낙엽수가 되기도 한다.

② 식물학상 침엽수는 피자식물에, 활엽수는 나자식물에 포함된다.

③ 등, 마삭줄, 담쟁이덩굴 등 스스로 서지 못해 기거나 타고 오르는 나무를 만경목이라 한다.

④ 교목의 특징을 지니나 일반적으로 교목보다는 작고 관목보다는 큰 나무를 아교목이라 한다.

해 ② 식물학상 침엽수는 나자식물에, 활엽수는 피자식물에 포함된다.

37 다음과 같은 특징을 갖는 수종은?

> −콩과이다.
> −천근성 수종이다.
> −야합수(夜合樹)라고 불리기도 한다.
> −우리나라에는 전국에 식재가 가능하다.
> −여름에 피며, 꽃 색은 분홍색이다.

① 박태기나무(*Cercis chinensis*)
② 자귀나무(*Albizia julibrissin*)
③ 회화나무(*Sophora japonica*)
④ 아까시나무(*Robinia pseudoacacia*)

38 부들(*Typha orientalis*)의 특징으로 틀린 것은?
① 부들과(科)이다.
② 침수식물에 속한다.
③ 물가에 식재하고 분주로 번식한다.
④ 꽃은 황색이고, 열매는 원통형이다.

해 ② 정수식물에 속한다.

39 옥상녹화를 위해 구조적으로 가장 먼저 고려되어야 할 항목은?
① 방수
② 배수
③ 하중
④ 바람의 영향

40 수목을 이식한 이후 실시하는 작업이 아닌 것은?
① 줄기 감기
② 비료주기
③ 지주 세우기
④ 뿌리돌리기

제3과목 조경시공

41 다음에서 설명하는 장비는?

> −굴착, 싣기, 운반, 하역 등의 일관작업을 하나의 기계로서 연속적으로 행할 수 있으므로 굴착기와 운반기를 조합한 토공 만능 기라 할 수 있는 기계이다.
> −비행장이나 도로의 신설 등과 같은 대규모 정지작업에 적합하다.
> −얇게 깎으면서도 흙을 싣고 주어진 거리에서 높은 속도비로 하중의 중량물을 운반하거나 일정한 두께로 얇게 깔기도 한다.

① 파워쇼벨
② 드래그라인
③ 그레이더
④ 스크레이퍼

42 다음 설명에 해당되는 콘크리트의 성질은?

> 거푸집에 쉽게 다져 넣을 수 있고 제거하면 천천히 형상이 변화하지만 재료가 분리되거나 허물어지지 않는 굳지 않은 콘크리트의 성질

① 반죽질기(Consistency)
② 시공연도(Workability)
③ 마무리용이성(Finishability)
④ 성형성(Plasticity)

43 각 변이 30㎝ 정도의 4각추형 네모뿔의 석재로서 석축공사에 사용되는 것은?

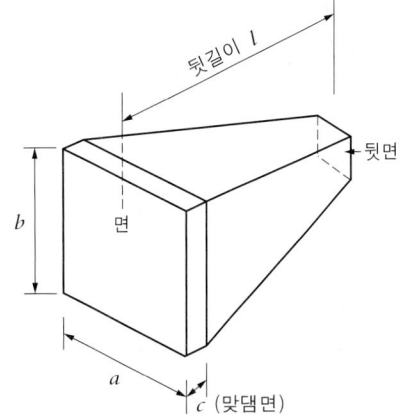

① 사석   ② 전석

③ 야면석   ④ 견치석

44 그림과 같은 계획 표고의 토량을 구하는데 적합한 공식은?

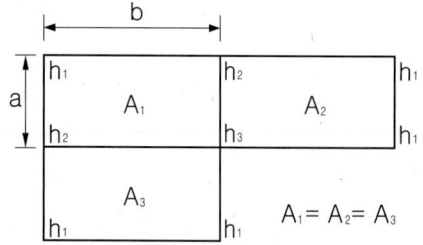

① $\frac{ab}{4}(\Sigma h_1+2\Sigma h_2+3\Sigma h_3+4\Sigma h_4)$

② $\frac{ab}{3}(\Sigma h_1+2\Sigma h_2+3\Sigma h_3+4\Sigma h_4)$

③ $\frac{1}{6}(A_1+4A_2+A_3)$

④ $\frac{1}{2}(A_1+6A_2+A_3)$

45 훼손지의 보행로 정비 시 "목재 계단로"시공과 관련된 설명으로 가장 거리가 먼 것은?

① 비탈면의 암석이나 돌 등을 제거하고 평탄하게 기반정지작업을 한다.

② 우수에 의한 침식방지, 식생의 보전, 이용자의 안전확보 측면에서 기울기 15% 이상의 비탈면에 설치한다.

③ 통나무 계단은 수직박기용 통나무를 항타하여 박은 후 수평깔기용 통나무를 1~2단으로 단단히 결속하고 흙을 뒷채움하여 다진다.

④ 계단 최상·최하단 경계부 밖의 노면은 자연스럽게 마감처리 한다.

해 ④ 계단 최상·최하단 경계부 밖의 노면에는 길이 1m 이상 튼튼한 재료로 마감 처리하여 계단 끝부분이 훼손되지 않도록 처리한다.

46 재료의 기계적 성질 중 작은 변형에도 파괴되는 성질을 무엇이라 하는가?

① 강성   ② 소성

③ 취성   ④ 탄성

47 다음과 같은 네트워크 공정표로 나타나는 공사의 공기를 1일 단축하고자 한다. 일정 단축을 위하여 공정을 조정할 때 적절한 것은?(단, 모든 공정은 1일 단축 가능하다.)

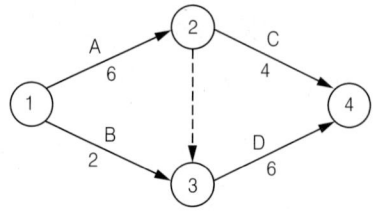

① A를 1일 줄인다.

② B를 1일 줄인다.

③ C를 1일 줄인다.

④ B, C를 각각 1일 줄인다.

48 합성수지를 이용한 건설재료에 관한 설명으로 가장 거리가 먼 것은?

① 내수성이 양호하다.

② 열에 의한 팽창 및 수축이 크다.

③ 가공성이 크며 성형 가공이 용이하다.

④ 탄성계수가 금속재에 비해 매우 크다.

49 교호수준측량의 결과가 그림과 같을 때, A점의 표고가 55.423m라면 B점의 표고는?

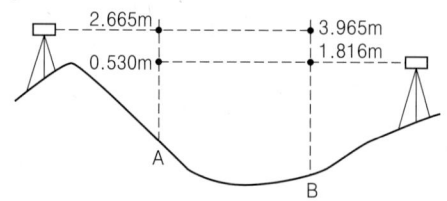

① 52.923m

② 53.281m

③ 54.130m

④ 54.137m

해 $\Delta H = \frac{1}{2}((a_1-b_1)+(a_2-b_2))$

$= \frac{1}{2}((0.560-1.815)+(2.665-3.965)) = -1.293(m)$

$H_B = H_A-1.293 = 55.423-1.293 = 54.130(m)$

50 다음 설명의 ( ) 안에 적합한 것은?

거푸집의 높이가 높을 경우, 재료 분리를 막고 상부의 철근 또는 거푸집에 콘크리트가 부착하여 경화하는 것을 방지하기 위해 거푸집에 투입구를 설치하거나, 연직슈트 또는 펌프배관의 배출구를 타설하면 가까운 곳까지 내려서 콘크리트를 타설하여야 한다. 이 경우 슈트, 펌프배관, 버킷, 호퍼 등의 배출구와 타설면까지의 높이는 (   )m 이하를 원칙으로 한다.

① 1.5
② 1.8
③ 2.0
④ 2.5

51 목재의 성질에 관련 설명으로 가장 거리가 먼 것은?
① 섬유포화점에서의 함수율은 10% 정도이다.
② 일반적으로 대부분의 침엽수재는 구조용재로 사용된다.
③ 목재의 비중이 증가함에 따라 강도는 증가한다.
④ 전건재의 비중은 목재의 공극률에 따라 달라지는데 실적률만의 진비중은 1.50 정도이다.
해 ① 목재의 섬유포화점에서의 함수율은 약 30% 정도이다.

52 일반적으로 사면의 안정상 가장 위험한 경우는?
① 사면이 완전히 포화상태일 경우
② 사면이 완전 건조되었을 경우
③ 사면의 수위가 급격히 상승할 경우
④ 사면의 수위가 급격히 내려갈 경우

53 계획대상지의 부지정지 및 다짐에 필요한 성토량이 1,000m³이다. 인접지역의 토양을 적재용량이 10m³인 덤프트럭으로 운반할 때 소요되는 덤프트럭은 모두 몇 대인가?(단, L=1.15, C=0.9인 경우)
① 100
② 111
③ 115
④ 128
해 n=(1,000×(1.15/0.9))/10=127.8 → 128대

54 구조물에 작용하는 하중(荷重)에 대한 설명으로 가장 거리가 먼 것은?
① 구조용 재료는 장기하중 보다 단기하중에 좀 더 유리하게 적용하고, 재료의 설계용 허용강도는 경제적인 측면에서 단기하중 때 더 크게 취하도록 하고 있다.
② 풍하중은 구조물에 재난을 주는 빈도가 가장 많은 하중이며, 구조물의 역학적 해석에 있어 하중의 결정에 세심한 주의와 판단을 필요로 한다.
③ 이동하중은 구조물에 항상 작용하는 하중이 아니라 시간적으로 달라지는 하중을 말하며 활하중 또는 적재하중 이라고도 한다.
④ 집중하중은 구조물의 자중이나 그 위에 높은 물체의 하중이 어떤 범위 내에 분포하여 작용하는 하중을 말한다.
해 ④ 집중하중은 어느 한 점에 집중하여 작용하는 하중을 말한다.

55 강재의 열처리 방법으로 가장 거리가 먼 것은?
① 단조
② 불림
③ 담금질
④ 뜨임
해 강재의 열처리에는 ②③④ 외 풀림이 있다.

56 조경공사 시공계약 방식 중 공동도급(Joint Venture Contract)에 대한 설명으로 가장 거리가 먼 것은?
① 융자력 증대
② 위험의 분산
③ 이윤의 증대
④ 시공의 확실성

57 다음 그림과 같은 지역의 면적은?

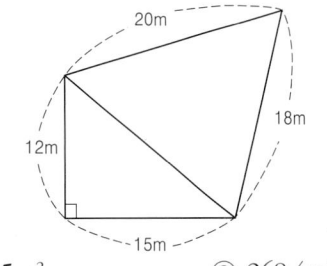

① 246.5m²
② 268.4m²
③ 275.2m²
④ 288.9m²

해 $A_1 = 15 \times 12 \times 0.5 = 90(m^2)$

A_1 빗변길이 $= \sqrt{15^2 + 12^2} = 19.2(m)$

$s = (19.2 + 20 + 18)/2 = 28.6$

$A_2 = \sqrt{s(s-19.2)(s-20)(s-18)} = 156.5(m^2)$

$A = 90 + 156.5 = 246.5(m^2)$

58 공사원가를 계산할 때 수량의 계산 시 올바른 방법은?

① 지정 소수의 이하 2위까지 하고, 끝수는 4사5입 한다.

② 지정 소수의 이하 1위까지 하고, 끝수는 4사5입 한다.

③ 지정 소수의 이하 2위까지 하고, 끝수는 버린다.

④ 지정 소수의 이하 1위까지 하고, 끝수는 버린다.

59 어린이 놀이시설에 다른 재료에 비해 목재를 많이 사용하는 이유로 가장 거리가 먼 것은?

① 경도와 강도가 크다.

② 취급, 가공이 쉽다.

③ 열의 전도율이 낮고 충격의 흡수력이 크다.

④ 온도에 대한 신축이 비교적 작다.

60 지하 배수 관거에서 이상적인 유속의 범위는?

① 0.3~0.8m/s

② 1.0~1.8m/s

③ 2.0~2.5m/s

④ 2.6~3.5m/s

제4과목 조경관리

61 다음 중 수목과 주요 가해 해충의 연결이 틀린 것은?

① 잣나무, 소나무 – 솔나방

② 벚나무, 졸참나무 – 매미나방

③ 사과나무, 느티나무 – 독나방

④ 낙엽송, 섬잣나무 – 미국흰불나방

해 ④ 흰불나방은 활엽수를 가해한다.

62 15,000m²의 잔디밭과 수고 3m의 살구나무 150주가 식재되어 있는 곳에 약제를 살포하고자 한

다. 아래 표를 참조할 때 총 소요 인원은?

표1. 수목류 약제살포 (주당)

나무높이	특별인부(인)	보통인부(인)
2m 미만	0.01	0.03
2m 이상	0.02	0.06

표2. 잔디 약제살포 (m²)

품명	특별인부(인)	보통인부(인)
잔디	0.02	0.04

① 15명   ② 21명

③ 96명   ④ 102명

해 $150 \times 0.08 + (15,000/100) \times 0.06 = 21$(인)

63 수목식재 후 관리를 위해 지주목 설치를 통해 얻을 수 있는 특징에 해당하지 않는 것은?

① 수간의 굵기가 균일하게 생육할 수 있도록 해준다.

② 수고 생장에 도움을 주며 지지된 수목의 상부에 있어서 단위횡단면 당 내인력(耐引力)이 증대된다.

③ 지상부의 생육에 있어서 흉고직경 생장을 비교적 작게 하는 동시에 상부의 지지된 부분의 생육을 증진시킨다.

④ 바람에 의한 피해를 줄일 수 있으나, 지상부의 생육에 비교하여 근부(根部)의 생육에는 영향을 주지 않는다.

64 다음 설명에 해당하는 조명등은?

> –점등 중에 열을 내는 단점이 있으나 전구의 크기가 소형이다.
> –광속유지가 우수하고 색채연출이 가능하다.
> –수명이 짧고 효율이 낮다.

① 백열등   ② 수은등

③ 나트륨등   ④ 금속할로겐등

65 솔나방의 발생 예찰을 하기 위한 방법 중 가장 좋은 것은?

① 산란수를 조사한다.

② 번데기의 수를 조사한다.

③ 산란기 기상 상태를 조사한다.

④ 월동하기 전 유충의 밀도를 조사한다.

66 다음의 특징 설명에 해당하는 잔디병은?

> −대체로 타원형과 부정형을 이루면서 직경 10~15㎝ 정도의 황갈색의 병반이 나타난다.
> −잎이 고사(枯死)하는 색깔과 같이 보인다.
> −포복경과 직립경과의 사이에서 나타난다.
> −병이 발생한 잎(病葉)에서 회색의 고사와 때로는 흑갈색의 균핵이 생긴다.

① 설부병(Snow Mold)

② 라지 패치(Large Patch)

③ 브라운 패치(Brown Patch)

④ 춘계 황화병(Spring Dead Spot)

67 비탈면에서 토사의 유출과 무너짐을 방지하기 위해 옹벽을 설치하였다. 다음 옹벽의 시공과 관리에 대한 방법으로 가장 적합한 것은?

① 옹벽을 설치할 때는 일반적인 안정성과 함께 전도, 미끄럼, 침하에 대한 안정성 등을 사전에 검토한다.

② PC앵커공법은 콘크리트 옹벽 뒷면의 지하수를 배수 구멍으로 유도시키고 토압을 경감시키는 방법이다.

③ 중력식은 옹벽 자체 무게로 토압에 저항하는 것으로, 다른 형태에 비해 높이가 높은 경우에 사용되며, 저판에 의해 안정성이 유지된다.

④ 옹벽의 보수·유지관리 방법은 다양하지만, 기능을 고려할 때 시간과 경비가 소요되더라도 새로 설치하는 것이 바람직하다.

68 식재한 수목의 뿌리분 위에 토양을 짚, 낙엽 등으로 멀칭(Mulching)함으로서 발생될 기대 효과에 해당되지 않는 것은?

① 잡초 발생이 억제된다.

② 병충해 발생이 많아진다.

③ 토양의 비옥도가 증진된다.

④ 토양표면의 경화를 방지한다.

69 화단용 식물의 정식으로 옳지 않은 것은?

① 대낮보다 저녁에 실시한다.

② 화단의 중앙보다 주변부를 밀식한다.

③ 잘 건조된 바닥에다 심은 후 관수한다.

④ 옮겨심기는 화단의 중앙부에서 시작한다.

70 늦서리(晩霜)의 피해를 입기 쉬운 것은?

① 백목련의 꽃

② 소나무의 열매

③ 칠엽수의 동아(冬芽)

④ 은행나무의 단지(短枝)

71 조경수목의 전정 요령에서 정아우세성(정부우세성, 頂部優勢性)을 고려해야 한다. 다음 중 이 원칙을 올바르게 적용한 것은?

① 전정 시 수목의 정단부를 무성하게 하기 위해 윗가지는 되도록 자르지 않는다.

② 윗가지는 강하게 자라므로 윗가지는 짧게 남기고, 아래가지는 길게 남긴다.

③ 대부분의 수목은 윗가지보다 아래가지가 강하게 자라므로 아래가지를 강전정 한다.

④ 위−아래가지 모두 생장이 균등하므로, 전정 작업은 공정 상 아래부터 위로 진행한다.

72 농약 중독 시 응급처치 방법으로 부적절한 것은?

① 물이나 식염수를 마시게 하고 손가락을 넣어서 토하게 한다.

② 농약이 장으로 흡수되지 않도록 흡착제(활성탄, 목초액 등)를 소량 복용한다.

③ 옷을 헐겁게 하고 심호흡을 시키되, 중독자가 움직이지 않도록 한다.

④ 피부에 묻었을 때 비누를 사용하지 않고 흐르는 물로만 깨끗이 씻어낸다.

73 다음 중 잔디의 생육상태를 불량하게 만드는

원인은?

① 잔디깎기　　　　　② 토양경화

③ 배토작업　　　　　④ 롤링(Rolling)

74 블록포장 시 시공불량에 의한 파손 유형은?

① 블록 모서리 파손

② 블록 자체 부서지기

③ 블록포장 요철 파손

④ 블록 표면 시멘트 페이스트의 유실

75 유희시설물의 점검주기로 가장 적당한 것은?

① 1개월　　　　　　② 6개월

③ 12개월　　　　　④ 36개월

76 시비 후 토양 속에서 용해되어 식물에 흡수되는 속도에 따라 속효성, 완효성, 지효성 비료로 분류 될 때, 다음 중 지효성(遲效性) 비료에 해당하는 것은?

① 요소　　　　　　② 용성인비

③ 퇴비　　　　　　④ 석회

77 토양의 부식에 대한 설명으로 틀린 것은?

① 토양의 완충능을 증대시킨다.

② 양이온 치환용량을 높인다.

③ 토양입자를 입단구조로 개선시킨다.

④ 미생물에 의하여 쉽게 분해되며, 유효인산의 고정을 촉진시킨다.

78 다음 중 제초제에 의한 제초 효과가 가장 높은 경우는?

① 우기 시

② 건조한 토양

③ 사질토의 토양

④ 고온 다습한 기후

79 다음 중 살충제의 장기간 사용에 의한 부작용으로 가장 중요한 것은?

① 약해

② 기상변화

③ 식물병의 발생

④ 저항성 해충의 출현

80 수목의 피해원인을 규명하는데 도움이 되는 조사항목으로 가장 거리가 먼 것은?

① 병징　　　　　　② 환경

③ 토양　　　　　　④ 관리장비

MEMO

MEMO

MEMO

MEMO

MEMO

MEMO